제15판

건축법·주차장법·국토의 계획 및 이용에 관한 법률

건축법해설

김수영 · 이종석 · 김동화 · 김용환 · 조영호 · 오호영 共著

한솔아카데미
H/A/N/S/O/L//A/C/A/D/E/M/Y

「건축법해설」을 내면서

인곡유거도(仁谷幽居圖)_겸재 정선(謙齋 鄭敾)

　건축법은 주생활과 관련된 가장 기본적이고 중요한 규범으로 주로 건축물의 용도, 규모 및 형태 등에 관한 제반사항을 규정해 놓은 것입니다. 따라서 제정 이후 많은 사람들의 관심의 대상이 되고 있습니다.

　또한 오늘에 이르러 경제, 사회 여건의 변화와 정부의 규제개혁 정책에 따라 건축 법령도 이를 수용하여 반영되고 있기 때문에 많은 개정을 거듭하고 있고, 교육 및 실 무에서도 이에 대한 신속하고 올바른 이해를 요구하고 있습니다.

　이 책은 가능한 법조문의 순서에 따라 법령을 수록, 해설하였으며 법령의 이해를 돕기 위해 관련 질의회신을 수록하였습니다. 특히, 그림과 도표를 활용한 상세해설로 법령을 쉽게 이해할 수 있도록 하였습니다.

　이 책의 출간을 위해 같이 수고해 주신 조남두 교수님, 한솔아카데미 한병천 사장 님, 이종권 전무님, 출판부 직원 여러분께 감사 드립니다.

저자 일동

목 차

제 Ⅰ 부　건축관계법 해설

제 Ⅰ 편　건축법 해설

제 3 장 건축물의 유지 · 관리   205

제6장   지역 및 지구의 건축물   362

제 7 장   건 축 설 비   393

제 8 장   특별건축구역 등   4 5 2

제10장 벌 칙   522

1. 10년 이하의 징역 등
2. 3년 이하의 징역 또는 5억원 이하의 벌금
3. 2년 이하의 징역 또는 2억원 이하의 벌금
4. 2년 이하의 징역 또는 1억원 이하의 벌금
5. 5,000만원 이하의 벌금
6. 양벌규정

1. 200만원 이하의 과태료 부과 대상
2. 100만원 이하의 과태료 부과 대상
3. 50만원 이하의 과태료 부과 대상
4. 과태료의 부과 및 징수

제Ⅱ편 주차장법 해설

제4장   부설주차장   559

제6장 보 칙 및 벌 칙   595

제 Ⅲ편 국토의 계획 및 이용에 관한 법률 해설

제1장 총 칙   607

제4장   도시·군관리계획 638

제 7 장 도시·군계획시설사업의 시행   759

제11장 벌 칙 791

제Ⅱ부 건축법령

건축법 해설

건축법 해설

■ 최종개정 :

건 축 법	2023. 8. 8.
시 행 령	2023. 9. 12.
시 행 규 칙	2023. 11. 1.
건축물의 설비기준 등에 관한 규칙	2021. 8. 27.
건축물의 구조기준 등에 관한 규칙	2021. 12. 9.
건축물의 피난·방화구조 등의 기준에 관한 규칙	2023. 8. 31.

총 칙

1 건축법의 목적

법 제1조 【목적】
　이 법은 건축물의 대지·구조·설비 기준 및 용도 등을 정하여 건축물의 안전·기능·환경 및 미관을 향상시킴으로써 공공복리의 증진에 이바지하는 것을 목적으로 한다.

해설 「건축법」은 건축물에 관한 법이므로 건축물로 정의되는 것에 적용되는 법이다.
　　　따라서, 건축물이 건축되는 대지, 건축물의 구조, 건축물에 사용되는 설비와 건축물의 용도 등이 규정되어 있다. 또한 「건축법」은 계획·설계·구조·설비 등에 관한 최저기준을 규정하여 건축물의 안전·기능·환경 및 미관을 향상시키고, 나아가서는 공공복리증진의 구현을 목적으로 한다.

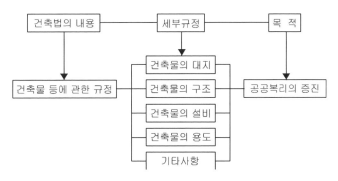

그림 건축법의 목적 및 내용

2 용어의 정의

1 대지 (법 제2조제1항제1호)

> **법 제2조 【정의】** ① 이 법에서 사용하는 용어의 뜻은 다음과 같다.
>   1. "대지(垈地)"란 「공간정보의 구축 및 관리 등에 관한 법률」에 따라 각 필지(筆地)로 나눈 토지를 말한다. 다만, 대통령령으로 정하는 토지는 둘 이상의 필지를 하나의 대지로 하거나 하나 이상의 필지의 일부를 하나의 대지로 할 수 있다.

해설 대지는 「건축법」에서 정의되는 용어로서 「공간정보의 구축 및 관리 등에 관한 법률」에 따라 나누어진 각 필지를 하나의 대지로서 규정한다. 이는 「공간정보의 구축 및 관리 등에 관한 법률」상의 대(垈)와는 유사한 개념이나, 「건축법」상의 대지는 「공간정보의 구축 및 관리 등에 관한 법률」상의 대(垈)뿐만 아니라, 다른 지목(잡종지 등)이라 할지라도 토지형질변경 등의 절차를 거쳐 대지로서 인정받을 수 있다. 또한 「건축법」의 규정내용이 건축물에 대한 것이므로 「건축법」에서 정의하는 대지도 건축물이 들어설 토지를 말한다. 따라서 「건축법」상의 대지로 정의된 토지에 한하여 건축물을 건축할 수 있다.

【1】 원칙

「공간정보의 구축 및 관리 등에 관한 법률」에 따라 각 필지로 구획된 토지를 말한다.

「공간정보의 구축 및 관리 등에 관한 법률」에 따라 구획된 각 필지의 토지를 하나의 대지로 함 **1필지 = 1대지**	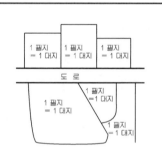

【2】 예외

「건축법」상의 대지는 「공간정보의 구축 및 관리 등에 관한 법률」에 따라 각 필지로 구획된 하나의 토지를 하나의 대지로 함을 원칙으로 하나 다음의 경우에는 예외가 인정된다.

(1) 둘 이상의 필지를 하나의 대지로 할 수 있는 토지

1. 하나의 건축물을 두 필지 이상에 걸쳐 건축하는 경우 : 그 건축물이 건축되는 각 필지의 토지를 합한 토지 • (예1)의 경우 - A+B+C • (예2)의 경우 - A+B	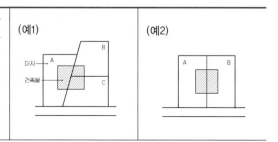

2. 「공간정보의 구축 및 관리 등에 관한 법률」에 따라 합병이 불가능한 경우 중 다음에 해당하는 경우 : 합병이 불가능한 필지의 토지를 합한 토지
① 각 필지의 지번부여지역(地番附與地域)이 서로 다른 경우 (예1) A+B
② 각 필지의 도면이 축척이 다른 경우 (예2) A+B
③ 서로 인접하고 있는 필지로서 각 필지의 지반(地盤)이 연속되지 아니한 경우 (예3) A+B
예외 토지의 소유자가 서로 다르거나 소유권외의 권리관계가 서로 다른 경우 : 하나의 대지로 보지 않는다. (예4) A, B 별개의 대지임

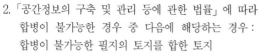

(예1) (지번부여지역이 다른 경우)
(예2) (도면의 축척이 다른 경우)
(예3) (지반이 연속되지 아니한 경우)
(예4) (소유권이 다른 경우)

3. 「국토의 계획 및 이용에 관한 법률」에 따른 도시·군계획시설에 해당하는 건축물을 건축하는 경우 : 도시·군계획시설이 설치되는 일단(一團)의 토지【참고1】

건축물의 대지는 A+B+C+D

[A+B+C+D]를 하나의 대지로 봄

4. 「주택법」에 따른 사업계획승인을 받아 주택과 그 부대시설 및 복리시설을 건축하는 경우 : 「주택법」 규정에 따른 주택단지【참고2】
• (예1)의 대지는 A+B+C+D

예외 주택단지가 도로 등(철도, 고속도로, 자동차전용도로, 폭 20m 이상인 일반도로, 폭 8m이상의 도시계획 예정도로 등)으로 분리되는 경우 : 이를 각각 별개의 주택단지로 봄
• (예2)의 경우 A, B 별개의 대지

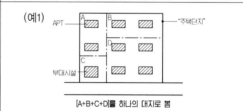

(예1) [A+B+C+D]를 하나의 대지로 봄

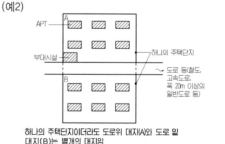

(예2) 하나의 주택단지이더라도 도로위 대지(A)와 도로 밑 대지(B)는 별개의 대지임

5. 도로의 지표아래에 건축하는 건축물의 경우 : 특별시장·광역시장·특별자치시장·특별자치도지사·시장·군수 또는 구청장(자치구의 구청장)이 그 건축물이 건축되는 토지로 정하는 토지

6. 「건축법」에 따른 사용승인을 신청할 때 둘 이상의 필지를 하나의 필지로 합칠 것을 조건으로 건축허가를 하는 경우 : 그 필지가 합쳐지는 토지 예외 토지의 소유자가 서로 다른 경우 (예)의 대지는 A+B	(예) A B 1. (허가 전 토지) : 2필지 C 2. (허가 후 토지) : 1필지

【참고1】 **도시·군계획시설** (「국토의 계획 및 이용에 관한 법률」 제2조제7호, 영 제2조)

　　도시·군계획시설이라 함은 기반시설 중 도시·군관리계획으로 결정된 시설을 말한다.

기반시설	세 분
1. 교통시설	도로·철도·항만·공항·주차장·자동차정류장·궤도·차량 검사 및 면허시설
2. 공간시설	광장·공원·녹지·유원지·공공공지
3. 유통·공급시설	유통업무설비, 수도·전기·가스·열공급설비, 방송·통신시설, 공동구·시장, 유류저장 및 송유설비
4. 공공·문화체육시설	학교·공공청사·문화시설·공공필요성이 인정되는 체육시설·연구시설·사회복지시설·공공직업훈련시설·청소년수련시설
5. 방재시설	하천·유수지·저수지·방화설비·방풍설비·방수설비·사방설비·방조설비
6. 보건위생시설	장사시설·도축장·종합의료시설
7. 환경기초시설	하수도·폐기물처리 및 재활용시설·빗물저장 및 이용시설·수질오염방지시설·폐차장

【참고2】 「**주택법**」에 따른 **사업계획 승인대상** (「주택법」 제15조)

주택건설 사업 구분	규 모		예외
1. 단독주택	▪30호 이상	▪50호 이상	① 대지조성사업, 택지개발사업 등 공공택지를 개별 필지로 구분하지 않고 일단의 토지로 공급받아 건설하는 단독주택 ② 한옥
2. 공동주택	▪30세대 이상 *리모델링의 경우 증가 세대수	▪50세대 이상 *리모델링의 경우 제외	① 다음 요건을 갖춘 단지형 연립주택 또는 단지형 다세대주 　- 세대별 주거 전용 면적 : 30㎡ 이상일 것 　- 주택단지 진입도로 폭 : 6m 이상일 것 ② 정비구역에서 주거환경 개선사업을 시행하기 위하여 건설하는 공동주택

(2) 하나 이상의 필지의 일부가 다음에 해당하는 경우 하나의 대지로 할 수 있는 토지

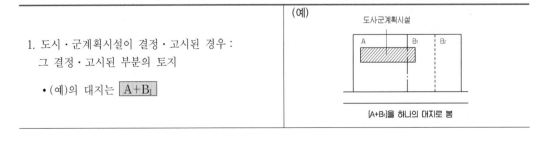

1. 도시·군계획시설이 결정·고시된 경우 : 그 결정·고시된 부분의 토지 　• (예)의 대지는 A+B₁	(예) 도시·군계획시설 A B₁ B₂ [A+B₁]을 하나의 대지로 봄

2. 「농지법」에 따른 농지전용허가를 받은 경우 : 그 허가받은 부분의 토지	(예) 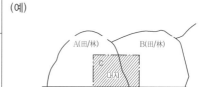
3. 「산지관리법」에 따른 산지전용허가를 받은 경우 : 그 허가받은 부분의 토지 　• (예)의 대지는 　구획된 C의 부분	'농지(산지)전용허가를 받은 C부분'을 하나의 대지로 봄
4. 「국토의 계획 및 이용에 관한 법률」에 따른 개발 행위허가를 받은 경우 : 그 허가 받은 부분의 토지 　• (예)의 대지는 　A＋B₁	(예) 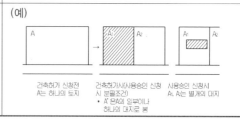 [A+B₁]을 하나의 대지로 봄
5. 사용승인 신청 때 필지를 나눌 것을 조건으로 건축 허가를 하는 경우 : 그 필지가 나누어지는 토지 　• (예)의 대지는 　A₁	(예) 건축허가 신청전 A는 하나의 토지 건축허가시(사용승인 신청 시 분필조건) • A'은 A의 일부이나 하나의 대지로 봄 사용승인 신청시 A₁, A₂는 별개의 대지

【참고1】 토지면적과 대지면적

1. 토지면적	토지대장에 등재된 면적으로서 건축유무에 관계없이 지적상 1필지로 구획된 현황면적 이다.	타대지 / 2 M 도로 / Ⓐ / 25m / 20m
2. 대지면적	「건축법」상의 대지조건에 충족되어 대지면 적 산정기준에 의거한 건축가능면적으로서 건폐율, 용적률 등의 적용기준면적이 된다.	• 토지면적 : 25m×20m • 대지면적 : 24m×20m [대지면적 산정기준에 따라 기준도로 폭(4m)을 확보]

【참고2】 「건축법」의 대지(垈地)와 「공간정보의 구축 및 관리 등에 관한 법률」의 대(垈)

1. 「건축법」의 대지(垈地)	「건축법」에서 요구하는 대지에 대한 규정(대지의 안전, 대지와 도로와의 관계 등)을 충족하고 건축물을 건축할 수 있는 「공간정보의 구축 및 관리 등에 관한 법률」상의 필지로 구획된 토지로서 해당 토지의 지목에는 영향을 받지 않으나, 허가권자가 판단에 의하여 토지형질변경 또는 지목변경 등의 절차를 필요로 할 수도 있다.
2. 「공간정보의 구축 및 관리 등에 관한 법률」의 대(垈)	영구적 건축물중 주거・사무실・점포와 박물관・극장・미술관 등 문화시 설과 이에 접속된 정원 및 부속시설물의 부지와 관계법령에 따른 택지조 성공사가 준공된 토지

【관련 질의회신】

하나의 대지 및 연접한 대지의 일부만 대지로 하는 경우 하나의 대지로 인정 여부

국토교통부 민원마당 FAQ 2019.5.24.

질의 연접하고 있는 두 필지(A, B)에 걸쳐 건축함에 있어 필지 B의 일부만을 건축부지에 포함하여 건축하고자 하는 경우, 필지 A와 건축하고자 하는 부지에 포함된 필지 B의 일부를 건축법 제2조의 규정에 의한 대지로 인정할 수 있는지 여부

회신 건축법 제2조제1항제1호 및 동법 시행령 제3조제1항제6호의 규정에 의하여 A, B 두 필지에 걸쳐 건축하는 경우로서 건축법 제18조의 규정에 의한 사용승인을 신청하는 때에는 2이상의 필지를 하나의 필지로 합필할 것을 조건으로 하여 건축허가를 하는 경우 그 합필 대상이 되는 토지를 하나의 대지로 할 수 있는 것이며, B필지의 일부를 건축법 제18조의 규정에 의한 사용승인을 신청하는 때에는 분필할 것을 조건으로 하여 건축허가를 하는 경우 그 분필대상이 되는 부분의 토지는 동 시행령 동조제2항제5호의 규정에 따라 필지의 일부를 하나의 대지로 할 수 있는 것이므로, 필지 A와 필지 B의 일부를 합한 부지는 하나의 대지로 볼 수 있는 것임(*법 제18조 ⇒ 제22조, 2008.3.21 개정)

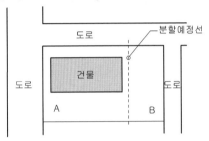

2 필지의 토지 사이에 구거를 공유수면점용허가 등을 받고 개발행위허가를 받는다면 구거까지 포함하여 하나의 대지로 볼 수 있는 지

국토교통부 민원마당 FAQ 2013.12.20.

질의 2 필지의 토지 사이에 구거(소유자 : 국가)이자 건축법상 도로에도 해당되는 토지가 있음. 이 경우 2 필지의 토지와 구거에 골프연습장(망부분까지 포함)을 건축하고자 하는 사항으로 구거에 대하여 공유수면점용허가 등을 받고 개발행위허가를 받는다면 구거부분까지 포함하여 하나의 대지로 볼 수 있는지

회신 질의의 구거 상부에 점용허가 등을 받아 시설물을 설치할 수 있는 경우라면 점용허가를 받은 부분의 토지를 포함하여 하나의 대지로 할 수 있을 것으로 사료되며 다만, 건축가능여부는 구거가 건축법 제2조제1항제11호의 규정에 의거 도로인 점을 감안하여 건축하고자 하는 대지 및 도로(구거)에 접한 다른 대지의 조건 등을 종합적으로 검토하여 판단하여야 할 것임

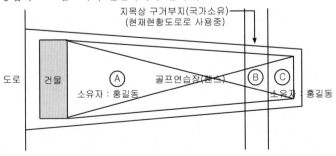

고가도로의 하부에 도로점용허가를 받은 부분에 대한 하나의 대지 인정여부

건교부 건축기획팀-257, 2005.9.15

질의 도시계획시설인 고가도로의 하부에 건축물의 건축을 목적으로 도로점용허가를 받은 경우 허가를 받은 부분의 토지를 하나의 대지로 할 수 있는지

회신 질의의 도로점용허가를 받은 토지에 건축법 제8조제1항의 규정에 의한 건축허가를 신청하는 경우라면 점용허가를 받은 부분의 토지를 하나의 대지로 할 수 있을 것이며, 아울러 건축법 시행령 제119조제1항제1호나목의 규정에 불구하고 점용허가를 받은 부분의 실제면적을 당해 대지의 면적으로 할 수 있을 것으로 판단됨(※ 법 제8조 → 제11조, 2008.3.21, 개정)

지적경계선과 다르게 담장이 설치되어 있는 경우 건축기준 적용 경계선은 어디로 봐야하는지

건교부 건축 58070-320, 2003.2.18

질의 건축물을 건축하고자 하는 대지가 지적경계선과 다르게 담장이 설치되어 있는 경우 일조권등 건축기준의 적용을 위한 경계선은 어느 부분으로 보아야 하는지의 여부

회신 건축법 제2조제1항제1호에 따라 대지라함은 지적법에 의하여 각 필지로 구획된 토지를 말하는 것인 바, 귀 문의의 경우에는 지적법에 따른 지적경계선을 기준으로 건축기준을 적용하는 것임

대지중간에 도시계획도로가 결정된 경우의 대지의 범위

건교부 건축 58070-1551, 1999.4.29

질의 가. 대지 가운데에 도시계획도로가 결정된 경우 건축법 제15조제1항의 규정에 의한 가설건축물 건축시 대지의 범위

　나. 불법 건축물을 건축하여 고발조치된 후 추인으로 건축허가를 신청할 경우 이행강제금을 부과할 수 있는지(사전 계고가 없었음)

회신 가. 대지의 가운데 도시계획도로가 결정된 경우 대지의 범위는 도시계획도로로 분리된 각각의 필지로 보아야 하는 것으로, 건축법 제15조제1항의 규정에 의한 가설건축물의 건축시에는 그 전체를 대상으로 할 수 있는 것이나, 도시계획사업의 시행 전에 이를 철거하여야 하는 것임

　나. 불법건축물을 건축한 행위자에 대한 고발과는 별도로 위반건축물의 소유자 등에게는 동법 제69조제1항의 규정에 의하여 적법하게 시정토록 행정조치를 하게 되고, 이를 이행하지 아니한 경우에는 동법 제83조의 규정에 의하여 이행강제금을 부과하는 것임 (※ 법 제15조, 제69조, 제83조 → 제20조, 제79조, 제80조, 2008.3.21, 개정)

② 건축물 ($\frac{법}{제2조제1항제2호}$) ($\frac{영}{제2조제12호, 제15호}$)

> **법 제2조【정의】①**
> 2. "건축물"이란 토지에 정착(定着)하는 공작물 중 지붕과 기둥 또는 벽이 있는 것과 이에 딸린 시설물, 지하나 고가(高架)의 공작물에 설치하는 사무소·공연장·점포·차고·창고, 그 밖에 대통령령으로 정하는 것을 말한다.

> **영 제2조【정의】①**
> 12. "부속건축물"이란 같은 대지에서 주된 건축물과 분리된 부속용도의 건축물로서 주된 건축물을 이용 또는 관리하는 데에 필요한 건축물을 말한다.

해설 건축물은 토지에 기반을 둔 것으로서, 지붕과 기둥 또는 벽으로 구성되어 인간생활에 필요한 공간(Space)이 확보된 공작물이다. 또한 건축물로 정의되지 않으면 「건축법」의 적용대상이 되지 않으므로 건축물로 정의 되는지 여부의 판단이 매우 중요하다. 이에 따른 건축물의 원칙 및 특수한 경우의 예는 다음과 같다.

【1】 건축물의 범위

1. 토지에 정착하는 건축물 중 　① 지붕과 기둥 ················· (예2, 예3) 　② 지붕과 벽이 있는 것 ············· (예1) 　③ 위의 건축물에 딸린 대문, 담장 등의 시설물 　················· (예4)	(예1) <지붕과 벽>　(예2) <지붕과 기둥> (예3) <지붕과 기둥>　(예4) <대문, 담장 등>
2. 지하에 설치하는 사무소·공연장·점포·차고·창고 　················· (예1) 참조 　• (예2)는 건축물이 아님	(예1) <지하공간/사무소 등>　(예2) 동굴
3. 고가의 공작물에 설치하는 사무소·공연장·점포·차고·창고 ················· (예1) 참조 　• (예2)는 건축물이 아님	(예1) <고가의 공작물>　(예2) <육교제외>

【참고】 건축물과 공작물의 구분

구 분	내 용		적용기준
1. 건축물	토지에 정착하는 공작물 중 다음에 해당하면 건축물로 본다. ① 지붕과 기둥 또는 지붕과 벽이 있는 것 ② "①"에 딸린 시설물(건축물에 딸린 대문, 담장 등) ③ 지하 또는 고가(高架)의 공작물에 설치하는 사무소·공연장·점포·차고·창고		「건축법」적용 (단, 문화재, 선로부지내 시설물 등은 「건축법」을 적용하지 않는다. 법 제3조)
2. 공작물	인위적으로 축조된 공간구조물로서 도로, 항만, 댐 등과 같은 시설물과 간판, 광고탑, 고가수조 등의 공작물이 해당된다.		―
3.일정규모를 넘는 공작물* (법 제83조) ☞ 9장 참조 * 건축물과 분리하여 축조하는 것을 말함	① 높이 2m를 넘는	●옹벽·담장	「건축법」및「국토의 계획 및 이용에 관한 법률」의 일부규정 적용
	② 높이 4m를 넘는	●장식탑·기념탑·첨탑·광고탑·광고판	
	③ 높이 5m를 넘는	●태양에너지 이용 발전설비 등	
	④ 높이 6m를 넘는	●굴뚝 ●골프연습장 등의 운동시설을 위한 철탑 ●주거지역·상업지역에 설치하는 통신용 철탑	
	⑤ 높이 8m를 넘는	●고가수조	
	⑥ 높이 8m 이하	●기계식주차장 및 철골조립식주차장으로서 외벽이 없는 것(단, 위험방지를 위한 난간높이 제외)	
	⑦ 바닥면적 30㎡를 넘는	●지하대피호	
	⑧ 건축조례로 정하는	●제조시설·저장시설(시멘트사일로 포함)·유희시설 ●건축물 구조에 심대한 영향을 줄 수 있는 중량물	

【2】 건축물의 구분 예

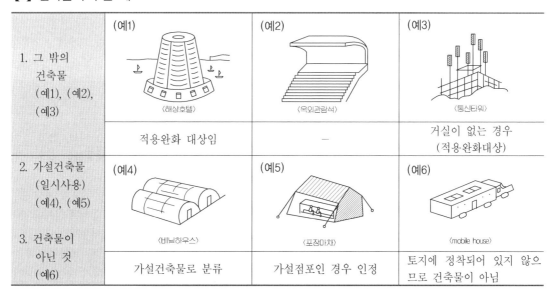

	(예1) 〈해상호텔〉	(예2) 〈옥외관람석〉	(예3) 〈통신티워〉
1. 그 밖의 건축물 (예1), (예2), (예3)	적용완화 대상임	―	거실이 없는 경우 (적용완화대상)
2. 가설건축물 (일시사용) (예4), (예5) 3. 건축물이 아닌 것 (예6)	(예4) 〈비닐하우스〉	(예5) 〈포장마차〉	(예6) 〈mobile house〉
	가설건축물로 분류	가설점포인 경우 인정	토지에 정착되어 있지 않으므로 건축물이 아님

【관련 질의회신】

차량안전용 셔터의 건축신고 절차 여부

국토교통부 민원마당 FAQ 2019.5.24.

질의 건축물과 30센티미터를 이격하여 차량안전용 셔터를 설치하는 경우 신축 허가(신고) 절차 이행 등 건축법 적용 여부

회신 제2조 제1항 제2호에 따라 '토지에 정착하는 공작물 중 지붕과 기둥 또는 벽이 있는 것과 이에 부수되는 시설물 등'을 건축물로 규정하고 있는 바, 질의의 경우 이법에서 정한 건축허가(신고) 절차 및 건축면적 산정 등을 포함한 이 법 및 관계법규를 적용하여야 할 것임

기존건축물에 임시 가설건축물 증축시 위반여부

건교부 건축기획팀-3479, 2006.5.30

질의 기존건축물에 임시로 가설건축물을 증축했을 때 「건축법」 위반건축물에 해당되는지

회신 「건축법」 제2조제1항제2호에 따라 "건축물"이라함은 토지에 정착하는 공작물중 지붕과 기둥 또는 벽이 있는 것과 이에 부수되는 시설물, 지하 또는 고가의 공작물에 설치하는 사무소·공연장·점포·차고·창고 그 밖에 대통령령이 정하는 것을 말하는 바, 질의의 경우 가설 천막을 덮거나 가설건축물 하부에 바퀴를 달고 있어 실질적·임의적 이동은 가능하다 하더라도 상당한 기간 현저한 이동이 추정되지 아니하는지 여부 등 구체적인 내용을 검토하여 해당 허가권자가 판단하여 건축물로 볼 수 있는지 여부를 결정해야 할 것으로 사료됨

지붕재가 없는 지붕 격자틀만 있는 경우 건축물 인정여부

건교부건축기획팀-691, 2006.2.3

질의 건축물 외벽과 옹벽 사이 위에 철재 등으로 격자틀을 구성하고 지붕재를 덮었으나 허가권자의 철거지시에 따라 지붕재만 제거하고 격자틀 구조물만 남은 경우 철거를 한 것으로 볼 수 있는지

회신 건축법상 "건축물"이라 함은 동법 제2조제1항제2호에 의하여 토지에 정착하는 공작물 중 지붕과 기둥 또는 벽이 있는 것과 이에 부수되는 시설물, 지하 또는 고가의 공작물에 설치하는 사무소·공연장·점포·차고·창고 등을 말하는 것이며, 귀 질의와 같이 상부에 지붕틀 형태의 구조물 등이 있는 경우에는 지붕이 있는 것으로 보아 건축법령의 규정을 적용하여야 할 것으로 사료됨

바퀴달린 컨테이너를 건축물로 볼 수 있는지 여부

건교부 건축 58550-1974, 2003.10.29

질의 농림지역내에 위치한 기존 일반음식점에서 컨테이너에 바퀴를 설치하여 주방으로 사용하는 경우 이를 건축물로 볼 수 있는지 여부

회신 건축법상 건축물은 건축법 제2조제1항제2호의 규정에 의하여 토지에 정착하는 공작물중 지붕과 기둥 또는 벽이 있는 것과 이에 부수되는 시설물로 정의되는 바, 이 경우 정착한다는 것은 실질적, 임의적 이동이 불가능하거나 이동이 가능하다 하더라도 실질적 이동의 실익이 없어서(즉 조립상 무리하게 이동시킬 합리적 이유가 없어서)상당한 기간, 현저한 이동이 추정되지 않는 다는 뜻으로 해석함이 타당하므로, 질의의 경우 컨테이너가 실질적, 임의적 이동은 가능하다 하더라도 상당한 기간, 현저한 이동이 추정되지 않는지 여부등 구체적인 내용을 검토하여 당해 허가권자가 판단하여 건축물로 볼 수 있는지 여부를 결정해야 할 것임

해상공작물이 건축물인지

건교부 건축 58550-1482, 1999.4.26

질의 다음 경우가 건축법상 건축물에 해당되는지

가. 바다에 파일 등을 설치하고 그 위에 지붕과 기둥 또는 벽이 있는 구조를 갖춘 공작물

나. 부선 형태의 구조물 위에 지붕과 기둥 또는 벽이 있는 구조로 신축하는 공작물

다. 해상유람선 등 이미 지붕과 기둥 또는 벽이 있는 구조의 기존선박(기관장치 제거)을 설치한 공작물

회신 건축법 제2조제1항제2호의 규정에서 '건축물'이라 함은 토지에 정착하는 공작물 중 지붕과 지붕 또는 벽이 있는 것과 이에 부수되는 시설물을 말하는 것으로 정의하고 있는 바, 여기에서 정착한다는 것은 실질적, 임의적으로 이동이 불가능하거나 이동이 가능하다 하더라도 이동의 실익이 없어서 상당한 기간 현저한 이동이 추정되지 않는 것을 뜻하는 것으로 질의 '가', '나', '다'의 경우에는 토지에 정착되어 있는 것으로 보아 모두 건축물에 해당하는 것이나, 축조된 선박 등을 활용하여 건축물로 이용되는 경우에는 건축법령상의 모든 건축기준을 적용하기 곤란하므로 건축법시행령 제6조 제1항 제1호의 규정과 같이 일부 규정에 한하여 적용될 수 있는 것임

2개동의 지하를 하나로 할 경우 별동의 건축물 인정 여부

건교부 건축 58070-1452, 1999.4.23

질의 하나의 대지내 지상은 업무동과 주거동을 별개로 짓고, 지하는 하나로 하되 주거동에서 지하로 통행할 수 없도록 구획하는 경우 각 별동의 건축물로 볼 수 있는지

회신 건축법상 일반적으로 면적·규모 등을 산정하거나 건축물 대장을 작성하는 경우에는 지상이 분리된 경우로서 지하로의 내부 출입통로가 없더라도 지하가 연결된 구조라면 하나의 건축물로 보는 것임.

원두막이 건축물인지

건교부 건축 58070-874, 1998.3.20

질의 과수원 등 농지를 관리하기 위해 설치하는 원두막이 건축법상 건축물에 해당하는지

회신 질의의 원두막에 대한 구체적인 내용이 불분명하여 정확한 회신은 곤란하나, 원두막이 과수원 등 농지를 관리하기 위하여 순수한 농사용으로 최소 규모로 설치하는 것이라면 지붕과 기둥이 있다 할지라도 이는 건축법을 적용하지 아니함

③ 고층건축물, 초고층 건축물 및 한옥 ($\frac{법}{제2조제1항제19호}$)($\frac{영}{제2조제15호, 제15호의2, 제16호}$)

법 제2조【정의】①

19. "고층건축물"이란 층수가 30층 이상이거나 높이가 120미터 이상인 건축물을 말한다.

영 제2조【정의】

15. "초고층 건축물"이란 층수가 50층 이상이거나 높이가 200미터 이상인 건축물을 말한다.

15의2. "준초고층 건축물"이란 고층건축물 중 초고층건축물이 아닌 것을 말한다.

16. "한옥"이란 「한옥 등 건축자산의 진흥에 관한 법률」 제2조제2호에 따른 한옥을 말한다.

해설 최근 건축물의 고층화가 가속되면서 효율적인 규제의 필요성이 대두되었다. 이에 초고층건축물의 정의, 건축법 적용의 완화 및 피난안전구역의 설치 등 '초고층건축물'에 대한 규정이 「건축법 시행령」에 신설<2009.7.16>되었으며, '준초고층 건축물'의 정의도 추가<개정 2011.12.30>되었다.

'고층건축물'에서 화재가 발생하면 인명·재산상의 피해가 막대하므로 이를 예방하기 위하여 '고층건축물'의 정의를 신설하고, '초고층 건축물', '준초고층 건축물'의 경우 일반 건축물보다 강화된 건축 기준을 적용할 수 있도록 규정하였다.

또한, 전통주거문화인 한옥을 보존·육성하기 위하여 한옥의 정의를 명시하여 해석상의 논란을 없애고 한옥 건축과 관련된 한옥의 개축 및 대수선의 경우 지붕틀 범위에서 서까래를 제외하여 규제를 합리적으로 개선·보완하고자 하였다. <2010.2.18 한옥 관련 규정 신설>

고층건축물의 화재사례(연합뉴스, 2010.10.5)

【1】 고층건축물

1. 고층건축물(법 제2조)	▪ 층수 30층 이상인 건축물
	▪ 건축물 높이 120m 이상인 건축물
2. 고층건축물의 피난 및 안전관리(법 제50조의2)	▪ 고층건축물에는 피난안전구역을 설치하거나 대피공간을 확보한 계단을 설치할 것 ▪ 피난안전구역의 설치 기준, 계단의 설치 기준과 구조 등은 국토교통부령으로 정함 ▪ 고층건축물의 화재경감 및 피해경감을 위하여 일부 규정을 강화하여 적용할 수 있음

【2】 초고층 건축물 및 준초고층 건축물

1. 초고층 건축물(영 제2조)		▪ 층수 50층 이상인 건축물
		▪ 건축물 높이 200m 이상인 건축물
2. 준초고층 건축물(영 제2조)		▪ 고층건축물 중 초고층 건축물이 아닌 것
3. 건축법 관련규정	① 건축물 안전영향 평가(법 제13조의2)	▪ 허가권자는 초고층 건축물 등 주요 건축물에 대하여 건축허가를 하기 전에 구조, 지반 및 풍환경(風環境) 등이 건축물의 구조안전과 인접 대지의 안전에 미치는 영향 등을 평가하는 건축물 안전영향평가를 안전영향평가기관에 의뢰하여 실시하여야 함.
	② 적용의 완화 (영 제6조)	▪ 초고층 건축물의 건폐율 규정 완화 적용 가능
	③ 피난안전구역의 설치(영 제34조)	▪ 초고층 건축물에는 피난층 또는 지상으로 통하는 직통계단과 직접 연결되는 피난안전구역(건축물의 피난·안전을 위하여 중간층에 설치하는 대피공간)을 지상층으로부터 최대 30개 층마다 1개소 이상 설치할 것 ▪ 준초고층 건축물에는 피난안전구역을 건축물 전체 층수의 1/2에 해당하는 층으로부터 상하 5개 층 이내에 1개소 이상 설치할 것 ▪ 피난안전구역의 규모와 설치기준은 국토교통부령으로 정함
	④ 방화에 장애가 되는 용도의 제한 (영 제47조)	▪ 사생활을 보호하고 방범·방화 등 주거 안전을 보장하며 소음·악취 등으로부터 주거환경을 보호할 수 있도록 주택의 출입구·계단 및 승강기 등을 주택 외의 시설과 분리된 구조로 하면, 공동주택과 위락시설을 같은 초고층건축물에 설치할 수 있음
	⑤ 피난용 승강기 설치(법 제64조)	▪ 고층건축물에 승용승강기 중 1대 이상을 피난용 승강기로 설치
	⑥ 면적 등의 산정 방법(영 제119조)	▪ 초고층 건축물과 준초고층 건축물의 피난안전구역의 면적을 용적률 산정시 연면적에서 제외

【3】 한옥

1. 한옥(영 제2조)		▪ 기둥 및 보가 목구조방식이고, 한식지붕틀로 된 목구조로서 우리나라 전통양식이 반영된 건축물 및 그 부속건축물 (「한옥 등 건축자산의 진흥에 관한 법률」에서 규정)
2. 건축법 관련규정	① 영 제3조제3호 (한옥의 개축) ② 영 제3조의2 (한옥의 대수선)	▪ 한옥을 손쉽게 보수할 수 있도록 한옥의 개축 및 대수선의 경우 지붕틀 범위에서 서까래는 제외

④ 다중이용 건축물 및 준다중이용 건축물 (영 제2조제17호, 제17호의2)

영 제2조 【정의】

17. "다중이용 건축물"이란 다음 각 목의 어느 하나에 해당하는 건축물을 말한다. 〈개정 2018.9.4.〉

가. 다음의 어느 하니에 해당하는 용도로 쓰는 바닥면적의 합계가 5천제곱미터 이상인 건축물
  1) 문화 및 집회시설(동물원 및 식물원은 제외한다)
  2) 종교시설
  3) 판매시설
  4) 운수시설 중 여객용 시설
  5) 의료시설 중 종합병원
  6) 숙박시설 중 관광숙박시설

나. 16층 이상인 건축물

17의2. "준다중이용 건축물"이란 다중이용 건축물 외의 건축물로서 다음 각 목의 어느 하나에 해당하는 용도로 쓰는 바닥면적의 합계가 1천제곱미터 이상인 건축물을 말한다.

가. 문화 및 집회시설(동물원 및 식물원은 제외한다)
나. 종교시설
다. 판매시설
라. 운수시설 중 여객용 시설
마. 의료시설 중 종합병원
바. 교육연구시설
사. 노유자시설
아. 운동시설
자. 숙박시설 중 관광숙박시설
차. 위락시설
카. 관광 휴게시설
타. 장례시설

해설 다중이용 건축물은 재해 발생시 인적, 경제적 피해가 크게 된다. 이에 건축법령에서는 다중이용 건축물에 대한 규정을 강화하고 있다. 다중이용 건축물은 건축허가나 대수선허가전 지방건축위원회의 사전 심의대상, 「건설기술 진흥법」에 따른 건설엔지니어링사업자 등의 공사감리 대상, 건축사가 설계나 공사감리할 경우 구조기술사등과 협력 대상이며, 실내건축 규정, 벌칙규정 등 관련규정이 적용된다.

다중이용 건축물 외의 건축물로서 노유자시설 등의 용도로 쓰는 바닥면적의 합계가 1,000m² 이상인 건축물을 준다중이용 건축물로 정하여 강화된 안전기준 등을 적용하도록 「건축법 시행령」이 개정되었다.(2015.9.22. 개정)

준다중이용 건축물의 건축공사를 감리하는 경우 건축 분야의 건축사보 한 명 이상을 전체 공사기간 동안 감리업무를 수행하게 하고, 준다중이용 건축물도 특수구조 건축물의 경우에는 사용승인일을 기준으로 10년이 지난 날부터 2년마다 한 번 정기점검을 실시해야 하며, 준다중이용 건축물이 건축되는 대지에 소방자동차의 접근이 가능한 통로를 설치해야 한다.

또한, 준다중이용 건축물에 대한 구조의 안전을 확인하는 경우에는 건축구조기술사의 협력을 받도록 하고 있다.

5 특수구조 건축물 (영 제2조제18호)

영 제2조 【정의】 이 영에서 사용하는 용어의 뜻은 다음과 같다.
  18. "특수구조 건축물"이란 다음 각 목의 어느 하나에 해당하는 건축물을 말한다.
    〈개정2018.9.4.〉
    가. 한쪽 끝은 고정되고 다른 끝은 지지(支持)되지 아니한 구조로 된 보·차양 등이 외벽(외벽이 없는 경우에는 외곽 기둥을 말한다)의 중심선으로부터 3미터 이상 돌출된 건축물
    나. 기둥과 기둥 사이의 거리(기둥의 중심선 사이의 거리를 말하며, 기둥이 없는 경우에는 내력벽과 내력벽의 중심선 사이의 거리를 말한다. 이하 같다)가 20미터 이상인 건축물
    다. 특수한 설계·시공·공법 등이 필요한 건축물로서 국토교통부장관이 정하여 고시하는 구조로 된 건축물

해설 고층 및 초고층 건축물의 증가와 더불어 구조적 안정성을 확보하기 위해 건축법 시행령에 "특수구조 건축물"을 정의하고, 특수구조 건축물의 경우 지방건축위원회의 심의대상으로 하고(시행령 제5조), 건축사가 설계 및 감리업무시 건축구조기술사와 협력하는 대상(시행령 제91조의3)으로 규정하고 있다.(개정 2014.11.28.)

【참고】 특수구조 건축물 대상기준(국토교통부고시 제2018-777호, 2018.12.7.)

6 실내건축 (법 제2조제1항제20호)(영 제3조의4)

법 제2조 【정의】 ①
  20. "실내건축"이란 건축물의 실내를 안전하고 쾌적하며 효율적으로 사용하기 위하여 내부 공간을 칸막이로 구획하거나 벽지, 천장재, 바닥재, 유리 등 대통령령으로 정하는 재료 또는 장식물을 설치하는 것을 말한다. 〈신설 2014.5.28〉

영 제3조의4 【실내건축의 재료 등】 법 제2조제1항제20호에서 "벽지, 천장재, 바닥재, 유리 등 대통령령으로 정하는 재료 또는 장식물"이란 다음 각 호의 재료를 말한다.
  1. 벽, 천장, 바닥 및 반자틀의 재료
  2. 실내에 설치하는 난간, 창호 및 출입문의 재료
  3. 실내에 설치하는 전기·가스·급수(給水), 배수(排水)·환기시설의 재료
  4. 실내에 설치하는 충돌·끼임 등 사용자의 안전사고 방지를 위한 시설의 재료
  [본조신설 2014.11.28.]

해설 "실내건축"은 건축물의 실내를 안전하고 쾌적하며, 효율적으로 사용하기 위한 벽, 천장 등의 바탕 및 마감재료, 난간 등 안전사고 방지 등을 위한 재료와, 전기, 가스, 급수, 배수, 환기시설을 위한 설비적 재료로 설치하는 것을 뜻하며,
건축물의 실내건축은 방화에 지장이 없고 사용자의 안전에 문제가 없는 구조 및 재료로 시공하도록 하는 등의 내용으로 건축법, 건축법 시행령 및 시행규칙에 관련내용이 신설되었다. (2014.5.28. 건축법 개정, 2014.11.28. 시행령 및 시행규칙 개정)

- 관련규정
  - 건축법 제52조의2(실내건축)
  - 건축법 시행령 제61조의2(실내건축)
  - 건축법 시행규칙 제26조의5(실내건축의 구조·시공방법 등의 기준)

【참고】실내건축의 구조·시공방법 등에 관한 기준(국토교통부고시 제2020-742호, 2020.10.20.)

7 건축물의 용도 (법 제2조제1항제3호, 제2항)(영 제3조의5)

법 제2조 【정의】 ①

3. "건축물의 용도"란 건축물의 종류를 유사한 구조, 이용 목적 및 형태별로 묶어 분류한 것을 말한다.

【1】건축물의 용도분류(법 제2조제2항)

법 제2조 【정의】

② 건축물의 용도는 다음과 같이 구분하되, 각 용도에 속하는 건축물의 세부 용도는 대통령령으로 정한다. 〈개정 2022.11.15.〉

1. 단독주택
2. 공동주택
3. 제1종 근린생활시설
4. 제2종 근린생활시설
5. 문화 및 집회시설
6. 종교시설
7. 판매시설
8. 운수시설
9. 의료시설
10. 교육연구시설
11. 노유자(老幼者: 노인 및 어린이)시설
12. 수련시설
13. 운동시설
14. 업무시설
15. 숙박시설
16. 위락(慰樂)시설
17. 공장
18. 창고시설
19. 위험물 저장 및 처리 시설
20. 자동차 관련 시설
21. 동물 및 식물 관련 시설
22. 자원순환 관련 시설
23. 교정(矯正)시설

24. 국방·군사시설

25. 방송통신시설

26. 발전시설

27. 묘지 관련 시설

28. 관광 휴게시설

29. 그 밖에 대통령령으로 정하는 시설

【2】 부속용도(영 제2조제1항제14호)

> **영 제2조 【정의】** ①
>
> 13. "부속용도"란 건축물의 주된 용도의 기능에 필수적인 용도로서 다음 각 목의 어느 하나
>   에 해당하는 용도를 말한다.
>
> 가. 건축물의 설비, 대피, 위생, 그 밖에 이와 비슷한 시설의 용도
>
> 나. 사무, 작업, 집회, 물품저장, 주차, 그 밖에 이와 비슷한 시설의 용도
>
> 다. 구내식당·직장어린이집·구내운동시설 등 종업원 후생복리시설, 구내소각시설, 그 밖에
>   이와 비슷한 시설의 용도. 이 경우 다음의 요건을 모두 갖춘 휴게음식점(별표 1 제3호
>   의 제1종 근린생활시설 중 같은 호 나목에 따른 휴게음식점을 말한다)은 구내식당에 포
>   함되는 것으로 본다. 〈개정 2016.6.30.〉
>
> 　　1) 구내식당 내부에 설치할 것
>
> 　　2) 설치면적이 구내식당 전체 면적의 3분의 1 이하로서 50제곱미터 이하일 것
>
> 　　3) 다류(茶類)를 조리·판매하는 휴게음식점일 것
>
> 라. 관계 법령에서 주된 용도의 부수시설로 설치할 수 있게 규정하고 있는 시설의 용도

해설 "건축물의 용도"라 함은 「건축법」에서 건축물의 종류를 유사한 구조·이용목적 및 형태별로 분류한 것으로서 29개군(시행령 기준 30개군)으로 구성되어 있다.

용도분류의 이해를 높이는 것은 지역·지구안에서의 건축물의 건축에 대한 규정, 용도변경 등에 관한 사항등의 규정 적용을 정확히 판단할 수 있는 근거가 된다.

용도의 세분류의 규정 내용 중 "해당용도로 쓰는 바닥면적의 합계"는 부설주차장 면적을 제외한 실 사용면적에 공용부분 면적(복도, 계단, 화장실 등의 면적)을 비례 배분한 면적으로 산정한다.

【관련 질의회신】

대피소 창고가 주택의 부속용도인지 여부

건교부 고객만족센타, 2007.11.29

질의 1999년에 준공된 단독주택으로서 건축물대장에 지하 1층은 대피소, 창고로, 1층은 주택으로 기재된 경우 이 모든 면적을 주택의 연면적에 산입하여야 하는지 여부

회신 대피소는 건축법령에서 정한 용도 또는 용어가 아니며, 당해 지하층이 종전 건축법령에 의하여 대피용 시설로 건축된 경우라면 주된 용도인 주택의 일부로 볼 수 있으므로 주택의 연면적 산정에 포함되어야 할 것으로 사료됨

1 단독주택[가정어린이집·공동생활가정·지역아동센터 · 공동육아나눔터 · 작은도서관(해당 주택 1층에 설치한 경우만 해당) 및 노인복지시설(노인복지주택을 제외)을 포함] 〈개정 2022.12.6.〉

구 분	내 용	기 타
1. 단독주택	—	—
2. 다중주택	① 학생 또는 직장인 등 여러 사람이 장기간 거주할 수 있는 구조로 되어 있을 것 ② 독립된 주거의 형태를 갖추지 않은 것(각 실별로 욕실은 설치가능, 취사시설은 설치 불가) ③ 1개 동의 주택으로 쓰이는 바닥면적(부설주차장면적 제외. 이하 같다)의 합계가 660m²이하이고 주택으로 쓰는 층수(지하층 제외)가 3개 층 이하일 것 ④ 적정한 주거환경을 조성하기 위하여 건축조례로 정하는 실별 최소 면적, 창문의 설치 및 크기 등의 기준에 적합할 것	1층 전부 또는 일부를 필로티 구조로 하여 주차장으로 사용하고 나머지 부분을 주택(주거 목적으로 한정) 외의 용도로 쓰는 경우 해당 층을 주택의 층수에서 제외
3. 다가구주택	① 주택으로 쓰는 층수(지하층은 제외)가 3개 층 이하일 것 ② 1개 동의 주택으로 쓰는 바닥면적(부설주차장면적 제외)의 합계가 660m² 이하일 것 ③ 19세대(대지 내 동별 세대수를 합한 세대) 이하가 거주할 수 있을 것	1층 전부 또는 일부를 필로티 구조로 하여 주차장으로 사용하고 나머지 부분을 주택(주거 목적으로 한정) 외의 용도로 쓰는 경우 해당 층을 주택의 층수에서 제외
4. 공관	—	—

해설 단독주택과 공동주택은 소유권의 개념으로 분류되며 단독주택은 1인 소유의 주거이다. 참고로 다가구주택은 660m²(약 200평)까지 할 수 있으므로 고급주택으로 분류되어 세제상 불이익이 있을 수 있으나, 대법원 판례에서는 다가구용 단독주택은 실질적으로 각 세대가 독립된 생활을 하고 있는 공동주택으로 보아 누진세율을 적용하지 않고 단순 합산 과세하도록 하고 있다.
또한, 다중주택의 경우 그 규모기준이 완화되어 다가구 주택과 유사하게 적용되고 있다.

【참고】 필로티 구조의 주차장의 적용
1층 전부 또는 일부를 필로티 구조로 하여 주차장으로 사용하고, 일부를 다른 용도로 사용하더라도 주택의 층수에서 제외됨

다가구 3층	
다가구 2층	
다가구 1층	
근린생활	필로티 주차장

【관련 질의회신】

「가정폭력방지 및 피해자보호 등에 관한 법률」에 따른 가정폭력피해자 보호시설이 단독주택에 포함되는 공동생활가정에 해당하는 지 여부

법제처 법령해석 08-0114, 2008.6.13

질의요지 「건축법 시행령」 별표1에서 용도별 건축물의 종류를 규정하고 있고, 별표1 제1호의 단독주택은 가정보육시설·공동생활가정 및 재가노인복지시설을 포함하고 있는 바, 「가정폭력방지 및 피해자보호 등에 관한 법률」에 따른 가정폭력피해자 보호시설을 「건축법 시행령」 별표1 제1호의 단독주택 용도의 건축물에 설치할 수 있는 지?

회답 「가정폭력방지 및 피해자보호 등에 관한 법률」에 따른 가정폭력피해자 보호시설은 공동생활가정에 해당한다고 볼 수 있으므로, 「건축법 시행령」 별표1 제1호 단독주택 용도의 건축물에 설치할 수 있음

주택의 용도?

국토부 건축기획과-3912, 2008.9.17

질의 가. 하나의 대지에 각각 1세대가 거주할 수 있는 주택 2동을 건축하고 2동을 한 사람이 소유하는 경우 단독주택인지 공동주택인지 여부
　　　나. 하나의 대지에 각각 1세대가 거주할 수 있는 주택 2동을 건축하고 2동을 두 사람이 따로 소유하는 경우 단독주택인지 공동주택인지 여부

회신 질의 "가"와 "나"의 경우 모두 주택의 소유형태와 관계없이 하나의 건축물에 하나의 세대가 거주할 수 있는 구조·형태 등을 갖추었다면 해당 주택은 「건축법 시행령」 별표1 제1호 가목의 단독주택으로 분류되는 것임

다가구주택의 해당 여부

국토교통부 민원마당 FAQ 2019.5.24.

질의 다가구주택의 층수산정시 1층의 전부 또는 일부를 필로티 구조로 하여 주차장으로 사용하고 나머지부분을 주택외의 용도로 쓰는 경우 해당 층을 주택의 층수에서 제외하고 있는 바, 여기서 주택외의 용도에 다가구주택의 부속용도인 창고, 다용도실, 경비실을 포함할 수 있는 지 여부

회신 「건축법 시행령」 제3조의4관련 별표1 제1호 다목에 의거 다가구주택은 주택으로 쓰이는 층수(지하층을 제외한다)가 3개층 이하일 것. 다만, 1층의 전부 또는 일부를 필로티 구조로 하여 주차장으로 사용하고 나머지부분을 주택외의 용도로 쓰는 경우에는 해당 층을 주택의 층수에서 제외할 수 있다고 규정되어 있음. 이는 1층을 주택외의 용도와 일부 필로티 구조의 주차장으로 사용하는 경우에는 주택의 층수에서 제외하도록 하여 실제로 주택 1개 층의 추가 건축이 가능하게 함으로써, 주거밀집지역 토지의 효율적 활용 등으로 다가구주택 건축의 활성화를 모색하기 위함이며,
여기서 주택 외의 용도란 해당 건축물이 개별 가구가 거주하는 주택이 아닌 다른 용도를 의미하는 것으로 판단되는바, 귀 시에서 질의한 주택외의 용도에는 창고, 다용도실, 경비실도 포함될 수 있을 것으로 사료됨 (※ 현행규정에 맞게 수정함)

단독주택의 각각의 방에 화장실 (욕실포함)을 설치할 수 있는지 여부

건교부 고객만족센타, 2007.11.21

질의 단독주택의 각각의 방에 화장실 (욕실포함)을 설치 할 수 있는지 여부

회신 건축법령에서 단독주택 내 화장실의 설치기준에 대하여 구체적으로 정하고 있는 사항은 없으나, 화장실의 설치로 인하여 각 방별로 독립된 주거환경이 갖추게 된 경우라면 다가구 주택 또는 다세대주택 등으로 볼 수도 있는 것임

2   공동주택[공동주택의 형태를 갖춘 가정어린이집·공동생활가정지역아동센터·공동육아나눔터·작은도서관·노인복지시설(노인복지주택을 제외) 및 「주택법」에 따른 소형 주택【참고1】을 포함] 〈개정 2023.2.14〉

구 분	내 용	기 타
1. 아파트	주택으로 쓰는 층수가 5개 층 이상인 주택	1층 전부를 필로티구조로 하여 주차장으로 사용하는 경우 필로티부분을 층수에서 제외
2. 연립주택	주택으로 쓰는 1개 동의 바닥면적(2개 이상의 동을 지하주차장으로 연결하는 경우 각각의 동으로 봄)의 합계가 660㎡를 초과하고, 층수가 4개 층 이하인 주택	
3.다세대 주택	주택으로 쓰는 1개 동의 바닥면적 합계가 660㎡ 이하이고, 층수가 4개 층 이하인 주택(2개 이상의 동을 지하주차장으로 연결하는 경우 각각의 동으로 봄)	1층의 전부 또는 일부를 필로티구조로 하여 주차장으로 사용하고 나머지 부분을 주택(주거 목적으로 한정) 외의 용도로 사용하는 경우 해당 층을 주택의 층수에서 제외
4. 기숙사	다음에 해당하는 건축물로서 공간의 구성과 규모 등에 관하여 국토교통부장관이 정하여 고시하는 기준【참고2】에 적합한 것	구분소유된 개별 실(室)은 제외
	1) 일반기숙사 : 학교 또는 공장 등의 학생 또는 종업원 등을 위하여 사용하는 것으로서 해당 기숙사의 공동취사시설 이용 세대 수가 전체 세대 수*의 50% 이상인 것(학생복지주택*1을 포함)	*건축물의 일부를 기숙사로 사용하는 경우에는 기숙사로 사용하는 세대 수로 한다. *1 「교육기본법」 제27조제2항 *2 「공공주택 특별법」 제4조 *3 「민간임대주택에 관한 특별법」 제2조제7호
	2) 임대형기숙사: 공공주택사업자*2 또는 임대사업자*3가 임대사업에 사용하는 것으로서 임대 목적으로 제공하는 실이 20실 이상이고 해당 기숙사의 공동취사시설 이용 세대 수가 전체 세대 수*의 50% 이상인 것	

※ 1.~4.에서 층수 산정할 때 지하층을 주택의 층수에서 제외함.

【참고1】 공동주택의 건축은 「건축법」에 따른 건축허가대상과 「주택법」에 따른 사업계획승인대상 건축물로 분류된다.

■ 공동주택의 허가·승인 기준 등(주택법 제16조, 동 시행령 제15조)

구 분	공동주택의 규모	주택과 기타용도의 복합건축물	
		상업지역(유통상업지역 제외), 준주거지역	기타 지역
「건축법」에 따른 건축허가	30세대 미만	• 세대수 : 300세대 미만 • 주택의 규모 : 세대당 297㎡이하(주거전용면적기준) • 건축물의 연면적에 대한 주택연면적 합계의 비율이 90%미만	30세대 미만
「주택법」에 따른 사업계획 승인	30세대 이상	• 300세대 이상인 경우(주택비율무관) • 300세대 미만으로서 연면적에 대한 주택연면적 합계의 비율이 90%이상	30세대 이상

【참고2】 기숙사 건축기준[국토교통부고시 제2023-151호, 2023.3.15., 제정] 참조

【관련 질의회신】

다세대주택에 해당되는 지 여부

국토교통부 민원마당 FAQ 2019.5.24.

질의 7층 건축물로서 1층은 근린생활시설과 필로티 구조의 주차장이고 2층부터 5층까지는 주택으로 바닥면적의 합계가 660㎡ 이하이며, 6층과 7층은 근린생활시설인 경우 2층부터 5층까지 부분이 다세대주택에 해당되는 지 여부

회신 「건축법 시행령」 별표1 제2호 단서 및 나목에 따라 다세대주택은 주택으로 쓰이는 1개동의 바닥면적(지하주차장 제외)의 합계가 660㎡ 이하이고, 층수가 4개층 이하인 주택이며, 층수를 산정함에 있어서 1층 바닥면적의 전부 또는 일부를 필로티 구조로 하여 주차장으로 사용하고 나머지 부분을 주택 외의 용도로 사용하는 경우에는 해당 층을 주택의 층수에서 제외하는 바,
문의의 경우 1층 전부 또는 일부를 필로티 구조로 하여 주차장으로 사용하고 나머지 부분을 주택 외의 용도로 사용하는 경우 2층부터 5층까지의 부분은 다세대주택에 해당하는 것임

학교 인가여부와 관계없이 기숙사가 가능한지 여부

건교부건축기획팀-2580, 2006.4.25

질의 교육관련 법령에 따른 학교나 학원으로서 인가여부와 관계없이 건축법령에 따른 기숙사의 건축허가가 가능한지 여부

회신 건축물의 용도분류는 「건축법시행령」 별표1에 의하는 것이며, 이에 정하지 아니한 용도는 건축허가권자가 해당 건축물의 구조·기능·규모 및 이용형태와 관계법령 등을 종합 검토·판단하여 그와 유사한 용도로 분류하는 것으로 동 별표1제2호 라목에 따른 '기숙사'는 학교 또는 공장 등의 학생 또는 종업원 등을 위하여 사용되는 것으로서 공동취사 등을 할 수 있는 구조이되, 독립된 주거의 형태를 갖추지 아니한 것을 말하는 것임. 건축법령상 '기숙사'를 건축하고자 하는 자의 범위에 대하여 별도로 규정한 바 없으나, '기숙사'를 상기 라목에 따른 용도대로 사용하지 아니하고 개인 등이 숙박에 필요한 시설 등을 갖추고 손님을 숙박시키는 업을 영위하는 경우 이는 숙박시설로 분류하여 공중위생관리법등 관계법령에 적합하여야 하고, 학생 또는 직장인 등이 장기간 거주할 수 있는 구조로 된 경우에는 다중주택으로 분류하여 다중주택의 건축허가기준에 적합하여야 하는 것임.

주택으로 쓰이는 지하층의 다세대주택 층수(~개층) 산입여부

건교부 건축기획팀-2086, 2005.12.22

질의 공동주택의 용도분류 중 다세대주택에서 주택으로 쓰이는 층수에 지하층의 층수도 포함되는지

회신 건축법 시행령 별표 1 제2호에서 "개층"을 산정함에 있어 동령 제119조제1항제9호에 따라 지하층은 층수에 산입하지 아니하는 것임

다세대주택에 근린생활시설 증축가능 여부

건교부 건축 58070-1441, 1999.4.22

질의 4층 16세대인 다세대주택에 5층 근린생활시설 증축 가능여부

회신 다세대주택이라 함은 동당 건축 연면적이 660㎡ 이하이고 4층 이하인 주택으로서, 이에 해당하는 건축물과 복합 용도로 근린생활시설을 건축(증축포함)하는 것을 건축법상 제한하고 있지 아니함

옥상계단실 바닥면적이 건축면적의 1/8 이상으로 층수가 5층인 경우 다세대 주택인지

건교부 건축 58070-416, 2003.3.5

질의 주택으로 쓰이는 층수가 4개층(연면적 660제곱미터 이하)이나, 옥상계단실 바닥면적이 건축면적의 8분의 1이상이 됨에 따라 건축물의 층수가 5층이 되는 경우에도 다세대 주택으로 볼 수 있는지 여부

[회신] 다세대주택이라 함은 건축법시행령 별표1제2호다목에서 주택으로 쓰이는 1개동의 연면적(지하주차장 면적을 제외함)이 660제곱미터 이하이고 층수가 4개층 이하인 주택을 말하는 것인바, 귀질의의 경우에는 5층에 해당하므로 다세대주택으로 볼 수 없는 것임

3 제1종 근린생활시설 〈개정 2023.9.12.〉

1. 식품·잡화·의류·완구·서적·건축자재·의약품·의료기기 등 일용품을 판매하는 소매점	바닥면적 합계 1,000㎡ 미만인 것
2. 휴게음식점, 제과점 등 음료·차(茶)·음식·빵·떡·과자 등을 조리하거나 제조하여 판매하는 시설	- 바닥면적 합계 300㎡ 미만인 것 - 제2종 근린생활시설 중 제조업소 등으로 500㎡ 미만인 것과 공장 제외
3. 이용원, 미용원, 목욕장, 세탁소* 등 사람의 위생관리나 의류 등을 세탁·수선하는 시설	* 세탁소: 공장에 부설된 것과 「대기환경보전법」 등에 따른 배출시설의 설치 허가, 신고 대상인 것 제외
4. 의원, 치과의원, 한의원, 침술원, 접골원(接骨院), 조산원, 안마원, 산후조리원 등 주민의 진료·치료 등을 위한 시설	—
5. 탁구장·체육도장	바닥면적 합계 500㎡ 미만인 것
6. 지역자치센터, 파출소, 지구대, 소방서, 우체국, 방송국, 보건소, 공공도서관, 건강보험공단 사무소 등 주민의 편의를 위하여 공공업무를 수행하는 시설	바닥면적 합계 1,000㎡ 미만인 것
7. 마을회관, 마을공동작업소, 마을공동구판장, 공중화장실, 대피소, 지역아동센터 등 주민이 공동으로 이용하는 시설	지역아동센터의 경우 단독주택과 공동주택에 해당하는 것 제외
8. 변전소, 도시가스배관시설, 통신용시설*, 정수장, 양수장 등 주민의 생활에 필요한 에너지공급·통신서비스제공이나 급수·배수와 관련된 시설	* 통신용시설의 경우 바닥면적 합계 1,000㎡ 미만인 것
9. 금융업소, 사무소, 부동산중개사무소, 결혼상담소 등 소개업소, 출판사 등 일반업무시설	바닥면적 합계 30㎡ 미만인 것
10. 전기자동차 충전소	바닥면적의 합계 1,000㎡ 미만인 것
11. 동물병원, 동물미용실 및 동물위탁관리업*을 위한 시설 〈신설 2023.9.12〉	바닥면적 합계 300㎡ 미만인 것 * 「동물보호법」 제73조제1항 제2호

【참고1】 용도시설중의 바닥면적은 같은 건축물(하나의 대지에 2동이상의 건축물이 있는 경우 이를 같은 건축물로 봄)에서 해당 용도로 쓰는 바닥면적의 합계로 한다.

【참고2】 해당 용도로 쓰는 바닥면적 (3 4 의 경우에 해당되며, 표에서는 '바닥면적'으로 줄여 씀)

① 부설 주차장 면적을 제외한 실(實) 사용면적에 공용부분 면적(복도, 계단, 화장실 등의 면적)을 비례 배분한 면적을 합한 면적

② 건축물의 내부를 여러 개의 부분으로 구분하여 독립한 건축물로 사용하는 경우: 그 구분된 면적 단위로 바닥면적을 산정

[예외] ㉠ 4 의 15.에 해당하는 경우 : 내부가 여러 개의 부분으로 구분되어 있더라도 해당 용도로 쓰는 바닥면적을 모두 합산하여 산정

㉡ 동일인이 둘 이상의 구분된 건축물을 같은 세부 용도로 사용하는 경우에는 연접되어 있지 않더라도 이를 모두 합산하여 산정

ⓒ 구분 소유자가 다른 경우에도 구분된 건축물을 같은 세부 용도로 연계하여 함께 사용하는 경우(통로, 창고 등을 공동으로 활용하는 경우 또는 명칭의 일부를 동일하게 사용하여 홍보하거나 관리하는 경우 등)에는 연접되어 있지 않더라도 연계하여 함께 사용하는 바닥면적을 모두 합산하여 산정

【참고3】 여성가족부장관이 고시하는 청소년 출입·고용금지업의 영업을 위한 시설은 제1종 근린생활시설 및 제2종 근린생활시설에서 제외하되, 다른 용도의 시설로 분류되지 않는 경우 16 위락시설로 분류

【참고4】 국토교통부장관은 별표 1 각 호의 용도별 건축물의 종류에 관한 구체적인 범위를 정하여 고시할 수 있다.

【관련 질의회신】

제1종 근생인 체육도장과 제2종 근생인 골프연습장의 동일건축물 허용여부

국토해양부 고객만족센터, 2008.8.11

질의 동일한 건축물 안에 제1종 근린생활시설인 체육도장(바닥면적 420m²)과 제2종 근린생활시설인 골프연습장(바닥면적 390m²)이 있을 때 운동시설에 해당하는 것인지, 아니면 각각 제1종, 제2종 근린생활시설에 해당하는 것인지에 대한 질의

회신 가. 건축법시행령 별표1 제13호 가목(2006.5.8 대통령령 제19466호 개정)에 따르면 탁구장·체육도장·테니스장·체력단련장·에어로빅장·볼링장·당구장·실내낚시터·골프연습장, 그 밖에 이와 유사한 것으로서 제1종 근린생활시설과 제2종 근린생활시설에 해당하지 아니하는 것은 운동시설에 해당하는 것임.
나. 따라서, 동일한 건축물 안에 체육도장과 골프연습장을 함께 설치하는 경우 건축물의 용도는 제1종 근린생활시설인 체육도장에 쓰이는 바닥면적의 합계(500m²이상은 운동시설)와 제2종 근린생활시설인 골프연습장에 쓰이는 바닥면적의 합계(500m²이상은 운동시설)에 따라 각각의 해당 용도를 분류하는 것이므로, 귀 질의의 경우 체육도장은 제1종 근린생활시설, 골프연습장은 제2종 근린생활시설에 해당하는 것임.

다방의 용도분류

국토해양부 고객만족센터, 2008.6.24

질의 다방을 '일반음식점'으로 분류하고 해당 건축물의 용도를 '제2종근린생활시설'로 보는 것이 맞는지?
회신 '92.11.21일 개정한 건축법시행령은 식품위생법시행령 개정에 따른 것으로써 다방·과자점 기타 간편음식점 등을 포함하여 음식물을 조리, 판매하되 음주행위가 허용되지 아니하는 영업을 휴게음식점영업으로 규정하였는 바, 질의하신 '다방'은 건축법시행령 별표1 제3호 나목 및 제4호 나목에 따라 당해 용도에 쓰이는 바닥면적의 합계가 300㎡미만인 것은 제1종 근린생활시설, 그 이상의 것은 제2종 근린생활시설로 보는 것이 타당할 것으로 사료됨

농어촌에 있는 마을회관 겸 경로당의 용도분류

건교부 고객만족센타, 2007.11.21

질의 농어촌에 마을회관 겸 경로당으로 동시에 사용하고 있는데, 건축법상 용도를 건축법 시행령 별표1의 제3호 제1종 근린생활시설 중 마을회관, 마을공동작업소, 마을공동구판장, 그 밖에 이와 유사한 것으로 보아도 되는지, 아니면 별표1의 제11호 노유자시설로만 보아야 하는지
회신 마을회관의 경우는 마을 사람들이 공동으로 사용하는 것으로 볼 수 있으나, 질의의 경우 당해 경로당의 경로대상이 주로 이용하는 시설이라면 노인복지시설, 마을회관에 부속된 경로당인 경우라면 제1종근린생활시설(마을회관 등)로 볼 수 있는바 당해 허가권자가 그 시설의 구조.이용형태.기능 등과 관계법령을 종합적으로 검토하여 판단하여야 할 사항임

4 제2종 근린생활시설 〈개정 2023.4.27., 2023.9.12.〉

1. 공연장(극장, 영화관, 연예장, 음악당, 서커스장, 비디오물감상실, 비디오물소극장, 그 밖에 이와 비슷한 것)	바닥면적 합계 500㎡ 미만인 것
2. 종교집회장[교회, 성당, 사찰, 기도원, 수도원, 수녀원, 제실(祭室), 사당, 그 밖에 이와 비슷한 것]	바닥면적 합계 500㎡ 미만인 것
3. 자동차영업소	바닥면적 합계 1,000㎡ 이상인 것
4. 서점	바닥면적 합계 1,000㎡ 이상인 것
5. 총포판매소, 사진관, 표구점	—
6. 청소년게임제공업소, 복합유통게임제공소, 인터넷컴퓨터게임제공업소, 가상현실체험 제공업소 등 이와 유사한 게임 및 체험관련 시설	바닥면적 합계 500㎡ 미만인 것
7. 휴게음식점, 제과점 등 음료·차(茶)·음식·빵·떡·과자 등을 조리하거나 제조하여 판매하는 시설(15. 또는 공장에 해당하는 것은 제외)	바닥면적 합계 300㎡ 이상인 것
8. 일반음식점	—
9. 장의사, 동물병원, 동물미용실, 동물위탁관리업*을 위한 시설, 그 밖에 이와 유사한 것	-제1종 근린생활시설에 해당하는 것 제외 * 「동물보호법」 제73조제1항제2호
10. 학원*(자동차학원 및 무도학원 제외), 교습소*(자동차 교습 및 무도 교습을 위한 시설 제외), 직업훈련소(운전·정비 관련 직업훈련소 제외)	바닥면적 합계 500㎡ 미만인 것 * 정보통신기술을 활용한 원격교습 제외
11. 독서실, 기원	—
12. 테니스장, 체력단련장, 에어로빅장, 볼링장, 당구장, 실내낚시터, 골프연습장, 놀이형시설(「관광진흥법」의 기타유원시설업의 시설) 등 주민의 체육 활동을 위한 시설	-바닥면적 합계 500㎡ 미만인 것 -제1종 근린생활시설 중 탁구장, 체육도장 등으로 500㎡ 미만인 것 제외
13. 금융업소, 사무소, 부동산중개사무소, 결혼상담소 등 소개업소, 출판사 등 일반업무시설	바닥면적 합계 500㎡ 미만인 것 (제1종 근린생활시설에 해당하는 것은 제외)
14. 다중생활시설[「다중이용업소의 안전관리에 관한 특별법」에 따른 다중이용업 중 고시원업의 시설로서 다중이용업 중 고시원업의 시설로서 국토교통부장관이 고시하는 기준과 그 기준에 위배되지 않는 범위에서 적정한 주거환경을 조성하기 위하여 건축조례로 정하는 실별 최소 면적, 창문의 설치 및 크기 등의 기준에 적합한 것. 이하 같다]	바닥면적 합계 500㎡ 미만인 것
15. 제조업소, 수리점 등 물품의 제조·가공·수리 등을 위한 시설 * 우측란에서 「대기환경보전법」 등은 「대기환경보전법」, 「물환경보전법」, 「소음·진동관리법」임	바닥면적의 합계가 500㎡ 미만이고, 다음 중 어느 하나에 해당되는 시설 ①「대기환경보전법」 등*에 따른 배출시설의 설치허가 또는 신고의 대상이 아닌 것 ②「물환경보전법」에 따라 폐수배출시설의 설치 허가를 받거나 신고해야 하는 시설로서 발생되는 폐수를 전량 위탁처리하는 것
16. 단란주점	바닥면적 합계 150㎡ 미만인 것
17. 안마시술소, 노래 연습장	—

【관련 질의회신】

동일한 건축물내 제1종·제2종 근린생활시설의 합산 여부

국토부 건축기획과-2437, 2008.7.11

질의 동일한 건축물 안에 제1종 근린생활시설인 체육도장(바닥면적 420제곱미터)과 제2종 근린생활시설인 골프연습장(바닥면적 390제곱미터)이 있을 때 운동시설에 해당하는 것인지, 아니면 각각 제1종, 제2종 근린생활시설에 해당하는 것인지 여부

회신 「건축법 시행령」 별표1 제13호 가목(2006.5.8 대통령령 제19466호 개정)에 따르면 탁구장·체육도장·테니스장·체력단련장·에어로빅장·볼링장·당구장·실내낚시터·골프연습장, 그 밖에 이와 유사한 것으로서 제1종 근린생활시설과 제2종 근린생활시설에 해당하지 아니하는 것은 운동시설에 해당하는 것임

따라서, 동일한 건축물 안에 체육도장과 골프연습장을 함께 설치하는 경우 건축물의 용도는 제1종 근린생활시설인 체육도장에 쓰이는 바닥면적의 합계(500제곱미터이상은 운동시설)에 따라 각각의 해당용도를 분류하는 것이므로, 귀 질의의 경우 체육도장은 제1종 근린생활시설, 골프연습장은 제2종 근린생활시설에 해당하는 것임

스크린실내골프장의 용도분류

건교부 고객만족센타-2007.11.9

질의 연면적 500㎡일 경우에는 운동시설인 실내 골프연습장으로 판단되며, 연면적 500㎡ 미만일 경우에는 제2종 근린생활시설인 체육도장에 해당되는지 아니면 게임제공업소로 분류되는지?

회신 해당 스크린 골프연습장의 형태는 정해진 것이 아닌 설치자의 의도에 따라 여러가지 형태로 건축이 가능하여 그 형태를 알 수 없어 구체적인 회신이 어려우며, 현재 운영되고 있는 일반적인 그물망이 있는 골프연습장과 유사한 형태라면 그 규모에 따라서 건축법 시행령 별표1의 제2종 근린생활시설 또는 운동시설로 분류 가능할 것으로 사료됨

5 문화 및 집회시설

시설	기준
1. 공연장(극장, 영화관, 연예장, 음악당, 서커스장, 비디오물 감상실, 비디오물소극장, 그 밖에 이와 비슷한 것)	바닥면적의 합계가 500㎡ 이상인 것
2. 집회장[예식장, 공회당, 회의장, 마권(馬券) 장외 발매소, 마권 전화투표소, 그 밖에 이와 비슷한 것]	바닥면적의 합계가 500㎡ 이상인 것
3. 관람장(경마장, 경륜장, 경정장, 자동차 경기장, 그 밖에 이와 비슷한 것과 체육관 및 운동장)	체육관 및 운동장의 경우 관람석의 바닥면적의 합계가 1,000㎡ 이상인 것
4. 전시장(박물관, 미술관, 과학관, 문화관, 체험관, 기념관, 산업전시장, 박람회장, 그 밖에 이와 비슷한 것)	—
5. 동·식물원(동물원, 식물원, 수족관 그 밖에 이와 비슷한 것)	—

【관련 질의회신】

테마파크의 용도분류에 대한 질의

국토부 건축기획과-5285, 2008.11.11

질의 성인들의 직업세계를 미리 체험하는 테마파크로서 4~15세 어린이를 대상으로 '어른역할놀이'등을 통해 직업과 실물경제의 세계를 이용하고, 창의력·협동력·자신감 등을 기를 수 있도록 각 시설물을 어린이들의 눈높이에 맞추어 실물크기의 3분의2로 재현하여 의사, 변호사, 모델 등 약 90여개의 직업을 체험할 수 있도록 계획한 건축물의 용도분류에 대한 질의

회신 건축법령에서 건축물의 용도는 구조안전, 피난 등 건축법령상의 기준 적용을 위해 건축법 제2조 제2항 및 같은 법 시행령 별표1에 따라 건축물의 종류를 유사한 구조·이용목적 및 형태별로 분류한 것으로써 이에 명시되지 아니한 건축물은 해당 허가권자가 그 시설의 구조·기능·규모와 이용형태 등을 관계법령과 함께 종합 검토·판단하여 동 별표1에 명시된 용도와 가장 유사한 용도로 분류하는 것임.

따라서, 귀 질의의 건축물과 같이 어린이들이 직업세계를 체험하는 전시시설을 갖추고 있는 경우라면 위 별표1 제5호 라목에 따른 전시장에 해당하는 것으로 보아 문화 및 집회시설로 분류함이 타당할 것으로 판단됨.

과학관의 용도분류

국토해양부 고객만족센터-건축반, 2008.6.24

질의 「건축법 시행령」 제3조의4 별표1 제5호 문화 및 집회시설의 "과학관"에 건물의 1~2개 층을 임대하여 전시장(과학관)으로 등록하여 운영하고자 하는 경우도 포함되는지 여부

회신 건축법 제2조 제1항 제2호의2에 따라 "건축물의 용도"는 건축물의 종류를 유사한 구조·이용목적 및 형태별로 묶어 분류한 것으로 건축물의 벽·바닥 등으로 구획된 부분마다 그 용도를 달리 할 수 있는 것인 바, 건축물의 일부가 전시장(과학관) 용도로 사용되는 경우 당해 부분은 건축법 시행령 별표 1 제5호 라목에 따른 문화 및 집회시설로 분류하여야 할 것임

화랑의 용도

건교부 건축 58070-4655, 1997.12.24

질의 바닥면적 357㎡인 화랑의 용도는

회신 미술품을 전람해 높은 화랑은 건축법시행령 별표1 제5호 마목에 따른 문화 및 집회시설로 분류되는 것임.

6 종교시설

1. 종교집회장[교회, 성당, 사찰, 기도원, 수도원, 수녀원, 제실(際室,) 사당, 그 밖에 이와 비슷한 것]	바닥면적의 합계가 500㎡ 이상인 것
2. 종교집회장(바닥면적의 합계가 500㎡ 이상인 것)에 설치하는 봉안당(奉安堂)	-

【관련 질의회신】

종교시설 목사를 위한 사택을 종교시설로 분류할 수 있는지 여부

건교부 고객만족센타, 2008.1.25

질의 교회인근 대지(교회 소유)에 종교시설(교회부속건물)의 용도로 교회목사를 위한 사택을 건축할 수 있는지 여부?

회신 용도별 건축물의 종류는 「건축법 시행령」 제3조의4 별표1에 의하는 것이며, 이에 정하여 지지 아니한 건축물의 용도는 당해 건축허가권자가 그 시설의 구조·기능·규모와 이용형태 등을 관계법령과 종합 검토·판단하여 동 별표1에 명시된 용도와 가장 유사한 용도로 분류하는 것임. 따라서, 부속용도는 당해 허가권자가 그 시설을 확인 후 건축법 시행령 제2조제14조에 해당여부를 판단해야 하는 것으로 종교시설에서 주택은 그 부속용도로 보기 어려울 것으로 사료되는바, 종교집회장은 종교시설로, 주택부분은 주택으로 분류하여야 할 것으로 사료됨

7 판매시설

1. 도매시장(농수산물도매시장, 농수산물공판장, 그 밖에 이와 비슷한 것)		그 안에 있는 근린생활시설을 포함
2. 소매시장(대규모점포, 그 밖에 이와 비슷한 것)		그 안에 있는 근린생활시설을 포함
3. 상점	1) 식품·잡화·의류·완구·건축자재·의약품·의료기기 등 일용품을 판매하는 소매점	바닥면적 합계 1,000㎡ 이상인 것 그 안에 있는 근린생활시설을 포함
	2) 청소년게임제공업, 일반게임제공업, 인터넷컴퓨터게임시설제공업, 복합유통게임제공업의 시설	바닥면적의 합계 500㎡ 이상인 것 그 안에 있는 근린생활시설을 포함

【관련 질의회신】

판매시설내 근린생활시설의 용도분류

국토교통부 민원마당 FAQ 2019.5.24.

질의 「건축법 시행령」 별표1 제7호 다목의 상점은 그 안에 있는 근린생활을 포함하는 바, "그 안에 있는 근린생활시설"에 상점의 구획 내부에 있는 것만 해당되는지 아니면 층을 달리하는 등 상점의 구획 바깥에 있는 근린생활시설도 포함되는 지

회신 「건축법 시행령」 별표1 제7호 다목의 상점은 그 안에 있는 근린생활을 포함하는 바, 이는 상점이 일정규모 이상이면 상점 내부에 설치된 근린생활시설을 모두 포함하여 판매시설로 분류한다는 것이며, 상점의 바깥에 있는 근린생활시설까지 판매시설로 분류하는 것은 아님

8 운수시설

1. 여객자동차터미널
2. 철도시설
3. 공항시설
4. 항만시설
5. 그 밖에 위 1.~4. 까지의 시설과 비슷한 시설

【관련 질의회신】

공항이용객을 위한 할인점등의 용도분류

건교부 건축58550-76, 2003.1.13

질의 도시계획시설인 김포공항의 일부(공항청사 및 청원경찰대로 사용중인 건축물)를 공항이용객 보다는 공항 인근지역 주민까지 이용할 수 있는 대형할인점·골프연습장·예식장·극장등으로 변경하는 경우 이를 항공법시행령 제10조제2호 마목에 따른 공항지원시설로 보아 건축법시행령 별표1 제6호바목에서 규정한 공항시설로 볼 수 있는지 여부

[회신] 도시계획시설의결정·구조및설치기준에관한규칙 제29조에 따른 공항시설과 건축법시행령 별표1 제6호 바목에서 규정한 공항시설은 항공법에 따른 공항시설을 말하는 것인 바, 질의의 경우와 같이 김포공항에 설치할 예정인 공항이용객(항공기탑승객만을 가르키는 것이 아니라 그 밖에 공항시설이나 공항을 이용하는 모든 사람을 의미함)을 위한 대형할인점·골프연습장·예식장·극장등은 항공법시행령 제10조 제2호 라목과 마목 및 같은법 제5호의 규정에서 정하고 있는 공항시설에 해당된다고 볼 수 있음

※ 건축법시행령 개정(2006.5.8)으로 건축법시행령 별표1 제6호는 제7호 판매시설, 제8호 운수시설로 변경됨. 따라서 공항시설은 운수시설에 해당됨

---

9   의료시설

1. 병원(종합병원, 병원, 치과병원, 한방병원, 정신병원 및 요양병원을 말함)
2. 격리병원(전염병원, 마약진료소, 그 밖에 이와 비슷한 것)

【관련 질의회신】

종합의료시설에 한의원 설치가 가능한지 여부

건교부 건축기획팀-1018, 2007.2.27

[질의] 도시계획시설로 결정된 종합의료시설에 「건축법」상 제1종 근린생활시설인 한의원 설치가 가능한지 여부

[회신] 「건축법」상 건축허가(용도변경 포함)관련, 도시계획시설에 대하여는 우선 「도시계획시설의 결정·구조 및 설치기준에 관한 규칙」에 적합하여야 하는 것임. 따라서 동규칙 제151조의 규정에 의하여 "종합의료시설"이라 함은 「의료법」제3조제3항의 규정에 의한 종합병원으로 규정하고 있으므로 「의료법」제3조제3항에 "종합병원"이라 함은 의사 및 치과의사가 의료를 행하는 곳을 말하는 것이므로, 한의사가 진료하는 한의원을 도시계획시설로 결정된 종합의료시설의 용도변경은 할 수 없을 것으로 판단됨

사회복지시설인 노인전문병원과 「건축법」상 병원과의 관계

건교부 건축기획팀-430, 2006.1.23

[질의] 「산업입지 및 개발에 관한 법률」에 의거 사회복지시설부지로 인가를 받은 경우 사회복지시설인 노인전문병원을 「건축법」상 병원시설로 건축허가 신청 가능여부

[회신] 산업입지 및 개발에 관한 법률에 의거 사업인가를 받은 사회복지시설이 건축법령 등에 따른 건축이 가능한 건축물 용도를 한정한 것이 아니고, 국토의 계획 및 이용에 관한 법률등 관련법령에서 건축하고자 하는 해당 건축물의 용도(의료시설)의 입지를 특별히 제한하지 않고 각 기준에도 위반되지 않는다면 건축하고자 하는 해당 용도에 따른 건축법상 기준이나 관계법령(의료법등)에서 정한 설치기준에 맞게 신청이 가능할 것으로 보여짐.

10　교육연구시설(제2종 근린생활시설에 해당하는 것 제외)

1. 학교(유치원, 초등학교, 중학교, 고등학교, 전문대학, 대학, 대학교 그 밖에 이에 준하는 각종학교를 말함)	－
2. 교육원(연수원, 그 밖에 이와 비슷한 것)	－
3. 직업훈련소	운전 및 정비관련 직업훈련소 제외
4. 학원	자동차학원, 무도학원 및 정보통신기술을 활용하여 원격으로 교습하는 것 제외
5. 연구소	연구소에 준하는 시험소와 계측계량소 포함
6. 도서관	－

【관련 질의회신】

한국전력 지사의 연구시설에 대한 용도분류

국토부 고객만족센터, 2008.6.24

질의 한국전력의 지사(지점)에서 현지 연구소 시설을 설치하는 경우 건축물의 용도분류상 "연구소"에 해당하는지?

회신 용도별 건축물의 종류는 「건축법 시행령」 제3조의4 관련 별표1에 의하는 것이며, 건축물의 주된 용도의 기능에 필수적인 용도로서 동 법 시행령 제2조제1항제14호에서 규정하고 있는 시설의 용도는 "부속용도"로 볼 수 있는 바, 질의의 연구시설이 당해 주된 건축물의 부속용도에 해당하는 경우 건축물의 규모에 따라 그 주된 용도인 업무시설 또는 제2종 근린생활시설(한국전력공사 지사-사무소)로 볼 수 있을 것이나, 부속용도가 아닌 별도의 시설로서 연구활동이 주요 목적인 경우라면 동 별표1 제10호의 교육연구시설(연구소 등)로 볼 수 있을 것으로 사료됨

500㎡ 미만 근생 학원 건축물에 다른 근생 학원으로 500㎡를 초과하는 경우의 용도분류

건교부 건축기획팀-1963, 2007.4.13

질의 동일한 건축물 내 제2종근린생활시설 용도의 학원이 있는 상태에서 다른 용도의 건축물 일부를 학원으로 용도변경하여 학원으로 쓰이는 바닥면적의 합계가 500㎡를 초과할 경우 교육연구시설로 용도변경하여야 하는 범위에 대한 질의

회신 가. 「건축법 시행령」 별표1 제4호 자목에 의거 학원(자동차학원과 무도학원은 제외)은 동일한 건축물(하나의 대지 안에 2동이상의 건축물이 있는 경우에는 이를 동일한 건축물로 봄)안에서 당해 용도에 쓰이는 바닥면적의 합계가 500㎡미만인 경우에는 제2종 근린생활시설에 해당하는 것이며, 동 규모를 넘는 경우에는 동 별표1 제10호 라목에 의한 교육연구시설로 분류되는 것임

나. 상기"당해 용도에 쓰이는 바닥면적"은 동일한 건축물내에 학원으로 사용하는 부분을 모두 합산하는 것으로서 당초 학원으로 사용하던 부분과 새로이 학원으로 사용하고자 하는 부분의 바닥면적의 합계가 500m²이상이 되는 경우 학원으로 사용하는 부분의 용도는 모두 교육연구시설에 해당하는 것인 바,

다. 당초 학원으로 사용하던 부분도 그 용도가 제2종근린생활시설에서 교육연구시설로 변경되어야 하는 것이므로 용도변경 허가신청 등 동법 제14조의 규정에 따라 변경하고자 하는 용도의 건축기준에 적합하게 하여야 하는 것임

11 노유자시설

1. 아동 관련 시설(어린이집, 아동복지시설, 그 밖에 이와 비슷한 것)	단독주택, 공동주택 및 제1종 근린생활시설에 해당하지 아니하는 것
2. 노인복지시설	단독주택과 공동주택에 해당하지 아니하는 것
3. 그 밖에 다른 용도로 분류되지 아니한 사회복지시설 및 근로복지시설	

【관련 질의회신】

노인요양병원 또는 노인전문요양병원을 건축법상 용도분류

건교부 고객만족센타, 2007.11.1

질의 노인요양병원 또는 노인전문요양병원을 건축법상 의료시설인 병원 중 요양소로 분류하여야 하는 지 아니면 노유자시설중 노인복지시설로 분류를 하여야 하는지?

회신 노인복지법령에 의한 노인복지시설에 해당하는 경우 건축법 시행령 별표1 제11호 나목에 의하여 노유자시설로 보아야 할 것으로 사료됨

유아놀이방의 건축법상 용도

건교부 건축58070-151, 2003.1.22.

질의 유아놀이방의 건축법상 용도는

회신 영유아보육법에 따른 보육시설이라면 바닥면적에 관계없이 건축법시행령 별표1 제8호 사목에 따라 교육연구 및 복지시설중 아동관련시설이 되는 것임

※ 건축법시행령 개정(2006.5.8)으로 위 교육연구 및 복지시설은 노유자시설임

12 수련시설

1. 생활권 수련시설(청소년수련관, 청소년문화의 집, 청소년특화시설, 그 밖에 이와 비슷한 것)
2. 자연권 수련시설(청소년수련원, 청소년야영장, 그 밖에 이와 비슷한 것)
3. 유스호스텔
4. 「관광진흥법」에 따른 야영장 시설로서 제29호(야영장시설)에 해당하지 아니하는 시설

13 운동시설

1. 탁구장, 체육도장, 테니스장, 체력단련장, 에어로빅장, 볼링장, 당구장, 실내낚시터, 골프연습장, 놀이형시설, 그 밖에 이와 비슷한 것	제1종 및 제2종 근린생활시설에 해당하지 아니하는 것 (해당용도 바닥면적 합계 500㎡ 이상)
2. 체육관	관람석이 없거나 관람석의 바닥면적이 1,000㎡ 미만인 것
3. 운동장(육상장, 구기장, 볼링장, 수영장, 스케이트장, 롤러스케이트장, 승마장, 사격장, 궁도장, 골프장 등과 이에 딸린 건축물을 말함)	관람석이 없거나 관람석의 바닥면적이 1,000㎡ 미만인 것

【관련 질의회신】

체육관·운동장(수영장, 빙상장 등)의 관람석의 정의
건교부 고객만족센타, 2007.10.25

질의 체육관·운동장(수영장, 빙상장 등)을 관람석 바닥면적의 합계에 따라 운동시설 및 문화 및 집회시설(관람장)로 용도를 구분함에 있어 관람석의 정의는 무엇인지?
"관람석의 바닥면적의 합계 1천㎡"에는 건축물의 공유부분인 기계실, 복도, 화장실, 계단, 로비 등의 면적이 포함 되는지?

회신 관람석은 관람을 위한 좌석 등의 시설을 의미하는 것으로 볼 수 있으며, 관람석의 형태는 설계자의 의도에 따라 다소 달라질 수 있으나 허가권자가 판단할 때 건축물이거나 그에 부수되는 시설물에 해당하는 경우라면 그 면적은 지붕의 설치여부에 관계없이 산정되어야 할 것으로 사료되며, 또한 계단, 통로 등 공용부분 등이 관람석에 부속된 경우라면 그 면적 또한 합계하여야 할 것으로 사료되는바, 당해 건축물의 용도판단 또는 면적산정은 허가권자가 그 건축물의 구조.기능.이용형태 등을 종합적으로 검토하여 판단하여야 할 사항으로 사료됨

체력단력장 + 골프연습장의 용도는
건교부 건축 58070-1503, 1999.4.26

질의 동일한 건축물 안에서 체력단련장 300㎡와 골프연습장 350㎡가 있는 경우 용도

회신 건축법시행령 별표1 제4호 라목의 규칙에 의하여 동일한 건축물 안에서 체력단련장·골프연습장 등의 용도로 사용되는 바닥면적 합계가 500㎡ 미만인 것은 제2종 근린생활시설로 분류하는 것이나, 동 규모 이상인 것은 운동시설로 분류되는 것임

14 업무시설

1. 공공업무시설	국가 또는 지방자치단체의 청사 및 외국공관의 건축물【참고1】	제1종 근린생활시설이 아닌 것 (해당용도로 쓰는 바닥면적의 합계가 1,000㎡ 이상인 것)
2. 일반업무시설	1) 금융업소, 사무소, 결혼상담소 등 소개업소, 출판사, 신문사, 그 밖에 이와 비슷한 것	제1종 및 제2종 근린생활시설 아닌 것(해당용도 바닥면적 합계 500㎡ 이상)
	2) 오피스텔(업무를 주로 하며, 분양하거나 임대하는 구획 중 일부 구획에서 숙식을 할 수 있도록 한 건축물)	오피스텔 건축기준에 적합한 것【참고2】

【참고1】공공 청사의 종류 (「도시·군계획시설의 결정·구조 및 설치기준에 관한 규칙」 제94조, 제95조)
1. 공공업무를 수행하기 위하여 설치·관리하는 국가 또는 지방자치단체의 청사
2. 우리나라와 외교관계를 수립한 나라의 외교업무수행을 위하여 정부가 설치하여 주한외교관에게 빌려주는 공관

【참고2】오피스텔 건축기준 (국토교통부고시 제2023-758호, 2023.12.13.)

■ 건축기준
1. 각 사무구획별 노대(발코니)를 설치하지 아니할 것
2. 다른 용도와 복합으로 건축하는 경우(지상층 연면적 3,000㎡ 이하인 건축물은 제외한다)에는 오피스텔의 전용출입구를 별도로 설치할 것. 다만, 단독주택 및 공동주택을 복합으로 건축하는 경우에는 건축주가 주거기능 등을 고려하여 전용출입구를 설치하지 아니할 수 있다.

3. 사무구획별 전용면적이 120㎡를 초과하는 경우 온돌·온수온돌 또는 전열기 등을 사용한 바닥난방을 설치하지 아니할 것
4. 전용면적의 산정방법은 건축물의 외벽의 내부선을 기준으로 산정한 면적으로 하고, 2세대 이상이 공동으로 사용하는 부분으로서 다음 각목의 어느 하나에 해당하는 공용면적을 제외하며, 바닥면적에서 전용면적을 제외하고 남는 외벽면적은 공용면적에 가산한다.
   가. 복도·계단·현관 등 오피스텔의 지상층에 있는 공용면적
   나. 가목의 공용면적을 제외한 지하층·관리사무소 등 그 밖의 공용면적
5. 오피스텔 거주자의 생활을 지원하는 시설로서 경로당, 어린이집은 오피스텔에 부수시설로 설치할 수 있다. <신설 2023.12.13.>

■ 피난 및 설비기준
1. 주요구조부가 내화구조 또는 불연재료로 된 16층 이상인 오피스텔의 경우 피난층외의 층에서는 피난층 또는 지상으로 통하는 직통계단을 거실의 각 부분으로부터 계단에 이르는 보행거리가 40m 이하가 되도록 설치할 것
2. 각 사무구획별 경계벽은 내화구조로 하고 「건축물의 피난·방화구조 등의 기준에 관한 규칙」 제19조 제2항에 따른 벽두께 이상으로 하거나 45dB 이상의 차음성능이 확보되도록 할 것

■ 배기시설 권고기준
- 허가권자는 오피스텔에 설치하는 배기설비에 대하여 「주택건설기준 등에 관한 규칙」 제11조 각 호의 기준 중 전부 또는 일부를 적용할 것을 권고할 수 있다.

【관련 질의회신】

다른 용도와 복합으로 건축시 오피스텔의 전용출입구 별도 설치 여부

건교부건축기획팀-3134, 2006.5.18

질의 다른 용도와 복합으로 건축시 오피스텔의 전용출입구 별도 설치 여부

회신 「오피스텔 건축기준(국토교통부 고시 제2021-1227호)」 제2호에 의하면 '다른 용도와 복합으로 건축하는 경우에는 오피스텔의 전용출입구를 별도로 설치할 것'이라고 규정하고 있고, 이는 공부상·사실상 별도로 설치되어 오피스텔의 소유주 등에게 전용으로 사용되는 것으로 사료됨(*현행 규정에 맞게 수정)

15 숙박시설 〈개정 2021.11.2〉

1. 일반숙박시설 및 생활숙박시설* 【참고1】	-
2. 관광숙박시설(관광호텔, 수상관광호텔, 한국전통호텔, 가족호텔, 호스텔, 소형호텔, 의료관광호텔 및 휴양 콘도미니엄) 【참고2】	-
3. 다중생활시설	바닥면적의 합계 500㎡ 이상인 것
4. 그 밖에 위의 시설과 비슷한 것	-

* 「공중위생관리법」 제3조제1항 전단에 따라 숙박업 신고를 해야 하는 시설로서 국토교통부장관이 정하여 고시하는 요건을 갖춘 시설

【참고1】 숙박업의 세분(「공중위생관리법 시행령」 제4조)
   1) 숙박업(일반) : 손님이 잠을 지고 머물 수 있도록 시설(취시시설은 제외) 및 설비 등의 서비스를 제공하는 영업
   2) 숙박업(생활) : 손님이 잠을 자고 머물 수 있도록 시설(취사시설을 포함) 및 설비 등의 서비스를 제공하는 영업

【참고2】 관광숙박시설의 종류(「관광진흥법」 제3조, 시행령 제2조)

1. 호텔업	관광호텔업	관광객의 숙박에 적합한 시설을 갖추어 관광객에게 이용하게 하고 숙박에 딸린 음식·운동·오락·휴양·공연 또는 연수에 적합한 시설 등(이하 "부대시설"이라 한다)을 함께 갖추어 관광객에게 이용하게 하는 업
	수상관광 호텔업	수상에 구조물 또는 선박을 고정하거나 매어 놓고 관광객의 숙박에 적합한 시설을 갖추거나 부대시설을 함께 갖추어 관광객에게 이용하게 하는 업
	한국전통 호텔업	한국전통의 건축물에 관광객의 숙박에 적합한 시설을 갖추거나 부대시설을 함께 갖추어 관광객에게 이용하게 하는 업
	가족호텔업	가족단위 관광객의 숙박에 적합한 시설 및 취사도구를 갖추어 관광객에게 이용하게 하거나 숙박에 딸린 음식·운동·휴양 또는 연수에 적합한 시설을 함께 갖추어 관광객에게 이용하게 하는 업
	호스텔업	배낭여행객 등 개별 관광객의 숙박에 적합한 시설로서 샤워장, 취사장 등의 편의시설과 외국인 및 내국인 관광객을 위한 문화·정보 교류시설 등을 함께 갖추어 이용하게 하는 업
	소형호텔업	관광객의 숙박에 적합한 시설을 소규모로 갖추고 숙박에 딸린 음식·운동·휴양 또는 연수에 적합한 시설을 함께 갖추어 관광객에게 이용하게 하는 업
	의료관광 호텔업	의료관광객의 숙박에 적합한 시설 및 취사도구를 갖추거나 숙박에 딸린 음식·운동 또는 휴양에 적합한 시설을 함께 갖추어 주로 외국인 관광객에게 이용하게 하는 업
2. 휴양 콘도미니엄업		관광객의 숙박과 취사에 적합한 시설을 갖추어 이를 그 시설의 회원이나 공유자, 그 밖의 관광객에게 제공하거나 숙박에 딸리는 음식·운동·오락·휴양·공연 또는 연수에 적합한 시설 등을 함께 갖추어 이를 이용하게 하는 업

16 위락시설

1. 단란주점	해당용도로 쓰는 바닥면적의 합계 150㎡이상인 것
2. 유흥주점이나 그 밖에 이와 비슷한 것	–
3.「관광진흥법」에 따른 유원시설업의 시설, 그 밖에 이와 비슷한 시설	제2종 근린생활시설과 운동시설에 해당되는 것은 제외
4. 무도장 및 무도학원	–
5. 카지노영업소	–

【관련 질의회신】

콜라텍의 건축법상 용도

건교부 고객만족센타, 2007.11.1

질의 건축물 대장상 용도는 판매시설인데 현재 콜라텍을 운영하고 있음, 콜라텍은 건축법상 위락시설이 맞는지?

회신 건축법령상 건축물의 용도는 건축법 시행령 [별표1]에서 규정하고 있으며 이에 해당하지 않는 건축물에 대하여는 당해 건축물의 구조.기능.규모이용행태 등을 종합적으로 고려하여 가장 유사한 것으로 분류하고 있음. 따라서, 허가권자가 그 건축물의 기능.이용행태 등을 고려할 때 건축법 시행령 별표1 제12호의 무도장 또는 무도학원 등과 유사한 경우라면 위락시설로 볼 수 있을 것으로 사료되나, 질의의 콜라텍 시설이 동 별표1의 위락시설에 해당되는지에 등에 대하여는 보다 구체적인 자료를 갖추어 종합행정을 처리하는 허가권자에게 문의하시기 바람

무도장의 용도분류

건교부 건축기획팀-3227, 2006.5.23

질의 건축법령에서 무도장의 의미와 무도장시설을 동호회 연습장으로 사용시 건축물의 용도분류는?

회신 용도별 건축물의 종류는 「건축법 시행령」 "별표1"에 의하는 것이며, 이에 정하여 지지 아니한 건축물의 용도는 해당 건축 허가권자가 그 시설의 구조·기능·규모와 이용형태 등을 관계법령과 종합 검토·판단하여 동 "별표1"에 명시된 용도와 가장 유사한 용도로 분류하는 것임.

「건축법 시행령」 "별표1" 제16호의 위락시설중 무도장이라 함은 「체육시설의 설치.이용에 관한 법률」 제10조에 따른 신고체육시설업의 하나로서 국제표준무도(볼룸댄스)를 할 수 있는 시설과 춤을 추며 즐기는 장소이며, 이와 유사한 시설의 구조·기능·규모와 이용형태를 갖춘 시설을 의미하는 것임.

질의한 시설의 경우 동 "별표1"의 위락시설로 분류할 것인지의 여부는 해당 지역 허가권자가 해당 건축물 사업승인 또는 건축물대장상 기재사항, 현지현황(동 시설의 구조·기능·규모와 이용형태 등), 관련법령 등을 종합적으로 검토·판단하여 동 "별표1"에 명시된 용도와 가장 유사한 용도로 분류하게 됨

17 공 장

물품의 제조·가공[염색·도장(塗裝)·표백·재봉·건조·인쇄 등을 포함한다] 또는 수리에 계속적으로 이용되는 건축물	제1종 및 제2종 근린생활시설, 위험물저장 및 처리시설, 자동차 관련 시설, 자원순환 관련 시설 등으로 따로 분류되지 아니한 것

【관련 질의회신】

인쇄소의 용도분류

건교부 건축 58550-4898, 1999.12.21

질의 인쇄소는 건축법시행령 제3조의 4 별표1에서 제2종 근린생활시설과 공장 중 어디에 해당하는지

회신 질의의 경우 인쇄용으로 사용하는 건축물은 건축법시행령 제3조의 4 관련 별표1 제13호에 따라 공장에 해당하는 것으로 건축법시행령 제65조에 따른 용도지역안에서의 건축허용기준 등에 적합하여야 하는 것임

18 창고시설

1. 창고(물품저장시설로서 「물류정책기본법」에 따른 일반창고와 냉장 및 냉동 창고를 포함)	위험물저장 및 처리시설 또는 그 부속용도에 해당하지 아니하는 시설
2. 하역장	
3. 물류터미널(「물류시설의 개발 및 운영에 관한 법률」)	
4. 집배송시설	

19 위험물 저장 및 처리시설

1. 주유소(기계식 세차설비 포함) 및 석유판매소	「위험물안전관리법」, 「석유 및 석유대체연료 사업법」, 「도시가스사업법」, 「고압가스 안전관리법」, 「액화석유가스의 안전관리 및 사업법」, 「총포·도검·화약류 등 단속법」, 「화학물질 관리법」 등에 따라 설치 또는 영업의 허가를 받아야 하는 건축물로서 좌측란에 해당하는 것. 다만, 자가난방·자가발전과 이와 비슷한 목적으로 쓰는 저장시설은 제외
2. 액화석유가스충전소·판매소·저장소(기계식 세차설비 포함)	
3. 위험물 제조소·저장소·취급소	
4. 액화가스 취급소·판매소	
5. 유독물 보관·저장·판매시설	
6. 고압가스 충전소·판매소·저장소	
7. 도료류 판매소	
8. 도시가스 제조시설	
9. 화약류 저장소	
10. 그 밖에 위의 시설과 비슷한 것	

【관련 질의회신】

주유소에 포함되는 기계식 세차설비에 셀프세차도 포함할 수 있는지 여부

건교부 건축기획팀-158, 2005.9.9

질의 건축법 시행령 별표1 제15호가목의 주유소에 포함되는 기계식 세차설비에 셀프세차도 포함할 수 있는지?

회신 건축법 시행령 별표1 제15호가목 괄호 안의 기계식 세차설비는 자동세차기가 설치된 건축물을 말하는 것이며 기계를 이용하여 사람이 작업하는 세차를 위한 건축물을 기계식세차설비로 보기는 어려울 것으로 사료됨. 다만, 셀프세차를 위한 구조물이 같은 법 제2조제1항 제2호에서 정의한 건축물이나 같은 법 시행령 제15조제5항의 규정에 의한 가설건축물, 같은 법 제72조제1항에 따른 공작물이 아닌 경우에는 이 법을 적용하지 아니하는 것임

폐비닐을 열분해하여 제조·가공후 판매하고자 하는 건축물에 대한 건축법상 용도

건교부 건축 58550-195, 2003.1.28.

질의 폐비닐을 열분해하여 경질유 및 중질유로 제조·가공후 판매하고자 하는 건축물에 대한 건축법상 용도는?

회신 질의의 건축물이 소방법 및 석유사업법등 관련법령에 의하여 설치 또는 영업의 허가를 받아야 하는 위험물제조소인 경우라면, 건축법시행령 별표1 제1호에 따른 위험물저장 및 처리시설(자가난방·자가발전의 목적으로 쓰이는 경우는 제외)로 분류할 수 있을 것이며, 위험물저장물처리시설에 해당하지 아니한 경우라면 건축법시행령 별표1 제13호에 따른 공장으로 분류해야 할 것임

20 자동차 관련시설(건설기계관련시설을 포함) 〈개정 2021.5.4〉

1. 주차장
2. 세차장
3. 폐차장
4. 검사장
5. 매매장
6. 정비공장
7. 운전학원 및 정비학원(운전 및 정비 관련 직업훈련시설 포함)
8.「여객자동차 운수사업법」,「화물자동차 운수사업법」및「건설기계관리법」에 따른 차고 및 주기장(駐機場)
9. 전기자동차 충전소로서 제1종 근린생활시설에 해당하지 않는 것 〈신설 2021.5.4〉

【관련 질의회신】

자동차관리법령에 따른 중고자동차 매매업 사무실의 용도

건교부 건축과-3941, 2005.7.12

질의 자동차관리법령에 따른 중고자동차 매매업 사무실의 용도는?

회신 자동차관리법령에 따른 중고자동차매매장의 자동차 매매장 위에 사무실을 설치하여 운영하고자 하는 경우 동 사무실의 용도는 건축법시행령 별표1 제16호 자동차관련시설 중 마목에 따른 매매장에 해당하는 것으로 분류됨이 타당할 것으로 판단됨

21 동물 및 식물관련시설

1. 축사[양잠·양봉·양어·양돈·양계·곤충사육 시설 및 부화장 등을 포함]	–
2. 가축시설[가축용 운동시설, 인공수정센터, 관리사(管理舍), 가축용 창고, 가축시장, 동물검역소, 실험동물 사육시설, 그 밖에 이와 비슷한 것]	–
3. 도축장	–
4. 도계장	–
5. 작물재배사	–
6. 종묘배양시설	–
7. 화초 및 분재 등의 온실	–
8. 동물 또는 식물과 관련된 1.~7.의 시설과 비슷한 것	동·식물원 제외

【관련 질의회신】

콩나물 배양시설의 용도분류

건교부 고객만족센타, 2007.12.6

질의 건축법상의 용도분류에서 콩나물 배양시설은 어떤 용도로 볼 수 있는지?

회신 건축물의 용도분류는 「건축법 시행령」 제3조의4 별표1에 의하는 것이며, 이에 정하여 지지 아니한 건축물의 용도는 당해 건축허가권자가 그 시설의 구조.기능.규모와 이용형태 등을 관계법령과 종합 검토판단하여 동 별표1에 명시된 용도와 가장 유사한 용도로 분류하는 것임. 질의의 경우 그 시설에 대한 구체적인 현황을 알 수 없어 명확한 회신이 어려우며, 당해 시설이 콩나물을 배양시설 또는 재배시설인 경우라면 동 별표1 제21호의 동물 및 식물관련시설로 볼 수 있으나, 그 최종 판단은 당해 허가권자가 현지 확인을 통하여 판단하여야 할 사항으로 사료됨

동물 및 식물관련시설의 관리사에 대한 정의

건교부 고객만족센타, 2007.6.22

질의 동물 및 식물관련시설에 관리사라는 용도가 있는데 관리사라 함은 정확히 무엇을 의미하는지와 면적제한이 있는지, 그리고 주택과 관리사는 어떻게 다른지 여부

회신 건축법령에서는 건축물의 용도분류는 건축법 시행령 별표1에 의하는 것이나, 건축물의 용도는 건축물의 종류를 유사한 구조. 이용목적 및 형태별로 묶어 분류한 것으로 당해 용도에 대한 정의가 아님을 알려드리며, 따라서, 동 별표1. 제21호 가목의 "관리사'에 대하여 정의하고 있지 아니하나, 일반적으로 당해 가축을 관리하기 위한 시설로 볼 있으며 면적에 대한 제한이 없으며, 독립된 주거형태를 갖춘 동 별표1. 제1호 또는 제2호에 해당하는 주택과는 전혀 별개의 시설로 보아야 할 것임

따라서, 주택은 사람의 주거생활을 위한 시설이고, 관리사는 동물 및 식물관련시설로서 가축을 위한 시설인 점이 그 대표적인 차이점이라고 말 할 수 있음

22 자원순환 관련 시설

1. 하수 등 처리시설	4. 폐기물 처분시설
2. 고물상	5. 폐기물감량화시설
3. 폐기물재활용시설	

【관련 질의회신】

폐기물의 수집 · 운반업자의 임시보관용 건축물의 용도분류

건교부 건축기획팀-1191, 2007.3.6

질의 폐기물 관리법에 의한 폐기물의 수집·운반업자의 임시보관용 건축물의 용도가 건축법 시행령 별표1 제16호의 창고시설에 해당하는지 여부

회신 건축법 시행령 별표1 제22호 가목 중 "폐기물처리시설"은 폐기물 관계법률에서 규정한 폐기물처리시설을 말하는 것으로, 질의의 임시보관용 건축물이 위 폐기물 관계법률에 의한 폐기물처리시설 또는 건축법 시행령 제2조 제1항 제12호의 규정에 따른 폐기물처리시설의 부속건축물인 경우에는 동령 별표1 제22호 가목의 규정에 따라 "분뇨 및 쓰레기처리시설"의 용도로 분류하여야 할 것으로 사료됨.

토양환경보전법에 따른 오염된 토양정화시설의 용도분류

건교부 건축기획팀-2303, 2006.4.12

질의 토양환경보전법에 따른 오염된 토양정화시설의 용도분류는?

회신 용도별 건축물의 종류는 「건축법 시행령」 별표1에 의하는 것이며 이에 정하지 아니한 건축물의 용도는 해당 허가권자가 해당 건축물의 규모·이용형태·구조 등을 종합적으로 판단·결정하여 동 별표1에 명시된 용도와 가장 유사한 용도로 분류하는 것인 바, 질의의 오염된 반입·정화시설이 분뇨·폐기물처리시설과 유사한 것인 경우 동 별표1 제18호에 따른 분뇨 및 쓰레기처리시설로 볼 수 있을 것임

---

23 교정(矯正)시설(제1종 근린생활시설에 해당하는 것을 제외) 〈개정 2023.5.15〉

1. 교정시설(보호감호소, 구치소 및 교도소)
2. 갱생보호시설, 그 밖에 범죄자의 갱생·보육·교육·보건 등의 용도로 쓰이는 시설
3. 소년원
4. 소년분류심사원

【관련 질의회신】

법무부 보호관찰소 건축물의 공공업무시설

건교부 건축과-922, 2005.2.19

질의 법무부 보호관찰소 건축물은 건축법상 공공업무시설로 분류해야 하는지 공공용시설로 분류해야 하는지 여부

회신 질의의 보호관찰소가 교도소·구치소 등과 같이 범죄자를 구금하는 시설이 아닌 경우로서 범죄자의 지도·감독, 사회봉사, 교육 등의 법무행정업무를 위한 건축물이라면 건축법 시행령 별표1 제10호가목의 공공업무시설로 분류할 수 있을 것으로 사료됨

---

24 국방·군사시설(제1종 근린생활시설에 해당하는 것을 제외) 〈신설 2023.5.15〉

- 「국방·군사시설 사업에 관한 법률」에 따른 국방·군사시설

【관련 질의회신】

군인의 주거·복지·체육·휴양 등을 위하여 필요한 시설

건교부 건축기획팀-1355, 2006.3.6

질의 국방·군사시설사업에 관한 법률 제2조제1항에서 규정한 "군인의 주거·복지·체육·휴양 등을 위하여 필요한 시설"을 건축법 시행령 별표1에서 규정한 국방·군사시설로 볼 수 있는지 여부

회신 질의의 시설이 군사시설 관계법령에서 군사시설의 범주로 규정하고 있다면 건축법상 용도는 건축법 시행령 별표1 제23의2호의 국방·군사시설로 봄이 적정할 것으로 판단됨(*현행규정에 맞게 수정함)

25 방송통신시설(제1종 근린생활시설에 해당하는 것을 제외)

1. 방송국(방송프로그램 제작시설 및 송신·수신·중계시설을 포함)
2. 전신전화국
3. 촬영소
4. 통신용 시설
5. 데이터센터
6. 그 밖에 위의 시설과 비슷한 것

26 발전시설

발전소(집단에너지 공급시설을 포함)로 사용되는 건축물	제1종 근린생활시설로 분류되지 아니한 것

27 묘지관련시설

1. 화장시설	–
2. 봉안당	종교시설에 해당하는 것은 제외
3. 묘지와 자연장지에 부수되는 건축물	–
4. 동물화장시설, 동물건조장(乾燥葬)시설, 동물 전용의 납골시설	

28 관광휴게시설

1. 야외음악당
2. 야외극장
3. 어린이회관
4. 관망탑
5. 휴게소
6. 공원·유원지 또는 관광지에 부수되는 시설

【관련 질의회신】

고속도로의 관광휴게시설(휴게소)에서 라면, 우동 등 판매시의 건축물 용도

건교부 고객만족센타, 2007.7.13

질의 고속도로의 관광휴게시설(휴게소)에서 라면, 우동 등 판매할 경우 근린생활시설(예 : 휴게음식점)로 건축물 용도를 변경해야 하는지 여부

[회신] 건축법 시행령 별표1. 제27호 마목에 해당하는 휴게소에서 휴게음식점 영업신고가 가능여부는 식품위생법령에서 검토 판단되어야 할 사항으로 사료되며, 동 시설이 관광휴게시설(휴게소)에 부속용도에 해당하는 경우 휴게소에도 설치가능 할 것이나, 동 시설에 건축법 시행령 제2조제14호의 규정에 의한 부속용도에 해당여부는 당해 지역 허가권자가 해당시설의 구조. 기능. 규모. 이용행태 등을 종합적으로 검토하여 판단하여야 할 사항임

자동차 전용극장의 용도분류

건교부 건축 58550-2254, 2001.9.6

[질의] 자동차 전용극장(300제곱미터 미만)의 용도를 제2종 근린생활시설(공연장)으로 보아야 하는지 관광휴게시설(야외극장)로 보아야 하는지?

[회신] 건축물의 용도는 건축법 제2조제1항제2호의2에 따라 건축물의 종류를 유사한 구조·이용목적 및 형태별로 묶어 분류한 것으로서 건축법시행령 별표1에서 용도별 건축물 종류를 정하고 있는바, 질의 자동차 전용극장의 경우 이용형태 등이 동 별표1 제21호나목의 야외극장과 유사한 것으로 판단되므로 관광휴게시설로 분류되어야 할 것으로 사료됨

29 장례시설

가. 장례식장	의료시설의 부수시설(「의료법」상의 의료기관의 종류에 따른 시설을 말함)에 해당하는 것은 제외
나. 동물 전용의 장례식장	–

【관련 질의회신】

종합병원의 부속시설인 장례식장

건교부 건축과-5037, 2005.8.31

[질의] 장례식장이 종합병원의 부속시설에 해당하는 법적 근거와 해당 병원에서 입원 중 사망한 자가 아닌 외부에서 사망한 자에게도 이용할 수 있는지?

[회신] 건축법 시행령 제2조제1항제14호에 따라 종합병원(일반병원은 제외)에 입원 등을 한 환자가 사망하였을 경우, 조문객들의 분향 등 장례의식을 위하여 설치하는 시설은 종합병원의 부속용도로 보고 있으며, 건축법령상 부속용도는 주용도에 따라 그 용도가 분류되므로 종합병원에 설치하는 장례식장은 건축법령을 적용함에 있어서 건축법시행령 별표1. 제7호가목의 "의료시설"의 종합병원으로 보는 것임

※ 건축법시행령 개정(2008. 2.22)으로 위 장례식장이 의료시설에서 별도의 용도로 분리됨

30 야영장 시설

「관광진흥법」에 따른 야영장 시설로서 관리동, 화장실, 샤워실, 대피소, 취사시설 등의 용도로 쓰는 것	바닥면적의 합계가 300㎡ 미만인 것 * 300㎡ 이상인 것은 수련시설임

8 건축설비 (법 / 제2조제1항제4호)

> **법 제2조 【정의】 ①**
>
> 4. "건축설비"란 건축물에 설치하는 전기·전화 설비, 초고속 정보통신 설비, 지능형 홈네트워크 설비, 가스·급수·배수(配水)·배수(排水)·환기·난방·냉방소화(消火)·배연(排煙) 및 오물처리의 설비, 굴뚝, 승강기, 피뢰침, 국기 게양대, 공동시청 안테나, 유선방송 수신시설, 우편함, 저수조(貯水槽), 방범시설, 그 밖에 국토교통부령으로 정하는 설비를 말한다. 〈개정 2016.1.19.〉

해설 건축설비란 건축물의 구조체, 공간 등의 효용성을 높이기 위한 최소한의 규제로서 건축물의 내·외부의 시설을 말하며, 위의 건축법령에서 규제되는 설비이외에도 소방관련법 등에 설비관련 규정이 다수 있다.

비상급수설비, 절수설비, 위생설비, 구내통신선로설비, 전력용배관 및 맨홀의 설치, 우편물수취함, 국기게양대 등의 기준이 삭제되어, 설계시 자유의사대로 설치할 수 있게 하였다.

이러한 설비들은 대형건축물의 허가시에 제출하는 기본설계도서(건축설비도, 소방설비도 등)에 설치계획을 표시하고 건축물의 착공 신고시에 첨부하는 건축설비도와 기계, 전기, 통신등 분야의 설계도에 그 설치계획을 작성하도록 하였다.

■ 건축설비규제 일람표

구 분	규 제 조 항
1. 승용승강기	설치대상(법 제64조 ①항, 영 제89조)
	설치기준[건축물의 설비기준 등에 관한 규칙(이하 "설비규칙") 제5조]
2. 비상용승강기	설치대상(법 제64조 ②항)
	설치기준(영 제90조 ①, ②항)
	승강장 및 승강로의 구조(설비규칙 제10조)
3. 피난용 승강기	설치대상(법 제64조 ③항)
	설치기준[영 제90조, 건축물의 피난·방화구조 등의 기준에 관한 규칙(이하 "피난·방화규칙") 제30조]
4. 온돌	온돌의 설치기준(설비규칙 제12조)
5. 개별난방설비	개별난방설비기준(설비규칙 제13조)
6. 냉방설비	중앙집중냉방설비 대상 및 냉방시설의 배기장치 등(설비규칙 제23조)
7. 배연설비	배연설비대상 및 설비기준(설비규칙 제14조)
8. 환기설비	공동주택 및 다중이용시설의 환기설비기준 등(설비규칙 제11조)
	환기구의 안전기준(설비규칙 제11조의2)
9. 배관설비	급수, 배수, 먹는물용 배관 설비기준(설비규칙 제17조, 제18조)
10. 물막이설비	물막이설비 기준(설비규칙 제17조의2)
11. 피뢰설비	피뢰설비 대상 및 설비기준(설비규칙 제20조)
12. 전기설비	전기설비 설치공간 기준(설비규칙 제20조의2)
13. 굴뚝	굴뚝의 설치기준(피난·방화규칙 제20조)

9 지하층 (법 제2조제1항제5호)

> ### 법 제2조 【정의】 ①
> 5. "지하층"이란 건축물의 바닥이 지표면 아래에 있는 층으로서 바닥에서 지표면까지 평균높이가 해당 층 높이의 2분의 1 이상인 것을 말한다.

• 층고(시행령 119조1항8호) ───────────┐
                                                    │ 상세 해설 참조
• 지하층의 지표면 산정(시행령 119조1항10호) ──┘

■ 지하층의 구조(법 제53조)

> ### 법 제53조 【지하층】
> 건축물에 설치하는 지하층의 구조 및 설비는 국토교통부령으로 정하는 기준에 맞게 하여야 한다.

해설 대피호로서의 지하층 설치 의무규정은 삭제되고, 건축주가 자율적으로 설치할 수 있게 하였다. 따라서 의무지하층으로서의 제반규정도 아울러 삭제되었고, 또한 비상급수시설 등의 규정도 「건축법」의 규정에서 제외되었다. 이는 주차장 설치의무 규정 등의 강화로 의무지하층의 규정을 삭제하여도 지하 주차장의 설치가 필연적이며, 또한 기존 건축물의 대피공간이 어느 정도 충족되어 있고, 주택등 소규모 건축물의 경우 환기, 채광, 배수 등이 어려워 많은 위법 건축물과 민원이 발생하고 있어 의무규정의 폐지는 이의 해결방안이 될 수 있었다.

【1】 지하층의 정의

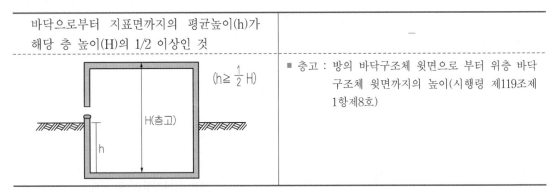

바닥으로부터 지표면까지의 평균높이(h)가 해당 층 높이(H)의 1/2 이상인 것	—
$(h \geq \frac{1}{2}H)$	■ 층고 : 방의 바닥구조체 윗면으로 부터 위층 바닥구조체 윗면까지의 높이(시행령 제119조제1항제8호)

【2】 지하층의 지표면산정

법 제2조제1항제5호에 따른 지하층의 지표면 산정방법은 각 층의 주위가 접하는 각 지표면 부분의 높이를 그 지표면 부분의 수평거리에 따라 가중평균한 높이의 수평면을 지표면으로 본다.

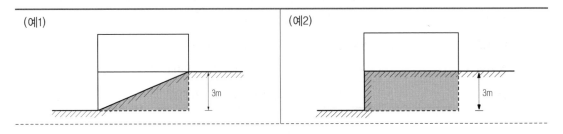

(예1)

(예2)

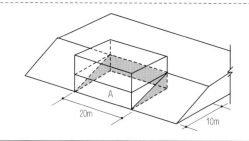 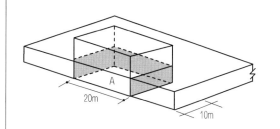

■ 풀이

가중평균높이

$$= \frac{\text{각 층 주위가 접하는 각 지표면 면적}}{\text{당해지표면 부분의 수평거리}}$$

$$= \frac{\frac{10 \times 3}{2} \times 2 + 20 \times 3}{10 \times 2 + 20 \times 2} = 1.5\text{m (지표면 높이로 봄)}$$

■ 풀이 [(예1)과 같은 방법으로 구하면]

$$\frac{10 \times 3 \times 2 + 20 \times 3}{10 \times 2 + 20 \times 2} = 2\text{m (지표면의 높이)}$$

【3】 지하층의 법적용 내용

1. 층수산정(지하층 층수 제외)
2. 용적률 산정을 위한 면적(지하층 바닥면적 제외)

【관련 질의회신】

노출된 주차장이 지하층에 해당하는 것인지

건교부 건축 58070-2388, 2003.12.26

질의 바닥면으로부터 지표면까지의 높이가 해당 층 높이의 2분의 1이상인 주차장 외벽의 상부가 해당 건축물의 지상층의 외벽에서 이격되어 일부 외기에 노출되어 있는 경우 동 주차장이 지하층에 해당하는 것인지 여부

회신 건축법 제2조제1항제4호의 규정에 의거 "지하층"이라 함은 건축물의 바닥이 지표면 아래에 있는 층으로서 그 바닥으로부터 지표면까지의 평균높이가 해당 층 높이의 2분의 1이상인 것을 말하는 것으로 가중평균 한 높이가 이에 적합한 경우 지하층으로 인정될 수 있는 것이니, 이에 해당여부 등 보다 구체적인 사항은 자세한 자료를 갖추어 해당 시장·군수·구청장에게 문의바람

지하층은 하나의 구조, 지상층은 별개동일 경우 건축법상 한개동의 건축물인지 여부

건교부 건축 58550-1002, 2002.5.1

질의 지하층은 하나의 구조로 연결되어 있으나 지상층 부분은 수개의 공동주택부분과 주택이외의 부분(오피스텔 및 근린생활시설)으로 구분되어 있는 경우 이를 건축법령상 1동의 건축물로 볼 수 있는지 여부

회신 건축법령상 하나의 건축물에 대하여는 별도로 규정하고 있지 아니하며, 일반적으로 구조·기능상 건축물이 연결되어 이용상 공유하고 있는 경우라면 이를 건축법령상 하나의 건축물로 볼 수 있을 것임.

일부 노출로 인한 지하층 인정 여부

건교부 건축 58070-785, 2002.4.8

질의 건축물의 일부가 노출되어 있는 경우에도 건축법상 지하층으로 볼 수 있는지 여부

회신 건축법 제2조제1항제4호의 규정에 의거 '지하층'이라 함은 건축물의 바닥이 지표면 아래에 있는 층으로서 그 바닥으로부터 지표면까지의 평균높이가 당해 층 높이의 2분의 1이상인 것을 말하며, 이 경우 지표면 산정은 동법시행령 제119조의 규정에 의하여 건축물의 주위가 접하는 각 지표면부분의 높이를 당해 지표면부분의 수평거리에 따라 가중평균한 높이의 수평면을 지표면으로 보는 것이므로 건축물의 일부가 노출되었다 하더라도 상기 규정에 적합여부에 따라 지하층 산정여부가 결정되는 것임.

10 거실 (법 제2조제1항제6호)

법 제2조 【정의】 ①
6. "거실"이란 건축물 안에서 거주, 집무, 작업, 집회, 오락, 그 밖에 이와 유사한 목적을 위하여 사용되는 방을 말한다.

해설 '거실'이란 현관·복도·계단실·변소·욕실·창고·기계실과 같이 일시적으로 사용하는 공간이 아니라, 건축법에서는 거주·집무·작업·집회·오락 등의 일정한 이용목적을 가지고 지속적으로 사용하는 공간의 의미가 있다.
좁은 의미로는 주거공간(침실, 거실, 부엌)에서부터 의료시설의 병실, 숙박시설의 객실, 교실, 판매공간 등 광범위하며, 인간이 장시간 거주가 가능하도록 반자높이, 채광, 환기, 방화, 피난에 이르기까지 거실공간에 대한 규제가 관련되어 있다.

【관련 질의회신】

주차장이 거실인지

건교부 건축 58070-3191, 1995.8.2

질의 지하 4층의 주차장이 거실에 포함되는지?

회신 "거실"이라 함은 건축물 안에서 거주·집무·작업·집회·오락 기타 이와 유사한 목적을 위하여 사용되는 방을 말하는 것인 바, 질의의 주차장은 거실로 볼 수 없을 것임

공동주택의 세대내부의 현관, 화장실이 바닥면적에 포함되는지 여부

건교부 건축기획팀-1406, 2005.11.16

질의 건축법 시행령 제34조제2항제3호 규정에 따른 공동주택의 경우, 거실 바닥면적 산정시 세대내부의 현관, 화장실은 바닥면적에 포함되는 것인지 여부

회신 건축법 제2조제1항제5호 규정에 의해 "거실"이라 함은 건축물 안에서 거주·집무·작업·집회·오락 그 밖에 이와 유사한 목적을 위하여 사용되는 방을 말하는 것인 바, 건축물 내부에 화장실, 현관이 독립적으로 설치되어 있다면 이는 거실로 볼 수 없을 것이나, 공동주택 세대내부에 딸린 화장실, 현관은 세대내 거실로 보아 거실면적에 산정하여야 하는 것임

거실에 엘리베이터, 복도, 화장실이 포함되는지 여부

건교부 건축 58070-1190, 2003.7.2

질의 건축법 제2조제1항제5호에 따른 "거실"에 엘리베이터, 복도, 화장실이 포함되는지 여부

회신 건축법 제2조제1항제5호에 따른 "거실"이라 함은 건축물 안에서 주거·집무·작업·집회·오락 그 밖에 이와 유사한 목적을 위하여 사용되는 방을 말하는 것으로서 "거실"에는 공용으로 쓰이는 엘리베이터·복도·화장실은 포함되지 않는 것임을 알려드리니 구체적인 사항은 해당 허가권자와 협의하기 바람

[11] 주요구조부 (법 제2조제1항제7호)

> **법 제2조【정의】**
> 7. "주요구조부"란 내력벽(耐力壁), 기둥, 바닥, 보, 지붕틀 및 주계단(主階段)을 말한다. 다만, 사이 기둥, 최하층 바닥, 작은 보, 차양, 옥외 계단, 그 밖에 이와 유사한 것으로 건축물의 구조상 중요하지 아니한 부분은 제외한다.

해설 「건축법」에서 주요구조부란 건축물의 공간형성과 방화상(불이 번지는 경로상)에 있어서의 주요한 부분을 말하며, 구조내력상 주요한 부분이라 함은 건축물의 내력상의 주요한 부분을 말한다. 「건축물의 구조기준 등에 관한 규칙」에서도 주요구조부는 동일하게 적용된다. 다만, 구조내력상 주요한 부분이라 하여 따로 정의하고 있다.

■ 주요구조부의 도해

주요구조부	그 림	제외되는 부분
지붕틀		차양
기둥	지붕틀 / 기둥, 벽 / 바닥, 보 / 주계단	사이기둥
내력벽		비내력벽
바닥		최하층 바닥
보		작은 보
주계단		옥외계단, 기초 등

【참고】구조내력상 주요한 부분(「건축물의 구조기준 등에 관한 규칙」 제2조제1호)

주요 구조부	주요 구조부	-	기둥	내력벽	바닥	보	지붕틀	-	-
	제외	-	사이기둥	비내력벽	최하층 바닥	작은보	차양	-	-
구조내력상 주요한 부분		기초	기둥	벽	바닥판	보, 도리 (가로재)	지붕틀	토대	사재*

*사재 : 가새, 버팀대, 귀잡이 그 밖에 이와 유사한 것

12 건축 (법 제2조제1항제8호) (영 제2조)

법 제2조【건축】①
8. "건축"이란 건축물을 신축·증축·개축·재축(再築)하거나 건축물을 이전하는 것을 말한다.

영 제2조【건축】
1. "신축"이란 건축물이 없는 대지(기존 건축물이 해체되거나 멸실된 대지를 포함한다)에 새로 건축물을 축조(築造)하는 것[부속건축물만 있는 대지에 새로 주된 건축물을 축조하는 것을 포함하되, 개축(改築) 또는 재축(再築)하는 것은 제외한다]을 말한다.
2. "증축"이란 기존 건축물이 있는 대지에서 건축물의 건축면적, 연면적, 층수 또는 높이를 늘리는 것을 말한다.
3. "개축"이란 기존 건축물의 전부 또는 일부[내력벽·기둥·보·지붕틀(제16호에 따른 한옥의 경우에는 지붕틀의 범위에서 서까래는 제외한다) 중 셋 이상이 포함되는 경우를 말한다]를 해체하고 그 대지에 종전과 같은 규모의 범위에서 건축물을 다시 축조하는 것을 말한다.
4. "재축"이란 건축물이 천재지변이나 그 밖의 재해(災害)로 멸실된 경우 그 대지에 다음 각 목의 요건을 모두 갖추어 다시 축조하는 것을 말한다. 〈개정 2016.5.17.〉
   가. 연면적 합계는 종전 규모 이하로 할 것
   나. 동(棟)수, 층수 및 높이는 다음의 어느 하나에 해당할 것
      1) 동수, 층수 및 높이가 모두 종전 규모 이하일 것
      2) 동수, 층수 또는 높이의 어느 하나가 종전 규모를 초과하는 경우에는 해당 동수, 층수 및 높이가 「건축법」(이하 "법"이라 한다), 이 영 또는 건축조례(이하 "법령등"이라 한다)에 모두 적합할 것
5. "이전"이란 건축물의 주요구조부를 해체하지 아니하고 같은 대지의 다른 위치로 옮기는 것을 말한다.

해설 "건축" 행위의 도해

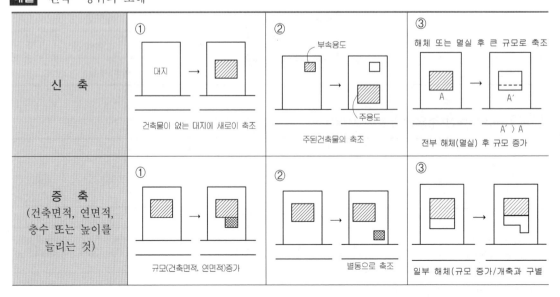

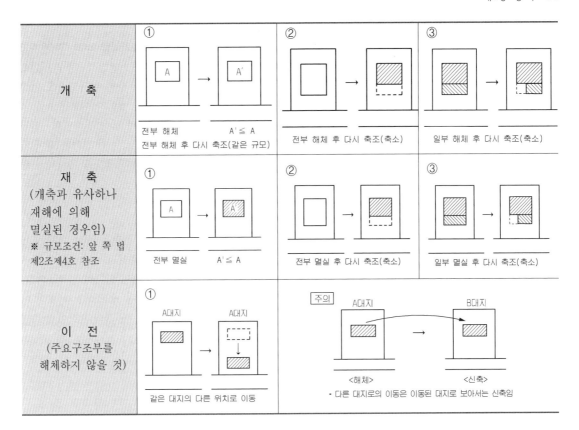

개 축	① 전부 해체 전부 해체 후 다시 축조(같은 규모) A' ≦ A	② 전부 해체 후 다시 축조(축소)	③ 일부 해체 후 다시 축조(축소)
재 축 (개축과 유사하나 재해에 의해 멸실된 경우임) ※ 규모조건: 앞 쪽 법 제2조제4호 참조	① 전부 멸실 A' ≦ A	② 전부 멸실 후 다시 축조(축소)	③ 일부 멸실 후 다시 축조(축소)
이 전 (주요구조부를 해체하지 않을 것)	① 같은 대지의 다른 위치로 이동	주의 <해체> <신축> • 다른 대지로의 이동은 이동된 대지로 보아서는 신축임	

【참고】 "건축" 행위와 건축허가 등

1. "건축" 행위(신축·증축·개축·재축·이전)로 정의된 것은 「건축법」에 따른 허가를 받아야 하는 행위임

2. 기둥·보·지붕틀·내력벽 중 세부분 이상의 해체 후 수선은 개축으로 보아 "건축"행위에 해당됨 (대수선은 기둥·보·지붕틀 각각 3개 이상, 내력벽 30㎡ 이상을 수선·변경하는 것이며, 증설, 해체의 경우 개수, 면적 제한없이 대수선에 해당함 ➡ 대수선 해설 참조)

3. "재축"의 경우 규모제한을 다음과 같이 함
   ① 연면적 합계는 종전 규모 이하일 것
   ② 동(棟)수, 층수 및 높이는 다음의 어느 하나에 해당할 것
   • 동수, 층수 및 높이가 모두 종전 규모 이하일 것
   • 동수, 층수 또는 높이의 어느 하나가 종전 규모를 초과하는 경우 해당 동수, 층수 및 높이가 「건축법」, 「건축법 시행령」 또는 건축조례에 모두 적합할 것

【관련 질의회신】   ※ 철거 ▶ 해체 (용어 변경 2020.4.28., 이후 같음)

오피스텔 건축후 복층설치가 건축법상 증축에 해당하는지 여부

건교부 건축 58070-786, 2003.5.1

질의 오피스텔 건축 후 복층으로 하는 경우 건축법상 증축에 해당하는지 여부

회신 기존 건축물의 층을 복층으로 하는 경우에는 이는 층수 및 바닥면적의 증가에 따른 증축에 해당하여, 그 증축 규모에 따라 건축법 제8조 및 제9조에 따라 건축허가(신고)를 받아야 하는 것이니 이에 대한 보다 구체적인 사항은 해당 허가권자에게 문의하기 바람

5개동을 1개동으로 개축하는 경우 가능여부

건교부 건축기획팀-2421, 2006.4.18

질의 동일한 대지 안에 있는 5개동의 건축물을 철거하고 기존건축물의 규모(건축면적·연면적·층수·높이)의 범위 안에서 1개동으로 개축하고자 하는 경우, 새로이 개축하는 건축물의 각 층별 바닥면적은 기존 5개동 건축물의 지하층, 1층, 2층 등 각 층별로 합산한 면적과 동일하여야 하는 것인지 여부

회신 건축법 시행령 제2조제3호의 규정에 의한 개축의 정의 중 "종전과 동일한 규모"라 함은 건축면적·연면적·층수·높이가 종전 건축물의 규모를 초과하지 아니하는 경우를 말하는 것이므로, 귀 질의와 같이 기존 건축물의 동수가 감소되더라도 건축면적·연면적·층수·높이가 종전 건축물의 규모를 초과하지 않는다면 이는 개축에 해당하는 것임

기존건축물 3동 중 2동을 철거, 기존 건축면적보다 크게 건축하는 경우

건교부 건축과-1984, 2005.4.15

질의 기존건축물 3동 중 2동을 철거하고 기존 건축면적보다 크게 건축하는 경우 증축인지 대수선인지 여부

회신 건축물의 증축이라 함은 건축법 시행령 제2조제2호에 따라 기존건축물이 있는 대지 안에서 건축물의 건축면적·연면적·층수 또는 높이를 증가시키는 것을 말하고 대수선이라 함은 동령 제3조의2 각 호의 어느 하나에 해당하는 것으로서 증축·개축 또는 재축에 해당되지 않는 것을 말하는 바, 질의와 같이 건축면적이 증가한다면 이는 증축에 해당될 것임

13 결합건축 (법 제2조제1항제8호의2)

법 제2조 【정의】①

8의2. "결합건축"이란 제56조에 따른 용적률을 개별 대지마다 적용하지 아니하고, 2개 이상의 대지를 대상으로 통합적용하여 건축물을 건축하는 것을 말한다. 〈신설 2020.4.7.〉

해설 결합건축제도는 소규모 건축물 재건축 또는 리모델링 시 사업성을 높일 수 있도록 2016.1.19. 신설되어 시행중에 있는 제도이며, 2020.4.7. 건축법 개정시 결합건축에 대한 용어를 정의하였다.
결합건축 규정 내용은 이 책 해설 제8장(「건축법」 제8장의3, 제77조의15~17)에 기술되어 있다.

14 대수선 (법 제2조제1항제9호)(영 제3조의2)

법 제2조 【정의】①

9. "대수선"이란 건축물의 기둥, 보, 내력벽, 주계단 등의 구조나 외부 형태를 수선·변경하거나 증설하는 것으로서 대통령령으로 정하는 것을 말한다.

해설 대수선은 건축물의 주요구조부 또는 외부형태를 증설·해체하거나 수선·변경하는 것으로서 건축주 임의대로 공사를 할 경우에는 여러 가지의 문제점이 있을 수 있으므로, '건축' 행위와 마찬가지로 '대수선'도 「건축법」의 규제 대상이 되며, 일정규모 이상의 대수선은 허가대상으로, 소규모 건축물(연면적 200㎡ 미민이고 3층 미만)의 '대수선' 행위는 신고로서 허가를 받은 것으로 보아 법규정을 적용하고 있다.

【1】 대수선의 범위

부 위	내 용	비 고
1. 내력벽	증설·해체하거나 벽면적 30㎡ 이상 수선·변경	■ 증설·해체의 경우 면적, 개수 제한 없음 ■ 4부분 중 3부분 이상 수선시 개축행위로 봄
2. 기둥	증설·해체하거나 3개 이상 수선·변경	
3. 보	증설·해체하거나 3개 이상 수선·변경	
4. 지붕틀 (한옥의 경우 서까래 제외)	증설·해체하거나 3개 이상 수선·변경	
5. 방화벽, 방화구획의 바닥·벽	일부라도 증설·해체하거나 수선·변경	면적 제한 없음
6. 계단[1]	일부라도 증설·해체하거나 수선·변경	면적 제한 없음
7. 다가구주택 및 다세대주택	가구 및 세대간의 경계벽을 증설·해체하거나 수선·변경	—
8. 건축물 외벽에 사용하는 마감재료[2]	증설·해체하거나 벽면적 30㎡ 이상 수선 또는 변경	—

* 1) 주계단·피난계단·특별피난계단을 말함
  2) 법 제52조제2항에 따른 마감재료로 방화에 지장이 없는 재료를 말함

【2】 상세예

수선·변경 내용	행 위
1. 기둥 3개	대수선
2. 보1개＋기둥2개	일반수선(대수선 아님)
3. 지붕틀2개＋보2개	일반수선(대수선 아님)
4. 지붕틀 3개	대수선
5. 보1개＋지붕틀1개＋기둥1개	개축(해체후 수선)
6. 내력벽＋기둥1개＋보1개	개축(해체후 수선)

■ 위 1, 2, 3, 4의 경우 증설·해체시 개수에 관계없이 대수선으로 봄

【관련 질의회신】

지붕틀의 정의, 대수선의 범위 및 위반건축물에서의 대수선 행위 등

건교부 건축과–22, 2005.1.4

질의 지붕틀의 정의, 대수선의 범위 및 위반건축물에서의 대수선행위 등

회신 지붕틀이라 함은 지붕을 받는 뼈대를 구성하는 틀을 말하는 것으로서 이를 3개 이상 해체하여 수선 또는 변경하는 것은 대수선에 해당하며, 지붕틀의 변경 없이 지붕의 외관을 변경하는 것은 대수선에 해당하는 것은 아니나 변경내용에 따라 건축물의 높이가 증가할 수 있으므로 건축물의 높이가 증가하는 경우에는 건축법상 증축에 해당됨, 또한 무단 증축된 위반건축물에 대하여는 위반사항이 해소되기 이전까지 건축행위(대수선 포함)를 할 수 없는 것임

15 리모델링 $\left(\frac{법}{제2조제1항제10호}\right)$

법 제2조 【정의】 ①

10. "리모델링"이란 건축물의 노후화를 억제하거나 기능 향상 등을 위하여 대수선하거나 건축물의 일부를 증축 또는 개축하는 행위를 말한다. 〈개정 2017.12.26.〉

해설 리모델링은 건축물의 노후화 억제 또는 기능향상 등을 위한 대수선, 건축물의 일부 증축 또는 개축하는 행위로서 정의하고 있다. 리모델링의 경우 재건축 등에 비해 자원의 낭비를 줄일 수 있다는 측면에서 장점이 있다고 할 수 있다.

이에 관련 법령에서는 리모델링의 경우 여러 가지 인센티브 규정을 두고 있다. 「건축법」의 경우 건폐율, 용적률, 건축물 높이 등 완화규정의 적용(법 제5조), 공동주택을 리모델링이 쉬운 구조 등으로 하는 경우 특례적용 규정(법 제8조) 등이 있다.

16 도로 $\left(\frac{법}{제2조제1항제11호}\right)\left(\frac{영}{제3조의3}\right)$

법 제2조 【정의】 ①

11. "도로"란 보행과 자동차 통행이 가능한 너비 4미터 이상의 도로(지형적으로 자동차 통행이 불가능한 경우와 막다른 도로의 경우에는 대통령령으로 정하는 구조와 너비의 도로)로서 다음 각 목의 어느 하나에 해당하는 도로나 그 예정도로를 말한다.
   가. 「국토의 계획 및 이용에 관한 법률」「도로법」「사도법」 그 밖의 관계 법령에 따라 신설 또는 변경에 관한 고시가 된 도로
   나. 건축허가 또는 신고 시에 특별시장·광역시장·특별자치시장·도지사·특별자치도지사(이하 "시·도지사"라 한다) 또는 시장·군수·구청장(자치구의 구청장을 말한다. 이하 같다)이 위치를 지정하여 공고한 도로

■ 지형적 조건등에 따른 도로의 구조 및 너비

영 제3조의3 【지형적 조건 등에 따른 도로의 구조와 너비】

법 제2조제1항제11호 각 목 외의 부분에서 "대통령령으로 정하는 구조와 너비의 도로"란 다음 각 호의 어느 하나에 해당하는 도로를 말한다. 〈개정 2014.10.14.〉

1. 특별자치시장·특별자치도지사 또는 시장·군수·구청장이 지형적 조건으로 인하여 차량 통행을 위한 도로의 설치가 곤란하다고 인정하여 그 위치를 지정·공고하는 구간의 너비 3미터 이상(길이가 10미터 미만인 막다른 도로인 경우에는 너비 2미터 이상)인 도로
2. 제1호에 해당하지 아니하는 막다른 도로로서 그 도로의 너비가 그 길이에 따라 각각 다음 표에 정하는 기준 이상인 도로

막다른 도로의 길이	도로의 너비
10미터 미만	2미터
10미터이상 35미터 미만	3미터
35미터 이상	6미터(도시지역이 아닌 읍·면 지역에서는 4미터)

해설 도로의 인정조건 및 종류 등

【1】「건축법」상 도로의 인정조건

「건축법」에서의 도로는 원칙적으로 너비 4m 이상으로서 보행 및 자동차 통행이 가능한 것이어야 한다. 이는 건축물의 이용주체가 사람이고 또한 건축물에는 필연적으로 주차공간을 확보하여야 한다. 따라서, 건축물이 원활하게 활용되기 위해서는 전면도로의 경우 사람은 물론 자동차의 통행이 자유로워야 한다. 그러므로 보행자 전용도로·자동차전용도로·고속도로·고가도로·지하도로 등은 「건축법」상의 도로에 포함되지 않는다.

【2】「국토의 계획 및 이용에 관한 법률」상의 도로와 「도로법」상의 도로의 종류

1. 「국토의 계획 및 이용에 관한 법률」의 도로 (같은 법 시행령 제2조)	• 「국토의 계획 및 이용에 관한 법률」에 따른 '도로'는 기반시설 중 하나로 정의되며 다음과 같이 세분할 수 있음 ① 일반도로 ② 자동차전용도로 ③ 보행자전용도로 ④ 보행자우선도로 ⑤ 자전거전용도로 ⑥ 고가도로 ⑦지하도로
2. 「도로법」의 도로 (도로법 제2조, 제10조~제18조)	• 「도로법」에 따른 '도로'는 차도, 보도(步道), 자전거도로, 측도(側道), 터널, 교량, 육교 등으로 구성된 것으로서 다음의 도로를 말함 • 「도로법」에 따른 도로의 종류와 등급 ① 고속국도(지선 포함) ② 일반국도(지선 포함) ③ 특별시도, 광역시도 ④ 지방도 ⑤ 시도 ⑥ 군도 ⑦ 구도
3. 「사도법」의 도로 (사도법 제2조)	• '사도'는 다음 도로가 아닌 것으로 그 도로에 연결되는 길을 말함 ①「도로법」에 따른 도로 ②「도로법」의 준용을 받는 도로 ③「농어촌도로 정비법」에 따른 농어촌도로[1] ④「농어촌정비법」에 따라 설치된 도로[2] * 1), 2)는 시도, 군도 이상의 도로 구조를 갖춘 경우로 한정

【3】 개설되지 않는 예정도로에 대한 인정

예정도로인 경우에도 계획이 확정된 경우「건축법」상의 도로로서 인정한다.

① 「국토의 계획 및 이용에 관한 법률」·「도로법」·「사도법」 등에 의하여 신설 또는 변경에 관한 고시가 된 도로

② 건축허가 또는 신고시 특별시장·광역시장·특별자치시장·도지사·특별자치도지사(이하 "시·도지사"라 함) 또는 시장·군수·구청장(자치구의 구청장을 말함)이 그 위치를 지정·공고한 도로

따라서, 확정(고시, 지정·공고등)이 되지 않은 계획상의 예정도로는 도로로 볼 수 없다.

【4】 너비 3m이상인 도로에 대한 인정

지형적 조건으로 차량통행이 곤란한 경우 특별자치시장·특별자치도지사 또는 시장·군수·구청장이 그 위치를 지정·공고하는 구간의 너비 3m(길이가 10m 미만인 막다른 도로: 2m) 이상인 도로도 「건축법」상의 도로로 인정한다.

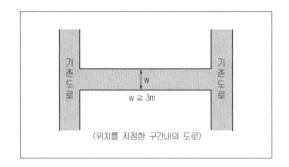

〈위치를 지정한 구간내의 도로〉

【5】 막다른 도로의 길이에 대한 기준

(단위 : m)

구 분	도로의 길이	도로의 기준너비
통과도로	$L_1 < 10$	$W \geqq 2$
	$10 \leqq L_1 < 35$	$W \geqq 3$
	$L_1 \geqq 35$	$W \geqq 6^*$
통과도로	$L_1 + L_2 < 10$	$W \geqq 2$
	$10 \leqq L_1 + L_2 < 35$	$W \geqq 3$
	$L_1 + L_2 \geqq 35$	$W \geqq 6^*$

* 도시지역이 아닌 읍·면의 지역에서는 4m 이상

---

[17] 건축주, 제조업자, 유통업자, 설계자 (법 제2조 제1항 제12호 ~ 제13호)

법 제2조 【정의】 ①

12. "건축주"란 건축물의 건축·대수선·용도변경, 건축설비의 설치 또는 공작물의 축조(이하 "건축물의 건축등"이라 한다)에 관한 공사를 발주하거나 현장 관리인을 두어 스스로 그 공사를 하는 자를 말한다.

12의2. "제조업자"란 건축물의 건축·대수선·용도변경, 건축설비의 설치 또는 공작물의 축조 등에 필요한 건축자재를 제조하는 사람을 말한다.

12의3. "유통업자"란 건축물의 건축·대수선·용도변경, 건축설비의 설치 또는 공작물의 축조에 필요한 건축자재를 판매하거나 공사현장에 납품하는 사람을 말한다.

13. "설계자"란 자기의 책임(보조자의 도움을 받는 경우를 포함한다)으로 설계도서를 작성하고 그 설계도서에서 의도하는 바를 해설하며, 지도하고 자문에 응하는 자를 말한다.

18 설계도서 $\left(\begin{smallmatrix}법\\제2조제1항제14호\end{smallmatrix}\right)\left(\begin{smallmatrix}규칙\\제1조의2\end{smallmatrix}\right)$

법 제2조 【정의】①
14. "설계도서"란 건축물의 건축등에 관한 공사용 도면, 구조 계산서, 시방서(示方書), 그 밖에 국토교통부령으로 정하는 공사에 필요한 서류를 말한다.

■ 설계도서의 범위

제1조의2 【설계도서의 범위】
「건축법」(이하 "법"이라 한다) 제2조제14호에서 "그 밖에 국토교통부령으로 정하는 공사에 필요한 서류"란 다음 각 호의 서류를 말한다.
1. 건축설비계산 관계서류
2. 토질 및 지질 관계서류
3. 기타 공사에 필요한 서류

해설 설계도서란 건축물의 건축등(건축물의 건축·대수선·용도변경, 건축설비의 설치 또는 공작물의 축조)의 공사에 필요한 아래사항의 서류로서 도면·구조계산서·시방서 등을 말한다.

【1】설계도서

관계 법령	내 용	허가신청시 필요도서 (건축, 대수선, 가설건축물 허가)	신고신청시 필요도서 (건축·대수선·용도변경· 가설건축물 신고)	착공신고시 필요도서	사용승인 신청시
건 축 법	• 공사용 도면 • 구조계산서 • 시방서	• 건축계획서 • 배치도 • 평면도 • 입면도 • 단면도 • 구조도 (구조안전 확인 또는 내진설계 대상) • 구조계산서 (구조안전 확인 또는 내진설계 대상) • 소방설비도	**건축** • 배치도 • 층별 평면도 • 입면도 • 단면도 • 실내마감도 ■ **연면적합계 100㎡ 초과 단독주택** • 건축계획서·배치도·평면도·입면도·단면도·구조도 ■ **표준설계도서에 의한 건축** • 건축계획서·배치도 ■ **사전결정 받은 경우** • 평면도	• 건축관계자 상호 간의 계약서 사본 건축분야 • 도면 목록표 • 안내도 • 개요서 • 구적도 • 실내재료마감표 • 배치도 • 주차계획도 • 각 층 및 지붕평면도 • 2면 이상 입면도 • 종·횡 단면도 • 수직동선 상세도	• 공사감리 완료보고서 • 최종공사완료 도서 • 현황도면 • 액화석유가스 완성검사증명서
건 축 법 시행규칙	• 건축설비관 계서류 • 토질 및 지질 관계서류 • 기타 공사에 필요한 서류	사전결정대상 (제외 도면) • 건축계획서 • 배치도 표준설계도서 (다음 도면만 제출) • 건축계획서 • 배치도	용도변경 • 용도를 변경하는 층의 변경전·후의 평면도 • 변경되는 내화·방화·피난 또는 건축설비에 관한 사항을 표시한 도서 가설건축물 축조 • 배치도 • 평면도	• 각 층 및 지붕평면도 • 부분상세도 • 창호도 • 건축설비도 일반분야 • 시방서 기타 구조·기계·전기·통신·토목·조경 분야등의 서류 가 있음	

19 공사감리자 · 공사시공자 · 관계전문기술자

【1】 공사감리자 (법 제2조제1항제15호)

법 제2조【정의】①
15. "공사감리자"란 자기의 책임(보조자의 도움을 받는 경우를 포함한다)으로 이 법으로 정하는 바에 따라 건축물, 건축설비 또는 공작물이 설계도서의 내용대로 시공되는지를 확인하고, 품질관리 · 공사관리 · 안전관리 등에 대하여 지도 · 감독하는 자를 말한다.

해설 공사감리자는 건축주와의 계약에 의하여 건축시공자가 설계도서대로 적법하게 시공하는지 여부 등을 확인하고, 시공되는 건축물의 품질관리 · 공사관리 · 안전관리 등을 지도 · 감독하여야 하며, 감리중간보고서 · 감리완료보고서를 작성하여 건축주에게 제출할 의무가 있다.

【2】 공사시공자 (법 제2조제1항제16호)

법 제2조【정의】①
16. "공사시공자"란 「건설산업기본법」 제2조제4호에 따른 건설공사를 하는 자를 말한다.

해설 이전의 현장관리인 제도 등이 「건축법」 규정에서 삭제됨에 따라 부실시공여부의 근거가 없어지게 되어, 건축물 시공자의 책임과 의무를 부여하고자 건설공사를 시행하는 자는 모두 시공자로 규정함

관계법 건설공사(「건설산업기본법」 제2조제4호)

4. "건설공사"라 함은 토목공사, 건축공사, 산업설비공사, 조경공사, 환경시설공사, 그 밖에 명칭과 관계없이 시설물을 설치 · 유지 · 보수하는 공사(시설물을 설치하기 위한 부지조성공사를 포함한다), 기계설비나 그 밖의 구조물의 설치 및 해체공사 등을 말한다. 다만, 다음 각 목의 어느 하나에 해당하는 공사는 포함하지 아니한다.
가. 「전기공사업법」에 따른 전기공사
나. 「정보통신공사업법」에 따른 정보통신공사
다. 「소방시설공사업법」에 따른 소방시설공사
라. 「문화재보호법」에 따른 문화재 수리공사

【3】 관계전문기술자 (법 제2조제1항제17호)

법 제2조【정의】①
17. "관계전문기술자"란 건축물의 구조, 설비등 건축물과 관련된 전문기술자격을 보유하고 설계 및 공사감리에 참여하여 설계자 및 공사감리자와 협력하는 자를 말한다.

해설 관계전문기술자 : 구조분야 : 건축구조기술사
　　　　　　　　　　설비분야 : (기계설비) 건축기계설비기술사, 공조냉동기계기술사
　　　　　　　　　　　　　　　(전기설비) 건축전기설비기술사, 발송배전기술사
　　　　　　　　　　　　　　　(가스설비) 가스기술사
　　　　　　　　　　토목분야 : (토목분야) 토목분야기술사, (국토개발분야) 지질 및 지반기술사

20 건축물의 유지·관리 (법 제2조제1항제16의2호)

법 제2조 【정의】①

> 16의2. "건축물의 유지·관리"란 건축물의 소유자나 관리자가 사용 승인된 건축물의 대지·구조·설비 및 용도 등을 지속적으로 유지하기 위하여 건축물이 멸실될 때까지 관리하는 행위를 말한다. 〈신설 2012.1.17〉

21 특별건축구역 (법 제2조제1항제18호)

법 제2조 【정의】①

> 18. "특별건축구역"이란 조화롭고 창의적인 건축물의 건축을 통하여 도시경관의 창출, 건설기술 수준향상 및 건축 관련 제도개선을 도모하기 위하여 이 법 또는 관계 법령에 따라 일부 규정을 적용하지 아니하거나 완화 또는 통합하여 적용할 수 있도록 특별히 지정하는 구역을 말한다.

해설 조화롭고 창의적인 건축물의 건축을 통하여 도시경관의 창출, 건설기술 수준향상 및 건축 관련 제도개선을 도모하기 위하여 특별히 지정하는 구역으로, "특별건축구역"에서는 이 법 또는 관계 법령에 따른 일부 규정의 적용배제, 완화적용 또는 통합적용할 수 있도록 함

22 발코니 (영 제2조제14호)

영 제2조 【정의】

> 14. "발코니" 란 건축물의 내부와 외부를 연결하는 완충공간으로서 전망이나 휴식 등의 목적으로 건축물 외벽에 접하여 부가적(附加的)으로 설치되는 공간을 말한다. 이 경우 주택에 설치되는 발코니로서 국토교통부장관이 정하는 기준에 적합한 발코니는 필요에 따라 거실·침실·창고 등의 용도로 사용할 수 있다.

해설 주택의 발코니는 내부와 외부와의 완충공간으로, 바닥면적(용적률)산정에서 제외되나, 발코니를 거실, 침실 등으로 확장하여 사용함으로서 실질적 내부면적의 증가와 구조, 방화 및 피난 등의 안전에 대한 문제가 상존함. 이에 거실, 침실, 창고 등의 용도로 사용하기 위해서는 국토교통부장관이 정하는 기준에 따른 구조, 피난 등의 안전조치를 하도록 함. ➡ 제5장 해설 참조

23 부속구조물 (법 제2조제1항제21호) (영 제2조 제19호)

법 제2조 【정의】①

> 21. "부속구조물"이란 건축물의 안전·기능·환경 등을 향상시키기 위하여 건축물에 추가적으로 설치하는 환기시설물 등 대통령령으로 정하는 구조물을 말한다.

영 제2조 【정의】

> 19. 법 제2조제1항제21호에서 "환기시설물 등 대통령령으로 정하는 구조물"이란 급기(給氣) 및 배기(排氣)를 위한 건축 구조물의 개구부(開口部)인 환기구를 말한다.

※ 환기구 설치기준은 제7장을 참고

24 내수재료·내화구조·방화구조·난연재료·불연재료·준불연재료 (제2조제6호 ~ 제11호 영)

> **영 제2조 【정의】**
>
> 6. "내수재료(耐水材料)"란 인조석 · 콘크리트 등 내수성을 가진 재료로서 국토교통부령으로 정하는 재료를 말한다.
> 7. "내화구조(耐火構造)"린 화재에 견딜 수 있는 성능을 가진 구조로시 국토교통부령으로 정하는 기준에 적합한 구조를 말한다.
> 8. "방화구조(防火構造)"란 화염의 확산을 막을 수 있는 성능을 가진 구조로서 국토교통부령으로 정하는 기준에 적합한 구조를 말한다.
> 9. "난연재료(難燃材料)"란 불에 잘 타지 아니하는 성능을 가진 재료로서 국토교통부령으로 정하는 기준에 적합한 재료를 말한다.
> 10. "불연재료(不燃材料)"란 불에 타지 아니하는 성질을 가진 재료로서 국토교통부령으로 정하는 기준에 적합한 재료를 말한다.
> 11. "준불연재료"란 불연재료에 준하는 성질을 가진 재료로서 국토교통부령으로 정하는 기준에 적합한 재료를 말한다.

※ 상세해설은 제5장을 참고

3 면적·높이 및 층수의 산정 (법 제84조) (영 제119조)

① 대지면적 (영 제119조제1항제1호)

영 제119조【면적·높이 등의 산정방법】①
　1. 대지면적 : 대지의 수평투영면적으로 한다. 다만, 다음 각 목의 어느 하나에 해당하는 면적은 제외한다.
　　가. 법 제46조제1항 단서에 따라 대지에 건축선이 정하여진 경우 : 그 건축선과 도로 사이의 대지면적
　　나. 대지에 도시·군계획시설인 도로·공원 등이 있는 경우: 그 도시·군계획시설에 포함되는 대지(「국토의 계획 및 이용에 관한 법률」 제47조제7항에 따라 건축물 또는 공작물을 설치하는 도시·군계획시설의 부지는 제외한다)면적

해설 대지라 함은 건축물이 축조되는 영역을 말하는 것으로서, 「측량·수로조사 및 지적에 관한 법률」에 따른 각 필지로 구획된 토지를 말한다. 대개의 경우 대지면적은 토지면적과 일치하나, 대지안에 건축선이 정하여진 경우 등에 있어서는 토지대장의 면적과 차이가 있을 수 있다. 여기에서 대지면적은 「건축법」(건폐율, 용적률 등)이 적용되는 실제 영역이라 할 수 있다.

【1】 원 칙

•대지의 수평투영면적으로 함	

■ 대지의 수평투영면적의 산정 예시

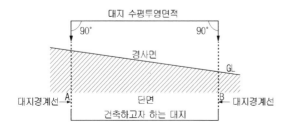

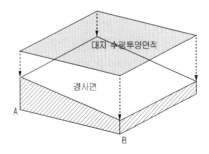

【2】 대지에 건축선이 정하여진 경우(「건축법」 제46조제1항 단서 내용)

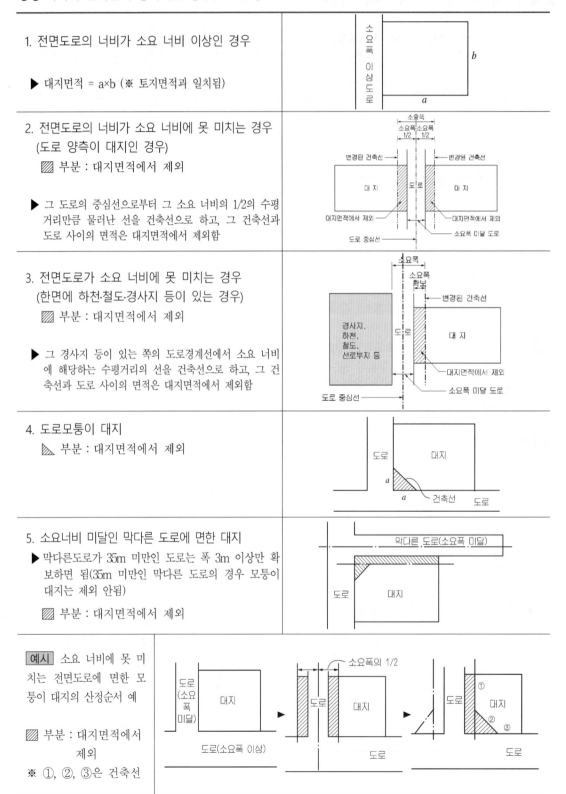

1. 전면도로의 너비가 소요 너비 이상인 경우

   ▶ 대지면적 = a×b (※ 토지면적과 일치됨)

2. 전면도로의 너비가 소요 너비에 못 미치는 경우
   (도로 양측이 대지인 경우)
      ▨ 부분 : 대지면적에서 제외

   ▶ 그 도로의 중심선으로부터 그 소요 너비의 1/2의 수평
   거리만큼 물러난 선을 건축선으로 하고, 그 건축선과
   도로 사이의 면적은 대지면적에서 제외함

3. 전면도로가 소요 너비에 못 미치는 경우
   (한면에 하천·철도·경사지 등이 있는 경우)
      ▨ 부분 : 대지면적에서 제외

   ▶ 그 경사지 등이 있는 쪽의 도로경계선에서 소요 너비
   에 해당하는 수평거리의 선을 건축선으로 하고, 그 건
   축선과 도로 사이의 면적은 대지면적에서 제외함

4. 도로모퉁이 대지
      ◸ 부분 : 대지면적에서 제외

5. 소요너비 미달인 막다른 도로에 면한 대지
   ▶ 막다른도로가 35m 미만인 도로는 폭 3m 이상만 확
   보하면 됨(35m 미만인 막다른 도로의 경우 모퉁이
   대지는 제외 안됨)
      ▨ 부분 : 대지면적에서 제외

   예시 소요 너비에 못 미
   치는 전면도로에 면한 모
   퉁이 대지의 산정순서 예

   ▨ 부분 : 대지면적에서
              제외
   ※ ①, ②, ③은 건축선

【3】 대지에 도시·군계획시설이 있는 경우

· 대지에 도로·공원 등의 도시·군계획시설이 있는 경우

▶ 도시·군계획시설에 포함되는 부분을 대지면적에서 제외

▨ 부분 : 대지면적에서 제외

예외 도시·군계획시설결정의 고시일부터 10년 이내에 사업이 시행되지 아니하는 경우 사업부지 중 지목(地目)이 대(垈)인 토지의 소유자는 매수의무자에게 매수를 청구할 수 있으나, 매수의무자가 매수하지 않기로 결정한 경우 등에는 개발행위허가를 받아 건축물 및 공작물의 설치가 가능하며 이 경우 이 부분의 토지는 대지면적에 포함됨

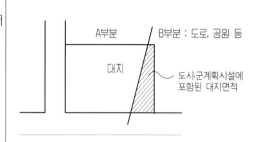

【참고1】 도로 및 건축선

■ 전면도로의 소요너비	· 일반적인 경우	너비 4m 이상
	· 막다른 도로의 경우	너비 2m 이상(길이 10m 미만)
		너비 3m 이상(길이 10m 이상 35m 미만)
		너비 6m* 이상(길이 35m 이상) (*도시지역이 아닌 읍·면지역에서는 4m 이상)
■ 건축선	① 소요너비 이상의 도로	대지와 도로의 경계선을 건축선으로 한다.
	② 소요너비 미달 도로	가. 중심선으로부터 소요너비 1/2에 상당하는 물러난 선 (도로 양측이 대지인 경우)
		나. 반대측 도로경계선에서 소요너비에 상당하는 선 (경사지·하천·철도·선로부지 등이 있는 경우) / 대지면적에서 제외 (건축선과 도로사이의 부분)
		다. 도로 모퉁이에서의 건축선[주]
		라. 특별자치시장·특별자치도사·시장·군수·구청장이 따로 지정하는 건축선 / 대지면적에 포함 (건축선과 도로 사이부분)

주) 도로모퉁이에서의 건축선

▨ 대지면적에서 제외

도로의 교차각	교차되는 도로의 너비(m)	해당도로의 너비(m)	
		6 이상 8 미만	4 이상 6 미만
90° 미만	6 이상 8 미만	4	3
	4 이상 6 미만	3	2
90° 이상 120° 미만	6 이상 8 미만	3	2
	4 이상 6 미만	2	2

【참고2】 교차도로의 대지면적(건축선 결정) 예시

- 너비 4m와 4m 교차도로의 경우

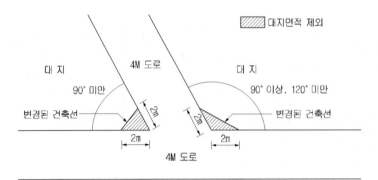

- 너비 4m와 6m 교차도로의 경우

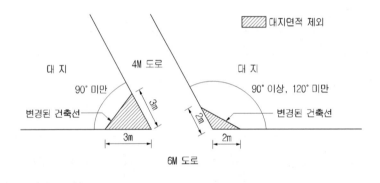

- 너비 6m터와 6m 교차도로의 경우

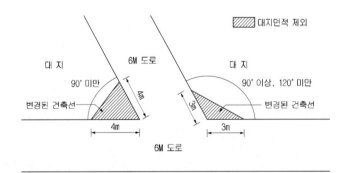

【참고3】 대지면적의 적용내용

- 대지의 분할제한 규정
- 건폐율·용적률·조경면적 등의 산출 근거

【관련 질의회신】

용도 폐지된 도로를 대지면적에 포함 가능한지 여부

건교부 건축기획팀-48, 2006.1.3

질의 건축허가시 조건에 의하여 개설한 도로의 인접한 대지에 공장을 신축하면서 도로를 폐지하고 폐지된 도로 부분을 신축예정인 공장의 대지에 포함하고자 하는 것이 가능한지 여부

회신 질의의 도로가 건축법 제2조제1항제11호 나목에 해당하는 도로인 경우라면 동 도로의 폐지는 동법 제35조의 규정에 따라야 할 것이며, 사용승인을 신청하는 때에 2 이상의 필지 또는 1 이상의 필지의 일부를 하나의 대지로 하도록 합필 또는 분필을 조건으로 건축허가를 하는 경우 동법 시행령 제3조제1항제6호 및 동조제2항제5호의 규정에 의거 합필 또는 분필대상이 되는 토지를 하나의 대지로 할 수 있음

(※ 법 제35조→ 제45조 ,2008.3.21, 개정)

차량의 진·출입을 위한 완화차선부분을 대지면적에서 제외하여야 하는지 여부

건교부 건축기획팀-5, 2006.1.2

질의 신축하고자 하는 건축물의 대지일부에 차량의 진·출입을 위한 완화차선을 설치한 경우 완화차선 부분을 대지면적에서 제외하여야 하는지 여부

회신 귀 문의의 완화차선이 건축법 제2조제1항제11호의 규정에 의한 도로가 아니라면 이는 대지면적에 산입하는 것임

2 건축면적 (영 제119조제1항제2호) (규칙 제43조)

영 제119조【면적·높이 등의 산정방법】①

2. 건축면적 : 건축물의 외벽(외벽이 없는 경우에는 외곽 부분의 기둥으로 한다. 이하 이 호에서 같다)의 중심선으로 둘러싸인 부분의 수평투영면적으로 한다. 다만, 다음 각 목의 어느 하나에 해당하는 경우에는 해당 목에서 정하는 기준에 따라 산정한다. 〈개정 2020.10.8., 2021.11.2〉

가. 처마, 차양, 부연(附椽), 그 밖에 이와 비슷한 것으로서 그 외벽의 중심선으로부터 수평거리 1미터 이상 돌출된 부분이 있는 건축물의 건축면적은 그 돌출된 끝부분으로부터 다음의 구분에 따른 수평거리를 후퇴한 선으로 둘러싸인 부분의 수평투영면적으로 한다.

1) 「전통사찰의 보존 및 지원에 관한 법률」 제2조제1호에 따른 전통사찰: 4미터 이하의 범위에서 외벽의 중심선까지의 거리

2) 사료 투여, 가축 이동 및 가축 분뇨 유출 방지 등을 위하여 처마, 차양, 부연, 그 밖에 이와 비슷한 것이 설치된 축사 : 3미터 이하의 범위에서 외벽의 중심선까지의 거리(두 동의 축사가 하나의 차양으로 연결된 경우에는 6미터 이하의 범위에서 축사 양 외벽의 중심선까지의 거리를 말한다)

3) 한옥 : 2미터 이하의 범위에서 외벽의 중심선까지의 거리

4) 「환경친화적자동차의 개발 및 보급 촉진에 관한 법률 시행령」 제18조의5에 따른 충전시설(그에 딸린 충전 전용 주차구획을 포함한다)의 설치를 목적으로 처마, 차양, 부연, 그 밖에 이와 비슷한 것이 설치된 공동주택(「주택법」 제15조에 따른 사업계획승인 대상으로 한정한다): 2미터 이하의 범위에서 외벽의 중심선까지의 거리

5)「신에너지 및 재생에너지 개발·이용·보급 촉진법」 제2조제3호에 따른 신·재생에너지 설비(신·재생에너지를 생산하거나 이용하기 위한 것만 해당한다)를 설치하기 위하여 처마, 차양, 부연, 그 밖에 이와 비슷한 것이 설치된 건축물로서 「녹색건축물 조성 지원법」 제17조에 따른 제로에너지건축물 인증을 받은 건축물: 2미터 이하의 범위에서 외벽의 중심신까지의 거리

6)「환경친화적 자동차의 개발 및 보급 촉진에 관한 법률」 제2조제9호의 수소연료공급시설을 설치하기 위하여 처마, 차양, 부연 그 밖에 이와 비슷한 것이 설치된 별표 1 제19호가목의 주유소, 같은 호 나목의 액화석유가스 충전소 또는 같은 호 바목의 고압가스 충전소 : 2미터 이하의 범위에서 외벽의 중심선까지의 거리

7) 그 밖의 건축물 : 1미터

나. 다음의 건축물의 건축면적은 국토교통부령으로 정하는 바에 따라 산정한다.

1) 태양열을 주된 에너지원으로 이용하는 주택

2) 창고 또는 공장 중 물품을 입출고하는 부위의 상부에 한쪽 끝은 고정되고 다른 쪽 끝은 지지되지 않는 구조로 설치된 돌출차양

3) 단열재를 구조체의 외기 측에 설치하는 단열공법으로 건축된 건축물

다. 다음의 경우에는 건축면적에 산입하지 않는다.

1) 지표면으로부터 1미터 이하에 있는 부분(창고 중 물품을 입출고하기 위하여 차량을 접안시키는 부분의 경우에는 지표면으로부터 1.5미터 이하에 있는 부분)

2)「다중이용업소의 안전관리에 관한 특별법 시행령」제9조에 따라 기존의 다중이용업소(2004년 5월 29일 이전의 것만 해당한다)의 비상구에 연결하여 설치하는 폭 2미터 이하의 옥외 피난계단(기존 건축물에 옥외 피난계단을 설치함으로써 법 제55조에 따른 건폐율의 기준에 적합하지 아니하게 된 경우만 해당한다)

3) 건축물 지상층에 일반인이나 차량이 통행할 수 있도록 설치한 보행통로나 차량통로

4) 지하주차장의 경사로

5) 건축물 지하층의 출입구 상부(출입구 너비에 상당하는 규모의 부분을 말한다)

6) 생활폐기물 보관시설(음식물쓰레기, 의류 등의 수거시설을 말한다. 이하 같다)

7)「영유아보육법」제15조에 따른 어린이집(2005년 1월 29일 이전에 설치된 것만 해당한다)의 비상구에 연결하여 설치하는 폭 2미터 이하의 영유아용 대피용 미끄럼대 또는 비상계단(기존 건축물에 영유아용 대피용 미끄럼대 또는 비상계단을 설치함으로써 법 제55조에 따른 건폐율 기준에 적합하지 아니하게 된 경우만 해당한다)

8)「장애인·노인·임산부 등의 편의증진 보장에 관한 법률 시행령」별표 2의 기준에 따라 설치하는 장애인용 승강기, 장애인용 에스컬레이터, 휠체어리프트 또는 경사로

9)「가축전염병 예방법」제17조제1항제1호에 따른 소독설비를 갖추기 위하여 같은 호에 따른 가축사육시설(2015년 4월 27일 전에 건축되거나 설치된 가축사육시설로 한정한다)에서 설치하는 시설

10)「매장문화재 보호 및 조사에 관한 법률」제14조제1항제1호 및 제2호에 따른 현지보존 및 이전보존을 위하여 매장문화재 보호 및 전시에 전용되는 부분

11)「가축분뇨의 관리 및 이용에 관한 법률」제12조제1항에 따른 처리시설(법률 제12516호 가축분뇨의 관리 및 이용에 관한 법률 일부개정법률 부칙 제9조에 해당하는 배출시설의 처리시설로 한정한다)

12) 「영유아보육법」 제15조에 따른 설치기준에 따라 직통계단 1개소를 갈음하여 건축물의 외부에 설치하는 비상계단(같은 조에 따른 어린이집이 2011년 4월 6일 이전에 설치된 경우로서 기존 건축물에 비상계단을 설치함으로써 법 제55조에 따른 건폐율 기준에 적합하지 않게 된 경우만 해당한다) 〈신설 2019.10.22.〉

규칙 제43조【태양열을 이용하는 주택 등의 건축면적 산정방법 등】

① 영 제119조제1항제2호나목1) 및 3)에 따라 태양열을 주된 에너지원으로 이용하는 주택의 건축면적과 단열재를 구조체의 외기측에 설치하는 단열공법으로 건축된 건축물의 건축면적은 건축물의 외벽중 내측 내력벽의 중심선을 기준으로 한다. 이 경우 태양열을 주된 에너지원으로 이용하는 주택의 범위는 국토교통부장관이 정하여 고시하는 바에 따른다. 〈개정 2020.10.28.〉

② 영 제119조제1항제2호나목2)에 따라 창고 또는 공장 중 물품을 입출고하는 부위의 상부에 설치하는 한쪽 끝은 고정되고 다른 끝은 지지되지 않는 구조로 된 돌출차양의 면적 중 건축면적에 산입하는 면적은 다음 각 호에 따라 산정한 면적 중 작은 값으로 한다. 〈개정 2017.1.19., 2020.10.28.〉

1. 해당 돌출차양을 제외한 창고의 건축면적의 10퍼센트를 초과하는 면적
2. 해당 돌출차양의 끝부분으로부터 수평거리 6미터를 후퇴한 선으로 둘러싸인 부분의 수평투영면적

해설 건축면적은 건폐율 산정시 적용되는 면적으로서 건축물의 수평투영면적으로 산정한다. 이는 지상부분의 건축물의 대지점유부분으로서, 차양·처마·부연 등은 그 이용목적상 길이 1m~4m까지는 면적에서 제외시키며 그 이상 돌출시에는 전용성의 의도가 있는 것으로 보아 건축면적에 포함시킨다. 또한 지표면상 1m 이하의 부분은 이전의 지하층 등의 규정시 지하구조물의 연장으로 보아 지상층의 점유부분으로 보지 않으며, 지하주차장의 경사로, 생활폐기물 보관함 등은 건축면적의 산정에서 제외된다.

【1】원칙 :
건축물의 외벽(외곽기둥)의 중심선으로 둘러싸인 부분의 수평투영면적

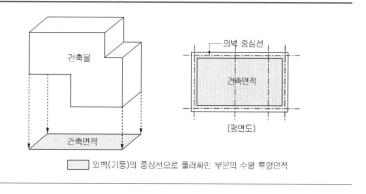

【참고】 건축물의 외벽(기둥)의 중심선 적용 예시

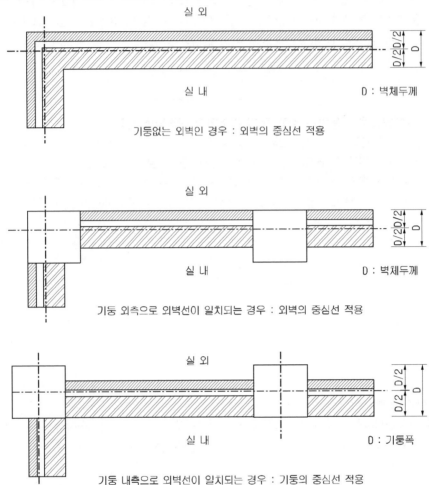

실 외

실 내

D : 벽체두께

기둥없는 외벽인 경우 : 외벽의 중심선 적용

실 외

실 내

D : 벽체두께

기둥 외측으로 외벽선이 일치되는 경우 : 외벽의 중심선 적용

실 외

실 내

D : 기둥폭

기둥 내측으로 외벽선이 일치되는 경우 : 기둥의 중심선 적용

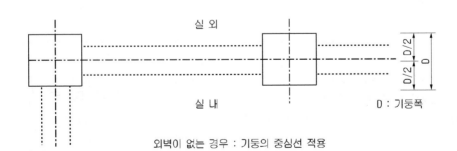

실 외

실 내

D : 기둥폭

외벽이 없는 경우 : 기둥의 중심선 적용

【2】 처마·차양·부연(附椽) 등의 경우 :

외벽의 중심선으로부터 수평거리 1m 이상 돌출부분은 끝부분으로부터 다음 수평거리를 후퇴한 선으로 둘러싸인 부분의 수평투영면적

1. 일반적인 건축물	1m
2. ① 한옥 ② 충전시설이 설치된 공동주택[주1] ③ 제로에너지건축물 인증받은 건축물[주2] ④ 주유소, 액화석유가스 충전소 등[주3]	2m
3. 축사[주4]	3m
4. 전통사찰	4m

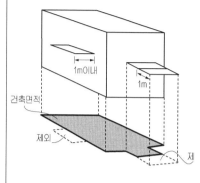

1. 1m 이하의 범위에서 중심선까지의 거리(우측란 그림 참조)

2. 2m 이하의 범위에서 외벽의 중심선까지의 거리
   ① 한옥

예시 한옥 처마의 수평거리 후퇴선 적용 예시

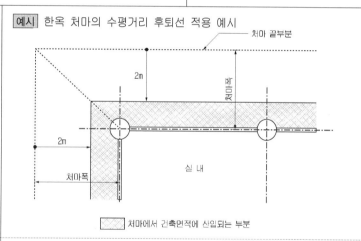

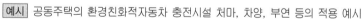

처마에서 건축면적에 산입되는 부분

② 「환경친화적자동차의 개발 및 보급 촉진에 관한 법률 시행령」에 따른 충전시설(그에 딸린 충전 전용 주차구획 포함)의 설치를 목적으로 처마, 차양, 부연 등이 설치된 공동주택(「주택법」에 따른 사업계획승인 대상으로 한정)

예시 공동주택의 환경친화적자동차 충전시설 처마, 차양, 부연 등의 적용 예시

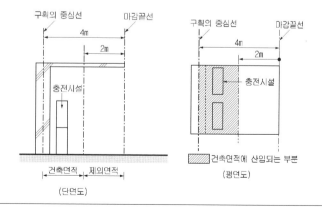

건축면적에 산입되는 부분

③「신에너지 및 재생에너지 개발·이용·보급 촉진법」에 따른 신·재생에너지 설비(신·재생에너지를 생산하거나 이용하기 위한 것만 해당)를 설치하기 위하여 처마, 차양, 부연 등이 설치된 건축물로서「녹색건축물 조성 지원법」에 따른 제로에너지건축물 인증을 받은 건축물

예시 건축물의 지붕에 신재생에너지를 공급, 이용하는 시설을 설치하는 경우 그 부분 처마, 차양, 부연 등의 수평거리 후퇴선 적용 예시

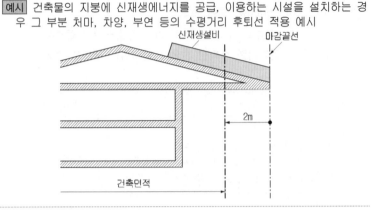

④「환경친화적 자동차의 개발 및 보급 촉진에 관한 법률」에 따른 수소연료공급시설을 설치하기 위하여 처마, 차양, 부연 그 밖에 이와 비슷한 것이 설치된 주유소, 액화석유가스 충전소 또는 고압가스 충전소

3. 사료 투여, 가축 이동 및 가축 분뇨 유출 방지 등을 위하여 처마, 차양, 부연, 그 밖에 이와 비슷한 것이 설치된 축사 :
3m 이하의 범위에서 외벽의 중심선까지의 거리(두 동의 축사가 하나의 차양으로 연결된 경우에는 6m 이하의 범위)

예시 축사 처마의 수평거리 후퇴선 적용 예시

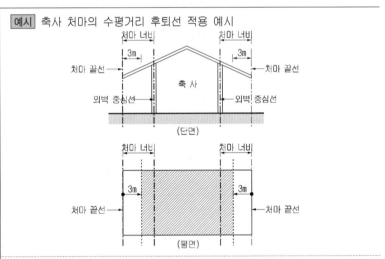

예시 두 동의 축사가 하나의 차양으로 연결된 경우 적용 예시

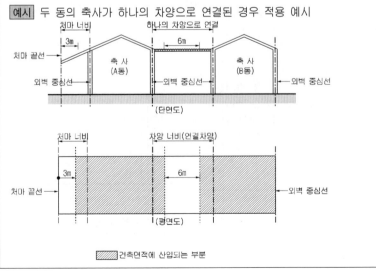

4. 전통사찰 :
   4m 이하의 범위에서 외벽의 중심선까지의 거리

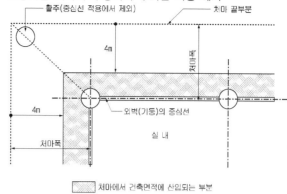

예시 전통사찰 처마의 수평거리 후퇴선 적용 예시

【3】 창고 또는 공장의 물품 입출고 부위의 돌출차양

■ 창고 또는 공장의 물품을 입출고하는 부위의 상부에 한쪽 끝은 고정되고 다른 쪽 끝은 지지되지 않는 구조로 설치된 돌출차양의 면적 중 건축면적에 산입하는 면적

① 해당 돌출차양부분을 제외한 창고 건축면적의 10% 초과한 면적

② 해당 돌출차양 끝부분에서 수평거리 6m를 후퇴한 선으로 둘러싸인 부분의 수평투영면적 중 작은 값을 건축면적으로 산정함.

예시 창고 또는 공장 중 물품을 입출고하는 부위 상부의 차양 건축면적 산정

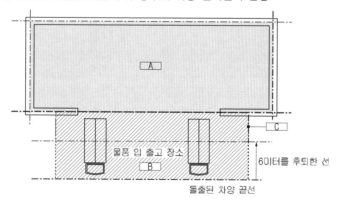

☐ A : 돌출차양을 제외한 창고의 건축면적

▨ B : 돌출차양 수평투영면적

▨ C : 돌출차양 끝부분으로부터 수평거리 6m를 후퇴한 선으로 둘러싸인 수평투영면적

EX1) : 작은값인 산정1)의 값을 건축면적에 산입
산정1) A면적=200㎡, B면적=30㎡
　　- A면적 × 10%=20㎡
　　∴ 10%를 초과하는 면적=10㎡[(A면적 × 10%)-B]
산정2) C면적=20㎡

EX2) : 작은값인 산정2)의 값을 건축면적에 산입
산정1) A면적=200㎡, B면적=40㎡
　　- A면적 × 10%=20㎡
　　∴ 10%를 초과하는 면적=20㎡[(A면적 × 10%)-B]
산정2) C면적=15㎡

* '돌출차양을 제외한 창고의 건축면적'을 A라 하고 '돌출차양의 수평투영면적'을 B라 하며 '해당 돌출차양을 제외한 창고의 건축면적의 10%를 초과하는 면적'은 B-A×10%, 그리고 '해당 돌출차양의 끝부분으로부터 수평거리 6m를 후퇴한 선으로 둘러싸인 부분의 수평투영면적'을 C, 이 때 (B-A×10%)< C 의 경우, 창고 또는 공장의 건축면적은 A+(B-A×10%)로 결정되며, (B-A×10%) >C의 경우, 창고 또는 공장의 건축면적은 A + C로 결정함

【4】 노대 등의 건축면적 산입 방법

■ 노대 등은 건축면적에 모두 산입

■ 「건축구조 기준」 등에 적합한 확장형 발코니 주택은 발코니 외부에 단열재를 시공 시 일반 건축물 벽체와 동일하게 건축면적을 산정

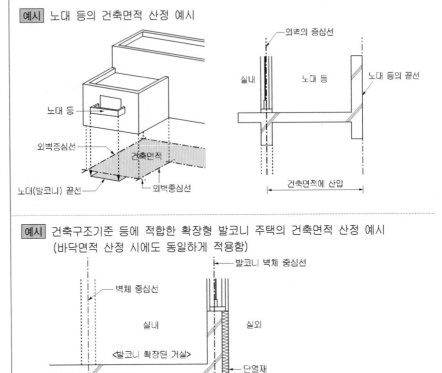

예시 노대 등의 건축면적 산정 예시

예시 건축구조기준 등에 적합한 확장형 발코니 주택의 건축면적 산정 예시
(바닥면적 산정 시에도 동일하게 적용함)

【5】 태양열 주택과 외단열 건축물

■ 태양열 주택과 단열재를 구조체의 외기측에 설치하는 단열공법으로 건축된 건축물(이하 "외단열 건축물")의 경우 외벽 중심선의 위치는 외벽 중 내측 내력벽의 중심선으로 한다.

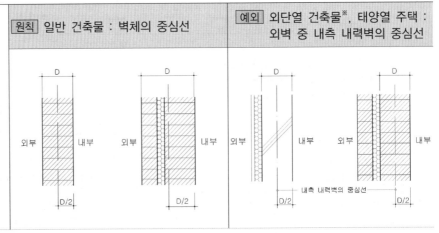

| 원칙 일반 건축물 : 벽체의 중심선 | 예외 외단열 건축물※, 태양열 주택 : 외벽 중 내측 내력벽의 중심선 |

※ 중심선 산정 시

■ 내단열 건축물 :

　내단열 두께를 포함하여 벽체 전체의 중심선을 기준으로 산정

■ 외단열 건축물 :

　단열재가 설치된 외벽 중 내측 내력벽의 중심선을 기준으로 건축면적 산정

예시 외단열 공법으로 건축된 건축물의 구획의 중심선 산정 예시

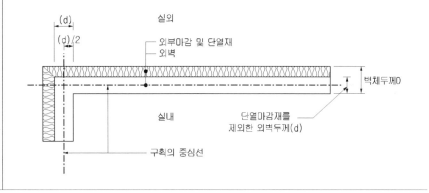

【6】 건축면적 산입 제외되는 부분

1. 지표면으로부터 1m 이하의 부분

예시 지표면으로부터 1m 이하에 있는 부분의 건축면적 산정 예시

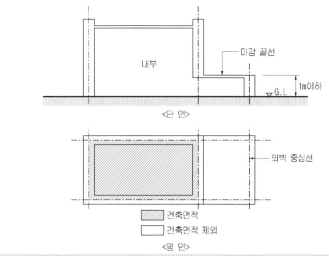

※ 외부계단의 경우 :
　1m 이하 부분을 제외한 외부계단 나머지 부분은 건축면적 산정시 포함

예시 건축면적 산정 시 제외되는 외부계단 예시

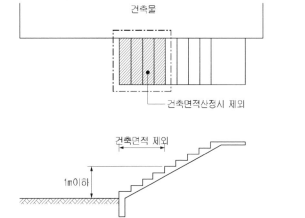

2. 창고 중 물품 입출고용 차량 접안 부분으로 지표면으로부터 1.5m 이하의 부분

예시 창고 중 물품을 입출고하기 위한 차량 접안부 건축면적 산정 예시

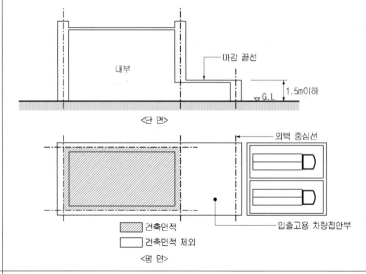

3. 지하 주차장의 경사로

※ 상부에 건축물 이용자 편의를 위해 비나 눈, 먼지 등을 차단하기 위한 지붕을 설치하는 경우 기둥의 설치 유무 등과 관계없이 건축면적에 산입하지 않음

예시 지하주차장으로 내려가는 경사로 지붕의 건축면적 산정 예시

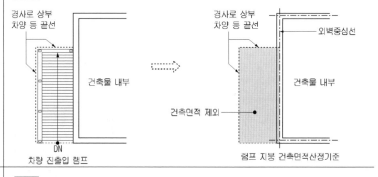

4. 장애인용 승강기, 장애인용 에스컬레이터, 휠체어리프트 또는 경사로

☞ 「장애인·노인·임산부 등의 편의증진보장에 관한 법률」 참조

※ 일반 승강기와 장애인용 승강기를 겸용으로 설치하는 경우에도 건축면적 산입에서 제외
다만, 장애인용 승강기의 승강장은 건축면적에 산입함(겸용으로 설치한 경우에도 동일하게 적용)

예시 장애인용 승강기의 건축면적 산정제외 예시

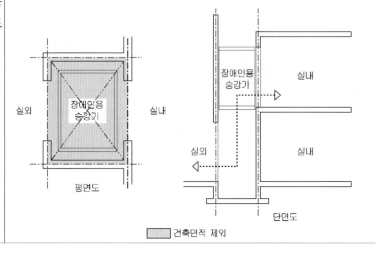

5. 그 밖에 건축면적에서 제외되는 부분

① 건축물 지상층에 일반인이나 차량이 통행할 수 있도록 설치한 보행통로나 차량통로

② 건축물 지하층의 출입구 상부(출입구 너비상당 부분만 해당)

③ 생활폐기물 보관시설(음식물쓰레기, 의류 등의 수거시설)

【7】 기존 건축물 등의 예외 적용(건축면적 산입 제외)

근거법조항	적용 대상	제한사항	건축면적 면제 대상
1.「가축전염병 예방법」제17조 제1항제1호	2015.4.27. 이전 건축되거나 설치	가축사육시설로 한정	가축사육시설에서 설치하는 시설
2.「매장문화재 보호 및 조사에 관한 법률 시행령」 제14조 제1항제1호 및 제2호	-	-	현지보존 및 이전보존을 위하여 매장문화재 보호 및 전시에 전용되는 부분
3.「가축분뇨의 관리 및 이용에 관한 법률」 제12조제1항	-	법률 제12516호 가축분뇨의 관리 및 이용에 관한 법률 일부개정법률 부칙 제9조에 해당하는 배출시설의 처리시설로 한정	배출시설의 처리시설
4.「영유아보육법」 제15조	2005.1.29 이전에 설치	기존 건축물에 영유아용 대피용 미끄럼대 또는 비상계단을 설치함으로써 건폐율 기준에 적합하지 아니하게 된 경우만 해당	어린이집의 비상구에 연결하여 설치하는 폭 2m 이하의 영유아용 대피용 미끄럼대 또는 비상계단
	2011.4.6 이전에 설치	기존 어린이집에 비상계단을 설치함으로써 법 제55조에 따른 건폐율 기준에 적합하지 않게 된 경우만 해당	어린이집 직통계단 1개소를 갈음하여 건축물의 외부에 설치하는 비상계단
5.「다중이용업소의 안전관리에 관한 특별법 시행령」 제9조	2004.5.29 이전에 설치	기존의 건축물에 설치함으로써 건폐율 기준에 적합하지 아니하게 된 경우만 해당	기존의 다중이용업소의 비상구에 연결하여 설치하는 폭 2m 이하의 옥외피난계단
※ 다중이용업소의 옥외피난계단의 건축면적 산정 기준선	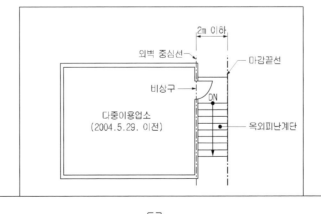		

【8】 저층부 개방 건축물의 건축면적 제외

> ### 영 제119조 【면적·높이 등의 산정방법】
>
> ③ 다음 각 호의 요건을 모두 갖춘 건축물의 건폐율을 산정할 때에는 제1항제2호에도 불구하고 지방건축위원회의 심의를 통해 제2호에 따른 개방 부분의 상부에 해당하는 면적을 건축면적에서 제외할 수 있다. 〈신설 2020.4.21.〉
>
> 1. 다음 각 목의 어느 하나에 해당하는 시설로서 해당 용도로 쓰는 바닥면적의 합계가 1천 제곱미터 이상일 것
>   가. 문화 및 집회시설(공연장·관람장·전시장만 해당한다)
>   나. 교육연구시설(학교·연구소·도서관만 해당한다)
>   다. 수련시설 중 생활권 수련시설, 업무시설 중 공공업무시설
> 2. 지면과 접하는 저층의 일부를 높이 8미터 이상으로 개방하여 보행통로나 공지 등으로 활용할 수 있는 구조·형태일 것

해설 창의적인 건축물의 건축을 통해 도시 경관을 만들기 위하여 문화 및 집회시설, 교육연구시설, 공공업무시설로서 해당 용도로 쓰는 바닥면적의 합계가 1,000m² 이상이고 건축물의 지표면과 접하는 저층 부분을 개방하여 보행통로나 공지 등으로 활용할 수 있는 형태의 건축물의 경우 건폐율을 산정할 때 지방건축위원회의 심의를 통해 개방 부분의 상부에 해당하는 면적을 건축면적에서 제외할 수 있도록 규정이 신설됨.<건축법 시행령 개정 2020.4.21.>

예시 수직 형태의 높이 8m 이상 개방부분의 건축면적 산정 예시

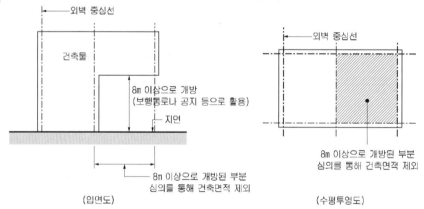

(입면도)   (수평투영도)

예시 기울어진 형태의 높이 8m 이상 개방부분의 건축면적 산정 예시

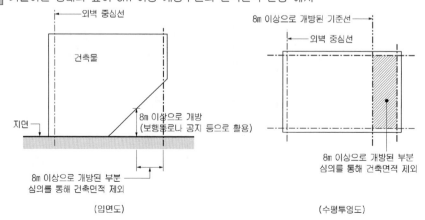

(입면도)   (수평투영도)

【참고】건축면적과 건폐율

건축면적은 건폐율 산정시 이용된다.

$$* \ 건폐율 : 대지면적에 \ 대한 \ 건축면적의 \ 비율$$
$$건폐율 = \frac{건축면적}{대지면적} \times 100(\%)$$

【관련 질의회신】

고저차 있는 지표면에서 건축면적 제외하는 지표면 1m 이하의 기준

건교부 건축기획팀-2979, 2006.5.12

질의 지표면으로부터 1m 이하에 있는 부분은 건축면적 산정시 제외하는데 위의 지표면은 가중평균한 지표면인지 실제 지표면인지

회신 질의내용이 불분명하여 정확한 회신이 곤란하나, 건축법 시행령 제119조제2항의 규정에서 같은 조제1항 각 호(제10호를 제외함)의 경우에 지표면에 고저차가 있는 경우에는 건축물의 주위가 접하는 각 지표면 부분의 높이를 해당 지표면부분의 수평거리에 따라 가중평균한 높이의 수평면을 지표면으로 보며, 그 고저차가 3m를 넘는 경우에는 해당 고저차 3m 이내의 부분마다 그 지표면을 정한다고 하고 있으므로, 같은 조제1항제2호의 규정에 따라 건축면적을 산정함에 있어 건축물의 주위가 접하는 지표면에 고저차가 있는 경우라면 위 규정에 따라 지표면을 정하여야 할 것임.

③ 바닥면적 (영 제119조제1항제3호, 제2조제14호)

영 제119조【면적·높이 등의 산정방법】①

3. 바닥면적: 건축물의 각 층 또는 그 일부로서 벽, 기둥, 그 밖에 이와 비슷한 구획의 중심선으로 둘러싸인 부분의 수평투영면적으로 한다. 다만, 다음 각 목의 어느 하나에 해당하는 경우에는 각 목에서 정하는 바에 따른다. 〈개정 2021.5.4., 2023.9.12./시행 2024.9.13〉

가. 벽·기둥의 구획이 없는 건축물은 그 지붕 끝부분으로부터 수평거리 1미터를 후퇴한 선으로 둘러싸인 수평투영면적으로 한다.

나. 건축물의 노대등의 바닥은 난간 등의 설치 여부에 관계없이 노대등의 면적(외벽의 중심선으로부터 노대등의 끝부분까지의 면적을 말한다)에서 노대등이 접한 가장 긴 외벽에 접한 길이에 1.5미터를 곱한 값을 뺀 면적을 바닥면적에 산입한다.

다. 필로티나 그 밖에 이와 비슷한 구조(벽면적의 2분의 1 이상이 그 층의 바닥면에서 위층 바닥 아래면까지 공간으로 된 것만 해당한다)의 부분은 그 부분이 공중의 통행이나 차량의 통행 또는 주차에 전용되는 경우와 공동주택의 경우에는 바닥면적에 산입하지 아니한다.

라. 승강기탑(옥상 출입용 승강장을 포함한다), 계단탑, 장식탑, 다락[층고(層高)가 1.5미터(경사진 형태의 지붕인 경우에는 1.8미터) 이하인 것만 해당한다], 건축물의 내부에 설치하는 냉방설비 배기장치 전용 설치공간(각 세대나 실별로 외부 공기에 직접 닿는 곳에 설치하는 경우로서 1제곱미터 이하로 한정한다), 건축물의 외부 또는 내부에 설치하는 굴뚝, 더스트슈트, 설비덕트, 그 밖에 이와 비슷한 것과 옥상·옥외 또는 지하에 설치하는 물탱크, 기름탱크, 냉각탑, 정화조, 도시가스 정압기, 그 밖에 이와 비슷한 것을 설치하기 위한 구조물과 건축물 간에 화물의 이동에 이용되는 컨베이어벨트만을 설치하기 위한 구

조물은 바닥면적에 산입하지 않는다.

마. 공동주택으로서 지상층에 설치한 기계실, 전기실, 어린이놀이터, 조경시설 및 생활폐기물 보관시설의 면적은 바닥면적에 산입하지 않는다.

바. 「다중이용업소의 안전관리에 관한 특별법 시행령」 제9조에 따라 기존의 다중이용업소(2004년 5월 29일 이전의 것만 해당한다)의 비상구에 연결하여 설치하는 폭 1.5미터 이하의 옥외 피난계단(기존 건축물에 옥외 피난계단을 설치함으로써 법 제56조에 따른 용적률에 적합하지 아니하게 된 경우만 해당한다)은 바닥면적에 산입하지 아니한다.

사. 제6조제1항제6호에 따른 건축물을 리모델링하는 경우로서 미관 향상, 열의 손실 방지 등을 위하여 외벽에 부가하여 마감재 등을 설치하는 부분은 바닥면적에 산입하지 아니한다.

아. 제1항제2호나목3)의 건축물의 경우에는 단열재가 설치된 외벽 중 내측 내력벽의 중심선을 기준으로 산정한 면적을 바닥면적으로 한다.

자. 「영유아보육법」 제15조에 따른 어린이집(2005년 1월 29일 이전에 설치된 것만 해당한다)의 비상구에 연결하여 설치하는 폭 2미터 이하의 영유아용 대피용 미끄럼대 또는 비상계단의 면적은 바닥면적(기존 건축물에 영유아용 대피용 미끄럼대 또는 비상계단을 설치함으로써 법 제56조에 따른 용적률 기준에 적합하지 아니하게 된 경우만 해당한다)에 산입하지 아니한다.

차. 「장애인·노인·임산부 등의 편의증진 보장에 관한 법률 시행령」 별표 2의 기준에 따라 설치하는 장애인용 승강기, 장애인용 에스컬레이터, 휠체어리프트 또는 경사로는 바닥면적에 산입하지 아니한다.

카. 「가축전염병 예방법」 제17조제1항제1호에 따른 소독설비를 갖추기 위하여 같은 호에 따른 가축사육시설(2015년 4월 27일 전에 건축되거나 설치된 가축사육시설로 한정한다)에서 설치하는 시설은 바닥면적에 산입하지 아니한다.

타. 「매장문화재 보호 및 조사에 관한 법률」 제14조제1항제1호 및 제2호에 따른 현지보존 및 이전보존을 위하여 매장문화재 보호 및 전시에 전용되는 부분은 바닥면적에 산입하지 아니한다.

파. 「영유아보육법」 제15조에 따른 설치기준에 따라 직통계단 1개소를 갈음하여 건축물의 외부에 설치하는 비상계단의 면적은 바닥면적(같은 조에 따른 어린이집이 2011년 4월 6일 이전에 설치된 경우로서 기존 건축물에 비상계단을 설치함으로써 법 제56조에 따른 용적률 기준에 적합하지 않게 된 경우만 해당한다)에 산입하지 않는다.

하. 지하주차장의 경사로(지상층에서 지하 1층으로 내려가는 부분으로 한정한다)는 바닥면적에 산입하지 않는다.

거. 제46조제4항제3호에 따른 대피공간의 바닥면적은 건축물의 각 층 또는 그 일부로서 벽의 내부선으로 둘러싸인 부분의 수평투영면적으로 한다. 〈신설 2023.9.12.〉

너. 제46조제5항제3호 또는 제4호에 따른 구조 또는 시설(해당 세대 밖으로 대피할 수 있는 구조 또는 시설만 해당한다)을 같은 조 제4항에 따른 대피공간에 설치하는 경우 또는 같은 조 제5항제4호에 따른 대체시설을 발코니(발코니의 외부에 접하는 경우를 포함한다. 이하 같다)에 설치하는 경우에는 해당 구조 또는 시설이 설치되는 대피공간 또는 발코니의 면적 중 다음의 구분에 따른 면적까지를 바닥면적에 산입하지 않는다. 〈신설 2023.9.12.〉
1) 인접세대와 공동으로 설치하는 경우: 4제곱미터
2) 각 세대별로 설치하는 경우: 3제곱미터

해설 바닥면적은 건축물의 규모를 나타내기 위한 기준으로서 각 부분의 면적이나, 전체의 크기(각 층 바닥면적의 합계＝연면적)를 나타낸다.

실질적으로 바닥면적은 유효공간(거실, 창고)을 말하며, 그 공간이용에 필요한 통로 등도 포함된다.

【1】 원칙

• 건축물의 각층 또는 그 일부로서 벽·기둥 그 밖에 이와 유사한 구획의 중심선으로 둘러싸인 부분의 수평투영면적으로 산정

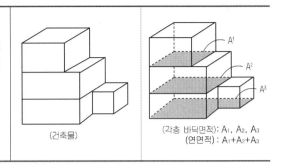

> • 그림의 A₁, A₂, A₃ → 각층 바닥면적

(건축물)

(각층 바닥면적): A₁, A₂, A₃
(연면적): A₁+A₂+A₃

【2】 바닥면적의 산정 방법

1. 벽, 기둥의 구획이 없는 건축물 :

지붕의 끝부분으로부터 수평거리 1m 후퇴한 선으로 둘러싸인 부분의 수평투영면적

■ 부분 : 바닥면적 산입

입면 / 평면

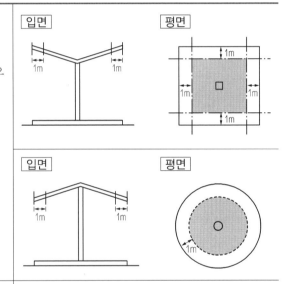

2. 건축물의 노대등의 바닥 :

난간 등의 설치여부에 관계없이 노대등의 면적에서 노대등이 접한 가장 긴 외벽에 접한 길이에 1.5m를 곱한 값을 뺀 면적

> 산입바닥면적＝노대면적(A)-1.5m×ℓ

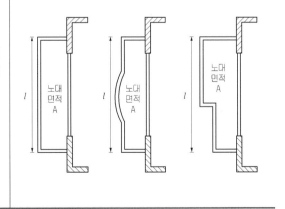

노대 면적 A

【참고】 노대의 면적

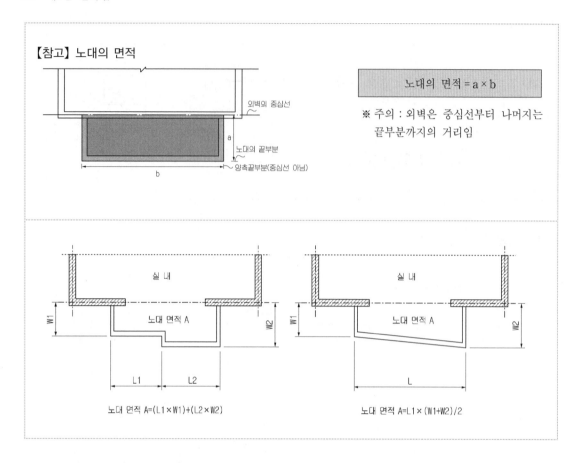

노대의 면적 = a × b

※ 주의 : 외벽은 중심선부터 나머지는 끝부분까지의 거리임

노대 면적 A=(L1×W1)+(L2×W2)

노대 면적 A=L1×(W1+W2)/2

3. 필로티 그 밖에 이와 유사한 구조의 부분

① 건축면적 ·· a × b

② 바닥면적(1층 부분)

- 공중통행 불가능시(일반적인 경우) ······ a′ × b′

- 공중의 통행에 전용되는 경우 ┐

- 차량의 통행·주차에 전용되는 경우 ├ ··· a″ × b″

- 공동주택의 경우 ┘

*필로티 : 벽면적의 1/2 이상이 해당 층의 바닥면에서 위층바닥 아래면까지 공간으로 된 것에 한함

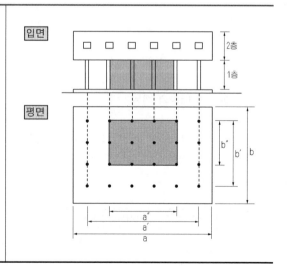

【참고】 필로티구조의 인정범위

1. 평면도(□ 공간, ■ 벽체부분) ※ 공간부분을 필로티로 인정

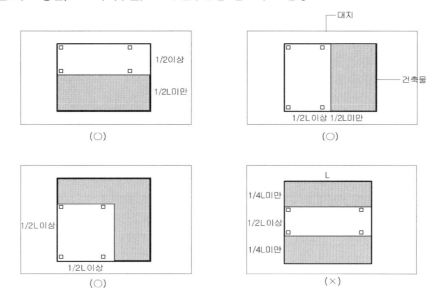

2. 입면도(□ 공간, ■ 벽체부분) ※ 공간부분을 필로티로 인정

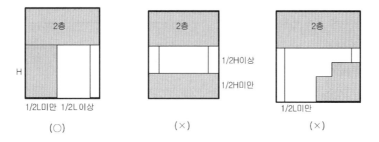

4. 다락

  층고가 1.5m(경사진 형태의 지붕: 1.8m)를 초과하는 경우에 바닥면적에 산입

*부분에 따라 높이가 다른 경우에는 가중평균한 높이로서 산정

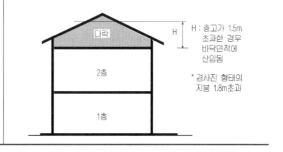

【참고】 다락

  「건축법」상의 정의는 없으나 건축물의 지붕속 또는 부엌 등의 천장위에 건축물의 구조상 발생한 공간을 2층처럼 만들어 거실의 용도가 아닌 물품의 보관 등에 활용토록 한 공간

  ※ 다락의 설치장소는 최상층으로 제한되지 않음(법령해석 법제처 17-0184, 2017.6.1. 참조)

5. 외부계단

※ 외부계단을 지지하는 벽·기둥 등의 구획이 없고 새시 등으로 구획되지 않은 개방형 외부계단의 바닥면적은 그 끝부분으로부터 수평거리 1m를 후퇴한 선으로 둘러싸인 수평투영면적으로 하되, 외부계단을 지지하는 벽·기둥 등의 구획이 있는 경우 외부계단의 바닥면적은 그 벽, 기둥 등의 중심선으로 둘러싸인 부분의 수평투영면적으로 산정함

예시 외부계단의 바닥면적 산정 예시

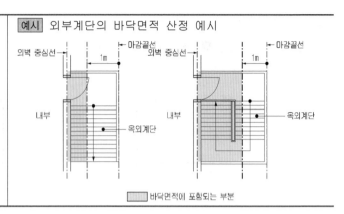

【3】 바닥면적 산정에서 제외되는 경우

1. 승강기탑[1], 계단탑, 장식탑, 건축물 내부 냉방설비 배기장치 전용 설치공간[2], 건축물의 외부 또는 내부에 설치하는 굴뚝·더스트슈트·설비덕트 등

▶ 바닥면적에서 제외(규모에 관계없음)
1) 옥상 출입용 승강장 포함
2) 각 세대나 실별로 외부 공기에 직접 닿는 곳에 설치하는 경우로서 1㎡ 이하로 한정
※ 높이·층수 등은 규모에 따라 산입여부를 결정함

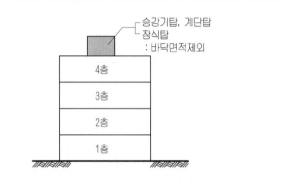

2. 물탱크·기름탱크·냉각탑·정화조·도시가스 정압기 등을 설치하기 위한 구조물

▶ 옥상, 옥외 또는 지하에 설치하는 것은 바닥면적에서 제외(우측 그림 참조)

3. 건축물 간에 화물의 이동에 이용되는 컨베이어벨트만을 설치하기 위한 구조물 : ▶ 바닥면적에서 제외

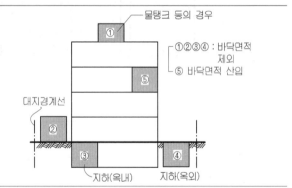

4. 공동주택에서 지상층에 설치한 기계실·전기실·어린이놀이터·조경시설 및 생활폐기물 보관시설 :

▶ 바닥면적에서 제외
※ 공동주택은 층수에 관계없이 규정이 적용됨

예시 바닥면적에서 제외되는 공동주택의 각종 시설 위치 예시

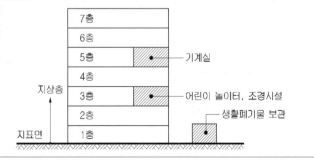

5. 리모델링 건축물의 외벽에 부가되는 부분 :

▶ 바닥면적에서 제외

※ 사용승인을 받은 후 15년 이상 된 건축물을 리모델링하는 경우 미관 향상, 열의 손실 방지 등을 위하여 외벽에 부가하여 마감재 등을 설치하는 부분

예시 바닥면적에서 제외되는 공동주택의 각종 시설 위치 예시

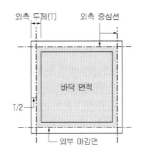

리모델링(전) 바닥면적 산정기준

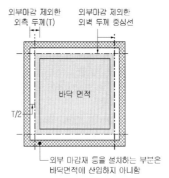

「건축법시행령」 제6조제1항제6호에 따른
건축물을 리모델링후
바닥면적 산정 완화 기준

---

6. 외단열 공법의 건축물

※ 중심선 산정 시 내단열 건축물은 내단열 두께를 포함하여 벽체 전체의 중심선을 기준으로 산정하고, 외단열 건축물은 단열재가 설치된 외벽 중 내측 내력벽의 중심선을 기준으로 바닥면적 산정함

예시 외단열 공법으로 건축된 건축물의 구획의 중심선 산정 예시

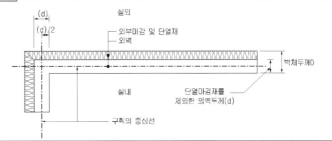

---

7. 장애인등의 통행이 가능한 다음의 시설* 설치시 :

▶ 바닥면적에서 제외

* 장애인용 승강기, 장애인용 에스컬레이터, 휠체어리프트 또는 경사로

   ▰ 부분 : 바닥면적 제외

예시 바닥면적에서 제외되는 장애인 편의시설 예시

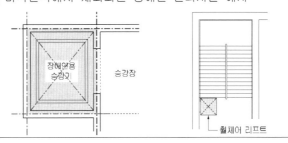

---

8. 지하주차장의 경사로(지상층에서 지하 1층으로 내려가는 부분으로 한정): ▶ 바닥면적에서 제외

※ 상부에 건축물 이용자 편의를 위해 비나 눈, 먼지 등을 차단하기 위한 지붕을 설치하는 경우 기둥의 설치 유무 등과 관계없이 바닥면적에 산입하지 않음

예시 바닥면적에 산입하지 않는 지상층에서 지하 1층 주차장으로 내려가는 경사로

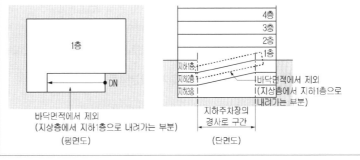

9. 대피공간*의 바닥면적의 산정	▪ 바닥면적 산정의 기준
* 아파트로서 4층 이상인 층의 각 세대가 2개 이상의 직통계단을 사용할 수 없는 경우 인접세대와 공동 또는 단독으로 설치하는 대피공간 <신설 2023.9.12./시행 2024.9.13>	건축물의 각 층 또는 그 일부로서 벽의 내부선으로 둘러싸인 부분의 수평투영면적 ▪ 바닥면적 산정에서 제외되는 부분 1) 대피공간 2) 하향식 피난구 또는 대체시설 설치된 발코니 ▪ 바닥면적 산정에 제외되는 면적 1) 인접세대와 공동으로 설치하는 경우: 4㎡ 까지 2) 각 세대별로 설치하는 경우: 3㎡ 까지

10. 그 밖에 관련법에서 정하는 시설 : ▶ 바닥면적에서 제외

근거법조항	적용 대상	제한사항	바닥면적 면제 대상
「매장문화재 보호 및 조사에 관한 법률 시행령」 제14조제1항제1호 및 제2호	-	-	현지보존 및 이전보존을 위하여 매장문화재 보호 및 전시에 전용되는 부분
「가축전염병 예방법」 제17조제1항제1호	2015.4.27. 이전 건축되거나 설치	가축사육시설로 한정	가축사육시설에서 설치하는 시설
「다중이용업소의 안전관리에 관한 특별법 시행령」 제9조	2004.5.29 이전에 설치	기존 건축물에 옥외 피난계단을 설치함으로써 법 제56조에 따른 용적률에 적합하지 아니하게 된 경우만 해당	기존의 다중이용업소의 비상구에 연결하여 설치하는 폭 1.5미터 이하의 옥외 피난계단
「영유아보육법」 제15조	2005.1.29 이전에 설치	기존 건축물에 영유아용 대피용 미끄럼대 또는 비상계단을 설치함으로써 건폐율 기준에 적합하지 아니하게 된 경우만 해당	어린이집의 비상구에 연결하여 설치하는 폭 2m 이하의 영유아용 대피용 미끄럼대 또는 비상계단
	2011.4.6 이전에 설치	기존 어린이집에 비상계단을 설치함으로써 용적률 기준에 적합하지 않게 된 경우만 해당	어린이집 직통계단 1개소를 갈음하여 건축물의 외부에 설치하는 비상계단

【참고】 바닥면적 제외의 경우 용적률을 적용하기 위한 면적산정에 있어 유리한 점이 있으며, 또한 실질적인 연면적 증가효과가 있다.

【관련 질의회신】

아파트 최상층의 다락방에 난방시설 설치 가능여부

건교부 건축기획팀-2556, 2006.4.25

질의 아파트 최상층의 다락방에 난방시설 설치 가능여부

회신 「건축법 시행령」 제119조제1항제3호마목에 따라 바닥면적에 산입하지 아니하는 '다락'이라 함은 층고가 1.5m(경사진 형태의 지붕인 경우에는 1.8m)이하인 것에 한하는 것인 바, 일반적으로 '다락'이라 함은 지붕과 천장사이 공간을 가로막아 물건의 저장 등 부수적으로 사용하기 위한 공간으로서 그 기능상 거실로 사용하지 않는 곳이므로 바닥면적에서 제외토록 하고 있는 바, 이 부분을 거실로 사용하기 위하여 난방시설을 설치하는 경우에는 동 부분의 면적을 바닥면적에 포함하여야 할 것임

기둥이 설치된 발코니의 바닥면적 산정방법

건교부 건축기획팀-477, 2006.1.25

질의 외벽에 접하고 외기에 전부 노출시킨 발코니에 기둥이 설치된 경우 바닥면적의 산정

회신 주택의 발코니의 바닥면적은 건축법 시행령 제119조제1항제3호 다목의 규정에 따라 산정하는 것이며 외벽에 접하여 외기에 직접 노출시킨 경우에는 기둥이 설치되었다 하더라도 발코니에 해당하는 것으로 볼 수 있을 것이며 바닥면적은 위 규정에 의하여 산정을 하여야 할 것임

반자설치로 인하여 생긴 공간의 바닥면적 산입여부

건교부 건축기획팀-2974, 2006.5.12

질의 기존건축물에 반자를 설치함으로써 반자틀과 천장슬래브 사이에 공간이 형성되는 부분에 대하여 바닥면적을 산정하여야 하는지의 여부

회신 건축물의 바닥면적의 산정은 「건축법 시행령」 제119조제1항제3호에 따라 건축물의 각 층 또는 그 일부로서 기둥·벽 그 밖에 이와 유사한 구획의 중심선으로 둘러싸인 부분의 수평투영면적으로 하는 바, 이 경우 높이가 법적 제한규정에 미달하고 사용이 불가능하도록 완전히 폐쇄하여 철거에 준하는 조치가 된 경우에는 바닥면적을 산정하지 아니하여도 될 것임

---

④ 연면적 (영 제119조제1항제4호)

> **영 제119조 【면적·높이 등의 산정방법】 ①**
>
> 4. 연면적 : 하나의 건축물 각 층의 바닥면적의 합계로 하되, 용적률을 산정할 때에는 다음 각 목에 해당하는 면적은 제외한다. 〈개정 2021.1.8.〉
>   가. 지하층의 면적
>   나. 지상층의 주차용(해당 건축물의 부속용도인 경우만 해당한다)으로 쓰는 면적
>   다. 삭제 〈2012.12.12〉
>   라. 삭제 〈2012.12.12〉
>   마. 제34조제3항 및 제4항에 따라 초고층 건축물과 준초고층 건축물에 설치하는 피난안전구역의 면적
>   바. 제40조제4항제2호에 따라 건축물의 경사지붕 아래에 설치하는 대피공간의 면적

원칙 하나의 건축물의 각 층 바닥면적의 합계

* 건축물 전체규모를 말할 때의 연면적은 항상 지하층을 포함한다.

(지하층내의 물탱크, 기름탱크 등 제외)

연면적＝지상＋지하층의 바닥면적
＝B₁＋B₂＋1F＋2F＋3F＋4F＋5F
(필로티 구조가 아닌 주차장부분도 전부포함)

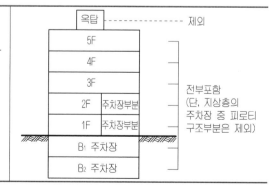

■ 연면적 합계 : 하나의 대지에 둘 이상의 건축물이 있는 경우 각 동 건축물의 연면적의 합

(우측란의 예)
① A동 연면적 : 600㎡
② B동 연면적 : 450㎡
연면적의 합계 : 1,050㎡(①+②)

■ 연면적과 연면적의 합계

예외 용적률 산정시의 연면적에서 제외되는 면적

① 지하층 부분의 면적
② 지상층의 주차 면적(해당 건축물의 부속용도인 경우만 해당)
※ 지상층의 주차장은 필로티구조와 관계없이 제외됨

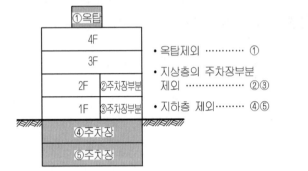

• 옥탑제외 ·········· ①
• 지상층의 주차장부분 제외 ················ ②③
• 지하층 제외········· ④⑤

③ 초고층 건축물과 준초고층 건축물의 피난안전구역의 면적(우측 피난안전구역의 설치기준 참조)

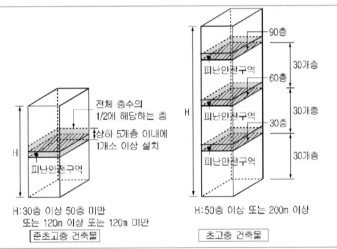

④ 11층 이상 건축물로서 11층 이상층의 바닥면적의 합계가 1만㎡ 이상인 건축물의 경사지붕 아래 설치하는 대피공간의 면적(우측 대피공간의 면적기준 참조)

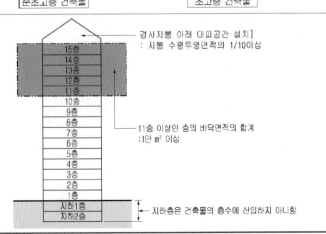

【참고1】 바닥면적 및 연면적의 적용 예

	건축물의 부분		바닥면적	연면적
	• 옥상부분(승강기탑, 계단탑, 장식탑 등), 굴뚝, 더스트슈트, 설비덕트, 다락[층고 1.5m 이하(경사지붕의 경우 : 1.8m)인 것] 등		제외	제외
	• 물탱크·기름탱크·냉각탑·정화조 등의 설치를 위한 구조물 … ① ② ③ ④에 해당		제외	제외
	• 노대 등 : 공제면적을 제외한 나머지 부분 산입		제외 또는 산입[주1]	제외 또는 산입[주1]
	• 공동주택의 지상층에 설치한 기계실, 전기실, 어린이놀이터, 조경시설 등		제외(공동주택에 한함)	제외(공동주택에 한함)
	• 지상층의 주차장		산입	산입 또는 제외[주2]
	• 필로티	공중의 통행에 전용	제외	제외
		차량의 주차에 전용	제외	제외
		공동주택의 경우	제외	제외
		그 밖의 경우	산입	산입
	• 지하층		산입	산입 또는 제외[주3]

주1) 노대부분 중 공제면적을 초과하는 부분만 바닥면적이나 연면적에 산입됨

주2), 주3) 일반적인 연면적 산정의 경우 산입되며, 용적률 산정시에 한하여 제외됨

【참고2】 바닥면적, 연면적 및 연면적 합계의 구분

① 바닥면적은 건축물의 부분의 면적을 말함[(예)침실의 바닥면적, 2층 부분의 바닥면적]

② 연면적은 건축물의 전체부분 즉 하나의 건축물의 각층 바닥면적의 합계를 말함

　　또한 연면적은 각층 바닥면적의 합계이므로, 바닥면적에서 제외되는 부분[(예) 옥탑부분]은 당연히 연면적에서도 제외된다.

③ 연면적의 합계는 2동 이상 건축물의 바닥면적의 합계를 말함

【참고3】 용적률

□ 대지면적에 대한 건축물의 연면적의 비를 말함

$$\text{용적률} = \frac{\text{연면적} \left(\begin{array}{c} \text{2이상의 건축물이 있는 경우} \\ \text{연면적의 합계로 산정} \end{array} \right)}{\text{대지면적}} \times 100(\%)$$

※ 용적률 산정시 연면적에서 앞 표의 예외부분을 제외한 면적으로 환산함.

5 건축물의 높이 (영 제119조제1항제5호)

영 제119조 【면적·높이 등의 산정방법】 ①

5. 건축물의 높이 : 지표면으로부터 그 건축물의 상단까지의 높이[건축물의 1층 전체에 필로티(건축물을 사용하기 위한 경비실, 계단실, 승강기실, 그 밖에 이와 비슷한 것을 포함한다)가 설치되어 있는 경우에는 법 제60조 및 법 제61조제2항을 적용할 때 필로티의 층고를 제외한 높이]로 한다. 다만, 다음 각 목의 어느 하나에 해당하는 경우에는 각 목에서 정하는 바에 따른다.

가. 법 제60조에 따른 건축물의 높이는 전면도로의 중심선으로부터의 높이로 산정한다. 다만, 전면도로가 다음의 어느 하나에 해당하는 경우에는 그에 따라 산정한다.

  1) 건축물의 대지에 접하는 전면도로의 노면에 고저차가 있는 경우에는 그 건축물이 접하는 범위의 전면도로부분의 수평거리에 따라 가중평균한 높이의 수평면을 전면도로면으로 본다.

  2) 건축물의 대지의 지표면이 전면도로보다 높은 경우에는 그 고저차의 2분의 1의 높이만큼 올라온 위치에 그 전면도로의 면이 있는 것으로 본다.

나. 법 제61조에 따른 건축물 높이를 산정할 때 건축물 대지의 지표면과 인접 대지의 지표면 간에 고저차가 있는 경우에는 그 지표면의 평균 수평면을 지표면으로 본다. 다만, 법 제61조제2항에 따른 높이를 산정할 때 해당 대지가 인접 대지의 높이보다 낮은 경우에는 해당 대지의 지표면을 지표면으로 보고, 공동주택을 다른 용도와 복합하여 건축하는 경우에는 공동주택의 가장 낮은 부분을 그 건축물의 지표면으로 본다.

다. 건축물의 옥상에 설치되는 승강기탑·계단탑·망루·장식탑·옥탑 등으로서 그 수평투영면적의 합계가 해당 건축물 건축면적의 8분의 1(「주택법」 제15조제1항에 따른 사업계획승인 대상인 공동주택 중 세대별 전용면적이 85제곱미터 이하인 경우에는 6분의 1) 이하인 경우로서 그 부분의 높이가 12미터를 넘는 경우에는 그 넘는 부분만 해당 건축물의 높이에 산입한다.

라. 지붕마루장식·굴뚝·방화벽의 옥상돌출부나 그 밖에 이와 비슷한 옥상돌출물과 난간벽(그 벽면적의 2분의 1 이상이 공간으로 되어 있는 것만 해당한다)은 그 건축물의 높이에 산입하지 아니한다.

【1】 원칙

■ 지표면으로부터 해당 건축물의 상단까지의 높이로 산정 　- 건축물의 최고 높이를 말함 　　＊ 높이산정의 기준점 : 지표면	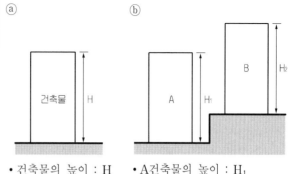 ・건축물의 높이 : H　・A건축물의 높이 : H_1 　　　　　　　　　　・B건축물의 높이 : H_2
■ 필로티(1층 전체)가 있는 건축물의 높이 　(건축법 제60조 및 제61조제2항 적용시) 　는 필로티의 층고를 제외한 높이로 함	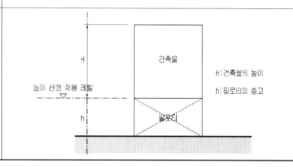

【2】 예외규정

(1) 법 제60조(건축물의 높이제한)에 따른 건축물의 높이 산정

■ 허가권자가 가로구역을 단위로 하여 건축물의 높이를 지정·공고할 수 있는 구역에서 높이산정의 기준 　　＊ 높이산정의 기준점 : 　　　전면도로의 중심선	① 원칙: 전면도로의 중심선	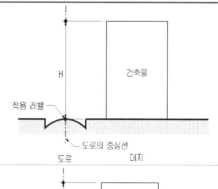
	■ 1층 전체가 필로티구조인 경우: H:필로티의 층고를 제외한 높이	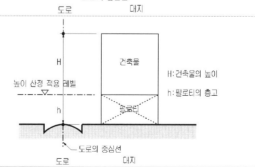

■ 허가권자가 가로구역을 단위로 하여 건축물의 높이를 지정·공고할 수 있는 구역 * 높이산정의 기준점 : 전면도로의 중심선	■ 주상복합 건축물의 경우(예시) ② 전면도로의 노면에 고저차가 있는 경우: 가중평균 도로면 ③ 대지면이 전면도로 보다 높은 경우: 가상 전면 도로면 ④ 대지면이 전면도로 보다 낮은 경우: 전면 도로 중심선	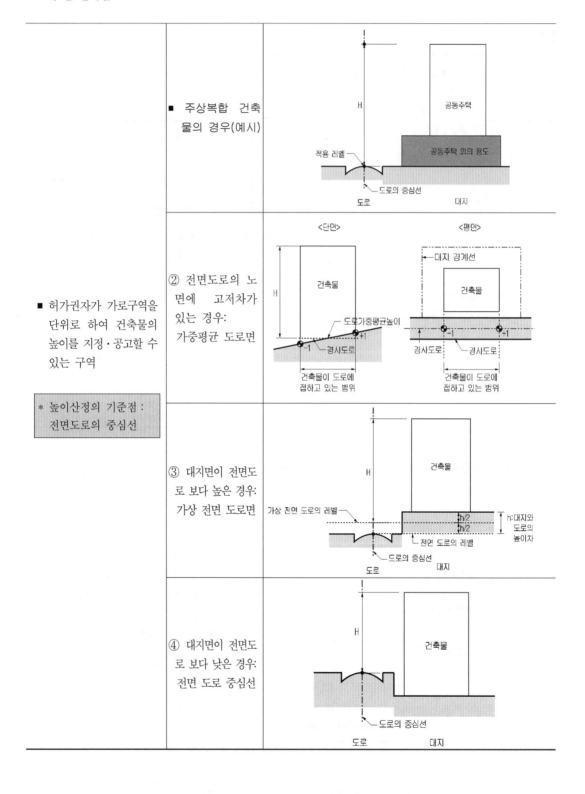

(2) 법61조(일조 등의 확보를 위한 건축물의 높이제한) 규정에 따른 높이산정

① 대지의 지표면과 인접대지의 지표면간에 고저
  차가 있는 경우: 평균수평면을 지표면으로 봄

> 일조권 적용시 높이산정의 기준점 : 평균
> 수평면
> * 법 제61조2항에 따른 공동주택의 경우
> 해당 대지가 인접대지의 높이보다 낮은
> 경우에는 해당 대지의 지표면을 말함

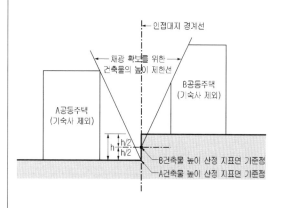

일조권 적용시의 건축물의 높이 ⌈A건축물 : H_1
                          ⌊B건축물 : H_2

■ 일조 높이제한 적용의 예(법 제61조제1항)

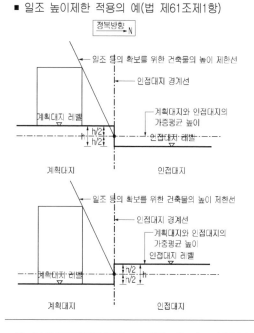

■ 공동주택 채광방향 높이제한 적용의 예(법 제61조제2항)

② 복합용도(공동주택과 다른 용도) 건축물의
  경우 : 공동주택의 높이는 공동주택의 가장
  낮은 부분을 지표면으로 하여 산정(전용주
  거지역 및 일반주거지역 제외)

> 공동주택의 높이 : 공동주택의 가장 낮은
> 부분(가상지표면)에서 건축물의 상단까지
> 의 높이

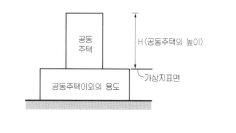

【참고】 건축물의 1층 전체에 필로티(건축물의 사용을 위한 경비실, 계단실, 승강기실, 그 밖에 이와 비
  슷한 것 포함)가 설치되어 있는 경우 「건축법」 제60조(건축물의 높이제한) 및 제61조(공동주
  택의 일조권 적용 규정) 제2항(채광방향의 높이제한 규정)을 적용함에 있어 필로티의 층고를
  제외한 높이를 건축물의 높이로 산정함. ☞ 제6장-**8**-②-[참고2] 해설 참조

(3) 옥상부분의 높이산정

1) 옥상에 설치되는 승강기탑·계단탑·망루·장식탑·옥탑 등

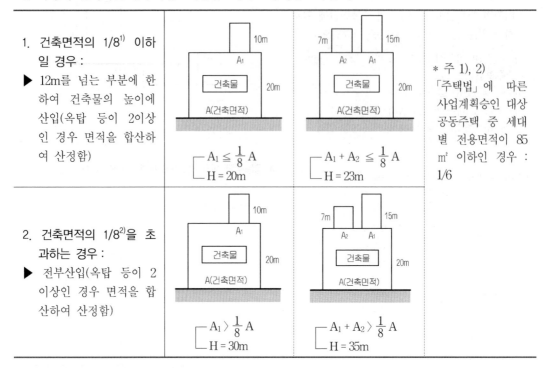

1. 건축면적의 $1/8^{1)}$ 이하일 경우 :
  ▶ 12m를 넘는 부분에 한하여 건축물의 높이에 산입(옥탑 등이 2이상인 경우 면적을 합산하여 산정함)

$$A_1 \leq \frac{1}{8} A$$
$$H = 20m$$

$$A_1 + A_2 \leq \frac{1}{8} A$$
$$H = 23m$$

2. 건축면적의 $1/8^{2)}$을 초과하는 경우 :
  ▶ 전부산입(옥탑 등이 2 이상인 경우 면적을 합산하여 산정함)

$$A_1 > \frac{1}{8} A$$
$$H = 30m$$

$$A_1 + A_2 > \frac{1}{8} A$$
$$H = 35m$$

* 주 1), 2)
「주택법」에 따른 사업계획승인 대상 공동주택 중 세대별 전용면적이 85㎡ 이하인 경우 : 1/6

2) 옥상돌출부(높이산정시 제외)

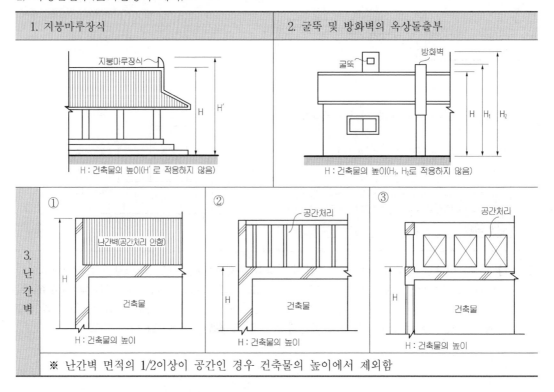

1. 지붕마루장식	2. 굴뚝 및 방화벽의 옥상돌출부
H : 건축물의 높이(H′로 적용하지 않음)	H : 건축물의 높이(H₁, H₂로 적용하지 않음)

3. 난간벽

① 난간벽(공간처리 안함) — H : 건축물의 높이

② 공간처리 — H : 건축물의 높이

③ 공간처리 — H : 건축물의 높이

※ 난간벽 면적의 1/2이상이 공간인 경우 건축물의 높이에서 제외함

【관련 질의회신】

가중평균한 지표면이 2 이상인 경우 해당 건축물의 최고높이

건교부 건축기획팀-859, 2006.2.9

질의 건축물의 주위가 접하는 지표면부분의 경사가 급하여 가중평균하여 산정한 지표면이 2 이상인 경우 건축법 시행령 제119조제1항제5호 본문에 따른 해당 건축물의 최고높이는 ?

회신 건축법 시행령 제119조제2항의 규정에 의하면 같은 조제1항 각 호(제10호를 제외함)의 경우에 지표면에 고저차가 있는 경우에는 건축물의 주위가 접하는 각 지표면 부분의 높이를 해당 지표면부분의 수평거리에 따라 가중평균한 높이의 수평면을 지표면으로 보되, 이 경우 그 고저차가 3m를 넘는 경우에는 해당 고저차 3m 이내의 부분마다 그 지표면을 정하며, 같은 조제1항제5호 각 호외 본문의 규정에 의하면 건축물의 높이는 지표면으로부터 해당 건축물의 상단까지의 높이[건축물의 1층 전체에 필로티(건축물의 사용을 위한 경비실·계단실·승강기실 그 밖에 이와 유사한 것을 포함함)가 설치되어 있는 경우에는 제82조 및 제86조제2항의 규정을 적용함에 있어서 필로티의 층고를 제외한 높이]로 하는 것이므로,

건축법 시행령 제119조제2항에 따라 고저차가 3m를 넘는 부분에 따라 지표면이 다른 경우 건축물의 최고높이는 고저차 3m 이내의 부분마다 산정한 지표면 구간별로 즉, 고저차 3m 이내마다 나눈 구간별로 그 구간에 속한 건축물의 상단까지의 높이를 구하되 그 중 가장 큰 값을 해당 건축물의 최고높이로 하는 것이 타당할 것으로 판단됨

1층 필로티로 된 지하 상가 지상 공동주택인 경우의 층고산정 방법

건교부 건축과-2166, 2005.4.21

질의 대지 안에서 1층 전체가 필로티인 공동주택과 상가가 지하로 연결되어 있는 경우 공동주택의 높이 산정 시 필로티의 층고를 제외할 수 있는지의 여부

회신 건축법 시행령 제86조제2항의 규정을 적용함에 있어서 동령 제119조제1항 제5호에 따른 건축물의 높이는 지표면으로부터 해당 건축물의 높이[건축물의 1층 전체에 필로티(건축물의 사용을 위한 경비실·계단실·승강기실 그 밖에 이와 유사한 것을 포함)가 설치되어 있는 경우에는 필로티의 층고를 제외한 높이]로 하는 바, 질의의 경우 지표면 위를 각각의 건축물로 하여 영 제86조제2항의 규정을 적용하는 것이 타당할 것으로 사료됨

옥상에 기둥과 보로만 이루어진 구조물을 설치한 경우 건축물 높이에 산입되는지

건교부 건축 58070-404, 2003.3.4

질의 건축물의 옥상에 기둥과 보로만 이루어진 구조물을 설치한 경우에도 건축물의 높이에 산입되는지 여부

회신 건축법시행령 제119조제1항제5호라목의 규정 중 괄호안의 내용은 옥상 난간벽으로서 2분의1이상이 공간으로 되어 있는 경우 높이에 산입하지 아니하는 것이나, 귀 질의의 경우에서 기둥과 보로 구획된 건축물의 부분은 건축물의 높이에 산입하여야 할 것으로 사료되니 구체적인 사항은 해당 허가권자와 상의하기 바람

⑥ 처마높이 (영
제119조제1항제6호)

> **영 제119조【면적·높이 등의 산정방법】①**
>
> 6. 처마높이 : 지표면으로부터 건축물의 지붕틀 또는 이와 비슷한 수평재를 지지하는 벽·깔도리 또는 기둥의 상단까지의 높이로 한다.

■ 처마높이 산정 예

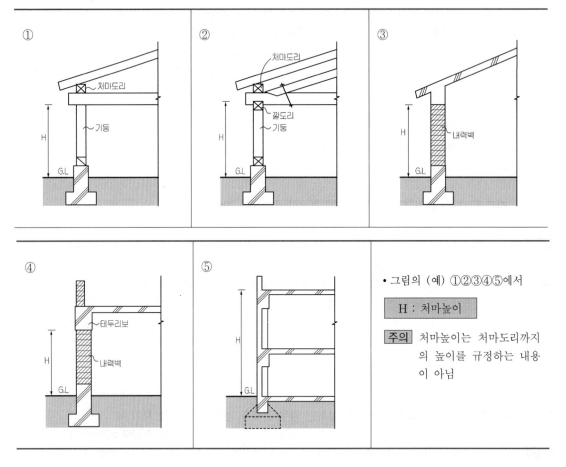

【참고】 처마높이 규정의 적용조항

  ① 구조안전의 확인(영 제32조) ※ 제5장-**1**-② 해설 참조

  ② 조적조 건축물의 구조제한(「건축물의 구조기준 등에 관한 규칙」 제9조의3 제2항)

    – 주요구조부가 비보강조적조인 건축물은 지붕높이 15m 이하, 처마높이 11m 이하 및 3층 이하로 하여야 함

【관련 질의회신】

처마높이의 산정

건교부 건축 444.1-18258, 1972.10.21

질의 건축법시행령 제119조 제1항 제6호에 따른 처마높이의 산정방법에 있어 그림과 같이 철근콘크리트조 또는 벽돌조의 철근콘크리트슬래브일 때 어느 부분으로 처마높이를 산정하여야 하는지

회신 본 질의에 대한 건축물의 처마높이는
① 그림 1에 있어서는 '라'부분
② 그림 2에 있어서는 '나'부분으로 산정됨

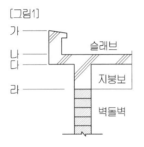

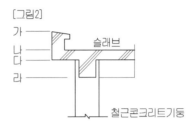

7 반자높이 (영 제119조제1항제7호)

> **영 제119조【면적·높이 등의 산정방법】①**
>
> 7. 반자높이 : 방의 바닥면으로부터 반자까지의 높이로 한다. 다만, 한 방에서 반자높이가 다른 부분이 있는 경우에는 그 각 부분의 반자면적에 따라 가중평균한 높이로 한다.

【1】 반자높이의 원칙

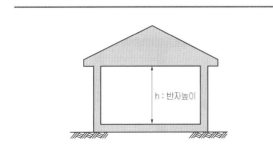

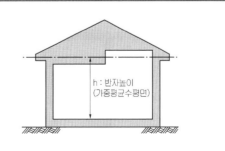

【2】산정의 예

- 가중평균높이$(h) = \dfrac{\text{방의 부피}}{\text{방의 면적}}$(각 부분의 반자의 면적에 따라 가중평균)

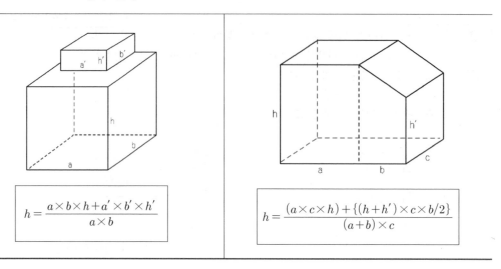

$$h = \frac{a \times b \times h + a' \times b' \times h'}{a \times b}$$

$$h = \frac{(a \times c \times h) + \{(h+h') \times c \times b/2\}}{(a+b) \times c}$$

【참고】반자높이의 규정은 실질적으로 거실관계규정에 적용된다. 이는 거실의 용적을 확보함으로서, 해당 거실의 위생환경의 확보에 목적이 있다.

【참고법령】 거실의 반자높이(피난·방화규칙 제16조)

제16조 【거실의 반자높이】

① 영 제50조의 규정에 의하여 설치하는 거실의 반자(반자가 없는 경우에는 보 또는 바로 윗층의 바닥판의 밑면 기타 이와 유사한 것을 말한다. 이하같다)는 그 높이를 2.1미터 이상 으로 하여야 한다.

② 문화 및 집회시설(전시장 및 동·식물원을 제외한다), 종교시설, 장례식장 또는 위락시설 중 유흥주점의 용도에 쓰이는 건축물의 관람실 또는 집회실로서 그 바닥면적이 200제곱미터 이상인 것의 반자의 높이는 제1항에도 불구하고 4미터(노대의 아랫부분의 높이는 2.7미터) 이상이어야 한다. 다만, 기계환기장치를 설치하는 경우에는 그렇지 않다. 〈개정 2019.8.6〉

해설 거실의 반자높이(h): 방의 바닥 마감면에서 반자까지의 높이

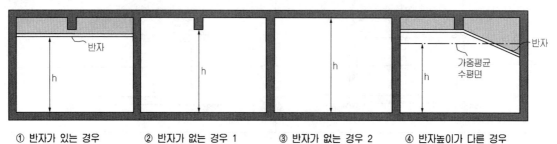

① 반자가 있는 경우   ② 반자가 없는 경우 1   ③ 반자가 없는 경우 2   ④ 반자높이가 다른 경우

8 층고 ($\frac{영}{제119조제1항제8호}$)

> **영 제119조【면적·높이 등의 산정방법】①**
>
> 8. 층고 : 방의 바닥구조체 윗면으로부터 위층 바닥구조체의 윗면까지의 높이로 한다. 다만, 한 방에서 층의 높이가 다른 부분이 있는 경우에는 그 각 부분 높이에 따른 면적에 따라 가중평균한 높이로 한다.

해설 층고는 방의 바닥구조체 윗면으로부터 위층 바닥구조체 윗면까지의 높이로서, 동일한 방에서 층의 높이가 다른 부분이 있는 경우 그 각 부분의 높이에 따른 면적에 따라 가중평균한 수평면을 층고로 한다.

층고는 지하층의 판별, 다락의 바닥면적 산입여부 판정의 기준이 된다.

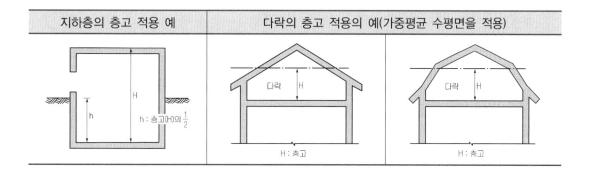

지하층의 층고 적용 예	다락의 층고 적용의 예(가중평균 수평면을 적용)

【참고】 층고산정 예시[건축물 면적, 높이 등 세부 산정기준(국토교통부 고시 제2021-1422호, 2021.12.30.)]

아래층 바닥면에서 위층 바닥면으로 마감면이 아닌 구조체를 기준으로 산정

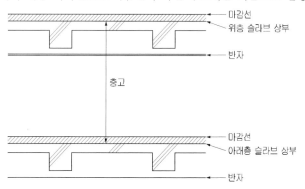

9 층수 (영
제119조제1항제9호)

> **영 제119조【면적·높이 등의 산정방법】①**
>
> 9. 층수 : 승강기탑(옥상 출입용 승강장을 포함한다), 계단탑, 망루, 장식탑, 옥탑, 그 밖에 이와 비슷한 건축물의 옥상 부분으로서 그 수평투영면적의 합계가 해당 건축물 건축면적의 8분의 1(「주택법」 제15조제1항에 따른 사업계획승인 대상인 공동주택 중 세대별 전용면적이 85 제곱미터 이하인 경우에는 6분의 1) 이하인 것과 지하층은 건축물의 층수에 산입하지 아니하고, 층의 구분이 명확하지 아니한 건축물은 그 건축물의 높이 4미터마다 하나의 층으로 보고 그 층수를 산정하며, 건축물이 부분에 따라 그 층수가 다른 경우에는 그 중 가장 많은 층수를 그 건축물의 층수로 본다. 〈개정 2016.8.11.〉

해설 「건축법」에서의 층수는 지상층만으로 산정한다. 지하층은 건축물의 전체규모를 말할 때, 지상·지하를 구분하여 말하며, 옥상부분은 건축면적의 1/8 이하일 때 층수에 산입하지 아니한다. 반면에 옥상부분이 상식적인 판단이상으로 규모가 큰 것(건축면적의 1/8 초과)은 다른 용도로 전용가능성이 있다고 보아, 층수와 높이 등에 포함시킨다.

【1】 층수산정의 원칙

1. 지상층만으로 산정(지하층은 제외)
2. 부분에 따라 그 층수를 달리하는 경우-가장 많은 층수로 산정
3. 옥상부분 : 건축면적의 1/8을 넘는 경우 층수에 산입(「주택법」 제16조제1항의 규정에 의한 사업계획승인 대상인 공동주택 중 세대별 전용면적 85m² 이하인 경우에는 1/6)
4. 층의 구분이 명확하지 않을 때 : 4m마다 1개 층으로 산정

【2】 층수산정의 예

• 옥상부분을 거실 등으로 사용하는 경우	• 옥상부분의 면적	
	건축면적의 1/8 이하	건축면적의 1/8 초과

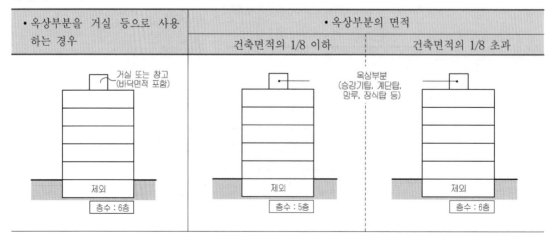

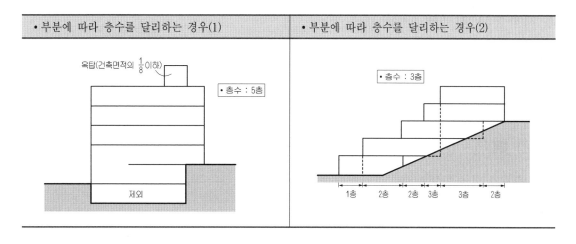

| • 부분에 따라 층수를 달리하는 경우(1) | • 부분에 따라 층수를 달리하는 경우(2) |

【관련 질의회신】

공동주택의 1층(필로티구조)을 건축물의 층수 산정시 제외 여부

건교부 고객만족센터-1721, 2006.9.11

질의 공동주택의 1층 전부를 필로티구조로 하여 주차장으로 사용하는 경우 건축법 시행령 별표1 제2호의 규정에 의하여 주택으로 쓰이는 층수를 산정하는데에 있어서는 제외되어 건축물의 층수 산정시에도 제외되는 것인지에 대한 질의

회신 공동주택 1층 전부를 필로티 구조로 하여 주차장으로 사용하는 경우에는 건축법 시행령 별표1 제2호의 규정에 의하여 주택으로 쓰이는 층수를 산정하는데 있어서는 제외되는 것이지만, 동 법 시행령 제119조 제1항제9호의 규정에 의하여 당해 건축물의 층수에는 산입되는 것임

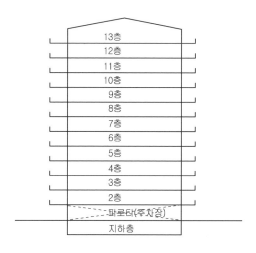

10 지하층의 지표면 산정 (영 제119조제1항제10호)

> **영 제119조 【면적·높이 등의 산정방법】 ①**
>
> 10. 지하층의 지표면 : 법 제2조제1항제5호에 따른 지하층의 지표면은 각 층의 주위가 접하는 각 지표면 부분의 높이를 그 지표면 부분의 수평거리에 따라 가중평균한 높이의 수평면을 지표면으로 산정한다.

【참고】 **2**-**5**-【2】 '지하층의 지표면 산정' 해설 참조

■ 지하층의 지표면 산정 예시

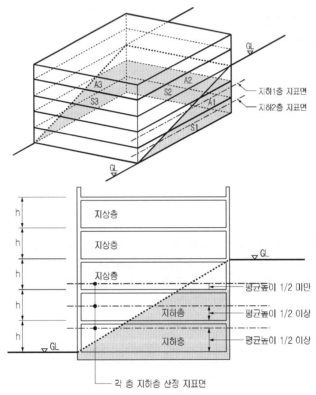

11 지표면 산정 (영 제119조제2항)

> **영 제119조 【면적·높이 등의 산정방법】**
>
> ② 제1항 각 호(제10호는 제외한다)에 따른 기준에 따라 건축물의 면적·높이 및 층수 등을 산정할 때 지표면에 고저차가 있는 경우에는 건축물의 주위가 접하는 각 지표면 부분의 높이를 그 지표면부분의 수평거리에 따라 가중평균한 높이의 수평면을 지표면으로 본다. 이 경우 그 고저차가 3미터를 넘는 경우에는 그 고저차 3미터이내의 부분마다 그 지표면을 정한다.

해설 • 면적·높이·층수산정의 규정적용시 지표면에 고저차가 있을 때의 지표면의 기준은 건축물의 주위가 접하는 각 지표면부분의 높이를 해당 지표면부분의 수평거리에 따라 가중평균한 수평면으로 한다.(지하층의 지표면 산정의 경우 제외)

• 고저차가 3m를 넘는 때에는 해당 고저차 3m 이내의 부분마다 그 기준을 정한다.

■ 지표면에 고저차가 있는 경우

지표면에 고저차가 있을 때(지하층의 지표면 산정 제외)의 지표면의 기준은 건축물의 주위가 접하는 각 지표면부분의 높이를 그 지표면부분의 수평거리에 따라 가중평균한 높이의 수평면으로 한다.

$$가중평균한\ 수평면 = \frac{건축물의\ 주위가\ 접하는\ 각\ 지표면부분의\ 면적의\ 합}{지표면\ 부분의\ 수평거리의\ 합}$$

【1】 지표면의 고저차가 3m 이내인 경우

고저차가 3m 이하인 경우	산 정 방 법
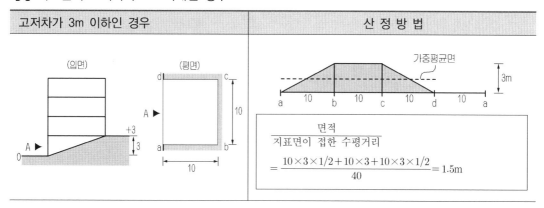	

【2】 지표면의 고저차가 3m 초과인 경우

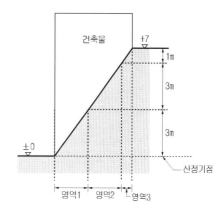

• 고저차가 3m를 넘는 경우 그 고저차 3m 이내의 부분마다 그 지표면을 정한다.

【관련 질의회신】

경사지 건축물에서 도로면으로 차량의 진출입이 가능한 경우 지표면 산정 방법

건교부 건축 58550-2326, 2003.12.15

질의 기존 건축물이 있던 대지가 인접 2개의 경사진 도로와 고저차를 두고 평탄하고 조성되어 있는 상태에서 기존 건축물을 철거하고 동일한 대지상에 신축을 한 경우로서, 지표면의 상부는 기존 지표면 높이를 유지하고 있으나 건축물 지하주차장의 2면을 인접한 2개의 도로면으로 노출되게 건축하여 도로면으로 차량의 진출입이 가능하게 건축한 경우 지표면 산정 방법은?

회신 가. 건축물의 지표면 산정은 건축법시행령 제119조제2항의 규정에 의하는 것으로서 해당 건축물의 지표면은 동 규정과 건축허가 당시 제출한 설계도서 등을 종합적으로 검토하여 산정하여야 할 것이나,

나. 지하층이라함은 지표면 아래에 위치한 층으로서 채광, 환기 등을 위한 창 및 주차진입구 등의 일부

소규모 개구부를 설치하는 것은 가능할 것이나 지하층의 대부분을 외부로 노출시킨 후 차량 및 사람이 직접적으로 외부로 출입이 가능하도록 하는 등 실질적으로 지상층과 동일한 외관, 이용형태, 구조 등을 갖춘 경우라면 이를 지하층으로 인정하기는 어려울 것으로 사료되니 이에 대한 구체적인 적용은 해당 대지 및 건축물과 설계도서 등을 종합적으로 검토하여 귀시에서 판단하기 바람

일조권 등의 높이 산정시 지표면 기준   건교부 건축 58070-2186, 1999.6.12

질의 인접지와 고저차가 심하여 대지를 정북방향 인접지보다 대지를 낮게 조성한 경우 정북방향 일조 등의 확보를 위한 높이제한시 적용 지표면은?

회신 건축법 제53조의 규정을 적용함에 있어 인접대지와 고저차가 있는 경우에는 동법시행령 제119조 제1항 제5호 나목의 규정에 의하여 그 평균수평면을 기준으로 하는 것인 바, 이 경우 대지를 조성하는 경우에는 그 조성한 대지의 지표면을 기준으로 함.(※ 법 제53조 → 제61조, 2008.3.21, 개정)

12 수평투영면적의 산정방법 (영 / 제119조제4항)

> **영 제119조 【면적·높이 등의 산정방법】**
> ④ 제1항 제5호 다목 또는 제1항제9호에 따른 수평투영면적의 산정방법은 제1항제2호에 따른 건축면적의 산정방법에 따른다. 〈개정 2020.4.21.〉

해설
- 옥상부분의 높이산정(시행령 제2조제1항제5호 다목)의 경우와
- 옥상부분의 층수산정(시행령 제2조제1항제9호)의 경우 수평투영면적의 산정방법은 건축면적의 산정방법에 따른다.

■ 그림해설

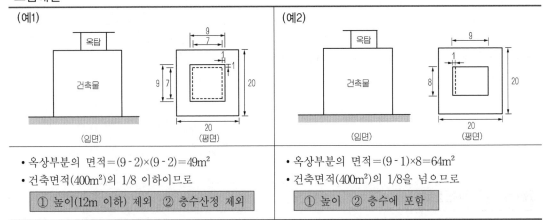

(예1)	**(예2)**
• 옥상부분의 면적=(9-2)×(9-2)=49m²	• 옥상부분의 면적=(9-1)×8=64m²
• 건축면적(400m²)의 1/8 이하이므로	• 건축면적(400m²)의 1/8을 넘으므로
① 높이(12m 이하) 제외 ② 층수산정 제외	① 높이 ② 층수에 포함

> **영 제119조 【면적·높이 등의 산정방법】**
> ⑤ 국토교통부장관은 제1항부터 제4항까지에서 규정한 건축물의 면적, 높이 및 층수 등의 산정방법에 관한 구체적인 적용사례 및 적용방법 등을 작성하여 공개할 수 있다. 〈신설 2021.5.4.〉

【참고】 「건축물 면적, 높이 등 세부 산정기준」 (국토교통부 고시 제2021-1422호, 2021.12.30.)

4 적용제외 (법 제3조)

법 제3조【적용 제외】

① 다음 각 호의 어느 하나에 해당하는 건축물에는 이 법을 적용하지 아니한다. 〈개정 2019.11.26., 2023.3.21./시행 2024.3.22. 2023.8.8./시행 2024.5.17〉

1. 「문화재보호법」에 따른 지정문화재나 임시지정문화재(→「문화유산의 보존 및 활용에 관한 법률」에 따른 지정문화유산이나 임시지정문화유산) 또는 「자연유산의 보존 및 활용에 관한 법률」에 따라 지정된 명승이나 임시지정명승(→천연기념물등이나 임시지정천연기념물, 임시지정명승, 임시지정시·도자연유산)

2. 철도나 궤도의 선로 부지(敷地)에 있는 다음 각 목의 시설

　가. 운전보안시설

　나. 철도 선로의 위나 아래를 가로지르는 보행시설

　다. 플랫폼

　라. 해당 철도 또는 궤도사업용 급수(給水)·급탄(給炭) 및 급유(給油) 시설

3. 고속도로 통행료 징수시설

4. 컨테이너를 이용한 간이창고(「산업집적활성화 및 공장설립에 관한 법률」 제2조제1호에 따른 공장의 용도로만 사용되는 건축물의 대지에 설치하는 것으로서 이동이 쉬운 것만 해당된다)

5. 「하천법」에 따른 하천구역 내의 수문조작실

② 「국토의 계획 및 이용에 관한 법률」에 따른 도시지역 및 같은 법 제51조제3항에 따른 지구단위계획구역 외의 지역으로서 동이나 읍(동이나 읍에 속하는 섬의 경우에는 인구가 500명 이상인 경우만 해당된다)이 아닌 지역은 제44조부터 제47조까지, 제51조 및 제57조를 적용하지 아니한다. 〈개정 2011.4.14〉

③ 「국토의 계획 및 이용에 관한 법률」 제47조제7항에 따른 건축물이나 공작물을 도시·군계획시설로 결정된 도로의 예정지에 건축하는 경우에는 제45조부터 제47조까지의 규정을 적용하지 아니한다. 〈개정 2011.4.14〉

해설 「건축법」은 원칙적으로 도시지역과 같이 건축행위가 활발하게 행하여지는 지역에서 적용되는 법으로 농림지역, 자연환경보전지역 등에서는 「건축법」의 일부 규정을 적용하지 않는다.

【1】 「건축법」의 적용구분

구　분			전부적용	일부규정적용제외	일부적용제외규정
① 도시지역 및 지구단위계획구역 【참고1】, 【참고2】			○		법 제44조 [대지와 도로의 관계] 법 제45조 [도로의 지정·폐지 또는 변경]
② 위 ①외의 지역	동 또는 읍의 지역	일반지역	○		법 제46조 [건축선의 지정] 법 제47조 [건축선에 따른 건축제한] 법 제51조 [방화지구안의 건축물] 법 제57조 [대지의 분할제한]
		인구 500인 이상의 섬	○		
		인구 500인 미만의 섬		○	
	동 또는 읍이 아닌 지역			○	
③ 「국토의 계획 및 이용에 관한 법률」 제47조 제7항 규정에 따른 건축물이나 공작물을 도시·군계획시설로 결정된 도로의 예정지 안에 건축하는 경우				○	법 제45조 [도로의 지정·폐지 또는 변경] 법 제46조 [건축선의 지정] 법 제47조 [건축선에 따른 건축제한]

【참고1】국토의 용도구분 (「국토의 계획 및 이용에 관한 법률」 제6조, 제7조)

국토는 토지의 이용실태 및 특성, 장래의 토지이용방향 등을 고려하여 다음과 같은 용도지역으로 구분한다. 또한, 국가 또는 지방자치단체는 용도지역의 효율적인 이용 및 관리를 위하여 해당 용도지역에 관한 개발·정비 및 보전에 필요한 조치를 강구하여야 한다.

지 역	내 용	관리의무
도시지역	인구와 산업이 밀집되어 있거나 밀집이 예상되어 해당 지역에 대하여 체계적인 개발·정비·관리·보전 등이 필요한 지역	이 법 또는 관계법률이 정하는 바에 따라 해당 지역이 체계적이고 효율적으로 개발·정비·보전될 수 있도록 미리 계획을 수립하고 이를 시행하여야 함
관리지역	도시지역의 인구와 산업을 수용하기 위하여 도시지역에 준하여 체계적으로 관리하거나 농림업의 진흥, 자연환경 또는 산림의 보전을 위하여 농림지역 또는 자연환경보전지역에 준하여 관리가 필요한 지역	이 법 또는 관계 법률이 정하는 바에 따라 필요한 보전조치를 취하고 개발이 필요한 지역에 대하여는 계획적인 이용과 개발을 도모하여야 함
농림지역	도시지역에 속하지 아니하는 농지법에 따른 농업진흥지역 또는 산림법에 따른 보전임지 등으로서 농림업의 진흥과 산림의 보전을 위하여 필요한 지역	이 법 또는 관계법률이 정하는 바에 따라 농림업의 진흥과 산림의 보전·육성에 필요한 조사와 대책을 마련하여야 함
자연환경 보전지역	자연환경·수자원·해안·생태계·상수원 및 문화재의 보전과 수산자원의 보호·육성 등을 위하여 필요한 지역	이 법 또는 관계법률이 정하는 바에 따라 환경오염 방지, 자연환경·수질·수자원·해안·생태계 및 문화재의 보전과 수산자원의 보호·육성을 위하여 필요한 조사와 대책을 마련하여야 함

【참고2】지구단위계획구역

① "지구단위계획"은 도시·군계획 수립 대상지역의 일부에 대하여 토지 이용을 합리화하고 그 기능을 증진시키며 미관을 개선하고 양호한 환경을 확보하며, 그 지역을 체계적·계획적으로 관리하기 위하여 수립하는 도시·군관리계획을 말함.

② 지구단위계획구역 및 지구단위계획은 도시·군관리계획으로 결정함.

③ 국토교통부장관 또는 시·도지사, 시장 또는 군수는 다음에 해당하는 지역의 전부 또는 일부에 대하여 지구단위계획구역을 지정할 수 있다.

1. 용도지구, 2. 도시개발구역, 3. 정비구역, 4. 택지개발지구, 5. 대지조성사업지구, 6. 산업단지 및 준산업단지, 7. 관광단지 및 관광특구, 8. 개발제한구역 등에서 계획적인 개발 또는 관리가 필요한 지역 등

【2】적용제외

아래의 건축물은 건축물로는 정의되지만 고증에 따른 복원, 원형의 보존 및 관리의 효율성을 기하기 위하여 「건축법」 적용에서 제외한다.

건축물 구분	내 용
1. 지정문화재, 임시지정문화재	• 「문화재보호법」에 따라 지정된 것
지정문화유산, 임시지정문화유산	• 「문화유산의 보존 및 활용에 관한 법률」에 따라 지정된 것 <시행 2024.3.22.>
천연기념물등, 임시지정천연기념물, 임시지정명승, 임시지정시·도자연유산	• 「자연유산의 보존 및 활용에 관한 법률」에 따라 지정된 것 <시행 2024.5.17>
2. 철도 또는 궤도의 선로 부지안에 있는 시설	• 운전보안시설 • 철도 선로의 위나 아래를 가로지르는 보행시설 • 플랫폼 • 해당 철도 또는 궤도사업용 급수·급탄 및 급유 시설

3. 고속도로 통행료 징수시설	–
4. 컨테이너를 이용한 간이창고	• 「산업집적활성화 및 공장설립에 관한 법률」에 따른 공장의 용도로만 사용되는 건축물의 대지에 설치하는 것으로서 이동이 쉬운 것
5. 하천구역 내의 수문조작실	• 「하천법」에 따른 하천구역 내의 시설

【관련 질의회신】

비도시지역의 읍·면·동 이외의 지역에서의 도로가 없는 경우에 건축가능여부

건교부 고객만족센타, 2008.1.24

질의 건축법 제3조의 규정에는 농림지역에 면지역은 대지와 도로의 관계를 적용하지 않도록 되었는데, 이 지역에서 건축하려는 대지가 도로에 접하지 않고 다른 사람의 대지를 통하여 진입(사람 및 자동차)해야 할 경우 다른 사람 대지의 사용승낙을 받으면 건축허가가 가능한지, 아니면 별도로 진입로부분을 확보(토지분할 등을 통하여)하여 도로지정 또는 지목을 도로로 변경해야 하는지

회신 「국토의 계획 및 이용에 관한 법률」에 의한 도시지역 및 제2종지구단위계획구역 외의 지역으로서 동 또는 읍의 지역(동 또는 읍에 속하는 섬의 경우에는 그 인구가 500인 이상인 경우에 한함) 외의 지역인 경우라면 건축법 상 대지는 도로와의 접도규정을 적용하지 아니하므로 건축법 상 도로가 없어도 건축이 가능함. 질의처럼 진입통로의 사용권을 확보하는 경우라면 건축법 상 문제는 없음

5 **적용의 완화** (법
제5조) (영
제6조)(규칙
제2조의5)

> **법 제5조 【적용의 완화】**
> ① 건축주, 설계자, 공사시공자 또는 공사감리자(이하 "건축관계자"라 한다)는 업무를 수행할 때 이 법을 적용하는 것이 매우 불합리하다고 인정되는 대지나 건축물로서 대통령령으로 정하는 것에 대하여는 이 법의 기준을 완화하여 적용할 것을 허가권자에게 요청할 수 있다.
> ② 제1항에 따른 요청을 받은 허가권자는 제4조에 따른 건축위원회의 심의를 거쳐 완화 여부와 적용 범위를 결정하고 그 결과를 신청인에게 알려야 한다. 〈개정 2014.5.28〉
> ③ 제1항과 제2항에 따른 요청 및 결정의 절차와 그 밖에 필요한 사항은 해당 지방자치단체의 조례로 정한다.

해설 수면위의 건축물 등 특수한 환경 및 용도의 건축물은 일반적인 「건축법」의 규정을 적용하기 어려운 경우가 발생하므로 건축관계자의 요청에 따라 심의를 거쳐 법규정 적용을 완화받을 수 있다.

【1】 적용의 완화

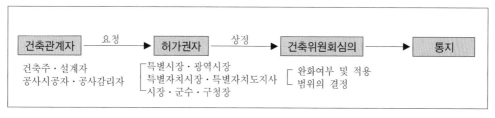

【2】적용완화대상 및 내용

적용대상	완화할 수 있는 규정	완화 및 적용범위 결정 기준
1. 수면위에 건축하는 건축물 등 대지의 범위를 설정하기 곤란한 경우	• 대지의 안전 등[법 제40조] • 토지굴착부분에 대한 조치 등[법 제41조] • 대지안의 조경[법 제42조] • 공개 공지 등의 확보[법 제43조] • 대지와 도로의 관계[법 제44조] • 도로의 지정·폐지 또는 변경[법 제45조] • 건축선의 지정[법 제46조] • 건축선에 따른 건축제한[법 제47조] • 건축물의 건폐율[법 제55조] • 건축물의 용적률[법 제56조] • 대지의 분할제한[법 제57조] • 건축물의 높이제한[법 제60조] • 일조 등의 확보를 위한 건축물의 높이제한[법 제61조]	
2. 거실이 없는 통신시설 및 기계·설비시설	• 대지와 도로와의 관계[법 제44조] • 도로의 지정·폐지 또는 변경[법 제45조] • 건축선의 지정[법 제46조]	
3. • 31층 이상의 건축물(건축물 전부가 공동주택인 경우 제외) • 발전소·제철소·첨단업종 제조시설·운동시설 등 특수용도 건축물	• 공개 공지 등의 확보[법 제43조] • 건축물의 피난시설 및 용도제한 등[법 제49조] • 건축물의 내화구조와 방화벽[법 제50조] • 방화지구안의 건축물[법 제51조] • 건축물의 내부 마감재료[법 제52조] • 건축설비기준 등[법 제62조] • 승강기[법 제64조] • 관계전문기술자[법 제67조] • 기술적 기준[법 제68조]	① 공공의 이익을 해치지 아니하고, 주변의 대지 및 건축물에 지나친 불이익을 주지 아니할 것 ② 도시의 미관이나 환경을 지나치게 해치지 아니할 것
4. 전통사찰, 전통한옥 등 전통문화의 보존을 위하여 시·도의 건축조례로 정하는 지역의 건축물	• 도로의 정의[법 제2조제1항제11호] • 대지와 도로의 관계[법 제44조] • 건축선의 지정[법 제46조] • 건축물의 높이제한[법 제60조제3항]	
5. • 경사진 대지에 계단식으로 건축하는 공동주택으로서 지면에서 직접 각 세대가 있는 층으로의 출입이 가능하고 위층 세대가 아래층 세대의 지붕을 정원 등으로 활용하는 것이 가능한 형태의 건축물 • 초고층 건축물	• 건축물의 건폐율[법 제55조]	
6. 기존 건축물에 장애인관련 편의시설을 설치하면 건폐율 및 용적률 기준에 부적합하게 되는 경우	• 건축물의 건폐율[법 제55조] • 건축물의 용적률[법 제56조]	
7. 도시지역 및 지구단위계획 구역 외의 지역 중 동이나 읍에 해당하는 지역에 건축하는 건축물로서 건축조례로 정하는 건축물	• 도로의 정의[법 제2조제1항제11호] • 대지와 도로의 관계[법 제44조]	

8. ▪ 조화롭고 창의적인 건축을 통하여 아름다운 도시경관을 창출한다고 허가권자가 인정하는 건축물 ▪「주택법」에 따른 도시형 생활주택(아파트 제외)	• 건축물의 높이제한[법 제60조] • 일조 등의 확보를 위한 건축물의 높이제한[법 제61조]	① 공공의 이익을 해치지 아니하고, 주변의 대지 및 건축물에 지나친 불이익을 주지 아니할 것 ② 도시의 미관이나 환경을 지나치게 해치지 아니할 것
9. 「공공주택 특별법」에 따른 공공주택	• 일조 등의 확보를 위한 건축물의 높이제한[법 제61조제2항]	• 위 ①② 기준에 적합할 것 • 기준이 완화되는 범위는 외벽의 중심선에서 발코니 끝부분까지의 길이 중 1.5m를 초과하는 발코니 부분에 한정될 것. (완화되는 범위는 최대 1m로 제한하며, 완화되는 부분에 창호를 설치 금지)
10. 리모델링 건축물 ▪ 사용승인을 받은 후 15년 이상되어 리모델링이 필요한 건축물 ▪ 리모델링 활성화 구역의 건축물 ▪ 기존 건축물을 건축[1]하거나 대수선하는 경우로서 일정 요건[2]을 갖춘 건축물	• 대지안의 조경[법 제42조] • 공개 공지 등의 확보[법 제43조] • 건축선의 지정[법 제46조] • 건축물의 건폐율[법 제55조] • 건축물의 용적률[법 제56조] • 대지안의 공지[법 제58조] • 건축물의 높이제한[법 제60조] • 일조 등의 확보를 위한 건축물의 높이제한[법 제61조제2항]	• 위 ①② 기준에 적합할 것 • 증축은 기능향상 등을 고려하여 국토교통부령으로 정하는 규모와 범위[3](규칙 제2조의5 참조)에서 할 것 • 사업계획승인 대상 공동주택의 리모델링은 복리시설을 분양하기 위한 것이 아닐 것
11. 방재지구·붕괴위험지역의 대지에 건축하는 건축물로서 재해예방을 위한 조치가 필요한 경우	• 건축물의 건폐율[법 제55조] • 건축물의 용적률[법 제56조] • 건축물의 높이제한[법 제60조] • 일조 등의 확보를 위한 건축물의 높이제한[법 제61조]	• 위 ①② 기준에 적합할 것 • 해당 지역에 적용되는 기준의 140/100 이하의 범위에서 건축조례로 정하는 비율을 적용할 것
12. 다음 공동주택에 주민공동시설을 설치하는 경우 ▪ 사업계획 승인 대상 공동주택 ▪ 상업, 준주거지역에서 건축허가 받은 200세대 이상 300세대 미만 공동주택 ▪ 건축허가 받은 도시형 생활주택	• 건축물의 용적률[법 제56조]	• 위 ①② 기준에 적합할 것 • 해당 지역용적률에 주민공동시설에 해당하는 용적률을 가산한 범위에서 건축조례로 정하는 용적률을 적용할 것
13. 건축협정을 체결하여 건축물의 건축·대수선 또는 리모델링을 하려는 경우	• 건축물의 건폐율[법 제55조] • 건축물의 용적률[법 제56조]	• 위 ①② 기준에 적합할 것 • 건축협정구역 안에서 연접한 둘 이상의 대지에서 건축허가를 동시에 신청하는 경우 둘 이상의 대지를 하나의 대지로 보아 적용할 것

※ 10.의 1), 2), 3)

1) 건축 : 증축, 일부 개축 또는 일부 재축으로 한정

2) 건축하거나 대수선하는 경우 모두 갖춰야할 요건

① 기존 건축물이 건축 또는 대수선 당시의 법령상 건축물 전체에 대하여 다음의 확인 또는 확인 서류 제출을 하여야 하는 건축물에 해당하지 아니할 것

---

1. 2009.7. 16. 대통령령 제21629호 건축법 시행령 일부개정령으로 개정되기 전의 제32조에 따른 지진에 대한 안전여부의 확인

---

2. 2009.7. 16. 대통령령 제21629호 건축법 시행령 일부개정령으로 개정된 이후부터 2014.11.28. 대통령령 제25786호 건축법 시행령 일부개정령으로 개정되기 전까지의 제32조에 따른 구조 안전의 확인

---

3. 2014.11.28. 대통령령 제25786호 건축법 시행령 일부개정령으로 개정된 이후의 제32조에 따른 구조 안전의 확인 서류 제출

---

② 기존 건축물을 건축 또는 대수선하기 전과 후의 건축물 전체에 대한 구조 안전의 확인 서류를 제출할 것.

　　예외 기존 건축물을 일부 재축하는 경우 재축 후의 건축물에 대한 구조 안전의 확인 서류만 제출

3) 국토교통부령으로 정하는 규모 및 범위(규칙 제2조의5)

① 증축의 규모

구 분	규 모	
1. 연면적의 증가	1) 공동주택이 아닌 건축물로서 「주택법」상의 소형 주택으로의 용도변경을 위해 증축되는 건축물 및 공동주택	건축위원회의 심의에서 정한 범위 이내일 것.
	2) 그 외의 건축물:	기존 건축물 연면적 합계의 1/10(리모델링 활성화구역:3/10)의 범위에서 건축위원회의 심의에서 정한 범위 이내일 것
2. 층수 및 높이의 증가	건축위원회 심의에서 정한 범위 이내일 것.	
3. 「주택법」상의 사업계획승인 대상 공동주택 세대수의 증가	1.에 따라 증축 가능한 연면적의 범위에서 기존 세대수의 15/100를 상한으로 건축위원회 심의에서 정한 범위 이내일 것	

② 증축할 수 있는 범위

구 분	범 위
1. 공동주택	1) 승강기·계단 및 복도 2) 각 세대 내의 노대·화장실·창고 및 거실 3) 「주택법」에 따른 부대시설 4) 「주택법」에 따른 복리시설 5) 기존 공동주택의 높이·층수 또는 세대수
2. 그 외의 건축물	1) 승강기·계단 및 주차시설 2) 노인 및 장애인 등을 위한 편의시설 3) 외부벽체 4) 통신시설·기계설비·화장실·정화조 및 오수처리시설 5) 기존 건축물의 높이 및 층수 6) 거실

【관련 질의회신】

법 제30조(대지의 안전) · 제31조(토지굴착부분에 대한 조치 등)에 대한 적용완화 가능여부

건교부 건축기획팀-2958, 2006.5.11

질의 가. 건축주의 건축물 적용완화 신청에 대하여 허가권자가 지방건축심의위원회 부의 등 행정절차를 생략한 경우에 대하여, 동 허가권자가 그 적용여부 및 적용범위를 결정할 수 있는 지 여부

나. 건축법 시행령 제6조제1항제3호에 따른 "(생략)운동시설 등 특수용도의 건축물인 경우"에서 "등"의 의미에 대한 해석 문의

다. 해당 건축물에 대하여 건축법 제30조 및 제31조의 규정에 대하여 적용완화가 가능한 지 여부

회신 가. 귀 질의의 창고시설(물류시설인 특수냉동창고시설로 주장함)은 건축법 시행령 제5조제4항에 따라 설치되는 지방건축위원회의 심의대상이 아닐 뿐만 아니라, 동 법령에서 지방정부의 권한 있는 자에게 부여한 해당 행정행위에 대하여 해석·판단하는 것은 바람직하지 않을 것임

나. 건축법 시행령 제6조제1항제3호에 따른 "(생략)운동시설 등 특수용도의 건축물인 경우"에서 "등"의 의미는 국립국어원이 해석한 "그 밖에도 같은 종류의 ...... "와 다르지 않을 것이니 참고하시기 바라며, 이 법에서 용도란 건축법 시행령 제3조의4[별표1]의 용도를 말하는 것임

다. 이 법 제30조(대지의 안전) 및 제31조(토지굴착부분에 대한 조치 등)에 대하여 적용을 완화할 법적 근거가 없음을 알려드림(※ 법 제30조, 제31조→ 제40조, 제41조, 2008.3.21, 개정)

전통한옥밀집지역 내 노후 된 한옥을 철거하고, 신축시 기준완화 가능여부

건교부 건축기획팀-2024, 2006.3.31

질의 전통한옥밀집지역 내 노후 된 한옥을 철거하고, 한옥을 신축하고자 하는 경우 건축법의 기준을 완화하여 적용할 수 있는지 여부

회신 건축법 제5조제1항에 따라 같은 법 시행령 제6조제1항제4호에 해당하는 건축물로서 이 법의 기준을 완화하여 적용하고자 하는 경우 같은 법 같은 조제2항에 따라 허가권자는 건축위원회의 심의를 거쳐 완화 여부 및 적용 범위를 결정하고 그 결과를 신청인에게 통지하여 주도록 규정하고 있음

6 건축위원회 $\left(\begin{smallmatrix}법\\제4조\end{smallmatrix}\right)\left(\begin{smallmatrix}영\\제5조 \sim 제5조의6\end{smallmatrix}\right)\left(\begin{smallmatrix}규칙\\제2조 \sim 제2조의3\end{smallmatrix}\right)$

법 제4조【건축위원회】

① 국토교통부장관, 시·도지사 및 시장·군수·구청장은 다음 각 호의 사항을 조사·심의·조정 또는 재정(이하 이 소에서 "심의등"이라 한다)하기 위하여 각각 건축위원회를 두어야 한다. 〈개정 2014.5.28〉

1. 이 법과 조례의 제정·개정 및 시행에 관한 중요 사항
2. 건축물의 건축등과 관련된 분쟁의 조정 또는 재정에 관한 사항. 다만, 시·도지사 및 시장·군수·구청장이 두는 건축위원회는 제외한다.
3. 건축물의 건축등과 관련된 민원에 관한 사항. 다만, 국토교통부장관이 두는 건축위원회는 제외한다.
4. 건축물의 건축 또는 대수선에 관한 사항
5. 다른 법령에서 건축위원회의 심의를 받도록 규정한 사항

② 국토교통부장관, 시·도지사 및 시장·군수·구청장은 건축위원회의 심의등을 효율적으로 수행하기 위하여 필요하면 자신이 설치하는 건축위원회에 다음 각 호의 전문위원회를 두어 운영할 수 있다. 〈개정 2014.5.28.〉

1. 건축분쟁전문위원회(국토교통부에 설치하는 건축위원회에 한정한다)
2. 건축민원전문위원회(시·도 및 시·군·구에 설치하는 건축위원회에 한정한다)
3. 건축계획·건축구조·건축설비 등 분야별 전문위원회

③ 제2항에 따른 전문위원회는 건축위원회가 정하는 사항에 대하여 심의등을 한다. 〈개정 2014.5.28〉

④ 제3항에 따라 전문위원회의 심의등을 거친 사항은 건축위원회의 심의등을 거친 것으로 본다. 〈개정 2014.5.28〉

⑤ 제1항에 따른 각 건축위원회의 조직·운영, 그 밖에 필요한 사항은 대통령령으로 정하는 바에 따라 국토교통부령이나 해당 지방자치단체의 조례(자치구의 경우에는 특별시나 광역시의 조례를 말한다. 이하 같다)로 정한다.

해설 건축위원회는「건축법」및 조례의 시행에 관한 사항과 건축물의 건축등과 관련된 분쟁의 조정 또는 재정에 관한 사항 등을 조사·심의·조정 또는 재정하기 위하여 국토교통부에 중앙건축위원회, 특별시·광역시·도·특별자치도 및 시·군·구(자치구)에 지방건축위원회를 둔다.

건축위원회의 위원은 관계공무원과 건축에 관한 전문가들로 구성되어, 효율적이고 합리적인 법의 집행을 수행하기 위한 심의 등을 행한다.

2014.11.28.일자로 시행되는 개정법령에서 건축위원회 심의의 공정성과 투명성을 높이기 위하여 건축위원회의 재심의 및 회의록 공개 제도를 신설하고, 건축 민원 행정에 대한 국민 만족도 제고와 건축 분쟁의 원활한 조정을 위하여, 지방자치단체 소관 건축위원회에 건축민원전문위원회를 두어 질의민원을 심의하도록 하며, 국토교통부 소관 건축위원회에는 건축분쟁전문위원회를 두어 분쟁민원의 심의·조정을 담당하도록 하였다.

① 중앙건축위원회

【1】 중앙건축위원회의 설치
국토교통부에 설치

【2】 위원회의 구성
① 위원장 및 부위원장 각 1명을 포함하여 70명 이내의 위원으로 구성
② 중앙건축위원회의 위원은 관계 공무원과 건축에 관한 학식 또는 경험이 풍부한 사람 중에서 국토교통부장관이 임명하거나 위촉
③ 중앙건축위원회의 위원장과 부위원장은 위원 중에서 국토교통부장관이 임명하거나 위촉
④ 공무원이 아닌 위원의 임기 : 2년(한 차례만 연임가능)

【3】 위원의 제척, 해임 등
(1) 제척 및 회피
위원이 다음의 경우 중앙건축위원회의 심의·의결에서 제척(除斥)된다.
① 위원 또는 그 배우자나 배우자이었던 사람이 해당 안건의 당사자(당사자가 법인·단체 등인 경우 그 임원을 포함)가 되거나 그 안건의 당사자와 공동권리자 또는 공동의무자인 경우
② 위원이 해당 안건의 당사자와 친족이거나 친족이었던 경우
③ 위원이 해당 안건에 대하여 자문, 연구, 용역(하도급을 포함한다), 감정 또는 조사를 한 경우
④ 위원이나 위원이 속한 법인·단체 등이 해당 안건의 당사자의 대리인이거나 대리인이었던 경우
⑤ 위원이 임원 또는 직원으로 재직하고 있거나 최근 3년 내에 재직하였던 기업 등이 해당 안건에 관하여 자문, 연구, 용역(하도급을 포함한다), 감정 또는 조사를 한 경우
⑥ 해당 안건의 당사자는 위원에게 공정한 심의·의결을 기대하기 어려운 사정이 있는 경 중앙건축위원회에 기피 신청을 할 수 있고, 중앙건축위원회는 의결로 이를 결정한다. 이 경우 기피 신청의 대상인 위원은 그 의결에 참여하지 못한다.
⑦ 위원이 제척 사유에 해당하는 경우에는 스스로 해당 안건의 심의·의결에서 회피(回避)하여야 한다.

(2) 해임, 해촉
다음에 해당하는 경우 위원을 해임하거나 해촉(解囑)할 수 있다.
① 심신장애로 인하여 직무를 수행할 수 없게 된 경우
② 직무태만, 품위손상이나 그 밖의 사유로 인하여 위원으로 적합하지 아니하다고 인정되는 경우
③ 회피사유에 해당하는 데에도 회피하지 아니한 경우

【4】 회의
① 중앙건축위원회의 위원장은 중앙건축위원회의 회의를 소집하고, 그 의장이 된다.
② 중앙건축위원회의 회의는 구성위원(위원장과 위원장이 회의 시마다 확정하는 위원) 과반수의 출석으로 개의(開議)하고, 출석위원 과반수의 찬성으로 조사·심의·조정 또는 재정(이하 "심의등")을 의결한다.
③ 중앙건축위원회의 위원장은 업무수행을 위하여 필요하다고 인정하는 경우 관계 전문가를 중앙건축위원회의 회의에 출석하게 하여 발언하게 하거나 관계 기관·단체에 대하여 자료를 요구할 수 있다.

④ 중앙건축위원회는 심의신청 접수일부터 30일 이내에 심의를 마쳐야 한다.
- 심의요청서 보완 등 부득이한 사정이 있는 경우 20일의 범위에서 연장가능
⑤ 중앙건축위원회의 회의에 출석한 위원에 대하여는 예산의 범위에서 수당 및 여비를 지급할 수 있다.
⑥ 중앙건축위원회의 심의등 관련 서류는 심의등의 완료 후 2년간 보존하여야 한다.
⑦ 중앙건축위원회에 회의록 작성 등 중앙건축위원회의 사무를 처리하기 위하여 간사를 두되, 간사는 국토교통부의 건축정책업무 담당 과장이 된다.
⑧ 이 규칙에서 규정한 사항 외에 중앙건축위원회의 운영에 필요한 사항은 중앙건축위원회의 의결을 거쳐 위원장이 정한다.

【5】 심의사항 등
(1) 심의사항
① 표준설계도서의 인정에 관한 사항
② 건축물의 건축·대수선·용도변경, 건축설비의 설치 또는 공작물의 축조(이하 "건축물의 건축등"이라 한다)와 관련된 분쟁의 조정 또는 재정에 관한 사항
③ 건축법과 건축법 시행령의 제정·개정 및 시행에 관한 사항
④ 다른 법령에서 중앙건축위원회의 심의를 받도록 한 경우 해당 법령에서 규정한 심의사항
⑤ 그 밖에 국토교통부장관이 중앙건축위원회의 심의가 필요하다고 인정하여 회의에 부치는 사항

(2) 심의의 생략
심의등을 받은 건축물이 다음에 해당하는 경우 심의등을 생략할 수 있다.
① 건축물의 규모를 변경하는 것으로서 다음 요건을 모두 갖춘 경우
- 건축위원회의 심의등의 결과에 위반되지 아니할 것
- 심의등을 받은 건축물의 건축면적, 연면적, 층수 또는 높이 중 어느 하나도 1/10을 넘지 아니하는 범위에서 변경할 것
② 중앙건축위원회의 심의등의 결과를 반영하기 위하여 건축물의 건축등에 관한 사항을 변경하는 경우

(3) 심의결과 통보
국토교통부장관은 중앙건축위원회가 심의등을 의결한 날부터 7일 이내에 심의등을 신청한 자에게 그 심의등의 결과를 서면으로 알려야 한다.

【6】 전문위원회
국토교통부장관, 시·도지사 및 시장·군수·구청장은 건축위원회의 심의등을 효율적으로 수행하기 위하여 필요하면 자신이 설치하는 건축위원회에 전문위원회를 두어 운영할 수 있다.

(1) 건축분쟁전문위원회
- 중앙건축위원회에 설치
- 건축법 제88조 ~ 제103조에 규정되어 있음(※제9장 해설 참조)

(2) 건축민원전문위원회
- 시·도 및 시·군·구에 설치하는 건축위원회에 설치(※ 아래 ③ 참조)

(3) 분야별 전문위원회

① 중앙건축위원회에 구성되는 전문위원회

1. 구 성	중앙건축위원회의 위원 중 5인 이상 15인 이하의 위원으로 구성
2. 위원장	전문위원회위원 중에서 국토교통부장관이 임명 또는 위촉한 자
3. 운 영	중앙건축위원회의 운영규정(규칙 제2조제1항 및 제2항)을 준용

② 지방건축위원회(시·도 및 시·군·구에 설치되는 건축위원회)에 구성되는 전문위원회
  – 구성, 운영 등과 수당 및 여비지급에 관한 사항은 건축조례로 정한다.

③ 분야

  1. 건축계획 분야 2. 건축구조 분야 3. 건축설비 분야 4. 건축방재 분야 5. 에너지관리 등 건축환경 분야
  6. 건축물 경관 분야(공간환경 분야 포함)   7. 조경 분야   8. 도시계획 및 단지계획 분야
  9. 교통 및 정보기술 분야   10. 사회 및 경제 분야   11. 그 밖의 분야

(4) 전문위원회의 심의사항 등

① 전문위원회는 건축위원회가 정하는 사항을 심의한다.
② 전문위원회의 심의등을 거친 사항은 건축위원회의 심의등을 거친 것으로 본다.

② 지방건축위원회

【1】지방건축위원회의 설치

특별시·광역시·특별자치시·도·특별자치도(이하 "시·도")·시·군 및 구(자치구)에 설치

【2】위원회의 구성

① 위원장 및 부위원장 각 1명을 포함하여 25명 이상 150명 이하의 위원으로 성별을 고려하여 구성
② 지방건축위원회의 위원은 다음에 해당하는 사람 중에서 시·도지사 및 시장·군수·구청장이 임명
  하거나 위촉
  1. 도시계획 및 건축 관계 공무원
  2. 도시계획 및 건축 등에서 학식과 경험이 풍부한 사람
③ 지방건축위원회의 위원장과 부위원장은 위원 중에서 시·도지사 및 시장·군수·구청장이 임명하거
  나 위촉

【3】조례로 정해야 하는 사항(【4】, 【6】의 기준에 따라야 함)

① 지방건축위원회 위원의 임명·위촉·제척·기피·회피·해촉·임기 등에 관한 사항
② 회의 및 소위원회의 구성·운영 및 심의등에 관한 사항
③ 위원의 수당 및 여비 등에 관한 사항

【4】위원의 임명·위촉 기준 및 제척·기피·회피·해촉·임기

① 공무원을 위원으로 임명하는 경우 전체 위원 수의 1/4 이하로 할 것
② 공무원이 아닌 위원은 건축 관련 학회 및 협회 등 관련 단체나 기관의 추천 또는 공모절차를 거
  쳐 위촉할 것
③ 다른 법령에 따라 지방건축위원회의 심의를 하는 경우 해당 분야의 관계 전문가가 그 심의에 위
  원으로 참석하는 심의위원 수의 1/4 이상이 되게 할 것.(이 경우 필요하면 해당 심의에만 위원으
  로 참석하는 관계 전문가를 임명, 위촉가능)

④ 위원의 제척·기피·회피·해촉에 관하여는 중앙건축위원회의 규정을 준용할 것

⑤ 공무원이 아닌 위원의 임기는 3년 이내로 하며, 필요시 한 차례만 연임할 수 있게 할 것

【5】 심의사항

① 건축법 또는 건축법 시행령에 따른 조례(해당 지방자치단체의 장이 발의하는 조례만 해당)의 제정·개정 및 시행에 관한 사항

② 건축선(建築線)의 지정에 관한 사항

③ 다중이용 건축물 및 특수구조 건축물의 구조안전에 관한 사항

④ 다른 법령에서 지방건축위원회의 심의를 받도록 규정한 심의사항

⑤ 특별시장·광역시장·특별자치시장·도지사 또는 특별자치도지사(이하 "시·도지사") 및 시장·군수·구청장이 도시 및 건축 환경의 체계적인 관리를 위하여 필요하다고 인정하여 지정·공고한 지역에서 건축조례로 정하는 건축물의 건축등에 관한 것으로서 시·도지사 및 시장·군수·구청장이 지방건축위원회의 심의가 필요하다고 인정한 사항. 이 경우 심의 사항은 시·도지사 및 시장·군수·구청장이 건축 계획, 구조 및 설비 등에 대해 심의 기준을 정하여 공고한 사항으로 한정한다.

【6】 심의등에 관한 기준

① 건축위원회와 도시계획위원회가 공동으로 심의한 사항에 대해서는 심의를 생략할 것

② 다중이용 건축물 및 특수구조 건축물의 구조안전에 관한 사항은 착공신고 전에 심의할 것.
   예외 안전영향평가 결과가 확정된 경우는 제외

② 위원장은 회의 개최 10일 전까지 회의 안건과 심의에 참여할 위원을 확정하고, 회의 개최 7일 전까지 회의에 부치는 안건을 각 위원에게 알릴 것.
   예외 대외적으로 기밀 유지가 필요한 사항이나 그 밖에 부득이한 사유가 있는 경우

③ 위원장은 심의에 참여할 위원을 확정하면 심의등을 신청한 자에게 위원 명단을 알릴 것

④ 회의는 구성위원(위원장과 위원장이 회의 참여를 확정한 위원) 과반수의 출석으로 개의하고, 출석위원 과반수 찬성으로 심의등을 의결하며, 심의등을 신청한 자에게 심의등의 결과를 알릴 것

⑤ 위원장은 업무 수행을 위하여 필요하다고 인정하는 경우에는 관계 전문가를 지방건축위원회의 회의에 출석하게 하여 발언하게 하거나 관계 기관·단체에 자료를 요구할 것

⑥ 건축주·설계자 및 심의등을 신청한 자가 희망하는 경우 회의에 참여하여 해당 안건 등에 대하여 설명할 수 있도록 할 것

⑦ 위 【5】 심의사항 ③~⑤를 심의하는 경우 심의등을 신청한 자에게 간략설계도서(배치도·평면도·입면도·주단면도 및 국토교통부장관이 정하여 고시하는 도서로 한정하며 전자문서로 된 도서를 포함)를 제출하도록 할 것

⑧ 건축구조 분야 등 전문분야에 대해서는 분야별 해당 전문위원회에서 심의하도록 할 것(분야별 전문위원회를 구성한 경우만 해당)

⑨ 지방건축위원회 심의 절차 및 방법 등에 관하여 국토교통부장관이 정하여 고시하는 기준에 따를 것

【7】 심의 절차 등

① 위 【6】 ③~⑤의 대상 건축물을 건축하거나 대수선하려는 자는 허가 신청전 시·도지사 및 시장·군수·구청장에게 건축위원회의 심의를 신청하여야 함
   - 제출서류 : 건축위원회 심의(재심의)신청서(별지 제1호서식), 간략설계도서(배치도·평면도·입면도·주단면도 등)

* 특수구조의 건축물의 건축 등의 경우: 구조안전에 관한 심의 및 재심의 신청시 건축위원회 구조 안전 심의(재심의) 신청서에 구조안전 심의 신청 시 첨부서류(별표 1의2)를 첨부(재심의시는 제외)하여 제출

[별표 1의2] **구조 안전 심의 신청 시 첨부서류**(제2조의4제2항 관련)

분야	도서종류	표시하여야 할 사항
1. 건축	가. 건축개요	1) 사업 개요: 위치, 대지면적, 사업기간 등 2) 건축물 개요: 규모(높이, 면적 등), 용도별 면적 및 건폐율, 용적률 등
	나. 배치도	1) 축척 및 방위, 대지에 접한 도로의 길이 및 너비 2) 대지의 종·횡단면도
	다. 평면도	1) 1층 및 기준층 평면도 2) 기둥·벽·창문 등의 위치 3) 방화구획 및 방화문의 위치 4) 복도 및 계단 위치
	라. 단면도	1) 종·횡단면도 2) 건축물 전체높이, 각층의 높이 및 반자높이 등
2. 구조	가. 구조계획서	1) 설계근거기준 2) 하중조건분석 3) 구조재료의 성질 및 특성 4) 구조 형식선정 계획 5) 구조안전 검토
	나. 구조도 및 구조계산서	1) 구조내력상 주요부분 평면 및 단면 2) 내진설계(지진에 대한 안전여부 확인 대상)내용 3) 구조 안전 확인서 4) 주요부분의 상세도면
3. 기타	가. 지질조사서	1) 토질개황 2) 각종 토질시험내용 3) 지내력 산출근거 4) 지하수위 5) 기초에 대한 의견
	나. 시방서	1) 시방내용(표준시방서에 없는 공법인 경우만 해당함) 2) 흙막이 공법 및 도면

② 심의 신청을 받은 시·도지사 또는 시장·군수·구청장은 심의 신청 접수일로부터 30일 이내에 해당 지방건축위원회에 심의 안건을 상정하고, 심의 결과를 심의를 완료한 날로부터 14일 이내에 신청자에게 통보

③ 건축위원회의 심의 결과에 이의가 있는 자는 심의 결과를 통보받은 날부터 1개월 이내에 시·도지사 또는 시장·군수·구청장에게 건축위원회의 재심의 신청 가능(재심의 신청서만 제출)

④ 재심의 신청을 받은 시·도지사 또는 시장·군수·구청장은 신청일로부터 15일 이내에 지방건축위원회의 심의에 참여할 위원을 다시 확정하여 재심의 안건을 상정하고, 재심의 결과를 재심의를 완료한 날부터 14일 이내에 신청한 자에게 통보

【8】 건축위원회 회의록의 공개 등

① 심의 및 재심의 신청한 자가 지방건축위원회의 회의록 공개를 요청하는 경우 건축위원회 심의의 일시·장소·안건·내용·결과 등이 기록된 회의록을 공개하여야 함

예외 심의의 공정성을 침해할 우려가 있다고 인정되는 이름, 주민등록번호, 직위 및 주소 등 특정인임을 식별할 수 있는 정보는 제외

② 지방건축위원회의 심의 결과를 통보한 날부터 6개월까지 공개를 요청한 자에게 열람 또는 사본을 제공하는 방법으로 공개

③ 건축민원전문위원회 등

법 제4조의4【건축민원전문위원회】
① 제4조제2항에 따른 건축민원전문위원회는 건축물의 건축등과 관련된 다음 각 호의 민원[특별시장·광역시장·특별자치시장·특별자치도지사 또는 시장·군수·구청장(이하 "허가권자"라 한다)의 처분이 완료되기 전의 것으로 한정하며, 이하 "질의민원"이라 한다]을 심의하며, 시·도지사가 설치하는 건축민원전문위원회(이하 "광역지방건축민원전문위원회"라 한다)와 시장·군수·구청장이 설치하는 건축민원전문위원회(이하 "기초지방건축민원전문위원회"라 한다)로 구분한다.
  1. 건축법령의 운영 및 집행에 관한 민원
  2. 건축물의 건축등과 복합된 사항으로서 제11조제5항 각 호에 해당하는 법률 규정의 운영 및 집행에 관한 민원
  3. 그 밖에 대통령령으로 정하는 민원
② 광역지방건축민원전문위원회는 허가권자나 도지사(이하 "허가권자등"이라 한다)의 제11조에 따른 건축허가나 사전승인에 대한 질의민원을 심의하고, 기초지방건축민원전문위원회는 시장(행정시의 시장을 포함한다)·군수·구청장의 제11조 및 제14조에 따른 건축허가 또는 건축신고와 관련한 질의민원을 심의한다.
③ 건축민원전문위원회의 구성·회의·운영, 그 밖에 필요한 사항은 해당 지방자치단체의 조례로 정한다.
[본조신설 2014.5.28.]

법 제4조의5【질의민원 심의의 신청】
① 건축물의 건축등과 관련된 질의민원의 심의를 신청하려는 자는 제4조의4제2항에 따른 관할 건축민원전문위원회에 심의 신청서를 제출하여야 한다.
② 제1항에 따른 심의를 신청하고자 하는 자는 다음 각 호의 사항을 기재하여 문서로 신청하여야 한다. 다만, 문서에 의할 수 없는 특별한 사정이 있는 경우에는 구술로 신청할 수 있다.
  1. 신청인의 이름과 주소
  2. 신청의 취지·이유와 민원신청의 원인이 된 사실내용
  3. 그 밖에 행정기관의 명칭 등 대통령령으로 정하는 사항
③ 건축민원전문위원회는 신청인의 질의민원을 받으면 15일 이내에 심의절차를 마쳐야 한다. 다만, 사정이 있으면 건축민원전문위원회의 의결로 15일 이내의 범위에서 기간을 연장할 수 있다.
[본조신설 2014.5.28.]

법 제4조의6【심의를 위한 조사 및 의견 청취】
① 건축민원전문위원회는 심의에 필요하다고 인정하면 위원 또는 사무국의 소속 공무원에게 관계 서류를 열람하게 하거나 관계 사업장에 출입하여 조사하게 할 수 있다.
② 건축민원전문위원회는 필요하다고 인정하면 신청인, 허가권자의 업무담당자, 이해관계자 또는 참고인을 위원회에 출석하게 하여 의견을 들을 수 있다.
③ 민원의 심의신청을 받은 건축민원전문위원회는 심의기간 내에 심의하여 심의결정서를 작성하여야 한다.
[본조신설 2014.5.28.]

법 제4조의7 【의견의 제시 등】
① 건축민원전문위원회는 질의민원에 대하여 관계 법령, 관계 행정기관의 유권해석, 유사판례와 현장여건 등을 충분히 검토하여 심의의견을 제시할 수 있다.
② 건축민원전문위원회는 민원심의의 결정내용을 지체 없이 신청인 및 해당 허가권자등에게 통지하여야 한다.
③ 제2항에 따라 심의 결정내용을 통지받은 허가권자등은 이를 존중하여야 하며, 통지받은 날부터 10일 이내에 그 처리결과를 해당 건축민원전문위원회에 통보하여야 한다.
④ 제2항에 따른 심의 결정내용을 시장·군수·구청장이 이행하지 아니하는 경우에는 제4조의4제2항에도 불구하고 해당 민원인은 시장·군수·구청장이 통보한 처리결과를 첨부하여 광역지방건축민원전문위원회에 심의를 신청할 수 있다.
⑤ 제3항에 따라 처리결과를 통보받은 건축민원전문위원회는 신청인에게 그 내용을 지체 없이 통보하여야 한다.
[본조신설 2014.5.28]

법 제4조의8 【사무국】
① 건축민원전문위원회의 사무를 처리하기 위하여 위원회에 사무국을 두어야 한다.
② 건축민원전문위원회에는 다음 각 호의 사무를 나누어 맡도록 심사관을 둔다.
 1. 건축민원전문위원회의 심의·운영에 관한 사항
 2. 건축물의 건축등과 관련된 민원처리에 관한 업무지원 사항
 3. 그 밖에 위원장이 지정하는 사항
③ 건축민원전문위원회의 위원장은 특정 사건에 관한 전문적인 사항을 처리하기 위하여 관계 전문가를 위촉하여 제2항 각 호의 사무를 하게 할 수 있다.
[본조신설 2014.5.28.]

해설 건축 민원 행정에 대한 국민 만족도 제고와 건축 분쟁의 원활한 조정을 위하여, 지방자치단체 소관 건축위원회에 건축민원전문위원회를 두어 질의민원을 심의하도록 건축법 및 시행령이 개정됨(시행 2014.11.29.)

【1】건축민원전문위원회의 심의 대상
 건축물의 건축등과 관련된 다음의 민원[허가권자의 처분이 완료되기 전의 것으로 한정, 이하 "질의민원"]을 심의
 ① 건축법령의 운영 및 집행에 관한 민원
 ② 건축물의 건축등과 복합된 사항으로서 제11조제5항 각 호에 해당하는 법률 규정의 운영 및 집행에 관한 민원
 ③ 건축조례의 운영 및 집행에 관한 민원
 ④ 그 밖에 관계 건축법령에 따른 처분기준 외의 사항을 요구하는 등 허가권자의 부당한 요구에 따른 민원

【2】건축민원전문위원회의 구분
 ① 광역지방 건축민원전문위원회: 시·도지사가 설치
  - 허가권자나 도지사의 건축허가 또는 사전승인에 대한 질의민원을 심의

　　② 기초지방 건축민원전문위원회: 시장·군수·구청장이 설치
　　　- 시장·군수·구청장의 건축허가 또는 건축신고와 관련한 질의민원을 심의

【3】 질의민원의 심의의 신청

　　① 질의민원의 심의를 신청하려는 자는 관할 건축민원전문위원회에 심의 신청서를 제출
　　② 심의의 신청은 다음 사항을 기재한 문서로 신청하여야 하며, 문서에 의할 수 없는 특별한 사정이
　　　있는 경우 구술로 신청
　　　㉠ 신청인의 이름과 주소
　　　㉡ 신청의 취지·이유와 민원신청의 원인이 된 사실내용
　　　㉢ 민원 대상 행정기관의 명칭
　　　㉣ 대리인 또는 대표자의 이름과 주소(위원회 출석, 의견 제시, 결정내용 통지 수령 및 처리결과
　　　　통보 수령 등을 위임한 경우만 해당)
　　③ 건축민원전문위원회는 신청인의 질의민원을 받으면 15일 이내에 심의절차를 마쳐야 함
　　　(다만, 사정이 있으면 건축민원전문위원회의 의결로 15일 이내의 범위에서 기간 연장가능)

【4】 심의를 위한 조사 및 의견 청취

　　① 건축민원전문위원회는 심의에 필요하다고 인정하면 위원 또는 사무국의 소속 공무원에게 관계
　　　서류를 열람하게 하거나 관계 사업장에 출입하여 조사하게 할 수 있다.
　　② 건축민원전문위원회는 필요하다고 인정하면 신청인, 허가권자의 업무담당자, 이해관계자 또는
　　　참고인을 위원회에 출석하게 하여 의견을 들을 수 있다.
　　③ 민원의 심의신청을 받은 건축민원전문위원회는 심의기간 내에 심의하여 심의결정서를 작성하여
　　　야 한다.

【5】 심의 결정내용의 처리 등

　　① 건축민원전문위원회는 민원심의의 결정내용을 지체 없이 신청인 및 해당 허가권자등에게 통지
　　　하여야 한다.
　　② 심의 결정내용을 통지받은 허가권자등은 통지받은 날부터 10일 이내에 그 처리결과를 해당 건축
　　　민원전문위원회에 통보하여야 하며, 건축민원전문위원회는 신청인에게 그 내용을 지체 없이 통
　　　보하여야 한다.
　　③ 심의 결정내용을 시장·군수·구청장이 이행하지 아니하는 경우에는 해당 민원인은 시장·군수·구
　　　청장이 통보한 처리결과를 첨부하여 광역지방건축민원전문위원회에 심의를 신청할 수 있다.

【6】 사무국

　　① 건축민원전문위원회의 사무를 처리하기 위하여 위원회에 사무국을 두어야 한다.
　　② 건축민원전문위원회에는 다음 사무를 나누어 맡도록 심사관을 둔다.
　　　㉠ 건축민원전문위원회의 심의·운영에 관한 사항
　　　㉡ 건축물의 건축등과 관련된 민원처리에 관한 업무지원 사항
　　　㉢ 그 밖에 위원장이 지정하는 사항
　　③ 위원장은 전문적인 사항을 처리하기 위하여 관계 전문가를 위촉하여 위 ②의 사무를 하게 할 수
　　　있다.

7 기존의 건축물 등에 관한 특례 (법 제6조) (영 제6조의2)

1 기존의 건축물 등에 관한 특례

> **법 제6조 【기존의 건축물 등에 관한 특례】**
> 허가권자는 법령의 제정·개정이나 그 밖에 대통령령으로 정하는 사유로 대지나 건축물이 이 법에 맞지 아니하게 된 경우에는 대통령령으로 정하는 범위에서 해당 지방자치단체의 조례로 정하는 바에 따라 건축을 허가할 수 있다.

해설 적법하게 건축된 기존건축물의 대지 또는 건축물이 법령의 제정·개정으로 인하여 규정에 맞지 않게 된 경우, 증축·개축 등의 행위시 불이익을 초래할 경우가 있어 이에 대한 특례규정을 둠

■ 특례적용의 사유 및 범위

적용 사유	적용 범위
• 법령의 제정·개정 • 도시·군관리계획의 결정·변경 또는 행정구역의 변경 • 도시·군계획시설의 설치, 도시개발사업의 시행, 「도로법」에 따른 도로의 설치가 있는 경우 • 「준공미필건축물 정리에 관한 특별조치법」, 「특정건축물정리에 관한 특별조치법」 등에 따른 준공검사필증 또는 사용승인서를 교부받은 사실이 건축물대장에 기재된 경우 • 「도시 및 주거환경정비법」에 의해 주거환경개선사업의 준공인가증을 교부받은 경우 • 「공유토지분할에 관한 특례법」에 의해 토지가 분할된 경우 • 대지의 일부 토지소유권에 대해 「민법」에 따른 소유권 이전등기가 완료된 경우 • 「지적재조사에 관한 특별법」에 따른 지적재조사사업으로 새로운 지적공부가 작성된 경우	1. 기존건축물의 재축하는 경우 2. 증축하거나 개축하고자 하는 부분이 법령등에 적합한 경우 3. 기존건축물의 대지가 도시·군계획시설의 설치 또는 「도로법」에 따른 도로의 설치로 대지의 분할 제한 규정(법 제57조)에 따라 해당 지방자치단체가 정하는 면적에 미달되는 경우로서 그 기존 건축물의 연면적 합계의 범위에서 증축하거나 개축하는 경우 4. 기존건축물이 도시·군계획시설 또는 「도로법」에 따른 도로의 설치로 건폐율, 용적률 규정(법 제55조, 제56조)에 부적합하게 된 경우로서 화장실·계단·승강기의 설치 등 그 건축물의 기능유지를 위해 기존 건축물의 연면적 합계의 범위에서 증축하는 경우 5. 기존 한옥을 개축하는 경우 등 6. 건축물 대지의 전부 또는 일부가 「자연재해대책법」에 따른 자연재해위험개선지구에 포함되고 사용승인 후 20년이 지난 기존 건축물을 재해로 인한 피해 예방을 위하여 연면적의 합계 범위에서 개축하는 경우 등
• 「국토의 계획 및 이용에 관한 법률 시행령」의 기존 공장에 대한 특례 등의 규정에 따라 기존 공장을 증축하는 경우	허가권자는 다음 기준을 적용하여 기존공장의 증축을 허가할 수 있음 1. 도시지역에서의 길이 35m 이상인 막다른 도로의 너비기준은 (원칙적으로 6m 이상으로 하여야 하나) 4m 이상으로 한다. 2. 제28조제2항에도 불구하고 연면적 합계가 3,000㎡ 미만인 기존 공장이 증축으로 3,000㎡ 이상이 되는 경우 - 해당 대지가 접하여야 하는 도로의 너비: (원칙적으로 6m 이상이어야 하나) 4m 이상으로 함 - 해당 대지가 도로에 접하여야 하는 길이: (원칙적으로 4m 이상이어야 하나) 2m 이상으로 함

② 특수구조 건축물의 특례 (법 제6조의2) (영 제6조의3)

법 제6조의2 【특수구조 건축물의 특례】

건축물의 구조, 재료, 형식, 공법 등이 특수한 대통령령으로 정하는 건축물(이하 "특수구조 건축물"이라 한다)은 제4조, 제4조의2부터 제4조의8까지, 제5조부터 제9조까지, 제11조, 제14조, 제19조, 제21조부터 제25조까지, 제40조, 제41조, 제48조, 제48조의2, 제49조, 제50조, 제50조의2, 제51조, 제52조, 제52조의2, 제52조의4, 제53조, 제62조부터 제64조까지, 제65조의2, 제67조, 제68조 및 제84조를 적용할 때 대통령령으로 정하는 바에 따라 강화 또는 변경하여 적용할 수 있다. 〈개정 2019.4.30.〉

영 제6조의3 【특수구조 건축물 구조 안전의 확인에 관한 특례】

① 법 제6조의2에서 "대통령령으로 정하는 건축물"이란 제2조제18호에 따른 특수구조 건축물을 말한다.

② 특수구조 건축물을 건축하거나 대수선하려는 건축주는 법 제21조에 따른 착공신고를 하기 전에 국토교통부령으로 정하는 바에 따라 허가권자에게 해당 건축물의 구조 안전에 관하여 지방건축위원회의 심의를 신청하여야 한다. 이 경우 건축주는 설계자로부터 미리 법 제48조제2항에 따른 구조 안전 확인을 받아야 한다.

③ 2항에 따른 신청을 받은 허가권자는 심의 신청 접수일부터 15일 이내에 제5조의6제1항제2호에 따른 건축구조 분야 전문위원회에 심의 안건을 상정하고, 심의 결과를 심의를 신청한 자에게 통보하여야 한다.

④ 제3항에 따른 심의 결과에 이의가 있는 자는 심의 결과를 통보받은 날부터 1개월 이내에 허가권자에게 재심의를 신청할 수 있다.

⑤ 제3항에 따른 심의 결과 또는 제4항에 따른 재심의 결과를 통보받은 건축주는 법 제21조에 따른 착공신고를 할 때 그 결과를 반영하여야 한다.

⑥ 제3항에 따른 심의 결과의 통보, 제4항에 따른 재심의의 방법 및 결과 통보에 관하여는 법 제4조의2제2항 및 제4항을 준용한다.

[본조신설 2015.7.6.]

해설 2014년 2월 경주 마우나 리조트 붕괴사고에서 드러난 바와 같이 현행의 건축설계기준이 최근 기후이변을 반영하지 못하고 새로 개발된 특수구조 건축물에 일반 건축물과 동일한 건축기준이 적용됨에 따라 구조안전에 적합한 설계와 시공이 이루어지기 어렵고, 허가권자도 이를 제대로 관리하지 못하는 등의 제도적인 미비가 있었음.

따라서 특수구조 건축물의 안전사고 방지를 위하여 국토교통부장관이 건축구조 기준을 정기적으로 모니터링하고, 특수구조 건축물에 대해서는 설계, 인·허가 또는 시공 시 건축구조 기준을 강화하여 적용할 수 있도록 하려는 것임.(2015.1.6. 건축법 개정)

【1】 특수구조 건축물의 정의

① 한쪽 끝은 고정되고 다른 끝은 지지(支持)되지 아니한 구조로 된 보·차양 등이 외벽의 중심선으로부터 3m 이상 돌출된 건축물

② 기둥과 기둥 사이의 거리(기둥의 중심선 사이의 거리를 말하며, 기둥이 없는 경우에는 내력벽과

내력벽의 중심선 사이의 거리)가 20m 이상인 건축물

③ 특수한 설계·시공·공법 등이 필요한 건축물로서 국토교통부장관이 정하여 고시하는 구조로 된 건축물 ➡ 【참고】 특수구조 건축물 대상기준(국토교통부 고시 제2018-777호, 2018.12.7.)

【2】 구조안전 확인에 대한 지방건축위원회의 심의

① 특수구조 건축물을 건축하거나 대수선하려는 건축주는 착공신고를 하기 전에 허가권자에게 해당 건축물의 구조 안전에 관하여 지방건축위원회의 심의를 신청하여야 한다. 이 경우 건축주는 설계자로부터 미리 구조 안전 확인을 받아야 한다.

② 신청을 받은 허가권자는 심의(재심의) 신청 접수일부터 15일 이내에 건축구조 분야 전문위원회에 심의 안건을 상정하고, 심의(재심의) 결과를 심의(재심의)를 신청한 자에게 통보하여야 한다.

③ 심의 결과에 이의가 있는 자는 심의 결과를 통보받은 날부터 1개월 이내에 허가권자에게 재심의를 신청할 수 있다.

④ 심의 결과 또는 재심의 결과를 통보받은 건축주는 착공신고를 할 때 그 결과를 반영하여야 한다.

【3】 특수구조 건축물의 특례(다음 규정을 강화 또는 변경 적용 가능)

규정내용	법조항	규정내용	법조항
• 건축위원회	제4조	• 건축물의 유지·관리	제35조
• 건축위원회의 건축 심의 등	제4조의2	• 대지의 안전 등	제40조
• 건축위원회 회의록의 공개	제4조의3	• 토지 굴착 부분에 대한 조치 등	제41조
• 건축민원전문위원회	제4조의4	• 구조내력 등	제48조
• 질의민원 심의의 신청	제4조의5	• 건축물 내진등급의 설정	제48조의2
• 심의를 위한 조사 및 의견 청취	제4조의6	• 건축물의 피난시설 및 용도제한 등	제49조
• 의견의 제시 등	제4조의7	• 건축물의 내화구조와 방화벽	제50조
• 사무국	제4조의8	• 고층건축물의 피난 및 안전관리	제50조의2
• 적용의 완화	제5조	• 방화지구 안의 건축물	제51조
• 기존의 건축물 등에 관한 특례	제6조	• 건축물의 마감재료	제52조
• 통일성을 유지하기 위한 도의 조례	제7조	• 실내건축	제52조의2
• 리모델링에 대비한 특례 등	제8조	• 복합자재의 품질관리 등	제52조의4
• 다른 법령의 배제	제9조	• 지하층	제53조
• 건축허가	제11조	• 건축설비기준 등	제62조
• 건축신고	제14조	• 온돌 및 난방설비 등의 시공	제63조
• 용도변경	제19조	• 승강기	제64조
• 착공신고 등	제21조	• 지능형건축물의 인증	제65조의2
• 건축물의 사용승인	제22조	• 관계전문기술자	제67조
• 건축물의 설계	제23조	• 기술적 기준	제68조
• 건축시공	제24조	• 면적·높이 및 층수의 산정	제84조
• 건축물의 공사감리	제25조		

③ 부유식 건축물의 특례 (법 제6조의3) (영 제6조의4)

법 제6조의3【부유식 건축물의 특례】
① 「공유수면 관리 및 매립에 관한 법률」 제8조에 따른 공유수면 위에 고정된 인공대지(제2조제1항제1호의 "대지"로 본다)를 설치하고 그 위에 설치한 건축물(이하 "부유식 건축물"이라 한다)은 제40조부터 제44조까지, 제46조 및 제47조를 적용할 때 대통령령으로 정하는 바에 따라 달리 적용할 수 있다.
② 부유식 건축물의 설계, 시공 및 유지관리 등에 대하여 이 법을 적용하기 어려운 경우에는 대통령령으로 정하는 바에 따라 변경하여 적용할 수 있다.
[본조신설 2016.1.19.]

영 제6조의4【부유식 건축물의 특례】
① 법 제6조의3제1항에 따라 같은 항에 따른 부유식 건축물(이하 "부유식 건축물"이라 한다)에 대해서는 다음 각 호의 구분기준에 따라 법 제40조부터 제44조까지, 제46조 및 제47조를 적용한다.
 1. 법 제40조에 따른 대지의 안전 기준의 경우: 같은 조 제3항에 따른 오수의 배출 및 처리에 관한 부분만 적용
 2. 법 제41조부터 제44조까지, 제46조 및 제47조의 경우: 미적용. 다만, 법 제44조는 부유식 건축물의 출입에 지장이 없다고 인정하는 경우에만 적용하지 아니한다.
② 제1항에도 불구하고 건축조례에서 지역별 특성 등을 고려하여 그 기준을 달리 정한 경우에는 그 기준에 따른다. 이 경우 그 기준은 법 제40조부터 제44조까지, 제46조 및 제47조에 따른 기준의 범위에서 정하여야 한다.
 [본조신설 2016.7.19.][종전 제6조의4는 제6조의5로 이동 〈2016.7.19.〉]

해설 친수 여가활동의 증가로 건축수요가 예상되는 부유식 건축물에 대한 체계적 관리를 위하여 「건축법」에 따른 건축기준을 강화 또는 변경할 수 있도록 부유식 건축물에 대한 특례 규정을 신설함(2016.1.19.)

【1】부유식 건축물의 정의
공유수면 위에 고정된 인공대지(건축법상의 "대지"로 봄)를 설치하고 그 위에 설치한 건축물

【2】부유식 건축물의 특례

규정내용	법조항	적용범위
• 대지의 안전 등	제40조	• 제3항의 오수의 배출 및 처리에 관한 부분만 적용
• 토지 굴착 부분에 대한 조치 등	제41조	• 미적용
• 대지의 조경	제42조	
• 공개 공지 등의 확보	제43조	
• 대지와 도로의 관계	제44조*	*법 제44조: 부유식 건축물의 출입에 지장이 없다고 인정하는 경우에만 적용하지 않음
• 건축선의 지정	제46조	
• 건축선에 따른 건축제한	제47조	

【3】건축조례의 기준 지정

1. 건축조례에서 지역별 특성 등을 고려하여 그 기준을 달리 정한 경우 건축조례의 기준에 따를 것
2. 기준은 법 제40조 ~ 제44조, 제46조, 제47조에 따른 기준의 범위에서 정할 것

④ 리모델링에 대비한 특례 ($\frac{법}{제8조}$) ($\frac{영}{제6조의3}$)

법 제8조 【리모델링에 대비한 특례 등】
리모델링이 쉬운 구조의 공동주택의 건축을 촉진하기 위하여 공동주택을 대통령령으로 정하는 구조로 하여 건축허가를 신청하면 제56조, 제60조 및 제61조에 따른 기준을 100분의 120의 범위에서 대통령령으로 정하는 비율로 완화하여 적용할 수 있다.

영 제6조의3 【리모델링이 쉬운 구조 등】
① 법 제8조에서 "대통령령으로 정하는 구조"란 다음 각 호의 요건에 적합한 구조를 말한다. 이 경우 다음 각 호의 요건에 적합한지에 관한 세부적인 판단 기준은 국토교통부장관이 정하여 고시한다.
1. 각 세대는 인접한 세대와 수직 또는 수평 방향으로 통합하거나 분할할 수 있을 것
2. 구조체에서 건축설비, 내부 마감재료 및 외부 마감재료를 분리할 수 있을 것
3. 개별 세대 안에서 구획된 실(室)의 크기, 개수 또는 위치 등을 변경할 수 있을 것
② 법 제8조에서 "대통령령으로 정하는 비율"이란 100분의 120을 말한다. 다만, 건축조례에서 지역별 특성 등을 고려하여 그 비율을 강화한 경우에는 건축조례로 정하는 기준에 따른다.

해설 건축물의 노후화 억제 또는 기능향상을 위한 리모델링이 용이한 구조의 공동주택의 건축을 촉진하기 위하여 리모델링이 용이한 구조로 건축허가를 신청하는 경우 건축법의 일부규정을 완화하여 적용할 수 있게 함

■ 특례적용가능 구조 및 완화내용

공동주택의 구조			완화규정 및 내용	비 고
1. 각 세대는 인접한 세대와 수직 또는 수평방향으로 통합하거나 분할할 수 있을 것 2. 구조체에서 건축설비, 내부 마감재료 및 외부 마감재료를 분리할 수 있을 것 3. 개별 세대 안에서 구획된 실의 크기, 개수 또는 위치 등을 변경할 수 있을 것	법 제56조	건축물의 용적률	• 120/100의 범위에서 완화적용가능	• 세부적인 판단기준은 국토교통부장관이 정하여 고시함 • 건축조례에서 지역별 특성 등을 고려하여 그 비율을 강화한 경우 조례가 정하는 기준에 따름
	법 제60조	건축물의 높이제한		
	법 제61조	일조 등의 확보를 위한 건축물의 높이제한		

【참고】리모델링이 용이한 공동주택 기준 (건설교통부 고시 제2018-774호, 2018.12.7)

8 통일성을 유지하기 위한 도의 조례 (법 제7조)

법 제7조 【통일성의 유지를 위한 도의 조례】

도(道) 단위로 통일성을 유지할 필요가 있으면 제5조제3항, 제6조, 제17조제2항, 제20조제2항제3호, 제27조제3항, 제42조, 제57조제1항, 제58조 및 제61소에 따라 시·군의 조례로 징하여야 할 사항을 도의 조례로 정할 수 있다. 〈개정 2015.5.18.〉

해설 도 단위의 법적용에 있어서 통일성을 유지할 필요가 있는 경우에 아래의 규정을 시·군의 조례로 정하지 않고 도의 조례로 정할 수 있음

■ 도의 조례로 정할 수 있는 규정 내용

규정내용(지방자치조례 → 도의조례)	
• 적용의 완화(법 제5조제3항)	• 대지의 조경(법 제42조)
• 기존의 건축물 등에 관한 특례(법 제6조)	• 대지의 분할 제한(법 제57조제1항)
• 건축허가 등의 수수료(법 제17조제2항)	• 대지 안의 공지(법 제58조)
• 가설건축물(법 제20조 제2항제3호)	• 일조 등의 확보를 위한 건축물의 높이제한(법 제61조)
• 현장조사·검사 및 확인업무의 대행(법 제27조제3항)	-

9 다른 법령의 배제 (법 제9조)

법 제9조【다른 법령의 배제】
① 건축물의 건축등을 위하여 지하를 굴착하는 경우에는 「민법」 제244조제1항을 적용하지 아니한다. 다만, 필요한 안전조치를 하여 위해(危害)를 방지하여야 한다.
② 건축물에 딸린 개인하수처리시설에 관한 설계의 경우에는 「하수도법」 제38조를 적용하지 아니한다.

해설 다른 법령의 배제 규정

행위내용	목 적	배제되는 법의 규정 및 내용
• 지하를 굴착하는 경우 (필요한 안전조치를 하여 위해를 방지하여야 함)	• 건축물의 건축 등을 위함	「민법」 제244조(지하시설 등에 대한 제한) ① 우물을 파거나 용수, 하수 또는 오물등을 저치할 지하시설을 하는 때에는 경계로부터 2미터이상의 거리를 두어야 하며 저수지, 구거 또는 지하실공사에는 경계로부터 그 깊이의 반이상의 거리를 두어야 한다.
• 개인하수 처리시설의 설계의 경우	• 건축물에 딸린 시설로 사용하기 위함	「하수도법」 제38조 (개인하수처리시설의 설계·시공) ① 개인하수처리시설을 설치 또는 변경하려는 자는 다음 각 호의 어느 하나에 해당하는 자에게 개인하수처리시설을 설계·시공하도록 하여야 한다. 1. 제51조제1항에 따라 개인하수처리시설을 설계·시공하는 영업의 등록을 한 자 2.「가축분뇨의 관리 및 이용에 관한 법률」 제34조에 따라 처리시설 설계·시공업의 등록을 한 자 3.「건설산업기본법」 제9조제1항 본문에 따라 건설업의 등록을 한 자 중 대통령령으로 정하는 업종의 등록을 한 자 4.「환경기술 및 환경산업 지원법」 제15조에 따른 환경전문공사업 중 대통령령으로 정하는 분야의 등록을 한 자 ② 제1항에도 불구하고 다음 각 호의 어느 하나에 해당하는 경우에는 제1항 각 호에 해당하지 아니하는 자가 개인하수처리시설을 설치하거나 변경할 수 있다. 1. 하수처리에 관한 연구를 목적으로 개인하수처리시설을 설치 또는 변경하는 경우 2. 국내에서 처리기술상 일반화되어 있지 아니한 하수처리방법을 이용하는 경우로서 시험용 시설(국공립 시험기관 또는 대학부설 연구소, 그 밖에 환경부장관이 인정하는 연구·시험기관의 시험을 거친 경우로 한정한다)을 설치하는 경우 3. 제52조제1항에 따라 개인하수처리시설제조업의 등록을 한 자가 자신이 제조한 개인하수처리시설을 직접 설치 또는 변경하는 경우

2

건축물의 건축

1장 총칙에서는 「건축법」의 규정내용, 목적과 용어의 정의 및 면적·높이 등의 산정방법에 관하여 설명하였다. 이에 관한 내용의 정확한 이해는 「건축법」의 올바른 해석의 근본이 된다.

2장에서는 건축물의 설계, 건축허가(신고), 시공·감리 및 사용승인의 과정을 설명하고, 관련법과의 관계규정 등을 정리하였다.
건축물은 건축허가 등의 건축물의 건축에 관한 규정을 통하여 비로소 실체화될 수 있다. 건축물의 건축에 관한 내용은 크게 설계, 시공·감리, 사용승인 및 유지관리(「건축법」 제3장 ➡ 「건축물관리법」으로 이관/시행 2020.5.1.)로 구분된다.

구분	건축물의 건축														
	설계·허가(신고)						시공·감리					사용승인·유지관리			
규정내용	설계자규제	사전결정	사전승인	건축허가	건축신고	가설건축물	해체·멸실신고 ※	착공신고	시공자규제	허용오차	공사감리	공사완료	조사·검사업무의 대행	사용승인	건축물대장	용도변경	유지관리 ※

※ 「건축물관리법」 제정으로 「건축법」에서 삭제되어 이관 됨(시행 2020.5.1.)

1 설 계 (법 제23조) (영 제18조)

법 제23조【건축물의 설계】

① 제11조제1항에 따라 건축허가를 받아야 하거나 제14조제1항에 따라 건축신고를 하여야 하는 건축물 또는 「주택법」 제66조제1항 또는 제2항에 따른 리모델링을 하는 건축물의 건축 등을 위한 설계는 건축사가 아니면 할 수 없다. 다만, 다음 각 호의 어느 하나에 해당하는 경우에는 그러하지 아니하다. 〈개정 2016.1.19〉

1. 바닥면적의 합계가 85제곱미터 미만인 증축·개축 또는 재축
2. 연면적이 200제곱미터 미만이고 층수가 3층 미만인 건축물의 대수선
3. 그 밖에 건축물의 특수성과 용도 등을 고려하여 대통령령으로 정하는 건축물의 건축등

② 설계자는 건축물이 이 법과 이 법에 따른 명령이나 처분, 그 밖의 관계 법령에 맞고 안전·기능 및 미관에 지장이 없도록 설계하여야 하며, 국토교통부장관이 정하여 고시하는 설계도서 작성기준에 따라 설계도서를 작성하여야 한다. 다만, 해당 건축물의 공법(工法) 등이 특수한 경우로서 국토교통부령으로 정하는 바에 따라 건축위원회의 심의를 거친 때에는 그러하지 아니하다.

③ 제2항에 따라 설계도서를 작성한 설계자는 설계가 이 법과 이 법에 따른 명령이나 처분, 그 밖의 관계 법령에 맞게 작성되었는지를 확인한 후 설계도서에 서명날인하여야 한다.

④ 국토교통부장관이 국토교통부령으로 정하는 바에 따라 작성하거나 인정하는 표준설계도서나 특수한 공법을 적용한 설계도서에 따라 건축물을 건축하는 경우에는 제1항을 적용하지 아니한다.

영 제18조【설계도서의 작성】

법 제23조제1항제3호에서 "대통령령으로 정하는 건축물"이란 다음 각 호의 어느 하나에 해당하는 건축물을 말한다. 〈개정 2016.6.30〉

1. 읍·면지역(시장 또는 군수가 지역계획 또는 도시·군계획에 지장이 있다고 인정하여 지정·공고한 구역은 제외한다)에서 건축하는 건축물 중 연면적이 200제곱미터 이하인 창고 및 농막(「농지법」에 따른 농막을 말한다)과 연면적 400제곱미터 이하인 축사, 작물 재배사, 종묘배양시설, 화초 및 분재 등의 온실
2. 제15조제5항 각 호의 어느 하나에 해당하는 가설건축물로서 건축조례로 정하는 가설건축물

해설 건축물의 설계는 건축사가 자기책임하에 건축물의 설계도서를 「건축법」 및 기타 관계법령의 규정에 적합하고, 안전·기능·미관 및 환경에 지장이 없도록 작성하여야 한다.

한편, 표준설계도서에 의한 건축물, 특수공법을 적용한 건축물, 바닥면적의 합계가 85㎡ 미만의 증축·개축·재축 등과 신고대상 가설건축물로서 건축조례로 정하는 것은 건축사의 설계에 의하지 않고도 예외가 인정된다.

1 설 계

건축사 설계 대상	예 외
다음 건축물의 건축등을 위한 설계 ① 건축허가 대상 건축물 ② 건축신고 대상 건축물 ③ 허가 대상 가설건축물 ④ 「주택법」에 따른 리모델링을 하는 건축물 ⑤ 바닥면적의 합계 500㎡ 이상인 허가대상 용도변경 설계	① 바닥면적의 합계가 85㎡ 미만의 증축·개축 또는 재축 ② 연면적이 200㎡ 미만이고 층수가 3층 미만인 건축물의 대수선 ③ 국토교통부장관이 작성하거나 인정하는 표준설계도서에 따라 건축하는 건축물 ▶「표준설계도서등의 운영에 관한 규칙」 ④ 특수한 공법을 적용한 설계도서에 따라 건축하는 건축물 ⑤ 읍·면지역(시장·군수가 지역계획 또는 도시·군계획에 지장이 있다고 인정하여 지정·공고한 구역은 제외)에서 건축하는 건축물 중 연면적이 200㎡ 이하인 창고 및 농막(「농지법」에 따른 농막)과 연면적 400㎡ 이하인 축사, 작물재배사, 종묘배양시설, 화초 및 분재 등의 온실 ⑥ 신고대상 가설건축물로서 건축조례로 정하는 가설건축물
설계도서	• 공사용 도면　　　• 구조계산서　　　• 시방서 • 건축설비 관계서류　　• 토질 및 지질 관계서류 등

- 설계도서의 작성 – 설계자는 설계도서 작성의 경우
  ① 이 법 및 이 법의 규정에 의한 명령이나 처분, 그 밖의 관계법령에 맞고,
  ② 안전, 기능, 미관에 지장이 없도록 설계하여야 하며,
  ③ 건축물의 설계도서 작성기준(국토교통부고시 제2016-1025호, 2016.12.30.)에 따라, 설계도서를 작성하여야 한다.

  [예외] 해당 건축물의 공법 등이 특수한 경우로서 건축위원회의 심의를 거친 경우 그러하지 아니하다.

- 서명날인
  설계도서를 작성한 설계자는 설계가 「건축법」과 「건축법」에 따른 명령이나 처분 및 그 밖의 관계법령에 맞게 작성되었는지를 확인한 후 설계도서에 서명날인하여야 한다.

- 건축주와의 계약
  건축관계자 상호간의 책임에 관한 내용 및 범위는 건축주와 설계자, 건축주와 공사시공자, 건축주와 공사감리자 사이의 계약으로 정함

【관련 질의회신】

도면, 시방서 등의 내용이 서로 다른 경우 우선 순위

건교부 건축기획팀-1960, 2006.3.30

[질의] 설계도서 중 설계도면, 시방서, 계약내역서에 표시된 자재가 각각 다른 경우 어느 것을 우선하여 적용하는지

[회신] 건축법 제19조제2항의 규정에 의한 설계도서작성기준(건설교통부 고시 제2003-11호, 2003.1.24) 제9호에 의하면 설계도서·법령해석·감리자의 지시 등이 서로 일치하지 아니하는 경우에 있어 계약으로 그 적용의 우선순위를 정하지 아니한 때에는 ①공사시방서 ②설계도면 ③전문시방서 ④표준시방서 ⑤산출내역서 ⑥승인된 상세시공도면 ⑦관계법령의 유권해석 ⑧감리자의 지시사항의 순서를 원칙으로 하는 것임 (＊법 제19조 ⇒ 제23조, 2008.3.2)

건축사가 설계하여야 하는 건축물

건교부건축과 -3545, 2005. 6.24

질의 건축법시행령 제15조제5항제9호의 신고대상가설건축물의 설계 및 감리를 건축사가 하여야 하는지 여부

회신 건축법시행령 제15조제5항에서 규정하고 있는 가설건축물은 "건축행위"가 아니라 "축조행위"에 해당하므로 법 제19조제1항의 규정에 의한 "건축물의 건축등"에 해당하지 아니하므로 건축사가 설계하여야 하는 건축물 및 감리대상 건축물에 해당하지 아니함.(※법 제19조→제23조, 2008.3.21. 개정)

② 건축에 관한 입지 및 규모의 사전결정 (법 제10조) (규칙 제4조, 제5조)

법 제10조 【건축 관련 입지와 규모의 사전결정】

① 제11조에 따른 건축허가 대상 건축물을 건축하려는 자는 건축허가를 신청하기 전에 허가권자에게 그 건축물의 건축에 관한 다음 각 호의 사항에 대한 사전결정을 신청할 수 있다. 〈개정 2015.5.18.〉

1. 해당 대지에 건축하는 것이 이 법이나 관계 법령에서 허용되는지 여부
2. 이 법 또는 관계 법령에 따른 건축기준 및 건축제한, 그 완화에 관한 사항 등을 고려하여 해당 대지에 건축 가능한 건축물의 규모
3. 건축허가를 받기 위하여 신청자가 고려하여야 할 사항

② 제1항에 따른 사전결정을 신청하는 자(이하 "사전결정신청자"라 한다)는 건축위원회 심의와 「도시교통정비 촉진법」에 따른 교통영향평가서의 검토를 동시에 신청할 수 있다. 〈개정 2015.7.24〉

③ 허가권자는 제1항에 따라 사전결정이 신청된 건축물의 대지면적이 「환경정책기본법」 제25조의2에 따른 사전환경성검토대상인 경우 환경부장관이나 지방환경관서의 장과 사전환경성검토에 관한 협의를 하여야 한다.

④ 허가권자는 제1항과 제2항에 따른 신청을 받으면 입지, 건축물의 규모, 용도 등을 사전결정한 후 사전결정 신청자에게 알려야 한다.

⑤ 제1항과 제2항에 따른 신청 절차, 신청 서류, 통지 등에 필요한 사항은 국토교통부령으로 정한다.

⑥ 제4항에 따른 사전결정 통지를 받은 경우에는 다음 각 호의 허가를 받거나 신고 또는 협의를 한 것으로 본다.

1. 「국토의 계획 및 이용에 관한 법률」 제56조에 따른 개발행위허가
2. 「산지관리법」 제14조와 제15조에 따른 산지전용허가와 산지전용신고, 같은 법 제15조의2에 따른 산지일시사용허가·신고. 다만, 보전산지인 경우에는 도시지역만 해당된다.
3. 「농지법」 제34조, 제35조 및 제43조에 따른 농지전용허가·신고 및 협의
4. 「하천법」 제33조에 따른 하천점용허가

⑦ 허가권자는 제6항 각 호의 어느 하나에 해당되는 내용이 포함된 사전결정을 하려면 미리 관계 행정기관의 장과 협의하여야 하며, 협의를 요청받은 관계 행정기관의 장은 요청받은 날부터 15일 이내에 의견을 제출하여야 한다.

⑧ 관계 행정기관의 장이 제7항에서 정한 기간(「민원 처리에 관한 법률」 제20조제2항에 따라 회신기간을 연장한 경우에는 그 연장된 기간을 말한다) 내에 의견을 제출하지 아니하면 협의가 이루어진 것으로 본다. 〈신설 2018.12.18.〉

⑨ 사전결정신청자는 제4항에 따른 사전결정을 통지받은 날부터 2년 이내에 제11조에 따른 건축허가를 신청하여야 하며, 이 기간에 건축허가를 신청하지 아니하면 사전결정의 효력이 상실된다. 〈개정 2018.12.18.〉

해설 건축허가 대상 건축물을 건축하고자 하는 자는 건축허가 신청전에 허가권자에게 해당 건축물을 해당 대지에 건축하는 것이 허용되는 지의 여부에 대해 사전결정을 신청할 수 있게 함

【1】 사전결정의 신청

대 상	시 기	내 용	비 고
건축허가대상 건축물	건축허가 신청전	① 해당 대지에 신청하는 것이 이 법이나 관계 법령에서 허용되는지의 여부 ② 이 법 또는 관계 법령에 따른 건축기준 및 건축제한, 그 완화에 관한 사항 등을 고려하여 해당 대지에 건축 가능한 건축물의 규모 ③ 건축허가를 받기 위하여 신청자가 고려하여야 할 사항	사전결정신청자는 -건축위원회심의와 -교통영향평가서의 검토를 동시에 신청할 수 있음

■ 신청 건축물의 대지면적이 소규모 환경영향평가 대상사업(「환경영향평가법」 제43조)인 경우, 환경부장관 또는 지방환경관서의 장과 소규모 환경영향평가에 관한 협의를 하여야 함

【2】 신청서류

사전결정을 신청하는 자는 다음의 신청서 및 관련도서를 허가권자에게 제출하여야 함

1. 사전결정신청서(규칙 별지 제1호의2서식)

2. 간략설계도서(규칙 제2조의3)
- 사전결정과 동시에 건축위원회의 심의를 신청하는 경우만 해당

3. 교통영향분석·개선대책의 검토를 위한 서류
- 사전결정신청과 동시에 교통영향분석·개선대책의 검토를 신청하는 경우만 해당

4. 사전환경성검토를 위한 서류
- 사전환경성검토 협의 대상인 경우만 해당

5. 허가를 받거나 신고 또는 협의를 하기 위하여 해당법령에서 제출하도록 한 서류

6. 건축계획서 및 배치도(규칙 별표 2 참조)

도서의 종류	내 용	
건축 계획서	1. 개요(위치·대지면적 등) 2. 지역·지구 및 도시계획사항 3. 건축물의 규모(건축면적·연면적·높이·층수 등)	4. 건축물의 용도별 면적 5. 주차장규모
배치도	1. 축척 및 방위 2. 대지에 접한 도로의 길이 및 너비 3. 대지의 종·횡단면도	4. 건축선 및 대지경계선으로부터 건축물까지의 거리 5. 주차동선 및 옥외주차계획 6. 공개공지 및 조경계획

【3】 사전결정의 통지

① 허가권자는 입지 및 건축물의 규모·용도 등을 사전결정한 후 사전결정서(별지 제1호의3서식)를 사전결정일부터 15일 이내에 신청자에게 송부하여야 함
② 사전결정서에는 법·영 또는 해당지방자치단체의 건축조례 등에의 적합여부와 관계법률의 허가·신고 또는 협의 여부를 표시하여야 함

【4】사전결정시 허가를 받거나 신고 또는 협의한 것으로 보는 법규정 및 의견 제출 기간

관 련 법	법 조 항	내 용
1. 국토의 계획 및 이용에 관한 법률	제56조	개발행위 허가
2. 산지관리법 (보전산지인 경우 도시지역만 해당)	제14조 제15조 제15조의2	산지전용허가 산지전용신고 산지일시사용허가 · 신고
3. 농지법	제34조 제35조 제43조	농지전용허가 · 협의 농지전용신고 농지전용허가의 특례
4. 하천법	제33조	하천점용허가 등

① 허가권자가 위 내용이 포함된 사전결정을 하려면 미리 관계 행정기관의 장과 협의하여야 하며, 관계 행정기관의 장은 요청받은 날부터 15일 이내에 의견을 제출하여야 한다.

② 관계 행정기관의 장이 위 ①에서 정한 기간내에 의견을 제출하지 아니하면 협의가 이루어진 것으로 본다.

【5】사전결정의 효력상실

사전결정신청자는 사전결정을 통지 받은 날부터 2년 이내에 건축허가를 신청하지 아니하는 경우에는 사전결정의 효력이 상실됨

③ 건축허가 (법 제11조)(영 제8조, 제9조, 제9조의 2) (규칙 제6조, 제7조)

법 제11조【건축허가】

① 건축물을 건축하거나 대수선하려는 자는 특별자치시장 · 특별자치도지사 또는 시장 · 군수 · 구청장의 허가를 받아야 한다. 다만, 21층 이상의 건축물 등 대통령령으로 정하는 용도 및 규모의 건축물을 특별시나 광역시에 건축하려면 특별시장이나 광역시장의 허가를 받아야 한다. 〈개정 2014.1.14〉

② 시장 · 군수는 제1항에 따라 다음 각 호의 어느 하나에 해당하는 건축물의 건축을 허가하려면 미리 건축계획서와 국토교통부령으로 정하는 건축물의 용도, 규모 및 형태가 표시된 기본설계도서를 첨부하여 도지사의 승인을 받아야 한다. 〈개정 2014.5.28〉

1. 제1항 단서에 해당하는 건축물. 다만, 도시환경, 광역교통 등을 고려하여 해당 도의 조례로 정하는 건축물은 제외한다.

2. 자연환경이나 수질을 보호하기 위하여 도지사가 지정 · 공고한 구역에 건축하는 3층 이상 또는 연면적의 합계가 1천제곱미터 이상인 건축물로서 위락시설과 숙박시설 등 대통령령으로 정하는 용도에 해당하는 건축물

3. 주거환경이나 교육환경 등 주변 환경을 보호하기 위하여 필요하다고 인정하여 도지사가 지정 · 공고한 구역에 건축하는 위락시설 및 숙박시설에 해당하는 건축물

③ 제1항에 따라 허가를 받으려는 자는 허가신청서에 국토교통부령으로 정하는 설계도서와 제5항 각 호에 따른 허가 등을 받거나 신고를 하기 위하여 관계 법령에서 제출하도록 의무화하고 있는 신청서 및 구비서류를 첨부하여 허가권자에게 제출하여야 한다. 다만, 국토교통부장관이 관계 행정기관의 장과 협의하여 국토교통부령으로 정하는 신청서 및 구비서류는 제21조에 따른 착공신고 전까지 제출할 수 있다. 〈개정 2015.5.18.〉

④ 허가권자는 제1항에 따른 건축허가를 하고자 하는 때에 「건축기본법」 제25조에 따른 한국건축규정의 준수 여부를 확인하여야 한다. 다만, 다음 각 호의 어느 하나에 해당하는 경우에는 이 법이나 다른 법률에도 불구하고 건축위원회의 심의를 거쳐 건축허가를 하지 아니할 수 있다. 〈개정 2015.5.18., 2015.8.11., 2017.4.18.〉

1. 위락시설이나 숙박시설에 해당하는 건축물의 건축을 허가하는 경우 해당 대지에 건축하려는 건축물의 용도·규모 또는 형태가 주거환경이나 교육환경 등 주변 환경을 고려할 때 부적합하다고 인정되는 경우

2. 「국토의 계획 및 이용에 관한 법률」 제37조제1항제4호에 따른 방재지구(이하 "방재지구"라 한다) 및 「자연재해대책법」 제12조제1항에 따른 자연재해위험개선지구 등 상습적으로 침수되거나 침수가 우려되는 지역에 건축하려는 건축물에 대하여 지하층 등 일부 공간을 주거용으로 사용하거나 거실을 설치하는 것이 부적합하다고 인정되는 경우

⑤ 제1항에 따른 건축허가를 받으면 다음 각 호의 허가 등을 받거나 신고를 한 것으로 보며, 공장건축물의 경우에는 「산업집적활성화 및 공장설립에 관한 법률」 제13조의2와 제14조에 따라 관련 법률의 인·허가등이나 허가등을 받은 것으로 본다. 〈개정 2017.1.17., 2020.3.31〉

1. 제20조제3항에 따른 공사용 가설건축물의 축조신고

2. 제83조에 따른 공작물의 축조신고

3. 「국토의 계획 및 이용에 관한 법률」 제56조에 따른 개발행위허가

4. 「국토의 계획 및 이용에 관한 법률」 제86조제5항에 따른 시행자의 지정과 같은 법 제88조제2항에 따른 실시계획의 인가

5. 「산지관리법」 제14조와 제15조에 따른 산지전용허가와 산지전용신고, 같은 법 제15조의2에 따른 산지일시사용허가·신고. 다만, 보전산지인 경우에는 도시지역만 해당된다.

6. 「사도법」 제4조에 따른 사도(私道)개설허가

7. 「농지법」 제34조, 제35조 및 제43조에 따른 농지전용허가·신고 및 협의

8. 「도로법」 제36조에 따른 도로관리청이 아닌 자에 대한 도로공사 시행의 허가, 같은 법 제52조제1항에 따른 도로와 다른 시설의 연결 허가

9. 「도로법」 제61조에 따른 도로의 점용 허가

10. 「하천법」 제33조에 따른 하천점용 등의 허가

11. 「하수도법」 제27조에 따른 배수설비(配水設備)의 설치신고

12. 「하수도법」 제34조제2항에 따른 개인하수처리시설의 설치신고

13. 「수도법」 제38조에 따라 수도사업자가 지방자치단체인 경우 그 지방자치단체가 정한 조례에 따른 상수도 공급신청

14. 「전기안전관리법」 제8조에 따른 자가용전기설비 공사계획의 인가 또는 신고

15. 「물환경보전법」 제33조에 따른 수질오염물질 배출시설 설치의 허가나 신고

16. 「대기환경보전법」 제23조에 따른 대기오염물질 배출시설설치의 허가나 신고

17. 「소음·진동관리법」 제8조에 따른 소음·진동 배출시설 설치의 허가나 신고

18. 「가축분뇨의 관리 및 이용에 관한 법률」 제11조에 따른 배출시설 설치허가나 신고

19. 「자연공원법」 제23조에 따른 행위허가

20. 「도시공원 및 녹지 등에 관한 법률」 제24조에 따른 도시공원의 점용허가

21. 「토양환경보전법」 제12조에 따른 특정토양오염관리대상시설의 신고

22. 「수산자원관리법」 제52조제2항에 따른 행위의 허가

23. 「초지법」 제23조에 따른 초지전용의 허가 및 신고

⑥ 허가권자는 제5항 각 호의 어느 하나에 해당하는 사항이 다른 행정기관의 권한에 속하면 그 행정기관의 장과 미리 협의하여야 하며, 협의 요청을 받은 관계 행정기관의 장은 요청을

받은 날부터 15일 이내에 의견을 제출하여야 한다. 이 경우 관계 행정기관의 장은 제8항에 따른 처리기준이 아닌 사유를 이유로 협의를 거부할 수 없고, 협의 요청을 받은 날부터 15일 이내에 의견을 제출하지 아니하면 협의가 이루어진 것으로 본다. 〈개정 2017.1.17.〉

⑦ 허가권자는 제1항에 따른 허가를 받은 자가 다음 각 호의 어느 하나에 해당하면 허가를 취소하여야 한다. 다만, 제1호에 해당하는 경우로서 정당한 사유가 있다고 인정되면 1년의 범위에서 공사의 착수기간을 연장할 수 있다. 〈개정 2017.1.17., 2020.6.9.〉

1. 허가를 받은 날부터 2년(「산업집적활성화 및 공장설립에 관한 법률」 제13조에 따라 공장의 신설·증설 또는 업종변경의 승인을 받은 공장은 3년) 이내에 공사에 착수하지 아니한 경우

2. 제1호의 기간 이내에 공사에 착수하였으나 공사의 완료가 불가능하다고 인정되는 경우

3. 제21조에 따른 착공신고 전에 경매 또는 공매 등으로 건축주가 대지의 소유권을 상실한 때부터 6개월이 지난 이후 공사의 착수가 불가능하다고 판단되는 경우

⑧ 제5항 각 호의 어느 하나에 해당하는 사항과 제12조제1항의 관계 법령을 관장하는 중앙행정기관의 장은 그 처리기준을 국토교통부장관에게 통보하여야 한다. 처리기준을 변경한 경우에도 또한 같다.

⑨ 국토교통부장관은 제8항에 따라 처리기준을 통보받은 때에는 이를 통합하여 고시하여야 한다.

⑩ 제4조제1항에 따른 건축위원회의 심의를 받은 자가 심의 결과를 통지 받은 날부터 2년 이내에 건축허가를 신청하지 아니하면 건축위원회 심의의 효력이 상실된다.

⑪ 제1항에 따라 건축허가를 받으려는 자는 해당 대지의 소유권을 확보하여야 한다. 다만, 다음 각 호의 어느 하나에 해당하는 경우에는 그러하지 아니하다. 〈신설 2016.1.19., 2017.1.17.〉

1. 건축주가 대지의 소유권을 확보하지 못하였으나 그 대지를 사용할 수 있는 권원을 확보한 경우. 다만, 분양을 목적으로 하는 공동주택은 제외한다.

2. 건축주가 건축물의 노후화 또는 구조안전 문제 등 대통령령으로 정하는 사유로 건축물을 신축·개축·재축 및 리모델링을 하기 위하여 건축물 및 해당 대지의 공유자 수의 100분의 80 이상의 동의를 얻고 동의한 공유자의 지분 합계가 전체 지분의 100분의 80 이상인 경우

3. 건축주가 제1항에 따른 건축허가를 받아 주택과 주택 외의 시설을 동일 건축물로 건축하기 위하여 「주택법」 제21조를 준용한 대지 소유 등의 권리 관계를 증명한 경우. 다만, 「주택법」 제15조제1항 각 호 외의 부분 본문에 따른 대통령령으로 정하는 호수 이상으로 건설·공급하는 경우에 한정한다.

4. 건축하려는 대지에 포함된 국유지 또는 공유지에 대하여 허가권자가 해당 토지의 관리청이 해당 토지를 건축주에게 매각하거나 양여할 것을 확인한 경우

5. 건축주가 집합건물의 공용부분을 변경하기 위하여 「집합건물의 소유 및 관리에 관한 법률」 제15조제1항에 따른 결의가 있었음을 증명한 경우

6. 건축주가 집합건물을 재건축하기 위하여 「집합건물의 소유 및 관리에 관한 법률」 제47조에 따른 결의가 있었음을 증명한 경우 〈신설 2021.8.10〉

해설 "허가"는 행정행위로서 법령에 의한 상대적 제한·금지를 특정한 경우에 해제하여 적법하게 그 사실행위 또는 법률행위를 할 수 있게 하는 것이다. 그러므로 「건축법」에 의한 건축허가를 받는 것은 건축행위에 있어서 가장 기본적이고, 중요한 절차이다. 여기에서는 건축허가(신고)에 관한 대상행위, 대상구역 및 절차에 관하여 정리하였다.

■ 허가진행 절차

내용		신청		처리
건축물의 건축, 대수선	→	건축주 - 허가권자	→	검토 및 심사 - 현장조사·검사 - 허가서의 교부

【1】 건축허가 대상 및 허가권자

① 대상 : 건축물의 건축 또는 대수선 행위

② 허가권자 : 특별시장·광역시장·특별자치시장·특별자치도지사 또는 시장·군수·구청장

【2】 대형건축물의 건축허가(1) - 특별시장·광역시장의 허가

대상구역	대상규모	허가권자	예외
특별시·광역시	• 21층 이상 건축물 • 연면적의 합계가 10만㎡ 이상인 건축물 • 연면적의 3/10 이상 증축하여 　- 층수가 21층 이상으로 되거나 　- 연면적의 합계가 10만㎡ 이상으로 되는 건축물	특별시장·광역시장	• 공장 • 창고 • 지방건축위원회의 심의를 거친 건축물(특별시 및 광역시 지방건축위원회의 심의대상 건축물에 한정하며, 초고층건축물은 제외)

【3】 대형건축물의 건축허가(2) - 도지사의 사전승인

대상구역	대상건축물	허가권자
시·군의 구역	① 위 【2】의 대상건축물(위 【2】의 예외대상 건축물과 도시환경, 광역교통 등을 고려하여 해당 도의 조례로 정하는 건축물 제외) 【참고1】 ② 자연환경이나 수질보호를 위하여 도지사가 지정·공고한 구역에 건축하는 3층 이상 또는 연면적의 합계가 1,000㎡ 이상인 건축물로서 다음에 해당하는 것 【참고2】 　1. 공동주택 　2. 제2종 근린생활시설(일반음식점만 해당) 　3. 업무시설(일반업무시설만 해당) 　4. 숙박시설　　　5. 위락시설 ③ 주거환경이나 교육환경 등 주변환경을 보호하기 위해 필요하다고 인정하여 도지사가 지정·공고하는 구역에 건축하는 위락시설 및 숙박시설의 건축물 【참고2】	시장·군수 (시장·군수는 미리 도지사의 승인[1][2]을 얻어야 함)

1) 시장·군수는 허가신청일로부터 15일 이내에 건축계획서 및 기본설계도서를 도지사에게 제출하여야함

2) 승인권자는 승인요청을 받은 날부터 50일 이내에 승인여부를 시장·군수에게 통보하여야 함
　(건축물의 규모가 큰 경우 등 불가피한 경우 30일 범위내에서 그 기간을 연장할 수 있음)

※ 【참고1】 【참고2】는 사전승인신청시 필요한 서류에 대한 구분으로 【6】의 관련 내용 참조

【4】 건축허가시의 확인 사항 및 허가의 거부 〈시행 2024.3.27〉

① 허가권자는 건축허가를 하고자 하는 때에 한국건축규정의 준수 여부를 확인하여야 한다.

② 다음 경우에는 이 법이나 다른 법률에도 불구하고 건축위원회의 심의를 거쳐 건축허가를 하지 아니할 수 있다.
  - 위락시설이나 숙박시설의 건축 허가시 건축물의 용도·규모 또는 형태가 주거환경이나 교육환경 등 주변환경을 고려할 때 부적합하다고 인정되는 경우
  - 방재지구, 자연재해위험개선지구 등 상습적 침수 또는 침수우려 지역(→대통령령으로 정하는 지역)에서 지하층 등에 주거용 사용이나(→일부 공간에) 거실 설치가 부적합하다고 인정되는 경우

【5】 공동주택의 경우 건축허가 또는 사업계획승인

구 분	공동주택의 규모	주상복합건축물(상업지역, 준주거지역내)	기타지역의 주상복합건축물
「건축법」의 건축허가	30세대* 미만	• 지역 : 상업지역(유통상업지역제외), 준주거지역 • 세대수 : 300세대 미만 • 주택의 규모 : 세대당 297㎡이하(주거전용면적기준) • 건축물의 연면적에 대한 주택연면적 합계의 비율이 90%미만	30세대* 미만
「주택법」의 사업계획승인	30세대* 이상	• 300세대 이상인 경우(주택비율무관) 또는 • 300세대 미만으로서 연면적에 대한 주택연면적 합계의 비율이 90%이상	30세대* 이상

* 1) 리모델링의 경우 증가하는 세대수가 30세대 이상
  2) 다음 조건을 모두 갖춘 단지형 연립주택, 단지형 다세대주택은 50세대 이상
   - 세대별 주거전용면적이 30㎡ 이상일 것, 해당 주택단지 진입도로 폭이 6m 이상일 것
  3) 주거환경개선사업 또는 주거환경관리사업을 시행하기 위한 정비구역에서 건설하는 공동주택은 50세대 이상

【6】 건축허가 신청서의 제출 (법 제11조제3항)

(1) 건축물의 건축·대수선 허가 또는 가설건축물의 건축허가를 받으려는 자는 건축·대수선·용도변경 (변경)허가신청서(별지 제1호의4서식)에 다음의 설계도서와 건축허가 의제 관계 법령에서 의무화하고 있는 신청서 및 구비서류를 첨부하여 허가권자(특별시장·광역시장·특별자치시장·특별자치도지사 또는 시장·군수·구청장)에게 제출(전자문서로 제출하는 것 포함)하여야 한다.

예외 국토교통부장관이 관계 행정기관의 장과 협의하여 구조도 및 구조계산서는 착공신고 전까지 제출 제출할 수 있다.

(2) 변경허가를 받으려는 자는 위 (1)의 건축·대수선·용도변경 (변경)허가 신청서에 변경하려는 부분에 대한 변경 전·후의 설계도서와 아래(• 첨부도서)에서 정하는 관계 서류 중 변경이 있는 서류를 첨부하여 허가권자에게 제출(전자문서로 제출하는 것 포함)해야 한다.

(3) 위 (1), (2)의 경우 허가권자는 행정정보의 공동이용을 통해 건축할 대지의 소유에 관한 권리를 증명하는 서류(아래 ① 2.) 중 토지등기사항증명서를 확인해야 한다.

■ 첨부도서

① 대지 관련 서류

1. 건축할 대지의 범위에 관한 서류
2. 건축할 대지의 소유에 관한 권리를 증명하는 서류

> 예외 다음의 경우 그에 따른 서류로 갈음할 수 있음

구 분	서 류
㉠ 건축할 대지에 포함된 국유지 또는 공유지	허가권자가 해당 토지의 관리청과 협의하여 그 관리청이 해당 토지를 건축주에게 매각하거나 양여할 것을 확인한 서류
㉡ 집합건물의 공용부분을 변경하는 경우	「집합건물의 소유 및 관리에 관한 법률」에 따른 결의가 있었음을 증명하는 서류
㉢ 분양을 목적으로 하는 공동주택의 건축	대지의 소유에 관한 권리를 증명하는 서류(다만, 주택과 주택외의 시설을 동일 건축물로 건축하는 허가를 받아 30세대 이상으로 건설·공급하는 경우 대지의 소유권에 관한 사항은 「주택법」을 준용)

3. 건축주가 대지의 소유권을 미확보하였으나 사용할 수 있는 권원을 확보한 경우 이를 증명하는 서류
4. 건축주가 건축허가를 받아 주택과 주택 외의 시설을 동일 건축물로 건축하기 위하여 「주택법」제21조(대지의 소유권확보 등)를 준용한 대지 소유 등의 권리 관계를 증명한 경우(「주택법」에 따른 사업계획승인 대상 호수 이상 건설하는 경우로 한정)
5. 건축하려는 대지에 포함된 국유지 또는 공유지에 대하여 허가권자가 해당 토지의 관리청이 해당 토지를 건축주에게 매각하거나 양여할 것을 확인한 경우
6. 건축주가 집합건물의 공용부분을 변경하기 위하여 「집합건물의 소유 및 관리에 관한 법률」에 따른 공용부분의 변경에 관한 결의가 있었음을 증명한 경우
7. 건축주가 집합건물을 재건축하기 위하여 「집합건물의 소유 및 관리에 관한 법률」에 따른 재건축 결의가 있었음을 증명한 경우
8. 건축주가 건축물의 노후화 또는 구조안전 문제 등 다음의 사유<1>로 건축물을 신축·개축·재축 및 리모델링을 하기 위하여 건축물 및 해당 대지의 공유자 수의 80/100 이상의 동의를 얻고 동의한 공유자의 지분 합계가 전체 지분의 80/100 이상인 경우 다음의 서류<2>

<1> 사유

㉠ 급수·배수·오수 설비 등의 설비 또는 지붕·벽 등의 노후화나 손상으로 그 기능 유지가 곤란할 것으로 우려되는 경우
㉡ 건축물의 노후화로 내구성에 영향을 주는 기능적 결함이나 구조적 결함이 있는 경우
㉢ 건축물이 훼손되거나 일부가 멸실되어 붕괴 등 그 밖의 안전사고가 우려되는 경우
㉣ 천재지변이나 그 밖의 재해로 붕괴되어 다시 신축하거나 재축하려는 경우

<2> 서류

㉠ 건축물 및 해당 대지 공유자 수의 80/100 이상 서면동의서	• 공유자가 <u>자필</u>로 서명하는 서면동의 방법으로 하며, 주민등록증, 여권 등 신원을 확인할 수 있는 신분증명서의 사본을 첨부 • 공유자가 해외에 장기체류하거나 법인인 경우 등 불가피한 사유가 있다고 허가권자가 인정하는 경우 공유자가 인감도장을 날인하거나 서명한 서면동의서에 해당 인감증명서나 본인서명사실확인서 또는 전자본인서명확인서의 발급증을 첨부하는 방법으로 가능
㉡ ㉠에 따라 동의한 공유자의 지분 합계가 전체 지분의 80/100 이상임을 증명하는 서류	
㉢ 위 <1>의 각 사유에 해당함을 증명하는 서류	
㉣ 해당 건축물의 개요	

※ 위 <1> 사유에 대한 현지조사
· 허가권자는 건축주가 공유자의 80/100 이상의 동의요건을 갖추어 건축허가 신청을 한 경우 위 <1> 사유 중 ㉠~㉢을 확인하기 위해 현지조사를 하여야 한다.
· 필요시 건축주에게 다음의 자로부터 안전진단을 받고 그 결과를 제출하도록 할 수 있다.
　　－ 건축사
　　－ 「기술사법」에 따라 등록한 건축구조기술사
　　－ 「시설물의 안전 및 유지관리에 관한 특별법」에 따라 등록한 건축분야 안전진단전문기관

② 사전결정서
　－ 건축에 관한 입지 및 규모의 사전결정서를 받은 경우만 해당
③ 허가신청에 필요한 설계도서(규칙 별표2 중 다음의 서류)

도서의 종류	내　용	예외적용
건축 계획서	1. 개요(위치·대지면적 등) 2. 지역·지구 및 도시계획사항 3. 건축물의 규모(건축면적·연면적·높이·층수 등) 4. 건축물의 용도별 면적 5. 주차장규모 6. 에너지절약계획서(해당건축물에 한한다) 7. 노인 및 장애인 등을 위한 편의시설 설치계획서 　(관계법령에 의하여 설치의무가 있는 경우에 한한다)	1. 사전결정(법 제10조)을 받은 경우 : 좌측의 표에서 건축계획서와 배치도 제외 2. 표준설계도서(법 제23조 제4항)에 따라 건축하는 경우 :건축계획서 및 배치도만 제출 3. 방위산업시설의 건축허가를 받고자 하는 경우: 건축 관계 법령에 적합한지 여부에 관한 설계자의 확인으로 관계서류를 갈음할 수 있다. ■ 설계도서의 도서의 축척은 임의로 한다.
배치도	1. 축척 및 방위 2. 대지에 접한 도로의 길이 및 너비 3. 대지의 종·횡단면도 4. 건축선 및 대지경계선으로부터 건축물까지의 거리 5. 주차동선 및 옥외주차계획 6. 공개공지 및 조경계획	
평면도	1. 1층 및 기준층 평면도 2. 기둥·벽·창문 등의 위치 3. 방화구획 및 방화문의 위치 4. 복도 및 계단의 위치 5. 승강기의 위치	
입면도	1. 2면 이상의 입면계획　　　2. 외부마감재료 3. 간판 및 건물번호판의 설치계획(크기·위치)	
단면도	1. 종·횡 단면도 2. 건축물의 높이, 각층의 높이 및 반자높이	
구조도 (구조안전 확인 또는 내진설계 대상건축물)	1. 구조내력상 주요한 부분의 평면 및 단면 2. 주요부분의 상세도면　　　3. 구조안전확인서	
구조계산서 (구조안전 확인 또는 내진설계 대상 건축물)	1. 구조계산서 목록표(총괄표, 구조계획서, 설계하중, 주요 구조도, 배근도 등) 2. 구조내력상 주요한 부분의 응력 및 단면 산정 과정 3. 내진설계의 내용(지진에 대한 안전 여부 확인 대상 건축물)	
소방설비도	「화재예방, 소방시설설치·유지 및 안전관리에 관한 법률」에 따라 소방관서의 장의 동의를 얻어야 하는 건축물의 해당소방 관련 설비	

④ 허가 등을 받거나 신고를 하기 위하여 해당 법령(법 제11조제5항 각 호)에서 제출하도록 의무화하고 있는 신청서 및 구비서류(해당사항이 있는 경우로 한정)
⑤ 결합건축협정서(해당사항이 있는 경우로 한정)...별지 제27호의 서식

■ 【참고1】 대형건축물의 건축허가 사전승인 신청 및 건축물 안전영향평가 의뢰시 제출도서의 종류
(제7조제1항제1호 및 제9조의2제1항 관련, 별표3)

[시장·군수가 도지사에게 제출]

1. 건축계획서

분야	도서종류	표시하여야 할 사항
건축	설계설명서	• 공사개요 : 위치·대지면적·공사기간·공사금액 등 • 사전조사사항 : 지반고·기후·동결심도·수용인원·상하수와 주변지역을 포함한 지질 및 지형, 인구, 교통, 지역, 지구, 토지이용현황, 시설물현황 등 • 건축계획 : 배치·평면·입면계획·동선계획·개략 조경계획·주차계획 및 교통 처리계획 등 • 시공방법 • 개략공정계획 • 주요설비계획 • 주요자재 사용계획 • 기타 필요한 사항
	구조계획서	• 설계근거기준 • 구조재료의 성질 및 특성 • 하중조건분석 적용 • 구조의 형식선정계획 • 각부 구조계획 • 건축구조성능(단열·내화·차음·진동장애 등) • 구조안전검토
	지질조사서	• 토질개황 • 각종 토질시험내용 • 지내력 산출근거 • 지하수위면 • 기초에 대한 의견
	시방서	• 시방내용(국토교통부장관이 작성한 표준시방서에 없는 공법인 경우에 한한다)

2. 기본설계도서

분야	도서종류	표시하여야 할 사항
건축	투시도 또는 투시도 사진	색채사용
	평면도(주요층, 기준층)	1. 각실의 용도 및 면적 2. 기둥·벽·창문 등의 위치 3. 방화구획 및 방화문의 위치 4. 복도·직통계단·피난계단 또는 특별피난계단의 위치 및 치수 5. 비상용승강기·승용승강기의 위치 및 치수 6. 가설건축물의 규모
	2면 이상의 입면도	1. 축척 2. 외벽의 마감재료
	2면 이상의 단면도	1. 축척 2. 건축물의 높이, 각층의 높이 및 반자높이
	내외 마감표	벽 및 반자의 마감재의 종류
	주차장 평면도	1. 축척 및 방위 2. 주차장 면적 3. 도로·통로 및 출입구의 위치

설비	건축설비도	1. 비상용승강기·승용승강기·에스컬레이터·난방설비·환기설비 기타 건축설비의 설비계획 2. 비상조명장치·통신설비·기타 전기설비설치계획
	소방설비도	옥내소화전설비·스프링클러설비·각종 소화설비·옥외소화전설비·동력소방펌프설비·자동화재탐지설비·전기화재경보기·화재속보설비와 유도등 기타 유도표시소화용수의 위치 및 수량·배연설비·연결살수설비·비상콘센트설비의 설치계획
	상·하수도 계통도	상·하수도의 연결관계, 수조의 위치, 급·배수 등

■ 【참고 2】 수질환경 등의 보호관련 건축허가 사전승인 신청시 제출도서의 종류(규칙 제7조제1항, 별표3의2)
　　　[시장·군수가 도지사에게 제출]

1. 건축계획서

분야	도서종류	표시하여야 할 사항
건축	설계설명서	• 공사개요 : 위치·대지면적·공사기간·착공예정일 • 사전조사사항 : 지역·지구, 지반높이, 상하수도, 토지이용현황, 주변현황 • 건축계획 : 배치·평면·입면·주차계획 • 개략공정계획 • 주요설비계획

2. 기본설계도서

분야	도서종류	표시하여야 할 사항
건축	투시도 또는 투시도 사진	색채사용
	평면도(주요층, 기준층)	1. 각실의 용도 및 면적 2. 기둥·벽·창문 등의 위치
	2면 이상의 입면도	1. 축척 2. 외벽의 마감재료
	2면 이상의 단면도	1. 축척 2. 건축물의 높이, 각층의 높이 및 반자높이
	내외마감표	벽 및 반자의 마감재의 종류
	주차장 평면도	1. 주차장 면적 2. 도로·통로 및 출입구의 위치
설비	건축설비도	1. 난방설비·환기설비 그 밖의 건축설비의 설비계획 2. 비상조명장치·통신설비설치계획
	상·하수도 계통도	상·하수도의 연결관계, 저수조의 위치, 급·배수 등

【7】 건축허가로서 관계법령 등의 허가를 받거나 신고를 한 것으로 보는 경우

관련법	조 항	내 용
1. 건축법	제20조제2항	공사용 가설건축물의 축조신고
	제83조	공작물의 축조신고
2. 국토의 계획 및 이용에 관한 법률	제56조	개발행위의 허가
	제86조제5항	도시계획시설사업의 시행자 지정
	제88조제2항	실시계획의 작성 및 인가
3. 산지관리법	제14조	산지전용허가(보전산지인 경우 도시지역에 한함)
	제15조	산지전용신고(보전산지인 경우 도시지역에 한함)
	제15조의2	산지일시사용허가·신고(보전산지인 경우 도시지역에 한함)
4. 사도법	제4조	사도(私道)개설허가
5. 농지법	제34조	농지의 전용허가·협의
	제35조	농지전용신고
	제43조	농지전용허가의 특례
6. 도로법	제36조	도로관리청이 아닌 자에 대한 도로공사 시행의 허가
	제52조제1항	도로와 다른 시설의 연결 허가
	제61조	도로의 점용 허가
7. 하천법	제33조	하천점용 등의 허가
8. 하수도법	제27조	배수설비의 설치신고
	제34조제2항	개인하수처리시설의 설치신고
9. 수도법	제38조제1항	수도사업자가 지방자치단체인 경우 그 지방자치단체 조례에 따른 상수도 공급신청
10. 전기안전관리법	제8조	자가용전기설비 공사계획의 인가 또는 신고
11. 물환경보전법	제33조	수질오염물질 배출시설 설치의 허가나 신고
12. 대기환경보전법	제23조	대기오염물질 배출시설 설치의 허가나 신고
13. 소음·진동관리법	제8조	소음·진동 배출시설 설치의 허가나 신고
14. 가축분뇨의 관리 및 이용에 관한 법률	제11조	배출시설 설치의 허가나 신고
15. 자연공원법	제23조	공원구역에서의 행위허가
16. 도시공원 및 녹지 등에 관한 법률	제24조	도시공원의 점용허가
17. 토양환경보전법	제12조	특정토양 오염관리 대상시설의 신고
18. 수산자원관리법	제52조제2항	허가대상행위의 허가
19. 초지법	제23조	초지전용의 허가 및 신고

※ 공장의 경우 건축허가를 받게되면「산업집적활성화 및 공장설립에 관한 법률」제13조의2(인·허가등의 의제) 및 제14조(공장의 건축허가)에 따라 관련 법률의 인·허가 등을 받은 것으로 봄.

■ 일괄처리절차

① 허가권자는 일괄처리에 해당하는 사항(앞 【7】)이 다른 행정기관의 권한에 속하면 그 행정기관의 장과 미리 협의하여야 한다.

② 협의를 요청받은 행정기관의 장은 요청받은 날로부터 15일 이내에 의견을 제출하여야 하며, 협의 요청일 부터 15일 이내에 의견 미제출시 협의가 이루어진 것으로 본다.

③ 의견제출시 관계행정기관의 장은 처리기준(법 제11조제8항)이 아닌 사유를 이유로 협의를 거부할 수 없다.

【8】 건축허가서의 발급

① 허가권자는 허가 또는 변경허가를 하였으면 건축·대수선·용도변경 허가서(별지 제2호서식)를 신청인에게 발급하여야 한다.

② 허가권자는 건축·대수선·용도변경 허가서를 교부하는 때에는 건축·대수선·용도변경(신고)대장(별지 제3호서식)을 건축물의 용도별 및 월별로 작성·관리해야 한다.

③ ②의 대장은 전자적 처리가 불가능한 특별한 사유가 없으면 전자적 처리가 가능한 방법으로 작성·관리해야 한다.

【9】 확인대상법령 처리기준의 통보

① 건축허가시 확인대상법령(법 제8조제5항)과 일괄처리대상(법 제12조제1항)의 관계 법령을 관장하는 중앙행정기관의 장은 그 처리기준을 국토교통부장관에게 통보하여야 함

② 국토교통부장관은 관계 중앙행정기관의 장에게 그 처리기준을 통보 받았을 때에는 이를 통합하여 고시하여야 함 ⇨ 한국건축규정(국토교통부고시 제2023-144호, 2023.3.20) 참조

【10】 건축허가 취소 및 심의 효력상실

사 유	허가의 취소 등	취소의 예외적용
① 허가를 받은 자가 허가일로부터 2년* 이내에 공사에 착수하지 않는 경우 *「산업집적활성화 및 공장설립에 관한 법률」 제13조에 따라 공장의 신설·증설 또는 업종변경의 승인을 받은 공장: 3년	허가권자가 허가를 취소하여야 함	정당한 사유가 인정되는 경우 1년의 범위에서 공사의 착수기간을 연장가능
② 허가일로부터 위 ①의 기간 이내에 공사에 착수하였으나 공사의 완료가 불가능하다고 인정되는 경우	허가권자가 허가를 취소하여야 함	-
③ 착공신고 전에 경매 또는 공매 등으로 건축주가 대지의 소유권을 상실한 때부터 6개월이 지난 이후 공사의 착수가 불가능하다고 판단되는 경우	허가권자가 허가를 취소하여야 함	-
④ 건축위원회의 심의를 받은 자가 심의 결과를 통지 받은 날부터 2년 이내에 건축허가 미신청시	심의의 효력이 상실됨	-

【관련 질의회신】

건축허가 유효기간의 산정기점(최초 허가일)

건교부 건축기획팀-595, 2005.10.6

질의 건축허가를 받고 1년이 경과하여 연장을 하려고 하는 바, 설계변경을 하면 변경허가를 받은 날부터 다시 착공기한이 연장될 수 있는지 여부

회신 건축법 제8조제8항의 규정에서 "허가를 받은 날"이라 함은 동법 제8조제1항의 규정에 의한 당초 허가일로서 동법 제10조의 변경허가일과는 관계가 없는 것임(※ 법 제8조, 제10조→ 제11조, 제16조, 2008.3.21, 개정)

건축허가를 거부할 수 있는 주거환경 및 교육환경 유해요인의 입법취지

건교부 건축과-1854, 2005.4.11

질의 건축법 제8조제5항의 규정에서 "주거환경 및 교육환경"을 감안한 입법의 취지는

회신 건축법 제8조제5항의 규정은 생활환경 유해요인으로부터 주거환경 및 교육환경을 철저히 보호할 수 있도록 하기 위하여 위락시설 및 숙박시설 등의 무분별한 건축을 제한하려는 취지로 규정되었으며, 동 규정은 2000년 의원발의로 2001.1.16 건축법 개정시 신설되었음 (※ 법 제8조,→ 제11조, 2008.3.21, 개정)

증축 건축물의 사전승인

국토해양부 민원마당 FAQ 2010.11.10

질의 연면적의 합계가 98천㎡의 건축물을 건축하여 사용승인을 받고 1차로 15천㎡를 증축하여 사용승인을 받은 후 2차로 25천㎡를 증축할 경우(증축면적 합계 40천㎡) 사전승인 대상인지 여부

회신 「건축법」 제11조제2항 및 같은 법 시행령 제8조제1항의 규정에 의하면, 시장, 군수는 연면적의 합계가 10만 제곱미터 이상인 건축물의 건축(연면적의 10분의 3 이상을 증축하여 연면적의 합계가 10만 제곱미터 이상으로 되는 경우를 포함한다)을 허가하려면 미리 건축계획서와 국토해양부령으로 정하는 기본설계도서를 첨부하여 도지사의 승인을 받아야 하는 바, 질의와 같이 1차, 2차 증축면적을 합한 면적이 연면적의 10분의 3 이상인 경우 상기 규정에 따라 도지사의 사전승인을 받아야 됨

건축허가 취소시 의제 관련 사항의 취소 여부

국토해양부 민원마당 FAQ 2010.11.30

질의 「건축법」 제8조 제8항에 의하여 건축허가를 받은 후 당해 건축허가를 취소할 경우 건축허가 시 의제처리된 모든 사항이 동시에 취소되는지 여부

회신 「건축법」 제8조의 규정에 의하여 의제처리된 사안의 경우 형식적인 허가는 '건축허가'로서 하나만 존재하는 것이고, 건축허가가 취소된 경우 다시 건축허가가 없었던 상태로 환원되는 것으로 당해 건축허가(의제처리된 사항 포함)의 효력은 소멸되는 것임 (* 법 제8조 ⇒ 제11조, 2008.3.21. 개정)

④ 건축복합민원 일괄협의회 (법 제12조) (영 제10조)

> **법 제12조 【건축복합민원 일괄협의회】**
> ① 허가권자는 제11조에 따라 허가를 하려면 해당 용도·규모 또는 형태의 건축물을 건축하려는 대지에 건축하는 것이 「국토의 계획 및 이용에 관한 법률」 제54조, 제56조부터 제62조까지 및 제76조부터 제82조까지의 규정과 그 밖에 대통령령으로 정하는 관계 법령의 규정에 맞는지를 확인하고, 제10조제6항 각 호와 같은 조 제7항 또는 제11조제5항 각 호와 같은 조 제6항의 사항을 처리하기 위하여 대통령령으로 정하는 바에 따라 건축복합민원 일괄협의회를 개최하여야 한다.
> ② 제1항에 따라 확인이 요구되는 법령의 관계 행정기관의 장과 제10조제7항 및 제11조제6항에 따른 관계 행정기관의 장은 소속 공무원을 제1항에 따른 건축복합민원 일괄협의회에 참석하게 하여야 한다.

【1】 건축복합민원 일괄협의회의 개최

허가권자는 허가를 하고자 하는 경우 해당 용도·규모 또는 형태의 건축물을 건축하고자 하는 대지에 건축하는 것이 아래사항에 적합여부의 확인 및 처리하기 위하여 협의회를 개최하여야 함

1. 허가대상 건축물의 관계 법령의 적합한 지의 여부를 확인
2. 사전결정시의 허가·신고 또는 협의 사항의 처리(법 제10조제6항, 제7항)
3. 건축허가시 관련법령에 의한 인·허가등의 의제조항 처리(법 제11조제5항 각 호, 제6항)

【2】 개최시기

① 허가권자는 건축복합민원 일괄협의회의 회의를 사전결정 신청일 또는 건축허가 신청일부터 10일 이내에 개최하여야 한다.

② 허가권자는 협의회의 회의 개최 3일 전까지 협의회의 회의 개최 사실을 관계행정기관 및 관계부서에 통보하여야 한다.

【3】 관계공무원의 참석

위 【1】 의 내용에 따라 확인이 요구되는 법령의 관계 행정기관의 장은 소속공무원을 건축복합민원 일괄협의회에 참석하게 하여야 한다.

【4】 의견제출

① 협의회의 회의에 참석하는 관계공무원은 협의회의 회의에서 관계법령에 관한 의견을 발표하여야 한다.

② 사전결정 또는 건축허가의 관계행정기관 및 관계부서는 그 협의회의 회의를 개최한 날부터 5일 이내에 동의 또는 부동의 의견을 허가권자에게 제출하여야 한다.

【5】 건축복합민원 일괄협의회의 관계법령규정 적합여부의 확인

관련법	조 항	내 용
1. 국토의 계획 및 이용에 관한 법률	제54조	지구단위계획구역안에서의 건축 등
	제56조	개발행위의 허가
	제57조	개발행위허가의 절차
	제58조	개발행위허가의 기준
	제59조	개발행위에 대한 도시계획위원회의 심의
	제60조	개발행위허가의 이행담보 등
	제61조	관련 인·허가 등의 의제
	제62조	준공검사
	제76조	용도지역 및 용도지구안에서의 건축물의 건축제한 등
	제77조	용도지역안에서의 건폐율
	제78조	용도지역안에서의 용적률
	제79조	용도지역 미지정 또는 미세분 지역에서의 행위제한
	제80조	개발제한구역안에서의 행위제한 등
	제81조	시가화조정구역안에서의 행위제한 등
	제82조	기존 건축물에 대한 특례
2. 군사기지 및 군사시설보호법	제13조	행정기관의 처분에 관한 협의 등

3. 자연공원법	제23조	행위허가
4. 수도권정비계획법	제7조	과밀억제권역 안에서의 행위제한
	제8조	성장관리권역 안에서의 행위제한
	제9조	자연보전구역 안에서의 행위제한
5. 택지개발촉진법	제6조	행위제한 등
6. 도시공원 및 녹지 등에 관한 법률	제24조	도시공원의 점용허가
	제38조	녹지의 점용허가등
7. 공항시설법	제34조	장애물의 제한등
8. 교육환경 보호에 관한 법률	제9조	교육환경보호구역에서의 금지행위 등
9. 산지관리법	제8조	산지에서의 구역 등의 지정 등
	제10조	산지전용·일시사용제한지역에서의 행위제한
	제12조	보전산지에서의 행위제한
	제14조	산지전용허가
	제18조	산지전용허가 기준 등
10. 산림자원의 조성 및 관리에 관한 법률	제36조	입목벌채등의 허가 및 신고 등
11. 산림보호법	제9조	산림보호구역에서의 행위 제한
12. 도로법	제40조	접도구역의 지정 및 관리
	제61조	도로의 점용 허가
13. 주차장법	제19조	부설주차장의 설치
	제19조의2	부설주차장 설치계획서
	제19조의4	부설주차장의 용도변경금지등
14. 환경정책기본법	제38조	특별종합대책의 수립
15. 자연환경보전법	제15조	생태·경관보전지역에서의 행위제한 등
16. 수도법	제7조	상수원보호구역 지정 등
17. 도시교통정비 촉진법	제34조	자동차의 운행제한
	제36조	교통유발부담금의 부과·징수
18. 문화재보호법	제34조	허가사항
19. 전통사찰보존 및 지원에 관한 법률	제10조	전통사찰 역사문화보존구역의 지정
20. 개발제한구역의 지정 및 관리에 관한 특별조치법	제12조제1항	개발제한 구역에서의 행위제한
	제13조	존속중인 건축물 등에 대한 특례
	제15조	취락지구에 대한 특례
21. 농지법	제32조	용도구역에서의 행위제한
	제34조	농지의 전용허가·협의
22. 고도 보존 및 육성에 관한 특별법	제11조	지정지구내 행위의 제한
23. 소방시설 설치 및 관리에 관한 법률	제6조	건축허가등의 동의 등

⑤ 건축공사현장 안전관리예치금 등 (법 제13조) (영 제10조의2) (규칙 제9조)

법 제13조 【건축 공사현장 안전관리 예치금 등】

① 제11조에 따라 건축허가를 받은 자는 건축물의 건축공사를 중단하고 장기간 공사현장을 방치할 경우 공사현장의 미관 개선과 안전관리 등 필요한 조치를 하여야 한다.

② 허가권자는 연면적이 1천제곱미터 이상인 건축물(「주택도시기금법」에 따른 주택도시보증공사가 분양보증을 한 건축물, 「건축물의 분양에 관한 법률」 제4조제1항제1호에 따른 분양보증이나 신탁계약을 체결한 건축물은 제외한다)로서 해당 지방자치단체의 조례로 정하는 건축물에 대하여는 제21조에 따른 착공신고를 하는 건축주(「대한주택공사법」에 따른 대한주택공사, 「한국토지공사법」에 따른 한국토지공사 또는 「지방공기업법」에 따라 건축사업을 수행하기 위하여 설립된 지방공사는 제외한다)에게 장기간 건축물의 공사현장이 방치되는 것에 대비하여 미리 미관 개선과 안전관리에 필요한 비용(대통령령으로 정하는 보증서를 포함하며, 이하 "예치금"이라 한다)을 건축공사비의 1퍼센트의 범위에서 예치하게 할 수 있다. 〈개정 2015.1.6.〉

③ 허가권자가 예치금을 반환할 때에는 대통령령으로 정하는 이율로 산정한 이자를 포함하여 반환하여야 한다. 다만, 보증서를 예치한 경우에는 그러하지 아니하다.

④ 제2항에 따른 예치금의 산정·예치 방법, 반환 등에 관하여 필요한 사항은 해당 지방자치단체의 조례로 정한다.

⑤ 허가권자는 공사현장이 방치되어 도시미관을 저해하고 안전을 위해한다고 판단되면 건축허가를 받은 자에게 건축물 공사현장의 미관과 안전관리를 위한 다음 각 호의 개선을 명할 수 있다. 〈개정 2019.4.30., 2020.6.9.〉

1. 안전울타리 설치 등 안전조치
2. 공사재개 또는 해체 등 정비

⑥ 허가권자는 제5항에 따른 개선명령을 받은 자가 개선을 하지 아니하면 「행정대집행법」으로 정하는 바에 따라 대집행을 할 수 있다. 이 경우 제2항에 따라 건축주가 예치한 예치금을 행정대집행에 필요한 비용에 사용할 수 있으며, 행정대집행에 필요한 비용이 이미 납부한 예치금보다 많을 때에는 「행정대집행법」 제6조에 따라 그 차액을 추가로 징수할 수 있다.

⑦ 허가권자는 방치되는 공사현장의 안전관리를 위하여 긴급한 필요가 있다고 인정하는 경우에는 대통령령으로 정하는 바에 따라 건축주에게 고지한 후 제2항에 따라 건축주에게 고지한 후 제2항에 따라 건축주가 예치한 예치금을 사용하여 제5항제1호 중 대통령령으로 정하는 조치를 할 수 있다. 〈신설 2014.5.28.〉

해설 건축공사현장의 안전관리예치금

허가권자는 연면적 1천㎡ 이상인 건축물로서 건축조례로 정하는 건축물에 대하여 착공신고를 하는 건축주에게 장기간 건축공사현장이 방치되는 것에 대비하여 미리 미관개선 및 안전관리에 필요한 예치금을 건축공사비의 1% 범위에서 예치하게 할 수 있도록 규정하고 있음

【1】안전관리 예치금 예치 대상

연면적 1,000㎡ 이상인 건축물(「주택보증기금법」에 따른 주택도시보증공사가 분양보증을 한 건축물, 「건축물의 분양에 관한 법률」에 따른 분양보증이나 신탁계약을 체결한 건축물 제외)로서 해당 지방자치단체의 조례로 정하는 건축물

【2】예치금의 범위

공사현장이 장기간 방치되는 것에 대비한 미관개선과 안전관리에 필요한 비용
- 건축공사비의 1% 범위
- 보험회사의 보증보험증권, 은행이 발행한 지급보증서, 공제조합이 발행한 채무액 등의 지급 보증서, 상장증권, 주택도시보증공사 발행 보증서등도 인정

【3】예치금의 사용

① 허가권자는 공사현장의 방치로 도시미관의 저해와 안전에 위해할 경우 건축허가를 받은 자에게 공사현장의 미관과 안전관리를 위하여 안전울타리 설치 등 안전조치, 공사재개 또는 해체 등 정비를 명할 수 있다.

② 개선명령을 받은 자가 개선을 하지 아니하면 예치금을 사용하여 대집행할 수 있다. 이때 이미 납부한 예치금보다 대집행 비용이 많을 경우 차액을 추가 징수할 수 있다.

【4】긴급시의 조치

허가권자는 공사 중단 기간이 2년을 경과한 경우등 방치되는 공사현장의 안전관리가 긴급할 경우 건축주에게 서면 고지한 후 예치금을 사용하여 다음의 조치를 할 수 있다.

① 공사현장 안전울타리의 설치

② 대지 및 건축물의 붕괴 방지 조치

③ 공사현장의 미관 개선을 위한 조경 또는 시설물 등의 설치

④ 그 밖에 공사현장의 미관 개선 또는 대지 및 건축물에 대한 안전관리 개선 조치가 필요하여 건축조례로 정하는 사항

⑥ 건축물 안전영향평가 (법 제13조의2)

법 제13조의2【건축물 안전영향평가】

① 허가권자는 초고층 건축물 등 대통령령으로 정하는 주요 건축물에 대하여 제11조에 따른 건축허가를 하기 전에 건축물의 구조, 지반 및 풍환경(風環境) 등이 건축물의 구조안전과 인접 대지의 안전에 미치는 영향 등을 평가하는 건축물 안전영향평가(이하 "안전영향평가"라 한다)를 안전영향평가기관에 의뢰하여 실시하여야 한다. 〈개정 2021.3.16〉

② 안전영향평가기관은 국토교통부장관이 「공공기관의 운영에 관한 법률」 제4조에 따른 공공기관으로서 건축 관련 업무를 수행하는 기관 중에서 지정하여 고시한다.

③ 안전영향평가 결과는 건축위원회의 심의를 거쳐 확정한다. 이 경우 제4조의2에 따라 건축위원회의 심의를 받아야 하는 건축물은 건축위원회 심의에 안전영향평가 결과를 포함하여 심의할 수 있다.

④ 안전영향평가 대상 건축물의 건축주는 건축허가 신청 시 제출하여야 하는 도서에 안전영향평가 결과를 반영하여야 하며, 건축물의 계획상 반영이 곤란하다고 판단되는 경우에는 그 근거 자료를 첨부하여 허가권자에게 건축위원회의 재심의를 요청할 수 있다.

⑤ 안전영향평가의 검토 항목과 건축주의 안전영향평가 의뢰, 평가 비용 납부 및 처리 절차 등 그 밖에 필요한 사항은 대통령령으로 정한다.

⑥ 허가권자는 제3항 및 제4항의 심의 결과 및 안전영향평가 내용을 국토교통부령으로 정하는 방법에 따라 즉시 공개하여야 한다.

⑦ 안전영향평가를 실시하여야 하는 건축물이 다른 법률에 따라 구조안전과 인접 대지의 안전에 미치는 영향 등을 평가 받은 경우에는 안전영향평가의 해당 항목을 평가 받은 것으로 본다.

해설 건축물 안전영향평가 제도의 신설

초고층 건축물 등 대통령령으로 정하는 건축물에 대하여 건축허가 전에 국토교통부장관이 지정한 공공기관에서 구조 및 인접 대지의 안전성에 대한 종합적인 검토 및 평가를 하도록 기준을 신설하고 평가결과를 공개하도록 함(2016.2.3. 신설)

【1】 안전영향평가의 실시

(1) 실시자 : 허가권자

(2) 평가대상건축물

1. 초고층 건축물	-
2. 연면적*이 10만 ㎡ 이상이고, 16층 이상인 건축물	* 하나의 대지에 둘 이상의 건축물을 건축하는 경우 각각의 건축물의 연면적

(3) 평가시기 : 건축허가 전

(4) 평가 내용 : 건축물의 구조, 지반 및 풍환경(風環境) 등이 건축물의 구조안전과 인접 대지의 안전에 미치는 영향 등을 평가(이하 "안전영향평가")

【2】 안전영향평가의 의뢰

(1) 의뢰자 : 위 평가대상 건축물을 건축하려는 자

(2) 허가권자에게 의뢰시 제출 서류

1. 건축계획서 및 기본설계도서 등 국토교통부령으로 정하는 도서(시행규칙 별표 3* 참조)
2. 인접 대지에 설치된 상수도·하수도 등 국토교통부장관이 정하여 고시하는 지하시설물의 현황도
3. 그 밖에 국토교통부장관이 정하여 고시하는 자료

* [별표 3] 대형건축물의 건축허가 사전승인신청 및 건축물 안전영향평가 의뢰시 제출도서의 종류

【3】 안전영향평가기관

(1) 국토교통부장관이 「공공기관의 운영에 관한 법률」 제4조에 따른 공공기관으로서 건축 관련 업무를 수행하는 기관 중에서 지정하여 고시한다.

【참고】 건축물 안전영향평가 세부기준[국토교통부고시 제2021-1382호, 2021.12.23.] 제2조

안전영향평가기관	근거 법령
1. 국토안전관리원	「국토안전관리원법」
2. 한국건설기술연구원	「과학기술분야 정부출연연구기관 등의 설립·운영 및 육성에 관한 법률」 제8조
3. 한국토지주택공사	「한국토지주택공사법」
4. 한국부동산원	「한국부동산원법」

(2) 안전영향평가기관이 검토해야할 항목

1. 해당 건축물에 적용된 설계 기준 및 하중의 적정성
2. 해당 건축물의 하중저항시스템의 해석 및 설계의 적정성

---

3. 지반조사 방법 및 지내력(地耐力) 산정결과의 적정성

4. 굴착공사에 따른 지하수위 변화 및 지반 안전성에 관한 사항

5. 그 밖에 건축물의 안전영향평가를 위하여 국토교통부장관이 필요하다고 인정하는 사항

【참고】 안전영향평가를 실시하여야 하는 건축물이 다른 법률에 따라 구조안전과 인접 대지의 안전에 미치는 영향 등을 평가받은 경우 안전영향평가의 해당 항목을 평가 받은 것으로 본다.

(3) 평가결과의 보고 등

① 안전영향평가기관은 안전영향평가를 의뢰받은 날부터 30일 이내에 안전영향평가 결과를 허가권자에게 제출하여야 한다. (예외) 부득이한 경우 20일의 범위에서 그 기간을 한 차례만 연장가능

② 안전영향평가 의뢰자가 보완하는 기간 및 공휴일·토요일은 위 기간의 산정에서 제외한다.

③ 허가권자는 안전영향평가 결과를 제출받은 경우 지체 없이 의뢰자에게 그 내용을 통보하여야 한다.

【4】 평가결과의 건축위원회 심의 등

(1) 안전영향평가 결과는 건축위원회의 심의를 거쳐 확정한다. 이 경우 건축위원회의 심의를 받아야 하는 건축물은 건축위원회 심의에 안전영향평가 결과를 포함하여 심의할 수 있다.

(2) 안전영향평가 대상 건축물의 건축주는 건축허가 신청 시 제출하여야 하는 도서에 안전영향평가 결과를 반영하여야 하며, 건축물의 계획상 반영이 곤란하다고 판단되는 경우에는 그 근거 자료를 첨부하여 허가권자에게 건축위원회의 재심의를 요청할 수 있다.

(3) 허가권자는 위 (1), (2)의 심의 결과 및 안전영향평가 내용을 지방자치단체의 공보에 즉시 공개하여야 한다.

(4) 안전영향평가의 비용은 의뢰자가 부담한다.

(5) 위 규정 내용 **외에 안전영향평가에 관하여 필요한 사항은 국토교통부장관이 정하여 고시한다.**

【참고】 건축물 안전영향평가 세부기준[국토교통부고시 제2021-1382호, 2021.12.23.]

---

7 건축신고 (법 제14조) (영 제11조) (규칙 제12조)

법 제14조 【건축신고】

① 제11조에 해당하는 허가 대상 건축물이라 하더라도 다음 각 호의 어느 하나에 해당하는 경우에는 미리 특별자치시장·특별자치도지사 또는 시장·군수·구청장에게 국토교통부령으로 정하는 바에 따라 신고를 하면 건축허가를 받은 것으로 본다. 〈개정 2014.5.28〉

1. 바닥면적의 합계가 85제곱미터 이내의 증축·개축 또는 재축. 다만, 3층 이상 건축물인 경우에는 증축·개축 또는 재축하려는 부분의 바닥면적의 합계가 건축물 연면적의 10분의 1 이내인 경우로 한정한다.

2. 「국토의 계획 및 이용에 관한 법률」에 따른 관리지역, 농림지역 또는 자연환경보전지역에서 연면적이 200제곱미터 미만이고 3층 미만인 건축물의 건축. 다만, 다음 각 목의 어느 하나에 해당하는 구역에서의 건축은 제외한다.

    가. 지구단위계획구역

    나. 방재지구 등 재해취약지역으로서 대통령령으로 정하는 구역

3. 연면적이 200제곱미터 미만이고 3층 미만인 건축물의 대수선

4. 주요구조부의 해체가 없는 등 대통령령으로 정하는 대수선

5. 그 밖에 소규모 건축물로서 대통령령으로 정하는 건축물의 건축
② 제1항에 따른 건축신고에 관하여는 제11조제5항 및 제6항을 준용한다. 〈개정 2014.5.28〉
③ 특별자치시장·특별자치도지사 또는 시장·군수·구청장은 제1항에 따른 신고를 받은 날부터 5일 이내에 신고수리 여부 또는 민원 처리 관련 법령에 따른 처리기간의 연장 여부를 신고인에게 통지하여야 한다. 다만, 이 법 또는 다른 법령에 따라 심의, 동의, 협의, 확인 등이 필요한 경우에는 20일 이내에 통지하여야 한다. 〈신설 2017.4.18.〉
④ 특별자치시장·특별자치도지사 또는 시장·군수·구청장은 제1항에 따른 신고가 제3항 단서에 해당하는 경우에는 신고를 받은 날부터 5일 이내에 신고인에게 그 내용을 통지하여야 한다. 〈신설 2017.4.18.〉
⑤ 제1항에 따라 신고를 한 자가 신고일부터 1년 이내에 공사에 착수하지 아니하면 그 신고의 효력은 없어진다. 다만, 건축주의 요청에 따라 허가권자가 정당한 사유가 있다고 인정하면 1년의 범위에서 착수기한을 연장할 수 있다. 〈개정 2017.4.18.〉

해설 소규모 증·개축, 소규모 건축물의 대수선 행위, 농·수산업을 영위하기 위하여 필요한 소규모 주택·축사 등은 건축신고로서 건축허가를 대신할 수 있도록 행정상의 절차를 간소화하였다. 또한 건축신고 대상 건축물의 경우 감리에 대한 제한규정도 규정하고 있지 않다.
대수선의 경우 건축신고 대상은 연면적이 200㎡ 미만이고 3층 미만 건축물인 소형 건축물만을 대상으로 하였으나, 대형건축물에 있어서도 주요구조부의 해체가 수반되지 않는 대수선의 경우는 건축물의 규모와 관련없이 건축신고로 처리하도록 개정되었다.

【1】 건축신고 절차

【2】 건축신고 대상

구분	내 용	비 고
대상	1. 바닥면적 85㎡ 이내의 증축·개축·재축	3층 이상 건축물인 경우 바닥면적의 합계가 건축물 연면적의 1/10 이내인 경우로 한정
	2. 관리지역·농림지역 또는 자연환경보존지역내의 연면적 200㎡ 미만이고 3층 미만인 건축물의 건축	지구단위계획구역, 방재재구, 붕괴위험지역에서의 건축 제외
	3. 대수선(연면적 200㎡ 미만이고 3층 미만인 건축물만 해당)	−
	4. 주요구조부의 해체가 없는 다음의 대수선 ① 내력벽 면적 30㎡ 이상 수선 ② 기둥·보·지붕틀 각각 3개 이상 수선 ③ 방화벽 또는 방화구획을 위한 바닥 또는 벽의 수선 ④ 주계단·피난계단·특별피난계단의 수선	−
	5. 연면적의 합계가 100㎡ 이하인 건축물	−
	6. 높이 3m이하의 범위에서의 증축하는 건축물	−
	7. 표준설계도서에 의하여 건축하는 건축물	건축조례로 정함

	8. 공장[1](2층 이하로 서 연면적 합계 500㎡ 이하)	공업지역	「국토의 계획 및 이용에 관한 법률」
		지구단위계획구역(산업·유통형만 해당)	
		산업단지	「산업입지 및 개발에 관한 법률」
	9. 읍·면지역의 건축 물(농업·수산업 을 경영하기 위한 것)	• 연면적 200㎡ 이하 - 창고 • 연면적 400㎡ 이하 - 축사, 작물재배사, 종묘배양시설, 화초 및 분재 등의 온실	특별자치도지사 또는 시장·군수 가 지역계획 또는 도시·군계획 에 지장이 있다고 인정하여 지 정·공고한 구역 제외
관계 서류	1. 건축·대수선·용도변경 (변경)신고서		별지 제6호서식
	2. 배치도·층별 평면도·입면도·단면도 　① 연면적의 합계가 100㎡를 초과하는 단독주택의 경우 　　(건축계획서·배치·평면도·입면도·단면도·구조도*) 　② 표준설계도서에 따라 건축하는 경우 　　(건축계획서·배치도) 　③ 사전결정을 받은 경우 　　(평면도)		* 구조도(좌측 칸)의 경우 구조내력상 주요한 부분의 평 면 및 단면을 표시한 것만 해당
	3. 허가나 신고를 위해 해당법령에서 제출하도록 의무화하고 있는 신청서 및 구비서류		해당사항이 있는 경우에 한함
	4. 건축할 대지의 범위에 관한 서류		—
	5. 건축할 대지의 소유 또는 그 사용에 관한 권리 증명 서류		건축허가의 경우와 동일(규칙 제6조제1항제1호의2 가목, 나목)
	6. 구조안전을 확인해야 하는 건축·대수선의 경우 　(구조도·구조계산서)		* 소규모건축구조기준[2]에 따라 설계한 소규모건축물의 경우 구조도만 해당

- 특별자치시장·특별자치도지사 또는 시장·군수·구청장은 건축·대수선·용도변경 (변경)신고서(별지 제6호서식)를 받은 때에는 그 기재내용을 확인한 후 그 신고의 내용에 따라 건축·대수선·용도변경 신고필증(별지 제7호서식)을 신고인에게 교부하여야 함
1) 제2종 근린생활시설 중 제조업소 등 물품의 제조·가공을 위한 시설(시행령 별표 1 제4호너목)을 포함
2) 소규모건축구조기준[국토교통부고시 제2023-786호, 2012.12.19./시행 2023.12.25., 폐지]

【3】 신고수리 여부 등의 통지
　통지의무자가 건축신고 접수 등 다음의 통지 사유 발생시 민원인에게 통지하여야 함.

통지의무자	통지 기한		통지 내용
특별자치시장· 특별자치도지사 ·시장·군수· 구청장	1. 일반적인 건축신고의 경우	신고를 받은 날부 터 5일 이내	·신고수리 여부 ·민원 처리 관련 법령에 따른 처리 기간의 연장 여부
	2. 이 법 또는 다른 법 령에 따라 심의, 동 의, 협의, 확인 등이 필요한 경우	신고를 받은 날부 터 20일 이내	
		신고를 받은 날부 터 5일 이내	2.의 내용과 통지기한

【4】 신고의 효력 상실 등
　① 건축신고를 한 자가 신고일부터 1년 이내에 공사에 착수하지 아니하면 그 신고의 효력은 없어진다.
　　예외 건축주의 요청에 따라 허가권자가 정당한 사유가 있다고 인정하면 1년의 범위에서 착수기한 연장 가능
　② 특별자치시장·특별자치도지사·시장·군수 또는 구청장은 신고를 하려는 자에게 서류를 제출 하는데 도움을 줄 수 있는 건축사사무소, 건축지도원 및 건축기술자 등에 대한 정보를 충분히 제 공하여야 한다.

【관련 질의회신】

상수도 미설치를 이유로 한 건축신고건의 반려 적합한지 여부

건교부 고객만족센터, 2008.6.24

질의 건축신고시 상수도 미설치를 이유로 국토의 계획 및 이용에 관한 법률에 의한 개발행위 허가기준에 부적합하다고 건축신고 반려가 가능한 지와 준공허가(사용승인)시까지 수돗물 개통 등의 조건 등 부관을 붙여서 건축신고를 수리할 수 있는 지 여부?

회신 「건축법」 제11조제5항에 건축허가를 받으면 「국토의 계획 및 이용에 관한 법률」에 따른 개발행위허가 등 현행 법률의 인·허가 등을 받은 것으로 보도록 규정하고 있고, 건축신고에 관하여는 「건축법」 제14조제2항에 따라 같은 법 제11조제5항을 준용하도록 하고 있는 바, 건축신고시 관계법령에 부적합한 경우 건축신고를 반려할 수 있는 것이며, 수돗물 개통 등은 「수도법」 제23조 등 의제처리 할 수 있는 해당법령에 적합할 경우 건축신고를 수리할 수 있을 것으로 사료됨(※ 법 제11조, 제14조→ 제17조, 제19조, 2008.3.21, 개정)

건축허가의 취소 · 건축허가 제한시 건축신고도 적용되는지 여부

건교부 건축과-4525, 2005.8.5

질의 건축법 제8조제8항의 규정에 의한 건축허가 취소 및 동법 제12조의 규정에 의한 건축허가의 제한에 동법 제9조의 규정에 의한 신고도 포함되는지

회신 건축법 제9조제1항의 규정에 의하면 동법 제8조의 규정에 의한 허가대상건축물 중 제9조제1항 각 호의 1에 해당하는 건축물의 경우에는 신고함으로써 건축허가를 받은 것으로 보는 바, 이 법에 건축신고에 대하여 별도로 규정하지 아니한 경우 건축허가에 대한 규정은 건축신고에 대하여도 적용하는 것임 (※ 법 제8조, 제9조, 제12조→ 제11조, 제14조, 제18조, 2008.3.21, 개정)

8 가설건축물 (법 제20조) (영 제15조) (규칙 제13조)

법 제20조 【가설건축물】

① 도시·군계획시설 및 도시·군계획시설예정지에서 가설건축물을 건축하려는 자는 특별자치시장·특별자치도지사 또는 시장·군수·구청장의 허가를 받아야 한다.

② 특별자치시장·특별자치도지사 또는 시장·군수·구청장은 해당 가설건축물의 건축이 다음 각 호의 어느 하나에 해당하는 경우가 아니면 제1항에 따른 허가를 하여야 한다.

1. 「국토의 계획 및 이용에 관한 법률」 제64조에 위배되는 경우
2. 4층 이상인 경우
3. 구조, 존치기간, 설치목적 및 다른 시설 설치 필요성 등에 관하여 대통령령으로 정하는 기준의 범위에서 조례로 정하는 바에 따르지 아니한 경우
4. 그 밖에 이 법 또는 다른 법령에 따른 제한규정을 위반하는 경우

③ 제1항에도 불구하고 재해복구, 흥행, 전람회, 공사용 가설건축물 등 대통령령으로 정하는 용도의 가설건축물을 축조하려는 자는 대통령령으로 정하는 존치 기간, 설치 기준 및 절차에 따라 특별자치시장·특별자치도지사 또는 시장·군수·구청장에게 신고한 후 착공하여야 한다.

④ 제3항에 따른 신고에 관하여는 제14조제3항 및 제4항을 준용한다. 〈신설 2017.4.18.〉

⑤ 제1항과 제3항에 따른 가설건축물을 건축하거나 축조할 때에는 대통령령으로 정하는 바에 따라 제25조, 제38조부터 제42조까지, 제44조부터 제50조까지, 제50조의2, 제51조부터 제64조까지, 제67조, 제68조와 「녹색건축물 조성 지원법」 제15조 및 「국토의 계획 및 이용에 관한 법률」 제76조 중 일부 규정을 적용하지 아니한다. 〈개정 2017.4.18.〉

⑥ 특별자치시장·특별자치도지사 또는 시장·군수·구청장은 제1항부터 제3항까지의 규정에 따라 가설건축물의 건축을 허가하거나 축조신고를 받은 경우 국토교통부령으로 정하는 바에 따라 가설건축물대장에 이를 기재하여 관리하여야 한다. 〈개정 2017.4.18.〉

⑦ 제2항 또는 제3항에 따라 가설건축물의 건축허가 신청 또는 축조신고를 받은 때에는 다른 법령에 따른 제한 규정에 대하여 확인이 필요한 경우 관계 행정기관의 장과 미리 협의하여야 하고, 협의 요청을 받은 관계 행정기관의 장은 요청을 받은 날부터 15일 이내에 의견을 제출하여야 한다. 이 경우 관계 행정기관의 장이 협의 요청을 받은 날부터 15일 이내에 의견을 제출하지 아니하면 협의가 이루어진 것으로 본다. 〈개정 2017.4.18.〉

해설 건축물은 일반적으로 장기간 존치되는 것으로 영구적인 건축물의 의미가 있다. 이에 반하여 가설건축물은 시간을 정하여 사용하는 일시적인 건축물이라 하겠다. 이러한 가설건축물을 도시·군계획시설 또는 도시·군계획시설예정지에 건축하는 경우 도시·군계획 시행상의 차질 및 불법적인 사례의 발생을 방지하기 위하여 구조, 존치기간 등이 제한되고, 반드시 허가를 받아야 한다. 그러나 특정목적을 가진 가설건축물[(예) 재해복구, 흥행, 전람회, 공사용 가설건축물 등]은 신고로서 축조할 수 있도록 하였다.

또한 가설건축물은 임시건축물이기 때문에 「건축법」 규정의 적용이 일부 제외된다. 가설건축물은 건축허가신청 또는 축조신고 접수시 가설건축물관리대장에 기재·관리하도록 하고 있다.

【1】 허가대상 가설건축물

① 대상

도시·군계획시설 또는 도시·군계획시설 예정지에 건축하려는 가설건축물

② 허가기준

다음 사항에 적합하면 특별자치시장·특별자치도지사 또는 시장·군수·구청장은 가설건축물의 건축을 허가하여야 함

구 분	내 용
관 계 법	「국토의 계획 및 이용에 관한 법률」 제64조에 위배되지 않을 것
층 수	4층 이상이 아닐 것
구 조*	철근콘크리트조 또는 철골철근콘크리트조가 아닐 것
존치기간*	3년 이내일 것(단, 도시·군계획사업이 시행될 때까지 그 기간을 연장가능)
설 비*	전기·수도·가스 등 새로운 간선공급설비의 설치를 필요로 하지 아니할 것
용 도*	공동주택·판매시설·운수시설 등 분양을 목적으로 하는 건축하는 건축물이 아닐 것
기 타	그 밖에 이 법 또는 다른 법령에 따른 제한규정을 위반하지 아니할 것

* 이 기준의 범위에서 조례로 정하는 바를 따를 것

③ 가설건축물 관리대장의 기재·관리 : 특별자치시장·특별자치도지사 또는 시장·군수·구청장은 가설건축물의 건축을 허가한 경우 가설건축물 관리대장(별지 제10호서식)에 이를 기재하고 관리하여야 함

④ 건축법 적용제외

대 상		제외 내용	법조항
도시·군계획시설 또는 도시·군계획시설예정지에 건축하는 가설건축물	일반적인 경우	• 건축물대장	법 제38조
	시장의 공지 또는 도로에 설치하는 차양시설	• 건축선의 지정	법 제46조
		• 건축물의 건폐율	법 제55조
	도시계획 예정 도로에 건축하는 경우	• 도로의 지정·폐지 또는 변경	법 제45조
		• 건축선의 지정	법 제46조
		• 건축선에 따른 건축제한	법 제47조

⑤ 제출서류 : 건축물의 건축허가신청의 경우와 동일함 ⇨③ - 【6】 건축허가신청서의 제출 참조

【2】 신고대상 가설건축물

재해복구·흥행·전람회·공사용 가설건축물 등 다음의 가설건축물을 축조하고자 하는 자는 그 존치기간을 정하여 특별자치시장·특별자치도지사 또는 시장·군수·구청장에게 신고한 후 착공하여야 한다.

① 대상

1. 재해가 발생한 구역 또는 그 인접구역으로서 특별자치시장·특별자치도지사 또는 시장·군수·구청장이 지정하는 구역에서 일시사용을 위하여 건축하는 것

2. 특별자치시장·특별자치도지사 또는 시장·군수·구청장이 도시미관이나 교통소통에 지장이 없다고 인정하는 가설전람회장, 농·수·축산물 직거래용 가설점포, 그 밖에 이와 비슷한 것

3. 공사에 필요한 규모의 공사용 가설건축물 및 공작물

4. 전시를 위한 견본주택이나 그 밖에 이와 비슷한 것

5. 특별자치시장·특별자치도지사 또는 시장·군수·구청장이 도로변 등의 미관정비를 위하여 지정·공고하는 구역에서 축조하는 가설점포(물건 등의 판매를 목적으로 하는 것)로서 안전·방화 및 위생에 지장이 없는 것

6. 조립식 구조로 된 경비용으로 쓰는 가설건축물로서 연면적이 10㎡ 이하인 것

7. 조립식 경량구조로 된 외벽이 없는 임시 자동차 차고

8. 컨테이너 또는 이와 비슷한 것으로 된 가설건축물로서 임시사무실·임시창고 또는 임시숙소로 사용되는 것(건축물의 옥상에 건축하는 것은 제외. 다만, 2009.7.1~2015.6.30까지 공장 옥상에 축조하는 것 포함)

9. 도시지역 중 주거지역·상업지역 또는 공업지역에 설치하는 농업·어업용 비닐하우스로서 연면적이 100㎡ 이상인 것

10. 연면적이 100㎡ 이상인 간이축사용, 가축분뇨처리용, 가축운동용, 가축의 비가림용 비닐하우스 또는 천막(벽 또는 지붕이 합성수지 재질로 된 것 포함)구조 건축물

11. 농업·어업용 고정식 온실 및 간이작업장, 가축양육실

12. 물품저장용, 간이포장용, 간이수선작업용 등으로 쓰기 위하여 공장에 설치하는 공장 또는 창고시설에 설치하거나 인접 대지에 설치하는 천막(벽 또는 지붕이 합성수지 재질로 된 것 포함), 그 밖에 이와 비슷한 것

13. 유원지, 종합휴양업 사업지역 등에서 한시적인 관광·문화행사 등을 목적으로 천막 또는 경량 구조로 설치하는 것

14. 야외전시시설 및 촬영시설

15. 야외흡연실 용도로 쓰는 가설건축물로서 연면적이 50㎡ 이하인 것

16. 그 밖에 제1호부터 제14호까지의 규정에 해당하는 것과 비슷한 것으로서 건축조례로 정하는 건축물

② 가설건축물 신고수리 여부 등의 통지(건축신고시 신고수리 통지 의무규정을 준용함)

⇨ ⑦ - 【3】 참조

③ 신고대상 가설건축물[전시를 위한 견본주택 등(위 ①의 4호) 제외]의 건축법 적용제외

내 용	법조항	내 용	법조항
건축물의 공사감리	법 제25조	건축자재의 품질관리 등	법 제52조의4
건축물대장	법 제38조	지하층	법 제53조
등기촉탁	법 제39조	건축물의 범죄예방	법 제53조의2
대지의 안전 등	법 제40조	건축물의 대지가 지역·지구 또는 구역에 걸치는 경우의 조치	법 제54조
토지 굴착 부분에 대한 조치 등	법 제41조		
대지의 조경	법 제42조	건축물의 건폐율	법 제55조
대지와 도로의 관계	법 제44조	건축물의 용적률	법 제56조
도로의 지정·폐지 또는 변경	법 제45조	대지의 분할 제한	법 제57조
건축선의 지정	법 제46조	대지 안의 공지	법 제58조
건축선에 따른 건축제한	법 제47조	건축물의 높이제한	법 제60조
구조내력 등	법 제48조[1]	일조 등의 확보를 위한 건축물의 높이제한	법 제61조[3]
건축물 내진등급의 설정	법 제48조의2	건축설비기준 등	법 제62조
건축물의 피난시설 및 용도제한 등	법 제49조[2]	승강기	법 제64조
건축물의 내화구조 및 방화벽	법 제50조	관계전문기술자	법 제67조
고층건축물의 피난 및 안전관리	법 제50조의2	기술적 기준	법 제68조
방화지구 안의 건축물	법 제51조	용도지역 및 용도지구에서의 건축물의 건축 제한 등	국토의 계획 및 이용에 관한 법률 제76조
건축물의 내부 마감재료	법 제52조		
실내건축	법 제52조의2		

※ 앞 표 1), 2), 3)의 규정은 다음의 경우에만 적용하지 않는다.

1), 2)의 규정을 적용하지 않는 경우

    a. 1층 또는 2층인 가설건축물*을 건축하는 경우

     * 위 ①의 2.와 14.의 경우에는 1층인 가설건축물만 해당

    b. 3층 이상인 가설건축물*을 건축하는 경우로서 지방건축위원회의 심의 결과 구조 및 피난에 관한 안전성이 인정된 경우

     * 위 ①의 2.와 14.의 경우에는 2층 이상인 가설건축물

3)의 규정을 적용하지 않는 경우

    - 정북방향으로 접하고 있는 대지의 소유자와 합의한 경우

④ 신고대상 가설건축물 중 전시를 위한 견본주택 등(위 ①의 4호)의 건축법 적용제외

내 용	법조항	내 용	법조항
건축물의 공사감리	법 제25조	건축물의 건폐율	법 제55조
건축물대장	법 제38조	건축물의 용적률	법 제56조
등기촉탁	법 제39조	대지의 분할 제한	법 제57조
대지의 조경	법 제42조	건축물의 높이제한	법 제60조
도로의 지정·폐지 또는 변경	법 제45조	일조 등의 확보를 위한 건축물의 높이제한	법 제61조
고층건축물의 피난 및 안전관리	법 제50조의2	기술적 기준	법 제68조
건축물의 대지가 지역·지구 또는 는 구역에 걸치는 경우의 조치	법 제54조	용도지역 및 용도지구에서의 건축물의 건축 제한 등	국토의 계획 및 이용에 관한 법률 제76조

⑤ 가설건축물 건축허가를 받거나 축조신고를 하려는 자는 다음의 서류를 특별자치시장·특별자치도지사 또는 시장·군수·구청장에게 다음의 서류를 제출하여야 함
  1. 가설건축물 건축허가신청서 또는 가설건축물 축조신고서
  2. 배치도
  3. 평면도
  4. 대지사용승낙서(다른 사람이 소유한 대지인 경우만 해당)
  ※ 건축물의 허가신청시 건축물의 건축에 관한 사항과 함께 공사용 가설건축물에 관한 사항을 제출한 경우 가설건축물 축조신고서의 제출은 생략함

⑥ 특별자치시장·특별자치도지사 또는 시장·군수·구청장은 가설건축물 건축허가신청서 또는 가설건축물 축조신고서를 받은 때에는 그 기재내용 확인 후 가설건축물 건축허가서 또는 가설건축물 축조신고필증(별지 제9호서식)을 신청인 또는 신고인에 주어야 함

⑦ 가설건축물 관리대장에 기재·관리 : 시장·군수·구청장은 가설건축물의 축조신고를 수리한 경우 가설건축물 관리대장(별지 제10호서식)에 이를 기재하고 관리하여야 함

⑧ 신고대상 가설건축물의 존치기간은 3년 이내로 함
  (존치기간의 연장이 필요한 경우: 횟수별 3년의 범위에서 가설건축물별로 건축조례로 정하는 횟수만큼 존치기간 연장 가능)
  예외 공사용 가설건축물 및 공작물의 경우 해당 공사의 완료일까지의 기간으로 함

【3】 가설건축물의 허가 및 신고 접수시 관계 행정기관장과의 사전 협의

① 가설건축물의 건축허가 신청 또는 축조신고를 받은 때 다른 법령에 따른 제한 규정의 확인 필요시 관계 행정기관의 장과 미리 협의하여야 함.

② 협의 요청을 받은 관계 행정기관의 장은 요청일부터 15일 이내에 의견을 제출하여야 함.
  예외 협의 요청일부터 15일 이내에 의견 미제출시 협의된 것으로 인정

【4】 가설건축물의 존치기간 연장

① 특별자치시장·특별자치도지사 또는 시장·군수·구청장은 존치기간 만료일 30일 전까지 해당 가설건축물의 건축주에게 다음사항을 알려야 한다.
 1. 존치기간 만료일
 2. 존치기간 연장 가능 여부

3. 존치기간이 연장될 수 있다는 사실(공장에 설치된 가설건축물과 농림지역에 설치한 농업·어업용 고정식 온실 및 간이작업장, 가축양육실에 한정)

② 존치기간을 연장하려는 건축주는 다음의 구분에 따라 특별자치시장·특별자치도지사 또는 시장·군수·구청장에게 가설건축물 존치기간 연장신고서(별지 제11호서식)를 제출하여야 함.

1. 허가 대상 가설건축물 : 존치기간 만료일 14일 전까지 허가 신청
2. 신고 대상 가설건축물 : 존치기간 만료일 7일 전까지 신고

※ 존치기간 연장허가신청 또는 존치기간 연장신고에 관하여는 가설건축물 건축허가, 축조신고에 관한 규정을 준용함.(건축허가→존치기간 연장허가, 축조신고→존치기간 연장신고로 봄)

③ 공장에 설치한 가설건축물 등의 존치기간 연장

다음 요건을 모두 충족하는 가설건축물의 건축주가 위 ②의 기간까지 허가권자에게 존치기간의 연장을 원하지 않는다는 사실을 통지하지 않은 경우 기존과 동일한 기간(아래 ㉢의 경우 도시·군계획시설사업 시행 전까지의 기간으로 한정)으로 연장한 것으로 인정함

1. 다음 어느 하나에 해당하는 가설건축물일 것
   ㉠ 공장에 설치한 가설건축물
   ㉡ 농림지역에 설치한 신고대상 가설건축물 중 농업·어업용 고정식 온실 및 간이작업장, 가축양육실
   ㉢ 도시·군계획시설 예정지에 설치한 가설건축물 <신설 2021.1.8.>
2. 존치기간 연장이 가능한 가설건축물일 것

④ 특별자치시장·특별자치도지사 또는 시장·군수·구청장은 연장신청서를 받은 경우 그 기재내용을 확인 후 가설건축물존치기간연장신고필증(별지 제12호서식)을 발급하여야 함

⑤ 특별자치시장·특별자치도지사 또는 시장·군수·구청장은 가설건축물이 법령에 부적합 경우 가설건축물관리대장에 위반일자와 위반 내용 및 원인을 적어야 함

【5】가설건축물 비교(허가 및 신고 대상)

구 분	허가대상 가설건축물	신고대상 가설건축물
대 상	• 도시·군계획시설 또는 도시·군계획시설예정지에 설치하는 건축물(도시·군계획사업의 지장이 없는 범위 내)	• 재해복구·흥행, 전람회·공사용가설건축물 등 제한된 용도의 건축물
건축법적용제외	• 법 적용시 일반건축물과 동일하게 준용 예외 • 일반: 법 제38조 • 차양시설: 법 제46조, 제55조 • 예정도로안의 건축물: 법 제45조, 제46조, 제47조	• 법 제25조, 제38조~제42조, 제44조~제47조, 제48조, 제48조의2, 제49조, 제50조, 제50조의2, 제51조, 제52조, 제52조의2, 제52조의4, 제53조, 제53조의2, 제54조~제58조, 제60조~제62조, 제64조, 제67조, 제68조, 「국토의 계획 및 이용에 관한 법률」 제76조
용 도	• 용도제한은 없음 지역·지구 건축제한에 적합하여야 함	• 법에서 정한 제한된 용도
신청서류 (제출도서)	1. 건축·대수선·용도변경허가신청서 2. 대지 범위, 소유 및 사용권 증명서류 3. 건축계획서 4. 배치도 8. 구조도 5. 평면도 9. 구조계산서 6. 입면도 10. 소방설비도 7. 단면도 11. 토지굴착 및 옹벽도	1. 가설건축물 축조신고서 2. 배치도 3. 평면도 4. 대지사용승낙서(타인소유대지인 경우) ※ 공사용 가설건축물의 경우 신고서 제출 생략 가능

존치기간의 연장	• 도시・군계획사업이 시행될 때까지 그 기간의 연장 가능 • 존치기간 만료일 14일 전까지 허가 신청 • 가설건축물 존치기간 연장신고서(전자문서로 된 신고서 포함) 제출	• 존치기간 만료일 7일 전까지 신고 • 가설건축물 존치기간 연장신고서(전자문서로 된 신고서 포함) 제출
기 타	• 특별자치시장・특별자치도지사 또는 시장・군수・구청장은 가설건축물의 건축허가신청, 축조신고를 접수한 경우 가설건축물관리대장에 기재・관리하여야 함 • 가설건축물 소유자나 이해관계자는 가설건축물 관리대장을 열람할 수 있음	

【관련 질의회신】

가설건축물의 용도변경 가능 여부

국토부 건축기획과-4797, 2008.10.24

질의 허가 및 사용승인을 얻은 가설건축물의 용도를 변경(제2종 근린생활시설에서 제1종 근린생활시설로 변경)하는 것이 가능한 지 여부 및 가능한 경우 어떠한 절차를 따라야 하는 지

회신 건축법 제20조제1항에 의한 가설건축물의 용도변경을 하는 경우에도 같은 법 제19조제2항에 따라 허가를 받거나 신고를 하여야 하며 같은 법 제19조제3항에 따라 동조 제4항에 따른 시설군 중 같은 시설군 안에서 용도를 변경하려는 자는 국토해양부령으로 정하는 바에 따라 특별자치도지사 또는 시장・군수・구청장에게 건축물대장 기재내용의 변경을 신청하여야 하나,

같은 법 제20조제3항 및 제4항과 같은 법 시행령 제15조제2항에 따라 법 제20조제1항에 따른 가설건축물에 대해서는 같은 법 제38조에 따른 건축물대장을 작성하지 아니하고 별도로 가설건축물관리대장에 적어 관리하므로 가설건축물관리대장의 기재사항의 변경을 신청하면 될 것이며, 신청서 및 구비서류 등에 대해서는 건축법령에서 별도로 정하고 있지 아니하니 구체적인 사항은 해당 건축허가권자와 상의하시기 바람

주차수요를 유발하는 가설건축물의 건축시 주차장 설치여부

건교부 건축기획팀-1190, 2007.7.19

질의 가설건축물의 허가 또는 축조 신고시 주차장을 설치해야 하는지 여부

회신 「주차장법」 제19조제1항에서 국토의 계획 및 이용에 관한 법률의 규정에 의한 도시지역, 제2종지구단위계획구역 및 지방자치단체의 조례가 정하는 관리지역 안에서 건축물・골프연습장 기타 주차수요를 유발하는 시설을 건축 또는 설치하고자 하는 자는 당해 시설물의 내부 또는 그 부지 안에 부설주차장을 설치하여야 한다고 규정하고 있음, 따라서, 동 가설건축물이 주차수요를 유발하는 경우에는 가설건축물이 존속하는 한 부설주차장을 설치하여야 할 것으로 판단되고, 건축법령이 정하는 가설건축물의 용도에 따라 주차대수를 산정함이 가능할 것임

새로운 간선공급설비의 설치를 요하지 아니할 것의 의미

건교부 건축 58550-941, 2003.5.27

질의 건축법시행령 제15조제1항제4호의 가설건축물 규정중 전기・수도・가스등 새로운 간선공급설비의 설치를 요하지 아니할 것이라 함은 무엇을 말하는 지 여부

회신 건축법시행령 제15조제1항제4호의 가설건축물 규정중 전기・수도・가스등 새로운 간선공급설비의 설치를 요하지 아니할 것이라 함은 기존의 간선공급설비 이외에 동설비(지선은 제외)의 추가설치를 요하지 아니하는 경우를 말하는 것으로서, 지선연결, 자가발전 등을 이용한 간이용 세면장・화장실 등은 이에 해당하지 아니함

도시계획시설인 시장내에 가설건축물을 설치시 신고 및 허가대상 여부

건교부 건축 58550-196, 2003.1.28

질의 도시계획시설인 시장(농수산물 도매시장)내에 신고대상인 가설건축물을 설치하고자 하는 경우 허가대상인지 아니면 신고대상인지 여부

회신 도시계획시설내에서 건축법 제15조제2항 및 동법시행령제15조제5항의 규정에 의한 가설건축물을 축조하는 경우에는 축조신고로서 건축이 가능함(※ 법 제15조→ 제20조, 2008.3.21, 개정)

⑨ 건축주와의 계약 등 (법 제15조)

법 제15조【건축주와의 계약 등】

① 건축관계자는 건축물이 설계도서에 따라 이 법과 이 법에 따른 명령이나 처분, 그 밖의 관계 법령에 맞게 건축되도록 업무를 성실히 수행하여야 하며, 서로 위법하거나 부당한 일을 하도록 강요하거나 이와 관련하여 어떠한 불이익도 주어서는 아니 된다.

② 건축관계자 간의 책임에 관한 내용과 그 범위는 이 법에서 규정한 것 외에는 건축주와 설계자, 건축주와 공사시공자, 건축주와 공사감리자 간의 계약으로 정한다.

③ 국토교통부장관은 제2항에 따른 계약의 체결에 필요한 표준계약서를 작성하여 보급하고 활용하게 하거나 「건축사법」 제31조에 따른 건축사협회(이하 "건축사협회"라 한다), 「건설산업기본법」 제50조에 따른 건설사업자단체로 하여금 표준계약서를 작성하여 보급하고 활용하게 할 수 있다. 〈개정 2019.4.30.〉

해설 건축물의 건축 등에 있어 건축관계자(건축주 - 설계자, 건축주 - 공사시공자, 건축주 - 공사감리자) 사이의 분쟁을 줄이며, 상호간 책임한계를 명확히 하기 위해 「건축법」 이외의 공사 및 감리에 관한 내용을 계약으로 정하고 건설업자단체가 작성한 표준계약서를 활용할 수 있도록 하였다.

【참고】 건축공사표준계약서(국토교통부고시 제2016-193호, 2016.4.8.)
　　　　건축물의 설계 표준계약서(국토교통부고시 제2019-970호, 2019.12.31.)
　　　　건축물의 공사감리 표준계약서(국토교통부고시 제2019-971호, 2019.12.31.)
　　　　민간건설공사 표준도급계약서(국토교통부고시 제2021-1122호, 2021.9.30.)

10 허가 · 신고사항의 변경 등 (법 제16조) (영 제12조)

법 제16조【허가와 신고사항의 변경】
① 건축주가 제11조나 제14조에 따라 허가를 받았거나 신고한 사항을 변경하려면 변경하기 전에 대통령령으로 정하는 바에 따라 허가권자의 허가를 받거나 특별자치시장·특별자치도지사 또는 시장·군수·구청장에게 신고하여야 한다. 다만, 대통령령으로 정하는 경미한 사항의 변경은 그러하지 아니하다. 〈개정 2014.1.14〉
② 제1항 본문에 따른 허가나 신고사항 중 대통령령으로 정하는 사항의 변경은 제22조에 따른 사용승인을 신청할 때 허가권자에게 일괄하여 신고할 수 있다.
③ 제1항에 따른 허가 사항의 변경허가에 관하여는 제11조제5항 및 제6항을 준용한다. 〈개정 2017.4.18.〉
④ 제1항에 따른 신고 사항의 변경신고에 관하여는 제11조제5항·제6항 및 제14조제3항·제4항을 준용한다. 〈신설 2017.4.18.〉

해설 허가나 신고사항의 변경은 허가 또는 신고를 한 건축물이 설계 및 시공조건의 변경 등 부득이한 경우, 변경허가(신고)를 받아 변경할 수 있도록 하고 있다. 원칙적으로 변경사항의 발생시 변경전 허가권자의 허가를 받거나 특별자치시장·특별자치도지사 또는 시장·군수·구청장에게 신고한 후 공사 등을 계속할 수 있으나, 경미한 사항의 경우 공사중단 등의 불편을 없애기 위해 사용승인시 일괄 신고할 수 있도록 하였다. 또한, 허가 또는 신고시 관계법의 허가, 신고 등의 사항은 건축허가시의 관계법 의제규정(법 제11조제5항, 6항)을 따르도록 하였다.(신설 2011.5.30.)

【1】 허가 · 신고사항의 변경

구 분	내 용		비 고
허가를 받아야 하는 경우	• 바닥면적의 합계가 85㎡를 초과하는 부분	신축, 증축, 개축에 해당하는 변경	신축·증축·개축·재축·이전·대수선 또는 용도변경에 해당하지 아니하는 사항은 예외
신고를 하여야 하는 경우	• 위 사항 이외의 경우	—	
	• 건축신고대상 건축물(법 제14조제1항제2호, 제5호)	변경후의 연면적이 신고대상 규모인 변경	
	• 건축주·설계자·공사시공자·공사감리자를 변경하는 경우	—	
사용승인 신청시 일괄신고	① 변경되는 부분의 바닥면적의 합계가 50㎡ 이하인 경우	건축물의 동수나 층수를 변경하지 않는 경우에 한함	④ 및 ⑤ 규정에 따른 범위의 변경 및 건축신고대상이 건축허가대상으로 되는 변경이 아닌 것에 한함
	② 변경되는 부분의 연면적의 합계가 1/10 이하인 경우	건축물의 동수나 층수를 변경하지 않은 경우(연면적이 5,000㎡ 이상인 건축물은 각 층의 바닥면적이 50㎡ 이하의 범위에서 변경되는 경우만 해당)에 한함	④ 및 ⑤ 규정에 따른 범위의 변경에 한함
	③ 대수선에 해당하는 경우	—	—
	④ 변경되는 부분의 높이가 1m 이하이거나, 전체높이의 1/10 이하인 경우	건축물의 층수를 변경하지 아니하는 경우에 한함	①, ② 및 ⑤규정에 따른 범위의 변경에 한함

	⑤ 변경되는 부분의 위치가 1m 이내에서 변경되는 경우	—	①, ② 및 ④규정에 따른 범위의 변경에 한함

【2】 변경허가 및 신고시 관련 규정의 준용

구 분	내 용	준용 규정
허가사항의 변경	• 건축허가를 받으면 관련 법령에 따른 허가, 신고 등을 받은 것으로 보는 것	건축법 제11조 제5항
	• 허가, 신고 등이 관련 법령에 따른 다른 행정기관의 권한에 속하는 경우 허가권자가 미리 협의하여야 하는 것 등	건축법 제11조 제6항
신고사항의 변경신고	• 건축신고시 관련법령에 따른 허가, 신고 등을 받은 것으로 보는 것 등	건축법 제11조 제5항, 제6항
	• 건축신고 접수시 신고수리 여부 등을 5일 이내에 통지하여야 하는 것 등	건축법 제14조 제3항, 제4항

【관련 질의회신】

지표면 변경으로 층수가 변경된 경우의 일괄신고 대상인지 여부

건교부 건축기획팀-1470, 2005.11.21

질의 건축허가를 받아 골조공사가 완료된 상태에서 지표면을 변경하여 건축물의 층수가 변경(지상2층/지하1층 → 지상3층)된 경우 조치는?

회신 질의의 변경은 증축에 해당하는 변경이며 또한 건축물의 층수가 변경되는 것은 건축법 시행령 제12조제3항의 규정에 의한 일괄신고 대상이 아니므로 동법 제16조제1항의 규정에 의하여 변경하기 전에 허가를 받거나 신고를 하여야 할 것으로 사료됨

미착공상태에서 층수 변경을 하는 경우의 설계변경

건교부 건축기획팀-1103, 2005.11.1

질의 건축허가를 받은 사항을 착공을 하지 아니한 상태에서 층수를 높이는 변경을 하는 경우 증축에 해당되는지

회신 질의의 경우는 건축법 제16조제1항 및 동법 시행령 제12조제1항제1호의 규정에 의한 "증축에 해당하는 변경"인 것임

2건의 건축허가를 1건의 건축허가로 통합 할 수 있는 지

국토교통부 민원마당 FAQ 2023.6.15.

질의 건축주가 연접하여 각각 2건의 건축허가를 받아 공사 중 2건의 건축허가를 1건의 건축허가로 통합할 수 있는지 여부

회신 문의의 경우 2건의 건축허가를 1건의 건축허가로 통합하고자 하는 건축물 및 대지가 건축법 및 관계법령에 적합한 경우라면 설계변경으로 가능할 것으로 사료되나, 이 경우 2건의 건축허가 중 1건에 대하여는 건축허가를 취소하고 1건의 건축허가를 대상으로 설계변경 절차를 거쳐 통합하여야 할 것으로 사료됨

11 건축관계자 변경신고 (규칙 제11조)

> ### 규칙 제11조【건축 관계자 변경신고 】
>
> ① 법 제11조 및 제14조에 따라 건축 또는 대수선에 관한 허가를 받거나 신고를 한 자가 다음 각 호의 어느 하나에 해당하게 된 경우에는 그 양수인·상속인 또는 합병후 존속하거나 합병에 의하여 설립되는 법인은 그 사실이 발생한 날부터 7일 이내에 별지 제4호서식의 건축관계자변경신고서에 변경 전 건축주의 명의변경동의서 또는 권리관계의 변경사실을 증명할 수 있는 서류를 첨부하여 허가권자에게 제출(전자문서로 제출하는 것을 포함한다)하여야 한다.
> 1. 허가를 받거나 신고를 한 건축주가 허가 또는 신고대상 건축물을 양도한 경우
> 2. 허가를 받거나 신고를 한 건축주가 사망한 경우
> 3. 허가를 받거나 신고를 한 법인이 다른 법인과 합병을 한 경우
> ② 건축주는 설계자, 공사시공자 또는 공사감리자를 변경한 때에는 그 변경한 날부터 7일 이내에 별지 제4호서식의 건축관계자변경신고서를 허가권자에게 제출(전자문서에 의한 제출을 포함한다)하여야 한다. 〈개정 2017.1.20.〉
> ③ 허가권자는 제1항 및 제2항의 규정에 의한 건축관계자변경신고서를 받은 때에는 그 기재내용을 확인한 후 별지 제5호서식의 건축관계자변경신고필증을 신고인에게 교부하여야 한다.

해설 건축관계자의 변경 신고

내 용		신고자	기 타
① 건축 또는 대수선에 관한 허가를 받거나 신고한 자의 변동사항	• 허가 또는 신고대상 건축물을 양도한 경우	양수인	• 신고자는 허가권자에게 그 사실이 발생한 날로부터 7일 이내에 건축관계자변경신고서(별지 제4호서식)를 제출(변경전 건축주의 명의변경동의서 또는 권리관계의 변경사실을 증명할 수 있는 서류 첨부)
	• 허가를 받거나 신고를 한 건축주가 사망한 경우	상속인	- 공사시공자 및 공사감리자의 변경은 변경한 날로부터 7일이내에 신고
	• 허가를 받거나 신고를 한 법인이 다른 법인과 합병을 한 경우	법인(합병 후 존속되거나, 합병에 의해 설립되는)	• 허가권자는 신고내용검토 후 신고인에게 건축관계자 변경신고필증(별지 제5호서식)을 교부
② 설계자, 공사시공자, 공사감리자의 변경		건축주	

【관련 질의회신】

압류된 경우 건축주 명의변경시 압류권자의 동의를 받아야 하는 지

국토교통부 민원마당 FAQ 2019.5.24.

질의 건축허가를 득한 후 토지가 압류된 경우 건축주 명의변경시 압류권자의 동의서를 받아야 하는지 여부

회신 가. 「건축법」제8조 및 제9조의 규정에 의해 건축허가(신고)를 받아 건축도중에 건축주의 명의를 변경하고자 하는 때에는 동법시행규칙 제11조의 규정에 의하여 건축관계자변경신고서에 구 건축주의 명의변경동의서 또는 권리관계의 변경사실을 증명할 수 있는 서류를 첨부하여야 하며,

나. 이 경우 허가권자는 건축주가 당해 토지 및 건축허가 등에 대한 권리의 위임이 정당한지 여부에 대하여 「건축법」과 「민법」 및 관계법령을 종합적으로 검토하여 결정하여야 할 사항임
(법 제8조, 제9조⇒제11조, 제14조, 2008.3.21.)

12 건축허가 수수료 (법 제17조) (규칙 제10조)

법 제17조【건축허가 등의 수수료】

① 제11조, 제14조, 제16조, 제19조, 제20조 및 제83조에 따라 허가를 신청하거나 신고를 하는 자는 허가권자나 신고수리자에게 수수료를 납부하여야 한다.

② 제1항에 따른 수수료는 국토교통부령으로 정하는 범위에서 해당 지방자치단체의 조례로 정한다.

[별표4] 건축허가 수수료의 범위(규칙 제10조 관련)

연면적 합계		금 액(원)	
		이 상	이 하
200m² 미만	단독주택	2,700	4,000
	기타	6,700	9,400
200m² 이상 1천m² 미만	단독주택	4,000	6,000
	기타	14,000	20,000
1천m² 이상 5천m² 미만		34,000	54,000
5천m² 이상 1만m² 미만		68,000	100,000
1만m² 이상 3만m² 미만		135,000	200,000
3만m² 이상 10만m² 미만		270,000	410,000
10만m² 이상 30만m² 미만		540,000	810,000
30만m² 이상		1,080,000	1,620,000

※ 설계변경의 경우에는 변경하는 부분의 면적에 따라 적용한다.

13 공유지분의 매도청구 등 (법 제17조의2,3)

법 17조의2【매도청구 등】

① 11조제11항제2호에 따라 건축허가를 받은 건축주는 해당 건축물 또는 대지의 공유자 중 동의하지 아니한 공유자에게 그 공유지분을 시가(市價)로 매도할 것을 청구할 수 있다. 이 경우 매도청구를 하기 전에 매도청구 대상이 되는 공유자와 3개월 이상 협의를 하여야 한다.

② 제1항에 따른 매도청구에 관하여는 「집합건물의 소유 및 관리에 관한 법률」 제48조를 준용한다. 이 경우 구분소유권 및 대지사용권은 매도청구의 대상이 되는 대지 또는 건축물의 공유지분으로 본다.

[본조신설 2016.1.19.]

법 17조의3【소유자를 확인하기 곤란한 공유지분 등에 대한 처분】

① 제11조제11항제2호에 따라 건축허가를 받은 건축주는 해당 건축물 또는 대지의 공유자가 거주하는 곳을 확인하기가 현저히 곤란한 경우에는 전국적으로 배포되는 둘 이상의 일간신문에 두 차례 이상 공고하고, 공고한 날부터 30일 이상이 지났을 때에는 제17조의2에 따른 매도청구 대상이 되는 건축물 또는 대지로 본다.

② 건축주는 제1항에 따른 매도청구 대상 공유지분의 감정평가액에 해당하는 금액을 법원에 공탁(供託)하고 착공할 수 있다.

③ 제2항에 따른 공유지분의 감정평가액은 허가권자가 추천하는 「감정평가 및 감정평가사에 관한 법률」에 따른 감정평가법인등 2명 이상이 평가한 금액을 산술평균하여 산정한다. 〈개정 2020.4.7.〉

[본조신설 2016.1.19.]

해설 공유지분자의 건축물을 신축·개축·재축 및 리모델링하는 경우 공유지분자의 수 및 공유지분의 80% 이상의 동의를 얻은 경우 대지 소유권을 인정하고 매도청구가 가능하도록 하는 등의 규정을 신설함(2016.1.19.)

【1】 건축허가 신청시 소유권 확보 예외 사유(법 제11조제11항제2호, 시행령 제9조의2)
① 건축허가를 받으려는 자는 해당 대지의 소유권을 확보하여야 하나 노후화 또는 구조안전 문제 등 다음의 사유로 건축물을 신축·개축·재축 및 리모델링을 하기 위하여 건축물 및 해당 대지의 공유자 수의 80/100 이상의 동의를 얻고 동의한 공유자의 지분 합계가 전체 지분의 80/100 이상인 경우 허가 신청이 가능함

1. 급수·배수·오수 설비 등의 설비 또는 지붕·벽 등의 노후화나 손상으로 그 기능 유지가 곤란할 것으로 우려되는 경우
2. 건축물의 노후화로 내구성에 영향을 주는 기능적 결함이나 구조적 결함이 있는 경우
3. 건축물이 훼손되거나 일부가 멸실되어 붕괴 등 그 밖의 안전사고가 우려되는 경우
4. 천재지변이나 그 밖의 재해로 붕괴되어 다시 신축하거나 재축하려는 경우

② 허가권자는 건축주가 위의 1.~3.에 해당하는 사유로 80% 동의요건을 갖춘 경우 그 사유 해당 여부를 확인하기 위하여 현지조사를 하여야 함
③ 허가권자는 필요한 경우 건축주에게 다음에 해당하는 자로부터 안전진단을 받고 그 결과를 제출하도록 할 수 있음

1. 건축사
2. 「기술사법」에 따라 등록한 건축구조기술사(이하 "건축구조기술사"라 한다)
3. 「시설물의 안전관리에 관한 특별법」에 따라 등록한 건축 분야 안전진단전문기관

【2】 매도청구 등
① 공유지분자 중 동의하지 아니한 공유자에게 그 공유지분을 시가(市價)로 매도할 것을 청구할 수 있으며, 매도청구 전 3개월 이상 협의를 하여야 함
② 매도청구에 관하여는 「집합건물의 소유 및 관리에 관한 법률」 제48조를 준용한다. 이 경우 구분소유권 및 대지사용권은 매도청구의 대상이 되는 대지 또는 건축물의 공유지분으로 봄

【3】 소유자를 확인하기 곤란한 공유지분 등에 대한 처분
① 해당 건축물 또는 대지의 공유자가 거주하는 곳을 확인하기가 현저히 곤란한 경우 전국적으로 배포되는 둘 이상의 일간신문에 두 차례 이상 공고하고, 공고한 날부터 30일 이상이 지났을 때에는 매도청구 대상이 되는 건축물 또는 대지로 봄
② 건축주는 매도청구 대상 공유지분의 감정평가액에 해당하는 금액을 법원에 공탁(供託)하고 착공할 수 있음. 이 경우 허가권자가 추천하는 감정평가법인등 2명 이상이 평가한 금액을 산술평균하여 감정평가액을 산정함

14 건축허가의 제한 등 (법 제18조)

법 제18조 【건축허가 제한 등】

① 국토교통부장관은 국토관리를 위하여 특히 필요하다고 인정하거나 주무부장관이 국방, 문화재보존(→「국가유산기본법」 제3조에 따른 국가유산의 보존), 환경보전 또는 국민경제를 위하여 특히 필요하다고 인정하여 요청하면 허가권자의 건축허가나 허가를 받은 건축물의 착공을 제한할 수 있다. 〈개정 2023.5.16./시행 2024.5.17.〉

② 특별시장·광역시장·도지사는 지역계획이나 도시·군계획에 특히 필요하다고 인정하면 시장·군수·구청장의 건축허가나 허가를 받은 건축물의 착공을 제한할 수 있다. 〈개정 2014.1.14〉

③ 국토교통부장관이나 시·도지사는 제1항이나 제2항에 따라 건축허가나 건축허가를 받은 건축물의 착공을 제한하려는 경우에는 「토지이용규제 기본법」 제8조에 따라 주민의견을 청취한 후 건축위원회의 심의를 거쳐야 한다. 〈신설 2014.5.28〉

④ 제1항이나 제2항에 따라 건축허가나 건축물의 착공을 제한하는 경우 제한기간은 2년 이내로 한다. 다만, 1회에 한하여 1년 이내의 범위에서 제한기간을 연장할 수 있다. 〈개정 2014.5.28〉

⑤ 국토교통부장관이나 특별시장·광역시장·도지사는 제1항이나 제2항에 따라 건축허가나 건축물의 착공을 제한하는 경우 제한 목적·기간, 대상 건축물의 용도와 대상 구역의 위치·면적·경계 등을 상세하게 정하여 허가권자에게 통보하여야 하며, 통보를 받은 허가권자는 지체 없이 이를 공고하여야 한다. 〈개정 2014.5.28〉

⑥ 특별시장·광역시장·도지사는 제2항에 따라 시장·군수·구청장의 건축허가나 건축물의 착공을 제한한 경우 즉시 국토교통부장관에게 보고하여야 하며, 보고를 받은 국토교통부장관은 제한 내용이 지나치다고 인정하면 해제를 명할 수 있다. 〈개정 2014.5.28〉

해설 건축허가의 제한규정은 민주주의와 경제체제의 기본이 되는 국민의 사유재산권을 제한하는 것이므로 불가피한 경우 극히, 제한적으로 행해져야 한다. 따라서 법규정에서는 제한권자의 제한 내용, 목적, 기간 등을 상세히 명시하도록 하였고, 특별시장·광역시장·도지사의 제한내용이 과도한 경우 허가제한을 해제할 수 있는 근거를 명시하고 있다.

■ 건축허가의 제한

제한권자	제한요인	제한내용	세부규정	기타
국토교통부장관	• 국토관리상 특히 필요하다고 인정하는 경우 • 주무장관이 국방, 문화재 보존[2]·환경보전, 국민경제상 특히 필요하다고 인정한 경우	허가권자의 건축허가나 허가를 받은 건축물의 착공 제한[1]	• 제한의 목적을 상세히 할 것 • 제한기간은 2년 이내로 하되, 1회에 한하여 1년 이내의 범위에서 그 제한기간을 연장 할 수 있다. • 대상구역의 위치, 면적, 구역경계 등 상세하게 할 것 • 대상건축물의 용도를 상세하게 할 것	• 허가권자는 통보 받은 제한내용을 지체없이 공고 • 과도한 제한조치의 경우 국토교통부장관은 특별시장·광역시장·도지사의 허가제한조치의 해제를 명할 수 있다.
특별시장 광역시장 도지사	• 지역계획, 도시·군계획상 특히 필요하다고 인정한 경우	시장·군수·구청장의 건축허가나 허가를 받은 건축물의 착공 제한[1]		

1) 건축허가나 건축허가를 받은 건축물의 착공을 제한하려는 경우 주민의견을 청취한 후 건축위원회의 심의를 거쳐야 한다.

2) 「국가유산기본법」 제3조에 따른 국가유산의 보존 〈개정 2023.5.16./시행 2024.5.17〉

2 건축시공 등 (법 제21조)

1 착공신고 등

> **법 제21조【착공신고 등】**
> ① 제11조·제14조 또는 제20조제1항에 따라 허가를 받거나 신고를 한 건축물의 공사를 착수하려는 건축주는 국토교통부령으로 정하는 바에 따라 허가권자에게 공사계획을 신고하여야 한다. 〈개정 2021.7.27〉
> ② 제1항에 따라 공사계획을 신고하거나 변경신고를 하는 경우 해당 공사감리자(제25조제1항에 따른 공사감리자를 지정한 경우만 해당된다)와 공사시공자가 신고서에 함께 서명하여야 한다.
> ③ 허가권자는 제1항 본문에 따른 신고를 받은 날부터 3일 이내에 신고수리 여부 또는 민원 처리 관련 법령에 따른 처리기간의 연장 여부를 신고인에게 통지하여야 한다. 〈신설 2017.4.18.〉
> ④ 허가권자가 제3항에서 정한 기간 내에 신고수리 여부 또는 민원 처리 관련 법령에 따른 처리기간의 연장 여부를 신고인에게 통지하지 아니하면 그 기간이 끝난 날의 다음 날에 신고를 수리한 것으로 본다. 〈신설 2017.4.18.〉
> ⑤ 건축주는 「건설산업기본법」 제41조를 위반하여 건축물의 공사를 하거나 하게 할 수 없다. 〈개정 2017.4.18.〉
> ⑥ 제11조에 따라 허가를 받은 건축물의 건축주는 제1항에 따른 신고를 할 때에는 제15조제2항에 따른 각 계약서의 사본을 첨부하여야 한다. 〈개정 2017.4.18.〉

해설 착공신고는 건축공사를 시작하기 위해 선행되어야 할 사항으로 건축주가 공사시공자와 공사감리자를 정하여, 착공신고서에 함께 서명하여 허가권자에게 신고하여야 한다. 또한 공사계약서, 감리계약서 사본도 함께 제출하여 분쟁시의 근거자료로 활용토록 하고 있다.

■ 착공신고 등

구 분	내 용	비 고
대상	1. 건축허가 대상(법 제11조) 2. 건축신고대상(법 제14조) 3. 가설건축물 축조허가 대상(법 제20조제1항)	• 신고대상 가설건축물, 용도변경의 경우 예외 • 건축주는 착공신고를 할 때에 해당공사가 「산업안전보건법」에 따른 건설재해예방전문지도기관의 지도대상일 경우 기술지도계약서 사본을 첨부하여야 함
의무자 및 시기	건축주가 공사착수 전 허가권자에게 공사계획을 신고	
첨부서류 및 도서	건축공사의 착공신고는 별지 제13호서식의 착공신고서(전자문서로 된 신고서를 포함)에 다음의 서류 및 도서를 첨부하여야 함 1. 건축관계자 상호간의 계약서 사본(해당 사항이 있는 경우) 2. 첨부서류 및 도서 : 앞 규칙 별표 4의2 (착공에 필요한 설계도서*) 참조 * 건축허가 또는 신고를 할 때 제출한 경우 제출하지 않으며, 변경사항이 있는 경우 변경사항을 반영한 설계도서 제출 3. 감리 계약서(해당 사항이 있는 경우) 4. 「건축사법 시행령」 제21조제2항에 따라 제출받은 보험증서 또는 공제증서의 사본	
절차 등	1. 공사계획을 신고하거나 변경신고 하는 경우 해당 공사감리자 및 공사시공자가 신고서에 함께 서명 2. 건축주는 공사착수시기를 연기하고자 하는 경우 착공연기신청서(별지 제14호서식)를 허가권자에게 제출	

	3. 허가권자는 착공신고서 또는 착공연기신청서를 접수한 때에는 착공신고필증(별지 제15호서식), 착공연기확인서(별지 제16호서식)를 신고인이나 신청인에 교부 4. 허가권자는 신고를 받은 날부터 3일 이내에 신고수리 여부 또는 민원 처리 관련 법령에 따른 처리기간의 연장 여부를 신고인에게 통지하여야 한다.(3일 이내에 통지하지 아니하면 다음 날에 신고를 수리한 것으로 본다.) 5. 허가권자는 가스, 전기·통신, 상·하수도 등 지하매설물에 영향을 줄 우려가 있는 토지굴착공사를 수반하는 건축물의 착공신고가 있는 경우, 해당 지하매설물의 관리기관에 토지굴착공사에 관한 사항을 통보하여야 함	
기타	시공자 규제(법 제21조제3항) - 「건설산업기본법」 제41조	

【참고1】 착공신고에 필요한 설계도서(시행규칙 별표 4의2) 〈개정 2021.8.27〉

분야	도서의 종류	내 용
1. 건축	가. 도면 목록표	공종 구분해서 분류 작성
	나. 안내도	방위, 도로, 대지주변 지물의 정보 수록
	다. 개요서	1) 개요(위치·대지면적 등) 2) 지역·지구 및 도시계획사항 3) 건축물의 규모(건축면적·연면적·높이·층수 등) 4) 건축물의 용도별 면적 5) 주차장 규모
	라. 구적도	대지면적에 대한 기술
	마. 마감재료표	바닥, 벽, 천정 등 실내 마감재료 및 외벽 마감재료(외벽에 설치하는 단열재를 포함한다)의 성능, 품명, 규격, 재질, 질감 및 색상 등의 구체적 표기
	바. 배치도	축척 및 방위, 건축선, 대지경계선 및 대지가 정하는 도로의 위치와 폭, 건축선 및 대지경계선으로부터 건축물까지의 거리, 신청 건물과 기존 건물과의 관계, 대지의 고저차, 부대시설물과의 관계
	사. 주차계획도	1) 법정 주차대수와 주차 확보대수의 대비표, 주차배치도 및 차량 동선도 차량진출입 관련 위치 및 구조 2) 옥외 및 지하 주차장 도면
	아. 각 층 및 지붕 평면도	1) 기둥·벽·창문 등의 위치 및 복도, 계단, 승강기 위치 2) 방화구획 계획(방화문, 자동방화셔터, 내화충전구조 및 방화댐퍼의 설치 계획을 포함한다)
	자. 입면도(2면 이상)	1) 주요 내외벽, 중심선 또는 마감선 치수, 외벽마감재료 2) 건축자재 성능 및 품명, 규격, 재질, 질감, 색상 등의 구체적 표기 3) 간판 및 건물번호판의 설치계획(크기·위치)
	차. 단면도(종·횡단면도)	1) 건축물 최고높이, 각 층의 높이, 반자높이 2) 천정 안 배관 공간, 계단 등의 관계를 표현 3) 방화구획 계획(방화문, 자동방화셔터, 내화충전구조 및 방화댐퍼의 설치 계획을 포함한다)
	카. 수직동선상세도	1) 코어(Core) 상세도(코어 안의 각종 설비관련 시설물의 위치) 2) 계단 평면·단면 상세도 3) 주차경사로 평면·단면 상세도
	타. 부분상세도	1) 지상층 외벽 평면·입면·단면도 2) 지하층 부분 단면 상세도

		파. 창호도(창문 도면)	창호 일람표, 창호 평면도, 창호 상세도, 창호 입면도
		하. 건축설비도	냉방·난방설비, 위생설비, 환경설비, 정화조, 승강설비 등 건축설비
		거. 방화구획 상세도	방화문, 자동방화셔터, 내화충전구조, 방화댐퍼 설치부분 상세도
		너. 외벽 마감재료의 단면 상세도	외벽의 마감재료(외벽에 설치하는 단열재를 포함한다)의 종류별 단면 상세도(법 제52조제2항에 따른 건축물만 해당한다)
2. 일반	가. 시방서		1) 시방내용(국토교통부장관이 작성한 표준시방서에 없는 공법인 경우만 해당한다) 2) 흙막이공법 및 도면
3. 구조	가. 도면 목록표		
	나. 기초 일람표		
	다. 구조 평면·입면·단면도(구조안전 확인 대상 건축물)		1) 구조내력상 주요한 부분의 평면 및 단면 2) 주요부분의 상세도면(배근상세, 접합상세, 배근 시 주의사항 표기) 3) 구조안전확인서
	라. 구조가구도		골조의 단면 상태를 표현하는 도면으로 골조의 상호 연관관계를 표현
	마. 앵커(Anchor)배치도 및 베이스 플레이트(Base Plate) 설치도		
	바. 기둥 일람표		
	사. 보 일람표		
	아. 슬래브(Slab) 일람표		
	자. 옹벽 일람표		
	차. 계단배근 일람표		
	카. 주심도		
4. 기계	가. 도면 목록표		
	나. 장비일람표		규격, 수량을 상세히 기록
	다. 장비배치도		기계실, 공조실 등의 장비배치방안 계획
	라. 계통도		공조배관 설비, 덕트(Duct) 설비, 위생 설비 등 계통도
	마. 기준층 및 주요층 기구 평면도		공조배관 설비, 덕트 설비, 위생 설비 등 평면도
	바. 저수조 및 고가수조		저수조 및 고가수조의 설치기준을 표시
	사. 도시가스 인입 확인		도시가스 인입지역에 한해서 조사 및 확인
5. 전기	가. 도면 목록표		
	나. 배치도		옥외조명 설비 평면도
	다. 계통도		1) 전력 계통도
			2) 조명 계통도
	라. 평면도		조명 평면도
6. 통신	가. 도면 목록표		
	나. 배치도		옥외 CCTV설비와 옥외방송 평면도
	다. 계통도		1) 구내통신선로설비 계통도
			2) 방송공동수신설비 계통도
			3) 이동통신 구내선로설비 계통도
			4) CCTV설비 계통도
	라. 평면도		1) 구내통신선로설비 평면도
			2) 방송공동수신설비 평면도
			3) 이동통신 구내선로설비 평면도

		4) CCTV설비 평면도
7. 토목	가. 도면 목록표	
	나. 각종 평면도	주요시설물 계획
	다. 토지굴착 및 옹벽도	1) 지하매설구조물 현황 2) 흙막이 구조(지하 2층 이상의 지하층을 설치하는 경우 또는 지하 1층을 설치하는 경우로서 법 제27조에 따른 건축허가 현장조사·검사 또는 확인시 굴착으로 인하여 인접대지 석축 및 건축물 등에 영향이 있어 조치가 필요하다고 인정된 경우만 해당한다) 3) 단면상세 4) 옹벽구조
	라. 대지 종·횡단면도	
	마. 포장계획 평면·단면도	
	바. 우수·오수 배수처리 평면·종단면도	
	사. 상하수 계통도	우수·오수 배수처리 구조물 위치 및 상세도, 공공하수도와의 연결방법, 상수도 인입계획, 정화조의 위치
	아. 지반조사 보고서	시추조사 결과, 지반분류, 지반반력계수 등 구조설계를 위한 지반자료(주변 건축물의 지반조사 결과를 적용하여 별도의 지반조사가 필요 없는 경우, 「건축물의 구조기준 등에 관한 규칙」에 따른 소규모건축물로 지반을 최저 등급으로 가정한 경우, 지반조사를 할 수 없는 경우 등 허가권자가 인정하는 경우에는 지반조사 보고서를 제출하지 않을 수 있다.
8. 조경	가. 도면 목록표	
	나. 조경 배치도	법정 면적과 계획면적의 대비, 조경계획 및 식재 상세도
	다. 식재 평면도	
	라. 단면도	

비고 : 법 제21조에 따라 착공신고하려는 건축물의 공사와 관련 없는 설계도서는 제출하지 않는다.

【참고2】 건축물 시공자의 제한(「건설산업기본법」 제41조)

법 제41조【건설공사 시공자의 제한】

① 다음 각 호의 어느 하나에 해당하는 건축물의 건축 또는 대수선(大修繕)에 관한 건설공사(제9조제1항 단서에 따른 경미한 건설공사는 제외한다. 이하 이 조에서 같다)는 건설사업자가 하여야 한다. 다만, 다음 각 호 외의 건설공사와 농업용, 축산업용 건축물 등 대통령령으로 정하는 건축물의 건설공사는 건축주가 직접 시공하거나 건설사업자에게 도급하여야 한다. 〈개정 2019.4.30〉

1. 연면적이 200제곱미터를 초과하는 건축물
2. 연면적이 200제곱미터 이하인 건축물로서 다음 각 목의 어느 하나에 해당하는 경우
   가. 「건축법」에 따른 공동주택
   나. 「건축법」에 따른 단독주택 중 다중주택, 다가구주택, 공관, 그 밖에 대통령령으로 정하는 경우
   다. 주거용 외의 건축물로서 많은 사람이 이용하는 건축물 중 학교, 병원 등 대통령령으로 정하는 건축물
3., 4. 삭제 〈2017.12.26〉

② 많은 사람이 이용하는 시설물로서 다음 각 호의 어느 하나에 해당하는 새로운 시설물을 설치하는 건설공사는 건설사업자가 하여야 한다. 〈개정 2019.4.30〉

1. 「체육시설의 설치·이용에 관한 법률」에 따른 체육시설 중 대통령령으로 정하는 체육시설
2. 「도시공원 및 녹지 등에 관한 법률」에 따른 도시공원 또는 도시공원에 설치되는 공원시설로서 대통령령으로 정하는 시설물
3. 「자연공원법」에 따른 자연공원에 설치되는 공원시설 중 대통령령으로 정하는 시설물
4. 「관광진흥법」에 따른 유기시설 중 대통령령으로 정하는 시설물

② 건축시공 (법 제24조)(규칙 제18조 ~ 제18조의3)

법 제24조【건축시공】

① 공사시공자는 제15조제2항에 따른 계약대로 성실하게 공사를 수행하여야 하며, 이 법과 이 법에 따른 명령이나 처분, 그 밖의 관계 법령에 맞게 건축물을 건축하여 건축주에게 인도하여야 한다.

② 공사시공자는 건축물(건축허가나 용도변경허가 대상인 것만 해당된다)의 공사현장에 설계도서를 갖추어 두어야 한다.

③ 공사시공자는 설계도서가 이 법과 이 법에 따른 명령이나 처분, 그 밖의 관계 법령에 맞지 아니하거나 공사의 여건상 불합리하다고 인정되면 건축주와 공사감리자의 동의를 받아 서면으로 설계자에게 설계를 변경하도록 요청할 수 있다. 이 경우 설계자는 정당한 사유가 없으면 요청에 따라야 한다.

④ 공사시공자는 공사를 하는 데에 필요하다고 인정하거나 제25조제4항에 따라 공사감리자로부터 상세시공도면을 작성하도록 요청을 받으면 상세시공도면을 작성하여 공사감리자의 확인을 받아야 하며, 이에 따라 공사를 하여야 한다.

⑤ 공사시공자는 건축허가나 용도변경허가가 필요한 건축물의 건축공사를 착수한 경우에는 해당 건축공사의 현장에 국토교통부령으로 정하는 바에 따라 건축허가 표지판을 설치하여야 한다.

⑥ 「건설산업기본법」 제41조제1항 각 호에 해당하지 아니하는 건축물의 건축주는 공사 현장의 공정 및 안전을 관리하기 위하여 같은 법 제2조제15호에 따른 건설기술인 1명을 현장관리인으로 지정하여야 한다. 이 경우 현장관리인은 국토교통부령으로 정하느바에 따라 공정 및 안전 관리업무를 수행하여야 하며, 건축주의 승낙을 받지 아니하고는 정당한 사유 없이 그 공사 현장을 이탈하여서는 아니 된다. 〈개정 2018.8.14〉

⑦ 공동주택, 종합병원, 관광숙박시설 등 대통령령으로 정하는 용도 및 규모의 건축물의 공사시공자는 건축주, 공사감리자 및 허가권자가 설계도서에 따라 적정하게 공사되었는지를 확인할 수 있도록 공사의 공정이 대통령령으로 정하는 진도에 다다른 때마다 사진 및 동영상을 촬영하고 보관하여야 한다. 이 경우 촬영 및 보관 등 그 밖에 필요한 사항은 국토교통부령으로 정한다. 〈신설 2016.2.3.〉

해설 시공이란 설계자에 의해 도면화 된 건축물의 공사를 시행하는 것으로서, 각종 용도에 맞게 사용 가능한 공간으로 형상화시키는 과정이라 하겠다. 시공자는 건축주와의 계약에 의하여 성실히 업무를 수행하여야 할 의무가 있으며, 이에 따라 공사착수부터 공사의 완료시까지 「건축법」과 기타관계법령에 적합하게 건축물을 시공하여 건축주에게 인도되어야 한다. 이러한 점에서 건축물의 규모에 따른 시공자의 규제, 공사현장의 위해방지조치, 감리자의 요청시 상세시공도면의 작성 의무 등 양질의 건축물을 생산하기 위한 일련의 규정이 있다.

또한, 공사시공자가 공사의 공정을 촬영·보관하여야 하는 건축물을 다중이용 건축물, 특수구조 건축물 및 3층 이상의 필로티형식 건축물로 정하고, 대상 건축물별 일정 공정에 다다른 때마다 사진 및 동영상을 촬영·보관하도록 하는 등 관련 규정이 세분화되었다.(2018.12.4. 시행령 개정)

【1】성실시공의무 등

① 공사시공자는 건축주와의 계약에 따라 성실하게 공사를 수행하여야 함

② 「건축법」 및 그 밖의 관계 법령에 맞게 건축하여 건축주에게 인도하여야 함

【2】설계도서의 비치

공사시공자는 건축물(건축허가나 용도변경 허가 대상만 해당)의 공사현장에 설계도서를 갖추어야 함

【3】설계변경의 요청

공사시공자는 다음의 경우 건축주 및 공사감리자의 동의를 얻어 서면으로 설계자에게 설계변경요청 할 수 있다.

① 설계도서가 「건축법」과 이 법에 따른 명령이나 처분, 그 밖의 관계 법령의 규정에 맞지 않은 경우
② 설계도서가 공사의 여건상 불합리하다고 인정되는 경우

【4】상세시공도면의 작성

공사시공자는 다음의 경우 상세시공도면을 작성하여 공사를 하여야 한다. 이 경우 공사감리자의 확인을 받아야 한다.

① 공사시공자가 당해 공사를 함에 있어 필요하다고 인정하는 경우
② 공사감리자로부터 상세시공도면의 요청을 받은 경우

【5】건축허가표지판의 설치

공사시공자는 건축허가나 용도변경의 허가가 필요한 건축물의 건축공사를 착수한 경우에는 공사현장에 건축허가표지판을 설치하여야 함

【6】현장관리인의 지정 및 업무

(1) 현장관리인의 지정

1. 대상 건축물	「건설산업기본법」에 따라 건설사업자가 건설공사를 하여야 하는 건축물에 해당하지 아니하는 건축물
2. 지정	건축주는 공사 현장의 공정 및 안전을 관리하기 위하여 건설기술인 1명을 현장관리인으로 지정할 것

(2) 현장관리인의 업무

1. 건축물 및 대지가 이 법 또는 관계 법령에 적합하도록 건축주를 지원하는 업무
2. 건축물의 위치와 규격 등이 설계도서에 따라 적정하게 시공되는 지에 대한 확인·관리
3. 시공계획 및 설계 변경에 관한 사항 검토 등 공정관리에 관한 업무
4. 안전시설의 적정 설치 및 안전기준 준수 여부의 점검·관리
5. 그 밖에 건축주와 계약으로 정하는 업무
6. 건축주의 승낙을 받지 아니하고는 정당한 사유 없이 그 공사 현장 이탈 금지

【7】공사시공자의 공정 사진 및 동영상 촬영 의무

(1) 촬영 의무 대상

1. 다중이용 건축물	-
2. 특수구조 건축물	-
3. 건축물의 하층부가 필로티나 그 밖에 이와 비슷한 구조로서 상층부와 다른 구조형식으로 설계된 건축물 (이하 "필로티형식 건축물") 중 3층 이상인 건축물	* 벽면적의 1/2 이상이 그 층의 바닥면에서 위층 바닥 아래면까지 공간으로 된 것만 해당

(2) 촬영 시기 : 감리중간보고서의 제출 대상 공정

1) 다중이용 건축물

구 조	공 정
1. 철근콘크리트조·철골철근콘크리트조·조적조·보강콘크리트블럭조	① 기초공사 시 철근배치를 완료한 경우
	② 지붕슬래브배근을 완료한 경우
	③ 지상 5개 층마다 상부 슬래브배근을 완료한 경우
2. 철골조	① 기초공사 시 철근배치를 완료한 경우
	② 지붕철골 조립을 완료한 경우
	③ 지상 3개 층마다 또는 높이 20m마다 주요구조부의 조립을 완료한 경우
3. 위 1, 2 외의 구조	기초공사에서 거푸집 또는 주춧돌의 설치를 완료한 경우

2) 특수구조 건축물

1. 매 층마다 상부 슬래브배근을 완료한 경우
2. 매 층마다 주요구조부의 조립을 완료한 경우

3) 3층 이상의 필로티형식 건축물

1. 기초공사 시 철근배치를 완료한 경우	
2. 건축물 상층부의 하중이 상층부와 다른 구조형식의 하층부로 전달되는 우측란 ①, ② 부재(部材)의 철근배치를 완료한 경우	① 기둥 또는 벽체 중 하나
	② 보 또는 슬래브 중 하나

(3) 촬영결과의 보관 및 제출
① 의무자 : 공사시공자
② 해당진도에 다다른 때마다 촬영한 사진 및 동영상을 디지털파일 형태로 가공·처리하여 보관
③ 해당 사진 및 동영상을 디스크 등 전자저장매체 또는 정보통신망을 통하여 공사감리자에게 제출

(4) 공사감리자 및 건축주의 조치 등
① 사진 및 동영상을 제출받은 공사감리자는 그 내용의 적정성을 검토한 후 건축주에게 감리중간보고서 및 감리완료보고서를 제출할 때 해당 사진 및 동영상을 함께 제출
② 사진 및 동영상을 제출받은 건축주는 허가권자에게 감리중간보고서 및 감리완료보고서를 제출할 때 해당 사진 및 동영상을 함께 제출
③ 위 규정내용 외에 필요한 사항은 국토교통부장관이 정하여 고시

【참고】 건축공사 감리세부기준(국토교통부고시 제2020-1011호, 2020.12.24)

【8】 공사현장의 위해방지조치 (법 제28조) (영 제21조)

> **법 제28조 【공사현장의 위해 방지 등】**
> ① 건축물의 공사시공자는 대통령령으로 정하는 바에 따라 공사현장의 위해를 방지하기 위하여 필요한 조치를 하여야 한다.
> ② 허가권자는 건축물의 공사와 관련하여 건축관계자간 분쟁상담 등의 필요한 조치를 하여야 한다.

> ### 영 제21조 【공사현장의 위해 방지】
> 건축물의 시공 또는 철거에 따른 유해·위험의 방지에 관한 사항은 산업안전보건에 관한 법령에서 정하는 바에 따른다.

【9】 허용오차 ($\frac{법}{제26조}$) ($\frac{규칙}{제20조}$)

> ### 법 제26조 【허용 오차】
> 대지의 측량(「공간정보의 구축 및 관리 등에 관한 법률」에 따른 측량은 제외한다)이나 건축물의 건축 과정에서 부득이하게 발생하는 오차는 이 법을 적용할 때 국토교통부령으로 정하는 범위에서 허용한다. 〈개정 2014.6.3.〉

> ### 규칙 제20조 【허용오차】
> 법 제26조에 따른 허용오차의 범위는 별표 5와 같다. 〈개정 2008.12.11〉

해설 허용오차는 대지의 측량과 건축물의 공사 중 의도되지 않게 부득이하게 발생하는 오차를 수용하기 위한 규정으로서, 공사시작부터 허용오차의 범위를 의도적으로 고려해서는 안된다.

또한, 대지와 관련된 허용오차와 건축물과 관련된 허용오차가 동시에 적용되는 경우, 모든 경우를 동시에 충족시켜야 적법하게 인정된다.

【참고】 건축허용오차(규칙 제20조 관련, 별표5)
1. 대지관련 건축기준

항　목	허용되는 오차의 범위
건축선의 후퇴거리	3% 이내
인접대지 경계선과의 거리	3% 이내
인접건축물과의 거리	3% 이내
건폐율	0. 5% 이내(건축면적 5㎡를 초과할 수 없다)
용적률	1% 이내(연면적 30㎡를 초과할 수 없다)

2. 건축물관련 건축기준

항　목	허용되는 오차의 범위
건축물 높이	2% 이내(1m를 초과할 수 없다)
평면길이	2% 이내(건축물 전체길이는 1m를 초과할 수 없고, 벽으로 구획된 각실의 경우에는 10%를 초과할 수 없다)
출구너비	2% 이내
반자높이	2% 이내
벽체두께	3% 이내
바닥판두께	3% 이내

【관련 질의회신】

허용오차 이내의 건축물 높이제한 적용시 적법 여부

국토교통부 민원마당 FAQ, 2019.5.24.

질의 「건축법」 제22조 및 동법 시행규칙 제20조 관련 [별표 5]에 의한 '건축물의 높이기준 허용오차' 규정을 "건축물의 높이제한 및 일조 등의 확보를 위한 건축물의 높이제한" 규정에 적용할 수 있는 지 여부

회신 「건축법」 제22조에 의하면, 대지의 측량(「지적법」에 의한 측량을 제외한다)과정과 건축물의 건축에 있어 부득이하게 발생하는 오차는 동법 시행규칙 제20조 별표 5에 의하여 "건축물 높이기준 허용오차의 범위를 2퍼센트(1미터 초과할 수 없음)"로 규정하고 있음

따라서, 질의의 경우가 건축물의 건축에 있어 부득이하게 발생하는 오차로서 「건축법 시행규칙」 제20조 별표 5에서 정한 건축물 높이기준의 허용오차 범위인 2퍼센트(1미터를 초과할 수 없음)를 초과하지 아니하는 경우라면 당해 규정을 적용할 수 있을 것임(법 제22조⇒제26조, 2008.3.21.) (「지적법」 ⇒ 「공간정보의 구축 및 관리 등에 관한 법률」, 2014.6.3.)

지적확정 측량으로 지적감소에 따른 허용오차 인정여부

건교부 건축과-4425, 2005.8.2

질의 사용승인 신청시 대지에 대한 확정측량결과 면적이 감소하여 용적률이 규정상 최대한계(250%)를 초과하는 경우 허용오차의 적용과 신청서에 기재할 사항은?

회신 대지의 측량(지적법에 의한 측량을 제외)과정과 건축물의 건축에 있어 부득이하게 발생하는 오차는 건축법 제22조 및 동법 시행규칙 제20조, 규칙 별표5에서 규정한 바에 따라 이를 허용하는 바, 질의의 경우 별표5에서 정한 용적률의 허용오차(1%)를 포함하면 당해 건축물에 허용되는 용적률의 최대한계는 252.5%이고, 대지의 측량과정으로 인하여 당해 건축물의 용적률이 규정상 한계를 초과하더라도 허용오차 범위 이내인 경우에는 사용승인신청서 및 건축물대장에 건축물의 실제 규모 및 용적률을 기재하여야 할 것이며, 아울러 "지적법에 의한 측량을 제외"의 의미는 측량과정에서 발생하는 지적법에서 둔 오차를 말하는 것으로 동 용적률에 대한 허용오차와는 무관한 것임(※ 법 제22조→ 제26조, 2008.3.21, 개정)

용적률이 증가된 경우 변경신고를 하여야 하는지

건교부 건축 58070-1930, 2003.10.22

질의 허용오차 범위 이내로 건축물의 용적률이 0.02%(연면적 1.39m²) 증가된 경우 증가된 부분에 대하여 변경신고를 하여야 하는지 여부

회신 건축법 제22조 및 동법시행규칙 제20조 별표5의 규정에 의하여 허용오차는 대지의 측량과정과 건축물의 건축에 있어 공사 중 부득이하게 발생하는 오차에 대한 허용범위로서, 용적률은 1%이내(연면적 30m²를 초과금지)에 허용오차로 인정하고 있는바, 동 허용오차의 범위내에서는 건축허가시의 내용을 변경하지 아니하여도 되는 것임 (※ 법 제22조→ 제26조, 2008.3.21, 개정)

3 건축물의 공사감리 (법
제25조) (영
제19조) (규칙
제19조)

법 제25조 【건축물의 공사감리】

① 건축주는 대통령령으로 정하는 용도·규모 및 구조의 건축물을 건축하는 경우 건축사나 대통령령으로 정하는 자를 공사감리자(공사시공자 본인 및 「독점규제 및 공정거래에 관한 법률」 제2조에 따른 계열회사는 제외한다)로 지정하여 공사감리를 하게 하여야 한다. 〈개정 2016.2.3.〉

② 제1항에도 불구하고 「건설산업기본법」 제41조제1항 각 호에 해당하지 아니하는 소규모 건축물로서 건축주가 직접 시공하는 건축물 및 주택으로 사용하는 건축물 중 대통령령으로 정하는 건축물의 경우에는 대통령령으로 정하는 바에 따라 허가권자가 해당 건축물의 설계에 참여하지 아니한 자 중에서 공사감리자를 지정하여야 한다. 다만, 다음 각 호의 어느 하나에 해당하는 건축물의 건축주가 국토교통부령으로 정하는 바에 따라 허가권자에게 신청하는 경우에는 해당 건축물을 설계한 자를 공사감리자로 지정할 수 있다. 〈개정 2018.8.14., 2020.4.7.〉

1. 「건설기술 진흥법」 제14조에 따른 신기술 중 대통령령으로 정하는 신기술을 보유한 자가 그 신기술을 적용하여 설계한 건축물

2. 「건축서비스산업 진흥법」 제13조제4항에 따른 역량 있는 건축사로서 대통령령으로 정하는 건축사가 설계한 건축물

3. 설계공모를 통하여 설계한 건축물

③ 공사감리자는 공사감리를 할 때 이 법과 이 법에 따른 명령이나 처분, 그 밖의 관계 법령에 위반된 사항을 발견하거나 공사시공자가 설계도서대로 공사를 하지 아니하면 이를 건축주에게 알린 후 공사시공자에게 시정하거나 재시공하도록 요청하여야 하며, 공사시공자가 시정이나 재시공 요청에 따르지 아니하면 서면으로 그 건축공사를 중지하도록 요청할 수 있다. 이 경우 공사중지를 요청받은 공사시공자는 정당한 사유가 없으면 즉시 공사를 중지하여야 한다. 〈개정 2016.2.3.〉

④ 공사감리자는 제3항에 따라 공사시공자가 시정이나 재시공 요청을 받은 후 이에 따르지 아니하거나 공사중지 요청을 받고도 공사를 계속하면 국토교통부령으로 정하는 바에 따라 이를 허가권자에게 보고하여야 한다. 〈개정 2016.2.3.〉

⑤ 대통령령으로 정하는 용도 또는 규모의 공사의 공사감리자는 필요하다고 인정하면 공사시공자에게 상세시공도면을 작성하도록 요청할 수 있다. 〈개정 2016.2.3.〉

⑥ 공사감리자는 국토교통부령으로 정하는 바에 따라 감리일지를 기록·유지하여야 하고, 공사의 공정(工程)이 대통령령으로 정하는 진도에 다다른 경우에는 감리중간보고서를, 공사를 완료한 경우에는 감리완료보고서를 국토교통부령으로 정하는 바에 따라 각각 작성하여 건축주에게 제출하여야 한다. 이 경우 건축주는 감리중간보고서는 제출받은 때, 감리완료보고서는 제22조에 따른 건축물의 사용승인을 신청할 때 허가권자에게 제출하여야 한다. 〈개정 2020.4.7.〉

⑦ 건축주나 공사시공자는 제3항과 제4항에 따라 위반사항에 대한 시정이나 재시공을 요청하거나 위반사항을 허가권자에게 보고한 공사감리자에게 이를 이유로 공사감리자의 지정을 취소하거나 보수의 지급을 거부하거나 지연시키는 등 불이익을 주어서는 아니 된다. 〈개정 2016.2.3.〉

⑧ 제1항에 따른 공사감리의 방법 및 범위 등은 건축물의 용도·규모 등에 따라 대통령령으로 정하되, 이에 따른 세부기준이 필요한 경우에는 국토교통부장관이 정하거나 건축사협회로 하여금 국토교통부장관의 승인을 받아 정하도록 할 수 있다. 〈개정 2016.2.3.〉

⑨ 국토교통부장관은 제8항에 따라 세부기준을 정하거나 승인을 한 경우 이를 고시하여야 한다. 〈개정 2016.2.3.〉

⑩ 「주택법」 제15조에 따른 사업계획 승인 대상과 「건설기술 진흥법」 제39조제2항에 따라 건설사업관리를 하게 하는 건축물의 공사감리는 제1항부터 제9항까지 및 제11항부터 제14항까지의 규정에도 불구하고 각각 해당 법령으로 정하는 바에 따른다. 〈개정 2018.8.14〉

⑪ 제1항에 따라 건축주가 공사감리자를 지정하거나 제2항에 따라 허가권자가 공사감리자를 지정하는 건축물의 건축주는 제21조에 따른 착공신고를 하는 때에 감리비용이 명시된 감리계약서를 허가권자에게 제출하여야 하고, 제22조에 따른 사용승인을 신청하는 때에는 감리용역 계약내용에 따라 감리비용을 지급하여야 한다. 이 경우 허가권자는 감리 계약서에 따라 감리비용이 지급되었는지를 확인한 후 사용승인을 하여야 한다. 〈개정 2021.7.27〉

⑫ 제2항에 따라 허가권자가 공사감리자를 지정하는 건축물의 건축주는 설계자의 설계의도가 구현되도록 해당 건축물의 설계자를 건축과정에 참여시켜야 한다. 이 경우 「건축서비스산업 진흥법」 제22조를 준용한다. 〈신설 2018.8.14.〉

⑬ 제12항에 따라 설계자를 건축과정에 참여시켜야 하는 건축주는 제21조에 따른 착공신고를 하는 때에 해당 계약서 등 대통령령으로 정하는 서류를 허가권자에게 제출하여야 한다. 〈신설 2018.8.14.〉

⑭ 허가권자는 제2항에 따라 허가권자가 공사감리자를 지정하는 경우의 감리비용에 관한 기준을 해당 지방자치단체의 조례로 정할 수 있다. 〈개정 2020.12.22.〉

해설 건축허가를 받은 건축물은 원칙적으로 계약에 의해 건축사를 공사감리자로 정하여야 할 의무가 있다. 이는 전문가인 건축사로 하여금 시공자의 시공과정을 감독·관리하게 함으로써 불법건축물을 방지하고 보다 양질의 건축물을 생산하게 하여 건축법의 목적인 공공복리증진에 기여할 수 있도록 하는 조치라 하겠다.

건축법상의 감리규정은 감리대상, 감리종류, 감리원의 자격과 감리업무내용 등의 규정이 있다.

① 공사감리 업무내용

1. 공사시공자가 설계도서에 따라 적합하게 시공하는지 여부의 확인

2. 공사시공자가 사용하는 건축자재가 관계법령에 따른 기준에 적합한 건축자재인지 여부의 확인

3. 건축물 및 대지가 이 법 및 관계 법령에 적합하도록 공사시공자 및 건축주를 지도

4. 시공계획 및 공사관리의 적정여부 확인

5. 공사현장에서의 안전관리의 지도

6. 공정표의 검토

7. 상세시공도면의 검토·확인

8. 구조물의 위치와 규격의 적정여부의 검토·확인

9. 품질시험의 실시여부 및 시험성과의 검토·확인

10. 설계변경의 적정여부의 검토·확인

11. 건축공사의 하도급과 관련된 다음의 확인
 ① 수급인(하수급인을 포함)이 시공자격을 갖춘 건설사업자에게 건축공사를 하도급했는지에 대한 확인
 ② 수급인(하수급인을 포함)이 공사현장에 건설기술인을 배치했는지에 대한 확인

12. 기타 공사감리계약으로 정하는 사항

② 감리대상·감리자의 자격 감리시기 및 방법

【1】 공사감리 대상, 종류 및 감리자의 자격 등

건축주는 아래 표의 건축물을 건축하는 경우 건축사 등을 공사감리자로 지정하여 공사감리를 하게 하여야 한다.

감리 종류 및 대상	감리자 자격	감리자 배치 및 감리방법 등
1. 일반공사감리 ① 건축허가대상 건축물의 건축 ② 사용승인후 15년 이상된 건축물의 리모델링 ③ 리모델링 활성화 구역안 건축물의 리모델링	건축사	• 수시 및 필요한 때 공사현장에서 감리 업무 수행 <공통내용> • 감리업무내용(※앞 해설 참조) • 건축주에게 감리내용을 보고 ─감리중간보고 ─감리완료보고
2. 상주공사감리 ① 바닥면적의 합계 5천㎡ 이상인 건축공사(축사 또는 작물 재배사의 건축공사는 제외) ② 연속된 5개 층(지하층 포함) 이상으로서 바닥면적의 합계가 3천㎡ 이상인 건축공사 ③ 아파트(30세대 미만) 건축공사 ④ 준다중이용 건축물 건축공사	건축사	• 건축분야의 건축사보 1인 이상을 전체 공사기간동안 공사현장에 배치하여 감리업무수행 • 토목·전기·기계분야 건축사보 1인 이상이 각 분야별 해당공사 기간동안 공사현장에서 감리업무 수행 【참고】 <공통내용> 위와 같음
3. 다중이용 건축물의 공사감리 ① 바닥면적의 합계가 5천㎡ 이상인 다음 용도의 건축물 • 문화 및 집회시설(전시장 및 동·식물원 제외) • 종교시설 • 판매시설 • 운수시설 중 여객자동차터미널 • 의료시설 중 종합병원 • 숙박시설 중 관광숙박시설 ② 16층 이상인 건축물	• 「건설기술 진흥법」에 따른 건설엔지니어링사업자 • 건축사(「건설기술 진흥법」에 따른 건설사업관리기술인 배치시)	• 건설엔지니어링사업자는 해당공사의 규모 및 공종에 적합하다고 인정하는 건설기술인을 건설사업관리 업무에 배치 • 건설엔지니어링사업자는 시공 단계의 건설사업관리기술인을 상주기술인과 기술지원기술인로 구분하여 배치 <공통내용> 위와 같음. 다만, • 건설사업관리의 업무범위 및 업무내용은 「건설기술 진흥법」에 따름

【참고】 공사감리자의 자격

공사시공자 본인이나 「독점규제 및 공정거래에 관한 법률」에 따른 계열회사는 공사감리자가 될 수 없다.

【2】 건축사보의 자격 및 배치 등

(1) 상주공사감리 건축사보의 자격

자 격	관련 규정
① 건축사보(건축사 사무소에 소속되어 있는 사람)	「건축사법」 제2조제2호(건축사보의 정의)
② 기술사사무소 또는 건설엔지니어링사업자 등에 소속되어 있는 사람으로서 ─ 해당 분야 기술계 자격을 취득한 사람 ─ 건설사업관리를 수행할 자격이 있는 사람	「기술사법」 제6조 「건축사법」 제23조제9항 「국가기술자격법」 「건설기술 진흥법 시행령」 제4조
■ 건축사보는 해당 분야의 건축공사의 설계·시공·시험·검사·공사감독 또는 감리업무 등에 2년 이상 종사한 경력이 있는 사람이어야 함	

(2) 토목공사 감리현장의 건축사보의 배치

① 대상	– 깊이 10m 이상의 토지 굴착공사 – 높이 5m 이상의 옹벽 등의 공사	산업단지*에서 바닥면적 합계가 2,000㎡ 이하인 공장을 건축하는 경우 제외
② 건축사보의 배치	건축 또는 토목 분야의 건축사보 1명 이상을 해당 공사기간 동안 공사현장에서 감리업무를 수행	

■ 건축사보는 <u>건축공사의 시공·공사감독 또는 감리업무 등에 2년 이상 종사한 경력이 있는 사람이어야 함</u>
* 「산업집적활성화 및 공장설립에 관한 법률」 제2조제14호에 따른 산업단지

(3) 마감재료 설치공사 감리현장의 건축사보의 배치 〈신설 2021.8.10.〉

① 대상	다음 용도 건축물의 마감재료 설치공사* 감리 ㉠ 공장 ㉡ 창고시설 ㉢ 자동차관련 시설 ㉣ 위험물 저장 및 처리 시설(자가난방과 자가발전 등의 용도 포함)
② 건축사보의 배치	건축 또는 안전관리 분야의 건축사보 1명 이상이 마감재료 설치공사기간 동안 그 공사현장에서 감리업무를 수행

■ 건축사보는 건축공사의 설계·시공·시험·검사·공사감독 또는 감리업무 등에 2년 이상 종사한 경력이 있는 사람이어야 함
* 불연재료·준불연재료 또는 난연재료가 아닌 단열재를 사용하는 경우로서 해당 단열재가 외기(外氣)에 노출되는 공사

(4) 건축사보의 감리업무 수행

건축사보에게 감리업무[앞 (1)~(3)]를 수행하게 하는 경우 다른 공사현장이나 공정의 감리업무를 수행하고 있지 않는 건축사보가 감리업무를 수행하게 해야 한다.

(5) 건축사보 배치현황 제출 등

공사현장에 건축사보를 두는 공사감리자는 다음의 기간에 건축사보 배치현황을 허가권자에게 제출해야 한다.

1) 배치현황 제출 기한

구 분	내 용
① 최초로 건축사보를 배치하는 경우	착공 예정일부터 7일
② 건축사보의 배치가 변경된 경우	변경된 날부터 7일
③ 건축사보가 철수한 경우	철수한 날부터 7일

2) 배치현황 제출 서류(건축사보의 철수의 경우 ②, ③ 제외)
 ① 건축공사 건축사보 배치 현황 제출(별지 제22호의2서식)
 ② 예정공정표(건축주의 확인을 받은 것) 및 분야별 건축사보 배치계획
 ③ 건축사보의 경력, 자격 및 소속을 증명하는 서류
3) 건축사보의 이중 배치 여부의 확인
 공사감리자는 공사현장에 배치되는 건축사보(배치기간을 변경하거나 철수하는 경우의 건축사보는 제외)로부터 배치기간 및 다른 공사현장이나 공정에 이중으로 배치되었는지 여부를 확인받은 후 해당 건축사보의 서명·날인을 받아야 한다.

(6) 건축사보 배치현황을 제출 받은 후의 조치〈시행 2024.3.13.〉

1) 허가권자는 공사감리자로부터 건축사보 배치현황을 받으면 지체 없이 그 배치현황(→건축사보가 이중으로 배치되어 있는지 여부 등 다음의 내용을 확인한 후 행정정보 공동이용센터를 통해 그 배치현황)을 대한건축사협회에 보내야 함

　① (5) 2) ②, ③ 첨부서류의 내용이 영 제19조(공사감리) ②, ⑤, ⑥, ⑦의 규정에 적합한지 여부

　② 건축사보가 영 제19조(공사감리) ②, ⑤, ⑥, ⑦의 규정에 따른 건축공사 현장에 이중으로 배치되어 있는지 여부

2) 대한건축사협회는 건축사보 배치현황을 관리하여야 하며, 이중배치 등을 발견(→확인)한 경우 지체 없이 그 사실 등을 관계 시·도지사(→시·도지사, 허가권자 및 그 밖에 다음의 자)에게 알려야 함

　①「주택법」에 따른 주택건설사업 사업계획승인권자(이하 "주택건설사업계획승인권자")

　②「건설기술진흥법 시행규칙」에 따른 건설엔지니어링 실적관리 수탁기관(이하 "건설엔지니어링 실적관리 수탁기관")

(7) 대한건축사협회의 건축사보 이중배치의 확인〈시행 2024.3.13.〉

대한건축사협회는 다음의 자료를 활용하여 건축사보가 공사현장에 이중으로 배치되어 있는지 여부를 확인한다.

---

① 건축사보 배치현황 자료

② 국토교통부장관이 정하는 바에 따라 주택건설사업계획승인권자로부터 받은 감리원 배치 자료

③ 국토교통부장관이 정하는 바에 따라 건설엔지니어링 실적관리 수탁기관으로부터 받은 건설엔지니어링 참여 기술인의 현황 자료

---

③ 허가권자가 공사감리자를 지정하는 소규모 건축물 (법 제25조제2항) (영 제19조의2) (규칙 제19조의3,4)

법 제25조【건축물의 공사감리】

① 건축주는 대통령령으로 정하는 용도·규모 및 구조의 건축물을 건축하는 경우 건축사나 대통령령으로 정하는 자를 공사감리자(공사시공자 본인 및 「독점규제 및 공정거래에 관한 법률」 제2조에 따른 계열회사는 제외한다)로 지정하여 공사감리를 하게 하여야 한다. 〈개정 2016.2.3.〉

② 제1항에도 불구하고 「건설산업기본법」 제41조제1항 각 호에 해당하지 아니하는 소규모 건축물로서 건축주가 직접 시공하는 건축물 및 주택으로 사용하는 건축물 중 대통령령으로 정하는 건축물의 경우에는 대통령령으로 정하는 바에 따라 허가권자가 해당 건축물의 설계에 참여하지 아니한 자 중에서 공사감리자를 지정하여야 한다. 다만, 다음 각 호의 어느 하나에 해당하는 건축물의 건축주가 국토교통부령으로 정하는 바에 따라 허가권자에게 신청하는 경우에는 해당 건축물을 설계한 자를 공사감리자로 지정할 수 있다. 〈개정 2020.4.7.〉

1.「건설기술 진흥법」 제14조에 따른 신기술 중 대통령령으로 정하는 신기술을 보유한 자가 그 신기술을 적용하여 설계한 건축물

2.「건축서비스산업 진흥법」 제13조제4항에 따른 역량 있는 건축사로서 대통령령으로 정하는 건축사가 설계한 건축물

3. 설계공모를 통하여 설계한 건축물

③~⑩ "생략"

⑪ 제1항에 따라 건축주가 공사감리자를 지정하거나 제2항에 따라 허가권자가 공사감리자를 지정하는 건축물의 건축주는 제21조에 따른 착공신고를 하는 때에 감리비용이 명시된 감리계약서를 허가권자에게 제출하여야 하고, 제22조에 따른 사용승인을 신청하는 때에는 감리용역 계약내용에 따라 감리비용을 지급하여야 한다. 이 경우 허가권자는 감리 계약서에 따라 감리비용이 지급되었는지를 확인한 후 사용승인을 하여야 한다. 〈개정 2021.7.27〉

⑫ 제2항에 따라 허가권자가 공사감리자를 지정하는 건축물의 건축주는 설계자의 설계의도가 구현되도록 해당 건축물의 설계자를 건축과정에 참여시켜야 한다. 이 경우 「건축서비스산업 진흥법」 제22조를 준용한다. 〈신설 2018.8.14.〉

⑬ 제12항에 따라 설계자를 건축과정에 참여시켜야 하는 건축주는 제21조에 따른 착공신고를 하는 때에 해당 계약서 등 대통령령으로 정하는 서류를 허가권자에게 제출하여야 한다. 〈신설 2018.8.14.〉

⑭ 허가권자는 제2항에 따라 허가권자가 공사감리자를 지정하는 경우의 감리비용에 관한 기준을 해당 지방자치단체의 조례로 정할 수 있다. 〈개정 2020.12.22.〉

해설 1) 허가권자가 공사감리자를 지정하는 건축물을 「건설산업기본법」에 따라 건설업자의 의무시공대상 건축물 외의 건축물로서 단독주택을 제외한 건축물, 분양을 목적으로 하는 30세대 미만의 아파트, 연립주택 및 다세대주택 등으로 정하고,

2) 시·도지사는 모집공고를 거쳐 공사감리자로 지정될 수 있는 건축사의 명부를 작성·관리하며, 허가권자는 건축주가 착공신고 전에 공사감리자 지정을 신청하면 명부에 있는 건축사 중에서 공사감리자를 지정하도록 함.

【1】 허가권자가 공사감리자를 지정하는 소규모 건축물

허가권자는 다음 건축물의 공사감리자를 해당건축물의 설계에 참여하지 않은 자 중에서 지정한다.

(1) 건설사업자의 의무시공 대상 건축물1)에 해당하지 않는 소규모 건축물2)로서 건축주가 직접 시공하는 건축물

1) 건설사업자의 의무시공 대상 건축물(건축 또는 대수선 공사)

	1. 연면적 200㎡ 초과 건축물	
2. 연면적 200㎡ 이하 건축물	■ 주거용 건축물	■ 주거용 외의 건축물
	– 공동주택 – 단독주택 중 　다중주택, 다가구주택, 공관 – 단독주택의 형태를 갖춘 　가정어린이집·공동생활가정·지역 　아동센터 및 노인복지시설(노인 　복지주택은 제외)	– 학교, 어린이집, 유치원, – 특수교육기관 및 장애인평생교육시설 – 평생교육시설, 학원 – 유흥주점, 숙박시설, 다중생활시설 – 병원, 업무시설 – 관광숙박시설, 관광객 이용 시설중 전문 　휴양시설·종합휴양시설 및 관광공연장

2) 소규모 건축물 중 다음의 경우는 제외한다.
　① 단독주택(별표1 제1호가목)
　② 농업·임업·축산업 또는 어업용으로 설치하는 창고·저장고·작업장·퇴비사·축사·양어장 및 그 밖에 이와 유사한 용도의 건축물
　③ 해당 건축물의 건설공사가 「건설산업기본법 시행령」에 따른 경미한 건설공사【참고】

인 경우

【참고】 경미한 건설공사(「건설산업기본법 시행령」 제8조제1항)

1. 종합공사를 시공하는 업종과 그 업종별 업무내용에 해당하는 건설공사	1건 공사의 공사예정금액이 5천만원미만
2. 전문공사를 시공하는 업종과 그 업종별 업무내용에 해당하는 건설공사	공사예정금액이 1천5백만원미만
3. 조립·해체하여 이동이 용이한 기계설비 등의 설치공사	당해 기계설비 등을 제작하거나 공급하는 자가 직접 설치하는 경우에 한함

(2) 주택으로 사용하는 다음의 건축물

① 아파트
② 연립주택
③ 다세대주택
④ 다중주택
⑤ 다가구주택
⑥ ①~⑤에 해당하는 건축물과 그 외의 건축물이 하나의 건축물로 복합된 건축물

【2】 공사감리자의 지정 절차 등

(1) 건축사 명부의 작성 및 관리

시·도지사는 공사감리자를 지정하기 위하여 다음의 자를 대상으로 모집공고를 거쳐 건축사사무소의 개설신고를 한 건축사의 명부를 작성하고 관리하여야 한다.
이 경우 시·도지사는 미리 관할 시장·군수·구청장과 협의하여야 한다.

구 분	근거 규정	대 상
1. 다중이용 건축물	「건축사법」 제23조제1항	건축사사무소의 개설신고를 한 건축사
	「건설기술 진흥법」	건설엔지니어링사업자
2. 그 밖의 경우	「건축사법」 제23조제1항	건축사사무소의 개설신고를 한 건축사

(2) 공사감리자의 지정 신청

건축주는 착공신고를 하기 전에 허가권자에게 공사감리자 지정신청서(별지 제22호의3서식)를 허가권자에게 제출하여야 한다.

(3) 공사감리자의 지정 통보

허가권자는 신청서를 받은 날부터 7일 이내에 건축사 명부에서 공사감리자를 지정한 후 공사감리자 지정통보서(별지 제22호의4서식)를 건축주에게 송부하여야 한다.

(4) 감리계약의 체결

건축주는 지정통보서를 받으면 해당 공사감리자와 감리 계약을 체결하여야 하며, 공사감리자의 귀책사유로 감리 계약이 체결되지 아니하는 경우를 제외하고는 지정된 공사감리자를 변경할 수 없다.

(5) 감리비의 확인

① 건축주는 착공신고 시 감리비용이 명시된 감리 계약서를 허가권자에게 제출해야 한다.
② 건축주는 사용승인 신청 시 감리용역 계약내용에 따라 감리비용을 지급해야 하며, 허가권자는 감리 계약서에 따라 감리비용이 지급되었는지 확인 후 사용승인을 하여야 한다.

(6) 설계자의 건축과정 참여

① 건축주는 설계자의 설계의도가 구현되도록 해당 건축물 설계자를 건축과정에 참여시켜야 한다. 이 경우 「건축서비스산업 진흥법」 제22조(설계의도 구현) 규정을 준용한다.

② 건축주는 착공신고를 하는 때에 다음 서류를 허가권자에게 제출하여야 한다.
- 설계자의 건축과정 참여에 관한 계획서
- 건축주와 설계자와의 계약서

【참고】 「건축서비스산업 진흥법」 제22조

> **법** 제22조 【설계의도 구현】
> ① 공공기관이 대통령령으로 정하는 건축물등의 공사를 발주하는 경우 설계자의 설계의도가 구현되도록 대통령령으로 정하는 바에 따라 해당 건축물등의 설계자를 건축과정에 참여시켜야 한다.
> ② 건축물등의 설계자는 설계의도가 구현될 수 있도록 건축주·시공자·감리자 등에게 설계의 취지 및 건축물의 유지·관리에 필요한 사항을 제안할 수 있다.
> ③ 제1항에 따라 건축과정에 설계자의 적정한 참여가 이루어질 수 있도록 시공자 및 감리자는 이를 정당한 사유 없이 방해하여서는 아니 되며, 설계자의 참여에 관한 내용 및 책임범위 등 필요한 사항은 대통령령으로 정한다.

(7) 세부사항과 감리비용 등의 지정

① 공사감리자 모집공고, 명부작성 방법 및 공사감리자 지정 방법 등에 관한 세부적인 사항은 시·도의 조례로 정한다.
② 감리비용에 관한 기준을 해당 지방자치단체의 조례로 정할 수 있다.

【3】 건축물 설계자의 공사감리자 지정

① 건축주가 국토교통부령으로 정하는 바에 따라 허가권자에게 신청하는 경우 해당 건축물을 설계한 자를 공사감리자로 지정할 수 있다.

대 상	요 건	관련 규정
1. 신기술*을 적용하여 설계한 건축물	* 건축물의 주요구조부 및 주요구조부에 사용하는 마감 재료에 적용하는 신기술을 적용하여 설계한 건축물	「건설기술 진흥법」 제14조
2. 역량 있는 건축사*가 설계한 건축물	* 건축주가 허가권자에게 공사감리 지정을 신청한 날부터 최근 10년간 우측 규정에 해당하는 설계공모 또는 대회에서 당선되거나 최우수 건축 작품으로 수상한 실적이 있는 건축사	「건축서비스산업 진흥법」 제13조제4항, 「건축서비스산업 진흥법 시행령」 제11조제1항
3. 설계공모를 통하여 설계한 건축물		

② 해당 건축물을 설계한 자를 공사감리자로 지정하여 줄 것을 신청하려는 건축주는 '허가권자가 지정하는 감리대상 건축물 제외 신청서(제22호의5서식)'에 다음 서류 중 어느 하나를 첨부하여 허가권자에게 제출해야 한다.

1. 신기술을 보유한 자가 신기술을 적용하여 설계하였음을 증명하는 서류(① 표1.)	
2. 역량있는 건축사임을 증명하는 서류(① 표2.)	
3. 설계공모를 통하여 설계한 건축물임을 증명하는 서류로서 우측 내용이 포함된 서류	·설계공모 방법
	·설계공모 등의 시행공고일 및 공고 매체
	·설계지침서
	·심사위원의 구성 및 운영
	·공모안 제출 설계자 명단 및 공모안별 설계 개요

③ 허가권자는 신청서를 받으면 제출한 서류에 대하여 관계 기관에 사실을 조회할 수 있다.

④ 허가권자는 사실 조회 결과 제출서류가 거짓으로 판명된 경우 건축주에게 그 사실을 알려야 하며, 건축주는 통보받은 날부터 3일 이내에 이의를 제기할 수 있다.

⑤ 허가권자는 신청서를 받은 날부터 7일 이내에 건축주에게 그 결과를 서면으로 알려야 한다.

4 상세시공도면의 작성요청(법 제25조제5항)

연면적의 합계가 5,000㎡ 이상의 건축공사에 있어 공사감리자가 필요하다고 인정하는 경우에는 공사시공자에게 상세시공도면을 작성하도록 요청할 수 있다.

5 감리보고서 등의 작성 등(법 제25조제6항)

【1】감리일지, 감리보고서 등의 작성 및 제출

작성자	구 분	내 용	제 출
감리자	감리일지 (별지 제21호서식)	감리기간동안 감리일지 기록·유지	―
	감리중간보고서 (별지 제22호서식)	공사의 공정이 다음에 다다른 경우(하나의 대지에 2 이상의 건축물을 건축하는 경우 각각의 건축물의 공사를 말함) 1. 철골철근콘크리트조·철근콘크리트조·조적조·보강콘크리트블럭조 (1) 기초공사 시 철근배치를 완료한 경우 (2) 지붕슬래브배근을 완료한 경우 (3) 지상 5개층 마다 상부 슬래브배근을 완료한 경우 2. 철골조 (1) 기초공사 시 철근배치를 완료한 경우 (2) 지붕철골 조립을 완료한 경우 (3) 지상 3개층마다 또는 높이 20m마다 주요구조부의 조립을 완료한 경우 3. 기타의 구조 - 기초공사시 거푸집 또는 주춧돌의 설치를 완료한 경우 4. 위 1.~3.의 건축물이 3층 이상의 필로티형식 건축물인 경우 (1) 해당 건축물의 구조에 따라 위 1.~3.에 해당되는 경우 (2) 건축물 상층부의 하중이 상층부와 다른 구조형식의 하층부로 전달되는 다음에 해당하는 부재(部材)의 철근배치를 완료한 경우 1) 기둥 또는 벽체 중 하나 2) 보 또는 슬래브 중 하나	• 감리자가 건축주에게 제출 • 건축주는 허가권자에게 제출 ① 감리중간보고서 : 감리자에게 받은 때 ② 감리완료보고서: 사용승인 신청할 때 • 감리보고서 제출 시 첨부서류*: 아래 참조
	감리완료보고서 (별지 제22호서식)	공사를 완료한 때 감리보고서를 작성제출	
	위법건축공사 보고서 (별지 제20호서식)	건축공사기간 중 발견한 위법사항에 관하여 시정·재시공 또는 공사중지의 요청에 공사시공자가 따르지 아니하는 경우	감리자가 허가권자에게 제출

* 공사감리보고서 제출시 첨부 서류

1. 건축공사감리 점검표

2. 공사감리일지(별지 제21호서식)

3. 공사추진 실적 및 설계변경 종합

4. 품질시험성과 총괄표

5. 산업표준인증을 받은 자재 및 국토교통부장관이 인정한 자재의 사용 총괄표

6. 공사현장 사진 및 동영상(대상 건축물만 해당)

7. 공사감리자가 제출한 의견 및 자료(제출한 의견 및 자료가 있는 경우만 해당)

【2】감리원 일치 여부에 대한 허가권자의 확인

감리중간보고서·감리완료보고서를 제출받은 허가권자는 공사감리일지에 서명·날인한 감리원과 건축사보 배치현황이 일치하는지 여부를 확인해야 한다.

6 감리행위의 종료

【1】적법하게 건축하는 경우

• 감리일지를 기록·유지하여야 하며

• 감리중간보고서, 감리완료보고서를 건축주에게 제출함으로서 감리 종료

【2】위법사항의 발견시의 조치

공사감리 시「건축법」과 이 법에 따른 명령이나 처분 그 밖에 관계법령에 위반된 사항을 발견하거나, 공사시공자가 설계도서대로 공사를 하지 아니하는 경우

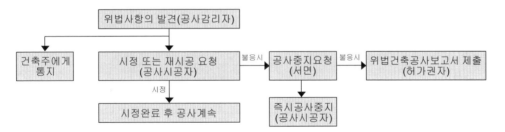

■ 위법사항 발견시에는

| 1. 공사시공자가 시공이나 재시공의 과정을 거쳐 적법하게 완료되는 경우 |
| 2. 시정이나 재시공 요청을 받은 후에 따르지 않는 경우 |
| 3. 공사중지 요청을 받은 후 공사를 계속하는 경우에 있어 |

※ 1의 경우는 감리중간보고서, 감리완료보고서를 건축주에게 제출 후 공사감리 종료

2, 3의 경우는 명시기간이 만료되는 날부터 7일 이내에 위법건축공사보고서를 허가권자에게 제출함으로서 공사감리를 종료

4 건축관계자등에 대한 업무제한 (법 제25조의2)

법 제25조의2 【건축관계자등에 대한 업무제한】

① 허가권자는 설계자, 공사시공자, 공사감리자 및 관계전문기술자(이하 "건축관계자등"이라 한다)가 대통령령으로 정하는 주요 건축물에 대하여 제21조에 따른 착공신고 시부터 「건설산업기본법」 제28조에 따른 하자담보책임 기간에 제40조, 제41조, 제48조, 제50조 및 제51조를 위반하거나 중대한 과실로 건축물의 기초 및 주요구조부에 중대한 손괴를 일으켜 사람을 사망하게 한 경우에는 1년 이내의 기간을 정하여 이 법에 의한 업무를 수행할 수 없도록 업무정지를 명할 수 있다.

② 허가권자는 건축관계자등이 제40조, 제41조, 제48조, 제49조, 제50조, 제50조의2, 제51조, 제52조 및 제52조의4를 위반하여 건축물의 기초 및 주요구조부에 중대한 손괴를 일으켜 대통령령으로 정하는 규모 이상의 재산상의 피해가 발생한 경우(제1항에 해당하는 위반행위는 제외한다)에는 다음 각 호에서 정하는 기간 이내의 범위에서 다중이용건축물 등 대통령령으로 정하는 주요 건축물에 대하여 이 법에 의한 업무를 수행할 수 없도록 업무정지를 명할 수 있다. 〈개정 2019.4.23.〉

1. 최초로 위반행위가 발생한 경우: 업무정지일부터 6개월
2. 2년 이내에 동일한 현장에서 위반행위가 다시 발생한 경우 : 다시 업무정지를 받는 날부터 1년

③ 허가권자는 건축관계자등이 제40조, 제41조, 제48조, 제49조, 제50조, 제50조의2, 제51조, 제52조 및 제52조의4를 위반한 경우(제1항 및 제2항에 해당하는 위반행위는 제외한다)와 제28조를 위반하여 가설시설물이 붕괴된 경우에는 기간을 정하여 시정을 명하거나 필요한 지시를 할 수 있다. 〈개정 2019.4.23.〉

④ 허가권자는 제3항에 따른 시정명령 등에도 불구하고 특별한 이유 없이 이를 이행하지 아니한 경우에는 다음 각 호에서 정하는 기간 이내의 범위에서 이 법에 의한 업무를 수행할 수 없도록 업무정지를 명할 수 있다.

1. 최초의 위반행위가 발생하여 허가권자가 지정한 시정기간 동안 특별한 사유 없이 시정하지 아니하는 경우 : 업무정지일부터 3개월
2. 2년 이내에 제3항에 따른 위반행위가 동일한 현장에서 2차례 발생한 경우 : 업무정지일부터 3개월
3. 2년 이내에 제3항에 따른 위반행위가 동일한 현장에서 3차례 발생한 경우 : 업무정지일부터 1년

⑤ 허가권자는 제4항에 따른 업무정지처분을 갈음하여 다음 각 호의 구분에 따라 건축관계자등에게 과징금을 부과할 수 있다.

1. 제4항제1호 또는 제2호에 해당하는 경우: 3억원 이하
2. 제4항제3호에 해당하는 경우: 10억원 이하

⑥ 건축관계자등은 제1항, 제2항 또는 제4항에 따른 업무정지처분에도 불구하고 그 처분을 받기 전에 계약을 체결하였거나 관계 법령에 따라 허가, 인가 등을 받아 착수한 업무는 제22조에 따른 사용승인을 받은 때까지 계속 수행할 수 있다.

⑦ 제1항부터 제5항까지에 해당하는 조치는 그 소속 법인 또는 단체에게도 동일하게 적용한다. 다만, 소속 법인 또는 단체가 위반행위를 방지하기 위하여 해당 업무에 관하여 상당한 주의와 감독을 게을리하지 아니한 경우에는 그러하지 아니하다.

⑧ 제1항부터 제5항까지의 조치는 관계 법률에 따라 건축허가를 의제하는 경우의 건축관계자등에게 동일하게 적용한다.

⑨ 허가권자는 제1항부터 제5항까지의 조치를 한 경우 그 내용을 국토교통부장관에게 통보하여야 한다.

⑩ 국토교통부장관은 제9항에 따라 통보된 사항을 종합관리하고, 허가권자가 해당 건축관계

자등과 그 소속 법인 또는 단체를 알 수 있도록 국토교통부령으로 정하는 바에 따라 공개하여야 한다.
⑪ 건축관계자등, 소속 법인 또는 단체에 대한 업무정지처분을 하려는 경우에는 청문을 하여야 한다.
[본조신설 2016.2.3.]

해설 건축관계자등에 대한 업무제한 제도 도입(2016.2.3. 신설/시행 2017.2.4)
1) 대통령령으로 정하는 주요 건축물에 대하여 건축관계자등이 건축법 제40조, 제41조 등을 위반하거나 중대한 과실로 건축물의 기초 및 주요구조부에 중대한 손괴를 일으켜 사람을 사망하게 한 경우에 1년 이내에서 업무정지를, 대통령령으로 정하는 규모 이상의 재산상 피해가 발생한 경우에는 최초 적발 시 6개월 이내, 그로부터 2년이 지나기 전에 재차 적발 시 1년 이내의 업무정지를 명할 수 있도록 함.
2) 제40조, 제41조 등을 위반한(사망사고 및 재산상 피해 제외) 경우와 제28조를 위반하여 가설시설물이 붕괴한 경우에는 시정명령 후 시정조치 불이행시 3개월 이내, 2년 이내 재적발 시 3개월 이내, 3차 적발시 1년 이내에서 업무정지를 명할 수 있도록 함.

【1】 업무제한

허가권자는 건축관계자등(설계자, 공사시공자, 공사감리자 및 관계전문기술자)이 대지안전 및 토지굴착 규정 등을 위반하거나 중대한 과실로 건축물의 기초 및 주요구조부에 중대한 손괴를 일으켜 사람을 사망하게 한 경우 등에는 이 법에 의한 업무를 수행할 수 없도록 업무정지 등을 명할 수 있다.

① 사망사고시의 업무제한

대상 건축물	위반 발생기간	위반 법규정	위반 및 피해내용	처분 내용
1. 다중이용 건축물 2. 준다중이용 건축물	착공신고 시부터 하자담보책임 기간	대지의 안전 등(법 제40조) 토지굴착부분에 대한 조치 (법 제41조) 구조내력 등(법 제48조) 건축물의 내화구조와 방화벽(법 제50조) 방화지구안의 건축물(법 제51조)	좌측규정을 위반하거나 중대한 과실로 건축물의 기초 및 주요구조부에 중대한 손괴를 일으켜 사람을 사망하게 한 경우	1년 이내 업무정지

② 재산상 피해 발생시의 업무제한

위반 법규정	위반 및 피해내용	처분내용
대지의 안전 등(법 제40조) 토지굴착부분에 대한 조치 (법 제41조) 구조내력 등(법 제48조) 건축물의 피난시설 및 용도제한 등(법 제49조) 건축물의 내화구조와 방화벽(법 제50조) 고층건축물의 피난 및 안전관리(법 제50조의2) 방화지구안의 건축물(법 제51조) 건축물의 마감재료(법 제52조) 건축자재의 품질관리 등(법 제52조의4)	좌측 규정을 위반하여 건축물의 기초 및 주요구조부에 중대한 손괴를 일으켜 대통령령으로 정하는 규모 이상의 재산상의 피해가 발생한 경우 ※ 위 ①에 해당하는 위반행위 제외	·최초발생시 : 업무정지일부터 6개월 ·2년이내 동일현장에서 재발생시:다시 업무정지받은 날부터 1년 * 위 기간 이내의 범위에서 다중이용건축물, 준다중이용건축물에 대한 업무정지를 명할 수 있다.

③ 가설시설물 붕괴 등 피해 발생시의 업무제한

위반 법규정	위반 및 피해내용	처분내용
대지의 안전 등(법 제40조) 토지굴착부분에 대한 조치 (법 제41조) 구조내력 등(법 제48조) 건축물의 피난시설 및 용도제한 등(법 제49조) 건축물의 내화구조와 방화벽(법 제50조) 고층건축물의 피난 및 안전관리(법 제50조의2) 방화지구안의 건축물(법 제51조) 건축물의 마감재료(법 제52조) 건축자재의 품질관리 등(법 제52조의4)	좌측 규정을 위반하거나 공사현장의 위해 방지 등(법 제28조)을 위반하여 가설시설물이 붕괴된 경우 ※ 위 ①, ②에 해당하는 위반행위 제외	기간을 정하여 시정을 명하거나 필요한 지시를 할 수 있음

④ 위 ③의 처분내용 미 이행시의 조치

허가권자는 시정명령에도 특별한 이유 없이 이행하지 아니한 경우 다음의 기간 범위에서 업무를 수행할 수 없도록 업무정지를 명할 수 있다.

1. 최초의 위반행위가 발생하여 허가권자가 지정한 시정기간 동안 특별한 사유 없이 시정하지 아니하는 경우	업무정지일부터 3개월
2. 2년 이내에 제3항에 따른 위반행위가 동일한 현장에서 2차례 발생한 경우	업무정지일부터 3개월
3. 2년 이내에 제3항에 따른 위반행위가 동일한 현장에서 3차례 발생한 경우	업무정지일부터 1년

⑤ 과징금의 부과

허가권자는 위 ④의 업무정지처분을 갈음하여 다음의 구분에 따라 건축관계자등에게 과징금을 부과할 수 있다.

1. ④ 1., 2.에 해당하는 경우	3억원 이하
2. ④ 3.에 해당하는 경우	10억원 이하

【2】 처분 전 계약 또는 착수한 업무의 계속 수행 등

① 건축관계자등은 위 【1】의 ①, ②, ④의 업무정지처분 받기 전에 계약을 체결하였거나 관계 법령에 따라 허가, 인가 등을 받아 착수한 업무는 사용승인을 받은 때까지 계속 수행할 수 있다.
② 위 조치들은 그 소속 법인 또는 단체에게도 동일하게 적용한다.

　예외　소속 법인 또는 단체가 위반행위를 방지하기 위하여 해당 업무에 관하여 상당한 주의와 감독을 게을리하지 않은 경우

③ 위 조치는 관계 법률에 따라 건축허가를 의제하는 경우의 건축관계자등에게 동일하게 적용한다.

【3】 조치내용의 통보

① 위 조치를 한 경우 국토교통부장관에게 통보하여야 한다.
② 국토교통부장관은 통보된 사항을 종합관리하고, 허가권자가 해당 건축관계자등과 그 소속 법인 또는 단체를 알 수 있도록 다음의 사항을 전자정보처리 시스템에 게시하는 방법으로 공개하여야 한다.

1. 위 【1】 의 조치를 받은 조치대상자^{주1)}의 이름, 주소 및 자격번호^{주2)}

1. 위 【1】 의 조치를 받은 조치대상자[주1)]의 이름, 주소 및 자격번호[주2)]
   주1) 설계자, 공사시공자, 공사감리자, 관계전문기술자(위 【2】 에 따라 동일한 조치를 한 경우 법
      인 또는 단체를 포함)
   주2) 법인 또는 단체는 그 명칭, 사무소 또는 사업소의 소재지, 대표자의 이름 및 법인 등록번호

2. 조치대상자에 대한 조치의 사유

3. 조치대상자에 대한 조치 내용 및 일시

4. 그 밖에 국토교통부장관이 필요하다고 인정하는 사항

【4】 청문

건축관계자등, 소속 법인 또는 단체에 대한 업무정지처분을 하려는 경우에는 청문을 하여야 한다.

5 사용승인 등 (법 제22조) (영 제17조) (규칙 제16조, 제17조)

■ 건축물의 사용승인

법 제22조 【건축물의 사용승인】

① 건축주가 제11조·제14조 또는 제20조제1항에 따라 허가를 받았거나 신고를 한 건축물의 건축공사를 완료[하나의 대지에 둘 이상의 건축물을 건축하는 경우 동(棟)별 공사를 완료한 경우를 포함한다]한 후 그 건축물을 사용하려면 제25조제6항에 따라 공사감리자가 작성한 감리완료보고서(같은 조 제1항에 따른 공사감리자를 지정한 경우만 해당된다)와 국토교통부령으로 정하는 공사완료도서를 첨부하여 허가권자에게 사용승인을 신청하여야 한다. 〈개정 2016.2.3.〉

② 허가권자는 제1항에 따른 사용승인신청을 받은 경우 국토교통부령으로 정하는 기간에 다음 각 호의 사항에 대한 검사를 실시하고, 검사에 합격된 건축물에 대하여는 사용승인서를 내주어야 한다. 다만, 해당 지방자치단체의 조례로 정하는 건축물은 사용승인을 위한 검사를 실시하지 아니하고 사용승인서를 내줄 수 있다. 〈개정 2013.3.23〉

1. 사용승인을 신청한 건축물이 이 법에 따라 허가 또는 신고한 설계도서대로 시공되었는지의 여부

2. 감리완료보고서, 공사완료도서 등의 서류 및 도서가 적합하게 작성되었는지의 여부

③ 건축주는 제2항에 따라 사용승인을 받은 후가 아니면 건축물을 사용하거나 사용하게 할 수 없다. 다만, 다음 각 호의 어느 하나에 해당하는 경우에는 그러하지 아니하다. 〈개정 2013.3.23〉

1. 허가권자가 제2항에 따른 기간 내에 사용승인서를 교부하지 아니한 경우

2. 사용승인서를 교부받기 전에 공사가 완료된 부분이 건폐율, 용적률, 설비, 피난·방화 등 국토교통부령으로 정하는 기준에 적합한 경우로서 기간을 정하여 대통령령으로 정하는 바에 따라 임시로 사용의 승인을 한 경우

④ 건축주가 제2항에 따른 사용승인을 받은 경우에는 다음 각 호에 따른 사용승인·준공검사 또는 등록신청 등을 받거나 한 것으로 보며, 공장건축물의 경우에는 「산업집적활성화 및 공장설립에 관한 법률」 제14조의2에 따라 관련 법률의 검사 등을 받은 것으로 본다. 〈개정 2020.3.31.〉

1. 「하수도법」 제27조에 따른 배수설비(排水設備)의 준공검사 및 같은 법 제37조에 다른 개인하수처리시설의 준공검사

2. 「공간정보의 구축 및 관리 등에 관한 법률」 제64조에 따른 지적공부(地籍公簿)의 변동사항 등록신청

3. 「승강기 안전관리법」 제28조에 따른 승강기 완성검사

4. 「에너지이용 합리화법」 제39조에 따른 보일러 설치검사
5. 「전기안전관리법」 제9조에 따른 전기설비의 사용전검사
6. 「정보통신공사업법」 제36조에 따른 정보통신공사의 사용전검사
7. 「도로법」 제62조제2항에 따른 도로점용 공사의 준공확인
8. 「국토의 계획 및 이용에 관한 법률」 제62조에 따른 개발 행위의 순공검사
9. 「국토의 계획 및 이용에 관한 법률」 제98조에 따른 도시·군계획시설사업의 준공검사
10. 「물환경보전법」 제37조에 따른 수질오염물질 배출시설의 가동개시의 신고
11. 「대기환경보전법」 제30조에 따른 대기오염물질 배출시설의 가동개시의 신고
12. 삭제 〈2009.6.9〉
⑤ 허가권자는 제2항에 따른 사용승인을 하는 경우 제4항 각 호의 어느 하나에 해당하는 내용이 포함되어 있으면 관계 행정기관의 장과 미리 협의하여야 한다.
⑥ 특별시장 또는 광역시장은 제2항에 따라 사용승인을 한 경우 지체 없이 그 사실을 군수 또는 구청장에게 알려서 건축물대장에 적게 하여야 한다. 이 경우 건축물대장에는 설계자, 대통령령으로 정하는 주요 공사의 시공자, 공사감리자를 적어야 한다.

해설 건축주가 공사완료 후 건축물을 사용하고자 하는 경우 사용승인을 받아야 한다.

사용승인 대상은 건축허가나 신고대상 건축물, 허가대상 가설건축물과 용도변경 허가 및 신고대상 건축물이다. 사용승인을 신청하는 경우 대상건축물은 모두 사용승인을 위한 검사를 받아야 하나, 조례로 정하는 건축물은 검사 없이 감리완료보고서를 첨부하여 사용승인을 받을 수 있다.

또한, 임시사용승인 등의 조치를 받은 경우에도 사용승인 없이 일정기간 동안 건축물을 사용할 수 있다.

① 건축물의 사용승인

【1】 건축물의 사용승인

건축주가 허가권자에게 사용승인신청서(별지 제17호서식)에 다음 대상별 도서를 첨부하여 신청

대 상	사용승인 신청시 첨부서류	사용승인서의 교부
1. 공사감리자를 지정해야 하는 다음 건축물 - 건축허가대상 건축물 - 허가대상 가설건축물 - 사용승인을 얻은 후 15년 이상 경과된 리모델링 건축물 - 리모델링 활성화구역안의 건축물	공사감리완료보고서	신청서를 받은 날부터 7일 이내에 사용승인을 위한 현장검사를 실시후 교부
2. 건축허가, 신고 및 변경사항의 허가, 신고를 한 도서에 변경이 있는 경우	설계변경사항이 반영된 최종 공사완료도서	
3. 건축신고를 하여 건축한 건축물	배치 및 평면이 표시된 현황도면	
4. 「액화석유가스의 안전관리 및 사업법」에 따라 액화석유가스의 사용시설에 대한 완성검사를 받아야 할 건축물	액화석유가스 완성검사 증명서	
5. 내진능력을 공개하여야 하는 건축물	건축구조기술사가 날인한 근거자료	

6. 숙박시설 중 생활숙박시설(30실 이상이거나 영업장 면적이 해당 건축물 연면적의 1/3 이상인 것으로 한정)	관련규정 위반시 제채처분에 관한 사항을 확인했다고 서명 또는 날인한 생활숙박시설관련 확인서(「건축물의 분양에 관한 법률 시행규칙」 별지 제2호의 2서식) 사본
7. 사용승인·준공검사 또는 등록신청 등을 받거나 하기 위하여 해당 법령에서 제출하도록 의무화하고 있는 신청서 및 첨부서류(해당 사항이 있는 경우)	
8. 감리비용을 지불하였음을 증명하는 서류(해당 사항이 있는 경우)	

- 하나의 대지에 2이상의 건축물을 건축하는 경우, 동별공사를 완료한 경우를 포함
- 건축주는 원칙적으로 사용승인을 얻은 후에 그 건축물을 사용하거나 사용하게 할 수 있다. (단, 기간내에 사용승인서를 교부하지 않거나, 임시사용승인의 경우 제외)
- 건축조례로 정하는 건축물은 사용승인을 위한 검사를 실시하지 아니하고 사용승인서를 교부할 수 있다.

【2】 사용승인을 위한 검사의 내용

1. 사용승인을 신청한 건축물이 「건축법」에 따라 허가 또는 신고한 설계도서대로 시공되었는지의 여부
2. 감리완료보고서, 공사완료도서 등의 서류 및 도서가 적합하게 작성되었는지의 여부

【3】 사용승인의 의제처리

건축주가 사용승인을 얻은 경우 아래 규정에 의한 준공검사를 받거나 등록 신청한 것으로 본다.

내 용	관 련 법 규
1. 배수설비의 준공검사	「하수도법」 제27조
2. 개인하수처리시설의 준공검사	「하수도법」 제37조
3. 지적공부의 변동사항 등록신청	「공간정보의 구축 및 관리 등에 관한 법률」 제64조
4. 승강기 완성검사	「승강기 안전관리법」 제28조
5. 보일러 설치검사	「에너지이용 합리화법」 제39조
6. 전기설비의 사용전검사	「전기안전관리법」 제9조
7. 정보통신공사의 사용전검사	「정보통신공사업법」 제36조
8. 도로점용공사의 준공확인	「도로법」 제62조제2항
9. 개발 행위의 준공검사	「국토의 계획 및 이용에 관한 법률」 제62조
10. 도시·군계획시설사업의 준공검사	「국토의 계획 및 이용에 관한 법률」 제98조
11. 수질오염물질 배출시설의 가동개시의 신고	「물환경보전법」 제37조
12. 대기오염물질 배출시설의 가동개시의 신고	「대기환경보전법」 제30조

- 허가권자는 위사항의 경우 관계행정기관의 장과 미리 협의하여야 함

【4】 건축물 대장 기재통지(법 제22조제6항)

① 허가권자의 사용승인 ──────────────→ 건축물 대장에 기재

② 특별시장, 광역시장의 사용승인 / 21층이상, 10만㎡ 이상의 건축물 ──→ 허가권자에 통지 (군수, 구청장) ──→ 건축물 대장*에 기재

* 건축물대장에는 설계자, 주요 공사의 시공자 【참고】, 공사감리자를 적어야 한다.

【참고】 주요 공사의 시공자

1. 「건설산업기본법」에 따라 <u>종합공사 또는 전문공사</u>를 시공하는 업종을 등록한 자로서 발주자로부터 건설공사를 도급받은 건설사업자
2. 「전기공사업법」·「소방시설공사업법」 또는 「정보통신공사업법」에 따라 공사를 수행하는 시공자
③ 허가(신고)대상 가설건축물은 가설건축물관리대장에 기재·관리한다.

【5】 임시사용승인

구 분	내 용			
대 상	• 사용승인서를 받기 전에 공사가 완료된 부분 • 식수 등 조경에 필요한 조치를 하기에 부적합한 시기에 건축공사가 완료된 건축물			
기 간	• 2년 이내(다만, 허가권자는 대형건축물 또는 암반공사 등으로 인하여 공사기간이 긴 건축물에 대하여는 그 기간을 연장할 수 있음)			
신 청	• 건축주가 임시사용승인신청서를 허가권자에게 제출			
적법 여부의 확인	내 용	법규정	내 용	법규정
	대지의 안전등	법 제40조	건축자재의 품질관리 등	법 제52조의4
	토지 굴착 부분에 대한 조치 등	법 제41조	지하층	법 제53조
	대지안의 조경	법 제42조	건축물의 범죄예방	법 제53조의2
	공개 공지 등의 확보	법 제43조	건축물의 대지가 지역·지구 또는 구역에 걸치는 경우의 조치	법 제54조
	대지와 도로의 관계	법 제44조		
	도로의 지정·폐지 또는 변경	법 제45조	건축물의 건폐율	법 제55조
	건축선의 지정	법 제46조	건축물의 용적률	법 제56조
	건축선에 따른 건축제한	법 제47조	대지의 분할 제한	법 제57조
	구조내력 등	법 제48조	대지 안의 공지	법 제58조
	건축물 내진등급의 설정	법 제48조의2	건축물의 높이 제한	법 제60조
	건축물의 내진능력 공개	법 제48조의3	일조 등의 확보를 위한 건축물의 높이 제한	법 제61조
	부속건축물의 설치와 관리	법 제48조의4		
	건축물의 피난시설 및 용도제한 등	법 제49조	건축설비기준 등	법 제62조
	건축물의 내화구조와 방화벽	법 제50조	승강기	법 제64조
	고층건축물의 피난 및 안전관리	법 제50조의2	관계전문기술자	법 제67조
	방화지구 안의 건축물	법 제51조	기술적 기준	법 제68조
	건축물의 마감재료	법 제52조	특별건축구역 건축물의 검사 등	법 제77조
	실내건축	법 제52조의2		
승 인	• 신청받은 날부터 7일 이내에 임시사용승인서를 신청인에게 교부			

【관련 질의회신】

동별로 사용승인을 얻어 동별로 건축물대장을 작성할 수 있는지 여부

건교부 건축기획팀-692, 2006.2.3

질의 건축허가를 받은 4개 동의 건축물에 대하여 동별로 공사를 완료하여 사용승인을 얻어 동별로 건축물대장을 작성할 수 있는지

회신 건축물을 사용하고자 하는 건축주는 건축법 제18조제1항의 규정에 의하여 건축허가를 받았거나 신고를 한 건축물의 건축공사를 완료한 경우 허가권자에게 사용승인을 신청하여야 하며 여기서, 건축공사를 완료한 경우는 하나의 대지에 2 이상의 건축물을 건축하는 경우를 포함하고 있으므로 동별 사용승인을 신청한 건축물 및 대지가 건축법 등 관계법령의 규정에 적합한 경우에는 동별로도 사용승인이 가능한 것임. 또한 건축법 제18조제2항의 규정에 의하여 사용승인서를 교부한 경우 시장·군수·구청장은 동법 제29조제1항제1호의 규정에 의거 건축물대장에 건축물 및 그 대지에 관한 현황을 기재하고 이를 보관하여야 하는 것임(※ 법 제18조, 제29조 ⇒ 제22조, 제38조, 2008.3.21.)

건축물 사용승인 이전에 입주한 경우 공사시공자 처벌 가능 여부

건교부 건축기획팀-1333, 2006.3.3

질의 건축물 사용승인 이전에 입주한 경우 공사시공자 처벌 가능 여부

회신 건축법 제18조제3항의 규정에 의하면 건축주는 사용승인을 얻은 후가 아니면 그 건축물을 사용하거나 사용하게 할 수 없도록 하고 있으며, 동법 제19조의2에 의하면 공사시공자는 건축법 및 건축법의 규정에 의한 명령이나 처분 기타 관계법령의 규정에 적합하게 건축물을 건축하여 건축주에게 이를 인도하도록 하고 있음. 아울러, 건축주등에 대한 벌칙과 관련하여 건축법 제79조제2호에서는 건축법 제18조제3항의 규정에 위반한 건축주 및 공사시공자는 2년 이하의 징역 또는 1천만원이하의 벌금에 처하도록 하고 있는 바, 건축물 사용승인이전에 공사시공자가 사전입주에 대한 별도의 조치를 취하지 아니하거나 사전입주한 상태에서 공사를 진행한 경우 등에는 동 규정에 의거 조치가 가능할 것으로 판단됨(※ 법 제18조, 제19조의2, 제79조 ⇒ 제22조, 제24조, 제110조, 2008.3.21.)

공동명의 건축주중 일부만 사용승인 신청할 수 있는지 여부

건교부 건축기획팀-636, 2005.10.10

질의 다수인이 공동명의로 건축허가를 받은 건축물에 대하여 사용승인을 신청하고자 하는 경우 공동 건축주 전체가 아니라 공동 건축주중 일부를 제외한 다수가 사용승인을 신청할 수 있는지 여부

회신 건축법 제18조의 규정에 의거 건축물의 사용승인 신청은 건축허가(신고)를 한 건축물의 공사를 완료한 경우 관련서류를 첨부하여 건축주가 하도록 하고 있는 바, 질의의 경우 사용승인 신청 전에 별도로 건축주 명의변경등이 없었다면 당초 건축허가(신고)시 공동 건축주 전체가 사용승인 신청시 건축주가 되어야 할 것으로 판단됨(※ 법 제18조 ⇒ 제22조, 2008.3.21.)

동일 대지에 별도의 건물 2동 중 1동 완공시 임시사용승인 가능여부

건교부 건축 58070-486, 2003.3.19

질의 동일한 대지에 별도의 건물 2동을 개발행위허가와 건축허가를 동시에 받아 공사중 1개동의 건축물이 완공되었을 경우 임시사용승인이 가능한지 여부

회신 건축법 제18조제3항단서 및 동법시행령 제17조제3항·제4항, 동법시행규칙 제17조제2항의 규정에 위반되지 않고 당해 건축물의 사용에 지장이 없는 경우에 한하여 2년의 범위안에서 임시사용승인이 가능한 것이니, 구체적인 사항은 당해지역의 허가권자인 시장·군수·구청장에게 문의하기 바람(※ 법 제18조 ⇒ 제22조, 2008.3.21.)

실내 마감공사 미시공시 사용승인여부

건교부 건축 58070-897, 1999.3.12

질의 소방법 등에 적합한 경우 설계도서대로 실내 마감공사를 일부 미 시공한 상태에서 사용승인이 가능한지

회신 건축법 제18조의 규정에 의한 사용승인은 당해 건축허가를 받은 건축주가 건축법 및 관계법령에 적합하게 공사를 완료한 경우 신청하는 것으로, 마감공사의 일부를 시공하지 아니한 경우라도 건축법 제43조의 규정과 소방법 등 관계법령에 적합하면 이를 일괄 표기하여 사용승인 신청 및 승인이 가능한 것임(※ 법 제18조, 제43조 ⇒ 제22조, 제52조, 2008.3.21)

② 현장조사·검사 및 확인업무의 대행 (법 제27조) (영 제20조) (규칙 제21조)

> **제27조 【현장조사·검사 및 확인업무의 대행】**
> ① 허가권자는 이 법에 따른 현장조사·검사 및 확인업무를 대통령령으로 정하는 바에 따라 「건축사법」 제23조에 따라 건축사사무소개설신고를 한 자에게 대행하게 할 수 있다. 〈개정 2014.5.28〉
> ② 제1항에 따라 업무를 대행하는 자는 현장조사·검사 또는 확인결과를 국토교통부령으로 정하는 바에 따라 허가권자에게 서면으로 보고하여야 한다.
> ③ 허가권자는 제1항에 따른 자에게 업무를 대행하게 한 경우 국토교통부령으로 정하는 범위에서 해당 지방자치단체의 조례로 정하는 수수료를 지급하여야 한다.

해설 건축물에 관한 조사·검사 및 확인업무는 공무원이 처리 및 확인하여야 할 사항이다. 이는 공무원의 업무과중을 경감시키는 측면과 주민의 편익증진의 측면에서 전문가인 건축사로 하여금 업무를 대행하게 하여 불법건축물을 방지하고 건축물의 질을 높이기 위함이다. 업무대행자의 업무범위와 업무대행절차 등은 지방자치단체의 조례로 정하며, 건축허가, 건축신고에 관한 조사·검사 및 확인업무를 제외한 사용승인 및 임시사용승인을 위한 조사·검사 및 확인업무는 해당 건축물의 설계·감리자 이외의 건축사로 하여금 업무를 대행하도록 하였다.

■ 업무의 대행

【1】 대상
 - 건축조례로 정하는 건축물

【2】 대행업무의 내용
  ① 건축허가와 관련된 현장조사·검사 및 확인업무
  ② 건축신고와 관련된 현장조사·검사 및 확인업무
  ③ 사용승인과 관련된 현장조사·검사 및 확인업무
  ④ 임시사용승인과 관련된 현장조사·검사 및 확인업무

【3】 대행자의 선정

– 위 ③, ④의 경우

1. 해당 건축물의 설계자 또는 공사감리자가 아닌 건축사일 것

2. 건축주의 추천을 받지 아니하고 허가권자가 직접 선정할 것

【4】 업무대행건축사의 명부 작성·관리 등

① 시·도지사는 업무대행건축사의 명부를 모집공고를 거쳐 작성·관리해야 한다.
  – 이 경우 시·도지사는 미리 관할 시장·군수·구청장과 협의해야 한다.
② 허가권자는 명부에서 업무대행 건축사를 지정해야 한다.
③ 업무대행건축사 모집공고, 명부 작성·관리 및 지정에 필요한 사항은 시·도의 조례로 정한다.

【5】 보고

업무대행자는 ① 건축허가조사 및 검사조서(별지 제23호 서식)
　　　　　　 ② 사용승인조사 및 검사조서(별지 제24호 서식)를 허가권자에 보고

【6】 건축허가서 또는 사용승인서의 교부

① 허가권자는 업무대행자가 적합한 것으로 작성한 건축허가조사 및 검사조서 또는 사용승인조사 및 검사조서를 받은 때에는 지체 없이 건축허가서 또는 사용승인서를 교부하여야 한다.
② 건축허가를 할 때 도지사의 승인이 필요한 건축물인 경우 미리 도지사의 승인을 받아 건축허가서를 발급하여야 한다.

【7】 수수료의 지급

허가권자는 현장조사·검사 및 확인업무를 대행하는 자에게 「엔지니어링기술 진흥법」에 따라 산업통상자원부장관이 고시하는 엔지니어링사업 대가기준의 범위에서 건축조례로 정하는 수수료를 지급하여야 함

【관련 질의회신】

건축물설계자의 현장조사 업무가능 여부

건교부 건축 58070-1650, 1999.5.7

질의 건축물의 사용승인을 위한 조사·검사 확인업무는 위법시공여부를 확인하는 업무로 설계, 감리자가 아닌 건축사가 행하여야 하나 건축허가를 위한 조사·검사는 건축설계를 하기 위하여 대지의 지형(고, 저, 경사 등)을 조사하는 업무로 설계자가 행할 수 있는지

회신 건축물의 설계를 위한 현장조사·검사는 설계자가 하여야 하는 것이나 건축법 제23조의 규정에 의한 건축허가를 위한 현장조사·검사의 대행은 공사의 설계자 또는 공사감리자가 아닌 제3의 건축사가 하는 것임(※ 법 제23조 ⇒ 제27조, 2008.3.21)

③ 용도변경 (법 제19조) (영 제14조) (규칙 제12조의2)

법 제19조 【용도변경】

① 건축물의 용도변경은 변경하려는 용도의 건축기준에 맞게 하여야 한다.

② 제22조에 따라 사용승인을 받은 건축물의 용도를 변경하려는 자는 다음 각 호의 구분에 따라 국토교통부령으로 정하는 바에 따라 특별자치시장·특별지치도지사 또는 시장·군수·구청장의 허가를 받거나 신고를 하여야 한다. 〈개정 2014.1.14〉

1. 허가 대상 : 제4항 각 호의 어느 하나에 해당하는 시설군(施設群)에 속하는 건축물의 용도를 상위군(제4항 각 호의 번호가 용도변경하려는 건축물이 속하는 시설군보다 작은 시설군을 말한다)에 해당하는 용도로 변경하는 경우

2. 신고 대상 : 제4항 각 호의 어느 하나에 해당하는 시설군에 속하는 건축물의 용도를 하위군(제4항 각 호의 번호가 용도변경하려는 건축물이 속하는 시설군보다 큰 시설군을 말한다)에 해당하는 용도로 변경하는 경우

③ 제4항에 따른 시설군 중 같은 시설군 안에서 용도를 변경하려는 자는 국토교통부령으로 정하는 바에 따라 특별자치시장·특별자치도지사 또는 시장·군수·구청장에게 건축물대장 기재내용의 변경을 신청하여야 한다. 다만, 대통령령으로 정하는 변경의 경우에는 그러하지 아니하다. 〈개정 2014.1.14〉

④ 시설군은 다음 각 호와 같고 각 시설군에 속하는 건축물의 세부 용도는 대통령령으로 정한다.

1. 자동차 관련 시설군
2. 산업 등의 시설군
3. 전기통신시설군
4. 문화 및 집회시설군
5. 영업시설군
6. 교육 및 복지시설군
7. 근린생활시설군
8. 주거업무시설군
9. 그 밖의 시설군

⑤ 제2항에 따른 허가나 신고 대상인 경우로서 용도변경하려는 부분의 바닥면적의 합계가 100제곱미터 이상인 경우의 사용승인에 관하여는 제22조를 준용한다. 다만, 용도변경하려는 부분의 바닥면적의 합계가 500제곱미터 미만으로서 대수선에 해당되는 공사를 수반하지 아니하는 경우에는 그러하지 아니하다. 〈개정 2016.1.19.〉

⑥ 제2항에 따른 허가 대상인 경우로서 용도변경하려는 부분의 바닥면적의 합계가 500제곱미터 이상인 용도변경(대통령령으로 정하는 경우는 제외한다)의 설계에 관하여는 제23조를 준용한다.

⑦ 제1항과 제2항에 따른 건축물의 용도변경에 관하여는 제3조, 제5조, 제6조, 제7조, 제11조제2항부터 제9항까지, 제12조, 제14조부터 제16조까지, 제18조, 제20조, 제27조, 제29조, 제38조, 제42조부터 제44조까지, 제48조부터 제50조까지, 제50조의2, 제51조부터 제56조까지, 제58조, 제60조부터 제64조까지, 제67조, 제68조, 제78조부터 제87조까지의 규정과 「녹색건축물 조성 지원법」 제15조 및 「국토의 계획 및 이용에 관한 법률」 제54조를 준용한다. 〈개정 2019.4.30.〉

해설 건축물의 용도변경은 건축물의 건축과는 달리, 사용승인을 받은 건축물의 사용용도를 변경하는 행위이다. 이에 종전의 「건축법」에서는 행정절차의 간소화 측면에서 신고제로 운용하여 왔으나, 현행법령에서는
① 허가대상
② 신고대상
③ 건축물대장 기재사항 변경 신청대상
④ 건축물대장 기재사항 변경 신청없이 용도변경가능 대상
으로 구분하여 시행하고 있다.

【1】 건축물의 용도변경은 변경하려는 용도의 건축기준에 맞게 하여야 한다.

【2】 용도변경을 위한 9개시설군[상위군(1)으로부터 하위군(9)순으로 정렬]

용도변경시설군	각 시설군별 건축물의 용도
1. 자동차 관련 시설군	자동차 관련 시설
2. 산업 등 시설군	가. 운수시설　나. 창고시설　다. 공장　라. 위험물저장 및 처리시설 마. 자원순환 관련 시설　바. 묘지관련시설　사. 장례시설
3. 전기통신시설군	가. 방송통신시설　나. 발전시설
4. 문화집회시설군	가. 문화 및 집회시설　나. 종교시설　다. 위락시설　라. 관광휴게시설
5. 영업시설군	가. 판매시설　　나. 운동시설　　다. 숙박시설 라. 제2종근린생활시설 중 다중생활시설
6. 교육 및 복지시설군	가. 의료시설　　나. 교육연구시설　　다. 노유자시설 라. 수련시설　　마. 야영장시설
7. 근린생활시설군	가. 제1종근린생활시설　나. 제2종근린생활시설(다중생활시설 제외)
8. 주거업무시설군	가. 단독주택　나. 공동주택　다. 업무시설　라. 교정시설 마. 국방·군사시설
9. 그 밖의 시설군	동물 및 식물관련시설

【3】 허가대상 용도변경
① 대상 : 건축물의 용도를 상위군 용도로 변경하는 경우
② 제출서류 : 1. 건축·대수선·용도변경 (변경)허가 신청서(별지 제1호의4서식)
　　　　　　　2. 용도를 변경하려는 층의 변경 후의 평면도(변경 전의 평면도의 확인은 허가권자가 행정정보의 공동이용을 통해 건축물대장의 확인 등의 방법으로 확인)
　　　　　　　3. 용도변경에 따라 변경되는 내화·방화·피난 또는 건축설비에 관한 사항을 표시한 도서
　※ 용도변경의 변경허가를 받으려는 자는 건축·대수선·용도변경 (변경)허가 신청서에 변경 전·후의 설계도서를 첨부하여 특별자치시장·특별자치도지사 또는 시장·군수·구청장에게 제출해야 한다.

【4】 신고대상 용도변경
① 대상 : 건축물의 용도를 하위군 용도로 변경하는 경우

② 제출서류 : 1. 건축·대수선·용도변경 (변경)신고서(별지 제6호서식)
　　　　　　　 2. 용도를 변경하려는 층의 변경 후의 평면도(변경 전의 평면도의 확인은 허가권자
　　　　　　　　　가 행정정보의 공동이용을 통해 건축물대장의 확인 등의 방법으로 확인)
　　　　　　　 3. 용도변경에 따라 변경되는 내화·방화·피난 또는 건축설비에 관한 사항을
　　　　　　　　　표시한 도서
　　※ 용도변경의 변경신고를 하려는 자는 건축·대수선·용도변경 (변경)신고서에 변경 전·후의 설계도
　　서를 첨부하여 특별자치시장·특별자치도지사 또는 시장·군수·구청장에게 제출해야 한다.

【5】 건축물대장 기재내용의 변경신청 대상
　- 같은 시설군내에서 용도를 변경하고자 하는 경우

【6】 건축물대장 기재내용의 변경신청 없이 용도변경이 가능한 대상
　① 용도별 건축물의 종류(영 별표1)의 같은 호에 속하는 건축물 상호간의 용도변경
　② 「국토의 계획 및 이용에 관한 법률」 등에서 정하는 용도제한에 적합한 범위에서 제1종 근린
　　생활시설과 제2종 근린생활시설 상호 간의 용도변경

　예외 다음 용도로의 변경은 위 【5】 의 규정을 적용한다.

별표1의 호	목	세부용도
3. 제1종 근린생활시설	다.	목욕장
	라.	의원, 치과의원, 한의원, 침술원, 접골원(接骨院), 조산원, 안마원, 산후조리원 등 주민의 진료·치료 등을 위한 시설
4. 제2종 근린생활시설	가.	공연장(극장, 영화관, 연예장, 음악당, 서커스장, 비디오물감상실, 비디오물소 극장 등)으로서 바닥면적의 합계가 500㎡ 미만인 것
	사.	소년게임제공업소, 복합유통게임제공업소, 인터넷컴퓨터게임시설제공업소 등 게임 관련 시설로서 바닥면적의 합계가 500㎡ 미만인 것
	카.	학원(자동차학원·무도학원 및 정보통신기술을 활용하여 원격으로 교습하는 것 제외), 교습소(자동차교습·무도교습 및 정보통신기술을 활용하여 원격으로 교습하는 것 제외), 직업훈련소(운전·정비 관련 직업훈련소는 제외)로서 바닥면적의 합계가 500㎡ 미만인 것
	파.	골프연습장, 놀이형시설
	더.	단란주점으로서 바닥면적의 합계가 150㎡ 미만인 것
	러.	안마시술소, 노래연습장
7. 판매시설	다.2)	청소년게임제공업의 시설, 일반게임제공업의 시설, 인터넷컴퓨터게임시설제공업의 시설 및 복합유통게임제공업의 시설로서 제2종 근린생활시설에 해당하지 아니하는 것
15. 숙박시설	가.	생활숙박시설
16. 위락시설	가.	단란주점으로서 제2종 근린생활시설에 해당하지 아니하는 것
	나.	유흥주점이나 그 밖에 이와 비슷한 것

【7】 용도변경면적에 따른 준용규정

용도변경 구분	용도변경부분 바닥면적의 합계	건축법 준용규정	예 외
허가 및 신고 대상	100㎡ 이상	(제22조) 건축물의 사용승인	용도변경 부분의 바닥면적 합계가 500㎡ 미만으로 대수선을 수반하지 아니하는 경우
허가 대상	500㎡ 이상	(제23조) 건축물의 건축사 설계	1층인 축사를 공장으로 용도변경 하는 경우(증축·개축 또는 대수선이 수반되지 아니하고 구조안전·피난 등에 지장이 없는 경우)

【8】 허가서 등의 발급 등

① 특별자치시장·특별자치도지사 또는 시장·군수·구청장은 건축·대수선·용도변경 (변경)허가 신청서를 받은 경우 관계법령에 적합한지 확인 후 건축·대수선·용도변경 허가서(별지 제2호 서식)를 용도변경의 허가 또는 변경허가를 신청한 자에게 발급하여야 함

② 특별자치시장·특별자치도지사 또는 시장·군수·구청장은 건축·대수선·용도변경 (변경)신고 서를 받은 때에는 그 기재내용 확인 후 건축·대수선·용도변경 신고필증(별지 제7호서식)을 신고인에게 발급하여야 함

③ 건축·대수선·용도변경 허가서 및 건축·대수선·용도변경 신고필증의 발급의 경우 규칙 제8 조제3항(건축·대수선·용도변경 허가(신고)대장을 건축물의 용도별 및 월별로 작성·관리) 및 제4항(대장의 전자적 처리가 가능한 방법으로 작성·관리)의 규정을 준용함

④ 기존의 건축물의 대지가 법령의 제정·개정이나 기존 건축물의 특례(영 제6조의2제1항)의 사 유로 인하여 법령 등에 부적합하게 된 경우 건축조례로 정하는 바에 따라 용도변경할 수 있음

【9】 용도변경시의 준용규정

법조항	내 용	법조항	내 용
제3조	적용 제외	제42조	대지안의 조경
제5조	적용의 완화	제43조	공개 공지 등의 확보
제6조	기존의 건축물 등에 관한 특례	제44조	대지와 도로의 관계
제7조	통일성을 유지하기 위한 도의 조례	제48조	구조내력 등
제11조(2항~9항)	건축허가	제48조의2	건축물 내진등급의 설정
제12조	건축복합민원 일괄협의회	제48조의3	건축물의 내진능력 공개
제14조	건축신고	제48조의4	부속구조물의 설치 및 관리
제15조	건축주와의 계약 등	제49조	건축물의 피난시설 및 용도제한 등
제16조	허가와 신고사항의 변경	제50조	건축물의 내화구조와 방화벽
제18조	건축허가 제한 등	제50조의2	고층건축물의 피난 및 안전관리
제20조	가설건축물	제51조	방화지구 안의 건축물
제27조	현장조사·검사 및 확인업무의 대행	제52조	건축물의 마감재료
제29조	공용건축물에 대한 특례	제52조의2	실내건축
제38조	건축물대장	제53조	지하층

제53조의2	건축물의 범죄예방	제80조	이행강제금
제54조	대지가 지역·지구 또는 구역에 걸치는 경우의 조치	제80조의2	이행강제금 부과에 관한 특례
제55조	건축물의 건폐율	제81조	기존의 건축물에 대한 안전점검 및 시정명령 등
제56조	건축물의 용적률	제81조의2	빈집 정비
제58조	대지 안의 공지	제82조	권한의 위임과 위탁
제60조	건축물의 높이 제한	제83조	옹벽 등의 공작물에의 준용
제61조	일조 등의 확보를 위한 건축물의 높이 제한	제84조	면적·높이 및 층수의 산정
제62조	건축설비기준 등	제85조	「행정대집행법」의 적용의 특례
제64조	승강기	제86조	청문
제67조	관계전문기술자	제87조	보고와 검사 등
제68조	기술적 기준	녹색건축물 조성 지원법 제15조	건축물에 대한 효율적인 에너지 관리와 녹색건축물 건축의 활성화
제78조	감독	국토계획법* 제54조	지구단위계획구역에서의 건축 등 *국토의 계획 및 이용에 관한 법률
제79조	위반 건축물 등에 대한 조치 등		

【10】 복수 용도의 인정(법 제19조의2, 규칙 제12조의3)

> **법 제19조의2 【복수 용도의 인정】**
> ① 건축주는 건축물의 용도를 복수로 하여 제11조에 따른 건축허가, 제14조에 따른 건축신고 및 제19조에 따른 용도변경 허가·신고 또는 건축물대장 기재내용의 변경 신청을 할 수 있다.
> ② 허가권자는 제1항에 따라 신청한 복수의 용도가 이 법 및 관계 법령에 정한 건축기준과 입지기준 등에 모두 적합한 경우에 한정하여 국토교통부령으로 정하는 바에 따라 복수 용도를 허용할 수 있다.
> [본조신설 2016.1.19.]

① 건축주는 건축물의 용도를 복수로 하여 건축허가, 건축신고 및 용도변경(허가·신고 또는 건축물대장 기재내용의 변경) 신청을 할 수 있다
② 이 법 및 관계 법령에 정한 건축기준과 입지기준 등에 모두 적합한 경우에 한정하여 복수 용도를 허용할 수 있다.
③ 복수 용도는 같은 시설군 내에서 허용할 수 있다.
④ 허가권자는 지방건축위원회의 심의를 거쳐 다른 시설군의 용도간의 복수 용도를 허용할 수 있다.

【관련 질의회신】

의료시설(병원)일부를 근린생활시설(의원)으로 용도변경 가능여부   건교부 고객만족센터, 2007.12.4

질의 지층~4층건물이 건축관리대장상에 의료시설(병원)으로 되어 있어, 현재 한방병원으로 영업하고 있는바 한방병원 일부에 정형외과를 추가로 개설하고자 할 때에 정형외과부분을 제1종근린생활시설(의원)으로 용도변경을 하여야 하는지

[회신] 건축법 시행령 별표1에서 건축물의 용도를 의원과 병원을 각각 구분하고 있으므로, 고객님의 경우 하나의 주된 용도에 부속된 용도가 아닌 경우라면 동 별표1 제9호의 의료시설(병원)에서 제1종근린생활시설(의원)로 용도변경하여야 할 사항임

공용건축물의 용도변경시 건축법 제25조에 따른 협의가능여부

건교부 고객만족센터, 2007.7.19

[질의] 건축주가 인천광역시장으로 되어 있는 건축물을 용도변경허가를 득한 후 사용하려고 하는데, 건축법 제25조 규정의 공용건축물에 의한 특례 규정을 적용하여 협의로 처리하여야 하는지? 아니면 건축법 제25조 규정의 공용건축물 특례 대상(제9조, 제8조)에 포함되지 않으므로 용도변경허가나 신고를 득한 후 사용하여야 하는지?

[회신] 건축법 제14조제7항의 규정에 의하면 건축법 제25조를 준용하고 있으므로 이를 준용하여 협의처리가 가능할 것으로 사료됨(※ 법 제14조, 제25조 ⇒ 제19조, 제29조, 2008.3.21, 개정)

용도변경 100㎡ 이상 500㎡ 미만인 건축물의 건축허가 조사 및 검사조서 작성

건교부 고객만족센터, 2007.7.3

[질의] 건축법 제14조 2항 1호에 의한 용도변경 허가 대상 중 용도변경 바닥면적합계가 100㎡ 이상 500㎡ 미만인 건축물(설계자는 없으나 사용승인 대상임)에 대하여 건축용도변경 허가시 건축허가 조사 및 검사조서 작성은 누가 하여야 하는지 여부

[회신] 건축법 제14조제7항의 규정에 의하면 동 법 제23조의 규정을 준용하고 있는바, 동 법 제23조의 규정에 의하여 당해 허가권자가 대행여부를 결정하여야 할 사항이며, 따라서 허가권자로부터 대행업무를 받은 대행자가 작성하여야 하는 것임.(※ 법 제14조, 제23조 ⇒ 제19조, 제27조, 2008.3.21, 개정)

④ 공용건축물에 대한 특례 (법 제29조) (영 제22조) (규칙 제22조)

법 제29조【공용건축물에 대한 특례】

① 국가나 지방자치단체는 제11조, 제14조, 제19조, 제20조 및 제83조에 따른 건축물을 건축·대수선·용도변경하거나 가설건축물을 건축하거나 공작물을 축조하려는 경우에는 대통령령으로 정하는 바에 따라 미리 건축물의 소재지를 관할하는 허가권자와 협의하여야 한다.

② 국가나 지방자치단체가 제1항에 따라 건축물의 소재지를 관할하는 허가권자와 협의한 경우에는 제11조, 제14조, 제19조, 제20조 및 제83조에 따른 허가를 받았거나 신고한 것으로 본다.

③ 제1항에 따라 협의한 건축물에는 제22조제1항부터 제3항까지의 규정을 적용하지 아니한다. 다만, 건축물의 공사가 끝난 경우에는 지체 없이 허가권자에게 통보하여야 한다.

④ 국가나 지방자치단체가 소유한 대지의 지상 또는 지하 여유공간에 구분지상권을 설정하여 주민편의시설 등 대통령령으로 정하는 시설을 설치하고자 하는 경우 허가권자는 구분지상권자를 건축주로 보고 구분지상권이 설정된 부분을 제2조제1항제1호의 대지로 보아 건축허가를 할 수 있다. 이 경우 구분지상권 설정의 대상 및 범위, 기간 등은 「국유재산법」 및 「공유재산 및 물품 관리법」에 적합하여야 한다. 〈신설 2016.1.19.〉

해설 국가 또는 지방자치단체가 건축물을 건축·대수선·용도변경 또는 가설건축물을 건축하거나 공작물을 축조하고자 하는 경우 미리 건축물의 소재지를 관할하는 허가권자와 협의로서 허가를 받거나 신고를 한 것으로 본다. 국가나 지방자치단체가 건축하는 것일지라도 건축물이므로 「건축법」의 모든 규정을 적용받아야 한다.

■ **공용건축물의 특례**

【1】 **대상**

국가나 지방자치단체가 행하는 건축물의 건축·대수선·용도변경 또는 가설건축물의 건축·공작물의 축조

【2】 **허가·신고**

국가 또는 지방자치단체가 건축물 소재지 관할 허가권자와 협의로서 허가·신고에 준함

【3】 **관계서류의 제출**

건축공사를 시행하는 행정기관의 장 또는 그 위임을 받은 자가 공사착수전 설계도서와 관계서류를 허가권자에게 제출함(국가안보상 중요하거나, 국가기밀에 속하는 건축물을 건축하는 경우 설계도서의 제출을 생략할 수 있음)

－허가권자는 심사 후 결과를 통지(전자문서에 의한 통지 포함)하여야 함

【4】 **공사완료**

협의한 건축물의 공사가 완료된 경우 다음의 관계서류를 첨부하여 지체없이 허가권자에게 통보

1. 사용승인신청서(현황 도면 첨부) : 별지 제17호식식
2. 사용승인조사 및 검사조서 : 별지 제24호서식

【5】특례규정 정리

법 조 항	내 용
법 제11조 또는 법 제14조	건축허가 및 신고
법 제22조제1항	사용승인 신청
법 제22조제2항	사용승인서 교부
법 제22조제3항	사용승인 미필시의 건축물 사용금지

【6】구분지상권의 대지 인정

국가나 지방자치단체가 소유한 대지의 지상 또는 지하 여유공간에 구분지상권을 설정하여 주민편의시설 등 다음 시설을 설치하고자 하는 경우

시 설	비 고
1. 제1종 근린생활시설	–
2. 제2종 근린생활시설	총포판매소, 장의사, 다중생활시설, 제조업소, 단란주점, 안마시술소 및 노래연습장은 제외
3. 문화 및 집회시설	공연장 및 전시장으로 한정
4. 의료시설	–
5. 교육연구시설	–
6. 노유자시설	–
7. 운동시설	–
8. 업무시설	오피스텔은 제외

① 허가권자는 구분지상권자를 건축주로 보고 구분지상권이 설정된 부분을 건축법상의 대지로 보아 건축허가를 할 수 있다.
② 구분지상권 설정의 대상 및 범위, 기간 등은 「국유재산법」 및 「공유재산 및 물품 관리법」에 적합하여야 한다.

【관련 질의회신】

국가 또는 지방자치단체가 도시계획시설내 가설건축물 건축시 허가절차

건교부 건축 58550-2006, 2003.10.31

질의 국가 또는 지방자치단체에서 도시계획시설내에 가설건축물을 건축하기 위하여 허가를 받고자 하는 경우 건축법 제25조의 규정에 의하여 허가권자와 협의로 처리가 가능한지 여부

회신 건축법 제25조제1항의 규정에 의하면 국가 또는 지방자치단체가 같은법 제8조 또는 제9조의 규정에 의한 건축물을 건축 또는 대수선하고자 하는 경우 미리 건축물의 소재지를 관할하는 허가권자와 협의하도록 규정하고 있는바, 가설건축물의 건축허가(신고 포함)도 상기 규정에 따라 허가권자와 협의로 처리가 가능할 것임(※ 법 제8조, 제9조, 제25조 ⇒ 제11조, 제14조, 제29조, 2008.3.21.)

5 건축통계 등 (법 제30조)

법 제30조 【건축통계 등】

① 허가권자는 다음 각 호의 사항(이하 "건축통계"라 한다)을 국토교통부령으로 정하는 바에 따라 국토교통부장관이나 시·도지사에게 보고하여야 한다. 〈개정 2013.3.23〉

1. 제11조에 따른 건축허가 현황
2. 제14조에 따른 건축신고 현황
3. 제19조에 따른 용도변경허가 및 신고 현황
4. 제21조에 따른 착공신고 현황
5. 제22조에 따른 사용승인 현황
6. 그 밖에 대통령령으로 정하는 사항

② 건축통계의 작성 등에 필요한 사항은 국토교통부령으로 정한다. 〈개정 2013.3.23〉

해설 허가권자로 하여금 건축허가·건축신고·착공신고·용도변경·사용승인 현황 등을 건설교통부장관 또는 시·도지사에게 보고하도록 하며 건축관련 전반적인 현황을 통계 처리함으로서 건축행정의 효율적인 관리가 이루어질 수 있도록 함

6 건축행정 전산화 (법 제31조)

법 제31조 【건축행정 전산화】

① 국토교통부장관은 이 법에 따른 건축행정 관련 업무를 전산처리하기 위하여 종합적인 계획을 수립·시행할 수 있다. 〈개정 2013.3.23〉

② 허가권자는 제10조, 제11조, 제14조, 제16조, 제19조부터 제22조까지, 제25조, 제30조, 제36조, 제38조, 제83조 및 제92조에 따른 신청서, 신고서, 첨부서류, 통지, 보고 등을 디스켓, 디스크 또는 정보통신망 등으로 제출하게 할 수 있다. 〈개정 2019.4.30.〉

해설 건축행정 관련 업무를 전산화함으로서 행정의 효율성을 높이고자 함

■ 허가권자는 다음 사항에 대한 신청서·신고서·첨부서류·통지·보고 등을 디스켓·디스크 또는 정보통신망 등으로 제출하게 할 수 있음

법조항	내용	법조항	내용
법 제10조	건축관련 입지와 규모의 사전결정	법 제22조	건축물의 사용승인
법 제11조	건축허가	법 제25조	건축물의 공사감리
법 제14조	건축신고	법 제29조	공용건축물에 대한 특례
법 제16조	허가와 신고사항의 변경	법 제30조	건축통계 등
법 제19조	용도변경	법 제36조	건축물의 철거 등의 신고
법 제19조의2	복수 용도의 인정	법 제38조	건축물 대장
법 제20조	가설건축물	법 제83조	옹벽 등의 공작물에의 준용
법 제21조	착공신고 등	법 제92조	조정 등의 신청

7 건축허가 업무 등의 전산처리 등 (법 제32조) (영 제22조의2) (규칙 제22조의2, 3)

법 제32조 【건축허가 업무 등의 전산처리 등】

① 허가권자는 건축허가 업무 등의 효율적인 처리를 위하여 국토교통부령으로 정하는 바에 따라 전자정보처리 시스템을 이용하여 이 법에 규정된 업무를 처리할 수 있다.

② 제1항에 따른 전자정보처리 시스템에 따라 처리된 자료(이하 "전산자료"라 한다)를 이용하려는 자는 대통령령으로 정하는 바에 따라 관계 중앙행정기관의 장의 심사를 거쳐 다음 각 호의 구분에 따라 국토교통부장관, 시·도지사 또는 시장·군수·구청장의 승인을 받아야 한다. 다만, 지방자치단체의 장이 승인을 신청하는 경우에는 관계 중앙행정기관의 장의 심사를 받지 아니한다. 〈개정 2022.6.10./시행 2023.6.11.〉

  1. 전국 단위의 전산자료: 국토교통부장관

  2. 특별시·광역시·특별자치시·도·특별자치도(이하 "시·도"라 한다) 단위의 전산자료 : 시·도지사

  3. 시·군 또는 구(자치구를 말한다. 이하 같다) 단위의 전산자료: 시장·군수·구청장

③ 국토교통부장관, 시·도지사 또는 시장·군수·구청장이 제2항에 따른 승인신청을 받은 경우에는 건축허가 업무 등의 효율적인 처리에 지장이 없고 대통령령으로 정하는 건축주 등의 개인정보 보호기준을 위반하지 아니한다고 인정되는 경우에만 승인할 수 있다. 이 경우 용도를 한정하여 승인할 수 있다. 〈개정 2013.3.23〉

④ 제2항 및 제3항에도 불구하고 건축물의 소유자가 본인 소유의 건축물에 대한 소유 정보를 신청하거나 건축물의 소유자가 사망하여 그 상속인이 피상속인의 건축물에 대한 소유 정보를 신청하는 경우에는 승인 및 심사를 받지 아니할 수 있다. 〈신설 2017.10.24.〉

⑤ 제2항에 따른 승인을 받아 전산자료를 이용하려는 자는 사용료를 내야 한다. 〈개정 2017.10.24.〉

⑥ 제1항부터 제5항까지의 규정에 따른 전자정보처리 시스템의 운영에 관한 사항, 전산자료의 이용 대상 범위와 심사기준, 승인절차, 사용료 등에 관하여 필요한 사항은 대통령령으로 정한다. 〈개정 2017.10.24.〉

해설 허가권자는 건축허가 업무 등의 효율적인 처리를 위하여 전자정보처리 시스템을 이용하여 이 법에 규정된 업무를 처리할 수 있다. 전자정보처리 시스템에 따라 처리된 자료를 이용하려는 자는 관계 중앙행정기관의 장의 심사를 거쳐 국토교통부장관, 시·도지사 또는 시장·군수·구청장의 승인을 받아야 한다.

【참고】 건축행정시스템 운영규정(국토교통부훈령 제1369호, 2021.2.18.)

8 전산자료의 이용자에 대한 지도 · 감독 (법 제33조) (영 제22조의3)

법 제33조【전산자료의 이용자에 대한 지도 · 감독】
① 국토교통부장관, 시 · 도지사 또는 시장 · 군수 · 구청장은 개인정보의 보호 및 전산자료의 이용 목적 외 사용 방지 등을 위하여 필요하다고 인정되면 전산자료의 보유 또는 관리 등에 관한 사항에 관하여 제32조에 따라 전산자료를 이용하는 자를 지도 · 감독할 수 있다. 〈개정 2019.8.20.〉
② 제1항에 따른 지도 · 감독의 대상 및 절차 등에 관하여 필요한 사항은 대통령령으로 정한다.

해설 국토교통부장관, 시·도지사 또는 시장·군수·구청장은 필요하다고 인정되면 개인정보의 보호 및 전산자료의 이용 목적 외 사용방지를 위하여 전산자료의 보유 또는 관리 등에 관한 사항에 관하여 전산자료를 이용하는 자를 지도·감독할 수 있다.

9 건축종합민원실의 설치 (법 제34조) (영 제22조의4)

법 제34조【건축종합민원실의 설치】
특별자치시장·특별자치도지사 또는 시장·군수·구청장은 대통령령으로 정하는 바에 따라 건축허가, 건축신고, 사용승인 등 건축과 관련된 민원을 종합적으로 접수하여 처리할 수 있는 민원실을 설치·운영하여야 한다. 〈개정 2014.1.14〉

해설 특별자치시장·특별자치도지사 또는 시장·군수·구청장은 건축허가 등과 관련하여 신속한 업무처리 등 주민의 편익을 위하여 건축에 관한 종합민원실을 설치·운영하도록 함

■ 건축종합민원실의 업무내용

1. 사용승인에 관한 업무(법 제22조)

2. 건축사가 현장조사 · 검사 및 확인업무를 대행하는 건축물의 건축허가 · 사용승인 및 임시사용승인에 관한 업무(법 제27조제1항)

3. 건축물대장의 작성 및 관리에 관한 업무

4. 복합민원의 처리에 관한 업무

5. 건축허가, 건축신고 또는 용도변경에 관한 상담 업무

6. 건축관계자 사이의 분쟁에 관한 상담

7. 그 밖에 특별자치도지사 또는 시장 · 군수 · 구청장이 주민의 편익을 위하여 필요하다고 인정하는 업무

3

건축물의 유지 · 관리
(「건축물관리법」 관련 내용 발췌 해설)

1 건축물의 유지 · 관리 (법
제35조)(영
제23조)

> **법 제35조 【건축물의 유지 · 관리】**
> 삭제〈2019.4.30.〉
> ※ 「건축물관리법」 제정으로 삭제됨
> ▶ 건축법 제35조의 관련내용은 「건축물관리법」
> 제12조(건축물의 유지·관리), 제13조(정기점검의 실시), 제14조(긴급점검의 실시),
> 제15조(소규모 노후 건축물등 점검의 실시), 제16조(안전진단의 실시), 제17조(건축물관리점
> 검지침), 제18조(건축물관리점검기관의 지정 등), 제19조(건축물관리점검의 통보), 제20조
> (건축물관리점검 결과의 보고), 제21조(사용제한 등), 제22조(점검결과의 이행 등), 제23조
> (조치결과의 보고)로 이동하여 보완 제정됨
>
> ※ 여기서는 「건축법」에 있던 해당 규정에 대한 「건축물관리법」의 규정 내용을 해설함.

> **■ 건축물관리법의 제정<2019.4.30./시행 2020.5.1.>**
> **【제정이유】**
> 실태조사, 건축물 생애이력 정보체계 구축 등 건축물관리 기반 구축에 필요한 사항을 정하고, 정
> 기점검, 긴급점검 등의 대상, 방법, 절차 등 건축물관리점검 및 조치를 위하여 필요한 사항을 정
> 하며, 그 밖에 건축물 해체 시 허가 절차와 건축물관리 지원, 빈 건축물 정비, 공공건축물 재난
> 예방 등 건축물의 안전을 확보하고 그 사용가치를 유지·향상하기 위하여 필요한 사항을 정하여
> 건축물을 과학적이고 체계적으로 관리함으로써 국민의 안전과 복리증진에 이바지하려는 것임.

1 건축물의 유지 · 관리 (건관법
제12조)(영
제7조)

> ▶ 「건축물관리법」
> **법 제12조 【건축물의 유지 · 관리】**
> ① 관리자는 건축물, 대지 및 건축설비를 「건축법」 제40조부터 제48조까지, 제48조의4, 제49
> 조, 제50조, 제50조의2, 제51조, 제52조, 제52조의2, 제53조, 제53조의2, 제54조부터 제58조까
> 지, 제60조부터 제62조까지, 제64조, 제65조의2, 제67조 및 제68조와 「녹색건축물 조성 지원
> 법」 제15조, 제15조의2, 제16조 및 제17조에 적합하도록 관리하여야 한다. 이 경우 「건축법」
> 제65조의2 및 「녹색건축물 조성 지원법」 제16조·제17조는 인증을 받은 경우로 한정한다.

> ② 건축물의 구조, 재료, 형식, 공법 등이 특수한 건축물 중 대통령령으로 정하는 건축물은 제1항 또는 제13조부터 제15조까지의 규정을 적용할 때 대통령령으로 정하는 바에 따라 건축물관리 방법·절차 및 점검기준을 강화 또는 변경하여 적용할 수 있다.

해설 건축물은 설계·시공·사용승인의 단계를 거쳐 사용가능한 공간으로 형성된다. 건축물을 건축한 이후 건축물의 관리자는 건축물의 대지·구조·용도 등을 적법하게 유지하여야 할 의무가 있으며, 이에 대해 법규정에서도 개조나 변경을 엄격히 제한하고 있다. 이러한 규정은 개조 등의 불법 행위의 방지 및 건축물의 안전과 수명연장의 관점에서 운용된다.

건축물의 관리자는 유지·관리기준에 맞게 유지·관리의 의무가 주어지고, 특수한 건축물의 점검대상 및 기준에 대해서 별도 규정하고 있다.

【1】 건축물의 유지·관리 기준

구 분	내 용			
의무자	■ 건축물의 관리자 - 관리자*: ① 관계 법령에 따라 해당 건축물의 관리자로 규정된 자 　　　　　② 해당 건축물의 소유자 　　　　　③ 해당 건축물의 소유자와의 관리계약 등에 따라 건축물의 관리책임을 진 자 　　　* 건축물관리법 제2조(정의)			
대 상	건축물, 대지 및 건축설비			
적합하게 관리해야 할 법규정	**건축법**	**내 용**	**건축법**	**내 용**
	제40조	대지의 안전 등	제53조의2	건축물의 범죄예방
	제41조	토지 굴착 부분에 대한 조치 등	제54조	건축물의 대지가 지역·지구 또는 구역에 걸치는 경우의 조치
	제42조	대지의 조경	제55조	건축물의 건폐율
	제43조	공개 공지 등의 확보	제56조	건축물의 용적률
	제44조	대지와 도로의 관계	제57조	대지의 분할 제한
	제45조	도로의 지정·폐지 또는 변경	제58조	대지 안의 공지
	제46조	건축선의 지정	제60조	건축물의 높이 제한
	제47조	건축선에 따른 건축제한	제61조	일조 등의 확보를 위한 건축물의 높이 제한
	제48조	구조내력 등		
	제48조의4	부속구조물의 설치 및 관리	제62조	건축설비기준 등
	제49조	건축물의 피난시설 및 용도제한 등	제64조	승강기
	제50조	건축물의 내화구조와 방화벽	제65조의2	지능형건축물의 인증[1]
	제50조의2	고층건축물의 피난 및 안전관리	제67조	관계전문기술자
	제51조	방화지구 안의 건축물	제68조	기술적 기준
	제52조	건축물의 마감재료	**녹색건축물 조성 지원법**	**내 용**
	제52조의2	실내건축	제16조	녹색건축의 인증[2]
	제53조	지하층	제17조	건축물의 에너지효율등급 인증[3]
미이행시의 조치(벌칙)	10년 이하의 징역 또는 1억원 이하의 벌금에 처함<건축물관리법 제51조(벌칙)>			

＊ 1) 2) 3) 인증을 받은 경우로 한정함

【2】특수한 건축물 건축물의 구조안전 확인

건축물의 구조, 재료, 형식, 공법 등이 특수한 건축물 중 다음의 건축물은 위 【1】 의 규정 또는 정기점검, 긴급점검 및 소규모 노후 건축물등 규정을 적용할 때 건축물관리 방법·절차 및 점검기준을 강화 또는 변경하여 적용할 수 있다.

① 대상 건축물

대상 건축물	관련 규정
1. 한쪽 끝은 고정되고 다른 끝은 지지되지 아니한 구조로 된 보·차양 등이 외벽*의 중심선으로부터 3m 이상 돌출된 건축물 ＊ 외벽이 없는 경우 외곽 기둥	건축법 시행령 제18호
2. 기둥과 기둥 사이의 거리*가 20m 이상인 건축물 ＊ 기둥의 중심선 사이의 거리, 기둥이 없는 경우 내력벽과 내력벽의 중심선 사이의 거리	＊ 특수구조 건축물 대상기준 (국토교통부고시 제2018-777호, 2018.12.7.)
3. 특수한 설계·시공·공법 등이 필요한 건축물로서 국토교통부장관이 정하여 고시하는 구조로 된 건축물*	
4. 무량판 구조(보가 없이 바닥판·기둥으로 구성된 구조)를 가진 건축물	건축물관리법 시행령 제7조

② 점검 기준

1. 해당 건축물의 구조안전에 대한 경험과 지식을 갖춘 사람이 외관조사를 실시할 것

2. 건축물관리점검기관이 임명한 점검책임자*는 건축물의 특수 구조 및 구조 변경에 관한 정보 등을 사전검토하고, 점검계획을 수립할 것 (＊ 「건축물관리법」 제18조제3항)

3. 위 표 ① 1, 2에 해당하는 건축물은 부재의 균열 및 손상 등을 관찰할 것

4. 위 1.~3.에서 규정한 사항 외에 해당 건축물 점검기준의 강화 또는 변경과 관련된 사항은 국토교통부장관이 건축물관리점검지침*으로 정하여 고시한다.
＊ 건축물관리점검지침(국토교통부고시 제2022-332호, 2022.6.20)

② 건축물의 정기점검의 실시 (건관법 제13조)(영 제8조)

> ▶「건축물관리법」
> 법 제13조 【정기점검의 실시】
> ① 다중이용 건축물 등 대통령령으로 정하는 건축물의 관리자는 건축물의 안전과 기능을 유지하기 위하여 정기점검을 실시하여야 한다.
> ② 정기점검은 대지, 높이 및 형태, 구조안전, 화재안전, 건축설비, 에너지 및 친환경 관리, 범죄예방, 건축물관리계획의 수립 및 이행 여부 등 대통령령으로 정하는 항목에 대하여 실시한다. 다만, 해당 연도에 「도시 및 주거환경정비법」, 「공동주택관리법」 또는 「시설물의 안전 및 유지관리에 관한 특별법」 에 따른 안전점검 또는 안전진단이 실시된 경우에는 정기점검 중 구조안전에 관한 사항을 생략할 수 있다.
> ③ 제1항에 따른 정기점검은 해당 건축물의 사용승인일부터 5년 이내에 최초로 실시하고, 점검을 시작한 날을 기준으로 3년(매 3년이 되는 해의 기준일과 같은 날 전날까지를 말한다)마다 실시하여야 한다.
> ④ 정기점검의 실시 절차 및 방법 등 필요한 사항은 대통령령으로 정한다.

해설 다중이용 건축물 등의 관리자는 건축물의 안전과 기능을 유지하기 위하여 대지, 높이 및 형태, 구조안전, 화재안전 등의 항목에 대한 정기점검을 실시하도록 규정하고 있다.

【1】 정기점검 대상 건축물

대상 건축물	근거규정
1. 다중이용업소가 있는 건축물로서 특별자치시·특별자치도·시·군·구(자치구)의 조례(이하 "시·군·구 조례")로 정하는 건축물	「다중이용업소의 안전관리에 관한 특별법」
2. 집합건물로서 연면적 3천㎡ 이상인 건축물	「집합건물의 소유 및 관리에 관한 법률」
3. 다중이용 건축물	「건축법 시행령」 제2조제17호
4. 준다중이용 건축물로서 특수구조 건축물에 해당하는 건축물	「건축법 시행령」 제2조 제17호의2, 제18호

예외 정기점검 대상에서 제외되는 건축물

제외 대상 건축물	근거규정
1. 학교	「학교안전사고 예방 및 보상에 관한 법률」 제2조제1호
2. 대규모점포·준대규모점포	「유통산업발전법」 제2조제3호·제4호
3. 의무관리대상 공동주택	「공동주택관리법」 제2조제1항제2호
4. 정기점검을 실시해야 하는 날부터 3년 이내에 소규모 공동주택 안전관리를 실시한 공동주택	「공동주택관리법」 제34조제2호

【2】 정기점검의 시기

건축물의 관리자는 해당 건축물의 사용승인일부터 5년 이내에 최초로 실시하고, 점검 시작일을 기준으로 3년(매 3년이 되는 해의 기준일과 같은 날 전날까지)마다 실시하여야 한다.

【3】 정기점검 항목

정기점검은 대지, 높이 및 형태, 구조안전, 화재안전, 건축설비, 에너지 및 친환경 관리, 범죄예방, 건축물관리계획의 수립 및 이행 여부 등 다음의 항목에 대하여 실시한다.

예외 해당 연도에 「도시 및 주거환경정비법」, 「공동주택관리법」 또는 「시설물의 안전 및 유지관리에 관한 특별법」에 따른 안전점검 또는 안전진단이 실시된 경우 정기점검 중 구조안전에 관한 사항을 생략할 수 있다.

항목	점검 내용(적합여부 확인 대상 규정)
1. 대지	건축법 제40조(대지의 안전 등), 제42조(대지의 조경), 제43조(공개 공지 등의 확보), 제44조(대지와 도로의 관계), 제47조(건축선에 따른 건축제한)
2. 높이 및 형태	건축법 제55조(건축물의 건폐율), 제56조(건축물의 용적률), 제58조(대지 안의 공지), 제60조(건축물의 높이 제한), 제61조(일조 등의 확보를 위한 건축물의 높이 제한)
3. 구조안전	건축법 제48조(구조내력 등) 건축물의 외관 및 주요구조부의 상태 등 건축물관리점검지침에서 정하는 사항* *사용승인을 받은 날부터 20년이 지난 후에 처음 실시하는 정기점검만 해당

4. 화재안전	건축법 제49조(건축물의 피난시설 및 용도제한 등), 제50조(건축물의 내화구조와 방화벽), 제50조의2(고층건축물의 피난 및 안전관리), 제51조(방화지구 안의 건축물), 제52조(건축물의 마감재료), 제52조의2(실내건축), 제53조(지하층)
5. 건축설비	건축법 제62조(건축설비기준 등), 제64조(승강기)
6. 에너지 및 친환경 관리	건축법 제65조의2(지능형건축물의 인증)
	녹색건축물 조성 지원법 제15조(건축물에 대한 효율적인 에너지 관리와 녹색건축물 조성의 활성화), 제15조의2(녹색건축물의 유지·관리), 제16조(녹색건축의 인증), 제17조(건축물의 에너지효율등급 인증 및 제로에너지건축물 인증)
7. 범죄예방	건축법 제53조의2(건축물의 범죄예방)
8. 건축물관리계획	수립 및 이행이 적합한지 여부
9. 그 밖의 항목	건축물관리법 제20조제2항(건축물관리점검기관의 점검결과 보고시 이행 여부 확인 사항) 각 호 사항 이행 여부
	건축법 제22조(사용승인) 사용승인을 신청할 때 제출된 설계도서의 내용대로 유지·관리되는지 여부
	건축물의 안전을 강화하고 에너지 절감을 위하여 보완해야 할 사항이 있는지 여부

【4】 정기점검의 방법

정기점검을 실시해야 하는 건축물의 관리자는 특별자치시장·특별자치도지사 또는 시장·군수·구청장에게 지정을 통지받은 건축물관리점검기관에 점검을 의뢰해야 한다.

③ 건축물의 긴급점검의 실시 $\left(\begin{smallmatrix} 건관법 \\ 제14조 \end{smallmatrix}\right)\left(\begin{smallmatrix} 영 \\ 제9조 \end{smallmatrix}\right)$

▶ 「건축물관리법」

법 제14조 【긴급점검의 실시】

① 특별자치시장·특별자치도지사 또는 시장·군수·구청장은 다음 각 호의 어느 하나에 해당하는 경우 해당 건축물의 관리자에게 건축물의 구조안전, 화재안전 등을 점검하도록 요구하여야 한다.

1. 재난 등으로부터 건축물의 안전을 확보하기 위하여 점검이 필요하다고 인정되는 경우
2. 건축물의 노후화가 심각하여 안전에 취약하다고 인정되는 경우
3. 그 밖에 대통령령으로 정하는 경우

② 제1항에 따른 점검(이하 "긴급점검"이라 한다)은 관리자가 긴급점검 실시 요구를 받은 날부터 1개월 이내에 실시하여야 한다.

③ 긴급점검의 항목, 절차, 방법 등 필요한 사항은 대통령령으로 정한다.

해설 재난 등으로부터 건축물의 안전을 확보하기 위하여 점검이 필요하다고 인정하는 경우 등에 해당하는 경우 시장·군수·구청장 등이 해당 건축물의 관리자에게 긴급점검을 요구하도록 하고, 관리자는 요구를 받은 날부터 1개월 이내에 건축물의 구조안전, 화재안전 등의 긴급점검을 실시하도록 규정하고 있다.

【1】 긴급점검 대상

1. 재난 등으로부터 건축물의 안전을 확보하기 위하여 점검이 필요하다고 인정되는 경우

2. 건축물의 노후화가 심각하여 안전에 취약하다고 인정되는 경우

3. 부실 설계 또는 시공 등으로 인하여 건축물의 붕괴·전도 등이 발생할 위험이 있다고 판단되는 경우

4. 그 밖에 건축물의 안전한 이용에 중대한 영향을 미칠 우려가 있다고 인정되는 경우 등 시·군·구 조례로 정하는 경우

【2】 점검의 시기

관리자가 긴급점검 실시 요구를 받은 날부터 1개월 이내에 실시하여야 한다.

【3】 긴급점검 항목

항 목	점검 내용(적합여부 확인 대상 규정)
1. 구조안전	건축법 제48조(구조내력 등)
2. 화재안전	건축법 제49조(건축물의 피난시설 및 용도제한 등), 제50조(건축물의 내화구조와 방화벽), 제50조의2(고층건축물의 피난 및 안전관리), 제51조(방화지구 안의 건축물), 제52조(건축물의 마감재료), 제52조의2(실내건축), 제53조(지하층)
3. 그 밖에	건축물의 안전을 확보하기 위하여 점검이 필요하다고 인정되는 항목

【4】 긴급점검의 방법

긴급점검의 실시를 요구받은 건축물의 관리자는 특별자치시장·특별자치도지사 또는 시장·군수·구청장에게 지정을 통지받은 건축물관리점검기관에 점검을 의뢰해야 한다.

④ 소규모 노후 건축물등에 대한 안전점검 (건관법 제15조) (영 제10조)

▶ 「건축물관리법」

[법] 제15조 【소규모 노후 건축물등 점검의 실시】

① 특별자치시장·특별자치도지사 또는 시장·군수·구청장은 다음 각 호의 어느 하나에 해당하는 건축물 중 안전에 취약하거나 재난의 위험이 있다고 판단되는 건축물을 대상으로 구조안전, 화재안전 및 에너지성능 등을 점검할 수 있다.

1. 사용승인 후 30년 이상 지난 건축물 중 조례로 정하는 규모의 건축물

2. 「건축법」 제2조제2항제11호에 따른 노유자시설

3. 「장애인·고령자 등 주거약자 지원에 관한 법률」 제2조제2호에 따른 주거약자용 주택

4. 그 밖에 대통령령으로 정하는 건축물

② 특별자치시장·특별자치도지사 또는 시장·군수·구청장은 제1항에 따른 점검(이하 "소규모 노후 건축물등 점검"이라 한다)결과를 해당 관리자에게 제공하고 점검결과에 대한 개선방안 등을 제시하여야 한다.

③ 특별자치시장·특별자치도지사 또는 시장·군수·구청장은 소규모 노후 건축물등 점검결과에 따라 보수·보강 등에 필요한 비용의 전부 또는 일부를 보조하거나 융자할 수 있으며, 보수

· 보강 등에 필요한 기술적 지원을 할 수 있다.
④ 소규모 노후 건축물등 점검의 실시 절차 및 방법 등 필요한 사항은 대통령령으로 정한다.

해설 특별자치시장·특별자치도지사 또는 시장·군수·구청장이 사용승인 후 30년 이상 지난 일정한 규모의 건축물 등에 해당하는 건축물 중 안전에 취약하거나 재난의 위험이 있다고 판단되는 건축물을 대상으로 구조안전, 화재안전 및 에너지성능 등을 점검할 수 있도록 하고, 시장·군수·구청장 등이 이러한 소규모 노후 건축물 등 점검결과에 따라 보수·보강 등에 필요한 비용을 보조하는 등의 지원을 할 수 있도록 규정하였다.

【1】 소규모 노후 건축물등 점검 대상

점검 대상	근거규정
1. 사용승인 후 30년 이상 지난 건축물 중 조례로 정하는 규모의 건축물	
2. 노유자시설	「건축법」 제2조제2항제11호
3. 주거약자용 주택	「장애인·고령자 등 주거약자 지원에 관한 법률」 제2조제2호
4. 리모델링 활성화 구역 내 건축물	「건축법」 제5조제1항 및 같은 법 시행령 제6조제1항제6호가목
5. 방재지구 내 건축물	「국토의 계획 및 이용에 관한 법률」 제37조제1항제4호
6. 해제된 정비예정구역 또는 정비구역 내 건축물	「도시 및 주거환경정비법」 제20조 및 제21조
7. 도시재생활성화지역 내 건축물	「도시재생 활성화 및 지원에 관한 특별법」 제2조제1항제5호
8. 자연재해위험개선지구 내 건축물	「자연재해대책법」 제12조제1항
9. 「건축법」 제정일(1962년 1월 20일) 이전에 건축된 건축물	
10. 그 밖에 안전에 취약하거나 재난 발생 우려가 큰 건축물 등 시·군·구 조례로 정하는 건축물	

【2】 특별자치시장·특별자치도지사 또는 시장·군수·구청장의 안전점검 직권 시행

① 특별자치시장·특별자치도지사 또는 시장·군수·구청장은 다음 위 【1】 의 건축물 중 안전에 취약하거나 재난의 위험이 있다고 판단되는 건축물을 대상으로 구조안전, 화재안전 및 에너지성능 등을 점검할 수 있다.

② 특별자치시장·특별자치도지사 또는 시장·군수·구청장은 소규모 노후 건축물등 점검결과를 해당 관리자에게 제공하고 점검결과에 대한 개선방안 등을 제시하여야 한다.

③ 특별자치시장·특별자치도지사 또는 시장·군수·구청장은 소규모 노후 건축물등 점검결과에 따라 보수·보강 등에 필요한 비용의 전부 또는 일부를 보조하거나 융자할 수 있으며, 보수·보강 등에 필요한 기술적 지원을 할 수 있다.

④ 특별자치시장·특별자치도지사 또는 시장·군수·구청장은 명부에서 건축물관리점검기관을 지정하여 소규모 노후 건축물등 점검을 요청할 수 있다. 이 경우 허가권자는 다음 사항을 건축물관리점검기관에 통보해야 한다.

1. 대상 건축물의 용도 및 구조

2. 대상 건축물의 위치 및 규모

3. 점검이 필요하다고 판단한 사유

⑤ 점검을 요청받은 건축물관리점검기관은 해당 건축물의 관리실태 등을 검토하고 점검의 시기 및 방법 등을 정하여 해당 건축물의 관리자와 허가권자에게 통보해야 한다.

【참고】 건축물관리점검지침(국토교통부고시 제2022-332호, 2022.6.20.)

5 안전진단의 실시 (건판법 제16조) (영 제11조)

> ▶ 「건축물관리법」
> 법 제16조 【안전진단의 실시】
> ① 관리자는 제13조에 따른 정기점검, 제14조에 따른 긴급점검 또는 제15조에 따른 소규모 노후 건축물등 점검을 실시한 결과, 건축물의 안전성 확보를 위하여 필요하다고 인정되는 경우 건축물의 안전성 결함의 원인 등을 조사·측정·평가하여 보수·보강 등의 방안을 제시하는 진단을 실시하여야 한다.
> ② 특별자치시장·특별자치도지사 또는 시장·군수·구청장은 다음 각 호의 어느 하나에 해당하는 경우 해당 관리자에게 제1항에 따른 진단(이하 "안전진단" 이라 한다)을 실시할 것을 요구할 수 있다. 이 경우 요구를 받은 자는 특별한 사유가 없으면 이에 따라야 한다. 〈개정 2020.6.9.〉
> 1. 건축물에 중대한 결함이 발생한 경우
> 2. 건축물의 붕괴·전도 등이 발생할 위험이 있다고 판단하는 경우
> 3. 재난 예방을 위하여 안전진단이 필요하다고 인정되는 경우
> 4. 그 밖에 건축물의 성능이 낮아져 공중의 안전을 침해할 우려가 있는 것으로 대통령령으로 정하는 경우
> ③ 국토교통부장관은 건축물의 구조상 공중의 안전한 이용에 중대한 영향을 미칠 우려가 있어 안전진단이 필요하다고 판단하는 경우에는 특별자치시장·특별자치도지사 또는 시장·군수·구청장에게 안전진단을 실시할 것을 요구하거나, 「시설물의 안전 및 유지관리에 관한 특별법」 제28조제1항에 따라 등록한 안전진단전문기관(이하 "안전진단전문기관" 이라 한다) 또는 「국토안전관리원법」에 따른 국토안전관리원(이하 "국토안전관리원" 이라 한다)에 의뢰하여 안전진단을 실시할 수 있다. 〈개정 2020.6.9.〉
> ④ 제3항에 따라 안전진단을 실시하는 안전진단전문기관이나 국토안전관리원은 관계인에게 필요한 질문을 하거나 관계 서류 등을 열람할 수 있다. 〈개정 2020.6.9.〉
> ⑤ 제3항에 따라 안전진단을 실시하는 안전진단전문기관이나 국토안전관리원은 대통령령으로 정하는 바에 따라 결과보고서를 작성하고, 이를 해당 관리자, 국토교통부장관, 특별자치시장·특별자치도지사 또는 시장·군수·구청장에게 제출하여야 한다. 〈개정 2020.6.9.〉
> ⑥ 국토교통부장관, 특별자치시장·특별자치도지사 또는 시장·군수·구청장은 제3항에 따른 안전진단 결과에 따라 보수·보강 등의 조치가 필요하다고 인정하는 경우에는 해당 관리자에게 보수·보강 등의 조치를 취할 것을 명할 수 있다.
> ⑦ 제3항에 따라 특별자치시장·특별자치도지사 또는 시장·군수·구청장이 안전진단을 실시한 경우 결과보고서를 국토교통부장관에게 제출하여야 한다.

해설 정기점검, 긴급점검, 소규모 노후 건축물 등 점검을 실시한 결과 건축물의 안전성 확보를 위하여 필요하다고 인정되는 경우 관리자가 안전진단을 실시하도록 규정하였다.

【1】 안전진단

관리자는 정기점검, 긴급점검 또는 소규모 노후 건축물등 점검을 실시한 결과, 건축물의 안전성 확보를 위하여 필요하다고 인정되는 경우 건축물의 안전성 결함의 원인 등을 조사·측정·평가하여 보수·보강 등의 방안을 제시하는 진단을 실시하여야 한다.

【2】 안전진단 대상 및 절차 등

(1) 특별자치시장·특별자치도지사 또는 시장·군수·구청장의 요구에 의한 안전진단

특별자치시장·특별자치도지사 또는 시장·군수·구청장은는 다음의 경우 해당 관리자에게 안전진단을 실시할 것을 요구할 수 있다. 이 경우 요구를 받은 자는 특별한 사유가 없으면 이에 따라야 한다.

안전진단 대상(허가권자→관리자)	
1. 건축물에 중대한 결함이 발생한 경우	
2. 건축물의 붕괴·전도 등이 발생할 위험이 있다고 판단하는 경우	
3. 재난 예방을 위하여 안전진단이 필요하다고 인정되는 경우	
4. 그 밖에 건축물의 성능이 낮아져 공중의 안전을 침해할 우려가 있는 것으로 우측란의 경우	• 지진·화재 등 재난 발생으로 인하여 구조안전 또는 화재안전의 성능 저하가 우려되어 안전진단이 필요하다고 허가권자가 인정하는 경우
	• 그 밖에 시·군·구 조례로 정하는 경우

(2) 국토교통부장관의 요구에 의한 안전진단

안전진단 대상(국토교통부장관→허가권자, 진단기관)	
1. 국토교통부장관의 진단 대상	건축물의 구조상 공중의 안전한 이용에 중대한 영향을 미칠 우려가 있어 안전진단이 필요하다고 판단하는 경우
2. 국토교통부장관의 조치	• 허가권자에게 안전진단을 실시할 것을 요구할 수 있음
	• 안전진단전문기관[주1], 국토안전관리원[주2]에 의뢰하여 실시할 수 있음

주1)「시설물의 안전 및 유지관리에 관한 특별법」 제28조제1항, 주2)「국토안전관리원법」

① 안전진단전문기관이나 국토안전관리원은 관계인에게 필요한 질문을 하거나 관계 서류 등을 열람할 수 있다.

② 안전진단전문기관이나 국토안전관리원은 다음 사항이 포함된 결과보고서를 작성하고, 이를 해당 관리자, 국토교통부장관, 허가권자에게 제출하여야 한다.

■ 결과보고서에 포함될 사항
1. 건축물의 개요, 안전진단의 범위 및 과업 내용 등 안전진단의 개요
2. 설계도면, 구조계산서 및 보수·보강 이력 등 자료수집 및 분석 결과
3. 외관조사 결과 분석, 재료 시험·측정 결과 분석 등 현장조사 및 시험 결과
4. 건축물의 상태평가 결과
5. 건축물의 구조해석 등 안전성평가 결과
6. 건축물의 종합평가 결과
7. 보수·보강방법
8. 종합결론 및 추가 보완이 필요한 사항
9. 그 밖에 안전진단에 관한 것으로서 국토교통부장관이 정하는 사항

③ 국토교통부장관, 특별자치시장·특별자치도지사 또는 시장·군수·구청장은 안전진단 결과에 따라 보수·보강 등의 조치가 필요하다고 인정하는 경우 해당 관리자에게 보수·보강 등의 조치를 취할 것을 명할 수 있다.

④ 국토교통부장관의 요구로 특별자치시장·특별자치도지사 또는 시장·군수·구청장이 안전진단을 실시한 경우 결과보고서를 국토교통부장관에게 제출하여야 한다.

⑤ 안전진단을 의뢰받은 기관은 안전진단을 완료한 날부터 30일 이내에 결과보고서를 해당 관리자, 국토교통부장관, 특별자치시장·특별자치도지사 또는 시장·군수·구청장에게 제출해야 한다. 이 경우 건축물 생애이력 정보체계에 입력하는 방법으로 제출할 수 있다.

6 건축물관리점검 지침 (건관법 제17조)

▶「건축물관리법」

법 제17조【건축물관리점검지침】

① 국토교통부장관은 제13조부터 제16조까지의 규정에 따른 정기점검, 긴급점검, 소규모 노후 건축물등 점검 및 안전진단(이하 "건축물관리점검"이라 한다)의 실시 방법·절차 등에 관한 사항을 규정한 지침(이하 "건축물관리점검지침"이라 한다)을 작성하여 고시하여야 한다.

② 국토교통부장관이 건축물관리점검지침을 정할 때에는 미리 관계 중앙행정기관의 장과 협의하여야 한다.

① 국토교통부장관은 정기점검, 긴급점검, 소규모 노후 건축물등 점검 및 안전진단(이하 "건축물관리점검")의 실시 방법·절차 등에 관한 사항을 규정한 지침(이하 "건축물관리점검지침")을 작성하여 고시하여야 한다.

② 국토교통부장관이 건축물관리점검지침을 정할 때에는 미리 관계 중앙행정기관의 장과 협의하여야 한다.

【참고】 건축물관리점검지침(국토교통부고시 제2022-332호, 2022.6.20.)

7 건축물관리점검 기관의 지정 등 (건관법 제18조) (영 제12조, 제13조)

▶「건축물관리법」

법 제18조【건축물관리점검기관의 지정 등】

① 특별자치시장·특별자치도지사 또는 시장·군수·구청장은 다음 각 호의 어느 하나에 해당하는 자를 대통령령으로 정하는 바에 따라 건축물관리점검기관으로 지정하여 해당 관리자에게 알려야 한다. 〈개정 2021.3.16.〉

1.「건축사법」제23조제1항에 따른 건축사사무소개설신고를 한 자

2.「건설기술 진흥법」제26조제1항에 따라 등록한 건설엔지니어링사업자

3. 안전진단전문기관

4. 국토안전관리원

5. 그 밖에 대통령령으로 정하는 자

② 해당 관리자는 제1항에 따라 지정된 건축물관리점검기관으로 하여금 건축물관리점검을 수행하도록 하여야 한다.

③ 건축물관리점검기관은 점검책임자를 지정하여 업무를 수행하여야 한다.
④ 점검자는 건축물관리점검지침에 따라 성실하게 그 업무를 수행하여야 한다.
⑤ 해당 관리자는 다음 각 호의 어느 하나에 해당하는 경우 건축물관리점검기관의 교체를 요청할 수 있다. 이 경우 특별자치시장·특별자치도지사 또는 시장·군수·구청장은 사유가 정당하다고 인정되는 경우 건축물관리점검기관을 변경하여 관리자에게 알려야 한다.
1. 거짓이나 부정한 방법으로 건축물관리점검기관으로 지정을 받은 경우
2. 건축물관리점검에 요구되는 점검자 자격기준에 적합하지 아니한 경우
3. 점검자가 고의 또는 중대한 과실로 건축물관리점검지침에 위반하여 업무를 수행한 경우
4. 건축물관리점검기관이 정당한 사유 없이 건축물관리점검을 거부하거나 실시하지 아니한 경우
⑥ 점검자의 자격, 업무대가 등에 관하여 필요한 사항은 대통령령으로 정한다.

해설 특별시장·광역시장·특별자치시장·도지사 또는 특별자치도지사(이하 "시·도지사")는 건축물관리점검기관의 명부를 작성해야 하며, 허가권자는 명부에서 건축물관리점검기관을 지정하고 해당 관리자에게 알려야 한다. 관리자는 지정된 건축물관리점검기관에게 건축물관리점검을 수행하도록 하여야 하며, 점검기관은 점검책임자와 점검자를 지정하여 업무를 수행하여야 한다.

【1】 건축물관리점검기관의 지정

① 시·도지사는 다음에 해당하는 자를 대상으로 모집공고를 거쳐 건축물관리점검기관 명부를 작성하고 관리해야 한다. 이 경우 특별시장·광역시장 또는 도지사는 미리 관할 시장·군수·구청장과 협의해야 한다.

건축물관리점검기관	근거 규정
1. 건축사사무소개설신고를 한 자	「건축사법」 제23조제1항
2. 건설엔지니어링사업자	「건설기술 진흥법」 제26조제1항
3. 안전진단전문기관	「시설물의 안전 및 유지관리에 관한 특별법」 제28조제1항
4. 국토안전관리원	「국토안전관리원법」
5. 건축분야를 전문분야로 하여 기술사사무소를 개설등록한 자	「기술사법」 제6조
6. 한국부동산원	「한국부동산원법」
7. 한국토지주택공사	「한국토지주택공사법」

② 특별자치시장·특별자치도지사 또는 시장·군수·구청장은 명부에서 건축물관리점검기관으로 지정하여 해당 관리자에게 알려야 한다.
③ 건축물관리점검기관 모집공고, 명부 작성·관리 및 지정에 필요한 사항은 특별시·광역시·특별자치시·도 또는 특별자치도의 조례로 정할 수 있다.

【2】 건축물관리점검기관의 점검업무 수행

① 해당 관리자는 지정된 건축물관리점검기관으로 하여금 건축물관리점검을 수행하도록 하여야 한다.
② 건축물관리점검기관은 점검책임자를 지정하여 업무를 수행하여야 하며, 점검책임자는 해당 건축물관리점검을 총괄하여 관리·감독한다.
③ 점검자는 건축물관리점검지침에 따라 성실하게 그 업무를 수행하여야 한다.

【3】 점검자의 자격 등

① 건축물관리점검기관이 갖춰야 할 요건은 별표 1과 같다.

② 건축물관리점검기관은 자격기준(별표 2)에 적합한 사람을 해당 건축물관리점검의 점검책임자로 지정해야 하며, 점검자의 자격기준은 별표 2와 같다.

③ 점검책임자 및 점검자는 정기점검, 긴급점검, 소규모 노후 건축물등 점검 및 안전진단(이하 "건축물관리점검") 업무를 하려면 별표 3에 따라 신규교육 및 보수교육을 이수해야 한다.

④ 건축물관리점검의 업무대가는 인건비, 기술료, 직접경비, 간접경비 및 추가 업무비용(구조안전 점검에 따른 추가비용 등)으로 구분하여 계산한다. 이 경우 업무대가 산정에 필요한 세부적인 사항은 국토교통부장관이 정하여 고시한다.

【4】 건축물관리점검기관의 교체

해당 관리자는 다음에 해당하는 경우 건축물관리점검기관의 교체를 요청할 수 있다.

이 경우 특별자치시장·특별자치도지사 또는 시장·군수·구청장은 사유가 정당하다고 인정되는 경우 건축물관리점검기관을 변경하여 관리자에게 알려야 한다.

■ 건축물관리점검기관의 교체 사유
1. 거짓이나 부정한 방법으로 건축물관리점검기관으로 지정을 받은 경우
2. 건축물관리점검에 요구되는 점검자 자격기준에 적합하지 아니한 경우
3. 점검자가 고의 또는 중대한 과실로 건축물관리점검지침에 위반하여 업무를 수행한 경우
4. 건축물관리점검기관이 정당한 사유 없이 건축물관리점검을 거부하거나 실시하지 아니한 경우

8 건축물관리점검의 통보 (건관법 제19조) (규칙 제7조)

▶ 「건축물관리법」

법 제19조 【건축물관리점검의 통보】

① 특별자치시장·특별자치도지사 또는 시장·군수·구청장은 다음 각 호의 어느 하나에 해당하는 점검을 실시하여야 하는 건축물의 관리자에게 점검 대상 건축물이라는 사실과 점검 실시절차를 해당 점검일부터 3개월 전까지 미리 알려야 한다. 다만, 제2호의 경우 특별자치시장·특별자치도지사 또는 시장·군수·구청장은 지체 없이 해당 건축물의 관리자에게 점검 대상 건축물이라는 사실과 점검 실시절차를 알려야 한다.

1. 제13조에 따른 정기점검

2. 제14조에 따른 긴급점검

3. 제15조에 따른 소규모 노후 건축물등 점검

② 제1항에 따른 통지의 방법은 국토교통부령으로 정한다.

해설 시장·군수·구청장 등은 정기점검, 긴급점검 및 소규모 노후 건축물등 점검을 실시하여야 하는 건축물의 관리자에게 점검 대상 건축물이라는 사실과 점검 실시절차를 해당 점검일부터 3개월 전까지 미리 알려야 한다.

① 통보의 의무자 : 특별자치시장·특별자치도지사 또는 시장·군수·구청장

② 통보 대상 : 정기점검, 긴급점검 및 소규모 노후 건축물등 점검을 실시하여야 하는

건축물의 관리자
③ 통보의 시기 : 해당 점검일부터 3개월 전까지(긴급점검의 경우 지체없이)
④ 통보의 내용 :
  – 점검 대상 건축물이라는 사실
  – 점검 실시절차
  – 건축물관리점검기관
⑤ 통보의 방법 : 문서, 팩스, 전자우편 또는 문자메시지 등

⑨ 건축물관리점검 결과의 보고 $\left(\substack{건관법\\제20조}\right)\left(\substack{영\\제14조}\right)$

▶「건축물관리법」
[법] 제20조【건축물관리점검 결과의 보고】
  ① 건축물관리점검기관은 건축물관리점검을 마친 날부터 30일 이내에 해당 건축물의 관리자와 특별자치시장·특별자치도지사 또는 시장·군수·구청장에게 건축물관리점검 결과를 보고하여야 한다.
  ② 건축물관리점검기관은 제1항에 따른 건축물관리점검 결과를 보고할 때에는 다음 각 호의 사항에 대한 이행 여부를 확인하여야 한다. 〈개정 2021.11.30.〉
  1. 「시설물의 안전 및 유지관리에 관한 특별법」제11조에 따른 안전점검
  2. 「소방시설 설치 및 관리에 관한 법률」제22조에 따른 소방시설등의 자체점검 등
  3. 「수도법」 제33조에 따른 위생상의 조치
  4. 「승강기 안전관리법」제28조 및 제32조에 따른 승강기 설치검사 및 안전검사
  5. 「에너지이용 합리화법」제39조에 따른 검사대상기기의 검사
  6. 「전기사업법」제66조에 따른 일반용전기설비의 점검
  7. 「하수도법」제39조에 따른 개인하수처리시설의 운영·관리
  8. 그 밖에 대통령령으로 정하는 사항
  ③ 제1항에 따른 건축물관리점검 결과의 보고는 제7조에 따른 건축물 생애이력 정보체계에 입력하는 것으로 대신할 수 있다.

해설 건축물관리점검기관은 건축물관리점검을 마친 날부터 30일 이내에 해당 건축물의 관리자와 시장·군수·구청장 등에게 건축물관리점검 결과를 보고하여야 한다.
① 건축물관리점검기관은 건축물관리점검을 마친 날부터 30일 이내에 해당 건축물의 관리자와 특별자치시장·특별자치도지사 또는 시장·군수·구청장에게 건축물관리점검 결과를 보고*하여야 한다.
  * 보고는 건축물 생애이력 정보체계에 입력하는 것으로 대신할 수 있다.
② 건축물관리점검 결과를 보고할 때에는 다음 사항에 대한 이행 여부를 확인하여야 한다.

■ 점검결과 보고시 이행 여부 확인 사항	근거 규정 [관계법]
1. 안전점검	「시설물의 안전 및 유지관리에 관한 특별법」 제11조
2. 소방시설등의 자체점검 등	「소방시설 설치 및 관리에 관한 법률」 제22조
3. 위생상의 조치	「수도법」 제33조
4. 승강기 설치검사 및 안전검사	「승강기 안전관리법」 제28조 및 제32조

5. 검사대상기기의 검사	「에너지이용 합리화법」 제39조
6. 일반용전기설비의 점검	「전기사업법」 제66조
7. 개인하수처리시설의 운영·관리	「하수도법」 제39조
8. 안전점검 및 소규모 공동주택 안전관리	「공동주택관리법」 제33조 및 제34조
9. 정기검사 및 수시검사	「도시가스사업법」 제17조
10. 안전진단	「도시 및 주거환경정비법」 제12조

10 사용제한 등 (건관법 제21조) (영 제15조)

▶ 「건축물관리법」

제21조【사용제한 등】

① 관리자는 건축물의 안전한 이용에 주는 영향이 중대하여 긴급한 조치가 필요하다고 인정되는 경우로서 대통령령으로 정하는 경우에는 해당 건축물에 대하여 사용제한·사용금지·해체 등의 조치를 하여야 한다.

② 관리자는 제1항에 따른 조치를 하는 경우에는 미리 그 사실을 특별자치시장·특별자치도지사 또는 시장·군수·구청장에게 알려야 한다. 이 경우 통보를 받은 특별자치시장·특별자치도지사 또는 시장·군수·구청장은 이를 공고하여야 한다.

③ 제20조제1항에 따라 건축물관리점검 결과를 보고받은 특별자치시장·특별자치도지사 또는 시장·군수·구청장은 해당 건축물의 안전한 이용에 주는 영향이 중대하여 긴급한 조치가 필요하다고 인정되면 대통령령으로 정하는 바에 따라 해당 건축물의 사용제한·사용금지·해체 등의 조치를 명할 수 있다.

④ 특별자치시장·특별자치도지사 또는 시장·군수·구청장은 제3항에 따른 명령을 받은 자가 그 명령을 이행하지 아니한 경우에는 「행정대집행법」에 따라 대집행을 할 수 있다.

① 관리자는 건축물의 안전한 이용에 주는 영향이 중대하여 긴급한 조치가 필요하다고 인정되는 경우로서 다음 경우에는 해당 건축물에 대하여 사용제한·사용금지·해체 등의 조치를 하여야 한다.

  1. 주요구조부의 강도 또는 강성(剛性: 변형에 대한 저항능력)이 현저하게 저하된 경우

  2. 주요구조부에 과다한 변형이 발생하거나 균열이 심화된 경우

  3. 건축물관리점검 실시 결과 건축물의 안전성 확보를 위하여 필요하다고 인정되는 경우

② 관리자는 위의 조치를 하는 경우 미리 그 사실을 특별자치시장·특별자치도지사 또는 시장·군수·구청장에게 알려야 하며, 통보를 받은 특별자치시장·특별자치도지사 또는 시장·군수·구청장은 이를 공고하여야 한다.

③ 위 9의 ①에 따른 건축물관리점검 결과를 보고받은 특별자치시장·특별자치도지사 또는 시장·군수·구청장은 해당 건축물의 안전한 이용에 주는 영향이 중대하여 긴급한 조치가 필요하다고 인정되면 해당 건축물의 사용제한·사용금지·해체 등의 조치를 명할 수 있다. 이 경우 해당 건축물의 관리자에게 조치 내용 및 그 이유 등을 포함하여 서면으로 알려야 한다.

④ 특별자치시장·특별사치도지사 또는 시장·군수·구청장은 위 ③의 명령을 받은 자가 그 명령을 이행하지 않는 경우 「행정대집행법」에 따라 대집행을 할 수 있다.

11 점검결과의 이행 등(건관법 제22조, 제23조)(영 제16조)(규칙 제8조)

▶「건축물관리법」

법 제22조【점검결과의 이행 등】

① 관리자는 제20조제1항에 따라 건축물관리점검 결과를 보고받은 경우 내진성능, 화재안전성능 등 대통령령으로 정하는 중대한 결함사항에 대하여 대통령령으로 정하는 바에 따라 보수·보강 등 필요한 조치를 하여야 한다.

② 특별자치시장·특별자치도지사 또는 시장·군수·구청장은 관리자가 제1항에 따른 건축물의 보수·보강 등 필요한 조치를 하지 아니한 경우 해당 관리자에게 해체·개축·수선·사용금지·사용제한, 그 밖에 필요한 조치의 이행 또는 시정을 명할 수 있다.

③ 건축물관리점검 결과를 통보받은 관리자는 건축물의 긴급한 보수·보강 등이 필요한 경우 이를 방송, 인터넷, 표지판 등을 통하여 해당 건축물의 사용자 등에게 알려야 한다.

법 제23조【조치결과의 보고】

① 제22조에 따라 보수·보강 등 필요한 조치를 완료한 관리자는 그 결과를 특별자치시장·특별자치도지사 또는 시장·군수·구청장에게 보고하여야 한다.

② 제1항에 따른 보고의 절차 등에 관한 사항은 국토교통부령으로 정한다.

【1】 점검결과의 이행 등

① 관리자는 건축물관리점검 결과를 보고받은 경우 내진성능, 화재안전성능 등 다음 ㉠ 의 중대한 결함사항에 대하여 ㉡의 보수·보강 등 필요한 조치를 하여야 한다.

㉠ 중대한 결함사항

1. 주요구조부의 강도 또는 강성(剛性: 변형에 대한 저항능력)이 현저하게 저하된 경우

2. 주요구조부에 과다한 변형이 발생하거나 균열이 심화된 경우

3. 건축물관리점검 실시 결과 건축물의 안전성 확보를 위하여 필요하다고 인정되는 경우

㉡ 보수·보강 등 필요한 조치

건축물관리점검 결과를 보고받은 날부터 60일 이내에 보수·보강 등 조치계획을 수립하여 특별자치시장·특별자치도지사 또는 시장·군수·구청장에게 보고해야 한다.

② 특별자치시장·특별자치도지사 또는 시장·군수·구청장은 관리자가 건축물의 보수·보강 등 필요한 조치를 하지 아니한 경우 해당 관리자에게 해체·개축·수선·사용금지·사용제한, 그 밖에 필요한 조치의 이행 또는 시정을 명할 수 있다.

③ 건축물관리점검 결과를 통보받은 관리자는 건축물의 긴급한 보수·보강 등이 필요한 경우 이를 방송, 인터넷, 표지판 등을 통하여 해당 건축물의 사용자 등에게 알려야 한다.

④ 관리자는 건축물관리점검 결과를 보고받은 날부터 2년 이내에 보수·보강 등 조치계획에 따른 조치를 시작해야 한다. 이 경우 특별한 사유가 없으면 시작한 날부터 3년 이내에 보수·보강 등 필요한 조치를 완료해야 한다.

【2】 조치결과의 보고

① 보수·보강 등 필요한 조치를 완료한 관리자는 그 결과를 특별자치시장·특별자치도지사 또는 시장·군수·구청장에게 보고하여야 한다.

② 관리자는 점검결과 이행에 대한 조치를 완료한 날부터 30일 이내에 해당 조치결과를 건축물 생애이력 정보체계에 입력하는 방법으로 보고해야 한다.

2 주택의 유지·관리 지원(법 제35조의2)(규칙 제23조의7)

법 제35조의2 【주택의 유지·관리 지원】
삭제〈2019.4.30.〉
※ 「건축물관리법」 제정으로 삭제됨
▶ 건축법 제35조의2의 관련내용은 「건축물관리법」
제39조(건축물관리지원센터의 지정 등),
제40조(지역건축물관리지원센터의 설치 및 운영)으로 이동하여 보완 제정됨

※ 여기서는 「건축법」에 있던 해당 규정에 대한 「건축물관리법」의 규정 내용을 해설함.

① 건축물관리지원센터의 지정 등(건관법 제39조)(영 제29조)(규칙 제19조)

▶「건축물관리법」
법 제39조 【건축물관리지원센터의 지정 등】
① 국토교통부장관은 건축물관리를 위한 정책과 기술의 연구·개발 및 보급 등을 효율적으로 추진하기 위하여 다음 각 호의 기관을 건축물관리지원센터로 지정할 수 있다. 〈개정 2020.6.9.〉
  1. 「정부출연연구기관 등의 설립·운영 및 육성에 관한 법률」에 따라 설립된 건축공간연구원
  2. 국토안전관리원
  3. 「과학기술분야 정부출연연구기관 등의 설립·운영 및 육성에 관한 법률」에 따라 설립된 한국건설기술연구원
  4. 「한국부동산원법」에 따른 한국부동산원
  5. 「한국토지주택공사법」에 따라 설립된 한국토지주택공사
  6. 그 밖에 대통령령으로 정하는 공공기관
② 국토교통부장관은 제1항에 따른 건축물관리지원센터를 지정하거나 그 지정을 취소한 경우에는 그 사실을 관보에 고시하여야 한다.
③ 제1항에 따른 건축물관리지원센터는 다음 각 호의 업무를 수행한다.
  1. 건축물관리 관련 정책 수립·이행 지원
  2. 건축물관리 관련 상담 지원
  3. 이 법에 따라 국토교통부장관으로부터 대행 또는 위탁받은 업무
  4. 그 밖에 체계적인 건축물관리를 위하여 필요한 업무
④ 국토교통부장관은 제1항에 따라 지정된 건축물관리지원센터에 대하여 예산의 범위에서 제3항의 업무를 수행하는 데 필요한 비용의 일부를 출연하거나 지원할 수 있다.
⑤ 제1항에 따른 건축물관리지원센터의 지정 및 지정취소 등에 필요한 사항은 대통령령으로 정한다.

해설 국토교통부장관은 건축물관리를 위한 정책 등을 효율적으로 추진하기 위하여 건축물관리지원센터를 지정할 수 있다.

【1】 건축물관리지원센터의 지정

국토교통부장관은 건축물관리를 위한 정책과 기술의 연구·개발 및 보급 등을 효율적으로 추진하기 위하여 아래 표의 기관을 건축물관리지원센터로 지정할 수 있다.

【2】 건축물관리지원센터 지정 대상 기관

• 건축물지원센터 지정 대상	근거 규정
1. 건축공간연구원	「정부출연연구기관 등의 설립·운영 및 육성에 관한 법률」
2. 국토안전관리원	「국토안전관리원법」
3. 한국건설기술연구원	「과학기술분야 정부출연연구기관 등의 설립·운영 및 육성에 관한 법률」
4. 한국부동산원	「한국부동산원법」
5. 한국토지주택공사	「한국토지주택공사법」
6. 공공기관(아래 사항을 모두 갖춘 기관)	「공공기관의 운영에 관한 법률」 제4조
① 건축물관리 지원업무를 수행할 전담조직, 예산 및 시설 ② 건축물관리 지원업무를 수행할 수 있는 10명 이상의 전문인력 ③ 건축물관리 지원업무 운영규정	

【3】 건축물관리지원센터의 업무

1. 건축물관리 관련 정책 수립·이행 지원
2. 건축물관리 관련 상담 지원
3. 이 법에 따라 국토교통부장관으로부터 대행 또는 위탁받은 업무
4. 그 밖에 체계적인 건축물관리를 위하여 필요한 업무

【4】 건축물관리지원센터의 대행 업무

국토교통부장관은 건축물관리지원센터로 하여금 다음의 업무를 대행하게 할 수 있다.

1. 실태조사(「건축물관리법」 제6조)
2. 화재안전성능보강에 대한 지원의 보조(「건축물관리법」 제29조)
3. 건축물관리기술의 국제협력 및 해외진출을 촉진하기 위한 사업의 추진(「건축물관리법」 제38조)

【5】 건축물관리지원센터의 실적 등의 보고

건축물관리지원센터는 다음 서류를 국토교통부장관에게 제출해야 한다.

제출 대상 서류	제출기한
1. 업무계획	매년 2월 말일
2. 전년도 업무 추진 실적	다음 해 3월 31일

【6】지정 절차

① 건축물관리지원센터로 지정받으려는 자는 아래의 서류를 국토교통부장관에게 제출해야 한다.

▪ 제출서류
1. 건축물관리지원센터 지정신청서(별지 제12호서식)
2. 건축물관리지원센터 운영계획
3. 건축물관리지원센터 인력·조직 및 시설 확보 현황
4. 건축물관리지원센터 운영에 따른 예산조달계획

② 국토교통부장관은 신청서를 제출받은 경우 행정정보의 공동이용을 통해 법인 등기사항증명서 (법인인 경우만 해당) 또는 사업자등록증명을 확인해야 한다.

③ 국토교통부장관은 제1항에 따른 건축물관리지원센터를 지정하거나 그 지정을 취소한 경우에는 그 사실을 관보에 고시하여야 한다.

④ 국토교통부장관은 신청자를 건축물관리지원센터로 지정하는 경우 건축물관리지원센터 지정서 (별지 제13호 서식)를 발급해야 한다.

⑤ 국토교통부장관은 지정된 건축물관리지원센터에 예산의 범위에서 업무를 수행에 필요한 비용 의 일부를 출연하거나 지원할 수 있다.

【7】지정 취소

① 국토교통부장관은 건축물관리지원센터가 다음의 경우에는 지정을 취소할 수 있다.

▪지정 취소 가능 사유(단, 1의 경우 지정 취소할 것)
1. 거짓이나 부정한 방법으로 건축물관리지원센터로 지정받은 경우
2. 정당한 사유 없이 지정받은 날부터 6개월 이상 건축물관리지원센터의 업무를 수행하지 않은 경우
3. 그 밖에 건축물관리지원센터로서의 업무를 수행할 수 없게 된 경우

② 국토교통부장관은 지정을 취소하려는 경우에는 청문을 해야 한다.

② 지역건축물관리지원센터의 설치 및 운영 (건관법 제40조)(규칙 제20조)

▶「건축물관리법」

법 제40조【지역건축물관리지원센터의 설치 및 운영】

① 특별자치시장·특별자치도지사 또는 시장·군수·구청장은 관리자가 건축물관리계획에 따라 효율적으로 건축물을 관리할 수 있도록 기술을 지원하거나 정보를 제공할 수 있다.

② 특별자치시장·특별자치도지사 또는 시장·군수·구청장은 제1항에 따른 기술지원, 정보제공, 안전대책의 수립 등을 위하여 필요한 경우에는 지역건축물관리지원센터를 설치·운영할 수 있다.

③ 제2항에 따른 지역건축물관리지원센터는 「건축법」 제87조의2제1항에 따른 지역건축안전센터와 통합하여 운영할 수 있다.

④ 제2항에 따른 지역건축물관리지원센터의 설치·운영 등에 필요한 사항은 국토교통부령으로 정한다.

해설 특별자치시장·특별자치도지사 또는 시장·군수·구청장은 관리자가 건축물관리계획에 따라 효율적으로 건축물을 관리할 수 있도록 지역건축물관리지원센터를 설치하여 기술을 지원하거나 정보를 제공할 수 있다.

【1】 지역건축물관리지원센터의 지정

① 특별자치시장·특별자치도지사 또는 시장·군수·구청장는 관리자가 건축물관리계획에 따라 효율적으로 건축물을 관리할 수 있도록 기술을 지원하거나 정보를 제공할 수 있다.

② 특별자치시장·특별자치도지사 또는 시장·군수·구청장은 기술지원, 정보제공, 안전대책의 수립 등을 위하여 필요한 경우에는 지역건축물관리지원센터를 설치·운영할 수 있다.

③ 지역건축물관리지원센터는 「건축법」에 따른 지역건축안전센터와 통합하여 운영할 수 있다.

【2】 지역건축물관리지원센터의 설치 및 운영 등

(1) 지역건축물관리지원센터의 구성

① 센터장 1명과 기술지원, 정보제공 및 안전대책의 수립 등에 필요한 전문인력을 둔다.

② 해당 지방자치단체 소속 공무원 중에서 건축물관리에 관한 학식과 경험이 풍부한 사람으로 하여금 센터장을 겸임하게 할 수 있다.

③ 센터장은 지역건축물관리지원센터의 사무를 총괄하고, 소속 직원을 지휘·감독한다.

(2) 전문인력의 자격

① 전문인력은 다음에 해당하는 자격을 갖춘 사람으로서 건축물관리에 관한 학식과 경험이 풍부한 사람으로 한다.

▪ 전문인력의 자격	근거 규정
1. 건축사	「건축사법」 제2조제1호
2. 건축구조기술사	「국가기술자격법」
3. 건축시공기술사	
4. 건설안전기술사	
5. 건축구조 전문분야의 특급건설기술인	「건설기술 진흥법 시행령」 별표 1

② 특별자치시장·특별자치도지사 또는 시장·군수·구청장은 위 표의 전문인력 자격에서 1. 건축사 1명 이상과 2. 건축구조기술사 또는 5. 건축구조 전문분야 특급건설기술인 중 1명 이상을 두어야 하며, 지역건축물관리지원센터의 전문인력을 확보하기 위하여 노력해야 한다.

(3) 지역건축물관리지원센터의 운영 등

① 특별자치시장·특별자치도지사 또는 시장·군수·구청장은 지역의 규모·예산·인력 등을 고려할 때 단독으로 지역건축물관리지원센터를 설치·운영하는 것이 어려운 경우 둘 이상의 특별자치시·특별자치도 또는 시·군·자치구가 공동으로 하나의 지역건축물관리지원센터를 설치·운영할 수 있다.

② 공동 지역건축물관리지원센터를 설치·운영하려는 경우 공동 설치 및 운영에 관한 협약을 체결해야 한다.

③ 위의 규정한 사항 외에 지역건축물관리지원센터의 조직 및 운영 등에 필요한 사항은 해당 지방자치단체의 조례로 정한다.

3 건축물의 철거 등의 신고 $\binom{\text{법}}{\text{제36조}}\binom{\text{규칙}}{\text{제24조}}$

> **법 제36조 【건축물의 철거 등의 신고】**
> 삭제 〈2019.4.30.〉
> ※ 「건축물관리법」 제정으로 삭제됨
> ▶ 건축법 제36조의 관련내용은 「건축물관리법」
> 제30조(건축물 해체의 허가)
> 제30조의2(해체공사 착공신고 등)
> 제30조의3(건축물 해체의 허가 또는 신고사항의 변경) 〈신설 2022.2.3〉
> 제30조의4(현장점검)
> 제31조(건축물 해체공사감리자의 지정 등)
> 제32조(해체공사감리자의 업무 등)
> 제32조의2(해체작업의 업무)
> 제33조(건축물 해체공사 완료신고)
> 제34조(건축물의 멸실신고)로 이동하여 보완 제정됨
>
> ※ 여기서는 「건축법」에 있던 해당 규정에 대한 「건축물관리법」의 규정 내용을 정리함.

① 건축물 해체의 허가 등 $\binom{\text{건관법}}{\text{제30조}}\binom{\text{영}}{\text{제21조}}\binom{\text{규칙}}{\text{제11조, 제12조}}$

> ▶ 「건축물관리법」
> **[법] 제30조 【건축물 해체의 허가】**
> ① 관리자가 건축물을 해체하려는 경우에는 특별자치시장·특별자치도지사 또는 시장·군수·구청장(이하 이 장에서 "허가권자"라 한다)의 허가를 받아야 한다. 다만, 다음 각 호의 어느 하나에 해당하는 경우 대통령령으로 정하는 바에 따라 신고를 하면 허가를 받은 것으로 본다. 〈개정 2020.4.7.〉
> 1.「건축법」 제2조제1항제7호에 따른 주요구조부의 해체를 수반하지 아니하고 건축물의 일부를 해체하는 경우
> 2. 다음 각 목에 모두 해당하는 건축물의 전체를 해체하는 경우
> 가. 연면적 500제곱미터 미만의 건축물
> 나. 건축물의 높이가 12미터 미만인 건축물
> 다. 지상층과 지하층을 포함하여 3개 층 이하인 건축물
> 3. 그 밖에 대통령령으로 정하는 건축물을 해체하는 경우
> ② 제1항 각 호 외의 부분 단서에도 불구하고 관리자가 다음 각 호의 어느 하나에 해당하는 경우로서 해당 건축물을 해체하려는 경우에는 허가권자의 허가를 받아야 한다. 〈개정 2022.2.3.〉
> 1. 해당 건축물 주변의 일정 반경 내에 버스 정류장, 도시철도 역사 출입구, 횡단보도 등 해당 지방자치단체의 조례로 정하는 시설이 있는 경우
> 2. 해당 건축물의 외벽으로부터 건축물의 높이에 해당하는 범위 내에 해당 지방자치단체의 조례로 정하는 폭 이상의 도로가 있는 경우

3. 그 밖에 건축물의 안전한 해체를 위하여 건축물의 배치, 유동인구 등 해당 건축물의 주변 여건을 고려하여 해당 지방자치단체의 조례로 정하는 경우

③ 제1항 또는 제2항에 따라 허가를 받으려는 자 또는 신고를 하려는 자는 건축물 해체 허가신청서 또는 신고서에 제4항에 따라 작성되거나 제5항에 따라 검토된 해체계획서를 첨부하여 허가권자에게 제출하여야 한다. 〈개정 2022.2.3.〉

④ 제1항 각 호 외의 부분 본문 또는 제2항에 따라 허가를 받으려는 자가 허가권자에게 제출하는 해체계획서는 다음 각 호의 어느 하나에 해당하는 자가 이 법과 이 법에 따른 명령이나 처분, 그 밖의 관계 법령을 준수하여 작성하고 서명날인하여야 한다. 〈신설 2022.2.3.〉

1. 「건축사법」 제23조제1항에 따른 건축사사무소개설신고를 한 자
2. 「기술사법」 제6조에 따라 기술사사무소를 개설등록한 자로서 건축구조 등 대통령령으로 정하는 직무범위를 등록한 자

⑤ 제1항 각 호 외의 부분 단서에 따라 신고를 하려는 자가 허가권자에게 제출하는 해체계획서는 다음 각 호의 어느 하나에 해당하는 자가 이 법과 이 법에 따른 명령이나 처분, 그 밖의 관계 법령을 준수하여 검토하고 서명날인하여야 한다. 〈신설 2022.2.3.〉

1. 「건축사법」 제23조제1항에 따른 건축사사무소개설신고를 한 자
2. 「기술사법」 제6조에 따라 기술사사무소를 개설등록한 자로서 건축구조 등 대통령령으로 정하는 직무범위를 등록한 자

⑥ 허가권자는 다음 각 호의 어느 하나에 해당하는 경우 「건축법」 제4조제1항에 따라 자신이 설치하는 건축위원회의 심의를 거쳐 해당 건축물의 해체 허가 또는 신고수리 여부를 결정하여야 한다. 〈신설 2022.2.3.〉

1. 제1항 각 호 외의 부분 본문 또는 제2항에 따른 건축물의 해체를 허가하려는 경우
2. 제1항 각 호 외의 부분 단서에 따라 건축물의 해체를 신고받은 경우로서 허가권자가 건축물 해체의 안전한 관리를 위하여 전문적인 검토가 필요하다고 판단하는 경우

⑦ 제6항에 따른 심의 결과 또는 허가권자의 판단으로 해체계획서 등의 보완이 필요하다고 인정되는 경우에는 허가권자가 관리자에게 기한을 정하여 보완을 요구하여야 하며, 관리자는 정당한 사유가 없으면 이에 따라야 한다. 〈신설 2022.2.3.〉

⑧ 허가권자는 대통령령으로 정하는 건축물의 해체계획서에 대한 검토를 국토안전관리원에 의뢰하여야 한다. 〈개정 2020.6.9., 2022.2.3.〉

⑨ 그 밖에 건축물 해체의 허가절차 등에 관하여는 국토교통부령으로 정한다. 〈개정 2022.2.3.〉

해설 관리자가 건축물을 해체하려는 경우 시장·군수·구청장 등의 허가권자로부터 해체 허가를 받거나 허가권자에게 신고하도록 규정하였다.(제30조 신설)

【1】 건축물의 해체 허가

① 관리자가 건축물을 해체하려는 경우에는 특별자치시장·특별자치도지사 또는 시장·군수·구청장(이하 **3**에서 "허가권자")의 허가를 받아야 한다.

② 해체신고 대상(아래 【2】)의 경우라도 다음의 경우는 관리자가 허가권자의 허가를 받아야 한다.

▪ 해체 신고 대상 중 허가를 받아야 하는 경우
1. 해당 건축물 주변의 일정 반경 내에 버스 정류장, 도시철도 역사 출입구, 횡단보도 등 해당 지방자치단체의 조례로 정하는 시설이 있는 경우
2. 해당 건축물의 외벽으로부터 건축물의 높이에 해당하는 범위 내에 해당 지방자치단체의 조례로 정하는 폭 이상의 도로가 있는 경우
3. 그 밖에 건축물의 안전한 해체를 위하여 건축물의 배치, 유동인구 등 해당 건축물의 주변 여건을 고려하여 해당 지방자치단체의 조례로 정하는 경우

【2】 건축물의 해체 신고 대상

① 다음의 경우는 해체 신고를 하면 허가를 받은 것으로 본다.

▪ 해체 신고 대상	
1. 주요구조부의 해체를 수반하지 아니하고 건축물의 일부를 해체하는 경우	
2. 우측란 모두 해당하는 건축물의 전체를 해체하는 경우	– 연면적 500㎡ 미만의 건축물
	– 건축물의 높이가 12m 미만인 건축물
	– 지상층과 지하층을 포함하여 3개 층 이하인 건축물
3. 「건축법」상의 신고대상 건축물 중 우측란의 건축물을 해체하는 경우	– 바닥면적의 합계가 85㎡ 이내의 증축·개축 또는 재축. (다만) 3층 이상 건축물인 경우 증축·개축 또는 재축하려는 부분의 바닥면적의 합계가 건축물 연면적의 1/10 이내인 경우로 한정
	– 연면적이 200㎡ 미만이고 3층 미만인 건축물의 대수선
4. 관리지역, 농림지역 또는 자연환경보전지역에 있는 높이 12m 미만인 건축물을 해체하는 경우 * 이 경우 해당 건축물의 일부가 도시지역에 걸치는 경우 그 건축물의 과반이 속하는 지역으로 적용	
5. 그 밖에 시·군·구 조례로 정하는 건축물	

② 해체 신고를 하려는 자는 건축물 해체 신고서(별지 제5호서식)를 특별자치시장·특별자치도지사 또는 시장·군수·구청장(이하 **3**에서 "허가권자")에게 제출해야 한다.

【3】 건축물의 해체 허가 및 신고 절차 등

① 허가를 받거나 신고를 하려는 자는 건축물 해체 허가신청서 또는 신고서(별지 제5호서식)에 해체계획서를 첨부하여 허가권자에게 제출해야 한다.

② 해체계획서의 포함 사항

1. 해체공사의 공정 등 해체공사의 개요
2. 해체공사의 영향을 받게 될 건축설비의 이동, 철거 및 보호 등에 관한 사항
3. 해체공사의 작업순서, 해체공법 및 이에 따른 구조안전계획
4. 해체공사 현장의 화재 방지대책, 공해 방지 방안, 교통안전 방안, 안전통로 확보 및 낙하 방지대책 등 안전관리대책
5. 해체물의 처리계획
6. 해체공사 후 부지정리 및 인근 환경의 보수 및 보상 등에 관한 사항

※ 국토교통부장관은 해체계획서의 세부적인 작성 방법 등에 관해 필요한 사항을 정하여 고시해야 한다. [건축물 해체계획서의 작성 및 감리업무 등에 관한 기준(국토교통부고시 제2022-446호, 2022.8.4 참조)]

③ 해체 허가를 받으려는 자 또는 신고를 하려는 자가 허가권자에게 제출하는 해체계획서는 다음에 해당하는 자가 이 법과 이 법에 따른 명령이나 처분 등 법령을 준수하여 작성하고 서명날인하여야 한다.

▪ 해체계획서 작성자	근거 규정
1. 건축사사무소개설신고를 한 자	「건축사법」 제23조제1항
2. 기술사사무소를 개설등록한 자로서 직무범위(건축 구조, 건축시공 또는 건설안전)를 등록한 자	「기술사법」 제6조

④ 허가권자는 다음 건축물의 해체계획서에 대한 검토를 국토안전관리원에 의뢰하여야 한다.

▪ 국토안전관리원 검토 의뢰 대상 건축물	근거 규정
1. 특수구조 건축물 중 - 기둥과 기둥 사이의 거리*가 20m 이상인 건축물 - 특수한 설계·시공·공법 등이 필요한 건축물로서 국토교통부장관이 정하여 고시하는 구조로 된 건축물	「건축법 시행령」 제2조제18호나목 또는 다목(*기둥의 중심선 사이의 거리, 기둥이 없는 경우 내력벽과 내력벽의 중심선 사이의 거리)
2. 건축물에 10톤 이상의 장비를 올려 해체하는 건축물	–
3. 폭파하여 해체하는 건축물	–

⑤ 허가권자는 다음의 경우에 자신이 설치하는 건축위원회의 심의를 거쳐 해당 건축물의 해체 허가 또는 신고수리 여부를 결정하여야 한다.

▪ 건축위원회의 심의를 거쳐야 하는 경우
1. 건축물의 해체를 허가하려는 경우
2. 건축물의 해체를 신고받은 경우로서 허가권자가 건축물 해체의 안전한 관리를 위하여 전문적인 검토가 필요하다고 판단하는 경우

⑥ 앞 ⑤의 심의 결과 또는 허가권자의 판단으로 해체계획서 등의 보완이 필요하다고 인정되는 경우 허가권자가 관리자에게 기한을 정하여 보완을 요구해야 하며, 관리자는 정당한 사유가 없으면 이에 따라야 한다.

⑦ 허가권자는 건축물 해체 허가신청서 또는 신고서를 제출받은 경우 건축물 또는 건축물에 사용된 자재에 석면이 함유되었는지를 확인하고, 함유되어 있는 경우 지체 없이 다음의 자에게 해당 사실을 통보해야 한다.

▪ 석면 함유 확인시 통보 대상	근거 규정
1. 「산업안전보건법」에 따라 조치를 명하는 지방고용노동관서의 장	「산업안전보건법」 - 법 제119조(석면조사)제4항 - 시행령 제115조(권한의 위임)제33호
2. 「폐기물관리법」에 따라 서류를 확인하는 시·도지사, 유역환경청장 또는 지방환경청장	「폐기물관리법」 - 법 제17조(사업장폐기물배출자의 의무 등)제5항 - 시행령 제37조(권한의 위임)제1항제2호가목, 제2항제1호

⑧ 허가권자는 건축물 해체 허가신청서 또는 신고서를 제출받은 경우 해당 건축물 또는 그 건축물 부지에 안전조치가 되지 않은 가스시설(가스배관 포함)이 있는지를 확인하고, 안전조치가 되지 않은 가스시설이 있는 경우 지체 없이 다음에 해당하는 자에게 해당 사실을 통보해야 한다. <신설 2024.1.2.>

■ 안전 미조치 가스시설 확인시 통보 대상	근거 규정
1. 「고압가스 안전관리법」에 따라 안전조치를 하는 사업소 밖 배관 보유 사업자	「고압가스 안전관리법」 - 법 제23조의6(고압가스배관의 안전조치 등)제1항
2. 「도시가스사업법」에 따라 안전조치를 하는 도시가스사업자	「도시가스사업법」 - 법 제28조의3(건축물 공사에 따른 안전조치)제2항
3. 「액화석유가스의 안전관리 및 사업법」에 따라 안전조치를 하는 액화석유가스 충전사업자 및 액화석유가스 집단공급사업자	「액화석유가스의 안전관리 및 사업법」 -법 제49조의7(액화석유가스배관의 안전조치 등)제1항

⑨ 허가권자는 해체 허가를 한 경우 또는 신고를 수리하는 경우 허가 신청자 또는 신고한 자에게 건축물 해체 허가서(별지 제6호서식) 또는 건축물 해체신고 확인증(별지 제6호의2서식)을 내주어야 한다.

⑩ 관리자는 건축물 해체 허가신청서 또는 신고서를 「건축법」에 따라 건축허가를 신청하거나 건축신고를 할 때 함께 제출(전자문서 제출 포함)할 수 있다.

② 건축물 해체공사 착공신고 등 (건관법 제30조의2) (규칙 제12조의2)

▶ 「건축물관리법」
법 제30조의2 【해체공사 착공신고 등】
① 제30조제1항 각 호 외의 부분 본문 또는 같은 조 제2항에 따라 해체 허가를 받은 건축물의 해체공사에 착수하려는 관리자는 국토교통부령으로 정하는 바에 따라 허가권자에게 착공신고를 하여야 한다. 다만, 제30조제1항 각 호 외의 부분 단서에 따라 신고를 한 건축물의 경우는 제외한다. 〈개정 2022.2.3.〉
② 허가권자는 제1항에 따른 신고를 받은 날부터 7일 이내에 신고수리 여부 또는 민원 처리 관련 법령에 따른 처리기간의 연장 여부를 신고인에게 통지하여야 한다. 〈개정 2022.2.3.〉
③ 허가권자가 제2항에서 정한 기간 내에 신고수리 여부 또는 민원 처리 관련 법령에 따른 처리기간의 연장 여부를 신고인에게 통지하지 아니하면 그 기간이 끝난 날의 다음 날에 신고를 수리한 것으로 본다.
[본조신설 2021.7.27.] [제30조의3에서 이동, 종전 제30조의2는 제30조의4로 이동 〈2022.2.3〉]

해설 건축물 해체공사 과정에서 발생하는 안전사고를 예방하기 위하여 해체공사에 착수하려는 관리자로 하여금 해체공사 허가권자에게 착공신고를 하도록 하는 등의 규정이 신설되었다.

■ 해체공사의 착공신고

① 해체 허가를 받은 건축물의 해체공사에 착수하려는 관리자는 아래 표의 서류를 갖춰 허가권자에게 착공신고를 하여야 한다. 예외 해체신고를 한 건축물의 경우 착공신고 제외

※ 착공신고시 제출 서류(전자문서로 제출하는 것 포함)

■ 건축물 해체공사 착공신고서(별지 제6호의3서식)	
▪ 첨부서류	1. 해체공사계약서[해체공사를 수행하는 자(이하 "해체작업자")가 해체공사를 하도급한 경우 하도급계약서를 포함한다] 사본
	2. 해체공사감리계약서 사본

② 허가권자는 건축물 해체공사 착공신고서를 제출받은 경우 다음 사항에 대한 현장점검을 해야 한다.

1. 해체할 건축물의 현황

2. 해체할 건축물 주변의 도로 현황과 보행자 및 차량의 통행 현황

3. 안전관리대책(착공신고 전에 이행할 수 있는 안전관리대책으로 한정)의 이행 여부

③ 허가권자는 ② 에 따른 현장점검 결과 건축물의 안전한 해체를 위하여 보완이 필요하다고 인정되는 사항에 대하여 관리자에게 보완을 요구해야 하며, 보완을 요구받은 관리자는 특별한 사유가 없으면 요구에 따라야 한다.

④ 허가권자는 현장점검 및 보완 결과 건축물 해체공사의 안전이 확보되었다고 인정되면 건축물 해체공사 착공신고 확인증(별지 제6호의4서식)을 관리자에게 내주어야 한다.

⑤ 허가권자는 착공신고를 받은 날부터 3일 이내에 신고수리 여부 또는 민원 처리 관련 법령에 따른 처리기간의 연장 여부를 신고인에게 통지하여야 하며, 허가권자가 이 기간 내에 통지하지 아니하면 그 기간이 끝난 날의 다음 날에 신고를 수리한 것으로 본다.

③ 건축물 해체공사 해체의 허가 또는 신고 사항의 변경 (건관법 제30조의3) (영 제21조의2) (규칙 제12조의3)

▶ 「건축물관리법」

법 제30조의3 【건축물 해체의 허가 또는 신고 사항의 변경】

① 관리자는 제30조제1항 또는 제2항에 따라 허가를 받았거나 신고한 사항 중 해체계획서와 다른 해체공법을 적용하는 등 대통령령으로 정하는 사항을 변경하려면 국토교통부령으로 정하는 바에 따라 허가권자의 변경허가를 받거나 허가권자에게 변경신고를 하여야 한다. 이 경우 해체계획서의 변경 등에 관한 사항은 제30조제3항부터 제7항까지 및 제9항을 준용한다.

② 관리자는 제30조의2제1항에 따라 해체공사의 착공신고를 한 사항 중 제32조의2에 따른 해체작업자 변경 등 대통령령으로 정하는 사항을 변경하려면 국토교통부령으로 정하는 바에 따라 허가권자에게 변경신고를 하여야 한다.

③ 관리자는 제1항 또는 제2항에 따른 변경허가 또는 변경신고 사항 외의 사항을 변경한 경우에는 제33조에 따른 건축물 해체공사 완료신고 시 국토교통부령으로 정하는 바에 따라 허가권자에게 일괄하여 변경신고를 하여야 한다.

[본조신설 2022.2.3.]

해설 해체계획서와 다른 공법을 적용하는 등 해체 허가를 받거나 신고한 사항 중 대통령령으로 정하는 주요 사항이 변경되는 경우 허가권자의 승인을 받도록 하는 규정이 신설되었다.(2022.2.3. 신설)

【1】 건축물의 해체 허가 및 신고 사항의 변경 허가 등

① 관리자는 해체 허가 및 신고사항의 변경사항 발생시 허가권자의 변경허가를 받거나 허가권자

에게 변경신고를 하여야 한다.

■ 변경 허가 및 신고 대상 변경사항	
1. 해체공법	4. 해체장비의 종류
2. 해체작업의 순서	5. 해체 대상 건축물의 석면 함유 여부
3. 해체하는 부분 및 면적	6. 해체공사 현장의 안전관리대책

② 관리자는 허가를 받았거나 신고한 사항 중 위 각 호의 사항을 변경하려면 다음의 구분에 따라 허가권자의 변경허가를 받거나 허가권자에게 변경신고를 해야 한다.

변경 허가	변경 신고
- 당초 건축물 해체허가를 받은 경우	- 당초 건축물 해체신고를 한 경우
- 당초 건축물 해체신고를 한 경우로서 신고한 사항의 변경으로 인하여 허가를 받아야 하는 건축물 해체공사에 해당하게 되는 경우	- 당초 건축물 해체허가를 받은 경우로서 허가받은 사항의 변경으로 인하여 신고해야 하는 건축물 해체공사에 해당하게 되는 경우

③ 이 경우 해체계획서의 변경 등에 관한 사항은 【3】 의 규정을 준용한다.(④의 내용은 제외)

【2】 변경사항의 해체 허가 및 신고 절차 등

① 변경허가를 신청하거나 변경신고를 하려는 관리자는 건축물 해체 변경허가 신청서 또는 건축물 해체 변경신고서(별지 제6호의5서식)에 변경사항이 반영된 해체계획서를 첨부하여 허가권자에게 제출해야 한다.

② 허가권자는 변경허가 신청이나 변경신고를 받은 경우 해체 대상 건축물 또는 그 건축물에 사용된 자재에 석면이 함유되었는지를 확인하고, 석면이 함유되어 있으면 지체 없이 【3】 의 ⑦ 표에 기재된 자에게 그 사실을 통보해야 한다.

③ 허가권자는 변경허가 신청이나 변경신고를 받은 경우 해당 건축물 또는 그 건축물 부지에 안전조치가 되지 않은 가스시설이 있는지를 확인하고, 안전조치가 되지 않은 가스시설이 있는 경우 지체 없이 ① 【3】 ⑧ 에 해당하는 자에게 해당 사실을 통보해야 한다. <신설 2024.1.2.>

④ 허가권자는 변경허가 신청이나 변경신고를 받은 경우로서 해체 대상 건축물이 다음의 건축물에 해당하는 경우 국토안전관리원에 변경된 해체계획서에 대한 검토를 의뢰해야 한다.

■ 국토안전관리원 검토 의뢰 대상 건축물	근거 규정
1. 특수구조 건축물 중 - 기둥과 기둥 사이의 거리*가 20m 이상인 건축물 - 특수한 설계·시공·공법 등이 필요한 건축물로서 국토교통부장관이 정하여 고시하는 구조로 된 건축물	「건축법 시행령」 제2조제18호나목 또는 다목(*기둥의 중심선 사이의 거리, 기둥이 없는 경우 내력벽과 내력벽의 중심선 사이의 거리)
2. 건축물에 10톤 이상의 장비를 올려 해체하는 건축물	-
3. 폭파하여 해체하는 건축물	-

【3】 해체공사의 착공신고 사항의 변경

① 관리자가 해체공사의 착공신고를 한 사항 중 다음 사항을 변경하려면 허가권자에게 변경신고를 해야 한다.

> **■ 착공신고 사항 중 변경신고 대상**
>
> 1. 착공 예정일(30일 이상 변경하는 경우로 한정)
>
> 2. 해체작업자, 하수급인 및 현장관리인과 해체공사 현장에 배치하는 건설기술자

② 관리자는 표의 1, 2를 변경하려는 경우 건축물 해체공사착공 변경신고서(별지 제6호의6서식)에 변경사항을 증명할 수 있는 서류 사본을 첨부하여 허가권자에게 제출해야 한다.

【4】 변경사항의 일괄신고

① 관리자는 변경허가 또는 변경신고 사항 외의 사항을 변경한 경우 건축물 해체공사 완료신고 시 국토교통부령으로 정하는 바에 따라 허가권자에게 일괄하여 변경신고를 하여야 한다.

② 관리자는 일괄 변경신고를 하려는 경우 건축물 해체 등 일괄 변경신고서(별지 제6호의7서식)에 변경사항을 증명할 수 있는 서류 사본을 첨부하여 허가권자에게 제출해야 한다.

【5】 변경허가서 등의 교부

허가권자는 위의 규정에 따른 변경허가를 하거나 변경신고를 수리하는 경우 다음의 구분에 따라 관리자에게 변경허가서 또는 확인증을 내주어야 한다.

구 분	서 식
1. 제1항에 따른 변경허가를 하거나 변경신고를 수리하는 경우	건축물 해체 변경허가서 또는 건축물 해체 변경신고 확인증(별지 제6호의8서식)
2. 제3항에 따른 변경신고를 수리하는 경우	건축물 해체공사착공 변경신고 확인증 (별지 제6호의9서식)
3. 제4항에 따른 일괄 변경신고를 수리하는 경우	건축물 해체 등 일괄 변경신고 확인증 (별지 제6호의9서식)

4 **현장점검** (건관법 제30조의4) (영 제21조의3) (규칙 제12조의4)

▶ 「건축물관리법」

법 제30조의4 【현장점검】

① 허가권자는 안전사고 예방 등을 위하여 제30조의2에 따른 해체공사 착공신고를 받은 경우 등 대통령령으로 정하는 경우에는 건축물 해체 현장에 대한 현장점검을 하여야 한다. 〈개정 2022.2.3.〉

② 허가권자는 제1항에 따른 현장점검 결과 해체공사가 안전하게 진행되기 어렵다고 판단되는 경우 즉시 관리자, 제31조제1항에 따른 해체공사감리자, 제32조의2에 따른 해체작업자 등에게 작업중지 등 필요한 조치를 명하여야 하며, 조치 명령을 받은 자는 국토교통부령으로 정하는 바에 따라 필요한 조치를 이행하여야 한다. 〈개정 2022.2.3.〉

③ 허가권자는 국토교통부령으로 정하는 바에 따라 제2항에 따른 필요한 조치가 이행되었는지를 확인한 후 공사재개 등의 조치를 명하여야 하며, 필요한 조치가 이행되지 아니한 경우 공사재개 등의 조치를 명하여서는 아니 된다. 〈신설 2022.2.3.〉

④ 허가권자는 제1항의 현장점검 업무를 제18조제1항에 따른 건축물관리점검기관으로 하여금 대행

하게 할 수 있다. 이 경우 업무를 대행하는 자는 현장점검 결과를 국토교통부령으로 정하는 바에 따라 허가권자에게 서면으로 보고하여야 하며, 현장점검을 수행하는 과정에서 긴급히 조치하여야 하는 사항이 발견되는 경우 즉시 안전조치를 실시한 후 그 사실을 허가권자에게 보고하여야 한다. 〈신설 2022.2.3.〉

⑤ 허가권자는 제1항에 따라 업무를 대행하게 한 경우 국토교통부령으로 정하는 범위에서 해당 지방자치단체의 조례로 정하는 수수료를 지급하여야 한다. 〈개정 2022.2.3.〉

[본조신설 2020.4.7.] [제30조의2에서 이동 〈2022.2.3.〉]

해설 건축물 해체 시 안전을 확보하기 위하여 건축물 해체 시 허가를 받아야 하는 건축물의 대상을 확대하고, 허가권자가 안전사고 예방 등을 위하여 점검이 필요하다고 판단하는 경우의 현장점검에 관한 사항을 규정하였다.

【1】 해체 현장점검

① 허가권자는 안전사고 예방 등을 위하여 해체공사 착공신고를 받은 경우 등의 경우 건축물 해체 현장에 대한 현장점검을 해야 한다.

■ 현장점검 대상	
1. 건축물 해체공사 착공신고를 받은 경우	
2. 해체공사감리자의 등록 명령에도 불구하고 정당한 사유없이 지속적으로 이에 따르지 않을 경우 정당한 사유의 유무를 확인하려는 경우	
3. 허가권자가 현장점검이 필요하다고 인정하는 우측 란의 경우	가. 해체허가 등의 변경허가 신청이나 변경신고를 받은 경우 나. 해체공사의 착공신고 사항 중 변경신고를 받은 경우 다. 해체공사감리자가 감리자의 업무를 성실하게 수행하는지를 확인하려는 경우 라. 해체작업자가 해체작업의 업무를 성실하게 수행하는지를 확인하려는 경우 마. 건축물 해체공사와 관련된 위법행위 등에 대한 신고·제보 등을 받은 경우
4. 건축물 해체공사의 공정(工程)이 필수확인점에 다다른 경우로서 건축물 해체공사가 해체계획서와 관계 법령에 맞게 수행되는지를 확인하기 위하여 시·군·구 조례로 정하는 경우	

【2】 현장점검후의 조치

① 허가권자는 현장점검 결과 해체공사가 안전하게 진행되기 어렵다고 판단되는 경우 즉시 관리자, 해체공사감리자, 해체작업자 등에게 작업중지 등 필요한 조치를 명하여야 한다.

② 조치 명령을 받은 자는 필요한 조치의 이행을 완료한 후 별지 조치 명령 이행결과 통보서(제6호의10서식)에 다음 자료를 첨부하여 허가권자에게 제출해야 한다.

■ 첨부 자료
1. 조치 명령의 이행을 증명할 수 있는 서류 사본
2. 현장사진

③ 허가권자는 이행결과를 통보 받은 경우 필요한 조치가 서면검사 또는 현장점검의 방법으로 조

치 명령의 이행 사실을 확인해야 한다.

④ 허가권자는 이행 사실을 확인한 후 공사재개 등의 조치를 명하여야 하며, 필요한 조치가 이행되지 아니한 경우 공사재개 등의 조치를 명하여서는 아니 된다.

【3】 해체 현장점검 업무의 대행

① 허가권자는 현장점검 업무를 건축물관리점검기관으로 하여금 대행하게 할 수 있다.

② 업무 대행자는 현장점검 완료 후 점검 결과를 허가권자에게 보고[건축물 해체 현장 안전점검표 (별지 제6호의11서식)를 제출]해야 한다.

③ 업무 대행자는 현장점검을 수행하는 과정에서 긴급히 조치하여야 하는 사항이 발견되는 경우 즉시 안전조치를 실시한 후 그 사실을 허가권자에게 보고하여야 한다.

④ 허가권자는 업무를 대행하게 한 경우 국토교통부령으로 정하는 범위에서 해당 지방자치단체의 조례로 정하는 수수료를 지급하여야 한다.

5 건축물 해체공사감리자의 지정 등 (건관법 제31조, 제32조)(영 제22조)(규칙 제13조~제15조)

▶「건축물관리법」

법 제31조【건축물 해체공사감리자의 지정 등】

① 허가권자는 건축물 해체허가를 받은 건축물에 대한 해체작업의 안전한 관리를 위하여 「건축사법」 또는 「건설기술 진흥법」에 따른 감리자격이 있는 자(공사시공자 본인 및 「독점규제 및 공정거래에 관한 법률」 제2조제12호에 따른 계열회사는 제외한다) 중 제31조의2에 따른 해체공사감리 업무에 관한 교육을 이수한 자를 대통령령으로 정하는 바에 따라 해체공사감리자(이하 "해체공사감리자"라 한다)로 지정하여 해체공사감리를 하게 하여야 한다. 〈개정 2020.12.29. 2022.2.3.〉

② 허가권자는 다음 각 호의 어느 하나에 해당하는 경우에는 해체공사감리자를 교체하여야 한다. 이 경우 다음 각 호의 어느 하나에 해당하는 해체공사감리자에 대해서는 1년 이내의 범위에서 해체공사감리자의 지정을 제한할 수 있다. 〈개정 2022.2.3.〉

1. 해체공사감리자의 지정에 관한 서류를 거짓이나 그 밖의 부정한 방법으로 제출한 경우
2. 업무 수행 중 해당 관리자 또는 제32조의2에 따른 해체작업자의 위반사항이 있음을 알고도 해체작업의 시정 또는 중지를 요청하지 아니한 경우
3. 제32조제7항에 따른 등록 명령에도 불구하고 정당한 사유 없이 지속적으로 이에 따르지 아니한 경우 〈신설 2022.2.3.〉
4. 그 밖에 대통령령으로 정하는 경우

③ 해체공사감리자는 수시 또는 필요한 때 해체공사의 현장에서 감리업무를 수행하여야 한다. 다만, 해체공사 방법 및 범위 등을 고려하여 대통령령으로 정하는 건축물의 해체공사를 감리하는 경우에는 대통령령으로 정하는 자격 또는 경력이 있는 자를 감리원으로 배치하여 전체 해체공사 기간 동안 해체공사 현장에서 감리업무를 수행하게 하여야 한다. 〈신설 2022.6.10.〉

④ 허가권자는 제2항 각 호의 어느 하나에 해당하는 해체공사감리자에 대해서는 1년 이내의 범위에서 해체공사감리자의 지정을 제한하여야 한다. 〈신설 2022.2.3., 2022.6.10〉

⑤ 건축물을 해체하려는 자와 해체공사감리자 간의 책임 내용 및 범위는 이 법에서 규정한 것 외에는 당사자 간의 계약으로 정한다. 〈개정 2022.2.3., 2022.6.10.〉

⑥ 국토교통부장관은 대통령령으로 정하는 바에 따라 제3항 단서에 따른 감리원 배치기준을 정하여야 한다. 이 경우 관리자 및 해체공사감리자는 정당한 사유가 없으면 이에 따라야 한다. 〈신설 2021.7.27., 2022.2.3., 2022.6.10.〉

⑦ 해체공사감리자의 지정기준, 지정방법, 해체공사 감리비용 등 필요한 사항은 국토교통부령으로 정한다. 〈개정 2021.7.27., 2022.2.3., 2022.6.10.〉

[법] 제31조의2 【해체공사감리자 등의 교육】 "생략"

[법] 제32조 【해체공사감리자의 업무 등】
① 해체공사감리자는 다음 각 호의 업무를 수행하여야 한다. 〈개정 2022.2.3.〉
1. 해체작업순서, 해체공법 등을 정한 제30조제3항에 따른 해체계획서(제30조의3제1항에 따른 변경허가 또는 변경신고에 따라 해체계획서의 내용이 변경된 경우에는 그 변경된 해체계획서를 말한다. 이하 "해체계획서"라 한다)에 맞게 공사하는지 여부의 확인
2. 현장의 화재 및 붕괴 방지 대책, 교통안전 및 안전통로 확보, 추락 및 낙하 방지대책 등 안전관리대책에 맞게 공사하는지 여부의 확인
3. 해체 후 부지정리, 인근 환경의 보수 및 보상 등 마무리 작업사항에 대한 이행 여부의 확인
4. 해체공사에 의하여 발생하는 「건설폐기물의 재활용촉진에 관한 법률」 제2조제1호에 따른 건설폐기물이 적절하게 처리되는지에 대한 확인
5. 그 밖에 국토교통부장관이 정하여 고시하는 해체공사의 감리에 관한 사항
② 해체공사감리자는 건축물의 해체작업이 안전하게 수행되기 어려운 경우 해당 관리자 및 제32조의2에 따른 해체작업자에게 해체작업의 시정 또는 중지를 요청하여야 하며, 해당 관리자 및 해체작업자는 정당한 사유가 없으면 이에 따라야 한다. 〈개정 2022.2.3.〉
③ 해체공사감리자는 해당 관리자 또는 제32조의2에 따른 해체작업자가 제2항에 따른 시정 또는 중지를 요청받고도 건축물 해체작업을 계속하는 경우에는 국토교통부령으로 정하는 바에 따라 허가권자에게 보고하여야 한다. 이 경우 보고를 받은 허가권자는 지체 없이 작업중지를 명령하여야 한다. 〈개정 2022.2.3.〉
④ 관리자 또는 제32조의2에 따른 해체작업자가 제2항에 따른 조치를 요청받고 이를 이행한 경우나 제3항 후단에 따른 작업중지 명령을 받은 이후 해체작업을 다시 하려는 경우에는 건축물 안전확보에 필요한 개선계획을 허가권자에게 제출하여 승인을 받아야 한다. 〈개정 2022.2.3.〉
⑤ 해체공사감리자는 허가권자 등이 건축물의 해체가 해체계획서에 따라 적정하게 이루어졌는지 확인할 수 있도록 다음 각 호의 어느 하나에 해당하는 해체 작업 시에는 해당 작업이 진행되고 있는 현장에 대한 사진 및 동영상(촬영일자가 표시된 사진 및 동영상을 말한다)을 촬영하고 보관하여야 한다. 〈신설 2022.2.3.〉
1. 필수확인점(공사의 수행 과정에서 다음 단계의 공정을 진행하기 전에 해체공사감리자의 현장점검에 따른 승인을 받아야 하는 공사 중지점을 말한다)의 해체. 이 경우 필수확인점의 세부 기준 등에 관하여 필요한 사항은 대통령령으로 정한다.
2. 해체공사감리자가 주요한 해체라고 판단하는 해체
⑥ 해체공사감리자는 그날 수행한 해체작업에 관하여 다음 각 호에 해당하는 사항을 제7조에 따른 건축물 생애이력 정보체계에 매일 등록하여야 한다. 〈신설 2022.2.3.〉
1. 공종, 감리내용, 지적사항 및 처리결과
2. 안전점검표 현황
3. 현장 특기사항(발생상황, 조치사항 등)
4. 해체공사감리자가 현장관리 기록을 위하여 필요하다고 판단하는 사항
⑦ 허가권자는 제6항 각 호에 해당하는 사항을 등록하지 아니한 해체공사감리자에게 등록을 명하여야 하며, 해체공사감리자는 정당한 사유가 없으면 이에 따라야 한다. 〈신설 2022.2.3.〉

⑧ 해체공사감리자는 건축물의 해체작업이 완료된 경우 해체감리완료보고서를 해당 관리자와 허가권자에게 제출(전자문서로 제출하는 것을 포함한다)하여야 한다. 〈개정 2022.2.3.〉
⑨ 제4항에 따른 개선계획 승인, 제5항에 따른 사진·동영상의 촬영·보관 및 제8항에 따른 해체감리완료보고서의 작성 등에 필요한 사항은 국토교통부령으로 정한다. 〈개정 2022.2.3.〉

[법] 제32조의2【해체작업의 업무】
해체작업자는 다음 각 호의 업무를 수행하여야 한다.
1. 해체계획서대로 해체공사 수행
2. 해체계획서의 화재 및 붕괴 방지 대책, 교통안전 및 안전통로 확보 대책, 추락 및 낙하 방지 대책 등 안전관리대책 수행
3. 「산업안전보건법」 등 관계 법령에서 정하는 업무
[본조신설 2022.2.3.]

[해설] 건축물 해체 허가권자는 해체작업의 안전한 관리를 위하여 감리자격이 있는 자를 해체공사감리자로 지정하여 해체공사감리를 하게 하여야 며(제31조), 해체공사감리자의 업무 및 지정절차에 대해 규정하였다.

【1】 해체공사감리자의 지정

① 해체공사감리자의 지정
  - 지정권자 : 허가권자
  - 감리대상 : 건축물 해체허가를 받은 건축물
  - 지정목적 : 건축물 해체작업의 안전한 관리
  - 자격 : 「건축사법」 또는 「건설기술 진흥법」에 따른 감리자격이 있는 자 중 해체공사감리 업무에 관한 교육 이수자(이하 "해체공사감리자")
  * 공사시공자 본인 및 「독점규제 및 공정거래에 관한 법률」 제2조제12호에 따른 계열회사는 제외
② 감리명부의 작성 및 관리
  - 작성 및 관리자 : 시·도지사
  - 대상 : 위 ①의 감리자격이 있는 자
  - 방법 : 모집공고를 거쳐 명부를 작성하고 관리
    * 특별시장·광역시장 또는 도지사는 미리 관할 시장·군수·구청장과 협의
③ 허가권자는 다음 건축물의 경우 해체감리명부에서 해체공사감리자를 지정해야 한다.

■감리명부에서 해체공사감리자를 지정해야 하는 건축물	
1. 해체허가 대상인 건축물	
2. 해체신고 대상 건축물 중 우측 란에 해당하는 건축물	㉠ 특수구조 건축물 중 - 기둥과 기둥 사이의 거리(기둥의 중심선 사이의 거리, 기둥이 없는 경우 내력벽과 내력벽의 중심선 사이의 거리)가 20m 이상인 건축물 - 특수한 설계·시공·공법 등이 필요한 건축물로서 국토교통부장관이 정하여 고시하는 구조로 된 건축물
	㉡ 건축물에 10톤 이상의 장비를 올려 해체하는 건축물
	㉢ 폭파하여 해체하는 건축물
	㉣ 해체하려는 건축물이 유동인구가 많거나 건물이 밀집되어 있는 곳에 있는 경우 등 허가권자가 해체작업의 안전한 관리를 위하여 필요하다고 인정하는 건축물

④ 건축물 해체 허가신청서 또는 신고서를 제출받은 허가권자는 위 표 각 호의 건축물에 해당하는 경우에는 해체공사감리자 지정통지서(별지 제7호서식)를 해당 관리자에게 통지해야 하며, 관리자는 해당 해체공사감리자와 감리계약을 체결해야 한다.

⑤ 허가권자는 건축물을 해체하고 건축법에 따라 허가권자가 공사감리자를 지정하는 소규모 건축물 등(「건축법」제25조제2항)을 건축하는 경우로서 관리자가 요청하는 경우에는 해체공사감리자를 이 건축물의 공사감리자로 지정할 수 있다. 이 경우 허가권자는 건축하려는 건축물의 규모 및 용도 등을 고려하여 해체공사감리자를 지정해야 한다.

⑥ 허가권자는 해체공사감리자를 지정할 때 관리자가 해체하려는 다음의 건축물에 대한 해체계획서를 작성한 자를 해체공사감리자로 지정해 줄 것을 요청하는 경우로서 그 자가 해체공사감리자 명부에 포함되어 있는 경우에는 그 자를 우선하여 지정할 수 있다.

■ 우선지정할 수 있는 건축물
1. 특수구조건축물 중
- 기둥과 기둥 사이의 거리(기둥의 중심선 사이의 거리를 말하며, 기둥이 없는 경우 내력벽과 내력벽의 중심선 사이의 거리)가 20m 이상인 건축물
- 특수한 설계·시공·공법 등이 필요한 건축물로서 국토교통부장관이 정하여 고시하는 구조(특수구조 건축물 대상기준/국토교통부고시 제2018-777호)로 된 건축물
2. 건축물에 10톤 이상의 장비를 올려 해체하는 건축물
3. 폭파하여 해체하는 건축물
4. 6층 이상인 건축물
5. 3층 이상의 필로티형식 건축물

⑦ 관리자가 중앙행정기관의 장, 지방자치단체의 장 및 「공공기관의 운영에 관한 법률」에 따른 공공기관의 장인 경우에 해당 건축물의 해체공사 감리비용은 다음의 방법으로 산정한다.

■ 감리비용 산정 방법
1. 해체공사비에 국토교통부장관이 정하여 고시하는 요율을 곱하여 산정하는 방법
2. 「엔지니어링산업 진흥법」에 따른 엔지니어링사업의 대가 기준 중 실비정액가산방식을 국토교통부장관이 정하여 고시하는 방법에 따라 적용하여 산정하는 방법

⑧ 해체공사감리자의 명부 작성·관리 및 지정에 필요한 사항은 특별시·광역시·특별자치시·도 또는 특별자치도의 조례로 정할 수 있다.

【2】 해체공사감리자의 교체 등

① 허가권자는 다음에 해당하는 경우 해체공사감리자를 교체하여야 한다.

■ 해체공사감리자의 교체 해당 사유
1. 해체공사감리자의 지정에 관한 서류를 거짓이나 그 밖의 부정한 방법으로 제출한 경우
2. 업무 수행 중 해당 관리자 또는 해체작업자의 위반사항이 있음을 알고도 해체작업의 시정 또는 중지를 요청하지 아니한 경우
3. 해체공사감리자의 등록 명령에도 불구하고 정당한 사유없이 지속적으로 이에 따르지 않은 경우
4. 해체공사 감리에 요구되는 감리자 자격기준에 적합하지 않은 경우
5. 해체공사감리자가 고의 또는 중대한 과실로 법 제32조를 위반하여 업무를 수행한 경우

6. 해체공사감리자가 정당한 사유 없이 해체공사 감리를 거부하거나 실시하지 않은 경우

7. 그 밖에 해체공사감리자가 업무를 계속하여 수행할 수 없거나 수행하기에 부적합한 경우로서 시·군·구 조례로 정하는 경우

② 위 표의 해당 해체공사감리자에 대해서는 1년 이내의 범위에서 해체공사감리자의 지정을 제한해야 한다.

③ 건축물을 해체하려는 자와 해체공사감리자 간의 책임 내용 및 범위는 이 법에서 규정한 것 외에는 당사자 간의 계약으로 정한다.

④ 해체공사감리자의 지정기준, 지정방법, 해체공사 감리비용 등 필요한 사항은 국토교통부령으로 정한다.

【3】 해체공사의 감리자 배치기준 등

(1) 감리업무의 수행

① 해체공사감리자는 수시 또는 필요한 때 해체공사의 현장에서 감리업무를 수행하여야 한다.

② 아래 (2)의 경우 전체 해체공사 기간 동안 자격 또는 경력이 있는 감리원이 해체공사 현장에서 감리업무를 수행하게 해야 한다.

(2) 해체공사 상주 감리

① 상주감리 대상 건축물

1. 해체허가 대상 건축물

2. 해체신고 대상 건축물 중 특수구조 건축물
   - 기둥의 중심선 사이의 거리(기둥이 없는 경우 내력벽의 중심선 사이의 거리)가 20m 이상인 건축물
   - 특수한 설계·시공·공법 등이 필요한 건축물로서 국토교통부장관이 정하여 고시하는 구조의 건축물

3. 건축물에 10톤 이상의 장비를 올려 해체하는 건축물

4. 폭파하여 해체하는 건축물

② 해체공사 상주감리원의 자격

구분	감리원 자격	근거 규정
1. 필수확인점에 감리원 배치시	㉠ 건축사	「건축사법」 제2조제1호
	㉡ 건설사업관리를 수행할 자격이 있는 사람으로서 특급 기술인인 사람	「건설기술 진흥법」 제39조
2. 필수확인점 외의 해체 공정에 감리원 배치시	㉠ 건축사	「건축사법」 제2조제1호
	㉡ 건설사업관리를 수행할 자격이 있는 사람으로서 특급 기술인인 사람	「건설기술 진흥법」 제39조
	㉢ 건축사보	「건축사법」 제2조제2호
	㉣ 기술사사무소	「기술사법」 제6조
	㉤ 건설엔지니어링사업자 등에 소속된 사람 중	「건축사법」 제23조제9항 각 호 「국가기술자격법」
	- 건축 분야의 국가기술자격을 취득한 사람	
	- 건설사업관리를 수행할 자격이 있는 사람으로서 직무 분야가 건축*인 사람 * 건축: 1)건축구조, 2)건축기계설비, 3)건축시공, 4)실내 건축, 5)건축품질관리, 6)건축계획·설계	「건설기술 진흥법」 제39조 *「건설기술 진흥법 시행령」 별표 1 제3호라목

③ 감리원 배치기준

국토교통부장관은 안전한 해체작업을 위하여 해체공사 방법 및 범위 등을 고려하여 감리원 배치기준을 다음과 같이 정하여야 한다. 이 경우 관리자 및 해체공사감리자는 정당한 사유가 없으면 이에 따라야 한다.

구분	배치 기준 등	
1. 해체 허가대상 건축물의 해체공사	㉠ 건축물의 연면적 3천㎡ 미만	1명 이상
	㉡ 건축물의 연면적 3천㎡ 이상 (예외) 관리자가 요청하는 경우로서 허가권자가 해체공사의 난이도, 해체할 부분 및 면적 등을 고려할 때 감리원을 2명 이상 배치할 필요가 없다고 인정하는 경우	2명 이상 (예외:1명)
2. 해체 신고대상 건축물의 해체공사	-	1명 이상
3. 해체공사 과정 중 필수확인점에 다다른 경우	㉠ 배치기간은 다음 단계의 해체공정을 진행하기 전까지일 것	-
	㉡ 위 1. ㉡과 ㉡(예외)에 따라 배치하는 경우 건축사 자격자	1명 이상
	㉢ 해체공사감리자에 소속된 사람 중 건축사가 있으면 그 사람(건축사로서 필수확인점이 아닌 해체공정에 배치된 감리원을 포함)을 배치할 것	-

【4】 해체공사감리자의 업무 등

① 해체공사감리자의 수행 업무

1. 해체작업순서, 해체공법 등 해체계획서에 맞게 공사하는지 여부의 확인

2. 현장의 화재 및 붕괴 방지 대책, 교통안전 및 안전통로 확보, 추락 및 낙하 방지대책 등 안전관리대책에 맞게 공사하는지 여부의 확인

3. 해체 후 부지정리, 인근 환경의 보수 및 보상 등 마무리 작업사항에 대한 이행 여부의 확인

4. 해체공사에 의하여 발생하는 건설폐기물*이 적절하게 처리되는지에 대한 확인
   (*「건설폐기물의 재활용촉진에 관한 법률」 제2조제1호)

5. 그 밖에 국토교통부장관이 정하여 고시하는 해체공사의 감리에 관한 사항

② 해체작업의 시정 또는 중지

1. 해체공사감리자는 건축물의 해체작업이 안전하게 수행되기 어려운 경우 해당 관리자 및 해체작업자에게 해체작업의 시정 또는 중지를 요청하여야 한다.

2. 해체공사감리자는 해당 관리자 또는 해체작업자가 시정 또는 중지를 요청받고도 건축물 해체작업을 계속하는 경우 건축물 해체작업 시정 또는 중지 요청 보고서(별지 제8호서식)에 해체공사감리자 지정 통지서 사본을 첨부하여 허가권자에게 보고하여야 한다.
   - 이 경우 보고를 받은 허가권자는 지체 없이 작업중지를 명령하여야 한다.

3. 관리자 또는 해체작업자가 해체작업의 시정 또는 중지를 요청받고 이를 이행한 경우나 허가권자의 작업중지 명령을 받은 이후 해체작업을 다시 하려는 경우 건축물 안전확보에 필요한 개선계획을 허가권자에게 제출하여 승인을 받아야 한다.

4. 관리자 또는 해체작업자는 개선계획을 승인받으려는 경우
   해체작업 개선계획서(별지 제9호서식)를 허가권자에게 제출해야 한다.

5. 허가권자는 제출받은 해체작업 개선계획서에 보완이 필요하다고 인정되면 해당 관리자 또는 해체작업자에게 보완을 요청할 수 있다.

③ 사진 및 동영상의 촬영·보관 등

　㉠ 해체공사감리자는 허가권자 등이 건축물의 해체가 해체계획서에 따라 적정하게 이루어졌
　　는지 확인할 수 있도록 다음의 해체 작업 시에는 해당 작업이 진행되고 있는 현장에 대
　　한 사진 및 동영상(촬영일자가 표시된 사진 및 동영상을 말한다)을 촬영하고 보관하여야 한다.

---

　　1. 필수확인점*(공사의 수행 과정에서 다음 단계의 공정 진행 전 해체공사감리자의 현장점검에 따른
　　　승인을 받아야 하는 공사 중지점)의 해체

---

　　2. 해체공사감리자가 주요한 해체라고 판단하는 해체

---

　　* 필수확인점의 세부 기준
　　－ 공정 : 마감재, 지붕, 중간층 및 지하층 해체공정 착수 전
　　－ 시점 : 필수확인점의 구체적인 시점에 관하여 필요한 사항은 국토교통부장관이 정하여 고시한다.

　㉡ 해체공사감리자는 사진 및 동영상(이하 "사진등")을 촬영하는 때에는 불가피한 경우를
　　제외하고는 촬영 대상 공정별로 같은 장소에서 촬영해야 한다.

　㉢ 해체공사감리자는 촬영한 사진등을 디지털파일 형태로 가공·처리한 후 해체공사 공정별
　　로 구분하여 관리자가 건축물 해체공사 완료신고를 한 날부터 30일까지 보관해야 한다.

　㉣ 해체공사감리자는 허가권자 및 관리자가 해체공사 현장의 안전관리 현황 등을 확인하기
　　위하여 보관기간에 보관 중인 사진등의 제공을 요청하는 경우 사진등을 제공해야 한다.

④ 건축물 생애이력 정보체계에 등록

　㉠ 해체공사감리자는 그날 수행한 해체작업에 관하여 다음 사항을 건축물 생애이력 정보체
　　계 구축 규정(법 제7조)에 따른 건축물 생애이력 정보체계에 매일 등록하여야 한다.

---

　1. 공종, 감리내용, 지적사항 및 처리결과

---

　2. 안전점검표 현황

---

　3. 현장 특기사항(발생상황, 조치사항 등)

---

　4. 해체공사감리자가 현장관리 기록을 위하여 필요하다고 판단하는 사항

　㉡ 허가권자는 위 표에 해당하는 사항을 등록하지 않은 해체공사감리자에게 등록을 명하여
　　야 하며, 해체공사감리자는 정당한 사유가 없으면 이에 따라야 한다.

⑤ 해체감리완료보고서의 제출 등

---

　1. 해체공사감리자는 건축물의 해체작업이 완료된 경우 해체감리완료보고서를 해당 관리자와 허가권자에게 제출
　　(전자문서 제출 포함)해야 한다.

---

　2. 해체감리완료보고서를 작성하는 경우 감리업무 수행 내용·결과 및 해체공사 결과 등을 포함하여 작
　　성해야 한다.

---

　3. 개선계획 승인, 사진·동영상의 촬영·보관 및 해체감리완료보고서의 작성 등에 필요한 사항은 국토교
　　통부령으로 정한다.

【5】 해체작업자의 업무

① 해체계획서대로 해체공사 수행
② 해체계획서의 화재 및 붕괴 방지 대책, 교통안전 및 안전통로 확보 대책, 추락 및 낙하 방지 대
　책 등 안전관리대책 수행
③ 「산업안전보건법」 등 관계 법령에서 정하는 업무

6 해체공사 완료신고 및 멸실신고 (건관법 제33조, 제34조) (규칙 제16조, 제17조)

▶ 「건축물관리법」

법 제33조【건축물 해체공사 완료신고】

① 관리자는 다음 각 호의 어느 하나에 해당하는 날부터 30일 이내에 허가권자에게 건축물 해체공사 완료신고를 하여야 한다. 〈개정 2022.2.3. 각호신설〉

1. 제30조제1항 각 호 외의 부분 본문 또는 같은 조 제2항에 따른 해체허가 대상의 경우, 제32조제8항에 따른 해체감리완료보고서를 해체공사감리자로부터 제출받은 날

2. 제30조제1항 각 호 외의 부분 단서에 따른 해체신고 대상의 경우, 건축물을 해체하고 폐기물 반출이 완료된 날

② 제1항에 따른 신고의 방법·절차에 관한 사항은 국토교통부령으로 정한다.

법 제34조【건축물의 멸실신고】

① 관리자는 해당 건축물이 멸실된 날부터 30일 이내에 건축물 멸실신고서를 허가권자에게 제출하여야 한다. 다만, 건축물을 전면해체하고 제33조에 따른 건축물 해체공사 완료신고를 한 경우에는 멸실신고를 한 것으로 본다. 〈개정 2022.2.3.〉

② 제1항에 따른 신고의 방법·절차에 관한 사항은 국토교통부령으로 정한다.

해설 관리자는 건축물 해체공사를 끝낸 경우와 건축물이 멸실된 경우 허가권자에게 신고하여야 한다.

【1】 건축물 해체공사 완료 신고

① 관리자는 아래 표의 날부터 30일 이내에 허가권자에게 건축물 해체공사 완료신고를 하여야 한다.

1. 해체허가 대상	해체감리완료보고서를 해체공사감리자로부터 제출받은 날
2. 해체신고 대상	건축물을 해체하고 폐기물 반출이 완료된 날

② 관리자는 건축물 해체공사 완료신고서(별지 제10호서식)에 해체공사감리자로부터 제출받은 해체감리완료보고서를 첨부하여 허가권자에게 제출(전자문서 제출 포함)해야 한다.

③ 허가권자는 신고서를 제출받은 경우 건축물 또는 건축물 자재에 석면이 함유되었는지를 확인해야 한다. (석면 함유에 대한 통보는 **3**-**1**- 【3】 -⑦을 준용)

④ 허가권자는 건축물 해체공사 완료신고서를 제출받았을 때에는 석면 함유 여부 및 건축물의 해체공사 완료 여부를 확인한 후 건축물 해체공사 완료 신고확인증(별지 제11호서식)을 신고인에게 내주어야 한다.

【2】 건축물의 멸실 신고

① 관리자는 해당 건축물이 멸실된 날부터 30일 이내에 건축물 멸실신고서를 허가권자에게 제출하여야 한다. **예외** 건축물을 전면해체하고 건축물 해체공사 완료신고를 한 경우에는 멸실신고를 한 것으로 본다.

② 관리자는 멸실신고를 하려는 경우 건축물 멸실 신고서(별지 제10호서식)를 허가권자에게 제출(전자문서 제출 포함)해야 한다.

③ 허가권자는 신고서를 제출받은 경우 건축물 또는 건축물 자재에 석면이 함유되었는지를 확인해야 한다. (석면 함유에 대한 통보는 **3**-**1**- 【3】 -⑦을 준용)

④ 허가권자는 건축물 멸실 신고서를 제출받았을 때에는 석면 함유 여부 및 신고 내용을 확인한 후 건축물 멸실 신고확인증(별지 제11호서식)을 신고인에게 내주어야 한다.

⑦ 건축물 석면의 제거·처리 (건축법 규칙 제24조의2)

> **규칙 제24조의2 【건축물석면의 제거·처리】**
> 석면이 함유된 건축물을 증축·개축 또는 대수선하는 경우에는 「산업안전보건법」 등 관계 법령에 적합하게 석면을 먼저 제거·처리한 후 건축물을 증축·개축 또는 대수선해야 한다. 〈개정 2020.5.1., 2021.6.25〉

해설 「건축물 관리법」 제정으로 「건축법」 상의 석면처리 등과 관련된 내용이 이관되고, 현재 「건축법」에 남아 있는 규정임. 석면 처리와 관련된 규정의 내용은 앞 부분의 해체, 멸실 등의 규정을 참고바람.

- 석면이 함유된 건축물을 증축·개축 또는 대수선하는 경우 「산업안전보건법」 등 관계 법령에 적합하게 석면을 먼저 제거·처리한 후 건축물을 증축·개축 또는 대수선해야 한다.
- 건축물을 해체, 멸실의 경우 석면 함유에 대한 통보는 **3**-**1**-【3】-⑦을 참고바람.

4 건축지도원 (법 제37조) (영 제24조)

> **법 제37조 【건축지도원】**
> ① 특별자치시장·특별자치도지사 또는 시장·군수·구청장은 이 법 또는 이 법에 따른 명령이나 처분에 위반되는 건축물의 발생을 예방하고 건축물을 적법하게 유지·관리하도록 지도하기 위하여 대통령령으로 정하는 바에 따라 건축지도원을 지정할 수 있다.
> ② 제1항에 따른 건축지도원의 자격과 업무 범위 등은 대통령령으로 정한다.

> **영 제24조 【건축지도원】**
> ① 법 제37조에 따른 건축지도원(이하 "건축지도원"이라 한다)은 특별자치시장·특별자치도지사 또는 시장·군수·구청장이 특별자치시·특별자치도 또는 시·군·구에 근무하는 건축직렬의 공무원과 건축에 관한 학식이 풍부한 자로서 건축조례로 정하는 자격을 갖춘 자 중에서 지정한다.
> ② 건축지도원의 업무는 다음 각 호와 같다.
> 1. 건축신고를 하고 건축 중에 있는 건축물의 시공 지도와 위법 시공 여부의 확인·지도 및 단속
> 2. 건축물의 대지, 높이 및 형태, 구조 안전 및 화재 안전, 건축설비 등이 법령등에 적합하게 유지·관리되고 있는지의 확인·지도 및 단속
> 3. 허가를 받지 아니하거나 신고를 하지 아니하고 건축하거나 용도변경한 건축물의 단속
> ③ 건축지도원은 제2항의 업무를 수행할 때에는 권한을 나타내는 증표를 지니고 관계인에게 내보여야 한다.
> ④ 건축지도원의 지정 절차, 보수 기준 등에 관하여 필요한 사항은 건축조례로 정한다.

해설 모든 건축물은 허가(신고), 시공·감리, 사용승인 및 유지관리의 적법한 과정을 거쳐야 한다. 건축지도원은 이러한 적법과정에 위배되는 경우, 즉 허가나 신고 등을 받지않은 건축물의 단속과 감리자가 없는 신고대상건축물의 시공지도와 적법여부의 확인 및 사용승인 후의 유지관리의 확인 등의 임무가 있다.

■ 건축지도원

구 분	내 용
1. 지도원의 지정	특별자치시장·특별자치도지사 또는 시장·군수·구청장이 지정
2. 지도원의 자격	건축직렬의 공무원과 건축에 관한 학식이 풍부한 자 중 건축조례가 정하는 자격을 갖춘 자
3. 지도원의 업무	① 건축신고를 하고 건축 중에 있는 건축물의 시공지도와 위법시공여부의 확인·지도 및 단속 ② 건축물의 대지, 높이 및 형태, 구조안전 및 화재안전, 건축설비등이 법령등에 적합하게 유지·관리되고 있는지의 확인·지도 및 단속 ③ 허가를 받지 아니하거나 신고를 하지 아니하고 건축허가나 용도변경한 건축물의 단속
4. 기타	• 건축지도원의 지정절차·보수기준 등에 관하여 필요한 사항은 건축조례로 정함

5 건축물대장 (법 제38조) (영 제25조)

법 제38조【건축물대장】

① 특별자치시장·특별자치도지사 또는 시장·군수·구청장은 건축물의 소유·이용 및 유지·관리 상태를 확인하거나 건축정책의 기초 자료로 활용하기 위하여 다음 각 호의 어느 하나에 해당하면 건축물대장에 건축물과 그 대지의 현황 및 국토교통부령으로 정하는 건축물의 구조내력(構造耐力)에 관한 정보를 적어서 보관하고 이를 지속적으로 정비하여야 한다. 〈개정 2017.10.24.〉

1. 제22조제2항에 따라 사용승인서를 내준 경우
2. 제11조에 따른 건축허가 대상 건축물(제14조에 따른 신고 대상 건축물을 포함한다) 외의 건축물의 공사를 끝낸 후 기재를 요청한 경우
 3. 삭제〈2019.4.30.〉
4. 그 밖에 대통령령으로 정하는 경우

② 특별자치시장·특별자치도지사 또는 시장·군수·구청장은 건축물대장의 작성·보관 및 정비를 위하여 필요한 자료나 정보의 제공을 중앙행정기관의 장 또는 지방자치단체의 장에게 요청할 수 있다. 이 경우 자료나 정보의 제공을 요청받은 기관의 장은 특별한 사유가 없으면 그 요청에 따라야 한다. 〈신설 2017.10.24.〉

③ 제1항 및 제2항에 따른 건축물대장의 서식, 기재 내용, 기재 절차, 그 밖에 필요한 사항은 국토교통부령으로 정한다. 〈개정 2017.10.24.〉

해설 건축물대장은 건축물의 소유·이용상태를 확인하거나 건축정책의 기초자료로 활용하기 위한 것으로서 특별자치시장·특별자치도지사 또는 시장·군수·구청장의 기재 및 보관의무가 있다.

■ 건축물대장

구 분	내 용
기재 및 보관의무자	특별자치시장 · 특별자치도지사 또는 시장 · 군수 · 구청장
목 적	건축물의 소유 · 이용 상태를 확인하거나 건축정책의 기초자료로 활용하기 위함
기재 및 보관하고 지속적으로 정비 하여야 하는 경우	1. 사용승인서를 내준 경우(법 제22조제2항) 2. 건축허가 대상건축물(신고대상건축물 포함) 외의 건축물이 공사를 끝낸 후 기재를 요청한 경우 3. 「집합건물의 소유 및 관리에 관한 법률」에 따른 건축물대장의 신규등록 및 변경등록의 신청이 있는 경우 4. 법 시행일 전에 법령등에 적합하게 건축되고 유지·관리된 건축물의 소유자가 건축물관리대장이나 그 밖에 이와 비슷한 공부를 건축물대장에 옮겨 적을 것을 신청한 경우 5. 그 밖에 기재내용의 변경 등의 필요가 있는 경우로서 국토교통부령으로 정하는 경우
기재 내용	건축물과 그 대지의 현황 및 국토교통부령으로 정하는 건축물의 구조내력(構造耐力)에 관한 정보
서식, 절차 등	■ 특별자치시장 · 특별자치도지사 또는 시장 · 군수 · 구청장은 건축물대장의 작성 · 보관 및 정비를 위하여 필요한 자료나 정보의 제공을 중앙행정기관의 장 또는 지방자치단체의 장에게 요청할 수 있다.(자료 요청받은 기관의 장은 특별한 사유가 없는 한 그 요청에 따라야 한다) ■ 건축물대장의 서식 · 기재내용 · 기재절차 등 기타 필요한 사항은 국토교통부령으로 정함

【참고】「건축물대장의 기재 및 관리 등에 관한 규칙」(국토교통부령 제1235호, 2023.8.1.)

【관련 질의회신】

근생 소매점을 근생 일반음식점으로 용도변경하여 사용시의 건축물 표시변경 방법

건교부 고객만족센터, 2007.7.12

질의 건축물대장의 기재 및 관리 등에 관한 규칙 및 건축물표시변경신청서에는 건축물의 표시에 관한 사항이 변경되었음을 증명하는 서류를 첨부 제출하거나 시·군·구청장의 직권으로 기재사항을 변경할 수 있도록 하였는데, 기존 근생 소매점을 근생 일반음식점으로 용도변경하여 사용하는 경우 건축물표시변경은 언제 신청하여야 하는지

회신 용도변경시 건축물대장 기재변경 신청 대상인 경우 용도변경 전에 신청하여야 하는 것이며, 건축물기재변경신청 대상임에도 불구하고 이행하지 아니한 경우에는 건축법령 위반에 해당되는 것이며, 동 위반사항을 시정하는 방법은 건축법령이 아닌 행정절차 미이행에 대한 사후 표시변경절차를 이행가능토록 하는 추인적용여부로서 판단하여야 할 사항임. 그러나, 건축법령에서 그 절차를 명시하고 있지 아니한 경우에는 건축물 소유자 또는 건축주의 신청 또는 허가권자의 직권으로 사용승인서류에 의하여 건축물표시변경이 가능한 것으로 사료됨

건축물대장 기재내용의 변경시 신청내용만 확인해야 하는지 여부

건교부 건축기획팀-454, 2007.1.26

질의 건축물대장 기재내용의 변경시 시장·군수·구청장이 확인하여야 할 사항을 당해 신청내용에 한하여야 하는지?

회신 「건축물대장의 기재 및 관리 등에 관한 규칙」제7조제2항의 규정에 의하여 시장·군수 또는 구청장은 제1항의 규정에 의한 건축물표시변경신청에 의하여 건축물의 표시에 관한 사항을 변경하고자 하는 때에는 신청내용이 건축물 및 대지의 실제현황과 합치되는지 여부를 대조하여야 함. 이 경우 시장·군수 또는 구청장이 확인하여야 할 사항은 소유자의 "건축물의 표시에 관한 변경신청내용"과 그 건축물 및 대지의 "실제현황"이 합치되는지 여부를 확인하여야 한다는 의미임

행정구역에 걸치는 대지의 건축물대장의 작성 및 관리 방법

국토교통부 민원마당 FAQ, 2019.5.24.

질의 2개 이상의 행정구역에 걸치는 대지에 건축물대장의 작성 및 관리 방법은?

회신 지방자치법 제8장의 규정에 따라 지방자치단체 상호간에 협력에 의하여 처리하여야 할 것임. 다만, 동 법률에 의한 협의가 이루어지지 아니한 경우에는 당해 대지의 면적비율이 가장 큰 행정구역을 관할하는 자치단체가 건축물대장을 총괄 작성 관리하되 민원인의 편리를 위하여 건축물대장관련 업무처리의 방법 등은 자치단체간에 협력하여 처리함이 타당

6 등기촉탁 (법 제39조)

법 제39조 【등기촉탁】
① 특별자치시장·특별자치도지사 또는 시장·군수·구청장은 다음 각 호의 어느 하나에 해당하는 사유로 건축물대장의 기재 내용이 변경되는 경우(제2호의 경우 신규 등록은 제외한다) 관할 등기소에 그 등기를 촉탁하여야 한다. 이 경우 제1호와 제4호의 등기촉탁은 지방자치단체가 자기를 위하여 하는 등기로 본다. 〈개정 2019.4.30.〉
1. 지번이나 행정구역의 명칭이 변경된 경우
2. 제22조에 따른 사용승인을 받은 건축물로서 사용승인 내용 중 건축물의 면적·구조·용도 및 층수가 변경된 경우
3. 「건축물관리법」제30조에 따라 건축물을 해체한 경우
4. 「건축물관리법」제34조에 따른 건축물의 멸실 후 멸실신고를 한 경우
② 제1항에 따른 등기촉탁의 절차에 관하여 필요한 사항은 국토교통부령으로 정한다.

4

건축물의 대지와 도로

1 대지의 안전 (법
제40조) (규칙
제25조)

법 제40조 【대지의 안전 등】

① 대지는 인접한 도로면보다 낮아서는 아니 된다. 다만, 대지의 배수에 지장이 없거나 건축물의 용도상 방습(防濕)의 필요가 없는 경우에는 인접한 도로면보다 낮아도 된다.

② 습한 토지, 물이 나올 우려가 많은 토지, 쓰레기, 그 밖에 이와 유사한 것으로 매립된 토지에 건축물을 건축하는 경우에는 성토(盛土), 지반 개량 등 필요한 조치를 하여야 한다.

③ 대지에는 빗물과 오수를 배출하거나 처리하기 위하여 필요한 하수관, 하수구, 저수탱크, 그 밖에 이와 유사한 시설을 하여야 한다.

④ 손궤(損潰 : 무너져 내림)의 우려가 있는 토지에 대지를 조성하려면 국토교통부령으로 정하는 바에 따라 옹벽을 설치하거나 그 밖에 필요한 조치를 하여야 한다.

규칙 제25조 【대지의 조성】

법 제40조제4항에 따라 손궤의 우려가 있는 토지에 대지를 조성하는 경우에는 다음 각 호의 조치를 하여야 한다. 다만, 건축사 또는 「기술사법」에 따라 등록한 건축구조기술사에 의하여 해당 토지의 구조안전이 확인된 경우는 그러하지 아니하다. 〈개정 2016.5.30.〉

1. 성토 또는 절토하는 부분의 경사도가 1:1.5이상으로서 높이가 1미터이상인 부분에는 옹벽을 설치할 것

2. 옹벽의 높이가 2미터이상인 경우에는 이를 콘크리트구조로 할 것. 다만, 별표 6의 옹벽에 관한 기술적 기준에 적합한 경우에는 그러하지 아니하다.

3. 옹벽의 외벽면에는 이의 지지 또는 배수를 위한 시설외의 구조물이 밖으로 튀어 나오지 아니하게 할 것

4. 옹벽의 윗가장자리로부터 안쪽으로 2미터 이내에 묻는 배수관은 주철관, 강관 또는 흡관으로 하고, 이음부분은 물이 새지 아니하도록 할 것

5. 옹벽에는 3제곱미터마다 하나 이상의 배수구멍을 설치하여야 하고, 옹벽의 윗가장자리로부터 안쪽으로 2미터 이내에서의 지표수는 지상으로 또는 배수관으로 배수하여 옹벽의 구조상 지장이 없도록 할 것

6. 성토부분의 높이는 법 제40조에 따른 대지의 안전 등에 지장이 없는 한 인접대지의 지표면보다 0.5미터 이상 높게 하지 아니할 것. 다만, 절토에 의하여 조성된 대지 등 허가권자가 지형조건상 부득이하다고 인정하는 경우에는 그러하지 아니하다.

【별표 6】옹벽에 관한 기술적 기준(시행규칙 제25조 관련) <개정 2014.10.15>

1. 석축인 옹벽의 경사도는 그 높이에 따라 다음 표에 정하는 기준 이하일 것

구 분	1.5미터까지	3미터까지	5미터까지
멧쌓기	1 : 0.30	1 : 0.35	1 : 0.40
찰쌓기	1 : 0.25	1 : 0.30	1 : 0.35

2. 석축인 옹벽의 석축용 돌의 뒷길이 및 뒷채움돌의 두께는 그 높이에 따라 다음 표에 정하는 기준 이상일 것

구분높이		1.5미터까지	3미터까지	5미터까지
석축용돌의 뒷길이(cm)		30	40	50
뒷채움돌의 두께(cm)	상부	30	30	30
	하부	40	50	50

3. 석축인 옹벽의 윗가장자리로부터 건축물의 외벽면까지 띄어야 하는 거리는 다음 표에 정하는 기준 이상일 것. 다만, 건축물의 기초가 석축의 기초 이하에 있는 경우에는 그러하지 아니하다.

건축물의 층수	1층	2층	3층 이상
띄우는 거리(m)	1.5	2	3

4. 삭제 <2014.10.15.>

5. 삭제 <2014.10.15>

6. 삭제 <2014.10.15>

해설 대지는 「측량·수로조사 및 지적에 관한 법률」에 의해 각 필지로 구획된 토지로서 「건축법」에 의한 건축물이 축조되는 토지를 말한다. 그러므로 건축물의 기반이 되는 대지의 안전확보는 매우 중요하다. 이에 법조항에서는 대지의 안전에 필요한 조치 즉, 배수·지반개량·옹벽 등에 관한 필요사항을 규정하고 있다.

① 대지의 안전기준

필요조치		내 용
1. 대지와 도로면		(원칙) 대지는 인접하는 도로면보다 낮아서는 안됨 (예외) 대지안의 배수에 지장이 없거나 건축물의 용도상 방습이 필요가 없는 경우 제외
2. 성토, 지반개량 등의 조치		습한 토지, 물이 나올 우려가 많은 토지 또는 쓰레기 기타 이와 유사한 것으로 매립된 토지에 건축물을 건축하는 경우 성토, 지반개량 기타 필요한 조치를 하여야 함
3. 하수시설 등의 설치		대지에는 빗물 및 오수를 배출하거나 처리하기 위하여 필요한 하수관·하수구·저수탱크 기타 이와 유사한 시설을 하여야 함
4. 옹벽의 설치 예외 건축사, 구조기술사가 토지의 구조안전을 확인한 경우	설 치	성토·절토하는 부분의 경사도가 1 : 1.5 이상으로서 높이가 1m 이상인 부분에는 옹벽을 설치하여야 함
	구 조	높이 2m 이상인 옹벽의 경우에는 콘크리트구조로 하여야 함 (예외) 옹벽에 관한 기술적 기준에 적합한 경우 제외(별표6)
	옹벽의 외벽면	옹벽의 외벽면에는 이의 지지 또는 배수를 위한 시설외의 구조물이 밖으로 튀어나오지 아니하게 할 것
	옹벽의 배수	① 옹벽의 윗가장자리로부터 안쪽으로 2m 이내에 묻는 배수관은 주철관, 강관 또는 흄관으로 하고 이음부분에는 물이 새지 않도록 할 것 ② 옹벽에는 3㎡ 마다 하나 이상의 배수구멍을 설치하여야 하고, 옹벽의 윗가장자리로부터 2m 이내에서의 지표수는 지상으로 또는 배수관으로 배수하여 옹벽의 구조상 지장이 없도록 할 것
5. 성토		성토부분의 높이는 대지의 안전 등에 지장이 없는 한 인접대지의 지표면보다 0.5m 이상 높게 하지 아니할 것 -다만, 절토에 의하여 조성된 대지 등 시장·군수·구청장이 지형조건상 부득이하다고 인정되는 경우에는 그러하지 아니하다.

【참고1】 경사도 1 : 1.5는 수직 : 수평의 비를 말함(우측 참조)

【참고2】 옹벽의 높이 5m 이상인 공사의 경우 설계자 및 공사감리자가
토목기술사 등에게 협력 받아야 하는 대상임(제5장 해설 참조)

② 옹벽에 관한 기술적 기준

구 분	내 용				기 타
옹벽의 경사도 (석축인 경우)	방식＼높이	1.5m까지	3m까지	5m까지	【참고】 • 멧쌓기 : 돌쌓기 등에서 모르타르를 쓰지 않고 쌓는 방법 • 찰쌓기 : 돌쌓기 등에서 맞댐면에 모르타르를 사춤하여 쌓는 방법 -멧쌓기에 비해 견고함
	멧쌓기	0.3 / 1.5m	0.35 / 3m	0.40 / 5m	
	찰쌓기	0.25 / 1.5m	0.3 / 3m	0.35 / 5m	

구 분	방식＼높이	1.5m까지	3m까지	5m까지	기 타
석축용돌의 뒷길이 및 뒷채움돌의 두께 (석축인 경우)	돌의 뒷길이	30cm이상	40cm이상	50cm이상	
	뒷채움돌의 두께 상부	30cm이상	30cm이상	30cm이상	
	뒷채움돌의 두께 하부	40cm이상	50cm이상	50cm이상	

구 분	건축물 층수	1층	2층	3층 이상	기 타
옹벽의 윗가장자리로부터 건축물의 외벽면까지의 거리 (석축인 경우)	띄우는 거리	1.5m이상	2m이상	3m이상	건축물의 기초가 석축기초 아래에 있는 경우 제외
	그림상세	1.5m이상	2m이상	3m이상	제한없음

【관련 질의회신】

0.5미터 이하로 성토해야 하는지, 조성될 지표면을 기준으로 높이를 산정

건교부 건축기획팀-481. 2006.1.25

질의 허가를 받아 건축하던 중 대지를 다시 조성하고자 하는 경우

　　가. 대지의 높이를 인접대지의 지표면보다 0.5m 이하로 조성하여야 하는지?

　　나. 조성될 지표면을 기준으로 하여 지하층과 건축법 제53조의 규정에 적합한 건축물 각 부분의 높이를 다시 산정하여야 하는지?

회신 가. 건축법시행규칙 제25조 관련 동 규칙 별표6 제6호에 의하면 성토부분의 높이는 동법 제30조의 규정에 의한 대지의 안전 등에 지장이 없는 한 인접대지의 지표면보다 0.5m 이상 높게 하지 아니하되 다만, 절토 등에 의하여 조성된 대지 등 시장·군수·구청장이 지형조건상 부득이 하다고 인정하는 경우에는 그러하지 아니하는 것임.

　　　나. 질의의 경우 새로이 조성되는 지표면에 따라 건축법 제2조제1항제4호 및 동법 제53조 등 건축법령의 기준을 적용하여야 할 것임.(※ 법 제53조 ⇒ 제61조, 2008.3.21)

대지 주변 경사지의 조치

건교부 건축기획팀-1533. 2005.11.24

질의 건축허가를 받은 대지 주변이 경사지로서 붕괴 등이 우려되는 경우 조치

회신 손궤의 우려가 있는 토지에 대지를 조성하고자 하는 경우에는 건축법 제30조제4항의 규정에 의거 동법시행규칙 제25조의 규정에 의하여 옹벽을 설치하거나 기타 필요한 조치를 하여야 하는 것이며 또한 건축허가를 받은 후에 옹벽을 축조하고자 하는 경우에는 법 제10조의 규정에 의하여 축조하기 전에 신고를 하여야 할 것임

손궤의 우려가 있는 토지에 대지를 조성하는 경우의 적용기준

건교부 건축과 -5380. 2004.10.22

질의 건축법상 손궤의 우려가 있는 토지에 대지를 조성흐고자 하는 경우 적용기준은?

회신 건축법 제30조제4항의 규정에 의하면 손궤의 우려가 있는 토지에 대지를 조성하고자 하는 경우에는 동법시행규칙 제25조(별표6)에서 정하는 바에 따라 옹벽의 설치 또는 기타 필요한 조치를 하도록 하고 있음 (※ 법 제30조 ⇒ 제40조, 2008.3.21)

옹벽 등의 구조 안전 조치

건교부 건축과 -766. 2004.2.27

질의 가. 건축법 제30조제4항 및 같은법 시행규칙 제25조의 규정에 의하여 옹벽을 조성하는 경우 같은법 시행규칙 별표6의 규정에 적합하여야 하는지 여부

　　　나. 건축법시행규칙 제25조 단서에서 건축사 또는 건축구조기술사에 의한 구조안전이 확인된 경우 동 규칙 동조각호의 조치를 하지 아니할 수 있도록 규정하고 있는 바, 옹벽 등이 시공 후 동 규정에 의한 구조안전 확인 조치를 하는 것도 가능한지 여부

회신 가. 건축법 제30조 및 같은법 시행규칙 제25조의 규정에 의하여 손궤의 우려가 있는 대지를 조성하기 위하여 축조하는 옹벽은 같은법 시행규칙 별표6의 기준에 적합하여야 할 것이며,

　　　나. 건축법시행규칙 단서조항에 의한 건축사 또는 건축구조기술사의 구조안전확인 조치는 원칙적으로 옹벽 등의 공사 시공 전에 하여야 하는 것임(※ 법 제30조 ⇒ 제40조, 2008.3.21)

2 토지굴착부분에 대한 조치 등 (법 제41조) (규칙 제26조)

법 제41조 【토지 굴착 부분에 대한 조치 등】

① 공사시공자는 대지를 조성하거나 건축공사를 하기 위하여 토지를 굴착·절토(切土)·매립(埋立) 또는 성토 등을 하는 경우 그 변경 부분에는 국토교통부령으로 정하는 바에 따라 공사 중 비탈면 붕괴, 토사 유출 등 위험 발생의 방지, 환경 보존, 그 밖에 필요한 조치를 한 후 해당 공사현장에 그 사실을 게시하여야 한다. 〈개정 2014.5.28〉

② 허가권자는 제1항을 위반한 자에게 의무이행에 필요한 조치를 명할 수 있다.

규칙 제26조 【토지의 굴착부분에 대한 조치】

① 법 제41조제1항에 따라 대지를 조성하거나 건축공사에 수반하는 토지를 굴착하는 경우에는 다음 각 호에 따른 위험발생의 방지조치를 하여야 한다.

1. 지하에 묻은 수도관·하수도관·가스관 또는 케이블등이 토지굴착으로 인하여 파손되지 아니하도록 할 것

2. 건축물 및 공작물에 근접하여 토지를 굴착하는 경우에는 그 건축물 및 공작물의 기초 또는 지반의 구조내력의 약화를 방지하고 급격한 배수를 피하는 등 토지의 붕괴에 의한 위해를 방지하도록 할 것

3. 토지를 깊이 1.5미터 이상 굴착하는 경우에는 그 경사도가 별표 7에 의한 비율이하이거나 주변상황에 비추어 위해방지에 지장이 없다고 인정되는 경우를 제외하고는 토압에 대하여 안전한 구조의 흙막이를 설치할 것

4. 굴착공사 및 흙막이 공사의 시공중에는 항상 점검을 하여 흙막이의 보강, 적절한 배수조치등 안전상태를 유지하도록 하고, 흙막이판을 제거하는 경우에는 주변지반의 내려앉음을 방지하도록 할 것

② 성토부분·절토부분 또는 되메우기를 하지 아니하는 굴착부분의 비탈면으로서 제25조에 따른 옹벽을 설치하지 아니하는 부분에 대하여는 법 제41조제1항에 따라 다음 각 호에 따른 환경의 보전을 위한 조치를 하여야 한다.

1. 배수를 위한 수로는 돌 또는 콘크리트를 사용하여 토양의 유실을 막을 수 있도록 할 것

2. 높이가 3미터를 넘는 경우에는 높이 3미터 이내마다 그 비탈면적의 5분의 1 이상에 해당하는 면적의 단을 만들 것. 다만, 허가권자가 그 비탈면의 토질·경사도등을 고려하여 붕괴의 우려가 없다고 인정하는 경우에는 그러하지 아니하다.

3. 비탈면에는 토양의 유실방지와 미관의 유지를 위하여 나무 또는 잔디를 심을 것. 다만, 나무 또는 잔디를 심는 것으로는 비탈면의 안전을 유지할 수 없는 경우에는 돌붙이기를 하거나 콘크리트블록격자등의 구조물을 설치하여야 한다.

【별표 7】 토질에 따른 경사도(규칙 제26조제1항 관련)

토　　질	경 사 도
경암	1 : 0.5
연암	1 : 1.0
모래	1 : 1.8
모래질흙	1 : 1.2
사력질흙, 암괴 또는 호박돌이 섞인 모래질흙	1 : 1.2
점토, 점성토	1 : 1.2
암괴 또는 호박돌이 섞인 점성토	1 : 1.5

해설 건축물의 대지를 조성하거나 건축공사에 수반된 토지를 굴착하는 경우 위해방지를 위한 대책을 세워야 하며, 환경의 보전을 위한 조치를 하여야 한다. 또한 토지굴착 등의 공사시 필요한 경우 관계전문기술자의 협력을 받아야 되는 사항도 규정되어 있다.

■ **토지굴착부분에 대한 조치**

구　분	내　용	기　타
위험발생의 방지 조치 (대지를 조성하거나 건축공사에 수반하는 토지를 굴착하는 경우)	지하에 묻은 수도관·하수도관·가스관 또는 케이블 등이 토지굴착으로 인하여 파손되지 아니하도록 할 것	■ 공사시공자는 대지를 조성하거나 건축공사를 하기 위하여 토지를 굴착·절토·매립 또는 성토 등을 하는 경우 그 변경 부분에 공사 중 비탈면 붕괴, 토사 유출 등 위험 발생의 방지, 환경 보존 등 필요한 조치를 한 후 당해 공사현장에 그 사실을 게시하여야 한다. ■ 허가권자는 토지굴착 부분 등의 조치를 위반한 자에 대하여 그 의무이행에 필요한 조치를 명할 수 있다.
	건축물 및 공작물에 근접하여 토지를 굴착하는 경우에는 그 건축물 및 공작물의 기초 또는 지반의 구조내력의 약화를 방지하고 급격한 배수를 피하는 등 토지의 붕괴에 의한 위해를 방지하도록 할 것	
	토지를 깊이 1.5m 이상 굴착하는 경우 토압에 대하여 안전한 구조의 흙막이를 설치할 것 -경사도가 [별표7]에 의한 비율 이하이거나 주변상황에 비추어 위해방지에 지장이 없다고 인정되는 경우를 제외	
	굴착공사 및 흙막이공사의 시공 중에는 항상 점검을 하여 흙막이의 보강, 적절한 배수조치 등 안전상태를 유지하도록 하고, 흙막이판을 제거하는 경우에는 주변지반이 내력앉음을 방지하도록 할 것	
환경의 보전을 위한 조치 (성토부분, 절토부분 또는 되메우기를 하지 아니하는 굴착부분의 비탈면으로서 옹벽을 설치하지 않는 부분)	배수를 위한 수로는 돌 또는 콘크리트를 사용하여 토양의 유실을 막을 수 있도록 할 것	
	높이가 3m를 넘는 경우에는 높이 3m 이내마다 그 비탈면적의 1/5 이상에 해당하는 면적의 단을 만들 것 -허가권자가 그 비탈면의 토질·경사도 등을 고려하여 붕괴의 우려가 없다고 인정하는 경우에는 제외	
	비탈면에는 토양의 유실방지와 미관의 유지를 위하여 나무 또는 잔디를 심을 것 -나무 또는 잔디를 심는 것으로는 비탈면의 안전을 유지할 수 없는 경우 돌 붙이기를 하거나 콘크리트 블록격자 등의 구조물을 설치할 것	

■ 깊이 10m 이상 토지굴착공사 또는 높이 5m 이상의 옹벽 등의 공사에 관하여는 토목분야 기술사 및 국토개발분야의 지반 및 지질 기술사의 협력을 받아야 함

3 대지의 조경 (법 제42조) (영 제27조) (규칙 제26조의2)

법 제42조【대지의 조경】

① 면적이 200제곱미터 이상인 대지에 건축을 하는 건축주는 용도지역 및 건축물의 규모에 따라 해당 지방자치단체의 조례로 정하는 기준에 따라 대지에 조경이나 그 밖에 필요한 조치를 하여야 한다. 다만, 조경이 필요하지 아니한 건축물로서 대통령령으로 정하는 건축물에 대하여는 조경 등의 조치를 하지 아니할 수 있으며, 옥상 조경 등 대통령령으로 따로 기준을 정하는 경우에는 그 기준에 따른다.

② 국토교통부장관은 식재(植栽) 기준, 조경 시설물의 종류 및 설치방법, 옥상 조경의 방법 등 조경에 필요한 사항을 정하여 고시할 수 있다.

영 제27조【대지의 조경】

① 법 제42조제1항 단서에 따라 다음 각 호의 어느 하나에 해당하는 건축물에 대하여는 조경 등의 조치를 하지 아니할 수 있다.

1. 녹지지역에 건축하는 건축물

2. 면적 5천 제곱미터 미만인 대지에 건축하는 공장

3. 연면적의 합계가 1천500제곱미터 미만인 공장

4. 「산업집적활성화 및 공장설립에 관한 법률」 제2조제14호에 따른 산업단지의 공장

5. 대지에 염분이 함유되어 있는 경우 또는 건축물 용도의 특성상 조경 등의 조치를 하기가 곤란하거나 조경 등의 조치를 하는 것이 불합리한 경우로서 건축조례로 정하는 건축물

6. 축사

7. 법 제20조제1항에 따른 가설건축물

8. 연면적의 합계가 1천500제곱미터 미만인 물류시설(주거지역 또는 상업지역에 건축하는 것은 제외한다)로서 국토교통부령으로 정하는 것

9. 「국토의 계획 및 이용에 관한 법률」에 따라 지정된 자연환경보전지역·농림지역 또는 관리지역(지구단위계획구역으로 지정된 지역은 제외한다)의 건축물

10. 다음 각 목의 어느 하나에 해당하는 건축물 중 건축조례로 정하는 건축물

　　가. 「관광진흥법」 제2조제6호에 따른 관광지 또는 같은 조 제7호에 따른 관광단지에 설치하는 관광시설

　　나. 「관광진흥법 시행령」 제2조제1항제3호가목에 따른 전문휴양업의 시설 또는 같은 호 나목에 따른 종합휴양업의 시설

　　다. 「국토의 계획 및 이용에 관한 법률 시행령」 제48조제10호에 따른 관광·휴양형 지구단위계획구역에 설치하는 관광시설

　　라. 「체육시설의 설치·이용에 관한 법률 시행령」 별표 1에 따른 골프장

② 법 제42조제1항 단서에 따른 조경 등의 조치에 관한 기준은 다음 각 호와 같다. 다만, 건축조례로 다음 각 호의 기준보다 더 완화된 기준을 정한 경우에는 그 기준에 따른다. 〈개정 2017.3.29., 2019.3.12〉

1. 공장(제1항제2호부터 제4호까지의 규정에 해당하는 공장은 제외한다) 및 물류시설(제1항제8호에 해당하는 물류시설과 주거지역 또는 상업지역에 건축하는 물류시설은 제외한다)

가. 연면적의 합계가 2천 제곱미터 이상인 경우: 대지면적의 10퍼센트 이상

나. 연면적의 합계가 1천500 제곱미터 이상 2천 제곱미터 미만인 경우: 대지면적의 5퍼센트 이상

2. 「공항시설법」 제2조제7호에 따른 공항시설: 대지면적(활주로·유도로·계류장·착륙대 등 항공기의 이륙 및 착륙시설로 쓰는 면적은 제외한다)의 10퍼센트 이상

3. 「철도의 건설 및 철도시설 유지관리에 관한 법률」 제2조제1호에 따른 철도 중 역시설: 대지면적(선로·승강장 등 철도운행에 이용되는 시설의 면적은 제외한다)의 10퍼센트 이상

4. 그 밖에 면적 200제곱미터 이상 300제곱미터 미만인 대지에 건축하는 건축물: 대지면적의 10퍼센트 이상

③ 건축물의 옥상에 법 제42조제2항에 따라 국토교통부장관이 고시하는 기준에 따라 조경이나 그 밖에 필요한 조치를 하는 경우에는 옥상부분 조경면적의 3분의 2에 해당하는 면적을 법 제42조제1항에 따른 대지의 조경면적으로 산정할 수 있다. 이 경우 조경면적으로 산정하는 면적은 법 제42조제1항에 따른 조경면적의 100분의 50을 초과할 수 없다.

규칙 제26조의2【대지안의 조경】

영 제27조제1항제8호에서 "국토교통부령으로 정하는 것"이란 「물류정책기본법」 제2조제4호에 따른 물류시설을 말한다.

해설 대지의 조경은 도시의 녹지공간을 확보하여 도시의 경관을 향상시키고 쾌적한 환경을 조성하는데 그 취지가 있으며, 조경 식수가 부적합한 용도의 경우 녹지보존에 지장이 없는 경우 등에 있어서는 규정을 완화하거나 적용에서 제외된다. 또한 식수 등 조경에 필요한 조치를 함이 적당하지 아니하다고 인정되는 시기에 건축물의 사용승인을 하는 경우, 조경비용을 금융기관에 예탁할 것을 조건으로 사용승인을 받을 수 있다.

■ 대지안의 조경

구 분	내 용		적 용 제 외	기 타
1. 원칙	면적 200㎡ 이상인 대지에 건축물을 건축하는 건축주는 용도지역 및 건축물의 규모에 따라 조례가 정하는 기준에 따라 조경 등 필요한 조치를 하여야 함			
2. 조경등의 조치에 관한 기준	① 공장[1] 및 물류시설[2]		1) 4.의 ② 공장 제외 2) •4.의 ⑥ .물류시설 제외 •주거지역 또는 상업지역에 건축하는 물류시설 제외	건축조례에서 더 완화된 기준을 정한 경우에는 그 기준에 따름
	연면적의 합계	**조경율**		
	2,000㎡이상	대지면적의 10%이상		
	1,500㎡이상 ~2,000㎡미만	대지면적의 5%이상		
	② 공항시설(「공항시설법」) -대지면적의 10% 이상		•활주로·유도로·계류장·착륙대 등 항공기의 이·착륙시설에 쓰는 면적제외	
	③ 역시설(「철도의 건설 및 철도시설 유지관리에 관한 법률」) -대지면적의 10% 이상		•선로·승강장 등 철도 운행용 시설의 면적 제외	
	④ 200㎡ 이상 300㎡ 미만인 대지에 건축하는 건축물 -대지면적의 10% 이상		—	

			국토교통부장관
3. 옥상 조경	• 조경면적의 $\frac{2}{3}$ 에 해당하는 면적을 대지안의 조경면적으로 산정 －이 경우 법정조경면적의 $\frac{50}{100}$ 을 초과할 수 없다.		이 고시하는 기준에 따라 조경 기타 필요한 조치를 하는 경우
4. 조경의 적용제외	① 녹지지역에 건축하는 건축물		
	② 공장	㉠ 면적 5,000㎡ 미만인 대지에 건축하는 공장	
		㉡ 연면적의 합계가 1,500㎡ 미만인 공장	
		㉢ 산업단지안의 공장	
	③ 대지에 염분이 함유되어 있는 경우 또는 건축물의 특성상 조경 등의 조치를 하기가 곤란하거나 조경 등의 조치를 하는 것이 불합리한 경우로서 건축조례가 정하는 건축물		―
	④ 축사		
	⑤ 가설건축물(허가대상)		
	⑥ 연면적의 합계가 1,500㎡ 미만인 물류시설(주거지역 또는 상업지역에 건축하는 것 제외)로서 국토교통부령으로 정하는 것		
	⑦ 자연환경보전지역·농림지역 또는 관리지역(지구단위계획구역 제외)의 건축물		
	⑧ 다음 건축물중 조례로 정하는 건축물 ㉠「관광진흥법」에 따른 관광지 또는 관광단지에 설치하는 관광시설 ㉡「관광진흥법」에 따른 전문휴양업의 시설 또는 종합휴양업의 시설 ㉢「국토의 계획 및 이용에 관한 법률」에 따른 관광·휴양형 지구단위계획구역에 설치하는 관광시설 ㉣「체육시설의 설치·이용에 관한 법률」에 따른 골프장		

■ 국토교통부장관은 식재기준, 조경시설물의 종류 및 설치방법, 옥상조경의 방법 등 조경에 필요한 사항을 정하여 고시할 수 있다.⇨ 조경기준(국토교통부고시 제2021-1778호, 2022.1.7) 참조

【관련 질의회신】

자연녹지지역에 건축하는 경우 조경면제 기준

건교부 건축기획팀-534, 2006.1.27

질의 자연녹지지역에 건축하는 건축물에 대하여는 건축법 제32조제1항 단서규정에 의하여 조경등의 조치를 하지 아니할 수 있는데, 지방자치단체의 조례에 규정이 있다하여 동단서 규정에 상관없이 조경 등의 조치를 하도록 할 수 있는 지 여부

회신 건축법 제32조제1항 단서규정 및 동시행령 제27조제1항제1호 규정에 의해 자연녹지지역에 건축하는 건축물에 대하여는 조경 등의 조치를 하지 아니할 수 있는 것임을 알려드리며, 동규정은 건축법에서 지방자치단체의 조례로 위임한 규정이 아닌 바, 다른 법령 근거가 없다면 조례로서 별도로 기준을 정하여 운용할 수 있는 규정이 아님(※ 법 32조 ⇒ 제42조, 2008.3.21)

4 공개 공지 등의 확보 (법 제43조) (영 제27조의2)

법 제43조【공개 공지 등의 확보】

① 다음 각 호의 어느 하나에 해당하는 지역의 환경을 쾌적하게 조성하기 위하여 대통령령으로 정하는 용도와 규모의 건축물은 일반이 사용할 수 있도록 대통령령으로 정하는 기준에 따라 소규모 휴식시설 등의 공개 공지(空地: 공터) 또는 공개 공간(이하 "공개공지등"이라 한다)을 설치하여야 한다. 〈개정 2019.4.23.〉

1. 일반주거지역, 준주거지역
2. 상업지역
3. 준공업지역
4. 특별자치시장·특별자치도지사 또는 시장·군수·구청장이 도시화의 가능성이 크거나 노후 산업단지의 정비가 필요하다고 인정하여 지정·공고하는 지역

② 제1항에 따라 공개공지등을 설치하는 경우에는 제55조, 제56조와 제60조를 대통령령으로 정하는 바에 따라 완화하여 적용할 수 있다. 〈개정 2019.4.23.〉

③ 시·도지사 또는 시장·군수·구청장은 관할 구역 내 공개공지등에 대한 점검 등 유지·관리에 관한 사항을 해당 지방자치단체의 조례로 정할 수 있다. 〈신설 2019.4.23.〉

④ 누구든지 공개공지등에 물건을 쌓아놓거나 출입을 차단하는 시설을 설치하는 등 공개공지등의 활용을 저해하는 행위를 하여서는 아니 된다. 〈신설 2019.4.23.〉

⑤ 제4항에 따라 제한되는 행위의 유형 또는 기준은 대통령령으로 정한다. 〈신설 2019.4.23.〉

영 제27조의2【공개 공지 등의 확보】

① 법 제43조제1항에 따라 다음 각 호의 어느 하나에 해당하는 건축물의 대지에는 공개 공지 또는 공개 공간(이하 이 조에서 "공개공지등"이라 한다)을 설치해야 한다. 이 경우 공개 공지는 필로티의 구조로 설치할 수 있다. 〈개정 2019.10.22.〉

1. 문화 및 집회시설, 종교시설, 판매시설(「농수산물 유통 및 가격안정에 관한 법률」에 따른 농수산물유통시설은 제외한다), 운수시설(여객용 시설만 해당한다), 업무시설 및 숙박시설로서 해당 용도로 쓰는 바닥면적의 합계가 5천 제곱미터 이상인 건축물
2. 그 밖에 다중이 이용하는 시설로서 건축조례로 정하는 건축물

② 공개공지등의 면적은 대지면적의 100분의 10 이하의 범위에서 건축조례로 정한다. 이 경우 법 제42조에 따른 조경면적과 「매장문화재 보호 및 조사에 관한 법률」 제14조제1항제1호에 따른 매장문화재의 현지 보존 조치 면적을 공개공지등의 면적으로 할 수 있다. 〈개정 2017.6.27.〉

③ 제1항에 따라 공개공지등을 설치할 때에는 모든 사람들이 환경친화적으로 편리하게 이용할 수 있도록 긴 의자 또는 조경시설 등 건축조례로 정하는 시설을 설치해야 한다. 〈개정 2019.3.12.〉

④ 제1항에 따른 건축물(제1항에 따른 건축물과 제1항에 해당되지 아니하는 건축물이 하나의 건축물로 복합된 경우를 포함한다)에 공개공지등을 설치하는 경우에는 법 제43조제2항에 따라 다음 각 호의 범위에서 대지면적에 대한 공개공지등 면적 비율에 따라 법 제56조 및 법 제60조를 완화하여 적용한다. 다만, 다음 각 호의 범위에서 건축조례로 정한 기준이 완화 비율보다 큰 경우에는 해당 건축조례로 정하는 바에 따른다. 〈개정 2014.11.11.〉

1. 법 제56조에 따른 용적률은 해당 지역에 적용하는 용적률의 1.2배 이하
2. 법 제60조에 따른 높이 제한은 해당 건축물에 적용하는 높이기준의 1.2배 이하

⑤ 제1항에 따른 공개공지등의 설치대상이 아닌 건축물(「주택법」 제15조제1항에 따른 사업계획승인 대상인 공동주택 중 주택 외의 시설과 주택을 동일 건축물로 건축하는 것 외의 공동주택은 제외한다)의 대지에 법 제43조제4항, 이 조 제2항 및 제3항에 적합한 공개 공지를 설치하는 경우에는 제4항을 준용한다. 〈개정 2016.8.11., 2017.1.20., 2019.10.22.〉

⑥ 공개공지등에는 연간 60일 이내의 기간 동안 건축조례로 정하는 바에 따라 주민들을 위한 문화행사를 열거나 판촉활동을 할 수 있다. 다만, 울타리를 설치하는 등 공중이 해당 공개공지등을 이용하는데 지장을 주는 행위를 해서는 아니 된다.
⑦ 법 제43조제4항에 따라 제한되는 행위는 다음 각 호와 같다. 〈신설 2020.4.21.〉
 1. 공개공지등의 일정 공간을 점유하여 영업을 하는 행위
 2. 공개공지등의 이용에 방해가 되는 행위로서 다음 각 목의 행위
   가. 공개공지등에 제3항에 따른 시설 외의 시설물을 설치하는 행위
   나. 공개공지등에 물건을 쌓아 놓는 행위
 3. 울타리나 담장 등의 시설을 설치하거나 출입구를 폐쇄하는 등 공개공지등의 출입을 차단하는 행위
 4. 공개공지등과 그에 설치된 편의시설을 훼손하는 행위
 5. 그 밖에 제1호부터 제4호까지의 행위와 유사한 행위로서 건축조례로 정하는 행위

해설 도심지의 대규모 건축물은 사용에 편하지만, 반면에 휴식공간의 부족 등 쾌적한 환경 조성에는 미흡한 점이 많다. 이러한 문제를 해결하기 위해서 다중이 이용하는 대형 건축물 등을 건축할 경우 소규모 휴식시설 등 공개공지등을 설치하도록 의무화하였다. 또한 공개공지를 설치하는 경우 용적률 또는 높이제한 등 규정 적용시 1.2배의 범위에서 완화하여 적용하도록 하고 있으며, 건축조례로 더 크게 완화한 경우 건축조례를 적용하도록 하고 있다.(2014.11.11. 건축법 시행령 개정)

■ 공개 공지 등의 확보

구 분	내 용	기 타
설치목적	상업지역 등의 환경을 쾌적하게 조성하기 위함	–
대상지역	1. 일반주거지역 2. 준주거지역 3. 상업지역 4. 준공업지역 5. 특별자치시장·특별자치도지사 또는 시장·군수·구청장이 도시화의 가능성이 크거나 노후 산업단지의 정비가 필요하다고 인정하여 지정·공고하는 지역	–
대상용도 및 규모	1. 바닥면적의 합계 5,000㎡이상인 ① 문화 및 집회시설 ② 종교시설 ③ 판매시설 ④ 운수시설(여객용 시설만 해당) ⑤ 업무시설 ⑥ 숙박시설 2. 그 밖에 다중이 이용하는 시설로서 건축조례로 정하는 건축물	• 판매시설 중 「농수산물유통 및 가격안정에 관한 법률」에 따른 농수산물유통시설은 제외
공개공지등 면적	대지면적의 10/100 이하의 범위에서 건축조례로 정함	• 법 제42조에 따른 조경면적과 「매장문화재 보호 및 조사에 관한 법률」에 따른 매장문화재의 현지 보존 조치 면적을 공개공지등의 면적으로 할 수 있음
공개공지등 확보시 준수사항	1. 물건을 쌓아 놓거나 출입 차단시설을 설치하지 아니할 것 2. 모든 사람들이 환경친화적으로 편리하게 이용할 수 있도록 긴 의자 또는 조경시설 등 건축조례로 정하는 시설을 설치할 것	• 공개공지는 필로티의 구조로 설치 가능

공개공지등 설치시 완화규정 적용	대지면적에 대한 공개공지등 면적 비율에 따라 다음 범위에서 완화 적용함 1. 용적률 : 해당지역에 적용되는 용적률의 1.2배 이하 2. 높이제한 : 해당건축물에 적용되는 높이 기준의 1.2배 이하 ※ 건축조례 기준이 위의 완화 비율보다 큰 경우 　　건축조례기준을 적용함	• 공개공지등의 설치 대상 건축물과 대상이 아닌 건축물이 복합된 경우도 완화규정 적용 대상에 포함

- 공개공지등의 설치대상이 아닌 건축물(「주택법」에 따른 사업승인대상 공동주택 중 주택 외의 시설과 주택을 동일 건축물로 건축하는 것 외의 공동주택은 제외)의 대지에 공개공지등을 준수사항을 지켜 설치하는 경우에도 용적률·높이제한 등 규정의 완화적용 가능
- 공개공지등에는 연간 60일 안에서 건축조례로 정하는 바에 따라 주민들을 위한 문화행사나 판촉활동 가능(울타리를 설치하는 등 공중이 해당 공개공지등의 이용에 지장을 주는 행위 금지)
- 시·도지사 또는 시장·군수·구청장은 관할 구역 내 공개공지등에 대한 점검 등 유지·관리에 관한 사항을 해당 지방자치단체의 조례로 정할 수 있다.

【2】 공개 공지 등에서의 제한 행위

누구든지 공개공지등에 물건을 쌓아놓거나 출입을 차단하는 시설을 설치하는 등 공개공지등의 활용을 저해하는 행위를 하여서는 아니 된다.

• 공개 공지 등에서 제한되는 행위
1. 공개공지등의 일정 공간을 점유하여 영업을 하는 행위
2. 공개공지등의 이용에 방해가 되는 행위로서 다음의 행위 　- 공개공지등에 모든 사람들이 환경친화적으로 편리하게 이용할 수 있도록 긴 의자 또는 조경시설 등 건축조례로 정하는 시설 외의 시설물을 설치하는 행위 　- 공개공지등에 물건을 쌓아 놓는 행위
3. 울타리나 담장 등의 시설을 설치하거나 출입구를 폐쇄하는 등 공개공지등의 출입을 차단하는 행위
4. 공개공지등과 그에 설치된 편의시설을 훼손하는 행위
5. 그 밖에 1.~4.의 행위와 유사한 행위로서 건축조례로 정하는 행위

공개공지 예

【관련 질의회신】

지구단위계획구역으로 지정된 대지의 대지안의 공지적용여부

건교부 고객만족센터, 2007.9.18

질의 지구단위계획구역에서 건축한계선이 지정되어있는 경우 건축물의 대지안의 공지도 중복하여 적용하여야
하는지 여부, 예를 들면 공동주택 신축시 지구단위계획에서 건축선으로부터 2m건축한계선이 지정되어있
는 경우 건축법의 대지안의 공지 또한 만족시켜서 불리한 조건을 따라야하는지 아니면 지구단위계획의
건축 한계선이 지정된 경우에는 그 건축한계선으로 계획해도 되는지 여부

회신 건축법 시행령(2006.5.8) 부칙 제2조제3호의 규정에 의하면, 이 영 시행 당시 건축하고자 하는 대지에 지
구단위계획에 관한 도시관리계획의 결정고시(다른 법률에 따라 의제되는 경우를 포함함)가 있는 경우에
는 지구단위계획에 포함된 건축기준에 한하여 종전의 규정을 적용할 수 있는 것이므로, 지구단위계획에
서 건축한계선을 정하였고 개정된 건축법 시행령 시행 당시 건축하고자 하는 대지(건축한계선이 정하여
지지 아니한 대지를 포함함)에 그 지구단위계획에 관한 도시관리계획의 결정고시가 있는 경우에는 종전
의 규정에 의할 수 있을 것임

건축물의 출입구와 도로를 연결하는 통로부분에 대한 공개공지 인정여부

건교부건축기획팀-1762, 2006.3.21

질의 공개공지 안에 건축물의 출입구와 도로를 연결하는 통로부분이 있는 경우 그 부분의 면적은 공개공지의
면적에서 제외되는 것인지

회신 문의의 통로부분이 건축법 제67조제1항의 규정에 의하여 일반이 사용할 수 있고 동법 시행령 제113조제2항
및 제3항의 규정에 적합한 경우에는 공개공지로 볼 수 있을 것임.(※ 법 제67조 ⇒ 제77조, 2008.3.21.개정)

주택법 적용대상인 주상복합건축물의 공개공지 확보에 따른 건축기준 완화 가능여부

건교부건축과-1307, 2005.3.15

질의 주택법상 사업계획승인 대상인 복합건축물(판매시설 10,586㎡, 공동주택 476세대)을 건축하는 경우 공개
공지를 확보하면 복합건축물 전체에 대하여 용적률과 높이제한 규정을 완화 받을 수 있는지 여부

회신 건축법 시행령 제113조제1항 및 제4항의 규정에 의거 연면적의 합계가 5천㎡ 이상인 판매 및 영업시설에
대하여는 건축조례가 정하는 공개공지를 확보하여야 하며, 공개공지를 확보한 경우에는 용적률과 높이
제한 규정을 완화 받을 수 있는 것이나, 주택법령에 의한 사업계획승인 대상인 공동주택은 공개공지를
설치한다 하더라도 용적률 및 높이제한 규정을 완화 받을 수 없는 것인바, 다만, 귀 문의의 경우에는 판
매 및 영업시설 부분에 대하여는 용적률 및 높이제한 규정을 완화 받을 수 있는 것임

5 대지와 도로와의 관계 (법 제44조) (영 제28조)

법 제44조【대지와 도로의 관계】
① 건축물의 대지는 2미터 이상이 도로(자동차만의 통행에 사용되는 도로는 제외한다)에 접하여야 한다. 다만, 다음 각 호의 어느 하나에 해당하면 그러하지 아니하다. 〈개정 2016.1.19.〉
1. 해당 건축물의 출입에 지장이 없다고 인정되는 경우
2. 건축물의 주변에 대통령령으로 정하는 공지가 있는 경우
3. 「농지법」 제2조제1호나목에 따른 농막을 건축하는 경우
② 건축물의 대지가 접하는 도로의 너비, 대지가 도로에 접하는 부분의 길이, 그 밖에 대지와 도로의 관계에 관하여 필요한 사항은 대통령령으로 정하는 바에 따른다.

영 제28조【대지와 도로의 관계】
① 법 제44조제1항제2호에서 "대통령령으로 정하는 공지"란 광장, 공원, 유원지, 그 밖에 관계 법령에 따라 건축이 금지되고 공중의 통행에 지장이 없는 공지로서 허가권자가 인정한 것을 말한다.
② 법 제44조제2항에 따라 연면적의 합계가 2천 제곱미터(공장인 경우에는 3천 제곱미터) 이상인 건축물(축사, 작물 재배사, 그 밖에 이와 비슷한 건축물로서 건축조례로 정하는 규모의 건축물은 제외한다)의 대지는 너비 6미터 이상의 도로에 4미터 이상 접하여야 한다.

해설 대지는 건축물이 축조되는 토지로서 건축물이 들어설 경우 사람과 차량의 출입이 원활하여야 한다. 또한 재해발생시 피난 및 소화활동에 지장이 없어야 한다. 따라서 모든 대지는 최소 2m 이상을 도로에 접하여야 하며, 건축물의 규모나 대지조건에 따라 도로의 너비 및 대지에 접하는 부분의 길이 등을 확보하여야 한다.

■ 대지와 도로의 관계

대상 건축물	대지가 접해야 할 도로	
	도로너비	접하는 부분의 길이
• 모든 건축물	• 도로(4m 이상) • 막다른 도로 -자동차만의 통행에 사용되는 도로 제외	2m 이상
• 연면적 합계가 2,000㎡ 이상인 건축물 • 공장 : 3,000㎡ 이상인 건축물 (축사, 작물 재배사 등으로서 건축조례로 정하는 규모의 건축물은 제외)	• 6m 이상의 도로	4m 이상

예외 • 당해 건축물의 출입에 지장이 없다고 인정하는 경우
• 건축물의 주변에 광장·공원·유원지 그 밖에 관계법령에 따라 건축이 금지되고 공중의 통행에 지장이 없는 공지로서 허가권자가 인정하는 공지가 있는 경우
• 「농지법」에 따른 농막을 건축하는 경우

■ 대지와 도로와의 관계(그림해설)

일반도로의 경우	막다른 도로의 경우	연면적 합계 2,000㎡(공장:3,000㎡) 이상인 건축물의 대지
대지는 도로에 2m 이상 접하여야 함 (자동차만의 통행에 사용되는 도로를 제외)		6m 이상의 도로에 4m 이상 접하여야 함

【관련 질의회신】

법령해석 건축물 대지의 접도의무 규정의 의미(「건축법」 제44조 관련)

법제처 법령해석 18-0087, 2018.6.12.

질의요지 건축물 대지의 2미터 이상이 「건축법」 제2조제11호에 따른 도로에 접해 있으나 해당 건축물에서 해당 도로까지 통로로 사용되는 구간 중 너비가 2미터 미만인 곳이 있는 경우가 건축물 대지의 2미터 이상이 도로에 접할 것을 규정하고 있는 같은 법 제44조제1항에 위반되는지?

　< 질의 배경 >

　민원인은 건축물 대지의 2미터 이상이 도로에 접해 있어 외형상으로는 「건축법」 제44조제1항의 요건을 충족하지만 그 접도 부분으로부터 건축물 건축 예정 지역 부분으로 이어지는 구간 중에 너비가 2미터가 안 되는 부분이 있는 경우가 「건축법」 제44조제1항 위반인지 의문이 있어 법령해석을 요청함.

회답 이 사안의 경우 해당 건축물에서 해당 도로까지 통로로 사용되는 구간이 제반 사정을 고려할 때 건축물에서 도로로의 출입에 지장이 없다면 「건축법」 제44조제1항에 위반되지 않습니다.

이유 "생략"

법령해석 건축물의 대지가 반드시 「건축법」 상 도로에 접하여야 하는지

법제처 법령해석 12-0559, 2012.10.31.

질의요지 「건축법」 제44조제1항에서 건축물의 대지는 2미터 이상이 도로(자동차만의 통행에 사용되는 도로는 제외함)에 접하여야 한다고 규정하면서, 같은 법 제3조제2항에서는 일정 지역에서는 같은 법 제44조를 적용하지 아니한다고 규정하고 있는데, 여기에서 "적용하지 아니한다"는 것은 건축물의 대지가 도로에 접하지 아니하여도 된다는 의미인지, 아니면 건축물의 대지와 도로가 접하는 부분이 2미터 이상은 아니더라도 최소한 도로에 접하기는 하여야 한다는 의미인지?

회답 이 건 질의에서 "적용하지 아니한다"는 것은 건축물의 대지가 도로에 접하지 아니하여도 된다는 의미라고 할 것임

6 도로의 지정·폐지 또는 변경 ($\binom{법}{제45조}$) ($\binom{규칙}{제26조의3}$)

법 제45조【도로의 지정 · 폐지 또는 변경】

① 허가권자는 제2조제1항제11호나목에 따라 도로의 위치를 지정 · 공고하려면 국토교통부령으로 정하는 바에 따라 그 도로에 대한 이해관계인의 동의를 받아야 한다. 다만, 다음 각 호의 어느 하나에 해당하면 이해관계인의 동의를 받지 아니하고 건축위원회의 심의를 거쳐 도로를 지정할 수 있다.

1. 허가권자가 이해관계인이 해외에 거주하는 등의 사유로 이해관계인의 동의를 받기가 곤란하다고 인정하는 경우
2. 주민이 오랫동안 통행로로 이용하고 있는 사실상의 통로로서 해당 지방자치단체의 조례로 정하는 것인 경우

② 허가권자는 제1항에 따라 지정한 도로를 폐지하거나 변경하려면 그 도로에 대한 이해관계인의 동의를 받아야 한다. 그 도로에 편입된 토지의 소유자, 건축주 등이 허가권자에게 제1항에 따라 지정된 도로의 폐지나 변경을 신청하는 경우에도 또한 같다.

③ 허가권자는 제1항과 제2항에 따라 도로를 지정하거나 변경하면 국토교통부령으로 정하는 바에 따라 도로관리대장에 이를 적어서 관리하여야 한다.

규칙 제26조의4【도로대장 등】

법 제45조제2항 및 제3항에 따른 도로의 폐지 · 변경신청서 및 도로관리대장은 각각 별지 제26호서식 및 별지 제27호서식과 같다.

해설 허가권자는 건축허가 또는 신고시 도로의 위치를 지정·공고하는 경우 이해관계인의 동의을 얻어야 하며, 허가시 지정된 도로의 폐지·변경시도 마찬가지로 통행에 지장이 없는 범위 내에서 이해관계인의 동의를 받아야 한다. 또한 도로대장에 이를 기재하고 관리하여야 한다.

■ 도로의 지정·폐지 및 변경

구 분		내 용	기 타
도로의 지정·공고	대상	건축허가시 허가권자가 그 위치를 지정한 도로	허가권자는 도로를 지정 또는 변경한 경우 도로관리대장에 이를 기재하고 관리하여야 함
	절차	이해관계자의 동의를 얻어 지정·공고	
	예외	다음의 경우 이해관계자의 동의를 받지 아니하고 건축위원회의 심의를 거쳐 도로로 지정할 수 있다. 1. 허가권자가 이해관계인이 해외에 거주하는 등 이해관계인의 동의를 받기가 곤란하다고 인정하는 경우 2. 주민이 오랫동안 통행로로 이용하고 있는 사실상의 통로로서 해당 지방자치단체의 조례로 정하는 것인 경우	
도로의 폐지·변경	대상	건축허가시 허가권자가 그 위치를 지정한 도로	
	절차	이해관계인의 동의를 얻어 폐지 또는 변경	

• 도로에 편입된 토지소유자, 건축주 등이 허가권자에게 도로의 폐지·변경신청의 경우 이해관계인의 동의를 얻어야 함.

【관련 질의회신】

사용되지 아니한 도로의 폐지 가능여부

건교부 건축기획팀-1926, 2006.3.29

질의 사용되지 아니한 도로의 폐지 가능여부

회신 건축법 제2조제1항제11호의 규정에 의하여 이 법에서 "도로"는 보행 및 자동차통행이 가능한 너비 4m 이상의 도로(지형적 조건으로 자동차통행이 불가능한 경우와 막다른 도로의 경우에는 대통령령이 정하는 구조 및 너비의 도로)로서 국토의 계획 및 이용에 관한 법률·도로법·사도법 기타 관계법령에 의하여 신설 또는 변경에 관한 고시가 된 도로나 건축허가 또는 신고시 특별시장·광역시장·도지사 또는 시장·군수·구청장이 그 위치를 지정·공고한 도로를 말하며,
동법 제35조제1항의 규정에 의하면 허가권자는 제2조제1항제11호 나목의 규정에 의하여 도로의 위치를 지정·공고하고자 할 때에는 건설교통부령이 정하는 바에 의하여 당해 도로에 대한 이해관계인의 동의를 얻어야 하며(다만, 제35조제1항 각 호의 어느 하나에 해당하는 경우로서 건축위원회의 심의를 거치는 경우를 제외) (※ 법 제35조 ⇒ 제45조, 2008.3.21.)

현황도로의 임의 폐지 가능여부

건교부건축기획팀-342, 2006.1.17

질의 허가권자가 소위 "현황도로"를 도로로 보고 건축허가 및 사용승인을 한 경우 현황도로를 건축법상 도로로 볼 수 있는지와 현황도로가 건축법상의 도로인 경우 도로에 속한 토지소유자가 그 도로를 임의로 폐지할 수 있는지 여부

회신 허가권자가 질의의 도로에 접한 대지에 건축법령 및 관계법령에 적합하게 건축허가와 사용승인을 한 경우라면 이를 건축법상의 도로로 볼 수 있을 것으로 사료됨. 건축법 제35조제2항의 규정에 의거 동조제1항의 규정에 의하여 지정한 도로를 폐지 또는 변경하고자 할 때에는 당해 도로에 대한 이해관계인의 동의를 얻어야 하는 것인 바, 질의의 도로가 건축법상의 도로라면 도로폐지 절차를 거쳐야 할 것임 (※ 법 제35조 ⇒ 제45조, 2008.3.21)

대지가 도로와 접하고 있지 않은 경우 진입로 소유자 동의 필요여부

건교부 건축 58070-350, 2003.2.24

질의 건축물을 건축하고자 하는 대지가 도로와 접하고 있지 않아 현재 경매 진행중인 지적법상 진입로(지목 : 도) 소유자의 동의를 받아 건축허가를 받을 수 있는지 여부

회신 건축법 제35조제1항의 규정에 의하여 허가권자는 같은법 제2조제11호나목의 규정에 의하여 도로의 위치를 지정·공고하고자 할 때에는 당해 도로에 대한 이해관계인의 동의를 얻어야 하는 것인 바, 귀 문의의 경우와 같이 도로를 지정하고자하는 진입로 부분이 경매진행중이라면 소유권 관계가 확정된 후 소유자의 동의를 득하여 도로의 지정 여부를 검토하는 것이 타당할 것으로 사료되니 보다 구체적인 사항은 당해 지역의 현황을 상세히 알고 있는 당해 허가권자에게 문의하기 바람.(※ 법 제35조 ⇒ 제45조, 2008.3.21)

7 건축선 (법 제46조) (영 제31조)

법 제46조 【건축선의 지정】

① 도로와 접한 부분에 건축물을 건축할 수 있는 선[이하 "건축선(建築線)"이라 한다]은 대지와 도로의 경계선으로 한다. 다만, 제2조제1항제11호에 따른 소요 너비에 못 미치는 너비의 도로인 경우에는 그 중심선으로부터 그 소요 너비의 2분의 1의 수평거리만큼 물러난 선을 건축선으로 하되, 그 도로의 반대쪽에 경사지, 하천, 철도, 선로부지, 그 밖에 이와 유사한 것이 있는 경우에는 그 경사지 등이 있는 쪽의 도로경계선에서 소요 너비에 해당하는 수평거리의 선을 건축선으로 하며, 도로의 모퉁이에서는 대통령령으로 정하는 선을 건축선으로 한다.

② 특별자치시장·특별자치도지사 또는 시장·군수·구청장은 시가지 안에서 건축물의 위치나 환경을 정비하기 위하여 필요하다고 인정하면 제1항에도 불구하고 대통령령으로 정하는 범위에서 건축선을 따로 지정할 수 있다. 〈개정 2014.1.14〉

③ 특별자치시장·특별자치도지사 또는 시장·군수·구청장은 제2항에 따라 건축선을 지정하면 지체 없이 이를 고시하여야 한다. 〈개정 2014.1.14〉

영 제31조 【건축선】

① 법 제46조제1항에 따라 너비 8미터 미만인 도로의 모퉁이에 위치한 대지의 도로모퉁이 부분의 건축선은 그 대지에 접한 도로경계선의 교차점으로부터 도로경계선에 따라 다음의 표에 따른 거리를 각각 후퇴한 두 점을 연결한 선으로 한다.

(단위 : 미터)

도로의 교차각	해당 도로의 너비		교차되는 도로의 너비
	6이상 8미만	4이상 6미만	
90°미만	4	3	6이상 8미만
90°미만	3	2	4이상 6미만
90°미만	3	2	6이상 8미만
120°미만	2	2	4이상 6미만

② 특별자치시장·특별자치도지사 또는 시장·군수·구청장은 법 제46조제2항에 따라 「국토의 계획 및 이용에 관한 법률」 제36조제1항제1호에 따른 도시지역에는 4미터 이하의 범위에서 건축선을 따로 지정할 수 있다. 〈개정 2014.10.14.〉

③ 특별자치시장·특별자치도지사 또는 시장·군수·구청장은 제2항에 따라 건축선을 지정하려면 미리 그 내용을 해당 지방자치단체의 공보(公報), 일간신문 또는 인터넷 홈페이지 등에 30일 이상 공고하여야 하며, 공고한 내용에 대하여 의견이 있는 자는 공고기간에 특별자치시장·특별자치도지사 또는 시장·군수·구청장에게 의견을 제출(전자문서에 의한 제출을 포함한다)할 수 있다. 〈개정 2014.10.14.〉

해설 건축선은 건축물을 건축할 수 있는 선으로서 원칙적으로 대지와 도로의 경계선으로 한다.
또한,
① 구시가지 등의 소요 너비에 못 미치는 너비의 도로에 있어 도로너비의 확보
② 도로모퉁이에서의 시야확보
③ 시가지의 건축물의 위치를 정비하거나 환경을 정비하기 위해 따로 건축선이 지정될 수 있다.

①, ②의 경우 건축선과 도로경계선 사이의 부분은 용적률, 건폐율 등의 「건축법」을 적용시키기 위한 대지면적에서 제외되고, ③의 경우 건축은 할 수 없으나(지하부분 제외) 대지면적에 산입하여 「건축법」을 적용한다.

지정건축선의 예

■ 건축선

구 분	내 용		
정의	도로와 접한 부분에 있어서 건축물을 건축할 수 있는 선		
원칙	대지와 도로의 경계선으로 함		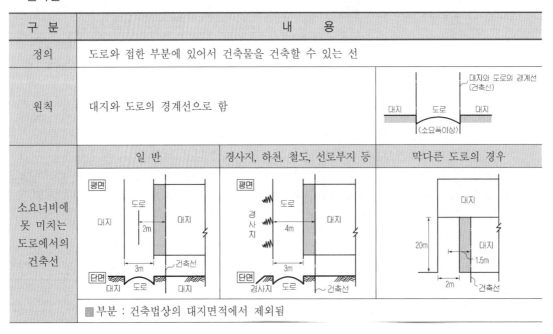
소요너비에 못 미치는 도로에서의 건축선	일 반	경사지, 하천, 철도, 선로부지 등	막다른 도로의 경우
	■부분 : 건축법상의 대지면적에서 제외됨		

	대상	너비 8m 미만인 도로의 모퉁이에 위치한 대지				
도로모퉁이 부분의 건축선	내용	도로의 교차각	해당 도로의 너비 (A 또는 B)		교차되는 도로의 너비(B 또는 A)	
			6m이상 8m미만	4m이상 6m미만		
		90°미만	4m	3m	6m 이상 8m 미만	
			3m	2m	4m 이상 6m 미만	
		90°이상 120°미만	3m	2m	6m 이상 8m 미만	
			2m	2m	4m 이상 6m 미만	

지정건축선	특별자치시장·특별자치도지사 또는 시장·군수·구청장은 도시지역에 4m 이내의 범위에서 건축선을 따로 지정할 수 있음	도시지역내
		■부분 : 「건축법」 적용을 위한 대지면적에 포함

건축선 후퇴의 경우	

* 건축물 면적, 높이 등 세부 산정기준[국토교통부고시 제2021-1422호, 2021.12.30., 제정/시행 2021.12.30.] 참조

【관련 질의회신】

소요너비 미달 막다른 도로의 건축선 지정여부

건교부 건축기획팀-736, 2005.10.12

질의 소요너비에 미달하는 막다른 도로에 접한 대지에 건축하는 경우 건축선을 지정하여야 하는지

회신 건축법 제33조와 관련하여 건축물의 대지에 접한 도로는 동법 제2조제1항제11호에서 정의한 도로이어야 하며 도로의 너비가 법 제2조제1항제11호 본문 및 동법 시행령 제3조의3에서 규정한 소요너비에 미달하는 경우에는 동법 제35조의 규정에 의하여 도로의 위치를 지정·공고하거나 제36조의 규정에 의하여 건축선이 지정되어야 할 것으로 사료됨.(※ 법 제33조, 제35조, 제36조 ⇒ 제44조, 제45조, 제46조, 2008.3.21)

막다른 도로에 막다르게 접한 대지에 건축이 가능한지

건교부 건축 58070-1595, 2003.9.1

질의 지적도상 진입도로의 폭이 4미터로 설정(막다른 도로의 소요폭은 6미터)되어 있는 막다른 도로에 막다르게 접한 대지에 건축이 가능한지 여부

회신 건축법 제36조의 규정에 의하여 도로와 접한 부분에 있어서 건축물을 건축할 수 있는 선은 대지와 도로와의 경계선으로, 소요너비에 미달되는 너비의 도로인 경우에는 그 중심선으로부터 소요너비의 2분의1에 상당하는 수평거리를 후퇴한 선을 건축선으로 하는 것이나, 다만 막다른 도로에 막다르게 접한 대지의 경우에는 도로 소요폭을 확보하지 않더라도 건축이 가능한 것임.(※ 법 제36조→ , 제46조, 2008.3.21, 개정)

건축선 후퇴부분에 개인 주차장 사용가능여부

건교부 건축 58070-1657, 1999. 5. 7

질의 건축선 후퇴부분을 건축주가 개인적 목적의 주차장 등으로 사용할 수 있는지

회신 건축선이라 함은 건축법 제36조 제1항의 규정에 의거 대지가 도로와 접한 부분에 있어서 건축물을 건축할 수 있는 선을 말하는 것으로, 동 부분에는 동법 제37조의 규정에 의하여 건축물 및 담장 등 항구적인 구조물의 설치를 제한하고, 도로면으로부터 높이 4.5m 이하에 있는 출입구・창문 등 구조물의 개・폐시 이를 넘지 못하도록 하여 통행상 지장이 없도록 하고 있는 바, 물건의 임시적인 적치나 차량의 주차 등의 행위를 제한하고 있지 아니함(※ 법 제36조, 제37조 ⇒ 제46조, 제47조, 2008.3.21)

계단식 도로의 모퉁이 건축선 후퇴여부

건교부 건축 58070-1140, 1999.4.1

질의 너비 6m 막다른 도로와 너비 5m인 막다른 도로가 만나는 부분에 지형상 고저차가 있어 계단식으로 된 경우에도 도로모퉁이의 건축선을 후퇴해야 하는지

회신 건축법 제36조 제1항 후단 및 동법시행령 제31조의 규정에 의하면 너비 8m 미만인 도로의 모퉁이에 있어서는 도로의 교차각 및 너비에 따라 표에서 정한 각각의 거리를 후퇴한 2점을 연결한 선을 건축선으로 하는 것이므로, 질의의 두 도로가 건축법 제2조 제1항 제11호의 규정에 의한 도로에 해당하는 경우라면 이에 따라야 하는 것임(※ 법 제36조 ⇒ 제46조, 2008.3.21)

8 건축선에 의한 건축제한 (법 제47조)

법 제47조【건축선에 따른 건축제한】
① 건축물과 담장은 건축선의 수직면(垂直面)을 넘어서는 아니 된다. 다만, 지표(地表) 아래 부분은 그러하지 아니하다.
② 도로면으로부터 높이 4.5미터 이하에 있는 출입구, 창문, 그 밖에 이와 유사한 구조물은 열고 닫을 때 건축선의 수직면을 넘지 아니하는 구조로 하여야 한다.

해설 건축선은 '건축물을 건축할 수 있는 선'이라고 앞에서 정의한 바 있다. 따라서 건축선을 넘어 건축할 수 없다. 반면에 도로의 너비를 확보하기 위하여 후퇴한 부분과 시가지정비를 위하여 건축선을 후퇴한 부분에 대해서 지표아래에서는 건축할 수 있으며, 도로면으로부터 높이 4.5m 이하의 부분의 출입문・창문 등은 열고 닫을 때에도 건축선의 수직면을 넘지 않는 구조로 하여 통행에 지장을 주지 않아야 한다.

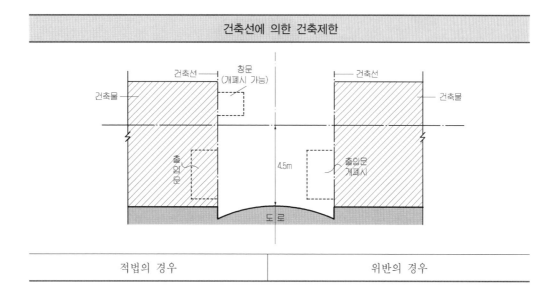

건축선에 의한 건축제한

적법의 경우 | 위반의 경우

【관련 질의회신】

지표하에 건축선을 넘어 건축가능여부

건교부 건축 58070-1844, 1999.5.21

질의 건축법 제37조 제1항 단서에서 "지표하의 부분은 그러하지 아니하다"라는 규정은 건축선을 넘어 도로의 지표 하에도 지하층을 설치할 수 있다는 말인지

회신 건축법 제37조 제1항 단서의 규정은 도로가 아닌 건축선 후퇴부분(동법 제36조 제1항 단서)의 경우 그 지표하에 건축물 등을 설치할 수 있다는 것이며, 도로 안의 경우에는 도시계획법, 도로법 등 관계법령에서 허용되는 범위(도시계획시설인 지하통로, 도로 점용 허가를 받은 지하구조물 등)안에서만 설치가 가능한 것임(※ 법 제36조, 제37조 ⇒ 제46조, 제47조, 2008.3.21., 도시계획법⇒「국토의 계획 및 이용에 관한 법률」, 2002.2.4)

5

건축물의 구조 및 재료

1 건축물의 구조 등 $\left(\begin{smallmatrix}법\\제48조\end{smallmatrix}\right)\left(\begin{smallmatrix}법\\제48조의2\end{smallmatrix}\right)\left(\begin{smallmatrix}법\\제48조의3\end{smallmatrix}\right)\left(\begin{smallmatrix}법\\제48조의4\end{smallmatrix}\right)\left(\begin{smallmatrix}법\\제67조\end{smallmatrix}\right)$

1 구조안전의 확인 등 $\left(\begin{smallmatrix}법\\제48조\end{smallmatrix}\right)\left(\begin{smallmatrix}영\\제32조\end{smallmatrix}\right)\left(\begin{smallmatrix}구조규칙\\제4장\end{smallmatrix}\right)$

> **법 제48조【구조내력 등】**
> ① 건축물은 고정하중, 적재하중(積載荷重), 적설하중(積雪荷重), 풍압(風壓), 지진, 그 밖의 진동 및 충격 등에 대하여 안전한 구조를 가져야 한다.
> ② 제11조제1항에 따른 건축물을 건축하거나 대수선하는 경우에는 대통령령으로 정하는 바에 따라 구조의 안전을 확인하여야 한다.
> ③ 지방자치단체의 장은 제2항에 따른 구조 안전 확인 대상 건축물에 대하여 허가 등을 하는 경우 내진(耐震)성능 확보 여부를 확인하여야 한다.
> ④ 제1항에 따른 구조내력의 기준과 구조 계산의 방법 등에 관하여 필요한 사항은 국토교통부령으로 정한다. 〈개정 2015.1.6.〉

해설 건축물은 생활하기에 편리하고 쾌적하게 계획되어야 한다. 이러한 계획적인 점 못지않게 건축물의 안전, 즉 구조에 관한 사항도 매우 중요하다. 구조가 바탕이 되지 않은 계획·설계는 건축물의 균열·붕괴 등 많은 위험요소를 내포하게 된다. 이에 건축물의 구조에 관한 사항을 「건축물의 구조기준 등에 관한 규칙」, 「건축구조기준」 등에서 규정하고 있다. 이러한 규정에 따라 건축사는 설계시 건축물에 대한 구조안전을 확인하여야 하며, 대규모 건축물, 특수구조 건축물, 다중이용건축물 및 준다중이용건축물 등의 건축물에 있어서는 건축구조기술사의 협력을 받아 구조안전에 만전을 기하여야 한다.

【1】 구조내력

건축물은 고정하중·적재하중·적설하중·풍압·지진 그 밖에 진동 및 충격 등에 대하여 안전한 구조를 가져야 한다.

【2】 구조안전의 확인 등

① 건축물을 건축하거나 대수선하는 경우 해당 건축물의 설계자(건축사)는 「건축물의 구조기준 등에 관한 규칙」(이후 "구조규칙"), 「건축구조기준」에 따라 구조의 안전을 확인하여야 한다.

② 지방자치단체의 장은 구조 안전 확인 대상 건축물에 대하여 허가 등을 하는 경우 내진(耐震)성능 확보 여부를 확인하여야 한다.

【3】 구조안전 확인 서류의 제출

① 위 규정에 따라 구조 안전을 확인한 건축물 중 다음 건축물의 건축주는 설계자로부터 구조 안전의 확인 서류를 받아 착공신고 시 허가권자에게 제출하여야 한다.

예외 표준설계도서에 따라 건축하는 건축물은 제외

층수 (목구조건축물[1])	연면적[2] (목구조건축물)	높이	처마높이	기둥과 기둥 사이의 거리[3]	중요도가 높은 건축물[4]	국가적 문화유산[5]	특수구조 건축물	주택
2층 이상 (3층 이상)	200m² 이상 (500m² 이상)	13m 이상	9m 이상	10m 이상	중요도 특, 1 해당 건축물[4]	연면적 합계 5,000m² 이상	3m 이상 돌출차양 등[6]	단독주택, 공동주택

1) 목구조 건축물 : 주요구조부인 기둥과 보를 설치하는 건축물로서 그 기둥과 보가 목재인 건축물
2) 창고, 축사, 작물 재배사는 제외
3) 기둥의 중심선 사이의 거리를 말하며, 기둥이 없는 경우 내력벽과 내력벽 사이의 거리
4) 건축물의 용도 및 규모를 고려한 중요도 특, 중요도 1에 해당하는 건축물 (⑤【참고2】 참조)
5) 국가적 문화유산으로 보존가치가 있는 박물관·기념관 그 밖에 이와 유사한 것으로서
   연면적의 합계 5,000m² 이상인 건축물
6) 특수구조 건축물 중
   - 한쪽 끝은 고정되고 다른 끝은 지지(支持)되지 아니한 구조로 된 보·차양 등이 외벽(외벽이 없는 경우 외곽 기둥)의 중심선으로부터 3m 이상 돌출된 건축물
   - 특수한 설계·시공·공법 등이 필요한 건축물로서 국토교통부장관이 정하여 고시하는 구조로 된 건축물 ⇨ 특수구조 건축물 대상기준[국토교통부고시 제2018-777호, 2018.12.7.]

② 구조안전 확인 서류의 구분
  ㉠ 6층 이상 건축물 : 별지 제1호서식(구조안전 및 내진설계 확인서)
  ㉡ 소규모 건축물* : 별지 제2호서식 또는 제3호서식(구조안전 및 내진설계 확인서)
    * 2층 이하의 건축물로서 위 【3】①의 어느 하나에도 해당하지 않는 건축물
  ㉢ 위 ㉠, ㉡ 외의 건축물 : 별지 제2호서식(구조안전 및 내진설계 확인서)
  ㉣ 기존 건축물*1을 건축 또는 대수선시 건축주는 적용의 완화*2를 요청할 때 구조 안전의 확인 서류를 허가권자에게 제출하여야 한다.(*1.시행령 제6조제1항다목, *2.법 제5조제1항 참조)

【4】 공사단계의 구조안전 확인

① 확인자 : 공사감리자
② 검토 및 확인 시기 : 건축물의 착공신고 또는 실제 착공일 전까지
③ 검토 및 확인 내용
  - 구조부재와 관련된 상세시공도면의 적정 여부
  - 구조계산서 및 구조설계도서에 적합 여부

② 건축물 내진등급의 설정 (법 제48조의2) (구조규칙 제60조)

> ### 법 제48조의2 【건축물 내진등급의 설정】
> ① 국토교통부장관은 지진으로부터 건축물의 구조 안전을 확보하기 위하여 건축물의 용도, 규모 및 설계구조의 중요도에 따라 내진등급(耐震等級)을 설정하여야 한다.
> ② 제1항에 따른 내진등급을 설정하기 위한 내진등급기준 등 필요한 사항은 국토교통부령으로 정한다.
> [본조신설 2013.7.16.]

> ### 구조규칙 제60조 【건축물의 내진등급기준】
> 법 제48조의2제2항에 따른 건축물의 내진등급기준은 별표 12와 같다.
> [본조신설 2014.2.7.]
>
> [별표12] 건축물의 내진등급기준(제60조 관련)
>
> | 건축물의 내진등급 | 건축물의 중요도 | 중요도계수(IE) |
> |---|---|---|
> | 특 | 별표 11에 따른 중요도 특 | 1.5 |
> | I | 별표 11에 따른 중요도 1 | 1.2 |
> | II | 별표 11에 따른 중요도 2 및 3 | 1.0 |

③ 건축물의 내진능력 공개 (법 제48조의3) (영 제32조의2) (구조규칙 제60조의2)

> ### 법 제48조의3 【건축물의 내진능력 공개】
> ① 다음 각 호의 어느 하나에 해당하는 건축물을 건축하고자 하는 자는 제22조에 따른 사용승인을 받는 즉시 건축물이 지진 발생 시에 견딜 수 있는 능력(이하 "내진능력"이라 한다)을 공개하여야 한다. 다만, 제48조제2항에 따른 구조안전 확인 대상 건축물이 아니거나 내진능력 산정이 곤란한 건축물로서 대통령령으로 정하는 건축물은 공개하지 아니한다. 〈개정 2017.12.26.〉
> 1. 층수가 2층[주요구조부인 기둥과 보를 설치하는 건축물로서 그 기둥과 보가 목재인 목구조 건축물(이하 "목구조 건축물"이라 한다)의 경우에는 3층] 이상인 건축물
> 2. 연면적이 200제곱미터(목구조 건축물의 경우에는 500제곱미터) 이상인 건축물
> 3. 그 밖에 건축물의 규모와 중요도를 고려하여 대통령령으로 정하는 건축물
> ② 제1항의 내진능력의 산정 기준과 공개 방법 등 세부사항은 국토교통부령으로 정한다.
> [본조신설 2016.1.19.]

【1】 내진능력 공개 대상 건축물

다음 건축물을 건축하고자 하는 자는 사용승인을 받는 즉시 건축물이 지진 발생 시에 견딜 수 있는 능력(이하 "내진능력"이라 한다)을 공개하여야 한다.

① 2층[목구조 건축물: 3층] 이상인 건축물
② 연면적 200㎡[목구조 건축물: 500㎡] 이상인 건축물
③ 높이가 13m 이상인 건축물
④ 처마높이가 9m 이상인 건축물
⑤ 기둥과 기둥 사이의 거리가 10m 이상인 건축물
⑥ 건축물의 용도 및 규모를 고려한 중요도가 높은 건축물로서 국토교통부령으로 정하는 건축물
⑦ 국가적 문화유산으로 보존할 가치가 있는 건축물로서 국토교통부령으로 정하는 것
⑧ 한쪽 끝은 고정되고 다른 끝은 지지(支持)되지 아니한 구조로 된 보·차양 등이 외벽(외벽이 없는 경우 외곽 기둥)의 중심선으로부터 3m 이상 돌출된 건축물
⑨ 특수한 설계·시공·공법 등이 필요한 건축물로서 국토교통부장관이 정하여 고시하는 구조로 된 건축물 ⇨ 특수구조 건축물 대상기준 [국토교통부고시 제2018-777호, 2018.12.7.] 참조
⑩ 단독주택 및 공동주택

【2】 내진능력 공개 제외 대상 건축물

구조안전확인대상이 아니거나 내진능력 산정이 곤란한 건축물로서 다음의 건축물은 내진능력을 공개하지 않는다.

① 창고, 축사, 작물 재배사 및 표준설계도서에 따라 건축하는 건축물로서 위 【1】 표의 ①, ③~⑩의 어느 하나에도 해당하지 아니하는 건축물
② 소규모건축구조기준을 적용한 건축물 ⇨ 소규모건축구조기준 [국토교통부고시 제2019-595호, 2019.10.29.] 참조

【3】 사용승인 신청시 내진능력의 제출 등

① 내진능력 공개대상 건축물의 사용승인 신청자는 내진능력을 신청서에 적어 제출해야 한다.

② 내진능력 산정시 구조기술사의 날인 근거자료를 함께 제출해야 한다.

⇨ **내진능력 산정 기준** [구조규칙 별표 13] 참조

③ 내진능력의 공개는 건축물대장에 기재하는 방법으로 한다.

4 부속구조물의 설치 및 관리(법 제48조의4)

법 **제48조의4【부속구조물의 설치 및 관리】**
건축관계자, 소유자 및 관리자는 건축물의 부속구조물을 설계·시공 및 유지·관리 등을 고려하여 국토교통부령으로 정하는 기준에 따라 설치·관리하여야 한다.
[본조신설 2016.2.3.]

법 **제2조【정의】** ①
21. "부속구조물"이란 건축물의 안전·기능·환경 등을 향상시키기 위하여 건축물에 추가적으로 설치하는 환기시설물 등 대통령령으로 정하는 구조물을 말한다.

영 제2조【정의】①

19. 법 제2조제1항제21호에서 "환기시설물 등 대통령령으로 정하는 구조물"이란 급기(給氣) 및 배기(排氣)를 위한 건축 구조물의 개구부(開口部)인 환기구를 말한다.

※ 관련내용은 제7장 ④-③ 환기구의 안전기준 참조

⑤ 관계전문기술자와의 협력 (법 제67조) (영 제91조의3) (규칙 제36조의2) (구조규칙 제61조)

법 제67조【관계전문기술자】

① 설계자와 공사감리자는 제40조, 제41조, 제48조부터 제50조까지, 제50조의2, 제51조, 제52조, 제62조 및 제64조와 「녹색건축물 조성 지원법」 제15조에 따른 대지의 안전, 건축물의 구조상 안전, 부속구조물 및 건축설비의 설치 등을 위한 설계 및 공사감리를 할 때 대통령령으로 정하는 바에 따라 다음 각 호의 어느 하나의 자격을 갖춘 관계전문기술자(「기술사법」 제21조제2호에 따라 벌칙을 받은 후 대통령령으로 정하는 기간이 지나지 아니한 자는 제외한다)의 협력을 받아야 한다. 〈개정 2021.3.16〉

1. 「기술사법」 제6조에 따라 기술사사무소를 개설등록한 자
2. 「건설기술 진흥법」 제26조에 따라 건설엔지니어링사업자로 등록한 자
3. 「엔지니어링산업 진흥법」 제21조에 따라 엔지니어링사업자의 신고를 한 자
4. 「전력기술관리법」 제14조에 따라 설계업 및 감리업으로 등록한 자

② 관계전문기술자는 건축물이 이 법 및 이 법에 따른 명령이나 처분, 그 밖의 관계 법령에 맞고 안전·기능 및 미관에 지장이 없도록 업무를 수행하여야 한다.

【1】관계전문기술사와의 협력

　(1) 설계자 및 공사감리자는 다음의 내용에 의한 설계 및 공사감리를 함에 있어 관계전문기술자의 협력을 받아야 한다.

내 용	대지의 안전, 건축물의 구조상 안전, 부속구조물 및 건축설비의 설치 등을 위한 설계 및 공사감리			
세부관련 규정	법조항	내 용	법조항	내 용
	법제40조	대지의 안전 등	법제50조	건축물의 내화구조와 방화벽
	법제41조	토지 굴착부분에 대한 조치 등	법제50조의2	고층건축물의 피난 및 안전관리
	법제48조	구조내력 등	법제51조	방화지구 안의 건축물
	법제48조의2	건축물 내진등급의 설정	법제52조	건축물의 내부 마감재료
	법제48조의3	건축물의 내진능력 공개	법제62조	건축설비기준 등
	법제48조의4	부속건축물의 설치 및 관리	법제64조	승강기
	법제49조	건축물의 피난시설 및 용도제한 등	녹색건축물조성 지원법 제15조	건축물에 대한 효율적인 에너지 관리와 녹색건축물 조성의 활성화
관계전문 기술자의 협력	1. 안전상 필요하다고 인정하는 경우 2. 관계법령이 정하는 경우 3. 설계계약 또는 감리계약에 따라 건축주가 요청하는 경우			
관계전문 기술자의 업무수행	관계전문기술자는 건축물이 이 법 및 이 법에 따른 명령이나 처분, 그 밖의 관계 법령에 맞고 안전·기능 및 미관에 지장이 없도록 업무를 수행하여야 한다.			

(2) 관계전문기술자의 자격

자 격	근거 법규정	비 고
1. 기술사사무소를 개설등록한 자	「기술사법」 제6조	「기술사법」 제2조 제2호의 벌칙을 받은 후 2년 미경과자는 제외
2. 건설엔지니어링사업자로 등록한 자	「건설기술 진흥법」 제26조	
3. 엔지니어링사업자의 신고를 한 자	「엔지니어링산업 진흥법」 제21조	
4. 설계업 및 감리업으로 등록한 자	「전력기술관리법」 제14조	

【2】 건축구조기술사와의 협력

다음 건축물을 건축하거나 대수선하는 설계자는 구조의 안전을 확인하는 경우 건축구조기술사의 협력을 받아야 함

① 6층 이상인 건축물

② 특수구조 건축물

> ■ **특수구조 건축물**(영 제2조항제18호)
> ▪ 한쪽 끝은 고정되고 다른 끝은 지지되지 아니한 구조로 된 보·차양 등이 외벽의 중심선으로부터 3m 이상 돌출된 건축물
> ▪ 기둥과 기둥 사이의 거리가 20m 이상인 건축물
> ▪ 특수한 설계·시공·공법 등이 필요한 건축물로서 국토교통부장관이 정하여 고시하는 구조로 된 건축물

③ 다중이용 건축물, 준다중이용 건축물 및 3층 이상의 필로티형식 건축물

> ■ **다중이용건축물**(영 제2조항제17호)
> ▪ 다음 용도에 쓰이는 바닥면적의 합계 5,000㎡이상인 건축물
> – 문화 및 집회시설(동물원 및 식물원 제외), 종교시설, 판매시설, 운수시설 중 여객용 시설, 의료시설 중 종합병원, 숙박시설 중 관광숙박시설
> ▪ 16층 이상인 건축물
> ■ **준다중이용건축물**(영 제2조항제17호의2)
> ▪ 다중이용건축물 외의 건축물로서 다음 용도에 쓰이는 바닥면적의 합계 1,000㎡이상인 건축물
> – 문화 및 집회시설(동물원 및 식물원 제외), 종교시설, 판매시설, 운수시설 중 여객용 시설, 의료시설 중 종합병원, 숙박시설 중 관광숙박시설
> – 교육연구시설, 노유자시설, 운동시설, 위락시설, 관광휴게시설, 장례시설

④ 지진구역1의 중요도 (특)에 해당하는 건축물

【참고1】 지진구역의 구분

구조규칙 별표10 (지진구역 및 지진계수)

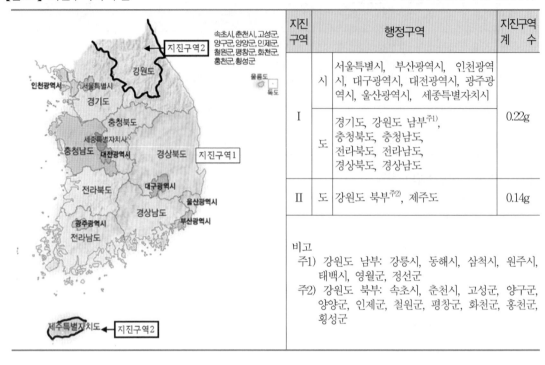

지진구역		행정구역	지진구역계수
I	시	서울특별시, 부산광역시, 인천광역시, 대구광역시, 대전광역시, 광주광역시, 울산광역시, 세종특별자치시	0.22g
	도	경기도, 강원도 남부^{주1)}, 충청북도, 충청남도, 전라북도, 전라남도, 경상북도, 경상남도	
II	도	강원도 북부^{주2)}, 제주도	0.14g

비고
  주1) 강원도 남부: 강릉시, 동해시, 삼척시, 원주시, 태백시, 영월군, 정선군
  주2) 강원도 북부: 속초시, 춘천시, 고성군, 양구군, 양양군, 인제군, 철원군, 평창군, 화천군, 홍천군, 횡성군

【참고2】 중요도에 의한 건축물의 분류(지진에 대한 안전여부 확인대상)

구조규칙 별표11(중요도 및 중요계수)

중요도	특	1	2	3
건축물의 용도 및 규모	1. 연면적 1,000㎡이상인 위험물 저장 및 처리 시설·국가 또는 지방자치단체의 청사·외국공관·소방서·발전소·방송국·전신전화국·국가 또는 지방자치단체의 데이터센터 2. 종합병원, 수술시설이나 응급시설이 있는 병원	1. 연면적 1,000㎡ 미만인 위험물 저장 및 처리시설·국가 또는 지방자치단체의 청사·외국공관·소방서·발전소·방송국·전신전화국·중요도(특)에 해당하지 않는 데이터센터 2. 연면적 5,000㎡ 이상인 공연장·집회장·관람장·전시장·운동시설·판매시설·운수시설(화물터미널과 집배송시설은 제외함) 3. 아동관련시설·노인복지시설·사회복지시설·근로복지시설 4. 5층 이상인 숙박시설·오피스텔·기숙사·아파트·교정시설 5. 학교 6. 수술시설과 응급시설 모두 없는 병원, 기타 연면적 1,000㎡ 이상인 의료시설로서 중요도(특)에 해당하지 않는 건축물	1. 중요도(특), (1), (3)에 해당하지 않는 건축물	1. 농업시설물, 소규모 창고 2. 가설구조물
중요도계수	1.5	1.2	1.0	1.0

비고 중요도(특)에 해당하는 데이터센터는 국가 또는 지방자치단체가 구축이나 운영에 관한 권한 또는 업무를 위임·위탁한 데이터센터를 포함한다.

【3】 토목 분야 기술사 등과의 협력

설계자 및 공사감리자는 다음 공사를 수반하는 건축물의 경우 토목분야 기술사 또는 국토개발 분야의 지질 및 기반 기술사의 협력을 받아야 함

① 대상
- 깊이 10m 이상의 토지굴착공사
- 높이 5m 이상의 옹벽 등의 공사

② 협력사항
- 지질조사
- 토공사의 설계 및 감리
- 흙막이벽·옹벽설치등에 관한 위해방지 및 기타 필요한 사항

【4】 설비분야 관계전문기술자와의 협력

☞ 제7장. 건축설비 해설 참조

【5】 관계전문기술자와의 협력

① 설계자 및 공사감리자가 협력을 받아야 하는 경우

1. 안전상 필요하다고 인정하는 경우
2. 관계 법령이 정하는 경우
3. 설계계약 또는 감리계약에 따라 건축주가 요청하는 경우

② 공사감리자가 협력을 받아야 하는 경우

대상건축물	대상 공정		관계전문기술자
	구조	공정	
1. 특수구조 건축물, 고층건축물	• 철근콘크리트조 • 철골철근콘크리트조 • 조적조 • 보강콘크리트블럭조	가. 기초공사 시 철근배치를 완료한 경우	건축구조기술사
		나. 지붕슬래브배근을 완료한 경우	
		다. 지상 5개 층마다 상부 슬래브배근을 완료한 경우	
	• 철골조	가. 기초공사 시 철근배치를 완료한 경우	
		나. 지붕철골 조립을 완료한 경우	
		다. 지상 3개 층마다 또는 높이 20m마다 주요구조부의 조립을 완료한 경우	
2. 3층 이상인 필로티형식 건축물	• 건축물 상층부의 하중이 상층부와 다른 구조형식의 하층부로 전달되는 우측란의 어느 하나에 해당하는 부재(部材)의 철근배치를 완료한 경우	가. 기둥 또는 벽체 중 하나	건축구조 분야의 특급 또는 고급기술자의 자격요건을 갖춘 소속 기술자
		나. 보 또는 슬래브 중 하나	

【6】 관계전문기술자의 서명·날인

설계자 및 공사감리자에 협력한 관계전문기술자는 공사 현장을 확인하고, 다음의 경우 설계도서 등에 서명·날인하여야 한다.

① 관계전문기술자가 작성한 설계도서 - 설계자와 함께 서명·날인

② 감리중간보고서 및 감리완료보고서 - 공사감리자와 함께 서명·날인

③ 구조기술사가 건축구조기준 등에 따라 구조 안전의 확인에 관하여 설계자에게 협력한 건축물의 구조도 등 구조 관련 서류 - 설계자와 함께 서명·날인

2 건축물의 피난시설 (법 제49조)

법 제49조 【건축물의 피난시설 및 용도제한 등】
① 대통령령으로 정하는 용도 및 규모의 건축물과 그 대지에는 국토교통부령으로 정하는 바에 따라 복도, 계단, 출입구, 그 밖의 피난시설과 저수조(貯水槽), 그 밖의 소화설비 및 대지 안의 피난과 소화에 필요한 통로를 설치하여야 한다. 〈개정 2018.4.17.〉
② 대통령령으로 정하는 용도 및 규모의 건축물의 안전·위생 및 방화(防火) 등을 위하여 필요한 용도 및 구조의 제한, 방화구획(防火區劃), 화장실의 구조, 계단·출입구, 거실의 반자 높이, 거실의 채광·환기, 배연설비와 바닥의 방습 등에 관하여 필요한 사항은 국토교통부령으로 정한다. 다만, 대규모 창고시설 등 대통령령으로 정하는 용도 및 규모의 건축물에 대해서는 방화구획 등 화재 안전에 필요한 사항을 국토교통부령으로 별도로 정할 수 있다. 〈개정 2021.10.19.〉
③ 대통령령으로 정하는 용도 및 규모의 건축물에 대하여 가구·세대 등 간 소음 방지를 위하여 국토교통부령으로 정하는 바에 따라 경계벽 및 바닥을 설치하여야 한다. 〈신설 2014.5.28.〉
④ 「자연재해대책법」 제12조제1항에 따른 자연재해위험개선지구 중 침수위험지구에 국가·지방자치단체 또는 「공공기관의 운영에 관한 법률」 제4조제1항에 따른 공공기관이 건축하는 건축물은 침수 방지 및 방수를 위하여 다음 각 호의 기준에 따라야 한다. 〈신설 2015.1.6.〉
  1. 건축물의 1층 전체를 필로티(건축물을 사용하기 위한 경비실, 계단실, 승강기실, 그 밖에 이와 비슷한 것을 포함한다) 구조로 할 것
  2. 국토교통부령으로 정하는 침수 방지시설을 설치할 것

해설 일정규모 이상의 건축물은 많은 사람을 수용하므로 화재 등 재해발생시 큰 피해를 받을 수 있으므로 피난시설의 설치는 필수적이다. 피난시설은 건축물 내부에서 안전지대로 이르기까지의 경로 즉,

건축물 내부(거실) ➡ 출입구 ➡ 복도 ➡ 계단 ➡ 복도 ➡ 출구 ➡ 건축물 외부

위와 같은 경로를 따라 안전지대로 대피할 수 있어야 한다. 따라서 법 규정에서는 복도, 계단(직통계단, 피난계단, 특별피난 계단 등)의 설치 및 구조, 출입구에 관한 규정, 계단이나 출구까지의 보행거리 등의 피난규정을 규정하고, 「건축물의 피난·방화구조 등의 기준에 관한 규칙」(이하 "피난·방화규칙")을 정해 건축물의 안전·위생·방화 등을 확보할 수 있도록 하고 있다.
또한, 고층건축물의 재난발생시 안전한 피난을 위해 피난안전구역을 설치하거나 대피공간을 확보한 계단을 설치하도록 하는 등 고층건축물에 대한 피난 및 안전관리에 대한 규정이 신설되었다. (건축법 제50조의2, 2011.9.16. 신설)

■ 피난규정의 적용 예
건축물의 건축에서 아래 규정의 적용시 건축물이 내화구조의 바닥 또는 벽(창문·출입구 기타 개구부가 없는 경우)으로 구획되어 있는 경우에는 그 구획된 각 부분을 별개의 건축물로 본다.

법조항(시행령)	내 용	그 림 해 설
제34조	직통계단의 설치	
제35조	피난계단의 설치	
제36조	옥외피난계단의 설치	
제37조	지하층과 피난층 사이의 개방공간 설치	
제38조	관람석 등으로부터의 출구 설치	
제39조	건축물 바깥쪽으로의 출구 설치	
제40조	옥상광장 등의 설치	
제41조	대지안의 피난 및 소화에 필요한 통로의 설치	
제48조	계단·복도 및 출입구의 설치	

■ A, B는 별개의 건축물로 본다.

1 계단 및 복도의 설치 (영 제48조)

> **영 제48조【계단·복도 및 출입구의 설치】**
> ① 법 제49조제2항 본문에 따라 연면적 200제곱미터를 초과하는 건축물에 설치하는 계단 및 복도는 국토교통부령으로 정하는 기준에 적합해야 한다. 〈개정 2022.4.29〉
> ② 법 제49조제2항 본문에 따라 제39조제1항 각 호의 어느 하나에 해당하는 건축물의 출입구는 국토교통부령으로 정하는 기준에 적합해야 한다. 〈개정 2022.4.29〉

【1】 계단 및 복도 규정의 적용대상
　　연면적 200㎡를 초과하는 건축물에 설치하는 계단 및 복도

【2】 계단 각부의 치수기준

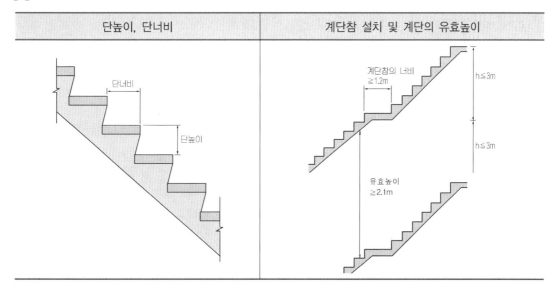

단높이, 단너비	계단참 설치 및 계단의 유효높이

계단 및 계단참의 유효너비	계단 유효너비의 상세

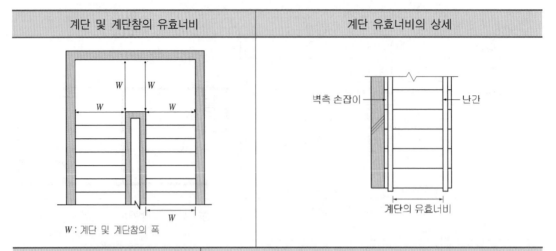

W : 계단 및 계단참의 폭

계단폭, 돌음계단의 치수측정	계단에 대체되는 경사로

30cm(좁은쪽의 끝부분)
단너비
계단폭

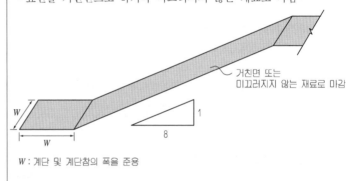

• 기울기는 1 : 8이하
• 표면을 거친면으로 하거나 미끄러지지 않는 재료로 마감

거친면 또는 미끄러지지 않는 재료로 마감

W : 계단 및 계단참의 폭을 준용

계단 너비 3m 넘는 경우의 난간설치	높이 1m 넘는 경우 계단, 계단참의 난간설치
• 계단 중간에 3m 이내마다 난간설치 • 계단 단높이 15㎝ 이하, 단너비 30㎝ 이하의 경우 난간설치 제외	• 양옆에 난간(벽 또는 이에 대치되는 것 포함) 설치

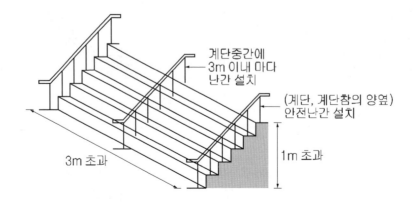

계단중간에 3m 이내 마다 난간 설치

(계단, 계단참의 양옆) 안전난간 설치

3m 초과

1m 초과

【3】 용도별 계단각부의 치수(피난ㆍ방화규칙 제15조)

	건축물의 용도ㆍ규모 등		계단ㆍ계단참 유효너비 (옥내계단에 한정)	단높이	단너비	기 타
1	• 초등학교		150cm이상	16cm이하	26cm이상	※돌음계단의 단 너비 : 좁은 너 비의 끝부분으 로부터 30cm 위치에서 측정
2	• 중ㆍ고등학교		150cm이상	18cm이하	26cm이상	
3	• 문화 및 집회시설(공연장, 집회장 및 관람장 에 한함) • 판매시설 • 기타 이와 유사한 것		120cm이상	–	–	
4	1~3 외의 계단	지상층 계단	바로 위층부터 최상층*까지 거실 바닥면적의 합계가 200㎡ 이상	120cm이상	–	–	*상부층 중 피난 층이 있는 경우 그 아래층
		지하층 계단	지하층 거실 바닥면적의 합계가 100㎡ 이상				
5	• 기타의 계단		60cm이상	–	–	
6	피난층 또는 지상으로 통하는 준초고층 건축물 의 직통계단	• 공동주택	120cm이상	–	–	※이 기준 충족 시 준초고층건 축물의 피난안 전구역의 설치 배제 가능함
		• 공동주택이 아닌 건축물	150cm이상			

■ 「산업안전보건법」에 의한 작업장에 설치하는 계단인 경우에는 「산업안전보건기준에 관한 규칙」에서 정한 구조로 한다.

【4】 아동ㆍ노약자 및 신체장애인에 대한 배려

구 분	내 용
용 도	• 공동주택(기숙사 제외) • 제1종 근린생활시설 • 제2종 근린생활시설 • 문화 및 집회시설 • 종교시설 • 판매시설 • 운수시설 • 의료시설 • 노유자시설 • 업무시설 • 숙박시설 • 위락시설 • 관광휴게시설
대 상	• 주계단 • 피난계단 • 특별피난계단
부 위	• 계단에 설치하는 난간 및 바닥
구 조	• 아동의 이용에 안전하고 • 노약자 및 신체장애인의 이용에 편리한 구조 • 양쪽에 벽등이 있어 난간이 없는 경우 손잡이 설치
손잡이의 설치기준 (우측 그림 참조)	• 최대지름이 3.2㎝ 이상 3.8㎝ 이하인 원형 또는 타원 형으로 할 것 • 손잡이는 벽 등으로부터 5㎝ 이상 떨어지도록 하고, 계단으로부터의 높이는 85㎝가 되도록 할 것 • 계단이 끝나는 수평부분에서의 손잡이는 바깥쪽으로 30㎝ 이상 나오도록 할 것

【5】 특정용도의 계단에 있어서의 적용제외

승강기기계실용 계단, 망루용 계단 등 특수한 용도에만 쓰이는 계단은 앞의 계단 등의 규정을 적용하지 아니한다.

【6】 복도의 너비 및 설치기준

(1) 복도의 유효너비

구 분	복도의 너비	
	양옆에 거실이 있는 복도	그 밖의 복도
유치원·초등학교·중학교·고등학교	2.4m 이상	1.8m 이상
공동주택·오피스텔	1.8m 이상	1.2m 이상
해당층 거실의 바닥면적합계가 200㎡이상인 경우	1.5m 이상 (의료시설의 복도 : 1.8m 이상)	1.2m 이상

(2) 근린생활시설 등을 준주택으로 용도변경하는 경우 복도의 유효너비

<1>용도의 건축물을 <2>준주택으로 용도변경하려는 경우 <3> 요건을 모두 갖추면 복도의 양옆에 거실이 있는 복도의 유효너비를 1.5m 이상으로 할 수 있다.

〈1〉 용도변경 전 용도	〈2〉 용도변경 후 용도(준주택)	양옆에 거실이 있는 복도의 유효너비
• 제1종 근린생활시설 • 제2종 근린생활시설 • 노유자시설 • 수련시설 • 업무시설 • 숙박시설	• 기숙사 • 다중생활시설(제2종 근린생활시설 중) • 다중생활시설(숙박시설 중) • 노인복지주택(노인복지시설 중) • 오피스텔	1.5m 이상 *위 (1)의 규정의 완화 적용

〈3〉 완화 규정의 적용 요건

1. 용도변경의 목적이 해당 건축물을 공공매입임대주택으로 공급하려는 공공주택사업자에게 매도하려는 것일 것

2. 둘 이상의 직통계단이 지상까지 직접 연결되어 있을 것

3. 건축물의 내부에서 계단실로 통하는 출입구의 유효너비가 0.9m 이상일 것

4. 위 3.의 출입구에는 60분+ 방화문을 피난하려는 방향으로 열리도록 설치하되, 해당 방화문은 항상 닫힌 상태를 유지하거나 화재로 인한 연기나 불꽃을 감지하여 자동으로 닫히는 구조일 것
   [예외] 연기나 불꽃을 감지 작동방식으로 할 수 없는 경우 온도를 감지하여 자동으로 닫히는 구조도 가능

(3) 관람실 또는 집회실과 접하는 복도의 유효너비

대 상	해당 층 해당용도의 바닥면적의 합계	복도의 유효너비
• 문화 및 집회시설(공연장·집회장·관람장·전시장) • 종교시설(종교집회장) • 노유자시설(아동관련시설, 노인복지시설) • 수련시설(생활권 수련시설) • 위락시설(유흥주점) • 장례식장	500㎡ 미만	1.5m 이상
	500㎡ 이상~1천㎡미만	1.8m 이상
	1천㎡ 이상	2.4m 이상

(4) 공연장의 개별관람실의 복도

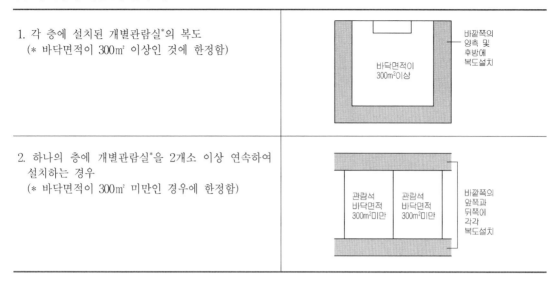

1. 각 층에 설치된 개별관람실*의 복도 (* 바닥면적이 300㎡ 이상인 것에 한정함)	
2. 하나의 층에 개별관람실*을 2개소 이상 연속하여 설치하는 경우 (* 바닥면적이 300㎡ 미만인 경우에 한정함)	

② 직통계단의 설치 (영 제34조)

영 제34조 【직통계단의 설치】

① 건축물의 피난층(직접 지상으로 통하는 출입구가 있는 층 및 제3항과 제4항에 따른 피난안전구역을 말한다. 이하 같다) 외의 층에서는 피난층 또는 지상으로 통하는 직통계단(경사로를 포함한다. 이하 같다)을 거실의 각 부분으로부터 계단(거실로부터 가장 가까운 거리에 있는 1개소의 계단을 말한다)에 이르는 보행거리가 30미터 이하가 되도록 설치해야 한다. 다만, 건축물(지하층에 설치하는 것으로서 바닥면적의 합계가 300제곱미터 이상인 공연장ㆍ집회장ㆍ관람장 및 전시장은 제외한다)의 주요구조부가 내화구조 또는 불연재료로 된 건축물은 그 보행거리가 50미터(층수가 16층 이상인 공동주택의 경우 16층 이상인 층에 대해서는 40미터) 이하가 되도록 설치할 수 있으며, 자동화 생산시설에 스프링클러 등 자동식 소화설비를 설치한 공장으로서 국토교통부령으로 정하는 공장인 경우에는 그 보행거리가 75미터(무인화 공장인 경우에는 100미터) 이하가 되도록 설치할 수 있다. 〈개정 2020.10.8.〉

② 법 제49조제1항에 따라 피난층 외의 층이 다음 각 호의 어느 하나에 해당하는 용도 및 규모의 건축물에는 국토교통부령으로 정하는 기준에 따라 피난층 또는 지상으로 통하는 직통계단을 2개소 이상 설치하여야 한다. 〈개정 2017.2.3〉

1. 제2종 근린생활시설 중 공연장ㆍ종교집회장, 문화 및 집회시설(전시장 및 동ㆍ식물원은 제외한다), 종교시설, 위락시설 중 주점영업 또는 장례시설의 용도로 쓰는 층으로서 그 층에서 해당 용도로 쓰는 바닥면적의 합계가 200제곱미터(제2종 근린생활시설 중 공연장ㆍ종교집회장은 각각 300제곱미터) 이상인 것

2. 단독주택 중 다중주택ㆍ다가구주택, 제1종 근린생활시설 중 정신과의원(입원실이 있는 경우로 한정한다), 제2종 근린생활시설 중 인터넷컴퓨터게임시설제공업소(해당 용도로 쓰는 바닥면적의 합계가 300제곱미터 이상인 경우만 해당한다)ㆍ학원ㆍ독서실, 판매시설, 운수시설(여객용 시설만 해당한다), 의료시설(입원실이 없는 치과병원은 제외한다), 교육연구시설 중 학원, 노유자시설중 아동 관련 시설ㆍ노인복지시설ㆍ장애인 거주시설(「장애인복지법」

제58조제1항제1호에 따른 장애인 거주시설 중 국토교통부령으로 정하는 시설을 말한다. 이하 같다) 및 「장애인복지법」 제58조제1항제4호에 따른 장애인 의료재활시설(이하 "장애인 의료재활시설"이라 한다), 수련시설 중 유스호스텔 또는 숙박시설의 용도로 쓰는 3층 이상의 층으로서 그 층의 해당 용도로 쓰는 거실의 바닥면적의 합계가 200제곱미터 이상인 것

3. 공동주택(층당 4세대 이하인 것은 제외한다) 또는 업무시설 중 오피스텔의 용도로 쓰는 층으로서 그 층의 해당 용도로 쓰는 거실의 바닥면적의 합계가 300제곱미터 이상인 것

4. 제1호부터 제3호까지의 용도로 쓰지 아니하는 3층 이상의 층으로서 그 층 거실의 바닥면적의 합계가 400제곱미터 이상인 것

5. 지하층으로서 그 층 거실의 바닥면적의 합계가 200제곱미터 이상인 것

③~⑤ "③ 참조"

해설 직통계단은 피난층(또는 초고층 건축물과 준초고층 건축물의 피난안전구역)까지, 직접 이르는 계단으로 화재 등의 재해발생시 신속한 피난의 주경로가 된다. 일정 규모 이상의 건축물에서는 전층에 걸친 직통계단은 2개소 이상 설치하여 피난의 효율성을 높이도록 규정하고 있다. 직통계단은 피난시 유효하지만 구조제한을 받지 않으며, 고층부와 저층부에 연결된 직통계단은 피난계단·특별피난계단의 구조로 하여 안전에 대비하고자 하였다.

■ 피난층

정 의	도해(직접 지상으로 통하는 출입구가 있는 층의 경우)
• 직접 지상으로 통하는 출입구가 있는 층 • 초고층 건축물과 준초고층 건축물의 피난안전구역	

■ 직통계단

직통계단이란 건축물의 피난층 외의 층에서 피난층 또는 지상으로 통하는 계단을 말한다.
- 피난상 계단·계단참 등이 연속적으로 연결되어 피난의 경로가 명확히 구분되어야 한다.

【1】보행거리(거실의 각 부분에서 가장 가까운 거리에 있는 1개소의 직통계단까지의 거리)
 (1) 보행거리의 산정

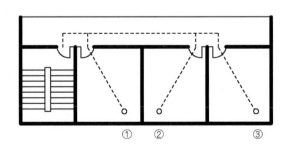

(2) 보행거리의 기준(이하 규정)

층의 구분			일반층(거실 → 직통계단)	
주요구조부[1]			내화구조 또는 불연재료	기타(원칙)
용도	일반용도		50m 이하	30m 이하
	공동주택	15층이하	50m 이하	30m 이하
		16층이상	40m 이하[2]	30m 이하
설비			자동식 소화설비[3]	기타(원칙)
용도	반도체 및 디스플레이 패널 제조 공장		70m 이하	30m 이하
	위 공장이 무인화 설비된 공장		100m 이하	30m 이하

1) 지하층에 설치하는 것으로서 바닥면적의 합계가 300㎡ 이상인 공연장·집회장·관람장 및 전시장은 주요구조부를 내화구조 또는 불연재료로 하더라도 보행거리 완화규정(50m 이하)을 적용하지 아니한다.
2) 층수가 16층 이상인 공동주택의 경우 16층 이상인 층에 대해서 40m 이하
3) 공장의 자동화 생산시설에 설치한 스프링클러 등 자동식 소화설비

【2】 2 이상의 직통계단 설치대상 건축물

(1) 대상건축물

	적 용 용 도	사용층	바닥면적의 합계	실구분	비 고
1	① 공연장·종교집회장(제2종 근린생활시설 중) ② 문화 및 집회시설 　(전시장, 동·식물원 제외) ③ 종교시설 ④ 주점영업(위락시설 중) ⑤ 장례시설	해당 용도로 쓰는 층	200㎡이상 (①의 경우 300㎡이상)	그 층에서 해당용도로 쓰는 부분	2 이상의 직통계단 설치 규정에서의 직통계단은 건축물의 모든 층에 걸친 직통계단을 말함 1) 해당용도로 쓰는 바닥면적 합계 300㎡ 이상인 경우만 해당
2	① 다중주택·다가구주택(단독주택 중) ② 입원실있는 정신과의원(제1종 근린생활시설 중) ③ 인터넷컴퓨터게임시설제공업소[1]·학원·독서실(제2종 근린생활시설 중) ④ 판매시설 ⑤ 운수시설(여객용 시설만 해당) ⑥ 의료시설(입원실 없는 치과병원 제외) ⑦ 학원(교육연구시설 중) ⑧ 아동관련시설·노인복지시설·장애인 거주시설·장애인 의료재활시설(노유자시설 중) ⑨ 유스호스텔(수련시설 중) ⑩ 숙박시설	해당 용도로 쓰는 3층 이상의 층	200㎡이상	그 층의 해당 용도로 쓰는 거실 (이하 "거실")	
3	• 공동주택(층당 4세대 이하 제외) • 오피스텔(업무시설 중)	해당 용도로 쓰는 층	300㎡이상	거실	
4	1~3이외의 용도	3층 이상의 층	400㎡이상	거실	
5	용도와 무관	지하층	200㎡이상	거실	

(2) 2개소 이상의 직통계단 설치 기준(피난방화규칙 제8조)

1. 가장 멀리 위치한 직통계단 2개소의 출입구 간의 가장 가까운 직선거리[*1]는 건축물 평면의 최대 대각선 거리의 1/2 이상[*2]으로 할 것

   *1) 직통계단 간을 연결하는 복도가 건축물의 다른 부분과 방화구획으로 구획된 경우 출입구 간의 가장 가까운 보행거리

   *2) 스프링클러 등 자동식 소화설비를 설치한 경우 1/3 이상

2. 각 직통계단 간에는 각각 거실과 연결된 복도 등 통로를 설치할 것

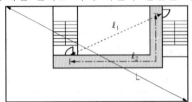

■ 방화구획
L : 평면의 최대 대각선 길이
ℓ_1 : 출입구간 직선거리
ℓ_2 : 방화구획된 복도의 출입구간 보행거리
$\ell_1, \ell_2 \geq \frac{L}{2}(\frac{L}{3} : 스프링클러 등 설치시)$

2개소 이상 직통계단 설치의 도해(예)

③ 고층건축물의 피난 및 안전관리 $\left(\begin{smallmatrix}법\\제50조의2\end{smallmatrix}\right)\left(\begin{smallmatrix}영\\제34조\end{smallmatrix}\right)\left(\begin{smallmatrix}피난규칙\\제8조의2\end{smallmatrix}\right)$

법 제50조의2【고층건축물의 피난 및 안전관리】

① 고층건축물에는 대통령령으로 정하는 바에 따라 피난안전구역을 설치하거나 대피공간을 확보한 계단을 설치하여야 한다. 이 경우 피난안전구역의 설치 기준, 계단의 설치 기준과 구조 등에 관하여 필요한 사항은 국토교통부령으로 정한다.

② 고층건축물에 설치된 피난안전구역·피난시설 또는 대피공간에는 국토교통부령으로 정하는 바에 따라 화재 등의 경우에 피난 용도로 사용되는 것임을 표시하여야 한다. 〈신설 2015.1.6.〉

③ 고층건축물의 화재예방 및 피해경감을 위하여 국토교통부령으로 정하는 바에 따라 제48조부터 제50조까지 및 제64조의 기준을 강화하여 적용할 수 있다. 〈개정 2015.1.6.〉

[본조신설 2011.9.16]

영 제34조【직통계단의 설치】①, ② "② 참조"

③ 초고층 건축물에는 피난층 또는 지상으로 통하는 직통계단과 직접 연결되는 피난안전구역(건축물의 피난·안전을 위하여 건축물 중간층에 설치하는 대피공간을 말한다. 이하 같다)을 지상층으로부터 최대 30개 층마다 1개소 이상 설치하여야 한다.

④ 준초고층 건축물에는 피난층 또는 지상으로 통하는 직통계단과 직접 연결되는 피난안전구역을 해당 건축물 전체 층수의 2분의 1에 해당하는 층으로부터 상하 5개층 이내에 1개소 이상 설치하여야 한다. 다만, 국토교통부령으로 정하는 기준에 따라 피난층 또는 지상으로 통하는 직통계단을 설치하는 경우에는 그러하지 아니하다.

⑤ 제3항 및 4항에 따른 피난안전구역의 규모와 설치기준은 국토교통부령으로 정한다.

해설 고층건축물의 화재예방 및 피해경감을 위하여 피난안전구역을 설치하거나 대피공간을 확보한 계단을 설치하도록 하고, 일반 건축물보다 강화된 건축 기준을 적용할 수 있으며, 피난안전구역의 설치와 그 설치기준에 대해서도 규정하고 있다.

【1】 고층건축물의 피난 등

고층건축물에는 피난안전구역을 설치하거나 대피공간을 확보한 계단을 설치하여야 한다.

【2】 강화된 규정의 적용

법조항	내 용	비 고
제48조	구조내력 등	각 법 조항과 관계된 건축법 시행령, 건축물의 구조기준 등에 관한 규칙, 건축물의 피난·방화구조 등의 기준에 관한 규칙 등도 강화하여 적용할 수 있음
제48조의2	건축물 내진등급의 설정	
제48조의3	건축물의 내진능력 공개	
제48조의4	부속구조물의 설치 및 관리	
제49조	건축물의 피난시설 및 용도제한 등	
제50조	건축물의 내화구조와 방화벽	

【3】 피난안전구역의 설치

(1) 피난안전구역

　건축물의 피난·안전을 위하여 건축물의 중간층에 설치하는 대피공간

(2) 피난안전구역의 설치

　① 초고층 건축물에는 피난층 또는 지상으로 통하는 직통계단과 직접 연결되는 피난안전구역을 지상층으로부터 최대 30개 층마다 1개소 이상을 설치할 것

　② 준초고층 건축물에는 피난층 또는 지상으로 통하는 직통계단과 직접 연결되는 피난안전구역을 해당 건축물의 전체 층수의 1/2에 해당하는 상하 5개층 이내에 1개소 이상 설치할 것

　　예외 다음 기준에 따라 피난층 또는 지상으로 통하는 직통계단을 설치하는 경우

용 도	계단 및 계단참의 유효너비
1. 공동주택	120㎝ 이상
2. 공동주택이 아닌 건축물	150㎝ 이상

(3) 피난안전구역의 규모와 설치기준

　① 피난안전구역 규모 등

　　- 피난안전구역은 해당 건축물의 1개층을 대피공간으로 할 것

　　- 대피에 장애가 되지 아니하는 범위에서 기계실, 보일러실, 전기실 등 건축설비를 설치하기 위한 공간과 같은 층에 설치 가능(단, 건축설비가 설치되는 공간과 내화구조로 구획)

　　- 피난안전구역에 연결되는 특별피난계단은 피난안전구역을 거쳐서 상·하층으로 갈 수 있는 구조로 설치

　② 피난안전구역의 구조 및 설비 기준

　　- 피난안전구역의 바로 아래층 및 위층은 「건축물의 에너지절약설계기준」에 적합한 단열재를 설치할 것(아래층은 최상층에 있는 거실의 반자 또는 지붕 기준을 준용하고, 위층은 최하층에 있는 거실의 바닥 기준을 준용할 것)

　　　⇨ 건축물의 에너지절약설계기준(국토교통부고시 제2023-104호, 2023.2.28) 참조

　　- 내부마감재료 : 불연재료

- 건축물의 내부에서 피난안전구역으로 통하는 계단 : 특별피난계단
- 비상용 승강기 : 피난안전구역에서 승하차 할 수 있는 구조
- 식수공급을 위한 급수전을 1개소 이상 설치
- 예비전원에 의한 조명설비 설치
- 관리사무소 또는 방재센터 등과 긴급연락이 가능한 경보 및 통신시설 설치
- 피난안전구역의 면적산정 기준(별표 1의2)에 따라 산정한 면적 이상일 것【참고】
- 피난안전구역의 높이는 2.1m 이상일 것
- 배연설비(「설비규칙」 제14조)를 설치할 것
- 그 밖에 소방청장이 정하는 소방 등 재난관리를 위한 설비를 갖출 것

【참고】 피난안전구역의 면적 산정기준[피난·방화규칙 별표 1의2]
  1. 피난안전구역의 면적은 다음 산식에 따라 산정한다.

$$(\text{피난안전구역 윗층의 재실자 수} \times 0.5) \times 0.28\text{m}^2$$

가. 피난안전구역 윗층의 재실자 수는 해당 피난안전구역과 다음 피난안전구역 사이의 용도별 바닥면적을 사용 형태별 재실자 밀도로 나눈 값의 합계를 말한다. 다만, 문화·집회용도 중 벤치형 좌석을 사용하는 공간과 고정좌석을 사용하는 공간은 다음의 구분에 따라 피난안전구역 윗층의 재실자 수를 산정한다.
  1) 벤치형 좌석을 사용하는 공간: 좌석길이 / 45.5㎝
  2) 고정좌석을 사용하는 공간: 휠체어 공간 수 + 고정좌석 수

나. 피난안전구역 설치 대상 건축물의 용도에 따른 사용 형태별 재실자 밀도는 다음 표와 같다.

용 도	사용 형태별		재실자 밀도
문화·집회	고정좌석을 사용하지 않는 공간		0.45
	고정좌석이 아닌 의자를 사용하는 공간		1.29
	벤치형 좌석을 사용하는 공간		-
	고정좌석을 사용하는 공간		-
	무대		1.40
	게임제공업 등의 공간		1.02
운동	운동시설		4.60
교육	도서관	서고	9.30
		열람실	4.60
	학교 및 학원	교실	1.90
보육	보호시설		3.30
의료	입원치료구역		22.3
	수면구역		11.1
교정	교정시설 및 보호관찰소 등		11.1
주거	호텔 등 숙박시설		18.6
	공동주택		18.6
업무	업무시설, 운수시설 및 관련 시설		9.30

판매	지하층 및 1층	2.80
	그 외의 층	5.60
	배송공간	27.9
저장	창고, 자동차 관련 시설	46.5
산업	공장	9.30
	제조업 시설	18.6

※ 계단실, 승강로, 복도 및 화장실은 사용 형태별 재실자 밀도의 산정에서 제외하고, 취사장·조리장의 사용 형태별 재실자 밀도는 9.30으로 본다.

2. 피난안전구역 설치 대상 용도에 대한 「건축법 시행령」 별표 1에 따른 용도별 건축물의 종류는 다음 표와 같다.

용도	용도별 건축물
문화·집회	문화 및 집회시설(공연장·집회장·관람장·전시장만 해당한다), 종교시설, 위락시설, 제1종 근린생활시설 및 제2종 근린생활시설 중 휴게음식점·제과점·일반음식점 등 음식·음료를 제공하는 시설, 제2종 근린생활시설 중 공연장·종교집회장·게임제공업 시설, 그 밖에 이와 비슷한 문화·집회시설
운동	운동시설, 제1종 근린생활시설 및 제2종 근린생활시설 중 운동시설
교육	교육연구시설, 수련시설, 자동차 관련 시설 중 운전학원 및 정비학원, 제2종 근린생활시설 중 학원·직업훈련소·독서실, 그 밖에 이와 비슷한 교육시설
보육	노유자시설, 제1종 근린생활시설 중 지역아동센터
의료	의료시설, 제1종 근린생활시설 중 의원, 치과의원, 한의원, 침술원, 접골원(接骨院), 조산원 및 안마원
교정	교정 및 군사시설
주거	공동주택 및 숙박시설
업무	업무시설, 운수시설, 제1종 근린생활시설과 제2종 근린생활시설 중 지역자치센터·파출소·사무소·이용원·미용원·목욕장·세탁소·기원·사진관·표구점, 그 밖에 이와 비슷한 업무시설
판매	판매시설(게임제공업 시설 등은 제외한다), 제1종 근린생활시설 중 수퍼마켓과 일용품 등의 소매점
저장	창고시설, 자동차 관련 시설(운전학원 및 정비학원은 제외한다)
산업	공장, 제2종 근린생활시설 중 제조업 시설

【4】 피난 용도의 표시

(1) 피난안전구역

① 출입구 상부 벽 또는 측벽의 눈에 잘 띄는 곳에 '피난안전구역' 문자를 적은 표시판을 설치할 것

② 출입구 측벽의 눈에 잘 띄는 곳에 '해당 공간의 목적과 용도, 다른 용도로 사용하지 아니할 것'을 안내하는 내용을 적은 표시판을 설치할 것

(2) 특별피난계단의 계단실 및 그 부속실, 피난계단의 계단실 및 피난용 승강기 승강장

① 출입구 측벽의 눈에 잘 띄는 곳에 '해당 공간의 목적과 용도, 다른 용도로 사용하지 아니할 것'을 안내하는 내용을 적은 표시판을 설치할 것

② 해당 건축물에 피난안전구역이 있는 경우 표시판에 피난안전구역이 있는 층을 적을 것

(3) 대피공간

출입문에 해당 공간이 화재 등의 경우 '대피장소이므로 물건적치 등 다른 용도로 사용하지 아니할 것'을 안내하는 내용을 적은 표시판을 설치할 것

【관련 질의회신】

직통계단 간 연결 복도가 있어야 하는지

국토교통부 민원마당 FAQ, 2022.6.20

[질의] 직통계단을 2개소 설치하는 경우 계단 상호간에 연결 복도가 있어야 하는지 여부

[회신] 「건축물의 피난·방화 구조 등의 기준에 관한 규칙」 제8조에서 「건축법 시행령」 제34조의 규정에 의한 직통계단의 출입구는 피난에 지장이 없도록 일정한 간격을 두어 설치하고 각 직통계단 상호간에는 각각 거실과 연결된 복도 등 통로를 설치토록 규정하고 있으며, 이는 화재 등 비상시 원활한 피난 및 대피를 위한 것이므로 직통계단 상호간에는 상기 규정에 적합한 복도 등 통로가 설치되어야 할 것임

오피스텔과 다른 용도의 복합건축물의 직통계단 겸용 사용 여부

국토교통부 민원마당 FAQ, 2022.6.21

[질의] 주상복합건물(지상1~2층 근린생활시설, 지상3~7층 오피스텔, 지상8~28층 공동주택)에 대해 오피스텔 건축기준에 의거 각 용도별 출입구를 분리하고, 건축법시행령 제34조에 의거하여 오피스텔층에 2개의 직통계단을 설치할 경우 1개의 직통계단은 오피스텔 전용으로 사용하고, 다른 하나는 공동주택과 겸용하여 사용할 수 있는 지

[회신] 오피스텔 건축기준 제2조제2호에 따라 지상층 연면적이 3,000㎡를 넘으며 오피스텔과 다른 용도가 복합으로 사용되는 경우 오피스텔의 전용출입구를 설치하도록 규정하고 있는바, 이는 오피스텔과 다른 용도의 지상층 연면적이 3,000㎡를 넘는 경우 오피스텔과 타용도의 출입구, 계단 및 승강기등을 분리하여 설치하여야 함

④ 피난계단의 설치 (영 제35조, 제36조)

영 제35조 【피난계단의 설치】

① 법 제49조제1항에 따라 5층 이상 또는 지하 2층 이하인 층에 설치하는 직통계단은 국토교통부령으로 정하는 기준에 따라 피난계단 또는 특별피난계단으로 설치하여야 한다. 다만, 건축물의 주요구조부가 내화구조 또는 불연재료로 되어 있는 경우로서 다음 각 호의 어느 하나에 해당하는 경우에는 그러하지 아니하다.

1. 5층 이상인 층의 바닥면적의 합계가 200제곱미터 이하인 경우
2. 5층 이상인 층의 바닥면적 200제곱미터 이내마다 방화구획이 되어 있는 경우

② 건축물(갓복도식 공동주택은 제외한다)의 11층(공동주택의 경우에는 16층) 이상인 층(바닥면적이 400제곱미터 미만인 층은 제외한다) 또는 지하 3층 이하인 층(바닥면적이 400제곱미터미만인 층은 제외한다)으로부터 피난층 또는 지상으로 통하는 직통계단은 제1항에도 불구하고 특별피난계단으로 설치하여야 한다.

③ 제1항에서 판매시설의 용도로 쓰는 층으로부터의 직통계단은 그 중 1개소 이상을 특별피난계단으로 설치하여야 한다.

④ 삭제 〈1995.12.30〉

⑤ 건축물의 5층 이상인 층으로서 문화 및 집회시설 중 전시장 또는 동·식물원, 판매시설, 운수시설(여객용 시설만 해당한다), 운동시설, 위락시설, 관광휴게시설(다중이 이용하는 시설만 해당한다) 또는 수련시설 중 생활권 수련시설의 용도로 쓰는 층에는 제34조에 따른 직통계단 외에 그 층의 해당 용도로 쓰는 바닥면적의 합계가 2천 제곱미터를 넘는 경우에는 그 넘는 2천 제곱미터 이내마다 1개소의 피난계단 또는 특별피난계단(4층 이하의 층에는 쓰지 아니하는 피난계단 또는 특별피난계단만 해당한다)을 설치하여야 한다.

⑥ 삭제 〈1999.4.30.〉

영 제36조【옥외피난계단의 설치】

건축물의 3층 이상인 층(피난층은 제외한다)으로서 다음 각 호의 어느 하나에 해당하는 용도로 쓰는 층에는 제34조에 따른 직통계단 외에 그 층으로부터 지상으로 통하는 옥외피난계단을 따로 설치하여야 한다. 〈개정 2014.3.24.〉

1. 제2종 근린생활시설 중 공연장(해당 용도로 쓰는 바닥면적의 합계가 300제곱미터 이상인 경우만 해당한다), 문화 및 집회시설 중 공연장이나 위락시설 중 주점영업의 용도로 쓰는 층으로서 그 층 거실의 바닥면적의 합계가 300제곱미터 이상인 것

2. 문화 및 집회시설 중 집회장의 용도로 쓰는 층으로서 그 층 거실의 바닥면적의 합계가 1천 제곱미터 이상인 것

해설 직통계단은 피난층까지 직접 이르는 계단으로서 면적에 따른 설치개소(2개소 이상)의 규정외에 별도의 구조제한 등의 규정이 없다. 반면에 일정규모 이상의 건축물은 수직적(지상, 지하)으로 많은 사람들이 공간을 이용하고 있으므로, 화재 등 재해발생시 큰 피해가 우려된다. 따라서, 사람들이 안전지대로 대피할 수 있는 경로로서의 직통계단을 피난계단·특별피난계단의 구조로 하여 재해시 안전을 확보하도록 규정하고 있다. 또한 좁은 공간에 많은 사람들이 밀집되어 있는 집회장 등에 있어서는 옥외피난계단을 별도로 설치하도록 규정하고 있다.

【1】 피난계단 및 특별피난계단의 설치기준[주)

구 분	대상층	바닥면적	직통계단의 구조		피난계단·특별피난계단의 예외규정 (아래 【2】 【3】 해설참조)
			피난계단	특별피난계단	
일반 용도	지하2층	–	가능	가능	■ 건축물의 주요구조부가 내화구조 또는 불연재료의 경우로서 1. 5층 이상의 층의 바닥면적의 합계가 200㎡ 이하인 경우 2. 5층 이상의 층의 바닥면적 매 200㎡ 마다 방화구획이 되어 있는 경우 - 피난·특별피난계단 설치제외 ■ 5층이상 또는 지하2층 이하의 층에 설치
	지하3층 이하의 층	400㎡ 미만의 층	가능	가능	
		400㎡ 이상의 층	불가	가능	
	지상5층 이상의 층	–	가능	가능	

					하는 계단으로서 그 층의 용도가 판매시설의 용도에 쓰이는 것은 직통계단 중 1개소 이상을 특별피난계단으로 설치 - 계단구조의 강화(특별피난계단의 구조로)
	지상11층 이상의 층	400㎡ 미만의 층	가능	가능	
		400㎡ 이상의 층	불가	가능	
공동 주택 (갓복도* 제외)	15층 이하의 층	–	가능	가능	■ 5층 이상의 층으로서 문화 및 집회시설 중 전시장 또는 동·식물원, 판매시설, 운수시설(여객용 시설만 해당), 운동시설, 위락시설, 관광휴게시설(다중이 이용하는 시설만 해당) 또는 수련시설 중 생활권 수련시설의 용도에 쓰이는 층에는 직통계단 외에 그 층의 해당 용도에 쓰는 바닥면적의 합계가 2,000㎡를 넘는 경우 그 넘는 2,000㎡ 이내마다 1개소의 피난계단 또는 특별피난계단을 별도 설치할 것 (4층 이하의 층에는 쓰이지 않아야 함) ※ 각 층 면적의 합계가 아님에 주의 * 갓복도식 공동주택 : 각 층의 계단실 및 승강기에서 각 세대로 통하는 복도의 한쪽 면이 외기에 개방된 구조의 공동주택
	16층 이상의 층	400㎡ 미만의 층	가능	가능	
		400㎡ 이상의 층	불가	가능	

주) 지하 1층인 건축물의 경우 5층 이상의 층으로부터 피난층 또는 지상으로 통하는 직통계단과 직접 연결된 지하 1층의 계단: 피난계단 또는 특별피난계단으로 설치해야 함

【2】 적용제외의 경우(건축물의 주요구조부가 내화구조 또는 불연재료인 경우)

5층 이상 부분의 바닥면적의 합계가 200㎡이하인 경우	5층 이상 층의 바닥면적 매 200㎡ 이내마다 방화구획이 되어 있는 경우

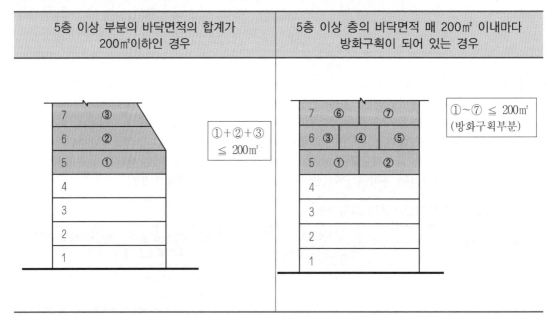

【3】 설치완화·설치강화의 경우

설치완화(공동주택의 경우)			설치강화(추가설치 경우)	
갓복도식	갓복도식 이외		5층 이상의 층, 지하2층 이하의 층(판매시설의 용도)	5층 이상의 층으로서 문화 및 집회시설 등으로 쓰이는 것으로서 그 층의 해당 용도 바닥면적의 합계가 2천㎡를 넘는 경우
	15층 이하	16층 이상		
 피난계단의 구조	 피난계단	 특별피난계단	 1개소이상을 특별피난계단으로	 피난 피난 별도설치 (피난·특별피난계단) • 그 넘는 매 2천㎡ 이내 마다 1개소의 피난 또는 특별피난계단을 설치 • 별도설치의 피난 또는 특별피난계단은 4층 이하의 부분은 쓰이지 않는 구조로 하여야 함 • 판매시설의 경우는 1개소 이상을 특별피난계단으로 하는 규정을 만족하여야 함

【4】 옥외피난계단의 설치

대 상	해당 층의 거실 바닥면적의 합계	해당용도의 층	설 치	상 세
• 공연장(제2종 근린생활시설 중) • 공연장(문화 및 집회시설 중) • 주점영업(위락시설 중)	300㎡ 이상	3층 이상인 층 (피난층 제외)	옥외피난계단의 별도설치 (규정에 따른 직통계단외에)	• 피난층을 제외한 3층 이상인 층
• 집회장(문화 및 집회시설 중)	1,000㎡ 이상			

5 피난계단 및 특별피난계단의 구조 (피난·방화 제9조)

피난계단이나 특별피난계단은 화재 등 재해 발생시 안전한 피난을 유도하기 위한 직통계단으로, 여기서는 피난 및 특별피난계단의 구조(내화구조), 마감재료(불연재료), 배연설비, 출입구(60+방화문, 60분방화문, 30분 방화문) 및 조명설비 등에 대해서 규정하고 있다.

【1】 피난계단

피난계단의 구조		세 부 규 정
옥내 피난계단	계단실의 벽	내화구조로 할 것[창문, 출입구, 기타 개구부 (이하 "창문등") 제외]
	계단실의 실내마감	불연재료로 할 것(바닥 및 반자 등 실내에 면한 모든 부분을 말함)
	계단실의 채광	예비전원에 의한 조명설비를 할 것
	옥외에 접하는 창문 등	해당 건축물의 다른 부분에 설치하는 창문등 으로부터 2m이상의 거리를 두고 설치(망이 들어있는 붙박이창으로서 면적이 각각 1m² 이하인 것 제외)
	내부와 면하는 계단실의 창	망이 들어 있는 유리의 붙박이창으로서 그 면적을 각각 1m² 이하로 할 것(출입구 제외)
	계단실의 출입구	60+방화문 또는 60분방화문을 설치할 것 (출입구의 유효너비는 0.9m 이상으로 하고, 출입문은 피난의 방향으로 열 수 있고, 언제나 닫힌 상태를 유지하거나 화재시 연기 또는 불꽃을 감지하여 자동적으로 닫히는 구조로 해야 하고, 할 수 없을 경우 온도감지로 자동적으로 닫히는 구조로 할 수 있음)
	계단의 구조	내화구조로 하고 피난층 또는 지상까지 직접 연결되도록 할 것
옥외 피난계단	계단의 위치	계단으로 통하는 출입구외의 창문등(망이 들어있는 유리의 붙박이창으로서 그 면적이 각각 1m² 이하인 것 제외)으로부터 2m 이상의 거리를 두고 설치
	계단실의 출입구	60+방화문 또는 60분방화문을 설치할 것
	계단의 유효너비	0.9m 이상으로 할 것
	계단의 구조	내화구조로 하고 지상까지 직접연결 되도록 할 것

☐ 피난계단은 돌음계단으로 해서는 안된다.
☐ 옥상광장을 설치해야 하는 건축물의 피난계단·특별피난계단은 해당 건축물의 옥상으로 통하도록 설치해야 한다. 이 경우 옥상으로 통하는 출입문은 피난방향으로 열리는 구조로서 피난시 이용에 장애가 없어야 한다.
※ 옥상광장의 설치 - 5층 이상인 층이 제2종 근린생활시설 중 공연장·종교집회장·인터넷컴퓨터게임시설제공업소(해당 용도 바닥면적의 합계가 각각 300㎡ 이상인 경우만 해당), 문화 및 집회시설(전시장 및 동·식물원 제외), 종교시설, 판매시설, 위락시설 중 주점영업 또는 장례식장의 용도에 쓰이는 경우

【2】특별피난계단

특별피난계단의 구조	세부 공통 규정	
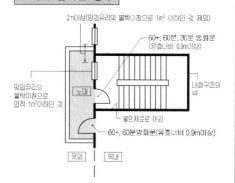 **노대가 설치된 경우** 2m이상(망입유리의 붙박이창으로 1m²이하인 것 제외) 60+, 60분, 30분 방화문 (유효너비 0.9m이상) 망입유리의 붙박이창으로 면적 1m²이하인 것 노대 내화구조의 벽 불연재료로 마감 60+, 60분방화문(유효너비 0.9m이상) 옥외 옥내	① 부속실 등의 설치	건축물의 내부와 계단실은 • 노대를 통해 연결하거나 • 부속실을 통해 연결할 것
	② 부속실의 구조	• 외부를 향해 열 수 있는 면적 1m² 이상의 창문(바닥으로부터 1m 이상의 높이에 설치한 것에 한함)이 있거나, • 배연설비가 있을 것
	③ 계단실·노대 및 부속실의 벽	창문등을 제외하고는 내화구조의 벽으로 각각 구획할 것 -공동주택에 있어서 부속실과 비상용승강기의 승강장을 겸용하는 경우의 그 부속실 또는 승강장을 포함
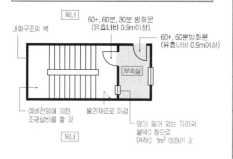 **창문(면적 1m² 이상으로서 외부로 열 수 있는 것) 이 있는 부속실(면적 3m² 이상)이 설치된 경우** 옥너 60+, 60분, 30분 방화문 (유효너비 0.9m이상) 내화구조의 벽 60+, 60분방화문 (유효너비 0.9m이상) 부속실 예비전원에 의한 조명설비를 할 것 불연재료로 마감 망이 들어 있는 유리의 붙박이 창으로 면적 1m²이하인 것 옥내	④ 계단실 및 부속실의 마감	실내에 접하는 부분의 마감(마감을 위한 바탕포함)을 불연재료로 할 것 -바닥 및 반자 등 실내에 면한 모든 부분을 말함
	⑤ 계단실의 채광	예비전원에 의한 조명설비를 할 것
	⑥ 옥외에 접하는 창문등(계단실, 노대, 부속실에 설치)	계단실·노대 또는 부속실외에 해당 건축물의 다른 부분에 설치하는 창문등으로부터 2m이상의 거리를 두고 설치할 것 -망이 들어있는 유리의 붙박이창으로서 면적이 각각 1m² 이하인 것을 제외
	⑦ 계단실의 실내측의 창	노대 또는 부속실에 접하는 부분외에는 건축물의 내부와 접하는 창문등을 설치하지 아니할 것
	⑧ 노대 또는 부속실에 면하는 창	망이 들어 있는 유리의 붙박이창으로서 그 면적을 각각 1m² 이하로 할 것 -출입구 제외
	⑨ 노대 및 부속실의 실내측의 창	계단실외의 건축물의 내부와 접하는 창문등을 설치하지 아니할 것 -출입구 제외
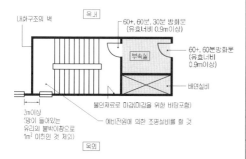 **배연설비가 있는 부속실(면적 3m²이상)이 설치된 경우** 옥내 내화구조의 벽 60+, 60분, 30분 방화문 (유효너비 0.9m이상) 부속실 60+, 60분방화문 (유효너비 0.9m이상) 배연설비 불연재료로 마감(마감을 위한 바탕포함) 2m이상 (망이 들어있는 유리의 붙박이창으로 1m² 이하인 것 제외) 예비전원에 의한 조명설비를 할 것 옥외	⑩ 출입구에 설치하는문	**건축물 내부에서 노대, 부속실로**: 60+방화문 또는 60분방화문을 설치할 것 **노대, 부속실에서 계단실로**: 60+방화문, 60분방화문 또는 30분방화문을 설치할 것 (언제나 닫힌 상태를 유지하거나 화재시 연기 또는 불꽃을 감지하여 자동적으로 닫히는 구조로 해야 하고, 할 수 없을 경우 온도감지로 자동적으로 닫히는 구조로 할 수 있음)
	⑪ 출입구의 너비	유효너비는 0.9m 이상으로 할 것
	⑫ 계단의 구조	내화구조로 하고, 피난층 또는 지상까지 직접 연결되도록 할 것
	□특별피난계단은 돌음계단으로 해서는 안된다. □옥상광장을 설치해야 하는 건축물의 피난계단·특별피난계단은 해당 건축물의 옥상으로 통하도록 설치해야 한다. 이 경우 옥상으로 통하는 출입문은 피난방향으로 열리는 구조로서 피난시 이용에 장애가 없어야 한다.	

【관련 질의회신】

망입유리 붙박이창이 연속되어 설치된 경우 면적 산정

건교부 건축기획과-5257, 2008.11.10

질의 1제곱미터 미만의 망입유리 붙박이창이 연속되어 설치된 경우「건축물의 피난·방화구조 등의 기준에 관한 규칙」제9조 제2항 3호 마목의 "망이 들어있는 유리의 붙박이창으로서 그 면적이 각각 1제곱미터 이하인 것을 제외한다."라는 조항에 해당하는 지 여부

회신 「건축물의 피난·방화구조 등의 기준에 관한 규칙」제9조 2항 3호마목에 의거 특별피난계단의 경우 계단실·노대 또는 부속실에 설치하는 건축물의 바깥쪽에 접하는 창문 등(망이 들어 있는 유리의 붙박이창으로서 그 면적이 각각1제곱미터이하인 것을 제외한다)은 계단실·노대 또는 부속실외의 당해 건축물의 다른 부분에 설치하는 창문 등으로 부터 2미터 이상의 거리를 두고 설치하여야 하는 것임

이 규정은 화재 시 피난통로로 사용되는 계단실이 건축물의 다른 부분에 설치된 창호 등을 통해 계단실 창문 등으로 화재가 전파되는 것을 방지하기 위한 규정이며 질의의 경우와 같이 붙박이창이 상·하로 연속되어 있는 경우에는 붙박이창 면적의 합계가 1제곱미터 이하여야 할 것임

옥외피난계단 설치 여부

건교부 건축기획팀-7544, 2006.12.15

질의 문화 및 집회시설 중 공연장 및 집회장의 용도로 쓰이는 부분이 없는 9층(당해 층의 전체바닥면적 865㎡)에 위락시설 중 주점영업의 용도(바닥면적 114㎡)로 사용하고자 할 경우 건축법시행령 제36조에 따른 옥외피난계단을 설치하여야 하는 지 여부

회신 건축법시행령 제36조에 따라 건축물의 3층 이상 층(피난 층 제외)에서 문화 및 집회시설 중 공연장, 위락시설 중 주점영업의 용도에 쓰이는 층으로서 그 층의 거실의 바닥면적의 합계가 300㎡ 이상이면 직통계단 외에 그 층에서 지상 층으로 통하는 옥외피난계단을 따로 설치해야 하는 바, '그 층의 거실의 바닥면적의 합계'라 함은 공연장, 주점영업의 용도로 사용되는 층에서 공연장, 위락시설 용도로 사용되는 거실의 바닥면적의 합계를 말함

질의의 건축물의 층이 공연장, 주점영업 용도로 쓰이는 거실의 바닥면적의 합계가 300㎡ 미만이라면 옥외피난계단을 설치할 필요가 없을 것으로 판단됨

돌음계단 형태의 주계단을 직통계단으로 볼 수 있는지

건교부 건축 58070-2013, 2003.11.3

질의 지하1층 지상4층의 건축물에 설치하는 주계단을 돌음계단 형태로 설치하는 경우 직통계단으로 볼 수 있는지

회신 건축물의피난·방화구조등의기준에관한규칙 제9조제3항의 규정에 의하면 피난계단 또는 특별피난계단은 돌음계단으로 하여서는 아니되도록 규정하고 있음을 참고하시기 바라며, 구체적인 적용방안 등에 관하여는 당해지역 허가권자와 직접 상의하시기 바람

계단탑이 층수에 산입되는 경우 피난계단

건교부 건축 58070-3476, 1996.9.6

질의 층수가 11층이나 당해 11층이 계단탑 및 승강기탑의 용도이며, 건축법상 층수에는 포함되었을 경우 직통계단을 특별피난계단으로 하여야 하는지.

회신 질의의 경우에는 건축법시행령 제35조제2항의 규정에 의하여 직통계단을 특별피난계단으로 하여야 하는 것임

6 지하층과 피난층 사이 개방공간의 설치 및 관람실 등으로부터의 출구의 설치 (영 제37조, 제38조)

> **영 제37조 【지하층과 피난층 사이 개방공간의 설치】**
>
> 바닥면적의 합계가 3천 제곱미터 이상인 공연장·집회장·관람장 또는 전시장을 지하층에 설치하는 경우에는 각 실에 있는 자가 지하층 각 층에서 건축물 밖으로 피난하여 옥외 계단 또는 경사로 등을 이용하여 피난층으로 대피할 수 있도록 천장이 개방된 외부 공간을 설치하여야 한다.
>
> **영 제38조 【관람실 등으로부터의 출구의 설치】**
>
> 법 제49조제1항에 따라 다음 각 호의 어느 하나에 해당하는 건축물에는 국토교통부령으로 정하는 기준에 따라 관람실 또는 집회실로부터의 출구를 설치해야 한다. 〈개정 2017.2.3., 2019.8.6.〉
> 1. 제2종 근린생활시설 중 공연장·종교집회장(해당 용도로 쓰는 바닥면적의 합계가 각각 300제곱미터 이상인 경우만 해당한다)
> 2. 문화 및 집회시설(전시장 및 동·식물원은 제외한다)
> 3. 종교시설
> 4. 위락시설
> 5. 장례시설

해설 공연장 등의 시설은 다른 용도의 건축물에 비하여, 동일면적의 공간에 많은 인원을 수용하고 있다. 따라서 재해발생시 매우 큰 위험요소를 안고 있다. 법규정에서는 지하층과 피난층 사이에 개방공간의 설치, 출입문, 복도, 비상구 등의 규정을 두어 위험을 사전에 예방하고자 하였다.

【1】 지하층과 피난층 사이 개방공간의 설치

대 상	내 용	세 부 사 항
바닥면적의 합계가 3,000㎡ 이상인 공연장·집회장·관람장 또는 전시장을 지하층에 설치하는 경우	천장이 개방된 외부 공간을 설치	지하층 각 층에서 건축물 밖으로 피난하여 옥외계단 또는 경사로 등을 이용하여 피난층으로 대피할 수 있도록 함

【2】 관람실 등으로부터의 출구 설치

대 상	해당층의 용도	출구의 형식
1. 제2종 근린생활시설 중 공연장*·종교집회장* 2. 문화 및 집회시설(전시장 및 동·식물원 제외) 3. 종교시설 4. 위락시설 5. 장례시설	• 관람실·집회실로 사용되는 부분	안여닫이 금지

* 해당 용도로 쓰는 바닥면적의 합계가 300㎡ 이상인 경우만 해당

【3】 문화 및 집회시설 중 공연장 개별관람실 출구의 설치기준

바닥면적이 300㎡ 이상인 공연장의 개별 관람실			
출구의 설치기준	형식	안여닫이문 금지	
	출구의 수	2개소 이상(관람실별로)	
	각 출구의 유효너비	1.5m 이상	
	개별 관람실 출구의 유효너비 합계	$\dfrac{개별관람실\ 바닥면적(㎡)}{100(㎡)} \times 0.6(m)$	

⑦ 건축물 바깥쪽으로의 출구의 설치 (영 제39조)

영 제39조 【건축물의 바깥쪽으로의 출구의 설치】

① 법 제49조제1항에 따라 다음 각 호의 어느 하나에 해당하는 건축물에는 국토교통부령으로 정하는 기준에 따라 그 건축물로부터 바깥쪽으로 나가는 출구를 설치하여야 한다. 〈개정 2017.2.3.〉

1. 제2종 근린생활시설 중 공연장·종교집회장(해당 용도로 쓰는 바닥면적의 합계가 각각 300제곱미터 이상인 경우만 해당한다)
2. 문화 및 집회시설(전시장 및 동·식물원은 제외한다)
3. 종교시설
4. 판매시설
5. 업무시설 중 국가 또는 지방자치단체의 청사
6. 위락시설
7. 연면적이 5천 제곱미터 이상인 창고시설
8. 교육연구시설 중 학교
9. 장례시설
10. 승강기를 설치하여야 하는 건축물

② 법 제49조제1항에 따라 건축물의 출입구에 설치하는 회전문은 국토교통부령으로 정하는 기준에 적합하여야 한다.

해설 피난시 건축물 내부에 있어서는 피난층이 피난경로의 마지막 부분이라 할 수 있으나, 보다 안전지대인 옥외까지 안전하게 피난할 수 있어야 한다. 이에 피난층에 있어서의 옥외로의 출구까지의 보행거리, 공연장의 보조출구의 설치, 출구의 구조, 다중이용시설에서의 경사로 설치 등의 제한규정을 두고 있다.

【1】 피난층에서의 보행거리

대 상		피난층에서의 보행거리			
		계단 → 옥외출구		거실 → 옥외출구	
		내화구조 또는 불연재료 (주요구조부)	기타	내화구조 또는 불연재료	기타
건축물의 용도	1. 제2종 근린생활시설(공연장·종교집회장·인터넷컴퓨터게임시설제공업소)* 2. 문화 및 집회시설 (전시장 및 동·식물원 제외) 3. 종교시설 4. 판매시설 5. 국가 또는 지방자치단체의 청사(업무시설 중) 6. 위락시설 7. 연면적 5,000㎡ 이상인 창고시설 8. 학교(교육연구시설 중) 9. 장례시설 10. 승강기 설치대상 건축물	50m 이하	30m 이하	100m 이하	60m 이하
	공동주택 15층 이하	50m 이하	30m 이하	100m 이하	60m 이하
	16층 이상	40m 이하	30m 이하	80m 이하	60m 이하

* 해당 용도 바닥면적의 합계가 각각 300㎡ 이상인 경우만 해당

【2】 건축물의 바깥쪽으로의 출구의 설치기준

① 문화 및 집회시설(전시장 및 동·식물원 제외), 종교시설, 장례시설 또는 위락시설의 용도에 쓰이는 건축물의 바깥쪽으로의 출구로 쓰이는 문은 안여닫이로 하여서는 안됨

② 관람실의 바닥면적의 합계가 300㎡이상인 집회장·공연장은 주된 출구 외에 보조출구 또는 비상구를 2개 이상 설치해야 함

③ 판매시설의 용도에 쓰이는 피난층에 설치하는 건축물의 바깥쪽으로의 출구의 유효너비의 합계는 다음과 같이 산정함

$$\text{유효너비의 합계} \geqq \frac{\text{해당용도에 쓰이는 바닥면적이 최대인 층의 면적}(m^2)}{100(m^2)} \times 0.6(m)$$

④ 위 【1】 용도의 건축물의 바깥쪽으로 나가는 출입문에 유리를 사용하는 경우 안전유리를 사용할 것

8 회전문의 설치기준 (영 제39조) (피난·방화 제12조)

> **영 제39조 【건축물 바깥쪽으로의 출구 설치】** ① "생략 "
> ② 법 제49조제1항에 따라 건축물의 출입구에 설치하는 회전문은 국토교통부령으로 정하는 기준에 적합하여야 한다.

■ 회전문의 설치기준

> **피난·방화규칙 제12조 【회전문의 설치기준】**
> 영 제39조제2항의 규정에 의하여 건축물의 출입구에 설치하는 회전문은 다음 각 호의 기준에 적합하여야 한다.
> 1. 계단이나 에스컬레이터로부터 2미터이상의 거리를 둘 것
> 2. 회전문과 문틀사이 및 바닥사이는 다음 각 목에서 정하는 간격을 확보하고 틈 사이를 고무와 고무펠트의 조합체 등을 사용하여 신체나 물건 등에 손상이 없도록 할 것
>   가. 회전문과 문틀 사이는 5센티미터 이상
>   나. 회전문과 바닥사이는 3센티미터 이하
> 3. 출입에 지장이 없도록 일정한 방향으로 회전하는 구조로 할 것
> 4. 회전문의 중심축에서 회전문과 문틀사이의 간격을 포함한 회전문날개 끝부분까지의 길이는 140센티미터 이상이 되도록 할 것
> 5. 회전문의 회전속도는 분당회전수가 8회를 넘지 아니하도록 할 것
> 6. 자동회전문은 충격이 가하여지거나 사용자가 위험한 위치에 있는 경우에는 전자감지장치 등을 사용하여 정지하는 구조로 할 것

회전문의 설치기준의 도해

9 경사로의 설치 (피난·방화)
(제11조제5항)

> **피난·방화규칙 제11조 【건축물의 바깥쪽으로의 출구의 설치기준】**
>
> ⑤ 다음 각 호의 어느 하나에 해당하는 건축물의 피난층 또는 피난층의 승강장으로부터 건축물의 바깥쪽에 이르는 통로에는 제15조제5항에 따른 경사로를 설치하여야 한다.
>
> 1. 제1종 근린생활시설 중 지역자치센터·파출소·지구대·소방서·우체국·방송국·보건소·공공도서관·지역건강보험조합 기타 이와 유사한 것으로서 동일한 건축물안에서 당해 용도에 쓰이는 바닥면적의 합계가 1천제곱미터 미만인 것
>
> 2. 제1종 근린생활시설 중 마을회관·마을공동작업소·마을공동구판장·변전소·양수장·정수장·대피소·공중화장실 기타 이와 유사한 것
>
> 3. 연면적이 5천제곱미터 이상인 판매시설, 운수시설
>
> 4. 교육연구시설 중 학교
>
> 5. 업무시설 중 국가 또는 지방자치단체의 청사와 외국공관의 건축물로서 제1종 근린생활시설에 해당하지 아니하는 것
>
> 6. 승강기를 설치하여야 하는 건축물

【1】 다음 건축물의 피난층 또는 피난층의 승강장으로부터 건축물의 바깥쪽에 이르는 통로에는 경사로를 설치하여야 한다.

	대 상	세 부 용 도
1	제1종 근린생활시설 (동일한 건축물에서 해당 용도에 쓰이는 바닥면적의 합계가 1,000㎡ 미만인 것)	지역자치센터·파출소·지구대·소방서·우체국·방송국·보건소·공공도서관·지역건강보험조합 기타 이와 유사한 것
2	제1종 근린생활시설 (면적 제한없음)	마을회관·마을공동작업소·마을공동구판장·변전소·양수장·정수장·대피소·공중화장실 기타 이와 유사한 것
3	판매시설, 운수시설 (연면적 5,000㎡ 이상)	―
4	교육연구시설	학교
5	업무시설	국가 또는 지방자치단체의 청사, 외국공관의 건축물(제1종 근린생활시설에 해당하지 않는 것)
6	승강기를 설치하여야 하는 건축물	―

【2】 경사로의 기준

1. 경사도는 1:8을 넘지 않을 것
2. 표면을 거친 면이나 미끄러지지 아니하는 재료로 마감할 것
3. 경사로의 직선 및 굴절부분의 유효너비는 「장애인·노인·임산부등의 편의증진 보장에 관한 법률」의 기준에 적합할 것

10 옥상광장 등의 설치 (영 제40조)(피난·방화 제13조)

영 제40조 【옥상광장 등의 설치】

① 옥상광장 또는 2층 이상인 층에 있는 노대등[노대(露臺)나 그 밖에 이와 비슷한 것을 말한다. 이하 같다]의 주위에는 높이 1.2미터 이상의 난간을 설치하여야 한다. 다만, 그 노대등에 출입할 수 없는 구조인 경우에는 그러하지 아니하다. 〈개정 2018.9.4.〉

② 5층 이상인 층이 제2종 근린생활시설 중 공연장·종교집회장·인터넷컴퓨터게임시설제공업소(해당 용도로 쓰는 바닥면적의 합계가 각각 300제곱미터 이상인 경우만 해당한다), 문화 및 집회시설(전시장 및 동·식물원은 제외한다), 종교시설, 판매시설, 위락시설 중 주점영업 또는 장례시설의 용도로 쓰는 경우에는 피난 용도로 쓸 수 있는 광장을 옥상에 설치하여야 한다. 〈개정 2017.2.3.〉

③ 다음 각 호의 어느 하나에 해당하는 건축물은 옥상으로 통하는 출입문에 「화재예방, 소방시설 설치·유지 및 안전관리에 관한 법률」 제39조제1항에 따른 성능인증 및 같은 조 제2항에 따른 제품검사를 받은 비상문자동개폐장치(화재 등 비상시에 소방시스템과 연동되어 잠김 상태가 자동으로 풀리는 장치를 말한다)를 설치해야 한다. 〈신설 2021.1.8.〉

1. 제2항에 따라 피난 용도로 쓸 수 있는 광장을 옥상에 설치해야 하는 건축물
2. 피난 용도로 쓸 수 있는 광장을 옥상에 설치하는 다음 각 목의 건축물
  가. 다중이용 건축물
  나. 연면적 1천제곱미터 이상인 공동주택

④ 층수가 11층 이상인 건축물로서 11층 이상인 층의 바닥면적의 합계가 1만 제곱미터 이상인 건축물의 옥상에는 다음 각 호의 구분에 따른 공간을 확보하여야 한다. 〈개정 2021.1.8.〉

1. 건축물의 지붕을 평지붕으로 하는 경우: 헬리포트를 설치하거나 헬리콥터를 통하여 인명 등을 구조할 수 있는 공간
2. 건축물의 지붕을 경사지붕으로 하는 경우: 경사지붕 아래에 설치하는 대피공간

⑤ 제4항에 따른 헬리포트를 설치하거나 헬리콥터를 통하여 인명 등을 구조할 수 있는 공간 및 경사지붕 아래에 설치하는 대피공간의 설치기준은 국토교통부령으로 정한다. 〈개정 2021.1.8.〉

해설 화재 등 재해발생시 건축물의 상부에 있어서는 피난층으로 대피하기 어려운 경우가 있다. 이 경우 특정용도의 건축물에는 옥상광장을 두어 대피할 수 있도록 하였다.

대형건축물에는 평지붕인 경우 헬리포트나 인명구조공간을 설치하도록 하였고, 경사지붕의 경우는 경사지붕 아래에 대피공간을 설치하도록 하는 등 보다 큰 재해를 방지하고자 하였으며, 또한 옥상 대피시 안전을 고려하여 난간높이 등을 규정하고 있다.

■ 옥상광장 등의 설치

구분	적용부분 및 대상	제한내용	상 세
1. 난간	• 옥상광장 • 2층 이상의 층에 있는 노대등 • 그 밖에 이와 유사한 것	• 주위에 높이 1.2m 이상의 난간 설치 ※ 옥상, 노대 등에 출입할 수 없는 구조의 경우 예외	
2. 옥상 광장	• 5층 이상의 층이 다음의 용도에 쓰이는 경우 ① 공연장·종교집회장·인터넷컴퓨터게임시설제공업소 (제2종 근린생활시설 중) ② 문화 및 집회시설(전시장 및 동·식물원 제외) ③ 종교시설 ④ 판매시설 ⑤ 주점영업(위락시설 중) ⑥ 장례시설	• 옥상에 피난의 용도로 쓰이는 광장 설치 *①의 경우 해당 용도 바닥면적의 합계가 각각 300㎡ 이상인 경우만 해당	
3. 옥상 출입문 자동개 폐장치	• 위 2. 옥상광장 설치대상 • 피난용도 광장을 옥상에 설치하는 다음 건축물 ① 다중이용 건축물 ② 연면적 1천㎡ 이상인 공동주택	• 옥상으로 통하는 출입문에 성능인증[1] 및 제품검사[2]를 받은 비상문자동개폐장치[3]를 설치해야 한다.	1), 2) 「소방시설 설치 및 관리에 관한 법률」 제40조제1항 또는 제2항 3) 화재 등 비상시에 소방시스템과 연동되어 잠김 상태가 자동으로 풀리는 장치
4. 헬리 포트 및 대피 공간 설치 대상	층수가 11층 이상으로서 11층 이상 부분의 바닥면적의 합계가 1만㎡ 이상인 건축물	평지붕 ㉠ 건축물의 옥상에 헬리포트 설치 ㉡ 헬리콥터를 통한 인명구조공간 설치	
		경사지붕 ㉢ 경사지붕 아래에 대피공간 설치	

5. 헬리포트, 대피공간 등의 설치기준

① 헬리포트 설치기준	■ 헬리포트의 도해

① 헬리포트 설치기준

㉠ 헬리포트의 길이와 너비는 각각 22m 이상으로 할 것
㉡ 옥상바닥의 길이와 너비가 22m 이하인 경우 각각 15m까지 감축할 수 있음
㉢ 헬리포트의 중심으로 반경 12m 이내에는 이착륙에 방해되는 건축물, 공작물, 조경시설 또는 난간 등의 설치금지
㉣ 헬리포트 중앙부분에는 지름 8m의 ⒣표시를 백색으로 할 것
㉤ 선의 굵기(백색으로 표시)
 · 38㎝ – 주위한계선, H표시
 · 60㎝ – ○표시 부분
㉥ 헬리포트로 통하는 출입문에는 비상문자동개폐장치(위 3.참조)를 설치할 것

② 인명구조공간 설치기준

㉠ 직경 10m 이상의 구조공간 확보
㉡ 구조활동에 장애가 되는 건축물, 공작물 또는 난간 설치 금지
㉢ 구조공간의 표시 및 설치기준은 위 ㉣~㉥을 준용

③ 대피공간 설치기준

㉠ 대피공간의 면적 : 지붕 수평투영면적의 1/10 이상
㉡ 특별피난계단 또는 피난계단과 연결되도록 할 것
㉢ 출입구·창문을 제외한 부분은 다른 부분과 내화구조의 바닥 및 벽으로 구획할 것
㉣ 출입구 : 유효너비 0.9m 이상, 비상문자동개폐장치가 설치된 60+방화문 또는 60분방화문 설치할 것
㉤ 내부마감재료 : 불연재료
㉥ 예비전원으로 작동하는 조명설비
㉦ 관리사무소 등과 긴급 연락이 가능한 통신시설 설치

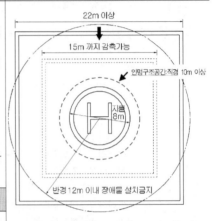

헬리포트 예(무역회관_Daum 지도)

【관련 질의회신】

지하층이 연결되고 지상층이 각각 분리된 경우의 헬리포트 설치여부

건교부 고객만족센터, 2007.4.3

질의 하나의 지하층으로서 지상층은 업무시설 1개동과 지상 5층부터 분리된 공동주택 2개동으로 되어 있는 주상복합 건축물인 경우로서 각 동의 11층 이상의 바닥면적의 합은 공동주택 2개동은 각각 약 8,000㎡이고 업무시설 1개동은 11,800㎡임. 이 경우 헬리포트 설치 대상 여부에 대한 질의

회신 「건축법 시행령」 제40조제3항 규정에 의해 층수가 11층 이상인 건축물로서 11층 이상의 층의 바닥면적의 합계가 1만㎡ 이상인 건축물(공동주택에 있어서는 지붕을 평지붕으로 하는 경우에 한함)의 옥상에는 건설교통부령이 정하는 기준에 따라 헬리포트를 설치하여야 하는 것이나
동 시행령 제44조의 규정에 따라 상기규정을 적용함에 있어서 건축물이 창문·출입구 기타 개구부가 없는 내화구조의 바닥 또는 벽으로 구획되어 있는 경우에는 그 구획된 각 부분을 각각 별개의 건축물로 보는 것인 바,
각 동의 11층 이상의 층이 서로 떨어진 경우로서「건축물의 피난·방화구조 등의 기준에 관한 규칙」제22조제2항 규정에 의한 '연소할 우려가 있는 부분'이 아니라면 동 시행령 제40조제3항 규정을 적용함에 있어 각각 별개의 건축물로 보아도 무방하리라 사료됨

경사지붕과 평지붕의 혼합형태로 할 경우 헬리포트 설치여부

국토부 고객만족센터, 2008.6.3

질의 11층 이상의 층의 바닥면적의 합계가 1만㎡ 이상인 공동주택의 지붕을 경사지붕과 평지붕의 혼합형태로 할 경우 헬리포트를 설치하여야 하는 지 여부

회신 「건축법 시행령」 제40조제3항의 규정에 의하면 층수가 11층 이상인 건축물로서 11층 이상의 층의 바닥면적의 합계가 1만㎡ 이상인 건축물(지붕을 평지붕으로 하는 경우에 한함)의 옥상에는 건설교통부령이 정하는 기준에 따라 헬리포트를 설치하여야 하는 것인 바, 이경우 평지붕의 옥상에 헬리포트를 설치하여야 할 것으로 사료됨

11 대지 안의 피난 및 소화에 필요한 통로 설치 (영 제41조)

> **영 제41조 【대지 안의 피난 및 소화에 필요한 통로 설치】**
> ① 건축물의 대지 안에는 그 건축물 바깥쪽으로 통하는 주된 출구와 지상으로 통하는 피난계단 및 특별피난계단으로부터 도로 또는 공지(공원, 광장, 그 밖에 이와 비슷한 것으로서 피난 및 소화를 위하여 해당 대지의 출입에 지장이 없는 것을 말한다. 이하 이 조에서 같다)로 통하는 통로를 다음 각 호의 기준에 따라 설치하여야 한다. 〈개정 2017.2.3.〉
> 1. 통로의 너비는 다음 각 목의 구분에 따른 기준에 따라 확보할 것
>   가. 단독주택: 유효 너비 0.9미터 이상
>   나. 바닥면적의 합계가 500제곱미터 이상인 문화 및 집회시설, 종교시설, 의료시설, 위락시설 또는 장례시설: 유효 너비 3미터 이상
>   다. 그 밖의 용도로 쓰는 건축물: 유효 너비 1.5미터 이상
> 2. 필로티 내 통로의 길이가 2미터 이상인 경우에는 피난 및 소화활동에 장애가 발생하지 아니하도록 자동차 진입억제용 말뚝 등 통로 보호시설을 설치하거나 통로에 단차(段差)를 둘 것
> ② 제1항에도 불구하고 다중이용 건축물, 준다중이용 건축물 또는 층수가 11층 이상인 건축물이 건축되는 대지에는 그 안의 모든 다중이용 건축물, 준다중이용 건축물 또는 층수가 11층 이상인 건축물에 「소방기본법」 제21조에 따른 소방자동차(이하 "소방자동차"라 한다)의 접근이 가능한 통로를 설치하여야 한다. 다만, 모든 다중이용 건축물, 준다중이용 건축물 또는 층수가 11층 이상인 건축물이 소방자동차의 접근이 가능한 도로 또는 공지에 직접 접하여 건축되는 경우로서 소방자동차가 도로 또는 공지에서 직접 소방활동이 가능한 경우에는 그러하지 아니하다. 〈개정 2015.9.22.〉

【1】 통로의 설치기준

대 상	설치 기준	내 용
1. 단독주택	유효너비 0.9m 이상	통로는 1. 주된 출구와 2. 지상으로 통하는 피난계단 및 특별피난계단으로부터 도로 또는 공지*로 통하여야 함.
2. 바닥면적의 합계가 500㎡ 이상인 ① 문화 및 집회시설 ② 종교시설 ③ 의료시설 ④ 위락시설 ⑤ 장례시설	유효너비 3m 이상	

3. 그 밖의 용도의 건축물	유효너비 1.5m 이상
■ 필로티 내 통로의 길이 2m이상인 경우: 피난 및 소화활동에 지장이 없도록 자동차 진입억제용 말뚝 등 통로보호시설을 설치하거나 단차를 둘 것	

* 공원, 광장, 그 밖에 이와 비슷한 것
으로서 피난 및 소화를 위하여 해당
대지의 출입에 지장이 없는 것

【2】 소화에 필요한 통로의 확보

대지 안의 모든 다중이용 건축물, 준다중이용 건축물 또는 11층 이상인 건축물에 소방자동차의 접근이 가능한 통로를 설치할 것.

예외 모든 다중이용 건축물, 준다중이용 건축물과 11층 이상인 건축물이 소방자동차의 접근이 가능한 도로 또는 공지에 직접 접하여 건축되는 경우로서 소방자동차의 접근이 가능한 도로 또는 공지에 직접 접하여 소방활동이 가능한 경우

12 피난시설 등의 유지·관리에 대한 기술지원(법 제49조의2)

법 제49조의2 【피난시설 등의 유지 · 관리에 대한 기술지원】
국가 또는 지방자치단체는 건축물의 소유자나 관리자에게 제49조제1항 및 제2항에 따른 피난시설 등의 설치, 개량 · 보수 등 유지 · 관리에 대한 기술지원을 할 수 있다.
[본조신설 2018.8.14.]

13 거실 관련기준(법 제49조) (영 제50조~제52조)(피난·방화 제16조~제18조)

법 제49조 【건축물의 피난시설 및 용도제한 등】
② 대통령령으로 정하는 용도 및 규모의 건축물의 안전 · 위생 및 방화(防火) 등을 위하여 필요한 용도 및 구조의 제한, 방화구획(防火區劃), 화장실의 구조, 계단 · 출입구, 거실의 반자 높이, 거실의 채광 · 환기, 배연설비와 바닥의 방습 등에 관하여 필요한 사항은 국토교통부령으로 정한다. 다만, 대규모 창고시설 등 대통령령으로 정하는 용도 및 규모의 건축물에 대해서는 방화구획 등 화재 안전에 필요한 사항을 국토교통부령으로 별도로 정할 수 있다. 〈개정 2019.4.23., 2021.10.19.〉

영 제50조 【거실반자의 설치】
법 제49조제2항 본문에 따라 공장, 창고시설, 위험물저장 및 처리시설, 동물 및 식물 관련시설, 자원순환 관련 시설 또는 묘지 관련시설 외의 용도로 쓰는 건축물 거실의 반자(반자가 없는 경우에는 보 또는 바로 위층의 바닥판의 밑면, 그 밖에 이와 비슷한 것을 말한다)는 국토교통부령으로 정하는 기준에 적합해야 한다. 〈개정 2022.4.29.〉

영 제51조 【거실의 채광 등】
① 법 제49조제2항 본문에 따라 단독주택 및 공동주택의 거실, 교육연구시설 중 학교의 교실, 의료시설의 병실 및 숙박시설의 객실에는 국토교통부령으로 정하는 기준에 따라 채광 및 환기를 위한 창문등이나 설비를 설치해야 한다. 〈개정 2022.4.29.〉

② 법 제49조제2항 본문에 따라 다음 각 호에 해당하는 건축물의 거실(피난층의 거실은 제외한다)에는 배연설비를 해야 한다. 〈개정 2022.4.29〉

1. 6층 이상인 건축물로서 다음 각 목의 어느 하나에 해당하는 용도로 쓰는 건축물
   가. 제2종 근린생활시설 중 공연장, 종교집회장, 인터넷컴퓨터게임시설제공업소 및 다중생활시설(공연장, 종교집회장 및 인터넷컴퓨터게임시설제공업소는 해당 용도로 쓰는 바닥면적의 합계가 각각 300제곱미터 이상인 경우만 해당한다)
   나. 문화 및 집회시설
   다. 종교시설
   라. 판매시설
   마. 운수시설
   바. 의료시설(요양병원 및 정신병원은 제외한다)
   사. 교육연구시설 중 연구소
   아. 노유자시설 중 아동 관련 시설, 노인복지시설(노인요양시설은 제외한다)
   자. 수련시설 중 유스호스텔
   차. 운동시설
   카. 업무시설
   타. 숙박시설
   파. 위락시설
   하. 관광휴게시설
   거. 장례시설

2. 다음 각 목에 해당하는 용도로 쓰는 건축물
   가. 의료시설 중 요양병원 및 정신병원
   나. 노유자시설 중 노인요양시설 · 장애인 거주시설 및 장애인 의료재활시설
   다. 제1종 근린생활시설 중 산후조리원

③ 법 제49조제2항 본문에 따라 오피스텔에 거실 바닥으로부터 높이 1.2미터 이하 부분에 여닫을 수 있는 창문을 설치하는 경우에는 국토교통부령으로 정하는 기준에 따라 추락방지를 위한 안전시설을 설치해야 한다. 〈개정 2022.4.29〉

④ "생략"

영   제52조 【거실 등의 방습】

법 제49조제2항 본문에 따라 다음 각 호의 어느 하나에 해당하는 거실 · 욕실 또는 조리장의 바닥 부분에는 국토교통부령으로 정하는 기준에 따라 방습을 위한 조치를 해야 한다. 〈개정 2022.4.29〉

1. 건축물의 최하층에 있는 거실(바닥이 목조인 경우만 해당한다)
2. 제1종 근린생활시설 중 목욕장의 욕실과 휴게음식점 및 제과점의 조리장
3. 제2종 근린생활시설 중 일반음식점, 휴게음식점 및 제과점의 조리장과 숙박시설의 욕실

해설 건축물에서 가장 중요한 공간은 사용자가 장시간 사용하는 거실이라 할 수 있다. 따라서 건축법에서는 거실의 쾌적환경의 조성을 위한 규정을 두어 일조, 채광, 통풍, 환기 등의 쾌적도를 높이고자 하였다. 또한 목조건축물의 방습규정과 물을 다량으로 사용하는 욕실 · 조리장 등의 바닥, 벽에 있어서는 내수재료 사용규정을 두고 있다.

【1】 거실의 반자높이

건축물의 용도[*]	소요실의 면적	반자높이	적용제외
1. 일반용도	-	2.1m 이상	-
2. 문화 및 집회시설 (전시장, 동·식물원 제외) 3. 종교시설 4. 장례시설 5. 유흥주점(위락시설 중)	관람실 또는 집회실로서 바닥면적이 200㎡ 이상인 것	4m 이상(노대아래 부분은 2.7m 이상)	기계환기장치를 설치하는 경우

* 예외 공장, 창고시설, 위험물 저장 및 처리시설, 동물 및 식물 관련 시설, 자원순환 관련 시설 또는
묘지 관련시설은 적용 제외

(1) 거실의 반자높이(일반)

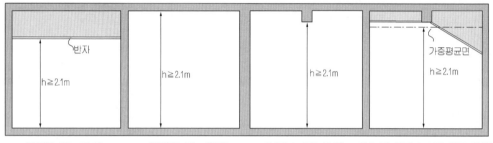

[반자가 있는 경우]   [반자가 없는 경우]   [보가 노출된 경우]   [부분에 따라 높이가 다른 경우]

(2) 문화 및 집회시설 등의 관람실 또는 집회실의 반자높이

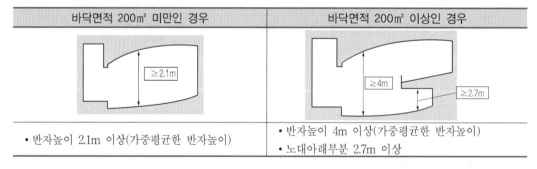

바닥면적 200㎡ 미만인 경우	바닥면적 200㎡ 이상인 경우
• 반자높이 2.1m 이상(가중평균한 반자높이)	• 반자높이 4m 이상(가중평균한 반자높이) • 노대아래부분 2.7m 이상

【2】 거실의 채광·환기

구분	건축물의 용도	대상부분	창문등의 면적	적용제외	비 고
채광	1. 단독주택 2. 공동주택 3. 학교	거실 거실 교실	• 그 거실 바닥면적의 1/10 이상	거실의 용도에 따라 아래 [별표]에서 정한 조도이상의 조명장치 를 설치하는 경우	채광 및 환기의 규정 적용시 수시로 개방 할 수 있는 미닫이로 구획된 2개의 거실은 이를 1개의 거실로 봄
환기	4. 의료시설 5. 숙박시설	병실 객실	• 그 거실 바닥면적의 1/20 이상	기계환기장치 및 중앙 관리방식의 공기조화 설비설치의 경우	

【별표】거실의 용도에 따른 조도기준(피난·방화규칙 제17조제1항 관련)

거실의 용도부분	조도구분	바닥에서 85cm의 높이에 있는 수평면의 조도(룩스)
1. 거주	독서·식사·조리	150
	기타	70
2. 집무	설계·제도·계산	700
	일반사무	300
	기타	150
3. 작업	검사·시험·정밀검사·수술	700
	일반작업·제조·판매	300
	포장·세척	150
	기타	70
4. 집회	회의	300
	집회	150
	공연·관람	70
5. 오락	오락일반	150
	기타	30
6. 기타		1~5 중 가장 유사한 용도에 관한 기준을 적용한다.

【3】거실의 방습

내 용		규제사항	기 타
최하층의 거실바닥의 높이 (바닥이 목조인 경우)		• 지표면으로부터 45cm이상 설치	• 지표면을 콘크리트바닥으로 설치하는 등 방습을 위한 조치를 하는 경우 예외
욕실·조리장의 바닥 등	• 제1종 근린생활시설 중 – 목욕장의 욕실 – 휴게음식점 조리장 – 제과점 조리장	• 욕실·조리장의 바닥과 • 그 바닥으로부터 높이 1m까지의 안쪽벽의 마감은 – 내수재료로 해야 함	—
	• 제2종 근린생활시설 중 – 일반음식점 조리장 – 휴게음식점 조리장 – 제과점 조리장 • 숙박시설의 욕실		

■ 거실의 방습

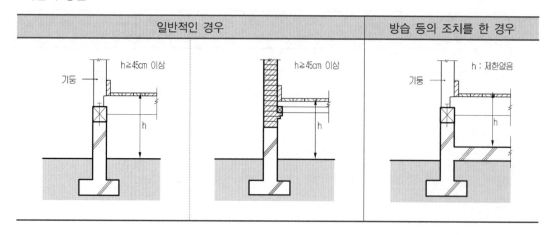

일반적인 경우		방습 등의 조치를 한 경우
기둥 h≧45cm 이상 h	기둥 h≧45cm 이상 h	기둥 h : 제한없음 h

【4】 오피스텔 거실 창문의 안전시설

오피스텔에 거실 바닥으로부터 높이 1.2m 이하 부분에 여닫을 수 있는 창문을 설치하는 경우 높이 1.2m 이상의 난간이나 그 밖에 이와 유사한 추락방지를 위한 안전시설을 설치하여야 함

【5】 거실의 배연설비

설치 대상 용도	건축물의 규모	설치장소	기 타
• 제2종 근린생활시설 중 공연장, 종교집회장, 인터넷컴퓨터게임시설제공업소[1] 및 다중생활시설 • 문화 및 집회시설 • 종교시설 • 판매시설 • 운수시설 • 운동시설 • 업무시설 • 숙박시설 • 위락시설 • 관광휴게시설 • 장례시설 • 교육연구시설 중 연구소 • 수련시설 중 유스호스텔 • 의료시설(요양병원 및 정신병원 제외) • 노유자시설 중 아동 관련 시설·노인복지시설 (노인요양시설 제외)	6층 이상 건축물	대상건축물의 거실	피난층 거실은 제외
• 의료시설중 요양병원 및 정신병원 • 노유자시설 중 노인요양시설·장애인 거주시설 및 장애인 의료재활시설 • 제1종 근린생활시설 중 산후조리원<시행 2021.4.9.>	건축물 층수와 무관		

1) 공연장, 종교집회장 및 인터넷컴퓨터게임시설제공업소는 해당 용도로 쓰는 바닥면적의 합계가 각각 300㎡ 이상인 경우만 해당

【참고】 배연설비(설비규칙 제14조) ➡제7장 건축설비 해설 참조

14 소방관 진입창 및 식별표시의 설치 (법 제49조제3항) (영 제51조제4항) (피난·방화 제18조의2)

법 제49조 【건축물의 피난시설 및 용도제한 등】

③ 대통령령으로 정하는 건축물은 국토교통부령으로 정하는 기준에 따라 소방관이 진입할 수 있는 창을 설치하고, 외부에서 주야간에 식별할 수 있는 표시를 하여야 한다. 〈신설 2019.4.23.〉

영 제51조 【거실의 채광 등】

④ 법 제49조제3항에 따라 건축물의 11층 이하의 층에는 소방관이 진입할 수 있는 창을 설치하고, 외부에서 주야간에 식별할 수 있는 표시를 해야 한다. 다만, 다음 각 호의 어느 하나에 해당하는 아파트는 제외한다. 〈개정 2019.10.22.〉

1. 제46조제4항 및 제5항에 따라 대피공간 등을 설치한 아파트
2. 「주택건설기준 등에 관한 규정」 제15조제2항에 따라 비상용승강기를 설치한 아파트

해설 건축물 11층 이하의 층에 소방관 진입창의 설치 근거를 마련하는 등의 내용으로 「건축법」이 개정(2019.4.23.)됨에 따라 소방관이 진입할 수 있는 창의 설치기준을 2층 이상 11층 이하인 층에 각각 1개소 이상 설치하도록 하고, 창문의 가운데에 지름 20㎝ 이상의 역삼각형을 야간에도 알아볼 수 있도록 빛 반사 등으로 붉은색으로 표시할 것 등을 규정하였다.

【1】 소방관 진입창 등의 설치 대상

대 상	건축물의 11층 이하의 층
예 외	① 4층 이상의 층에 대피공간을 설치한 아파트 ② 10층 이상의 공동주택으로 승용승강기를 비상용승강기로 설치한 아파트(「주택건설기준 등에 관한 규정」 제15조제2항)

【2】 소방관 진입창 등의 설치 기준

위 대상 건축물에 소방관이 진입할 수 있는 창을 설치하고, 외부에서 주야간에 식별할 수 있는 표시를 다음 설치기준 모두를 충족하도록 설치하여야 한다.

설치기준		세부내용
1. 2층 이상 11층 이하인 층에 각각 1개소 이상 설치할 것		• 소방관이 진입할 수 있는 창의 가운데에서 벽면 끝까지의 수평거리가 40m 이상인 경우 : 40m 이내마다 소방관이 진입할 수 있는 창을 추가 설치
2. 소방차 진입로 또는 소방차 진입이 가능한 공터에 면할 것		
3. 창문의 가운데에 지름 20㎝ 이상의 역삼각형을 야간에도 알아볼 수 있도록 빛 반사 등으로 붉은색으로 표시할 것		
4. 창문의 한쪽 모서리에 타격지점을 지름 3㎝ 이상의 원형으로 표시할 것		
5. 창문의 규격	① 크기	폭 90㎝ 이상, 높이 1.2m 이상
	② 실내 바닥면으로부터 창의 아랫부분까지의 높이	80㎝ 이내

6. 우측의 어느 하나에 해당하는 유리를 사용할 것	① 플로트판유리	두께 6㎜ 이하
	② 강화유리 또는 배강도유리	두께 5㎜ 이하
	③ 위 ①, ②로 구성된 이중 유리	두께 24㎜ 이하

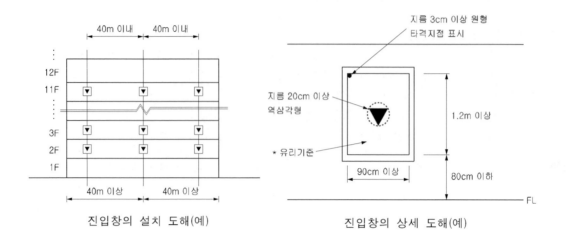

진입창의 설치 도해(예)   진입창의 상세 도해(예)

3 건축물의 방화 및 방화구획 등

화재발생시 건축물에 거주하는 인명의 보호가 매우 중요하다. 이러한 점에서 「건축법」에서는 건축물의 피난·방화에 관한 사항이 매우 상세하게 규정되어 있다. ("피난·방화규칙"에서 규정) 방화에 관한 이러한 세부규정들을 적용하기 위해서는 화재의 진전과정과 함께 관련 규정을 이해하는 것이 좋다.

[화재의 진전단계]

■ 방지규정

화재발생단계 및 방지		제한규정	법조항	비고
착화단계 -벽 및 반자로의 불이 번짐	착화억제	마감재료의 제한	법 제52조 영 제61조	개체규정
		굴뚝규제	영 제40조 피난·방화규칙 제20조	
연소단계 -불이 번지는 공간이 확대됨	연소억제	방화구획	법 제49조제2항 영 제46조	
		방화벽	법 제50조제2항 영 제57조	
		경계벽·칸막이벽	법 제49조제2항 영 제53조	

도괴단계 -건축물이 붕괴	도괴방지	주요구조부의 내화구조	법 제50조 영 제56조	
인접건축물로의 연소	연소확대 방지	연소의 우려가 있는 부분의 조치 -방화구조(내화구조), 방화문 등	피난·방화규칙 제23조	집단규정 (방화지구 지정)
대화단계 -주변지역으로 번짐	대화방지	모든 건축물의 내화구조화	법 제50조제1항 영 제56조	

※ 피난·방화규칙은 「건축물의 피난·방화구조 등의 기준에 관한 규칙」을 말함.

1 방화에 장애가 되는 용도의 제한 (영 제47조)(피난·방화 제14조의2)

영 제47조【방화에 장애가 되는 용도의 제한】

① 법 제49조제2항 본문에 따라 의료시설, 노유자시설(아동 관련 시설 및 노인복지시설만 해당한다), 공동주택, 장례시설 또는 제1종 근린생활시설(산후조리원만 해당한다)과 위락시설, 위험물저장 및 처리시설, 공장 또는 자동차 관련 시설(정비공장만 해당한다)은 같은 건축물에 함께 설치할 수 없다. 다만, 다음 각 호에 해당하는 경우로서 국토교통부령으로 정하는 경우에는 같은 건축물에 함께 설치할 수 있다. 〈개정 2022.4.29〉

1. 공동주택(기숙사만 해당한다)과 공장이 같은 건축물에 있는 경우
2. 중심상업지역·일반상업지역 또는 근린상업지역에서 「도시 및 주거환경정비법」에 따른 재개발사업을 시행하는 경우
3. 공동주택과 위락시설이 같은 초고층 건축물에 있는 경우. 다만, 사생활을 보호하고 방범·방화 등 주거 안전을 보장하며 소음·악취 등으로부터 주거환경을 보호할 수 있도록 주택의 출입구·계단 및 승강기 등을 주택 외의 시설과 분리된 구조로 하여야 한다.
4. 「산업집적활성화 및 공장설립에 관한 법률」 제2조제13호에 따른 지식산업센터와 「영유아보육법」 제10조제4호에 따른 직장어린이집이 같은 건축물에 있는 경우

② 법 제49조제2항 본문에 따라 다음 각 호에 해당하는 용도의 시설은 같은 건축물에 함께 설치할 수 없다. 〈개정 2022.4.29〉

1. 노유자시설 중 아동 관련 시설 또는 노인복지시설과 판매시설 중 도매시장 또는 소매시장
2. 단독주택(다중주택, 다가구주택에 한정한다), 공동주택, 제1종 근린생활시설 중 조산원 또는 산후조리원과 제2종 근린생활시설 중 다중생활시설

【1】 용도제한의 원칙

공동주택등의 시설과 위락시설등의 시설은 같은 건축물에 함께 설치할 수 없다.

공동주택등	위락시설등
1. 공동주택 2. 의료시설 3. 아동관련시설 4. 노인복지시설 5. 장례시설 6. 제1종 근린생활시설(산후조리원만 해당)	1. 위락시설 2. 위험물저장 및 처리시설 3. 공장 4. 자동차 관련 시설(정비공장만 해당)

예외 다음의 경우 같은 건축물에 함께 설치할 수 있다.

구　　　분	공동주택등과 위락시설등의 시설기준
1. 기숙사와 공장이 같은 건축물에 있는 경우 2. 중심상업지역·일반상업지역 또는 근린상업 　지역안에서 「도시 및 주거환경정비법」에 　의한 재개발사업을 시행하는 경우 3. 공동주택과 위락시설이 같은 초고층 건축물에 있 　는 경우(사생활을 보호하고 방범·방화 등 주거 　안전을 보장하며 소음·악취 등으로부터 주거환경 　을 보호할 수 있도록 주택의 출입구·계단 및 승 　강기 등을 주택 외의 시설과 분리된 구조로 할 것) 4. 「산업집적활성화 및 공장설립에 관한 법률」 　에 따른 지식산업센터와 「영유아보육법」에 따 　른 직장어린이집이 같은 건축물에 있는 경우	1. 출입구간의 보행거리 : 30m 이상 되도록 설치 2. 내화구조로 된 바닥 및 벽으로 구획하여 서로 　차단할 것(출입통로 포함) 3. 서로 이웃하지 않게 배치할 것 4. 건축물의 주요구조부 : 내화구조로 할 것 5. · 거실의 벽 및 반자가 실내에 면하는 부분의 마 　　감* : 불연재료·준불연재료·난연재료 　· 주된 복도·계단 등 통로의 벽 및 반자가 실내에 　　면하는 부분의 마감* : 불연재료·준불연재료 　* 반자돌림대·창대 그 밖에 이와 유사한 것 제외

【2】 용도제한의 강화

다음 A용도와 B용도는 같은 건축물 안에 함께 설치할 수 없다.

A 용도	B 용도
1. 노유자시설 중 아동 관련 시설 또는 노인복지시설	판매시설 중 도매시장 또는 소매시장
2. 단독주택(다중주택, 다가구주택), 공동주택, 　제1종 근린생활시설 중 조산원과 산후조리원	제2종 근린생활시설 중 다중생활시설

② 방화구획 (영
제46조)(피난·방화
제14조)

영 제46조 【방화구획의 설치】

① 법 제49조제2항 본문에 따라 주요구조부가 내화구조 또는 불연재료로 된 건축물로서 연면적이 1천
제곱미터를 넘는 것은 국토교통부령으로 정하는 기준에 따라 다음 각 호의 구조물로 구획(이하 "방화
구획" 이라 한다)을 해야 한다. 다만, 「원자력안전법」 제2조제8호 및 제10호에 따른 원자로 및 관계
시설은 같은 법에서 정하는 바에 따른다. 〈개정 2020.10.8., 2022.4.29〉

1. 내화구조로 된 바닥 및 벽
2. 제64조제1호·제2호에 따른 방화문 또는 자동방화셔터(국토교통부령으로 정하는 기준에
　적합한 것을 말한다. 이하 같다)

② 다음 각 호에 해당하는 건축물의 부분에는 제1항을 적용하지 않거나 그 사용에 지장이 없
는 범위에서 제1항을 완화하여 적용할 수 있다. 〈개정 2020.10.8., 2022.4.29〉

1. 문화 및 집회시설(동·식물원은 제외한다), 종교시설, 운동시설 또는 장례시설의 용도로
　쓰는 거실로서 시선 및 활동공간의 확보를 위하여 불가피한 부분
2. 물품의 제조·가공·보관 및 운반 등(보관은 제외한다)에 필요한 고정식 대형 기기(器機) 또
　는 설비의 설치를 위하여 불가피한 부분. 다만, 지하층인 경우에는 지하층의 외벽 한쪽 면(지
　하층의 바닥면에서 지상층 바닥 아래면까지의 외벽 면적 중 4분의 1 이상이 되는 면을 말한
　다) 전체가 건물 밖으로 개방되어 보행과 자동차의 진입·출입이 가능한 경우로 한정한다.
3. 계단실·복도 또는 승강기의 승강장 및 승강로서 그 건축물의 다른 부분과 방화구획으로
　구획된 부분. 다만, 해당 부분에 위치하는 설비배관 등이 바닥을 관통하는 부분은 제외한다.
---

4. 건축물의 최상층 또는 피난층으로서 대규모 회의장 · 강당 · 스카이라운지 · 로비 또는 피난
   안전구역 등의 용도로 쓰는 부분으로서 그 용도로 사용하기 위하여 불가피한 부분

5. 복층형 공동주택의 세대별 층간 바닥 부분

6. 주요구조부가 내화구조 또는 불연재료로 된 주차장

7. 단독주택, 동물 및 식물 관련 시설 또는 교정 및 군사시설 중 군사시설(집회, 체육, 창고
   등의 용도로 사용되는 시설만 해당한다)로 쓰는 건축물

8. 건축물의 1층과 2층의 일부를 동일한 용도로 사용하며 그 건축물의 다른 부분과 방화구
   획으로 구획된 부분(바닥면적의 합계가 500제곱미터 이하인 경우로 한정한다)

③ 건축물 일부의 주요구조부를 내화구조로 하거나 제2항에 따라 건축물의 일부에 제1항을
완화하여 적용한 경우에는 내화구조로 한 부분 또는 제1항을 완화하여 적용한 부분과 그 밖
의 부분을 방화구획으로 구획하여야 한다. 〈개정 2018.9.4〉

④ 공동주택 중 아파트로서 4층 이상인 층의 각 세대가 2개 이상의 직통계단을 사용할 수 없는
경우에는 발코니에 인접 세대와 공동으로 또는 각 세대별로 다음 각 호의 요건을 모두 갖춘 대피
공간을 하나 이상 설치해야 한다. 이 경우 인접 세대와 공동으로 설치하는 대피공간은 인접 세대를
통하여 2개 이상의 직통계단을 쓸 수 있는 위치에 우선 설치되어야 한다. 〈개정 2020.10.8.〉

1. 대피공간은 바깥의 공기와 접할 것

2. 대피공간은 실내의 다른 부분과 방화구획으로 구획될 것

3. 대피공간의 바닥면적은 인접 세대와 공동으로 설치하는 경우에는 3제곱미터 이상, 각 세
   대별로 설치하는 경우에는 2제곱미터 이상일 것

4. 대피공간으로 통하는 출입문에는 제64조제1항제1호에 따른 60분+ 방화문을 설치할 것)

⑤ 제4항에도 불구하고 아파트의 4층 이상인 층에서 발코니에 다음 각 호의 어느 하나에 해
당하는 구조 또는 시설을 갖춘 경우에는 대피공간을 설치하지 않을 수 있다. 〈개정 2021.8.10.〉

1. 발코니와 인접 세대와의 경계벽이 파괴하기 쉬운 경량구조 등인 경우

2. 발코니의 경계벽에 피난구를 설치한 경우

3. 발코니의 바닥에 국토교통부령으로 정하는 하향식 피난구를 설치한 경우

4. 국토교통부장관이 제4항에 따른 대피공간과 동일하거나 그 이상의 성능이 있다고 인정하
   여 고시하는 구조 또는 시설(이하 이 호에서 "대체시설"이라 한다)을 갖춘 경우. 이 경우
   국토교통부장관은 대체시설의 성능에 대해 미리 「과학기술분야 정부출연연구기관 등의 설
   립 · 운영 및 육성에 관한 법률」 제8조제1항에 따라 설립된 한국건설기술연구원(이하 "한
   국건설기술연구원"이라 한다)의 기술검토를 받은 후 고시해야 한다.

⑥ 요양병원, 정신병원, 「노인복지법」 제34조제1항제1호에 따른 노인요양시설(이하 "노인
요양시설"이라 한다), 장애인 거주시설 및 장애인 의료재활시설의 피난층 외의 층에는 다음
각 호의 어느 하나에 해당하는 시설을 설치하여야 한다. 〈개정 2018.9.4〉

1. 각 층마다 별도로 방화구획된 대피공간

2. 거실에 접하여 설치된 노대등

3. 계단을 이용하지 아니하고 건물 외부의 지상으로 통하는 경사로 또는 인접 건축물로 피난
   할 수 있도록 설치하는 연결복도 또는 연결통로

⑦ 법 제49조제2항 단서에서 "대규모 창고시설 등 대통령령으로 정하는 용도 및 규모의 건
축물"이란 제2항제2호에 해당하여 제1항을 적용하지 않거나 완화하여 적용하는 부분이 포
함된 창고시설을 말한다. 〈신설 2022.4.29〉

【1】 방화구획

(1) 방화구획 설치 대상

주요구조부가 내화구조 또는 불연재료로 된 건축물로서
연면적이 1,000㎡ 넘는 것

(2) 방화구획 구획 방법

- 내화구조의 바닥, 벽과
- 60+방화문, 60분방화문 또는 자동방화셔터*로 구획
  * 아래 고시 기준에 적합하고, 비차열 1시간 이상의 내화성능을 확보할 것
  【참고】 건축자재등 품질인정 및 관리기준(국토교통부고시 제2023-15호, 2023.1.9.)

구분	내 용		자동식소화설비 설치의 경우(스프링클러 등)	구획방법 도해
면적 구획	10층 이하의 층	바닥면적 1,000㎡ 이내마다 구획	바닥면적 3,000㎡ 이내마다 구획	불연재료로 실내 마감시 500m²(1,500m²)이하 마다 200m²(600m²)이하 마다 11F 이상 10F 이하 1,000m²(3,000m²)이하 마다 3F 2F 1F B1 지하층 G.L B2
층별 구획	모든 층	매층마다 구획 (지하 1층에서 지상으로 직접 연결하는 경사로 부위 제외)	—	매층마다 구획
고층 면적 구획	11층 이상의 층 *( )는 벽 및 반자의 실내 부분의 마감을 불연재료로 한 경우	바닥면적 200㎡(500㎡) 이내마다 구획	바닥면적 600㎡(1,500㎡) 이내마다 구획	※( )는 자동식소화설비 설치의 경우
필로티등*	주차장으로 사용하는 부분	건축물의 다른 부분과 구획	* 벽면적의 1/2 이상이 그 층의 바닥면에서 위층 바닥 아래면까지 공간으로 된 것만 해당	

(3) 방화구획 적용 완화 대상

다음에 해당하는 건축물의 부분에는 위의 사항을 적용하지 않거나, 그 사용에 지장이 없는 범위에서 완화하여 적용할 수 있다.

① 문화 및 집회시설(동·식물원 제외), 종교시설, 운동시설 또는 장례시설의 용도로 쓰는 거실로서 시선 및 활동공간의 확보를 위하여 불가피한 부분

② 물품의 제조·가공·보관 및 운반 등(보관은 제외)에 필요한 고정식 대형 기기(器機) 또는 설비의 설치를 위하여 불가피한 부분[지하층인 경우 지하층의 외벽 한쪽 면(지하층의 바닥면에서 지상층 바닥 아래면까지의 외벽 면적 중 1/4 이상이 되는 면) 전체가 건물 밖으로 개방되어 보행과 자동차의 진입·출입이 가능한 경우로 한정]

③ 계단실·복도 또는 승강기의 승강장 및 승강로서 그 건축물의 다른 부분과 방화구획으로 구획된 부분. 예외 해당 부분에 위치하는 설비배관 등이 바닥을 관통하는 부분은 제외

④ 건축물의 최상층 또는 피난층으로서 대규모 회의장·강당·스카이라운지·로비 또는 피난안전 구역 등의 용도에 쓰는 부분으로서 그 용도로 사용하기 위하여 불가피한 부분

⑤ 복층형 공동주택의 세대별 층간 바닥부분

⑥ 주요구조부가 내화구조 또는 불연재료로 된 주차장

⑦ 단독주택, 동물 및 식물 관련 시설 또는 국방·군사시설(집회, 체육, 창고 등의 용도로 사용되는 시설만 해당)로 쓰는 건축물

⑧ 건축물의 1층과 2층의 일부를 동일한 용도로 사용하며 그 건축물의 다른 부분과 방화구획으로 구획된 부분(바닥면적의 합계가 500㎡ 이하인 경우로 한정)

방화구획용 자동방화셔터 및 갑종방화문의 설치 예

(4) 방화구획부분의 조치

① 방화구획으로 사용하는 60+방화문 또는 60분방화문은 언제나 닫힌 상태를 유지하거나 화재로 인한 연기 또는 불꽃을 감지하여 자동적으로 닫히는 구조로 할 것(연기 또는 불꽃을 감지하여 자동적으로 닫히는 구조로 할 수 없는 경우 온도를 감지하여 자동적으로 닫히는 구조로 할 수 있다)

② 외벽과 바닥 사이에 틈이 생긴 때나 급수관·배전관 그 밖의 관이 방화구획으로 되어 있는 부분을 관통하여 방화구획에 틈이 생긴 때에는 피난·방화규칙 별표 1 제1호에 따른 내화시간(내화채움성능이 인정된 구조로 메워지는 구성 부재에 적용되는 내화시간을 말함) 이상 견딜 수 있는 내화채움성능이 인정된 구조로 메울 것

③ 환기·난방 또는 냉방시설의 풍도가 방화구획을 관통하는 경우 그 관통부분 또는 이에 근접한 부분에 다음의 기준에 적합한 댐퍼를 설치.

예외 반도체공장건축물로서 방화구획을 관통하는 풍도의 주위에 스프링클러헤드를 설치하는 경우 제외

■ 방화구획 관통부의 댐퍼 설치기준

㉠ 화재로 인한 연기 또는 불꽃을 감지하여 자동적으로 닫히는 구조로 할 것

　　예외 주방 등 연기가 항상 발생 부분은 온도를 감지하여 자동적으로 닫히는 구조 가능

㉡ 국토교통부장관이 정하여 고시하는 비차열(非遮熱) 성능 및 방연성능 등의 기준에 적합할 것

---

④ 자동방화셔터는 다음의 요건을 모두 갖출 것. 이 경우 자동방화셔터의 구조 및 성능기준 등에 관한 세부사항은 국토교통부장관이 정하여 고시한다.

【참고】 건축자재등 품질인정 및 관리기준(국토교통부고시 제2023-15호, 2023.1.9.)

■ 자동방화셔터의 충족 요건

㉠ 피난이 가능한 60분+ 방화문 또는 60분 방화문으로부터 3m 이내에 별도로 설치할 것

㉡ 전동방식이나 수동방식으로 개폐할 수 있을 것

㉢ 불꽃감지기 또는 연기감지기 중 하나와 열감지기를 설치할 것

㉣ 불꽃이나 연기를 감지한 경우 일부 폐쇄되는 구조일 것

㉤ 열을 감지한 경우 완전 폐쇄되는 구조일 것

---

⑤ 건축물 일부의 주요구조부를 내화구조로 하거나 건축물의 일부에 위 (3)에 따라 완화하여 적용한 경우 내화구조로 한 부분 또는 완화 적용한 부분과 그 밖의 부분을 방화구획으로 구획할 것

■ 방화구획 부분의 상세구조

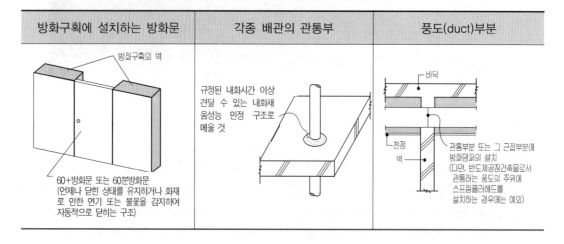

방화구획에 설치하는 방화문	각종 배관의 관통부	풍도(duct)부분

【2】 아파트의 대피공간 설치

공동주택 중 아파트로서 4층 이상의 층의 각 세대가 2개 이상의 직통계단을 사용할 수 없는 경우 발코니(발코니의 외부에 접하는 경우 포함)에 인접세대와 공동으로 또는 각 세대별로 대피공간을 설치해야 한다. 이 경우 인접 세대와 공동으로 설치하는 대피공간은 인접 세대를 통하여 2개 이상의 직통계단을 쓸 수 있는 위치에 우선 설치되어야 한다.

구 분	대피공간의 설치	대피공간의 구조 (발코니 등의 구조변경절차 및 설치기준 제3조)
1. 인접세대와 공동설치	① 대피공간은 바깥의 공기와 접할 것 ② 대피공간은 실내의 다른 부분과 방화구획으로 구획할 것 ③ 대피공간으로 통하는 출입문에는 60분+ 방화문을 설치할 것 ④ 바닥면적 3㎡ 이상(각 세대당 1.5㎡ 이상)	① 대피공간은 채광방향과 관계없이 거실 각 부분에서 접근이 용이한 장소에 설치하여야 하며, 출입구에 설치하는 갑종방화문은 거실쪽에서만 열 수 있는 구조로서 대피공간을 향해 열리는 밖여닫이로 하여야 함. ② 대피공간은 1시간 이상의 내화성능을 갖는 내화구조의 벽으로 구획되어야 하며, 벽·천장 및 바닥의 내부마감재료는 준불연재료 또는 불연재료를 사용하여야 함. ③ 대피공간에 창호를 설치하는 경우 폭 0.7m, 높이 1m 이상은 반드시 개폐가능하여야 하며, 비상시 외부의 도움을 받는 경우 피난에 장애가 없는 구조로 설치하여야 함.
2. 개별설치	① 위 ①~③의 요건을 모두 만족하여야 함 ② 각 세대별 바닥면적 2㎡ 이상	④ 대피공간에는 정전에 대비해 휴대용 손전등을 비치하거나 비상전원이 연결된 조명설비가 설치되어야 함. ⑤ 대피공간은 대피에 지장이 없도록 시공·유지관리되어야 하며, 보일러실 또는 창고 등 대피에 장애가 되는 공간으로 사용하지 말 것. 예외 에어컨 실외기 등 냉방설비의 배기장치를 대피공간에 설치하는 경우 불연재료로 구획하고, 구획된 면적은 대피공간 바닥면적 산정시 제외할 것

예외 대피공간설치 제외의 경우

1. 발코니와 인접 세대와의 경계벽이 파괴하기 쉬운 경량구조 등인 경우
2. 발코니의_경계벽에 피난구를 설치한 경우
3. 발코니 바닥에 다음과 같은 하향식 피난구를 설치한 경우
    ■ 하향식 피난구(덮개, 사다리, 승강식피난기 및 경보시스템 포함)의 설치기준

    ① 피난구 덮개(덮개와 사다리, 승강식피난기 또는 경보시스템이 일체형으로 구성된 경우 그 사다리, 승강식피난기 또는 경보시스템을 포함) : 품질시험 결과 비차열 1시간 이상 내화성능 확보
    ② 피난구의 유효개구부 규격 : 직경 60㎝ 이상
    ③ 상층·하층간 피난구의 수평거리 : 15㎝ 이상 떨어져 있을 것
    ④ 아래층에서는 바로 윗층의 피난구를 열수 없는 구조
    ⑤ 사다리의 길이 : 아래층 바닥면에서 50㎝ 이하까지 내려오도록 설치
    ⑥ 덮개 개방시 건축물관리시스템을 통하여 경보음이 울리는 구조
    ⑦ 예비전원에 의한 조명설비
4. 국토교통부장관이 대피공간과 동일하거나 그 이상의 성능이 있다고 인정하여 고시하는 구조 또는 시설(이하 "대체시설")을 갖춘 경우. 이 경우 대체시설 성능에 대해 미리 한국건설기술연구원의 기술검토를 받은 후 고시해야 함
    ⇨ 아파트 대피공간 대체시설 인정 고시(국토교통부고시 제2015-390호, 2015.6.24.) 참조
        다음 그림은 위 고시 인정 설계도서 p.5

【3】 요양병원 등의 대피공간 설치

(1) 대상용도 : 요양병원, 정신병원, 노인요양시설(「노인복지법」 제34조제1항제1호), 장애인 거주시설 및 장애인 의료재활시설

(2) 설치 : 위 용도의 피난층 외의 층에 다음 시설을 설치하여야 함.

　　1. 각 층마다 별도로 방화구획된 대피공간

　　2. 거실에 접하여 설치된 노대등

　　3. 계단을 이용하지 않고 건물 외부의 지상으로 통하는 경사로 또는 인접 건축물로 피난할 수 있도록 설치하는 연결복도 또는 연결통로

【4】 대규모 창고시설 등의 완화 규정 적용시 설비의 추가 설치

(1) 대상: 물품의 제조·가공·보관 및 운반 등(보관은 제외)에 필요한 고정식 대형 기기(器機) 또는 설비의 설치를 위하여 불가피한 부분.

　　※ 지하층인 경우 지하층의 외벽 한쪽 면(지하층의 바닥면에서 지상층 바닥 아래면까지의 외벽 면적 중 1/4 이상이 되는 면) 전체가 건물 밖으로 개방되어 보행과 자동차의 진입·출입이 가능한 경우로 한정

(2) 조치내용 : 방화구획 설치 규정을 적용하지 않거나 완화 적용 부분에 다음 설비를 추가 설치할 것

1. 개구부	소방청장이 정하여 고시하는 화재안전기준(이하 "화재안전기준")을 충족하는 설비로서 수막(水幕)을 형성하여 화재확산을 방지하는 설비
2. 개구부 외의 부분	화재안전기준을 충족하는 설비로서 화재를 조기에 진화할 수 있도록 설계된 스프링클러

【관련 질의회신】

승강기 전면부분에 방화셔터를 설치 안 할 수 있는 방안

건교부 고객만족센터, 2007.4.3.

질의 층간방화구획과 관련하여 승강기 전면부분에 방화셔터를 설치하는 것은 경제적인 면이나 기능적인 면에서 매우 비효율적이라 판단되는 바, 다른 대안이 없는지 문의

회신 「자동방화셔터 및 방화문의 기준」(건설교통부 고시 제2005-232호)제5조제3항 규정에 따라 KS F 2268-1(방화문의 내화시험 방법)에 따라 시험한 결과 비차열 1시간 이상의 성능이 확보되면 승강기문을 방화문으로 사용할 수 있는 것임(※ 「자동방화셔터 및 방화문의 기준」⇒「건축자재등 품질인정 및 관리기준」, 2022.2.11.)

지하주차장의 램프부분에 층별 방화구획 여부

국토교통부 민원마당 FAQ, 2019.5.24.

질의 「건축법 시행령」 제46조제2항제6호 규정에 따르면 주요구조부가 내화구조 또는 불연재료로 된 주차장의 경우 동조제1항의 방화구획 규정을 적용하지 않거나 완화적용 할 수 있도록 하는바, 주요구조부가 내화구조인 지하주차장의 램프부분에 적용하는 층간 방화구획을 설치하지 않아도 되는지 여부

회신 「건축물의 피난·방화구조 등의 기준에 관한 규칙」 제14조제1항제2호 규정에 따라 매층마다 방화구획하여야 하는 것으로, 「건축법 시행령」 제46조제2항제6호 규정에 따라 주요구조부가 내화구조 또는 불연재료로 된 주차장의 부분은 동조제1항의 규정을 완화받을 수 있는 것이나, 램프 및 통로 등이 건축물의 다른 부분과 방화구획된 경우에 한하여 완화받을 수 있음. 다만, 이 경우 지하1층에서 지상층으로 직접 통하는 부분은 방화구획을 하지 않아도 될 것임.(*현행규정에 맞게 수정함)

③ 대규모 건축물의 방화벽 (법 제50조제2항) (영 제57조) (피난·방화 제21조, 제22조)

> **법 제50조 【건축물의 내화구조와 방화벽】**
> ② 대통령령으로 정하는 용도 및 규모의 건축물은 국토교통부령으로 정하는 기준에 따라 방화벽으로 구획하여야 한다.

> **영 제57조 【대규모 건축물의 방화벽 등】**
> ① 법 제50조제2항에 따라 연면적 1천 제곱미터 이상인 건축물은 방화벽으로 구획하되, 각 구획된 바닥면적의 합계는 1천 제곱미터 미만이어야 한다. 다만, 주요구조부가 내화구조이거나 불연재료인 건축물과 제56조제1항제5호 단서에 따른 건축물 또는 내부설비의 구조상 방화벽으로 구획할 수 없는 창고시설의 경우에는 그러하지 아니하다.
> ② 제1항에 따른 방화벽의 구조에 관하여 필요한 사항은 국토교통부령으로 정한다.
> ③ 연면적 1천 제곱미터 이상인 목조 건축물의 구조는 국토교통부령으로 정하는 바에 따라 방화구조로 하거나 불연재료로 하여야 한다.

해설 주요구조부가 내화구조 또는 불연재료로 된 대형건축물은 방화구획으로서 불의 확산을 최소화하고 있다. 방화벽의 설치규정은 주요구조부가 내화구조 또는 불연재료가 아닌 대규모 건축물에 있어서의 불의 확산을 방지하는 규정이다.

【1】 방화벽의 설치 등

설치 대상	연면적 1,000㎡ 이상인 건축물 **예외** 1. 주요구조부가 내화구조이거나 불연재료인 건축물 2. 영 제56조제1항제6호 단서의 건축물 (내화구조로 하지 않아도 되는 건축물/단독주택 등) 3. 내부설비의 구조상 방화벽으로 구획할 수 없는 창고시설	 A 또는 B의 부분 〈 1000㎡
설치 기준	방화벽으로 구획 − 각 구획의 바닥면적의 합계가 1,000㎡미만으로 설치	
방화 벽의 상세 규정	방화벽의 구조	내화구조로 홀로 설 수 있는 구조일 것
	방화벽의 돌출	방화벽의 양쪽끝과 위쪽 끝을 건축물의 외벽면 및 지붕면으로부터 0.5m 이상 튀어 나오게 할 것
	방화벽에 설치하는 출입문	출입문의 너비 및 높이는 각각 2.5m 이하로 하고 해당 출입문은 60+방화문 또는 60분 방화문을 설치할 것
	피난·방화규칙 제14조제2항(방화구획의 설치기준/방화문, 관통부, 댐퍼설치)의 규정은 방화벽의 구조에 관하여 이를 준용함	

【2】대규모 목조건축물

대　상	부　위	구조 등　제한규정
연면적 1,000m² 이상인 목조건축물	• 외벽 및 처마 밑의 연소할 우려가 있는 부분	• 방화구조
	• 지붕	• 불연재료

■ 연소할 우려가 있는 부분

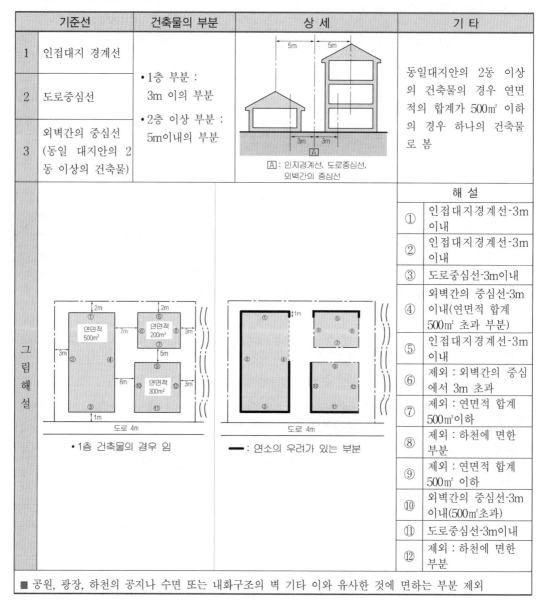

	기준선	건축물의 부분	상　세	기　타
1	인접대지 경계선	• 1층 부분 : 3m 이의 부분 • 2층 이상 부분 : 5m이내의 부분	Ⓐ : 인지경계선, 도로중심선, 외벽간의 중심선	동일대지안의 2동 이상의 건축물의 경우 연면적의 합계가 500m² 이하의 경우 하나의 건축물로 봄
2	도로중심선			
3	외벽간의 중심선 (동일 대지안의 2동 이상의 건축물)			

해 설

①	인접대지경계선-3m 이내
②	인접대지경계선-3m 이내
③	도로중심선-3m이내
④	외벽간의 중심선-3m 이내(연면적 합계 500m² 초과 부분)
⑤	인접대지경계선-3m 이내
⑥	제외 : 외벽간의 중심에서 3m 초과
⑦	제외 : 연면적 합계 500m²이하
⑧	제외 : 하천에 면한 부분
⑨	제외 : 연면적 합계 500m² 이하
⑩	외벽간의 중심선-3m 이내(500m²초과)
⑪	도로중심선-3m이내
⑫	제외 : 하천에 면한 부분

• 1층 건축물의 경우 임

━ : 연소의 우려가 있는 부분

■ 공원, 광장, 하천의 공지나 수면 또는 내화구조의 벽 기타 이와 유사한 것에 면하는 부분 제외

【관련 질의회신】

방화지구 안에서 연소할 우려가 있는 부분에 대한 방화구조

건교부 건축 58070-2070, 1999.6.4

질의 연면적이 1000제곱미터 미만의 건축물을 2동 건축할 경우 그 외벽 및 처마밑의 연소할 우려가 있는 부분을 방화구조로 하여야 하는지

회신 질의의 건축물의 경우 건축물의 피난·방화구조 등의 기준에 관한 규칙 제22조제2항의 규정에 의하여 연소할 우려가 있는 부분은 상호 외벽간의 중심선으로부터 1층에 있어서는 3미터이내, 2층 이상에 있어서는 5미터 이내에는 방화구조로 하여야 하는 것임

방화지구내 건축물의 인접대지경계에 면하는 부분에 고정창을 설치시 방화설비 설치여부

건교부 건축 58070-1468, 2003.8.11.

질의 방화지구내에 신축하는 철근콘크리트조 건축물(지상10층, 지하1층, 연면적 700㎡)에 대하여 인접대지 경계에 면하는 부분에 고정창을 설치하고자 하는 경우 방화설비를 하여야 하는지 여부.

회신 귀 질의의 건축물의 경우 건축물의피난·방화구조등의기준에관한규칙 제23조제2항의 규정에 의거 방화지구안의 건축물의 인접대지 경계선에 접하는 외벽에 설치하는 창문 등으로서 동 규칙 제22조제2항의 규정에 의거 연소할 우려가 있는 부분에는 방화문 기타 방화설비를 하여야하는 것임.

4 경계벽 등의 설치 (법 제49조제4항) (영 제53조)

법 제49조【건축물의 피난시설 및 용도제한 등】 ① ~ ③ "생략"
④ 대통령령으로 정하는 용도 및 규모의 건축물에 대하여 가구·세대 등 간 소음 방지를 위하여 국토교통부령으로 정하는 바에 따라 경계벽 및 바닥을 설치하여야 한다. 〈개정 2019.4.23.〉

영 제53조【경계벽 등의 설치】
① 법 제49조제4항에 따라 다음 각 호의 어느 하나에 해당하는 건축물의 경계벽은 국토교통부령으로 정하는 기준에 따라 설치해야 한다. 〈개정 2020.10.8.〉
1. 단독주택 중 다가구주택의 각 가구 간 또는 공동주택(기숙사는 제외한다)의 각 세대 간 경계벽(제2조제14호 후단에 따라 거실·침실 등의 용도로 쓰지 아니하는 발코니 부분은 제외한다)
2. 공동주택 중 기숙사의 침실, 의료시설의 병실, 교육연구시설 중 학교의 교실 또는 숙박시설의 객실 간 경계벽
3. 제1종 근린생활시설 중 산후조리원의 다음 각 호의 어느 하나에 해당하는 경계벽 〈신설 2020.10.9.〉
   가. 임산부실 간 경계벽
   나. 신생아실 간 경계벽
   다. 임산부실과 신생아실 간 경계벽
4. 제2종 근린생활시설 중 다중생활시설의 호실 간 경계벽
5. 노유자시설 중 「노인복지법」 제32조제1항제3호에 따른 노인복지주택(이하 "노인복지주택"이라 한다)의 각 세대 간 경계벽
6. 노유자시설 중 노인요양시설의 호실 간 경계벽

> ② 법 제49조제4항에 따라 다음 각 호의 어느 하나에 해당하는 건축물의 층간바닥(화장실의 바닥은 제외한다)은 국토교통부령으로 정하는 기준에 따라 설치해야 한다. 〈개정 2019.10.22〉
>   1. 단독주택 중 다가구주택
>   2. 공동주택(「주택법」 제16조에 따른 주택건설사업계획승인 대상은 제외한다)
>   3. 업무시설 중 오피스텔
>   4. 제2종 근린생활시설 중 다중생활시설
>   5. 숙박시설 중 다중생활시설

해설 다가구주택·공동주택·학교·숙박시설·의료시설 등은 공간이 여러개로 구성된 유사한 구조의 건축물이기 때문에 재해발생시 큰 피해가 우려된다. 따라서 경계벽의 구조를 제한하여 연소 확대에 대비하고, 차음성능을 확보하도록 하고 있다.

또한, 가구·세대 등 간 소음방지를 위한 층바닥을 충격음 차단 구조로 하는 등의 규정이 신설되었다.(2014.11.28. 개정)

【1】 경계벽의 구조

대상 경계벽	구조제한	차음상 유효한 구조 등
1. 단독주택 중 다가구주택의 각 가구 간 경계벽 2. 공동주택(기숙사 제외)의 각 세대 간 경계벽 3. 노유자시설 중 노인복지주택의 각 세대 간 경계벽 4. 노유자시설 중 노인요양시설의 호실 간 경계벽 5. 기숙사의 침실 간 경계벽 6. 의료시설의 병실 간 경계벽 7. 숙박시설의 객실 간 경계벽 8. 학교의 교실 간 경계벽 9. 제2종근린생활시설 중 다중생활시설의 각 호실 간 경계벽 10. 제1종근린생활시설 중 산후조리원의 각 경계벽*	내화구조로 하고 지붕 밑 또는 바로 위층 바닥판까지 닿게 하여야 함	• 경계벽은 소리를 차단하는데 장애가 되는 부분이 없는 다음의 구조로 하여야 함. 1. 철근콘크리트조·철골철근콘크리트조로서 두께가 10㎝ 이상인 것 2. 무근콘크리트조 또는 석조로서 두께가 10㎝ 이상인 것 – 시멘트모르타르·회반죽 또는 석고플라스터의 바름두께 포함 3. 콘크리트블록조 또는 벽돌조로서 두께가 19㎝ 이상인 것 4. 1~3 이외의 것으로서 국토교통부장관이 고시하는 기준에 따라 국토교통부장관이 지정하는 자 또는 한국건설기술연구원장이 실시하는 품질시험에서 그 성능이 확인된 것 5. 한국건설기술연구원장이 정한 인정기준에 따라 인정하는 것 – 다가구주택 및 공동주택의 세대간의 경계벽인 경우「주택건설기준 등에 관한 규정」에 따름. **관계법** 세대간의 경계벽 등(주택건설기준 등에 관한 규정 제14조) * 임산부실간 경계벽, 신생아실 간 경계벽, 임산부실과 신생아실 간 경계벽

■ 차음구조 상세

구조별 / 벽의구분	철근콘크리트조 철골철근콘크리트조	PC판(조립식 주택부재인 콘크리트판)	무근콘크리트조 석조	콘크리트블록조 벽돌조	기타구조	비 고
칸막이벽	≥10cm · 바름두께 제외	규정없음	≥10cm · 바름두께 포함	≥19cm · 바름두께 제외	• 국토교통부장관이 고시하는 기준에 따라 국토교통부장관이 지정하는 자 또는 한국건설기술연구원장이 실시하는 품질시험에 그 성능이 확인된 것	■ 경계벽은 내화구조로 하고 지붕밑 또는 바로 위층의 바닥판까지 닿게 하여야 함 ■ 경계벽은 소리를 차단하는데 장애가 되는 부분이 없는 구조로 하여야 함 ■ 이 표의 바름두께는 시멘트모르타르, 회반죽, 석고플라스터 등의 재료임
경계벽 (주택건설기준등에 관한 규정 제14조)	≥15cm · 바름두께 포함	≥12cm · 바름두께 제외	≥20cm · 바름두께 포함		• 국토교통부장관이 정하여 고시하는 기준에 따라 한국건설기술연구원장이 차음성능을 인정하여 지정하는 구조 【참고】	

【참고】 벽체의 차음구조 인정 및 관리기준 (국토교통부고시 제2018-776호, 2018.12.7.)

【2】 소음방지 층간 바닥의 구조

대상 건축물	구조기준
1. 단독주택 중 다가구주택 2. 공동주택(「주택법」에 따른 사업승인대상 제외) 3. 업무시설 중 오피스텔 4. 제2종 근린생활시설 중 다중생활시설 5. 숙박시설 중 다중생활시설	• 경량충격음(비교적 가볍고 딱딱한 충격에 의한 바닥충격음)과 중량충격음(무겁고 부드러운 충격에 의한 바닥충격음)을 차단할 수 있는 구조로 할 것 • 가구·세대 등 간 소음방지를 위한 바닥의 세부 기준은 국토교통부장관이 정하여 고시함 【참고】 소음방지를 위한 층간 바닥충격음 차단 구조*기준 (국토교통부고시 제2018-585호, 2018.9.21.) * 바닥충격음 차단구조: 「주택법」에 따라 바닥충격음 차단구조의 성능등급을 인정하는 기관의 장이 차단구조의 성능(중량충격음 50데시벨 이하, 경량충격음 58 데시벨 이하)을 확인하여 인정한 바닥구조

5 침수 방지시설 $\left(\begin{smallmatrix} 법 \\ 제49조제5항 \end{smallmatrix}\right)\left(\begin{smallmatrix} 피난·방화 \\ 제19조의2 \end{smallmatrix}\right)$

법 제49조 【건축물의 피난시설 및 용도제한 등】

① ~ ④ "생략"

⑤ 「사연재해대책법」 제12조제1항에 따른 지연재해위험개선지구 중 침수위험지구에 국가·지방자치단체 또는 「공공기관의 운영에 관한 법률」 제4조제1항에 따른 공공기관이 건축하는 건축물은 침수 방지 및 방수를 위하여 다음 각 호의 기준에 따라야 한다. 〈개정 2019.4.23.〉

1. 건축물의 1층 전체를 필로티(건축물을 사용하기 위한 경비실, 계단실, 승강기실, 그 밖에 이와 비슷한 것을 포함한다) 구조로 할 것
2. 국토교통부령으로 정하는 침수 방지시설을 설치할 것

해설 집중호우로 인한 건축물의 침수 피해를 방지하기 위하여 침수위험지구에서 건축하는 공공건축물은 1층을 필로티로 하고 국토교통부령으로 정하는 침수 방지시설을 설치하도록 규정이 신설되었다.(2015.1.6.)

■ 침수 방지시설

대상 지구	대상 건축물	침수 방지시설
자연재해위험개선지구 중 침수위험지구	국가·지방자치단체 또는 공공기관이 건축하는 건축물	1. 건축물의 1층 전체를 필로티(건축물을 사용하기 위한 경비실, 계단실, 승강기실, 그 밖에 이와 비슷한 것 포함) 구조로 할 것 2. 차수판(遮水板) 3. 역류방지 밸브

6 건축물에 설치하는 굴뚝 (영 제54조)(피난·방화 제20조)

> **영 제54조 【건축물에 설치하는 굴뚝】**
> 건축물에 설치하는 굴뚝은 국토교통부령으로 정하는 기준에 따라 설치하여야 한다.

해설 건축물에 설치되는 굴뚝은 배연을 목적으로 하지만, 화재시 열 등에 의해 위험요소가 될 수 있으므로 높이·가연재료와의 이격거리 등을 두어 배연 및 방화에 대비하고자 하였다.

■ 굴뚝의 구조

구 분	굴뚝의 부분	내용 및 그림해설
굴뚝일반 (금속제 굴뚝 포함)	• 옥상 돌출부	① 굴뚝의 옥상돌출부는 지붕면으로부터 수직거리 1m 이상으로 할 것
		② ①을 만족하는 이외에 용마루, 계단탑, 옥탑 등이 있는 건축물에 있어서 굴뚝의 주위에 연기의 배출을 방해하는 장애물이 있는 경우 그 굴뚝의 상단을 용마루, 계단탑, 옥탑 등보다 높게 하여야 함 • h≥옥탑의 높이 • 굴뚝 B의 경우는 위법
	• 굴뚝의 상단으로서 수평거리 1m이내에 다른 건축물이 있는 경우	• 굴뚝의 높이는 그 건축물의 처마로부터 1m 이상 높게할 것 • 수평거리 1m 이내에 건축물이 있는 경우 • 수평거리 1m 이내에 건축물이 없는 경우
금속제 굴뚝	• 건축물의 지붕속 반자위 및 가장 아래 바닥밑에 있는 굴뚝의 부분	• 금속외의 불연재료로 덮을 것
	• 목재, 가연재료와 접하는 부분	① 목재 기타 가연재료로부터 15cm 이상 떨어져 설치
		② 두께 10cm 이상인 금속외의 불연재료로 덮은 경우 ① 규정 적용 제외

7 창문 등의 차면시설 (영 제55조)

> **영 제55조 【창문 등의 차면시설】**
> 인접 대지경계선으로부터 직선거리 2미터 이내에 이웃 주택의 내부가 보이는 창문 등을 설치하는 경우에는 차면시설(遮面施設)을 설치하여야 한다.

차면시설 설치의 예

【관련 질의회신】

차면시설 설치여부

건교부 건축 58070-501, 2003.3.20

질의 건축물의 발코니 부분이 인접대지경계선으로부터 1.1미터 떨어져 있으나, 동 건축물의 발코니는 인접대지내 다세대주택의 측벽과 마주보고 있는 경우에도 창문 등에 차면시설을 설치하여야 하는지 여부

회신 건축법시행령 제55조의 규정에서 인접대지경계선으로부터 직선거리 2미터이내에 이웃주택의 내부가 보이는 창문 등을 설치하는 경우에는 차면시설을 설치하여야 하는 것인바, 이웃주택의 내부가 보이는지 여부등 보다 구체적인 사항은 당해 대지 및 건축물의 현황을 상세히 알고 있는 당해 허가권자에게 문의하기 바람.

8 건축물의 내화구조 (법 제50조제1항) (영 제56조)

법 제50조 【건축물의 내화구조와 방화벽】

① 문화 및 집회시설, 의료시설, 공동주택 등 대통령령으로 정하는 건축물은 국토교통부령으로 정하는 기준에 따라 주요구조부와 지붕을 내화(耐火)구조로 하여야 한다. 다만, 막구조 등 대통령령으로 정하는 구조는 주요구조부에만 내화구조로 할 수 있다. 〈개정 2018.8.14.〉

영 제56조 【건축물의 내화구조】

① 법 제50조제1항 본문에 따라 다음 각 호의 어느 하나에 해당하는 건축물(제5호에 해당하는 건축물로서 2층 이하인 건축물은 지하층 부분만 해당한다)의 주요구조부와 지붕은 내화구조로 해야 한다. 다만, 연면적이 50제곱미터 이하인 단층의 부속건축물로서 외벽 및 처마 밑면을 방화구조로 한 것과 무대의 바닥은 그렇지 않다. 〈개정 2021.1.5〉

1. 제2종 근린생활시설 중 공연장·종교집회장(해당 용도로 쓰는 바닥면적의 합계가 각각 300제곱미터 이상인 경우만 해당한다), 문화 및 집회시설(전시장 및 동·식물원은 제외한다), 종교시설, 위락시설 중 주점영업 및 장례시설의 용도로 쓰는 건축물로서 관람석 또는 집회실의 바닥면적의 합계가 200제곱미터(옥외관람석의 경우에는 1천 제곱미터) 이상인 건축물

2. 문화 및 집회시설 중 전시장 또는 동·식물원, 판매시설, 운수시설, 교육연구시설에 설치하는 체육관·강당, 수련시설, 운동시설 중 체육관·운동장, 위락시설(주점영업의 용도로 쓰는 것은 제외한다), 창고시설, 위험물저장 및 처리시설, 자동차 관련 시설, 방송통신시설 중 방송국·전신전화국·촬영소, 묘지 관련 시설 중 화장시설·동물화장시설 또는 관광휴게시설의 용도로 쓰는 건축물로서 그 용도로 쓰는 바닥면적의 합계가 500제곱미터 이상인 건축물

3. 공장의 용도로 쓰는 건축물로서 그 용도로 쓰는 바닥면적의 합계가 2천 제곱미터 이상인 건축물. 다만, 화재의 위험이 적은 공장으로서 국토교통부령으로 정하는 공장은 제외한다.

4. 건축물의 2층이 단독주택 중 다중주택 및 다가구주택, 공동주택, 제1종 근린생활시설(의료의 용도로 쓰는 시설만 해당한다), 제2종 근린생활시설 중 다중이용시설, 의료시설, 노유자시설 중 아동 관련 시설 및 노인복지시설, 수련시설 중 유스호스텔, 업무시설 중 오피스텔, 숙박시설 또는 장례시설의 용도로 쓰는 건축물로서 그 용도로 쓰는 바닥면적의 합계가 400제곱미터 이상인 건축물

5. 3층 이상인 건축물 및 지하층이 있는 건축물. 다만, 단독주택(다중주택 및 다가구주택은 제외한다), 동물 및 식물 관련 시설, 발전시설(발전소의 부속용도로 쓰는 시설은 제외한다), 교도소·소년원 또는 묘지 관련 시설(화장시설 및 동물화장시설은 제외한다)의 용도로 쓰는 건축물과 철강 관련 업종의 공장 중 제어실로 사용하기 위하여 연면적 50제곱미터 이하로 증축하는 부분은 제외한다.

② 법 제50조제1항 단서에 따라 막구조의 건축물은 주요구조부에만 내화구조로 할 수 있다. 〈개정 2019.10.22.〉

해설 내화구조는 화재에 견딜 수 있는 성능의 구조로서 큰 변형을 일으키지 않는 한 재사용이 가능한 것이라 할 수 있다. 비교적 큰 규모의 건축물에 있어서는 건축물의 주요구조부를 내화구조로 하게 하여 도괴(倒壞)에 의한 인명피해 및 화재의 확산을 방지하고자 하였다.

【1】주요구조부와 지붕을 내화구조로 하여야 하는 건축물

건축물의 용도		해당용도의 바닥면적의 합계	3층 이상 건축물 또는 지하층 있는 건축물	기 타
1	① 공연장·종교집회장 　(제2종 근린생활시설 중) ② 문화 및 집회시설 　(전시장 및 동·식물원 제외) ③ 종교시설 ④ 주점영업(위락시설 중) ⑤ 장례시설	관람석 또는 집회실의 바닥면적의 합계가 200㎡(①은 300㎡) 이상* *옥외관람석은 1,000㎡ 이상	• 바닥면적에 관계없이 내화구조로 함 • 2층 이하인 건축물인 경우 지하층 부분만 해당	－
2	① 전시장 또는 동·식물원 　(문화 및 집회시설 중) ② 판매시설 ③ 운수시설 ④ 체육관·강당(교육연구시설에 설치) ⑤ 수련시설 ⑥ 체육관·운동장(운동시설 중) ⑦ 위락시설(주점영업 제외) ⑧ 창고시설 ⑨ 위험물저장 및 처리시설 ⑩ 자동차 관련 시설 ⑪ 방송국·전신전화국·촬영소 　(방송통신시설 중) ⑫ 화장시설·동물화장시설(묘지관련시설 중) ⑬ 관광휴게시설	500㎡ 이상	예외 다음 용도는 제외 ① 단독주택(다중주택 및 다가구주택 제외) ② 동물 및 식물관련시설 ③ 발전시설(발전소의 부속용도로 쓰는 시설 제외) ④ 교도소·소년원 ⑤ 묘지 관련 시설 　(화장시설 및 동물화장시설 제외) ⑥ 철강 관련 업종의 공장 중 제어실로 사용하기 위하여 연면적 50㎡ 이하로 증축하는 부분	－
3	• 공장	2,000㎡ 이상		화재의 위험이 적은 공장으로서 국토교통부령이 정하는 공장 제외(피난·방화규칙 제20조의2 별표2의 업종의 공장으로서 주요구조부가 불연재료로 되어 있는 2층 이하의 공장)
4	건축물의 2층이 다음의 용도로 사용하는 것 ① 다중주택·다가구주택(단독주택 중) ② 공동주택 ③ 제1종 근린생활시설(의료의 용도에 쓰는 시설만 해당) ④ 다중생활시설 　(제2종 근린생활시설 중) ⑤ 의료시설 ⑥ 아동관련시설·노인복지시설 　(노유자시설 중) ⑦ 유스호스텔(수련시설 중) ⑧ 오피스텔(업무시설 중) ⑨ 숙박시설 ⑩ 장례시설	400㎡ 이상		－

■ 연면적이 50㎡ 이하인 단층 부속건축물로서 외벽 및 처마 밑면을 방화구조로 한 것은 제외
■ 무대 바닥 제외
■ 막구조의 건축물은 주요구조부에만 내화구조로 할 수 있음

【2】 내화구조의 정의$\left(\begin{smallmatrix}영\\제2조\end{smallmatrix}\right)\left(\begin{smallmatrix}피난·방화\\제3조\end{smallmatrix}\right)$

> **영 제2조 【정의】**
>
> 7. "내화구조(耐火構造)"란 화재에 견딜 수 있는 성능을 가진 구조로서 국토교통부령으로 정하는 기준에 적합한 구조를 말한다.

■ 내화구조의 성능기준(제3조8호 관련, 피난·방화규칙 별표1)

1. 일반기준

(단위 : 시간)

용도 \ 구성 부재			벽						보·기둥	바닥	지붕·지붕틀
			외벽			내벽					
			내력벽	비내력벽		내력벽	비내력벽				
용도구분	용도규모 층수/최고높이(m)			연소우려가 있는 부분	연소우려가 없는 부분		간막이벽	승강기·계단실의 수직벽			
일반시설 제1종 근린생활시설, 제2종 근린생활시설, 문화 및 집회시설, 종교시설, 판매시설, 운수시설, 교육연구시설, 노유자시설, 수련시설, 운동시설, 업무시설, 위락시설, 자동차 관련 시설(정비공장 제외), 동물 및 식물 관련 시설, 교정 및 군사 시설, 방송통신시설, 발전시설, 묘지 관련 시설, 관광 휴게시설, 장례시설	12/50	초과	3	1	0.5	3	2	2	3	2	1
		이하	2	1	0.5	2	1.5	1.5	2	2	0.5
	4/20 이하		1	1	0.5	1	1	1	1	1	0.5
주거시설 단독주택, 공동주택, 숙박시설, 의료시설	12/50	초과	2	1	0.5	2	2	2	3	2	1
		이하	2	1	0.5	2	1	1	2	2	0.5
	4/20 이하		1	1	0.5	1	1	1	1	1	0.5
산업시설 공장, 창고시설, 위험물 저장 및 처리시설, 자동차 관련 시설 중 정비공장, 자연순환 관련 시설	12/50	초과	2	1.5	0.5	2	1.5	1.5	3	2	1
		이하	2	1	0.5	2	1	1	2	2	0.5
	4/20 이하		1	1	0.5	1	1	1	1	1	0.5

2. 적용기준

가. 용도

　1) 건축물이 하나 이상의 용도로 사용될 경우 위 표의 용도구분에 따른 기준 중 가장 높은 내화시간의 용도를 적용한다.

　2) 건축물의 부분별 높이 또는 층수가 다를 경우 최고 높이 또는 최고 층수를 기준으로 제1호에 따른 구성 부재별 내화시간을 건축물 전체에 동일하게 적용한다.

　3) 용도규모에서 건축물의 층수와 높이의 산정은 「건축법 시행령」 제119조에 따른다. 다만, 승강기탑, 계단탑, 망루, 장식탑, 옥탑 그 밖에 이와 유사한 부분은 건축물의 높이와 층수의 산정에서 제외한다.

나. 구성 부재

　1) 외벽 중 비내력벽으로서 연소우려가 있는 부분은 제22조제2항에 따른 부분을 말한다.

　2) 외벽 중 비내력벽으로서 연소우려가 없는 부분은 제22조제2항에 따른 부분을 제외한 부분을 말한다.

　3) 내벽 중 비내력벽인 간막이벽은 건축법령에 따라 내화구조로 해야 하는 벽을 말한다.

다. 그 밖의 기준

　1) 화재의 위험이 적은 제철·제강공장 등으로서 품질확보를 위해 불가피한 경우에는 지방건축위원회의 심의를 받아 주요구조부의 내화시간을 완화하여 적용할 수 있다.

　2) 외벽의 내화성능 시험은 건축물 내부면을 가열하는 것으로 한다.

■ 내화구조 상세

구분	철근콘크리트조 철골철근콘크리트조	철골조		철재로 보강된 콘크리트블록조, 벽돌조, 석조	기타구조
		피복재	피복두께		
벽	두께≥10cm	골구 :철골조		철재로 보강된 콘크리트블록조, 벽돌조 또는 석조-철재보강 덮은 두께 ≥5cm	벽돌조≥19cm / 고온고압의 증기로 양생된 경량기포콘크리트패널 또는 경량기포 콘크리트 블록 두께≥10cm
		철망모르타르	≥4cm		
		콘크리트블록, 벽돌, 석재	≥5cm		
외벽 중 비내력 벽	두께≥7cm	골구 :철골조		철재로 보강된 콘크리트블록조, 벽돌조 또는 석조로서 철제에 덮은 콘크리트블록 등의 두께 ≥ 4cm	무근콘크리트, 콘크리트블록조, 벽돌조 또는 석조 두께≥7cm
		철망모르타르	≥3cm		
		콘크리트블록, 벽돌또는석재	≥4cm		
기둥 (작은 지름이 25cm 이상인 것)	≥25cm ≥25cm	철골 작은지름 ≥25cm		─	고강도 콘크리트(50MPa이상)의 경우 고강도 콘크리트 내화성능 관리 기준에 적합할 것
		철망모르타르	≥6cm		
		철망모르타르/ 경량골재사용	≥5cm		
		콘크리트블록, 벽돌, 석재	≥7cm		
		콘크리트	≥5cm		
바닥	두께≥10cm	철재		철재로 보강된 콘크리트블록조, 벽돌조 또는 석조로서 철제에 덮은 콘크리트블록 등의 두께 ≥ 5cm	─
		철망모르타르	≥5cm		
		콘크리트	≥5cm		
보 (지붕틀 포함)	치수규제없음	철골		─	철골조 지붕틀 반자없음 H≥4m / 불연재료의 반자 H≥4m 고강도 콘크리트(50MPa이상)의 경우 고강도 콘크리트 내화성능 관리 기준에 적합할 것
		철망모르타르	≥6cm		
		철망모르타르 (경량골재사용)	≥5cm		
		콘크리트	≥5cm		

| 지붕 |
치수규제 없음 | • 철재로 보강된 유리블록
• 망입유리*로 된 것 | 철재로 보강된 콘크리트 블록조, 벽돌조 또는 석조 덮은 두께 제한없음 | *망입유리: 두꺼운 판유리에 철망 넣은 것 |
| 계단 |
치수규제없음 | 철골조계단 | 철재로 보강된 콘크리트 블록조, 벽돌조 또는 석조 덮은 두께 제한없음 | 무근콘크리트조, 콘크리트블록조, 벽돌조, 석조 치수 제한없음 |

■ 이 표에서 철망모르타르는 그 바름바탕을 불연재료로 한 것에 한정함
■ 국토교통부장관이 정하여 고시하는 방법에 따라 품질을 시험한 결과 「피난·방화규칙」 별표1에 따른 성능기준에 적합할 것
■ 한국건설기술연구원장이 인정기준에 따라 인정하는 것 등도 내화구조로 인정됨

【관련 질의회신】

증축으로 인하여 내화구조 대상이 되는 경우 적용기준

국토부 고객만족센터, 2008.5.26

질의 지하1층~지상2층이 근린생활시설이고 지상3층이 단독주택인 건축물에 대하여 지상3층을 증축하려고 할 경우 내화구조 대상 건축물인지 여부

회신 3층 이상의 건축물 및 지하층이 있는 건축물의 주요구조부에 대하여는 이를 내화구조로 하도록 하고 있는 「건축법 시행령」 56조제1항제6호의 규정 등에 적합하여야 할 것임

커튼월을 내화구조가 필요한 외벽으로 보는지 여부

건교부 건축기획팀-639, 2006.2.1

질의 방화지구 안에서 도로변에 면한 건축물 외부를 커튼월로 할 경우, 건축법 제41조제1항 규정에 의한 외벽으로 보아 내화구조로 하여야 하는 지 아니면, 창호로 보아 내화구조로 하지 않아도 되는 지 여부

회신 커튼월은 유리등을 건축물 구조체에 고정부착하여 하중을 지지하지 않고 비바람 차단의 칸막이 역할을 하는 비내력 구조체로서 초고층 건축물에 사용이 증가하고 있는 추세이며, 외벽 또는 창호로 모두 해석이 가능할 것임.

그러나 이를 내화구조가 필요한 외벽으로 간주하여 사용을 제한하는 것은 첨단 건축기술발전을 저해할 우려가 있는 바, 「건축법」 제41조제1항 규정을 적용함에 있어 커튼월을 내화구조가 필요한 외벽으로 보는 것은 부적합하다고 판단됨(※ 법 제41조→ 제51조, 2008.3.21, 개정)

공작물로 된 주차장의 내화구조 시공여부

건교부 건축기획팀-1851, 2005.12.9

질의 건축법 시행령 제118조의 규정에 의한 공작물에 해당하는 주차장인 경우 동법 제40조의 규정에 의한 내화구조 규정을 적용하여야 하는지 여부

회신 건축법 시행령 제118조제1항제8호의 규정에 의한 공작물에 해당하는 주차장은 동조 제3항의 규정에 의하여 동법 제40조(건축물의 내화구조 및 방화벽)의 규정을 준용하지 않는 것임(※ 법 제40조 ⇒ 제50조, 2008.3.21)

내화구조 두께가 다른 경우 두께산정방법

건교부 건축 58070-20, 1996.1.5

질의 건축물의 피난·방화구조 등의 기준에 관한 규칙 제3조제4호의 규정에 의하면 철근콘크리트조로서 바닥의 두께가 10센티미터 이상인 것은 내화구조인 바, 데크플레이트를 사용하였을 때 콘크리트 스라브 두께가 각각 다를 경우에 있어서 두께산정방법과 두께 10센티미터에 보호모르타르의 두께도 포함되는지.

회신 질의의 경우와 같이 바닥에 데크플레이트를 실치하였을 경우 바닥두께가 각각 다를 경우에 있어서 두께산정방법은 가장 얇은 부분(②)의 두께를 말하는 것이며, 이때 바닥의 두께에서 보호모르타르는 포함되지 않는 것임

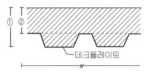

---

⑨ 방화구조 (영 제2조제8호)(피난·방화 제4조)

> **영 제2조【정의】**
> 8. "방화구조(防火構造)"란 화염의 확산을 막을 수 있는 성능을 가진 구조로서 국토교통부령으로 정하는 기준에 적합한 구조를 말한다.

해설 방화구조는 내화구조보다 방화에 대한 성능이 약한 구조로서 연소방지의 역할을 한다.

■ 방화구조 상세

구분	구 조	마감바탕	마 감
1	철망 / 모르타르 / ≥2.0cm	철망	모르타르
2	시멘트모르타르·회반죽 / ≥2.5cm / 석고판	석고판	시멘트모르타르 또는 회반죽
3	타일 / ≥2.5cm / 시멘트모르타르	시멘트모르타르	타일
4	흙 / 외 또는 산자 / 흙	심벽 (외 또는 산자)	흙으로 맞벽치기
5	「산업표준화법」에 따른 한국산업표준(이하 "한국산업표준")에 따라 시험한 결과 방화2급 이상에 해당하는 것		

4 방화지구 안의 건축물 (법 제51조) (영 제58조) (피난·방화 제23조)

법 제51조【방화지구안의 건축물】

① 「국토의 계획 및 이용에 관한 법률」 제37조제1항제3호에 따른 방화지구(이하 "방화지구"라 한다) 안에서는 건축물의 주요구조부와 지붕·외벽을 내화구조로 하여야 한다. 다만, 대통령령으로 정하는 경우에는 그러하지 아니하다. 〈개정 2018.8.14.〉

② 방화지구 안의 공작물로서 간판, 광고탑, 그 밖에 대통령령으로 정하는 공작물 중 건축물의 지붕 위에 설치하는 공작물이나 높이 3미터 이상의 공작물은 주요부를 불연(不燃)재료로 하여야 한다.

③ 방화지구 안의 지붕·방화문 및 인접 대지 경계선에 접하는 외벽은 국토교통부령으로 정하는 구조 및 재료로 하여야 한다.

영 제58조【방화지구안의 건축물】

법 제51조제1항에 따라 그 주요구조부 및 외벽을 내화구조로 하지 아니할 수 있는 건축물은 다음 각 호와 같다.

1. 연면적 30제곱미터 미만인 단층 부속건축물로서 외벽 및 처마면이 내화구조 또는 불연재료로 된 것

2. 도매시장의 용도로 쓰는 건축물로서 그 주요구조부가 불연재료로 된 것

해설 방화지구는 도시의 화재위험을 예방하기 위하여 필요한 구역으로서 많은 건축물이 밀집된 도심 등에 지정하는 지구이다. 이러한 방화지구에서는 화재시 인접건축물로의 연소확대에 의하여 큰 화재로 진전될 우려가 있으므로, 지구내의 모든 건축물을 내화구조로 하게 하였고, 간판·광고탑 및 인접대지경계선에 접하는 연소할 우려가 있는 개구부의 조치도 규정하여 안전에 대비하고 있다.

【1】 방화지구에서의 건축물

구분	내 용		구조 및 재료	그림상세해설
원칙	건축물의 주요구조부와 지붕·외벽		내화구조	
	지붕(내화구조가 아닌 것)		불연재료	
	간판·광고탑 등의 공작물	지붕위에 설치	불연재료	
		지상에 설치(높이 3m 이상인 경우)		
	• 외벽의 창문 등으로서 연소의 우려가 있는 부분		60+방화문, 60분방화문 ·방화설비	
예외	• 연면적 30㎡ 미만인 단층 부속건축물로서 외벽 및 처마면이 내화구조 또는 불연재료로 된 것			방화지구내의 원칙에서 제외
	• 도매시장의 용도에 쓰는 건축물로서 그 주요구조부가 불연재료로 된 것			

【참고】 방화지구(「국토의 계획 및 이용에 관한 법률」 제37조)
- 화재의 위험을 예방하기 위하여 필요한 지구
- 국토교통부장관, 시·도지사 또는 대도시 시장이 도시·군관리계획으로 지정함

【2】 방화지구 안의 외벽의 개구부에 대한 조치

방화지구 내 건축물의 인접대지경계선에 접하는 외벽에 설치하는 창문등으로서 연소할 우려가 있는 부분에 다음의 방화설비를 설치해야 한다.

1. 60+방화문 또는 60분방화문
2. 창문 등에 설치하는 드렌처(소방법령이 정하는 기준에 적합한 것)
3. 내화구조나 불연재료로 된 벽·담장 등 이와 유사한 방화설비
4. 환기구멍에 설치하는 불연재료로 된 방화커버 또는 그물눈이 2㎜ 이하인 금속망

【참고1】

연소할 우려가 있는 부분(① 인접대지경계선 ② 도로중심선 ③ 동일 대지안의 2동 이상의 건축물 상호의 외벽간 중심선에서 1층 부분 3m 이내, 2층 이상 부분 5m 이내)에서 벗어나면 개구부의 규제는 없다.

【참고2】 방화지구 내·외에 걸칠 때의 경우

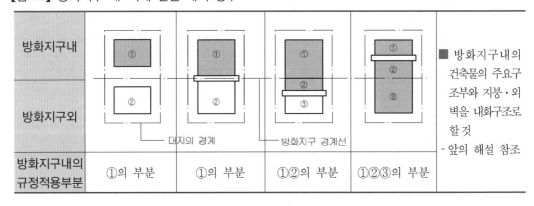

【관련 질의회신】

방화지구내 건축물의 인접대지경계에 면하는 부분에 고정창을 설치시 방화설비 설치여부

건교부 건축 58070-1468, 2003.8.11

질의 방화지구내에 신축하는 철근콘크리트조 건축물(지상10층, 지하1층, 연면적 700㎡)에 대하여 인접대지 경계에 면하는 부분에 고정창을 설치하고자 하는 경우 방화설비를 하여야 하는지 여부

회신 귀 질의의 건축물의 경우 건축물의 피난·방화구조 등의 기준에 관한 규칙 제23조제2항의 규정에 의거 방화지구안의 건축물의 인접대지경계선에 접하는 외벽에 설치하는 창문 등으로서 동 규칙 제22조제2항의 규정에 의거 연소할 우려가 있는 부분에는 방화문 기타 방화설비를 하여야하는 것임

5 건축물의 마감재료 (법 제52조) (영 제61조) (피난·방화 제24조, 제24조의2)

법 제52조 【건축물의 마감재료 등】

① 대통령령으로 정하는 용도 및 규모의 건축물의 벽, 반자, 지붕(반자가 없는 경우에 한정한다) 등 내부의 마감재료[제52조의4제1항의 복합자재의 경우 심재(心材)를 포함한다]는 방화에 지장이 없는 재료로 하되, 「실내공기질 관리법」 제5조 및 제6조에 따른 실내공기질 유지기준 및 권고기준을 고려하고 관계 중앙행정기관의 장과 협의하여 국토교통부령으로 정하는 기준에 따른 것이어야 한다. 〈개정 2021.3.16〉

② 대통령령으로 정하는 건축물의 외벽에 사용하는 마감재료(두 가지 이상의 재료로 제작된 자재의 경우 각 재료를 포함한다)는 방화에 지장이 없는 재료로 하여야 한다. 이 경우 마감재료의 기준은 국토교통부령으로 정한다. 〈개정 2021.3.16.〉

③ 욕실, 화장실, 목욕장 등의 바닥 마감재료는 미끄럼을 방지할 수 있도록 국토교통부령으로 정하는 기준에 적합하여야 한다. 〈신설 2013.7.16.〉

④ 대통령령으로 정하는 용도 및 규모에 해당하는 건축물 외벽에 설치되는 창호(窓戶)는 방화에 지장이 없도록 인접 대지와의 이격거리를 고려하여 방화성능 등이 국토교통부령으로 정하는 기준에 적합하여야 한다. 〈신설 2020.12.22.〉

[제목개정 2020.12.22.]

영 제61조 【건축물의 마감재료】

① 법 제52조제1항에서 "대통령령으로 정하는 용도 및 규모의 건축물"이란 다음 각 호의 어느 하나에 해당하는 건축물을 말한다. 다만, 그 주요구조부가 내화구조 또는 불연재료로 되어 있고 그 거실의 바닥면적(스프링클러나 그 밖에 이와 비슷한 자동식 소화설비를 설치한 바닥면적을 뺀 면적으로 한다. 이하 이 조에서 같다) 200제곱미터 이내마다 방화구획이 되어 있는 건축물은 제외한다. 〈개정 2021.8.10.〉

　1. 단독주택 중 다중주택·다가구주택

　1의2. 공동주택

　2. 제2종 근린생활시설 중 공연장·종교집회장·인터넷컴퓨터게임시설제공업소·학원·독서실·당구장·다중생활시설의 용도로 쓰는 건축물

　3. 발전시설, 방송통신시설(방송국·촬영소의 용도로 쓰는 건축물로 한정한다)

　4. 공장, 창고시설, 위험물 저장 및 처리 시설(자가난방과 자가발전 등의 용도로 쓰는 시설을 포함한다), 자동차 관련 시설의 용도로 쓰는 건축물

　5. 5층 이상인 층 거실의 바닥면적의 합계가 500제곱미터 이상인 건축물

　6. 문화 및 집회시설, 종교시설, 판매시설, 운수시설, 의료시설, 교육연구시설 중 학교·학원, 노유자시설, 수련시설, 업무시설 중 오피스텔, 숙박시설, 위락시설, 장례시설

　7. 삭제 〈2021.8.10.〉

　8. 「다중이용업소의 안전관리에 관한 특별법 시행령」 제2조에 따른 다중이용업의 용도로 쓰는 건축물

② 법 제52조제2항에서 "대통령령으로 정하는 건축물"이란 다음 각 호의 건축물에 해당하는 것을 말한다. 〈개정 2021.8.10.〉

　1. 상업지역(근린상업지역은 제외한다)의 건축물로서 다음 각 목의 어느 하나에 해당하는 것

　가. 제1종 근린생활시설, 제2종 근린생활시설, 문화 및 집회시설, 종교시설, 판매시설, 의료시설, 교육연구시설, 노유자시설, 운동시설 및 위락시설의 용도로 쓰는 건축물로서 그 용도로 쓰는 바닥면적의 합계가 2천제곱미터 이상인 건축물

> 나. 공장(국토교통부령으로 정하는 화재 위험이 적은 공장은 제외한다)의 용도로 쓰는 건축
>   물로부터 6미터 이내에 위치한 건축물
> 2. 의료시설, 교육연구시설, 노유자시설 및 수련시설의 용도로 쓰는 건축물
> 3. 3층 이상 또는 높이 9미터 이상인 건축물
> 4. 1층의 진부 또는 일부를 필로티 구조로 설치하여 주차장으로 쓰는 건축물
> 5. 제1항제4호에 해당하는 건축물
> ③ 법 제52조제4항에서 "대통령령으로 정하는 용도 및 규모에 해당하는 건축물"이란 제2
> 항 각 호의 건축물을 말한다. 〈신설 2021.5.4〉

해설 화재발생시 불의 확산을 방지하는 것이 화재초기에 매우 중요하다.

따라서 많은 사람들이 이용하는 일정규모 이상의 건축물에 있어서는 연소방지 및 화재진전을 억제하기 위하여 내부마감재료를 불연·준불연·난연재료 등 불에 타지 않는 성능의 재료를 사용하게 하였고, 피난로, 지하층의 거실 및 문화 및 집회시설 등에 있어서는 제한규정을 강화하여 불연·준불연재료만을 사용하게 하였다.

또한, 화재 발생시 그 피해가 막대할 것으로 예상되는 상업지역의 문화 및 집회시설 등 건축물과 공장 및 6층 이상의 건축물 등의 경우 외벽으로의 화재 확산을 방지를 위해 외벽 마감재료를 불연·준불연재료만을 사용하도록 규제하였다.

① 용도별 건축물의 내부 마감재료의 제한

다음 용도 및 규모의 건축물의 벽, 반자, 지붕(반자가 없는 경우) 등 내부의 마감재료(복합자재의 경우 심재 포함)[1]는 방화에 지장이 없는 재료로 하되, 실내공기질 유지기준 및 권고기준【참고1,2】을 고려하고 관계 중앙행정기관의 장과 협의하여 국토교통부령으로 정하는 기준에 따라야 함.

예외1 주요구조부가 내화구조 또는 불연재료로 된 건축물로서 그 거실의 바닥면적[2] 200㎡이내마다 방화구획되어 있는 건축물(7호 건축물은 제외)

예외2 벽 및 반자의 실내에 접하는 부분 중 반자돌림대·창대 기타 이와 유사한 것은 마감재료 규정 적용을 제외함

	건축물의 용도	해당 용도의 거실의 바닥면적[2]의 합계	적용구분 (벽 및 반자의 실내측 부분)	내부 마감재료		
				불연	준불연	난연
1	① 다중주택·다가구주택(단독주택 중) ② 공동주택[3]	면적에 관계없이 적용	거실	○	○	○
			통로 등[4] (복도, 계단)	○	○	×
2	(제2종 근린생활시설 중) 공연장·종교집회장·인터넷컴퓨터게임시설제공업소·학원·독서실·당구장·다중생활시설	면적에 관계없이 적용	거실	○	○	○
			통로	○	○	×
3	① 발전시설 ② 방송국·촬영소(방송통신시설 중)	면적에 관계없이 적용	거실	○	○	○
			통로	○	○	×
4	① 공장 ② 창고시설 ③ 자동차 관련 시설 ④ 위험물 저장 및 처리 시설(자가 난방, 자가발전 등의 용도로 쓰는 시설 포함)	면적에 관계없이 적용	거실[5]	○	○	○
			통로	○	○	×
5	5층 이상의 건축물	500㎡이상	거실	○	○	○
			통로	○	○	×

6	① 문화 및 집회시설 ② 종교시설 ③ 판매시설 ④ 운수시설 ⑤ 의료시설 ⑥ 교육연구시설 중 학교·학원 ⑦ 노유자시설 ⑧ 수련시설 ⑨ 업무시설 중 오피스텔 ⑩ 숙박시설 ⑪ 위락시설 ⑫ 장례시설	면적에 관계없이 적용	거실	○	○	×
			통로	○	○	×
7	다중이용업의 용도로 쓰는 건축물(「다중이용업소의 안전관리에 관한 특별법 시행령」 제2조)	면적에 관계없이 적용	거실	○	○	○
			통로	○	○	×
8	1~7의 용도에 쓰이는 거실 등을 지하층 또는 지하의 공작물에 설치하는 경우 그 거실 (출입문 및 문틀 포함)	면적에 관계없이 적용	거실	○	○	×
			통로	○	○	×

1) 내부 마감재료 : 건축물 내부의 천장·반자·벽(경계벽 포함)·기둥 등에 부착되는 마감재료
　다만, 「다중이용업소의 안전관리에 관한 특별법 시행령」 제3조에 따른 실내장식물을 제외
2) 거실 바닥면적산정시 스프링클러 등 자동식 소화설비를 설치한 부분의 바닥면적은 제외함
3) 공동주택에는 「실내공기질관리법」에 따라 환경부장관이 고시한 오염물질방출 건축자재 사용 금지
4) 통로 등: ·거실에서 지상으로 통하는 주된 복도·계단, 그 밖의 벽 및 반자의 실내에 접하는 부분
　　　　　·강판과 심재(心材)로 이루어진 복합자재를 마감재료로 사용하는 부분
5) 4호의 거실의 실내에 접하는 부분의 마감재료에 단열재를 포함
※ 4호 건축물에서 단열재를 불연, 준불연, 난연재료의 사용이 곤란하여 지방건축위원회의 심의를 거친 경우 다른 재료로 사용할 수 있다.

【참고1】 실내공기질 유지기준 및 권고기준(「실내공기질관리법 시행규칙」 별표2, 3)

[별표 2] 실내공기질 유지기준(제3조 관련) <개정 2020.4.3>

오염물질 항목 다중이용시설	미세먼지 (PM-10) ($\mu g/m^3$)	미세먼지 (PM-2.5) ($\mu g/m^3$)	이산화 탄소 (ppm)	폼알데 하이드 ($\mu g/m^3$)	총부유 세균 (CFU/m^3)	일산화탄소 (ppm)
가. 지하역사, 지하도상가, 철도역사의 대합실, 여객자동차터미널의 대합실, 항만시설 중 대합실, 공항시설 중 여객터미널, 도서관·박물관 및 미술관, 대규모 점포, 장례식장, 영화상영관, 학원, 전시시설, 인터넷컴퓨터게임시설제공업의 영업시설, 목욕장업의 영업시설	100 이하	50 이하	1,000 이하	100 이하	–	10 이하
나. 의료기관, 산후조리원, 노인요양시설, 어린이집, 실내 어린이놀이시설	75 이하	35 이하		80 이하	800 이하	
다. 실내주차장	200 이하	–		100 이하	–	25 이하
라. 실내 체육시설, 실내 공연장, 업무시설, 둘 이상의 용도에 사용되는 건축물	200 이하	–	–	–	–	–

비고:
1. 도서관, 영화상영관, 학원, 인터넷컴퓨터게임시설제공업 영업시설 중 자연환기가 불가능하여 자연환기설비 또는 기계환기설비를 이용하는 경우에는 이산화탄소의 기준을 1,500ppm 이하로 한다.
2. 실내 체육시설, 실내 공연장, 업무시설 또는 둘 이상의 용도에 사용되는 건축물로서 실내 미세먼지(PM-10)의 농도가) 200$\mu g/m^3$에 근접하여 기준을 초과할 우려가 있는 경우에는 실내공기질의 유지를 위하여 다음 각 목의 실내공기정화시설(덕트) 및 설비를 교체 또는 청소하여야 한다.
　가. 공기정화기와 이에 연결된 급·배기관(급·배기구를 포함한다)
　나. 중앙집중식 냉·난방시설의 급·배기구
　다. 실내공기의 단순배기관
　라. 화장실용 배기관
　마. 조리용 배기관

[별표 3] 실내공기질 권고기준(제4조 관련) <개정 2020.4.3.>

다중이용시설 오염물질 항목	이산화질소 (ppm)	라돈 (Bq/㎥)	총휘발성 유기화합물 (μg/㎥)	곰팡이 (CFU/㎥)
가. 지하역사, 지하도상가, 철도역사의 대합실, 여객자동차터미널의 대합실, 항만시설 중 대합실, 공항시설 중 여객터미널, 도서관·박물관 및 미술관, 대규모점포, 장례식장, 영화상영관, 학원, 전시시설, 인터넷컴퓨터게임시설제공업의 영업시설, 목욕장업의 영업시설	0.1 이하	148 이하	500 이하	–
나. 의료기관, 산후조리원, 노인요양시설, 어린이집, 실내 어린이놀이시설	0.05 이하		400 이하	500 이하
다. 실내주차장	0.30 이하		1,000 이하	–

【참고2】 소규모 공장용도 건축물의 내부마감재료(적용제외의 경우)

구 분	내 용
1. 화재위험이 적은 공장 용도로 사용	피난·방화규칙 별표 3의 용도[1](공장의 일부 또는 전체를 기숙사 및 구내식당의 용도로 사용하는 건축물은 제외)
2. 화재시 대피가능한 출구를 갖출 것	건축물 내부의 각 부분으로부터 가장 가까운 거리에 있는 출구 기준 −보행거리 30m 이내 −유효너비 1.5m 이상

3. 복합자재[2]를 내부마감재료로 사용하는 경우 품질기준[3]에 적합할 것	2) 복합자재의 기준
	−불연성인 재료와 불연성이 아닌 재료가 복합된 자재로서
	−외부의 양면(철판, 알루미늄, 콘크리트박판 등의 재료로 이루어진 것)과 심재(心材)로 구성된 것
	3) 품질기준: 한국산업표준에서 정하는 다음의 요건을 갖춘 것
	① 강판 : ㉠ 두께:0.5㎜ 이상(도금 이후 도장 전 두께)
	    ㉡ 앞면 도장 횟수 : 2회 이상
	    ㉢ 도금 부착량 : 종류별 다음 기준에 적합할 것
	      • 용융 아연 도금 강판: 180g/㎡ 이상일 것
	      • 용융 아연 알루미늄 마그네슘 합금 도금 강판: 90g/㎡ 이상일 것
	      • 용융 55% 알루미늄 아연 마그네슘 합금 도금 강판: 90g/㎡ 이상일 것
	      • 용융 55% 알루미늄 아연 합금 도금 강판: 90g/㎡ 이상일 것
	      • 그 밖의 도금: 국토교통부장관이 정하여 고시하는 기준에 적합할 것
	② 심재 : ㉠ 발포 폴리스티렌 단열재로서 비드보온판 4호 이상인 것
	    ㉡ 경질 폴리우레탄 폼 단열재로서 보온판 2종2호 이상인 것
	    ㉢ 밖의 심재는 불연재료·준불연재료 또는 난연재료인 것

② 건축물의 외벽 마감재료의 제한

【1】 방화에 지장없는 재료의 사용

다음 건축물의 외벽에 사용하는 마감재료(두 가지 이상의 재료로 제작된 자재의 경우 각 재료를 포함)는 방화에 지장이 없는 재료로 하여야 한다.

(1) 대상 건축물의 종류 등		(2) 외벽 마감재료	(3) 5층 이하이면서 22m 미만 건축물
1. 상업지역(근린상업지역 제외)의 건축물	• 제1종 근린생활시설, 제2종 근린생활시설, 문화 및 집회시설, 종교시설, 판매시설, 의료시설, 교육연구시설, 노유자시설, 운동시설 및 위락시설로 쓰는 바닥면적의 합계 2,000㎡ 이상인 건축물	① 불연재료 또는 준불연재료를 마감재료[2]로 사용 ② 화재 확산 방지구조 기준【참고2】에 적합하게 마감재료를 설치하면 난연재료[3] 허용	① 난연재료[3] 허용 ② 화재확산방지구조에 적합한 경우 난연성능 없는 재료[3]도 허용
	• 공장(화재 위험이 적은 공장[1] 제외)에서 6m 이내에 위치한 건축물		
2. 의료시설, 교육연구시설, 노유자시설, 수련시설의 용도로 쓰는 건축물			–
3. 3층 이상 또는 높이 9m 이상인 건축물			위 ①, ②와 같음
4. 1층의 전부 또는 일부를 필로티 구조로 설치하여 주차장으로 쓰는 건축물의 외벽* 중 1층과 2층 부분 * 필로티 구조의 외기에 면하는 천장 및 벽체 포함		① 불연재료 또는 준불연재료 ② 난연성능 시험[3] 결과 ①에 해당하는 경우 난연재료를 단열재로 사용 가능	–
5. 앞 ①의 표 4.에 해당하는 건축물 ① 공장 ② 창고시설 ③ 자동차 관련 시설 ④ 위험물 저장 및 처리 시설(자가 난방, 자가발전 등의 용도로 쓰는 시설 포함)			위 ①, ②와 같음

1) 화재위험이 적은 공장 : 피난·방화규칙 별표3 【참고】의 업종에 해당하는 공장(공장의 일부 또는 전체를 기숙사 및 구내식당으로 사용하는 건축물은 제외)
2) 단열재, 도장 등 코팅재료 및 그 밖에 마감재료를 구성하는 모든 재료를 포함
3) 강판과 심재로 이루어진 복합자재가 아닌 것으로 한정

※ [1] 강판과 심재로 이루어진 복합자재의 마감재료 요건

■ 다음 요건을 모두 갖출 것

1. 강판과 심재 전체를 하나로 보아 실물모형시험[*1]을 한 결과가 기준[*2]을 충족할 것

2. 강판: 우측 모든 기준 충족	가. 두께[도금 이후 도장(塗裝) 전 두께]: 0.5㎜ 이상	
	나. 앞면 도장 횟수: 2회 이상	
	다. 도금의 부착량: 도금의 종류에 따라 우측란의 어느 하나에 해당할 것. 이 경우 도금의 종류는 한국산업표준에 따름	1) 용융 아연 도금 강판: 180g/㎡ 이상
		2) 용융 아연 알루미늄 마그네슘 합금 도금 강판: 90g/㎡ 이상
		3) 용융 55% 알루미늄 아연 마그네슘 합금 도금 강판: 90g/㎡ 이상
		4) 용융 55% 알루미늄 아연 합금 도금 강판: 90g/㎡ 이상
		5) 그 밖의 도금: 국토교통부장관이 정하여 고시하는 기준[*2] 이상
3. 심재: 강판을 제거한 심재가 우측 어느하나에 해당할 것	가. 한국산업표준에 따른 그라스울 보온판 또는 미네랄울 보온판으로서 기준[*2]에 적합한 것	
	나. 불연재료 또는 준불연재료인 것	

※ [2] 2 이상의 재료로 제작된 마감재료 요건[위 표의 (2), (3)]

■ 다음 요건을 모두 갖출 것

1. 마감재료를 구성하는 재료 전체를 하나로 보아 실물모형시험[*1]을 한 결과가 기준[*2]을 충족할 것

2. 마감재료를 구성하는 각각의 재료에 대하여 난연성능을 시험한 결과가 기준[*2]을 충족할 것
 예외 불연재료 사이에 다른 재료(두께 5㎜ 이하만 해당)를 부착하여 제작한 재료의 경우 전체를 하나의 재료로 보고 난연성능을 시험할 수 있으며, 불연재료에 0.1㎜ 이하의 두께로 도장을 한 재료의 경우 불연재료의 성능기준을 충족한 것으로 보고 난연성능 시험의 생략 가능

앞 ※ [1], [2]에서

*1 실물모형시험 : 실제 시공될 건축물의 구조와 유사한 모형으로 시험하는 것

*2 기준 : 건축자재등 품질인정 및 관리기준(국토교통부 고시 제2022-84호, 2022.2.11.제정) 제6장 참조

【참고】 화재 확산 방지구조 기준(건축자재등 품질인정 및 관리기준 제31조)

제31조【화재 확산 방지구조】

① 규칙 제24조제6항에서 "국토교통부장관이 정하여 고시하는 화재 확산 방지구조"는 수직 화재확산 방지를 위하여 외벽마감재와 외벽마감재 지지구조 사이의 공간(별표 9에서 "화재확산방지재료" 부분)을 다음 각 호 중 하나에 해당하는 재료로 매 층마다 최소 높이 400㎜ 이상 밀실하게 채운 것을 말한다.

1. 한국산업표준 KS F 3504(석고 보드 제품)에서 정하는 12.5mm 이상의 방화 석고 보드
2. 한국산업표준 KS L 5509(석고 시멘트판)에서 정하는 석고 시멘트판 6mm 이상인 것 또는 KS L 5114(섬유강화 시멘트판)에서 정하는 6mm 이상의 평형 시멘트판인 것
3. 한국산업표준 KS L 9102(인조 광물섬유 단열재)에서 정하는 미네랄울 보온판 2호 이상인 것
4. 한국산업표준 KS F 2257-8(건축 부재의 내화 시험 방법-수직 비내력 구획 부재의 성능 조건)에 따라 내화성능 시험한 결과 15분의 차염성능 및 이면온도가 120K 이상 상승하지 않는 재료

② 제1항에도 불구하고 영 제61조제2항제1호 및 제3호에 해당하는 건축물로서 5층 이하이면서 높이 22미터 미만인 건축물의 경우에는 화재확산방지구조를 매 두 개 층마다 설치할 수 있다.

[별표9] **화재 확산 방지구조의 예** [제31조 관련]

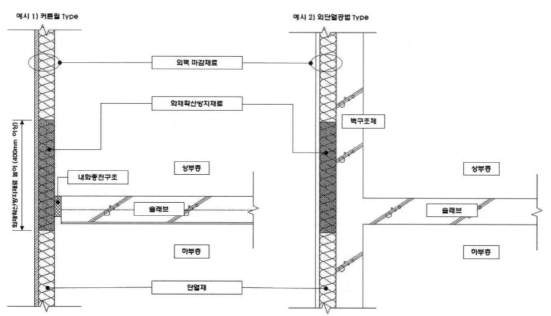

【2】 용도변경시의 예외 적용

건축물대장 기재내용 변경신청없이 용도변경이 가능한 대상(「건축법 시행령」 별표1의 같은 호 내에서의 용도변경) 중 예외적으로 용도변경시 기재내용 변경을 신청해야 하는 대상(아래 표)의 경우로서 스프링클러 또는 간이 스크링클러의 헤드가 창문등에서 60㎝ 이내에 설치되어 건축물 내부가 화재로부터 방호되는 경우 앞 【1】 의 마감재료에 대한 규정을 적용하지 않을 수 있다.

별표1의 호	목	세부용도
3. 제1종 근린생활시설	다.	목욕장
	라.	의원, 치과의원, 한의원, 침술원, 접골원(接骨院), 조산원, 안마원, 산후조리원 등 주민의 진료·치료 등을 위한 시설
4. 제2종 근린생활시설	가.	공연장(극장, 영화관, 연예장, 음악당, 서커스장, 비디오물감상실, 비디오물소극장 등)으로서 바닥면적의 합계가 500㎡ 미만인 것
	사.	소년게임제공업소, 복합유통게임제공업소, 인터넷컴퓨터게임시설제공업소 등 게임 관련 시설로서 바닥면적의 합계가 500㎡ 미만인 것
	카.	학원(자동차학원·무도학원 및 정보통신기술을 활용하여 원격으로 교습하는 것 제외), 교습소(자동차교습·무도교습 및 정보통신기술을 활용하여 원격으로 교습하는 것 제외), 직업훈련소(운전·정비 관련 직업훈련소는 제외)로서 바닥면적의 합계가 500㎡ 미만인 것
	파.	골프연습장, 놀이형시설
	더.	단란주점으로서 바닥면적의 합계가 150㎡ 미만인 것
	러.	안마시술소, 노래연습장
7. 판매시설	다.2)	청소년게임제공업의 시설, 일반게임제공업의 시설, 인터넷컴퓨터게임시설제공업의 시설 및 복합유통게임제공업의 시설로서 제2종 근린생활시설에 해당하지 않는 것
16. 위락시설	가.	단란주점으로서 제2종 근린생활시설에 해당하지 않는 것
	나.	유흥주점이나 그 밖에 이와 비슷한 것

③ 욕실 등 바닥 마감재료의 제한

욕실, 화장실, 목욕장 등의 바닥 마감재료는 미끄럼을 방지할 수 있도록 국토교통부 기준에 적합하여야 한다.

④ 외벽 창호의 기준 (법 제52조제4항)

다음 용도 및 규모에 해당하는 건축물 외벽에 설치되는 창호(窓戶)는 방화에 지장이 없도록 인접 대지와의 이격거리를 고려하여 방화성능 등이 국토교통부령으로 정하는 기준에 적합하여야 한다.

1. 상업지역(근린상업지역 제외)의 건축물	• 제1종 근린생활시설, 제2종 근린생활시설, 문화 및 집회시설, 종교시설, 판매시설, 의료시설, 교육연구시설, 노유자시설, 운동시설 및 위락시설로 쓰는 바닥면적의 합계 2,000㎡ 이상인 건축물 • 공장(화재 위험이 적은 공장 제외)에서 6m 이내에 위치한 건축물
2. 의료시설, 교육연구시설, 노유자시설, 수련시설의 용도로 쓰는 건축물	
3. 3층 이상 또는 높이 9m 이상인 건축물	
4. 1층의 전부 또는 일부를 필로티 구조로 설치하여 주차장으로 쓰는 건축물	
5. 다음 용도의 건축물 ① 공장 ② 창고시설 ③ 자동차 관련 시설 ④ 위험물 저장 및 처리 시설(자가 난방, 자가발전 등의 용도로 쓰는 시설 포함)	

■ 인접대지경계선에 접하는 외벽에 설치하는 창호(窓戶)와 인접대지경계선 간의 거리가 1.5m 이내인 경우 해당 창호는 방화유리창*으로 설치해야 한다.

예외 스프링클러 또는 간이 스프링클러의 헤드가 창호로부터 60㎝ 이내에 설치되어 건축물 내부가 화재로부터 방호되는 경우

* 한국산업표준 KS F 2845(유리구획 부분의 내화 시험방법)에 규정된 방법에 따라 시험한 결과 비차열 20분 이상의 성능이 있는 것

5 불연재료·준불연재료·난연재료 등

영 제2조【정의】

9. "난연재료(難燃材料)"란 불에 잘 타지 아니하는 성능을 가진 재료로서 국토교통부령으로 정하는 기준에 적합한 재료를 말한다.

10. "불연재료(不燃材料)"란 불에 타지 아니하는 성질을 가진 재료로서 국토교통부령으로 정하는 기준에 적합한 재료를 말한다.

11. "준불연재료"란 불연재료에 준하는 성질을 가진 재료로서 국토교통부령으로 정하는 기준에 적합한 재료를 말한다.

해설 불연재료 등은 방화정도에 따라 불연·준불연·난연재료 등으로 나누어진다. 이러한 재료 등은 화재시 연소현상을 일으키지 않는 재료로서 화재의 초기단계 및 진전에 있어 건축물의 연소방지 및 화재진행을 억제하기 위해 건축물의 벽 및 반자의 실내측에 접하는 부분의 방화재료로서 사용하도록 하고 있다. 또한 욕실 등에 있어서는 내수재료로서 방수성능을 확보하도록 규정하고 있다.

구 분	정 의	한국산업표준에 따른 시험결과	기 타
1. 불연재료	콘크리트, 석재, 벽돌·기와, 철강, 알루미늄, 유리, 시멘트모르타르, 회 및 기타 이와 유사한 것	질량감소율 등이 국토교통부장관이 정하여 고시하는 불연재료의 성능기준을 충족하는 것	• 시멘트모르타르 또는 회 등의 미장재를 사용하는 경우 건축공사 표준시방서에서 정한 두께 이상인 경우에 한함 • 불연성재료가 아닌 재료가 복합으로 구성된 경우 제외
2. 준불연재료	불연재료에 준하는 성질을 가진 재료	가스 유해성, 열방출량 등이 국토교통부장관이 정하여 고시하는 준불연재료의 성능기준을 충족하는 것	—
3. 난연재료	불에 잘 타지 아니하는 성질을 가진 재료	가스 유해성, 열방출량 등이 국토교통부장관이 정하여 고시하는 난연재료의 성능기준을 충족하는 것	—
4. 내수재료	벽돌, 자연석, 인조석, 콘크리트, 아스팔트, 도자기질재료, 유리 기타 이와 유사한 내수성의 건축재료	—	—

【관련 질의회신】

"건축물의 내부마감재료"에 바닥 마감재료의 포함 여부

건교부 건축기획팀-2633, 2006.4.27

질의 「건축법」제43조 규정에 의한 "건축물의 내부마감재료"에 바닥에 부착되는 마감재료도 포함되는지 여부

회신 「건축물의 피난·방화구조 등의 기준에 관한 규칙」제24조제3항 규정에 따라 「건축법」제43조 규정을 적용함에 있어 "내부마감재료"라 함은 건축물 내부의 천장·반자·벽(칸막이벽 포함)·기둥 등에 부착되는 마감재료를 말하는 바, 바닥에 부착되는 마감재료는 이에 포함되지 않는 것임(※ 법 제43조 ⇒ 제52조, 2008.3.21, 개정)

6 실내건축 $\left(\begin{smallmatrix}법\\제52조의2\end{smallmatrix}\right)\left(\begin{smallmatrix}영\\제61조의2\end{smallmatrix}\right)\left(\begin{smallmatrix}규칙\\제26조의5\end{smallmatrix}\right)$

법 제52조의2 【실내건축】

① 대통령령으로 정하는 용도 및 규모에 해당하는 건축물의 실내건축은 방화에 지장이 없고 사용자의 안전에 문제가 없는 구조 및 재료로 시공하여야 한다.

② 실내건축의 구조 · 시공방법 등에 관한 기준은 국토교통부령으로 정한다.

③ 특별자치시장 · 특별자치도지사 또는 시장 · 군수 · 구청장은 제1항 및 제2항에 따라 실내건축이 적정하게 설치 및 시공되었는지를 검사하여야 한다. 이 경우 검사하는 대상 건축물과 주기(週期)는 건축조례로 정한다.

[본조신설 2014.5.28.]

영 제61조의2 【실내건축】

법 제52조의2제1항에서 "대통령령으로 정하는 용도 및 규모에 해당하는 건축물"이란 다음 각 호의 어느 하나에 해당하는 건축물을 말한다. 〈개정 2020.4.21.〉

1. 다중이용 건축물

2. 「건축물의 분양에 관한 법률」 제3조에 따른 건축물

3. 별표 1 제3호나목 및 같은 표 제4호아목에 따른 건축물(칸막이로 거실의 일부를 가로로 구획하거나 가로 및 세로로 구획하는 경우만 해당한다)

[본조신설 2014.11.28.]

해설 다중이용 건축물 등 건축물의 내부 공간을 구획하거나 내장재 또는 장식물을 설치하는 경우 방화에 지장이 없고 사용자의 안전에 문제가 없는 구조 및 재료로 시공하도록 하는 실내건축에 대한 규정이 신설되었다.(2014.5.28.)

【1】대상

① 다중이용 건축물

② 「건축물의 분양에 관한 법률」 제3조에 따른 건축물(건축허가 대상 중 사용승인 전 분양하는 다음의 건축물)

 - 분양하는 부분의 바닥면적이 3,000㎡ 이상인 건축물

 - 30실 이상인 오피스텔(일반업무시설), 생활숙박시설

 - 주택 외의 시설과 주택을 동일 건축물로 짓는 건축물 중 주택 외 용도의 바닥면적의 합계가 3,000㎡ 이상인 것

 - 바닥면적의 합계가 3,000㎡ 이상으로서 임대 후 분양전환을 조건으로 임대하는 것

③ 칸막이를 구획하는 제1종 근린생활시설[1]과 제2종 근린생활시설[2] 중 다음 용도의 건축물(칸막이로 거실의 일부를 가로로 구획하거나 가로 및 세로로 구획하는 경우만 해당)

 · 휴게음식점, 제과점 등 음료 · 차(茶) · 음식 · 빵 · 떡 · 과자 등을 조리하거나 제조하여 판매하는 시설

  1) 바닥면적의 합계가 300㎡ 미만인 것

  2) 바닥면적의 합계가 300㎡ 이상인 것

【2】 실내건축의 구조·시공방법 등의 기준

(1) 위 【1】 의 ①, ②의 건축물

▪ 다음 기준을 모두 충족할 것
① 실내에 설치하는 칸막이는 피난에 지장이 없고, 구조적으로 안전할 것
② 실내에 설치하는 벽, 천장, 바닥 및 반자틀(노출된 경우에 한정)은 방화에 지장이 없는 재료를 사용 할 것
③ 바닥 마감재료는 미끄럼을 방지할 수 있는 재료를 사용할 것
④ 실내에 설치하는 난간, 창호 및 출입문은 방화에 지장이 없고, 구조적으로 안전할 것
⑤ 실내에 설치하는 전기·가스·급수(給水)·배수(排水)·환기시설은 누수·누전 등 안전사고가 없는 재료를 사용하고, 구조적으로 안전할 것
⑥ 실내의 돌출부 등에는 충돌, 끼임 등 안전사고를 방지할 수 있는 완충재료를 사용할 것

(2) 위 【1】 의 ③의 건축물

▪ 다음 기준을 모두 충족할 것
① 거실을 구획하는 칸막이는 주요구조부와 분리 · 해체 등이 쉬운 구조로 할 것
② 거실을 구획하는 칸막이는 피난에 지장이 없고, 구조적으로 안전할 것. – 이 경우 「건축사법」에 따라 등록한 건축사 또는 「기술사법」에 따라 등록한 건축구조기술사의 구조안전에 관한 확인을 받아야 한다.
③ 거실을 구획하는 칸막이의 마감재료는 방화에 지장이 없는 재료를 사용할 것
④ 구획하는 부분에 추락, 누수, 누전, 끼임 등의 안전사고를 방지할 수 있는 안전조치를 할 것

(3) 실내건축의 구조·시공방법 등에 관한 세부 사항은 국토교통부장관이 정하여 고시한다.

【참고】 실내건축의 구조 · 시공방법 등에 관한 기준(국토교통부고시 제2020-742호, 2020.10.22.)

【3】 실내건축 설치의 검사

특별자치시장·특별자치도지사 또는 시장·군수·구청장은 실내건축이 적정하게 설치 및 시공되었는지를 검사하여야 한다. 이 경우 검사 대상 건축물과 주기는 건축조례로 정한다.

7 건축자재 (법 제52조의3, 4)

1 건축자재의 제조 및 유통관리 (법 제52조의3) (영 제61조의3, 4) (규칙 제27조)

법 제52조의3 【건축자재의 제조 및 유통 관리】
① 제조업자 및 유통업자는 건축물의 안전과 기능 등에 지장을 주지 아니하도록 건축자재를 제조 · 보관 및 유통하여야 한다.
② 국토교통부장관, 시 · 도지사 및 시장 · 군수 · 구청장은 건축물의 구조 및 재료의 기준 등이 공사현장에서 준수되고 있는지를 확인하기 위하여 제조업자 및 유통업자에게 필요한 자료의 제출을 요구하거나 건축공사장, 제조업자의 제조현장 및 유통업자의 유통장소 등을 점검할 수 있으며 필요한 경우에는 시료를 채취하여 성능 확인을 위한 시험을 할 수 있다.
③ 국토교통부장관, 시 · 도지사 및 시장 · 군수 · 구청장은 제2항의 점검을 통하여 위법 사실을 확인한 경우 대통령령으로 정하는 바에 따라 공사 중단, 사용 중단 등의 조치를 하거나 관계 기관에 대하여 관계 법률에 따른 영업정지 등의 요청을 할 수 있다.
④ 국토교통부장관, 시 · 도지사, 시장 · 군수 · 구청장은 제2항의 점검업무를 대통령령으로 정하는 전문기관으로 하여금 대행하게 할 수 있다.
⑤ 제2항에 따른 점검에 관한 절차 등에 관하여 필요한 사항은 국토교통부령으로 정한다.
[본조신설 2016.2.3.][제24조의2에서 이동, 종전 제52조의3은 제52조의4로 이동 〈2019.4.23.〉]

영 제61조의3 【건축자재 제조 및 유통에 관한 위법 사실의 점검 및 조치】
① 국토교통부장관, 시 · 도지사 및 시장 · 군수 · 구청장은 법 제52조의3제2항에 따른 점검을 통하여 위법 사실을 확인한 경우에는 같은 조 제3항에 따라 해당 건축관계자 및 제조업자 · 유통업자에게 위법 사실을 통보해야 하며, 해당 건축관계자 및 제조업자 · 유통업자에 대하여 다음 각 호의 구분에 따른 조치를 할 수 있다. 〈개정 2019.10.22.〉
 1. 건축관계자에 대한 조치
  가. 해당 건축자재를 사용하여 시공한 부분이 있는 경우: 시공부분의 시정, 해당 공정에 대한 공사 중단 및 해당 건축자재의 사용 중단 명령
  나. 해당 건축자재가 공사현장에 반입 및 보관되어 있는 경우: 해당 건축자재의 사용 중단 명령
 2. 제조업자 및 유통업자에 대한 조치: 관계 행정기관의 장에게 관계 법률에 따른 해당 제조업자 및 유통업자에 대한 영업정지 등의 요청
② 건축관계자 및 제조업자 · 유통업자는 제1항에 따라 위법 사실을 통보받거나 같은 항 제1호의 명령을 받은 경우에는 그 날부터 7일 이내에 조치계획을 수립하여 국토교통부장관, 시 · 도지사 및 시장 · 군수 · 구청장에게 제출하여야 한다.
③ 국토교통부장관, 시 · 도지사 및 시장 · 군수 · 구청장은 제2항에 따른 조치계획(제1항제1호가목의 명령에 따른 조치계획만 해당한다)에 따른 개선조치가 이루어졌다고 인정되면 공사 중단 명령을 해제하여야 한다.
[본조신설 2016.7.19.][제18조의3에서 이동, 종전 제61조의3은 제63조의2로 이동 〈2019.10.22.〉]

영 제61조의4 【위법 사실의 점검업무 대행 전문기관】
① 법 제52조의3제4항에서 "대통령령으로 정하는 전문기관"이란 다음 각 호의 기관을 말한다. 〈개정 2021.8.10., 2021.12.21〉

> 1. 한국건설기술연구원
> 2. 「국토안전관리원법」에 따른 국토안전관리원(이하 "국토안전관리원"이라 한다)
> 3. 「한국토지주택공사법」에 따른 한국토지주택공사
> 4. 제63조제2호에 따른 자 및 같은 조 제3호에 따른 시험·검사기관
> 5. 그 밖에 점검업무를 수행할 수 있다고 인정하여 국토교통부장관이 지정하여 고시하는 기관
> ② 제52조의3제4항에 따라 위법 사실의 점검업무를 대행하는 기관의 직원은 그 권한을 나타내는 증표를 지니고 관계인에게 내보여야 한다. 〈개정 2019.10.22.〉
> [본조신설 2016.7.19.] [제18조의3에서 이동 〈2017.2.3〉]

【1】 건축자재의 제조 및 유통 관리

① 제조업자 및 유통업자의 의무

제조업자 및 유통업자는 건축물의 안전과 기능 등에 지장을 주지 않도록 건축자재를 제조·보관 및 유통하여야 한다.

② 공사현장의 확인 및 필요 자료의 요구 등

국토교통부장관, 시·도지사 및 시장·군수·구청장은 건축물의 구조 및 재료의 기준 등이 공사현장에서 준수되고 있는지를 확인하기 위하여 다음 행위를 할 수 있다.

> 1. 제조업자 및 유통업자에게 필요한 자료의 제출을 요구
>
> 2. 건축공사장, 제조업자의 제조현장 및 유통업자의 유통장소 등의 점검
>
> 3. 필요한 경우 시료를 채취하여 성능 확인 시험

③ 위법사실 확인시의 조치

1. 국토교통부장관, 시·도지사 및 시장·군수·구청장은 위 ②의 점검을 통하여 위법 사실을 확인한 경우 해당 건축관계자 및 제조업자·유통업자에게 위법 사실을 통보하고, 공사중단, 사용중단, 영업정지 요청 등 다음 구분에 따른에 조치를 취할 수 있다.

2. 조치 내용

조치대상	조치 내용	
가. 건축관계자	• 해당 건축자재를 사용하여 시공한 부분이 있는 경우	시공부분의 시정, 해당 공정에 대한 공사 중단 및 해당 건축자재의 사용 중단 명령
	• 해당 건축자재가 공사현장에 반입 및 보관되어 있는 경우	해당 건축자재의 사용 중단 명령
나. 제조업자 및 유통업자	관계 행정기관의 장에게 관계 법률에 따른 해당 제조업자 및 유통업자에 대한 영업정지 등의 요청	

④ 조치계획의 보고 등

1. 건축관계자 및 제조업자·유통업자는 위법 사실을 통보받거나 조치 명령을 받은 경우 그 날부터 7일 이내에 조치계획을 수립하여 국토교통부장관, 시·도지사 및 시장·군수·구청장에게 제출하여야 한다.

2. 국토교통부장관, 시·도지사 및 시장·군수·구청장은 조치계획(위 표 1. 가. 명령에 따른 조치계
   획만 해당)에 따른 개선조치가 이루어졌다고 인정되면 공사 중단 명령을 해제하여야 한다.

【2】 점검 업무의 대행 등

① 위법사실의 점검업무 대행 전문기관

국토교통부장관, 시·도지사, 시장·군수·구청장은 점검업무를 다음의 전문기관으로 하여금 대행하
게 할 수 있다.

대행전문기관	근거법규정
1. 한국건설기술연구원	「과학기술분야 정부출연연구기관 등의 설립·운영 및 육성에 관한 법률」 제8조
2. 국토안전관리원	「국토안전관리원법」
3. 한국토지주택공사	「한국토지주택공사법」
4. 건설엔지니어링사업자로서 건축 관련 품질시험의 수행능력이 국토교통부장관이 정하여 고시하는 기준에 해당하는 자	「건설기술 진흥법」
5. 인정기구로부터 인정받은 시험·검사기관	「국가표준기본법」 제23조
5. 그 밖에 점검업무를 수행할 수 있다고 인정하여 국토교통부장관이 지정하여 고시하는 기관	–

② 점검 권한 증표의 제시

위법 사실의 점검업무를 대행하는 기관의 직원은 그 권한을 나타내는 증표를 지니고 관계인에게
내보여야 한다.

【3】 건축자재 제조 및 유통에 관한 위법 사실의 점검 절차 등

① 점검 계획의 수립

국토교통부장관, 시·도지사 및 시장·군수·구청장은 위법 사실을 점검하려는 경우 점검계획을 수
립하여야 한다.

② 점검 계획의 포함사항

1. 점검대상	
2. 점검항목	가. 건축물의 설계도서와의 적합성 나. 건축자재 제조현장에서의 자재의 품질과 기준의 적합성 다. 건축자재 유통장소에서의 자재의 품질과 기준의 적합성 라. 건축공사장에 반입 또는 사용된 건축자재의 품질과 기준의 적합성 마. 건축자재의 제조현장, 유통장소, 건축공사장에서 시료를 채취하는 경우 채취된 시료의 품질과 기준의 적합성
3. 그 밖에 점검을 위하여 필요하다고 인정하는 사항	

③ 자료제출의 요구

국토교통부장관, 시·도지사 및 시장·군수·구청장은 점검 대상자에게 다음의 자료를 제출하도록
요구할 수 있다.

1. 건축자재의 시험성적서 및 납품확인서 등 건축자재의 품질을 확인할 수 있는 서류	
2. 해당 건축물의 설계도서	* 해당 건축물의 허가권자가 아닌 자만 요구 가능
3. 그 밖에 해당 건축자재의 점검을 위하여 필요하다고 인정하는 자료	

④ 점검결과의 보고

점검업무를 대행하는 전문기관은 점검 완료 후 해당 결과를 14일 이내에 점검을 대행하게 한 국토교통부장관, 시·도지사 또는 시장·군수·구청장에게 보고하여야 한다.

⑤ 조치의 통보 등

1. 시·도지사 또는 시장·군수·구청장은 점검에 대한 조치를 한 경우 그 사실을 국토교통부장관에게 통보하여야 한다.

2. 국토교통부장관은 점검 항목 및 자료제출에 관한 세부적인 사항을 정하여 고시할 수 있다.

② 건축자재의 품질관리 (법
제52조의4) (영
제62조, 제63조) (피난·방화
제24조의 3, 4)

법 제52조의4 【건축자재의 품질관리 등】

① 복합자재[불연재료인 양면 철판, 석재, 콘크리트 또는 이와 유사한 재료와 불연재료가 아닌 심재로 구성된 것을 말한다]를 포함한 제52조에 따른 마감재료, 방화문 등 대통령령으로 정하는 건축자재의 제조업자, 유통업자, 공사시공자 및 공사감리자는 국토교통부령으로 정하는 사항을 기재한 품질관리서(이하 "품질관리서"라 한다)를 대통령령으로 정하는 바에 따라 허가권자에게 제출하여야 한다. 〈개정 2021.3.16〉

② 제1항에 따른 건축자재의 제조업자, 유통업자는 「과학기술분야 정부출연연구기관 등의 설립·운영 및 육성에 관한 법률」에 따른 한국건설기술연구원 등 대통령령으로 정하는 시험기관에 건축자재의 성능시험을 의뢰하여야 한다. 〈개정 2019.4.23.〉

③ 제2항에 따른 성능시험을 수행하는 시험기관의 장은 성능시험 결과 등 건축자재의 품질관리에 필요한 정보를 국토교통부령으로 정하는 바에 따라 기관 또는 단체에 제공하거나 공개하여야 한다. 〈신설 2019.4.23.〉

④ 제3항에 따라 정보를 제공받은 기관 또는 단체는 해당 건축자재의 정보를 홈페이지 등에 게시하여 일반인이 알 수 있도록 하여야 한다. 〈신설 2019.4.23.〉

⑤ 제1항에 따른 건축자재 중 국토교통부령으로 정하는 단열재는 국토교통부장관이 고시하는 기준에 따라 해당 건축자재에 대한 정보를 표면에 표시하여야 한다. 〈신설 2019.4.23.〉

⑥ 복합자재에 대한 난연성분 분석시험, 난연성능기준, 시험수수료 등 필요한 사항은 국토교통부령으로 정한다. 〈개정 2019.4.23〉

[본조신설 2015.1.6.] [제목개정 2019.4.23.] [제52조의3에서 이동 〈2019.4.23.〉]

영 제62조 【건축자재의 품질관리 등】

① 법 제52조의4제1항에서 "복합자재[불연재료인 양면 철판, 석재, 콘크리트 또는 이와 유사한 재료와 불연재료가 아닌 심재(心材)로 구성된 것을 말한다]를 포함한 제52조에 따른 마감재료, 방화문 등 대통령령으로 정하는 건축자재"란 다음 각 호의 어느 하나에 해당하는 것을 말한다. 〈개정 2020.10.8.〉

> 1. 법 제52조의4제1항에 따른 복합자재
> 2. 건축물의 외벽에 사용하는 마감재료로서 단열재
> 3. 제64조제1항제1호부터 제3호까지의 규정에 따른 방화문
> 4. 그 밖에 방화와 관련된 건축자재로서 국토교통부령으로 정하는 건축자재
> ② 법 제52조의4제1항에 따른 건축자재의 제조업자는 같은 항에 따른 품질관리서(이하 "품질관리서"라 한다)를 건축자재 유통업자에게 제출해야 하며, 건축자재 유통업자는 품질관리서와 건축자재의 일치 여부 등을 확인하여 품질관리서를 공사시공자에게 전달해야 한다. 〈신설 2019.10.22.〉
> ③ 제2항에 따라 품질관리서를 제출받은 공사시공자는 품질관리서와 건축자재의 일치 여부를 확인한 후 해당 건축물에서 사용된 건축자재 품질관리서 전체를 공사감리자에게 제출해야 한다. 〈개정 2019.10.22.〉
> ④ 공사감리자는 제3항에 따라 제출받은 품질관리서를 공사감리완료보고서에 첨부하여 법 제25조제6항에 따라 건축주에게 제출해야 하며, 건축주는 법 제22조에 따른 건축물의 사용승인을 신청할 때에 이를 허가권자에게 제출해야 한다. 〈개정 2019.10.22.〉
> [본조신설 2015.9.22.] [제목개정 2019.10.22.] [제61조의4에서 이동 〈2019.10.22.〉]

해설 건축자재의 품질관리를 강화하기 위하여 건축물에 건축자재 제조업자, 유통업자, 공사시공자 및 공사감리자는 허가권자에게 건축자재 품질관리서를 제출하도록 하며, 기관 또는 단체가 건축자재의 성능시험을 수행하는 시험기관이 발급한 시험성적서 등을 홈페이지에 게시하도록 하는 등 관련 규정이 정비되었다.(건축법 개정 2019.4.23.〉

【1】 건축자재 품질관리서의 제출

복합자재*, 마감재료, 방화문 등 건축자재의 제조업자, 유통업자, 공사시공자 및 공사감리자는 품질관리서를 허가권자에게 제출하여야 한다.

* 불연재료인 양면 철판, 석재, 콘크리트 또는 이와 유사한 재료와 불연재료가 아닌 심재(心材)로 구성된 것

【2】 품질관리서의 제출 절차

【3】 품질관리서 대장의 제출 절차

【4】 제출대상 건축자재의 종류 및 품질관리서의 첨부 서류

종류		서식	첨부서류
1. 복합자재		복합자재 품질관리서 (별지 제1호서식)	① 난연성능이 표시된 복합자재(심재로 한정) 시험성적서(품질인정 받은 경우 품질인정서) 사본 ② 강관의 두께, 도금 종류 및 도금 부착량이 표시된 강판생산업체의 품질검사증명서 사본 ③ 실물모형시험 결과가 표시된 복합자재 시험성적서(품질인정 받은 경우 품질인정서) 사본
2. 건축물의 외벽에 사용하는 마감재료로서 단열재		외벽 단열재 품질관리서 (별지 제2호서식)	① 난연성능이 표시된 단열재(둘 이상의 재료로 제작된 경우 각각 제출) 시험성적서 사본 ② 실물모형시험 결과가 표시된 단열재 시험성적서(외벽의 마감재료가 둘 이상의 재료로 제작된 경우만 첨부) 사본
3. 60분+, 60분, 30분 방화문		방화문 품질관리서 (별지 제3호서식)	연기, 불꽃 및 열을 차단할 수 있는 성능이 표시된 방화문 시험성적서 사본
4. 방화구획을 구성하는 우측 란의 자재등	내화구조	내화구조 품질관리서 (별지 제3호의2서식)	내화성능 시간이 표시된 시험성적서 사본
	자동방화셔터	자동방화셔터 품질관리서(별지 제4호서식)	연기 및 불꽃을 차단할 수 있는 성능이 표시된 자동방화셔터 시험성적서(품질인정 받은 경우 품질인정서) 사본
	내화채움성능이 인정된 구조	내화채움성능 품질관리서(별지 제5호서식)	연기, 불꽃 및 열을 차단할 수 있는 성능이 표시된 내화채움구조 시험성적서(품질인정 받은 경우 품질인정서) 사본
	방화댐퍼	방화댐퍼 품질관리서 (별지 제6호서식)	한국산업규격에서 정하는 방화댐퍼의 방연시험방법에 적합한 것을 증명하는 시험성적서 사본

【5】 건축자재의 성능시험

① 건축자재의 제조업자, 유통업자는 한국건설기술연구원 등 다음의 시험기관에 건축자재의 성능시험을 의뢰하여야 한다.

1. 한국건설기술연구원

2. 「건설기술 진흥법」에 따른 건설기술용역사업자로서 건축 관련 품질시험의 수행능력이 국토교통부장관이 정하여 고시하는 기준에 해당하는 자

3. 「국가표준기본법」 제23조에 따라 인정받은 시험·검사기관

② 건축자재 성능시험기관의 장은 건축자재의 종류에 따라 국토교통부장관이 정하여 고시하는 사항을 포함한 시험성적서(이하 "시험성적서")를 성능시험을 의뢰한 제조업자 및 유통업자에게 발급해야 한다.

③ 시험성적서를 발급한 시험기관의 장은 그 발급일부터 7일 이내에 국토교통부장관이 정하는 기관 또는 단체에 시험성적서의 사본을 제출해야 한다.

예외 사본 제출 의무가 없는 경우

1. 건축자재의 성능시험을 의뢰한 제조업자 및 유통업자가 건축물에 사용하지 않을 목적으로 의뢰한 경우

2. 법에서 정하는 성능에 미달하여 건축물에 사용할 수 없는 경우

④ 시험성적서를 발급받은 건축자재의 제조업자 및 유통업자는 시험성적서를 발급받은 날부터 1개월 이내에 성능시험을 의뢰한 건축자재의 종류, 용도, 색상, 재질 및 규격을 기관 또는 단체에 통보해야 한다. * 위 ③의 예외 에 해당하는 경우 제외

【6】 건축자재의 품질관리 정보 공개 등

① 성능시험을 수행하는 시험기관의 장은 성능시험 결과 등 건축자재의 품질관리에 필요한 정보를 기관 또는 단체에 제공하거나 공개하여야 한다.

② 정보를 제공받은 기관 또는 단체는 해당 건축자재의 정보에 대한 다음 사항을 해당 기관 또는 단체의 홈페이지 등에 게시하여 일반인이 알 수 있도록 하여야 한다.

> 1. 시험성적서의 사본
>
> 2. 제조업자 및 유통업자로부터 통보받은 건축자재의 종류, 용도, 색상, 재질 및 규격

③ 기관 또는 단체는 정보 공개의 실적을 국토교통부장관에게 분기별로 보고해야 한다.

④ 건축자재 중 건축물의 외벽에 사용하는 마감재료로서 단열재는 국토교통부장관이 고시하는 기준에 따라 해당 건축자재에 대한 정보를 표면에 표시하여야 한다.

⑤ 복합자재에 대한 난연성분 분석시험, 난연성능기준, 시험수수료 등 필요한 사항은 국토교통부령으로 정한다.

③ 건축자재등의 품질인정 (법 제52조의5) (영 제63조의2) (피난·방화 제24조의6,7)

법 제52조의5 【건축자재의 품질인정】

① 방화문, 복합자재 등 대통령령으로 정하는 건축자재와 내화구조(이하 "건축자재등"이라 한다)는 방화성능, 품질관리 등 국토교통부령으로 정하는 기준에 따라 품질이 적합하다고 인정받아야 한다.

② 건축관계자등은 제1항에 따라 품질인정을 받은 건축자재등만 사용하고, 인정받은 내용대로 제조·유통·시공하여야 한다.

[본조신설 2020.12.22.]

영 제63조의2 【건축자재의 품질관리 등】

법 제52조의5제1항에서 "방화문, 복합자재 등 대통령령으로 정하는 건축자재와 내화구조"란 다음 각 호의 건축자재와 내화구조(이하 제63조의4 및 제63조의5에서 "건축자재등"이라 한다)를 말한다.

1. 법 제52조의4제1항에 따른 복합자재 중 국토교통부령으로 정하는 강판과 심재로 이루어진 복합자재

2. 주요구조부가 내화구조 또는 불연재료로 된 건축물의 방화구획에 사용되는 다음 각 목의 건축자재와 내화구조

가. 자동방화셔터

나. 제62조제1항제4호에 따라 국토교통부령으로 정하는 건축자재 중 내화채움성능이 인정된 구조

3. 제64조제1항 각 호의 방화문

4. 그 밖에 건축물의 안전·화재예방 등을 위하여 품질인정이 필요한 건축자재와 내화구조로서 국토교통부령으로 정하는 건축자재와 내화구조

[본조신설 2021.12.21.] [종전 제63조의2는 제63조의6으로 이동 〈2021.12.21.〉]

해설 방화문, 복합자재 등 대통령령으로 정하는 건축자재와 내화구조는 방화성능, 품질관리 등 국토교통부령으로 정하는 기준에 따라 품질이 적합하다고 인정을 받아야 하고, 건축관계자 등은 인정받은 내용대로 제조·유통·시공하여야 함(2020.12.22., 신설).

【1】 건축자재등의 품질인정

다음의 건축자재등<1>은 방화성능, 품질관리 등 아래<2>의 기준에 따라 품질이 적합하다고 인정받아야 한다.

<1> 건축자재등

1. 강판과 단열재로 이루어진 복합자재
2. 주요구조부가 내화구조 또는 불연재료로 된 건축물의 방화구획에 사용되는 다음의 건축자재와 내화구조 가. 자동방화셔터 나. 내화채움성능이 인정된 구조
3. 60분+, 60분, 30분 방화문
4. 그 밖에 건축물의 안전·화재예방 등을 위하여 품질인정이 필요한 건축자재와 내화구조로서 피난·방화규칙 제3조제8호부터 제10호까지의 규정에 따른 내화구조

<2> 건축자재등의 품질인정 기준

1. 신청자의 제조현장을 확인한 결과 품질인정 또는 품질인정 유효기간의 연장을 신청한 자가 다음 각 목의 사항을 준수하고 있을 것 가. 품질인정 또는 품질인정 유효기간의 연장 신청 시 신청자가 제출한 아래의 기준(유효기간 연장 신청의 경우 인정받은 기준) 1) 원재료·완제품에 대한 품질관리기준 2) 제조공정 관리 기준 3) 제조·검사 장비의 교정기준 나. 건축자재등에 대한 로트번호 부여
2. 건축자재등에 대한 시험 결과 건축자재등이 다음의 구분에 따른 품질기준을 충족할 것 가. 강판과 단열재로 이루어진 복합자재(위 <1>의 1.): 제24조에 따른 난연성능 나. 자동방화셔터(위 <1>의 2.가): 자동방화셔터 설치기준 다. 내화채움성능이 인정된 구조(위 <1>의 2.나): 내화시간(내화채움성능이 인정된 구조로 메워지는 구성 부재에 적용되는 내화시간) 기준 라. 방화문(위 <1>의 3.): 연기, 불꽃 및 열 차단 시간 마. 내화구조(위 <1>의 41.): 별표 1에 따른 내화시간 성능기준
3. 그 밖에 국토교통부장관이 정하여 고시하는 품질인정과 관련된 기준을 충족할 것

【2】 인정된 자재의 사용 등

건축관계자등은 【1】에 따라 품질인정을 받은 건축자재등만 사용하고, 인정받은 내용대로 제조·유통·시공하여야 한다.

4 건축자재등의 품질인정기관의 지정 · 운영 등 $\left(\begin{smallmatrix}법\\제52조의6\end{smallmatrix}\right)\left(\begin{smallmatrix}영\\제63조의3 \sim 5\end{smallmatrix}\right)\left(\begin{smallmatrix}피난·방화\\제24조의8,9\end{smallmatrix}\right)$

법 제52조의6 【건축자재등 품질인정기관의 지정·운영 등】
① 국토교통부장관은 건축 관련 업무를 수행하는 「공공기관의 운영에 관한 법률」 제4조에 따른 공공기관으로서 대통령령으로 정하는 기관을 품질인정 업무를 수행하는 기관(이하 "건축자재등 품질인정기관"이라 한다)으로 지정할 수 있다.
② 건축자재등 품질인정기관은 제52조의5제1항에 따른 건축자재등에 대한 품질인정 업무를 수행하며, 품질인정을 신청한 자에 대하여 국토교통부령으로 정하는 바에 따라 수수료를 받을 수 있다.
③ 건축자재등 품질인정기관은 제2항에 따라 품질이 적합하다고 인정받은 건축자재등(이하 "품질인정자재등"이라 한다)이 다음 각 호의 어느 하나에 해당하면 그 인정을 취소할 수 있다. 다만, 제1호에 해당하는 경우에는 그 인정을 취소하여야 한다.
1. 거짓이나 그 밖의 부정한 방법으로 인정받은 경우
2. 인정받은 내용과 다르게 제조·유통·시공하는 경우
3. 품질인정자재등이 국토교통부장관이 정하여 고시하는 품질관리기준에 적합하지 아니한 경우
4. 인정의 유효기간을 연장하기 위한 시험결과를 제출하지 아니한 경우
④ 건축자재등 품질인정기관은 제52조의5제2항에 따른 건축자재등의 품질 유지·관리 의무가 준수되고 있는지 확인하기 위하여 국토교통부령으로 정하는 바에 따라 제52조의4에 따른 건축자재 시험기관의 시험장소, 제조업자의 제조현장, 유통업자의 유통장소, 건축공사장 등을 점검하여야 한다.
⑤ 건축자재등 품질인정기관은 제4항에 따른 점검 결과 위법 사실을 발견한 경우 국토교통부장관에게 그 사실을 통보하여야 한다. 이 경우 국토교통부장관은 대통령령으로 정하는 바에 따라 공사 중단, 사용 중단 등의 조치를 하거나 관계 기관에 대하여 관계 법률에 따른 영업정지 등의 요청을 할 수 있다.
⑥ 건축자재등 품질인정기관은 건축자재등의 품질관리 상태 확인 등을 위하여 대통령령으로 정하는 바에 따라 제조업자, 유통업자, 건축관계자등에 대하여 건축자재등의 생산 및 판매실적, 시공현장별 시공실적 등의 자료를 요청할 수 있다.
⑦ 그 밖에 건축자재등 품질인정기관이 건축자재등의 품질인정을 운영하기 위한 인정절차, 품질관리 등 필요한 사항은 국토교통부장관이 정하여 고시한다.
[본조신설 2020.12.22.]

영 제63조의3 【건축자재등 품질인정기관】
법 제52조의6제1항에서 "대통령령으로 정하는 기관"이란 한국건설기술연구원을 말한다.
[본조신설 2021.12.21.]

영 제63조의4 【건축자재등 품질 유지 · 관리 의무 위반에 따른 조치】
① 국토교통부장관은 법 제52조의6제5항 전단에 따른 통보를 받은 경우 같은 항 후단에 따라 같은 조 제3항에 따른 품질인정자재등(이하 이 조 및 제63조의5에서 "품질인정자재등"이라 한다)의 제조업자, 유통업자 및 법 제25조의2제1항에 따른 건축관계자등(이하 이 조 및 제63조의5에서 "제조업자등"이라 한다)에게 위법 사실을 통보해야 하며, 제조업자등에게 다음 각 호의 구분에 따른 조치를 할 수 있다.

1. 법 제25조의2제1항에 따른 건축관계자등: 다음 각 목의 구분에 따른 조치
  가. 품질인정자재등을 사용하지 않거나 인정받은 내용대로 시공하지 않은 부분이 있는 경우 : 시공부분의 시정, 해당 공정에 대한 공사 중단과 품질인정을 받지 않은 건축자재등의 사용 중단 명령
  나. 품질인정을 받지 않은 건축자재등이 공사현장에 반입되어 있거나 보관되어 있는 경우 : 해당 건축자재등의 사용 중단 명령
2. 제조업자 및 유통업자: 관계 기관에 대한 관계 법률에 따른 영업정지 등의 요청
② 제1항에 따른 국토교통부장관의 조치에 관하여는 제61조의3제2항 및 제3항을 준용한다. 이 경우 "건축관계자 및 제조업자·유통업자"는 "제조업자등"으로, "국토교통부장관, 시·도지사 및 시장·군수·구청장"은 "국토교통부장관"으로 본다.
[본조신설 2021.12.21.]

영 제63조의5【제조업자등에 대한 자료요청】

법 제52조의6제1항 및 이 영 제63조의3에 따라 건축자재등 품질인정기관으로 지정된 한국건설기술연구원은 법 제52조의6제6항에 따라 제조업자등에게 다음 각 호의 자료를 요청할 수 있다.
1. 건축자재등 및 품질인정자재등의 생산 및 판매 실적
2. 시공현장별 건축자재등 및 품질인정자재등의 시공 실적
3. 품질관리서
4. 그 밖에 제조공정에 관한 기록 등 품질인정자재등에 대한 품질관리의 적정성을 확인할 수 있는 자료로서 국토교통부장관이 정하여 고시하는 자료
[본조신설 2021.12.21.]

해설 국토교통부장관은 공공기관을 건축자재등 품질인정기관으로 지정할 수 있으며, 품질인정기관은 건축자재 등에 대한 품질인정업무를 수행한다. 또한, 건축자재등의 품질 유지·관리 의무가 준수되고 있는지 확인하고, 건축자재 시험기관의 시험장소, 공사현장 등을 검사할 수 있다. 점검 결과 위법 사항 발견시 공사 중단, 사용 중단 등의 조치 등을 할 수 있다.(2020.12.22 신설).

【1】건축자재등의 품질인정기관의 지정

국토교통부장관은 건축 관련 업무를 수행하는 「공공기관의 운영에 관한 법률」 제4조에 따른 공공기관으로서 한국건설기술연구원을 건축자재등 품질인정기관으로 지정할 수 있다.

【2】건축자재등의 품질인정기관의 수수료 징수

건축자재등 품질인정기관은 건축자재등에 대한 품질인정 업무를 수행하며, 품질인정을 신청한 자에 대하여 다음에서 정하는 바에 따라 수수료를 받을 수 있다.
① 수수료의 종류 및 수수료(「피난·방화규칙」 별표4 참조)
② 품질인정 또는 품질인정 유효기간의 연장 신청자의 수수료 납부 시기

1. 수수료 중 기본비용 및 추가비용	품질인정 또는 품질인정 유효기간 연장 신청시
2. 수수료 중 출장비용 및 자문비용	한국건설기술연구원장이 고지하는 납부시기

③ 수수료의 반환

한국건설기술연구원장은 다음의 경우 납부된 수수료의 전부 또는 일부를 반환해야 한다.

1. 수수료 중 기본비용 및 추가비용 품질인정 또는 품질인정 유효기간 연장 신청시
2. 신청을 반려한 경우
3. 수수료를 과오납(過誤納)한 경우

④ 수수료의 납부·반환 방법 및 반환 금액 등 수수료의 납부 및 반환에 필요한 세부사항은 국토교통부장관이 정하여 고시한다.

【3】 품질인정자재등의 인정 취소

건축자재등 품질인정기관은 품질인정자재등이 다음에 해당하면 그 인정을 취소할 수 있다.
(제1호의 경우는 그 인정을 취소하여야 함)

1. 거짓이나 그 밖의 부정한 방법으로 인정받은 경우
2. 인정받은 내용과 다르게 제조·유통·시공하는 경우
3. 품질인정자재등이 국토교통부장관이 정하여 고시하는 품질관리기준에 적합하지 아니한 경우
4. 인정의 유효기간을 연장하기 위한 시험결과를 제출하지 아니한 경우

【4】 품질인정자재등의 제조업자 등에 대한 점검

① 건축자재등 품질인정기관은 건축자재등의 품질 유지·관리 의무가 준수되고 있는지 확인하기 위하여 한국건설기술연구원장은 매년 1회 이상 법 건축자재 시험기관의 시험장소, 제조업자의 제조현장, 유통업자의 유통장소 및 건축공사장을 점검해야 한다.

② 한국건설기술연구원장은 제조현장 등 점검시 확인사항.

1. 시험기관이 품질인정자재등과 관련하여 작성한 원시 데이터, 시험체 제작 및 확인 기록
2. 품질인정자재등의 품질인정 유효기간 및 품질인정표시
3. 제조업자가 작성한 납품확인서 및 품질관리서
4. 건축공사장에서의 시공 현황을 확인할 수 있는 다음 서류 　ⓐ 품질인정자재등의 세부 인정내용 　ⓑ 설계도서 및 작업설명서 　ⓒ 건축공사 감리에 관한 서류 　ⓓ 그 밖에 시공 현황을 확인할 수 있는 서류로서 국토교통부장관이 정하여 고시하는 서류

③ 점검의 세부 절차 및 방법은 국토교통부장관이 정하여 고시한다.

【5】 건축자재등 품질·유지관리 의무 위반에 대한 조치

① 건축자재등 품질인정기관은 점검 결과 위법 사실을 발견한 경우 국토교통부장관에게 그 사실을 통보하여야 한다.

② 국토교통부장관은 통보를 받은 경우 품질인정자재등의 제조업자, 유통업자 및 건축관계자등에게 위법 사실을 통보해야 하며, 제조업자등에게 다음의 구분에 따른 조치를 할 수 있다.

의무 위반자	위반내용	조치내용
1. 건축관계자등	㉠ 품질인정자재등을 사용하지 않거나 인정받은 내용대로 시공하지 않은 부분이 있는 경우	· 시공부분의 시정, 해당 공정에 대한 공사 중단 명령 · 품질인정을 받지 않은 건축자재등의 사용 중단 명령
	㉡ 품질인정을 받지 않은 건축자재등이 공사현장에 반입되어 있거나 보관되어 있는 경우	· 해당 건축자재등의 사용 중단 명령
2. 제조업자, 유통업자	-	· 관계 기관에 대한 관계 법률에 따른 영업정지 등의 요청

③ 제조업자등은 위법 사실을 통보받거나 위 표 1.의 명령을 받은 경우 그 날부터 7일 이내에 조치계획을 수립하여 국토교통부장관에게 제출하여야 한다.

④ 국토교통부장관은 ② 에 따른 조치계획(위 표 1.의 조치계획만 해당)에 따른 개선조치가 이루어졌다고 인정되면 공사 중단 명령을 해제하여야 한다.

【6】 제조업자등에 대한 자료요청 등

① 건축자재등 품질인정기관은 건축자재등의 품질관리 상태 확인 등을 위하여 제조업자, 유통업자, 건축관계자등에 대하여 건축자재등의 생산 및 판매실적, 시공현장별 시공실적 등 다음의 자료를 요청할 수 있다.

1. 건축자재등 및 품질인정자재등의 생산 및 판매 실적

2. 시공현장별 건축자재등 및 품질인정자재등의 시공 실적

3. 품질관리서

4. 그 밖에 제조공정에 관한 기록 등 품질인정자재등에 대한 품질관리의 적정성을 확인할 수 있는 자료로서 국토교통부장관이 정하여 고시하는 자료

② 그 밖에 건축자재등 품질인정기관이 건축자재등의 품질인정을 운영하기 위한 인정절차, 품질관리 등 필요한 사항은 국토교통부장관이 정하여 고시한다.

8 건축물의 범죄예방 $\left(\begin{smallmatrix}법\\제53조의2\end{smallmatrix}\right)\left(\begin{smallmatrix}영\\제63조의6\end{smallmatrix}\right)$

법 제53조의2【건축물의 범죄예방】

① 국토교통부장관은 범죄를 예방하고 안전한 생활환경을 조성하기 위하여 건축물, 건축설비 및 대지에 관한 범죄예방 기준을 정하여 고시할 수 있다.

② 대통령령으로 정하는 건축물은 제1항의 범죄예방 기준에 따라 건축하여야 한다.

[본조신설 2014.5.28.]

영 제63조의6【건축물의 범죄예방】

법 제53조의2제2항에서 "대통령령으로 정하는 건축물"이란 다음 각 호의 어느 하나에 해당하는 건축물을 말한다. 〈개정 2018.12.31.〉

1. 다가구주택, 아파트, 연립주택 및 다세대주택
2. 제1종 근린생활시설 중 일용품을 판매하는 소매점
3. 제2종 근린생활시설 중 다중생활시설
4. 문화 및 집회시설(동·식물원은 제외한다)
5. 교육연구시설(연구소 및 도서관은 제외한다)
6. 노유자시설
7. 수련시설
8. 업무시설 중 오피스텔
9. 숙박시설 중 다중생활시설

[본조신설 2014.11.28.][제61조의2에서 이동 〈2021.12.21〉]

해설 아파트, 소매점 등의 건축물에 대해 범죄를 예방하고 안전한 생활환경을 조성하기 목적으로 건축물, 건축설비 및 대지에 관하여 국토교통부장관이 정하여 고시하는 범죄예방 기준에 따라 건축하도록 하는 규정이 신설되었다.(2014.5.28. 건축법 개정)

【1】 대상 건축물

① 다가구주택, 아파트, 연립주택 및 다세대주택	
② 제1종 근린생활시설 중 일용품을 판매하는 소매점	⑥ 노유자시설
③ 제2종 근린생활시설 중 다중생활시설	⑦ 수련시설
④ 문화 및 집회시설(동·식물원 제외)	⑧ 업무시설 중 오피스텔
⑤ 교육연구시설(연구소 및 도서관 제외)	⑨ 숙박시설 중 다중생활시설

【2】 범죄예방 기준의 적용

① 위 범죄예방대상 건축물은 범죄예방 기준에 따라 건축하여야 한다.

② 국토교통부장관은 범죄를 예방하고 안전한 생활환경을 조성하기 위하여 건축물, 건축설비 및 대지에 관한 범죄예방 기준을 정하여 고시할 수 있다.

【참고】 범죄예방 건축기준(국토교통부고시 제2021-930호, 2021.7.1)

9 방화문 (영 제64조) (피난·방화 제26조)

■ 방화문의 구조

영 제64조【방화문의 구조】

① 방화문은 다음 각 호와 같이 구분한다.

1. 60분+ 방화문: 연기 및 불꽃을 차단할 수 있는 시간이 60분 이상이고, 열을 차단할 수 있는 시간이 30분 이상인 방화문
2. 60분 방화문 : 연기 및 불꽃을 차단할 수 있는 시간이 60분 이상인 방화문
3. 30분 방화문 : 연기 및 불꽃을 차단할 수 있는 시간이 30분 이상 60분 미만인 방화문

② 제1항 각 호의 구분에 따른 방화문 인정 기준은 국토교통부령으로 정한다.

[전문개정 2020.10.8.]

피난규칙 제26조【방화문의 구조】

영 제64조제1항에 따른 방화문은 한국건설기술연구원장이 국토교통부장관이 정하여 고시하는 바에 따라 품질을 시험한 결과 영 제64조제1항 각 호의 기준에 따른 성능을 확보한 것이어야 한다. 〈개정 2021.12.23〉

1. 삭제 〈2021.12.23.〉
2. 삭제 〈2021.12.23.〉

[전문개정 2021.3.26.]

해설 기존의 갑종방화문과 을종방화문을 성능확인 별로 쉽게 구분할 수 있도록, 60분 방화문과 30분 방화문으로 개정되었다. 또한, 60분 방화문에 30분 이상의 열 차단 성능을 추가한 60분+ 방화문도 규정하여 아파트 대피공간 등에 사용하도록 규정하고 있다.

【참고】 건축자재등 품질인정 및 관리기준(국토교통부고시 제2023-15호, 2023.1.9.)

10 지하층 (법 제53조) (피난·방화 제25조)

법 제53조 【지하층】
건축물에 설치하는 지하층의 구조 및 설비는 국토교통부령으로 정하는 기준에 맞게 하여야 한다.

■ 지하층의 구조(피난·방화 규칙 제25조)

피난·방화규칙 제25조 【지하층의 구조】
① 법 제53조에 따라 건축물에 설치하는 지하층의 구조 및 설비는 다음 각 호의 기준에 적합하여야 한다. 〈개정 2010.12.30〉
 1. 거실의 바닥면적이 50제곱미터 이상인 층에는 직통계단외에 피난층 또는 지상으로 통하는 비상탈출구 및 환기통을 설치할 것. 다만, 직통계단이 2개소 이상 설치되어 있는 경우에는 그러하지 아니하다.
 1의2. 제2종근린생활시설 중 공연장·단란주점·당구장·노래연습장, 문화 및 집회시설중 예식장·공연장, 수련시설 중 생활권수련시설·자연권수련시설, 숙박시설중 여관·여인숙, 위락시설중 단란주점·유흥주점 또는 「다중이용업소의 안전관리에 관한 특별법 시행령」 제2조에 따른 다중이용업의 용도에 쓰이는 층으로서 그 층의 거실의 바닥면적의 합계가 50제곱미터 이상인 건축물에는 직통계단을 2개소 이상 설치할 것
 2. 바닥면적이 1천제곱미터이상인 층에는 피난층 또는 지상으로 통하는 직통계단을 영 제46조의 규정에 의한 방화구획으로 구획되는 각 부분마다 1개소 이상 설치하되, 이를 피난계단 또는 특별피난계단의 구조로 할 것
 3. 거실의 바닥면적의 합계가 1천제곱미터 이상인 층에는 환기설비를 설치할 것
 4. 지하층의 바닥면적이 300제곱미터 이상인 층에는 식수공급을 위한 급수전을 1개소이상 설치할 것
② 제1항제1호에 따른 지하층의 비상탈출구는 다음 각호의 기준에 적합하여야 한다. 다만, 주택의 경우에는 그러하지 아니하다.
 1. 비상탈출구의 유효너비는 0.75미터 이상으로 하고, 유효높이는 1.5미터 이상으로 할 것
 2. 비상탈출구의 문은 피난방향으로 열리도록 하고, 실내에서 항상 열 수 있는 구조로 하여야 하며, 내부 및 외부에는 비상탈출구의 표시를 할 것
 3. 비상탈출구는 출입구로부터 3미터 이상 떨어진 곳에 설치할 것
 4. 지하층의 바닥으로부터 비상탈출구의 아랫부분까지의 높이가 1.2미터 이상이 되는 경우에는 벽체에 발판의 너비가 20센티미터 이상인 사다리를 설치할 것
 5. 비상탈출구에서 피난층 또는 지상으로 통하는 복도나 직통계단에 직접 접하거나 통로 등으로 연결될 수 있도록 설치하여야 하며, 피난층 또는 지상으로 통하는 복도나 직통계단까지 이르는 피난통로의 유효너비는 0.75미터 이상으로 하고, 피난통로의 실내에 접하는 부분의 마감과 그 바탕은 불연재료로 할 것
 6. 비상탈출구의 진입부분 및 피난통로에는 통행에 지장이 있는 물건을 방치하거나 시설물을 설치하지 아니할 것
 7. 비상탈출구의 유도등과 피난통로의 비상조명등의 설치는 소방법령이 정하는 바에 의할 것

해설 지하층은 전시에 대피호로서의 의무공간확보의 규정이었으나, 현재에는 필요시 건축주의 의사에 따라 설치할 수 있도록 규정하고 있다. 또한 설치시 지하층의 구조·피난에 대한 규정에 따르도록 하여 안전을 확보할 수 있게 하고 있다.

■ **거실의 지하층 설치 제한** 〈개정 2023.12.26./시행 2024.3.27.〉

1. 대상 : 단독주택, 공동주택 등 대통령령이 정하는 건축물

2. 예외 : 다음 특성을 고려하여 건축조례로 정하는 경우

> ① 침수위험 정도를 비롯한 지역적 특성

> ② 피난 및 대피 가능성

> ③ 그 밖에 주거의 안전과 관련된 사항

1 지하층의 구조 및 설비기준

해당 지하층의 바닥면적	규정내용	그림상세
1　거실바닥면적 50㎡ 이상인 층	직통계단 외에 피난층 또는 지상으로 통하는 비상탈출구 및 환기통 설치 **예외** -직통계단이 2 이상 설치된 경우 -주택인 경우	①직통계단외에 비상탈출구 및 환기통 설치　②직통계단 2이상 설치시 예외
2　바닥면적 1,000㎡ 이상인 층	방화구획부분마다 피난계단 또는 특별피난계단을 1개소 이상 설치	방화구획 B　방화구획 A · 각 방화구획별 피난계단·특별피난계단의 설치
3　거실바닥면적 1,000㎡ 이상인 층	환기설비의 설치	―
4　바닥면적 300㎡ 이상인 층	식수공급을 위한 급수전 1개소 이상 설치	―

■ 제2종 근린생활시설 중 공연장·단란주점·당구장·노래연습장, 문화 및 집회시설 중 예식장·공연장, 수련시설 중 생활권수련시설,·자연권수련시설, 숙박시설 중 여관·여인숙, 위락시설 중 단란주점·유흥주점 또는 「다중이용업소의 안전관리에 관한 특별법 시행령」 제2조에 따른 다중이용업의 용도에 쓰이는 층으로서 그 층의 거실의 바닥면적의 합계가 50㎡ 이상인 건축물에는 직통계단을 2개소 이상 설치할 것

② 비상탈출구의 기준 예외 주택의 경우 제외

비상탈출구	1	0.75m×1.5m이상-비상탈출구의 크기 (유효너비)×(유효높이)
	2	비상탈출구의 문은 피난의 방향으로 열리도록 하고 실내에서 항상 열 수 있는 구조로 하며, 내부 및 외부에는 비상탈출구의 표시를 할 것
	3	출입구로부터 3m 이상 떨어진 곳에 설치
	4	지하층 바닥으로부터 탈출구의 아랫부분까지의 높이가 1.2m 이상되는 경우 벽체에 사다리를 설치할 것(발판의 너비 20cm 이상)
	5	피난층 또는 지상으로 통하는 복도나 직통계단에 직접 접하거나 통로 등으로 연결될 수 있도록 설치하여야 하며, 피난층 또는 지상으로 통하는 복도나 직통계단까지 이르는 피난통로의 유효너비는 0.75m 이상으로 하고 피난통로의 실내에 접하는 부분의 마감과 그 바탕은 불연재료로 할 것

■ 비상탈출구의 진입부분 및 피난통로에는 통행에 지장이 있는 물건을 방치하거나 시설물을 설치하지 아니할 것
■ 비상탈출구의 유도등과 피난통로의 비상조명등의 설치는 소방법령이 정하는 바에 의할 것

【관련 질의회신】

기계식 주차장의 지하 출입통로의 비상탈출구 기준

건교부 건축기획팀-1571, 2005.11.28

질의 지하층에 설치되는 기계식 주차장의 사람이 출입하는 통로의 출입구를 「건축물의 피난·방화구조 등의 기준에 관한 규칙」 제25조의 규정에 따른 비상탈출구로 보아 동규칙 동조제2항제1호의 규정에 따른 크기로 제작·설치해야 하는지 여부

회신 「건축물의 피난·방화구조 등의 기준에 관한 규칙」 제25조의 규정에 따라 자동차관련시설(기계식 주차장 포함)의 바닥면적이 50㎡ 이상인 지하층에는 직통계단을 2개소 이상 설치하거나, 직통계단 1개소와 지상으로 통하는 비상탈출구 및 환기통을 설치하여야 하며, 비상탈출구를 설치할 시에는 비상탈출구의 유효너비는 0.75m 이상, 유효높이 1.5m 이상으로 하여야 함
따라서 질의의 지하 기계식 주차장의 지하층 바닥면적이 50㎡ 이상이며 해당 출입구가 직통계단 1개소와는 별도로 설치되는 것이라면 해당 출입구를 비상탈출구로 보아 출입구의 유효크기 규정을 따라야 할 것으로 사료됨

6

지역 및 지구의 건축물

■ 토지의 경제적이고 효율적인 이용을 위한 지역·지구·구역의 지정에 관한 사항은 종전의 「도시계획법」에 규정하였고, 지역·지구내의 건축제한, 건폐율·용적률 등의 내용은 「건축법」에 규정되어 있었으나 현행법에서는 종전의 「도시계획법」과 「건축법」으로 이원화되어 있는 규정을 「국토의 계획 및 이용에 관한 법률」로 일원화하여 지정 및 관리체계의 효용성을 높이고자 하였다.

【참고1】 국토의 계획 및 이용에 관한 법률상의 지역(국토의 계획 및 이용에 관한 법률 제36조, 시행령 제30조)

국토교통부장관, 시·도지사 또는 대도시 시장은 용도지역의 지정 또는 변경을 도시·군관리계획으로 지정한다. 이에 따라 용도지역을 도시지역, 관리지역, 농림지역 및 자연환경보전지역으로 지정할 수 있다.

■ 용도지역의 지정 및 세분(1)_도시지역

도시지역은 주거지역·상업지역·공업지역 및 녹지지역을 다음과 같이 세분하여 지정할 수 있다.

구분	용도지역/내용	용도지역의 세분		
		지역명		내 용
도시지역	주거지역 : 거주의 안녕과 건전한 생활환경의 보호를 위하여 필요한 지역	전용주거지역 : 양호한 주거환경을 보호하기 위하여 필요한 지역	제1종 전용주거지역	단독주택 중심의 양호한 주거환경을 보호하기 위하여 필요한 지역
			제2종 전용주거지역	공동주택 중심의 양호한 주거환경을 보호하기 위하여 필요한 지역
		일반주거지역 : 편리한 주거 환경의 조성을 위해 필요한 지역	제1종 일반주거지역	저층주택을 중심으로 편리한 주거환경을 조성하기 위하여 필요한 지역
			제2종 일반주거지역	중층주택을 중심으로 편리한 주거환경을 조성하기 위하여 필요한 지역
			제3종 일반주거지역	중·고층주택을 중심으로 편리한 주거환경을 조성하기 위하여 필요한 지역
		준주거지역		주거기능을 위주로 이를 지원하는 일부 상업·업무기능을 보완하기 위하여 필요한 지역

		중심상업지역	도심·부도심의 업무 및 상업기능의 확충을 위하여 필요한 지역
도 시 지 역	상업지역 : 상업 그밖의 업무 의 편익을 증진하 기 위하여 필요한 지역	일반상업지역	일반적인 상업 및 업무기능을 담당하기 위해 필요한 지역
		근린상업지역	근린지역에서의 일용품 및 서비스의 공급을 위하여 필요한 지역
		유통상업지역	도시내 및 지역간 유통기능의 증진을 위하여 필요한 지역
	공업지역 : 공업의 편익을 증 진하기 위하여 필 요한 지역	전용공업지역	주로 중화학공업·공해성공업을 수용하기 위하여 필요한 지역
		일반공업지역	환경을 저해하지 아니하는 공업의 배치를 위하여 필요한 지역
		준공업지역	경공업 그밖의 공업을 수용하되, 주거·상업·업무기능의 보완이 필요한 지역
	녹지지역 : 자연환경·농지 및 산림의 보호, 보건위생, 보안과 도시의 무질서한 확산을 방지하기 위하여 녹지의 보 전이 필요한 지역	보전녹지지역	도시의 자연환경·경관·산림 및 녹지공간을 보전할 필요가 있는 지역
		생산녹지지역	주로 농업적 생산을 위하여 개발을 유보할 필요가 있는 지역
		자연녹지지역	도시의 녹지공간의 확보, 도시확산의 방지, 장래 도시용지의 공급 등을 위하여 보전할 필요가 있는 지역으로서 불가피한 경우에 한하여 제한적인 개발이 허용되는 지역

■ 용도지역의 지정 및 세분(2)_관리지역, 농림지역, 자연환경보전지역

구 분		세분 및 내용
관리지역	보전관리지역	자연환경보호, 산림보호, 수질오염방지, 녹지공간확보 및 생태계 보전 등을 위하여 보전이 필요하나, 주변의 용도지역과의 관계들을 고려할 때 자연환경보전지역으로 지정하여 관리하기가 곤란한 지역
	생산관리지역	농업·임업·어업 생산 등을 위하여 관리가 필요하나, 주변 용도지역과의 관계등을 고려할 때 농림지역으로 지정하여 관리하기가 곤란한 지역
	계획관리지역	도시지역으로의 편입이 예상되는 지역이나 자연환경을 고려하여 제한적인 이용·개발을 하려는 지역으로서 계획적·체계적인 관리가 필요한 지역
농림지역		도시지역에 속하지 아니하는 「농지법」에 따른 농업진흥지역 또는 「산지관리법」에 따른 보전산지 등으로서 농림업을 진흥시키고 산림을 보전하기 위하여 필요한 지역
자연환경 보전지역		자연환경·수자원·해안·생태계·상수원 및 문화재의 보전과 수산자원의 보호·육성 등을 위하여 필요한 지역

【참고2】 용도지구의 지정(국토의 계획 및 이용에 관한 법률 제37조)

국토교통부장관, 시·도지사 또는 대도시 시장은 다음의 용도지구의 지정 또는 변경을 도시·군관리계획으로 결정한다.

구 분	지 정 목 적
1. 경관지구	경관의 보전·관리 및 형성을 위하여 필요한 지구
2. 고도지구	쾌적한 환경 조성 및 토지의 효율적 이용을 위하여 건축물 높이의 최고한도를 규제할 필요가 있는 지구
3. 방화지구	화재의 위험을 예방하기 위하여 필요한 지구
4. 방재지구	풍수해, 산사태, 지반의 붕괴, 그 밖의 재해를 예방하기 위하여 필요한 지구
5. 보호지구	문화재, 중요 시설물(항만, 공항 등 대통령령으로 정하는 시설물을 말한다) 및 문화적·생태적으로 보존가치가 큰 지역의 보호와 보존을 위하여 필요한 지구
6. 취락지구	녹지지역·관리지역·농림지역·자연환경보전지역·개발제한구역 또는 도시자연공원구역의 취락을 정비하기 위한 지구
7. 개발진흥지구	주거기능·상업기능·공업기능·유통물류기능·관광기능·휴양기능 등을 집중적으로 개발·정비할 필요가 있는 지구
8. 특정용도 제한지구	주거 및 교육 환경 보호나 청소년 보호 등의 목적으로 오염물질 배출시설, 청소년 유해시설 등 특정시설의 입지를 제한할 필요가 있는 지구
9. 복합용도지구	지역의 토지이용 상황, 개발 수요 및 주변 여건 등을 고려하여 효율적이고 복합적인 토지이용을 도모하기 위하여 특정시설의 입지를 완화할 필요가 있는 지구
10. 그 밖에 대통령령으로 정하는 지구	–

※ 경관지구, 방재지구, 보호지구, 취락지구, 개발진흥지구는 세분하여 지정할 수 있음

■ **용도지구의 세분**(국토의 계획 및 이용에 관한 법률 시행령 제31조제2항)

국토교통부장관, 시·도지사 또는 대도시 시장은 도시·군관리계획 결정으로 경관지구 등을 다음과 같이 세분하여 지정할 수 있다.

구 분	용 도 지 구 의 세 분	
	지 구 명	내 용
1. 경관지구	① 자연경관지구	산지·구릉지 등 자연경관을 보호하거나 유지하기 위하여 필요한 지구
	② 시가지경관지구	지역 내 주거지, 중심지 등 시가지의 경관을 보호 또는 유지하거나 형성하기 위하여 필요한 지구
	③ 특화경관지구	지역 내 주요 수계의 수변 또는 문화적 보존가치가 큰 건축물 주변의 경관 등 특별한 경관을 보호 또는 유지하거나 형성하기 위하여 필요한 지구
2. 방재지구	① 시가지방재지구	건축물·인구가 밀집되어 있는 지역으로서 시설 개선 등을 통하여 재해 예방이 필요한 지구
	② 자연방재지구	토지의 이용도가 낮은 해안변, 하천변, 급경사지 주변 등의 지역으로서 건축 제한 등을 통하여 재해 예방이 필요한 지구
3. 보호지구	① 역사문화환경보호지구	문화재·전통사찰 등 역사·문화적으로 보존가치가 큰 시설 및 지역의 보호와 보존을 위하여 필요한 지구
	② 중요시설물보호지구	중요시설물*의 보호와 기능의 유지 및 증진 등을 위하여 필요한 지구 *항만, 공항, 공용시설(공공업무시설, 공공필요성이 인정되는 문화시설·집회시설·운동시설 및 그 밖에 이와 유사한 시설로서 도시·군계획조례로 정하는 시설), 교정시설·군사시설

	③ 생태계보호지구	야생동식물서식처 등 생태적으로 보존가치가 큰 지역의 보호와 보존을 위하여 필요한 지구
4. 취락지구	① 자연취락지구	녹지지역·관리지역·농림지역 또는 자연환경보전지역안의 취락을 정비하기 위하여 필요한 지구
	② 집단취락지구	개발제한구역안의 취락을 정비하기 위하여 필요한 지구
5. 개발진흥지구	① 주거개발진흥지구	주거기능을 중심으로 개발·정비할 필요가 있는 지구
	② 산업·유통개발진흥지구	공업기능 및 유통·물류기능을 중심으로 개발·정비할 필요가 있는 지구
	③ 관광·휴양개발진흥지구	관광·휴양기능을 중심으로 개발·정비할 필요가 있는 지구
	④ 복합개발진흥지구	주거기능, 공업기능, 유통·물류기능 및 관광·휴양기능 중 2 이상의 기능을 중심으로 개발·정비할 필요가 있는 지구
	⑤ 특정개발진흥지구	주거기능, 공업기능, 유통·물류기능 및 관광·휴양기능 외의 기능을 중심으로 특정한 목적을 위하여 개발·정비할 필요가 있는 지구

【참고3】용도구역의 지정(국토의 계획 및 이용에 관한 법률 제38조~제40조의2)

구 분	내 용	기 타
1. 개발제한구역	국토교통부장관은 도시의 무질서한 확산을 방지하고 도시주변의 자연환경을 보전하여 도시민의 건전한 생활환경을 확보하기 위하여 도시의 개발을 제한할 필요가 있거나 국방부장관의 요청이 있어 보안상 도시의 개발을 제한할 필요가 있다고 인정되면 개발제한구역의 지정 또는 변경을 도시·군관리계획으로 결정할 수 있다.	개발구역의 지정 또는 변경에 관하여 필요한 사항은 「개발제한구역의 지정 및 관리에 관한 특별조치법」으로 정함
2. 도시자연공원구역	시·도지사 또는 대도시 시장은 도시의 자연환경 및 경관을 보호하고 도시민에게 건전한 여가·휴식공간을 제공하기 위하여 도시지역 안에서 식생이 양호한 산지의 개발을 제한할 필요가 있다고 인정되면 도시자연공원구역의 지정 또는 변경을 도시·군관리계획으로 결정할 수 있다.	도시자연공원구역의 지정 또는 변경에 관하여 필요한 사항은 「도시공원 및 녹지 등에 관한 법률」로 정함
3. 시가화조정구역	시·도지사는 직접 또는 관계 행정기관의 장의 요청을 받아 도시지역과 그 주변지역의 무질서한 시가화를 방지하고 계획적·단계적인 개발을 도모하기 위하여 대통령령이 정하는 기간동안 시가화를 유보할 필요가 있다고 인정되면 시가화조정구역의 지정 또는 변경을 도시·군관리계획으로 결정할 수 있다. 다만, 국가계획과 연계된 경우는 국토교통부장관이 직접 결정할 수 있다.	시가화조정구역의 지정에 관한 도시·군관리계획의 결정은 시가화유보기간이 끝난 날의 다음날부터 그 효력을 잃게 됨
4. 수산자원보호구역	해양수산부장관은 직접 또는 관계 행정기관의 장의 요청을 받아 수산자원의 보호·육성하기 위하여 필요한 공유수면이나 그에 인접된 토지에 대한 수산자원보호구역의 지정 또는 변경을 도시·군관리계획으로 결정할 수 있다.	—
5. 입지규제최소구역	도시·군관리계획의 결정권자는 도시지역에서 복합적인 토지이용을 증진시켜 도시 정비를 촉진하고 지역 거점을 육성할 필요가 있다고 인정되면 법에서 정하는 지역과 그 주변지역의 전부 또는 일부를 입지규제최소구역으로 지정할 수 있다.	「주택법」, 「주차장법」 등 다른 법률 규정의 일부를 완화 또는 배제가 능하며, 「건축법」의 특례 적용 가능함

1 건축물의 대지가 지역·지구 또는 구역에 걸치는 경우의 조치($\substack{법 \\ 제54조}$)

> **법 제54조【건축물의 대지가 지역·지구 또는 구역에 걸치는 경우의 조치】**
> ① 대지가 이 법이나 다른 법률에 따른 지역·지구(녹지지역과 방화지구는 제외한다. 이하 이 조에서 같다) 또는 구역에 걸치는 경우에는 대통령령으로 정하는 바에 따라 그 건축물과 대지의 전부에 대하여 대지의 과반(過半)이 속하는 지역·지구 또는 구역 안의 건축물 및 대지 등에 관한 이 법의 규정을 적용한다. 〈개정 2017.4.18.〉
> ② 하나의 건축물이 방화지구와 그 밖의 구역에 걸치는 경우에는 그 전부에 대하여 방화지구 안의 건축물에 관한 이 법의 규정을 적용한다. 다만, 건축물의 방화지구에 속한 부분과 그 밖의 구역에 속한 부분의 경계가 방화벽으로 구획되는 경우 그 밖의 구역에 있는 부분에 대하여는 그러하지 아니하다.
> ③ 대지가 녹지지역과 그 밖의 지역·지구 또는 구역에 걸치는 경우에는 각 지역·지구 또는 구역 안의 건축물과 대지에 관한 이 법의 규정을 적용한다. 다만, 녹지지역 안의 건축물이 방화지구에 걸치는 경우에는 제2항에 따른다. 〈개정 2017.4.18.〉
> ④ 제1항에도 불구하고 해당 대지의 규모와 그 대지가 속한 용도지역·지구 또는 구역의 성격 등 그 대지에 관한 주변여건상 필요하다고 인정하여 해당 지방자치단체의 조례로 적용방법을 따로 정하는 경우에는 그에 따른다.

> **영 제77조【건축물의 대지가 지역·지구 또는 구역에 걸치는 경우】**
> 법 제54조제1항에 따라 대지가 지역·지구 또는 구역에 걸치는 경우 그 대지의 과반이 속하는 지역·지구 또는 구역의 건축물 및 대지 등에 관한 규정을 그 대지의 전부에 대하여 적용 받으려는 자는 해당 대지의 지역·지구 또는 구역별 면적과 적용 받으려는 지역·지구 또는 구역에 관한 사항을 허가권자에게 제출(전자문서에 의한 제출을 포함한다)하여야 한다.

해설 건축물의 대지가 지역·지구 또는 구역에 걸치는 경우 원칙적으로 그 건축물 및 대지 전부에 대하여 대지의 과반이 속하는 지역·지구 또는 구역안의 건축물 및 대지 등에 관한 규정을 적용한다. 다만 방화지구에 일부라도 건축물이 걸칠 때, 지구지정 목적상 과반이 아니더라도 방화지구의 규정을 적용받게 된다.

대지가 녹지지역과 걸치는 경우, 각 지역·지구 또는 구역의 규정을 적용받게 되며, 녹지지역이라도 건축물이 방화지구에 걸치는 경우 각 지구의 규정을 적용한다.

또한, 대지주변 여건상 필요하다고 인정하여 지방자치단체의 조례로 적용방법을 따로 정하는 경우에는 그에 의하도록 하고 있다.

1 대지가 지역·지구 또는 구역에 걸치는 경우

그 대지의 과반이 속하는 지역 등의 건축물 및 대지에 관한 규정을 적용한다.

※ 건축물의 위치에 관계없음에 유의

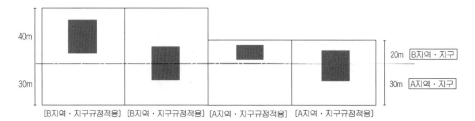

[B지역·지구규정적용] [B지역·지구규정적용] [A지역·지구규정적용] [A지역·지구규정적용]

【참고】 건설교통부 해설(2006년 제4654호)

　　법 제54조의 규정은 높이제한, 일조권 등 건축법의 규정을 적용하기 위한 것이며, 「국토의 계획 및 이용에 관한 법률」 제84조(2이상의 용도지역·용도지구·용도구역에 걸치는 토지에 대한 적용기준)는 용적률·건폐율 등 해당 법 규정을 적용하기 위한 것임

② 대지가 녹지지역과 그밖의 지역·지구 또는 구역에 걸치는 경우

　　대지가 녹지지역과 그 밖의 지역·지구 또는 구역에 걸치는 경우에는 각 지역·지구 또는 구역안의 건축물 및 대지에 관한 규정을 적용한다.

③ 하나의 건축물이 방화지구와 그 밖의 구역에 걸치는 경우

【원칙】 건축물 전부에 대하여 방화지구 안의 건축물에 관한 규정을 적용
　　　　－"대지의 과반이 속하는 지역"과는 관계없음

　　주의 건축물이 방화지구와 그 밖의 구역의 경계가 방화벽으로 구획되는 경우
　　　　－ 그 밖의 구역에 있는 부분에 대하여는 방화지구의 규정을 적용하지 않음.
　　주의 대지의 과반이 속하는 규정을 적용시키는 것이 아니라, 건축물의 일부라도 걸치는 경우
　　　　－ 방화지구내의 규정을 적용

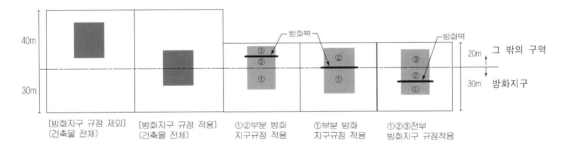

| [방화지구 규정 제외]
(건축물 전체) | [방화지구 규정 적용]
(건축물 전체) | ①②부분 방화
지구규정 적용 | ①부분 방화
지구규정 적용 | ①②③전부
방화지구 규정적용 |

【관련 질의회신】

법령해석　대지가 2이상의 용도지역에 걸치는 경우의 건축기준을 신청인의 의사와 관계없이 적용여부

법제처 법령해석 06-0171, 2006.9.1.

질의 건축물의 대지가 2 이상의 용도지역에 걸치는 경우에 그 대지의 과반 이상이 속하는 용도지역 안의 건축기준을 건축허가 신청인의 의사와 관계없이 그 대지 전체에 적용하여야 하는지 여부

회신 건축물의 대지가 2 이상의 용도지역에 걸치는 경우로서 조례로 달리 정한 바가 없다면, 건축허가 신청인의 의사와 관계없이 그 대지의 과반 이상이 속하는 용도지역 안의 건축기준을 그 대지 전체에 적용하여야 함

대지가 지역 지구에 걸칠 때 일조권 적용 기준

건교부 건축 58070-1605, 2003.9.1

질의 신청대지의 과반이 속하는 일반상업지역과 일반주거지역에 걸쳐있는 경우 주상복합건축물 1개동을 건축함에 있어 일조 등의 확보를 위한 건축기준의 적용은?

회신 건축법 제46조제1항의 규정에 의하면 대지가 지역·지구 등에 걸치는 경우에는 그 건축물 및 대지의 전부에 대하여 그 대지의 과반이 속하는 지역·지구안의 건축물 및 대지 등에 관한 규정을 적용하는 것이므로, 대지의 전부에 대하여 대지의 과반이 속하는 일반상업지역의 기준을 적용하게 되는 경우 일조 등의 확보를 위한 건축물의 높이제한 규정을 적용하지 아니하는 것이나, 동법 동조 제4항의 규정에 의하여 당해 지방자치단체의 조례에서 적용방법을 따로 정하고 있는 경우에는 그에 따르는 것이니, 이에 대한 구체적인 사항은 허가권자에게 문의바람(※법 제46조 ⇒ 제54조, 2008.3.21.)

2   건축물의 건폐율 $\left(\begin{smallmatrix} 법 \\ 제55조 \end{smallmatrix}\right)$

법 제55조【건축물의 건폐율】
대지면적에 대한 건축면적(대지에 건축물이 둘 이상 있는 경우에는 이들 건축면적의 합계로 한다)의 비율(이하 "건폐율"이라 한다)의 최대한도는 「국토의 계획 및 이용에 관한 법률」 제77조에 따른 건폐율의 기준에 따른다. 다만, 이 법에서 기준을 완화하거나 강화하여 적용하도록 규정한 경우에는 그에 따른다.

영 제78조【건축물의 건폐율】
삭제〈2002.12.26〉
※「국토의 계획 및 이용에 관한 법률 시행령」의 제정(2002.12.26)으로 삭제됨

해설 건폐율이란 대지면적에 대한 건축면적의 비로서, 건축물이 축조되는 대지에 최소한도의 공지를 확보하여 일조·채광·통풍 등의 환경조건을 조성하고, 재해시의 연소확대를 방지하고, 피난 및 소화활동을 용이하게 하는데 목적이 있다.
또한 도시과밀화를 방지하기 위하여 필요한 경우 또는 토지이용도를 높여야 할 필요가 있는 경우에는 지방자치단체의 조례로서 건폐율을 따로 정할 수 있게 함으로서, 지역실정에 맞도록 규정하고 있다.

■ 건폐율의 정의

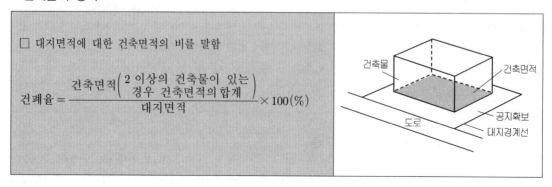

□ 대지면적에 대한 건축면적의 비를 말함

$$건폐율 = \frac{건축면적 \left(\begin{smallmatrix} 2 \text{ 이상의 건축물이 있는} \\ \text{경우 건축면적의 합계} \end{smallmatrix}\right)}{대지면적} \times 100(\%)$$

【참고】 용도지역 안에서의 건폐율(국토의 계획 및 이용에 관한 법률 제77조, 동법시행령 제84조)

용도지역안에서 건폐율의 최대한도는 관할구역의 면적 및 인구규모, 용도지역의 특성등을 감안하여 다음의 범위안에서 특별시·광역시·특별자치시·특별자치도·시 또는 군의 조례로 정한다.

구 분			지역안에서의 건폐율		비 고
지 역		최대한도	지역의 세분	건폐율의 한도 (도시계획 조례로 정함)	
도시지역	주거지역	70%	제1종 전용주거지역	50%	■ 다음지역의 건폐율은 80%이하의 범위에서 아래기준에 따라 조례로 정함 1. 취락지구(집단취락지구의 경우 「개발제한구역의 지정 및 관리에 관한 특별조치법」에 따름) : 60% 이하 2. 개발진흥지구(도시지역외의 지역 또는 대통령령으로 정하는 용도지역만 해당) : 40% 이하 3. 수자원보호구역 : 40% 이하 4. 자연공원(「자연공원법」) : 60% 이하 5. 농공단지(「산업입지 및 개발에 관한 법률」) : 70% 이하 6. 공업지역내의 국가산업단지·일반산업단지·도시첨단산업단지·준산업단지(「산업단지 및 개발에 관한법률」) : 80% 이하
			제2종 전용주거지역	50%	
			제1종 일반주거지역	60%	
			제2종 일반주거지역	60%	
			제3종 일반주거지역	50%	
			준 주거지역	70%	
	상업지역	90%	중심상업지역	90%	
			일반상업지역	80%	
			근린상업지역	70%	
			유통상업지역	80%	
	공업지역	70%	전용공업지역	70%	
			일반공업지역	70%	
			준공업지역	70%	
	녹지지역	20%	보전녹지지역	20%	
			생산녹지지역	20%	
			자연녹지지역	20%	
관리지역	보전관리지역	20%	보전관리지역	20%	
	생산관리지역	20%	생산관리지역	20%	
	계획관리지역	40%	계획관리지역	40%	
농 림 지 역		20%	－	－	
자연환경보전지역		20%	－	－	

☞ 건폐율 조정, 완화 등의 관련 규정은 3편 해설 참조

3 건축물의 용적률 (법 제56조)

법 제56조 【건축물의 용적률】

대지면적에 대한 연면적(대지에 건축물이 둘 이상 있는 경우에는 이들 연면적의 합계로 한다)의 비율(이하 "용적률"이라 한다)의 최대한도는 「국토의 계획 및 이용에 관한 법률」 제78조에 따른 용적률의 기준에 따른다. 다만, 이 법에서 기준을 완화하거나 강화하여 적용하도록 규정한 경우에는 그에 따른다.

영 제79조 【건축물의 용적률】

삭제 〈2002.12.26〉

※ 「국토의 계획 및 이용에 관한 법률 시행령」의 제정(2002.12.26)으로 삭제됨

해설 건축물의 규모는 70년대 이후 용적률로서 규제하고 있다. 용적률은 대지면적에 대한 건축물의 연면적(지상층 연면적)의 비율로서 일정한 용적률 내에서는 고층화 될수록 좀더 많은 공지가 확보될 수 있다하겠다. 이러한 용적률 규제는 도시공간의 입체화, 토지의 효율적 이용, 쾌적도시환경의 조성 및 나아가서는 균형있는 도시발전을 꾀하고자 하는데 규정의 목적을 둔다.

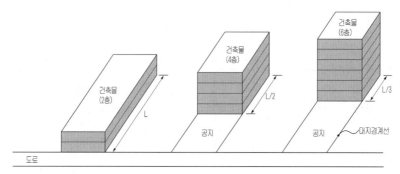

[그림] 용적률 200%의 경우 층수의 비교

■ 용적률의 정의

□ 대지면적에 대한 건축물의 연면적의 비를 말함

$$\bullet\ 용적률 = \frac{연면적 \left(\begin{array}{c} 2\ 이상의\ 건축물이\ 있는\ 경우 \\ 연면적의\ 합계로서\ 산정 \end{array} \right)}{대지면적} \times 100(\%)$$

【참고】 용적률은 지상부분의 규모에 관한 규제이므로 용적률에 적용되는 연면적은 연면적의 일반적인 원칙(건축물의 규모로서 연면적 = 지상층 바닥면적 + 지하층 바닥면적)의 개념이 아니라 ① 지하층 면적 ② 지상부분의 주차용 면적(부속용도로 사용하는 경우) ③ 초고층 건축물과 준초고층 건축물의 피난안전구역의 면적 ④ 11층 이상 건축물로서 11층 이상층의 바닥면적의 합계가 1만㎡ 이상인 건축물의 경사지붕 아래 설치하는 대피공간의 면적을 제외한 연면적으로 환산함.
또한 대지에 2 이상의 건축물이 있는 경우 이들 연면적의 합계로서 산정함.

■ 용적률의 한도

【참고】 용도지역안에서의 용적률(국토의 계획 및 이용에 관한 법률 제78조, 시행령 제85조)

지 역		용적률의 최고한도	용도지역의 세분	용적률의 범위	기 타
도 시 지 역	주거지역	500%	제1종 전용주거지역	50%이상 100%이하	■도시·군계획조례로 용도지역별 용적률을 정하는 경우 해당지역의 구역별로 용적률의 세분 지정 가능 ■다음 지역의 용적률 기준은 다음 범위에서 도시·군계획조례가 정하는 비율을 초과 지정 금지 1.도시지역외의 지역에 지정된 개발진흥지구 : 100% 이하 2. 수산자원보호구역 : 80% 이하 3. 자연공원[1] : 100% 이하 4. 농공단지[2](도시지역외에 한함) : 150% 이하 *1.「자연공원법」 *2.「산업입지 및 개발에 관한 법률」 ■방재지구의 재해저감대책에 부합하게 재해예방시설을 설치하는 건축물은 주거, 상업, 공업지역 용적률의 140% 이하 범위에서 조례가 정하는 비율 적용 가능
			제2종 전용주거지역	50%~150%	
			제1종 일반주거지역	100%~200%	
			제2종 일반주거지역	100%~250%	
			제3종 일반주거지역	100%~300%	
			준 주거지역	200%~500%	
	상업지역	1500%	중심상업지역	200%~1500%	
			일반상업지역	200%~1300%	
			근린상업지역	200%~900%	
			유통상업지역	200%~1100%	
	공업지역	400%	전용공업지역	150%~300%	
			일반공업지역	150%~350%	
			준공업지역	150%~400%	
	녹지지역	100%	보전녹지지역	50%~80%	
			생산녹지지역	50%~100%	
			자연녹지지역	50%~100%	
관리 지역	보전관리지역	80%	보전관리지역	50%~80%	
	생산관리지역	80%	생산관리지역	50%~80%	
	계획관리지역	100%	계획관리지역	50%~100%	
농 림 지 역		80%	농림지역	50%~80%	
자연환경보전지역		80%	자연환경보전지역	50%~80%	

☞ 용적률 완화 등의 관련 규정은 3편 해설 참조

4 대지의 분할제한 $\left(\begin{smallmatrix}법\\제57조\end{smallmatrix}\right)\left(\begin{smallmatrix}영\\제80조\end{smallmatrix}\right)$

> **법 제57조【대지의 분할제한】**
> ① 건축물이 있는 대지는 대통령령으로 정하는 범위에서 해당 지방자치단체의 조례로 정하는 면적에 못 미치게 분할할 수 없다.
> ② 건축물이 있는 대지는 제44조, 제55조, 제56조, 제58조, 제60조 및 제61조에 따른 기준에 못 미치게 분할할 수 없다.
> ③ 제1항과 제2항에도 불구하고 제77조의6에 따라 건축협정이 인가된 경우 그 건축협정의 대상이 되는 대지는 분할할 수 있다. 〈신설 2014.1.14.〉

> **영 제80조【건축물이 있는 대지의 분할제한】**
> 법 제57조제1항에서 "대통령령으로 정하는 범위"란 다음 각 호의 어느 하나에 해당하는 규모 이상을 말한다.
> 1. 주거지역 : 60제곱미터
> 2. 상업지역 : 150제곱미터
> 3. 공업지역 : 150제곱미터
> 4. 녹지지역 : 200제곱미터
> 5. 제1호부터 제4호까지의 규정에 해당하지 아니하는 지역: 60제곱미터
> [전문개정 2008.10.29]

해설 소규모 대지에 건축물이 밀집하여 건축되면 일조·통풍·피난·교통 등에 지장을 초래하여 건축물 주위환경은 물론 도시환경을 악화시키게 된다. 따라서 각 용도지역별로 적정한 대지면적의 제한은 효율적인 밀도조정과 도시환경정비의 효과가 있다. 또한 대지와 도로와의 관계·건폐율·용적률·대지안의 공지·건축물의 높이제한 등에 반하여 대지의 분할을 금지하도록 하고 있다.

■ 대지의 분할제한

1. 건축물이 있는 대지는 아래표의 범위내에서 조례가 정하는 면적에 미달되게 분할할 수 없다.

용도지역	분할규모	기 타
주거지역	60㎡ 이상	■ 건축물의 대지는 다음의 규정에 미달되게 분할할 수 없다.
상업지역	150㎡ 이상	• 대지와 도로와의 관계(법 제44조)
공업지역	150㎡ 이상	• 건축물의 건폐율(법 제55조) • 건축물의 용적률(법 제56조)
녹지지역	200㎡ 이상	• 대지 안의 공지(법 제58조) • 건축물의 높이 제한(법 제60조)
기타지역	60㎡ 이상	• 일조 등의 확보를 위한 건축물의 높이 제한(법 제61조)

2. 건축협정이 인가된 경우 건축협정의 대상 대지는 분할할 수 있다.

5 대지안의 공지 (법 제58조) (영 제80조의2)

> **법 제58조 【대지안의 공지】**
> 건축물을 건축하는 경우에는 「국토의 계획 및 이용에 관한 법률」에 따른 용도지역·용도지구, 건축물의 용도 및 규모 등에 따라 건축선 및 인접 대지경계선으로부터 6미터 이내의 범위에서 대통령령으로 정하는 바에 따라 해당 지방자치단체의 조례로 정하는 거리 이상을 띄워야 한다.

> **영 제80조의2 【대지안의 공지】**
> 법 제58조에 따라 건축선(법 제46조제1항에 따른 건축선을 말한다. 이하 같다) 및 인접 대지경계선(대지와 대지 사이에 공원, 철도, 하천, 광장, 공공공지, 녹지, 그 밖에 건축이 허용되지 아니하는 공지가 있는 경우에는 그 반대편의 경계선을 말한다)으로부터 건축물의 각 부분까지 띄어야 하는 거리의 기준은 별표 2와 같다. 〈개정 2014.10.14.〉

【별표2】 대지 안의 공지 기준(제80조의2 관련)

1. 건축선으로부터 건축물까지 띄어야 하는 거리

대상 건축물	건축조례에서 정하는 건축기준
가. 해당 용도로 쓰이는 바닥면적의 합계가 500㎡ 이상인 공장(전용공업지역 및 일반공업지역 또는 「산업입지 및 개발에 관한 법률」에 따른 산업단지에서 건축하는 공장 제외)으로서 건축조례가 정하는 건축물	• 준공업지역 : 1.5m 이상 6m 이하 • 준공업지역 외의 지역 : 3m 이상 6m 이하
나. 해당 용도로 쓰이는 바닥면적의 합계가 500㎡ 이상인 창고(전용공업지역 및 일반공업지역 또는 「산업입지 및 개발에 관한 법률」에 따른 산업단지에서 건축하는 창고 제외)로서 건축조례가 정하는 건축물	• 준공업지역 : 1.5m 이상 6m 이하 • 준공업지역 외의 지역 : 3m 이상 6m 이하
다. 해당 용도로 쓰이는 바닥면적의 합계가 1,000㎡ 이상인 판매시설, 숙박시설(일반숙박시설 제외), 문화 및 집회시설(전시장 및 동·식물원 제외) 및 종교시설	• 3m 이상 6m 이하
라. 다중이 이용하는 건축물로서 건축조례로 정하는 건축물	• 3m 이상 6m 이하
마. 공동주택	• 아파트 : 2m 이상 6m 이하 • 연립주택 : 2m 이상 5m 이하 • 다세대주택 : 1m 이상 4m 이하
바. 그 밖에 건축조례가 정하는 건축물	• 1m 이상 6m 이하(한옥의 경우: 처마선 0.5m 이상 2m 이하, 외벽선 1m 이상 2m 이하)

2. 인접대지경계선으로부터 건축물까지 띄어야 하는 거리

대상 건축물	건축조례에서 정하는 건축기준
가. 전용주거지역에 건축하는 건축물(공동주택 제외)	• 1m 이상 6m 이하(한옥의 경우에는 처마선 0.5m 이상 2m 이하, 외벽선 1m 이상 2m 이하)
나. 해당 용도로 쓰이는 바닥면적의 합계가 500㎡ 이상인 공장(전용공업지역 및 일반공업지역 또는 「산업입지 및 개발에 관한 법률」에 따른 산업단지에서 건축하는 공장 제외)으로서 건축조례가 정하는 건축물	• 준공업지역 : 1m 이상 6m 이하 • 준공업지역 외의 지역 : 1.5m 이상 6m 이하
다. 상업지역이 아닌 지역에서 건축하는 건축물로서 해당 용도로 쓰이는 바닥면적의 합계가 1,000㎡ 이상인 판매시설, 숙박시설(일반숙박시설 제외), 문화 및 집회시설(전시장 및 동·식물원 제외) 및 종교시설	• 1.5m 이상 6m 이하
라. 다중이 이용하는 건축물(상업지역에서 건축하는 건축물 제외)로서 건축조례가 정하는 건축물	• 1.5m 이상 6m 이하
마. 공동주택(상업지역에서 건축하는 공동주택 제외)	• 아파트 : 2m 이상 6m 이하 • 연립주택 : 1.5m 이상 5m 이하 • 다세대주택 : 0.5m 이상 4m 이하
바. 그 밖에 건축조례로 정하는 건축물	• 0.5m 이상 6m 이하

비고

1) 제1호가목 및 제2호나목에 해당하는 건축물 중 법 제11조에 따른 허가를 받거나 법 제14조에 따른 신고를 하고 2009년 7월 1일부터 2015년 6월 30일까지, 2016년 7월 1일부터 2019년 6월 30일까지 또는 2021년 11월 2일부터 2024년 11월 1일까지 법 제21조에 따른 착공신고를 하는 건축물에 대해서는 건축조례로 정하는 건축기준을 2분의 1로 완화하여 적용한다. <개정 2021.11.2>
2) 제1호에 해당하는 건축물(별표 1 제1호, 제2호 및 제17호부터 제19호까지의 건축물은 제외한다)이 너비가 20m 이상인 도로를 포함하여 2개 이상의 도로에 접한 경우로서 너비가 20m 이상인 도로(도로와 접한 공공공지 및 녹지를 포함한다)면에 접한 건축물에 대해서는 건축선으로부터 건축물까지 띄어야 하는 거리를 적용하지 않는다.
3) 제1호에 따른 건축물의 부속용도에 해당하는 건축물에 대해서는 주된 용도에 적용되는 대지의 공지 기준 범위에서 건축조례로 정하는 바에 따라 완화하여 적용할 수 있다. 다만, 최소 0.5m 이상은 띄어야 한다.

【관련 질의회신】

공작물의 대지안의 공지 적용 여부

국토교통부 민원마당 FAQ 2019.5.24.

질의 높이 8m이하의 기계식 주차장 및 철골조립식 주차장으로서 외벽이 없는 공작물에 대해 「건축법」 제58조(대지안의 공지) 규정을 적용해야 하는 지?

회신 ○ 「건축법」 제83조 제2항에 공작물이 준용하여야 하는 건축법상의 규정은 대통령령으로 정하는 바에 따르도록 하고 있고, 같은 법 시행령 제118조 제3항에서 공작물이 준용하여야 하는 규정에 「건축법」 제58조를 명시하고 있고 별도의 제외 규정을 두고 있지 않으므로,

○ 높이 8m이하의 기계식 주차장 및 철골조립식 주차장으로서 외벽이 없는 공작물은「건축법」제58조 대지안의 공지 규정을 적용하여야 할 것으로 사료되나, 보다 자세한 사항은 관련자료를 갖추어 해당지역 허가권자에게 문의바람

대지안의 공지(옥외계단)

국토교통부 민원마당 FAQ　2013.12.6.

질의 대지안의 공지에 지상에 구조물이 없는 지하층 출입을 위한 옥외계단을 설치할 수 있는지

회신「건축법」제58조의 대지안의 공지 규정은 기본적으로 대지안의 통풍·개방감을 확보하여 도시 및 주거환경을 보호하고 화재발생 시 인접대지 및 건축물로의 연소확산 예방과 피난통로를 확보하며 도로의 기능을 보호하기 위한 것이므로 질의의 지하층 출입을 위한 옥외계단은 대지안의 공지규정을 적용하지 않는 것이 바람직할 것으로 사료되나, 동 옥외계단이 지상 층에 많이 돌출되어 대지안의 공지의 취지에 어긋나거나 장애가 되어서는 아니 될 것임. 이에 대한 보다 구체적인 사항은 당해지역의 허가권자인 시장, 군수, 구청장에게 문의하시기 바람

6 맞벽 건축과 연결복도 (법 제59조) (영 제81조)

법 제59조 【맞벽 건축과 연결복도】
① 다음 각 호의 어느 하나에 해당하는 경우에는 제58조, 제61조 및 「민법」 제242조를 적용하지 아니한다.
1. 대통령령으로 정하는 지역에서 도시미관 등을 위하여 둘 이상의 건축물 벽을 맞벽(대지경계선으로부터 50센티미터 이내인 경우를 말한다. 이하 같다)으로 하여 건축하는 경우
2. 대통령령으로 정하는 기준에 따라 인근 건축물과 이어지는 연결복도나 연결통로를 설치하는 경우
② 제1항 각 호에 따른 맞벽, 연결복도, 연결통로의 구조·크기 등에 관하여 필요한 사항은 대통령령으로 정한다.

영 제81조 【맞벽건축 및 연결복도】
① 법 제59조제1항제1호에서 "대통령령으로 정하는 지역"이란 다음 각 호의 어느 하나에 해당하는 지역을 말한다. 〈개정 2015.9.22.〉
1. 상업지역(다중이용 건축물 및 공동주택은 스프링클러나 그 밖에 이와 비슷한 자동식 소화설비를 설치한 경우로 한정한다)
2. 주거지역(건축물 및 토지의 소유자 간 맞벽건축을 합의한 경우에 한정한다)
3. 허가권자가 도시미관 또는 한옥 보전·진흥을 위하여 건축조례로 정하는 구역
4. 건축협정구역
② 삭제 〈2006.5.8〉
③ 법 제59조제1항제1호에 따른 맞벽은 다음 각 호의 기준에 적합하여야 한다. 〈개정 2014.10.14.〉
1. 주요구조부가 내화구조일 것
2. 마감재료가 불연재료일 것
④ 제1항에 따른 지역(건축협정구역은 제외한다)에서 맞벽건축을 할 때 맞벽 대상 건축물의 용도, 맞벽 건축물의 수 및 층수 등 맞벽에 필요한 사항은 건축조례로 정한다. 〈개정 2014.10.14〉
⑤ 법 제59조제1항제2호에서 "대통령령으로 정하는 기준"이란 다음 각 호의 기준을 말한다. 〈개정 2019.8.6.〉
1. 주요구조부가 내화구조일 것
2. 마감재료가 불연재료일 것
3. 밀폐된 구조인 경우 벽면적의 10분의 1 이상에 해당하는 면적의 창문을 설치할 것. 다만, 지하층으로서 환기설비를 설치하는 경우에는 그러하지 아니하다.
4. 너비 및 높이가 각각 5미터 이하일 것. 다만, 허가권자가 건축물의 용도나 규모 등을 고려할 때 원활한 통행을 위하여 필요하다고 인정하면 지방건축위원회의 심의를 거쳐 그 기준을 완화하여 적용할 수 있다.
5. 건축물과 복도 또는 통로의 연결부분에 자동방화셔터 또는 방화문을 설치할 것
6. 연결복도가 설치된 대지 면적의 합계가 「국토의 계획 및 이용에 관한 법률 시행령」 제55조에 따른 개발행위의 최대 규모 이하일 것. 다만, 지구단위계획구역에서는 그러하지 아니하다.
⑥ 법 제59조제1항제2호에 따른 연결복도나 연결통로는 건축사 또는 건축구조기술사로부터 안전에 관한 확인을 받아야 한다. 〈개정 2016.7.19.〉

해설 도시미관 등을 위하여 상업지역이나, 도시미관 또는 한옥 보전등을 위하여 건축조례로 정한 지역 및 주거지역에서 건축물 및 토지의 소유자 간의 맞벽건축을 합의한 경우에는 2 이상의 건축물의 벽을 맞벽(대지경계선으로부터 50cm 이내인 경우)으로 할 수 있다. 이때에는 「건축법」 제58조 (대지 안의 공지), 제61조(일조 등의 확보를 위한 건축물의 높이 제한)와 「민법」 제242조(경계선 부근의 건축)의 규정을 적용하지 않는다.

또한, 건축물간의 연결복도(건축물의 기능을 향상시키고, 건축물 사용자의 편의를 증진시 키고자 설치된 것)도 마찬가지로 법적용이 제외된다.

연결복도의 예

1 맞벽 건축 및 연결복도

구 분			맞벽건축 도해
맞벽건축 (대지경계선 에서 50cm 이내인 경우)	대 상 지 역	① 상업지역(다중이용 건축물 및 공동주택 은 스프링클러나 그 밖에 이와 비슷한 자동식 소화설비를 설치한 경우로 한정) ② 주거지역(건축물 및 토지의 소유자 간 맞벽건축을 합의한 경우에 한정) ③ 허가권자가 도시미관 또는 한옥 보전· 진흥을 위하여 건축조례로 정하는 구역 ④ 건축협정구역	
연결복도 또는 연결통로	건축물과 건축물을 연결하는 복도와 통로의 설치 가능(지역, 용도에 관계없음)		
제외규정	• 맞벽 및 연결복도에 대한 법적용 제외 ① 법 제58조 - 대지안의 공지 ② 법 제61조 - 일조 등의 확보를 위한 건축물의 높이제한 ③ 「민법」 제242조 - 경계선부근의 건축(경계로부터 0.5m 이상의 거리를 두어야 함)		

2 맞벽 등의 구조제한 등

【1】 맞벽

① 맞벽의 구조 기준
  - 주요구조부 : 내화구조
  - 마감재료 : 불연재료

② 맞벽건축 대상지역(건축협정구역 제외)에서 맞벽건축을 할 때 맞벽 대상 건축물의 용도, 맞벽 건축물의 수 및 층수 등 맞벽에 필요한 사항은 건축조례로 정한다.

【2】 연결복도 또는 연결통로

다음의 기준으로 하되, 건축사 또는 건축구조기술사로부터 안전에 관한 확인을 받아야 한다.

구 분	기 준
1. 주요 구조부	• 내화구조
2. 마감재료	• 불연재료
3. 너비 및 높이	• 각각 5m 이하일 것 예외 허가권자가 건축물의 용도나 규모 등을 고려할 때 원활한 통행을 위하여 필요하다고 인정하면 지방건축위원회의 심의를 거쳐 완화 적용 가능
4. 밀폐된 구조인 경우	• 벽 면적의 1/10 이상 창문 설치 예외 지하층으로서 환기설비를 설치한 경우
5. 건축물과 복도 또는 통로의 연결부분	• 자동방화셔터 또는 방화문 설치
6. 연결복도가 설치된 대지면적의 합계	• 「국토의 계획 및 이용에 관한 법률 시행령」 제55조에 따른 개발행위의 최대 규모 이하일 것 – 주거, 상업지역 등 : 1만㎡ 미만 – 공업, 관리, 농림지역 : 3만㎡ 미만 등 예외 지구단위계획구역에서는 제외

■ 연결복도 아래부분에 도로가 위치하거나 타인의 토지를 건너갈 경우, 도로점용 허가 또는 토지 소유자의 사용승락을 받아야 함.

【관련 질의회신】

연결복도가 설치된 2개의 건축물이 하나의 건축물인지 여부

건교부 건축과-4495, 2005.8.4

질의 「건축법」 제50조의2의 규정에 의한 연결복도를 설치하는 경우 연결된 두 건축물이 하나의 건축물인지

회신 「건축법」 제50조의2는 각각 다른 건축물을 맞벽으로 건축하거나 연결복도 또는 연결통로를 설치하는 경우에 대한 규정이므로 동 규정에 의하여 연결복도를 설치하는 경우라도 연결된 건축물은 각각 다른 건축물로 보는 것임(※ 법 제50조의2 ⇒ 제59조, 2008.3.21)

맞벽에 개구부(방화문)를 설치, 연결복도 설치 가능여부

건교부 건축과-4466, 2005.8.3

질의 「건축법」 제50조의2제1항의 규정에 의하여 맞벽으로 건축할 때 맞벽에 개구부(방화문)를 설치하여 두 건축물의 복도를 연결할 수 있는지

회신 「건축법」 제50조의2 및 「동법 시행령」 제81조의 규정에 의한 맞벽은 방화벽으로 축조하여야 하고 동 방화벽에 개구부를 두거나 연결복도(또는 연결통로)를 설치하는 경우에 대하여 「건축법」에서는 특별히 제한하고 있지 아니하나 방화벽에 설치하는 출입문 또는 연결복도는 각각「건축물의 피난·방화구조 등의 기준에 관한 규칙」제22조 및 「건축법 시행령」제81조의 규정에 적합하여야 할 것임(※ 법 제50조의2 ⇒ 제59조, 2008.3.21)

7 건축물의 높이 제한 (법 제60조) (영 제82조)

법 제60조 【건축물의 높이 제한】

① 허가권자는 가로구역[(街路區域): 도로로 둘러싸인 일단(一團)의 지역을 말한다. 이하 같다]을 단위로 하여 대통령령으로 정하는 기준과 절차에 따라 건축물의 높이를 지정·공고할 수 있다. 다만, 특별자치시장·특별자치도지사 또는 시장·군수·구청장은 가로구역의 높이를 완화하여 적용할 필요가 있다고 판단되는 대지에 대하여는 대통령령으로 정하는 바에 따라 건축위원회의 심의를 거쳐 높이를 완화하여 적용할 수 있다. 〈개정 2014.1.14.〉

② 특별시장이나 광역시장은 도시의 관리를 위하여 필요하면 제1항에 따른 가로구역별 건축물의 높이를 특별시나 광역시의 조례로 정할 수 있다. 〈개정 2014.1.14.〉

③ 삭제 〈2015.5.18.〉

④ 허가권자는 제1항 및 제2항에도 불구하고 일조(日照)·통풍 등 주변 환경 및 도시미관에 미치는 영향이 크지 않다고 인정하는 경우에는 건축위원회의 심의를 거쳐 이 법 및 다른 법률에 따른 가로구역의 높이 완화에 관한 규정을 중첩하여 적용할 수 있다. 〈신설 2022.2.3.〉

영 제82조 【건축물의 높이 제한】

① 허가권자는 법 제60조제1항에 따라 가로구역별로 건축물의 높이를 지정·공고할 때에는 다음 각 호의 사항을 고려하여야 한다. 〈개정 2014.10.14〉

1. 도시·군관리계획 등의 토지이용계획
2. 해당 가로구역이 접하는 도로의 너비
3. 해당 가로구역의 상·하수도 등 간선시설의 수용능력
4. 도시미관 및 경관계획
5. 해당 도시의 장래 발전계획

② 허가권자는 제1항에 따라 가로구역별 건축물의 높이를 지정하려면 지방건축위원회의 심의를 거쳐야 한다. 이 경우 주민의 의견청취 절차 등은 「토지이용규제 기본법」 제8조에 따른다. 〈개정 2014.10.14.〉

③ 허가권자는 같은 가로구역에서 건축물의 용도 및 형태에 따라 건축물의 높이를 다르게 정할 수 있다.

④ 법 제60조제1항 단서에 따라 가로구역의 높이를 완화하여 적용하는 경우에 대한 구체적인 완화기준은 제1항 각 호의 사항을 고려하여 건축조례로 정한다. 〈개정 2014.10.14〉

해설 건축물의 높이제한은 가로구역별 높이제한, 도로사선제한(가로구역별 높이가 정하여지지 않은 경우 적용, 2015.5.18. 삭제된 규정임), 일조권 등을 위한 높이제한, 구조 높이제한 등이 있다.

도로 사선제한의 경우 구역에 관계없이 전국적으로 적용하며 시행하여 왔으나 이는 전면 도로의 너비를 기준으로 적용하는 것으로, 2 이상의 전면도로의 경우, 막다른 도로, 하천 등의 접한 경우 등 제한 규정이 복잡하여 도시환경, 도시경관 등의 문제가 많이 야기되었다. 때문에 현 규정에서는 각 지역별 토지이용계획, 간선시설의 능력, 도시미관 및 경관 등을 고려하여 가로구역 단위로 건축물의 높이를 정하여 시행할 수 있도록 하고 있다.

건축물의 높이가 정하여지지 않은 가로구역의 경우 종전의 도로 사선제한규정을 적용하도록 하였으나, 도시의 개방감 확보와 허용용적률로 개발이 어렵고 건축물의 외관이 계단(사선)형으로 건축되어 도시미관에 저해되므로 2015.5.18. 개정시 삭제되었다.

■ 가로구역별 건축물의 높이제한

① 허가권자는 가로구역(도로로 둘러싸인 일단의 지역을 말함)을 단위로 하여 건축물의 높이를 지정·공고할 수 있다.

■ 가로구역별 건축물의 높이 지정시의 고려사항

1. 도시·군관리계획 등의 토지이용계획
2. 해당 가로구역이 접하는 도로의 너비
3. 해당 가로구역의 상·하수도 등 간선시설의 수용 능력
4. 도시미관 및 경관계획
5. 해당 도시의 장래 발전계획

② 허가권자는 가로구역의 높이를 지정하려면 지방건축위원회의 심의를 거쳐야 한다.
이 경우 주민의 의견청취절차 등은 「토지이용규제 기본법」에 따른다.

③ 특별자치시장·특별자치도지사 또는 시장·군수·구청장은 가로구역의 높이를 완화하여 적용을 할 필요가 있다고 판단되는 대지에 대하여는 건축위원회의 심의를 거쳐 완화하여 적용할 수 있다. 이 경우 구체적 완화기준은 건축조례로 정한다.

④ 허가권자는 같은 가로구역에서 건축물의 용도 및 형태에 따라 건축물의 높이를 다르게 정할 수 있다.

⑤ 특별시장 또는 광역시장은 도시관리를 위하여 필요한 경우, 가로구역별 건축물의 높이를 특별시나 광역시의 조례로 정할 수 있다.

⑥ 허가권자는 위 규정에도 불구하고 일조(日照)·통풍 등 주변 환경 및 도시미관에 미치는 영향이 크지 않다고 인정하는 경우 건축위원회의 심의를 거쳐 이 법 및 다른 법률에 따른 가로구역의 높이 완화에 관한 규정을 중첩하여 적용할 수 있다.

【관련 질의회신】

가로구역 최고높이를 초과한 건축물의 증축

서울시 건축과-10914, 2005.7.15

질의 가로구역별 건축물의 최고높이가 20m 이하로 정해진 구역에서 기존 건축물이 가로구역 최고높이를 초과(25m)한 건축물로서 기존 건축물 최고높이 25m 이하의 범위내에서 수평증축이 가능한지 여부

회신 기존건축물을 증축하고자 할 경우에는 현행 건축법 및 관련법령에 의한 건축기준 등에 적합하여야 하는 것이므로, 건축법 제51조 제1항 및 우리시 건축조례 제27조 제2호의 규정에 의한 가로구역별 최고높이가 정해진 구역안에서 기존 건축물을 증축하고자 할 경우에는 가로구역별 최고높이(20m) 범위이내에서의 건축(증축)행위만이 가능할 것임 (※ 법 제51조 ⇒ 제60조, 2008.3.21)

【참고1】 가로구역별 건축물 높이 제한(서울특별시 건축조례의 예)

제33조【가로구역별 건축물 높이 제한】

시장이 도시관리를 위하여 법 제60조제2항에 따라 정하는 건축물의 최고높이는 다음 각 호와 같다. 〈개정 2019.7.18.〉

1. 제1종전용주거지역 안에서의 주거용건축물의 층수는 2층 이하로서 높이 8미터 이하(다음 각 목의 어느 하나에 해당하는 경우 제외)로 하며, 주거용 이외의 용도에 쓰이는 건축물(주거용과 다른 용도가 복합된 건축물을 제외한다)의 높이는 2층 이하로서 11미터 이하로 한다.

가. 1층의 바닥이 지표면으로부터 0.5미터를 넘는 높이에 있는 건축물로서 그 0.5미터를 넘는 높이
   에 8미터를 가산한 높이가 12미터 이하인 건축물
나. 지붕의 경사가 3:10이상인 건축물로서 높이 12미터 이하인 건축물
2. 상업지역·시가지·특화경관지구 및 시장이 도시경관 조성을 위하여 필요하다고 인정하는 구역 안
   에서의 가로구역(해당 지역·지구가 속해 있는 가로구역을 포함한다)별 건축물의 최고높이는 시장
   이 지정·공고한다. 이 경우 사전에 지정하고자 하는 내용을 15일 이상 주민에게 공람한 후 시 위
   원회의 심의를 거쳐야 한다.
3. 가로구역별 건축물의 최고높이가 지정·공고되지 않은 지구단위계획구역·도시환경정비구역 및 재
   정비촉진지구 안에서의 건축물의 최고높이는 다음 각 목의 기준에 따른다.
   가. 지구단위계획구역 안에서의 건축물의 최고높이는 해당 구역 안의 건축계획에서 정하는 기준에
      따른다.
   나. 도시환경정비구역 안에서의 건축물의 최고높이는 「서울특별시 도시 및 주거환경정비 조례」에
      서 정하는 기준에 따른다.
   다. 재정비촉진지구 안에서의 건축물의 최고높이는 「도시재정비 촉진을 위한 특별법」제12조에 따른
      재정비촉진계획에서 정하는 기준에 따른다.
   라. 한양도성 역사도심 안에서의 건축물의 최고높이는 「서울특별시 한양도성 역사도심 특별지원에
      관한 조례」에 근거한 '역사도심기본계획'에서 정하는 기준에 따른다. 〈신설 2019.7.18.〉
4. 삭제 〈2019.7.18.〉
5. 가로구역별 건축물의 최고높이를 완화하여 적용할 필요가 있다고 판단되는 대지에 대하여는 법 제
   60조제1항 단서 및 영 제82조에서 정하는 바에 따라 위원회의 심의를 거쳐 최고높이를 완화하여
   적용할 수 있다.

【참고2】 전면도로에 의한 높이 제한 규정의 도해(예)

■ 건축물 높이 산정의 기준은 지표면부터이나, 전면도로에 의한 높이 제한 규정을 적용시에는 전면도로
  의 중심선이 그 기준점이 된다.

■1 건축물 높이의 산정의 기준 (건축물의 높이 제한 규정 적용시)

· 시장·군수·구청장이 가로구역별로 건축물의 높이를 지정·공고할 수 있는 구역

  높이산정의 기준점 : 전면도로의 중심선

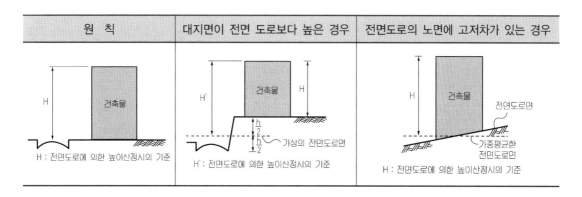

| 원 칙 | 대지면이 전면 도로보다 높은 경우 | 전면도로의 노면에 고저차가 있는 경우 |

2 높이 제한 (가로 구역별로 건축물의 높이를 지정하는 경우)

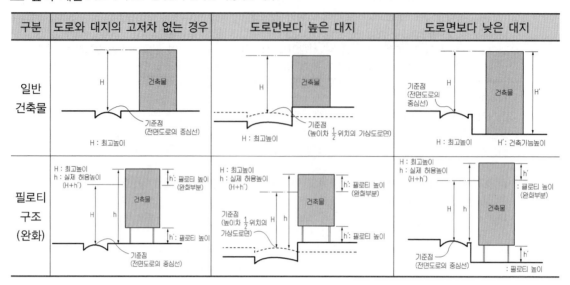

구분	도로와 대지의 고저차 없는 경우	도로면보다 높은 대지	도로면보다 낮은 대지
일반 건축물			
필로티 구조 (완화)			

8 일조 등의 확보를 위한 건축물의 높이제한 ($\frac{법}{제61조}$) ($\frac{영}{제86조}$)

법 제61조 【일조 등의 확보를 위한 건축물의 높이 제한】

① 전용주거지역과 일반주거지역 안에서 건축하는 건축물의 높이는 일조 등의 확보를 위하여 정북방향(正北方向)의 인접 대지경계선으로부터의 거리에 따라 대통령령으로 정하는 높이 이하로 하여야 한다. 〈개정 2022.2.3〉

② 다음 각 호의 어느 하나에 해당하는 공동주택(일반상업지역과 중심상업지역에 건축하는 것은 제외한다)은 채광(採光) 등의 확보를 위하여 대통령령으로 정하는 높이 이하로 하여야 한다. 〈개정 2013.5.10〉

1. 인접 대지경계선 등의 방향으로 채광을 위한 창문 등을 두는 경우 〈신설 2013.5.10〉

2. 하나의 대지에 두 동(棟) 이상을 건축하는 경우 〈신설 2013.5.10〉

③ 다음 각 호의 어느 하나에 해당하면 제1항에도 불구하고 건축물의 높이를 정남(正南)방향의 인접 대지경계선으로부터의 거리에 따라 대통령령으로 정하는 높이 이하로 할 수 있다. 〈개정 2017.2.8.〉

1. 「택지개발촉진법」 제3조에 따른 택지개발지구인 경우

2. 「주택법」 제15조에 따른 대지조성사업지구인 경우

3. 「지역 개발 및 지원에 관한 법률」 제11조에 따른 지역개발사업구역인 경우

4. 「산업입지 및 개발에 관한 법률」 제6조부터 제8조까지의 규정에 따른 국가산업단지, 일반산업단지, 도시첨단산업단지 및 농공단지인 경우

5. 「도시개발법」 제2조제1항제1호에 따른 도시개발구역인 경우

6. 「도시 및 주거환경정비법」 제8조에 따른 정비구역인 경우

7. 정북방향으로 도로, 공원, 하천 등 건축이 금지된 공지에 접하는 대지인 경우

8. 정북방향으로 접하고 있는 대지의 소유자와 합의한 경우나 그 밖에 대통령령으로 정하는 경우

④ 2층 이하로서 높이가 8미터 이하인 건축물에는 해당 지방자치단체의 조례로 정하는 바에 따라 제1항부터 제3항까지의 규정을 적용하지 아니할 수 있다.

영 제86조【일조 등의 확보를 위한 건축물의 높이 제한】

① 전용주거지역이나 일반주거지역에서 건축물을 건축하는 경우에는 법 제61조제1항에 따라 건축물의 각 부분을 정북 방향으로의 인접 대지경계선으로부터 다음 각 호의 범위에서 건축조례로 정하는 거리 이상을 띄어 건축하여야 한다. 〈개정 2015.7.6., 2023.9.12〉

1. 높이 10미터 이하인 부분: 인접 대지경계선으로부터 1.5미터 이상

2. 높이 10미터를 초과하는 부분: 인접 대지경계선으로부터 해당 건축물 각 부분 높이의 2분의 1 이상

② 다음 각 호의 어느 하나에 해당하는 경우에는 제1항을 적용하지 아니한다. 〈개정 2017.12.29〉

1. 다음 각 목의 어느 하나에 해당하는 구역 안의 대지 상호간에 건축하는 건축물로서 해당 대지가 너비 20미터 이상의 도로(자동차ㆍ보행자ㆍ자전거 전용도로를 포함하며, 도로에 공공공지, 녹지, 광장, 그 밖에 건축미관에 지장이 없는 도시ㆍ군계획시설이 접한 경우 해당 시설을 포함한다)에 접한 경우

가.「국토의 계획 및 이용에 관한 법률」제51조에 따른 지구단위계획구역, 같은 법 제37조제1항제1호에 따른 경관지구

나.「경관법」제9조제1항제4호에 따른 중점경관관리구역

다. 법 제77조의2제1항에 따른 특별가로구역

라. 도시미관 향상을 위하여 허가권자가 지정ㆍ공고하는 구역

2. 건축협정구역 안에서 대지 상호간에 건축하는 건축물(법 제77조의4제1항에 따른 건축협정에 일정 거리 이상을 띄어 건축하는 내용이 포함된 경우만 해당한다)의 경우

3. 건축물의 정북 방향의 인접 대지가 전용주거지역이나 일반주거지역이 아닌 용도지역에 해당하는 경우

③ 법 제61조제2항에 따라 공동주택은 다음 각 호의 기준을 충족해야 한다. 다만, 채광을 위한 창문 등이 있는 벽면에서 직각 방향으로 인접 대지경계선까지의 수평거리가 1미터 이상으로서 건축조례로 정하는 거리 이상인 다세대주택은 제1호를 적용하지 않는다. 〈개정 2021.11.2〉

1. 건축물(기숙사는 제외한다)의 각 부분의 높이는 그 부분으로부터 채광을 위한 창문 등이 있는 벽면에서 직각 방향으로 인접 대지경계선까지의 수평거리의 2배(근린상업지역 또는 준주거지역의 건축물은 4배) 이하로 할 것

2. 같은 대지에서 두 동(棟) 이상의 건축물이 서로 마주보고 있는 경우(한 동의 건축물 각 부분이 서로 마주보고 있는 경우를 포함한다)에 건축물 각 부분 사이의 거리는 다음 각 목의 거리 이상을 띄어 건축할 것. 다만, 그 대지의 모든 세대가 동지(冬至)를 기준으로 9시에서 15시 사이에 2시간 이상을 계속하여 일조(日照)를 확보할 수 있는 거리 이상으로 할 수 있다.

가. 채광을 위한 창문 등이 있는 벽면으로부터 직각방향으로 건축물 각 부분 높이의 0.5배(도시형 생활주택의 경우에는 0.25배) 이상의 범위에서 건축조례로 정하는 거리 이상

나. 가목에도 불구하고 서로 마주보는 건축물 중 높은 건축물(높은 건축물을 중심으로 마주보는 두 동의 축이 시계방향으로 정동에서 정서 방향인 경우만 해당한다)의 건축물 높이가 낮고, 주된 개구부(거실과 주된 침실이 있는 부분의 개구부를 말한다)의 방향이 낮은 건축물을 향하는 경우에는 10미터 이상으로서 낮은 건축물 각 부분의 높이의 0.5배(도시형 생활주택의 경우에는 0.25배) 이상의 범위에서 건축조례로 정하는 거리 이상

다. 가목에도 불구하고 건축물과 부대시설 또는 복리시설이 서로 마주보고 있는 경우에는 부대시설 또는 복리시설 각 부분 높이의 1배 이상

라. 채광창(창넓이가 0.5제곱미터 이상인 창을 말한다)이 없는 벽면과 측벽이 마주보는 경

우에는 8미터 이상

마. 측벽과 측벽이 마주보는 경우[마주보는 측벽 중 하나의 측벽에 채광을 위한 창문 등이 설치되어 있지 아니한 바닥면적 3제곱미터 이하의 발코니(출입을 위한 개구부를 포함한다)를 설치하는 경우를 포함한다]에는 4미터 이상

3. 제3조제1항제4호에 따른 주택단지에 두 동 이상의 건축물이 법 제2조제1항제11호에 따른 도로를 사이에 두고 서로 마주보고 있는 경우에는 제2호가목부터 다목까지의 규정을 적용하지 아니하되, 해당 도로의 중심선을 인접 대지경계선으로 보아 제1호를 적용한다.

④ 법 제61조제3항 각 호 외의 부분에서 "대통령령으로 정하는 높이"란 제1항에 따른 높이의 범위에서 특별자치시장·특별자치도지사 또는 시장·군수·구청장이 정하여 고시하는 높이를 말한다. 〈개정 2015.7.6.〉

⑤ 특별자치시장·특별자치도지사 또는 시장·군수·구청장은 제4항에 따라 건축물의 높이를 고시하려면 국토교통부령으로 정하는 바에 따라 미리 해당 지역주민의 의견을 들어야 한다. 다만, 법 제61조제3항제1호부터 제6호까지의 어느 하나에 해당하는 지역인 경우로서 건축위원회의 심의를 거친 경우에는 그러하지 아니하다. 〈개정 2016.5.17.〉

⑥ 제1항부터 제5항까지를 적용할 때 건축물을 건축하려는 대지와 다른 대지 사이에 다음 각 호의 시설 또는 부지가 있는 경우에는 그 반대편의 대지경계선(공동주택은 인접 대지경계선과 그 반대편 대지경계선의 중심선)을 인접 대지경계선으로 한다. 〈개정 2021.11.2〉

1. 공원(「도시공원 및 녹지 등에 관한 법률」 제2조제3호에 따른 도시공원 중 지방건축위원회의 심의를 거쳐 허가권자가 공원의 일조 등을 확보할 필요가 있다고 인정하는 공원은 제외한다), 도로, 철도, 하천, 광장, 공공공지, 녹지, 유수지, 자동차 전용도로, 유원지

2. 다음 각 목에 해당하는 대지(건축물이 없는 경우로 한정한다)

가. 너비(대지경계선에서 가장 가까운 거리를 말한다)가 2미터 이하인 대지

나. 면적이 제80조 각 호에 따른 분할제한 기준 이하인 대지

3. 제1호 및 제2호 외에 건축이 허용되지 아니하는 공지

⑦ 제1항부터 제5항까지의 규정을 적용할 때 건축물(공동주택으로 한정한다)을 건축하려는 하나의 대지 사이에 제6항 각 호의 시설 또는 부지가 있는 경우에는 지방건축위원회의 심의를 거쳐 제6항 각 호의 시설 또는 부지를 기준으로 마주하고 있는 해당 대지의 경계선의 중심선을 인접 대지경계선으로 할 수 있다. 〈신설 2018.9.4.〉

규칙 제36조 【일조등의 확보를 위한 건축물의 높이제한】

특별자치시장·특별자치도지사 또는 시장·군수·구청장은 영 제86조제5항에 따라 건축물의 높이를 고시하기 위하여 주민의 의견을 듣고자 할 때에는 그 내용을 30일간 주민에게 공람시켜야 한다. 〈개정 2016.5.30.〉

해설 주생활에 있어 일조의 확보는 매우 중요하다. 따라서 법규정에서도 주거용 건축물이 주된 용도지역인 일반주거지역, 전용주거지역과 공동주택은 지역에 관계없이, 일조권에 대한 제한규정을 두고 있다.

이러한 일조권에 대한 규제는 인접대지의 일조확보의 관점에서 북쪽의 이격거리 규정을 두어 시행되고 있다. 이는 우리나라의 자연환경과 전통적인 남향배치 선호의 관점에서 보면 남측공간의 축소라는 문제점이 발생한다.

이에 현행규정에서는

① 신개발지의 경우·정북방향에 접한 대지 소유자와 합의한 경우 등
　　－정남방향의 이격거리 규정의 적용
② 일반상업지역 중심상업지역에 건축하는 공동주택의 경우
　　－일조권규정 적용 배제

등을 시행함으로써 일조기준의 시행을 보다 합리적으로 적용하고자 하였다.

① 일조 등의 확보를 위한 건축물의 높이제한

【1】 전용주거지역·일반주거지역내의 건축물(인지사선제한 및 인지간격제한)

대상지역	전용주거지역, 일반주거지역	
대상건축물	모든 건축물(용도 제한없음)	
규정내용 (정북방향일정 거리의 확보)	① 높이 10m 이하인 부분	인접 대지경계선으로부터 1.5m 이상 이격
	② 높이 10m 초과하는 부분	인접 대지경계선으로부터 해당건축물의 각 부분의 높이의 1/2 이상 이격
그림해설		

- 정남방향 일정거리 확보규정 적용시 위 규정에 의한 높이의 범위에서 특별자치시장·특별자치도지사 또는 시장·군수·구청장이 정하여 고시하는 높이 이하로 하여야 함.
- 위 지역의 공동주택도 정북 또는 정남방향의 규정을 우선적용(개구부 방향에 관계없이 적용)

【2】 위 【1】 규정의 적용 제외

(1) 다음 구역 안의 대지 상호간에 건축하는 건축물로서 해당 대지가 너비 20m 이상의 도로*에 접한 대지 상호간에 건축하는 건축물

1. 지구단위계획구역	「국토의 계획 및 이용에 관한 법률」 제51조
2. 경관지구	「국토의 계획 및 이용에 관한 법률」 제37조제1항제1호
3. 중점경관관리구역	「경관법」 제9조제1항제4호
4. 특별가로구역	「건축법」 제77조의2제1항
5. 도시미관 향상을 위하여 허가권자가 지정·공고하는 구역	

　　　 * 자동차·보행자·자전거 전용도로를 포함하며, 도로에 공공공지, 녹지, 광장, 그 밖에 건축미관에 지장이 없는
　　　　도시·군계획시설이 접한 경우 해당 시설을 포함
　(2) 건축협정구역 안에서 대지 상호간에 건축하는 건축물(법 제77조의4제1항에 따른 건축협정에 일정
　　　거리 이상을 띄어 건축하는 내용이 포함된 경우만 해당)
　(3) 건축물의 정북방향의 인접 대지가 전용주거지역이나 일반주거지역이 아닌 용도지역에 해당하는
　　　경우

【3】 정남방향으로의 일조거리 확보

　(1) 다음 대상 지구 등에 해당하면 건축물의 높이를 정남방향의 인접대지경계선으로부터의 거리에
　　　따라 【1】 에서 규정한 높이의 범위에서 특별자치시장·특별자치도지사 또는 시장·군수·구청장(이
　　　하 "허가권자")이 정하여 고시하는 높이 이하로 할 수 있다.

대상	근거 법령
1. 택지개발지구	「택지개발촉진법」 제3조
2. 대지조성사업지구	「주택법」 제15조
3. 지역개발사업구역	「지역 개발 및 지원에 관한 법률」 제11조
4. 국가산업단지 · 일반산업단지 · 도시첨단산업단지 · 농공단지	「산업입지 및 개발에 관한 법률」 제6조, 제7조, 제8조
5. 도시개발구역	「도시개발법」 제2조제1항제1호
6. 정비구역	「도시 및 주거환경정비법」 제8조
7. 정북방향으로 도로, 공원, 하천 등 건축이 금지된 공지에 접하는 대지인 경우	
8. 정북방향으로 접하고 있는 대지의 소유자와 합의한 경우	
9. 그 밖에 대통령령으로 정하는 경우	

　(2) 허가권자는 위 (1)의 높이를 고시하려면 미리 지역주민의 의견을 들어야 한다.
　　　예외 표 1.~6.의 경우 건축위원회의 심의를 거친 경우는 제외

일조 높이제한 적용 예1

일조 높이제한 적용 예2

② 공동주택의 일조확보 규정(중심상업 및 일반상업지역내의 공동주택 제외)

구 분	내 용	기 타
• 전용주거지역 • 일반주거지역의 경우	위 ①의 규정에 적합하게 건축하여야 함.	—
1. 건축물의 각 부분의 높이(기숙사 제외) 【예외】 채광 창문 등이 있는 벽면에서 직각방향으로 인접대지경계선까지의 수평거리가 1m 이상으로서 건축조례가 정하는 거리 이상인 다세대주택인 경우 적용 제외	그 부분으로부터 채광을 위한 창문 등이 있는 벽면으로부터 직각방향으로 인접대지경계선까지의 수평거리의 2배(근린상업지역·준주거지역안의 건축물은 4배) 이하 인접대지경계선 h ≤ 2D(4D)	
2. 같은 대지에서 2동 이상의 건축물이 마주보는 경우(1동의 건축물의 각 부분이 서로 마주보고 있는 경우를 포함) 【예외】 주택단지에 2동 이상의 건축물이 건축법상의 도로를 사이에 두고 서로 마주보고 있는 경우 우측①, ②, ③의 규정을 적용하지 않고, 해당 도로의 중심선을 인접대지경계선으로 보아 위 1.의 규정을 적용	① 채광을 위한 창문 등이 있는 벽면으로부터 직각방향으로 건축물의 각 부분의 높이의 0.5배(도시형 생활주택:0.25배) 이상 범위에서 조례로 정하는 거리 이상 D ≥ 0.5h(0.25h) ② 서로 마주보는 건축물 중 높은 건축물*의 주된 개구부**의 방향이 낮은 건축물을 향하는 경우에는 10m 이상으로서 낮은 건축물 각 부분 높이의 0.5배(도시형 생활주택 : 0.25배) 이상 범위에서 조례로 정하는 거리 이상 【참고】 * 높은 건축물을 중심으로 마주보는 두 동의 축이 시계방향으로 정동에서 정서 방향인 경우만 해당 ** 거실과 주된 침실이 있는 부분의 개구부 ③ 건축물과 부대시설 또는 복리시설이 서로 마주보고 있는 경우에는 부대시설 또는 복리시설 각 부분 높이의 1배 이상 ④ 채광창(창넓이 0.5㎡ 이상인 창)이 없는 벽면과 측벽이 마주보는 경우…8m 이상 D ≥ 8m 채광창이 없는 벽면 ⑤ 측벽과 측벽이 마주보는 경우 [측벽중 1개의 측벽에 한하여 채광을 위한 창문등이 설치되어 있지 아니한 바닥면적 3㎡ 이하의 발코니(출입을 위한 개구부 포함)를 설치하는 경우 포함]…4m 이상 ① D≥4m ② D≥4m 발코니(3㎡ 이하)	【예외】 해당 대지안의 모든 세대가 동지일을 기준으로 9시에서 15시 사이에 2시간 이상을 계속해서 일조를 확보할 수 있는 거리이상인 경우 적용 제외

■ 특별자치시장·특별자치도지사·시장·군수·구청장은 정남방향의 인접대지경계선에서부터 거리에 따라 건축물의 높이를 고시하고자 할 때에는 미리 당해지역 주민의 의견을 들어야한다.

　【예외】 지역주민 협의가 필요치 않은 신개발지역 등에 있어서는 건축위원회의 심의를 거쳐 지정 고시할 수 있다.

【참고】 국토교통부 해설(2021.11.2 개정내용/국토교통부 보도자료)

- 동간거리 : 남측에 낮은 건축물이 있는 경우

  - 서로 마주보는 건축물 중 높은 건축물(높은 건축물을 중심으로 마주보는 두 동의 축이 시계방향으로 정동에서 정서 방향인 경우만 해당)의 주된 개구부(거실과 주된 침실이 있는 부분의 개구부)의 방향이 낮은 건축물을 향하는 경우: 10m 이상으로서 낮은 건축물 각 부분의 높이의 0.5배(도시형 생활주택: 0.25배) 이상의 범위에서 건축조례로 정하는 거리 이상 이격(2021.11.2. 개정) ▼ (아래 그림 참조 : 국토교통부 보도자료(2021.10.29.)

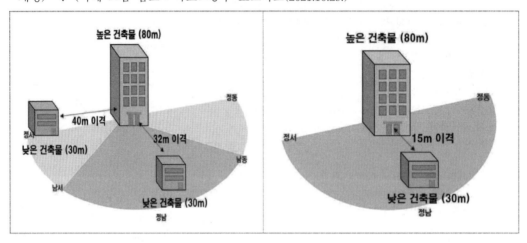

<종전>　　　　　　　　　　　　　　　　　　　<현행>

③ 대지와 대지 사이에 공원 등이 있는 경우 인접대지경계선의 위치

- 일조권 규정 적용시 (위 ①, ②의 경우) 대지와 대지 사이에 다음 시설 또는 부지【1】이 있는 경우 인접대지경계선의 위치는 아래【2】와 같다.

【1】 대지사이의 시설 또는 부지

① 공원*, 도로, 철도, 하천, 광장, 공공공지, 녹지, 유수지, 자동차 전용도로, 유원지

* 「도시공원 및 녹지 등에 관한 법률」에 따른 도시공원 중 건축위원회의 심의를 거쳐 허가권자가 공원의 일조 등을 확보할 필요가 있다고 인정하는 공원은 제외

② 너비(대지경계선에서 가장 가까운 거리를 말한다)가 2m 이하인 대지

③ 면적이 제80조(건축물이 있는 대지의 분할제한) 각 호에 따른 분할제한 기준 이하인 대지

④ ①~③ 외에 건축이 허용되지 아니하는 공지

※ ②, ③의 경우 건축물이 없는 경우로 한정

【2】 인접대지경계선의 위치

① 일반건축물: 그 반대편 대지경계선

② 공동주택: 인접대지경계선과 그 반대편의 대지경계선과의 중심선

【참고】 인접대지경계선 위치의 도해

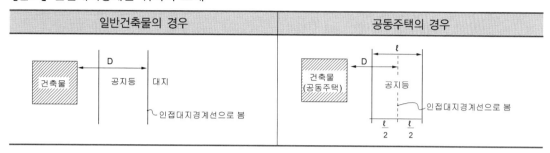

일반건축물의 경우	공동주택의 경우

④ 하나의 대지 사이에 공원 등이 있는 경우 인접대지경계선의 위치

■ 일조권 규정 적용시 (위 ①, ②의 경우) 공동주택을 건축하려는 하나의 대지 사이에 위 ③ 【1】에 해당하는 시설 또는 부지가 있는 경우 지방 건축위원회의 심의를 거쳐 인접대지경계선의 위치는 공원 등이 마주하고 있는 해당 대지의 경계선의 중심선으로 할 수 있다.

【참고】 인접대지경계선 위치의 도해

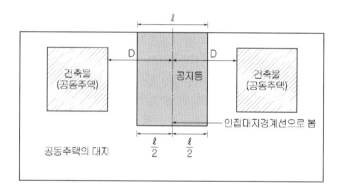

【참고】 일조권 규정 적용시 지표면 산정방법(건설교통부지침 건축58550-38, 2003.1.6)

□ 건축법시행령 제86조제1항(정북방향 일조권)

구 분	건축물을 건축하고자 하는 대지A와 대지B가 상호 인접시	건축물을 건축하고자 하는 대지A와 인접대지B 사이에 도로가 있는 경우
예 시	→ 정북방향 대지B 대지A 지표면	→ 정북방향 대지B 대지A 도로 지표면
지표면 (---표시)	대지A와 대지B의 평균수평면	대지A와 대지B의 평균수평면

☐ 건축법시행령 제86조제2항제1호(채광방향 일조권)

구 분	건축물을 건축하고자 하는 대지A와 대지B가 상호 인접시	건축물을 건축하고자 하는 대지A와 인접대지B 사이에 도로가 있는 경우
예 시	→ 채광방향 대지B 대지A 지표면	→ 채광방향 대지B 대지A 도로 지표면
지표면 (---표시)	건축물을 건축하고자 하는 대지A의 지표면 ※ 대지A와 대지B의 평균수평면이었으나 법개정으로 대지A의 지표면으로 변경됨	건축물을 건축하고자 하는 대지A의 지표면

【관련 질의회신】

동일세대의 방이 서로 마주보는 경우의 일조기준 적용방법

국토부 고객만족센터, 2008.6.24

질의 각 층별로 1세대로 이루어진 공동주택의 평면을 질의서와 같이 중정을 둔 "ㄷ"자형으로 계획함에 따라 동일 세대 내에서 중정을 사이에 두고 서로 마주보는 부분이 있는 경우, 마주보는 각 부분에 대해서도 건축법 시행령 제86조제2항제2호에 따른 채광방향 일조기준을 적용하여야 하는지?

회신 건축법 시행령 제86조제2항제2호에서는 동일한 대지안에서 2동 이상의 건축물이 서로 마주보고 있는 경우 마주보는 세대의 일조확보 및 사생활보호 등을 위해 각 목의 규정에 따라 건축물 각 부분사이의 거리를 띄우도록 하고 있음. 또한, 동 규정은 1동의 건축물의 각 부분이 서로 마주보고 있는 경우에도 거리를 띄우도록 규정하고 있으며 이는 평면이 "ㄷ"자형, "ㅁ"자형 등인 공동주택에서 마주보는 각 세대의 경우에도 동일한 대지 안에서 서로 다른 세대의 부분이 서로 마주보고 있는 경우와 같이 일조 등을 확보해줄 필요가 있기 때문임

따라서, 1개 층이 하나의 세대로 이루어진 1동의 건축물에서 같은 세대의 부분이 서로 마주보는 경우 위 규정에 의한 거리기준을 적용하지 아니하여도 될 것이며, 아울러 상기 규정의 단서에 따라 당해 대지안의 모든 세대가 동지일을 기준으로 9시에서 15시 사이에 2시간이상을 계속하여 일조를 확보할 수 있는 거리 이상으로 할 수 있는 것임

지하층이 연결된 여러 동의 단독주택 건축시의 일조기준 적용방법

건교부 고객만족센터, 2007.7.5

질의 필지분할을 하지 않고 하나의 대지에 여러 동의 단독주택을 각각 건축하고, 지하주차장은 공유하는 방식의 타운 하우스 개발방식일 때, 각각 동간의 일조권을 어떻게 적용해야 하는지 여부

회신 하나의 지하주차장을 공유하고 지상부분에 단독으로 형성된 건축물의 경우 각각 독립된 단독주택으로 볼 수 없고, 그 전체가 하나의 건축물로서 공동주택으로 보아야 할 것으로 사료되어 일반적으로 공동주택에 적용하는 일조규정을 적용하여야 할 것으로 사료됨

남쪽으로 떨어지는 일조거리를 고시하지 아니한 경우의 적용여부

건교부 고객만족센터, 2007.6.15

질의 건축법 제53조제3항제10호의 규정에 따라 정북방향으로 접한 대지의 소유자와 합의한 후 남측으로 일조권을 적용 받을 경우 건축가능 여부

회신 건축법 제53조제3항. 동법 시행령 제86조제3항의 규정에 의하여 당해 시장. 군수. 구청장이 고시하는 높이가 있는 경우에 적용하는 규정임 (※ 법 제53 ⇒ 제61조, 2008.3.21)

채광창이 없는 벽면과 측벽이 마주보는 때의 이격 거리

건교부 건축기획팀-3191, 2006.5.22

질의 동일한 대지 안에서 2동이상의 공동주택이 서로 마주보고 있는 경우에 있어서, 채광창(창넓이 0.5㎡ 이상)이 없는 벽면과 측벽이 마주보는 때의 이격 거리에 대한 문의

회신 건축법 시행령 제86조제2항제2호 다목에 의하면 채광창(창넓이 0.5㎡ 이상의 창)이 없는 벽면과 측벽이 마주보는 경우에는 건축물 각 부분 사이의 거리는 8m 거리 이상을 떼어 건축하도록 규정하고 있음. 따라서 동일한 대지 안에서 채광창(창넓이 0.5㎡ 이상)이 없는 벽면과 측벽이 마주보는 경우라면 건축물 각 부분 사이의 거리는 8m 이상을 떼어야 할 것으로 사료됨

"대지 상호간"에 당해 대지와 도로 맞은 편 대지 상호간도 해당하는지 여부

건교부 건축기획팀-3025, 2006.5.15

질의 건축조례가 정한 20m 도로에 접한 대지 상호간에 건축하는 건축물의 경우에는 정북방향 일조권을 적용하지 않는 바, 이 경우 "대지 상호간"에 당해 대지와 도로 맞은 편 대지 상호간도 해당하는지 여부

회신 「건축법 시행령」 제86조제1항 단서규정에 의거, 전용주거지역 또는 일반주거지역 안에서 건축물을 건축하는 경우로서 건축물의 미관향상을 위하여 너비 20m 이상의 도로(자동차전용도로를 포함한다)로서 건축조례가 정하는 도로에 접한 대지(도로와 대지의 사이에 도시계획시설인 완충녹지가 있는 경우에 그 대지를 포함한다)상호간에 건축하는 건축물의 경우에는 동조 동항 본문 규정에 의한 정북방향 일조권을 적용하지 않아도 되는 바, 「대지 상호간」이라 함은 인접대지 간을 의미하는 것으로서 상기 질의내용의 당해 대지와 도로 맞은편 대지는 당해 규정에 의한 "대지 상호간"에 해당하지 않는 것임

대지와 다른 대지 사이에 철도부지가 있는 경우의 일조기준 적용방법

건교부 건축기획팀-2528, 2006.4.24

질의 도시계획시설(철도) 부지에 대하여 건축법 시행령 제86조제5항의 규정을 적용할 수 있는지

회신 건축법 시행령 제86조제5항의 규정에 의하면 동조제1항 내지 제4항의 규정을 적용함에 있어서 건축물을 건축하고자 하는 대지와 다른 대지 사이에 공원(도시공원법 제3조제1호 및 제2호의 규정에 의한 어린이공원 및 근린공원을 제외함)·도로·철도·하천·광장·공공공지·녹지·유수지·자동차전용도로·유원지 기타 건축이 허용되지 아니하는 공지가 있는 경우에는 그 반대편의 대지경계선(공동주택에 있어서는 인접대지경계선과 그 반대편의 대지경계선과의 중심선)을 인접대지경계선으로 하는 것으로, 신청대지에 접하고 있는 도로와 이에 접하고 있는 녹지 또는 철도부지로서 건축이 허용되지 아니하는 공지에 대하여는 위 규정(제5항)을 적용하는 것이 타당할 것임

일조기준 적용시 "건축물의 각 부분"에 대한 기준

건교부 건축기획팀-2305, 2006.4.12

질의 건축법 시행령 제86조제2항제2호 가목의 "건축물 각 부분의 높이의 1배" 규정 중 "건축물의 각 부분"이라 함은 채광을 위한 창문 등이 있는 벽면부분의 높이를 말하는 것인지 이와 마주보고 있는 건축물의 높이를 말하는 것인지 여부(※ 1배 ⇒ 0.5배, 2009.7.16)

회신 귀 문의의 경우는 채광을 위한 창문 등이 있는 벽면의 각 부분의 높이를 말하는 것임

"2동 이상의 건축물이 서로 마주보고 있는 경우" 의 판단

건교부 건축기획팀-2080, 2006.4.4

질의 건축법 시행령 제86조제2항제2호에서 "2동 이상의 건축물이 서로 마주보고 있는 경우"라 함에 있어 하나의 대지 안에 2동(A, B)의 공동주택에서 A동의 측벽에 있는 개구부(창문 등이 있는 벽면)로부터 직각방향으로 B동의 건축물이 마주치지 아니하나, 개구부가 있는 A동 측벽부분의 연장선에서 평행으로 일부 후퇴한 단부의 개구부가 없는 측벽으로부터 직각방향으로는 B동 건축물에서 돌출된 계단실 외벽면이 위치하고 있는 경우 이를 마주보고 있는 경우로 보아야 하는지 여부

회신 건축법 시행령 제86조제2항제2호의 규정에 의거, 동일한 대지 안에서 2동 이상의 건축물이 서로 마주보고 있는 경우 건축물 각 부분 사이의 거리는 일정거리를 띄어 건축하여야 하는 것으로, 귀 질의의 개구부가 없는 A동 측벽 연장선의 부분과 B동의 계단실 외벽면 사이에 대하여는 B동의 계단실 외벽면을 측벽으로 보고 위 규정의 나목 또는 다목의 규정을 적용하는 것이 타당할 것으로 판단됨

절곡형(ㄴ) 공동주택의 수평부 앞면에 돌출된 계단실 벽면에 대한 일조기준 적용

건교부 건축기획팀-1825, 2006.3.24

질의 절곡형(ㄴ)으로 된 1동의 공동주택에서 수평부의 절곡부분 발코니 앞면에 수직부에서 돌출된 계단실 벽면이 배치되는 경우 일조 등의 확보를 위한 건축물의 높이제한 적용에 대한 질의

회신 동일한 대지 안에서 2동 이상의 건축물이 서로 마주보고 있는 경우(1동의 건축물의 각 부분이 서로 마주보고 있는 경우를 포함) 건축물 각 부분 사이의 거리는 건축법 시행령 제86조제2항제2호의 규정에서 정하는 거리 이상을 띄어 건축하여야 하는 것으로, 귀 질의의 발코니와 계단실 각 부분의 경우 동 규정 가목에 적합하게 건축하거나 본문 단서에 의거 당해 대지 안의 모든 세대가 동지일을 기준으로 9시에서 15시 사이에 2시간 이상을 계속하여 일조를 확보할 수 있는 거리 이상으로 띄어 건축하여야 하는 것임

높이제한 기준을 적용시 녹지를 건축이 금지된 공지로 볼 수 있는지 여부

국토부 고객만족센터, 2008.6.24

질의 건축법 시행령 제86조제5항에서 "대지와 다른 대지사이에 공원.도로.철도.하천.광장.공공공지.녹지.유수지.자동차전용도로.유원지 기타 건축이 허용되지 아니하는 공지가 있는 경우에는 그 반대편의 대지경계선을 인접대지경계선으로 한다"고 규정하고 있는 바, 이 경우 '녹지'라 함은 도시계획시설의 '녹지'만을 의미하는 것인지, 2001.28 폐지된 토지구획정리사업법에 의하여 공공시설녹지로 환지처분 및 공고를 마친 '녹지'도 해당되는 것인지 여부

회신 건축법 시행령 제86조제5항의 규정에 의한 '녹지'에 대하여 건축법상 관계법령을 별도로 규정하고 있지 아니한 바, 이는 「국토의 계획 및 이용에 관한 법률」에 의한 도시계획시설로서 '녹지'뿐만 아니라 토지구획정리사업법(2000.1.28 폐지)에 의하여 공공시설 녹지로 지정하여 공사를 완료하고 환지처분 및 공고를 마친 경우 행정절차에 의하여 지정된 공공시설의 '녹지'로서 건축이 허용되지 아니하는 공지라면 상기 규정에 의한 '녹지'에 해당하는 것으로 판단

건축설비

1 건축설비 기준 등 $\left(\begin{smallmatrix} 법 \\ 제62조 \end{smallmatrix}\right)\left(\begin{smallmatrix} 영 \\ 제87조 \end{smallmatrix}\right)\left(\begin{smallmatrix} 설비규칙 \\ 제1조, 제20조의2 \end{smallmatrix}\right)$

법 제62조【건축설비 기준 등】
건축설비의 설치 및 구조에 관한 기준과 설계 및 공사감리에 관하여 필요한 사항은 대통령령으로 정한다.

영 제87조【건축설비의 원칙】
① 건축설비는 건축물의 안전·방화, 위생, 에너지 및 정보통신의 합리적 이용에 지장이 없도록 설치하여야 하고, 배관피트 및 닥트의 단면적과 수선구의 크기를 해당 설비의 수선에 지장이 없도록 하는 등 설비의 유지·관리가 쉽게 설치하여야 한다.
② 건축물에 설치하는 급수·배수·냉방·난방·환기·피뢰 등 건축설비의 설치에 관한 기술적 기준은 국토교통부령으로 정하되, 에너지 이용 합리화와 관련한 건축설비의 기술적 기준에 관하여는 산업통상자원부장관과 협의하여 정한다.
③ 건축물에 설치하여야 하는 장애인 관련 시설 및 설비는 「장애인·노인·임산부 등의 편의증진보장에 관한 법률」 제14조에 따라 작성하여 보급하는 편의시설 상세표준도에 따른다.
④ 건축물에는 방송수신에 지장이 없도록 공동시청 안테나, 유선방송 수신시설, 위성방송 수신설비, 에프엠(FM)라디오방송 수신설비 또는 방송 공동수신설비를 설치할 수 있다. 다만, 다음 각 호의 건축물에는 방송 공동수신설비를 설치하여야 한다.
1. 공동주택
2. 바닥면적의 합계가 5천제곱미터 이상으로서 업무시설이나 숙박시설의 용도로 쓰는 건축물
⑤ 제4항에 따른 방송 수신설비의 설치기준은 과학기술정보통신부장관이 정하여 고시하는 바에 따른다. 〈개정 2017.7.26.〉
⑥ 연면적이 500제곱미터 이상인 건축물의 대지에는 국토교통부령으로 정하는 바에 따라 「전기사업법」 제2조제2호에 따른 전기사업자가 전기를 배전(配電)하는 데 필요한 전기설비를 설치할 수 있는 공간을 확보하여야 한다.
⑦ 해풍이나 염분 등으로 인하여 건축물의 재료 및 기계설비 등에 조기 부식과 같은 피해 발생이 우려되는 지역에서는 해당 지방자치단체는 이를 방지하기 위하여 다음 각 호의 사항을 조례로 정할 수 있다.

1. 해풍이나 염분 등에 대한 내구성 설계기준
2. 해풍이나 염분 등에 대한 내구성 허용기준
3. 그 밖에 해풍이나 염분 등에 따른 피해를 막기 위하여 필요한 사항
⑧ 건축물에 설치하여야 하는 우편수취함은 「우편법」 제37조의2의 기준에 따른다.
〈신설 2014.10.14.〉

■ 건축물의 설비기준 등에 관한 규칙

설비규칙 제1조【목적】
이 규칙은 「건축법」 제49조, 제62조, 제64조, 제67조 및 제68조와 같은 법 시행령 제87조, 제89조, 제90조 및 제91조의3에 따른 건축설비의 설치에 관한 기술적 기준 등에 필요한 사항을 규정함을 목적으로 한다. 〈개정 2015.7.9., 2020.4.9.〉

설비규칙 제20조의2【전기설비 설치공간 기준】
영 제87조제6항에 따른 건축물에 전기를 배전(配電)하려는 경우에는 별표 3의3에 따른 공간을 확보하여야 한다.

해설 건축물은 기능적으로 편리하여야 하며, 구조적으로 안전하여야 한다. 또한 건축물 사용의 편리성을 높이기 위해 건축설비의 적절한 선택·관리도 매우 중요하다. 오늘날의 건축물은 고층화, 공간의 대형화가 되고 있고, 이에 따라 건축설비의 중요성 또한 매우 크게 대두되고 있다. 이에 건축법령에서도 「건축물의 설비기준 등에 관한 규칙」(이하 "설비규칙")을 별도로 규정하고, 피난 및 방화에 관해서도 매우 중요하게 운용되고 있다.

① 규정내용

① 건축설비의 설치 및 구조에 관한 기준
② 건축설비의 설계 및 공사감리에 관하여 필요한 사항

② 건축설비 설치의 원칙

원칙	1. 건축설비는 건축물의 안전·방화, 위생, 에너지 및 정보통신의 합리적 이용에 지장이 없도록 설치하여야 함. - 배관피트 및 닥트의 단면적과 수선구의 크기를 해당 설비의 수선에 지장이 없도록 하는 등 설비의 유지·관리가 쉽게 설치하여야 함.
	2. 급수·배수·냉방·난방·환기·피뢰 등 건축설비의 설치에 관한 기술적 기준은 국토교통부령으로 정함. - 에너지 이용 합리화와 관련한 건축설비의 기술적 기준에 관하여는 산업통상자원부장관과 협의하여 정함.
	3. 건축물에 설치하는 장애인 관련 시설 및 설비는 「장애인·노인·임산부등의 편의증진보장에 관한 법률」에 따라 작성하여 보급하는 편의시설 상세표준도에 따른다.
	4. 건축물에는 방송수신에 지장이 없도록 공동시청 안테나, 유선방송 수신시설, 위성방송 수신설비, 에프엠(FM)라디오방송 수신설비 또는 방송 공동수신설비를 설치할 수 있다. - 방송 수신설비의 설치기준은 과학기술정보통신부장관이 정하여 고시하는 바에 따른다.

5. 연면적 500㎡ 이상인 건축물의 대지에는 국토교통부령으로 정하는 바에 따라 배전(配電)하는 데 필요한 전기설비를 설치할 수 있는 공간을 확보할 것

6. 해풍이나 염분 등으로 인하여 건축물의 재료 및 기계설비 등에 조기 부식과 같은 피해 발생이 우려되는 지역에서는 해당 지방자치단체는 이를 방지하기 위하여 다음 각 호의 사항을 조례로 정할 수 있다.
① 해풍이나 염분 등에 대한 내구성 설계기준
② 해풍이나 염분 등에 대한 내구성 허용기준
③ 그 밖에 해풍이나 염분 등에 따른 피해를 막기 위하여 필요한 사항

7. 우편수취함은 「우편법」의 기준에 따른다.

건축물의 설비기준 등에 관한 규칙 (설비규칙)	내　용	세부사항(「건축법」과 「건축법 시행령」의 설비관련규정)		
	■ 「건축법」 및 「건축법 시행령」 규정에 따른 건축설비의 설치에 관한 기술적 기준 *'피난용승강기의 설치' 기준은 「건축물의 피난·방화구조 등의 기준에 관한 규칙」에서 정함	건축법	제49조	건축물의 피난시설 및 용도제한 등
			제62조	건축설비기준 등
			제64조	승강기
			제67조	관계전문기술자
			제68조	기술적 기준
		건축법 시행령	제51조제2항	거실의 배연설비
			제87조	건축설비 설치의 원칙
			제89조	승용 승강기의 설치
			제90조	비상용 승강기의 설치
			제91조	피난용 승강기의 설치*
			제91조의3	관계전문기술자와의 협력

③ 방송·통신 및 전기 관련 설비 등

【1】방송 공동수신설비 등

① 다음 건축물은 방송 공동수신설비기준에 따른 설비를 할 것
- 공동주택
- 바닥면적의 합계가 5,000㎡ 이상으로서 업무시설이나 숙박시설의 용도로 쓰는 건축물

【참고】방송 공동수신설비의 설치기준(과학기술정보통신부고시 제2018-1호, 2018.1.19.)

② 통신실의 면적확보 규정(「통신설비의 기술기준에 관한 규정」 제19조)

【2】전기설비설치용 공간의 확보

연면적 500㎡ 이상인 건축물의 대지에는 국토교통부령으로 정하는 바에 따라 「전기사업법」에 따른 전기사업자가 전기를 배전(配電)하는 데 필요한 전기설비를 설치할 수 있는 공간【참고】을 확보할 것

【참고】 전기설비 설치공간 확보기준(설비규칙 별표 3의3)

수전전압	전력수전 용량	확보면적
특고압 또는 고압	100kW 이상	가로 2.8m, 세로 2.8m
저압	75kW 이상 ~ 150kW 미만	가로 2.5m, 세로 2.8m
	150kW 이상 ~ 200kW 미만	가로 2.8m, 세로 2.8m
	200kW 이상 ~ 300kW 미만	가로 2.8m, 세로 4.6m
	300kW 이상	가로 2.8m 이상, 세로 4.6m 이상

비고 1. "저압", "고압" 및 "특고압"의 정의는 각각 「전기사업법 시행규칙」 제2조제8호, 제9호 및 제10호에 따른다.
2. 전기설비 설치공간은 배관, 맨홀 등을 땅속에 설치하는데 지장이 없고 전기사업자의 전기설비 설치, 보수, 점검 및 조작 등 유지관리가 용이한 장소이어야 한다.
3. 전기설비 설치공간은 해당 건축물 외부의 대지상에 확보하여야 한다. 다만, 외부 지상공간이 좁아서 그 공간 확보가 불가능한 경우에는 침수우려가 없고 습기가 차지 아니하는 건축물의 내부에 공간을 확보할 수 있다.
4. 수전전압이 저압이고 전력수전 용량이 300kW 이상인 경우 등 건축물의 전력수전 여건상 필요하다고 인정되는 경우에는 상기 표를 기준으로 건축주와 전기사업자가 협의하여 확보면적을 따로 정할 수 있다.
5. 수전전압이 저압이고 전력수전 용량이 150kW 미만이 경우로서 공중으로 전력을 공급받는 경우에는 전기설비 설치공간을 확보하지 않을 수 있다.

【3】 우편수취함의 설치기준은 「우편법」 기준에 따른다.

2 개별난방설비 등 (영 제87조제2항) (설비규칙 제13조)

영 제87조 【건축설비의 원칙】
② 건축물에 설치하는 급수·배수·냉방·난방·환기·피뢰 등 건축설비의 설치에 관한 기술적 기준은 국토교통부령으로 정하되, 에너지 이용 합리화와 관련한 건축설비의 기술적 기준에 관하여는 산업통상자원부장관과 협의하여 정한다.

설비규칙 제13조 【개별난방설비】
① 영 제87조제2항의 규정에 의하여 공동주택과 오피스텔의 난방설비를 개별난방방식으로 하는 경우에는 다음 각호의 기준에 적합하여야 한다. 〈개정 2017.12.4〉
1. 보일러는 거실외의 곳에 설치하되, 보일러를 설치하는 곳과 거실사이의 경계벽은 출입구를 제외하고는 내화구조의 벽으로 구획할 것
2. 보일러실의 윗부분에는 그 면적이 0.5제곱미터 이상인 환기창을 설치하고, 보일러실의 윗부분과 아랫부분에는 각각 지름 10센티미터 이상의 공기흡입구 및 배기구를 항상 열려있는 상태로 바깥공기에 접하도록 설치할 것. 다만, 전기보일러의 경우에는 그러하지 아니하다.
3. 삭제 〈1999.5.11〉
4. 보일러실과 거실사이의 출입구는 그 출입구가 닫힌 경우에는 보일러가스가 거실에 들어갈 수 없는 구조로 할 것
5. 기름보일러를 설치하는 경우에는 기름저장소를 보일러실외의 다른 곳에 설치할 것
6. 오피스텔의 경우에는 난방구획을 방화구획으로 구획할 것
7. 보일러의 연도는 내화구조로서 공동연도로 설치할 것

② 가스보일러에 의한 난방설비를 설치하고 가스를 중앙집중공급방식으로 공급하는 경우에는 제1항의 규정에 불구하고 가스관계법령이 정하는 기준에 의하되, 오피스텔의 경우에는 난방구획마다 내화구조로 된 벽·바닥과 갑종방화문으로 된 출입문으로 구획하여야 한다.
③ 허가권자는 개별 보일러를 설치하는 건축물의 경우 소방청장이 정하여 고시하는 기준에 따라 일산화탄소 경보기를 설치하도록 권장할 수 있다. 〈신설 2020.4.9.〉

1 공동주택과 오피스텔의 난방설비를 개별난방방식으로 하는 경우의 기준

구 분	설 치 내 용	그 림 해 설
1. 보일러의 위치	• 보일러실의 위치는 거실 이외의 곳에 설치 • 보일러실과 거실의 경계벽은 내화구조의 벽으로 구획(출입구 제외)	
2. 보일러실의 환기창	• 환기창 : 0.5㎡ 이상으로 하고 윗부분에 설치 • 환기구 : 상·하부분에 각각 지름 10cm 이상의 공기흡입구 및 배기구 설치(항상 개방된 상태로 외기에 접하도록 설치) – 전기보일러의 경우 예외	
3. 보일러실의 출입구	• 거실과 출입구는 가스가 거실에 들어갈 수 없는 구조일 것(출입구가 닫힌 경우)	
4. 기름보일러	• 기름저장소는 보일러실 외에 다른 곳에 설치할 것	
5. 보일러의 연도	• 보일러의 연도는 내화구조로서 공동연도로 설치할 것	
6. 오피스텔	• 난방구획을 방화구획으로 구획	

2 가스를 중앙집중공급방식으로 공급받는 가스보일러에 의한 난방설비 설치의 경우

– 가스관계 법령이 정하는 기준에 의함.
– 오피스텔의 경우 난방구획마다 내화구조의 벽 및 바닥과 60+방화문 또는 60분 방화문으로 구획

3 일산화탄소 가스누설경보기의 설치 권장

허가권자는 개별 보일러를 설치하는 건축물의 경우 소방청장이 정하여 고시하는 기준*에 따라 일산화탄소 경보기를 설치하도록 권장할 수 있다.

* 가스누설경보기의 화재안전 성능기준(NFPC 206, 소방청고시 제2022-50호) 및 기술기준(NFTC 206호, 소방청공고 제2022-227호) 참조

3 온돌의 설치기준 (영 제87조제2항)(설비규칙 제12조)

법 제63조 【온돌 및 난방설비 등의 시공】
삭제 〈2015.5.18.〉
※ 온돌 등 시공 방법 등 난방설비 기준은 이미 일반화되어 규제의 실효성이 없으므로, 이를 폐지하고(2015.5.18. 개정), 설비규칙에서 온돌의 설치기준은 제4조에서 제12조로 이동하여 유지함

영 제87조【건축설비의 원칙】

② 건축물에 설치하는 급수 · 배수 · 냉방 · 난방 · 환기 · 피뢰 등 건축설비의 설치에 관한 기술적 기준은 국토교통부령으로 정하되, 에너지 이용 합리화와 관련한 건축설비의 기술적 기준에 관하여는 산업통상자원부장관과 협의하여 정한다.

설비규칙 제12조【온돌의 설치기준】

① 영 제87조제2항에 따라 건축물에 온돌을 설치하는 경우에는 그 구조상 열에너지가 효율적으로 관리되고 화재의 위험을 방지하기 위하여 별표 1의7의 기준에 적합하여야 한다. 〈개정 2015.7.9.〉

② 제1항에 따라 건축물에 온돌을 시공하는 자는 시공을 끝낸 후 별지 제2호서식의 온돌 설치확인서를 공사감리자에게 제출하여야 한다. 다만, 제3조제2항에 따른 건축설비설치확인서를 제출한 경우와 공사감리자가 직접 온돌의 설치를 확인한 경우에는 그러하지 아니하다. 〈개정 2015.7.9.〉

[제4조에서 이동〈2015.7.9.〉]

해설 온돌을 설치하는 경우에는 그 구조상 열에너지가 효율적으로 관리되고 화재의 위험을 방지하기 위하여 온돌의 설치기준[별표1의7]에 적합하게 시공하여야 한다. 또한 설치가 끝난 후 시공자는 온돌설치확인서를 공사감리자에게 제출하여야 한다.

【별표1】 온돌 설치기준(설비규칙 제12조제1항 관련)

1. 온수온돌

가. 온수온돌이란 보일러 또는 그 밖의 열원으로부터 생성된 온수를 바닥에 설치된 배관을 통하여 흐르게 하여 난방을 하는 방식을 말한다.

나. 온수온돌은 바탕층, 단열층, 채움층, 배관층(방열관을 포함한다) 및 마감층 등으로 구성된다.

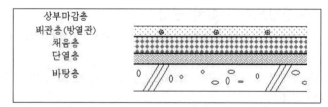

1) 바탕층이란 온돌이 설치되는 건축물의 최하층 또는 중간층의 바닥을 말한다.
2) 단열층이란 온수온돌의 배관층에서 방출되는 열이 바탕층 아래로 손실되는 것을 방지하기 위하여 배관층과 바탕층 사이에 단열재를 설치하는 층을 말한다.
3) 채움층이란 온돌구조의 높이 조정, 차음성능 향상, 보조적인 단열기능 등을 위하여 배관층과 단열층 사이에 완충재 등을 설치하는 층을 말한다.
4) 배관층이란 단열층 또는 채움층 위에 방열관을 설치하는 층을 말한다.
5) 방열관이란 열을 발산하는 온수를 순환시키기 위하여 배관층에 설치하는 온수배관을 말한다.
6) 마감층이란 배관층 위에 시멘트, 모르타르, 미장 등을 설치하거나 마루재, 장판 등 최종 마감재를 설치하는 층을 말한다.

다. 온수온돌의 설치 기준

1) 단열층은「녹색건축물 조성 지원법」제15조제1항에 따라 국토교통부장관이 고시하는 기준에 적합하여야 하며, 바닥난방을 위한 열이 바탕층 아래 및 측벽으로 손실되는 것을 막을 수 있도록 단열재를 방열관과 바탕층 사이에 설치하여야 한다. 다만, 바탕층의 축열을 직접 이용하는 심야전기이용 온돌(「한국전력공사법」에 따른 한국전력공사의 심야전력이용기기 승인을 받은 것만 해당하며, 이하 "심야전기이용 온돌"이라 한다)의 경우에는 단열재를 바탕층 아래에 설치할 수 있다.

2) 배관층과 바탕층 사이의 열저항은 층간 바닥인 경우에는 해당 바닥에 요구되는 열관류저항의 60% 이상이어야 하고, 최하층 바닥인 경우에는 해당 바닥에 요구되는 열관류저항이 70% 이상이어야 한다. 다만, 심야전기이용 온돌의 경우에는 그러하지 아니하다.

3) 단열재는 내열성 및 내구성이 있어야 하며 단열층 위의 적재하중 및 고정하중에 버틸 수 있는 강도를 가지거나 그러한 구조로 설치되어야 한다.

4) 바탕층이 지면에 접하는 경우에는 바탕층 아래와 주변 벽면에 높이 10센티미터 이상의 방수처리를 하여야 하며, 단열재의 윗부분에 방습처리를 하여야 한다.

5) 방열관은 잘 부식되지 아니하고 열에 견딜 수 있어야 하며, 바닥의 표면온도가 균일하도록 설치하여야 한다.

6) 배관층은 방열관에서 방출된 열이 마감층 부위로 최대한 균일하게 전달될 수 있는 높이와 구조를 갖추어야 한다.

7) 마감층은 수평이 되도록 설치하여야 하며, 바닥의 균열을 방지하기 위하여 충분하게 양생하거나 건조시켜 마감재의 뒤틀림이나 변형이 없도록 하여야 한다.

8) 한국산업표준에 따른 조립식 온수온돌판을 사용하여 온수온돌을 시공하는 경우에는 1)부터 7)까지의 규정을 적용하지 아니한다.

9) 국토교통부장관은 1)부터 7)까지에서 규정한 것 외에 온수온돌의 설치에 관하여 필요한 사항을 정하여 고시할 수 있다.

2. 구들온돌

가. 구들온돌이란 연탄 또는 그 밖의 가연물질이 연소할 때 발생하는 연기와 연소열에 의하여 가열된 공기를 바닥 하부로 통과시켜 난방을 하는 방식을 말한다.

나. 구들온돌은 아궁이, 환기구, 공기흡입구, 고래, 굴뚝 및 굴뚝목 등으로 구성된다.

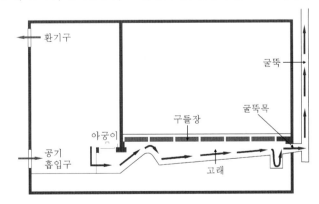

1) 아궁이란 연탄이나 목재 등 가연물질의 연소를 통하여 열을 발생시키는 부위를 말한다.

2) 온돌환기구란 아궁이가 설치되는 공간에서 연탄 등 가연물질의 연소를 통하여 발생하는 가스를 원활하게 배출하기 위한 통로를 말한다.

3) 공기흡입구란 아궁이가 설치되는 공간에서 연탄 등 가연물질의 연소에 필요한 공기를 외부에서 공급받기 위한 통로를 말한다.

4) 고래란 아궁이에서 발생한 연소가스 및 가열된 공기가 굴뚝으로 배출되기 전에 구들 아래에서 최대한 균일하게 흐르도록 하기 위하여 설치된 통로를 말한다.

5) 굴뚝이란 고래를 통하여 구들 아래를 통과한 연소가스 및 가열된 공기를 외부로 원활하게 배출하기 위한 장치를 말한다.

6) 굴뚝목이란 고래에서 굴뚝으로 연결되는 입구 및 그 주변부를 말한다.

다. 구들온돌의 설치 기준

1) 연탄아궁이가 있는 곳은 연탄가스를 원활하게 배출할 수 있도록 그 바닥면적의 10분의 1이상에 해당하는 면적의 환기용 구멍 또는 환기설비를 설치하여야 하며, 외기에 접하는 벽체의 아랫부분에는 연탄의 연소를 촉진하기 위하여 지름 10센티미터 이상 20센티미터 이하의 공기흡입구를 설치하여야 한다.

2) 고래바닥은 연탄가스를 원활하게 배출할 수 있도록 높이/수평거리가 1/5 이상이 되도록 하여야 한다.

3) 부뚜막식 연탄아궁이에 고래로 연기를 유도하기 위하여 유도관을 설치하는 경우에는 20도 이상 45도 이하의 경사를 두어야 한다.

4) 굴뚝의 단면적은 150제곱센티미터 이상으로 하여야 하며, 굴뚝목의 단면적은 굴뚝의 단면적보다 크게 하여야 한다.

5) 연탄식 구들온돌이 아닌 전통 방법에 의한 구들을 설치할 경우에는 1)부터 4)까지의 규정을 적용하지 아니한다.

6) 국토교통부장관은 1)부터 5)까지에서 규정한 것 외에 구들온돌의 설치에 관하여 필요한 사항을 정하여 고시할 수 있다.

■4 공동주택 및 다중이용시설의 환기설비기준 등 (영 제87조제2항) (설비규칙 제11조, 제11조의2)

영 제87조【건축설비의 원칙】

② 건축물에 설치하는 급수·배수·냉방·난방·환기·피뢰 등 건축설비의 설치에 관한 기술적 기준은 국토교통부령으로 정하되, 에너지 이용 합리화와 관련한 건축설비의 기술적 기준에 관하여는 산업통상자원부장관과 협의하여 정한다.

설비규칙 제11조【공동주택 및 다중이용시설의 환기설비 기준 등】

① 영 제87조제2항의 규정에 따라 신축 또는 리모델링하는 다음 각 호의 어느 하나에 해당하는 주택 또는 건축물(이하 "신축공동주택등"이라 한다)은 시간당 0.5회 이상의 환기가 이루어질 수 있도록 자연환기설비 또는 기계환기설비를 설치하여야 한다. 〈개정 2020.4.9.〉

1. 30세대 이상의 공동주택

2. 주택을 주택 외의 시설과 동일건축물로 건축하는 경우로서 주택이 30세대 이상인 건축물

② 신축공동주택등에 자연환기설비를 설치하는 경우에는 자연환기설비가 제1항에 따른 환기횟수를 충족하는지에 대하여「건축법」제4조에 따른 지방건축위원회의 심의를 받아야 한다. 다만, 신축공동주택등에「산업표준화법」에 따른 한국산업표준(이하 "한국산업표준"이라 한다)의 자연환기설비 환기성능 시험방법(KSF 2921)에 따라 성능시험을 거친 자연환기설비를 별표 1의3에 따른 자연환기설비 설치 길이 이상으로 설치하는 경우는 제외한다.

③ 신축공동주택등에 자연환기설비 또는 기계환기설비를 설치하는 경우에는 별표 1의4 또는 별표 1의5의 기준에 적합하여야 한다.

④ 특별시장·광역시장·특별자치시장·특별자치도지사 또는 시장·군수·구청장(자치구의 구청장을 말하며, 이하 "허가권자"라 한다)은 30세대 미만인 공동주택과 주택을 주택 외의 시설과 동일 건축물로 건축하는 경우로서 주택이 30세대 미만인 건축물 및 단독주택에 대해 시간당 0.5회 이상의 환기가 이루어질 수 있도록 자연환기설비 또는 기계환기설비의 설치를 권장할 수 있다. 〈신설 2020.4.9.〉

⑤ 다중이용시설을 신축하는 경우에 기계환기설비를 설치하여야 하는 다중이용시설 및 각 시설의 필요 환기량은 별표 1의6과 같으며, 설치하여야 하는 기계환기설비의 구조 및 설치는 다음 각 호의 기준에 적합하여야 한다. 〈개정 2020.4.9.〉

1. 다중이용시설의 기계환기설비 용량기준은 시설이용 인원 당 환기량을 원칙으로 산정할 것
2. 기계환기설비는 다중이용시설로 공급되는 공기의 분포를 최대한 균등하게 하여 실내 기류의 편차가 최소화될 수 있도록 할 것
3. 공기공급체계·공기배출체계 또는 공기흡입구·배기구 등에 설치되는 송풍기는 외부의 기류로 인하여 송풍능력이 떨어지는 구조가 아닐 것
4. 바깥공기를 공급하는 공기공급체계 또는 공기흡입구는 입자형·가스형 오염물질의 제거·여과장치 등 외부로부터 오염물질이 유입되는 것을 최대한 차단할 수 있는 설비를 갖추어야 하며, 제거·여과장치 등의 청소 및 교환 등 유지관리가 쉬운 구조일 것
5. 공기배출체계 및 배기구는 배출되는 공기가 공기공급체계 및 공기흡입구로 직접 들어가지 아니하는 위치에 설치할 것
6. 기계환기설비를 구성하는 설비·기기·장치 및 제품 등의 효율과 성능 등을 판정하는데 있어 이 규칙에서 정하지 아니한 사항에 대하여는 해당항목에 대한 한국산업표준에 적합할 것

설비규칙 제11조의2 【환기구의 안전 기준】

① 영 제87조제2항에 따라 환기구[건축물의 환기설비에 부속된 급기(給氣) 및 배기(排氣)를 위한 건축구조물의 개구부(開口部)를 말한다. 이하 같다]는 보행자 및 건축물 이용자의 안전이 확보되도록 바닥으로부터 2미터 이상의 높이에 설치해야 한다. 다만, 다음 각 호의 어느 하나에 해당하는 경우에는 예외로 한다. 〈개정 2021.8.27〉

1. 환기구를 벽면에 설치하는 등 사람이 올라설 수 없는 구조로 설치하는 경우. 이 경우 배기를 위한 환기구는 배출되는 공기가 보행자 및 건축물 이용자에게 직접 닿지 아니하도록 설치되어야 한다.
2. 안전울타리 또는 조경 등을 이용하여 접근을 차단하는 구조로 하는 경우

② 모든 환기구에는 국토교통부장관이 정하여 고시하는 강도(強度) 이상의 덮개와 덮개 걸침턱 등 추락방지시설을 설치하여야 한다.

[본조신설 2015.7.9.]

[별표 1의3] 자연환기설비 설치 길이 산정방법 및 설치 기준(설비규칙 제11조제2항 관련) 〈개정 2021.8.27〉

1. 설치 대상 세대의 체적 계산
   - 필요한 환기횟수를 만족시킬 수 있는 환기량을 산정하기 위하여, 자연환기설비를 설치하고자 하는 공동주택 단위세대의 전체 및 실별 체적을 계산한다.

2. 단위세대 전체와 실별 설치길이 계산식 설치기준

  - 자연환기설비의 단위세대 전체 및 실별 설치길이는 한국산업규격의 자연환기설비 환기성능 시험
    방법(KSF 2921)에서 규정하고 있는 자연환기설비의 환기량 측정장치에 의한 평가 결과를 이용하
    여 다음 식에 따라 계산된 설치길이 L값 이상으로 설치하여야 하며, 세대 및 실 특성별 가중치가
    고려되어야 한다.

$$L = \frac{V \times N}{Q_{ref}} \times F$$

여기에서,

  L : 세대 전체 또는 실별 설치길이(유효 개구부길이 기준, m)

  V : 세대 전체 또는 실 체적(m^3)

  N : 필요 환기횟수(0.5회/h)

  Q_{ref} : 자연환기설비의 환기량 측정장치에 의해 평가된 기준 압력차 (2Pa)에서의
       환기량(m^3/h · m)

  F : 세대 및 실 특성별 가중치**

비고

* 일반적으로 창틀에 접합되는 부분(endcap)과 실제로 공기유입이 이루어지는 개구부 부분으
  로 구성되는 자연환기설비에서, 유효 개구부길이(설치길이)는 창틀과 결합되는 부분을 제외
  한 실제 개구부 부분을 기준으로 계산한다.
** 주동형태 및 단위세대의 설계조건을 고려한 세대 및 실 특성별 가중치는 다음과 같다.

구분	조건	가중치
세대 조건	1면이 외부에 면하는 경우	1.5
	2면이 외부에 평행하게 면하는 경우	1
	2면이 외부에 평행하지 않게 면하는 경우	1.2
	3면 이상이 외부에 면하는 경우	1
실 조건	대상 실이 외부에 직접 면하는 경우	1
	대상 실이 외부에 직접 면하지 않는 경우	1.5

단, 세대조건과 실 조건이 겹치는 경우에는 가중치가 높은 쪽을 적용하는 것을 원칙으로 한다.
*** 일방향으로 길게 설치하는 형태가 아닌 원형, 사각형 등에는 상기의 계산식을 적용할 수 없
   으며, 지방건축위원회의 심의를 거쳐야 한다.

[별표 1의4] 신축공동주택등의 자연환기설비 설치 기준(설비규칙 제11조제3항 관련)<개정 2020.4.9.>

제11조제1항에 따라 신축공동주택등에 설치되는 자연환기설비의 설계·시공 및 성능평가방법
은 다음 각 호의 기준에 적합하여야 한다.
1. 세대에 설치되는 자연환기설비는 세대 내의 모든 실에 바깥공기를 최대한 균일하게 공급할
   수 있도록 설치되어야 한다.
2. 세대의 환기량 조절을 위하여 자연환기설비는 환기량을 조절할 수 있는 체계를 갖추어야 하
   고, 최대개방 상태에서의 환기량을 기준으로 별표 1의5에 따른 설치길이 이상으로 설치되어
   야 한다.

3. 자연환기설비는 순간적인 외부 바람 및 실내외 압력차의 증가로 인하여 발생할 수 있는 과도한 바깥공기의 유입 등 바깥공기의 변동에 의한 영향을 최소화할 수 있는 구조와 형태를 갖추어야 한다.

4. 자연환기설비의 각 부분의 재료는 충분한 내구성 및 강도를 유지하여 작동되는 동안 구조 및 성능에 변형이 없어야 하며, 표면결로 및 바깥공기의 직접적인 유입으로 인하여 발생할 수 있는 불쾌감(콜드드래프트 등)을 방지할 수 있는 재료와 구조를 갖추어야 한다.

5. 자연환기설비는 다음 각 목의 요건을 모두 갖춘 공기여과기를 갖춰야 한다.<개정 2020.4.9.>
   가. 도입되는 바깥공기에 포함되어 있는 입자형·가스형 오염물질을 제거 또는 여과하는 성능이 일정 수준 이상일 것
   나. 한국산업표준(KS B 6141)에 따른 입자 포집률이 질량법으로 측정하여 70퍼센트 이상일 것
   다. 청소 또는 교환이 쉬운 구조일 것

6. 자연환기설비를 구성하는 설비·기기·장치 및 제품 등의 효율과 성능 등을 판정함에 있어 이 규칙에서 정하지 아니한 사항에 대하여는 해당 항목에 대한 한국산업규격에 적합하여야 한다.

7. 자연환기설비를 지속적으로 작동시키는 경우에도 대상 공간의 사용에 지장을 주지 아니하는 위치에 설치되어야 한다.

8. 한국산업규격(KS B 2921)의 시험조건하에서 자연환기설비로 인하여 발생하는 소음은 대표 길이 1미터(수직 또는 수평 하단)에서 측정하여 40dB 이하가 되어야 한다.

9. 자연환기설비는 가능한 외부의 오염물질이 유입되지 않는 위치에 설치되어야 하고, 화재 등 유사시 안전에 대비할 수 있는 구조와 성능이 확보되어야 한다.

10. 실내로 도입되는 바깥공기를 예열할 수 있는 기능을 갖는 자연환기설비는 최대한 에너지 절약적인 구조와 형태를 가져야 한다.

11. 자연환기설비는 주요 부분의 정기적인 점검 및 정비 등 유지관리가 쉬운 체계로 구성하여야 하고, 제품의 사양 및 시방서에 유지관리 관련 내용을 명시하여야 하며, 유지관리 관련 내용이 수록된 사용자 설명서를 제시하여야 한다.

12. 자연환기설비는 설치되는 실의 바닥부터 수직으로 1.2미터 이상의 높이에 설치하여야 하며, 2개 이상의 자연환기설비를 상하로 설치하는 경우 1미터 이상의 수직간격을 확보하여야 한다.

【별표1의5】 신축공동주택등의 기계환기설비의 설치기준(설비규칙 제11조제3항 관련)<개정 2020.4.9.>

제11조제1항의 규정에 의한 신축공동주택등의 환기횟수를 확보하기 위하여 설치되는 기계환기설비의 설계·시공 및 성능평가방법은 다음 각 호의 기준에 적합하여야 한다.

1. 기계환기설비의 환기기준은 시간당 실내공기 교환횟수(환기설비에 의한 최종공기흡입구에서 세대의 실내로 공급되는 시간당 총 체적 풍량을 실내 총체적으로 나눈 환기횟수를 말한다)로 표시하여야 한다.

2. 하나의 기계환기설비로 세대 내 2 이상의 실에 바깥공기를 공급할 경우의 필요환기량은 각 실에 필요한 환기량의 합계 이상이 되도록 하여야 한다.

3. 세대의 환기량 조절을 위하여 환기설비의 정격풍량을 최소·적정·최대의 3단계 또는 그 이상으로 조절할 수 있는 체계를 갖추어야 하고, 적정 단계의 필요 환기량은 신축공동주택등의 세대를 시간당 0.7회로 환기할 수 있는 풍량을 확보하여야 한다.

4. 공기공급체계 또는 공기배출체계는 부분적 손실 등 모든 압력 손실의 합계를 고려하여 계산한 공기공급능력 또는 공기배출능력이 제11조제1항의 환기기준을 확보할 수 있도록 하여야 한다.

5. 기계환기설비는 신축공동주택등의 모든 세대가 제11조제1항의 규정에 의한 환기횟수를 만족시킬 수 있도록 24시간 가동할 수 있어야 한다.

6. 기계환기설비의 각 부분의 재료는 충분한 내구성 및 강도를 유지하여 작동되는 동안 구조 및 성능에 변형이 없도록 하여야 한다.

7. 기계환기 설비는 다음 각 목의 어느 하나에 해당되는 체계를 갖추어야 한다.
   가. 바깥공기를 공급하는 송풍기와 실내공기를 배출하는 송풍기가 결합된 환기체계
   나. 바깥공기를 공급하는 송풍기와 실내공기가 배출되는 배기구가 결합된 환기체계
   다. 바깥공기가 도입되는 공기흡입구와 실내공기를 배출하는 송풍기가 결합된 환기체계

8. 바깥공기를 공급하는 공기공급체계 또는 바깥공기가 도입되는 공기흡입구는 입자형·가스형 오염물질을 제거 또는 여과하는 일정 수준 이상의 공기여과기 또는 집진기 등을 갖추어야 한다. 이 경우 공기여과기는 한국산업표준(KS B 6141)에서 규정하고 있는 입자 포집률[공기청정장치에서 그것을 통과하는공기 중의 입자를 포집(捕執)하는 효율을 말한다]이 비색법·광산란 적산법으로 측정하는 경우 80퍼센트 이상, 계수법으로 측정하는 경우 40퍼센트 이상인 환기효율을 확보하여야 하고, 수명연장을 위하여 여과기의 전단부에 사전여과장치를 설치하여야 하며, 여과장치 등의 청소 또는 교환이 쉬운 구조이어야 한다. 다만, 제7호다목에 따른 환기체계를 갖춘경우에는 별표 1의4 제5호를 따른다.

9. 기계환기설비를 구성하는 설비·기기·장치 및 제품 등의 효율 및 성능 등을 판정함에 있어 이 규칙에서 정하지 아니한 사항에 대하여는 해당 항목에 대한 한국산업규격에 적합하여야 한다.

10. 기계환기설비는 환기의 효율을 극대화할 수 있는 위치에 설치하여야 하고, 바깥공기의 변동에 의한 영향을 최소화할 수 있도록 공기흡입구 또는 배기구 등에 완충장치 또는 석쇠형 철망 등을 설치하여야 한다.

11. 기계환기설비는 주방 가스대 위의 공기배출장치, 화장실의 공기배출 송풍기등 급속 환기 설비와 함께 설치할 수 있다.

12. 공기흡입구 및 배기구와 공기공급체계 및 공기배출체계는 기계환기설비를 지속적으로 작동시키는 경우에도 대상 공간의 사용에 지장을 주지 아니하는 위치에 설치되어야 한다.

13. 기계환기설비에서 발생하는 소음의 측정은 한국산업규격(KS B 6361)에 따르는 것을 원칙으로 한다. 측정위치는 대표길이 1미터(수직 또는 수평 하단)에서 측정하여 소음이 40dB 이하가 되어야 하며, 암소음(측정대상인 소음 외에 주변에 존재하는 소음을 말한다)은 보정하여야 한다. 다만, 환기설비 본체(소음원)가 거주공간 외부에 설치될 경우에는 대표길이 1미터(수직 또는 수평 하단)에서 측정하여 50dB 이하가 되거나, 거주공간 내부의 중앙부 바닥으로부터 1.0~1.2미터 높이에서 측정하여 40dB 이하가 되어야 한다.

14. 외부에 면하는 공기흡입구와 배기구는 교차오염을 방지할 수 있도록 1.5미터 이상의 이격거리를 확보하거나, 공기흡입구와 배기구의 방향이 서로 90도 이상 되는 위치에 설치되어야 하고, 화재 등 유사 시 안전에 대비할 수 있는 구조와 성능이 확보되어야 한다.

15. 기계환기설비의 에너지 절약을 위하여 열회수형 환기장치를 설치하는 경우에는 한국산업표준(KS B 6879)에 따라 시험한 열회수형 환기장치의 유효환기량이 표시용량의 90퍼센트 이상이어야 하고, 열회수형 환기장치의 안과 밖은 물 맺힘이 발생하는 것을 최소화할 수 있는 구조와 성능을 확보하도록 하여야 한다.

16. 기계환기설비는 송풍기, 열회수형 환기장치, 공기여과기, 공기가 통하는 관, 공기흡입구 및 배기구, 그 밖의 기기 능 수요 부분의 정기석인 검검 및 성비 등 유지관리가 쉬운 체계로 구성되어야 하고, 제품의 사양 및 시방서에 유지관리 관련 내용을 명시하여야 하며, 유지관리 관련 내용이 수록된 사용자 설명서를 제시하여야 한다.

17. 실외의 기상조건에 따라 환기용송풍기 등 기계환기설비를 작동하지 아니하더라도 자연환기와 기계환기가 동시 운용될 수 있는 혼합형 환기설비가 설계도서 등을 근거로 필요 환기량을 확보할 수 있는 것으로 객관적으로 입증되는 경우에는 기계환기설비를 갖춘 것으로 인정할 수 있다. 이 경우 동시에 운용될 수 있는 자연환기설비와 기계환기설비가 제11조제1항의 환기기준을 각각 만족할 수 있어야 한다.

18. 중앙관리방식의 공기조화설비(실내의 온도·습도 및 청정도 등을 적정하게 유지하는 역할을 하는 설비를 말한다)가 설치된 경우에는 다음 각 목의 기준에도 적합하여야 한다.

    가. 공기조화설비는 24시간 지속적인 환기가 가능한 것일 것. 다만, 주요 환기설비와 분리된 별도의 환기계통을 병행 설치하여 실내에 존재하는 국소 오염원에서 발생하는 오염물질을 신속히 배출할 수 있는 체계로 구성하는 경우에는 그러하지 아니하다.

    나. 중앙관리방식의 공기조화설비의 제어 및 작동상황을 통제할 수 있는 관리실 또는 기능이 있을 것

【별표1의6】 기계환기설비를 설치해야 하는 다중이용시설 및 각 시설의 필요 환기량

(설비규칙 제11조제5항 관련) <개정 2021.8.27.>

1. 기계환기설비를 설치하여야 하는 다중이용시설

   가. 지하시설
   1) 모든 지하역사(출입통로·대기실·승강장 및 환승통로와 이에 딸린 시설을 포함한다)
   2) 연면적 2천제곱미터 이상인 지하도상가(지상건물에 딸린 지하층의 시설 및 연속되어 있는 둘 이상의 지하도상가의 연면적 합계가 2천제곱미터 이상인 경우를 포함한다)

   나. 문화 및 집회시설
   1) 연면적 2천제곱미터 이상인 「건축법 시행령」 별표 1 제5호라목에 따른 전시장(실내 전시장으로 한정한다)
   2) 연면적 2천제곱미터 이상인 「건전가정의례의 정착 및 지원에 관한 법률」에 따른 혼인예식장
   3) 연면적 1천제곱미터 이상인 「공연법」 제2조제4호에 따른 공연장(실내 공연장으로 한정한다)
   4) 관람석 용도로 쓰는 바닥면적이 1천제곱미터 이상인 「체육시설의 설치·이용에 관한 법률」 제2조제1호에 따른 체육시설
   5) 「영화 및 비디오물의 진흥에 관한 법률」 제2조제10호에 따른 영화상영관

   다. 판매시설
   1) 「유통산업발전법」 제2조제3호에 따른 대규모점포
   2) 연면적 300제곱미터 이상인 「게임산업 진흥에 관한 법률」 제2조제7호에 따른 인터넷컴퓨터게임시설제공업의 영업시설

   라. 운수시설
   1) 「항만법」 제2조제5호에 따른 항만시설 중 연면적 5천제곱미터 이상인 대기실
   2) 「여객자동차 운수사업법」 제2조제5호에 따른 여객자동차터미널 중 연면적 2천제곱미터 이상인 대기실
   3) 「철도산업발전기본법」 제3조제2호에 따른 철도시설 중 연면적 2천제곱미터 이상인 대기실
   4) 「공항시설법」 제2조제7호에 따른 공항시설 중 연면적 1천5백제곱미터 이상인 여객터미널

   마. 의료시설: 연면적이 2천제곱미터 이상이거나 병상 수가 100개 이상인 「의료법」 제3조에 따른 의료기관

바. 교육연구시설

1) 연면적 3천제곱미터 이상인「도서관법」제2조제1호에 따른 도서관

2) 연면적 1천제곱미터 이상인「학원의 설립·운영 및 과외교습에 관한 법률」제2조제1호에 따른 학원

사. 노유자시설

1) 연면적 430제곱미터 이상인「영유아보육법」제2조제3호에 따른 어린이집

2) 연면적 1천제곱미터 이상인「노인복지법」제34조제1항제1호에 따른 노인요양시설

아. 업무시설 : 연면적 3천제곱미터 이상인「건축법 시행령」별표 1 제14호에 따른 업무시설

자. 자동차 관련 시설 : 연면적 2천제곱미터 이상인「주차장법」제2조제1호에 따른 주차장(실내주차장으로 한정하며, 같은 법 제2조제3호에 따른 기계식주차장은 제외한다)

차. 장례식장 : 연면적 1천제곱미터 이상인「장사 등에 관한 법률」제28조의2제1항 및 제29조에 따른 장례식장(지하에 설치되는 경우로 한정한다)

카. 그 밖의 시설

1) 연면적 1천제곱미터 이상인「공중위생관리법」제2조제1항제3호에 따른 목욕장업의 영업시설

2) 연면적 5백제곱미터 이상인「모자보건법」제2조제10호에 따른 산후조리원

3) 연면적 430제곱미터 이상인「어린이놀이시설 안전관리법」제2조제2호에 따른 어린이놀이시설 중 실내 어린이놀이시설 <신설 2020.4.9.>

2. 각 시설의 필요 환기량

구 분		필요 환기량(㎥/인·h)	비 고
가. 지하시설	1) 지하역사	25이상	
	2) 지하도상가	36이상	매장(상점) 기준
나. 문화 및 집회시설		29이상	
다. 판매시설		29이상	
라. 운수시설		29이상	
마. 의료시설		36이상	
바. 교육연구시설		36이상	
사. 노유자시설		36이상	
아. 업무시설		29이상	
자. 자동차 관련 시설		27이상	
차. 장례식장		36이상	
카. 그 밖의 시설		25이상	

비고 가. 제1호에서 연면적 또는 바닥면적을 산정할 때에는 실내공간에 설치된 시설이 차지하는 연면적 또는 바닥면적을 기준으로 산정한다.

나. 필요 환기량은 예상 이용인원이 가장 높은 시간대를 기준으로 산정한다.

다. 의료시설 중 수술실 등 특수 용도로 사용되는 실(室)의 경우에는 소관 중앙행정기관의 장이 달리 정할 수 있다.

라. 제1호자목의 자동차 관련 시설의 필요 환기량은 단위면적당 환기량(㎥/㎡·h)으로 산정한다.

① 환기설비대상

(1) 신축 또는 리모델링하는 다음 건축물("신축공동주택등")

　① 30세대 이상의 공동주택

　② 주택을 주택 외의 시설과 동일건축물로 건축하는 경우로서 주택이 30세대 이상인 건축물

(2) 허가권자의 환기설비 권장대상

　① 위 (1)의 ①, ②의 건축물로서 30세대 미만인 건축물

　② 단독주택

② 환기설비 기준

자연환기설비 또는 기계환기설비를 할 것

① 환기회수 : 시간당 0.5회 이상

② 자연환기설비

　㉠ 위 환기횟수에 충족하는지에 대해 지방건축위원회의 심의를 받을 것

　㉡ 한국산업규격에 따른 성능평가를 받은 자연환기설비를 별표 1의3에 따른 설치 길이 이상으로 설치하는 경우 지방건축위원회의 심의를 받지 않을 수 있음

　㉢ 신축공동주택등 : 별표 1의4의 기준에 적합할 것 【앞 표 참조】

③ 기계환기설비

　㉠ 신축공동주택등 : 별표 1의5의 기준에 적합할 것 【앞 표 참조】

　㉡ 다중이용시설 : 별표 1의6의 기준에 적합할 것 【앞 표 참조】

④ 다중이용시설에 설치하는 기계환기설비의 구조 및 설치기준

1. 다중이용시설의 기계환기설비 용량기준은 시설이용 인원 당 환기량을 원칙으로 산정할 것
2. 기계환기설비는 다중이용시설로 공급되는 공기의 분포를 최대한 균등하게 하여 실내 기류의 편차가 최소화될 수 있도록 할 것
3. 공기공급체계·공기배출체계 또는 공기흡입구·배기구 등에 설치되는 송풍기는 외부의 기류로 인하여 송풍능력이 떨어지는 구조가 아닐 것
4. 바깥공기를 공급하는 공기공급체계 또는 공기흡입구는 입자형·가스형 오염물질의 제거·여과장치 등 외부로부터 오염물질이 유입되는 것을 최대한 차단할 수 있는 설비를 갖추어야 하며, 제거·여과장치 등의 청소 및 교환 등 유지관리가 쉬운 구조일 것
5. 공기배출체계 및 배기구는 배출되는 공기가 공기공급체계 및 공기흡입구로 직접 들어가지 아니하는 위치에 설치할 것
6. 기계환기설비를 구성하는 설비·기기·장치 및 제품 등의 효율과 성능 등을 판정하는데 있어 이 규칙에서 정하지 아니한 사항에 대하여는 해당 항목에 대한 한국산업표준에 적합할 것

③ 환기구의 안전기준

① 환기구 : 건축물의 환기설비에 부속된 급기(給氣) 및 배기(排氣)를 위한 건축구조물의 개구부(開口部)

② 안전기준

1. 보행자 및 건축물 이용자의 안전이 확보되도록 바닥으로부터 2m 이상의 높이에 설치할 것

　예외 1) 환기구를 벽면에 설치하는 등 사람이 올라설 수 없는 구조로 설치하는 경우

　　　(배기를 위한 환기구는 배출되는 공기가 보행자 및 건축물 이용자에게 직접 닿지 않도록 설치할 것)

2) 안전울타리 또는 조경 등을 이용하여 접근을 차단하는 구조로 하는 경우
2. 모든 환기구에는 국토교통부장관이 정하여 고시하는 강도(強度) 이상의 덮개와 덮개 걸침턱 등 추락방지시설을 설치하여야 한다.

【관련 질의회신】

자연환기설비에 의한 환기횟수의 충족 방법

건교부 건축기획팀-1812, 2006.3.23

질의 자연환기설비에 의한 환기횟수는 창호를 닫은 상태로서 충족되어야 하는 것인지

회신 「건축물의 설비기준 등에 관한 규칙」 제11조제1항 및 제2항의 규정에 의한 "자연환기설비"는 외부바람 및 실내외 압력차 등의 자연적인 구동력에 의해 환기횟수를 확보할 수 있도록 설치하는 환기구 또는 환기장치 등의 설비를 말하는 것으로서, 개폐가 가능한 일반적인 창호가 있는 경우 확보하여야 하는 환기횟수는 그 창호를 닫은 상태에서 충족되어야 하는 것임

5 배연설비 (영 제51조제2항) (설비규칙 제14조)

영 제51조【거실의 채광 등】 ① "생략"
② 법 제49조제2항에 따라 다음 각 호의 어느 하나에 해당하는 건축물의 거실(피난층의 거실은 제외한다)에는 배연설비를 해야 한다. 〈개정 2020.10.8.〉
1. 6층 이상인 건축물로서 다음 각 목의 어느 하나에 해당하는 용도로 쓰는 건축물
  가. 제2종 근린생활시설 중 공연장, 종교집회장, 인터넷컴퓨터게임시설제공업소 및 다중생활시설(공연장, 종교집회장 및 인터넷컴퓨터게임시설제공업소는 해당 용도로 쓰는 바닥면적의 합계가 각각 300제곱미터 이상인 경우만 해당한다)
  나. 문화 및 집회시설
  다. 종교시설
  라. 판매시설
  마. 운수시설
  바. 의료시설(요양병원 및 정신병원은 제외한다)
  사. 교육연구시설 중 연구소
  아. 노유자시설 중 아동 관련 시설, 노인복지시설(노인요양시설은 제외한다)
  자. 수련시설 중 유스호스텔
  차. 운동시설
  카. 업무시설
  타. 숙박시설
  파. 위락시설
  하. 관광휴게시설
  거. 장례시설
2. 다음 각 목의 어느 하나에 해당하는 용도로 쓰는 건축물
  가. 의료시설 중 요양병원 및 정신병원
  나. 노유자시설 중 노인요양시설·장애인 거주시설 및 장애인 의료재활시설
  다. 제1종 근린생활시설 중 산후조리원 〈신설 2020.10.8.〉
③, ④ "생략"

설비규칙 제14조【배연설비】

① 영 제49조제2항에 따라 배연설비를 설치하여야 하는 건축물에는 다음 각 호의 기준에 적합하게 배연설비를 설치해야 한다. 다만, 피난층인 경우에는 그렇지 않다. 〈개정 2020.4.9〉

1. 영 제46조제1항에 따라 건축물이 방화구획으로 구획된 경우에는 그 구획마다 1개소 이상의 배연창을 설치하되, 배연창의 상변과 천장 또는 반자로부터 수직거리가 0.9미터 이내일 것. 다만, 반자높이가 바닥으로부터 3미터 이상인 경우에는 배연창의 하변이 바닥으로부터 2.1미터 이상의 위치에 놓이도록 설치하여야 한다.

2. 배연창의 유효면적은 별표 2의 산정기준에 의하여 산정된 면적이 1제곱미터 이상으로서 그 면적의 합계가 당해 건축물의 바닥면적(영 제46조제1항 또는 제3항의 규정에 의하여 방화구획이 설치된 경우에는 그 구획된 부분의 바닥면적을 말한다)의 100분의 1이상일 것. 이 경우 바닥면적의 산정에 있어서 거실바닥면적의 20분의 1 이상으로 환기창을 설치한 거실의 면적은 이에 산입하지 아니한다.

3. 배연구는 연기감지기 또는 열감지기에 의하여 자동으로 열 수 있는 구조로 하되, 손으로도 열고 닫을 수 있도록 할 것

4. 배연구는 예비전원에 의하여 열 수 있도록 할 것

5. 기계식 배연설비를 하는 경우에는 제1호 내지 제4호의 규정에 불구하고 소방관계법령의 규정에 적합하도록 할 것

② 특별피난계단 및 영 제90조제3항의 규정에 의한 비상용승강기의 승강장에 설치하는 배연설비의 구조는 다음 각호의 기준에 적합하여야 한다.

1. 배연구 및 배연풍도는 불연재료로 하고, 화재가 발생한 경우 원활하게 배연시킬 수 있는 규모로서 외기 또는 평상시에 사용하지 아니하는 굴뚝에 연결할 것

2. 배연구에 설치하는 수동개방장치 또는 자동개방장치(열감지기 또는 연기감지기에 의한 것을 말한다)는 손으로도 열고 닫을 수 있도록 할 것

3. 배연구는 평상시에는 닫힌 상태를 유지하고, 연 경우에는 배연에 의한 기류로 인하여 닫히지 아니하도록 할 것

4. 배연구가 외기에 접하지 아니하는 경우에는 배연기를 설치할 것

5. 배연기는 배연구의 열림에 따라 자동적으로 작동하고, 충분한 공기배출 또는 가압능력이 있을 것

6. 배연기에는 예비전원을 설치할 것

7. 공기유입방식을 급기가압방식 또는 급·배기방식으로 하는 경우에는 제1호 내지 제6호의 규정에 불구하고 소방관계법령의 규정에 적합하게 할 것

1 배연설비

구 분	내 용	설치위치
설치대상	① 6층 이상의 건축물로서 다음의 용도인 것 · 제2종 근린생활시설 중 공연장*, 종교집회장*, 인터넷컴퓨터게임시설제공업소* 및 다중생활시설·문화 및 집회시설·종교시설·판매시설·운수시설·의료시설(요양병원 및 정신병원 제외)·교육연구시설 중 연구소·노유자시설 중 아동관련시설, 노인복지시설(노인요양시설 제외)·수련시설 중 유스호스텔·운동시설·업무시설·숙박시설·위락시설·관광휴게시설·장례시설 　* 해당 용도로 쓰는 바닥면적의 합계가 각각 300㎡ 이상인 경우만 해당 ② 다음 용도의 건축물(건축물의 층수와 무관) · 의료시설 중 요양병원 및 정신병원 · 노유자시설 중 노인요양시설·장애인 거주시설 및 장애인 의료재활시설 · 제1종 근린생활시설 중 산후조리원	해당용도의 거실에 설치 －피난층의 경우 제외
	③ 특별피난계단, 비상용승강기가 설치된 경우	특별피난계단 및 비상용승강기의 승강장에 설치

2 배연설비의 기준

【1】거실 설치의 경우

배연구의 설치		그림해설
1. 배연창의 위치	건축물이 방화구획으로 구획된 경우 － 방화구획마다 1개소 이상의 배연창을 설치하되 배연창의 상변과 천장 또는 반자로부터 수직거리가 0.9m이내일 것. 다만, 반자높이가 3m이상인 경우 배연창의 하변이 바닥으로부터 2.1m이상의 위치에 놓이도록 설치	
2. 배연창의 유효면적[별표2]	1㎡ 이상으로서 그 면적의 합계가 당해 건축물의 바닥면적 1/100 이상일 것(방화구획이 설치된 경우는 구획부분의 바닥면적을 말함) － 바닥면적 산정시 거실바닥면적의 1/20이상으로서 환기창을 설치한 거실면적 제외	· 배연창 : 배연창면적 1㎡ 이상으로서 바닥면적 합계의 1/100 이상
3. 배연구의 구조	배연구는 연기감지기 또는 열감지기에 의해 자동적으로 열수 있는 구조로 하되, 손으로도 열고, 닫을 수 있도록 할 것	－ 자동식 : 연기감지기, 열감지기를 갖춘 것 － 수동식 : 손으로도 열고 닫을 수 있는 구조
	배연구는 예비전원에 의하여 열 수 있도록 할 것.	

　■ 기계식 배연설비를 설치하는 경우 소방관계법령의 규정에 적합할 것

【2】 특별피난계단·비상용 승강기의 승강장에 설치하는 경우

구 분	내 용
1. 배연구·배연풍도	배연구 및 배연풍도는 불연재료로하고 화재가 발생한 경우 원활하게 배연시킬 수 있는 규모로서 외기 또는 평상시에 사용하지 아니하는 굴뚝에 연결한 것
2. 배연구의 개방장치	수동 및 자동개방장치(열감지기 또는 연기감지기에 의한 것)는 손으로도 열고 닫을 수 있도록 할 것
3. 배연구의 개폐상태	평상시 닫힌 상태를 유지하고, 연 경우 배연에 의한 기류로 인하여 닫히지 않도록 할 것
4. 배연기의 설치(배연구가 외기에 접하지 않는 경우)	- 배연구의 열림에 따라 자동적으로 작동하고, 충분한 공기배출 또는 가압능력이 있을 것 - 배연기에는 예비전원을 설치할 것

- 공기유압방식을 급기가압방식 또는 급·배기방식으로 하는 경우 위 규정에도 불구하고 소방관계 법령의 규정에 적합하게 할 것

[별표2] 배연창의 유효면적 산정기준(설비규칙 제14조제1항제2호관련)

1. 미서기창 : H×l

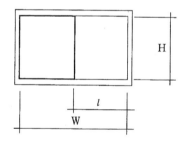

l : 미서기창의 유효폭
H : 창의 유효 높이
W : 창문의 폭

2. Pivot 종축창 : H×l'/2×2

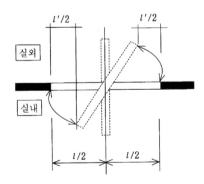

H : 창의 유효 높이
l : 90° 회전시 창호와 직각방향으로 개방된 수평거리
l' : 90° 미만 0° 초과시 창호와 직각방향으로 개방된 수평거리

3. Pivot 횡축창:$(W \times L_1) + (W \times L_2)$

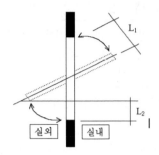

W : 창의 폭
L_1 : 실내측으로 열린 상부창호의 길이방향으로 평행하게 개방된 순거리
L_2 : 실외측으로 열린 하부창호로서 창틀과 평행하게 개방된 순수수평투영거리

4. 들창 : $W \times l_2$

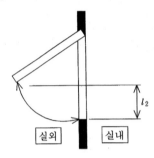

H : 창의 폭
l_2: 창틀과 평행하게 개방된 순수수평투명면적

5. 미들창 : 창이 실외측으로 열리는 경우:$W \times l$
   　　　　창이 실내측으로 열리는 경우:$W \times l_1$
   　　　　(단, 창이 천장(반자)에 근접하는 경우:$W \times l_2$)

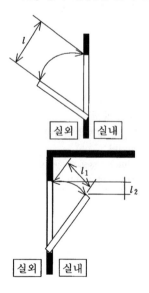

W : 창의 폭
l : 실외측으로 열린 상부창호의 길이방향으로 평행하게 개방된 순거리
l_1 : 실내측으로 열린 상호창호의 길이방향으로 개방된 순거리
l_2 : 창틀과 평행하게 개방된 순수수평투영면적
* 창이 천장(또는 반자)에 근접된 경우 창의 상단에서 천장면까지의 거리$\leq l_1$

【관련 질의회신】

거실 바닥면적의 1/20 이상인 환기창을 설치한 거실의 배연창 설치여부

건교부 고객만족센터, 2007.4.3

질의 「건축물의 설비기준 등에 관한 규칙」 제14조제1항제2호 규정에 의해 배연창의 유효면적 산정시 적용하는 바닥면적 산정에 있어서 "거실 바닥면적의 20분의 1이상으로서 환기창을 설치한 거실의 면적은 이에 산입하지 아니한다"에 대한 해석

회신 「건축물의 설비기준 등에 관한 규칙」 제14조제1항제2호 규정에 의해 배연창의 유효면적은 별표2의 산정기준에 의하여 산정한 면적이 1㎡ 이상으로서 그 면적의 합계가 당해 건축물의 바닥면적(영 제46조제1항 또는 제3항의 규정에 의하여 방화구획이 설치된 경우에는 그 구획된 부분의 바닥면적을 말한다)의 1/100 이상이어야 하며 이 경우 바닥면적의 산정에 있어서 거실 바닥면적의 1/20 이상으로 환기창을 설치한 거실의 면적은 이에 산입하지 아니함.

상기 규정에서 배연창의 유효면적은 일정규모 이상의 환기창을 설치하여 유효면적 산정을 위한 거실의 면적을 제외하고 산정 한 결과와 관계없이 최소 1㎡ 이상이어야 하는 것이며, 배연창의 유효면적 산정을 위한 당해 건축물 바닥면적의 산정에 있어서 제외할 수 있는 거실의 면적을 환기창이 1/20 이상 설치된 것으로 규정한 것은 환기창이 최소한 동 규모이상이 되어야 배연기능을 일부 충족할 수 있는 것으로 보아 배연창 유효면적 산정시 완화하도록 하는 것인 바, 거실 바닥면적의 1/20 미만으로 환기창을 설치한 거실의 면적은 배연창 유효면적 산정을 위한 바닥면적에 모두 산입하여야 하는 것임

배연창의 유효면적 산정

건교부 건축 58070-497, 2003.3.20

질의 높이 1.2미터, 폭 2.0미터(개폐부분 폭 1.0미터)의 미서기형 배연창 2개가 바닥으로부터 천장까지의 높이 2.4미터의 벽체에 설치되어 있는 경우 배연창의 유효면적 산정에 대한 질의

회신 건축물에 설치하는 배연창은 건축물의설비기준등에관한규칙 제14조제1항제1호의 규정에 의하여 배연창의 상변과 천장 또는 반자로부터의 수직거리가 0.9미터이내어야 하는 것이며, 미서기형 배연창은 동규칙 별표2 제1호의 기준에 의하여 유효면적을 산정하는 것이나, 귀 질의의 경우 바닥에서 1미터 미만의 높이에 위치한 배연창의 부분은 연기의 원활한 배출을 위하여 유효면적 산정시 제외함이 타당할 것이니, 보다 구체적인 사항은 자세한 설계도서를 갖추어 허가권자에게 문의바람

높이에 포함되는 승강기탑 있는 경우 배연설비 설치여부

건교부 건축 58070-749, 1997.3.3

질의 지상 7층, 지하 2층의 건축물로서 지상 1층부터 5층까지는 판매시설이고 지상 6~7층(벽면 오픈됨) 및 지하층을 주차장으로 사용하고자 할 때 배연설비를 설치하여야 하는지 여부

회신 건축법시행령 제94조의 규정에 의하여 6층 이상의 건축물로서 판매시설 등의 거실에는 건축물의설비기준등에관한규칙 제14조의 규정에서 정하는 바에 따라 배연설비를 설치하여야 하는 것인 바, 질의의 주차장 부분이 동법시행령 제46조 제1항의 규정에 의하여 방화구획이 설치된 경우에는 동 규칙 동조 제1항제1호의 규정에 의하여 배연설비를 설치하여야 하는 것임

6 배관설비 (설비규칙
제17조, 제18조)

【1】 건축물에 설치하는 급수, 배수등의 용도로 쓰이는 배관설비의 설치 및 구조

---

1. 배관설비를 콘크리트에 묻는 경우 부식방지조치를 할 것(부식의 우려가 있는 재료)

---

2. 건축물의 주요부분을 관통하여 배관하는 경우 건축물의 구조내력에 지장이 없도록 할 것

---

3. 승강기의 승강로 안에는 승강기의 운행에 필요한 배관설비 외의 배관설비는 설치하지 아니할 것

---

4. 압력탱크 및 급탕설비에는 폭발 등의 위험물을 막을 수 있는 시설을 할 것

【2】 배수용 배관설비 기준(위 【1】 의 기준에 적합한 것)

---

1. 배출시키는 빗물 또는 오수의 양 및 수질에 따라 그에 적당한 용량 및 경사를 지게하거나 그에 적합한 재질을 사용할 것

---

2. 배관설비에는 배수트랩·통기관을 설치하는 등 위생에 지장이 없도록 할 것

---

3. 배관설비의 오수에 접하는 부분은 내수재료를 사용할 것

---

4. 지하실 등 공공하수도로 자연배수를 할 수 없는 곳에는 배수용량에 맞는 강제배수시설을 설치할 것

---

5. 우수관과 오수관은 분리하여 배관할 것

---

6. 콘크리구조체에 배관을 매설하거나 배관이 콘크리트구조체를 관통할 경우에는 구조체에 덧관을 미리 매설하는 등 배관의 부식을 방지하고 그 수선 및 교체가 용이하도록 할 것

【3】 먹는물용 배관의 설치 및 구조 (위 【1】 의 기준에 적합할 것)

---

1. 음용수용 배관설비는 다른 용도의 배관설비와 직접 연결하지 않을 것

---

2. 급수관 및 수도계량기는 얼어서 깨지지 아니하도록 [별표 3의2]의 규정에 의한 기준에 적합하게 설치할 것 【참고1】

---

3. 위 2.에서 정한 기준 외에 급수관 및 수도계량기가 얼어서 깨지지 아니하도록 하기 위하여 지역실정에 따라 당해지방자치단체의 조례로 기준을 정한 경우에는 동기준에 적합하게 설치할 것

---

4. 급수 및 저수탱크는 「수도법 시행규칙」 별표 3의2에 따른 저수조설치기준에 적합한 구조로 할 것 【참고3】
※ 「수도시설의 청소 및 위생관리 등에 관한 규칙」 별표 1의 내용이 「수도법 시행규칙」 별표 3의2으로 이관됨(2012.5.17)

---

5. 먹는물의 급수관과 지름은 건축물의 용도 및 규모에 적당한 규격이상으로 할 것. 다만, 주거용 건축물은 당해 배관에 의하여 급수되는 가구수 또는 바닥면적의 합계에 따라 [별표 3]의 기준에 적합한 지름의 관으로 배관할 것 【참고2】

---

6. 먹는물용 급수관은 「수도용 자재와 제품의 위생안전기준 인증 등에 관한 규칙」 제2조 및 별표 1에 따른 위생안전기준에 적합한 수도용 자재 및 제품을 사용할 것 【참고4】
※ 「수도용 자재와 제품의 위생안전기준 인증 등에 관한 규칙」 이 제정<2011.5.25.>되어 「수도법 시행규칙」 에서 제10조 및 별표 4가 삭제되고, 제정된 규칙 제2조 및 별표 1로 이관됨

【참고1】 급수관 및 수도계량기 보호함의 설치기준[별표 3의2]

1. 급수관의 단열재 두께(단위 : ㎜)

설치장소 \ 관경(㎜, 외경) 설계용 외기온도(℃)	20미만	20이상~ 50미만	50이상~ 70미만	70이상~ 100미만	100이상
• 외기에 노출된 배관 • 옥상 등 그밖에 우려 되는 건축물의 부위 / -10미만	200(50)	50(25)	25(25)	25(25)	25(25)
-5미만 ~ -10	100(50)	40(25)	25(25)	25(25)	25(25)
0미만 ~ -5	40(25)	25(25)	25(25)	25(25)	25(25)
0℃이상 유지	20				

① ( )은 기온강하에 따라 자동으로 작동하는 전기 발열선이 설치하는 경우 단열재의 두께를 완화할 수있는 기준

② 단열재의 열전도율은 0.04kcal/㎡·h·℃이하인 것으로 한국산업규격제품을 사용할 것

③ 설계용 외기온도 : 건축물의 에너지 절약설계기준에 따를 것

2. 수도계량기보호함(난방공간내에 설치하는 것을 제외한다.)

① 수도계량기와 지수전 및 역지밸브를 지중 혹은 공동주택의 벽면 내부에 설치하는 경우에는 콘크리트 또는 합성 수지제 등의 보호함에 넣어 보호할 것

② 보호함내 옆면 및 뒷면과 전면판에 각각 단열재를 부착할 것(단열재는 밀도가 높고 열전도율이 낮은 것으로 한 국산업규격제품을 사용할 것)

③ 보호함의 배관입출구는 단열재 등으로 밀폐하여 냉기의 침입이 없도록 할 것

④ 보온용 단열재와 계량기 사이 공간을 유리섬유 등 보온재로 채울 것

⑤ 보호통과 벽체사이틈을 밀봉재 등으로 채워 냉기의 침투를 방지할 것

【참고2】 주거용 건축물의 급수관의 지름[별표 3]

가구 또는 세대수	1	2·3	4·5	6~8	9~16	17이상
급수관 지름의 최소 기준(㎜)	15	20	25	32	40	50

비고 1. 가구 또는 세대의 구분이 불분명한 건축물에 있어서는 주거에 쓰이는 바닥면적의 합계에 따라 다음과 같이 가구수를 산정한다.

① 바닥면적 85㎡이하 : 1가구

② 바닥면적 85㎡초과 150㎡이하 : 3가구

③ 바닥면적 150㎡초과 300㎡이하 : 5가구

④ 바닥면적 300㎡초과 500㎡이하 : 16가구

⑤ 바닥면적 500㎡초과 : 17가구

2. 가압설비등을 설치하여 급수되는 각 기구에서의 압력이 0.7kg/㎠ 이상인 경우에는 위 표의 기준을 적용하지 아니할 수 있다.

【참고3】 저수조설치기준(「수도법 시행규칙」 별표3의2) <개정 2022.7.12>

1. 저수조의 맨홀부분은 건축물(천정 및 보 등)으로부터 100센티미터 이상 떨어져야 하며, 그 밖의 부분 은 60센티미터 이상의 간격을 띄울 것

2. 물의 유출구는 유입구의 반대편 밑부분에 설치하되, 바닥의 침전물이 유출되지 아니하도록 저수조의 바닥에서 띄워서 설치하고, 물칸막이 등을 설치하여 저수조 안의 물이 고이지 아니하도록 할 것

3. 각 변의 길이가 90센티미터 이상인 사각형 맨홀 또는 지름이 90센티미터 이상인 원형 맨홀을 1개 이 상 설치하여 청소를 위한 사람이나 장비의 출입이 원활하도록 하여야 하고, 맨홀을 통하여 먼지나 그 밖의 이물질이 들어가지 아니하도록 할 것. 다만, 5세제곱미터 이하의 소규모 저수조의 맨홀은 각 변

또는 지름을 60센티미터 이상으로 할 수 있다.

4. 침전찌꺼기의 배출구를 저수조의 맨 밑부분에 설치하고, 저수조의 바닥은 배출구를 향하여 100분의 1 이상의 경사를 두어 설치하는 등 배출이 쉬운 구조로 할 것

5. 5세제곱미터를 초과하는 저수조는 청소·위생점검 및 보수 등 유지관리를 위하여 1개의 저수조를 둘 이상의 부분으로 구획하거나 저수조를 2개 이상 설치할 것 〈개정 2022.7.12〉

6. 저수조는 만수 시 최대수압 및 하중 등을 고려하여 충분한 강도를 갖도록 하고, 제5호에 따라 1개의 저수조를 둘 이상의 부분으로 구획하는 경우에는 한쪽의 물을 비웠을 때 수압에 견딜 수 있는 구조일 것 〈신설 2022.7.12〉

7. 저수조의 물이 일정 수준 이상 넘거나 일정 수준 이하로 줄어들 때 울리는 경보장치를 설치하고, 그 수신기는 관리실에 설치할 것

8. 건축물 또는 시설 외부의 땅밑에 저수조를 설치하는 경우에는 분뇨·쓰레기 등의 유해물질로부터 5미터 이상 띄워서 설치하여야 하며, 맨홀 주위에 다른 사람이 함부로 접근하지 못하도록 장치할 것. 다만, 부득이하게 저수조를 유해물질로부터 5미터 이상 띄워서 설치하지 못하는 경우에는 저수조의 주위에 차단벽을 설치하여야 한다.

9. 저수조 및 저수조에 설치하는 사다리, 버팀대, 물과 접촉하는 접합부속 등의 재질은 섬유보강플라스틱·스테인리스스틸·콘크리트 등의 내식성(耐蝕性) 재료를 사용하여야 하며, 콘크리트 저수조는 수질에 영향을 미치지 아니하는 재질로 마감할 것

10. 저수조의 공기정화를 위한 통기관과 물의 수위조절을 위한 월류관(越流管)을 설치하고, 관에는 벌레 등 오염물질이 들어가지 아니하도록 녹이 슬지 아니하는 재질의 세목(細木) 스크린을 설치할 것

11. 저수조의 유입배관에는 단수 후 통수과정에서 들어간 오수나 이물질이 저수조로 들어가는 것을 방지하기 위하여 배수용(排水用) 밸브를 설치할 것

12. 저수조를 설치하는 곳은 분진 등으로 인한 2차 오염을 방지하기 위하여 암·석면을 제외한 다른 적절한 자재를 사용할 것

13. 저수조 내부의 높이는 최소 1미터 80센티미터 이상으로 할 것. 다만, 옥상에 설치한 저수조는 제외한다.

14. 저수조의 뚜껑은 잠금장치를 하여야 하고, 출입구 부분은 이물질이 들어가지 않는 구조이어야 하며, 측면에 출입구를 설치할 경우에는 점검 및 유지관리가 쉽도록 안전발판을 설치할 것

15. 소화용수가 저수조에 역류되는 것을 방지하기 위한 역류방지장치가 설치되어야 한다.

【관련 질의회신】

음용수 배관의 지름기준

건교부 건축 58070-2154. 1996.5.31

질의 가. 건축물의설비기준등에관한규칙 제18조 제6호의 규정에서 "지름의 관"이라 함은

나. 고가수조 급수방식으로 할 경우에도 동규칙 제18조 별표 3 비고란 2의 규정을 적용할 수 있는지

회신 가. 건축물의설비기준등에관한규칙 제18조 제6호의 규정에서 "지름의 관"이라 함은 한국산업규칙에서 명시하고 있는 호칭경(또는 공칭지름)을 말하는 것임

나. 동 규칙 제18조 별표 3 비고란 2의 규정에 의하여 가압설비 등을 설치하여 급수되는 각 기구에서의 압력이 1센티미터당 0.7킬로그램 이상인 경우에는 동표의 기준을 적용하지 아니할 수 있음

7 물막이설비 (설비규칙 제17조의2)

설비규칙 제17조2【물막이설비】

① 다음 각 호의 어느 하나에 해당하는 지역에서 연면적 1만제곱미터 이상의 건축물을 건축하려는 자는 빗물 등의 유입으로 건축물이 침수되지 않도록 해당 건축물의 지하층 및 1층의 출입구(주차장의 출입구를 포함한다)에 물막이판 등 해당 건축물의 침수를 방지할 수 있는 설비(이하 "물막이설비"라 한다)를 설치해야 한다. 다만, 허가권자가 침수의 우려가 없다고 인정하는 경우에는 그렇지 않다. 〈개정 2021.8.27〉

1. 「국토의 계획 및 이용에 관한 법률」 제37조제1항제5호에 따른 방재지구
2. 「자연재해대책법」 제12조제1항에 따른 자연재해위험지구

② 제1항에 따라 설치되는 물막이설비는 다음 각 호의 기준에 적합해야 한다. 〈개정 2021.8.27〉

1. 건축물의 이용 및 피난에 지장이 없는 구조일 것
2. 그 밖에 국토교통부장관이 정하여 고시하는 기준에 적합하게 설치할 것

[본조신설 2012.4.30.] [제목개정 2021.8.27]

해설 방재지구와 자연재해위험지구에서 폭우 등으로 빗물이 건축물 안으로 들어와 물에 잠기는 피해를 예방할 수 있도록 연면적 1만㎡ 이상의 대형건축물에 차수설비의 설치를 의무화하도록 차수설비의 규정이 신설되었다.<2012.4.30.> (차수설비⇒물막이설비/개정 2021.8.27.)

【1】대상지역

대상지역	용어의 뜻	관계법규정
① 방재지구	풍수해, 산사태, 지반의 붕괴, 그 밖의 재해를 예방하기 위하여 필요한 지구	「국토의 계획 및 이용에 관한 법률」 제37조제1항제5호
② 자연재해위험지구	시장·군수·구청장은 상습침수지역, 산사태위험지역 등 지형적인 여건 등으로 인하여 재해가 발생할 우려가 있는 지역	「자연재해대책법」 제12조제1항

【2】대상건축물

- 연면적 1만㎡ 이상의 건축물의 건축

【3】물막이설비 설치 위치

- 지하층 및 1층의 출입구(주차장 출입구 포함)

【4】물막이설비의 기준

① 빗물 등의 유입으로 건축물이 침수되지 않도록 물막이판 등을 설치

　예외 허가권자가 침수의 우려가 없다고 인정하는 경우

② 건축물의 이용 및 피난에 지장이 없는 구조일 것

③ 기타 국토교통부장관이 정하여 고시하는 기준에 적합할 것

⑧ 피뢰설비 (설비규칙 제20조)

낙뢰의 우려가 있는 건축물 또는 높이 20m 이상인 건축물의 경우 재해방지를 위해 피뢰설비를 설치하도록 규정하였으나,

낙뢰로 인한 인명·재산상의 피해를 예방하기 위하여 낙뢰의 우려가 큰 장식탑, 기념탑, 광고탑, 광고판, 철탑 등의 공작물 중 높이 20m 이상인 공작물과 건축물에 설치되어 건축물과 공작물의 전체 높이가 20m 이상인 공작물에도 피뢰설비를 설치하도록 개정(2012.4.20.)되었다.

■ 피뢰설비의 구조

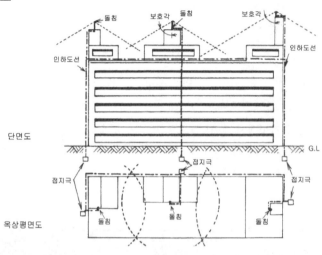

■ 피뢰설비

구 분	내 용	비 고
1. 설치대상	① 낙뢰의 우려가 있는 건축물 ② 높이 20m 이상의 건축물 ③ 높이 20m 이상의 공작물* ④ 건축물에 공작물*을 설치하여 높이가 20m 이상인 것	* 영 제118조제1항에 따른 공작물을 말함
2. 규격	• 한국산업표준이 정하는 피뢰레벨 등급에 적합하게 설치 (위험물 저장 및 처리시설은 피뢰시스템레벨 Ⅱ 이상으로 설치)	-
3. 돌침의 돌출길이 및 구조	• 건축물의 맨 윗부분으로부터 25㎝ 이상으로 돌출시켜 설치하되, 설계하중에 견딜 수 있는 구조로 설치	• 건축물의 구조기준 등에 관한 규칙 제9조 참조
4. 피뢰설비의 최소단면적	• 수 뢰 부 • 인하도선 }50㎟ 이상 • 접 지 극	• 최소단면적은 피복이 없는 동선을 기준으로 함
5. 측면수뢰부의 설치	• 높이 60m를 초과하는 건축물	• 지면에서 건축물의 높이의 4/5가 되는 지점부터 최상 단부분까지의 측면에 설치
	• 지표레벨에서 최상단부까지의 높이가 150m를 초과하는 건축물	• 120m 지점부터 최상단 부분까지 측면에 설치
	• (예외) 건축물 외벽이 금속부재인 경우 금속부재 상호간에 전기적 연속성이 보강되고, 피뢰시스템레벨 등급에 적합하게 설치하여 인하도선에 연결된 경우	

- ■ 접지는 환경오염을 일으킬 수 있는 시공방법이나 화학첨가물을 사용하지 아니할 것
- ■ 급수·급탕·난방·가스 등을 공급하기 위하여 건축물에 설치하는 금속배관 및 금속재 설비는 전위가 균등하게 이루어지도록 전기적으로 접속하여야 함
- ■ 전기설비 접지계통과 건축물의 피뢰설비, 통신설비 등이 접지극을 공유하는 통합접지공사를 하는 경우 낙뢰등의 과전압으로부터 전기설비 등을 보호하기 위해 한국산업표준에 적합한 서지보호장치[서지(surge: 전류·전압 등의 과도 파형을 말한다)로부터 각종 설비를 보호하기 위한 장치]를 설치할 것
- ■ 그 밖에 피뢰설비와 관련사항은 한국산업표준에 적합하게 설치하여야 함

9 건축물의 냉방설비 등 (설비규칙 제23조)

【1】 축냉식 또는 가스를 이용한 중앙집중냉방방식 대상

- 건축설비분야 관계전문기술자의 협력을 받아야 하는 다음의 건축물 중 산업통상자원부 장관과 국토교통부장관이 협의하여 고시하는 건축물

	용 도	해당 용도에 사용되는 바닥면적의 합계
1	• 목욕장(제1종 근린생활시설 중) • 실내 물놀이형 시설(운동시설 중) • 실내수영장(운동시설 중)	1,000㎡ 이상
2	• 기숙사(공동주택 중) • 의료시설 • 유스호스텔(수련시설 중) • 숙박시설	2,000㎡ 이상
3	• 판매시설 등 • 연구소(교육연구시설 중) • 업무시설	3,000㎡ 이상
4	• 문화 및 집회시설(동·식물원 제외) • 종교시설 • 교육연구시설(연구소 제외) • 장례식장	10,000㎡ 이상

【2】 건축물에 설치하는 냉방시설 및 환기시설의 배기구 등의 설치 기준

① 대상 지역 : 상업지역, 주거지역

② 설치 기준(다음 기준에 모두 적합할 것)

- 배기구는 도로면에서 2m 이상 높이에 설치
- 배기장치의 열기가 인근 건축물의 거주자나 보행자에게 직접 닿지 않도록 할 것
- 외벽 배기구 또는 배기장치는 외벽이나 다음 기준에 적합한 지지대 등 보호장치와 분리되지 않도록 견고하게 연결하여 떨어지지 않도록 설치할 것
  - ·배기구 또는 배기장치를 지탱할 수 있는 구조
  - ·부식을 방지할 수 있는 자재를 사용하거나 도장할 것

10 승강기 (법
제64조) (영
제89조) (설비규칙
제5조, 제6조)

① 승용 승강기

【1】 승용승강기의 설치

원 칙	해 설
6층 이상으로서 연면적이 2,000㎡ 이상인 건축물에 설치 －건축물에 설치하는 승강기·에스컬레이터 및 비상용 승강기의 구조는 「승강기 안전관리법」이 정하는 바에 따름	• 6층 이상으로서 연면적 2,000㎡는 건축물 전체 규모임 • 설치기준은 6층 이상 부분의 거실바닥면적으로 산정 (5층 이하 제외)

■ 층수가 6층인 건축물로서 각 층 바닥면적 300㎡ 이내마다 1개소 이상의 직통계단을 설치한 경우 설치 대상에서 제외

【2】 설치 기준

구분	용 도	6층 이상의 거실 바닥면적의 합계(A㎡)		기 타
		① 3,000㎡ 이하 (기본대수)	② 3,000㎡ 초과부분 (가산대수)	
1	• 공연장, 집회장, 관람장 • 판매시설 • 의료시설	2대	$\dfrac{A-3,000㎡}{2,000㎡}$(대)	• ①의 대수와 ②의 대수의 합으로 설치 대수 산정(①+②) • 승강기 대수 산정시 8인승 이상 15인승 이하인 경우를 기준으로 하며, 16인승 이상의 경우 2대로 환산함.
2	• 전시장 및 동·식물원 • 업무시설 • 숙박시설 • 위락시설	1대	$\dfrac{A-3,000㎡}{2,000㎡}$(대)	
3	• 공동주택 • 교육연구시설 • 노유자시설 • 그 밖의 시설	1대	$\dfrac{A-3,000㎡}{3,000㎡}$(대)	

【3】 복합용도의 경우 대수 산정 방법

① 둘 이상 용도가 위 표의 같은 호에 해당하는 경우:
하나의 용도에 해당하는 건축물로 보아 6층 이상의 거실면적의 총합계를 기준으로 설치하여야 하는 승용승강기 대수 산정

예시1 6층 이상층이 위락시설 및 업무시설인 복합용도의 건축물로서 용도별 6층 이상층의 거실바닥면적이 다음과 같을 때 승용승강기 산정 대수?
  · 위락시설 : 6층 이상층의 거실바닥면적 1,000㎡
  · 업무시설 : 6층 이상층의 거실바닥면적 1,000㎡

  1) 각 용도별 대수산정시 위락시설 1대, 업무시설 1대로 모두 2대이나,
  2) 위락시설과 업무시설은 위 설치기준 제2호 용도로 모두 같은 호에 해당하므로 6층 이상의 거실바닥면적의 총합계 2,000㎡를 기준으로 산정하여 1대만 설치하면 된다.

---

② 둘 이상 용도가 위 표의 둘 이상의 호에 해당하는 경우: 다음의 기준에 따라 산정한 승용 승강기 대수 중 적은 대수
 1) 각각의 건축물 용도에 따라 산정한 승용승강기 대수를 합산한 대수
 – 둘 이상의 건축물의 용도가 같은 호에 해당하는 경우: ①의 방식으로 산정
 2) 각각의 건축물 용도별 6층 이상의 거실 면적을 모두 합산한 면적을 기준으로 각각의 건축물 용도별 승용승강기 설치기준 중 가장 강한 기준을 적용하여 산정한 대수

예시2 6층 이상층이 판매시설, 위락시설 및 업무시설인 복합용도의 건축물로서 용도별 6층 이상층의 거실바닥면적이 다음과 같을 때 승용승강기 산정 대수?
  · 판매시설 : 6층 이상층의 거실바닥면적 1,000㎡
  · 위락시설 : 6층 이상층의 거실바닥면적 1,000㎡
  · 업무시설 : 6층 이상층의 거실바닥면적 1,000㎡

  1) 각각의 용도별 산정 대수를 합산한 대수
  – 판매시설 : 3,000㎡까지 2대,
  – 위락시설+업무시설 : 같은 용도(합계 2,000㎡)로 보아 =1대 ∴2+1=3대
  2) 가장 강한 기준 적용 용도(판매시설)로 산정한 대수
  – 용도별 6층 이상의 거실바닥면적의 총합계=3,000㎡, ∴2대
  1),2)중 적은 대수인 2대를 법정 승강기 대수로 한다.

관계법 승강기의 종류(「승강기 안전관리법」 제2조, 시행규칙 제2조)

법 제2조【정의】 이 법에서 사용하는 용어의 뜻은 다음과 같다.
 1. "승강기"란 건축물이나 고정된 시설물에 설치되어 일정한 경로에 따라 사람이나 화물을 승강장으로 옮기는 데에 사용되는 설비(「주차장법」에 따른 기계식주차장치 등 대통령령으로 정하는 것은 제외한다)로서 구조나 용도 등의 구분에 따라 대통령령으로 정하는 설비를 말한다.

영 제3조【승강기의 종류】 ① 법 제2조제1호에서 "대통령령으로 정하는 설비"란 다음 각 호의 구분에 따른 설비를 말한다.
 1. 엘리베이터: 일정한 수직로 또는 경사로를 따라 위·아래로 움직이는 운반구(運搬具)를 통해 사람이나 화물을 승강장으로 운송시키는 설비
 2. 에스컬레이터: 일정한 경사로 또는 수평로를 따라 위·아래 또는 옆으로 움직이는 디딤판을 통해 사람이나 화물을 승강장으로 운송시키는 설비
 3. 휠체어리프트: 일정한 수직로 또는 경사로를 따라 위·아래로 움직이는 운반구를 통해 휠체어에 탑승한 장애인 또는 그 밖의 장애인·노인·임산부 등 거동이 불편한 사람을 승강장으로 운송시키는 설비

규칙 제2조【승강기의 종류】 ① 「승강기 안전관리법 시행령」(이하 "영"이라 한다) 제3조제1항 각 호에 따라 구분된 승강기의 구조별 또는 용도별 세부종류는 별표 1과 같다.

[별표 1] 승강기의 구조별 또는 용도별 세부종류(제2조 관련)

1. 구조별 승강기의 세부종류

구분	승강기의 세부종류	분류기준
가. 엘리베이터	1) 전기식 엘리베이터	로프나 체인 등에 매달린 운반구(運搬具)가 구동기에 의해 수직로 또는 경사로를 따라 운행되는 구조의 엘리베이터
	2) 유압식 엘리베이터	운반구 또는 로프나 체인 등에 매달린 운반구가 유압잭에 의해 수직로 또는 경사로를 따라 운행되는 구조의 엘리베이터
나. 에스컬레이터	1) 에스컬레이터	계단형의 발판이 구동기에 의해 경사로를 따라 운행되는 구조의 에스컬레이터
	2) 무빙워크	평면형의 발판이 구동기에 의해 경사로 또는 수평로를 따라 운행되는 구조의 에스컬레이터
다. 휠체어리프트	1) 수직형 휠체어리프트	휠체어의 운반에 적합하게 제작된 운반구(이하 "휠체어운반구"라 한다) 또는 로프나 체인 등에 매달린 휠체어운반구가 구동기나 유압잭에 의해 수직로를 따라 운행되는 구조의 휠체어리프트
	2) 경사형 휠체어리프트	휠체어운반구 또는 로프나 체인 등에 매달린 휠체어운반구가 구동기나 유압잭에 의해 경사로를 따라 운행되는 구조의 휠체어리프트

2. 용도별 승강기의 세부종류

구분	승강기의 세부종류	분류기준
가. 엘리베이터	1) 승객용 엘리베이터	사람의 운송에 적합하게 제조·설치된 엘리베이터
	2) 전망용 엘리베이터	승객용 엘리베이터 중 엘리베이터 내부에서 외부를 전망하기에 적합하게 제조·설치된 엘리베이터
	3) 병원용 엘리베이터	병원의 병상 운반에 적합하게 제조·설치된 엘리베이터로서 평상시에는 승객용 엘리베이터로 사용하는 엘리베이터
	4) 장애인용 엘리베이터	「장애인·노인·임산부 등의 편의증진 보장에 관한 법률」 제2조제1호에 따른 장애인 등(이하 "장애인등"이라 한다)의 운송에 적합하게 제조·설치된 엘리베이터로서 평상시에는 승객용 엘리베이터로 사용하는 엘리베이터
	5) 소방구조용 엘리베이터	화재 등 비상시 소방관의 소화활동이나 구조활동에 적합하게 제조·설치된 엘리베이터 (「건축법」 제64조제2항 본문 및 「주택건설기준 등에 관한 규정」 제15조제2항에 따른 비상용승강기를 말한다)로서 평상시에는 승객용 엘리베이터로 사용하는 엘리베이터
	6) 피난용 엘리베이터	화재 등 재난 발생 시 거주자의 피난활동에 적합하게 제조·설치된 엘리베이터로서 평상시에는 승객용으로 사용하는 엘리베이터
	7) 주택용 엘리베이터	「건축법 시행령」 별표 1 제1호가목에 따른 단독주택 거주자의 운송에 적합하게 제조·설치된 엘리베이터로서 편도 운행거리가 12미터 이하인 엘리베이터 <개정 2023.7.26>
	8) 승객화물용 엘리베이터	사람의 운송과 화물 운반을 겸용하기에 적합하게 제조·설치된 엘리베이터
	9) 화물용 엘리베이터	화물의 운반에 적합하게 제조·설치된 엘리베이터로서 조작자 또는 화물취급자가 탑승할 수 있는 엘리베이터(적재용량이 300킬로그램 미만인 것은 제외한다)
	10) 자동차용 엘리베이터	운전자가 탑승한 자동차의 운반에 적합하게 제조·설치된 엘리베이터
	11) 소형화물용 엘리베이터 (Dumbwaiter)	음식물이나 서적 등 소형 화물의 운반에 적합하게 제조·설치된 엘리베이터로서 사람의 탑승을 금지하는 엘리베이터(바닥면적이 0.5제곱미터 이하이고, 높이가 0.6미터 이하인 것은 제외한다)

나. 에스컬레이터	1) 승객용 에스컬레이터	사람의 운송에 적합하게 제조·설치된 에스컬레이터
	2) 장애인용 에스컬레이터	장애인등의 운송에 적합하게 제조·설치된 에스컬레이터로서 평상시에는 승객용 에스컬레이터로 사용하는 에스컬레이터
	3) 승객화물용 에스컬레이터	사람의 운송과 화물 운반을 겸용하기에 적합하게 제조·설치된 에스컬레이터
	4) 승객용 무빙워크	사람의 운송에 적합하게 제조·설치된 에스컬레이터
	5) 승객화물용 무빙워크	사람의 운송과 화물의 운반을 겸용하기에 적합하게 제조·설치된 에스컬레이터
다. 휠체어 리프트	1) 장애인용 수직형 휠체어리프트	운반구가 수직로를 따라 운행되는 것으로서 장애인등의 운송에 적합하게 제조·설치된 수직형 휠체어리프트
	2) 장애인용 경사형 휠체어리프트	운반구가 경사로를 따라 운행되는 것으로서 장애인등의 운송에 적합하게 제조·설치된 경사형 휠체어리프트

【관련 질의회신】

승용승강기 설치대상 공동주택의 거실면적 산정시 현관·화장실 포함여부

건교부 건축 58070-2298, 1998.6.30

질의 건축법시행령 제89조 및 건축물의 설비기준 등에 관한 규칙 제5조 별표1 승용승강기의 설치기준을 적용함에 있어서 공동주택의 거실면적을 산정할 때 현관·화장실은 제외되는지?

회신 건축법시행령 제89조제1항 및 건축물의 설비기준 등에 관한 규칙 제5조 별표1의 규정에 의한 승용승강기를 설치할 때의 거실면적을 산정함에 있어서 공용이 아닌 현관·화장실은 포함되는 것임

② 비상용승강기의 설치 (영 제90조) (설비규칙 제9조, 제10조)

【1】설치기준

원 칙	설 치 기 준
높이 31m를 초과하는 건축물(승용승강기외에 비상용승강기를 추가 설치) – 건축물에 설치하는 승강기·에스컬레이터 및 비상용 승강기의 구조는 「승강기 안전관리법」이 정하는 바에 따름	<table><tr><td>바닥면적*</td><td>설치대수</td></tr><tr><td>1,500㎡ 이하</td><td>1대</td></tr><tr><td>1,500㎡ 초과</td><td>$1대 + \dfrac{바닥면적^* - 1,500m^2}{3,000m^2}$</td></tr></table> * 바닥면적은 높이 31m를 넘는 층 중 최대층(1개층) 바닥면적을 말함

- 승용승강기를 비상용 승강기의 구조로 하는 경우 별도설치를 하지 않을 수 있다.
- 2대 이상의 비상용 승강기를 설치하는 경우 화재시 소화에 지장이 없도록 일정한 간격을 두고 설치하여야 한다.

【2】 설치 제외의 경우

높이 31m를 넘는 각층 부분		
① 거실외의 용도로 사용	② 소규모인 경우	③ 방화구획한 경우
	31m를 넘는 층의 바닥면적의 합계…500㎡ 이하	31m를 넘는 층이 4개 이하로서 200㎡(불연재료 마감인 경우 500㎡) 이내 마다 방화구획한 경우

【3】 승강장의 구조

내 용	조 치	구 조
1. 내화성능	승강장은 당해건축물의 다른 부분과 내화구조의 바닥 및 벽으로 구획 -창문, 출입구 기타 개구부 제외	■비상용 승강기의 승강장
2. 각층 내부와의 연결부	승강장은 각층의 내부와 연결 되도록 하고 그 출입구에는 60+방화문 또는 60분방화문을 설치 예외 피난층에는 설치하지 않을 수 있음	
3. 배연설비	노대 또는 외부를 향하여 열수 있는 창문이나 배연설비의 설치	■공동주택의 경우
4. 내부 마감재료	벽 및 반자의 실내에 면하는 부분(마감 바탕 포함)은 불연재료로 마감	
5. 조명설비	채광이 되는 창문 또는 예비전원에 의한 조명설비 설치	
6. 승강장의 바닥면적	1대에 대하여 6㎡ 이상 -옥외설치시 제외	• 승강장을 특별피난계단의 부속실과 겸용할 수 있음 -특별피난계단의 계단실과 별도로 구획하는 경우

■ 피난층에서의 거리 : 승강장의 출입구로부터 도로 또는 공지에 이르는 거리가 30m 이하일 것
■ 승강장의 출입구 부근의 잘 보이는 곳에 비상용 승강기임을 알 수 있는 표지를 할 것

【4】 승강로의 구조

1. 승강로는 해당 건축물의 다른 부분과 내화구조로 구획할 것

2. 각 층으로부터 피난층까지 이르는 승강로를 단일구조로 연결하여 설치할 것

③ 피난용 승강기의 설치 $\left(\substack{법 \\ 제64조제3항}\right)\left(\substack{영 \\ 제91조}\right)\left(\substack{피난·방화 \\ 제30조}\right)$

법 제64조 【승강기】
① , ② "생략"
③ 고층건축물에는 제1항에 따라 건축물에 설치하는 승용승강기 중 1대 이상을 대통령령으로 정하는 바에 따라 피난용승강기로 설치하여야 한다. 〈개정 2018.4.17.〉

영 제91조 【피난용승강기의 설치】
법 제64조제3항에 따른 피난용승강기(피난용승강기의 승강장 및 승강로를 포함한다. 이하 이 조에서 같다)는 다음 각 호의 기준에 맞게 설치하여야 한다.
1. 승강장의 바닥면적은 승강기 1대당 6제곱미터 이상으로 할 것
2. 각 층으로부터 피난층까지 이르는 승강로를 단일구조로 연결하여 설치할 것
3. 예비전원으로 작동하는 조명설비를 설치할 것
4. 승강장의 출입구 부근의 잘 보이는 곳에 해당 승강기가 피난용승강기임을 알리는 표지를 설치할 것
5. 그 밖에 화재예방 및 피해경감을 위하여 국토교통부령으로 정하는 구조 및 설비 등의 기준에 맞을 것
[본조신설 2018.10.16]

피난·방화규칙 제30조 【피난용승강기의 설치기준】
영 제91조제5호에서 "국토교통부령으로 정하는 구조 및 설비 등의 기준"이란 다음 각 호를 말한다. 〈개정 2018.10.18.〉
1. 피난용승강기 승강장의 구조
   가. 승강장의 출입구를 제외한 부분은 해당 건축물의 다른 부분과 내화구조의 바닥 및 벽으로 구획할 것
   나. 승강장은 각 층의 내부와 연결될 수 있도록 하되, 그 출입구에는 갑종방화문을 설치할 것. 이 경우 방화문은 언제나 닫힌 상태를 유지할 수 있는 구조이어야 한다.
   다. 실내에 접하는 부분(바닥 및 반자 등 실내에 면한 모든 부분을 말한다)의 마감(마감을 위한 바탕을 포함한다)은 불연재료로 할 것
   라.~바. 삭제 〈2018.10.18〉
   사. 삭제 〈2014.3.5.〉
   아. 「건축물의 설비기준 등에 관한 규칙」 제14조에 따른 배연설비를 설치할 것. 다만, 「소방시설 설치·유지 및 안전관리에 법률 시행령」 별표 5 제5호가목에 따른 제연설비를 설치한 경우에는 배연설비를 설치하지 아니할 수 있다.
   자. 삭제 〈2014.3.5.〉
2. 피난용승강기 승강로의 구조
   가. 승강로는 해당 건축물의 다른 부분과 내화구조로 구획할 것

> 나. 삭제 〈2018.10.18〉
> 다. 승강로 상부에 「건축물의 설비기준 등에 관한 규칙」 제14조에 따른 배연설비를 설치할 것
> 3. 피난용승강기 기계실의 구조
>   기. 출입구를 제외한 부분은 해당 건축물의 다른 부분과 내화구조의 바닥 및 벽으로 구획할 것
>   나. 출입구에는 갑종방화문을 설치할 것
> 4. 피난용승강기 전용 예비전원
>   가. 정전시 피난용승강기, 기계실, 승강장 및 폐쇄회로 텔레비전 등의 설비를 작동할 수 있는 별도의 예비전원 설비를 설치할 것
>   나. 가목에 따른 예비전원은 초고층 건축물의 경우에는 2시간 이상, 준초고층 건축물의 경우에는 1시간 이상 작동이 가능한 용량일 것
>   다. 상용전원과 예비전원의 공급을 자동 또는 수동으로 전환이 가능한 설비를 갖출 것
>   라. 전선관 및 배선은 고온에 견딜 수 있는 내열성 자재를 사용하고, 방수조치를 할 것
> [본조신설 2012.1.6]

해설 고층건축물 화재 시 신속한 피난을 위하여 승용승강기 중 1대 이상을 피난용승강기로 설치하도록 피난용 승강기 설치 기준 및 구조 규정이 신설되었다. 〈2012.1.6.〉

비상용 승강기의 설치기준과 많은 부분이 유사하나,

① 승강로 상부에 배연설비 설치

② 승강기 기계실의 방화구획

③ 전용 예비전원의 확보 등의 규정이 추가되었다.

【관련 질의회신】

비상용승강기의 지하층 설치 여부

국토교통부 민원마당 FAQ, 2020.1.8.

질의 지하 1~2층의 지하주차장을 갖춘 23층의 아파트에 비상용 승강기를 지하 1층에서부터 지상 23층까지만 설치하고 지하 2층에는 설치하지 않아도 되는 지 여부

회신 「건축법」 제64조 제2항의 규정에 의하여 높이 31미터를 초과하는 건축물에는 「같은법 시행령」 제90조 제1항 각 호의 기준에 의한 대수이상의 비상용승강기(비상용승강기의 승강장 및 승강로를 포함한다)를 설치토록 하고 있음, 승강장은 각층의 내부와 연결될 수 있도록 하여야 함에 따라 지하주차장 등 모든공간에 연결 될 수 있도록 하여야 함

피난용승강기 설치 여부

국토교통부 민원마당 FAQ, 2022.6.21.

질의 비상용승강기와 피난용승강기의 겸용 설치 가능 여부

회신 비상용승강기의 구조로 한 승용승강기는 화재 시 소방관의 소화 및 구조활동에 사용될 수 있어 비상용승강기 및 피난용승강기 각각의 역할을 고려하였을 때 이를 겸용하는 경우에는 소방관의 동선 및 대피자의 동선에 간섭이 발생할 수 있으므로 비상용승강기의 구조에 적합한 승용승강기를 피난용승강기로 겸용할 수는 없는 것임. 따라서, 「건축법 시행령」 제90조제1항 단서 및 「주택건설기준 등에 관한 규정」 제15조제2항에 따라 승용승강기를 비상용승강기의 구조로 하더라도 1대 이상의 피난용승강기를 추가 설치하여야 함

11 친환경건축물의 인증 (법 제65조)

법 제65조 【친환경건축물의 인증】

  삭제 〈2012.2.22〉

  ※ 「녹색건축물 조성 지원법」 제정(2012.2.22)으로 삭제됨

  ▶ 건축법 제65조의 관련내용은 녹색건축물 조성 지원법 제 16조(녹색건축의 인증)로 이동함

▶ 「녹색건축물 조성 지원법」

법 제16조 【녹색건축의 인증】

  ① 국토교통부장관은 지속가능한 개발의 실현과 자원절약형이고 자연친화적인 건축물의 건축을 유도하기 위하여 녹색건축 인증제를 시행한다.

  ② 국토교통부장관은 제1항에 따른 녹색건축 인증제를 시행하기 위하여 운영기관 및 인증기관을 지정하고 녹색건축 인증 업무를 위임할 수 있다.

  ③ 국토교통부장관은 제2항에 따른 인증기관의 인증 업무를 주기적으로 점검하고 관리·감독하여야 하며, 그 결과를 인증기관의 재지정 시 고려할 수 있다. 〈신설 2019.4.30.〉

  ④ 녹색건축의 인증을 받으려는 자는 제2항에 따른 인증기관에 인증을 신청하여야 한다. 〈개정 2019.4.30.〉

  ⑤ 제2항에 따른 인증기관은 제4항에 따라 녹색건축의 인증을 신청한 자로부터 수수료를 받을 수 있다. 〈신설 2019.4.30〉

  ⑥ 제1항에 따른 녹색건축 인증제의 운영과 관련하여 다음 각 호의 사항에 대하여는 국토교통부와 환경부의 공동부령으로 정한다. 〈개정 2019.4.30.〉

  1. 인증 대상 건축물의 종류

  2. 인증기준 및 인증절차

  3. 인증유효기간

  4. 수수료

  5. 인증기관 및 운영기관의 지정 기준, 지정 절차 및 업무범위

  6. 인증받은 건축물에 대한 점검이나 실태조사

  7. 인증 결과의 표시 방법

【참고1】 녹색건축 인증에 관한 규칙(국토교통부령 제831호, 2021.3.24.)

【참고2】 녹색건축 인증 기준(국토교통부고시 제2023-329호, 2023.7.1.)

12 건축물의 열손실 방지 (법 제64조의2)

법 제64조의2【건축물의 열손실방지】
삭제 〈2014.5.28〉
※「녹색건축물 조성 지원법」 제정(2012.2.22)으로 삭제됨

설비규칙 제21조【건축물의 열손실방지】
삭제 〈2013.9.2〉
※「녹색건축물 조성 지원법」 제정(2012.2.22)으로 삭제됨
▶ 건축물의 설비기준 등에 관한 규칙 제21조의 관련내용은 건축물의 에너지절약 설계기준 제2조(녹색건축의 인증)로 이동함

【참고】건축물의 에너지절약 설계기준(국토교통부고시 제2023-104호, 2023.2.28.)

제2조【건축물의 열손실방지 등】
① 건축물을 건축하거나 대수선, 용도변경 및 건축물대장의 기재내용을 변경하는 경우에는 다음 각 호의 기준에 의한 열손실방지 등의 에너지이용합리화를 위한 조치를 하여야 한다.
  1. 거실의 외벽, 최상층에 있는 거실의 반자 또는 지붕, 최하층에 있는 거실의 바닥, 바닥난방을 하는 층간 바닥, 거실의 창 및 문 등은 별표1의 열관류율 기준 또는 별표3의 단열재 두께 기준을 준수하여야 하고, 단열조치 일반사항 등은 제6조의 건축부문 의무사항을 따른다.
  2. 건축물의 배치 · 구조 및 설비 등의 설계를 하는 경우에는 에너지가 합리적으로 이용될 수 있도록 한다.
② 제1항에도 불구하고 열손실의 변동이 없는 증축, 대수선, 용도변경, 건축물대장의 기재내용 변경의 경우에는 관련 조치를 하지 아니할 수 있다. 다만 종전에 제3항에 따른 열손실방지 등의 조치 예외대상이었으나 조치대상으로 용도변경 또는 건축물대장의 기재내용 변경의 경우에는 관련 조치를 하여야 한다.
③ 다음 각 호의 어느 하나에 해당하는 건축물 또는 공간에 대해서는 제1항제1호를 적용하지 아니할 수 있다. 다만, 제1호 및 제2호의 경우 냉방 또는 난방 설비를 설치할 계획이 있는 건축물 또는 공간에 대해서는 제1항제1호를 적용하여야 한다. 〈개정 2022.1.28.〉
  1. 창고 · 차고 · 기계실 등으로서 거실의 용도로 사용하지 아니하고, 냉방 또는 난방 설비를 설치하지 아니하는 건축물 또는 공간
  2. 냉방 또는 난방 설비를 설치하지 아니하고 용도 특성상 건축물 내부를 외기에 개방시켜 사용하는 등 열손실 방지조치를 하여도 에너지절약의 효과가 없는 건축물 또는 공간
  3. 「건축법 시행령」 별표1 제25호에 해당하는 건축물 중 「원자력 안전법」 제10조 및 제20조에 따라 허가를 받는 건축물 〈신설 2022.1.28.〉

■ 건축물의 열손실 방지

건축물을 건축하거나 대수선, 용도변경 및 건축물대장의 기재내용을 변경하는 경우 열손실방지 등의 에너지이용합리화를 위한 조치를 하여야 한다.

【1】열손실 방지 등의 기준

대 상	기 준
1. 거실의 외벽, 최상층에 있는 거실의 반자 또는 지붕, 최하층에 있는 거실의 바닥, 바닥난방을 하는 층간 바닥, 거실의 창 및 문 등	• 별표1의 열관류율 기준 준수할 것【참고1】 • 별표3의 단열재 두께기준 준수할 것【참고1】
2. 건축물의 배치·구조 및 설비 등의 설계를 하는 경우	에너지가 합리적으로 이용될 수 있도록 할 것

【2】 위 【1】 규정의 적용제외 대상

1. 열손실의 변동이 없는 증축, 대수선, 용도변경, 건축물대장의 기재내용 변경의 경우

2. 창고·차고·기계실 등으로서 거실의 용도로 사용하지 아니하고, 냉·난방시설을 설치하지 아니하는 건축물

3. 냉·난방 설비를 설치하지 아니하고 용도 특성상 건축물 내부를 외기에 개방시켜 사용하는 등 열손실 방지조치를 하여도 에너지절약의 효과가 없는 건축물 또는 공간

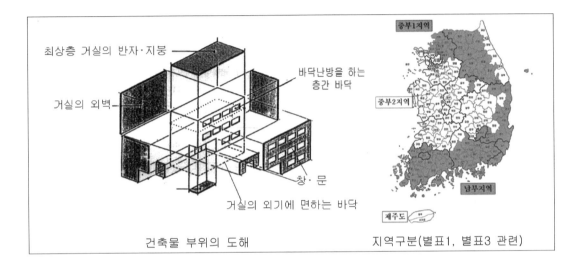

건축물 부위의 도해   지역구분(별표1, 별표3 관련)

【참고1】 지역별 건축물부위의 열관류율표(에너지 절약 설계기준 별표1)

(단위 : W/㎡·K)

건축물의 부위		지역	중부1지역[1]	중부2지역[2]	남부지역[3]	제주도
거실의 외벽	외기에 직접 면하는 경우	공동주택	0.150 이하	0.170 이하	0.220 이하	0.290 이하
		공동주택 외	0.170 이하	0.240 이하	0.320 이하	0.410 이하
	외기에 간접 면하는 경우	공동주택	0.210 이하	0.240 이하	0.310 이하	0.410 이하
		공동주택 외	0.240 이하	0.340 이하	0.450 이하	0.560 이하
최상층에 있는 거실의 반자 또는 지붕	외기에 직접 면하는 경우		0.150 이하		0.180 이하	0.250 이하
	외기에 간접 면하는 경우		0.210 이하		0.260 이하	0.350 이하
최하층에 있는 거실의 바닥	외기에 직접 면하는 경우	바닥난방인 경우	0.150 이하	0.170 이하	0.220 이하	0.290 이하
		바닥난방이 아닌 경우	0.170 이하	0.200 이하	0.250 이하	0.330 이하
	외기에 간접 면하는 경우	바닥난방인 경우	0.210 이하	0.240 이하	0.310 이하	0.410 이하
		바닥난방이 아닌 경우	0.240 이하	0.290 이하	0.350 이하	0.470 이하
바닥난방인 층간바닥			0.810 이하			
창 및 문	외기에 직접 면하는 경우	공동주택	0.900 이하	1.000 이하	1.200 이하	1.600 이하
		공동주택 외 창	1.300 이하	1.500 이하	1.800 이하	2.200 이하
		공동주택 외 문	1.500 이하			

				1.300 이하	1.500 이하	1.700 이하	2.000 이하
	외기에 간접 면하는 경우	공동주택		1.300 이하	1.500 이하	1.700 이하	2.000 이하
		공동주택 외	창	1.600 이하	1.900 이하	2.200 이하	2.800 이하
			문	1.900 이하			
공동주택 세대현관문 및 방화문	외기에 직접 면하는 경우 및 거실 내 방화문			1.400 이하			
	외기에 간접 면하는 경우			1.800 이하			

비 고

1) 중부1지역 : 강원도(고성, 속초, 양양, 강릉, 동해, 삼척 제외), 경기도(연천, 포천, 가평, 남양주, 의정부, 양주, 동두천, 파주), 충청북도(제천), 경상북도(봉화, 청송)

2) 중부2지역 : 서울특별시, 대전광역시, 세종특별자치시, 인천광역시, 강원도(고성, 속초, 양양, 강릉, 동해, 삼척), 경기도(연천, 포천, 가평, 남양주, 의정부, 양주, 동두천, 파주 제외), 충청북도(제천 제외), 충청남도, 경상북도(봉화, 청송, 울진, 영덕, 포항, 경주, 청도, 경산 제외), 전라북도, 경상남도(거창, 함양)

3) 남부지역 : 부산광역시, 대구광역시, 울산광역시, 광주광역시, 전라남도, 경상북도(울진, 영덕, 포항, 경주, 청도, 경산), 경상남도(거창, 함양 제외)

【참고2】 단열재의 등급분류(에너지 절약 설계기준 별표2)

등급 분류	열전도율의 범위 (KS L 9016에 의한 20±5℃ 시험조건에서 열전도율)		관련 표준	단열재 종류
	W/mK	kcal/mh℃		
가	0.034 이하	0.029 이하	KS M 3808	- 압출법보온판 특호, 1호, 2호, 3호 - 비드법보온판 2종 1호, 2호, 3호, 4호
			KS M 3809	- 경질우레탄폼보온판 1종 1호, 2호, 3호 및 2종 1호, 2호, 3호
			KS L 9102	- 그라스울 보온판 48K, 64K, 80K, 96K, 120K
			KS M ISO 4898	- 페놀 폼 Ⅰ종A, Ⅱ종A
			KS M 3871-1	- 분무식 중밀도 폴리우레탄 폼 1종(A, B), 2종(A, B)
			KS F 5660	- 폴리에스테르 흡음 단열재 1급
			기타 단열재로서 열전도율이 0.034 W/mK (0.029 kcal/mh℃)이하인 경우	
나	0.035~0.040	0.030~0.034	KS M 3808	- 비드법보온판 1종 1호, 2호, 3호
			KS L 9102	- 미네랄울 보온판 1호, 2호, 3호 - 그라스울 보온판 24K, 32K, 40K
			KS M ISO 4898	- 페놀 폼 Ⅰ종B, Ⅱ종B, Ⅲ종A
			KS M 3871-1	- 분무식 중밀도 폴리우레탄 폼 1종(C)
			KS F 5660	- 폴리에스테르 흡음 단열재 2급
			기타 단열재로서 열전도율이 0.035~0.040 W/mK (0.030~ 0.034 kcal/mh℃)이하인 경우	
다	0.041~0.046	0.035~0.039	KS M 3808	- 비드법보온판 1종 4호
			KS F 5660	- 폴리에스테르 흡음 단열재 3급
			기타 단열재로서 열전도율이 0.041~0.046 W/mK (0.035~0.039 kcal/mh℃)이하인 경우	
라	0.047~0.051	0.040~0.044	기타 단열재로서 열전도율이 0.047~0.051 W/mK (0.040~0.044 kcal/mh℃)이하인 경우	

※ 단열재의 등급분류는 단열재의 열전도율의 범위에 따라 등급을 분류한다.

【참고3】 단열재의 두께(에너지 절약 설계기준 별표3)

[중부1지역]

(단위 : ㎜)

건축물의 부위		단열재의 등급	단열재 등급별 허용 두께			
			가	나	다	라
거실의 외벽	외기에 직접 면하는 경우	공동주택	220	255	295	325
		공동주택 외	190	225	260	285
	외기에 간접 면하는 경우	공동주택	150	180	205	225
		공동주택 외	130	155	175	195
최상층에 있는 거실의 반자 또는 지붕	외기에 직접 면하는 경우		220	260	295	330
	외기에 간접 면하는 경우		155	180	205	230
최하층에 있는 거실의 바닥	외기에 직접 면하는 경우	바닥난방인 경우	215	250	290	320
		바닥난방이 아닌 경우	195	230	265	290
	외기에 간접 면하는 경우	바닥난방인 경우	145	170	195	220
		바닥난방이 아닌 경우	135	155	180	200
바닥난방인 층간바닥			30	35	45	50

[중부2지역]

(단위 : ㎜)

건축물의 부위		단열재의 등급	단열재 등급별 허용 두께			
			가	나	다	라
거실의 외벽	외기에 직접 면하는 경우	공동주택	190	225	260	285
		공동주택 외	135	155	180	200
	외기에 간접 면하는 경우	공동주택	130	155	175	195
		공동주택 외	90	105	120	135
최상층에 있는 거실의 반자 또는 지붕	외기에 직접 면하는 경우		220	260	295	330
	외기에 간접 면하는 경우		155	180	205	230
최하층에 있는 거실의 바닥	외기에 직접 면하는 경우	바닥난방인 경우	190	220	255	280
		바닥난방이 아닌 경우	165	195	220	245
	외기에 간접 면하는 경우	바닥난방인 경우	125	150	170	185
		바닥난방이 아닌 경우	110	125	145	160
바닥난방인 층간바닥			30	35	45	50

[남부지역]

(단위 : ㎜)

건축물의 부위		단열재의 등급	단열재 등급별 허용 두께			
			가	나	다	라
거실의 외벽	외기에 직접 면하는 경우	공동주택	145	170	200	220
		공동주택 외	100	115	130	145
	외기에 간접 면하는 경우	공동주택	100	115	135	150
		공동주택 외	65	75	90	95
최상층에 있는 거실의 반자 또는 지붕	외기에 직접 면하는 경우		180	215	245	270
	외기에 간접 면하는 경우		120	145	165	180
최하층에 있는 거실의 바닥	외기에 직접 면하는 경우	바닥난방인 경우	140	165	190	210
		바닥난방이 아닌 경우	130	155	175	195
	외기에 간접 면하는 경우	바닥난방인 경우	95	110	125	140
		바닥난방이 아닌 경우	90	105	120	130
바닥난방인 층간바닥			30	35	45	50

[제주도]

(단위 : ㎜)

건축물의 부위		단열재의 등급	단열재 등급별 허용 두께			
			가	나	다	라
거실의 외벽	외기에 직접 면하는 경우	공동주택	110	130	145	165
		공동주택 외	75	90	100	110
	외기에 간접 면하는 경우	공동주택	75	85	100	110
		공동주택 외	50	60	70	75
최상층에 있는 거실의 반자 또는 지붕	외기에 직접 면하는 경우		130	150	175	190
	외기에 간접 면하는 경우		90	105	120	130
최하층에 있는 거실의 바닥	외기에 직접 면하는 경우	바닥난방인 경우	105	125	140	155
		바닥난방이 아닌 경우	100	115	130	145
	외기에 간접 면하는 경우	바닥난방인 경우	65	80	90	100
		바닥난방이 아닌 경우	65	75	85	95
바닥난방인 층간바닥			30	35	45	50

비 고

1) 중부1지역 : 강원도(고성, 속초, 양양, 강릉, 동해, 삼척 제외), 경기도(연천, 포천, 가평, 남양주, 의정부, 양주, 동두천, 파주), 충청북도(제천), 경상북도(봉화, 청송)

2) 중부2지역 : 서울특별시, 대전광역시, 세종특별자치시, 인천광역시, 강원도(고성, 속초, 양양, 강릉, 동해, 삼척), 경기도(연천, 포천, 가평, 남양주, 의정부, 양주, 동두천, 파주 제외), 충청북도(제천 제외), 충청남도, 경상북도(봉화, 청송, 울진, 영덕, 포항, 경주, 청도, 경산 제외), 전라북도, 경상남도(거창, 함양)

3) 남부지역 : 부산광역시, 대구광역시, 울산광역시, 광주광역시, 전라남도, 경상북도(울진, 영덕, 포항, 경주, 청도, 경산), 경상남도(거창, 함양 제외)

【참고4】 창 및 문의 단열성능(에너지 절약 설계기준 별표4)

[단위 : W/㎡·K]

창 및 문의 종류			창틀 및 문틀의 종류별 열관류율								
			금속재						플라스틱 또는 목재		
			열교차단재[1]미적용			열교차단재 적용					
유리의 공기층 두께[㎜]			6	12	16 이상	6	12	16 이상	6	12	16 이상
창	복층창	일반복층창[2]	4.0	3.7	3.6	3.7	3.4	3.3	3.1	2.8	2.7
		로이유리(하드코팅)	3.6	3.1	2.9	3.3	2.8	2.6	2.7	2.3	2.1
		로이유리(소프트코팅)	3.5	2.9	2.7	3.2	2.6	2.4	2.6	2.1	1.9
		아르곤 주입	3.8	3.6	3.5	3.5	3.3	3.2	2.9	2.7	2.6
		아르곤 주입+로이유리(하드코팅)	3.3	2.9	2.8	3.0	2.6	2.5	2.5	2.1	2.0
		아르곤 주입+로이유리(소프트코팅)	3.2	2.7	2.6	2.9	2.4	2.3	2.3	1.9	1.8
	삼중창	일반삼중창[2]	3.2	2.9	2.8	2.9	2.6	2.5	2.4	2.1	2.0
		로이유리(하드코팅)	2.9	2.4	2.3	2.6	2.1	2.0	2.1	1.7	1.6
		로이유리(소프트코팅)	2.8	2.3	2.2	2.5	2.0	1.9	2.0	1.6	1.5
		아르곤 주입	3.1	2.8	2.7	2.8	2.5	2.4	2.2	2.0	1.9
		아르곤 주입+로이유리(하드코팅)	2.6	2.3	2.2	2.3	2.0	1.9	1.9	1.6	1.5
		아르곤 주입+로이유리(소프트코팅)	2.5	2.2	2.1	2.2	1.9	1.8	1.8	1.5	1.4
	사중창	일반사중창[2]	2.8	2.5	2.4	2.5	2.2	2.1	2.1	1.8	1.7
		로이유리(하드코팅)	2.5	2.1	2.0	2.2	1.8	1.7	1.8	1.5	1.4
		로이유리(소프트코팅)	2.4	2.0	1.9	2.1	1.7	1.6	1.7	1.4	1.3
		아르곤 주입	2.7	2.5	2.4	2.4	2.2	2.1	1.9	1.7	1.6
		아르곤 주입+로이유리(하드코팅)	2.3	2.0	1.9	2.0	1.7	1.6	1.6	1.4	1.3
		아르곤 주입+로이유리(소프트코팅)	2.2	1.9	1.8	1.9	1.6	1.5	1.5	1.3	1.2
	단창		6.6			6.10			5.30		
문	일반문	단열 두께 20㎜ 미만	2.70			2.60			2.40		
		단열 두께 20㎜ 이상	1.80			1.70			1.60		
	유리문	단창문 유리비율[3] 50%미만	4.20			4.00			3.70		
		단창문 유리비율 50%이상	5.50			5.20			4.70		
		복층창문 유리비율 50%미만	3.20	3.10	3.00	3.00	2.90	2.80	2.70	2.60	2.50
		복층창문 유리비율 50%이상	3.80	3.50	3.40	3.30	3.10	3.00	3.00	2.80	2.70

주1) 열교차단재 : 열교 차단재라 함은 창 및 문의 금속프레임 외부 및 내부 사이에 설치되는 폴리염화비닐 등 단열성을 가진 재료로서 외부로의 열흐름을 차단할 수 있는 재료를 말한다.

주2) 복층창은 단창+단창, 삼중창은 단창+복층창, 사중창은 복층창+복층창을 포함한다.

주3) 문의 유리비율은 문 및 문틀을 포함한 면적에 대한 유리면적의 비율을 말한다.

주4) 창 및 문을 구성하는 각 유리의 공기층 두께가 서로 다를 경우 그 중 최소 공기층 두께를 해당 창 및 문의 공기층 두께로 인정하며, 단창+단창, 단창+복층창의 공기층 두께는 6㎜로 인정한다.

주5) 창 및 문을 구성하는 각 유리의 창틀 및 문틀이 서로 다를 경우에는 열관류율이 높은 값을 인정한다.

주6) 복층창, 삼중창, 사중창의 경우 한면만 로이유리를 사용한 경우, 로이유리를 적용한 것으로 인정한다.

주7) 삼중창, 사중창의 경우 하나의 창 및 문에 아르곤을 주입한 경우, 아르곤을 적용한 것으로 인정한다.

13 건축물에 관한 효율적 에너지 이용과 친환경 건축물의 활성화 (법 제66조)

법 제66조【건축물에 관한 효율적인 에너지 이용과 친환경 건축물 건축의 활성화】

　삭제 〈2012.2.22〉

　※「녹색건축물 조성 지원법」 제정(2012.2.22)으로 삭제됨

　▶ 건축법 제66조의 관련내용은 녹색건축물 조성 지원법 제14조(에너지 절약계획서 제출)
　　 및 제15조(건축물에 대한 효율적인 에너지 관리와 녹색건축물 건축의 활성화)로 이동함

영 제91조【건축물에 관한 효율적인 에너지 이용과 친환경 건축물의 활성화】

　삭제 〈2013.2.20〉

　※「녹색건축물 조성 지원법 시행령」 제정(2013.2.20)으로 삭제됨

설비규칙 제22조【에너지절약계획서의 제출】

　삭제 〈2013.2.22〉

　※「녹색건축물 조성 지원법 시행규칙」 제정(2013.2.22)으로 삭제됨

규칙 제38조【건축물의 에너지이용과 폐자재의 활용】

　삭제 〈2013.2.22〉

　※「녹색건축물 조성 지원법 시행규칙」 제정(2013.2.22)으로 삭제됨

1 에너지 절약계획서의 제출

▶「녹색건축물 조성 지원법」

법 제14조【에너지 절약계획서 제출】

① 대통령령으로 정하는 건축물을 건축하고자 하는 건축주가 다음 각 호의 어느 하나에 해당
하는 신청을 하는 경우에는 대통령령으로 정하는 바에 따라 에너지 절약계획서를 제출하여야
한다. 〈개정 2016.1.19.〉

　1.「건축법」 제11조에 따른 건축허가(대수선은 제외한다)

　2.「건축법」 제19조제2항에 따른 용도변경 허가 또는 신고

　3.「건축법」 제19조제3항에 따른 건축물대장 기재내용 변경

② 제1항에 따라 허가신청 등을 받은 행정기관의 장은 에너지 절약계획서의 적절성 등을 검
토하여야 한다. 이 경우 건축주에게 국토교통부령으로 정하는 에너지 관련 전문기관에 에너
지 절약계획서의 검토 및 보완을 거치도록 할 수 있다. 〈개정 2014.5.28.〉

③ 제2항에도 불구하고 국토교통부장관이 고시하는 바에 따라 사전확인이 이루어진 에너지
절약계획서를 제출하는 경우에는 에너지 절약계획서의 적절성 등을 검토하지 아니할 수 있
다. 〈신설 2016.1.19.〉

④ 국토교통부장관은 제2항에 따른 에너지 절약계획서 검토업무의 원활한 운영을 위하여 국
토교통부령으로 정하는 에너지 관련 전문기관 중에서 운영기관을 지정하고 운영 관련 업무
를 위임할 수 있다. 〈신설 2016.1.19.〉

⑤ 제2항에 따른 에너지 절약계획서의 검토절차, 제4항에 따른 운영기관의 지정 기준·절차와 업무
범위 및 그 밖에 검토업무의 운영에 필요한 사항은 국토교통부령으로 정한다. 〈신설 2016.1.19.〉

⑥ 에너지 관련 전문기관은 제2항에 따라 에너지 절약계획서의 검토 및 보완을 하는 경우 건축주로부터 국토교통부령으로 정하는 금액과 절차에 따라 수수료를 받을 수 있다. 〈개정 2016.1.19.〉

▶ 「녹색건축물 조성 지원법 시행령」
영 제10조【에너지 절약계획서 제출 대상 등】
① 법 제14조제1항 각 호 외의 부분에서 "대통령령으로 정하는 건축물"이란 연면적의 합계가 500제곱미터 이상인 건축물을 말한다. 다만, 다음 각 호의 어느 하나에 해당하는 건축물을 건축하려는 건축주는 에너지 절약계획서를 제출하지 아니한다. 〈개정 2016.12.30.〉
 1.「건축법 시행령」별표 1 제1호에 따른 단독주택
 2. 문화 및 집회시설 중 동·식물원
 3.「건축법 시행령」별표 1 제17호부터 제26호까지의 건축물 중 냉방 및 난방 설비를 모두 설치하지 아니하는 건축물
 4. 그 밖에 국토교통부장관이 에너지 절약계획서를 첨부할 필요가 없다고 정하여 고시하는 건축물
② 제1항 각 호 외의 부분 본문에 해당하는 건축물을 건축하려는 건축주는 건축허가를 신청하거나 용도변경의 허가신청 또는 신고, 건축물대장 기재내용의 변경 시 국토교통부령으로 정하는 에너지 절약계획서(전자문서로 된 서류를 포함한다)를 「건축법」 제5조제1항에 따른 허가권자(「건축법」 외의 다른 법령에 따라 허가·신고 권한이 다른 행정기관의 장에게 속하는 경우에는 해당 행정기관의 장을 말하며, 이하 "허가권자"라 한다)에게 제출하여야 한다. 〈개정 2016.12.30.〉

▶ 「녹색건축물 조성 지원법 시행규칙」
규칙 제7조【에너지 절약계획서 등】
① 영 제10조제2항에서 "국토교통부령으로 정하는 에너지 절약계획서"란 다음 각 호의 서류를 첨부한 별지 제1호서식의 에너지 절약계획서를 말한다.
1. 국토교통부장관이 고시하는 건축물의 에너지 절약 설계기준에 따른 에너지 절약 설계 검토서
2. 설계도면, 설계설명서 및 계산서 등 건축물의 에너지 절약계획서의 내용을 증명할 수 있는 서류(건축, 기계설비, 전기설비 및 신·재생에너지 설비 부문과 관련된 것으로 한정한다)
② 법 제14조제2항후단에서 "국토교통부령으로 정하는 에너지 관련 전문기관"이란 다음 각 호의 기관(이하 "에너지 절약계획서 검토기관" 이라 한다)을 말한다. 〈개정 2020.12.11.〉
1.「에너지이용 합리화법」 제45조에 따른 한국에너지공단(이하 "한국에너지공단"이라 한다)
2.「국토안전관리원법」에 따른 국토안전관리원
3.「한국감정원법」에 따른 한국감정원(이하 "한국감정원" 이라 한다)
4. 그 밖에 국토교통부장관이 에너지 절약계획서의 검토업무를 수행할 인력, 조직, 예산 및 시설 등을 갖추었다고 인정하여 고시하는 기관 또는 단체
③ 에너지 절약계획서 검토기관은 법 제14조제2항 후단에 따라 허가권자(「건축법」제5조제1항에 따른 건축허가권자를 말하며, 「건축법」 외의 다른 법령에 따라 허가·신고 권한이 다른 행정기관의 장에게 속하는 경우에는 해당 행정기관의 장을 말한다. 이하 같다)로부터 에너지 절약계획서의 검토 요청을 받은 경우에는 제7항에 따른 수수료가 납부된 날부터 10일 이내에 검토를 완료하고 그 결과를 지체 없이 허가권자에게 제출하여야 한다. 이 경우 건축주가 보완하는 기간 및 공휴일·토요일은 검토기간에서 제외한다. 〈개정 2017.1.20.〉

④ 법 제14조제4항에서 "국토교통부령으로 정하는 에너지 관련 전문기관"이란 법 제23조에 따른 녹색건축센터인 에너지 절약계획서 검토기관을 말한다. 〈신설 2017.1.20.〉

⑤ 국토교통부장관은 법 제14조제4항에 따라 에너지 절약계획서 검토업무 운영기관(이하 "에너지 절약계획서 검토업무 운영기관"이라 한다)을 지정하거나 그 지정을 취소한 경우에는 그 사실을 관보에 고시하여야 한다. 〈신설 2017.1.20.〉

⑥ 에너지 절약계획서 검토업무 운영기관은 다음 각 호의 업무를 수행한다. 〈신설 2017.1.20.〉

1. 법 제15조제1항에 따른 건축물의 에너지절약 설계기준 관련 조사·연구 및 개발에 관한 업무

2. 법 제15조제1항에 따른 건축물의 에너지절약 설계기준 관련 홍보·교육 및 컨설팅에 관한 업무

3. 에너지 절약계획서 작성·검토·이행 등 제도 운영 및 개선에 관한 업무

4. 에너지 절약계획서 검토 관련 프로그램 개발 및 관리에 관한 업무

5. 에너지 절약계획서 검토 관련 통계자료 활용 및 분석에 관한 업무

6. 에너지 절약계획서 검토기관별 검토현황 관리 및 보고에 관한 업무

7. 에너지 절약계획서 검토기관 점검 등 제1호부터 제6호까지에서 규정한 사항 외에 국토교통부장관이 요청하는 업무

⑦ 법 제14조제6항에 따른 에너지 절약계획서 검토 수수료는 별표 1과 같다. 〈개정 2017.1.20.〉

⑧ 제3항 및 제7항에 따른 에너지 절약계획서의 검토 및 보완 기간과 검토 수수료에 관한 세부적인 사항은 국토교통부장관이 정하여 고시한다. 〈개정 2017.1.20.〉

【참고】 건축물의 에너지절약 설계기준(국토교통부고시 제2023-104호, 2023.2.28.)

제3조【에너지절약계획서 제출 예외대상 등】

① 영 제10조제1항에 따라 에너지절약계획서를 첨부할 필요가 없는 건축물은 다음 각 호와 같다.

1. 「건축법 시행령」 별표1 제3호 아목에 따른 시설 중 냉방 또는 난방 설비를 설치하지 아니하는 건축물

2. 「건축법 시행령」 별표1 제13호에 따른 운동시설 중 냉방 또는 난방 설비를 설치하지 아니하는 건축물

3. 「건축법 시행령」 별표1 제16호에 따른 위락시설 중 냉방 또는 난방 설비를 설치하지 아니하는 건축물

4. 「건축법 시행령」 별표1 제27호에 따른 관광 휴게시설 중 냉방 또는 난방 설비를 설치하지 아니하는 건축물

5. 「주택법」 제15조제1항에 따라 사업계획 승인을 받아 건설하는 주택으로서 주택건설기준 등에 관한 규정」 제64조제3항에 따라 「에너지절약형 친환경주택의 건설기준」에 적합한 건축물

② 영 제10조제1항에서 "연면적의 합계"는 다음 각 호에 따라 계산한다.

1. 같은 대지에 모든 바닥면적을 합하여 계산한다.

2. 주거와 비주거는 구분하여 계산한다.

3. 증축이나 용도변경, 건축물대장의 기재내용을 변경하는 경우 이 기준을 해당 부분에만 적용할 수 있다.

4. 연면적의 합계 500제곱미터 미만으로 허가를 받거나 신고한 후 「건축법」 제16조에 따라 허가와 신고사항을 변경하는 경우에는 당초 허가 또는 신고 면적에 변경되는 면적을 합하여 계산한다.

5. 제2조제3항에 따라 열손실방지 등의 에너지이용합리화를 위한 조치를 하지 않아도 되는 건축물 또는 공간, 주차장, 기계실 면적은 제외한다.

③ 제1항 및 영 제10조제1항제3호의 건축물 중 냉난방 설비를 설치하고 냉난방 열원을 공급하는 대상의 연면적의 합계가 500세곱미터 미만인 경우에는 에너지절약계획서를 제출하지 아니한다.

② 건축물에 대한 효율적인 에너지 이용과 녹색 건축물 건축의 활성화

▶ 「녹색건축물 조성 지원법」

법 제15조【건축물에 대한 효율적인 에너지 관리와 녹색건축물 건축의 활성화】
① 국토교통부장관은 건축물에 대한 효율적인 에너지 관리와 녹색건축물 건축의 활성화를 위하여 필요한 설계·시공·감리 및 유지·관리에 관한 기준을 정하여 고시할 수 있다.
② 「건축법」 제5조제1항에 따른 허가권자는 녹색건축물의 건축을 활성화하기 위하여 대통령령으로 정하는 기준에 적합한 건축물에 대하여 같은 법 제42조에 따른 조경설치면적을 100분의 85까지 완화하여 적용할 수 있으며, 같은 법 제56조 및 제60조에 따른 건축물의 용적률 및 높이를 100분의 115의 범위에서 완화하여 적용할 수 있다.
③ 지방자치단체는 제1항에 따른 고시의 범위에서 건축기준 완화 기준 및 재정지원에 관한 사항을 조례로 정할 수 있다.

▶ 「녹색건축물 조성 지원법 시행령」

영 제11조【녹색건축물 건축의 활성화 대상 건축물 및 완화기준】
① 법 제15조제2항에서 "대통령령으로 정하는 기준에 적합한 건축물"이란 다음 각 호의 어느 하나에 해당하는 건축물을 말한다. 〈개정 2016.12.30.〉
 1. 법 제15조제1항에 따라 국토교통부장관이 정하여 고시하는 설계·시공·감리 및 유지·관리에 관한 기준에 맞게 설계된 건축물
 2. 법 제16조에 따라 녹색건축의 인증을 받은 건축물
 3. 법 제17조에 따라 건축물의 에너지효율등급 인증을 받은 건축물
 3의2. 법 제17조에 따라 제로에너지건축물 인증을 받은 건축물
 4. 법 제24조제1항에 따른 녹색건축물 조성 시범사업 대상으로 지정된 건축물
 5. 건축물의 신축공사를 위한 골조공사에 국토교통부장관이 고시하는 재활용 건축자재를 100분의 15 이상 사용한 건축물
② 국토교통부장관은 제1항 각 호의 어느 하나에 해당하는 건축물에 대하여 허가권자가 법 제15조제2항에 따라 법 제14조제1항 또는 제14조의2를 적용하지 아니하거나 건축물의 용적률 및 높이 등을 완화하여 적용하기 위한 세부기준을 정하여 고시할 수 있다. 〈개정 2015.5.28.〉

【참고1】건축물의 에너지절약 설계기준(국토교통부고시 제2023-104호, 2023.2.28.)

제16조【완화기준】
 영 제11조에 따라 건축물에 적용할 수 있는 완화기준은 별표9에 따르며, 건축주가 건축기준의 완화적용을 신청하는 경우에 한해서 적용한다.

제17조【완화기준의 적용방법】
 ① 완화기준의 적용은 당해 용도구역 및 용도지역에 지방자치단체 조례에서 정한 최대 용적률의 제한기준, 조경면적 기준, 건축물 최대높이의 제한 기준에 대하여 다음 각 호의 방법에 따라 적용한다.
 1. 용적률 적용방법
  「법 및 조례에서 정하는 기준 용적률」 × [1 + 완화기준]
 2. 건축물 높이제한 적용방법 〈개정 2023.2.28〉
  「법 및 조례에서 정하는 건축물의 최고높이」 × [1 + 완화기준]
 ② 삭제 〈2023.2.28.〉

[별표9] 세부 완화기준(에너지 절약설계기준 제16조 관련)

1) 녹색건축 인증에 따른 건축기준 완화비율(영 제11조제1항제2호 관련)

최대완화비율	완화조건	비고
6%	녹색건축 최우수 등급	
3%	녹색건축 우수 등급	

2) 건축물 에너지효율등급 및 제로에너지건축물 인증에 따른 건축기준 완화비율
(영 제11조제1항제3호 및 제3의2호 관련)

최대완화비율	완화조건	비고
15%	제로에너지건축물 1등급	
14%	제로에너지건축물 2등급	
13%	제로에너지건축물 3등급	
12%	제로에너지건축물 4등급	
11%	제로에너지건축물 5등급	
6%	건축물 에너지효율 1++등급	
3%	건축물 에너지효율 1+등급	

3) 녹색건축물 조성 시범사업 대상으로 지정된 건축물(영 제11조제1항제4호 관련)

최대완화비율	완화조건	비고
10%	녹색건축물 조성 시범사업	

4) 신축공사를 위한 골조공사에 재활용 건축자재를 사용한 건축물(영 제11조제1항제5호 관련)
- 이 경우 「재활용 건축자재의 활용기준」 제4조제2항에 따른다.

비고 1) 완화기준을 중첩 적용받고자 하는 건축물의 신청인은 법 제15조제2항에 따른 범위를 초과하여 신청할 수 없다.
　　 2) 이 외 중첩 적용 최대한도와 관련된 사항은 「국토의 계획 및 이용에 관한 법률」 제78조제7항 및 「건축법」 제60조제4항에 따른다.

【참고2】 재활용 건축자재의 활용기준(국토교통부고시 제2022-833호, 2022.7.20)

제1조 【목적】
이 기준은 「녹색건축물 조성지원법」 제15조제1항 및 같은 법 시행령 제11조제1항제5호에 따라 건축물에 사용하는 재활용 자재의 사용비율에 따른 건축기준의 완화 적용에 관한 세부기준을 정함을 목적으로 한다.

제2조 【적용범위】
이 기준은 연면적 500제곱미터 이상으로서 「건축물의 에너지절약 설계기준」 제2조제1항 각 호에 해당하는 건축물로서 전용주거지역 또는 일반주거지역(제3종 일반주거지역을 제외한다)이 아닌 지역에 건축하는 철근콘크리트조 건축물에 대하여 적용한다.

제3조 【정의】 이 기준에서 사용되는 용어의 정의는 다음과 같다.
1. "재활용 건축자재"라 함은 「건설폐기물 재활용 촉진에 관한 법률」 제35조에 따라 국토교통부장관이 고시하는 「순환골재 품질기준」에서 규정한 콘크리트용 순환골재를 말한다.
2. "골조공사"라 함은 기초, 기둥, 벽, 바닥, 보, 계단, 지붕 등 건축물의 구조체를 형성하는 뼈대를 축조하는 공사를 말한다.

제4조【건축기준의 완화】
① 「녹색건축물 조성지원법 시행령」 제11조제1항제5호에 따라 재활용 건축자재를 사용하여 용적률과 건축물의 높이를 완화 받고자 하는 자는 별지 제1호 서식의 건축기준의 완화 요청서를 「건축법」 제11조에 따른 허가권자(이하 "허가권자"라 한다)에게 제출하여야 한다.
② 허가권자는 제1항의 규정에 따른 완화요청이 있는 경우, 다음표에 따라 해당 건축물의 골조공사에 사용하는 골재량에 대한 재활용 건축자재 사용량의 용적비율에 따라 용적률 및 건축물의 높이를 완화하여 적용할 수 있다.

재활용 건축자재 사용량의 용적비율	기준 완화 적용 범위
15 퍼센트 이상 사용하는 경우	5 퍼센트
20 퍼센트 이상 사용하는 경우	10 퍼센트
25 퍼센트 이상 사용하는 경우	15 퍼센트

③ 재활용 건축자재를 사용하는 경우에는 콘크리트용 순환골재를 「순환골재 품질기준」에서 정한 규정에 적합하게 사용하여야 한다.

"이후 생략"

14 지능형 건축물의 인증 (법 제65조의2)

법 제65조의2【지능형 건축물의 인증】
① 국토교통부장관은 지능형건축물[Intelligent Building]의 건축을 활성화하기 위하여 지능형건축물 인증제도를 실시한다.
② 국토교통부장관은 제1항에 따른 지능형건축물의 인증을 위하여 인증기관을 지정할 수 있다.
③ 지능형건축물의 인증을 받으려는 자는 제2항에 따른 인증기관에 인증을 신청하여야 한다.
④ 국토교통부장관은 건축물을 구성하는 설비 및 각종 기술을 최적으로 통합하여 건축물의 생산성과 설비 운영의 효율성을 극대화할 수 있도록 다음 각 호의 사항을 포함하여 지능형건축물 인증기준을 고시한다.
1. 인증기준 및 절차
2. 인증표시 홍보기준
3. 유효기간
4. 수수료
5. 인증 등급 및 심사기준 등
⑤ 제2항과 제3항에 따른 인증기관의 지정 기준, 지정 절차 및 인증 신청 절차 등에 필요한 사항은 국토교통부령으로 정한다.
⑥ 허가권자는 지능형건축물로 인증을 받은 건축물에 대하여 제42조에 따른 조경설치면적을 100분의 85까지 완화하여 적용할 수 있으며, 제56조 및 제60조에 따른 용적률 및 건축물의 높이를 100분의 115의 범위에서 완화하여 적용할 수 있다.
[본조신설 2011.5.30]

【참고】지능형건축물의 인증에 관한 규칙(국토교통부령 제413호, 2017.3.31.)

제1조 【목적】

이 규칙은 「건축법」 제65조의2제5항에서 위임된 지능형건축물 인증기관의 지정 기준, 지정 절차 및 인증 신청 절차 등에 관한 사항을 규정함을 목적으로 한다.

제2조 【적용 대상】

지능형건축물 인증대상 건축물은 「건축법」(이하 "법" 이라 한다) 제65조의2제4항에 따라 인증기준이 고시된 건축물을 대상으로 한다.

제3조 【인증기관의 지정】

① 국토교통부장관이 법 제65조의2제2항에 따라 인증기관을 지정하려는 경우에는 지정 신청 기간을 정하여 그 기간이 시작되기 3개월 전에 신청 기간 등 인증기관 지정에 관한 사항을 공고하여야 한다.

② 법 제65조의2제2항에 따라 인증기관으로 지정을 받으려는 자는 별지 제1호서식의 지능형건축물 인증기관 지정 신청서에 다음 각 호의 서류를 첨부하여 국토교통부장관에게 제출하여야 한다.

1. 인증업무를 수행할 전담조직 및 업무수행체계에 관한 설명서
2. 제4항에 따른 심사전문인력을 보유하고 있음을 증명하는 서류
3. 인증기관의 인증업무 처리규정
4. 지능형건축물 인증과 관련한 연구 실적 등 인증업무를 수행할 능력을 갖추고 있음을 증명하는 서류
5. 정관(신청인이 법인 또는 법인의 부설기관인 경우만 해당한다)

③ 제2항에 따른 신청을 받은 국토교통부장관은 「전자정부법」 제36조제1항에 따른 행정정보의 공동이용을 통하여 신청인이 법인 또는 법인의 부설기관인 경우 법인 등기사항증명서를, 신청인이 개인인 경우에는 사업자등록증을 확인하여야 한다. 다만, 신청인이 사업자등록증의 확인에 동의하지 아니하는 경우에는 그 사본을 첨부하게 하여야 한다.

④ 인증기관은 별표 1의 전문분야별로 각 2명을 포함하여 12명 이상의 심사전문인력(심사전문인력 가운데 상근인력은 전문분야별로 1명 이상이어야 한다)을 보유하여야 한다. 이 경우 심사전문인력은 다음 각 호의 어느 하나에 해당하는 사람이어야 한다.

1. 해당 전문분야의 박사학위나 건축사 또는 기술사 자격을 취득한 후 3년 이상 해당 업무를 수행한 사람
2. 해당 전문분야의 석사학위를 취득한 후 9년 이상 해당 업무를 수행하거나 학사학위를 취득한 후 12년 이상 해당 업무를 수행한 사람
3. 해당 전문분야의 기사 자격을 취득한 후 10년 이상 해당 업무를 수행한 사람

⑤ 제2항제3호의 인증업무 처리규정에는 다음 각 호의 사항이 포함되어야 한다.

1. 인증심사의 절차 및 방법에 관한 사항
2. 인증심사단 및 인증심의위원회의 구성·운영에 관한 사항
3. 인증 결과 통보 및 재심사에 관한 사항
4. 지능형건축물 인증의 취소에 관한 사항
5. 인증심사 결과 등의 보고에 관한 사항
6. 인증수수료 납부방법 및 납부기간에 관한 사항
7. 그 밖에 인증업무 수행에 필요한 사항

⑥ 국토교통부장관은 제2항에 따라 지능형건축물 인증기관 지정 신청서가 제출되면 신청한 자가 인증기관으로서 적합한지를 검토한 후 제13조에 따른 인증운영위원회의 심의를 거쳐 지정한다.

⑦ 국토교통부장관은 제6항에 따라 인증기관으로 지정한 자에게 별지 제2호서식의 지능형건축물 인증기관 지정서를 발급하여야 한다.

⑧ 제7항에 따라 지능형건축물 인증기관 지정서를 발급받은 인증기관의 장은 기관명, 대표자, 건축물 소재지 또는 심사전문인력이 변경된 경우에는 변경된 날부터 30일 이내에 그 변경내용을 증명하는 서류를 국토교통부장관에게 제출하여야 한다.

제4조【인증기관의 비밀보호 의무】

인증기관은 인증 신청대상 건축물의 인증심사업무와 관련하여 알게 된 경영·영업상 비밀에 관한 정보를 이해관계인의 서면동의 없이 외부에 공개할 수 없다.

제5조【인증기관 지정의 취소】

① 국토교통부장관은 법 제65조의2제2항에 따라 지정된 인증기관이 다음 각 호의 어느 하나에 해당하면 제13조에 따른 인증운영위원회의 심의를 거쳐 인증기관의 지정을 취소하거나 1년 이내의 기간을 정하여 업무의 전부 또는 일부의 정지를 명할 수 있다. 다만, 제1호에 해당하는 경우에는 지정을 취소하여야 한다.

1. 거짓이나 부정한 방법으로 지정을 받은 경우
2. 정당한 사유 없이 지정받은 날부터 2년 이상 계속하여 인증업무를 수행하지 아니한 경우
3. 제3조제4항에 따른 심사전문인력을 보유하지 아니한 경우
4. 인증의 기준 및 절차를 위반하여 지능형건축물 인증업무를 수행한 경우
5. 정당한 사유 없이 인증심사를 거부한 경우
6. 그 밖에 인증기관으로서의 업무를 수행할 수 없게 된 경우

② 제1항에 따라 인증기관의 지정이 취소되어 인증심사를 수행하기가 어려운 경우에는 다른 인증기관이 업무를 승계할 수 있다.

제6조【인증의 신청】

① 법 제65조의2제3항에 따라 다음 각 호의 어느 하나에 해당하는 자가 지능형건축물의 인증을 받으려는 경우에는 인증을 받기 전에 법 제22조에 따른 사용승인 또는 「주택법」 제49조에 따른 사용검사를 받아야 한다. 다만, 인증 결과에 따라 개별 법령에서 정하는 제도적·재정적 지원을 받는 경우에는 그러하지 아니하다. 〈개정 2016.8.12.〉

1. 건축주
2. 건축물 소유자
3. 시공자(건축주나 건축물 소유자가 인증 신청을 동의하는 경우만 해당한다)

② 제1항 각 호의 어느 하나에 해당하는 자(이하 "건축주등"이라 한다)가 지능형건축물의 인증을 받으려면 별지 제3호서식의 지능형건축물 인증 신청서에 다음 각 호의 서류를 첨부하여 인증기관의 장에게 제출하여야 한다.

1. 법 제65조의2제4항에 따른 지능형건축물 인증기준(이하 "인증기준"이라 한다)에 따라 작성한 해당 건축물의 지능형건축물 자체평가서 및 증명자료
2. 설계도면
3. 각 분야 설계설명서
4. 각 분야 시방서(일반 및 특기시방서)
5. 설계 변경 확인서
6. 에너지절약계획서
7. 예비인증서 사본(해당 인증기관 및 다른 인증기관에서 예비인증을 받은 경우만 해당한다)
8. 제1호부터 제6호까지의 서류가 저장된 콤팩트디스크

③ 인증기관은 제2항에 따른 신청을 받은 경우에는 신청서류가 접수된 날부터 40일 이내에 인증을 처리하여야 한다.

④ 인증기관의 장은 인증업무를 수행하면서 불가피한 사유로 처리기간을 연장하여야 할 경우에는 건축주등에게 그 사유를 통보하고 20일의 범위를 정하여 한 차례만 연장할 수 있다.

⑤ 인증기관의 장은 제2항에 따라 건축주등이 제출한 서류의 내용이 미흡하거나 사실과 다를 경우에는 접수된 날부터 20일 이내에 건축주등에게 보완을 요청할 수 있다. 이 경우 건축주등이 제출서류를 보완하는 기간은 제3항의 인증 처리기간에 산입하지 아니한다.

제7조 【인증심사】

① 인증기관의 장은 제6조에 따른 인증신청을 받으면 인증심사단을 구성하여 인증기준에 따라 서류심사와 현장실사(現場實査)를 하고, 심사 내용, 심사 점수, 인증 여부 및 인증 등급을 포함한 인증심사 결과서를 작성하여야 한다. 이 경우 인증 등급은 1등급부터 5등급까지로 하고, 그 세부 기준은 국토교통부장관이 별도로 정하여 고시한다.

② 제1항에 따른 인증심사단은 제3조제4항 각 호에 해당하는 심사전문인력으로 구성하되, 별표 1의 전문분야별로 각 1명을 포함하여 6명 이상으로 구성하여야 한다.

③ 인증기관의 장은 제1항에 따른 인증심사 결과서를 작성한 후 인증심의위원회의 심의를 거쳐 인증 여부 및 인증 등급을 결정한다.

④ 제3항에 따른 인증심의위원회는 해당 인증기관에 소속되지 아니한 별표 1의 전문분야별 전문가 각 1명을 포함하여 6명 이상으로 구성하여야 한다. 이 경우 인증심의위원회 위원은 다른 인증기관의 심사전문인력 또는 제13조에 따른 인증운영위원회 위원 1명 이상을 포함시켜야 한다.

제8조 【인증서 발급 등】

① 인증기관의 장은 제7조에 따른 인증심사 결과 지능형건축물로 인증을 하는 경우에는 건축주등에게 별지 제4호서식의 지능형건축물 인증서를 발급하고, 별표 2의 인증 명판(認證 名板)을 제공하여야 한다.

② 인증기관의 장은 제1항에 따라 인증서를 발급한 경우에는 인증대상, 인증 날짜, 인증 등급, 인증심사단의 구성원 및 인증심의위원회 위원의 명단을 포함한 인증심사 결과를 국토교통부장관에게 제출하여야 한다.

제9조 【인증의 취소】

① 인증기관의 장은 지능형건축물로 인증을 받은 건축물이 다음 각 호의 어느 하나에 해당하면 그 인증을 취소할 수 있다.

1. 인증의 근거나 전제가 되는 주요한 사실이 변경된 경우
2. 인증 신청 및 심사 중 제공된 중요 정보나 문서가 거짓인 것으로 판명된 경우
3. 인증을 받은 건축물의 건축주등이 인증서를 인증기관에 반납한 경우
4. 인증을 받은 건축물의 건축허가 등이 취소된 경우

② 인증기관의 장은 제1항에 따라 인증을 취소한 경우에는 그 내용을 국토교통부장관에게 보고하여야 한다.

제10조 【재심사 요청】

제7조에 따른 인증심사 결과나 제9조에 따른 인증취소 결정에 이의가 있는 건축주등은 인증기관의 장에게 재심사를 요청할 수 있다. 이 경우 건축주등은 재심사에 필요한 비용을 인증기관에 추가로 내야 한다.

제11조 【예비인증의 신청 등】

① 건축주등은 제6조제1항에도 불구하고 법 제11조, 제14조 또는 제20조제1항에 따른 허가·신고 또는 「주택법」 제15조에 따른 사업계획승인을 받은 후 건축물 설계에 반영된 내용을 대상으로 예비인증을 신청할 수 있다. 다만, 예비인증 결과에 따라 개별 법령에서 정하는 제도적·재정적 지원을 받는 경우에는 그러하지 아니하다. 〈개정 2016.8.12.〉

② 건축주등이 지능형건축물의 예비인증을 받으려면 별지 제5호서식의 지능형건축물 예비인증 신청서에 다음 각 호의 서류를 첨부하여 인증기관의 장에게 제출하여야 한다.

1. 제6조제2항제1호부터 제4호까지 및 제6호의 서류
2. 제1호의 서류가 저장된 콤팩트디스크

③ 인증기관의 장은 심사 결과 예비인증을 하는 경우에는 별지 제6호서식의 지능형건축물 예비인증서를 신청인에게 발급하여야 한다. 이 경우 신청인이 예비인증을 받은 사실을 광고 등의 목적으로 사용하려면 제8조제1항에 따른 인증(이하 "본인증" 이라 한다)을 받을 경우 그 내용이 달라질 수 있음을 알려야 한다.

④ 제3항에 따른 예비인증 시 제도적 지원을 받은 건축주등은 본인증을 받아야 한다. 이 경우 본인증 등급은 예비인증 등급 이상으로 취득하여야 한다.

⑤ 제1항부터 제4항까지에서 규정한 사항 외에 예비인증의 신청 및 심사 등에 관하여는 제6조제3항부터 제5항까지, 제7조, 제8조제2항 · 제3항, 제9조 및 제10조를 준용한다. 다만, 제7조제1항에 따른 인증심사 중 현장실사는 필요한 경우만 할 수 있다.

제12조【인증을 받은 지능형건축물의 사후관리】

① 지능형건축물로 인증을 받은 건축물의 소유자 또는 관리자는 그 건축물을 인증받은 기준에 맞도록 유지 · 관리하여야 한다.

② 인증기관은 필요한 경우에는 지능형건축물 인증을 받은 건축물의 정상 가동 여부 등을 확인할 수 있다.

③ 건축설비의 안정적 가동, 유지 · 보수 등 인증을 받은 지능형건축물의 사후관리 범위 등의 세부 사항은 국토교통부장관이 따로 정하여 고시한다.

제13조【인증운영위원회 구성 · 운영 등】

① 국토교통부장관은 지능형건축물 인증제도를 효율적으로 운영하기 위하여 인증운영위원회를 구성하여 운영할 수 있다.

② 이 규칙에서 정한 사항 외에 인증운영위원회의 세부 구성 및 운영사항 등 지능형건축물 인증제도의 시행에 관한 사항은 국토교통부장관이 따로 정하여 고시한다.

제14조【규제의 재검토】

국토교통부장관은 제6조제2항에 따른 지능형건축물 인증 신청 시 첨부하여야 하는 서류의 종류에 대하여 2015년 1월 1일을 기준으로 2년마다(매 2년이 되는 해의 1월 1일 전까지를 말한다) 그 타당성을 검토하여 개선 등의 조치를 하여야 한다.

[본조신설 2014.12.31.]

부칙 〈국토교통부령 제413호, 2017.3.31.〉

이 규칙은 공포한 날부터 시행한다.

[별표 1] 전문분야(제3조제4항 관련)

전문분야	해당 세부 분야
건축계획 및 환경	건축계획 및 환경(건축)
기계설비	건축설비(기계)
전기설비	건축설비(전기)
정보통신	정보통신(전자, 통신)
시스템통합	정보통신(전자, 통신)
시설경영관리	건축설비(기계, 전기) / 정보통신(전자, 통신)

[별표 2] 인증 명판(제8조제1항 관련/일부편집)

■ 지능형건축물 인증 명판의 표시 및 규격

<공통사항>

가. 크기: 가로 30cm × 세로 30cm × 두께 1.5cm
나. 재질: 구리판
다. 글씨: 고딕체(부조 양각)
라. 색채
　○ 바탕: 구리색
　○ 글씨("지능형건축물", "인증마크", "대상 건축물의 명칭", "인증기간" "인증기관의 장": 구리색
마. 둘레: 0.3cm 두께의 구리색 테두리(표지판 바깥 둘레로부터 안쪽으로 0.3cm 띄워서 표시합니다)
※ 명판의 크기 및 재질은 명판이 부착되는 건축물의 특성에 따라 축소·확대하는 등 변경할 수 있습니다.

■ 명판(1등급~5등급/등급표시와 검은별의 개수로 표시, "3,4,5등급"은 생략)

1. 1등급 지능형건축물　　　　　　　　　　　　　2. 2등급 지능형건축물

해설 국토교통부 지침으로 운영하였던 지능형건축물의 인증제도를 법제화(2011.5.30)하여, 건축물의 생산성과 설비운영의 효율성을 극대화한 지능형 건축물의 건축이 확대될 수 있도록 하였다. 건축법에 인증제도의 근거를 두었으며, 지능형건축물의 인증에 관한 규칙을 별도 제정(2011.11.30)하였고, 지능형건축물의 인증기준을 제정(2011.11.30)하여 운영하고 있다. 지능형건축물로 인증을 받은 건축물의 경우 조경설치면적, 용적률 및 건축물의 높이제한 규정에 있어 완화 적용을 받을 수 있다.

【참고】지능형건축물의 인증기준(국토교통부고시 제2020-1028호, 2020.12.10.)

15 건축물의 에너지효율등급 인증 (법 제66조의2) (영 제91조의2)

법 제66조의2 【건축물의 에너지효율등급 인증】

삭제 〈2012.2.22〉

※ 「녹색건축물 조성 지원법」 제정(2012.2.22)으로 삭제됨

▶ 건축법 제66조의2의 관련내용은 녹색건축물 조성 지원법 제17조(건축물의 에너지효율등급 인증)로 이동함

영 제91조의2 【건축물의 에너지효율등급 인증기관】

삭제 〈2013.2.20〉

※ 「녹색건축물 조성 지원법 시행령」 제정(2012.2.22)으로 삭제됨

▶ 건축법 시행령 제91조의2의 관련내용은 건축물 에너지효율등급 인증에 관한 규칙 제4조(건축물의 에너지효율등급 인증)로 이동함

▶ 「녹색건축물 조성 지원법」

법 제17조 【건축물의 에너지효율등급 인증 및 제로에너지건축물 인증】

① 국토교통부장관은 에너지성능이 높은 건축물을 확대하고, 건축물의 효과적인 에너지관리를 위하여 건축물 에너지효율등급 인증제 및 제로에너지건축물 인증제를 시행한다. 〈개정 2016.1.19.〉

② 국토교통부장관은 제1항에 따른 건축물 에너지효율등급 인증제 및 제로에너지건축물 인증제를 시행하기 위하여 운영기관 및 인증기관을 지정하고, 건축물 에너지효율등급 인증 및 제로에너지건축물 인증 업무를 위임할 수 있다. 〈개정 2016.1.19.〉

③ 건축물 에너지효율등급 인증을 받으려는 자는 대통령령으로 정하는 건축물의 용도 및 규모에 따라 제2항에 따른 인증기관에게 신청하여야 하며, 인증평가 업무는 인증기관에 소속되거나 등록된 건축물에너지평가사가 수행하여야 한다. 〈개정 2014.5.28.〉

④ 제3항의 인증평가 결과가 국토교통부와 산업통상자원부의 공동부령으로 정하는 기준 이상인 건축물에 대하여 제로에너지건축물 인증을 받으려는 자는 제2항에 따른 인증기관에 신청하여야 한다. 〈신설 2016.1.19.〉

⑤ 제1항에 따른 건축물 에너지효율등급 인증제 및 제로에너지건축물 인증제의 운영과 관련하여 다음 각 호의 사항에 대하여는 국토교통부와 산업통상자원부의 공동부령으로 정한다. 〈개정 2016.1.19.〉

1. 인증 대상 건축물의 종류
2. 인증기준 및 인증절차
3. 인증유효기간
4. 수수료
5. 인증기관 및 운영기관의 지정 기준, 지정 절차 및 업무범위
6. 인증받은 건축물에 대한 점검이나 실태조사
7. 인증 결과의 표시 방법
8. 인증평가에 대한 건축물에너지평가사의 업무범위

⑥ 대통령령으로 정하는 건축물을 건축 또는 리모델링하려는 건축주는 해당 건축물에 대하여 에너지효율등급 인증 또는 제로에너지건축물 인증을 받아 그 결과를 표시하고, 「건축법」 제22조에 따라 건축물의 사용승인을 신청할 때 관련 서류를 첨부하여야 한다. 이 경우 사용승인을 한 허가권자는 「건축법」 제38조에 따른 건축물대장에 해당 사항을 지체 없이 적어야 한다. 〈개정 2019.4.30.〉

▶ 「녹색건축물 조성 지원법 시행령」

영 제12조 【건축물의 에너지효율등급 인증 및 제로에너지건축물 인증 대상 건축물 등】

① 법 제17조제3항에서 "대통령령으로 정하는 건축물의 용도 및 규모"란 다음 각 호의 용도 등을 말한다. 〈개정 2016.12.30.〉

1. 「건축법 시행령」 별표 1 제2호가목부터 다목까지의 공동주택(이하 "공동주택"이리 한다)

2. 업무시설

3. 그 밖에 법 제17조제5항제1호에 따라 국토교통부와 산업통상자원부의 공동부령으로 정하는 건축물

② 법 제17조제6항 전단에서 "대통령령으로 정하는 건축물"이란 다음 각 호의 기준에 모두 해당하는 건축물을 말한다. 〈개정 2016.12.30.〉

1. 제9조제2항 각 호의 기관이 소유 또는 관리하는 건축물일 것

2. 신축·재축 또는 증축하는 건축물일 것. 다만, 증축의 경우에는 기존 건축물의 대지에 별개의 건축물로 증축하는 경우로 한정한다.

3. 연면적이 3천제곱미터 이상일 것

4. 법 제14조제1항에 따른 에너지 절약계획서 제출 대상일 것

5. 법 제17조제5항제1호에 따라 국토교통부와 산업통상자원부의 공동부령으로 정하는 건축물에 해당할 것

【참고1】 건축물 에너지효율등급 인증 및 제로에너지건축물 인증에 관한 규칙
　　　　　(국토교통부령 제1274호, 2023.11.21.)

【참고2】 건축물 에너지효율등급 인증 및 제로에너지건축물 인증 기준 (국토교통부고시 제2020-574호, 2020.8.13.)

16 관계전문기술자 $\left(\begin{smallmatrix}법\\제67조\end{smallmatrix}\right)\left(\begin{smallmatrix}영\\제91조의3\end{smallmatrix}\right)\left(\begin{smallmatrix}규칙\\제36조의2\end{smallmatrix}\right)\left(\begin{smallmatrix}설비규칙\\제2조, 제3조\end{smallmatrix}\right)$

1 관계전문기술자의 협력

(1) 설계자 및 공사감리자는 다음의 내용에 의한 설계 및 공사감리를 함에 있어 관계전문기술자의 협력을 받아야 한다.

내 용	대지의 안전, 건축물의 구조상 안전, 부속구조물 및 건축설비의 설치 등을 위한 설계 및 공사감리			
세부관련 규정	법조항	내 용	법조항	내 용
	법제40조	대지의 안전 등	법제50조	건축물의 내화구조와 방화벽
	법제41조	토지 굴착부분에 대한 조치 등	법제50조의2	고층건축물의 피난 및 안전관리
	법제48조	구조내력 등	법제51조	방화지구 안의 건축물
	법제48조의2	건축물 내진등급의 설정	법제52조	건축물의 내부 마감재료
	법제48조의3	건축물의 내진능력 공개	법제62조	건축설비기준 등
	법제48조의4	부속건축물의 설치 및 관리	법제64조	승강기
	법제49조	건축물의 피난시설 및 용도제한 등	녹색건축물조성 지원법 제15조	건축물에 대한 효율적인 에너지 관리와 녹색건축물 조성의 활성화
관계전문 기술자의 협력	1. 안전상 필요하다고 인정하는 경우 2. 관계법령이 정하는 경우 3. 설계계약 또는 감리계약에 따라 건축주가 요청하는 경우			
관계전문 기술자의 업무수행	관계전문기술자는 건축물이 이 법 및 이 법에 따른 명령이나 처분, 그 밖의 관계 법령에 맞고 안전·기능 및 미관에 지장이 없도록 업무를 수행하여야 한다.			

(2) 관계전문기술자의 자격

자 격	근거 법규정	비 고
1. 기술사사무소를 개설등록한 자	「기술사법」 제6조	「기술사법」 제21조 제2호의 벌칙을 받은 후 2년이 지나지 않은 자는 제외
2. 건설엔지니어링업자로 등록한 자	「건설기술 진흥법」 제26조	
3. 엔지니어링사업자의 신고를 한 자	「엔지니어링산업 진흥법」 제21조	
4. 설계업 및 감리업으로 등록한 자	「전력기술관리법」 제14조	

2 건축설비관련기술사의 협력

다음에 관한 부속구조물 및 건축설비의 설치 등을 위한 건축물의 설계 및 공사감리를 할 때 설계자 및 공사감리자는 건축설비 분야별 관계전문기술자의 협력을 받아야 한다.

대 상	1. 연면적 10,000㎡ 이상인 건축물(창고시설 제외한 모든 용도 해당)	
	2. 에너지를 대량 으로 소비하는 건축물	① 냉동냉장시설·항온항습시설(온도와 습도를 일정하게 유지시키는 특수설 비가 설치된 시설) 또는 특수청정시설(세균 또는 먼지 등을 제거하는 특 수설비가 설치된 시설)로서 당해용도에 사용되는 바닥면적의 합계가 500 ㎡ 이상인 건축물
		② 아파트 및 연립주택

			③ 목욕장, 실내 물놀이형 시설, 실내 수영장으로서 해당 용도에 사용되는 바닥면적의 합계 500㎡ 이상
			④ 기숙사, 의료시설, 유스호스텔, 숙박시설로서 해당 용도에 사용되는 바닥면적의 합계 2,000㎡ 이상
			⑤ 판매시설, 연구소, 업무시설로서 해당 용도에 사용되는 바닥면적의 합계 3,000㎡ 이상
			⑥ 문화 및 집회시설(동·식물원 제외), 종교시설, 장례식장, 교육연구시설(연구소 제외) 등으로서 바닥면적의 합계 10,000㎡ 이상

	구분	기술자격	설비분야
관계전문기술자	1. 전기	건축전기설비기술사 발송배전기술사	전기, 승강기(전기분야만 해당) 및 피뢰침
	2. 기계	건축기계설비기술사 공조냉동기계기술사	급수·배수(配水)·배수(排水)·환기·난방·소화(消火)·배연(排煙)· 오물처리의 설비 및 승강기(기계분야만 해당)
	3. 가스	건축기계설비기술사 공조냉동기계기술사 가스기술사	가스설비

서명 날인	■ 설계자 및 공사감리자에게 협력한 기술사는 설계자 및 공사감리자가 작성한 설계도서 또는 감리중간보고서 및 감리완료보고서에 함께 서명·날인하여야 함.
협력 사항	■ 건축물에 전기·승강기·피뢰침·가스·급수·배수(配水)·배수(排水)·환기·난방·소화·배연 및 오물처리설비를 설치하는 경우에는 건축사가 해당 건축물의 설계를 총괄하고, 기술사가 건축사와 협력하여 설계를 하여야 함. ■ 건축물에 건축설비를 설치한 경우에는 기술사가 그 설치상태를 확인한 후 건축주 및 공사감리자에게 건축설비설치확인서(설비규칙 별지 제1호서식)를 제출하여야 함.

③ 건축구조기술사의 협력 【제5장 참조】

④ 토목분야기술사의 협력 【제5장 참조】

【관련 질의회신】

건축공사 관계전문기술자와의 협력

국토교통부 민원마당 FAQ, 2023.6.15.

질의 구조 및 건축설비의 설치 등을 위한 설계에 대한 관계전문기술자와의 협력을 거쳐 건축허가를 득하고 설계자와는 별도로 공사감리자를 계약한 경우 착공신고시 기재하는 관계전문기술자란의 날인은 최초 협력한 관계전문기술자만 가능한 지 제3자의 관계전문기술자도 가능한 지 여부.

회신 「건축법 시행령」 제91조의3 제5항의 규정에 의하면, 설계자 또는 공사감리자에게 협력한 관계전문기술자는 그가 작성한 설계도서 또는 감리중간보고서 및 감리완료보고서에 설계자 또는 공사감리자와 함께 서명날인하여야 함. 따라서, 설계자에게 협력한 관계전문기술자와 공사감리자에게 협력한 관계전문기술자가 상이할 경우 모든 관계전문기술자의 서명을 날인하여 착공신고서를 제출하여야 할 것임.

17 기술적 기준 $\binom{\text{법}}{\text{제68조}}$

법 제68조【기술적 기준】

① 제40조, 제41조, 제48조부터 제50조까지, 제50조의2, 제51조, 제52조, 제52조의2, 제62조 및 제64조에 따른 대지의 안전, 건축물의 구조상의 안전, 건축설비 등에 관한 기술적 기준은 이 법에서 특별히 규정한 경우 외에는 국토교통부령으로 정하되, 이에 따른 세부기준이 필요하면 국토교통부장관이 세부기준을 정하거나 국토교통부장관이 지정하는 연구기관(시험기관·검사기관을 포함한다), 학술단체, 그 밖의 관련 전문기관 또는 단체가 국토교통부장관의 승인을 받아 정할 수 있다. 〈개정 2014.5.28〉
② 국토교통부장관은 제1항에 따라 세부기준을 정하거나 승인을 하려면 미리 건축위원회의 심의를 거쳐야 한다.
③ 국토교통부장관은 제1항에 따라 세부기준을 정하거나 승인을 한 경우 이를 고시하여야 한다.
④ 국토교통부장관은 제1항에 따른 기술적 기준 및 세부기준을 적용하기 어려운 건축설비에 관한 기술·제품이 개발된 경우, 개발한 자의 신청을 받아 그 기술·제품을 평가하여 신규성·진보성 및 현장 적용성이 있다고 판단하는 경우에는 대통령령으로 정하는 바에 따라 설치 등을 위한 기준을 건축위원회의 심의를 거쳐 인정할 수 있다. 〈신설 2020.4.7.〉

【1】 국토교통부령으로 정할 기술적 기준

내 용	• 법 제40조(대지의 안전 등) • 법 제41조(토지 굴착 부분에 대한 조치 등) • 법 제48조(구조내력 등) • 법 제48조의2(건축물 내진등급의 설정) • 법 제48조의3(건축물의 내진능력 공개) • 법 제48조의4(부속구조물의 설치 및 관리) • 법 제49조(건축물의 피난시설 및 용도제한 등) • 법 제50조(건축물의 내화구조와 방화벽) • 법 제50조의2(고층건축물의 피난 및 안전관리) • 법 제51조(방화지구 안의 건축물) • 법 제52조(건축물의 마감재료) • 법 제52조의2(실내건축) • 법 제62조(건축설비기준 등) • 법 제64조(승강기)에 따른 대지의 안전, 건축물의 구조상 안전, 건축설비 등에 관한 기술적 기준	
기술적 기준의 규정	국토교통부령으로 정함.	
세부기준의 규정	• 국토교통부장관이 정하거나 • 국토교통부장관이 지정하는 연구기관(시험기관·검사기관을 포함), 학술단체 그 밖의 관련전문기관 또는 단체가 국토교통부장관의 승인을 받아 정할 수 있음.	■ 국토교통부장관은 세부기준을 정하거나 승인을 하고자 할 때에는 미리 건축위원회의 심의를 거쳐야 함. ■ 국토교통부장관은 세부기준을 정하거나 승인을 한 경우에는 이를 고시하여야 함.

【2】신기술·신제품인 건축설비의 기술적 기준

① 국토교통부장관은 위 규정으로는 기술적 기준 및 세부기준을 적용하기 어려운 건축설비에 관한 기술·제품이 개발된 경우, 개발한 자의 신청을 받아 그 기술·제품을 평가하여 신규성·진보성 및 현장 적용성이 있다고 판단하는 경우 아래 절차에 따라 설치 등을 위한 기준을 건축위원회의 심의를 거쳐 인정할 수 있다.

▪ 건축설비의 기술적 기준 인정 절차	
1. 신청	기술적 기준을 인정받으려는 자는 서류(※)를 국토교통부장관에게 제출해야 한다.
2. 검토	국토교통부장관은 서류를 제출받으면 한국건설기술연구원에 그 기술·제품이 신규성·진보성 및 현장 적용성이 있는지 여부에 대해 검토를 요청할 수 있다.
3. 심의와 인정	국토교통부장관은 기술적 기준의 인정 요청을 받은 기술·제품이 신규성·진보성 및 현장 적용성이 있다고 판단되면 그 기술적 기준을 중앙건축위원회의 심의를 거쳐 인정할 수 있다.
4. 유효기간 지정	국토교통부장관은 기술적 기준을 인정할 때 5년의 범위에서 유효기간을 정할 수 있다. (유효기간은 국토교통부령으로 정하는 바에 따라 연장 가능)
5. 고시	국토교통부장관은 기술적 기준을 인정하면 그 기준과 유효기간을 관보에 고시하고, 인터넷 홈페이지에 게재해야 한다.

※ 제출서류

- 신기술·신제품인 건축설비의 기술적 기준 인정 신청서(별지 제27호의2서식)와 아래의 첨부서류
  * 아래 서류는 있는 경우에만 첨부

1. 신기술·신제품인 건축설비의 구체적인 내용·기능과 해당 건축설비의 신규성·진보성 및 현장 적용성에 관한 내용을 적은 서류

	종류	근거법령	
2. 신기술·신제품인 건축설비와 관련된 우측란의 증서·서류 등의 사본	① 신기술 지정증서	「건설기술 진흥법 시행령」 제33조제1항	
	② 특허증	「특허법」 제86조	
	③ 신기술 인증서	「산업기술혁신촉진법 시행령」	제18조제6항
	④ 신기술적용제품 확인서		제18조의4제2항
	⑤ 신제품 인증서		제18조제6항
	⑥ 그 밖에 다른 법령에 따라 발급받은 증서·서류 등	–	
3. 한국산업표준 중 인정을 신청하는 신기술·신제품인 건축설비와 관련된 부분		「산업표준화법」 제12조	

4. 국제표준화기구(ISO)에서 정한 내용 중 인정을 신청하는 신기술·신제품인 건축설비와 관련된 부분

5. 그 밖에 신기술·신제품인 건축설비의 기술적 기준 인정에 필요한 서류로서 국토교통부장관이 정하여 고시하는 서류

② 앞 ①에서 정한 사항 외에 건축설비 기술·제품의 평가 및 그 기술적 기준 인정에 관하여 필요한 세부 사항은 국토교통부장관이 정하여 고시할 수 있다.

【3】 인정받은 기준의 유효기간 연장

① 기술적 기준에 대한 인정을 받은 자가 유효기간을 연장받으려는 경우 유효기간 만료일의 6개월 전까지 신기술·신제품인 건축설비의 기술적 기준 유효기간 연장 신청서(별지 제27호의2서식)를 국토교통부장관에게 제출해야 한다.

② 유효기간을 연장하는 경우 5년의 범위에서 연장할 수 있다.

18 건축물 구조 및 재료 등에 관한 기준의 관리 (법 제68조의3)

【1】 건축모니터링 대상 규정

법조항	내 용	법조항	내 용
법제48조	구조내력 등	법제51조	방화지구 안의 건축물
법제48조의2	건축물 내진등급의 설정	법제52조	건축물의 내부 마감재료
법제49조	건축물의 피난시설 및 용도제한 등	법제52조의2	실내건축
법제50조	건축물의 내화구조와 방화벽	법제52조의4	건축자재의 품질관리 등
법제50조의2	고층건축물의 피난 및 안전관리	법제53조	지하층

【2】 건축물 구조 및 재료 등에 관한 기준의 관리

① 국토교통부장관은 기후 변화나 건축기술의 변화 등에 따라 건축물의 구조 및 재료 등에 관한 기준이 적정한지를 검토하는 모니터링을 3년마다 실시하여야 한다.

② 국토교통부장관은 다음의 인력과 조직을 갖춘 전문기관을 지정하여 건축모니터링을 하게 할 수 있다.

– 인력 : 건축분야 기사 이상의 자격을 갖춘 인력 5명 이상

– 조직 : 건축모니터링을 수행할 수 있는 전담조직

8

특별건축구역 등

- **특별건축구역** : 조화롭고 창의적인 건축물의 건축을 통하여 도시경관의 창출, 건설기술 수준향상 및 건축 관련 제도개선을 도모하기 위하여 이 법 또는 관계 법령에 따른 일부 규정을 적용하지 아니하거나 완화 또는 통합하여 적용할 수 있도록 특별히 지정하는 구역
- **특별가로구역** : 조화로운 도시경관의 창출을 위하여 국토교통부장관 또는 허가권자는 경관지구에서 도로에 접한 대지의 일정 구역을 특별가로구역으로 지정(2014.1.14. 건축법 개정)
- **건축협정제도** : 도시 및 건축물의 정비를 토지소유자 등이 자발적으로 참여하여 효율적으로 추진할 수 있도록 토지소유자 등이 일정한 구역을 정하여 건축협정을 체결할 수 있도록 하는 제도(2014.1.14. 건축법 개정)
- **결합건축** : 대지간의 최단거리가 100m 이내의 범위에서 대통령령으로 정하는 범위에 있는 2개의 대지의 건축주가 서로 합의한 경우 용적률을 개별 대지마다 적용하지 아니하고, 2개 이상의 대지를 대상으로 통합적용하여 건축물을 건축할 수 있도록 하는 제도(2016.1.19. 건축법 개정)

1 특별건축구역의 지정 $\left(\begin{smallmatrix} 법 \\ 제69조 \end{smallmatrix}\right)\left(\begin{smallmatrix} 영 \\ 제105조 \end{smallmatrix}\right)\left(\begin{smallmatrix} 규칙 \\ 제38조의2 \end{smallmatrix}\right)$

법 제69조【특별건축구역의 지정】

① 국토교통부장관 또는 시·도지사는 다음 각 호의 구분에 따라 도시나 지역의 일부가 특별건축구역으로 특례 적용이 필요하다고 인정하는 경우에는 특별건축구역을 지정할 수 있다.

1. 국토교통부장관이 지정하는 경우
   가. 국가가 국제행사 등을 개최하는 도시 또는 지역의 사업구역
   나. 관계법령에 따른 국가정책사업으로서 대통령령으로 정하는 사업구역
2. 시·도지사가 지정하는 경우
   가. 지방자치단체가 국제행사 등을 개최하는 도시 또는 지역의 사업구역
   나. 관계법령에 따른 도시개발·도시재정비 및 건축문화 진흥사업으로서 건축물 또는 공간환경을 조성하기 위하여 대통령령으로 정하는 사업구역
   다. 그 밖에 대통령령으로 정하는 도시 또는 지역의 사업구역

② 다음 각 호의 어느 하나에 해당하는 지역·구역 등에 대하여는 제1항에도 불구하고 특별건축구역으로 지정할 수 없다. 〈개정 2016.2.3.〉

1. 「개발제한구역의 지정 및 관리에 관한 특별조치법」에 따른 개발제한구역
2. 「자연공원법」에 따른 자연공원
3. 「도로법」에 따른 접도구역
4. 「산지관리법」에 따른 보전산지
5. 삭제 〈2016.2.3.〉

③ 국토교통부장관 또는 시·도지사는 특별건축구역으로 지정하고자 하는 지역이 「군사기지 및 군사시설 보호법」에 따른 군사기지 및 군사시설 보호구역에 해당하는 경우에는 국방부장관과 사전에 협의하여야 한다. 〈신설 2016.2.3.〉

해설 국토교통부장관은 조화롭고 창의적인 건축물의 건축을 통하여 도시경관의 창출등을 도모하기 위하여 일부규정의 적용제외, 완화 등 특례적용이 필요하다고 인정하는 경우 도시나 지역의 일부를 특별건축구역으로 지정할 수 있다.

1 특별건축구역의 대상 사업구역

지정권자	대상사업구역 등	
국토교통부 장관	1. 국가가 국제행사 등을 개최하는 도시 또는 지역의 사업구역	
	2. 관계법령에 따른 국가정책사업으로서 다음 사업구역	① 「신행정수도 후속대책을 위한 연기·공주지역 행정중심복합도시 건설을 위한 특별법」에 따른 행정중심복합도시의 사업구역 ② 「혁신도시 조성 및 발전에 관한 특별법」에 따른 혁신도시의 사업구역 ③ 「경제자유구역의 지정 및 운영에 관한 특별법」에 따라 지정된 경제자유구역 ④ 「택지개발촉진법」에 따른 택지개발사업구역 ⑤ 「공공주택 특별법」에 따른 공공주택지구 ⑥ 「도시개발법」에 따른 도시개발구역 ⑦ 「아시아문화중심도시 조성에 관한 특별법」에 따른 국립아시아문화전당 건설사업구역 ⑧ 「국토의 계획 및 이용에 관한 법률」에 따른 지구단위계획구역 중 현상설계(懸賞設計) 등에 따른 창의적 개발을 위한 특별계획구역
시·도지사	1. 지방자치단체가 국제행사 등을 개최하는 도시 또는 지역의 사업구역	
	2. 관계법령에 따른 도시개발·도시재정비 및 건축문화진흥사업으로서 건축물 또는 공간환경을 조성하기 위한 다음 사업구역	① 「경제자유구역의 지정 및 운영에 관한 특별법」 제4조에 따라 지정된 경제자유구역 ② 「택지개발촉진법」에 따른 택지개발사업구역 ③ 「도시 및 주거환경정비법」에 따른 정비구역 ④ 「도시개발법」에 따른 도시개발구역 ⑤ 「도시재정비 촉진을 위한 특별법」에 따른 재정비촉진구역 ⑥ 「제주특별자치도 설치 및 국제자유도시 조성을 위한 특별법」에 따른 국제자유도시의 사업구역 ⑦ 「국토의 계획 및 이용에 관한 법률」에 따른 지구단위계획구역 중 현상설계(懸賞設計) 등에 따른 창의적 개발을 위한 특별계획구역 ⑧ 「관광진흥법」에 따른 관광지, 관광단지 또는 관광특구 ⑨ 「지역문화진흥법」에 따른 문화지구
	3. 그 밖에 도시 또는 지역의 사업구역	① 건축문화 진흥을 위하여 국토교통부령으로 정하는 건축물 또는 공간환경을 조성하는 지역 ② 주거, 상업, 업무 등 다양한 기능을 결합하는 복합적인 토지 이용을 증진시킬 필요가 있는 지역으로서 다음 요건을 모두 갖춘 지역 - 도시지역일 것 - 「국토의 계획 및 이용에 관한 법률」에 따른 용도지역 안에서의 건축제한 적용을 배제할 필요가 있을 것 ③ 그 밖에 도시경관의 창출, 건설기술 수준향상 및 건축 관련 제도개선을 도모하기 위하여 특별건축구역으로 지정할 필요가 있다고 시·도지사가 인정하는 도시 또는 지역

② 특별건축구역으로 지정할 수 없는 구역 등

【1】 특별건축구역으로 지정할 수 없는 지역·구역 등

1. 「개발제한구역의 지정 및 관리에 관한 특별조치법」에 따른 개발제한구역

2. 「자연공원법」에 따른 자연공원

3. 「도로법」에 따른 접도구역

4. 「산지관리법」에 따른 보전산지

【2】 특별건축구역 지정시 사전 협의

국토교통부장관 또는 시·도지사는 특별건축구역으로 지정하고자 하는 지역이 「군사기지 및 군사시설 보호법」에 따른 군사기지 및 군사시설 보호구역에 해당하는 경우 국방부장관과 사전에 협의하여야 한다.

2 특별건축구역 안의 특례사항 적용 대상 건축물 $\left(\substack{법 \\ 제70조}\right)\left(\substack{영 \\ 제106조}\right)$

법 제70조 【특별건축구역의 건축물】
　특별건축구역에서 제73조에 따라 건축기준 등의 특례사항을 적용하여 건축할 수 있는 건축물은 다음 각 호의 어느 하나에 해당되어야 한다.
　1. 국가 또는 지방자치단체가 건축하는 건축물
　2. 「공공기관의 운영에 관한 법률」 제4조에 따른 공공기관 중 대통령령으로 정하는 공공기관이 건축하는 건축물
　3. 그 밖에 대통령령으로 정하는 용도·규모의 건축물로서 도시경관의 창출, 건설기술 수준향상 및 건축 관련 제도개선을 위하여 특례 적용이 필요하다고 허가권자가 인정하는 건축물

해설 특별건축구역에서는 대상 건축물에 대하여 건축기준 등의 특례사항을 적용하여 건축할 수 있다.

■ 대상건축물

【1】 국가 등이 건축하는 건축물

1. 국가 또는 지방자치단체가 건축하는 건축물

2. 공공기관*이 건축하는 건축물
　* 공공기관의 종류
　　① 한국토지주택공사　② 한국수자원공사　③ 한국도로공사　④ 한국철도공사
　　⑤ 국가철도공단　　　⑥ 한국관광공사　　⑦ 한국농촌공사

【2】 위 【1】 외에 도시경관의 창출, 건설기술 수준향상 및 건축 관련 제도개선을 위하여 특례 적용이 필요하다고 허가권자가 인정하는 건축물(시행령 별표3)

용 도		규모(연면적 또는 세대)
1.	문화 및 집회시설, 판매시설, 운수시설, 의료시설, 교육연구시설, 수련시설	2,000㎡ 이상
2.	운동시설, 업무시설, 숙박시설, 관광휴게시설, 방송통신시설	3,000㎡ 이상
3.	종교시설	–
4.	노유자시설	500㎡ 이상
5.	공동주택 (주거용 외의 용도와 복합된 건축물 포함)	100세대 이상
6. 단독주택	① 한옥 또는 한옥건축양식의 단독주택	10동 이상
	② 그 밖의 단독주택	30동 이상
7.	그 밖의 용도	1,000㎡ 이상

비고
1. 위의 용도에 해당하는 건축물은 허가권자가 인정하는 비슷한 용도의 건축물을 포함한다.
2. 위의 용도가 복합된 건축물의 경우 해당 용도의 연면적의 합한 값 이상이어야 한다.
  (공동주택과 주거용 외의 용도가 복합된 경우 각각 해당 용도의 연면적 또는 세대 기준에 적합할 것)
3. 위 표 6.①의 건축물에는 허가권자가 인정하는 범위에서 단독주택 외의 용도로 쓰는 한옥 또는 한옥건축양식의 건축물을 일부 포함할 수 있다.

3 특별건축구역의 지정절차 등 (법 제71조) (영 제107조, 제107조의2) (규칙 제38조의3, 4)

법 제71조 【특별건축구역의 지정절차 등】
① 중앙행정기관의 장, 제69조제1항 각 호의 사업구역을 관할하는 시·도지사 또는 시장·군수·구청장(이하 이 장에서 "지정신청기관"이라 한다)은 특별건축구역의 지정이 필요한 경우에는 다음 각 호의 자료를 갖추어 중앙행정기관의 장 또는 시·도지사는 국토교통부장관에게, 시장·군수·구청장은 특별시장·광역시장·도지사에게 각각 특별건축구역의 지정을 신청할 수 있다. 〈개정 2014.1.14〉
1. 특별건축구역의 위치·범위 및 면적 등에 관한 사항
2. 특별건축구역의 지정 목적 및 필요성
3. 특별건축구역 내 건축물의 규모 및 용도 등에 관한 사항
4. 특별건축구역의 도시·군관리계획에 관한 사항. 이 경우 도시·군관리계획의 세부 내용은 대통령령으로 정한다.
5. 건축물의 설계, 공사감리 및 건축시공 등의 발주방법 등에 관한 사항
6. 제74조에 따라 특별건축구역 전부 또는 일부를 대상으로 통합하여 적용하는 미술작품, 부설주차장, 공원 등의 시설에 대한 운영관리 계획서. 이 경우 운영관리 계획서의 작성방법, 서식, 내용 등에 관한 사항은 국토교통부령으로 정한다.
7. 그 밖에 특별건축구역의 지정에 필요한 대통령령으로 정하는 사항

② 제1항에 따른 지정신청기관 외의 자는 제1항 각 호의 자료를 갖추어 제69조제1항제2호의 사업구역을 관할하는 시·도지사에게 특별건축구역의 지정을 제안할 수 있다. 〈신설 2020.4.7.〉

③ 제2항에 따른 특별건축구역 지정 제안의 방법 및 절차 등에 관하여 필요한 사항은 대통령령으로 정한다. 〈신설 2020.4.7.〉

④ 국토교통부장관 또는 특별시장·광역시장·도지사는 제1항에 따라 지정신청이 접수된 경우에는 특별건축구역 지정의 필요성, 타당성 및 공공성 등과 피난·방재 등의 사항을 검토하고, 지정 여부를 결정하기 위하여 지정신청을 받은 날부터 30일 이내에 국토교통부장관이 지정신청을 받은 경우에는 국토교통부장관이 두는 건축위원회(이하 "중앙건축위원회"라 한다), 특별시장·광역시장·도지사가 지정신청을 받은 경우에는 각각 특별시장·광역시장·도지사가 두는 건축위원회의 심의를 거쳐야 한다. 〈개정 2020.4.7.〉

⑤ 국토교통부장관 또는 특별시장·광역시장·도지사는 각각 중앙건축위원회 또는 특별시장·광역시장·도지사가 두는 건축위원회의 심의 결과를 고려하여 필요한 경우 특별건축구역의 범위, 도시·군관리계획 등에 관한 사항을 조정할 수 있다. 〈개정 2020.4.7.〉

⑥ 국토교통부장관 또는 시·도지사는 필요한 경우 직권으로 특별건축구역을 지정할 수 있다. 이 경우 제1항 각 호의 자료에 따라 특별건축구역 지정의 필요성, 타당성 및 공공성 등과 피난·방재 등의 사항을 검토하고 각각 중앙건축위원회 또는 시·도지사가 두는 건축위원회의 심의를 거쳐야 한다. 〈개정 2020.4.7.〉

⑦ 국토교통부장관 또는 시·도지사는 특별건축구역을 지정하거나 변경·해제하는 경우에는 대통령령으로 정하는 바에 따라 주요 내용을 관보(시·도지사는 공보)에 고시하고, 국토교통부장관 또는 특별시장·광역시장·도지사는 지정신청기관에 관계 서류의 사본을 송부하여야 한다. 〈개정 2020.4.7.〉

⑧ 제7항에 따라 관계 서류의 사본을 받은 지정신청기관은 관계 서류에 도시·군관리계획의 결정사항이 포함되어 있는 경우에는 「국토의 계획 및 이용에 관한 법률」 제32조에 따라 지형도면의 승인신청 등 필요한 조치를 취하여야 한다. 〈개정 2020.4.7.〉

⑨ 지정신청기관은 특별건축구역 지정 이후 변경이 있는 경우 변경지정을 받아야 한다. 이 경우 변경지정을 받아야 하는 변경의 범위, 변경지정의 절차 등 필요한 사항은 대통령령으로 정한다. 〈개정 2020.4.7.〉

⑩ 국토교통부장관 또는 시·도지사는 다음 각 호의 어느 하나에 해당하는 경우에는 특별건축구역의 전부 또는 일부에 대하여 지정을 해제할 수 있다. 이 경우 국토교통부장관 또는 특별시장·광역시장·도지사는 지정신청기관의 의견을 청취하여야 한다. 〈개정 2020.4.7.〉

1. 지정신청기관의 요청이 있는 경우

2. 거짓이나 그 밖의 부정한 방법으로 지정을 받은 경우

3. 특별건축구역 지정일부터 5년 이내에 특별건축구역 지정목적에 부합하는 건축물의 착공이 이루어지지 아니하는 경우

4. 특별건축구역 지정요건 등을 위반하였으나 시정이 불가능한 경우

⑪ 특별건축구역을 지정하거나 변경한 경우에는 「국토의 계획 및 이용에 관한 법률」 제30조에 따른 도시·군관리계획의 결정(용도지역·지구·구역의 지정 및 변경은 제외한다)이 있는 것으로 본다. 〈개정 2020.6.9.〉

① 지정신청기관의 특별건축구역 지정 신청 등

- 공공이 특별건축구역 지정을 신청할 경우 지정 및 심의절차
- ☞ 특별건축구역 운영 가이드라인(국토교통부 훈령 제1445호, 2021.11.3.) 참조

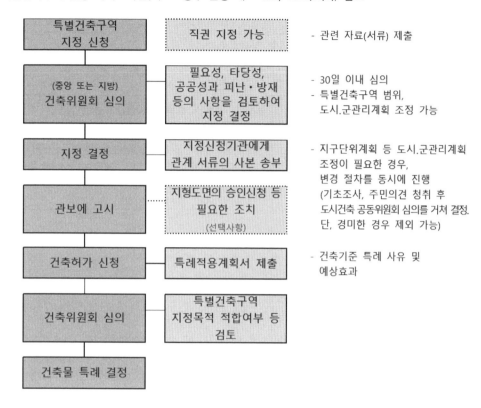

【1】 지정 신청기관의 특별건축구역 지정 신청

특별건축구역의 지정신청기관은 특별건축구역의 지정이 필요한 경우 자료를 갖추어 국토교통부장관 또는 특별시장·광역시장·도지사에게 특별건축구역의 지정을 신청할 수 있다.

(1) 지정신청기관의 범위

1. 중앙행정기관의 장
2. 특별건축구역 지정대상 사업구역을 관할하는 시·도지사
3. 특별건축구역 지정대상 사업구역을 관할하는 시장·군수·구청장

(2) 지정 신청시 갖추어야 할 자료

1. 특별건축구역의 위치·범위 및 면적 등에 관한 사항
2. 특별건축구역의 지정 목적 및 필요성
3. 특별건축구역 내 건축물의 규모 및 용도 등에 관한 사항
4. 특별건축구역의 도시·군관리계획에 관한 사항 　이 경우 도시·군관리계획의 세부 내용은 아래 <표1>과 같다.
5. 건축물의 설계, 공사감리 및 건축시공 등의 발주방법 등에 관한 사항

6. 특별건축구역 전부 또는 일부를 대상으로 통합하여 적용하는 미술장식, 부설주차장, 공원 등의 시설에 대한 운영관리 계획서<규칙 별지 제27호의3 서식>와 다음의 첨부서류
    ① 통합적용 대상건축물의 평면도 및 단면도
    ② 통합적용 대상시설의 배치도
    ③ 통합적용 대상시설의 유지·관리 및 비용 분담계획서
7. 그 밖에 특별건축구역의 지정에 필요한 사항<표2>

〈표1〉 도시·군관리계획의 세부 내용(위 (2) 4.관련)

도시·군관리계획의 세부 내용	「국토의 계획 및 이용에 관한 법률」 관련조항
1. 용도지역, 용도지구 및 용도구역에 관한 사항	· 제36조(용도지역의 지정), 제37조(용도지구의 지정), 제38조(개발제한구역의 지정), 제38조의2(도시자연공원구역의 지정), 제39조(시가화조정구역의 지정), 제40조(수산자원보호구역의 지정) · 시행령 제30조(용도지역의 세분), 제31조(용도지구의 지정), 제32조(시가화조정구역의 지정)
2. 도시·군관리계획으로 결정되었거나 설치된 도시·군계획시설의 현황 및 도시·군계획시설의 신설·변경 등에 관한 사항	· 제43조(도시·군계획시설의 설치·관리)
3. 지구단위계획구역의 지정, 지구단위계획의 내용에 관한 사항 및 지구단위계획의 수립·변경 등에 관한 사항	· 제50조(지구단위계획구역 및 지구단위계획의 결정), 제51조(지구단위계획구역의 지정 등), 제52조(지구단위계획의 내용) · 시행령 제43조(도시지역 내 지구단위계획구역 지정대상지역), 제44조(도시지역 외 지역에서의 지구단위계획구역 지정대상지역), 제45조(지구단위계획의 내용), 제46조(도시지역 내 지구단위계획구역에서의 건폐율 등의 완화적용), 제47조(도시지역 외 지구단위계획구역에서의 건폐율 등의 완화적용)

〈표2〉 그 밖에 특별건축구역의 지정에 필요한 사항(위 (2) 7.관련)

1. 특별건축구역의 주변지역에 도시·군관리계획으로 결정되었거나 설치된 도시·군계획시설에 관한 사항

2. 특별건축구역의 주변지역에 대한 지구단위계획구역의 지정 및 지구단위계획의 내용 등에 관한 사항

3. 「건축기본법」에 따른 건축디자인 기준의 반영에 관한 사항

4. 「건축기본법」에 따라 민간전문가를 위촉한 경우 그에 관한 사항

5. 주거, 상업, 업무 등 다양한 기능을 결합하는 복합적인 토지 이용에 관한 사항

【2】검토 및 심의

국토교통부장관은 위 ①에 따라 지정신청이 접수된 경우에는 특별건축구역 지정의 필요성, 타당성 및 공공성 등과 피난·방재 등의 사항을 검토하고, 지정 여부를 결정하기 위하여 지정신청을 받은 날부터 30일 이내에 다음 구분에 따른 건축위원회의 심의를 거쳐야 한다.
① 국토교통부장관이 지정신청을 받은 경우 : 중앙건축위원회
② 특별시장·광역시장·도지사가 지정신청을 받은 경우 : 특별시장·광역시장·도지사가 두는 건축위원회

【3】 국토교통부장관의 조정 등

① 국토교통부장관 또는 특별시장·광역시장·도지사는 중앙건축위원회 또는 특별시·광역시·도에 두는 건축위원회의 심의 결과를 고려하여 필요한 경우 특별건축구역의 범위, 도시·군관리계획 등에 관한 사항을 조정할 수 있다.

② 국토교통부장관 또는 시·도지사는 지정신청이 없더라도 필요한 경우 직권으로 특별건축구역을 지정할 수 있다. 이 경우 ①-(2)의 자료에 따라 특별건축구역 지정의 필요성, 타당성 및 공공성 등과 피난·방재 등의 사항을 검토하고 각각 중앙건축위원회 또는 시·도지사가 두는 건축위원회의 심의를 거쳐야 한다.

【4】 지정·변경 및 해제의 고시

국토교통부장관 또는 시·도지사는 특별건축구역을 지정하거나 변경·해제하는 경우 다음 사항을 지체없이 관보(시·도지사는 공보)에 고시하고, 지정신청기관에 관계 서류의 사본을 송부하여야 한다.

■ 관보에 고시할 내용
1. 지정·변경 또는 해제의 목적
2. 특별건축구역의 위치, 범위 및 면적
3. 특별건축구역 내 건축물의 규모 및 용도 등에 관한 주요사항
4. 건축물의 설계, 공사감리 및 건축시공 등 발주방법에 관한 사항
5. 도시계획시설의 신설·변경 및 지구단위계획의 수립·변경 등에 관한 사항
6. 그 밖에 국토교통부장관 또는 시·도지사가 필요하다고 인정하는 사항

【5】 지형도면의 승인신청 등

지정·변경 또는 해제에 대한 관계 서류의 사본을 받은 지정신청기관은 관계 서류에 도시·군관리계획의 결정사항이 포함되어 있는 경우에는 「국토의 계획 및 이용에 관한 법률」에 따라 지형도면의 승인신청 등 필요한 조치를 취하여야 한다.

【6】 특별건축구역의 변경지정

지정신청기관은 특별건축구역 지정 이후 다음 사항의 변경이 있는 경우 변경지정을 받아야 한다. 이 경우 지정신청시 제출 자료 중 변경된 부분의 자료를 갖추어 국토교통부장관 또는 특별시장·광역시장·도지사에게 변경지정 신청을 하여야 한다.

■ 변경지정 대상
1. 특별건축구역의 범위가 1/10(특별건축구역의 면적이 10만㎡ 미만인 경우 1/20) 이상 증가 또는 감소하는 경우
2. 특별건축구역의 도시·군관리계획에 관한 사항이 변경되는 경우
3. 건축물의 설계, 공사감리 및 건축시공 등 발주방법이 변경되는 경우
4. 특별건축구역의 지정 목적 및 필요성이 변경되는 경우
5. 특별건축구역 내 건축물의 규모 및 용도 등이 변경되는 경우 (건축물의 규모변경이 연면적 및 높이의 1/10 범위 이내에 해당하는 경우 또는 사용승인 신청시 일괄신고에 해당하는 변경의 경우 제외)
6. 통합적용 대상시설의 규모가 1/10 이상 변경되거나 위치가 변경되는 경우

【7】 지정의 해제

국토교통부장관 또는 시·도지사는 다음의 경우 지정신청기관의 의견을 청취하여 특별건축구역의 전부 또는 일부에 대하여 지정을 해제할 수 있다.

1. 지정신청기관의 요청이 있는 경우

2. 거짓이나 그 밖의 부정한 방법으로 지정을 받은 경우

3. 특별건축구역 지정일부터 5년 이내에 특별건축구역 지정목적에 부합하는 건축물의 착공이 이루어지지 아니하는 경우

4. 특별건축구역 지정요건 등을 위반하였으나 시정이 불가능한 경우

② 지정신청기관 외의 자의 지정 제안 절차 등

■ 민간이 특별건축구역 지정을 제안할 경우의 지정 및 심의 절차

☞ 특별건축구역 운영 가이드라인(국토교통부 훈령 제1445호, 2021.11.3.) 참조

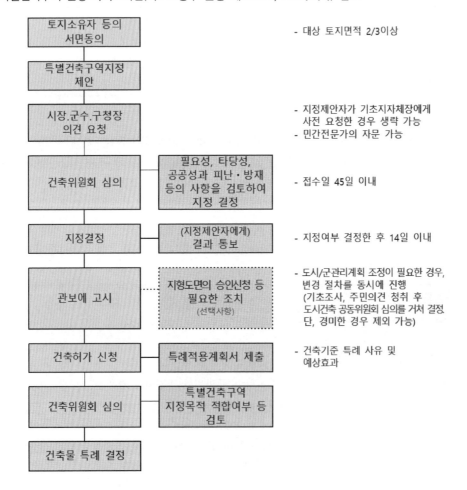

- 토지소유자 등의 서면동의 → 대상 토지면적 2/3이상

- 특별건축구역지정 제안

- 시장.군수.구청장 의견 요청 → - 지정제안자가 기초지자체장에게 사전 요청한 경우 생략 가능 / - 민간전문가의 자문 가능

- 건축위원회 심의 — 필요성, 타당성, 공공성과 피난·방재 등의 사항을 검토하여 지정 결정 → - 접수일 45일 이내

- 지정결정 — (지정제안자에게) 결과 통보 → - 지정여부 결정한 후 14일 이내

- 관보에 고시 ┄┄ 지형도면의 승인신청 등 필요한 조치 (선택사항) → - 도시/군관리계획 조정이 필요한 경우, 변경 절차를 동시에 진행 (기초조사, 주민의견 청취 후 도시건축 공동위원회 심의를 거쳐 결정 단, 경미한 경우 제외 가능)

- 건축허가 신청 — 특례적용계획서 제출 → - 건축기준 특례 사유 및 예상효과

- 건축위원회 심의 — 특별건축구역 지정목적 적합여부 등 검토

- 건축물 특례 결정

【1】 지정신청기관 외의 자의 지정 제안

① 지정신청기관 외의 자는 시·도지사가 지정하는 경우의 대상 사업구역을 관할하는 시·도지사에게 특별건축구역의 지정을 제안할 수 있다.

② 특별건축구역 지정을 제안하려는 자는 앞 ① (2)의 자료를 갖추어 시장·군수·구청장에게 의견을 요청할 수 있다.

【2】 검토의견의 통보

시장·군수·구청장은 의견 요청을 받으면 특별건축구역 지정의 필요성, 타당성, 공공성 등과 피난·방재 등의 사항을 검토하여 의견을 통보해야 한다.

* 이 경우 「건축기본법」에 따라 시장·군수·구청장이 위촉한 민간전문가의 자문을 받을 수 있다.

【3】 토지소유자의 서면 동의

① 특별건축구역 지정을 제안하려는 자는 시·도지사에게 제안 전 아래 토지소유자의 서면 동의를 받아야 한다.

■ 토지소유자
1. 대상 토지 면적(국유지·공유지의 면적은 제외)의 2/3분 이상에 해당하는 토지소유자
2. 국유지 또는 공유지의 재산관리청(국유지 또는 공유지가 포함되어 있는 경우로 한정)

② 토지소유자의 서면 동의 방법(* 별지 제27호의4 서식)

구 분	동의 방법	토지소유자의 제출서류
1. 원칙적인 경우	특별건축구역 지정 제안 동의서*에 지장을 날인하고 자필로 서명	• 특별건축구역 지정 제안 동의서* • 주민등록증·여권 등 신원을 확인할 수 있는 신분증명서의 사본
2. 토지소유자가 해외에 장기 체류하거나 법인인 경우 등 불가피한 사유가 있다고 시·도지사가 인정하는 경우	특별건축구역 지정 제안 동의서*에 토지소유자의 인감도장을 날인	• 특별건축구역 지정 제안 동의서* • 해당 인감증명서 첨부

【4】 제안 서류의 제출

특별건축구역 지정을 제안하려는 자는 다음의 서류를 시·도지사에게 제출해야 한다.

■ 제안시 제출 서류
1. 앞 ① (2)의 자료
2. 시장·군수·구청장의 의견(의견을 요청한 경우로 한정)
3. 토지소유자 및 재산관리청의 서면 동의서

【5】 토지등기사항증명서의 확인

시·도지사는 토지소유자의 특별건축구역 지정 제안 동의서를 받으면 행정정보의 공동이용을 통해 토지등기사항증명서를 확인해야 한다. 예외 토지소유자가 확인에 동의하지 않는 경우 토지등기사항증명서를 첨부

【6】 심의 및 지정여부의 결정

① 시·도지사는 서류를 받은 날부터 45일 이내에 특별건축구역 지정의 필요성, 타당성, 공공성 등과 피난·방재 등의 사항을 검토하여 특별건축구역 지정여부를 결정해야 한다.

② 이 경우 관할 시장·군수·구청장의 의견을 청취(시장·군수·구청장의 의견서를 제출받은 경우는 제외)한 후 시·도지사가 두는 건축위원회의 심의를 거쳐야 한다.

【7】 결과의 통보

시·도지사는 지정여부를 결정한 날부터 14일 이내에 특별건축구역 지정을 제안한 자에게 그 결과를 통보해야 한다.

【8】 변경지정의 제안시 규정준용 등

① 지정된 특별건축구역에 대한 변경지정의 제안에 관하여는 앞(【1】 ~ 【7】)의 규정을 준용한다.

② 앞의 규정한 사항 외에 특별건축구역의 지정에 필요한 세부 사항은 국토교통부장관이 정하여 고시한다.

■4 특별건축구역내 건축물의 심의 등 (법 제72조) (영 제108조) (규칙 제38조의5)

법 제72조 【특별건축구역 내 건축물의 심의 등】

① 특별건축구역에서 제73조에 따라 건축기준 등의 특례사항을 적용하여 건축허가를 신청하고자 하는 자(이하 이 조에서 "허가신청자"라 한다)는 다음 각 호의 사항이 포함된 특례적용계획서를 첨부하여 제11조에 따라 해당 허가권자에게 건축허가를 신청하여야 한다. 이 경우 특례적용계획서의 작성방법 및 제출서류 등은 국토교통부령으로 정한다.

1. 제5조에 따라 기준을 완화하여 적용할 것을 요청하는 사항
2. 제71조에 따른 특별건축구역의 지정요건에 관한 사항
3. 제73조제1항의 적용배제 특례를 적용한 사유 및 예상효과 등
4. 제73조제2항의 완화적용 특례의 동등 이상의 성능에 대한 증빙내용
5. 건축물의 공사 및 유지·관리 등에 관한 계획

② 제1항에 따른 건축허가는 해당 건축물이 특별건축구역의 지정 목적에 적합한지의 여부와 특례적용계획서 등 해당 사항에 대하여 제4조제1항에 따라 시·도지사 및 시장·군수·구청장이 설치하는 건축위원회(이하 "지방건축위원회"라 한다)의 심의를 거쳐야 한다.

③ 허가신청자는 제1항에 따른 건축허가 시「도시교통정비 촉진법」제16조에 따른 교통영향평가서의 검토를 동시에 진행하고자 하는 경우에는 같은 법 제16조에 따른 교통영향평가서에 관한 서류를 첨부하여 허가권자에게 심의를 신청할 수 있다. 〈개정 2015.7.24〉

④ 제3항에 따라 교통영향평가서에 대하여 지방건축위원회에서 통합심의한 경우에는「도시교통정비 촉진법」제17조에 따른 교통영향분석·개선대책의 심의를 한 것으로 본다. 〈개정 2015.7.24.〉

⑤ 제1항 및 제2항에 따라 심의된 내용에 대하여 대통령령으로 정하는 변경사항이 발생한 경우에는 지방건축위원회의 변경심의를 받아야 한다. 이 경우 변경심의는 제1항에서 제3항까지의 규정을 준용한다.

⑥ 국토교통부장관 또는 특별시장·광역시장·도지사는 건축제도의 개선 및 건설기술의 향상을 위하여 허가권자의 의견을 들어 특별건축구역 내에서 제1항 및 제2항에 따라 건축허가를 받은 건축물에 대하여 모니터링(특례를 적용한 건축물에 대하여 해당 건축물의 건축시공, 공사감리, 유지·관리 등의 과정을 검토하고 실제로 건축물에 구현된 기능·미관·환경 등을 분석하여 평가하는 것을 말한다. 이하 이 장에서 같다)을 실시할 수 있다. 〈개정 2016.2.3.〉

⑦ 허가권자는 제1항 및 제2항에 따라 건축허가를 받은 건축물의 특례적용계획서를 심의하는 데에 필요한 국토교통부령으로 정하는 자료를 특별시장·광역시장·특별자치시장·도지사·특별자치도지사는 국토교통부장관에게, 시장·군수·구청장은 특별시장·광역시장·도지사에게 각각 제출하여야 한다. 〈개정 2016.2.3.〉

⑧ 제1항 및 제2항에 따라 건축허가를 받은 「건설기술 진흥법」 제2조제6호에 따른 발주청은 설계의도의 구현, 건축시공 및 공사감리의 모니터링, 그 밖에 발주청이 위탁하는 업무의 수행 등을 위하여 필요한 경우 설계자를 건축허가 이후에도 해당 건축물의 건축에 참여하게 할 수 있다. 이 경우 설계자의 업무내용 및 보수 등에 관하여는 대통령령으로 정한다.
〈개정 2013.5.22〉

① 특별건축구역에서의 허가신청

특별건축구역에서 건축기준 등의 특례사항을 적용하여 건축허가를 신청하고자 하는 자(허가신청자)는 다음의 사항이 포함된 특례적용계획서(규칙 별지 제27호의5 서식)와 관련서류를 첨부하여 해당 허가권자에게 건축허가를 신청하여야 한다.

【1】 특례적용계획서에 포함될 사항

1. 기준을 완화하여 적용할 것을 요청하는 사항(법 제5조)

2. 특별건축구역의 지정요건에 관한 사항(법 제71조)

3. 적용배제 특례를 적용한 사유 및 예상효과 등(법 제73조제1항)

4. 완화적용 특례의 동등 이상의 성능에 대한 증빙내용(법 제73조제2항)

5. 건축물의 공사 및 유지·관리 등에 관한 계획

【2】 첨부서류

1. 특례적용 대상건축물의 개략설계도서

2. 특례적용 대상건축물의 배치도

3. 특례적용 대상건축물의 내화·방화·피난 또는 건축설비도

4. 특례적용 신기술의 세부 설명자료

② 건축허가시의 심의 등

【1】 건축허가는 해당 건축물이 특별건축구역의 지정 목적에 적합한지의 여부와 특례적용계획서등 해당 사항에 대하여 지방건축위원회의 심의를 거쳐야 한다.

【2】 허가신청자는 건축허가 시 교통영향평가서의 검토를 동시에 진행하고자 하는 경우 관련 서류를 첨부하여 허가권자에게 심의를 신청할 수 있다. 이에 따라 통합심의한 경우 교통영향평가서의 심의를 한 것으로 본다.

【3】 지방건축위원회에서 심의된 내용에 대하여 다음의 변경사항이 발생한 경우 지방건축위원회의 변경심의를 받아야 한다.

■ 지방건축위원회의 변경심의 대상

1. 건축허가등의 변경허가를 받아야 하는 경우
2. 용도 변경허가를 받거나 변경신고를 하여야 하는 경우
3. 건축물 외부의 디자인, 형태 또는 색채를 변경하는 경우
4. 특별건축구역에 건축하는 건축물의 적용배제특례 및 적용완화특례 사항을 변경하는 경우

③ 모니터링 대상 건축물의 지정

【1】 국토교통부장관 또는 특별시장·광역시장·도지사는 건축제도의 개선 및 건설기술의 향상을 위하여 허가권자의 의견을 들어 특별건축구역 내에서 위 ①, ②에 따라 건축허가를 받은 건축물 대하여 모니터링을 실시할 수 있다.

【2】 모니터링의 의미
특례를 적용한 건축물에 대하여 해당 건축물의 건축시공, 공사감리, 유지·관리 등의 과정을 검토하고 실제로 건축물에 구현된 기능·미관·환경 등을 분석하여 평가하는 것

④ 허가권자의 자료제출 의무

【1】 허가권자는 특례적용계획서를 심의하는데 필요한 자료를 특별시장·광역시장·특별자치시장·도지사·특별자치도지사는 국토교통부장관에게, 시장·군수·구청장은 특별시장·광역시장·도지사에게 각각 제출하여야 한다.

【2】 심의에 필요한 자료

1. 특례적용 대상건축물의 개략설계도서
2. 특례적용 대상건축물의 배치도
3. 특례적용 대상건축물의 내화 · 방화 · 피난 또는 건축설비도
4. 특례적용 신기술의 세부 설명자료

⑤ 건축허가를 받은 발주청의 조치 등

【1】 건축허가를 받은 「건설기술 진흥법」에 따른 발주청은 설계의도의 구현, 건축시공 및 공사감리의 모니터링, 그 밖에 발주청이 위탁하는 업무의 수행 등을 위하여 필요한 경우 설계자를 건축허가 이후에도 해당 건축물의 건축에 참여하게 할 수 있다.

【2】 설계자가 해당 건축물의 건축에 참여하는 경우 공사시공자 및 공사감리자는 특별한 사유기 있는 경우를 제외하고는 설계자의 자문의견을 반영하도록 하여야 한다.

【3】 건축에 참여하는 설계자의 업무내용

1. 모니터링(「건축법」 제72조제6항)	설계자 업무내용에 대한 보수는 엔지니어링사업대가의 기준의 범위에서 국토교통부장관이 정하여 고시한다.
2. 설계변경에 대한 자문	
3. 건축디자인 및 도시경관 등에 관한 설계의도의 구현을 위한 자문	
4. 그 밖에 발주청이 위탁하는 업무	

【4】 그 밖에 특별건축구역 내 건축물의 심의 및 건축허가 이후 해당 건축물의 건축에 대한 설계자의 참여에 관한 세부 사항은 국토교통부장관이 정하여 고시한다.

5 관계법령의 적용 특례 및 통합적용계획의 수립 등 (법 제73조, 제74조) (영 제109조)

법 제73조【관계 법령의 적용 특례】

① 특별건축구역에 건축하는 건축물에 대하여는 다음 각 호를 적용하지 아니할 수 있다. 〈개정 2016.1.19., 2016.2.3.〉

1. 제42조, 제55조, 제56조, 제58조, 제60조 및 제61조

2.「주택법」 제35조 중 대통령령으로 정하는 규정

② 특별건축구역에 건축하는 건축물이 제49조, 제50조, 제50조의2, 제51조부터 제53조까지, 제62조 및 제64조와 「녹색건축물 조성 지원법」 제15조에 해당할 때에는 해당 규정에서 요구하는 기준 또는 성능 등을 다른 방법으로 대신할 수 있는 것으로 지방건축위원회가 인정하는 경우에만 해당 규정의 전부 또는 일부를 완화하여 적용할 수 있다. 〈개정 2014.1.14〉

③ 「소방시설 설치 및 관리에 관한 법률」 제12조와 제13조에서 요구하는 기준 또는 성능 등을 대통령령으로 정하는 절차·심의방법 등에 따라 다른 방법으로 대신할 수 있는 경우 전부 또는 일부를 완화하여 적용할 수 있다. 〈개정 2011.8.4〉

법 제74조【통합적용계획의 수립 및 시행】

① 특별건축구역에서는 다음 각 호의 관계 법령의 규정에 대하여는 개별 건축물마다 적용하지 아니하고 특별건축구역 전부 또는 일부를 대상으로 통합하여 적용할 수 있다. 〈개정 2014.1.14〉

1.「문화예술진흥법」 제9조에 따른 건축물에 대한 미술작품의 설치

2.「주차장법」 제19조에 따른 부설주차장의 설치

3.「도시공원 및 녹지 등에 관한 법률」에 따른 공원의 설치

② 통합하여 적용하려는 경우에는 특별건축구역 전부 또는 일부에 대하여 미술작품, 부설주차장, 공원 등에 대한 수요를 개별법으로 정한 기준 이상으로 산정하여 파악하고 이용자의 편의성, 쾌적성 및 안전 등을 고려한 통합적용계획을 수립하여야 한다. 〈개정 2014.1.14〉

③ 지정신청기관이 제2항에 따라 통합적용계획을 수립하는 때에는 해당 구역을 관할하는 허가권자와 협의하여야 하며, 협의요청을 받은 허가권자는 요청받은 날부터 20일 이내에 지정신청기관에게 의견을 제출하여야 한다.

④ 지정신청기관은 도시·군관리계획의 변경을 수반하는 통합적용계획이 수립된 때에는 관련 서류를 「국토의 계획 및 이용에 관한 법률」 제30조에 따른 도시·군관리계획 결정권자에게 송부하여야 하며, 이 경우 해당 도시·군관리계획 결정권자는 특별한 사유가 없으면 도시·군관리계획의 변경에 필요한 조치를 취하여야 한다. 〈개정 2020.6.9.〉

① 관계 법령의 적용 특례

특별건축구역에 건축하는 건축물에 대한 법규정을 적용하지 않거나 완화하여 적용할 수 있다.

적용배제 가능한 규정	완화적용 가능한 규정[2]	기타 완화 가능한 규정
1. 대지의 조경(제42조) 2. 건축물의 건폐율(제55조) 3. 건축물의 용적률(제56조) 4. 대지 안의 공지(제58조) 5. 건축물의 높이 제한(제60조) 6. 일조 등의 확보를 위한 건축물의 높이 제한(제61조) 7. 「주택법」 제35조 중 대통령령으로 정하는 규정[1]	1. 건축물의 피난시설 및 용도제한 등(제49조) 2. 건축물의 내화구조와 방화벽(제50조) 3. 고층건축물의 피난 및 안전관리(제50조의2) 4. 방화지구 안의 건축물(제51조) 5. 건축물의 내부 마감재료(제52조) 6. 실내건축(제52조의2) 7. 지하층(제53조) 8. 건축설비기준 등(제62조) 9. 승강기(제64조) 10. 건축물에 대한 효율적인 에너지 관리와 녹색건축물 건축의 활성화(녹색건축물 조성 지원법 제15조)	「소방시설 설치 및 관리에 관한 법률」 제12조와 제13조에서 요구하는 기준 또는 성능 등을 지방소방기술심의위원회의 심의를 거치거나 소방본부장 또는 소방서장과 협의하여 다른 방법으로 대신할 수 있는 경우 전부 또는 일부를 완화 적용 가능

1) 「주택건설기준 등에 관한 규정」 제10조(공동주택의 배치), 제13조(기준척도), 제29조(조경시설등)/삭제 2014.10.28, 제35조(비상급수시설), 제37조(난방설비 등), 제50조(근린생활시설 등) 및 제52조(유치원)
2) 특별건축구역에 건축하는 건축물이 해당 규정에서 요구하는 기준 또는 성능 등을 다른 방법으로 대신할 수 있는 것으로 지방건축위원회가 인정하는 경우에 한하여 해당 규정의 전부 또는 일부를 완화 적용 가능

② 통합적용계획의 수립 및 시행

【1】 특별건축구역에서는 다음의 관계 법령의 규정에 대하여는 개별 건축물마다 적용하지 아니하고 특별건축구역 전부 또는 일부를 대상으로 통합하여 적용할 수 있다.

대 상	관 계 법
1. 건축물에 대한 미술작품의 설치	「문화예술진흥법」 제9조
2. 부설주차장의 설치	「주차장법」 제19조
3. 공원의 설치	「도시공원 및 녹지 등에 관한 법률」

【2】 지정신청기관은 관계 법령의 규정을 통합하여 적용하려는 경우에는 특별건축구역 전부 또는 일부에 대하여 미술작품, 부설주차장, 공원 등에 대한 수요를 개별법에서 정한 기준 이상으로 산정하여 파악하고 이용자의 편의성, 쾌적성 및 안전 등을 고려한 통합적용계획을 수립하여야 한다.

【3】 지정신청기관이 통합적용계획을 수립하는 때에는 해당 구역을 관할하는 허가권자와 협의하여야 하며, 협의요청을 받은 허가권자는 요청받은 날부터 20일 이내에 지정신청기관에게 의견을 제출하여야 한다.

【4】 지정신청기관은 도시·군관리계획의 변경을 수반하는 통합적용계획이 수립된 때에는 관련 서류를 도시·군관리계획 결정권자에게 송부하여야 하며, 이 경우 해당 도시·군관리계획 결정권자는 특별한 사유가 없으면 도시·군관리계획의 변경에 필요한 조치를 취하여야 한다.

6 건축주, 허가권자 등의 의무 (법 제75조, 제76조)

법 제75조【건축주 등의 의무】
① 특별건축구역에서 제73조에 따라 건축기준 등의 적용 특례사항을 적용하여 건축허가를 받은 건축물의 공사감리자, 시공자, 건축주, 소유자 및 관리자는 시공 중이거나 건축물의 사용승인 이후에도 당초 허가를 받은 건축물의 형태, 재료, 색채 등이 원형을 유지하도록 필요한 조치를 하여야 한다.
② 삭제〈2016.2.3.〉

법 제76조【허가권자 등의 의무】
① 허가권자는 특별건축구역의 건축물에 대하여 설계자의 창의성·심미성 등의 발휘와 제도개선·기술발전 등이 유도될 수 있도록 노력하여야 한다.
② 허가권자는 제77조제2항에 따른 모니터링 결과를 국토교통부장관 또는 특별시장·광역시장·도지사에게 제출하여야 하며, 국토교통부장관 또는 특별시장·광역시장·도지사는 제77조에 따른 검사 및 모니터링 결과 등을 분석하여 필요한 경우 이 법 또는 관계 법령의 제도개선을 위하여 노력하여야 한다.〈개정 2016.2.3.〉

■ 건축주 및 허가권자 등의 의무

【1】특별건축구역에서 건축기준 등의 적용 및 특례사항을 적용하여 건축허가를 받은 건축물의 공사감리자, 시공자, 건축주, 소유자 및 관리자는 시공 중이거나 건축물의 사용승인 이후에도 당초 허가를 받은 건축물의 형태, 재료, 색채 등이 원형을 유지하도록 필요한 조치를 하여야 한다.

【2】허가권자는 특별건축구역의 건축물에 대하여 설계자의 창의성·심미성 등의 발휘와 제도개선·기술발전 등이 유도될 수 있도록 노력하여야 한다.

【3】허가권자는 특별건축구역 건축물의 모니터링 결과를 국토교통부장관 또는 특별시장·광역시장·도지사에게 제출하여야 하며, 국토교통부장관 또는 특별시장·광역시장·도지사은 해당 모니터링보고서와 검사 및 모니터링 결과 등을 분석하여 필요한 경우 이 법 또는 관계 법령의 제도개선을 위하여 노력하여야 한다.

7 특별건축구역 건축물의 검사 등 (법 제77조)

법 제77조【특별건축구역 건축물의 검사 등】
① 국토교통부장관 및 허가권자는 특별건축구역의 건축물에 대하여 제87조에 따라 검사를 할 수 있으며, 필요한 경우 제79조에 따라 시정명령 등 필요한 조치를 할 수 있다.
② 국토교통부장관 및 허가권자는 제72조제6항에 따라 모니터링을 실시하는 건축물에 대하여 직접 모니터링을 하거나 분야별 전문가 또는 전문기관에 용역을 의뢰할 수 있다. 이 경우 해당 건축물의 건축주, 소유자 또는 관리자는 특별한 사유가 없으면 모니터링에 필요한 사항에 대하여 협조하여야 한다.〈개정 2016.2.3.〉

【1】국토교통부장관 및 허가권자는 특별건축구역의 건축물에 대하여 검사를 실시할 수 있으며, 필요한 경우 시정명령 등 필요한 조치를 취할 수 있다.

【2】국토교통부장관 및 허가권자는 모니터링을 실시하는 건축물에 대하여 모니터링을 직접 시행하거나 분야별 전문가 또는 전문기관에 용역을 의뢰할 수 있다. 이 경우 건축주, 소유자 또는 관리자는 모니터링에 필요한 사항에 협조하여야 한다.

8 특별가로구역 $\left(\begin{smallmatrix} \text{법} \\ \text{제77조의2, 3} \end{smallmatrix}\right)\left(\begin{smallmatrix} \text{영} \\ \text{제110조의2} \end{smallmatrix}\right)\left(\begin{smallmatrix} \text{규칙} \\ \text{제38조의6, 7} \end{smallmatrix}\right)$

■ **특별가로구역 제도의 신설[2014.1.14]**

조화로운 도시경관의 창출을 위하여 국토교통부장관 또는 허가권자는 「국토의 계획 및 이용에 관한 법률」에 따른 경관지구에서 도로에 접한 대지의 일정 구역을 특별가로구역으로 지정하고 건축물에 대한 조경, 건폐율, 높이 제한 등에 특례를 정할 수 있도록 함.

① 특별가로구역의 지정

법 제77조의2 【특별가로구역의 지정】

① 국토교통부장관 및 허가권자는 도로에 인접한 건축물의 건축을 통한 조화로운 도시경관의 창출을 위하여 이 법 및 관계 법령에 따라 일부 규정을 적용하지 아니하거나 완화하여 적용할 수 있도록 다음 각 호의 어느 하나에 해당하는 지구 또는 구역에서 대통령령으로 정하는 도로에 접한 대지의 일정 구역을 특별가로구역으로 지정할 수 있다. 〈개정 2017.4.18.〉

1. 삭제 〈2017.4.18.〉
2. 경관지구
3. 지구단위계획구역 중 미관유지를 위하여 필요하다고 인정하는 구역

② 국토교통부장관 및 허가권자는 제1항에 따라 특별가로구역을 지정하려는 경우에는 다음 각 호의 자료를 갖추어 국토교통부장관 또는 허가권자가 두는 건축위원회의 심의를 거쳐야 한다.

1. 특별가로구역의 위치·범위 및 면적 등에 관한 사항
2. 특별가로구역의 지정 목적 및 필요성
3. 특별가로구역 내 건축물의 규모 및 용도 등에 관한 사항
4. 그 밖에 특별가로구역의 지정에 필요한 사항으로서 대통령령으로 정하는 사항

③ 국토교통부장관 및 허가권자는 특별가로구역을 지정하거나 변경·해제하는 경우에는 국토교통부령으로 정하는 바에 따라 이를 지역 주민에게 알려야 한다.

【1】 특별가로구역의 지정 목적

도로에 인접한 건축물의 건축을 통한 조화로운 도시경관의 창출

【2】 지정 대상

경관지구 등 대상구역(아래 표 ①) 에서 대상 도로(아래 표 ②) 에 접한 대지의 일정 구역

① 대상 구역	② 대상 도로
1. 경관지구 2. 지구단위계획구역 중 미관유지를 위하여 필요하다고 인정하는 구역	1) 건축선을 후퇴한 대지에 접한 도로로서 허가권자(허가권자가 구청장인 경우 특별시장이나 광역시장)가 건축조례로 정하는 도로
	2) 허가권자가 리모델링 활성화가 필요하다고 인정하여 지정·공고한 지역 안의 도로
	3) 보행자전용도로로서 도시미관 개선을 위하여 허가권자가 건축조례로 정하는 도로
	4) 「지역문화진흥법」 제18조에 따른 문화지구 안의 도로
	5) 그 밖에 조화로운 도시경관 창출을 위하여 필요하다고 인정하여 국토교통부장관이 고시하거나 허가권자가 건축조례로 정하는 도로

【3】 특별가로구역의 지정

(1) 지정권자
- 국토교통부장관, 허가권자

(2) 건축위원회의 심의
국토교통부장관 및 허가권자는 특별가로구역을 지정하려는 경우에는 다음 자료를 갖추어 국토교통부장관 또는 허가권자가 두는 건축위원회의 심의를 거쳐야 한다.

1. 특별가로구역의 위치·범위 및 면적 등에 관한 사항
2. 특별가로구역의 지정 목적 및 필요성
3. 특별가로구역 내 건축물의 규모 및 용도 등에 관한 사항
4. 특별가로구역에서 이 법 또는 관계 법령의 규정을 적용하지 아니하거나 완화하여 적용하는 경우에 해당 규정과 완화 등의 범위에 관한 사항
5. 건축물의 지붕 및 외벽의 형태나 색채 등에 관한 사항
6. 건축물의 배치, 대지의 출입구 및 조경의 위치에 관한 사항
7. 건축선 후퇴 공간 및 공개공지등의 관리에 관한 사항
8. 그 밖에 특별가로구역의 지정에 필요하다고 인정하여 국토교통부장관이 고시하거나 허가권자가 건축조례로 정하는 사항

【4】 지정 등의 공고
① 국토교통부장관 및 허가권자는 특별가로구역을 지정하거나 변경·해제하는 경우 관보(허가권자의 경우 공보)에 공고하여 지역주민에게 알려야 한다.

② 위 ①의 경우 해당 내용을 관보 또는 공보에 공고한 날부터 30일 이상 일반이 열람할 수 있도록 하여야 한다.

③ 국토교통부장관, 특별시장 또는 광역시장은 관계 서류를 특별자치시장·특별자치도 또는 시장·군수·구청장에게 송부하여 일반이 열람할 수 있도록 하여야 한다.

② 특별가로구역의 관리 및 건축물의 건축기준 적용 특례 등

법 제77조의3 【특별가로구역의 관리 및 건축물의 건축기준 적용 특례 등】
① 국토교통부장관 및 허가권자는 특별가로구역을 효율적으로 관리하기 위하여 국토교통부령으로 정하는 바에 따라 제77조의2제2항 각 호의 지정 내용을 작성하여 관리하여야 한다.
② 특별가로구역의 변경절차 및 해제, 특별가로구역 내 건축물에 관한 건축기준의 적용 등에 관하여는 제71조제9항·제10항(각 호 외의 부분 후단은 제외한다), 제72조제1항부터 제5항까지, 제73조제1항(제77조의2제1항제3호에 해당하는 경우에는 제55조 및 제56조는 제외한다)·제2항, 제75조제1항 및 제77조제1항을 준용한다. 이 경우 "특별건축구역"은 각각 "특별가로구역"으로, "지정신청기관", "국토교통부장관 또는 시·도지사" 및 "국토교통부장관, 시·도지사 및 허가권자"는 각각 "국토교통부장관 및 허가권자"로 본다. 〈개정 2020.4.7.〉
③ 특별가로구역 안의 건축물에 대하여 국토교통부장관 또는 허가권자가 배치기준을 따로 정하는 경우에는 제46조 및 「민법」 제242조를 적용하지 아니한다. 〈신설 2016.1.19.〉

【1】특별가로구역의 관리

① 국토교통부장관 및 허가권자는 특별가로구역을 효율적으로 관리하기 위하여 국토교통부령으로 정하는 바에 따라 특별가로구역의 지정 내용을 특별가로구역관리대장에 작성하여 관리하여야 한다.

② 특별가로구역 관리대장은 전자적 처리가 불가능한 특별한 사유가 없으면 전자적 처리가 가능한 방법으로 작성하여 관리하여야 한다.

【2】특별건축구역에 관한 기준의 준용 등

① 특별가로구역의 변경절차 및 해제, 특별가로구역 내 건축물에 관한 건축기준의 적용 등에 관하여는 다음 규정을 준용한다.

준용 규정 내용	근거 건축법 조항
1. 구역 지정의 변경 및 해제관련 규정	제71조제9항·제10항(각 호 외의 부분 후단 제외)
2. 구역내 건축물의 허가 및 심의	제72조제1항부터 제5항까지
3. 관계법령의 배제 및 완화 적용	제73조제1항*·제2항
4. 건축주 등의 유지 의무	제75조제1항
5. 허가권자 등의 의무	제77조제1항

* 지구단위계획구역 중 미관유지를 위하여 필요하다고 인정하는 구역(제77조의2제1항제3호)에 해당하는 경우 건폐율(제55조) 및 용적률(제56조) 규정은 제외한다.

② 특별가로구역 안의 건축물에 대하여 국토교통부장관 또는 허가권자가 배치기준을 따로 정하는 경우에는 제46조(건축선의 지정) 및「민법」제242조(경계선 부근의 건축)를 적용하지 아니한다.

9 건축협정제도 $\left(\begin{smallmatrix}법\\제77조의4\sim14\end{smallmatrix}\right)\left(\begin{smallmatrix}영\\제110조의3\sim7\end{smallmatrix}\right)\left(\begin{smallmatrix}규칙\\제38조의8\sim11\end{smallmatrix}\right)$

■ **건축협정 제도 도입 및 지원제도의 신설[2014.1.14]**

도시 및 건축물의 정비를 토지소유자 등이 자발적으로 참여하여 효율적으로 추진할 수 있도록 토지소유자 등이 일정한 구역을 정하여 건축협정을 체결할 수 있도록 하고, 건축협정이 체결된 지역 등에 대하여는 필요한 지원을 할 수 있도록 하며, 건축협정을 맺은 경우 대지 분할면적, 건축물의 높이 제한 등에 대한 특례를 정함.

1 건축협정의 체결 $\left(\begin{smallmatrix}법\\제74조\end{smallmatrix}\right)\left(\begin{smallmatrix}영\\제110조의3\end{smallmatrix}\right)$

법 제77조의4【건축협정의 체결】

① 토지 또는 건축물의 소유자, 지상권자 등 대통령령으로 정하는 자(이하 "소유자등" 이라 한다)는 전원의 합의로 다음 각 호의 어느 하나에 해당하는 지역 또는 구역에서 건축물의 건축·대수선 또는 리모델링에 관한 협정(이하 "건축협정" 이라 한다)을 체결할 수 있다. 〈개정 2017.4.18.〉

1.「국토의 계획 및 이용에 관한 법률」 제51조에 따라 지정된 지구단위계획구역

2.「도시 및 주거환경정비법」 제2조제2호가목에 따른 주거환경개선사업을 시행하기 위하여 같은 법 제8조에 따라 지정·고시된 정비구역

3.「도시재정비 촉진을 위한 특별법」 제2조제6호에 따른 존치지역

4.「도시재생 활성화 및 지원에 관한 특별법」 제2조제1항제5호에 따른 도시재생활성화지역

　5. 그 밖에 시·도지사 및 시장·군수·구청장(이하 "건축협정인가권자" 라 한다)이 도시 및 주거환
　　경개선이 필요하다고 인정하여 해당 지방자치단체의 조례로 정하는 구역

② 제1항 각 호의 지역 또는 구역에서 둘 이상의 토지를 소유한 자가 1인인 경우에도 그 토지
소유자는 해당 토지의 구역을 건축협정 대상 지역으로 하는 건축협정을 정할 수 있다. 이 경우
그 토지 소유자 1인을 건축협정 체결자로 본다.

③ 소유자등은 제1항에 따라 건축협정을 체결(제2항에 따라 토지 소유자 1인이 건축협정을 정
하는 경우를 포함한다. 이하 같다)하는 경우에는 다음 각 호의 사항을 준수하여야 한다.

　1. 이 법 및 관계 법령을 위반하지 아니할 것

　2.「국토의 계획 및 이용에 관한 법률」 제30조에 따른 도시·군관리계획 및 이 법 제77조의11
　　제1항에 따른 건축물의 건축·대수선 또는 리모델링에 관한 계획을 위반하지 아니할 것

④ 건축협정은 다음 각 호의 사항을 포함하여야 한다.

　1. 건축물의 건축·대수선 또는 리모델링에 관한 사항

　2. 건축물의 위치·용도·형태 및 부대시설에 관하여 대통령령으로 정하는 사항

⑤ 소유자등이 건축협정을 체결하는 경우에는 건축협정서를 작성하여야 하며, 건축협정서에는
다음 각 호의 사항이 명시되어야 한다.

　1. 건축협정의 명칭

　2. 건축협정 대상 지역의 위치 및 범위

　3. 건축협정의 목적

　4. 건축협정의 내용

　5. 제1항 및 제2항에 따라 건축협정을 체결하는 자(이하 "협정체결자" 라 한다)의 성명, 주소
　　및 생년월일(법인, 법인 아닌 사단이나 재단 및 외국인의 경우에는 「부동산등기법」 제49조
　　에 따라 부여된 등록번호를 말한다. 이하 제6호에서 같다)

　6. 제77조의5제1항에 따른 건축협정운영회가 구성되어 있는 경우에는 그 명칭, 대표자 성명,
　　주소 및 생년월일

　7. 건축협정의 유효기간

　8. 건축협정 위반 시 제재에 관한 사항

　9. 그 밖에 건축협정에 필요한 사항으로서 해당 지방자치단체의 조례로 정하는 사항

⑥ 제1항제4호에 따라 시·도지사가 필요하다고 인정하여 조례로 구역을 정하려는 때에는 해당
시장·군수·구청장의 의견을 들어야 한다. 〈신설 2016.2.3〉

[본조신설 2014.1.14.]

【1】 건축협정

　토지 또는 건축물의 소유자, 지상권자 등(이하 "소유자등")이 전원의 합의로 일정 지역 또는 구역
에서 건축물의 건축·대수선 또는 리모델링에 관하여 체결하는 협정

【2】 소유자등의 범위

1. 토지 또는 건축물의 소유자(공유자를 포함)
2. 토지 또는 건축물의 지상권자
3. 그 밖에 해당 토지 또는 건축물에 이해관계가 있는 자로서 건축조례로 정하는 자 중 　그 토지 또는 건축물 소유자의 동의를 받은 자

【3】 대상 지역

대상 구역 및 지역	관계법
1. 지구단위계획구역	「국토의 계획 및 이용에 관한 법률」 제51조
2. 주거환경개선사업을 시행하기 위하여 지정·고시된 정비구역	「도시 및 주거환경정비법」 제2조제2호가목, 제8조
3. 존치지역	「도시재정비 촉진을 위한 특별법」 제2조제6호
4. 도시재생활성화지역	「도시재생 활성화 및 지원에 관한 특별법」 제2조제1항제5호
5. 그 밖에 건축협정인가권자[1]가 도시 및 주거환경개선이 필요하다고 인정하여 해당 지방자치단체의 조례로 정하는 구역[2]	

※ 위 지역 또는 구역에서 둘 이상의 토지를 소유한 자가 1인인 경우에도 그 토지 소유자는 해당 토지의 구역을 건축협정 대상 지역으로 하는 건축협정을 정할 수 있다. 이 경우 그 토지 소유자 1인을 건축협정 체결자로 본다.

1) 건축협정인가권자: 시·도지사 및 시장·군수·구청장

2) 시·도지사가 필요하다고 인정하여 조례로 구역을 정하려는 때에는 해당 시장·군수·구청장의 의견을 들어야 한다.

【4】 소유자등의 준수사항

1. 이 법 및 관계 법령을 위반하지 아니할 것

2. 도시·군관리계획을 위반하지 아니할 것(「국토의 계획 및 이용에 관한 법률」 제30조)

3. 건축물의 건축·대수선 또는 리모델링에 관한 계획을 위반하지 아니할 것
   (「건축법」 제77조의11제1항)

【5】 건축협정에 포함사항

1. 건축물의 건축·대수선 또는 리모델링에 관한 사항

2. 건축선

3. 건축물 및 건축설비의 위치

4. 건축물의 용도, 높이 및 층수

5. 건축물의 지붕 및 외벽의 형태

6. 건폐율 및 용적률

7. 담장, 대문, 조경, 주차장 등 부대시설의 위치 및 형태

8. 차양시설, 차면시설 등 건축물에 부착하는 시설물의 형태

9. 맞벽 건축의 구조 및 형태(법 제59조제1항제1호)

10. 그 밖에 건축물의 위치, 용도, 형태 또는 부대시설에 관하여 건축조례로 정하는 사항

【6】 건축협정서에 명시할 사항

1. 건축협정의 명칭

2. 건축협정 대상 지역의 위치 및 범위

3. 건축협정의 목적

4. 건축협정의 내용

5. 협정체결자의 성명, 주소 및 생년월일(법인, 법인 아닌 사단이나 재단 및 외국인의 경우 「부동산등기법」 제49조에 따라 부여된 등록번호)

6. 건축협정운영회가 구성되어 있는 경우에는 그 명칭, 대표자 성명, 주소 및 생년월일

7. 건축협정의 유효기간

8. 건축협정 위반 시 제재에 관한 사항

9. 그 밖에 건축협정에 필요한 사항으로서 해당 지방자치단체의 조례로 정하는 사항

② 건축협정운영회의 설립 (법 제77조의5)(규칙 제38조의8)

법 제77조의5 【건축협정운영회의 설립】
① 협정체결자는 건축협정서 작성 및 건축협정 관리 등을 위하여 필요한 경우 협정체결자 간의 자율적 기구로서 운영회(이하 "건축협정운영회" 라 한다)를 설립할 수 있다.
② 제1항에 따라 건축협정운영회를 설립하려면 협정체결자 과반수의 동의를 받아 건축협정운영회의 대표자를 선임하고, 국토교통부령으로 정하는 바에 따라 건축협정인가권자에게 신고하여야 한다. 다만, 제77조의6에 따른 건축협정 인가 신청 시 건축협정운영회에 관한 사항을 포함한 경우에는 그러하지 아니하다.
[본조신설 2014.1.14.]

【1】건축협정운영회의 설립

협정체결자는 건축협정서 작성 및 건축협정 관리 등을 위하여 필요한 경우 협정체결자 간의 자율적 기구로서 운영회(이하 "건축협정운영회"라 한다)를 설립할 수 있다.

【2】건축협정운영회의 설립 신고
① 건축협정운영회를 설립하려면 협정체결자 과반수의 동의를 받아 건축협정운영회의 대표자를 선임하여야 한다.
② 건축협정운영회의 대표자는 건축협정운영회 설립한 날부터 15일 이내에 건축협정인가권자에게 건축협정운영회 설립신고서(별지 제27호의7서식)에 따라 신고해야 한다.

③ 건축협정 인가, 변경 등 (법 제77조의6~8)(규칙 제38조의9,10)

법 제77조의6 【건축협정의 인가】
① 협정체결자 또는 건축협정운영회의 대표자는 건축협정서를 작성하여 국토교통부령으로 정하는 바에 따라 해당 건축협정인가권자의 인가를 받아야 한다. 이 경우 인가신청을 받은 건축협정인가권자는 인가를 하기 전에 건축협정인가권자가 두는 건축위원회의 심의를 거쳐야 한다.
② 제1항에 따른 건축협정 체결 대상 토지가 둘 이상의 특별자치시 또는 시·군·구에 걸치는 경우 건축협정 체결 대상 토지면적의 과반(過半)이 속하는 건축협정인가권자에게 인가를 신청할 수 있다. 이 경우 인가 신청을 받은 건축협정인가권자는 건축협정을 인가하기 전에 다른 특별자치시장 또는 시장·군수·구청장과 협의하여야 한다.
③ 건축협정인가권자는 제1항에 따라 건축협정을 인가하였을 때에는 국토교통부령으로 정하는 바에 따라 그 내용을 공고하여야 한다.
[본조신설 2014.1.14.]

법 제77조의7 【건축협정의 변경】

① 협정체결자 또는 건축협정운영회의 대표자는 제77조의6제1항에 따라 인가받은 사항을 변경하려면 국토교통부령으로 정하는 바에 따라 변경인가를 받아야 한다. 다만, 대통령령으로 정하는 경미한 사항을 변경하는 경우에는 그러하지 아니하다.

② 제1항에 따른 변경인가에 관하여는 제77조의6을 준용한다.

[본조신설 2014.1.14.]

법 제77조의8 【건축협정의 관리】

건축협정인가권자는 제77조의6 및 제77조의7에 따라 건축협정을 인가하거나 변경인가하였을 때에는 국토교통부령으로 정하는 바에 따라 건축협정 관리대장을 작성하여 관리하여야 한다.

[본조신설 2014.1.14.]

【1】 건축협정의 인가 등

(1) 인가신청

① 협정체결자 또는 건축협정운영회의 대표자는 건축협정서를 작성하여 건축협정인가신청서(건축협정 인가신청서)를 해당 건축협정인가권자에게 제출하여 인가를 받아야 한다.

② 인가신청을 받은 건축협정인가권자는 인가를 하기 전에 건축협정인가권자가 두는 건축위원회의 심의를 거쳐야 한다.

(2) 체결대상 토지가 둘 이상의 시 등에 걸칠 때의 조치

① 건축협정 체결 대상 토지가 둘 이상의 특별자치시 또는 시·군·구에 걸치는 경우 건축협정 체결 대상 토지면적의 과반(過半)이 속하는 건축협정인가권자에게 인가를 신청할 수 있다.

② 인가 신청을 받은 건축협정인가권자는 건축협정을 인가하기 전에 다른 특별자치시장 또는 시장·군수·구청장과 협의하여야 한다.

(3) 협정내용의 공고

① 건축협정인가권자는 건축협정을 인가하거나 변경인가한 때에는 그 내용을 공고하여야 한다.

② 건축협정서 등 관계 서류를 건축협정 유효기간 만료일까지 해당 특별자치시·특별자치도 또는 시·군·구에 비치하여 열람할 수 있도록 하여야 한다.

(4) 협정내용의 변경

① 협정체결자 또는 건축협정운영회의 대표자는 인가받은 사항을 변경하려면 건축협정 변경인가 신청서(별지 제27호의8서식)를 건축협정인가권자에게 제출하여 변경인가를 받아야 한다. (경미한 사항의 변경은 제외)

② 변경인가에 관하여는 위 "건축협정의 인가 규정"을 준용한다.

【2】 건축협정의 관리

① 건축협정인가권자는 건축협정을 인가하거나 변경인가하였을 때에는 건축협정 관리대장(별지 제27호의9서식)을 작성하여 관리하여야 한다.

② 건축협정관리대장은 전자적 처리가 불가능한 특별한 사유가 없으면 전자적 처리가 가능한 방법으로 작성하여 관리하여야 한다.

④ 건축협정 폐지 ($\frac{법}{제77조의9}$)($\frac{영}{제110조의4}$)($\frac{규칙}{제38조의11}$)

> **법 제77조의9 【건축협정의 폐지】**
> ① 협정체결자 또는 건축협정운영회의 대표자는 건축협정을 폐지하려는 경우에는 협정체결자 과반수의 동의를 받아 국토교통부령으로 정하는 바에 따라 건축협정인가권자의 인가를 받아야 한다. 다만, 제77조의13에 따른 특례를 적용하여 제21조에 따른 착공신고를 한 경우에는 대통령령으로 정하는 기간이 지난 후에 건축협정의 폐지 인가를 신청할 수 있다. 〈개정 2015.5.18., 2020.6.9.〉
> ② 제1항에 따른 건축협정의 폐지에 관하여는 제77조의6제3항을 준용한다.
> [본조신설 2014.1.14.]

【1】 협정체결자 또는 건축협정운영회의 대표자는 건축협정을 폐지하려는 경우 협정체결자 과반수의 동의를 받아 건축협정 폐지인가신청서(별지 제27호의10서식)을 건축협정인가권자에게 제출하여 인가를 받아야 한다.

【2】 건축협정에 따른 특례를 적용하여 착공신고를 한 경우 착공신고한 날부터 20년이 지난 후에 건축협정의 폐지 인가를 신청할 수 있다.

> 예외 다음의 요건을 모두 갖춘 경우 20년이 지난 것으로 본다.
>
> 1. 건축협정이 인가되어 분할된 대지를 대지의 분할제한 규정의 기준에 적합하게 할 것
> 2. 건축협정 특례를 적용받지 아니하는 내용으로 건축협정 변경인가를 받고 그에 따라 건축허가를 받을 것.(특례적용을 받은 내용대로 사용승인을 받은 경우: 특례를 적용받지 아니하는 내용으로 건축협정 변경인가를 받고 그에 따라 건축허가를 받은 후 사용승인을 받아야 함)
> 3. 건축협정에 관한 계획 수립 및 지원에 관한 규정에 따라 지원받은 사업비용을 반환할 것

【3】 건축협정인가권자는 건축협정의 폐지를 인가한 때에는 해당 지방자치단체의 공보에 공고하여야 한다.

⑤ 건축협정의 효력 및 승계 등 ($\frac{법}{제77조의10~12}$)($\frac{영}{제110조의5,6}$)

> **법 제77조의10 【건축협정의 효력 및 승계】**
> ① 건축협정이 체결된 지역 또는 구역(이하 "건축협정구역" 이라 한다)에서 건축물의 건축ㆍ대수선 또는 리모델링을 하거나 그 밖에 대통령령으로 정하는 행위를 하려는 소유자등은 제77조의6 및 제77조의7에 따라 인가ㆍ변경인가된 건축협정에 따라야 한다.
> ② 제77조의6제3항에 따라 건축협정이 공고된 후 건축협정구역에 있는 토지나 건축물 등에 관한 권리를 협정체결자인 소유자등으로부터 이전받거나 설정받은 자는 협정체결자로서의 지위를 승계한다. 다만, 건축협정에서 달리 정한 경우에는 그에 따른다.
> [본조신설 2014.1.14.]

> **법 제77조의11 【건축협정에 관한 계획 수립 및 지원】**
> ① 건축협정인가권자는 소유자등이 건축협정을 효율적으로 체결할 수 있도록 건축협정구역에서 건축물의 건축ㆍ대수선 또는 리모델링에 관한 계획을 수립할 수 있다.
> ② 건축협정인가권자는 대통령령으로 정하는 바에 따라 도로 개설 및 정비 등 건축협정구역 안의 주거환경개선을 위한 사업비용의 일부를 지원할 수 있다.
> [본조신설 2014.1.14.]

> **법 제77조의12 【경관협정과의 관계】**
> ① 소유자등은 제77조의4에 따라 건축협정을 체결할 때 「경관법」 제19조에 따른 경관협정을 함께 체결하려는 경우에는 「경관법」 제19조제3항·제4항 및 제20조에 관한 사항을 반영하여 건축협정인가권자에게 인가를 신청할 수 있다.
> ② 제1항에 따른 인가 신청을 받은 건축협정인가권자는 건축협정에 대한 인가를 하기 전에 건축위원회의 심의를 하는 때에 「경관법」 제29조제3항에 따라 경관위원회와 공동으로 하는 심의를 거쳐야 한다.
> ③ 제2항에 따른 절차를 거쳐 건축협정을 인가받은 경우에는 「경관법」 제21조에 따른 경관협정의 인가를 받은 것으로 본다.
> [본조신설 2014.1.14.]

【1】 건축협정의 효력 및 승계

① 건축협정구역에서 다음에 관한 행위를 하려는 소유자등은 인가·변경인가된 건축협정에 따라야 한다.

1. 건축물의 건축·대수선 또는 리모델링에 관한 사항
2. 건축선
3. 건축물 및 건축설비의 위치
4. 건축물의 용도, 높이 및 층수
5. 건축물의 지붕 및 외벽의 형태
6. 건폐율 및 용적률
7. 담장, 대문, 조경, 주차장 등 부대시설의 위치 및 형태
8. 차양시설, 차면시설 등 건축물에 부착하는 시설물의 형태
9. 맞벽 건축의 구조 및 형태(법 제59조제1항제1호)
10. 그 밖에 건축물의 위치, 용도, 형태 또는 부대시설에 관하여 건축조례로 정하는 사항

② 건축협정이 공고된 후 건축협정구역에 있는 토지나 건축물 등에 관한 권리를 협정체결자인 소유자등으로부터 이전받거나 설정받은 자는 협정체결자로서의 지위를 승계한다.

> 예외 건축협정에서 달리 정한 경우에는 그에 따른다.

【2】 건축협정에 관한 계획 수립 및 지원

(1) 건축협정에 관한 계획 수립

건축협정인가권자는 소유자등이 건축협정을 효율적으로 체결할 수 있도록 건축협정구역에서 건축물의 건축·대수선 또는 리모델링에 관한 계획을 수립할 수 있다.

(2) 건축협정에 관한 지원

① 건축협정인가권자는 도로 개설 및 정비 등 건축협정구역 안의 주거환경개선을 위한 사업비용의 일부를 지원할 수 있다.

② 건축협정인가권자가 사업비용을 지원하려는 경우 협정체결자 또는 건축협정운영회의 대표자에게 다음 사항이 포함된 사업계획서를 요구할 수 있다.

1. 주거환경개선사업의 목표
2. 협정체결자 또는 건축협정운영회 대표자의 성명
3. 주거환경개선사업의 내용 및 추진방법
4. 주거환경개선사업의 비용
5. 그 밖에 건축조례로 정하는 사항

【3】경관협정과의 관계

(1) 경관협정과 공동 인가 신청

소유자등은 건축협정을 체결할 때 경관협정을 함께 체결하려는 경우에는 경관협정 체결시 준수사항, 경관협정의 포함사항 및 경관협정운영회의 설립에 관한 사항(「경관법」제19조, 제20조)을 반영하여 건축협정인가권자에게 인가를 신청할 수 있다.

(2) 건축위원회와 경관위원회의 공동심의

① 인가 신청을 받은 건축협정인가권자는 건축협정에 대한 인가를 하기 전에 건축위원회의 심의를 하는 때에 경관위원회와 공동으로 하는 심의(「경관법」제29조제3항)를 거쳐야 한다.

② 건축협정을 인가받은 경우에는 경관협정의 인가(「경관법」 제21조)를 받은 것으로 본다.

6 건축협정의 특례 등 (법 제77조의13) (영 제110조의7)

법 제77조의13 【건축협정에 따른 특례】

① 제77조의4제1항에 따라 건축협정을 체결하여 제59조제1항제1호에 따라 둘 이상의 건축물 벽을 맞벽으로 하여 건축하려는 경우 맞벽으로 건축하려는 자는 공동으로 제11조에 따른 건축허가를 신청할 수 있다.

② 제1항의 경우에 제17조, 제21조, 제22조 및 제25조에 관하여는 개별 건축물마다 적용하지 아니하고 허가를 신청한 건축물 전부 또는 일부를 대상으로 통합하여 적용할 수 있다.

③ 건축협정의 인가를 받은 건축협정구역에서 연접한 대지에 대하여는 다음 각 호의 관계 법령의 규정을 개별 건축물마다 적용하지 아니하고 건축협정구역의 전부 또는 일부를 대상으로 통합하여 적용할 수 있다. 〈개정 2016.1.19.〉

1. 제42조에 따른 대지의 조경

2. 제44조에 따른 대지와 도로와의 관계

3. 삭제 〈2016.1.19.〉

4. 제53조에 따른 지하층의 설치

5. 제55조에 따른 건폐율

6. 「주차장법」 제19조에 따른 부설주차장의 설치

7. 삭제 〈2016.1.19.〉

8. 「하수도법」 제34조에 따른 개인하수처리시설의 설치

④ 제3항에 따라 관계 법령의 규정을 적용하려는 경우에는 건축협정구역 전부 또는 일부에 대하여 조경 및 부설주차장에 대한 기준을 이 법 및 「주차장법」에서 정한 기준 이상으로 산정하여 적용하여야 한다.

⑤ 건축협정을 체결하여 둘 이상 건축물의 경계벽을 전체 또는 일부를 공유하여 건축하는 경우에는 제1항부터 제4항까지의 특례를 적용하며, 해당 대지를 하나의 대지로 보아 이 법의 기준을 개별 건축물마다 적용하지 아니하고 허가를 신청한 건축물의 전부 또는 일부를 대상으로 통합하여 적용할 수 있다. 〈신설 2016.1.19.〉

⑥ 건축협정구역에 건축하는 건축물에 대하여는 제42조, 제55조, 제56조, 제58조, 제60조 및 제61조와「주택법」제35조를 대통령령으로 정하는 바에 따라 완화하여 적용할 수 있다. 다만, 제56조를 완화하여 적용하는 경우에는 제4조에 따른 건축위원회의 심의와「국토의 계획 및 이용에 관한 법률」제113조에 따른 지방도시계획위원회의 심의를 통합하여 거쳐야 한다. 〈신설 2016.2.3.〉
⑦ 제6항 단서에 따라 통합 심의를 하는 경우 통합 심의의 방법 및 절차 등에 관한 구체적인 사항은 대통령령으로 정한다. 〈신설 2016.2.3.〉
⑧ 제6항 본문에 따른 건축협정구역 내의 건축물에 대한 건축기준의 적용에 관하여는 제72조 제1항(제2호 및 제4호는 제외한다)부터 제5항까지를 준용한다. 이 경우 "특별건축구역"은 "건축협정구역"으로 본다. 〈신설 2016.2.3.〉
[본조신설 2014.1.14.]

【1】 맞벽건축시 공동 허가신청 및 규정의 통합 적용

① 건축협정을 체결하여 둘 이상의 건축물 벽을 맞벽으로 하여 건축하려는 경우 공동으로 건축허가를 신청할 수 있다.

② ①의 경우 다음 규정의 적용시 개별건축물마다 적용하지 않고 신청 건축물 일부 또는 전부를 대상으로 통합하여 적용할 수 있다.

규정 내용	법조항
1. 건축허가 등의 수수료	법 제17조
2. 착공신고 등	법 제21조
3. 건축물의 사용승인	법 제22조
4. 건축물의 공사감리	법 제25조

【2】 건축협정구역에서의 규정의 통합 적용

① 건축협정의 인가를 받은 건축협정구역에서 연접한 대지에 대하여 다음 규정을 개별 건축물마다 적용하지 아니하고 건축협정구역의 전부 또는 일부를 대상으로 통합하여 적용할 수 있다.

규정 내용	법조항
1. 대지의 조경	법 제42조
2. 대지와 도로와의 관계	법 제44조
3. 지하층의 설치	법 제53조
4. 건폐율	법 제55조
5. 부설주차장의 설치	「주차장법」제19조
6. 개인하수처리시설의 설치	「하수도법」제34조

② ①의 규정을 적용하려는 경우 건축협정구역 전부 또는 일부에 대하여 조경 및 부설주차장에 대한 기준을 「건축법」 및 「주차장법」에서 정한 기준 이상으로 산정하여 적용하여야 한다.

【3】 건축협정을 체결하여 둘 이상 건축물의 경계벽을 전체 또는 일부를 공유하여 건축하는 경우

앞 【1】 , 【2】 의 특례를 적용하며, 해당 대지를 하나의 대지로 보아 이 법의 기준을 개별 건축물마다 적용하지 아니하고 허가를 신청한 건축물의 전부 또는 일부를 대상으로 통합 적용 할 수 있다.

【4】 건축협정구역에서의 규정의 완화 적용

(1) 완화 대상 및 범위

완화 대상	법조항	완화범위	제한 사항
1. 조경면적	제42조	20/100	대지의 조경을 도로에 면하여 통합적으로 조성하는 건축협정구역에 한정
2. 건폐율	제55조	20/100	「국토의 계획 및 이용에 관한 법률」 제77조에 따른 건폐율의 최대한도를 초과할 수 없음 * 완화 적용시 건축위원회, 지방도시계획위원회의 심의를 통합하여 거쳐야 함 ▶ 아래 (2) 참조
3. 용적률	제56조	20/100	「국토의 계획 및 이용에 관한 법률」 제78조에 따른 용적률의 최대한도를 초과할 수 없음
4. 높이제한	제60조	20/100	너비 6m 이상의 도로에 접한 건축협정구역에 한정
5. 일조 등의 확보를 위한 건축물의 높이 제한	제61조	20/100	건축협정구역 안에서 대지 상호간에 건축하는 공동주택에 한정하여 제86조제3항제1호(채광방향 높이제한)에 따른 기준

* 위 규정 이외에도 건축법 제58조(대지 안의 공지), 「주택법」 제35조(주택건설기준 등)가 완화대상으로 법에 규정되어 있으나 하위법령이 제정되지 않은 상태임

(2) 건폐율(위 표 2.) 완화 적용을 위한 통합심의위원회의 구성

① 건축위원회와 지방도시계획위원회의 심의를 통합하려는 경우 다음의 기준에 따라 통합심의위원회를 구성하여야 한다.

1. 통합심의위원회 위원은 건축위원회 및 지방도시계획위원회의 위원 중에서 시·도지사 또는 시장·군수·구청장이 임명 또는 위촉할 것

2. 통합심의위원회의 위원 수는 15명 이내로 할 것

3. 통합심의위원회의 위원 중 건축위원회의 위원이 1/2 이상 되도록 할 것

4. 통합심의위원회의 위원장은 위원 중에서 시·도지사 또는 시장·군수·구청장이 임명 또는 위촉할 것

② 통합심의위원회의 검토사항

1. 해당 대지의 토지이용 현황 및 용적률 완화 범위의 적정성

2. 건축협정으로 완화되는 용적률이 주변 경관 및 환경에 미치는 영향

【5】 건축협정구역내 건축물에 대한 건축기준의 적용

제72조(특별건축구역 내 건축물의 심의 등) 제1항(제2호, 제4호는 제외)부터 제5항까지를 준용하고, "특별건축구역"은 "건축협정구역"으로 본다.

⑦ 건축협정 집중구역 지정 등 (법 제77조의14)

법 제77조의14 【건축협정 집중구역 지정 등】

① 건축협정인가권자는 건축협정의 효율적인 체결을 통한 도시의 기능 및 미관의 증진을 위하여 제77조의4제1항 각 호의 어느 하나에 해당하는 지역 및 구역의 전체 또는 일부를 건축협정 집중구역으로 지정할 수 있다.

② 건축협정인가권자는 제1항에 따라 건축협정 집중구역을 지정하는 경우에는 미리 다음 각 호의 사항에 대하여 건축협정인가권자가 두는 건축위원회의 심의를 거쳐야 한다.

1. 건축협정 집중구역의 위치, 범위 및 면적 등에 관한 사항
2. 건축협정 집중구역의 지정 목적 및 필요성
3. 건축협정 집중구역에서 제77조의4제4항 각 호의 사항 중 건축협정인가권자가 도시의 기능 및 미관 증진을 위하여 세부적으로 규정하는 사항
4. 건축협정 집중구역에서 제77조의13에 따른 건축협정의 특례 적용에 관하여 세부적으로 규정하는 사항

③ 제1항에 따른 건축협정 집중구역의 지정 또는 변경·해제에 관하여는 제77조의6제3항을 준용한다.

④ 건축협정 집중구역 내의 건축협정이 제2항 각 호에 관한 심의내용에 부합하는 경우에는 제77조의6제1항에 따른 건축위원회의 심의를 생략할 수 있다.

[본조신설 2017.4.18][종전 제77조의14는 제77조의15로 이동]

【1】 건축협정 체결 대상 지역 등의 건축협정 집중구역 지정

건축협정인가권자는 건축협정의 효율적인 체결을 통한 도시의 기능 및 미관의 증진을 위하여 건축협정 체결 지역 및 구역(제77조의4제1항 각 호)의 전체 또는 일부를 건축협정 집중구역으로 지정할 수 있다.

【2】 건축협정 집중구역 지정시 사전 건축위원회 심의 등

① 건축협정인가권자는 제1항에 따라 건축협정 집중구역을 지정하는 경우 미리 다음 사항에 대한 건축위원회의 심의를 거쳐야 한다.

1. 건축협정 집중구역의 위치, 범위 및 면적 등에 관한 사항
2. 건축협정 집중구역의 지정 목적 및 필요성
3. 건축협정 집중구역에서 건축협정의 포함사항(제77조의4제4항 각 호) 중 건축협정인가권자가 도시의 기능 및 미관 증진을 위하여 세부적으로 규정하는 사항
4. 건축협정 집중구역에서 건축협정의 특례(제77조의13) 적용에 관하여 세부적으로 규정하는 사항

② 건축협정 집중구역 내의 건축협정이 위 각 호에 관한 심의내용에 부합하는 경우 건축협정 인가 전 건축위원회의 심의(제77조의6제1항)를 생략할 수 있다.

【3】 건축협정 집중구역의 지정 또는 변경·해제시 내용의 공고

건축협정 인가시 그 내용의 공고 규정(제77조의6제3항)을 준용한다.

10 결합건축 (법 제77조의14~17)(영 제111조, 제111의2,3)(규칙 제77조의12,13)

■ **결합건축제도의 신설[2016.1.19.]**

개별 건축물의 노후화가 빠르게 진행됨에 따라 노후건축물 대체 투자수요가 잠재되어 있으나 규제 및 인센티브 부족 등으로 건축투자로 연결되지 못하는 실정임.

소규모 건축물 재건축 또는 리모델링 시 사업성을 높일 수 있도록 결합건축 제도를 신설하여 건축투자시장 활성화에 기여하도록 하려는 것임.

노후건축물이 밀집되어 정비가 필요한 구역 내 건축주가 서로 합의한 경우 「건축법」 제56조에 따른 용적률을 개별 대지마다 적용하지 아니하고, 2개의 대지 간 통합하여 적용하도록 함

① 결합건축 대상지 (법 제77조의15)(영 제111조)

법 제77조의15 【결합건축 대상지】

① 다음 각 호의 어느 하나에 해당하는 지역에서 대지간의 최단거리가 100미터 이내의 범위에서 대통령령으로 정하는 범위에 있는 2개의 대지의 건축주가 서로 합의한 경우 2개의 대지를 대상으로 결합건축을 할 수 있다. 〈개정 2020.4.7.〉

1. 「국토의 계획 및 이용에 관한 법률」 제36조에 따라 지정된 상업지역

2. 「역세권의 개발 및 이용에 관한 법률」 제4조에 따라 지정된 역세권개발구역

3. 「도시 및 주거환경정비법」 제2조에 따른 주거환경개선사업의 시행을 위한 구역

4. 그 밖에 도시 및 주거환경 개선과 효율적인 토지이용이 필요하다고 대통령령으로 정하는 지역

② 다음 각 호의 어느 하나에 해당하는 경우에는 제1항 각 호의 어느 하나에 해당하는 지역에서 대통령령으로 정하는 범위에 있는 3개 이상 대지의 건축주 등이 서로 합의한 경우 3개 이상의 대지를 대상으로 결합건축을 할 수 있다. 〈신설 2020.4.7.〉

1. 국가·지방자치단체 또는 「공공기관의 운영에 관한 법률」 제4조제1항에 따른 공공기관이 소유 또는 관리하는 건축물과 결합건축하는 경우

2. 「빈집 및 소규모주택 정비에 관한 특례법」 제2조제1항제1호에 따른 빈집 또는 「건축물관리법」 제42조에 따른 빈 건축물을 철거하여 그 대지에 공원, 광장 등 대통령령으로 정하는 시설을 설치하는 경우

3. 그 밖에 대통령령으로 정하는 건축물과 결합건축하는 경우

③ 제1항 및 제2항에도 불구하고 도시경관의 형성, 기반시설 부족 등의 사유로 해당 지방자치단체의 조례로 정하는 지역 안에서는 결합건축을 할 수 없다. 〈신설 2020.4.7.〉

④ 제1항 또는 제2항에 따라 결합건축을 하려는 2개 이상의 대지를 소유한 자가 1명인 경우는 제77조의4제2항을 준용한다. 〈개정 2020.4.7.〉

[본조신설 2016.1.19.][제77조의14에서 이동, 종전 제77조의15는 제77조의16으로 이동]

【1】 결합건축의 정의

용적률을 개별 대지마다 적용하지 아니하고, 2개의 대지를 대상으로 통합적용하여 건축물을 건축하는 것

【2】 2개의 대지를 대상으로 한 결합건축

아래표의 대상지역(1)에서 대상대지 요건(2)의 범위에 있는 2개 대지의 건축주가 서로 합의한 경우 2개 대지를 대상으로 결합건축을 할 수 있다.

(1) 대상지역

대상지역		근거 법조항
1. 상업지역		「국토의 계획 및 이용에 관한 법률」 제36조
2. 역세권개발구역		「역세권의 개발 및 이용에 관한 법률」 제4조
3. 정비구역 중 주거환경개선사업의 시행을 위한 구역		「도시 및 주거환경정비법」 제2조
4. 그 밖에 도시 및 주거환경 개선과 효율적인 토지이용이 필요한 지역	① 건축협정구역	「건축법」 제77조의10
	② 특별건축구역	「건축법」 제69조
	③ 리모델링 활성화 구역	「건축법 시행령」 제6조제1항제6호
	④ 도시재생활성화지역	「도시재생 활성화 및 지원에 관한 특별법」 제2조제1항제5호
	⑤ 건축자산 진흥구역	「한옥 등 건축자산의 진흥에 관한 법률」 제17조제1항

(2) 대상대지의 조건

대지간의 최단거리가 100m 이내의 범위에서 다음 범위에 있는 2개의 대지의 건축주가 서로 합의한 경우

1. 2개의 대지 모두가 위 (1) 각 호의 지역 중 동일한 지역에 속할 것
2. 2개의 대지 모두가 너비 12m 이상인 도로로 둘러싸인 하나의 구역 안에 있을 것   * 그 구역 안에 너비 12m 이상인 도로로 둘러싸인 더 작은 구역이 있으면 안 됨

■ 대상지 조건의 도해

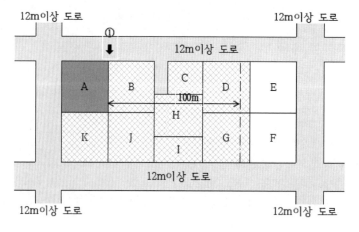

A대지와 결합건축할 수 있는 대지는 대지간 최단거리 100m 이내의 범위에 있는 대지(E, F를 제외한 모든 대지)이다.

■ 위 도면 ①에서 본 결합건축 개념도

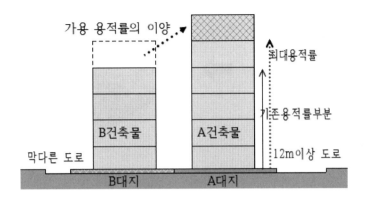

A, B 대지의 건축주가 결합건축하기로 합의한 경우 두 대지에 용적률 적용을 통합하여 할 수 있다. B건축물 부분의 법정 용적률 최대치 범위에서 용적률의 일부를 A건축물에 반영할 수 있다.

【3】 3개 이상의 대지를 대상으로 한 결합건축

아래 표의 대상건축물(1)의 경우 대상대지 요건(2)의 범위에 있는 3개 이상 대지의 건축주 등이 서로 합의한 경우 3개 이상의 대지를 대상으로 결합건축을 할 수 있다.

(1) 대상건축물

■ 대상건축물 구분	관련근거법령
1. 국가·지방자치단체 또는 공공기관*이 소유 또는 관리하는 건축물과 결합건축하는 경우	* 「공공기관의 운영에 관한 법률」 제4조제1항
2. 빈집[1] 또는 빈 건축물[2]을 철거한 대지에 다음 시설을 설치하는 경우 ㉠ 공원, 녹지, 광장, 정원, 공지, 주차장, 놀이터 등 공동이용시설 ㉡ ㉠과 비슷한 것으로서 건축조례로 정하는 시설	1) 「빈집 및 소규모주택 정비에 관한 특례법」 제2조제1항제1호 2) 「건축물관리법」 제42조
3. 그 밖에 다음 건축물과 결합건축하는 경우 ㉠ 마을회관, 마을공동작업소, 마을도서관, 어린이집 등 공동이용건축물 ㉡ 공동주택 중 민간임대주택* ㉢ ㉠, ㉡과 비슷한 것으로서 건축조례로 정하는 건축물	* 「민간임대주택에 관한 특별법」 제2조제1호

(2) 대상대지의 요건(1, 2를 모두 충족하는 3개 이상의 대지일 것)

1. 【1】의 (2) 대상지역의 각 호의 지역중 같은 지역에 속할 것
2. 모든 대지 간 최단거리가 500m 이내일 것

※ 3개 대지 이상의 경우 결합건축 개요도(국토교통부 보도자료, 2021.1.4.)

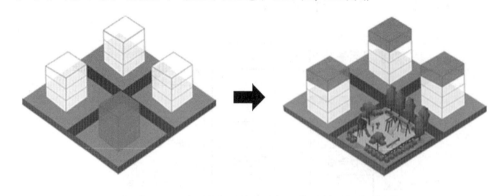

【4】 결합건축을 할 수 없는 경우

　【2】, 【3】 에도 불구하고 도시경관의 형성, 기반시설 부족 등의 사유로 해당 지방자치단체의 조례로 정하는 지역 안에서는 결합건축을 할 수 없다.

【5】 대지소유자가 1인의 경우 건축협정 규정 준용(제77조의4제2항 참조)

　【1】, 【2】 에서 결합건축을 하려는 2개 이상의 대지를 소유한 자가 1명인 경우에도 그 대지 소유자는 해당 대지의 구역을 결합건축 대상자로 할 수 있다. 이 경우 그 대지 소유자 1인을 결합건축 대상 건축주로 할 수 있다.

② 결합건축 절차 (법 제77조의16) (영 제111조의2) (규칙 제38조의12)

법 제77조의16 【결합건축의 절차】

① 결합건축을 하고자 하는 건축주는 제11조에 따라 건축허가를 신청하는 때에는 다음 각 호의 사항을 명시한 결합건축협정서를 첨부하여야 하며 국토교통부령으로 정하는 도서를 제출하여야 한다.

1. 결합건축 대상 대지의 위치 및 용도지역

2. 결합건축협정서를 체결하는 자(이하 "결합건축협정체결자"라 한다)의 성명, 주소 및 생년월일(법인, 법인 아닌 사단이나 재단 및 외국인의 경우에는 「부동산등기법」 제49조에 따라 부여된 등록번호를 말한다)

3. 「국토의 계획 및 이용에 관한 법률」 제78조에 따라 조례로 정한 용적률과 결합건축으로 조정되어 적용되는 대지별 용적률

4. 결합건축 대상 대지별 건축계획서

② 허가권자는 「국토의 계획 및 이용에 관한 법률」 제2조제11호에 따른 도시·군계획사업에 편입된 대지가 있는 경우에는 결합건축을 포함한 건축허가를 아니할 수 있다.

③ 허가권자는 제1항에 따른 건축허가를 하기 전에 건축위원회의 심의를 거쳐야 한다. 다만, 결합건축으로 조정되어 적용되는 대지별 용적률이 「국토의 계획 및 이용에 관한 법률」 제78조에 따라 해당 대지에 적용되는 도시계획조례의 용적률의 100분의 20을 초과하는 경우에는 대통령령으로 정하는 바에 따라 건축위원회 심의와 도시계획위원회 심의를 공동으로 하여 거쳐야 한다.

④ 제1항에 따른 결합건축 대상 대지가 둘 이상의 특별자치시, 특별자치도 및 시·군·구에 걸치는 경우 제77조의6제2항을 준용한다.

[본조신설 2016.1.19.][제77조의15에서 이동, 종전 제77조의16은 제77조의17로 이동〈2017.4.18.〉]

【1】 결합건축의 건축허가 신청시 첨부 서류

① 건축주가 건축허가 신청시 허가권자에게 건축결합협정서(별지 제27호의11 서식)를 첨부하여야 하며, 국토교통부령으로 정하는 도서를 제출하여야 함

② 건축결합협정서에는 다음 사항을 명시하여야 한다.

---

1. 결합건축 대상 대지의 위치 및 용도지역

---

2. 결합건축협정서를 체결하는 자(이하 "결합건축협정체결자"라 한다)의 성명, 주소 및 생년월일 (법인, 법인 아닌 사단이나 재단 및 외국인의 경우에는 「부동산등기법」 제49조에 따라 부여된 등록번호를 말한다)

---

3. 「국토의 계획 및 이용에 관한 법률」 제78조에 따라 조례로 정한 용적률과 결합건축으로 조정되어 적용되는 대지별 용적률

---

4. 결합건축 대상 대지별 건축계획서

【2】 결합건축 허가시 허가권자의 조치

① 도시·군계획사업에 편입된 대지가 있는 경우 결합건축을 포함한 건축허가를 아니할 수 있다.

② 허가권자는 제1항에 따른 건축허가를 하기 전에 건축위원회의 심의를 거쳐야 한다.

③ 결합건축으로 조정되어 적용되는 대지별 용적률이 도시계획조례의 용적률의 20/100을 초과하는 경우 건축위원회와 도시계획위원회 심의를 공동으로 하는 다음 기준에 의한 공동위원회의 구성하여 심의를 거쳐야 한다.

---

1. 위원은 건축위원회 및 지방도시계획위원회의 위원 중에서 시·도지사 또는 시장·군수·구청장이 임명 또는 위촉할 것

---

2. 위원 수는 15명 이내로 할 것

---

3. 위원 중 건축위원회의 위원이 1/2 이상 되도록 할 것

---

4. 위원장은 위원 중에서 시·도지사 또는 시장·군수·구청장이 임명 또는 위촉할 것

【3】 대지 대상지가 둘 이상의 행정구역에 걸치는 경우의 준용 규정(제77조의6제2항 참조)

① 결합건축 대상 토지가 둘 이상의 특별자치시 또는 시·군·구에 걸치는 경우 결합건축 대상 토지 면적의 과반(過半)이 속하는 결합건축 인가권자에게 인가를 신청할 수 있다.

② 인가 신청을 받은 결합건축인가권자는 결합건축을 인가하기 전에 다른 특별자치시장 또는 시장·군수·구청장과 협의하여야 한다.

③ 결합건축의 관리 (법 제77조의17) (영 제111조의3) (규칙 제38조의13)

> **법 제77조의17 【결합건축의 관리】**
> ① 허가권자는 결합건축을 포함하여 건축허가를 한 경우 국토교통부령으로 정하는 바에 따라 그 내용을 공고하고, 결합건축 관리대장을 작성하여 관리하여야 한다.
> ② 허가권자는 제77조의15제1항에 따른 결합건축과 관련된 건축물의 사용승인 신청이 있는 경우 해당 결합건축협정서상의 다른 대지에서 착공신고 또는 대통령령으로 정하는 조치가 이행되었는지를 확인한 후 사용승인을 하여야 한다. 〈개정 2020.4.7.〉
> ③ 허가권자는 결합건축을 허용한 경우 건축물대장에 국토교통부령으로 정하는 바에 따라 결합건축에 관한 내용을 명시하여야 한다.
> ④ 결합건축협정서에 따른 협정체결 유지기간은 최소 30년으로 한다. 다만, 결합건축협정서의 용적률 기준을 종전대로 환원하여 신축·개축·재축하는 경우에는 그러하지 아니한다.
> ⑤ 결합건축협정서를 폐지하려는 경우에는 결합건축협정체결자 전원이 동의하여 허가권자에게 신고하여야 하며, 허가권자는 용적률을 이전받은 건축물이 멸실된 것을 확인한 후 결합건축의 폐지를 수리하여야 한다. 이 경우 결합건축 폐지에 관하여는 제1항 및 제3항을 준용한다.
> ⑥ 결합건축협정의 준수 여부, 효력 및 승계에 대하여는 제77조의4제3항 및 제77조의10을 준용한다. 이 경우 "건축협정"은 각각 "결합건축협정"으로 본다.
> [본조신설 2016.1.19.][제77조의16에서 이동〈2017.4.18.〉]

【1】 결합건축의 허가시의 조치

① 허가권자는 결합건축을 포함하여 건축허가를 한 경우 그 내용을 30일 이내에 해당 지방자치단체의 공보에 공고하고, 결합건축 관리대장(별지 제27호의12서식)을 작성하여 관리하여야 한다.
② 허가권자는 결합건축을 허용한 경우 건축물대장에 결합건축에 관한 내용을 명시하여야 한다.

【2】 사용승인전 확인 사항

허가권자는 결합건축과 관련된 건축물의 사용승인 신청이 있는 경우 해당 결합건축협정서상의 다른 대지에서 착공신고 또는 다음 조치가 이행되었는지를 확인한 후 사용승인을 하여야 한다.

---

1. 건축허가 건축물의 공사의 착수기간 연장 신청
* 착공이 지연된 것에 건축주의 귀책사유가 없고 착공 지연에 따른 건축허가 취소의 가능성이 없다고 인정하는 경우로 한정

---

2. 도시·군계획시설의 결정

【3】 결합건축협정서

① 결합건축협정서에 따른 협정체결 유지기간은 최소 30년으로 한다.
　예외 결합건축협정서의 용적률 기준을 종전대로 환원하여 신축·개축·재축하는 경우
② 결합건축협정서를 폐지하려는 경우 결합건축협정체결자 전원이 동의하여 허가권자에게 신고하여야 하며, 허가권자는 용적률을 이전받은 건축물이 멸실된 것을 확인한 후 결합건축의 폐지를 수리하여야 한다.

③ 결합건축 폐지시 조치

1. 허가권자는 결합건축을 폐지시 그 내용을 30일 이내에 해당 지방자치단체의 공보에 공고하고, 결합건축 관리대장(별지 제27호의12서식)을 작성하여 관리해야 한다.

2. 허가권자는 결합건축을 폐지한 경우 건축물대장에 결합건축에 관한 내용을 명시하여야 한다.

【4】 결합건축협정의 준수 여부, 효력 및 승계시의 준용 규정

(1) 제77조의4(건축협정의 체결) 제3항 준용

소유자등은 건축결합협정을 체결(토지 소유자 1인이 건축협정을 정하는 경우 포함)하는 경우의 준수할 사항

1. 이 법 및 관계 법령을 위반하지 아니할 것

2. 도시·군관리계획 및 결합건축협정구역에서 건축물의 건축·대수선 또는 리모델링에 관한 계획을 위반하지 아니할 것

(2) 제77조의10(건축협정의 효력 및 승계) 준용

① 결합건축협정이 체결된 지역 또는 구역(이하 "결합건축협정구역")에서 건축물의 건축·대수선 또는 리모델링을 하거나 다음 사항에 관한 행위를 하려는 소유자등은 인가·변경인가된 결합건축협정에 따라야 한다.

1. 건축선	6. 담장, 대문, 조경, 주차장 등 부대시설의 위치 및 형태
2. 건축물 및 건축설비의 위치	7. 차양시설, 차면시설 등 건축물에 부착하는 시설물의 형태
3. 건축물의 용도, 높이 및 층수	8. 법 제59조제1항제1호에 따른 맞벽 건축의 구조 및 형태
4. 건축물의 지붕 및 외벽의 형태	9. 그 밖에 건축물의 위치, 용도, 형태 또는 부대시설에 관하여 건축조례로 정하는 사항
5. 건폐율 및 용적률	

② 결합건축협정이 공고된 후 결합건축협정구역에 있는 토지나 건축물 등에 관한 권리를 협정체결자인 소유자등으로부터 이전받거나 설정받은 자는 협정체결자로서의 지위를 승계한다.

예외 결합건축협정에서 달리 정한 경우에는 그에 따른다.

9

보 칙

1 감 독 (법
제78조) (영
제112조, 제113조) (규칙
제39조)

법 제78조【감독】

① 국토교통부장관은 시·도지사 또는 시장·군수·구청장이 한 명령이나 처분이 이 법이나 이 법에 따른 명령이나 처분 또는 조례에 위반되거나 부당하다고 인정하면 그 명령 또는 처분의 취소·변경, 그 밖에 필요한 조치를 명할 수 있다.

② 특별시장·광역시장·도지사는 시장·군수·구청장이 한 명령이나 처분이 이 법 또는 이 법에 따른 명령이나 처분 또는 조례에 위반되거나 부당하다고 인정하면 그 명령이나 처분의 취소·변경, 그 밖에 필요한 조치를 명할 수 있다. 〈개정 2014.1.14〉

③ 시·도지사 또는 시장·군수·구청장이 제1항에 따라 필요한 조치명령을 받으면 그 시정 결과를 국토교통부장관에게 지체 없이 보고하여야 하며, 시장·군수·구청장이 제2항에 따라 필요한 조치명령을 받으면 그 시정 결과를 특별시장·광역시장·도지사에게 지체 없이 보고하여야 한다. 〈개정 2014.1.14〉

④ 국토교통부장관 및 시·도지사는 건축허가의 적법한 운영, 위법 건축물의 관리 실태 등 건축행정의 건실한 운영을 지도·점검하기 위하여 국토교통부령으로 정하는 바에 따라 매년 지도·점검 계획을 수립·시행하여야 한다.

⑤ 국토교통부장관 및 시·도지사는 제4조의2에 따른 건축위원회의 심의 방법 또는 결과가 이 법 또는 이 법에 따른 명령이나 처분 또는 조례에 위반되거나 부당하다고 인정하면 그 심의 방법 또는 결과의 취소·변경, 그 밖에 필요한 조치를 할 수 있다. 이 경우 심의에 관한 조사·시정명령 및 변경절차 등에 관하여는 대통령령으로 정한다. 〈신설 2016.1.19.〉

해설 건축법의 목적은 법의 올바른 집행에 의한 공공복리의 증진에 있다. 반면에 행정청의 법의 시행에 있어 명령이나 처분이 부당하여 주민에게 불이익을 줄 수 있다. 이러한 경우, 상급기관에서 하급기관을 감독하여 부당한 명령 또는 처분의 취소를 명할 수 있도록 규정하고 있다.

① 감 독

감독기관	감독을 받는 기관	내 용
1. 국토교통부장관	• 시·도지사 • 시장·군수·구청장	시·도지사 또는 시장·군수·구청장이 필요한 조치 명령을 받은 경우 그 시정결과를 국토교통부장관에게 지체없이 보고하여야 한다.
2. 시·도지사	• 시장·군수·구청장	시장·군수·구청장이 필요한 조치 명령을 받은 경우, 그 시정결과를 시·도지사에게 지체없이 보고하여야 한다.

② 건축행정에 대한 지도·점검

지도·점검계획의 수립	국토교통부장관, 시·도지사가 연 1회 이상 수립
목 적	건축행정의 건실한 운영을 지도·점검하기 위함
내 용	1. 건축허가 등 건축민원 처리실태 2. 건축통계의 작성에 관한 사항 3. 건축부조리 근절 대책 4. 위반건축물의 정비계획 및 실적 5. 기타 건축행정과 관련하여 필요한 사항

③ 건축위원회 심의 방법 및 결과 조사 등

【1】 실태조사의 실시

국토교통부장관 및 시·도지사는 건축위원회의 심의 방법 또는 결과가 이 법 또는 이 법에 따른 명령이나 처분 또는 조례에 위반되거나 부당하다고 인정하면 그 심의 방법 또는 결과의 취소·변경, 그 밖에 필요한 조치를 할 수 있다.

조사자	조사시기	조치내용
1. 국토교통부장관	지방건축위원회 심의 방법 또는 결과에 대한 조사가 필요하다고 인정시	시·도지사 또는 시장·군수·구청장에게 관련 서류를 요구하거나 직접 방문하여 조사를 할 수 있다.
2. 시·도지사	시장·군수·구청장이 설치하는 지방건축위원회의 심의 방법 또는 결과에 대한 조사가 필요하다고 인정시	시장·군수·구청장에게 관련 서류를 요구하거나 직접 방문하여 조사를 할 수 있다.
3. 국토교통부장관 및 시·도지사	1 또는 2의 조사 과정에서 필요시	건축위원회의 건축 심의의 신청인 및 건축관계자 등의 의견을 들을 수 있다.

【2】 위법·부당한 건축위원회의 심의에 대한 조치 등

① 건축법규등 위반시의 조치

국토교통부장관 및 시·도지사는 【1】의 조사 및 의견청취 후 건축위원회의 심의 방법 또는 결과가 법 또는 법에 따른 명령이나 처분 또는 조례(이하 이 조에서 "건축법규등")에 위반되거나 부당하다고 인정시 시·도지사 또는 시장·군수·구청장에게 시정명령을 할 수 있다.

② 시정명령의 구분

위반 내용 등	시정명령
1. 심의대상이 아닌 건축물을 심의하거나 심의내용이 건축법규등에 위반된 경우	심의결과 취소
2. 건축법규등의 위반은 아니나 심의현황 및 건축여건을 고려하여 특별히 과도한 기준을 적용하거나 이행이 어려운 조건을 제시한 것으로 인정되는 경우	심의결과 조정 또는 재심의
3. 심의 절차에 문제가 있다고 인정되는 경우	재심의
4. 건축관계자에게 심의개최 통지를 하지 아니하고 심의를 하거나 건축법규등에서 정한 범위를 넘어 과도한 도서의 제출을 요구한 것으로 인정되는 경우	심의절차 및 기준의 개선 권고

③ 시정명령을 받은 시·도지사 또는 시장·군수·구청장은 특별한 사유가 없으면 이에 따라야 한다.

④ ②의 2. 또는 3.의 재심의 명령을 받은 경우 해당 명령을 받은 날부터 15일 이내에 건축위원회의 심의를 하여야 한다.

⑤ 시·도지사 또는 시장·군수·구청장은 시정명령에 이의가 있는 경우 해당 심의에 참여한 위원으로 구성된 지방건축위원회의 심의를 거쳐 국토교통부장관 또는 시·도지사에게 이의신청을 할 수 있다.

⑥ 이의신청을 받은 국토교통부장관 및 시·도지사는 【1】의 조사를 다시 실시한 후 그 결과를 시·도지사 또는 시장·군수·구청장에게 통지하여야 한다.

2 위반건축물 등에 대한 조치 등 ($\frac{법}{제79조}$) ($\frac{영}{제114조, 제115조}$) ($\frac{규칙}{제40조}$)

법 제79조【위반건축물 등에 대한 조치 등】

① 허가권자는 이 법 또는 이 법에 따른 명령이나 처분에 위반되는 대지나 건축물에 대하여 이 법에 따른 허가 또는 승인을 취소하거나 그 건축물의 건축주·공사시공자·현장관리인·소유자·관리자 또는 점유자(이하 "건축주등"이라 한다)에게 공사의 중지를 명하거나 상당한 기간을 정하여 그 건축물의 해체·개축·증축·수선·용도변경·사용금지·사용제한, 그 밖에 필요한 조치를 명할 수 있다. 〈개정 2019.4.30.〉

② 허가권자는 제1항에 따라 허가나 승인이 취소된 건축물 또는 제1항에 따른 시정명령을 받고 이행하지 아니한 건축물에 대하여는 다른 법령에 따른 영업이나 그 밖의 행위를 허가·면허·인가·등록·지정 등을 하지 아니하도록 요청할 수 있다. 다만, 허가권자가 기간을 정하여 그 사용 또는 영업, 그 밖의 행위를 허용한 주택과 대통령령으로 정하는 경우에는 그러하지 아니하다. 〈개정 2014.5.28.〉

③ 제2항에 따른 요청을 받은 자는 특별한 이유가 없으면 요청에 따라야 한다.

④ 허가권자는 제1항에 따른 시정명령을 하는 경우 국토교통부령으로 정하는 바에 따라 건축물대장에 위반내용을 적어야 한다. 〈개정 2016.1.19.〉

⑤ 허가권자는 이 법 또는 이 법에 따른 명령이나 처분에 위반되는 대지나 건축물에 대한 실태를 파악하기 위하여 조사를 할 수 있다. 〈신설 2019.4.23.〉

⑥ 제5항에 따른 실태조사의 방법 및 절차에 관한 사항은 대통령령으로 정한다. 〈신설 2019.4.23.〉

해설 허가권자는 대지 또는 건축물이 「건축법」 또는 「건축법」에 따른 명령이나 처분에 위반하여 도시환경 및 공공복리증진에 유해한 경우 다음과 같은 조치를 행할 수 있다.

① 위반건축물 등에 대한 조치

위반내용 및 대상	조 치 사 항

1. 「건축법」 또는 「건축법」에 따른 명령이나 처분에 위반된 대지나 건축물	• 건축허가 또는 승인의 취소
	• 건축주등(건축주, 공사시공자, 현장관리인, 소유자, 관리자 또는 점유자)에 대한 조치
	  – 공사의 중지를 명함
	  – 상당한 기간을 정하여 건축물의 <u>해체</u>·개축·증축·수선·용도변경·사용금지·사용제한 등 필요한 조치

2. 위 1의 허가나 승인이 취소된 건축물 또는 시정명령을 받고 이행하지 않은 건축물	해당 건축물에 대하여 행할 다른 법령에 따른 영업이나 그 밖의 행위를 허가·면허·인가·등록·지정 등을 하지 아니하도록 요청할 수 있음
	예외 – 허가권자가 기간을 정하여 그 사용 또는 영업 등 행위를 허용한 주택
	  – 바닥면적의 합계가 400㎡ 미만인 축사
	  – 바닥면적의 합계가 400㎡ 미만인 농업·임업·축산업 또는 수산업용 창고

- ■ 위 2의 규정에 의한 요청을 받은 자는 특별한 이유가 없으면 이에 따라야 함
- ■ 허가권자는 위 1에 의한 시정명령을 하는 경우 건축물대장에 위반내용을 적어야 함
- ■ 허가권자는 위반되는 대지나 건축물에 대한 실태를 파악하기 위하여 조사를 할 수 있음

② 위반건축물 등에 대한 실태조사 및 정비

【1】 실태조사의 실시

① 허가권자는 실태조사를 매년 정기적으로 하며, 예방 또는 확인을 위하여 수시로 실태조사를 할 수 있다.

② 허가권자는 실태조사를 하려는 경우 조사 목적·기간·대상 및 방법 등이 포함된 실태조사 계획을 수립해야 한다.

③ 실태조사는 서면 또는 현장조사의 방법으로 실시할 수 있다.

④ 허가권자는 실태조사 결과를 기록·관리해야 한다.

【2】 정비계획의 수립·시행

허가권자는 실태조사를 한 경우 시정조치를 하기 위하여 정비계획을 수립·시행해야 하며, 그 결과를 시·도지사(특별자치시장 및 특별자치도지사는 제외)에게 보고해야 한다.

【3】 위반건축물 관리대장의 작성·비치 등

① 허가권자는 위반 건축물의 체계적인 사후 관리와 정비를 위하여 위반 건축물 관리대장(별지 제29호서식)을 작성·관리해야 한다

② 전자적 처리가 불가능한 특별한 사유가 없으면 전자정보처리 시스템을 이용하여 작성·관리해야 한다.

③ 규정사항 외에 실태조사의 방법·절차에 필요한 세부적인 사항은 건축조례로 정할 수 있다.

3 이행강제금 (법 제80조, 제80조의 2) (영 제115조의 2 ~ 4) (규칙 제40조의 2)

법 제80조 【이행강제금】

① 허가권자는 제79조제1항에 따라 시정명령을 받은 후 시정기간 내에 시정명령을 이행하지 아니한 건축주등에 대하여는 그 시정명령의 이행에 필요한 상당한 이행기한을 정하여 그 기한까지 시정명령을 이행하지 아니하면 다음 각 호의 이행강제금을 부과한다. 다만, 연면적(공동주택의 경우에는 세대 면적을 기준으로 한다)이 60제곱미터 이하인 주거용 건축물과 제2호 중 주거용 건축물로서 대통령령으로 정하는 경우에는 다음 각 호의 어느 하나에 해당하는 금액의 2분의 1의 범위에서 해당 지방자치단체의 조례로 정하는 금액을 부과한다. 〈개정 2019.4.23.〉

1. 건축물이 제55조와 제56조에 따른 건폐율이나 용적률을 초과하여 건축된 경우 또는 허가를 받지 아니하거나 신고를 하지 아니하고 건축된 경우에는 「지방세법」에 따라 해당 건축물에 적용되는 1제곱미터의 시가표준액의 100분의 50에 해당하는 금액에 위반면적을 곱한 금액 이하의 범위에서 위반 내용에 따라 대통령령으로 정하는 비율을 곱한 금액

2. 건축물이 제1호 외의 위반 건축물에 해당하는 경우에는 「지방세법」에 따라 그 건축물에 적용되는 시가표준액에 해당하는 금액의 100분의 10의 범위에서 위반내용에 따라 대통령령으로 정하는 금액

② 허가권자는 영리목적을 위한 위반이나 상습적 위반 등 대통령령으로 정하는 경우에 제1항에 따른 금액을 100분의 100의 범위에서 해당 지방자치단체의 조례로 정하는 바에 따라 가중하여야 한다. 〈개정 2020.12.8.〉

③ 허가권자는 제1항 및 제2항에 따른 이행강제금을 부과하기 전에 제1항 및 제2항에 따른 이행강제금을 부과·징수한다는 뜻을 미리 문서로써 계고(戒告)하여야 한다. 〈개정 2015.8.11.〉

④ 허가권자는 제1항 및 제2항에 따른 이행강제금을 부과하는 경우 금액, 부과 사유, 납부기한, 수납기관, 이의제기 방법 및 이의제기 기관 등을 구체적으로 밝힌 문서로 하여야 한다. 〈개정 2015.8.11.〉

⑤ 허가권자는 최초의 시정명령이 있었던 날을 기준으로 하여 1년에 2회 이내의 범위에서 해당 지방자치단체의 조례로 정하는 횟수만큼 그 시정명령이 이행될 때까지 반복하여 제1항 및 제2항에 따른 이행강제금을 부과·징수할 수 있다. 〈개정 2019.4.23.〉

⑥ 허가권자는 제79조제1항에 따라 시정명령을 받은 자가 이를 이행하면 새로운 이행강제금의 부과를 즉시 중지하되, 이미 부과된 이행강제금은 징수하여야 한다. 〈개정 2015.8.11.〉

⑦ 허가권자는 제4항에 따라 이행강제금 부과처분을 받은 자가 이행강제금을 납부기한까지 내지 아니하면 「지방행정제재·부과금의 징수 등에 관한 법률」에 따라 징수한다. 〈개정 2020.3.24〉

법 제80조의2 【이행강제금부과에 관한 특례】

① 허가권자는 제80조에 따른 이행강제금을 다음 각 호에서 정하는 바에 따라 감경할 수 있다. 다만, 지방자치단체의 조례로 정하는 기간까지 위반내용을 시정하지 아니한 경우는 제외한다.

1. 축사 등 농업용·어업용 시설로서 500제곱미터(「수도권정비계획법」 제2조제1호에 따른 수도권 외의 지역에서는 1천제곱미터) 이하인 경우는 5분의 1을 감경

2. 그 밖에 위반 동기, 위반 범위 및 위반 시기 등을 고려하여 대통령령으로 정하는 경우(제80조제2항에 해당하는 경우는 제외한다)에는 2분의 1의 범위에서 대통령령으로 정하는 비율을 감경

② 허가권자는 법률 제4381호 건축법개정법률의 시행일(1992년 6월 1일을 말한다) 이전에 이 법 또는 이 법에 따른 명령이나 처분을 위반한 주거용 건축물에 관하여는 대통령령으로 정하는 바에 따라 제80조에 따른 이행강제금을 감경할 수 있다.

[본조신설 2015.8.11.]

해설 허가권자는 대지나 건축물이 이 법 등의 규정에 위반되어 시정명령을 받은 후 시정기간 내에 시정명령을 이행하지 아니한 경우에는 건축주등에게 그 시정명령의 이행에 필요한 상당한 이행기한을 정하여 그 기한까지 시정명령을 이행하지 아니하면 이행강제금을 부과하여야 한다.

① 이행강제금의 부과

【1】 이행강제금의 부과 대상 및 금액

대　상	이행 강제금의 부과금액
1. 건폐율, 용적률을 초과하여 건축된 경우	「지방세법」에 따라 해당 건축물에 적용되는 1㎡당 시가표준액의 50/100에 해당하는 금액에 위반면적을 곱한 금액 이하의 범위에서 위반 내용에 따라 다음의 비율【참고1】을 곱한 금액
2. 허가를 받지 아니하거나 신고를 하지 아니하고 건축된 경우	
3. 위 1, 2 이외의 위반건축물인 경우	「지방세법」에 따라 해당 건축물에 적용되는 시가표준액의 10/100의 범위에서 위반 내용에 따라 대통령령으로 정하는 금액【참고2】

【참고1】 이행강제금 산정 비율(건축법 시행령 제115조의3제1항)

위반 내용	비　율	비　고
1. 건폐율을 초과하여 건축한 경우	80/100	건축조례로 비율을 낮추어 정할 수 있되, 낮추는 경우에도 60/100 이상이어야 함
2. 용적률을 초과하여 건축한 경우	90/100	
3. 허가를 받지 아니하고 건축한 경우	100/100	
4. 신고를 하지 아니하고 건축한 경우	70/100	

【참고2】 이행강제금의 산정기준(건축법 시행령 별표15)

위반건축물	해당 법조문(건축법)	이행 강제금의 금액
1. 허가를 받지 않거나 신고를 하지 않고 다가구, 다세대주택의 경계벽을 증설 또는 해체로 대수선한 건축물	법 제11조 법 제14조	시가표준액의 10/100에 해당하는 금액
1호의2. 허가를 받지 아니하거나 신고하지 아니하고 용도변경을 한 건축물	법 제19조	허가를 받지 아니하거나 신고를 하지 아니하고 용도변경을 한 부분의 시가표준액의 10/100에 해당하는 금액
2. 사용승인을 받지 아니하고 사용중인 건축물	법 제22조	시가표준액의 2/100에 해당하는 금액
3. 대지의 조경에 관한 사항을 위반한 건축물	법 제42조	시가표준액(조경의무를 위반한 면적에 해당하는 바닥면적의 시가표준액)의 10/100에 해당하는 금액
4. 건축선에 적합하지 아니한 건축물	법 제47조	시가표준액의 10/100에 해당하는 금액
5. 구조내력기준에 적합하지 아니한 건축물	법 제48조	시가표준액의 10/100에 해당하는 금액

위반 내용	관련법조항	범위
6. 피난시설, 건축물의 용도·구조의 제한, 방화구획, 계단, 거실의 반자높이, 거실의 채광·환기와 바닥의 방습 등이 법령등의 기준에 적합하지 아니한 건축물	법 제49조	시가표준액의 10/100에 해당하는 금액
7. 내화구조 및 방화벽이 법령 등의 기준에 적합하지 아니한 건축물	법 제50조	시가표준액의 10/100에 해당하는 금액
8. 방화지구 안의 건축물에 관한 법령 등의 기준에 적합하지 아니한 건축물	법 제51조	시가표준액의 10/100에 해당하는 금액
9. 법령 등에 적합하지 않은 마감재료를 사용한 건축물	법 제52조	시가표준액의 10/100에 해당하는 금액
10. 높이제한을 위반한 건축물	법 제60조	시가표준액의 10/100에 해당하는 금액
11. 일조 등의 확보를 위한 높이 제한을 위반한 건축물	법 제61조	시가표준액의 10/100에 해당하는 금액
12. 건축설비의 설치·구조에 관한 기준과 그 설계 및 공사감리에 관한 법령등의 기준을 위반한 건축물	법 제62조	시가표준액의 10/100에 해당하는 금액
13. 그 밖에 이 법이나 이 법에 의한 명령이나 처분에 위반한 건축물	-	시가표준액의 3/100이하로서 위반행위의 종류에 따라 건축조례가 정하는 금액(건축조례가 제정되지 아니한 경우 3/100이하)

【2】 주거용 건축물의 특례

연면적(공동주택의 경우 세대 면적을 기준으로 함)이 60㎡ 이하인 주거용 건축물과 위 【1】 3. 위반건축물 중 주거용 건축물로서 다음의 경우 위 【1】 에 해당하는 금액의 1/2의 범위에서 건축조례로 정하는 금액을 부과한다.

위반 내용	관련법조항 등
1. 사용승인을 받지 아니하고 건축물을 사용한 경우	법 제22조
2. 대지의 조경에 관한 사항을 위반한 경우	법 제42조
3. 건축물의 높이 제한을 위반한 경우	법 제60조
4. 일조 등의 확보를 위한 건축물의 높이 제한을 위반한 경우	법 제61조
5. 그 밖에 법 또는 법에 따른 명령이나 처분을 위반한 경우로서 건축조례로 정하는 경우	별표 15 위반 건축물란의 제1호의2, 제4호~제9호까지에 해당하는 경우 제외

【3】 이행강제금의 가중 부과

허가권자는 영리목적을 위한 위반이나 상습적 위반 등 다음의 경우에 위 【1】 에 해당하는 금액을 100/100의 범위에서 건축조례로 정하는 바에 따라 가중하여야 한다.

예외 위반행위 후 소유권이 변경된 경우 제외

위반 내용	범 위
1. 임대 등 영리를 목적으로 용도변경 규정(법 제19조)을 위반하여 용도변경을 한 경우	위반면적이 50㎡를 초과하는 경우로 한정
2. 임대 등 영리를 목적으로 허가나 신고 없이 신축 또는 증축한 경우	위반면적이 50㎡를 초과하는 경우로 한정
3. 임대 등 영리를 목적으로 허가나 신고 없이 다세대주택의 세대수 또는 다가구주택의 가구수를 증가시킨 경우	5세대 또는 5가구 이상 증가시킨 경우로 한정

4. 동일인이 최근 3년 내에 2회 이상 법 또는 법에 따른 명령이나 처분을 위반한 경우	-
5. 제1호부터 제4호까지의 규정과 비슷한 경우로서 건축조례로 정하는 경우	-

② 이행강제금의 부과 및 징수

① 허가권자가 이행강제금을 부과하기 전 부과·징수한다는 뜻을 미리 문서로써 계고하여야 한다.

② 허가권자는 이행강제금을 부과하는 경우 금액, 부과사유, 납부기한, 수납기관, 이의제기 방법 및 이의제기 기관 등을 구체적으로 밝힌 문서로 하여야 한다.

③ 허가권자는 최초의 시정명령일을 기준으로 1년에 2회 이내의 범위에서 조례로 정하는 횟수만큼 이행될 때까지 반복하여 부과·징수할 수 있다.

④ 허가권자는 시정명령을 받은 자가 이를 이행하면 새로운 이행강제금의 부과를 즉시 중지하되, 이미 부과된 이행강제금은 징수할 수 있다.

⑤ 이행강제금 부과처분을 받은 자가 납부기한까지 내지 아니하면 「지방행정제재·부과금의 징수 등에 관한 법률」에 따라 징수한다.

⑥ 이행강제금의 부과 및 징수절차는 「국고금관리법 시행규칙」을 준용한다. 이 경우 납입고지서에는 이의신청방법 및 이의신청기간을 함께 기재하여야 한다.

③ 이행강제금의 부과 특례

① 허가권자는 이행강제금을 다음에 따라 감경할 수 있다.

대 상		감경정도
1. 축사 등 농업용·어업용 시설	500㎡ 이하	1/5
2. 축사 등 농업용·어업용 시설(수도권 외의 지역)	1,000㎡ 이하	1/5
3. 그 밖에 위반 동기, 위반범위 및 위반 시기 등을 고려하여 우측란에 해당하는 경우(앞 ① 의 【3】의 경우 제외)	① 위반행위 후 소유권이 변경된 경우	50/100
	② 임차인이 있어 현실적으로 임대기간 중에 위반내용을 시정하기 어려운 경우(법 제79조제1항에 따른 최초의 시정명령 전에 이미 임대차계약을 체결한 경우로서 해당 계약이 종료되거나 갱신되는 경우 제외) 등 상황의 특수성이 인정되는 경우	
	③ 위반면적이 30㎡ 이하인 경우(별표 1 제1호부터 제4호까지의 규정에 따른 건축물로 한정하며, 「집합건물의 소유 및 관리에 관한 법률」의 적용을 받는 집합건축물 제외)	
	④ 「집합건물의 소유 및 관리에 관한 법률」의 적용을 받는 집합건축물의 구분소유자가 위반한 면적이 5㎡ 이하인 경우(단독주택, 공동주택, 제1종 및 제2종 근린생활시설로 한정)	
	⑤ 사용승인 당시 존재하던 위반사항으로서 사용승인 이후 확인된 경우	
	⑥ 법률 제12516호 「가축분뇨의 관리 및 이용에 관한 법률」 일부개정법률 부칙 제9조에 따라 같은 조 제1항 각 호에 따른 기간(같은 조 제3항에 따른 환경부령으로 정하는 규모 미만의 시설의 경우 같은 항에 따른 환경부령으로 정하는 기한) 내에 「가축분뇨의 관리 및 이용에 관한 법률」 제11조에 따른 허가 또는 변경허가를 받거나 신고 또는 변경신고를 하려는 배출시설(처리시설 포함)의 경우	

규 모	감경 비율
⑦ 법률 제12516호 「가축분뇨의 관리 및 이용에 관한 법률」 일부개정법률 부칙 제10조의2에 따라 같은 조 제1항에 따른 기한까지 환경부장관이 정하는 바에 따라 허가신청을 하였거나 신고한 배출시설(개 사육시설은 제외하되, 처리시설은 포함)의 경우	
⑧ 그 밖에 위반행위의 정도와 위반 동기 및 공중에 미치는 영향 등을 고려하여 감경이 필요한 경우로서 건축조례로 정하는 경우	1/2범위에서 건축조례로 정하는 비율

② 허가권자는 1992.6.1.이전에 위반한 주거용 건축물에 관하여는 다음에 정하는 바에 따라 이행강제금을 감경할 수 있다.

규 모	감경 비율
1. 연면적 85㎡ 이하 주거용 건축물의 경우	80/100
2. 연면적 85㎡ 초과 주거용 건축물의 경우	60/100

【관련 질의회신】

세입자가 무단 증축하였을 때 건축주에게 시정명령, 이행강제금 부과 가능여부

건교부 고객만족센터, 2007.6.27

질의 건축물 준공 후, 세입자가 주인의 동의도 없이 임의로 무단증축하여 사용하고 있을 때, 건축물의 소유자도 건축법 제69조 규정상 시정명령을 받고 건축법 제69조의2 규정상 이행강제금 부과조치를 받는지 여부

회신 건축법 제69조의2 규정에 의한 이행강제금은 시정명령의 불이행에 대하여 부과하는 것이며, 또한, 이행강제금의 목적이 위반행위로 인하여 발생하는 경제적 이득을 회수하여 위반행위를 이행하도록 하는데 있는 행정벌이므로 실제 위반사항에 대한 시정이 가능한 자(소유자 등)에게 부과하는 것이 타당 할 것으로 사료됨(※ 법 제69조, 제69조의2→ 제79조, 제80조, 2008.3.21, 개정)

일조규정 위반시 위반면적을 건축물 전체 연면적으로 산정하는지 여부

건교부 고객만족센터, 2007.4.6

질의 일조권 위반에 따른 이행강제금산출시("건물과세시가표준액 ×위반면적×산정율")위반면적만을 대상으로 해야 하는지, 아니면 건물 전체 연면적을 대상으로 해야 하는지 여부

회신 「건축법」 제53조의 규정에 의한 일조 등의 확보를 위한 높이제한에 위반한 건축물에 대한 이행강제금은 시가표준액의 10/100에 해당하는 금액을 부과하는 것이며, 이 경우 시가표준액은 「건축법」 제69조의2 제1항제2호의 규정에 의하여 당해 건축물에 적용되는 시가표준액에 상당하는 금액을 기준하는 것이므로 위반한 부분의 면적을 기준으로 산정하는 것이 아님(※ 법 제53조, 제69조의2 ⇒ 제61조, 제80조, 2008.3.21, 개정)

법령해석 사용승인을 받지 않고 사용한 건축물에 대한 이행강제금 산정 기준

법제처 18-0714, 2019.1.16.

질의요지 건축허가를 받고 건축공사가 완료되었으나 「건축법」 제22조에 따른 사용승인을 받지 않은 건축물의 일부를 사용하는 경우(각주: 「건축법」 제22조제3항 각 호에 해당하지 아니하는 경우를 전제로 함) 같은 법 제80조제1항제2호에 따른 이행강제금은 건축물 전체 면적을 기준으로 산정해야 하는지 아니면 사용승인을 받지 않고 사용하는 면적을 기준으로 산정해야 하는지?

회답 이 사안의 경우 이행강제금은 사용승인을 받아야 하는 건축물 전체 면적을 기준으로 산정해야 합니다.

4 기존건축물에 대한 안전점검 및 시정명령 $\left(\begin{smallmatrix}법\\제81조\end{smallmatrix}\right)\left(\begin{smallmatrix}영\\제115조의3, 제116조\end{smallmatrix}\right)$

법 제81조【기존의 건축물에 대한 안전점검 및 시정명령 등】

삭제〈2019.4.30.〉

※「건축물관리법」제정으로 삭제됨

▶ 건축법 제81조의 관련내용은 「건축물관리법」

제41조(건축물에 대한 시정명령 등), 제14조(긴급점검의 실시), 제16조(안전진단의 실시) 등으로 이동하여 보완 제정됨

※ 여기서는「건축법」에 있던 해당 규정에 대한「건축물관리법」제41조의 규정 내용을 해설함.(제14조, 제16조 등의 규정은 건축법 제3장의 해설을 참조)

■ 건축물에 대한 시정명령 등 $\left(\begin{smallmatrix}건관법\\제41조\end{smallmatrix}\right)\left(\begin{smallmatrix}영\\제30조\end{smallmatrix}\right)$

▶「건축물관리법」

法 제41조【건축물에 대한 시정명령 등】

① 특별자치시장·특별자치도지사 또는 시장·군수·구청장은 건축물이 다음 각 호의 어느 하나에 해당하는 경우 해당 건축물의 해체·개축·증축·수선·사용금지·사용제한, 그 밖에 필요한 조치를 명할 수 있다.

1.「군사기지 및 군사시설 보호법」제2조제6호에 따른 군사기지 및 군사시설 보호구역에 있는 건축물로서 국가안보상 필요에 의하여 국방부장관이 요청하는 경우

2.「건축법」제72조제2항에 따른 지방건축위원회의 심의 결과「건축법」제40조부터 제48조까지, 제50조 또는 제52조를 위반하여 붕괴 또는 화재로 다중에게 위해를 줄 우려가 크다고 인정된 건축물인 경우

3. 그 밖에 대통령령으로 정하는 경우

② 특별자치시장·특별자치도지사 또는 시장·군수·구청장은「국토의 계획 및 이용에 관한 법률」제37조제1항제1호에 따른 경관지구 안의 건축물로서 도시미관이나 주거환경에 현저히 장애가 된다고 인정하면 건축위원회의 의견을 들어 개축, 수선 또는 그 밖에 필요한 조치를 하게 할 수 있다.

③ 특별자치시장·특별자치도지사 또는 시장·군수·구청장은 제1항에 따라 필요한 조치를 명하는 경우 대통령령으로 정하는 바에 따라 정당한 보상을 하여야 한다.

해설 시장·군수·구청장 등은 건축물이 국가보안상 필요시나 공중에게 위해를 줄 우려 등이 큰 건경우 해당 건축물의 해체·사용금지·사용제한 등의 조치를 명할 수 있다.

■ 건축물에 대한 시정명령 및 손실보상

특별자치시장·특별자치도지사 또는 시장·군수·구청장은 다음의 경우 시정명령 등의 조치를 할 수 있다.

구 분	내 용	
대상	1. 군사기지 및 군사시설 보호구역에 있는 건축물로서 국가안보상 필요에 의하여 국방부장관이 요청하는 경우	
	2. 지방건축위원회의 심의 결과 우측의 「건축법」 규정을 위반함으로써 붕괴 또는 화재로 다중에게 위해를 줄 우려가 크다고 인정된 건축물인 경우	제40조(대지의 안전등), 제41조(토지 굴착 부분에 대한 조치 등), 제42조(대지의 조경), 제43조(공개 공지 등의 확보), 제44조(대지와 도로의 관계), 제45조(도로의 지정·폐지 또는 변경), 제46조(건축선의 지정), 제47조(건축선에 따른 건축제한) 제48조(구조내력 등) 제50조(건축물의 내화구조와 방화벽) 제52조(건축물의 마감재료)
	3. 지방건축위원회의 심의 결과 도로 등 공공시설의 설치에 장애가 된다고 판정된 건축물인 경우	
시정명령	위의 경우 해당 건축물의 해체·개축·증축·수선·사용금지·사용제한, 그 밖에 필요한 조치를 명할 수 있음	
손실보상	특별자치시장·특별자치도지사 또는 시장·군수·구청장은 위의 조치를 명하는 경우 정당한 보상을 하여야 함. 1. 보상을 하는 경우 시정명령 등의 조치로 생길 수 있는 손실을 시가(時價)로 보상해야 함 2. 보상금액에 대해 해당 건축물의 소유자와 협의가 성립되지 않은 경우 그 보상금액을 지급하거나 공탁하고 그 사실을 해당 건축물의 소유자에게 알려야 함(소유자 동의시 전자문서로 통보 가능) 3. 상금의 지급 또는 공탁에 불복하는 자는 보상금액의 지급 또는 공탁의 통지를 받은 날부터 20일 이내에 관할 토지수용위원회에 재결(裁決)을 신청할 수 있음 4. 재결에 관하여는 「공익사업을 위한 토지 등의 취득 및 보상에 관한 법률」 제83조부터 제86조까지의 규정을 준용함	

■ 특별자치시장·특별자치도지사 또는 시장·군수·구청장은 경관지구 안의 건축물로서 도시미관이나 주거환경에 현저히 장애가 된다고 인정하면 건축위원회의 의견을 들어 개축, 수선 등 필요한 조치를 하게 할 수 있음

5 빈집 정비 $\left(\substack{법\\제81조의2,3}\right)\left(\substack{영\\제116조의2,3}\right)$

법 제81조의2 【빈집 정비】 삭제<2019.4.30./시행 2020.5.1.>
법 제81조의3 【빈집 정비 절차 등】 삭제<2019.4.30./시행 2020.5.1.>

　　※ 「건축물관리법」 제정으로 삭제됨

　▶ 「건축법」 제81조의2와 제81조의3 관련내용은 「건축물관리법」
　　제42조(빈 건축물 정비), 제43조(빈 건축물 정비 절차 등)로 이동하여 보완 제정됨

　　※ 여기서는 「건축법」 의 해당 규정에 대한 「건축물관리법」 의 규정 내용을 해설함.

■ 건축물에 대한 시정명령 등 $\left(\substack{건관법\\제41조, 제43조}\right)\left(\substack{영\\제31조}\right)\left(\substack{규칙\\제21조}\right)$

　▶ 「건축물관리법」
　법 제42조 【빈 건축물 정비】
　　특별자치시장·특별자치도지사 또는 시장·군수·구청장은 사용 여부를 확인한 날부터 1년 이상 아무도 사용하지 아니하는 건축물(「농어촌정비법」 제2조제12호에 따른 빈집 및 「빈집 및 소규모주택 정비에 관한 특례법」 제2조제1항제1호에 따른 빈집은 제외하며, 이하 "빈 건축물" 이라 한다)이 다음 각 호의 어느 하나에 해당하면 건축위원회의 심의를 거쳐 해당 건축물의 소유자에게 해체 등 필요한 조치를 명할 수 있다. 이 경우 해당 건축물의 소유자는 특별한 사유가 없으면 60일 이내에 조치를 이행하여야 한다.
　　1. 공익상 유해하거나 도시미관 또는 주거환경에 현저한 장애가 된다고 인정하는 경우
　　2. 주거환경이나 도시환경 개선을 위하여 「도시 및 주거환경정비법」 제2조제4호 및 제5호에 따른 정비기반시설 및 공동이용시설의 확충에 필요한 경우

　법 제43조 【빈 건축물 정비 절차 등】
　　① 특별자치시장·특별자치도지사 또는 시장·군수·구청장이 제42조에 따라 빈 건축물의 해체를 명한 경우 그 빈 건축물의 소유자가 특별한 사유 없이 이에 따르지 아니하면 대통령령으로 정하는 바에 따라 직권으로 해당 건축물을 해체할 수 있다.
　　② 제1항에 따라 해체할 빈 건축물의 소유자의 소재를 알 수 없는 경우에는 해당 건축물에 대한 해체명령과 이를 이행하지 아니하면 직권으로 해체한다는 내용을 일간신문에 1회 이상 공고하고, 공고한 날부터 60일이 지난 날까지 빈 건축물의 소유자가 해당 건축물을 해체하지 아니하면 직권으로 해체할 수 있다.
　　③ 제1항 및 제2항의 경우 특별자치시장·특별자치도지사 또는 시장·군수·구청장은 대통령령으로 정하는 바에 따라 정당한 보상비를 빈 건축물의 소유자에게 지급하여야 한다. 이 경우 빈 건축물의 소유자가 보상비의 수령을 거부하거나 빈 건축물 소유자의 소재불명(所在不明)으로 보상비를 지급할 수 없을 때에는 이를 공탁하여야 한다.
　　④ 특별자치시장·특별자치도지사 또는 시장·군수·구청장이 제1항 또는 제2항에 따라 빈 건축물을 해체하였을 때에는 지체 없이 건축물대장을 정리하고 관할 등기소에 해당 빈 건축물이 이 법에 따라 해체되었다는 취지의 통지를 하고 말소등기를 촉탁하여야 한다.

　해설 시장·군수·구청장 등은 건축물이 국가보안상 필요시나 공중에게 위해를 줄 우려 등이 큰 건 경우 해당 건축물의 해체·사용금지·사용제한 등의 조치를 명할 수 있다.

【1】빈 건축물 정비

(1) 빈 건축물의 정의

사용 여부를 확인한 날부터 1년 이상 아무도 사용하지 아니하는 건축물(「농어촌정비법」 제2조 제12호에 따른 빈집 및 「빈집 및 소규모주택 정비에 관한 특례법」 제2조제1항제1호에 따른 빈집은 제외)

(2) 빈 건축물에 대한 조치

특별자치시장·특별자치도지사 또는 시장·군수·구청장은 다음의 빈 건축물의 경우 건축위원회의 심의를 거쳐 해당 건축물의 소유자에게 해체 등 필요한 조치를 명할 수 있다. 이 경우 빈 건축물의 소유자는 특별한 사유가 없으면 60일 이내에 조치를 이행하여야 한다.

---

1. 공익상 유해하거나 도시미관 또는 주거환경에 현저한 장해가 된다고 인정하는 경우

---

2. 주거환경이나 도시환경 개선을 위하여 「도시 및 주거환경정비법」 제2조에 따른 정비기반시설과 공동이용시설의 확충에 필요한 경우

【2】빈 건축물 정비 절차 등

(1) 직권 해체

① 특별자치시장·특별자치도지사 또는 시장·군수·구청장이 빈 건축물의 해체를 명한 경우 그 빈건축물의 소유자가 특별한 사유 없이 따르지 않으면 직권으로 해당 건축물을 해체할 수 있다.

② 직권으로 빈 건축물을 해체하려는 경우 해체사유 및 해체 예정일 등을 빈 건축물 해체통지서(별지 제14호서식)에 따라 해체예정일 7일 전까지 그 빈 건축물의 소유자에게 알려야 한다.

(2) 빈 건축물 소유자의 소재 불명시의 조치

해체할 빈 건축물 소유자의 소재를 알 수 없는 경우 해당 건축물에 대한 해체명령과 이를 이행하지 않으면 직권으로 해체한다는 내용을 일간신문에 1회 이상 공고하고, 공고한 날부터 60일이 지난 날까지 빈 건축물의 소유자가 해체하지 아니하면 직권으로 해체할 수 있다.

(3) 보상비 지급

① 특별자치시장·특별자치도지사 또는 시장·군수·구청장은 정당한 보상비를 빈 건축물의 소유자에게 지급하여야 한다.

② 빈 건축물의 소유자가 보상비의 수령을 거부하거나 빈 건축물 소유자의 소재불명(所在不明)으로 보상비를 지급할 수 없을 때에는 이를 공탁하여야 한다.

③ 보상비는 감정평가법인등* 2인 이상(④의 추천받은 감정평가법인등 1인 포함)이 평가한 금액의 산술평균치를 빈 건축물의 소유자에게 보상비로 지급해야 한다.(*「감정평가 및 감정평가사에 관한 법률」 제2조제4호)

④ 빈 건축물 소유자는 직권 해체 결정을 알게 된 날부터 14일 이내에 특별자치시장·특별자치도지사 또는 시장·군수·구청장에게 감정평가법인등 1인을 추천해야 한다.

   예외 1. 빈 건축물 소유자의 소재를 알 수 없는 경우

      2. 빈 건축물 소유자가 본문에 따른 기간 내에 감정평가법인등를 추천하지 않은 경우

⑤ 보상비의 산정은 특별자치시장·특별자치도지사 또는 시장·군수·구청장이 통보 또는 공고한 날을 기준으로 한다.

⑥ 위 ③, ④에서 규정한 사항 외에 감정평가법인등의 선정 절차 및 방법에 관하여 필요한 사항은 시·군·구 조례로 정한다.

(4) 해체 후의 조치

특별자치시장·특별자치도지사 또는 시장·군수·구청장이 빈 건축물을 해체하였을 때에는 지체 없이 건축물대장을 정리하고 관할 등기소에 해당 빈 건축물이 이 법에 따라 해체되었다는 취지의 통지를 하고 말소등기를 촉탁하여야 한다.

6 권한의 위임과 위탁 (법 제82조) (영 제117조)

> **법 제82조 【권한의 위임과 위탁】**
> ① 국토교통부장관은 이 법에 따른 권한의 일부를 대통령령으로 정하는 바에 따라 시·도지사에게 위임할 수 있다.
> ② 시·도지사는 이 법에 따른 권한의 일부를 대통령령으로 정하는 바에 따라 시장(행정시의 시장을 포함하며, 이하 이 조에서 같다)·군수·구청장에게 위임할 수 있다.
> ③ 시장·군수·구청장은 이 법에 따른 권한의 일부를 대통령령으로 정하는 바에 따라 구청장(자치구가 아닌 구의 구청장을 말한다)·동장·읍장 또는 면장에게 위임할 수 있다.
> ④ 국토교통부장관은 제31조제1항과 제32조제1항에 따라 건축허가 업무 등을 효율적으로 처리하기 위하여 구축하는 전자정보처리 시스템의 운영을 대통령령으로 정하는 기관 또는 단체에 위탁할 수 있다.

해설 행정의 자율화 및 지역의 균형발전 등을 위하여 건축법에 의한 권한의 일부를 위임함으로써, 상급기관의 행정업무의 능률화와 건축물의 질적향상을 도모하고자 함.
또한, 「개인정보 보호법」이 개정(2017.3.30.)됨에 따라, 주민등록번호를 처리한 업무 중 반드시 주민등록번호 처리가 필요한 경우에 한정하여 대통령령에 그 근거를 마련하는 등 관련 규정이 개정됨.

【1】권한의 위임

위 임 자	위임을 받은자	위 임 내 용
국토교통부장관	시·도지사	특별건축구역의 지정, 변경 및 해제에 관한 권한 **예외** 국토교통부장관 또는 시·도지사의 직권지정
시·도지사	시장(행정시 시장포함)·군수·구청장	이 법에 의한 권한의 일부
시장·군수·구청장	구청장(자치구가 아닌 구)*	① 6층 이하로서 연면적이 2,000㎡이하인 건축물의 건축·대수선 및 용도변경에 관한 권한 ② 기존 건축물 연면적의 3/10미만의 범위에서 하는 증축에 관한 권한
	동장·읍장·면장	① 건축물의 건축 및 대수선에 관한 권한 ② 가설건축물의 축조 및 가설건축물의 존치기간 연장에 관한 권한 ③ 옹벽 등의 공작물 축조 신고에 관한 권한

■ 국토교통부장관은 건축허가업무 등의 효율적 처리를 위하여 구축하는 전자정보처리시스템의 운영을 공기업 또는 관련법에 따른 연구기관에 위탁할 수 있다.

* 행정자치부장관이 시장·군수·구청장과 협의하여 정하는 동장·읍장·면장(4급 일반직 지방공무원)으로 한정

【2】 고유식별 정보의 처리 (영 제119조의11)

국토교통부장관(위 【1】 에 따라 국토교통부장관의 권한을 위임받거나 업무를 위탁받은 자를 포함), 시·도지사, 시장, 군수, 구청장(해당 권한이 위임·위탁된 경우에는 그 권한을 위임·위탁받은 자를 포함)은 다음의 사무를 수행하기 위하여 불가피한 경우 「개인정보 보호법 시행령」에 따른 주민등록번호 또는 외국인등록번호가 포함된 자료를 처리할 수 있다.

정보 처리자	관련 사무의 종류	
국토교통부장관 시·도지사, 시장·군수·구청장 *권한이나 업무를 위임, 위탁받은 자 포함	1. 건축허가(제11조)	8. 건축행정 전산화(제31조)
	2. 건축신고(제14조)	9. 건축허가 업무 등의 전산처리(제32조)
	3. 허가와 신고사항의 변경(제16조)	10. 전산자료의 이용자에 대한 지도·감독(제33조)
	4. 용도변경(제19조)	11. 건축물대장의 작성·보관(제38조)
	5. 가설건축물의 건축허가 또는 축조신고(제20조)	12. 등기촉탁(제39조)
	6. 착공신고(제21조)	13. 특별건축구역의 지정 제안에 관한 사무(제71조제2항, 영 제107조의2)
	7. 건축물의 사용승인(제22조)	

7 옹벽 등 공작물에의 준용 (법 제83조) (영 제118조) (규칙 제41조)

법 제83조 【옹벽 등의 공작물에의 준용】
① 대지를 조성하기 위한 옹벽, 굴뚝, 광고탑, 고가수조(高架水槽), 지하 대피호, 그 밖에 이와 유사한 것으로서 대통령령으로 정하는 공작물을 축조하려는 지는 대통령령으로 정하는 바에 따라 특별자치시장·특별자치도지사 또는 시장·군수·구청장에게 신고하여야 한다. 〈개정 2014.1.14〉
② 삭제 〈2019.4.30.〉
③ 제14조, 제21조 제5항, 제29조, 제40조제4항, 제41조, 제47조, 제48조, 제55조, 제58조, 제60조, 제61조, 제79조, 제84조, 제85조, 제87조와 「국토의 계획 및 이용에 관한 법률」 제76조는 대통령령으로 정하는 바에 따라 제1항의 경우에 준용한다. 〈개정 2019.4.30.〉

해설 「건축법」은 건축물에 관한 내용을 규정한 법이다. 따라서 사람이 거주하지 않는 공작물 등은 원칙적으로 「건축법」 적용에서 제외된다. 그러한 공작물이 구조상 안전하지 않은 경우, 건축선 및 미관을 저해하는 경우 등 주거환경 조성에 부적합한 경우가 발생하므로 「건축법」 의 일부 규정을 준용하도록 하고 있다.

■ 축조신고 대상 및 공작물 축조(*건축물과 분리하여 축조하는 것) 신고 등
대지를 조성하기 위한 옹벽, 굴뚝, 광고탑, 고가수조, 지하대피호 등으로서 일성규모 이상의 공작물을 축조하고자 하는 자는 특별자치시장·특별자치도지사 또는 시장·군수·구청장에게 신고해야 함

구 분	내 용	규 모	기 타
공작물 종류	1. 옹벽 또는 담장	• 높이 2m를 넘는 것	■ 공작물을 축조하고자 하는 자는 공작물 축조신고서(별지 30호서식)에 다음 서류를 첨부하여 특별자치시장·특별자치도지사 또는 시장·군수·구청장에게 제출(전자문서에 의한 제출 포함)할 것 1. 공작물의 배치도 2. 공작물의 구조도 3. 구조안전 및 내진설계 확인서* 4. 공작물 내풍설계 확인서* * 높이 8m 이상 공작물만 첨부 **[예외]** 건축허가신청시 건축물의 건축에 관한 사항과 함께 공작물의 축조신고에 관한 사항을 제출한 경우 공작물 축조신고서의 제출 생략 ■ 특별자치시장·특별자치도지사·시장·군수·구청장은 공작물 축조신고서를 받은 때에는 공작물의 구조안전 점검표를 작성·검토한 후 공작물축조신고필증(별지 제30호의3 서식)을 발급하여야 한다.
	2. 광고탑·광고판·장식탑·기념탑·첨탑, 그 밖에 이와 비슷한 것	• 높이 4m를 넘는 것	
	3. 굴뚝	• 높이 6m를 넘는 것	
	4. 골프연습장 등의 운동시설을 위한 철탑과 주거지역·상업지역에 설치하는 통신용 철탑 그 밖에 이와 비슷한 것		
	5. 고가수조 기타 이와 비슷한 것	• 높이 8m를 넘는 것	
	6. 기계식 주차장 및 철골조립식 주차장으로(바닥면이 조립식 아닌 것 포함)서 외벽이 없는 것	• 높이 8m이하 (위험방지위한 난간높이 제외)	
	7. 지하 대피호	• 바닥면적 30㎡를 넘는 것	
	8. 건축조례로 정하는 제조시설, 저장시설(시멘트사일로 포함), 유희시설, 그 밖에 이와 비슷한 것		
	9. 건축물의 구조에 심대한 영향을 줄 수 있는 중량물로서 건축조례가 정하는 것		
	10. 높이 5m를 넘는 「신에너지 및 재생에너지 개발·이용·보급 촉진법」에 따른 태양에너지를 이용하는 발전설비와 그 밖에 이와 비슷한 것		

구 분	법조항	규 정 내 용	예 외 적 용
「건축법」 준용규정	제14조	건축신고	• 법 제14조 적용제외 : 위 2의 공작물로서 「옥외광고물 등 관리법」에 따라 허가 또는 신고를 받은 경우 **[관계법]** • 법 제55조 적용제외 : 위 6의 공작물 • 법 제58조 적용제외 : 위 1의 공작물 • 법 제61조 : 위 2 및 6의 공작물의 경우만 적용
	제21조제3항	건설업자의 시공	
	제29조	공용건축물에 대한 특례	
	제40조제4항	옹벽의 설치	
	제41조	토지 굴착 부분에 대한 조치 등	
	제47조	건축선에 따른 건축제한	
	제48조	구조내력 등	
	제55조	건축물의 건폐율	
	제58조	대지 안의 공지	
	제60조	건축물의 높이 제한	
	제61조	일조 등의 확보를 위한 건축물의 높이 제한	
	제79조	위반 건축물 등에 대한 조치	
	제84조	면적·높이 및 층수의 산정	
	제85조	「행정대집행법」 적용의 특례	
	제87조	보고와 검사 등	
「국토 계획법」**	제76조	용도지역 또는 용도지구에서의 건축물의 건축제한	** 「국토 계획 및 이용에 관한 법률」의 약칭임

【관련 질의회신】

공작물의 설계를 건축사가 하여야 하는 지

국토교통부 민원마당 FAQ, 2023.6.15.

질의 높이 8m이하의 기계식 주차장 및 철골조립식 주차장으로서 외벽이 없는 공작물에 대해
　가. 건축사가 반드시 설계해야 하는 지
　나. 건축법 제58조(대지안의 공지) 규정을 적용해야 하는 지

회신 가. 건축법 제23조에 건축허가, 건축신고 또는 리모델링을 하는 건축물의 건축을 위한 설계는 건축사가
　아니면 할 수 없도록 규정하고 있고, 같은 법 제83조 제2항에 공작물이 건축법을 준용하도록 하는 규정
　에 제외되어 있는 바, 높이 8m이하의 기계식 주차장 및 철골조립식 주차장으로서 외벽이 없는 공작물은
　건축사가 반드시 설계해야 하는 대상은 아님
　나. 건축법 제83조 제2항에 공작물이 준용하여야 하는 건축법상의 규정은 대통령령으로 정하는 바에 따르
　도록 하고 있고, 같은 법 시행령 제118조 제3항에 공작물이 준용하여야 하는 규정을 건축신고, 착공신고,
　건축물의 높이제한 등으로 명시하고 있으나, 건축법 제58조(대지안의 공지)는 포함되지 않음. 따라서, 높
　이 8m이하의 기계식 주차장 및 철골조립식 주차장으로서 외벽이 없는 공작물은 건축법 제58조 규정을
　적용하여야 하는 것은 아님

공작물 높이산정 시 피뢰설비도 포함되는 지

국토교통부 민원마당 FAQ, 2023.6.15.

질의 건축법 제72조의 적용을 받은 공작물 중 동법 시행령 제118조 제1항 제7호의 규정에 의한 통신용철탑의
　높이를 산정하는 때에 건축물의 보호를 위한 피뢰설비도 높이에 포함되는 지

회신 건축법 제72조 제2항 및 동법 시행령 제118조 제3항의 규정에 의하여 영 제118조 제1항 각 호의 어느 하
　나에 해당하는 공작물을 건축허가와 분리하여 축조하는 경우 공작물에 대해서는 법 제73조의 규정을 준
　용하며 영 제118조 제1항 제7호의 규정에 의한 통신용 철탑(주거지역 및 상업지역안에 설치하는 것에 한
　함)을 건축물의 옥상에 설치하는 경우로서, 공작물의 높이는 기존 건축물의 옥상 바닥으로부터 철탑 상
　단까지의 높이로 하되 건축설비로서 철탑의 상부에 돌출되는 피뢰침은 영 제119조 제1항 제5호 라목의
　옥상돌출물에 해당하는 것으로 보아 철탑의 범위에서 제외하되 철탑을 직접 구성하는 부분(통신용 안테
　나 등)까지를 공작물로 보아 옥상바닥에서부터 높이를 산정하는 것임 (※ 법 제72조, 제73조 ⇒ 제83조,
　제84조, 2008. 3. 21.)

건축물과 분리하여 축조되는 공작물 등

국토교통부 민원마당 FAQ, 2023.6.15.

질의 기존 교회 옥상의 철탑(높이18m)의 폭우 및 낙뢰 등으로 인하여 기울어져 철거후 재설치하는 경우
　가. 건축법 시행령 제118조 제1항의 규정에 의한 "건축물과 분리하여 축조하는 것을 말한다"의 명확한 의미
　나. 기존 철탑의 철거후 재설치시 신규설치로 보아 현행 규정을 적용하여야 하는 지 여부

회신 가. 건축물과 분리하여 축조함의 의미는 단순히 공간적 분리만이 아닌 시간적 의미를 포함하는 개념으로
　기존건축물에 철탑을 별도로 추가 설치하는 경우도 건축물과 분리하여 축조하는 것으로 볼 수 있는 것임
　나. 개정된 건축법령의 적용은 부칙 등에서 별도 시행일이 규정되지 아니한 경우 법령 시행일부터 적용됨
　이 타당함을 알려드리니, 질의의 철탑에 적용되어야 하는 규정에 관하여는 관련 도서 등을 구비하여 해
　당지역 허가권자에게 문의 바람

8 행정대집행법 적용의 특례 $\binom{법}{제85조}\binom{영}{제119조의2}$

> **법 제85조【「행정대집행법」 적용의 특례】**
> ① 허가권자는 제11조, 제14조, 제41조와 제79조제1항에 따라 필요한 조치를 할 때 다음 각 호의 어느 하나에 해당하는 경우로서 「행정대집행법」 제3조제1항과 제2항에 따른 절차에 의하면 그 목적을 달성하기 곤란한 때에는 해당 절차를 거치지 아니하고 대집행할 수 있다. 〈개정 2020.6.9〉
> 1. 재해가 발생할 위험이 절박한 경우
> 2. 건축물의 구조 안전상 심각한 문제가 있어 붕괴 등 손괴의 위험이 예상되는 경우
> 3. 허가권자의 공사중지명령을 받고도 따르지 아니하고 공사를 강행하는 경우
> 4. 도로통행에 현저하게 지장을 주는 불법건축물인 경우
> 5. 그 밖에 공공의 안전 및 공익에 매우 저해되어 신속하게 실시할 필요가 있다고 인정되는 경우로서 대통령령으로 정하는 경우
> ② 제1항에 따른 대집행은 건축물의 관리를 위하여 필요한 최소한도에 그쳐야 한다.

해설 위반 건축물이나 붕괴등 위험이 예상되는 건축물 등은 적법절차를 거쳐 조치를 하면 위법사항이 더욱 심화되거나 조치가 지연되어 더 위험할 수 있는 우려가 있다. 따라서 허가권자는 필요한 경우 「행정대집행법」에 따른 절차를 거치지 않고 이를 대집행할 수 있다.

대집행절차를 거치지 않고 실행할 수 있는 특례대상을 명확히 규정하여 행정청의 재량남용을 방지하고 국민의 재산권보호에 기여하도록 개정(2009.4.1)되었다.

■ 적용의 특례

다음의 경우 「행정대집행법」에 따른 절차를 거치지 않고 조치할 수 있다.

필요조치관련규정	대집행 대상	조 치
1. 건축허가(법 제11조) 2. 건축신고(법 제14조) 3. 토지굴착부분에 대한 조치 등(법 제41조) 4. 위반 건축물 등에 대한 조치 등(법 제79조 제1항)	1. 재해가 발생할 위험이 절박한 경우 2. 건축물의 구조 안전상 심각한 문제가 있어 붕괴 등 손괴의 위험이 예상되는 경우 3. 허가권자의 공사중지명령을 받고도 따르지 아니하고 공사를 강행하는 경우 4. 도로통행에 현저하게 지장을 주는 불법건축물인 경우 5. 그 밖에 공공의 안전 및 공익에 <u>매우</u> 저해되어 신속하게 실시할 필요가 있다고 인정되는 경우로 대기 및 수질오염물질 배출 건축물로서 주변환경을 심각하게 오염시킬 우려가 있는 경우	■ 「행정대집행법」 제3조 제1항 및 제2항의 절차를 거치지 않고 조치할 수 있음. ■ 대집행은 건축물의 관리를 위하여 필요한 최소한도로 할 것

9 청 문(법 제86조)

> **법 제86조【청문】**
> 허가권자는 제79조에 따라 허가나 승인을 취소하려면 청문을 실시하여야 한다.

해설 청문은 행정기관이 규칙의 제정, 행정처분 등을 행함에 있어 이해관계인 등의 의견을 듣기 위한 절차로서, 부당한 행정처분 등에 의한 관계자 등의 불이익을 방지하고, 행정처분의 합리성을 부여하고자 함이다.

■ **청문의 대상**

「건축법」 제79조(위반 건축물 등에 대한 조치 등) 제1항에 해당하는 경우.(앞의 **2** 해설 참조)
※ 허가권자는 대지나 건축물이 「건축법」 또는 「건축법」 에 따른 명령이나 처분에 위반되는 경우 허가 또는 승인을 취소할 수 있다.(법 제79조제1항)

10 보고와 검사(법 제87조)(규칙 제42조)

> **법 제87조【보고와 검사 등】**
> ① 국토교통부장관, 시·도지사, 시장·군수·구청장, 그 소속 공무원, 제27조에 따른 업무대행자 또는 제37조에 따른 건축지도원은 건축물의 건축주등, 공사감리자, 공사시공자 또는 관계전문기술자에게 필요한 자료의 제출이나 보고를 요구할 수 있으며, 건축물·대지 또는 건축공사장에 출입하여 그 건축물, 건축설비, 그 밖에 건축공사에 관련되는 물건을 검사하거나 필요한 시험을 할 수 있다. 〈개정 2016.2.3.〉
> ② 제1항에 따라 검사나 시험을 하는 자는 그 권한을 표시하는 증표를 지니고 이를 관계인에게 내보여야 한다.
> ③ 허가권자는 건축관계자등과의 계약 내용을 검토할 수 있으며, 검토결과 불공정 또는 불합리한 사항이 있어 부실설계·시공·감리가 될 우려가 있는 경우에는 해당 건축주에게 그 사실을 통보하고 해당 건축물의 건축공사 현장을 특별히 지도·감독하여야 한다. 〈신설 2016.2.3.〉

해설 건축물의 올바른 시공을 위해 건축행정에 관계하는 자로 하여금 건축물·대지 또는 공사장에 출입하여 검사 또는 시험을 할 수 있게 하였고, 건축관계자로 하여금 필요한 자료를 제출하게 할 수 있도록 권한을 부여하였다.

【1】보고 및 검사

국토교통부장관, 시·도지사 등은 다음에 관한 사항을 행할 수 있다.

권한보유자	국토교통부장관, 시·도지사, 시장·군수·구청장, 그 소속 공무원, 현장조사·검사 및 확인업무 대행자 또는 건축지도원
행위내용	1. 건축물의 건축주등·공사감리자·공사시공자 또는 관계전문기술자에게 필요한 자료의 제출 또는 보고를 요구 2. 건축물·대지 또는 건축공사장에 출입하여 건축물, 건축설비, 그 밖에 건축공사에 관련되는 물건을 검사하거나 필요한 시험을 할 수 있음

■ 위 사항에 의한 검사나 시험을 하는 자는 그 권한을 표시하는 증표를 지니고 이를 관계인에게 보여야 한다.

【2】계약내용의 검사

허가권자는 건축관계자등과의 계약 내용을 검토할 수 있으며, 검토결과 불공정 또는 불합리한 사항이 있어 부실설계·시공·감리가 될 우려가 있는 경우 해당 건축주에게 그 사실을 통보하고 건축공사 현장을 특별히 지도·감독하여야 한다.

11 지역건축안전센터 설립 (법
제87조의2, 3) (영
제119조의3) (규칙
제43조의2)

법 제87조의2 【지역건축안전센터 설립】

① 지방자치단체의 장은 다음 각 호의 업무를 수행하기 위하여 관할 구역에 지역건축안전센터를 설치하여야 하고, 그 외의 지방자치단체의 시장·군수·구청장은 관할 구역에 지역건축안전센터를 설치할 수 있다. 〈개정 2022.6.10.〉

1. 제21조, 제22조, 제27조 및 제87조에 따른 기술적인 사항에 대한 보고·확인·검토·심사 및 점검

1의2. 제11조, 제14조 및 제16조에 따른 허가 또는 신고에 관한 업무 〈신설 2020.4.7.〉

2. 제25조에 따른 공사감리에 대한 관리·감독

3. 삭제 〈2019.4.30〉

4. 그 밖에 대통령령으로 정하는 사항

② 제1항에도 불구하고 다음 각 호의 어느 하나에 해당하는 지방자치단체의 장은 관할 구역에 지역건축안전센터를 설치하여야 한다. 〈신설 2022.6.10.〉

1. 시·도

2. 인구 50만명 이상 시·군·구

3. 국토교통부령으로 정하는 바에 따라 산정한 건축허가 면적(직전 5년 동안의 연평균 건축허가 면적을 말한다) 또는 노후건축물 비율이 전국 지방자치단체 중 상위 30퍼센트 이내에 해당하는 인구 50만명 미만 시·군·구

③ 체계적이고 전문적인 업무 수행을 위하여 지역건축안전센터에 「건축사법」 제23조제1항에 따라 신고한 건축사 또는 「기술사법」 제6조제1항에 따라 등록한 기술사 등 전문인력을 배치하여야 한다. 〈개정 2022.6.10.〉

④ 제1항부터 제3항까지의 규정 제1항 및 제2항에 따른 지역건축안전센터의 설치·운영 및 전문인력의 자격과 배치기준 등에 필요한 사항은 국토교통부령으로 정한다. 〈개정 2022.6.10.〉

[본조신설 2017.4.18.]

법 제87조의3 【건축안전특별회계의 설치】

① 시·도지사 또는 시장·군수·구청장은 관할 구역의 지역건축안전센터 설치·운영 등을 지원하기 위하여 건축안전특별회계(이하 "특별회계"라 한다)를 설치할 수 있다.

② 특별회계는 다음 각 호의 재원으로 조성한다. 〈개정 2020.4.7〉

1. 일반회계로부터의 전입금

2. 제17조에 따라 납부되는 건축허가 등의 수수료 중 해당 지방자치단체의 조례로 정하는 비율의 금액

3. 제80조에 따라 부과·징수되는 이행강제금 중 해당 지방자치단체의 조례로 정하는 비율의 금액

4. 제113조에 따라 부과·징수되는 과태료 중 해당 지방자치단체의 조례로 정하는 비율의 금액

5. 그 밖의 수입금

③ 특별회계는 다음 각 호의 용도로 사용한다.
1. 지역건축안전센터의 설치·운영에 필요한 경비
2. 지역건축안전센터의 전문인력 배치에 필요한 인건비
3. 제87조의2제1항 각 호의 업무 수행을 위한 조사·연구비
4. 특별회계의 조성·운용 및 관리를 위하여 필요한 경비
5. 그 밖에 건축물 안전에 관한 기술지원 및 정보제공을 위하여 해당 지방자치단체의 조례로 정하는 사업의 수행에 필요한 비용
[본조신설 2017.4.18.]

해설 지역건축안전센터를 설립하여 허가권자의 건축허가, 공사감리 등에 대한 관리·감독 업무 등을 지원할 수 있도록 하고, 지역건축안전센터의 안정적 운영을 위하여 건축안전특별회계를 설치하는 등 지방자치단체의 건축물 안전에 대한 전문적인 관리체계를 마련하기 위해 건축법 개정시 위 규정이 신설되어(2017.4.18.) 운영되고 있으나, 건축물 관련 사고에 대한 국민들의 불안을 해소하기 위해서는 광역자치단체나 대도시 외에도 건축허가 및 노후건축물 비율 등이 높은 지방자치단체에 지역건축안전센터를 선도적으로 설치할 필요성이 제기되고 있음.

이에 건축허가 면적 또는 노후건축물 비율이 전국 지방자치단체 중 상위 30퍼센트 이내에 해당하는 인구 50만명 미만의 시·군·구에 대해서도 지역건축안전센터의 설치를 의무화하려는 것임 (2022.6.10.,개정)

【1】 지역건축안전센터 설립

지방자치단체의 장은 ①의 업무를 수행하기 위하여 관할 구역에 지역건축안전센터를 설치해야 하고, 그 외의 지방자치단체의 시장·군수·구청장은 관할 구역에 지역건축안전센터를 설치할 수 있다.

(1) 지역건축안전센터의 의무 설치 <시행 2023.6.11.>

① 다음 각 호에 해당하는 지방자치단체의 장은 관할 구역에 지역건축안전센터를 설치해야 한다.

1. 시·도	
2. 인구 50만명 이상 시·군·구	
3. 인구 50만명 미만 시·군·구	① 건축허가 면적(직전 5년 동안의 연평균 건축허가 면적)이 전국 지방자치단체 중 상위 30% 이내
	② 노후건축물 비율이 전국 지방자치단체 중 상위 30% 이내

② 국토교통부장관은 지역건축안전센터를 설치해야 하는 지방자치단체를 5년마다 고시해야 한다.

③ 건축허가 면적 및 노후건축물 비율의 산정방법(위 ① 표 3. 관련)

1. 건축허가 면적	국토교통부장관이 고시하는 해의 직전연도부터 과거 5년 동안 건축허가(신축만 해당)를 받은 건축물의 연면적 합계를 5로 나눈 면적
2. 노후건축물 비율	국토교통부장관이 고시하는 해의 직전연도의 전체 건축물 중 최초로 사용승인을 받은 후 30년 이상이 지난 건축물이 차지하는 비율

(2) 업무 및 전문인력의 배치

① 지역건축안전센터의 업무

업무내용	관련규정(건축법)
1. 기술적인 사항에 대한 보고·확인·검토·심사 및 점검	제21조(착공신고 등), 제22조(건축물의 사용승인), 제27조(현장조사·검사 및 확인업무의 대행), 제87조(보고와 검사 등)
2. 허가 또는 신고에 관한 업무	제11조(건축허가), 제14조(건축신고), 제16조(허가와 신고사항의 변경)
3. 공사감리에 대한 관리·감독	제25조(건축물의 공사감리)
4. 관할 구역 내 건축물의 안전에 관한 사항으로서 해당 지방자치단체의 조례로 정하는 사항	

② 전문인력의 배치

체계적이고 전문적인 업무 수행을 위하여 지역건축안전센터에 건축사 또는 기술사 등 전문인력을 배치하여야 한다.

【2】 지역건축안전센터의 설치 및 운영 등

(1) 인력배치

센터장 1명과 업무를 수행하는 데 필요한 전문인력

① 센터장

1. 해당 지방자치단체 소속 공무원 중에서 건축행정에 관한 학식과 경험이 풍부한 사람이 센터장을 겸임하게 할 수 있다.

2. 센터장은 지역건축안전센터의 사무를 총괄하고, 소속 직원을 지휘·감독한다.

② 전문인력 : 다음 자격을 갖춘 사람으로서 건축행정에 관한 학식과 경험이 풍부한 사람

전문자격	
1. 건축사	
2. (건축구조 분야) ① 구조기술사 ② 건축구조 분야 고급기술인 이상의 자격 기준을 갖춘 건설기술인*	
3. 건축시공기술사	*건설기술인: 「건설기술 진흥법 시행령」 별표1
4. (건축기계설비 분야) ① 건축기계설비기술사 ② 건축기계설비 분야 고급기술인 이상의 자격 기준을 갖춘 건설기술인*	
5. (토질·지질 분야) ① 지질 및 지반기술사 ② 토질 및 기초기술사 ③ 토질·지질 분야 고급기술인 이상의 자격 기준을 갖춘 건설기술인*	

③ 전문인력의 확보

시·도지사 및 시장·군수·구청장은 산정기준[별표 8]에 따라 지역건축안전센터의 전문인력을 확보하기 위하여 노력하여야 한다. 필수전문인력으로 위 ② 표 1.의 건축사 1명 이상과 2., 3.의 전문자격자 중에서 1명 이상을 두어야 한다. <개정 2023.6.9.>

【참고】 건축법 시행규칙 [별표 8] <신설 2018.6.15.>

지역건축안전센터의 적정 전문인력 인원 산정기준 (제43조의2제5항 관련)

1. 지역건축안전센터의 적정 전문인력 인원은 다음의 산정식에 따라 산정한다.

$$\text{적정 전문인력 인원(명)} = \frac{\text{최근 3년간 연평균 건축 신고·허가 건수}}{\text{1인당 연간 건축 신고·허가 처리가능 건수}} \times \text{필수 전문인력 인원(명)}$$

2. 제1호의 산정식에 적용되는 용어의 정의
   가. "최근 3년간 연평균 건축 신고·허가 건수"란 최근 3년간 연평균 해당 지방자치단체의 건축 신고 건수에 해당 업무의 난이도를 가중한 값과 최근 3년간 연평균 해당 지방자치단체의 건축허가 건수에 해당 업무의 난이도를 가중한 값을 더한 값을 말한다.
   나. "1인당 연간 건축 신고·허가 처리가능 건수"란 해당 업무의 난이도를 고려하여 공무원 1명이 1일 동안 통상적으로 처리할 수 있는 건축 신고·허가 건수에 근무일수를 곱한 값을 말한다.
   다. "필수전문인력 인원"이란 제43조의2제5항 단서에 따라 지역건축안전센터에 필수적으로 두어야 하는 전문인력 인원으로 2명을 말한다.

3. 제1호의 산정식에 적용되는 산정기준: 다음 각 목의 구분에 따른다.
   가. 특별시·광역시·특별자치시·도, 특별시·광역시·경기도의 시 또는 자치구

적용용어	산정기준
최근 3년간 연평균 건축 신고·허가 건수	0.76(업무 난이도) × 최근 3년간 연평균 건축신고 건수 + 1.4(업무 난이도) × 최근 3년간 연평균 건축허가 건수
1인당 연간 건축 신고·허가 처리가능 건수	5건 × 21일 × 12개월 = 1,260

   나. 도(경기도는 제외한다)의 시·군·자치구, 특별자치도, 광역시·경기도의 군

적용용어	산정기준
최근 3년간 연평균 건축 신고·허가 건수	0.9(업무 난이도) × 최근 3년간 연평균 건축신고 건수 + 1.4(업무 난이도) × 최근 3년간 연평균 건축허가 건수
1인당 연간 건축 신고·허가 처리가능 건수	7건 × 21일 × 12개월 = 1,764

   다. 공통사항
   1) 적정 전문인력 인원은 소수점 첫째자리에서 반올림하여 산정한다.
   2) 적정 전문인력 인원은 제43조의2제4항에 따른 전문인력 인원만을 말한다.

(2) 지역건축안전센터의 공동 설치 등

① 시장·군수·구청장이 지역의 규모·예산·인력 및 건축허가 등의 신청 건수를 고려하여 단독으로 지역건축안전센터를 설치·운영하는 것이 곤란하다고 판단하는 경우 둘 이상의 시·군·구가 공동으로 하나의 지역건축안전센터를 설치·운영할 수 있다.

② 공동으로 지역건축안전센터를 설치·운영하려는 시장·군수·구청장은 지역건축안전센터의 공동 설치 및 운영에 관한 협약을 체결하여야 한다.

③ 위 규정 사항 외에 지역건축안전센터의 조직 및 운영 등에 필요한 사항은 해당 지방자치단체의 조례로 정한다.

【3】 건축안전특별회계의 설치

시·도지사 또는 시장·군수·구청장은 관할 구역의 지역건축안전센터 설치·운영 등을 지원하기 위하여 건축안전특별회계(이하 "특별회계")를 설치할 수 있다.

① 특별회계의 재원

1. 일반회계로부터의 전입금

2. 건축허가 등의 수수료 중 해당 지방자치단체의 조례로 정하는 비율의 금액

3. 이행강제금 중 해당 지방자치단체의 조례로 정하는 비율의 금액

4. 과태료 중 해당 지방자치단체의 조례로 정하는 비율의 금액

5. 그 밖의 수입금

② 특별회계의 용도

1. 지역건축안전센터의 설치·운영에 필요한 경비

2. 지역건축안전센터의 전문인력 배치에 필요한 인건비

3. 지역건축안전센터의 업무 수행을 위한 조사·연구비

4. 특별회계의 조성·운용 및 관리를 위하여 필요한 경비

5. 그 밖에 건축물 안전에 관한 기술지원 및 정보제공을 위하여 해당 지방자치단체의 조례로 정하는 사업의 수행에 필요한 비용

12 건축분쟁전문위원회 (제88조 ~ 제104조의2) (제119조의4 ~ 제119조의10) (제43조의3 ~ 제43조의5)

법 제88조 【건축분쟁전문위원회】

① 건축등과 관련된 다음 각 호의 분쟁(「건설산업기본법」 제69조에 따른 조정의 대상이 되는 분쟁은 제외한다. 이하 같다)의 조정(調停) 및 재정(裁定)을 하기 위하여 국토교통부에 건축분쟁전문위원회(이하 "분쟁위원회"라 한다)를 둔다.) 〈개정 2014.5.28〉

1. 건축관계자와 해당 건축물의 건축등으로 피해를 입은 인근주민(이하 "인근주민"이라 한다) 간의 분쟁
2. 관계전문기술자와 인근주민 간의 분쟁
3. 건축관계자와 관계전문기술자 간의 분쟁
4. 건축관계자 간의 분쟁
5. 인근주민 간의 분쟁
6. 관계전문기술자 간의 분쟁
7. 그 밖에 대통령령으로 정하는 사항

② 삭제 〈2014.5.28〉

③ 삭제 〈2014.5.28〉

법 제89조 【분쟁위원회의 구성】

① 분쟁위원회는 각각 위원장과 부위원장 각 1명을 포함한 15명 이내의 위원으로 구성한다. 〈개정 2014.5.28〉

② 중앙건축분쟁전문위원회의 위원은 건축이나 법률에 관한 학식과 경험이 풍부한 자로서 다음 각 호의 어느 하나에 해당하는 자 중에서 국토교통부장관이 임명하거나 위촉한다. 이 경우 제4호에 해당하는 자가 2명 이상 포함되어야 한다. 〈개정 2014.5.28〉

1. 3급 상당 이상의 공무원으로 1년 이상 재직한 자
2. 삭제 〈2014.5.28〉
3. 「고등교육법」에 따른 대학에서 건축공학이나 법률학을 가르치는 조교수 이상의 직(職)에 3년 이상 재직한 자
4. 판사, 검사 또는 변호사의 직에 6년 이상 재직한 자
5. 「국가기술자격법」에 따른 건축분야 기술사 또는 「건축사법」 제23조에 따라 건축사사무소개설신고를 하고 건축사로 6년 이상 종사한 자
6. 건설공사나 건설업에 대한 학식과 경험이 풍부한 자로서 그 분야에 15년 이상 종사한 자

③ 삭제 〈2014.5.28〉

④ 분쟁위원회의 위원장과 부위원장은 위원 중에서 호선한다. 〈개정 2014.5.28〉

⑤ 공무원이 아닌 위원의 임기는 3년으로 하되, 연임할 수 있으며, 보궐위원의 임기는 전임자의 남은 임기로 한다.

⑥ 분쟁위원회의 회의는 재적위원 과반수의 출석으로 열고 출석위원 과반수의 찬성으로 의결한다. 〈개정 2014.5.28〉

⑦ 다음 각 호의 어느 하나에 해당하는 자는 분쟁위원회의 위원이 될 수 없다. 〈개정 2014.5.28〉

1. 피성년후견인, 피한정후견인 또는 파산선고를 받고 복권되지 아니한 자
2. 금고 이상의 실형을 선고받고 그 집행이 끝나거나(집행이 끝난 것으로 보는 경우를 포함한다)되거나 집행이 면제된 날부터 2년이 지나지 아니한 자
3. 법원의 판결이나 법률에 따라 자격이 정지된 자

⑧ 위원의 제척·기피·회피 및 위원회의 운영, 조정 등의 거부와 중지 등 그 밖에 필요한 사항은 대통령령으로 정한다. 〈신설 2014.5.28.〉

[제목개정 2014.5.28.]

법 제90조 삭제 〈2014.5.28〉

법 제91조 【대리인】
① 당사자는 다음 각 호에 해당하는 자를 대리인으로 선임할 수 있다.
 1. 당사자의 배우자, 직계존·비속 또는 형제자매
 2. 당사자인 법인의 임직원
 3. 변호사
② 삭제 〈2014.5.28〉
③ 대리인의 권한은 서면으로 소명하여야 한다.
④ 대리인은 다음 각 호의 행위를 하기 위하여는 당사자의 위임을 받아야 한다.
 1. 신청의 철회
 2. 조정안의 수락
 3. 복대리인의 선임

법 제92조 【조정등의 신청】
① 건축물의 건축등과 관련된 분쟁의 조정 또는 재정(이하 "조정등"이라 한다)을 신청하려는 자는 분쟁위원회에 조정등의 신청서를 제출하여야 한다. 〈개정 2014.5.28〉
② 제1항에 따른 조정신청은 해당 사건의 당사자 중 1명 이상이 하며, 재정신청은 해당 사건 당사자 간의 합의로 한다. 다만, 분쟁위원회는 조정신청을 받으면 해당 사건의 모든 당사자에게 조정신청이 접수된 사실을 알려야 한다. 〈개정 2014.5.28〉
③ 분쟁위원회는 당사자의 조정신청을 받으면 60일 이내에, 재정신청을 받으면 120일 이내에 절차를 마쳐야 한다. 다만, 부득이한 사정이 있으면 분쟁위원회의 의결로 기간을 연장할 수 있다. 〈개정 2014.5.28〉

법 제93조 【조정등의 신청에 따른 공사중지】
① 삭제 〈2014.5.28〉
② 삭제 〈2014.5.28〉
③ 시·도지사 또는 시장·군수·구청장은 위해 방지를 위하여 긴급한 상황이거나 그 밖에 특별한 사유가 없으면 조정등의 신청이 있다는 이유만으로 해당 공사를 중지하게 하여서는 아니 된다.

법 제94조 【조정위원회와 재정위원회】
① 조정은 3명의 위원으로 구성되는 조정위원회에서 하고, 재정은 5명의 위원으로 구성되는 재정위원회에서 한다.
② 조정위원회의 위원(이하 "조정위원"이라 한다)과 재정위원회의 위원(이하 "재정위원"이라 한다)은 사건마다 분쟁위원회의 위원 중에서 위원장이 지명한다. 이 경우 재정위원회에는 제89조제2항제4호에 해당하는 위원이 1명 이상 포함되어야 한다. 〈개정 2014.5.28〉
③ 조정위원회와 재정위원회의 회의는 구성원 전원의 출석으로 열고 과반수의 찬성으로 의결한다.

법 제95조 【조정을 위한 조사 및 의견청취】
① 조정위원회는 조정에 필요하다고 인정하면 조정위원 또는 사무국의 소속 직원에게 관계 서류를 열람하게 하거나 관계 사업장에 출입하여 조사하게 할 수 있다. 〈개정 2014.5.28〉
② 조정위원회는 필요하다고 인정하면 당사자나 참고인을 조정위원회에 출석하게 하여 의견을 들을 수 있다.

③ 분쟁의 조정신청을 받은 조정위원회는 조정기간 내에 심사하여 조정안을 작성하여야 한다. 〈개정 2014.5.28〉

법 제96조【조정의 효력】

① 조정위원회는 제95조제3항에 따라 조정안을 작성하면 지체 없이 각 당사자에게 조정안을 제시하여야 한다.

② 제1항에 따라 조정안을 제시받은 당사자는 제시를 받은 날부터 15일 이내에 수락 여부를 조정위원회에 알려야 한다.

③ 조정위원회는 당사자가 조정안을 수락하면 즉시 조정서를 작성하여야 하며, 조정위원과 각 당사자는 이에 기명날인하여야 한다.

④ 당사자가 제3항에 따라 조정안을 수락하고 조정서에 기명날인하면 조정서의 내용은 재판상 화해와 동일한 효력을 갖는다. 다만, 당사자가 임의로 처분할 수 없는 사항에 관한 것은 그러하지 아니하다. 〈개정 2020.12.22.〉

법 제97조【분쟁의 재정】

① 재정은 문서로써 하여야 하며, 재정 문서에는 다음 각 호의 사항을 적고 재정위원이 이에 기명날인하여야 한다.
1. 사건번호와 사건명
2. 당사자, 선정대표자, 대표당사자 및 대리인의 주소·성명
3. 주문(主文)
4. 신청 취지
5. 이유
6. 재정 날짜

② 제1항제5호에 따른 이유를 적을 때에는 주문의 내용이 정당하다는 것을 인정할 수 있는 한도에서 당사자의 주장 등을 표시하여야 한다.

③ 재정위원회는 재정을 하면 지체 없이 재정 문서의 정본(正本)을 당사자나 대리인에게 송달하여야 한다.

법 제98조【재정을 위한 조사권 등】

① 재정위원회는 분쟁의 재정을 위하여 필요하다고 인정하면 당사자의 신청이나 직권으로 재정위원 또는 소속 공무원에게 다음 각 호의 행위를 하게 할 수 있다.
1. 당사자나 참고인에 대한 출석 요구, 자문 및 진술 청취
2. 감정인의 출석 및 감정 요구
3. 사건과 관계있는 문서나 물건의 열람·복사·제출 요구 및 유치
4. 사건과 관계있는 장소의 출입·조사

② 당사자는 제1항에 따른 조사 등에 참여할 수 있다.

③ 재정위원회가 직권으로 제1항에 따른 조사 등을 한 경우에는 그 결과에 대하여 당사자의 의견을 들어야 한다.

④ 재정위원회는 제1항에 따라 당사자나 참고인에게 진술하게 하거나 감정인에게 감정하게 할 때에는 당사자나 참고인 또는 감정인에게 선서를 하도록 하여야 한다.

⑤ 제1항제4호의 경우에 재정위원 또는 소속 공무원은 그 권한을 나타내는 증표를 지니고 이를 관계인에게 내보여야 한다.

법 제99조【재정의 효력 등】

재정위원회가 재정을 한 경우 재정 문서의 정본이 당사자에게 송달된 날부터 60일 이내에 당사자 양쪽이나 어느 한쪽으로부터 그 재정의 대상인 건축물의 건축등의 분쟁을 원인으로 하는 소송이 제기되지 아니하거나 그 소송이 철회되면 조정서의 내용은 재판상 화해와 동일한 효력을 갖는다. 다만, 당사자가 임의로 처분할 수 없는 사항에 관한 것은 그러하지 아니하다. 〈개정 2020.12.22.〉

법 제100조【시효의 중단】

당사자가 재정에 불복하여 소송을 제기한 경우 시효의 중단과 제소기간을 산정할 때에는 재정신청을 재판상의 청구로 본다. 〈개정 2020.6.9.〉

법 제101조【조정 회부】

분쟁위원회는 재정신청이 된 사건을 조정에 회부하는 것이 적합하다고 인정하면 직권으로 직접 조정할 수 있다. 〈개정 2014.5.28〉

법 제102조【비용부담】

① 분쟁의 조정등을 위한 감정 · 진단 · 시험 등에 드는 비용은 당사자 간의 합의로 정하는 비율에 따라 당사자가 부담하여야 한다. 다만, 당사자 간에 비용부담에 대하여 합의가 되지 아니하면 조정위원회나 재정위원회에서 부담비율을 정한다.

② 조정위원회나 재정위원회는 필요하다고 인정하면 대통령령으로 정하는 바에 따라 당사자에게 제1항에 따른 비용을 예치하게 할 수 있다.

③ 제1항에 따른 비용의 범위에 관하여는 국토교통부령으로 정한다. 〈개정 2014.5.28.〉

법 제103조【분쟁위원회의 운영 및 사무처리 위탁】

① 국토교통부장관은 분쟁위원회의 운영 및 사무처리를 「국토안전관리원법」에 따른 국토안전관리원(이하 "국토안전관리원"이라 한다)에 위탁할 수 있다. 〈개정 2017.1.17., 2020.6.9.〉

② 분쟁위원회의 운영 및 사무처리를 위한 조직 및 인력 등은 대통령령으로 정한다. 〈개정 2014.5.28〉

③ 국토교통부장관은 예산의 범위에서 분쟁위원회의 운영 및 사무처리에 필요한 경비를 국토안전관리원에 출연 또는 보조할 수 있다. 〈개정 2020.6.9.〉

[제목개정 2014.5.28.]

법 제104조【조정등의 절차】

제88조부터 제103조까지의 규정에서 정한 것 외에 분쟁의 조정등의 방법 · 절차 등에 관하여 필요한 사항은 대통령령으로 정한다.

법 제104조의2【건축위원회의 사무의 정보보호】

건축위원회 또는 관계 행정기관 등은 제4조의5의 민원심의 및 제92조의 분쟁조정 신청과 관련된 정보의 유출로 인하여 신청인과 이해관계인의 이익이 침해되지 아니하도록 노력하여야 한다.

[본조신설 2014.5.28]

영 제119조의4 【분쟁조정】

① 법 제88조에 따라 분쟁의 조정 또는 재정(이하 "조정등"이라 한다)을 받으려는 자는 국토교통부령으로 정하는 바에 따라 신청 취지와 신청사건의 내용을 분명하게 밝힌 조정등의 신청서를 국토교통부에 설치된 건축분쟁전문위원회(이하 "분쟁위원회"라 한다)에 제출(전자문서에 의한 제출을 포함한다)하여야 한다. 〈개정 2014.11.28〉

② 조정위원회는 법 제95조제2항에 따라 당사자나 참고인을 조정위원회에 출석하게 하여 의견을 들으려면 회의 개최 5일 전에 서면(당사자 또는 참고인이 원하는 경우에는 전자문서를 포함한다)으로 출석을 요청하여야 하며, 출석을 요청받은 당사자 또는 참고인은 조정위원회의 회의에 출석할 수 없는 부득이한 사유가 있는 경우에는 미리 서면 또는 전자문서로 의견을 제출할 수 있다.

③ 법 제88조, 제89조 및 제91조부터 제104조까지의 규정에 따른 분쟁의 조정등을 할 때 서류의 송달에 관하여는 「민사소송법」 제174조부터 제197조까지를 준용한다. 〈개정 2014.11.28〉

④ 조정위원회 또는 재정위원회는 법 제102조제1항에 따라 당사자가 분쟁의 조정등을 위한 감정·진단·시험 등에 드는 비용을 내지 아니한 경우에는 그 분쟁에 대한 조정등을 보류할 수 있다. 〈개정 2009.8.5〉

⑤ 삭제 〈2014.11.28〉

[제119조의3에서 이동, 종전 제119조의4는 제119조의5으로 이동 〈2018.6.26.〉]

영 제119조의5 【선정대표자】

① 여러 사람이 공동으로 조정등의 당사자가 될 때에는 그 중에서 3명 이하의 대표자를 선정할 수 있다.

② 분쟁위원회는 당사자가 제1항에 따라 대표자를 선정하지 아니한 경우 필요하다고 인정하면 당사자에게 대표자를 선정할 것을 권고할 수 있다. 〈개정 2014.11.28〉

③ 제1항 또는 제2항에 따라 선정된 대표자(이하 "선정대표자"라 한다)는 다른 신청인 또는 피신청인을 위하여 그 사건의 조정등에 관한 모든 행위를 할 수 있다. 다만, 신청을 철회하거나 조정안을 수락하려는 경우에는 서면으로 다른 신청인 또는 피신청인의 동의를 받아야 한다.

④ 대표자가 선정된 경우에는 다른 신청인 또는 피신청인은 그 선정대표자를 통해서만 그 사건에 관한 행위를 할 수 있다.

⑤ 대표자를 선정한 당사자는 필요하다고 인정하면 선정대표자를 해임하거나 변경할 수 있다. 이 경우 당사자는 그 사실을 지체 없이 분쟁위원회에 통지하여야 한다. 〈개정 2014.11.28.〉

[제119조의4에서 이동, 종전 제119조의5는 제119조의6으로 이동 〈2018.6.26.〉]

영 제119조의6 【절차의 비공개】

분쟁위원회가 행하는 조정등의 절차는 법 또는 이 영에 특별한 규정이 있는 경우를 제외하고는 공개하지 아니한다. 〈개정 2014.11.28.〉

[제119조의5에서 이동, 종전 제119조의6은 제119조의7로 이동 〈2018.6.26.〉]

영 제119조의7 【위원의 제척 등】

① 법 제89조제8항에 따라 분쟁위원회의 위원이 다음 각 호의 어느 하나에 해당하면 그 직무의 집행에서 제외된다.

1. 위원 또는 그 배우자나 배우자였던 자가 해당 분쟁사건(이하 "사건"이라 한다)의 당사자가 되거나 그 사건에 관하여 당사자와 공동권리자 또는 의무자의 관계에 있는 경우

  2. 위원이 해당 사건의 당사자와 친족이거나 친족이었던 경우
  3. 위원이 해당 사건에 관하여 진술이나 감정을 한 경우
  4. 위원이 해당 사건에 당사자의 대리인으로서 관여하였거나 관여한 경우
  5. 위원이 해당 사건의 원인이 된 처분이나 부작위에 관여한 경우
  ② 분쟁위원회는 제척 원인이 있는 경우 직권이나 당사자의 신청에 따라 제척의 결정을 한다.
  ③ 당사자는 위원에게 공정한 직무집행을 기대하기 어려운 사정이 있으면 분쟁위원회에 기피신청을 할 수 있으며, 분쟁위원회는 기피신청이 타당하다고 인정하면 기피의 결정을 하여야 한다.
  ④ 위원은 제1항이나 제3항의 사유에 해당하면 스스로 그 사건의 직무집행을 회피할 수 있다.
  [본조신설 2014.11.28.][제119조의6에서 이동, 종전 제119조의7은 제119조의8로 이동 〈2018.6.26.〉]

영 제119조의8 【조정등의 거부와 중지】
  ① 법 제89조제8항에 따라 분쟁위원회는 분쟁의 성질상 분쟁위원회에서 조정등을 하는 것이 맞지 아니하다고 인정하거나 부정한 목적으로 신청하였다고 인정되면 그 조정등을 거부할 수 있다. 이 경우 조정등의 거부 사유를 신청인에게 알려야 한다.
  ② 분쟁위원회는 신청된 사건의 처리 절차가 진행되는 도중에 한쪽 당사자가 소(訴)를 제기한 경우에는 조정등의 처리를 중지하고 이를 당사자에게 알려야 한다.
  [본조신설 2014.11.28.][제119조의7에서 이동, 종전 제119조의8은 제119조의9로 이동 〈2018.6.26.〉]

영 제119조의9 【조정등의 비용 예치】
  법 제102조제2항에 따라 조정위원회 또는 재정위원회는 조정등을 위한 비용을 예치할 금융기관을 지정하고 예치기간을 정하여 당사자로 하여금 비용을 예치하게 할 수 있다.
  [본조신설 2014.11.28.][제119조의8에서 이동, 종전 제119조의9는 제119조의10으로 이동 〈2018.6.26.〉]

영 제119조의10 【분쟁위원회의 운영 및 사무처리】
  ① 국토교통부장관은 법 제103조제1항에 따라 분쟁위원회의 운영 및 사무처리를 한국시설안전공단에 위탁한다. 〈개정 2016.7.19.〉
  ② 제1항에 따라 위탁을 받은 한국시설안전공단은 그 소속으로 분쟁위원회 사무국을 두어야 한다.
  [본조신설 2014.11.28.][제119조의9에서 이동, 종전 제119조의10은 제119조의11로 이동 〈2018.6.26.〉]

규칙 제43조의3 【분쟁조정의 신청】
  ① 영 제119조의4제1항에 따라 분쟁의 조정 또는 재정(이하 "조정등"이라 한다)을 받으려는 자는 다음 각 호의 사항을 기재하고 서명·날인한 분쟁조정등신청서에 참고자료 또는 서류를 첨부해 국토교통부에 설치된 건축분쟁전문위원회(이하 "분쟁위원회"라 한다)에 제출(전자문서로 제출하는 것을 포함한다)해야 한다. 〈개정 2021.6.25〉
  1. 신청인의 성명(법인의 경우에는 명칭) 및 주소
  2. 당사자의 성명(법인의 경우에는 명칭) 및 주소
  3. 대리인을 선임한 경우에는 대리인의 성명 및 주소

4. 분쟁의 조정등을 받고자 하는 사항

5. 분쟁이 발생하게 된 사유와 당사자간의 교섭경과

6. 신청연월일

② 제1항의 경우에 증거자료 또는 서류가 있는 경우에는 그 원본 또는 사본을 분쟁조정등신청서에 첨부하여 제출할 수 있다.

[제43조의2에서 이동, 종전 제43조의3은 제43조의4로 이동 〈2018.6.15.〉]

규칙 제43조의4【분쟁위원회의 회의 · 운영 등】

① 법 제88조에 따른 분쟁위원회의 위원장은 분쟁위원회를 대표하고 분쟁위원회의 총괄한다. 〈개정 2021.8.27〉

② 분쟁위원회의 위원장은 분쟁위원회의 회의를 소집하고 그 의장이 된다. 〈개정 2014.11.28.〉

③ 중앙분쟁전문위원회의 위원장이 부득이한 사유로 직무를 수행할 수 없는 때에는 부위원장이 그 직무를 대행한다. 〈개정 2014.11.28.〉

④ 분쟁위원회의 사무를 처리하기 위하여 간사를 두되, 간사는 국토교통부 소속 공무원 중에서 분쟁위원회의 위원장이 지정한 자가 된다. 〈개정 2014.11.28.〉

⑤ 분쟁위원회의 회의에 출석한 위원 및 관계전문가에 대하여는 예산의 범위 안에서 수당을 지급할 수 있다. 다만, 공무원인 위원이 그 소관 업무와 직접적으로 관련되어 출석하는 경우에는 그러하지 아니 하다. 〈개정 2014.11.28.〉

[제43조의3에서 이동, 종전 제43조의4는 제43조의5로 이동 〈2018.6.15.〉]

규칙 제43조의5【비용부담】

법 제102조제3항에 따라 조정등의 당사자가 부담할 비용의 범위는 다음 각 호와 같다. 〈개정 2014.11.28.〉

1. 감정 · 진단 · 시험에 소요되는 비용

2. 검사 · 조사에 소요되는 비용

3. 녹음 · 속기록 · 참고인 출석에 소요되는 비용, 그 밖에 조정등에 소요되는 비용. 다만, 다음 각 목의 어느 하나에 해당하는 비용을 제외한다.

　가. 분쟁위원회의 위원 또는 영 제119조의9제2항에 따른 사무국(이하 "사무국"이라 한다) 소속 직원이 분쟁위원회의 회의에 출석하는데 소요되는 비용

　나. 중앙분쟁전문위원회의 위원 또는 국토교통부 소속 직원의 출장에 소요되는 비용

　다. 우편료 및 전신료

[제43조의4에서 이동 〈2018.6.15.〉]

① 건축분쟁전문위원회

건축물의 건축등과 관련된 분쟁의 조정 및 재정을 하기 위하여 국토교통부 및 시 · 도(특별시 · 광역시 · 도 · 특별자치도)에 건축분쟁전문위원회를 설치 · 운영하였으나, 건축민원행정에 대한 만족도 제고와 건축분쟁의 원활한 조정을 위하여 국토교통부에 건축분쟁전문위원회를, 시 · 도에 광역지방건축민원전문위원회, 시 · 군 · 구에 기초지방건축민원전문위원회를 설치하여 운영하도록 하고 있다.(2014.5.28. 건축법 개정, 2014.11.28. 시행령 개정) ※ 건축민원전문위원회는 제1장 건축위원회 해설 참조

【1】 건축분쟁전문위원회(이하 "분쟁위원회")의 설치(법 제88조, 제89조)

구 분	내 용	기 타
1. 설치목적	• 건축등과 관련된 분쟁의 조정 및 재정을 하기 위함	-
2. 설치기관	• 국토교통부	-
3. 위원회의 구성	① 위원장과 부위원장을 포함한 15명 이내 　(아래 ㉱에 해당하는 위원 2명 이상 포함) ② 위원의 자격 및 임명 　- 건축이나 법률에 관한 학식과 경험이 풍부한 아래 해당 자 중에서 국토교통부장관이 임명·위촉 　㉮ 3급 상당 이상의 공무원으로 1년 이상 재직한 자 　㉯ 대학에서 건축공학이나 법률학을 가르치는 조교수 이상으로 3년 이상 재직한 자 　㉰ 판사, 검사 또는 변호사의 직에 6년 이상 재직한 자 　㉱ 건축분야 기술사 또는 건축사사무소개설신고를 하고 건축사로 6년 이상 종사한 자 　㉲ 건설공사나 건설업에 대한 학식과 경험이 풍부한 자로서 그 분야에 15년 이상 종사한 자 ③ 위원의 임기 : 3년으로 하되 연임할 수 있음	• 공무원은 임기제한을 두지않음 • 위원의 제척·기피·회피 및 위원회의 운영, 조정 등의 거부와 중지 등 그 밖에 필요한 사항은 대통령령으로 정함 • 위원장과 부위원장은 위원 중에서 호선 • 회의는 재적위원 과반수의 출석으로 열고 출석위원 과반수의 찬성으로 의결
	[조정위원회] 3명의 위원으로 구성 [재정위원회] 5명의 위원으로 구성(위 ㉰에 해당하는 위원 1명 이상 포함)	• 사건마다 분쟁위원회의 위원 중에서 위원장이 지명
4. 조정 및 재정 대상	① 건축관계자와 해당 건축물의 건축등으로 인하여 피해를 입은 인근주민 간의 분쟁 ② 관계전문기술자와 인근 주민간의 분쟁 ③ 건축관계자와 관계전문기술자간의 분쟁 ④ 건축관계자 간의 분쟁 ⑤ 인근주민 간의 분쟁 ⑥ 관계전문기술자 간의 분쟁 ⑦ 그 밖에 대통령령으로 정하는 사항	• 「건설산업기본법」 제69조의 규정에 의한 건설업에 관한 분쟁의 조정을 제외
5. 절차		

【2】 분쟁의 조정 등

1. 건축물의 건축등과 관련된 분쟁의 조정등(분쟁의 조정 또는 재정)을 신청하려는 자는 국토교통부에 설치된 건축분쟁전문위원회(이하 "분쟁위원회")에 제출(전자문서에 의한 제출 포함)하여야 한다.

2. 조정신청은 해당 사건의 당사자 중 1명 이상이 하며, 재정신청은 해당 사건의 당사자 간에 합의로 한다. 다만, 분쟁위원회는 조정신청을 받은 경우 해당 사건의 모든 당사자에게 조정신청이 접수된 사실을 통보하여야 한다.

3. 분쟁위원회는 당사자의 조정신청을 받으면 60일 이내에, 재정신청을 받으면 120일 이내에 절차를 마쳐야 한다. 다만, 부득이한 사정이 있으면 분쟁위원회의 의결로 기간을 연장할 수 있다.

4. 조정위원회는 조정에 필요시 조정위원 또는 사무국의 소속 직원에게 관계서류의 열람, 관계사업장의 출입·조사하게 하거나 당사자나 참고인을 출석하게 하여 의견을 들을 수 있으며, 조정기간 내에 심사하여 조정안을 작성하여야 한다.

5. 조정위원회는 조정안을 작성한 때에는 지체없이 각 당사자에게 제시하여야 한다.

6. 조정안을 제시받은 당사자는 제시를 받은 날부터 15일 이내에 수락여부를 조정위원회에 알려야 한다.

7. 조정위원회는 당사자가 조정안을 수락하면 즉시 조정서를 작성하여야 하며, 조정위원과 각 당사자는 이에 기명날인하여야 한다.

8. 당사자가 조정안을 수락하고 조정서에 기명날인하면 조정서의 내용은 재판상 화해와 동일한 효력을 갖는다. 다만, 당사자가 임의로 처분할 수 없는 사항에 관한 것은 그러하지 아니하다.

9. 재정은 사건번호와 사건명·당사자·선정대표자 등의 주소·성명, 주문, 신청취지, 이유, 재정 날짜 등을 적은 문서로 하여야 하며, 재정위원이 기명 날인하여야 한다.

10. 재정위원회는 재정을 하면 지체없이 재정 문서의 정본을 당사자나 대리인에게 송달하여야 한다.

11. 재정위원회는 필요시 당사자의 신청이나 직권으로 당사자나 참고인에 대한 출석 요구 등과 사건 관련 장소의 출입·조사 등을 할 수 있다.

12. 재정위원회가 재정을 한 경우 재정문서의 정본이 당사자에게 송달된 날부터 60일 이내에 당사자로부터 재정대상 관련 소송이 제기되지 아니 하거나 철회되면 조정서의 내용은 재판상 화해와 동일한 효력을 갖는다. 다만, 당사자가 임의로 처분할 수 없는 사항에 관한 것은 그러하지 아니하다.

13. 당사자가 재정에 불복하여 소송을 제기한 경우 시효의 중단과 제소기간을 산정할 때에는 재정신청을 재판상의 청구로 본다.

14. 분쟁위원회는 재정신청이 된 사건을 조정에 회부하는 것이 적합하다고 인정하면 직권으로 직접 조정할 수 있다.

15. 분쟁의 조정등을 위한 감정·진단·시험 등에 드는 비용은 당사자 간의 합의로 정하는 비율에 따라 당사자가 부담하여야 한다.

16. 국토교통부장관은 분쟁위원회의 운영 및 사무처리를 국토안전관리원에 위탁할 수 있으며, 예산의 범위에서 분쟁위원회의 운영 및 사무처리에 필요한 경비를 국토안전관리원에 출연 또는 보조할 수 있다.

13 벌칙 적용시의 공무원 의제(법
제105조)

법 제105조 【벌칙 적용시의 공무원 의제】

다음 각 호의 어느 하나에 해당하는 사람은 공무원이 아니더라도 「형법」 제129조부터 제132조까지의 규정과 「특정범죄가중처벌 등에 관한 법률」 제2조와 제3조에 따른 벌칙을 적용할 때에는 공무원으로 본다. 〈개정 2019.4.23., 2022.6.10.〉

1. 제4조에 따른 건축위원회의 위원
1의2. 제13조의2제2항에 따라 안전영향평가를 하는 자
1의3. 제52조의3제4항에 따라 건축자재를 점검하는 자
2. 제27조에 따라 현장조사·검사 및 확인업무를 대행하는 사람
3. 제37조에 따른 건축지도원
4. 제82조제4항에 따른 기관 및 단체의 임직원
5. 제87조의2제3항에 따라 지역건축안전센터에 배치된 전문인력

해설 공무원이 아닌 자로서 다음에 해당하는 자는 「형법」 제129조 내지 제132조 「특정범죄 가중처벌 등에 관한 법률」 제2조 및 제3조를 적용할 때 이를 공무원으로 본다. 【참고1】, 【참고2】

- 건축위원회 위원
- 건축물의 안전영향평가를 하는 자
- 건축자재를 점검하는 자
- 현장조사·검사 및 확인업무를 대행하는 자
- 건축지도원
- 전자정보처리시스템의 운영을 위탁 받은 기관 및 단체의 임·직원
- 건축분쟁전문위원회의 위원
- 지역건축안전센터에 배치된 전문인력

【참고1】 형법(제129조~제132조)

법조항	내 용
제129조	수뢰, 사전수뢰(收賂, 事前收賂)
제130조	제삼자 뇌물제공(第三者 賂物提供)
제131조	수뢰후 부정처사, 사후수뢰(收賂後 不正處事, 事後收賂)
제132조	알선수뢰(斡旋收賂)

【참고2】 특정범죄 가중처벌 등에 관한 법률(제2조, 제3조)

법조항	내 용
제2조	뇌물죄의 가중처벌
제3조	알선수재

10

벌 칙

법 제106조 【벌칙】

① 제23조, 제24조제1항, 제25조제3항, 제52조의3제1항 및 제52조의5제2항을 위반하여 설계·시공·공사감리 및 유지·관리와 건축자재의 제조 및 유통을 함으로써 건축물이 부실하게 되어 착공 후 「건설산업기본법」 제28조에 따른 하자담보책임 기간에 건축물의 기초와 주요구조부에 중대한 손괴를 일으켜 일반인을 위험에 처하게 한 설계자·감리자·시공자·제조업자·유통업자·관계전문기술자 및 건축주는 10년 이하의 징역에 처한다. 〈개정 2020.12.22.〉

② 제1항의 죄를 범하여 사람을 죽거나 다치게 한 자는 무기징역이나 3년 이상의 징역에 처한다.

법 제107조 【벌칙】

① 업무상 과실로 제106조제1항의 죄를 범한 자는 5년 이하의 징역이나 금고 또는 5억원 이하의 벌금에 처한다. 〈개정 2016.2.3.〉

② 업무상 과실로 제106조제2항의 죄를 범한 자는 10년 이하의 징역이나 금고 또는 10억원 이하의 벌금에 처한다. 〈개정 2016.2.3.〉

1 10년 이하의 징역 등

건축물의 설계(법 제23조), 건축시공자의 성실시공(법 제24조제1항), 공사감리자의 위반사항에 대한 조치(법 제25조제3항), 건축자재의 제조 및 유통관리(제52조의3제1항) 및 건축자재등의 품질인정(법 제52조의5제2항) 규정을 위반하여 설계·시공·공사감리 및 유지·관리를 함으로써 건축물이 부실하게 되어 착공 후 하자담보책임 기간에 건축물의 기초와 주요구조부에 중대한 손괴를 일으켜 일반인을 위험에 처하게 한 설계자·감리자·시공자·제조업자·유통업자·관계전문기술자 및 건축주는 10년 이하의 징역에 처하며, 그 내용은 다음과 같다.

위반내용 및 행위	벌 칙 내 용		대상자	법인의 대표자, 법인 또는 개인의 대리인·사용인 기타 종업원이 그 법인 또는 개인의 업무에 관하여 위반행위를 한 경우*	
1. 건축설계, 시공, 건축자재의 제조 및 유통관리, 감리 및 유지·관리 규정을 위반함으로써 건축물이 부실하게 되어 하자담보책임기간에 건축물의 기초 및 주요구조부에 중대한 손괴를 일으켜 일반인을 위험에 처하게 한 경우	원칙	10년 이하의 징역	위법행위자 (설계자·시공자·감리자·제조업자·유통업자·관계전문기술자 및 건축주)	행위자를 벌하는 외에 그 법인 또는 개인에	10억원 이하의 벌금에 처함
	업무상 과실로 인한 경우	5년 이하의 징역이나 금고 또는 5억원 이하의 벌금		"	각 해당조의 벌금형을 과함
2. 위 1.의 죄를 범하여 사람을 사상에 이르게 한 경우	원칙	무기 또는 3년 이상의 징역	"	"	10억원 이하의 벌금에 처함
	업무상 과실로 인한 경우	10년 이하의 징역이나 금고 또는 10억원 이하의 벌금		"	각 해당조의 벌금형을 과함

* 법 제112조(양벌규정)의 규정 내용임

* 예외 법인 또는 개인이 그 위반행위를 방지하기 위하여 해당 업무에 관하여 상당한 주의와 감독을 게을리하지 아니한 때는 제외

【참고】 하자담보 책임기간(건설산업기본법 제28조)

구 조	하자담보 책임기간
벽돌쌓기식 구조·철근콘크리트 구조·철골구조·철골철근콘크리트 구조 그 밖에 이와 유사한 구조	건설공사 완공일과 목적물의 관리·사용을 개시한 날 중에서 먼저 도래한 날로부터 10년
위 이외의 구조	건설공사 완공일과 목적물의 관리·사용을 개시한 날 중에서 먼저 도래한 날로부터 5년

② 3년 이하의 징역 또는 5억원 이하의 벌금 (법 제108조)

법 제108조 【벌칙】

① 다음 각 호의 어느 하나에 해당하는 자는 3년 이하의 징역이나 5억원 이하의 벌금에 처한다. 〈개정 2020.12.22.〉

1. 도시지역에서 제11조제1항, 제19조제1항 및 제2항, 제47조, 제55조, 제56조, 제58조, 제60조, 제61조 또는 제77조의10을 위반하여 건축물을 건축하거나 대수선 또는 용도변경을 한 건축주 및 공사시공자

2. 제52조제1항 및 제2항에 따른 방화에 지장이 없는 재료를 사용하지 아니한 공사시공자 또는 그 재료 사용에 책임이 있는 설계자나 공사감리자

3. 제52조의3제1항을 위반한 건축자재의 제조업자 및 유통업자
4. 제52조의4제1항을 위반하여 품질관리서를 제출하지 아니하거나 거짓으로 제출한 제조업자, 유통업자, 공사시공자 및 공사감리자
5. 제52조의5제1항을 위반하여 품질인정기준에 적합하지 아니함에도 품질인정을 한 자
② 제1항의 경우 징역과 벌금은 병과(倂科)할 수 있다.

해설 도시지역에서 다음의 규정을 위반한 자는 3년 이하의 징역 또는 5억원 이하의 벌금에 처함.

① 법규정		② 위반내용	③ 처벌대상자	④ 법인의 대표자, 법인 또는 개인의 대리인, 사용인 기타 종업원이 그 법인 또는 개인의 업무에 관하여 위반행위를 한 경우
법조항	내 용			
제11조제1항	건축허가	도시지역에서 ①의 법규정을 위반하여 건축물을 건축, 대수선 또는 용도변경한 경우	• 건축주 • 공사시공자	행위자를 벌하는 외에 그 법인이나 개인에 에게도 각 해당조의 벌금형을 과함
제19조 제1항, 제2항	용도변경(허가, 신고)			
제47조	건축선에 따른 건축제한			
제55조	건축물의 건폐율			
제56조	건축물의 용적률			
제58조	대지 안의 공지			
제60조	건축물의 높이 제한			
제61조	일조 등의 확보를 위한 건축물의 높이 제한			
제77조의10	건축협정의 효력 및 승계			
제52조 제1항, 제2항	건축물의 마감재료	방화에 지장이 없는 재료를 사용하지 아니한 경우	• 공사시공자 • 설계자 • 공사감리자	
제52조의3 제1항	건축자재의 제조 및 유통 관리	건축자재의 제조, 보관 및 유통시 건축물의 안전과 기능 등에 지장이 있는 경우	• 제조업자 • 유통업자	
제52조의4 제1항	건축자재의 품질관리 등	품질관리서 미제출 또는 거짓 제출한 경우	• 제조업자 • 유통업자 • 공사시공자 • 공사감리자	
제52조의5 제1항	건축자재등의 품질인정	품질인정 기준에 부적합함에도 품질인정한 경우	• 품질인정자	

※ 위의 경우 징역형과 벌금형을 병과할 수 있다.

③ 2년 이하의 징역 또는 2억원 이하의 벌금 (법 제109조)

법 제109조 【벌칙】

다음 각 호의 어느 하나에 해당하는 자는 2년 이하의 징역이나 2억원 이하의 벌금에 처한다. 〈개정 2017.4.18.〉

1. 제27조제2항에 따른 보고를 거짓으로 한 자
2. 제87조의2제1항제1호에 따른 보고·확인·검토·심사 및 점검을 거짓으로 한 자

해설 현장 조사·검사 및 확인업무의 대행자의 서면보고를 거짓으로 한 자는 2년 이하의 징역 또는 2억원 이하의 벌금에 처함.

① 법규정		② 위반내용	③ 처벌대상자	④ 법인의 대표자, 법인 또는 개인의 대리인, 사용인 기타 종업원이 그 법인 또는 개인의 업무에 관하여 위반행위를 한 경우
법조항	내 용			
제27조제2항	현장 조사·검사 및 확인업무의 대행자의 서면보고	거짓 서면 보고	• 건축사 (업무 대행자)	행위자를 벌하는 외에 그 법인이나 개인에게도 각 해당조의 벌금형을 과함
제87조의2 제1항제1호	지역건축안전센터의 업무 내용 중 기술적 사항*에 대한 보고·확인·검토·심사 및 점검	보고, 확인 등을 거짓으로 한 행위	• 전문인력 등 (업무 수행자)	

* 관련 규정(건축법): 제11조(건축허가), 제14조(건축신고), 제16조(허가와 신고사항의 변경), 제21조(착공신고 등), 제22조(건축물의 사용승인), 제27조(현장조사·검사 및 확인업무의 대행), 제35조(건축물의 유지·관리)제3항(안전점검 등), 제81조(기존의 건축물에 대한 안전점검 및 시정명령 등) 및 제87조(보고와 검사 등)

④ 2년 이하의 징역 또는 1억원 이하의 벌금 (법 제110조)

법 제110조 【벌칙】

다음 각 호의 어느 하나에 해당하는 자는 2년 이하의 징역 또는 1억원 이하의 벌금에 처한다. 〈개정 2019.4.30.〉

1. 도시지역 밖에서 제11조제1항, 제19조제1항 및 제2항, 제47조, 제55조, 제56조, 제58조, 제60조, 제61조 또는 제77조의10을 위반하여 건축물을 건축하거나 대수선 또는 용도변경을 한 건축주 및 공사시공자

1의2. 제13조제5항을 위반한 건축주 및 공사시공자

2. 제16조(변경허가 사항만 해당한다), 제21조제5항, 제22조제3항 또는 제25조제7항을 위반한 건축주 및 공사시공자
3. 제20조제1항에 따른 허가를 받지 아니하거나 제83조에 따른 신고를 하지 아니하고 가설건축물을 건축하거나 공작물을 축조한 건축주 및 공사시공자
4. 다음 각 목의 어느 하나에 해당하는 자
   가. 제25조제1항을 위반하여 공사감리자를 지정하지 아니하고 공사를 하게 한 자
   나. 제25조제1항을 위반하여 공사시공자 본인 및 계열회사를 공사감리자로 지정한 자
5. 제25조제3항을 위반하여 공사감리자로부터 시정 요청이나 재시공 요청을 받고 이에 따르지 아니하거나 공사 중지의 요청을 받고도 공사를 계속한 공사시공자

6. 제25조제6항을 위반하여 정당한 사유 없이 감리중간보고서나 감리완료보고서를 제출하지 아니하거나 거짓으로 작성하여 제출한 자

7. 삭제 〈2019.4.30.〉

8. 제40조제4항을 위반한 건축주 및 공사시공자

8의2. 제43조제1항, 세49조, 제50조, 제51조, 제53조, 제58조, 제61조제1항·제2항 또는 제64조를 위반한 건축주, 설계자, 공사시공자 또는 공사감리자

9. 제48조를 위반한 설계자, 공사감리자, 공사시공자 및 제67조에 따른 관계전문기술자

9의2. 제50조의2제1항을 위반한 설계자, 공사감리자 및 공사시공자

9의3. 제48조의4를 위반한 건축주, 설계자, 공사감리자, 공사시공자 및 제67조에 따른 관계전문기술자

10. 삭제 〈2019.4.23.〉

11. 삭제 〈2019.4.23.〉

12. 제62조를 위반한 설계자, 공사감리자, 공사시공자 및 제67조에 따른 관계전문기술자

해설 다음의 위법행위자는 2년 이하의 징역 또는 1억원 이하의 벌금을 처함

구분	법규정		위반내용	처벌대상자	양벌규정	
	법조항	내용				
1	제11조제1항	건축허가	도시지역 밖에서 법규정을 위반하여 건축물을 건축·대수선·용도변경 하는 경우	건축주 및 공사시공자	행위자를 벌하는 외에 당해 법인 또는 개인에	각 해당 조의 벌금형을 과함
	제19조 제1항, 제2항	용도변경(허가, 신고)				
	제47조	건축선에 따른 건축 제한				
	제55조	건축물의 건폐율				
	제56조	건축물의 용적률				
	제58조	대지 안의 공지				
	제60조	건축물의 높이 제한				
	제61조	일조 등의 확보를 위한 건축물의 높이제한				
	제77조의10	건축협정의 효력 및 승계				
1의2	제13조제5항	건축 공사현장 안전관리예치금 등	공사현장의 미관, 안전관리등의 개선명령	건축주 및 공사시공자	〃	〃
2	제16조	허가와 신고사항의 변경	법규정을 위반한 경우	건축주 및 공사시공자		
	제21조제5항	건축물 규모에 따른 시공자 규제				
	제22조제3항	건축물 사용 (사용승인후)			〃	
	제25조제7항	공사감리자에 대한 불이익 금지				
3	제20조제1항	가설건축물의 건축허가	허가를 받지 않은 경우	건축주 및 공사시공자		
4	제25조제1항	공사감리자의 지정의무	법규정을 위반한 경우	감리자 지정없이 공사하게 한 사	〃	〃
		계열회사의 감리자지정	법규정을 위반한 경우	시공자 본인 및 계열회사를 감리자로 지정한 자		
5	제25조제3항	위반건축공사의 공사	감리자로부터 시정 또는	공사시공자	〃	〃

		감리자의 지시 불이행	재시공 요청을 받고 이에 따르지 않거나, 공사중지 요청을 받고 공사를 계속한 경우			
6	제25조제6항	감리일지의 기록유지 및 감리보고서의 작성·제출	감리중간·감리완료보고서를 제출하지 아니하거나 거짓으로 작성하여 제출한 경우	공사감리자	〃	〃
6의2	제27조제2항	현장조사·검사 등의 업무 대행후 서면보고	법규정을 위반한 경우	현장조사·검사 등 대행 업무를 한 자	〃	〃
8	제40조제4항	옹벽의 설치 등	법규정을 위반한 경우	건축주 및 공사시공자	〃	〃
8의2	제43조제1항	공개 공지 등의 확보	법규정을 위반한 경우	건축주, 설계자, 공사감리자, 공사시공자	〃	〃
	제49조	피난시설, 용도제한 등				
	제50조	내화구조와 방화벽				
	제51조	방화지구안의 건축물				
	제53조	지하층				
	제58조	대지안의 공지				
	제61조제1항	일조높이제한				
	제61조제2항	채광방향 높이제한 등				
	제64조	승강기				
9	제48조	구조내력 등	법규정을 위반한 경우	설계자·공사감리자·공사시공자·관계전문기술자*	〃	〃
9의2	제50조의2 제1항	고층건축물의 피난 및 안전관리	법규정을 위반한 경우	설계자·공사감리자·공사시공자	〃	〃
9의3	제48조의4	부속구조물의 설치 및 관리	법규정을 위반한 경우	건축주·설계자·공사감리자·공사시공자·관계전문기술자*	〃	〃
12	제62조	건축설비기준 등	법규정을 위반한 경우	설계자·공사감리자·공사시공자·관계전문기술자*	〃	〃

* 관계전문기술자라 함은 (구조분야)건축구조기술사, (기계설비분야)건축기계설비기술사·공조냉동기계기술사, (전기설비분야)건축전기설비기술사·발송배전기술사, (가스분야)가스기술사, (토목분야)토목 분야 기술사·국토개발분야의 지질 및 지반기술사(법 제67조)로서 기술사법 등에 따라 등록한 자를 말함

5 5,000만원 이하의 벌금 (법 제111조)

법 제111조 【벌칙】

다음 각 호의 어느 하나에 해당하는 자는 5천만원 이하의 벌금에 처한다. 〈개정 2019.4.30.〉

1. 제14조, 제16조(변경신고 사항만 해당한다), 제20조의제3항, 제21조제1항, 제22조제1항 또는 제83조제1항에 따른 신고 또는 신청을 하지 아니하거나 거짓으로 신고하거나 신청한 자

2. 제24조제3항을 위반하여 설계 변경을 요청받고도 정당한 사유 없이 따르지 아니한 설계자

3. 제24조제4항을 위반하여 공사감리자로부터 상세시공도면을 작성하도록 요청받고도 이를 작성하지 아니하거나 시공도면에 따라 공사하지 아니한 자

3의2. 제24조제6항을 위반하여 현장관리인을 지정하지 아니하거나 착공신고서에 이를 거짓으로 기재한 자

3의3. 삭제 〈2019.4.23.〉
4. 제28조제1항을 위반한 공사시공자
5. 제41조나 제42조를 위반한 건축주 및 공사시공자
5의2. 제43조제4항을 위반하여 공개공지등의 활용을 저해하는 행위를 한 자
6. 제52조의2를 위반하여 실내건축을 한 건축주 및 공사시공자
6의2. 제52조의4제5항을 위반하여 건축자재에 대한 정보를 표시하지 아니하거나 거짓으로
   표시한 자
7. 삭제 〈2019.4.30.〉
8. 삭제 〈2009.2.6〉

해설 다음의 위법행위자는 5,000만원 이하의 벌금에 처함

구분	법규정		위반내용	처벌대상자	양벌규정
	법조항	내용			
1	법 제14조	건축신고	법규정에 의한 신고 또는 신청을 하지 아니하거나 거짓으로 신고 또는 신청한 경우	법규정을 위반한 신고 또는 신청자	행위자를 벌하는 외에 당해 법인 또는 개인에 각 해당 조의 벌금형을 과함
	제16조	제16조(변경신고 사항만 해당)			
	제20조제3항	가설건축물 신고 (재해복구용 등)			
	제21조제1항	착공신고			
	제22조제1항	건축물의 사용승인 신청			
	제83조제1항	옹벽 등 공작물에의 준용			
2	제24조제3항	설계변경 요청	설계변경을 요청받고 정당한 사유 없이 따르지 아니하는 경우	설계자	〃
3	제24조제4항	상세시공도면의 작성요청	공사감리자로부터 상세시공도면의 작성을 요청받고, 이를 작성하지 아니하거나 시공도면에 따라 공사를 하지 아니하는 경우	공사시공자	〃
3의2	제24조제6항	현장관리인 지정	현장관리인을 지정하지 아니하거나 착공신고서에 이를 거짓으로 기재한 자	건축주	〃
4	제28조제1항	공사현장의 위해방지	법 규정에 위반한 경우	공사시공자	행위자를 벌하는 외에 당해 법인 또는 개인에 각 해당 조의 벌금형을 과함
5	제41조	토지굴착 부분에 대한 조치 등	법 규정을 위반한 경우	건축주 및 공사시공자	〃
	제42조	대지안의 조경			
5의2	제43조제4항	공개 공지 등의 확보	물건을 쌓아놓거나, 출입 차단시설 설치 등 활용저해 행위	행위자	〃
6	제52조의2	실내건축	법 규정에 위반한 경우	건축주 및 공사시공자	〃
6의2	제52조의4 제5항	건축자재의 품질관리 등	단열재의 표면에 건축자재 정보 표시의무	의무 위반자	〃

| 7 | 제81조제1항 및 제5항 | 기존건축물에 대한 시정명령 | 법 규정에 위반한 경우 | 명령에 위반한 자 | 〃 |
| | 제81조제4항 | 구조안전조사 및 결과의 보고 | | 건축주등 | 〃 |

6 양벌규정 (법 제112조)

법 제112조 【양벌규정】

① 법인의 대표자, 대리인, 사용인, 그 밖의 종업원이 그 법인의 업무에 관하여 제106조의 위반행위를 하면 행위자를 벌할 뿐만 아니라 그 법인에도 10억원 이하의 벌금에 처한다. 다만, 법인이 그 위반행위를 방지하기 위하여 해당 업무에 관하여 상당한 주의와 감독을 게을리하지 아니한 때에는 그러하지 아니하다.

② 개인의 대리인, 사용인, 그 밖의 종업원이 그 개인의 업무에 관하여 제106조의 위반행위를 하면 행위자를 벌할 뿐만 아니라 그 개인에게도 10억원 이하의 벌금에 처한다. 다만, 개인이 그 위반행위를 방지하기 위하여 해당 업무에 관하여 상당한 주의와 감독을 게을리하지 아니한 때에는 그러하지 아니하다.

③ 법인의 대표자, 대리인, 사용인, 그 밖의 종업원이 그 법인의 업무에 관하여 제107조부터 제111조까지의 규정에 따른 위반행위를 하면 행위자를 벌할 뿐만 아니라 그 법인에도 해당 조문의 벌금형을 과(科)한다. 다만, 법인이 그 위반행위를 방지하기 위하여 해당 업무에 관하여 상당한 주의와 감독을 게을리하지 아니한 때에는 그러하지 아니하다.

④ 개인의 대리인, 사용인, 그 밖의 종업원이 그 개인의 업무에 관하여 제107조부터 제111조까지의 규정에 따른 위반행위를 하면 행위자를 벌할 뿐만 아니라 그 개인에게도 해당 조문의 벌금형을 과한다. 다만, 개인이 그 위반행위를 방지하기 위하여 해당 업무에 관하여 상당한 주의와 감독을 게을리하지 아니한 때에는 그러하지 아니하다.

해설 양벌규정에 관한 내용을 정리하면 다음과 같다.

관련규정 및 벌칙기준			처벌대상자	양벌규정
법제106조	①	10년 이하의 징역	법인의 대표자, 대리인, 사용인 기타 종업원이 그 법인 또는 그 개인의 업무에 관하여 위반행위를 한 때	행위자를 벌하는 외에 법인 또는 개인을 10억원 이하의 벌금형을 과함*
	②	무기 또는 3년 이상의 징역(사람을 죽거나 다치게 한 자)		
법제107조		5년 이하의 징역이나 금고 또는 5천만원 이하의 벌금(업무상 과실로 위 ①의 죄를 범한자)		행위자를 벌하는 외에 법인 또는 개인에 대하여도 각 해당조의 벌금형을 과함*
		10년 이하의 징역이나 금고 또는 1억원 이하의 벌금(업무상 과실로 위 ②의 죄를 범한자)		
법 제108조		3년 이하의 징역 또는 5천만원 이하의 벌금		
법 제109조		2년 이하의 징역 또는 2천만원 이하의 벌금		
법 제110조		2년 이하의 징역 또는 1천만원 이하의 벌금		
법 제111조		200만원 이하의 벌금		

* 법인 또는 개인이 그 위반행위를 방지하기 위하여 해당 업무에 관하여 상당한 주의와 감독을 게을리하지 아니한 때에는 그러하지 아니하다.

2 과태료 (법 제113조)(영 제121조)

법 제113조 【과태료】

① 다음 각 호의 어느 하나에 해당하는 자에게는 200만원 이하의 과태료를 부과한다. 〈개정 2020.12.22.〉

1. 제19조제3항에 따른 건축물대장 기재내용의 변경을 신청하지 아니한 자
2. 제24조제2항을 위반하여 공사현장에 설계도서를 갖추어 두지 아니한 자
3. 제24조제5항을 위반하여 건축허가 표지판을 설치하지 아니한 자
4. 제52조의3제2항 및 제52조의6제4항에 따른 점검을 거부·방해 또는 기피한 자
5. 제48조의3제1항 본문에 따른 공개를 하지 아니한 자

② 다음 각 호의 어느 하나에 해당하는 자에게는 100만원 이하의 과태료를 부과한다. 〈개정 2019.4.30.〉

1. 제25조제3항을 위반하여 보고를 하지 아니한 공사감리자
2. 제27조제2항에 따른 보고를 하지 아니한 자
3. 삭제 〈2019.4.30.〉
4. 삭제 〈2019.4.30.〉
5. 삭제 〈2016.2.3.〉
6. 제77조제2항을 위반하여 모니터링에 필요한 사항에 협조하지 아니한 건축주, 소유자 또는 관리자
7. 삭제 〈2016.1.19.〉
8. 제83조제2항에 따른 보고를 하지 아니한 자
9. 제87조제1항에 따른 자료의 제출 또는 보고를 하지 아니하거나 거짓 자료를 제출하거나 거짓 보고를 한 자

③ 제24조제6항을 위반하여 공정 및 안전 관리 업무를 수행하지 아니하거나 공사 현장을 이탈한 현장관리인에게는 50만원 이하의 과태료를 부과한다. 〈개정 2018.8.14.〉

④ 제1항부터 제3항까지에 따른 과태료는 대통령령으로 정하는 바에 따라 국토교통부장관, 시·도지사 또는 시장·군수·구청장이 부과·징수한다. 〈개정 2016.2.3.〉

⑤ 삭제 〈2009.2.6〉

영 제121조 【과태료의 부과기준】

법 제113조제1항부터 제3항까지의 규정에 따른 과태료의 부과기준은 별표 16과 같다. 〈개정 2017.2.3〉

[본조신설 2013.5.31]

해설 의무위반 정도에 비해 과도한 행정형벌을 과태료로 전환하여 건축주 및 건축관계자의 불만해소 등 법 준수기반을 마련하고자 규정을 개정하였다.(2009.2.6개정)

【1】 200만원 이하의 과태료 부과 대상

법 규 정		위반내용	대상자
법조항	내 용		
법 제19조제3항	용도변경시 건축물대장 기재내용 변경 신청	건축물대장 기재내용 변경 미신청	용도변경을 하려는 자
법 제24조제2항	설계도서의 비치	공사현장에 설계도서 미비치	공사시공자
법 제24조제5항	건축허가 표지판의 설치	건축허가 표지판의 미설치	공사시공자
법 제52조의3제2항	건축자재의 제조 및 유통 관리	점검을 거부·방해 또는 기피	제조업자, 유통업자
법 제48조의3제1항	건축물의 내진능력 공개	미공개	건축물을 건축하려는 자

【2】 100만원 이하의 과태료 부과 대상

법 규 정		위반내용	대상자
법조항	내 용		
법 제19조제3항	용도변경시 건축물대장 기재내용 변경 신청	건축물대장 기재내용 변경 미신청	용도변경을 하려는 자
법 제24조제2항	설계도서의 비치	공사현장에 설계도서 미비치	공사시공자
법 제24조제5항	건축허가 표지판의 설치	건축허가 표지판의 미설치	공사시공자
법 제52조의3제2항	건축자재의 제조 및 유통 관리	점검을 거부·방해 또는 기피	제조업자, 유통업자
법 제52조의6제4항	시험장소, 제조현장, 유통장소, 건축공사장 등의 점검	"	건축자재 시험기관, 제조업자, 유통업자 등
법 제48조의3제1항	건축물의 내진능력 공개	미공개	건축물을 건축하려는 자

【3】 50만원 이하의 과태료 부과 대상

법 규 정		위반내용	대상자
법조항	내 용		
법 제24조제6항	현장관리인의 지정 및 현장 이탈금지	공정 및 안전 관리 업무를 수행하지 아니하거나 공사 현장 이탈의 경우	현장관리인

【4】 과태료의 부과 및 징수

과태료는 다음 기준(별표 16)이 정하는 바에 따라 국토교통부장관, 시·도지사 또는 시장·군수·구청장이 부과·징수한다.

【참고】 과태료 부과 기준(건축법 시행령 별표16)<개정 2021.12.21>

1. 일반기준

가. 위반행위의 횟수에 따른 과태료의 가중된 부과기준은 최근 1년간 같은 위반행위로 과태료 부과처분을 받은 경우에 적용한다. 이 경우 기간의 계산은 위반행위에 대하여 과태료 부과처분을 받은 날과 그 처분 후 다시 같은 위반행위를 하여 적발된 날을 기준으로 한다.

나. 과태료 부과 시 위반행위가 둘 이상인 경우에는 부과금액이 많은 과태료를 부과한다.

다. 부과권자는 위반행위의 정도, 동기와 그 결과 등을 고려하여 제2호에 따른 과태료 금액의 2분의 1 범위에서 그 금액을 늘릴 수 있다. 다만, 과태료를 늘려 부과하는 경우에도 법 제113조제1항 및 제2항에 따른 과태료 금액의 상한을 넘을 수 없다.

라. 부과권자는 다음의 어느 하나에 해당하는 경우에는 제2호에 따른 과태료 금액의 2분의 1 범위에서 그 금액을 줄일 수 있다. 다만, 과태료를 체납하고 있는 위반행위자의 경우에는 그 금액을 줄일 수 없으며, 감경 사유가 여러 개 있는 경우라도 감경의 범위는 과태료 금액의 2분의 1을 넘을 수 없다.

　1) 삭제 <2020.10.8>

　2) 위반행위가 사소한 부주의나 오류 등으로 인한 것으로 인정되는 경우

　3) 위반행위자가 법 위반상태를 바로 정정하거나 시정하여 해소한 경우

　4) 그 밖에 위반행위의 정도, 동기와 그 결과 등을 고려하여 줄일 필요가 있다고 인정되는 경우

2. 개별기준

(단위: 만원)

위반행위	근거 법조문	과태료 금액		
		1차 위반	2차 위반	3차 이상 위반
가. 법 제19조제3항에 따른 건축물대장 기재내용의 변경을 신청하지 않은 경우	법 제113조 제1항제1호	50	100	200
나. 법 제24조제2항을 위반하여 공사현장에 설계도서를 갖추어 두지 않는 경우	법 제113조 제1항제2호	50	100	200
다. 법 제24조제5항을 위반하여 건축허가 표지판을 설치하지 않는 경우	법 제113조 제1항제3호	50	100	200
라. 법 제24조제6항 후단을 위반하여 공정 및 안전 관리 업무를 수행하지 않거나 공사현장을 이탈한 경우	법 제113조 제3항	20	30	50
마. 법 제52조의3제2항 및 제52조의6제4항에 따른 점검을 거부·방해 또는 기피하는 경우	법 제113조 제1항제4호	50	100	200
바. 공사감리자가 법 제25조제4항을 위반하여 보고를 하지 않는 경우	법 제113조 제2항제1호	30	60	100
사. 법 제27조제2항에 따른 보고를 하지 않는 경우	법 제113조 제2항제2호	30	60	100
아. 삭제 <2020.4.28.>				
자. 삭제 <2020.4.28.>				
차. 법 제48조의3제1항 본문에 따른 공개를 하지 아니한 경우	법 제113조 제1항제5호	50	100	200
카. 건축주, 소유자 또는 관리자가 법 제77조제2항을 위반하여 모니터링에 필요한 사항에 협조하지 않는 경우	법 제113조 제2항제6호	30	60	100
타. 삭제 <2020.4.28.>				
파. 법 제87조제1항에 따른 자료의 제출 또는 보고를 하지 않거나 거짓 자료를 제출하거나 거짓 보고를 한 경우	법 제113조 제2항제9호	30	60	100

주차장법 해설

최종개정 : 주 차 장 법   2021. 12. 7.
시 행 령   2021. 4. 20.
시 행 규 칙   2022. 11. 1.

1

총 칙

1 목적 (법 제1조)

1 목 적

「주차장법」은 주차장의 설치·정비 및 관리에 관하여 필요한 사항을 정함으로써 자동차 교통을 원활하게 하여 공중(公衆)의 편의와 안전을 도모함을 목적으로 한다.

2 규정내용

① 주차장의 설치에 관한 규정
② 주차장의 정비에 관한 규정
③ 주차장의 관리에 관한 규정

2 정의 (법 제2조)

이 법에서 사용하는 용어의 뜻은 다음과 같다.

1. 주차장: (자동차의 주차를 위한 시설)	① 노상주차장	도로의 노면 또는 교통광장(교차점 광장만 해당)의 일정한 구역에 설치된 주차장으로서 일반의 이용에 제공되는 것
	② 노외주차장	도로의 노면 및 교통광장 외의 장소에 설치된 주차장으로서 일반의 이용에 제공되는 것
	③ 부설주차장	건축물, 골프연습장, 그 밖에 주차수요를 유발하는 시설에 부대(附帶)하여 설치되는 주차장으로서 해당 건축물·시설의 이용자 또는 일반의 이용에 제공되는 것
2. 기계식주차장치		노외주차장 및 부설주차장에 설치하는 주차설비로서 기계장치에 의하여 자동차를 주차할 장소로 이동시키는 설비
3. 기계식주차장		기계식주차장치를 설치한 노외주차장 및 부설주차장

4. 도로	자동차 통행이 가능한 너비 4m 이상의 도로로서 다음의 어느 하나에 해당하는 도로를 말한다. ① 「국토의 계획 및 이용에 관한 법률」, 「도로법」, 「사도법」, 그 밖의 관계 법령에 따라 신설 또는 변경에 관한 고시가 된 도로 ② 건축허가 또는 신고 시에 특별시장·광역시장·도지사·특별자치도지사 또는 시장·군수·구청장(자치구의 구청장을 말한다)이 위치를 지정하여 공고한 도로

5. 자동차	철길이나 가설된 선에 의하지 아니하고 원동기를 사용하여 운전되는 차(견인되는 자동차도 자동차의 일부로 본다)로서 다음에 해당하는 차를 말한다.
	① 「자동차관리법」의 규정에 의한 다음의 자동차.
	  ㉠ 승용자동차 ㉡ 승합자동차 ㉢ 화물자동차
	  ㉣ 특수자동차 ㉤ 이륜자동차 ㉥ 원동기장치자전거
	② 「건설기계관리법」의 규정에 의한 건설기계

6. 주차	운전자가 승객을 기다리거나 화물을 싣거나 고장이나 그 밖의 사유로 인하여 차를 계속하여 정지 상태에 두는 것 또는 운전자가 차로부터 떠나서 즉시 그 차를 운전할 수 없는 상태에 두는 것을 말한다.
7. 주차단위구획	자동차 1대를 주차할 수 있는 구획을 말한다.
8. 주차구획	하나 이상의 주차단위구획으로 이루어진 구획 전체를 말한다.
9. 전용주차구획	경형자동차 등 일정한 자동차에 한하여 주차가 허용되는 주차구획을 말한다.
10. 건축물	토지에 정착(定着)하는 공작물 중 지붕과 기둥 또는 벽이 있는 것과 이에 딸린 시설물, 지하나 고가(高架)의 공작물에 설치하는 사무소·공연장·점포·차고·창고, 그 밖에 대통령령으로 정하는 것을 말한다.
11. 주차전용건축물	건축물의 연면적 중 일정비율 이상이 주차장으로 제공되는 건축물을 말함.
12. 건축	「건축법」상의 건축 및 대수선(용도변경 포함)을 말함 ① 건축 : 건축물을 신축·증축·개축·재축(再築)하거나 건축물을 이전하는 것 ② 대수선 : 건축물의 기둥, 보, 내력벽, 주계단 등의 구조나 외부 형태를 수선·변경하거나 증설하는 것으로서 대통령령으로 정하는 것
13. 기계식주차장치 보수업	기계식주차장의 고장을 수리하거나 고장을 예방하기 위하여 정비를 하는 사업

관계법 【도로교통법】 제2조 【정의】

이 법에서 사용하는 용어의 뜻은 다음과 같다. 〈개정 2022.1.11., 2023.10.24.〉

1.~17. 〈생략〉

18. "자동차"란 철길이나 가설된 선을 이용하지 아니하고 원동기를 사용하여 운전되는 차(견인되는 자동차도 자동차의 일부로 본다)로서 다음 각 목의 차를 말한다.

　가. 「자동차관리법」 제3조에 따른 다음의 자동차. 다만, 원동기장치자전거는 제외한다.

　　1) 승용자동차

　　2) 승합자동차

　　3) 화물자동차

　　4) 특수자동차

　　5) 이륜자동차

　나. 「건설기계관리법」 제26조제1항 단서에 따른 건설기계

19. "원동기장치자전거"란 다음 각 목의 어느 하나에 해당하는 차를 말한다.

　가.「자동차관리법」 제3조에 따른 이륜자동차 가운데 배기량 125시시 이하(전기를 동력으로 하는 경우에는 최고정격출력 11킬로와트 이하)의 이륜자동차

　나. 그 밖에 배기량 125시시 이하(전기를 동력으로 하는 경우에는 최고정격출력 11킬로와트 이하)의 원동기를 단 차(「자전거 이용 활성화에 관한 법률」 제2조제1호의2에 따른 전기자전거는 제외한다)

【참고 1】주차장의 종류

1. 설치 위치에 따른 분류	2. 이동방식에 따른 분류
① 노상주차장 ② 노외주차장 ③ 부설주차장	① 자주식주차장 ② 기계식주차장

【참고 2】「주차장법」과 「건축법」 상의 '도로'의 차이

「주차장법」에 따른 도로는 「건축법」에 따른 도로로서 정의되나, 「건축법」상의 도로와 다른 점은 자동차통행의 가능 여부이다. 「건축법」에서는 지형적으로 자동차통행이 불가능한 도로도 예외로 인정되는 경우가 있으나 「주차장법」에서는 인정되지 않는다.

① 주차전용건축물의 주차면적비율 (영 제1조의2)

주차전용건축물의 원칙은 주차장으로 사용되는 비율이 연면적의 95% 이상인 것을 말한다. 다만 주차장외의 용도로 사용되는 부분이 근린생활시설 등으로 사용되는 경우 70% 이상으로 할 수 있다.

주차장이외 부분의 용도	주차장면적비율	비 고
• 일반용도	연면적 중 95% 이상	특별시장, 광역시장, 특별자치도지사 또는 시장은 조례로 해당 지역 안의 구역별로 제한가능하다.
• 단독주택, 공동주택 • 제1종 및 제2종 근린생활시설 • 문화 및 집회시설 • 종교시설 • 판매시설 • 운수시설 • 운동시설 • 업무시설 • 창고시설 • 자동차 관련시설	연면적 중 70% 이상	

【참고】주차전용건축물의 연면적 산정기준

일반원칙	「건축법」의 규정에 따름
기계식주차장치	기계식주차장치에 의하여 자동차가 주차할 수 있는 면적과 기계실·관리사무소 등의 면적을 합산하여 산정

② 주차장 수급 및 안전관리 실태조사 (법 제3조)

특별자치시장·특별자치도지사·시장(「제주특별자치도 설치 및 국제자유도시 조성을 위한 특별법」에 따른 시장은 제외 함)·군수 또는 구청장(자치구의 구청장을 말함)은 주차장의 설치 및 관리를 위한 기초자료로 활용하기 위하여 행정구역·용도지역·용도지구 등을 종합적으로 고려한 조사구역을 정하여 정기적으로 조사구역별로 다음의 주차장 수급실태를 조사하여야 한다.

구 분	내 용
① 실태조사구역의 설정기준	1. 사각형 또는 삼각형 형태로 조사구역을 설정하되 조사구역 바깥 경계선의 최대거리가 300m를 넘지 아니하도록 한다. 2. 각 조사구역은 「건축법」에 따른 도로를 경계로 구분한다. 3. 아파트단지와 단독주택단지가 혼재된 지역 또는 주거기능과 상업·업무기능이 혼재된 지역의 경우에는 주차시설수급의 적정성, 지역적 특성 등을 고려하여 동일한 특성을 가진 지역별로 조사구역을 설정한다.
② 실태조사의 주기	• 조사주기는 3년으로 한다.
③ 실태조사와 안전관리실태조사의 방법	1. 시장·군수 또는 구청장은 특별시·광역시·특별자치도 또는 군(광역시의 군은 제외)의 조례가 정하는 바에 따라 위 ①에 따른 기준에 의하여 설정된 조사구역별로 주차수요조사와 주차시설현황조사로 구분하여 실태조사를 하여야 한다. 2. 시장·군수 또는 구청장이 실태조사를 한 때에는 각 조사구역별로 주차수요와 주차시설현황을 대조·확인할 수 있도록 주차실태조사결과입력대장(별지 제1호서식)에 기재(전산프로그램을 제작하여 입력하는 경우를 포함)하여 관리한다. 3. 시장·군수 또는 구청장은 주차장의 안전사고 예방을 위하여 정기적으로 조사구역 내 설치된 주차장의 경사도 등 이용자의 안전에 위해가 되는 요소를 점검하고 그에 따른 안전관리실태를 조사하여야 한다.

③ 주차환경개선지구 (법 제4조)

【1】 주차환경개선지구의 지정

① 시장·군수 또는 구청장은 다음의 지역안의 조사구역으로서 주차장 실태조사결과 주차장확보율이 해당 지방자치단체의 조례가 정하는 비율 이하인 조사구역에 대하여는 주차난 완화와 교통의 원활한 소통을 위하여 이를 주차환경개선지구로 지정할 수 있다.

1. 「국토의 계획 및 이용에 관한 법률」에 따른 주거지역

2. 위 1.에 따른 주거지역과 인접한 지역으로서 해당 지방자치단체의 조례가 정하는 지역

■ 주차장 확보율 = $\dfrac{\text{주차단위구획의 수}}{\text{자동차 등록 대수}}$

※ 다른 법령에서 일정한 자동차에 대하여 별도로 차고를 확보하도록 하고 있는 경우 그 자동차의 등록대수 및 차고의 수는 비율을 계산할 때 제외한다.

② 위 ①에 따른 주차환경개선지구의 지정은 시장·군수 또는 구청장이 주차환경개선지구 지정·관리계획을 수립하여 이를 결정한다.

③ 시장·군수 또는 구청장은 위 ②에 따라 주차환경개선지구를 지정한 때에는 그 관리에 관한 연차별 목표를 정하고, 매년 주차장 수급실태의 개선효과를 분석하여야 한다.

【2】 주차환경개선지구 지정·관리계획 (법 제4조의2)

① 주차환경개선지구 지정·관리계획에는 다음의 사항이 포함되어야 한다.

| 1. 주차환경개선지구의 지정구역 및 지정의 필요성 |
| 2. 주차환경개선지구의 관리목표 및 방법 |
| 3. 주차장의 수급실태 및 이용특성 |
| 4. 장단기 주차수요에 대한 예측 |
| 5. 연차별 주차장 확충 및 재원조달 계획 |
| 6. 노외주차장 우선 공급 등 주차환경개선지구의 지정목적을 달성하기 위하여 필요한 조치 |

② 시장·군수 또는 구청장은 주차환경개선지구지정·관리계획을 수립하고자 하는 때에는 미리 공청회를 개최하여 지역 주민·관계전문가 등의 의견을 청취하여야 한다. 다음의 중요한 사항을 변경하고자 하는 경우에도 또한 같다.

| 1. 주차환경개선지구의 지정구역의 10% 이상을 변경하는 경우 |
| 2. 예측된 주차수요를 30% 이상 변경하는 경우 |

③ 시장·군수 또는 구청장은 위 ②에 따라 주차환경개선지구 지정·관리계획을 수립 또는 변경하는 때에는 이를 고시하여야 한다.

【3】 주차환경개선지구 지정의 해제 (법 제4조의3)

시장·군수 또는 구청장은 주차환경개선지구의 지정목적을 달성하였다고 인정하는 경우에는 그 지정을 해제하고, 이를 고시하여야 한다.

3 주차장 설비기준 등 (법 제6조)(규칙 제4조의2)

① 주차장설치시 관할 경찰서장 등의 의견 청취

① 주차장의 구조·설비 및 안전기준 등에 관하여 필요한 사항은 국토교통부령으로 정한다. 이 경우 다음 자동차는 전용주차구획(환경친화적 자동차의 경우 충전시설 포함)을 일정 비율 이상 정할 수 있다.

■ 전용주차구획 지정 대상	
1. 경형자동차	「자동차관리법」에 따른 배기량 1,000cc 미만의 자동차
2. 환경친화적 자동차	「환경친화적 자동차의 개발 및 보급 촉진에 관한 법률」에 따른 환경친화적자동차

② 특별시·광역시·특별자치시·특별자치도·시(「제주특별자치도 설치 및 국제자유도시 조성을 위한 특별법」에 따른 시는 제외)·군 또는 자치구는 해당 지역의 주차장 실태 등을 고려하여 필요하다고 인정하는 경우 위 ①의 규정에 불구하고 주차장의 구조·설비기준 등에 관하여 필요한 사항을 해당 지방자치단체의 조례로 달리 정할 수 있다.

③ 경사진 곳(주차제동장치가 작동되지 않은 상태에서 자동차의 미끄러짐이 발생하는 곳을 말함)에 주차장을 설치하려는 자는 다음에서 정하는 바에 따라 고임목 등 주차된 차량이 미끄러지는 것을 방지하는 시설과 미끄럼 주의 안내표지를 갖추어야 한다.

　㉠ 경사진 곳에 주차장을 설치하려는 자는 주차된 차량이 미끄러지는 것을 방지하기 위해 고정형 고임목을 설치해야 한다.

　　예외 고정형 고임목 대신 이동형 고임목, 고임돌, 고무, 플라스틱 등 차량의 미끄러짐을 방지하기 위한 물건을 비치할 수 있는 경우

1. 고정형 고임목을 설치할 경우 주차장의 형태·위치 등으로 인하여 주차단위구획으로의 진출입이나 주차가 현저히 곤란한 경우
2. 고정형 고임목을 설치할 경우 보행자 안전 또는 교통 흐름 등에 지장을 초래할 특별한 사정이 있다고 시장·군수·구청정이 인정하는 경우

　㉡ 미끄럼 주의 안내표지에는 다음 사항이 모두 포함되어야 하며, 자동차 운전자가 잘 볼 수 있는 곳에 설치되어야 한다.

1. 주차장이 경사진 곳이라는 사항
2. 차량이 미끄러짐을 방지하기 위해 다음의 조치가 필요하다는 사항 　• 자동차의 주차제동장치를 작동시킬 것 　• 주차장에 비치된 이동형 고임돌 등으로 차량의 미끄럼을 방지하기 위한 조치를 할 것 　• 조향장치를 가장자리 방향으로 돌려놓을 것

④ 특별시장·광역시장, 시장·군수·구청장은 노상 또는 노외주차장을 설치하는 경우 도시·군관리계획 및 「도시교통정비 촉진법」에 따른 도시교통정비 기본계획에 따라야 하며, 노상주차장을 설치하는 경우에는 미리 관할 경찰서장과 소방서장의 의견을 들어야 한다.

② 주차장의 형태 (규칙 제2조)

① 자주식 주차장 : 운전자가 직접 운전하여 주차장으로 들어가는 형식
② 기계식 주차장 : 기계식주차장치를 설치한 노외주차장 및 부설주차장

【참고】 주차장 형태의 세분

1. 자주식 주차장	① 지하식　② 지평식　③ 건축물식(공작물식 포함)
2. 기계식 주차장	① 지하식　② 건축물식(공작물식 포함)

③ 주차장의 주차단위구획 (규칙 제3조)

● 평행주차형식의 경우

구 분	너 비	길 이
경 형	1.7m 이상	4.5m 이상
일반형	2.0m 이상	6.0m 이상
보도와 차도의 구분이 없는 주거 지역의 도로	2.0m 이상	5.0m 이상

구 분	너 비	길 이
이륜자동차전용	1.0m 이상	2.3m 이상

● 평행주차형식 외의 경우

구 분	너 비	길 이
경 형	2.0m 이상	3.6m 이상
일반형	2.5m 이상	5.0m 이상
확장형	2.6m 이상	5.2m 이상
장애인전용	3.3m 이상	5.0m 이상
이륜자동차전용	1.0m 이상	2.3m 이상

※ 경형자동차는 「자동차관리법」에 따른 1,000cc 미만의 자동차를 말한다.
※ 주차단위구획은 백색실선(경형자동차 전용주차구획의 경우 청색실선)으로 표시하여야 한다.
※ 둘 이상의 연속된 주차단위구획의 총 너비 또는 총 길이는 주차단위구획의 너비 또는 길이에
　주차단위구획의 개수를 곱한 것 이상이 되어야 한다.

【참고】 주차단위구획 크기의 비교(평행주차형식 외의 경우)(단위 : m)

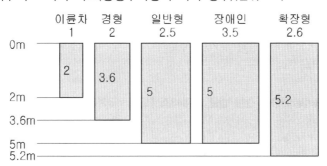

4 이륜자동차 주차관리대상구역 지정 등 (법 제6조의2)

① 특별시장·광역시장·시장·군수 또는 구청장은 이륜자동차(「도로교통법」에 따른 이륜자동차 및 원동기
　장치 자전거를 말함)의 주차 관리가 필요한 지역을 이륜자동차 주차관리대상구역으로 지정할 수 있다.
② 특별시장·광역시장·시장·군수 또는 구청장은 위 ①에 따라 이륜자동차 주차관리대상구역을 지정
　할 때 해당 지역 주차장의 이륜자동차 전용주차구획을 일정 비율 이상 정하여야 한다.
③ 특별시장·광역시장·시장·군수 또는 구청장은 위 ①에 따라 주차관리대상구역을 지정한 때에는
　그 사실을 고시하여야 한다.

5 협회의 설립 (법 제6조의3)

① 주차장 사업을 경영하거나 이와 관련된 업무에 종사하는 자는 관련 제도의 개선 및 사업의 건전
　한 발전을 위하여 주차장 사업자단체(이하 "협회"라 한다)를 설립할 수 있다.
② 협회는 법인으로 한다.
③ 협회는 국토교통부장관의 인가를 받아 주된 사무소의 소재지에서 설립등기를 함으로써 성립한다.
④ 협회 회원의 자격과 임원에 관한 사항, 협회의 업무 등은 정관으로 정한다.
⑤ 협회에 관하여 이 법에 규정된 사항 외에는 「민법」 중 사단법인에 관한 규정을 준용한다.

2

노상주차장

1 노상주차장의 설치 및 폐지 (법 제7조)

1 노상주차장의 설치

노상주차장은 특별시장·광역시장, 시장·군수 또는 구청장이 이를 설치한다. 이 경우 도시·군관리계획에 따른 도시·군계획시설의 설치(「국토의 계획 및 이용에 관한 법률」 제43조제1항) 규정은 이를 적용하지 아니한다.

> **관계법** 「국토의 계획 및 이용에 관한 법률」 제43조 【도시·군계획시설의 설치·관리】
> ① 지상·수상·공중·수중 또는 지하에 기반시설을 설치하려면 그 시설의 종류·명칭·위치·규모 등을 미리 도시·군관리계획으로 결정하여야 한다. 다만, 용도지역·기반시설의 특성 등을 고려하여 대통령령으로 정하는 경우에는 그러하지 아니하다. 〈개정 2011.4.14.〉
> ②~③ 〈생략〉

2 노상주차장의 폐지

다음의 경우 특별시장·광역시장, 시장·군수·구청장은 지체 없이 노상주차장을 폐지해야 한다.

1. 주차로 인하여 대중교통수단의 운행 장애를 유발하는 경우

2. 주차로 인하여 교통소통에 장애를 주는 경우

3. 노상주차장을 대신하는 노외주차장의 설치 등으로 인하여 노상주차장이 필요 없게 된 경우

4. 어린이 보호구역으로 지정된 경우

3 하역주차구획의 지정

특별시장·광역시장, 시장·군수 또는 구청장은 노상주차장 중 해당 지역의 교통여건을 참작하여 화물의 하역을 위한 하역주차구획을 지정할 수 있다. 이 경우 특별시장·광역시장, 시장·군수 또는 구청장은 해당 지방자치단체의 조례가 정하는 바에 의하여 하역주차구획에 화물자동차 외의 자동차(「도로교통법」에 따른 긴급자동차 제외)의 주차를 금지할 수 있다.

2 노상주차장의 설비기준 $\left(\begin{smallmatrix}규칙\\제4조\end{smallmatrix}\right)$

① 일반기준

① 노상주차장을 설치하고자 하는 지역에서의 주차수요와 노외주차장 그 밖에 자동차의 주차에 사용되는 시설 또는 장소와의 연관성을 고려하여 유기적으로 대응할 수 있도록 적정하게 분포되어야 한다.

② 노상주차장의 설치시 도로의 너비 또는 교통상황 등을 고려하여 그 도로를 이용하는 자동차의 통행에 지장이 없도록 설치해야 한다.

③ 노상주차장의 주차구획의 설치에 관하여 필요한 사항은 해당 지방자치단체의 조례로 정할 수 있다.

② 노상주차장을 설치 금지 장소

설치 금지 장소	예외(설치가능의 경우)
• 주간선도로	분리대, 그 밖에 도로의 부분으로서 도로교통에 크게 지장을 가져오지 아니하는 부분
• 너비 6m 미만의 도로	보행자의 통행이나 연도(沿道: 옆길)의 이용에 지장이 없는 경우로서 조례로 정하는 경우
• 종단경사도*가 4%를 초과하는 도로 * 자동차 진행방향의 기울기를 말함	종단경사도가 6% 이하의 도로로서 ① 보도와 차도의 구별이 되어 있고, 그 차도의 너비가 13m 이상인 도로에 설치하는 경우 ② 해당 시장·군수 또는 구청장이 안전에 지장이 없다고 인정하는 도로에 주거지역에 설치되어 있는 노상주차장으로서 인근 주민의 자동차를 위한 경우
• 고속도로·자동차전용도로 또는 고가도로	–
• 「도로교통법」에 따른 주·정차금지장소에 해당하는 도로의 부분	–

관계법 「도로교통법」 제32조 【정차 및 주차의 금지】

모든 차의 운전자는 다음 각 호의 어느 하나에 해당하는 곳에서는 차를 정차하거나 주차하여서는 아니 된다. 다만, 이 법이나 이 법에 따른 명령 또는 경찰공무원의 지시를 따르는 경우와 위험방지를 위하여 일시정지하는 경우에는 그러하지 아니하다. 〈개정 2021.11.30.〉

1. 교차로·횡단보도·건널목이나 보도와 차도가 구분된 도로의 보도(「주차장법」에 따라 차도와 보도에 걸쳐서 설치된 노상주차장은 제외한다)

2. 교차로의 가장자리나 도로의 모퉁이로부터 5미터 이내인 곳

3. 안전지대가 설치된 도로에서는 그 안전지대의 사방으로부터 각각 10미터 이내인 곳

4. 버스여객자동차의 정류지(停留地)임을 표시하는 기둥이나 표지판 또는 선이 설치된 곳으로부터 10미터 이내인 곳. 다만, 버스여객자동차의 운전자가 그 버스여객자동차의 운행시간 중에 운행노선에 따르는 정류장에서 승객을 태우거나 내리기 위하여 차를 정차하거나 주차하는 경우에는 그러하지 아니하다.

5. 건널목의 가장자리 또는 횡단보도로부터 10미터 이내인 곳

6. 다음 각 목의 곳으로부터 5미터 이내인 곳
가. 「소방기본법」 제10조에 따른 소방용수시설 또는 비상소화장치가 설치된 곳
나. 「소방시설 설치 및 관리에 관한 법률」 제2조제1항제1호에 따른 소방시설로서 대통령령으로 정하는 시설이 설치된 곳
7. 지방경찰청장이 도로에서의 위험을 방지하고 교통의 안전과 원활한 소통을 확보하기 위하여 필요하다고 인정하여 지정한 곳

「도로교통법」 제33조 【주차금지의 장소】
모든 차의 운전자는 다음 각 호의 어느 하나에 해당하는 곳에 차를 주차해서는 아니 된다.
1. 터널 안 및 다리 위
2. 다음 각 목의 곳으로부터 5미터 이내인 곳
가. 도로공사를 하고 있는 경우에는 그 공사 구역의 양쪽 가장자리
나. 「다중이용업소의 안전관리에 관한 특별법」에 따른 다중이용업소의 영업장이 속한 건축물로 소방본부장의 요청에 의하여 지방경찰청장이 지정한 곳
3. 지방경찰청장이 도로에서의 위험을 방지하고 교통의 안전과 원활한 소통을 확보하기 위하여 필요하다고 인정하여 지정한 곳

③ 장애인 전용주차구획의 설치 (규칙 제4조제1항제8호)

노상주차장에는 다음의 구분에 따라 장애인 전용주차구획을 설치하여야 한다.
① 주차대수 규모가 20대 이상 50대 미만인 경우: 한 면 이상
② 주차대수 규모가 50대 이상인 경우: 주차대수의 2%~4%의 범위에서 장애인의 주차수요를 고려하여 해당 지방자치단체의 조례로 정하는 비율 이상

3 노상주차장의 관리 (법 제8조)

① 관리자

(1) 노상주차장의 관리자는 다음과 같다.

1. 설치자(특별시장·광역시장·시장·군수 및 구청장)
2. 설치자로부터 그 관리를 위탁받은 자

(2) 노상주차장 관리수탁자의 자격 그 밖에 노상주차장의 관리에 관한 사항은 지방자치단체의 조례로 정한다.
(3) 노상주차장 관리수탁자와 그 관리를 직접 담당하는 자는 「형법」 제129조부터 제132조까지의 적용에 있어서 이를 공무원으로 본다.

【참고】 형법

내 용	조 항
수뢰, 사전수뢰	제129조
제삼자 뇌물제공	제130조
수뢰 후 부정처사, 사후수뢰	제131조
알선수뢰	제132조

② 노상주차장에서의 주차행위제한 등 $\left(\begin{smallmatrix} 법 \\ 제8조의2 \end{smallmatrix}\right)$

특별시장·광역시장·시장·군수 또는 구청장은 다음의 경우, 해당 자동차의 운전자 또는 관리책임이 있는 자에 대하여 주차방법을 변경하거나 다른 곳으로 이동할 것을 명할 수 있다.

구 분	비 고
1. 하역주차구획에 화물자동차가 아닌 자동차를 주차하는 경우	① 긴급자동차는 예외
2. 정당한 사유 없이 주차요금을 납부하지 아니하고 주차하는 경우	② 특별시장·광역시장, 시장·군수·구청장은 해당 자동차의 운전자 또는 관리책임자가 현장에 없는 경우 주차장의 효율적 이용 및 주차장 이용자의 안전과 도로의 원활한 소통을 위하여 필요한 범위내에서 주차방법을 변경하거나 변경에 필요한 조치를 할 수 있다.
3. 노상주차장의 사용제한(법 제10조제1항)에 위반하여 주차하는 경우	
4. 주차장안의 지정된 주차구획 외의 곳에 주차하는 경우	③ 「도로교통법」에 따른 주차위반에 대한 조치(제35조제3항~제7항) 및 차의 견인 및 보관 업무 등의 대행(제36조)의 규정은 위 ②의 규정에 의하여 자동차를 이동시키는 경우에 이를 준용한다.
5. 주차장을 주차장 외의 목적으로 이용하는 경우	
6. 주차요금이 징수되지 아니하는 노상주차장에 정당한 사유 없이 대통령령으로 정하는 기간 이상 계속하여 고정적으로 주차하는 경우 〈신설 2024.1.9./ 시행 2024.7.10.〉	

관계법 「도로교통법」 제2조 【정의】

이 법에서 사용하는 용어의 뜻은 다음과 같다. 〈개정 2023.10.24.〉

1.~21. 〈생략〉

22. "긴급자동차"라 함은 다음 각목의 자동차로서 그 본래의 긴급한 용도로 사용되고 있는 자동차를 말한다.

　　가. 소방차　　　나. 구급차　　　다. 혈액 공급차량

　　라. 그 밖에 대통령령으로 정하는 자동차

「도로교통법 시행령」 제2조 【긴급자동차의 종류】

① 「도로교통법」(이하 "법"이라 한다) 제2조제22호라목에서 "대통령령으로 정하는 자동차"란 긴급한 용도로 사용되는 다음 각 호의 어느 하나에 해당하는 자동차를 말한다. 다만, 제6호부터 제11호까지의 자동차는 이를 사용하는 사람 또는 기관 등의 신청에 의하여 시·도경찰청장이 지정하는 경우로 한정한다. 〈개정 2020.12.31.〉

1. 경찰용 자동차 중 범죄수사, 교통단속, 그 밖의 긴급한 경찰업무 수행에 사용되는 자동차

2. 국군 및 주한 국제연합군용 자동차 중 군 내부의 질서 유지나 부대의 질서 있는 이동을 유도(誘導)하는 데 사용되는 자동차

3. 수사기관의 자동차 중 범죄수사를 위하여 사용되는 자동차

4. 다음 각 목의 어느 하나에 해당하는 시설 또는 기관의 자동차 중 도주자의 체포 또는 수용자, 보호관찰 대상자의 호송·경비를 위하여 사용되는 자동차

　　가. 교도소·소년교도소 또는 구치소

　　나. 소년원 또는 소년분류심사원

　　다. 보호관찰소

5. 국내외 요인(要人)에 대한 경호업무 수행에 공무(公務)로 사용되는 자동차

6. 전기사업, 가스사업, 그 밖의 공익사업을 하는 기관에서 위험 방지를 위한 응급작업에 사용되는 자동차

7. 민방위업무를 수행하는 기관에서 긴급예방 또는 복구를 위한 출동에 사용되는 자동차

8. 도로관리를 위하여 사용되는 자동차 중 도로상의 위험을 방지하기 위한 응급작업에 사용되거나 운행이 제한되는 자동차를 단속하기 위하여 사용되는 자동차

> 9. 전신·전화의 수리공사 등 응급작업에 사용되는 자동차
> 10. 긴급한 우편물의 운송에 사용되는 자동차
> 11. 전파감시업무에 사용되는 자동차
> ② 제1항 각 호에 따른 자동차 외에 다음 각 호의 어느 하나에 해당하는 자동차는 긴급자동차로 본다.
> 1. 제1항제1호에 따른 경찰용 긴급자동차에 의하여 유도되고 있는 자동차
> 2. 제1항제2호에 따른 국군 및 주한 국제연합군용의 긴급자동차에 의하여 유도되고 있는 국군 및 주한 국제연합군의 자동차
> 3. 생명이 위급한 환자 또는 부상자나 수혈을 위한 혈액을 운송 중인 자동차

③ 노상주차장의 주차요금징수 등 (법 제9조)

① 노상주차장관리자는 주차장에 자동차를 주차하는 자로부터 주차요금을 받을 수 있다.

> 예외 1. 긴급자동차 주차시 : 주차요금 면제
> 2. 경형자동차 및 환경친화적 자동차 주차시 : 주차요금의 50/100 이상을 감면

② 주차요금의 요율 및 징수방법은 지방자치단체의 조례로 정한다.

④ 노상주차장의 사용제한 등 (법 제10조)

노상주차장 설치자는 교통의 원활한 소통과 노상주차장의 효율적인 이용을 위하여 필요한 경우에는 다음의 제한조치를 할 수 있다.

내 용	설 치 자	비 고
• 노상주차장의 전부나 일부에 대한 일시적인 사용제한 • 자동차별 주차시간의 제한 • 자동차와 경형자동차, 환경친화적 자동차를 위한 전용주차구획의 설치	특별시장·광역시장, 시장·군수·구청장	제한조치시 그 내용을 미리 공고 또는 게시

> 예외 긴급자동차의 경우 제한조치에 관계없이 주차가능

【참고】 노상주차장의 전용주차구획의 설치 (규칙 제6조의2)

다음의 경우 및 경형자동차의 경우 노상주차장의 일부에 대하여 전용주차구획을 설치할 수 있다.

구 분	필요사항의 규정
1. 주거지역에 설치된 노상주차장으로서 인근주민의 자동차를 위한 경우	• 전용주차구획의 설치·운영에 필요한 사항은 해당 지방자치단체의 조례로 정한다.
2. 하역주차구획으로서 인근이용자의 화물자동차를 위한 경우	
3. 대한민국에 주재하는 외교공관 및 외교관의 자동차를 위한 경우	
4.「도시교통정비 촉진법」에 따른 승용차공동이용 지원을 위하여 사용되는 자동차를 위한 경우	
5. 그 밖에 해당 지방자치단체의 조례로 정하는 자동차를 위한 경우	

5 노상주차장관리자의 책임 (법
제10조의2)

노상주차장관리자는 해당 지방자치단체의 조례가 정하는 바에 의하여 주차장을 성실히 관리·운영하여야 하며, 주차장 이용자의 안전과 시설의 적정한 유지관리를 위하여 노력하여야 한다.

6 노상주차장의 표지 (법
제11조)

노상주차장관리자는 노상주차장에 주차장표지(전용주차구획의 표지를 포함)와 구획선을 설치하여야 한다.

3

노외주차장

1 노외주차장의 설치 등(법 제12조)

1 노외주차장의 설치 및 폐지 통보

(1) 노외주차장을 설치 또는 폐지한 자는 그 날부터 30일 이내에 주차장소재지 관할 시장·군수·구청장에게 통보해야 하며 설치통보사항의 변경의 경우에도 또한 같다.

(2) 특별시장·광역시장, 시장·군수 또는 구청장은 노외주차장을 설치한 경우, 해당 노외주차장에 화물자동차의 주차공간이 필요하다고 인정하는 때에 지방자치단체의 조례가 정하는 바에 따라 화물자동차의 주차를 위한 구역을 지정할 수 있다. 이 경우 지정규모, 지정방법 및 지정절차 등은 해당 지방자치단체의 조례로 정함.

2 노외주차장 또는 부설주차장의 설치제한(법 제12조제6항)(법 제19조제10항)

제한권자	설치제한 지역의 지정	설치 제한 기준	
		노외주차장	부설주차장
특별시장·광역시장·특별자치시장·특별자치도지사·시장	노외주차장 또는 부설주차장의 설치를 제한할 수 있는 지역은 다음의 지역으로서(주택 및 오피스텔의 부설주차장 제외) 도시철도 등 대중교통 수단의 이용이 편리한 지역으로서 국토교통부장관이 정하는 기준에 해당하는 지역으로 한다. 1. 자동차 교통이 혼잡한 상업지역 또는 준주거지역 2. 「도시교통정비 촉진법」에 따른 교통혼잡 특별관리구역(제42조)으로서 도시철도 등 대중교통수단의 이용이 편리한 지역	그 지역의 자동차 교통 여건을 감안하여 정함	부설주차장 설치제한의 기준은 최고한도로 정하되, 최고한도는 「주차장법시행령」별표1의 설치기준 이내로 한다. 예외 2.의 경우 설치기준의 1/2 이내로 한다.

- 부설주차장 설치제한의 기준은 시설물의 종류·규모별 또는 해당 지역 안의 구역별로 각각 다르게 정할 수 있다.
- 조례로 부설주차장 설치제한의 기준을 정할 때에는 화물의 하역(荷役)을 위한 주차 또는 장애인 등 교통약자나 긴급자동차 등의 주차를 위한 최소한의 주차구획을 확보하도록 하여야 한다.

2 노외주차장인 주차전용건축물에 대한 특례 $\left(\substack{법 \\ 제12조의2}\right)$

노외주차장인 주차전용건축물의 건폐율, 용적률, 대지면적의 최소한도 및 높이 제한 등 건축제한에 대하여는 「국토의 계획 및 이용에 관한 법률」에 따른 용도지역 및 용도지구에서의 건축물의 건축제한 등(제76조), 용도지역의 건폐율(제77조), 용도지역에서의 용적률(제78조)과 「건축법」에 따른 대지의 분할제한(제57조) 및 건축물의 높이 제한(제60조)에도 불구하고 다음의 기준에 따른다.

구 분	내 용	
1. 건폐율	90% 이하	
2. 용적률	1,500% 이하	
3. 대지면적의 최소한도	45m² 이상	
4. 높이제한 (대지가 2이상의 도로에 접할 경우 가장 넓은 도로를 기준으로 한다.)	대지가 접한 도로의 폭	건축물의 각 부분의 높이
	① 12m 미만인 경우	그 부분으로부터 대지에 접한 도로의 반대쪽 경계선까지의 수평거리의 3배
	② 12m 이상인 경우	그 부분으로부터 대지에 접한 도로의 반대쪽 경계선까지의 수평거리의 $\dfrac{36}{도로의\ 폭}$배 다만, 배율이 1.8배 미만인 경우 1.8배로 한다.

【참고】 주차전용 건축물에 대한 높이제한의 예시

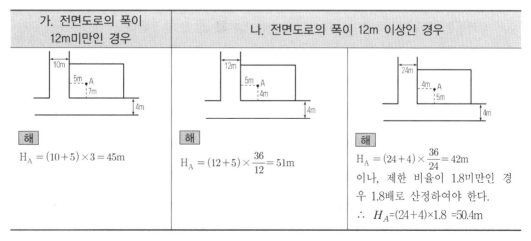

가. 전면도로의 폭이 12m미만인 경우	나. 전면도로의 폭이 12m 이상인 경우	

해
$$H_A = (10+5) \times 3 = 45m$$

해
$$H_A = (12+5) \times \frac{36}{12} = 51m$$

해
$$H_A = (24+4) \times \frac{36}{24} = 42m$$
이나, 제한 비율이 1.8미만인 경우 1.8배로 산정하여야 한다.
$$\therefore\ H_A = (24+4) \times 1.8 = 50.4m$$

3 단지조성사업 등에 따른 노외주차장 $\left(\frac{법}{제12조의3}\right)\left(\frac{영}{제4조}\right)$

(1) 택지개발사업, 산업단지개발사업, 항만배후단지개발사업, 도시재개발사업, 도시철도건설사업, 그 밖에 단지 조성 등을 목적으로 하는 사업(이하 "단지조성사업등")을 시행할 때에는 일정 규모 이상의 노외주차장을 설치해야 한다.

(2) 단지조성사업 등의 종류와 규모, 노외주차장의 규모와 관리방법은 해당 지방자치단체의 조례로 정한다.

(3) 단지조성사업 등으로 설치되는 노외주차장에는 경형자동차 및 환경친화적 자동차를 위한 전용주차구획을 다음의 비율이 모두 충족되도록 설치해야 한다.

1. 경형자동차를 위한 전용주차구획과 환경친화적 자동차를 위한 전용주차구획을 합한 주차구획	총주차대수의 10/100 이상
2. 환경친화적 자동차를 위한 전용주차구획	총주차대수의 5/100 이상

4 노외주차장의 관리기준 등

1 관리 $\left(\frac{법}{제13조}\right)$

① 노외주차장은 해당 노외주차장을 설치한 자가 관리한다.

② 특별시장·광역시장, 시장·군수·구청장이 노외주차장을 설치한 경우 그 관리를 시장·군수·구청장 외의 자에게 위탁할 수 있다.

③ 특별시장·광역시장, 시장·군수·구청장의 위탁을 받아 노외주차장을 관리 할 수 있는 자의 자격은 해당 지방자치단체의 조례로 정한다.

2 주차요금의 징수 $\left(\frac{법}{제14조}\right)$

① 노외주차장을 관리하는 자는 주차장에 자동차를 주차하는 자로부터 주차요금을 받을 수 있다.

② 특별시장·광역시장, 시장·군수·구청장이 설치한 노외주차장의 주차요금 요율과 징수방법에 관하여 필요한 사항은 해당 지방자치단체의 조례로 정한다.

 예외 경형자동차 및 환경친화적 자동차는 주차요금의 50/100 이상 감면

③ 특별시장·광역시장, 시장·군수 또는 구청장인 노외주차장관리자는 아래 ③-②의 경우에 주차요금등을 강제 징수할 수 있다. 이 경우 제2장의 ③-③ 을 준용한다.

3 관리방법 $\left(\frac{법}{제15조}\right)$

① 특별시장·광역시장, 시장·군수 또는 구청장이 설치한 노외주차장의 관리·운영에 관하여 필요한 사항은 해당 지방자치단체의 조례로 정한다.

② 다음 각각의 경우에는 노상주차장의 행위제한 등(제2장 ③-② 참조)의 규정을 준용한다.

1. 정당한 사유 없이 주차요금을 내지 아니하고 주차하는 경우
2. 노외수차장을 주차장 외의 목적으로 이용하는 경우
3. 노외주차장의 지정된 주차구획 외의 곳에 주차하는 경우

④ 노외주차장관리자의 책임 등 (법
제17조)

① 노외주차장관리자는 조례가 정하는 바에 의하여 주차장을 성실히 관리·운영하여야 하며 주차장 이용자의 안전과 시설의 적정한 유지관리를 위하여 노력하여야 한다.

② 노외주차장관리자는 주차장의 공용기간에 정당한 사유 없이 그 이용을 거절할 수 없다.

③ 노외주차장관리자는 주차장에 주차하는 자동차의 보관에 관하여 선량한 관리자의 주의업무를 태만히 하지 아니하였음을 증명한 경우를 제외하고는 그 자동차의 멸실 또는 훼손으로 인한 손해배상의 책임을 면하지 못한다.

⑤ 노외주차장의 표지 (법
제18조)

① 노외주차장관리자는 주차장 이용자의 편의를 도모하기 위하여 필요한 표지(전용주차구획의 표지 포함)를 설치하여야 한다.

② 위 ①에 따른 표지의 종류, 서식, 그 밖에 표지의 설치에 관하여 필요한 사항은 해당 지방자치단체의 조례로 정한다.

5 노외주차장의 설치에 대한 계획기준 (규칙
제5조)

① 설치대상지역

① 노외주차장의 유치권은 노외주차장을 설치하고자 하는 지역에 있어서의 토지이용현황, 노외주차장이용자의 보행거리 및 보행자를 위한 도로상황 등을 참작하여 이용자의 편의를 도모할 수 있도록 정하여야 한다.

② 노외주차장의 규모는 유치권 안에 있어서의 전반적인 주차수요와 이미 설치되었거나 장래에 설치할 계획인 자동차의 주차에 사용하는 시설 또는 장소와의 연관성을 참작하여 적정한 규모로 하여야 한다.

③ 노외주차장은 녹지지역이 아닌 지역에 설치한다.

> **예외** 다음에 해당하는 경우 자연녹지지역 내에도 설치 가능

1. 하천구역 및 공유수면(단, 주차장 설치로 인해 해당 하천 및 공유수면의 관리에 지장이 없는 경우)
2. 토지의 형질변경 없이 주차장 설치가 가능한 지역
3. 주차장 설치를 목적으로 토지의 형질변경 허가를 받은 지역
4. 특별시장·광역시장, 시장·군수 또는 구청장이 특히 주차장의 설치가 필요하다고 인정하는 지역

② 노외주차장의 출구 및 입구의 설치기준

① 노외주차장의 입구와 출구(노외주차장의 차로의 노면이 도로의 노면에 접하는 부분)를 설치할 수 없는 곳

1. 「도로교통법」 제32조제1호부터 제4호까지, 제5호(건널목의 가장자리만 해당) 및 같은 법 제33 조제1호부터 제3호까지의 규정에 해당하는 도로의 부분

2. 육교 및 지하 횡단보도를 포함한 횡단보도에서 5m 이내의 도로부분

3. 너비 4m 미만의 도로(주차대수 200대 이상인 경우에는 너비 6m 미만의 도로)와 종단기울기 가 10%를 초과하는 도로

4. 유아원·유치원·초등학교·특수학교·노인복지시설·장애인 복지시설 및 아동전용시설 등의 출입구로부터 20m 이내의 도로부분

② 출구 및 입구의 설치위치

노외주차장과 연결되는 도로가 2이상인 경우에는 자동차 교통에 미치는 지장이 적은 도로에 노외주 차장의 출구와 입구를 설치하여야 한다.

예외 보행자의 교통에 지장을 가져올 우려가 있거나 그 밖의 특별한 이유가 있는 경우

③ 출구와 입구의 분리설치

주차대수 400대를 초과하는 규모의 노외주차장의 경우에는 노외주차장의 출구와 입구는 각각 따로 설치하여야 한다.

예외 출입구의 너비의 합이 5.5m 이상으로서 출구와 입구가 차선 등으로 분리되는 경우 함께 설치 할 수 있다.

④ 경사진 곳에 노외주차장을 설치하는 경우에는 미끄럼 방지시설 및 미끄럼 주의 안내표지 설치 등 안전대책을 마련해야 한다.

③ 장애인 전용주차구획 설치

특별시장·광역시장, 시장·군수 또는 구청장이 설치하는 노외주차장의 주차대수 규모가 50대 이상 인 경우에는 주차대수의 2%~4%의 범위에서 장애인의 주차수요를 고려하여 지방자치단체의 조례 로 정하는 비율 이상의 장애인 전용주차구획을 설치하여야 한다.

6 노외주차장의 구조 및 설비기준 (규칙 제6조)

① 노외주차장(일반적인 경우)의 구조 및 설비기준

【1】 출입구

① 노외주차장의 입구와 출구는 자동차의 회전을 용이하게 하기 위해 필요한 경우에는 차로와 도로 가 접하는 부분을 곡선형으로 하여야 한다.

② 노외주차장의 출구부분의 구조는 해당 출구로부터 2m(이륜자동차전용 출구의 경우에는 1.3m) 후퇴한 노외주차장 차로의 중심선상 1.4m의 높이에서 도로의 중심선에 직각으로 향한 왼쪽·오른 쪽 각각 60°의 범위 안에서 해당 도로를 통행하는 자를 확인할 수 있도록 하여야 한다.

③ 노외주차장의 출입구의 너비는 3.5m 이상으로 하여야 한다.

④ 주차대수 규모가 50대 이상인 경우에는 출구와 입구를 분리하거나 폭 5.5m 이상의 출입구를 설 치하여 소통이 원활하도록 하여야 한다.

【2】차로의 구조기준

① 주차부분의 긴 변과 짧은 변 중 한 변 이상이 차로에 접하여야 한다.

② 차로의 폭은 주차형식 및 출입구(지하식, 건축물식 주차장 출입구 포함)의 개수에 따라 다음 표에 따른 기준이상으로 하여야 한다.

㉠ 이륜자동차전용 노외주차장

주차형식	차로의 폭(B)	
	출입구가 2개 이상인 경우	출입구가 1개인 경우
평행주차	2.25m	3.5m
직각주차	4.0m	4.0m
45°대향주차	2.3m	3.5m

㉡ 위 ㉠ 외의 노외주차장

주차형식	차로의 폭(B)	
	출입구가 2개 이상인 경우	출입구가 1개인 경우
평행주차	3.3m	5.0m
직각주차	6.0m	6.0m
60°대향주차	4.5m	5.5m
45°대향주차	3.5m	5.0m
교차주차	3.5m	5.0m

■ 주차형식 및 차로의 폭(B)

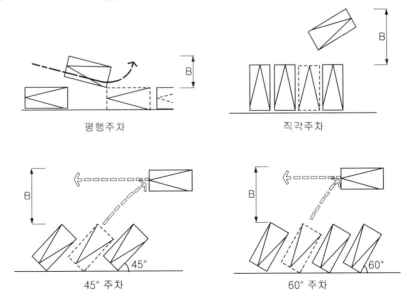

평행주차   직각주차

45° 주차   60° 주차

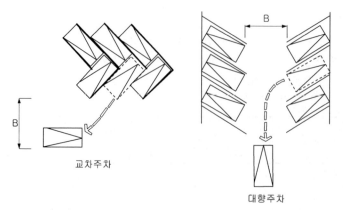

교차주차

대향주차

【3】 노외주차장내 주차부분의 높이

노외주차장의 주차부분의 높이는 주차 바닥면으로부터 2.1m 이상으로 하여야 한다.

【4】 노외주차장 내부공간의 환기

내부공간의 일산화탄소(CO) 농도는 차량이용이 빈번한 시각의 앞뒤 8시간의 평균치가 50ppm 이하
(다중이용시설 등의 「실내공기질 관리법」에 따른 실내주차장은 25ppm 이하)로 유지되어야 한다.

【5】 경보장치

노외주차장에는 다음에서 정하는 바에 따라 경보장치를 설치해야 한다.

① 주차장의 출입구로부터 3m 이내의 장소로서 보행자가 경보장치의 작동을 식별할 수 있는 곳에
위치해야 한다.

② 경보장치는 자동차의 출입 시 경광(警光)과 50dB 이상의 경보음이 발생하도록 해야 한다.

【6】 과속방지턱 등 안전관리시설

주차대수 400대를 초과하는 규모의 노외주차장의 경우에는 주차장 내에서 안전한 보행을 위하여 과
속방지턱, 차량의 일시정지선 등 보행안전을 확보하기 위한 시설을 설치해야 한다.

【7】 침수방지시설

노외주차장의 설치에 대한 계획기준에 따른 지역에 설치되는 주차장에는 홍수 등으로 인한 자동차
침수를 방지하기 위하여 다음의 시설을 모두 설치해야 한다.

1. 차량 출입을 통제하기 위한 주차 차단기
2. 주차장 전체를 볼 수 있는 폐쇄회로 텔레비전 또는 네트워크 카메라
3. 차량 침수가 발생할 우려가 있는 경우에 차량 대피를 안내할 수 있는 방송설비 또는 전광판

② 자주식주차장으로서 지하식 또는 건축물식에 따른 노외주차장

【1】 노외주차장 조도

벽면에서부터 50cm 이내를 제외한 바닥면의 최소 조도(照度)와 최대 조도를 다음과 같이 한다.

위 치	조 도	
	최소	최대
1. 주차구획 및 차로	10럭스 이상	최소 조도의 10배 이내
2. 주차장 출구 및 입구	300럭스 이상	없음
3. 사람이 출입하는 통로	50럭스 이상	없음

【2】 차로의 구조

지하식 또는 건축물식 노외주차장의 차로는 다음 아래에 정한다.

① 노외주차장의 차로의 구조기준을 적용한다.(위 ① - 【2】 참조)

② 높이 : 주차 바닥면으로부터 2.3m 이상으로 하여야 한다.

③ 경사로의 곡선 부분 : 자동차가 6m(같은 경사로를 이용하는 주차장의 총 주차대수가 50대 이하인 경우: 5m, 이륜자동차전용 노외주차장의 경우: 3m) 이상의 내변 반경으로 회전할 수 있도록 해야 한다.

④ 경사로의 차로 너비

1. 직선인 경우	3.3m 이상 (2차로인 경우 6m 이상)
2. 곡선인 경우	3.6m 이상 (2차로인 경우 6.5m 이상)

⑤ 경사로의 종단경사도

1. 직선부분	17% 이하
2. 곡선부분	14% 이하

㉠ 경사로의 양측벽면으로부터 30cm 이상의 지점에 높이 10cm 이상 15cm 미만의 연석을 설치해야 한다. 이 경우 연석(경계석)부분은 차로의 너비에 포함되는 것으로 본다.

㉡ 경사로의 노면은 거친면으로 하여야 한다.

⑥ 오르막 경사로로서 도로와 접하는 부분으로부터 3미터 이내인 경사로의 종단경사도 <시행 2024.12.2.>

1. 직선부분	8.57% 이하
2. 곡선부분	7% 이하

⑦ 주차대수 규모가 50대 이상인 경우의 경사로

㉠ 너비 6m 이상인 2차로를 확보하거나 진입차로와 진출차로를 분리하여야 한다.

㉡ 완화구간의 설치기준에서 정하는 바에 따라 완화구간을 설치하여야 한다. <시행2024.12.2.>

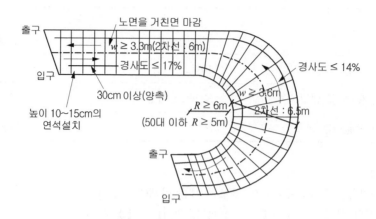

[주차장 차로의 구조]

【3】 자동차용 승강기의 설치

① 대상 : 자동차용 승강기로 운반된 자동차가 주차구획까지 자주식으로 들어가는 노외주차장
② 설치기준 : 주차대수 30대마다 1대의 자동차용 승강기를 설치
③ 준용규정 : 기계식주차장의 설치에 대한 다음의 규정(제6장 ■-① 및 ②)을 준용
　㉠ 기계식 주차장치의 앞면에 자동차 회전용 전면공지, 방향전환장치 설치 규정
　㉡ 기계식 주차장의 진입로 또는 정류장 설치 규정
④ 준용규정의 예외적용 :
　㉠ 자동차용 승강기의 출구와 입구가 따로 설치되어 있거나,
　㉡ 주차장의 내부에서 자동차가 방향전환을 할 수 있을 때
　진입로를 설치하고, 자동차 회전용 전면공지 또는 방향전환장치(위 ③-㉠)를 설치하지 않을 수 있다.

【4】 방범설비

① 대상 : 주차대수 30대 초과하는 규모의 자주식주차장으로서 지하식 또는 건축물식에 따른 노외주차장
② 설치기준 : 관리사무소에서 주차장 내부 전체를 볼 수 있는 폐쇄회로 텔레비전(녹화장치를 포함) 또는 네트워크 카메라를 포함하는 방범설비를 설치·관리하여야 함
③ 준수사항 :

---

1. 방범설비는 주차장 바닥면에서 170cm 높이에 있는 사물을 알아볼 수 있도록 설치하여야 한다.

---

2. 폐쇄회로 텔레비전 또는 네트워크 카메라와 녹화장치의 화면 수가 같아야 한다.

---

3. 선명한 화질이 유지될 수 있도록 관리하여야 한다.

---

4. 촬영된 자료는 컴퓨터보안시스템을 설치하여 1개월 이상 보관하여야 한다.

---

④ 시장·군수 또는 구청장은 위 ③의 준수사항에 대하여 매년 한번 이상 지도점검을 실시

【5】 추락방지용 안전시설

2층 이상의 건축물식 주차장 및 특별시장·광역시장·특별자치도지사·시장·군수가 정하여 고시하는 주차장에는 자동차의 추락방지 안전시설을 다음의 기준에 따라 설치하여야 한다.

■ 추락방지 안전시설 설치기준
1. 2톤 차량이 시속 20㎞의 주행속도로 정면충돌하는 경우에 견딜 수 있는 강도의 구조물로서 구조계산에 의하여 안전하다고 확인된 구조물
2. 「도로법 시행령」 제3조제4호에 따른 방호(防護) 울타리
3. 2톤 차량이 시속 20㎞의 주행속도로 정면충돌하는 경우에 견딜 수 있는 강도의 구조물로서 한국도로공사, 한국교통안전공단, 그 밖에 국토교통부장관이 정하여 고시하는 전문연구기관에서 인정하는 제품
4. 그 밖에 국토교통부장관이 정하여 고시하는 추락방지 안전시설 【참고】 주차장 추락방지시설의 설계 및 설치 세부지침 [국토교통부고시 제2016-145호, 2016.3.25.]

【6】 주차단위구획의 설치장소 등

① 노외주차장의 주차단위구획의 설치장소: 평평한 장소

> 예외 경사도가 7% 이하인 경우로서 시장·군수 또는 구청장이 안전에 지장이 없다고 인정하는 경우 제외

② 특정 주차구획의 확보

종 류	확보 기준	비 고
1. 확장형 주차단위구획	주차단위구획 총수*의 30% 이상	* 평행주차형식의 주차단위구획수 제외
2. 환경친화적 자동차의 전용주차구획	총주차대수의 5/100 이상	지역별 주차환경을 고려하여 시장·군수 또는 구청장이 조례로 의무설치비율을 5/100보다 상향조정 가능

⑦ 노외주차장에 설치할 수 있는 부대시설 (규칙 제6조제4항)

【1】 노외주차장에 설치할 수 있는 부대시설 종류 및 설치비율

① 부대시설의 종류

1. 관리사무소·휴게소 및 공중화장실
2. 간이매점, 자동차 장식품 판매점 및 전기자동차 충전시설, 태양광발전시설, 집배송시설
3. 「석유 및 석유대체연료 사업법 시행령」에 따른 주유소(특별시장·광역시장, 시장·군수 또는 구청장이 설치한 노외주차장만 해당)
4. 노외주차장의 관리·운영상 필요한 편의시설
5. 특별자치도·시·군 또는 자치구의 조례로 정하는 이용자 편의시설

② 설치비율 :
전기자동차충전시설을 제외한 부대시설의 총면적은 주차장 총시설면적의 20%를 초과 금지

【2】 공공시설의 특례

① 공공시설의 종류

공공시설의 종류	노외주차장 구분
1. 도로, 광장, 공원, 초등학교·중학교·고등학교·공용의 청사·주차장 및 운동장	지하에 설치하는 노외주차장
2. 공용의 청사·하천·유수지(遊水池)·주차장 및 운동장	지상에 설치하는 노외주차장

② 부대시설 기준의 조례 지정
【1】에도 불구하고 다음 사항을 특별시·광역시, 시·군 또는 구의 조례로 정할 수 있다.

1. 노외주차장에 설치할 수 있는 부대시설의 종류	–
2. 주차장 총시설면적 중 부대시설이 차지하는 비율	– 총시설면적의 40% 초과 금지

【3】 도시·군계획시설을 부대시설로 중복 설치시의 특례

① 설치권자 : 시장·군수 또는 구청장
② 대상 : 노외주차장 내에 도시·군계획시설을 부대시설로서 중복하여 설치의 경우
③ 노외주차장 외의 용도로 사용하고자 하는 도시·군계획시설이 차지하는 면적의 비율:
부대시설을 포함하여 주차장 총시설면적의 40% 초과 금지

4

부설주차장

1 부설주차장의 설치·지정 (법 제19조)

부설주차장 설치대상 지역 안에서 건축물·골프연습장 등의 시설물(이하 "시설물"이라 한다)을 건축 또는 설치하고자 하는 자는 그 시설물의 내부 또는 그 부지 안에 부설주차장(화물의 하역 그 밖의 사업수행을 위한 주차장 포함)을 설치하여야 한다.

1 부설주차장의 설치대상 및 이용자의 범위

설치 대상지역 (「국토의 계획 및 이용에 관한 법률」 규정에 의함)	설치대상	설치위치	사용자의 범위
• 도시지역 • 지구단위계획구역 • 관리지역(지방자치단체의 조례가 정하는 지역)	건축물·골프연습장 등의 시설물	해당 시설물의 내부 또는 부지	• 해당 시설물 이용자 • 일반인 이용자

2 부설주차장 설치계획서의 제출 (법 제19조의2)

(1) 부설주차장을 설치하여야 하는 자는 시설물의 건축 또는 설치에 관한 허가 신청 또는 신고시에 서류(전자문서 포함) 및 도면을 첨부한 부설주차장(인근)설치계획서를 제출해야 한다.

(2) 시설물의 용도변경의 경우 용도변경 신고시(용도변경신고의 대상이 아닌 경우 용도변경하기 전)에 부설주차장 설치계획서를 제출해야 한다.

(3) 첨부 서류 및 도면

1. 부설주차장의 배치도
2. 공사설계도서(공사가 필요한 경우만 해당)
3. 시설물의 부지와 주차장의 설치 부지를 포함한 지역의 토지이용상황을 판단할 수 있는 축척 1/1,200 이상의 지형도
4. 토지의 지번·지목 및 면적이 기재된 토지조서(건축물식 주차장인 경우 건축면적·건축연면적·층수 및 높이와 주차형식이 적힌 건물조서를 포함)
5. 경사진 주차장을 건설하는 경우 미끄럼 방지시설 및 미끄럼 주의 안내표지 설치계획

■ 위 2~4까지의 서류는 시설물의 부지 인근에 부설주차장을 설치하는 경우만 첨부한다.

(4) 부설주차장 설치계획서를 제출받은 시장·군수 또는 구청장은 시설물의 부지 인근에 부설주차장을 설치하는 경우만 「전자정부법」에 따른 행정정보의 공동이용을 통하여 토지등기부 등본(건축물식 주차장인 경우 건물등기부 등본 포함)을 확인해야 한다.

③ 부설주차장의 설치기준 (영 제6조)

부설주차장을 설치하여야 할 시설물의 종류와 부설주차장의 설치기준은 다음과 같다.

【1】 부설주차장의 설치대상 종류 및 부설주차장 설치기준 ([별표 1] 영)

시설물	설치기준
① 위락시설	• 시설면적 100m²당 1대(시설면적/100m²)
② • 문화 및 집회시설(관람장 제외) • 종교시설 • 판매시설 • 운수시설 • 의료시설(정신병원·요양소·격리병원 제외) • 운동시설(골프장·골프연습장·옥외수영장 제외) • 업무시설(외국공관·오피스텔 제외) • 방송통신시설 중 방송국 • 장례식장	• 시설면적 150m²당 1대(시설면적/150m²)

③ • 제1종 근린생활시설
 	
예외 다음에 해당하는 제1종 근린생활시설은 제외
  - 지역자치센터·파출소·지구대·소방서·우체국·전신전화국·방송국·보건소·공공도서관·지역건강보험조합 등 동일 건축물안에서 해당 용도 바닥면적 합계가 1천m² 미만인 것
  - 마을회관·마을공동작업소·마을공동구판장, 그 밖에 이와 비슷한 것
• 제2종 근린생활시설
• 숙박시설
	• 시설면적 200m²당 1대(시설면적/200m²)

④ 단독주택(다가구주택 제외)	• 시설면적 50m² 초과 150m² 이하 : 1대 • 시설면적 150m² 초과 : 1대에 150m²를 초과하는 100m²당 1대를 더한 대수 [1+{(시설면적-150m²)/ 100m²}]

⑤ • 다가구주택 • 공동주택(기숙사 제외) • 업무시설 중 오피스텔	• 「주택건설기준 등에 관한 규정」에 따라 산정된 주차대수(제27조제1항). 이 경우 다가구주택 및 오피스텔의 전용면적은 공동주택의 전용면적 산정방법을 따른다.
⑥ • 골프장, 골프연습장 • 옥외수영장 • 관람장	• 골프장 : 1홀당 10대(홀의 수×10) • 골프연습장 : 1타석당 1대(타석의 수×1) • 옥외수영장 : 정원 15명당 1대(정원/15명) • 관람장 : 정원 100명당 1대(정원/100명)
⑦ • 수련시설 • 공장(아파트형 제외) • 발전시설	• 시설면적 350m²당 1대(시설면적/350m²)
⑧ 창고시설	• 시설면적 400m²당 1대(시설면적/400m²)
⑨ 학생용 기숙사	• 시설면적 400m²당 1대(시설면적/400m²)
⑩ 방송통신시설 중 데이터센터	• 시설면적 400m²당 1대(시설면적/400m²)
⑪ 그 밖의 건축물	• 시설면적 300m²당 1대(시설면적/300m²)

관계법 「주택건설기준 등에 관한 규정」 제27조 【주차장】

① 주택단지에는 다음 각 호의 어느 하나에 해당하는 주택은 해당 호에서 정하는 기준(소수점 이하 의 끝수는 이를 한 대로 본다)에 따라 주차장을 설치하여야 한다. 〈개정 2022.2.11., 2023.12.5.〉

1. 주택단지에는 주택의 전용면적의 합계를 기준으로 하여 다음 표에서 정하는 면적당 대수의 비율로 산정한 주차대수 이상의 주차장을 설치하되, 세대당 주차대수가 1대(세대당 전용면적이 60제곱미터 이하인 경우에는 0.7대)이상이 되도록 하여야 한다.

주택의 규모별 (전용면적: 제곱미터)	주차장 설치기준(대/제곱미터)			
	가. 특별시	나. 광역시·특별자치시 및 수도권내의 시지역	다. 가목 및 나목 외의 시지역 및 수도권내의 군지역	라. 그 밖의 지역
85이하 85초과	1/75 1/66	1/85 1/70	1/95 1/75	1/110 1/85

2. 소형 주택은 제1호에도 불구하고 전용면적 세대당 주차대수가 0.6대(세대당 전용면적이 30제곱미터 미만인 경우에는 0.5대) 이상이 되도록 주차장을 설치해야 한다. 다만, 다음 각 목의 요건을 모두 갖춘 소형 주택의 경우에는 세대당 주차대수가 0.4대 이상이 되도록 설치할 수 있다.
   가. 상업지역 또는 준주거지역에 건설하는 소형 주택으로서 「민간임대주택에 관한 특별법」 제2조제13호가목에 해당하는 시설로부터 반경 500미터 이내에서 건설하는 소형 주택일 것
   나. 「주차장법」에 따른 주차단위구획의 총 수의 100분의 20 이상을 「도시교통정비 촉진법」 제33조제1항제4호에 따른 승용차 공동이용 지원(승용차공동이용을 위한 전용주차구획을 설치하고 공동이용을 위한 승용자동차를 상시 배치하는 것을 말한다)을 위해 사용할 것
3. 제2호에도 불구하고 소형 주택의 주차장 설치기준은 지역별 차량보유율 등을 고려하여 다음 각 목의 구분에 따라 특별시·광역시·특별자치시·특별자치도·시·군 또는 자치구의 조례로 강화하거나 완화하여 정할 수 있다.
   가. 「민간임대주택에 관한 특별법」 제2조제13호가목 및 나목에 해당하는 시설로부터 통행거리 500미터 이내에 건설하는 소형 주택으로서 다음의 요건을 모두 갖춘 경우: 설치기준의 10분의 7 범위에서 완화

1) 「공공주택 특별법」 제2조제1호가목의 공공임대주택일 것
2) 임대기간 동안 자동차를 소유하지 않을 것을 임차인 자격요건으로 하여 임대할 것. 다만, 「장애인복지법」 제2조제2항에 따른 장애인 등에 대해서는 특별시·광역시·특별자치시·도·특별자치도의 조례로 자동차 소유 요건을 달리 정할 수 있다.
나. 그 밖의 경우: 설치기준의 2분의 1 범위에서 강화 또는 완화
② 제1항 각 호에 따른 주차장은 지역의 특성, 전기자동차(「환경친화적 자동차의 개발 및 보급 촉진에 관한 법률」 제2조제3호에 따른 전기자동차를 말한다) 보급정도 및 주택의 규모 등을 고려하여 그 일부를 전기자동차의 전용주차구획으로 구분 설치하도록 특별시·광역시·특별자치시·특별자치도·시 또는 군의 조례로 정할 수 있다. 〈개정 2023.12.5.〉
③ 주택단지에 건설하는 주택(부대시설 및 주민공동시설을 포함한다)외의 시설에 대하여는 「주차장법」이 정하는 바에 따라 산정한 부설주차장을 설치하여야 한다. 〈개정 2005. 6. 30.〉
④ 소형 주택이 다음 각 호의 요건을 모두 갖춘 경우에는 제1항제2호 및 제3호에도 불구하고 임대주택으로 사용하는 기간 동안 용도변경하기 전의 용도를 기준으로 「주차장법」 제19조의 부설주차장 설치기준을 적용할 수 있다. 〈개정 2022.2.11., 2023.12.5.〉
1. 제7조제11항 각 호의 요건을 갖출 것
2. 제1항제2호 및 제3호에 따라 주차장을 추가로 설치해야 할 것
3. 세대별 전용면적이 30제곱미터 미만일 것
4. 임대기간 동안 자동차(「장애인복지법」 제39조제2항에 따른 장애인사용자동차등표지를 발급받은 자동차는 제외한다)를 소유하지 않을 것을 임차인 자격요건으로 하여 임대할 것
⑤ 「노인복지법」에 의하여 노인복지주택을 건설하는 경우 당해 주택단지에는 제1항의 규정에 불구하고 세대당 주차대수가 0.3대(세대당 전용면적이 60제곱미터 이하인 경우에는 0.2대)이상이 되도록 하여야 한다. 〈개정 2021.1.12.〉
⑥ 「철도산업발전기본법」 제3조제2호의 철도시설 중 역시설로부터 반경 500미터 이내에서 건설하는 「공공주택 특별법」 제2조에 따른 공공주택(이하 "철도부지 활용 공공주택"이라 한다)의 경우 해당 주택단지에는 제1항에 따른 주차장 설치기준의 2분의 1의 범위에서 완화하여 적용할 수 있다. 〈개정 2021.1.12.〉
⑦ 제1항부터 제6항까지에서 규정한 사항 외에 주차장의 구조 및 설비의 기준에 관하여 필요한 사항은 국토교통부령으로 정한다. 〈개정 2021.1.12.〉

【2】 부설주차장 설치 예외

다음 시설물을 건축 또는 설치하려는 경우에는 부설주차장을 설치하지 않을 수 있다.
① 제1종 근린생활시설 중 변전소·양수장·정수장·대피소·공중화장실, 그 밖의 이와 유사한 시설
② 종교시설 중 수도원·수녀원·제실 및 사당
③ 동물 및 식물관련시설(도축장 및 도계장은 제외한다)
④ 방송통신시설(방송국·전신전화국·통신용시설 및 촬영소만을 말한다) 중 송신·수신 및 중계시설
⑤ 주차전용건축물(노외주차장인 주차전용건축물만을 말한다)에 주차장 외의 용도로 설치하는 시설물(판매시설 중 백화점·쇼핑센터·대형점과 문화 및 집회시설 중 영화관·전시장·예식장은 제외한다)
⑥ 「도시철도법」에 따른 역사(철도건설사업으로 건설되는 역사를 포함한다)
⑦ 「건축법 시행령」에 따른 전통한옥 밀집지역 안에 있는 전통한옥

【3】 복합용도, 용도변경 등의 부설주차장의 설치대수 및 시설면적 산정기준

구 분	내 용	비 고
1. 시설물의 시설면적	공용면적을 포함한 바닥면적의 합계 – 주차를 위한 시설의 바닥면적 제외	하나의 부지안에 2이상의 시설물이 있는 경우 각 시설면적의 합계
2. 복합용도의 시설물	용도가 다른 시설물별 설치기준에 따라 산정(위표 【1】 부설주차장설치기준 ⑤의 시설물은 주차대수의 산정대상에서 제외하되, 뒤의 6-①에서 정한 기준을 적용하여 산정된 주차대수는 별도 합산)한 소숫점 이하 첫째자리까지의 주차대수를 합하여 산정	단독주택(다가주택 제외)의 용도로 사용되는 시설의 면적이 50㎡ 이하인 경우 단독주택의 용도로 사용되는 시설의 면적에 대한 부설주차장의 주차대수는 단독주택의 용도로 사용되는 시설의 면적을 100㎡로 나눈 대수
3. 용도변경 또는 증축의 경우	용도변경 부분 또는 증축하는 부분에 대해서만 적용	위 표 【1】 ⑤의 시설물을 증축하는 경우에는 증축후 시설물의 전체면적에 위 【1】 ⑤의 설치기준을 적용하여 산정한 주차대수에 증축전 시설물의 면적에 대하여 증축시점의 위【1】⑤에 따른 설치기준을 적용하여 산정한 주차대수를 뺀 대수

【4】 건축물의 용도를 변경하는 경우

건축물의 용도를 변경하는 경우에는 용도변경 시점의 주차장 설치기준에 따라 변경 후 용도의 주차대수와 변경 전 용도의 주차대수를 산정하여 그 차이에 해당하는 부설주차장을 추가로 확보하여야 한다. 예외 다음의 경우 부설주차장을 추가로 확보하지 않고 건축물의 용도를 변경할 수 있다.

대 상	제 외
1. 사용승인 후 5년이 경과된 연면적 1천㎡ 미만의 건축물의 용도를 변경하는 경우	문화 및 집회시설 중 공연장·집회장·관람장, 위락시설 및 주택 중 다세대주택·다가구주택의 용도로의 변경
2. 해당 건축물 안에서 용도상호 간의 변경을 하는 경우	부설주차장 설치기준이 높은 용도의 면적이 증가하는 경우

4 시설물소유자의 의무 (영 별표1)

시설물의 소유자는 부설주차장(해당 시설물의 부지에 설치하는 부설주차장을 제외)의 부지의 소유권을 취득하여 이를 주차전용으로 제공하여야 한다. 다만, 주차전용건축물에 부설주차장을 설치하는 경우에는 그 건축물의 소유권을 취득하여야 한다.

5 소숫점 이하부분의 주차대수산정기준 (영 별표1)

【1】 원칙

설치기준(위 3 – 【1】 의 부설주차장기준 ⑤에 따른 설치기준을 제외한다)에 따라 주차대수를 산정할 때 소수점이하의 수(시설물을 증축하는 경우 먼저 증축하는 부분에 대하여 설치기준을 적용하여 산정한 수가 0.5 미만인 때에는 그 수와 나중에 증축하는 부분들에 대하여 설치기준을 적용하여 산정한 수를 합산한 수의 소수점이하의 수. 이 경우 합산한 수가 0.5 미만인 때에는 0.5 이상이 될 때까지 합산하여야 한다)가 0.5 이상인 경우 이를 1로 본다. 예외 해당 시설물 전체에 대하여 산정된 총주차대수가 1대 미만인 경우 주차대수를 0으로 본다.

【2】용도변경부분에 대한 설치기준

용도변경 되는 부분에 대하여 설치기준을 적용하여 산정한 주차대수가 1대 미만인 경우 주차대수를 0으로 본다. 예외 용도변경 되는 부분에 대하여 설치기준을 적용하여 산정한 주차대수의 합(2회 이상 나누어 용도변경하는 경우를 포함)이 1대 이상인 경우 그렇지 않다.

6 타 법령 등의 규정적용 경우 등 (영
별표1)

① 단독주택 및 공동주택 중「주택건설기준 등에 관한 규정」이 적용되는 주택에 대하여는 같은 규정에 따른 기준을 적용한다.

② 승용차와 승용차 외의 자동차가 함께 사용하는 부설주차장의 경우에는 승용차외의 자동차의 주차가 가능하도록 해야 하며, 승용차외의 자동차가 더 많이 이용하는 부설주차장의 경우 그 이용빈도에 따라 승용차외의 자동차의 주차에 적합하도록 승용차외의 자동차가 이용할 주차장을 승용차용 주차장과 구분하여 설치해야 한다. 이 경우 주차대수의 산정은 승용차를 기준으로 한다.

③ 「장애인·노인·임산부 등의 편의증진보장에 관한 법률 시행령」 또는「교통약자의 이동편의증진법 시행령」에 따라 장애인전용 주차구획을 설치하여야 하는 시설물에는 부설주차장 주차대수의 2%~4%까지의 범위에서 장애인의 주차수요를 고려하여 지방자치단체의 조례가 정하는 비율이상을 장애인전용 주차구획으로 구분·설치해야 한다.

예외 부설주차장의 주차대수가 10대 미만인 경우 제외

7 기계식주차장치의 특례

(1) 2008년 1월 1일 전에 설치된 기계식주차장치로서 다음의 기계식주차장치를 설치한 주차장을 다른 형태의 주차장으로 변경하여 설치하는 경우에는 변경 전의 주차대수의 1/2에 해당하는 주차대수를 설치하더라도 변경 전의 주차대수로 인정한다.

① 2단 단순승강 기계식주차장치	주차구획이 2층으로 되어 있고 위층에 주차된 자동차를 출고하기 위하여는 반드시 아래층에 주차되어 있는 자동차를 출고하여야 하는 형태로서, 주차구획 안에 있는 평평한 운반기구를 위·아래로만 이동하여 자동차를 주차하는 기계식주차장치
② 2단 경사승강 기계식주차장치	주차구획이 2층으로 되어 있고 주차구획 안에 있는 경사진 운반기구를 위·아래로만 이동하여 자동차를 주차하는 기계식주차장치

(2) 위 (1)에 따라 기계식주차장치를 설치한 주차장을 변경하여 변경 전의 주차대수로 인정받은 후 해당 시설물의 용도변경 또는 증축 등으로 인하여 주차장을 추가로 설치하여야 하는 경우에는 위 (1)의 ①, ② 기계식주차장치를 설치한 주차장을 변경하면서 경감된 주차대수도 포함하여 설치하여야 한다.

8 부설주차장의 별도의 설치기준의 적용 등 (영
제6조제1항)

다음의 경우 특별시, 광역시, 특별자치도, 시 또는 군의 조례로 시설물의 종류를 세분하거나 부설주차장의 설치기준을 따로 정할 수 있다.

① 오지·벽지·도서지역, 도심지의 간선도로변, 그 밖에 해당 지역의 특수성으로 인하여 기준을 적용하는 것이 현저히 부적합한 경우

②「국토의 계획 및 이용에 관한 법률」에 따른 관리지역으로 주차난이 발생할 우려가 없는 경우

③ 단독주택·공동주택 부설주차장 설치기준을 세대별로 정하거나 숙박시설 또는 업무시설 중 오피스텔의 부설주차장 설치기준을 호실별로 정하려는 경우

④ 기계식주차장을 설치하는 경우로서 해당 지역의 주차장확보율, 주차장 이용실태, 교통여건 등을 고려하여 부설주차장의 설치기준과 다르게 정하고자 하는 경우

⑤ 대한민국주재 외국공관 안의 외교관 또는 그 가족이 거주하는 구역 등 일반인의 출입이 통제되는 구역안에서 주택 등의 시설물을 건축하는 경우

⑥ 시설면적이 10,000㎡ 이상인 공장을 건축하는 경우

⑦ 판매시설, 문화 및 집회시설 등 「자동차관리법에 따른 승합자동차(중형 또는 대형 승합자동차만 해당한다)의 출입이 빈번하게 발생하는 시설물을 건축하는 경우

⑨ 부설주차장의 설치기준의 강화 및 완화 (영 제6조제2항, 제3항)

① 지방자치단체의 조례로 부설주차장의 설치기준을 강화 또는 완화하는 때에는 시설물의 시설면적·홀·타석·정원을 기준으로 한다.

② 경형자동차의 전용주차구획으로 설치된 주차단위구획은 전체 주차단위구획 수의 10%까지 부설주차장의 설치기준에 따라 설치된 것으로 본다.

③ 특별시·광역시·특별자치도·시 또는 군은 주차수요의 특성 또는 증감에 효율적으로 대처 하기 위하여 필요하다고 인정하는 경우에는 부설주차장설치기준(영 [별표1])의 1/2의 범위에서 해당 지방자치단체의 조례로 이를 강화하거나 완화할 수 있다. 이 경우 부설주차장설치기준의 시설물의 종류·규모를 세분하여 각 시설물의 종류·규모 별로 강화 또는 완화의 정도를 다르게 정할 수 있다.

④ 부설주차장의 설치기준을 조례로 정하는 경우 해당 지방자치단체는 해당 지역 안의 구역별로 부설주차장 설치기준을 각각 다르게 정할 수 있다.

⑩ 부설주차장의 설치제한 (법 제19조제10항)

특별시장·광역시장·특별자치시장·특별자치도지사 또는 시장은 노외주차장의 설치로 인하여 교통의 혼잡을 가중시킬 우려가 있는 지역에 대하여는 부설주차장의 설치를 제한할 수 있다. 이 경우 제한지역의 지정 및 설치제한의 기준은 국토교통부령이 정하는 바에 의하여 해당 지방자치단체의 조례로 정한다.

⑪ 기존시설물에 대한 부설주차장의 설치권고 (법 제19조제11항, 제12항)

① 시장·군수 또는 구청장은 설치기준에 적합한 부설주차장이 부설주차장 설치기준의 개정으로 인하여 설치기준에 미달하게 된 기존시설물 중 단독주택·공동주택 또는 오피스텔로서 해당 시설물의 내부 또는 그 부지안에 부설주차장을 추가로 설치할 수 있는 면적이 10m² 이상인 시설물에 대하여는 그 소유자에게 그 설치기준에 맞게 부설주차장을 설치하도록 권고할 수 있다.

② 시장·군수 또는 구청장은 부설주차장의 설치권고를 받을 자가 부설주차장을 설치하고자 하는 경우 부설주차장의 설치비용을 우선적으로 보조할 수 있다.

⑫ 개방주차장의 지정 (법 제19조 제13항 ~ 15항)(영 제11조의2)

① 시장·군수 또는 구청장은 주차난을 해소하기 위하여 필요한 경우 공공기관, 그 밖에 다음에 해당하는 시설물의 부설주차장을 일반이 이용할 수 있는 개방주차장으로 지정할 수 있다.

㉠ 다음의 어느 하나에 해당하는 시설물로서 시설물을 소유하거나 관리하는 자가 부설주차장을 개방주차장으로 지정하는 데 동의한 시설물

> 1. 주차난이 심각한 도심·주택가 등에 위치한 시설물로서 판매시설, 문화시설, 체육시설 등 다중이 이용하는 시설물
> 2. 개방주차장으로 지정할 필요가 있는 시설물로서 시·군 또는 구의 조례에서 정하는 시설물

㉡ 시설물을 소유하거나 관리하는 자가 부설주차장을 개방주차장으로 지정해줄 것을 요청하는 시설물

② 시장·군수 또는 구청장은 개방주차장을 지정하기 위하여 그 시설물을 관리하는 자에게 협조를 요청할 수 있다. 이 경우 요청을 받은 자는 특별한 사정이 없으면 이에 따라야 한다.

③ 개방주차장의 지정에 필요한 절차, 개방시간, 보조금의 지원, 시설물 관리 및 운영에 대한 손해배상책임 등에 관하여 필요한 사항은 해당 지방자치단체의 조례로 정한다.

2 부설주차장의 인근설치 (법 제19조4항) (영 제7조)

부설주차장이 일정규모 이하인 때에는 시설물의 부지인근에 단독 또는 공동으로 부설주차장을 설치할 수 있다.

1 부설주차장의 인근설치 대상시설물의 규모

① 부설주차장을 건축물의 부지인근에 설치할 수 있는 설치규모 : 주차대수 300대 이하

② 다음의 경우 부설주차장 설치기준(영 별표1)에 따라 산정한 주차대수에 상당하는 규모

> 1. 「도로교통법」에 따라 차량통행이 금지된 장소의 시설물인 경우
> 2. 시설물의 부지에 접한 대지나 시설물의 부지와 통로로 연결된 대지에 부설주차장을 설치하는 경우
> 3. 시설물의 부지가 12m 이하인 도로에 접해 있는 경우 도로의 맞은편 토지(시설물의 부지에 접한 도로의 건너편에 있는 시설물 정면의 필지와 그 좌우에 위치한 필지를 말함)에 부설주차장을 그 도로에 접하도록 설치하는 경우
> 4. 「산업입지 및 개발에 관한 법률」에 따른 산업단지 안에 있는 공장인 경우

2 부지인근의 범위

시설물의 부지인근의 범위는 다음 범위 안에서 시·군·구의 조례로 정한다.

> 1. 해당부지 경계선으로부터 부설주차장의 경계선까지
>   - 직선거리 – 300m 이내
>   - 도보거리 – 600m 이내
> 2. 해당 시설물의 소재하는 동·리(행정 동·리를 말함)
> 3. 해당 시설물과의 통행여건이 편리하다고 인정되는 인접 동·리(행정 동·리를 말함)

③ **설치계획서의 제출** (법
제19조의2)(규칙
제12조)

시설물 부지 인근에 부설주차장을 설치하고자 하는 경우 관련 서류를 첨부한 부설주차장 설치계획서(부설주차장 인근설치계획서)를 제출하여야 한다. ⇨ **1** ② 내용 참조

3 부설주차장의 설치의무 면제 (법
제19조제5항)(제8조 ~ 영
제10조)

① 주차장 설치의무의 면제대상

① 다음 기준에 해당할 때 해당 주차장의 설치 비용을 시장·군수·구청장에게 납부하는 것으로 부설주차장의 설치를 갈음할 수 있다.

1. 부설주차장의 규모	• 주차대수 300대 이하 • 차량통행이 금지된 장소에서는 부설주차장 설치기준에 따라 산정한 주차대수에 상당하는 규모	
2. 시설물의 위치	• 차량통행의 금지 또는 주변의 토지이용상황으로 인하여 부설주차장의 설치가 곤란하다고 시장·군수·구청장이 인정하는 장소	
	• 부설주차장의 출입구가 간선도로변 등에 위치하여 교통 혼잡을 가중시킬 우려가 있다고 시장·군수·구청장이 인정하는 장소	• 조례로 정한 화물하역 등 기능유지용 주차장은 설치하여야 한다.
3. 시설의 용도 및 규모	• 연면적 10,000m² 이상의 판매시설 및 운수시설에 해당하지 않는 경우	• 차량통행이 금지된 장소의 시설물인 경우에는 「건축법」이 정하는 용도별 건축허용 연면적의 범위안에서 설치하는 시설물을 말한다.
	• 연면적 15,000m² 이상의 공연장, 집회장, 관람장·위락시설·숙박시설 또는 업무시설에 해당하지 않는 시설물	

② 시장·군수·구청장은 납부된 비용을 노외주차장의 설치외의 목적으로 사용할 수 없다.

② 주차장 설치의무와 면제신청에 따른 제출서류

부설주차장의 설치의무를 면제받으려는 자는 다음 사항을 기재한 주차장 설치의무 면제신청서를 시장·군수·구청장에게 제출하여야 한다.

1. 시설물의 위치, 용도 및 규모
2. 설치하여야 할 부설주차장의 규모
3. 부설주차장의 설치에 필요한 비용 및 주차장설치 의무가 면제되는 경우 해당 비용의 납부에 관한 사항
4. 신청인의 성명(법인인 경우 명칭 및 대표자의 성명) 및 주소

③ 주차장 설치비용 납부

부설주차장의 설치의무를 면제받으려는 자는 해당 지방자치단체의 조례로 정하는 바에 따라 부설 주차장의 설치에 필요한 비용을 다음의 구분에 따라 시장·군수 또는 구청장에게 내야 한다.

구 분	납부 비율
1. 해당 시설물의 건축 또는 설치에 대한 허가·인가 등을 받기 전까지	설치 비용의 50%
2. 해당 시설물의 준공검사(건축물인 경우「건축법」에 따른 사용승인 또는 임시사용승인) 신청 전까지	설치 비용의 50%

④ 주차장 설치비용 납부자의 주차장 무상사용 등

시장·군수·구청장은 시설물의 소유자로부터 부설주차장의 설치에 필요한 비용을 받은 경우 다음 과 같은 조치를 취한다.

① 주차장 설치비용납부자의 무상사용 주차장의 지정

1. 시 기	시설물 준공검사확인증(건축물인 경우 사용승인서 또는 임시사용승인서) 을 발급할 때 해당 시설물소유자가 무상으로 사용할 수 있는 주차장 지정
2. 대상주차장	특별시장·광역시장·시장·군수 또는 구청장이 설치한 노외주차장
3. 대 상 자	주차장 설치비용을 시장·군수·구청장에게 납부한 자

※ 위 **2**-**2**의 범위에 해당하는 시설물의 부지인근에 사용할 수 있는 노외주차장이 없는 경 우 지정할 수 없다.

② 무상 사용기간 : 납부된 주차장 설치비용을 조례에 따라 시설물 준공검사확인증을 발급할 때의 해당 주 차장의 주차요금 징수기준에 따른 징수요금으로 나누어 산정

③ 노외주차장 무상사용권 : 납부한 설치비용에 상응하는 범위에서 노외주차장(특별시장·광역시장, 시장·군수 또는 구청장이 설치한 노외주차장만 해당)을 무상으로 사용할 수 있는 권리

④ 노외주차장 무상사용권을 줄 수 없는 경우 주차장 설치비용을 줄여 줄 수 있다.

⑤ 시설물의 소유자가 변경되는 경우 노외주차장 무상사용권은 새로운 소유자가 승계한다.

⑥ 설치비용의 산정기준 및 감액기준 등에 관하여 필요한 사항은 조례로 정한다.

⑦ 시장·군수 또는 구청장은 시설물의 소유자가 무상으로 사용할 수 있는 노외주차장을 지정할 때에는 해당 시설물로부터 가장 가까운 거리에 있는 주차장을 지정하여야 한다. 다만, 그 주차장 의 주차난이 심하거나 그 밖에 그 주차장을 이용하게 하기 곤란한 사정이 있는 경우 시설물 소유 자의 동의를 받아 그 주차장 외의 다른 주차장을 지정할 수 있다.

⑧ 구청장은 무상사용 주차장으로 지정하려는 노외주차장이 특별시장 또는 광역시장이 설치한 노 외주차장인 경우에는 미리 해당 특별시장 또는 광역시장과 협의하여야 한다.

⑨ 특별시장·광역시장·특별자치시장·특별자치도지사 또는 시장은 부설주차장을 설치하면 교통 혼 잡이 가중될 우려가 있는 지역에는 부설주차장의 설치를 제한할 수 있다. 이 경우 제한지역의 지 정 및 설치 제한의 기준은 조례로 정한다.

4 부설주차장의 용도변경 금지 (_법 제19조의4)

① 용도변경 금지

(1) 부설주차장은 주차장 이외의 용도로 사용할 수 없다.

> 예외 다음의 경우는 용도를 변경할 수 있다.
>
> 1. 시설물의 내부 또는 그 부지(해당 시설물의 부지 인근에 부설주차장을 설치하는 경우 인근 부지) 안에서 주차장의 위치를 변경하는 경우로서 시장·군수 또는 구청장이 주차장의 이용에 지장이 없다고 인정하는 경우
> 2. 시설물의 내부에 설치된 주차장을 추후 확보된 인근 부지로 위치를 변경하는 경우로서 시장·군수 또는 구청장이 주차장의 이용에 지장이 없다고 인정하는 경우
> 3. 그 밖에 아래 ②의 경우

(2) 시설물의 소유자 또는 부설주차장의 관리책임이 있는 자(이하 "관리자등")는 해당 시설물의 이용자가 부설주차장을 이용하는데 지장이 없도록 부설주차장 본래의 기능을 유지하여야 한다.

> 예외 아래 ②-(3)의 기준에 해당하는 경우

(3) 시장·군수 또는 구청장은 (1), (2)를 위반하여 부설주차장을 다른 용도로 사용하거나 부설주차장 본래의 기능을 유지하지 않는 경우 지체 없이 관리자등에게 원상회복을 명하여야 한다. 이 경우 관리자등이 응하지 않는 때에는 「행정대집행법」에 따라 원상회복을 대집행할 수 있다.

② 부설주차장의 용도변경 등 (_영 제12조)

(1) 부설주차장의 용도를 변경할 수 있는 경우는 다음과 같다.

① 「도로교통법」에 따른 차량통행의 금지 또는 주변의 토지이용상황 등으로 인하여 시장·군수 또는 구청장이 해당 주차장의 이용이 사실상 불가능하다고 인정한 경우. 이 경우 변경후의 용도는 주차장으로 이용할 수 없는 사유가 소멸되었을 때 즉시 주차장으로 환원하는데 지장이 없는 경우에 한정하고, 변경된 용도로의 사용기간은 주차장으로 이용이 불가능한 기간으로 한정한다.

② 직거래 장터 개설 등 지역경제 활성화를 위하여 시장·군수 또는 구청장이 정하여 고시하는 바에 따라 주차장을 일시적으로 이용하려는 경우로서 시장·군수 또는 구청장이 해당 주차장의 이용에 지장이 없다고 인정하는 경우

③ 해당 시설물의 부설주차장의 설치기준 또는 설치제한기준을 초과하는 주차장으로서 그 초과 부분에 대하여 시장·군수 또는 구청장의 확인을 받은 경우

④ 도시·군계획시설사업으로 인하여 그 전부 또는 일부를 사용 할 수 없게 된 주차장으로서 시장·군수 또는 구청장의 확인을 받은 경우

⑤ 시설물 부지 인근에 설치한 부설주차장 또는 시설물 내부 또는 그 부지에서 인근 부지로 위치 변경된 부설주차장을 그 부지 인근의 범위에서 위치 변경하여 설치하는 경우

⑥ 「산업입지 및 개발에 관한 법률」에 따른 산업단지 안에 있는 공장의 부설주차장을 시설물 부지 인근의 범위에서 위치 변경하여 설치하는 경우

⑦ 「도시교통정비 촉진법 시행령」에 따른 건축물(「주택건설기준 등에 관한 규정」이 적용되는 공동주택은 제외)의 주차장이 「도시교통정비 촉진법」에 따른 승용차공동이용 지원(승용차공동이용을 위한 전용주차구획을 설치하고 공동이용을 위한 승용자동차를 상시 배치하는 것)을 위하여 사용되는 경우로서 다음의 모든 요건을 충족하는지 여부에 대하여 시장·군수 또는 구청장의 확인을 받은 경우

> 1. 주차장 외의 용도로 사용하는 주차장의 면적이 승용차공동이용 지원을 위하여 설치한
>   전용주차구획 면적의 2배를 초과하지 아니할 것
> 2. 주차장 외의 용도로 사용하는 주차장의 면적이 해당 주차장의 전체 주차구획 면적의
>   10/100을 초과하지 아니할 것
> 3. 해당 주차장이 승용차공동이용 지원에 사용되지 아니하는 경우에는 주차장 외의 용도
>   로 사용하는 부분을 즉시 주차장으로 환원하는 데에 지장이 없을 것

(2) 위 ①-(1)의 1, 2 및 ②-(1)의 ⑤, ⑥의 경우에 종전의 부설주차장은 새로운 부설주차장의 사용이 시작된 후에 용도변경 해야 한다.

> [예외] 기존 주차장 부지에 증축되는 건축물 안에 주차장을 설치하는 경우 그렇지 않다.

(3) 위 ①-(2)의 [예외]에 따라 부설주차장 본래의 기능을 유지하지 않아도 되는 경우는 위 (1)-①, ③, ④에 해당하는 경우와 기존 주차장을 보수 또는 증축하는 경우(보수 또는 증축하는 기간으로 한정)로 한다.

③ 부설주차장의 용도변경신청 등 (규칙 제15조, 제16조)

(1) 부설주차장의 용도를 변경하고자 하는 자는 부설주차장 용도변경신청서에 용도변경을 증명할 수 있는 서류를 첨부하여 해당 부설주차장의 소재지를 관할하는 시장·군수 또는 구청장에게 제출해야 한다.

(2) 시장·군수 또는 구청장은 부설주차장의 다른 용도 사용 등에 대한 관리자등에게 원상회복을 명하는 업무를 수행하기 위하여 필요한 경우 별지 제5호서식의 부설주차장 인근설치 관리대장을 작성하여 관리하여야 한다.

④ 임의적 용도변경에 대한 제재

부설주차장을 다른 용도로 사용하거나 기능을 유지하지 않을 때에는 「건축법」에 따른 위반건축물(행정대집행 대상)로 본다.

5 부설주차장의 구조 및 설비기준 (규칙 제11조)

① 부설주차장의 구조 및 설비기준

부설주차장은 노외주차장의 구조 및 설비에 대한 다음의 기준을 준용한다.

> **예외** 단독주택 및 다세대주택으로서 해당 부설주차장을 이용하는 차량의 소통에 지장을 주지 않는 다고 시장·군수 또는 구청장이 인정하는 주택의 부설주차장

부설주차장과 연결되는 도로가 2 이상인 경우 자동차 교통이 적은 도로에 출구와 입구를 설치 **예외** 보행자의 교통에 지장이 있는 경우	규칙 5조	제6호
주차대수 400대를 초과하는 부설주차장은 출구와 입구를 분리 설치		제7호
입구와 출구는 차로와 도로가 접하는 경우 곡선형으로 설치	규칙 6조 ① (제3장-**6** 노외주차장의 구조 및 설비기준 참조)	제1호
출구부근의 구조		제2호
주차장내의 차로의 설치		제3호
출입구의 너비		제4호
지하식 또는 건축물식 노외주차장의 차로의 기준		제5호
자동차용 승강기 설치기준		제6호
주차장의 주차에 사용되는 부분의 높이		제7호
주차장 내부 공간의 일산화탄소 농도		제8호
경보장치 설치		제10호
2층 이상 건축물식 주차장 등 추락방지용 안전시설의 설치		제12호
주차단위구획의 평평한 장소 설치		제13호
주차대수 400대 초과 주차장에 과속방지턱 등 보행안전확보 시설 설치		제15호
추락방지 안전시설의 설계 및 설치 등에 관한 세부적인 사항은 주차장 추락방지시설의 설계 및 설치 세부지침(국토교통부고시 제2016-145호)에서 정함.	규칙 6조 ⑦	-

② 부설주차장의 조명 및 방범설비 ※다음 용도의 부설주차장의 경우 준용규정

건축물의 용도		조명설비 (규칙 제6조①6.)	방범설비 (규칙 제6조①11.)
1.	주차대수 30대를 초과하는 지하식·건축물식의 자주식 주차장으로 판매시설·숙박시설·운동시설·위락시설·문화 및 집회시설·종교시설 또는 업무시설로 이용되는 건축물의 부설주차장	벽면에서부터 50cm 이를 제외한 바닥면의 최소 조도(照度)와 최대 조도 ① 주차구획 및 차로 : 최소 조도는 10럭스 이상, 최대 조도는 최소 조도의 10배 이내 ② 주차장 출구 및 입구: 최소 조도는 300럭스 이상, 최대 조도는 없음 ③ 사람이 출입하는 통로 : 최소 조도는 50럭스 이상, 최대 조도는 없음	관리사무소에서 볼 수 있는 폐쇄회로 텔레비전(녹화장치 포함) 또는 네트워크카메라를 포함하는 방범설비 설치·관리
	상기용도와 다른 용도가 복합된 건축물의 부설주차장으로 각각 시설에 대한 부설주차장을 구분하여 사용·관리하는 것이 곤란한 건축물의 부설주차장		
2.	위 1.이 아닌 용도(단독 및 다세대주택 제외)		-

③ 주차대수 50대 이상의 부설주차장에 설치하는 확장형 주차단위구역 (규칙 제11조제4항)

주차대수 50대 이상의 부설주차장에 설치되는 확장형 주차단위구역의 설치기준은 주차단위구획 총수*의 30% 이상으로 한다. (* 평행주차형식의 주차단위구획수 제외)

④ 주차대수가 8대 이하인 경우의 별도기준 (규칙 제11조제5항)

부설주차장의 총주차대수 규모가 8대 이하인 자주식주차장의 구조 및 설비기준은 위 ① 의 규정에 불구하고 다음에 따른다.

① 차로의 너비는 2.5m 이상으로 하되 주차 단위구획과 접하여 있는 차로의 너비는 주차형식에 따라 다음 표에 의한 기준이상으로 하여야 한다.

주차형식	차로의 너비
평행주차	3.0m 이상
직각주차	6.0m 이상
60°대향주차	4.0m 이상
45°대향주차	3.5m 이상
교차주차	

② 보도와 차로의 구분이 없는 너비 12m 미만인 도로에 접한 부설주차장은 그 도로를 차로로 하여 다음과 같이 주차단위구획을 배치할 수 있다.
ㄱ 차로 6m 이상 (평행주차 4m 이상)
ㄴ 도로의 범위 : 중앙선 또는 반대측 경계선

③ 보도와 차도의 구분이 있는 12m 이상의 도로에 접하여 있고 주차대수가 5대 이하인 부설주차장은 해당 주차장의 이용에 지장이 없는 경우에 한하여 그 도로를 차로로 하여 직각주차형식으로 주차단위구획을 배치할 수 있다.

④ 주차대수 5대 이하의 주차단위구획은 차로를 기준으로 하여 세로로 2대까지 접하여 배치할 수 있다.

⑤ 보행인의 통행로가 필요한 경우에는 시설물과 주차단위구획 사이에 0.5m 이상의 거리를 두어야 한다.

⑥ 출입구 너비 : 3m 이상(막다른 도로에 접한 경우로서 시장·군수·구청장이 차량소통에 지장이 없다고 인정하는 경우 2.5m 이상)

⑤ 도로를 차로로 하여 설치한 부설주차장 장애물 설치 금지 (규칙 제11조제6항)

도로와 주차구획선 사이에는 담장 등 주차장의 이용을 곤란하게 하는 장애물을 설치할 수 없다.

【참고】 주차장설치 및 관리에 관한 업무처리지침 (건교부교평 9117-597, 95.8.2)

이 지침은 "96.7.19자로 폐지되었으나, 이 지침의 내용 중 소규모 부설주차장의 설치 및 부설주차장의 인근설치에 대한 도해를 소개하니 업무에 참고하시기 바랍니다.

1. 소규모 부설주차장 설치기준은 해당 부지안에 설치하여야 할 총주차대수의 규모가 8대 이하인 자주식 주차장(지평식에 한함)에 적용되는 것임. 단, 총주차대수가 8대를 초과하는 주차장을 8대 이하로 나누어 설치하거나 기계식주차장(2, 3단 기계식 등)으로 설치하는 부설주차장은 적용대상이 되지 않음.

2. 총주차대수 8대 이하인 부설주차장 설비기준 적용

【1】 차로의 너비(제1호)

· 차로너비는 2.5m 이상으로 함

다만, 주차단위구획과 접하여 있는 차로너비는 다음 표의 기준 이상으로 함.

주 차 형 식	차 로 의 너 비
평 행 주 차	3.0m
직 각 주 차	6.0m
60°대 향 주 차	4.0m
45°대 향 주 차	3.5m
교 차 주 차	3.5m

〈주차형식별 차로배치 예시도〉

① 직각주차의 경우(1)

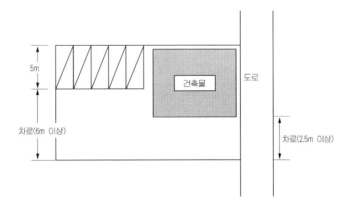

② 직각주차의 경우(2)

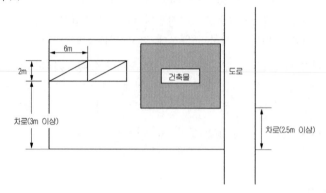

【2】 보·차도 구분이 없는 도로의 주차단위구획 배치방법(제2호)

- 보·차도 구분이 없는 12m 미만의 도로에 접하여 있는 부설주차장은 그 도로를 차로로 하여 주차대수 5대 이하의 주차단위구획을 배치할 수 있음
- 도로를 포함한 차로너비의 산정
  - 차로의 너비는 도로를 포함하여 6m 이상(평행 주차단위구획은 4m 이상)으로 하고
  - 도로는 중앙선까지로 하되 중앙선이 없는 경우는 도로 반대측 경계선까지로 한다.

〈주차구획단위 배치 예시도〉

① 도로너비 6m 이상인 도로

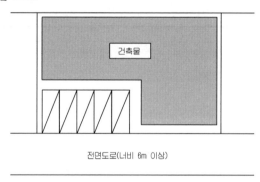

② 도로의 너비가 4m 이하인 경우

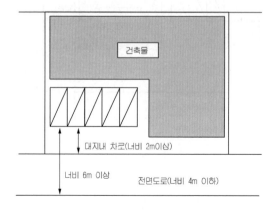

【3】 주차단위구획의 세로로 연접배치(제3호)

- 주차대수 4대 이하의 주차단위구획은 차로를 기준으로 하여 세로로 2대까지 연접배치할 수 있음.

〈주차구획단위 세로로 연접배치 예시도〉

① 주차대수 8대 주차단위 구획의 세로로 연접배치

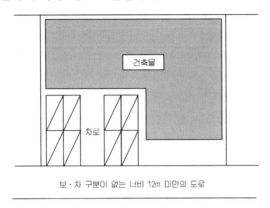

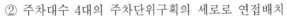

보·차 구분이 없는 너비 12m 미만의 도로

※ 이 경우는 8대의 주차단위구획이므로 주차대수 4대의 주차구획 단위별로 해당 부지내의 차로를 설치하여야 함.

② 주차대수 4대의 주차단위구획의 세로로 연접배치

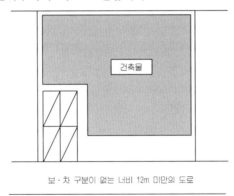

보·차 구분이 없는 너비 12m 미만의 도로

③ 주차대수 5대의 주차단위구획의 연접배치

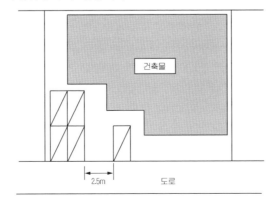

④ 2 이상의 도로에 접한 주차단위구획의 연접배치(주차대수 8대)

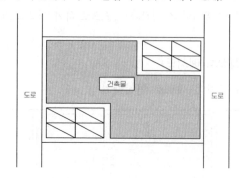

【4】 출입구의 설치(제4호)

- 출입구의 너비는 3.0m 이상으로 함.
- 막다른 도로와 접한 부설주차장으로서 해당 시장·군수·구청장이 차량 소통에 지장이 없다고 인정하는 경우의 출입구는 2.5m 이상으로 함.

〈출·입구 설치 예시도〉

① 일반도로의 경우

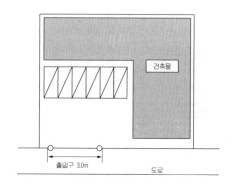

② 막다른 도로의 경우

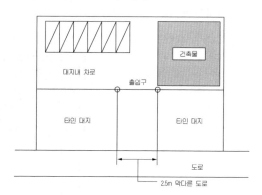

- 일반적인 부설주차장 출입구의 너비는 최하 3.5m로 규정되어 있으나 이 경우에는 3m 또는 2.5m 까지 설치할 수 있음.

5

기계식 주차장

1 기계식주차장의 설치기준 (법 제19조의5) (규칙 제16조의2)

(1) 기계식주차장의 설치기준은 다음과 같으며, 다음의 규정된 사항이외의 기계식주차장의 설치기준에 관하여는 노외주차장 설비기준(제3장 **6** 참조)에 따른다.

예외 주차형식에 다른 차로의 너비, 주차부분의 높이, 일산화탄소 농도기준의 규정은 제외한다.

(2) 특별시·광역시·특별자치도·시·군 또는 자치구는 지역실정이 고려된 구역을 정하여 다음의 사항을 지방자치단체의 조례로 정할 수 있다.

① 기계식주차장치의 설치대수
② 기계식주차장치의 종류
③ 부설주차장의 주차대수 중 기계식주차장치의 비율

① 출입구의 전면공지 또는 방향전환장치 설치

① 기계식주차장치 출입구의 전면에는 자동차의 회전을 위한 전면공지 또는 방향전환장치를 설치하여야 한다.

주차장 종류	무게	전면공지	방향전환장치
1. 중형 기계식 주차장	1,850kg	8.1m × 9.5m이상 (너비) (길이)	직경 4m 이상 및 이에 접한 너비 1m 이상의 여유 공지
2. 대형 기계식 주차장	2,200kg	10m × 11m이상 (너비) (길이)	직경 4.5m 이상 및 이에 접한 너비 1m 이상의 여유 공지

● 중형기계식주차장

－ 길이 5.05m 이하, 너비 1.9m 이하, 높이 1.55m 이하, 무게 1,850kg 이하인 자동차를 주차할 수 있는 기계식주차장

● **대형기계식주차장**

- 길이 5.75m 이하, 너비 2.15m 이하, 높이 1.85m 이하, 무게 2,200kg 이하인 자동차를 주차할 수 있는 기계식주차장

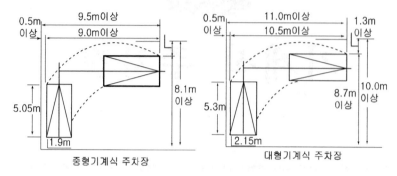

기계식 주차장 출입구 전면공지

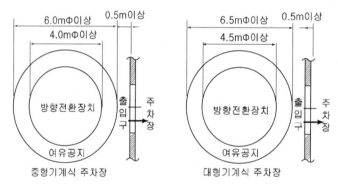

기계식주차장 방향전환장치

② 기계식주차장치의 내부에 방향전환장치를 설치한 경우와 2층 이상으로 주차구획이 배치되어 있고 출입구가 있는 층의 모든 주차구획을 기계식주차장치 출입구로 사용할 수 있는 기계식주차장의 경우에는 위 ①의 규정에 불구하고 노외주차장차로의 기준(제3장 **3** - **1** - **【2】** 참조) 또는 너비 12m 미만의 도로에 접한 부설주차장의 차로 기준(제4장 **5** - **3** -② 참조)의 규정을 준용한다.

2 정류장(자동차 대기장소)의 설치

기계식주차장의 진입로 또는 정류장은 다음과 같이 설치하여야 한다.

① 진입로 : 도로에서 기계식주차장치 출입구까지의 차로

② 정류장 : 전면공지와 접하는 장소에 자동차가 대기할 수 있는 장소

1. 정류장 확보	주차대수가 20대를 초과하는 매 20대마다 1대분의 정류장 확보
2. 정류장 규모	중형기계주차장 : 5.05m(길이) × 1.9m(너비) 이상
	대형기계주차상 : 5.3m(길이) × 2.15m(너비) 이상
3. 완화규정	• 주차장의 출구와 입구가 따로 설치되어 있거나 • 종단경사도가 6% 이하인 진입로의 너비가 6m 이상인 경우 진입로 6m마다 1대분의 정류장을 확보한 것으로 인정

③ 바닥면의 최소 조도

기계식주차장치에는 벽면으로부터 50cm 이내를 제외한 바닥면의 최소 조도를 다음과 같이 한다.
① 주차구획: 최소 조도는 50럭스 이상
② 출입구: 최소 조도는 150럭스 이상

④ 최소규모의 설정

시장·군수·구청장은 조례로 정하는 바에 따라 부설주차장에 설치할 수 있는 기계식주차장치의 최소규모를 정할 수 있다.

❷ 기계식주차장치의 안전도 인증 등 (법 제19조의6)

① 기계식주차장치의 안전도 인증

기계식주차장치를 제작·조립 또는 수입하여 양도·대여 또는 설치하고자 하는 자는 해당 기계식주차장의 안전도에 관하여 시장·군수 또는 구청장(→국토교통부장관)의 인증을 받아야 하며, 이를 변경하려는 경우에도 또한 같다. <시행 2024.8.17.>

예외 다음의 경미한 사항의 변경은 제외

1. 기계식주차장치가 수용할 수 있는 자동차대수를 안전도인증을 받은 대수 미만으로 변경하는 경우

2. 기계식주차장치의 출입구, 통로, 주차구획의 크기 및 안전장치를 안전기준(아래의 ④ 참조)의 범위 안에서 변경하는 경우

② 기계식주차장치의 안전도심사

① 기계식주차장치의 안전도인증을 받고자 하는 자는 미리 다음의 서류를 국토교통부장관이 지정·고시하는 검사기관에 제출하여 안전도에 대한 심사를 받아야 한다.

1. 기계식주차장치의 조립도(축척 1/100 이상인 것만 해당)

2. 안전장치의 도면 및 설명서(변경신청의 경우에는 변경된 사항만 해당)

3. 기계식주차장치 사양서

4. 주요구조부의 강도계산서 및 도면(변경신청의 경우에는 변경된 사항만 해당)

5. 기계식주차장치 출입구의 도면 및 설명서(변경신청의 경우에는 변경된 사항만 해당)

② 안전도심사신청을 받은 검사기관은 그 기계식주차장치의 안전도를 심사하여 기계식주차장치 안전도심사서를 발급하여야 한다.

③ 기계식주차장치의 안전도인증신청 등 (영 제12조의2)

기계식주차장치의 안전도에 관한 인증(안전도인증)을 받고자 하거나, 안전도인증을 받은 내용의 변경에 관한 인증(변경인증)을 받고자 하는 제작자 등(기계식주차장치를 제작·조립 또는 수입하여

양도·대여 또는 설치하고자 하는 자)은 기계식주차장치 안전도(변경)인증신청서에 다음의 서류를 첨부하여 사업장소재지를 관할하는 시장·군수·구청장에게 안전도인증 또는 그 변경인증을 신청하여야 한다.

---

1. 기계식주차장치 사양서
2. 국토교통부장관이 지정·고시한 검사기관의 안전도심사서(변경인증의 경우에는 변경된 사항에 대한 안전도 심사서를 말함)
3. 기계식주차장치 안전도인증서(변경인증의 경우만 해당)

---

4 기계식주차장치의 안전기준 (규칙 제16조의5)

(1) 기계식주차장치의 안전기준은 다음과 같다.

① 사용재료	한국산업규격 또는 그 이상으로 할 것
② 출입구의 크기	중형기계식주차장 : 2.3m(너비) × 1.6m(높이) 이상 대형기계식주차장 : 2.4m(너비) × 1.9m(높이) 이상 [비고] 사람이 통행하는 기계식주차장치의 출입구의 높이는 1.8m 이상
③ 주차구획크기	중형기계식주차장 : 2.2m(너비) × 1.6m(높이) × 5.15m(길이) 이상 대형기계식주차장 : 2.3m(너비) × 1.9m(높이) × 5.3m(길이) 이상 [비고] 차량의 길이가 5.1m 이상인 경우에는 주차구획의 길이는 차량의 길이보다 최소 0.2m 이상을 확보하여야 한다.
④ 운반기의 크기(자동차가 들어가는 바닥의 너비)	중형기계식주차장 : 1.9m 이상 대형기계식주차장 : 1.95m 이상
⑤ 자동차를 입출고하는 사람의 출입통로	50cm(너비) × 1.8m(높이) 이상

⑥ 기계식주차장치 출입구에는 출입문을 설치하거나 기계식주차장치가 작동하고 있을 때 기계식주차장치 출입구 안으로 사람 또는 자동차가 접근할 경우 즉시 그 작동을 멈추게 할 수 있는 장치를 설치하여야 한다.

⑦ 자동차가 주차구획 또는 운반기 안에서 제자리에 위치하지 아니한 경우에는 기계식주차장치의 작동을 불가능하게 하는 장치를 설치하여야 한다.

⑧ 기계식주차장치에는 자동차의 높이가 주차구획의 높이를 초과하는 경우 작동하지 아니하게 하는 장치를 설치하여야 한다. [예외] 다음의 어느 하나에 해당하는 기계식주차장치는 제외한다.
  ㉠ 2단식 주차장치: 주차구획이 2층으로 배치되어 있고 출입구가 있는 층의 모든 주차구획을 주차장치 출입구로 사용할 수 있는 구조로서 그 주차구획을 아래·위 또는 수평으로 이동하여 자동차를 주차하는 주차장치
  ㉡ 다단식 주차장치: 주차구획이 3층 이상으로 배치되어 있고 출입구가 있는 층의 모든 주차구획을 주차장치 출입구로 사용할 수 있는 구조로서 그 주차구획을 아래·위 또는 수평으로 이동하여 자동차를 주차하는 주차장치
  ㉢ 수직순환식 주차장치: 주차구획에 자동차가 들어가도록 한 후 그 주차구획을 수직으로 순환이동하여 자동차를 주차하는 주차장치

⑨ 기계식주차장치의 작동 중 위험한 상황이 발생하는 경우 즉시 그 작동을 멈추게 할 수 있는 안전장치를 설치하여야 한다.

⑩ 승강기식 주차장치(운반기에 의하여 자동차를 자동으로 운반하여 주차하는 주차장치를 말한다)에는 운반기 안에 사람이 있는 경우 이를 감지하여 작동하지 아니하게 하는 장치를 설치하여야 한다.

(2) 안전도인증을 받아야 하는 자는 누구든지 국토교통부장관에게 위 (1)에 따른 안전기준의 개정을 신청할 수 있다.

(3) 위 (2)에 따라 안전기준의 개정 신청을 받은 국토교통부장관은 신청일로부터 30일 이내에 이를 검토하여 안전기준의 개정 여부를 신청인에게 통보하여야 한다.

5 안전도인증서의 발급 (법 제19조의7)

(1) <u>시장·군수 또는 구청장</u>(→**국토교통부장관**)은 기계식주차장치가 국토교통부령이 정하는 안전기준에 적합하다고 인정되는 경우 제작자등에게 기계식주차장치 안전도인증서(영문서식을 포함한다)를 발급해야 한다. <시행 2024.8.17.>

(2) 위 (1)의 규정에 의하여 발급받은 기계식주차장치안전도인증서의 기재내용 중 주소, 법인의 명칭 및 대표자의 변경이 있는 때에는 이를 발급한 시장·군수 또는 구청장에게 신청하여 그의 기재사항 변경에 따른 발급을 받아야 한다. 다만, 주소가 다른 시·군 또는 구로 변경된 경우에는 새로운 주소지를 관할하는 시장·군수 또는 구청장에게 신청하여야 한다.

(3) 기계식주차장치 안전도인증서를 발급한 시장·군수 또는 구청장은 그 내용을 관보에 공고하여야 한다. 기계식주차장치의 안전도인증을 취소한 때에도 또한 같다.

6 안전도인증의 취소 (법 제19조의8)

(1) <u>시장·군수 또는 구청장</u>(→**국토교통부장관**)은 제작자 등이 다음에 해당하는 경우에는 안전도인증을 취소할 수 있다. <시행 2024.8.17.>

1. 허위 그 밖의 부정한 방법으로 안전도인증을 받은 경우
2. 안전도인증을 받은 내용과 다른 기계식주차장치를 제작·조립 또는 수입하여 양도·대여 또는 설치한 경우
3. 기계식주차장치 안전기준에 적합하지 아니하게 된 경우

(2) 제작자 등은 안전도인증이 취소된 경우에는 안전도인증서를 반납하여야 한다.

3 기계식주차장의 사용검사 등 (법 제19조의9) (영 제12조의3) (규칙 제16조의8)

• 기계식주차장을 설치하고자 하는 때에는 안전도인증을 받은 기계식주차장치를 사용하여야 한다.

• 기계식주차장을 설치한 자 또는 해당 기계식주차장의 관리자는 해당 기계식주차장에 대하여 시장·군수 또는 구청장이 실시하는 검사를 받아야 한다.

1 기계식주차장의 검사종류

① 검사의 종류

종 류	검 사 내 용	유효기간
1. 사용검사	기계식주차장의 설치를 완료하고 이를 사용하기 전에 실시하는 검사	3년
2. 정기검사	사용검사의 유효기간이 지난 후 계속하여 사용하고자 하는 경우에 주기적으로 실시하는 검사	2년

| 3. 수시검사
(시행 2024.8.17.) | 가. 기계식주차장치의 주요구동부의 부품변경, 운반기 및 철골을 변경한 경우
나. 시장·군수 또는 구청장이 해당 기계식주차장치의 오작동 등에 따른 안전상의 문제가 있어 점검이 필요하다고 판단하는 경우
다. 기계식주차장관리자등이 요청하는 경우 | - |

② 위 ①에도 불구하고 사용검사 또는 정기검사의 유효기간 만료 전에 정밀안전검사를 받은 경우 정밀안전검사를 받은 날부터 다음 정기검사의 유효기간을 기산한다.

③ 위 ①에 따른 정기검사의 검사기간은 사용검사 또는 정기검사의 유효기간 만료일 전후 각각 31일 이내로 한다. 이 경우 해당 검사기간 이내에 적합판정을 받은 경우에는 사용검사 또는 정기검사의 유효기간 만료일에 정기검사를 받은 것으로 본다.

② 사용 또는 정기검사의 연기

① 아래와 같은 사유가 있을 때에는 검사를 연기할 수 있다.

1. 기계식주차장이 설치된 건축물의 흠으로 인하여 그 건축물과 기계식주차장의 사용이 불가능하게 된 경우

2. 기계식주차장(법 제19조 규정에 의하여 설치가 의무화된 부설주차인 경우를 제외함)의 사용을 중지한 경우

3. 천재·지변, 그 밖의 정기검사를 받지 못할 부득이한 사유가 발생한 경우

② 위 ①의 규정에 따른 사유로 정기검사를 연기 받고자 하는 자는 그 연기사유를 확인할 수 있는 서류를 첨부하여 해당 기계식주차장의 소재지를 관할하는 시장·군수 또는 구청장에게 사용검사 또는 정기검사의 유효기간이 만료되기 전에 연기신청을 하여야 한다.

③ 위 ②에 따라 정기검사를 연기 받은 자는 해당 사유가 해소된 때에는 그 때부터 2월 이내에 정기검사를 받아야 한다. 이 경우 정기검사가 끝날 때까지 사용검사 또는 정기검사의 유효기간이 연장된 것으로 본다.

③ 기계식주차장의 사용검사 등 (영
제16조의8)

① 기계식주차장의 사용검사 또는 정기검사를 받으려는 자는 기계식주차장검사신청서에 다음의 서류를 첨부하여 전문검사기관(검사대행기관)에 신청하여야 한다.

1. 와이어로프·체인 시험성적서	※1.~5.의 서류는 사용검사의 경우만 첨부 - 안전도심사 신청 시 제출된 주요 구조부의 강도계산서에 포함된 경우 첨부하지 않을 수 있다.
2. 전동기 시험성적서	
3. 감속기 시험성적서	
4. 제동기 시험성적서	
5. 운반기 계량증명서	
6. 설치장소 약도	

② 검사신청을 받은 검사대행기관은 검사신청을 받은 날부터 20일 이내에 검사를 완료하고 항목별 검사결과를 기계식주차장관리자등에게 통보하여야 한다.

③ 위의 ②에 따른 검사결과를 통보받은 기계식주차장관리자등은 부적합판정을 받은 검사항목에 대해서는 그 통보를 받은 날부터 3개월 이내에 해당 항목을 보완한 후 재검사를 신청하여야 한다. 이 경우 검사대행기관은 검사신청을 받은 날부터 10일 이내에 검사를 완료하고 그 결과를 기계식주차장관리자등에게 통보하여야 한다.

④ 검사대행기관은 보완항목에 대한 검사를 함에 있어서 사진·시험성적서, 그 밖의 증빙서류 등으로 보완된 사실을 확인할 수 있는 경우에는 이의 확인으로 검사를 행할 수 있다. 이 경우 검사대행기관은 검사신청을 받은 날부터 5일 이내에 그 결과를 기계식주차장 관리자 등에게 통보하여야 한다.

⑤ 검사대행기관은 위 ②~④까지에 따른 검사결과를 기계식주차장 관리자 등에게 통보하는 때에는 검사필증 또는 사용금지표지를 함께 발급하고, 해당 기계식주차장의 소재지를 관할하는 시장·군수·구청장에게 그 사실을 통보하여야 한다.

④ 검사비용의 납부 (법 제19조의11)

위 **2**, **3** 의 안전도인증 또는 검사를 받고자 하는 자는 국토교통부령이 정하는 바에 따라 안전도인증 또는 검사에 소요되는 비용을 납부하여야 한다.

4 검사확인증의 발급 등 (법 제19조의10)

① 시장·군수 또는 구청장은 기계식 주차장의 사용검사 및 정기검사에 합격한 자에 대하여는 검사확인증을 발급하고, 불합격한 자에 대하여는 사용을 금지하는 표지를 내주어야 한다.

② 기계식주차장관리자등은 발급받은 검사확인증 또는 기계식주차장의 사용을 금지하는 표지를 기계식주차장에 붙여야 한다.

③ 검사에 불합격한 기계식주차장은 사용할 수 없다.

5 안전도 인증 및 검사업무의 대행 (법 제19조의12)(영 제12조의4) <시행 2024.8.17>

① 안전도 인증 및 발급 업무의 대행

국토교통부장관은 기계식주차장치의 안전도인증 및 안전도인증서의 발급업무를 대통령령으로 정하는 바에 따라 국토교통부장관이 지정하는 전문기관으로 하여금 대행하게 할 수 있다.

①(→②) 검사업무의 대행

시장, 군수 또는 구청장은 기계식주차장의 검사업무를 국토교통부장관이 지정하는 전문검사기관으로 하여금 대행하게 할 수 있다. 또한, 전문검사기관으로 지정 받고자 하는 자는 국토교통부장관에게 지정을 신청해야 한다.

② 전문검사기관의 지정기준

위 ①에 따라 전문검사기관으로 지정 받으려는 자 갖추어야 할 요건(시행령 별표2)

1. 법인형태 및 사무소	비영리법인으로서 수도권(서울특별시·인천광역시·경기도를 말함)에 하나 이상의 사무소를 두고, 수도권을 제외한 광역시·도 또는 특별자치도에 넷 이상의 사무소를 두고 있을 것
2. 기술인력	「국가기술자격법」에 따른 기계·전기 또는 전자분야의 산업기사 이상의 자격을 가진 검사 인력을 15인 이상 보유하고 있을 것
3. 설비기준	가. 전류계 5대 이상 나. 멀티미터(multimeter: 휴대용 전류 전압계) 5대 이상 다. 분당 회전수 측정기(RPM미터) 5대 이상 라. 접지저항계 5대 이상 마. 절연저항계 5대 이상 바. 초시계 5대 이상 사. 아들자 캘리퍼스(버니어캘리퍼스: 아들자가 달려 두께나 지름을 재는 기구) 　(200mm) 5대 이상 아. 아들자 캘리퍼스(300㎜) 5대 이상 자. 경도측정기 5대 이상 차. 내외경퍼스(안팎 지름 측정기) 1대 이상 카. 줄자 5대 이상

③ 검사업무 대행자에 대한 지도 등

국토교통부장관 또는 시장·군수·구청장은 기계식주차장치 안전도인증 및 기계식주차장의 검사업무를 대행하는 자에 대하여 기계식주차장의 안전성을 확보하기 위하여 필요한 범위에서 지도·감독 및 지원을 할 수 있다.

④ 지정인증기관 등에 대한 지정취소 등

국토교통부장관은 지정인증기관 및 전문검사기관이 다음의 경우 지정을 취소하거나 1년 이내의 기간을 정하여 업무정지를 명할 수 있다.
※ 1., 2. 중 어느 하나에 해당하는 경우에는 지정 취소

1. 거짓이나 그 밖의 부정한 방법으로 지정인증기관 또는 전문검사기관으로 지정을 받은 경우

2. 업무정지명령을 받은 후 그 업무정지기간에 기계식주차장치 안전도인증 또는 기계식주차장 안전검사를 한 경우

3. 정당한 사유 없이 기계식주차장치 안전도인증 또는 기계식주차장 안전검사를 거부하거나 실시하지 아니한 경우

4. 지정기준에 맞지 아니하게 된 경우

5. 기계식주차장치 안전도인증업무 및 기계식주차장 안전검사업무를 게을리한 경우

③(→⑤) 전문검사기관 지정의 취소사유 (영
제12조의4)

① 전문검사기관이 다음에 해당하는 경우 그 지정을 취소할 수 있다.

1. 위 ② 지정기준의 요건에 미달하게 된 경우

2. 부정한 방법으로 지정을 받는 경우

3. 검사 업무를 현저히 게을리 한 경우

② 국토교통부장관은 전문검사기관을 지정하거나 지정을 취소하였을 때 이를 고시해야 한다.

6 기계식주차장치의 철거 (법 제19조의13)

① 기계식주차장 관리자 등은 부설주차장에 설치된 기계식주차장치가 다음에 해당하는 경우에는 철거할 수 있다.

1. 설치한 날로부터 5년 이상 경과되어 기계식주차장치의 노후·고장 등으로 인하여 작동이 불가능한 경우

2. 건축물의 구조 또는 안전상 철거가 불가피한 경우

② 부설주차장을 설치하여야 할 시설물의 소유자는 기계식주차장치를 철거함으로써 부설주차장의 설치기준에 미달하게 되는 때에는 시설물의 부지 인근에 부설주차장을 설치하거나 주차장의 설치에 소요되는 비용을 납부하여야 한다. 이 경우 기계식주차장치가 설치되었던 바닥면적에 해당하는 주차장은 해당 시설물 또는 그 부지 안에 이를 확보하여야 한다.

③ 기계식주차장치를 철거하고자 하는 자는 다음의 서류 또는 도면을 첨부하여 시장·군수 또는 구청장에게 이를 신고하여야 한다.

1. 기계식주차장 사용검사필증 또는 정기검사필증

2. 기계식주차장치가 설치되었던 바닥면적에 해당하는 주차장의 배치계획도

3. 부설주차장 인근설치계획서 또는 부설주차장 설치의무 면제신청서

④ 시장·군수 또는 구청장은 위 ③에 따른 신고를 받은 날부터 7일 이내에 신고수리 여부를 신고인에게 통지하여야 한다.

⑤ 시장·군수 또는 구청장이 위 ④에서 정한 기간 내에 신고수리 여부 또는 민원 처리 관련 법령에 따른 처리기간의 연장을 신고인에게 통지하지 아니하면 그 기간(민원 처리 관련 법령에 따라 처리기간이 연장 또는 재연장된 경우에는 해당 처리기간을 말한다)이 끝난 날의 다음 날에 신고를 수리한 것으로 본다.

⑥ 특별시·광역시·특별자치시·특별자치도·시·군 또는 자치구는 기계식주차장치의 철거를 위하여 필요한 경우 부설주차장 설치기준을 다음에 따라 해당 지방자치단체의 조례로 완화할 수 있다.

  ㉠ 특별시장·광역시장·특별자치도지사·시장·군수 또는 구청장은 기계식주차장의 수급 실태 및 이용 특성 등을 고려하여 기계식주차장치의 철거가 필요하다고 인정하는 경우에는 해당 지방자치단체의 조례로 정하는 바에 따라 [별표 1]에 따른 부설주차장 설치기준을 철거되는 기계식주차장치의 종류별로 1/2의 범위에서 완화할 수 있다.

ⓛ 위 ㉠에 따라 완화된 부설주차장 설치기준에 따라 설치한 주차장의 경우 해당 시설물이 증축되거나 부설주차장 설치기준이 강화되는 용도로 변경될 때에는 그 증축 또는 용도변경 하는 부분에 대해서는 위 ㉠에도 불구하고 [별표 1]에 따른 부설주차장 설치기준을 적용한다.

7 기계식주차장치보수업의 등록 (법 제19조의14)

ⓛ 등록

① 기계식주차장치보수업을 하려는 자는 시장·군수 또는 구청장에게 등록하여야 하며, 등록시 기계식주차장치 보수업 등록신청서에 다음의 서류를 첨부하여 시장·군수 또는 구청장에게 제출하여야 한다. 이 경우 신청서를 받은 시장·군수 또는 구청장은 「전자정부법」에 따른 행정정보의 공동이용을 통하여 법인 등기사항증명서(신청인이 법인인 경우만 해당)를 확인해야 한다.

1. 자격증사본

2. 경력증명서

3. 보수설비현황

② 시장·군수 또는 구청장은 보수업을 등록한 자에게 기계식주차장치 보수업 등록증을 발급하여야 한다.

③ 위 ①의 규정에 의하여 보수업의 등록을 하고자 하는 자는 다음의 기술 및 인력과 설비를 갖추어야 한다.

■ 보수업의 등록기준 [별표3]

구 분	보 수 설 비	기 술 인 력
등 록 기 준	1. 갭게이지(틈새측정기) 1대 이상 2. 속도계 1대 이상 3. 절연저항계 1대 이상 4. 체인블럭 1대 이상 5. 소음계 1대 이상 6. 진동계 1대 이상 7. 용접기 1대 이상 8. 노트북 1대 이상 9. 전기회로시험기 1대 이상 10. 아들자 캘리퍼스 1대 이상 11. 경도측정기 1대 이상 12. 유압자키 1대 이상 13. 내외경퍼스 1대 이상	• 보수책임자 : 「국가기술자격법」에 따른 기계·전기 또는 그 밖의 이와 유사한 분야의 산업기사 자격증 이상 소지자로서 실무경력 2년 이상인 자 또는 기능사자격증 소지자로서 실무경력 5년 이상인자 1인 이상을 상시 보유하고 있을 것 • 실무기술인력 : 「국가기술자격법」에 따른 기계·전기 또는 그 밖에 이와 유사한 분야의 기능사 이상의 자격증 소지자 2인 이상을 상시 보유하고 있을 것

④ 시장·군수 또는 구청장은 위 ①에 따른 등록 신청이 다음의 경우를 제외하고는 등록을 해 주어야 한다.

1. 등록을 신청한 자가 아래 ② 결격사유의 어느 하나에 해당하는 경우

2. 보수업의 등록기준[별표 3]을 갖추지 못한 경우

3. 그 밖에 법 또는 다른 법령에 따른 제한에 위반되는 경우

② 보수업자의 교육 등 <시행2024.8.17.>

① 위 ①- ①의 규정에 따라 보수업의 등록을 한 자(이하 "보수업자")는 기계식주차장치를 보수하는 보수원의 사고를 예방하기 위하여 소속 보수원으로 하여금 국토교통부장관이 정하는 기계식주차장치 안전관리에 관한 교육(이하 "보수원 안전교육")을 받도록 해야 한다.

② 보수업자는 고용하고 있는 보수원이 보수원 안전교육을 받는 데 필요한 경비를 부담하며, 이를 이유로 해당 보수원에게 불리한 처분을 해서는 안 된다.

③ 보수원 안전교육의 시간·내용·방법 및 주기 등에 필요한 사항은 국토교통부령으로 정한다.

②(→③) 결격사유 (법 제19조의15)

다음에 해당하는 자는 보수업의 등록을 할 수 없다.

1. 피성년후견인

2. 파산선고를 받은 자로서 복권되지 아니한 자

3. 이 법을 위반하여 징역 이상의 실형의 선고를 받고 그 집행이 종료(집행이 종료된 것으로 보는 경우를 포함)되거나 집행이 면제된 날부터 2년이 경과되지 아니한 자(위 1. 및 2.에 해당하여 등록이 취소된 경우 제외)

4. 이 법을 위반하여 징역 이상의 형의 집행유예선고를 받고 그 유예기간이 경과되지 아니한 자

5. 등록이 취소된 후 2년이 경과되지 아니한 자

6. 임원 중에 위 1.~5.에 해당하는 자가 있는 법인

【참고】 피성년후견인 [被成年後見人]

질병, 장애, 노령, 그 밖의 사유로 인한 정신적 제약으로 사무를 처리할 능력이 지속적으로 결여된 사람에 대하여 본인, 배우자, 4촌 이내의 친족, 미성년후견인, 미성년후견감독인, 한정후견인, 한정후견감독인, 특정후견인, 특정후견감독인, 검사 또는 지방자치단체의 장의 청구에 의하여 가정법원으로부터 성년후견개시의 심판을 받은 사람(민법 제9조, 제10조)

③ 보험가입 (법 제19조의16) <시행 2024.8.17.>

① 보수업의 등록을 한 자는 그 업무를 수행함에 있어서 고의 또는 과실로 타인에게 손해를 입히는 경우 그 손해에 대한 배상을 보장하기 위하여 보험에 가입하여야 한다.

② 대통령령으로 정하는 일정 규모 이상의 기계식주차장치를 운영하는 기계식주차장관리자등은 기계식주차장의 사고로 이용자 등 다른 사람의 생명·신체 또는 재산상의 손해를 발생하게 하는 경우 그 손해에 대한 배상을 보장하기 위하여 보험에 가입하여야 한다.

②(→③) 위 규정에 따른 보험은 보험금액이 다음의 기준을 모두 충족하는 것이어야 한다.

1. 사고당 배상한도액이 1억원 이상일 것
2. 피해자 1인당 배상한도액이 1억원 이상일 것

③(→④) 보수업자는 보수업을 개시하여 최초로 보수계약을 체결하는 날 이전에 위 ②(→③)에 따른 보험에 가입하여야 한다.

④(→⑤) 보수업자는 보험계약을 체결한 때에는 보험계약 체결일부터 30일 이내에 보험계약의 체결을 증명하는 서류를 관할 시장·군수 또는 구청장에게 제출하여야 한다. 보험계약이 변경된 때에도 또한 같다.

⑥ 보험회사는 보수업자 또는 기계식주차장관리자등이 ①, ②에 따른 보험에 가입하려는 때에는 대통령령으로 정하는 사유가 있는 경우 외에는 계약의 체결을 거부할 수 없다.

⑦ 이 법에 따른 보험금을 받을 권리는 압류할 수 없다.

4 등록사항의 변경 등의 신고 (법 제19조의17) <시행 2024.8.17.>

보수업자는 그 영업을 휴업·폐업 또는 재개업(再開業)한(→다음에 해당하는) 경우 국토교통부령으로 정하는 바에 따라 시장·군수 또는 구청장에게 신고하여야 한다.

1. **7**-**1**에 따라 등록한 사항 중 상호명, 주소, 보수원 등 기술인력, 사업자등록번호 등 중요 사항을 변경한 경우
2. 그 영업을 휴업·폐업 또는 재개업(再開業)한 경우
3. 그 밖에 국토교통부령으로 정하는 경우

5 시정명령 (법 제19조의18)

시장·군수 또는 구청장은 보수업자가 다음에 해당하는 때에는 기간을 정하여 그 시정을 명할 수 있다.

1. 보수업의 등록기준에 미달하게 된 때
2. 보험에 가입하지 아니 한때

6 등록의 취소 (법 제19조의19)

시장·군수 또는 구청장은 보수업자가 다음에 해당하는 때에는 보수업의 등록을 취소하거나 6월 이내의 기간을 정하여 그 영업의 등록을 취소하거나 6월 이내의 기간을 정하여 그 영업의 정지를 명할 수 있다. 다만, 아래 1, 2, 3 및 6에 해당하는 경우에는 그 등록을 취소하여야 한다.

1. 거짓이나 그 밖의 부정한 방법으로 보수업의 등록을 한 때

2. 보수업의 등록을 할 수 없는 결격사유에 해당하는 경우(해당 법인이 그에 해당하게 된 날부터 3월 이내에 그 임원을 바꾸어 임명한 경우 제외)

3. 등록사항 등의 변경 신고를 하지 않은 경우

4. 시정명령을 이행하지 않은 경우

5. 보수의 흠으로 인하여 기계식주차장치의 이용자를 사망하게 하거나 다치게 한 경우 또는 자동차를 파손시킨 경우

6. 영업정지명령을 위반하여 그 영업정지기간 중에 영업을 한 경우

7 기계식주차장치 관리인의 배치 및 교육 등 $\left(\genfrac{}{}{0pt}{}{법}{제19조의20}\right)\left(\genfrac{}{}{0pt}{}{영}{제12조의10}\right)\left(\genfrac{}{}{0pt}{}{규칙}{제16조의15\sim17}\right)$

<시행 2024.8.17.>

(1) 기계식주차장관리자등은 수용할 수 있는 자동차 대수가 20대 이상인 기계식주차장치가 설치된 때에는 주차장 이용자의 안전을 위하여 기계식주차장치 관리인을 두어야 한다.

(2)[→(5)] 기계식주차장관리자등은 주차장 이용자가 확인하기 쉬운 위치에 기계식주차장의 이용 방법을 설명하는 안내문을 부쳐야 한다.

　① 안내문의 부착위치 등

　　안내문은 기계식주차장치 이용자가 육안으로 쉽게 확인할 수 있도록 기계식주차장치를 작동하기 위한 스위치 근처에 부착하여야 한다.

　② 안내문에는 다음의 내용이 포함되어야 한다.

　　㉠ 차량의 입고 및 출고 방법

　　㉡ 긴급상황 발생 시 조치 방법

　　㉢ 긴급상황 발생 시 연락처(응급 의료기관 및 기계식주차장치 보수업체 등의 연락처를 포함한다)

　　㉣ 기계식주차장치 관리인의 성명 및 연락처

　　㉤ 기계식주차장의 형식 및 주차 가능 자동차

(3)[→(2)] 기계식주차장관리자등은 주차장 관련 법령, 사고 시 응급처치 방법 등 기계식주차장치의 관리에 필요한 교육(이하 "기계식주차장치 관리인 교육")을 받은 사람을 위 (1)에 따른 기계식주차장치 관리인으로 선임(→선임 또는 변경)하여야 한다. 이 경우 기계식주차장관리자등은 선임(→선임 또는 변경)된 기계식주차장치 관리인으로 하여금 국토교통부령으로 정하는 보수교육을 받도록 하여야 한다.

(4) 기계식주차장치 관리인의 자격은 「한국교통안전공단법」에 따라 설립된 한국교통안전공단이 실시하는 다음에 해당하는 기계식주차장치 관리인 교육을 받은 자로 한다.

　① 기계식주차장치 관리인의 교육 내용

　　㉠ 기계식주차장치에 관한 일반지식

　　㉡ 기계식주차장치 관련 법령에 관한 사항

　　㉢ 기계식주차장치 운행 및 취급에 관한 사항

　　㉣ 화재 및 고장 등 긴급상황 발생 시 조치방법에 관한 사항

　　㉤ 그 밖에 기계식주차장치의 안전운행에 필요한 사항

② 기계식주차장치 관리인은 기계식주차장치 관리인 교육을 받은 후 3년(교육을 받은 날부터 3년이 되는 날이 속하는 해의 1월 1일부터 12월 31일까지를 말함)마다 보수교육을 받아야 한다.

③ 기계식주차장치 관리인 교육의 교육시간은 4시간으로 하고, 보수교육의 교육시간은 3시간으로 한다.

④ 한국교통안전공단은 기계식주차장치 관리인 교육 및 보수교육을 받은 사람에게 교육수료증을 발급하여야 한다.

⑤ 한국교통안전공단은 기계식주차장치 관리인 교육 및 보수교육을 받으려는 사람으로부터 교육에 필요한 수강료를 받을 수 있다. 이 경우 수강료의 금액에 대하여 미리 국토교통부장관의 승인을 받아야 한다.

(3) 기계식주차장관리자등은 (1)에 따른 기계식주차장치 관리인을 선임 또는 변경한 경우 선임 또는 변경 후 14일 이내에 시장·군수 또는 구청장에게 통보해야 한다. 기계식주차장치를 직접 관리하는 기계식주차장관리자등이 변경되었을 때에도 또한 같다.

(4) (1)에서 규정하는 일정 규모 이상의 기계식주차장치가 설치되지 않아 직접 기계식주차장치를 관리하는 기계식주차장관리자등은 관리 시작 전에 국토교통부령으로 정하는 기계식주차장치 안전관리교육을 받아야 하며, 관리 시작 이후에는 정기적으로 보수교육을 받아야 한다.

(7) 기계식주차장관리자등은 국토교통부령으로 정한 규격·무게 등 기계식주차장의 설치 기준에 맞는 자동차를 주차하도록 관리하여야 한다.

(8) 기계식주차장관리자등은 주차장치 운행의 안전에 관한 점검(이하 "자체점검")을 월 1회 이상 실시하고 그 점검기록을 기계식주차장 정보망에 입력해야 한다.

(9) 기계식주차장관리자등은 자체점검 결과 해당 기계식주차장치에 결함이 있다는 사실을 알았을 경우 즉시 보수하여야 하며, 보수가 끝날 때까지 운행을 중지해야 한다.

(10) 기계식주차장관리자등은 기계식주차장치에 대한 자체점검을 보수업자에게 대행하도록 할 수 있다.

(11) 자체점검의 항목, 방법, 그 밖에 필요한 사항은 국토교통부령으로 정한다.

⑧ 기계식주차장 정보망 구축·운영 (법 제19조의21)(영 제12조의11)(규칙 제16조의18) <시행 2024.8.17.>

(1) 국토교통부장관은 기계식주차장의 안전과 관련된 다음에 해당하는 정보를 종합적으로 관리하기 위한 기계식주차장 정보망을 구축·운영할 수 있다.

① 위 ⑧의 검사의 이력정보

② 위 ⑦-①~⑥의 보수업에 관한 사항

③ 보험 가입 현황

④ 기계식주차장의 자체점검 기록

③(→⑤) 중대한 사고에 관한 정보

④(→⑥) 정밀안전검사의 결과에 관한 정보

⑤(→⑦) 제6장의 ■-⑨의 보고, 자료의 제출 및 검사에 관한 정보

⑥(→⑧) 그 밖에 기계식주차장의 안전과 관련되는 사항으로서 다음에 해당하는 정보

   ㉠ 기계식주차장치의 안전도인증에 관한 정보

   ㉡ 기계식주차장치 관리인의 배치에 관한 정보

   ㉢ 그 밖에 기계식주차장의 위치 및 주차구획 수 등 기계식 주차장의 현황에 관한 정보

(2) 국토교통부장관은 위 (1)에 따라 수집된 정보를 위 **5**에 따른 전문검사기관, **7**에 따른 보수업 등록업자, 행정기관에 제공할 수 있다.

(3) 국토교통부장관은 위 (1)에 따른 기계식주차장 정보망의 구축·운영에 관한 업무를 「한국교통안전공단법」에 따른 한국교통안전공단에 위탁 한다. 이 경우 그에 필요한 경비의 전부 또는 일부를 지원 할 수 있다.

⑨ 사고 보고 의무 및 사고 조사 $\left(\substack{법\\ 제19조의22}\right)\left(\substack{규칙\\ 제16조의20,\ 제16조의21}\right)$

※ 사고조사판정위원회(→사고조사위원회) <시행 2024.8.17.>

(1) 기계식주차장관리자등은 그가 관리하는 기계식주차장으로 인하여 이용자가 사망하거나 다치는 사고, 자동차 추락 등 국토교통부령으로 정하는 중대한 사고가 발생한 경우에는 즉시 다음에 따라 관할 시장·군수 또는 구청장과 「한국교통안전공단법」에 따른 한국교통안전공단의 장에게 통보하여야 한다. 이 경우 「한국교통안전공단법」에 따른 한국교통안전공단의 장은 통보받은 사항 중 중대한 사고에 관한 내용을 국토교통부장관, 아래 (5)에 따른 사고조사판정위원회에 보고하여야 한다.

① 기계식주차장관리자등은 그가 관리하는 주차장에서 중대한 사고가 발생한 때에는 즉시 서면 또는 전자문서로 건물명, 소재지, 사고발생 일시·장소 및 피해 정도를 관할 시장·군수 또는 구청장과 한국교통안전공단의 장에게 통보하여야 한다.

② 한국교통안전공단의 장은 위 ①에 따라 통보를 받은 때에는 지체 없이 기계식주차장 사고현황 보고서(별지 제15호의2서식)를 작성하여 국토교통부장관 및 사고조사판정위원회에 보고하여야 한다.

③ 한국교통안전공단의 장은 기계식주차장 사고의 원인 및 경위 등을 조사한 때에는 조사한 달이 속하는 다음 달 15일까지 다음의 사항이 포함된 사고조사보고서를 사고조사판정위원회에 제출하여야 한다.

㉠ 사고의 원인 및 경위에 관한 사항

㉡ 사고 원인의 분석에 관한 사항

㉢ 사고 재발 방지에 관한 사항

㉣ 그 밖에 사고와 관련하여 조사·확인된 사항

(2) 기계식주차장관리자등은 중대한 사고가 발생한 경우에는 사고현장 또는 중대한 사고와 관련되는 물건을 이동시키거나 변경 또는 훼손하여서는 아니 된다.

　예외　인명구조 등 긴급한 사유가 있는 경우에는 그러하지 아니하다.

(3) 통보받은 「한국교통안전공단법」에 따른 한국교통안전공단의 장은 기계식주차장 사고의 재발 방지 및 예방을 위하여 필요하다고 인정하면 기계식주차장 사고의 원인 및 경위 등에 관한 조사를 할 수 있다.

(4) 「한국교통안전공단법」에 따른 한국교통안전공단의 장은 기계식주차장 사고의 효율적인 조사를 위하여 사고조사반을 둘 수 있으며, 사고조사반의 구성 및 운영 등에 관한 사항은 다음과 같다.

① 사고조사반으로 사고발생지역을 관할하는 한국교통안전공단 지역본부에는 초동조사반을, 한국교통안전공단 본부에는 전문조사반을 구성·운영한다.

② 위 ①에 따른 초동조사반은 2명 이내의 사고조사원으로 구성하며, 다음의 업무를 수행한다.

㉠ 사고개요 및 원인 등의 조사

㉡ 기계식주차장 사고현황 보고서(별지 제15호의2서식)의 작성

③ 위 ①에 따른 전문조사반(이하 "전문조사반"이라 한다)은 조사반장 1명을 포함한 3명 이내의 사고조사원으로 구성하되, 조사반장 및 사고조사원은 한국교통안전공단 소속 직원, 기계식주차장 또는 안전관리 분야에 관한 전문지식을 갖춘 민간 전문가 중에서 한국교통안전공단의 장이 지명하거나 위촉하는 사람으로 한다.

④ 전문조사반은 다음의 업무를 수행한다.

㉠ 사고 원인의 조사·분석

㉡ 피해 현황에 관한 조사

㉢ 그 밖에 전문조사반장이 사고 원인 파악 및 재발 방지 등을 위하여 필요하다고 인정하는 사항의 조사

(5) 국토교통부장관은 「한국교통안전공단법」에 따른 한국교통안전공단이 조사한 기계식주차장 사고의 원인 등을 판정하기 위하여 <u>사고조사판정위원회</u>를 둘 수 있다.

(6) <u>사고조사판정위원회</u>는 기계식주차장 사고의 원인 등을 조사하여 원인과 판정한 결과를 국토교통부에 보고하여야 한다.

(7) 국토교통부는 기계식주차장 사고의 원인 등을 판정한 결과 필요하다고 인정되는 경우 기계식주차장 사고의 재발 방지를 위한 대책을 마련하고 이를 관할 시장·군수 또는 구청장 및 제작자등에게 권고할 수 있다.

(8) <u>사고조사판정위원회</u>의 구성 및 운영과 그 밖에 필요한 사항

① 사고조사판정위원회의 구성 및 운영 $\left(\begin{smallmatrix}영\\제12조의12\end{smallmatrix}\right)$

㉠ 사고조사판정위원회(이하 "위원회"라 함)는 위원장 1명을 포함한 12명 이상 20명 이내의 위원으로 구성한다.

㉡ 위원장은 아래 ㉢-2.에 따른 위촉위원 중에서 국토교통부장관이 지명한다.

㉢ 위원은 다음의 어느 하나에 해당하는 사람 중에서 국토교통부장관이 임명하거나 위촉한다. 이 경우 아래 1.에 따른 지명위원은 1명으로 한다.

---

1. 지명위원: 기계식주차장 관련 업무를 담당하는 국토교통부의 4급 이상 공무원 또는 고위공무원단에 속하는 일반직공무원

2. 위촉위원: 기계식주차장에 관한 전문지식이나 경험이 풍부한 사람으로서 다음의 어느 하나에 해당하는 사람

① 변호사의 자격을 취득한 후 5년 이상이 된 사람

② 「고등교육법」에 따른 대학에서 기계·전기 또는 안전관리 분야의 과목을 가르치는 부교수 이상으로 5년 이상 재직하고 있거나 재직하였던 사람

③ 행정기관에서 4급 이상 공무원 또는 고위공무원단에 속하는 일반직공무원으로 2년 이상 재직하였던 사람

④ 한국교통안전공단 또는 지정된 전문검사기관에서 10년 이상 재직하고 있거나 재직하였던 사람

⑤ 기계식주차장 관련 업체에서 설계, 제작, 시공, 유지보수 등의 업무에 10년 이상 종사하고 있거나 종사하였던 사람

㉣ 위 ㉢-2.에 따른 위촉위원의 임기는 3년으로 하며, 한 차례만 연임할 수 있다.

㉤ 위원회의 회의는 위원장, 지명위원과 위촉위원 중 위원장이 회의마다 지정하는 5명의 위원으로 구성한다.

㉥ 위원회는 필요하다고 인정하면 관계인 또는 관계 전문가를 위원회에 출석시켜 발언하게 하거나 서면으로 의견을 제출하게 할 수 있다.

      Ⓐ 위원회에 출석한 위원, 관계인 및 관계 전문가에게 예산의 범위에서 수당과 여비를 지급할 수 있다.

      ◎ 위 ㉠~Ⓐ에서 규정한 사항 외에 위원회의 운영에 필요한 사항은 위원회의 의결을 거쳐 위원장이 정한다.

  ② 위원의 해촉 등 $\left(\substack{영\\제12조의13}\right)$

    국토교통부장관은 위원회의 위원이 다음의 어느 하나에 해당하는 경우에는 해당 위원을 해촉(解囑)하거나 그 임명을 철회할 수 있다.

    ㉠ 심신장애로 인하여 직무를 수행할 수 없게 된 경우

    ㉡ 직무와 관련된 비위사실이 있는 경우

    ㉢ 직무태만, 품위손상이나 그 밖의 사유로 인하여 위원으로 적합하지 아니하다고 인정되는 경우

    ㉣ 위원 스스로 직무를 수행하는 것이 곤란하다고 의사를 밝히는 경우

  ③ 위원회의 업무 $\left(\substack{영\\제12조의14}\right)$

    위원회의 업무는 다음과 같다.

    ㉠ 보고받은 중대한 사고에 관한 내용의 검토

    ㉡ 기계식주차장 사고의 재발 방지·예방을 위한 사고의 원인 및 경위 등의 조사

    ㉢ 한국교통안전공단이 조사한 기계식주차장 사고의 원인 등에 대한 판정

🔟 기계식주차장의 정밀안전검사 $\left(\substack{법\\제19조의23}\right)\left(\substack{영\\제12조의15,\ 제12조의16}\right)$

(1) 기계식주차장관리자등은 해당 기계식주차장이 다음의 어느 하나에 해당하는 경우에는 시장·군수 또는 구청장이 실시하는 정밀안전검사를 받아야 한다.

  ① 검사 결과 결함원인이 불명확하여 사고예방과 안전성 확보를 위하여 정밀안전검사가 필요하다고 인정된 경우

  ② 기계식주차장의 이용자가 다음에 해당하는 중대한 사고가 발생한 경우

    ㉠ 사망자가 발생한 사고

    ㉡ 기계식주차장에서 사고가 발생한 날부터 7일 이내에 실시한 의사의 최초 진단결과 1주 이상의 입원치료 또는 3주 이상의 치료가 필요한 상해를 입은 사람이 발생한 사고

    ㉢ 기계식주차장을 이용한 자동차가 전복 또는 추락한 사고

  ③ 기계식주차장이 설치된 날부터 다음에 해당하는 경우

    ㉠ 정밀안전검사를 최초로 받아야 하는 날은 기계식주차장이 설치된 날부터 10년이 속하는 정기검사의 유효기간 만료일(이하 "만료일"이라 함) 전 180일부터 만료일까지이고, 해당 검사기간에 적합판정을 받은 경우에는 만료일에 정밀안전검사를 받은 것으로 본다.

    ㉡ 정밀안전검사는 최초 정밀안전검사를 받은 날부터 4년이 되는 날의 전후 각각 31일 이내에 받아야 하고, 해당 검사기간에 적합판정을 받은 경우에는 만료일에 정밀안전검사를 받은 것으로 본다.

  ④ 그 밖에 기계식주차장치의 성능 저하로 인하여 이용자의 안전을 침해할 우려가 있는 것으로 국토교통부장관이 정한 경우

(2) 기계식주차장관리자등은 정밀안전검사에 불합격한 기계식주차장을 운영할 수 없으며, 다시 운영하기 위해서는 정밀안전검사를 다시 받아야 한다.

(3) 정밀안전검사를 받은 경우 또는 정밀안전검사를 받아야 하는 경우에는 해당 연도의 정기검사를 면제한다.

(4) 시장·군수 또는 구청장은 정밀안전검사에 관한 업무를 「한국교통안전공단법」에 따라 설립된 한국교통안전공단에 대행하게 할 수 있다.

(6) 정밀안전검사의 기준·항목·방법 및 실시시기 등

정밀안전검사의 기준·항목 및 방법 등은 다음의 사항을 모두 고려하여 국토교통부장관이 고시하는 기준·항목 및 방법 등에 따른다.

① 기계식주차장의 설치기준(법 제19조의5)

② 기계식주차장의 안전기준(법 제19조의7)

③ 기계식주차장치의 구조 및 구동방식

④ 기계식주차장에 적용되는 기술의 특성

6
보칙 및 벌칙

1 보칙

① 부기등기 (법 제19조의25)

(1) 시설물 부지 인근에 설치된 부설주차장 및 위치 변경된 부설주차장은 「부동산등기법」에 따라 시설물과 그에 부대하여 설치된 부설주차장 관계임을 표시하는 내용을 각각 부기등기하여야 한다.

- **부설주차장 인근설치확인서 (규칙 제16조의15)**

  ① 시설물의 소유자는 위 (1)에 따른 부기등기를 위하여 필요한 경우에는 시장·군수 또는 구청장에게 해당 부설주차장이 시설물의 부지 인근에 설치되어 있음을 확인하여 줄 것을 요청할 수 있다.

  ② 요청을 받은 시장·군수 또는 구청장은 부설주차장 인근 설치 확인서[별지 제15호의2서식]를 발급하여야 한다.

(2) 시설물 부지 인근에 설치된 부설주차장은 용도변경이 인정되어 부설주차장으로서 의무가 면제되지 아니한 경우에는 부기등기를 말소할 수 없다.

(3) 부기등기의 절차 등 (영 제12조의17)

① 시설물의 부지 인근에 부설주차장을 설치한 경우와 시설물의 내부 또는 그 부지에 설치된 주차장을 인근 부지로 위치를 변경한 경우에 시설물의 소유자는 다음의 부기등기를 동시에 하여야 한다.

---

1. 부설주차장이 시설물의 부지 인근에 설치되었음을 시설물의 소유권등기에 부기등기(이하 "시설물의 부기등기"라 한다)

---

2. 부설주차장의 용도변경이 금지됨을 부설주차장의 소유권등기에 부기등기(이하 "부설주차장의 부기등기"라 한다)

---

② 부설주차장을 그 부지 인근의 범위에서 위치 변경하여 설치한 경우에 시설물의 소유자는 다음의 등기를 동시에 하여야 한다.

---

1. 시설물의 부기등기에 명시된 부설주차장 소재지의 변경등기

---

2. 새로 이전된 부설주차장의 부기등기

---

③ 위 ① 및 ②에도 불구하고 시설물의 소유권보존등기를 할 수 없는 시설물인 경우에는 부설주차장의 부기등기만을 하여야 한다.

(3) 부기등기의 내용 $\left(\begin{smallmatrix}영\\제12조의18\end{smallmatrix}\right)$

① 시설물의 부기등기에는 "「주차장법」에 따른 부설주차장이 시설물의 부지 인근에 별도로 설치되어 있음"이라는 내용과 그 부설주차장의 소재지를 명시하여야 한다.

② 부설주차장의 부기등기에는 "이 토지(또는 건물)는 「주차장법」에 따라 시설물의 부지 인근에 설치된 부설주차장으로서 용도변경이 인정되기 전에는 주차장 외의 용도로 사용할 수 없음"이라는 내용과 그 시설물의 소재지를 명시하여야 한다.

(4) 부기등기의 말소 신청 $\left(\begin{smallmatrix}영\\제12조의19\end{smallmatrix}\right)$

① 부기등기한 부설주차장으로서 용도변경이 인정된 경우에 시설물의 소유자는 다음의 구분에 따라 부기등기의 말소를 신청하여야 한다.

㉠ 4장의 **4**-**2**-①·③ 또는 ④ 중 어느 하나에 해당하여 해당 부설주차장 전부에 대한 용도변경이 인정된 경우: 시설물의 부기등기 및 부설주차장의 부기등기의 말소 동시 신청

㉡ 4장의 **4**-**2**-⑤에 해당하여 용도변경이 인정된 경우: 종전 부설주차장의 부기등기의 말소 신청

② 위 ①에도 불구하고 다음의 어느 하나에 해당하는 경우에는 해당 구분에 따라 시설물의 부기등기 또는 부설주차장의 부기등기의 말소를 신청하여야 한다.

1. 시설물의 부기등기가 되어 있지 아니한 경우: 부설주차장의 부기등기만을 말소 신청

2. 시설물의 소유자와 부설주차장이 설치된 토지·건물의 소유자가 다른 경우: 해당 소유자가 시설물의 부기등기 및 부설주차장의 부기등기의 말소를 각자 신청

② 국·공유재산의 처분제한 $\left(\begin{smallmatrix}법\\제20조\end{smallmatrix}\right)$

① 국가 또는 지방자치단체 소유의 토지로서 노외주차장설치계획에 따라 노외주차장을 설치하는 데 필요한 토지는 이를 다른 목적으로 매각하거나 양도할 수 없으며, 관계행정청은 노외주차장의 설치에 적극 협조하여야 한다.

② 도로·광장 및 공원과 초등학교·중학교·고등학교·공용의 청사·주차장 및 운동장 등의 공공시설의 지하에 노외주차장을 설치하기 위하여 「국토의 계획 및 이용에 관한 법률」에 따른 도시·군계획시설사업의 실시계획인가를 받은 때에는 「도로법」, 「도시공원법」, 「학교시설사업촉진법」, 그 밖의 관계법령에 따른 점용허가를 받거나 토지형질변경에 대한 협의 등을 한 것으로 보며, 노외주차장으로 사용되는 토지 및 시설물에 대하여는 그 점용료 및 사용료를 감면할 수 있다.

③ 공용의 청사·하천·유수지·주차장 및 운동장 등의 공공시설 지상에 노외주차장을 설치하는 경우 위 ②의 규정을 준용한다.

③ 보조 또는 융자 (법
제21조) (영
제14조)

① 국가 또는 지방자치단체는 노외주차장의 설치를 촉진하기 위하여 특히 필요하다고 인정하는 경우에는 다음에 따라 노외주차장의 설치에 관한 비용의 전부 또는 일부를 보조할 수 있다.

노외주차장의 설치자	주차용도에 제공되는 면적	보조범위	
		원 칙	국·공유지의 점유허가를 받아 설치하는 경우
1. 특별시장·광역시장· 시장·군수·구청장	면적에 무관	설치비용 전부 또는 일부	–
2. 행정청이 아닌 자	2,000m² 이상	설치비용의 1/2	설치비용의 1/3
	1,000m² 이상 2,000m² 미만	설치비용의 1/3	설치비용의 1/5

② 국가 또는 지방자치단체는 노외주차장 또는 부설주차장의 설치를 위하여 필요한 경우에는 노외주차장 또는 부설주차장의 설치에 필요한 자금의 융자를 알선할 수 있다.

③ 국가 또는 지방자치단체는 도시환경의 개선 등을 위하여 필요한 경우에는 대통령령 또는 해당 지방자치단체의 조례로 정하는 바에 따라 주차장 환경개선사업의 추진에 필요한 비용의 일부를 보조할 수 있다.

④ 주차장 특별회계의 설치 (법
제21조의2)

특별시장·광역시장, 시장·군수 또는 구청장은 주차장을 효율적으로 설치 및 관리·운영하기 위하여 다음과 같이 주차장특별회계를 설치할 수 있다.

(1) 특별시장·광역시장 · 특별자치시장 · 특별자치도지사· 시장 또는 군수가 설치하는 주차장특별회계의 재원

① 주차요금 등의 수입금과 노외주차장설치를 위한 비용의 납부금
② 과징금의 징수금
③ 해당 지방자치단체의 일반회계로부터의 전입금
④ 정부의 보조금
⑤ 「지방세법」에 따른 재산세 징수액 중 10%에 해당하는 금액
⑥ 「도로교통법」에 따라 시장 등이 부과 ·징수한 과태료
⑦ 이행강제금의 징수금
⑧ 보통세 징수액의 100분의 1의 범위에서 광역시의 조례로 정하는 비율에 해당하는 금액(광역시에 한정한다)
⑨ 광역시의 보조금

(2) 구청장이 설치하는 주차장특별회계의 재원

① 위 (1)-①의 수입금 및 납부금 중 해당 구청장이 설치·관리하는 노상주차장 및 노외주차장의 주차요금과 대통령령이 정하는 납부금
② 과징금의 징수금
③ 해당 지방자치단체의 일반회계로부터의 전입금
④ 특별시 또는 광역시의 보조금
⑤ 「도로교통법」에 따라 시장 등이 부과·징수한 과태료

⑥ 이행강제금의 징수금

⑦ 「지방세기본법」에 따른 보통세 징수액의 1/100의 범위에서 광역시의 조례로 정하는 비율에 해당하는 금액(광역시에 한함)

> **비고** 위 규정에 따른 주차장특별회계의 설치 및 운용·관리에 관하여 필요한 사항은 해당 지방자치단체의 조례로 정한다.

(3) 주차장특별회계는 다음 각 호의 용도로 사용

① 주차환경개선사업: 주차장조성 및 유지관리, 주차장 수급실태조사 및 주차환경개선지구 지정·관리, 주차장 정보구축, 주차공유 지원사업 등 주차환경개선을 위한 사업

② 주차질서유지사업: 주차질서 홍보 및 교육, 주차단속활동 및 단속장비구입, 단속시스템 구축 등 주차이용 활성화를 위한 사업

③ 주차장특별회계의 조성·운용 및 관리를 위하여 필요한 경비

⑤ 주차관리 전담기구의 설치 (법 제21조의3)

특별시장·광역시장, 시장·군수 또는 구청장은 주차장의 설치 및 효율적인 관리·운영을 위하여 필요한 경우에는 「지방공기업법」에 따른 지방공기업을 설치·경영할 수 있다.

⑥ 주차장 정보망 구축·운영 (법 제21조의4)

(1) 국토교통부장관은 주차장과 관련된 다음의 업무를 효율적으로 관리하기 위하여 주차장 정보망을 구축·운영할 수 있다.

① 다음에 따른 노상주차장에 관한 사항

해당 사항	법 규정
1. 노상주차장의 설치 및 폐지에 관한 사항	제7조
2. 노상주차장의 관리에 관한 사항	제8조
3. 노상주차장의 주차요금 징수 및 사용 제한에 관한 사항	제9조, 제10조

② 다음에 따른 노외주차장에 관한 사항

해당 사항	법 규정
1. 노외주차장의 설치에 관한 사항	제12조, 제12조의2, 제12조의3
2. 노외주차장의 관리 및 주차요금 징수에 관한 사항	제13조, 제14조

③ 다음에 따른 부설주차장에 관한 사항

해당 사항	법 규정
1. 부설주차장의 설치에 관한 사항	제19조,
2. 부설주차장의 주차요금 징수 및 용도변경에 관한 사항	제19의3조, 제19조의4

④ 그 밖에 주차장과 관련되는 사항으로서 국토교통부령으로 정하는 정보

(2) 국토교통부장관은 위 (1)에 따른 주차장 정보망에 필요한 정보를 수집하기 위하여 다음의 자에게 주차장 운영과 관련된 정보를 요청할 수 있으며, 정보제공을 요청 받은 자는 특별한 사정이 없으면 이에 따라야 한다.

해당 사항	법 규정
1. 특별시장·광역시장, 시장·군수 또는 구청장	제7조
2. 노외주차장을 설치한 자	제12조
3. 시설물을 건축하거나 설치하려는 자	제19조

(3) 특별시장·광역시장, 시장·군수 또는 구청장은 제1항에 따른 주차장 정보망을 공동으로 이용할 수 있다.
(4) 국토교통부장관은 위 (1)에 따른 주차장 정보망의 구축·운영 및 (2)에 따른 정보의 수집에 관한 업무를 「한국교통안전공단법」에 따른 한국교통안전공단에 위탁할 수 있다. 이 경우 그에 필요한 경비의 전부 또는 일부를 지원할 수 있다.
(5) 위 (1) 및 (4)에 따른 주차장 정보망의 구축·운영에 필요한 사항은 국토교통부령으로 정한다.

7 주차요금 등의 사용 제한 (법 제22조)

특별시장·광역시장, 시장·군수 또는 구청장이 제9조제1항 및 제3항과 제14조제1항에 따라 받는 주차요금 등은 주차장의 설치·관리 및 운영 외의 용도에 사용할 수 없다.

8 자료의 요청 (법 제22조의2)

① 국토교통부장관은 주차장의 구조·설치기준 등의 제정, 기계식주차장의 안전기준의 제정, 그 밖에 주차장의 설치·정비 및 관리에 관한 정책의 수립을 위하여 필요한 경우에는 노상주차장관리자·노외주차장관리자·기계식주차장관리자 등에게 노상주차장·노외주차장·부설주차장의 설치 현황 및 운영 실태 등에 관한 자료를 요청할 수 있다.
② 제1항에 따른 자료 요청을 받은 자는 특별한 사유가 없으면 이에 따라야 한다.

9 감독 (법 제23조)(령 제16조)

① 특별시장·광역시장 또는 도지사는 주차장이 공익상 현저히 유해하거나 자동차교통에 현저한 지장을 초래한다고 인정할 때에는 시장·군수 또는 구청장(특별자치시장 및 특별자치도지사는 제외한다)에게 해당 주차장에 대한 시설의 개선·공용의 제한 등 필요한 조치를 취할 것을 명할 수 있으며 그 명령을 받은 시장·군수 또는 구청장은 필요한 조치를 취하여야 한다.
② 시장·군수 또는 구청장은 노외주차장관리자에 대하여 해당 주차장이 공익상 현저히 유해하거나 자동차교통에 현저한 지장을 초래한다고 인정할 때에는 다음의 사항을 기재한 서면에 의하여 시설의 개선·공용의 제한 등 필요한 조치를 취할 것을 명할 수 있다.

1. 노외주차장의 위치 및 명칭
2. 노외주차장관리자의 성명(법인인 경우에는 법인의 명칭 및 대표자의 성명) 및 주소
3. 명령을 발하는 이유
4. 조치를 요하는 사항의 내용
5. 조치기간
6. 명령불이행에 대한 조치내용

10 영업정지 등 (법 제24조)

시장·군수·구청장이 6월 내 또는 1천만원 이하의 과징금을 부과할 수 있는 경우는 다음과 같다.

위 반 행 위	과징금 금액
1. 주차장의 구조·설비 및 안전기준 규정에 위반된 때	250만원
2. 미끄럼 방지시설과 미끄럼 주의 안내표지를 갖추지 않은 경우	250만원
3. 주차장에 대한 일반의 이용을 거절한 경우	150만원
4. 시장·군수 또는 구청장의 명령에 따르지 아니한 경우(노외주차장의 관리자만 해당)	250만원
5. 검사를 거부·기피 또는 방해한 경우(노외주차장의 관리자만 해당한다)	150만원

비고
1. 시장·군수 또는 구청장은 위반행위의 정도, 위반횟수, 위반행위의 동기와 결과 및 주차장의 규모 등을 고려하여 위 표에 따른 과징금의 1/2 범위에서 그 금액을 늘리거나 줄여 부과할 수 있다. 이 경우 과징금을 늘리는 경우에도 1천만원을 초과할 수 없다.
2. 위 표 3., 5.에 따른 위반행위에 대하여 과태료가 부과된 경우 과징금을 부과하지 아니한다.

11 과징금 처분 (법 제24조의2)

① 제24조에 따른 과징금을 부과하는 위반행위의 종류 및 위반 정도에 따른 과징금의 금액과 그 밖에 필요한 사항은 대통령령으로 정한다.
② 제24조에 따른 과징금은 시장·군수 또는 구청장이 조례로 정하는 바에 따라 지방세 징수의 예에 따라 징수한다.

12 청문 (법 제24조의3)

시·도지사가 안전도인정을 취소하고자 하는 경우와 보수업의 등록을 취소하고자 하는 경우에는 청문을 실시하여야 한다.

13 보고 및 검사 (법 제25조)

(1) 특별시장·광역시장, 시장·군수 또는 구청장은 필요하다고 인정하는 경우에는 노외주차장관리자 또는 전문검사기관을 감독하기 위하여 필요한 보고를 하게 하거나 자료의 제출을 명할 수 있으며, 소속 공무원으로 하여금 주차장·검사장 또는 그 업무와 관계있는 장소에서 주차시설·검사시설 또는 그 업무에 관하여 검사를 하게 할 수 있다.
(2) 위 (1)에 따라 검사를 하는 공무원은 그 권한을 표시하는 증표를 지니고 이를 관계인에게 보여주어야 한다.
(3) 위 (2)에 따른 증표에 관하여 필요한 사항은 국토교통부령으로 정한다.

2 벌칙 등

1 3년 이하의 징역 또는 5천만원이하의 벌금 (법 제29조제1항)

다음에 해당하는 자는 3년 이하의 징역 또는 5천만원 이하의 벌금에 처한다.

1. 부설주차장을 주차장외의 용도로 사용한 자

2. 부설주차장을 설치하지 아니하고 시설물을 건축 또는 설치한 자

3. 정밀안전검사에 불합격한 기계식주차장을 사용에 제공한 자

4. 운행중지명령을 위반한 자 (신설 2023.8.16./시행 2024.8.17.)

2 1년 이하의 징역 또는 천만원이하의 벌금 (법 제29조제2항)

다음에 해당하는 자는 1년 이하의 징역 또는 1천만원 이하의 벌금에 처한다.

1. 노외주차장인 주차전용건축물의 주차장사용비율을 위반하여 사용한 자

2. 정당한 사유 없이 부설주차장 본래의 기능을 유지하지 아니한 자

3. 허위 그 밖의 부정한 방법으로 안전도인증을 받은 자

4. 안전도인증을 받지 아니하고 기계식주차장치를 제작·조립 또는 수입하여 이를 양도·대여 또는 설치한 자

5. 기계식주차장치의 안전도에 대한 심사를 하는 자로서 부정한 심사를 한 자

6. 허위 그 밖의 부정한 방법으로 사용검사 및 정기검사를 받은 자

7. 검사를 받지 아니하고 기계식주차장을 사용에 제공한 자

8. 검사에 불합격한 기계식주차장을 사용에 제공한 자

9. 기계식주차장의 검사대행의 지정을 받은 자 또는 그 종사원으로서 부정한 검사를 한 자

10. 등록을 하지 아니하고 보수업을 한 자

11. 허위 그 밖의 부정한 방법으로 보수업의 등록을 한 자

12. 기계식주차장치 관리인을 두지 아니한 자

13. 정밀안전검사를 받지 아니하고 기계식주차장을 사용에 제공한 자

14. 금지기간 중에 주차장을 일반의 이용에 제공한 자

3 과태료 (법 제30조)

① 다음에 해당하는 자는 500만원 이하의 과태료에 처한다.

1. 배상보험에 가입하지 아니한 자 (신설 2023.8.16./시행 2024.8.17.)

1.(→②) 중대한 사고가 발생한 경우에 통보를 하지 아니하거나 거짓으로 통보한 자<시행 2024.8.17>

2.(→③) 중대한 사고의 현장 또는 중대한 사고와 관련되는 물건을 이동시키거나 변경 또는 훼손한 자<시행 2024.8.17>

② 다음에 해당하는 자는 100만원 이하의 과태료를 부과한다.

> 1. 주차장에 대한 일반의 이용을 거절한 자
>
> 2. 사용검사, 정기검사의 유효기간이 지난 후 검사를 받지 아니한 자(벌칙을 부과 받은 경우 제외)
>
> 3. 보수원 안전교육을 받도록 하지 아니한 보수업자(신설 2023.8.16./시행 2024.8.17.)
>
> 3.(→4) 등록사항 등의 변경 신고를 하지 아니한 자 <시행 2024.8.17>
>
> 4.(→5) 기계식주차장치 관리인 교육을 받지 아니한 사람을 기계식주차장치 관리인으로 선임(→선임 또는 변경)하거나 보수교육을 받게 하지 아니한 자 (신설 2023.8.16./2024.8.17.)
>
> 6. 기계식주차장치 안전관리교육 또는 보수교육을 받지 아니한자 (신설 2023.8.16./2024.8.17.)
>
> 5.(→11) 정기적 정밀안전검사를 받지 아니한 자(벌칙을 부과받은 경우는 제외한다) <시행 2024.8.17>
>
> 7. 기계식주차장의 설치 기준에 맞지 아니하는 자동차를 주차시킨 기계식주차장관리자등
>
> 6.(→13) 검사를 거부·기피 또는 방해한 자 <시행 2024.8.17>
>
> 8. 자체점검을 하지 아니한 자 <신설 2023.8.16./시행 2024.8.17>
>
> 9. 자체점검 결과를 기계식주차장 정보망에 입력하지 아니하거나 거짓으로 입력한 자 <신설 2023.8.16./ 시행 2024.8.17>
>
> 10. 기계식주차장 운행을 중지하지 아니한 자 또는 운행의 중지를 방해한 자 <신설 2023.8.16./시행 2024.8.17>
>
> 12. 운행중지 표지를 붙이지 아니하거나 잘 볼 수 없는 곳에 붙이거나 훼손되게 관리한 자 <신설 2023.8.16./시행 2024.8.17>

③ 다음에 해당하는 자는 50만원 이하의 과태료를 부과한다.

> 1. 검사확인증이나 기계식주차장의 사용을 금지하는 표지를 부착하지 아니한 자
>
> 2. 기계식주차장치 관리인의 선임 또는 변경 통보를 하지 아니한 자 <신설 2023.8.16./시행 2024.8.17>
>
> 2. (→3)기계식주차장의 이용 방법을 설명하는 안내문을 부착하지 아니한 자 <시행 2024.8.17>

④ 과태료는 시장·군수 또는 구청장이 부과·징수한다.

④ 양벌규정 (법 제31조)

법인의 대표자나 법인 또는 개인의 대리인, 사용인, 그 밖의 종업원이 그 법인 또는 개인의 업무에 관하여 벌칙(제29조)에 해당하는 위반행위를 하면 그 행위자를 벌하는 외에 그 법인 또는 개인에게도 해당 조문의 벌금형을 과(科)한다. 다만, 법인 또는 개인이 그 위반행위를 방지하기 위하여 해당 업무에 관하여 상당한 주의와 감독을 게을리 하지 아니한 경우에는 그러하지 아니하다.

⑤ 이행강제금 (법 제32조)

① 시장·군수 또는 구청장은 원상회복명령을 받은 후 그 시정기간 이내에 해당 원상회복명령을 이행하지 아니한 시설물의 소유자 또는 부설주차장의 관리책임이 있는 자에 대하여 다음의 한도 안에서 이행강제금을 부과할 수 있다.

> 1. 부설주차장을 주차장외의 용도로 사용하는 경우 : 위반 주차구획의 설치비용의 20%
>
> 2. 부설주차장 본래의 기능을 유지하지 아니하는 경우 : 위반 주차구획의 설치비용의 10%

② 시장·군수 또는 구청장은 위 ①에 따른 이행강제금을 부과하기 전에 상당한 이행기간을 정하여 그 기한까지 이행되지 아니할 때에는 이행강제금을 부과·징수한다는 뜻을 미리 문서로써 계고하여야 한다.

③ 시장·군수 또는 구청장은 위 ①에 따른 이행강제금을 부과하는 때에는 이행강제금의 금액·부과사유·납부기한·수납기관, 이의제기방법 및 이의제기기관 등을 명시한 문서로써 하여야 한다.

④ 시장·군수 또는 구청장은 최초의 원상회복명령이 있은 날을 기준으로 하여 1년에 2회 이내의 범위안에서 원상회복명령이 이행될 때까지 반복하여 위 ①에 따른 이행강제금을 부과·징수할 수 있다.

　※　이행강제금의 총 부과횟수는 해당 시설물의 소유자 또는 부설주차장의 관리책임이 있는 자의 변경여부와 관계없이 5회를 초과할 수 없다.

⑤ 시장·군수 또는 구청장은 원상회복명령을 받은 자가 그 명령을 이행하는 경우에는 새로운 이행강제금의 부과를 중지하되, 이미 부과된 이행강제금은 이를 징수하여야 한다.

⑥ 시장·군수 또는 구청장은 이행강제금부과 처분을 받은 자가 이행강제금을 기한 이내에 납부하지 아니하는 때에는 「지방세외수입금의 징수 등에 관한 법률」에 따라 이를 징수한다.

⑦ 이행강제금의 징수금은 주차장의 설치·관리 및 운영외의 용도에 이를 사용할 수 없다.

국토의 계획 및 이용에 관한 법률 해설

최종개정 : 국토의 계획 및 이용에 관한 법률　2022. 12. 27.
시 행 령　2023. 1. 27.
시행규칙　2023. 1. 27.

총 칙

1 목적 $\left(\begin{smallmatrix} 법 \\ 제1조 \end{smallmatrix}\right)$

이 법은 국토의 이용·개발 및 보전을 위한 계획의 수립 및 집행 등에 관하여 필요한 사항을 정함으로써 공공복리를 증진시키고 국민의 삶의 질을 향상시키는 것을 목적으로 한다.

2 정의 $\left(\begin{smallmatrix} 법 \\ 제2조 \end{smallmatrix}\right)$

1 광역도시계획

둘 이상의 특별시·광역시·특별자치시·특별자치도·시 또는 군의 공간구조 및 기능을 상호 연계시키고 환경을 보전하며 광역시설을 체계적으로 정비하기 위하여 국토교통부장관 또는 도지사가 지정한 광역계획권의 장기발전방향을 제시하는 계획을 말한다.

【참고】광역계획권의 지정 목적

① 둘 이상의 특별시·광역시·특별자치시·특별자치도·시 또는 군의 공간구조 및 기능을 상호연계
② 환경을 보전
③ 광역시설을 체계적으로 정비

■ 세부적인 사항은 제2장 광역도시계획 참조

2 도시·군계획

특별시·광역시·특별자치시·특별자치도·시 또는 군(광역시의 관할구역에 있는 군을 제외)의 관할구역에 대하여 수립하는 공간구조와 발전방향에 대한 계획으로서 도시·군기본계획과 도시·군관리계획으로 구분한다.

구 분	내 용
도시·군기본계획	특별시·광역시·특별자치시·특별자치도·시 또는 군의 관할구역에 대하여 기본적인 공간구조와 장기발전방향을 제시하는 종합계획으로서 도시·군관리계획 수립의 지침이 되는 계획을 말한다.
도시·군관리계획	특별시·광역시·특별자치시·특별자치도·시 또는 군의 개발·정비 및 보전을 위하여 수립하는 토지이용·교통·환경·경관·안전·산업·정보통신·보건·복지·안보·문화 등에 관한 다음의 계획을 말한다. 1. 용도지역·용도지구의 지정 또는 변경에 관한 계획 2. 개발제한구역·도시자연공원구역·시가화조정구역·수산자원보호구역의 지정 또는 변경에 관한 계획 3. 기반시설의 설치·정비 또는 개량에 관한 계획 4. 도시개발사업 또는 정비사업에 관한 계획 5. 지구단위계획구역의 지정 또는 변경에 관한 계획과 지구단위계획 6. 입지규제최소구역의 지정 또는 변경에 관한 계획과 입지규제최소구역계획

■ 도시·군계획의 체계

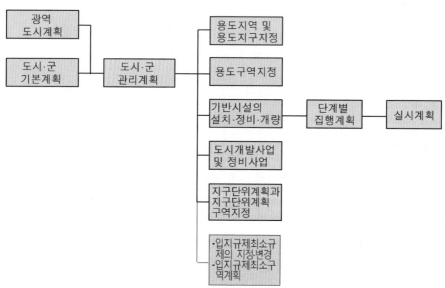

※ 입지규제최소구역 및 입지규제최소구역계획에 관한 규정의 유효기간: 제40조의2·제80조의3 및 제83조의2는 2024년 12월 31일까지 효력을 가진다.

③ 지구단위계획

도시·군계획 수립대상 지역의 일부에 대하여 토지이용을 합리화하고 그 기능을 증진시키며 미관을 개선하고 양호한 환경을 확보하며, 그 지역을 체계적·계획적으로 관리하기 위하여 수립하는 도시·군관리계획을 말한다.

■ 세부적인 사항은 제4장 지구단위계획 참조

4 입지규제최소구역계획

입지규제최소구역에서의 토지의 이용 및 건축물의 용도·건폐율·용적률·높이 등의 제한에 관한 사항 등 입지규제최소구역의 관리에 필요한 사항을 정하기 위하여 수립하는 도시·군관리계획을 말한다.

5 성장관리계획

성장관리계획이란 성장관리계획구역에서의 난개발을 방지하고 계획적인 개발을 유도하기 위하여 수립하는 계획을 말한다.

6 기반시설

【1】기반시설

기반시설이란 다음의 시설(해당시설 그 자체의 기능발휘와 이용을 위하여 필요한 부대시설 및 편익시설 포함)을 말한다.

구 분	종 류
1. 교통시설	도로·철도·항만·공항·주차장·자동차정류장·궤도·차량 검사 및 면허시설
2. 공간시설	광장·공원·녹지·유원지·공공공지
3. 유통 · 공급시설	유통업무설비·수도·전기·가스·열공급설비·방송·통신시설·공동구·시장·유류저장 및 송유설비
4. 공공 · 문화체육시설	학교·공공청사·문화시설·공공필요성이 인정되는 체육시설·연구시설·사회복지시설·공공직업훈련시설·청소년 수련시설
5. 방재시설	하천·유수지(遊水池)·저수지·방화설비·방풍설비·방수설비·사방설비·방조설비
6. 보건위생시설	장사시설·도축장·종합의료시설
7. 환경기초시설	하수도, 폐기물처리 및 재활용시설, 빗물저장 및 이용시설·수질오염방지시설·폐차장

【2】기반시설의 세분

기반시설중 도로·자동차정류장·광장은 다음과 같이 세분할 수 있다.

구 분	세 분 내 용		
1. 도로	① 일반도로 ④ 보행자우선도로 ⑦ 지하도로	② 자동차전용도로 ⑤ 자전거전용도로	③ 보행자전용도로 ⑥ 고가도로
2. 자동차정류장	① 여객자동차터미널 ④ 공동차고지 ⑤ 화물자동차 휴게소	② 물류터미널 ⑥ 복합환승센터	③ 공영차고지 ⑦ 환승센터
3. 광장	① 교통광장 ④ 지하광장	② 일반광장 ⑤ 건축물부설광장	③ 경관광장

관계법 「도시·군계획시설의 결정·구조 및 설치기준에 관한 규칙」 제62조【유통업무설비】
이 절에서 "유통업무설비"란 다음 각 호의 시설을 말한다. 〈개정 2023.8.1〉
1. 「물류시설의 개발 및 운영에 관한 법률」에 따른 일반물류단지
2. 다음 각 목의 시설로서 각 목별로 1개 이상의 시설이 동일하거나 인접한 장소에 함께 설치되어 상호 그 효용을 다하는 시설
 가. 다음의 시설 중 어느 하나 이상의 시설
    (1) 「유통산업발전법」 제2조제3호·제4호·제7호 및 제15호의 규정에 의한 대규모점포·임시시장·전문상가단지 및 공동집배송센터
    (2) 「농수산물유통 및 가격안정에 관한 법률」 제2조제2호·제5호 및 제12호의 규정에 의한 농수산물도매시장·농수산물공판장 및 농수산물종합유통센터
    (3) 「자동차관리법」 제60조제1항의 규정에 의한 자동차경매장
 나. 다음의 시설 중 어느 하나 이상의 시설
    (1) 제31조제2호에 따른 물류터미널 또는 같은 조 제3호나목에 따른 화물자동차운수사업용 공영차고지
    (2) 화물을 취급하는 철도역
    (3) 「물류시설의 개발 및 운영에 관한 법률」 제2조제7호라목에 따른 화물의 운송·하역 및 보관시설
    (4) 「항만법」 제2조제5호나목(2)에 따른 하역시설
 다. 다음의 시설 중 어느 하나 이상의 시설
    (1) 창고·야적장 또는 저장소(「위험물안전관리법」 제2조제4호의 저장소를 제외한다)
    (2) 화물적하시설·화물적치용건조물 그 밖에 이와 유사한 시설
    (3) 「축산물위생관리법」 제2조제11호에 따른 축산물보관장
    (4) 생산된 자동차를 인도하는 출고장

관계법 「도사·군계획시설의 결정·구조 및 설치기준에 관한 규칙」 제9조【도로의 구분】
도로는 다음 각 호와 같이 구분한다. 〈개정 2021.2.24〉
1. 사용 및 형태별 구분
 가. 일반도로 : 폭 4미터 이상의 도로로서 통상의 교통소통을 위하여 설치되는 도로
 나. 자동차전용도로 : 특별시·광역시·특별자치시·시 또는 군(이하 "시·군"이라 한다)내 주요지역 간이나 시·군 상호간에 발생하는 대량교통량을 처리하기 위한 도로로서 자동차만 통행할 수 있도록 하기 위하여 설치하는 도로
 다. 보행자전용도로 : 폭 1.5미터 이상의 도로로서 보행자의 안전하고 편리한 통행을 위하여 설치하는 도로
 라. 보행자우선도로: 폭 20미터 미만의 도로로서 보행자와 차량이 혼합하여 이용하되 보행자의 안전과 편의를 우선적으로 고려하여 설치하는 도로
 마. 자전거전용도로 : 폭 1.1미터(길이가 100미터 미만인 터널 및 교량의 경우에는 0.9미터) 이상의 도로로서 자전거의 통행을 위하여 설치하는 도로
 바. 고가도로 : 시·군내 주요지역을 연결하거나 시·군 상호간을 연결하는 도로로서 지상교통의 원활한 소통을 위하여 공중에 설치하는 도로
 사. 지하도로 : 시·군내 주요지역을 연결하거나 시·군 상호간을 연결하는 도로로서 지상교통의 원활한 소통을 위하여 지하에 설치하는 도로(도로·광장 등의 지하에 설치된 지하공공보도시설을 포함한다). 다만, 입체교차를 목적으로 지하에 도로를 설치하는 경우를 제외한다.
2. 규모별 구분
 가. 광로: 폭 40미터 이상
 나. 대로: 폭 25미터 이상 40미터 미만인 도로
 다. 중로 : 폭 12미터 이상 25미터 미만인 도로
 라. 소로 : 12미터 미만인 도로
〈※ 위의 세분류는 생략 함〉

3. 기능별 구분
  가. 주간선도로 : 시·군내 주요지역을 연결하거나 시·군 상호간을 연결하여 대량통과 교통을 처
      리하는 도로로서 시·군의 골격을 형성하는 도로
  나. 보조간선도로 : 주간선도로를 집산도로 또는 주요 교통발생원과 연결하여 시·군 교통이 모였다
      흩어지도록 하는 도로로서 근린주거구역의 외곽을 형성하는 도로
  다. 집산도로(集散道路) : 근린주거구역의 교통을 보조간선도로에 연결하여 근린주거구역내 교통이
      모였다 흩어지도록 하는 도로로서 근린주거구역의 내부를 구획하는 도로
  라. 국지도로 : 가구(街區 : 도로로 둘러싸인 일단의 지역을 말한다. 이하 같다)를 구획하는 도로
  마. 특수도로 : 보행자전용도로·자전거전용도로 등 자동차 외의 교통에 전용되는 도로

관계법 「도시·군계획시설의 결정·구조 및 설치기준에 관한 규칙」 제50조 【광장의 결정기준】
  광장의 결정기준은 다음 각 호와 같다. 〈개정 2019.8.7〉
  1. 교통광장
    가. 교차점광장
      (1) 혼잡한 주요도로의 교차지점에서 각종 차량과 보행자를 원활히 소통시키기 위하여 필요
          한 곳에 설치할 것
      (2) 자동차전용도로의 교차지점인 경우에는 입체교차방식으로 할 것
      (3) 주간선도로의 교차지점인 경우에는 접속도로의 기능에 따라 입체교차방식으로 하거나 교
          통섬·변속차로 등에 의한 평면교차방식으로 할 것. 다만, 도심부나 지형여건상 광장의
          설치가 부적합한 경우에는 그러하지 아니하다.
    나. 역전광장
      (1) 역전에서의 교통혼잡을 방지하고 이용자의 편의를 도모하기 위하여 철도역 앞에 설치할 것
      (2) 철도교통과 도로교통의 효율적인 변환을 가능하게 하기 위하여 도로와의 연결이 쉽도록
          할 것
      (3) 대중교통수단 및 주차시설과 원활히 연계되도록 할 것
    다. 주요시설광장
      (1) 항만·공항 등 일반교통의 혼잡요인이 있는 주요시설에 대한 원활한 교통처리를 위하여
          당해 시설과 접하는 부분에 설치할 것
      (2) 주요시설의 설치계획에 교통광장의 기능을 갖는 시설계획이 포함된 때에는 그 계획에 의할 것
  2. 일반광장
    가. 중심대광장
      (1) 다수인의 집회·행사·사교 등을 위하여 필요한 경우에 설치할 것
      (2) 전체 주민이 쉽게 이용할 수 있도록 교통중심지에 설치할 것
      (3) 일시에 다수인이 모였다 흩어지는 경우의 교통량을 고려할 것
    나. 근린광장
      (1) 주민의 사교·오락·휴식 및 공동체 활성화 등을 위하여 필요한 경우에 근린주거구역별로 설치할 것
      (2) 시장·학교 등 다수인이 모였다 흩어지는 시설과 연계되도록 인근의 토지이용현황을 고
          려할 것
      (3) 시·군 전반에 걸쳐 계통적으로 균형을 이루도록 할 것
  3. 경관광장
    가. 주민의 휴식·오락 및 경관·환경의 보전을 위하여 필요한 경우에 하천, 호수, 사적지, 보존
        가치가 있는 산림이나 역사적·문화적·향토적 의의가 있는 장소에 설치할 것
    나. 경관물에 대한 경관유지에 지장이 없도록 인근의 토지이용현황을 고려할 것
    다. 주민이 쉽게 접근할 수 있도록 하기 위하여 도로와 연결시킬 것
  4. 지하광장
    가. 철도의 지하정거장, 지하도 또는 지하상가와 연결하여 교통처리를 원활히 하고 이용자에게
        휴식을 제공하기 위하여 필요한 곳에 설치할 것

나. 광장의 출입구는 쉽게 출입할 수 있도록 도로와 연결시킬 것
5. 건축물부설광장
　가. 건축물의 이용효과를 높이기 위하여 건축물의 내부 또는 그 주위에 설치할 것
　나. 건축물과 광장 상호간의 기능이 저해되지 아니하도록 할 것
　다. 일반인이 접근하기 용이한 접근로를 확보할 것

7 도시·군계획시설

기반시설 중 도시·군관리계획으로 결정된 시설을 말한다.

8 광역시설

기반시설 중 광역적인 정비체계가 필요한 다음의 시설을 말한다.

1. 둘 이상의 특별시·광역시·특별자치시·특별자치도·시 또는 군(광역시의 관리구역에 있는 군을 제외*)의 관할구역에 걸치는 시설 ＊ 지방도시계획위원회의 업무(영 제110조), 시·군·구 도시계획위원회의 구성 및 운영(영 제112조), 시범도시사업계획의 수립·시행(영 제128조)에서는 광역시 관할구역내의 군을 포함	도로·철도·광장·녹지, 수도·전기·가스·열공급설비, 방송·통신시설, 공동구, 유류저장 및 송유설비, 하천·하수도(하수종말처리시설 제외)
2. 둘 이상의 특별시·광역시·특별자치시·특별자치도·시 또는 군이 공동으로 이용하는 시설	항만·공항·자동차정류장·공원·유원지·유통업무설비·문화시설·공공필요성이 인정되는 체육시설·사회복지시설·공공직업훈련시설·청소년수련시설·유수지·장사시설·도축장·하수도(하수종말처리시설에 한한다)·화장장·공동묘지·봉안시설·폐기물처리 및 재활용시설·도축장·수질오염방지시설·폐차장

【참고1】 광역지방자치단체

■ 특별시 1개: 서울특별시
■ 특별자치시 1개: 세종특별자치시
■ 광역시 6개
　인천광역시, 대전광역시, 대구광역시
　광주광역시, 울산광역시, 부산광역시
■ 특별자치도 1개: 제주특별자치도

⇒ 시·도

【참고2】 기초지방자치단체

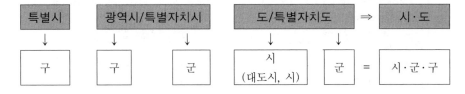

9 공동구

【1】정 의

지하매설물(전기·가스·수도 등의 공급설비, 통신시설, 하수도시설 등)을 공동수용하기 위하여 지하에 설치하는 매설물을 말한다.

【2】설치목적

1. 도시미관의 개선
2. 도로구조의 보전
3. 교통의 원활한 소통

10 도시·군계획시설사업

도시·군계획시설을 설치·정비 또는 개량하는 사업을 말한다.

11 도시·군계획사업

정 의	도시·군관리계획을 시행하기 위한 사업
종 류	• 도시·군계획시설사업 • 도시개발사업(「도시개발법」에 따름) • 정비사업(「도시 및 주거환경정비법」에 따름)

> **관계법** 「도시개발법」 제2조【정의】
> ① 이 법에서 사용하는 용어의 뜻은 다음과 같다.
> 1. "도시개발구역"이란 도시개발사업을 시행하기 위하여 제3조와 제9조에 따라 지정·고시된 구역을 말한다.
> 2. "도시개발사업"이란 도시개발구역에서 주거, 상업, 산업, 유통, 정보통신, 생태, 문화, 보건 및 복지 등의 기능이 있는 단지 또는 시가지를 조성하기 위하여 시행하는 사업을 말한다.
> ② 「국토의 계획 및 이용에 관한 법률」에서 사용하는 용어는 이 법으로 특별히 정하는 경우 외에는 이 법에서 이를 적용한다.

> **관계법** 「도시 및 주거환경정비법」 제2조【정의】
> 이 법에서 사용하는 용어의 뜻은 다음과 같다. 〈개정 2021.4.13., 2023.7.18.〉
> 1. "정비구역"이란 정비사업을 계획적으로 시행하기 위하여 제16조의 규정에 의하여 지정·고시된 구역을 말한다.
> 2. "정비사업"이란 이 법에서 정한 절차에 따라 도시기능을 회복하기 위하여 정비구역에서 정비기반시설을 정비하거나 주택 등 건축물을 개량 또는 건설하는 다음 각 목의 사업을 말한다.
>   가. 주거환경개선사업: 도시저소득 주민이 집단거주하는 지역으로서 정비기반시설이 극히 열악하고 노후·불량건축물이 과도하게 밀집한 지역의 주거환경을 개선하거나 단독주택 및 다세대주택이 밀집한 지역에서 정비기반시설과 공동이용시설 확충을 통하여 주거환경을 보전·정비·개량하기 위한 사업
>   나. 재개발사업: 정비기반시설이 열악하고 노후·불량건축물이 밀집한 지역에서 주거환경을 개

선하거나 상업지역·공업지역 등에서 도시기능의 회복 및 상권활성화 등을 위하여 도시환경을 개선하기 위한 사업. 이 경우 다음 요건을 모두 갖추어 시행하는 재개발사업을 "공공재개발사업" 이라 한다.

1) 특별자치시장, 특별자치도지사, 시장, 군수, 자치구의 구청장(이하 "시장·군수등"이라 한다) 또는 제10호에 따른 토지주택공사등(조합과 공동으로 시행하는 경우를 포함한다)이 제24조에 따른 주거환경개선사업의 시행사, 제25조제1항 또는 제26조제1항에 따른 재개발사업의 시행자나 제28조에 따른 재개발사업의 대행자(이하 "공공재개발사업 시행자"라 한다)일 것

2) 건설·공급되는 주택의 전체 세대수 또는 전체 연면적 중 토지등소유자 대상 분양분(제80조에 따른 지분형주택은 제외한다)을 제외한 나머지 주택의 세대수 또는 연면적의 100분의 20 이상 100분의 50 이하의 범위에서 대통령령으로 정하는 기준에 따라 특별시·광역시·특별자치시·도·특별자치도 또는 「지방자치법」 제198조에 따른 서울특별시·광역시 및 특별자치시를 제외한 인구 50만 이상 대도시(이하 "대도시"라 한다)의 조례(이하 "시·도조례"라 한다)로 정하는 비율 이상을 제80조에 따른 지분형주택, 「공공주택 특별법」에 따른 공공임대주택(이하 "공공임대주택" 이라 한다) 또는 「민간임대주택에 관한 특별법」 제2조제4호에 따른 공공지원민간임대주택(이하 "공공지원민간임대주택" 이라 한다)으로 건설·공급할 것. 이 경우 주택 수 산정방법 및 주택 유형별 건설비율은 대통령령으로 정한다.

다. 재건축사업: 정비기반시설은 양호하나 노후·불량건축물에 해당하는 공동주택이 밀집한 지역에서 주거환경을 개선하기 위한 사업. 이 경우 다음 요건을 모두 갖추어 시행하는 재건축사업을 "공공재건축사업" 이라 한다.

1) 시장·군수등 또는 토지주택공사등(조합과 공동으로 시행하는 경우를 포함한다)이 제25조제2항 또는 제26조제1항에 따른 재건축사업의 시행자나 제28조제1항에 따른 재건축사업의 대행자(이하 "공공재건축사업 시행자"라 한다)일 것

2) 종전의 용적률, 토지면적, 기반시설 현황 등을 고려하여 대통령령으로 정하는 세대수 이상을 건설·공급할 것. 다만, 제8조제1항에 따른 정비구역의 지정권자가 「국토의 계획 및 이용에 관한 법률」 제18조에 따른 도시·군기본계획, 토지이용 현황 등 대통령령으로 정하는 불가피한 사유로 해당하는 세대수를 충족할 수 없다고 인정하는 경우에는 그러하지 아니하다.

3. "노후·불량건축물" 이란 다음 각 목의 어느 하나에 해당하는 건축물을 말한다.

가. 건축물이 훼손되거나 일부가 멸실되어 붕괴, 그 밖의 안전사고의 우려가 있는 건축물

나. 내진성능이 확보되지 아니한 건축물 중 중대한 기능적 결함 또는 부실 설계·시공으로 구조적 결함 등이 있는 건축물로서 대통령령으로 정하는 건축물

다. 다음의 요건을 모두 충족하는 건축물로서 대통령령으로 정하는 바에 따라 시·도조례로 정하는 건축물

1) 주변 토지의 이용 상황 등에 비추어 주거환경이 불량한 곳에 위치할 것

2) 건축물을 철거하고 새로운 건축물을 건설하는 경우 건설에 드는 비용과 비교하여 효용의 현저한 증가가 예상될 것

라. 도시미관을 저해하거나 노후화된 건축물로서 대통령령으로 정하는 바에 따라 시·도조례로 정하는 건축물

4. "정비기반시설" 이란 도로·상하수도·구거(溝渠: 도랑)·공원·공용주차장·공동구(「국토의 계획 및 이용에 관한 법률」 제2조제9호에 따른 공동구를 말한다. 이하 같다), 그 밖에 주민의 생활에 필요한 열·가스 등의 공급시설로서 대통령령으로 정하는 시설을 말한다.

5. "공동이용시설" 이란 주민이 공동으로 사용하는 놀이터·마을회관·공동작업장, 그 밖에 대통령령으로 정하는 시설을 말한다.

6. "대지" 란 정비사업으로 조성된 토지를 말한다.

7. "주택단지" 란 주택 및 부대시설·복리시설을 건설하거나 대지로 조성되는 일단의 토지로서 다음 각 목의 어느 하나에 해당하는 일단의 토지를 말한다.

가. 「주택법」 제15조에 따른 사업계획승인을 받아 주택 및 부대시설·복리시설을 건설한 일
단의 토지
나. 가목에 따른 일단의 토지 중 「국토의 계획 및 이용에 관한 법률」 제2조제7호에 따른 도
시·군계획시설(이하 "도시·군계획시설"이라 한다)인 도로나 그 밖에 이와 유사한 시설로
분리되어 따로 관리되고 있는 각각의 토지
다. 가목에 따른 일단의 토지 둘 이상이 공동으로 관리되고 있는 경우 그 전체 토지
라. 제67조에 따라 분할된 토지 또는 분할되어 나가는 토지
마. 「건축법」 제11조에 따라 건축허가를 받아 아파트 또는 연립주택을 건설한 일단의 토지

8.~11. 〈생략〉

12 도시·군계획사업시행자

「국토의 계획 및 이용에 관한 법률」 또는 다른 법률에 따라 도시·군계획사업을 시행하는 자를 말한다.

13 공공시설

공공시설이라 함은 다음의 시설을 말한다.

14 국가계획

중앙행정기관이 법률에 의하여 수립하거나 국가의 정책적인 목적달성을 위하여 수립하는 계획 중
다음 사항이 포함된 계획을 말한다.

1. 지역적 특성 및 계획의 방향·목표에 관한 사항
2. 공간구조, 생활권의 설정 및 인구의 배분에 관한 사항
3. 토지의 이용 및 개발에 관한 사항
4. 토지의 용도별 수요 및 공급에 관한 사항
5. 환경의 보전 및 관리에 관한 사항
6. 기반시설에 관한 사항
7. 공원·녹지에 관한 사항
8. 경관에 관한 사항
9. 기후변화 대응 및 에너지절약에 관한 사항
10. 방재 및 안전에 관한 사항
11. 위 2.~10.의 단계별 추진에 관한 사항
12. 도시·군관리계획으로 결정하여야 할 사항

15 개발밀도관리구역 (법 제2조18호)

개발로 인하여 기반시설이 부족할 것으로 예상되나 기반시설을 설치하기 곤란한 지역을 대상으로
건폐율이나 용적률을 강화하여 적용하기 위하여 지정하는 구역을 말한다.

16 기반시설부담구역 (법 제2조19호)(영 제4조의2)

개발밀도관리구역 외의 지역으로서 개발로 인하여 다음에 해당하는 기반시설의 설치가 필요한 지역을 대
상으로 기반시설을 설치하거나 그에 필요한 용지를 확보하게 하기 위하여 지정·고시하는 구역을 말한다.

① 도로(인근의 간선도로로부터 기반시설부담구역까지의 진입도로를 포함)
② 공원
③ 녹지
④ 학교(대학교는 제외)
⑤ 수도(인근의 수도로부터 기반시설부담구역까지 연결하는 수도를 포함)
⑥ 하수도(인근의 하수도로부터 기반시설부담구역까지 연결하는 하수도를 포함)
⑦ 폐기물처리 및 재활용시설
⑧ 그 밖에 특별시장·광역시장·특별자치시장·특별자치도지사·시장 또는 군수가 기반시설부담계획에서 정하는 시설

17 기반시설 설치비용 $\left(\genfrac{}{}{0pt}{}{법}{제2조 20호}\right)\left(\genfrac{}{}{0pt}{}{영}{제4조의3}\right)$

단독주택 및 숙박시설 등의 시설(「건축법 시행령」 [별표 1]에 따른 용도별 건축물을 말 함)의 신·증축 행위로 인하여 유발되는 기반시설을 설치하거나 그에 필요한 용지를 확보하기 위하여 부과 징수하는 금액을 말한다.

예외 「국토의 계획 및 이용에 관한 법률 시행령」[별표 1]의 건축물

3 국토이용 및 관리의 기본원칙 $\left(\genfrac{}{}{0pt}{}{법}{제3조}\right)$

국토는 자연환경의 보전 및 자원의 효율적 활용을 통하여 환경적으로 건전하고 지속가능한 발전을 이루기 위하여 다음의 목적을 달성할 수 있도록 이용 및 관리되어야 한다.

1. 국민생활과 경제활동에 필요한 토지 및 각종 시설물의 효율적 이용과 원활한 공급
2. 자연환경 및 경관의 보전과 훼손된 자연환경 및 경관의 개선 및 복원
3. 교통·수자원·에너지 등 국민생활에 필요한 각종 기초서비스의 제공
4. 주거 등 생활환경 개선을 통한 국민의 삶의 질의 향상
5. 지역의 정체성과 문화유산의 보전
6. 지역간 협력 및 균형발전을 통한 공동번영의 추구
7. 지역경제의 발전 및 지역간·지역내 적정한 기능배분을 통한 사회적 비용의 최소화
8. 기후변화에 대한 대응 및 풍수해 저감을 통한 국민의 생명과 재산의 보호
9. 저출산·인구의 고령화에 따른 대응과 새로운 기술변화를 적용한 최적의 생활환경 제공

4 **도시의 지속가능성 및 생활인프라 수준 평가의 기준·절차** $\left(\begin{smallmatrix}법\\제3조의2\end{smallmatrix}\right)\left(\begin{smallmatrix}영\\제4조의4\end{smallmatrix}\right)$

(1) 국토교통부장관은 도시의 지속가능하고 균형 있는 발전과 주민의 편리하고 쾌적한 삶을 위하여 도시의 지속가능성 및 생활인프라(교육시설, 문화·체육시설, 교통시설 등의 시설로서 국토교통부장관이 정하는 것을 말함) 수준을 평가할 수 있다.

(2) 도시의 지속가능성을 평가기준 및 절차

① 국토교통부장관은 도시의 지속가능성 및 생활인프라 수준의 평가기준을 정할 때에는 다음의 구분에 따른 사항을 종합적으로 고려하여야 한다.

㉠ 지속가능성 평가기준	토지이용의 효율성, 환경친화성, 생활공간의 안전성·쾌적성·편의성 등에 관한 사항
㉡ 생활인프라 평가기준	보급률 등을 고려한 생활인프라 설치의 적정성, 이용의 용이성·접근성·편리성 등에 관한 사항

② 국토교통부장관은 위 ①에 따른 평가기준에 따라 평가를 실시하려는 경우 특별시장·광역시장·특별자치시장·특별자치도지사·시장 또는 군수에게 해당 지방자치단체의 자체평가를 실시하여 그 결과를 제출하도록 하여야 하며, 제출받은 자체평가 결과를 바탕으로 최종평가를 실시한다.

③ 국토교통부장관은 위 ②에 따른 평가결과의 일부 또는 전부를 공개할 수 있으며, 「도시재생 활성화 및 지원에 관한 특별법」에 따른 도시재생 활성화를 위한 비용의 보조 또는 융자, 「지방자치분권 및 지역균형발전에 관한 특별법」 제86조에 따른 포괄보조금의 지원 등에 평가결과를 활용하도록 할 수 있다.

④ 국토교통부장관은 위 ②에 따른 도시의 지속가능성 평가를 전문기관에 의뢰할 수 있다.

⑤ 위 ①~④에서 규정한 평가기준 및 절차 등에 관하여 필요한 세부사항은 국토교통부장관이 정하여 고시한다.

(3) 국가 및 지방자치단체는 도시의 지속가능성 평가결과를 도시·군계획의 수립 및 집행에 반영하여야 한다.

5 **국가계획, 광역도시계획 및 도시·군계획의 관계 등** $\left(\begin{smallmatrix}법\\제4조\end{smallmatrix}\right)$

(1) 도시·군계획은 특별시·광역시·특별자치시·특별자치도·시 또는 군의 관할구역에서 수립되는 다른 법률에 따른 토지의 이용·개발 및 보전에 관한 계획의 기본이 된다.

(2) 광역도시계획 및 도시·군계획은 국가계획에 부합되어야 하며, 광역도시계획 또는 도시·군계획의 내용이 국가계획의 내용과 다를 때에는 국가계획의 내용이 우선한다. 이 경우 국가계획을 수립하려는 중앙행정기관의 장은 미리 지방자치단체의 장의 의견을 듣고 충분히 협의하여야 한다.

(3) 광역도시계획이 수립되어 있는 지역에 대하여 수립하는 도시·군기본계획은 그 광역도시계획에 부합되어야 하며, 도시·군기본계획의 내용이 광역도시계획의 내용과 다를 때에는 광역도시계획의 내용이 우선한다.

(4) 특별시장·광역시장·특별자치시장·특별자치도지사·시장 또는 군수(광역시의 관할구역에 있는 군의 군수를 제외한다)가 관할구역에 대하여 다른 법률에 따른 환경·교통·수도·하수도·주택 등에 관한 부문별 계획을 수립하는 때에는 도시·군기본계획의 내용과 부합되게 하여야 한다.

※ 다음에 해당하는 법 규정의 적용 시에는 광역시의 관할구역에 있는 군의 군수를 포함한다.

내 용	법조항	내 용	법조항
지방도시계획위원회	제113조	토지이용에 관한 의무 등	제124조
허가구역의 지정	제117조	이행강제금	제124조의2
토지거래계약에 관한 허가	제118조	지가동향의 조사	제125조
허가기준	제119조	다른 법률과의 관계	제126조
이의신청	제120조	법률 등의 위반자에 대한 처분	제133조
국가 등이 행하는 토지거래 계약에 관한 특례 등	제121조	청문	제136조
선매	제122조	도시·군계획의 수립 및 운영에 대한 감독 및 조정	제138조제1항
불허가 처분을 받은 토지에 대한 매수 청구	제123조	권한의 위임 및 위탁	제139조제1항, 제2항

6 도시·군계획 등의 명칭 (법 제5조)

(1) 행정구역의 명칭이 특별시·광역시·특별자치시·특별자치도·시인 경우 도시·군계획, 도시·군기본 계획, 도시·군관리계획, 도시·군계획시설, 도시·군계획시설사업, 도시·군계획사업 및 도시·군계획 상임기획단의 명칭은 각각 "도시계획", "도시기본계획", "도시관리계획", "도시계획시설", "도시 계획시설사업", "도시계획사업" 및 "도시계획상임기획단"으로 한다.

(2) 행정구역의 명칭이 군인 경우 도시·군계획, 도시·군기본계획, 도시·군관리계획, 도시·군계획시설, 도시· 군계획시설사업, 도시·군계획사업 및 도시·군계획상임기획단의 명칭은 각각 "군계획", "군기본계획", " 군관리계획", "군계획시설", "군계획시설사업", "군계획사업" 및 "군계획상임기획단"으로 한다.

(3) 군에 설치하는 도시계획위원회의 명칭은 "군계획위원회"로 한다.

7 국토의 용도구분 및 용도지역별 관리의무 (법 제7조)

(1) 국토는 토지의 이용 실태 및 특성, 장래의 토지 이용 방향, 지역 간 균형발전 등을 고려하여 다 음과 같은 용도지역으로 구분한다.

구 분	내 용	관 리 의 무
도시지역	인구와 산업이 밀집되어 있거나 밀집이 예상되어 해당 지역에 대하여 체계적인 개발·정비·관리·보전 등이 필요한 지역	이 법 또는 관계 법률이 정하는 바에 따라 해당 지역이 체계적이고 효율적으로 개발· 정비·보전될 수 있도록 미리 계획을 수립하 고 이를 시행하여야 한다.
관리지역	도시지역의 인구와 산업을 수용하기 위하 여 도시지역에 준하여 체계적으로 관리하 거나 농림업의 진흥, 자연환경 또는 산림 의 보전을 위하여 농림지역 또는 자연환 경보전지역에 준하여 관리가 필요한 지역	이 법 또는 관계 법률이 정하는 바에 따라 필요한 보전조치를 취하고 개발이 필요한 지역에 대하여는 계획적인 이용과 개발을 도모하여야 한다.

농림지역	도시지역에 속하지 아니하는 「농지법」에 따른 농업진흥지역 또는 「산지관리법」에 따른 보전산지 등으로서 농림업의 진흥과 산림의 보전을 위하여 필요한 지역	이 법 또는 관계 법률이 정하는 바에 따라 농림업의 진흥과 산림의 보전·육성에 필요한 조사와 대책을 마련하여야 한다.
자연환경 보전지역	자연환경·수자원·해안·생태계·상수원 및 문화재(→ 「국가유산기본법」 제3조에 따른 국가유산)의 보전과 수산자원의 보호·육성 등을 위하여 필요한 지역 <시행 2024.5.17>	이 법 또는 관계 법률이 정하는 바에 따라 환경오염방지, 자연환경·수질·수자원·해안·생태계 및 문화재의 보전과 수산자원의 보호·육성을 위하여 필요한 조사와 대책을 마련하여야 한다.

(2) 국가 또는 지방자치단체는 용도지역의 효율적인 이용 및 관리를 위하여 해당 용도지역에 관한 개발·정비 및 보전에 필요한 조치를 강구하여야 한다.

관계법 「농지법」 제28조 【농업진흥지역의 지정】

① 시·도지사는 농지를 효율적으로 이용하고 보전하기 위하여 농업진흥지역을 지정한다.

② 제1항에 따른 농업진흥지역은 다음 각 호의 용도구역으로 구분하여 지정할 수 있다.

1. 농업진흥구역: 농업의 진흥을 도모하여야 하는 다음 각 목의 어느 하나에 해당하는 지역으로서 농림축산식품부장관이 정하는 규모로 농지가 집단화되어 농업 목적으로 이용할 필요가 있는 지역
   가. 농지조성사업 또는 농업기반정비사업이 시행되었거나 시행 중인 지역으로서 농업용으로 이용하고 있거나 이용할 토지가 집단화되어 있는 지역
   나. 가목에 해당하는 지역 외의 지역으로서 농업용으로 이용하고 있는 토지가 집단화되어 있는 지역
2. 농업보호구역: 농업진흥구역의 용수원 확보, 수질 보전 등 농업 환경을 보호하기 위하여 필요한 지역

관계법 「산지관리법」 제4조 【산지의 구분】

① 산지를 합리적으로 보전하고 이용하기 위하여 전국의 산지를 다음 각 호와 같이 구분한다. 〈개정 2018.3.20〉

1. 보전산지(保全山地)
   가. 임업용산지(林業用山地): 산림자원의 조성과 임업경영기반의 구축 등 임업생산 기능의 증진을 위하여 필요한 산지로서 다음의 산지를 대상으로 산림청장이 지정하는 산지
      1) 「산림자원의 조성 및 관리에 관한 법률」에 따른 채종림(採種林) 및 시험림의 산지
      2) 「국유림의 경영 및 관리에 관한 법률」에 따른 보전국유림의 산지
      3) 「임업 및 산촌 진흥촉진에 관한 법률」에 따른 임업진흥권역의 산지
      4) 그 밖에 임업생산 기능의 증진을 위하여 필요한 산지로서 대통령령으로 정하는 산지
   나. 공익용산지: 임업생산과 함께 재해 방지, 수원 보호, 자연생태계 보전, 산지경관 보전, 국민보건휴양 증진 등의 공익 기능을 위하여 필요한 산지로서 다음의 산지를 대상으로 산림청장이 지정하는 산지
      1) 「산림문화·휴양에 관한 법률」에 따른 자연휴양림의 산지
      2) 사찰림(寺刹林)의 산지
      3) 제9조에 따른 산지전용·일시사용제한지역
      4) 「야생생물 보호 및 관리에 관한 법률」 제27조에 따른 야생생물 특별보호구역 및 같은 법 제33조에 따른 야생생물 보호구역의 산지
      5) 「자연공원법」에 따른 공원구역의 산지
      6) 「문화재보호법」에 따른 문화재보호구역의 산지
      7) 「수도법」에 따른 상수원보호구역의 산지
      8) 「개발제한구역의 지정 및 관리에 관한 특별조치법」에 따른 개발제한구역의 산지
      9) 「국토의 계획 및 이용에 관한 법률」에 따른 녹지지역 중 대통령령으로 정하는 녹지지역의 산지

10) 「자연환경보전법」에 따른 생태·경관보전지역의 산지
11) 「습지보전법」에 따른 습지보호지역의 산지
12) 「독도 등 도서지역의 생태계보전에 관한 특별법」에 따른 특정도서의 산지
13) 「백두대간 보호에 관한 법률」에 따른 백두대간보호지역의 산지
14) 「산림보호법」에 따른 산림보호구역의 산지
15) 그 밖에 공익 기능을 증진하기 위하여 필요한 산지로서 대통령령으로 정하는 산지
  2. 준보전산지: 보전산지 외의 산지
② 산림청장은 제1항의 규정에 의한 산지의 구분에 따라 전국의 산지에 대하여 지형도면에 그 구분을 명시한 산지구분도(이하 "산지구분도"라 한다)를 작성하여야 한다. 〈개정 2007.1.26〉
③ 산지구분도의 작성방법 및 절차 등에 관한 사항은 농림축산식품부령으로 정한다. 〈개정 2013.3.23.〉

8 다른 법률에 따른 토지이용에 관한 구역 등의 지정 제한 등 (법 제8조)

(1) 중앙행정기관의 장 또는 지방자치단체의 장은 다른 법률에 의하여 토지이용에 관한 지역·지구·구역 또는 구획 등을 지정하고자 하는 경우에는 해당 구역 등의 지정목적이 이 법에 따른 용도지역·용도지구 및 용도구역의 지정목적에 부합되도록 하여야 한다.

(2) 중앙행정기관의 장이나 지방자치단체의 장은 다른 법률에 따라 지정되는 구역 등에서 1㎢(「도시개발법」에 따른 도시개발구역의 경우에는 5㎢) 이상의 구역 등을 지정 또는 변경하고자 하는 경우에는 중앙행정기관의 장은 국토교통부장관과 협의하여야 하며 지방자치단체의 장은 국토교통부장관의 승인을 얻어야 한다.
  ■ 국토교통부장관에게 협의 또는 승인을 요청하는 때에는 다음의 서류를 국토교통부장관에게 제출하여야 한다.

1. 구역 등의 지정 또는 변경의 목적·필요성·배경·추진절차 등에 관한 설명서(관계 법령의 규정에 의하여 해당 구역 등을 지정 또는 변경할 때 포함되어야 하는 내용을 포함한다)
2. 대상지역과 주변지역의 용도지역·기반시설 등을 표시한 축척 1/25,000의 토지이용현황도
3. 대상지역 안에 지정하고자 하는 구역 등을 표시한 축척 1/5,000~1/25,000의 도면
4. 그 밖에 국토교통부령이 정하는 서류

(3) 지방자치단체의 장이 위 (2)에 따라 승인을 받아야 하는 구역 등에서 1㎢(「도시개발법」에 따른 도시개발구역의 경우에는 5㎢) 미만의 구역 등을 지정하거나 변경하려는 경우 특별시장·광역시장·특별자치시장·도지사·특별자치도지사는 위 (2)에도 불구하고 국토교통부장관의 승인을 받지 아니하되, 시장·군수 또는 구청장(자치구의 구청장을 말함)은 시·도지사의 승인을 받아야 한다.
  ■ 시장·군수 또는 구청장(자치구의 구청장을 말한다. 이하 같다)이 시·도지사의 승인을 요청하는 경우에는 위 (2)의 서류를 시·도지사에게 제출하여야 한다.

(4) 위 (2) 및 (3)에도 불구하고 다음의 어느 하나에 해당하는 경우에는 국토교통부장관과의 협의를 거치지 아니하거나 국토교통부장관 또는 시·도지사의 승인을 받지 아니한다.

1. 다른 법률에 따라 지정하거나 변경하려는 구역 등이 도시·군기본계획에 반영된 경우
2. 보전관리지역·생산관리지역·농림지역 또는 자연환경보전지역에서 다음의 지역을 지정하려는 경우 ① 「농지법」에 따른 농업진흥지역 ② 「한강수계 상수원수질개선 및 주민지원 등에 관한 법률」 등에 따른 수변구역 ③ 「수도법」에 따른 상수원보호구역 ④ 「자연환경보전법」에 따른 생태·경관보전지역

⑤「야생생물 보호 및 관리에 관한 법률」에 따른 야생생물 특별보호구역

⑥「해양생태계의 보전 및 관리에 관한 법률」에 따른 해양보호구역

3. 군사상 기밀을 지켜야 할 필요가 있는 구역 등을 지정하려는 경우

4. 협의 또는 승인을 받은 구역 등에서 다음에 해당하는 범위에서 변경하려는 경우

① 협의 또는 승인을 얻은 지역·지구·구역 또는 구획 등의 면적의 10%의 범위 안에서 면적을 증감시키는 경우

② 협의 또는 승인을 얻은 구역 등의 면적산정의 착오를 정정하기 위한 경우

(5) 국토교통부장관 또는 시·도지사는 위 규정에 의하여 협의 또는 승인을 하고자 하는 경우에는 중앙도시계획위원회 또는 시·도도시계획위원회의 심의를 거쳐야 한다.

예외 심의를 요하지 아니하는 경우

1. 보전관리지역이나 생산관리지역에서 다음의 구역 등을 지정하는 경우

①「산지관리법」에 따른 보전산지

②「야생생물 보호 및 관리에 관한 법률」에 따른 야생생물보호구역

③「습지보전법」에 따른 습지보호지역

④「토양환경보전법」에 따른 토양보전대책지역

2. 농림지역이나 자연환경보전지역에서 다음의 구역 등을 지정하는 경우

① 위 1.의 어느 하나에 해당하는 구역 등

②「자연공원법」에 따른 자연공원

③「자연환경보전법」에 따른 생태·자연도 1등급 권역

④「독도 등 도서지역의 생태계보전에 관한 특별법」에 따른 특정도서

⑤「문화재보호법」(→「자연유산의 보존 및 활용에 관한 법률」)에 따른 명승 및 천연기념물과 그 보호구역 <시행 2024.3.22.>

⑥「해양생태계의 보전 및 관리에 관한 법률」에 따른 해양생태도 1등급 권역

관계법 「수도법」제7조【상수원보호구역 지정 등】

① 환경부장관은 상수원의 확보와 수질 보전을 위하여 필요하다고 인정되는 지역을 상수원 보호를 위한 구역(이하 "상수원보호구역"이라 한다)으로 지정하거나 변경할 수 있다.

② 환경부장관은 제1항에 따라 상수원보호구역을 지정하거나 변경하면 지체 없이 공고하여야 한다.

③ 제1항과 제2항에 따라 지정·공고된 상수원보호구역에서는 다음 각 호의 행위를 할 수 없다. <개정 2022.1.11>

1.「물환경보전법」제2조제7호 및 제8호에 따른 수질오염물질·특정수질유해물질, 「화학물질관리법」제2조제7호에 따른 유해화학물질, 「농약관리법」제2조제1호에 따른 농약, 「폐기물관리법」제2조제1호에 따른 폐기물, 「하수도법」제2조제1호·제2호에 따른 오수·분뇨 또는 「가축분뇨의 관리 및 이용에 관한 법률」제2조제2호에 따른 가축분뇨를 사용하거나 버리는 행위, 다만, 다음 각 목의 어느 하나에 해당하는 행위는 제외한다.

가. 취수시설, 정수시설, 「물환경보전법」제2조제17호에 따른 공공폐수처리시설, 「하수도법」제2조제9호에 따른 공공하수처리시설 또는 국가·지방자치단체에 소속된 시험·분석·연구 기관에서 「화학물질관리법」제2조제7호에 따른 유해화학물질을 수처리제(「먹는물관리법」제3조제5호에 따른 수처리제를 말한다), 중화제, 소독제 또는 시약으로 사용하는 행위

나. 법률 제10976호 수도법 일부개정법률의 시행일(2012년 1월 29일을 말한다), 「화학물질관리법」제2조제7호에 따른 유해화학물질 고시일 또는 상수원보호구역 공고일 이전부터 「화학물질관리법」제2조제7호에 따른 유해화학물질을 사용하고 있는 사업장에서 그 유해화학물질이나 대체 유해화학물질을 사용하는 행위

2. 그 밖에 상수원을 오염시킬 명백한 위험이 있는 행위로서 대통령령으로 정하는 금지행위

④ 제1항과 제2항에 따라 지정·공고된 상수원보호구역에서 다음 각 호의 어느 하나에 해당하는 행위를 하려는 자는 관할 시장·군수·구청장의 허가를 받아야 한다. 다만, 대통령령으로 정하는 경미한 행위인 경우에는 신고하여야 한다.
 1. 건축물, 그 밖의 공작물의 신축·증축·개축·재축(再築)·이전·변경 또는 제거
 2. 입목(立木) 및 대나무의 재배 또는 벌채
 3. 토지의 굴착·성토(盛土), 그 밖에 토지의 형질변경
⑤ ~ ⑥ 〈생략〉

관계법 「자연공원법」 제2조 【정의】

이 법에서 사용하는 용어의 뜻은 다음과 같다. 〈개정 2016.5.29.〉
 1. "자연공원"이란 국립공원·도립공원·군립공원(郡立公園) 및 지질공원을 말한다.
 2. "국립공원"이란 우리나라의 자연생태계나 자연 및 문화경관(이하 "경관"이라 한다)을 대표할 만한 지역으로서 제4조 및 제4조의2에 따라 지정된 공원을 말한다.
 3. "도립공원"이란 도 및 특별자치도(이하 "도"라 한다)의 자연생태계나 경관을 대표할 만한 지역으로서 제4조 및 제4조의3에 따라 지정된 공원을 말한다.
 3의2. "광역시립공원"이란 특별시·광역시·특별자치시(이하 "광역시"라 한다)의 자연생태계나 경관을 대표할 만한 지역으로서 제4조 및 제4조의3에 따라 지정된 공원을 말한다.
 4. "군립공원"이란 군의 자연생태계나 경관을 대표할 만한 지역으로서 제4조 및 제4조의4에 따라 지정된 공원을 말한다.
 4의2. "시립공원"이란 시의 자연생태계나 경관을 대표할 만한 지역으로서 제4조 및 제4조의4에 따라 지정된 공원을 말한다.
 4의3. "구립공원"이란 자치구의 자연생태계나 경관을 대표할 만한 지역으로서 제4조 및 제4조의4에 따라 지정된 공원을 말한다.
 4의4. "지질공원"이란 지구과학적으로 중요하고 경관이 우수한 지역으로서 이를 보전하고 교육·관광 사업 등에 활용하기 위하여 제36조의3에 따라 환경부장관이 인증한 공원을 말한다.
 5. "공원구역"이란 자연공원으로 지정된 구역을 말한다.
 6.~10. 〈생략〉

관계법 「토양환경보전법」 제17조 【토양보전대책지역의 지정】

① 환경부장관은 대책기준을 넘는 지역이나 제2항에 따라 특별자치시장·특별자치도지사·시장·군수·구청장이 요청하는 지역에 대해서는 관계 중앙행정기관의 장 및 관할 시·도지사와 협의하여 토양보전대책지역(이하 "대책지역"이라 한다)으로 지정할 수 있다. 다만, 대통령령으로 정하는 경우에 해당하는 지역에 대해서는 대책지역으로 지정하여야 한다. 〈개정 2017.11.28.〉
② 특별자치시장·특별자치도지사·시장·군수·구청장은 관할구역 중 특히 토양보전이 필요하다고 인정하는 지역에 대하여는 그 지역의 토양오염의 정도가 대책기준을 초과하지 아니하더라도 관할 시·도지사와 협의하여 그 지역을 대책지역으로 지정하여 줄 것을 환경부장관에게 요청할 수 있다. 〈개정 2017.11.28.〉
③ 제1항에 따른 대책지역의 지정기준, 지정절차와 그 밖에 필요한 사항은 대통령령으로 정한다.
④ 환경부장관은 제1항에 따라 대책지역을 지정할 때에는 그 지역의 위치, 면적, 지정 연월일, 지정 목적과 그 밖에 환경부령으로 정하는 사항을 고시하여야 한다. 고시된 사항을 변경하였을 때에도 또한 같다.

(6) 중앙행정기관의 장이나 지방자치단체의 장은 다른 법률에 따라 지정된 토지 이용에 관한 구역 등을 변경하거나 해제하려면 도시·군관리계획의 입안권자의 의견을 들어야 한다. 이 경우 의견 요청을 받은 도시·군관리계획의 입안권자는 이 법에 따른 용도지역·용도지구·용도구역의 변경이 필요하면 도시·군관리계획에 반영하여야 한다.

(7) 시·도지사가 다음의 어느 하나에 해당하는 행위를 할 때 도시·군관리계획의 변경이 필요하여 시·도도시계획위원회의 심의를 거친 경우에는 해당 사항에 따른 심의를 거친 것으로 본다.

1. 「농지법」에 따른 농업진흥지역의 해제	「농어업·농어촌 및 식품산업 기본법」에 따른 시·도 농업·농촌 및 식품산업정책심의회의 심의
2. 「산지관리법」에 따른 보전산지의 지정해제	「산지관리법」에 따른 지방산지관리위원회의 심의

【참고1】 여의도동과 여의도의 면적

① 여의도의 행정구역상(여의도동) 면적은 약 8.40㎢(약 254만평) 정도이다.

이 면적은 여의도 제방 안쪽과 밖의 면적, 한강시민공원, 생태공원, 밤섬 일부 및 하천바닥을 포함한 전체 면적을 말한다.

② 여의도의 면적(비교기준으로서의 면적)

보통 '여의도의 몇 배' 할 때의 면적은 위의 ① 과는 다르다. 즉, 여의도는 70년대 초반 우리나라 최초의 신도시 개념인 '여의도 개발계획'에 따라 당시 모래섬에 불과했던 여의도 주변을 윤중제라는 제방을 쌓아 육지화 하였다. 이전에는 평소에 밤섬과 여의도가 모래톱으로 연결되어 있어 걸어서도 갈 수 있었을 정도였으며 홍수 때에는 밤섬과 양말산(높이 약 40m-현 국회의사당 자리) 꼭대기만 보였다고 한다.

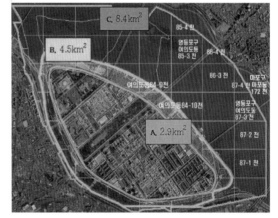

여의도가 육지화 되었을 당시의 면적이 약 2.9 ㎢(약 89만 1천평)이었고 이 면적 위에 여의도 신도시가 들어섰다. 이런 의미에서 2.9㎢라는 면적이 상징적인 의미가 되었다. "여의도의 몇 배"라는 말은 여의도 신도시가 생기고 나서 생긴 말이기 때문에 비교기준을 이야기할 때의 여의도 면적은 약 2.9㎢이다.

③ 여의도 국회의사당 부지의 전체 면적은 약 33만㎡ (약 10만평)이다.

【참고2】 단위의 면적의 비교

$$1㎢ = 1,000m \times 1,000m = 1,000,000㎡ \ (1백만㎡)$$
$$= 1,000,000㎡ \times 0.3025 ≒ 302,500(평)$$
$$= 1,000,000㎡ \div 10,000 = 100(ha)$$
$$※ \ 1㎡ ≒ 0.3025평, \ 10,000㎡ = 1(ha)$$

9 다른 법률에 따른 도시·군관리계획의 변경 제한 $\left(\substack{법\\제9조}\right)\left(\substack{영\\제6조}\right)$

중앙행정기관의 장이나 지방자치단체의 장은 다른 법률에서 이 법에 따른 도시·군관리계획의 결정을 의제(擬制)하는 내용이 포함되어 있는 계획을 허가·인가·승인 또는 결정하려면 다음에 따라 중앙도시계획위원회 또는 지방도시계획위원회의 심의를 받아야 한다.

예외 심의를 받지 않아도 되는 경우

1. 국토교통부장관과 협의하거나 국토교통부장관 또는 시·도지사의 승인을 받은 경우

2. 다른 법률에 따라 중앙도시계획위원회나 지방도시계획위원회의 심의를 받은 경우

3. 다른 법률에 따라 지정하거나 변경하려는 구역등이 도시·군기본계획에 반영된 경우

4. 도시·군관리계획의 결정을 의제하는 계획에서 그 계획면적의 5퍼센트 미만을 변경하는 경우

(1) 중앙행정기관의 장 또는 지방자치단체의 장은 용도지역·용도지구·용도구역의 지정 또는 변경에 대한 도시·군관리계획의 결정을 의제하는 계획을 허가·인가·승인 또는 결정하고자 하는 경우에는 미리 다음의 구분에 따라 중앙도시계획위원회 또는 지방도시계획위원회의 심의를 받아야 한다.

1. 중앙도시계획위원회의 심의	① 중앙행정기관의 장이 30만㎡ 이상의 용도지역·용도지구 또는 용도구역의 지정 또는 변경에 대한 도시·군관리계획의 결정을 의제하는 계획을 허가·인가·승인 또는 결정하고자 하는 경우
	② 지방자치단체의 장이 5㎢ 이상의 용도지역·용도지구 또는 용도구역의 지정 또는 변경에 대한 도시·군관리계획의 결정을 의제하는 계획을 허가·인가·승인 또는 결정하고자 하는 경우
2. 지방도시계획위원회의 심의	지방자치단체의 장이 30만㎡ 이상 5㎢ 미만의 용도지역·용도지구 또는 용도구역의 지정 또는 변경에 대한 도시·군관리계획의 결정을 의제하는 계획을 허가·인가·승인 또는 결정하고자 하는 경우

(2) 중앙행정기관의 장 또는 지방자치단체의 장이 위 (1)의 규정에 의하여 중앙도시계획위원회 또는 지방도시계획위원회의 심의를 받는 때에는 다음의 서류를 국토교통부장관 또는 해당 지방도시계획위원회가 설치된 지방자치단체의 장에게 제출하여야 한다.

서류 등		축척 등
1. 계획의 목적·필요성·배경·내용·추진절차 등을 포함한 계획서		관계 법령의 규정에 의하여 해당 계획에 포함되어야 하는 내용을 포함
2. 대상지역과 주변지역의 용도지역·기반시설 등을 표시한 토지이용현황도		축척 1/25,000
3.	① 용도지역·용도지구 또는 용도구역의 지정 또는 변경에 대한 내용을 표시한 도면	축척 1/1,000
	② 위 ①의 경우 도시지역외 지역의 도면	축척 1/5,000 이상
4. 그 밖에 국토교통부령이 정하는 서류		

【참고1】 의제(擬制)

성질이 다른 것을 같은 것으로 보고 법률상 같은 효과를 주는 것(일)

【참고2】 허가, 인가, 승인, 협의

(1) 허가(許可)

자연인(개인)이나 법인이 일반적으로 자유롭게 활동할 수 있는 기본 권리를 국가목적 또는 행적목적 달성의 필요에 따라 그 권리를 제한하고 일정한 요건을 갖춘 자에게만 그 권리를 행사할 수 있도록 허락하여 주는 것

※ 무허가(無許可) 행위는 처벌 대상이 되지만 행위 자체는 무효(無效)가 되는 것은 아니다.

(예) 건축허가, 개발행위의 허가 등

(2) 인가(認可)

제3자의 법률행위를 보충하여 그 법률상 효력을 완성시켜 주는 행정행위

※ 인가는 법률적 행위의 효력요건이기 때문에 무인가(無認可) 행위는 무효가 되지만 일반적으로 처벌의 대상은 되지 않는다.

(예) 도시계획사업의 실시계획 인가, 재개발사업의 '관리처분계획 인가' 등

(3) 승인(承認) 및 협의(協議)

① 공법(公法)상 승인 및 협의

국가 또는 지방자치단체 등의 기관이 다른 기관이나 개인의 특정한 행위에 대하여 부여하는 동의(同意)의 뜻으로 사용되는 것으로 상·하(上·下)의 구별이 있는 경우에는 '승인(承認)'을 상하의 구분이 없는 경우나 모호한 경우에는 '협의(協議)'를 사용한다.

승인 및 협의는 단순한 행정기관 내부의 관계로서 행하여지는 것과 법령의 규정에 의하여 필요적 행정절차로서 요구되는 것이 있다.

(예) 재건축 조합(組合)에 대한 '정관의 승인, 광역도시계획 수립시 관계 행정기관의 장과의 협의' 등

② 사법(司法)상 승인

일반적으로 타인의 행위에 대하여 긍정의 의사를 표시하는 것

(예) 채무의 승인 등

2
광역도시계획

1 광역계획권의 지정 $\binom{\text{법}}{\text{제10조}}$

(1) 광역계획권은 인접한 둘 이상의 특별시·광역시·특별자치시·특별자치도·시 또는 군의 관할구역 단위로 지정한다.

구 분		내 용
1. 지정권자	• 국토교통부장관	광역계획권이 둘 이상의 특별시·광역시·특별자치시·도 또는 특별자치도(이하 "시·도")의 관할 구역에 걸쳐 있는 경우
	• 도지사	광역계획권이 도의 관할 구역에 속하여 있는 경우
2. 지정 목적	둘 이상의 특별시·광역시·특별자치시·특별자치도·시 또는 군의 • 공간구조 및 기능의 상호연계 • 환경보전 • 광역시설의 체계적인 정비	
3. 지정 범위	• 인접한 둘 이상의 특별시·광역시·특별자치시·특별자치도·시 또는 군의 관할구역 단위 **예외** 일부를 광역계획권에 포함시키고자 하는 때에는 구·군(광역시의 관할구역안의 군)·읍 또는 면의 관할구역 단위로 할 것	

(2) 중앙행정기관의 장, 시·도지사, 시장 또는 군수는 국토교통부장관이나 도지사에게 광역계획권의 지정 또는 변경을 요청할 수 있다.

(3) 국토교통부장관은 광역계획권을 지정하거나 변경하려면 관계 시·도지사, 시장 또는 군수의 의견을 들은 후 중앙도시계획위원회의 심의를 거쳐야 한다.

(4) 도지사가 광역계획권을 지정하거나 변경하려면 관계 중앙행정기관의 장, 관계 시·도지사, 시장 또는 군수의 의견을 들은 후 지방도시계획위원회의 심의를 거쳐야 한다.

(5) 국토교통부장관 또는 도지사는 광역계획권을 지정하거나 변경하면 지체 없이 관계 시·도지사, 시장 또는 군수에게 그 사실을 통보하여야 한다.

2 광역도시계획의 수립권자 (법 제11조)

국토교통부장관, 시·도지사, 시장 또는 군수는 다음의 구분에 따라 광역도시계획을 수립하여야 한다.

광역계획권의 범위	수립권자
• 동일한 도의 관할구역	관할 시장 또는 군수가 공동으로 수립
• 둘 이상의 시·도의 관할구역에 걸치는 경우	관할 시·도지사가 공동으로 수립
• 광역계획권을 지정한 날부터 3년이 지날 때까지 관할 시장 또는 군수로부터 광역도시계획의 승인 신청이 없는 경우 • 시장 또는 군수가 협의를 거쳐 요청하는 경우	관할 도지사가 수립
• 시장 또는 군수가 요청하는 경우와 그 밖에 필요하다고 인정하는 경우	도지사와 관할 시장 또는 군수와 공동으로 수립
• 국가계획과 관련 • 광역계획권을 지정한 날로부터 3년이 경과할 때까지 관할 시·도지사로부터 광역도시계획에 대한 승인신청이 없을 경우	국토교통부장관
• 시·도지사의 요청이 있는 경우 • 국토교통부장관이 필요하다고 인정한 경우	국토교통부장관과 관할 시·도지사와 공동으로 수립

※ 광역도시계획의 수립절차(공청회, 지방의회 의견청취)는 도시·군기본계획의 수립절차와 같다.

3 광역도시계획의 내용 (법 제12조)

광역도시계획은 다음 내용에 관한 사항 중 해당 광역계획권의 지정목적을 달성하는데 필요한 사항에 대한 정책방향이 포함되어야 한다.

1. 광역계획권의 공간구조와 기능분담에 관한 사항
2. 광역계획권의 녹지관리체계와 환경보전에 관한 사항
3. 광역시설의 배치·규모·설치에 관한 사항
4. 경관계획에 관한 사항
5. 그 밖에 광역계획권에 속하는 특별시·광역시·특별자치시·특별자치도·시 또는 군 상호 간의 기능연계에 관한 다음의 사항 　① 광역계획권의 교통 및 물류유통체계에 관한 사항 　② 광역계획권의 문화·여가 공간 및 방재에 관한 사항

4 광역도시계획의 수립기준 (영 제10조)

국토교통부장관은 광역도시계획의 수립기준을 정할 때에는 다음 사항을 종합적으로 고려하여야 한다.

1. 광역계획권의 미래상과 이를 실현할 수 있는 체계화된 전략을 제시하고 국토종합계획 등과 서로 연계되도록 할 것

2. 특별시·광역시·특별자치시·특별자치도·시 또는 군 간의 기능분담, 도시의 무질서한 확산방지, 환경보전, 광역시설의 합리적 배치 그 밖에 광역계획권 안에서 현안사항이 되고 있는 특정부문 위주로 수립할 수 있도록 할 것

3. 여건변화에 탄력적으로 대응할 수 있도록 포괄적이고 개략적으로 수립하도록 하되, 특정부문 위주로 수립하는 경우에는 도시·군기본계획이나 도시·군관리계획에 명확한 지침을 제시할 수 있도록 구체적으로 수립하도록 할 것

4. 녹지축·생태계·산림·경관 등 양호한 자연환경과 우량농지, 보전목적의 용도지역, 문화재 및 역사문화환경 등을 충분히 고려하여 수립하도록 할 것

5. 부문별 계획은 서로 연계되도록 할 것

6. 「재난 및 안전관리 기본법」에 따른 시·도안전관리계획 및 시·군·구안전관리계획과 「자연재해대책법」에 따른 시·군 자연재해저감 종합계획을 충분히 고려하여 수립하도록 할 것

【참고】 광역도시계획 수립 지침(국토교통부훈령 제1641호, 2023.4.21)
저탄소 녹색도시 조성을 위한 도시·군계획수립 지침(국토교통부훈령 제1126호, 2018.12.21.)

5 광역도시계획의 수립을 위한 기초조사 (법 제13조)

(1) 국토교통부장관, 시·도지사·시장 또는 군수는 광역도시계획을 수립 하거나 변경하려면 다음 사항 중 해당 광역도시계획의 수립 또는 변경에 관하여 필요한 사항을 미리 조사하거나 측량(이하 "기초조사"라 함)하여야 한다.

1. 인구·경제·사회·문화·토지이용·환경·교통·주택

2. 기후·지형·자원·생태 등 자연적 여건

3. 기반시설 및 주거수준의 현황과 전망

4. 풍수해·지진 그 밖의 재해의 발생현황 및 추이

5. 광역도시계획과 관련된 다른 계획 및 사업의 내용

6. 그 밖에 광역도시계획의 수립에 필요한 사항

(2) 국토교통부장관, 시·도지사, 시장 또는 군수는 관계 행정기관의 장에게 위 ①에 따른 기초조사에 필요한 자료를 제출하도록 요청할 수 있다. 이 경우 요청을 받은 관계 행정기관의 장은 특별한 사유기 없으면 그 요청에 따라아 한다.

(3) 국토교통부장관, 시·도지사, 시장 또는 군수는 효율적인 기초조사를 위하여 필요하면 위 (1) 및 (2)에 따른 조사 또는 측량을 전문기관에 의뢰할 수 있다.

6 공청회의 개최 (법 제14조)

국토교통부장관, 시·도지사, 시장 또는 군수는 광역도시계획을 수립하거나 변경하려면 미리 공청회를 열어 주민과 관계 전문가 등으로부터 의견을 들어야 하며, 공청회에서 제시된 의견이 타당하다고 인정하면 광역도시계획에 반영하여야 한다.

7 지방자치단체의 의견 청취 (법 제15조)

(1) 시·도지사, 시장 또는 군수는 광역도시계획을 수립하거나 변경하려면 미리 관계 시·도, 시 또는 군의 의회와 관계 시장 또는 군수의 의견을 들어야 한다.

(2) 국토교통부장관은 광역도시계획을 수립하거나 변경하려면 관계 시·도지사에게 광역도시계획안을 송부하여야 하며, 관계 시·도지사는 그 광역도시계획 안에 대하여 그 시·도의 의회와 관계 시장 또는 군수의 의견을 들은 후 그 결과를 국토교통부장관에게 제출하여야 한다.

(3) 위 (1) 및 (2)에 따른 시·도, 시 또는 군의 의회와 관계 시장 또는 군수는 특별한 사유가 없으면 30일 이내에 시·도지사, 시장 또는 군수에게 의견을 제시하여야 한다.

8 광역도시계획의 승인 (법 제16조)

【1】 승인절차

(1) 시·도지사는 광역도시계획을 수립하거나 변경하려면 국토교통부장관의 승인을 받아야 한다.
    예외 다음에 해당하여 도지사가 수립하는 광역도시계획

---

1. 시장 또는 군수가 요청하는 경우와 그 밖에 필요하다고 인정하는 경우

---

2. 시장 또는 군수가 협의를 거쳐 요청하는 경우

---

① 시·도지사는 광역도시계획의 승인을 얻고자 하는 때에는 광역도시계획안(案)에 다음의 서류를 첨부하여 국토교통부장관에게 제출하여야 한다.

---

1. 기초조사 결과

---

2. 공청회개최 결과

---

3. 관계 시·도의 의회와 관계 시장 또는 군수(광역시의 관할구역 안에 있는 군의 군수를 제외한다)의 의견청취 결과
    예외 지방도시계획위원회의 업무(영 제110조), 시·군·구도시계획위원회의 구성 및 운영(영 제112조), 토지거래계약의 허가절차(영 제117조), 선매협의(영 제122조), 토지에 관한 매수청구(영 제123조), 토지이용의무 등(영 제124조), 신고 포상금(영 제124조의2), 이행강제금의 부과(영 제124조의3), 시범도시의 공모(영 제127조), 시범도시사업계획의 수립·시행(영 제128조) 및 시범도시사업의 평가·조정(영 제130조)에서는 광역시의 관할구역 안에 있는 군의 군수를 포함

---

4. 시·도 도시계획위원회의 자문을 거친 경우에는 그 결과

---

5. 관계 중앙행정기관의 장과의 협의 및 중앙도시계획위원회의 심의에 필요한 서류

---

② 국토교통부장관은 제출된 광역도시계획안(案)이 수립기준 등에 적합하지 아니한 때에는 시·도지사에게 광역도시계획안의 보완을 요청할 수 있다.

(2) 국토교통부장관은 위 (1)에 따라 광역도시계획을 승인하거나 직접 광역도시계획을 수립 또는 변경(시·도지사와 공동으로 수립하거나 변경하는 경우를 포함)하려면 관계 중앙행정기관과 협의한 후 중앙도시계획위원회의 심의를 거쳐야 한다.

(3) 위 (2)에 따라 협의 요청을 받은 관계 중앙행정기관의 장은 특별한 사유가 없는 한 그 요청을 받은 날부터 30일 이내에 국토교통부장관에게 의견을 제시하여야 한다.

(4) 국토교통부장관은 직접 광역도시계획을 수립 또는 변경하거나 승인하였을 때에는 관계중앙행정기관의 장과 시·도지사에게 관계 서류를 송부하여야 하며, 관계 서류를 받은 시·도지사는 그 내용을 공고하고 일반이 열람할 수 있도록 하여야 한다.

(5) 시장 또는 군수는 광역도시계획을 수립하거나 변경하려면 도지사의 승인을 받아야 한다.

(6) 도지사가 위 (5)에 따라 광역도시계획을 승인하거나 위 (1)의 예외에 따라 직접 광역 도시계획을 수립 또는 변경(시장·군수와 공동으로 수립하거나 변경하는 경우를 포함)하려면 위 (2)~(5)까지의 규정을 준용한다. 이 경우 "국토교통부장관"은 "도지사"로, "중앙행정기관의 장"은 "행정기관의 장(국토교통부장관을 포함)"으로, "중앙도시계획위원회"는 "지방도시계획위원회"로 "시·도지사"는 "시장 또는 군수"로 본다.

■ 광역도시계획의 수립절차

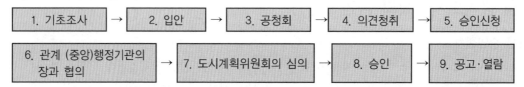

【2】 열 람

① 국토교통부장관은 광역도시계획을 승인하거나 직접 수립 또는 변경한 경우에는 관계 중앙행정기관의 장과 시·도지사에게 관계서류를 송부하여야 한다.

② 시·도지사는 송부된 광역도시계획을 지체 없이 공고하고 일반이 열람(열람기간 : 30일 이상)하게 하여야 한다.

9 광역도시계획의 조정 (법 제17조)

【1】 조정의 신청

① 둘 이상의 행정구역에 걸친 광역도시계획을 공동으로 수립할 때 서로의 협의가 이루어지지 않을 때에는 공동 또는 단독으로 국토교통부장관에게 조정을 신청할 수 있다.

② 국토교통부장관은 단독으로 조정신청을 받은 경우에는 기한을 정하여 당사자 간에 다시 협의를 하도록 권고할 수 있으며, 기한 내 협의가 이루어지지 아니하는 경우에는 이를 직접 조정할 수 있다.

【2】 조정신청에 따른 조치

① 국토교통부장관은 조정의 신청을 받거나, 직접 조정하고자 하는 때에는 중앙도시계획위원회의 심의를 거쳐 광역도시계획의 내용을 조정하여야 한다.

② 이해관계를 가진 지방자치단체의 장은 중앙도시계획위원회의 회의에 출석하여 의견을 진술할 수 있다.

③ 광역도시계획을 수립하는 자는 조정결과를 광역도시계획에 반영하여야 한다.

④ 광역도시계획을 공동으로 수립하는 시장 또는 군수는 그 내용에 관하여 서로 협의가 되지 아니하면 공동이나 단독으로 도지사에게 조정을 신청할 수 있다.

⑤ 위 ④에 따라 도지사가 광역도시계획을 조정하는 경우에는 위 【1】-② 및 【2】-①~③까지의 규정을 준용한다. 이 경우 "국토교통부장관"은 "도지사"로, "중앙도시계획위원회"는 "도의 지방 도시계획위원회"로 본다.

10 광역도시계획협의회의 구성 및 운영 $\left(\begin{smallmatrix} 법 \\ 제17조의2 \end{smallmatrix}\right)$

(1) 국토교통부장관, 시·도지사, 시장 또는 군수는 광역도시계획을 공동으로 수립할 때에는 광역도시계획의 수립에 관한 협의 및 조정이나 자문 등을 위하여 광역도시계획협의회를 구성하여 운영할 수 있다.

(2) 위 (1)에 따라 광역도시계획협의회에서 광역도시계획의 수립에 관하여 협의·조정을 한 경우에는 그 조정 내용을 광역도시계획에 반영하여야 하며, 해당 시·도지사, 시장 또는 군수는 이에 따라야 한다.

3

도시·군기본계획

---

1 도시·군기본계획의 수립권자와 대상지역 $\left(\begin{smallmatrix}법\\제18조\end{smallmatrix}\right)$

도시·군기본계획의 수립권자와 대상지역은 다음과 같다.

수립권자	대상지역	기 타
특별시장· 광역시장· 특별자치시 장·특별자치 도지사·시장 또는 군수	관할 구역	예외 시 또는 군의 위치, 인구의 규모, 인구감소율 등을 고려하여 다음의 경우 도시·군기본계획을 수립하지 않을 수 있다. 1. 「수도권정비계획법」에 따른 수도권에 속하지 아니하고 광역시 와 경계를 같이하지 아니한 시 또는 군으로서 인구 10만명 이하 인 시 또는 군 2. 관할구역 전부에 대하여 광역도시계획이 수립되어 있는 시 또는 군으로서 해당 광역도시계획에 도시·군기본계획의 내용이 모두 포함되어 있는 시 또는 군

① 특별시장·광역시장·특별자치시장·특별자치도지사·시장 또는 군수는 지역여건상 필요하다고 인정되
는 때에는 인접한 특별시·광역시·특별자치시·특별자치도·시 또는 군의 관할구역의 전부 또는 일부
를 포함하여 도시·군기본계획을 수립할 수 있다.

② 특별시장·광역시장·특별자치시장·특별자치도지사·시장 또는 군수는 위 ①에 따라 인접한 특별시·
광역시·특별자치시·특별자치도·시 또는 군의 관할구역을 포함하여 도시·군기본계획을 수립하고자
하는 때에는 미리 해당 특별시장·광역시장·특별자치시장·특별자치도지사·시장 또는 군수와 협의하
여야 한다.

> 관계법 「수도권정비계획법」제2조제1호, 시행령 제2조
> "수도권"이란 서울특별시와 인천광역시 및 경기도를 말한다.

【참고】 국토교통부장관, 도지사는 도시·군기본계획의 수립권자에 해당하지 않는다.

2 도시·군기본계획의 내용 (법
제19조)(영
제15조)

도시·군기본계획에는 다음 사항에 대한 정책방향이 포함되어야 한다.

1. 지역적 특성 및 계획의 방향·목표에 관한 사항

2. 공간구조, 생활권의 설정 및 인구의 배분에 관한 사항

3. 토지의 이용 및 개발에 관한 사항

4. 토지의 용도별 수요 및 공급에 관한 사항

5. 환경의 보전 및 관리에 관한 사항

6. 기반시설에 관한 사항

7. 공원·녹지에 관한 사항

8. 경관에 관한 사항

9. 기후변화 대응 및 에너지절약에 관한 사항

10. 방재·방범 등 안전에 관한 사항

11. 위 2. ~ 10.까지에 규정된 사항의 단계별 추진에 관한 사항

12. 도시·군기본계획의 방향 및 목표 달성과 관련된 다음의 사항
    ① 도심 및 주거환경의 정비·보전에 관한 사항
    ② 다른 법률에 따라 도시·군기본계획에 반영되어야 하는 사항
    ③ 도시·군기본계획의 시행을 위하여 필요한 재원조달에 관한 사항
    ④ 그 밖에 도시·군기본계획 승인권자가 필요하다고 인정하는 사항

【참고】 광역도시계획과 도시·군기본계획의 성격
① 장래 발전 방향을 제시하는 행정계획으로 일반 국민에 대해 직접적인 구속력이 없다.
② 행정(내)부의 구속적(拘束的) 계획으로서의 성격을 갖는다.
③ 일반 국민에 대하여 직접적 구속력을 갖지 않으므로 행정심판이나 행정소송의 대상이 되지 않는다.
④ 승인시 고시(告示)에 관한 규정은 없으며 공고(公告)에 관한 규정이 있다.
※ 광역도시계획은 5년 마다 재검토 규정이 없으나 도시·군기본계획 및 도시·군관리계획은 재검토 규정이 있다.

3 도시·군기본계획의 수립기준 (영
제16조)

국토교통부장관은 도시·군기본계획의 수립기준을 정할 때에는 다음 사항을 종합적으로 고려하여야 한다.

1. 특별시·광역시·특별자치시·특별자치도·시 또는 군의 기본적인 공간구조와 장기발전방향을 제시하는 토지이용·교통·환경 등에 관한 종합계획이 되도록 할 것

2. 여건변화에 탄력적으로 대응할 수 있도록 포괄적이고 개략적으로 수립하도록 할 것

3. 도시·군기본계획을 정비할 때에는 종전의 도시·군기본계획의 내용 중 수정이 필요한 부분만을 발췌하여 보완함으로써 계획의 연속성이 유지되도록 할 것

4. 도시와 농어촌 및 산촌지역의 인구밀도, 토지이용의 특성 및 주변환경 등을 종합적으로 고려하여 지역별로 계획의 상세정도를 다르게 하되, 기반시설의 배치계획, 토지용도 등은 도시와 농어촌 및 산촌지역이 서로 연계되도록 할 것

5. 부문별 계획은 도시·군기본계획의 방향에 부합하고 도시·군기본계획의 목표를 달성할 수 있는 방안을 제시함으로써 도시·군기본계획의 통일성과 일관성을 유지하도록 할 것

6. 도시지역 등에 위치한 개발가능 토지는 단계별로 시차를 두어 개발되도록 할 것

7. 녹지축·생태계·산림·경관 등 양호한 자연환경과 우량농지, 보전목적의 용도지역, 문화재 및 역사문화환경 등을 충분히 고려하여 수립하도록 할 것

8. 경관에 관한 사항에 대하여는 필요한 경우에는 도시·군기본계획도서의 별책으로 작성할 수 있도록 할 것

9. 「재난 및 안전관리 기본법」에 따른 시·도안전관리계획 및 시·군·구안전관리계획과 「자연재해대책법」에 따른 시·군 자연재해저감 종합계획을 충분히 고려하여 수립하도록 할 것

【참고】 도시·군기본계획 수립지침(국토교통부훈령 제1636호, 2023.7.18)
　　　　저탄소 녹색도시 조성을 위한 도시·군계획수립 지침(국토교통부훈령 제1126호, 2018.12.21.)

4 도시·군기본계획의 수립을 위한 기초조사 및 공청회 ($_{제20조}^{법}$) ($_{제16조의2}^{영}$)

(1) 규정의 준용

도시·군기본계획을 수립 또는 변경하는 경우에는 다음의 규정을 준용한다. ① 광역도시계획의 수립을 위한 기초조사 　(법 제13조) ② 공청회의 개최 (법 제14조)	준용의 경우 다음과 같이 본다. ① "국토교통부장관 또는 시·도지사" → "특별시장·광역시장·특별자치시장·특별자치도지사·시장 또는 군수" ② "광역도시계획" → "도시·군기본계획"

(2) 시·도지사, 시장 또는 군수는 위 (1)-①에 따른 기초조사의 내용에 국토교통부장관이 정하는 바에 따라 실시하는 토지의 토양, 입지, 활용가능성 등 토지의 적성에 대한 평가(이하 "토지적성평가"라 한다)와 재해 취약성에 관한 분석(이하 "재해취약성분석"이라 한다)을 포함하여야 한다.

(3) 다음의 구분에 따른 경우에는 위 (2)에 따른 토지적성평가 또는 재해취약성분석을 하지 아니할 수 있다.

　① 토지적성평가 : 다음의 어느 하나에 해당하는 경우

　　㉠ 도시·군기본계획 입안일부터 5년 이내에 토지적성평가를 실시한 경우

　　㉡ 다른 법률에 따른 지역·지구 등의 지정이나 개발계획 수립 등으로 인하여 도시·군기본계획의 변경이 필요한 경우

　② 재해취약성분석 : 다음의 어느 하나에 해당하는 경우

　　㉠ 도시·군기본계획 입안일부터 5년 이내에 재해취약성분석을 실시한 경우

ⓛ 다른 법률에 따른 지역·지구 등의 지정이나 개발계획 수립 등으로 인하여 도시·군기본계획의 변경이 필요한 경우

5 지방의회의 의견 청취 $\left(\substack{법 \\ 제21조}\right)$

(1) 특별시장·광역시장·특별자치시장·특별자치도지사·시장 또는 군수는 도시·군기본계획을 수립하거나 변경하려면 미리 그 특별시·광역시·특별자치시·특별자치도·시 또는 군 의회의 의견을 들어야 한다.

(2) 위 (1)에 따른 특별시·광역시·특별자치시·특별자치도·시 또는 군의 의회는 특별한 사유가 없으면 30일 이내에 특별시장·광역시장·특별자치시장·특별자치도지사·시장 또는 군수에게 의견을 제시하여야 한다.

6 도시·군기본계획의 확정 및 승인 $\left(\substack{법 \\ 제22조, 제22조의2}\right)$

【1】 특별시 · 광역시 · 특별자치시 · 특별자치도의 도시·군기본계획의 확정 $\left(\substack{영 \\ 제16의3조}\right)$

① 특별시장·광역시장·특별자치시장 또는 특별자치도지사는 도시·군기본계획을 수립하거나 변경하려면 관계 행정기관의장(국토교통부장관을 포함)과 협의한 후 지방도시계획위원회의 심의를 거쳐야 한다.

② 위의 ①에 따라 협의 요청을 받은 관계 행정기관의 장은 특별한 사유가 없으면 그 요청을 받은 날부터 30일 이내에 특별시장 또는 광역시장에게 의견을 제시해야 한다.

③ 특별시장 · 광역시장·특별자치시장 또는 특별자치도지사는 도시·군기본계획을 수립하거나 변경한 경우에는 관계 행정기관의 장에게 관계 서류를 송부하여야 하며, 해당 공보와 인터넷 홈페이지에 그 계획을 공고하고 30일 이상 일반인이 열람할 수 있도록 해야 한다.

【2】 시 · 군 도시·군기본계획의 승인 $\left(\substack{영 \\ 제17조}\right)$

① 시장 또는 군수는 도시·군기본계획을 수립하거나 변경하려면 도지사의 승인을 받아야 한다.

② 도지사는 위 ①에 따라 도시·군기본계획을 승인하려면 관계 행정기관의 장과 협의한 후 지방도시계획위원회의 심의를 거쳐야 한다.

③ 협의 요청을 받은 관계 행정기관의 장은 특별한 사유가 없으면 그 요청을 받은 날부터 30일 이내에 도지사에게 의견을 제시해야 한다.

④ 도지사는 도시·군기본계획을 승인하면 관계 행정기관의 장과 시장 또는 군수에게 관계 서류를 송부하여야 하며, 관계 서류를 받은 시장 또는 군수는 해당 시·군의 공보와 인터넷 홈페이지에 그 계획을 공고하고 30일 이상 일반인이 열람할 수 있도록 해야 한다.

【참고2】 도시·군기본계획의 수립절차

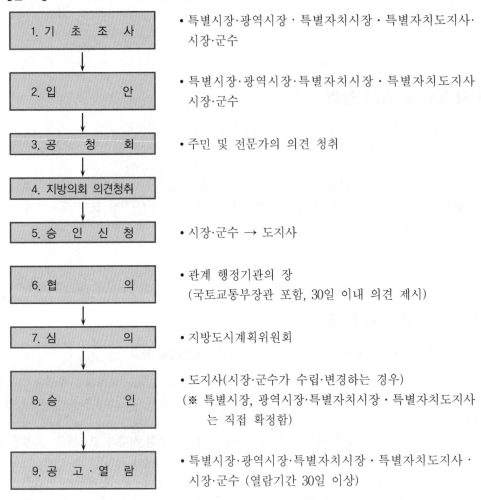

1. 기 초 조 사	• 특별시장·광역시장·특별자치시장·특별자치도지사· 시장·군수
2. 입 안	• 특별시장·광역시장·특별자치시장·특별자치도지사 시장·군수
3. 공 청 회	• 주민 및 전문가의 의견 청취
4. 지방의회 의견청취	
5. 승 인 신 청	• 시장·군수 → 도지사
6. 협 의	• 관계 행정기관의 장 (국토교통부장관 포함, 30일 이내 의견 제시)
7. 심 의	• 지방도시계획위원회
8. 승 인	• 도지사(시장·군수가 수립·변경하는 경우) (※ 특별시장, 광역시장·특별자치시장·특별자치도지사 는 직접 확정함)
9. 공 고·열 람	• 특별시장·광역시장·특별자치시장·특별자치도지사· 시장·군수 (열람기간 30일 이상)

7 도시·군기본계획의 정비 (법 제23조)

(1) 특별시장·광역시장·특별자치시장·특별자치도지사·시장 또는 군수는 5년마다 관할구역의 도시·군기본계획에 대하여 그 타당성 여부를 전반적으로 재검토하여 이를 정비하여야 한다.

(2) 특별시장·광역시장·특별자치시장·특별자치도지사·시장 또는 군수는 도시·군기본계획의 내용에 우선하는 광역도시계획 및 국가계획의 내용을 도시·군기본계획에 반영하여야 한다.

【참고】국토계획의 정의 및 구분(「국토기본법」 제6조)

국토계획	국토를 이용·개발 및 보전할 때 미래의 경제적·사회적 변동에 대응하여 국토가 지향하여야 할 발전 방향을 설정하고 이를 달성하기 위한 계획
국토종합계획	국토전역을 대상으로 하여 국토의 장기적인 발전방향을 제시하는 종합계획
초광역권계획	지역의 경제 및 생활권역의 발전에 필요한 연계·협력사업 추진을 위하여 2개 이상의 지방자치단체가 상호 협의하여 설정하거나 「지방자치법」 제199조의 특별지방자치단체가 설정한 권역으로, 특별시·광역시·특별자치시 및 도·특별자치도의 행정구역을 넘어서는 권역("초광역권")을 대상으로 하여 해당 지역의 장기적인 발전 방향을 제시하는 계획
도종합계획	도 또는 특별자치도의 관할구역을 대상으로 하여 해당 지역의 장기적인 발전방향을 제시하는 종합계획
시·군종합계획	특별시·광역시·특별자치시·시 또는 군(광역시의 군 제외)의 관할구역을 대상으로 하여 해당 지역의 기본적인 공간구조와 장기발전방향을 제시하고, 토지이용·교통·환경·안전·산업·정보통신·보건·후생·문화 등에 관하여 수립하는 계획으로서 「국토의 계획 및 이용에 관한 법률」에 따라 수립되는 도시·군계획
지역계획	특정한 지역을 대상으로 특별한 정책목적을 달성하기 위하여 수립하는 계획
부문별계획	국토전역을 대상으로 하여 특정부문에 대한 장기적인 발전방향을 제시하는 계획

■ 국토계획의 체계

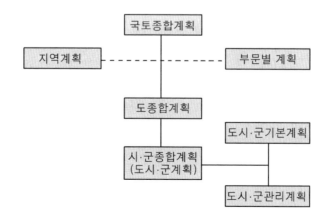

4

도시·군관리계획

1 도시·군관리계획의 수립절차

도시·군관리계획은 도시·군기본계획을 바탕으로 특별시·광역시·특별자치시·특별자치도·시 또는 군의 개발·정비 및 보전을 위해 수립하는 토지이용 등의 계획으로서 다음과 같은 과정을 거쳐 수립된다.

■ 도시·군관리계획의 수립절차

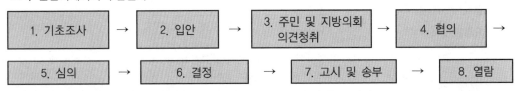

1 도시·군관리계획의 입안권자 (법 제24조)

【1】 특별시장·광역시장·특별자치시장·특별자치도지사·시장 또는 군수가 입안하는 경우

구 분	입안권자	기 타
• 일반적인 경우	관할구역에 대하여 특별시장·광역시장·특별자치시장·특별자치도지사·시장 또는 군수가 입안	―
• 지역여건상 필요하다고 인정하여 미리 인접한 특별시장·광역시장·특별자치시장·특별자치도지사·시장 또는 군수와 협의한 경우	인접한 특별시·광역시·특별자치시·특별자치도·시 또는 군의 관할구역의 전부 또는 일부를 포함하여 특별시장·광역시장·특별자치시장·특별자치도지사·시장 또는 군수가 입안	• 인접한 관할구역에 대한 도시·군관리계획은 관계 특별시장·광역시장·특별자치시장·특별자치도지사·시장 또는 군수가 협의하여 공동으로 입안하거나 입안할 자를 정함 • 협의가 이루어지지 않을 경우 다음의 자가 입안자를 지정하고, 이를 고시하여야 한다. 1. 같은 도의 관할구역에 속할 때 : 관할 도지사 2. 둘 이상의 시·도의 관할구역에 걸치는 때 : 국토교통부장관 (수산자원보호구역의 경우 해양수산부장관을 말함)
• 인접한 특별시·광역시·특별자치시·특별자치도 또는 군의 관할구역을 포함하여 도시·군기본계획을 수립한 경우		

【2】 국토교통부장관 또는 도지사가 입안하는 경우

입안권자	내　용	기　타
• 국토교통부장관 (직접 또는 관계 중앙행정기관의 장의 요청에 의하여 입안)	1. 국가계획과 관련된 경우 2. 둘 이상의 시·도에 걸쳐 지정되는 용도지역·용도지구 또는 용도구역과 둘 이상의 시·도에 걸쳐 이루어지는 사업의 계획 중 도시·군관리계획으로 결정하여야 할 사항이 있는 경우 3. 특별시장·광역시장·특별자치시장·특별자치도지사·시장 또는 군수가 조정기한까지 국토교통부장관의 도시·군관리계획의 조정요구에 따라 도시·군관리계획을 정비하지 아니하는 경우	• 관할 시·도지사 및 시장·군수의 의견을 들어야 함
• 도지사 (직접 또는 시장 이나 군수의 요청에 의하여 입안)	1. 둘 이상의 시·군에 걸쳐 지정되는 용도지역·용도지구 또는 용도구역과 둘 이상의 시·군에 걸쳐 이루어지는 사업의 계획 중 도시·군관리계획으로 결정하여야 할 사항이 포함되어 있는 경우 2. 도지사가 직접 수립하는 사업의 계획으로서 도시·군관리계획으로 결정하여야 할 사항이 포함되어 있는 경우	• 관계시장 또는 군수의 의견을 들어야 함

② 도시·군관리계획의 입안 (법 제25조)

【1】 작성기준

　도시·군관리계획은 광역도시계획 및 도시·군기본계획에 부합되어야 한다.

【2】 작성내용

　국토교통부장관(수산자원보호구역의 경우 해양수산부장관을 말함), 시·도지사, 시장 또는 군수는 도시·군관리계획을 입안하는 때에는 도시·군관리계획도서(계획도 및 계획조서를 말함)와 이를 보조하는 계획설명서(기초조사결과·재원조달방안 및 경관계획 등을 포함)를 작성하여야 한다.

【3】 도시·군관리계획도서 및 계획설명서의 작성기준 등 (영 제18조)

(1) 도시·군관리계획도서 중 계획도는 축척 1/1,000 또는 축척 1/5,000(축척 1/1,000 또는 축척 1/5,000의 지형도가 간행되어 있지 아니한 경우에는 축척 1/25,000)의 지형도(수치지형도를 포함)에 도시·군관리계획사항을 명시한 도면으로 작성하여야 한다.

　　예외 지형도가 간행되어 있지 아니한 경우 해도·해저지형도 등의 도면으로 지형도에 갈음할 수 있다.

(2) 위 (1)의 규정에 의한 계획도가 2매 이상인 경우에는 계획설명서에 도시·군관리계획총괄도 (축척 1/50,000 이상의 지형도에 주요 도시·군관리계획사항을 명시한 도면을 말함)를 포함시킬 수 있다.

③ 도시·군관리계획의 수립기준 (영 제19조)

국토교통부장관은 도시·군관리계획의 수립기준을 정할 때에는 다음 사항을 종합적으로 고려하여야 한다.

1. 광역도시계획 및 도시·군기본계획 등에서 제시한 내용을 수용하고 개별 사업계획과의 관계 및 도시의 성장추세를 고려하여 수립하도록 할 것

2. 도시·군기본계획을 수립하지 아니하는 시·군의 경우 해당 시·군의 장기발전구상 법 도시·군기본계획에 포함될 사항 중 도시·군관리계획의 원활한 수립을 위하여 필요한 사항이 포함되도록 할 것

3. 도시·군관리계획의 효율적인 운영 등을 위하여 필요한 경우에는 특정지역 또는 특정부문에 한정하여 정비할 수 있도록 할 것

4. 공간구조는 생활권단위로 적정하게 구분하고 생활권별로 생활·편익시설이 고루 갖추어지도록 할 것

5. 도시와 농어촌 및 산촌지역의 인구밀도, 토지이용의 특성 및 주변환경 등을 종합적으로 고려하여 지역별로 계획의 상세정도를 다르게 하되, 기반시설의 배치계획, 토지용도 등은 도시와 농어촌 및 산촌지역이 서로 연계되도록 할 것

6. 토지이용계획을 수립할 때에는 주간 및 야간활동인구 등의 인구규모, 도시의 성장추이를 고려하여 그에 적합한 개발밀도가 되도록 할 것

7. 녹지축·생태계·산림·경관 등 양호한 자연환경과 우량농지, 문화재 및 역사문화환경 등을 고려하여 토지이용계획을 수립하도록 할 것

8. 수도권안의 인구집중유발시설이 수도권외의 지역으로 이전하는 경우 종전의 대지에 대하여는 그 시설의 지방이전이 촉진될 수 있도록 토지이용계획을 수립하도록 할 것

9. 도시·군계획시설은 집행능력을 고려하여 적정한 수준으로 결정하고, 기존 도시·군계획시설은 시설의 설치현황과 관리·운영상태를 점검하여 규모 등이 불합리하게 결정되었거나 실현가능성이 없는 시설 또는 존치 필요성이 없는 시설은 재검토하여 해제하거나 조정함으로써 토지이용의 활성화를 도모할 것

10. 도시의 개발 또는 기반시설의 설치 등이 환경에 미치는 영향을 미리 검토하는 등 계획과 환경의 유기적 연관성을 높여 건전하고 지속가능한 도시발전을 도모하도록 할 것

11. 「재난 및 안전관리 기본법」에 따른 시·도안전관리계획 및 시·군·구안전관리계획과 「자연재해대책법」에 따른 시·군· 자연재해저감 종합계획을 충분히 고려하여 수립하도록 할 것

【참고】도시관리계획 수립지침(국토교통부훈령 제1636호, 2023.7.18.)
　　　　저탄소 녹색도시 조성을 위한 도시·군계획수립 지침(국토교통부훈령 제1126호, 2018.12.21.)

4 도시·군관리계획 입안의 제안 (법 제26조)(영 제19조의2)

【1】 도시·군관리계획입안의 제안

(1) 주민(이해관계자를 포함함)은 도시·군관리계획을 입안할 수 있는 자에게 도시·군관리계획의 입안을 제안할 수 있다.

■ 도시·군관리계획의 입안을 제안하려는 자는 다음의 구분에 따라 토지소유자의 동의를 받아야 한다. 이 경우 동의 대상 토지 면적에서 국·공유지는 제외한다.

① 아래 (3)의 1. 관한 사항에 대한 제안의 경우: 대상 토지 면적의 4/5 이상

② 아래 (3)의 2 .및 3.에 관한 사항에 대한 제안의 경우: 대상 토지 면적의 2/3 이상

(2) 도시·군관리계획의 입안을 제안 받은 자는 그 처리결과를 제안일로부터 45일 이내에 도시·군관리계획입안에의 반영여부를 제안자에게 통보하여야 한다.

> 예외 부득이한 사정이 있는 경우 1회에 한하여 30일을 연장 가능

(3) 국토교통부장관, 시·도지사, 시장 또는 군수는 주민의 제안을 도시·군관리계획입안에 반영하는 경우에는 제안서에 첨부된 도시·군관리계획도서와 계획설명서를 도시·군관리계획의 입안에 활용할 수 있다.

■ 주민이 제안할 수 있는 도사군관리계획의 입안에 관한 사항(도사군관리계획서와 계획설명서 첨부)

1. 기반시설의 설치·정비 또는 개량에 관한 사항

2. 지구단위계획구역의 지정 및 변경과 지구단위계획의 수립 및 변경에 관한 사항

3. 다음의 어느 하나에 해당하는 용도지구의 지정 및 변경에 관한 사항

① 개발진흥지구 중 공업기능 또는 유통물류기능 등을 집중적으로 개발·정비하기 위한 개발진흥지구로서 산업·유통개발진흥지구

② 용도지구의 지정에 따라 지정된 용도지구 중 해당 용도지구에 따른 건축물이나 그 밖의 시설의 용도·종류 및 규모 등의 제한을 지구단위계획으로 대체하기 위한 용도지구

4. 입지규제최소구역의 지정 및 변경과 입지규제최소구역계획의 수립 및 변경에 관한 사항

(4) 위 (3)-3.에 따른 산업·유통개발진흥지구의 지정을 제안할 수 있는 대상지역은 다음의 요건을 모두 갖춘 지역으로 한다.

① 지정 대상 지역의 면적은 10,000㎡ 이상 30,000㎡ 미만일 것

② 지정 대상 지역이 자연녹지지역·계획관리지역 또는 생산관리지역일 것.

> 단서 계획관리지역에 있는 기존 공장의 증축이 필요한 경우로서 해당 공장이 도로·철도·하천·건축물·바다 등으로 둘러싸여 있어 증축을 위해서는 불가피하게 보전관리지역 또는 농림지역을 포함하여야 하는 경우에는 전체 면적의 20% 이하의 범위에서 보전관리지역 또는 농림지역을 포함하되, 다음의 어느 하나에 해당하는 경우에는 20% 이상으로 할 수 있다.
>
> ㉠ 보전관리지역 또는 농림지역의 해당 토지가 개발행위허가를 받는 등 이미 개발된 토지인 경우
>
> ㉡ 보전관리지역 또는 농림지역의 해당 토지를 개발하여도 주변지역의 환경오염·환경훼손 우려가 없는 경우로서 해당 도시계획위원회의 심의를 거친 경우

③ 지정 대상 지역의 전체 면적에서 계획관리지역의 면적이 차지하는 비율이 50/100 이상일 것. 이 경우 자연녹지지역 또는 생산관리지역 중 도시·군기본계획에 반영된 지역은 계획관리지역으로 보아 산정한다.

④ 지정 대상 지역의 토지특성이 과도한 개발행위의 방지를 위하여 국토교통부장관이 정하여 고시하는 기준에 적합할 것

(5) 도시·군관리계획의 입안을 제안하려는 경우에는 다음의 요건을 모두 갖추어야 한다.

① 둘 이상의 용도지구가 중첩하여 지정되어 해당 행위제한의 내용을 정비하거나 통합적으로 관리할 필요가 있는 지역을 대상지역으로 제안할 것

② 해당 용도지구에 따른 건축물이나 그 밖의 시설의 용도·종류 및 규모 등의 제한을 대체하는 지구단위계획구역의 지정 및 변경과 지구단위계획의 수립 및 변경에 관한 사항을 동시에 제안할 것

(6) 도시·군관리계획 입안 제안의 세부적인 절차는 국토교통부장관이 정하여 고시한다.

【2】 비용부담

도시·군관리계획의 입안을 제안 받은 자는 제안된 도시·군관리계획의 입안 및 결정에 필요한 비용의 전부 또는 일부를 제안자에게 부담시킬 수 있다.

⑤ 도시·군관리계획의 입안을 위한 기초조사 등 (법 제27조) (영 제21조)

(1) 도시·군관리계획을 입안하는 경우 광역도시계획의 수립을 위한 기초조사의 규정을 준용한다.

(2) 국토교통부장관(수산자원보호구역의 경우 해양수산부장관을 말함), 시·도지사, 시장 또는 군수는 기초조사의 내용에 도시·군관리계획이 환경에 미치는 영향 등에 대한 환경성검토를 포함하여야 한다.

(3) 국토교통부장관, 시·도지사, 시장 또는 군수는 기초조사의 내용에 토지적성평가와 재해취약성분석을 포함하여야 한다.

(4) 도시·군관리계획으로 입안하려는 지역이 도심지에 위치하거나 개발이 끝나 나대지가 없는 등 다음의 구분에 따른 요건에 해당하면 위 (1)~(3)의 규정에 따른 기초조사, 환경성 검토, 토지적성평가 또는 재해취약성분석을 하지 않을 수 있다.

1. 기초조사를 실시하지 아니할 수 있는 요건: 다음의 어느 하나에 해당하는 경우
① 해당 지구단위계획구역이 도심지(상업지역과 상업지역에 연접한 지역을 말한다)에 위치하는 경우
② 해당 지구단위계획구역 안의 나대지면적이 구역면적의 2%에 미달하는 경우
③ 해당 지구단위계획구역 또는 도시·군계획시설부지가 다른 법률에 따라 지역·지구 등으로 지정되거나 개발계획이 수립된 경우
④ 해당 지구단위계획구역의 지정목적이 해당 구역을 정비 또는 관리하고자 하는 경우로서 지구단위계획의 내용에 너비 12m 이상 도로의 설치계획이 없는 경우
⑤ 기존의 용도지구를 폐지하고 지구단위계획을 수립 또는 변경하여 그 용도지구에 따른 건축물이나 그 밖의 시설의 용도·종류 및 규모 등의 제한을 그대로 대체하려는 경우
⑥ 해당 도시·군계획시설의 결정을 해제하려는 경우
⑦ 그 밖에 국토교통부령으로 정하는 요건에 해당하는 경우

2. 환경성 검토를 실시하지 아니할 수 있는 요건: 다음의 어느 하나에 해당하는 경우
① 위 1.의 ①~⑤의 어느 하나에 해당하는 경우
② 「환경영향평가법」에 따른 전략환경영향평가 대상인 도시·군관리계획을 입안하는 경우

3. 토지적성평가를 실시하지 아니할 수 있는 요건: 다음의 어느 하나에 해당하는 경우
① 위 1.의 ①~⑤의 어느 하나에 해당하는 경우
② 도시·군관리계획 입안일부터 5년 이내에 토지적성평가를 실시한 경우
③ 주거지역·상업지역 또는 공업지역에 도시·군관리계획을 입안하는 경우
④ 법 또는 다른 법령에 따라 조성된 지역에 도시·군관리계획을 입안하는 경우
⑤ 「개발제한구역의 지정 및 관리에 관한 특별조치법 시행령」에 따른 다음의 ㉠·㉡ 또는 ㉢

(㉠ 또는 ㉡에 해당하는 지역과 연접한 대지로 한정한다)의 지역에 해당하여 개발제한구역에서 조정 또는 해제된 지역에 대하여 도시·군관리계획을 입안하는 경우

㉠ 개발제한구역에 대한 환경평가 결과 보존가치가 낮게 나타나는 곳으로서 도시용지의 적절한 공급을 위하여 필요한 지역. 이 경우 도시의 기능이 쇠퇴하여 활성화할 필요가 있는 지역과 연계하여 개발할 수 있는 지역을 우선적으로 고려하여야 한다.

㉡ 주민이 집단적으로 거주하는 취락으로서 주거환경 개선 및 취락 정비가 필요한 지역

㉢ 개발제한구역 경계선이 관통하는 대지(대지: 「공간정보의 구축 및 관리 등에 관한 법률」에 따라 각 필지로 구획된 토지를 말한다)로서 다음 각각의 요건을 모두 갖춘 지역

　ⓐ 개발제한구역의 지정 당시 또는 해제 당시부터 대지의 면적이 1천제곱미터 이하로서 개발제한구역 경계선이 그 대지를 관통하도록 설정되었을 것

　ⓑ 대지 중 개발제한구역인 부분의 면적이 기준 면적 이하일 것. 이 경우 기준 면적은 특별시·광역시·특별자치시·도 또는 특별자치도(이하 "시·도"라 한다)의 관할구역 중 개발제한구역 경계선이 관통하는 대지의 수, 그 대지 중 개발제한구역인 부분의 규모와 그 분포 상황, 토지이용 실태 및 지형·지세 등 지역 특성을 고려하여 시·도의 조례로 정한다.

⑥ 「도시개발법」에 따른 도시개발사업의 경우

⑦ 지구단위계획구역 또는 도시·군계획시설부지에서 도시·군관리계획을 입안하는 경우

⑧ 다음의 어느 하나에 해당하는 용도지역·용도지구·용도구역의 지정 또는 변경의 경우

㉠ 주거지역·상업지역·공업지역 또는 계획관리지역의 그 밖의 용도지역으로의 변경(계획관리지역을 자연녹지지역으로 변경하는 경우는 제외한다)

㉡ 주거지역·상업지역·공업지역 또는 계획관리지역 외의 용도지역 상호간의 변경(자연녹지지역으로 변경하는 경우는 제외한다)

㉢ 용도지구·용도구역의 지정 또는 변경(개발진흥지구의 지정 또는 확대지정은 제외한다)

⑨ 다음의 어느 하나에 해당하는 기반시설을 설치하는 경우

㉠ 용도지역별 개발행위규모(시행령 제55조제1항 각 호)에 해당하는 기반시설

㉡ 도로·철도·궤도·수도·가스 등 선형(線型)으로 된 교통시설 및 공급시설

㉢ 공간시설(체육공원·묘지공원 및 유원지는 제외한다)

㉣ 방재시설 및 환경기초시설(폐차장은 제외한다)

㉤ 개발제한구역 안에 설치하는 기반시설

4. 재해취약성분석을 실시하지 않을 수 있는 요건: 다음의 어느 하나에 해당하는 경우

① 위 1.의 ①~⑤의 어느 하나에 해당하는 경우

② 도시·군관리계획 입안일부터 5년 이내에 재해취약성분석을 실시한 경우

③ 위 3.의 ⑦ 및 ⑧의 어느 하나에 해당하는 경우(방재지구의 지정·변경은 제외한다)

④ 다음의 어느 하나에 해당하는 기반시설을 설치하는 경우

㉠ 위 3.의 ⑨-㉠의 기반시설

㉡ 공간시설 중 녹지·공공공지

【참고】 토지의 적성평가

(1) 토지적성평가의 의의

토지적성평가는 전국토의 "환경친화적이고 지속가능한 개발"을 보장하고 개발과 보전이 조화되는 "선계획·후개발의 국토관리체계"를 구축하기 위하여 각종의 토지이용계획이나 주요시설의 설치에 관한 계획을 입안하고자 하는 경우에 토지의 환경 생태적·물리적·공간적 특성을 종합적으로 고려하여 개별 토지가 갖는 환경적·사회적 가치를 과학적으로 평가함으로써 보전할 토지와 개발 가능한 토지를 체계적으로 판단할 수 있도록 계획을 입안하는 단계에서 실시하는 기초조사이다.

평가특성		평 가 지 표 군
물리적 특성		경사도, 표고
지역특성	개발성 지표	도시용지비율, 용도전용비율, 도시용지 인접비율, 지가수준
	보전성 지표	농업진흥지역비율, 전·답·과수원 면적비율, 경지정리 면적비율, 생태자 연도 상위등급비율, 공적규제지역 면적비율, 녹지자연도 상위등급비율, 임상도 상위등급비율, 보전산지비율
공간적 입지특성[1]	개발성 지표	기개발지와의 거리, 공공편익시설과의 거리, 도로와의 거리,
	보전성 지표	경지정리지역과의 거리, 공적규제지역과의 거리, 하천·호소·농업용 저수지와의 거리, 해안선과의 거리

주1) 행정구역과 관계없이 최단 거리에 있는 시설 등을 기준으로 평가함으로 원칙으로 한다.

> [단서] 장애물 등으로 평가대상 토지의 적성에 영향을 주지 않는 경우에는 주변상황을 고려하여 그
> 적용을 배제하며, 기개발지·경지정리지역·공적규제지역 등의 면적이 작아 평가대상 토지의
> 적성에 미치는 영향이 미미하다고 판단되는 경우에도 그 적용을 배제할 수 있다.

■ **평가지표군 및 평가지표** ([별표 1], 위 (1) 관련)

(2) 토지적성평가의 범위

토지적성평가는 관리지역을 보전관리지역·생산관리지역 및 계획관리지역으로 세분하는 등 용
도지역이나 용도지구를 지정 또는 변경하는 경우, 일정한 지역·지구 안에서 도시·군계획시설
을 설치하기 위한 계획을 입안하고자 하는 경우, 도시개발사업 및 정비사업에 관한 계획 또는
지구단위계획을 수립하는 경우에 이를 실시한다.

【참고】 토지의 적성평가에 관한 지침(국토교통부훈령 제1465호, 2021.12.21)

6 주민 및 지방의회의 의견청취 (법
제28조)

【1】 주민의 의견청취

(1) 국토교통부장관(수산자원보호구역의 경우 해양수산부장관을 말함), 시·도지사, 시장 또는 군수
는 도시·군관리계획을 입안할 경우 주민의 의견을 청취하여야 하며, 그 의견이 타당하다고 인정
되는 경우 도시·군관리계획에 반영해야 한다.

(2) 주민의 의견청취 (영
제22조)

① (5)에 따라 조례로 주민의 의견 청취에 필요한 사항을 정할 때 적용되는 기준은 다음과 같다.

1. 도시·군관리계획안의 주요 내용을 다음 매체에 각각 공고할 것
   ① 해당 지방자치단체의 공보나 둘 이상의 일반일간신문[1]
   ② 해당 지방자치단체의 인터넷 홈페이지 등의 매체
2. 도시·군관리계획안을 14일 이상의 기간 동안 일반인이 열람할 수 있도록 할 것

주1) 「신문 등의 진흥에 관한 법률」에 따라 전국 또는 해당 지방자치단체를 주된 보급지역으로 등록한 일
반일간신문을 말함

② ①의 규정에 의하여 공고된 도시·군관리계획안의 내용에 대하여 의견이 있는 자는 열람기간내에
특별시장·광역시장·특별자치시장·특별자치도지사·시장 또는 군수에게 의견서를 제출할 수 있다.

③ 국토교통부장관, 시·도지사, 시장 또는 군수는 ③에 따라 제출된 의견을 도시·군관리계획안에 반영할 것인지 여부를 검토하여 그 결과를 열람기간이 종료된 날부터 60일 이내에 해당 의견을 제출한 자에게 통보해야 한다.

(3) (2)에 따라 도시·군관리계획안을 받은 특별시장·광역시장·특별자치시장·특별자치도지사·시장 또는 군수는 명시된 기한까지 그 도시·군관리계획안에 대한 주민의 의견을 들어 그 결과를 국토교통부장관이나 도지사에게 제출하여야 한다.

(4) 국토교통부장관, 시·도지사, 시장 또는 군수는 다음의 어느 하나에 해당하는 경우로서 그 내용이 해당 지방자치단체의 조례로 정하는 중요한 사항인 경우에는 그 내용을 다시 공고·열람하게 하여 주민의 의견을 들어야 한다.

① 위 (1)에 따라 청취한 주민 의견을 도시·군관리계획안에 반영하고자 하는 경우

② 관계 행정기관의 장과의 협의 및 중앙도시계획위원회의 심의, 시·도도시계획위원회의 심의 또는 시·도에 두는 건축위원회와 도시계획위원회의 공동 심의에서 제시된 의견을 반영하여 도시·군관리계획을 결정하고자 하는 경우

(5) (1) 및 (4)에 따른 주민의 의견 청취에 필요한 사항은 대통령령으로 정하는 기준에 따라 해당 지방자치단체의 조례로 정한다.

(6) 국토교통부장관, 시·도지사, 시장 또는 군수는 도시·군관리계획을 입안하려면 해당 지방의회의 의견을 들어야 한다.

(7) 국토교통부장관이나 도지사가 (6)에 따라 지방의회의 의견을 듣는 경우에는 (2)와 (3)을 준용한다. 이 경우 "주민"은 "지방의회"로 본다.

(8) 특별시장·광역시장·특별자치시장·특별자치도지사·시장 또는 군수가 (6)에 따라 지방의회의 의견을 들으려면 의견 제시 기한을 밝혀 도시·군관리계획안을 송부하여야 한다. 이 경우 해당 지방의회는 명시된 기한까지 특별시장·광역시장·특별자치시장·특별자치도지사·시장 또는 군수에게 의견을 제시하여야 한다.

【2】 지방의회의 의견청취

국토교통부장관, 시·도지사, 시장 또는 군수는 도시·군관리계획입안시 아래 표의 사항에 대하여 해당 지방의회의 의견을 들어야 한다. 특별시장·광역시장·특별자치시장·특별자치도지사·시장 또는 군수가 지방의회의 의견을 듣고자 하는 경우 의견제시기한을 명시하여 도시·군관리계획안을 송부하고, 지방의회는 기한 내에 의견을 제시하여야 한다.

의 견 청 취 사 항	예 외
1. 용도지역·용도지구 또는 용도구역의 지정 및 변경지정 예외 용도지구에 따른 건축물이나 그 밖의 시설의 용도·종류 및 규모 등의 제한을 그대로 지구단위계획으로 대체하기 위한 경우로서 해당 용도지구를 폐지하기 위하여 도시·군관리계획을 결정하는 경우에는 제외한다. 2. 광역도시계획에 포함된 광역시설의 설치·정비 또는 개량에 관한 도시·군관리계획의 결정 또는 변경결정 3. 다음의 어느 하나에 해당하는 기반시설의 설치·정비 또는 개량에 관한 도시·군관리계획의 결정 또는 변경결정 ① 도로 중 주간선도로* ② 철도 중 도시철도	1. 단위 도시·군계획시설부지 면적의 5% 미만인 시설부지의 변경인 경우(도로의 경우에는 시점 및 종점이 변경되지 아니하고 중심선이 종전에 결정된 도로의 범위를 벗어나지 아니하는 경우에 한하며, 공원 및 녹지의 경우에는 면적이 증가되는 경우에 한함) 2. 지형사정으로 인한 도시·군계획시설의 근소한 위치변경 또는 비탈면 등으로 인한 시설부지의 불가피한 변경인 경우 3. 이미 결정된 도시·군계획시설의 세부시설의 결정 또는 변경인 경우 4. 도시지역의 축소에 따른 용도지역·용도지구·용도구역 또는 지구단위계획구역의 변경인 경우 5. 도시지역외의 지역에서 「농지법」에 따른 농업진흥지역 또는 「산지관리법」에 따른 보전산지를

③ 자동차정류장 중 여객자동차터미널 (시외버스운송사업용에 한함) ④ 공원(「도시공원 및 녹지 등에 관한 법률」에 따른 소공원 및 어린이공원을 제외) ⑤ 유통업무설비 ⑥ 학교 중 대학 ⑦ 공공청사 중 지방자치단체의 청사 ⑧ 하수도(하수종말처리시설에 한함) ⑨ 폐기물처리 및 재활용시설 ⑩ 수질오염방지시설 ⑪ 그 밖에 다음에 해당하는 정하는 시설 　㉠ 공공필요성이 인정되는 체육시설 중 운동장 　㉡ 장사시설 중 화장장·공동묘지·봉안시설(자연장지 또는 장례식장에 화장장·공동묘지·봉안시설 중 한 가지 이상의 시설을 같이 설치하는 경우를 포함한다)	농림지역으로 결정하는 경우 6. 「자연공원법」에 따른 공원구역, 「수도법」에 따른 상수원보호구역, 「문화재보호법」에 의하여 지정된 지정문화재 또는 천연기념물과 그 보호구역을 자연환경보전지역으로 결정하는 경우 7. 그 밖에 국토교통부령이 정하는 경미한 사항의 변경인 경우 8. 지구단위계획으로 결정 또는 변경결정 하는 경우 9. 기반시설의 설치·정비 또는 개량에 관한 것인 경우 지방의회의 권고대로 도시·군계획시설결정을 해제하기 위한 도시·군관리계획을 결정하는 경우

* 주간선도로 : 시·군내 주요지역을 연결하거나 시·군 상호간이나 주요지방 상호간을 연결하여 대량통과교통을 처리하는 도로로서 시·군의 골격을 형성하는 도로를 말함.

예외 국방상 또는 국가안전보장상 기밀을 요하는 사항(관계중앙행정기관의 장의 요청이 있는 것에 한함)이거나 시행령에서 정하는 경미한 사항(위 표의 예외에 해당하는 사항)은 주민 및 지방의회의 의견청취를 생략할 수 있다.

관계법 「도시공원 및 녹지 등에 관한 법률」 제15조【도시공원의 세분 및 규모】

① 도시공원은 그 기능 및 주제에 따라 다음 각 호와 같이 세분한다. 〈개정 2020.2.4., 2021.1.12.〉

1. 국가도시공원: 제19조에 따라 설치·관리하는 도시공원 중 국가가 지정하는 공원
2. 생활권공원: 도시생활권의 기반이 되는 공원의 성격으로 설치·관리하는 공원으로서 다음 각 목의 공원
　가. 소공원: 소규모 토지를 이용하여 도시민의 휴식 및 정서 함양을 도모하기 위하여 설치하는 공원
　나. 어린이공원: 어린이의 보건 및 정서생활의 향상에 이바지하기 위하여 설치하는 공원
　다. 근린공원: 근린거주자 또는 근린생활권으로 구성된 지역생활권 거주자의 보건·휴양 및 정서생활의 향상에 이바지하기 위하여 설치하는 공원
3. 주제공원: 생활권공원 외에 다양한 목적으로 설치하는 다음 각 목의 공원
　가. 역사공원: 도시의 역사적 장소나 시설물, 유적·유물 등을 활용하여 도시민의 휴식·교육을 목적으로 설치하는 공원
　나. 문화공원: 도시의 각종 문화적 특징을 활용하여 도시민의 휴식·교육을 목적으로 설치하는 공원
　다. 수변공원: 도시의 하천가·호숫가 등 수변공간을 활용하여 도시민의 여가·휴식을 목적으로 설치하는 공원
　라. 묘지공원: 묘지 이용자에게 휴식 등을 제공하기 위하여 일정한 구역에 「장사 등에 관한 법률」 제2조제7호에 따른 묘지와 공원시설을 혼합하여 설치하는 공원
　마. 체육공원: 주로 운동경기나 야외활동 등 체육활동을 통하여 건전한 신체와 정신을 배양함을 목적으로 설치하는 공원
　바. 도시농업공원: 도시민의 정서순화 및 공동체의식 함양을 위하여 도시농업을 주된 목적으로 설치하는 공원
　사. 방재공원: 지진 등 재난발생 시 도시민 대피 및 구호 거점으로 활용될 수 있도록 설치하는 공원
　아. 그 밖에 특별시·광역시·특별자치시·도·특별자치도(이하 "시·도"라 한다) 또는 「지방자치법」 세198소에 따른 서울특별시·광역시 및 특별자치시를 제외한 인구 50만 이상 대도시의 조례로 정하는 공원

② 제1항 각 호의 공원이 갖추어야 하는 규모는 국토교통부령으로 정한다.

7 도시·군관리계획의 결정권자 및 결정의 신청 (법 제29조)(영 제23조)

【1】 도시·군관리계획의 결정권자

(1) 시·도지사

도시·군관리계획은 시·도지사가 직접 또는 시장·군수의 신청에 의하여 결정한다.

> 예외 「지방자치법」에 따른 서울특별시와 광역시 및 특별자치시를 제외한 인구 50만 이상의 대도시(이하 "대도시"라 함)의 경우에는 해당 시장("대도시 시장"이라 함)이 직접 결정하고, 다음의 도시·군관리계획은 시장 또는 군수가 직접 결정한다.
> ① 시장 또는 군수가 입안한 지구단위계획구역의 지정·변경과 지구단위계획의 수립·변경에 관한 도시·군관리계획
> ② 지구단위계획으로 대체하는 용도지구 폐지에 관한 도시·군관리계획[해당 시장(대도시 시장은 제외함) 또는 군수가 도지사와 미리 협의한 경우에 한정한다]

■ 기존의 국토교통부장관이 결정하는 다음에 해당하는 도시·군관리계획은 시·도지가 직접 결정한다.

1. 일단의 토지의 총면적이 5㎢ 이상에 해당하는 도시지역·관리지역·농림지역 또는 자연환경보전지역간의 용도지역의 지정 및 변경에 관한 도시·군관리계획

> 예외 도시지역외의 지역에서 해당법률에 따른 농공단지·군립공원·상수원보호구역의 지정 및 체육시설의 입지를 위한 도시·군기본계획의 변경의 범위에 해당하는 경우를 제외한다.

2. 녹지지역을 50만㎡ 이상의 주거지역·상업지역 또는 공업지역으로 변경하는 사항에 관한 도시·군관리계획(도시·군기본계획이 수립되지 아니한 시·군에 한함)

3. 토지면적 5㎢ 이상에 해당하는 지구단위계획구역의 지정 및 변경에 관한 도시·군관리계획

(2) 국토교통부장관

다음의 도시·군관리계획은 국토교통부장관이 결정한다.
① 국토교통부장관이 입안한 도시·군관리계획
② 개발제한구역의 지정 및 변경에 관한 도시·군관리계획
③ 시가화조정구역의 지정 및 변경에 관한 도시·군관리계획

(3) 해양수산부장관

수산자원보호구역의 지정 및 변경에 관한 도시·군관리계획은 해양수산부장관이 결정한다.

【2】 도시·군관리계획의 결정 신청

(1) 시장 또는 군수는 도시·군관리계획의 결정을 신청하려면 도시·군관리계획도서 및 계획설명서에 다음의 서류를 첨부하여 도지사에게 제출하여야 한다.

> 예외 시장 또는 군수가 국토교통부장관 또는 해양수산부장관에게 도시·군관리계획의 결정을 신청하는 경우에는 도지사를 거쳐야 한다.

1. 주민의견청취 결과

2. 지방의회 의견청취 결과

3. 도시계획위원회의 자문을 거친 경우에는 그 결과

4. 관계행정기관의 장과의 협의에 필요한 서류

5. 중앙도시계획위원회 또는 도 도시계획위원회의 심의에 필요한 서류

(2) 시 · 도지사가 개발제한구역의 지정 및 변경에 관한 도시 · 군관리계획 및 시가화조정구역의 지정 및 변경에 관한 도시 · 군관리계획의 결정을 신청하는 경우에는 위 (1)에 해당하는 서류를 국토해양부장관에게 제출하여야 한다.

(3) 시 · 도지사가 수산자원보호구역의 지정 및 변경에 해당하는 도시 · 군관리계획의 결정을 신청하는 경우에는 위 (1)에 해당하는 서류를 해양수산부장관에게 제출하여야 한다.

8 도시 · 군관리계획의 결정 (법 제30조)

【1】시 · 도지사에 따른 도시·군관리계획의 결정

협 의	협 의 자	내 용
	관계행정기관의 장 (협의요청일로부터 30일 이내 의견제출)	- 일반적인 도시 · 군관리계획
	국토교통부장관	- 국토교통부장관이 입안하여 결정한 도시 · 군관리계획의 변경 - 광역도시계획과 관련하여 시·도지사가 입안한 도시 · 군관리계획 - 개발제한구역이 해제되는 지역에 대하여 해제 이후 최초로 결정되는 도시 · 군관리계획 - 2 이상의 시·도에 걸치는 기반시설의 설치·정비 또는 개량에 관한 도시 · 군관리계획 중 면적 1㎢ 이상의 공원의 면적을 5% 이상 축소하는 것에 관한 도시 · 군관리계획

↓

심 의	심의기관
	시·도 도시계획위원회 예외 시·도지사는 지구단위계획(지구단위계획과 지구단위계획구역을 동시에 결정할 때에는 지구단위계획구역의 지정 또는 변경에 관한 사항을 포함할 수 있다)이나 지구단위계획으로 대체하는 용도지구 폐지에 관한 사항을 결정하는 경우 공동심의 사항에 대하여는 「건축법」에 따라 시·도에 두는 건축위원회와 도시계획위원회가 공동으로 하는 심의를 거쳐야 한다.

↓

결 정	시·도지사

↓

고시 및 송부	시·도지사가 공보에 고시하고 관계 특별시장·광역시장 · 특별자치시장 · 특별자치도지사·시장·군수에게 송부

↓

열 람	관계 시장·군수는 관계서류를 일반이 열람할 수 있도록 하여야 함.

※ 시장 또는 군수가 도시 · 군관리계획을 결정하는 경우에는 위의 규정을 준용한다.

■ 지구단위계획 중 공동심의 사항 (법 제30조제3항 단서)

시·도지사가 다음 사항을 결정할 경우 건축위원회와 도시계획위원회가 공동으로 하는 심의를 거쳐야 한다.

1. 지구단위계획(지구단위계획과 지구단위계획구역을 동시에 결정할 때에는 지구단위계획구역의 지정 또는 변경에 관한 사항을 포함할 수 있다)

2. 지구단위계획으로 대체하는 기존의 용도지구 폐지*에 관한 사항

  * 제52조제1항제1호의2 : 기존의 용도지구를 폐지하고 그 용도지구에서의 건축물이나 그 밖의 시설의 용도·종류 및 규모 등의 제한을 대체하는 사항

■ **공동위원회의 구성기준** $\left(\substack{영 \\ 제25조제2항}\right)$

1. 공동위원회의 위원은 건축위원회 및 도시계획위원회의 위원 중에서 시·도지사 또는 시장·군수가 임명 또는 위촉할 것. 이 경우 지방도시계획위원회에 지구단위계획을 심의하기 위한 분과위원회가 설치되어 있는 경우에는 해당 분과위원회의 위원 전원을 공동위원회의 위원으로 임명 또는 위촉하여야 한다.
2. 공동위원회의 위원 수는 30명 이내로 할 것
3. 공동위원회의 위원 중 건축위원회의 위원이 1/3 이상이 되도록 할 것
4. 공동위원회 위원장은 임명 또는 위촉한 위원 중에서 시·도지사 또는 시장·군수가 임명 또는 위촉할 것

【2】 국토교통부장관에 따른 도시·군관리계획 결정

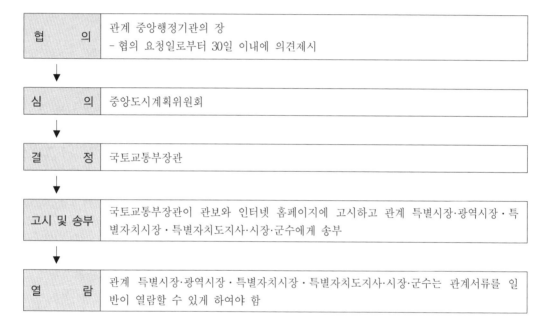

협 의	관계 중앙행정기관의 장 - 협의 요청일로부터 30일 이내에 의견제시
심 의	중앙도시계획위원회
결 정	국토교통부장관
고시 및 송부	국토교통부장관이 관보와 인터넷 홈페이지에 고시하고 관계 특별시장·광역시장·특별자치시장·특별자치도지사·시장·군수에게 송부
열 람	관계 특별시장·광역시장·특별자치시장·특별자치도지사·시장·군수는 관계서류를 일반이 열람할 수 있게 하여야 함

【3】 절차의 생략

(1) 국토교통부장관 또는 시·도지사는 국방상 또는 국가안전보장상 기밀을 요한다고 인정되는 때(관계중앙행정기관의 장의 요청이 있는 때만 해당)에는 도시·군관리계획 내용의 전부 또는 일부에 대하여 협의와 심의절차를 생략할 수 있다.

(2) 도시·군관리계획에 대한 변경절차는 위 【1】, 【2】의 해당 결정 절차를 준용한다.

  예외1 **결정된 도시·군관리계획의 경미한 사항 변경시 협의·심의 제외 가능**$\left(\substack{영 \\ 제25조제3항}\right)\left(\substack{규칙 \\ 제3조}\right)$

  다음의 어느 하나에 해당하는 경우(서로 간에 저촉되지 않는 경우로 한정) 관계행정기관의 장과의 협의, 국토교통부장관과의 협의 및 중앙도시계획위원회 또는 지방도시계획위원회의 심의를 거치지 않고 도시·군관리계획(지구단위계획 및 입지규제최소구역계획은 제외)을 변경할 수 있다.

1. 다음의 어느 하나에 해당하는 경우
   ① 단위 도시·군계획시설부지 면적의 5% 미만의 변경인 경우
      예외 다음 시설은 해당 요건을 충족하는 경우만 해당
         ㉠ 도로: 시작지점 또는 끝지점이 변경(해당 도로와 접한 도시·군계획시설의 변경으로 시작지점 또는 끝지점이 변경되는 경우는 제외)되지 않는 경우로서 중심선이 종전에 결정된 도로의 범위를 벗어나지 않는 경우
         ㉡ 공원 및 녹지: 다음의 어느 하나에 해당하는 경우
            가) 면적이 증가되는 경우
            나) 최초 도시·군계획시설 결정 후 변경되는 면적의 합계가 1만㎡ 미만이고, 최초 도시·군계획시설 결정 당시 부지 면적의 5% 미만의 범위에서 면적이 감소되는 경우
               예외 「도시공원 및 녹지 등에 관한 법률」의 완충녹지(도시지역 외의 지역에서 같은 법을 준용하여 설치하는 경우를 포함)인 경우는 제외
   ② 지형사정으로 인한 도시·군계획시설의 근소한 위치변경 또는 비탈면 등으로 인한 시설부지의 불가피한 변경인 경우
   ③ 그 밖에 경미한 다음 사항의 변경인 경우
      ㉠ 「도시계획시설의 결정·구조 및 설치기준에 관한 규칙」의 규정에 적합한 범위안에서 도로모퉁이변을 조정하기 위한 도시·군계획시설의 변경
      ㉡ 도시·군관리계획결정의 내용 중 면적산정의 착오 등을 정정하기 위한 변경
      ㉢ 「공간정보의 구축 및 관리 등에 관한 법률」 및 「건축법」에 따라 허용되는 오차를 반영하기 위한 변경
      ㉣ 건축물의 건축 또는 공작물의 설치에 따른 변속차로, 차량출입구 또는 보행자출입구의 설치를 위한 도시·군계획시설의 변경
      ㉤ 도시·군계획시설의 명칭의 변경

2. 이미 결정된 도시·군계획시설의 세부시설을 변경하는 경우로서 세부시설 면적, 건축물 연면적 또는 건축물 높이의 변경[50% 미만으로서 시·도 또는 대도시(「지방자치법」에 따른 서울특별시·광역시 및 특별자치시를 제외한 인구 50만 이상 대도시를 말한다. 이하 같다)의 도시·군계획조례로 정하는 범위 이내의 변경은 제외하며, 건축물 높이의 변경은 층수변경이 수반되는 경우를 포함한다]이 포함 되지 않는 경우

3. 도시지역의 축소에 따른 용도지역·용도지구·용도구역 또는 지구단위계획구역의 변경인 경우

4. 도시지역외의 지역에서 「농지법」에 따른 농업진흥지역 또는 「산지관리법」에 따른 보전산지를 농림지역으로 결정하는 경우

5. 「자연공원법」에 따른 공원구역, 「수도법」에 따른 상수원보호구역, 「문화재보호법」에 따라 지정된 지정문화재 또는 천연기념물과 그 보호구역을 자연환경보전지역으로 결정하는 경우

6. 체육시설(세분된 체육시설을 말함) 및 그 부지의 전부 또는 일부를 다른 체육시설 및 그 부지로 변경(둘 이상의 체육시설을 같은 부지에 함께 결정하기 위하여 변경하는 경우를 포함)하는 경우

7. 문화시설(세분된 문화시설을 말하되, 「전시산업발전법」에 따른 전시시설과 「국제회의시설 육성에 관한 법률」에 따른 국제회의 시설은 제외) 및 그 부지의 전부 또는 일부를 다른 문화시설 및 그 부지로 변경(둘 이상의 문화시설을 같은 부지에 함께 결정하기 위하여 변경하는 경우를 포함)하는 경우

8. 장사시설(세분된 장사시설을 말함) 및 그 부지의 전부 또는 일부를 다른 장사시설 및 그 부지로 변경(둘 이상의 장사시설을 같은 부지에 함께 결정하기 위하여 변경하는 경우를 포함)하는 경우

9. 그 밖에 다음에 해당하는 경미한 사항의 변경인 경우
   ① 도시·군계획시설결정의 변경에 따른 용도지역·용도지구 및 용도구역의 변경
   ② 도시·군계획시설결정 또는 용도지역·용도지구·용도구역의 변경에 따른 지구단위계획구역의 변경
   ③ 지구단위계획구역 변경에 따른 개발진흥지구의 변경

예외2 지구단위계획 중 협의·심의를 거치지 아니하고 변경할 수 있는 경우 $\left(\begin{smallmatrix}\text{영}\\\text{제25조제4항}\end{smallmatrix}\right)\left(\begin{smallmatrix}\text{규칙}\\\text{제3조 제2항}\end{smallmatrix}\right)$

지구단위계획 중 다음의 경우(서로 간에 저촉되지 않는 경우로 한정)에는 관계 행정기관의 장과의 협의, 국토교통부장관과의 협의 및 중앙도시계획위원회·지방도시계획위원회 또는 공동위원회의 심의를 거치지 않고 지구단위계획을 변경할 수 있다. 아래 13.(다른 호에 저촉되지 않는 경우로 한정)은 공동위원회의 심의를 거쳐야 한다.

1. 지구단위계획으로 결정한 용도지역·용도지구 또는 도시·군계획시설에 대한 변경결정으로서 위 **예외1** 에 해당하는 변경인 경우

2. 가구(지구단위계획의 수립기준에 따른 별도의 구역을 포함) 면적의 10% 이내의 변경인 경우

3. 획지(劃地:구획된 한 단위의 토지)면적의 30% 이내의 변경인 경우

4. 건축물 높이의 20% 이내의 변경인 경우(층수 변경이 수반되는 경우 포함)

5. 지구단위계획의 용적률 완화 적용 받는 공동개발 대상* 획지의 규모 및 조성계획의 변경인 경우
   * (영 제46조제7항제2호)

6. 건축선 또는 차량 출입구의 변경으로서 다음에 해당 경우
   ① 건축선의 1m 이내의 변경인 경우
   ② 「도시교통정비 촉진법」에 따른 교통영향평가서의 심의를 거쳐 결정된 경우

7. 건축물의 배치·형태 또는 색채의 변경인 경우

8. 지구단위계획에서 경미한 사항으로 결정된 사항의 변경인 경우. **예외** 용도지역·용도지구·도시·군계획시설·가구면적·획지면적·건축물높이 또는 건축선의 변경에 해당하는 사항을 제외

9. 법률 제6655호 부칙*에 따른 제2종지구단위계획으로 보는 개발계획에서 정한 건폐율 또는 용적률을 감소시키거나 10% 이내에서 증가시키는 경우. **예외** 증가시키는 경우 지구단위계획구역 안에서의 건폐율 등의 완화적용에 따른 건폐율·용적률의 한도 초과시 제외
   * (법률 제6655호 국토의계획및이용에관한법률 부칙 제17조제2항)

10. 지구단위계획구역 면적의 10%(용도지역 변경을 포함하는 경우 5%) 이내의 변경 및 동 변경지역 안에서의 지구단위계획의 변경

11. 국토교통부령으로 정하는 경미한 사항
    ① 지구단위계획의 포함 사항 규정에 따른 교통처리계획 중 주차장 출입구, 차량 출입구 또는 보행자 출입구의 위치 변경 및 보행자 출입구의 추가 설치
    ② 지하 또는 공중공간에 설치할 시설물의 높이·깊이·배치 또는 규모
    ③ 대문·담 또는 울타리의 형태 또는 색채
    ④ 간판의 크기·형태·색채 또는 재질
    ⑤ 장애인·노약자 등을 위한 편의시설계획
    ⑥ 에너지 및 자원의 절약과 재활용에 관한 계획
    ⑦ 생물서식공간의 보호·조성·연결 및 물과 공기의 순환 등에 관한 계획
    ⑧ 문화재 및 역사문화환경 보호에 관한 계획

12. 그 밖에 위 1.~11.과 유사한 사항으로서 도시·군계획조례로 정하는 사항의 변경인 경우

13. 「건축법」 등 다른 법령의 규정에 따른 건폐율 또는 용적률 완화 내용을 반영하기 위하여 지구단위계획을 변경하는 경우

(3) 입지규제최소구역계획 중 다음의 경우(다른 호에 저촉되지 않는 경우로 한정)에는 관계 행정기관의 장과의 협의, 국토교통부장관과의 협의 및 중앙도시계획위원회·지방도시계획위원회의 심의를 거치지 않고 입지규제최소구역계획을 변경할 수 있다.

1. 입지규제최소구역계획으로 결정한 용도지역·용도지구, 지구단위계획 또는 도시·군계획시설에 대한 변경결정으로서 위 (2)의 예외1 의 표에 해당하는 변경, 예외2 의 표 2.~5., 6. 및 7.의 어느 하나에 해당하는 변경(다른 호에 저촉되지 않는 경우로 한정)

2. 입지규제최소구역계획에서 경미한 사항으로 결정된 사항의 변경
   예외 용도지역·용도지구, 도시·군계획시설, 가구면적, 획지면적, 건축물 높이 또는 건축선의 변경에 해당하는 사항은 제외

3. 입지규제최소구역 면적의 10% 이내의 변경 및 해당 변경지역 안에서의 입지규제최소구역계획의 변경

9 도시·군관리계획 결정의 효력 (법 제31조)

【1】 도시·군관리계획 결정에 따른 효력

① 도시·군관리계획 결정의 효력은 지형도면을 고시한 날부터 발생한다.

② 위 ①에서 규정한 사항 외에 도시·군관리계획 결정의 효력 발생 및 실효 등에 관하여는 「토지이용규제 기본법」의 규정(제8조제3항~제5항까지)에 따른다.

> 관계법 「토지이용규제 기본법」 제8조 【지역·지구등의 지정 등】
>
> ①, ② "생략"
> ③ 제2항에 따라 지형도면 또는 지적도 등에 지역·지구등을 명시한 도면(이하 "지형도면등"이라 한다)을 고시하여야 하는 지역·지구등의 지정의 효력은 지형도면등의 고시를 함으로써 발생한다. 다만, 지역·지구등을 지정할 때에 지형도면등의 고시가 곤란한 경우로서 대통령령으로 정하는 경우에는 그러하지 아니하다.
> ④ 제3항 단서에 해당되는 경우에는 지역·지구등의 지정일부터 2년이 되는 날까지 지형도면등을 고시하여야 하며, 지형도면등의 고시가 없는 경우에는 그 2년이 되는 날의 다음 날부터 그 지정의 효력을 잃는다.
> ⑤ 제4항에 따라 지역·지구등의 지정이 효력을 잃은 때에는 그 지역·지구등의 지정권자는 대통령령으로 정하는 바에 따라 지체 없이 그 사실을 관보 또는 공보에 고시하고, 이를 관계 특별자치도지사·시장·군수(광역시의 관할 구역에 있는 군의 군수를 포함한다. 이하 같다) 또는 구청장(구청장은 자치구의 구청장을 말하며, 이하 "시장·군수 또는 구청장"이라 한다)에게 통보하여야 한다. 이 경우 시장·군수 또는 구청장은 그 내용을 제12조에 따른 국토이용정보체계(이하 "국토이용정보체계"라 한다)에 등재(登載)하여 일반 국민이 볼 수 있도록 하여야 한다.
> ⑥~⑨ "생략"

【2】 시행중인 사업에 대한 효력

도시·군관리계획 결정 당시 이미 사업 또는 공사에 착수한 자는 해당 도시·군관리계획 결정에 관계없이 공사를 계속할 수 있다.

예외 시가화조정구역 또는 수산자원보호구역의 지정에 관한 도시·군관리계획 결정이 있는 경우 특별시장·광역시장·특별자치시장·특별자치도지사·시장·군수에게 다음과 같이 신고하고 이미 착수한 사업 및 공사를 계속할 수 있다.

시가화조정구역 또는 수산자원 보호구역	결정고시일로부터 3월내에 사업 또는 공사의 내용을 신고한다. (건축을 목적으로하는 토지의 형질변경인 경우 형질변경공사 완료 후 3월내 건축허가신청을 하여야 하며, 토지의 형질변경에 관한 공사를 완료한 후 1년 이내에 도시·군관리계획 결정의 고시가 있는 경우 해당 건축물을 건축하고자 하는 자는 해당 도시·군관리계획 결정의 고시일부터 6월 이내에 건축허가를 신청하는 때에는 해당 건축물을 건축할 수 있다.)

10 도시·군관리계획에 관한 지형도면의 고시 등 (법 제32조)

특별시장·광역시장·특별자치시장·특별자치도지사·시장 또는 군수는 도시·군관리계획 결정이 고시되면 지적(地籍)이 표시된 지형도에 도시·군관리계획에 관한 사항을 자세히 밝힌 도면을 작성하여야 한다.

【1】 지형도면의 작성

작 성 자	승인 등
• 시장 • 군수	1. 시장(대도시 시장은 제외)이나 군수가 지형도에 도시·군관리계획(지구단위계획 구역의 지정·변경과 지구단위계획의 수립·변경에 관한 도시·군관리계획은 제외)에 관한 사항을 자세히 밝힌 지형도면을 작성하면 도지사의 승인을 받아야 한다. 2. 승인신청을 받은 도지사는 결정·고시된 도시·군관리계획과 대조하여 착오가 없다고 인정되면 30일 이내에 승인하여야 한다.
• 국토교통부장관* • 도지사	– 도시·군관리계획을 직접 입안한 경우 관계 특별시장·광역시장·특별자치시장·특별자치도지사·시장·군수의 의견을 들어 직접 작성할 수 있다. * 수산자원보호구역의 경우:해양수산부장관

【2】 지형도면의 고시 및 열람

고시	국토교통부장관, 시·도지사, 시장 또는 군수는 직접 지형도면을 작성하거나 지형도면을 승인한 경우에는 이를 고시하여야 한다.

열 람	특별시장·광역시장·특별자치시장·특별자치도지사·시장·군수는 일반인이 열람할 수 있도록 하여야 한다.

【참고】 지형도면 고시의 의의

• 결정된 도시·군관리계획의 내용을 지형도에 표시하여 일반인이 결정된 도시·군관리계획의 내용을 쉽게 이해할 수 있도록 함
• 도시·군관리계획결정 고시일로부터 2년 이내에 지형도면 고시가 없는 경우 결정된 도시·군관리계획은 2년이 되는 날의 다음날에 자동적으로 효력을 상실함

【3】 「토지이용규제 기본법」의 규정 준용

위 【1】 및 【2】에 따른 지형도면의 작성기준 및 방법과 지형도면의 고시방법 및 절차 등에 관하여는 「토지이용규제 기본법」의 규정에 따른다.

> 관계법 「토지이용규제 기본법 시행령」 제7조 【지형도면등의 작성·고시방법】
> ① 법 제8조제2항 본문에 따라 지적이 표시된 지형도에 지역·지구등을 명시한 도면(이하 "지형도면"이라 한다)을 작성할 때에는 축척 500분의 1 이상 1천500분의 1 이하(녹지지역의 임야, 관리지역, 농림지역 및 자연환경보전지역은 축척 3천분의 1 이상 6천분의 1 이하로 할 수 있다)로 작성하여야 한다.
> ② 제1항에 따라 작성하는 지형도면은 법 제12조에 따른 국토이용정보체계(이하 "국토이용정보체계"라 한다)상에 구축되어 있는 지적이 표시된 지형도의 데이터베이스를 사용하여야 한다.
> ③ 법 제8조제2항 단서에 따라 지형도면을 작성·고시하지 아니하거나, 지형도면을 갈음하여 지적도(국토이용정보체계상에 구축되어 있는 연속지적도를 말한다. 이하 같다) 등에 지역·지구등을 명시한 도면을 작성하여 고시하는 경우는 다음 각 호와 같다. 〈개정 2012.4.10〉

1. 지형도면을 작성·고시하지 아니하는 경우
  가. 지역·지구등의 경계가 행정구역 경계와 일치하는 경우
  나. 별도의 지정절차 없이 법령 또는 자치법규에 따라 지역·지구등의 범위가 직접 지정되는 경우
  다. 관계 법령에 따라 지역·지구등의 지정이 의제되는 경우. 다만, 해당 법령에서 지역·지 구등의 지정 시 지형도면 또는 지적도 등에 지역·지구등을 명시한 도면(이하 "지형도면 등"이라 한다)을 고시하도록 규정하고 있으나, 의제하는 법령에서는 그 지형도면등의 고 시까지 의제하고 있지 아니하는 경우는 제외한다.
2. 지형도면을 갈음하여 지적도에 지역·지구등을 명시한 도면을 작성하여 고시하는 경우
  가. 도시·군계획사업·택지개발사업 등 개발사업이 완료된 지역에서 지역·지구등을 지정하 는 경우
  나. 지역·지구등의 경계가 지적선을 기준으로 결정되는 경우
  다. 국토이용정보체계상에 지적이 표시된 지형도의 데이터베이스가 구축되어 있지 아니하거 나 지형과 지적의 불일치로 지형도의 활용이 곤란한 경우
3. 해도나 해저지형도를 이용할 수 있는 경우
  해수면을 포함하는 지역·지구등을 지정하는 경우(해수면 부분만 해당한다)
④ 법 제8조제3항 단서에서 "대통령령으로 정하는 경우"란 제3항제2호에 따라 지적도에 지역·지 구등을 명시할 수 있으나 지적과 지형의 불일치 등으로 지적도의 활용이 곤란한 경우를 말한다.
⑤ 제1항부터 제3항까지의 규정에 따른 도면이 2매 이상인 경우에는 축척 5천분의 1 이상 5만분 의 1 이하의 총괄도를 따로 첨부할 수 있다.
⑥ 법 제8조제2항에 따라 중앙행정기관의 장이나 지방자치단체의 장이 지역·지구등의 지정과 지 형도면등을 관보나 공보에 고시할 때에는 같은 내용을 해당 중앙행정기관이나 지방자치단체의 인 터넷 홈페이지에 동시에 게재하여야 한다.
⑦ 중앙행정기관의 장이나 지방자치단체의 장이 법 제8조제5항에 따라 지역·지구등의 지정이 효 력을 잃은 사실을 고시하는 경우에는 다음 각 호의 사항이 포함되어야 한다.
  1. 지역·지구등의 명칭·위치 및 면적
  2. 지역·지구등의 지정 고시일
  3. 지역·지구등 지정의 실효 사유와 실효일
⑧ 법 제8조제8항 본문에서 "대통령령으로 정하는 사항"이란 다음 각 호의 사항을 말한다.
  1. 지역·지구등의 명칭·위치 및 면적
  2. 지역·지구등의 지정 고시 예정일 및 효력 발생 예정일
  3. 지형도면등 및 이와 관련된 전산자료
⑨ 〈생략〉
⑩ 제1항부터 제9항까지에서 규정한 사항 외에 지형도면등의 작성기준, 작성방법 및 도면관리 등 에 관하여 필요한 사항은 국토교통부장관이 정하여 고시한다. 〈개정 2013.3.23.〉

【참고】 지역·지구등의 지형도면 작성에 관한 지침(국토교통부고시 제2022-274호, 2022.5.18.)

11 도시·군관리계획의 정비(법 제34조)

【1】 도시·군관리계획의 정비

특별시장·광역시장·특별자치시장·특별자치도지사·시장 또는 군수는 5년마다 관할구역의 도시·군 관리계획에 대하여 그 타당성 여부를 전반적으로 재검토하여 정비하여야 한다.

【2】 정비에 따른 고려 사항 (영 제29조)

(1) 특별시장·광역시장·특별자치시장·특별자치도지사·시장 또는 군수는 도시·군관리계획을 정비함에 있어서 다음의 사항을 검토하여 도시·군관리계획입안에 반영하여야 한다.

① 도시·군계획시설 설치에 관한 도시·군관리계획

1. 도시·군계획시설결정의 고시일부터 3년 이내에 해당 도시·군계획시설의 설치에 관한 도시·군계획 시설사업의 전부 또는 일부가 시행되지 아니한 경우 해당 도시·군계획시설결정의 타당성

2. 도시·군계획시설결정에 따라 설치된 시설 중 여건 변화 등으로 존치 필요성이 없는 도시·군계획 시설에 대한 해제 여부

② 용도지구 지정에 관한 도시·군관리계획

1. 지정목적을 달성하거나 여건 변화 등으로 존치 필요성이 없는 용도지구에 대한 변경 또는 해제 여부

2. 해당 용도지구와 중첩하여 지구단위계획구역이 지정되어 지구단위계획이 수립되거나 다른 법률에 따른 지역·지구 등이 지정된 경우 해당 용도지구의 변경 및 해제 여부 등을 포함한 용도지구 존치의 타당성

3. 둘 이상의 용도지구가 중첩하여 지정되어 있는 경우 용도지구의 지정 목적, 여건 변화 등을 고려할 때 해당 기존의 용도지구를 폐지하고 그 용도지구에서의 건축물이나 그 밖의 시설의 용도·종류 및 규모 등의 제한을 대체하는 사항을 내용으로 하는 지구단위계획으로 대체할 필요성이 있는지 여부

(2) 도시·군기본계획을 수립하지 않은 시·군의 시장·군수가 도시·군관리계획을 정비하는 때에는 계획설명서에 해당 시·군의 장기발전구상을 포함시켜야 하며, 공청회를 개최하여 이에 관한 주민의 의견을 들어야 한다.

(3) (2)에 따른 공청회의 개최 등에 관하여는 영 제12조(광역도시계획의 수립을 위한 공청회)의 규정을 준용한다.

12 도시·군관리계획 입안의 특례(법 제35조)

(1) 국토교통부장관, 시·도지사, 시장 또는 군수는 도시·군관리계획을 조속히 입안하여야 할 필요가 있다고 인정되면 광역도시계획이나 도시·군기본계획을 수립할 때에 도시·군관리계획을 함께 입안할 수 있다.

【참고】 도시·군기본계획과 도시·군관리계획의 차이점

구 분	도시·군기본계획	도시·군관리계획
계획 목적	• 도시·군개발 방향, 미래상 제시	• 구체적 개발지침 및 절차제시
계획 내용	• 물적·비물적 종합계획	• 물적 위주의 계획
계획 기간	• 20년 (5년마다 재검토)	• 10년 (5년마다 재검토)

구속 대상(성격)	• 관할 행정청 (행정명령 성격)	• 개별 시민 (행정처분 성격, 행정소송의 대상)
입안 · 수립권자	• 특별시장, 광역시장, 특별자치시장, 특별자치도지사, 대도시시장, 시 장, 군수	• 원칙 : 특별시장, 광역시장, 특별자치시장, 특별자치도지사, 대도시시장, 시장, 군수 • 예외: 국토교통부장관, 도지사
승인권자	• 시 · 도지사 (시장, 군수가 수립한 경우)	• 시 · 도지사 (시장, 군수가 수립한 경우)
계획 범위	• 관할 행정구역	• 관할 행정구역
표현 방식	• 개념적, 계획적 표현	• 구체적 표현
도면 축척	• 1/25,000~1/50,000	• 1/500~1/5,000 (고시 의무)
주민참여 방법	• 공청회	• 의견청취

(2) 국토교통부장관(수산자원보호구역의 경우 해양수산부장관), 시·도지사, 시장 또는 군수는 필요하다고 인정되면 도시·군관리계획을 입안할 때에 법 제30조제1항(도시·군관리계획 결정 전 미리협의)에 따라 협의하여야 할 사항에 관하여 관계 중앙행정기관의 장이나 관계 행정기관의 장과협의할 수 있다. 이 경우 시장이나 군수는 도지사에게 그 도시·군관리계획(지구단위계획구역의지정·변경과 지구단위계획의 수립·변경에 관한 도시·군관리계획은 제외)의 결정을 신청할 때에관계 행정기관의 장과의 협의 결과를 첨부하여야 한다.

(3) (2)에 따라 미리 협의한 사항에 대하여는 법 제30조제1항에 따른 협의를 생략할 수 있다.

2 용도지역 · 용도지구 · 용도구역

1 용도지역의 지정 (법 제36조)

【1】 정의

"용도지역"이라 함은 토지의 이용 및 건축물의 용도·건폐율(「건축법」 제55조의 건축물의 건폐율을 말함)·용적률(「건축법」 제56조의 건축물의 용적률을 말함)·높이 등을 제한함으로써 토지를 경제적·효율적으로 이용하고 공공복리의 증진을 도모하기 위하여 서로 중복되지 아니하게 도시·군관리계획으로 결정하는 지역을 말한다.

■ 국토의 용도구분(법 제6조, 법 제7조)

국토는 토지의 이용실태 및 특성, 장래의 토지이용방향 등을 고려하여 다음과 같은 용도지역으로 구분한다. 또한, 국가 또는 지방자치단체는 용도지역의 효율적인 이용 및 관리를 위하여 해당 용도지역에 관한 개발·정비 및 보전에 필요한 조치를 강구하여야 한다.

구 분	내 용	관리의무
도시지역	인구와 산업이 밀집되어 있거나 밀집이 예상되어 해당 지역에 대하여 체계적인 개발·정비·관리·보전 등이 필요한 지역	이 법 또는 관계 법률이 정하는 바에 따라 해당 지역이 체계적이고 효율적으로 개발·정비·보전될 수 있도록 미리 계획을 수립하고 이를 시행하여야 함.
관리지역	도시지역의 인구와 산업을 수용하기 위하여 도시지역에 준하여 체계적으로 관리하거나 농림업의 진흥, 자연환경 또는 산림의 보전을 위하여 농림지역 또는 자연환경보전지역에 준하여 관리가 필요한 지역	이 법 또는 관계 법률이 정하는 바에 따라 필요한 보전조치를 취하고 개발이 필요한 지역에 대하여는 계획적인 이용과 개발을 도모하여야 함.
농림지역	도시지역에 속하지 아니하는 「농지법」에 따른 농업진흥지역 또는 「산림관리법」에 따른 보전산지 등으로서 농림업의 진흥과 산림의 보전을 위하여 필요한 지역	이 법 또는 관계 법률이 정하는 바에 따라 농림업의 진흥과 산림의 보전·육성에 필요한 조사와 대책을 마련하여야 함.
자연환경보전지역	자연환경·수자원·해안·생태계·상수원 및 문화재의 보전과 수산자원의 보호·육성 등을 위하여 필요한 지역	이 법 또는 관계 법률이 정하는 바에 따라 환경오염방지, 자연환경·수질·수자원·해안·생태계 및 문화재의 보전과 수산자원의 보호·육성을 위하여 필요한 조사와 대책을 마련하여야 함.

【참고】 국토의 용도지역 구분

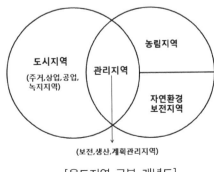

[용도지역 구분 개념도]

[용도지역별 지정현황(2021년 기준)]

※ 대한민국 국토(남한)의 면적은 2021년 말을 기준으로 100,188.1(㎢)정도이다.(출처:국토교통부 「지적통계연보」)

【2】 용도지역의 지정 및 세분(1)$\left(\substack{법 \\ 제36조}\right)\left(\substack{영 \\ 제30조}\right)$

(1) 국토교통부장관, 시·도지사 또는 대도시 시장은 용도지역의 지정 또는 변경을 도시·군관리계획으로 지정한다. 또한 주거지역·상업지역·공업지역 및 녹지지역을 다음과 같이 세분하여 지정할 수 있다.

구분	용도지역/내용	용도지역의 세분		
		구 분		내 용
도시지역	주거지역 (거주의 안녕과 건전한 생활환경의 보호를 위하여 필요한 지역)	전용주거지역 : 양호한 주거 환경을 보호하기 위하여 필요한 지역	제1종 전용주거지역	단독주택 중심의 양호한 주거환경을 보호하기 위하여 필요한 지역
			제2종 전용주거지역	공동주택 중심의 양호한 주거환경을 보호하기 위하여 필요한 지역
		일반주거지역 : 편리한 주거환경을 조성하기 위하여 필요한 지역	제1종 일반주거지역	저층주택을 중심으로 편리한 주거환경을 조성하기 위하여 필요한 지역
			제2종 일반주거지역	중층주택을 중심으로 편리한 주거환경을 조성하기 위하여 필요한 지역
			제3종 일반주거지역	중·고층주택을 중심으로 편리한 주거환경을 조성하기 위하여 필요한 지역
		준주거지역		주거기능을 위주로 이를 지원하는 일부 상업·업무기능을 보완하기 위하여 필요한 지역
	상업지역 (상업 그 밖의 업무의 편익증진을 위하여 필요한 지역)	중심상업지역		도심·부도심의 상업 및 업무기능의 확충을 위하여 필요한 지역
		일반상업지역		일반적인 상업 및 업무기능을 담당하게 하기 위하여 필요한 지역
		근린상업지역		근린지역에서의 일용품 및 서비스의 공급을 위하여 필요한 지역
		유통상업지역		도시내 및 지역간 유통기능의 증진을 위하여 필요한 지역
	공업지역 (공업의 편익 증진을 위하여 필요한 지역)	전용공업지역		주로 중화학공업·공해성공업 등을 수용하기 위하여 필요한 지역
		일반공업지역		환경을 저해하지 아니하는 공업의 배치를 위하여 필요한 지역
		준공업지역		경공업 그 밖의 공업을 수용하되, 주거·상업·업무기능의 보완이 필요한 지역
	녹지지역 (자연환경·농지 및 산림의 보호, 보건위생, 보안과 도시의 무질서한 확산을 방지하기 위하여 녹지의 보전이 필요한 지역)	보전녹지지역		도시의 자연환경·경관·산림 및 녹지공간을 보전할 필요가 있는 지역
		생산녹지지역		주로 농업적 생산을 위하여 개발을 유보할 필요가 있는 지역
		자연녹지지역		도시의 녹지공간의 확보, 도시확산의 방지, 장래 도시용지의 공급 등을 위하여 보전할 필요가 있는 지역으로서 불가피한 경우에 한하여 제한적인 개발이 허용되는 지역

(2) 시·도지사 또는 대도시 시장은 해당 시·도 또는 대도시의 도시·군계획조례로 정하는 바에 따라 도시·군관리계획결정으로 위 (1)에 따라 세분된 주거지역·상업지역·공업지역·녹지지

역을 추가적으로 세분하여 지정할 수 있다.

【3】 용도지역의 지정 및 세분(2)

구 분		세분 및 내용
관리지역	보전관리지역	자연환경보호, 산림보호, 수질오염방지, 녹지공간 확보 및 생태계 보전 등을 위하여 보전이 필요하나, 주변의 용도지역과의 관계 등을 고려할 때 자연환경보전지역으로 지정하여 관리하기가 곤란한 지역
	생산관리지역	농업·임업·어업생산 등을 위하여 관리가 필요하나, 주변의 용도지역과의 관계 등을 고려할 때 농림지역으로 지정하여 관라하기가 곤란한 지역
	계획관리지역	도시지역으로의 편입이 예상되는 지역 또는 자연환경을 고려하여 제한적인 이용·개발을 하려는 지역으로서 계획적·체계적인 관리가 필요한 지역

※ 농림지역 및 자연환경보전지역은 세분되지 아니함.

【4】 공유수면매립지에 관한 용도지역의 지정 (법 제41조)

공유수면매립지의 용도지역의 지정 등은 다음과 같다.
(1) 공유수면(바다만 해당함)의 매립목적이 해당 매립구역과 이웃하고 있는 용도지역의 내용과 동일한 때에는 도시·군관리계획의 입안 및 결정절차 없이 해당 매립준공구역은 그 매립의 준공인가일부터 이와 이웃하고 있는 용도지역으로 지정된 것으로 본다. 이 경우 관계 특별시장·광역시장·시장 또는 군수는 그 사실을 지체 없이 고시하여야 한다.
(2) 공유수면의 매립목적이 해당 매립구역과 이웃하고 있는 용도지역의 내용과 다른 경우 및 그 매립구역이 둘 이상의 용도지역에 걸쳐 있거나 이웃하고 있는 경우 그 매립구역이 속할 용도지역은 도시·군관리계획결정으로 지정하여야 한다.
(3) 관계 행정기관의 장은 「공유수면 관리 및 매립에 관한 법률」에 따른 공유수면매립의 준공인가를 한 때에는 지체 없이 이를 관계 특별시장·광역시장·특별자치시장·특별자치도지사·시장 또는 군수에게 통보하여야 한다.

【참고】 공유수면(公有水面)
국가 소유에 속하는 하천·바다·호소(湖沼 : 호수와 늪) 등 공공에 사용되는 수류(水流) 또는 수면(水面)을 말한다.

【5】 다른 법률에 의하여 지정된 지역의 용도지역지정 등의 의제(법 제42조)

(1) 도시지역으로 결정·고시된 것으로 보는 경우
  ① 「항만법」에 따른 항만구역으로서 도시지역에 연접된 공유수면
  ② 「어촌·어항법」에 따른 어항구역으로서 도시지역에 연접된 공유수면
  ③ 「산업입지 및 개발에 관한 법률」에 따른 국가산업단지, 일반산업단지, 도시첨단산업단지
  ④ 「택지개발촉진법」에 따른 택지개발지구
  ⑤ 「전원개발촉진법」에 따른 전원개발사업구역 및 예정구역(수력발전소 또는 송·변전설비만을 설치하기 위한 전원개발사업구역 및 예정구역을 제외한다)
(2) 농림지역 또는 자연환경보전지역으로 결정·고시된 것으로 보는 경우
  ① 관리지역안에서 「농지법」에 따른 농업진흥지역으로 지정·고시된 지역
    – 이 법에 따른 농림지역으로 지정·고시된 것으로 본다.
  ② 관리지역 안의 산림 중 「산지관리법」에 따른 보전산지로 지정·고시된 지역

　　－ 이 법에 따른 농림지역 또는 자연환경보전지역으로 결정·고시된 것으로 본다.

(3) 관계 행정기관장의 의무

　　관계 행정기관의 장은 위 규정에 의해 항만구역·어항구역·산업단지·택지개발지구·전원(電源)개발
사업구역 및 예정구역·농업진흥지역 또는 보전산지를 지정한 경우에는 지형도면 또는 지형도에
그 지정사실을 표시하여 해당 지역을 관할하는 특별시장·광역시장·특별자치시장·특별자치도지
사·시장 또는 군수에게 통보하여야 한다.

【6】 용도지역의 환원

(1) 위 【5】 의 (1)·(2)에 해당하는 구역·단지·지구 등이 해제되는 경우(개발사업의 완료로 해제되
는 경우를 제외함) 이 법 또는 다른 법률에서 해당 구역 등이 어떤 용도지역에 해당되는 지를 따
로 정하고 있지 아니한 때에는 이를 지정하기 이전의 용도지역으로 환원된 것으로 본다. 이 경우
지정권자는 용도지역이 환원된 사실을 고시하고, 해당 지역을 관할하는 특별시장·광역시장·특별
자치시장·특별자치도지사·시장 또는 군수에게 통보하여야 한다.

(2) 위 (1)의 규정에 의하여 용도지역이 환원되는 당시 이미 사업 또는 공사에 착수한 자(이 법 또는 다른
법률에 의하여 허가·인가·승인 등을 얻어야 하는 경우에는 해당 허가·인가·승인 등을 얻어 사업 또는
공사에 착수한 자를 말함)는 해당 용도지역의 환원에 관계없이 그 사업 또는 공사를 계속할 수 있다.

② 용도지구의 지정 (법 제37조)

【1】 정의

　　"용도지구"란 토지의 이용 및 건축물의 용도·건폐율·용적률·높이 등에 대한 용도지역의 제한을 강
화 또는 완화하여 적용함으로써 용도지역의 기능을 증진시키고 경관·안전 등을 도모하기 위하여 도
시·군관리계획으로 결정하는 지역을 말한다.

【2】 지정 (영 제31조제1항)

　　국토교통부장관, 시·도지사 또는 대도시 시장은 다음의 용도지구의 지정 또는 변경을 도시·군관
리계획으로 결정한다.

구　분	내　용
1. 경관지구	경관의 보전·관리 및 형성을 위하여 필요한 지구
2. 고도지구	쾌적한 환경조성 및 토지의 고도이용과 그 증진을 위하여 건축물의 높이의 최고한도를 규제할 필요가 있는 지구
3. 방화지구	화재의 위험을 예방하기 위하여 필요한 지구
4. 방재지구	풍수해, 산사태, 지반의 붕괴 그 밖에 재해를 예방하기 위하여 필요한 지구
5. 보호지구	문화재(→「국가유산기본법」에 따른 국가유산), 중요 시설물[항만, 공항, 공용시설(공공업무시설, 공공필요성이 인정되는 문화시설·집회시설·운동시설 및 그 밖에 이와 유사한 시설로서 도시·군계획조례로 정하는 시설을 말함), 교정시설·군사시설을 말한다] 및 문화적·생태적으로 보존가치가 큰 지역의 보호와 보존을 위하여 필요한 지구 <시행 2024.5.17.>
6. 취락지구	녹지지역·관리지역·농림지역·자연환경보전지역·개발제한구역 또는 도시자연공원구역안의 취락을 정비하기 위한 지구

7. 개발진흥지구	주거기능·상업기능·공업기능·유통물류기능·관광기능·휴양기능 등을 집중적으로 개발·정비할 필요가 있는 지구
8. 특정용도제한지구	주거 및 교육환경 보호 또는 청소년 보호 등의 목적으로 오염물질 배출시설, 청소년 유해시설 등 특정시설의 입지를 제한할 필요가 있는 지구
9. 복합용도지구	지역의 토지이용 상황, 개발 수요 및 주변 여건 등을 고려하여 효율적이고 복합적인 토지이용을 도모하기 위하여 특정시설의 입지를 완화할 필요가 있는 지구(일반주거지역, 일반공업지역, 계획관리지역에서 지정할 수 있음)

※ 경관지구(특화경관지구의 세분을 포함한다), 중요시설물보호지구, 특정용도제한지구는 세분하여 지정할 수 있다.

【3】 용도지구의 세분 (영 제31조제2항 ~ 제7항)

(1) 국토교통부장관, 시·도지사 또는 대도시 시장은 필요하다고 인정되면 도시·군관리계획 결정으로 경관지구 등을 다음과 같이 세분하여 지정할 수 있다.

구 분	용도지구의 세분	
	구 분	내 용
1. 경관지구	자연경관지구	산지, 구릉지 등 자연경관을 보호하거나 유지하기 위하여 필요한 지구
	시가지경관지구	지역 내 주거지, 중심지 등 시가지의 경관을 보호 또는 유지하거나형성하기 위하여 필요한 지구
	특화경관지구	지역 내 주요 수계의 수변 또는 문화적 보존가치가 큰 건축물 주변의 경관 등 특별한 경관을 보호 또는 유지하거나 형성하기 위하여 필요한 지구
2. 방재지구	시가지방재지구	건축물·인구가 밀집되어 있는 지역으로서 시설 개선 등을 통하여 재해 예방이 필요한 지구
	자연방재지구	토지의 이용도가 낮은 해안변, 하천변, 급경사지 주변 등의 지역으로서 건축 제한 등을 통하여 재해예방이 필요한 지구
3. 보호지구	역사문화환경보호지구	문화재·전통사찰 등 역사·문화적으로 보존가치가 큰 시설 및 지역의 보호 및 보존을 위하여 필요한 지구
	중요시설물보호지구	중요시설물의 보호와 기능의 유지 및 증진 등을 위하여 필요한 지구
	생태계보호지구	야생동식물서식처 등 생태적으로 보존가치가 큰 지역의 보호와 보존을 위하여 필요한 지구
4. 취락지구	자연취락지구	녹지지역·관리지역·농림지역 또는 자연환경보전지역안의 취락을 정비하기 위하여 필요한 지구
	집단취락지구	개발제한구역안의 취락을 정비하기 위하여 필요한 지구
5. 개발진흥지구	주거개발진흥지구	주거기능을 중심으로 개발·정비할 필요가 있는 지구
	산업·유통개발진흥지구	공업기능 및 유통·물류 기능을 중심으로 개발·정비할 필요가 있는 지구
	관광·휴양개발진흥지구	관광·휴양기능을 중심으로 개발·정비할 필요가 있는 지구
	복합개발진흥지구	주거, 산업, 유통, 관광·휴양 등 2이상의 기능을 중심으로 개발·정비할 필요가 있는 지구
	특정개발진흥지구	주거기능, 공업기능, 유통·물류기능 및 관광·휴양기능 외의 기능을 중심으로 특정한 목적을 위하여 개발·정비할 필요가 있는 지구

(2) 시·도지사 또는 대도시 시장은 지역여건상 필요하면 해당 시·도 또는 대도시의 도시·군계획 조례로 정하는 바에 따라 경관지구를 추가적으로 세분(특화경관지구의 세분을 포함)하거나 중요시설물보호지구 및 특정용도제한지구를 세분하여 지정할 수 있다.

(3) 시·도지사는 지역여건상 필요한 때에는 다음의 기준에 따라 해당 시·도 또는 대도시의 조례로 용도지구의 명칭 및 지정목적과 건축 그 밖의 행위의 금지 및 제한에 관한 사항 등을 정하여 상기 용도지구 외의 용도지구의 지정 또는 변경을 도시·군관리계획으로 결정할 수 있다.

① 용도지구의 신설은 법에서 정하고 있는 용도지역·용도구역·지구단위계획구역 또는 다른 법률에 따른 지역·지구만으로는 효율적인 토지이용을 달성할 수 없는 부득이한 사유가 있는 경우에 한할 것

② 용도지구 안에서의 행위제한은 그 용도지구의 지정목적 달성에 필요한 최소한도에 그치도록 할 것

③ 해당 용도지역 또는 용도구역의 행위제한을 완화하는 용도지구를 신설하지 아니할 것

(4) 시·도지사 또는 대도시 시장은 다음의 어느 하나에 해당하는 지역에 대해서는 방재지구의 지정 또는 변경을 도시·군관리계획으로 결정하여야 한다. 이 경우 도시·군관리계획의 내용에는 해당 방재지구의 재해저감대책을 포함하여야 한다.

① 연안침식으로 인하여 심각한 피해가 발생하거나 발생할 우려가 있어 이를 특별히 관리할 필요가 있는 지역으로서 「연안관리법」에 따른 연안침식관리구역으로 지정된 지역

② 풍수해, 산사태 등의 동일한 재해가 최근 10년 이내 2회 이상 발생하여 인명 피해를 입은 지역으로서 향후 동일한 재해 발생 시 상당한 피해가 우려되는 지역

(5) 시·도지사 또는 대도시 시장은 다음에 해당하는 지역에 복합용도지구를 지정할 수 있다.

① 일반주거지역

② 일반공업지역

③ 계획관리지역

(6) 시·도지사 또는 대도시 시장은 복합용도지구를 지정하는 경우에는 다음의 기준을 따라야 한다.

① 용도지역의 변경 시 기반시설이 부족해지는 등의 문제가 우려되어 해당 용도지역의 건축제한만을 완화하는 것이 적합한 경우에 지정할 것

② 간선도로의 교차지(交叉地), 대중교통의 결절지(結節地) 등 토지이용 및 교통 여건의 변화가 큰 지역 또는 용도지역 간의 경계지역, 가로변 등 토지를 효율적으로 활용할 필요가 있는 지역에 지정할 것

③ 용도지역의 지정목적이 크게 저해되지 아니하도록 해당 용도지역 전체 면적의 1/3 이하의 범위에서 지정할 것

④ 그 밖에 해당 지역의 체계적·계획적인 개발 및 관리를 위하여 지정 대상지가 국토교통부장관이 정하여 고시하는 기준에 적합할 것

■ 용도지구 주요 변경사항

종전의 미관지구 ➡	경관지구
1. 중심지미관지구	1. 시가지경관지구
2. 일반미관지구	
3. 역사문화미관지구	2. 특화경관지구
종전의 보존지구 ➡	보호지구
1. 역사문화환경보존지구	1. 역사문화환경보호지구

2. 중요시설물보존지구	2. 중요시설물보호지구
3. 생태계보존지구	3. 생태계보호지구
종전의 시설보호지구 ➡	중요시설물보호지구 및 특정용도제한지구
1. 공용시설보호지구	
2. 항만시설보호지구	1. 중요시설물보호지구
3. 공항시설보호지구	
4. 학교시설보호지구	2. 특정용도제한지구
※ 신설 ☞	복합용도지구

③ 용도구역의 지정 ($\frac{법}{제38조 \sim 제40조의2}$)

【1】 정의

"용도구역"은 토지의 이용 및 건축물의 용도·건폐율·용적률·높이 등에 대한 용도지역 및 용도지구의 제한을 강화하거나 완화하여 따로 정함으로써 시가지의 무질서한 확산방지, 계획적이고 단계적인 토지이용의 도모, 토지이용의 종합적 조정·관리 등을 위하여 도시·군관리계획으로 결정하는 지역을 말한다.

【2】 개발제한구역 ($\frac{법}{제38조}$)

(1) 개발제한구역의 지정

국토교통부장관은 개발제한구역의 지정 또는 변경을 도시·군관리계획으로 결정할 수 있다.

(2) 지정목적

① 도시의 무질서한 확산을 방지하고 도시주변의 자연환경을 보전하여 도시민의 건전한 생활환경을 확보하기 위하여 도시의 개발을 제한할 필요가 있는 경우

② 국방부장관의 요청이 있어 보안상 도시의 개발을 제한할 필요가 있다고 인정되는 경우

【3】 도시자연공원구역 ($\frac{법}{제38조의2}$)

(1) 도시자연공원구역의 지정

시·도지사 또는 대도시 시장은 도시자연공원구역의 지정 또는 변경을 도시·군관리계획으로 결정할 수 있다.

(2) 지정목적

① 도시의 자연환경 및 경관을 보호

② 도시민에게 건전한 여가·휴식공간을 제공

③ 도시지역안의 식생이 양호한 산지의 개발을 제한할 필요가 있다고 인정하는 경우

(3) 도시자연공원구역의 지정 또는 변경에 관하여 필요한 사항 및 도지자연공원구역 안에서의 행위제한 등 도시자연공원구역의 관리에 관하여 필요한 사항은 「도시공원 및 녹지 등에 관한 법률」에 따른다.

【4】시가화조정구역 $\left(\begin{smallmatrix} 법 \\ 제39조 \end{smallmatrix}\right)$

(1) 시가화조정구역의 지정

시·도지사가 직접 또는 관계 행정기관장의 요청을 받아 도시·군관리계획으로 결정할 수 있다.

　예외 국가계획과 연계하여 시가화조정구역의 지정 또는 변경이 필요한 경우 국토교통부장관이 직접 시가화조정구역의 지정 또는 변경을 도시·군관리계획으로 결정할 수 있다.

(2) 지정목적

① 도시의 무질서한 시가화 방지

② 도시의 계획적·단계적인 개발도모

③ 일정기간 동안 시가화를 유보할 필요가 있다고 인정되는 경우

(3) 시가화유보기간 : 시가화조정구역을 지정 또는 변경하고자 하는 때는 해당 도시지역과 그 주변지역의 인구의 동태·토지의 이용상황 및 산업발전상황 등을 고려하여 5년 이상 20년 이내의 범위 안에서 도시·군관리계획으로 정한다.

(4) 지정효력의 상실 : 시가화조정구역의 지정에 관한 도시·군관리계획의 결정은 시가화유보기간이 만료된 날의 다음날로부터 효력을 상실하며 국토교통부장관 또는 시·도지사는 다음과 같이 실효고시하여야 한다.

실효고시 의무자	게재방법	고시 내용
1. 국토교통부장관	국토교통부 ·인터넷 홈페이지	① 실효일자 ② 실효사유 ③ 실효된 도시·군관리계획의 내용
2. 시·도지사	해당 시·도 ·공보 ·인터넷 홈페이지	

【5】수산자원보호구역 $\left(\begin{smallmatrix} 법 \\ 제40조 \end{smallmatrix}\right)$

해양수산부장관은 직접 또는 관계 행정기관의 장의 요청을 받아 수산자원을 보호·육성하기 위하여 필요한 공유수면이나 그에 인접한 토지에 대한 수산자원보호구역의 지정 또는 변경을 도시·군관리계획으로 결정할 수 있다.

【6】입지규제최소구역 $\left(\begin{smallmatrix} 법 \\ 제40조의2 \end{smallmatrix}\right)$

(1) 도시·군관리계획의 결정권자는 도시지역에서 복합적인 토지이용을 증진시켜 도시 정비를 촉진하고 지역 거점을 육성할 필요가 있다고 인정되면 다음 각각의 어느 하나에 해당하는 지역과 그 주변지역의 전부 또는 일부를 입지규제최소구역으로 지정할 수 있다.

■ 입지규제최소구역 지정 대상
1. 도시·군기본계획에 따른 도심·부도심 또는 생활권의 중심지역
2. 철도역사, 터미널, 항만, 공공청사, 문화시설 등의 기반시설 중 지역의 거점 역할을 수행하는 시설을 중심으로 주변지역을 집중적으로 정비할 필요가 있는 지역
3. 세 개 이상의 노선이 교차하는 대중교통 결절지로부터 1㎞ 이내에 위치한 지역
4. 「도시 및 주거환경정비법」에 따른 노후·불량건축물이 밀집한 주거지역 또는 공업지역으로 정비가 시급한 지역
5. 「도시재생 활성화 및 지원에 관한 특별법」에 따른 도시재생활성화지역 중 도시경제기반형 활성화계획을 수립하는 지역
6. 그 밖에 창의적인 지역개발이 필요한 지역으로 다음의 지역 ① 「산업입지 및 개발에 관한 법률」에 따른 도시첨단산업단지 ② 「빈집 및 소규모주택 정비에 관한 특례법」에 따른 소규모주택정비사업의 시행구역 ③ 「도시재생 활성화 및 지원에 관한 특별법」에 따른 근린재생형 활성화계획을 수립하는 지역

① 이 법에서 사용하는 용어의 뜻은 다음과 같다. 〈개정 2020.1.29., 2021.7.20.〉

　1.~4. 〈생략〉

　5. "도시재생활성화지역" 이란 국가와 지방자치단체의 자원과 역량을 집중함으로써 도시재생을 위한 사업의 효과를 극대화하려는 전략적 대상지역으로 그 지정 및 해제를 도시재생전략계획으로 결정하는 지역을 말한다.

　6. "도시재생활성화계획" 이란 도시재생전략계획에 부합하도록 도시재생활성화지역에 대하여 국가, 지방자치단체, 공공기관 및 지역주민 등이 지역발전과 도시재생을 위하여 추진하는 다양한 도시재생사업을 연계하여 종합적으로 수립하는 실행계획을 말하며, 주요 목적 및 성격에 따라 다음 각 목의 유형으로 구분한다.

　　가. 도시경제기반형 활성화계획: 산업단지, 항만, 공항, 철도, 일반국도, 하천 등 국가의 핵심적인 기능을 담당하는 도시·군계획시설의 정비 및 개발과 연계하여 도시에 새로운 기능을 부여하고 고용기반을 창출하기 위한 도시재생활성화계획

　　나. 근린재생형 활성화계획: 생활권 단위의 생활환경 개선, 기초생활인프라 확충, 공동체 활성화, 골목경제 살리기 등을 위한 도시재생활성화계획

　6의2. "도시재생혁신지구"(이하 "혁신지구"라 한다)란 도시재생을 촉진하기 위하여 산업·상업·주거·복지·행정 등의 기능이 집적된 지역 거점을 우선적으로 조성할 필요가 있는 지역으로 이 법에 따라 지정·고시되는 지구를 말한다.

　6의3. "주거재생혁신지구"란 혁신지구 중 다음 각 목의 요건을 모두 갖춘 지구를 말한다.

　　가. 빈집, 노후·불량건축물 등이 밀집하여 주거환경 개선이 시급한 지역으로서 대통령령으로 정하는 지역일 것

　　나. 신규 주택공급이 필요한 지역으로서 지구의 면적이 대통령령으로 정하는 면적 이내일 것

(2) 입지규제최소구역계획에는 입지규제최소구역의 지정 목적을 이루기 위하여 다음 사항이 포함되어야 한다.

■ 입지규제최소구역계획의 포함 사항
1. 건축물의 용도·종류 및 규모 등에 관한 사항
2. 건축물의 건폐율·용적률·높이에 관한 사항
3. 간선도로 등 주요 기반시설의 확보에 관한 사항
4. 용도지역·용도지구, 도시·군계획시설 및 지구단위계획의 결정에 관한 사항
5. 「주택법」 등 다른 법률 규정 적용의 완화 또는 배제에 관한 사항
6. 그 밖에 입지규제최소구역의 체계적 개발과 관리에 필요한 사항

(3) 위 (1)에 따른 입지규제최소구역의 지정 및 변경과 위 (2)에 따른 입지규제최소구역계획은 다음의 사항을 종합적으로 고려하여 도시·군관리계획으로 결정한다.

■ 입지규제최소구역의 지정, 변경 및 입지규제최소구역계획 결정시 종합적으로 고려할 사항
1. 입지규제최소구역의 지정 목적
2. 해당 지역의 용도지역·기반시설 등 토지이용 현황
3. 도시·군기본계획과의 부합성
4. 주변 지역의 기반시설, 경관, 환경 등에 미치는 영향 및 도시환경 개선·정비 효과
5. 도시의 개발 수요 및 지역에 미치는 사회적·경제적 파급효과

(4) 입지규제최소구역계획 수립 시 용도, 건폐율, 용적률 등의 건축제한 완화는 기반시설의 확보 현황 등을 고려하여 적용할 수 있도록 계획하고, 시·도지사, 시장, 군수 또는 구청장은 입지규제최소구역에서의 개발사업 또는 개발행위에 대하여 입지규제최소구역계획에 따른 기반시설 확보를 위하여 필요한 부지 또는 설치비용의 전부 또는 일부를 부담시킬 수 있다. 이 경우 기반시설의 부지 또는 설치비용의 부담은 건축제한의 완화에 따른 토지가치상승분(「감정평가 및 감정평가사에 관한 법률」에 따른 감정평가법인등이 건축제한 완화 전·후에 대하여 각각 감정평가한 토지가액의 차이)을 초과하지 않도록 한다.

(5) 도시·군관리계획 결정권자가 위 (3)에 따른 도시·군관리계획을 결정하기 위하여 관계 행정기관의 장과 협의하는 경우 협의 요청을 받은 기관의 장은 그 요청을 받은 날부터 10일(근무일 기준) 이내에 의견을 회신하여야 한다.

(6) 다른 법률에서 도시·군관리계획의 결정을 의제하고 있는 경우에도 이 법에 따르지 아니하고 입지규제최소구역의 지정과 입지규제최소구역계획을 결정할 수 없다.

(7) 입지규제최소구역계획의 수립기준 등 입지규제최소구역의 지정 및 변경과 입지규제최소구역계획의 수립 및 변경에 관한 세부적인 사항은 국토교통부장관이 정하여 고시한다.

【참고】입지규제최소구역 지정 등에 관한 지침(국토교통부고시 제2020-712호, 2020.10.6.)

(8) 입지규제최소구역에서의 행위 제한은 용도지역 및 용도지구에서의 토지의 이용 및 건축물의 용도·건폐율·용적률·높이 등에 대한 제한을 강화하거나 완화하여 따로 입지규제최소구역계획으로 정한다.

【7】 공유수면매립지에 관한 용도지역의 지정 (법 제41조)

(1) 공유수면(바다만 해당)의 매립 목적이 그 매립구역과 이웃하고 있는 용도지역의 내용과 같으면 도시·군관리계획의 입안 및 결정 절차 없이 그 매립준공구역은 그 매립의 준공인가일부터 이와 이웃하고 있는 용도지역으로 지정된 것으로 본다.

(2) 용도지역으로 지정된 경우 관계 특별시장·광역시장·특별자치시장·특별자치도지사·시장 또는 군수는 그 사실을 지체 없이 해당 시·도의 공보와 인터넷 홈페이지에 게재하는 방법으로 고시하여야 한다.

(3) 공유수면의 매립 목적이 그 매립구역과 이웃하고 있는 용도지역의 내용과 다른 경우 및 그 매립구역이 둘 이상의 용도지역에 걸쳐 있거나 이웃하고 있는 경우 그 매립구역이 속할 용도지역은 도시·군관리계획결정으로 지정하여야 한다.

(4) 관계 행정기관의 장은 「공유수면 관리 및 매립에 관한 법률」에 따른 공유수면 매립의 준공검사를 하면 다음의 서류를 갖추어 지체 없이 관계 특별시장·광역시장·특별자치시장·특별자치도지사·시장 또는 군수(광역시 관할구역 안의 군수 제외)에게 통보하여야 한다.

■ 준공인가의 통보시 제출서류
1. 공유수면매립준공인가통보서(별지 제1호서식)
2. 공유수면매립의 준공인가구역의 범위 및 면적을 표시한 축척1/25,000 이상의 지형도

3 도시·군계획시설

1 도시·군계획시설의 설치·관리 $\left(\begin{smallmatrix}법\\제43조\end{smallmatrix}\right)\left(\begin{smallmatrix}영\\제35조\end{smallmatrix}\right)\left(\begin{smallmatrix}규칙\\제6조\end{smallmatrix}\right)$

【1】 기반시설의 설치

지상·수상·공중·수중 및 지하에 기반시설을 설치하고자 하는 때에는 그 시설의 종류·명칭·위치·규모 등을 미리 도시·군관리계획으로 결정하여야 한다.

예외 도시·군관리계획으로 결정없이도 설치할 수 있는 시설

① 도시지역 또는 지구단위계획구역에서 다음의 기반시설을 설치하고자 하는 경우

---

1. 주차장, 차량검사 및 면허시설, 공공공지, 열공급설비, 방송·통신시설, 시장·공공청사·문화시설·공공필요성이 인정되는 체육시설·연구시설·사회복지시설·공공직업훈련시설·청소년수련시설·저수지·방화설비·방풍설비·방수설비·사방설비·방조설비·장사시설·종합의료시설·빗물저장 및 이용시설·폐차장

2. 「도시공원 및 녹지 등에 관한 법률」의 규정에 의하여 점용허가 대상이 되는 공원안의 기반시설

3. 공항 중 「항공시설법 시행령」에 따른 도심공항터미널

4. 여객자동차터미널 중 전세버스운송사업용 여객자동차터미널

5. 광장 중 건축물부설광장

6. 전기공급설비(발전시설, 옥외에 설치하는 변전시설 및 지상에 설치하는 전압 154,000V 이상의 송전선로 제외)

7. 「신에너지 및 재생에너지 개발·이용·보급촉진법」에 따른 신·재생에너지 설비로서 다음에 해당하는 설비
   ① 「신에너지 및 재생에너지 개발·이용·보급 촉진법 시행규칙」에 따른 연료전지 설비 및 태양에너지 설비
   ② 「신에너지 및 재생에너지 개발·이용·보급 촉진법 시행규칙」에 해당하는 설비로서 발전용량이 200KW 이하인 설비(전용주거지역 및 일반주거지역 외의 지역에 설치하는 경우로 한정)

8. 가스공급설비
   ① 「액화석유가스의 안전관리 및 사업법」에 따라 액화석유가스충전사업의 허가를 받은 자가 설치하는 액화석유가스 충전시설
   ② 「도시가스사업법」에 따른 자가소비용직수입자나 도시가스사업의 허가를 받은 자 또는 가스공급시설설치자가 설치하는 가스 공급시설
   ③ 「환경친화적 자동차의 개발 및 보급 촉진에 관한 법률」에 따른 수소연료공급시설
   ④ 「고압가스 안전관리법」에 따른 저장소로서 자기가 직접 다음의 어느 하나의 용도로 소비할 목적으로 고압가스를 저장하는 저장소
      ㉠ 발전용: 전기(電氣)를 생산하는 용도
      ㉡ 산업용: 제조업의 제조공정용 원료 또는 연료(제조부대시설의 운영에 필요한 연료를 포함한다)로 사용하는 용도
      ㉢ 열병합용: 전기와 열을 함께 생산하는 용도
      ㉣ 열 전용(專用) 설비용: 열만을 생산하는 용도

9. 수도공급설비 중 마을상수도(「수도법」 제3조제9호)

10. 유류저장 및 송유설비 중 「위험물 안전관리법」에 따른 제조소 등의 설치허가를 받은 자가 「위험물 안전관리법 시행령」에 따른 인화성액체 중 유류를 저장하기 위하여 설치하는 유류저장시설

11. 학교
    ① 유치원(「유아교육법」 제2조제2호)
    ② 특수학교(「장애인 등에 대한 특수교육법」 제2조제10호)
    ③ 대안학교(「초·중등교육법」 제60조의3)
    ④ 방송대학·통신대학 및 방송통신대학(「고등교육법」 제2조제5호)

12. 도축장
　① 대지면적이 500㎡ 미만인 도축장
　② 산업단지* 내에 설치하는 도축장(*「산업입지 및 개발에 관한 법률」제2조제8호)

13. 폐기물처리시설 및 재활용시설 중 재활용시설

14. 수질오염방지시설 중 한국광해관리공단*¹이 광해방지사업*²의 일환으로 폐광의 폐수를 처리하기 위하여 설치하는 시설(「건축법」에 따른 건축허가를 받아 건축하여야 하는 시설은 제외)
　(*1「광산피해의 방지 및 복구에 관한 법률」제31조, *2 같은 법 제11조)

② 도시지역 및 지구단위계획구역외의 지역에서 다음의 기반시설을 설치하고자 하는 경우

1. 위 ①의 1., 2.의 기반시설

2. 궤도 및 전기공급설비

3. 자동차정류장

4. 광장

5. 유류저장 및 송유설비

6. 위 ①의 3., 8., 9., 11.~14.까지의 시설

【2】 도시·군계획시설의 결정·구조 및 설치의 기준 등

① 도시·군계획시설의 결정·구조 및 설치의 기준 등에 필요한 사항은 국토교통부령*으로 정한다.
② 세부사항은 국토교통부령*으로 정하는 범위에서 시·도의 조례로 정할 수 있다.
*「도시·군계획시설의 결정·구조 및 설치기준에 관한 규칙」
예외 다른 법률에 특별한 규정이 있는 경우에는 그 법률에 따른다.

【3】 도시·군계획시설의 관리

설치한 도시·군계획시설의 관리에 관하여 이 법 또는 다른 법률에 특별한 규정이 있는 경우를 제외하고는
① 국가가 관리하는 경우:「국유재산법」에 따른 중앙관서의 장이 관리하고,
② 지방자치단체가 관리하는 경우: 해당 지방자치단체의 조례로 도시·군계획시설의 관리에 관한 사항을 정한다.

② 공동구의 설치 · 관리 (법 제44조)

【1】 공동구의 설치 (법 제44조)(영 제35조의2~제36조, 제38조)

(1) 다음에 해당하는 지역·지구·구역 등(이하 "지역 등"이라 함)이 200만㎡를 초과하는 경우에는 해당 지역 등에서 개발사업을 시행하는 사업시행자는 공동구를 설치하여야 한다.

대상 지역 등	관련 법령
1. 도시개발구역	「도시개발법」제2조제1항
2. 택지개발지구	「택지개발촉진법」제2조제3호
3. 경제자유구역	「경제자유구역의 지정 및 운영에 관한 특별법」제2조제1호
4. 정비구역	「도시 및 주거환경정비법」제2조제1호
5. 공공주택지구	「공공주택 특별법」제2조제2호
6. 도청이전신도시	「도청이전을 위한 도시건설 및 지원에 관한 특별법」제2조제3호

(2) 공동구 설치의 타당성 검토

① 도로 관리청은 지하매설물의 빈번한 설치 및 유지관리 등의 행위로 인하여 도로구조의 보전과 안전하고 원활한 도로교통의 확보에 지장을 초래하는 경우 공동구 설치의 타당성을 검토해야 한다.

② 이 경우 재정여건 및 설치 우선순위 등을 고려하여 단계적으로 공동구가 설치될 수 있도록 해야 한다.

(3) 공동구가 설치된 경우 공동구에 수용하여야 할 다음의 시설이 모두 수용되도록 해야 한다.

① 전선로　　　　　② 통신선로　　　　　③ 수도관
④ 열수송관　　　　⑤ 중수도관　　　　　⑥ 쓰레기수송관
⑦ 가스관　　　　　⑧ 하수도관, 그 밖의 시설

※ ①~⑥의 시설은 공동구에 수용하여야 하며,

⑦, ⑧의 시설은 공동구협의회의 심의[아래 【3】-(5) 참조]를 거쳐 수용할 수 있다.

(4) 공동구의 설치에 대한 의견 청취

① 개발사업의 시행자는 공동구를 설치하기 전에 다음의 사항을 정하여 공동구에 수용되어야 할 시설을 설치하기 위하여 공동구를 점용하려는 자(이하 "공동구 점용예정자"라 함)에게 미리 통지하여야 한다.

1. 공동구의 위치
2. 공동구의 구조
3. 공동구 점용예정자의 명세
4. 공동구 점용예정자별 점용예정부문의 개요
5. 공동구의 설치에 필요한 비용과 그 비용의 분담에 관한 사항
6. 공사 착수 예정일 및 공사 준공 예정일

② 위 ①에 따라 공동구의 설치에 관한 통지를 받은 공동구 점용예정자는 사업시행자가 정한 기한까지 해당 시설을 개별적으로 매설할 때 필요한 비용 등을 포함한 의견서를 제출해야 한다.

③ 사업시행자가 위 ②의 의견서를 받은 때에는 공동구의 설치계획 등에 대하여 공동구협의회의 심의를 거쳐 그 결과를 개발사업의 실시계획인가(실시계획승인, 사업시행인가 및 지구계획승인을 포함) 신청서에 반영해야 한다.

(5) 위 (1)에 따른 개발사업의 계획을 수립할 경우 공동구 설치에 관한 계획을 포함해야 한다. 이 경우 위 (3)에 따라 공동구에 수용되어야 할 시설을 설치하고자 공동구를 점용하려는 공동구 점용예정자와 설치 노선 및 규모 등에 관하여 미리 협의한 후 공동구협의회의 심의를 거쳐야 한다.

【2】 공동구의 설치비용 등 (영 제38조)

(1) 공동구의 설치(개량하는 경우 포함)에 필요한 비용은 이 법 또는 다른 법률에 특별한 규정이 있는 경우를 제외하고는 공동구 점용예정자와 사업시행자가 부담한다.

■ 공동구 설치에 필요한 비용
1. 설치공사의 비용
2. 내부공사의 비용
3. 설치를 위한 측량·설계비용
4. 공동구의 설치로 인하여 보상의 필요가 있는 때에는 그 보상비용

5. 공동구부대시설의 설치비용
6. 아래 (4)에 따른 융자금이 있는 경우 그 이자에 해당하는 금액

※ 아래 (4)에 따른 보조금이 있는 때에는 그 보조금의 금액을 위 비용에서 공제해야 한다.

(2) 공동구 점용예정자가 부담하여야 하는 공동구 설치비용

공동구 점용예정자가 부담하여야 하는 공동구 설치비용은 해당 시설을 개별적으로 매설할 때 필요한 비용으로 하되, 특별시장·광역시장·특별자치장·특별자치도지사·시장 또는 군수(이하 행정청인 "공동구관리자")가 공동구협의회의 심의를 거쳐 해당 공동구의 위치, 규모 및 주변 여건 등을 고려하여 정한다.

(3) 공동구 설치비용의 납부

① 사업시행자는 공동구의 설치가 포함되는 개발사업의 실시계획인가 등이 있은 후 지체 없이 공동구 점용예정자에게 (1),(2)에 따라 산정된 부담금의 납부를 통지하여야 한다.

② 위 ①에 따른 부담금의 납부통지를 받은 공동구 점용예정자는 공동구설치공사가 착수되기 전에 부담액의 1/3 이상을 납부하여야 하며, 그 나머지 금액은 점용공사기간 만료일(만료일전에 공사가 완료된 경우 그 공사의 완료일)전까지 납부하여야 한다.

(4) 설치비용의 보조, 융자

① 공동구 점용예정자와 사업시행자가 공동구 설치비용을 부담하는 경우 국가, 특별시장·광역시장·특별자치장·특별자치도지사·시장 또는 군수는 공동구의 원활한 설치를 위하여 그 비용의 일부를 보조 또는 융자할 수 있다.

(5) 위 【2】 (3)에 따라 공동구에 수용되어야 하는 시설물의 설치기준 등은 다른 법률에 특별한 규정이 있는 경우를 제외하고는 국토교통부장관이 정한다.

【3】 공동구에의 수용 (영 제37조)

(1) 사업시행자는 공동구의 설치공사를 완료한 때에는 지체 없이 다음의 사항을 공동구 점용예정자에게 개별적으로 통지하여야 한다.

① 공동구에 수용될 시설의 점용공사 기간

② 공동구 설치위치 및 설계도면

③ 공동구에 수용할 수 있는 시설의 종류

④ 공동구 점용공사 시 고려할 사항

(2) 공동구 점용예정자는 위 (1)-①에 따른 점용공사 기간 내에 공동구에 수용될 시설을 공동구에 수용해야 한다.

〔예외〕 기간 내에 점용공사를 완료하지 못하는 특별한 사정이 있어서 미리 사업시행자와 협의한 경우

(3) 공동구 점용예정자는 공동구에 수용될 시설을 공동구에 수용함으로써 용도가 폐지된 종래의 시설은 사업시행자가 지정하는 기간 내에 철거해야 하고, 도로는 원상회복해야 한다.

【4】 공동구의 관리·운영 등 (법 제44조의2)(영 제39조 ～ 제39조의2조)

(1) 공동구는 특별시장·광역시장·특별자치시장·특별자치도지사·시장 또는 군수(이하 "공동구관리자)가 관리한다.

〔예외〕 공동구의 효율적인 관리·운영을 위하여 필요하다고 인정하는 경우 다음 기관에 그 관리·운영을 위탁할 수 있다.

대상 기관	관련 법령
1. 지방공사 또는 지방공단	「지방공기업법」 제49조 또는 제76조
2. 국토안전관리원	「국토안전관리원법」
3. 공동구의 관리·운영에 전문성을 갖춘 기관으로서 특별시·광역시·특별자치시·특별자치도·시 또는 군의 도시·군계획조례로 정하는 기관	

(2) 공동구의 안전 및 유지관리계획

① 공동구의 안전 및 유지관리계획에는 다음의 사항이 모두 포함되어야 한다.

1. 공동구의 안전 및 유지관리를 위한 조직·인원 및 장비의 확보에 관한 사항
2. 긴급상황 발생 시 조치체계에 관한 사항
3. 안전점검 또는 정밀안전진단의 실시계획에 관한 사항
4. 해당 공동구의 설계, 시공, 감리 및 유지관리 등에 관련된 설계도서의 수집·보관에 관한 사항
5. 그 밖에 공동구의 안전 및 유지관리에 필요한 사항

② 공동구관리자는 5년마다 해당 공동구의 안전 및 유지관리계획을 수립·시행하여야 한다.

③ 공동구관리자가 공동구의 안전 및 유지관리계획을 수립하거나 변경하려면 미리 관계 행정기관의 장과 협의한 후 공동구협의회의 심의를 거쳐야 한다.

④ 공동구관리자가 공동구의 안전 및 유지관리계획을 수립하거나 변경한 경우 관계 행정기관의 장에게 관계 서류를 송부하여야 한다.

(3) 공동구의 안전점검 및 정밀안전점검

① 공동구관리자는 1년에 1회 이상 공동구의 안전점검을 실시하여야 한다.

② 안전점검결과 이상이 있다고 인정되는 때에는 지체 없이 정밀안전진단·보수·보강 등 필요한 조치를 하여야 한다.

③ 공동구관리자는 「시설물의 안전 및 유지관리에 관한 특별법」 에 따른 안전점검 및 정밀안전진단을 실시하여야 한다.

(4) 공동구협의회의 구성 및 운영 등

공동구관리자는 공동구의 설치·관리에 관한 주요 사항의 심의 또는 자문을 하게 하기 위하여 공동구협의회를 둘 수 있다.

① 공동구협의회가 심의하거나 자문에 응하는 사항

1. 공동구 설치 계획 등에 관한 사항의 심의
2. 공동구 설치비용 및 관리비용의 분담 등에 관한 사항의 심의
3. 공동구의 안전 및 유지관리계획 등에 관한 사항의 심의
4. 공동구 점용·사용의 허가 및 비용부담 등에 관한 사항의 심의
5. 그 밖에 공동구 설치·관리에 관한 사항의 심의 또는 자문

② 공동구협의회의 구성

㉠ 위원장 및 부위원장 각 1명을 포함한 10명 이상 20명 이하의 위원

㉡ 공동구협의회의 위원장은 특별시·광역시·특별자치시·특별자치도·시 또는 군의 부시장·부지사 또는 부군수가 되며, 부위원장은 위원 중에서 호선

예외 둘 이상의 특별시·광역시·특별자치시·특별자치도·시 또는 군에 공동으로 설치하는 공동

구협의회의 위원장은 해당 특별시장·광역시장·특별자치시장·특별자치도지사·시장 또는 군수가 협의하여 정한다.

ⓒ 공동구협의회의 위원은 다음에 해당하는 사람 중에서 특별시장·광역시장·특별자치시장·특별자치도지사·시장 또는 군수가 임명하거나 위촉하되, 둘 이상의 특별시·광역시·특별자치시·특별자치도·시 또는 군에 공동으로 설치하는 공동구협의회의 위원은 해당 특별시장·광역시장·특별자치시장·특별자치도지사·시장 또는 군수가 협의하여 임명하거나 위촉한다. 이 경우 아래 5.에 해당하는 위원의 수는 전체 위원의 1/2 이상이어야 한다.

1. 해당 지방자치단체의 공무원
2. 관할 소방관서의 공무원
3. 사업시행자의 소속 직원
4. 공동구 점용예정자의 소속 직원
5. 공동구의 구조안전 또는 방재업무에 관한 학식과 경험이 있는 사람

ⓓ 위 표의 5.에 해당하는 위원의 임기는 2년으로 한다.

〔예외〕 위원의 사임 등으로 인하여 새로 위촉된 위원의 임기는 전임 위원 임기의 남은 기간으로 함

③ 위 ②에서 규정한 사항 외에 공동구협의회의 구성·운영에 필요한 사항은 특별시·광역시·특별자치시·특별자치도·시 또는 군의 도시·군계획조례로 정한다.

④ 국토교통부장관은 공동구의 관리에 필요한 사항을 정할 수 있다.

【참고】 공동구 설치 및 관리지침(국토교통부훈령 제1608호, 2023.4.4.)

〔관계법〕「시설물의 안전 및 유지관리에 관한 특별법」

제11조【안전점검의 실시】

① 관리주체는 소관 시설물의 안전과 기능을 유지하기 위하여 정기적으로 안전점검을 실시하여야 한다. 다만, 제6조제1항 단서에 해당하는 시설물의 경우에는 시장·군수·구청장이 안전점검을 실시하여야 한다.

② 관리주체는 시설물의 하자담보책임기간(동일한 시설물의 각 부분별 하자담보책임기간이 다른 경우에는 시설물의 부분 중 대통령령으로 정하는 주요 부분의 하자담보책임기간을 말한다)이 끝나기 전에 마지막으로 실시하는 정밀안전점검의 경우에는 안전진단전문기관이나 국토안전관리원에 의뢰하여 실시하여야 한다. 〈개정 2020. 6. 9.〉

③ 민간관리주체가 어음·수표의 지급불능으로 인한 부도(不渡) 등 부득이한 사유로 인하여 안전점검을 실시하지 못하게 될 때에는 관할 시장·군수·구청장이 민간관리주체를 대신하여 안전점검을 실시할 수 있다. 이 경우 안전점검에 드는 비용은 그 민간관리주체에게 부담하게 할 수 있다.

④ 제3항에 따라 시장·군수·구청장이 안전점검을 대신 실시한 후 민간관리주체에게 비용을 청구하는 경우에 해당 민간관리주체가 그에 따르지 아니하면 시장·군수·구청장은 지방세 체납처분의 예에 따라 징수할 수 있다.

⑤ 시설물의 종류에 따른 안전점검의 수준, 안전점검의 실시시기, 안전점검의 실시 절차 및 방법, 안전점검을 실시할 수 있는 자의 자격 등 안전점검 실시에 필요한 사항은 대통령령으로 정한다.

제12조【정밀안전진단의 실시】

① 관리주체는 제1종시설물에 대하여 정기적으로 정밀안전진단을 실시하여야 한다.

② 관리주체는 제11조에 따른 안전점검 또는 제13조에 따른 긴급안전점검을 실시한 결과 재해 및 재난을 예방하기 위하여 필요하다고 인정되는 경우에는 정밀안전진단을 실시하여야 한다. 이 경우 제13조제7항 및 제17조제4항에 따른 결과보고서 제출일부터 1년 이내에 정밀안전진단을 착수하여야 한다.

③ 관리주체는 「지진·화산재해대책법」 제14조제1항에 따른 내진설계 대상 시설물 중 내진성능평가를 받지 않은 시설물에 대하여 정밀안전진단을 실시하는 경우에는 해당 시설물에 대한 내진성능평가를 포함하여 실시하여야 한다.

④ 국토교통부장관은 내진성능평가가 포함된 정밀안전진단의 실시결과를 제18조에 따라 평가한 결과 내진성능의 보강이 필요하다고 인정되면 내진성능을 보강하도록 권고할 수 있다.

⑤ 정밀안전진단의 실시시기, 정밀안전진단의 실시 절차 및 방법, 정밀안전진단을 실시할 수 있는 자의 자격 등 정밀안전진단 실시에 필요한 사항은 대통령령으로 정한다.

제13조【긴급안전점검의 실시】

① 관리주체는 시설물의 붕괴·전도 등이 발생할 위험이 있다고 판단하는 경우 긴급안전점검을 실시하여야 한다.

② 국토교통부장관 및 관계 행정기관의 장은 시설물의 구조상 공중의 안전한 이용에 중대한 영향을 미칠 우려가 있다고 판단되는 경우에는 소속 공무원으로 하여금 긴급안전점검을 하게 하거나 해당 관리주체 또는 시장·군수·구청장(제6조제1항 단서에 해당하는 시설물의 경우에 한정한다)에게 긴급안전점검을 실시할 것을 요구할 수 있다. 이 경우 요구를 받은 자는 특별한 사유가 없으면 그 요구를 따라야 한다. 〈개정 2020.6.9.〉

③~⑧〈생략〉

【5】 공동구의 관리비용 등 (법 제44조의3)(영 제39조의3)

① 공동구의 관리에 소요되는 비용은 그 공동구를 점용하는 자가 함께 부담하되, 부담비율은 점용면적을 고려하여 공동구관리자가 정한다.

② 공동구관리자는 공동구의 관리에 드는 비용을 연 2회로 분할하여 납부하게 하여야 한다.

③ 공동구 설치비용을 부담하지 아니한 자(부담액을 완납하지 않은 자 포함)가 공동구를 점용하거나 사용하려면 그 공동구를 관리하는 공동구관리자의 허가를 받아야 한다.

④ 공동구를 점용하거나 사용하는 자는 그 공동구를 관리하는 특별시·광역시·특별자치시·특별자치도·시 또는 군의 조례로 정하는 바에 따라 점용료 또는 사용료를 납부하여야 한다.

③ 광역시설의 설치·관리 등 (법 제45조)

【1】 광역시설의 설치 및 관리

① 광역시설의 설치 및 관리는 도시·군계획시설의 설치 및 관리(법 제43조) 규정에 따른다.

② 관계 특별시장·광역시장·특별자치시장·특별자치도지사·시장·군수는 협약을 체결하거나 협의회 등을 구성하여 이를 설치·관리할 수 있다.

③ 위 ②에 따른 협의가 이루어 지지 않을 경우 해당 시 또는 군이 동일한 도에 속하는 때에는 관할 도지사가 광역시설을 설치·관리할 수 있다.

④ 국가계획으로 설치하는 광역시설은 해당 광역시설의 설치·관리를 사업목적으로 하거나 사업종목으로 하여 다른 법률에 의하여 설립된 법인이 이를 설치·관리할 수 있다.

【2】 광역시설 설치에 따른 자금지원 $\left(\frac{\text{영}}{\text{제40조}}\right)$

(1) 조건 : 지방자치단체가 다음의 시설을 다른 지방자치단체의 관할구역에 설치하는 경우

1. 환경오염이 심하게 발생되는 광역시설
2. 해당 지역의 개발이 현저하게 위축될 광역시설

(2) 자금지원 : 지방자치단체는 위 (1)의 경우 다음에 해당되는 사업을 해당 지방자치단체와 함께 시행하거나 이에 필요한 자금을 지원하여야 한다.

환경오염의 방지를 위한 사업	녹지·하수도 또는 폐기물처리 및 재활용시설의 설치사업과 대기오염·수질오염·악취·소음 및 진동방지사업 등
지역주민의 편익을 위한 사업	도로·공원·수도공급설비·문화시설·사회복지시설·노인정·하수도·종합의료시설 등의 설치사업 등

예외 다른 법률에 특별한 규정이 있는 경우에는 그 법률에 따른다.

④ 도시·군계획시설의 공중 및 지하에 설치기준과 보상 $\left(\frac{\text{법}}{\text{제46조}}\right)$

도시·군계획시설을 공중, 수중, 수상 또는 지하에 설치함에 있어서 그 높이 또는 깊이의 기준과 그 설치로 인하여 토지나 건물에 관한 소유권의 행사에 제한을 받는 자에 대한 보상 등에 관하여는 「공익사업을 위한 토지 등의 취득 및 보상에 관한 법률」에서 정한다.

⑤ 도시·군계획시설부지의 매수청구 $\left(\frac{\text{법}}{\text{제47조}}\right)$

(1) 도시·군계획시설에 대한 도시·군관리계획의 결정 고시일로부터 10년 이내에 해당 도시·군계획시설의 설치에 관한 도시·군계획시설사업이 시행되지 아니하는 경우 해당 도시·군계획시설의 부지로 되어 있는 토지 중 지목(地目)이 대(垈)인 토지의 소유자는 특별시장·광역시장·특별자치시장·특별자치도지사·시장 또는 군수에게 해당 토지의 매수를 청구할 수 있다. 이 경우 토지의 매수를 청구하고자 하는 자는 도시·군계획시설부지 매수청구서(전자문서로된 청구서를 포함)에 대상 토지 및 건물에 대한 등기사항증명서를 첨부하여 매수의무자에게 제출하여야 한다.

단서 매수의무자는 「전자정부법」에 따른 행정정보의 공동이용을 통하여 대상토지 및 건물에 대한 등기부 등본을 확인할 수 있는 경우에는 그 확인으로 첨부서류를 갈음하여야 한다.

■ 다음의 경우 그에 해당하는 자에게 해당 토지의 매수를 청구할 수 있다.

1. 이 법에 의하여 해당 도시·군계획시설사업의 시행자가 정하여진 경우에는 그 시행자
2. 이 법 또는 다른 법률에 의하여 도시·군계획시설을 설치하거나 관리하여야 할 의무가 있는 자가 있는 경우 그 의무가 있는 자. (도시·군계획시설을 설치하거나 관리하여야 할 의무가 있는 자가 서로 다른 경우 설치해야 할 의무가 있는 자에게 매수청구 함)

(2) 매수의무자는 위 (1)에 따라 매수청구를 받은 토지를 매수하는 때에는 현금으로 그 대금을 지급한다.

예외 다음 경우로서 매수의무자가 지방자치단체인 경우 채권(이하 "도시·군계획시설채권")을 발행하여 지급할 수 있다.

1. 토지소유자가 원하는 경우
2. 부재부동산 소유자의 토지 또는 비업무용 토지로서 매수대금이 3천만원을 초과하여 그 초과하는 금액을 지급하는 경우

(3) 도시·군계획시설채권의 상환기간은 10년 이내로 하며, 그 이율은 채권 발행 당시 「은행법」
에 따른 인가를 받은 은행 중 전국을 영업으로 하는 은행이 적용하는 1년 만기 정기예금금리의
평균 이상으로서 구체적인 상환기간과 이율은 특별시·광역시·특별자치시·특별자치도·시 또는 군
의 조례로 정한다.

(4) 매수청구 된 토지의 매수가격·매수절차 등에 관하여 이 법에 특별한 규정이 있는 경우를 제외
하고는 「공익사업을 위한 토지 등의 취득 및 보상에 관한 법률」의 규정을 준용한다.

(5) 도시·군계획시설채권의 발행절차 그 밖의 필요한 사항에 관하여 이 법에 특별한 규정이 있는
경우를 제외하고는 「지방재정법」이 정하는 바에 따른다.

(6) 매수의무자는 매수청구가 있은 날부터 6개월 이내에 매수여부를 결정하여 토지소유자와 특별시
장·광역시장·특별자치시·특별자치도·시장 또는 군수에게 통지하여야 하며, 매수하기로 결정한
토지는 매수결정을 통지한 날부터 2년 이내에 매수하여야 한다.

(7) 위의 (1)에 따라 매수청구를 한 토지의 소유자는 다음에 해당하는 사유가 있는 경우 개발행위의
허가를 받아 일정한 건축물 또는 공작물을 설치할 수 있다. 이 경우 지구단위계획구역 안에서의
건축 등(법 제54조)에 관한 규정, 개발행위허가의 기준(법 제58조)과 도시·군계획시설부지에서
의 개발행위(법 제64조) 규정은 이를 적용하지 아니한다.

해당 사유	해당 토지에의 허용 행위
1. 매수하지 않기로 결정한 경우 2. 매수 결정을 알린 날부터 2년이 지날 때까지 해당 토지를 매수하지 아니하는 경우	1. 단독주택으로서 3층 이하인 것 2. 제1종 근린생활시설로서 3층 이하인 것 3. 제2종 근린생활시설로서 3층 이하인 것 4. 공작물 예외 다음 시설 제외 ① 단란주점으로서 같은 건축물에 해당 용도로 쓰는 바닥면적의 합계가 150㎡ 미만인 것 ② 안마시술소, 안마원 및 노래연습장 ③ 자원순환 관련 시설(「다중이용업소의 안전관리에 관한 특별법」에 따른 다중이용업 중 다중생활시설업의 시설로서 독립된 주거의 형태를 갖추지 아니한 것을 말한다)으로서 같은 건축물에 해당 용도로 쓰는 바닥면적의 합계가 1,000㎡ 미만인 것

6 도시·군계획시설 결정의 실효 등 (법 제48조)(영 제42조)

【1】도시·군계획시설 결정의 실효

도시·군계획시설결정이 고시된 도시·군계획시설에 대하여 그 고시일로부터 20년이 경과될 때까
지 해당 시설의 설치에 관한 도시·군계획시설사업이 시행되지 아니하는 경우 그 도시·군계획시
설결정은 그 고시일로부터 20년이 되는 날의 다음날에 효력을 잃는다.

【2】실효의 고시

시·도지사 또는 대도시 시장은 도시·군계획시설결정의 효력을 잃으면 다음에 따라 지체 없이 그
사실을 고시하여야 한다.

■ 도시·군계획결정의 실효고시

실효고시자	게재 방법	게재할 내용
1. 국토교통부장관	- 관보 - 국토교통부 인터넷 홈페이지	· 실효일자 · 실효사유 · 실효된 도시·군관리계획 내용
2. 시·도지사 또는 대도시 시장	- 시·도 또는 대도시의 공보 - 인터넷 홈페이지	

【3】 해제의 권고 및 결정

(1) 특별시장·광역시장·특별자치시장·특별자치도지사·시장 또는 군수(이하 "지방자치단체의 장")는 도시·군계획시설결정이 고시된 도시·군계획시설을 설치할 필요성이 없어진 경우 또는 그 고시일부터 10년이 지날 때까지 해당 시설의 설치에 관한 도시·군계획시설사업이 시행되지 않는 경우 다음에 따라 그 현황과 단계별집행계획을 해당 지방의회에 보고하여야 한다.

> 예외 국토교통부장관이 결정·고시한 도시·군계획시설 중 관계 중앙행정기관의 장이 직접 설치하기로 한 시설은 제외

① 다음에 해당하는 사항을 매년 해당 지방의회의 「지방자치법 시행령」에 따른 정례회의 또는 임시회의 기간 중에 보고하여야 한다. 이 경우 지방자치단체의 장이 필요하다고 인정하는 경우에는 해당 지방자치단체에 소속된 지방도시계획위원회의 자문을 거치거나 관계 행정기관의 장과 미리 협의를 거칠 수 있다.

> 1. 장기미집행 도시·군계획시설 등의 전체 현황(시설의 종류, 면적 및 설치비용 등을 말함)
> 2. 장기미집행 도시·군계획시설 등의 명칭, 고시일 또는 변경고시일, 위치, 규모, 미집행 사유, 단계별 집행계획, 개략 도면, 현황 사진 또는 항공사진 및 해당 시설의 해제에 관한 의견
> 3. 그 밖에 지방의회의 심의·의결에 필요한 사항

② 지방자치단체의 장은 위 ①에 따라 지방의회에 보고한 장기미집행 도시·군계획시설 중 도시·군계획시설결정이 해제되지 아니한 장기미집행 도시·군계획시설 등에 대하여 최초로 지방의회에 보고한 때부터 2년마다 지방의회에 보고하여야 한다. 이 경우 지방의회의 보고에 관하여는 위 【2】를 준용한다.

(2) 위 (1)에 따라 보고를 받은 지방의회는 다음에 따라 해당 지방자치단체의 장에게 도시·군계획시설결정의 해제를 권고할 수 있다.

① 지방의회는 장기미집행 도시·군계획시설 등에 대하여 해제를 권고하는 경우에는 위 (1)-① 또는 ②에 따른 보고가 지방의회에 접수된 날부터 90일 이내에 해제를 권고하는 서면(도시·군계획시설의 명칭, 위치, 규모 및 해제사유 등이 포함되어야 함)을 지방자치단체의 장에게 보내야 한다.

② 위 ①에 따라 장기미집행 도시·군계획시설 등의 해제를 권고 받은 지방자체단체의 장은 상위 계획과의 연관성, 단계별 집행계획, 교통, 환경 및 주민 의사 등을 고려하여 해제할 수 없다고 인정하는 특별한 사유가 있는 경우를 제외하고는 해당 장기미집행 도시·군계획시설 등의 해제 권고를 받은 날부터 1년 이내에 해제를 위한 도시·군관리계획을 결정하여야 한다. 이 경우 지방자치단체의 장은 지방의회에 해제할 수 없다고 인정하는 특별한 사유를 해제 권고를 받은 날부터 6개월 이내에 소명하여야 한다.

③ 위 ②에도 불구하고 시장 또는 군수는 도지사가 결정한 도시·군관리계획의 해제가 필요한 경우에는 도지사에게 그 결정을 신청하여야 한다.

④ 위 ③에 따라 도시·군계획시설결정의 해제를 신청 받은 도지사는 특별한 사유가 없으면 신청을 받은 날부터 1년 이내에 해당 도시·군계획시설의 해제를 위한 도시·군관리계획결정을 하여야 한다.

7 도시·군계획시설결정의 해제 신청 등 (법 제48조의2)(영 제42조의2)

(1) 도시·군계획시설결정의 고시일부터 10년 이내에 그 도시·군계획시설의 설치에 관한 도시·군계획시설사업이 시행되지 아니한 경우로서 단계별 집행계획상 해당 도시·군계획시설의 실효 시까지 집행계획이 없는 경우 그 도시·군계획시설 부지로 되어 있는 토지의 소유자는 다음 사항이 포함된 신청서를 해당 도시·군계획시설에 대한 도시·군관리계획 입안권자에게 제출해야 한다.

1. 해당 도시·군계획시설부지 내 신청인 소유의 토지(이하 "신청토지") 현황

2. 해당 도시·군계획시설의 개요

3. 해당 도시·군계획시설결정의 해제를 위한 도시·군관리계획 입안(이하 "해제입안") 신청 사유

(2) 도시·군관리계획 입안권자는 위 (1)에 따른 신청을 받은 날부터 3개월 이내에 입안 여부를 결정하여 토지 소유자에게 알려야 하며, 다음에 해당하는 경우가 없으면 그 도시·군계획시설결정의 해제를 위한 도시·군관리계획을 입안해야 한다.

1. 해당 도시·군계획시설결정의 실효 시까지 해당 도시·군계획시설을 설치하기로 집행계획을 수립하거나 변경하는 경우

2. 해당 도시·군계획시설에 대하여 실시계획이 인가된 경우

3. 해당 도시·군계획시설에 대하여 「공익사업을 위한 토지 등의 취득 및 보상에 관한 법률」에 따른 보상계획이 공고된 경우(토지 소유자 및 관계인에게 각각 통지하였으나 단서에 따라 공고를 생략한 경우 포함)

4. 신청토지 전부가 포함된 일단의 토지에 대하여 「공익사업을 위한 토지 등의 취득 및 보상에 관한 법률」의 공익사업을 시행하기 위한 지역·지구 등의 지정 또는 사업계획 승인 등의 절차가 진행 중이거나 완료된 경우

5. 해당 도시·군계획시설결정의 해제를 위한 도시·군관리계획 변경절차가 진행 중인 경우

(3) 위 (1)에 따라 신청을 한 토지 소유자는 다음 각 각의 어느 하나에 해당하는 경우에는 해당 도 시·군계획시설에 대한 도시·군관리계획 결정권자에게 그 도시·군계획시설결정의 해제를 신청할 수 있다.

① 입안권자가 위 (2) 각 각의 어느 하나에 해당하지 아니하는 사유로 해제입안을 하지 않기로 정하여 신청인에게 통지한 경우

② 입안권자가 해제입안을 하기로 정하여 신청인에게 통지하고 해제입안을 하였으나 해당 도시·군계획시설에 대한 도시·군관리계획 결정권자가 도시·군관리계획 결정절차를 거쳐 신청토지의 전부 또는 일부를 해제하지 않기로 결정한 경우(위 (2)-5.를 사유로 해제입안을 하지 아니하는 것으로 통지 되었으나 도시·군관리계획 변경절차를 진행한 결과 신청토지의 전부 또는 일부를 해제하지 않기로 결정한 경우 포함)

(4) 도시·군관리계획 결정권자는 위 (3)에 따른 신청을 받은 날부터 2개월 이내에 결정 여부를 정하여 토지 소유자에게 알려야 하며, 특별한 사유가 없으면 그 도시·군계획시설결정을 해제해야 한다.

(5) 위 (3)에 따라 해제 신청을 한 토지 소유자는 다음 각 각의 어느 하나에 해당하는 경우에는 국토교통부장관에게 그 도시·군계획시설결정의 해제 심사를 신청할 수 있다.

① 결정권자가 해당 도시·군계획시설결정의 해제를 하지 아니하기로 정하여 신청인에게 통지한 경우

② 결정권자가 해당 도시·군계획시설결정의 해제를 하기로 정하여 신청인에게 통지하였으나 도시·군관리계획 결정절차를 거쳐 신청토지의 전부 또는 일부를 해제하지 아니하기로 결정한 경우 (국토교통부장관은 해제 심사 신청을 받은 경우에는 입안권자 및 결정권자에게 해제 심사를 위한 관련 서류 등을 제출할 것을 요구할 수 있다.)

(6) 위 (5)에 따라 신청을 받은 국토교통부장관은 중앙도시계획위원회의 심의를 거쳐 해당 도시·군계획시설에 대한 도시·군관리계획 결정권자에게 도시·군계획시설결정의 해제를 권고할 수 있다.

(7) 위 (6)에 따라 해제를 권고받은 도시·군관리계획 결정권자는 특별한 사유가 없으면 그 도시·군계획시설결정을 해제해야 한다.

(8) 위 (2)에 따른 도시·군계획시설결정 해제를 위한 도시·군관리계획의 입안 절차와 위 (4) 및 (7)에 따른 도시·군계획시설결정의 해제 절차는 다음의 규정에 따른다.

① 입안권자가 해제입안을 하기 위하여 해당 지방의회에 의견을 요청한 경우 지방의회는 요청받은 날부터 60일 이내에 의견을 제출해야 한다. 이 경우 60일 이내에 의견이 제출되지 않은 경우 의견이 없는 것으로 본다.

② 도시·군계획시설결정의 해제결정(해제를 하지 않기로 결정하는 것 포함)은 다음 각각의 구분에 따른 날부터 6개월(아래 ③ 본문에 따라 결정하는 경우 2개월) 이내에 이행되어야 한다.
예외 관계 법률에 따른 별도의 협의가 필요한 경우 그 협의에 필요한 기간은 기간계산에서 제외

1. 해당 도시·군계획시설결정의 해제입안을 하기로 통지한 경우	입안권자가 신청인에게 입안하기로 통지한 날
2. 해당 도시·군계획시설결정을 해제하기로 통지한 경우	결정권자가 신청인에게 해제하기로 통지한 날
3. 해당 도시·군계획시설결정을 해제할 것을 권고 받은 경우	결정권자가 해제 권고를 받은 날

③ 결정권자는 해당 도시·군계획시설결정의 해제결정을 하는 경우로서 이전 단계에서 도시·군관리계획 결정절차를 거친 경우 해당 지방도시계획위원회의 심의만을 거쳐 도시·군계획시설결정의 해제결정을 할 수 있다.
예외 결정권자가 입안 내용의 변경이 필요하다고 판단하는 경우에는 그렇지 않다.

④ 규정한 사항 외에 도시·군계획시설결정의 해제를 위한 도시·군관리계획의 입안·해제절차 및 기한 등에 필요한 세부적인 사항은 국토교통부장관이 정한다.

4 지구단위계획

① 지구단위계획의 수립 $\left(\begin{smallmatrix}법\\제49조\end{smallmatrix}\right)\left(\begin{smallmatrix}영\\제42조의3\end{smallmatrix}\right)$

【1】지구단위계획의 수립

지구단위계획은 다음의 사항을 고려하여 수립한다.

① 도시의 정비·관리·보전·개발 등 지구단위계획구역의 지정 목적

② 주거·산업·유통·관광휴양·복합 등 지구단위계획구역의 중심기능

③ 해당 용도지역의 특성

④ 지역 공동체의 활성화

⑤ 안전하고 지속가능한 생활권의 조성

⑥ 해당 지역 및 인근 지역의 토지 이용을 고려한 토지이용계획과 건축계획의 조화

【참고】 지구단위계획의 위치

도시·군관리계획	계획의 범위가 특별시·광역시·특별자치시·특별자치도·시 또는 군의 광범위한 영역에 미치고 「국토의 계획 및 이용에 관한 법률」에 따른 용도지역, 용도지구 등 토지이용계획과 기반시설의 정비 등에 중점을 둔다.
지구단위계획	일정 행정구역 내의 일부지역을 대상으로 도시·군관리계획과 건축계획의 중간적 성격의 계획으로 평면적 토지이용계획과 입체적 건축시설계획이 서로 조화를 이루도록 하는데 중점을 둔다.
건축계획	계획의 범위가 특정 필지(대지)에만 미치고 토지이용보다는 건축물의 입체적 시설계획에 중점을 둔다.

【2】 지구단위계획의 수립기준

국토교통부장관은 지구단위계획의 수립기준을 정할 때에는 다음의 사항을 고려해야 한다.

1. 개발제한구역에 지구단위계획을 수립할 때에는 개발제한구역의 지정 목적이나 주변환경이 훼손되지 아니하도록 하고,「개발제한구역의 지정 및 관리에 관한 특별조치법」을 우선하여 적용할 것

2. 보전관리지역에 지구단위계획을 수립할 때에는 녹지 또는 공원으로 계획하는 등 환경 훼손을 최소화할 것

3. 「문화재보호법」에 따른 역사문화환경 보존지역에서 지구단위계획을 수립하는 경우에는 문화재 및 역사문화환경과 조화되도록 할 것

4. 지구단위계획구역에서 원활한 교통소통을 위하여 필요한 경우에는 지구단위계획으로 건축물부설주차장을 해당 건축물의 대지가 속하여 있는 가구에서 해당 건축물의 대지 바깥에 단독 또는 공동으로 설치하게 할 수 있도록 할 것. 이 경우 대지 바깥에 공동으로 설치하는 건축물부설주차장의 위치 및 규모 등은 지구단위계획으로 정한다.

5. 위 4.에 따라 대지 바깥에 설치하는 건축물부설주차장의 출입구는 간선도로변에 두지 아니하도록 할 것. 예외 특별시장·광역시장·특별자치시장·특별자치도지사·시장 또는 군수가 해당 지구단위계획구역의 교통소통에 관한 계획 등을 고려하여 교통소통에 지장이 없다고 인정하는 경우

6. 지구단위계획구역에서 공공사업의 시행, 대형건축물의 건축 또는 2필지 이상의 토지소유자의 공동개발 등을 위하여 필요한 경우에는 특정 부분을 별도의 구역으로 지정하여 계획의 상세 정도 등을 따로 정할 수 있도록 할 것

7. 지구단위계획구역의 지정 목적, 향후 예상되는 여건변화, 지구단위계획구역의 관리 방안 등을 고려하여 경미한 사항을 정하는 것이 필요한지를 검토하여 지구단위계획에 반영하도록 할 것

8. 지구단위계획의 내용 중 기존의 용도지역 또는 용도지구를 용적률이 높은 용도지역 또는 용도지구로 변경하는 사항이 포함되어 있는 경우 변경되는 구역의 용적률은 기존의 용도지역 또는 용도지구의 용적률을 적용하되, 공공시설부지의 제공현황 등을 고려하여 용적률을 완화할 수 있도록 계획할 것

9. 건폐율·용적률 등의 완화 범위를 포함하여 지구단위계획을 수립하도록 할 것

10. 도시지역 내 주거·상업·업무 등의 기능을 결합하는 복합적 토지 이용의 증진이 필요한 지역은 지정 목적을 복합용도개발형으로 구분하되, 3개 이상의 중심기능을 포함하여야 하고 중심기능 중 어느 하나에 집중되지 아니하도록 계획할 것

11. 「도시 및 주거환경정비법」에 따라 지정된 정비구역, 「택지개발촉진법」에 따라 지정된 택지개발지구의 지역에서 시행되는 사업이 끝난 후 10년이 지난 지역에 수립하는 지구단위계획의 내용 중 ① 용도지역이나 용도지구를 대통령령으로 정하는 범위에서 세분하거나 변경하는 사항, ② 건축물의 건폐율 또는 용적률, 건축물 높이의 최고한도 또는 최저한도의 사항은 해당 지역에 시행된 사업이 끝난 때의 내용을 유지함을 원칙으로 할 것

12. 도시지역 외의 지역에 지정하는 지구단위계획구역은 해당 구역의 중심기능에 따라 주거형, 산업·유통형, 관광·휴양형 또는 복합형 등으로 지정 목적을 구분할 것

13. 도시지역 외의 지구단위계획구역에서 건축할 수 있는 건축물의 용도·종류 및 규모 등은 해당 구역의 중심기능과 유사한 도시지역의 용도지역별 건축제한 등을 고려하여 지구단위계획으로 정할 것

② 지구단위계획구역 및 지구단위계획의 결정 (법 제50조)

(1) 지구단위계획구역 및 지구단위계획은 도시·군관리계획으로 결정한다.

■ 지구단위계획구역의 지정절차

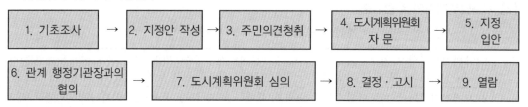

(2) 지구단위계획안에 대한 주민 등의 의견 반영(영 제49조)

다음에 해당하는 자는 지구단위계획안에 포함시키고자 하는 사항을 특별시장·광역시장·특별자치시장·특별자치도지사·시장 또는 군수에게 제출할 수 있으며, 특별시장·광역시장·특별자치시장·특별자치도지사·시장 또는 군수는 제출된 사항이 타당하다고 인정되는 때에는 이를 지구단위계획안에 반영해야 한다.

1. 지구단위계획구역이 주민의 제안에 의하여 지정된 경우: 그 제안자

2. 지구단위계획구역이 도시개발구역, 정비구역, 택지개발지구, 대지조성사업지구, 산업단지와 준산업단지, 관광단지 및 관광특구에 대하여 지정된 경우: 그 지정근거가 되는 개별 법률에 따른 개발사업의 시행자

③ 지구단위계획구역의 지정 등 (법 제51조)(영 제43조)

(1) 임의적 지정 대상지역

국토교통부장관, 시·도지사, 시장 또는 군수는 다음의 어느 하나에 해당하는 지역의 전부 또는 일부에 대하여 지구단위계획구역을 지정할 수 있다.

① 이 법에 따라 지정된 용도지구

② 「도시개발법」에 따라 지정된 도시개발구역

③ 「도시 및 주거환경정비법」에 따라 지정된 정비구역

④ 「택지개발촉진법」에 따라 지정된 택지개발지구

⑤ 「주택법」에 따른 대지조성사업지구

⑥ 「산업입지 및 개발에 관한 법률」의 산업단지와 준산업단지

⑦ 「관광진흥법」에 따라 지정된 관광단지와 관광특구

⑧ 다음 구역 중 계획적인 개발 또는 관리가 필요한 지역

1. 개발제한구역·도시자연공원구역·시가화조정구역 또는 공원에서 해제되는 구역
2. 녹지지역에서 주거·상업·공업지역으로 변경되는 구역
3. 새로 도시지역으로 편입되는 구역

⑨ 도시지역 내 주거·상업·업무 등의 기능을 결합하는 등 복합적인 토지 이용을 증진시킬 필요가 있는 지역으로서 일반주거지역, 준주거지역, 준공업지역 및 상업지역에서 낙후된 도심 기능을 회복하거나 도시균형발전을 위한 중심지 육성이 필요한 경우로서 다음에 해당하는 지역

1. 주요 역세권, 고속버스 및 시외버스 터미널, 간선도로의 교차지 등 양호한 기반시설을 갖추고 있어 대중교통 이용이 용이한 지역
2. 역세권의 체계적·계획적 개발이 필요한 지역
3. 세 개 이상의 노선이 교차하는 대중교통 결절지(結節地)로부터 1㎞ 이내에 위치한 지역
4. 「역세권의 개발 및 이용에 관한 법률」에 따른 역세권개발구역
5. 「도시재정비 촉진을 위한 특별법」에 따른 고밀복합형 재정비촉진지구로 지정된 지역

⑩ 도시지역 내 유휴토지를 효율적으로 개발하거나 아래 <1>의 시설을 이전 또는 재배치하여 토지 이용을 합리화하고, 그 기능을 증진시키기 위하여 집중적으로 정비가 필요한 아래 <2>의 요건에 해당하는 지역

<1> 해당 시설

1. 교정시설, 군사시설
2. 철도, 항만, 공항, 공장, 병원, 학교, 공공청사, 공공기관, 시장, 운동장 및 터미널
3. 그 밖에 위 2.와 유사한 시설로서 특별시·광역시·특별자치시·특별자치도·시 또는 군의 도시·군계획조례로 정하는 시설

<2> 5천㎡ 이상으로서 도시·군계획조례로 정하는 면적 이상의 유휴토지 또는 대규모 시설의 이전부지로서 다음의 지역

1. 대규모 시설의 이전에 따라 도시기능의 재배치 및 정비가 필요한 지역
2. 토지의 활용 잠재력이 높고 지역거점 육성이 필요한 지역
3. 지역경제 활성화와 고용창출의 효과가 클 것으로 예상되는 지역

⑪ 도시지역의 체계적·계획적인 관리 또는 개발이 필요한 지역

⑫ 그 밖에 양호한 환경의 확보나 기능 및 미관의 증진 등을 위하여 필요한 지역으로서 다음에 해당하는 지역

1. 경관, 생태, 정보통신, 과학, 문화, 관광 등 분야별시범도시
2. 제한지역·제한사유·제한대상행위 및 제한기간을 미리 고시한 개발행위허가 제한지역
3. 지하 및 공중공간을 효율적으로 개발하고자 하는 지역
4. 용도지역의 지정·변경에 관한 도시·군관리계획을 입안하기 위하여 열람·공고된 지역
5. 주택재건축사업에 의하여 공동주택을 건축하는 지역

6. 지구단위계획구역으로 지정하고자 하는 토지와 접하여 공공시설을 설치하고자 하는 자연녹지지역

7. 그 밖에 양호한 환경의 확보 또는 기능 및 미관의 증진 등을 위하여 필요한 지역으로서 특별시·광역시·특별자치시·특별자치도·시 또는 군의 도시·군계획조례가 정하는 지역

(2) 의무적 지정 대상지역

국토교통부장관, 시·도지사, 시장 또는 군수는 다음의 어느 하나에 해당하는 지역은 지구단위 계획구역으로 지정하여야 한다.

예외 관계 법률에 따라 그 지역에 토지 이용과 건축에 관한 계획이 수립되어 있는 경우

① 정비구역과 택지개발지구(위 (1)-③ 및 ④)에서 시행되는 사업이 끝난 후 10년이 지난 지역

② 위 (1)의 지역 중 체계적·계획적인 개발 또는 관리가 필요한 다음의 지역으로서 그 면적이 30만㎡ 이상인 지역

1. 시가화조정구역 또는 공원에서 해제되는 지역
   예외 녹지지역으로 지정 또는 존치되거나 법 또는 다른 법령에 의하여 도시·군계획사업 등 개발계획이 수립되지 아니하는 경우를 제외

2. 녹지지역에서 주거지역·상업지역 또는 공업지역으로 변경되는 지역

3. 그 밖에 특별시·광역시·특별자치시·특별자치도·시 또는 군의 도시·군계획조례로 정하는 지역

(3) 도시지역 외의 지역을 지구단위계획구역으로 지정하려는 경우의 요건 등

① 지정하려는 구역 면적의 50/100 이상이 계획관리지역으로서 다음의 요건에 해당하는 지역

1. 계획관리지역 외에 지구단위계획구역에 포함하는 지역은 생산관리지역 또는 보전관리지역일 것

2. 지구단위계획구역에 보전관리지역을 포함하는 경우 해당 보전관리지역의 면적은 다음의 구분에 따른 요건을 충족할 것. 이 경우 개발행위허가를 받는 등 이미 개발된 토지, 「산지관리법」에 따른 토석채취허가를 받고 토석의 채취가 완료된 토지로서 준보전산지에 해당하는 토지 및 해당 토지를 개발하여도 주변지역의 환경오염·환경훼손 우려가 없는 경우로서 해당 도시계획위원회 또는 공동위원회의 심의를 거쳐 지구단위계획구역에 포함되는 토지의 면적은 다음에 따른 보전관리지역의 면적 산정에서 제외함
   ① 전체 지구단위계획구역 면적이 10만㎡ 이하인 경우: 전체 지구단위계획구역 면적의 20% 이내
   ② 전체 지구단위계획구역 면적이 10만㎡ 초과 20만㎡ 이하인 경우: 2만㎡
   ③ 전체 지구단위계획구역 면적이 20만㎡를 초과하는 경우: 전체 지구단위계획구역 면적의 10% 이내

3. 지구단위계획구역으로 지정하고자 하는 토지의 면적이 다음의 어느 하나에 규정된 면적 요건에 해당할 것
   1) 지정하고자 하는 지역에 공동주택 중 아파트 또는 연립주택의 건설계획이 포함되는 경우 30만㎡ 이상일 것. 이 경우 다음 요건에 해당하는 때에는 일단의 토지를 통합하여 하나의 지구단위계획구역으로 지정할 수 있음
      ㉠ 아파트 또는 연립주택의 건설계획이 포함되는 각각의 토지의 면적이 10만㎡ 이상이고, 그 총면적이 30만㎡ 이상일 것
      ㉡ 위 ㉠의 각 토지는 국토교통부장관이 정하는 범위 안에 위치하고, 국토교통부장관이 정하는 규모 이상의 도로로 서로 연결되어 있거나 연결도로의 설치가 가능할 것
   2) 지정하고자 하는 지역에 공동주택 중 아파트 또는 연립주택의 건설계획이 포함되는 경우로서 다음의 어느 하나에 해당하는 경우에는 10만㎡ 이상일 것
      ㉠ 지구단위계획구역이 「수도권정비계획법」의 규정에 의한 자연보전권역인 경우

ⓛ 지구단위계획구역 안에 초등학교 용지를 확보하여 관할 교육청의 동의를 얻거나 지구단
위계획구역 안 또는 지구단위계획구역으로부터 통학이 가능한 거리에 초등학교가 위치
하고 학생수용이 가능한 경우로서 관할 교육청의 동의를 얻은 경우
  3) 위 1) 및 2)의 경우를 제외하고는 3만㎡ 이상일 것

4. 해당 지역에 도로·수도공급설비·하수도 등 기반시설을 공급할 수 있을 것

5. 자연환경·경관·미관 등을 해치지 아니하고 문화재의 훼손우려가 없을 것

② 개발진흥지구로서 다음 요건에 해당하는 지역

1. 위 ①의 2.~4.의 요건에 해당할 것

2. 해당 개발진흥지구가 다음의 지역에 위치할 것
  1) 주거개발진흥지구, 복합개발진흥지구(주거기능이 포함된 경우에 한함) 및 특정개발진흥지구
    : 계획관리지역
  2) 산업·유통개발진흥지구·유통개발진흥지구 및 복합개발진흥지구(주거기능이 포함되지 않은
    경우에 한함) : 계획관리지역·생산관리지역 또는 농림지역
  3) 관광·휴양개발진흥지구 : 도시지역외의 지역

※ 국토교통부장관은 지구단위계획구역이 합리적으로 지정될 수 있도록 하기 위하여 필요한 경
우 위 ① 및 ②의 지정요건을 세부적으로 정할 수 있다.
③ 용도지구를 폐지하고 그 용도지구에서의 행위 제한 등을 지구단위계획으로 대체하려는 지역

④ 지구단위계획의 내용 (법 제52조)

【1】 지구단위계획에 포함될 사항 (영 제45조)

지구단위계획구역의 지정목적을 이루기 위하여 지구단위계획에는 다음의 사항 중 ③과 ⑤의 사항
을 포함한 둘 이상의 사항이 포함되어야 한다.
  예외 아래 ②를 내용으로 하는 지구단위계획의 경우에는 그렇지 않다.
  ① 용도지역 또는 용도지구(도시·군계획조례로 세분되는 용도지구는 포함)를 각각의 범위 안에
    서 세분 또는 변경하는 사항
   ※ 이 경우 위 ③-(1) ⑨ 및 ⑩에 따라 지정된 지구단위계획구역에서는 용도지역 간의 변경을 포함한다.
  ② 기존의 용도지구를 폐지하고 그 용도지구에서의 건축물이나 그 밖의 시설의 용도·종류 및 규
    모 등의 제한을 대체하는 사항
  ③ 해당 지구단위계획구역의 지정목적 달성을 위하여 필요한 다음 기반시설의 배치와 규모

1. 도시개발구역, 정비구역, 택지개발지구, 대지조성사업지구, 산업단지와 준산업단지, 관광단
  지와 관광특구인 경우에는 해당 법률에 의한 개발사업으로 설치하는 기반시설

2. 기반시설(영 제2조제1항)
  1) 교통시설 : 도로·철도·항만·공항·주차장·자동차정류장·궤도·차량 검사 및 면허시설
  2) 공간시설 : 광장·공원·녹지·유원지·공공공지
  3) 유통·공급시설 : 유통업무설비, 수도·전기·가스·열공급설비, 방송·통신시설, 공동구·
    시장, 유류저장 및 송유설비
  4) 공공·문화체육시설 : 학교·공공청사·문화시설·공공필요성이 인정되는 체육시설·연구
    시설·사회복지시설·공공직업훈련시설·청소년수련시설

5) 방재시설 : 하천·유수지·저수지·방화설비·방풍설비·방수설비·사방설비·방조설비

6) 보건위생시설 : 장사시설·도축장·종합의료시설

7) 환경기초시설 : 하수도·폐기물처리 및 재활용시설·빗물저장 및 이용시설·수질오염방지
   시설·폐차장

예외 다음 시설 중 시·도 또는 대도시의 도시·군계획조례로 정하는 기반시설은 제외
   ① 철도   ② 항만   ③ 공항   ④ 궤도
   ⑤ 공원(「도시공원 및 녹지 등에 관한 법률」에 따른 묘지공원으로 한정)
   ⑥ 유원지   ⑦ 방송·통신시설   ⑧ 유류저장 및 송유설비
   ⑨ 학교(「고등교육법」에 따른 학교로 한정)   ⑩ 저수지   ⑪ 도축장

④ 도로로 둘러싸인 일단의 지역 또는 계획적인 개발·정비를 위하여 구획된 일단의 토지의 규모
  와 조성계획

⑤ 건축물의 용도제한, 건축물의 건폐율 또는 용적률, 건축물 높이의 최고한도 또는 최저한도

⑥ 건축물의 배치·형태·색채 또는 건축선에 관한 계획

⑦ 환경관리계획 또는 경관계획

⑧ 보행안전 등을 고려한 교통처리계획

⑨ 그 밖에 토지 이용의 합리화, 도시나 농·산·어촌의 기능 증진 등에 필요한 사항으로서 다음에
  해당하는 사항

1. 지하 또는 공중공간에 설치할 시설물의 높이·깊이·배치 또는 규모
2. 대문·담 또는 울타리의 형태 또는 색채
3. 간판의 크기·형태·색채 또는 재질
4. 장애인·노약자 등을 위한 편의시설계획
5. 에너지 및 자원의 절약과 재활용에 관한 계획
6. 생물서식공간의 보호·조성·연결 및 물과 공기의 순환 등에 관한 계획
7. 문화재 및 역사문화환경 보호에 관한 계획

【2】 기반시설의 적절한 조화 (법 제52조제2항)

지구단위계획은 도로·주차장·공원·녹지·공공공지, 수도·전기·가스·열공급설비, 학교(초등학교 및 중학교만 해당)·하수도 및 폐기물처리시설의 처리·공급 및 수용능력이 지구단위계획구역에 있는 건축물의 연면적, 수용인구 등 개발밀도와 적절한 조화를 이룰 수 있도록 하여야 한다.

【3】 지구단위계획구역에서의 완화적용 규정 (법 제52조제3항)

관련법	내 용	조 항	관련법	내 용	조 항
「국토의 계획 및 이용에 관한 법률」	용도지역 및 용도지구에서의 건축제한 등	제76조	「건축법」	대지의 조경	제42조
	용도지역에서의 건폐율	제77조		공개공지 등의 확보	제43조
	용도지역에서의 용적률	제78조		대지와 도로와의 관계	제44조
「주차장법」	부설주차장의 설치	제19조		건축물의 높이제한	제60조
	부설주차장 설치계획서	제19조의2		일조 등의 확보를 위한 건축물의 높이제한	제61조

【4】도시지역 내 지구단위계획구역에서의 완화적용 $\left(\begin{smallmatrix} 영 \\ 제46조 \end{smallmatrix}\right)$

(1) 공공시설등의 기부채납시 완화적용

　지구단위계획구역(도시지역 내에 지정하는 경우로 한정)에서 건축물을 건축하려는 자가,

　① 그 대지의 일부를 공공시설, 기반시설 및 공공임대주택 등(이하 "공공시설등")의 부지로 제공하거나 ② 공공시설등을 설치하여 제공하는 경우[지구단위계획구역 밖의 「하수도법」에 따른 배수구역에 공공하수처리시설을 설치하여 제공하는 경우(지구단위계획구역에 다른 공공시설 및 기반시설이 충분히 설치되어 있는 경우로 한정)]에는,

　그 건축물에 대하여 지구단위계획으로 다음의 구분에 따라 건폐율·용적률 및 높이제한을 완화하여 적용할 수 있다. 이 경우 제공받은 공공시설등은 국유재산 또는 공유재산으로 관리한다.

　① 공공시설등의 부지를 제공하는 경우의 완화 적용

---

1. 완화할 수 있는 건폐율

$$= 해당\ 용도지역에\ 적용되는\ 건폐율 \times \left[1 + \frac{공공시설등의\ 부지로\ 제공하는\ 면적^*}{원래의\ 대지면적}\right]\ 이내$$

---

2. 완화할 수 있는 용적률

$$= 해당\ 용도지역에\ 적용되는\ 용적률 +$$
$$\left[1.5 \times \frac{공공시설등의\ 부지로\ 제공하는\ 면적^* \times 공공시설등\ 제공\ 부지\ 용적률}{공공시설등의\ 부지\ 제공\ 후의\ 대지면적}\right]\ 이내$$

---

3. 완화할 수 있는 높이

$$= 「건축법」에\ 따라\ 제한된\ 높이(제60조) \times \left[1 + \frac{공공시설등의\ 부지로\ 제공하는\ 면적^*}{원래의\ 대지면적}\right]\ 이내$$

　※ 위 1., 2., 3.의 공공시설등의 부지로 제공하는 면적
　공공시설등의 부지를 제공하는 자가 용도가 폐지되는 공공시설을 무상으로 양수받은 경우 그 양수받은 부지면적을 빼고 산정

---

　② 공공시설등을 설치하여 제공(그 부지의 제공은 제외)하는 경우의 완화 적용

　공공시설 등을 설치하는 데에 드는 비용에 상응하는 가액(價額)의 부지를 제공한 것으로 보아 위 ①에 따른 비율까지 건폐율·용적률 및 높이제한을 완화하여 적용할 수 있다. 이 경우 공공시설등 설치비용 및 이에 상응하는 부지 가액의 산정 방법 등은 시·도 또는 대도시의 도시·군계획조례로 정한다.

　③ 공공시설등을 설치하여 그 부지와 함께 제공하는 경우의 완화 적용

　위 ① 및 ②에 따라 완화할 수 있는 건폐율·용적률 및 높이를 합산한 비율까지 완화하여 적용할 수 있다.

(2) 토지보상반환금의 반환시 건폐율 등의 완화적용

　특별시장·광역시장·특별자치시장·특별자치도지사·시장 또는 군수는 지구단위계획구역에 있는 대지의 일부를 공공시설부지로 제공하고 보상을 받은 자 또는 그 포괄승계인이 반환금(보상금액에 이자*를 더한 금액)을 반환하는 경우 해당 지방자치단체의 도시·군계획조례가 정하는 바에 따라 (1)-①의 규정을 적용하여 해당 건축물에 대한 건폐율·용적률 및 높이제한을 완화할 수 있다. 이 경우 그 반환금은 기반시설의 확보에 사용하여야 한다.

　* 보상을 받은 날부터 보상금의 반환일 전일까지의 기간동안 발생된 이자로서 그 이자율은 보상금 반환 당시의 「은행법」에 따른 인가를 받은 금융기관중 전국을 영업구역으로 하는 금융기관이 적용하는 1년만기 정기예금금리의 평균

(3) 공개공지 또는 공개공간의 의무면적 초과설치시 완화적용

지구단위계획구역에서 건축물을 건축하고자 하는 자가 공개공지 또는 공개공간을 의무면적을 초과하여 설치한 경우 당해 건축물에 대하여 지구단위계획으로 다음의 비율까지 용적률 및 높이제한을 완화하여 적용할 수 있다.

1. 완화할 수 있는 용적률 = 공개공지 또는 공개공간 설치시의 완화된 용적률*+ (해당 용도지역에 적용되는 용적률 × 의무면적을 초과하는 공개공지 또는 공개공간의 면적의 절반 ÷ 대지면적) 이내   *「건축법」제43조제2항
2. 완화할 수 있는 높이 = 공개공지 또는 공개공간 설치시의 완화된 높이*1(「건축법」제43조제2항)+ {「건축법」에 따른 높이*2× 의무면적을 초과하는 공개공지 또는 공개공간의 면적의 절반 ÷ 대지면적} 이내   *1.「건축법」제43조제2항, *2.「건축법」제60조

관계법 「건축법」 제43조 【공개 공지 등의 확보】
① 다음 각 호의 어느 하나에 해당하는 지역의 환경을 쾌적하게 조성하기 위하여 대통령령으로 정하는 용도와 규모의 건축물은 일반이 사용할 수 있도록 대통령령으로 정하는 기준에 따라 소규모 휴식시설 등의 공개 공지(空地: 공터) 또는 공개 공간(이하 "공개공지등" 이라 한다)을 설치하여야 한다. 〈개정 2019.4.23.〉
  1. 일반주거지역, 준주거지역
  2. 상업지역
  3. 준공업지역
  4. 특별자치시장·특별자치도지사 또는 시장·군수·구청장이 도시화의 가능성이 크거나 노후 산업단지의 정비가 필요하다고 인정하여 지정·공고하는 지역
② 제1항에 따라 공개공지등을 설치하는 경우에는 제55조, 제56조와 제60조를 대통령령으로 정하는 바에 따라 완화하여 적용할 수 있다. 〈개정 2019.4.23.〉
③~⑤ 〈생략〉

관계법 「건축법」 제60조 【건축물의 높이 제한】
① 허가권자는 가로구역[(街路區域): 도로로 둘러싸인 일단(一團)의 지역을 말한다. 이하 같다]을 단위로 하여 대통령령으로 정하는 기준과 절차에 따라 건축물의 높이를 지정·공고할 수 있다. 다만, 특별자치시장·특별자치도지사 또는 시장·군수·구청장은 가로구역의 높이를 완화하여 적용할 필요가 있다고 판단되는 대지에 대하여는 대통령령으로 정하는 바에 따라 건축위원회의 심의를 거쳐 높이를 완화하여 적용할 수 있다. 〈개정 2014.1.14.〉
② 특별시장이나 광역시장은 도시의 관리를 위하여 필요하면 제1항에 따른 가로구역별 건축물의 높이를 특별시나 광역시의 조례로 정할 수 있다. 〈개정 2014.1.14.〉
③ 삭제 〈2015.5.18.〉
④ 허가권자는 제1항 및 제2항에도 불구하고 일조(日照)·통풍 등 주변 환경 및 도시미관에 미치는 영향이 크지 않다고 인정하는 경우에는 건축위원회의 심의를 거쳐 이 법 및 다른 법률에 따른 가로구역의 높이 완화에 관한 규정을 중첩하여 적용할 수 있다. 〈신설 2022.2.3.〉

---

(4) 주차장 설치기준의 완화

지구단위계획구역의 지정목적이 다음에 해당하는 경우에는 지구단위계획으로 「주차장법」에 따른 주차장 설치기준을 100%까지 완화하여 적용할 수 있다.

1. 한옥마을을 보존하고자 하는 경우
2. 차 없는 거리를 조성하고자 하는 경우(지구단위계획으로 보행자전용도로를 지정하거나 차량의 출입을 금지한 경우를 포함한다)
3. 원활한 교통소통 또는 보행환경 조성을 위하여 도로에서 대지로의 차량통행이 제한되는 차량진입금지구간을 지정한 경우

(5) 그 밖에 지구단위계획구역에서 완화 적용할 수 있는 경우

> 1. 지구단위계획구역에서는 도시·군계획조례의 규정에 불구하고 지구단위계획으로 용도지역에서의 건폐율(법 제84조) 규정의 범위에서 건폐율을 완화하여 적용할 수 있다.

> 2. 지구단위계획구역에서는 지구단위계획으로 용도지역에서 건축할 수 있는 건축물(법 제76조)(도시·군계획조례가 정하는 바에 따라 건축할 수 있는 건축물의 경우 도시·군계획조례에서 허용되는 건축물에 한정)의 용도·종류 및 규모 등의 범위에서 이를 완화하여 적용할 수 있다.

(6) 용적률의 120% 이내에서 완화 적용하는 경우

다음에 해당하는 경우 지구단위계획으로 해당 용도지역에 적용되는 용적률의 120% 이내에서 용적률을 완화하여 적용할 수 있다.

> 1. 도시지역에 개발진흥지구를 지정하고 해당 지구를 지구단위계획구역으로 지정한 경우

> 2. 다음에 해당하는 경우로서 특별시장·광역시장·특별자치시장·특별자치도지사·시장 또는 군수의 권고에 따라 공동개발을 하는 경우
> ① 지구단위계획에 2필지 이상의 토지에 하나의 건축물을 건축하도록 되어 있는 경우
> ② 지구단위계획에 합벽건축을 하도록 되어 있는 경우
> ③ 지구단위계획에 주차장·보행자통로 등을 공동으로 사용하도록 되어 있어 2필지 이상의 토지에 건축물을 동시에 건축할 필요가 있는 경우

(7) 건축물 높이의 120% 이내에서 완화 적용하는 경우

도시지역에 개발진흥지구를 지정하고 해당 지구를 지구단위계획구역으로 지정한 경우 지구단위계획으로 건축물의 높이제한(「건축법」 제60조) 규정에 따라 제한된 건축물 높이제한을 120% 이내에서 완화하여 적용할 수 있다.

(8) 위 (1)-①-2.(대지의 일부를 공공시설등의 부지로 제공하고 반환금을 반환하는 경우의 적용완화의 경우를 포함), (3)-① 및 (6)의 규정은 다음에 해당하는 경우 적용하지 않는다.

> 1. 개발제한구역·시가화조정구역·녹지지역 또는 공원에서 해제되는 구역과 새로이 도시지역으로 편입되는 구역 중 계획적인 개발 또는 관리가 필요한 지역인 경우

> 2. 기존의 용도지역 또는 용도지구가 용적률이 높은 용도지역 또는 용도지구로 변경되는 경우로서 기존의 용도지역 또는 용도지구의 용적률을 적용하지 않는 경우

(9) 위 (1)~(3), (5)-1. 및 (6)에 따라 완화하여 적용되는 건폐율 및 용적률은 해당 용도지역 또는 용도지구에 적용되는 건폐율의 150% 및 용적률의 200%를 각각 초과할 수 없다.

(10) 위 (1)에도 불구하고 지구단위계획구역 내 준주거지역(준주거지역으로 변경하는 경우를 포함)에서 건축물을 건축하려는 자가 그 대지의 일부를 공공시설등의 부지로 제공하거나 공공시설등을 설치하여 제공하는 경우 지구단위계획으로 용적률의 140% 이내의 범위에서 용적률을 완화하여 적용할 수 있다. 이 경우 공공시설등의 부지를 제공하거나 공공시설등을 설치하여 제공하는 비용은 용적률 완화에 따른 토지가치 상승분(「감정평가 및 감정평가사에 관한 법률」에 따른 감정평가법인등이 용적률 완화 전후에 각각 감정평가한 토지가액의 차이)의 범위로 하며, 그 비용 중 시·도 또는 대도시의 도시·군계획조례로 정하는 비율 이상은 「공공주택특별법」에 따른 공공임대주택을 제공하는 데에 사용해야 한다.

(11) 지정된 지구단위계획구역 내 준주거지역에서는 지구단위계획으로 「건축법」에 따른 채광(採光)등의 확보를 위한 건축물의 높이 제한을 200% 이내의 범위에서 완화하여 적용할 수 있다.

(12) 도시·군관리계획의 결정권자는 지구단위계획구역 내 국가첨단전략기술을 보유하고 있는 자가 입주하는(이미 입주한 경우 포함)에 따른 산업단지에 대하여 용적률 완화에 관한 산업통상자원부장관의 요청이 있는 경우 산업입지정책심의회의 심의를 거쳐 지구단위계획으로 용도지역별 용적률 최대한도의 140% 이내의 범위에서 완화하여 적용할 수 있다. <신설 2023.3.21.>

【5】 도시지역 외의 지구단위계획구역에서의 건폐율 등의 완화적용 (영 제47조)

1. 지구단위계획구역(도시지역 외에 지정하는 경우로 한정)에서는 지구단위계획으로 해당 용도지역 또는 개발진흥지구에 적용되는 건폐율의 150% 및 용적률의 200% 이내에서 건폐율 및 용적률을 완화하여 적용할 수 있다.
2. 지구단위계획구역에서는 지구단위계획으로 건축물의 용도·종류 및 규모 등을 완화하여 적용할 수 있다. 예외 개발진흥지구(계획관리지역에 지정된 개발진흥지구 제외)에 지정된 지구단위계획구역에 대하여는 「건축법 시행령」의 공동주택 중 아파트 및 연립주택은 허용되지 않는다.

5 공공시설등의 설치비용 등 (법 제52조의2)(영 제46조의2)

(1) 지역의 전부 또는 일부를 지구단위계획구역으로 지정함에 따라 지구단위계획으로 용도지역이 변경되어 용적률이 높아지거나 건축제한이 완화되는 경우 또는 지구단위계획으로 도시·군계획시설 결정이 변경되어 행위제한이 완화되는 경우에는 해당 지구단위계획구역에서 건축물을 건축하려는 자(도시·군관리계획이 입안되는 경우 입안 제안자를 포함한다)가 용도지역의 변경 또는 도시·군계획시설 결정의 변경 등으로 인한 토지가치 상승분(「감정평가 및 감정평가사에 관한 법률」에 따른 감정평가법인등이 용도지역의 변경 또는 도시·군계획시설 결정의 변경 전·후에 대하여 각각 감정평가한 토지가액의 차이를 말한다)의 범위에서 지구단위계획으로 정하는 바에 따라 해당 지구단위계획구역 안에 다음의 시설(이하 "공공시설등"이라 한다)의 부지를 제공하거나 공공시설등을 설치하여 제공하도록 하여야 한다.

■ 공공시설등
1. 공공시설
2. 기반시설
3. 「공공주택 특별법」에 따른 공공임대주택 또는 「건축법」 및 같은 법 시행령 별표 1 에 따른 기숙사 등 공공필요성이 인정되어 해당 시·도 또는 대도시의 조례로 정하는 시설

(2) 위 (1)에도 불구하고 <1> 해당 지구단위계획구역 안의 공공시설등이 충분한 것으로 인정될 때에는 해당 지구단위계획구역 밖의 관할 특별시·광역시·특별자치시·특별자치도·시 또는 군에 지구단위계획으로 정하는 바에 따라 <2> 다음 사업에 필요한 <3> 비용을 납부하는 것으로 갈음할 수 있다.
　<1> 공공시설등의 충분 여부의 인정
　　지구단위계획구역에 공공시설등의 부지나 공공시설등을 설치하여 제공하는 것을 갈음하여 공공시설등의 설치비용을 납부하게 하려는 경우 지구단위계획구역 안의 공공시설등이 충분한지는 특별시장·광역시장·특별자치시장·특별자치도지사·시장 또는 군수가 해당 지방자치단체에 두는 건축위원회와 도시계획위원회의 공동 심의를 거쳐 인정한다.

■ 심의 및 인정 여부의 결정시의 고려 사항

1. 현재 지구단위계획구역 안의 공공시설등의 확보 현황

2. 개발사업에 따른 인구·교통량 등의 변화와 공공시설등의 수요 변화 등

<2> 대상 사업

1. 도시·군계획시설결정의 고시일부터 10년 이내에 도시·군계획시설사업이 시행되지 아니한 도시·군계획시설의 설치

2. 위 (1)-3.에 따른 시설의 설치

3. 공공시설 또는 위 1.에 해당하지 않는 기반시설의 설치

<3> 납부 비용

1. 감정평가법인등이 지구단위계획에 관한 도시·군관리계획 결정의 고시일을 기준으로 용도지역의 변경 또는 도시·군계획시설 결정의 변경 전·후에 대하여 각각 감정평가한 토지가액 차이의 범위에서 시·도 또는 대도시의 도시·군계획조례로 정하는 금액에서 (1)에 따라 지구단위계획구역 안에 공공시설등의 부지를 제공하거나 공공시설등을 설치하여 제공하는 데 소요된 비용을 공제한 금액으로 한다.

2. 위 1.에 따른 비용은 착공일부터 사용승인 또는 준공검사 신청 전까지 납부하되, 시·도 또는 대도시의 도시·군계획조례로 정하는 바에 따라 분할납부할 수 있다.

(3) 위 (1)에 따른 지구단위계획구역이 특별시 또는 광역시 관할인 경우 위 (2)에 따른 공공시설등의 설치 비용 납부액 중 20/100 이상 30/100분 이하의 범위에서 해당 지구단위계획으로 정하는 비율에 해당하는 금액은 해당 지구단위계획구역의 관할 구(자치구) 또는 군(광역시의 관할 구역에 있는 군)에 귀속된다.

(4) 특별시장·광역시장·특별자치시장·특별자치도지사·시장·군수 또는 구청장은 위 (2)에 따라 납부받거나 위 (3)에 따라 귀속되는 공공시설등의 설치 비용의 관리 및 운용을 위하여 기금을 설치할 수 있다.

(5) 특별시·광역시·특별자치시·특별자치도·시 또는 군은 (2)에 따라 납부받은 공공시설등의 설치 비용의 10/100 이상을 위 (2)-<2>-1.의 사업에 우선 사용하여야 하고, 해당 지구단위계획구역의 관할 구 또는 군은 위 (3)에 따라 귀속되는 공공시설등의 설치 비용 전부를 위 (2)-<2>-1.의 사업에 우선 사용해야 한다. 이 경우 공공시설등의 설치 비용의 사용기준 등 필요한 사항은 해당 시·도 또는 대도시의 조례로 정한다.

6 지구단위계획구역의 지정 및 지구단위계획구역에 관한 도시·군관리계획결정의 실효 등 (법 제53조)(영 제50조)

(1) 지구단위계획구역의 지정에 관한 도시·군관리계획결정의 고시일부터 3년 이내에 그 지구단위계획구역에 관한 지구단위계획이 결정·고시되지 않으면 그 3년이 되는 날의 다음날에 그 지구단위계획구역의 지정에 관한 도시·군관리계획결정은 효력을 잃는다.

예외 다른 법률에서 지구단위계획의 결정(결정된 것으로 보는 경우 포함)에 관하여 따로 정한 경우 그 법률에 따라 지구단위계획을 결정할 때까지 지구단위계획구역의 지정은 그 효력을 유지한다.

(2) 지구단위계획(주민이 입안을 제안한 것에 한정)에 관한 도시·군관리계획결정의 고시일부터 5년
이내에 이 법 또는 다른 법률에 따라 허가·인가·승인 등을 받아 사업이나 공사에 착수하지 않으
면 그 5년이 된 날의 다음날에 그 지구단위계획에 관한 도시·군관리계획결정은 효력을 잃는다.
이 경우 지구단위계획과 관련한 도시·군관리계획결정에 관한 사항은 해당 지구단위계획구역 지
정 당시의 도시·군관리계획으로 환원된 것으로 본다.

(3) 국토교통부장관, 시·도지사 또는 시장·군수가 위 (1) 및 (2)에 따라 지구단위계획구역 지정이
효력을 잃으면 그 사실을 고시하여야 한다.

실효고시자	게재 방법	게재할 내용
1. 국토교통부장관	– 관보 – 국토교통부 인터넷 홈페이지	▪ 실효일자 ▪ 실효사유 ▪ 실효된 지구단위계획구역의 내용
2. 시·도지사 또는 시장·군수	– 시·도 또는 시·군의 공보 – 인터넷 홈페이지	

7 지구단위계획구역에서의 건축 등 $\binom{\text{법}}{\text{제54조}}\binom{\text{영}}{\text{제50조의2}}$

지구단위계획구역에서 건축물(일정 기간 내 철거가 예상되는 경우 등 다음의 가설건축물은 제외)을
건축 또는 용도변경하거나 공작물을 설치하려면 그 지구단위계획에 맞게 하여야 한다.

예외 지구단위계획이 수립되어 있지 않은 경우 그렇지 않다.

▪ 지구단위계획이 적용되지 않는 가설건축물

1. 존치기간(연장된 존치기간을 포함한 총 존치기간)이 3년의 범위에서 해당 특별시·광역시·특
별자치시·특별자치도·시 또는 군의 도시·군계획조례로 정한 존치기간 이내인 가설건축물
※ 다음 가설건축물의 경우 각각 다음의 기준에 따라 존치기간 연장 가능 <개정 2023.7.18>
① 국가 또는 지방자치단체가 공익 목적으로 건축하는 가설건축물 또는 「건축법 시행령」
제15조제5항제4호에 따른 전시를 위한 견본주택이나 그 밖에 이와 비슷한 가설건축물: 횟
수별 3년의 범위에서 해당 특별시·광역시·특별자치시·특별자치도·시 또는 군의 도시
·군계획조례로 정하는 횟수만큼
② 「건축법」 제20조제1항에 따라 특별자치시장·특별자치도지사 또는 시장·군수·구청
장의 허가를 받아 도시·군계획시설 및 도시·군계획시설예정지에서 건축하는 가설건축
물: 도시·군계획사업이 시행될 때까지

2. 재해복구기간 중 이용하는 재해복구용 가설건축물

3. 공사기간 중 이용하는 공사용 가설건축물

5

개발행위의 허가 등

1 개발행위의 허가

1 개발행위의 허가 (법 제56조)

【1】허가대상 행위

도시·군계획사업에 의하지 아니하고 다음에 해당하는 개발행위를 하고자 하는 자는 특별시장·광역시장·특별자치시장·특별자치도지사·시장·군수의 허가(개발행위허가)를 받아야 한다.

개발행위	규제 내용
1. 건축물의 건축	「건축법」에 따른 건축물의 건축
2. 공작물의 설치	인공을 가하여 제작한 시설물(건축물 제외)의 설치
3. 토지의 형질변경	절토(땅깎기)·성토(흙쌓기)·정지(땅고르기)·포장 등의 방법으로 토지의 형상을 변경하는 행위와 공유수면의 매립 예외 경작을 위한 다음의 형질변경 제외 경작을 위한 토지의 형질 변경으로서 조성이 끝난 농지에서 농작물 재배, 농지의 지력 증진 및 생산성 향상을 위한 객토(새 흙 넣기)·환토(흙 바꾸기)·정지(땅고르기) 또는 양수·배수시설 설치를 위한 토지의 형질변경으로서 다음에 해당하지 않는 경우의 형질변경 ① 인접토지의 관개·배수 및 농작업에 영향을 미치는 경우 ② 재활용 골재, 사업장 폐토양, 무기성 오니(오염된 침전물) 등 수질오염 또는 토질오염의 우려가 있는 토사 등을 사용하여 성토하는 경우(「농지법 시행령」에 따른 성토 제외) ③ 지목의 변경을 수반하는 경우(전·답 사이의 변경 제외) ④ 옹벽 설치(허가를 받지 않아도 되는 옹벽 설치 제외) 또는 2m 이상의 절토·성토가 수반되는 경우(절토·성토에 대해서는 2m 이내의 범위에서 특별시·광역시·특별자치시·특별자치도·시 또는 군의 도시·군계획조례로 따로 정할 수 있다)
4. 토석채취	흙·모래·자갈·바위 등의 토석을 채취하는 행위(토지형질변경을 목적으로 하는 행위 제외)

5. 토지분할(건축물이 있는 대지의 분할은 제외)	① 녹지지역·관리지역·농림지역 및 자연환경보전지역 안에서 관계 법령에 따른 허가·인가 등을 받지 아니하고 행하는 토지의 분할 ② 「건축법」에 따른 분할제한면적 미만으로의 토지 분할 【참고】 ③ 관계 법령에 따른 허가·인가 등을 받지 아니하고 행하는 너비 5m 이하로의 토지의 분할 [예외] 다른 법령에 의하여 토지분할에 관한 허가·인가 등을 받은 경우 제외 ※ 아래 【2】 참조
6. 물건을 쌓아놓는 행위	① 대상지역 : 녹지지역·관리지역 또는 자연환경보전지역 ② 기 간 : 1개월 이상 ③ 대상토지 : 사용승인을 받은 건축물의 울타리안(적법한 절차에 의하여 조성된 대지에 한함)에 위치하지 아니한 토지

【참고】 대지의 분할제한 (「건축법」 제57조제1항, 시행령 제80조)

건축물이 있는 대지는 다음의 범위에서 해당 지방자치단체의 조례로 정하는 면적에 못 미치게 분할할 수 없다.

① 주거지역: 60㎡   ② 상업지역: 150㎡
③ 공업지역: 150㎡   ④ 녹지지역: 200㎡
⑤ 위 ①~④까지의 규정에 해당하지 아니하는 지역: 60㎡

【2】 관련법의 규정에 따름

위 【1】의 규정에도 불구하고 다음의 사항은 관련법의 규정에 따른다.

개발행위 내용	지 역	세부내용	관 련 법
1. 토지의 형질변경 (경작을 위한 토지의 형질변경 제외) 2. 토석의 채취	도시지역 및 계획관리지역의 산림	임도의 설치	「산림자원의 조성 및 관리에 관한 법률」
		사방사업	「사방사업법」
	보전관리지역·생산관리지역·농림지역 및 자연환경보전지역의 산림*		「산지관리법」

* 농업·임업·어업을 목적으로 하는 토지의 형질 변경만 해당

【3】 개발행위허가의 경미한 변경 (영 제52조)

① 개발행위허가 사항을 변경하고자 하는 경우 허가권자의 허가를 받아야 하나 다음의 경미한 사항의 경우(다른 호에 저촉되지 않는 경우로 한정)에는 그렇지 않다.

1. 사업기간을 단축하는 경우

2. 부지면적 또는 건축물 연면적을 5%의 범위 안에서 축소[공작물의 무게, 부피 또는 수평투영 면적(하늘에서 내려다보이는 수평 면적) 또는 토석채취량을 5% 범위에서 축소하는 경우 포함]하는 경우

3. 관계법령의 개정 또는 도시·군관리계획의 변경에 따라 허가받은 사항을 불가피하게 변경하는 경우

4. 「공간정보의 구축 및 관리 등에 관한 법률」 및 「건축법」에 따라 허용되는 오차를 반영하기 위한 변경

5. 「건축법 시행령」 제12조제3항 각 호에 해당하는 변경(공작물의 위치를 1m 범위에서 변경하는 경우 포함)인 경우

② 개발행위허가를 받은 자는 위의 경미한 사항을 변경한 때에는 지체 없이 그 사실을 특별시장·광역시장·특별자치시장·특별자치도지사·시장 또는 군수에게 통지하여야 한다.

관계법 「건축법시행령」 제12조 【허가·신고사항의 변경 등】

① ~ ② 〈생략〉

③ 법 제16조제2항에서 "대통령령으로 정하는 사항"이란 다음 각 호의 어느 하나에 해당하는 사항을 말한다. 〈개정 2016.1.19.〉

　1. 건축물의 동수나 층수를 변경하지 아니하면서 변경되는 부분의 바닥면적의 합계가 50제곱미터 이하인 경우로서 다음 각 목의 요건을 모두 갖춘 경우

　　가. 변경되는 부분의 높이가 1미터 이하이거나 전체 높이의 10분의 1 이하일 것

　　나. 허가를 받거나 신고를 하고 건축 중인 부분의 위치 변경범위가 1미터 이내일 것

　　다. 법 제14조제1항에 따라 신고를 하면 법 제11조에 따른 건축허가를 받은 것으로 보는 규모에서 건축허가를 받아야 하는 규모로의 변경이 아닐 것

　2. 건축물의 동수나 층수를 변경하지 아니하면서 변경되는 부분이 연면적 합계의 10분의 1 이하인 경우(연면적이 5천 제곱미터 이상인 건축물은 각 층의 바닥면적이 50제곱미터 이하의 범위에서 변경되는 경우만 해당한다). 다만, 제4호 본문 및 제5호 본문에 따른 범위의 변경인 경우만 해당한다.

　3. 대수선에 해당하는 경우

　4. 건축물의 층수를 변경하지 아니하면서 변경되는 부분의 높이가 1미터 이하이거나 전체 높이의 10분의 1 이하인 경우. 다만, 변경되는 부분이 제1호 본문, 제2호 본문 및 제5호 본문에 따른 범위의 변경인 경우만 해당한다.

　5. 허가를 받거나 신고를 하고 건축 중인 부분의 위치가 1미터 이내에서 변경되는 경우. 다만, 변경되는 부분이 제1호 본문, 제2호 본문 및 제4호 본문에 따른 범위의 변경인 경우만 해당한다.

④ 〈생략〉

【4】 허가를 받지 않고 할 수 있는 개발행위 (영 제53조)

다음에 해당하는 행위는 개발행위허가를 받지 아니하고 이를 할 수 있다.

구　분	비　고
1. 재해복구나 재난수습을 위한 응급조치	1월 이내에 특별시장·광역시장·특별자치시장·특별자치도지사·시장·군수에게 이를 신고해야 함
2. 「건축법」에 따라 신고하고 설치할 수 있는 건축물의 개축·증축 또는 재축과 이에 필요한 범위에서의 토지의 형질변경	도시·군계획시설사업이 시행되지 않고 있는 도시·군계획시설의 부지인 경우만 가능
3. 건축물의 건축	건축허가 또는 건축신고 및 가설건축물 건축의 허가 또는 가설건축물의 축조신고 대상에 해당하지 않는 건축물의 건축
4. 공작물의 설치	① 도시지역 또는 지구단위계획구역에서 무게가 50t 이하, 부피가 50㎥ 이하, 수평투영 면적이 50㎡ 이하인 공작물의 설치. **예외** 「건축법 시행령」 제118조제1항의 공작물의 설치는 제외 ② 도시지역·자연환경보전지역 및 지구단위계획구역 외의 지역에서 무게가 150t 이하, 부피가 150㎥ 이하, 수평투영 면적이 150㎡ 이하인 공작물의 설치. **예외** 「건축법 시행령」 제118조제1항의 공작물의 설치는 제외 ③ 녹지지역·관리지역 또는 농림지역안에서의 농림어업용 비닐하우스(육상해수양식업, 육상등 내수양식업을 하기 위해 비닐하우스안에 설치하는 양식장은 제외)의 설치

5. 토지의 형질변경	① 높이 50cm 이내 또는 깊이 50cm 이내의 절토·성토·정지 등(포장을 제외하며, 주거지역·상업지역 및 공업지역외의 지역에서는 지목변경을 수반하지 아니하는 경우에 한한다) ② 도시지역·자연환경보전지역·지구단위계획구역 외의 지역에서 면적이 660㎡ 이하인 토지에 대한 지목변경을 수반하지 아니하는 절토·성토·정지·포장 등(토지의 형질변경 면적은 형질변경이 이루어지는 해당 필지의 총면적을 말한다) ③ 조성이 완료된 기존 대지에 건축물이나 그 밖에 공작물을 설치하기 위한 토지의 형질변경(절토 및 성토 제외) ④ 국가 또는 지방자치단체가 공익상의 필요에 의하여 직접 시행하는 사업을 위한 토지의 형질변경
6. 토석 채취	① 도시지역 또는 지구단위계획구역에서 채취면적이 25㎡ 이하인 토지에서의 부피 50㎥ 이하의 토석채취 ② 도시지역·자연환경보전지역 및 지구단위계획구역외의 지역에서 채취면적이 250㎡ 이하인 토지에서의 부피 500㎥ 이하의 토석채취
7. 토지분할	①「사도법」에 따른 사도개설허가를 받은 토지의 분할 ② 토지의 일부를 국유지 또는 공유지로 하거나 공공시설로 사용하기 위한 토지의 분할 ③ 행정재산 중 용도폐지되는 부분의 분할 또는 일반재산을 매각·교환 또는 양여하기 위한 분할 ④ 토지의 일부가 도시·군계획시설로 지형도면고시가 된 당해 토지의 분할 ⑤ 너비 5m 이하로 이미 분할된 토지의 「건축법」에 따른 분할제한 면적 이상으로의 분할
8. 물건을 쌓아놓는 행위	① 녹지지역 또는 지구단위계획구역에서 물건을 쌓아놓는 면적이 25㎡ 이하인 토지에 전체무게 50t 이하, 전체부피 50㎥ 이하로 물건을 쌓아놓는 행위 ② 관리지역(지구단위계획구역으로 지정된 지역을 제외)에서 물건을 쌓아놓는 면적이 250㎡ 이하인 토지에 전체무게 500t 이하, 전체부피 500㎥ 이하로 물건을 쌓아놓는 행위

■ 위 3.~ 7.까지에 규정된 범위에서 특별시·광역시·특별자치시·특별자치도·시 또는 군의 도시·군계획조례로 따로 정하는 경우 조례에 따른다.

② 개발행위허가의 절차 $\left(\frac{법}{제57조}\right)\left(\frac{영}{제54조}\right)$

【1】 신청서의 제출

① 개발행위를 하려는 자는 그 개발행위에 따른 기반시설의 설치나 그에 필요한 용지의 확보, 위해(危害) 방지, 환경오염 방지, 경관, 조경 등에 관한 계획서를 첨부한 개발행위허가신청서를 개발행위허가권자에게 제출하여야 한다.

② 위 ①의 경우 개발밀도관리구역 안에서는 기반시설의 설치나 그에 필요한 용지의 확보에 관한 계획서를 제출하지 아니한다.

예외 건축물의 건축 또는 공작물의 설치에 따른 행위 중 「건축법」의 적용을 받는 건축물의 건축 또는 공작물의 설치를 하려는 자는 「건축법」에서 정하는 절차에 따라 신청서류를 제출하여야 한다.

【2】 허가 또는 불허가처분

① 특별시장·광역시장·특별자치시장·특별자치도지사·시장 또는 군수는 개발행위허가의 신청에 대하여 15일(도시계획위원회의 심의를 거쳐야 하거나 관계행정기관의 장과 협의를 하여야 하는 경우 심의 또는 협의기간은 제외) 이내에 허가 또는 불허가의 처분을 하여야 한다.

② 위 ①의 경우 지체 없이 그 신청인에게 허가내용이나 불허가 처분사유를 서면 또는 국토이용정보체계를 통하여 알려야 한다.

【3】 조건부 개발행위허가를 하는 경우

특별시장·광역시장·특별자치시장·특별자치도지사·시장 또는 군수는 개발행위허가를 하는 경우에는 해당 개발행위에 따른 기반시설의 설치 또는 그에 필요한 용지의 확보·위해방지·환경오염방지·경관·조경 등에 관한 조치를 할 것을 조건으로 개발행위허가를 할 수 있다. 이 경우 미리 개발행위허가를 신청한 자의 의견을 들어야 한다.

③ 개발행위허가의 기준 (법 제58조)(영 제56조의2, 3)

【1】 개발행위허가의 일반적 기준

(1) 특별시장·광역시장·특별자치시장·특별자치도지사·시장 또는 군수는 개발행위허가의 신청내용이 다음의 기준에 적합한 경우에 한하여 개발행위허가 또는 변경허가를 하여야 한다.

1. 용도지역별 특성을 고려하여 아래 【2】 에서 정하는 개발행위의 규모에 적합할 것

2. 도시·군관리계획 및 성장관리계획의 내용의 내용에 어긋나지 아니할 것

3. 도시·군계획사업의 시행에 지장이 없을 것

4. 주변지역의 토지이용실태 또는 토지이용계획, 건축물의 높이, 토지의 경사도, 수목의 상태, 물의 배수, 하천·호소·습지의 배수 등 주변 환경 또는 경관과 조화를 이룰 것

5. 해당 개발행위에 따른 기반시설의 설치 또는 그에 필요한 용지의 확보계획이 적정할 것

(2) 특별시장·광역시장·특별자치시장·특별자치도지사·시장 또는 군수는 개발행위허가를 하고자 하는 때에는 해당 개발행위가 도시·군계획사업의 시행에 지장을 주는지의 여부에 관하여 해당 지역안에서 시행되는 도시·군계획사업의 시행자의 의견을 들어야 한다.

(3) 위 (1)에 따라 허가할 수 있는 경우 그 허가의 기준은 다음에 해당하는 용도지역의 특성 및 지역의 개발상황, 기반시설의 현황 등을 고려하여 아래 【3】 의 기준에 따른다.

검토 분야	허가 기준
1. 시가화 용도	① 토지의 이용 및 건축물의 용도·건폐율·용적률·높이 등에 대한 용도지역의 제한에 따라 개발행위허가의 기준을 적용하는 주거지역·상업지역 및 공업지역일 것 ② 개발을 유보하는 지역으로서 기반시설의 적정성, 개발이 환경에 미치는 영향, 경관 보호·조성 및 미관훼손의 최소화를 고려할 것
2. 유보 용도	① 도시계획위원회의 심의를 통하여 개발행위허가의 기준을 강화 또는 완화하여 적용할 수 있는 계획관리지역·생산관리지역 및 녹지지역 중 자연녹지지역일 것

	② 지역특성에 따라 개발수요에 탄력적으로 적용할 지역으로서 입지타당성, 기반시설의 적정성, 개발이 환경에 미치는 영향, 경관 보호·조성 및 미관훼손의 최소화를 고려할 것
3. 보전 용도	① 도시계획위원회의 심의를 통하여 개발행위허가의 기준을 강화하여 적용할 수 있는 보전관리지역·농림지역·자연환경보전지역 및 녹지지역 중 생산녹지지역 및 보전녹지지역일 것 ② 개발보다 보전이 필요한 지역으로서 입지타당성, 기반시설의 적정성, 개발이 환경에 미치는 영향, 경관 보호·조성 및 미관훼손의 최소화를 고려할 것

【2】 개발행위허가의 규모 $\left(\substack{\text{영} \\ \text{제55조}}\right)$

① 개발행위의 규모라 함은 다음에 해당하는 토지의 형질변경면적을 말한다.

지역	형질변경 면적	예외
1. 도시지역 　① 주거지역·상업지역·자연녹지지역·생산녹지지역 　② 공업지역 　③ 보전녹지지역	10,000㎡ 미만 30,000㎡ 미만 5,000㎡ 미만	2. 3.의 경우 면적의 범위에서 당해 특별시·광역시·특별자치시·특별자치도·시 또는 군의 도시·군계획 조례로 따로 정할 수 있다.
2. 관리지역	30,000㎡ 미만	
3. 농림지역	30,000㎡ 미만	
4. 자연환경보전지역	5,000㎡ 미만	

② 위 ①의 규정을 적용함에 있어서 개발행위허가의 대상인 토지가 2 이상의 용도지역에 걸치는 경우 각각의 용도지역에 위치하는 토지부분에 대하여 각각의 용도지역의 개발행위의 규모에 관한 규정을 적용한다.

　단서 개발행위허가의 대상인 토지의 총면적이 해당 토지가 걸쳐 있는 용도지역 중 개발행위의 규모가 가장 큰 용도지역의 개발행위의 규모를 초과해서는 안된다.

③ 다음 경우에는 위 ①에 따른 개발행위 규모에 따른 면적제한을 적용하지 아니한다.

1. 지구단위계획으로 정한 가구 및 획지의 범위에서 이루어지는 토지의 형질변경으로서 해당 형질변경과 관련된 기반시설이 이미 설치되었거나 형질변경과 기반시설의 설치가 동시에 이루어지는 경우

2. 해당 개발행위가 「농어촌정비법」에 따른 농어촌정비사업으로 이루어지는 경우

3. 해당 개발행위가 「국방·군사시설 사업에 관한 법률」에 따른 국방·군사시설사업으로 이루어지는 경우

4. 초지조성, 농지조성, 영림 또는 토석채취를 위한 경우

5. 해당 개발행위가 다음의 어느 하나에 해당하는 경우. 이 경우 특별시장·광역시장·특별자치시장·특별자치도지사·시장 또는 군수는 그 개발행위에 대한 허가를 하려면 시·도 도시계획위원회 또는 시·군·구 도시계획위원회 중 대도시에 두는 도시계획위원회의 심의를 거쳐야 하고, 시장(대도시 시장은 제외한다) 또는 군수(특별시장·광역시장의 개발행위허가 권한이 조례로 군수 또는 자치구의 구청장에게 위임된 경우에는 그 군수 또는 자치구의 구청장을 포함한다)는 시·도 도시계획위원회에 심의를 요청하기 전에 해당 지방자치단체에 설치된 지방도시계획위원회에 자문할 수 있다.

㉠ 하나의 필지(준공검사를 신청할 때 둘 이상의 필지를 하나의 필지로 합칠 것을 조건으로 하여 허가하는 경우를 포함하되, 개발행위허가를 받은 후에 매각을 목적으로 하나의 필지를 둘 이상의 필지로 분할하는 경우는 제외한다)에 건축물을 건축하거나 공작물을 설치하기 위한 토지의 형질변경

㉡ 하나 이상의 필지에 하나의 용도에 사용되는 건축물을 건축하거나 공작물을 설치하기 위한 토지의 형질변경

6. 건축물의 건축, 공작물의 설치 또는 지목의 변경을 수반하지 아니하고 시행하는 토지복원사업

7. 그 밖에 국토교통부령이 정하는 경우

【3】 개발행위허가의 기준 (제56조, 영 [별표 1의2])

개발행위허가의 기준은 다음과 같다. 국토교통부장관은 개발행위허가 기준에 대한 세부적인 검토기준을 정할 수 있다.

(1) 분야별 검토사항

검토분야	허가기준
1. 공통분야	① 조수류·수목 등의 집단서식지가 아니고, 우량농지 등에 해당하지 아니하여 보전의 필요가 없을 것 ② 역사적·문화적·향토적 가치, 국방상 목적 등에 따른 원형 보전의 필요가 없을 것 ③ 토지의 형질변경 또는 토석채취의 경우에는 다음의 사항 중 필요한 사항에 대하여 도시·군계획조례(특별시·광역시·특별자치시·특별자치도·시 또는 군의 도시·군계획조례를 말한다)로 정하는 기준에 적합할 것 　㉠ 국토교통부령으로 정하는 방법에 따라 산정한 개발행위를 하려는 토지의 경사도 및 임상(林相) 　㉡ 표고, 인근 도로의 높이, 배수(排水) 등 그 밖에 필요한 사항 ④ 위 ③)에도 불구하고 다음의 어느 하나에 해당하는 경우에는 위해 방지, 환경오염 방지, 경관 조성, 조경 등에 관한 조치가 포함된 개발행위내용에 대하여 해당 도시계획위원회(중앙도시계획위원회 또는 시·도도시계획위원회의 심의를 거치는 경우에는 중앙도시계획위원회 또는 시·도도시계획위원회를 말한다)의 심의를 거쳐 도시·군계획조례로 정하는 기준을 완화하여 적용할 수 있다. 　㉠ 골프장, 스키장, 기존 사찰, 풍력을 이용한 발전시설 등 개발행위의 특성상 도시·군계획조례가 정하는 기준을 그대로 적용하는 것이 불합리하다고 인정되는 경우 　㉡ 지형 여건 또는 사업수행상 도시·군계획조례가 정하는 기준을 그대로 적용하는 것이 불합리하다고 인정되는 경우
2. 도시·군관리계획	① 용도지역별 개발행위의 규모 및 건축제한 기준에 적합할 것 ② 개발행위허가 제한지역에 해당하지 아니할 것
3. 도시·군계획사업	① 도시·군계획사업부지에 해당하지 아니할 것(제61조에 따라 허용되는 개발행위를 제외) ② 개발시기와 가설시설의 설치 등이 도시·군계획사업에 지장을 초래하지 아니할 것

4. 주변지역 과의 관계	① 개발행위로 건축 또는 설치하는 건축물 또는 공작물이 주변의 자연경관 및 미관을 훼손하지 아니하고, 그 높이·형태 및 색채가 주변건축물과 조화를 이루어야 하며, 도시·군계획으로 경관계획이 수립되어 있는 경우에는 그에 적합할 것 ② 개발행위로 인하여 해당 지역 및 그 주변지역에 대기오염·수질오염·토질오염·소음·진동·분진 등에 따른 환경오염·생태계파괴·위해발생 등이 발생할 우려가 없을 것. 　예외 환경오염·생태계파괴·위해발생 등의 방지가 가능하여 환경오염의 방지, 위해의 방지, 조경, 녹지의 조성, 완충지대의 설치 등을 허가의 조건으로 붙이는 경우에는 그러하지 아니하다. ③ 개발행위로 인하여 녹지축이 절단되지 아니하고, 개발행위로 배수가 변경되어 하천·호소·습지로의 유수를 막지 아니할 것
5. 기반시설	① 주변의 교통소통에 지장을 초래하지 아니할 것 ② 너비 4m[「건축법 시행령」의 지형적 조건 등에 따른 도로의 구조와 너비(제3조의3)의 규정에 해당하는 경우를 제외] 이상의 도로를 확보하고, 그 도로는 인근도로와 연결되어야 하며, 대지와 도로의 관계는 「건축법」에 적합할 것 ③ 도시·군계획조례로 정하는 건축물의 용도·규모(대지의 규모를 포함한다)·층수 또는 주택호수 등에 따른 도로의 너비 또는 교통소통에 관한 기준에 적합할 것
6. 그 밖의 사항	① 공유수면매립의 경우 매립목적이 도시·군계획에 적합할 것 ② 토지의 분할 및 물건을 쌓아놓는 행위에 입목의 벌채가 수반되지 아니할 것

(2) 개발행위별 검토사항

검토분야	허가기준
1. 건축물의 건축 또는 공작물의 설치	① 「건축법」의 적용을 받는 건축물의 건축 또는 공작물의 설치에 해당하는 경우 그 건축 또는 설치의 기준에 관하여는 「건축법」의 규정과 법 및 이 영이 정하는 바에 의하고, 그 건축 또는 설치의 절차에 관하여는 「건축법」의 규정에 의할 것. 이 경우 건축물의 건축 또는 공작물의 설치를 목적으로 하는 토지의 형질변경 또는 토석의 채취에 관한 개발행위허가는 「건축법」에 따른 건축 또는 설치의 절차와 동시에 할 수 있다. ② 도로·수도 및 하수도가 설치되지 아니한 지역에 대하여는 건축물의 건축(건축을 목적으로 하는 토지의 형질변경을 포함한다)을 허가하지 아니할 것. 　예외 무질서한 개발을 초래하지 아니하는 범위에서 도시·군계획조례가 정하는 경우에는 그러하지 아니하다. ③ 특정 건축물 또는 공작물에 대한 이격거리, 높이, 배치 등에 대한 구체적인 사항은 도시·군계획조례로 정할 수 있다. 다만, 특정 건축물 또는 공작물에 대한 이격거리, 높이, 배치 등에 대하여 다른 법령에서 달리 정하는 경우에는 그 법령에서 정하는 바에 따른다.
2. 토지의 형질변경	① 토지의 지반이 연약한 때에는 그 두께·넓이·지하수위 등의 조사와 지반의 지지력·내려앉음·솟아오름에 관한 시험을 실시하여 흙 바꾸기·다지기·배수 등의 방법으로 이를 개량할 것 ② 토지의 형질변경에 수반되는 성토 및 절토에 따른 비탈면 또는 절개면에 대하여는 옹벽 또는 석축의 설치 등 도시·군계획조례가 정하는 안전조치를 할 것
3. 토석채취	지하자원의 개발을 위한 토석의 채취허가는 시가화대상이 아닌 지역으로서 인근에 피해가 없는 경우에 한하도록 하되, 구체적인 사항은 도시·군계획조례가 정하는 기준에 적합할 것. 　예외 국민경제상 중요한 광물자원의 개발을 위한 경우로서 인근의 토지이용에 대한 피해가 최소한에 그치도록 하는 때에는 그러하지 아니하다.

4. 토지분할	① 녹지지역·관리지역·농림지역 및 자연환경보전지역 안에서 관계법령에 따른 허가·인가 등을 받지 아니하고 토지를 분할하는 경우에는 다음의 요건을 모두 갖출 것 　㉠ 「건축법」에 따른 분할제한면적이상으로서 도시·군계획조례가 정하는 면적 이상으로 분할할 것 　㉡ 「소득세법 시행령」에 해당하는 지역 중 토지에 대한 투기가 성행하거나 성행할 우려가 있다고 판단되는 지역으로서 국토교통부장관이 지정·고시하는 지역 안에서의 토지분할이 아닐 것. 　　예외 다음의 어느 하나에 해당되는 토지의 경우는 예외로 한다. 　　　• 다른 토지와의 합병을 위하여 분할하는 토지 　　　• 2006년 3월 8일 전에 토지소유권이 공유로 된 토지를 공유지분에 따라 분할하는 토지 　　　• 그 밖에 토지의 분할이 불가피한 경우로서 국토교통부령이 정하는 경우에 해당되는 토지 　㉢ 토지분할의 목적이 건축물의 건축 또는 공작물의 설치, 토지의 형질변경인 경우 그 개발행위가 관계법령에 따라 제한되지 아니할 것 　㉣ 이 법 또는 다른 법령에 따른 인가·허가 등을 받지 않거나 기반시설이 갖추어지지 않아 토지의 개발이 불가능한 토지의 분할에 관한 사항은 해당 특별시·광역시·특별자치시·특별자치도·시 또는 군의 도시·군계획조례로 정한 기준에 적합할 것 ② 분할제한면적 미만으로 분할하는 경우에는 다음의 어느 하나에 해당할 것 　㉠ 녹지지역·관리지역·농림지역 및 자연환경보전지역안에서의 기존묘지의 분할 　㉡ 사설도로를 개설하기 위한 분할(사도법에 따른 사도개설허가를 받아 분할하는 경우를 제외한다) 　㉢ 사설도로로 사용되고 있는 토지 중 도로로서의 용도가 폐지되는 부분을 인접토지와 합병하기 위하여 하는 분할 　㉣ 국·공유의 일반재산 중 매각·교환 또는 양여하고자 하는 부분의 분할 　㉤ 토지이용상 불합리한 토지경계선을 시정하여 해당 토지의 효용을 증진시키기 위하여 분할 후 인접토지와 합필하고자 하는 경우에는 다음의 어느 하나에 해당할 것. 이 경우 허가신청인은 분할 후 합필되는 토지의 소유권 또는 공유지분을 보유하고 있거나 그 토지를 매수하기 위한 매매계약을 체결하여야 한다. 　　ⓐ 분할 후 남는 토지의 면적 및 분할된 토지와 인접 토지가 합필된 후의 면적이 분할제한면적에 미달되지 아니할 것 　　ⓑ 분할 전후의 토지면적에 증감이 없을 것 　　ⓒ 분할하고자 하는 기존토지의 면적이 분할제한면적에 미달되고, 분할된 토지 중 하나를 제외한 나머지 분할된 토지와 인접 토지를 합필한 후의 면적이 분할제한면적에 미달되지 아니할 것 ③ 너비 5m 이하로 분할하는 경우로서 토지의 합리적인 이용에 지장이 없을 것
5. 물건을 쌓아 놓는 행위	해당 행위로 인하여 위해발생, 주변 환경오염 및 경관훼손 등의 우려가 없고, 해당 물건을 쉽게 옮길 수 있는 경우로서 도시·군계획조례가 정하는 기준에 적합할 것

④ 성장관리계획구역의 지정 등 (법 제75조의2~4)

【1】 성장관리계획구역의 지정 등 (법 제75조의2)

(1) 특별시장·광역시장·특별자치시장·특별자치도지사·시장 또는 군수는 녹지지역, 관리지역, 농림지역 및 자연환경보전지역 중 다음에 해당하는 지역의 전부 또는 일부에 대하여 성장관리계획구역을 지정할 수 있다.

1. 개발수요가 많아 무질서한 개발이 진행되고 있거나 진행될 것으로 예상되는 지역
2. 주변의 토지이용이나 교통여건 변화 등으로 향후 시가화가 예상되는 지역
3. 주변지역과 연계하여 체계적인 관리가 필요한 지역
4. 「토지이용규제 기본법」에 따른 지역·지구등의 변경으로 토지이용에 대한 행위제한이 완화되는 지역
5. 그 밖에 난개발의 방지와 체계적인 관리가 필요한 지역으로서 대통령령으로 정하는 지역

(2) 특별시장·광역시장·특별자치시장·특별자치도지사·시장 또는 군수는 성장관리계획구역을 지정하거나 이를 변경하려면 대통령령으로 정하는 바에 따라 미리 주민과 해당 지방의회의 의견을 들어야 하며, 관계 행정기관과의 협의 및 지방도시계획위원회의 심의를 거쳐야 한다.

예외 대통령령으로 정하는 경미한 사항을 변경하는 경우

(3) 특별시·광역시·특별자치시·특별자치도·시 또는 군의 의회는 특별한 사유가 없으면 60일 이내에 특별시장·광역시장·특별자치시장·특별자치도지사·시장 또는 군수에게 의견을 제시하여야 하며, 그 기한까지 의견을 제시하지 아니하면 의견이 없는 것으로 본다.

(4) 위 (2)에 따라 협의 요청을 받은 관계 행정기관의 장은 특별한 사유가 없으면 요청을 받은 날부터 30일 이내에 특별시장·광역시장·특별자치시장·특별자치도지사·시장 또는 군수에게 의견을 제시하여야 한다.

(5) 특별시장·광역시장·특별자치시장·특별자치도지사·시장 또는 군수가 성장관리계획구역을 지정하거나 이를 변경한 경우에는 관계 행정기관의 장에게 관계 서류를 송부하여야 하며, 대통령령으로 정하는 바에 따라 이를 고시하고 일반인이 열람할 수 있도록 하여야 한다. 이 경우 지형도면의 고시 등에 관하여는 「토지이용규제 기본법」 제8조에 따른다.

(6) 그 밖에 성장관리계획구역의 지정 기준 및 절차 등에 관하여 필요한 사항은 대통령령으로 정한다.

【2】 성장관리계획의 수립 등 (법 제75조의3)

(1) 특별시장·광역시장·특별자치시장·특별자치도지사·시장 또는 군수는 성장관리계획구역을 지정할 때에는 다음의 사항 중 그 성장관리계획구역의 지정목적을 이루는 데 필요한 사항을 포함하여 성장관리계획을 수립하여야 한다.

1. 도로, 공원 등 기반시설의 배치와 규모에 관한 사항
2. 건축물의 용도제한, 건축물의 건폐율 또는 용적률
3. 건축물의 배치, 형태, 색채 및 높이
4. 환경관리 및 경관계획
5. 그 밖에 난개발의 방지와 체계적인 관리에 필요한 사항으로서 대통령령으로 정하는 사항

(2) 성장관리계획구역에서는 다음의 구분에 따른 범위에서 성장관리계획으로 정하는 바에 따라 특별시·광역시·특별자치시·특별자치도·시 또는 군의 조례로 정하는 비율까지 건폐율을 완화하여 적용할 수 있다.

1. 계획관리지역	50% 이하
2. 생산관리지역·농림지역 및 대통령령으로 정하는 녹지지역	30% 이하

(3) 성장관리계획구역 내 계획관리지역에서는 125% 이하의 범위에서 성장관리계획으로 정하는 바에 따라 특별시·광역시·특별자치시·특별자치도·시 또는 군의 조례로 정하는 비율까지 용적률을 완화하여 적용할 수 있다.

(4) 성장관리계획의 수립 및 변경에 관한 절차는 위 ④-(2)~(5)의 규정을 준용한다. 이 경우 "성장관리계획구역"은 "성장관리계획"으로 본다.

(5) 특별시장·광역시장·특별자치시장·특별자치도지사·시장 또는 군수는 5년마다 관할 구역 내 수립된 성장관리계획에 대하여 대통령령으로 정하는 바에 따라 그 타당성 여부를 전반적으로 재검토하여 정비하여야 한다.

(6) 그 밖에 성장관리계획의 수립기준 및 절차 등에 관하여 필요한 사항은 대통령령으로 정한다.

【3】 성장관리계획구역에서의 개발행위 등 $\left(\genfrac{}{}{0pt}{}{법}{제75조의4}\right)$

성장관리계획구역에서 개발행위 또는 건축물의 용도변경을 하려면 그 성장관리계획에 맞게 하여야 한다.

⑤ 개발행위에 대한 도시계획위원회의 심의 $\left(\genfrac{}{}{0pt}{}{법}{제59조}\right)\left(\genfrac{}{}{0pt}{}{영}{제57조}\right)$

【1】 중앙도시계획위원회 또는 지방도시계획위원회의 심의를 거쳐야 하는 경우

(1) 행위내용

1. 건축물 또는 공작물의 설치를 목적으로 하는 토지의 형질변경으로서 다음 규모 이상인 것
   ① 도시지역 ┌ 주거지역·상업지역·자연녹지지역·생산녹지지역 : 1만㎡
             ├ 공업지역 : 3만㎡
             └ 보전녹지지역 : 5천㎡
   ② 관리지역 : 3만㎡
   ③ 농림지역 : 3만㎡
   ④ 자연환경보전지역 : 5천㎡
   ※ 시·도 도시계획위원회 또는 시·군·구 도시계획위원회 중 대도시에 두는 도시계획위원회의 심의를 거치는 토지의 형질변경의 경우는 별도의 심의를 거치지 아니한다.

2. 녹지지역, 관리지역, 농림지역 또는 자연환경보전지역에서 건축물의 건축 또는 공작물의 설치를 목적으로 하는 토지의 형질변경으로서 그 면적이 위 1.의 어느 하나에 해당하는 규모 미만인 경우.
   예외 다음의 어느 하나에 해당하는 경우(방재지구 및 도시·군계획조례로 정하는 지역에서 건축물의 건축 또는 공작물의 설치를 목적으로 하는 토지의 형질변경에 해당하지 아니하는 경우로 한정함)는 제외한다.
   ① 해당 토지가 자연취락지구, 개발진흥지구, 기반시설부담구역, 「산업입지 및 개발에 관한 법률」에 따른 준산업단지 또는 공장입지유도지구에 위치한 경우
   ② 해당 토지가 특별시장·광역시장·특별자치시장·특별자치도지사·시장 또는 군수가 도로 등 기반시설이 이미 설치되어 있거나 설치에 관한 도시·군관리계획이 수립된 지역으로 인정하여 지방도시계획위원회의 심의를 거쳐 해당 지방자치단체의 공보에 고시한 지역에 위치한 경우
   ③ 해당 토지에 건축하려는 건축물 또는 설치하려는 공작물이 다음의 어느 하나에 해당하는 경우로서 특별시·광역시·특별자치시·특별자치도·시 또는 군의 도시·군계획조례로 정하는 용도·규모(대지의 규모를 포함한다)·층수 또는 주택호수 등의 범위에 해당하는 경우

　　　⑦ 「건축법 시행령」 별표 1의 단독주택(「주택법」에 따른 사업계획승인을 받아야 하는 주택은 제외)

　　　ⓛ 「건축법 시행령」 별표 1의 공동주택(「주택법」에 따른 사업계획승인을 받아야 하는 주택은 제외)

　　　ⓒ 「건축법 시행령」 별표 1 의 제1종 근린생활시설

　　　ⓔ 「건축법 시행령」 별표 1의 제2종 근린생활시설(단란주점, 안마시술소 및 노래연습장, 다중생활시설시설은 제외함)

　　　ⓜ 「건축법 시행령」 별표 1의 학교 중 유치원(부지면적이 1,500㎡ 미만인 시설로 한정하며, 보전녹지지역 및 보전관리지역에 설치하는 경우는 제외함)

　　　ⓗ 「건축법 시행령」 별표 1 의 아동 관련 시설(부지면적이 1,500㎡ 미만인 시설로 한정하며, 보전녹지지역 및 보전관리지역에 설치하는 경우는 제외함)

　　　ⓢ 「건축법 시행령」 별표 1 의 노인복지시설(「노인복지법」에 따른 노인여가복지시설로서 부지면적이 1,500㎡ 미만인 시설로 한정하며, 보전녹지지역 및 보전관리지역에 설치하는 경우는 제외함)

　　　ⓞ 「건축법 시행령」 별표 1의 창고(농업·임업·어업을 목적으로 하는 경우로서 660㎡ 이내의 토지의 형질변경으로 한정하며, 자연환경보전지역에 설치하는 경우는 제외한다)

　　　ⓩ 「건축법 시행령」 별표 1의 동물 및 식물 관련 시설(같은 호 다목·라목의 시설이 포함되지 않은 경우로서 부지면적이 660㎡ 이내의 시설로 한정하며, 자연환경보전지역에 설치하는 경우는 제외한다)

　　　ⓣ 기존 부지면적의 <u>10/100(여러 차례에 걸쳐 증축하는 경우 누적하여 산정)</u>이하의 범위에서 증축하려는 건축물

　　　ⓚ ⑦~ⓩ의 규정에 해당하는 건축물의 건축 또는 공작물의 설치를 목적으로 설치하는 진입도로(도로 연장이 50m를 초과하는 경우는 제외한다)

　　④ 해당 토지에 다음의 요건을 모두 갖춘 건축물을 건축하려는 경우

　　　⑦ 건축물의 집단화를 유도하기 위하여 특별시·광역시·특별자치시·특별자치도·시 또는 군의 도시·군계획조례로 정하는 용도지역 안에 건축할 것

　　　ⓛ 특별시·광역시·특별자치시·특별자치도·시 또는 군의 도시·군계획조례로 정하는 용도의 건축물을 건축할 것

　　　ⓒ 위 ⓛ의 용도로 개발행위가 완료되었거나 개발행위허가 등에 따라 개발행위가 진행 중 이거나 예정된 토지로부터 특별시·광역시·특별자치시·특별자치도·시 또는 군의 도시·군계획조례로 정하는 거리(50m 이내로 하되, 도로의 너비는 제외한다) 이내에 건축할 것

　　　ⓔ 위 ⑦의 용도지역에서 ⓛ 및 ⓒ의 요건을 모두 갖춘 건축물을 건축하기 위한 기존 개발행위의 전체 면적(개발행위허가 등에 의하여 개발행위가 진행 중이거나 예정된 토지면적을 포함한다)이 특별시·광역시·특별자치시·특별자치도·시 또는 군의 도시·군계획조례로 정하는 규모(위 ③ - 【2】 -①에 따른 용도지역별 개발행위허가 규모 이상으로 정하되, 난개발이 되지 아니하도록 충분히 넓게 정하여야 한다) 이상일 것

　　　ⓜ 기반시설 또는 경관, 그 밖에 필요한 사항에 관하여 특별시·광역시·특별자치시·특별자치도·시 또는 군의 도시·군계획조례로 정하는 기준을 갖출 것

　　⑤ 계획관리지역(관리지역이 세분되지 아니한 경우에는 관리지역을 말한다) 안에서 다음의 공장 중 부지가 10,000㎡ 미만인 공장의 부지를 종전 부지면적의 50% 범위 안에서 확장하려는 경우. 이 경우 확장하려는 부지가 종전 부지와 너비 8m 미만의 도로를 사이에 두고 접한 경우를 포함한다.

　　　⑦ 2002년 12월 31일 이전에 준공된 공장

　　　ⓛ 법률 제6655호 「국토의 계획 및 이용에 관한 법률」 부칙 제19조에 따라 종전의 「국토이용관리법」, 「도시계획법」 또는 「건축법」의 규정을 적용받는 공장

　　　ⓒ 2002년 12월 31일 이전에 종전의 「공업배치 및 공장설립에 관한 법률」(법률 제6842호 공업배치 및 공장설립에 관한법률 중 개정법률에 따라 개정되기 전의 것을 말한다) 에 따라 공장설립 승인을 받은 경우 또는 같은 조에 따라 공장설립 승인을 신청한 경우(별표 19 제2호자목, 별표 20 제1호자목 및 제2호타목에 따른 요건에 적합하지 아니하여 2003년 1월 1일 이후 그 신청이 반려된 경우를 포함한다)로서 2005년 1월 20일까지 「건축법」에 따른 착공신고를 한 공장

⑥ 건축물의 건축 또는 공작물의 설치를 목적으로 조성이 완료된 대지의 면적을 해당 대지 면적의 10/100 이하의 범위에서 확장하려는 경우(여러 차례에 걸쳐 확장하는 경우 누적하여 산정)

3. 부피 3만㎥ 이상의 토석 채취

예외 도시·군계획사업에 따른 경우는 제외하되,「택지개발촉진법」 등 다른 법률에서 도시·군계획사업을 의제하는 사업은 그렇지 않다.

(2) 위 (1)-2.-③~⑤까지의 규정에 따라 도시계획위원회의 심의를 거치지 않고 개발행위 허가를 하는 경우로서 그 개발행위의 준공 후 해당 건축물의 용도를 변경(건축할 수 있는 건축물 간의 변경은 제외한다)하려는 경우에는 도시계획위원회의 심의를 거치도록 조건을 붙여야 한다.

(3) 특별시장·광역시장·특별자치시장·특별자치도지사·시장 또는 군수는 위 (1)-2.-④에 따라 건축물의 집단화를 유도하는 지역에 대해서는 도로 및 상수도·하수도 등 기반시설의 설치를 우선적으로 지원할 수 있다.

(4) 위 (1)의 행위내용을 이 법에 의하여 허가 또는 변경허가하거나, 다른 법률에 의하여 인가·허가·승인 또는 협의를 하고자 하는 경우에는 다음 구분에 따라 도시계획위원회의 심의를 거쳐야 한다.

---

1. 중앙도시계획위원회의 심의를 거쳐야 하는 사항
   ① 면적이 1㎢ 이상인 토지의 형질변경
   ② 부피 1백만㎥ 이상의 토석채취

2. 시·도 도시계획위원회 또는 시·군·구 도시계획위원회 중 대도시에 두는 도시계획위원회의 심의를 거쳐야 하는 사항
   ① 면적이 30만㎡ 이상 1㎢ 미만인 토지의 형질변경
   ② 부피 50만㎥ 이상 1백만㎥ 미만의 토석채취

3. 시·군·구 도시계획위원회(대도시에 두는 도시계획위원회는 제외)의 심의를 거쳐야 하는 사항
   ① 면적이 위 (1)-1.의 각각에 해당하는 규모 이상 30만㎡ 미만인 토지의 형질변경
   ② 부피 3만㎥ 이상 50만㎥ 미만의 토석채취

---

① 사항별 위원회의 심의
  ㉠ 중앙행정기관의 장이 위 2.·3.의 사항을 허가하거나 다른 법률에 의하여 허가·인가·승인 또는 협의를 하고자 하는 경우 – 중앙도시계획위원회의 심의
  ㉡ 위 3의 사항을 시·도지사가 법에 의하여 허가하거나 다른 법률에 의하여 허가·인가·승인 또는 협의를 하고자 하는 경우 – 시·도 도시계획위원회의 심의
② 관계 서류의 제출
관계 행정기관의 장이 중앙도시계획위원회 또는 지방도시계획위원회의 심의를 받는 때에는 다음의 서류를 국토교통부장관 또는 해당 지방도시계획위원회가 설치된 지방자치단체의 장에게 제출하여야 한다.

---

1. 개발행위의 목적·필요성·배경·내용·추진절차 등을 포함한 개발행위의 내용(관계 법령에 따라 해당 개발행위를 허가·인가·승인 또는 협의할 때에 포함되어야 하는 내용 포함)

2. 대상지역과 주변지역의 용도지역·기반시설 등을 표시한 축척 1/25,000 토지이용현황도

3. 배치도·입면도(건축물의 건축 및 공작물 설치의 경우에 한한다) 및 공사계획서

4. 그 밖에 국토교통부령이 정하는 서류

【2】중앙도시계획위원회 또는 지방도시계획위원회의 심의를 거치지 않는 경우

다음의 경우 위 【1】 규정에도 불구하고 중앙도시계획위원회 또는 지방도시계획위원회의 심의를 거치지 아니한다.

1. 이 법 또는 다른 법률에 따른 도시계획위원회의 심의를 받는 구역에서 하는 개발행위
2. 지구단위계획 또는 성장관리계획을 수립한 지역에서 하는 개발행위
3. 주거지역·상업지역·공업지역안에서 시행하는 개발행위 중 특별시·광역시·특별자치시·특별자치도·시 또는 군의 조례로 정하는 규모·위치 등에 해당하지 않는 개발행위
4. 「환경영향평가법」에 따라 환경영향평가를 받은 개발행위
5. 「도시교통정비 촉진법」에 따라 교통영향평가에 대한 검토를 받은 개발행위
6.「농어촌정비법」에 따른 농어촌정비사업 중 대통령령으로 정하는 사업을 위한 개발행위
7.「산림자원의 조성 및 관리에 관한 법률」에 따른 산림사업 및 「사방사업법」에 따른 사방사업을 위한 개발행위

【3】도시·군계획에 포함되지 아니한 개발행위의 심의

(1) 국토교통부장관 또는 지방자치단체의 장은 위 【2】의 규정에 불구하고 위 표의 2, 4, 5호의 개발행위가 도시·군계획에 포함되지 아니한 경우 관계 행정기관의 장에게 심의가 필요한 사유를 명시하여 중앙도시계획위원회 또는 지방도시계획위원회의 심의를 받도록 요청할 수 있다. 이 경우 관계 행정기관의 장은 특별한 사유가 없는 한 이에 따라야 한다.

(2) 중앙도시계획위원회 또는 지방도시계획위원회의 심의를 받도록 요청받은 관계 행정기관의 장이 중앙행정기관의 장인 경우 중앙도시계획위원회의 심의를 받아야 하며, 지방자치단체의 장인 경우에는 당해 지방자치단체에 설치된 지방도시계획위원회의 심의를 받아야 한다.

【참고】교통영향평가서의 제출 · 검토 등 (「도시교통정비 촉진법」 제3조, 제16조 ①)

국토교통부장관은 도시교통의 원활한 소통과 교통편의의 증진을 위하여 인구 10만명 이상의 도시와 관계 시장·군수의 요청에 따라 도시교통을 개선하기 위하여 필요하다고 인정하는 지역을 도시교통정비구역 또는 교통권역으로 지정·고시할 수 있으며, 부지면적 5만㎡ 이상의 사업 등을 시행하는 사업자는 대상사업 또는 그 사업계획에 대한 승인·인가·허가 또는 결정 등("승인 등"이라 함)을 받아야 하는 경우에는 그 승인 등을 하는 기관의 장에게 교통영향평가서를 제출하여야 한다.

6 개발행위허가의 이행담보 등 (법 제60조)(영 제59조)

(1) 특별시장·광역시장·특별자치시장·특별자치도지사·시장 또는 군수는 기반시설의 설치 또는 그에 필요한 용지의 확보·위해방지·환경오염방지·경관·조경 등을 위하여 필요하다고 인정되는 경우에는 이의 이행을 담보하기 위하여 개발행위허가(다른 법률에 따라 개발행위허가가 의제되는 협의를 거친 인가·허가·승인 등을 포함)를 받는 자로 하여금 이행보증금을 예치하게 할 수 있다.

■ 이행담보가 필요한 경우

1. 건축물의 건축 또는 공작물의 설치, 토질의 형질변경, 토석의 채취 등의 개발행위로서 해당 개발행위로 인하여 도로·수도공급설비·하수도 등 기반시설의 설치가 필요한 경우
2. 토지의 굴착으로 인하여 인근의 토지가 붕괴될 우려가 있거나 인근의 건축물 또는 공작물이 손괴될 우려가 있는 경우
3. 토석의 발파로 인한 낙석·먼지 등에 의하여 인근지역에 피해가 발생할 우려가 있는 경우
4. 토석을 운반하는 차량의 통행으로 인하여 통행로 주변의 환경이 오염될 우려가 있는 경우
5. 토지의 형질변경이나 토석의 채취가 완료된 후 비탈면에 조경을 할 필요가 있는 경우

■ 이행담보가 필요 없는 경우

1. 국가 또는 지방자치단체가 시행하는 개발행위
2.「공공기관의 운영에 관한 법률」에 따른 공공기관이 시행하는 개발행위
3. 그 밖에 해당 지방자치단체의 조례가 정하는 공공단체가 시행하는 개발행위

(2) 위 (1)에 따른 이행보증금의 예치금액은 기반시설의 설치나 그에 필요한 용지의 확보, 위해의 방지, 환경오염의 방지, 경관 및 조경에 필요한 비용의 범위안에서 산정하되 총공사비의 20% 이내(산지에서의 개발행위의 경우「산지관리법」에 따른 복구비를 합하여 총공사비의 20% 이내)가 되도록 하고, 예치금액의 산정 및 예치방법 등에 관하여 필요한 사항은 특별시·광역시·특별자치시·특별자치도·시 또는 군의 도시·군계획조례로 정한다. 이 경우 도시지역 및 계획관리지역안의 산지안에서의 개발행위에 대한 이행보증금의 예치금액은 「산지관리법」에 따른 복구비를 포함하여 정하되, 복구비가 이행보증금에 중복하여 계상되지 않도록 하여야 한다.

(3) 특별시장·광역시장·특별자치시장·특별자치도지사·시장 또는 군수는 개발행위허가를 받지 아니하고 개발행위를 하거나 허가내용과 다르게 개발행위를 하는 자에 대하여는 그 토지의 원상회복을 명할 수 있다.

(4) 특별시장·광역시장·특별자치시장·특별자치도지사·시장 또는 군수는 위 (3)에 따른 원상회복의 명령을 받은 자가 원상회복을 하지 아니하는 때에는 「행정대집행법」에 따른 행정대집행에 의하여 원상회복을 할 수 있다. 이 경우 「행정대집행법」에 필요한 비용은 개발행위 허가를 받은 자가 예치한 이행보증금을 사용할 수 있다.

(5) 특별시장·광역시장·특별자치시장·특별자치도지사·시장 또는 군수는 원상회복을 명하는 경우 국토교통부령으로 정하는 바에 따라 구체적인 조치내용·기간 등을 정하여 서면 통지해야 한다.

⑦ 관련 인·허가 등의 의제 (법 제61조)

(1) 개발행위허가 또는 변경허가를 함에 있어서 특별시장·광역시장·특별자치시장·특별자치도지사·시장 또는 군수가 해당 개발행위에 대한 다음의 인가·허가·승인·면허·협의·해제·신고 또는 심사 등에 관하여 미리 관계 행정기관의 장과 협의한 사항에 대하여는 해당 인·허가 등을 받은 것으로 본다.

내 용	관 련 법	조 항
• 공유수면의 점용·사용허가 • 점용·사용 실시계획의 승인 또는 신고 • 공유수면의 매립면허 • 공유수면매립 실시계획의 승인	「공유수면 관리 및 매립에 관한 법률」	제8조 제17조 제28조 제38조
• 채굴계획의 인가	「광업법」	제42조
• 농업생산기반시설의 사용허가	「농어촌정비법」	제23조
• 농지전용의 허가 또는 협의 • 농지전용의 신고 • 농지의 타용도 일시사용의 허가 또는 협의	「농지법」	제34조 제35조 제36조
• 도로관리청이 아닌 자에 대한 도로공사 시행의 허가 • 도로와 다른 시설의 연결허가 • 도로점용의 허가	「도로법」	제36조 제52조 제61조
• 무연분묘의 개장허가	「장사 등에 관한 법률」	제27조제1항
• 사도 개설의 허가	「사도법」	제4조
• 토지의 형질변경 등의 허가 • 사방지 지정의 해제	「사방사업법」	제14조 제20조
• 공장설립등의 승인	「산업집적활성화 및 공장설립에 관한 법률」	제13조
• 산지전용허가 • 산지전용신고 • 산지일시 사용 허가·신고 • 토석채취허가·신고	「산지관리법」	제14조 제15조 제15조의2 제25조제1,2항
• 입목벌채 등의 허가·신고 등	「산림자원의 조성 및 관리에 관한 법률」	제36조 제1항·제5항
• 소하천공사시행의 허가 • 소하천의 점용허가	「소하천정비법」	제10조 제14조
• 전용상수도설치 • 전용공업용수도설치의 인가	「수도법」	제52조 제54조
• 연안정비사업실시 계획의 승인	「연안관리법」	제25조
• 사업계획의 승인	「체육시설의 설치·이용에 관한 법률」	제12조
• 초지전용의 허가·신고 또는 협의	「초지법」	제23조
• 지도 등의 간행 심사	「공간정보의 구축 및 관리 등에 관한 법률」	제15조 제4항
• 공공하수도에 관한 공사시행의 허가 • 공공하수도의 점용허가	「하수도법 」	제16조 제24조
• 하천공사시행의 허가 • 하천점용의 허가	「하천법」	제30조 제33조
• 도시공원의 점용허가 • 녹지의 점용허가	「도시공원 및 녹지 등에 관한 법률」	제24조 제38조

(2) 위 (1)의 표에 따른 인·허가 등의 의제를 받고자 하는 자는 개발행위허가 또는 변경허가의 신청을 하는 때에 해당 법률이 정하는 관련 서류를 함께 제출하여야 한다.

(3) 특별시장·광역시장·특별자치시장·특별자치도지사·시장 또는 군수는 개발행위허가 또는 변경허가를 할 때에 그 내용에 위 (1)의 표에 해당하는 사항이 있으면 미리 관계 행정기관의 장과 협의하여야 한다.

(4) 위 (3)에 따라 협의 요청을 받은 관계 행정기관의 장은 요청을 받은 날부터 20일 이내에 의견을 제출하여야 하며, 그 기간 내에 의견을 제출하지 아니하면 협의가 이루어진 것으로 본다.

(5) 국토교통부장관은 위 규정에 의하여 의제되는 인·허가 등의 처리기준을 중앙행정기관으로부터 제출받아 이를 통합하여 고시하여야 한다.

8 개발행위복합민원 일괄협의회 $\left(\begin{smallmatrix} 법 \\ 제61조의2 \end{smallmatrix}\right)\left(\begin{smallmatrix} 영 \\ 제59조의2 \end{smallmatrix}\right)$

(1) 특별시장·광역시장·특별자치시장·특별자치도지사·시장 또는 군수는 위 6-(3)에 따라 관계 행정기관의 장과 협의하기 위하여 다음과 같이 개발행위복합민원 일괄협의회를 개최하여야 한다.

① 특별시장·광역시장·특별자치시장·특별자치도지사·시장 또는 군수는 인가·허가·승인·면허·협의·해제·신고 또는 심사 등의 의제의 협의를 위한 개발행위복합민원 일괄협의회를 개발행위허가 신청일로부터 10일 이내에 개최하여야 한다.

② 특별시장·광역시장·특별자치시장·특별자치도지사·시장 또는 군수는 협의회를 개최하기 3일 전까지 협의회 개최 사실을 관계 행정기관의 장에게 알려야 한다.

③ 관계 행정기관의 장은 협의회에서 인·허가 등의 의제에 대한 의견을 제출하여야 한다. 다만, 관계 행정기관의 장은 법령 검토 및 사실 확인 등을 위한 추가 검토가 필요하여 해당 인·허가 등에 대한 의견을 협의회에서 제출하기 곤란한 경우에는 20일 이내에 그 의견을 제출할 수 있다.

④ 위 ①~ ③까지에서 규정한 사항 외에 협의회의 운영 등에 필요한 사항은 특별시·광역시·특별자치시·특별자치도·시 또는 군의 도시·군계획조례로 정한다.

(2) 협의 요청을 받은 관계 행정기관의 장은 소속 공무원을 위 (1)에 따른 개발행위복합민원 일괄협의회에 참석하게 하여야 한다.

9 준공검사 $\left(\begin{smallmatrix} 법 \\ 제62조 \end{smallmatrix}\right)\left(\begin{smallmatrix} 규칙 \\ 제11조 \end{smallmatrix}\right)$

(1) 건축물의 건축 또는 공작물의 설치, 토지의 형질변경, 토석의 채취 등의 행위에 대한 개발행위허가를 받은 자는 그 개발행위를 완료한 때에는 다음에 따라 특별시장·광역시장·특별자치시장·특별자치도지사·시장 또는 군수의 준공검사를 받아야 한다.

예외 건축물의 건축 또는 공작물의 설치에 따른 건축물의 사용승인을 받은 경우

① 공작물의 설치[옹벽 등의 공작물에의 준용(「건축법」 제83조)에 따라 설치되는 것은 제외], 토지의 형질변경 또는 토석채취를 위한 개발행위허가를 받은 자는 그 개발행위를 완료하였으면 준공검사를 받아야 한다.

② 위 ①의 규정에 의하여 준공검사를 받아야 하는 자는 해당 개발행위를 완료한 때에는 지체 없이 개발행위 준공검사 신청서에 다음의 서류를 첨부하여 특별시장·광역시장·특별자치시장·특별자치도지사·시장 또는 군수에게 제출하여야 한다.

1. 준공사진
2. 지적측량성과도(토지분할이 수반되는 경우와 임야를 형질변경 하는 경우로서 「공간정보의 구축 및 관리 등에 관한 법률」에 따라 등록전환신청이 수반되는 경우에 한함)
3. 관계 행정기관의 장과의 협의에 필요한 서류

③ 위 ②의 개발행위준공검사신청서 및 첨부서류는 국토이용정보체계를 통하여 제출할 수 있다.

④ 특별시장·광역시장·특별자치시장·특별자치도지사·시장 또는 군수는 위 ①의 규정에 의한 준공검사결과 허가내용대로 사업이 완료되었다고 인정하는 때에는 개발행위 준공검사 필증을 신청인에게 발급하여야 한다. 이 경우 개발행위준공검사필증은 국토이용정보체계를 통하여 발급할 수 있다.

(2) 위 (1)에 따른 준공검사를 받은 때에는 특별시장·광역시장·특별자치시장·특별자치도지사·시장 또는 군수가 의제되는 인·허가 등에 따른 준공검사·준공인가 등에 관하여 관계 행정기관의 장과 협의한 사항에 대하여는 해당 준공검사·준공인가 등을 받은 것으로 본다.

(3) 위 (2)에 따른 준공검사·준공인가 등의 의제를 받고자 하는 자는 준공검사의 신청을 하는 때에 해당 법률이 정하는 관련 서류를 함께 제출하여야 한다.

(4) 특별시장·광역시장·특별자치시장·특별자치도지사·시장 또는 군수는 준공검사를 함에 있어서 그 내용에 의제되는 인·허가 등에 따른 준공검사·준공인가 등에 해당하는 사항이 있는 때에는 미리 관계 행정기관의 장과 협의하여야 한다.

(5) 국토교통부장관은 위 (2)의 규정에 따라 의제되는 준공검사·준공인가 등의 처리기준을 관계중앙행정기관으로부터 제출받아 이를 통합하여 고시하여야 한다.

10 개발행위허가의 제한 (법 제63조)(영 제60조)

(1) 국토교통부장관, 특별시장·광역시장·특별자치시장·특별자치도지사·시장 또는 군수는 다음의 어느 하나에 해당되는 지역으로서 도시·군관리계획상 특히 필요하다고 인정되는 지역에 대하여는 중앙도시계획위원회 또는 지방도시계획위원회의 심의를 거쳐 1회에 한하여 3년 이내의 기간 동안 해당 지방자치단체의 조례가 정하는 바에 따라 개발행위허가를 제한할 수 있다.

1. 녹지지역 또는 계획관리지역으로서 수목이 집단적으로 생육되고 있거나 조수류 등이 집단적으로 서식하고 있는 지역 또는 우량농지 등으로 보전할 필요가 있는 지역

2. 개발행위로 인하여 주변의 환경·경관·미관·문화재(→ 미관 및 「국가유산기본법」에 따른 국가유산) 등이 크게 오염되거나 손상될 우려가 있는 지역 <시행 2024.5.17.>

3. 도시·군기본계획 또는 도시·군관리계획을 수립하고 있는 지역으로서 해당 도시·군기본계획 또는 도시·군관리계획이 결정될 경우 용도지역·용도지구 또는 용도구역의 변경이 예상되고 그에 따라 개발행위허가의 기준이 크게 달라질 것으로 예상되는 지역

4. 지구단위계획구역으로 지정되어 지구단위계획을 수립하고 있는 지역

비고 위 3., 4.에 해당하는 지역에 대하여는 1회에 한하여 2년 이내의 기간 동안 개발행위허가의 제한을 연장할 수 있다.

(2) 개발행위허가를 제한하고자 하는 자가 국토교통부장관인 경우에는 중앙도시계획위원회의 심의를 거쳐야 하며, 시·도지사 또는 시장·군수인 경우에는 해당 지방자치단체에 설치된 지방도시계획위원회의 심의를 거쳐야 한다.

(3) 개발행위허가를 제한하고자 하는 자가 국토교통부장관 또는 시·도지사인 경우에는 중앙도시계획위원회 또는 시·도 도시계획위원회의 심의 전에 미리 제한하고자 하는 지역을 관할하는 시장 또는 군수의 의견을 들어야 한다.

(4) 국토교통부장관, 시·도지사, 시장 또는 군수는 위 (1)의 규정에 의해 개발행위허가를 제한하고자 하는 때에는 제한지역·제한사유·제한대상행위 및 제한기간을 미리 고시하여야 한다.

(5) 개발행위허가를 제한하기 위하여 위(4)에 따라 개발행위허가 제한지역 등을 고시한 국토교통부장관, 시·도지사, 시장 또는 군수는 해당 지역에서 개발행위를 제한할 사유가 없어진 경우에는 그 제한기간이 끝나기 전이라도 지체 없이 개발행위허가의 제한을 해제하여야 한다. 이 경우 국토교통부장관, 시·도지사, 시장 또는 군수는 해제지역 및 해제 시기를 고시하여야 한다.

▪ 개발행위허가의 제한에 관한 고시	
• 국토교통부장관	관보
• 시·도지사 또는 시장·군수	해당 시·도 또는 시·군의 공보

※ 국토교통부장관, 시·도지사 또는 시장·군수는 고시한 내용을 해당 기관의 인터넷 홈페이지에도 게재하여야 한다.

(6) 국토교통부장관, 시·도지사, 시장 또는 군수가 개발행위허가를 제한하거나 개발행위허가 제한을 연장 또는 해제하는 경우 그 지역의 지형도면 고시, 지정의 효력, 주민 의견 청취 등에 관하여는 「토지이용규제 기본법」에 따른다.

관계법 「토지이용규제 기본법」 제8조【지역·지구등의 지정 등】

① 중앙행정기관의 장이나 지방자치단체의 장이 지역·지구등을 지정(변경 및 해제를 포함한다. 이하같다)하려면 대통령령으로 정하는 바에 따라 미리 주민의 의견을 들어야 한다. 다만, 다음 각 호의 어느 하나에 해당하거나 대통령령으로 정하는 경미한 사항을 변경하는 경우에는 그러하지 아니하다.
　1. 따로 지정절차 없이 법령이나 자치법규에 따라 지역·지구등의 범위가 직접 지정되는 경우
　2. 다른 법령 또는 자치법규에 주민의 의견을 듣는 절차가 규정되어 있는 경우
　3. 국방상 기밀유지가 필요한 경우
　4. 그 밖에 대통령령으로 정하는 경우
② 중앙행정기관의 장이 지역·지구등을 지정하는 경우에는 지적(地籍)이 표시된 지형도에 지역·지구등을 명시한 도면(이하 "지형도면"이라 한다)을 작성하여 관보에 고시하고, 지방자치단체의 장이 지역·지구등을 지정하는 경우에는 지형도면을 작성하여 그 지방자치단체의 공보에 고시하여야 한다. 다만, 대통령령으로 정하는 경우에는 지형도면을 작성·고시하지 아니하거나 지적도 등에 지역·지구등을 명시한 도면을 작성하여 고시할 수 있다.
③ 제2항에 따라 지형도면 또는 지적도 등에 지역·지구등을 명시한 도면(이하 "지형도면등"이라 한다)을 고시하여야 하는 지역·지구등의 지정의 효력은 지형도면등의 고시를 함으로써 발생한다. 다만, 지역·지구등을 지정할 때에 지형도면등의 고시가 곤란한 경우로서 대통령령으로 정하는 경우에는 그러하지 아니하다.
④ 제3항 단서에 해당되는 경우에는 지역·지구등의 지정일부터 2년이 되는 날까지 지형도면등을 고시하여야 하며, 지형도면등의 고시가 없는 경우에는 그 2년이 되는 날의 다음 날부터 그 지정의 효력을 잃는다.
⑤ 제4항에 따라 지역·지구등의 지정이 효력을 잃은 때에는 그 지역·지구등의 지정권자는 대통령령으로 정하는 바에 따라 지체 없이 그 사실을 관보 또는 공보에 고시하고, 이를 관계 특별자치도지사·시장·군수(광역시의 관할 구역에 있는 군의 군수를 포함한다. 이하 같다) 또는 구청장(구청장은 자치구의 구청장을 말하며, 이하 "시장·군수 또는 구청장"이라 한다)에게 통보하여야 한다. 이 경우 시장·군수 또는 구청장은 그 내용을 제12조에 따른 국토이용정보체계(이하 "국토이용정보체계"라 한다)에 등재(登載)하여 일반 국민이 볼 수 있도록 하여야 한다.
⑥ 중앙행정기관의 장이나 지방자치단체의 장은 지역·지구등의 지정을 입안하거나 신청하는 자가 따로 있는 경우에는 그 자에게 제2항에 따른 고시에 필요한 지형도면등을 작성하여 제출하도록 요청할 수 있다.
⑦ 제2항에 따른 지형도면등의 작성에 필요한 구체적인 기준 및 방법 등은 대통령령으로 정한다.

⑪ 도시·군계획시설부지에서의 개발행위 (법 / 제64조)

(1) 특별시장·광역시장·특별자치시장·특별자치도지사·시장 또는 군수는 도시·군계획시설의 설치 장소로 결정된 지상·수상·공중·수중 또는 지하에 대하여는 해당 도시·군계획시설이 아닌 건축물의 건축이나 공작물의 설치를 허가하여서는 아니 된다.

예외 건축물의 건축이나 공작물의 설치 허가가 가능한 경우

1. 지상·수상·공중·수중 또는 지하에 일정한 공간적 범위를 정하여 도시·군계획시설이 결정되어 있고, 그 도시·군계획시설의 설치·이용 및 장래의 확장 가능성에 지장이 없는 범위 안에서 도시·군계획시설이 아닌 건축물 또는 공작물을 그 도시·군계획시설인 건축물 또는 공작물의 부지에 설치하는 경우	
2. 도시·군계획시설과 도시·군계획시설이 아닌 시설을 같은 건축물안에 설치한 경우*로서 실시계획인가를 받아 우측 ①, ②에 해당하는 경우	① 건폐율이 증가하지 아니하는 범위 안에서 해당 건축물을 증축 또는 대수선하여 도시·군계획시설이 아닌 시설을 설치하는 경우
	② 도시·군계획시설의 설치·이용 및 장래의 확장 가능성에 지장이 없는 범위 안에서 도시·군계획시설을 도시·군계획시설이 아닌 시설로 변경하는 경우
3. 「도로법」 등 도시·군계획시설의 설치 및 관리에 관하여 규정하고 있는 다른 법률에 의하여 점용허가를 받아 건축물 또는 공작물을 설치하는 경우	
4. 도시·군계획시설의 설치·이용 및 장래의 확장 가능성에 지장이 없는 범위에서 「신에너지 및 재생에너지 개발·이용·보급 촉진법」에 따른 신·재생에너지 설비 중 태양에너지 설비 또는 연료전지 설비를 설치하는 경우	

* 법률 제6243호 「도시계획법」 개정 법률에 의하여 개정되기 전에 설치한 경우를 말한다.

⑫ 개발행위의 예외적 인정 (법 / 제64조제2항)

특별시장·광역시장·특별자치시장·특별자치도지사·시장 또는 군수는 도시·군계획시설결정의 고시일로부터 2년이 경과할 때까지 해당 시설의 설치에 관한 사업이 시행되지 아니한 도시·군계획시설 중 다음의 도시·군계획시설의 부지에 대하여는 위 ⑨의 규정에 불구하고 다음의 개발행위를 허가할 수 있다.

개발행위 허가대상	허가행위 범위
1. 단계별 집행계획이 수립되지 않은 경우의 부지 2. 제1단계 집행계획에 포함되지 않은 도시·군계획시설의 부지	① 가설건축물의 건축과 이에 필요한 범위 안에서의 토지의 형질변경
	② 도시·군계획시설의 설치에 지장이 없는 공작물의 설치와 이에 필요한 범위에서의 토지의 형질변경
	③ 건축물의 개축 또는 재축과 이에 필요한 범위에서의 토지의 형질변경(「건축법」에 따른 신고대상인 개축·재축·증축과 이에 필요한 범위에서의 토지의 형질변경의 경우는 제외)

⑬ 도시·군계획시설사업 시행에 따른 원상회복 (법 / 제64조제3항, 제4항)

(1) 특별시장·광역시장·특별자치시장·특별자치도지사·시장 또는 군수는 가설건축물의 건축이나 공작물의 설치를 허가한 토지에 대하여 도시·군계획시설사업이 시행되는 때에는 그 시행예정일 3월전까지 가설건축물이나 공작물의 소유자 부담으로 그의 가설건축물이나 공작물의 철거 등 원상회복에 필요한 조치를 명하여야 한다.

예외 원상회복의 필요가 없다고 인정되는 경우

(2) 특별시장·광역시장·특별자치시장·특별자치도지사·시장 또는 군수는 원상회복의 명령을 받은 자가 원상회복을 하지 아니하는 때에는 「행정대집행법」에 따른 행정대집행에 의하여 원상회복을 할 수 있다.

14 개발행위에 따른 공공시설 등의 귀속 (법 제65조)

개발행위에 따른 공공시설은 다음에 따라 귀속되거나 양도된 것으로 본다.

구 분	개발행위허가를 받은 자	
	행정청인 경우	행정청이 아닌 경우
1. 새로 설치하는 공공시설	그 시설을 관리할 관리청에 무상 귀속	그 시설을 관리할 관리청에 무상 귀속
2. 기존의 공공시설에 대체되는 공공시설을 설치(종래의 공공시설)	개발행위허가를 받은 자에게 무상 귀속	-
3. 개발행위로 용도가 폐지되는 공공시설	-	새로 설치한 공공시설의 설치비용에 상당하는 범위에서 개발행위허가를 받은 자에게 무상으로 양도
4. 준공검사 등	개발행위가 끝나 준공검사를 마친 때는 해당시설의 관리청에 공공시설의 종류와 토지의 세목을 통지할 것	개발행위가 끝나기 전에 해당시설의 관리청에 그 종류 및 토지의 세목(細目)을 통지해야 하고, 준공검사를 한 특별시장·광역시장·특별자치시장·특별자치도지사·시장 또는 군수는 그 내용을 해당시설의 관리청에 통보
5. 관리청과 개발행위허가를 받은 자에 대한 귀속 또는 양도시점	공공시설의 종류 및 토지의 세목을 통지한 날	공공시설의 준공검사를 받은 날

■ 특별시장·광역시장·특별자치시장·특별자치도지사·시장 또는 군수는 공공시설의 귀속에 관한 사항이 포함된 개발행위허가를 하고자 할 때에는 미리 해당 관리청의 의견을 들어야 한다.
① 관리청이 지정되지 않은 경우 : 관리청이 지정된 후 준공 전에 의견 수렴
② 관리청이 불분명한 경우 : (도로 등) 국토교통부장관, (하천) 환경부장관, (그 외의 재산) 기획재정부장관을 관리청으로 봄

2 개발행위에 따른 기반시설의 설치

1 개발밀도관리구역 (법 제66조)

【1】 지정권자

특별시장·광역시장·특별자치시장·특별자치도지사·시장 또는 군수

【2】 대상지역

주거·상업 또는 공업지역에서 개발행위로 기반시설의 처리·공급 또는 수용능력이 부족할 것으로 예상되는 지역 중 기반시설의 설치가 곤란한 지역

【3】지정내용 (영 제62조)

특별시장·광역시장·특별자치시장·특별자치도지사·시장 또는 군수는 개발밀도 관리구역 안에서 해당 용도지역에 적용되는 용적률의 최대한도의 50%의 범위 안에서 강화하여 적용한다.

【4】지방도시계획위원회의 심의

(1) 특별시장·광역시장·특별자치시장·특별자치도지사·시장 또는 군수는 개발밀도관리구역을 지정 또는 변경하고자 하는 경우 다음 사항을 포함하여 지방도시계획위원회의 심의를 거쳐야 한다.

---

1. 개발밀도관리구역의 명칭

2. 개발밀도관리구역의 범위

3. 건폐율 또는 용적률의 강화범위

---

(2) 개발밀도관리구역을 지정 또는 변경한 경우 해당 지방자치단체의 공보에 게재하는 방법으로 고시하여야 한다.

(3) 특별시장·광역시장·특별자치시장·특별자치도지사·시장 또는 군수는 제2항에 따라 고시한 내용을 해당 기관의 인터넷 홈페이지에 게재하여야 한다.

【5】개발밀도관리구역의 지정기준 및 관리방법

국토교통부장관은 개발밀도관리구역의 지정기준 및 관리방법을 정할 때에는 다음 사항을 종합적으로 고려해야 한다.

---

1. 개발밀도관리구역은 도로·수도공급설비·하수도·학교 등 기반시설의 용량이 부족할 것으로 예상되는 지역 중 기반시설의 설치가 곤란한 지역으로서 다음에 해당하는 지역에 대하여 지정할 수 있도록 할 것
   ① 해당 지역의 도로서비스 수준이 매우 낮아 차량통행이 현저하게 지체되는 지역. 이 경우 도로서비스 수준의 측정에 관하여는 「도시교통정비 촉진법」에 따른 교통영향평가의 예에 따른다.
   ② 해당 지역의 도로율이 용도지역별 도로율에 20% 이상 미달하는 지역
   ③ 향후 2년 이내에 해당 지역의 수도에 대한 수요량이 수도시설의 시설용량을 초과할 것으로 예상되는 지역
   ④ 향후 2년 이내에 해당 지역의 하수발생량이 하수시설의 시설용량을 초과할 것으로 예상되는 지역
   ⑤ 향후 2년 이내에 해당 지역의 학생수가 학교수용능력을 20% 이상 초과할 것으로 예상되는 지역

2. 개발밀도관리구역의 경계는 도로·하천 그 밖에 특색 있는 지형지물을 이용하거나 용도지역의 경계선을 따라 설정하는 등 경계선이 분명하게 구분되도록 할 것

3. 용적률의 강화범위는 해당 지역에 적용되는 용적률의 범위에서 위 1.에 따른 기반시설의 부족정도를 고려하여 결정할 것

4. 개발밀도관리구역안의 기반시설의 변화를 주기적으로 검토하여 용적률을 강화 또는 완화하거나 개발밀도관리구역을 해제하는 등 필요한 조치를 취하도록 할 것

---

② 기반시설부담구역의 지정 (법 제67조)(영 제64조 ~ 66조)

【1】기반시설부담구역의 지정

특별시장·광역시장·특별자치시장·특별자치도지사·시장 또는 군수는 다음의 어느 하나에 해당하는 지역에 대하여는 기반시설부담구역으로 지정하여야 한다.

(1) 이 법 또는 다른 법령의 제정·개정으로 인하여 행위제한이 완화되거나 해제되는 지역

(2) 이 법 또는 다른 법령에 따라 지정된 용도지역 등이 변경되거나 해제되어 행위제한이 완화되는 지역

(3) 개발행위허가 현황 및 인구증가율 등을 고려하여 기반시설의 설치가 필요하다고 인정하는 다음의 지역

---

1. 해당 지역의 전년도 개발행위허가 건수가 전전년도 개발행위허가 건수보다 20% 이상 증가한 지역

---

2. 해당 지역의 전년도 인구증가율이 그 지역이 속하는 특별시·광역시·시 또는 군(광역시의 관할 구역에 있는 군은 제외)의 전년도 인구증가율보다 20% 이상 높은 지역

예외 개발행위가 집중되어 특별시장·광역시장·특별자치시장·특별자치도지사·시장 또는 군수가 해당 지역의 계획적 관리를 위하여 필요하다고 인정하는 경우 위에 해당하지 아니하는 경우라도 기반시설부담구역으로 지정할 수 있다.

【2】 기반시설부담구역의 지정 또는 변경의 고시

특별시장·광역시장·특별자치시장·특별자치도지사·시장 또는 군수는 기반시설부담구역을 지정 또는 변경하고자 하는 때에는 주민의 의견을 들어야 하며, 해당 지방자치단체에 설치된 지방도시 계획위원회의 심의를 거쳐 기반시설부담구역의 명칭·위치·면적 및 지정일자와 관계 도서의 열 람 방법을 해당 지방자치단체의 공보와 인터넷 홈페이지에 고시하여야 한다.

【3】 기반시설 설치계획의 수립

특별시장·광역시장·특별자치시장·특별자치도지사·시장 또는 군수는 위의 【2】에 따라 기반시설 부담구역이 지정된 경우 다음에 따른 기반시설설치계획을 수립하여야 하며, 이를 도시·군관리계획 에 반영하여야 한다.

(1) 설치계획 수립시 포함 내용

---

1. 설치가 필요한 기반시설의 종류, 위치 및 규모

---

2. 기반시설의 설치 우선순위 및 단계별 설치계획

---

3. 그 밖에 기반시설의 설치에 필요한 사항

---

(2) 설치계획 수립시 종합적 고려사항

---

1. 기반시설의 배치는 해당 기반시설부담구역의 토지이용계획 또는 앞으로 예상되는 개발수요 를 고려하여 적절하게 정할 것

---

2. 기반시설의 설치시기는 재원조달계획, 시설별 우선순위, 사용자의 편의와 예상되는 개발행위 의 완료시기 등을 고려하여 합리적으로 정할 것

---

(3) 위의 (1) 및 (2) 불구하고 지구단위계획을 수립한 경우에는 기반시설설치계획을 수립한 것으로 본다.

(4) 기반시설부담구역의 지정고시일로부터 1년이 되는 날까지 기반시설설치계획을 수립하지 아니 하면 그 1년이 되는 날의 다음날에 기반시설부담구역의 지정은 해제된 것으로 본다.

【4】 기반시설부담구역의 지정기준

기반시설부담구역의 지정기준 등에 관하여 필요한 사항은 다음에 정하는 바에 따라 국토교통부장 관이 정한다.

(1) 기반시설부담구역은 기반시설이 적절하게 배치될 수 있는 규모로서 최소 10만㎡ 이상의 규모가 되도록 지정할 것

(2) 소규모 개발행위가 연접하여 시행될 것으로 예상되는 지역의 경우에는 하나의 단위구역으로 묶어서 기반시설부담구역을 지정할 것

(3) 기반시설부담구역의 경계는 도로, 하천, 그 밖의 특색 있는 지형지물을 이용하는 등 경계선이 분명하게 구분되도록 할 것

③ 기반시설 설치비용의 부과대상 및 산정기준 (법제68조)(영제67조 ~ 70조)

【1】 기반시설 설치비용의 부과대상

(1) 기반시설부담구역 안에서 기반시설설치비용의 부과대상인 건축행위는 단독주택 및 숙박시설 등의 시설(「건축법 시행령」 [별표 1]에 따른 용도별 건축물을 말함)로서 200㎡ (기존 건축물의 연면적을 포함)를 초과하는 건축물의 신·증축 행위로 한다.

[예외] 다음에 해당하는 건축물은 기반시설설치비용의 부과대상에 해당하지 않는다.

(시행령 [별표 1]의 건축물, ※ 번호가 누락된 부분은 생략한 부분임)

1. 국가 또는 지방자치단체가 건축하는 건축물

2. 국가 또는 지방자치단체에 기부채납하는 건축물

3. 「산업집적활성화 및 공장설립에 관한 법률」에 따른 공장

4. 「공익사업을 위한 토지 등의 취득 및 보상에 관한 법률」에 따른 이주대책대상자(그 상속인을 포함) 또는 사업시행자가 이주대책을 위하여 건축하는 건축물

8. 「건축법」 또는 「주택법」에 따른 리모델링을 하는 건축물

9. 「건축법 시행령」에 따른 부속용도의 시설 중 주차장

10. 「경제자유구역의 지정 및 운영에 관한 특별법」에 따른 경제자유구역에 「외국인투자촉진법」에 따른 외국인투자기업이 해당 투자사업을 위하여 건축하는 건축물

11. 「혁신도시 조성 및 발전에 관한 특별법」에 따라 이전 공공기관이 혁신도시 외로 개별 이전하여 건축하는 건축물

18. 「도시 및 주거환경정비법」에 따라 공급하는 임대주택

34. 「영유아보육법」의 규정에 따른 어린이집

35. 「건축법 시행령」에 따른 다가구주택에 해당하는 용도로 사용되는 부분

36. 「건축법 시행령」에 따른 다세대주택에 해당하는 용도로 사용되고 세대당 주거전용면적이 60제곱미터 이하인 부분

37. 「건축법 시행령」의 종교집회장

38. 다음의 지역·지구·구역·단지 등에서 지구단위계획을 수립하여 개발하는 토지에 건축하는 건축물
  ㉠ 「택지개발촉진법」에 따른 택지개발지구
  ㉡ 「산업입지 및 개발에 관한 법률」에 따른 산업단지
  ㉢ 「도시개발법」에 따른 도시개발구역
  ㉣ 「공공주택건설 등에 관한 특별법」에 따른 공공주택지구
  ㉤ 「도시 및 주거환경정비법」의 주거환경개선사업, 주택재개발사업, 주택재건축사업을 위한 정비구역
  ㉥ 「물류시설의 개발 및 운영에 관한 법률」에 따른 물류단지
  ㉦ 「경제자유구역의 지정 및 운영에 관한 특별법」에 따른 경제자유구역. [예외] 같은 구역 안에서의 건축행위가 위 10.에 따라 기반시설설치비용이 면제되는 경우는 제외한다.
  ㉧ 「관광진흥법」에 따른 관광지 및 관광단지

    ⓩ 「기업도시개발 특별법」에 따른 기업도시개발구역
    ⓐ 「신행정수도 후속대책을 위한 연기·공주지역 행정중심복합도시 건설을 위한 특별법」에 따른 행정중심복합도시 예정지역
    ⓚ 「혁신도시 조성 및 발전에 관한 특별법」에 따른 혁신도시개발예정 지구
    ⓣ 「제주특별자치도 설치 및 국제자유도시 조성을 위한 특별법」에 따른 제주첨단과학기술단지

(2) 기존 건축물을 철거하고 신축하는 경우에는 기존 건축물의 건축연면적을 초과하는 건축행위에 대하여만 부과대상으로 한다.

【2】 기반시설 설치비용의 산정 방법

기반시설설치비용은 기반시설을 설치하는데 필요한 기반시설 표준시설비용과 용지비용을 합산한 금액에 위 【1】에 따른 부과대상 건축연면적과 기반시설 설치를 위하여 사용 되는 총비용 중 국가·지방자치단체의 부담 분을 제외하고 민간 개발사업자가 부담하는 부담률을 곱한 금액으로 한다.

【3】 기반시설 표준시설비용의 고시 (영 제68조)

위의 【2】에 따른 기반시설 표준시설비용은 기반시설 조성을 위하여 사용되는 단위당 시설비로서 해당 연도의 생산자물가상승률 등을 고려하여 매년 1월 1일을 기준으로 한 기반시설 표준시설비용을 매년 6월 10일까지 국토교통부장관이 고시한다.

【4】 기반시설 용지비용의 산정기준 (영 제69조)

위의 【2】에 따른 용지비용은 부과대상이 되는 건축행위가 이루어지는 토지를 대상으로 다음의 기준을 곱하여 산정한 가액으로 한다.
① 지역별 기반시설의 설치정도를 고려하여 0.4 범위 내에서 지방자치단체의 조례로 정하는 용지환산계수
② 기반시설부담구역 내 개별공시지가 평균 및 건축물별 기반시설유발계수 (시행령 [별표 1의3])

【참고】 용지환산계수

기반시설부담구역별로 기반시설이 설치된 정도를 고려하여 산정된 기반시설 필요 면적률(기반시설부담구역의 전체 토지면적 중 기반시설이 필요한 토지면적의 비율을 말함)을 건축 연면적당 기반시설 필요 면적으로 환산하는데 사용되는 계수를 말한다.

【5】 민간 개발사업자가 부담하는 부담률

위의 【2】에 따른 민간 개발사업자가 부담하는 부담률은 20%로 하며, 특별시장·광역시장·시장 또는 군수가 건물의 규모, 지역 특성 등을 고려하여 25%의 범위 내에서 부담률을 가감할 수 있다.

【6】 기반시설 설치비용의 감면 등 (영 제70조)

다음에 해당하는 경우에는 이 법에 따른 기반시설 설치비용에서 감면한다.
(1) 납부의무자가 직접 기반시설을 설치하거나 그에 필요한 용지를 확보한 경우에는 기반시설 설치비용에서 직접 기반시설을 설치하거나 용지를 확보하는 데 든 비용을 공제 한다.
(2) 위의 (1)에 따른 공제금액 중 납부의무자가 직접 기반시설을 설치하는 데 든 비용은 다음의 금액을 합산하여 산정한다.

① 건축허가(다른 법률에 따른 사업승인 등 건축허가가 의제되는 경우에는 그 사업승인)를 받은 날(부과기준시점)을 기준으로 국토교통부장관이 정하는 요건을 갖춘 「부동산가격공시 및 감정평가에 관한 법률」에 따른 감정평가업자 두 명 이상이 감정평가 한 금액을 산술평균한 토지의 가액

② 부과기준시점을 기준으로 국토교통부장관이 매년 고시하는 기반시설별 단위당 표준조성비에 납부의무자가 설치하는 기반시설량을 곱하여 산정한 기반시설별 조성비용.

> 예외 납부의무자가 실제 투입된 조성비용 명세서를 제출하면 국토교통부령으로 정하는 바에 따라 그 조성비용을 기반시설별 조성비용으로 인정할 수 있다.

(3) 위의 (2)에 불구하고 부과기준시점에 다음에 해당하는 금액에 따른 토지의 가액과 위 (2)의 ②에 따른 기반시설별 조성비용을 적용하여 산정된 공제 금액이 기반시설 설치비용을 초과하는 경우에는 그 금액을 납부의무자가 직접 기반시설을 설치하는 데 든 비용으로 본다.

1. 부과기준시점으로부터 가장 최근에 결정·공시된 개별공시지가

2. 국가·지방자치단체·공공기관 또는 지방공기업으로부터 매입한 토지의 가액

3. 공공기관 또는 지방공기업이 매입한 토지의 가액

4. 「공익사업을 위한 토지 등의 취득 및 보상에 관한 법률」에 따른 협의 또는 수용에 따라 취득한 토지의 가액

5. 해당 토지의 무상 귀속을 목적으로 한 토지의 감정평가금액

(4) 위의 (1)에 따른 공제금액 중 기반시설에 필요한 용지를 확보하는 데 든 비용은 위 (2)의 ①에 따라 산정한다.

(5) 위 (1)의 경우 외에 기반시설 설치비용에서 감면하는 비용 및 감면액은 다음 [별표 1의 4]과 같다.

■ 기반시설 설치비용에서 감면하는 비용 및 감면액 (영 [별표 1의4])

1. 「대도시권 광역교통관리에 관한 특별법」 제11조에 따른 광역교통시설부담금의 10/100에 해당하는 금액

2. 「도로법」 제91조제1항 및 제2항에 따른 원인자부담금 전액

3. 「수도권정비계획법」 제12조에 따른 과밀부담금의 10/100에 해당하는 금액

4. 「수도법」 제71조에 따른 원인자부담금 전액

5. 「하수도법」 제61조에 따른 원인자부담금 전액

6. 「학교용지확보 등에 관한 특례법」 제5조에 따른 학교용지부담금 전액

7. 「자원의 절약과 재활용촉진에 관한 법률」 제19조에 따른 폐기물비용부담금 전액

8. 「지방자치법」 제138조에 의한 공공시설분담금 전액

4 기반시설 설치비용의 납부 및 체납처분 등 (법
제69조) (영
제70조의2~제70조의10)

【1】 납부의무자의 기반시설 설치비용의 납부

다음에 해당하는 납부의무자는 기반시설 설치비용을 납부하여야 한다.

1. 건축행위를 하는 자
2. 건축행위를 위탁 또는 도급한 경우에는 그 위탁이나 도급을 한 자
3. 타인 소유의 토지를 임차하여 건축행위를 하는 경우에는 그 행위자
4. 건축행위를 완료하기 전에 건축주의 지위나 위의 ② 또는 ③에 해당하는 자의 지위를 승계하는 경우 그 지위를 승계한 자

【2】 부과와 납부시기

(1) 부과시기

특별시장·광역시장·특별자치시장·특별자치도지사·시장 또는 군수는 납부의무자가 국가 또는 지방자치단체로부터 건축허가(다른 법률에 따른 사업승인 등 건축허가가 의제되는 경우에는 그 사업 승인)를 받은 날부터 2개월 이내에 기반시설 설치비용을 부과하여야 한다.

(2) 기반시설 설치비용의 예정통지 등

① 특별시장·광역시장·특별자치시장·특별자치도지사·시장 또는 군수는 기반시설 설치비용을 부과하려면 부과기준시점부터 30일 이내에 납부의무자에게 적용되는 부과 기준 및 부과될 기반시설 설치비용을 미리 알려야 한다.

② 위 ①에 따른 통지(이하 "예정 통지")를 받은 납부의무자는 예정 통지된 기반시설 설치 비용에 대하여 이의가 있으면 예정 통지를 받은 날부터 15일 이내에 특별시장·광역시장·특별자치시장·특별자치도지사·시장 또는 군수에게 심사(이하 "고지 전 심사")를 청구할 수 있다.

(3) 기반시설 설치비용의 결정

특별시장·광역시장·특별자치시장·특별자치도지사·시장 또는 군수는 예정 통지에 이의가 없는 경우 또는 고지 전 심사청구에 대한 심사결과를 통지한 경우에는 그 통지한 금액에 따라 기반시설 설치비용을 결정한다.

(4) 납부의 고지

① 특별시장·광역시장·특별자치시장·특별자치도지사·시장 또는 군수는 기반시설 설치비용을 부과하려면 납부의무자에게 납부 고지서를 발급하여야 한다.

② 특별시장·광역시장·특별자치시장·특별자치도지사·시장 또는 군수는 위 ①에 따라 납부고지서를 발급할 때에는 납부금액 및 그 산출 근거, 납부기한과 납부 장소를 명시하여야 한다.

(5) 납부시기

납부의무자는 사용승인(다른 법률에 따라 준공검사 등 사용승인이 의제되는 경우에는 그 준공검사) 신청 시(납부 고지된 납부기한)까지 이를 납부하여야 한다.

【3】 기반시설 설치비용의 물납 (영
제70조의7)

(1) 기반시설 설치비용은 현금, 신용카드 또는 직불카드로 납부하도록 하되, 부과대상 토지 및 이와 비슷한 토지로 하는 납부(이하 "물납"이라 함)를 인정할 수 있다.

(2) 위 (1)에 따라 물납을 신청하려는 자는 납부기한 20일 전까지 기반시설설치비용, 물납 대상 토지의 면적 및 위치, 물납신청 당시 물납 대상 토지의 개별공시지가 등을 적은 물납신청서를 특별시장·광역시장·특별자치시장·특별자치도지사·시장 또는 군수에게 제출하여야 한다.

(3) 특별시장·광역시장·특별자치시장·특별자치도지사·시장 또는 군수는 위 (2)에 따른 물납신청서를 받은 날부터 10일 이내에 신청인에게 수납 여부를 서면으로 알려야 한다.

(4) 물납을 신청할 수 있는 토지의 가액은 해당 기반시설설치비용의 부과액을 초과할 수 없으며, 납부의무자는 부과된 기반시설설치비용에서 물납하는 토지의 가액을 뺀 금액을 현금, 신용카드 또는 직불카드로 납부하여야 한다.

(5) 특별시장·광역시장·특별자치시장·특별자치도지사·시장 또는 군수는 물납을 받으면 해당 기반시설부담구역에 설치한 기반시설 특별회계에 귀속시켜야 한다.

【4】 납부기일의 연기 및 분할 납부 (영 제70조의8)

(1) 특별시장·광역시장·특별자치시장·특별자치도지사·시장 또는 군수는 납부의무자가 다음에 해당하여 기반시설 설치비용을 납부하기가 곤란하다고 인정되면 해당 개발사업 목적에 따른 이용 상황 등을 고려하여 1년의 범위에서 납부 기일을 연기하거나 2년의 범위에서 분할 납부를 인정할 수 있다.

1. 재해나 도난으로 재산에 심한 손실을 입은 경우
2. 사업에 뚜렷한 손실을 입은 때
3. 사업이 중대한 위기에 처한 경우
4. 납부의무자나 그 동거 가족의 질병이나 중상해로 장기치료가 필요한 경우

(2) 위 (1)에 따라 기반시설 설치비용의 납부 기일을 연기하거나 분할 납부를 신청하려는 자는 납부고지서를 받은 날부터 15일 이내에 납부 기일 연기신청서 또는 분할 납부 신청서를 특별시장·광역시장·특별자치시장·특별자치도지사·시장 또는 군수에게 제출하여야 한다.

(3) 특별시장·광역시장·특별자치시장·특별자치도지사·시장 또는 군수는 위 (2)에 따른 납부 기일 연기신청서 또는 분할 납부 신청서를 받은 날부터 15일 이내에 납부 기일의 연기 또는 분할 납부 여부를 서면으로 알려야 한다.

(4) 위 (1)에 따라 납부를 연기한 기간 또는 분할 납부로 납부가 유예된 기간에 대하여는 기반시설 설치비용에 「국세기본법 시행령」에 따른 이자를 더하여 징수하여야 한다.

【5】 납부의 독촉과 징수 (영 제70조의9)

(1) 특별시장·광역시장·시장 또는 군수는 납부의무자가 사용승인(다른 법률에 따라 준공검사 등 사용승인이 의제되는 경우에는 그 준공검사) 신청 시까지 그 기반시설설치비용을 완납하지 아니하면 납부기한이 지난 후 10일 이내에 독촉장을 보내야 한다.

(2) 특별시장·광역시장·특별자치시장·특별자치도지사·시장 또는 군수는 납부의무자가 위 【2】의 납부시기까지 기반시설 설치비용을 납부하지 아니하는 때에는 지방세체납처분의 예에 따라 징수할 수 있다.

【6】 환급 (영 제70조의10)

특별시장·광역시장·특별자치시장·특별자치도지사·시장 또는 군수는 기반시설 설치비용을 납부한 자가 사용승인 신청 후 해당 건축행위와 관련된 기반시설의 추가 설치 등 기반시설 설치비용을 환급하여야 하는 사유가 발생하는 경우에는 그 사유에 상당하는 기반시설 설치비용을 환급하여야 한다.

⑤ 기반시설 설치비용의 관리 및 사용 등 (법 제70조)(영 제70조의11)

【1】 기반시설 설치비용의 관리 및 운용

특별시장·광역시장·특별자치시장·특별자치도지사·시장 또는 군수는 기반시설 설치비용의 관리 및 운용을 위하여 기반시설부담구역별로 특별회계를 설치하여야 하며, 그에 필요한 사항은 지방자치단체의 조례로 정한다.

【2】 기반시설 설치비용의 사용

납부한 기반시설 설치비용은 다음의 용도로 사용하여야 한다.

---

1. 기반시설부담구역별 기반시설설치계획 및 기반시설부담계획 수립

---

2. 기반시설부담구역에서 건축물의 신·증축행위로 유발되는 기반시설의 신규 설치, 그에 필요한 용지 확보 또는 기존 기반시설의 개량

---

3. 기반시설부담구역별로 설치하는 특별회계의 관리 및 운영

※ 해당 기반시설부담구역 안에 사용하기가 곤란한 경우로서 해당 기반시설부담구역에 필요한 기반시설을 모두 설치하거나 그에 필요한 용지를 모두 확보한 후에도 잔액이 생기는 경우 해당 기반 시설 부담구역의 기반시설과 연계된 기반시설의 설치 또는 그에 필요한 용지의 확보 등에 사용할 수 있다.

---

⑥ 성장관리계획구역의 지정 등 (법 제75조의2~4)(영 제70조의12~15)

【1】 성장관리계획구역의 지정

(1) 특별시장·광역시장·특별자치시장·특별자치도지사·시장 또는 군수는 녹지지역, 관리지역, 농림지역 및 자연환경보전지역 중 다음 지역의 전부 또는 일부에 대하여 성장관리계획구역을 지정할 수 있다.

■ 성장관리계획구역의 지정 대상 지역	
1. 개발수요가 많아 무질서한 개발이 진행되고 있거나 진행될 것으로 예상되는 지역	
2. 주변의 토지이용이나 교통여건 변화 등으로 향후 시가화가 예상되는 지역	
3. 주변지역과 연계하여 체계적인 관리가 필요한 지역	
4. 「토지이용규제 기본법」 제2조제1호에 따른 지역·지구등의 변경으로 토지이용에 대한 행위제한이 완화되는 지역	
5. 그 밖에 난개발의 방지와 체계적인 관리가 필요한 우측란의 지역	① 인구 감소 또는 경제성장 정체 등으로 압축적이고 효율적인 도시성장 관리가 필요한 지역
	② 공장 등과 입지 분리 등을 통해 쾌적한 주거환경 조성이 필요한 지역
	③ 특별시·광역시·특별자치시·특별자치도·시 또는 군의 도시·군계획조례로 정하는 지역

(2) 주민과 지방의회의 의견청취 등

특별시장·광역시장·특별자치시장·특별자치도지사·시장 또는 군수는 성장관리계획구역을 지정하거나 이를 변경하려면 대통령령으로 정하는 바에 따라 미리 주민과 해당 지방의회의 의견을 들어야 하며, 관계 행정기관과의 협의 및 지방도시계획위원회의 심의를 거쳐야 한다.

> 예외 성장관리계획구역의 면적을 10% 이내에서 변경하는 경우(성장관리계획구역을 변경하는 부분에 둘 이상의 읍·면 또는 동의 일부 또는 전부가 포함된 경우 해당 읍·면 또는 동 단위로 구분된 지역의 면적을 각각 10% 이내에서 변경하는 경우로 한정)는 제외

① 특별시장·광역시장·특별자치시장·특별자치도지사·시장 또는 군수는 법 제75조의2제2항 본문에 따라 성장관리계획구역의 지정 또는 변경에 관하여 주민의 의견을 들으려면 성장관리계획구역안의 주요 내용을 해당 지방자치단체의 공보나 전국 또는 해당 지방자치단체를 주된 보급지역으로 하는 둘 이상의 일간신문에 게재하고, 해당 지방자치단체의 인터넷 홈페이지 등에 공고해야 한다.

② 특별시장·광역시장·특별자치시장·특별자치도지사·시장 또는 군수는 제1항에 따른 공고를 한 때에는 성장관리계획구역안을 14일 이상 일반이 열람할 수 있도록 해야 한다.

③ 공고된 성장관리계획구역안에 대하여 의견이 있는 사람은 열람기간 내에 특별시장·광역시장·특별자치시장·특별자치도지사·시장 또는 군수에게 의견서를 제출할 수 있다.

④ 특별시장·광역시장·특별자치시장·특별자치도지사·시장 또는 군수는 제출된 의견을 성장관리계획구역안에 반영할 것인지 여부를 검토하여 그 결과를 열람기간이 종료된 날부터 30일 이내에 해당 의견을 제출한 사람에게 통보해야 한다.

⑤ 위 (1)표 5.에 따른 성장관리계획구역의 지정 또는 변경 고시는 해당 특별시·광역시·특별자치시·특별자치도·시 또는 군의 공보와 인터넷 홈페이지에 다음 사항을 게재하는 방법으로 한다.

■ 공보와 홈페이지에 게재할 사항
1. 성장관리계획구역의 지정 또는 변경 목적
2. 성장관리계획구역의 위치 및 경계
3. 성장관리계획구역의 면적 및 규모

(3) 특별시·광역시·특별자치시·특별자치도·시 또는 군의 의회는 특별한 사유가 없으면 60일 이내에 특별시장·광역시장·특별자치시장·특별자치도지사·시장 또는 군수에게 의견을 제시하여야 하며, 그 기한까지 의견을 제시하지 아니하면 의견이 없는 것으로 본다.

(4) 제2항에 따라 협의 요청을 받은 관계 행정기관의 장은 특별한 사유가 없으면 요청을 받은 날부터 30일 이내에 특별시장·광역시장·특별자치시장·특별자치도지사·시장 또는 군수에게 의견을 제시하여야 한다.

(5) 특별시장·광역시장·특별자치시장·특별자치도지사·시장 또는 군수가 성장관리계획구역을 지정하거나 이를 변경한 경우에는 관계 행정기관의 장에게 관계 서류를 송부하여야 하며, 대통령령으로 정하는 바에 따라 이를 고시하고 일반인이 열람할 수 있도록 하여야 한다. 이 경우 지형도면의 고시 등에 관하여는 「토지이용규제 기본법」 제8조에 따른다.

(6) 그 밖에 성장관리계획구역의 지정 기준 및 절차 등에 관하여 필요한 사항은 대통령령으로 정한다.

【2】 성장관리계획의 수립 등

(1) 특별시장·광역시장·특별자치시장·특별자치도지사·시장 또는 군수는 녹지지역, 관리지역, 농림지역 및 자연환경보전지역 중 다음에 해당하는 지역의 전부 또는 일부에 대하여 성장관리계획구역을 지정할 수 있다.

1. 도로, 공원 등 기반시설의 배치와 규모에 관한 사항
2. 건축물의 용도제한, 건축물의 건폐율 또는 용적률
3. 건축물의 배치, 형태, 색채 및 높이
4. 환경관리 및 경관계획

5. 그 밖에 난개발의 방지와 체계적인 관리에 필요한 사항으로서 우측란에서 정하는 사항	① 성장관리계획구역 내 토지개발·이용, 기반시설, 생활환경 등의 현황 및 문제점
	② 그 밖에 난개발의 방지와 체계적인 관리에 필요한 사항으로서 특별시·광역시·특별자치시·특별자치도·시 또는 군의 도시·군계획조례로 정하는 사항

(2) 성장관리계획구역에서는 제77조제1항에도 불구하고 다음 각 호의 구분에 따른 범위에서 성장관리계획으로 정하는 바에 따라 특별시·광역시·특별자치시·특별자치도·시 또는 군의 조례로 정하는 비율까지 건폐율을 완화하여 적용할 수 있다.

1. 계획관리지역	50% 이하
2. 생산관리지역·농림지역·자연녹지지역 및 생산녹지지역	30% 이하

(3) 성장관리계획구역 내 계획관리지역에서는 제78조제1항에도 불구하고 125% 이하의 범위에서 성장관리계획으로 정하는 바에 따라 특별시·광역시·특별자치시·특별자치도·시 또는 군의 조례로 정하는 비율까지 용적률을 완화하여 적용할 수 있다.

(4) 성장관리계획의 수립 및 변경에 관한 절차는 【1】(2)~(5)의 규정을 준용한다. 이 경우 "성장관리계획구역"은 "성장관리계획"으로 본다.

(5) 특별시장·광역시장·특별자치시장·특별자치도지사·시장 또는 군수는 다음의 경우(다른 호에 저촉되지 않는 경우로 한정)에는 주민과 해당 지방의회의 의견 청취, 관계 행정기관과의 협의 및 지방도시계획위원회의 심의를 거치지 않고 성장관리계획을 변경할 수 있다.

■ 계획변경시 의견청취 및 협의 등의 생략

1. (1)표 5.에 해당하는 변경지역에서 성장관리계획을 변경하는 경우

2. 성장관리계획의 변경이 다음 각 목의 어느 하나에 해당하는 경우
　① 단위 기반시설부지 면적의 10% 미만을 변경하는 경우
　　※ 도로의 경우 시작지점 또는 끝지점이 변경되지 않는 경우로서 중심선이 종전 도로의 범위를 벗어나지 않는 경우로 한정
　② 지형사정으로 인한 기반시설의 근소한 위치변경 또는 비탈면 등으로 인한 시설부지의 불가피한 변경인 경우

3. 건축물의 배치·형태·색채 또는 높이의 변경인 경우

4. 그 밖에 특별시·광역시·특별자치시·특별자치도·시 또는 군의 도시·군계획조례로 정하는 경미한 변경인 경우

(6) 성장관리계획의 수립 또는 변경 고시는 해당 특별시·광역시·특별자치시·특별자치도·시 또는 군의 공보와 인터넷 홈페이지에 다음 사항을 게재하는 방법으로 한다.

1. 성장관리계획의 수립 또는 변경 목적

2. 성장관리계획의 수립 또는 변경 내용

(7) 성장관리계획의 타당성 재검토 및 정비
　① 특별시장·광역시장·특별자치시장·특별자치도지사·시장 또는 군수는 5년마다 관할 구역 내 수립된 성장관리계획에 대하여그 타당성 여부를 전반적으로 재검토하여 정비하여야 한다.
　② 재검토시에 다음 사항을 포함하여 검토한 후 그 결과를 성장관리계획 입안에 반영해야 한다.

> 1. 개발수요의 주변지역으로의 확산 방지 등을 고려한 성장관리계획구역의 면적 또는 경계의 적정성
>
> 2. 성장관리계획이 난개발의 방지 및 체계적인 관리 등 성장관리계획구역의 지정목적을 충분히 달성하고 있는지 여부
>
> 3. 성장관리계획구역의 지정목적을 달성하는 수준을 초과하여 건축물의 용도를 제한하는 등 토지소유자의 토지이용을 과도하게 제한하고 있는지 여부
>
> 4. 향후 예상되는 여건변화

(7) 그 밖에 성장관리계획의 수립기준 및 절차 등에 관하여 필요한 사항은 대통령령으로 정한다.

【3】 성장관리계획구역에서의 개발행위 등

(1) 성장관리계획구역에서 개발행위 또는 건축물의 용도변경을 하려면 그 성장관리계획에 맞게 하여야 한다.

(2) 성장관리계획구역 지정·변경의 기준 및 절차, 성장관리계획 수립·변경의 기준 및 절차 등에 관한 세부적인 사항은 국토교통부장관이 정하여 고시한다.

6

용도지역 등에서의 행위제한

---

1 용도지역 및 용도지구안에서의 건축물의 건축제한 등 $\left(\begin{smallmatrix}법\\제76조\end{smallmatrix}\right)$

용도지역에서의 건축물, 그 밖의 시설의 용도·종류 및 규모 등의 제한에 관한 사항은 다음과 같다.

■ 용도지역 · 용도지구 안에서의 행위제한의 원칙

(1) 용도지구안에서의 건축물 그 밖의 시설의 용도·종류 및 규모 등의 제한에 관한 사항은 이 법 또는 다른 법률에 특별한 규정이 있는 경우를 제외하고는 특별시·광역시·특별자치시·특별자치도·시 또는 군의 조례로 정할 수 있다.

(2) 건축물이나 그 밖의 시설의 용도·종류 및 규모 등의 제한은 해당 용도지역 및 용도지구의 지정 목적에 적합하여야 한다.

(3) 건축물이나 그 밖의 시설의 용도·종류 및 규모 등을 변경하는 경우 변경후의 건축물 그 밖의 시설의 용도·종류 및 규모 등은 용도지역·용도지구의 건축제한에 적합하여야 한다.

(4) 다음에 해당하는 경우의 건축물이나 그 밖의 시설의 용도·종류 및 규모 등의 제한에 관하여는 위 (1)~(3) 까지의 규정에도 불구하고 다음 각각에서 정하는 바에 따른다.

대상 지구, 지역 등 등 〈시행 2024.5.17〉	근거 법령 〈시행 2024.5.17〉
1. 취락지구	취락지구의 지정목적 범위에서 시행령 [별표23]
2. 개발진흥지구	개발진흥지구의 지정목적 범위에서 대통령령
3. 복합용도지구	복합용도지구의 지정목적 범위에서 대통령령
4. 농공단지	「산업입지 및 개발에 관한 법률」
5. 농림지역 중 농업진흥지역	「농지법」
6. 보전산지	「산지관리법」
7. 초지	「초지법」
8. 자연환경보전지역 중 「자연공원법」에 따른 공원구역	「자연공원법」
9. 상수원보호구역	「수도법」
10. 지정문화재와 그 보호구역 (→지정문화유산과 그 보호구역)	「문화재보호법」 (→「문화 유산의 보존 및 활용에 관한 법률」)
11. 천연기념물(→천연기념물등)과 그 보호구역	「자연유산의 보존 및 활용에 관한 법률」
12. 해양보호구역	「해양생태계의 보전 및 관리에 관한 법률」
13. 자연환경보전지역 중 수산자원보호구역	「수산자원관리법」

(5) 보전관리지역이나 생산관리지역에 대하여 농림축산식품부장관·해양수산부·환경부장관 또는 산림청장이 농지 보전, 자연환경 보전, 해양환경 보전 또는 산림 보전에 필요하다고 인정하는 경우「농지법」,「자연환경보전법」,「야생생물 보호 및 관리에 관한 법률」,「해양생태계의 보전 및 관리에 관한법률」또는「산림자원의 조성 및 관리에 관한 법률」에 따라 건축물이나 그 밖의 시설의 용도·종류 및 규모 등을 제한할 수 있다. 이 경우 이 법에 따른 제한의 취지와 형평을 이루도록 해야 한다.

① 용도지역안에서의 건축물의 건축제한 (영 제71조)

【1】전용주거지역안에서 건축할 수 있는 건축물 (별표2, 영 별표3)

구 분	제1종 전용주거지역	제2종 전용주거지역
1. 건축할 수 있는 건축물의 종류	가. 단독주택(다가구주택 제외) 나. 제1종 근린생활시설 중 가목~바목 및 사목(공중화장실, 대피소, 그 밖에 이와 비슷한 것 및 지역아동센터는 제외)의 해당 용도에 쓰이는 바닥면적의 합계가 1,000㎡ 미만인 것	가. 단독주택 나. 공동주택 다. 제1종 근린생활시설 (해당 용도에 쓰이는 바닥면적의 합계가 1,000㎡ 미만인 것)
2. 도시·군계획조례가 정하는 바에 의하여 건축할 수 있는 건축물의 종류	가. 다가구주택 나. 연립주택 및 다세대주택 다. 제1종 근린생활시설 중 사목(공중화장실·대피소, 그 밖에 이와 비슷한 것 및 지역아동센터만 해당한다) 및 아목의 해당 용도에 쓰이는 바닥면적의 합계가 1,000㎡ 미만인 것 라. 종교집회장(2종 근린생활시설) 마. 문화 및 집회시설 중 전시장[박물관·미술관, 체험관(한옥으로 건축하는 것만 해당함) 및 기념관에 한정함]에 해당하는 것(해당용도에 쓰이는 바닥면적합계가 1,000㎡ 미만인 것 바. 종교시설에 해당하는 것으로서 그 용도에 쓰이는 바닥면적의 합계가 1,000㎡ 미만인 것 사. 교육연구시설 중 초등학교·중학교 및 고등학교 아. 노유자시설 자. 자동차관련시설 중 주차장	※ 제1종 전용주거지역의 기준 라, 마, 바, 사, 아, 자와 동일함.

■ 표 내용 중 시설구분은「건축법시행령」[별표1]에 따름 (「건축법」해설 제1장 **2**-③ 참조)

【2】 일반주거지역안에서 건축할 수 있는 건축물(별표4 ~ 별표6)

구 분	제1종 일반주거지역	제2종 일반주거지역	제3종 일반주거지역
1. 건축할 수 있는 건축물의 종류	4층 이하의 건축물(「주택법 시행령」에 따른 단지형 연립주택 및 단지형 다세대주택인 경우에는 5층 이하를 말하며, 단지형 연립주택의 1층 전부를 필로티 구조로 하여 주차장으로 사용하는 경우에는 필로티 부분을 층수에서 제외하고, 단지형 다세대주택의 1층 바닥면적의 1/2 이상을 필로티 구조로 하여 주차장으로 사용하고 나머지 부분을 주택 외의 용도로 쓰는 경우에는 해당 층을 층수에서 제외한다)만 해당 〔예외〕 4층 이하의 범위에서 도시·군계획조례로 따로 층수를 정하는 경우 그 층수 이하의 건축물만 해당 가. 단독주택 나. 공동주택(아파트 제외) 다. 제1종 근린생활시설 라. 교육연구시설 중 유치원·초등학교·중학교·고등학교 마. 노유자시설	(경관관리 등을 위하여 도시·군계획조례로 건축물의 층수를 제한하는 경우에는 그 층수 이하의 건축물로 한정한다) 가. 단독주택 나. 공동주택 다. 제1종 근린생활시설 라. 종교시설 마. 교육연구시설 중 유치원·초등학교·중학교 및 고등학교 바. 노유자시설	(층수 제한 없음) ※ 제2종 일반주거지역과 동일
2. 도시·군계획조례가 정하는 바에 의하여 건축할 수 있는 건축물의 종류	4층 이하의 건축물에 한한다. 〔예외〕 4층 이하의 범위안에서 도시·군계획조례로 따로 층수를 정하는 경우에는 그 층수 이하의 건축물에 한한다. 가. 제2종 근린생활시설(단란주점 및 안마시술소 제외) 나. 문화 및 집회시설(공연장 및 관람장 제외) 다. 종교시설 라. 판매시설 중 소매시장과 상점(일반게임제공업의 시설은 제외함)에 해당하는 것으로서 해당 용도에 쓰이는 바닥면적의 합계가 2,000㎡ 미만(너비 15m 이상의 도로로서 도시·군계획조례가 정하는 너비의 도로에 접한 대지에 건축하는 것에 한함)과 기존의 도매시장 또는 소매시장을 재건축하는 경우로서 인근의 주거환경에 미치는 영향, 시장의 기능회복 등을 고려하여 도시·군계획조례가 정하는 경우에는 해당 용도에 쓰이는 바닥면적의 합계의 4배 이하 또는 대지면적의 2배 이하인 것 마. 의료시설(격리병원제외) 바. 교육연구시설(유치원·초등학교·중학교·고등학교 제외) 사. 수련시설(유스호스텔의 경우 특별시 및 광역시 지역에서는 너비 15m 이상	(경관관리 등을 위하여 도시·군계획조례로 건축물의 층수를 제한하는 경우에는 그 층수 이하의 건축물로 한정) 가. 좌측 '가.'와 동일 나. 문화 및 집회시설 (관람장 제외) 다. 좌측 '라.'와 동일 라. 좌측 '마.'와 동일 마. 좌측 '바.'와 동일 바. 좌측 '사.'와 동일	(층수 제한 없음) ※ 제2종 일반주거지역과 동일함

의 도로에 20m 이상 접한 대지에 건축하는 것에 한하며, 기타 지역에서는 너비 12m 이상의 도로에 접한 대지에 건축하는 것에 한한다)		
아. 운동시설(옥외 철탑이 설치된 골프 연습장 제외)	사. 운동시설(전체)	
자. 업무시설 중 오피스텔로서 해당용도에 쓰이는 바닥면적의 합계가 3,000㎡ 미만인 것	아. 업무시설 중 오피스텔·금융업소·사무소 및 국가지방자치단체청사와 외국공관의 건축물로서 해당용도의 바닥면적의 합계가 3,000㎡ 미만인 것	아. 업무시설로서 그 용도의 바닥 면적의 합계가 3,000㎡ 이하인 것
차. 공장 중 인쇄업, 기록매체복제업,봉제업(의류편조업 포함), 컴퓨터 및 주변기기제조업, 컴퓨터 관련 전자제품조립업, 두부제조업, 세탁업의 공장 및 지식산업센터로서 다음에 해당하지 아니하는 것	자. 공장(전체)	
(1) 「대기환경보전법」 제2조제9호에 따른 특정대기유해물질이 같은 법 시행령 제11조제1항제1호에 따른 기준 이상으로 배출되는 것		
(2) 「대기환경보전법」 제2조제9호에 따른 대기오염물질배출시설에 해당하는 시설로서 같은 법 시행령 별표 8에 따른 1종사업장 부터 4종사업장에 해당하는 것		※ 제2종 일반주거지역과 동일함
(3) 「물환경보전법」 제2조제8호에 따른 특정수질유해물질이 같은 법 시령 제31조제1항제1호에 따른 기준 이상으로 배출되는 것.		
(4) 「물환경보전법」 제2조제5호에 따른 폐수배출시설에 해당하는 시설로서 같은 법시행령 별표 1에 따른 1종사업장부터 4종사업장까지에 해당하는 것		−
(5) 「폐기물관리법」 제2조제4호에 따른 지정폐기물을 배출하는 것		
(6) 「소음·진동관리법」 제8조에 따른 배출허용기준의 2배 이상인 것		
카. 다음 요건 모두 갖춘 공장(떡 제조업, 빵 제조업)		
(1) 바닥면적합계 1,000㎡ 미만		
(2) 악취방지에 필요한 조치할 것		
(3) 차목의 (1)-(6) 중 어느하나에 해당하지 않을 것		
(4) 허가권자가 지방도시계획위원회의 심의를 거쳐 인근 주거환경 등에 적다고 인정하였을 것	차. 창고시설	
타. 창고시설	카. 좌측 '파.'와 동일	
파 위험물저장 및 처리시설(주유소·석유판매소 및 액화가스판매소, 도로류판매소) 「대기환경보전법」 에 따른 무공해·저공해자동차의 연료공급시설	타. 자동차관련 시설 중 「여객자동차운수사업법」 등에 따른 차고 및 주기장과 주차장 및 세차장	

과 시내버스차고지에 설치하는 액화석유가스충전소 및 고압가스충전·저장소) 하. 자동차관련시설 중 주차장 및 세차장 거. 동물 및 식물관련시설 중 화초 및 분재 등의 온실 너. 교정시설 더. 국방·군사시설 러. 방송통신시설 머. 발전시설 버. 야영장 시설	파. 동물 및 식물관련시설 중 작물재배사, 종묘배양시설, 화초 및 분재 등의 온실 및 식물과 관련된 이와 유사한 시설(동·식물원 제외) 하. 교정시설 거. 국방·군사시설 너. 방송통신시설 더. 발전시설 러. 야영장 시설

■ 표 내용 중 시설구분은 「건축법 시행령」 [별표 1]에 따름

【3】 준주거지역안에서 건축할 수 없는 건축물(영
별표7)

구 분	내 용
1. 건축할 수 없는 건축물의 종류	가. 제2종 근린생활시설 중 단란주점 나. 판매시설 중 상점의 일반게임제공업의 시설 다. 의료시설 중 격리병원 라. 숙박시설(생활숙박시설로서 공원·녹지 또는 지형지물에 따라 주택 밀집지역과 차단되거나 주택 밀집지역으로부터 도시·군계획조례로 정하는 거리(건축물의 각 부분을 기준으로 한다) 밖에 건축하는 것은 제외) 마. 위락시설 바. 공장으로서 별표 4 제2호 차목 (1)~(6)까지의 어느 하나에 해당하는 것 사. 위험물 저장 및 처리 시설 중 시내버스차고지 외의 지역에 설치하는 액화석유가스 충전소 및 고압가스 충전소·저장소(「환경친화적 자동차의 개발 및 보급 촉진에 관한 법률」 제2조제9호의 수소연료공급시설은 제외한다) 아. 자동차 관련 시설 중 폐차장 자. 동물 및 식물 관련 시설 중 축사·도축장·도계장 및 이와 비슷한 시설 차. 자원순환 관련 시설　　카. 묘지 관련 시설
2. 지역 여건 등을 고려하여 도시·군계획조례로 정하는 바에 따라 건축할 수 없는 건축물	가. 제2종 근린생활시설 중 안마시술소 나. 문화 및 집회시설(공연장 및 전시장은 제외) 다. 판매시설 라. 운수시설 마. 숙박시설 중 생활숙박시설(공원·녹지 또는 지형지물에 의하여 주택 밀집지역과 차단되거나 주택 밀집지역으로부터 도시·군계획조례로 정하는 거리(건축물의 각 부분을 기준으로 한다) 밖에 건축하는 것) 바. 공장(제1호마목에 해당하는 것 제외) 사. 창고시설 아. 위험물 저장 및 처리 시설(제1호바목에 해당하는 것 제외) 자. 자동차 관련 시설(제1호사목에 해당하는 것 제외) 차. 동물 및 식물 관련 시설(제1호아목에 해당하는 것 제외) 카. 교정시설 타. 국방·군사시설 파. 발전시설　　하. 관광 휴게시설　　거. 장례시설

■ 표 내용 중 시설구분은 「건축법 시행령」 [별표 1]에 따름

【4】 상업지역안에서 건축할 수 없는 건축물$\left(\substack{\text{영} \\ \text{별표8~9}}\right)$

구 분	중심상업지역	일반상업지역
1. 건축할 수 없는 건축물의 종류	가. 단독주택(다른 용도와 복합된 것은 제외) 나. 공동주택[공동주택과 주거용 외의 용도가 복합된 건축물(다수의 건축물이 일체적으로 연결된 하나의 건축물을 포함한다)로서 공동주택 부분의 면적이 연면적의 합계의 90%(도시·군계획조례로 90% 미만의 범위에서 별도로 비율을 정한 경우에는 그 비율) 미만인 것은 제외] 다. 숙박시설 중 일반숙박시설 및 생활숙박시설. 예외 다음의 일반숙박시설 또는 생활숙박시설은 제외한다. 　(1) 공원·녹지 또는 지형지물에 따라 주거지역과 차단되거나 주거지역으로부터 도시·군계획조례로 정하는 거리(건축물의 각 부분을 기준으로 한다) 밖에 건축하는 일반숙박시설 　(2) 공원·녹지 또는 지형지물에 따라 준주거지역 내 주택 밀집지역, 전용주거지역 또는 일반주거지역과 차단되거나 준주거지역 내 주택 밀집지역, 전용주거지역 또는 일반주거지역으로부터 도시·군계획조례로 정하는 거리(건축물의 각 부분을 기준으로 한다) 밖에 건축하는 생활숙박시설 라. 위락시설(공원·녹지 또는 지형지물에 따라 주거지역과 차단되거나 주거지역으로부터 도시·군계획조례로 정하는 거리 밖에 있는 대지에 건축하는 것 제외) 마. 공장(제2호 바목에 해당하는 것 제외) 바. 위험물 저장 및 처리 시설 중 시내버스차고지 외의 지역에 설치하는 액화석유가스 충전소 및 고압가스충전소·저장소(「환경친화적 자동차의 개발 및 보급 촉진에 관한 법률」 제2조제9호의 수소 연료공급시설은 제외한다) 사. 자동차 관련 시설 중 폐차장 아. 동물 및 식물 관련 시설 자. 자원순환 관련 시설 차. 묘지 관련 시설	가. 숙박시설 중 일반숙박시설 및 생활숙박시설 예외 다음의 일반숙박시설 또는 생활숙박시설은 제외 　(1) 공원·녹지 또는 지형지물에 따라 주거지역과 차단되거나 주거지역으로부터 도시·군계획조례로 정하는 거리(건축물의 각 부분을 기준으로 한다) 밖에 건축하는 일반숙박시설 　(2) 공원·녹지 또는 지형지물에 따라 준주거지역 내 주택 밀집지역, 전용주거지역 또는 일반주거지역과 차단되거나 준주거지역 내 주택 밀집지역, 전용주거지역 또는 일반주거지역으로부터 도시·군계획조례로 정하는 거리(건축물의 각 부분을 기준으로 한다) 밖에 건축하는 생활숙박시설 나. 위락시설(공원·녹지 또는 지형지물에 따라 주거지역과 차단되거나 주거지역으로부터 도시·군계획조례로 정하는 거리(건축물의 각 부분을 기준으로 한다) 밖에 건축하는 것은 제외} 다. 공장으로서 별표 4 제2호차목 (1)~(6)까지의 어느 하나에 해당하는 것 라. 위험물 저장 및 처리 시설 중 시내버스차고지 외의 지역에 설치하는 액화석유가스 충전소 및 고압가스 충전소·저장소 (「환경친화적 자동차의 개발 및 보급 촉진에 관한 법률」 제2조제9호의 수소 연료공급시설은 제외한다) 마. 자동차 관련 시설 중 폐차장 바. 동물 및 식물 관련 시설 중 같은 호 가목 ~라목에 해당하는 것 사. 자원순환 관련 시설 아. 묘지 관련 시설
2. 지역여건 등을 고려	가. 단독주택 중 다른 용도와 복합된 것 나. 공동주택(제1호나목에 해당하는 것은 제외)	가. 단독주택 나. 공동주택[공동주택과 주거용 외의 용도가 복합된 건축물(다수의 건축물이 일체적으로 연결된

| 하여 도시·군계획조례로 정하는 바에 따라 건축할 수 없는 건축물 | 다. 의료시설 중 격리병원
라. 교육연구시설 중 학교
마. 수련시설
바. 공장 중 출판업·인쇄업·금은세공업 및 기록매체복제업의 공장으로서 별표 4 제2호 차목 (1)~(6)의 어느 하나에 해당하지 않는 것
사. 창고시설
아. 위험물 저장 및 처리시설(제1호 바목에 해당하는 것 제외)
자. 자동차 관련 시설 중 같은 호 나목 및 라목~아목까지에 해당하는 것
차. 교정시설
카. 관광 휴게시설   타. 장례시설
파. 야영장 시설 | 하나의 건축물을 포함)로서 공동주택 부분의 면적이 연면적의 합계의 90%(도시·군계획조례로 90% 미만의 비율을 정한 경우 그 비율) 미만인 것 제외]
다. 수련시설(야영장시설 포함)
라. 공장(제1호 다목에 해당하는 것 제외)
마. 위험물 저장 및 처리 시설(제1호 라목에 해당하는 것 제외)
바. 자동차 관련 시설 중 같은 호 라목~아목에 해당하는 것
사. 동물 및 식물 관련 시설(제1호바목에 해당하는 것 제외)
아. 교정시설 |

■ 상업지역안에서 건축할 수 없는 건축물(별표$\frac{영}{10}$~11)

구 분	근린상업지역	유통상업지역
1. 건축할 수 없는 건축물의 종류	가. 의료시설 중 격리병원 나. 숙박시설 중 일반숙박시설 및 생활숙박시설. 예외 다음의 일반숙박시설 또는 생활숙박시설은 제외한다. (1) 공원·녹지 또는 지형지물에 따라 주거지역과 차단되거나 주거지역으로부터 도시·군계획조례로 정하는 거리(건축물의 각 부분을 기준으로 한다) 밖에 건축하는 일반숙박 시설 (2) 공원·녹지 또는 지형지물에 따라 준주거지역 내 주택 밀집지역, 전용주거지역 또는 일반주거지역과 차단되거나 준주거지역 내 주택 밀집지역, 전용주거지역 또는 일반주거지역으로부터 도시·군계획조례로 정하는 거리(건축물의 각 부분을 기준으로 한다) 밖에 건축하는 생활숙박시설 다. 위락시설(공원·녹지 또는 지형지물에 따라 주거지역과 차단되거나 주거지역으로부터 도시·군계획조례로 정하는 거리 밖에 있는 대지에 건축하는 것은 제외) 라. 공장으로서 별표 4 제2호 차목 (1)~(6)의 어느 하나에 해당하는 것 마. 위험물 저장 및 처리 시설 중 시내버스차고지 외의 지역에 설치하는 액화석유가스 충전소 및 고압가스 충전소·저장소(「환경친화적 자동차의 개발 및 보급 촉진에 관한 법률」의 수소연료공급시설은 제외한다) 바. 자동차 관련 시설 중 같은 호 다목~사목에 해당하는 것	가. 단독주택 나. 공동주택 다. 의료시설 라. 숙박시설 중 일반숙박시설 및 생활숙박시설. 예외 다음의 일반숙박시설 또는 생활숙박시설은 제외한다. (1) 공원·녹지 또는 지형지물에 따라 주거지역과 차단되거나 주거지역으로부터 도시·군계획조례로 정하는 거리(건축물의 각 부분을 기준으로 한다) 밖에 건축하는 일반숙박시설 (2) 공원·녹지 또는 지형지물에 따라 준주거지역 내 주택 밀집지역, 전용주거지역 또는 일반주거지역과 차단되거나 준주거지역 내 주택 밀집지역, 전용주거지역 또는 일반주거지역으로부터 도시·군계획조례로 정하는 거리(건축물의 각 부분을 기준으로 한다) 밖에 건축하는 생활숙박시설 마. 위락시설(공원·녹지 또는 지형지물에 따라 주거지역과 차단되거나 주거지역으로부터 도시·군계획조례로 정하는 거리 밖에 있는 대지에 건축하는 것은 제외) 바. 공장 사. 위험물 저장 및 처리 시설 중 시내버스차고지 외의 지역에 설치하는 액화석유가스 충전소 및 고압가스 충전소·저장소(「환경친화적 자동차의 개발 및 보급 촉진에 관한 법률」의 수소연료공급시설은 제외한다) 아. 동물 및 식물 관련 시설

	사. 동물 및 식물 관련 시설 중 같은 호 가목~라목에 해당하는 것 아. 자원순환 관련 시설 자. 묘지 관련 시설	자. 자원순환 관련 시설 차. 묘지 관련 시설
2. 지역 여건 등을 고려하여 도시·군계획조례로 정하는 바에 따라 건축할 수 없는 건축물	가. 공동주택[공동주택과 주거용 외의 용도가 복합된 건축물(다수의 건축물이 일체적으로 연결된 하나의 건축물을 포함한다)로서 공동주택 부분의 면적이 연면적의 합계의 90%(도시·군계획조례로 90% 미만의 범위에서 별도로 비율을 정한 경우에는 그 비율) 미만인 것은 제외] 나. 문화 및 집회시설(공연장 및 전시장은 제외) 다. 판매시설로서 그 용도에 쓰이는 바닥면적의 합계가 3천제곱미터 이상인 것 라. 운수시설로서 그 용도에 쓰이는 바닥면적의 합계가 3천제곱미터 이상인 것 마. 위락시설(제1호다목에 해당하는 것은 제외) 바. 공장(제1호라목에 해당하는 것은 제외) 사. 창고시설 아. 위험물 저장 및 처리 시설(제1호마목에 해당하는 것은 제외) 자. 자동차 관련 시설 중 같은 호 아목에 해당하는 것 차. 동물 및 식물 관련 시설(제1호사목에 해당하는 것은 제외) 카. 교정시설 타. 국방·군사시설 파. 발전시설 하. 관광 휴게시설	가. 제2종 근린생활시설 나. 문화 및 집회시설(공연장 및 전시장은 제외) 다. 종교시설 라. 교육연구시설 마. 노유자시설 바. 수련시설 사. 운동시설 아. 숙박시설(제1호라목에 해당하는 것은 제외) 자. 위락시설(제1호마목에 해당하는 것은 제외) 차. 위험물 저장 및 처리시설(제1호사목에 해당하는 것은 제외) 카. 자동차 관련 시설(주차장 및 세차장은 제외) 타. 교정시설 파. 국방·군사시설 하. 방송 통신시설 거. 발전시설 너. 관광 휴게시설 더. 장례시설 러. 야영장시설

■ 표 내용 중 시설구분은 「건축법 시행령」 [별표 1]에 따름

【5】 전용 및 일반공업지역안에서 건축할 수 있는 건축물$\left(\begin{smallmatrix}영\\별표12~13\end{smallmatrix}\right)$

구 분	전용공업지역	일반공업지역
1. 건축할 수 있는 건축물의 종류	가. 제1종 근린생활시설 나. 제2종 근린생활시설[같은 호 아목·자목·타목(기원만 해당한다)·더목 및 러목은 제외한다] 다. 공장 라. 창고시설 마. 위험물저장 및 처리시설 바. 자동차관련시설 사. 자원순환 관련 시설 아. 발전시설	가. 제1종 근린생활시설 나. 제2종 근린생활시설(단란주점 및 안마시술소 제외한다) 다. 판매시설(해당 일반공업지역에 소재하는 공장에서 생산되는 제품을 판매하는 시설에 한한다) 라. 운수시설 마. 공장 바. 창고시설 사. 위험물저장 및 처리시설 아. 자동차관련시설 자. 자원순환 관련 시설 차. 발전시설

| 2. 도시·군계획조례가 정하는 바에 의하여 건축할 수 있는 건축물의 종류 | 가. 공동주택 중 기숙사
나. 제2종 근린생활시설 중 같은 호 아목·자목·타목(기원만 해당한다) 및 러목에 해당하는 것
다. 문화집회시설 중 산업전시장 및 박람회장
라. 판매시설(해당 전용공업지역에 소재하는 공장에서 생산되는 제품을 판매하는 경우에 한한다)
마. 운수시설
바. 의료시설
사. 교육연구시설 중 직업훈련소(「근로자직업능력개발법」에 따른 직업능력개발훈련시설과 그 밖에 직업능력개발훈련법인이 직업능력개발훈련을 실시하기 위하여 설치한 시설에 한한다), 학원(기술계학원에 한한다) 및 연구소(공업에 관련된 연구소,「고등교육법」에 따른 기술대학에 부설되는 것과 공장대지안에 부설되는 것에 한한다)
아. 노유자시설
자. 교정시설
차. 국방·군사시설　　카. 방송통신시설 | 가. 단독주택
나. 공동주택 중 기숙사
다. 제2종 근린생활시설 중 안마시술소
라. 문화 및 집회시설 중 전시장(박물관·미술관·과학관·기념관·산업전시장·박람회장)에 해당하는 것
마. 종교시설
바. 의료시설
사. 교육연구시설
아. 노유자시설
자. 수련시설
차. 업무시설(일반업무시설로서 「산업집적활성화 및 공장설립에 관한 법률」에 따른 지식산업센터에 입주하는 지원시설에 한정한다)
카. 동물 및 식물관련시설
타. 교정시설
파. 국방·군사시설
하. 방송통신시설
거. 장례시설
너. 야영장시설 |

■ 표 내용 중 시설구분은 「건축법 시행령」 [별표 1]에 따름 (「건축법」 해설 제1장 **2**-③ 참조)

【6】 준공업지역안에서 건축할 수 없는 건축물(영 별표14)

구　분	내　　　　　용
1. 건축할 수 없는 건축물의 종류	가. 위락시설 나. 묘지 관련 시설
2. 지역 여건 등을 고려하여 도시·군계획조례로 정하는 바에 따라 건축할 수 없는 건축물	가. 단독주택 나. 공동주택(기숙사는 제외) 다. 제2종 근린생활시설 중 단란주점 및 안마시술소 라. 문화 및 집회시설(공연장 및 전시장은 제외) 마. 종교시설 바. 판매시설(해당 준공업지역에 소재하는 공장에서 생산되는 제품을 판매하는 시설은 제외) 사. 운동시설 아. 숙박시설 자. 공장으로서 해당 용도에 쓰이는 바닥면적의 합계가 5천제곱미터 이상인 것 차. 동물 및 식물 관련 시설 카. 교정 및 군사 시설 타. 관광 휴게시설

【7】 녹지지역안에서 건축할 수 있는 건축물 (별표15~별표17)

4층 이하의 건축물에 한한다. 예외 4층 이하의 범위 안에서 도시·군계획조례로 따로 층수를 정하는 경우 그 층수 이하의 건축물에 한함.

구 분	보전녹지지역	생산녹지지역	자연녹지지역
1. 건축할 수 있는 건축물의 종류	가. 교육연구시설 중 초등학교 나. 창고시설(농업·임업·축산업·수산업용에 한한다) 다. 교정 및 군사시설	가. 단독주택 나. 제1종 근린생활시설 다. 교육연구시설 중 초등학교 라. 노유자시설 마. 수련시설 바. 운동시설 중 운동장 사. 창고시설(농업·임업·축산업·수산업용에 한한다) 아. 위험물저장 및 처리시설 중 액화석유가스충전소 및 고압가스충전·저장소 자. 동물 및 식물 관련시설(같은 호 다목 및 라목에 따른 시설과 같은 호 아목에 따른 시설 중 동물과 관련된 다목 및 라목에 따른 시설과 비슷한것은 제외한다) 차. 교정시설 카. 국방·군사시설 타. 방송통신시설 파. 발전시설 하. 야영장시설	가. 단독주택 나. 제1종 근린생활시설 다. 제2종 근린생활시설[같은 호 아목, 자목, 더목 및 러목(안마시술소만 해당한다)은 제외한다] 라. 의료시설(종합병원·병원·치과병원 및 한방병원 제외) 마. 교육연구시설(직업훈련소 및 학원 제외) 바. 노유자시설 사. 수련시설 아. 운동시설 자. 창고시설(농업·임업·축산업·수산업용에 한함) 차. 동물 및 식물관련시설 카. 자원순환 관련 시설 타. 교정시설 파. 국방·군사시설 하. 방송통신시설 거. 발전시설 너. 묘지관련시설 더. 관광휴게시설 러. 장례식장 머. 야영장시설
2. 도시·군계획 조례가 정하는 바에 의하여 건축할 수 있는 건축물의 종류	가. 단독주택(다가구 제외) 나. 제2종 근린생활시설(해당용도에 쓰이는 바닥면적의 합계가 500㎡ 미만인 것) 다. 제2종 근린생활시설 중 종교집회장 라. 문화 및 집회시설중 전시장에 해당하는 것 마. 종교시설 바. 의료시설 사. 교육연구시설 중 중학교 및 고등학교 아. 노유자시설 자. 위험물저장 및 처리시설중 액화석유가스충전소 및 고압가스충전·저장소	가. 공동주택(아파트를 제외한다) 나. 제2종 근린생활시설로서 해당용도로 쓰이는 바닥면적의 합계가 1,000㎡ 미만인 것(단란주점을 제외한다) 다. 문화 및 집회시설 중 집회장 및 전시장(박물관·미술관·과학관·기념관·산업전시장·박람회장)에 해당하는 것 라. 판매 및 영업시설(농·임·축·수산업용 판매시설에 한한다) 마. 의료시설 바. 교육연구시설 중 중학교 및 고등학교와 교육원(농·임·축·수산업과 관련된 교	가. 공동주택(아파트를 제외한다) 나. 제4호아목·자목 및 러목(안마시술소만 해당한다)에 따른 제2종 근린생활시설 다. 문화 및 집회시설 라. 종교시설 마. 판매시설 중 다음에 해당하는 것 (1) 「농수산물유통 및 가격안정에 관한 법률」 제2조에 따른 농수산물공판장 (2) 「농수산물유통 및 가격안정에 관한 법률」에 따른 농수산물직판장으로서 바닥면적의 합계가 10,000㎡ 미만인 것에 한한다(「농어업·농어촌 및 식품산업 기본법」에 따른 농업인·어업인 및 생산자단체, 후계농어업경영인, 전업농

차. 동물 및 식물관련시설(도축장, 도계장 제외) 카. 하수 등 처리시설(「하수도법」에 따른 공공하수처리시설만 해당함) 타. 묘지관련시설 파. 장례시설 하. 야영장 시설	육시설에 한한다) 및 직업훈련소 사. 운동시설(운동장 제외) 아. 공장 중 도정공장·식품공장·제1차산업 생산품 가공공장 및 첨단업종의 공장[1] 자. 창고시설(농업·임업·축산업·수산업용을 제외한다) 차. 위험물저장 및 처리시설(액화석유가스충전소 및 고압가스충전·저장소를 제외한다) 카. 자동차관련시설 중 같은 호 사목 및 아목에 해당하는 것 타. 동물 및 식물 관련시설 중 다목 및 라목에 따른 시설과 같은 호 아목에 따른 시설 중 동물과 관련된 다목 및 라목에 따른 시설과 비슷한 것 파. 자원순환 관련 시설 하. 묘지관련시설 거. 장례시설	어업인 또는 지방자치단체가 설치·운영하는 것에 한한다) (3) 지식경제부장관이 관계중앙행정기관의 장과 협의하여 고시하는 대형할인점 및 중소기업공동판매시설 바. 의료시설 중 종합병원·병원·치과병원 및 한방병원 사. 교육연구시설 중 직업훈련소 및 학원 아. 숙박시설(「관광진흥법」에 의하여 지정된 관광지 및 관광단지에 건축하는 것) 자. 공장 중[1] 첨단업종의 공장, 지식산업센터·도정공장 및 식품공장과 읍·면지역에 건축하는 제재업의 공장 및 공익사업 및 도시개발사업으로 인하여 동일한 특별시·광역시·시 및 군 지역 내에서 이전하는 레미콘 또는 아스콘 공장 차. 창고시설(농업·임업·축산업·수산업용을 제외한다) 카. 위험물저장 및 처리시설 타. 자동차관련시설

■ 표 내용 중 시설구분은 「건축법 시행령」 [별표 1]에 따름

1) 첨단업종의 공장 중 다음에 해당하지 않는 것

  (1) 「대기환경보전법」 제2조제9호에 따른 특정대기유해물질이 같은 법 시행령 제11조제1항제1호에 따른 기준 이상으로 배출되는 것

  (2) 「대기환경보전법」 제2조제11호에 따른 대기오염물질배출시설에 해당하는 시설로서 같은 법시행령 별표 8에 따른 1종사업장부터 4종사업장까지에 해당하는 것

  (3) 「물환경보전법」 제2조제8호에 따른 특정수질유해물질이 같은 법 시행령 제31조제1항제1호에 따른 기준 이상으로 배출되는 것.

  (4) 「물환경보전법」 제2조제10호에 따른 폐수배출시설에 해당하는 시설로서 같은 법시행령 별표 8에 따른 1종사업장부터 4종사업장까지에 해당하는 것

  (5) 「폐기물관리법」 제2조제4호에 따른 지정폐기물을 배출하는 것

【8】 보전 및 생산관리지역 안에서 건축할 수 있는 건축물 [별표18]~[별표19]

구 분	보전관리지역	생산관리지역
1. 건축할 수 있는 건축물의 종류	가. 단독주택 나. 교육연구시설 중 초등학교 다. 교정시설 라. 국방·군사시설	가. 단독주택 나. 제3호가목, 사목(공중화장실, 대피소, 그 밖에 이와 비슷한 것만 해당한다) 및 아목에 따른 제1종 근린생활시설 다. 교육연구시설 중 초등학교 라. 운동시설 중 운동장 마. 창고시설(농업·임업·축산업·수산업용에 한한다) 바. 동물 및 식물 관련시설 중 마목부터 사목까지의 규정에 따른 시설 및 같은 호 아목에 따른 시설 중 식물과 관련된 마목부터 사목까지의 규정에 따른 시설과 비슷한 것 사. 교정시설 아. 국방·군사시설 자. 발전시설
2. 도시·군계획조례가 정하는 바에 의하여 건축할 수 있는 건축물의 종류	가. 제1종 근린생활시설(휴게음식점을 제외한다) 나. 제2종 근린생활시설(같은 호 아목, 자목, 너목 및 더목은 제외한다) 다. 종교시설 중 종교집회장 라. 의료시설 마. 교육연구시설 중 중학교·고등학교 바. 노유자시설 사. 창고시설(농업·임업·축산업·수산업용에 한한다) 아. 위험물저장 및 처리 시설 자. 동물 및 식물관련시설 중 같은 호 가목 및 마목 부터 아목까지에 해당하는 것 차. 하수 등 처리시설(「하수도법」에 따른 공공하수처리시설만 해당함) 카. 방송통신시설 타. 발전시설 파. 묘지관련시설 하. 장례시설 거. 야영장 시설	가. 공동주택(아파트를 제외한다) 나. 제1종 근린생활시설[같은 호 가목, 나목, 사목(공중화장실, 대피소, 그 밖에 이와 비슷한 것만 해당한다) 및 아목은 제외한다] 다. 제2종 근린생활시설(같은 호 아목, 자목, 너목 및 더목은 제외한다) 라. 판매시설(농업·임업·축산업·수산업용에 한한다.) 마. 의료시설 바. 교육연구시설 중 중학교·고등학교 및 교육원(농업·임업·축산업·수산업과 관련된 교육시설에 한한다) 사. 노유자시설 아. 수련시설 자. 공장[1] (제2종근린생활시설중 제조업소를 포함한다)중 도정공장 및 식품공장과 읍·면지역에 건축하는 제재업의 공장 차. 위험물저장 및 처리시설 카. 자동차관련시설 중 같은 호 사목 및 아목에 해당하는 것 타. 동물 및 식물 관련시설 중 가목부터 라목까지의 규정에 따른 시설 및 같은 호 아목에 따른 시설 중 동물과 관련된 가목부터 라목까지의 규정에 따른 시설과 비슷한 것 파. 자원순환 관련 시설 하. 방송통신시설 거. 묘지관련시설 너. 장례식장 더. 야영장시설

1) 공장은 다음에 해당하지 않아야 한다.
　(1) 「대기환경보전법」에 따른 특정대기유해물질이 같은 법 시행령에 따른　기준 이상으로 배출되는 것
　(2) 「대기환경보전법에 따른 대기오염물질배출시설에 해당하는 시설로서 같은 법 시행령 [별표 8]에 따른 1종사업장부터 3종사업장까지에 해당하는 것
　(3) 「물환경보전법」에 따른 특정수질유해물질이 같은 법 시행령에 따른 기준 이상으로 배출되는 것
　(4) 「물환경보전법」에 따른 폐수배출시설에 해당하는 시설로서 같은 법시행령 [별표 8]에 따른 1종사업장부터 4종사업장까지에 해당하는 것

2) 「건축법시행령」 [별표1] 제17호의 공장 중 아래 3)의 (1)~ (5)의 어느 하나에 해당하지 아니하는 것(다음의 어느 하나에 해당하는 공장을 기존 공장부지 안에서 증축 또는 개축하거나 부지를 확장하여 증축 또는 개축하는 경우에 한한다. 이 경우 확장하고자 하는 부지가 기존 부지와 너비 8m 미만의 도로를 사이에 두고 접하는 경우를 포함)
　(1) 2002년 12월 31일 이전에 준공된 공장
　(2) 법률 제6655호 「국토의 계획 및 이용에 관한 법률」 부칙 제19조에 따라 종전의 「국토이용관리법」·「건축법」의 규정을 적용받는 공장

3) 공장은 다음에 해당하지 않아야 한다.
　(1) 별표 19 제2호 자목 (1)부터 (4)까지에 해당하는 것
　　예외 인쇄·출판시설이나 사진처리시설로서 「수질 및 수생태계 보전에 관한 법률」 제2조제8호에 따라 배출되는 특정수질유해물질을 모두 위탁처리 하는 경우는 제외한다.
　(2) 화학제품제조시설(석유정제시설을 포함한다)
　　예외 물·용제류 등 액체성 물질을 사용하지 아니하고 제품의 성분이 용해·용출되지 아니하는 고체성 화학제품제조시설을 제외한다.
　(3) 제1차금속·가공금속제품 및 기계장비제조시설 중 「폐기물관리법 시행령」 [별표 1] 제4호에 따른 폐유기용제류를 발생시키는 것
　(4) 가죽 및 모피를 물 또는 화학약품을 사용하여 저장하거나 가공하는 것
　(5) 섬유제조시설 중 감량·정련·표백 및 염색시설
　(6) 「폐기물관리법」에 따른 폐기물처리업 허가를 받은 사업장
　　예외 「폐기물관리법」에 따른 폐기물처리업 중 폐기물 중간·최종·종합재활용업으로서 특정수질 유해물질이 배출되지 아니하는 경우는 제외한다.

【9】계획관리지역 안에서 건축할 수 없는 건축물 [별표 20]

구 분	내 용
1. 건축할 수 없는 건축물의 종류	가. 4층을 초과하는 모든 건축물 나. 공동주택 중 아파트 다. 제1종 근린생활시설 중 휴게음식점 및 제과점으로서 국토교통부령으로 정하는 기준에 해당하는 지역에 설치하는 것 라. 제2종 근린생활시설 중 다음의 어느 하나에 해당하는 것 　(1) 휴게음식점·제과점 및 일반음식점으로서 국토교통부령으로 정하는 기준에 해당하는 지역에 설치하는 것 　(2) 제조업, 수리점 등 시설로서 성장관리방안이 수립되지 않은 지역에 설치하는 것 　(3) 단란주점 마. 판매시설(성장관리방안이 수립된 지역에 설치하는 판매시설로서 그 용도에 쓰이는 바닥면적의 합계가 3,000㎡ 미만인 경우는 제외) 바. 업무시설 사. 숙박시설로서 국토교통부령으로 정하는 기준에 해당하는 지역에 설치하는 것 아. 위락시설 자. 「건축법 시행령」 별표 1 제17호의 공장 중 다음의 어느 하나에 해당하는 것. 다만, 「공익사업을 위한 토지 등의 취득 및 보상에 관한 법률」에 따른 공익사업 및 「도시개발법」에 따른 도시개발사업으로 해당 특별시·광역시·특별자치시·특별자치도·시 또는 군의 관할구역으로 이전하는 레미콘 또는 아스콘 공장과 성장관리방안이 수립된 지역에 설치하는 공장(「대기환경보전법」, 「수질 및 수생태계 보전에 관한 법률」, 「소음·진동관리법」 또는 「악취방지법」에 따른 배출시설의 설치 허가 또는 신고 대상이 아닌 공장으로 한정한다)은 제외한다. 　(1) 별표 19 제2호자목(1)~(4)에 해당하는 것. 다만, 인쇄·출판시설이나 사진처리시설로서 「수질 및 수생태계 보전에 관한 법률」 제2조제8호에 따라 배출되는 특정수질유해물질을 전량 위탁처리하는 경우는 제외한다. 　(2) 화학제품시설(석유정제시설을 포함한다). 다만, 다음의 어느 하나에 해당하는 시설로서 폐수를 「하수도법」에 따른 공공하수처리시설 또는 「수질 및 수생태계 보전에 관한 법률」에 따른 폐수종말처리시설로 전량 유입하여 처리하거나 전량 재이용 또는 전량 위탁처리하는 경우는 제외한다. 　　(가) 물, 용제류 등 액체성 물질을 사용하지 않고 제품의 성분이 용해·용출되는 공정이 없는 고체성 화학제품 제조시설 　　(나) 「화장품법」에 따른 유기농화장품 제조시설 　　(다) 「농약관리법」에 따른 천연식물보호제 제조시설 　　(라) 「친환경농어업 육성 및 유기식품 등의 관리·지원에 관한 법률」에 따른 유기농어업자재 제조시설 　　(마) 동·식물 등 생물을 기원(起源)으로 하는 산물(이하 "천연물"이라 한다)에서 추출된 재료를 사용하는 다음의 시설[「대기환경보전법」 제2조제11호에 따른 대기오염물질배출시설 중 반응시설, 정제시설(분리·증류·추출·여과 시설을 포함한다), 용융·용해시설 및 농축시설을 설치하지 않는 경우로서 「수질 및 수생태계 보전에 관한 법률」 제2조제4호에 따른 폐수의 1일 최대 배출량이 20세제곱미터 이하인 제조시설로 한정한다] 　　　1) 비누 및 세제 제조시설 　　　2) 공중위생용 해충 구제제 제조시설(밀폐된 단순 혼합공정만 있는 제조시설로서 특별시장·광역시장·특별자치시장·특별자치도지사·시장 또는 군수가 해당 지방도시계획위원회의 심의를 거쳐 인근의 주거환경 등에 미치는 영향이 적다고 인정하는 시설로 한정한다)

구 분	내 용
1. 건축할 수 없는 건축물의 종류	(3) 제1차금속, 가공금속제품 및 기계장비 제조시설 중 「폐기물관리법 시행령」 별표 1 제4호에 따른 폐유기용제류를 발생시키는 것 (4) 가죽 및 모피를 물 또는 화학약품을 사용하여 저장하거나 가공하는 것 (5) 섬유제조시설 중 감량·정련·표백 및 염색 시설. 다만, 다음의 기준을 모두 충족하는 염색시설은 제외한다. 　(가) 천연물에서 추출되는 염료만을 사용할 것 　(나) 「대기환경보전법」에 따른 대기오염물질 배출시설 중 표백시설, 정련시설이 없는 경우로서 금속성 매염제를 사용하지 않을 것 　(다) 「수질 및 수생태계 보전에 관한 법률」에 따른 폐수의 1일 최대 배출량이 20㎥ 이하일 것 　(라) 폐수를 「하수도법」에 따른 공공하수처리시설 또는 「수질 및 수생태계 보전에 관한 법률」에 따른 폐수종말처리시설로 전량 유입하여 처리하거나 전량 재이용 또는 전량 위탁 처리할 것 (6) 「수도권정비계획법」에 따른 자연보전권역 외의 지역 및 「환경정책기본법」에 따른 특별대책지역 외의 지역의 사업장 중 「폐기물관리법」에 따른 폐기물처리업 허가를 받은 사업장. 다만, 「폐기물관리법」에 따른 폐기물 중간·최종·종합재활용업으로서 특정수질유해물질이 「수질 및 수생태계 보전에 관한 법률 시행령」에 따른 기준 미만으로 배출되는 경우는 제외한다. (7) 「수도권정비계획법」에 따른 자연보전권역 및 「환경정책기본법」에 따른 특별대책지역에 설치되는 부지면적(둘 이상의 공장을 함께 건축하거나 기존 공장부지에 접하여 건축하는 경우와 둘 이상의 부지가 너비 8m 미만의 도로에 서로 접하는 경우에는 그 면적의 합계를 말한다) 1만㎡ 미만의 것. 다만, 특별시장·광역시장·특별자치시장·특별자치도지사·시장 또는 군수가 1만 5천㎡ 이상의 면적을 정하여 공장의 건축이 가능한 지역으로 고시한 지역 안에 입지하는 경우나 자연보전권역 또는 특별대책지역에 준공되어 운영 중인 공장 또는 제조업소는 제외한다.
2. 지역 여건 등을 고려하여 도시·군계획조례로 정하는 바에 따라 건축할 수 없는 건축물	가. 4층 이하의 범위에서 도시·군계획조례로 따로 정한 층수를 초과하는 모든 건축물 나. 공동주택(제1호나목에 해당하는 것은 제외) 다. 제4호아목, 자목, 너목 및 러목(안마시술소만 해당)에 따른 제2종 근린생활시설 라. 제2종 근린생활시설 중 일반음식점·휴게음식점·제과점으로서 도시·군계획조례로 정하는 지역에 설치하는 것과 안마시술소 및 같은 호 너목에 해당하는 것 마. 문화 및 집회시설 바. 종교시설 사. 운수시설 아. 의료시설 중 종합병원·병원·치과병원 및 한방병원 자. 교육연구시설 중 같은 호 다목~마목에 해당하는 것 차. 운동시설(운동장은 제외) 카. 숙박시설로서 도시·군계획조례로 정하는 지역에 설치하는 것 타. 공장 중 다음의 어느 하나에 해당하는 것 　(1) 「수도권정비계획법」에 따른 자연보전권역 외의 지역 및 「환경정책기본법」에 따른 특별대책지역 외의 지역에 설치되는 경우(제1호자목 및 차목에 해당하는 것은 제외)

> (2) 「수도권정비계획법」에 따른 자연보전권역 및 「환경정책기본법」 제38조에 따른 특별대책지역에 설치되는 것으로서 제1호자목 및 차목(7)에 해당하지 아니하는 경우
> (3) 「공익사업을 위한 토지 등의 취득 및 보상에 관한 법률」에 따른 공익사업 및 「도시개발법」에 따른 도시개발사업으로 해당 특별시·광역시·특별자치시·특별자치도·시 또는 군의 관할구역으로 이전하는 레미콘 또는 아스콘 공장
> 파. 창고시설(창고 중 농업·임업·축산업·수산업용으로 쓰는 것은 제외)
> 하. 위험물 저장 및 처리 시설
> 거. 자동차 관련 시설
> 너. 관광 휴게시설

■ 계획관리지역에서 휴게음식점 등을 설치할 수 없는 지역 (시행규칙-[별표 2])

다음의 어느 하나에 해당하는 지역

예외 「하수도법」에 따른 공공하수처리시설이 설치·운영되거나 10호 이상의 자연마을이 형성된 지역은 제외한다.

1. 저수를 광역상수원으로 이용하는 댐의 계획홍수위선(계획홍수위선이 없는 경우에는 상시만수위선을 말한다. 이하 같다)으로부터 1km 이내인 집수구역
2. 저수를 광역상수원으로 이용하는 댐의 계획홍수위선으로부터 수계상 상류방향으로 유하거리가 20km 이내인 하천의 양안(兩岸) 중 해당 하천의 경계로부터 1km 이내인 집수구역
3. 제2호의 하천으로 유입되는 지천(제1지류인 하천을 말하며, 계획홍수위선으로부터 20km 이내에서 유입되는 경우에 한정한다. 이하 이 호에서 같다)의 유입지점으로부터 수계상 상류방향으로 유하거리가 10km 이내인 지천의 양안 중 해당 지천의 경계로부터 500m 이내인 집수구역
4. 상수원보호구역으로부터 500m 이내인 집수구역
5. 상수원보호구역으로 유입되는 하천의 유입지점으로부터 수계상 상류방향으로 유하거리가 10km 이내인 하천의 양안 중 해당 하천의 경계로부터 500m 이내인 집수구역
6. 유효저수량이 30만㎥ 이상인 농업용저수지의 계획홍수위선의 경계로부터 200m 이내인 집수구역
7. 「하천법」에 따른 국가하천·지방하천(도시·군계획조례로 정하는 지방하천은 제외한다)의 양안 중 해당 하천의 경계로부터 직선거리가 100m 이내인 집수구역(「하천법」 제10조에 따른 연안구역을 제외한다)
8. 「도로법」에 따른 도로의 경계로부터 50m 이내인 지역(숙박시설을 설치하는 경우만 해당한다)
   예외 다음의 어느 하나에 해당하는 경우는 제외한다.
   ① 제주도 본도 외의 도서(島嶼) 가운데 육지와 연결되지 아니한 도서에 숙박시설을 설치하는 경우
   ② 다음의 어느 하나에 해당하는 숙박시설을 증축 또는 개축하는 경우(2018년 12월 31일까지 증축 또는 개축 허가를 신청한 경우로 한정한다)
      ㉠ 계획관리지역으로 지정될 당시 「건축법 시행령」에 따른 관광숙박시설로 이미 준공된 것
      ㉡ 계획관리지역으로 지정될 당시 관광숙박시설 외의 숙박시설로 이미 준공된 시설로서 관광숙박시설로 용도변경하려는 것

※ 용어 해설
   1) "집수구역"이란 빗물이 상수원·하천·저수지 등으로 흘러드는 지역으로서 주변의 능선을 잇는 선으로 둘러싸인 구역을 말한다.
   2) "유하거리"란 하천·호소 또는 이에 준하는 수역의 중심선을 따라 물이 흘러가는 방향으로 잰 거리를 말한다.
   3) "제1지류"란 본천으로 직접 유입되는 지천을 말한다.

【10】 농림지역 · 자연환경보전지역 안에서 건축할 수 있는 건축물 [별표 21], [별표 22]

구 분	농림지역	자연환경보전지역
1. 건축할 수 있는 건축물	가. 단독주택으로서 현저한 자연훼손을 가져오지 아니하는 범위안에서 건축하는 농어가주택(「농지법」에 따른 농업인 주택 및 어업인 주택을 말한다) 나. 제3호사목(공중화장실, 대피소, 그 밖에 이와 비슷한 것만 해당한다) 및 아목에 따른 제1종 근린생활시설 다. 교육연구시설 중 초등학교 라. 창고시설(농업·임업·축산업·수산업용에 한한다) 마. 동물 및 식물 관련시설 중 마목부터 사목까지의 규정에 따른 시설 및 같은 호 아목에 따른 시설 중 식물과 관련된 마목부터 사목까지의 규정에 따른 시설과 비슷한 것 바. 발전시설	가. 단독주택으로서 현저한 자연훼손을 가져오지 아니하는 범위안에서 건축하는 농어가주택 나. 교육연구시설 중 초등학교
2. 도시·군계획조례가 정하는 바에 의하여 건축할 수 있는 건축물	가. 제1종 근린생활시설[같은 호 나목, 사목(공중화장실, 대피소, 그 밖에 이와 비슷한 것만 해당한다) 및 아목은 제외한다] 나. 제2종 근린생활시설[같은 호 아목, 자목, 너목(농기계수리시설은 제외한다), 더목 및 러목(안마시술소만 해당한다)은 제외한다] 다. 문화 및 집회시설 중 같은 호 마목에 해당하는 것 라. 종교시설 마. 의료시설 바. 수련시설 사. 위험물저장 및 처리시설 중 액화석유가스충전소 및 고압가스충전·저장소 아. 동물 및 식물 관련시설 중 가목부터 라목까지의 규정에 따른 시설 및 같은 호 아목에 따른 시설 중 동물과 관련된 가목부터 라목까지의 규정에 따른 시설과 비슷한 것 자. 자원순환 관련 시설 차. 교정시설 카. 국방·군사시설 타. 방송통신시설 파. 묘지관련시설 하. 장례시설 거. 야영장시설	(수질오염 및 경관훼손의 우려가 없다고 인정하여 도시·군계획조례가 정하는 지역내에서 건축하는 것에 한한다) 가. 제1종 근린생활시설 중 같은 호 가목, 바목, 사목(지역아동센터는 제외한다) 및 아목 나. 제2종 근린생활시설 중 종교집회장으로서 지목이 종교용지인 토지에 건축하는 것 다. 종교시설로서 지목이 종교용지인 토지에 건축하는 것 라. 고압가스 충전소·판매소·저장소 중「환경친화적 자동차의 개발 및 보급 촉진에 관한 법률」의 수소연료공급시설 마. 동물 및 식물 관련시설 중 가목에 따른 시설 중 양어시설(양식장을 포함한다. 이하 이 목에서 같다), 같은 호 마목부터 사목까지의 규정에 따른 시설, 같은 호 아목에 따른 시설 중 양어시설과 비슷한 것 및 같은 목 중 식물과 관련된 마목부터 사목까지의 규정에 따른 시설과 비슷한 것 바. 하수 등 처리시설(「하수도법」에 따른 공공하수처리시설만 해당함) 사. 국방·군사 시설 중 관할 시장·군수 또는 구청장이 입지의 불가피성을 인정하는 범위에서 건축하는 시설 아. 발전시설 자. 묘지관련시설

[비고] 「국토의 계획 및 이용에 관한 법률」에 따라 농림지역 중 농업진흥지역, 보전산지 또는 초지인 경우에 건축물이나 그 밖의 시설의 용도·종류 및 규모 등의 제한에 관하여는 각각 「농지법」, 「산지관리법」 또는 「초지법」에서 정하는 바에 따른다.

② 용도지구안에서의 건축제한 (영 제72조 ~ 제82조)

【1】경관지구 안에서의 건축제한 (영 제72조)

구 분	제한기준
1. 건축제한 범위	경관지구 안에서는 그 지구의 경관의 보전·관리·형성에 장애가 된다고 인정하여 도시·군계획조례가 정하는 건축물을 건축할 수 없다. 〔예외〕 특별시장·광역시장·특별자치시장·특별자치도지사·시장 또는 군수가 지구의 지정목적에 위배되지 아니하는 범위 안에서 도시·군계획조례가 정하는 기준에 적합하다고 인정하여 해당 지방자치단체에 설치된 도시계획위원회의 심의를 거친 경우
2. 도시·군계획 조례로 정하는 사항	① 건폐율 ④ 건축물의 최대너비 ② 용적률 ⑤ 건축물의 색채 ③ 건축물의 높이 ⑥ 대지안의 조경

- 위 표에도 불구하고 다음의 어느 하나에 해당하는 경우에는 해당 경관지구의 지정에 관한 도시·군관리계획으로 건축제한의 내용을 따로 정할 수 있다.
  ① 도시·군계획조례로 정해진 건축제한의 전부를 적용하는 것이 주변지역의 토지이용 상황이나 여건 등에 비추어 불합리한 경우. 이 경우 도시·군관리계획으로 정할 수 있는 건축제한은 도시·군계획조례로 정해진 건축제한의 일부에 한정하여야 한다.
  ② 도시·군계획조례로 정해진 건축제한을 적용하여도 해당 지구의 위치, 환경, 그 밖의 특성에 따라 경관의 보전·관리·형성이 어려운 경우. 이 경우 도시·군관리계획으로 정할 수 있는 건축제한은 규모(건축물 등의 앞면 길이에 대한 옆면길이 또는 높이의 비율을 포함한다) 및 형태, 건축물 바깥쪽으로 돌출하는 건축설비 및 그 밖의 유사한 것의 형태나 그 설치의 제한 또는 금지에 관한 사항으로 한정한다.

【2】고도지구 안에서의 건축제한 (영 제74조)

고도지구 안에서는 도시·군관리계획으로 정하는 높이를 초과하는 건축물을 건축할 수 없다.

【3】방재지구 안에서의 건축제한 (영 제75조)

방재지구 안에서는 풍수해, 산사태, 지반의 붕괴, 지진, 그 밖의 재해예방에 장애가 된다고 인정하여 도시·군계획조례가 정하는 건축물을 건축할 수 없다.

〔예외〕 특별시장·광역시장·특별자치시장·특별자치도지사·시장 또는 군수가 지구의 지정목적에 위배되지 아니하는 범위에서 도시·군계획조례가 정하는 기준에 적합하다고 인정하여 해당 지방자치단체단체에 설치된 도시계획위원회의 심의를 거친 경우에는 그러하지 아니하다.

【4】보호지구 안에서의 건축제한 (영 제76조)

보호지구 안에서는 다음의 구분에 따른 건축물에 한하여 건축할 수 있다.

〔예외〕 특별시장·광역시장·특별자치시장·특별자치도지사·시장 또는 군수가 지구의 지정목적에 위배되지 아니하는 범위 안에서 도시·군계획조례가 정하는 기준에 적합하다고 인정하여 관계행정기관의 장과의 협의와 해당 지방자치단체에 설치된 도시계획위원회의 심의를 거친 경우에는 그러하지 아니하다.

구　분	제　한　기　준
1. 역사문화환경보호지구	「문화재보호법」의 적용을 받는 문화재를 직접 관리·보호하기 위한 건축물과 문화적으로 보존가치가 큰 지역의 보호 및 보존을 저해하지 아니하는 건축물로서 도시·군계획조례가 정하는 건축물
2. 중요시설물보호지구	중요시설물의 보호와 기능 수행에 장애가 되지 아니하는 건축물로서 도시·군계획조례가 정하는 것. 이 경우 공항시설에 관한 보호지구를 세분하여 지정하려는 경우에는 공항시설을 보호하고 항공기의 이·착륙에 장애가 되지 아니하는 범위에서 건축물의 용도 및 형태 등에 관한 건축제한을 포함하여 정할 수 있다.
3. 생태계보호지구	생태적으로 보존가치가 큰 지역의 보호 및 보존을 저해하지 아니하는 건축물로서 도시·군계획조례가 정하는 건축물

【5】 취락지구 안에서의 건축제한 (영 제78조)

(1) 자연취락지구 안에서는 취락의 정비에 지장을 준다고 인정하여 도시·군계획조례가 정하는 건축물을 건축할 수 없다.

■ 자연취락지구 안에서 건축할 수 있는 건축물 (영 별표 23)

4층 이하의 건축물에 한한다.

※ 4층 이하의 범위 안에서 도시·군계획조례로 따로 층수를 정하는 경우 그 층수 이하의 건축물에 한한다.

1. 건축할 수 있는 건축물	2. 도시·군계획조례가 정하는 바에 의하여 건축할 수 있는 건축물
가. 단독주택 나. 제1종 근린생활시설 다. 제2종 근린생활시설(같은 호 나목에 해당하는 것과 일반음식점·단란주점 및 안마시술소를 제외한다) 라. 운동시설 마. 창고시설(농업·임업·축산업·수산업용에 한한다) 바. 동물 및 식물관련시설 사. 교정 및 군사시설 아. 방송통신시설 자. 발전시설	가. 공동주택(아파트를 제외한다) 나. 제2종 근린생활시설 중 같은 호 나목에 해당하는 것과 일반음식점 및 안마시술소 다. 문화 및 집회시설　　라. 종교시설 마. 판매시설 중 다음의 어느 하나에 해당하는 것 　(1) 「농수산물유통 및 가격안정에 관한 법률」 제2조에 따른 농수산물공판장 　(2) 「농수산물유통 및 가격안정에 관한 법률」 제68조제2항에 따른 농수산물직판장으로서 해당 용도에 쓰이는 바닥면적의 합계가 10,000㎡ 미만인 것(「농어촌발전 특별조치법」 제2조제2호·제3호 또는 같은 법 제4조에 해당하는 자나 지방자치단체가 설치·운영하는 것에 한한다) 바. 의료시설 중 종합병원·병원·치과병원·한방병원 및 요양병원 사. 교육연구시설 아. 노유자시설 자. 수련시설 차. 숙박시설로서 「관광진흥법」에 따라 지정된 관광지 및 관광단지에 건축하는 것 카. 공장 중 도정공장 및 식품공장과 읍·면지역에 건축하는 제재업의 공장 및 첨단업종의 공장으로서 [별표 19] 제2호 자목(1)부터 (4)까지의 어느 하나에 해당하지 아니하는 것 타. 위험물저장 및 처리시설 파. 자동차 관련시설 중 주차장 및 세차장　　하. 자원순환 관련 시설 더. 야영장 시설

(2) 집단취락지구 안에서의 건축제한에 대하여는 「개발제한구역의 지정 및 관리에 관한 특별조치법」이 정하는 바에 따른다.

【6】 개발진흥지구에서의 건축제한 (영 제79조)

(1) 지구단위계획 또는 관계 법률에 따른 개발계획을 수립하는 개발진흥지구에서는 지구단위계획 또는 관계 법률에 따른 개발계획에 위반하여 건축물을 건축할 수 없으며, 지구단위계획 또는 개발계획이 수립되기 전에는 개발진흥지구의 계획적 개발에 위배되지 아니하는 범위에서 도시·군계획조례로 정하는 건축물을 건축할 수 있다.

(2) 지구단위계획 또는 관계 법률에 따른 개발계획을 수립하지 아니하는 개발진흥지구에서는 해당 용도지역에서 허용되는 건축물을 건축할 수 있다.

(3) 위 (2)에도 불구하고 산업·유통개발진흥지구에서는 해당 용도지역에서 허용되는 건축물 외에 해당 지구계획(해당 지구의 토지이용, 기반시설 설치 및 환경오염 방지 등에 관한 계획을 말한다)에 따라 다음의 구분에 따른 요건을 갖춘 건축물 중 도시·군계획조례로 정하는 건축물을 건축할 수 있다.

① 계획관리지역: 계획관리지역에서 건축이 허용되지 아니하는 공장 중 다음의 요건을 모두 갖춘 것

1. 「대기환경보전법」, 「수질 및 수생태계 보전에 관한 법률」 또는 「소음·진동관리법」에 따른 배출시설의 설치 허가·신고 대상이 아닐 것

2. 「악취방지법」에 따른 배출시설이 없을 것

3. 「산업집적활성화 및 공장설립에 관한 법률」에 따른 공장설립 가능 여부의 확인 또는 공장설립 등의 승인에 필요한 서류를 갖추어 관계 행정기관의 장과 미리 협의하였을 것

② 자연녹지지역·생산관리지역·보전관리지역 또는 농림지역: 해당 용도지역에서 건축이 허용되지 않는 공장 중 다음의 요건을 모두 갖춘 것

1. 산업·유통개발진흥지구 지정 전에 계획관리지역에 설치된 기존 공장이 인접한 용도지역의 토지로 확장하여 설치하는 공장일 것

2. 해당 용도지역에 확장하여 설치되는 공장부지의 규모가 3,000㎡ 이하일 것

※ 해당 용도지역 내에 기반시설이 설치되어 있거나 기반시설의 설치에 필요한 용지의 확보가 충분하고 주변지역의 환경오염·환경훼손 우려가 없는 경우로서 도시계획위원회의 심의를 거친 경우에는 5,000㎡까지로 할 수 있다

【7】 특정용도제한지구안에서의 건축제한 (영 제80조)

특정용도제한지구안에서는 주거기능 및 교육환경을 훼손하거나 청소년 정서에 유해하다고 인정하여 도시·군계획조례가 정하는 건축물을 건축할 수 없다.

【8】 복합용도지구에서의 건축제한) (영 제81조)

복합용도지구에서는 해당 용도지역에서 허용되는 건축물 외에 다음에 따른 건축물 중 도시·군계획조례가 정하는 건축물을 건축할 수 있다.

지역	허용되는 건축물	제외(건축법상 용도)
1. 일반주거지역	준주거지역에서 허용되는 건축물	① 제2종 근린생활시설 중 안마시술소 ② 관람장 ③ 공장 ④ 위험물 저장 및 처리 시설 ⑤ 동물 및 식물 관련 시설 ⑥ 장례시설
2. 일반공업지역	준공업지역에서 허용되는 건축물	① 아파트 ② (제2종 근린생활시설 중) 　단란주점 및 안마시술소 ③ 노유자시설
3. 계획관리지역	① (제2종 근린생활시설 중) 　일반음식점·휴게음식점·제과점	[별표 20]에 따라 건축할 수 없는 일반음식점·휴게음식점·제과점
	② 판매시설	-
	③ 숙박시설	[별표 20] 에 따라 건축할 수 없는 숙박시설
	④ 유원시설업의 시설	-
	⑤ 그 밖에 이와 비슷한 시설	-

※[별표 20] : 계획관리지역에서 건축할 수 없는 건축물

【9】 그 밖의 지구 안에서의 건축제한(영 제82조)

위 ⑦ - 【2】에 따른 용도지구 외의 용도지구 안에서의 건축제한에 관하여는 그 용도지구지정의 목적달성에 필요한 범위 안에서 특별시·광역시·특별자치시·특별자치도·시 또는 군의 도시·군계획조례로 정한다.

【10】 용도지역 · 용도지구 및 용도구역안에서의 건축제한의 예외 등(영 제83조)

(1) 용도지역 · 용도지구안에서의 도시·군계획시설

용도지역·용도지구 안에서의 도시·군계획시설에 대하여는 다음의 규정을 적용하지 아니한다.

내　　용	법조항	내　　용	법조항
용도지역안에서의 건축제한	영 제71조	<삭제 2017.12.29>	영 제77조
경관지구안에서의 건축제한	영 제72조	취락지구안에서의 건축제한	영 제78조
<삭제 2017.12.29.>	영 제73조	개발진흥지구안에서의 건축제한	영 제79조
고도지구안에서의 건축제한	영 제74조	특정용도제한지구안에서의 건축제한	영 제80조
방재지구안에서의 건축제한	영 제75조	복합용도지구에서의 건축제한	영 제81조
보호지구안에서의 건축제한	영 제76조	그 밖의 용도지구안에서의 건축제한	영 제82조

(2) 경관지구 또는 고도지구 안에서 리모델링이 필요한 건축물

경관지구 또는 고도지구 안에서 「건축법 시행령」에 따른 리모델링이 필요한 건축물에 대하여는 지구 안에서의 건축제한 규정에 불구하고 다음에 해당하는 건축물의 높이·규모 등의 제한을 완화하여 제한할 수 있다.

내　용	「건축법」 조항	내　용	「건축법」 조항
대지의 조경	제42조	방화지구의 건축물	제58조
공개공지 등의 확보	제43조	건축물의 높이제한	제60조
건축선의 지정	제46조	일조 등의 확보를 위한 건축물의 높이제한	제61조
건축물의 건폐율	제55조		
건축물의 용적률	제56조	-	-

(3) 개발제한구역, 도시자연공원구역, 시가화조정구역 및 수산자원보호구역 안에서의 건축제한

다음 각각의 법령 또는 규정에서 정하는 바에 따른다.

내　용	법령 또는 규정
1. 개발제한구역 안에서의 건축제한	「개발제한구역의 지정 및 관리에 관한 특별조치법」
2. 도시자연공원구역 안에서의 건축제한	「도시공원 및 녹지 등에 관한 법률」
3. 시가화조정구역 안에서의 건축제한	영 제87조~제89조의 규정
4. 수산자원보호구역 안에서의 건축제한	「수산자원관리법」

(4) 공사용 부대시설의 설치허가

용도지역·용도지구 또는 용도구역 안에서 허용되는 건축물 또는 시설물을 설치하기 위하여 공사현장에 설치하는 자재야적장, 레미콘·아스콘생산시설 등 공사용 부대시설은 위 【1】 ~ 【3】 및 개발행위허가의 규모(영 제55조)·개발행위허가의 기준(영 제65조)의 규정에도 불구하고 해당 공사에 필요한 최소한의 면적의 범위 안에서 기간을 정하여 사용 후에 그 시설 등을 설치한 자의 부담으로 원상복구할 것을 조건으로 설치할 수 있다.

(5) 방재지구 안에서의 필로티 구조에 대한 층수 완화

방재지구 안에서는 용도지역 안에서의 건축제한 중 층수 제한에 있어서는 1층 전부를 필로티 구조로 하는 경우 필로티 부분을 층수에서 제외한다.

2 용도지역에서의 건폐율 $\left(\begin{smallmatrix}법\\제77조\end{smallmatrix}\right)\left(\begin{smallmatrix}영\\제84조\end{smallmatrix}\right)$

【1】 용도지역에서의 건폐율

(1) 용도지역에서 건폐율의 최대한도는 관할구역의 면적 및 인구규모, 용도지역의 특성 등을 고려하여 다음의 범위에서 특별시·광역시·특별자치시·특별자치도·시 또는 군의 조례로 정한다.

구분		지역에서의 건폐율		기타
지역	최대 한도	지역의 세분	건폐율의 한도 (시행령 규정)	
주거지역 (도시 지역 70%)	70%	제1종 전용주거지역	50%	■다음 지역의 건폐율은 80% 이하의 범위 내에서 아래 기준에 따라 특별시·광역시·특별자치시·특별자치도·시 또는 군의 조례로 정함
		제2종 전용주거지역	50%	
		제1종 일반주거지역	60%	
		제2종 일반주거지역	60%	
		제3종 일반주거지역	50%	
		준주거지역	70%	1. 취락지구 : 60% 이하(집단취락지구의 경우 「개발제한구역의 지정 및 관리에 관한 특별조치법령」에 따름)
상업지역	90%	중심상업지역	90%	2. 개발진흥지구
		일반상업지역	80%	• 도시지역외의 지역에 지정된 경우: 40% 이하
		근린상업지역	70%	• 자연녹지지역에 지정된 경우: 40% 이하
		유통상업지역	80%	3. 수산자원보호구역 : 40% 이하
공업지역	70%	전용공업지역	70%	4. 자연공원 및 공원보호구역(「자연공원법」에 따름) : 60% 이하
		일반공업지역	70%	5. 농공단지(「산업입지 및 개발에 관한 법률」에 따름) : 70% 이하
		준공업지역	70%	6. 공업지역내의 국가산업단지, 일반산업단지, 도시첨단산업단지(「산업입지 및 개발에 관한 법률」에 따름) : 80% 이하
녹지지역	20%	보전녹지지역	20%	
		생산녹지지역	20%	
		자연녹지지역	20%	
관리 지역 보전관리지역	20%	보전관리지역	20%	
생산관리지역	20%	생산관리지역	20%	
계획관리지역	40%	계획관리지역	40%	
농림지역	20%	–	20%	
자연환경보전지역	20%	–	20%	

■ 위 규정에 불구하고 자연녹지지역에 설치되는 도시·군계획시설 중 유원지의 건폐율은 30%의 범위에서 도시·군계획조례로 정하는 비율 이하로 하며, 공원의 건폐율은 20%의 범위에서 도시·군계획조례로 정하는 비율 이하로 한다.

(2) 위 (1)의 규정에 의하여 도시·군계획조례로 용도지역별 건폐율을 정함에 있어서 필요한 경우 해당 지방자치단체의 관할구역을 세분하여 건폐율을 달리 정할 수 있다.

【2】 건폐율의 조정 (법 제77조제4항) (영 제84조제4항 ~ 제5항)

(1) 위 【1】의 용도지역에서의 건폐율에도 불구하고 다음의 경우 특별시·광역시·특별자치시·특별자치도·시 또는 군의 조례로 건폐율을 따로 정할 수 있다.

구　분	내　용
1. 토지이용의 과밀화 방지를 위하여 건폐율을 강화할 필요가 있는 경우	특별시장·광역시장·특별자치시장·특별자치도지사·시장 또는 군수는 도시계획위원회의 심의를 거쳐 구역을 정하고, 그 구역에 적용할 건폐율의 최대한도의 40% 이상의 범위에서 도시·군계획조례가 정하는 비율 이하로 한다.
2. 주변여건을 고려하여 토지의 이용도를 높이기 위하여 건폐율을 완화할 필요가 있는 경우	아래 【3】건폐율의 완화 참조
3. 녹지지역, 보전관리지역, 생산관리지역, 농림지역 또는 자연환경 보전지역에서 농업·임업·어업용 건축물을 건축하고자 하는 경우	특별시장·광역시장·특별자치시장·특별자치도지사·시장 또는 군수는 녹지지역, 보전관리, 생산관리, 농림지역 또는 자연환경보전지역에 설치되는「농지법」제32조제1항 각 호에 해당하는 건축물의 건폐율은 60% 이하의 범위에서 도시·군계획조례로 정하는 비율 이하로 한다.
4. 보전관리지역, 생산관리지역, 농림지역 또는 자연환경 보전지역에서 주민생활의 편익증진을 위한 건축물을 건축하고자 하는 경우	
5. 생산녹지지역에 건축할 수 있는 다음의 건축물의 경우 ①「농지법」에 따른 농수산물의 가공·처리시설[해당 특별시·광역시·특별자치시·특별자치도·시·군 또는 해당 도시·군계획조례가 정하는 연접한 시·군·구(자치구)에서 생산된 농수산물의 가공·처리시설만 해당] 및 농수산업 관련 시험·연구시설 ②「농지법 시행령」에 따른 농산물 건조·보관시설 ③「농지법 시행령」에 따른 산지유통시설(해당 특별시·광역시·특별자치시·특별자치도·시·군 또는 해당 도시·군계획조례가 정하는 연접한 시·군·구에서 생산된 농산물을 위한 산지유통시설만 해당)	해당 생산녹지지역이 위치한 특별시·광역시·특별자치시·특별자치도·시 또는 군의 농어업 인구 현황, 농수산물 가공·처리시설의 수급실태 등을 종합적으로 고려하여 60% 이하의 범위에서 도시·군계획조례로 정하는 비율 이하로 한다.

(2) 생산녹지지역 등에서 기존 공장의 건폐율 $\left(\substack{영 \\ 제84조의2} \right)$

　① 위 【1】-(1)에도 불구하고 생산녹지지역, 자연녹지지역 또는 생산관리지역에 있는 기존 공장(해당 용도지역으로 지정될 당시 이미 준공된 것으로서 준공 당시의 부지에서 증축하는 경우만 해당)의 건폐율은 40%의 범위에서 최초 건축허가 시 그 건축물에 허용된 비율을 초과해서는 아니 된다.　※ 2020년 12월 31일까지 증축 허가를 신청한 경우로 한정

　② 위 【1】-(1)에도 불구하고 생산녹지지역, 자연녹지지역, 생산관리지역 또는 계획관리지역에 있는 기존 공장(해당 용도지역으로 지정될 당시 이미 준공된 것으로 한정)이 부지를 확장하여 건축물을 증축하는 경우(2020년 12월 31일까지 증축허가를 신청한 경우로 한정)로서 다음에 해당하는 경우 그 건폐율은 40%의 범위에서 해당 특별시·광역시·특별자치시·특별자치도·시 또는 군의 도시·군계획조례로 정하는 비율을 초과해서는 아니 된다. 이 경우 아래 ㉠의 경우에는 부지를 확장하여 추가로 편입되는 부지(해당 용도지역으로 지정된 이후에 확장하여 추가로 편입된 부지를 포함)에 대해서만 건폐율 기준을 적용하고, 아래 ㉡의 경우 준공 당시의 부지(해당 용도지역으로 지정될 당시의 부지)와 추가 편입 부지를 하나로 하여 건폐율 기준을 적용한다. ㉠ 추가편입부지에 건축물을 증축하는 경우로서 다음의 요건을 모두 갖춘 경우

　　1. 추가편입부지의 면적이 3,000㎡ 이하로서 준공당시부지 면적의 50% 이내일 것

　　2. 관할 특별시장·광역시장·특별자치시장·특별자치도지사·시장 또는 군수가 해당 지방도시계획위원회의 심의를 거쳐 기반시설의 설치 및 그에 필요한 용지의 확보가 충분하고 주변지역의 환경오염 우려가 없다고 인정할 것

ⓛ 준공당시부지와 추가편입 부지를 하나로 하여 건축물을 증축하려는 경우로서 다음의 요건을 모두 갖춘 경우

1. 위 ㉠의 요건을 모두 갖출 것
2. 관할 특별시장·광역시장·특별자치시장·특별자치도지사·시장 또는 군수가 해당 지방도시계획위원회의 심의를 거쳐 다음의 어느 하나에 해당하는 인증 등을 받기 위하여 준공당시부지와 추가편입 부지를 하나로 하여 건축물을 증축하는 것이 불가피하다고 인정할 것 ⓐ 「식품위생법」에 따른 식품안전관리인증 ⓑ 「농수산물 품질관리법」에 따른 위해요소중점관리기준 이행 사실 증명 ⓒ 「축산물 위생관리법」에 따른 안전관리인증
3. 준공당시부지와 추가편입 부지를 합병할 것. 예외 각 필지의 지번부여지역(地番附與地域)이 서로 다른 경우에 해당하면 합병하지 아니할 수 있다.

【3】 건폐율의 완화 (영 제84조 제6항)

다음의 어느 하나에 해당하는 건축물의 경우에 그 건폐율은 다음에서 정하는 비율을 초과할 수 없다.

(1) 준주거지역·일반상업지역·근린상업지역·전용공업지역·일반공업지역·준공업지역 중 방화지구의 건축물로서 주요 구조부와 외벽이 내화구조인 건축물 중 도시·군계획조례로 정하는 건축물: 80% 이상 90% 이하의 범위에서 특별시·광역시·특별자치시·특별자치도·시 또는 군의 도시계획조례로 정하는 비율

(2) 녹지지역·관리지역·농림지역 및 자연환경보전지역의 건축물로서 방재지구의 재해저감대책에 부합하게 재해예방시설을 설치한 건축물: 용도지역에서 건폐율에 따른 해당 용도지역별 건폐율의 150% 이하의 범위에서 도시·군계획조례로 정하는 비율

(3) 자연녹지지역의 기존 공장, 창고시설 또는 연구시설(자연녹지지역으로 지정될 당시 이미 준공된 것으로서 기존 부지에서 증축하는 경우만 해당) : 40%의 범위에서 최초 건축허가 시 그 건축물에 허용된 건폐율

(4) 계획관리지역의 기존 공장·창고시설 또는 연구소(2003년 1월 1일 전에 준공되고 기존부지에 증축하는 경우로서 해당 지방도시계획위원회의 심의를 거쳐 도로·상수도·하수도 등의 반시설이 충분히 확보되었다고 인정되거나, 도시·군계획조례로 정하는 기반시설 확보 요건을 충족하는 경우만 해당한다): 50%의 범위에서 도시·군계획조례로 정하는 비율

(5) 녹지지역·보전관리지역·생산관리지역·농림지역 또는 자연환경보전지역의 건축물로서 다음에 해당하는 건축물: 30%의 범위에서 도시·군계획조례로 정하는 비율

1. 「전통사찰의 보존 및 지원에 관한 법률」에 따른 전통사찰
2. 「문화재보호법」에 따른 지정문화재 또는 국가등록문화재
3. 「건축법 시행령」에 따른 한옥

(6) 종전의 「도시계획법」(2000년 1월 28일 법률 제6243호로 개정되기 전의 것을 말함)에 따른 일단의 공업용지조성사업 구역(위 【1】-(1)-6.에 따른 산업단지 또는 준산업 단지와 연접한 것에 한정한다) 내의 공장으로서 관할 특별시장·광역시장·특별자치시장·특별자치도지사·시장 또는 군수가 해당 지방도시계획위원회의 심의를 거쳐 기반시설의 설치 및 그에 필요한 용지의 확보가 충분하고 주변지역의 환경오염 우려가 없다고 인정하는 공장: 80% 이하의 범위에서 도시·군계획조례로 정하는 비율

(7) 자연녹지지역의 학교(「초·중등교육법」에 따른 학교 및 「고등교육법」의 규정에 따른 학교를 말함)로서 다음의 요건을 모두 충족하는 학교: 30%의 범위에서 도시·군계획조례로 정하는 비율

1. 기존 부지에서 증축하는 경우일 것
2. 학교 설치 이후 개발행위 등으로 해당 학교의 기존 부지가 건축물, 그 밖의 시설로 둘러싸여 부지 확장을 통한 증축이 곤란한 경우로서 해당 도시계획위원회의 심의를 거쳐 기존 부지에서의 증축이 불가피하다고 인정될 것
3. 「고등교육법」의 규정에 따른 학교의 경우 「대학설립·운영 규정」 별표 2에 따른 교육기본시설, 지원시설 또는 연구시설의 증축일 것

(8) 자연녹지지역의 주유소 또는 액화석유가스 충전소로서 다음 각 목의 요건을 모두 충족하는 건축물: 30퍼센트의 범위에서 도시·군계획조례로 정하는 비율

1. 2021년 7월 13일 전에 준공되었을 것
2. 다음의 요건을 모두 충족하는 「환경친화적 자동차의 개발 및 보급 촉진에 관한 법률」에 따른 수소연료공급시설의 증축이 예정되어 있을 것 ① 기존 주유소 또는 액화석유가스 충전소의 부지에 증축할 것 ② 2024년 12월 31일 이전에 증축 허가를 신청할 것

【4】 건폐율의 강화 (영 제84조제4항)

목 적	절 차	기준 값
토지이용의 과밀화 방지	특별시·광역시·특별자치시·특별자치도·시 또는 군의 도시계획위원회의 심의를 거쳐 구역을 정함	그 구역에 적용할 건폐율의 최대한도의 40% 이상의 범위 안에서 도시·군계획조례로 따로 정함

③ 용도지역에서의 용적률 (법 제78조) (영 제85조)

【1】 용도지역에서 용적률

(1) 용도지역에서 용적률의 최대한도는 관할구역의 면적 및 인구규모, 용도지역의 특성 등을 감안하여 다음의 범위 안에서 특별시·광역시·특별자치시·특별자치도·시 또는 군의 조례로 정한다.

구 분		용적률의 최고한도	용적률의 세분	용적률의 범위 (시행령 규정)	기 타
도시지역	주거지역	500%	제1종 전용주거지역	50% 이상 100% 이하	■ 도시·군계획조례로 용도지역별 용적률을 정하는 경우에는 해당지역의 구역별로 용적률을 세분하여 정할 수 있다. ■ 다음의 지역 안에서의 용적률에 대한 기준은 각각의 범위 안에서 특별시·광역시·특별자치시·특별자치도·시 또는 군의 도시·군계획조례가 정하는 비율을 초과하여서는 아니 된다. 1. 도시지역 외의 지역에 지정된 개발진흥지구 : 100% 이하 2. 수산자원보호구역 : 80% 이하
			제2종 전용주거지역	50%~150%	
			제1종 일반주거지역	100%~200%	
			제2종 일반주거지역	100%~250%	
			제3종 일반주거지역	100%~300%	
			준주거지역	200%~500%	
	상업지역	1500%	중심상업지역	200%~1500%	
			일반상업지역	200%~1300%	
			근린상업지역	200%~900%	
			유통상업지역	200%~1100%	

		전용공업지역	150%~300%	
공업지역	400%	일반공업지역	150%~350%	3.「자연공원법」에 따른 자연공원 : 100% 이하.
		준공업지역	150%~400%	
녹지지역	100%	보전녹지지역	50%~80%	4.「산업입지 및 개발에 관한 법률」에 따른 농공단지(도시지역 외에 한함) : 150% 이하
		생산녹지지역	50%~100%	
		자연녹지지역	50%~100%	
관리지역	보전관리지역 80%	보전관리지역	50%~80%	
	생산관리지역 80%	생산관리지역	50%~80%	
	계획관리지역 100%	계획관리지역	50%~100%	
농림지역	80%	농림지역	50%~80%	
자연환경보전지역	80%	자연환경보존지역	50%~80%	

(2) 위 (1)의 규정에 의하여 도시·군계획조례로 용도지역별 용적률을 정함에 있어서 필요한 경우에는 해당 지방자치단체의 관할구역을 세분하여 용적률을 달리 정할 수 있다.

【2】 용적률의 완화 (법 제78조 제4,6,7항)

(1) 건축이 금지된 공지에 접한 경우 등에서의 완화 (영 제85조 제1항)

건축물의 주위에 공원·광장·도로·하천 등의 건축이 금지된 공지가 있거나 이를 설치하는 경우 특별시·광역시·특별자치시·특별자치도·시 또는 군의 조례가 정하는 비율 이하로 용적률을 완화 적용받을 수 있다.

적용 대상지역	완화기준	완화조건	그림 해설
• 준주거지역 • 상업지역 (중심상업,일반상업, 근린상업) • 공업지역 (전용공업,일반공업, 준공업)	경관·교통·방화 및 위생상 지장이 없다고 인정되는 경우 해당 용적률의 120% 이하의 범위 내에서 완화	건축물의 대지의 전면도로가 공원·광장(교통광장 제외)·하천·건축이 금지된 공지에 접한 경우	
		건축물의 대지가 상기 공원 등에 20m 이상 접한 경우	
		너비 25m 이상인 도로에 20m 이상 접한 대지 안의 건축물로서 건축면적 1,000㎡ 이상인 경우	

(2) 임대주택과 기숙사에 대한 완화 (영 제85조 제3항)

위 【1】 에도 불구하고 다음에 해당하는 경우 해당 지역의 용적률을 다음 각각의 구분에 따라 완화할 수 있다.

① 주거지역에서 임대주택(「공공주택 특별법 시행령」에 따른 공공임대주택 또는 임대의무기간이 8년 이상인 「민간임대주택에 관한 특별법」 제2조제1호에 따른 민간임대주택을 건설하는 경우: 위 【1】의 주거지역에 따른 용적률의 <u>120% 이하</u>의 범위에서 도시·군계획조례로 정하는 비율

② 다음에 해당하는 자가 「고등교육법」에 따른 학교의 학생이 이용하도록 해당 학교 부지 외에 「건축법 시행령」 별표 1에 따른 기숙사를 건설하는 경우: 위 【1】에 따른 용도지역별 최대한도의 범위에서 도시·군계획조례로 정하는 비율

1. 국가 또는 지방자치단체
2. 「사립학교법」에 따른 학교법인
3. 「한국사학진흥재단법」에 따른 한국사학진흥재단
4. 한국장학재단 설립 등에 관한 법률」에 따른 한국장학재단
5. 위 1.~4.의 어느 하나에 해당하는 자가 단독 또는 공동으로 출자하여 설립한 법인

③ 「고등교육법」에 따른 학교의 학생이 이용하도록 해당 학교 부지에 기숙사를 건설하는 경우: 위 【1】에 따른 용도지역별 최대한도의 범위에서 도시·군계획조례로 정하는 비율

④ 「영유아보육법」에 따른 사업주가 직장어린이집을 설치하기 위하여 기존 건축물 외에 별도의 건축물을 건설하는 경우: 위 【1】에 따른 용도지역별 최대한도의 범위에서 도시·군계획조례로 정하는 비율

⑤ 아래 (6)의 사회복지시설을 국가 또는 지방자치단체가 건설하는 경우: 위 【1】에 따른 용도지역별 최대한도의 범위에서 도시·군계획조례로 정하는 비율

⑥ 「건축법 시행령」 별표 1 제9호의 의료시설 부지에 「감염병의 예방 및 관리에 관한 법률」에 따른 감염병관리시설을 설치하는 경우로서 다음 각 각의 요건을 모두 갖춘 경우: (1)의 각 각에 따른 용도지역별 최대한도의 120% 이하의 범위에서 도시·군계획조례로 정하는 비율

1. 질병관리청장이 효율적인 감염병 관리를 위하여 필요하다고 인정하는 시설(이하 "필요감염병관리시설")을 설치하는 경우일 것
2. 필요감염병관리시설 외 시설의 면적은 제1항에 따라 도시·군계획조례로 정하는 용적률에 해당하는 면적 이내일 것

(3) 위 (2)의 규정은 다음에 해당되는 경우 이를 적용하지 아니한다.
　① 개발제한구역·시가화조정구역·녹지지역 또는 공원에서 해제되는 구역과 새로이 도시지역으로 편입되는 구역중 계획적인 개발 또는 관리가 필요한 지역인 경우
　② 기존의 용도지역 또는 용도지구가 용적률이 높은 용도지역 또는 용도지구로 변경되는 경우로서 기존의 용도지역 또는 용도지구의 용적률을 적용하지 아니하는 경우

(4) 방재지구의 재해저감대책에 부합하게 재해예방시설을 설치하는 건축물의 경우 주거지역, 상업지역, 공업지역에 해당하는 용도지역에서는 해당 용적률의 <u>140% 이하</u>의 범위에서 도시·군계획조례로 정하는 비율로 할 수 있다.

(5) 공공시설 부지로 제공하는 경우의 완화(^영 제85조제8항)

적용대상지역	완화조건	완화기준
• 상업지역 • 「도시 및 주거환경정비법」에 따른 재개발사업 및 재건축사업을 시행하기 위한 정비구역	대지의 일부를 공공시설 부지로 제공하는 경우	기준 용적률의 200% 이하의 범위 안에서 대지면적의 제공비율에 따라 도시·군계획조례가 정한 비율

(6) 사회복지시설을 설치하는 경우의 완화

① 용도지역에서의 용적률 규정(위 【1】)에도 불구하고 건축물을 건축하려는 자가 그 대지의 일부에 「사회복지사업법」에 따른 사회복지시설 중 다음에 해당하는 시설을 설치하여 국가 또는 지방자치단체에 기부채납 하는 경우에는 특별시·광역시·특별자치시·특별자치도·시 또는 군의 조례로 해당 용도지역에 적용되는 용적률을 완화할 수 있다.

1. 「영유아보육법」에 따른 어린이집
2. 「노인복지법」에 따른 노인복지관
3. 그 밖에 특별시장·광역시장·특별자치시장·특별자치도지사·시장 또는 군수가 해당 지역의 사회복지시설 수요를 고려하여 도시·군계획조례로 정하는 사회복지시설

② 용도지역에서의 용적률 규정에도 불구하고 건축물을 건축하려는 자가 그 대지의 일부에 사회복지시설을 설치하여 기부하는 경우에는 기부하는 시설의 연면적의 2배 이하의 범위에서 도시·군계획조례로 정하는 바에 따라 추가 건축을 허용할 수 있다.

※ 해당 용적률은 다음의 기준을 초과할 수 없다.

㉠ 도시·군계획조례로 정하는 용적률의 120%

㉡ 용도지역별 용적률의 최대한도

③ 국가나 지방자치단체는 기부 받은 사회복지시설을 위 ①에 따른 시설 외의 시설로 용도변경하거나 그 주요 용도에 해당하는 부분을 분양 또는 임대할 수 없으며, 해당 시설의 면적이나 규모를 확장하여 설치장소를 변경(지방자치단체에 기부한 경우에는 그 관할 구역 내에서의 설치장소 변경을 말함)하는 경우를 제외하고는 국가나 지방자치단체 외의 자에게 그 시설의 소유권을 이전할 수 없다.

(7) 타법률에 따른 용적률 완화의 중첩 적용

① 이 법 및 「건축법」 등 다른 법률에 따른 용적률의 완화에 관한 규정은 이 법 및 다른 법률에도 불구하고 다음 구분에 따른 범위에서 중첩하여 적용할 수 있다.

1. 지구단위계획구역	지구단위계획으로 정하는 범위
2. 지구단위계획구역 외의 지역	해당 용도지역별 용적률 최대한도의 120% 이하

② 위 ①규정 적용시 용적률 완화 규정을 중첩 적용하여 완화되는 용적률이 해당 용도지역별 용적률 최대한도를 초과하는 경우 관할 시·도지사, 시장·군수 또는 구청장이 건축위원회와 도시계획위원회의 공동 심의를 거쳐 기반시설의 설치 및 그에 필요한 용지의 확보가 충분하다고 인정하는 경우에 한정한다.

4 용도지역 미지정 또는 미세분지역에서의 행위제한 등 $\left(\begin{smallmatrix}법 \\ 제79조\end{smallmatrix}\right)\left(\begin{smallmatrix}영 \\ 제86조\end{smallmatrix}\right)$

(1) 도시지역·관리지역·농림지역 또는 자연환경보전지역으로 용도가 지정되지 아니한 지역에 대하여는 다음의 법 규정 적용시 자연환경보전지역에 관한 규정 적용한다.

내　　용	행 위 제 한	적　　용	관련 법조항
용도지역 미지정 지역	용도지역 및 용도지구 안에서의 건축물의 건축제한	자연환경보전지역	제76조
	용도지역 안에서의 건폐율	20%	제77조
	용도지역 안에서의 용적률	50~80% (조례에 따름)	제78조

(2) 도시지역 또는 관리지역이 세부용도지역으로 지정되지 아니한 경우 용도지역 및 용도지구 안에서의 건축물의 건축제한, 건폐율 및 용적률의 규정 적용시 다음의 지역에 관한 규정을 적용한다.

미세분 지역	적용 지역	관련 법조항
도시지역	보전녹지지역	제76조~제78조
관리지역	보전관리지역	

5 개발제한구역 안에서의 행위제한 (법 제80조)

개발제한구역 안에서의 행위제한 그 밖에 개발제한구역의 관리에 관하여 필요한 사항은 「개발제한구역의 지정 및 관리에 관한 특별조치법」에 따른다.

6 시가화조정구역 안에서의 행위제한 등 (법 제81조)

(1) 시가화조정구역 안에서의 도시·군계획사업은 국방상 또는 공익상 시가화조정구역 안에서의 사업시행이 불가피한 것으로서 관계중앙행정기관의 장의 요청에 의하여 국토교통부장관이 시가화조정구역의 지정목적달성에 지장이 없다고 인정하는 도시·군계획사업에 한하여 이를 시행할 수 있다.

(2) 시가화조정구역 안에서는 위 (1)에 따른 도시·군계획사업에 의하는 경우를 제외하고는 다음에 해당하는 행위에 한하여 특별시장·광역시장·특별자치시장·특별자치도지사·시장 또는 군수의 허가를 받아 그 행위를 할 수 있다.

■ 시가화조정구역안에서 할 수 있는 행위 (영 [별표 24]) 〈개정 2021.1.5.〉

1. 법 제81조제2항제1호의 규정에 의하여 할 수 있는 행위 : 농업·임업 또는 어업을 영위하는 자가 행하는 다음 각 목의 어느 하나에 해당하는 건축물 그 밖의 시설의 건축
   가. 축사　　　　　나. 퇴비사
   다. 잠실　　　　　라. 창고(저장 및 보관시설을 포함한다)
   마. 생산시설(단순가공시설을 포함한다)
   바. 관리용건축물로서 기존 관리용건축물의 면적을 포함하여 33제곱미터 이하인 것
   사. 양어장
2. 법 제81조제2항제2호의 규정에 의하여 할 수 있는 행위
   가. 주택 및 그 부속건축물의 건축으로서 다음의 어느 하나에 해당하는 행위
      (1) 주택의 증축(기존주택의 면적을 포함하여 100제곱미터 이하에 해당하는 면적의 증축을 말한다)
      (2) 부속건축물의 건축(주택 또는 이에 준하는 건축물에 부속되는 것에 한하되, 기존건축물의 면적을 포함하여 33제곱미터 이하에 해당하는 면적의 신축·증축·재축 또는 대수선을 말한다)
   나. 마을공동시설의 설치로서 다음의 어느 하나에 해당하는 행위
      (1) 농로·제방 및 사방시설의 설치
      (2) 새마을회관의 설치
      (3) 기존정미소(개인소유의 것을 포함한다)의 증축 및 이축(시가화조정구역의 인접지에서 시행하는 공공사업으로 인하여 시가화조정구역안으로 이전하는 경우를 포함한다)
      (4) 정자 등 간이휴게소의 설치
      (5) 농기계수리소 및 농기계용 유류판매소(개인소유의 것을 포함한다)의 설치
      (6) 선착장 및 물양장(소형선 부두)의 설치
   다. 공익시설·공용시설 및 공공시설 등의 설치로서 다음의 어느 하나에 해당하는 행위
      (1) 「공익사업을 위한 토지 등의 취득 및 보상에 관한 법률」제4조에 해당하는 공익사업을 위

　　　　한 시설의 설치
　　(2) 문화재의 복원과 문화재관리용 건축물의 설치
　　(3) 보건소·경찰파출소·119안전센터·우체국 및 읍·면·동사무소의 설치
　　(4) 공공도서관·전신전화국·직업훈련소·연구소·양수장·초소·대피소 및 공중화장실과 예비군운영에
　　　　필요한 시설의 설치
　　(5) 농업협동조합법에 의한 조합, 산림조합 및 수산업협동조합(어촌계를 포함한다)의 공동구판장·
　　　　하치장 및 창고의 설치
　　(6) 사회복지시설의 설치
　　(7) 환경오염방지시설의 설치
　　(8) 교정시설의 설치
　　(9) 야외음악당 및 야외극장의 설치

3. 법 제81조제2항제3호의 규정에 의하여 할 수 있는 행위
　가. 입목의 벌채, 조림, 육림, 토석의 채취
　나. 다음의 어느 하나에 해당하는 토지의 형질변경
　　(1) 제1호 및 제2호의 규정에 의한 건축물의 건축 또는 공작물의 설치를 위한 토지의 형질변경
　　(2) 「공익사업을 위한 토지 등의 취득 및 보상에 관한 법률」 제4조에 해당하는 공익사업을 수
　　　　행하기 위한 토지의 형질변경
　　(3) 농업·임업 및 어업을 위한 개간과 축산을 위한 초지조성을 목적으로 하는 토지의 형질변경
　　(4) 시가화조정구역 지정당시 이미 광업법에 의하여 설정된 광업권의 대상이 되는 광물의 개
　　　　발을 위한 토지의 형질변경
　다. 토지의 합병 및 분할

(3) 특별시장·광역시장·특별자치시장·특별자치도지사·시장 또는 군수는 위 (2)에 따른 허가를 하려
면 미리 다음의 어느 하나에 해당하는 자와 협의하여야 한다.
① 아래 (5)의 허가에 관한 권한이 있는 자
② 허가대상행위와 관련이 있는 공공시설의 관리자
③ 허가대상행위에 따라 설치되는 공공시설을 관리하게 될 자
(4) 시가화조정구역 안에서 위 (2)에 따른 허가를 받지 아니하고 건축물의 건축, 토지의 형질 변경
등의 행위를 하는 자에 관하여는 토지의 원상회복 등의 규정을 준용한다.
(5) 위 (2)에 따른 허가가 있는 경우에는 다음의 허가 또는 신고가 있는 것으로 본다.
① 「산지관리법」에 따른 산지전용허가 및 산지전용신고, 산지일시사용허가·신고
② 「산림자원의 조성 및 관리에 관한 법률」에 따른 입목벌채 등의 허가·신고
(6) 시가화조정구역 안에서 행위허가 기준 등 (영 제89조)

1. 특별시장·광역시장·특별자치시장·특별자치도지사·시장 또는 군수는 시가화조정구역의 지정목
적달성에 지장이 있거나 해당 토지 또는 주변토지의 합리적인 이용에 지장이 있다고 인정되
는 경우에는 허가를 하여서는 아니 된다.
2. 시가화조정구역안에 있는 산림안에서의 입목의 벌채, 조림 및 육림의 허가기준에 관하여는
「산림자원의 조성 및 관리에 관한 법률」의 규정에 따른다.
3. 특별시장·광역시장·특별자치시장·특별자치도지사·시장 또는 군수는 아래 표(영 [별표 25])에
규정된 행위에 대하여는 특별한 사유가 없는 한 허가를 거부하여서는 아니 된다.
4. 특별시장·광역시장·특별자치시장·특별자치도지사·시장 또는 군수는 허가를 함에 있어서 시가
화조정구역의 지정목적상 필요하다고 인정되는 때에는 허가조건으로 조경 등 필요한 조치를
하게 할 수 있다.
5. 특별시장·광역시장·특별자치시장·특별자치도지사·시장 또는 군수는 허가의 내용이 시가화조
정구역안에서 시행되는 도시·군계획사업에 지장을 주는지의 여부에 관하여 해당 도시·군
계획사업시행자의 의견을 들어야 한다.

6. 개발행위허가의 규모(영 제55조) 및 개발행위허가의 기준(영 제56조)의 규정은 시가화조정구역안에서의 허가에 관하여 이를 준용한다.

7. 허가를 신청하고자 하는 자는 국토교통부령이 정하는 서류를 특별시장·광역시장·특별자치시장·특별자치도지사·시장 또는 군수에게 제출하여야 한다.

■ 시가화조정구역안에서 허가를 거부할 수 없는 행위 (영 [별표 25])

1. 개발행위허가의 경미한 변경(영 제52조) 및 허가를 받지 아니하여도 되는 경미한 행위(영 제53조)

2. 다음의 어느 하나에 해당하는 행위
 ① 축사의 설치 : 1가구(시가화조정구역안에서 주택을 소유하면서 거주하는 경우로서 농업 또는 어업에 종사하는 1세대를 말함)당 기존 축사의 면적을 포함하여 300㎡ 이하(나환자촌의 경우에는 500㎡ 이하). 예외 과수원·초지 등의 관리사 인근 100㎡ 이하의 축사는 별도 설치 가능
 ② 퇴비사의 설치 : 1가구당 기존퇴비사의 면적을 포함하여 100㎡ 이하
 ③ 잠실의 설치 : 뽕나무밭 조성면적 2천㎡ 당 또는 뽕나무 1천800주 당 50㎡ 이하
 ④ 창고의 설치 : 시가화조정구역안의 토지 또는 그 토지와 일체가 되는 토지에서 생산되는 생산물의 저장에 필요한 것으로서 기존창고면적을 포함하여 그 토지면적의 0.5% 이하.(감귤 저장용 1% 이하)
 ⑤ 관리용 건축물의 설치 : 과수원·초지·유실수단지 또는 원예단지안에 설치하되, 생산에 직접 공여되는 토지면적의 0.5% 이하로서 기존관리용 건축물의 면적을 포함하여 33㎡ 이하

3. 「건축법」에 따른 건축신고로서 건축허가를 갈음하는 행위

7 기존 건축물에 대한 특례 $\left(\begin{smallmatrix}법\\제82조\end{smallmatrix}\right)\left(\begin{smallmatrix}영\\제93조\end{smallmatrix}\right)\left(\begin{smallmatrix}규칙\\제13조의2\end{smallmatrix}\right)$

(1) 기존의 건축물이 건폐율·용적률 및 높이 등의 규모 기준에 부적합하게 된 경우에 대한 특례는 다음과 같다.

부적합 사유	특례사항	관련 법규
1. 법령 또는 도시·군계획조례의 제정·개정 2. 도시·군관리계획의 결정·변경 또는 행정구역의 변경 3. 도시·군계획시설의 설치, 도시·군계획사업의 시행, 「도로법」에 따른 도로의 설치	• 재축 또는 대수선: 부적합한 사유로 부적합하게 된 경우에도 가능 • 증축 또는 개축: 증축 또는 개축하고자 하는 부분이 규모기준에 적합한 경우에 가능	「국토계획법 시행령」 제71조~제80조, 제82조~제84조, 제84조의2, 제85조~89조 「수산자원관리법 시행령」 제40조① (※ 대수선은 건폐율·용적률이 증가되지 아니하는 범위로 한정)

(2) 기존의 건축물이 위 (1)의 부적합 사유로 건축제한 또는 건폐율 규정에 부적합하게 된 경우에도 기존 부지 내에서 증축 또는 개축하려는 부분이 해당 건축제한 및 용적률 규정에 적합한 경우로서 다음의 어느 하나에 해당하는 경우에는 각 구분에 따라 증축 또는 개축을 할 수 있다.
 ① 기존의 건축물이 건폐율 기준에 부적합하게 된 경우: 건폐율이 증가하지 아니하는 범위에서의 증축 또는 개축
 ② 기존의 건축물이 건폐율 기준에 적합한 경우: 건폐율 기준을 초과하지 아니하는 범위에서의 증축 또는 개축

(3) 기존의 건축물이 위 (1)의 부적합 사유로 건축제한·건폐율 또는 용적률 규정에 부적합하게 된 경우에도 부지를 확장하여 추가편입부지에 증축하려는 부분이 해당 건축제한·건폐율 및 용적률 규정에 적합한 경우에는 증축을 할 수 있다. 이 경우 추가편입부지에서 증축하려는 건축물에 대한 건폐율과 용적률 기준은 추가편입부지에 대해서만 적용한다.

(4) 기존의 공장이나 제조업소가 위 (1)의 부적합 사유로 건축제한·건폐율 또는 용적률 규정에 부적합하게 된 경우에도 기존 업종보다 오염배출 수준이 같거나 낮은 경우에는 특별시·광역시·특별자치시·특별자치도·시 또는 군의 도시·군계획조례로 정하는 바에 따라 건축물이 아닌 시설을 증설할 수 있다.

(5) 기존의 건축물이 위 (1)의 부적합 사유로 건축제한, 건폐율 또는 용적률 규정에 부적합하게 된 경우에도 해당 건축물의 기존 용도가 국토교통부령(수산자원보호구역의 경우에는 해양수산부령을 말한다)으로 정하는 바에 따라 확인되는 경우(기존 용도에 따른 영업을 폐업한 후 기존 용도 외의 용도로 사용되지 아니한 것으로 확인되는 경우를 포함한다)에는 업종을 변경하지 아니하는 경우에 한하여 기존 용도로 계속 사용할 수 있다. 이 경우 기존의 건축물이 공장이나 제조업소인 경우로서 대기오염물질발생량 또는 폐수배출량이 「대기환경 보전법 시행령」 별표 1 및 「수질 및 수생태계 보전에 관한 법률 시행령」 별표 13에 따른 사업장 종류별 대기오염물질발생량 또는 배출규모의 범위에서 증가하는 경우는 기존 용도로 사용하는 것으로 본다.

(6) 위 (5)의 전단에도 불구하고 기존의 건축물이 공장이나 제조업소인 경우에는 도시·군계획조례로 정하는 바에 따라 대기오염물질발생량 또는 폐수배출량이 증가하지 아니하는 경우에 한하여 기존 용도 범위에서의 업종변경을 할 수 있다.

(7) 기존의 건축물이 위 (1)의 부적합 사유로 건축제한·건폐율 또는 용적률 규정에 적합하지 아니하게 된 경우에도 해당 건축물이 있는 용도지역·용도지구·용도구역에서 허용되는 용도(건폐율·용적률·높이·면적의 제한을 제외한 용도를 말한다)로 변경할 수 있다.

(8) 기존 공장에 대한 특례 $\left(\begin{smallmatrix} 영 \\ 제93조의2 \end{smallmatrix}\right)$

위 (2) 및 (3)에도 불구하고 녹지지역 또는 관리지역에 있는 기존 공장(해당 용도지역으로 지정될 당시 이미 준공된 것에 한정)이 다음의 어느 하나에 해당하는 경우 다음의 구분에 따라 증축 또는 개축할 수 있다.(※ 2020.12.31.까지 증축 또는 개축 허가를 신청한 경우로 한정))

① 기존 부지 내에서 증축 또는 개축하는 경우: 40%의 범위에서 최초 건축허가 시 그 건축물에 허용된 건폐율

② 부지를 확장하여 추가편입부지에 증축하는 경우로서 다음의 요건을 모두 갖춘 경우: 40%를 초과하지 아니하는 범위에서의 건폐율.(※ 추가편입부지에서 증축하려는 건축물에 대한 건폐율 기준은 추가편입부지에 대해서만 적용)

1. 추가편입부지의 규모가 3,000㎡ 이하로서 기존 부지면적의 50% 이내일 것
2. 다음에 해당하는 건축제한 및 용적률 규정에 적합할 것 　㉠ 「국토계획법시행령」 제71조~제80조, 제82조, 제83조, 제85조~제89조 　㉡ 「수산자원관리법 시행령」 제40조①
3. 관할 특별시장·광역시장·특별자치시장·특별자치도지사·시장 또는 군수가 해당 지방도시계획위원회의 심의를 거쳐 기반시설의 설치 및 그에 필요한 용지의 확보가 충분하고 주변지역의 환경오염 우려가 없다고 인정할 것

8 도시지역에서의 다른 법률의 적용배제 (법 제83조)

도시지역에 대하여는 다음 법 규정을 적용하지 않는다.

내　용	근거규정	기　타
1. 접도구역	「도로법」 제40조	–
2. 농지취득자격증명	「농지법」 제8조	예외 녹지지역 안의 농지로서 도시·군계획시설사업이 필요하지 않은 농지

관계법 「도로법」 제40조【접도구역의 지정 및 관리】

① 관리청은 도로 구조의 손궤 방지, 미관 보존 또는 교통에 대한 위험을 방지하기 위하여 도로경계선으로부터 20미터를 초과하지 아니하는 범위에서 대통령령으로 정하는 바에 따라 접도구역(접도구역)으로 지정할 수 있다.

② 관리청은 제1항에 따라 접도구역을 지정하면 지체 없이 이를 고시하고, 국토교통부령으로 정하는 바에 따라 그 접도구역을 관리하여야 한다.

③ 접도구역에서는 다음 각 호의 행위를 하여서는 아니 된다. 다만, 대통령령으로 정하는 행위는 그러하지 아니하다.

　1. 토지의 형질을 변경하는 행위

　2. 건축물이나 그 밖의 공작물을 신축·개축 또는 증축하는 행위

④ "생략"

관계법 「도로법 시행령」 제39조【접도구역의 지정 등】

① 도로관리청이 법 제40조제1항에 따라 접도구역(接道區域)을 지정할 때에는 소관 도로의 경계선에서 5미터(고속국도의 경우는 30미터)를 초과하지 아니하는 범위에서 지정하여야 한다. 다만, 다음 각 호의 어느 하나에 해당하는 지역에 대해서는 접도구역을 지정하지 아니할 수 있다.

　1. 「국토의 계획 및 이용에 관한 법률」 제51조제3항에 따른 지구단위계획구역

　2. 그 밖에 접도구역의 지정이 필요하지 아니하다고 인정되는 지역으로서 국토교통부령으로 정하는 지역

② 도로관리청은 제1항에 따라 접도구역을 지정하였을 때에는 지체 없이 다음 각 호의 사항을 고시하여야 한다.

　1. 도로의 종류·노선번호 및 노선명

　2. 접도구역의 지정구간 및 범위

　3. 그 밖에 필요한 사항

③ 법 제40조제3항 각 호 외의 부분 단서에서 "대통령령으로 정하는 행위"란 다음 각 호의 어느 하나에 해당하는 행위를 말한다.

　1. 다음 각 목의 어느 하나에 해당하는 건축물의 신축

　　가. 연면적 10제곱미터 이하의 화장실

　　나. 연면적 30제곱미터 이하의 축사

　　다. 연면적 30제곱미터 이하의 농·어업용 창고

　　라. 연면적 50제곱미터 이하의 퇴비사

　2. 증축되는 부분의 바닥면적의 합계가 30제곱미터 이하인 건축물의 증축

　3. 건축물의 개축·재축·이전(접도구역 밖에서 접도구역 안으로 이전하는 경우는 제외한다) 또는 대수선

　4. 도로의 이용 증진을 위하여 필요한 주차장의 설치

　5. 도로 또는 교통용 통로의 설치

　6. ~13. "생략"

관계법 「농지법」 제8조 【농지취득자격증명의 발급】

① 농지를 취득하려는 자는 농지 소재지를 관할하는 시장(구를 두지 아니한 시의 시장을 말하며, 도농 복합 형태의 시는 농지 소재지가 동지역인 경우만을 말한다), 구청장(도농 복합 형태의 시의 구에서는 농지 소재지가 동지역인 경우만을 말한다), 읍장 또는 면장(이하 "시·구·읍·면의 장"이라 한다)에게서 농지취득자격증명을 발급받아야 한다. 다만, 다음 각 호의 어느 하나에 해당하면 농지취득자격증명을 발급받지 아니하고 농지를 취득 할 수 있다.

  1. 제6조제2항제1호·제4호·제6호·제8호 또는 제10호(같은 호 바목은 제외한다)에 따라 농지를 취득하는 경우

  2. 농업법인의 합병으로 농지를 취득하는 경우

  3. 공유 농지의 분할이나 그 밖에 대통령령으로 정하는 원인으로 농지를 취득하는 경우

② 제1항에 따른 농지취득자격증명을 발급받으려는 자는 다음 각 호의 사항이 모두 포함된 농업경영 계획서를 작성하여 농지 소재지를 관할하는 시·구·읍·면의 장에게 발급신청을 하여야 한다. 다만, 제6조제2항제2호·제3호·제7호·제9호·제9호의2 또는 제10호 바목에 따라 농지를 취득하는 자는 농업경영계획서를 작성하지 아니하고 발급신청을 할 수 있다.

  1. 취득 대상 농지의 면적

  2. 취득 대상 농지에서 농업경영을 하는 데에 필요한 노동력 및 농업 기계·장비·시설의 확보 방안

  3. 소유 농지의 이용 실태(농지 소유자에게만 해당한다)

③ 시·구·읍·면의 장은 농지 투기가 성행하거나 성행할 우려가 있는 지역의 농지를 취득하려는 자 등 농림축산식품부령으로 정하는 자가 농지취득자격증명 발급을 신청한 경우 제44조에 따른 농지위원회의 심의를 거쳐야 한다. 〈신설 2021.8.17.〉

④ 시·구·읍·면의 장은 제1항에 따른 농지취득자격증명의 발급 신청을 받은 때에는 그 신청을 받은 날부터 7일(제2항 단서에 따라 농업경영계획서를 작성하지 아니하고 농지취득자격증명의 발급 신청을 할 수 있는 경우에는 4일, 제3항에 따른 농지위원회의 심의 대상의 경우에는 14일) 이내에 신청인에게 농지취득자격증명을 발급하여야 한다. 〈신설 2021.8.17.〉

⑤ 제1항 본문과 제2항에 따른 신청 및 발급 절차 등에 필요한 사항은 대통령령으로 정한다.

⑥ 제1항 본문과 제2항에 따라 농지취득자격증명을 발급받아 농지를 취득하는 자가 그 소유권에 관한 등기를 신청할 때에는 농지취득자격증명을 첨부하여야 한다.

⑦ 농지취득자격증명의 발급에 관한 민원의 처리에 관하여 이 조에서 규정한 사항을 제외하고 「민원 처리에 관한 법률」이 정하는 바에 따른다. 〈신설 2021.8.17.〉

---

9 입지규제최소구역에서의 다른 법률의 적용 특례 (법 제83조의2)

(1) 입지규제최소구역에 대하여는 다음 각각의 법률 규정을 적용하지 아니할 수 있다.

  1. 「주택법」에 따른 주택의 배치, 부대시설·복리시설의 설치기준 및 대지조성기준

  2. 「주차장법」에 따른 부설주차장의 설치

  3. 「문화예술진흥법」에 따른 건축물에 대한 미술작품의 설치

  4. 「건축법」에 따른 공개 공지 등의 확보

(2) 입지규제최소구역계획에 대한 도시계획위원회 심의 시 「학교보건법」에 따른 학교환경위생정화위원회 또는 「문화재보호법」에 따른 문화재위원회와 공동으로 심의를 개최하고, 그 결과에 따라 다음 각각의 법률 규정을 완화하여 적용할 수 있다. 이 경우 다음 각각의 완화 여부는 각각 학교환경위생정화위원회와 문화재위원회의 의결에 따른다.

1. 「학교보건법」에 따른 학교환경위생 정화구역에서의 행위제한

2. 「문화재보호법」에 따른 역사문화환경 보존지역에서의 행위제한 <시행 2024.5.17>
   (→ 「문화재유산의 보존 및 활용에 관한 법률」 또는 「자연유산의 보존 및 활용에 관한 법률」)

(3) 입지규제최소구역으로 지정된 지역은 「건축법」에 따른 특별건축구역으로 지정된 것으로 본다.

(4) 시·도지사 또는 시장·군수·구청장은 입지규제최소구역에서 건축하는 건축물을 「건축법」에 따라 건축기준 등의 특례사항을 적용하여 건축할 수 있는 건축물에 포함시킬 수 있다.

10 둘 이상의 용도지역 · 용도지구 · 용도구역에 걸치는 토지에 대한 적용기준 (법 제84조)

구 분	적용기준	예 외
① 하나의 대지가 둘 이상의 용도지역·용도지구 또는 용도구역(이하 용도지역등)에 걸치는 경우로서 각 용도지역등에 걸치는 부분 중 가장 작은 부분의 규모가 330㎡(※ 도로변에 띠 모양으로 지정된 상업지역에 걸치는 경우 660㎡) 이하인 경우에는 전체 대지의 건폐율 및 용적률은 각 부분이 전체 대지면적에서 차지하는 비율을 고려하여 우측란의 적용기준에 따라 각 용도지역등별 건폐율 및 용적률을 가중평균한 값을 적용하고, 그 밖의 건축 제한 등에 관한 사항은 그 대지 중 가장 넓은 면적이 속하는 용도지역등에 관한 규정을 적용	$\bigcirc$ 가중평균한 건폐율 = (f1x1 + f2x2 + ⋯ + fnxn) / 전체 대지 면적 $\bigcirc$ 가중평균한 용적률 = (f1x1 + f2x2 + ⋯ + fnxn) / 전체 대지 면적 • f1부터 fn까지 : 각 용도지역등에 속하는 토지 부분의 면적 • x1부터 xn까지 : 해당 토지 부분이 속하는 각 용도지역등의 $\bigcirc$ 건폐율($\bigcirc$ 용적률) • n : 용도지역등에 걸치는 각 토지 부분의 총 개수	건축물이 고도지구에 걸쳐 있는 경우 그 건축물 및 대지의 전부에 대하여 고도지구 안의 건축물 및 대지에 관한 규정 적용
② 하나의 건축물이 방화지구와 그 밖의 용도지역등에 걸쳐 있는 경우	건축물 전부에 대하여 방화지구안의 건축물에 관한 규정을 적용	건축물이 있는 방화지구와 그 밖의 용도지역등의 경계가 방화벽으로 구획된 경우 그 밖의 용도지역등에 있는 부분은 적용 제외
③ 하나의 대지가 녹지지역과 그밖의 용도지역등에 걸치는 경우(규모가 가장 작은 부분이 녹지지역으로서 해당 녹지지역이 330㎡ 이하*인 경우 제외) *도로변에 띠 모양으로 지정된 상업지역에 걸치는 경우 660㎡ 이하	각각의 용도지역등의 건축물 및 토지에 관한 규정을 적용	녹지지역의 건축물이 고도지구 또는 방화지구에 걸쳐 있는 경우 ①의 예외규정이나 ②의 규정에 따름

7

도시·군계획시설사업의 시행

1 단계별 집행계획의 수립 (법 제85조)

1 수립

특별시장·광역시장·특별자치시장·특별자치도지사·시장 또는 군수는 도시·군계획시설에 대하여 재원조달계획·보상계획 등을 포함하는 단계별집행계획을 수립하여야 한다.

■ 단계별 집행계획

수립권자	내 용
1. 특별시장, 광역시장·특별자치시장, 특별자치도지사, 시장, 군수	일반 도시·군관리계획의 경우
2. 국토교통부장관, 도지사	국토교통부장관 또는 도지사가 직접 도시·군관리계획을 입안한 경우

> 비고 1. 국토교통부장관, 도지사는 단계별 집행계획을 수립한 경우에는 해당 계획을 해당 특별시장·광역시장·특별자치시장·특별자치도지사·시장·군수에게 송부할 수 있다.
> 2. 특별시장·광역시장·특별자치시장·특별자치도지사·시장·군수는 단계별집행계획을 수립하고자 하는 때에는 미리 관계행정기관의 장과 협의하여야 하며, 해당 지방의회의 의견을 들어야 한다.

2 수립시기

① 도시·군계획시설 결정의 고시일로부터 3개월 이내에 수립하여야 한다.

② 다음의 법률에 따라 도시·군관리계획의 결정이 의제되는 경우 해당 도시·군계획시설결정의 고시일부터 2년 이내에 단계별 집행계획을 수립할 수 있다.

1. 「도시 및 주거환경정비법」
2. 「도시재정비 촉진을 위한 특별법」
3. 「도시재생 활성화 및 지원에 관한 특별법」

③ 단계별 집행계획의 구분

구　분	도시·군계획시설사업
제1단계 집행계획	3년 이내에 시행하는 도시·군계획시설사업
제2단계 집행계획	3년 후에 시행하는 도시·군계획시설사업

※ 특별시장·광역시장·특별자치시장·특별자치도지사·시장 또는 군수는 매년 제2단계집행계획을
검토하여 3년 이내에 도시·군계획시설사업을 시행할 도시·군계획시설은 이를 제1단계 집행
계획에 포함시킬 수 있다.

④ 공고

특별시장·광역시장·특별자치시장·특별자치도지사·시장 또는 군수는 단계별 집행계획을 수립하거나
송부 받은 경우에는 다음에 따라 지체 없이 그 사실을 공고하여야 한다.

① 해당 지방자치단체의 공보와 인터넷 홈페이지에 게재하는 방법으로 하여야 한다.

② 필요한 경우 전국 또는 해당 지방자치단체를 주된 보급지역으로 하는 일간신문에 게재하는 방
법이나 방송 등의 방법을 병행할 수 있다.

⑤ 변경

공고된 단계별집행계획을 변경하는 경우에 위 ①~④의 규정을 준용한다.

예외 경미한 사항의 변경(도시·군관리계획의 변경에 따라 단계별집행계획을 변경하는 경우)은 그러하
지 아니하다.

2 도시·군계획시설사업의 시행자 (법 제86조) (영 제96조)

특별시장·광역시장·특별자치시장·특별자치도지사·시장 또는 군수는 특별한 규정이 있는 경우를 제
외하고는 관할구역의 도시·군계획시설사업을 시행하여야 하며 그 내용은 다음과 같다.

① 도시·군계획시설사업의 시행자

(1) 도시·군계획시설사업의 시행자는 다음의 구분에 따른다.

구　분		시　행　자
1. 이 법 또는 다른 법률에 특별한 규정이 없는 경우		관할 특별시장·광역시장·특별자치시장·특별자치도지사·시장·군수가 시행
2. 둘 이상의 특별시·광역시·특별자치시·특별자치도·시또는 군의 관할 구역에 걸쳐 시행하게 될 경우		관계 특별시장·광역시장·특별자치시장·특별자치도지사·시장·군수가 협의하여 지정
3. 2.의 협의가 성 립 되 지 않은 경우	둘 이상의 시·도의 관할구역에 걸칠 때	국토교통부장관이 시행자를 지정
	대상구역이 같은 도의 관할구역에 속할 때	도지사가 시행자를 지정
4. 국가계획과 관련되거나 국토교통부장관이 특히 필요하다고 인정한 경우		관계 특별시장·광역시장·특별자치시장·특별자치도지사·시장·군수의 의견을 들어 국토교통부장관이 직접 시행
5. 광역도시계획과 관련되거나 필요하다고 인정되는 경우		관계 시장·군수의 의견을 들어 도지사가 직접 시행
6. 위의 1~5 이외의 자		국토교통부장관, 시·도지사, 시장 또는 군수로부터 시행자로 지정을 받아 시행

(2) 도시·군계획시설사업의 시행자에 대한 세부사항

　① 위 (1)-2., 3., 6.의 경우 국토교통부장관, 시·도지사, 시장 또는 군수는 그 지정내용을 고시하여야 한다.

　② 위 (1)-6.에 따라 도시·군계획시설사업의 시행자로 지정받고자 하는 자는 다음 사항을 기재한 신청서를 국토교통부장관, 시·도지사 또는 시장·군수에게 제출하여야 한다.

1. 사업의 종류 및 명칭
2. 사업시행자의 성명 및 주소(법인인 경우에는 법인의 명칭 및 소재지와 대표자의 성명 및 주소)
3. 토지 또는 건물의 소재지·지번·지목 및 면적, 소유권과 소유권외의 권리의 명세 및 그 소유자·권리자의 성명·주소
4. 사업의 착수예정일 및 준공예정일
5. 자금조달계획

　③ 다음에 해당하지 아니하는 자가 도시·군계획시설사업의 시행자로 지정을 받으려면 도시·군계획시설사업의 대상인 토지(국·공유지를 제외) 면적의 2/3 이상에 해당하는 토지를 소유하고, 토지소유자 총수의 1/2 이상에 해당하는 동의를 얻어야 한다.

　㉠ 국가 또는 지방자치단체

　㉡ 그 밖에 다음에 해당하는 공공기관

1. 「한국농수산식품유통공사법」에 따른 한국농수산식품유통공사
2. 「대한석탄공사법」에 따른 대한석탄공사
3. 「한국토지주택공사법」에 따른 한국토지주택공사
4. 「한국관광공사법」에 따른 한국관광공사
5. 「한국농어촌공사 및 농지관리기금법」에 따른 한국농어촌공사
6. 「한국도로공사법」에 따른 한국도로공사
7. 「한국석유공사법」에 따른 한국석유공사
8. 「한국수자원공사법」에 따른 한국수자원공사
9. 「한국전력공사법」에 따른 한국전력공사
10. 「한국철도공사법」에 따른 한국철도공사

　㉢ 「지방공기업법」에 따른 지방공사 및 지방공단

　㉣ 다른 법률에 의하여 도시·군계획시설사업이 포함된 사업의 시행자로 지정된 자

　㉤ 공공시설을 관리할 관리청에 무상으로 귀속되는 공공시설을 설치하고자 하는 자

　㉥ 「국유재산법」 또는 「공유재산 및 물품관리법」에 따라 기부를 조건으로 시설물을 설치하고자 하는 자

　④ 해당 도시·군계획시설사업이 다른 법령에 의하여 면허·허가·인가 등을 받아야 하는 사업인 경우에는 그 사업시행에 관한 면허·허가·인가 등의 사실을 증명하는 서류의 사본을 위 (2)-②의 신청서에 첨부하여야 한다.

　⑤ ④의 경우 다른 법령에서 도시·군계획시설사업의 시행자지정을 면허·허가·인가 등의 조건으로 하는 경우에는 관계 행정기관의 장의 의견서로 갈음할 수 있다.

② 도시·군계획시설사업의 분할시행 (법 제87조)

도시·군계획시설사업의 시행자는 도시·군계획시설사업의 효율적인 추진을 위하여 필요하다고 인정되면 사업시행대상지역 또는 대상시설을 둘 이상으로 분할하여 도시·군계획시설사업을 시행할 수 있다.

③ 실시계획의 작성 및 인가 등 (법 제88조) (영 제97조)

【1】작성 및 인가 등

(1) 도시·군계획시설사업의 시행자(국토교통부장관, 시·도지사와 대도시 시장을 제외)는 해당 도시·군계획시설사업에 관한 실시계획을 작성하여 국토교통부장관, 시·도지사 또는 대도시 시장의 인가를 받아야 한다.

(2) 도시·군계획시설사업의 시행자로 지정을 받은 자는 실시계획을 작성하고자 하는 때 미리 해당 특별시장·광역시장·특별자치시장·특별자치도지사·시장 또는 군수의 의견을 들어야 한다.

(3) 국토교통부장관, 시·도지사 또는 대도시 시장은 실시계획이 「도시·군계획시설의 결정·구조 및 설치의 기준」 등에 적합한 때에는 실시계획을 인가하여야 한다. 이 경우 국토교통부장관, 시·도지사 또는 대도시 시장은 기반시설의 설치 또는 그에 필요한 용지의 확보·위해방지·환경오염 방지·경관·조경 등의 조치를 조건으로 실시계획을 인가할 수 있다.

(4) 도시·군계획시설사업의 시행자가 실시계획의 인가를 받고자 하는 경우의 인가권자

시행자	인가권자
1. 국토교통부장관이 지정한 시행자	국토교통부장관
2. 그 밖의 시행자	시·도지사

(5) 실시계획의 포함 사항

1. 사업의 종류 및 명칭
2. 사업의 면적 또는 규모
3. 사업시행자의 성명 및 주소(법인인 경우 법인의 명칭 및 소재지와 대표자의 성명 및 주소)
4. 사업의 착수예정일 및 준공예정일

(6) 도시·군계획시설사업 실시계획의 인가를 받으려는 도시·군계획시설사업의 시행자는 특별한 사유가 없는 한 시행자 지정시에 정한 기일까지 도시·군계획시설사업실시계획인가신청서(별지 제9호서식)에 다음 서류를 첨부하여 국토교통부장관, 시·도지사 또는 대도시* 시장에게 제출하여야 한다.(*서울특별시와 광역시를 제외한 인구 50만 이상의 대도시)

① 첨부 서류

1. 사업시행지의 위치도 및 계획평면도
2. 공사설계도서(건축협의를 하여야 하는 사업인 경우 개략설계도서/「건축법」 제29조)
3. 수용 또는 사용할 토지 또는 건물의 소재지·지번·지목 및 면적, 소유권과 소유권외의 권리의 명세 및 그 소유자·권리자의 성명·주소를 기재한 서류

4. 도시·군계획시설사업의 시행으로 새로이 설치하는 공공시설 또는 기존의 공공시설의 조서 및 도면(행정청이 시행하는 경우에 한함)

5. 도시·군계획시설사업의 시행으로 용도폐지되는 국가 또는 지방자치단체의 재산에 대한 2 이상의 감정평가법인등의 감정평가서(행정청이 아닌 자가 시행하는 경우에 한함)

6. 도시·군계획시설사업으로 새로 설치하는 공공시설의 조서 및 도면과 그 설치비용계산서(새로운 공공시설의 설치에 필요한 토지와 기존의 공공시설이 설치되어 있는 토지가 동일한 토지인 경우 그 토지가격을 뺀 설치비용만 계산). ※ 행정청이 아닌 자가 시행하는 경우에 한함

7. 관계 행정기관의 장과의 협의에 필요한 서류(법 제92조제3항)

8. 특별시장·광역시장·특별자치시장·특별자치도지사·시장 또는 군수의 의견청취 결과(영 제97조제4항)

② 서류를 제출받은 국토교통부장관 또는 시 · 도지사 또는 대도시 시장은 「전자정부법」에 따른 행정정보의 공동이용을 통하여 수용 또는 사용할 토지 또는 건물의 토지대장·토지등기사항증명서 및 건물 등기사항증명서를 확인하여야 한다.

(7) 인가 받은 실시계획의 변경 또는 폐지
① 위 (1)의 규정을 준용한다.
② 경미한 사항의 변경(【2】)의 경우 (1) 규정을 준용하지 않는다.

(8) 실시계획이 작성(도시·군계획시설사업의 시행자가 국토교통부장관, 시·도지사 또는 대도시 시장인 경우를 말함) 또는 인가된 때에는 그 실시계획에 반영된 경미한 사항(법 제30조제5항 단서)의 범위에서 도시·군관리계획이 변경된 것으로 본다. 이 경우 도시·군관리계획의 변경사항 및 이를 반영한 지형도면을 고시하여야 한다.

【2】 경비한 사항의 변경

준공검사를 받은 후에 해당 도시·군계획시설사업에 대하여 경미한 사항을 변경하기 위하여 실시계획을 작성하는 경우 국토교통부장관, 시·도지사 또는 대도시 시장의 인가를 받지 않는다.

■ 인가를 받지 않는 경미한 변경

1. 사업명칭을 변경하는 경우

2. 구역경계의 변경이 없는 범위에서 행하는 건축물의 연면적* 10% 미만의 변경과 「학교시설사업촉진법」에 따른 학교시설의 변경인 경우
  * 구역경계 안에 「건축법 시행령」 별표 1에 따른 용도를 기준으로 그 용도가 동일한 건축물이 2개 이상 있는 경우 각 건축물의 연면적을 모두 합산한 면적

3. 다음의 공작물을 설치하는 경우
  ① 도시지역 또는 지구단위계획구역에 설치되는 공작물로서 무게는 50톤, 부피는 $50㎥$, 수평투영면적은 $50㎡$를 각각 넘지 않는 공작물
  ② 도시지역·자연환경보전지역 및 지구단위계획구역 외의 지역에 설치되는 공작물로서 무게는 150톤, 부피는 $150㎥$, 수평투영면적은 $150㎡$를 각각 넘지 않는 공작물

4. 기존 시설의 일부 또는 전부에 대한 용도변경을 수반하지 않는 대수선·재축 및 개축인 경우

5. 도로의 포장 등 기존 도로의 면적·위치 및 규모의 변경을 수반하지 않는 도로의 개량인 경우

6. 구역경계의 변경이 없는 범위에서 측량결과에 따라 면적을 변경하는 경우

【3】실시계획의 효력

(1) 도시·군계획시설결정의 고시일부터 10년 이후에 실시계획을 작성하거나 인가(다른 법률에 따라 의제된 경우 제외) 받은 도시·군계획시설사업의 시행자(이하 "장기미집행 도시·군계획시설사업의 시행자")가 아래 ⑥조에 따른 실시계획 고시일부터 5년 이내에 「공익사업을 위한 토지 등의 취득 및 보상에 관한 법률」에 따른 재결신청을 하지 않은 경우 실시계획 고시일부터 5년이 지난 다음 날에 그 실시계획은 효력을 잃는다.

※ 장기미집행 도시·군계획시설사업의 시행자가 재결신청을 하지 않고 실시계획 고시일부터 5년이 지나기 전에 해당 도시·군계획시설사업에 필요한 토지 면적의 2/3 이상을 소유하거나 사용할 수 있는 권원을 확보하고 실시계획 고시일부터 7년 이내에 재결신청을 하지 않은 경우 실시계획 고시일부터 7년이 지난 다음 날에 그 실시계획은 효력을 잃는다.

(2) 위 (1)에도 불구하고 장기미집행 도시·군계획시설사업의 시행자가 재결신청 없이 도시·군계획시설사업에 필요한 모든 토지·건축물 또는 그 토지에 정착된 물건을 소유하거나 사용할 수 있는 권원을 확보한 경우 그 실시계획은 효력을 유지한다.

(3) 실시계획이 폐지되거나 효력을 잃은 경우 해당 도시·군계획시설결정은 법 제48조제1항*에도 불구하고 다음에서 정한 날 효력을 잃는다. (*도시·군계획시설결정이 고시된 도시·군계획시설에 대하여 그 고시일부터 20년이 지날 때까지 그 시설의 설치에 관한 도시·군계획시설사업이 시행되지 않는 경우 그 도시·군계획시설결정은 그 고시일부터 20년이 되는 날의 다음 날에 그 효력을 잃음)

실효 사유	실효일
1. 도시·군계획시설결정의 고시일부터 20년이 되기 전에 실시계획이 폐지되거나 효력을 잃고 다른 도시·군계획시설사업이 시행되지 아니하는 경우	도시·군계획시설결정의 고시일부터 20년이 되는 날의 다음 날
2. 도시·군계획시설결정의 고시일부터 20년이 되는 날의 다음 날 이후 실시계획이 폐지되거나 효력을 잃은 경우	실시계획이 폐지되거나 효력을 잃은 날

(4) 효력을 잃는 경우 시·도지사 또는 대도시 시장은 해당 시·도 또는 대도시의 공보와 인터넷 홈페이지에 실효일자 및 실효사유와 실효된 도시·군계획의 내용을 게재하는 방법으로 도시·군계획시설결정의 실효고시를 해야 한다.

【참고】실시계획의 수립절차 (시행자 지정을 받은 경우)

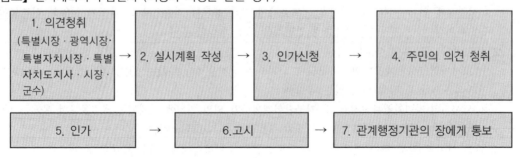

1. 의견청취 (특별시장·광역시장·특별자치시장·특별자치도지사·시장·군수) → 2. 실시계획 작성 → 3. 인가신청 → 4. 주민의 의견 청취

5. 인가 → 6. 고시 → 7. 관계행정기관의 장에게 통보

4 도시·군계획시설의 이행담보(법 제89조)

(1) 특별시장·광역시장·특별자치시장·특별자치도지사·시장 또는 군수는 기반시설의 설치 또는 그에 필요한 용지의 확보·위해방지·환경오염방지·경관·조경 등을 위하여 필요하다고 인정되는 경우로서 다음에 해당하는 경우 그 이행을 담보하기 위하여 도시·군계획시설사업의 시행자로 하여금 이행보증금을 예치하게 할 수 있다.

---

1. 도시·군계획시설사업으로 인하여 도로·수도공급설비·하수도 등 기반시설의 설치가 필요한 경우

---

2. 도시·군계획시설사업으로 인하여 다음의 어느 하나에 해당하는 경우
① 토지의 굴착으로 인하여 인근의 토지가 붕괴될 우려가 있거나 인근의 건축물 또는 공작물이 손괴될 우려가 있는 경우
② 토석의 발파로 인한 낙석·먼지 등에 의하여 인근지역에 피해가 발생할 우려가 있는 경우
③ 토석을 운반하는 차량의 통행으로 인하여 통행로 주변의 환경이 오염될 우려가 있는 경우
④ 토지의 형질변경이나 토석의 채취가 완료된 후 비탈면에 조경을 할 필요가 있는 경우

예외 이행보증금을 예치하지 않는 시행자

---

1. 국가 또는 지방자치단체

---

2. 공공기관(공기업/시장형 공기업, 준시장형 공기업, 위탁집행형 준정부기관)*
 *「공공기관의 운영에 관한 법률」 제5조제4항제1호 또는 제2호나목

---

3. 「지방공기업법」에 따른 지방공사 및 지방공단

※ 이행담보를 위한 예치금액의 산정 및 예치방법은 개발행위허가의 이행담보 등(영 제59조 제2항~제4항)의 규정을 준용한다.

(2) 특별시장·광역시장·특별자치시장·특별자치도지사·시장 또는 군수는 실시계획의 인가를 받지 아니하고 도시·군계획시설사업을 하거나 그 인가내용과 다르게 도시·군계획시설사업을 하는 자에 대하여 그 토지의 원상회복을 명할 수 있다.

(3) 특별시장·광역시장·특별자치시장·특별자치도지사·시장 또는 군수는 원상회복의 명령을 받은 자가 원상회복을 하지 아니하는 때에는 「행정대집행법」에 따른 행정대집행에 따라 원상회복을 할 수 있다. 이 경우 행정대집행에 필요한 비용은 도시·군계획시설사업의 시행자가 예치한 이행보증금으로 충당할 수 있다.

5 서류의 열람 (법 제90조)(영 제99조)

(1) 국토교통부장관, 시·도지사 또는 대도시 시장은 실시계획을 인가하고자 하는 때에는 미리 다음과 같이 공고하고, 관계 서류의 사본을 14일 이상 일반이 열람할 수 있도록 하여야 한다.

① 공고 방법

1. 국토교통부장관이 공고하는 경우 : 관보 또는 전국 일간지

2. 시·도지사 또는 대도시 시장이 하는 경우: 해당 시·도 또는 대도시의 공보 또는 해당지역의 일간지와 인터넷 홈페이지

② 공고 사항

1. 인가신청의 요지

2. 열람의 일시 및 장소

예외 다음의 경미한 사항의 변경인 경우 공고 및 열람을 하지 않을 수 있다.

1. 사업시행지의 변경이 수반되지 아니하는 범위안에서의 사업내용변경

2. 사업의 착수예정일 및 준공예정일의 변경. 예외 사업시행에 필요한 토지 등(공공시설은 제외)의 취득이 완료되기 전에 준공예정일을 연장하는 경우는 제외

3. 사업시행자의 주소(사업시행자가 법인인 경우 법인의 소재지와 대표자의 성명 및 주소)의 변경

(2) 도시·군계획시설사업의 시행지구안의 토지·건축물 등의 소유자 및 이해관계인은 열람기간 이내에 국토교통부장관, 시·도지사, 대도시 시장 또는 도시·군계획시설사업의 시행자에게 의견서를 제출할 수 있다.

(3) 국토교통부장관, 시·도지사, 대도시 시장 또는 도시·군계획시설사업의 시행자는 제출된 의견이 타당하다고 인정되는 때에는 이를 실시계획에 반영하여야 한다.

(4) 공고에 소요되는 비용은 도시·군계획시설사업의 시행자가 부담한다.

6 실시계획의 고시 (법 제91조)(영 제100조)

(1) 국토교통부장관, 시·도지사, 대도시 시장은 실시계획을 작성(변경작성 포함)하거나 인가(변경인가 포함), 폐지하거나 실시계획이 효력을 잃은 경우 그 내용을 고시하고, 관계 행정기간의 장에게 통보하여야 한다.

(2) 실시계획의 고시는 국토교통부장관이 하는 경우 관보와 인터넷 홈페이지에, 시·도지사, 또는 대도시 시장이 하는 경우에는 해당 시·도의 공보와 인터넷 홈페이지에 게재한다.

(3) 실시계획의 고시에 게재할 사항

1. 사업시행지의 위치

2. 사업의 종류 및 명칭

3. 면적 또는 규모

4. 시행자의 성명 및 주소(법인인 경우에는 법인의 명칭 및 주소와 대표자의 성명 및 주소)

5. 사업의 착수예정일 및 준공예정일

6. 수용 또는 사용할 토지 또는 건물의 소재지·지번·지목 및 면적, 소유권과 소유권외의 권리의 명세 및 그 소유자·권리자의 성명·주소

7. 공공시설 등의 귀속 및 양도에 관한 사항

7 실시계획 인가에 따른 타법의 의제 (법 제92조)

【1】 실시계획 인가에 따른 타법의 의제

실시계획의 작성 또는 인가를 함에 있어서 국토교통부장관, 시·도지사 또는 대도시 시장이 해당 실시계획에 대한 다음의 인·허가 등에 관하여 관계행정기관의 장과 협의한 사항에 대하여는 해당 인·허가 등을 받은 것으로 보며, 실시계획의 고시가 있은 때에는 관계 법률에 따른 인·허가 등의 고시·공고 등이 있은 것으로 본다.

내 용	관련법	조 항
건축허가	「건축법」	제11조
건축신고		제14조
가설건축물의 허가 또는 신고		제20조
공장설립 등의 승인	「산업집적활성화 및 공장설립에 관한 법률」	제13조
공유수면 매립의 면허	「공유수면 관리 및 매립에 관한 법률」	제9조
실시계획의 인가		제15조
협의 또는 승인		제38조
점용 또는 사용의 허가		제5조
실시계획의 인가 또는 신고		제8조
채굴계획의 인가	「광업법」	제42조
사용·수익의 허가	「국유재산법」	제24조
농업기반시설의 사용허가	「농어촌정비법 」	제22조
농지전용의 허가 또는 협의	「농지법」	제34조
농지전용 신고		제35조
농지의 타용도 일시사용의 허가 또는 협의		제36조
도로공사시행의 허가	「도로법」	제34조
도로점용의 허가		제38조
무연분묘의 개장허가	「장사 등에 관한 법률」	제27조제1항
사도개설의 허가	「사도법」	제4조
토지의 형질변경 등의 허가	「사방사업법」	제14조
사방지지정의 해제		제20조
산지전용허가	「산지관리법」	제14조
산지전용신고		제15조
토석채취허가		제25조제1항
토사채취신고		제32조제2항
입목·벌채 등의 허가·신고	「산림자원의 조성 및 관리에 관한 법률」	제36조제1항·제5항
소하천 공사시행의 허가	「소하천정비법」	제10조
소하천의 점용허가		제14조
일반수도사업의 인가	「수도법」	제17조
공업용수도사업의 인가		제49조
전용상수도설치의 인가		제52조
전용공업용수도설치의 인가		제54조
연안정비사업실시계획의 승인	「연안관리법」	제25조

에너지사용계획의 협의	「에너지이용 합리화법」	제8조
대규모 점포의 개설등록」	「유통산업발전법」	제8조
사용·수익의 허가	「공유재산 및 물품 관리법」	제20조제1항
사업의 착수·변경 또는 완료의 신고	「공간정보의 구축 및 관리 등에 관한 법률」	제86조제1항
집단에너지 공급 타당성에 관한 협의	「집단에너지사업법」	제4조
사업계획의 승인	「체육시설의 설치·이용에 관한 법률	제12조
초지전용의 허가·신고 또는 협의	「초지법」	제23조
지도 등의 간행 심사	「공간정보의 구축 및 관리 등에 관한 법률」	제15조제4항
공공하수도에 관한 공사시행의 허가	「하수도법」	제16조
공공하수도의 점용허가		제24조
하천공사시행의 허가	「하천법」	제30조
하천점용의 허가		제33조
항만개발사업 시행의 허가	「항만법」	제9조제2항
항만개발사업실시계획의 승인		제10조제2항

【2】 절차의 기준

① 실시계획 인·허가 등의 타법의 의제를 받고자 하는 자는 실시계획인가의 신청을 하는 때에 해당 법률이 정하는 관련서류를 함께 제출하여야 한다.

② 국토교통부장관, 시·도지사 또는 대도시 시장은 실시계획을 작성하거나 이를 인가함에 있어서 타법의 의제에 해당하는 사항이 있는 경우 미리 관계행정기관의 장과 협의하여야 한다.

③ 국토교통부장관은 위 규정에 의해 의제되는 인·허가의 처리기준을 관계중앙행정기관으로부터 제출받아 이를 통합하여 고시하여야 한다.

8 관계서류의 열람 등 (법 제93조)

시행자가 도시·군계획시설사업의 시행을 위하여 필요한 때에는 등기소 그 밖에 관계 행정기관의 장에게 무료로 필요한 서류의 열람 또는 등사를 하거나 그 등본 또는 초본의 발급을 청구할 수 있다.

9 서류의 송달 (법 제94조)

(1) 시행자가 이해관계인의 주소 또는 거소의 불명, 그 밖의 사유로 인하여 서류의 송달을 할 수 없는 경우, 「민사소송법」의 공사송달의 예에 의하여 송달에 갈음하여 서류를 공시할 수 있다.

(2) 행정청이 아닌 도시·군계획시설사업의 시행자는 공시송달은 하려는 경우 국토교통부장관, 관할 시·도지사 또는 대도시 시장의 승인을 받아야 한다.

10 토지 등의 수용 및 사용 (법 제95조)

도시·군계획시설사업의 시행자는 도시·군계획시설사업에 필요한 물건 또는 권리를 수용 또는 사용할 수 있으며 그 내용은 다음과 같다.

【1】토지의 수용 · 사용대상

수용권자	조 건	수용 및 사용대상
시행자	도시 · 군계획시설사업에 필요한 경우	1. 토지·건축물 또는 그 토지에 정착된 물건 2. 토지·건축물 또는 그 토지에 정착된 물건에 관한 소유권 이외의 권리

【2】인접 토지 등의 일시 사용

시행자는 도시 · 군계획시설사업의 시행을 위하여 특히 필요하다고 인정되면 도시·군계획시설에 인접한 다음 물건 또는 권리를 일시 사용할 수 있다.

1. 토지·건축물 또는 그 토지에 정착된 물건

2. 토지·건축물 또는 그 토지에 정착된 물건에 관한 소유권 외의 권리

11 「공익사업을 위한 토지 등의 취득 및 보상에 관한 법률」의 준용$\left(\begin{smallmatrix} 법 \\ 제96조 \end{smallmatrix}\right)$

(1) 토지 등의 수용 및 사용에 관하여는 이 법에 특별한 규정이 있는 경우 외에는 「공익사업을 위한 토지 등의 취득 및 보상에 관한 법률」을 준용한다.

(2) 위 (1)에 따라 「공익사업을 위한 토지 등의 취득 및 보상에 관한 법률」을 준용할 때에 실시계획을 고시한 경우에는 「공익사업을 위한 토지 등의 취득 및 보상에 관한 법률」에 따른 사업인정 및 그 고시가 있었던 것으로 본다.

(3) 재결신청은 「공익사업을 위한 토지 등의 취득 및 보상에 관한 법률」의 관련 규정에도 불구하고 실시 계획에서 정한 도시 · 군계획시설사업의 시행기간에 해야 한다.

12 국 · 공유지의 처분제한$\left(\begin{smallmatrix} 법 \\ 제97조 \end{smallmatrix}\right)$

(1) 도시 · 군관리계획결정을 고시한 경우 국공유지로서 도시 · 군계획시설사업에 필요한 토지는 그 도시 · 군관리계획으로 정하여진 목적 외의 목적으로 이를 매각하거나 양도할 수 없다.

(2) 위 (1)의 규정에 위반한 행위는 무효로 한다.

13 공사완료 공고 등$\left(\begin{smallmatrix} 법 \\ 제98조 \end{smallmatrix}\right)$

(1) 공사완료보고서 작성 및 준공검사

① 도시 · 군계획시설사업의 시행자(국토교통부장관, 시·도지사와 대도시 시장은 제외)는 도시 · 군계획시설사업의 공사를 마친 때에는 공사완료보고서를 작성하여 시·도지사 또는 대도시 시장의 준공검사를 받아야 한다.

② 도시·군계획시설사업의 시행자는 공사를 완료한 때에는 공사를 완료한 날부터 7일 이내에 도시·군계획시설사업공사완료보고서(별지 제10호서식)에 다음 서류를 첨부하여 시·도지사 또는 대도시 시장에게 제출하여야 한다.

1. 준공조서

2. 설계도서

3. 아래 (5)② 규정에 의한 관계 행정기관의 장과의 협의에 필요한 서류

(2) 도시·군계획시설사업에 대하여 다른 법령에 따른 준공검사·준공인가 등을 받은 경우 그 부분에 대하여는 준공검사를 생략할 수 있다. 이 경우 시·도지사 또는 대도시 시장은 다른 법령에 따른 준공검사·준공인가 등을 한 기관의 장에 대하여 그 준공검사·준공인가 등의 내용을 통보하여 줄 것을 요청할 수 있다.

(3) 시·도지사 또는 대도시 시장은 공사완료보고서를 받은 때에는 지체 없이 준공검사를 실시하여 해당 도시·군계획시설사업이 실시계획대로 완료되었다고 인정되는 때에는 시행자에게 준공검사증명서를 발급하고 공사완료공고를 하여야 한다.

(4) 시행자가 국토교통부장관, 시·도지사 또는 대도시 시장인 경우에는 도시·군계획시설사업의 공사를 완료한 때에 공사완료공고를 하여야 한다.

(5) 준공검사에 따른 타법의 의제

① 준공검사 또는 공사완료공고를 할 때 국토교통부장관, 시·도지사 또는 대도시 시장이 타법 의제되는 인·허가등에 따른 준공검사·준공인가 등에 관하여 관계 행정기관의 장과 협의한 사항에 대하여는 그 준공검사·준공인가 등을 받은 것으로 본다.

② 국토교통부장관, 시·도지사 또는 대도시 시장은 준공검사를 하거나 공사완료 공고를 할 때에 그 내용에 타법 의제되는 인·허가등에 따른 준공검사·준공인가 등에 해당하는 사항이 있으면 미리 관계 행정기관의 장과 협의하여야 한다.

③ 시행자(국토교통부장관, 시·도지사와 대도시 시장은 제외)는 위의 ①.에 따른 준공검사·준공인가 등의 의제를 받으려면 준공검사를 신청할 때에 해당 법률에서 정하는 관련 서류를 함께 제출하여야 한다.

④ 국토교통부장관은 타법 의제되는 준공검사·준공인가 등의 처리기준을 관계 중앙행정기관으로부터 받아 이를 통합하여 고시하여야 한다.

(6) 공사완료 공고는 국토교통부장관이 하는 경우 관보와 국토교통부의 인터넷 홈페이지에, 시·도지사 또는 대도시 시장이 하는 경우 해당 시·도 또는 대도시의 공보와 인터넷 홈페이지에 게재하는 방법으로 한다.

14 도시·군계획시설사업에 따른 공공시설 등의 귀속 (법 제99조)

(1) 도시·군계획시설사업에 의하여 새로 공공시설을 설치하거나 기존의 공공시설에 대체되는 공공시설을 설치한 경우에는 제65조(개발행위에 따른 공공시설 등의 귀속) 규정을 준용한다.
⇨제5장 1 14 참조

(2) 이 규정 적용시 문구 수정

관련 조항	...을	...으로
제65조제5항	준공검사를 마친 때	준공검사를 마친 때(시행자가 국토교통부장관, 시·도지사 또는 대도시 시장인 경우에는 제98조제4항에 따른 공사완료 공고를 한 때를 말한다)
제65조제7항	제62조제1항에 따른 준공검사를 받았음을 증명하는 서면	제98조제3항에 따른 준공검사증명서(시행자가 국토교통부장관, 시·도지사 또는 대도시 시장인 경우에는 같은 조 제4항에 따른 공사완료 공고를 하였음을 증명하는 서면을 말한다)

15 다른 법률과의 관계 (법 제100조)

(1) 도시·군계획시설사업으로 인하여 조성된 대지 및 건축물 중 국가 또는 지방자치단체의 소유에 속하는 재산을 처분하려면「국유재산법」및「공유재산 및 물품관리법」에도 불구하고 다음의 순위에 의하여 처분할 수 있다.

---

1. 해당 도시·군계획시설사업의 시행으로 인하여 수용된 토지 또는 건축물 소유자에의 양도

---

2. 다른 도시·군계획시설사업에 필요한 토지와의 교환

---

(2) 국가 또는 지방자치단체는 위 (1)의 규정에 의하여 도시·군계획시설사업으로 인하여 조성된 대지 및 건축물 중 그 소유에 속하는 재산을 처분하려는 때에는 다음의 사항을 공고하되, 국가가 하는 경우에는 관보와 인터넷 홈페이지에, 지방자치단체가 하는 경우에는 해당 지방자치단체의 공보와 인터넷 홈페이지에 게재하는 방법으로 한다.

① 위 (1)의 각 순위에 의하여 처분한다는 취지

② 처분하고자 하는 대지 또는 건축물의 위치 및 면적

8

비　　용

1 비용부담의 원칙 (법 제101조)

광역도시계획 또는 도시·군계획의 수립, 도시·군계획시설사업에 관한 비용은 이 법 또는 다른 법령에 특별한 규정이 있는 경우를 제외하고 다음과 같이 부담한다.

시행자	비용 부담
1. 국가	국가예산에서 부담
2. 지방자치단체	해당 지방자치단체가 부담
3. 행정청이 아닌 자	행정청이 아닌 자가 부담

2 지방자치단체의 비용부담 (법 제102조)

1 국토교통부장관, 시·도지사가 시행한 도시·군계획사업으로 인해 현저히 이익을 받은 시·도, 시 또는 군

(1) 비용부담의 범위

① 도시·군계획시설사업에 소요된 비용의 50%의 범위에서 이익을 받은 시·도, 시 또는 군 에 부담시킬 수 있다. 이 경우 도시·군계획시설사업에 소요된 비용에는 해당 도시·군계획시설사업의 조사·측량비, 설계비 및 관리비를 포함하지 아니한다.

② 위 ①의 경우 국토교통부장관은 비용을 부담시키기 전에 행정안전부장관과 협의해야 한다.

(2) 시·도지사가 관할 이외의 특별시·광역시·특별자치시·특별자치도·시 또는 군에 비용을 부담시킬 때에는 해당 지방자치단체의 장과 협의해야 하며, 협의가 성립되지 않을 경우에는 행정안전부장관의 결정에 따라야 한다.

(3) 국토교통부장관 또는 시·도지사는 도시·군계획시설사업으로 인하여 이익을 받는 시·도 또는 시·군에 비용을 부담시키고자 하는 때에는 도시·군계획시설사업에 소요된 비용총액의 명세와 부담액을 명시하여 해당 시·도지사 또는 시장·군수에게 송부하여야 한다.

② 시장(특별시·광역시·특별자치시·특별자치도는 제외)·군수가 행한 도시·군계획사업으로 인하여 이익을 받은 다른 지방자치단체

(1) 도시·군계획시설사업에 소요된 비용의 50%의 범위에서 이익을 받는 다른 지방자치단체와 협의하여 그 지방자치단체에 이를 부담시킬 수 있다.

(2) 위의 경우 협의가 성립되지 않을 때에는 다음의 결정에 따른다.

이익을 받는 지방자치단체 관할 구역	부담비율 결정자
동일한 도에 속하는 경우	관할 도지사가 결정
다른 시·도에 속하는 경우	행정안전부장관이 결정

3 보조 또는 융자 $\left(\substack{법 \\ 제104조}\right)$

(1) 시·도지사, 시장 또는 군수가 수립하는 광역도시계획 또는 도시·군계획에 관한 기초조사 또는 지형도면의 작성에 소요되는 비용의 80% 이하의 범위 안에서 국가예산으로 보조할 수 있다.

(2) 비용의 보조 및 융자
시행자에 따라 도시·군계획시설사업에 소요되는 비용을 다음과 같이 보조 또는 융자할 수 있다.

시행자 구분	보조 및 융자 범위	재원 등
행정청	해당 도시·군계획시설사업에 소요되는 비용*의 50% 이하	국가예산으로 보조 또는 융자
행정청이 아닌 자	해당 도시·군계획시설사업에 소요되는 비용*의 1/3 이하	국가 또는 지방자치단체가 보조 또는 융자

* 조사·측량비, 설계비 및 관리비를 제외한 공사비와 감정비를 포함한 보상비

(3) 국가 또는 지방자치단체 우선 지원할 수 있는 지역

1. 도로, 상하수도 등 기반시설이 인근지역에 비하여 부족한 지역

2. 광역도시계획에 반영된 광역시설이 설치되는 지역

3. 개발제한구역(집단취락만 해당함)에서 해제된 지역

4. 도시·군계획시설결정의 고시일부터 10년이 경과할 때까지 그 도시·군계획시설의 설치에 관한 도시·군계획시설사업이 시행되지 아니한 경우로서 해당 도시·군계획시설의 설치 필요성이 높은 지역

■4 취락지구, 방재지구에 대한 지원 (법 제105조, 제105조의2)

1 취락지구에 대한 지원 (법 제105조)

국가 또는 지방자치단체는 취락지구안의 주민의 생활편익과 복지증진 등을 위한 다음의 사업을 시행하거나 그 사업을 지원할 수 있다.

취락지구 구분	사업 내용
1. 집단취락지구	「개발제한구역의 지정 및 관리에 관한 특별조치법령」에서 정하는 바에 따름
2. 자연취락지구	① 자연취락지구안에 있거나 자연취락지구에 연결되는 도로·수도공급설비·하수도 등의 정비 ② 어린이놀이터·공원·녹지·주차장·학교·마을회관 등의 설치·정비 ③ 쓰레기처리장·하수처리시설 등의 설치·개량 ④ 하천정비 등 재해방지를 위한 시설의 설치·개량 ⑤ 주택의 신축·개량

2 방재지구에 대한 지원 (법 제105조의2)

국가나 지방자치단체는 이 법률 또는 다른 법률에 따라 방재사업을 시행하거나 그 사업을 지원하는 경우 방재지구에 우선적으로 지원할 수 있다.

9 도시계획위원회

1 중앙도시계획위원회 (제106조 ~ 제112조)

【1】 설치 및 조직

구 분		내 용	
1. 설치		국토교통부	
2. 설치목적		① 광역도시계획	국토교통부장관의 권한에 속하는 사항심의
		② 도시·군계획	
		③ 토지거래계약허가구역 등	
		④ 다른 법률에서 심의를 거치도록 한 사항의 심의	
		⑤ 도시·군계획에 관한 조사·연구의 수행	
3. 조직	위원장	국토교통부장관이 위원 중에서 임명 또는 위촉	
	부위원장	국토교통부장관이 위원 중에서 임명 또는 위촉	
	위원수	위원장 1인, 부위원장 1인	
		위원 : 25인 이상 30인 이하(위원장, 부위원장 각 1인을 포함)	
	위원자격	① 관계 중앙행정기관의 공무원 ② 토지이용·건축·주택·교통·공간정보·환경·법률·복지·방재·문화·농림 등 도시·군계획과 관련된 분야에 관한 학식과 경험이 풍부한 자 중에서 국토교통부장관이 임명 또는 위촉(공무원이 아닌 위원의 수는 10명 이상으로 하고, 임기는 2년으로 한다.) ③ 보궐위원의 임기는 전임자의 임기의 남은 기간으로 한다.	
	위원장 등의 직무	① 위원장은 중앙도시계획위원회의 업무를 총괄하며, 중앙도시계획위원회의 의장이 된다. ② 부위원장은 위원장을 보좌하며, 위원장이 부득이한 사유로 그 직무를 수행하지 못할 때에는 그 직무를 대행한다. ③ 위원장 및 부위원장이 모두 부득이한 사유로 그 직무를 수행하지 못할 때에는 위원장이 미리 지명한 위원이 그 직무를 대행한다.	

	④ 중앙도시계획위원회에 간사와 서기를 둔다. 간사 및 서기는 국토교통부 소속공무원 중에서 국토교통부장관이 임명한다. 간사는 위원장의 명을 받아 중앙도시계획위원회의 서무를 담당하고, 서기는 간사를 보좌한다.
4. 회의의 소집	국토교통부장관 또는 위원장이 필요하다고 인정하는 경우에 국토교통부장관 또는 위원장이 이를 소집한다.
5. 의결정족수	• 개의 : 재적위원 과반수 출석 • 의결 : 출석의원 과반수 찬성
6. 운영	① 중앙도시계획위원회는 필요하다고 인정하는 경우에는 관계 행정기관의 장에게 필요한 자료의 제출을 요구할 수 있으며, 도시·군계획에 관하여 학식이 풍부한 자의 설명을 들을 수 있다. ② 관계 중앙행정기관의 장, 시·도지사 또는 군수는 해당 중앙행정기관 또는 지방자치단체의 도시·군계획 관련사항에 관하여 중앙도시계획위원회에 출석하여 발언할 수 있다. ③ 중앙도시계획위원회의 간사는 회의시마다 회의록을 작성하여 다음 회의에 보고하고 이를 보관하여야 한다.

【2】 분과위원회$\left(\frac{법}{제110조}\right)\left(\frac{령}{제109조}\right)$

분과위원회는 중앙도시계획위원회에 두며, 그 내용은 다음과 같다.

구 분	내 용
1. 목적	중앙도시계획위원회에서 위임하는 사항 등을 효율적으로 심의하기 위하여 설치
2. 위원회별 소관업무	① 제1분과위원회 ㉠ 토지이용계획에 관한 구역 등의 지정 ㉡ 용도지역 등의 변경계획에 관한 사항의 심의 ㉢ 개발행위에 관한 사항의 심의 ② 제2분과위원회 : 중앙도시계획위원회에서 위임하는 사항의 심의
3. 조직	① 각 분과위원회는 위원장 1인을 포함한 5인 이상 17인 이하의 위원으로 구성 ② 각 분과위원회의 위원은 중앙도시계획위원회가 그 위원 중에서 선출하며, 중앙도시계획위원회의 위원은 2 이상의 분과위원회의 위원이 될 수 있음 ③ 각 분과위원회의 위원장은 분과위원회의 위원 중에서 호선
4. 기타	분과위원회의 심의는 중앙도시계획위원회의 심의로 본다. ※ 위 2.-②의 경우 중앙도시계획위원회가 분과위원회의 심의를 중앙도시계획위원회의 심의로 보도록 하는 경우만 해당

【3】 전문위원$\left(\frac{법}{제111조}\right)$

(1) 도시·군계획 등에 관한 중요사항을 조사·연구하게 하기 위하여 중앙도시계획위원회에, 전문위원을 둘 수 있다.

(2) 전문위원은 위원장 및 중앙도시계획위원회나 분과위원회의 요구가 있을 때에는 회의에 출석하여 발언할 수 있다.

(3) 전문위원은 토지이용, 건축, 주택, 교통, 공간정보, 환경, 법률, 복지, 방재, 문화, 농림 등 도시·군계획과 관련된 분야에 관한 학식과 경험이 풍부한 자 중에서 국토교통부장관이 임명한다.

2 지방도시계획위원회

【1】 지방도시계획위원회의 구성 등 (법 제113조)

(1) 지방도시계획위원회는 특별시·도에 시·도 도시계획위원회를 시·군(광역시에 있는 군 포함) 또는 구에 각각 시·군·구 도시계획위원회를 두며 그 내용은 다음과 같다.

구 분	시 · 도 도시계획위원회	시 · 군 · 구 도시계획위원회
1. 설치목적	시·도지사가 결정하는 도시·군관리계획 등의 심의 또는 자문	도시·군관리계획과 관련된 사항의 심의 및 시장·군수 또는 구청장에 대한 자문
2. 구성 및 운영	① 위원장 및 부위원장 각 1인을 포함한 25인 이상 30인 이하의 위원으로 구성한다. ② 위원장은 위원 중에서 해당 시·도지사가 임명 또는 위촉하며, 부위원장은 위원 중에서 호선한다. ③ 위원은 다음에 해당하는 자중에서 시·도지사가 임명 또는 위촉한다. 이 경우 아래 ⓒ에 해당하는 위원의 수는 전체 위원의 2/3 이상이어야 하고, 농업진흥지역의 해제 또는 보전산지의 지정해제를 할 때에 도시·군관리계획의 변경이 필요하여 시·도 도시계획위원회의 심의를 거쳐야 하는 시·도의 경우에는 농림 분야 공무원 및 농림 분야 전문가가 각각 2명 이상이어야 한다. ㉠ 해당 시·도 지방의회의 의원 ㉡ 해당 시·도 및 도시·군계획과 관련 있는 행정기관의 공무원 ㉢ 토지이용·건축·주택·교통·환경·방재·문화·농림·정보통신 등 도시·군계획과 관련된 분야에 관하여 학식과 경험이 있는 자	① 위원장 및 부위원장 각 1인을 포함한 15인 이상 25인 이하의 위원으로 구성한다. ※ 2 이상의 시·군 또는 구에 공동으로 시·군·구도시계획위원회를 설치하는 경우 그 위원의 수를 30인까지로 할 수 있다. ② 위원장은 해당 시장·군수·구청장이 임명 또는 위촉하며, 부위원장은 위원 중에서 호선한다. ※ 2 이상의 시·군 또는 구에 공동으로 설치하는 시·군·구 도시계획위원회의 위원장은 해당 시장·군수 또는 구청장이 협의하여 정한다. ③ 위원은 다음의 자중에서 시장·군수 또는 구청장이 임명 또는 위촉한다. 이 경우 ⓒ에 해당하는 위원의 수는 위원 총수의 50% 이상이어야 한다. ㉠ 해당 시·군·구 지방의회의 의원 ㉡ 해당 시·군·구 및 도시·군계획과 관련 있는 행정기관의 공무원 ㉢ 토지이용·건축·주택·교통·환경·방재·문화·농림·정보통신 등 도시·군계획과 관련된 분야에 관하여 학식과 경험이 있는 자 ④ 위 ① 및 ③에도 불구하고 시·군·구 도시계획위원회 중 대도시에 두는 도시계획위원회는 위원장 및 부위원장 각 1명을 포함한 20명 이상 25명 이하의 위원으로 구성하며, ③-ⓒ에 해당하는 위원의 수는 전체 위원의 2/3 이상이어야 한다.
(공통사항)	④ 위 2.의 ③-ⓒ에 해당하는 위원의 임기는 2년으로 하되, 연임할 수 있다. ※ 보궐위원의 임기는 전임자의 임기 중 남은 기간으로 한다. ⑤ 위원장은 위원회의 업무를 총괄하며, 위원회를 소집하고 그 의장이 된다. ⑥ 회의는 재적위원 과반수(출석위원의 과반수는 위 ③-ⓒ에 해당하는 위원이어야 한다)의 출석으로 개의하고, 출석위원 과반수의 찬성으로 의결한다. ⑦ 위원회에는 간사 1인과 서기 약간인을 둘 수 있으며, 간사와 서기는 위원장이 임명한다. ⑧ 간사는 위원장의 명을 받아 서무를 담당하고, 서기는 간사를 보좌한다.	

3. 심의 또는 자문 내용	① 시·도지사가 결정하는 도시·군관리계획의 심의 등 시·도지사의 권한에 속하는 사항과 다른 법률에서 시·도 도시계획위원회의 심의를 거치도록 한 사항의 심의 ② 국토교통부장관의 권한에 속하는 사항 중 중앙도시계획위원회의 심의대상에 해당하는 사항이 시·도지사에게 위임된 경우 그 위임된 사항의 심의 ③ 도시·군관리계획과 관련하여 시·도지사가 자문하는 사항에 대한 조언 ④ 해당 시·도의 도시·군계획조례의 제정·개정과 관련하여 시·도지사가 자문하는 사항에 대한 조언 ⑤ 개발행위허가에 대한 심의	① 시장 또는 군수가 결정하는 도시·군관리계획의 심의와 국토교통부장관이나 시·도지사의 권한에 속하는 사항 중 시·도도시계획위원회의 심의대상에 해당하는 사항이 시장·군수 또는 구청장에게 위임되거나 재위임된 경우 그 위임되거나 재위임된 사항의 심의 ② 도시·군관리계획과 관련하여 시장·군수 또는 구청장이 자문하는 사항에 대한 조언 ③ 개발행위의 허가 등에 관한 심의 ④ 해당 시·군·구와 관련한 도시·군계획조례의 제정·개정과 관련하여 시장·군수·구청장이 자문하는 사항에 대한 조언 ⑤ 개발행위허가에 대한 심의(대도시에 두는 도시계획위원회에 한정) ⑥ 개발행위허가와 관련하여 시장 또는 군수(특별시장·광역시장의 개발행위허가 권한이 조례로 군수 또는 구청장에게 위임된 경우 그 군수 또는 구청장 포함)가 자문하는 사항에 대한 조언 ⑦ 시범도시사업계획의 수립에 관하여 시장·군수·구청장이 자문하는 사항에 대한 조언
4. 분과 위원회	① 시·도 도시계획위원회 또는 시·군·구 도시계획위원회의 심의사항 중 다음에 정하는 사항을 효율적으로 심의하기 위하여 시·도 도시계획위원회 또는 시·군·구 도시계획위원회에 분과위원회를 둘 수 있다. ㉠ 용도지역 등의 변경계획에 관한 사항(법 제9조) ㉡ 지구단위계획구역 및 지구단위계획의 결정 또는 변경결정에 관한 사항(법 제50조) ㉢ 개발행위에 대한 심의에 관한 사항(법 제59조) ㉣ 이의신청에 관한 사항(법 제120조) ㉤ 지방도시계획위원회에서 위임하는 사항 ② 분과위원회에서 심의하는 사항 중 시·도 도시계획위원회 또는 시·군·구 도시계획위원회가 지정하는 사항은 분과위원회의 심의를 시·도 도시계획위원회 또는 시·군·구 도시계획위원회의 심의로 본다.	

(2) 도시·군계획 등에 관한 중요 사항을 조사·연구하기 위하여 지방도시계획위원회에 전문위원을 둘 수 있다. 전문위원을 두는 경우 위 중앙도시계획위원회 전문위원의 관련 규정을 준용한다.

【2】 심의 회의록의 공개$\left(\begin{smallmatrix} 법 \\ 제113조의2 \end{smallmatrix}\right)$

(1) 공개할 회의록의 내용

중앙도시계획위원회 및 지방도시계획위원회의 심의 일시·장소·안건·내용·결과 등의 기록

(2) 공개 기간 및 방법

다음의 기간의 범위에서 해당 지방자치단체의 도시·군계획조례로 지정한 기간이 지난 후 공개 요청이 있는 경우 열람 또는 사본을 제공하는 방법으로 공개해야 한다.

구 분	기 간
1. 중앙도시계획위원회	심의 종결 후 6개월
2. 지방도시계획위원회	6개월 이하의 범위에서 해당 지방자치단체의 도시·군계획조례로 정하는 기간

> **예외** 공개에 의하여 다음 사항의 우려가 있는 경우 제외
>
> 1. 부동산 투기 유발 등 공익을 현저히 해칠 우려가 있다고 인정하는 경우
>
> 2. 심의·의결의 공정성을 침해할 우려가 있다고 인정되는 이름·주민등록번호·직위 및 주소 등 특정인임을 식별할 수 있는 정보에 관한 부분의 경우

【3】 위원의 제척·회피(법 제113조의3)

(1) 중앙도시계획위원회의 위원 및 지방도시계획위원회의 위원은 다음에 해당하는 경우에 심의·자문에서 제척(除斥)된다.

> 1. 자기나 배우자 또는 배우자이었던 자가 당사자이거나 공동권리자 또는 공동의무자인 경우
>
> 2. 자기가 당사자와 친족관계에 있거나 자기 또는 자기가 속한 법인이 당사자의 법률·경영 등에 대한 자문·고문 등으로 있는 경우
>
> 3. 자기 또는 자기가 속한 법인이 당사자 등의 대리인으로 관여하거나 관여하였던 경우
>
> 4. 그 밖에 해당 안건에 자기가 이해관계인으로 관여한 경우로서 다음에 해당하는 경우
>   ① 자기가 심의하거나 자문에 응한 안건에 관하여 용역을 받거나 그 밖의 방법으로 직접 관여한 경우
>   ② 자기가 심의하거나 자문에 응한 안건의 직접적인 이해관계인이 되는 경우

(2) 위원이 위 (1)의 사유에 해당하는 경우에는 스스로 그 안건의 심의·자문에서 회피할 수 있다.

【4】 벌칙 적용 시의 공무원 의제(법 제113조의4)

중앙도시계획위원회의 위원·전문위원 및 지방도시계획위원회의 위원·전문위원 중 공무원이 아닌 위원이나 전문위원은 그 직무상 행위와 관련하여 「형법」 제129조부터 제132조까지의 규정을 적용할 때에는 공무원으로 본다.

> **【참고】** 「형법」 제129조~제132조
> * 형법 제129조[수뢰(收賂), 사전수뢰]
> * 형법 제130조(제삼자 뇌물제공)
> * 형법 제131조(수뢰 후 부정처사, 사후수뢰)
> * 형법 제132조(알선수뢰)

3 운영세칙(법 제114조)

(1) 도시계획위원회와 분과위원회의 설치 및 운영에 관한 기준

구　분	설치 및 운영에 관한 기준
1. 중앙도시계획위원회 및 분과위원회	국토교통부장관이 정함
2. 지방도시계획위원회 및 분과위원회	해당 지방자치단체의 도시·군계획조례로 정함

(2) 규정할 운영세칙의 사항

■ 운영세칙 내용
1. 위원의 자격 및 임명·위촉·해촉(解囑) 기준
2. 회의 소집 방법, 의결정족수 등 회의 운영에 관한 사항
3. 위원회 및 분과위원회의 심의·자문 대상 및 그 업무의 구분에 관한 사항
4. 위원의 제척·기피·회피에 관한 사항
5. 안건 처리기한 및 반복 심의 제한에 관한 사항
6. 이해관계자 및 전문가 등의 의견청취에 관한 사항
7. 도시·군계획상임기획단의 구성 및 운영에 관한 사항(법 제116조)

【참고】 중앙도시계획위원회 운영세칙(국토교통부훈령제1125호, 2018.12.21.)

4 도시·군계획상임기획단 (법 제116조)

1. 설 치	해당 지방자치단체의 조례에 따라 지방도시계획위원회에 설치
2. 설치목적	① 지방자치단체의 장이 입안한 도시·군기본계획·광역도시계획 또는 도시·군관리계획의 검토 ② 지방자치단체의 장이 의뢰하는 도시·군기본계획·광역도시계획 또는 도시·군관리계획에 관한 기획·지도 및 조사·연구
3. 구 성	전문위원 등으로 구성

10

보 칙

1 시범도시의 지정 · 지원 (법 제127조)

(1) 국토교통부장관은 도시의 경제·사회·문화적인 특성을 살려 개성 있고 지속가능한 발전을 촉진하기 위하여 필요한 경우 시범도시를 분야별로 지정할 수 있다.

(2) 국토교통부장관, 관계 중앙행정기관의 장 또는 시·도지사는 지정된 시범도시에 대하여 예산·인력 등 필요한 지원을 할 수 있다.

(3) 국토교통부장관은 관계 중앙행정기관의 장 또는 시·도지사에게 시범도시의 지정 및 지원에 관하여 필요한 자료의 제출을 요청할 수 있다.

(4) 지정권자

1. 국토교통부장관이 직접 지정
2. 관계 중앙행정기관의 장 또는 시·도지사의 요청에 의하여 국토교통부장관이 지정

2 시범도시의 분류 (영 제126조 ①, ②, ③)

(1) 분야별 시범도시(시범지구 또는 시범단지 포함)의 분류는 다음과 같다.

1. 경 관	7. 교 육
2. 생 태	8. 안 전
3. 정보통신	9. 교 통
4. 과 학	10. 경제 활력
5. 문 화	11. 도시재생
6. 관 광	12. 기후변화

(2) 시범도시의 지정기준

1. 시범도시의 지정이 도시의 경쟁력 향상, 특화발전 및 지역균형발전에 기여할 수 있을 것
2. 시범도시의 지정에 대한 주민의 호응도가 높을 것
3. 시범도시의 지정목적달성에 필요한 사업에 주민이 참여할 수 있을 것
4. 시범도시사업의 재원조달계획이 적정하고 실현가능할 것

(3) 국토교통부장관은 위 (1)에 따른 분야별로 시범도시의 지정에 관한 세부기준을 정할 수 있다.

3 지정절차 $\left(\begin{smallmatrix} 영 \\ 제126조 \ ④,⑤ \end{smallmatrix}\right)$

(1) 시범도시의 지정절차는 다음과 같다.

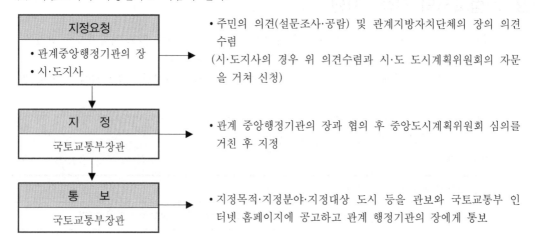

지정요청
• 관계중앙행정기관의 장
• 시·도지사
	→	• 주민의 의견(설문조사·공람) 및 관계지방자치단체의 장의 의견
		  수렴
		  (시·도지사의 경우 위 의견수렴과 시·도 도시계획위원회의 자문
		  을 거쳐 신청)

지 정 국토교통부장관	→	• 관계 중앙행정기관의 장과 협의 후 중앙도시계획위원회 심의를 거친 후 지정
통 보 국토교통부장관	→	• 지정목적·지정분야·지정대상 도시 등을 관보와 국토교통부 인 터넷 홈페이지에 공고하고 관계 행정기관의 장에게 통보

(2) 지정요청시 제출서류
  ① 위 **2**-(2) 및 (3)의 지정기준에 적합함을 설명하는 서류
  ② 지정을 요청하는 관계 중앙행정기관의 장 또는 시·도지사가 직접 시범도시에 대하여 지원할
    수 있는 예산·인력 등의 내역
  ③ 주민의견청취의 결과와 관계 지방자치단체의 장의 의견
  ④ 시·도 도시계획위원회에의 자문 결과

4 시범도시의 공모 $\left(\begin{smallmatrix} 영 \\ 제127조 \end{smallmatrix}\right)\left(\begin{smallmatrix} 규칙 \\ 제31조 \end{smallmatrix}\right)$

(1) 국토교통부장관은 직접 시범도시를 지정함에 있어서 필요한 경우에는 아래 (2)에 따라 그 대상
  이 되는 도시를 공모할 수 있다.
(2) 시범도시 공모시 관보에 공고하여야 할 사항
  국토교통부장관은 시범도시를 공모하고자 하는 때에는 다음의 사항을 관보와 인터넷 홈페이지에
  공고해야 한다.

① 시범도시의 지정목적

② 시범도시의 지정분야

③ 시범도시의 지정기준

④ 시범도시의 지원에 관한 내용(그 내용이 미리 정하여져 있는 경우에 한한다) 및 일정

⑤ 시범도시의 지정일정

⑥ 그 밖에 시범도시의 공모에 필요한 사항

(2) 공모에 응모할 수 있는 자는 특별시장·광역시장·특별자치시장·특별자치도지사·시장·군수 또는 구청장으로 한다.

(3) 국토교통부장관은 시범도시의 공모 및 평가 등에 관한 업무를 원활하게 수행하기 위하여 필요한 때에는 전문기관에 자문하거나 조사·연구를 의뢰할 수 있다.

5 시범도시사업계획의 수립 · 시행 $\left(\begin{smallmatrix} 영 \\ 제128조 \end{smallmatrix}\right)$

(1) 시범도시사업의 시행에 관한 계획의 수립·시행자는 다음과 같다.

시범도시의 범위	계획수립 · 시행자	계획수립시 절차
1. 시·군·구의 관할구역에 한정되어 있는 경우	관할 시장·군수·구청장	주민의 의견청취 및 국토교통부장관(또는 지정을 요청한 기관)과 협의하여야 한다.
2. 그 밖의 경우	특별시장·광역시장·특별자치시장·특별자치도지사	

특별시장·광역시장·특별자치시장·특별자치도지사·시장·군수 또는 구청장은 시범도시사업계획을 수립한 때에는 그 주요내용을 해당 지방자치단체의 공보와 인터넷 홈페이지에 고시한 후 그 사본 1부를 국토교통부장관에게 송부해야 한다.

(2) 시범도시사업계획에 포함될 사항

1. 시범도시사업의 목표·전략·특화발전계획 및 추진체제에 관한 사항

2. 시범도시사업의 시행에 필요한 도시·군계획 등 관련계획의 조정·정비에 관한 사항

3. 시범도시사업의 시행에 필요한 도시·군계획사업에 관한 사항

4. 시범도시사업의 시행에 필요한 재원조달에 관한 사항

5. 주민참여 등 지역사회와의 협력체계에 관한 사항

6. 그 밖에 시범도시사업의 원활한 시행을 위하여 필요한 사항

6 시범도시의 지원기준 (영 제129조)

(1) 시범도시에 대하여 다음의 범위 내에서 보조 또는 융자할 수 있다.

지원자	시범도시에 대하여 보조·융자 할 수 있는 금액	기 타
• 국토교통부장관 • 관계 중앙행정기관의 장 • 시·도지사	1. 시범도시사업계획의 수립에 소요되는 비용의 80% 이하 2. 시범도시사업의 시행에 소요되는 비용(보상비를 제외)의 50% 이하	관계 중앙행정기관의 장 또는 시·도지사는 시범도시에 대하여 예산·인력 등을 지원한 때에는 그 지원내역을 국토교통부장관에게 통보하여야 한다.

(2) 관계 중앙행정기관의 장 또는 시·도지사는 시범도시에 대하여 예산·인력 등을 지원한 때에는 그 지원내역을 국토교통부장관에게 통보하여야 한다.

(3) 시장·군수 또는 구청장은 시범도시사업의 시행을 위하여 필요한 경우에는 다음의 사항을 도시·군계획조례로 정할 수 있다.
  ① 시범도시사업의 예산집행에 관한 사항
  ② 주민의 참여에 관한 사항

7 시범도시사업의 평가·조정 (영 제130조)

(1) 시범도시를 관할하는 특별시장·광역시장·특별자치시장·특별자치도지사·시장·군수 또는 구청장은 매년말까지 해당연도 시범도시사업계획의 추진실적을 국토교통부장관과 해당 시범도시의 지정을 요청한 관계 중앙행정기관의 장 또는 시·도지사에게 제출하여야 한다.

(2) 국토교통부장관, 관계 중앙행정기관의 장 또는 시·도지사는 위 규정에 의하여 제출된 추진실적을 분석한 결과 필요하다고 인정하는 때에는 시범도시사업계획의 조정요청, 지원내용의 축소 또는 확대 등의 조치를 할 수 있다.

8 국토이용정보체계의 활용 (법 제128조)

(1) 국토교통부장관, 시·도지사, 시장 또는 군수가 「토지이용규제 기본법」에 따라 국토이용정보체계를 구축하여 도시·군계획에 관한 정보를 관리하는 경우에는 해당 정보를 도시·군계획을 수립하는 데에 활용하여야 한다.

(2) 특별시장·광역시장·특별자치시장·특별자치도지사·시장 또는 군수는 개발행위허가 민원 간소화 및 업무의 효율적인 처리를 위하여 국토이용정보체계를 활용하여야 한다.

9 전문기관에 자문 등 (법 제129조)

(1) 국토교통부장관은 필요하다고 인정하는 경우에는 광역도시계획이나 도시·군기본계획의 승인, 그밖에 도시·군계획에 관한 중요 사항에 대하여 도시·군계획에 관한 전문기관에 자문을 하거나 조사·연구를 의뢰할 수 있다.

(2) 국토교통부장관은 위 (1)에 따라 자문을 하거나 조사·연구를 의뢰하는 경우에는 그에 필요한 비용을 예산의 범위에서 해당 전문기관에 지급할 수 있다.

10 토지에의 출입 등 (법 제130조)

국토교통부장관, 시·도지사, 시장 또는 군수나 도시·군계획시설사업의 시행자는 필요한 때 타인의 토지에 출입하거나 일시 사용할 수 있으며, 그에 관한 세부사항은 다음과 같다.

1 타인의 토지이용절차

1. 행위자	• 국토교통부장관, 시·도지사, 시장 또는 군수 • 도시·군계획시설사업의 시행자
2. 행위목적	• 도시·군계획·광역도시계획에 관한 기초조사 • 개발밀도관리구역, 기반시설부담구역, 기반시설설치계획에 관한 기초조사 • 지가의 동향 및 토지거래의 상황에 관한 조사 • 도시·군계획시설사업에 관한 조사·측량 또는 시행
3. 가능한 행위	• 타인의 토지에 출입 • 타인의 토지를 재료적치장 또는 임시통로로 일시 사용 • 나무·흙·돌, 그 밖의 장애물의 변경 및 제거
4. 행위절차	• 특별시장·광역시장·특별자치시장·특별자치도지사·시장 또는 군수의 허가를 받아 출입하고자 하는 날의 7일 전까지 토지소유자·점유자·관리인에게 일시 와 장소를 통지 예외 행정청인 도시·군계획시설사업의 시행자는 허가를 받지 않고 타인의 토 지에 출입할 수 있다.
5. 증표의 제시	타인의 토지를 이용하고자 하는 자는 권한을 표시하는 증표와 허가증을 지니 고 관계인(소유자, 점유자, 관리인)에게 제시

2 토지소유자 · 점유자 또는 관리인에게 동의를 얻어야 할 사항

(1) 타인의 토지를 재료적치장으로 사용하는 경우
(2) 타인의 토지를 임시통로로 일시 사용하는 경우
(3) 나무·흙·돌, 그 밖의 장애물을 변경·제거하는 경우
(4) 위의 (1)~(3)경우 토지 또는 장애물의 소유자·점유자 또는 관리인이 현장에 없거나, 주소 또는
거소불명으로 동의를 얻을 수 없는 경우 다음과 같은 조치를 하여야 한다.

> 1. 행정청인 도시·군계획시설사업의 시행자는 관할 특별시장·광역시장·특별자치시장·특별자
> 치도지사·시장·군수에게 통지하여야 한다.
> 2. 행정청이 아닌 도시·군계획시설사업의 시행자는 관할특별시장·광역시장·특별자치시장·특
> 별자치도지사·시장·군수의 허가를 받아야 한다.

3 출입제한

일출 전이나 일몰 후에는 그 토지의 점유자의 승낙 없이 택지나 담장 및 울타리로 둘러싸인 타인의
토지에 출입할 수 없다.

4 토지점유자의 의무

토지의 점유자는 정당한 사유 없이 도시·군계획시설사업 시행자의 행위를 방해하거나 거부하지
못한다.

11 토지에의 출입 등에 따른 손실보상 (법 제131조)

1 손실보상

타인 토지에의 출입·사용, 장애물의 변경·제거 등의 행위로 인하여 손실을 받은 자가 있을 때에는 그 행위자가 속하는 행정청 또는 도시·군계획사업의 시행자가 그 손실을 보상하여야 한다.

2 손실보상절차

(1) 손실보상에 관하여는 그 손실을 보상할 자와 손실을 받는 자가 협의하여야 한다.
(2) 손실을 보상할 자나 손실을 입은 자는 위 (1)에 따른 협의가 성립되지 아니하거나 협의할 수 없는 경우에는 관할 토지수용위원회에 재결을 신청할 수 있다.
(3) 관할 토지수용위원회의 재결에 관하여는 「공익사업을 위한 토지 등의 취득 및 보상에 관한 법률」의 규정(제83조~제87조)을 준용한다.

12 법률 등의 위반자에 대한 처분 (법 제133조)

1 법령 등의 위반자에 대한 처분

국토교통부장관, 시·도지사, 시장·군수 또는 구청장은 다음의 어느 하나에 해당하는 자에게 이 법에 따른 허가·인가 등의 취소, 공사의 중지, 공작물 등의 개축 또는 이전, 그 밖에 필요한 처분을 하거나 조치를 명할 수 있다.

해당하는 자	법률 규정
1. 신고를 하지 아니하고 사업 또는 공사를 한 자	제31조제2항 단서
2. 도시·군계획시설을 도시·군관리계획의 결정 없이 설치한 자	제43조제1항
3. 공동구의 점용 또는 사용에 관한 허가를 받지 아니하고 공동구를 점용 또는 사용하거나 점용료 또는 사용료를 내지 아니한 자	제44조의3제2항, 제3항
4. 지구단위계획구역에서 해당 지구단위계획에 맞지 아니하게 건축물을 건축 또는 용도변경을 하거나 공작물을 설치한 자	제54조
5. 개발행위허가 또는 변경허가를 받지 아니하고 개발행위를 한 자	제56조
6. 개발행위허가 또는 변경허가를 받고 그 허가받은 사업기간 동안 개발행위를 완료하지 아니한 자	제56조
7. 개발행위허가를 받고 그 개발행위허가의 조건을 이행하지 아니한 자	제57조제4항
8. 이행보증금을 예치하지 아니하거나 토지의 원상회복 명령에 따르지 아니한 자	제60조제1항, 제3항
9. 개발행위를 끝낸 후 준공검사를 받지 아니한 자	제62조
10. 원상회복 명령에 따르지 아니한 자	제64조제3항

11. 성장관리계획구역에서 그 성장관리계획에 맞지 아니하게 개발행위를 하거나 건축물의 용도를 변경한 자	제75조의4
12. 용도지역 또는 용도지구에서의 건축 제한 등을 위반한 자	제76조(제5항 제2호~4호의 규정은 제외함)
13. 건폐율을 위반하여 건축한 자	제77조
14. 용적률을 위반하여 건축한 자	제78조
15. 용도지역 미지정 또는 미세분 지역에서의 행위 제한 등을 위반한 자	제79조
16. 시가화조정구역에서의 행위 제한을 위반한 자	제81조
17. 둘 이상의 용도지역 등에 걸치는 대지의 적용 기준을 위반한 자	제84조
18. 도시·군계획시설사업시행자 지정을 받지 아니하고 도시·군계획시설사업을 시행한 자	제86조제5항
19. 도시·군계획시설사업의 실시계획인가 또는 변경인가를 받지 아니하고 사업을 시행한 자	제88조
20. 도시·군계획시설사업의 실시계획인가 또는 변경인가를 받고 그 실시계획에서 정한 사업기간 동안 사업을 완료하지 아니한 자	제88조
21. 실시계획의 인가 또는 변경인가를 받은 내용에 맞지 아니하게 도시·군계획시설을 설치하거나 용도를 변경한 자	제88조
22. 이행보증금을 예치하지 아니하거나 토지의 원상회복명령에 따르지 아니한 자	제89조제1항,제3항
23. 도시·군계획시설사업의 공사를 끝낸 후 준공검사를 받지 아니한 자	제98조
24. 해당 규정을 위반하여 타인의 토지에 출입하거나 그 토지를 일시사용한 자	제130조
25. 부정한 방법으로 다음의 어느 하나에 해당하는 허가·인가·지정 등을 받은 자 ① 개발행위허가 또는 변경허가 ② 개발행위의 준공검사 ③ 시가화조정구역에서의 행위허가 ④ 도시·군계획시설사업의 시행자 지정 ⑤ 실시계획의 인가 또는 변경인가 ⑥ 도시·군계획시설사업의 준공검사	 제56조 제62조 제81조 제86조 제88조 제98조
26. 사정이 변경되어 개발행위 또는 도시·군계획시설사업을 계속적으로 시행하면 현저히 공익을 해칠 우려가 있다고 인정되는 경우의 그 개발행위허가를 받은 자 또는 도시·군계획시설사업의 시행자	-

② 손실보상

(1) 국토교통부장관, 시·도지사, 시장·군수 또는 구청장은 위 표 24.에 해당하는 자에게 필요한 처분을 하거나 조치를 명한 경우에는 이로 인하여 발생한 손실을 보상하여야 한다.

(2) 손실보상에 대한 규정은 위 **11** - ② 의 규정을 준용한다.

13 행정심판 $\left(\begin{smallmatrix} \text{법} \\ \text{제134조} \end{smallmatrix}\right)$

(1) 도시·군계획시설사업의 시행자의 처분에 대하여는 「행정심판법」에 따라 행정심판을 제기할 수 있다.

(2) 행정청이 아닌 시행자의 처분에 대하여는 해당 시행자를 지정한 자에게 행정심판을 제기하여야 한다.

14 권리·의무의 승계 등 $\left(\begin{smallmatrix} \text{법} \\ \text{제135조} \end{smallmatrix}\right)$

(1) 토지 또는 건축물에 관하여 소유권 그 밖의 권리를 가진 자의 도시·군관리계획에 관한 권리· 의무와 토지의 소유권자, 지상권자 등에게 발생 또는 부과된 권리·의무는 그 토지 또는 건축물에 관한 소유권 그 밖의 권리의 변동과 동시에 그 승계인에게 이전한다.

(2) 이 법 또는 이 법에 따른 명령에 따른 처분, 그 절차 그 밖의 행위는 그 행위와 관련된 토지 또는 건축물에 대하여 소유권 그 밖의 권리를 가진 자의 승계인에 대하여 효력을 가진다.

15 청 문 $\left(\begin{smallmatrix} \text{법} \\ \text{제136조} \end{smallmatrix}\right)$

국토교통부장관, 시·도지사, 시장·군수 또는 구청장은 다음의 어느 하나에 해당하는 처분을 하려면 청문을 하여야 한다.

청 문 사 유	청문실시 의무자
1. 개발시행허가의 취소	국토교통부장관, 시·도지사, 시장·군수 또는 구청장
2. 도시·군계획시설사업 시행자지정의 취소	
3. 실시계획인가의 취소	
4. 토지거래계약허가의 취소	

16 보고 및 검사 등 $\left(\begin{smallmatrix} \text{법} \\ \text{제137조} \end{smallmatrix}\right)$

(1) 국토교통부장관(수산자원보호구역의 경우에는 농림식품부장관을 말함), 시·도지사, 시장 또는 군수는 다음의 어느 하나에 해당하는 개발행위허가를 받은 자 또는 도시·군계획시설사업의 시행자에 대하여 감독상 필요한 보고를 하게 하거나 자료의 제출을 명할 수 있으며, 소속공무원으로 하여금 개발행위에 관한 업무사항을 검사하게 할 수 있다.

① 다음의 내용에 대한 이행 여부의 확인이 필요한 경우

㉠ 개발행위허가(법 제56조)의 내용

㉡ 실시계획인가(법 제88조)의 내용

② 위 **11** - ① 의 표 5.~9. , 17.~24. 중 어느 하나에 해당한다고 판단하는 경우

③ 그 밖에 해당 개발행위의 체계적 관리를 위하여 관련 자료 및 현장 확인이 필요한 경우

(2) 업무를 검사하는 공무원은 그 권한을 표시하는 증표를 지니고, 이를 관계인에게 내보내야 한다.

17 도시·군계획의 수립 및 운영에 대한 감독 및 조정 (법 제138조)

(1) 국토교통부장관(수산자원보호구역의 경우 농림수산시품부장관을 말함)은 필요한 때에는 시·도지사 또는 시장·군수에게, 시·도지사는 시장·군수에게 도시·군계획의 수립 및 운영실태에 대하여 감독상 필요한 보고를 하게 하거나 자료의 제출을 명할 수 있으며, 소속공무원으로 하여금 도시·군계획에 관한 업무의 상황을 검사하게 할 수 있다.

(2) 국토교통부장관은 도시·군기본계획 및 도시·군관리계획이 국가계획 및 광역도시계획에 부합하지 아니하거나 도시·군관리계획이 도시·군기본계획에 부합하지 아니하다고 판단하는 경우에는 특별시장·광역시장·특별자치시장·특별자치도지사·시장 또는 군수에게 기한을 정하여 도시·군관리계획의 조정을 요구할 수 있다. 이 경우 특별시장·광역시장·특별자치시장·특별자치도지사·시장 또는 군수는 도시·군관리계획을 재검토하여 이를 정비하여야 한다.

(3) 도지사는 시·군 도시·군관리계획이 광역도시계획이나 도시·군기본계획에 부합하지 아니하다고 판단하는 경우에는 시장 또는 군수에게 기한을 정하여 그 도시·군관리계획의 조정을 요구할 수 있다. 이 경우 시장 또는 군수는 그 도시·군관리계획을 재검토하여 이를 정비하여야 한다.

18 권한의 위임 및 위탁 (법 제139조)(영 제133)

권한의 위임자	권한의 위임을 받은 자	근거 규정
1. 국토교통부장관 (수산자원보호구역: 해양수산부장관)	시·도지사 (국토교통부장관의 승인을 얻어 위임받은 권한을 시장·군수·구청장에게 재위임할 수 있다.)	시행령 제133조
2. 시·도지사(권한위임 사실을 국토교통부장관에게 보고하여야 한다)	시장·군수·구청장	시·도의 조례

비고 위 규정에 의하여 권한이 위임 또는 재위임 된 경우
　　1. 그 위임 또는 재위임 된 사항 중 중앙도시계획위원회 또는 지방도시계획위원회의 심의 또는 시·도에 두는 건축위원회와 지방도시계획위원회가 공동으로 하는 심의를 거쳐야 하는 사항에 대하여는 그 위임 또는 재위임 받은 기관이 속하는 지방자치단체에 설치된 지방도시계획위원회의 심의 또는 시·군·구에 두는 건축위원회와 도시계획위원회가 공동으로 하는 심의를 거쳐야 한다.
　　2. 그 위임 또는 재위임 된 사항 중 해당 지방의회의 의견을 들어야 하는 사항에 대하여는 그 위임 또는 재위임 받은 기관이 속하는 지방자치단체의 의회의 의견을 들어야 한다.

(1) 국토교통부장관은 다음의 권한을 시·도지사에게 위임한다.

① 도시·군기본계획의 수립 또는 변경에 대한 승인 중 다음의 어느 하나에 해당하는 도시·군기본계획의 수립 또는 변경에 대한 승인

1. 인구 10만 명 이하인 시·군(수도권에 속하지 아니하는 시·군에 한한다)에 대한 도시·군기본계획의 수립 또는 변경

2. 도시·군기본계획 중 다음의 사항을 변경하기 위한 도시·군기본계획의 변경
　① 환경의 보전 및 관리에 관한 사항
　② 경관에 관한 사항

③ 경제·산업·사회·문화의 개발 및 진흥에 관한 사항

④ 미관의 관리에 관한 사항

⑤ 방재 및 안전에 관한 사항

⑥ 재정확충 및 도시·군기본계획의 시행을 위하여 필요한 재원조달에 관한 사항

3. 위 2.에 규정된 사항의 단계별 추진에 관한 사항을 변경하기 위한 도시·군기본계획의 변경

4. 도시지역외의 지역에서 「산업입지 및 개발에 관한 법률」에 따른 농공단지의 지정을 위한 도시·군기본계획의 변경

5. 도시지역외의 지역에서 「체육시설의 설치·이용에 관한 법률」에 따른 체육시설의 입지를 위한 도시·군기본계획의 변경

6. 도시지역외의 지역에서 「자연공원법」에 따른 군립공원의 지정을 위한 도시·군기본계획의 변경

7. 도시지역외의 지역에서 「수도법」에 따른 상수원보호구역의 지정을 위한 도시·군기본계획의 변경

② 시가화조정구역의 지정 및 변경에 관한 도시·군관리계획과 수산자원보호구역의 지정 및 변경에 관한 도시·군관리계획에 해당하는 도시·군관리계획 중 1㎢ 미만의 구역의 지정 및 변경에 해당하는 도시·군관리계획의 결정

(2) 시·도지사는 위 (1)에 따라 위임받은 업무를 처리한 때에는 다음과 같이 국토교통부장관에게 보고하여야 한다.

① 시·도지사는 국토교통부장관으로부터 위임받은 업무를 처리한 때에는 해당 도시·군계획도서 및 계획설명서 또는 토지거래계약허가구역의 지정 및 변경관련 도서를 15일 이내에 국토교통부장관에게 제출하여야 한다.

예외 국토교통부장관의 승인을 얻어 재위임한 때에는 그러하지 아니하다.

② 시장·군수 또는 구청장은 다음 사항에 관한 매 분기별 현황을 시·도지사에게 제출하여야 하고, 시·도지사는 제출된 자료를 취합하여 매 반기별로 국토교통부장관에게 제출하여야 한다.

1. 시·군·구 도시계획위원회의 심의실적

2. 선매·매수청구 실적 및 토지이용조사에 관한 사항

3. 벌칙 위반자에 대한 고발 및 처분실적

벌 칙

---

1 3년 이하의 징역 또는 3천만원 이하의 벌금 (법
제140조)

법 규 정		위 반 내 용
1. 개발행위의 허가	제56조제1항 또는 제2항	허가 또는 변경허가를 받지 아니하거나 거짓 그 밖의 부정한 방법으로 허가 또는 변경허가를 받아 개발행위를 한 자
2. 시가화조정구역 안에서의 행위제한 등	제81조제2항	허가를 받지 아니하고 건축물의 건축, 입목의 벌채, 조림, 육림, 토석의 채취 등의 행위를 한 자

【참고】 행정벌의 종류
① 행정 형벌 (형법상 규제) : 징역, 벌금
② 행정 질서벌 : 과태료
③ 행정 강제 : 이행강제금, 대집행(강제집행)
④ 행정 처분 : 허가취소, 등록취소, 자격취소, 자격정지, 업무정지 등

2 3년 이하의 징역 또는 기반시설설치비용의 3배에 상당하는 벌금 (법
제140조의2)

법 규 정		위 반 내 용
기반시설 설치비용	제68조, 제69조	면탈·경감할 목적 또는 면탈·경감하게 할 목적으로 거짓 계약을 체결하거나 거짓 자료를 제출한 자는 3년 이하의 징역 또는 면탈·경감하였거나 면탈·경감하고자 한 기반시설설치비용의 3배 이하에 상당하는 벌금에 처한다.

③ 2년 이하의 징역 또는 2천만원 이하의 벌금 (법 제141조)

법 규 정		위 반 내 용
1. 도시·군기반시설의 설치·관리	제43조제1항	도시·군관리계획의 결정 없이 기반시설을 설치한 자
2. 공동구의 설치·관리	제44조제1항	공동구에 수용하여야 하는 시설을 공동구에 수용하지 아니한 자
3. 지구단위계획구역에서의 건축물	제54조	지구단위계획에 적합하지 아니하게 건축물을 건축하거나 용도를 변경한 자
4. 용도지역 및 용도지구에서의 건축물의 건축제한	제76조(같은 조 제5항제2호~제4호까지 제외)	용도지역 또는 용도지구에서의 건축물이나 그 밖의 시설의 용도·종류 및 규모 등의 제한을 위반하여 건축물이나 그 밖의 시설을 건축 또는 설치하거나 그 용도를 변경한 자
5. 토지거래계약에 관한 허가	제118조제1항	허가 또는 변경허가를 받지 아니하고 토지거래계약을 체결하거나 거짓 그 밖의 부정한 방법으로 토지거래계약 허가를 받은 자

※ 위 5.의 경우 계약체결 당시의 개별공시지가에 따른 해당 토지가격의 30/100에 해당하는 금액 이하의 벌금에 처한다.

④ 1년 이하의 징역 또는 1천만원 이하의 벌금 (법 제142조)

법 규 정		위 반 내 용
법률 등의 위반자에 대한 처분	제133조제1항	허가·인가 등의 취소, 공사의 중지, 공작물 등의 개축 또는 이전 등의 처분 또는 조치명령에 위반한 자

⑤ 양벌규정 (법 제143조)

법인의 대표자나 법인 또는 개인의 대리인·사용인 또는 종업원이 벌칙(법 제140조~제147조)에 해당하는 위반행위를 한 때에는 그 행위자를 벌하는 외에 그 법인 또는 개인에 대하여도 각 해당 조의 벌금형을 과한다.

예외 법인 또는 개인이 그 위반행위를 방지하기 위하여 해당 업무에 관하여 상당한 주의와 감독을 게을리 하지 아니한 경우는 그러하지 아니하다.

⑥ 과태료 (법 제144조)

① 1천만원 이하의 과태료

법 규 정		위 반 내 용	비고
1. 공동구의 설치·관리	제44조제4항	허가를 받지 아니하고 공동구를 점용 또는 사용한 자	▲
2. 토지에의 출입	제130조제1항	정당한 사유 없이 토지에의 출입 등의 행위를 방해 또는 거부한 자	●
3. 토지에의 출입	제130조제2항~제4항	허가 또는 동의를 받지 아니하고 토지에의 출입 등의 행위를 한 자	▲
4. 보고 및 검사	제137조제1항	개발행위에 관한 업무사항의 검사를 거부·방해 또는 기피한 자	●

2 500만원 이하의 과태료

법 규 정		위 반 내 용	비고
1. 개발행위의 신고	제56조제4항의 단서	신고사항에 관한 신고를 하지 아니한 자	▲
2. 보고 및 검사	제137조제1항	감독상 필요한 보고 또는 자료제출을 하지 아니하거나 허위로 보고 또는 자료제출을 한 자	●

> **비고**　● : 국토교통부장관, 시·도지사, 시장 또는 군수가 과태료를 부과·징수
> 　　　▲ : 특별시장·광역시장·특별자치시장·특별자치도지사·시장 또는 군수가 과태료를 부과·징수

3 과태료의 부과기준 (영 제134조)

(1) 과태료의 부과기준은 다음과 같다.

[별표 28] **과태료의 부과 기준** (영 제134조제1항 관련)

위반 행위	해당 법조문	과태료 금액
1. 공동구의 설치·관리(법 제44조제4항)에 따른 허가를 받지 아니하고 공동구를 점용하거나 사용한 자	법 제144조제1항제1호	800만원
2. 개발행위의 신고(법 제56조제4항 단서)에 따른 신고를 하지 아니한 자	법 제144조제2항제1호	200만원
3. 정당한 사유 없이 토지에의 출입(법 제130조제1항)에 따른 행위를 방해하거나 거부한 자	법 제144조제1항제2호	600만원
4. 토지에의 출입(법 제130조제2항부터 제4항까지)의 규정에 따른 허가 또는 동의를 받지 아니하고 같은 조 제1항에 따른 행위를 한자	법 제144조제1항제3호	500만원
5. 보고 및 검사(법 제137조제1항)에 따른 검사를 거부·방해하거나 기피한 자	법 제144조제1항제4호	500만원
6. 보고 및 검사(법 제137조제1항)에 따른 보고 또는 자료 제출을 하지 아니하거나, 거짓된 보고 또는 자료 제출을 한 자	법 제144조제2항제2호	300만원

(2) 국토교통부장관(수산자원보호구역의 경우에는 해양수산부장관을 말함), 시·도지사, 시장 또는 군수는 위반행위의 동기·결과 및 횟수 등을 고려하여 위 [별표 28]에 따른 과태료 금액의 1/2의 범위에서 가중하거나 경감할 수 있다.

(3) 위 (2)에 따라 과태료를 가중하여 부과하는 경우에도 과태료 부과금액은 다음의 구분에 따른 금액을 초과할 수 없다.
　① 법 제144조제1항의 경우: 1천만원
　② 법 제144조제2항의 경우: 5백만원

건 축 법 령

최종개정 : 건　축　법　　2024. 1.16.
(시행 2024. 4.17.)

시　행　령　　2023. 9.12.
(시행 2024. 9.13.)

시　행　규　칙　　2023. 11. 1.
(시행 2024. 3.13.)

건축물의 설비기준 등에 관한 규칙　　2021. 8.27.
(시행 2021. 8.27.)

건축물의 구조기준 등에 관한 규칙　　2021.12. 9.
(시행 2021.12. 9.)

건축물의 피난·방화구조 등의 기준에 관한 규칙　　2023. 8.31.
(시행 2023. 8.31.)

건축물관리법　　2023. 4.18.
(시행 2023. 7.19.)

1. 건 축 법

[법률 제20037호 개정 2024.1.16./시행 2024.3.27.]
제　정　1962. 1.20 법률 제 984호
전문개정　1991. 5.31 법률 제4831호
전부개정　2008. 3.21 법률 제8974호
일부개정　2019. 4.23 법률 제16380호
일부개정　2019. 8.20 법률 제16485호
일부개정　2020. 4. 7 법률 제17223호
일부개정　2020.12. 8 법률 제17606호
일부개정　2020.12.22 법률 제17733호
일부개정　2021. 3.16 법률 제17940호
일부개정　2021. 7.27 법률 제18341호
일부개정　2021. 8.10 법률 제18383호
일부개정　2021.10.19 법률 제18508호
일부개정　2022. 2. 3 법률 제18825호
일부개정　2022. 6.10.법률 제18935호
일부개정　2022.11.15.법률 제19045호
타법개정　2023. 3.21.법률 제19251호
타법개정　2023. 5.16.법률 제19409호
타법개정　2023. 8. 8.법률 제19590호
일부개정　2023.12.26.법률 제19846호
일부개정　2024. 1.16.법률 제20037호

제1장 총 칙

제1조【목적】 이 법은 건축물의 대지·구조·설비 기준 및 용도 등을 정하여 건축물의 안전·기능·환경 및 미관을 향상시킴으로써 공공복리의 증진에 이바지하는 것을 목적으로 한다.

제2조【정의】 ① 이 법에서 사용하는 용어의 뜻은 다음과 같다. <개정 2016.1.19., 2016.2.3., 2017.12.26., 2020.4.7.>

1. "대지(垈地)"란 「공간정보의 구축 및 관리 등에 관한 법률」에 따라 각 필지(筆地)로 나눈 토지를 말한다. 다만, 대통령령으로 정하는 토지는 둘 이상의 필지를 하나의 대지로 하거나 하나 이상의 필지의 일부를 하나의 대지로 할 수 있다.

2. "건축물"이란 토지에 정착(定着)하는 공작물 중 지붕과 기둥 또는 벽이 있는 것과 이에 딸린 시설물, 지하나 고가(高架)의 공작물에 설치하는 사무소·공연장·점포·차고·창고, 그 밖에 대통령령으로 정하는 것을 말한다.

3. "건축물의 용도"란 건축물의 종류를 유사한 구조, 이용 목적 및 형태별로 묶어 분류한 것을 말한다.

4. "건축설비"란 건축물에 설치하는 전기·전화 설비, 초고속 정보통신 설비, 지능형 홈네트워크 설비, 가스·급수·배수(配水)·배수(排水)·환기·난방·냉방·소화(消火)·배연(排煙) 및 오물처리의 설비, 굴뚝, 승강기, 피뢰침, 국기 게양대, 공동시청 안테나, 유선방송 수신시설, 우편함, 저수조(貯水槽), 방범시설, 그 밖에 국토교통부령으로 정하는 설비를 말한다.

5. "지하층"이란 건축물의 바닥이 지표면 아래에 있는 층으로서 바닥에서 지표면까지 평균높이가 해당 층 높이의 2분의 1 이상인 것을 말한다.

6. "거실"이란 건축물 안에서 거주, 집무, 작업, 집회, 오락, 그 밖에 이와 유사한 목적을 위하여 사용되는 방을 말한다.

7. "주요구조부"란 내력벽(耐力壁), 기둥, 바닥, 보, 지붕틀 및 주계단(主階段)을 말한다. 다만, 사이 기둥, 최하층 바닥, 작은 보, 차양, 옥외 계단, 그 밖에 이와 유사한 것으로 건축물의 구조상 중요하지 아니한 부분은 제외한다.

8. "건축"이란 건축물을 신축·증축·개축·재축(再築)하거나 건축물을 이전하는 것을 말한다.

8의2. "결합건축"이란 제56조에 따른 용적률을 개별 대지마다 적용하지 아니하고, 2개 이상의 대지를 대상으로 통합적용하여 건축물을 건축하는 것을 말한다. <신설 2020.4.7.>

9. "대수선"이란 건축물의 기둥, 보, 내력벽, 주계단 등의 구조나 외부 형태를 수선·변경하거나 증설하는 것으로서 대통령령으로 정하는 것을 말한다.

10. "리모델링"이란 건축물의 노후화를 억제하거나 기능 향상 등을 위하여 대수선하거나 건축물의 일부를 증축 또는 개축하는 행위를 말한다.

11. "도로"란 보행과 자동차 통행이 가능한 너비 4미터 이상의 도로(지형적으로 자동차 통행이 불가능한 경우와 막다른 도로의 경우에는 대통령령으로 정하는 구조와 너비의 도로)로서 다음 각 목의 어느 하나에 해당하는 도로나 그 예정도로를 말한다.

　가. 「국토의 계획 및 이용에 관한 법률」, 「도로법」, 「사도법」, 그 밖의 관계 법령에 따라 신설 또는 변경에 관한 고시가 된 도로

　나. 건축허가 또는 신고 시에 특별시장·광역시장·특별자치시장·도지사·특별자치도지사(이하 "시·도지사"라 한다) 또는 시장·군수·구청장(자치구의 구청장을 말한다. 이하 같다)이 위치를 지정하여 공고한 도로

12. "건축주"란 건축물의 건축·대수선·용도변경, 건축설비의 설치 또는 공작물의 축조(이하 "건축물의 건축등"이라 한다) 에 관한 공사를 발주하거나 현장 관리인을 두어 스스로 그 공사를 하는 자를 말한다.

12의2. "제조업자"란 건축물의 건축·대수선·용도변경, 건축설비의 설치 또는 공작물의 축조 등에 필요한 건축자재를 제조하는 사람을 말한다.

12의3. "유통업자"란 건축물의 건축·대수선·용도변경, 건축설비의 설치 또는 공작물의 축조에 필요한 건축자재를 판매하거나 공사현장에 납품하는 사람을 말한다.

13. "설계자"란 자기의 책임(보조자의 도움을 받는 경우를 포함한다)으로 설계도서를 작성하고 그 설계도서에서 의도하는 바를 해설하며, 지도하고 자문에 응하는 자를 말한다.

14. "설계도서"란 건축물의 건축등에 관한 공사용 도면, 구조 계산서, 시방서(示方書), 그 밖에 국토교통부령으로 정하는 공사에 필요한 서류를 말한다.

15. "공사감리자"란 자기의 책임(보조자의 도움을 받는 경우를 포함한다)으로 이 법으로 정하는 바에 따라 건축물, 건축설비 또는 공작물이 설계도서의 내용대로 시공되는지를 확인하고, 품질관리·공사관리·안전관리 등에 대하여 지도·감독하는 자를 말한다.

16. "공사시공자"란 「건설산업기본법」 제2조제4호에 따른 건설공사를 하는 자를 말한다.

16의2. "건축물의 유지·관리"란 건축물의 소유자나 관리자가 사용 승인된 건축물의 대지·구조·설비 및 용도 등을 지속적으로 유지하기 위하여 건축물이 멸실될 때까지 관리하는 행위를 말한다.

17. "관계전문기술자"란 건축물의 구조·설비 등 건축물과 관련된 전문기술자격을 보유하고 설계와 공사감리에 참여하여 설계자 및 공사감리자와 협력하는 자를 말한다.

18. "특별건축구역"이란 조화롭고 창의적인 건축물의 건축을 통하여 도시경관의 창출, 건설기술 수준향상 및 건축 관련 제도개선을 도모하기 위하여 이 법 또는 관계 법령에 따라 일부 규정을 적용하지 아니하거나 완화 또는 통합하여 적용할 수 있도록 특별히 지정하는 구역을 말한다.

19. "고층건축물"이란 층수가 30층 이상이거나 높이가 120미터 이상인 건축물을 말한다.

20. "실내건축"이란 건축물의 실내를 안전하고 쾌적하며 효율적으로 사용하기 위하여 내부 공간을 칸막이로 구획하거나 벽지, 천장재, 바닥재, 유리 등 대통령령으로 정하는 재료 또는 장식물을 설치하는 것을 말한다.

21. "부속구조물"이란 건축물의 안전·기능·환경 등을 향상시키기 위하여 건축물에 추가적으로 설치하는 환기시설물 등 대통령령으로 정하는 구조물을 말한다.

② 건축물의 용도는 다음과 같이 구분하되, 각 용도에 속하는 건축물의 세부 용도는 대통령령으로 정한다. <개정 2022.11.15.>

1. 단독주택
2. 공동주택
3. 제1종 근린생활시설
4. 제2종 근린생활시설
5. 문화 및 집회시설
6. 종교시설
7. 판매시설
8. 운수시설
9. 의료시설
10. 교육연구시설
11. 노유자(老幼者: 노인 및 어린이)시설
12. 수련시설
13. 운동시설
14. 업무시설
15. 숙박시설
16. 위락(慰樂)시설
17. 공장
18. 창고시설
19. 위험물 저장 및 처리 시설
20. 자동차 관련 시설
21. 동물 및 식물 관련 시설
22. 자원순환 관련 시설
23. 교정(矯正)시설
24. 국방·군사시설
25. 방송통신시설
26. 발전시설
27. 묘지 관련 시설
28. 관광 휴게시설
29. 그 밖에 대통령령으로 정하는 시설

제3조 【적용 제외】 ① 다음 각 호의 어느 하나에 해당하는 건축물에는 이 법을 적용하지 아니한다. <개정 2016.1.19., 2019.11.26., 2023.3.21./시행 2024.3.22., 2023.8.8./시행 2024.5.17>

1. 「문화재보호법」에 따른 지정문화재나 임시지정문화재 또는 「자연유산의 보존 및 활용에 관한 법률」에 따라 지정된 명승이나 임시지정명승

→ 1. 「문화유산의 보존 및 활용에 관한 법률」에 따른 지정문화유산이나 임시지정문화유산 또는 「자연유산의 보존 및 활용에 관한 법률」에 따라 지정된 천연기념물등이나 임시지정천연기념물, 임시지정명승, 임시지정시·도자연유산 <개정 2023.8.8./

시행 2024.5.17>

2. 철도나 궤도의 선로 부지(敷地)에 있는 다음 각 목의 시설

    가. 운전보안시설

    나. 철도 선로의 위나 아래를 가로지르는 보행시설

    다. 플랫폼

    라. 해당 철도 또는 궤도사업용 급수(給水)·급탄(給炭) 및 급유(給油) 시설

3. 고속도로 통행료 징수시설

4. 컨테이너를 이용한 간이창고(「산업집적활성화 및 공장설립에 관한 법률」 제2조제1호에 따른 공장의 용도로만 사용되는 건축물의 대지에 설치하는 것으로서 이동이 쉬운 것만 해당된다)

5. 「하천법」에 따른 하천구역 내의 수문조작실

② 「국토의 계획 및 이용에 관한 법률」에 따른 도시지역 및 같은 법 제51조제3항에 따른 지구단위계획구역(이하 "지구단위계획구역"이라 한다) 외의 지역으로서 동이나 읍(동이나 읍에 속하는 섬의 경우에는 인구가 500명 이상인 경우만 해당된다)이 아닌 지역은 제44조부터 제47조까지, 제51조 및 제57조를 적용하지 아니한다. <개정 2014.1.14.>

③ 「국토의 계획 및 이용에 관한 법률」 제47조제7항에 따른 건축물이나 공작물을 도시·군계획시설로 결정된 도로의 예정지에 건축하는 경우에는 제45조부터 제47조까지의 규정을 적용하지 아니한다. <개정 2011.4.14.>

제4조 【건축위원회】 ① 국토교통부장관, 시·도지사 및 시장·군수·구청장은 다음 각 호의 사항을 조사·심의·조정 또는 재정(이하 이 조에서 "심의등"이라 한다)하기 위하여 각각 건축위원회를 두어야 한다. <개정 2014.5.28.>

1. 이 법과 조례의 제정·개정 및 시행에 관한 중요 사항

2. 건축물의 건축등과 관련된 분쟁의 조정 또는 재정에 관한 사항. 다만, 시·도지사 및 시장·군수·구청장이 두는 건축위원회는 제외한다.

3. 건축물의 건축등과 관련된 민원에 관한 사항. 다만, 국토교통부장관이 두는 건축위원회는 제외한다.

4. 건축물의 건축 또는 대수선에 관한 사항

5. 다른 법령에서 건축위원회의 심의를 받도록 규정한 사항

② 국토교통부장관, 시·도지사 및 시장·군수·구청장은 건축위원회의 심의등을 효율적으로 수행하기 위하여 필요하면 자신이 설치하는 건축위원회에 다음 각 호의 전문위원회를 두어 운영할 수 있다. <개정 2014.5.28.>

1. 건축분쟁전문위원회(국토교통부에 설치하는 건축위원회에 한정한다)

2. 건축민원전문위원회(시·도 및 시·군·구에 설치하는 건축위원회에 한정한다)

3. 건축계획·건축구조·건축설비 등 분야별 전문위원회

③ 제2항에 따른 전문위원회는 건축위원회가 정하는 사항에 대하여 심의등을 한다. <개정 2014.5.28.>

④ 제3항에 따라 전문위원회의 심의등을 거친 사항은 건축위원회의 심의등을 거친 것으로 본다. <개정 2014.5.28.>

⑤ 제1항에 따른 각 건축위원회의 조직·운영, 그 밖에 필요한 사항은 대통령령으로 정하는 바에 따라 국토교통부령이나 해당 지방자치단체의 조례(자치구의 경우에는 특별시나 광역시의 조례를 말한다. 이하 같다)로 정한다. <개정 2013.3.23.>

제4조의2 【건축위원회의 건축 심의 등】 ① 대통령령으로 정하는 건축물을 건축하거나 대수선하려는 자는 국토교통부령으로 정하는 바에 따라 시·도지사 또는 시장·군수·구청장에게 제4조에 따른 건축위원회(이하 "건축위원회"라 한다)의 심의를 신청하여야 한다. <개정 2017.1.17.>

② 제1항에 따라 심의 신청을 받은 시·도지사 또는 시장·군수·구청장은 대통령령으로 정하는 바에 따라 건축위원회에 심의 안건을 상정하고, 심의 결과를 국토교통부령으로 정하는 바에 따라 심의를 신청한 자에게 통보하여야 한다.

③ 제2항에 따른 건축위원회의 심의 결과에 이의가 있는 자는 심의 결과를 통보받은 날부터 1개월 이내에 시·도지사 또는 시장·군수·구청장에게 건축위원회의 재심의를 신청할 수 있다.

④ 제3항에 따른 재심의 신청을 받은 시·도지사 또는 시장·군수·구청장은 그 신청을 받은 날부터 15일 이내에 대통령령으로 정하는 바에 따라 건축위원회에 재심의 안건을 상정하고, 재심의 결과를 국토교통부령으로 정하는 바에 따라 재심의를 신청한 자에게 통보하여야 한다.

[본조신설 2014.5.28.]

제4조의3 【건축위원회의 회의록 공개】 시·도지사 또는 시장·군수·구청장은 제4조의2제1항에 따른 심의(같은 조 제3항에 따른 재심의를 포함한다. 이하 이 조에서 같다)를 신청한 자가 요청하는 경우에는 대통령령으로 정하는 바에 따라 건축위원회 심의의 일시·장소·안건·내용·결과 등이 기록된 회의록을 공개하여야 한

다. 다만, 심의의 공정성을 침해할 우려가 있다고 인정되는 이름, 주민등록번호 등 대통령령으로 정하는 개인 식별 정보에 관한 부분의 경우에는 그러하지 아니하다.

[본조신설 2014.5.28.]

제4조의4【건축민원전문위원회】 ① 제4조제2항에 따른 건축민원전문위원회는 건축물의 건축등과 관련된 다음 각 호의 민원[특별시장·광역시장·특별자치시장·특별자치도지사 또는 시장·군수·구청장(이하 "허가권자"라 한다)의 처분이 완료되기 전의 것으로 한정하며, 이하 "질의민원"이라 한다]을 심의하며, 시·도지사가 설치하는 건축민원전문위원회(이하 "광역지방건축민원전문위원회"라 한다)와 시장·군수·구청장이 설치하는 건축민원전문위원회(이하 "기초지방건축민원전문위원회"라 한다)로 구분한다.

1. 건축법령의 운영 및 집행에 관한 민원
2. 건축물의 건축등과 복합된 사항으로서 제11조제5항 각 호에 해당하는 법률 규정의 운영 및 집행에 관한 민원
3. 그 밖에 대통령령으로 정하는 민원

② 광역지방건축민원전문위원회는 허가권자나 도지사(이하 "허가권자등"이라 한다)의 제11조에 따른 건축허가나 사전승인에 대한 질의민원을 심의하고, 기초지방건축민원전문위원회는 시장(행정시의 시장을 포함한다)·군수·구청장의 제11조 및 제14조에 따른 건축허가 또는 건축신고와 관련한 질의민원을 심의한다.

③ 건축민원전문위원회의 구성·회의·운영, 그 밖에 필요한 사항은 해당 지방자치단체의 조례로 정한다.

[본조신설 2014.5.28]

제4조의5【질의민원 심의의 신청】 ① 건축물의 건축등과 관련된 질의민원의 심의를 신청하려는 자는 제4조의4제2항에 따른 관할 건축민원전문위원회에 심의신청서를 제출하여야 한다.

② 제1항에 따른 심의를 신청하고자 하는 자는 다음 각 호의 사항을 기재하여 문서로 신청하여야 한다. 다만, 문서에 의할 수 없는 특별한 사정이 있는 경우에는 구술로 신청할 수 있다.

1. 신청인의 이름과 주소
2. 신청의 취지·이유와 민원신청의 원인이 된 사실내용
3. 그 밖에 행정기관의 명칭 등 대통령령으로 정하는 사항

③ 건축민원전문위원회는 신청인의 질의민원을 받으면 15일 이내에 심의절차를 마쳐야 한다. 다만, 사정이 있으면 건축민원전문위원회의 의결로 15일 이내

의 범위에서 기간을 연장할 수 있다.

[본조신설 2014.5.28]

제4조의6【심의를 위한 조사 및 의견 청취】 ① 건축민원전문위원회는 심의에 필요하다고 인정하면 위원 또는 사무국의 소속 공무원에게 관계 서류를 열람하게 하거나 관계 사업장에 출입하여 조사하게 할 수 있다.

② 건축민원전문위원회는 필요하다고 인정하면 신청인, 허가권자의 업무담당자, 이해관계자 또는 참고인을 위원회에 출석하게 하여 의견을 들을 수 있다.

③ 민원의 심의신청을 받은 건축민원전문위원회는 심의기간 내에 심의하여 심의결정서를 작성하여야 한다.

[본조신설 2014.5.28]

제4조의7【의견의 제시 등】 ① 건축민원전문위원회는 질의민원에 대하여 관계 법령, 관계 행정기관의 유권해석, 유사판례와 현장여건 등을 충분히 검토하여 심의의견을 제시할 수 있다.

② 건축민원전문위원회는 민원심의의 결정내용을 지체 없이 신청인 및 해당 허가권자등에게 통지하여야 한다.

③ 제2항에 따라 심의 결정내용을 통지받은 허가권자등은 이를 존중하여야 하며, 통지받은 날부터 10일 이내에 그 처리결과를 해당 건축민원전문위원회에 통보하여야 한다.

④ 제2항에 따른 심의 결정내용을 시장·군수·구청장이 이행하지 아니하는 경우에는 제4조의4제2항에도 불구하고 해당 민원인은 시장·군수·구청장이 통보한 처리결과를 첨부하여 광역지방건축민원전문위원회에 심의를 신청할 수 있다.

⑤ 제3항에 따라 처리결과를 통보받은 건축민원전문위원회는 신청인에게 그 내용을 지체 없이 통보하여야 한다.

[본조신설 2014.5.28]

제4조의8【사무국】 ① 건축민원전문위원회의 사무를 처리하기 위하여 위원회에 사무국을 두어야 한다.

② 건축민원전문위원회에는 다음 각 호의 사무를 나누어 맡도록 심사관을 둔다.

1. 건축민원전문위원회의 심의·운영에 관한 사항
2. 건축물의 건축등과 관련된 민원처리에 관한 업무 지원 사항
3. 그 밖에 위원장이 지정하는 사항

③ 건축민원전문위원회의 위원장은 특정 사건에 관한 전문적인 사항을 처리하기 위하여 관계 전문가를

위촉하여 제2항 각 호의 사무를 하게 할 수 있다.

[본조신설 2014.5.28.]

제5조【적용의 완화】 ① 건축주, 설계자, 공사시공자 또는 공사감리자(이하 "건축관계자"라 한다)는 업무를 수행할 때 이 법을 적용하는 것이 매우 불합리하다고 인정되는 대지나 건축물로서 대통령령으로 정하는 것에 대하여는 이 법의 기준을 완화하여 적용할 것을 허가권자에게 요청할 수 있다. <개정 2014.5.28>

② 제1항에 따른 요청을 받은 허가권자는 건축위원회의 심의를 거쳐 완화 여부와 적용 범위를 결정하고 그 결과를 신청인에게 알려야 한다. <개정 2014.5.28.>

③ 제1항과 제2항에 따른 요청 및 결정의 절차와 그 밖에 필요한 사항은 해당 지방자치단체의 조례로 정한다.

제6조【기존의 건축물 등에 관한 특례】 허가권자는 법령의 제정·개정이나 그 밖에 대통령령으로 정하는 사유로 대지나 건축물이 이 법에 맞지 아니하게 된 경우에는 대통령령으로 정하는 범위에서 해당 지방자치단체의 조례로 정하는 바에 따라 건축을 허가할 수 있다.

제6조의2【특수구조 건축물의 특례】 건축물의 구조, 재료, 형식, 공법 등이 특수한 대통령령으로 정하는 건축물(이하 "특수구조 건축물"이라 한다)은 제4조, 제4조의2부터 제4조의8까지, 제5조부터 제9조까지, 제11조, 제14조, 제19조, 제21조부터 제25조까지, 제40조, 제41조, 제48조, 제48조의2, 제49조, 제50조, 제50조의2, 제51조, 제52조, 제52조의2, 제52조의4, 제53조, 제62조부터 제64조까지, 제65조의2, 제67조, 제68조 및 제84조를 적용할 때 대통령령으로 정하는 바에 따라 강화 또는 변경하여 적용할 수 있다. <개정 2019.4.23., 2019.4.30.>

[본조신설 2015.1.6.]

제6조의3【부유식 건축물의 특례】 ① 「공유수면 관리 및 매립에 관한 법률」 제8조에 따른 공유수면 위에 고정된 인공대지(제2조제1항제1호의 "대지"로 본다)를 설치하고 그 위에 설치한 건축물(이하 "부유식 건축물"이라 한다)은 제40조부터 제44조까지, 제46조 및 제47조를 적용할 때 대통령령으로 정하는 바에 따라 달리 적용할 수 있다.

② 부유식 건축물의 설계, 시공 및 유지관리 등에 대하여 이 법을 적용하기 어려운 경우에는 대통령령으로 정하는 바에 따라 변경하여 적용할 수 있다.

[본조신설 2016.1.19.]

제7조【통일성을 유지하기 위한 도의 조례】 도(道) 단위로 통일성을 유지할 필요가 있으면 제5조제3항, 제6조, 제17조제2항, 제20조제2항제3호, 제27조제3항, 제42조, 제57조제1항, 제58조 및 제61조에 따라 시·군의 조례로 정하여야 할 사항을 도의 조례로 정할 수 있다. <개정 2015.5.18.>

제8조【리모델링에 대비한 특례 등】 리모델링이 쉬운 구조의 공동주택의 건축을 촉진하기 위하여 공동주택을 대통령령으로 정하는 구조로 하여 건축허가를 신청하면 제56조, 제60조 및 제61조에 따른 기준을 100분의 120의 범위에서 대통령령으로 정하는 비율로 완화하여 적용할 수 있다.

제9조【다른 법령의 배제】 ① 건축물의 건축등을 위하여 지하를 굴착하는 경우에는 「민법」 제244조제1항을 적용하지 아니한다. 다만, 필요한 안전조치를 하여 위해(危害)를 방지하여야 한다.

② 건축물에 딸린 개인하수처리시설에 관한 설계의 경우에는 「하수도법」 제38조를 적용하지 아니한다.

제2장 건축물의 건축

제10조【건축 관련 입지와 규모의 사전결정】 ① 제11조에 따른 건축허가 대상 건축물을 건축하려는 자는 건축허가를 신청하기 전에 허가권자에게 그 건축물의 건축에 관한 다음 각 호의 사항에 대한 사전결정을 신청할 수 있다. <개정 2015.5.18.>

1. 해당 대지에 건축하는 것이 이 법이나 관계 법령에서 허용되는지 여부

2. 이 법 또는 관계 법령에 따른 건축기준 및 건축제한, 그 완화에 관한 사항 등을 고려하여 해당 대지에 건축 가능한 건축물의 규모

3. 건축허가를 받기 위하여 신청자가 고려하여야 할 사항

② 제1항에 따른 사전결정을 신청하는 자(이하 "사전결정신청자"라 한다)는 건축위원회 심의와 「도시교통정비 촉진법」에 따른 교통영향평가서의 검토를 동시에 신청할 수 있다. <개정 2015.7.24.>

③ 허가권자는 제1항에 따라 사전결정이 신청된 건축물의 대지면적이 「환경영향평가법」 제43조에 따른 소규모 환경영향평가 대상사업인 경우 환경부장관이나 지방환경관서의 장과 소규모 환경영향평가에 관한 협의를 하여야 한다. <개정 2011.7.21.>

④ 허가권자는 제1항과 제2항에 따른 신청을 받으면

입지, 건축물의 규모, 용도 등을 사전결정한 후 사전결정 신청자에게 알려야 한다.

⑤ 제1항과 제2항에 따른 신청 절차, 신청 서류, 통지 등에 필요한 사항은 국토교통부령으로 정한다. <개정 2013.3.23.>

⑥ 제4항에 따른 사전결정 통지를 받은 경우에는 다음 각 호의 허가를 받거나 신고 또는 협의를 한 것으로 본다. <개정 2010.5.31.>

1. 「국토의 계획 및 이용에 관한 법률」 제56조에 따른 개발행위허가
2. 「산지관리법」 제14조와 제15조에 따른 산지전용허가와 산지전용신고, 같은 법 제15조의2에 따른 산지일시사용허가·신고. 다만, 보전산지인 경우에는 도시지역만 해당된다.
3. 「농지법」 제34조, 제35조 및 제43조에 따른 농지전용허가·신고 및 협의
4. 「하천법」 제33조에 따른 하천점용허가

⑦ 허가권자는 제6항 각 호의 어느 하나에 해당되는 내용이 포함된 사전결정을 하려면 미리 관계 행정기관의 장과 협의하여야 하며, 협의를 요청받은 관계 행정기관의 장은 요청받은 날부터 15일 이내에 의견을 제출하여야 한다.

⑧ 관계 행정기관의 장이 제7항에서 정한 기간(「민원 처리에 관한 법률」 제20조제2항에 따라 회신기간을 연장한 경우에는 그 연장된 기간을 말한다) 내에 의견을 제출하지 아니하면 협의가 이루어진 것으로 본다. <신설 2018.12.18.>

⑨ 사전결정신청자는 제4항에 따른 사전결정을 통지받은 날부터 2년 이내에 제11조에 따른 건축허가를 신청하여야 하며, 이 기간에 건축허가를 신청하지 아니하면 사전결정의 효력이 상실된다. <개정 2018.12.18.>

제11조【건축허가】 ① 건축물을 건축하거나 대수선하려는 자는 특별자치시장·특별자치도지사 또는 시장·군수·구청장의 허가를 받아야 한다. 다만, 21층 이상의 건축물 등 대통령령으로 정하는 용도 및 규모의 건축물을 특별시나 광역시에 건축하려면 특별시장이나 광역시장의 허가를 받아야 한다. <개정 2014.1.14.>

② 시장·군수는 제1항에 따라 다음 각 호의 어느 하나에 해당하는 건축물의 건축을 허가하려면 미리 건축계획서와 국토교통부령으로 정하는 건축물의 용도, 규모 및 형태가 표시된 기본설계도서를 첨부하여 도지사의 승인을 받아야 한다. <개정 2014.5.28.>

1. 제1항 단서에 해당하는 건축물. 다만, 도시환경, 광역교통 등을 고려하여 해당 도의 조례로 정하는 건축물은 제외한다.

2. 자연환경이나 수질을 보호하기 위하여 도지사가 지정·공고한 구역에 건축하는 3층 이상 또는 연면적의 합계가 1천제곱미터 이상인 건축물로서 위락시설과 숙박시설 등 대통령령으로 정하는 용도에 해당하는 건축물
3. 주거환경이나 교육환경 등 주변 환경을 보호하기 위하여 필요하다고 인정하여 도지사가 지정·공고한 구역에 건축하는 위락시설 및 숙박시설에 해당하는 건축물

③ 제1항에 따라 허가를 받으려는 자는 허가신청서에 국토교통부령으로 정하는 설계도서와 제5항 각 호에 따른 허가 등을 받거나 신고를 하기 위하여 관계 법령에서 제출하도록 의무화하고 있는 신청서 및 구비서류를 첨부하여 허가권자에게 제출하여야 한다. 다만, 국토교통부장관이 관계 행정기관의 장과 협의하여 국토교통부령으로 정하는 신청서 및 구비서류는 제21조에 따른 착공신고 전까지 제출할 수 있다. <개정 2015.5.18.>

④ 허가권자는 제1항에 따른 건축허가를 하고자 하는 때에 「건축기본법」 제25조에 따른 한국건축규정의 준수 여부를 확인하여야 한다. 다만, 다음 각 호의 어느 하나에 해당하는 경우에는 이 법이나 다른 법률에도 불구하고 건축위원회의 심의를 거쳐 건축허가를 하지 아니할 수 있다. <개정 2015.5.18., 2015.8.11., 2017.4.18., 2023.12.26.>

1. 위락시설이나 숙박시설에 해당하는 건축물의 건축을 허가하는 경우 해당 대지에 건축하려는 건축물의 용도·규모 또는 형태가 주거환경이나 교육환경 등 주변 환경을 고려할 때 부적합하다고 인정되는 경우
2. 「국토의 계획 및 이용에 관한 법률」 제37조제1항제4호에 따른 방재지구(이하 "방재지구"라 한다) 및 「자연재해대책법」 제12조제1항에 따른 자연재해위험개선지구 등 상습적으로 침수되거나 침수가 우려되는 대통령령으로 정하는 지역에 건축하려는 건축물에 대하여 지하층 등 일부 공간을 주거용으로 사용하거나(→일부 공간에) 거실을 설치하는 것이 부적합하다고 인정되는 경우

⑤ 제1항에 따른 건축허가를 받으면 다음 각 호의 허가 등을 받거나 신고를 한 것으로 보며, 공장건축물의 경우에는 「산업집적활성화 및 공장설립에 관한 법률」 제13조의2와 제14조에 따라 관련 법률의 인·허가 등이나 허가등을 받은 것으로 본다. <개정 2017.1.17., 2020.3.31.>

1. 제20조제3항에 따른 공사용 가설건축물의 축조신고

2. 제83조에 따른 공작물의 축조신고
3. 「국토의 계획 및 이용에 관한 법률」 제56조에 따른 개발행위허가
4. 「국토의 계획 및 이용에 관한 법률」 제86조제5항에 따른 시행자의 지정과 같은 법 제88조제2항에 따른 실시계획의 인가
5. 「산지관리법」 제14조와 제15조에 따른 산지전용허가와 산지전용신고, 같은 법 제15조의2에 따른 산지일시사용허가·신고. 다만, 보전산지인 경우에는 도시지역만 해당된다.
6. 「사도법」 제4조에 따른 사도(私道)개설허가
7. 「농지법」 제34조, 제35조 및 제43조에 따른 농지전용허가·신고 및 협의
8. 「도로법」 제36조에 따른 도로관리청이 아닌 자에 대한 도로공사 시행의 허가, 같은 법 제52조제1항에 따른 도로와 다른 시설의 연결 허가
9. 「도로법」 제61조에 따른 도로의 점용 허가
10. 「하천법」 제33조에 따른 하천점용 등의 허가
11. 「하수도법」 제27조에 따른 배수설비(配水設備)의 설치신고
12. 「하수도법」 제34조제2항에 따른 개인하수처리시설의 설치신고
13. 「수도법」 제38조에 따라 수도사업자가 지방자치단체인 경우 그 지방자치단체가 정한 조례에 따른 상수도 공급신청
14. 「전기안전관리법」 제8조에 따른 자가용전기설비 공사계획의 인가 또는 신고 <개정 2020.3.31>
15. 「물환경보전법」 제33조에 따른 수질오염물질 배출시설 설치의 허가나 신고
16. 「대기환경보전법」 제23조에 따른 대기오염물질 배출시설설치의 허가나 신고
17. 「소음·진동관리법」 제8조에 따른 소음·진동 배출시설 설치의 허가나 신고
18. 「가축분뇨의 관리 및 이용에 관한 법률」 제11조에 따른 배출시설 설치허가나 신고
19. 「자연공원법」 제23조에 따른 행위허가
20. 「도시공원 및 녹지 등에 관한 법률」 제24조에 따른 도시공원의 점용허가
21. 「토양환경보전법」 제12조에 따른 특정토양오염관리대상시설의 신고
22. 「수산자원관리법」 제52조제2항에 따른 행위의 허가
23. 「초지법」 제23조에 따른 초지전용의 허가 및 신고
⑥ 허가권자는 제5항 각 호의 어느 하나에 해당하는

사항이 다른 행정기관의 권한에 속하면 그 행정기관의 장과 미리 협의하여야 하며, 협의 요청을 받은 관계 행정기관의 장은 요청을 받은 날부터 15일 이내에 의견을 제출하여야 한다. 이 경우 관계 행정기관의 장은 제8항에 따른 처리기준이 아닌 사유를 이유로 협의를 거부할 수 없고, 협의 요청을 받은 날부터 15일 이내에 의견을 제출하지 아니하면 협의가 이루어진 것으로 본다. <개정 2017.1.17.>
⑦ 허가권자는 제1항에 따른 허가를 받은 자가 다음 각 호의 어느 하나에 해당하면 허가를 취소하여야 한다. 다만, 제1호에 해당하는 경우로서 정당한 사유가 있다고 인정되면 1년의 범위에서 공사의 착수기간을 연장할 수 있다. <개정 2017.1.17., 2020.6.9.>
1. 허가를 받은 날부터 2년(「산업집적활성화 및 공장설립에 관한 법률」 제13조에 따라 공장의 신설·증설 또는 업종변경의 승인을 받은 공장은 3년) 이내에 공사에 착수하지 아니한 경우
2. 제1호의 기간 이내에 공사에 착수하였으나 공사의 완료가 불가능하다고 인정되는 경우
3. 제21조에 따른 착공신고 전에 경매 또는 공매 등으로 건축주가 대지의 소유권을 상실한 때부터 6개월이 지난 이후 공사의 착수가 불가능하다고 판단되는 경우
⑧ 제5항 각 호의 어느 하나에 해당하는 사항과 제12조제1항의 관계 법령을 관장하는 중앙행정기관의 장은 그 처리기준을 국토교통부장관에게 통보하여야 한다. 처리기준을 변경한 경우에도 또한 같다. <개정 2013.3.23.>
⑨ 국토교통부장관은 제8항에 따라 처리기준을 통보받은 때에는 이를 통합하여 고시하여야 한다. <개정 2013.3.23.>
⑩ 제4조제1항에 따른 건축위원회의 심의를 받은 자가 심의 결과를 통지 받은 날부터 2년 이내에 건축허가를 신청하지 아니하면 건축위원회 심의의 효력이 상실된다. <신설 2011.5.30.>
⑪ 제1항에 따라 건축허가를 받으려는 자는 해당 대지의 소유권을 확보하여야 한다. 다만, 다음 각 호의 어느 하나에 해당하는 경우에는 그러하지 아니하다. <신설 2016.1.19., 2017.1.17., 2021.8.10>
1. 건축주가 대지의 소유권을 확보하지 못하였으나 그 대지를 사용할 수 있는 권원을 확보한 경우. 다만, 분양을 목적으로 하는 공동주택은 제외한다.
2. 건축주가 건축물의 노후화 또는 구조안전 문제 등 대통령령으로 정하는 사유로 건축물을 신축·개축·재축 및 리모델링을 하기 위하여 건축물 및 해

당 대지의 공유자 수의 100분의 80 이상의 동의를 얻고 동의한 공유자의 지분 합계가 전체 지분의 100분의 80 이상인 경우

3. 건축주가 제1항에 따른 건축허가를 받아 주택과 주택 외의 시설을 동일 건축물로 건축하기 위하여 「주택법」 제21조를 준용한 대지 소유 등의 권리관계를 증명한 경우. 다만, 「주택법」 제15조제1항 각 호 외의 부분 본문에 따른 대통령령으로 정하는 호수 이상으로 건설·공급하는 경우에 한정한다.

4. 건축하려는 대지에 포함된 국유지 또는 공유지에 대하여 허가권자가 해당 토지의 관리청이 해당 토지를 건축주에게 매각하거나 양여할 것을 확인한 경우

5. 건축주가 집합건물의 공용부분을 변경하기 위하여 「집합건물의 소유 및 관리에 관한 법률」 제15조제1항에 따른 결의가 있었음을 증명한 경우

6. 건축주가 집합건물을 재건축하기 위하여 「집합건물의 소유 및 관리에 관한 법률」 제47조에 따른 결의가 있었음을 증명한 경우 <신설 2021.8.10>

제12조 【건축복합민원 일괄협의회】 ① 허가권자는 제11조에 따라 허가를 하려면 해당 용도·규모 또는 형태의 건축물을 건축하려는 대지에 건축하는 것이 「국토의 계획 및 이용에 관한 법률」 제54조, 제56조부터 제62조까지 및 제76조부터 제82조까지의 규정과 그 밖에 대통령령으로 정하는 관계 법령의 규정에 맞는지를 확인하고, 제10조제6항 각 호와 같은 조 제7항 또는 제11조제5항 각 호와 같은 조 제6항의 사항을 처리하기 위하여 대통령령으로 정하는 바에 따라 건축복합민원 일괄협의회를 개최하여야 한다.

② 제1항에 따라 확인이 요구되는 법령의 관계 행정기관의 장과 제10조제7항 및 제11조제6항에 따른 관계 행정기관의 장은 소속 공무원을 제1항에 따른 건축복합민원 일괄협의회에 참석하게 하여야 한다.

제13조 【건축 공사현장 안전관리 예치금 등】 ① 제11조에 따라 건축허가를 받은 자는 건축물의 건축공사를 중단하고 장기간 공사현장을 방치할 경우 공사현장의 미관 개선과 안전관리 등 필요한 조치를 하여야 한다.

② 허가권자는 연면적이 1천제곱미터 이상인 건축물(「주택도시기금법」에 따른 주택도시보증공사가 분양보증을 한 건축물, 「건축물의 분양에 관한 법률」 제4조제1항제1호에 따른 분양보증이나 신탁계약을 체결한 건축물은 제외한다)로서 해당 지방자치단체

의 조례로 정하는 건축물에 대하여는 제21조에 따른 착공신고를 하는 건축주(「한국토지주택공사법」에 따른 한국토지주택공사 또는 「지방공기업법」에 따라 건축사업을 수행하기 위하여 설립된 지방공사는 제외한다)에게 장기간 건축물의 공사현장이 방치되는 것에 대비하여 미리 미관 개선과 안전관리에 필요한 비용(대통령령으로 정하는 보증서를 포함하며, 이하 "예치금"이라 한다)을 건축공사비의 1퍼센트의 범위에서 예치하게 할 수 있다. <개정 2015.1.6.>

③ 허가권자가 예치금을 반환할 때에는 대통령령으로 정하는 이율로 산정한 이자를 포함하여 반환하여야 한다. 다만, 보증서를 예치한 경우에는 그러하지 아니하다.

④ 제2항에 따른 예치금의 산정·예치 방법, 반환 등에 관하여 필요한 사항은 해당 지방자치단체의 조례로 정한다.

⑤ 허가권자는 공사현장이 방치되어 도시미관을 저해하고 안전을 위해한다고 판단되면 건축허가를 받은 자에게 건축물 공사현장의 미관과 안전관리를 위한 다음 각 호의 개선을 명할 수 있다. <개정 2014.5.28., 2019.4.30., 2020.6.9.>

1. 안전울타리 설치 등 안전조치
2. 공사재개 또는 해체 등 정비

⑥ 허가권자는 제5항에 따른 개선명령을 받은 자가 개선을 하지 아니하면 「행정대집행법」으로 정하는 바에 따라 대집행을 할 수 있다. 이 경우 제2항에 따라 건축주가 예치한 예치금을 행정대집행에 필요한 비용에 사용할 수 있으며, 행정대집행에 필요한 비용이 이미 납부한 예치금보다 많을 때에는 「행정대집행법」 제6조에 따라 그 차액을 추가로 징수할 수 있다.

⑦ 허가권자는 방치되는 공사현장의 안전관리를 위하여 긴급한 필요가 있다고 인정하는 경우에는 대통령령으로 정하는 바에 따라 건축주에게 고지한 후 제2항에 따라 건축주가 예치한 예치금을 사용하여 제5항제1호 중 대통령령으로 정하는 조치를 할 수 있다. <신설 2014.5.28>

제13조의2 【건축물 안전영향평가】 ① 허가권자는 초고층 건축물 등 대통령령으로 정하는 주요 건축물에 대하여 제11조에 따른 건축허가를 하기 전에 건축물의 구조, 지반 및 풍환경(風環境) 등이 건축물의 구조안전과 인접 대지의 안전에 미치는 영향 등을 평가하는 건축물 안전영향평가(이하 "안전영향평가"라 한다)를 안전영향평가기관에 의뢰하여 실시하여야 한다. <개정 2021.3.16>

② 안전영향평가기관은 국토교통부장관이 「공공기관의 운영에 관한 법률」 제4조에 따른 공공기관으로서 건축 관련 업무를 수행하는 기관 중에서 지정하여 고시한다.

③ 안전영향평가 결과는 건축위원회의 심의를 거쳐 확정한다. 이 경우 제4조의2에 따라 건축위원회의 심의를 받아야 하는 건축물은 건축위원회 심의에 안전영향평가 결과를 포함하여 심의할 수 있다.

④ 안전영향평가 대상 건축물의 건축주는 건축허가 신청 시 제출하여야 하는 도서에 안전영향평가 결과를 반영하여야 하며, 건축물의 계획상 반영이 곤란하다고 판단되는 경우에는 그 근거 자료를 첨부하여 허가권자에게 건축위원회의 재심의를 요청할 수 있다.

⑤ 안전영향평가의 검토 항목과 건축주의 안전영향평가 의뢰, 평가 비용 납부 및 처리 절차 등 그 밖에 필요한 사항은 대통령령으로 정한다.

⑥ 허가권자는 제3항 및 제4항의 심의 결과 및 안전영향평가 내용을 국토교통부령으로 정하는 방법에 따라 즉시 공개하여야 한다.

⑦ 안전영향평가를 실시하여야 하는 건축물이 다른 법률에 따라 구조안전과 인접 대지의 안전에 미치는 영향 등을 평가 받은 경우에는 안전영향평가의 해당 항목을 평가 받은 것으로 본다.

[본조신설 2016.2.3.]

제14조 【건축신고】 ① 제11조에 해당하는 허가 대상 건축물이라 하더라도 다음 각 호의 어느 하나에 해당하는 경우에는 미리 특별자치시장·특별자치도지사 또는 시장·군수·구청장에게 국토교통부령으로 정하는 바에 따라 신고를 하면 건축허가를 받은 것으로 본다. <개정 2014.5.28.>

1. 바닥면적의 합계가 85제곱미터 이내의 증축·개축 또는 재축. 다만, 3층 이상 건축물인 경우에는 증축·개축 또는 재축하려는 부분의 바닥면적의 합계가 건축물 연면적의 10분의 1 이내인 경우로 한정한다.

2. 「국토의 계획 및 이용에 관한 법률」에 따른 관리지역, 농림지역 또는 자연환경보전지역에서 연면적이 200제곱미터 미만이고 3층 미만인 건축물의 건축. 다만, 다음 각 목의 어느 하나에 해당하는 구역에서의 건축은 제외한다.

　가. 지구단위계획구역

　나. 방재지구 등 재해취약지역으로서 대통령령으로 정하는 구역

3. 연면적이 200제곱미터 미만이고 3층 미만인 건축물의 대수선

4. 주요구조부의 해체가 없는 등 대통령령으로 정하는 대수선

5. 그 밖에 소규모 건축물로서 대통령령으로 정하는 건축물의 건축

② 제1항에 따른 건축신고에 관하여는 제11조제5항 및 제6항을 준용한다. <개정 2014.5.28.>

③ 특별자치시장·특별자치도지사 또는 시장·군수·구청장은 제1항에 따른 신고를 받은 날부터 5일 이내에 신고수리 여부 또는 민원 처리 관련 법령에 따른 처리기간의 연장 여부를 신고인에게 통지하여야 한다. 다만, 이 법 또는 다른 법령에 따라 심의, 동의, 협의, 확인 등이 필요한 경우에는 20일 이내에 통지하여야 한다. <신설 2017.4.18.>

④ 특별자치시장·특별자치도지사 또는 시장·군수·구청장은 제1항에 따른 신고가 제3항 단서에 해당하는 경우에는 신고를 받은 날부터 5일 이내에 신고인에게 그 내용을 통지하여야 한다. <신설 2017.4.18.>

⑤ 제1항에 따라 신고를 한 자가 신고일부터 1년 이내에 공사에 착수하지 아니하면 그 신고의 효력은 없어진다. 다만, 건축주의 요청에 따라 허가권자가 정당한 사유가 있다고 인정하면 1년의 범위에서 착수기한을 연장할 수 있다. <개정 2016.1.19., 2017.4.18>

제15조 【건축주와의 계약 등】 ① 건축관계자는 건축물이 설계도서에 따라 이 법과 이 법에 따른 명령이나 처분, 그 밖의 관계 법령에 맞게 건축되도록 업무를 성실히 수행하여야 하며, 서로 위법하거나 부당한 일을 하도록 강요하거나 이와 관련하여 어떠한 불이익도 주어서는 아니 된다.

② 건축관계자 간의 책임에 관한 내용과 그 범위는 이 법에서 규정한 것 외에는 건축주와 설계자, 건축주와 공사시공자, 건축주와 공사감리자 간의 계약으로 정한다.

③ 국토교통부장관은 제2항에 따른 계약의 체결에 필요한 표준계약서를 작성하여 보급하고 활용하게 하거나 「건축사법」 제31조에 따른 건축사협회(이하 "건축사협회"라 한다), 「건설산업기본법」 제50조에 따른 건설사업자단체로 하여금 표준계약서를 작성하여 보급하고 활용하게 할 수 있다. <개정 2019.4.30.>

제16조 【허가와 신고사항의 변경】 ① 건축주가 제11조나 제14조에 따라 허가를 받았거나 신고한 사항을 변경하려면 변경하기 전에 대통령령으로 정하는 바에 따라 허가권자의 허가를 받거나 특별자치시장·특별자치도지사 또는 시장·군수·구청장에게 신고하여야

한다. 다만, 대통령령으로 정하는 경미한 사항의 변경은 그러하지 아니하다. <개정 2014.1.14.>

② 제1항 본문에 따른 허가나 신고사항 중 대통령령으로 정하는 사항의 변경은 제22조에 따른 사용승인을 신청할 때 허가권자에게 일괄하여 신고할 수 있다.

③ 제1항에 따른 허가 사항의 변경허가에 관하여는 제11조제5항 및 제6항을 준용한다. <개정 2017.4.18.>

④ 제1항에 따른 신고 사항의 변경신고에 관하여는 제11조제5항·제6항 및 제14조제3항·제4항을 준용한다. <신설 2017.4.18.>

제17조 【건축허가 등의 수수료】 ① 제11조, 제14조, 제16조, 제19조, 제20조 및 제83조에 따라 허가를 신청하거나 신고를 하는 자는 허가권자나 신고수리자에게 수수료를 납부하여야 한다.

② 제1항에 따른 수수료는 국토교통부령으로 정하는 범위에서 해당 지방자치단체의 조례로 정한다. <개정 2013.3.23.>

제17조의2 【매도청구 등】 ① 제11조제11항제2호에 따라 건축허가를 받은 건축주는 해당 건축물 또는 대지의 공유자 중 동의하지 아니한 공유자에게 그 공유지분을 시가(市價)로 매도할 것을 청구할 수 있다. 이 경우 매도청구를 하기 전에 매도청구 대상이 되는 공유자와 3개월 이상 협의를 하여야 한다.

② 제1항에 따른 매도청구에 관하여는 「집합건물의 소유 및 관리에 관한 법률」 제48조를 준용한다. 이 경우 구분소유권 및 대지사용권은 매도청구의 대상이 되는 대지 또는 건축물의 공유지분으로 본다.
[본조신설 2016.1.19.]

제17조의3 【소유자를 확인하기 곤란한 공유지분 등에 대한 처분】 ① 제11조제11항제2호에 따라 건축허가를 받은 건축주는 해당 건축물 또는 대지의 공유자가 거주하는 곳을 확인하기가 현저히 곤란한 경우에는 전국적으로 배포되는 둘 이상의 일간신문에 두 차례 이상 공고하고, 공고한 날부터 30일 이상 지났을 때에는 제17조의2에 따른 매도청구 대상이 되는 건축물 또는 대지로 본다.

② 건축주는 제1항에 따른 매도청구 대상 공유지분의 감정평가액에 해당하는 금액을 법원에 공탁(供託)하고 착공할 수 있다.

③ 제2항에 따른 공유지분의 감정평가액은 허가권자가 추천하는 「감정평가 및 감정평가사에 관한 법률」에 따른 감정평가법인등 2명 이상이 평가한 금액을 산술평균하여 산정한다. <개정 2016.1.19., 2020.4.7.>
[본조신설 2016.1.19.]

제18조 【건축허가 제한 등】 ① 국토교통부장관은 국토관리를 위하여 특히 필요하다고 인정하거나 주무부장관이 국방, 문화재보존(→「국가유산기본법」 제3조에 따른 국가유산의 보존), 환경보전 또는 국민경제를 위하여 특히 필요하다고 인정하여 요청하면 허가권자의 건축허가나 허가를 받은 건축물의 착공을 제한할 수 있다. <개정 2023.5.16./시행 2024.5.17.>

② 특별시장·광역시장·도지사는 지역계획이나 도시·군계획에 특히 필요하다고 인정하면 시장·군수·구청장의 건축허가나 허가를 받은 건축물의 착공을 제한할 수 있다. <개정 2014.1.14.>

③ 국토교통부장관이나 시·도지사는 제1항이나 제2항에 따라 건축허가나 건축허가를 받은 건축물의 착공을 제한하려는 경우에는 「토지이용규제 기본법」 제8조에 따라 주민의견을 청취한 후 건축위원회의 심의를 거쳐야 한다. <신설 2014.5.28.>

④ 제1항이나 제2항에 따라 건축허가나 건축물의 착공을 제한하는 경우 제한기간은 2년 이내로 한다. 다만, 1회에 한하여 1년 이내의 범위에서 제한기간을 연장할 수 있다. <개정 2014.5.28.>

⑤ 국토교통부장관이나 특별시장·광역시장·도지사는 제1항이나 제2항에 따라 건축허가나 건축물의 착공을 제한하는 경우 제한 목적·기간, 대상 건축물의 용도와 대상 구역의 위치·면적·경계 등을 상세하게 정하여 허가권자에게 통보하여야 하며, 통보를 받은 허가권자는 지체 없이 이를 공고하여야 한다. <개정 2014.5.28.>

⑥ 특별시장·광역시장·도지사는 제2항에 따라 시장·군수·구청장의 건축허가나 건축물의 착공을 제한한 경우 즉시 국토교통부장관에게 보고하여야 하며, 보고를 받은 국토교통부장관은 제한 내용이 지나치다고 인정하면 해제를 명할 수 있다. <개정 2014.5.28.>

제19조 【용도변경】 ① 건축물의 용도변경은 변경하려는 용도의 건축기준에 맞게 하여야 한다.

② 제22조에 따라 사용승인을 받은 건축물의 용도를 변경하려는 자는 다음 각 호의 구분에 따라 국토교통부령으로 정하는 바에 따라 특별자치시장·특별자치도지사 또는 시장·군수·구청장의 허가를 받거나 신고를 하여야 한다. <개정 2014.1.14.>

1. 허가 대상: 제4항 각 호의 어느 하나에 해당하는 시설군(施設群)에 속하는 건축물의 용도를 상위군(제4항 각 호의 번호가 용도변경하려는 건축물이 속하는 시설군보다 작은 시설군을 말한다)에 해당하는 용도로 변경하는 경우

2. 신고 대상: 제4항 각 호의 어느 하나에 해당하는 시설군에 속하는 건축물의 용도를 하위군(제4항 각 호의 번호가 용도변경하려는 건축물이 속하는 시설군보다 큰 시설군을 말한다)에 해당하는 용도로 변경하는 경우

③ 제4항에 따른 시설군 중 같은 시설군 안에서 용도를 변경하려는 자는 국토교통부령으로 정하는 바에 따라 특별자치시장·특별자치도지사 또는 시장·군수·구청장에게 건축물대장 기재내용의 변경을 신청하여야 한다. 다만, 대통령령으로 정하는 변경의 경우에는 그러하지 아니하다. <개정 2014.1.14.>

④ 시설군은 다음 각 호와 같고 각 시설군에 속하는 건축물의 세부 용도는 대통령령으로 정한다.

1. 자동차 관련 시설군
2. 산업 등의 시설군
3. 전기통신시설군
4. 문화 및 집회시설군
5. 영업시설군
6. 교육 및 복지시설군
7. 근린생활시설군
8. 주거업무시설군
9. 그 밖의 시설군

⑤ 제2항에 따른 허가나 신고 대상인 경우로서 용도변경하려는 부분의 바닥면적의 합계가 100제곱미터 이상인 경우의 사용승인에 관하여는 제22조를 준용한다. 다만, 용도변경하려는 부분의 바닥면적의 합계가 500제곱미터 미만으로서 대수선에 해당되는 공사를 수반하지 아니하는 경우에는 그러하지 아니하다. <개정 2016.1.19.>

⑥ 제2항에 따른 허가 대상인 경우로서 용도변경하려는 부분의 바닥면적의 합계가 500제곱미터 이상인 용도변경(대통령령으로 정하는 경우는 제외한다)의 설계에 관하여는 제23조를 준용한다.

⑦ 제1항과 제2항에 따른 건축물의 용도변경에 관하여는 제3조, 제5조, 제6조, 제7조, 제11조제2항부터 제9항까지, 제12조, 제14조부터 제16조까지, 제18조, 제20조, 제27조, 제35조, 제38조, 제42조부터 제44조까지, 제48조부터 제50조까지, 제50조의2, 제51조부터 제56조까지, 제58조, 제60조부터 제64조까지, 제67조, 제68조, 제78조부터 제87조까지의 규정과 「녹색건축물 조성 지원법」 제15조 및 「국토의 계획 및 이용에 관한 법률」 제54조를 준용한다. <개정 2014.1.14., 2014.5.28., 2019.4.30.>

제19조의2 【복수 용도의 인정】 ① 건축주는 건축물의 용도를 복수로 하여 제11조에 따른 건축허가, 제14조에 따른 건축신고 및 제19조에 따른 용도변경 허가·신고 또는 건축물대장 기재내용의 변경 신청을 할 수 있다.

② 허가권자는 제1항에 따라 신청한 복수의 용도가 이 법 및 관계 법령에서 정한 건축기준과 입지기준 등에 모두 적합한 경우에 한정하여 국토교통부령으로 정하는 바에 따라 복수 용도를 허용할 수 있다. <개정 2020.6.9.>

[본조신설 2016.1.19.]

제20조 【가설건축물】 ① 도시·군계획시설 및 도시·군계획시설예정지에서 가설건축물을 건축하려는 자는 특별자치시장·특별자치도지사 또는 시장·군수·구청장의 허가를 받아야 한다. <개정 2011.4.14., 2014.1.14.>

② 특별자치시장·특별자치도지사 또는 시장·군수·구청장은 해당 가설건축물의 건축이 다음 각 호의 어느 하나에 해당하는 경우가 아니면 제1항에 따른 허가를 하여야 한다. <신설 2014.1.14.>

1. 「국토의 계획 및 이용에 관한 법률」 제64조에 위배되는 경우
2. 4층 이상인 경우
3. 구조, 존치기간, 설치목적 및 다른 시설 설치 필요성 등에 관하여 대통령령으로 정하는 기준의 범위에서 조례로 정하는 바에 따르지 아니한 경우
4. 그 밖에 이 법 또는 다른 법령에 따른 제한규정을 위반하는 경우

③ 제1항에도 불구하고 재해복구, 흥행, 전람회, 공사용 가설건축물 등 대통령령으로 정하는 용도의 가설건축물을 축조하려는 자는 대통령령으로 정하는 존치 기간, 설치 기준 및 절차에 따라 특별자치시장·특별자치도지사 또는 시장·군수·구청장에게 신고한 후 착공하여야 한다. <개정 2014.1.14.>

④ 제3항에 따른 신고에 관하여는 제14조제3항 및 제4항을 준용한다. <신설 2017.4.18>

⑤ 제1항과 제3항에 따른 가설건축물을 건축하거나 축조할 때에는 대통령령으로 정하는 바에 따라 제25조, 제38조부터 제42조까지, 제44조부터 제50조까지, 제50조의2, 제51조부터 제64조까지, 제67조, 제68조와 「녹색건축물 조성 지원법」 제15조 및 「국토의 계획 및 이용에 관한 법률」 제76조 중 일부 규정을 적용하지 아니한다. <개정 2017.4.18>

⑥ 특별자치시장·특별자치도지사 또는 시장·군수·구청장은 제1항부터 제3항까지의 규정에 따라 가설건축물의 건축을 허가하거나 축조신고를 받은 경우 국토교통부령으로 정하는 바에 따라 가설건축물대장에 이를 기재하여 관리하여야 한다. <개정 2017.4.18>

⑦ 제2항 또는 제3항에 따라 가설건축물의 건축허가 신청 또는 축조신고를 받은 때에는 다른 법령에 따른 제한 규정에 대하여 확인이 필요한 경우 관계 행정기관의 장과 미리 협의하여야 하고, 협의 요청을 받은 관계 행정기관의 장은 요청을 받은 날부터 15일 이내에 의견을 제출하여야 한다. 이 경우 관계 행정기관의 장이 협의 요청을 받은 날부터 15일 이내에 의견을 제출하지 아니하면 협의가 이루어진 것으로 본다. <신설 2017.1.17., 2017.4.18>

제21조【착공신고 등】 ① 제11조·제14조 또는 제20조제1항에 따라 허가를 받거나 신고를 한 건축물의 공사를 착수하려는 건축주는 국토교통부령으로 정하는 바에 따라 허가권자에게 공사계획을 신고하여야 한다. <개정 2019.4.30., 2021.7.27.>
② 제1항에 따라 공사계획을 신고하거나 변경신고를 하는 경우 해당 공사감리자(제25조제1항에 따른 공사감리자를 지정한 경우만 해당된다)와 공사시공자가 신고서에 함께 서명하여야 한다.
③ 허가권자는 제1항 본문에 따른 신고를 받은 날부터 3일 이내에 신고수리 여부 또는 민원 처리 관련 법령에 따른 처리기간의 연장 여부를 신고인에게 통지하여야 한다. <신설 2017.4.18.>
④ 허가권자가 제3항에서 정한 기간 내에 신고수리 여부 또는 민원 처리 관련 법령에 따른 처리기간의 연장 여부를 신고인에게 통지하지 아니하면 그 기간이 끝난 날의 다음 날에 신고를 수리한 것으로 본다. <신설 2017.4.18>
⑤ 건축주는 「건설산업기본법」 제41조를 위반하여 건축물의 공사를 하거나 하게 할 수 없다. <개정 2017.4.18>
⑥ 제11조에 따라 허가를 받은 건축물의 건축주는 제1항에 따른 신고를 할 때에는 제15조제2항에 따른 각 계약서의 사본을 첨부하여야 한다. <개정 2017.4.18>

제22조【건축물의 사용승인】 ① 건축주가 제11조·제14조 또는 제20조제1항에 따라 허가를 받았거나 신고를 한 건축물의 건축공사를 완료[하나의 대지에 둘 이상의 건축물을 건축하는 경우 동(棟)별 공사를 완료한 경우를 포함한다]한 후 그 건축물을 사용하려면 제25조제6항에 따라 공사감리자가 작성한 감리완료보고서(같은 조 제1항에 따른 공사감리자를 지정한 경우만 해당된다)와 국토교통부령으로 정하는 공사완료도서를 첨부하여 허가권자에게 사용승인을 신청하여야 한다. <개정 2016.2.3.>

② 허가권자는 제1항에 따른 사용승인신청을 받은 경우 국토교통부령으로 정하는 기간에 다음 각 호의 사항에 대한 검사를 실시하고, 검사에 합격된 건축물에 대하여는 사용승인서를 내주어야 한다. 다만, 해당 지방자치단체의 조례로 정하는 건축물은 사용승인을 위한 검사를 실시하지 아니하고 사용승인서를 내줄 수 있다. <개정 2013.3.23.>
1. 사용승인을 신청한 건축물이 이 법에 따라 허가 또는 신고한 설계도서대로 시공되었는지의 여부
2. 감리완료보고서, 공사완료도서 등의 서류 및 도서가 적합하게 작성되었는지의 여부
③ 건축주는 제2항에 따라 사용승인을 받은 후가 아니면 건축물을 사용하거나 사용하게 할 수 없다. 다만, 다음 각 호의 어느 하나에 해당하는 경우에는 그러하지 아니하다. <개정 2013.3.23.>
1. 허가권자가 제2항에 따른 기간 내에 사용승인서를 교부하지 아니한 경우
2. 사용승인서를 교부받기 전에 공사가 완료된 부분이 건폐율, 용적률, 설비, 피난·방화 등 국토교통부령으로 정하는 기준에 적합한 경우로서 기간을 정하여 대통령령으로 정하는 바에 따라 임시로 사용의 승인을 한 경우
④ 건축주가 제2항에 따른 사용승인을 받은 경우에는 다음 각 호에 따른 사용승인·준공검사 또는 등록신청 등을 받거나 한 것으로 보며, 공장건축물의 경우에는 「산업집적활성화 및 공장설립에 관한 법률」 제14조의2에 따라 관련 법률의 검사 등을 받은 것으로 본다. <개정 2017.1.17., 2018.3.27, 2020.3.31., 2024.1.16./시행 2024.4.17.>
1. 「하수도법」 제27조에 따른 배수설비(排水設備)의 준공검사 및 같은 법 제37조에 따른 개인하수처리시설의 준공검사
2. 「공간정보의 구축 및 관리 등에 관한 법률」 제64조에 따른 지적공부(地籍公簿)의 변동사항 등록신청
3. 「승강기 안전관리법」 제28조에 따른 승강기 설치검사
4. 「에너지이용 합리화법」 제39조에 따른 보일러 설치검사
5. 「전기안전관리법」 제9조)에 따른 전기설비의 사용전검사 <개정 2020.3.31.>
6. 「정보통신공사업법」 제36조에 따른 정보통신공사의 사용전검사
6의2. 「기계설비법」 제15조에 따른 기계설비의 사용 전 검사 <신설 2024.1.16./시행 2024.4.17.>

7. 「도로법」 제62조제2항에 따른 도로점용 공사의 준공확인

8. 「국토의 계획 및 이용에 관한 법률」 제62조에 따른 개발 행위의 준공검사

9. 「국토의 계획 및 이용에 관한 법률」 제98조에 따른 도시·군계획시설사업의 준공검사

10. 「물환경보전법」 제37조에 따른 수질오염물질 배출시설의 가동개시의 신고

11. 「대기환경보전법」 제30조에 따른 대기오염물질 배출시설의 가동개시의 신고

12. 삭제 <2009.6.9.>

⑤ 허가권자는 제2항에 따른 사용승인을 하는 경우 제4항 각 호의 어느 하나에 해당하는 내용이 포함되어 있으면 관계 행정기관의 장과 미리 협의하여야 한다.

⑥ 특별시장 또는 광역시장은 제2항에 따라 사용승인을 한 경우 지체 없이 그 사실을 군수 또는 구청장에게 알려서 건축물대장에 적게 하여야 한다. 이 경우 건축물대장에는 설계자, 대통령령으로 정하는 주요 공사의 시공자, 공사감리자를 적어야 한다.

제23조【건축물의 설계】 ① 제11조제1항에 따라 건축허가를 받아야 하거나 제14조제1항에 따라 건축신고를 하여야 하는 건축물 또는 「주택법」 제66조제1항 또는 제2항에 따른 리모델링을 하는 건축물의 건축등을 위한 설계는 건축사가 아니면 할 수 없다. 다만, 다음 각 호의 어느 하나에 해당하는 경우에는 그러하지 아니하다. <개정 2016.1.19.>

1. 바닥면적의 합계가 85제곱미터 미만인 증축·개축 또는 재축

2. 연면적이 200제곱미터 미만이고 층수가 3층 미만인 건축물의 대수선

3. 그 밖에 건축물의 특수성과 용도 등을 고려하여 대통령령으로 정하는 건축물의 건축등

② 설계자는 건축물이 이 법과 이 법에 따른 명령이나 처분, 그 밖의 관계 법령에 맞고 안전·기능 및 미관에 지장이 없도록 설계하여야 하며, 국토교통부장관이 정하여 고시하는 설계도서 작성기준에 따라 설계도서를 작성하여야 한다. 다만, 해당 건축물의 공법(工法) 등이 특수한 경우로서 국토교통부령으로 정하는 바에 따라 건축위원회의 심의를 거친 때에는 그러하지 아니하다. <개정 2013.3.23.>

③ 제2항에 따라 설계도서를 작성한 설계자는 설계가 이 법과 이 법에 따른 명령이나 처분, 그 밖의 관계 법령에 맞게 작성되었는지를 확인한 후 설계도서에 서명날인하여야 한다.

④ 국토교통부장관이 국토교통부령으로 정하는 바에 따라 작성하거나 인정하는 표준설계도서나 특수한 공법을 적용한 설계도서에 따라 건축물을 건축하는 경우에는 제1항을 적용하지 아니한다. <개정 2013.3.23.>

제24조【건축시공】 ① 공사시공자는 제15조제2항에 따른 계약대로 성실하게 공사를 수행하여야 하며, 이 법과 이 법에 따른 명령이나 처분, 그 밖의 관계 법령에 맞게 건축물을 건축하여 건축주에게 인도하여야 한다.

② 공사시공자는 건축물(건축허가나 용도변경허가 대상인 것만 해당된다)의 공사현장에 설계도서를 갖추어 두어야 한다.

③ 공사시공자는 설계도서가 이 법과 이 법에 따른 명령이나 처분, 그 밖의 관계 법령에 맞지 아니하거나 공사의 여건상 불합리하다고 인정되면 건축주와 공사감리자의 동의를 받아 서면으로 설계자에게 설계를 변경하도록 요청할 수 있다. 이 경우 설계자는 정당한 사유가 없으면 요청에 따라야 한다.

④ 공사시공자는 공사를 하는 데에 필요하다고 인정하거나 제25조제5항에 따라 공사감리자로부터 상세시공도면을 작성하도록 요청을 받으면 상세시공도면을 작성하여 공사감리자의 확인을 받아야 하며, 이에 따라 공사를 하여야 한다. <개정 2016.2.3.>

⑤ 공사시공자는 건축허가나 용도변경허가가 필요한 건축물의 건축공사를 착수한 경우에는 해당 건축공사의 현장에 국토교통부령으로 정하는 바에 따라 건축허가 표지판을 설치하여야 한다. <개정 2013.3.23.>

⑥ 「건설산업기본법」 제41조제1항 각 호에 해당하지 아니하는 건축물의 건축주는 공사 현장의 공정 및 안전을 관리하기 위하여 같은 법 제2조제15호에 따른 건설기술인 1명을 현장관리인으로 지정하여야 한다. 이 경우 현장관리인은 국토교통부령으로 정하는 바에 따라 공정 및 안전 관리 업무를 수행하여야 하며, 건축주의 승낙을 받지 아니하고는 정당한 사유 없이 그 공사 현장을 이탈하여서는 아니 된다. <신설 2016.2.3., 2018.8.14.>

⑦ 공동주택, 종합병원, 관광숙박시설 등 대통령령으로 정하는 용도 및 규모의 건축물의 공사시공자는 건축주, 공사감리자 및 허가권자가 설계도서에 따라 적정하게 공사되었는지를 확인할 수 있도록 공사의 공정이 대통령령으로 정하는 진도에 다다른 때마다 사진 및 동영상을 촬영하고 보관하여야 한다. 이 경우 촬영 및 보관 등 그 밖에 필요한 사항은 국토교통부령으로 정한다. <신설 2016.2.3.>

제25조【건축물의 공사감리】 ① 건축주는 대통령령으로 정하는 용도·규모 및 구조의 건축물을 건축하는 경우 건축사나 대통령령으로 정하는 자를 공사감리자(공사시공자 본인 및 「독점규제 및 공정거래에 관한 법률」 제2조에 따른 계열회사는 제외한다)로 지정하여 공사감리를 하게 하여야 한다. <개정 2016.2.3.>

② 제1항에도 불구하고 「건설산업기본법」 제41조제1항 각 호에 해당하지 아니하는 소규모 건축물로서 건축주가 직접 시공하는 건축물 및 주택으로 사용하는 건축물 중 대통령령으로 정하는 건축물의 경우에는 대통령령으로 정하는 바에 따라 허가권자가 해당 건축물의 설계에 참여하지 아니한 자 중에서 공사감리자를 지정하여야 한다. 다만, 다음 각 호의 어느 하나에 해당하는 건축물의 건축주가 국토교통부령으로 정하는 바에 따라 허가권자에게 신청하는 경우에는 해당 건축물을 설계한 자를 공사감리자로 지정할 수 있다. <신설 2016.2.3., 2018.8.14., 2020.4.7.>

1. 「건설기술 진흥법」 제14조에 따른 신기술 중 대통령령으로 정하는 신기술을 보유한 자가 그 신기술을 적용하여 설계한 건축물

2. 「건축서비스산업 진흥법」 제13조제4항에 따른 역량 있는 건축사로서 대통령령으로 정하는 건축사가 설계한 건축물

3. 설계공모를 통하여 설계한 건축물

③ 공사감리자는 공사감리를 할 때 이 법과 이 법에 따른 명령이나 처분, 그 밖의 관계 법령에 위반된 사항을 발견하거나 공사시공자가 설계도서대로 공사를 하지 아니하면 이를 건축주에게 알린 후 공사시공자에게 시정하거나 재시공하도록 요청하여야 하며, 공사시공자가 시정이나 재시공 요청에 따르지 아니하면 서면으로 그 건축공사를 중지하도록 요청할 수 있다. 이 경우 공사중지를 요청받은 공사시공자는 정당한 사유가 없으면 즉시 공사를 중지하여야 한다. <개정 2016.2.3.>

④ 공사감리자는 제3항에 따라 공사시공자가 시정이나 재시공 요청을 받은 후 이에 따르지 아니하거나 공사중지 요청을 받고도 공사를 계속하면 국토교통부령으로 정하는 바에 따라 이를 허가권자에게 보고하여야 한다. <개정 2016.2.3.>

⑤ 대통령령으로 정하는 용도 또는 규모의 공사의 공사감리자는 필요하다고 인정하면 공사시공자에게 상세시공도면을 작성하도록 요청할 수 있다. <개정 2016.2.3.>

⑥ 공사감리자는 국토교통부령으로 정하는 바에 따라 감리일지를 기록·유지하여야 하고, 공사의 공정(工程)이 대통령령으로 정하는 진도에 다다른 경우에는 감리중간보고서를, 공사를 완료한 경우에는 감리완료보고서를 국토교통부령으로 정하는 바에 따라 각각 작성하여 건축주에게 제출하여야 한다. 이 경우 건축주는 감리중간보고서는 제출받은 때, 감리완료보고서는 제22조에 따른 건축물의 사용승인을 신청할 때 허가권자에게 제출하여야 한다. <개정 2016.2.3., 2020.4.7.>

⑦ 건축주나 공사시공자는 제3항과 제4항에 따라 위반사항에 대한 시정이나 재시공을 요청하거나 위반사항을 허가권자에게 보고한 공사감리자에게 이를 이유로 공사감리자의 지정을 취소하거나 보수의 지급을 거부하거나 지연시키는 등 불이익을 주어서는 아니 된다. <개정 2016.2.3.>

⑧ 제1항에 따른 공사감리의 방법 및 범위 등은 건축물의 용도·규모 등에 따라 대통령령으로 정하되, 이에 따른 세부기준이 필요한 경우에는 국토교통부장관이 정하거나 건축사협회로 하여금 국토교통부장관의 승인을 받아 정하도록 할 수 있다. <개정 2016.2.3.>

⑨ 국토교통부장관은 제8항에 따라 세부기준을 정하거나 승인을 한 경우 이를 고시하여야 한다. <개정 2016.2.3.>

⑩ 「주택법」 제15조에 따른 사업계획 승인 대상과 「건설기술 진흥법」 제39조제2항에 따라 건설사업관리를 하게 하는 건축물의 공사감리는 제1항부터 제9항까지 및 제11항부터 제14항까지의 규정에도 불구하고 각각 해당 법령으로 정하는 바에 따른다. <개정 2016.1.19., 2016.2.3., 2018.8.14.>

⑪ 제1항에 따라 건축주가 공사감리자를 지정하거나 제2항에 따라 허가권자가 공사감리자를 지정하는 건축물의 건축주는 제21조에 따른 착공신고를 하는 때에 감리비용이 명시된 감리 계약서를 허가권자에게 제출하여야 하고, 제22조에 따른 사용승인을 신청하는 때에는 감리용역 계약내용에 따라 감리비용을 지급하여야 한다. 이 경우 허가권자는 감리 계약서에 따라 감리비용이 지급되었는지를 확인한 후 사용승인을 하여야 한다. <신설 2016.2.3., 2020.12.22., 2021.7.27>

⑫ 제2항에 따라 허가권자가 공사감리자를 지정하는 건축물의 건축주는 설계자의 설계의도가 구현되도록 해당 건축물의 설계자를 건축과정에 참여시켜야 한다. 이 경우 「건축서비스산업 진흥법」 제22조를 준용한다. <신설 2018.8.14.>

⑬ 제12항에 따라 설계자를 건축과정에 참여시켜야

하는 건축주는 제21조에 따른 착공신고를 하는 때에 해당 계약서 등 대통령령으로 정하는 서류를 허가권자에게 제출하여야 한다. <신설 2018.8.14.>

⑭ 허가권자는 제2항에 따라 허가권자가 공사감리자를 지정하는 경우의 감리비용에 관한 기준을 해당 지방자치단체의 조례로 정할 수 있다. <신설 2016.2.3., 2018.8.14., 2020.12.22.>

제25조의2【건축관계자등에 대한 업무제한】 ① 허가권자는 설계자, 공사시공자, 공사감리자 및 관계전문기술자(이하 "건축관계자등"이라 한다)가 대통령령으로 정하는 주요 건축물에 대하여 제21조에 따른 착공신고 시부터 「건설산업기본법」 제28조에 따른 하자담보책임 기간에 제40조, 제41조, 제48조, 제50조 및 제51조를 위반하거나 중대한 과실로 건축물의 기초 및 주요구조부에 중대한 손괴를 일으켜 사람을 사망하게 한 경우에는 1년 이내의 기간을 정하여 이 법에 의한 업무를 수행할 수 없도록 업무정지를 명할 수 있다.

② 허가권자는 건축관계자등이 제40조, 제41조, 제48조, 제49조, 제50조, 제50조의2, 제51조, 제52조 및 제52조의4를 위반하여 건축물의 기초 및 주요구조부에 중대한 손괴를 일으켜 대통령령으로 정하는 규모 이상의 재산상의 피해가 발생한 경우(제1항에 해당하는 위반행위는 제외한다)에는 다음 각 호에서 정하는 기간 이내의 범위에서 다중이용건축물 등 대통령령으로 정하는 주요 건축물에 대하여 이 법에 의한 업무를 수행할 수 없도록 업무정지를 명할 수 있다. <개정 2019.4.23.>

1. 최초로 위반행위가 발생한 경우: 업무정지일부터 6개월

2. 2년 이내에 동일한 현장에서 위반행위가 다시 발생한 경우: 다시 업무정지를 받는 날부터 1년

③ 허가권자는 건축관계자등이 제40조, 제41조, 제48조, 제49조, 제50조, 제50조의2, 제51조, 제52조 및 제52조의4를 위반한 경우(제1항 및 제2항에 해당하는 위반행위는 제외한다)와 제28조를 위반하여 가설시설물이 붕괴된 경우에는 기간을 정하여 시정을 명하거나 필요한 지시를 할 수 있다. <개정 2019.4.23.>

④ 허가권자는 제3항에 따른 시정명령 등에도 불구하고 특별한 이유 없이 이를 이행하지 아니한 경우에는 다음 각 호에서 정하는 기간 이내의 범위에서 이 법에 의한 업무를 수행할 수 없도록 업무정지를 명할 수 있다.

1. 최초의 위반행위가 발생하여 허가권자가 지정한 시정기간 동안 특별한 사유 없이 시정하지 아니하

는 경우: 업무정지일부터 3개월

2. 2년 이내에 제3항에 따른 위반행위가 동일한 현장에서 2차례 발생한 경우: 업무정지일부터 3개월

3. 2년 이내에 제3항에 따른 위반행위가 동일한 현장에서 3차례 발생한 경우: 업무정지일부터 1년

⑤ 허가권자는 제4항에 따른 업무정지처분을 갈음하여 다음 각 호의 구분에 따라 건축관계자등에게 과징금을 부과할 수 있다.

1. 제4항제1호 또는 제2호에 해당하는 경우: 3억원 이하

2. 제4항제3호에 해당하는 경우: 10억원 이하

⑥ 건축관계자등은 제1항, 제2항 또는 제4항에 따른 업무정지처분에도 불구하고 그 처분을 받기 전에 계약을 체결하였거나 관계 법령에 따라 허가, 인가 등을 받아 착수한 업무는 제22조에 따른 사용승인을 받은 때까지 계속 수행할 수 있다.

⑦ 제1항부터 제5항까지에 해당하는 조치는 그 소속 법인 또는 단체에게도 동일하게 적용한다. 다만, 소속 법인 또는 단체가 위반행위를 방지하기 위하여 해당 업무에 관하여 상당한 주의와 감독을 게을리하지 아니한 경우에는 그러하지 아니하다.

⑧ 제1항부터 제5항까지의 조치는 관계 법률에 따라 건축허가를 의제하는 경우의 건축관계자등에게 동일하게 적용한다.

⑨ 허가권자는 제1항부터 제5항까지의 조치를 한 경우 그 내용을 국토교통부장관에게 통보하여야 한다.

⑩ 국토교통부장관은 제9항에 따라 통보된 사항을 종합관리하고, 허가권자가 해당 건축관계자등과 그 소속 법인 또는 단체를 알 수 있도록 국토교통부령으로 정하는 바에 따라 공개하여야 한다.

⑪ 건축관계자등, 소속 법인 또는 단체에 대한 업무정지처분을 하려는 경우에는 청문을 하여야 한다.

[본조신설 2016.2.3.]

제26조【허용 오차】 대지의 측량(「공간정보의 구축 및 관리 등에 관한 법률」에 따른 측량은 제외한다)이나 건축물의 건축 과정에서 부득이하게 발생하는 오차는 이 법을 적용할 때 국토교통부령으로 정하는 범위에서 허용한다. <개정 2014.6.3.>

제27조【현장조사·검사 및 확인업무의 대행】 ① 허가권자는 이 법에 따른 현장조사·검사 및 확인업무를 대통령령으로 정하는 바에 따라 「건축사법」 제23조에 따라 건축사사무소개설신고를 한 자에게 대행하게 할 수 있다. <개정 2014.5.28.>

② 제1항에 따라 업무를 대행하는 자는 현장조사·검

사 또는 확인결과를 국토교통부령으로 정하는 바에 따라 허가권자에게 서면으로 보고하여야 한다. <개정 2013.3.23.>

③ 허가권자는 제1항에 따른 자에게 업무를 대행하게 한 경우 국토교통부령으로 정하는 범위에서 해당 지방자치단체의 조례로 정하는 수수료를 지급하여야 한다. <개정 2013.3.23.>

제28조【공사현장의 위해 방지 등】 ① 건축물의 공사시공자는 대통령령으로 정하는 바에 따라 공사현장의 위해를 방지하기 위하여 필요한 조치를 하여야 한다.

② 허가권자는 건축물의 공사와 관련하여 건축관계자간 분쟁상담 등의 필요한 조치를 하여야 한다.

제29조【공용건축물에 대한 특례】 ① 국가나 지방자치단체는 제11조, 제14조, 제19조, 제20조 및 제83조에 따른 건축물을 건축·대수선·용도변경하거나 가설건축물을 건축하거나 공작물을 축조하려는 경우에는 대통령령으로 정하는 바에 따라 미리 건축물의 소재지를 관할하는 허가권자와 협의하여야 한다. <개정 2011.5.30.>

② 국가나 지방자치단체가 제1항에 따라 건축물의 소재지를 관할하는 허가권자와 협의한 경우에는 제11조, 제14조, 제19조, 제20조 및 제83조에 따른 허가를 받았거나 신고한 것으로 본다. <개정 2011.5.30.>

③ 제1항에 따라 협의한 건축물에는 제22조제1항부터 제3항까지의 규정을 적용하지 아니한다. 다만, 건축물의 공사가 끝난 경우에는 지체 없이 허가권자에게 통보하여야 한다.

④ 국가나 지방자치단체가 소유한 대지의 지상 또는 지하 여유공간에 구분지상권을 설정하여 주민편의시설 등 대통령령으로 정하는 시설을 설치하고자 하는 경우 허가권자는 구분지상권자를 건축주로 보고 구분지상권이 설정된 부분을 제2조제1항제1호의 대지로 보아 건축허가를 할 수 있다. 이 경우 구분지상권 설정의 대상 및 범위, 기간 등은 「국유재산법」 및 「공유재산 및 물품 관리법」에 적합하여야 한다. <신설 2016.1.19.>

제30조【건축통계 등】 ① 허가권자는 다음 각 호의 사항(이하 "건축통계"라 한다)을 국토교통부령으로 정하는 바에 따라 국토교통부장관이나 시·도지사에게 보고하여야 한다. <개정 2013.3.23>

1. 제11조에 따른 건축허가 현황
2. 제14조에 따른 건축신고 현황
3. 제19조에 따른 용도변경허가 및 신고 현황

4. 제21조에 따른 착공신고 현황
5. 제22조에 따른 사용승인 현황
6. 그 밖에 대통령령으로 정하는 사항

② 건축통계의 작성 등에 필요한 사항은 국토교통부령으로 정한다. <개정 2013.3.23>

제31조【건축행정 전산화】 ① 국토교통부장관은 이 법에 따른 건축행정 관련 업무를 전산처리하기 위하여 종합적인 계획을 수립·시행할 수 있다. <개정 2013.3.23>

② 허가권자는 제10조, 제11조, 제14조, 제16조, 제19조부터 제22조까지, 제25조, 제30조, 제36조, 제38조, 제83조 및 제92조에 따른 신청서, 신고서, 첨부서류, 통지, 보고 등을 디스켓, 디스크 또는 정보통신망 등으로 제출하게 할 수 있다. <개정 2019.4.30.>

제32조【건축허가 업무 등의 전산처리 등】 ① 허가권자는 건축허가 업무 등의 효율적인 처리를 위하여 국토교통부령으로 정하는 바에 따라 전자정보처리 시스템을 이용하여 이 법에 규정된 업무를 처리할 수 있다. <개정 2013.3.23.>

② 제1항에 따른 전자정보처리 시스템에 따라 처리된 자료(이하 "전산자료"라 한다)를 이용하려는 자는 대통령령으로 정하는 바에 따라 관계 중앙행정기관의 장의 심사를 거쳐 다음 각 호의 구분에 따라 국토교통부장관, 시·도지사 또는 시장·군수·구청장의 승인을 받아야 한다. 다만, 지방자치단체의 장이 승인을 신청하는 경우에는 관계 중앙행정기관의 장의 심사를 받지 아니한다. <개정 2014.1.14., 2022.6.10.>

1. 전국 단위의 전산자료: 국토교통부장관
2. 특별시·광역시·특별자치시·도·특별자치도(이하 "시·도"라 한다) 단위의 전산자료: 시·도지사
3. 시·군 또는 구(자치구를 말한다. 이하 같다) 단위의 전산자료: 시장·군수·구청장

③ 국토교통부장관, 시·도지사 또는 시장·군수·구청장이 제2항에 따른 승인신청을 받은 경우에는 건축허가 업무 등의 효율적인 처리에 지장이 없고 대통령령으로 정하는 건축주 등의 개인정보 보호기준을 위반하지 아니한다고 인정되는 경우에만 승인할 수 있다. 이 경우 용도를 한정하여 승인할 수 있다. <개정 2013.3.23.>

④ 제2항 및 제3항에도 불구하고 건축물의 소유자가 본인 소유의 건축물에 대한 소유 정보를 신청하거나 건축물의 소유자가 사망하여 그 상속인이 피상속인의 건축물에 대한 소유 정보를 신청하는 경우에는 승인 및 심사를 받지 아니할 수 있다. <신설

2017.10.24.>

⑤ 제2항에 따른 승인을 받아 전산자료를 이용하려는 자는 사용료를 내야 한다. <개정 2017.10.24.>

⑥ 제1항부터 제5항까지의 규정에 따른 전자정보처리 시스템의 운영에 관한 사항, 전산자료의 이용 대상 범위와 심사기준, 승인절차, 사용료 등에 관하여 필요한 사항은 대통령령으로 정한다. <개정 2017.10.24.>

제33조【전산자료의 이용자에 대한 지도·감독】 ① 국토교통부장관, 시·도지사 또는 시장·군수·구청장은 개인정보의 보호 및 전산자료의 이용목적 외 사용 방지 등을 위하여 필요하다고 인정되면 전산자료의 보유 또는 관리 등에 관한 사항에 관하여 제32조에 따라 전산자료를 이용하는 자를 지도·감독할 수 있다. <개정 2019.8.20.>

② 제1항에 따른 지도·감독의 대상 및 절차 등에 관하여 필요한 사항은 대통령령으로 정한다.

제34조【건축종합민원실의 설치】 특별자치시장·특별자치도지사 또는 시장·군수·구청장은 대통령령으로 정하는 바에 따라 건축허가, 건축신고, 사용승인 등 건축과 관련된 민원을 종합적으로 접수하여 처리할 수 있는 민원실을 설치·운영하여야 한다. <개정 2014.1.14.>

제3장 건축물의 유지와 관리

제35조, 제35조의2, 제36조 삭제 <2019.4.30.>

제37조【건축지도원】 ① 특별자치시장·특별자치도지사 또는 시장·군수·구청장은 이 법 또는 이 법에 따른 명령이나 처분에 위반되는 건축물의 발생을 예방하고 건축물을 적법하게 유지·관리하도록 지도하기 위하여 대통령령으로 정하는 바에 따라 건축지도원을 지정할 수 있다. <개정 2014.1.14.>

② 제1항에 따른 건축지도원의 자격과 업무 범위 등은 대통령령으로 정한다.

제38조【건축물대장】 ① 특별자치시장·특별자치도지사 또는 시장·군수·구청장은 건축물의 소유·이용 및 유지·관리 상태를 확인하거나 건축정책의 기초 자료로 활용하기 위하여 다음 각 호의 어느 하나에 해당하면 건축물대장에 건축물과 그 대지의 현황 및 국토교통부령으로 정하는 건축물의 구조내력(構造耐力)에 관한 정보를 적어서 보관하고 이를 지속적으로 정비하여야 한다. <개정 2015.1.6., 2017.10.24.,

2019.4.30.>

1. 제22조제2항에 따라 사용승인서를 내준 경우

2. 제11조에 따른 건축허가 대상 건축물(제14조에 따른 신고 대상 건축물을 포함한다) 외의 건축물의 공사를 끝낸 후 기재를 요청한 경우

3. 삭제 <2019.4.30.>

4. 그 밖에 대통령령으로 정하는 경우

② 특별자치시장·특별자치도지사 또는 시장·군수·구청장은 건축물대장의 작성·보관 및 정비를 위하여 필요한 자료나 정보의 제공을 중앙행정기관의 장 또는 지방자치단체의 장에게 요청할 수 있다. 이 경우 자료나 정보의 제공을 요청받은 기관의 장은 특별한 사유가 없으면 그 요청에 따라야 한다. <신설 2017.10.24.>

③ 제1항 및 제2항에 따른 건축물대장의 서식, 기재 내용, 기재 절차, 그 밖에 필요한 사항은 국토교통부령으로 정한다. <개정 2017.10.24.>

제39조【등기촉탁】 ① 특별자치시장·특별자치도지사 또는 시장·군수·구청장은 다음 각 호의 어느 하나에 해당하는 사유로 건축물대장의 기재 내용이 변경되는 경우(제2호의 경우 신규 등록은 제외한다) 관할 등기소에 그 등기를 촉탁하여야 한다. 이 경우 제1호와 제4호의 등기촉탁은 지방자치단체가 자기를 위하여 하는 등기로 본다. <개정 2017.1.17., 2019.4.30.>

1. 지번이나 행정구역의 명칭이 변경된 경우

2. 제22조에 따른 사용승인을 받은 건축물로서 사용승인 내용 중 건축물의 면적·구조·용도 및 층수가 변경된 경우

3. 「건축물관리법」 제30조에 따라 건축물을 해체한 경우

4. 「건축물관리법」 제34조에 따른 건축물의 멸실 후 멸실신고를 한 경우

② 제1항에 따른 등기촉탁의 절차에 관하여 필요한 사항은 국토교통부령으로 정한다. <개정 2013.3.23.>

제4장 건축물의 대지와 도로

제40조【대지의 안전 등】 ① 대지는 인접한 도로면보다 낮아서는 아니 된다. 다만, 대지의 배수에 지장이 없거나 건축물의 용도상 방습(防濕)의 필요가 없는 경우에는 인접한 도로면보다 낮아도 된다.

② 습한 토지, 물이 나올 우려가 많은 토지, 쓰레기, 그 밖에 이와 유사한 것으로 매립된 토지에 건축물을 건축하는 경우에는 성토(盛土), 지반 개량 등 필

요한 조치를 하여야 한다.

③ 대지에는 빗물과 오수를 배출하거나 처리하기 위하여 필요한 하수관, 하수구, 저수탱크, 그 밖에 이와 유사한 시설을 하여야 한다.

④ 손궤(損潰: 무너져 내림)의 우려가 있는 토지에 대지를 조성하려면 국토교통부령으로 정하는 바에 따라 옹벽을 설치하거나 그 밖에 필요한 조치를 하여야 한다. <개정 2013.3.23.>

제41조【토지 굴착 부분에 대한 조치 등】 ① 공사시공자는 대지를 조성하거나 건축공사를 하기 위하여 토지를 굴착·절토(切土)·매립(埋立) 또는 성토 등을 하는 경우 그 변경 부분에는 국토교통부령으로 정하는 바에 따라 공사 중 비탈면 붕괴, 토사 유출 등 위험 발생의 방지, 환경 보존, 그 밖에 필요한 조치를 한 후 해당 공사현장에 그 사실을 게시하여야 한다. <개정 2014.5.28.>

② 허가권자는 제1항을 위반한 자에게 의무이행에 필요한 조치를 명할 수 있다.

제42조【대지의 조경】 ① 면적이 200제곱미터 이상인 대지에 건축을 하는 건축주는 용도지역 및 건축물의 규모에 따라 해당 지방자치단체의 조례로 정하는 기준에 따라 대지에 조경이나 그 밖에 필요한 조치를 하여야 한다. 다만, 조경이 필요하지 아니한 건축물로서 대통령령으로 정하는 건축물에 대하여는 조경 등의 조치를 하지 아니할 수 있으며, 옥상 조경 등 대통령령으로 따로 기준을 정하는 경우에는 그 기준에 따른다.

② 국토교통부장관은 식재(植栽) 기준, 조경 시설물의 종류 및 설치방법, 옥상 조경의 방법 등 조경에 필요한 사항을 정하여 고시할 수 있다. <개정 2013.3.23.>

제43조【공개 공지 등의 확보】 ① 다음 각 호의 어느 하나에 해당하는 지역의 환경을 쾌적하게 조성하기 위하여 대통령령으로 정하는 용도와 규모의 건축물은 일반이 사용할 수 있도록 대통령령으로 정하는 기준에 따라 소규모 휴식시설 등의 공개 공지(空地: 공터) 또는 공개 공간(이하 "공개공지등"이라 한다)을 설치하여야 한다. <개정 2018.8.14., 2019.4.23.>

1. 일반주거지역, 준주거지역
2. 상업지역
3. 준공업지역
4. 특별자치시장·특별자치도지사 또는 시장·군수·구청장이 도시화의 가능성이 크거나 노후 산업단지의 정비가 필요하다고 인정하여 지정·공고하는 지역

② 제1항에 따라 공개공지등을 설치하는 경우에는 제55조, 제56조와 제60조를 대통령령으로 정하는 바에 따라 완화하여 적용할 수 있다. <개정 2019.4.23.>

③ 시·도지사 또는 시장·군수·구청장은 관할 구역 내 공개공지등에 대한 점검 등 유지·관리에 관한 사항을 해당 지방자치단체의 조례로 정할 수 있다. <신설 2019.4.23.>

④ 누구든지 공개공지등에 물건을 쌓아놓거나 출입을 차단하는 시설을 설치하는 등 공개공지등의 활용을 저해하는 행위를 하여서는 아니 된다. <신설 2019.4.23.>

⑤ 제4항에 따라 제한되는 행위의 유형 또는 기준은 대통령령으로 정한다. <신설 2019.4.23.>

제44조【대지와 도로의 관계】 ① 건축물의 대지는 2미터 이상이 도로(자동차만의 통행에 사용되는 도로는 제외한다)에 접하여야 한다. 다만, 다음 각 호의 어느 하나에 해당하면 그러하지 아니하다. <개정 2016.1.19.>

1. 해당 건축물의 출입에 지장이 없다고 인정되는 경우
2. 건축물의 주변에 대통령령으로 정하는 공지가 있는 경우
3. 「농지법」 제2조제1호나목에 따른 농막을 건축하는 경우

② 건축물의 대지가 접하는 도로의 너비, 대지가 도로에 접하는 부분의 길이, 그 밖에 대지와 도로의 관계에 관하여 필요한 사항은 대통령령으로 정하는 바에 따른다.

제45조【도로의 지정·폐지 또는 변경】 ① 허가권자는 제2조제1항제11호나목에 따라 도로의 위치를 지정·공고하려면 국토교통부령으로 정하는 바에 따라 그 도로에 대한 이해관계인의 동의를 받아야 한다. 다만, 다음 각 호의 어느 하나에 해당하면 이해관계인의 동의를 받지 아니하고 건축위원회의 심의를 거쳐 도로를 지정할 수 있다. <개정 2013.3.23.>

1. 허가권자가 이해관계인이 해외에 거주하는 등의 사유로 이해관계인의 동의를 받기가 곤란하다고 인정하는 경우
2. 주민이 오랫 동안 통행로로 이용하고 있는 사실상의 통로로서 해당 지방자치단체의 조례로 정하는 것인 경우

② 허가권자는 제1항에 따라 지정한 도로를 폐지하거나 변경하려면 그 도로에 대한 이해관계인의 동의를 받아야 한다. 그 도로에 편입된 토지의 소유자, 건축주 등이 허가권자에게 제1항에 따라 지정된 도로의 폐지나 변경을 신청하는 경우에도 또한 같다.

③ 허가권자는 제1항과 제2항에 따라 도로를 지정하거나 변경하면 국토교통부령으로 정하는 바에 따라 도로관리대장에 이를 적어서 관리하여야 한다. <개정 2013.3.23.>

제46조 【건축선의 지정】 ① 도로와 접한 부분에 건축물을 건축할 수 있는 선[이하 "건축선(建築線)"이라 한다]은 대지와 도로의 경계선으로 한다. 다만, 제2조제1항제11호에 따른 소요 너비에 못 미치는 너비의 도로인 경우에는 그 중심선으로부터 그 소요 너비의 2분의 1의 수평거리만큼 물러난 선을 건축선으로 하되, 그 도로의 반대쪽에 경사지, 하천, 철도, 선로부지, 그 밖에 이와 유사한 것이 있는 경우에는 그 경사지 등이 있는 쪽의 도로경계선에서 소요 너비에 해당하는 수평거리의 선을 건축선으로 하며, 도로의 모퉁이에서는 대통령령으로 정하는 선을 건축선으로 한다.
② 특별자치시장·특별자치도지사 또는 시장·군수·구청장은 시가지 안에서 건축물의 위치나 환경을 정비하기 위하여 필요하다고 인정하면 제1항에도 불구하고 대통령령으로 정하는 범위에서 건축선을 따로 지정할 수 있다. <개정 2014.1.14.>
③ 특별자치시장·특별자치도지사 또는 시장·군수·구청장은 제2항에 따라 건축선을 지정하면 지체 없이 이를 고시하여야 한다. <개정 2014.1.14.>

제47조 【건축선에 따른 건축제한】 ① 건축물과 담장은 건축선의 수직면(垂直面)을 넘어서는 아니 된다. 다만, 지표(地表) 아래 부분은 그러하지 아니하다.
② 도로면으로부터 높이 4.5미터 이하에 있는 출입구, 창문, 그 밖에 이와 유사한 구조물은 열고 닫을 때 건축선의 수직면을 넘지 아니하는 구조로 하여야 한다.

제5장 건축물의 구조 및 재료 등
<개정 2014.5.28.>

제48조 【구조내력 등】 ① 건축물은 고정하중, 적재하중(積載荷重), 적설하중(積雪荷重), 풍압(風壓), 지진, 그 밖의 진동 및 충격 등에 대하여 안전한 구조를 가져야 한다.
② 제11조제1항에 따른 건축물을 건축하거나 대수선하는 경우에는 대통령령으로 정하는 바에 따라 구조의 안전을 확인하여야 한다.
③ 지방자치단체의 장은 제2항에 따른 구조 안전 확인 대상 건축물에 대하여 허가 등을 하는 경우 내진(耐震)성능 확보 여부를 확인하여야 한다. <신설 2011.9.16.>

④ 제1항에 따른 구조내력의 기준과 구조 계산의 방법 등에 관하여 필요한 사항은 국토교통부령으로 정한다. <개정 2015.1.6.>

제48조의2 【건축물 내진등급의 설정】 ① 국토교통부장관은 지진으로부터 건축물의 구조 안전을 확보하기 위하여 건축물의 용도, 규모 및 설계구조의 중요도에 따라 내진등급(耐震等級)을 설정하여야 한다.
② 제1항에 따른 내진등급을 설정하기 위한 내진등급기준 등 필요한 사항은 국토교통부령으로 정한다.
[본조신설 2013.7.16.]

제48조의3 【건축물의 내진능력 공개】 ① 다음 각 호의 어느 하나에 해당하는 건축물을 건축하고자 하는 자는 제22조에 따른 사용승인을 받는 즉시 건축물이 지진 발생 시에 견딜 수 있는 능력(이하 "내진능력"이라 한다)을 공개하여야 한다. 다만, 제48조제2항에 따른 구조안전 확인 대상 건축물이 아니거나 내진능력 산정이 곤란한 건축물로서 대통령령으로 정하는 건축물은 공개하지 아니한다. <개정 2017.12.26.>
1. 충수가 2층[주요구조부인 기둥과 보를 설치하는 건축물로서 그 기둥과 보가 목재인 목구조 건축물(이하 "목구조 건축물"이라 한다)의 경우에는 3층] 이상인 건축물
2. 연면적이 200제곱미터(목구조 건축물의 경우에는 500제곱미터) 이상인 건축물
3. 그 밖에 건축물의 규모와 중요도를 고려하여 대통령령으로 정하는 건축물
② 제1항의 내진능력의 산정 기준과 공개 방법 등 세부사항은 국토교통부령으로 정한다.
[본조신설 2016.1.19.]

제48조의4 【부속구조물의 설치 및 관리】 건축관계자, 소유자 및 관리자는 건축물의 부속구조물을 설계·시공 및 유지·관리 등을 고려하여 국토교통부령으로 정하는 기준에 따라 설치·관리하여야 한다.
[본조신설 2016.2.3.]

제49조 【건축물의 피난시설 및 용도제한 등】 ① 대통령령으로 정하는 용도 및 규모의 건축물과 그 대지에는 국토교통부령으로 정하는 바에 따라 복도, 계단, 출입구, 그 밖의 피난시설과 저수조(貯水槽), 대지 안의 피난과 소화에 필요한 통로를 설치하여야 한다. <개정 2018.4.17.>
② 대통령령으로 정하는 용도 및 규모의 건축물의 안전·위생 및 방화(防火) 등을 위하여 필요한 용도 및 구조의 제한, 방화구획(防火區劃), 화장실의 구조,

계단·출입구, 거실의 반자 높이, 거실의 채광·환기, 배연설비와 바닥의 방습 등에 관하여 필요한 사항은 국토교통부령으로 정한다. 다만, 대규모 창고시설 등 대통령령으로 정하는 용도 및 규모의 건축물에 대해서는 방화구획 등 화재 안전에 필요한 사항을 국토교통부령으로 별도로 정할 수 있다. <개정 2019.4.23., 2021.10.19.>

③ 대통령령으로 정하는 건축물은 국토교통부령으로 정하는 기준에 따라 소방관이 진입할 수 있는 창을 설치하고, 외부에서 주야간에 식별할 수 있는 표시를 하여야 한다. <신설 2019.4.23.>

④ 대통령령으로 정하는 용도 및 규모의 건축물에 대하여 가구·세대 등 간 소음 방지를 위하여 국토교통부령으로 정하는 바에 따라 경계벽 및 바닥을 설치하여야 한다. <개정 2019.4.23.>

⑤ 「자연재해대책법」 제12조제1항에 따른 자연재해위험개선지구 중 침수위험지구에 국가·지방자치단체 또는 「공공기관의 운영에 관한 법률」 제4조제1항에 따른 공공기관이 건축하는 건축물은 침수 방지 및 방수를 위하여 다음 각 호의 기준에 따라야 한다. <신설 2015.1.6., 2019.4.23.>

1. 건축물의 1층 전체를 필로티(건축물을 사용하기 위한 경비실, 계단실, 승강기실, 그 밖에 이와 비슷한 것을 포함한다) 구조로 할 것
2. 국토교통부령으로 정하는 침수 방지시설을 설치할 것

제49조의2 【피난시설 등의 유지·관리에 대한 기술지원】 국가 또는 지방자치단체는 건축물의 소유자나 관리자에게 제49조제1항 및 제2항에 따른 피난시설 등의 설치, 개량·보수 등 유지·관리에 대한 기술지원을 할 수 있다.
[본조신설 2018.8.14.]

제50조 【건축물의 내화구조와 방화벽】 ① 문화 및 집회시설, 의료시설, 공동주택 등 대통령령으로 정하는 건축물은 국토교통부령으로 정하는 기준에 따라 주요구조부와 지붕을 내화(耐火)구조로 하여야 한다. 다만, 막구조 등 대통령령으로 정하는 구조는 주요구조부에만 내화구조로 할 수 있다. <개정 2018.8.14.>

② 대통령령으로 정하는 용도 및 규모의 건축물은 국토교통부령으로 정하는 기준에 따라 방화벽으로 구획하여야 한다. <개정 2013.3.23.>

제50조의2 【고층건축물의 피난 및 안전관리】 ① 고층건축물에는 대통령령으로 정하는 바에 따라 피난안전구역을 설치하거나 대피공간을 확보한 계단을 설치하여야 한다. 이 경우 피난안전구역의 설치 기준, 계단의 설치 기준과 구조 등에 관하여 필요한 사항은 국토교통부령으로 정한다. <개정 2013.3.23.>

② 고층건축물에 설치된 피난안전구역·피난시설 또는 대피공간에는 국토교통부령으로 정하는 바에 따라 화재 등의 경우에 피난 용도로 사용되는 것임을 표시하여야 한다. <신설 2015.1.6.>

③ 고층건축물의 화재예방 및 피해경감을 위하여 국토교통부령으로 정하는 바에 따라 제48조부터 제50조까지의 기준을 강화하여 적용할 수 있다. <개정 2015.1.6., 2018.4.17.>
[본조신설 2011.9.16.]

제51조 【방화지구 안의 건축물】 ① 「국토의 계획 및 이용에 관한 법률」 제37조제1항제3호에 따른 방화지구(이하 "방화지구"라 한다) 안에서는 건축물의 주요구조부와 지붕·외벽을 내화구조로 하여야 한다. 다만, 대통령령으로 정하는 경우에는 그러하지 아니하다. <개정 2017.4.18., 2018.8.14.>

② 방화지구 안의 공작물로서 간판, 광고탑, 그 밖에 대통령령으로 정하는 공작물 중 건축물의 지붕 위에 설치하는 공작물이나 높이 3미터 이상의 공작물은 주요부를 불연(不燃)재료로 하여야 한다.

③ 방화지구 안의 지붕·방화문 및 인접 대지 경계선에 접하는 외벽은 국토교통부령으로 정하는 구조 및 재료로 하여야 한다. <개정 2013.3.23.>

제52조 【건축물의 마감재료 등】 ① 대통령령으로 정하는 용도 및 규모의 건축물의 벽, 반자, 지붕(반자가 없는 경우에 한정한다) 등 내부의 마감재료[제52조의4제1항의 복합자재의 경우 심재(心材)를 포함한다]는 방화에 지장이 없는 재료로 하되, 「실내공기질 관리법」 제5조 및 제6조에 따른 실내공기질 유지기준 및 권고기준을 고려하고 관계 중앙행정기관의 장과 협의하여 국토교통부령으로 정하는 기준에 따른 것이어야 한다. <개정 2015.1.6., 2015.12.22., 2021.3.16>

② 대통령령으로 정하는 건축물의 외벽에 사용하는 마감재료(두 가지 이상의 재료로 제작된 자재의 경우 각 재료를 포함한다)는 방화에 지장이 없는 재료로 하여야 한다. 이 경우 마감재료의 기준은 국토교통부령으로 정한다. <개정 2021.3.16.>

③ 욕실, 화장실, 목욕장 등의 바닥 마감재료는 미끄럼을 방지할 수 있도록 국토교통부령으로 정하는 기준에 적합하여야 한다. <신설 2013.7.16.>

④ 대통령령으로 정하는 용도 및 규모에 해당하는

건축물 외벽에 설치되는 창호(窓戶)는 방화에 지장이 없도록 인접 대지와의 이격거리를 고려하여 방화성능 등이 국토교통부령으로 정하는 기준에 적합하여야 한다. <신설 2020.12.22.>

[제목개정 2020.12.22.]

제52조의2 【실내건축】 ① 대통령령으로 정하는 용도 및 규모에 해당하는 건축물의 실내건축은 방화에 지장이 없고 사용자의 안전에 문제가 없는 구조 및 재료로 시공하여야 한다.

② 실내건축의 구조·시공방법 등에 관한 기준은 국토교통부령으로 정한다.

③ 특별자치시장·특별자치도지사 또는 시장·군수·구청장은 제1항 및 제2항에 따라 실내건축이 적정하게 설치 및 시공되었는지를 검사하여야 한다. 이 경우 검사하는 대상 건축물과 주기(週期)는 건축조례로 정한다.

[본조신설 2014.5.28.]

제52조의3 【건축자재의 제조 및 유통 관리】 ① 제조업자 및 유통업자는 건축물의 안전과 기능 등에 지장을 주지 아니하도록 건축자재를 제조·보관 및 유통하여야 한다.

② 국토교통부장관, 시·도지사 및 시장·군수·구청장은 건축물의 구조 및 재료의 기준 등이 공사현장에서 준수되고 있는지를 확인하기 위하여 제조업자 및 유통업자에게 필요한 자료의 제출을 요구하거나 건축공사장, 제조업자의 제조현장 및 유통업자의 유통장소 등을 점검할 수 있으며 필요한 경우에는 시료를 채취하여 성능 확인을 위한 시험을 할 수 있다.

③ 국토교통부장관, 시·도지사 및 시장·군수·구청장은 제2항의 점검을 통하여 위법 사실을 확인한 경우 대통령령으로 정하는 바에 따라 공사 중단, 사용 중단 등의 조치를 하거나 관계 기관에 대하여 관계 법률에 따른 영업정지 등의 요청을 할 수 있다.

④ 국토교통부장관, 시·도지사, 시장·군수·구청장은 제2항의 점검업무를 대통령령으로 정하는 전문기관으로 하여금 대행하게 할 수 있다.

⑤ 제2항에 따른 점검에 관한 절차 등에 관하여 필요한 사항은 국토교통부령으로 정한다.

[본조신설 2016.2.3.] [제24조의2에서 이동, 종전 제52조의3은 제52조의4로 이동 <2019.4.23.>]

제52조의4 【건축자재의 품질관리 등】 ① 복합자재(불연재료인 양면 철판, 석재, 콘크리트 또는 이와 유사한 재료와 불연재료가 아닌 심재로 구성된 것을 말한다)를 포함한 제52조에 따른 마감재료, 방화문 등 대통령령으로 정하는 건축자재의 제조업자, 유통업자, 공사시공자 및 공사감리자는 국토교통부령으로 정하는 사항을 기재한 품질관리서(이하 "품질관리서"라 한다)를 대통령령으로 정하는 바에 따라 허가권자에게 제출하여야 한다. <개정 2019.4.23., 2021.3.16>

② 제1항에 따른 건축자재의 제조업자, 유통업자는 「과학기술분야 정부출연연구기관 등의 설립·운영 및 육성에 관한 법률」에 따른 한국건설기술연구원 등 대통령령으로 정하는 시험기관에 건축자재의 성능시험을 의뢰하여야 한다. <개정 2019.4.23.>

③ 제2항에 따른 성능시험을 수행하는 시험기관의 장은 성능시험 결과 등 건축자재의 품질관리에 필요한 정보를 국토교통부령으로 정하는 바에 따라 기관 또는 단체에 제공하거나 공개하여야 한다. <신설 2019.4.23.>

④ 제3항에 따라 정보를 제공받은 기관 또는 단체는 해당 건축자재의 정보를 홈페이지 등에 게시하여 일반인이 알 수 있도록 하여야 한다. <신설 2019.4.23.>

⑤ 제1항에 따른 건축자재 중 국토교통부령으로 정하는 단열재는 국토교통부장관이 고시하는 기준에 따라 해당 건축자재에 대한 정보를 표면에 표시하여야 한다. <신설 2019.4.23.>

⑥ 복합자재에 대한 난연성분 분석시험, 난연성능기준, 시험수수료 등 필요한 사항은 국토교통부령으로 정한다. <개정 2019.4.23>

[본조신설 2015.1.6.] [제목개정 2019.4.23.] [제52조의3에서 이동 <2019.4.23.>]

제52조의5 【건축자재등의 품질인정】 ① 방화문, 복합자재 등 대통령령으로 정하는 건축자재와 내화구조(이하 "건축자재등"이라 한다)는 방화성능, 품질관리 등 국토교통부령으로 정하는 기준에 따라 품질이 적합하다고 인정받아야 한다.

② 건축관계자등은 제1항에 따라 품질인정을 받은 건축자재등만 사용하고, 인정받은 내용대로 제조·유통·시공하여야 한다.

[본조신설 2020.12.22..]

제52조의6 【건축자재등 품질인정기관의 지정·운영 등】 ① 국토교통부장관은 건축 관련 업무를 수행하는 「공공기관의 운영에 관한 법률」 제4조에 따른 공공기관으로서 대통령령으로 정하는 기관을 품질인정 업무를 수행하는 기관(이하 "건축자재등 품질인정기관"이라 한다)으로 지정할 수 있다.

② 건축자재등 품질인정기관은 제52조의5제1항에 따른 건축자재등에 대한 품질인정 업무를 수행하며,

품질인정을 신청한 자에 대하여 국토교통부령으로 정하는 바에 따라 수수료를 받을 수 있다.

③ 건축자재등 품질인정기관은 제2항에 따라 품질이 적합하다고 인정받은 건축자재등(이하 "품질인정자재등"이라 한다)이 다음 각 호의 어느 하나에 해당하면 그 인정을 취소할 수 있다. 다만, 제1호에 해당하는 경우에는 그 인정을 취소하여야 한다.

1. 거짓이나 그 밖의 부정한 방법으로 인정받은 경우
2. 인정받은 내용과 다르게 제조·유통·시공하는 경우
3. 품질인정자재등이 국토교통부장관이 정하여 고시하는 품질관리기준에 적합하지 아니한 경우
4. 인정의 유효기간을 연장하기 위한 시험결과를 제출하지 아니한 경우

④ 건축자재등 품질인정기관은 제52조의5제2항에 따른 건축자재등의 품질 유지·관리 의무가 준수되고 있는지 확인하기 위하여 국토교통부령으로 정하는 바에 따라 제52조의4에 따른 건축자재 시험기관의 시험장소, 제조업자의 제조현장, 유통업자의 유통장소, 건축공사장 등을 점검하여야 한다.

⑤ 건축자재등 품질인정기관은 제4항에 따른 점검 결과 위법 사실을 발견한 경우 국토교통부장관에게 그 사실을 통보하여야 한다. 이 경우 국토교통부장관은 대통령령으로 정하는 바에 따라 공사 중단, 사용 중단 등의 조치를 하거나 관계 기관에 대하여 관계 법률에 따른 영업정지 등의 요청을 할 수 있다.

⑥ 건축자재등 품질인정기관은 건축자재등의 품질관리 상태 확인 등을 위하여 대통령령으로 정하는 바에 따라 제조업자, 유통업자, 건축관계자등에 대하여 건축자재등의 생산 및 판매실적, 시공현장별 시공실적 등의 자료를 요청할 수 있다.

⑦ 그 밖에 건축자재등 품질인정기관이 건축자재등의 품질인정을 운영하기 위한 인정절차, 품질관리 등 필요한 사항은 국토교통부장관이 정하여 고시한다.
[본조신설 2020.12.22.]

제53조【지하층】 ① 건축물에 설치하는 지하층의 구조 및 설비는 국토교통부령으로 정하는 기준에 맞게 하여야 한다. <개정 2023.12.26.>
② 단독주택, 공동주택 등 대통령령으로 정하는 건축물의 지하층에는 거실을 설치할 수 없다. 다만, 다음 각 호의 사항을 고려하여 해당 지방자치단체의 조례로 정하는 경우에는 그러하지 아니하다. <신설 2024.1.16./시행 2024.3.27.>
1. 침수위험 정도를 비롯한 지역적 특성
2. 피난 및 대피 가능성

3. 그 밖에 주거의 안전과 관련된 사항

제53조의2【건축물의 범죄예방】 ① 국토교통부장관은 범죄를 예방하고 안전한 생활환경을 조성하기 위하여 건축물, 건축설비 및 대지에 관한 범죄예방 기준을 정하여 고시할 수 있다.
② 대통령령으로 정하는 건축물은 제1항의 범죄예방 기준에 따라 건축하여야 한다.
[본조신설 2014.5.28.]

제6장 지역 및 지구의 건축물

제54조【건축물의 대지가 지역·지구 또는 구역에 걸치는 경우의 조치】 ① 대지가 이 법이나 다른 법률에 따른 지역·지구(녹지지역과 방화지구는 제외한다. 이하 이 조에서 같다) 또는 구역에 걸치는 경우에는 대통령령으로 정하는 바에 따라 그 건축물과 대지의 전부에 대하여 대지의 과반(過半)이 속하는 지역·지구 또는 구역 안의 건축물 및 대지 등에 관한 이 법의 규정을 적용한다. <개정 2017.4.18.>
② 하나의 건축물이 방화지구와 그 밖의 구역에 걸치는 경우에는 그 전부에 대하여 방화지구 안의 건축물에 관한 이 법의 규정을 적용한다. 다만, 건축물의 방화지구에 속한 부분과 그 밖의 구역에 속한 부분의 경계가 방화벽으로 구획되는 경우 그 밖의 구역에 있는 부분에 대하여는 그러하지 아니하다.
③ 대지가 녹지지역과 그 밖의 지역·지구 또는 구역에 걸치는 경우에는 각 지역·지구 또는 구역 안의 건축물과 대지에 관한 이 법의 규정을 적용한다. 다만, 녹지지역 안의 건축물이 방화지구에 걸치는 경우에는 제2항에 따른다. <개정 2017.4.18.>
④ 제1항에도 불구하고 해당 대지의 규모와 그 대지가 속한 용도지역·지구 또는 구역의 성격 등 그 대지에 관한 주변여건상 필요하다고 인정하여 해당 지방자치단체의 조례로 적용방법을 따로 정하는 경우에는 그에 따른다.

제55조【건축물의 건폐율】 대지면적에 대한 건축면적(대지에 건축물이 둘 이상 있는 경우에는 이들 건축면적의 합계로 한다)의 비율(이하 "건폐율"이라 한다)의 최대한도는 「국토의 계획 및 이용에 관한 법률」 제77조에 따른 건폐율의 기준에 따른다. 다만, 이 법에서 기준을 완화하거나 강화하여 적용하도록 규정한 경우에는 그에 따른다.

제56조【건축물의 용적률】 대지면적에 대한 연면적(대지에 건축물이 둘 이상 있는 경우에는 이들 연면적

의 합계로 한다)의 비율(이하 "용적률"이라 한다)의 최대한도는 「국토의 계획 및 이용에 관한 법률」 제78조에 따른 용적률의 기준에 따른다. 다만, 이 법에서 기준을 완화하거나 강화하여 적용하도록 규정한 경우에는 그에 따른다.

제57조【대지의 분할 제한】 ① 건축물이 있는 대지는 대통령령으로 정하는 범위에서 해당 지방자치단체의 조례로 정하는 면적에 못 미치게 분할할 수 없다.
② 건축물이 있는 대지는 제44조, 제55조, 제56조, 제58조, 제60조 및 제61조에 따른 기준에 못 미치게 분할할 수 없다.
③ 제1항과 제2항에도 불구하고 제77조의6에 따라 건축협정이 인가된 경우 그 건축협정의 대상이 되는 대지는 분할할 수 있다. <신설 2014.1.14>

제58조【대지 안의 공지】 건축물을 건축하는 경우에는 「국토의 계획 및 이용에 관한 법률」에 따른 용도지역·용도지구, 건축물의 용도 및 규모 등에 따라 건축선 및 인접 대지경계선으로부터 6미터 이내의 범위에서 대통령령으로 정하는 바에 따라 해당 지방자치단체의 조례로 정하는 거리 이상을 띄워야 한다. <개정 2011.5.30.>

제59조【맞벽 건축과 연결복도】 ① 다음 각 호의 어느 하나에 해당하는 경우에는 제58조, 제61조 및 「민법」 제242조를 적용하지 아니한다.
1. 대통령령으로 정하는 지역에서 도시미관 등을 위하여 둘 이상의 건축물 벽을 맞벽(대지경계선으로부터 50센티미터 이내인 경우를 말한다. 이하 같다)으로 하여 건축하는 경우
2. 대통령령으로 정하는 기준에 따라 인근 건축물과 이어지는 연결복도나 연결통로를 설치하는 경우
② 제1항 각 호에 따른 맞벽, 연결복도, 연결통로의 구조·크기 등에 관하여 필요한 사항은 대통령령으로 정한다.

제60조【건축물의 높이 제한】 ① 허가권자는 가로구역[(街路區域): 도로로 둘러싸인 일단(一團)의 지역을 말한다. 이하 같다]을 단위로 하여 대통령령으로 정하는 기준과 절차에 따라 건축물의 높이를 지정·공고할 수 있다. 다만, 특별자치시장·특별자치도지사 또는 시장·군수·구청장은 가로구역의 높이를 완화하여 적용할 필요가 있다고 판단되는 대지에 대하여는 대통령령으로 정하는 바에 따라 건축위원회의 심의를 거쳐 높이를 완화하여 적용할 수 있다. <개정 2014.1.14>
② 특별시장이나 광역시장은 도시의 관리를 위하여 필요하면 제1항에 따른 가로구역별 건축물의 높이를 특별시나 광역시의 조례로 정할 수 있다. <개정 2014.1.14.>
③ 삭제 <2015.5.18.>
④ 허가권자는 제1항 및 제2항에도 불구하고 일조(日照)·통풍 등 주변 환경 및 도시미관에 미치는 영향이 크지 않다고 인정하는 경우에는 건축위원회의 심의를 거쳐 이 법 및 다른 법률에 따른 가로구역의 높이 완화에 관한 규정을 중첩하여 적용할 수 있다. <신설 2022.2.3.>

제61조【일조 등의 확보를 위한 건축물의 높이 제한】 ① 전용주거지역과 일반주거지역 안에서 건축하는 건축물의 높이는 일조(日照) 등의 확보를 위하여 정북방향(正北方向)의 인접 대지경계선으로부터의 거리에 따라 대통령령으로 정하는 높이 이하로 하여야 한다.
② 다음 각 호의 어느 하나에 해당하는 공동주택(일반상업지역과 중심상업지역에 건축하는 것은 제외한다)은 채광(採光) 등의 확보를 위하여 대통령령으로 정하는 높이 이하로 하여야 한다. <개정 2013.5.10.>
1. 인접 대지경계선 등의 방향으로 채광을 위한 창문 등을 두는 경우
2. 하나의 대지에 두 동(棟) 이상을 건축하는 경우
③ 다음 각 호의 어느 하나에 해당하면 제1항에도 불구하고 건축물의 높이를 정남(正南)방향의 인접 대지경계선으로부터의 거리에 따라 대통령령으로 정하는 높이 이하로 할 수 있다. <개정 2016.1.19., 2017.2.8.>
1. 「택지개발촉진법」 제3조에 따른 택지개발지구인 경우
2. 「주택법」 제15조에 따른 대지조성사업지구인 경우
3. 「지역 개발 및 지원에 관한 법률」 제11조에 따른 지역개발사업구역인 경우
4. 「산업입지 및 개발에 관한 법률」 제6조, 제7조, 제7조의2 및 제8조에 따른 국가산업단지, 일반산업단지, 도시첨단산업단지 및 농공단지인 경우
5. 「도시개발법」 제2조제1항제1호에 따른 도시개발구역인 경우
6. 「도시 및 주거환경정비법」 제8조에 따른 정비구역인 경우
7. 정북방향으로 도로, 공원, 하천 등 건축이 금지된 공지에 접하는 대지인 경우
8. 정북방향으로 접하고 있는 대지의 소유자와 합의한 경우나 그 밖에 대통령령으로 정하는 경우

④ 2층 이하로서 높이가 8미터 이하인 건축물에는 해당 지방자치단체의 조례로 정하는 바에 따라 제1항부터 제3항까지의 규정을 적용하지 아니할 수 있다.

제7장 건축설비

제62조 【건축설비기준 등】 건축설비의 설치 및 구조에 관한 기준과 설계 및 공사감리에 관하여 필요한 사항은 대통령령으로 정한다.

제63조 삭제 <2015.5.18.>

제64조 【승강기】 ① 건축주는 6층 이상으로서 연면적이 2천제곱미터 이상인 건축물(대통령령으로 정하는 건축물은 제외한다)을 건축하려면 승강기를 설치하여야 한다. 이 경우 승강기의 규모 및 구조는 국토교통부령으로 정한다. <개정 2013.3.23.>
② 높이 31미터를 초과하는 건축물에는 대통령령으로 정하는 바에 따라 제1항에 따른 승강기뿐만 아니라 비상용승강기를 추가로 설치하여야 한다. 다만, 국토교통부령으로 정하는 건축물의 경우에는 그러하지 아니하다. <개정 2013.3.23.>
③ 고층건축물에는 제1항에 따라 건축물에 설치하는 승용승강기 중 1대 이상을 대통령령으로 정하는 바에 따라 피난용승강기로 설치하여야 한다. <신설 2018.4.17.>

제64조의2 삭제 <2014.5.28>

제65조 삭제 <2012.2.22>

제65조의2 【지능형건축물의 인증】 ① 국토교통부장관은 지능형건축물[Intelligent Building]의 건축을 활성화하기 위하여 지능형건축물 인증제도를 실시한다. <개정 2013.3.23.>
② 국토교통부장관은 제1항에 따른 지능형건축물의 인증을 위하여 인증기관을 지정할 수 있다. <개정 2013.3.23.>
③ 지능형건축물의 인증을 받으려는 자는 제2항에 따른 인증기관에 인증을 신청하여야 한다.
④ 국토교통부장관은 건축물을 구성하는 설비 및 각종 기술을 최적으로 통합하여 건축물의 생산성과 설비 운영의 효율성을 극대화할 수 있도록 다음 각 호의 사항을 포함하여 지능형건축물 인증기준을 고시한다. <개정 2013.3.23.>
1. 인증기준 및 절차
2. 인증표시 홍보기준
3. 유효기간

4. 수수료
5. 인증 등급 및 심사기준 등
⑤ 제2항과 제3항에 따른 인증기관의 지정 기준, 지정 절차 및 인증 신청 절차 등에 필요한 사항은 국토교통부령으로 정한다. <개정 2013.3.23.>
⑥ 허가권자는 지능형건축물로 인증을 받은 건축물에 대하여 제42조에 따른 조경설치면적을 100분의 85까지 완화하여 적용할 수 있으며, 제56조 및 제60조에 따른 용적률 및 건축물의 높이를 100분의 115의 범위에서 완화하여 적용할 수 있다.
[본조신설 2011.5.30.]

제66조, 제66조의2 삭제 <2012.2.22>

제67조 【관계전문기술자】 ① 설계자와 공사감리자는 제40조, 제41조, 제48조부터 제50조까지, 제50조의2, 제51조, 제52조, 제62조 및 제64조와 「녹색건축물 조성 지원법」 제15조에 따른 대지의 안전, 건축물의 구조상 안전, 부속구조물 및 건축설비의 설치 등을 위한 설계 및 공사감리를 할 때 대통령령으로 정하는 바에 따라 다음 각 호의 어느 하나의 자격을 갖춘 관계전문기술자(「기술사법」 제21조제2호에 따라 벌칙을 받은 후 대통령령으로 정하는 기간이 지나지 아니한 자는 제외한다)의 협력을 받아야 한다. <개정 2016.2.3., 2020.6.9., 2021.3.16>
1. 「기술사법」 제6조에 따라 기술사사무소를 개설 등록한 자
2. 「건설기술 진흥법」 제26조에 따라 건설엔지니어링사업자로 등록한 자
3. 「엔지니어링산업 진흥법」 제21조에 따라 엔지니어링사업자의 신고를 한 자
4. 「전력기술관리법」 제14조에 따라 설계업 및 감리업으로 등록한 자
② 관계전문기술자는 건축물이 이 법 및 이 법에 따른 명령이나 처분, 그 밖의 관계 법령에 맞고 안전·기능 및 미관에 지장이 없도록 업무를 수행하여야 한다.

제68조 【기술적 기준】 ① 제40조, 제41조, 제48조부터 제50조까지, 제50조의2, 제51조, 제52조, 제52조의2, 제62조 및 제64조에 따른 대지의 안전, 건축물의 구조상의 안전, 건축설비 등에 관한 기술적 기준은 이 법에서 특별히 규정한 경우 외에는 국토교통부령으로 정하되, 이에 따른 세부기준이 필요하면 국토교통부장관이 세부기준을 정하거나 국토교통부장관이 지정하는 연구기관(시험기관·검사기관을 포함한다), 학술단체, 그 밖의 관련 전문기관 또는 단체가 국토교

통부장관의 승인을 받아 정할 수 있다. <개정 2014.5.28.>

② 국토교통부장관은 제1항에 따라 세부기준을 정하거나 승인을 하려면 미리 건축위원회의 심의를 거쳐야 한다. <개정 2013.3.23.>

③ 국토교통부장관은 제1항에 따라 세부기준을 정하거나 승인을 한 경우 이를 고시하여야 한다. <개정 2013.3.23.>

④ 국토교통부장관은 제1항에 따른 기술적 기준 및 세부기준을 적용하기 어려운 건축설비에 관한 기술·제품이 개발된 경우, 개발한 자의 신청을 받아 그 기술·제품을 평가하여 신규성·진보성 및 현장 적용성이 있다고 판단하는 경우에는 대통령령으로 정하는 바에 따라 설치 등을 위한 기준을 건축위원회의 심의를 거쳐 인정할 수 있다. <신설 2020.4.7.>

제68조의2 삭제 <2015.8.11>

제68조의3 【건축물의 구조 및 재료 등에 관한 기준의 관리】 ① 국토교통부장관은 기후 변화나 건축기술의 변화 등에 따라 제48조, 제48조의2, 제49조, 제50조, 제50조의2, 제51조, 제52조, 제52조의2, 제52조의4, 제53조의 건축물의 구조 및 재료 등에 관한 기준이 적정한지를 검토하는 모니터링(이하 이 조에서 "건축모니터링"이라 한다)을 대통령령으로 정하는 기간마다 실시하여야 한다. <개정 2019.4.23>

② 국토교통부장관은 대통령령으로 정하는 전문기관을 지정하여 건축모니터링을 하게 할 수 있다.

[본조신설 2015.1.6.]

제8장 특별건축구역 등<개정 2014.1.14.>

제69조 【특별건축구역의 지정】 ① 국토교통부장관 또는 시·도지사는 다음 각 호의 구분에 따라 도시나 지역의 일부가 특별건축구역으로 특례 적용이 필요하다고 인정하는 경우에는 특별건축구역을 지정할 수 있다. <개정 2014.1.14.>

1. 국토교통부장관이 지정하는 경우

　가. 국가가 국제행사 등을 개최하는 도시 또는 지역의 사업구역

　나. 관계법령에 따른 국가정책사업으로서 대통령령으로 정하는 사업구역

2. 시·도지사가 지정하는 경우

　가. 지방자치단체가 국제행사 등을 개최하는 도시 또는 지역의 사업구역

　나. 관계법령에 따른 도시개발·도시재정비 및 건축문화 진흥사업으로서 건축물 또는 공간환경을 조성하기 위하여 대통령령으로 정하는 사업구역

　다. 그 밖에 대통령령으로 정하는 도시 또는 지역의 사업구역

② 다음 각 호의 어느 하나에 해당하는 지역·구역 등에 대하여는 제1항에도 불구하고 특별건축구역으로 지정할 수 없다.

1. 「개발제한구역의 지정 및 관리에 관한 특별조치법」에 따른 개발제한구역

2. 「자연공원법」에 따른 자연공원

3. 「도로법」에 따른 접도구역

4. 「산지관리법」에 따른 보전산지

5. 삭제 <2016.2.3.>

③ 국토교통부장관 또는 시·도지사는 특별건축구역으로 지정하고자 하는 지역이 「군사기지 및 군사시설 보호법」에 따른 군사기지 및 군사시설 보호구역에 해당하는 경우에는 국방부장관과 사전에 협의하여야 한다. <신설 2016.2.3.>

제70조 【특별건축구역의 건축물】 특별건축구역에서 제73조에 따라 건축기준 등의 특례사항을 적용하여 건축할 수 있는 건축물은 다음 각 호의 어느 하나에 해당되어야 한다.

1. 국가 또는 지방자치단체가 건축하는 건축물

2. 「공공기관의 운영에 관한 법률」 제4조에 따른 공공기관 중 대통령령으로 정하는 공공기관이 건축하는 건축물

3. 그 밖에 대통령령으로 정하는 용도·규모의 건축물로서 도시경관의 창출, 건설기술 수준향상 및 건축 관련 제도개선을 위하여 특례 적용이 필요하다고 허가권자가 인정하는 건축물

제71조 【특별건축구역의 지정절차 등】 ① 중앙행정기관의 장, 제69조제1항 각 호의 사업구역을 관할하는 시·도지사 또는 시장·군수·구청장(이하 이 장에서 "지정신청기관"이라 한다)은 특별건축구역의 지정이 필요한 경우에는 다음 각 호의 자료를 갖추어 중앙행정기관의 장 또는 시·도지사는 국토교통부장관에게, 시장·군수·구청장은 특별시장·광역시장·도지사에게 각각 특별건축구역의 지정을 신청할 수 있다. <개정 2014.1.14.>

1. 특별건축구역의 위치·범위 및 면적 등에 관한 사항

2. 특별건축구역의 지정 목적 및 필요성

3. 특별건축구역 내 건축물의 규모 및 용도 등에 관

한 사항

4. 특별건축구역의 도시·군관리계획에 관한 사항. 이 경우 도시·군관리계획의 세부 내용은 대통령령으로 정한다.

5. 건축물의 설계, 공사감리 및 건축시공 등의 발주방법 등에 관한 사항

6. 제74조에 따라 특별건축구역 전부 또는 일부를 대상으로 통합하여 적용하는 미술작품, 부설주차장, 공원 등의 시설에 대한 운영관리 계획서. 이 경우 운영관리 계획서의 작성방법, 서식, 내용 등에 관한 사항은 국토교통부령으로 정한다.

7. 그 밖에 특별건축구역의 지정에 필요한 대통령령으로 정하는 사항

② 제1항에 따른 지정신청기관 외의 자는 제1항 각 호의 자료를 갖추어 제69조제1항제2호의 사업구역을 관할하는 시·도지사에게 특별건축구역의 지정을 제안할 수 있다. <신설 2020.4.7.>

③ 제2항에 따른 특별건축구역 지정 제안의 방법 및 절차 등에 관하여 필요한 사항은 대통령령으로 정한다. <신설 2020.4.7.>

④ 국토교통부장관 또는 특별시장·광역시장·도지사는 제1항에 따라 지정신청이 접수된 경우에는 특별건축구역 지정의 필요성, 타당성 및 공공성 등과 피난·방재 등의 사항을 검토하고, 지정 여부를 결정하기 위하여 지정신청을 받은 날부터 30일 이내에 국토교통부장관이 지정신청을 받은 경우에는 국토교통부장관이 두는 건축위원회(이하 "중앙건축위원회"라 한다), 특별시장·광역시장·도지사가 지정신청을 받은 경우에는 각각 특별시장·광역시장·도지사가 두는 건축위원회의 심의를 거쳐야 한다. <개정 2020.4.7.>

⑤ 국토교통부장관 또는 특별시장·광역시장·도지사는 각각 중앙건축위원회 또는 특별시장·광역시장·도지사가 두는 건축위원회의 심의 결과를 고려하여 필요한 경우 특별건축구역의 범위, 도시·군관리계획 등에 관한 사항을 조정할 수 있다. <개정 2020.4.7.>

⑥ 국토교통부장관 또는 시·도지사는 필요한 경우 직권으로 특별건축구역을 지정할 수 있다. 이 경우 제1항 각 호의 자료에 따라 특별건축구역 지정의 필요성, 타당성 및 공공성 등과 피난·방재 등의 사항을 검토하고 각각 중앙건축위원회 또는 시·도지사가 두는 건축위원회의 심의를 거쳐야 한다. <개정 2020.4.7.>

⑦ 국토교통부장관 또는 시·도지사는 특별건축구역을 지정하거나 변경·해제하는 경우에는 대통령령으로 정하는 바에 따라 주요 내용을 관보(시·도지사는 공보)에 고시하고, 국토교통부장관 또는 특별시장·광역시장·도지사는 지정신청기관에 관계 서류의 사본을 송부하여야 한다. <개정 2020.4.7.>

⑧ 제7항에 따라 관계 서류의 사본을 받은 지정신청기관은 관계 서류에 도시·군관리계획의 결정사항이 포함되어 있는 경우에는 「국토의 계획 및 이용에 관한 법률」 제32조에 따라 지형도면의 승인신청 등 필요한 조치를 취하여야 한다. <개정 2020.4.7.>

⑨ 지정신청기관은 특별건축구역 지정 이후 변경이 있는 경우 변경지정을 받아야 한다. 이 경우 변경지정을 받아야 하는 변경의 범위, 변경지정의 절차 등 필요한 사항은 대통령령으로 정한다. <개정 2020.4.7.>

⑩ 국토교통부장관 또는 시·도지사는 다음 각 호의 어느 하나에 해당하는 경우에는 특별건축구역의 전부 또는 일부에 대하여 지정을 해제할 수 있다. 이 경우 국토교통부장관 또는 특별시장·광역시장·도지사는 지정신청기관의 의견을 청취하여야 한다. <개정 2020.4.7.>

1. 지정신청기관의 요청이 있는 경우

2. 거짓이나 그 밖의 부정한 방법으로 지정을 받은 경우

3. 특별건축구역 지정일부터 5년 이내에 특별건축구역 지정목적에 부합하는 건축물의 착공이 이루어지지 아니하는 경우

4. 특별건축구역 지정요건 등을 위반하였으나 시정이 불가능한 경우

⑪ 특별건축구역을 지정하거나 변경한 경우에는 「국토의 계획 및 이용에 관한 법률」 제30조에 따른 도시·군관리계획의 결정(용도지역·지구·구역의 지정 및 변경은 제외한다)이 있는 것으로 본다. <개정 2020.4.7., 2020.6.9.>

제72조 【특별건축구역 내 건축물의 심의 등】 ① 특별건축구역에서 제73조에 따라 건축기준 등의 특례사항을 적용하여 건축허가를 신청하고자 하는 자(이하 이 조에서 "허가신청자"라 한다)는 다음 각 호의 사항이 포함된 특례적용계획서를 첨부하여 제11조에 따라 해당 허가권자에게 건축허가를 신청하여야 한다. 이 경우 특례적용계획서의 작성방법 및 제출서류 등은 국토교통부령으로 정한다. <개정 2013.3.23.>

1. 제5조에 따라 기준을 완화하여 적용할 것을 요청하는 사항

2. 제71조에 따른 특별건축구역의 지정요건에 관한

사항

3. 제73조제1항의 적용배제 특례를 적용한 사유 및 예상효과 등

4. 제73조제2항의 완화적용 특례의 동등 이상의 성능에 대한 증빙내용

5. 건축물의 공사 및 유지·관리 등에 관한 계획

② 제1항에 따른 건축허가는 해당 건축물이 특별건축구역의 지정 목적에 적합한지의 여부와 특례적용계획서 등 해당 사항에 대하여 제4조제1항에 따라 시·도지사 및 시장·군수·구청장이 설치하는 건축위원회(이하 "지방건축위원회"라 한다)의 심의를 거쳐야 한다.

③ 허가신청자는 제1항에 따른 건축허가 시 「도시교통정비 촉진법」 제16조에 따른 교통영향평가서의 검토를 동시에 진행하고자 하는 경우에는 같은 법 제16조에 따른 교통영향평가서에 관한 서류를 첨부하여 허가권자에게 심의를 신청할 수 있다. <개정 2015.7.24.>

④ 제3항에 따라 교통영향평가서에 대하여 지방건축위원회에서 통합심의한 경우에는 「도시교통정비 촉진법」 제17조에 따른 교통영향평가서의 심의를 한 것으로 본다. <개정 2015.7.24.>

⑤ 제1항 및 제2항에 따라 심의된 내용에 대하여 대통령령으로 정하는 변경사항이 발생한 경우에는 지방건축위원회의 변경심의를 받아야 한다. 이 경우 변경심의는 제1항에서 제3항까지의 규정을 준용한다.

⑥ 국토교통부장관 또는 특별시장·광역시장·도지사는 건축제도의 개선 및 건설기술의 향상을 위하여 허가권자의 의견을 들어 특별건축구역 내에서 제1항 및 제2항에 따라 건축허가를 받은 건축물에 대하여 모니터링(특례를 적용한 건축물에 대하여 해당 건축물의 건축시공, 공사감리, 유지·관리 등의 과정을 검토하고 실제로 건축물에 구현된 기능·미관·환경 등을 분석하여 평가하는 것을 말한다. 이하 이 장에서 같다)을 실시할 수 있다. <개정 2016.2.3.>

⑦ 허가권자는 제1항 및 제2항에 따라 건축허가를 받은 건축물의 특례적용계획서를 심의하는 데에 필요한 국토교통부령으로 정하는 자료를 특별시장·광역시장·특별자치시장·도지사·특별자치도지사는 국토교통부장관에게, 시장·군수·구청장은 특별시장·광역시장·도지사에게 각각 제출하여야 한다. <개정 2016.2.3.>

⑧ 제1항 및 제2항에 따라 건축허가를 받은 「건설기술 진흥법」 제2조제6호에 따른 발주청은 설계의도의 구현, 건축시공 및 공사감리의 모니터링, 그 밖에 발주청이 위탁하는 업무의 수행 등을 위하여 필요한 경우 설계자를 건축허가 이후에도 해당 건축물의 건축에 참여하게 할 수 있다. 이 경우 설계자의 업무내용 및 보수 등에 관하여는 대통령령으로 정한다. <개정 2013.5.22.>

제73조【관계 법령의 적용 특례】 ① 특별건축구역에 건축하는 건축물에 대하여는 다음 각 호를 적용하지 아니할 수 있다. <개정 2016.1.19., 2016.2.3.>

1. 제42조, 제55조, 제56조, 제58조, 제60조 및 제61조

2. 「주택법」 제35조 중 대통령령으로 정하는 규정

② 특별건축구역에 건축하는 건축물이 제49조, 제50조, 제50조의2, 제51조부터 제53조까지, 제62조 및 제64조와 「녹색건축물 조성 지원법」 제15조에 해당할 때에는 해당 규정에서 요구하는 기준 또는 성능 등을 다른 방법으로 대신할 수 있는 것으로 지방건축위원회가 인정하는 경우에만 해당 규정의 전부 또는 일부를 완화하여 적용할 수 있다. <개정 2014.1.14.>

③ 「소방시설 설치·유지 및 안전관리에 관한 법률」 제9조와 제11조에서 요구하는 기준 또는 성능 등을 대통령령으로 정하는 절차·심의방법 등에 따라 다른 방법으로 대신할 수 있는 경우 전부 또는 일부를 완화하여 적용할 수 있다. <개정 2011.8.4.>

제74조【통합적용계획의 수립 및 시행】 ① 특별건축구역에서는 다음 각 호의 관계 법령의 규정에 대하여는 개별 건축물마다 적용하지 아니하고 특별건축구역 전부 또는 일부를 대상으로 통합하여 적용할 수 있다. <개정 2014.1.14.>

1. 「문화예술진흥법」 제9조에 따른 건축물에 대한 미술작품의 설치

2. 「주차장법」 제19조에 따른 부설주차장의 설치

3. 「도시공원 및 녹지 등에 관한 법률」에 따른 공원의 설치

② 지정신청기관은 제1항에 따라 관계 법령의 규정을 통합하여 적용하려는 경우에는 특별건축구역 전부 또는 일부에 대하여 미술작품, 부설주차장, 공원 등에 대한 수요를 개별법으로 정한 기준 이상으로 산정하여 파악하고 이용자의 편의성, 쾌적성 및 안전 등을 고려한 통합적용계획을 수립하여야 한다. <개정 2014.1.14.>

③ 지정신청기관이 제2항에 따라 통합적용계획을 수립하는 때에는 해당 구역을 관할하는 허가권자와 협의하여야 하며, 협의요청을 받은 허가권자는 요청받은 날부터 20일 이내에 지정신청기관에게 의견을 제출하여야 한다.

④ 지정신청기관은 도시·군관리계획의 변경을 수반하는 통합적용계획이 수립된 때에는 관련 서류를 「국토의 계획 및 이용에 관한 법률」 제30조에 따른 도시·군관리계획 결정권자에게 송부하여야 하며, 이 경우 해당 도시·군관리계획 결정권자는 특별한 사유가 없으면 도시·군관리계획의 변경에 필요한 조치를 취하여야 한다. <개정 2020.6.9>

제75조【건축주 등의 의무】 ① 특별건축구역에서 제73조에 따라 건축기준 등의 적용 특례사항을 적용하여 건축허가를 받은 건축물의 공사감리자, 시공자, 건축주, 소유자 및 관리자는 시공 중이거나 건축물의 사용승인 이후에도 당초 허가를 받은 건축물의 형태, 재료, 색채 등이 원형을 유지하도록 필요한 조치를 하여야 한다. <개정 2012.1.17.>
② 삭제 <2016.2.3.>

제76조【허가권자 등의 의무】 ① 허가권자는 특별건축구역의 건축물에 대하여 설계자의 창의성·심미성 등의 발휘와 제도개선·기술발전 등이 유도될 수 있도록 노력하여야 한다.
② 허가권자는 제77조제2항에 따른 모니터링 결과를 국토교통부장관 또는 특별시장·광역시장·도지사에게 제출하여야 하며, 국토교통부장관 또는 특별시장·광역시장·도지사는 제77조에 따른 검사 및 모니터링 결과 등을 분석하여 필요한 경우 이 법 또는 관계 법령의 제도개선을 위하여 노력하여야 한다. <개정 2016.2.3.>

제77조【특별건축구역 건축물의 검사 등】 ① 국토교통부장관 및 허가권자는 특별건축구역의 건축물에 대하여 제87조에 따라 검사를 할 수 있으며, 필요한 경우 제79조에 따라 시정명령 등 필요한 조치를 할 수 있다. <개정 2014.1.14.>
② 국토교통부장관 및 허가권자는 제72조제6항에 따라 모니터링을 실시하는 건축물에 대하여 직접 모니터링을 하거나 분야별 전문가 또는 전문기관에 용역을 의뢰할 수 있다. 이 경우 해당 건축물의 건축주, 소유자 또는 관리자는 특별한 사유가 없으면 모니터링에 필요한 사항에 대하여 협조하여야 한다. <개정 2016.2.3.>

제77조의2【특별가로구역의 지정】 ① 국토교통부장관 및 허가권자는 도로에 인접한 건축물의 건축을 통한 조화로운 도시경관의 창출을 위하여 이 법 및 관계 법령에 따라 일부 규정을 적용하지 아니하거나 완화하여 적용할 수 있도록 다음 각 호의 어느 하나에 해당하는 지구 또는 구역에서 대통령령으로 정하는 도로에 접한 대지의 일정 구역을 특별가로구역으로 지정할 수 있다. <개정 2017.1.17., 2017.4.18.>
1. 삭제 <2017.4.18.>
2. 경관지구
3. 지구단위계획구역 중 미관유지를 위하여 필요하다고 인정하는 구역
② 국토교통부장관 및 허가권자는 제1항에 따라 특별가로구역을 지정하려는 경우에는 다음 각 호의 자료를 갖추어 국토교통부장관 또는 허가권자가 두는 건축위원회의 심의를 거쳐야 한다.
1. 특별가로구역의 위치·범위 및 면적 등에 관한 사항
2. 특별가로구역의 지정 목적 및 필요성
3. 특별가로구역 내 건축물의 규모 및 용도 등에 관한 사항
4. 그 밖에 특별가로구역의 지정에 필요한 사항으로서 대통령령으로 정하는 사항
③ 국토교통부장관 및 허가권자는 특별가로구역을 지정하거나 변경·해제하는 경우에는 국토교통부령으로 정하는 바에 따라 이를 지역 주민에게 알려야 한다. [본조신설 2014.1.14.]

제77조의3【특별가로구역의 관리 및 건축물의 건축기준 적용 특례 등】 ① 국토교통부장관 및 허가권자는 특별가로구역을 효율적으로 관리하기 위하여 국토교통부령으로 정하는 바에 따라 제77조의2제2항 각 호의 지정 내용을 작성하여 관리하여야 한다.
② 특별가로구역의 변경절차 및 해제, 특별가로구역 내 건축물에 관한 건축기준의 적용 등에 관하여는 제71조제9항·제10항(각 호 외의 부분 후단은 제외한다), 제72조제1항부터 제5항까지, 제73조제1항(제77조의2제1항제3호에 해당하는 경우에는 제55조 및 제56조는 제외한다)·제2항, 제75조제1항 및 제77조제1항을 준용한다. 이 경우 "특별건축구역"은 각각 "특별가로구역"으로, "지정신청기관", "국토교통부장관 또는 시·도지사" 및 "국토교통부장관, 시·도지사 및 허가권자"는 각각 "국토교통부장관 및 허가권자"로 본다. <개정 2017.1.17., 2020.4.7.>
③ 특별가로구역 안의 건축물에 대하여 국토교통부장관 또는 허가권자가 배치기준을 따로 정하는 경우에는 제46조 및 「민법」 제242조를 적용하지 아니한다. <신설 2016.1.19.>
[본조신설 2014.1.14.]

제8장의2 건축협정<신설 2014.1.14.>

제77조의4【건축협정의 체결】① 토지 또는 건축물의 소유자, 지상권자 등 대통령령으로 정하는 자(이하 "소유자등"이라 한다)는 전원의 합의로 다음 각 호의 어느 하나에 해당하는 지역 또는 구역에서 건축물의 건축·대수선 또는 리모델링에 관한 협정(이하 "건축협정"이라 한다)을 체결할 수 있다. <개정 2016.2.3., 2017.2.8., 2017.4.18.>

1. 「국토의 계획 및 이용에 관한 법률」 제51조에 따라 지정된 지구단위계획구역
2. 「도시 및 주거환경정비법」 제2조제2호가목에 따른 주거환경개선사업을 시행하기 위하여 같은 법 제8조에 따라 지정·고시된 정비구역
3. 「도시재정비 촉진을 위한 특별법」 제2조제6호에 따른 존치지역
4. 「도시재생 활성화 및 지원에 관한 특별법」 제2조제1항제5호에 따른 도시재생활성화지역
5. 그 밖에 시·도지사 및 시장·군수·구청장(이하 "건축협정인가권자"라 한다)이 도시 및 주거환경개선이 필요하다고 인정하여 해당 지방자치단체의 조례로 정하는 구역

② 제1항 각 호의 지역 또는 구역에서 둘 이상의 토지를 소유한 자가 1인인 경우에도 그 토지 소유자는 해당 토지의 구역을 건축협정 대상 지역으로 하는 건축협정을 정할 수 있다. 이 경우 그 토지 소유자 1인을 건축협정 체결자로 본다.

③ 소유자등은 제1항에 따라 건축협정을 체결(제2항에 따라 토지 소유자 1인이 건축협정을 정하는 경우를 포함한다. 이하 같다)하는 경우에는 다음 각 호의 사항을 준수하여야 한다.

1. 이 법 및 관계 법령을 위반하지 아니할 것
2. 「국토의 계획 및 이용에 관한 법률」 제30조에 따른 도시·군관리계획 및 이 법 제77조의11제1항에 따른 건축물의 건축·대수선 또는 리모델링에 관한 계획을 위반하지 아니할 것

④ 건축협정은 다음 각 호의 사항을 포함하여야 한다.

1. 건축물의 건축·대수선 또는 리모델링에 관한 사항
2. 건축물의 위치·용도·형태 및 부대시설에 관하여 대통령령으로 정하는 사항

⑤ 소유자등이 건축협정을 체결하는 경우에는 건축협정서를 작성하여야 하며, 건축협정서에는 다음 각 호의 사항이 명시되어야 한다.

1. 건축협정의 명칭
2. 건축협정 대상 지역의 위치 및 범위
3. 건축협정의 목적
4. 건축협정의 내용
5. 제1항 및 제2항에 따라 건축협정을 체결하는 자(이하 "협정체결자"라 한다)의 성명, 주소 및 생년월일(법인, 법인 아닌 사단이나 재단 및 외국인의 경우에는 「부동산등기법」 제49조에 따라 부여된 등록번호를 말한다. 이하 제6호에서 같다)
6. 제77조의5제1항에 따른 건축협정운영회가 구성되어 있는 경우에는 그 명칭, 대표자 성명, 주소 및 생년월일
7. 건축협정의 유효기간
8. 건축협정 위반 시 제재에 관한 사항
9. 그 밖에 건축협정에 필요한 사항으로서 해당 지방자치단체의 조례로 정하는 사항

⑥ 제1항제4호에 따라 시·도지사가 필요하다고 인정하여 조례로 구역을 정하려는 때에는 해당 시장·군수·구청장의 의견을 들어야 한다. <신설 2016.2.3.>
[본조신설 2014.1.14.]

제77조의5【건축협정운영회의 설립】① 협정체결자는 건축협정서 작성 및 건축협정 관리 등을 위하여 필요한 경우 협정체결자 간의 자율적 기구로서 운영회(이하 "건축협정운영회"라 한다)를 설립할 수 있다.

② 제1항에 따라 건축협정운영회를 설립하려면 협정체결자 과반수의 동의를 받아 건축협정운영회의 대표자를 선임하고, 국토교통부령으로 정하는 바에 따라 건축협정인가권자에게 신고하여야 한다. 다만, 제77조의6에 따른 건축협정 인가 신청 시 건축협정운영회에 관한 사항을 포함한 경우에는 그러하지 아니하다.
[본조신설 2014.1.14.]

제77조의6【건축협정의 인가】① 협정체결자 또는 건축협정운영회의 대표자는 건축협정서를 작성하여 국토교통부령으로 정하는 바에 따라 해당 건축협정인가권자의 인가를 받아야 한다. 이 경우 인가신청을 받은 건축협정인가권자는 인가를 하기 전에 건축협정인가권자가 두는 건축위원회의 심의를 거쳐야 한다.

② 제1항에 따른 건축협정 체결 대상 토지가 둘 이상의 특별자치시 또는 시·군·구에 걸치는 경우 건축협정 체결 대상 토지면적의 과반(過半)이 속하는 건축협정인가권자에게 인가를 신청할 수 있다. 이 경우 인가 신청을 받은 건축협정인가권자는 건축협정을 인가하기 전에 다른 특별자치시장 또는 시·군수·구청장과 협의하여야 한다.

③ 건축협정인가권자는 제1항에 따라 건축협정을 인가하였을 때에는 국토교통부령으로 정하는 바에 따라 그 내용을 공고하여야 한다.

[본조신설 2014.1.14.]

제77조의7【건축협정의 변경】① 협정체결자 또는 건축협정운영회의 대표자는 제77조의6제1항에 따라 인가받은 사항을 변경하려면 국토교통부령으로 정하는 바에 따라 변경인가를 받아야 한다. 다만, 대통령령으로 정하는 경미한 사항을 변경하는 경우에는 그러하지 아니하다.
② 제1항에 따른 변경인가에 관하여는 제77조의6을 준용한다.
[본조신설 2014.1.14.]

제77조의8【건축협정의 관리】건축협정인가권자는 제77조의6 및 제77조의7에 따라 건축협정을 인가하거나 변경인가하였을 때에는 국토교통부령으로 정하는 바에 따라 건축협정 관리대장을 작성하여 관리하여야 한다.
[본조신설 2014.1.14.]

제77조의9【건축협정의 폐지】① 협정체결자 또는 건축협정운영회의 대표자는 건축협정을 폐지하려는 경우에는 협정체결자 과반수의 동의를 받아 국토교통부령으로 정하는 바에 따라 건축협정인가권자의 인가를 받아야 한다. 다만, 제77조의13에 따른 특례를 적용하여 제21조에 따른 착공신고를 한 경우에는 대통령령으로 정하는 기간이 지난 후에 건축협정의 폐지 인가를 신청할 수 있다. <개정 2015.5.18., 2020.6.9.>
② 제1항에 따른 건축협정의 폐지에 관하여는 제77조의6제3항을 준용한다.
[본조신설 2014.1.14.]

제77조의10【건축협정의 효력 및 승계】① 건축협정이 체결된 지역 또는 구역(이하 "건축협정구역"이라 한다)에서 건축물의 건축·대수선 또는 리모델링을 하거나 그 밖에 대통령령으로 정하는 행위를 하려는 소유자등은 제77조의6 및 제77조의7에 따라 인가·변경인가된 건축협정에 따라야 한다.
② 제77조의6제3항에 따라 건축협정이 공고된 후 건축협정구역에 있는 토지나 건축물 등에 관한 권리를 협정체결자인 소유자등으로부터 이전받거나 설정받은 자는 협정체결자로서의 지위를 승계한다. 다만, 건축협정에서 달리 정한 경우에는 그에 따른다.
[본조신설 2014.1.14.]

제77조의11【건축협정에 관한 계획 수립 및 지원】① 건축협정인가권자는 소유자등이 건축협정을 효율적으로 체결할 수 있도록 건축협정구역에서 건축물의 건축·대수선 또는 리모델링에 관한 계획을 수립할 수 있다.

② 건축협정인가권자는 대통령령으로 정하는 바에 따라 도로 개설 및 정비 등 건축협정구역 안의 주거환경개선을 위한 사업비용의 일부를 지원할 수 있다.
[본조신설 2014.1.14.]

제77조의12【경관협정과의 관계】① 소유자등은 제77조의4에 따라 건축협정을 체결할 때 「경관법」 제19조에 따른 경관협정을 함께 체결하려는 경우에는 「경관법」 제19조제3항·제4항 및 제20조에 관한 사항을 반영하여 건축협정인가권자에게 인가를 신청할 수 있다.
② 제1항에 따른 인가 신청을 받은 건축협정인가권자는 건축협정에 대한 인가를 하기 전에 건축위원회의 심의를 하는 때에 「경관법」 제29조제3항에 따라 경관위원회와 공동으로 하는 심의를 거쳐야 한다.
③ 제2항에 따른 절차를 거쳐 건축협정을 인가받은 경우에는 「경관법」 제21조에 따른 경관협정의 인가를 받은 것으로 본다.
[본조신설 2014.1.14.]

제77조의13【건축협정에 따른 특례】① 제77조의4제1항에 따라 건축협정을 체결하여 제59조제1항제1호에 따라 둘 이상의 건축물 벽을 맞벽으로 하여 건축하려는 경우 맞벽으로 건축하려는 자는 공동으로 제11조에 따른 건축허가를 신청할 수 있다.
② 제1항의 경우에 제17조, 제21조, 제22조 및 제25조에 관하여는 개별 건축물마다 적용하지 아니하고 허가를 신청한 건축물 전부 또는 일부를 대상으로 통합하여 적용할 수 있다.
③ 건축협정의 인가를 받은 건축협정구역에서 연접한 대지에 대하여는 다음 각 호의 관계 법령의 규정을 개별 건축물마다 적용하지 아니하고 건축협정구역의 전부 또는 일부를 대상으로 통합하여 적용할 수 있다. <개정 2015.5.18., 2016.1.19.>
1. 제42조에 따른 대지의 조경
2. 제44조에 따른 대지와 도로와의 관계
3. 삭제 <2016.1.19.>
4. 제53조에 따른 지하층의 설치
5. 제55조에 따른 건폐율
6. 「주차장법」 제19조에 따른 부설주차장의 설치
7. 삭제 <2016.1.19.>
8. 「하수도법」 제34조에 따른 개인하수처리시설의 설치
④ 제3항에 따라 관계 법령의 규정을 적용하려는 경우에는 건축협정구역 전부 또는 일부에 대하여 조경 및 부설주차장에 대한 기준을 이 법 및 「주차장법」

에서 정한 기준 이상으로 산정하여 적용하여야 한다.

⑤ 건축협정을 체결하여 둘 이상 건축물의 경계벽을 전체 또는 일부를 공유하여 건축하는 경우에는 제1항부터 제4항까지의 특례를 적용하며, 해당 대지를 하나의 대지로 보아 이 법의 기준을 개별 건축물마다 적용하지 아니하고 허가를 신청한 건축물의 전부 또는 일부를 대상으로 통합하여 적용할 수 있다. <신설 2016.1.19.>

⑥ 건축협정구역에 건축하는 건축물에 대하여는 제42조, 제55조, 제56조, 제58조, 제60조 및 제61조와 「주택법」 제35조를 대통령령으로 정하는 바에 따라 완화하여 적용할 수 있다. 다만, 제56조를 완화하여 적용하는 경우에는 제4조에 따른 건축위원회의 심의와 「국토의 계획 및 이용에 관한 법률」 제113조에 따른 지방도시계획위원회의 심의를 통합하여 거쳐야 한다. <신설 2016.2.3.>

⑦ 제6항 단서에 따라 통합 심의를 하는 경우 통합 심의의 방법 및 절차 등에 관한 구체적인 사항은 대통령령으로 정한다. <신설 2016.2.3.>

⑧ 제6항 본문에 따른 건축협정구역 내의 건축물에 대한 건축기준의 적용에 관하여는 제72조제1항(제2호 및 제4호는 제외한다)부터 제5항까지를 준용한다. 이 경우 "특별건축구역"은 "건축협정구역"으로 본다. <신설 2016.2.3.>

[본조신설 2014.1.14.]

제77조의14【건축협정 집중구역 지정 등】① 건축협정인가권자는 건축협정의 효율적인 체결을 통한 도시의 기능 및 미관의 증진을 위하여 제77조의4제1항 각 호의 어느 하나에 해당하는 지역 및 구역의 전체 또는 일부를 건축협정 집중구역으로 지정할 수 있다.

② 건축협정인가권자는 제1항에 따라 건축협정 집중구역을 지정하는 경우에는 미리 다음 각 호의 사항에 대하여 건축협정인가권자가 두는 건축위원회의 심의를 거쳐야 한다.

1. 건축협정 집중구역의 위치, 범위 및 면적 등에 관한 사항
2. 건축협정 집중구역의 지정 목적 및 필요성
3. 건축협정 집중구역에서 제77조의4제4항 각 호의 사항 중 건축협정인가권자가 도시의 기능 및 미관 증진을 위하여 세부적으로 규정하는 사항
4. 건축협정 집중구역에서 제77조의13에 따른 건축협정의 특례 적용에 관하여 세부적으로 규정하는 사항

③ 제1항에 따른 건축협정 집중구역의 지정 또는 변경·해제에 관하여는 제77조의6제3항을 준용한다.

④ 건축협정 집중구역 내의 건축협정이 제2항 각 호에 관한 심의내용에 부합하는 경우에는 제77조의6제1항에 따른 건축위원회의 심의를 생략할 수 있다.

[본조신설 2017.4.18.][종전 제77조의14는 제77조의15로 이동 <2017.4.18.>]

제8장의3 결합건축 <신설 2016.1.19.>

제77조의15【결합건축 대상지】① 다음 각 호의 어느 하나에 해당하는 지역에서 대지간의 최단거리가 100미터 이내의 범위에서 대통령령으로 정하는 범위에 있는 2개의 대지의 건축주가 서로 합의한 경우 2개의 대지를 대상으로 결합건축을 할 수 있다. <개정 2017.2.8., 2017.4.18., 2020.4.7.>

1. 「국토의 계획 및 이용에 관한 법률」 제36조에 따라 지정된 상업지역
2. 「역세권의 개발 및 이용에 관한 법률」 제4조에 따라 지정된 역세권개발구역
3. 「도시 및 주거환경정비법」 제2조에 따른 정비구역 중 주거환경개선사업의 시행을 위한 구역
4. 그 밖에 도시 및 주거환경 개선과 효율적인 토지 이용이 필요하다고 대통령령으로 정하는 지역

② 다음 각 호의 어느 하나에 해당하는 경우에는 제1항 각 호의 어느 하나에 해당하는 지역에서 대통령령으로 정하는 범위에 있는 3개 이상 대지의 건축주 등이 서로 합의한 경우 3개 이상의 대지를 대상으로 결합건축을 할 수 있다. <신설 2020.4.7.>

1. 국가·지방자치단체 또는 「공공기관의 운영에 관한 법률」 제4조제1항에 따른 공공기관이 소유 또는 관리하는 건축물과 결합건축하는 경우
2. 「빈집 및 소규모주택 정비에 관한 특례법」 제2조제1항제1호에 따른 빈집 또는 「건축물관리법」 제42조에 따른 빈 건축물을 철거하여 그 대지에 공원, 광장 등 대통령령으로 정하는 시설을 설치하는 경우
3. 그 밖에 대통령령으로 정하는 건축물과 결합건축하는 경우

③ 제1항 및 제2항에도 불구하고 도시경관의 형성, 기반시설 부족 등의 사유로 해당 지방자치단체의 조례로 정하는 지역 안에서는 결합건축을 할 수 없다. <신설 2020.4.7.>

④ 제1항 또는 제2항에 따라 결합건축을 하려는 2개 이상의 대지를 소유한 자가 1명인 경우는 제77조의4제2항을 준용한다. <개정 2020.4.7.>

[본조신설 2016.1.19.][제77조의14에서 이동, 종전

제77조의15는 제77조의16으로 이동 <2017.4.18.>

제77조의16 【결합건축의 절차】 ① 결합건축을 하고자 하는 건축주는 제11조에 따라 건축허가를 신청하는 때에는 다음 각 호의 사항을 명시한 결합건축협정서를 첨부하여야 하며 국토교통부령으로 정하는 도서를 제출하여야 한다.

1. 결합건축 대상 대지의 위치 및 용도지역
2. 결합건축협정서를 체결하는 자(이하 "결합건축협정체결자"라 한다)의 성명, 주소 및 생년월일(법인, 법인 아닌 사단이나 재단 및 외국인의 경우에는 「부동산등기법」 제49조에 따라 부여된 등록번호를 말한다)
3. 「국토의 계획 및 이용에 관한 법률」 제78조에 따라 조례로 정한 용적률과 결합건축으로 조정되어 적용되는 대지별 용적률
4. 결합건축 대상 대지별 건축계획서

② 허가권자는 「국토의 계획 및 이용에 관한 법률」 제2조제11호에 따른 도시·군계획사업에 편입된 대지가 있는 경우에는 결합건축을 포함한 건축허가를 아니할 수 있다.

③ 허가권자는 제1항에 따른 건축허가를 하기 전에 건축위원회의 심의를 거쳐야 한다. 다만, 결합건축으로 조정되어 적용되는 대지별 용적률이 「국토의 계획 및 이용에 관한 법률」 제78조에 따라 해당 대지에 적용되는 도시계획조례의 용적률의 100분의 20을 초과하는 경우에는 대통령령으로 정하는 바에 따라 건축위원회 심의와 도시계획위원회 심의를 공동으로 하여 거쳐야 한다.

④ 제1항에 따른 결합건축 대상 대지가 둘 이상의 특별자치시, 특별자치도 및 시·군·구에 걸치는 경우 제77조의6제2항을 준용한다.

[본조신설 2016.1.19.][제77조의15에서 이동, 종전 제77조의16은 제77조의17로 이동 <2017.4.18.>]

제77조의17 【결합건축의 관리】 ① 허가권자는 결합건축을 포함하여 건축허가를 한 경우 국토교통부령으로 정하는 바에 따라 그 내용을 공고하고, 결합건축 관리대장을 작성하여 관리하여야 한다.

② 허가권자는 제77조의15제1항에 따른 결합건축과 관련된 건축물의 사용승인 신청이 있는 경우 해당 결합건축협정서상의 다른 대지에서 착공신고 또는 대통령령으로 정하는 조치가 이행되었는지를 확인한 후 사용승인을 하여야 한다. <개정 2020.4.7.>

③ 허가권자는 결합건축을 허용한 경우 건축물대장에 국토교통부령으로 정하는 바에 따라 결합건축에

관한 내용을 명시하여야 한다.

④ 결합건축협정서에 따른 협정체결 유지기간은 최소 30년으로 한다. 다만, 결합건축협정서의 용적률 기준을 종전대로 환원하여 신축·개축·재축하는 경우에는 그러하지 아니한다.

⑤ 결합건축협정서를 폐지하려는 경우에는 결합건축협정체결자 전원이 동의하여 허가권자에게 신고하여야 하며, 허가권자는 용적률을 이전받은 건축물이 멸실된 것을 확인한 후 결합건축의 폐지를 수리하여야 한다. 이 경우 결합건축 폐지에 관하여는 제1항 및 제3항을 준용한다.

⑥ 결합건축협정의 준수 여부, 효력 및 승계에 대하여는 제77조의4제3항 및 제77조의10을 준용한다. 이 경우 "건축협정"은 각각 "결합건축협정"으로 본다.

[본조신설 2016.1.19.][제77조의16에서 이동<2017.4.18.>]

제9장 보칙

제78조 【감독】 ① 국토교통부장관은 시·도지사 또는 시장·군수·구청장이 한 명령이나 처분이 이 법이나 이 법에 따른 명령이나 처분 또는 조례에 위반되거나 부당하다고 인정하면 그 명령 또는 처분의 취소·변경, 그 밖에 필요한 조치를 명할 수 있다. <개정 2013.3.23.>

② 특별시장·광역시장·도지사는 시장·군수·구청장이 한 명령이나 처분이 이 법 또는 이 법에 따른 명령이나 처분 또는 조례에 위반되거나 부당하다고 인정하면 그 명령이나 처분의 취소·변경, 그 밖에 필요한 조치를 명할 수 있다. <개정 2014.1.14.>

③ 시·도지사 또는 시장·군수·구청장이 제1항에 따라 필요한 조치명령을 받으면 그 시정 결과를 국토교통부장관에게 지체 없이 보고하여야 하며, 시장·군수·구청장이 제2항에 따라 필요한 조치명령을 받으면 그 시정 결과를 특별시장·광역시장·도지사에게 지체 없이 보고하여야 한다. <개정 2014.1.14.>

④ 국토교통부장관 및 시·도지사는 건축허가의 적법한 운영, 위법 건축물의 관리 실태 등 건축행정의 건실한 운영을 지도·점검하기 위하여 국토교통부령으로 정하는 바에 따라 매년 지도·점검 계획을 수립·시행하여야 한다. <개정 2013.3.23.>

⑤ 국토교통부장관 및 시·도지사는 제4조의2에 따른 건축위원회의 심의 방법 또는 결과가 이 법 또는 이 법에 따른 명령이나 처분 또는 조례에 위반되거나 부당하다고 인정하면 그 심의 방법 또는 결과의 취소·변경, 그 밖에 필요한 조치를 할 수 있다. 이 경

우 심의에 관한 조사·시정명령 및 변경절차 등에 관하여는 대통령령으로 정한다. <신설 2016.1.19.>

제79조【위반 건축물 등에 대한 조치 등】 ① 허가권자는 이 법 또는 이 법에 따른 명령이나 처분에 위반되는 대지나 건축물에 대하여 이 법에 따른 허가 또는 승인을 취소하거나 그 건축물의 건축주·공사시공자·현장관리인·소유자·관리자 또는 점유자(이하 "건축주등"이라 한다)에게 공사의 중지를 명하거나 상당한 기간을 정하여 그 건축물의 해체·개축·증축·수선·용도변경·사용금지·사용제한, 그 밖에 필요한 조치를 명할 수 있다. <개정 2019.4.23., 2019.4.30.>
② 허가권자는 제1항에 따라 허가나 승인이 취소된 건축물 또는 제1항에 따른 시정명령을 받고 이행하지 아니한 건축물에 대하여는 다른 법령에 따른 영업이나 그 밖의 행위를 허가·면허·인가·등록·지정 등을 하지 아니하도록 요청할 수 있다. 다만, 허가권자가 기간을 정하여 그 사용 또는 영업, 그 밖의 행위를 허용한 주택과 대통령령으로 정하는 경우에는 그러하지 아니하다. <개정 2014.5.28.>
③ 제2항에 따른 요청을 받은 자는 특별한 이유가 없으면 요청에 따라야 한다.
④ 허가권자는 제1항에 따른 시정명령을 하는 경우 국토교통부령으로 정하는 바에 따라 건축물대장에 위반내용을 적어야 한다. <개정 2016.1.19.>
⑤ 허가권자는 이 법 또는 이 법에 따른 명령이나 처분에 위반되는 대지나 건축물에 대한 실태를 파악하기 위하여 조사를 할 수 있다. <신설 2019.4.23.>
⑥ 제5항에 따른 실태조사의 방법 및 절차에 관한 사항은 대통령령으로 정한다. <신설 2019.4.23.>

제80조【이행강제금】 ① 허가권자는 제79조제1항에 따라 시정명령을 받은 후 시정기간 내에 시정명령을 이행하지 아니한 건축주등에 대하여는 그 시정명령의 이행에 필요한 상당한 이행기한을 정하여 그 기한까지 시정명령을 이행하지 아니하면 다음 각 호의 이행강제금을 부과한다. 다만, 연면적(공동주택의 경우에는 세대 면적을 기준으로 한다)이 60제곱미터 이하인 주거용 건축물과 제2호 중 주거용 건축물로서 대통령령으로 정하는 경우에는 다음 각 호의 어느 하나에 해당하는 금액의 2분의 1의 범위에서 해당 지방자치단체의 조례로 정하는 금액을 부과한다. <개정 2015.8.11., 2019.4.23.>
1. 건축물이 제55조와 제56조에 따른 건폐율이나 용적률을 초과하여 건축된 경우 또는 허가를 받지 아니하거나 신고를 하지 아니하고 건축된 경우에는 「지

방세법」에 따라 해당 건축물에 적용되는 1제곱미터의 시가표준액의 100분의 50에 해당하는 금액에 위반면적을 곱한 금액 이하의 범위에서 위반 내용에 따라 대통령령으로 정하는 비율을 곱한 금액
2. 건축물이 제1호 외의 위반 건축물에 해당하는 경우에는 「지방세법」에 따라 그 건축물에 적용되는 시가표준액에 해당하는 금액의 100분의 10의 범위에서 위반내용에 따라 대통령령으로 정하는 금액
② 허가권자는 영리목적을 위한 위반이나 상습적 위반 등 대통령령으로 정하는 경우에 제1항에 따른 금액을 100분의 100의 범위에서 해당 지방자치단체의 조례로 정하는 바에 따라 가중하여야 한다. <신설 2015.8.11., 2019.4.23., 2020.12.8.>
③ 허가권자는 제1항 및 제2항에 따른 이행강제금을 부과하기 전에 제1항 및 제2항에 따른 이행강제금을 부과·징수한다는 뜻을 미리 문서로써 계고(戒告)하여야 한다. <개정 2015.8.11.>
④ 허가권자는 제1항 및 제2항에 따른 이행강제금을 부과하는 경우 금액, 부과 사유, 납부기한, 수납기관, 이의제기 방법 및 이의제기 기관 등을 구체적으로 밝힌 문서로 하여야 한다. <개정 2015.8.11.>
⑤ 허가권자는 최초의 시정명령이 있었던 날을 기준으로 하여 1년에 2회 이내의 범위에서 해당 지방자치단체의 조례로 정하는 횟수만큼 그 시정명령이 이행될 때까지 반복하여 제1항 및 제2항에 따른 이행강제금을 부과·징수할 수 있다. <개정 2015.8.11., 2019.4.23.>
⑥ 허가권자는 제79조제1항에 따라 시정명령을 받은 자가 이를 이행하면 새로운 이행강제금의 부과를 즉시 중지하되, 이미 부과된 이행강제금은 징수하여야 한다. <개정 2015.8.11.>
⑦ 허가권자는 제4항에 따라 이행강제금 부과처분을 받은 자가 이행강제금을 납부기한까지 내지 아니하면 「지방행정제재·부과금의 징수 등에 관한 법률」에 따라 징수한다. <개정 2015.8.11., 2020.3.24>

제80조의2【이행강제금 부과에 관한 특례】 ① 허가권자는 제80조에 따른 이행강제금을 다음 각 호에서 정하는 바에 따라 감경할 수 있다. 다만, 지방자치단체의 조례로 정하는 기간까지 위반내용을 시정하지 아니한 경우는 제외한다.
1. 축사 등 농업용·어업용 시설로서 500제곱미터(「수도권정비계획법」 제2조제1호에 따른 수도권 외의 지역에서는 1천제곱미터) 이하인 경우는 5분의 1을 감경

2. 그 밖에 위반 동기, 위반 범위 및 위반 시기 등을 고려하여 대통령령으로 정하는 경우(제80조제2항에 해당하는 경우는 제외한다)에는 2분의 1의 범위에서 대통령령으로 정하는 비율을 감경

② 허가권자는 법률 제4381호 건축법개정법률의 시행일(1992년 6월 1일을 말한다) 이전에 이 법 또는 이 법에 따른 명령이나 처분을 위반한 주거용 건축물에 관하여는 대통령령으로 정하는 바에 따라 제80조에 따른 이행강제금을 감경할 수 있다.
[본조신설 2015.8.11.]

제81조, 제81조의2, 제81조의3 삭제 <2019.4.23.>

제82조【권한의 위임과 위탁】 ① 국토교통부장관은 이 법에 따른 권한의 일부를 대통령령으로 정하는 바에 따라 시·도지사에게 위임할 수 있다. <개정 2013.3.23.>
② 시·도지사는 이 법에 따른 권한의 일부를 대통령령으로 정하는 바에 따라 시장(행정시의 시장을 포함하며, 이하 이 조에서 같다)·군수·구청장에게 위임할 수 있다.
③ 시장·군수·구청장은 이 법에 따른 권한의 일부를 대통령령으로 정하는 바에 따라 구청장(자치구가 아닌 구의 구청장을 말한다)·동장·읍장 또는 면장에게 위임할 수 있다.
④ 국토교통부장관은 제31조제1항과 제32조제1항에 따라 건축허가 업무 등을 효율적으로 처리하기 위하여 구축하는 전자정보처리 시스템의 운영을 대통령령으로 정하는 기관 또는 단체에 위탁할 수 있다. <개정 2013.3.23.>

제83조【옹벽 등의 공작물에의 준용】 ① 대지를 조성하기 위한 옹벽, 굴뚝, 광고탑, 고가수조(高架水槽), 지하 대피호, 그 밖에 이와 유사한 것으로서 대통령령으로 정하는 공작물을 축조하려는 자는 대통령령으로 정하는 바에 따라 특별자치시장·특별자치도지사 또는 시장·군수·구청장에게 신고하여야 한다. <개정 2014.1.14.>
② 삭제 <2019.4.30.>
③ 제14조, 제21조 제5항, 제29조, 제40조제4항, 제41조, 제47조, 제48조, 제55조, 제58조, 제60조, 제61조, 제79조, 제84조, 제85조, 제87조와 「국토의 계획 및 이용에 관한 법률」 제76조는 대통령령으로 정하는 바에 따라 제1항의 경우에 준용한다. <개정 2014.5.28., 2017.4.18., 2019.4.30.>

제84조【면적·높이 및 층수의 산정】 건축물의 대지면적, 연면적, 바닥면적, 높이, 처마, 천장, 바닥 및 층

수의 산정방법은 대통령령으로 정한다.

제85조【「행정대집행법」 적용의 특례】 ① 허가권자는 제11조, 제14조, 제41조와 제79조제1항에 따라 필요한 조치를 할 때 다음 각 호의 어느 하나에 해당하는 경우로서 「행정대집행법」 제3조제1항과 제2항에 따른 절차에 의하면 그 목적을 달성하기 곤란한 때에는 해당 절차를 거치지 아니하고 대집행할 수 있다. <개정 2020.6.9.>
1. 재해가 발생할 위험이 절박한 경우
2. 건축물의 구조 안전상 심각한 문제가 있어 붕괴 등 손괴의 위험이 예상되는 경우
3. 허가권자의 공사중지명령을 받고도 따르지 아니하고 공사를 강행하는 경우
4. 도로통행에 현저하게 지장을 주는 불법건축물인 경우
5. 그 밖에 공공의 안전 및 공익에 매우 저해되어 신속하게 실시할 필요가 있다고 인정되는 경우로서 대통령령으로 정하는 경우
② 제1항에 따른 대집행은 건축물의 관리를 위하여 필요한 최소한도에 그쳐야 한다.
[전문개정 2009.4.1]

제86조【청문】 허가권자는 제79조에 따라 허가나 승인을 취소하려면 청문을 실시하여야 한다.

제87조【보고와 검사 등】 ① 국토교통부장관, 시·도지사, 시장·군수·구청장, 그 소속 공무원, 제27조에 따른 업무대행자 또는 제37조에 따른 건축지도원은 건축물의 건축주등, 공사감리자, 공사시공자 또는 관계전문기술자에게 필요한 자료의 제출이나 보고를 요구할 수 있으며, 건축물·대지 또는 건축공사장에 출입하여 그 건축물, 건축설비, 그 밖에 건축공사에 관련되는 물건을 검사하거나 필요한 시험을 할 수 있다. <개정 2016.2.3.>
② 제1항에 따라 검사나 시험을 하는 자는 그 권한을 표시하는 증표를 지니고 이를 관계인에게 내보여야 한다.
③ 허가권자는 건축관계자등과의 계약 내용을 검토할 수 있으며, 검토결과 불공정 또는 불합리한 사항이 있어 부실설계·시공·감리가 될 우려가 있는 경우에는 해당 건축주에게 그 사실을 통보하고 해당 건축물의 건축공사 현장을 특별히 지도·감독하여야 한다. <신설 2016.2.3.>

제87조의2【지역건축안전센터 설립】 ① 지방자치단체의 장은 다음 각 호의 업무를 수행하기 위하여 관할

구역에 지역건축안전센터를 설치할 수 있다. <개정 2019.4.30., 2020.4.7., 2020.12.22., 2022.6.10.>

1. 제21조, 제22조, 제27조 및 제87조에 따른 기술적인 사항에 대한 보고·확인·검토·심사 및 점검

1의2. 제11조, 제14조 및 제16조에 따른 허가 또는 신고에 관한 업무

2. 제25조에 따른 공사감리에 대한 관리·감독

3. 삭제 <2019.4.30.>

4. 그 밖에 대통령령으로 정하는 사항

② 제1항에도 불구하고 다음 각 호의 어느 하나에 해당하는 지방자치단체의 장은 관할 구역에 지역건축안전센터를 설치하여야 한다. <신설 2022.6.10.>

1. 시·도

2. 인구 50만명 이상 시·군·구

3. 국토교통부령으로 정하는 바에 따라 산정한 건축허가 면적(직전 5년 동안의 연평균 건축허가 면적을 말한다) 또는 노후건축물 비율이 전국 지방자치단체 중 상위 30퍼센트 이내에 해당하는 인구 50만명 미만 시·군·구

③ 체계적이고 전문적인 업무 수행을 위하여 지역건축안전센터에 「건축사법」 제23조제1항에 따라 신고한 건축사 또는 「기술사법」 제6조제1항에 따라 등록한 기술사 등 전문인력을 배치하여야 한다.

④ 제1항부터 제3항까지의 규정에 따른 지역건축안전센터의 설치·운영 및 전문인력의 자격과 배치기준 등에 필요한 사항은 국토교통부령으로 정한다. <개정 2022.6.10.>

[본조신설 2017.4.18.]

제87조의3 【건축안전특별회계의 설치】 ① 시·도지사 또는 시장·군수·구청장은 관할 구역의 지역건축안전센터 설치·운영 등을 지원하기 위하여 건축안전특별회계(이하 "특별회계"라 한다)를 설치할 수 있다.

② 특별회계는 다음 각 호의 재원으로 조성한다. <개정 2020.4.7>

1. 일반회계로부터의 전입금

2. 제17조에 따라 납부되는 건축허가 등의 수수료 중 해당 지방자치단체의 조례로 정하는 비율의 금액

3. 제80조에 따라 부과·징수되는 이행강제금 중 해당 지방자치단체의 조례로 정하는 비율의 금액

4. 제113조에 따라 부과·징수되는 과태료 중 해당 지방자치단체의 조례로 정하는 비율의 금액

5. 그 밖의 수입금

③ 특별회계는 다음 각 호의 용도로 사용한다.

1. 지역건축안전센터의 설치·운영에 필요한 경비

2. 지역건축안전센터의 전문인력 배치에 필요한 인건비

3. 제87조의2제1항 각 호의 업무 수행을 위한 조사·연구비

4. 특별회계의 조성·운용 및 관리를 위하여 필요한 경비

5. 그 밖에 건축물 안전에 관한 기술지원 및 정보제공을 위하여 해당 지방자치단체의 조례로 정하는 사업의 수행에 필요한 비용

[본조신설 2017.4.18.]

제88조 【건축분쟁전문위원회】 ① 건축등과 관련된 다음 각 호의 분쟁(「건설산업기본법」 제69조에 따른 조정의 대상이 되는 분쟁은 제외한다. 이하 같다)의 조정(調停) 및 재정(裁定)을 하기 위하여 국토교통부에 건축분쟁전문위원회(이하 "분쟁위원회"라 한다)를 둔다. <개정 2014.5.28.>

1. 건축관계자와 해당 건축물의 건축등으로 피해를 입은 인근주민(이하 "인근주민"이라 한다) 간의 분쟁

2. 관계전문기술자와 인근주민 간의 분

3. 건축관계자와 관계전문기술자 간의 분쟁

4. 건축관계자 간의 분쟁

5. 인근주민 간의 분쟁

6. 관계전문기술자 간의 분쟁

7. 그 밖에 대통령령으로 정하는 사항

② 삭제 <2014.5.28.>

③ 삭제 <2014.5.28.>

[제목개정 2009.4.1.]

제89조 【분쟁위원회의 구성】 ① 분쟁위원회는 위원장과 부위원장 각 1명을 포함한 15명 이내의 위원으로 구성한다. <개정 2014.5.28.>

② 분쟁위원회의 위원은 건축이나 법률에 관한 학식과 경험이 풍부한 자로서 다음 각 호의 어느 하나에 해당하는 자 중에서 국토교통부장관이 임명하거나 위촉한다. 이 경우 제4호에 해당하는 자가 2명 이상 포함되어야 한다. <개정 2014.5.28.>

1. 3급 상당 이상의 공무원으로 1년 이상 재직한 자

2. 삭제 <2014.5.28.>

3. 「고등교육법」에 따른 대학에서 건축공학이나 법률학을 가르치는 조교수 이상의 직(職)에 3년 이상 재직한 자

4. 판사, 검사 또는 변호사의 직에 6년 이상 재직한 자

5. 「국가기술자격법」에 따른 건축분야 기술사 또는 「건축사법」 제23조에 따라 건축사사무소개설신

고를 하고 건축사로 6년 이상 종사한 자
6. 건설공사나 건설업에 대한 학식과 경험이 풍부한 자로서 그 분야에 15년 이상 종사한 자
③ 삭제 <2014.5.28.>
④ 분쟁위원회의 위원장과 부위원장은 위원 중에서 국토교통부장관이 위촉한다. <개정 2014.5.28.>
⑤ 공무원이 아닌 위원의 임기는 3년으로 하되, 연임할 수 있으며, 보궐위원의 임기는 전임자의 남은 임기로 한다.
⑥ 분쟁위원회의 회의는 재적위원 과반수의 출석으로 열고 출석위원 과반수의 찬성으로 의결한다. <개정 2014.5.28.>
⑦ 다음 각 호의 어느 하나에 해당하는 자는 분쟁위원회의 위원이 될 수 없다. <개정 2014.5.28.>
1. 피성년후견인, 피한정후견인 또는 파산선고를 받고 복권되지 아니한 자
2. 금고 이상의 실형을 선고받고 그 집행이 끝나거나(집행이 끝난 것으로 보는 경우를 포함한다)되거나 집행이 면제된 날부터 2년이 지나지 아니한 자
3. 법원의 판결이나 법률에 따라 자격이 정지된 자
⑧ 위원의 제척·기피·회피 및 위원회의 운영, 조정등의 거부와 중지 등 그 밖에 필요한 사항은 대통령령으로 정한다. <신설 2014.5.28.>
[제목개정 2014.5.28.]

제90조 삭제 <2014.5.28>

제91조 【대리인】 ① 당사자는 다음 각 호에 해당하는 자를 대리인으로 선임할 수 있다.
1. 당사자의 배우자, 직계존·비속 또는 형제자매
2. 당사자인 법인의 임직원
3. 변호사
② 삭제 <2014.5.28>
③ 대리인의 권한은 서면으로 소명하여야 한다.
④ 대리인은 다음 각 호의 행위를 하기 위하여는 당사자의 위임을 받아야 한다.
1. 신청의 철회
2. 조정안의 수락
3. 복대리인의 선임

제92조 【조정등의 신청】 ① 건축물의 건축등과 관련된 분쟁의 조정 또는 재정(이하 "조정등"이라 한다)을 신청하려는 자는 분쟁위원회에 조정등의 신청서를 제출하여야 한다. <개정 2014.5.28.>
② 제1항에 따른 조정신청은 해당 사건의 당사자 중 1명 이상이 하며, 재정신청은 해당 사건 당사자 간의 합의로 한다. 다만, 분쟁위원회는 조정신청을 받으면

해당 사건의 모든 당사자에게 조정신청이 접수된 사실을 알려야 한다. <개정 2014.5.28.>
③ 분쟁위원회는 당사자의 조정신청을 받으면 60일 이내에, 재정신청을 받으면 120일 이내에 절차를 마쳐야 한다. 다만, 부득이한 사정이 있으면 분쟁위원회의 의결로 기간을 연장할 수 있다. <개정 2014.5.28.>

제93조 【조정등의 신청에 따른 공사중지】 ① 삭제 <2014.5.28.>
② 삭제 <2014.5.28.>
③ 시·도지사 또는 시장·군수·구청장은 위해 방지를 위하여 긴급한 상황이거나 그 밖에 특별한 사유가 없으면 조정등의 신청이 있다는 이유만으로 해당 공사를 중지하게 하여서는 아니 된다.
[제목개정 2014.5.28.]

제94조 【조정위원회와 재정위원회】 ① 조정은 3명의 위원으로 구성되는 조정위원회에서 하고, 재정은 5명의 위원으로 구성되는 재정위원회에서 한다.
② 조정위원회의 위원(이하 "조정위원"이라 한다)과 재정위원회의 위원(이하 "재정위원"이라 한다)은 사건마다 분쟁위원회의 위원 중에서 위원장이 지명한다. 이 경우 재정위원회에는 제89조제2항제4호에 해당하는 위원이 1명 이상 포함되어야 한다. <개정 2014.5.28.>
③ 조정위원회와 재정위원회의 회의는 구성원 전원의 출석으로 열고 과반수의 찬성으로 의결한다.

제95조 【조정을 위한 조사 및 의견 청취】 ① 조정위원회는 조정에 필요하다고 인정하면 조정위원 또는 사무국의 소속 직원에게 관계 서류를 열람하게 하거나 관계 사업장에 출입하여 조사하게 할 수 있다. <개정 2014.5.28.>
② 조정위원회는 필요하다고 인정하면 당사자나 참고인을 조정위원회에 출석하게 하여 의견을 들을 수 있다.
③ 분쟁의 조정신청을 받은 조정위원회는 조정기간 내에 심사하여 조정안을 작성하여야 한다. <개정 2014.5.28.>

제96조 【조정의 효력】 ① 조정위원회는 제95조제3항에 따라 조정안을 작성하면 지체 없이 각 당사자에게 조정안을 제시하여야 한다.
② 제1항에 따라 조정안을 제시받은 당사자는 제시를 받은 날부터 15일 이내에 수락 여부를 조정위원회에 알려야 한다.
③ 조정위원회는 당사자가 조정안을 수락하면 즉시

조정서를 작성하여야 하며, 조정위원과 각 당사자는 이에 기명날인하여야 한다.

④ 당사자가 제3항에 따라 조정안을 수락하고 조정서에 기명날인하면 조정서의 내용은 재판상 화해와 동일한 효력을 갖는다. 다만, 당사자가 임의로 처분할 수 없는 사항에 관한 것은 그러하지 아니하다. <개정 2020.12.22.>

제97조【분쟁의 재정】 ① 재정은 문서로써 하여야 하며, 재정 문서에는 다음 각 호의 사항을 적고 재정위원이 이에 기명날인하여야 한다.

1. 사건번호와 사건명
2. 당사자, 선정대표자, 대표당사자 및 대리인의 주소·성명
3. 주문(主文)
4. 신청 취지
5. 이유
6. 재정 날짜

② 제1항제5호에 따른 이유를 적을 때에는 주문의 내용이 정당하다는 것을 인정할 수 있는 한도에서 당사자의 주장 등을 표시하여야 한다.

③ 재정위원회는 재정을 하면 지체 없이 재정 문서의 정본(正本)을 당사자나 대리인에게 송달하여야 한다.

제98조【재정을 위한 조사권 등】 ① 재정위원회는 분쟁의 재정을 위하여 필요하다고 인정하면 당사자의 신청이나 직권으로 재정위원 또는 소속 공무원에게 다음 각 호의 행위를 하게 할 수 있다.

1. 당사자나 참고인에 대한 출석 요구, 자문 및 진술 청취
2. 감정인의 출석 및 감정 요구
3. 사건과 관계있는 문서나 물건의 열람·복사·제출 요구 및 유치
4. 사건과 관계있는 장소의 출입·조사

② 당사자는 제1항에 따른 조사 등에 참여할 수 있다.

③ 재정위원회가 직권으로 제1항에 따른 조사 등을 한 경우에는 그 결과에 대하여 당사자의 의견을 들어야 한다.

④ 재정위원회는 제1항에 따라 당사자나 참고인에게 진술하게 하거나 감정인에게 감정하게 할 때에는 당사자나 참고인 또는 감정인에게 선서를 하도록 하여야 한다.

⑤ 제1항제4호의 경우에 재정위원 또는 소속 공무원은 그 권한을 나타내는 증표를 지니고 이를 관계인에게 내보여야 한다.

제99조【재정의 효력 등】 재정위원회가 재정을 한 경우 재정 문서의 정본이 당사자에게 송달된 날부터 60일 이내에 당사자 양쪽이나 어느 한쪽으로부터 그 재정의 대상인 건축물의 건축등의 분쟁을 원인으로 하는 소송이 제기되지 아니하거나 그 소송이 철회되면 그 재정 내용은 재판상 화해와 동일한 효력을 갖는다. 다만, 당사자가 임의로 처분할 수 없는 사항에 관한 것은 그러하지 아니하다. <개정 2020.12.22.>

제100조【시효의 중단】 당사자가 재정에 불복하여 소송을 제기한 경우 시효의 중단과 제소기간을 산정할 때에는 재정신청을 재판상의 청구로 본다. <개정 2020.6.9.>

제101조【조정 회부】 분쟁위원회는 재정신청이 된 사건을 조정에 회부하는 것이 적합하다고 인정하면 직권으로 직접 조정할 수 있다. <개정 2014.5.28>

제102조【비용부담】 ① 분쟁의 조정등을 위한 감정·진단·시험 등에 드는 비용은 당사자 간의 합의로 정하는 비율에 따라 당사자가 부담하여야 한다. 다만, 당사자 간에 비용부담에 대하여 합의가 되지 아니하면 조정위원회나 재정위원회에서 부담비율을 정한다.

② 조정위원회나 재정위원회는 필요하다고 인정하면 대통령령으로 정하는 바에 따라 당사자에게 제1항에 따른 비용을 예치하게 할 수 있다.

③ 제1항에 따른 비용의 범위에 관하여는 국토교통부령으로 정한다. <개정 2014.5.28>

제103조【분쟁위원회의 운영 및 사무처리 위탁】 ① 국토교통부장관은 분쟁위원회의 운영 및 사무처리를 「국토안전관리원법」에 따른 국토안전관리원(이하 "국토안전관리원"이라 한다)에 위탁할 수 있다. <개정 2017.1.17., 2020.6.9.>

② 분쟁위원회의 운영 및 사무처리를 위한 조직 및 인력 등은 대통령령으로 정한다. <개정 2014.5.28.>

③ 국토교통부장관은 예산의 범위에서 분쟁위원회의 운영 및 사무처리에 필요한 경비를 국토안전관리원에 출연 또는 보조할 수 있다. <개정 2020.6.9.>

제104조【조정등의 절차】 제88조부터 제103조까지의 규정에서 정한 것 외에 분쟁의 조정등의 방법·절차 등에 관하여 필요한 사항은 대통령령으로 정한다.

제104조의2【건축위원회의 사무의 정보보호】 건축위원회 또는 관계 행정기관 등은 제4조의5의 민원심의 및 제92조의 분쟁조정 신청과 관련된 정보의 유출로 인하여 신청인과 이해관계인의 이익이 침해되지 아니하도록 노력하여야 한다.

[본조신설 2014.5.28]

제105조 【벌칙 적용 시 공무원 의제】 다음 각 호의 어느 하나에 해당하는 사람은 공무원이 아니더라도 「형법」 제129조부터 제132조까지의 규정과 「특정범죄가중처벌 등에 관한 법률」 제2조와 제3조에 따른 벌칙을 적용할 때에는 공무원으로 본다. <개정 2016.2.3., 2017.4.18., 2019.4.23., 2022.6.10.>

1. 제4조에 따른 건축위원회의 위원

1의2. 제13조의2제3항에 따라 안전영향평가를 하는 자

1의3. 제52조의3제4항에 따라 건축자재를 점검하는 자

2. 제27조에 따라 현장조사·검사 및 확인업무를 대행하는 사람

3. 제37조에 따른 건축지도원

4. 제82조제4항에 따른 기관 및 단체의 임직원

5. 제87조의2제2항에 따라 지역건축안전센터에 배치된 전문인력 <신설 2017.4.18.>

제10장 벌칙

제106조 【벌칙】 ① 제23조, 제24조제1항, 제25조제3항, 제52조의3제1항 및 제52조의5제2항을 위반하여 설계·시공·공사감리 및 유지·관리와 건축자재의 제조 및 유통을 함으로써 건축물이 부실하게 되어 착공 후 「건설산업기본법」 제28조에 따른 하자담보책임 기간에 건축물의 기초와 주요구조부에 중대한 손괴를 일으켜 일반인을 위험에 처하게 한 설계자·감리자·시공자·제조업자·유통업자·관계전문기술자 및 건축주는 10년 이하의 징역에 처한다. <개정 2015.1.6., 2016.2.3., 2019.4.23., 2020.12.22.>

② 제1항의 죄를 범하여 사람을 죽거나 다치게 한 자는 무기징역이나 3년 이상의 징역에 처한다.

제107조 【벌칙】 ① 업무상 과실로 제106조제1항의 죄를 범한 자는 5년 이하의 징역이나 금고 또는 5억원 이하의 벌금에 처한다. <개정 2016.2.3.>

② 업무상 과실로 제106조제2항의 죄를 범한 자는 10년 이하의 징역이나 금고 또는 10억원 이하의 벌금에 처한다. <개정 2016.2.3.>

제108조 【벌칙】 ① 다음 각 호의 어느 하나에 해당하는 자는 3년 이하의 징역이나 5억원 이하의 벌금에 처한다. <개정 2019.4.23., 2020.12.22.>

1. 도시지역에서 제11조제1항, 제19조제1항 및 제2항, 제47조, 제55조, 제56조, 제58조, 제60조, 제61조 또는 제77조의10을 위반하여 건축물을 건축하거나 대수선 또는 용도변경을 한 건축주 및 공사시공자

2. 제52조제1항 및 제2항에 따른 방화에 지장이 없는 재료를 사용하지 아니한 공사시공자 또는 그 재료 사용에 책임이 있는 설계자나 공사감리자

3. 제52조의3제1항을 위반한 건축자재의 제조업자 및 유통업자

4. 제52조의4제1항을 위반하여 품질관리서를 제출하지 아니하거나 거짓으로 제출한 제조업자, 유통업자, 공사시공자 및 공사감리자

5. 제52조의5제1항을 위반하여 품질인정기준에 적합하지 아니함에도 품질인정을 한 자

② 제1항의 경우 징역과 벌금은 병과(倂科)할 수 있다.

제109조 【벌칙】 다음 각 호의 어느 하나에 해당하는 자는 2년 이하의 징역이나 2억원 이하의 벌금에 처한다. <개정 2016.2.3., 2017.4.18.>

1. 제27조제2항에 따른 보고를 거짓으로 한 자

2. 제87조의2제1항제1호에 따른 보고·확인·검토·심사 및 점검을 거짓으로 한 자

제110조 【벌칙】 다음 각 호의 어느 하나에 해당하는 자는 2년 이하의 징역 또는 1억원 이하의 벌금에 처한다. <개정 2015.1.6., 2016.1.19., 2016.2.3., 2017.4.18., 2019.4.23., 2019.4.30.>

1. 도시지역 밖에서 제11조제1항, 제19조제1항 및 제2항, 제47조, 제55조, 제56조, 제58조, 제60조, 제61조, 제77조의10을 위반하여 건축물을 건축하거나 대수선 또는 용도변경을 한 건축주 및 공사시공자

1의2. 제13조제5항을 위반한 건축주 및 공사시공자

2. 제16조(변경허가 사항만 해당한다), 제21조제5항, 제22조제3항 또는 제25조제7항을 위반한 건축주 및 공사시공자

3. 제20조제1항에 따른 허가를 받지 아니하거나 제83조에 따른 신고를 하지 아니하고 가설건축물을 건축하거나 공작물을 축조한 건축주 및 공사시공자

4. 다음 각 목의 어느 하나에 해당하는 자

   가. 제25조제1항을 위반하여 공사감리자를 지정하지 아니하고 공사를 하게 한 자

   나. 제25조제1항을 위반하여 공사시공자 본인 및 계열회사를 공사감리자로 지정한 자

5. 제25조제3항을 위반하여 공사감리자로부터 시정요청이나 재시공 요청을 받고 이에 따르지 아니하거나 공사 중지의 요청을 받고도 공사를 계속한 공사시공자

6. 제25조제6항을 위반하여 정당한 사유 없이 감리중간보고서나 감리완료보고서를 제출하지 아니하거나 거짓으로 작성하여 제출한 자

6의2. 제27조제2항을 위반하여 현장조사·검사 및 확

인 대행 업무를 한 자

7. 삭제 <2019.4.30.>

8. 제40조제4항을 위반한 건축주 및 공사시공자

8의2. 제43조제1항, 제49조, 제50조, 제51조, 제53조, 제58조, 제61조제1항·제2항 또는 제64조를 위반한 건축주, 설계자, 공사시공자 또는 공사감리자

9. 제48조를 위반한 설계자, 공사감리자, 공사시공자 및 제67조에 따른 관계전문기술자

9의2. 제50조의2제1항을 위반한 설계자, 공사감리자 및 공사시공자

9의3. 제48조의4를 위반한 건축주, 설계자, 공사감리자, 공사시공자 및 제67조에 따른 관계전문기술자

10., 11. 삭제 <2019.4.23.>

12. 제62조를 위반한 설계자, 공사감리자, 공사시공자 및 제67조에 따른 관계전문기술자

제111조【벌칙】 다음 각 호의 어느 하나에 해당하는 자는 5천만원 이하의 벌금에 처한다. <개정 2016.2.3., 2019.4.23., 2019.4.30.>

1. 제14조, 제16조(변경신고 사항만 해당한다), 제20조제3항, 제21조제1항, 제22조제1항 또는 제83조제1항에 따른 신고 또는 신청을 하지 아니하거나 거짓으로 신고하거나 신청한 자

2. 제24조제3항을 위반하여 설계 변경을 요청받고도 정당한 사유 없이 따르지 아니한 설계자

3. 제24조제4항을 위반하여 공사감리자로부터 상세시공도면을 작성하도록 요청받고도 이를 작성하지 아니하거나 시공도면에 따라 공사하지 아니한 자

3의2. 제24조제6항을 위반하여 현장관리인을 지정하지 아니하거나 착공신고서에 이를 거짓으로 기재한 자

3의3. 삭제 <2019.4.23.>

4. 제28조제1항을 위반한 공사시공자

5. 제41조나 제42조를 위반한 건축주 및 공사시공자

5의2. 제43조제4항을 위반하여 공개공지등의 활용을 저해하는 행위를 한 자

6. 제52조의2를 위반하여 실내건축을 한 건축주 및 공사시공자

6의2. 제52조의4제5항을 위반하여 건축자재에 대한 정보를 표시하지 아니하거나 거짓으로 표시한 자

7. 삭제 <2019.4.30.>

8. 삭제 <2009.2.6.>

제112조【양벌규정】 ① 법인의 대표자, 대리인, 사용인, 그 밖의 종업원이 그 법인의 업무에 관하여 제106조의 위반행위를 하면 행위자를 벌할 뿐만 아니라 그 법인에도 10억원 이하의 벌금에 처한다. 다만, 법인이 그 위반행위를 방지하기 위하여 해당 업무에 관하여 상당한 주의와 감독을 게을리하지 아니한 때에는 그러하지 아니하다.

② 개인의 대리인, 사용인, 그 밖의 종업원이 그 개인의 업무에 관하여 제106조의 위반행위를 하면 행위자를 벌할 뿐만 아니라 그 개인에게도 10억원 이하의 벌금에 처한다. 다만, 개인이 그 위반행위를 방지하기 위하여 해당 업무에 관하여 상당한 주의와 감독을 게을리하지 아니한 때에는 그러하지 아니하다.

③ 법인의 대표자, 대리인, 사용인, 그 밖의 종업원이 그 법인의 업무에 관하여 제107조부터 제111조까지의 규정에 따른 위반행위를 하면 행위자를 벌할 뿐만 아니라 그 법인에도 해당 조문의 벌금형을 과(科)한다. 다만, 법인이 그 위반행위를 방지하기 위하여 해당 업무에 관하여 상당한 주의와 감독을 게을리하지 아니한 때에는 그러하지 아니하다.

④ 개인의 대리인, 사용인, 그 밖의 종업원이 그 개인의 업무에 관하여 제107조부터 제111조까지의 규정에 따른 위반행위를 하면 행위자를 벌할 뿐만 아니라 그 개인에게도 해당 조문의 벌금형을 과한다. 다만, 개인이 그 위반행위를 방지하기 위하여 해당 업무에 관하여 상당한 주의와 감독을 게을리하지 아니한 때에는 그러하지 아니하다.

제113조【과태료】 ① 다음 각 호의 어느 하나에 해당하는 자에게는 200만원 이하의 과태료를 부과한다. <개정 2016.1.19., 2016.2.3., 2017.10.26., 2019.4.23., 2020.12.22.>

1. 제19조제3항에 따른 건축물대장 기재내용의 변경을 신청하지 아니한

2. 제24조제2항을 위반하여 공사현장에 설계도서를 갖추어 두지 아니한 자

3. 제24조제5항을 위반하여 건축허가 표지판을 설치하지 아니한 자

4. 제52조의3제2항 및 제52조의6제4항에 따른 점검을 거부·방해 또는 기피한 자

5. 제48조의3제1항 본문에 따른 공개를 하지 아니한 자

② 다음 각 호의 어느 하나에 해당하는 자에게는 100만원 이하의 과태료를 부과한다. <개정 2014.5.28., 2016.1.19., 2016.2.3., 2019.4.30.>

1. 제25조제4항을 위반하여 보고를 하지 아니한 공사감리자

2. 제27조제2항에 따른 보고를 하지 아니한 자

3., 4. 삭제 <2019.4.30.>

5. 삭제 <2016.2.3.>

6. 제77조제2항을 위반하여 모니터링에 필요한 사항에 협조하지 아니한 건축주, 소유자 또는 관리자

7. 삭제 <2016.1.19.>

8. 제83조제2항에 따른 보고를 하지 아니한 자

9. 제87조제1항에 따른 자료의 제출 또는 보고를 하지 아니하거나 거짓 자료를 제출하거나 거짓 보고를 한 자

③ 제24조제6항을 위반하여 공정 및 안전 관리 업무를 수행하지 아니하거나 공사 현장을 이탈한 현장관리인에게는 50만원 이하의 과태료를 부과한다. <신설 2016.2.3., 2018.8.14.>

④ 제1항부터 제3항까지에 따른 과태료는 대통령령으로 정하는 바에 따라 국토교통부장관, 시·도지사 또는 시장·군수·구청장이 부과·징수한다. <개정 2016.2.3.>

⑤ 삭제 <2009.2.6.>

부칙 <법률 제15594호, 2018.4.17.>

제1조(시행일) 이 법은 공포 후 6개월이 경과한 날부터 시행한다.

제2조(피난시설 및 승강기에 관한 적용례) 제49조제1항 및 제64조제3항의 개정규정은 이 법 시행 후 건축허가를 신청(건축허가를 신청하기 위하여 제4조에 따른 건축위원회에 심의를 신청한 경우를 포함한다)하거나 건축신고를 하는 경우부터 적용한다.

부칙<법률 제16380호, 2019.4.23.>

제1조(시행일) 이 법은 공포 후 6개월이 경과한 날부터 시행한다. 다만, 제80조제1항·제2항 및 제5항의 개정규정은 공포한 날부터 시행하고, 제79조제1항·제5항 및 제6항의 개정규정은 공포 후 1년이 경과한 날부터 시행한다.

제2조(소방관 진입창에 관한 적용례) 제49조제3항의 개정규정은 이 법 시행 후 최초로 건축허가를 신청하거나 건축신고를 하는 경우부터 적용한다.

제3조(이행강제금 부과에 관한 경과조치) 이 법 시행 전 종전의 규정에 따라 부과되고 있는 이행강제금에 대하여는 제80조제1항·제2항 및 제5항의 개정규정에도 불구하고 종전의 규정에 따른다.

제4조(품질관리서에 관한 경과조치) 이 법 시행 전에 제11조에 따른 건축허가·대수선허가를 신청(제4조의2제1항에 따른 건축위원회에 심의를 신청한 경우

를 포함한다)하거나, 제14조에 따른 건축신고·대수선신고, 제19조에 따른 용도변경 허가를 신청(같은 조에 따른 용도변경 신고 및 건축물대장 기재내용의 변경신청을 포함한다)한 경우에는 제52조의4제1항의 개정규정에도 불구하고 종전의 규정에 따른다.

부칙<법률 제16416호, 2019.4.30.>
(건축물관리법)

제1조(시행일) 이 법은 공포 후 1년이 경과한 날부터 시행한다.

제2조부터 제6조까지 생략

제7조(다른 법령의 개정) ① 건축법 일부를 다음과 같이 개정한다. <이후 생략>
②부터 ⑦까지 생략

부칙<법률 제16485호, 2019.8.20.>

이 법은 공포한 날부터 시행한다.

부칙<법률 제16596호, 2019.11.26.>
(문화재보호법)

제1조(시행일) ① 이 법은 공포 후 6개월이 경과한 날부터 시행한다. <단서 생략>
② 생략

제2조부터 제8조까지 생략

제9조(다른 법령의 개정) ① 건축법 일부를 다음과 같이 개정한다.
제3조제1항제1호 중 "가지정(假指定) 문화재"를 "임시지정문화재"로 한다.
②부터 ⑭까지 생략

제10조 생략

부칙 <법률 제17223호, 2020.4.7.>

제1조(시행일) 이 법은 공포 후 9개월이 경과한 날부터 시행한다. 다만, 제25조제2항 및 제6항의 개정규정은 공포 후 6개월이 경과한 날부터 시행한다.

제2조(공사감리에 관한 적용례) 제25조제2항 및 제6항의 개정규정은 이 법 시행 후 최초로 공사감리자를 지정하는 경우부터 적용한다.

부칙<법률 제17606호, 2020.12.8.>

제1조(시행일) 이 법은 공포 후 6개월이 경과한 날부터 시행한다.

제2조(이행강제금 부과에 관한 적용례) ① 제80조제2항의 개정규정은 이 법 시행 이후 이행강제금을 부과하는 경우부터 적용한다.
② 이 법 시행 후 제80조제2항의 개정규정에 따라 해당 지방자치단체의 조례로 정하도록 한 가중 비율을 정하지 아니한 경우에는 제80조제2항에 따른 기준 가중 비율을 적용한다.

부칙<법률 제17733호, 2020.12.22.>

제1조(시행일) 이 법은 공포 후 6개월이 경과한 날부터 시행한다. 다만, 제52조의5 및 제52조의6의 개정규정은 공포 후 1년이 경과한 날부터 시행하고, 제87조의2제1항의 개정규정은 2022년 1월 1일부터 시행한다.

제2조(건축물의 공사감리에 관한 적용례) 제25조제11항의 개정규정은 이 법 시행 후 제21조에 따른 착공신고를 하는 경우부터 적용한다.

제3조(건축물의 마감재료에 관한 적용례) 제52조제4항의 개정규정은 이 법 시행 후 건축허가를 신청하거나 건축신고를 하는 경우부터 적용한다.

부칙<법률 제17940호, 2021.3.16.>

제1조(시행일) 이 법은 2021년 12월 23일부터 시행한다.

제2조(건축물 내부 및 외벽의 마감재료에 관한 적용례) 제52조제1항 및 제2항의 개정규정은 이 법 시행 후 최초로 건축허가를 신청하거나 건축신고를 하는 경우부터 적용한다.

부칙<법률 제18340호, 2021.7.27.>
(건축물관리법)

제1조(시행일) 이 법은 공포 후 3개월이 경과한 날부터 시행한다.

제2조 생략

제3조(다른 법률의 개정) 건축법 일부를 다음과 같이 개정한다.
제21조제1항 단서를 삭제한다.

부칙<법률 제18341호, 2021.7.27.>

이 법은 공포한 날부터 시행한다.

부칙<법률 제18383호, 2021.8.10.>

제1조(시행일) 이 법은 공포 후 3개월이 경과한 날부터 시행한다.

제2조(건축허가에 관한 적용례) 제11조제11항제6호의 개정규정은 이 법 시행 이후 건축허가를 신청하는 경우부터 적용한다.

부칙<법률 제18508호, 2021.10.19.>

제1조(시행일) 이 법은 공포 후 6개월이 경과한 날부터 시행한다.

제2조(대규모 창고시설 등의 방화구획 등에 관한 적용례) 제49조제2항의 개정규정은 이 법 시행 이후 건축허가를 신청(건축허가를 신청하기 위하여 제4조의2에 따라 건축위원회의 심의를 신청하는 경우를 포함한다)하거나 건축신고를 하는 경우부터 적용한다.

부칙<법률 제18825호, 2022.2.3.>

제1조(시행일) 이 법은 공포한 날부터 시행한다.

제2조(가로구역의 높이 완화에 관한 특례 규정의 중첩 적용에 관한 적용례) 제60조제4항의 개정규정은 이 법 시행 당시 건축허가를 신청(건축허가를 신청하기 위하여 제4조의2에 따라 건축위원회의 심의를 신청한 경우를 포함한다)하거나 건축신고를 한 경우(다른 법률에 따라 건축허가 또는 건축신고가 의제되는 허가·결정·인가·협의·승인 등을 신청한 경우를 포함한다)에도 적용한다.

부칙<법률 제18935호, 2022.6.10.>

이 법은 공포 후 1년이 경과한 날부터 시행한다.

부칙<법률 제19045호, 2022.11.15.>

제1조(시행일) 이 법은 공포 후 6개월이 경과한 날부터 시행한다.

제2조(다른 법률의 개정) ① 건축물관리법 일부를 다음

과 같이 개정한다.

제11조제1항제2호 중 "교정 및 군사 시설"을 "교정(矯正)시설"로 하고, 같은 항 제3호 및 제4호를 각각 제4호 및 제5호로 하며, 같은 항에 제3호를 다음과 같이 신설한다.

3. 「건축법」 제2조제2항제24호에 따른 국방·군사시설

② 물의 재이용 촉진 및 지원에 관한 법률 일부를 다음과 같이 개정한다.

제9조제1항제2호의2 중 "「건축법」 제2조제2항제25호에 따른"을 "「건축법」 제2조제2항제26호에 따른"으로 한다.

③ 수도법 일부를 다음과 같이 개정한다.

제33조제3항제8호 중 "교정 및 군사 시설"을 "교정(矯正)시설"로 하고, 같은 항 제9호를 제10호로 하며, 같은 항에 제9호를 다음과 같이 신설한다.

9. 국가나 지방자치단체가 설치하는 「건축법」 제2조제2항제24호에 따른 국방·군사시설 중 대통령령으로 정하는 시설

부칙<법률 제19251호, 2023.3.21.>
(자연유산의 보존 및 활용에 관한 법률)

제1조(시행일) 이 법은 공포 후 1년이 경과한 날부터 시행한다.

제2조 부터 제7조까지 생략

제8조(다른 법률의 개정) ①부터 ③까지 생략

④ 건축법 일부를 다음과 같이 개정한다.

제3조제1항제1호 중 "임시지정문화재"를 "임시지정문화재 또는 「자연유산의 보존 및 활용에 관한 법률」에 따라 지정된 명승이나 임시지정명승"으로 한다.

⑤부터 ㊲까지 생략

제9조 생략

부칙<법률 제19409호, 2023.5.16.>
(국가유산기본법)

제1조(시행일) 이 법은 공포 후 1년이 경과한 날부터 시행한다.

제2조 생략

제3조(다른 법률의 개정) ① 건축법 일부를 다음과 같이 개정한다.

제18조제1항 중 "문화재보존"을 "「국가유산기본법」 제3조에 따른 국가유산의 보존"으로 한다.

②부터 ㉖까지 생략

부칙<법률 제19590호, 2023.8.8.>
(문화유산의 보존 및 활용에 관한 법률)

제1조(시행일) 이 법은 2024년 5월 17일부터 시행한다.

제2조 부터 제8조까지 생략

제9조(다른 법률의 개정) ①부터 ④까지 생략

⑤ 법률 제19251호 건축법 일부개정법률 일부를 다음과 같이 개정한다.

제3조제1항제1호를 다음과 같이 한다.

1. 「문화유산의 보존 및 활용에 관한 법률」에 따른 지정문화유산이나 임시지정문화유산 또는 「자연유산의 보존 및 활용에 관한 법률」에 따라 지정된 천연기념물등이나 임시지정천연기념물, 임시지정명승, 임시지정시·도자연유산

⑥부터 ㊸까지 생략

제10조 생략

부칙<법률 제19846호, 2023.12.26.>

제1조(시행일) 이 법은 공포 후 3개월이 경과한 날부터 시행한다.

제2조(지하층의 거실 설치 금지 등에 관한 적용례) 제11조제4항제2호 및 제53조제2항의 개정규정은 이 법 시행 이후 건축허가를 신청(건축허가를 신청하기 위하여 제4조에 따른 건축위원회에 심의를 신청한 경우를 포함한다)하거나 건축신고를 하는 경우(다른 법률에 따라 건축허가 또는 건축신고가 의제되는 허가·결정·인가·협의·승인 등을 신청한 경우를 포함한다)부터 적용한다.

부칙<법률 제20037호, 2024.1.16.>

제1조(시행일) 이 법은 공포 후 3개월이 경과한 날부터 시행한다.

제2조(사용승인에 관한 적용례) 제22조제4항제6호의2의 개정규정은 이 법 시행 이후 건축물 사용승인을 신청하는 경우부터 적용한다.

2. 건축법 시행령

[대통령령 제33717호 일부개정 2023.9.12./
시행 2023.9.12., 2024.3.13., 2024.9.13]

제 정 1962. 4.10 각 령 제 650호
전문개정 1992. 5.30 대통령령 제13655호
전부개정 1992. 5.30 대통령령 제13655호
일부개정 2018. 6.26 대통령령 제29004호
일부개정 2018. 9. 4 대통령령 제29136호
일부개정 2018.10.16 대통령령 제29235호
일부개정 2018.12. 4 대통령령 제29332호
일부개정 2018.12.31 대통령령 제29457호
일부개정 2019. 2.12 대통령령 제29548호
일부개정 2019. 8. 6 대통령령 제30030호
일부개정 2019.10.22 대통령령 제30145호
일부개정 2020. 4.21 대통령령 제30626호
일부개정 2020.10. 8 대통령령 제31100호
일부개정 2020.12.15 대통령령 제31270호
일부개정 2021. 1. 8 대통령령 제31382호
일부개정 2021. 5. 4 대통령령 제31668호
일부개정 2021. 8.10 대통령령 제31941호
일부개정 2021.11. 2 대통령령 제32102호
일부개정 2021.12.21 대통령령 제32241호
타법개정 2021.12.28 대통령령 제32274호
타법개정 2022. 1.18 대통령령 제32344호
타법개정 2022. 2.11 대통령령 제32411호
일부개정 2022. 4.29 대통령령 제32614호
타법개정 2022. 7.26 대통령령 제32825호
타법개정 2022.11.29 대통령령 제33004호
타법개정 2022.12. 6 대통령령 제33023호
일부개정 2023. 2.14 대통령령 제33249호
타법개정 2023. 4.27 대통령령 제33435호
일부개정 2023. 5.15 대통령령 제33466호
일부개정 2023. 9.12 대통령령 제33717호

제1장 총 칙

제1조【목적】이 영은 「건축법」에서 위임된 사항과 그 시행에 필요한 사항을 규정함을 목적으로 한다.
[전문개정 2008.10.29]

제2조【정의】이 영에서 사용하는 용어의 뜻은 다음과 같다. <개정 2015.9.22., 2016.1.19., 2016.5.17., 2016.6.30., 2016.7.19., 2017.2.3., 2018.9.4, 2020.4.28.>

1. "신축"이란 건축물이 없는 대지(기존 건축물이 철거되거나 멸실된 대지를 포함한다)에 새로 건축물을 축조(築造)하는 것[부속건축물만 있는 대지에 새로 주된 건축물을 축조하는 것을 포함하되, 개축(改築) 또는 재축(再築)하는 것은 제외한다]을 말한다.

2. "증축"이란 기존 건축물이 있는 대지에서 건축물의 건축면적, 연면적, 층수 또는 높이를 늘리는 것을 말한다.

3. "개축"이란 기존 건축물의 전부 또는 일부[내력벽·기둥·보·지붕틀(제16호에 따른 한옥의 경우에는 지붕틀의 범위에서 서까래는 제외한다) 중 셋 이상이 포함되는 경우를 말한다]를 철거하고 그 대지에 종전과 같은 규모의 범위에서 건축물을 다시 축조하는 것을 말한다.

4. "재축"이란 건축물이 천재지변이나 그 밖의 재해(災害)로 멸실된 경우 그 대지에 다음 각 목의 요건을 모두 갖추어 다시 축조하는 것을 말한다.
   가. 연면적 합계는 종전 규모 이하로 할 것
   나. 동(棟)수, 층수 및 높이는 다음의 어느 하나에 해당할 것
      1) 동수, 층수 및 높이가 모두 종전 규모 이하일 것
      2) 동수, 층수 또는 높이의 어느 하나가 종전 규모를 초과하는 경우에는 해당 동수, 층수 및 높이가 「건축법」(이하 "법"이라 한다), 이 영 또는 건축조례(이하 "법령등"이라 한다)에 모두 적합할 것

5. "이전"이란 건축물의 주요구조부를 해체하지 아니하고 같은 대지의 다른 위치로 옮기는 것을 말한다.

6. "내수재료(耐水材料)"란 인조석·콘크리트 등 내수성을 가진 재료로서 국토교통부령으로 정하는 재료를 말한다.

7. "내화구조(耐火構造)"란 화재에 견딜 수 있는 성능을 가진 구조로서 국토교통부령으로 정하는 기준에 적합한 구조를 말한다.

8. "방화구조(防火構造)"란 화염의 확산을 막을 수 있는 성능을 가진 구조로서 국토교통부령으로 정하는 기준에 적합한 구조를 말한다.

9. "난연재료(難燃材料)"란 불에 잘 타지 아니하는 성능을 가진 재료로서 국토교통부령으로 정하는 기준에 적합한 재료를 말한다.

10. "불연재료(不燃材料)"란 불에 타지 아니하는 성질을 가진 재료로서 국토교통부령으로 정하는 기준에 적합한 재료를 말한다.

11. "준불연재료"란 불연재료에 준하는 성질을 가진 재료로서 국토교통부령으로 정하는 기준에 적합한 재료를 말한다.

12. "부속건축물"이란 같은 대지에서 주된 건축물과 분리된 부속용도의 건축물로서 주된 건축물을 이용 또는 관리하는 데에 필요한 건축물을 말한다.

13. "부속용도"란 건축물의 주된 용도의 기능에 필수적인 용도로서 다음 각 목의 어느 하나에 해당하

는 용도를 말한다.

　가. 건축물의 설비, 대피, 위생, 그 밖에 이와 비슷한 시설의 용도

　나. 사무, 작업, 집회, 물품저장, 주차, 그 밖에 이와 비슷한 시설의 용도

　다. 구내식당·직장어린이집·구내운동시설 등 종업원 후생복리시설, 구내소각시설, 그 밖에 이와 비슷한 시설의 용도. 이 경우 다음의 요건을 모두 갖춘 휴게음식점(별표 1 제3호의 제1종 근린생활시설 중 같은 호 나목에 따른 휴게음식점을 말한다)은 구내식당에 포함되는 것으로 본다.

　　1) 구내식당 내부에 설치할 것

　　2) 설치면적이 구내식당 전체 면적의 3분의 1 이하로서 50제곱미터 이하일 것

　　3) 다류(茶類)를 조리·판매하는 휴게음식점일 것

　라. 관계 법령에서 주된 용도의 부수시설로 설치할 수 있게 규정하고 있는 시설, 그 밖에 국토교통부장관이 이와 유사하다고 인정하여 고시하는 시설의 용도

14. "발코니"란 건축물의 내부와 외부를 연결하는 완충공간으로서 전망이나 휴식 등의 목적으로 건축물 외벽에 접하여 부가적(附加的)으로 설치되는 공간을 말한다. 이 경우 주택에 설치되는 발코니로서 국토교통부장관이 정하는 기준에 적합한 발코니는 필요에 따라 거실·침실·창고 등의 용도로 사용할 수 있다.

15. "초고층 건축물"이란 층수가 50층 이상이거나 높이가 200미터 이상인 건축물을 말한다.

15의2. "준초고층 건축물"이란 고층건축물 중 초고층 건축물이 아닌 것을 말한다.

16. "한옥"이란 「한옥 등 건축자산의 진흥에 관한 법률」 제2조제2호에 따른 한옥을 말한다.

17. "다중이용 건축물"이란 다음 각 목의 어느 하나에 해당하는 건축물을 말한다.

　가. 다음의 어느 하나에 해당하는 용도로 쓰는 바닥면적의 합계가 5천제곱미터 이상인 건축물

　　1) 문화 및 집회시설(동물원 및 식물원은 제외한다)

　　2) 종교시설

　　3) 판매시설

　　4) 운수시설 중 여객용 시설

　　5) 의료시설 중 종합병원

　　6) 숙박시설 중 관광숙박시설

　나. 16층 이상인 건축물

17의2. "준다중이용 건축물"이란 다중이용 건축물 외

의 건축물로서 다음 각 목의 어느 하나에 해당하는 용도로 쓰는 바닥면적의 합계가 1천제곱미터 이상인 건축물을 말한다.

　가. 문화 및 집회시설(동물원 및 식물원은 제외한다)

　나. 종교시설

　다. 판매시설

　라. 운수시설 중 여객용 시설

　마. 의료시설 중 종합병원

　바. 교육연구시설

　사. 노유자시설

　아. 운동시설

　자. 숙박시설 중 관광숙박시설

　차. 위락시설

　카. 관광 휴게시설

　타. 장례시설

18. "특수구조 건축물"이란 다음 각 목의 어느 하나에 해당하는 건축물을 말한다.

　가. 한쪽 끝은 고정되고 다른 끝은 지지(支持)되지 아니한 구조로 된 보·차양 등이 외벽(외벽이 없는 경우에는 외곽 기둥을 말한다)의 중심선으로부터 3미터 이상 돌출된 건축물

　나. 기둥과 기둥 사이의 거리(기둥의 중심선 사이의 거리를 말하며, 기둥이 없는 경우에는 내력벽과 내력벽의 중심선 사이의 거리를 말한다. 이하 같다)가 20미터 이상인 건축물

　다. 특수한 설계·시공·공법 등이 필요한 건축물로서 국토교통부장관이 정하여 고시하는 구조로 된 건축물

19. 법 제2조제1항제21호에서 "환기시설물 등 대통령령으로 정하는 구조물"이란 급기(給氣) 및 배기(排氣)를 위한 건축 구조물의 개구부(開口部)인 환기구를 말한다.

[전문개정 2008.10.29.]

제3조 【대지의 범위】 ① 법 제2조제1항제1호 단서에 따라 둘 이상의 필지를 하나의 대지로 할 수 있는 토지는 다음 각 호와 같다. <개정 2015.6.1., 2016.5.17., 2016.8.11, 2021.1.8.>

1. 하나의 건축물을 두 필지 이상에 걸쳐 건축하는 경우: 그 건축물이 건축되는 각 필지의 토지를 합한 토지

2. 「공간정보의 구축 및 관리 등에 관한 법률」 제80조제3항에 따라 합병이 불가능한 경우 중 다음 각 목의 어느 하나에 해당하는 경우: 그 합병이 불가능한 필지의 토지를 합한 토지. 다만, 토지의 소유자가 서로 다르거나 소유권 외의 권리관계가 서로

다른 경우는 제외한다.

　가. 각 필지의 지번부여지역(地番附與地域)이 서로 다른 경우

　나. 각 필지의 도면의 축척이 다른 경우

　다. 서로 인접하고 있는 필지로서 각 필지의 지반 (地盤)이 연속되지 아니한 경우

3. 「국토의 계획 및 이용에 관한 법률」 제2조제7호에 따른 도시·군계획시설(이하 "도시·군계획시설"이라 한다)에 해당하는 건축물을 건축하는 경우: 그 도시·군계획시설이 설치되는 일단(一團)의 토지

4. 「주택법」 제15조에 따른 사업계획승인을 받아 주택과 그 부대시설 및 복리시설을 건축하는 경우: 같은 법 제2조제12호에 따른 주택단지

5. 도로의 지표 아래에 건축하는 건축물의 경우: 특별시장·광역시장·특별자치시장·특별자치도지사·시장·군수 또는 구청장(자치구의 구청장을 말한다. 이하 같다)이 그 건축물이 건축되는 토지로 정하는 토지

6. 법 제22조에 따른 사용승인을 신청할 때 둘 이상의 필지를 하나의 필지로 합칠 것을 조건으로 건축허가를 하는 경우: 그 필지가 합쳐지는 토지. 다만, 토지의 소유자가 서로 다른 경우는 제외한다.

② 법 제2조제1항제1호 단서에 따라 하나 이상의 필지의 일부를 하나의 대지로 할 수 있는 토지는 다음 각 호와 같다. <개정 2012.4.10.>

1. 하나 이상의 필지의 일부에 대하여 도시·군계획시설이 결정·고시된 경우: 그 결정·고시된 부분의 토지

2. 하나 이상의 필지의 일부에 대하여 「농지법」 제34조에 따른 농지전용허가를 받은 경우: 그 허가받은 부분의 토지

3. 하나 이상의 필지의 일부에 대하여 「산지관리법」 제14조에 따른 산지전용허가를 받은 경우: 그 허가받은 부분의 토지

4. 하나 이상의 필지의 일부에 대하여 「국토의 계획 및 이용에 관한 법률」 제56조에 따른 개발행위허가를 받은 경우: 그 허가받은 부분의 토지

5. 법 제22조에 따른 사용승인을 신청할 때 필지를 나눌 것을 조건으로 건축허가를 하는 경우: 그 필지가 나누어지는 토지

[전문개정 2008.10.29.]

제3조의2 【대수선의 범위】 법 제2조제1항제9호에서 "대통령령으로 정하는 것"이란 다음 각 호의 어느 하나에 해당하는 것으로서 증축·개축 또는 재축에 해당하지 아니하는 것을 말한다. <개정 2019.10.22.>

1. 내력벽을 증설 또는 해체하거나 그 벽면적을 30 제곱미터 이상 수선 또는 변경하는 것

2. 기둥을 증설 또는 해체하거나 세 개 이상 수선 또는 변경하는 것

3. 보를 증설 또는 해체하거나 세 개 이상 수선 또는 변경하는 것

4. 지붕틀(한옥의 경우에는 지붕틀의 범위에서 서까래는 제외한다)을 증설 또는 해체하거나 세 개 이상 수선 또는 변경하는 것

5. 방화벽 또는 방화구획을 위한 바닥 또는 벽을 증설 또는 해체하거나 수선 또는 변경하는 것

6. 주계단·피난계단 또는 특별피난계단을 증설 또는 해체하거나 수선 또는 변경하는 것

7. 삭제 <2019.10.22.>

8. 다가구주택의 가구 간 경계벽 또는 다세대주택의 세대 간 경계벽을 증설 또는 해체하거나 수선 또는 변경하는 것

9. 건축물의 외벽에 사용하는 마감재료(법 제52조제2항에 따른 마감재료를 말한다)를 증설 또는 해체하거나 벽면적 30제곱미터 이상 수선 또는 변경하는 것

[전문개정 2008.10.29.]

제3조의3 【지형적 조건 등에 따른 도로의 구조와 너비】 법 제2조제1항제11호 각 목 외의 부분에서 "대통령령으로 정하는 구조와 너비의 도로"란 다음 각 호의 어느 하나에 해당하는 도로를 말한다. <개정 2014.10.14.>

1. 특별자치시장·특별자치도지사 또는 시장·군수·구청장이 지형적 조건으로 인하여 차량 통행을 위한 도로의 설치가 곤란하다고 인정하여 그 위치를 지정·공고하는 구간의 너비 3미터 이상(길이가 10미터 미만인 막다른 도로인 경우에는 너비 2미터 이상)인 도로

2. 제1호에 해당하지 아니하는 막다른 도로로서 그 도로의 너비가 그 길이에 따라 각각 다음 표에 정하는 기준 이상인 도로

막다른 도로의 길이	도로의 너비
10미터 미만	2미터
10미터 이상 35미터 미만	3미터
35미터 이상	6미터(도시지역이 아닌 읍·면 지역은 4미터)

[전문개정 2008.10.29.]

제3조의4 【실내건축의 재료 등】 법 제2조제1항제20호에서 "벽지, 천장재, 바닥재, 유리 등 대통령령으로 정하는 재료 또는 장식물"이란 다음 각 호의 재료를

말한다.
1. 벽, 천장, 바다 및 반자틀의 재료
2. 실내에 설치하는 난간, 창호 및 출입문의 재료
3. 실내에 설치하는 전기·가스·급수(給水), 배수(排水)·환기시설의 재료
4. 실내에 설치하는 충돌·끼임 등 사용자의 안전사고 방지를 위한 시설의 재료
[본조신설 2014.11.28.]

제3조의5【용도별 건축물의 종류】 법 제2조제2항 각 호의 용도에 속하는 건축물의 종류는 별표 1과 같다.
[전문개정 2008.10.29][제3조의4에서 이동<2014.11.28.>]

제4조 삭제 <2005.7.18>

제5조【중앙건축위원회의 설치 등】 ① 법 제4조제1항에 따라 국토교통부에 두는 건축위원회(이하 "중앙건축위원회"라 한다)는 다음 각 호의 사항을 조사·심의·조정 또는 재정(이하 "심의등"이라 한다)한다. <개정 2014.11.28>
1. 법 제23조제4항에 따른 표준설계도서의 인정에 관한 사항
2. 건축물의 건축·대수선·용도변경, 건축설비의 설치 또는 공작물의 축조(이하 "건축물의 건축등"이라 한다)와 관련된 분쟁의 조정 또는 재정에 관한 사항
3. 법과 이 영의 제정·개정 및 시행에 관한 중요 사항
4. 다른 법령에서 중앙건축위원회의 심의를 받도록 한 경우 해당 법령에서 규정한 심의사항
5. 그 밖에 국토교통부장관이 중앙건축위원회의 심의가 필요하다고 인정하여 회의에 부치는 사항
② 제1항에 따라 심의등을 받은 건축물이 다음 각 호의 어느 하나에 해당하는 경우에는 해당 건축물의 건축등에 관한 중앙건축위원회의 심의등을 생략할 수 있다.
1. 건축물의 규모를 변경하는 것으로서 다음 각 목의 요건을 모두 갖춘 경우
　가. 건축위원회의 심의등의 결과에 위반되지 아니할 것
　나. 심의등을 받은 건축물의 건축면적, 연면적, 층수 또는 높이 중 어느 하나도 10분의 1을 넘지 아니하는 범위에서 변경할 것
2. 중앙건축위원회의 심의등의 결과를 반영하기 위하여 건축물의 건축등에 관한 사항을 변경하는 경우
③ 중앙건축위원회는 위원장 및 부위원장 각 1명을 포함하여 70명 이내의 위원으로 구성한다.
④ 중앙건축위원회의 위원은 관계 공무원과 건축에 관한 학식 또는 경험이 풍부한 사람 중에서 국토교통부장관이 임명하거나 위촉한다. <개정 2013.3.23>
⑤ 중앙건축위원회의 위원장과 부위원장은 제4항에 따라 임명 또는 위촉된 위원 중에서 국토교통부장관이 임명하거나 위촉한다. <개정 2013.3.23>
⑥ 공무원이 아닌 위원의 임기는 2년으로 하며, 한 차례만 연임할 수 있다.
[전문개정 2012.12.12]

제5조의2【위원의 제척·기피·회피】 ① 중앙건축위원회의 위원(이하 이 조 및 제5조의3에서 "위원"이라 한다)이 다음 각 호의 어느 하나에 해당하는 경우에는 중앙건축위원회의 심의·의결에서 제척(除斥)된다.
1. 위원 또는 그 배우자나 배우자이었던 사람이 해당 안건의 당사자(당사자가 법인·단체 등인 경우에는 그 임원을 포함한다. 이하 이 호 및 제2호에서 같다)가 되거나 그 안건의 당사자와 공동권리자 또는 공동의무자인 경우
2. 위원이 해당 안건의 당사자와 친족이거나 친족이었던 경우
3. 위원이 해당 안건에 대하여 자문, 연구, 용역(하도급을 포함한다), 감정 또는 조사를 한 경우
4. 위원이나 위원이 속한 법인·단체 등이 해당 안건의 당사자의 대리인이거나 대리인이었던 경우
5. 위원이 임원 또는 직원으로 재직하고 있거나 최근 3년 내에 재직하였던 기업 등이 해당 안건에 관하여 자문, 연구, 용역(하도급을 포함한다), 감정 또는 조사를 한 경우
② 해당 안건의 당사자는 위원에게 공정한 심의·의결을 기대하기 어려운 사정이 있는 경우에는 중앙건축위원회에 기피 신청을 할 수 있고, 중앙건축위원회는 의결로 이를 결정한다. 이 경우 기피 신청의 대상인 위원은 그 의결에 참여하지 못한다.
③ 위원이 제1항 각 호에 따른 제척 사유에 해당하는 경우에는 스스로 해당 안건의 심의·의결에서 회피(回避)하여야 한다.
[본조신설 2012.12.12.]

제5조의3【위원의 해임·해촉】 국토교통부장관은 위원이 다음 각 호의 어느 하나에 해당하는 경우에는 해당 위원을 해임하거나 해촉(解囑)할 수 있다. <개정 2013.3.23>
1. 심신장애로 인하여 직무를 수행할 수 없게 된 경우
2. 직무태만, 품위손상이나 그 밖의 사유로 인하여 위원으로 적합하지 아니하다고 인정되는 경우
3. 제5조의2제1항 각 호의 어느 하나에 해당하는 데에도 불구하고 회피하지 아니한 경우
[본조신설 2012.12.12.]

제5조의4 【운영세칙】 제5조, 제5조의2 및 제5조의3에서 규정한 사항 외에 중앙건축위원회의 운영에 관한 사항, 수당 및 여비의 지급에 관한 사항은 국토교통부령으로 정한다. <개정 2013.3.23>
[본조신설 2012.12.12.]

제5조의5 【지방건축위원회】 ① 법 제4조제1항에 따라 특별시·광역시·특별자치시·도·특별자치도(이하 "시·도"라 한다) 및 시·군·구(자치구를 말한다. 이하 같다)에 두는 건축위원회(이하 "지방건축위원회"라 한다)는 다음 각 호의 사항에 대한 심의등을 한다. <개정 2016.1.19., 2020.4.21.>
1. 법 제46조제2항에 따른 건축선(建築線)의 지정에 관한 사항
2. 법 또는 이 영에 따른 조례(해당 지방자치단체의 장이 발의하는 조례만 해당한다)의 제정·개정 및 시행에 관한 사항
3. 삭제 <2014.11.11.>
4. 다중이용 건축물 및 특수구조 건축물의 구조안전에 관한 사항
5. 삭제 <2016.1.19.>
6. 삭제 <2020.4.21.>
7. 다른 법령에서 지방건축위원회의 심의를 받도록 한 경우 해당 법령에서 규정한 심의사항
8. 특별시장·광역시장·특별자치시장·도지사 또는 특별자치도지사(이하 "시·도지사"라 한다) 및 시장·군수·구청장이 도시 및 건축 환경의 체계적인 관리를 위하여 필요하다고 인정하여 지정·공고한 지역에서 건축조례로 정하는 건축물의 건축 등에 관한 것으로서 시·도지사 및 시장·군수·구청장이 지방건축위원회의 심의가 필요하다고 인정한 사항. 이 경우 심의 사항은 시·도지사 및 시장·군수·구청장이 건축 계획, 구조 및 설비 등에 대해 심의 기준을 정하여 공고한 사항으로 한정한다. <개정 2020.4.21.>
② 제1항에 따라 심의등을 받은 건축물이 제5조제2항 각 호의 어느 하나에 해당하는 경우에는 해당 건축물의 건축등에 관한 지방건축위원회의 심의등을 생략할 수 있다.
③ 제1항에 따른 지방건축위원회는 위원장 및 부위원장 각 1명을 포함하여 25명 이상 150명 이하의 위원으로 성별을 고려하여 구성한다. <개정 2016.1.19.>
④ 지방건축위원회의 위원은 다음 각 호의 어느 하나에 해당하는 사람 중에서 시·도지사 및 시장·군수·구청장이 임명하거나 위촉한다.

1. 도시계획 및 건축 관계 공무원
2. 도시계획 및 건축 등에서 학식과 경험이 풍부한 사람
⑤ 지방건축위원회의 위원장과 부위원장은 제4항에 따라 임명 또는 위촉된 위원 중에서 시·도지사 및 시장·군수·구청장이 임명하거나 위촉한다.
⑥ 지방건축위원회 위원의 임명·위촉·제척·기피·회피·해촉·임기 등에 관한 사항, 회의 및 소위원회의 구성·운영 및 심의등에 관한 사항, 위원의 수당 및 여비 등에 관한 사항은 조례로 정하되, 다음 각 호의 기준에 따라야 한다. <개정 2018.9.4., 2020.4.21.>
1. 위원의 임명·위촉 기준 및 제척·기피·회피·해촉·임기
   가. 공무원을 위원으로 임명하는 경우에는 그 수를 전체 위원 수의 4분의 1 이하로 할 것
   나. 공무원이 아닌 위원은 건축 관련 학회 및 협회 등 관련 단체나 기관의 추천 또는 공모절차를 거쳐 위촉할 것
   다. 다른 법령에 따라 지방건축위원회의 심의를 하는 경우에는 해당 분야의 관계 전문가가 그 심의에 위원으로 참석하는 심의위원 수의 4분의 1 이상이 되게 할 것. 이 경우 필요하면 해당 심의에만 위원으로 참석하는 관계 전문가를 임명하거나 위촉할 수 있다.
   라. 위원의 제척·기피·회피·해촉에 관하여는 제5조의2 및 제5조의3을 준용할 것
   마. 공무원이 아닌 위원의 임기는 3년 이내로 하며, 필요한 경우에는 한 차례만 연임할 수 있게 할 것
2. 심의등에 관한 기준
   가. 「국토의 계획 및 이용에 관한 법률」 제30조제3항 단서에 따라 건축위원회와 도시계획위원회가 공동으로 심의한 사항에 대해서는 심의를 생략할 것
   나. 제1항제4호에 관한 사항은 법 제21조에 따른 착공신고 전에 심의할 것. 다만, 법 제13조의2에 따라 안전영향평가 결과가 확정된 경우는 제외한다.
   다. 지방건축위원회의 위원장은 회의 개최 10일 전까지 회의 안건과 심의에 참여할 위원을 확정하고, 회의 개최 7일 전까지 회의에 부치는 안건을 각 위원에게 알릴 것. 다만, 대외적으로 기밀 유지가 필요한 사항이나 그 밖에 부득이한 사유가 있는 경우에는 그러하지 아니하다.
   라. 지방건축위원회의 위원장은 다목에 따라 심의에 참여할 위원을 확정하면 심의등을 신청한 자에게 위원 명단을 알릴 것

마. 삭제 <2014.11.28.>

바. 지방건축위원회의 회의는 구성위원(위원장과 위원장이 다목에 따라 회의 참여를 확정한 위원을 말한다) 과반수의 출석으로 개의(開議)하고, 출석위원 과반수 찬성으로 심의등을 의결하며, 심의등을 신청한 자에게 심의등의 결과를 알릴 것

사. 지방건축위원회의 위원장은 업무 수행을 위하여 필요하다고 인정하는 경우에는 관계 전문가를 지방건축위원회의 회의에 출석하게 하여 발언하게 하거나 관계 기관·단체에 자료를 요구할 것

아. 건축주·설계자 및 심의등을 신청한 자가 희망하는 경우에는 회의에 참여하여 해당 안건 등에 대하여 설명할 수 있도록 할 것

자. 제1항제4호, 제7호 및 제8호에 따른 사항을 심의하는 경우 심의등을 신청한 자에게 지방건축위원회에 간략설계도서(배치도·평면도·입면도·주단면도 및 국토교통부장관이 정하여 고시하는 도서로 한정하며 전자문서로 된 도서를 포함한다)를 제출하도록 할 것

차. 건축구조 분야 등 전문분야에 대해서는 분야별 해당 전문위원회에서 심의하도록 할 것(제5조의6제1항에 따라 분야별 전문위원회를 구성한 경우만 해당한다)

카. 지방건축위원회 심의 절차 및 방법 등에 관하여 국토교통부장관이 정하여 고시하는 기준에 따를 것

[본조신설 2012.12.12.]

제5조의6【전문위원회의 구성 등】① 국토교통부장관, 시·도지사 또는 시장·군수·구청장은 법 제4조제2항에 따라 다음 각 호의 분야별로 전문위원회를 구성·운영할 수 있다. <개정 2013.3.23>

1. 건축계획 분야
2. 건축구조 분야
3. 건축설비 분야
4. 건축방재 분야
5. 에너지관리 등 건축환경 분야
6. 건축물 경관(景觀) 분야(공간환경 분야를 포함한다)
7. 조경 분야
8. 도시계획 및 단지계획 분야
9. 교통 및 정보기술 분야
10. 사회 및 경제 분야
11. 그 밖의 분야

② 제1항에 따른 전문위원회의 구성·운영에 관한 사항, 수당 및 여비 지급에 관한 사항은 국토교통부령 또는 건축조례로 정한다. <개정 2013.3.23>

[본조신설 2012.12.12.]

제5조의7【지방건축위원회의 심의】① 법 제4조의2제1항에서 "대통령령으로 정하는 건축물"이란 제5조의5 제1항제4호, 제7호 및 제8호에 따른 심의 대상 건축물을 말한다. <개정 2018.9.4., 2021.5.4>

② 시·도지사 또는 시장·군수·구청장은 법 제4조의2제1항에 따라 건축물을 건축하거나 대수선하려는 자가 지방건축위원회의 심의를 신청한 경우에는 법 제4조의2제2항에 따라 심의 신청 접수일부터 30일 이내에 해당 지방건축위원회에 심의 안건을 상정하여야 한다.

③ 법 제4조의2제3항에 따라 재심의 신청을 받은 시·도지사 또는 시장·군수·구청장은 지방건축위원회의 심의에 참여할 위원을 다시 확정하여 법 제4조의2제4항에 따라 해당 지방건축위원회에 재심의 안건을 상정하여야 한다.

[본조신설 2014.11.28.]

제5조의8【지방건축위원회 회의록의 공개】① 시·도지사 또는 시장·군수·구청장은 법 제4조의3 본문에 따라 법 제4조의2제1항에 따른 심의(같은 조 제3항에 따른 재심의를 포함한다. 이하 이 조에서 같다)를 신청한 자가 지방건축위원회의 회의록 공개를 요청하는 경우에는 지방건축위원회의 심의 결과를 통보한 날부터 6개월까지 공개를 요청한 자에게 열람 또는 사본을 제공하는 방법으로 공개하여야 한다.

② 법 제4조의3 단서에서 "이름, 주민등록번호 등 대통령령으로 정하는 개인 식별 정보"란 이름, 주민등록번호, 직위 및 주소 등 특정인임을 식별할 수 있는 정보를 말한다.

[본조신설 2014.11.28.]

제5조의9【건축민원전문위원회의 심의 대상】① 법 제4조의4제1항제3호에서 "대통령령으로 정하는 민원"이란 다음 각 호의 어느 하나에 해당하는 민원을 말한다.

1. 건축조례의 운영 및 집행에 관한 민원
2. 그 밖에 관계 건축법령에 따른 처분기준 외의 사항을 요구하는 등 허가권자의 부당한 요구에 따른 민원

[본조신설 2014.11.28.]

제5조의10【질의 민원 심의의 신청】① 법 제4조의5제2항 각 호 외의 부분 단서에 따라 구술로 신청한 질의민원 심의 신청을 접수한 담당 공무원은 신청인이 심의 신청서를 작성할 수 있도록 협조하여야 한다.

② 법 제4조의5제2항제3호에서 "행정기관의 명칭 등 대통령령으로 정하는 사항"이란 다음 각 호의 사항을 말한다.

1. 민원 대상 행정기관의 명칭

2. 대리인 또는 대표자의 이름과 주소(법 제4조의6제2항 및 제4조의7제2항·제5항에 따른 위원회 출석, 의견 제시, 결정내용 통지 수령 및 처리결과 통보 수령 등을 위임한 경우만 해당한다)

[본조신설 2014.11.28.]

제6조【적용의 완화】① 법 제5조제1항에 따라 완화하여 적용하는 건축물 및 기준은 다음 각 호와 같다. <개정 2015.12.28., 2016.7.19., 2016.8.11., 2017.2.3., 2020.5.12.>

1. 수면 위에 건축하는 건축물 등 대지의 범위를 설정하기 곤란한 경우: 법 제40조부터 제47조까지, 법 제55조부터 제57조까지, 법 제60조 및 법 제61조에 따른 기준

2. 거실이 없는 통신시설 및 기계·설비시설인 경우: 법 제44조부터 법 제46조까지의 규정에 따른 기준

3. 31층 이상인 건축물(건축물 전부가 공동주택의 용도로 쓰이는 경우는 제외한다)과 발전소, 제철소, 「산업집적활성화 및 공장설립에 관한 법률 시행령」 별표 1의2 제2호마목에 따라 산업통상자원부령으로 정하는 업종의 제조시설, 운동시설 등 특수용도의 건축물인 경우: 법 제43조, 제49조부터 제52조까지, 제62조, 제64조, 제67조 및 제68조에 따른 기준

4. 전통사찰, 전통한옥 등 전통문화의 보존을 위하여 시·도의 건축조례로 정하는 지역의 건축물인 경우: 법 제2조제1항제11호, 제44조, 제46조 및 제60조제3항에 따른 기준

5. 경사진 대지에 계단식으로 건축하는 공동주택으로서 지면에서 직접 각 세대가 있는 층으로의 출입이 가능하고, 위층 세대가 아래층 세대의 지붕을 정원 등으로 활용하는 것이 가능한 형태의 건축물과 초고층 건축물인 경우: 법 제55조에 따른 기준

6. 다음 각 목의 어느 하나에 해당하는 건축물인 경우: 법 제42조, 제43조, 제46조, 제55조, 제56조, 제58조, 제60조, 제61조제2항에 따른 기준

　가. 허가권자가 리모델링 활성화가 필요하다고 인정하여 지정·공고한 구역(이하 "리모델링 활성화 구역"이라 한다) 안의 건축물

　나. 사용승인을 받은 후 15년 이상이 되어 리모델링이 필요한 건축물

　다. 기존 건축물을 건축(증축, 일부 개축 또는 일부 재축으로 한정한다. 이하 이 목 및 제32조제3항에서 같다)하거나 대수선하는 경우로서 다음의 요건을 모두 갖춘 건축물

　　1) 기존 건축물이 건축 또는 대수선 당시의 법령상 건축물 전체에 대하여 다음의 구분에 따른 확인 또는 확인 서류 제출을 하여야 하는 건축물에 해당하지 아니할 것

　　　가) 2009년 7월 16일 대통령령 제21629호 건축법 시행령 일부개정령으로 개정되기 전의 제32조에 따른 지진에 대한 안전여부의 확인

　　　나) 2009년 7월 16일 대통령령 제21629호 건축법 시행령 일부개정령으로 개정된 이후부터 2014년 11월 28일 대통령령 제25786호 건축법 시행령 일부개정령으로 개정되기 전까지의 제32조에 따른 구조 안전의 확인

　　　다) 2014년 11월 28일 대통령령 제25786호 건축법 시행령 일부개정령으로 개정된 이후의 제32조에 따른 구조 안전의 확인 서류 제출

　　2) 제32조제3항에 따라 기존 건축물을 건축 또는 대수선하기 전과 후의 건축물 전체에 대한 구조 안전의 확인 서류를 제출할 것. 다만, 기존 건축물을 일부 재축하는 경우에는 재축 후의 건축물에 대한 구조 안전의 확인 서류만 제출한다.

7. 기존 건축물에 「장애인·노인·임산부 등의 편의증진 보장에 관한 법률」 제8조에 따른 편의시설을 설치하면 법 제55조 또는 법 제56조에 따른 기준에 적합하지 아니하게 되는 경우: 법 제55조 및 법 제56조에 따른 기준

7의2.「국토의 계획 및 이용에 관한 법률」에 따른 도시지역 및 지구단위계획구역 외의 지역 중 동이나 읍에 해당하는 지역에 건축하는 건축물로서 건축조례로 정하는 건축물인 경우: 법 제2조제1항제11호 및 제44조에 따른 기준

8. 다음 각 목의 어느 하나에 해당하는 대지에 건축하는 건축물로서 재해예방을 위한 조치가 필요한 경우: 법 제55조, 법 제56조, 법 제60조 및 법 제61조에 따른 기준

　가.「국토의 계획 및 이용에 관한 법률」 제37조에 따라 지정된 방재지구(防災地區)

　나.「급경사지 재해예방에 관한 법률」 제6조에 따라 지정된 붕괴위험지역

9. 조화롭고 창의적인 건축을 통하여 아름다운 도시경관을 창출한다고 법 제11조에 따른 특별시장·광

역시장·특별자치시장·특별자치도지사 또는 시장·군수·구청장(이하 "허가권자"라 한다)가 인정하는 건축물과 「주택법 시행령」 제10조제1항에 따른 도시형 생활주택(아파트는 제외한다)인 경우: 법 제60조 및 제61조에 따른 기준

10. 「공공주택 특별법」 제2조제1호에 따른 공공주택인 경우: 법 제61조제2항에 따른 기준

11. 다음 각 목의 어느 하나에 해당하는 공동주택에 「주택건설 기준 등에 관한 규정」 제2조제3호에 따른 주민공동시설(주택소유자가 공유하는 시설로서 영리를 목적으로 하지 아니하고 주택의 부속용도로 사용하는 시설만 해당하며, 이하 "주민공동시설"이라 한다)을 설치하는 경우: 법 제56조에 따른 기준

가. 「주택법」 제15조에 따라 사업계획 승인을 받아 건축하는 공동주택

나. 상업지역 또는 준주거지역에서 법 제11조에 따라 건축허가를 받아 건축하는 200세대 이상 300세대 미만인 공동주택

다. 법 제11조에 따라 건축허가를 받아 건축하는 「주택법 시행령」 제10조에 따른 도시형 생활주택

12. 법 제77조의4제1항에 따라 건축협정을 체결하여 건축물의 건축·대수선 또는 리모델링을 하려는 경우: 법 제55조 및 제56조에 따른 기준

② 허가권자는 법 제5조제2항에 따라 완화 여부 및 적용 범위를 결정할 때에는 다음 각 호의 기준을 지켜야 한다. <개정 2016.8.11.>

1. 제1항제1호부터 제5호까지, 제7호·제7호의2 및 제9호의 경우

가. 공공의 이익을 해치지 아니하고, 주변의 대지 및 건축물에 지나친 불이익을 주지 아니할 것

나. 도시의 미관이나 환경을 지나치게 해치지 아니할 것

2. 제1항제6호의 경우

가. 제1호 각 목의 기준에 적합할 것

나. 증축은 기능향상 등을 고려하여 국토교통부령으로 정하는 규모와 범위에서 할 것

다. 「주택법」 제15조에 따른 사업계획승인 대상인 공동주택의 리모델링은 복리시설을 분양하기 위한 것이 아닐 것

3. 제1항제8호의 경우

가. 제1호 각 목의 기준에 적합할 것

나. 해당 지역에 적용되는 법 제55조, 법 제56조, 법 제60조 및 법 제61조에 따른 기준을 100분

의 140 이하의 범위에서 건축조례로 정하는 비율을 적용할 것

4. 제1항제10호의 경우

가. 제1호 각 목의 기준에 적합할 것

나. 기준이 완화되는 범위는 외벽의 중심선에서 발코니 끝부분까지의 길이 중 1.5미터를 초과하는 발코니 부분에 한정될 것. 이 경우 완화되는 범위는 최대 1미터로 제한하며, 완화되는 부분에 창호를 설치해서는 아니 된다.

5. 제1항제11호의 경우

가. 제1호 각 목의 기준에 적합할 것

나. 법 제56조에 따른 용적률의 기준은 해당 지역에 적용되는 용적률에 주민공동시설에 해당하는 용적률을 가산한 범위에서 건축조례로 정하는 용적률을 적용할 것

6. 제1항제12호의 경우

가. 제1호 각 목의 기준에 적합할 것

나. 법 제55조 및 제56조에 따른 건폐율 또는 용적률의 기준은 법 제77조의4제1항에 따라 건축협정이 체결된 지역 또는 구역(이하 "건축협정구역"이라 한다) 안에서 연접한 둘 이상의 대지에서 건축허가를 동시에 신청하는 경우 둘 이상의 대지를 하나의 대지로 보아 적용할 것

[전문개정 2008.10.29.]

제6조의2 【기존의 건축물 등에 대한 특례】 ① 법 제6조에서 "그 밖에 대통령령으로 정하는 사유"란 다음 각 호의 어느 하나에 해당하는 경우를 말한다. <개정 2013.3.23>

1. 도시·군관리계획의 결정·변경 또는 행정구역의 변경이 있는 경우

2. 도시·군관리계획의 설치, 도시개발사업의 시행 또는 「도로법」에 따른 도로의 설치가 있는 경우

3. 그 밖에 제1호 및 제2호와 비슷한 경우로서 국토교통부령으로 정하는 경우

② 허가권자는 기존 건축물 및 대지가 법령의 제정·개정이나 제1항 각 호의 사유로 법령등에 부적합하더라도 다음 각 호의 어느 하나에 해당하는 경우에는 건축을 허가할 수 있다. <개정 2016.1.19., 2016.5.17., 2021.11.2>

1. 기존 건축물을 재축하는 경우

2. 증축하거나 개축하려는 부분이 법령등에 적합한 경우

3. 기존 건축물의 대지가 도시·군계획시설의 설치 또는 「도로법」에 따른 도로의 설치로 법 제57조에

따라 해당 지방자치단체가 정하는 면적에 미달되는 경우로서 그 기존 건축물을 연면적 합계의 범위에서 증축하거나 개축하는 경우

4. 기존 건축물이 도시·군계획시설 또는 「도로법」에 따른 도로의 설치로 법 제55조 또는 법 제56조에 부적합하게 된 경우로서 화장실·계단·승강기의 설치 등 그 건축물의 기능을 유지하기 위하여 그 기존 건축물의 연면적 합계의 범위에서 증축하는 경우

5. 법률 제7696호 건축법 일부개정법률 제50조의 개정규정에 따라 최초로 개정한 해당 지방자치단체의 조례 시행일 이전에 건축된 기존 건축물의 건축선 및 인접 대지경계선으로부터의 거리가 그 조례로 정하는 거리에 미달되는 경우로서 그 기존 건축물을 건축 당시의 법령에 위반되지 않는 범위에서 수직으로 증축하는 경우

6. 기존 한옥을 개축하는 경우

7. 건축물 대지의 전부 또는 일부가 「자연재해대책법」 제12조에 따른 자연재해위험개선지구에 포함되고 법 제22조에 따른 사용승인 후 20년이 지난 기존 건축물을 재해로 인한 피해 예방을 위하여 연면적의 합계 범위에서 개축하는 경우

③ 허가권자는 「국토의 계획 및 이용에 관한 법률 시행령」 제84조의2 또는 제93조의3에 따라 기존 공장을 증축하는 경우에는 다음 각 호의 기준을 적용하여 해당 공장(이하 "기존 공장"이라 한다)의 증축을 허가할 수 있다. <신설 2016.1.19., 2022.1.18>

1. 제3조의3제2호에도 불구하고 도시지역에서의 길이 35미터 이상인 막다른 도로의 너비기준은 4미터 이상으로 한다.

2. 제28조제2항에도 불구하고 연면적 합계가 3천제곱미터 미만인 기존 공장이 증축으로 3천제곱미터 이상이 되는 경우 해당 대지가 접하여야 하는 도로의 너비는 4미터 이상으로 하고, 해당 대지가 도로에 접하여야 하는 길이는 2미터 이상으로 한다.

[전문개정 2008.10.29.]

제6조의3 【특수구조 건축물 구조 안전의 확인에 관한 특례】 ① 법 제6조의2에서 "대통령령으로 정하는 건축물"이란 제2조제18호에 따른 특수구조 건축물을 말한다.

② 특수구조 건축물을 건축하거나 대수선하려는 건축주는 법 제21조에 따른 착공신고를 하기 전에 국토교통부령으로 정하는 바에 따라 허가권자에게 해당 건축물의 구조 안전에 관하여 지방건축위원회의 심의를 신청하여야 한다. 이 경우 건축주는 설계자로부터 미리 법 제48조제2항에 따른 구조 안전 확인을

받아야 한다.

③ 제2항에 따른 신청을 받은 허가권자는 심의 신청 접수일부터 15일 이내에 제5조의6제1항제2호에 따른 건축구조 분야 전문위원회에 심의 안건을 상정하고, 심의 결과를 심의를 신청한 자에게 통보하여야 한다.

④ 제3항에 따른 심의 결과에 이의가 있는 자는 심의 결과를 통보받은 날부터 1개월 이내에 허가권자에게 재심의를 신청할 수 있다.

⑤ 제3항에 따른 심의 결과 또는 제4항에 따른 재심의 결과를 통보받은 건축주는 법 제21조에 따른 착공신고를 할 때 그 결과를 반영하여야 한다.

⑥ 제3항에 따른 심의 결과의 통보, 제4항에 따른 재심의의 방법 및 결과 통보에 관하여는 법 제4조의2 제2항 및 제4항을 준용한다.

[본조신설 2015.7.6.]
[종전 제6조의3은 제6조의4로 이동 <2015.7.6.>]

제6조의4 【부유식 건축물의 특례】 ① 법 제6조의3제1항에 따라 같은 항에 따른 부유식 건축물(이하 "부유식 건축물"이라 한다)에 대해서는 다음 각 호의 구분기준에 따라 법 제40조부터 제44조까지, 제46조 및 제47조를 적용한다.

1. 법 제40조에 따른 대지의 안전 기준의 경우: 같은 조 제3항에 따른 오수의 배출 및 처리에 관한 부분만 적용

2. 법 제41조부터 제44조까지, 제46조 및 제47조의 경우: 미적용. 다만, 법 제44조는 부유식 건축물의 출입에 지장이 없다고 인정하는 경우에만 적용하지 아니한다.

② 제1항에도 불구하고 건축조례에서 지역별 특성 등을 고려하여 그 기준을 달리 정한 경우에는 그 기준에 따른다. 이 경우 그 기준은 법 제40조부터 제44조까지, 제46조 및 제47조에 따른 기준의 범위에서 정하여야 한다.

[본조신설 2016.7.19.]
[종전 제6조의4는 제6조의5로 이동 <2016.7.19.>]

제6조의5 【리모델링이 쉬운 구조 등】 ① 법 제8조에서 "대통령령으로 정하는 구조"란 다음 각 호의 요건에 적합한 구조를 말한다. 이 경우 다음 각 호의 요건에 적합한지에 관한 세부적인 판단 기준은 국토교통부장관이 정하여 고시한다. <개정 2013.3.23>

1. 각 세대는 인접한 세대와 수직 또는 수평 방향으로 통합하거나 분할할 수 있을 것

2. 구조체에서 건축설비, 내부 마감재료 및 외부 마감재료를 분리할 수 있을 것

3. 개별 세대 안에서 구획된 실(室)의 크기, 개수 또는 위치 등을 변경할 수 있을 것

② 법 제8조에서 "대통령령으로 정하는 비율"이란 100분의 120을 말한다. 다만, 건축조례에서 지역별 특성 등을 고려하여 그 비율을 강화한 경우에는 건축조례로 정하는 기준에 따른다.

[전문개정 2008.10.29.][제6조의4에서 이동 <2016.7.19.>]

제2장 건축물의 건축

제7조 삭제 <1995.12.30>

제8조 【건축허가】 ① 법 제11조제1항 단서에 따라 특별시장 또는 광역시장의 허가를 받아야 하는 건축물의 건축은 층수가 21층 이상이거나 연면적의 합계가 10만 제곱미터 이상인 건축물의 건축(연면적의 10분의 3 이상을 증축하여 층수가 21층 이상으로 되거나 연면적의 합계가 10만 제곱미터 이상으로 되는 경우를 포함한다)을 말한다. 다만, 다음 각 호의 어느 하나에 해당하는 건축물의 건축은 제외한다. <개정 2014.11.28>

1. 공장
2. 창고
3. 지방건축위원회의 심의를 거친 건축물(특별시 또는 광역시의 건축조례로 정하는 바에 따라 해당 지방건축위원회의 심의사항으로 할 수 있는 건축물에 한정하며, 초고층 건축물은 제외한다)

② 삭제 <2006.5.8>

③ 법 제11조제2항제2호에서 "위락시설과 숙박시설 등 대통령령으로 정하는 용도에 해당하는 건축물"이란 다음 각 호의 건축물을 말한다. <개정 2008.10.29.>

1. 공동주택
2. 제2종 근린생활시설(일반음식점만 해당한다)
3. 업무시설(일반업무시설만 해당한다)
4. 숙박시설
5. 위락시설

④ 삭제 <2006.5.8.>

⑤ 삭제 <2006.5.8.>

⑥ 법 제11조제2항에 따른 승인신청에 필요한 신청서류 및 절차 등에 관하여 필요한 사항은 국토교통부령으로 정한다. <개정 2013.3.23.>

제9조 【건축허가 등의 신청】 ① 법 제11조제1항에 따라 건축물의 건축 또는 대수선의 허가를 받으려는 자는 국토교통부령으로 정하는 바에 따라 허가신청서에 관계 서류를 첨부하여 허가권자에게 제출하여야 한

다. 다만, 「방위사업법」에 따른 방위산업시설의 건축 또는 대수선의 허가를 받으려는 경우에는 건축 관계 법령에 적합한지 여부에 관한 설계자의 확인으로 관계 서류를 갈음할 수 있다. <개정 2018.9.4.>

② 허가권자는 법 제11조제1항에 따라 허가를 하였으면 국토교통부령으로 정하는 바에 따라 허가서를 신청인에게 발급하여야 한다. <개정 2018.9.4.>

[전문개정 2008.10.29.]

제9조의2 【건축허가 신청 시 소유권 확보 예외 사유】 ① 법 제11조제11항제2호에서 "건축물의 노후화 또는 구조안전 문제 등 대통령령으로 정하는 사유"란 건축물이 다음 각 호의 어느 하나에 해당하는 경우를 말한다.

1. 급수·배수·오수 설비 등의 설비 또는 지붕·벽 등의 노후화나 손상으로 그 기능 유지가 곤란할 것으로 우려되는 경우
2. 건축물의 노후화로 내구성에 영향을 주는 기능적 결함이나 구조적 결함이 있는 경우
3. 건축물이 훼손되거나 일부가 멸실되어 붕괴 등 그 밖의 안전사고가 우려되는 경우
4. 천재지변이나 그 밖의 재해로 붕괴되어 다시 신축하거나 재축하려는 경우

② 허가권자는 건축주가 제1항제1호부터 제3호까지의 어느 하나에 해당하는 사유로 법 제11조제11항제2호의 동의요건을 갖추어 같은 조 제1항에 따른 건축허가를 신청한 경우에는 그 사유 해당 여부를 확인하기 위하여 현지조사를 하여야 한다. 이 경우 필요한 경우에는 건축주에게 다음 각 호의 어느 하나에 해당하는 자로부터 안전진단을 받고 그 결과를 제출하도록 할 수 있다. <개정 2018.1.16.>

1. 건축사
2. 「기술사법」 제5조의7에 따라 등록한 건축구조기술사(이하 "건축구조기술사"라 한다)
3. 「시설물의 안전 및 유지관리에 관한 특별법」 제28조제1항에 따라 등록한 건축 분야 안전진단전문기관

[본조신설 2016.7.19.]

제10조 【건축복합민원 일괄협의회】 ① 법 제12조제1항에서 "대통령령으로 정하는 관계 법령의 규정"이란 다음 각 호의 규정을 말한다. <개정 2016.5.17., 2017.2.3., 2017.3.29., 2021.5.4., 2022.11.29>

1. 「군사기지 및 군사시설보호법」 제13조
2. 「자연공원법」 제23조
3. 「수도권정비계획법」 제7조부터 제9조까지

4.「택지개발촉진법」 제6조

5.「도시공원 및 녹지 등에 관한 법률」 제24조 및 제38조

6.「공항시설법」 제34조

7.「교육환경 보호에 관한 법률」 제9조

8.「산지관리법」 제8조, 제10조, 제12조, 제14조 및 제18조

9.「산림자원의 조성 및 관리에 관한 법률」 제36조 및 「산림보호법」 제9조

10.「도로법」 제40조 및 제61조

11.「주차장법」 제19조, 제19조의2 및 제19조의4

12.「환경정책기본법」 제38조

13.「자연환경보전법」 제15조

14.「수도법」 제7조 및 제15조

15.「도시교통정비 촉진법」 제34조 및 제36조

16.「문화재보호법」 제35조

17.「전통사찰의 보존 및 지원에 관한 법률」 제10조

18.「개발제한구역의 지정 및 관리에 관한 특별조치법」 제12조제1항, 제13조 및 제15조

19.「농지법」 제32조 및 제34조

20.「고도 보존 및 육성에 관한 특별법」 제11조

21.「소방시설 설치 및 관리에 관한 법률」 제6조

② 허가권자는 법 제12조에 따른 건축복합민원 일괄협의회(이하 "협의회"라 한다)의 회의를 법 제10조제1항에 따른 사전결정 신청일 또는 법 제11조제1항에 따른 건축허가 신청일부터 10일 이내에 개최하여야 한다.

③ 허가권자는 협의회의 회의를 개최하기 3일 전까지 회의 개최 사실을 관계 행정기관 및 관계 부서에 통보하여야 한다.

④ 협의회의 회의에 참석하는 관계 공무원은 회의에서 관계 법령에 관한 의견을 발표하여야 한다.

⑤ 사전결정 또는 건축허가를 하는 관계 행정기관 및 관계 부서는 그 협의회의 회의를 개최한 날부터 5일 이내에 동의 또는 부동의 의견을 허가권자에게 제출하여야 한다.

⑥ 이 영에서 규정한 사항 외에 협의회의 운영 등에 필요한 사항은 건축조례로 정한다.

[전문개정 2008.10.29.]

제10조의2【건축 공사현장 안전관리 예치금】 ① 법 제13조제2항에서 "대통령령으로 정하는 보증서"란 다음 각 호의 어느 하나에 해당하는 보증서를 말한다. <개정 2013.3.23>

1.「보험업법」에 따른 보험회사가 발행한 보증보험증권

2.「은행법」에 따른 금융기관이 발행한 지급보증서

3.「건설산업기본법」에 따른 공제조합이 발행한 채무액 등의 지급을 보증하는 보증서

4.「자본시장과 금융투자업에 관한 법률 시행령」 제192조제2항에 따른 상장증권

5. 그 밖에 국토교통부령으로 정하는 보증서

② 법 제13조제3항 본문에서 "대통령령으로 정하는 이율"이란 법 제13조제2항에 따른 안전관리 예치금을 「국고금관리법 시행령」 제11조에서 정한 금융기관에 예치한 경우의 안전관리 예치금에 대하여 적용하는 이자율을 말한다.

③ 법 제13조제7항에 따라 허가권자는 착공신고 이후 건축 중에 공사가 중단된 건축물로서 공사 중단 기간이 2년을 경과한 경우에는 건축주에게 서면으로 알린 후 법 제13조제2항에 따른 예치금을 사용하여 공사현장의 미관과 안전관리 개선을 위한 다음 각 호의 조치를 할 수 있다. <개정 2021.1.5.>

1. 공사현장 안전울타리의 설치

2. 대지 및 건축물의 붕괴 방지 조치

3. 공사현장의 미관 개선을 위한 조경 또는 시설물 등의 설치

4. 그 밖에 공사현장의 미관 개선 또는 대지 및 건축물에 대한 안전관리 개선 조치가 필요하여 건축조례로 정하는 사항

[전문개정 2008.10.29.]

제10조의3【건축물 안전영향평가】 ① 법 제13조의2제1항에서 "초고층 건축물 등 대통령령으로 정하는 주요 건축물"이란 다음 각 호의 어느 하나에 해당하는 건축물을 말한다. <개정 2017.10.24.>

1. 초고층 건축물

2. 다음 각 목의 요건을 모두 충족하는 건축물

　가. 연면적(하나의 대지에 둘 이상의 건축물을 건축하는 경우에는 각각의 건축물의 연면적을 말한다)이 10만 제곱미터 이상일 것

　나. 16층 이상일 것

② 제1항 각 호의 건축물을 건축하려는 자는 법 제11조에 따른 건축허가를 신청하기 전에 다음 각 호의 자료를 첨부하여 허가권자에게 법 제13조의2제1항에 따른 건축물 안전영향평가(이하 "안전영향평가"라 한다)를 의뢰하여야 한다.

1. 건축계획서 및 기본설계도서 등 국토교통부령으로 정하는 도서

2. 인접 대지에 설치된 상수도·하수도 등 국토교통부장관이 정하여 고시하는 지하시설물의 현황도

3. 그 밖에 국토교통부장관이 정하여 고시하는 자료

③ 법 제13조의2제1항에 따라 허가권자로부터 안전

영향평가를 의뢰받은 기관(같은 조 제2항에 따라 지정·고시된 기관을 말하며, 이하 "안전영향평가기관"이라 한다)은 다음 각 호의 항목을 검토하여야 한다.

1. 해당 건축물에 적용된 설계 기준 및 하중의 적정성
2. 해당 건축물의 하중저항시스템의 해석 및 설계의 적정성
3. 지반조사 방법 및 지내력(地耐力) 산정결과의 적정성
4. 굴착공사에 따른 지하수위 변화 및 지반 안전성에 관한 사항
5. 그 밖에 건축물의 안전영향평가를 위하여 국토교통부장관이 필요하다고 인정하는 사항

④ 안전영향평가기관은 안전영향평가를 의뢰받은 날부터 30일 이내에 안전영향평가 결과를 허가권자에게 제출하여야 한다. 다만, 부득이한 경우에는 20일의 범위에서 그 기간을 한 차례만 연장할 수 있다.

⑤ 제2항에 따라 안전영향평가를 의뢰한 자가 보완하는 기간 및 공휴일·토요일은 제4항에 따른 기간의 산정에서 제외한다.

⑥ 허가권자는 제4항에 따라 안전영향평가 결과를 제출받은 경우에는 지체 없이 제2항에 따라 안전영향평가를 의뢰한 자에게 그 내용을 통보하여야 한다.

⑦ 안전영향평가에 드는 비용은 제2항에 따라 안전영향평가를 의뢰한 자가 부담한다.

⑧ 제1항부터 제7항까지에서 규정한 사항 외에 안전영향평가에 관하여 필요한 사항은 국토교통부장관이 정하여 고시한다.

[본조신설 2017.2.3]

제11조【건축신고】 ① 법 제14조제1항제2호나목에서 "방재지구 등 재해취약지역으로서 대통령령으로 정하는 구역"이란 다음 각 호의 어느 하나에 해당하는 지구 또는 지역을 말한다. <신설 2014.10.14.>

1. 「국토의 계획 및 이용에 관한 법률」 제37조에 따라 지정된 방재지구(防災地區)
2. 「급경사지 재해예방에 관한 법률」 제6조에 따라 지정된 붕괴위험지역

② 법 제14조제1항제4호에서 "주요구조부의 해체가 없는 등 대통령령으로 정하는 대수선"이란 다음 각 호의 어느 하나에 해당하는 대수선을 말한다. <신설 2014.10.14.>

1. 내력벽의 면적을 30제곱미터 이상 수선하는 것
2. 기둥을 세 개 이상 수선하는 것
3. 보를 세 개 이상 수선하는 것
4. 지붕틀을 세 개 이상 수선하는 것
5. 방화벽 또는 방화구획을 위한 바닥 또는 벽을 수선하는 것
6. 주계단·피난계단 또는 특별피난계단을 수선하는 것

③ 법 제14조제1항제5호에서 "대통령령으로 정하는 건축물"이란 다음 각 호의 어느 하나에 해당하는 건축물을 말한다. <개정 2016.6.30.>

1. 연면적의 합계가 100제곱미터 이하인 건축물
2. 건축물의 높이를 3미터 이하의 범위에서 증축하는 건축물
3. 법 제23조제4항에 따른 표준설계도서(이하 "표준설계도서"라 한다)에 따라 건축하는 건축물로서 그 용도 및 규모가 주위환경이나 미관에 지장이 없다고 인정하여 건축조례로 정하는 건축물
4. 「국토의 계획 및 이용에 관한 법률」 제36조제1항제1호다목에 따른 공업지역, 같은 법 제51조제3항에 따른 지구단위계획구역(같은 법 시행령 제48조제10호에 따른 산업·유통형만 해당한다) 및 「산업입지 및 개발에 관한 법률」에 따른 산업단지에서 건축하는 2층 이하인 건축물로서 연면적 합계 500제곱미터 이하인 공장(별표 1 제4호너목에 따른 제조업소 등 물품의 제조·가공을 위한 시설을 포함한다)
5. 농업이나 수산업을 경영하기 위하여 읍·면지역(특별자치시장·특별자치도지사·시장·군수가 지역계획 또는 도시·군계획에 지장이 있다고 지정·공고한 구역은 제외한다)에서 건축하는 연면적 200제곱미터 이하의 창고 및 연면적 400제곱미터 이하의 축사, 작물재배사(作物栽培舍), 종묘배양시설, 화초 및 분재 등의 온실

④ 법 제14조에 따른 건축신고에 관하여는 제9조제1항을 준용한다. <개정 2014.10.14.>

제12조【허가·신고사항의 변경 등】 ① 법 제16조제1항에 따라 허가를 받았거나 신고한 사항을 변경하려면 다음 각 호의 구분에 따라 허가권자의 허가를 받거나 특별자치시장·특별자치도지사 또는 시장·군수·구청장에게 신고하여야 한다. <개정 2017.1.20., 2018.9.4.>

1. 바닥면적의 합계가 85제곱미터를 초과하는 부분에 대한 신축·증축·개축에 해당하는 변경인 경우에는 허가를 받고, 그 밖의 경우에는 신고할 것
2. 법 제14조제1항제2호 또는 제5호에 따라 신고로써 허가를 갈음하는 건축물에 대하여는 변경 후 건축물의 연면적을 각각 신고로써 허가를 갈음할 수 있는 규모에서 변경하는 경우에는 제1호에도 불구하고 신고할 것
3. 건축주·설계자·공사시공자 또는 공사감리자(이하 "건축관계자"라 한다)를 변경하는 경우에는 신고할 것

② 법 제16조제1항 단서에서 "대통령령으로 정하는 경미한 사항의 변경"이란 신축·증축·개축·재축·이전·대수선 또는 용도변경에 해당하지 아니하는 변경을 말한다. <개정 2012.12.12.>

③ 법 제16조제2항에서 "대통령령으로 정하는 사항"이란 다음 각 호의 어느 하나에 해당하는 사항을 말한다. <개정 2016.1.19.>

1. 건축물의 동수나 층수를 변경하지 아니하면서 변경되는 부분의 바닥면적의 합계가 50제곱미터 이하인 경우로서 다음 각 목의 요건을 모두 갖춘 경우
   가. 변경되는 부분의 높이가 1미터 이하이거나 전체 높이의 10분의 1 이하일 것
   나. 허가를 받거나 신고를 하고 건축 중인 부분의 위치 변경범위가 1미터 이내일 것
   다. 법 제14조제1항에 따라 신고를 하면 법 제11조에 따른 건축허가를 받은 것으로 보는 규모에서 건축허가를 받아야 하는 규모로의 변경이 아닐 것

2. 건축물의 동수나 층수를 변경하지 아니하면서 변경되는 부분이 연면적 합계의 10분의 1 이하인 경우(연면적이 5천 제곱미터 이상인 건축물은 각 층의 바닥면적이 50제곱미터 이하의 범위에서 변경되는 경우만 해당한다). 다만, 제4호 본문 및 제5호 본문에 따른 범위의 변경인 경우만 해당한다.

3. 대수선에 해당하는 경우

4. 건축물의 층수를 변경하지 아니하면서 변경되는 부분의 높이가 1미터 이하이거나 전체 높이의 10분의 1 이하인 경우. 다만, 변경되는 부분이 제1호 본문, 제2호 본문 및 제5호 본문에 따른 범위의 변경인 경우만 해당한다.

5. 허가를 받거나 신고를 하고 건축 중인 부분의 위치가 1미터 이내에서 변경되는 경우. 다만, 변경되는 부분이 제1호 본문, 제2호 본문 및 제4호 본문에 따른 범위의 변경인 경우만 해당한다.

④ 제1항에 따른 허가나 신고사항의 변경에 관하여는 제9조를 준용한다. <개정 2018.9.4.>

[전문개정 2008.10.29.]

제13조 삭제 <2005.7.18>

제14조【용도변경】① 삭제 <2006.5.8>
   ② 삭제 <2006.5.8>
   ③ 국토교통부장관은 법 제19조제1항에 따른 용도변경을 할 때 적용되는 건축기준을 고시할 수 있다. 이 경우 다른 행정기관의 권한에 속하는 건축기준에 대하여는 미리 관계 행정기관의 장과 협의하여야 한다.

<개정 2013.3.23.>

④ 법 제19조제3항 단서에서 "대통령령으로 정하는 변경"이란 다음 각 호의 어느 하나에 해당하는 건축물 상호 간의 용도변경을 말한다. 다만, 별표 1 제3호다목(목욕장만 해당한다)·라목, 같은 표 제4호가목·사목·카목·파목(골프연습장, 놀이형시설만 해당한다)·더목·러목, 같은 표 제7호다목2), 같은 표 제15호가목(생활숙박시설만 해당한다) 및 같은 표 제16호가목·나목에 해당하는 용도로 변경하는 경우는 제외한다. <개정 2019.10.22., 2021.11.2>

1. 별표 1의 같은 호에 속하는 건축물 상호 간의 용도변경

2. 「국토의 계획 및 이용에 관한 법률」이나 그 밖의 관계 법령에서 정하는 용도제한에 적합한 범위에서 제1종 근린생활시설과 제2종 근린생활시설 상호 간의 용도변경

⑤ 법 제19조제4항 각 호의 시설군에 속하는 건축물의 용도는 다음 각 호와 같다. <개정 2016.2.11., 2017.2.3., 2023.5.15.>

1. 자동차 관련 시설군
   자동차 관련 시설

2. 산업 등 시설군
   가. 운수시설
   나. 창고시설
   다. 공장
   라. 위험물저장 및 처리시설
   마. 자원순환 관련 시설
   바. 묘지 관련 시설
   사. 장례시설

3. 전기통신시설군
   가. 방송통신시설
   나. 발전시설

4. 문화집회시설군
   가. 문화 및 집회시설
   나. 종교시설
   다. 위락시설
   라. 관광휴게시설

5. 영업시설군
   가. 판매시설
   나. 운동시설
   다. 숙박시설
   라. 제2종 근린생활시설 중 다중생활시설

6. 교육 및 복지시설군
   가. 의료시설
   나. 교육연구시설

다. 노유자시설(老幼者施設)

라. 수련시설

마. 야영장 시설

7. 근린생활시설군

가. 제1종 근린생활시설

나. 제2종 근린생활시설(다중생활시설은 제외한다)

8. 주거업무시설군

가. 단독주택

나. 공동주택

다. 업무시설

라. 교정시설 <개정 2023.5.15>

마. 국방·군사시설 <신설 2023.5.15>

9. 그 밖의 시설군

가. 동물 및 식물 관련 시설

나. 삭제 <2010.12.13.>

⑥ 기존의 건축물 또는 대지가 법령의 제정·개정이나 제6조의2제1항 각 호의 사유로 법령 등에 부적합하게 된 경우에는 건축조례로 정하는 바에 따라 용도변경을 할 수 있다. <개정 2008.10.29.>

⑦ 법 제19조제6항에서 "대통령령으로 정하는 경우"란 1층인 축사를 공장으로 용도변경하는 경우로서 증축·개축 또는 대수선이 수반되지 아니하고 구조안전이나 피난 등에 지장이 없는 경우를 말한다. <개정 2008.10.29.>

[전문개정 1999.4.30.]

제15조 【가설건축물】 ① 법 제20조제2항제3호에서 "대통령령으로 정하는 기준"이란 다음 각 호의 기준을 말한다. <개정 2014.10.14.>

1. 철근콘크리트조 또는 철골철근콘크리트조가 아닐 것

2. 존치기간은 3년 이내일 것. 다만, 도시·군계획사업이 시행될 때까지 그 기간을 연장할 수 있다.

3. 전기·수도·가스 등 새로운 간선 공급설비의 설치를 필요로 하지 아니할 것

4. 공동주택·판매시설·운수시설 등으로서 분양을 목적으로 건축하는 건축물이 아닐 것

② 제1항에 따른 가설건축물에 대하여는 법 제38조를 적용하지 아니한다.

③ 제1항에 따른 가설건축물 중 시장의 공지 또는 도로에 설치하는 차양시설에 대하여는 법 제46조 및 법 제55조를 적용하지 아니한다.

④ 제1항에 따른 가설건축물을 도시·군계획 예정 도로에 건축하는 경우에는 법 제45조부터 제47조를 적용하지 아니한다. <개정 2012.4.10.>

⑤ 법 제20조제3항에서 "재해복구, 흥행, 전람회, 공사용 가설건축물 등 대통령령으로 정하는 용도의 가설건축물"이란 다음 각 호의 어느 하나에 해당하는 것을 말한다. <개정 2015.4.24., 2016.1.19., 2016.6.30.>

1. 재해가 발생한 구역 또는 그 인접구역으로서 특별자치시장·특별자치도지사 또는 시장·군수·구청장이 지정하는 구역에서 일시사용을 위하여 건축하는 것

2. 특별자치시장·특별자치도지사 또는 시장·군수·구청장이 도시미관이나 교통소통에 지장이 없다고 인정하는 가설흥행장, 가설전람회장, 농·수·축산물 직거래용 가설점포, 그 밖에 이와 비슷한 것

3. 공사에 필요한 규모의 공사용 가설건축물 및 공작물

4. 전시를 위한 견본주택이나 그 밖에 이와 비슷한 것

5. 특별자치시장·특별자치도지사 또는 시장·군수·구청장이 도로변 등의 미관정비를 위하여 지정·공고하는 구역에서 축조하는 가설점포(물건 등의 판매를 목적으로 하는 것을 말한다)로서 안전·방화 및 위생에 지장이 없는 것

6. 조립식 구조로 된 경비용으로 쓰는 가설건축물로서 연면적이 10제곱미터 이하인 것

7. 조립식 경량구조로 된 외벽이 없는 임시 자동차 차고

8. 컨테이너 또는 이와 비슷한 것으로 된 가설건축물로서 임시사무실·임시창고 또는 임시숙소로 사용되는 것(건축물의 옥상에 축조하는 것은 제외한다. 다만, 2009년 7월 1일부터 2015년 6월 30일까지 및 2016년 7월 1일부터 2019년 6월 30일까지 공장의 옥상에 축조하는 것은 포함한다)

9. 도시지역 중 주거지역·상업지역 또는 공업지역에 설치하는 농업·어업용 비닐하우스로서 연면적이 100제곱미터 이상인 것

10. 연면적이 100제곱미터 이상인 간이축사용, 가축 분뇨처리용, 가축운동용, 가축의 비가림용 비닐하우스 또는 천막(벽 또는 지붕이 합성수지 재질로 된 것과 지붕 면적의 2분의 1 이하가 합성강판으로 된 것을 포함한다)구조 건축물

11. 농업·어업용 고정식 온실 및 간이작업장, 가축양육실

12. 물품저장용, 간이포장용, 간이수선작업용 등으로 쓰기 위하여 공장 또는 창고시설에 설치하거나 인접 대지에 설치하는 천막(벽 또는 지붕이 합성수지 재질로 된 것을 포함한다), 그 밖에 이와 비슷한 것

13. 유원지, 종합휴양업 사업지역 등에서 한시적인 관광·문화행사 등을 목적으로 천막 또는 경량구조로 설치하는 것

14. 야외전시시설 및 촬영시설

15. 야외흡연실 용도로 쓰는 가설건축물로서 연면적이 50제곱미터 이하인 것

16. 그 밖에 제1호부터 제14호까지의 규정에 해당하는 것과 비슷한 것으로서 건축조례로 정하는 건축물

⑥ 법 제20조제5항에 따라 가설건축물을 축조하는 경우에는 다음 각 호의 구분에 따라 관련 규정을 적용하지 않는다. <개정 2015.9.22., 2018.9.4., 2019.10.22., 2020.10.8., 2023.9.12.>

1. 제5항 각 호(제4호는 제외한다)의 가설건축물을 축조하는 경우에는 법 제25조, 제38조부터 제42조까지, 제44조부터 제47조까지, 제48조, 제48조의2, 제49조, 제50조, 제50조의2, 제51조, 제52조, 제52조의2, 제52조의4, 제53조, 제53조의2, 제54조부터 제58조까지, 제60조부터 제62조까지, 제64조, 제67조 및 제68조와 「국토의 계획 및 이용에 관한 법률」 제76조를 적용하지 않는다. 다만, 법 제48조, 제49조 및 제61조는 다음 각 목에 따른 경우에만 적용하지 않는다.
   가. 법 제48조 및 제49조를 적용하지 아니하는 경우: 다음의 어느 하나에 해당하는 경우)
      1) 1층 또는 2층인 가설건축물(제5항제2호 및 제14호의 경우에는 1층인 가설건축물만 해당한다)을 건축하는 경우
      2) 3층 이상인 가설건축물(제5항제2호 및 제14호의 경우에는 2층 이상인 가설건축물을 말한다)을 건축하는 경우로서 지방건축위원회의 심의 결과 구조 및 피난에 관한 안전성이 인정된 경우. 다만, 구조 및 피난에 관한 안전성을 인정할 수 있는 서류로서 국토교통부령으로 정하는 서류를 특별자치시장·특별자치도지사 또는 시장·군수·구청장에게 제출하는 경우에는 지방건축위원회의 심의를 생략할 수 있다.
   나. 법 제61조를 적용하지 아니하는 경우: 정북방향으로 접하고 있는 대지의 소유자와 합의한 경우

2. 제5항제4호의 가설건축물을 축조하는 경우에는 법 제25조, 제38조, 제39조, 제42조, 제45조, 제50조의2, 제53조, 제54조부터 제57조까지, 제60조, 제61조 및 제68조와 「국토의 계획 및 이용에 관한 법률」 제76조만을 적용하지 아니한다.

⑦ 법 제20조제3항에 따라 신고해야 하는 가설건축물의 존치기간은 3년 이내로 하며, 존치기간의 연장이 필요한 경우에는 횟수별 3년의 범위에서 제5항 각 호의 가설건축물별로 건축조례로 정하는 횟수만큼 존치기간을 연장할 수 있다. 다만, 제5항제3호의 공사용 가설건축물 및 공작물의 경우에는 해당 공사의 완료일까지의 기간으로 한다. <개정 2021.11.2.>

⑧ 법 제20조제1항 또는 제3항에 따라 가설건축물의 건축허가를 받거나 축조신고를 하려는 자는 국토교통부령으로 정하는 가설건축물 건축허가신청서 또는 가설건축물 축조신고서에 관계 서류를 첨부하여 특별자치시장·특별자치도지사 또는 시장·군수·구청장에게 제출하여야 한다. 다만, 건축물의 건축허가를 신청할 때 건축물의 건축에 관한 사항과 함께 공사용 가설건축물의 건축에 관한 사항을 제출한 경우에는 가설건축물 축조신고서의 제출을 생략한다. <개정 2018.9.4.>

⑨ 제8항 본문에 따라 가설건축물 건축허가신청서 또는 가설건축물 축조신고서를 제출받은 특별자치시장·특별자치도지사 또는 시장·군수·구청장은 그 내용을 확인한 후 신청인 또는 신고인에게 국토교통부령으로 정하는 바에 따라 가설건축물 건축허가서 또는 가설건축물 축조신고필증을 주어야 한다. <개정 2018.9.4.>

⑩ 삭제 <2010.2.18.>

[전문개정 2008.10.29.]

제15조의2【가설건축물의 존치기간 연장】 ① 특별자치시장·특별자치도지사 또는 시장·군수·구청장은 법 제20조에 따른 가설건축물의 존치기간 만료일 30일 전까지 해당 가설건축물의 건축주에게 다음 각 호의 사항을 알려야 한다. <개정 2016.6.30.>

1. 존치기간 만료일

2. 존치기간 연장 가능 여부

3. 제15조의3에 따라 존치기간이 연장될 수 있다는 사실(같은 조 제1호 각 목의 어느 하나에 해당하는 가설건축물에 한정한다)

② 존치기간을 연장하려는 가설건축물의 건축주는 다음 각 호의 구분에 따라 특별자치시장·특별자치도지사 또는 시장·군수·구청장에게 허가를 신청하거나 신고하여야 한다. <개정 2014.10.14.>

1. 허가 대상 가설건축물: 존치기간 만료일 14일 전까지 허가 신청

2. 신고 대상 가설건축물: 존치기간 만료일 7일 전까지 신고

③ 제2항에 따른 존치기간 연장허가신청 또는 존치기간 연장신고에 관하여는 제15조제8항 본문 및 같은 조 제9항을 준용한다. 이 경우 "건축허가"는 "존치기간 연장허가"로, "축조신고"는 "존치기간 연장신고"로 본다. <신설 2018.9.4.>

[본조신설 2010.2.18.]

제15조의3 【공장에 설치한 가설건축물 등의 존치기간 연장】 제15조의2제2항에도 불구하고 다음 각 호의 요건을 모두 충족하는 가설건축물로서 건축주가 같은 항의 구분에 따른 기간까지 특별자치시장·특별자치도지사 또는 시장·군수·구청장에게 그 존치기간의 연장을 원하지 않는다는 사실을 통지하지 않는 경우에는 기존 가설건축물과 동일한 기간(제1호다목의 경우에는 「국토의 계획 및 이용에 관한 법률」 제2조제10호의 도시·군계획시설사업이 시행되기 전까지의 기간으로 한정한다)으로 존치기간을 연장한 것으로 본다. <개정 2016.6.30., 2021.1.8.>

1. 다음 각 목의 어느 하나에 해당하는 가설건축물일 것
   가. 공장에 설치한 가설건축물
   나. 제15조제5항제11호에 따른 가설건축물(「국토의 계획 및 이용에 관한 법률」 제36조제1항제3호에 따른 농림지역에 설치한 것만 해당한다)
   다. 도시·군계획시설 예정지에 설치한 가설건축물 <신설 2021.1.8.>
2. 존치기간 연장이 가능한 가설건축물일 것
[본조신설 2010.2.18.][제목개정 2016.6.30.]

제16조 삭제 <1995.12.30>

제17조 【건축물의 사용승인】 ① 삭제 <2006.5.8>
② 건축주는 법 제22조제3항제2호에 따라 사용승인서를 받기 전에 공사가 완료된 부분에 대한 임시사용의 승인을 받으려는 경우에는 국토교통부령으로 정하는 바에 따라 임시사용승인신청서를 허가권자에게 제출(전자문서에 의한 제출을 포함한다)하여야 한다. <개정 2013.3.23.>
③ 허가권자는 제2항의 신청서를 접수한 경우에는 공사가 완료된 부분이 법 제22조제3항제2호에 따른 기준에 적합한 경우에만 임시사용을 승인할 수 있으며, 식수 등 조경에 필요한 조치를 하기에 부적합한 시기에 건축공사가 완료된 건축물은 허가권자가 지정하는 시기까지 식수(植樹) 등 조경에 필요한 조치를 할 것을 조건으로 임시사용을 승인할 수 있다. <개정 2008.10.29.>
④ 임시사용승인의 기간은 2년 이내로 한다. 다만, 허가권자는 대형 건축물 또는 암반공사 등으로 인하여 공사기간이 긴 건축물에 대하여는 그 기간을 연장할 수 있다. <개정 2008.10.29.>
⑤ 법 제22조제6항 후단에서 "대통령령으로 정하는

주요 공사의 시공자"란 다음 각 호의 어느 하나에 해당하는 자를 말한다. <개정 2020.2.18., 2023.9.12.>
1. 「건설산업기본법」 제9조에 따라 종합공사 또는 전문공사를 시공하는 업종을 등록한 자로서 발주자로부터 건설공사를 도급받은 건설사업자
2. 「전기공사업법」·「소방시설공사업법」 또는 「정보통신공사업법」에 따라 공사를 수행하는 시공자

제18조 【설계도서의 작성】 법 제23조제1항제3호에서 "대통령령으로 정하는 건축물"이란 다음 각 호의 어느 하나에 해당하는 건축물을 말한다. <개정 2016.6.30.>

1. 읍·면지역(시장 또는 군수가 지역계획 또는 도시·군계획에 지장이 있다고 인정하여 지정·공고한 구역은 제외한다)에서 건축하는 건축물 중 연면적이 200제곱미터 이하인 창고 및 농막(「농지법」에 따른 농막을 말한다)과 연면적 400제곱미터 이하인 축사, 작물재배사, 종묘배양시설, 화초 및 분재 등의 온실
2. 제15조제5항 각 호의 어느 하나에 해당하는 가설건축물로서 건축조례로 정하는 가설건축물
[전문개정 2008.10.29.]

제18조의2 【사진 및 동영상 촬영 대상 건축물 등】 ① 법 제24조제7항 전단에서 "공동주택, 종합병원, 관광숙박시설 등 대통령령으로 정하는 용도 및 규모의 건축물"이란 다음 각 호의 어느 하나에 해당하는 건축물을 말한다. <개정 2018.12.4.>
1. 다중이용 건축물
2. 특수구조 건축물
3. 건축물의 하층부가 필로티나 그 밖에 이와 비슷한 구조(벽면적의 2분의 1 이상이 그 층의 바닥면에서 위층 바닥 아래면까지 공간으로 된 것만 해당한다)로서 상층부와 다른 구조형식으로 설계된 건축물(이하 "필로티형식 건축물"이라 한다) 중 3층 이상인 건축물
② 법 제24조제7항 전단에서 "대통령령으로 정하는 진도에 다다른 때"란 다음 각 호의 구분에 따른 단계에 다다른 경우를 말한다. <개정 2018.12.4., 2019.8.6.>
1. 다중이용 건축물: 제19조제3항제1호부터 제3호까지의 구분에 따른 단계
2. 특수구조 건축물: 다음 각 목의 어느 하나에 해당하는 단계
   가. 매 층마다 상부 슬래브배근을 완료한 경우
   나. 매 층마다 주요구조부의 조립을 완료한 경우
3. 3층 이상의 필로티형식 건축물: 다음 각 목의 어

느 하나에 해당하는 단계

가. 기초공사 시 철근배치를 완료한 경우

나. 건축물 상층부의 하중이 상층부와 다른 구조형식의 하층부로 전달되는 다음의 어느 하나에 해당하는 부재(部材)의 철근배치를 완료한 경우

1) 기둥 또는 벽체 중 하나

2) 보 또는 슬래브 중 하나

[본조신설 2017.2.3][종전 제18조의2는 제18조의3으로 이동]

제19조【공사감리】 ① 법 제25조제1항에 따라 공사감리자를 지정하여 공사감리를 하게 하는 경우에는 다음 각 호의 구분에 따른 자를 공사감리자로 지정하여야 한다. <개정 2018.12.11., 2020.1.7.>

1. 다음 각 목의 어느 하나에 해당하는 경우: 건축사

가. 법 제11조에 따라 건축허가를 받아야 하는 건축물(법 제14조에 따른 건축신고 대상 건축물은 제외한다)을 건축하는 경우

나. 제6조제1항제6호에 따른 건축물을 리모델링하는 경우

2. 다중이용 건축물을 건축하는 경우: 「건설기술 진흥법」에 따른 건설기술용역사업자(공사시공자 본인이거나 「독점규제 및 공정거래에 관한 법률」 제2조에 따른 계열회사인 건설기술용역사업자는 제외한다) 또는 건축사(「건설기술 진흥법 시행령」 제60조에 따라 건설사업관리기술인을 배치하는 경우만 해당한다)

② 제1항에 따라 다중이용 건축물의 공사감리자를 지정하는 경우 감리원의 배치기준 및 감리대가는 「건설기술 진흥법」에서 정하는 바에 따른다. <개정 2014.5.22.>

③ 법 제25조제6항에서 "공사의 공정이 대통령령으로 정하는 진도에 다다른 경우"란 공사(하나의 대지에 둘 이상의 건축물을 건축하는 경우에는 각각의 건축물에 대한 공사를 말한다)의 공정이 다음 각 호의 구분에 따른 단계에 다다른 경우를 말한다. <개정 2016.5.17., 2017.2.3., 2019.8.6.>

1. 해당 건축물의 구조가 철근콘크리트조·철골철근콘크리트조·조적조 또는 보강콘크리트블럭조인 경우: 다음 각 목의 어느 하나에 해당하는 단계

가. 기초공사 시 철근배치를 완료한 경우

나. 지붕슬래브배근을 완료한 경우

다. 지상 5개 층마다 상부 슬래브배근을 완료한 경우

2. 해당 건축물의 구조가 철골조인 경우경우: 다음

각 목의 어느 하나에 해당하는 단계

가. 기초공사 시 철근배치를 완료한 경우

나. 지붕철골 조립을 완료한 경우

다. 지상 3개 층마다 또는 높이 20미터마다 주요 구조부의 조립을 완료한 경우

3. 해당 건축물의 구조가 제1호 또는 제2호 외의 구조인 경우: 기초공사에서 거푸집 또는 주춧돌의 설치를 완료한 단계

4. 제1호부터 제3호까지에 해당하는 건축물이 3층 이상의 필로티형식 건축물인 경우: 다음 각 목의 어느 하나에 해당하는 단계

가. 해당 건축물의 구조에 따라 제1호부터 제3호까지의 어느 하나에 해당하는 경우

나. 제18조의2제2항제3호나목에 해당하는 경우

④ 법 제25조제5항에서 "대통령령으로 정하는 용도 또는 규모의 공사"란 연면적의 합계가 5천 제곱미터 이상인 건축공사를 말한다. <개정 2017.2.3.>

⑤ 공사감리자는 수시로 또는 필요할 때 공사현장에서 감리업무를 수행해야 하며, 다음 각 호의 건축공사를 감리하는 경우에는 「건축사법」 제2조제2호에 따른 건축사보(「기술사법」 제6조에 따른 기술사사무소 또는 「건축사법」 제23조제9항 각 호의 건설기술용역사업자 등에 소속되어 있는 사람으로서 「국가기술자격법」에 따른 해당 분야 기술계 자격을 취득한 사람과 「건설기술 진흥법 시행령」 제4조에 따른 건설사업관리를 수행할 자격이 있는 사람을 포함한다. 이하 같다) 중 건축 분야의 건축사보 한 명 이상을 전체 공사기간 동안, 토목·전기 또는 기계 분야의 건축사보 한 명 이상을 각 분야별 해당 공사기간 동안 각각 공사현장에서 감리업무를 수행하게 해야 한다. 이 경우 건축사보는 해당 분야의 건축공사의 설계·시공·시험·검사·공사감독 또는 감리업무 등에 2년 이상 종사한 경력이 있는 사람이어야 한다. <개정 2015.9.22., 2018.9.4., 2020.1.7., 2020.4.21>

1. 바닥면적의 합계가 5천 제곱미터 이상인 건축공사. 다만, 축사 또는 작물 재배사의 건축공사는 제외한다.

2. 연속된 5개 층(지하층을 포함한다) 이상으로서 바닥면적의 합계가 3천 제곱미터 이상인 건축공사

3. 아파트 건축공사

4. 준다중이용 건축물 건축공사

⑥ 공사감리자는 제5항 각 호에 해당하지 않는 건축공사로서깊이 10미터 이상의 토지 굴착공사 또는 높이 5미터 이상의 옹벽 등의 공사(「산업집적활성화

및 공장설립에 관한 법률」 제2조제14호에 따른 산업단지에서 바닥면적 합계가 2천제곱미터 이하인 공장을 건축하는 경우는 제외한다)를 감리하는 경우에는 건축사보 중 건축 또는 토목 분야의 건축사보 한 명 이상을 해당 공사기간 동안 공사현장에서 감리업무를 수행하게 해야 한다. 이 경우 건축사보는 건축공사의 시공·공사감독 또는 감리업무 등에 2년 이상 종사한 경력이 있는 사람이어야 한다. <신설 2020.4.21., 2021.8.10., 2023.9.12.>

⑦ 공사감리자는 제61조제1항제4호에 해당하는 건축물의 마감재료 설치공사를 감리하는 경우로서 국토교통부령으로 정하는 경우에는 건축 또는 안전관리 분야의 건축사보 한 명 이상이 마감재료 설치공사기간 동안 그 공사현장에서 감리업무를 수행하게 해야 한다. 이 경우 건축사보는 건축공사의 설계·시공·시험·검사·공사감독 또는 감리업무 등에 2년 이상 종사한 경력이 있는 사람이어야 한다. <신설 2021.8.10.>

⑧ 공사감리자는 제5항부터 제7항까지의 규정에 따라 건축사보로 하여금 감리업무를 수행하게 하는 경우 다른 공사현장이나 공정의 감리업무를 수행하고 있지 않는 건축사보가 감리업무를 수행하게 해야 한다. <신설 2021.8.10.>

⑨ 공사감리자가 수행하여야 하는 감리업무는 다음과 같다. <개정 2020.4.21., 2021.8.10.>
1. 공사시공자가 설계도서에 따라 적합하게 시공하는지 여부의 확인
2. 공사시공자가 사용하는 건축자재가 관계 법령에 따른 기준에 적합한 건축자재인지 여부의 확인
3. 그 밖에 공사감리에 관한 사항으로서 국토교통부령으로 정하는 사항

⑩ 제5항부터 제7항까지의 규정에 따라 공사현장에 건축사보를 두는 공사감리자는 다음 각 호의 구분에 따른 기간에 국토교통부령으로 정하는 바에 따라 건축사보의 배치현황을 허가권자에게 제출해야 한다. <개정 2020.4.21., 2021.8.10.>
1. 최초로 건축사보를 배치하는 경우에는 착공 예정일부터 7일
2. 건축사보의 배치가 변경된 경우에는 변경된 날부터 7일
3. 건축사보가 철수한 경우에는 철수한 날부터 7일

⑪ 허가권자는 제8항에 따라 공사감리자로부터 건축사보의 배치현황을 받으면 지체 없이 그 배치현황(→건축사보가 이중으로 배치되어 있는지 여부 등 국토교통부령으로 정하는 내용을 확인한 후 「전자

정부법」 제37조에 따른 행정정보 공동이용센터를 통해 그 배치현황)을 「건축사법」 제31조에 따른 대한건축사협회에 보내야 한다. <개정 2020.4.21., 2021.8.10., 2022.7.26, 2023.9.12./시행 2024.3.13>

⑫ 제9항에 따라 건축사보의 배치현황을 받은 대한건축사협회는 이를 관리하여야 하며, 건축사보가 이중으로 배치된 사실 등을 발견(→확인)한 경우에는 지체 없이 그 사실 등을 관계 시·도지사(→관계 시·도지사, 허가권자 및 그 밖에 국토교통부령으로 정하는 자)에게 알려야 한다. <개정 2020.4.21., 2021.8.10., 2022.7.26, 2023.9.12./시행 2024.3.13>

⑬ 제12항에서 규정한 사항 외에 건축사보의 배치현황 관리 등에 필요한 사항은 국토교통부령으로 정한다. <신설 2023.9.12./시행 2024.3.13>

[전문개정 2008.10.29.]

제19조의2 【허가권자가 공사감리자를 지정하는 건축물 등】 ① 법 제25조제2항 각 호 외의 부분 본문에서 "대통령령으로 정하는 건축물"이란 다음 각 호의 건축물을 말한다. <개정 2017.10.24., 2019.2.12.>
1. 「건설산업기본법」 제41조제1항 각 호에 해당하지 아니하는 건축물 중 다음 각 목의 어느 하나에 해당하지 아니하는 건축물
   가. 별표 1 제1호가목의 단독주택
   나. 농업·임업·축산업 또는 어업용으로 설치하는 창고·저장고·작업장·퇴비사·축사·양어장 및 그 밖에 이와 유사한 용도의 건축물
   다. 해당 건축물의 건설공사가 「건설산업기본법 시행령」 제8조제1항 각 호의 어느 하나에 해당하는 경미한 건설공사인 경우
2. 주택으로 사용하는 다음 각 목의 어느 하나에 해당하는 건축물(각 목에 해당하는 건축물과 그 외의 건축물이 하나의 건축물로 복합된 경우를 포함한다)
   가. 아파트
   나. 연립주택
   다. 다세대주택
   라. 다중주택 <신설 2019.2.12.>
   마. 다가구주택 <신설 2019.2.12.>
3. 삭제 <2019.2.12.>

② 시·도지사는 법 제25조제2항 각 호 외의 부분 본문에 따라 공사감리자를 지정하기 위하여 다음 각 호의 구분에 따른 자를 대상으로 모집공고를 거쳐 공사감리자의 명부를 작성하고 관리해야 한다. 이 경우 시·도지사는 미리 관할 시장·군수·구청장과 협의해야 한다. <개정 2017.2.3., 2020.4.21.>

1. 다중이용 건축물의 경우: 「건축사법」 제23조제1항에 따라 건축사사무소의 개설신고를 한 건축사 및 「건설기술 진흥법」에 따른 건설기술용역사업자

2. 그 밖의 경우: 「건축사법」 제23조제1항에 따라 건축사사무소의 개설신고를 한 건축사

③ 제1항 각 호의 어느 하나에 해당하는 건축물의 건축주는 법 제21조에 따른 착공신고를 하기 전에 국토교통부령으로 정하는 바에 따라 허가권자에게 공사감리자의 지정을 신청하여야 한다.

④ 허가권자는 제2항에 따른 명부에서 공사감리자를 지정하여야 한다.

⑤ 제3항 및 제4항에서 규정한 사항 외에 공사감리자 모집공고, 명부작성 방법 및 공사감리자 지정 방법 등에 관한 세부적인 사항은 시·도의 조례로 정한다.

⑥ 법 제25조제2항제1호에서 "대통령령으로 정하는 신기술"이란 건축물의 주요구조부 및 주요구조부에 사용하는 마감재료에 적용하는 신기술을 말한다. <신설 2020.10.8.>

⑦ 법 제25조제2항제2호에서 "대통령령으로 정하는 건축사"란 건축주가 같은 항 각 호 외의 부분 단서에 따라 허가권자에게 공사감리 지정을 신청한 날부터 최근 10년간 「건축서비스산업 진흥법 시행령」 제11조제1항 각 호의 어느 하나에 해당하는 설계공모 또는 대회에서 당선되거나 최우수 건축 작품으로 수상한 실적이 있는 건축사를 말한다. <신설 2020.10.8.>

⑧ 법 제25조제13항에서 "해당 계약서 등 대통령령으로 정하는 서류"란 다음 각 호의 서류를 말한다. <신설 2019.2.12., 2020.10.8.>

1. 설계자의 건축과정 참여에 관한 계획서

2. 건축주와 설계자와의 계약서

[본조신설 2016.7.19.]

제19조의3 【업무제한 대상 건축물 등】 ① 법 제25조의2제1항에서 "대통령령으로 정하는 주요 건축물"이란 다음 각 호의 건축물을 말한다.

1. 다중이용 건축물

2. 준다중이용 건축물

② 법 제25조의2제2항 각 호 외의 부분에서 "대통령령으로 정하는 규모 이상의 재산상의 피해"란 도급 또는 하도급받은 금액의 100분의 10 이상으로서 그 금액이 1억원 이상인 재산상의 피해를 말한다.

③ 법 제25조의2제2항 각 호 외의 부분에서 "다중이용건축물 등 대통령령으로 정하는 주요 건축물"이란 다음 각 호의 건축물을 말한다.

1. 다중이용 건축물

2. 준다중이용 건축물

[본조신설 2017.2.3.]

제20조 【현장조사·검사 및 확인업무의 대행】 ① 허가권자는 법 제27조제1항에 따라 건축조례로 정하는 건축물의 건축허가, 건축신고, 사용승인 및 임시사용승인과 관련되는 현장조사·검사 및 확인업무를 건축사로 하여금 대행하게 할 수 있다. 이 경우 허가권자는 건축물의 사용승인 및 임시사용승인과 관련된 현장조사·검사 및 확인업무를 대행할 건축사를 다음 각 호의 기준에 따라 선정하여야 한다. <개정 2014.11.28.>

1. 해당 건축물의 설계자 또는 공사감리자가 아닐 것

2. 건축주의 추천을 받지 아니하고 직접 선정할 것

② 시·도지사는 법 제27조제1항에 따라 현장조사·검사 및 확인업무를 대행하게 하는 건축사(이하 이 조에서 "업무대행건축사"라 한다)의 명부를 모집공고를 거쳐 작성·관리해야 한다. 이 경우 시·도지사는 미리 관할 시장·군수·구청장과 협의해야 한다. <신설 2021.1.8.>

③ 허가권자는 제2항에 따른 명부에서 업무대행건축사를 지정해야 한다. <신설 2021.1.8.>

④ 제2항 및 제3항에 따른 업무대행건축사 모집공고, 명부 작성·관리 및 지정에 필요한 사항은 시·도의 조례로 정한다.. <개정 2021.1.8.>

[전문개정 2008.10.29.]

제21조 【공사현장의 위해 방지】 건축물의 시공 또는 해체에 따른 유해·위험의 방지에 관한 사항은 산업안전보건에 관한 법령에서 정하는 바에 따른다. <개정 2020.4.28.>

[전문개정 2008.10.29]

제22조 【공용건축물에 대한 특례】 ① 국가 또는 지방자치단체가 법 제29조에 따라 건축물을 건축하려면 해당 건축공사를 시행하는 행정기관의 장 또는 그 위임을 받은 자는 건축공사에 착수하기 전에 그 공사에 관한 설계도서와 국토교통부령으로 정하는 관계 서류를 허가권자에게 제출(전자문서에 의한 제출을 포함한다)하여야 한다. 다만, 국가안보상 중요하거나 국가기밀에 속하는 건축물을 건축하는 경우에는 설계도서의 제출을 생략할 수 있다. <개정 2013.3.23.>

② 허가권자는 제1항 본문에 따라 제출된 설계도서와 관계 서류를 심사한 후 그 결과를 해당 행정기관의 장 또는 그 위임을 받은 자에게 통지(해당 행정기관의 장 또는 그 위임을 받은 자가 원하거나 전자문서로 제1항에 따른 설계도서 등을 제출한 경우에

는 전자문서로 알리는 것을 포함한다)하여야 한다.

③ 국가 또는 지방자치단체는 법 제29조제3항 단서에 따라 건축물의 공사가 완료되었음을 허가권자에게 통보하는 경우에는 국토교통부령으로 정하는 관계 서류를 첨부하여야 한다. <개정 2013.3.23.>

④ 법 제29조제4항 전단에서 "주민편의시설 등 대통령령으로 정하는 시설"이란 다음 각 호의 시설을 말한다. <신설 2016.7.19.>

1. 제1종 근린생활시설
2. 제2종 근린생활시설(총포판매소, 장의사, 다중생활시설, 제조업소, 단란주점, 안마시술소 및 노래연습장은 제외한다)
3. 문화 및 집회시설(공연장 및 전시장으로 한정한다)
4. 의료시설
5. 교육연구시설
6. 노유자시설
7. 운동시설
8. 업무시설(오피스텔은 제외한다)

[전문개정 2008.10.29.]

제22조의2【건축 허가업무 등의 전산처리 등】① 법 제32조제2항 각 호 외의 부분 본문에 따라 같은 조 제1항에 따른 전자정보처리 시스템으로 처리된 자료(이하 "전산자료"라 한다)를 이용하려는 자는 관계 중앙행정기관의 장의 심사를 받기 위하여 다음 각 호의 사항을 적은 신청서를 관계 중앙행정기관의 장에게 제출하여야 한다.

1. 전산자료의 이용 목적 및 근거
2. 전산자료의 범위 및 내용
3. 전산자료를 제공받는 방식
4. 전산자료의 보관방법 및 안전관리대책 등

② 제1항에 따라 전산자료를 이용하려는 자는 전산자료의 이용목적에 맞는 최소한의 범위에서 신청하여야 한다.

③ 제1항에 따른 신청을 받은 관계 중앙행정기관의 장은 다음 각 호의 사항을 심사한 후 신청받은 날부터 15일 이내에 그 심사결과를 신청인에게 알려야 한다.

1. 제1항 각 호의 사항에 대한 타당성·적합성 및 공익성
2. 법 제3조제3항에 따른 개인정보 보호기준에의 적합 여부
3. 전산자료의 이용목적 외 사용방지 대책의 수립 여부

④ 법 제3조제2항에 따라 전산자료 이용의 승인을 받으려는 자는 국토교통부령으로 정하는 건축행정 전산자료 이용승인 신청서에 제3항에 따른 심사결과를 첨부하여 국토교통부장관, 시·도지사 또는 시장·군수·구청장에게 제출하여야 한다. 다만, 중앙행정기관의 장 또는 지방자치단체의 장이 전산자료를 이용하려는 경우에는 전산자료 이용의 근거·목적 및 안전관리대책 등을 적은 문서로 승인을 신청할 수 있다. <개정 2013.3.23>

⑤ 법 제3조제3항 전단에서 "대통령령으로 정하는 건축주 등의 개인정보 보호기준"이란 다음 각 호의 기준을 말한다.

1. 신청한 전산자료는 그 자료에 포함되어 있는 성명·주민등록번호 등의 사항에 따라 특정 개인임을 알 수 있는 정보(해당 정보만으로는 특정개인을 식별할 수 없더라도 다른 정보와 쉽게 결합하여 식별할 수 있는 정보를 포함한다), 그 밖에 개인의 사생활을 침해할 우려가 있는 정보가 아닐 것. 다만, 개인의 동의가 있거나 다른 법률에 근거가 있는 경우에는 이용하게 할 수 있다.
2. 제1호 단서에 따라 개인정보가 포함된 전산자료를 이용하는 경우에는 전산자료의 이용목적 외의 사용 또는 외부로의 누출·분실·도난 등을 방지할 수 있는 안전관리대책이 마련되어 있을 것

⑥ 국토교통부장관, 시·도지사 또는 시장·군수·구청장은 법 제3조제3항에 따라 전산자료의 이용을 승인하였으면 그 승인한 내용을 기록·관리하여야 한다. <개정 2013.3.23>

[전문개정 2008.10.29]

제22조의3【전산자료의 이용자에 대한 지도·감독의 대상 등】① 법 제33조제1항에 따라 전산자료를 이용하는 자에 대하여 그 보유 또는 관리 등에 관한 사항을 지도·감독하는 대상은 다음 각 호의 구분에 따른 전산자료(다른 법령에 따라 제공받은 전산자료를 포함한다)를 이용하는 자로 한다. 다만, 국가 및 지방자치단체는 제외한다. <개정 2013.3.23>

1. 국토교통부장관: 연간 50만 건 이상 전국 단위의 전산자료를 이용하는 자
2. 시·도지사: 연간 10만 건 이상 시·도 단위의 전산자료를 이용하는 자
3. 시장·군수·구청장: 연간 5만 건 이상 시·군·구 단위의 전산자료를 이용하는 자

② 국토교통부장관, 시·도지사 또는 시장·군수·구청장은 법 제33조제1항에 따른 지도·감독을 위하여 필요한 경우에는 제1항에 따른 지도·감독 대상에 해당하는 자에 대하여 다음 각 호의 자료를 제출하도록 요구할 수 있다. <개정 2013.3.23>

1. 전산자료의 이용실태에 관한 자료
2. 전산자료의 이용에 따른 안전관리대책에 관한 자료

③ 제2항에 따라 자료제출을 요구받은 자는 정당한 사유가 있는 경우를 제외하고는 15일 이내에 관련 자료를 제출하여야 한다.

④ 국토교통부장관, 시·도지사 또는 시장·군수·구청장은 법 제33조제1항에 따라 전산자료의 이용실태에 관한 현지조사를 하려면 조사대상자에게 조사 목적·내용, 조사자의 인적사항, 조사 일시 등을 7일 전까지 알려야 한다. <개정 2019.8.6.>

⑤ 국토교통부장관, 시·도지사 또는 시장·군수·구청장은 제4항에 따른 현지조사 결과를 조사대상자에게 알려야 하며, 조사 결과 필요한 경우에는 시정을 요구할 수 있다. <개정 2013.3.23>

[전문개정 2008.10.29]

제22조의4【건축에 관한 종합민원실】 ① 법 제34조에 따라 특별자치시·특별자치도 또는 시·군·구에 설치하는 민원실은 다음 각 호의 업무를 처리한다. <개정 2014.10.14.>

1. 법 제22조에 따른 사용승인에 관한 업무
2. 법 제27조제1항에 따라 건축사가 현장조사·검사 및 확인업무를 대행하는 건축물의 건축허가와 사용승인 및 임시사용승인에 관한 업무
3. 건축물대장의 작성 및 관리에 관한 업무
4. 복합민원의 처리에 관한 업무
5. 건축허가·건축신고 또는 용도변경에 관한 상담 업무
6. 건축관계자 사이의 분쟁에 대한 상담
7. 그 밖에 특별자치시장·특별자치도지사 또는 시장·군수·구청장이 주민의 편익을 위하여 필요하다고 인정하는 업무

② 제1항에 따른 민원실은 민원인의 이용에 편리한 곳에 설치하고, 그 조직 및 기능에 관하여는 특별자치시·특별자치도 또는 시·군·구의 규칙으로 정한다. <개정 2014.10.14.>

[전문개정 2008.10.29]

제3장 건축물의 유지와 관리

제23조 삭제 <2020.4.28.>

제23조의2 삭제 <2020.4.28.>

제23조의3 삭제 <2020.4.28.>

제23조의4 삭제 <2020.4.28.>

제23조의5 삭제 <2020.4.28.>

제23조의6 삭제 <2020.4.28.>

제23조의7 삭제 <2020.4.28.>

제23조의8 삭제 <2019.8.6.>

제24조【건축지도원】 ① 법 제37조에 따른 건축지도원(이하 "건축지도원"이라 한다)은 특별자치시장·특별자치도지사 또는 시장·군수·구청장이 특별자치시·특별자치도 또는 시·군·구에 근무하는 건축직렬의 공무원과 건축에 관한 학식이 풍부한 자로서 건축조례로 정하는 자격을 갖춘 자 중에서 지정한다. <개정 2014.10.14.>

② 건축지도원의 업무는 다음 각 호와 같다.

1. 건축신고를 하고 건축 중에 있는 건축물의 시공 지도와 위법 시공 여부의 확인·지도 및 단속
2. 건축물의 대지, 높이 및 형태, 구조 안전 및 화재 안전, 건축설비 등이 법령등에 적합하게 유지·관리되고 있는지의 확인·지도 및 단속
3. 허가를 받지 아니하거나 신고를 하지 아니하고 건축하거나 용도변경한 건축물의 단속

③ 건축지도원은 제2항의 업무를 수행할 때에는 권한을 나타내는 증표를 지니고 관계인에게 내보여야 한다.

④ 건축지도원의 지정 절차, 보수 기준 등에 관하여 필요한 사항은 건축조례로 정한다.

[전문개정 2008.10.29.]

제25조【건축물대장】 법 제38조제1항제4호에서 "대통령령으로 정하는 경우"란 다음 각 호의 어느 하나에 해당하는 경우를 말한다. <개정 2013.3.23.>

1. 「집합건물의 소유 및 관리에 관한 법률」 제56조 및 제57조에 따른 건축물대장의 신규등록 및 변경등록의 신청이 있는 경우
2. 법 시행일 전에 법령등에 적합하게 건축되고 유지·관리된 건축물의 소유자가 그 건축물의 건축물관리대장이나 그 밖에 이와 비슷한 공부(公簿)를 법 제38조에 따른 건축물대장에 옮겨 적을 것을 신청한 경우
3. 그 밖에 기재내용의 변경 등이 필요한 경우로서 국토교통부령으로 정하는 경우

[전문개정 2008.10.29.]

제4장 건축물의 대지 및 도로

제26조 삭제 <1999.4.30>

제27조【대지의 조경】 ① 법 제42조제1항 단서에 따라

다음 각 호의 어느 하나에 해당하는 건축물에 대하여는 조경 등의 조치를 하지 아니할 수 있다. <개정 2013.3.23.>

1. 녹지지역에 건축하는 건축물
2. 면적 5천 제곱미터 미만인 대지에 건축하는 공장
3. 연면적의 합계가 1천500제곱미터 미만인 공장
4. 「산업집적활성화 및 공장설립에 관한 법률」 제2조제14호에 따른 산업단지의 공장
5. 대지에 염분이 함유되어 있는 경우 또는 건축물 용도의 특성상 조경 등의 조치를 하기가 곤란하거나 조경 등의 조치를 하는 것이 불합리한 경우로서 건축조례로 정하는 건축물
6. 축사
7. 법 제20조제1항에 따른 가설건축물
8. 연면적의 합계가 1천500제곱미터 미만인 물류시설(주거지역 또는 상업지역에 건축하는 것은 제외한다)로서 국토교통부령으로 정하는 것
9. 「국토의 계획 및 이용에 관한 법률」에 따라 지정된 자연환경보전지역·농림지역 또는 관리지역(지구단위계획구역으로 지정된 지역은 제외한다)의 건축물
10. 다음 각 목의 어느 하나에 해당하는 건축물 중 건축조례로 정하는 건축물
    가. 「관광진흥법」 제2조제6호에 따른 관광지 또는 같은 조 제7호에 따른 관광단지에 설치하는 관광시설
    나. 「관광진흥법 시행령」 제2조제1항제3호가목에 따른 전문휴양업의 시설 또는 같은 호 나목에 따른 종합휴양업의 시설
    다. 「국토의 계획 및 이용에 관한 법률 시행령」 제48조제10호에 따른 관광·휴양형 지구단위계획구역에 설치하는 관광시설
    라. 「체육시설의 설치·이용에 관한 법률 시행령」 별표 1에 따른 골프장
② 법 제42조제1항 단서에 따른 조경 등의 조치에 관한 기준은 다음 각 호와 같다. 다만, 건축조례로 다음 각 호의 기준보다 더 완화된 기준을 정한 경우에는 그 기준에 따른다. <개정 2017.3.29., 2019.3.12.>

1. 공장(제1항제2호부터 제4호까지의 규정에 해당하는 공장은 제외한다) 및 물류시설(제1항제8호에 해당하는 물류시설과 주거지역 또는 상업지역에 건축하는 물류시설은 제외한다)
    가. 연면적의 합계가 2천 제곱미터 이상인 경우: 대지면적의 10퍼센트 이상
    나. 연면적의 합계가 1천500 제곱미터 이상 2천 제곱미터 미만인 경우: 대지면적의 5퍼센트 이상
2. 「공항시설법」 제2조제7호에 따른 공항시설: 대지면적(활주로·유도로·계류장·착륙대 등 항공기의 이륙 및 착륙시설로 쓰는 면적은 제외한다)의 10퍼센트 이상
3. 「철도의 건설 및 철도시설 유지관리에 관한 법률」 제2조제1호에 따른 철도 중 역시설: 대지면적(선로·승강장 등 철도운행에 이용되는 시설의 면적은 제외한다)의 10퍼센트 이상
4. 그 밖에 면적 200제곱미터 이상 300제곱미터 미만인 대지에 건축하는 건축물: 대지면적의 10퍼센트 이상
③ 건축물의 옥상에 법 제42조제2항에 따라 국토교통부장관이 고시하는 기준에 따라 조경이나 그 밖에 필요한 조치를 하는 경우에는 옥상부분 조경면적의 3분의 2에 해당하는 면적을 법 제42조제1항에 따른 대지의 조경면적으로 산정할 수 있다. 이 경우 조경면적으로 산정하는 면적은 법 제42조제1항에 따른 조경면적의 100분의 50을 초과할 수 없다. <개정 2013.3.23.>
[전문개정 2008.10.29.]

제27조의2 【공개 공지 등의 확보】 ① 법 제43조제1항에 따라 다음 각 호의 어느 하나에 해당하는 건축물의 대지에는 공개 공지 또는 공개 공간(이하 이 조에서 "공개공지등"이라 한다)을 설치해야 한다. 이 경우 공개 공지는 필로티의 구조로 설치할 수 있다. <개정 2019.10.22.>

1. 문화 및 집회시설, 종교시설, 판매시설(「농수산물 유통 및 가격안정에 관한 법률」에 따른 농수산물 유통시설은 제외한다), 운수시설(여객용 시설만 해당한다), 업무시설 및 숙박시설로서 해당 용도로 쓰는 바닥면적의 합계가 5천 제곱미터 이상인 건축물
2. 그 밖에 다중이 이용하는 시설로서 건축조례로 정하는 건축물
② 공개공지등의 면적은 대지면적의 100분의 10 이하의 범위에서 건축조례로 정한다. 이 경우 법 제42조에 따른 조경면적과 「매장문화재 보호 및 조사에 관한 법률」 제14조제1항제1호에 따른 매장문화재의 현지보존 조치 면적을 공개공지등의 면적으로 할 수 있다. <개정 2015.8.3., 2017.6.27.>
③ 제1항에 따라 공개공지등을 설치할 때에는 모든 사람들이 환경친화적으로 편리하게 이용할 수 있도록 긴 의자 또는 조경시설 등 건축조례로 정하는 시설을 설치해야 한다. <개정 2019.10.22.>

④ 제1항에 따른 건축물(제1항에 따른 건축물과 제1항에 해당되지 아니하는 건축물이 하나의 건축물로 복합된 경우를 포함한다)에 공개공지등을 설치하는 경우에는 법 제43조제2항에 따라 다음 각 호의 범위에서 대지면적에 대한 공개공지등 면적 비율에 따라 법 제56조 및 제60조를 완화하여 적용한다. 다만, 다음 각 호의 범위에서 건축조례로 정한 기준이 완화 비율보다 큰 경우에는 해당 건축조례로 정하는 바에 따른다. <개정 2014.11.11.>

1. 법 제56조에 따른 용적률은 해당 지역에 적용하는 용적률의 1.2배 이하

2. 법 제60조에 따른 높이 제한은 해당 건축물에 적용하는 높이기준의 1.2배 이하

⑤ 제1항에 따른 공개공지등의 설치대상이 아닌 건축물(「주택법」 제15조제1항에 따른 사업계획승인 대상인 공동주택 중 주택 외의 시설과 주택을 동일 건축물로 건축하는 것 외의 공동주택은 제외한다)의 대지에 법 제43조제4항, 이 조 제2항 및 제3항에 적합한 공개 공지를 설치하는 경우에는 제4항을 준용한다. <개정 2016.8.11., 2017.1.20., 2019.10.22.>

⑥ 공개공지등에는 연간 60일 이내의 기간 동안 건축조례로 정하는 바에 따라 주민들을 위한 문화행사를 열거나 판촉활동을 할 수 있다. 다만, 울타리를 설치하는 등 공중이 해당 공개공지등을 이용하는데 지장을 주는 행위를 해서는 아니 된다. <신설 2009.6.30.>

⑦ 법 제43조제4항에 따라 제한되는 행위는 다음 각 호와 같다. <신설 2020.4.21.>

1. 공개공지등의 일정 공간을 점유하여 영업을 하는 행위

2. 공개공지등의 이용에 방해가 되는 행위로서 다음 각 목의 행위

　가. 공개공지등에 제3항에 따른 시설 외의 시설물을 설치하는 행위

　나. 공개공지등에 물건을 쌓아 놓는 행위

3. 울타리나 담장 등의 시설을 설치하거나 출입구를 폐쇄하는 등 공개공지등의 출입을 차단하는 행위

4. 공개공지등과 그에 설치된 편의시설을 훼손하는 행위

5. 그 밖에 제1호부터 제4호까지의 행위와 유사한 행위로서 건축조례로 정하는 행위

[전문개정 2008.10.29.]

제28조 【대지와 도로의 관계】 ① 법 제44조제1항제2호에서 "대통령령으로 정하는 공지"란 광장, 공원, 유원지, 그 밖에 관계 법령에 따라 건축이 금지되고 공중의 통행에 지장이 없는 공지로서 허가권자가 인정한 것을 말한다.

② 법 제44조제2항에 따라 연면적의 합계가 2천 제곱미터(공장인 경우에는 3천 제곱미터) 이상인 건축물(축사, 작물 재배사, 그 밖에 이와 비슷한 건축물로서 건축조례로 정하는 규모의 건축물은 제외한다)의 대지는 너비 6미터 이상의 도로에 4미터 이상 접하여야 한다. <개정 2009.7.16>

[전문개정 2008.10.29]

제29조 삭제 <1999.4.30>

제30조 삭제 <1999.4.30>

제31조 【건축선】 ① 법 제46조제1항에 따라 너비 8미터 미만인 도로의 모퉁이에 위치한 대지의 도로모퉁이 부분의 건축선은 그 대지에 접한 도로경계선의 교차점으로부터 도로경계선에 따라 다음의 표에 따른 거리를 각각 후퇴한 두 점을 연결한 선으로 한다.

(단위: 미터)

도로의 교차각	해당도로의 너비		교차되는 도로의 너비
	6이상 8미만	4이상 6미만	
90° 미만	4	3	6이상 8미만
	3	2	4이상 6미만
90° 이상 120° 미만	3	2	6이상 8미만
	2	2	4이상 6미만

② 특별자치시장·특별자치도지사 또는 시장·군수·구청장은 법 제46조제2항에 따라 「국토의 계획 및 이용에 관한 법률」 제36조제1항제1호에 따른 도시지역에는 4미터 이하의 범위에서 건축선을 따로 지정할 수 있다. <개정 2014.10.14.>

③ 특별자치시장·특별자치도지사 또는 시장·군수·구청장은 제2항에 따라 건축선을 지정하려면 미리 그 내용을 해당 지방자치단체의 공보(公報), 일간신문 또는 인터넷 홈페이지 등에 30일 이상 공고하여야 하며, 공고한 내용에 대하여 의견이 있는 자는 공고기간에 특별자치시장·특별자치도지사 또는 시장·군수·구청장에게 의견을 제출(전자문서에 의한 제출을 포함한다)할 수 있다. <개정 2014.10.14.>

[전문개정 2008.10.29]

제5장 건축물의 구조 및 재료 등
<개정 2014.11.28.>

제32조 【구조 안전의 확인】 ① 법 제48조제2항에 따라 법 제11조제1항에 따른 건축물을 건축하거나 대수선하는 경우 해당 건축물의 설계자는 국토교통부령으로 정하는 구조기준 등에 따라 그 구조의 안전을 확인하여야 한다. <개정 2014.11.28.>

1.~7. 삭제 <2014.11.28>

② 제1항에 따라 구조 안전을 확인한 건축물 중 다음 각 호의 어느 하나에 해당하는 건축물의 건축주는 해당 건축물의 설계자로부터 구조 안전의 확인 서류를 받아 법 제21조에 따른 착공신고를 하는 때에 그 확인 서류를 허가권자에게 제출하여야 한다. 다만, 표준설계도서에 따라 건축하는 건축물은 제외한다. <개정 2015.9.22., 2017.2.3., 2017.10.24., 2018.12.4.>

1. 층수가 2층[주요구조부인 기둥과 보를 설치하는 건축물로서 그 기둥과 보가 목재인 목구조 건축물(이하 "목구조 건축물"이라 한다)의 경우에는 3층] 이상인 건축물

2. 연면적이 200제곱미터(목구조 건축물의 경우에는 500제곱미터) 이상인 건축물. 다만, 창고, 축사, 작물 재배사는 제외한다.

3. 높이가 13미터 이상인 건축물

4. 처마높이가 9미터 이상인 건축물

5. 기둥과 기둥 사이의 거리가 10미터 이상인 건축물

6. 건축물의 용도 및 규모를 고려한 중요도가 높은 건축물로서 국토교통부령으로 정하는 건축물

7. 국가적 문화유산으로 보존할 가치가 있는 건축물로서 국토교통부령으로 정하는 것

8. 제2조제18호가목 및 다목의 건축물

9. 별표 1 제1호의 단독주택 및 같은 표 제2호의 공동주택 <신설 2017.10.24>

③ 제6조제1항제6다목에 따라 기존 건축물을 건축 또는 대수선하려는 건축주는 법 제5조제1항에 따라 적용의 완화를 요청할 때 구조 안전의 확인 서류를 허가권자에게 제출하여야 한다. <신설 2017.2.3.>

[전문개정 2008.10.29.]

제32조의2【건축물의 내진능력 공개】 ① 법 제48조의3 제1항 각 호 외의 부분 단서에서 "대통령령으로 정하는 건축물"이란 다음 각 호의 어느 하나에 해당하는 건축물을 말한다.

1. 창고, 축사, 작물 재배사 및 표준설계도서에 따라 건축하는 건축물로서 제32조제2항제1호 및 제3호부터 제9호까지의 어느 하나에도 해당하지 아니하는 건축물

2. 제32조제1항에 따른 구조기준 중 국토교통부령으로 정하는 소규모건축구조기준을 적용한 건축물

② 법 제48조의3제1항제3호에서 "대통령령으로 정하는 건축물"이란 제32조제2항제3호부터 제9호까지의 어느 하나에 해당하는 건축물을 말한다.

[본조신설 2018.6.26.]

제33조 삭제 <1999.4.30>

제34조【직통계단의 설치】 ① 건축물의 피난층(직접 지상으로 통하는 출입구가 있는 층 및 제3항과 제4항에 따른 피난안전구역을 말한다. 이하 같다) 외의 층에서는 피난층 또는 지상으로 통하는 직통계단(경사로를 포함한다. 이하 같다)을 거실의 각 부분으로부터 계단(거실로부터 가장 가까운 거리에 있는 1개소의 계단을 말한다)에 이르는 보행거리가 30미터 이하가 되도록 설치해야 한다. 다만, 건축물(지하층에 설치하는 것으로서 바닥면적의 합계가 300제곱미터 이상인 공연장·집회장·관람장 및 전시장은 제외한다)의 주요구조부가 내화구조 또는 불연재료로 된 건축물은 그 보행거리가 50미터(층수가 16층 이상인 공동주택의 경우 16층 이상인 층에 대해서는 40미터) 이하가 되도록 설치할 수 있으며, 자동화 생산시설에 스프링클러 등 자동식 소화설비를 설치한 공장으로서 국토교통부령으로 정하는 공장인 경우에는 그 보행거리가 75미터(무인화 공장인 경우에는 100미터) 이하가 되도록 설치할 수 있다. <개정 2019.8.6., 2020.10.8.>

② 법 제49조제1항에 따라 피난층 외의 층이 다음 각 호의 어느 하나에 해당하는 용도 및 규모의 건축물에는 국토교통부령으로 정하는 기준에 따라 피난층 또는 지상으로 통하는 직통계단을 2개소 이상 설치하여야 한다. <개정 2015.9.22., 2017.2.3.>

1. 제2종 근린생활시설 중 공연장·종교집회장, 문화 및 집회시설(전시장 및 동·식물원은 제외한다), 종교시설, 위락시설 중 주점영업 또는 장례시설의 용도로 쓰는 층으로서 그 층에서 해당 용도로 쓰는 바닥면적의 합계가 200제곱미터(제2종 근린생활시설 중 공연장·종교집회장은 각각 300제곱미터) 이상인 것

2. 단독주택 중 다중주택·다가구주택, 제1종 근린생활시설 중 정신과의원(입원실이 있는 경우로 한정한다), 제2종 근린생활시설 중 인터넷컴퓨터게임시설제공업소(해당 용도로 쓰는 바닥면적의 합계가 300제곱미터 이상인 경우만 해당한다)·학원·독서실, 판매시설, 운수시설(여객용 시설만 해당한다), 의료시설(입원실이 없는 치과병원은 제외한다), 교육연구시설 중 학원, 노유자시설 중 아동 관련 시설·노인복지시설·장애인 거주시설(「장애인복지법」 제58조제1항제1호에 따른 장애인 거주시설 중 국토교통부령으로 정하는 시설을 말한다. 이하 같다) 및 「장애인복지법」 제58조제1항제4호에 따른 장애인 의료재활시설(이하 "장애인 의료재활시설"이

라 한다), 수련시설 중 유스호스텔 또는 숙박시설의 용도로 쓰는 3층 이상의 층으로서 그 층의 해당 용도로 쓰는 거실의 바닥면적의 합계가 200제곱미터 이상인 것

3. 공동주택(층당 4세대 이하인 것은 제외한다) 또는 업무시설 중 오피스텔의 용도로 쓰는 층으로서 그 층의 해당 용도로 쓰는 거실의 바닥면적의 합계가 300제곱미터 이상인 것

4. 제1호부터 제3호까지의 용도로 쓰지 아니하는 3층 이상의 층으로서 그 층 거실의 바닥면적의 합계가 400제곱미터 이상인 것

5. 지하층으로서 그 층 거실의 바닥면적의 합계가 200제곱미터 이상인 것

③ 초고층 건축물에는 피난층 또는 지상으로 통하는 직통계단과 직접 연결되는 피난안전구역(건축물의 피난·안전을 위하여 건축물 중간층에 설치하는 대피공간을 말한다. 이하 같다)을 지상층으로부터 최대 30개 층마다 1개소 이상 설치하여야 한다. <개정 2011.12.30.>

④ 준초고층 건축물에는 피난층 또는 지상으로 통하는 직통계단과 직접 연결되는 피난안전구역을 해당 건축물 전체 층수의 2분의 1에 해당하는 층으로부터 상하 5개층 이내에 1개소 이상 설치하여야 한다. 다만, 국토교통부령으로 정하는 기준에 따라 피난층 또는 지상으로 통하는 직통계단을 설치하는 경우에는 그러하지 아니하다. <개정 2013.3.23>

⑤ 제3항 및 제4항에 따른 피난안전구역의 규모와 설치기준은 국토교통부령으로 정한다. <개정 2013.3.23>
[전문개정 2008.10.29.]

제35조【피난계단의 설치】 ① 법 제49조제1항에 따라 5층 이상 또는 지하 2층 이하인 층에 설치하는 직통계단은 국토교통부령으로 정하는 기준에 따라 피난계단 또는 특별피난계단으로 설치하여야 한다. 다만, 건축물의 주요구조부가 내화구조 또는 불연재료로 되어 있는 경우로서 다음 각 호의 어느 하나에 해당하는 경우에는 그러하지 아니하다. <개정 2013.3.23>

1. 5층 이상인 층의 바닥면적의 합계가 200제곱미터 이하인 경우

2. 5층 이상인 층의 바닥면적 200제곱미터 이내마다 방화구획이 되어 있는 경우

② 건축물(갓복도식 공동주택은 제외한다)의 11층(공동주택의 경우에는 16층) 이상인 층(바닥면적이 400제곱미터 미만인 층은 제외한다) 또는 지하 3층 이하인 층(바닥면적이 400제곱미터미만인 층은 제외한다)으로부터 피난층 또는 지상으로 통하는 직통계단

은 제1항에도 불구하고 특별피난계단으로 설치하여야 한다. <개정 2008.10.29>

③ 제1항에서 판매시설의 용도로 쓰는 층으로부터의 직통계단은 그 중 1개소 이상을 특별피난계단으로 설치하여야 한다. <개정 2008.10.29>

④ 삭제 <1995.12.30>

⑤ 건축물의 5층 이상인 층으로서 문화 및 집회시설 중 전시장 또는 동·식물원, 판매시설, 운수시설(여객용 시설만 해당한다), 운동시설, 위락시설, 관광휴게시설(다중이 이용하는 시설만 해당한다) 또는 수련시설 중 생활권 수련시설의 용도로 쓰는 층에는 제34조에 따른 직통계단 외에 그 층의 해당 용도로 쓰는 바닥면적의 합계가 2천 제곱미터를 넘는 경우에는 그 넘는 2천 제곱미터 이내마다 1개소의 피난계단 또는 특별피난계단(4층 이하의 층에는 쓰지 아니하는 피난계단 또는 특별피난계단만 해당한다)을 설치하여야 한다. <개정 2009.7.16>

⑥ 삭제 <1999.4.30>

제36조【옥외 피난계단의 설치】 건축물의 3층 이상인 층(피난층은 제외한다)으로서 다음 각 호의 어느 하나에 해당하는 용도로 쓰는 층에는 제34조에 따른 직통계단 외에 그 층으로부터 지상으로 통하는 옥외피난계단을 따로 설치하여야 한다. <개정 2014.3.24.>

1. 제2종 근린생활시설 중 공연장(해당 용도로 쓰는 바닥면적의 합계가 300제곱미터 이상인 경우만 해당한다), 문화 및 집회시설 중 공연장이나 위락시설 중 주점영업의 용도로 쓰는 층으로서 그 층 거실의 바닥면적의 합계가 300제곱미터 이상인 것

2. 문화 및 집회시설 중 집회장의 용도로 쓰는 층으로서 그 층 거실의 바닥면적의 합계가 1천 제곱미터 이상인 것
[전문개정 2008.10.29]

제37조【지하층과 피난층 사이의 개방공간 설치】 바닥면적의 합계가 3천 제곱미터 이상인 공연장·집회장·관람장 또는 전시장을 지하층에 설치하는 경우에는 각 실에 있는 자가 지하층 각 층에서 건축물 밖으로 피난하여 옥외 계단 또는 경사로 등을 이용하여 피난층으로 대피할 수 있도록 천장이 개방된 외부 공간을 설치하여야 한다.
[전문개정 2008.10.29]

제38조【관람실 등으로부터의 출구 설치】 법 제49조제1항에 따라 다음 각 호의 어느 하나에 해당하는 건축물에는 국토교통부령으로 정하는 기준에 따라 관람실 또는 집회실로부터의 출구를 설치해야 한다.

<개정 2017.2.3., 2019.8.6.>

1. 제2종 근린생활시설 중 공연장·종교집회장(해당 용도로 쓰는 바닥면적의 합계가 각각 300제곱미터 이상인 경우만 해당한다)
2. 문화 및 집회시설(전시장 및 동·식물원은 제외한다)
3. 종교시설
4. 위락시설
5. 장례시설

[전문개정 2008.10.29][제목개정 2019.8.6.]

제39조【건축물 바깥쪽으로의 출구 설치】 ① 법 제49조제1항에 따라 다음 각 호의 어느 하나에 해당하는 건축물에는 국토교통부령으로 정하는 기준에 따라 그 건축물로부터 바깥쪽으로 나가는 출구를 설치하여야 한다. <개정 2017.2.3.>

1. 제2종 근린생활시설 중 공연장·종교집회장(해당 용도로 쓰는 바닥면적의 합계가 각각 300제곱미터 이상인 경우만 해당한다)
2. 문화 및 집회시설(전시장 및 동·식물원은 제외한다)
3. 종교시설
4. 판매시설
5. 업무시설 중 국가 또는 지방자치단체의 청사
6. 위락시설
7. 연면적이 5천 제곱미터 이상인 창고시설
8. 교육연구시설 중 학교
9. 장례시설
10. 승강기를 설치하여야 하는 건축물

② 법 제49조제1항에 따라 건축물의 출입구에 설치하는 회전문은 국토교통부령으로 정하는 기준에 적합하여야 한다. <개정 2013.3.23>

[전문개정 2008.10.29]

제40조【옥상광장 등의 설치】 ① 옥상광장 또는 2층 이상인 층에 있는 노대등[노대(露臺)나 그 밖에 이와 비슷한 것을 말한다. 이하 같다]의 주위에는 높이 1.2미터 이상의 난간을 설치하여야 한다. 다만, 그 노대등에 출입할 수 없는 구조인 경우에는 그러하지 아니하다. <개정 2018.9.4.>

② 5층 이상인 층이 제2종 근린생활시설 중 공연장·종교집회장·인터넷컴퓨터게임시설제공업소(해당 용도로 쓰는 바닥면적의 합계가 각각 300제곱미터 이상인 경우만 해당한다), 문화 및 집회시설(전시장 및 농·식물원은 제외한다), 종교시설, 판매시설, 위락시설 중 주점영업 또는 장례시설의 용도로 쓰는 경우에는 피난 용도로 쓸 수 있는 광장을 옥상에 설치하여야 한다. <개정 2014.3.24., 2017.2.3.>

③ 다음 각 호의 어느 하나에 해당하는 건축물은 옥상으로 통하는 출입문에 「소방시설 설치 및 관리에 관한 법률」 제40조제1항에 따른 성능인증 및 같은 조 제2항에 따른 제품검사를 받은 비상문자동개폐장치(화재 등 비상시에 소방시스템과 연동되어 잠김 상태가 자동으로 풀리는 장치를 말한다)를 설치해야 한다. <신설 2021.1.8., 2022.11.29>

1. 제2항에 따라 피난 용도로 쓸 수 있는 광장을 옥상에 설치해야 하는 건축물
2. 피난 용도로 쓸 수 있는 광장을 옥상에 설치하는 다음 각 목의 건축물
   가. 다중이용 건축물
   나. 연면적 1천제곱미터 이상인 공동주택

④ 층수가 11층 이상인 건축물로서 11층 이상인 층의 바닥면적의 합계가 1만 제곱미터 이상인 건축물의 옥상에는 다음 각 호의 구분에 따른 공간을 확보하여야 한다. <개정 2021.1.8.>

1. 건축물의 지붕을 평지붕으로 하는 경우: 헬리포트를 설치하거나 헬리콥터를 통하여 인명 등을 구조할 수 있는 공간
2. 건축물의 지붕을 경사지붕으로 하는 경우: 경사지붕 아래에 설치하는 대피공간

⑤ 제4항에 따른 헬리포트를 설치하거나 헬리콥터를 통하여 인명 등을 구조할 수 있는 공간 및 경사지붕 아래에 설치하는 대피공간의 설치기준은 국토교통부령으로 정한다. <개정 2021.1.8.>

[전문개정 2008.10.29.]

제41조【대지 안의 피난 및 소화에 필요한 통로 설치】 ① 건축물의 대지 안에는 그 건축물 바깥쪽으로 통하는 주된 출구와 지상으로 통하는 피난계단 및 특별피난계단으로부터 도로 또는 공지(공원, 광장, 그 밖에 이와 비슷한 것으로서 피난 및 소화를 위하여 해당 대지의 출입에 지장이 없는 것을 말한다. 이하 이 조에서 같다)로 통하는 통로를 다음 각 호의 기준에 따라 설치하여야 한다. <개정 2015.9.22., 2016.5.17., 2017.2.3.>

1. 통로의 너비는 다음 각 목의 구분에 따른 기준에 따라 확보할 것
   가. 단독주택: 유효 너비 0.9미터 이상
   나. 바닥면적의 합계가 500제곱미터 이상인 문화 및 집회시설, 종교시설, 의료시설, 위락시설 또는 장례시설: 유효 너비 3미터 이상
   다. 그 밖의 용도로 쓰는 건축물: 유효 너비 1.5미터 이상
2. 필로티 내 통로의 길이가 2미터 이상인 경우에는

피난 및 소화활동에 장애가 발생하지 아니하도록 자동차 진입억제용 말뚝 등 통로 보호시설을 설치하거나 통로에 단차(段差)를 둘 것

② 제1항에도 불구하고 다중이용 건축물, 준다중이용 건축물 또는 층수가 11층 이상인 건축물이 건축되는 대지에는 그 안의 모든 다중이용 건축물, 준다중이용 건축물 또는 층수가 11층 이상인 건축물에 「소방기본법」 제21조에 따른 소방자동차(이하 "소방자동차"라 한다)의 접근이 가능한 통로를 설치하여야 한다. 다만, 모든 다중이용 건축물, 준다중이용 건축물 또는 층수가 11층 이상인 건축물이 소방자동차의 접근이 가능한 도로 또는 공지에 직접 접하여 건축되는 경우로서 소방자동차가 도로 또는 공지에서 직접 소방활동이 가능한 경우에는 그러하지 아니하다. <개정 2015.9.22.>

[전문개정 2008.10.29.]

제42조 삭제 <1999.4.30>

제43조 삭제 <1999.4.30>

제44조 【피난 규정의 적용례】 건축물이 창문, 출입구, 그 밖의 개구부(開口部)(이하 "창문등"이라 한다)가 없는 내화구조의 바닥 또는 벽으로 구획되어 있는 경우에는 그 구획된 각 부분을 각각 별개의 건축물로 보아 제34조부터 제41조까지 및 제48조를 적용한다. <개정 2018.9.4>

[전문개정 2008.10.29]

제45조 삭제 <1999.4.30>

제46조 【방화구획 등의 설치】 ① 법 제49조제2항 본문에 따라 주요구조부가 내화구조 또는 불연재료로 된 건축물로서 연면적이 1천 제곱미터를 넘는 것은 국토교통부령으로 정하는 기준에 따라 다음 각 호의 구조물로 구획(이하 "방화구획"이라 한다)을 해야 한다. 다만, 「원자력안전법」 제2조제8호 및 제10호에 따른 원자로 및 관계시설은 같은 법에서 정하는 바에 따른다. <개정 2019.8.6., 2020.10.8.7, 2022.4.29.>

1. 내화구조로 된 바닥 및 벽

2. 제64조제1호·제2호에 따른 방화문 또는 자동방화셔터(국토교통부령으로 정하는 기준에 적합한 것을 말한다. 이하 같다)

② 다음 각 호에 해당하는 건축물의 부분에는 제1항을 적용하지 않거나 그 사용에 지장이 없는 범위에서 제1항을 완화하여 적용할 수 있다. <개정 2017.2.3., 2019.8.6., 2020.10.8., 2022.4.29., 2023.5.15.>

1. 문화 및 집회시설(동·식물원은 제외한다), 종교시설, 운동시설 또는 장례시설의 용도로 쓰는 거실로서 시선 및 활동공간의 확보를 위하여 불가피한 부분

2. 물품의 제조·가공 및 운반 등(보관은 제외한다)에 필요한 고정식 대형 기기(器機) 또는 설비의 설치를 위하여 불가피한 부분. 다만, 지하층인 경우에는 지하층의 외벽 한쪽 면(지하층의 바닥면에서 지상층 바닥 아래면까지의 외벽 면적 중 4분의 1 이상이 되는 면을 말한다) 전체가 건물 밖으로 개방되어 보행과 자동차의 진입·출입이 가능한 경우로 한정한다.

3. 계단실·복도 또는 승강기의 승강장 및 승강로로서 그 건축물의 다른 부분과 방화구획으로 구획된 부분. 다만, 해당 부분에 위치하는 설비배관 등이 바닥을 관통하는 부분은 제외한다.

4. 건축물의 최상층 또는 피난층으로서 대규모 회의장·강당·스카이라운지·로비 또는 피난안전구역 등의 용도로 쓰는 부분으로서 그 용도로 사용하기 위하여 불가피한 부분

5. 복층형 공동주택의 세대별 층간 바닥 부분

6. 주요구조부가 내화구조 또는 불연재료로 된 주차장

7. 단독주택, 동물 및 식물 관련 시설 또는 <u>국방·군사시설</u>(집회, 체육, 창고 등의 용도로 사용되는 시설만 해당한다)로 쓰는 건축물 <개정 2023.5.15.>

8. 건축물의 1층과 2층의 일부를 동일한 용도로 사용하며 그 건축물의 다른 부분과 방화구획으로 구획된 부분(바닥면적의 합계가 500제곱미터 이하인 경우로 한정한다)

③ 건축물 일부의 주요구조부를 내화구조로 하거나 제2항에 따라 건축물의 일부에 제1항을 완화하여 적용한 경우에는 내화구조로 한 부분 또는 제1항을 완화하여 적용한 부분과 그 밖의 부분을 방화구획으로 구획하여야 한다. <개정 2018.9.4>

④ 공동주택 중 아파트로서 4층 이상인 층의 각 세대가 2개 이상의 직통계단을 사용할 수 없는 경우에는 <u>발코니(발코니의 외부에 접하는 경우를 포함한다)</u>에 인접 세대와 공동으로 또는 각 세대별로 다음 각 호의 요건을 모두 갖춘 대피공간을 하나 이상 설치해야 한다. 이 경우 인접 세대와 공동으로 설치하는 대피공간은 인접 세대를 통하여 2개 이상의 직통계단을 쓸 수 있는 위치에 우선 설치되어야 한다. <개정 2020.10.8., 2023.9.12.>

1. 대피공간은 바깥의 공기와 접할 것

2. 대피공간은 실내의 다른 부분과 방화구획으로 구획될 것

3. 대피공간의 바닥면적은 인접 세대와 공동으로 설

치하는 경우에는 3제곱미터 이상, 각 세대별로 설치하는 경우에는 2제곱미터 이상일 것

4. 대피공간으로 통하는 출입문에는 제64조제1항제1호에 따른 60분+ 방화문을 설치할 것

⑤ 제4항에도 불구하고 아파트의 4층 이상인 층에서 <u>발코니(제4호의 경우에는 발코니의 외부에 접하는 경우를 포함한다)</u>에 다음 각 호의 어느 하나에 해당하는 구조 또는 시설을 갖춘 경우에는 대피공간을 설치하지 않을 수 있다. <개정 2018.9.4., 2021.8.10., 2023.9.12.>

1. 발코니와 인접 세대와의 경계벽이 파괴하기 쉬운 경량구조 등인 경우

2. 발코니의 경계벽에 피난구를 설치한 경우

3. 발코니의 바닥에 국토교통부령으로 정하는 하향식 피난구를 설치한 경우

4. 국토교통부장관이 제4항에 따른 대피공간과 동일하거나 그 이상의 성능이 있다고 인정하여 고시하는 구조 또는 시설(이하 이 호에서 "대체시설"이라 한다)을 갖춘 경우. 이 경우 국토교통부장관은 대체시설의 성능에 대해 미리 「과학기술분야 정부출연연구기관 등의 설립·운영 및 육성에 관한 법률」 제8조제1항에 따라 설립된 한국건설기술연구원(이하 "한국건설기술연구원"이라 한다)의 기술검토를 받은 후 고시해야 한다.

⑥ 요양병원, 정신병원, 「노인복지법」 제34조제1항제1호에 따른 노인요양시설(이하 "노인요양시설"이라 한다), 장애인 거주시설 및 장애인 의료재활시설의 피난층 외의 층에는 다음 각 호의 어느 하나에 해당하는 시설을 설치하여야 한다. <신설 2015.9.22., 2018.9.4.>

1. 각 층마다 별도로 방화구획된 대피공간

2. 거실에 접하여 설치된 노대등

3. 계단을 이용하지 아니하고 건물 외부의 지상으로 통하는 경사로 또는 인접 건축물로 피난할 수 있도록 설치하는 연결복도 또는 연결통로

⑦ 법 제49조제2항 단서에서 "대규모 창고시설 등 대통령령으로 정하는 용도 및 규모의 건축물"이란 제2항제2호에 해당하여 제1항을 적용하지 않거나 완화하여 적용하는 부분이 포함된 창고시설을 말한다. <신설 2022.4.29.>

[전문개정 2008.10.29.][제목개정 2015.9.22.]

제47조 【방화에 장애가 되는 용도의 제한】 ① 법 제49조제2항 본문에 따라 의료시설, 노유자시설(아동 관련 시설 및 노인복지시설만 해당한다), 공동주택, 장례식장 또는 제1종 근린생활시설(산후조리원만 해당한다)과 위락시설, 위험물저장 및 처리시설, 공장 또

는 자동차 관련 시설(정비공장만 해당한다)은 같은 건축물에 함께 설치할 수 없다. 다만, 다음 각 호에 해당하는 경우로서 국토교통부령으로 정하는 경우에는 같은 건축물에 함께 설치할 수 있다. <개정 2016.1.19., 2016.7.19., 2018.2.9., 2022.4.29.>

1. 공동주택(기숙사만 해당한다)과 공장이 같은 건축물에 있는 경우

2. 중심상업지역·일반상업지역 또는 근린상업지역에서 「도시 및 주거환경정비법」에 따른 재개발사업을 시행하는 경우

3. 공동주택과 위락시설이 같은 초고층 건축물에 있는 경우. 다만, 사생활을 보호하고 방범·방화 등 주거 안전을 보장하며 소음·악취 등으로부터 주거 환경을 보호할 수 있도록 주택의 출입구·계단 및 승강기 등을 주택 외의 시설과 분리된 구조로 하여야 한다.

4. 「산업집적활성화 및 공장설립에 관한 법률」 제2조제13호에 따른 지식산업센터와 「영유아보육법」 제10조제4호에 따른 직장어린이집이 같은 건축물에 있는 경우

② 법 제49조제2항 본문에 따라 다음 각 호에 해당하는 용도의 시설은 같은 건축물에 함께 설치할 수 없다. <개정 2014.3.24., 2022.4.29.>

1. 노유자시설 중 아동 관련 시설 또는 노인복지시설과 판매시설 중 도매시장 또는 소매시장

2. 단독주택(다중주택, 다가구주택에 한정한다), 공동주택, 제1종 근린생활시설 중 조산원 또는 산후조리원과 제2종 근린생활시설 중 다중생활시설

[전문개정 2008.10.29.]

제48조 【계단·복도 및 출입구의 설치】 ① 법 제49조제2항 본문에 따라 연면적 200제곱미터를 초과하는 건축물에 설치하는 계단 및 복도는 국토교통부령으로 정하는 기준에 적합해야 한다. <개정 2022.4.29.>

② 법 제49조제2항 본문에 따라 제39조제1항 각 호에 해당하는 건축물의 출입구는 국토교통부령으로 정하는 기준에 적합해야 한다. <개정 2022.4.29.>

[전문개정 2008.10.29]

제49조 삭제 <1995.12.30>

제50조 【거실반자의 설치】 법 제49조제2항 본문에 따라 공장, 창고시설, 위험물저장 및 처리시설, 동물 및 식물 관련 시설, 자원순환 관련 시설 또는 묘지 관련 시설 외의 용도로 쓰는 건축물 거실의 반자(반자가 없는 경우에는 보 또는 바로 위층의 바닥판의 밑면, 그 밖에 이와 비슷한 것을 말한다)는 국토교통부령

으로 정하는 기준에 적합해야 한다. <개정 2014.3.24., 2022.4.29.>
[전문개정 2008.10.29]

제51조【거실의 채광 등】 ① 법 제49조제2항 본문에 따라 단독주택 및 공동주택의 거실, 교육연구시설 중 학교의 교실, 의료시설의 병실 및 숙박시설의 객실에는 국토교통부령으로 정하는 기준에 따라 채광 및 환기를 위한 창문등이나 설비를 설치해야 한다. <개정 2022.4.29.>
② 법 제49조제2항 본문에 따라 다음 각 호에 해당하는 건축물의 거실(피난층의 거실은 제외한다)에는 배연설비를 해야 한다. <개정 2015.9.22., 2017.2.3., 2019.10.22., 2020.10.8., 2022.4.29.>
1. 6층 이상인 건축물로서 다음 각 목에 해당하는 용도로 쓰는 건축물
  가. 제2종 근린생활시설 중 공연장, 종교집회장, 인터넷컴퓨터게임시설제공업소 및 다중생활시설(공연장, 종교집회장 및 인터넷컴퓨터게임시설제공업소는 해당 용도로 쓰는 바닥면적의 합계가 각각 300제곱미터 이상인 경우만 해당한다)
  나. 문화 및 집회시설
  다. 종교시설
  라. 판매시설
  마. 운수시설
  바. 의료시설(요양병원 및 정신병원은 제외한다)
  사. 교육연구시설 중 연구소
  아. 노유자시설 중 아동 관련 시설, 노인복지시설(노인요양시설은 제외한다)
  자. 수련시설 중 유스호스텔
  차. 운동시설
  카. 업무시설
  타. 숙박시설
  파. 위락시설
  하. 관광휴게시설
  거. 장례시설
2. 다음 각 목에 해당하는 용도로 쓰는 건축물
  가. 의료시설 중 요양병원 및 정신병원
  나. 노유자시설 중 노인요양시설·장애인 거주시설 및 장애인 의료재활시설
  다. 제1종 근린생활시설 중 산후조리원
③ 법 제49조제2항 본문에 따라 오피스텔에 거실 바닥으로부터 높이 1.2미터 이하 부분에 여닫을 수 있는 창문을 설치하는 경우에는 국토교통부령으로 정하는 기준에 따라 추락방지를 위한 안전시설을 설치해야 한다. <개정 2022.4.29.>

④ 법 제49조제3항에 따라 건축물의 11층 이하의 층에는 소방관이 진입할 수 있는 창을 설치하고, 외부에서 주야간에 식별할 수 있는 표시를 해야 한다. 다만, 다음 각 호의 어느 하나에 해당하는 아파트는 제외한다. <개정 2019.10.22.>
1. 제46조제4항 및 제5항에 따라 대피공간 등을 설치한 아파트
2. 「주택건설기준 등에 관한 규정」 제15조제2항에 따라 비상용승강기를 설치한 아파트
[전문개정 2008.10.29.]

제52조【거실 등의 방습】 법 제49조제2항 본문에 따라 다음 각 호에 해당하는 거실·욕실 또는 조리장의 바닥 부분에는 국토교통부령으로 정하는 기준에 따라 방습을 위한 조치를 해야 한다. <개정 2022.4.29.>
1. 건축물의 최하층에 있는 거실(바닥이 목조인 경우만 해당한다)
2. 제1종 근린생활시설 중 목욕장의 욕실과 휴게음식점 및 제과점의 조리장
3. 제2종 근린생활시설 중 일반음식점, 휴게음식점 및 제과점의 조리장과 숙박시설의 욕실
[전문개정 2008.10.29]

제53조【경계벽 등의 설치】 ① 법 제49조제4항에 따라 다음 각 호의 어느 하나에 해당하는 건축물의 경계벽은 국토교통부령으로 정하는 기준에 따라 설치해야 한다. <개정 2014.3.24., 2014.11.28., 2015.9.22., 2019.10.22., 2020.10.8.>
1. 단독주택 중 다가구주택의 각 가구 간 또는 공동주택(기숙사는 제외한다)의 각 세대 간 경계벽(제2조 제14호 후단에 따라 거실·침실 등의 용도로 쓰지 아니하는 발코니 부분은 제외한다)
2. 공동주택 중 기숙사의 침실, 의료시설의 병실, 교육연구시설 중 학교의 교실 또는 숙박시설의 객실 간 경계벽
3. 제1종 근린생활시설 중 산후조리원의 다음 각 호의 어느 하나에 해당하는 경계벽
  가. 임산부실 간 경계벽
  나. 신생아실 간 경계벽
  다. 임산부실과 신생아실 간 경계벽
4. 제2종 근린생활시설 중 다중생활시설의 호실 간 경계벽
5. 노유자시설 중 「노인복지법」 제32조제1항제3호에 따른 노인복지주택(이하 "노인복지주택"이라 한다)의 각 세대 간 경계벽
6. 노유자시설 중 노인요양시설의 호실 간 경계벽
② 법 제49조제4항에 따라 다음 각 호의 어느 하나에

해당하는 건축물의 층간바닥(화장실의 바닥은 제외한다)은 국토교통부령으로 정하는 기준에 따라 설치해야 한다. <개정 2016.8.11., 2019.10.22>

1. 단독주택 중 다가구주택
2. 공동주택(「주택법」 제15조에 따른 주택건설사업 계획승인 대상은 제외한다)
3. 업무시설 중 오피스텔
4. 제2종 근린생활시설 중 다중생활시설
5. 숙박시설 중 다중생활시설

[전문개정 2008.10.29.][제목개정 2014.11.28.]

제54조【건축물에 설치하는 굴뚝】 건축물에 설치하는 굴뚝은 국토교통부령으로 정하는 기준에 따라 설치하여야 한다. <개정 2013.3.23>

[전문개정 2008.10.29.]

제55조【창문 등의 차면시설】 인접 대지경계선으로부터 직선거리 2미터 이내에 이웃 주택의 내부가 보이는 창문 등을 설치하는 경우에는 차면시설(遮面施設)을 설치하여야 한다.

[전문개정 2008.10.29]

제56조【건축물의 내화구조】 ① 법 제50조제1항 본문에 따라 다음 각 호의 어느 하나에 해당하는 건축물(제5호에 해당하는 건축물로서 2층 이하인 건축물은 지하층 부분만 해당한다)의 주요구조부와 지붕은 내화구조로 해야 한다. 다만, 연면적이 50제곱미터 이하인 단층의 부속건축물로서 외벽 및 처마 밑면을 방화구조로 한 것과 무대의 바닥은 그렇지 않다. <개정 2017.2.3., 2019.10.22., 2021.1.5.>

1. 제2종 근린생활시설 중 공연장·종교집회장(해당 용도로 쓰는 바닥면적의 합계가 각각 300제곱미터 이상인 경우만 해당한다), 문화 및 집회시설(전시장 및 동·식물원은 제외한다), 종교시설, 위락시설 중 주점영업 및 장례시설의 용도로 쓰는 건축물로서 관람석 또는 집회실의 바닥면적의 합계가 200제곱미터(옥외관람석의 경우에는 1천 제곱미터) 이상인 건축물
2. 문화 및 집회시설 중 전시장 또는 동·식물원, 판매시설, 운수시설, 교육연구시설에 설치하는 체육관·강당, 수련시설, 운동시설 중 체육관·운동장, 위락시설(주점영업의 용도로 쓰는 것은 제외한다), 창고시설, 위험물저장 및 처리시설, 자동차 관련 시설, 방송통신시설 중 방송국·전신전화국·촬영소, 묘지 관련 시설 중 화장시설·동물화장시설 또는 관광휴게시설의 용도로 쓰는 건축물로서 그 용도로 쓰는 바닥면적의 합계가 500제곱미터 이상인

건축물
3. 공장의 용도로 쓰는 건축물로서 그 용도로 쓰는 바닥면적의 합계가 2천 제곱미터 이상인 건축물. 다만, 화재의 위험이 적은 공장으로서 국토교통부령으로 정하는 공장은 제외한다.
4. 건축물의 2층이 단독주택 중 다중주택 및 다가구주택, 공동주택, 제1종 근린생활시설(의료의 용도로 쓰는 시설만 해당한다), 제2종 근린생활시설 중 다중생활시설, 의료시설, 노유자시설 중 아동 관련 시설 및 노인복지시설, 수련시설 중 유스호스텔, 업무시설 중 오피스텔, 숙박시설 또는 장례시설의 용도로 쓰는 건축물로서 그 용도로 쓰는 바닥면적의 합계가 400제곱미터 이상인 건축물
5. 3층 이상인 건축물 및 지하층이 있는 건축물. 다만, 단독주택(다중주택 및 다가구주택은 제외한다), 동물 및 식물 관련 시설, 발전시설(발전소의 부속 용도로 쓰는 시설은 제외한다), 교도소·소년원 또는 묘지 관련 시설(화장시설 및 동물화장시설은 제외한다)의 용도로 쓰는 건축물과 철강 관련 업종의 공장 중 제어실로 사용하기 위하여 연면적 50제곱미터 이하로 증축하는 부분은 제외한다.

② 법 제50조제1항 단서에 따라 막구조의 건축물은 주요구조부에만 내화구조로 할 수 있다. <개정 2019.10.22.>

[전문개정 2008.10.29.]

제57조【대규모 건축물의 방화벽 등】 ① 법 제50조제2항에 따라 연면적 1천 제곱미터 이상인 건축물은 방화벽으로 구획하되, 각 구획된 바닥면적의 합계는 1천 제곱미터 미만이어야 한다. 다만, 주요구조부가 내화구조이거나 불연재료인 건축물과 제56조제1항제5호 단서에 따른 건축물 또는 내부설비의 구조상 방화벽으로 구획할 수 없는 창고시설의 경우에는 그러하지 아니하다.

② 제1항에 따른 방화벽의 구조에 관하여 필요한 사항은 국토교통부령으로 정한다. <개정 2013.3.23>

③ 연면적 1천 제곱미터 이상인 목조 건축물의 구조는 국토교통부령으로 정하는 바에 따라 방화구조로 하거나 불연재료로 하여야 한다. <개정 2013.3.23>

[전문개정 2008.10.29]

제58조【방화지구의 건축물】 법 제51조제1항에 따라 그 주요구조부 및 외벽을 내화구조로 하지 아니할 수 있는 건축물은 다음 각 호와 같다.

1. 연면적 30제곱미터 미만인 단층 부속건축물로서 외벽 및 처마면이 내화구조 또는 불연재료로 된 것

2. 도매시장의 용도로 쓰는 건축물로서 그 주요구조부가 불연재료로 된 것

[전문개정 2008.10.29]

제59조 삭제 <1999.4.30>

제60조 삭제 <1999.4.30>

제61조 【건축물의 마감재료】 ① 법 제52조제1항에서 "대통령령으로 정하는 용도 및 규모의 건축물"이란 다음 각 호의 어느 하나에 해당하는 건축물을 말한다. 다만, 제1호, 제1호의2, 제2호부터 제7호까지의 어느 하나에 해당하는 건축물(제8호에 해당하는 건축물은 제외한다)의 주요구조부가 내화구조 또는 불연재료로 되어 있고 그 거실의 바닥면적(스프링클러나 그 밖에 이와 비슷한 자동식 소화설비를 설치한 바닥면적을 뺀 면적으로 한다. 이하 이 조에서 같다) 200제곱미터 이내마다 방화구획이 되어 있는 건축물은 제외한다. <개정 2015.9.22., 2017.2.3., 2019.8.6., 2020.10.8., 2021.8.10.>

1. 단독주택 중 다중주택·다가구주택

1의2. 공동주택

2. 제2종 근린생활시설 중 공연장·종교집회장·인터넷컴퓨터게임시설제공업소·학원·독서실·당구장·다중생활시설의 용도로 쓰는 건축물

3. 발전시설, 방송통신시설(방송국·촬영소의 용도로 쓰는 건축물로 한정한다)

4. 공장, 창고시설, 위험물 저장 및 처리 시설(자가난방과 자가발전 등의 용도로 쓰는 시설을 포함한다), 자동차 관련 시설의 용도로 쓰는 건축물

5. 5층 이상인 층 거실의 바닥면적의 합계가 500제곱미터 이상인 건축물

6. 문화 및 집회시설, 종교시설, 판매시설, 운수시설, 의료시설, 교육연구시설 중 학교·학원, 노유자시설, 수련시설, 업무시설 중 오피스텔, 숙박시설, 위락시설, 장례시설

7. 삭제 <2021.8.10.>

8. 「다중이용업소의 안전관리에 관한 특별법 시행령」 제2조에 따른 다중이용업의 용도로 쓰는 건축물

② 법 제52조제2항에서 "대통령령으로 정하는 건축물"이란 다음 각 호의 건축물을 말한다. <개정 2015.9.22., 2019.8.6., 2021.8.10.>

1. 상업지역(근린상업지역은 제외한다)의 건축물로서 다음 각 목의 어느 하나에 해당하는 것

가. 제1종 근린생활시설, 제2종 근린생활시설, 문화 및 집회시설, 종교시설, 판매시설, 의료시설, 교육연구시설, 노유자시설, 운동시설 및 위락시설의 용도로 쓰는 건축물로서 그 용도로 쓰는 바닥면적의 합계가 2천제곱미터 이상인 건축물

나. 공장(국토교통부령으로 정하는 화재 위험이 적은 공장은 제외한다)의 용도로 쓰는 건축물로부터 6미터 이내에 위치한 건축물

2. 의료시설, 교육연구시설, 노유자시설 및 수련시설의 용도로 쓰는 건축물

3. 3층 이상 또는 높이 9미터 이상인 건축물

4. 1층의 전부 또는 일부를 필로티 구조로 설치하여 주차장으로 쓰는 건축물

5. 제1항제4호에 해당하는 건축물

③ 법 제52조제4항에서 "대통령령으로 정하는 용도 및 규모에 해당하는 건축물"이란 제2항 각 호의 건축물을 말한다. <신설 2021.5.4>

[전문개정 2008.10.29.][제목개정 2010.12.13.]

제61조의2 【실내건축】 법 제52조의2제1항에서 "대통령령으로 정하는 용도 및 규모에 해당하는 건축물"이란 다음 각 호의 어느 하나에 해당하는 건축물을 말한다. <개정 2020.4.21.>

1. 다중이용 건축물

2. 「건축물의 분양에 관한 법률」 제3조에 따른 건축물

3. 별표 1 제3호나목 및 같은 표 제4호아목에 따른 건축물(칸막이로 거실의 일부를 가로로 구획하거나 가로 및 세로로 구획하는 경우만 해당한다)

[본조신설 2014.11.28.]

제61조의3 【건축자재 제조 및 유통에 관한 위법 사실의 점검 및 조치】 ① 국토교통부장관, 시·도지사 및 시장·군수·구청장은 법 제52조의3제2항에 따른 점검을 통하여 위법 사실을 확인한 경우에는 같은 조 제3항에 따라 해당 건축관계자 및 제조업자·유통업자에게 위법 사실을 통보해야 하며, 해당 건축관계자 및 제조업자·유통업자에 대하여 다음 각 호의 구분에 따른 조치를 할 수 있다. <개정 2017.1.20., 2019.10.22.>

1. 건축관계자에 대한 조치

가. 해당 건축자재를 사용하여 시공한 부분이 있는 경우: 시공부분의 시정, 해당 공정에 대한 공사 중단 및 해당 건축자재의 사용 중단 명령

나. 해당 건축자재가 공사현장에 반입 및 보관되어 있는 경우: 해당 건축자재의 사용 중단 명령

2. 제조업자 및 유통업자에 대한 조치: 관계 행정기관의 장에게 관계 법률에 따른 해당 제조업자 및 유통업자에 대한 영업정지 등의 요청

② 건축관계자 및 제조업자·유통업자는 제1항에 따라 위법 사실을 통보받거나 같은 항 제1호의 명령을 받은 경우에는 그 날부터 7일 이내에 조치계획을 수립하여 국토교통부장관, 시·도지사 및 시장·군수·구청장에게 제출하여야 한다.

③ 국토교통부장관, 시·도지사 및 시장·군수·구청장은 제2항에 따른 조치계획(제1항제1호가목의 명령에 따른 조치계획만 해당한다)에 따른 개선조치가 이루어졌다고 인정되면 공사 중단 명령을 해제하여야 한다.
[본조신설 2016.7.19.][제18조의3에서 이동, 종전 제61조의3은 제63조의2로 이동 <2019.10.22.>]

제61조의4【위법 사실의 점검업무 대행 전문기관】 ① 법 제52조의3제4항에서 "대통령령으로 정하는 전문기관"이란 다음 각 호의 기관을 말한다. <개정 2018.1.16., 2019.10.22., 2020.12.1., 2021.8.10., 2021.12.21>
1. 한국건설기술연구원
2.「국토안전관리원법」에 따른 국토안전관리원(이하 "국토안전관리원"이라 한다)
3.「한국토지주택공사법」에 따른 한국토지주택공사
4. 제63조제2호에 따른 자 및 같은 조 제3호에 따른 시험·검사기관 <신설 2021.12.21.>
5. 그 밖에 점검업무를 수행할 수 있다고 인정하여 국토교통부장관이 지정하여 고시하는 기관
② 법 제52조의3제4항에 따라 위법 사실의 점검업무를 대행하는 기관의 직원은 그 권한을 나타내는 증표를 지니고 관계인에게 내보여야 한다. <개정 2019.10.22.>
[본조신설 2016.7.19.][제18조의4에서 이동, 종전 제61조의4는 제62조로 이동 <2019.10.22.>]

제62조【건축자재의 품질관리 등】 ① 법 제52조의4제1항에서 "복합자재[불연재료인 양면 철판, 석재, 콘크리트 또는 이와 유사한 재료와 불연재료가 아닌 심재(心材)로 구성된 것을 말한다]를 포함한 제52조에 따른 마감재료, 방화문 등 대통령령으로 정하는 건축자재"란 다음 각 호의 어느 하나에 해당하는 것을 말한다. <개정 2019.10.22., 2020.10.8.>
1. 법 제52조의4제1항에 따른 복합자재
2. 건축물의 외벽에 사용하는 마감재료로서 단열재
3. 제64조제1항제1호부터 제3호까지의 규정에 따른 방화문
4. 그 밖에 방화와 관련된 건축자재로서 국토교통부령으로 정하는 건축자재
② 법 제52조의4제1항에 따른 건축자재의 제조업자는 같은 항에 따른 품질관리서(이하 "품질관리서"라 한다)를 건축자재 유통업자에게 제출해야 하며, 건축자

재 유통업자는 품질관리서와 건축자재의 일치 여부 등을 확인하여 품질관리서를 공사시공자에게 전달해야 한다. <신설 2019.10.22.>
③ 제2항에 따라 품질관리서를 제출받은 공사시공자는 품질관리서와 건축자재의 일치 여부를 확인한 후 해당 건축물에서 사용된 건축자재 품질관리서 전체를 공사감리자에게 제출해야 한다. <개정 2019.10.22.>
④ 공사감리자는 제3항에 따라 제출받은 품질관리서를 공사감리완료보고서에 첨부하여 법 제25조제6항에 따라 건축주에게 제출해야 하며, 건축주는 법 제22조에 따른 건축물의 사용승인을 신청할 때에 이를 허가권자에게 제출해야 한다. <개정 2019.10.22.>
[본조신설 2015.9.22.][제목개정 2019.10.22.][제61조의4에서 이동 <2019.10.22.>]

제63조【건축자재 성능 시험기관】 법 제52조의4제2항에서 "「과학기술분야 정부출연연구기관 등의 설립·운영 및 육성에 관한 법률」에 따른 한국건설기술연구원 등 대통령령으로 정하는 시험기관"이란 다음 각 호의 기관을 말한다. <개정 2020.1.7., 2021.8.10., 2021.9.14>
1. 한국건설기술연구원
2.「건설기술 진흥법」에 따른 건설엔지니어링사업자로서 건축 관련 품질시험의 수행능력이 국토교통부장관이 정하여 고시하는 기준에 해당하는 자
3.「국가표준기본법」 제23조에 따라 인정받은 시험·검사기관
[본조신설 2019.10.22.]

제63조의2【품질인정 대상 건축자재 등】 법 제52조의5제1항에서 "방화문, 복합자재 등 대통령령으로 정하는 건축자재와 내화구조"란 다음 각 호의 건축자재와 내화구조(이하 제63조의4 및 제63조의5에서 "건축자재등"이라 한다)를 말한다.
1. 법 제52조의4제1항에 따른 복합자재 중 국토교통부령으로 정하는 강판과 심재로 이루어진 복합자재
2. 주요구조부가 내화구조 또는 불연재료로 된 건축물의 방화구획에 사용되는 다음 각 목의 건축자재와 내화구조
가. 자동방화셔터
나. 제62조제1항제4호에 따라 국토교통부령으로 정하는 건축자재 중 내화채움성능이 인정된 구조
3. 제64조제1항 각 호의 방화문
4. 그 밖에 건축물의 안전·화재예방 등을 위하여 품질인정이 필요한 건축자재와 내화구조로서 국토

교통부령으로 정하는 건축자재와 내화구조
[본조신설 2021.12.21.][종전 제63조의2는 제63조의6
으로 이동 <2021.12.21.>]

제63조의3【건축재재등 품질인정기관】 법 제52조의6제1
항에서 "대통령령으로 정하는 기관"이란 한국건설기
술연구원을 말한다.
[본조신설 2021.12.21.]

**제63조의4【건축자재등 품질 유지・관리 의무 위반에
따른 조치】** ① 국토교통부장관은 법 제52조의6제5
항 전단에 따른 통보를 받은 경우 같은 항 후단에
따라 같은 조 제3항에 따른 품질인정자재등(이하 이
조 및 제63조의5에서 "품질인정자재등"이라 한다)의
제조업자, 유통업자 및 법 제25조의2제1항에 따른 건
축관계자등(이하 이 조 및 제63조의5에서 "제조업자
등"이라 한다)에게 위법 사실을 통보해야 하며, 제조
업자등에게 다음 각 호의 구분에 따른 조치를 할 수
있다.
  1. 법 제25조의2제1항에 따른 건축관계자등: 다음 각
  목의 구분에 따른 조치
    가. 품질인정자재등을 사용하지 않거나 인정받은 내
    용대로 시공하지 않은 부분이 있는 경우: 시공부
    분의 시정, 해당 공정에 대한 공사 중단과 품질
    인정을 받지 않은 건축자재등의 사용 중단 명령
    나. 품질인정을 받지 않은 건축자재등이 공사현장
    에 반입되어 있거나 보관되어 있는 경우: 해당
    건축자재등의 사용 중단 명령
  2. 제조업자 및 유통업자: 관계 기관에 대한 관계 법
  률에 따른 영업정지 등의 요청
② 제1항에 따른 국토교통부장관의 조치에 관하여는
제61조의3제2항 및 제3항을 준용한다. 이 경우 "건축
관계자 및 제조업자・유통업자"는 "제조업자등"으로,
"국토교통부장관, 시・도지사 및 시장・군수・구청
장"은 "국토교통부장관"으로 본다.
[본조신설 2021.12.21.]

제63조의5【제조업자등에 대한 자료요청】 법 제52조의6
제1항 및 이 영 제63조의3에 따라 건축자재등 품질
인정기관으로 지정된 한국건설기술연구원은 법 제52
조의6제6항에 따라 제조업자등에게 다음 각 호의 자
료를 요청할 수 있다.
  1. 건축자재등 및 품질인정자재등의 생산 및 판매
  실적
  2. 시공현장별 건축자재등 및 품질인정자재등의 시
  공 실적
  3. 품질관리서

  4. 그 밖에 제조공정에 관한 기록 등 품질인정자재
  등에 대한 품질관리의 적정성을 확인할 수 있는
  자료로서 국토교통부장관이 정하여 고시하는 자료
[본조신설 2021.12.21.]

제63조의6【건축물의 범죄예방】 법 제53조의2제2항에서
"대통령령으로 정하는 건축물"이란 다음 각 호의 어느
하나에 해당하는 건축물을 말한다. <개정 2018.12.31.>
  1. 다가구주택, 아파트, 연립주택 및 다세대주택
  2. 제1종 근린생활시설 중 일용품을 판매하는 소매점
  3. 제2종 근린생활시설 중 다중생활시설
  4. 문화 및 집회시설(동・식물원은 제외한다)
  5. 교육연구시설(연구소 및 도서관은 제외한다)
  6. 노유자시설
  7. 수련시설
  8. 업무시설 중 오피스텔
  9. 숙박시설 중 다중생활시설
[본조신설 2014.11.28.][제61조의2에서 이동 <2021.12.21>]

제64조【방화문의 구조】 ① 방화문은 다음 각 호와 같
이 구분한다.
  1. 60분+ 방화문: 연기 및 불꽃을 차단할 수 있는 시
  간이 60분 이상이고, 열을 차단할 수 있는 시간이
  30분 이상인 방화문
  2. 60분 방화문: 연기 및 불꽃을 차단할 수 있는 시
  간이 60분 이상인 방화문
  3. 30분 방화문: 연기 및 불꽃을 차단할 수 있는 시
  간이 30분 이상 60분 미만인 방화문
② 제1항 각 호의 구분에 따른 방화문 인정 기준은
국토교통부령으로 정한다.
[전문개정 2020.10.8.]

제6장 지역 및 지구의 건축물

제65조 삭제 <2000.6.27>

제66조, 제67조, 제69조 삭제 <1999.4.30>

제70조 ～ 제72조 삭제 <1999.4.30>

제74조, 제75조 삭제 <1999.4.30>

제68조, 제73조, 제76조 삭제 <2000.6.27>

**제77조【건축물의 대지가 지역・지구 또는 구역에 걸치
는 경우】** 법 제54조제1항에 따라 대지가 지역・지구
또는 구역에 걸치는 경우 그 대지의 과반이 속하는
지역・지구 또는 구역의 건축물 및 대지 등에 관한
규정을 그 대지의 전부에 대하여 적용 받으려는 자

는 해당 대지의 지역·지구 또는 구역별 면적과 적용받으려는 지역·지구 또는 구역에 관한 사항을 허가권자에게 제출(전자문서에 의한 제출을 포함한다)하여야 한다.
[전문개정 2008.10.29]

제78조 삭제 <2002.12.26>

제79조 삭제 <2002.12.26>

제80조 【건축물이 있는 대지의 분할제한】 법 제57조제1항에서 "대통령령으로 정하는 범위"란 다음 각 호의 어느 하나에 해당하는 규모 이상을 말한다.
1. 주거지역: 60제곱미터
2. 상업지역: 150제곱미터
3. 공업지역: 150제곱미터
4. 녹지지역: 200제곱미터
5. 제1호부터 제4호까지의 규정에 해당하지 아니하는 지역: 60제곱미터
[전문개정 2008.10.29]

제80조의2 【대지 안의 공지】 법 제58조에 따라 건축선(법 제46조제1항에 따른 건축선을 말한다. 이하 같다) 및 인접 대지경계선(대지와 대지 사이에 공원, 철도, 하천, 광장, 공공공지, 녹지, 그 밖에 건축이 허용되지 아니하는 공지가 있는 경우에는 그 반대편의 경계선을 말한다)으로부터 건축물의 각 부분까지 띄어야 하는 거리의 기준은 별표 2와 같다. <개정 2014.10.14.>
[전문개정 2008.10.29]

제81조 【맞벽건축 및 연결복도】 ① 법 제59조제1항제1호에서 "대통령령으로 정하는 지역"이란 다음 각 호의 어느 하나에 해당하는 지역을 말한다. <개정 2015.9.22.>
1. 상업지역(다중이용 건축물 및 공동주택은 스프링클러나 그 밖에 이와 비슷한 자동식 소화설비를 설치한 경우로 한정한다)
2. 주거지역(건축물 및 토지의 소유자 간 맞벽건축을 합의한 경우에 한정한다)
3. 허가권자가 도시미관 또는 한옥 보전·진흥을 위하여 건축조례로 정하는 구역
4. 건축협정구역
② 삭제 <2006.5.8.>
③ 법 제59조제1항제1호에 따른 맞벽은 다음 각 호의 기준에 적합하여야 한다. <개정 2014.10.14.>
1. 주요구조부가 내화구조일 것
2. 마감재료가 불연재료일 것

④ 제1항에 따른 지역(건축협정구역은 제외한다)에서 맞벽건축을 할 때 맞벽 대상 건축물의 용도, 맞벽 건축물의 수 및 층수 등 맞벽에 필요한 사항은 건축조례로 정한다. <개정 2014.10.14.>
⑤ 법 제59조제1항제2호에서 "대통령령으로 정하는 기준"이란 다음 각 호의 기준을 말한다. <개정 2019.8.6.>
1. 주요구조부가 내화구조일 것
2. 마감재료가 불연재료일 것
3. 밀폐된 구조인 경우 벽면적의 10분의 1 이상에 해당하는 면적의 창문을 설치할 것. 다만, 지하층으로서 환기설비를 설치하는 경우에는 그러하지 아니하다.
4. 너비 및 높이가 각각 5미터 이하일 것. 다만, 허가권자가 건축물의 용도나 규모 등을 고려할 때 원활한 통행을 위하여 필요하다고 인정하면 지방건축위원회의 심의를 거쳐 그 기준을 완화하여 적용할 수 있다.
5. 건축물과 복도 또는 통로의 연결부분에 자동방화셔터 또는 방화문을 설치할 것
6. 연결복도가 설치된 대지 면적의 합계가 「국토의 계획 및 이용에 관한 법률 시행령」 제55조에 따른 개발행위의 최대 규모 이하일 것. 다만, 지구단위계획구역에서는 그러하지 아니하다.
⑥ 법 제59조제1항제2호에 따른 연결복도나 연결통로는 건축사 또는 건축구조기술사로부터 안전에 관한 확인을 받아야 한다. <개정 2016.5.17., 2016.7.19.>
[전문개정 1999.4.30.]

제82조 【건축물의 높이 제한】 ① 허가권자는 법 제60조제1항에 따라 가로구역별로 건축물의 높이를 지정·공고할 때에는 다음 각 호의 사항을 고려하여야 한다. <개정 2014.10.14.>
1. 도시·군관리계획 등의 토지이용계획
2. 해당 가로구역이 접하는 도로의 너비
3. 해당 가로구역의 상·하수도 등 간선시설의 수용능력
4. 도시미관 및 경관계획
5. 해당 도시의 장래 발전계획
② 허가권자는 제1항에 따라 가로구역별 건축물의 높이를 지정하려면 지방건축위원회의 심의를 거쳐야 한다. 이 경우 주민의 의견청취 절차 등은 「토지이용규제 기본법」 제8조에 따른다. <개정 2014.10.14.>
③ 허가권자는 같은 가로구역에서 건축물의 용도 및 형태에 따라 건축물의 높이를 다르게 정할 수 있다.
④ 법 제60조제1항 단서에 따라 가로구역의 높이를 완화하여 적용하는 경우에 대한 구체적인 완화기준은 제1항 각 호의 사항을 고려하여 건축조례로 정한

다. <개정 2014.10.14.>

[전문개정 2008.10.29.]

제83조 ~ 제85조 삭제 <1999.4.30>

제86조【일조 등의 확보를 위한 건축물의 높이 제한】

① 전용주거지역이나 일반주거지역에서 건축물을 건축하는 경우에는 법 제61조제1항에 따라 건축물의 각 부분을 정북(正北) 방향으로의 인접 대지경계선으로부터 다음 각 호의 범위에서 건축조례로 정하는 거리 이상을 띄어 건축하여야 한다. <개정 2015.7.6., 2023.9.12>

1. 높이 10미터 이하인 부분: 인접 대지경계선으로부터 1.5미터 이상

2. 높이 10미터를 초과하는 부분: 인접 대지경계선으로부터 해당 건축물 각 부분 높이의 2분의 1 이상

② 다음 각 호의 어느 하나에 해당하는 경우에는 제1항을 적용하지 아니한다. <신설 2015.7.6., 2016.5.17., 2016.7.19., 2017.12.29.>

1. 다음 각 목의 어느 하나에 해당하는 구역 안의 대지 상호간에 건축하는 건축물로서 해당 대지가 너비 20미터 이상의 도로(자동차·보행자·자전거 전용도로를 포함하며, 도로에 공공공지, 녹지, 광장, 그 밖에 건축미관에 지장이 없는 도시·군계획시설이 접한 경우 해당 시설을 포함한다)에 접한 경우

가. 「국토의 계획 및 이용에 관한 법률」 제51조에 따른 지구단위계획구역, 같은 법 제37조제1항제1호에 따른 경관지구

나. 「경관법」 제9조제1항제4호에 따른 중점경관관리구역

다. 법 제77조의2제1항에 따른 특별가로구역

라. 도시미관 향상을 위하여 허가권자가 지정·공고하는 구역

2. 건축협정구역 안에서 대지 상호간에 건축하는 건축물(법 제77조의4제1항에 따른 건축협정에 일정 거리 이상을 띄어 건축하는 내용이 포함된 경우만 해당한다)의 경우

3. 건축물의 정북 방향의 인접 대지가 전용주거지역이나 일반주거지역이 아닌 용도지역에 해당하는 경우

③ 법 제61조제2항에 따라 공동주택은 다음 각 호의 기준을 충족해야 한다. 다만, 채광을 위한 창문 등이 있는 벽면에서 직각 방향으로 인접 대지경계선까지의 수평거리가 1미터 이상으로서 건축조례로 정하는 거리 이상인 다세대주택은 제1호를 적용하지 않는다. <개정 2015.7.6., 2021.11.2>

1. 건축물(기숙사는 제외한다)의 각 부분의 높이는 그 부분으로부터 채광을 위한 창문 등이 있는 벽면에서 직각 방향으로 인접 대지경계선까지의 수평거리의 2배(근린상업지역 또는 준주거지역의 건축물은 4배) 이하로 할 것

2. 같은 대지에서 두 동(棟) 이상의 건축물이 서로 마주보고 있는 경우(한 동의 건축물 각 부분이 서로 마주보고 있는 경우를 포함한다)에 건축물 각 부분 사이의 거리는 다음 각 목의 거리 이상을 띄어 건축할 것. 다만, 그 대지의 모든 세대가 동지(冬至)를 기준으로 9시에서 15시 사이에 2시간 이상을 계속하여 일조(日照)를 확보할 수 있는 거리 이상으로 할 수 있다.

가. 채광을 위한 창문 등이 있는 벽면으로부터 직각방향으로 건축물 각 부분 높이의 0.5배(도시형 생활주택의 경우에는 0.25배) 이상의 범위에서 건축조례로 정하는 거리 이상

나. 가목에도 불구하고 서로 마주보는 건축물(높은 건축물을 중심으로 마주보는 두 동의 축이 시계방향으로 정동에서 정서 방향인 경우만 해당한다)의 주된 개구부(거실과 주된 침실이 있는 부분의 개구부를 말한다)의 방향이 낮은 건축물을 향하는 경우에는 10미터 이상으로서 낮은 건축물 각 부분의 높이의 0.5배(도시형 생활주택의 경우에는 0.25배) 이상의 범위에서 건축조례로 정하는 거리 이상

다. 가목에도 불구하고 건축물과 부대시설 또는 복리시설이 서로 마주보고 있는 경우에는 부대시설 또는 복리시설 각 부분 높이의 1배 이상

라. 채광창(창넓이가 0.5제곱미터 이상인 창을 말한다)이 없는 벽면과 측벽이 마주보는 경우에는 8미터 이상

마. 측벽과 측벽이 마주보는 경우[마주보는 측벽 중 하나의 측벽에 채광을 위한 창문 등이 설치되어 있지 아니한 바닥면적 3제곱미터 이하의 발코니(출입을 위한 개구부를 포함한다)를 설치하는 경우를 포함한다]에는 4미터 이상

3. 제3조제1항제4호에 따른 주택단지에 두 동 이상의 건축물이 법 제2조제1항제11호에 따른 도로를 사이에 두고 서로 마주보고 있는 경우에는 제2호 가목부터 다목까지의 규정을 적용하지 아니하되, 해당 도로의 중심선을 인접 대지경계선으로 보아 제1호를 적용한다.

④ 법 제61조제3항 각 호 외의 부분에서 "대통령령으

로 정하는 높이"란 제1항에 따른 높이의 범위에서 특별자치시장·특별자치도지사 또는 시장·군수·구청장이 정하여 고시하는 높이를 말한다. <개정 2015.7.6.>

⑤ 특별자치시장·특별자치도지사 또는 시장·군수·구청장은 제4항에 따라 건축물의 높이를 고시하려면 국토교통부령으로 정하는 바에 따라 미리 해당 지역주민의 의견을 들어야 한다. 다만, 법 제61조제3항제1호부터 제6호까지의 어느 하나에 해당하는 지역인 경우로서 건축위원회의 심의를 거친 경우에는 그러하지 아니하다. <개정 2015.7.6., 2016.5.17.>

⑥ 제1항부터 제5항까지를 적용할 때 건축물을 건축하려는 대지와 다른 대지 사이에 다음 각 호의 시설 또는 부지가 있는 경우에는 그 반대편의 대지경계선(공동주택은 인접 대지경계선과 그 반대편 대지경계선의 중심선)을 인접 대지경계선으로 한다. <개정 2015.7.6., 2016.5.17.>

1. 공원(「도시공원 및 녹지 등에 관한 법률」 제2조제3호에 따른 도시공원 중 지방건축위원회의 심의를 거쳐 허가권자가 공원의 일조 등을 확보할 필요가 있다고 인정하는 공원은 제외한다), 도로, 철도, 하천, 광장, 공공공지, 녹지, 유수지, 자동차 전용도로, 유원지

2. 다음 각 목에 해당하는 대지

가. 너비(대지경계선에서 가장 가까운 거리를 말한다)가 2미터 이하인 대지

나. 면적이 제80조 각 호에 따른 분할제한 기준 이하인 대지

3. 제1호 및 제2호 외에 건축이 허용되지 아니하는 공지

⑦ 제1항부터 제5항까지의 규정을 적용할 때 건축물(공동주택으로 한정한다)을 건축하려는 하나의 대지 사이에 제6항 각 호의 시설 또는 부지가 있는 경우에는 지방건축위원회의 심의를 거쳐 제6항 각 호의 시설 또는 부지를 기준으로 마주하고 있는 해당 대지의 경계선의 중심선을 인접 대지경계선으로 할 수 있다. <신설 2018.9.4.>

[전문개정 2008.10.29.]

제86조의2 삭제 <2006.5.8>

제7장 건축물의 설비등

제87조 【건축설비 설치의 원칙】 ① 건축설비는 건축물의 안전·방화, 위생, 에너지 및 정보통신의 합리적 이용에 지장이 없도록 설치하여야 하고, 배관피트 및 닥트의 단면적과 수선구의 크기를 해당 설비의 수선에 지장이 없도록 하는 등 설비의 유지·관리가 쉽게 설치하여야 한다.

② 건축물에 설치하는 급수·배수·냉방·난방·환기·피뢰 등 건축설비의 설치에 관한 기술적 기준은 국토교통부령으로 정하되, 에너지 이용 합리화와 관련한 건축설비의 기술적 기준에 관하여는 산업통상자원부장관과 협의하여 정한다. <개정 2013.3.23.>

③ 건축물에 설치하여야 하는 장애인 관련 시설 및 설비는 「장애인·노인·임산부 등의 편의증진보장에 관한 법률」 제14조에 따라 작성하여 보급하는 편의시설 상세표준도에 따른다. <개정 2012.12.12.>

④ 건축물에는 방송수신에 지장이 없도록 공동시청안테나, 유선방송 수신시설, 위성방송 수신설비, 에프엠(FM)라디오방송 수신설비 또는 방송 공동수신설비를 설치할 수 있다. 다만, 다음 각 호의 건축물에는 방송 공동수신설비를 설치하여야 한다. <개정 2012.12.12.>

1. 공동주택

2. 바닥면적의 합계가 5천제곱미터 이상으로서 업무시설이나 숙박시설의 용도로 쓰는 건축물

⑤ 제4항에 따른 방송 수신설비의 설치기준은 과학기술정보통신부장관이 정하여 고시하는 바에 따른다. <개정 2017.7.26.>

⑥ 연면적이 500제곱미터 이상인 건축물의 대지에는 국토교통부령으로 정하는 바에 따라 「전기사업법」 제2조제2호에 따른 전기사업자가 전기를 배전(配電)하는 데 필요한 전기설비를 설치할 수 있는 공간을 확보하여야 한다. <개정 2013.3.23.>

⑦ 해풍이나 염분 등으로 인하여 건축물의 재료 및 기계설비 등에 조기 부식과 같은 피해 발생이 우려되는 지역에서는 해당 지방자치단체는 이를 방지하기 위하여 다음 각 호의 사항을 조례로 정할 수 있다. <신설 2010.2.18.>

1. 해풍이나 염분 등에 대한 내구성 설계기준

2. 해풍이나 염분 등에 대한 내구성 허용기준

3. 그 밖에 해풍이나 염분 등에 따른 피해를 막기 위하여 필요한 사항

⑧ 건축물에 설치하여야 하는 우편수취함은 「우편법」 제37조의2의 기준에 따른다. <신설 2014.10.14.>

[전문개정 2008.10.29.]

제88조 삭제 <1995.12.30>

제89조 【승용 승강기의 설치】 법 제64조제1항 전단에서 "대통령령으로 정하는 건축물"이란 층수가 6층인 건축물로서 각 층 거실의 바닥면적 300제곱미터 이내마다

1개소 이상의 직통계단을 설치한 건축물을 말한다.
[전문개정 2008.10.29]

제90조【비상용 승강기의 설치】 ① 법 제64조제2항에 따라 높이 31미터를 넘는 건축물에는 다음 각 호의 기준에 따른 대수 이상의 비상용 승강기(비상용 승강기의 승강장 및 승강로를 포함한다. 이하 이 조에서 같다)를 설치하여야 한다. 다만, 법 제64조제1항에 따라 설치되는 승강기를 비상용 승강기의 구조로 하는 경우에는 그러하지 아니하다.
1. 높이 31미터를 넘는 각 층의 바닥면적 중 최대 바닥면적이 1천500제곱미터 이하인 건축물: 1대 이상
2. 높이 31미터를 넘는 각 층의 바닥면적 중 최대 바닥면적이 1천500제곱미터를 넘는 건축물: 1대에 1천500제곱미터를 넘는 3천 제곱미터 이내마다 1대씩 더한 대수 이상
② 제1항에 따라 2대 이상의 비상용 승강기를 설치하는 경우에는 화재가 났을 때 소화에 지장이 없도록 일정한 간격을 두고 설치하여야 한다.
③ 건축물에 설치하는 비상용 승강기의 구조 등에 관하여 필요한 사항은 국토교통부령으로 정한다. <개정 2013.3.23>
[전문개정 2008.10.29]

제91조【피난용승강기의 설치】 ① 법 제64조제3항에 따른 피난용승강기(피난용승강기의 승강장 및 승강로를 포함한다. 이하 이 조에서 같다)는 다음 각 호의 기준에 맞게 설치하여야 한다.
1. 승강장의 바닥면적은 승강기 1대당 6제곱미터 이상으로 할 것
2. 각 층으로부터 피난층까지 이르는 승강로를 단일 구조로 연결하여 설치할 것
3. 예비전원으로 작동하는 조명설비를 설치할 것
4. 승강장의 출입구 부근의 잘 보이는 곳에 해당 승강기가 피난용승강기임을 알리는 표지를 설치할 것
5. 그 밖에 화재예방 및 피해경감을 위하여 국토교통부령으로 정하는 구조 및 설비 등의 기준에 맞을 것
[본조신설 2018.10.16]

제91조의2 삭제 <2013.2.20>

제91조의3【관계전문기술자와의 협력】 ① 다음 각 호의 어느 하나에 해당하는 건축물의 설계자는 제32조제1항에 따라 해당 건축물에 대한 구조의 안전을 확인하는 경우에는 건축구조기술사의 협력을 받아야 한다. <개정 2015.9.22., 2018.12.4>

1. 6층 이상인 건축물
2. 특수구조 건축물
3. 다중이용 건축물
4. 준다중이용 건축물
5. 3층 이상의 필로티형식 건축물
6. 제32조제2항제6호에 해당하는 건축물 중 국토교통부령으로 정하는 건축물
② 연면적 1만제곱미터 이상인 건축물(창고시설은 제외한다) 또는 에너지를 대량으로 소비하는 건축물로서 국토교통부령으로 정하는 건축물에 건축설비를 설치하는 경우에는 국토교통부령으로 정하는 바에 따라 다음 각 호의 구분에 따른 관계전문기술자의 협력을 받아야 한다. <개정 2016.5.17., 2017.5.2.>
1. 전기, 승강기(전기 분야만 해당한다) 및 피뢰침: 「기술사법」에 따라 등록한 건축전기설비기술사 또는 발송배전기술사
2. 급수·배수(配水)·배수(排水)·환기·난방·소화·배연·오물처리 설비 및 승강기(기계 분야만 해당한다):「기술사법」에 따라 등록한 건축기계설비기술사 또는 공조냉동기계기술사
3. 가스설비:「기술사법」에 따라 등록한 건축기계설비기술사, 공조냉동기계기술사 또는 가스기술사
③ 깊이 10미터 이상의 토지 굴착공사 또는 높이 5미터 이상의 옹벽 등의 공사를 수반하는 건축물의 설계자 및 공사감리자는 토지 굴착 등에 관하여 국토교통부령으로 정하는 바에 따라 「기술사법」에 따라 등록한 토목 분야 기술사 또는 국토개발 분야의 지질 및 기반기술사의 협력을 받아야 한다. <개정 2016.5.17.>
④ 설계자 및 공사감리자는 안전상 필요하다고 인정하는 경우, 관계 법령에서 정하는 경우 및 설계계약 또는 감리계약에 따라 건축주가 요청하는 경우에는 관계전문기술자의 협력을 받아야 한다.
⑤ 특수구조 건축물 및 고층건축물의 공사감리자는 제19조제3항제1호 각 목 및 제2호 각 목에 해당하는 공정에 다다를 때 건축구조기술사의 협력을 받아야 한다. <개정 2016.5.17.>
⑥ 3층 이상인 필로티형식 건축물의 공사감리자는 법 제48조에 따른 건축물의 구조상 안전을 위한 공사감리를 할 때 공사가 제18조의2제2항제3호나목에 따른 단계에 다다른 경우마다 법 제67조제1항제1호부터 제3호까지의 규정에 따른 관계전문기술자의 협력을 받아야 한다. 이 경우 관계전문기술자는 「건설기술 진흥법 시행령」 별표 1 제3호라목1)에 따른 건축구조 분야의 특급 또는 고급기술자의 자격요건을 갖춘 소속 기술자로 하여금 업무를 수행하게 할

수 있다. <신설 2018.12.4.>

⑦ 제1항부터 제6항까지의 규정에 따라 설계자 또는 공사감리자에게 협력한 관계전문기술자는 공사 현장을 확인하고, 그가 작성한 설계도서 또는 감리중간보고서 및 감리완료보고서에 설계자 또는 공사감리자와 함께 서명날인하여야 한다. <개정 2018.12.4.>

⑧ 제32조제1항에 따른 구조 안전의 확인에 관하여 설계자에게 협력한 건축구조기술사는 구조의 안전을 확인한 건축물의 구조도 등 구조 관련 서류에 설계자와 함께 서명날인하여야 한다. <개정 2018.12.4.>

⑨ 법 제67조제1항 각 호 외의 부분에서 "대통령령으로 정하는 기간"이란 2년을 말한다. <신설 2016.7.19., 2018.12.4>

[전문개정 2008.10.29.]

제91조의4 【신기술·신제품인 건축설비의 기술적 기준】 ① 법 제68조제4항에 따라 기술적 기준을 인정받으려는 자는 국토교통부령으로 정하는 서류를 국토교통부장관에게 제출해야 한다.

② 한국건설기술연구원에 그 기술·제품이 신규성·진보성 및 현장 적용성이 있는지 여부에 대해 검토를 요청할 수 있다. <개정 2021.8.10.>

③ 국토교통부장관은 제1항에 따라 기술적 기준의 인정 요청을 받은 기술·제품이 신규성·진보성 및 현장 적용성이 있다고 판단되면 그 기술적 기준을 중앙건축위원회의 심의를 거쳐 인정할 수 있다.

④ 국토교통부장관은 제3항에 따라 기술적 기준을 인정할 때 5년의 범위에서 유효기간을 정할 수 있다. 이 경우 유효기간은 국토교통부령으로 정하는 바에 따라 연장할 수 있다.

⑤ 국토교통부장관은 제3항 및 제4항에 따라 기술적 기준을 인정하면 그 기준과 유효기간을 관보에 고시하고, 인터넷 홈페이지에 게재해야 한다.

⑥ 제1항부터 제5항까지에서 정한 사항 외에 법 제68조제4항에 따른 건축설비 기술·제품의 평가 및 그 기술적 기준 인정에 관하여 필요한 세부 사항은 국토교통부장관이 정하여 고시할 수 있다.

[본조신설 2021.1.8.]

제92조 【건축모니터링의 운영】 ① 법 제68조의3제1항에서 "대통령령으로 정하는 기간"이란 3년을 말한다.

② 국토교통부장관은 법 제68조의3제2항에 따라 다음 각 호의 인력 및 조직을 갖춘 자를 건축모니터링 전문기관으로 지정할 수 있다.

1. 인력: 「국가기술자격법」에 따른 건축분야 기사 이상의 자격을 갖춘 인력 5명 이상

2. 조직: 건축모니터링을 수행할 수 있는 전담조직

[본조신설 2015.7.6.]

제93조 ~ 제96조 삭제 <1999.4.30>

제97조 삭제 <1997.9.9>

제98조 ~ 제103조 삭제 <1999.4.30>

제104조 삭제<1995.12.30.>

제8장 특별건축구역 등<개정 2014.10.14.>

제105조 【특별건축구역의 지정】 ① 법 제69조제1항 제1호나목에서 "대통령령으로 정하는 사업구역"이란 다음 각 호의 어느 하나에 해당하는 구역을 말한다. <개정 2015.12.28., 2018.2.27>

1. 「신행정수도 후속대책을 위한 연기·공주지역 행정중심복합도시 건설을 위한 특별법」에 따른 행정중심복합도시의 사업구역

2. 「혁신도시 조성 및 발전에 관한 특별법」에 따른 혁신도시의 사업구역

3. 「경제자유구역의 지정 및 운영에 관한 특별법」 제4조에 따라 지정된 경제자유구역

4. 「택지개발촉진법」에 따른 택지개발사업구역

5. 「공공주택 특별법」 제2조제2호에 따른 공공주택지구

6. 삭제 <2014.10.14.>

7. 「도시개발법」에 따른 도시개발구역

8. 삭제 <2014.10.14.>

9. 삭제 <2014.10.14.>

10. 「아시아문화중심도시 조성에 관한 특별법」에 따른 국립아시아문화전당 건설사업구역

11. 「국토의 계획 및 이용에 관한 법률」 제51조에 따른 지구단위계획구역 중 현상설계(懸賞設計) 등에 따른 창의적 개발을 위한 특별계획구역

12. 삭제 <2014.10.14.>

13. 삭제 <2014.10.14.>

② 법 제69조제1항제2호나목에서 "대통령령으로 정하는 사업구역"이란 다음 각 호의 어느 하나에 해당하는 구역을 말한다. <신설 2014.10.14.>

1. 「경제자유구역의 지정 및 운영에 관한 특별법」 제4조에 따라 지정된 경제자유구역

2. 「택지개발촉진법」에 따른 택지개발사업구역

3. 「도시 및 주거환경정비법」에 따른 정비구역

4. 「도시개발법」에 따른 도시개발구역

5. 「도시재정비 촉진을 위한 특별법」에 따른 재정비촉진구역

6. 「제주특별자치도 설치 및 국제자유도시 조성을 위한 특별법」에 따른 국제자유도시의 사업구역

7. 「국토의 계획 및 이용에 관한 법률」 제51조에 따른 지구단위계획구역 중 현상설계(懸賞設計) 등에 따른 창의적 개발을 위한 특별계획구역

8. 「관광진흥법」 제52조 및 제70조에 따른 관광지, 관광단지 또는 관광특구

9. 「지역문화진흥법」 제18조에 따른 문화지구

③ 법 제69조제1항제2호다목에서 "대통령령으로 정하는 도시 또는 지역"이란 다음 각 호의 어느 하나에 해당하는 도시 또는 지역을 말한다. <개정 2014.10.14.>

1. 삭제 <2014.10.14.>

2. 건축문화 진흥을 위하여 국토교통부령으로 정하는 건축물 또는 공간환경을 조성하는 지역

2의2. 주거, 상업, 업무 등 다양한 기능을 결합하는 복합적인 토지 이용을 증진시킬 필요가 있는 지역으로서 다음 각 목의 요건을 모두 갖춘 지역

가. 도시지역일 것

나. 「국토의 계획 및 이용에 관한 법률 시행령」 제71조에 따른 용도지역 안에서의 건축제한 적용을 배제할 필요가 있을 것

3. 그 밖에 도시경관의 창출, 건설기술 수준향상 및 건축 관련 제도개선을 도모하기 위하여 특별건축구역으로 지정할 필요가 있다고 시·도지사가 인정하는 도시 또는 지역

[전문개정 2008.10.29.]

제106조【특별건축구역의 건축물】 ① 법 제70조제2호에서 "대통령령으로 정하는 공공기관"이란 다음 각 호의 공공기관을 말한다. <개정 2020.9.10>

1. 「한국토지주택공사법」에 따른 한국토지주택공사

2. 「한국수자원공사법」에 따른 한국수자원공사

3. 「한국도로공사법」에 따른 한국도로공사

4. 삭제 <2009.9.21>

5. 「한국철도공사법」에 따른 한국철도공사

6. 「국가철도공단법」에 따른 국가철도공단

7. 「한국관광공사법」에 따른 한국관광공사

8. 「한국농어촌공사 및 농지관리기금법」에 따른 한국농어촌공사

② 법 제70조제3호에서 "대통령령으로 정하는 용도·규모의 건축물"이란 별표 3과 같다.

[전문개정 2008.10.29]

제107조【특별건축구역의 지정 절차 등】 ① 법 제71조제1항제4호에 따른 도시·군관리계획의 세부 내용은 다음 각 호와 같다. <개정 2012.4.10.>

1. 「국토의 계획 및 이용에 관한 법률」 제36조부터 제38조까지, 제38조의2, 제39조, 제40조 및 같은 법 시행령 제30조부터 제32조까지의 규정에 따른 용도지역, 용도지구 및 용도구역에 관한 사항

2. 「국토의 계획 및 이용에 관한 법률」 제43조에 따라 도시·군관리계획으로 결정되었거나 설치된 도시·군계획시설의 현황 및 도시·군계획시설의 신설·변경 등에 관한 사항

3. 「국토의 계획 및 이용에 관한 법률」 제50조부터 제52조까지 및 같은 법 시행령 제43조부터 제47조까지의 규정에 따른 지구단위계획구역의 지정, 지구단위계획의 내용 및 지구단위계획의 수립·변경 등에 관한 사항

② 법 제71조제1항제7호에서 "대통령령으로 정하는 사항"이란 다음 각 호의 사항을 말한다. <개정 2014.10.14.>

1. 특별건축구역의 주변지역에 「국토의 계획 및 이용에 관한 법률」 제43조에 따라 도시·군관리계획으로 결정되었거나 설치된 도시·군계획시설에 관한 사항

2. 특별건축구역의 주변지역에 대한 지구단위계획구역의 지정 및 지구단위계획의 내용 등에 관한 사항

2의2. 「건축기본법」 제21조에 따른 건축디자인 기준의 반영에 관한 사항

3. 「건축기본법」 제23조에 따라 민간전문가를 위촉한 경우 그에 관한 사항

4. 제105조제3항제2호의2에 따른 복합적인 토지 이용에 관한 사항(제105조제3항제2호의2에 해당하는 지역을 지정하기 위한 신청의 경우로 한정한다)

③ 국토교통부장관 또는 시·도지사는 법 제71조제7항에 따라 특별건축구역을 지정하거나 변경·해제하는 경우에는 다음 각 호의 사항을 즉시 관보(시·도지사의 경우에는 공보)에 고시해야 한다. <개정 2021.1.8.>

1. 지정·변경 또는 해제의 목적

2. 특별건축구역의 위치, 범위 및 면적

3. 특별건축구역 내 건축물의 규모 및 용도 등에 관한 주요 사항

4. 건축물의 설계, 공사감리 및 건축시공 등 발주방법에 관한 사항

5. 도시·군계획시설의 신설·변경 및 지구단위계획의 수립·변경 등에 관한 사항

6. 그 밖에 국토교통부장관 또는 시·도지사가 필요하다고 인정하는 사항

④ 특별건축구역의 지정신청기관이 다음 각 호의 어

느 하나에 해당하여 법 제71조제9항에 따라 특별건축구역의 변경지정을 받으려는 경우에는 국토교통부령으로 정하는 자료를 갖추어 국토교통부장관 또는 특별시장·광역시장·도지사에게 변경지정 신청을 해야 한다. 이 경우 특별건축구역의 변경지정에 관하여는 법 제71조제4항 및 제5항을 준용한다. <개정 2021.1.8.>

1. 특별건축구역의 범위가 10분의 1(특별건축구역의 면적이 10만 제곱미터 미만인 경우에는 20분의 1) 이상 증가하거나 감소하는 경우

2. 특별건축구역의 도시·군관리계획에 관한 사항이 변경되는 경우

3. 건축물의 설계, 공사감리 및 건축시공 등 발주방법이 변경되는 경우

4. 그 밖에 특별건축구역의 지정 목적이 변경되는 등 국토교통부령으로 정하는 경우

⑤ 제1항부터 제4항까지에서 규정한 사항 외에 특별건축구역의 지정에 필요한 세부 사항은 국토교통부장관이 정하여 고시한다. <개정 2013.3.23.>

[전문개정 2008.10.29.]

제107조의2 【특별건축구역의 지정 제안 절차 등】 ① 법 제71조제2항에 따라 특별건축구역 지정을 제안하려는 자는 같은 조 제1항의 자료를 갖추어 시장·군수·구청장에게 의견을 요청할 수 있다.

② 시장·군수·구청장은 제1항에 따라 의견 요청을 받으면 특별건축구역 지정의 필요성, 타당성, 공공성 등과 피난·방재 등의 사항을 검토하여 의견을 통보해야 한다. 이 경우 「건축기본법」 제23조에 따라 시장·군수·구청장이 위촉한 민간전문가의 자문을 받을 수 있다.

③ 법 제71조제2항에 따라 특별건축구역 지정을 제안하려는 자는 시·도지사에게 제안하기 전에 다음 각 호에 해당하는 자의 서면 동의를 받아야 한다. 이 경우 토지소유자의 서면 동의 방법은 국토교통부령으로 정한다.

1. 대상 토지 면적(국유지·공유지의 면적은 제외한다)의 3분의 2 이상에 해당하는 토지소유자

2. 국유지 또는 공유지의 재산관리청(국유지 또는 공유지가 포함되어 있는 경우로 한정한다)

④ 법 제71조제2항에 따라 특별건축구역 지정을 제안하려는 자는 다음 각 호의 서류를 시·도지사에게 제출해야 한다.

1. 법 제71조제1항 각 호의 자료

2. 제2항에 따른 시장·군수·구청장의 의견(의견을 요청한 경우로 한정한다)

3. 제3항에 따른 토지소유자 및 재산관리청의 서면 동의서

⑤ 시·도지사는 제4항에 따른 서류를 받은 날부터 45일 이내에 특별건축구역 지정의 필요성, 타당성, 공공성 등과 피난·방재 등의 사항을 검토하여 특별건축구역 지정여부를 결정해야 한다. 이 경우 관할 시장·군수·구청장의 의견을 청취(제4항제2호의 의견서를 제출받은 경우는 제외한다)한 후 시·도지사가 두는 건축위원회의 심의를 거쳐야 한다.

⑥ 시·도지사는 제5항에 따라 지정여부를 결정한 날부터 14일 이내에 특별건축구역 지정을 제안한 자에게 그 결과를 통보해야 한다.

⑦ 제5항에 따라 지정된 특별건축구역에 대한 변경지정의 제안에 관하여는 제1항부터 제6항까지의 규정을 준용한다.

⑧ 제1항부터 제7항까지에서 규정한 사항 외에 특별건축구역의 지정에 필요한 세부 사항은 국토교통부장관이 정하여 고시한다.

[본조신설 2021.1.8.]

제108조 【특별건축구역 내 건축물의 심의 등】 ① 법 제72조제5항에 따라 지방건축위원회의 변경심의를 받아야 하는 경우는 다음 각 호와 같다. <개정 2013.3.23>

1. 법 제16조에 따라 변경허가를 받아야 하는 경우

2. 법 제19조제2항에 따라 변경허가를 받거나 변경신고를 하여야 하는 경우

3. 건축물 외부의 디자인, 형태 또는 색채를 변경하는 경우

4. 그 밖에 법 제72조제1항 각 호의 사항 중 국토교통부령으로 정하는 사항을 변경하는 경우

② 법 제72조제8항 전단에 따라 설계자가 해당 건축물의 건축에 참여하는 경우 공사시공자 및 공사감리자는 특별한 사유가 있는 경우를 제외하고는 설계자의 자문 의견을 반영하도록 하여야 한다.

③ 법 제72조제8항 후단에 따른 설계자의 업무내용은 다음 각 호와 같다.

1. 법 제72조제6항에 따른 모니터링

2. 설계변경에 대한 자문

3. 건축디자인 및 도시경관 등에 관한 설계의도의 구현을 위한 자문

4. 그 밖에 발주청이 위탁하는 업무

④ 제3항에 따른 설계자의 업무내용에 대한 보수는 「엔지니어링기술 진흥법」 제10조에 따른 엔지니어링사업대가의 기준의 범위에서 국토교통부장관이 정하여 고시한다. <개정 2013.3.23>

⑤ 제1항부터 제4항까지에서 규정한 사항 외에 특별건

축구역 내 건축물의 심의 및 건축허가 이후 해당 건축물의 건축에 대한 설계자의 참여에 관한 세부 사항은 국토교통부장관이 정하여 고시한다. <개정 2013.3.23>

[전문개정 2008.10.29]

제109조【관계 법령의 적용 특례】① 법 제73조제1항제2호에서 "대통령령으로 정하는 규정"이란 「주택건설기준 등에 관한 규정」 제10조, 제13조, 제29조, 제35조, 제37조, 제50조 및 제52조를 말한다. <개정 2013.6.17>

② 허가권자가 법 제73조제3항에 따라 「소방시설설치유지 및 안전관리에 관한 법률」 제9조 및 제11조에 따른 기준 또는 성능 등을 완화하여 적용하려면 「소방시설공사업법」 제30조제2항에 따른 지방소방기술심의위원회의 심의를 거치거나 소방본부장 또는 소방서장과 협의를 하여야 한다.

[전문개정 2008.10.29]

제110조 삭제 <2016.7.19.>

제110조의2【특별가로구역의 지정】① 법 제77조의2제1항에서 "대통령령으로 정하는 도로"란 다음 각 호의 어느 하나에 해당하는 도로를 말한다.

1. 건축선을 후퇴한 대지에 접한 도로로서 허가권자(허가권자가 구청장인 경우에는 특별시장이나 광역시장을 말한다. 이하 이 조에서 같다)가 건축조례로 정하는 도로
2. 허가권자가 리모델링 활성화가 필요하다고 인정하여 지정·공고한 지역 안의 도로
3. 보행자전용도로로서 도시미관 개선을 위하여 허가권자가 건축조례로 정하는 도로
4. 「지역문화진흥법」 제18조에 따른 문화지구 안의 도로
5. 그 밖에 조화로운 도시경관 창출을 위하여 필요하다고 인정하여 국토교통부장관이 고시하거나 허가권자가 건축조례로 정하는 도로

② 법 제77조의2제2항제4호에서 "대통령령으로 정하는 사항"이란 다음 각 호의 사항을 말한다.

1. 특별가로구역에서 이 법 또는 관계 법령의 규정을 적용하지 아니하거나 완화하여 적용하는 경우에 해당 규정과 완화 등의 범위에 관한 사항
2. 건축물의 지붕 및 외벽의 형태나 색채 등에 관한 사항
3. 건축물의 배치, 대지의 출입구 및 조경의 위치에 관한 사항
4. 건축선 후퇴 공간 및 공개공지등의 관리에 관한 사항

5. 그 밖에 특별가로구역의 지정에 필요하다고 인정하여 국토교통부장관이 고시하거나 허가권자가 건축조례로 정하는 사항

[본조신설 2014.10.14.]

제8장의2 건축협정<신설 2014.10.14.>

제110조의3【건축협정의 체결】① 법 제77조의4제1항 각 호 외의 부분에서 "토지 또는 건축물의 소유자, 지상권자 등 대통령령으로 정하는 자"란 다음 각 호의 자를 말한다.

1. 토지 또는 건축물의 소유자(공유자를 포함한다. 이하 이 항에서 같다)
2. 토지 또는 건축물의 지상권자
3. 그 밖에 해당 토지 또는 건축물에 이해관계가 있는 자로서 건축조례로 정하는 자 중 그 토지 또는 건축물 소유자의 동의를 받은 자

② 법 제77조의4제4항제2호에서 "대통령령으로 정하는 사항"이란 다음 각 호의 사항을 말한다.

1. 건축선
2. 건축물 및 건축설비의 위치
3. 건축물의 용도, 높이 및 층수
4. 건축물의 지붕 및 외벽의 형태
5. 건폐율 및 용적률
6. 담장, 대문, 조경, 주차장 등 부대시설의 위치 및 형태
7. 차양시설, 차면시설 등 건축물에 부착하는 시설물의 형태
8. 법 제59조제1항제1호에 따른 맞벽 건축의 구조 및 형태
9. 그 밖에 건축물의 위치, 용도, 형태 또는 부대시설에 관하여 건축조례로 정하는 사항

[본조신설 2014.10.14.]

제110조의4【건축협정의 폐지 제한 기간】① 법 제77조의9제1항 단서에서 "대통령령으로 정하는 기간"이란 착공신고를 한 날부터 20년을 말한다.

② 제1항에도 불구하고 다음 각 호의 요건을 모두 갖춘 경우에는 제1항에 따른 기간이 지난 것으로 본다.

1. 법 제57조제3항에 따라 분할된 대지를 같은 조 제1항 및 제2항의 기준에 적합하게 할 것
2. 법 제77조의13에 따른 특례를 적용받지 아니하는 내용으로 건축협정 변경인가를 받고 그에 따라 건축허가를 받을 것. 다만, 법 제77조의13에 따른 특례적용을 받은 내용대로 사용승인을 받은 경우에는 특례를 적용받지 아니하는 내용으로 건축협정

변경인가를 받고 그에 따라 건축허가를 받은 후 해당 건축물의 사용승인을 받아야 한다.

3. 법 제77조의11제2항에 따라 지원받은 사업비용을 반환할 것

[본조신설 2016.5.17.][종전 제110조의4는 제110조의5로 이동<2016.5.17.>]

제110조의5 【건축협정에 따라야 하는 행위】 법 제77조의10제1항에서 "대통령령으로 정하는 행위"란 제110조의3제2항 각 호의 사항에 관한 행위를 말한다.

[본조신설 2014.10.14.][제110조의4에서 이동, 종전 제110조의5는 제110조의6으로 이동 <2016.5.17.>]

제110조의6 【건축협정에 관한 지원】 법 제77조의4제1항제4호에 따른 건축협정인가권자가 법 제77조의11제2항에 따라 건축협정구역 안의 주거환경개선을 위한 사업비용을 지원하려는 경우에는 법 제77조의4제1항 및 제2항에 따라 건축협정을 체결한 자(이하 "협정체결자"라 한다) 또는 법 제77조의5제1항에 따른 건축협정운영회(이하 "건축협정운영회"라 한다)의 대표자에게 다음 각 호의 사항이 포함된 사업계획서를 요구할 수 있다.

1. 주거환경개선사업의 목표
2. 협정체결자 또는 건축협정운영회 대표자의 성명
3. 주거환경개선사업의 내용 및 추진방법
4. 주거환경개선사업의 비용
5. 그 밖에 건축조례로 정하는 사항

[본조신설 2014.10.14.]

[제110조의5에서 이동 <2016.5.17.>]

제110조의7 【건축협정에 따른 특례】 ① 건축협정구역에서 건축하는 건축물에 대해서는 법 제77조의13제6항에 따라 법 제42조, 제55조, 제56조, 제60조 및 제61조를 다음 각 호의 구분에 따라 완화하여 적용할 수 있다.

1. 법 제42조에 따른 대지의 조경 면적: 대지의 조경을 도로에 면하여 통합적으로 조성하는 건축협정구역에 한정하여 해당 지역에 적용하는 조경 면적 기준의 100분의 20의 범위에서 완화
2. 법 제55조에 따른 건폐율: 해당 지역에 적용하는 건폐율의 100분의 20의 범위에서 완화. 이 경우 「국토의 계획 및 이용에 관한 법률」 제77조에 따른 건폐율의 최대한도를 초과할 수 없다.
3. 법 제56조에 따른 용적률: 해당 지역에 적용하는 용적률의 100분의 20의 범위에서 완화. 이 경우 「국토의 계획 및 이용에 관한 법률」 제78조에 따른 용적률의 최대한도를 초과할 수 없다.

4. 법 제60조에 따른 높이 제한: 너비 6미터 이상의 도로에 접한 건축협정구역에 한정하여 해당 건축물에 적용하는 높이 기준의 100분의 20의 범위에서 완화
5. 법 제61조에 따른 일조 등의 확보를 위한 건축물의 높이 제한: 건축협정구역 안에서 대지 상호간에 건축하는 공동주택에 한정하여 제86조제3항제1호에 따른 기준의 100분의 20의 범위에서 완화

② 허가권자는 법 제77조의13제6항 단서에 따라 법 제4조에 따른 건축위원회의 심의와 「국토의 계획 및 이용에 관한 법률」 제113조에 따른 지방도시계획위원회의 심의를 통합하여 하려는 경우에는 다음 각 호의 기준에 따라 통합심의위원회(이하 "통합심의위원회"라 한다)를 구성하여야 한다.

1. 통합심의위원회 위원은 법 제4조에 따른 건축위원회 및 「국토의 계획 및 이용에 관한 법률」 제113조에 따른 지방도시계획위원회의 위원 중에서 시·도지사 또는 시장·군수·구청장이 임명 또는 위촉할 것
2. 통합심의위원회의 위원 수는 15명 이내로 할 것
3. 통합심의위원회의 위원 중 법 제4조에 따른 건축위원회의 위원이 2분의 1 이상이 되도록 할 것
4. 통합심의위원회의 위원장은 위원 중에서 시·도지사 또는 시장·군수·구청장이 임명 또는 위촉할 것

③ 제2항에 따른 통합심의위원회는 다음 각 호의 사항을 검토한다.

1. 해당 대지의 토지이용 현황 및 용적률 완화 범위의 적정성
2. 건축협정으로 완화되는 용적률이 주변 경관 및 환경에 미치는 영향

[본조신설 2016.7.19.]

제8장의3 결합건축<신설 2016.7.19.>

제111조 【결합건축 대상지】 ① 법 제77조의15제1항 각 호 외의 부분에서 "대통령령으로 정하는 범위에 있는 2개의 대지"란 다음 각 호의 요건을 모두 충족하는 2개의 대지를 말한다. <개정 2019.10.22., 2021.1.8.>

1. 2개의 대지 모두가 법 제77조의15제1항 각 호의 지역 중 동일한 지역에 속할 것
2. 2개의 대지 모두가 너비 12미터 이상인 도로로 둘러싸인 하나의 구역 안에 있을 것. 이 경우 그 구역 안에 너비 12미터 이상인 도로로 둘러싸인 더 작은 구역이 있어서는 아니 된다.

② 법 제77조의15제1항제4호에서 "대통령령으로 정

하는 지역"이란 다음 각 호의 지역을 말한다. <개정 2019.10.22.>

1. 건축협정구역
2. 특별건축구역
3. 리모델링 활성화 구역
4. 「도시재생 활성화 및 지원에 관한 특별법」 제2조제1항제5호에 따른 도시재생활성화지역
5. 「한옥 등 건축자산의 진흥에 관한 법률」 제17조제1항에 따른 건축자산 진흥구역

③ 법 제77조의15제2항 각 호 외의 부분 본문에서 "대통령령으로 정하는 범위에 있는 3개 이상의 대지"란 다음 각 호의 요건을 모두 충족하는 3개 이상의 대지를 말한다. <신설 2021.1.8.>

1. 대지 모두가 법 제77조의15제1항 각 호의 지역 중 같은 지역에 속할 것
2. 모든 대지 간 최단거리가 500미터 이내일 것

④ 법 제77조의15제2항제2호에서 "공원, 광장 등 대통령령으로 정하는 시설"이란 다음 각 호의 어느 하나에 해당하는 시설을 말한다. <신설 2021.1.8.>

1. 공원, 녹지, 광장, 정원, 공지, 주차장, 놀이터 등 공동이용시설
2. 그 밖에 제1호의 시설과 비슷한 것으로서 건축조례로 정하는 시설

⑤ 법 제77조의15제2항제3호에서 "대통령령으로 정하는 건축물"이란 다음 각 호의 건축물을 말한다. <신설 2021.1.8.>

1. 마을회관, 마을공동작업소, 마을도서관, 어린이집 등 공동이용건축물
2. 공동주택 중 「민간임대주택에 관한 특별법」 제2조제1호의 민간임대주택
3. 그 밖에 제1호 및 제2호의 건축물과 비슷한 것으로서 건축조례로 정하는 건축물

[본조신설 2016.7.19.]

제111조의2 【건축위원회 및 도시계획위원회의 공동 심의】 허가권자는 법 제77조의16제3항 단서에 따라 건축위원회의 심의와 도시계획위원회의 심의를 공동으로 하려는 경우에는 제110조의7제2항 각 호의 기준에 따라 공동위원회를 구성하여야 한다. <개정 2019.10.22.>

[본조신설 2016.7.19.]

제111조의3 【결합건축 건축물의 사용승인】 법 제77조의17제2항에서 "대통령령으로 정하는 조치"란 다음 각 호의 어느 하나에 해당하는 조치를 말한다. <개정 2019.10.22.>

1. 법 제11조제7항 각 호 외의 부분 단서에 따른 공사의 착수기간 연장 신청. 다만, 착공이 지연된 것에 건축주의 귀책사유가 없고 착공 지연에 따른 건축허가 취소의 가능성이 없다고 인정하는 경우로 한정한다.
2. 「국토의 계획 및 이용에 관한 법률」에 따른 도시·군계획시설의 결정

[본조신설 2016.7.19.]

제9장 보칙

제112조 【건축위원회 심의 방법 및 결과 조사 등】 ① 국토교통부장관은 법 제78조제5항에 따라 지방건축위원회 심의 방법 또는 결과에 대한 조사가 필요하다고 인정하면 시·도지사 또는 시장·군수·구청장에게 관련 서류를 요구하거나 직접 방문하여 조사를 할 수 있다.

② 시·도지사는 법 제78조제5항에 따라 시장·군수·구청장이 설치하는 지방건축위원회의 심의 방법 또는 결과에 대한 조사가 필요하다고 인정하면 시장·군수·구청장에게 관련 서류를 요구하거나 직접 방문하여 조사를 할 수 있다.

③ 국토교통부장관 및 시·도지사는 제1항 또는 제2항에 따른 조사 과정에서 필요하면 법 제4조의2에 따른 심의의 신청인 및 건축관계자 등의 의견을 들을 수 있다.

[본조신설 2016.7.19.]

제113조 【위법·부당한 건축위원회의 심의에 대한 조치】 ① 국토교통부장관 및 시·도지사는 제112조에 따른 조사 및 의견청취 후 건축위원회의 심의 방법 또는 결과가 법 또는 법에 따른 명령이나 처분 또는 조례(이하 이 조에서 "건축법규등"이라 한다)에 위반되거나 부당하다고 인정하면 다음 각 호의 구분에 따라 시·도지사 또는 시장·군수·구청장에게 시정명령을 할 수 있다.

1. 심의대상이 아닌 건축물을 심의하거나 심의내용이 건축법규등에 위반된 경우: 심의결과 취소
2. 건축법규등의 위반은 아니나 심의현황 및 건축여건을 고려하여 특별히 과도한 기준을 적용하거나 이행이 어려운 조건을 제시한 것으로 인정되는 경우: 심의결과 조정 또는 재심의
3. 심의 절차에 문제가 있다고 인정되는 경우: 재심의
4. 건축관계자에게 심의개최 통지를 하지 아니하고 심의를 하거나 건축법규등에서 정한 범위를 넘어 과도한 도서의 제출을 요구한 것으로 인정되는 경

우: 심의절차 및 기준의 개선 권고

② 제1항에 따른 시정명령을 받은 시·도지사 또는 시장·군수·구청장은 특별한 사유가 없으면 이에 따라야 한다. 이 경우 제1항제2호 또는 제3호에 따라 재심의 명령을 받은 경우에는 해당 명령을 받은 날부터 15일 이내에 건축위원회의 심의를 하여야 한다.

③ 시·도지사 또는 시장·군수·구청장은 제1항에 따른 시정명령에 이의가 있는 경우에는 해당 심의에 참여한 위원으로 구성된 지방건축위원회의 심의를 거쳐 국토교통부장관 또는 시·도지사에게 이의신청을 할 수 있다.

④ 제3항에 따라 이의신청을 받은 국토교통부장관 및 시·도지사는 제112조에 따른 조사를 다시 실시한 후 그 결과를 시·도지사 또는 시장·군수·구청장에게 통지하여야 한다.

[본조신설 2016.7.19.]

제114조【위반 건축물에 대한 사용 및 영업행위의 허용 등】 법 제79조제2항 단서에서 "대통령령으로 정하는 경우"란 바닥면적의 합계가 400제곱미터 미만인 축사와 바닥면적의 합계가 400제곱미터 미만인 농업용·임업용·축산업용 및 수산업용 창고를 말한다. <개정 2016.1.19.>

[전문개정 2008.10.29.]

제115조【위반 건축물 등에 대한 실태조사 및 정비】
① 허가권자는 법 제79조제5항에 따른 실태조사를 매년 정기적으로 하며, 위반행위의 예방 또는 확인을 위하여 수시로 실태조사를 할 수 있다.

② 허가권자는 제1항에 따른 조사를 하려는 경우에는 조사 목적·기간·대상 및 방법 등이 포함된 실태조사 계획을 수립해야 한다.

③ 제1항에 따른 조사는 서면 또는 현장조사의 방법으로 실시할 수 있다.

④ 허가권자는 제1항에 따른 조사를 한 경우 법 제79조에 따른 시정조치를 하기 위하여 정비계획을 수립·시행해야 하며, 그 결과를 시·도지사(특별자치시장 및 특별자치도지사는 제외한다)에게 보고해야 한다.

⑤ 허가권자는 위반 건축물의 체계적인 사후 관리와 정비를 위하여 국토교통부령으로 정하는 바에 따라 위반 건축물 관리대장을 작성·관리해야 한다. 이 경우 전자적 처리가 불가능한 특별한 사유가 없으면 법 제32조제1항에 따른 전자정보처리 시스템을 이용하여 작성·관리해야 한다. <개정 2021.11.2>

⑥ 제1항부터 제4항까지에서 규정한 사항 외에 실태 조사의 방법·절차에 필요한 세부적인 사항은 건축조례로 정할 수 있다.

[전문개정 2020.4.21.]

제115조의2【이행강제금의 부과 및 징수】 ① 법 제80조제1항 각 호 외의 부분 단서에서 "대통령령으로 정하는 경우"란 다음 각 호의 경우를 말한다. <개정 2020.10.8.>

1. 법 제22조에 따른 사용승인을 받지 아니하고 건축물을 사용한 경우

2. 법 제42조에 따른 대지의 조경에 관한 사항을 위반한 경우

3. 법 제60조에 따른 건축물의 높이 제한을 위반한 경우

4. 법 제61조에 따른 일조 등의 확보를 위한 건축물의 높이 제한을 위반한 경우

5. 그 밖에 법 또는 법에 따른 명령이나 처분을 위반한 경우(별표 15 위반 건축물란의 제1호의2, 제4호부터 제9호까지의 규정에 해당하는 경우는 제외한다)로서 건축조례로 정하는 경우

② 법 제80조제1항제2호에 따른 이행강제금의 산정기준은 별표 15와 같다.

③ 이행강제금의 부과 및 징수 절차는 국토교통부령으로 정한다. <개정 2013.3.23>

[전문개정 2008.10.29]

제115조의3【이행강제금의 탄력적 운영】 ① 법 제80조제1항제1호에서 "대통령령으로 정하는 비율"이란 다음 각 호의 구분에 따른 비율을 말한다. 다만, 건축조례로 다음 각 호의 비율을 낮추어 정할 수 있되, 낮추는 경우에도 그 비율은 100분의 60 이상이어야 한다.

1. 건폐율을 초과하여 건축한 경우: 100분의 80

2. 용적률을 초과하여 건축한 경우: 100분의 90

3. 허가를 받지 아니하고 건축한 경우: 100분의 100

4. 신고를 하지 아니하고 건축한 경우: 100분의 70

② 법 제80조제2항에서 "영리목적을 위한 위반이나 상습적 위반 등 대통령령으로 정하는 경우"란 다음 각 호의 어느 하나에 해당하는 경우를 말한다. 다만, 위반행위 후 소유권이 변경된 경우는 제외한다.

1. 임대 등 영리를 목적으로 법 제19조를 위반하여 용도변경을 한 경우(위반면적이 50제곱미터를 초과하는 경우로 한정한다)

2. 임대 등 영리를 목적으로 허가나 신고 없이 신축 또는 증축한 경우(위반면적이 50제곱미터를 초과하는 경우로 한정한다)

3. 임대 등 영리를 목적으로 허가나 신고 없이 다세

대주택의 세대수 또는 다가구주택의 가구수를 증가시킨 경우(5세대 또는 5가구 이상 증가시킨 경우로 한정한다)

4. 동일인이 최근 3년 내에 2회 이상 법 또는 법에 따른 명령이나 처분을 위반한 경우

5. 제1호부터 제4호까지의 규정과 비슷한 경우로서 건축조례로 정하는 경우

[본조신설 2016.2.11.][종전 제115조의3은 제115조의5로 이동 <2016.2.11.>]

제115조의4 【이행강제금의 감경】 ① 법 제80조의2제1항제2호에서 "대통령령으로 정하는 경우"란 다음 각 호의 어느 하나에 해당하는 경우를 말한다. 다만, 법 제80조제1항 각 호 외의 부분 단서에 해당하는 경우는 제외한다. <개정 2018.9.4>

1. 위반행위 후 소유권이 변경된 경우

2. 임차인이 있어 현실적으로 임대기간 중에 위반내용을 시정하기 어려운 경우(법 제79조제1항에 따른 최초의 시정명령 전에 이미 임대차계약을 체결한 경우로서 해당 계약이 종료되거나 갱신되는 경우는 제외한다) 등 상황의 특수성이 인정되는 경우

3. 위반면적이 30제곱미터 이하인 경우(별표 1 제1호부터 제4호까지의 규정에 따른 건축물로 한정하며, 「집합건물의 소유 및 관리에 관한 법률」의 적용을 받는 집합건축물은 제외한다)

4. 「집합건물의 소유 및 관리에 관한 법률」의 적용을 받는 집합건축물의 구분소유자가 위반한 면적이 5제곱미터 이하인 경우(별표 1 제2호부터 제4호까지의 규정에 따른 건축물로 한정한다)

5. 법 제22조에 따른 사용승인 당시 존재하던 위반사항으로서 사용승인 이후 확인된 경우

6. 법률 제12516호 가축분뇨의 관리 및 이용에 관한 법률 일부개정법률 부칙 제9조에 따라 같은 조 제1항 각 호에 따른 기간(같은 조 제3항에 따른 환경부령으로 정하는 규모 미만의 시설의 경우 같은 항에 따른 환경부령으로 정하는 기한을 말한다) 내에 「가축분뇨의 관리 및 이용에 관한 법률」 제11조에 따른 허가 또는 변경허가를 받거나 신고 또는 변경신고를 하려는 배출시설(처리시설을 포함한다)의 경우

6의2. 법률 제12516호 가축분뇨의 관리 및 이용에 관한 법률 일부개정법률 부칙 제10조의2에 따라 같은 조 제1항에 따른 기한까지 환경부장관이 정하는 바에 따라 허가신청을 하였거나 신고한 배출시설(개 사육시설은 제외하되, 처리시설은 포함한다)의 경우

7. 그 밖에 위반행위의 정도와 위반 동기 및 공중에 미치는 영향 등을 고려하여 감경이 필요한 경우로서 건축조례로 정하는 경우

② 법 제80조의2제1항제2호에서 "대통령령으로 정하는 비율"이란 다음 각 호의 구분에 따른 비율을 말한다. <개정 2018.9.4>

1. 제1항제1호부터 제6호까지 및 제6호의2의 경우: 100분의 50

2. 제1항제7호의 경우: 건축조례로 정하는 비율

③ 법 제80조의2제2항에 따른 이행강제금의 감경 비율은 다음 각 호와 같다.

1. 연면적 85제곱미터 이하 주거용 건축물의 경우: 100분의 80

2. 연면적 85제곱미터 초과 주거용 건축물의 경우: 100분의 60

[본조신설 2016.2.11.]

제115조의5 삭제<2020.4.28>

제116조 삭제<2020.4.28>

제116조의2 삭제<2020.4.28>

제116조의3 삭제<2020.4.28>

제117조 【권한의 위임·위탁】 ① 국토교통부장관은 법 제82조제1항에 따라 법 제69조 및 제71조(제6항은 제외한다)에 따른 특별건축구역의 지정, 변경 및 해제에 관한 권한을 시·도지사에게 위임한다. <개정 2021.1.8>

② 삭제 <1999.4.30.>

③ 법 제82조제3항에 따라 구청장(자치구가 아닌 구의 구청장을 말한다) 또는 동장·읍장·면장(「지방자치단체의 행정기구와 정원기준 등에 관한 규정」 별표 3 제2호 비고 제2호에 따라 행정안전부장관이 시장·군수·구청장과 협의하여 정하는 동장·읍장·면장으로 한정한다)에게 위임할 수 있는 권한은 다음 각 호와 같다. <개정 2016.2.11., 2017.7.26.>

1. 6층 이하로서 연면적 2천제곱미터 이하인 건축물의 건축·대수선 및 용도변경에 관한 권한

2. 기존 건축물 연면적의 10분의 3 미만의 범위에서 하는 증축에 관한 권한

④ 법 제82조제3항에 따라 동장·읍장 또는 면장에게 위임할 수 있는 권한은 다음 각 호와 같다. <개정 2014.10.14., 2018.9.4>

1. 법 제14조에 따른 건축물의 건축 및 대수선에 관한 권한

2. 법 제20조제3항에 따른 가설건축물의 축조 및 이

영 제15조의2에 따른 가설건축물의 존치기간 연장에 관한 권한

3. 삭제<2018.9.4.>

4. 법 제83조에 따른 옹벽 등의 공작물 축조에 관한 권한

⑤ 법 제82조제4항에서 "대통령령으로 정하는 기관 또는 단체"란 다음 각 호의 기관 또는 단체 중 국토교통부장관이 정하여 고시하는 기관 또는 단체를 말한다. <개정 2013.11.20.>

1.「공공기관의 운영에 관한 법률」 제5조에 따른 공기업

2.「정부출연연구기관 등의 설립·운영 및 육성에 관한 법률」 및 「과학기술분야 정부출연연구기관 등의 설립·운영 및 육성에 관한 법률」에 따른 연구기관

[제목개정 2006.5.8.]

제118조 【옹벽 등의 공작물에의 준용】 ① 법 제83조제1항에 따라 공작물을 축조(건축물과 분리하여 축조하는 것을 말한다. 이하 이 조에서 같다)할 때 특별자치시장·특별자치도지사 또는 시장·군수·구청장에게 신고를 해야 하는 공작물은 다음 각 호와 같다. <개정 2016.1.19., 2020.12.15.>

1. 높이 6미터를 넘는 굴뚝

2. 삭제 <2020.12.15.>

3. 높이 4미터를 넘는 장식탑, 기념탑, 첨탑, 광고탑, 광고판, 그 밖에 이와 비슷한 것

4. 높이 8미터를 넘는 고가수조나 그 밖에 이와 비슷한 것

5. 높이 2미터를 넘는 옹벽 또는 담장

6. 바닥면적 30제곱미터를 넘는 지하대피호

7. 높이 6미터를 넘는 골프연습장 등의 운동시설을 위한 철탑, 주거지역·상업지역에 설치하는 통신용 철탑, 그 밖에 이와 비슷한 것

8. 높이 8미터(위험을 방지하기 위한 난간의 높이는 제외한다) 이하의 기계식 주차장 및 철골 조립식 주차장(바닥면이 조립식이 아닌 것을 포함한다)으로서 외벽이 없는 것

9. 건축조례로 정하는 제조시설, 저장시설(시멘트사일로를 포함한다), 유희시설, 그 밖에 이와 비슷한 것

10. 건축물의 구조에 심대한 영향을 줄 수 있는 중량물로서 건축조례로 정하는 것

11. 높이 5미터를 넘는 「신에너지 및 재생에너지 개발·이용·보급 촉진법」 제2조제2호가목에 따른 태양에너지를 이용하는 발전설비와 그 밖에 이와 비슷한 것

② 제1항 각 호의 어느 하나에 해당하는 공작물을 축조하려는 자는 공작물 축조신고서와 국토교통부령으로 정하는 설계도서를 특별자치시장·특별자치도지사 또는 시장·군수·구청장에게 제출(전자문서에 의한 제출을 포함한다)하여야 한다. <개정 2014.10.14.>

③ 제1항 각 호의 공작물에 관하여는 법 제83조제3항에 따라 법 제14조, 제21조제5항, 제29조, 제40조제4항, 제41조, 제47조, 제48조, 제55조, 제58조, 제60조, 제61조, 제79조, 제84조, 제85조, 제87조 및 「국토의 계획 및 이용에 관한 법률」 제76조를 준용한다. 다만, 제1항제3호의 공작물로서 「옥외광고물 등의 관리와 옥외광고산업 진흥에 관한 법률」에 따라 허가를 받거나 신고를 한 공작물에 관하여는 법 제14조를 준용하지 않고, 제1항제5호의 공작물에 관하여는 법 제58조를 준용하지 않으며, 제1항제8호의 공작물에 관하여는 법 제55조를 준용하지 않고, 제1항제3호·제8호의 공작물에 대해서만 법 제61조를 준용한다. <개정 2016.7.6., 2020.4.28., 2021.5.4.>

④ 제3항 본문에 따라 법 제48조를 준용하는 경우 해당 공작물에 대한 구조 안전 확인의 내용 및 방법 등은 국토교통부령으로 정한다. <신설 2013.11.20.>

⑤ 특별자치시장·특별자치도지사 또는 시장·군수·구청장은 제1항에 따라 공작물 축조신고를 받았으면 국토교통부령으로 정하는 바에 따라 공작물 관리대장에 그 내용을 작성하고 관리하여야 한다. <개정 2014.10.14.>

⑥ 제5항에 따른 공작물 관리대장은 전자적 처리가 불가능한 특별한 사유가 없으면 전자적 처리가 가능한 방법으로 작성하고 관리하여야 한다. <개정 2013.11.20.>

[전문개정 2008.10.29.]

제119조 【면적 등의 산정방법】 ① 법 제84조에 따라 건축물의 면적·높이 및 층수 등은 다음 각 호의 방법에 따라 산정한다. <개정 2016.1.19., 2016.7.19., 2016.8.11., 2017.5.2., 2017.6.27., 2018.9.4., 2019.10.22., 2020.10.8., 2021.1.8., 2021.5.4., 2021.11.2., 2023.9.12./시행 2024.9.13>

1. 대지면적: 대지의 수평투영면적으로 한다. 다만, 다음 각 목의 어느 하나에 해당하는 면적은 제외한다.

가. 법 제46조제1항 단서에 따라 대지에 건축선이 정하여진 경우: 그 건축선과 도로 사이의 대지면적

나. 대지에 도시·군계획시설인 도로·공원 등이 있는 경우: 그 도시·군계획시설에 포함되는 대지

(「국토의 계획 및 이용에 관한 법률」 제47조 제7항에 따라 건축물 또는 공작물을 설치하는 도시·군계획시설의 부지는 제외한다)면적
2. 건축면적: 건축물의 외벽(외벽이 없는 경우에는 외곽 부분의 기둥으로 한다. 이하 이 호에서 같다)의 중심선으로 둘러싸인 부분의 수평투영면적으로 한다. 다만, 다음 각 목의 어느 하나에 해당하는 경우에는 해당 목에서 정하는 기준에 따라 산정한다. <개정 2021.11.2>
가. 처마, 차양, 부연(附椽), 그 밖에 이와 비슷한 것으로서 그 외벽의 중심선으로부터 수평거리 1미터 이상 돌출된 부분이 있는 건축물의 건축면적은 그 돌출된 끝부분으로부터 다음의 구분에 따른 수평거리를 후퇴한 선으로 둘러싸인 부분의 수평투영면적으로 한다.
1)「전통사찰의 보존 및 지원에 관한 법률」 제2조제1호에 따른 전통사찰: 4미터 이하의 범위에서 외벽의 중심선까지의 거리
2) 사료 투여, 가축 이동 및 가축 분뇨 유출 방지 등을 위하여 처마, 차양, 부연, 그 밖에 이와 비슷한 것이 설치된 축사: 3미터 이하의 범위에서 외벽의 중심선까지의 거리(두 동의 축사가 하나의 차양으로 연결된 경우에는 6미터 이하의 범위에서 축사 양 외벽의 중심선까지의 거리를 말한다)
3) 한옥: 2미터 이하의 범위에서 외벽의 중심선까지의 거리
4)「환경친화적자동차의 개발 및 보급 촉진에 관한 법률 시행령」 제18조의5에 따른 충전시설(그에 딸린 충전 전용 주차구획을 포함한다)의 설치를 목적으로 처마, 차양, 부연, 그 밖에 이와 비슷한 것이 설치된 공동주택(「주택법」 제15조에 따른 사업계획승인 대상으로 한정한다): 2미터 이하의 범위에서 외벽의 중심선까지의 거리
5)「신에너지 및 재생에너지 개발·이용·보급 촉진법」 제2조제3호에 따른 신·재생에너지 설비(신·재생에너지를 생산하거나 이용하기 위한 것만 해당한다)를 설치하기 위하여 처마, 차양, 부연, 그 밖에 이와 비슷한 것이 설치된 건축물로서 「녹색건축물 조성 지원법」 제17조에 따른 제로에너지건축물 인증을 받은 건축물: 2미터 이하의 범위에서 외벽의 중심선까지의 거리
6)「환경친화적 자동차의 개발 및 보급 촉진에

관한 법률」 제2조제9호의 수소연료공급시설을 설치하기 위하여 처마, 차양, 부연 그 밖에 이와 비슷한 것이 설치된 별표 1 제19호가목의 주유소, 같은 호 나목의 액화석유가스 충전소 또는 같은 호 바목의 고압가스 충전소: 2미터 이하의 범위에서 외벽의 중심선까지의 거리 <신설 2021.11.2>
7) 그 밖의 건축물: 1미터
나. 다음의 건축물의 건축면적은 국토교통부령으로 정하는 바에 따라 산정한다.
1) 태양열을 주된 에너지원으로 이용하는 주택
2) 창고 또는 공장 중 물품을 입출고하는 부위의 상부에 한쪽 끝은 고정되고 다른 쪽 끝은 지지되지 않는 구조로 설치된 돌출차양
3) 단열재를 구조체의 외기측에 설치하는 단열공법으로 건축된 건축물
다. 다음의 경우에는 건축면적에 산입하지 않는다.
1) 지표면으로부터 1미터 이하에 있는 부분(창고 중 물품을 입출고하기 위하여 차량을 접안시키는 부분의 경우에는 지표면으로부터 1.5미터 이하에 있는 부분)
2)「다중이용업소의 안전관리에 관한 특별법 시행령」 제9조에 따라 기존의 다중이용업소(2004년 5월 29일 이전의 것만 해당한다)의 비상구에 연결하여 설치하는 폭 2미터 이하의 옥외 피난계단(기존 건축물에 옥외 피난계단을 설치함으로써 법 제55조에 따른 건폐율의 기준에 적합하지 아니하게 된 경우만 해당한다)
3) 건축물 지상층에 일반인이나 차량이 통행할 수 있도록 설치한 보행통로나 차량통로
4) 지하주차장의 경사로
5) 건축물 지하층의 출입구 상부(출입구 너비에 상당하는 규모의 부분을 말한다)
6) 생활폐기물 보관시설(음식물쓰레기, 의류 등의 수거시설을 말한다. 이하 같다)
7)「영유아보육법」 제15조에 따른 어린이집(2005년 1월 29일 이전에 설치된 것만 해당한다)의 비상구에 연결하여 설치하는 폭 2미터 이하의 영유아용 대피용 미끄럼대 또는 비상계단(기존 건축물에 영유아용 대피용 미끄럼대 또는 비상계단을 설치함으로써 법 제55조에 따른 건폐율 기준에 적합하지 아니하게 된 경우만 해당한다)
8)「장애인·노인·임산부 등의 편의증진 보장에 관한 법률 시행령」 별표 2의 기준에 따라 설

치하는 장애인용 승강기, 장애인용 에스컬레이터, 휠체어리프트 또는 경사로

9) 「가축전염병 예방법」 제17조제1항제1호에 따른 소독설비를 갖추기 위하여 같은 호에 따른 가축사육시설(2015년 4월 27일 전에 건축되거나 설치된 가축사육시설로 한정한다)에서 설치하는 시설

10) 「매장문화재 보호 및 조사에 관한 법률 시행령」 제14조제1항제1호 및 제2호에 따른 현지보존 및 이전보존을 위하여 매장문화재 보호 및 전시에 전용되는 부분

11) 「가축분뇨의 관리 및 이용에 관한 법률」 제12조제1항에 따른 처리시설(법률 제12516호 가축분뇨의 관리 및 이용에 관한 법률 일부개정법률 부칙 제9조에 해당하는 배출시설의 처리시설로 한정한다)

12) 「영유아보육법」 제15조에 따른 설치기준에 따라 직통계단 1개소를 갈음하여 건축물의 외부에 설치하는 비상계단(같은 조에 따른 어린이집이 2011년 4월 6일 이전에 설치된 경우로서 기존 건축물에 비상계단을 설치함으로써 법 제55조에 따른 건폐율 기준에 적합하지 않게 된 경우만 해당한다)

3. 바닥면적: 건축물의 각 층 또는 그 일부로서 벽, 기둥, 그 밖에 이와 비슷한 구획의 중심선으로 둘러싸인 부분의 수평투영면적으로 한다. 다만, 다음 각 목의 어느 하나에 해당하는 경우에는 각 목에서 정하는 바에 따른다. <개정 2021.1.8., 2021.5.4., 2023.9.12./시행 2024.9.13>

가. 벽·기둥의 구획이 없는 건축물은 그 지붕 끝 부분으로부터 수평거리 1미터를 후퇴한 선으로 둘러싸인 수평투영면적으로 한다.

나. 건축물의 노대등의 바닥은 난간 등의 설치 여부에 관계없이 노대등의 면적(외벽의 중심선으로부터 노대등의 끝부분까지의 면적을 말한다)에서 노대등이 접한 가장 긴 외벽에 접한 길이에 1.5미터를 곱한 값을 뺀 면적을 바닥면적에 산입한다.

다. 필로티나 그 밖에 이와 비슷한 구조(벽면적의 2분의 1 이상이 그 층의 바닥면에서 위층 바닥 아래면까지 공간으로 된 것만 해당한다)의 부분은 그 부분이 공중의 통행이나 차량의 통행 또는 주차에 전용되는 경우와 공동주택의 경우에는 바닥면적에 산입하지 아니한다.

라. 승강기탑(옥상 출입용 승강장을 포함한다), 계

단탑, 장식탑, 다락[층고(層高)가 1.5미터(경사진 형태의 지붕인 경우에는 1.8미터) 이하인 것만 해당한다], 건축물의 내부에 설치하는 냉방설비 배기장치 전용 설치공간(각 세대나 실별로 외부 공기에 직접 닿는 곳에 설치하는 경우로서 1제곱미터 이하로 한정한다), 건축물의 외부 또는 내부에 설치하는 굴뚝, 더스트슈트, 설비덕트, 그 밖에 이와 비슷한 것과 옥상·옥외 또는 지하에 설치하는 물탱크, 기름탱크, 냉각탑, 정화조, 도시가스 정압기, 그 밖에 이와 비슷한 것을 설치하기 위한 구조물과 건축물 간에 화물의 이동에 이용되는 컨베이어벨트만을 설치하기 위한 구조물은 바닥면적에 산입하지 않는다. <개정 2021.1.8.>

마. 공동주택으로서 지상층에 설치한 기계실, 전기실, 어린이놀이터, 조경시설 및 생활폐기물 보관시설의 면적은 바닥면적에 산입하지 않는다.

바. 「다중이용업소의 안전관리에 관한 특별법 시행령」 제9조에 따라 기존의 다중이용업소(2004년 5월 29일 이전의 것만 해당한다)의 비상구에 연결하여 설치하는 폭 1.5미터 이하의 옥외 피난계단(기존 건축물에 옥외 피난계단을 설치함으로써 법 제56조에 따른 용적률에 적합하지 아니하게 된 경우만 해당한다)은 바닥면적에 산입하지 아니한다.

사. 제6조제1항제6호에 따른 건축물을 리모델링하는 경우로서 미관 향상, 열의 손실 방지 등을 위하여 외벽에 부가하여 마감재 등을 설치하는 부분은 바닥면적에 산입하지 아니한다.

아. 제1항제2호나목3)의 건축물의 경우에는 단열재가 설치된 외벽 중 내측 내력벽의 중심선을 기준으로 산정한 면적을 바닥면적으로 한다.

자. 「영유아보육법」 제15조에 따른 어린이집(2005년 1월 29일 이전에 설치된 것만 해당한다)의 비상구에 연결하여 설치하는 폭 2미터 이하의 영유아용 대피용 미끄럼대 또는 비상계단의 면적은 바닥면적(기존 건축물에 영유아용 대피용 미끄럼대 또는 비상계단을 설치함으로써 법 제56조에 따른 용적률 기준에 적합하지 아니하게 된 경우만 해당한다)에 산입하지 아니한다.

차. 「장애인·노인·임산부 등의 편의증진 보장에 관한 법률 시행령」 별표 2의 기준에 따라 설치하는 장애인용 승강기, 장애인용 에스컬레이터, 휠체어리프트 또는 경사로는 바닥면적에 산입

하지 아니한다.

카. 「가축전염병 예방법」 제17조제1항제1호에 따른 소독설비를 갖추기 위하여 같은 호에 따른 가축사육시설(2015년 4월 27일 전에 건축되거나 설치된 가축사육시설로 한정한다)에서 설치하는 시설은 바닥면적에 산입하지 아니한다.

타. 「매장문화재 보호 및 조사에 관한 법률」 제14조제1항제1호 및 제2호에 따른 현지보존 및 이전보존을 위하여 매장문화재 보호 및 전시에 전용되는 부분은 바닥면적에 산입하지 아니한다.

파. 「영유아보육법」 제15조에 따른 설치기준에 따라 직통계단 1개소를 갈음하여 건축물의 외부에 설치하는 비상계단의 면적은 바닥면적(같은 조에 따른 어린이집이 2011년 4월 6일 이전에 설치된 경우로서 기존 건축물에 비상계단을 설치함으로써 법 제56조에 따른 용적률 기준에 적합하지 않게 된 경우만 해당한다)에 산입하지 않는다.

하. 지하주차장의 경사로(지상층에서 지하 1층으로 내려가는 부분으로 한정한다)는 바닥면적에 산입하지 않는다. <개정 2021.5.4.>

거. 제46조제4항제3호에 따른 대피공간의 바닥면적은 건축물의 각 층 또는 그 일부로서 벽의 내부선으로 둘러싸인 부분의 수평투영면적으로 한다. <신설 2023.9.12./시행 2024.9.13.>

너. 제46조제5항제3호 또는 제4호에 따른 구조 또는 시설(해당 세대 밖으로 대피할 수 있는 구조 또는 시설만 해당한다)을 같은 조 제4항에 따른 대피공간에 설치하는 경우 또는 같은 조 제5항제4호에 따른 대체시설을 발코니(발코니의 외부에 접하는 경우를 포함한다. 이하 같다)에 설치하는 경우에는 해당 구조 또는 시설이 설치되는 대피공간 또는 발코니의 면적 중 다음의 구분에 따른 면적까지를 바닥면적에 산입하지 않는다. <신설 2023.9.12./시행 2024.9.13.>
  1) 인접세대와 공동으로 설치하는 경우: 4제곱미터
  2) 각 세대별로 설치하는 경우: 3제곱미터

4. 연면적: 하나의 건축물 각 층의 바닥면적의 합계로 하되, 용적률을 산정할 때에는 다음 각 목에 해당하는 면적은 제외한다. <개정 2021.1.8.>
  가. 지하층의 면적
  나. 지상층의 주차용(해당 건축물의 부속용도인 경우만 해당한다)으로 쓰는 면적

다. 삭제 <2012.12.12.>
라. 삭제 <2012.12.12.>
마. 제34조제3항 및 제4항에 따라 초고층 건축물과 준초고층 건축물에 설치하는 피난안전구역의 면적
바. 제40조제4항제2호에 따라 건축물의 경사지붕 아래에 설치하는 대피공간의 면적

5. 건축물의 높이: 지표면으로부터 그 건축물의 상단까지의 높이[건축물의 1층 전체에 필로티(건축물을 사용하기 위한 경비실, 계단실, 승강기실, 그 밖에 이와 비슷한 것을 포함한다)가 설치되어 있는 경우에는 법 제60조 및 법 제61조제2항을 적용할 때 필로티의 층고를 제외한 높이]로 한다. 다만, 다음 각 목의 어느 하나에 해당하는 경우에는 각 목에서 정하는 바에 따른다.

가. 법 제60조에 따른 건축물의 높이는 전면도로의 중심선으로부터의 높이로 산정한다. 다만, 전면도로가 다음의 어느 하나에 해당하는 경우에는 그에 따라 산정한다.
  1) 건축물의 대지에 접하는 전면도로의 노면에 고저차가 있는 경우에는 그 건축물이 접하는 범위의 전면도로부분의 수평거리에 따라 가중평균한 높이의 수평면을 전면도로면으로 본다.
  2) 건축물의 대지의 지표면이 전면도로보다 높은 경우에는 그 고저차의 2분의 1의 높이만큼 올라온 위치에 그 전면도로의 면이 있는 것으로 본다.

나. 법 제61조에 따른 건축물 높이를 산정할 때 건축물 대지의 지표면과 인접 대지의 지표면 간에 고저차가 있는 경우에는 그 지표면의 평균 수평면을 지표면으로 본다. 다만, 법 제61조제2항에 따른 높이를 산정할 때 해당 대지가 인접 대지의 높이보다 낮은 경우에는 해당 대지의 지표면을 지표면으로 보고, 공동주택을 다른 용도와 복합하여 건축하는 경우에는 공동주택의 가장 낮은 부분을 그 건축물의 지표면으로 본다.

다. 건축물의 옥상에 설치되는 승강기탑·계단탑·망루·장식탑·옥탑 등으로서 그 수평투영면적의 합계가 해당 건축물 건축면적의 8분의 1(「주택법」 제15조제1항에 따른 사업계획승인 대상인 공동주택 중 세대별 전용면적이 85제곱미터 이하인 경우에는 6분의 1) 이하인 경우로서 그 부분의 높이가 12미터를 넘는 경우에는 그 넘는 부분만 해당 건축물의 높이에 산입한

다.

라. 지붕마루장식·굴뚝·방화벽의 옥상돌출부나 그 밖에 이와 비슷한 옥상돌출물과 난간벽(그 벽면적의 2분의 1 이상이 공간으로 되어 있는 것만 해당한다)은 그 건축물의 높이에 산입하지 아니한다.

6. 처마높이: 지표면으로부터 건축물의 지붕틀 또는 이와 비슷한 수평재를 지지하는 벽·깔도리 또는 기둥의 상단까지의 높이로 한다.

7. 반자높이: 방의 바닥면으로부터 반자까지의 높이로 한다. 다만, 한 방에서 반자높이가 다른 부분이 있는 경우에는 그 각 부분의 반자면적에 따라 가중평균한 높이로 한다.

8. 층고: 방의 바닥구조체 윗면으로부터 위층 바닥구조체의 윗면까지의 높이로 한다. 다만, 한 방에서 층의 높이가 다른 부분이 있는 경우에는 그 각 부분 높이에 따른 면적에 따라 가중평균한 높이로 한다.

9. 층수: 승강기탑(옥상 출입용 승강장을 포함한다), 계단탑, 망루, 장식탑, 옥탑, 그 밖에 이와 비슷한 건축물의 옥상 부분으로서 그 수평투영면적의 합계가 해당 건축물 건축면적의 8분의 1(「주택법」 제15조제1항에 따른 사업계획승인 대상인 공동주택 중 세대별 전용면적이 85제곱미터 이하인 경우에는 6분의 1) 이하인 것과 지하층은 건축물의 층수에 산입하지 아니하고, 층의 구분이 명확하지 아니한 건축물은 그 건축물의 높이 4미터마다 하나의 층으로 보고 그 층수를 산정하며, 건축물이 부분에 따라 그 층수가 다른 경우에는 그 중 가장 많은 층수를 그 건축물의 층수로 본다.

10. 지하층의 지표면: 법 제2조제1항제5호에 따른 지하층의 지표면은 각 층의 주위가 접하는 각 지표면 부분의 높이를 그 지표면 부분의 수평거리에 따라 가중평균한 높이의 수평면을 지표면으로 산정한다.

② 제1항 각 호(제10호는 제외한다)에 따른 기준에 따라 건축물의 면적·높이 및 층수 등을 산정할 때 지표면에 고저차가 있는 경우에는 건축물의 주위가 접하는 각 지표면 부분의 높이를 그 지표면 부분의 수평거리에 따라 가중평균한 높이의 수평면을 지표면으로 본다. 이 경우 그 고저차가 3미터를 넘는 경우에는 그 고저차 3미터 이내의 부분마다 그 지표면을 정한다.

③ 다음 각 호의 요건을 모두 갖춘 건축물의 건폐율을 산정할 때에는 제1항제2호에도 불구하고 지방건

축위원회의 심의를 통해 제2호에 따른 개방 부분의 상부에 해당하는 면적을 건축면적에서 제외할 수 있다. <신설 2020.4.21.>

1. 다음 각 목의 어느 하나에 해당하는 시설로서 해당 용도로 쓰는 바닥면적의 합계가 1천제곱미터 이상일 것
   가. 문화 및 집회시설(공연장·관람장·전시장만 해당한다)
   나. 교육연구시설(학교·연구소·도서관만 해당한다)
   다. 수련시설 중 생활권 수련시설, 업무시설 중 공공업무시설

2. 지면과 접하는 저층의 일부를 높이 8미터 이상으로 개방하여 보행통로나 공지 등으로 활용할 수 있는 구조·형태일 것

④ 제1항제5호다목 또는 제1항제9호에 따른 수평투영면적의 산정은 제1항제2호에 따른 건축면적의 산정방법에 따른다. <개정 2020.4.21.>

⑤ 국토교통부장관은 제1항부터 제4항까지에서 규정한 건축물의 면적, 높이 및 층수 등의 산정방법에 관한 구체적인 적용사례 및 적용방법 등을 작성하여 공개할 수 있다. <신설 2021.5.4.>

[전문개정 2008.10.29.]

제119조의2 【「행정대집행법」 적용의 특례】 법 제85조제1항제5호에서 "대통령령으로 정하는 경우"란 「대기환경보전법」에 따른 대기오염물질 또는 「물환경보전법」에 따른 수질오염물질을 배출하는 건축물로서 주변 환경을 심각하게 오염시킬 우려가 있는 경우를 말한다. <개정 2019.10.22.>

[본조신설 2009.8.5]

제119조의3 【지역건축안전센터의 업무】 법 제87조의2 제1항제4호에서 "대통령령으로 정하는 사항"이란 관할 구역 내 건축물의 안전에 관한 사항으로서 해당 지방자치단체의 조례로 정하는 사항을 말한다.

[본조신설 2018.6.26.][종전 제119조의3은 제119조의4로 이동 <2018.6.26.>]

제119조의4 【분쟁조정】 ① 법 제88조에 따라 분쟁의 조정 또는 재정(이하 "조정등"이라 한다)을 받으려는 자는 국토교통부령으로 정하는 바에 따라 신청 취지와 신청사건의 내용을 분명하게 밝힌 조정등의 신청서를 국토교통부에 설치된 건축분쟁전문위원회(이하 "분쟁위원회"라 한다)에 제출(전자문서에 의한 제출을 포함한다)하여야 한다. <개정 2014.11.28.>

② 조정위원회는 법 제95조제2항에 따라 당사자나

참고인을 조정위원회에 출석하게 하여 의견을 들으려면 회의 개최 5일 전에 서면(당사자 또는 참고인이 원하는 경우에는 전자문서를 포함한다)으로 출석을 요청하여야 하며, 출석을 요청받은 당사자 또는 참고인은 조정위원회의 회의에 출석할 수 없는 부득이한 사유가 있는 경우에는 미리 서면 또는 전자문서로 의견을 제출할 수 있다.

③ 법 제88조, 제89조 및 제91조부터 제104조까지의 규정에 따른 분쟁의 조정등을 할 때 서류의 송달에 관하여는 「민사소송법」 제174조부터 제197조까지를 준용한다. <개정 2014.11.28.>

④ 조정위원회 또는 재정위원회는 법 제102조제1항에 따라 당사자가 분쟁의 조정등을 위한 감정·진단·시험 등에 드는 비용을 내지 아니한 경우에는 그 분쟁에 대한 조정등을 보류할 수 있다. <개정 2009.8.5.>

⑤ 삭제 <2014.11.28.>

[전문개정 2008.10.29.][제119조의3에서 이동, 종전 제119조의4는 제119조의5로 이동 <2018.6.26.>]

제119조의5【선정대표자】 ① 여러 사람이 공동으로 조정등의 당사자가 될 때에는 그 중에서 3명 이하의 대표자를 선정할 수 있다.

② 분쟁위원회는 당사자가 제1항에 따라 대표자를 선정하지 아니한 경우 필요하다고 인정하면 당사자에게 대표자를 선정할 것을 권고할 수 있다. <개정 2014.11.28>

③ 제1항 또는 제2항에 따라 선정된 대표자(이하 "선정대표자"라 한다)는 다른 신청인 또는 피신청인을 위하여 그 사건의 조정등에 관한 모든 행위를 할 수 있다. 다만, 신청을 철회하거나 조정안을 수락하려는 경우에는 서면으로 다른 신청인 또는 피신청인의 동의를 받아야 한다.

④ 대표자가 선정된 경우에는 다른 신청인 또는 피신청인은 그 선정대표자를 통해서만 그 사건에 관한 행위를 할 수 있다.

⑤ 대표자를 선정한 당사자는 필요하다고 인정하면 선정대표자를 해임하거나 변경할 수 있다. 이 경우 당사자는 그 사실을 지체 없이 분쟁위원회에 통지하여야 한다. <개정 2014.11.28>

[전문개정 2008.10.29.][제119조의4에서 이동, 종전 제119조의5는 제119조의6으로 이동 <2018.6.26.>]

제119조의6【절차의 비공개】 분쟁위원회가 행하는 조정등의 절차는 법 또는 이 영에 특별한 규정이 있는 경우를 제외하고는 공개하지 아니한다. <개정 2014.11.28>

[본조신설 2006.5.8.][제119조의5에서 이동, 종전 제119조의6은 제119조의7로 이동 <2018.6.26.>]

[제119조의4에서 이동 <2009.8.5.>]

제119조의7【위원의 제척 등】 법 제89조제8항에 따라 분쟁위원회의 위원이 다음 각 호의 어느 하나에 해당하면 그 직무의 집행에서 제외된다.

1. 위원 또는 그 배우자나 배우자였던 자가 해당 분쟁사건(이하 "사건"이라 한다)의 당사자가 되거나 그 사건에 관하여 당사자와 공동권리자 또는 의무자의 관계에 있는 경우

2. 위원이 해당 사건의 당사자와 친족이거나 친족이었던 경우

3. 위원이 해당 사건에 관하여 진술이나 감정을 한 경우

4. 위원이 해당 사건에 당사자의 대리인으로서 관여하였거나 관여한 경우

5. 위원이 해당 사건의 원인이 된 처분이나 부작위에 관여한 경우

② 분쟁위원회는 제척 원인이 있는 경우 직권이나 당사자의 신청에 따라 제척의 결정을 한다.

③ 당사자는 위원에게 공정한 직무집행을 기대하기 어려운 사정이 있으면 분쟁위원회에 기피신청을 할 수 있으며, 분쟁위원회는 기피신청이 타당하다고 인정하면 기피의 결정을 하여야 한다.

④ 위원은 제1항이나 제3항의 사유에 해당하면 스스로 그 사건의 직무집행을 회피할 수 있다.

[본조신설 2014.11.28.][제119조의6에서 이동, 종전 제119조의7은 제119조의8로 이동 <2018.6.26.>]

제119조의8【조정등의 거부와 중지】 법 제89조제8항에 따라 분쟁위원회는 분쟁의 성질상 분쟁위원회에서 조정등을 하는 것이 맞지 아니하다고 인정하거나 부정한 목적으로 신청하였다고 인정되면 그 조정등을 거부할 수 있다. 이 경우 조정등의 거부 사유를 신청인에게 알려야 한다.

② 분쟁위원회는 신청된 사건의 처리 절차가 진행되는 도중에 한쪽 당사자가 소(訴)를 제기한 경우에는 조정등의 처리를 중지하고 이를 당사자에게 알려야 한다.

[본조신설 2014.11.28.][제119조의7에서 이동, 종전 제119조의8은 제119조의9로 이동 <2018.6.26.>]

제119조의9【조정등의 비용 예치】 법 제102조제2항에 따라 조정위원회 또는 재정위원회는 조정등을 위한 비용을 예치할 금융기관을 지정하고 예치기간을 정하여 당사자로 하여금 비용을 예치하게 할 수 있다.

[본조신설 2014.11.28.][제119조의8에서 이동, 종전 제

119조의9는 제119조의10으로 이동 <2018.6.26.>]

제119조의10【분쟁위원회의 운영 및 사무처리】① 국토교통부장관은 법 제103조제1항에 따라 분쟁위원회의 운영 및 사무처리를 국토안전관리원에 위탁한다. <개정 2016.7.19., 2020.12.1.>

② 제1항에 따라 위탁을 받은 국토안전관리원은 그 소속으로 분쟁위원회 사무국을 두어야 한다. <개정 2020.12.1.>

[본조신설 2014.11.28.][제119조의9에서 이동, 종전 제119조의10은 제119조의11로 이동 <2018.6.26.>]

제119조의11【고유식별정보의 처리】국토교통부장관(법 제82조에 따라 국토교통부장관의 권한을 위임받거나 업무를 위탁받은 자를 포함한다), 시·도지사, 시장, 군수, 구청장(해당 권한이 위임·위탁된 경우에는 그 권한을 위임·위탁받은 자를 포함한다)은 다음 각 호의 사무를 수행하기 위하여 불가피한 경우「개인정보 보호법 시행령」제19조에 따른 주민등록번호 또는 외국인등록번호가 포함된 자료를 처리할 수 있다. <개정 2021.1.8.>

1. 법 제11조에 따른 건축허가에 관한 사무
2. 법 제14조에 따른 건축신고에 관한 사무
3. 법 제16조에 따른 허가와 신고사항의 변경에 관한 사무
4. 법 제19조에 따른 용도변경에 관한 사무
5. 법 제20조에 따른 가설건축물의 건축허가 또는 축조신고에 관한 사무
6. 법 제21조에 따른 착공신고에 관한 사무
7. 법 제22조에 따른 건축물의 사용승인에 관한 사무
8. 법 제31조에 따른 건축행정 전산화에 관한 사무
9. 법 제32조에 따른 건축허가 업무 등의 전산처리에 관한 사무
10. 법 제33조에 따른 전산자료의 이용자에 대한 지도·감독에 관한 사무
11. 법 제38조에 따른 건축물대장의 작성·보관에 관한 사무
12. 법 제39조에 따른 등기촉탁에 관한 사무
13. 법 제71조제2항 및 이 영 제107조의2에 따른 특별건축구역의 지정 제안에 관한 사무 <신설 2021.1.8.>

[본조신설 2017.3.27.]
[제119조의10에서 이동 <2018.6.26.>]

제120조【규제의 재검토】삭제 <2020.3.3.>

제10장 벌칙 <신설 2013.5.31>

제121조【과태료의 부과기준】법 제113조제1항부터 제3항까지의 규정에 따른 과태료의 부과기준은 별표 16과 같다. <개정 2017.2.3.>
[본조신설 2013.5.31.]

부칙<대통령령 제30145호, 2019.10.22.>

제1조(시행일) 이 영은 2019년 10월 24일부터 시행한다. 다만, 다음 각 호의 개정규정은 다음 각 호의 구분에 따른 날부터 시행한다.
  1. 제14조제4항의 개정규정: 공포 후 3개월이 경과한 날
  2. 제56조제1항 각 호 외의 부분 및 같은 조 제2항의 개정규정: 2020년 8월 15일

제2조(용도변경에 관한 적용례) 제19조제3항제4호의 개정규정은 이 영 시행 이후 법 제11조에 따른 건축허가를 신청(허가를 신청하기 위해 법 제4조의2제1항에 따라 건축위원회에 심의를 신청하는 경우를 포함한다)하거나 법 제14조에 따른 건축신고를 하는 경우부터 적용한다.

제3조(주요구조부 등의 내화구조에 관한 경과조치) 부칙 제1조제2호에 따른 시행일 전에 법 제11조에 따른 건축허가 또는 대수선허가의 신청(건축허가 또는 대수선허가를 신청하기 위해 법 제4조의2제1항에 따라 건축위원회에 심의를 신청한 경우를 포함한다), 법 제14조에 따른 건축신고, 법 제19조에 따른 용도변경 허가의 신청 또는 용도변경 신고를 한 경우에는 제56조제2항의 개정규정에도 불구하고 종전의 규정에 따른다.

부칙<대통령령 제30626호, 2020.4.21.>

제1조(시행일) 이 영은 공포 후 6개월이 경과한 날부터 시행한다. 다만, 제115조의 개정규정은 2020년 4월 24일부터 시행한다.

제2조(공사감리에 관한 적용례) 제19조제6항의 개정규정은 이 영 시행 이후 법 제21조에 따라 착공신고를 하는 경우부터 적용한다.

제3조(실내건축에 관한 적용례) 제61조의2제3호의 개정규정은 이 영 시행 전에 실내건축을 설치·시공한 건축물에 대해서도 적용한다. 이 경우 이 영 시행일부터 1

년 이내에 법 제52조의2제2항에 따른 실내건축의 구조·시공방법 등에 관한 기준에 적합하도록 해야 한다.

제4조(건폐율 산정에 관한 적용례) 제119조제3항의 개정규정은 이 영 시행 이후 법 제11조에 따른 건축허가를 신청(허가를 신청하기 위하여 법 제4조의2제1항에 따라 건축위원회에 심의를 신청하는 경우를 포함한다)하거나 법 제14조에 따른 건축신고를 하는 경우부터 적용한다.

제5조(지방건축위원회 심의에 관한 경과조치) 이 영 시행 전에 법 제4조의2제1항에 따라 지방건축위원회에 심의를 신청한 경우에는 제5조의5제1항제6호, 제8호 및 같은 조 제6항제2호자목의 개정규정에도 불구하고 종전의 규정에 따른다.

부칙<대통령령 제30645호, 2020.4.28.>
(건축물관리법 시행령)

제1조(시행일) 이 영은 2020년 5월 1일부터 시행한다.

제2조 생략

제3조(다른 법령의 개정) ① 생략
② 건축법 시행령 일부를 다음과 같이 개정한다.
제2조제1호 및 제3호 중 "철거"를 각각 "해체"로 한다.
제21조 중 "철거"를 "해체"로 한다.
제23조, 제23조의2부터 제23조의7까지, 제115조의5, 제116조, 제116조의2 및 제116조의3을 각각 삭제한다.
제118조제3항 본문 중 "제29조, 제35조제1항"을 "제29조"로, "제79조, 제81조"를 "제79조"로 한다.
별표 15 제3호를 삭제한다.
별표 16 제2호아목, 자목 및 타목을 각각 삭제한다.
③ 및 ④ 생략

제4조 생략

부칙<대통령령 제31100호, 2020.10.8.>

제1조(시행일) 이 영은 2020년 10월 8일부터 시행한다. 다만, 다음 각 호의 개정규정은 각 호의 구분에 따른 날부터 시행한다.
1. 제15조제6항제1호가목, 제46조제2항제3호, 제51조제2항제2호다목 및 제53조제1항제3호부터 제6호까지의 개정규정: 공포 후 6개월이 경과한 날
2. 대통령령 제30030호 건축법 시행령 일부개정령 제46조제1항, 제46조제4항제4호·제5호, 제62조제1항제3호, 제64조의 개정규정 및 부칙 제5조: 2021

년 8월 7일
3. 제61조제1항의 개정규정(같은 항 제3호는 제외한다): 공포 후 3개월이 경과한 날

제2조(건축기준 등의 강화에 관한 적용례) 다음 각 호의 개정규정은 각 호의 구분에 따른 시행일 이후 법 제11조에 따른 건축허가의 신청(건축허가를 신청하기 위하여 법 제4조의2제1항에 따라 건축위원회에 심의를 신청하는 경우를 포함한다), 법 제14조에 따른 건축신고 또는 법 제19조에 따른 용도변경 허가(같은 조에 따른 용도변경 신고 또는 건축물대장 기재내용의 변경신청을 포함한다)의 신청을 하는 경우부터 적용한다.
1. 방화문 구분에 관한 대통령령 제30030호 건축법 시행령 일부개정령 제46조제1항, 제46조제4항제4호, 제62조제1항제3호 및 제64조의 개정규정: 부칙 제1조제2호에 따른 시행일
2. 방화구획에 관한 제46조제2항제3호의 개정규정: 부칙 제1조제1호에 따른 시행일
3. 산후조리원에 관한 제51조제2항제2호다목 및 제53조제1항제3호의 개정규정: 부칙 제1조제1호에 따른 시행일
4. 건축물 내부 마감재료에 관한 제61조제1항의 개정규정(같은 항 제3호는 제외한다): 부칙 제1조제3호에 따른 시행일

제3조(가설건축물 축조에 관한 적용례) 제15조제6항제1호가목의 개정규정은 부칙 제1조제1호에 따른 시행일 이후 제15조제5항제2호 또는 제14호에 따른 가설건축물에 대해 법 제20조에 따른 건축허가의 신청 또는 축조신고를 하는 경우부터 적용한다.

제4조(과태료 부과기준에 관한 경과조치) 이 영 시행 전에 받은 과태료 부과처분은 별표 16 제2호라목의 개정규정에 따른 위반행위의 횟수 산정에 포함한다.

제5조(다른 법령의 개정) 화재예방, 소방시설 설치·유지 및 안전관리에 관한 법률 시행령을 다음과 같이 개정한다.
제17조제1항제2호를 다음과 같이 한다.
2. 기존 부분과 증축 부분이 「건축법 시행령」 제46조제1항제2호에 따른 방화문 또는 자동방화셔터로 구획되어 있는 경우

부칙<대통령령 제31270호, 2020.12.15.>

제1조(시행일) 이 영은 공포 후 6개월이 경과한 날부터 시행한다. 다만, 제118조제1항제2호 및 제3호의 개정

규정은 공포 후 3개월이 경과한 날부터 시행한다.

제2조(공작물 축조신고에 관한 적용례) 제118조제1항제2호 및 제3호의 개정규정은 부칙 제1조 단서에 따른 시행일 이후 법 제83조제1항에 따른 공작물 축조신고를 하는 경우부터 적용한다.

제3조(다중주택 및 다중생활시설의 요건에 관한 적용례) 별표 1 제1호나목 및 같은 표 제4호거목의 개정규정은 이 영 시행 이후 법 제11조에 따른 건축허가의 신청(건축허가를 신청하기 위하여 법 제4조의2제1항에 따라 건축위원회에 심의를 신청하는 경우를 포함한다), 법 제14조에 따른 건축신고 또는 법 제19조에 따른 용도변경 허가(같은 조에 따른 용도변경 신고 또는 건축물대장 기재내용의 변경신청을 포함한다)의 신청을 하거나 같은 조 제3항 단서에 따른 용도변경을 하는 경우부터 적용한다.

부칙<대통령령 제31382호, 2021.1.8.>

제1조(시행일) 이 영은 2021년 1월 8일부터 시행한다. 다만, 다음 각 호의 개정규정은 각 호의 구분에 따른 날부터 시행한다.
1. 제20조의 개정규정: 공포 후 6개월이 경과한 날
2. 제40조제3항의 개정규정: 공포 후 3개월이 경과한 날

제2조(가설건축물의 존치기간 연장에 관한 적용례) 제15조의3의 개정규정은 이 영 시행 전에 법 제20조에 따라 건축허가를 받거나 축조신고의 수리가 된 가설건축물에 대해서도 적용한다.

제3조(옥상 출입문 비상문자동개폐장치에 관한 적용례) 제40조제3항의 개정규정은 부칙 제1조제2호에 따른 시행일 이후 법 제11조에 따른 건축허가의 신청(건축허가를 신청하기 위하여 법 제4조의2제1항에 따라 건축위원회에 심의를 신청하는 경우를 포함한다), 법 제14조에 따른 건축신고 또는 법 제19조에 따른 용도변경 허가(같은 조에 따른 용도변경 신고 또는 건축물대장 기재내용의 변경신청을 포함한다)의 신청을 하는 경우부터 적용한다.

제4조(특별건축구역의 특례사항 적용 대상 건축물에 관한 적용례) 별표 3의 개정규정은 이 영 시행 전에 법 제71조에 따라 지정된 특별건축구역에 대해서도 적용한다.

부칙<대통령령 제31668호, 2021.5.4.>

제1조(시행일) 이 영은 공포한 날부터 시행한다. 다만, 제61조제3항의 개정규정은 2021년 6월 23일부터 시행한다.

제2조(건축기준 강화 등에 따른 적용례) 다음 각 호의 개정규정은 각 호의 구분에 따른 날 이후 법 제11조에 따른 건축허가의 신청(건축허가를 신청하기 위하여 법 제4조의2제1항에 따라 건축위원회에 심의를 신청하는 경우를 포함한다), 법 제14조에 따른 건축신고 또는 법 제19조에 따른 용도변경 허가의 신청(같은 조에 따른 용도변경 신고 또는 건축물대장 기재내용의 변경신청을 포함한다)을 하는 경우부터 적용한다.
1. 방화성능을 갖춘 창호를 설치해야 하는 건축물에 관한 제61조제3항의 개정규정: 2021년 6월 23일
2. 제1종 근린생활시설에 관한 별표 1 제3호차목 및 같은 표 제20호자목의 개정규정: 공포한 날
3. 제2종 근린생활시설에 관한 별표 1 제4호너목2)의 개정규정: 공포한 날

부칙<대통령령 제31941호, 2021.8.10.>

제1조(시행일) 이 영은 공포 후 6개월이 경과한 날부터 시행한다. 다만, 제46조제5항제4호의 개정규정은 공포 후 1개월이 경과한 날부터 시행한다.

제2조(마감재료 설치공사에서의 건축사보 배치에 관한 적용례) 제19조제7항의 개정규정은 이 영 시행 이후 다음 각 호의 신청이나 신고를 하는 건축물의 마감재료 설치공사를 감리하는 경우부터 적용한다.
1. 법 제11조에 따른 건축허가(법 제16조에 따른 변경허가 및 변경신고는 제외한다)의 신청(건축허가를 신청하기 위해 법 제4조의2제1항에 따라 건축위원회에 심의를 신청하는 경우를 포함한다)
2. 법 제14조에 따른 건축신고(법 제16조에 따른 변경허가 및 변경신고는 제외한다)
3. 법 제19조에 따른 용도변경 허가의 신청(같은 조에 따른 용도변경 신고 또는 건축물대장 기재내용의 변경신청을 포함한다)

제3조(방화에 지장이 없는 내부 마감재료를 사용해야 하는 건축물에 관한 적용례) 제61조제1항제4호의 개정규정은 이 영 시행 이후 부칙 제2조 각 호에 따른 신청이나 신고를 하는 건축물의 내부 마감재료 설치

공사를 하는 경우부터 적용한다.

제4조(외벽에 방화에 지장이 없는 마감재료를 사용해야 하는 건축물에 관한 적용례) 제61조제2항제5호의 개정규정은 이 영 시행 이후 부칙 제2조 각 호에 따른 신청이나 신고를 하는 건축물의 외벽 마감재료 설치공사를 하는 경우부터 적용한다.

제5조(다른 법령의 개정) 지방세법 시행령 일부를 다음과 같이 개정한다.

제138조제2항제2호마목 중 "「건축법 시행령」 제61조제1항제4호다목에서 규정한"을 "「건축법」 제52조의4제1항에 따른"으로 한다.

부칙<대통령령 제32102호, 2021.11.2.>

제1조(시행일) 이 영은 공포한 날부터 시행한다. 다만, 제15조제7항의 개정규정은 공포 후 6개월이 경과한 날부터 시행한다.

제2조(건축면적 산정방법에 관한 적용례) 제119조제1항제2호가목6)의 개정규정은 이 영 시행 이후 다음 각 호의 신청이나 신고를 하는 건축물부터 적용한다.
1. 법 제11조에 따른 건축허가(법 제16조에 따른 변경허가 및 변경신고를 포함한다)의 신청(건축허가를 신청하기 위하여 법 제4조의2제1항에 따라 건축위원회에 심의를 신청하는 경우를 포함한다)
2. 법 제14조에 따른 건축신고(법 제16조에 따른 변경허가 및 변경신고를 포함한다)
3. 법 제19조에 따른 용도변경 허가의 신청(같은 조에 따른 용도변경 신고 또는 건축물대장 기재내용의 변경신청을 포함한다)

제3조(생활숙박시설의 요건에 관한 적용례) 별표 1 제15호가목의 개정규정은 이 영 시행 이후 부칙 제2조 각 호의 신청이나 신고를 하는 생활숙박시설부터 적용한다.

제4조(가설건축물 존치기간 연장에 관한 경과조치) 이 영 시행 전에 법 제20조제3항에 따라 축조신고를 한 가설건축물의 존치기간 연장에 관하여는 제15조제7항의 개정규정에도 불구하고 종전의 규정에 따른다.

제5조(공동주택의 채광 확보 거리에 관한 경과조치) ① 지방자치단체는 이 영 시행일부터 6개월이 되는 날까지 제86조제3항제2호나목의 개정규정에 따라 건축조례를 제정하거나 개정해야 한다.
② 제1항에 따라 건축조례가 제정되거나 개정되기 전까지는 종전의 건축조례를 적용한다.

③ 제1항에 따른 기한까지 건축조례가 제정되거나 개정되지 않은 경우의 공동주택 채광 확보 거리에 관하여는 제86조제3항제2호나목의 개정규정에 따른 거리기준(건축조례로 정하는 거리의 하한을 말한다)을 적용한다.

부칙<대통령령 제32241호, 2021.12.21.>

이 영은 2021년 12월 23일부터 시행한다.

부칙<대통령령 제32344호, 2022.1.18.> (국토의 계획 및 이용에 관한 법률 시행령)

제1조(시행일) 이 영은 공포한 날부터 시행한다.

제2조(다른 법령의 개정) 건축법 시행령 일부를 다음과 같이 개정한다.

제6조의2제3항 각 호 외의 부분 중 "제93조의2"를 "제93조의3"으로 한다.

부칙<대통령령 제32411호, 2022.2.11.> (주택법 시행령)

제1조(시행일) 이 영은 공포한 날부터 시행한다. <단서 생략>

제2조 생략

제3조(다른 법령의 개정) ① 건축법 시행령 일부를 다음과 같이 개정한다.

별표 1 제2호 각 목 외의 부분 본문 중 "원룸형"을 "소형"으로 한다.
② 및 ③ 생략

부칙<대통령령 제32614호, 2022.4.29.>

제1조(시행일) 이 영은 공포한 날부터 시행한다.

제2조(방화구획으로 구획하지 않을 수 있는 건축물의 부분에 관한 경과조치) 다음 각 호에 해당하는 건축물의 부분에 대한 방화구획 설치의무에 관하여는 제46조제2항제2호의 개정규정에도 불구하고 종전의 규정에 따른다.
1. 이 영 시행 전에 법 제11조에 따른 건축허가 또는 대수선허가(법 제16조에 따른 변경허가 및 변경신고를 포함한다)를 받았거나 신청(건축허가 또는 대수선허가를 신청하기 위하여 법 제4조의2제1

항에 따라 건축위원회에 심의를 신청한 경우를 포함한다)한 건축물

2. 이 영 시행 전에 법 제14조에 따라 건축신고(법 제16조에 따른 변경허가 및 변경신고를 포함한다)를 한 건축물

3. 이 영 시행 전에 법 제19조에 따라 용도변경 허가(같은 조에 따른 용도변경 신고 및 건축물대장 기재내용의 변경신청을 포함한다)를 받았거나 신청한 건축물

부칙<대통령령 제32825호, 2022.7.26.>
(건축사법 시행령)

제1조(시행일) 이 영은 2022년 8월 4일부터 시행한다.

제2조 및 제3조 생략

제3조(다른 법령의 개정) ① 및 ② 생략

③ 건축법 시행령 일부를 다음과 같이 개정한다.
제19조제11항 중 "「건축사법」에 따른 건축사협회 중에서 국토교통부장관이 지정하는 건축사협회"를 "「건축사법」 제31조에 따른 대한건축사협회"로 하고, 같은 조 제12항 중 "건축사협회"를 "대한건축사협회"로 한다.
④ 및 ⑤ 생략

부칙<대통령령 제33004호, 2022.11.29.>
(소방시설 설치 및 관리에 관한 법률 시행령)

제1조(시행일) 이 영은 2022년 12월 1일부터 시행한다.
<단서 생략>

제2조 부터 제15조까지 생략

제16조(다른 법령의 개정) ① 생략
② 건축법 시행령 일부를 다음과 같이 개정한다.
제10조제1항제21호 중 "「화재예방, 소방시설 설치·유지 및 안전관리에 관한 법률」 제7조"를 "「소방시설 설치 및 관리에 관한 법률」 제6조"로 한다
제40조제3항 중 "「화재예방, 소방시설 설치·유지 및 안전관리에 관한 법률」 제39조제1항"을 "「소방시설 설치 및 관리에 관한 법률」 제40조제1항"으로 한다.
제109조제2항 중 "「화재예방, 소방시설 설치·유지 및 안전관리에 관한 법률」 제9조 및 제11조"를 "「소방시설 설치 및 관리에 관한 법률」 제12조 및 제13조"로 한다.

③부터 ㉟까지 생략

제17조 생략

부칙<대통령령 제33023호, 2022.12.6.>
(도서관법 시행령)

제1조(시행일) 이 영은 2022년 12월 8일부터 시행한다.

제2조 부터 제4조까지 생략

제5조(다른 법령의 개정) ① 생략
② 건축법 시행령 일부를 다음과 같이 개정한다.
별표 1 제1호 각 목 외의 부분 중 "「도서관법」 제2조제4호가목"을 "「도서관법」 제4조제2항제1호가목"으로 한다.
③부터 ㉕까지 생략

제6조 생략

부칙<대통령령 제33249호, 2023.2.14.>

제1조(시행일) 이 영은 공포한 날부터 시행한다.

제2조(기숙사의 요건에 관한 적용례) 별표 1 제2호라목 1)·2) 외의 부분의 개정규정은 이 영 시행 이후 다음 각 호의 신청이나 신고를 하는 경우부터 적용한다.

1. 법 제11조에 따른 건축허가의 신청(건축허가를 신청하기 위해 법 제4조의2제1항에 따라 건축위원회에 심의를 신청하는 경우를 포함한다)
2. 법 제14조에 따른 건축신고
3. 법 제19조에 따른 용도변경허가의 신청(같은 조에 따른 용도변경신고 또는 건축물대장 기재내용의 변경신청을 포함한다)
4. 제1호부터 제3호까지의 규정에 따른 허가나 신고가 의제되는 다른 법률에 따른 허가·인가·승인 등의 신청 또는 신고

제3조(기존 기숙사 등의 용도분류에 관한 경과조치) ① 이 영 시행 당시 종전의 별표 1 제2호라목에 따른 기숙사에 해당하는 용도의 건축물은 별표 1 제2호라목1)의 개정규정에 따른 일반기숙사에 해당하는 용도의 건축물로 본다.
② 이 영 시행 전에 종전의 별표 1 제2호라목에 따른 기숙사의 용도로 사용하기 위하여 부칙 제2조 각 호의 신청이나 신고를 한 경우에는 별표 1 제2호라목1)의 개정규정에 따른 일반기숙사의 용도로 사용하기 위하여 신청이나 신고를 한 것으로 본다.

부칙<대통령령 제33435호, 2023.4.27.>
(동물보호법 시행령)

제1조(시행일) 이 영은 공포한 날부터 시행한다. <단서 생략>

제2조 부터 제7조까지 생략

제8조(다른 법령의 개정) ① 생략
　② 건축법 시행령 일부를 다음과 같이 개정한다.
　별표 1 제4호차목 중 "「동물보호법」 제32조제1항 제6호"를 "「동물보호법」 제73조제1항제2호"로 한다.
　③부터 ⑦까지 생략

제9조 생략

부칙<대통령령 제33466호, 2023.5.15.>

제1조(시행일) 이 영은 2023년 5월 16일부터 시행한다.

제2조(기존 교정 및 군사 시설의 용도분류에 관한 경과조치) ① 이 영 시행 당시 종전의 별표 1 제23호(라목은 제외한다)에 따른 교정 및 군사 시설에 해당하는 용도의 건축물은 별표 1 제23호의 개정규정에 따른 교정시설에 해당하는 용도의 건축물로 본다.
　② 이 영 시행 당시 종전의 별표 1 제23호라목에 따른 국방·군사시설에 해당하는 용도의 건축물은 별표 1 제23호의2의 개정규정에 따른 국방·군사시설에 해당하는 용도의 건축물로 본다.

제3조(다른 법령의 개정) ① ~ ⑩ 생략

부칙<대통령령 제33717호, 2023.9.12.>

제1조(시행일) 이 영은 공포한 날부터 시행한다. 다만, 다음 각 호의 사항은 각 호의 구분에 따른 날부터 시행한다.
　1. 제19조제11항부터 제13항까지의 개정규정: 공포 후 6개월이 경과한 날
　2. 제119조제1항제3호거목의 개정규정: 공포 후 1년이 경과한 날

제2조(대피공간의 설치 등에 관한 적용례) 제46조제4항 및 제5항의 개정규정은 이 영 시행 이후 다음 각 호의 신청이나 신고를 하는 경우부터 적용한다.
　1. 법 제11조에 따른 건축허가(법 제16조에 따른 변경허가 및 변경신고를 포함한다)의 신청(건축허가를 신청하기 위해 법 제4조의2제1항에 따라 건축위원회에 심의를 신청하는 경우를 포함한다)
　2. 법 제14조에 따른 건축신고(법 제16조에 따른 변경허가 및 변경신고를 포함한다)
　3. 제1호 및 제2호에 따른 허가나 신고가 의제되는 다른 법률에 따른 허가·인가·승인 등의 신청 또는 신고

제3조(일조 등의 확보를 위한 건축물의 높이 제한에 관한 적용례) 제86조제1항 각 호의 개정규정은 같은 항 각 호 외의 부분에 따른 건축조례가 제정되거나 개정된 이후 부칙 제2조 각 호의 신청이나 신고를 하는 경우부터 적용한다.

제4조(대피공간의 바닥면적 산정 기준에 관한 적용례) 제119조제1항제3호거목의 개정규정은 부칙 제1조제2호에 따른 시행일 이후 다음 각 호의 신청이나 신고를 하는 경우부터 적용한다.
　1. 법 제11조에 따른 건축허가(법 제16조에 따른 변경허가 및 변경신고는 제외한다)의 신청(건축허가를 신청하기 위해 법 제4조의2제1항에 따라 건축위원회에 심의를 신청하는 경우를 포함한다)
　2. 법 제14조에 따른 건축신고(법 제16조에 따른 변경허가 및 변경신고는 제외한다)
　3. 제1호 및 제2호에 따른 허가나 신고가 의제되는 다른 법률에 따른 허가·인가·승인 등의 신청 또는 신고

제5조(바닥면적의 산입 제외에 관한 적용례) 제119조제1항제3호너목의 개정규정은 이 영 시행 이후 부칙 제2조 각 호의 신청이나 신고를 하는 경우부터 적용한다.

제6조(동물병원 등의 용도분류에 관한 적용례) 별표 1 제3호카목 및 같은 표 제4호차목의 개정규정은 이 영 시행 이후 다음 각 호의 신청이나 신고를 하는 경우부터 적용한다.
　1. 법 제11조에 따른 건축허가(법 제16조에 따른 변경허가 및 변경신고는 제외한다)의 신청(건축허가를 신청하기 위해 법 제4조의2제1항에 따라 건축위원회에 심의를 신청하는 경우를 포함한다)
　2. 법 제14조에 따른 건축신고(법 제16조에 따른 변경허가 및 변경신고는 제외한다)
　3. 법 제19조에 따른 용도변경허가의 신청(같은 조에 따른 용도변경신고 또는 건축물대장 기재내용의 변경신청을 포함한다)
　4. 제1호 및 제2호에 따른 허가나 신고가 의제되는 다른 법률에 따른 허가·인가·승인 등의 신청 또는 신고

[별표 1] 〈개정 2020.10.8., 2021.5.4., 2021.11.2., 2022.2.11., 2022.12.6., <u>2023.2.14., 2023.9.12</u>〉

용도별 건축물의 종류(제3조의5 관련)

1. **단독주택**[단독주택의 형태를 갖춘 가정어린이집·공동생활가정·지역아동센터·공동육아나눔터(「아이돌봄지원법」 제19조에 따른 공동육아나눔터를 말한다. 이하 같다)·작은도서관(「도서관법」 제4조제2항제1호가목에 따른 작은도서관을 말하며, 해당 주택의 1층에 설치한 경우만 해당한다. 이하 같다) 및 노인복지시설(노인복지주택은 제외한다)을 포함한다] 〈개정 2020.10.8., 2020.12.15., 2021.11.2., 2022.12.6〉
   가. 단독주택
   나. 다중주택: 다음의 요건을 모두 갖춘 주택을 말한다.
   1) 학생 또는 직장인 등 여러 사람이 장기간 거주할 수 있는 구조로 되어 있는 것
   2) 독립된 주거의 형태를 갖추지 않은 것(각 실별로 욕실은 설치할 수 있으나, 취사시설은 설치하지 않은 것을 말한다.)
   3) 1개 동의 주택으로 쓰이는 바닥면적(부설 주차장 면적은 제외한다. 이하 같다)의 합계가 660제곱미터 이하이고 주택으로 쓰는 층수(지하층은 제외한다)가 3개 층 이하일 것. 다만, 1층의 전부 또는 일부를 필로티 구조로 하여 주차장으로 사용하고 나머지 부분을 주택(주거 목적으로 한정한다) 외의 용도로 쓰는 경우에는 해당 층을 주택의 층수에서 제외한다. 〈개정 2021.11.2.〉
   4) 적정한 주거환경을 조성하기 위하여 건축조례로 정하는 실별 최소 면적, 창문의 설치 및 크기 등의 기준에 적합할 것 〈신설 2020.12.15.〉
   다. 다가구주택: 다음의 요건을 모두 갖춘 주택으로서 공동주택에 해당하지 아니하는 것을 말한다.
   1) 주택으로 쓰는 층수(지하층은 제외한다)가 3개 층 이하일 것. 다만, 1층의 전부 또는 일부를 필로티 구조로 하여 주차장으로 사용하고 나머지 부분을 주택(주거 목적으로 한정한다) 외의 용도로 쓰는 경우에는 해당 층을 주택의 층수에서 제외한다. 〈개정 2021.11.2〉
   2) 1개 동의 주택으로 쓰이는 바닥면적의 합계가 660제곱미터 이하일 것
   3) 19세대(대지 내 동별 세대수를 합한 세대를 말한다) 이하가 거주할 수 있을 것
   라. 공관(公館)

2. **공동주택**[공동주택의 형태를 갖춘 가정어린이집·공동생활가정·지역아동센터·공동육아나눔터·작은도서관·노인복지시설(노인복지주택은 제외한다) 및 「주택법 시행령」 제10조제1항제1호에 따른 소형 주택을 포함한다]. 다만, 가목이나 나목에서 층수를 산정할 때 1층 전부를 필로티 구조로 하여 주차장으로 사용하는 경우에는 필로티 부분을 층수에서 제외하고, 다목에서 층수를 산정할 때 1층의 전부 또는 일부를 필로티 구조로 하여 주차장으로 사용하고 나머지 부분을 주택(주거 목적으로 한정한다) 외의 용도로 쓰는 경우에는 해당 층을 주택의 층수에서 제외하며, 가목부터 라목까지의 규정에서 층수를 산정할 때 지하층을 주택의 층수에서 제외한다. 〈개정 2018.9.4., 2020.10.8., 2021.5.4., 2021.11.2., 2022.2.11., <u>2023.2.14</u>〉
   가. 아파트: 주택으로 쓰는 층수가 5개 층 이상인 주택
   나. 연립주택: 주택으로 쓰는 1개 동의 바닥면적(2개 이상의 동을 지하주차장으로 연결하는 경우에는 각각의 동으로 본다) 합계가 660제곱미터를 초과하고, 층수가 4개 층 이하인 주택
   다. 다세대주택: 주택으로 쓰는 1개 동의 바닥면적 합계가 660제곱미터 이하이고, 층수가 4개 층 이하인 주택(2개 이상의 동을 지하주차장으로 연결하는 경우에는 각각의 동으로 본다)
   라. <u>기숙사: 다음의 어느 하나에 해당하는 건축물로서 공간의 구성과 규모 등에 관하여 국토교통부장관이 정하여 고시하는 기준에 적합한 것. 다만, 구분소유된 개별 실(室)은 제외한다.</u>
   1) <u>일반기숙사: 학교 또는 공장 등의 학생 또는 종업원 등을 위하여 사용하는 것으로서 해당 기숙사의 공동취사시설 이용 세대 수가 전체 세대 수(건축물의 일부를 기숙사로 사용하는 경우에는 기숙사로 사용하는 세대 수로 한다. 이하 같다)의 50퍼센트 이상인 것(「교육기본법」 제27조제2항에 따른 학생복지주택을 포함한다)</u>
   2) <u>임대형기숙사: 「공공주택 특별법」 제4조에 따른 공공주택사업자 또는 「민간임대주택에 관한 특별법」 제2조제7호에 따른 임대사업자가 임대사업에 사용하는 것으로서 임대 목적으로 제공하는 실이 20실 이상이고 해당 기숙사의 공동취사시설 이용 세대 수가 전체 세대 수의 50퍼센트 이상인 것</u>

3. 제1종 근린생활시설 〈개정 2018.9.4., 2019.10.22., 2021.5.4., 2023.9.12.〉

가. 식품·잡화·의류·완구·서적·건축자재·의약품·의료기기 등 일용품을 판매하는 소매점으로서 같은 건축물(하나의 대지에 두 동 이상의 건축물이 있는 경우에는 이를 같은 건축물로 본다. 이하 같다)에 해당 용도로 쓰는 바닥면적의 합계가 1천 제곱미터 미만인 것

나. 휴게음식점, 제과점 등 음료·차(茶)·음식·빵·떡·과자 등을 조리하거나 제조하여 판매하는 시설(제4호너목 또는 제17호에 해당하는 것은 제외한다)로서 같은 건축물에 해당 용도로 쓰는 바닥면적의 합계가 300제곱미터 미만인 것

다. 이용원, 미용원, 목욕장, 세탁소 등 사람의 위생관리나 의류 등을 세탁·수선하는 시설(세탁소의 경우 공장에 부설되는 것과 「대기환경보전법」, 「물환경보전법」 또는 「소음·진동관리법」에 따른 배출시설의 설치 허가 또는 신고의 대상인 것은 제외한다)

라. 의원, 치과의원, 한의원, 침술원, 접골원(接骨院), 조산원, 안마원, 산후조리원 등 주민의 진료·치료 등을 위한 시설

마. 탁구장, 체육도장으로서 같은 건축물에 해당 용도로 쓰는 바닥면적의 합계가 500제곱미터 미만인 것

바. 지역자치센터, 파출소, 지구대, 소방서, 우체국, 방송국, 보건소, 공공도서관, 건강보험공단 사무소 등 주민의 편의를 위하여 공공업무를 수행하는 시설로서 같은 건축물에 해당 용도로 쓰는 바닥면적의 합계가 1천 제곱미터 미만인 것

사. 마을회관, 마을공동작업소, 마을공동구판장, 공중화장실, 대피소, 지역아동센터(단독주택과 공동주택에 해당하는 것은 제외한다) 등 주민이 공동으로 이용하는 시설

아. 변전소, 도시가스배관시설, 통신용 시설(해당 용도로 쓰는 바닥면적의 합계가 1천제곱미터 미만인 것에 한정한다), 정수장, 양수장 등 주민의 생활에 필요한 에너지공급·통신서비스제공이나 급수·배수와 관련된 시설

자. 금융업소, 사무소, 부동산중개사무소, 결혼상담소 등 소개업소, 출판사 등 일반업무시설로서 같은 건축물에 해당 용도로 쓰는 바닥면적의 합계가 30제곱미터 미만인 것

차. 전기자동차 충전소(해당 용도로 쓰는 바닥면적의 합계가 1천제곱미터 미만인 것으로 한정한다) 〈신설 2021.5.4.〉

카. 동물병원, 동물미용실 및 「동물보호법」 제73조제1항제2호에 따른 동물위탁관리업을 위한 시설로서 같은 건축물에 해당 용도로 쓰는 바닥면적의 합계가 300제곱미터 미만인 것 〈신설 2023.9.12.〉

4. 제2종 근린생활시설 〈개정 2019.10.22., 2020.10.8., 2020.12.15, 2021.5.4., 2023.4.27., 2023.9.12.〉

가. 공연장(극장, 영화관, 연예장, 음악당, 서커스장, 비디오물감상실, 비디오물소극장, 그 밖에 이와 비슷한 것을 말한다. 이하 같다)으로서 같은 건축물에 해당 용도로 쓰는 바닥면적의 합계가 500제곱미터 미만인 것

나. 종교집회장[교회, 성당, 사찰, 기도원, 수도원, 수녀원, 제실(祭室), 사당, 그 밖에 이와 비슷한 것을 말한다. 이하 같다]으로서 같은 건축물에 해당 용도로 쓰는 바닥면적의 합계가 500제곱미터 미만인 것

다. 자동차영업소로서 같은 건축물에 해당 용도로 쓰는 바닥면적의 합계가 1천제곱미터 미만인 것

라. 서점(제1종 근린생활시설에 해당하지 않는 것)

마. 총포판매소

바. 사진관, 표구점

사. 청소년게임제공업소, 복합유통게임제공업소, 인터넷컴퓨터게임시설제공업소, 가상현실체험 제공업소, 그 밖에 이와 비슷한 게임 및 체험 관련 시설로서 같은 건축물에 해당 용도로 쓰는 바닥면적의 합계가 500제곱미터 미만인 것 〈개정 2021.5.4〉

아. 휴게음식점, 제과점 등 음료·차(茶)·음식·빵·떡·과자 등을 조리하거나 제조하여 판매하는 시설(너목 또는 제17호에 해당하는 것은 제외한다)로서 같은 건축물에 해당 용도로 쓰는 바닥면적의 합계가 300제곱미터 이상인 것

자. 일반음식점

차. 장의사, 동물병원, 동물미용실, 「동물보호법」 제73조제1항제2호에 따른 동물위탁관리업을 위한 시설, 그 밖에 이와 유사한 것(제1종 근린생활시설에 해당하는 것은 제외한다) 〈개정 2023.4.27., 2023.9.12〉

카. 학원(자동차학원·무도학원 및 정보통신기술을 활용하여 원격으로 교습하는 것은 제외한다), 교습소(자동차교습·무도교습 및 정보통신기술을 활용하여 원격으로 교습하는 것은 제외한다), 직업훈련소(운전·정비 관련 직업훈련소는 제외한다)로서 같은 건축물에 해당 용도로 쓰는 바닥면적의 합계가 500제곱미터 미만인 것

타. 독서실, 기원

　　파. 테니스장, 체력단련장, 에어로빅장, 볼링장, 당구장, 실내낚시터, 골프연습장, 놀이형시설(「관광진흥법」에 따른 기타유원시설업의 시설을 말한다. 이하 같다) 등 주민의 체육 활동을 위한 시설(제3호마목의 시설은 제외한다)로서 같은 건축물에 해당 용도로 쓰는 바닥면적의 합계가 500제곱미터 미만인 것
　　하. 금융업소, 사무소, 부동산중개사무소, 결혼상담소 등 소개업소, 출판사 등 일반업무시설로서 같은 건축물에 해당 용도로 쓰는 바닥면적의 합계가 500제곱미터 미만인 것(제1종 근린생활시설에 해당하는 것은 제외한다)
　　거. 다중생활시설[「다중이용업소의 안전관리에 관한 특별법」에 따른 다중이용업 중 고시원업의 시설로서 국토교통부장관이 고시하는 기준과 그 기준에 위배되지 않는 범위에서 적정한 주거환경을 조성하기 위하여 건축조례로 정하는 실별 최소 면적, 창문의 설치 및 크기 등의 기준에 적합한 것을 말한다. 이하 같다]로서 같은 건축물에 해당 용도로 쓰는 바닥면적의 합계가 500제곱미터 미만인 것
　　너. 제조업소, 수리점 등 물품의 제조·가공·수리 등을 위한 시설로서 같은 건축물에 해당 용도로 쓰는 바닥면적의 합계가 500제곱미터 미만이고, 다음 요건 중 어느 하나에 해당하는 것
　　　1)「대기환경보전법」,「물환경보전법」또는「소음·진동관리법」에 따른 배출시설의 설치 허가 또는 신고의 대상이 아닌 것
　　　2)「물환경보전법」제33조제1항 본문에 따라 폐수배출시설의 설치 허가를 받거나 신고해야 하는 시설로서 발생되는 폐수를 전량 위탁처리하는 것〈개정 2021.5.4〉
　　더. 단란주점으로서 같은 건축물에 해당 용도로 쓰는 바닥면적의 합계가 150제곱미터 미만인 것
　　러. 안마시술소, 노래연습장

5. 문화 및 집회시설
　　가. 공연장으로서 제2종 근린생활시설에 해당하지 아니하는 것
　　나. 집회장[예식장, 공회당, 회의장, 마권(馬券) 장외 발매소, 마권 전화투표소, 그 밖에 이와 비슷한 것을 말한다]으로서 제2종 근린생활시설에 해당하지 아니하는 것
　　다. 관람장(경마장, 경륜장, 경정장, 자동차 경기장, 그 밖에 이와 비슷한 것과 체육관 및 운동장으로서 관람석의 바닥면적의 합계가 1천 제곱미터 이상인 것을 말한다)
　　라. 전시장(박물관, 미술관, 과학관, 문화관, 체험관, 기념관, 산업전시장, 박람회장, 그 밖에 이와 비슷한 것을 말한다)
　　마. 동·식물원(동물원, 식물원, 수족관, 그 밖에 이와 비슷한 것을 말한다)

6. 종교시설
　　가. 종교집회장으로서 제2종 근린생활시설에 해당하지 아니하는 것
　　나. 종교집회장(제2종 근린생활시설에 해당하지 아니하는 것을 말한다)에 설치하는 봉안당(奉安堂)

7. 판매시설
　　가. 도매시장(「농수산물유통 및 가격안정에 관한 법률」에 따른 농수산물도매시장, 농수산물공판장, 그 밖에 이와 비슷한 것을 말하며, 그 안에 있는 근린생활시설을 포함한다)
　　나. 소매시장(「유통산업발전법」제2조제3호에 따른 대규모 점포 그 밖에 이와 비슷한 것을 말하며, 그 안에 있는 근린생활시설을 포함한다)
　　다. 상점(그 안에 있는 근린생활시설을 포함한다)으로서 다음의 요건 중 어느 하나에 해당하는 것
　　　1) 제3호가목에 해당하는 용도(서점은 제외한다)로서 제1종 근린생활시설에 해당하지 아니하는 것
　　　2)「게임산업진흥에 관한 법률」제2조제6호의2가목에 따른 청소년게임제공업의 시설, 같은 호 나목에 따른 일반게임제공업의 시설, 같은 조 제7호에 따른 인터넷컴퓨터게임시설제공업의 시설 및 같은 조 제8호에 따른 복합유통게임제공업의 시설로서 제2종 근린생활시설에 해당하지 아니하는 것

8. 운수시설 〈개정 2018.9.4.〉
　　가. 여객자동차터미널
　　나. 철도시설
　　다. 공항시설
　　라. 항만시설
　　마. 그 밖에 가목부터 라목까지의 규정에 따른 시설과 비슷한 시설〈신설 2018.9.4〉

9. **의료시설**
   가. 병원(종합병원, 병원, 치과병원, 한방병원, 정신병원 및 요양병원을 말한다)
   나. 격리병원(전염병원, 마약진료소, 그 밖에 이와 비슷한 것을 말한다)

10. **교육연구시설**(제2종 근린생활시설에 해당하는 것은 제외한다)
    가. 학교(유치원, 초등학교, 중학교, 고등학교, 전문대학, 대학, 대학교, 그 밖에 이에 준하는 각종 학교를 말한다)
    나. 교육원(연수원, 그 밖에 이와 비슷한 것을 포함한다)
    다. 직업훈련소(운전 및 정비 관련 직업훈련소는 제외한다)
    라. 학원(자동차학원·무도학원 및 정보통신기술을 활용하여 원격으로 교습하는 것은 제외한다)
    마. 연구소(연구소에 준하는 시험소와 계측계량소를 포함한다)
    바. 도서관

11. **노유자시설**
    가. 아동 관련 시설(어린이집, 아동복지시설, 그 밖에 이와 비슷한 것으로서 단독주택, 공동주택 및 제1종 근린생활시설에 해당하지 아니하는 것을 말한다)
    나. 노인복지시설(단독주택과 공동주택에 해당하지 아니하는 것을 말한다)
    다. 그 밖에 다른 용도로 분류되지 아니한 사회복지시설 및 근로복지시설

12. **수련시설** 〈개정 2016.2.11〉
    가. 생활권 수련시설(「청소년활동진흥법」에 따른 청소년수련관, 청소년문화의집, 청소년특화시설, 그 밖에 이와 비슷한 것을 말한다)
    나. 자연권 수련시설(「청소년활동진흥법」에 따른 청소년수련원, 청소년야영장, 그 밖에 이와 비슷한 것을 말한다)
    다. 「청소년활동진흥법」에 따른 유스호스텔
    라. 「관광진흥법」에 따른 야영장 시설로서 제29호에 해당하지 아니하는 시설

13. **운동시설**
    가. 탁구장, 체육도장, 테니스장, 체력단련장, 에어로빅장, 볼링장, 당구장, 실내낚시터, 골프연습장, 놀이형 시설, 그 밖에 이와 비슷한 것으로서 제1종 근린생활시설 및 제2종 근린생활시설에 해당하지 아니하는 것
    나. 체육관으로서 관람석이 없거나 관람석의 바닥면적이 1천제곱미터 미만인 것
    다. 운동장(육상장, 구기장, 볼링장, 수영장, 스케이트장, 롤러스케이트장, 승마장, 사격장, 궁도장, 골프장 등과 이에 딸린 건축물을 말한다)으로서 관람석이 없거나 관람석의 바닥면적이 1천 제곱미터 미만인 것

14. **업무시설** 〈개정 2016.7.19.〉
    가. 공공업무시설: 국가 또는 지방자치단체의 청사와 외국공관의 건축물로서 제1종 근린생활시설에 해당하지 아니하는 것
    나. 일반업무시설: 다음 요건을 갖춘 업무시설을 말한다.
      1) 금융업소, 사무소, 결혼상담소 등 소개업소, 출판사, 신문사, 그 밖에 이와 비슷한 것으로서 제1종 근린생활시설 및 제2종 근린생활시설에 해당하지 않는 것
      2) 오피스텔(업무를 주로 하며, 분양하거나 임대하는 구획 중 일부 구획에서 숙식을 할 수 있도록 한 건축물로서 국토교통부장관이 고시하는 기준에 적합한 것을 말한다)

15. **숙박시설** 〈개정 2021.5.4., 2021.11.2〉
    가. 일반숙박시설 및 생활숙박시설(「공중위생관리법」 제3조제1항 전단에 따라 숙박업 신고를 해야 하는 시설로서 국토교통부장관이 정하여 고시하는 요건을 갖춘 시설을 말한다) 〈개정 2021.5.4., 2021.11.2〉
    나. 관광숙박시설(관광호텔, 수상관광호텔, 한국전통호텔, 가족호텔, 호스텔, 소형호텔, 의료관광호텔 및 휴양 콘도미니엄)
    다. 다중생활시설(제2종 근린생활시설에 해당하지 아니하는 것을 말한다) 〈개정 2014.3.24.〉
    라. 그 밖에 가목부터 다목까지의 시설과 비슷한 것

16. **위락시설**

가. 단란주점으로서 제2종 근린생활시설에 해당하지 아니하는 것

나. 유흥주점이나 그 밖에 이와 비슷한 것

다. 「관광진흥법」에 따른 유원시설업의 시설, 그 밖에 이와 비슷한 시설(제2종 근린생활시설과 운동시설에 해당하는 것은 제외한다)

라. 삭제〈2010.2.18〉

마. 무도장, 무도학원

바. 카지노영업소

17. 공장

물품의 제조·가공[염색·도장(塗裝)·표백·재봉·건조·인쇄 등을 포함한다] 또는 수리에 계속적으로 이용되는 건축물로서 제1종 근린생활시설, 제2종 근린생활시설, 위험물저장 및 처리시설, 자동차 관련 시설, 자원순환 관련 시설 등으로 따로 분류되지 아니한 것

18. 창고시설(위험물 저장 및 처리 시설 또는 그 부속용도에 해당하는 것은 제외한다)

가. 창고(물품저장시설로서 「물류정책기본법」에 따른 일반창고와 냉장 및 냉동 창고를 포함한다)

나. 하역장

다. 「물류시설의 개발 및 운영에 관한 법률」에 따른 물류터미널

라. 집배송 시설

19. 위험물 저장 및 처리 시설 〈개정 2018.9.4.〉

「위험물안전관리법」, 「석유 및 석유대체연료 사업법」, 「도시가스사업법」, 「고압가스 안전관리법」, 「액화석유가스의 안전관리 및 사업법」, 「총포·도검·화약류 등 단속법」, 「화학물질 관리법」 등에 따라 설치 또는 영업의 허가를 받아야 하는 건축물로서 다음 각 목의 어느 하나에 해당하는 것. 다만, 자가난방·자가발전, 그 밖에 이와 비슷한 목적으로 쓰는 저장시설은 제외한다.

가. 주유소(기계식 세차설비를 포함한다) 및 석유 판매소

나. 액화석유가스 충전소·판매소·저장소(기계식 세차설비를 포함한다)

다. 위험물 제조소·저장소·취급소

라. 액화가스 취급소·판매소

마. 유독물 보관·저장·판매시설

바. 고압가스 충전소·판매소·저장소

사. 도료류 판매소

아. 도시가스 제조시설

자. 화약류 저장소

차. 그 밖에 가목부터 자목까지의 시설과 비슷한 것

20. 자동차 관련 시설(건설기계 관련 시설을 포함한다) 〈개정 2021.5.4〉

가. 주차장

나. 세차장

다. 폐차장

라. 검사장

마. 매매장

바. 정비공장

사. 운전학원 및 정비학원(운전 및 정비 관련 직업훈련시설을 포함한다)

아. 「여객자동차 운수사업법」, 「화물자동차 운수사업법」 및 「건설기계관리법」에 따른 차고 및 주기장(駐機場)

자. 전기자동차 충전소로서 제1종 근린생활시설에 해당하지 않는 것 〈신설 2021.5.4〉

21. 동물 및 식물 관련 시설 〈개정 2018.9.4.〉

가. 축사[양잠·양봉·양어·양돈·양계·곤충사육 시설 및 부화장 등을 포함한다]

나. 가축시설[가축용 운동시설, 인공수정센터, 관리사(管理舍), 가축용 창고, 가축시장, 동물검역소, 실험동물 사육시설, 그 밖에 이와 비슷한 것을 말한다]

다. 도축장

라. 도계장
마. 작물 재배사
바. 종묘배양시설
사. 화초 및 분재 등의 온실
아. 동물 또는 식물과 관련된 가목부터 사목까지의 시설과 비슷한 것(동·식물원은 제외한다)

22. 자원순환 관련 시설 〈개정 2014.3.24.〉
가. 하수 등 처리시설
나. 고물상
다. 폐기물재활용시설
라. 폐기물 처분시설
마. 폐기물감량화시설

23. 교정시설(제1종 근린생활시설에 해당하는 것은 제외한다) 〈개정 2023.5.15〉
가. 교정시설(보호감호소, 구치소 및 교도소를 말한다)
나. 갱생보호시설, 그 밖에 범죄자의 갱생·보육·교육·보건 등의 용도로 쓰는 시설
다. 소년원 및 소년분류심사원
라. 삭제 〈2023.5.15.〉

23의2. 국방·군사시설(제1종 근린생활시설에 해당하는 것은 제외한다) 〈신설 2023.5.15〉
「국방·군사시설 사업에 관한 법률」에 따른 국방·군사시설

24. 방송통신시설(제1종 근린생활시설에 해당하는 것은 제외한다) 〈개정 2018.9.4.〉
가. 방송국(방송프로그램 제작시설 및 송신·수신·중계시설을 포함한다)
나. 전신전화국
다. 촬영소
라. 통신용 시설
마. 데이터센터
바. 그 밖에 가목부터 마목까지의 시설과 비슷한 것

25. 발전시설
발전소(집단에너지 공급시설을 포함한다)로 사용되는 건축물로서 제1종 근린생활시설에 해당하지 아니하는 것

26. 묘지 관련 시설 〈개정 2017.2.3.〉
가. 화장시설
나. 봉안당(종교시설에 해당하는 것은 제외한다)
다. 묘지와 자연장지에 부수되는 건축물
라. 동물화장시설, 동물건조장(乾燥葬)시설 및 동물 전용의 납골시설 〈신설 2017.2.3〉

27. 관광 휴게시설
가. 야외음악당
나. 야외극장
다. 어린이회관
라. 관망탑
마. 휴게소
바. 공원·유원지 또는 관광지에 부수되는 시설

28. 장례시설 〈개정 2017.2.3.〉
가. 장례식장.[의료시설의 부수시설(「의료법」 제36조제1호에 따른 의료기관의 종류에 따른 시설을 말한다)에 해당하는 것은 제외한다]
나. 동물 전용의 장례식장 〈신설 2017.2.3〉

29. 야영장시설 〈신설 2016.2.11.〉
「관광진흥법」에 따른 야영장 시설로서 관리동, 화장실, 샤워실, 대피소, 취사시설 등의 용도로 쓰는 바닥면적의 합계가 300제곱미터 미만인 것

※ 비고 〈개정 2016.7.19., 2018.9.4.〉
1. 제3호 및 제4호에서 "해당 용도로 쓰는 바닥면적"이란 부설 주차장 면적을 제외한 실(實) 사용면적에 공용부분 면적(복도, 계단, 화장실 등의 면적을 말한다)을 비례 배분한 면적을 합한 면적을 말한다.
2. 비고 제1호에 따라 "해당 용도로 쓰는 바닥면적"을 산정할 때 건축물의 내부를 여러 개의 부분으로 구분하여 독립한 건축물로 사용하는 경우에는 그 구분된 면적 단위로 바닥면적을 산정한다. 다만, 다음 각 목에 해당하는 경우에는 각 목에서 정한 기준에 따른다.
    가. 제4호더목에 해당하는 건축물의 경우에는 내부가 여러 개의 부분으로 구분되어 있더라도 해당 용도로 쓰는 바닥면적을 모두 합산하여 산정한다.
    나. 동일인이 둘 이상의 구분된 건축물을 같은 세부 용도로 사용하는 경우에는 연접되어 있지 않더라도 이를 모두 합산하여 산정한다.
    다. 구분 소유자(임차인을 포함한다)가 다른 경우에도 구분된 건축물을 같은 세부 용도로 연계하여 함께 사용하는 경우(통로, 창고 등을 공동으로 활용하는 경우 또는 명칭의 일부를 동일하게 사용하여 홍보하거나 관리하는 경우 등을 말한다)에는 연접되어 있지 않더라도 연계하여 함께 사용하는 바닥면적을 모두 합산하여 산정한다.
3. 「청소년 보호법」 제2조제5호가목8) 및 9)에 따라 여성가족부장관이 고시하는 청소년 출입·고용금지업의 영업을 위한 시설은 제1종 근린생활시설 및 제2종 근린생활시설에서 제외하되, 위 표에 따른 다른 용도의 시설로 분류되지 않는 경우에는 제16호에 따른 위락시설로 분류한다.
4. 국토교통부장관은 별표 1 각 호의 용도별 건축물의 종류에 관한 구체적인 범위를 정하여 고시할 수 있다.

[별표 2] 〈개정 2015.9.22, 2016.7.19., 2021.11.2〉

대지의 공지 기준(제80조의2 관련)

1. 건축선으로부터 건축물까지 띄어야 하는 거리

대상 건축물	건축조례에서 정하는 건축기준
가. 해당 용도로 쓰는 바닥면적의 합계가 500제곱미터 이상인 공장(전용공업지역, 일반공업지역 또는 「산업입지 및 개발에 관한 법률」에 따른 산업단지에 건축하는 공장은 제외한다)으로서 건축조례로 정하는 건축물	·준공업지역: 1.5미터 이상 6미터 이하 ·준공업지역 외의 지역: 3미터 이상 6미터 이하
나. 해당 용도로 쓰는 바닥면적의 합계가 500제곱미터 이상인 창고(전용공업지역, 일반공업지역 또는 「산업입지 및 개발에 관한 법률」에 따른 산업단지에 건축하는 창고는 제외한다)로서 건축조례로 정하는 건축물	·준공업지역: 1.5미터 이상 6미터 이하 ·준공업지역 외의 지역: 3미터 이상 6미터 이하
다. 해당 용도로 쓰는 바닥면적의 합계가 1,000제곱미터 이상인 판매시설, 숙박시설(일반숙박시설은 제외한다), 문화 및 집회시설(전시장 및 동·식물원은 제외한다) 및 종교시설	·3미터 이상 6미터 이하
라. 다중이 이용하는 건축물로서 건축조례로 정하는 건축물	·3미터 이상 6미터 이하
마. 공동주택	·아파트: 2미터 이상 6미터 이하 ·연립주택: 2미터 이상 5미터 이하 ·다세대주택: 1미터 이상 4미터 이하
바. 그 밖에 건축조례로 정하는 건축물	·1미터 이상 6미터 이하(한옥의 경우에는 처마선 2미터 이하, 외벽선 1미터 이상 2미터 이하)

2. 인접 대지경계선으로부터 건축물까지 띄어야 하는 거리

대상 건축물	건축조례에서 정하는 건축기준
가. 전용주거지역에 건축하는 건축물(공동주택은 제외한다)	·1미터 이상 6미터 이하(한옥의 경우에는 처마선 2미터 이하, 외벽선 1미터 이상 2미터 이하)
나. 해당 용도로 쓰는 바닥면적의 합계가 500제곱미터 이상인 공장(전용공업지역, 일반공업지역 또는 「산업입지 및 개발에 관한 법률」에 따른 산업단지에 건축하는 공장은 제외한다)으로서 건축조례로 정하는 건축물	·준공업지역: 1미터 이상 6미터 이하 ·준공업지역 외의 지역: 1.5미터 이상 6미터 이하
다. 상업지역이 아닌 지역에 건축하는 건축물로서 해당 용도로 쓰는 바닥면적의 합계가 1,000제곱미터 이상인 판매시설, 숙박시설(일반숙박시설은 제외한다), 문화 및 집회시설(전시장 및 동·식물원은 제외한다) 및 종교시설	·1.5미터 이상 6미터 이하
라. 다중이 이용하는 건축물(상업지역에 건축하는 건축물로서 스프링클러나 그 밖에 이와 비슷한 자동식 소화설비를 설치한 건축물은 제외한다)로서 건축조례로 정하는 건축물	·1.5미터 이상 6미터 이하
마. 공동주택(상업지역에 건축하는 공동주택으로서 스프링클러나 그 밖에 이와 비슷한 자동식 소화설비를 설치한 공동주택은 제외한다)	·아파트: 2미터 이상 6미터 이하 ·연립주택: 1.5미터 이상 5미터 이하 ·다세대주택: 0.5미터 이상 4미터 이하
바. 그 밖에 건축조례로 정하는 건축물	·0.5미터 이상 6미터 이하(한옥의 경우에는 처마선 2미터 이하, 외벽선 1미터 이상 2미터 이하)

※ 비고 〈개정 2021.11.2〉

1) 제1호가목 및 제2호나목에 해당하는 건축물 중 법 제11조에 따른 허가를 받거나 법 제14조에 따른 신고를 하고 2009년 7월 1일부터 2015년 6월 30일까지, 2016년 7월 1일부터 2019년 6월 30일까지 또는 2021년 11월 2일부터 2024년 11월 1일까지 법 제21조에 따른 착공신고를 하는 건축물에 대해서는 건축조례로 정하는 건축기준을 2분의 1로 완화하여 적용한다.

2) 제1호에 해당하는 건축물(별표 1 제1호, 제2호 및 제17호부터 제19호까지의 건축물은 제외한다)이 너비가 20미터 이상인 도로를 포함하여 2개 이상의 도로에 접한 경우로서 너비가 20미터 이상인 도로(도로와 접한 공공공지 및 녹지를 포함한다)면에 접한 건축물에 대해서는 건축선으로부터 건축물까지 띄어야 하는 거리를 적용하지 않는다.

3) 제1호에 따른 건축물의 부속용도에 해당하는 건축물에 대해서는 주된 용도에 적용되는 대지의 공지 기준 범위에서 건축조례로 정하는 바에 따라 완화하여 적용할 수 있다. 다만, 최소 0.5미터 이상은 띄어야 한다.

[별표 3] 〈개정 2010.12.13., 2021.1.8〉

특별건축구역의 특례사항 적용 대상 건축물(제106조제2항 관련)

용도	규모(연면적, 세대 또는 동)
1. 문화 및 집회시설, 판매시설, 운수시설, 의료시설, 교육연구시설, 수련시설	2천제곱미터 이상
2. 운동시설, 업무시설, 숙박시설, 관광휴게시설, 방송통신시설	3천제곱미터 이상
3. 종교시설	–
4. 노유자시설	5백제곱미터 이상
5. 공동주택(주거용 외의 용도와 복합된 건축물을 포함한다)	100세대 이상

6. 단독주택
  가. 「한옥 등 건축자산의 진흥에 관한 법률」 제2조제2호 또는 제3호의 한옥 또는 한옥건축양식의 단독주택
  나. 그 밖의 단독주택
	1) 10동 이상
	
	2) 30동 이상

7. 그 밖의 용도	1천제곱미터 이상

비고

1. 위 표의 용도에 해당하는 건축물은 허가권자가 인정하는 비슷한 용도의 건축물을 포함한다.

2. 용도가 복합된 건축물의 경우에는 해당 용도의 연면적 합계가 기준 연면적을 합한 값 이상이어야 한다. 이 경우 공동주택과 주거용 외의 용도가 복합된 건축물의 경우에는 각각 해당 용도의 연면적 또는 세대 기준에 적합하여야 한다.

3. 위 표 제6호가목의 건축물에는 허가권자가 인정하는 범위에서 단독주택 외의 용도로 쓰는 한옥 또는 한옥건축양식의 건축물을 일부 포함할 수 있다. 〈신설 2021.1.8.〉

[별표 4] ~ [별표 14] 삭제 〈2000.6.27〉

[별표 15] <개정 2019.8.6., 2020.4.28., 2020.10.8.>

이행강제금의 산정기준(제115조의2제2항 관련)

위반건축물	해당 법조문	이행강제금의 금액
1. 허가를 받지 않거나 신고를 하지 않고 제3조의2제8호에 따른 증설 또는 해체로 대수선을 한 건축물	법 제11조, 법 제14조	시가표준액의 100분의 10에 해당하는 금액
1호의2. 허가를 받지 아니하거나 신고를 하지 아니하고 용도변경을 한 건축물	법 제19조	허가를 받지 아니하거나 신고를 하지 아니하고 용도변경을 한 부분의 시가표준액의 100분의 10에 해당하는 금액
2. 사용승인을 받지 아니하고 사용 중인 건축물	법 제22조	시가표준액의 100분의 2에 해당하는 금액
3. 대지의 조경에 관한 사항을 위반한 건축물 <신설 2020.10.8>	법 제42조	시가표준액(조경의무를 위반한 면적에 해당하는 바닥면적의 시가표준액)의 100분의 10에 해당하는 금액
4. 건축선에 적합하지 아니한 건축물	법 제47조	시가표준액의 100분의 10에 해당하는 금액
5. 구조내력기준에 적합하지 아니한 건축물	법 제48조	시가표준액의 100분의 10에 해당하는 금액
6. 피난시설, 건축물의 용도·구조의 제한, 방화구획, 계단, 거실의 반자 높이, 거실의 채광·환기와 바닥의 방습 등이 법령등의 기준에 적합하지 아니한 건축물	법 제49조	시가표준액의 100분의 10에 해당하는 금액
7. 내화구조 및 방화벽이 법령등의 기준에 적합하지 아니한 건축물	법 제50조	시가표준액의 100분의 10에 해당하는 금액
8. 방화지구 안의 건축물에 관한 법령등의 기준에 적합하지 아니한 건축물	법 제51조	시가표준액의 100분의 10에 해당하는 금액
9. 법령등에 적합하지 않은 마감재료를 사용한 건축물	법 제52조	시가표준액의 100분의 10에 해당하는 금액
10. 높이 제한을 위반한 건축물	법 제60조	시가표준액의 100분의 10에 해당하는 금액
11. 일조 등의 확보를 위한 높이제한을 위반한 건축물	법 제61조	시가표준액의 100분의 10에 해당하는 금액
12. 건축설비의 설치·구조에 관한 기준과 그 설계 및 공사감리에 관한 법령 등의 기준을 위반한 건축물	법 제62조	시가표준액의 100분의 10에 해당하는 금액
13. 그 밖에 이 법 또는 이 법에 따른 명령이나 처분을 위반한 건축물		시가표준액의 100분의 3 이하로서 위반행위의 종류에 따라 건축조례로 정하는 금액(건축조례로 규정하지 아니한 경우에는 100분의 3으로 한다)

[별표 16] <개정 2018.6.26., 2019.2.12., 2020.4.28., 2020.10.8., 2021.5.4., 2021.12.21>

과태료의 부과기준(제121조 관련)

1. 일반기준

가. 위반행위의 횟수에 따른 과태료의 가중된 부과기준은 최근 1년간 같은 위반행위로 과태료 부과처분을 받은 경우에 적용한다. 이 경우 기간의 계산은 위반행위에 대하여 과태료 부과처분을 받은 날과 그 처분 후 다시 같은 위반행위를 하여 적발된 날을 기준으로 한다. <개정 2020.10.8.>

나. 과태료 부과 시 위반행위가 둘 이상인 경우에는 부과금액이 많은 과태료를 부과한다.

다. 부과권자는 위반행위의 정도, 동기와 그 결과 등을 고려하여 제2호에 따른 과태료 금액의 2분의 1 범위에서 그 금액을 늘릴 수 있다. 다만, 과태료를 늘려 부과하는 경우에도 법 제113조제1항 및 제2항에 따른 과태료 금액의 상한을 넘을 수 없다.

라. 부과권자는 다음의 어느 하나에 해당하는 경우에는 제2호에 따른 과태료 금액의 2분의 1 범위에서 그 금액을 줄일 수 있다. 다만, 과태료를 체납하고 있는 위반행위자의 경우에는 그 금액을 줄일 수 없으며, 감경 사유가 여러 개 있는 경우라도 감경의 범위는 과태료 금액의 2분의 1을 넘을 수 없다.

1) 삭제 <2020.10.8.>
2) 위반행위가 사소한 부주의나 오류 등으로 인한 것으로 인정되는 경우
3) 위반행위자가 법 위반상태를 바로 정정하거나 시정하여 해소한 경우
4) 그 밖에 위반행위의 정도, 동기와 그 결과 등을 고려하여 줄일 필요가 있다고 인정되는 경우

2. 개별기준

(단위: 만원)

위반행위	근거 법조문	과태료 금액		
		1차 위반	2차 위반	3차 이상 위반
가. 법 제19조제3항에 따른 건축물대장 기재내용의 변경을 신청하지 않은 경우	법 제113조 제1항제1호	50	100	200
나. 법 제24조제2항을 위반하여 공사현장에 설계도서를 갖추어 두지 않는 경우	법 제113조 제1항제2호	50	100	200
다. 법 제24조제5항을 위반하여 건축허가 표지판을 설치하지 않는 경우	법 제113조 제1항제3호	50	100	200
라. 법 제24조제6항 후단을 위반하여 공정 및 안전 관리 업무를 수행하지 않거나 공사현장을 이탈한 경우 <개정 2020.10.8.>	법 제113조 제3항	20	30	50
마. 법 제52조의3제2항 및 제52조의6제4항에 따른 점검을 거부·방해 또는 기피한 경우	법 제113조 제1항제4호	50	100	200
바. 공사감리자가 법 제25조제4항을 위반하여 보고를 하지 않는 경우	법 제113조 제2항제1호	30	60	100
사. 법 제27조제2항에 따른 보고를 하지 않는 경우	법 제113조 제2항제2호	30	60	100
아. 삭제 <2020.4.28.>				
자. 삭제 <2020.4.28.>				
차. 법 제48조의3제1항 본문에 따른 공개를 하지 아니한 경우	법 제113조 제1항제5호	50	100	200
카. 건축주, 소유자 또는 관리자가 법 제77조제2항을 위반하여 모니터링에 필요한 사항에 협조하지 않는 경우	법 제113조 제2항제6호	30	60	100
타. 삭제 <2020.4.28.>				
파. 법 제87조제1항에 따른 자료의 제출 또는 보고를 하지 않거나 거짓 자료를 제출하거나 거짓 보고를 한 경우	법 제113조 제2항제9호	30	60	100

3. 건축법 시행규칙

[국토교통부령 제1268호 일부개정 2023.11.1./시행 2023.11.1., 2024.3.13.]

제   정 1962. 5. 4 경제기획원령 제 11호
전부개정 1982.10.30 건 설 부 령   제340호
전부개정 1992. 6. 1 건설교통부령 제504호
일부개정 2018. 6.15 국토교통부령 제524호
일부개정 2018.11.29 국토교통부령 제562호
일부개정 2019.11.18 국토교통부령 제671호
일부개정 2020.10.28 국토교통부령 제774호
일부개정 2021. 1. 8 국토교통부령 제806호
일부개정 2021. 6.25 국토교통부령 제862호
타법개정 2021. 8.27 국토교통부령 제882호
일부개정 2021.12.31 국토교통부령 제935호
타법개정 2022. 2.11 국토교통부령 제1107호
일부개정 2022.11. 2 국토교통부령 제1158호
일부개정 2023. 6. 9 국토교통부령 제1224호
일부개정 2023.11. 1 국토교통부령 제1268호

제1조【목적】 이 규칙은 「건축법」 및 「건축법 시행령」에서 위임된 사항과 그 시행에 필요한 사항을 규정함을 목적으로 한다. <개정 2012.12.12>

제1조의2【설계도서의 범위】「건축법」(이하 "법"이라 한다) 제2조제14호에서 "그 밖에 국토교통부령으로 정하는 공사에 필요한 서류"란 다음 각 호의 서류를 말한다. <개정 2013.3.23>
1. 건축설비계산 관계서류
2. 토질 및 지질 관계서류
3. 기타 공사에 필요한 서류

제2조【중앙건축위원회의 운영 등】 ① 법 제4조제1항 및 「건축법 시행령」(이하 "영"이라 한다) 제5조의4에 따라 국토교통부에 두는 건축위원회(이하 "중앙건축위원회"라 한다)의 회의는 다음 각 호에 따라 운영한다. <개정 2016.1.13.>
1. 중앙건축위원회의 위원장은 중앙건축위원회의 회의를 소집하고, 그 의장이 된다.
2. 중앙건축위원회의 회의는 구성위원(위원장과 위원장이 회의 시마다 확정하는 위원을 말한다) 과반수의 출석으로 개의(開議)하고, 출석위원 과반수의 찬성으로 조사·심의·조정 또는 재정(이하 "심의등"이라 한다)을 의결한다.
3. 중앙건축위원회의 위원장은 업무수행을 위하여 필요하다고 인정하는 경우에는 관계 전문가를 중앙건축위원회의 회의에 출석하게 하여 발언하게 하거나 관계 기관·단체에 대하여 자료를 요구할 수 있다.
4. 중앙건축위원회는 심의신청 접수일부터 30일 이내에 심의를 마쳐야 한다. 다만, 심의요청서 보완 등 부득이한 사정이 있는 경우에는 20일의 범위에서 연장할 수 있다.
② 중앙건축위원회의 회의에 출석한 위원에 대하여는 예산의 범위에서 수당 및 여비를 지급할 수 있다. 다만, 공무원인 위원이 그의 소관 업무와 직접적으로 관련하여 출석하는 경우에는 그러하지 아니하다.
③ 중앙건축위원회의 심의등 관련 서류는 심의등의 완료 후 2년간 보존하여야 한다. <신설 2016.1.13.>
④ 중앙건축위원회에 회의록 작성 등 중앙건축위원회의 사무를 처리하기 위하여 간사를 두되, 간사는 국토교통부의 건축정책업무 담당 과장이 된다. <신설 2016.1.13.>
⑤ 이 규칙에서 규정한 사항 외에 중앙건축위원회의 운영에 필요한 사항은 중앙건축위원회의 의결을 거쳐 위원장이 정한다. <개정 2016.1.13.>
[전문개정 2012.12.12.]

제2조의2【중앙건축위원회의 심의등의 결과 통보】 국토교통부장관은 중앙건축위원회가 심의등을 의결한 날부터 7일 이내에 심의등을 신청한 자에게 그 심의등의 결과를 서면으로 알려야 한다. <개정 2013.3.23.>
[본조신설 2012.12.12][종전 제2조의2는 제2조의3으로 이동<2012.12.12>]

제2조의3【전문위원회의 구성등】① 삭제 <1999.5.11.>
② 법 제4조제2항에 따라 중앙건축위원회에 구성되는 전문위원회(이하 이 조에서 "전문위원회"라 한다)는 중앙건축위원회의 위원 중 5인 이상 15인 이하의 위원으로 구성한다.
③ 전문위원회의 위원장은 전문위원회의 위원중에서 국토교통부장관이 임명 또는 위촉하는 자가 된다. <개정 2013.3.23.>
④ 전문위원회의 운영에 관하여는 제2조제1항 및 제2항을 준용한다. 이 경우 "중앙건축위원회"는 각각 "전문위원회"로 본다. <개정 2012.12.12.>
[제2조의2에서 이동, 종전 제2조의3은 삭제 <2012.12.12.>]

제2조의4【지방건축위원회 심의 신청 등】① 법 제4조의2제1항 및 제3항에 따라 건축물을 건축하거나 대수선하려는 자는 특별시·광역시·특별자치시·도·특별자치도 및 시·군·구(자치구를 말한다. 이하 같다)에 두는 건축위원회(이하 "지방건축위원회"라 한다)의 심의

또는 재심의를 신청하려는 경우에는 별지 제1호서식의 건축위원회 심의(재심의)신청서에 영 제5조의5제6항제2호자목에 따른 간략설계도서를 첨부(심의를 신청하는 경우에 한정한다)하여 제출하여야 한다.

② 영 제6조의3제2항 및 제4항에 따라 구조 안전에 관한 지방건축위원회의 심의 또는 재심의를 신청할 때에는 별지 제1호의5서식의 건축위원회 구조 안전 심의(재심의) 신청서에 별표 1의2에 따른 서류를 첨부(재심의를 신청하는 경우는 제외한다)하여 제출하여야 한다. <신설 2015.7.7.>

③ 법 제4조의2제2항 및 제4항에 따라 특별시장·광역시장·특별자치시장·도지사·특별자치도지사(이하 "시·도지사"라 한다) 또는 시장·군수·구청장(자치구의 구청장을 말한다. 이하 같다)은 지방건축위원회의 심의 또는 재심의를 완료한 날부터 14일 이내에 그 심의 또는 재심의 결과를 심의 또는 재심의를 신청한 자에게 통보하여야 한다. <개정 2015.7.7.>

[본조신설 2014.11.28.][종전 제2조의4는 제2조의5로 이동 <2014.11.28.>]

제2조의5 【적용의 완화】 영 제6조제2항제2호나목에서 "국토교통부령으로 정하는 규모 및 범위"란 다음 각 호의 구분에 따른 증축을 말한다. <개정 2016.7.20., 2016.8.12., 2022.2.11.>

1. 증축의 규모는 다음 각 목의 기준에 따라야 한다.
   가. 연면적의 증가
      1) 공동주택이 아닌 건축물로서 「주택법 시행령」 제10조제1항제1호에 따른 소형 주택으로의 용도 변경을 위하여 증축되는 건축물 및 공동주택: 건축위원회의 심의에서 정한 범위 이내일 것.
      2) 그 외의 건축물: 기존 건축물 연면적 합계의 10분의 1의 범위에서 건축위원회의 심의에서 정한 범위 이내일 것. 다만, 영 제6조제1항제6호가목에 따른 리모델링 활성화 구역은 기존 건축물의 연면적 합계의 10분의 3의 범위에서 건축위원회 심의에서 정한 범위 이내일 것.
   나. 건축물의 층수 및 높이의 증가: 건축위원회 심의에서 정한 범위 이내일 것.
   다. 「주택법」 제15조에 따른 사업계획승인 대상인 공동주택 세대수의 증가: 가목에 따라 증축 가능한 연면적의 범위에서 기존 세대수의 100분의 15를 상한으로 건축위원회 심의에서 정한 범위 이내일 것
2. 증축할 수 있는 범위는 다음 각 목의 구분에 따른다.
   가. 공동주택

      1) 승강기·계단 및 복도
      2) 각 세대 내의 노대·화장실·창고 및 거실
      3) 「주택법」에 따른 부대시설
      4) 「주택법」에 따른 복리시설
      5) 기존 공동주택의 높이·층수 또는 세대수
   나. 가목 외의 건축물
      1) 승강기·계단 및 주차시설
      2) 노인 및 장애인 등을 위한 편의시설
      3) 외부벽체
      4) 통신시설·기계설비·화장실·정화조 및 오수처리시설
      5) 기존 건축물의 높이 및 층수
      6) 법 제2조제1항제6호에 따른 거실

[전문개정 2010.8.5][제2조의4에서 이동<2014.11.28.>]

제3조 【기존건축물에 대한 특례】 영 제6조의2제1항제3호에서 "국토교통부령으로 정하는 경우"란 다음 각 호의 어느 하나에 해당하는 경우를 말한다. <개정 2014.10.15>

1. 법률 제3259호「준공미필건축물 정리에 관한 특별조치법」, 법률 제3533호「특정건축물 정리에 관한 특별조치법」, 법률 제6253호「특정건축물 정리에 관한 특별조치법」, 법률 제7698호「특정건축물 정리에 관한 특별조치법」 및 법률 제11930호「특정건축물 정리에 관한 특별조치법」에 따라 준공검사필증 또는 사용승인서를 교부받은 사실이 건축물대장에 기재된 경우
2. 「도시 및 주거환경정비법」에 의한 주거환경개선사업의 준공인가증을 교부받은 경우
3. 「공유토지분할에 관한 특례법」에 의하여 분할된 경우
4. 대지의 일부 토지소유권에 대하여 「민법」 제245조에 따라 소유권이전등기가 완료된 경우
5. 「지적재조사에 관한 특별법」에 따른 지적재조사사업으로 새로운 지적공부가 작성된 경우

제4조 【건축에 관한 입지 및 규모의 사전결정신청시 제출서류】 법 제10조제1항 및 제2항에 따른 사전결정을 신청하는 자는 별지 제1호의2서식의 사전결정신청서에 다음 각 호의 도서를 첨부하여 법 제11조제1항에 따른 허가권자(이하 "허가권자"라 한다)에게 제출하여야 한다. <개정 2016.1.13., 2016.1.27.>

1. 영 제5조의5제6항제2호자목에 따라 제출되어야 하는 간략설계도서(법 제10조제2항에 따라 사전결정신청과 동시에 건축위원회의 심의를 신청하는 경우만 해당한다)

2. 「도시교통정비 촉진법」에 따른 교통영향평가서의 검토를 위하여 같은 법에서 제출하도록 한 서류(법 제10조제2항에 따라 사전결정신청과 동시에 교통영향평가서의 검토를 신청하는 경우만 해당됩니다)

3. 「환경정책기본법」에 따른 사전환경성검토를 위하여 같은 법에서 제출하도록 한 서류(법 제10조제1항에 따라 사전결정이 신청된 건축물의 대지면적 등이 「환경정책기본법」에 따른 사전환경성검토 협의대상인 경우만 해당한다)

4. 법 제10조제6항 각 호의 허가를 받거나 신고 또는 협의를 하기 위하여 해당법령에서 제출하도록 한 서류(해당사항이 있는 경우만 해당한다)

5. 별표 2 중 건축계획서(에너지절약계획서, 노인 및 장애인을 위한 편의시설 설치계획서는 제외한다) 및 배치도(조경계획은 제외한다)

제5조【건축에 관한 입지 및 규모의 사전결정서 등】① 허가권자는 법 제10조제4항에 따라 사전결정을 한 후 별지 제1호의3서식의 사전결정서를 사전결정일부터 7일 이내에 사전결정을 신청한 자에게 송부하여야 한다. <개정 2014.11.28.>
②제1항에 따른 사전결정서에는 법·영 또는 해당지방자치단체의 건축에 관한 조례(이하 "건축조례"라 한다) 등(이하 "법령등"이라 한다)에의 적합 여부와 법 제10조제6항에 따른 관계법률의 허가·신고 또는 협의 여부를 표시하여야 한다. <개정 2012.12.12.>

제6조【건축허가 등의 신청】① 법 제11조제1항·제3항, 제20조제1항, 영 제9조제1항 및 제15조제8항에 따라 건축물의 건축·대수선 허가 또는 가설건축물의 건축허가를 받으려는 자는 별지 제1호의4서식의 건축·대수선·용도변경 (변경)허가 신청서에 다음 각 호의 서류를 첨부하여 허가권자에게 제출(전자문서로 제출하는 것을 포함한다)해야 한다. 이 경우 허가권자는 「전자정부법」 제36조제1항에 따른 행정정보의 공동이용(이하 "행정정보의 공동이용"이라 한다)을 통해 제1호의2의 서류 중 토지등기사항증명서를 확인해야 한다. <개정 2015.10.5., 2016.7.20., 2016.8.12., 2017.1.19., 2018.11.29., 2019.11.18., 2021.6.25., 2021.12.31., 2023.6.9>

1. 건축할 대지의 범위에 관한 서류

1의2. 건축할 대지의 소유에 관한 권리를 증명하는 서류. 다만, 다음 각 목의 경우에는 그에 따른 서류로 갈음할 수 있다.

가. 건축할 대지에 포함된 국유지 또는 공유지에 대해서는 허가권자가 해당 토지의 관리청과 협의하여 그 관리청이 해당 토지를 건축주에게 매각하거나 양여할 것을 확인한 서류

나. 집합건물의 공용부분을 변경하는 경우에는 「집합건물의 소유 및 관리에 관한 법률」 제15조제1항에 따른 결의가 있었음을 증명하는 서류

다. 분양을 목적으로 하는 공동주택을 건축하는 경우에는 그 대지의 소유에 관한 권리를 증명하는 서류. 다만, 법 제11조에 따라 주택과 주택 외의 시설을 동일 건축물로 건축하는 건축허가를 받아 「주택법 시행령」 제27조제1항에 따른 호수 또는 세대수 이상으로 건설·공급하는 경우 대지의 소유권에 관한 사항은 「주택법」 제21조를 준용한다.

1의3. 법 제11조제11항제1호에 해당하는 경우에는 건축할 대지를 사용할 수 있는 권원을 확보하였음을 증명하는 서류

1의4. 법 제11조제11항제2호 및 영 제9조의2제1항 각 호의 사유에 해당하는 경우에는 다음 각 목의 서류

가. 건축물 및 해당 대지의 공유자 수의 100분의 80 이상의 서면동의서: 공유자가 자필로 서명하는 서면동의의 방법으로 하며, 주민등록증, 여권 등 신원을 확인할 수 있는 신분증명서의 사본을 첨부해야 한다. 다만, 공유자가 해외에 장기체류하거나 법인인 경우 등 불가피한 사유가 있다고 허가권자가 인정하는 경우에는 공유자가 인감도장을 날인하거나 서명한 서면동의서에 해당 인감증명서나 「본인서명사실 확인 등에 관한 법률」 제2조제3호에 따른 본인서명사실확인서 또는 같은 법 제7조제7항에 따른 전자본인서명확인서의 발급증을 첨부하는 방법으로 할 수 있다. <개정 2023.6.9>

나. 가목에 따라 동의한 공유자의 지분 합계가 전체 지분의 100분의 80 이상임을 증명하는 서류

다. 영 제9조의2제1항 각 호의 어느 하나에 해당함을 증명하는 서류

라. 해당 건축물의 개요

1의5. 제5조에 따른 사전결정서(법 제10조에 따라 건축에 관한 입지 및 규모의 사전결정서를 받은 경우만 해당한다)

2. 별표 2의 설계도서(법 제10조에 따른 사전결정을 받은 경우에는 건축계획서 및 배치도를 제외한다). 다만, 법 제23조제4항에 따른 표준설계도서에 따라 건축하는 경우에는 건축계획서 및 배치도만 해당한다.

3. 법 제11조제5항 각 호에 따른 허가등을 받거나

신고를 하기 위하여 해당 법령에서 제출하도록 의무화하고 있는 신청서 및 구비서류(해당 사항이 있는 경우로 한정한다)

4. 별지 제27호의12서식에 따른 결합건축협정서(해당 사항이 있는 경우로 한정한다) <개정 2021.12.31>

② 법 제11조제3항 단서에서 "국토교통부령으로 정하는 신청서 및 구비서류"란 별표 2의 설계도서 중 구조도 및 구조계산서를 말한다. <신설 2021.6.25>

③ 법 제16조제1항 및 영 제12조제1항에 따라 변경허가를 받으려는 자는 별지 제1호의4서식의 건축·대수선·용도변경 (변경)허가 신청서에 변경하려는 부분에 대한 변경 전·후의 설계도서와 제1항 각 호에서 정하는 관계 서류 중 변경이 있는 서류를 첨부하여 허가권자에게 제출(전자문서로 제출하는 것을 포함한다)해야 한다. 이 경우 허가권자는 행정정보의 공동이용을 통해 제1항제1호의2의 서류 중 토지등기사항증명서를 확인해야 한다. <신설 2018.11.29, 2019.11.18., 2021.6.25>

④ 삭제 <1999.5.11.>

[제목개정 2018.11.29.]

제7조 【건축허가의 사전승인】 ① 법 제11조제2항에 따라 건축허가사전승인 대상건축물의 건축허가에 관한 승인을 받으려는 시장·군수는 허가 신청일부터 15일 이내에 다음 각 호의 구분에 따른 도서를 도지사에게 제출(전자문서로 제출하는 것을 포함한다)하여야 한다. <개정 2016.7.20.>

1. 법 제11조제2항제1호의 경우 : 별표 3의 도서

2. 법 제11조제2항제2호 및 제3호의 경우 : 별표 3의2의 도서

② 제1항의 규정에 의하여 사전승인의 신청을 받은 도지사는 승인요청을 받은 날부터 50일 이내에 승인여부를 시장·군수에게 통보(전자문서에 의한 통보를 포함한다)하여야 한다. 다만, 건축물의 규모가 큰 경우등 불가피한 경우에는 30일의 범위내에서 그 기간을 연장할 수 있다.

제8조 【건축허가서 등】 ① 영 제9조제2항에 따른 건축허가서 및 영 제15조제9항에 따른 가설건축물 건축허가서는 별지 제2호서식과 같다.

② 제6조제3항에 따라 신청을 받은 허가권자가 법 제16조에 따라 변경허가를 한 경우에는 별지 제2호서식의 건축·대수선·용도변경 허가서를 신청인에게 발급해야 한다. <개정 2021.6.25>

③ 허가권자는 제1항 및 제2항에 따라 별지 제2호서식의 건축·대수선·용도변경 허가서를 교부하는 때에는 별지 제3호서식의 건축·대수선·용도변경(신고)대장을 건축물의 용도별 및 월별로 작성·관리해야 한다.

④ 별지 제3호서식의 건축·대수선·용도변경 허가(신고)대장은 전자적 처리가 불가능한 특별한 사유가 없으면 전자적 처리가 가능한 방법으로 작성·관리하여야 한다.

[전문개정 2018.11.29.]

제9조 【건축공사현장 안전관리예치금】 영 제10조의2제1항제5호에서 "국토교통부령으로 정하는 보증서"란 「주택도시기금법」 제16조에 따른 주택도시보증공사가 발행하는 보증서를 말한다. <개정 2015.7.1.>

제9조의2 【건축물 안전영향평가】 ① 영 제10조의3제2항제1호에서 "건축계획서 및 기본설계도서 등 국토교통부령으로 정하는 도서"란 별표 3의 도서를 말한다.

② 법 제13조의2제6항에서 "국토교통부령으로 정하는 방법"이란 해당 지방자치단체의 공보에 게시하는 방법을 말한다. 이 경우 게시 내용에 「개인정보 보호법」 제2조제1호에 따른 개인정보를 포함하여서는 아니된다.

[본조신설 2017.2.3]

제10조 【건축허가 등의 수수료】 ① 법 제11조·제14조·제16조·제19조·제20조 및 제83조에 따라 건축허가를 신청하거나 건축신고를 하는 자는 법 제17조제2항에 따라 별표 4에 따른 금액의 범위에서 건축조례로 정하는 수수료를 내야 한다. 다만, 재해복구를 위한 건축물의 건축 또는 대수선에 있어서는 그렇지 않다. <개정 2022.11.2>

② 제1항 본문에도 불구하고 건축물을 대수선하거나 바닥면적을 산정할 수 없는 공작물을 축조하기 위하여 허가 신청 또는 신고를 하는 경우의 수수료는 대수선의 범위 또는 공작물의 높이 등을 고려하여 건축조례로 따로 정한다.

③ 삭제 <2022.11.2.>

제11조 【건축 관계자 변경신고】 ① 법 제11조 및 제14조에 따라 건축 또는 대수선에 관한 허가를 받거나 신고를 한 자가 다음 각 호의 어느 하나에 해당하게 된 경우에는 그 양수인·상속인 또는 합병후 존속하거나 합병에 의하여 설립되는 법인은 그 사실이 발생한 날부터 7일 이내에 별지 제4호서식의 건축관계자변경신고서에 변경 전 건축주의 명의변경동의서 또는 권리관계의 변경사실을 증명할 수 있는 서류를 첨부하여 허가권자에게 제출(전자문서로 제출하는 것을 포함한다)하여야 한다. <개정 2012.12.12.>

1. 허가를 받거나 신고를 한 건축주가 허가 또는 신고 대상 건축물을 양도한 경우

2. 허가를 받거나 신고를 한 건축주가 사망한 경우

3. 허가를 받거나 신고를 한 법인이 다른 법인과 합병을 한 경우

②건축주는 설계자, 공사시공자 또는 공사감리자를 변경한 때에는 그 변경한 날부터 7일 이내에 별지 제4호서식의 건축관계자변경신고서를 허가권자에게 제출(전자문서에 의한 제출을 포함한다)하여야 한다. <개정 2017.1.20.>

③허가권자는 제1항 및 제2항의 규정에 의한 건축관계자변경신고서를 받은 때에는 그 기재내용을 확인한 후 별지 제5호서식의 건축관계자변경신고필증을 신고인에게 교부하여야 한다.

제12조 【건축신고】 ① 법 제14조제1항 및 제16조제1항에 따라 건축물의 건축·대수선 또는 설계변경의 신고를 하려는 자는 별지 제6호서식의 건축·대수선·용도변경 (변경)신고서에 다음 각 호의 서류를 첨부하여 특별자치시장·특별자치도지사 또는 시장·군수·구청장에게 제출(전자문서로 제출하는 것을 포함한다)해야 한다. 이 경우 특별자치시장·특별자치도지사 또는 시장·군수·구청장은 행정정보의 공동이용을 통해 제4호의 서류 중 토지등기사항증명서를 확인해야 한다. <개정 2016.1.13., 2018.11.29., 2019.11.18.>

1. 별표 2 중 배치도·평면도(층별로 작성된 것만 해당한다)·입면도 및 단면도. 다만, 다음 각 목의 경우에는 각 목의 구분에 따른 도서를 말한다.

가. 연면적의 합계가 100제곱미터를 초과하는 영 별표 1 제1호의 단독주택을 건축하는 경우 : 별표 2의 설계도서 중 건축계획서·배치도·평면도·입면도·단면도 및 구조도(구조내력상 주요한 부분의 평면 및 단면을 표시한 것만 해당한다)

나. 법 제23조제4항에 따른 표준설계도서에 따라 건축하는 경우 : 건축계획서 및 배치도

다. 법 제10조에 따른 사전결정을 받은 경우 : 평면도

2. 법 제11조제5항 각 호에 따른 허가 등을 받거나 신고를 하기 위하여 해당법령에서 제출하도록 의무화하고 있는 신청서 및 구비서류(해당사항이 있는 경우로 한정한다)

3. 건축할 대지의 범위에 관한 서류

4. 건축할 대지의 소유 또는 사용에 관한 권리를 증명하는 서류. 다만, 건축할 대지에 포함된 국유지·공유지에 대해서는 특별자치시장·특별자치도지사 또는 시장·군수·구청장이 해당 토지의 관리청과 협의하여 그 관리청이 해당 토지를 건축주에게 매각하거나 양여할 것을 확인한 서류로 그 토지의 소

유에 관한 권리를 증명하는 서류를 갈음할 수 있으며, 집합건물의 공용부분을 변경하는 경우에는 「집합건물의 소유 및 관리에 관한 법률」 제15조제1항에 따른 결의가 있었음을 증명하는 서류로 갈음할 수 있다. <개정 2018.11.29.>

5. 법 제48조제2항에 따라 구조안전을 확인해야 하는 건축·대수선의 경우: 별표 2에 따른 구조도 및 구조계산서. 다만, 「건축물의 구조기준 등에 관한 규칙」에 따른 소규모건축물로서 국토교통부장관이 고시하는 소규모건축구조기준에 따라 설계한 경우에는 구조도만 해당한다. <신설 2018.11.29.>

② 법 제14조제1항에 따른 신고를 받은 특별자치시장·특별자치도지사 또는 시장·군수·구청장은 해당 건축물을 건축하려는 대지에 재해의 위험이 있다고 인정하는 경우에는 지방건축위원회의 심의를 거쳐 별표 2의 서류 중 이미 제출된 서류를 제외한 나머지 서류를 추가로 제출하도록 요구할 수 있다. <신설 2014.10.15.>

③ 특특별자치시장·특별자치도지사 또는 시장·군수·구청장은 제1항에 따른 건축·대수선·용도변경신고서를 받은 때에는 그 기재내용을 확인한 후 그 신고의 내용에 따라 별지 제7호서식의 건축·대수선·용도변경신고필증을 신고인에게 교부하여야 한다. <개정 2018.11.29.>

④ 제3항에 따라 건축·대수선·용도변경 신고필증을 발급하는 경우에 관하여는 제8조제3항 및 제4항을 준용한다. <개정 2018.11.29>

⑤ 특별자치시장·특별자치도지사, 시장·군수 또는 구청장은 제1항에 따른 신고를 하려는 자에게 같은 항 각 호의 서류를 제출하는데 도움을 줄 수 있는 건축사사무소, 건축지도원 및 건축기술자 등에 대한 정보를 충분히 제공하여야 한다. <개정 2014.10.15.>

제12조의2 【용도변경】 ① 법 제19조제2항에 따라 용도변경의 허가를 받으려는 자는 별지 제1호의4서식의 건축·대수선·용도변경 (변경)허가 신청서에, 용도변경의 신고를 하려는 자는 별지 제6호서식의 건축·대수선·용도변경 (변경)신고서에 다음 각 호의 서류를 첨부하여 특별자치시장·특별자치도지사 또는 시장·군수·구청장에게 제출(전자문서로 제출하는 것을 포함한다)하여야 한다. <개정 2016.1.13., 2018.11.29.>

1. 용도를 변경하려는 층의 변경 후의 평면도

2. 용도변경에 따라 변경되는 내화·방화·피난 또는 건축설비에 관한 사항을 표시한 도서

② 허가권자는 제1항에 따른 신청을 받은 경우 용도를 변경하려는 층의 변경 전의 평면도를 확인하기 위해

행정정보의 공동이용을 통해 건축물대장을 확인하거나 법 제32조제1항에 따른 전산자료를 확인해야 한다. 다만, 행정정보의 공동이용 또는 전산자료를 통해 평면도를 확인할 수 없는 경우에는 해당 서류를 제출하도록 해야 한다. <신실 2018.11.29., 2019.11.18.>

③ 법 제16조 및 제19조제7항에 따라 용도변경의 변경허가를 받으려는 자는 별지 제1호의4서식의 건축·대수선·용도변경 (변경)허가 신청서에, 용도변경의 변경신고를 하려는 자는 별지 제6호서식의 건축·대수선·용도변경 (변경)신고서에 변경하려는 부분에 대한 변경 전·후의 설계도서를 첨부하여 특별자치시장·특별자치도지사 또는 시장·군수·구청장에게 제출(전자문서로 제출하는 것을 포함한다)해야 한다. <신설 2018.11.29.>

④ 특별자치시장·특별자치도지사 또는 시장·군수·구청장은 제1항 및 제3항에 따른 건축·대수선·용도변경 (변경)허가 신청서를 받은 경우에는 법 제12조제1항 및 영 제10조제1항에 따른 관계 법령에 적합한지를 확인한 후 별지 제2호서식의 건축·대수선·용도변경 허가서를 용도변경의 허가 또는 변경허가를 신청한 자에게 발급하여야 한다. <개정 2018.11.29.>

⑤ 특별자치시장·특별자치도지사 또는 시장·군수·구청장은 제1항 또는 제3항에 따른 건축·대수선·용도변경 (변경)신고서를 받은 때에는 그 기재내용을 확인한 후 별지 제7호서식의 건축·대수선·용도변경 신고필증을 신고인에게 발급하여야 한다. <개정 2018.11.29.>

⑥ 제8조제3항 및 제4항은 제4항 및 제5항에 따라 건축·대수선·용도변경 허가서 또는 건축·대수선·용도변경 신고필증을 발급하는 경우에 준용한다. <개정 2018.11.29.>

제12조의3【복수 용도의 인정】① 법 제19조의2제2항에 따른 복수 용도는 영 제14조제5항 각 호의 같은 시설군 내에서 허용할 수 있다.

② 제1항에도 불구하고 허가권자는 지방건축위원회의 심의를 거쳐 다른 시설군의 용도간의 복수 용도를 허용할 수 있다.
[본조신설 2016.7.20.]

제13조【가설건축물】① 법 제20조제3항에 따라 신고하여야 하는 가설건축물을 축조하려는 자는 영 제15조제8항에 따라 별지 제8호서식의 가설건축물 축조신고서(전자문서로 된 신고서를 포함한다)에 배치도·평면도 및 대지사용승낙서(다른 사람이 소유한 대지인 경우만 해당한다)를 첨부하여 특별자치시장·특별자치도지사 또는 시장·군수·구청장에게 제출하여야 한다.

<개정 2018.11.29.>
② 영 제15조제9항에 따른 가설건축물 축조 신고필증은 별지 제9호서식에 따른다. <개정 2018.11.29.>

③ 특별자치시장·특별자치도지사 또는 시장·군수·구청장은 법 제20조제1항 또는 제3항에 따라 가설건축물의 건축을 허가하거나 축조신고를 수리한 경우에는 별지 제10호서식의 가설건축물 관리대장에 이를 기재하고 관리하여야 한다. <개정 2018.11.29.>

④ 가설건축물의 소유자나 가설건축물에 대한 이해관계자는 제3항에 따른 가설건축물 관리대장을 열람할 수 있다. <개정 2018.11.29.>

⑤ 영 제15조제7항의 규정에 의하여 가설건축물의 존치기간을 연장하고자 하는 자는 별지 제11호서식의 가설건축물 존치기간 연장신고서(전자문서로 된 신고서를 포함한다)를 특별자치시장·특별자치도지사 또는 시장·군수·구청장에게 제출하여야 한다. <개정 2018.11.29.>

⑥ 특별자치시장·특별자치도지사 또는 시장·군수·구청장은 제5항에 따른 가설건축물 존치기간 연장신고서를 받은 때에는 그 기재내용을 확인한 후 별지 제12호서식의 가설건축물 존치기간 연장 신고필증을 신고인에게 발급하여야 한다. <개정 2018.11.29.>

⑦ 특별자치시장·특별자치도지사 또는 시장·군수·구청장은 가설건축물이 법령에 적합하지 아니하게 된 경우에는 제3항에 따른 가설건축물관리대장의 기타 사항란에 다음 각 호의 사항을 표시하고, 제2호의 위반내용이 시정된 경우에는 그 내용을 적어야 한다. <개정 2018.11.29.>
1. 위반일자
2. 내용 및 원인

⑧ 영 제15조제6항제1호가목2) 단서에서 "국토교통부령으로 정하는 서류"란 제1항에 따른 가설건축물 축조신고서에 추가로 첨부하여 제출하는 다음 각 호의 서류를 말한다. <신설 2023.11.1.>
1. 가설건축물의 입면도·단면도·구조도 및 구조계산서
2. 「건축물의 구조기준 등에 관한 규칙」 별지 제2호서식의 구조안전 및 내진설계 확인서
3. 별지 제8호의2서식의 3층 이상인 가설건축물의 피난안전 확인서

제14조【착공신고등】① 법 제21조제1항에 따른 건축공사의 착공신고를 하려는 자는 별지 제13호서식의 착공신고서(전자문서로 된 신고서를 포함한다)에 다음 각 호의 서류 및 도서를 첨부하여 허가권자에게 제출해야 한다. <개정 2015.10.5, 2016.7.20., 2018.11.29., 2021.12.31>

3. 건축법 시행규칙 2-119

1. 법 제15조에 따른 건축관계자 상호간의 계약서 사본(해당사항이 있는 경우로 한정한다)

2. 별표 4의2의 설계도서. 다만, 법 제11조 또는 제14조에 따라 건축허가 또는 신고를 할 때 제출한 경우에는 제출하지 않으며, 변경사항이 있는 경우에는 변경사항을 반영한 설계도서를 제출한다.

3. 법 제25조제11항에 따른 감리 계약서(해당 사항이 있는 경우로 한정한다)

4. 「건축사법 시행령」 제21조제2항에 따라 제출받은 보험증서 또는 공제증서의 사본 <신설 2021.12.31>

② 건축주는 법 제11조제7항 각 호 외의 부분 단서에 따라 공사착수시기를 연기하려는 경우에는 별지 제14호서식의 착공연기신청서(전자문서로 된 신청서를 포함한다)를 허가권자에게 제출하여야 한다.

③ 허가권자는 토지굴착공사를 수반하는 건축물로서 가스, 전기·통신, 상·하수도등 지하매설물에 영향을 줄 우려가 있는 건축물의 착공신고가 있는 경우에는 당해 지하매설물의 관리기관에 토지굴착공사에 관한 사항을 통보하여야 한다.

④ 허가권자는 제1항 및 제2항의 규정에 의한 착공신고서 또는 착공연기신청서를 받은 때에는 별지 제15호서식의 착공신고필증 또는 별지 제16호서식의 착공연기확인서를 신고인 또는 신청인에게 교부하여야 한다.

⑤ 삭제 <2020.10.28.>

⑥ 건축주는 법 제21조제1항에 따른 착공신고를 할 때에 해당 건축공사가 「산업안전보건법」 제73조제1항에 따른 건설재해예방전문지도기관의 지도대상에 해당하는 경우에는 제1항 각 호에 따른 서류 외에 같은 법 시행규칙 별지 제104호서식의 기술지도계약서 사본을 첨부해야 한다. <신설 2016.5.30., 2020.10.28.>

제15조 삭제 <1996.1.18>

제16조【사용승인신청】 ① 법 제22조제1항(법 제19조제5항에 따라 준용되는 경우를 포함한다)에 따라 건축물의 사용승인을 받으려는 자는 별지 제17호서식의 (임시)사용승인 신청서에 다음 각 호의 구분에 따른 도서를 첨부하여 허가권자에게 제출해야 한다. <개정 2016.7.20., 2017.1.20., 2018.11.29., 2021.12.31>

1. 법 제25조제1항에 따른 공사감리자를 지정한 경우 : 공사감리완료보고서

2. 법 제11조, 제14조 또는 제16조에 따라 허가·변경허가를 받았거나 신고·변경신고를 한 도서에 변경이 있는 경우 : 설계변경사항이 반영된 최종 공사완료도서

3. 법 제14조제1항에 따른 신고를 하여 건축한 건축물 : 배치 및 평면이 표시된 현황도면

4. 「액화석유가스의 안전관리 및 사업법」 제27조제2항 본문에 따라 액화석유가스의 사용시설에 대한 완성검사를 받아야 할 건축물인 경우 : 액화석유가스 완성검사 증명서

5. 법 제22조제4항 각 호에 따른 사용승인·준공검사 또는 등록신청 등을 받거나 하기 위하여 해당 법령에서 제출하도록 의무화하고 있는 신청서 및 첨부서류(해당 사항이 있는 경우로 한정한다)

6. 법 제25조제11항에 따라 감리비용을 지불하였음을 증명하는 서류(해당 사항이 있는 경우로 한정한다)

7. 법 제48조의3제1항에 따라 내진능력을 공개하여야 하는 건축물인 경우: 건축구조기술사가 날인한 근거자료(「건축물의 구조기준 등에 관한 규칙」 제60조의2제2항 후단에 해당하는 경우로 한정한다)

8. 사용승인을 신청할 건축물이 영 별표 1 제15호가목에 따른 생활숙박시설(30실 이상이거나 생활숙박시설 영업장의 면적이 해당 건축물 연면적의 3분의 1 이상인 것으로 한정한다)인 경우에는 「건축물의 분양에 관한 법률 시행령」 제9조제1항제9호의3에 따른 내용(분양받은 자가 서명 또는 날인한 「건축물의 분양에 관한 법률 시행규칙」 별지 제2호의2서식의 생활숙박시설 관련 확인서를 포함한다)의 사본 <신설 2021.12.31>

② 제1항에 따른 신청을 받은 허가권자는 해당 건축물이 「액화석유가스의 안전관리 및 사업법」 제44조제2항 본문에 따라 액화석유가스의 사용시설에 대한 완성검사를 받아야 할 건축물인 경우에는 행정정보의 공동이용을 통해 액화석유가스 완성검사 증명서를 확인해야 하며, 신청인이 확인에 동의하지 않은 경우에는 해당 서류를 제출하도록 해야 한다. <신설 2018.11.29.>

③ 허가권자는 제1항에 따른 사용승인신청을 받은 경우에는 법 제22조제2항에 따라 그 신청서를 받은 날부터 7일 이내에 사용승인을 위한 현장검사를 실시하여야 하며, 현장검사에 합격된 건축물에 대하여는 별지 제18호서식의 사용승인서를 신청인에게 발급하여야 한다. <개정 2018.11.29>

제17조【임시사용승인신청등】 ① 영 제17조제2항의 규정에 의한 임시사용승인신청서는 별지 제17호서식에 의한다.

② 영 제17조제3항에 따라 허가권자는 건축물 및 대지의 일부가 법 제40조부터 제50조까지, 제50조의2, 제51조부터 제58조까지, 제60조부터 제62조까지, 제64조, 제67조, 제68조 및 제77조를 위반하여 건축된

경우에는 해당 건축물의 임시사용을 승인하여서는 아니된다. <개정 2012.12.12.>

③허가권자는 제1항의 규정에 의한 임시사용승인신청을 받은 경우에는 당해신청서를 받은 날부터 7일 이내에 별지 제19호서식의 임시사용승인서를 신청인에게 교부하여야 한다.

제17조의2 삭제 <2006.5.12>

제18조 【건축허가표지판】 법 제24조제5항에 따라 공사시공자는 건축물의 규모·용도·설계자·시공자 및 감리자 등을 표시한 건축허가표지판을 주민이 보기 쉽도록 해당건축공사 현장의 주요 출입구에 설치하여야 한다.

제18조의2 【현장관리인의 업무】 현장관리인은 법 제24조제6항 후단에 따라 다음 각 호의 업무를 수행한다.
1. 건축물 및 대지가 이 법 또는 관계 법령에 적합하도록 건축주를 지원하는 업무
2. 건축물의 위치와 규격 등이 설계도서에 따라 적정하게 시공되는 지에 대한 확인·관리
3. 시공계획 및 설계 변경에 관한 사항 검토 등 공정관리에 관한 업무
4. 안전시설의 적정 설치 및 안전기준 준수 여부의 점검·관리
5. 그 밖에 건축주와 계약으로 정하는 업무
[본조신설 2020.10.28.][종전 제18조의2는 제18조의3으로 이동<2020.10.28.>]

제18조의3 【사진·동영상 촬영 및 보관 등】 ① 법 제24조제7항 전단에 따라 사진 및 동영상을 촬영·보관하여야 하는 공사시공자는 영 제18조의2제2항에서 정하는 진도에 다다른 때마다 촬영한 사진 및 동영상을 디지털파일 형태로 가공·처리하여 보관하여야 하며, 해당 사진 및 동영상을 디스크 등 전자저장매체 또는 정보통신망을 통하여 공사감리자에게 제출하여야 한다.

② 제1항에 따라 사진 및 동영상을 제출받은 공사감리자는 그 내용의 적정성을 검토한 후 법 제25조제6항에 따라 건축주에게 감리중간보고서 및 감리완료보고서를 제출할 때 해당 사진 및 동영상을 함께 제출하여야 한다.

③ 제2항에 따라 사진 및 동영상을 제출받은 건축주는 법 제25조제6항에 따라 허가권자에게 감리중간보고서 및 감리완료보고서를 제출할 때 해당 사진 및 동영상을 함께 제출하여야 한다.

④ 제1항부터 제3항까지에서 규정한 사항 외에 사진

및 동영상의 촬영 및 보관 등에 필요한 사항은 국토교통부장관이 정하여 고시한다.
[본조신설 2017.2.3.][제18조의2에서 이동<2020.10.28.>]

제19조 【감리보고서등】 ① 법 제25조제3항에 따라 공사감리자는 건축공사기간중 발견한 위법사항에 관하여 시정·재시공 또는 공사중지의 요청을 하였음에도 불구하고 공사시공자가 이에 따르지 아니하는 경우에는 시정등을 요청할 때에 명시한 기간이 만료되는 날부터 7일 이내에 별지 제20호서식의 위법건축공사보고서를 허가권자에게 제출(전자문서로 제출하는 것을 포함한다)하여야 한다.

② 삭제 <1999.5.11.>

③ 법 제25조제6항에 따른 공사감리일지는 별지 제21호서식에 따른다. <개정 2018.11.29.>

④ 건축주는 법 제25조제6항에 따라 감리중간보고서·감리완료보고서를 제출할 때 별지 제22호서식에 다음 각 호의 서류를 첨부하여 허가권자에게 제출해야 한다. <신설 2018.11.29.>
1. 건축공사감리 점검표
2. 별지 제21호서식의 공사감리일지
3. 공사추진 실적 및 설계변경 종합
4. 품질시험성과 총괄표
5. 「산업표준화법」에 따른 산업표준인증을 받은 자재 및 국토교통부장관이 인정한 자재의 사용 총괄표
6. 공사현장 사진 및 동영상(법 제24조제7항에 따른 건축물만 해당한다)
7. 공사감리자가 제출한 의견 및 자료(제출한 의견 및 자료가 있는 경우만 해당한다)
⑤ 제4항에 따라 감리중간보고서·감리완료보고서를 제출받은 허가권자는 같은 항 제2호에 따른 공사감리일지에 서명·날인한 감리원과 영 제19조제10항에 따른 건축사보 배치현황이 일치하는지 여부를 확인해야 한다. <신설 2023.11.1.>

제19조의2 【공사감리업무 등】 ① 공사감리자는 영 제19조제9항3호에 따라 다음 각호의 업무를 수행한다. <개정 2020.10.28., 2021.12.31.>
1. 건축물 및 대지가 이 법 및 관계 법령에 적합하도록 공사시공자 및 건축주를 지도
2. 시공계획 및 공사관리의 적정여부의 확인
2의2. 건축공사의 하도급과 관련된 다음 각 목의 확인 <신설 2021.12.31>
  가. 수급인(하수급인을 포함한다. 이하 이 호에서 같다)이 「건설산업기본법」 제16조에 따른 시

공자격을 갖춘 건설사업자에게 건축공사를 하도
급했는지에 대한 확인

나. 수급인이 「건설산업기본법」 제40조제1항에
따라 공사현장에 건설기술인을 배치했는지에 대
한 확인

3. 공사현장에서의 안전관리의 지도

4. 공정표의 검토

5. 상세시공도면의 검토·확인

6. 구조물의 위치와 규격의 적정여부의 검토·확인

7. 품질시험의 실시여부 및 시험성과의 검토·확인

8. 설계변경의 적정여부의 검토·확인

9. 기타 공사감리계약으로 정하는 사항

② 공사감리자는 영 제19조제10항에 따라 건축사보
배치현황을 제출(제22조의2에 따른 전자정보시스템
을 통해 제출하는 것을 말한다)하는 경우에는 별지
제22호의2서식에 다음 각 호의 서류를 첨부(건축사
보가 철수하는 경우는 제외한다)해야 한다. 이 경우
공사감리자는 공사현장에 배치되는 건축사보(배치기
간을 변경하거나 철수하는 경우의 건축사보는 제외
한다)로부터 배치기간 및 다른 공사현장이나 공정에
이중으로 배치되었는지 여부를 확인받은 후 해당 건
축사보의 서명·날인을 받아야 한다. <개정
2023.11.1.>

1. 예정공정표(건축주의 확인을 받은 것을 말한다)
및 분야별 건축사보 배치계획

2. 건축사보의 경력, 자격 및 소속을 증명하는 서류

③ 영 제19조제11항에서 "건축사보가 이중으로 배치
되어 있는지 여부 등 국토교통부령으로 정하는 내
용"이란 다음 각 호의 사항을 말한다. <신설
2023.11.1./시행 2024.3.13.>

1. 제2항 각 호의 내용이 영 제19조제2항 및 제5항
부터 제7항까지의 규정에 적합한지 여부

2. 건축사보가 영 제19조제2항 및 제5항부터 제7항
까지의 규정에 따른 건축공사 현장에 이중으로 배
치되어 있는지 여부

④ 영 제19조제12항에서 "국토교통부령으로 정하는
자"란 다음 각 호의 자를 말한다. <신설 2023.11.1./
시행 2024.3.13.>

1.「주택법」 제15조에 따른 주택건설사업 사업계획
승인권자(이하 "주택건설사업계획승인권자"라 한
다)

2.「건설기술진흥법 시행규칙」 제25조제1항에 따른
건설엔지니어링 실적관리 수탁기관(이하 "건설엔
지니어링 실적관리 수탁기관"이라 한다)

⑤ 「건축사법」 제31조에 따른 대한건축사협회(이

하 "대한건축사협회"라 한다)는 영 제19조제11항에
따라 허가권자로부터 받은 건축사보 배치현황을 전
자적 처리가 가능한 방식으로 관리한다. <신설
2023.11.1./시행 2024.3.13.>

⑥ 대한건축사협회는 다음 각 호의 자료를 활용하여
건축사보가 공사현장에 이중으로 배치되어 있는지
여부를 확인한다. <신설 2023.11.1./시행 2024.3.13.>

1. 제5항에 따른 건축사보 배치현황 자료

2. 국토교통부장관이 정하는 바에 따라 주택건설사
업계획승인권자로부터 받은 감리원 배치 자료

3. 국토교통부장관이 정하는 바에 따라 건설엔지니
어링 실적관리 수탁기관으로부터 받은 건설엔지니
어링 참여 기술인의 현황 자료

제19조의3【공사감리자 지정 신청 등】 ① 법 제25조제
2항 각 호 외의 부분 본문에 따라 허가권자가 공사
감리자를 지정하는 건축물의 건축주는 영 제19조의2
제3항에 따라 별지 제22호의3서식의 지정신청서를
허가권자에게 제출하여야 한다.

② 허가권자는 제1항에 따른 신청서를 받은 날부터
7일 이내에 공사감리자를 지정한 후 별지 제22호의4
서식의 지정통보서를 건축주에게 송부하여야 한다.

③ 건축주는 제2항에 따라 지정통보서를 받으면 해당
공사감리자와 감리 계약을 체결하여야 하며, 공사감리
자의 귀책사유로 감리 계약이 체결되지 아니하는 경우
를 제외하고는 지정된 공사감리자를 변경할 수 없다.

[본조신설 2016.7.20.]

제19조의4【허가권자의 공사감리자 지정 제외 신청 절
차 등】 ① 법 제25조제2항 각 호 외의 부분 단서에
따라 해당 건축물을 설계한 자를 공사감리자로 지정
하여 줄 것을 신청하려는 건축주는 별지 제22호의5
서식의 신청서에 다음 각 호의 어느 하나에 해당하
는 서류를 첨부하여 허가권자에게 제출해야 한다.
<개정 2020.10.28.>

1. 영 제19조의2제6항에 따른 신기술을 보유한 자가
그 신기술을 적용하여 설계했음을 증명하는 서류

2. 영 제19조의2제7항에 따른 건축사임을 증명하는
서류

3. 설계공모를 통하여 설계한 건축물임을 증명하는
서류로서 다음 각 목의 내용이 포함된 서류

가. 설계공모 방법

나. 설계공모 등의 시행공고일 및 공고 매체

다. 설계지침서

라. 심사위원의 구성 및 운영

마. 공모안 제출 설계자 명단 및 공모안별 설계

개요

② 허가권자는 제1항에 따라 신청서를 받으면 제출한 서류에 대하여 관계 기관에 사실을 조회할 수 있다.

③ 허가권자는 제2항에 따른 사실 조회 결과 제출서류가 거짓으로 판명된 경우에는 건축주에게 그 사실을 알려야 한다. 이 경우 건축주는 통보받은 날부터 3일 이내에 이의를 제기할 수 있다.

④ 허가권자는 제1항에 따른 신청서를 받은 날부터 7일 이내에 건축주에게 그 결과를 서면으로 알려야 한다.

[본조신설 2016.7.20.]

제19조의5【업무제한 대상 건축물 등의 공개】 ① 국토교통부장관은 법 제25조의2제10항에 따라 같은 조 제9항에 따른 통보사항 중 다음 각 호의 사항을 국토교통부 홈페이지 또는 법 제32조제1항에 따른 전자정보처리 시스템에 게시하는 방법으로 공개하여야 한다.

1. 법 제25조의2제1항부터 제5항까지의 조치를 받은 설계자, 공사시공자, 공사감리자 및 관계전문기술자(같은 조 제7항에 따라 소속 법인 또는 단체에 동일한 조치를 한 경우에는 해당 법인 또는 단체를 포함하며, 이하 이 조에서 "조치대상자"라 한다)의 이름, 주소 및 자격번호(법인 또는 단체는 그 명칭, 사무소 또는 사업소의 소재지, 대표자의 이름 및 법인등록번호)

2. 조치대상자에 대한 조치의 사유

3. 조치대상자에 대한 조치 내용 및 일시

4. 그 밖에 국토교통부장관이 필요하다고 인정하는 사항

[본조신설 2017.2.3.]

제20조【허용오차】 법 제26조에 따른 허용오차의 범위는 별표 5와 같다.

제21조【현장조사·검사업무의 대행】 ① 법 제27조제2항에 따라 현장조사·검사 또는 확인업무를 대행하는 자는 허가권자에게 별지 제23호서식의 건축허가조사 및 검사조서 또는 별지 제24호서식의 사용승인조사 및 검사조서를 제출하여야 한다.

② 허가권자는 제1항에 따라 건축허가 또는 사용승인을 하는 것이 적합한 것으로 표시된 건축허가조사 및 검사조서 또는 사용승인조사 및 검사조서를 받은 때에는 지체 없이 건축허가서 또는 사용승인서를 교부하여야 한다. 다만, 법 제11조제2항에 따라 건축허가를 할 때 도지사의 승인이 필요한 건축물인 경우에는 미리 도지사의 승인을 받아 건축허가서를 발급하여야 한다.

③ 허가권자는 법 제27조제3항에 따라 현장조사·검

사 및 확인업무를 대행하는 자에게 「엔지니어링산업 진흥법」 제31조에 따라 산업통상자원부장관이 고시하는 엔지니어링사업 대가기준에 따라 산정한 대가 이상의 범위에서 건축조례로 정하는 수수료를 지급하여야 한다. <개정 2014.10.15>

제22조【공용건축물의 건축에 있어서의 제출서류】 ① 영 제22조제1항에서 "국토교통부령으로 정하는 관계 서류"란 제6조·제12조·제12조의2의 규정에 의한 관계도서 및 서류(전자문서를 포함한다)를 말한다. <개정 2013.3.23.>

② 영 제22조제3항에서 "국토교통부령으로 정하는 관계 서류"란 다음 각 호의 서류(전자문서를 포함한다)를 말한다. <개정 2013.3.23.>

1. 별지 제17호서식의 사용승인신청서. 이 경우 구비서류는 현황도면에 한한다.

2. 별지 제24호서식의 사용승인조사 및 검사조서

제22조의2【전자정보처리시스템의 이용】 ① 법 제32조제1항에 따라 허가권자는 정보통신망 이용환경의 미비, 전산장애 등 불가피한 경우를 제외하고는 전자정보시스템을 이용하여 건축허가 등의 업무를 처리하여야 한다.

② 제1항에 따른 전자정보처리시스템의 구축, 운영 및 관리에 관한 세부적인 사항은 국토교통부장관이 정한다. <개정 2013.3.23>

[본조신설 2010.8.5]

[종전 제22조의2는 제22조의3으로 이동 <2010.8.5>]

제22조의3【건축 허가업무 등의 전산처리 등】 영 제22조의2제4항에 따라 전산자료 이용의 승인을 얻으려는 자는 별지 제24호의2서식의 건축행정전산자료 이용승인신청서를 국토교통부장관, 특별시장·광역시장·특별자치시장·도지사 또는 특별자치도지사(이하 "시·도지사"라 한다)나 시장·군수·구청장에게 제출하여야 한다. <개정 2014.10.15>

[제22조의2에서 이동 <2010.8.5>]

제23조 삭제 <2020.5.1.>

제24조 삭제 <2020.5.1.>

제24조의2【건축물 석면의 제거·처리】 석면이 함유된 건축물을 증축·개축 또는 대수선하는 경우에는 「산업안전보건법」 등 관계 법령에 적합하게 석면을 먼저 제거·처리한 후 건축물을 증축·개축 또는 대수선해야 한다. <개정 2020.5.1., 2021.6.25>

[본조신설 2010.8.5]

제25조【대지의 조성】 법 제40조제4항에 따라 손궤의

우려가 있는 토지에 대지를 조성하는 경우에는 다음 각 호의 조치를 하여야 한다. 다만, 건축사 또는 「기술사법」에 따라 등록한 건축구조기술사에 의하여 해당 토지의 구조안전이 확인된 경우는 그러하지 아니하다. <개정 2016.5.30.>

1. 성토 또는 절토하는 부분의 경사도가 1:1.5이상으로서 높이가 1미터이상인 부분에는 옹벽을 설치할 것
2. 옹벽의 높이가 2미터이상인 경우에는 이를 콘크리트구조로 할 것. 다만, 별표 6의 옹벽에 관한 기술적 기준에 적합한 경우에는 그러하지 아니하다.
3. 옹벽의 외벽면에는 이의 지지 또는 배수를 위한 시설외의 구조물이 밖으로 튀어 나오지 아니하게 할 것
4. 옹벽의 윗가장자리로부터 안쪽으로 2미터 이내에 묻는 배수관은 주철관, 강관 또는 흡관으로 하고, 이음부분은 물이 새지 아니하도록 할 것
5. 옹벽에는 3제곱미터마다 하나 이상의 배수구멍을 설치하여야 하고, 옹벽의 윗가장자리로부터 안쪽으로 2미터 이내에서의 지표수는 지상으로 또는 배수관으로 배수하여 옹벽의 구조상 지장이 없도록 할 것
6. 성토부분의 높이는 법 제40조에 따른 대지의 안전 등에 지장이 없는 한 인접대지의 지표면보다 0.5미터 이상 높게 하지 아니할 것. 다만, 절토에 의하여 조성된 대지 등 허가권자가 지형조건상 부득이하다고 인정하는 경우에는 그러하지 아니하다.

제26조【토지의 굴착부분에 대한 조치】 ① 법 제41조제1항에 따라 대지를 조성하거나 건축공사에 수반하는 토지를 굴착하는 경우에는 다음 각 호에 따른 위험발생의 방지조치를 하여야 한다.

1. 지하에 묻은 수도관·하수도관·가스관 또는 케이블 등이 토지굴착으로 인하여 파손되지 아니하도록 할 것
2. 건축물 및 공작물에 근접하여 토지를 굴착하는 경우에는 그 건축물 및 공작물의 기초 또는 지반의 구조내력의 약화를 방지하고 급격한 배수를 피하는 등 토지의 붕괴에 의한 위해를 방지하도록 할 것
3. 토지를 깊이 1.5미터 이상 굴착하는 경우에는 그 경사도가 별표 7에 의한 비율이하이거나 주변상황에 비추어 위해방지에 지장이 없다고 인정되는 경우를 제외하고는 토압에 대하여 안전한 구조의 흙막이를 설치할 것
4. 굴착공사 및 흙막이 공사의 시공중에는 항상 점검을 하여 흙막이의 보강, 적절한 배수조치등 안전상태를 유지하도록 하고, 흙막이판을 제거하는 경

우에는 주변지반의 내려앉음을 방지하도록 할 것

② 성토부분·절토부분 또는 되매우기를 하지 아니하는 굴착부분의 비탈면으로서 제25조에 따른 옹벽을 설치하지 아니하는 부분에 대하여는 법 제41조제1항에 따라 다음 각 호에 따른 환경의 보전을 위한 조치를 하여야 한다.

1. 배수를 위한 수로는 돌 또는 콘크리트를 사용하여 토양의 유실을 막을 수 있도록 할 것
2. 높이가 3미터를 넘는 경우에는 높이 3미터 이내마다 그 비탈면적의 5분의 1 이상에 해당하는 면적의 단을 만들 것. 다만, 허가권자가 그 비탈면의 토질·경사도등을 고려하여 붕괴의 우려가 없다고 인정하는 경우에는 그러하지 아니하다.
3. 비탈면에는 토양의 유실방지와 미관의 유지를 위하여 나무 또는 잔디를 심을 것. 다만, 나무 또는 잔디를 심는 것으로는 비탈면의 안전을 유지할 수 없는 경우에는 돌붙이기를 하거나 콘크리트블록격자등의 구조물을 설치하여야 한다.

제26조의2【대지안의 조경】 영 제27조제1항제8호에서 "국토교통부령으로 정하는 것"이란 「물류정책기본법」 제2조제4호에 따른 물류시설을 말한다. <개정 2013.3.23>

제26조의3 삭제 <2014.10.15.>

제26조의4【도로관리대장 등】 법 제45조제2항 및 제3항에 따른 도로의 폐지·변경신청서 및 도로관리대장은 각각 별지 제26호서식 및 별지 제27호서식과 같다. <개정 2012.12.12>
[제목개정 2012.12.12.]
[제26조의3에서 이동<2010.8.5.>]

제26조의5【실내건축의 구조·시공방법 등의 기준】 ① 법 제52조의2제2항에 따른 실내건축의 구조·시공방법 등에 관한 기준은 다음 각 호의 구분에 따른 기준에 따른다. <개정 2015.1.29., 2020.10.28.>

1. 영 제61조의2제1호 및 제2호에 따른 건축물: 다음 각 목의 기준을 모두 충족할 것
   가. 실내에 설치하는 칸막이는 피난에 지장이 없고, 구조적으로 안전할 것
   나. 실내에 설치하는 벽, 천장, 바닥 및 반자틀(노출된 경우에 한정한다)은 방화에 지장이 없는 재료를 사용할 것
   다. 바닥 마감재료는 미끄럼을 방지할 수 있는 재료를 사용할 것
   라. 실내에 설치하는 난간, 창호 및 출입문은 방화에 지장이 없고, 구조적으로 안전할 것

마. 실내에 설치하는 전기·가스·급수·배수·환기시설은 누수·누전 등 안전사고가 없는 재료를 사용하고, 구조적으로 안전할 것

바. 실내의 돌출부 등에는 충돌, 끼임 등 안전사고를 방지할 수 있는 완충재료를 사용할 것

2. 영 제61조의2제3호에 따른 건축물: 다음 각 목의 기준을 모두 충족할 것

가. 거실을 구획하는 칸막이는 주요구조부와 분리·해체 등이 쉬운 구조로 할 것

나. 거실을 구획하는 칸막이는 피난에 지장이 없고, 구조적으로 안전할 것. 이 경우 「건축사법」에 따라 등록한 건축사 또는 「기술사법」에 따라 등록한 건축구조기술사의 구조안전에 관한 확인을 받아야 한다.

다. 거실을 구획하는 칸막이의 마감재료는 방화에 지장이 없는 재료를 사용할 것

라. 구획하는 부분에 추락, 누수, 누전, 끼임 등의 안전사고를 방지할 수 있는 안전조치를 할 것

② 제1항에 따른 실내건축의 구조·시공방법 등에 관한 세부 사항은 국토교통부장관이 정하여 고시한다.
[본조신설 2014.11.28.]

제27조【건축자재 제조 및 유통에 관한 위법 사실의 점검 절차 등】 ① 국토교통부장관, 시·도지사 및 시장·군수·구청장은 법 제52조의3제2항에 따른 점검을 하려는 경우에는 다음 각 호의 사항이 포함된 점검계획을 수립해야 한다. <개정 2019.11.18.>

1. 점검 대상

2. 점검 항목

가. 건축물의 설계도서와의 적합성

나. 건축자재 제조현장에서의 자재의 품질과 기준의 적합성

다. 건축자재 유통장소에서의 자재의 품질과 기준의 적합성

라. 건축공사장에 반입 또는 사용된 건축자재의 품질과 기준의 적합성

마. 건축자재의 제조현장, 유통장소, 건축공사장에서 시료를 채취하는 경우 채취된 시료의 품질과 기준의 적합성

3. 그 밖에 점검을 위하여 필요하다고 인정하는 사항

② 국토교통부장관, 시·도지사 및 시장·군수·구청장은 법 제52조의3제2항에 따라 점검 대상자에게 다음 각 호의 자료를 제출하도록 요구할 수 있다. 다만, 제2호의 서류는 해당 건축물의 허가권자가 아닌 자만 요구할 수 있다. <개정 2019.11.18.>

1. 건축자재의 시험성적서 및 납품확인서 등 건축자재의 품질을 확인할 수 있는 서류

2. 해당 건축물의 설계도서

3. 그 밖에 해당 건축자재의 점검을 위하여 필요하다고 인정하는 자료

③ 법 제52조의3제4항에 따라 점검업무를 대행하는 전문기관은 점검을 완료한 후 해당 결과를 14일 이내에 점검을 대행하게 한 국토교통부장관, 시·도지사 또는 시장·군수·구청장에게 보고해야 한다. <개정 2019.11.18.>

④ 시·도지사 또는 시장·군수·구청장은 영 제61조의3제1항에 따른 조치를 한 경우에는 그 사실을 국토교통부장관에게 통보해야 한다. <개정 2019.11.18.>

⑤ 국토교통부장관은 제1항제2호 각 목에 따른 점검항목 및 제2항 각 호에 따른 자료제출에 관한 세부적인 사항을 정하여 고시할 수 있다.
[본조신설 2016.7.20.][제18조의3에서 이동<2019.11.18.>]

제28조 ~ 제33조의2 삭제 <1999.5.11>

제34조, 제35조 삭제 <2000.7.4>

제36조【일조등의 확보를 위한 건축물의 높이제한】 특별자치시장·특별자치도지사 또는 시장·군수·구청장은 영 제86조제5항에 따라 건축물의 높이를 고시하기 위하여 주민의 의견을 듣고자 할 때에는 그 내용을 30일간 주민에게 공람시켜야 한다. <개정 2014.10.15., 2016.5.30.>

제36조의2【관계전문기술자】 ① 삭제 <2010.8.5>

② 영 제91조의3제3항에 따라 건축물의 설계자 및 공사감리자는 다음 각 호의 어느 하나에 해당하는 사항에 대하여 「기술사법」에 따라 등록한 토목 분야 기술사 또는 국토개발 분야의 지질 및 기반 기술사의 협력을 받아야 한다. <개정 2016.5.30.>

1. 지질조사

2. 토공사의 설계 및 감리

3. 흙막이벽·옹벽설치등에 관한 위해방지 및 기타 필요한 사항

제37조【신기술·신제품인 건축설비에 대한 기술적 기준 인정신청 등】 ① 영 제91조의4제1항에서 "국토교통부령으로 정하는 서류"란 다음 각 호의 서류를 말한다.

1. 신기술·신제품인 건축설비의 구체적인 내용·기능과 해당 건축설비의 신규성·진보성 및 현장 적용성에 관한 내용을 적은 서류

2. 신기술·신제품인 건축설비와 관련된 다음 각 목의 증서·서류 등의 사본

가. 「건설기술 진흥법 시행령」 제33조제1항에 따라 발급받은 신기술 지정증서

나. 「특허법」 제86조에 따라 발급받은 특허증

다. 「산업기술혁신 촉진법 시행령」 제18조제6항에 따라 발급받은 신기술 인증서, 같은 영 제18조의4제2항에 따라 발급받은 신기술적용제품 확인서 및 같은 영 제18조의5제1항에서 준용하는 같은 영 제18조제6항에 따라 발급받은 신제품 인증서

라. 그 밖에 다른 법령에 따라 발급받은 증서·서류 등

3. 「산업표준화법」 제12조에 따른 한국산업표준 중 인정을 신청하는 신기술·신제품인 건축설비와 관련된 부분

4. 국제표준화기구(ISO)에서 정한 내용 중 인정을 신청하는 신기술·신제품인 건축설비와 관련된 부분

5. 그 밖에 신기술·신제품인 건축설비의 기술적 기준 인정에 필요한 서류로서 국토교통부장관이 정하여 고시하는 서류

② 영 제91조의4제1항에 따라 신기술·신제품인 건축설비의 기술적 기준에 대한 인정을 받으려는 자는 별지 제27호의2서식의 신기술·신제품인 건축설비의 기술적 기준 인정 신청서에 제1항 각 호의 증서·서류 등을 첨부하여 국토교통부장관에게 제출해야 한다. 이 경우, 제1항제2호부터 제5호까지의 증서·서류 등은 해당 증서·서류 등이 있는 경우에만 첨부한다.

③ 법 제68조제4항에 따라 신기술·신제품인 건축설비의 기술적 기준에 대한 인정을 받은 자가 영 제91조의4제4항 후단에 따라 유효기간을 연장받으려는 경우에는 유효기간 만료일의 6개월 전까지 별지 제27호의2서식의 신기술·신제품인 건축설비의 기술적 기준 유효기간 연장 신청서를 국토교통부장관에게 제출해야 한다.

④ 국토교통부장관은 영 제91조의4제4항 후단에 따라 유효기간을 연장하는 경우에는 5년의 범위에서 연장할 수 있다.

[본조신설 2021.12.31.]

제38조 삭제 <2013.2.22>

제38조의2 【특별건축구역의 지정】 영 제105조제3항제2호에서 "국토교통부령으로 정하는 건축물 또는 공간환경"이란 도시·군계획 또는 건축 관련 박물관, 박람회장, 문화예술회관, 그 밖에 이와 비슷한 문화예술공

간을 말한다. <개정 2020.10.28.>

제38조의3 【특별건축구역의 지정 절차 등】 ① 법 제71조제1항제6호에 따른 운영관리 계획서는 별지 제27호의3서식과 같다. <개정 2021.12.31>

② 제1항에 따른 운영관리 계획서에는 다음 각 호의 서류를 첨부하여야 한다.

1. 삭제 <2011.1.6.>

2. 법 제74조에 따른 통합적용 대상시설(이하 "통합적용 대상시설"이라 한다)의 배치도

3. 통합적용 대상시설의 유지·관리 및 비용분담계획서

③ 영 제107조제4항 각 호 외의 부분에서 "국토교통부령으로 정하는 자료"란 법 제72조제1항에 따라 특별건축구역의 지정을 신청할 때 제출한 자료 중 변경된 내용에 따라 수정한 자료를 말한다. <개정 2013.3.23.>

④ 영 제107조제4항제4호에서 "지정 목적이 변경되는 등 국토교통부령으로 정하는 경우"란 다음 각 호의 어느 하나에 해당하는 경우를 말한다. <개정 2013.3.23>

1. 특별건축구역의 지정 목적 및 필요성이 변경되는 경우

2. 특별건축구역 내 건축물의 규모 및 용도 등이 변경되는 경우(건축물의 규모변경이 연면적 및 높이의 10분의 1 범위 이내에 해당하는 경우 또는 영 제12조제3항 각 호에 해당하는 경우는 제외한다)

3. 통합적용 대상시설의 규모가 10분의 1이상 변경되거나 또는 위치가 변경되는 경우

제38조의4 【특별건축구역의 지정 제안 동의 방법 등】

① 영 제107조의2제3항 각 호 외의 부분 후단에 따른 토지소유자의 동의 방법은 별지 제27호의4서식의 특별건축구역 지정 제안 동의서에 자필로 서명하는 방법으로 한다. 이 경우 토지소유자는 별지 제27호의4서식의 특별건축구역 지정 제안 동의서에 주민등록증·여권 등 신원을 확인할 수 있는 신분증명서의 사본을 첨부해야 한다. <개정 2021.12.31., 2023.6.9.>

② 제1항에도 불구하고 토지소유자가 해외에 장기체류하거나 법인인 경우 등 불가피한 사유가 있다고 시·도지사가 인정하는 경우에는 토지소유자의 인감도장을 날인하는 방법으로 한다. 이 경우 토지소유자는 별지 제27호의4서식의 특별건축구역 지정 제안 동의서에 해당 인감증명서를 첨부해야 한다. <개정 2021.12.31>

③ 시·도지사는 영 제107조의2제4항에 따라 토지소유자의 특별건축구역 지정 제안 동의서를 받으면 행정정보의 공동이용을 통해 토지등기사항증명서를 확인해야 한다. 다만, 토지소유자가 확인에 동의하지 않는 경우

에는 토지등기사항증명서를 첨부하도록 해야 한다.
[본조신설 2021.1.8.][종전 제38조의4는 제38조의5로 이동<2021.1.8.>]

제38조의5【특별건축구역 내 건축물의 심의 등】① 법 제72조제1항 전단에 따른 특례적용계획서는 별지 제27호의5서식과 같다. <개정 2021.1.8., 2021.12.31>
② 제1항에 따른 특례적용계획서에는 다음 각 호의 서류를 첨부하여야 한다.
1. 특례적용 대상건축물의 개략설계도서
2. 특례적용 대상건축물의 배치도
3. 특례적용 대상건축물의 내화·방화·피난 또는 건축설비도
4. 특례적용 신기술의 세부 설명자료
③ 영 제108조제1항제4호에서 "법 제72조제1항 각 호의 사항 중 국토교통부령으로 정하는 사항을 변경하는 경우"란 법 제73조제1항의 적용배제 특례사항 또는 같은 조 제2항의 완화적용 특례사항을 변경하는 경우를 말한다. <개정 2013.3.23>
④ 법 제72조제7항에서 "국토교통부령으로 정하는 자료"란 제2항 각 호의 서류를 말한다. <개정 2013.3.23.>
[제38조의4에서 이동<2021.1.8.>]

제38조의6【특별가로구역의 지정 등의 공고】① 국토교통부장관 및 허가권자는 법 제77조의2제1항 및 제3항에 따라 특별가로구역을 지정하거나 변경 또는 해제하는 경우에는 이를 관보(허가권자의 경우에는 공보)에 공고하여야 한다.
② 국토교통부장관 및 허가권자는 제1항에 따라 특별가로구역을 지정, 변경 또는 해제한 경우에는 해당 내용을 관보 또는 공보에 공고한 날부터 30일 이상 일반이 열람할 수 있도록 하여야 한다. 이 경우 국토교통부장관, 특별시장 또는 광역시장은 관계 서류를 특별자치시장·특별자치도 또는 시장·군수·구청장에게 송부하여 일반이 열람할 수 있도록 하여야 한다.
[본조신설 2014.10.15.]

제38조의7【특별가로구역의 관리】① 국토교통부장관 및 허가권자는 법 제77의3제1항에 따라 특별가로구역의 지정 내용을 별지 제27호의6서식의 특별가로구역 관리대장에 작성하여 관리하여야 한다.
② 제1항에 따른 특별가로구역 관리대장은 전자적 처리가 불가능한 특별한 사유가 없으면 전자적 처리가 가능한 방법으로 작성하여 관리하여야 한다.
[본조신설 2014.10.15.]

제38조의8【건축협정운영회의 설립 신고】법 제77조의5제1항에 따른 건축협정운영회(이하 "건축협정운영회"라 한다)의 대표자는 같은 조 제2항에 따라 건축협정운영회를 설립한 날부터 15일 이내에 법 제77조의2제1항제5호에 따른 건축협정인가권자(이하 "건축협정인가권자"라 한다)에게 별지 제27호의7서식에 따라 신고해야 한다. <개정 2021.6.25>
[본조신설 2014.10.15.]

제38조의9【건축협정의 인가 등】① 법 제77조의4제1항 및 제2항에 따라 건축협정을 체결하는 자(이하 "협정체결자"라 한다) 또는 건축협정운영회의 대표자가 법 제77조의6제1항에 따라 건축협정의 인가를 받으려는 경우에는 별지 제27호의8서식의 건축협정 인가신청서를 건축협정인가권자에게 제출하여야 한다.
② 협정체결자 또는 건축협정운영회의 대표자가 법 제77조의7제1항 본문에 따라 건축협정을 변경하려는 경우에는 별지 제27호의8서식의 건축협정 변경인가신청서를 건축협정인가권자에게 제출하여야 한다.
③ 건축협정인가권자는 법 제77조의6 및 제77조의7에 따라 건축협정을 인가하거나 변경인가한 때에는 해당 지방자치단체의 공보에 공고하여야 하며, 건축협정서 등 관계 서류를 건축협정 유효기간 만료일까지 해당 특별자치시·특별자치도 또는 시·군·구에 비치하여 열람할 수 있도록 하여야 한다.
[본조신설 2014.10.15.]

제38조의10【건축협정의 관리】① 건축협정인가권자는 법 제77조의6 및 제77조의7에 따라 건축협정을 인가하거나 변경인가한 경우에는 별지 제27호의9서식의 건축협정관리대장에 작성하여 관리하여야 한다.
② 제1항에 따른 건축협정관리대장은 전자적 처리가 불가능한 특별한 사유가 없으면 전자적 처리가 가능한 방법으로 작성하여 관리하여야 한다.
[본조신설 2014.10.15.]

제38조의11【건축협정의 폐지】① 협정체결자 또는 건축협정운영회의 대표자가 법 제77조의9에 따라 건축협정을 폐지하려는 경우에는 별지 제27호의10서식의 건축협정 폐지인가신청서를 건축협정인가권자에게 제출하여야 한다.
② 건축협정인가권자는 법 제77조의9에 따라 건축협정의 폐지를 인가한 때에는 해당 지방자치단체의 공보에 공고하여야 한다.
[본조신설 2014.10.15.]

제38조의12【결합건축협정서】법 제77조의16제1항에 따른 결합건축협정서는 별지 제27호의11서식에 따른다.

<개정 2019.11.18.>
[본조신설 2016.7.20.]

제38조의13 【결합건축의 관리】 ① 허가권자는 결합건축을 포함하여 건축허가를 한 경우에는 법 제77조의17제1항에 따라 그 내용을 30일 이내에 해당 지방자치단체의 공보에 공고하고, 별지 제27호의12서식의 결합건축 관리대장을 작성하여 관리해야 한다. <개정 2018.11.29, 2021.1.8>
② 제1항에 따른 결합건축 관리대장은 전자적 처리가 불가능한 특별한 사유가 없으면 전자적 처리가 가능한 방법으로 작성하여 관리하여야 한다.
[본조신설 2016.7.20.]

제39조 【건축행정의 지도·감독】 법 제78조제4항에 따라 국토교통부장관 또는 시·도지사는 연 1회 이상 건축행정의 건실한 운영을 지도·감독하기 위하여 다음 각 호의 내용이 포함된 지도·점검계획을 수립하여야 한다. <개정 2013.3.23>
1. 건축허가 등 건축민원 처리실태
2. 건축통계의 작성에 관한 사항
3. 건축부조리 근절대책
4. 위반건축물의 정비계획 및 실적
5. 기타 건축행정과 관련하여 필요한 사항

제40조 【위반건축물에 대한 실태조사】 ① 허가권자는 영 제115조제1항에 따른 실태조사 결과를 기록·관리해야 한다.
② 영 제115조제5항 전단에 따른 위반 건축물 관리대장은 별지 제29호서식에 따른다.
[전문개정 2020.10.28.]

제40조의2 【이행강제금의 부과 및 징수절차】 영 제115조의2제3항에 따른 이행강제금의 부과 및 징수절차는 「국고금관리법 시행규칙」을 준용한다. 이 경우 납입고지서에는 이의신청방법 및 이의신청기간을 함께 기재하여야 한다.

제41조 【공작물축조신고】 ① 법 제83조 및 영 제118조에 따라 옹벽 등 공작물의 축조신고를 하려는 자는 별지 제30호서식의 공작물축조신고서에 다음 각 호의 서류 및 도서를 첨부하여 특별자치시장·특별자치도지사 또는 시장·군수·구청장에게 제출(전자문서로 제출하는 것을 포함한다)해야 한다. 다만, 제6조제1항에 따라 건축허가를 신청할 때 건축물의 건축에 관한 사항과 함께 공작물의 축조신고에 관한 사항을 제출한 경우에는 공작물축조신고서의 제출을 생략한다. <개정 2020.10.28, 2021.12.31>

1. 공작물의 배치도
2. 공작물의 구조도
3. 「건축물의 구조기준 등에 관한 규칙」 별지 제2호서식의 구조안전 및 내진설계 확인서(높이가 8미터 이상인 공작물인 경우에만 첨부한다)
② 특별자치시장·특별자치도지사 또는 시장·군수·구청장은 제1항에 따른 공작물축조신고서를 받은 때에는 영 제118조제4항에 따라 별지 제30호의3서식의 공작물의 구조 안전 점검표를 작성·검토한 후 별지 제31호서식의 공작물축조신고필증을 신고인에게 발급하여야 한다. <개정 2021.12.31>
③ 삭제 <2020.5.1.>
④ 영 제118조제5항의 규정에 의한 공작물관리대장은 별지 제32호서식에 의한다. <개정 2014.11.28>

제42조 【출입검사원증】 법 제87조제2항에 따른 검사나 시험을 하는 자의 권한을 표시하는 증표는 별지 제33호서식과 같다.

제43조 【태양열을 이용하는 주택 등의 건축면적 산정방법 등】 ① 영 제119조제1항제2호나목1) 및 3)에 따라 태양열을 주된 에너지원으로 이용하는 주택의 건축면적과 단열재를 구조체의 외기측에 설치하는 단열공법으로 건축된 건축물의 건축면적은 건축물의 외벽중 내측 내력벽의 중심선을 기준으로 한다. 이 경우 태양열을 주된 에너지원으로 이용하는 주택의 범위는 국토교통부장관이 정하여 고시하는 바에 따른다. <개정 2020.10.28.>
② 영 제119조제1항제2호나목2)에 따라 창고 또는 공장 중 물품을 입출고하는 부위의 상부에 설치하는 한쪽 끝은 고정되고 다른 끝은 지지되지 않는 구조로 된 돌출차양의 면적 중 건축면적에 산입하는 면적은 다음 각 호에 따라 산정한 면적 중 작은 값으로 한다. <개정 2017.1.19, 2020.10.28.>
1. 해당 돌출차양을 제외한 창고의 건축면적의 10퍼센트를 초과하는 면적
2. 해당 돌출차양의 끝부분으로부터 수평거리 6미터를 후퇴한 선으로 둘러싸인 부분의 수평투영면적

제43조의2 【지역건축안전센터의 설치 및 운영 등】 ① 시·도지사 및 시장·군수·구청장이 법 제87조의2에 따라 설치하는 지역건축안전센터(이하 "지역건축안전센터"라 한다)에는 센터장 1명과 법 제87조의2제1항 각 호의 업무를 수행하는 데 필요한 전문인력을 둔다.
② 시·도지사 및 시장·군수·구청장은 해당 지방자치단체 소속 공무원 중에서 건축행정에 관한 학식과 경험이 풍부한 사람이 제1항에 따른 센터장(이하

"센터장"이라 한다)을 겸임하게 할 수 있다.

③ 센터장은 지역건축안전센터의 사무를 총괄하고, 소속 직원을 지휘·감독한다.

④ 제1항에 따른 전문인력(이하 "전문인력"이라 한다)은 다음 각 호의 어느 하나에 해당하는 자격을 갖춘 사람으로서 건축행정에 관한 학식과 경험이 풍부한 사람으로 한다. <개정 2019.2.25., 2021.6.25>

1. 「건축사법」 제2조제1호에 따른 건축사

2. 다음 각 목의 어느 하나에 해당하는 사람
   가. 「국가기술자격법」에 따른 건축구조기술사
   나. 「건설기술 진흥법 시행령」 별표 1에 따른 건설기술인 중 건축구조 분야 고급기술인 이상의 자격기준을 갖춘 사람

3. 「국가기술자격법」에 따른 건축시공기술사

4. 다음 각 목의 어느 하나에 해당하는 사람
   가. 「국가기술자격법」에 따른 건축기계설비기술사
   나. 「건설기술 진흥법 시행령」 별표 1에 따른 건설기술인 중 건축기계설비 분야 고급기술인 이상의 자격기준을 갖춘 사람

5. 다음 각 목의 어느 하나에 해당하는 사람
   가. 「국가기술자격법」에 따른 지질 및 지반기술사 또는 토질 및 기초기술사
   나. 「건설기술 진흥법 시행령」 별표 1에 따른 건설기술인 중 토질·지질 분야 특급기술인 이상의 자격기준을 갖춘 사람

⑤ 시·도지사 및 시장·군수·구청장은 별표 8에 따른 산정기준에 따라 지역건축안전센터의 전문인력을 확보하기 위하여 노력하여야 한다. 다만, 다음 각 호에 해당하는 전문인력(이하 "필수전문인력"이라 한다)은 각각 1명 이상 두어야 한다. <개정 2023.6.9./각호 신설>

1. 제4항제1호에 따른 전문인력

2. 제4항제2호 또는 제3호에 따른 전문인력

⑥ 시장·군수·구청장이 지역의 규모·예산·인력 및 건축허가 등의 신청 건수를 고려하여 단독으로 지역건축안전센터를 설치·운영하는 것이 곤란하다고 판단하는 경우에는 둘 이상의 시·군·구가 공동으로 하나의 지역건축안전센터를 설치·운영할 수 있다. 이 경우 공동으로 지역건축안전센터를 설치·운영하려는 시장·군수·구청장은 지역건축안전센터의 공동 설치 및 운영에 관한 협약을 체결하여야 한다.

⑦ 국토교통부장관은 법 제87조의2제2항에 따라 지역건축안전센터를 설치해야 하는 지방자치단체를 5년마다 고시해야 한다. <신설 2023.6.9.>

⑧ 법 제87조의2제2항제3호에 따라 건축허가 면적 또는 노후건축물 비율은 다음 각 호의 구분에 따라 산정한다. <신설 2023.6.9.>

1. 건축허가 면적: 제7항에 따라 국토교통부장관이 고시하는 해의 직전연도부터 과거 5년 동안 법 제11조에 따라 건축허가(신축만 해당한다)를 받은 건축물의 연면적 합계를 5로 나눈 면적

2. 노후건축물 비율: 제7항에 따라 국토교통부장관이 고시하는 해의 직전연도의 전체 건축물 중 법 제22조에 따라 최초로 사용승인을 받은 후 30년 이상이 지난 건축물이 차지하는 비율

⑨ 제1항부터 제8항까지에서 규정한 사항 외에 지역건축안전센터의 조직 및 운영 등에 필요한 사항은 해당 지방자치단체의 조례로 정한다. <개정 2023.6.9.>

[본조신설 2018.6.15.][종전 제43조의2는 제43조의3으로 이동 <2018.6.15.>]

제43조의3【분쟁조정의 신청】 ① 영 제119조의4제1항에 따라 분쟁의 조정 또는 재정(이하 "조정등"이라 한다)을 받으려는 자는 다음 각 호의 사항을 기재하고 서명·날인한 분쟁조정등신청서에 참고자료 또는 서류를 첨부해 국토교통부에 설치된 건축분쟁전문위원회(이하 "분쟁위원회"라 한다)에 제출(전자문서로 제출하는 것을 포함한다)해야 한다. <개정 2021.6.25>

1. 신청인의 성명(법인의 경우에는 명칭) 및 주소

2. 당사자의 성명(법인의 경우에는 명칭) 및 주소

3. 대리인을 선임한 경우에는 대리인의 성명 및 주소

4. 분쟁의 조정등을 받고자 하는 사항

5. 분쟁이 발생하게 된 사유와 당사자간의 교섭경과

6. 신청연월일

②제1항의 경우에 증거자료 또는 서류가 있는 경우에는 그 원본 또는 사본을 분쟁조정등신청서에 첨부하여 제출할 수 있다.

[제43조의2에서 이동, 종전 제43조의3은 제43조의4로 이동 <2018.6.15.>]

제43조의4【분쟁위원회의 회의·운영 등】 ① 법 제88조에 따른 분쟁위원회의 위원장은 분쟁위원회를 대표하고 분쟁위원회의 업무를 총괄한다. <개정 2021.8.27>

② 분쟁위원회의 위원장은 분쟁위원회의 회의를 소집하고 그 의장이 된다. <개정 2014.11.28.>

③ 분쟁위원회의 위원장이 부득이한 사유로 직무를 수행할 수 없는 때에는 부위원장이 그 직무를 대행한다. <개정 2014.11.28.>

④ 분쟁위원회의 사무를 처리하기 위하여 간사를 두되, 간사는 국토교통부 소속 공무원 중에서 분쟁위원

회의 위원장이 지정한 자가 된다.
<개정 2014.11.28.>

⑤ 분쟁위원회의 회의에 출석한 위원 및 관계전문가에 대하여는 예산의 범위 안에서 수당을 지급할 수 있다. 다만, 공무원인 위원이 그 소관 업무와 직접적으로 관련되어 출석하는 경우에는 그러하지 아니 하다. <개정 2014.11.28.>

[제목개정 2014.11.28.][제43조의3에서 이동, 종전 제43조의4는 제43조의5로 이동 <2018.6.15.>]

제43조의5【비용부담】법 제102조제3항에 따라 조정등의 당사자가 부담할 비용의 범위는 다음 각 호와 같다. <개정 2014.11.28.>

1. 감정·진단·시험에 소요되는 비용
2. 검사·조사에 소요되는 비용
3. 녹음·속기록·참고인 출석에 소요되는 비용, 그 밖에 조정등에 소요되는 비용. 다만, 다음 각 목의 어느 하나에 해당하는 비용을 제외한다.
   가. 분쟁위원회의 위원 또는 영 제119조의9제2항에 따른 사무국(이하 "사무국"이라 한다) 소속 직원이 분쟁위원회의 회의에 출석하는데 소요되는 비용
   나. 분쟁위원회의 위원 또는 국토교통부 소속 직원의 출장에 소요되는 비용
   다. 우편료 및 전신료

[제43조의4에서 이동 <2018.6.15.>]

제44조 삭제 <2016.12.30.>

부칙<국토교통부령 제704호, 2020.3.2.>
(건설산업기본법 시행규칙)

제1조(시행일) 이 규칙은 공포한 날부터 시행한다. <단서 생략>

제2조 및 제3조 생략

제4조(다른 법령의 개정) ①부터 ③까지 생략

④ 건축법 시행규칙 일부를 다음과 같이 한다.
별지 제17호서식 제1쪽 신청인(건축주)의 구분란 중 "건설업자"를 "건설사업자"로 하고, 별지 제22호의3서식 뒤쪽의 유의사항 제1호 및 제2호 본문·단서 중 "건설업자"를 각각 "건설사업자"로 한다.

⑤부터 ⑪까지 생략

부칙<국토교통부령 제722호, 2020.5.1.>

(건축물관리법 시행규칙)

제1조(시행일) 이 규칙은 공포한 날부터 시행한다.

제2조(다른 법령의 개정) ① 생략

② 건축법 시행규칙 일부를 다음과 같이 개정한다.
제23조, 제24조 및 제41조제3항을 각각 삭제한다.
제24조의2 중 "증축·개축·대수선하거나 제24조제1항 및 제3항에 따라 철거하는"을 "증축·개축 또는 대수선하는"으로, "증축·개축·대수선 또는 철거하여야"를 "증축·개축 또는 대수선해야"로 한다.
별지 제24호의3서식, 별지 제24호의4서식, 별지 제25호서식, 별지 제25호의2서식 및 별지 제31호의2서식을 각각 삭제한다.

부칙<국토교통부령 제774호, 2020.10.28.>

제1조(시행일) 이 규칙은 공포한 날부터 시행한다.

제2조(착공신고에 관한 적용례) 제14조제5항·제6항 및 별지 제13호서식의 개정규정은 이 규칙 시행 이후 법 제21조제1항 본문에 따라 신고하는 경우부터 적용한다.

제3조(공작물의 축조신고에 관한 적용례) 제41조제1항제3호, 별지 제30호서식 및 별지 제30호의2서식의 개정규정은 이 규칙 시행 이후 법 제83조제1항에 따라 공작물의 축조신고를 하는 경우부터 적용한다.

부칙<국토교통부령 제806호, 2021.1.8.>

이 규칙은 공포한 날부터 시행한다.

부칙<국토교통부령 제862호, 2021.6.25.>

이 규칙은 공포한 날부터 시행한다.

부칙<국토교통부령 제882호, 2021.8.27.>
(어려운 법령용어 정비를 위한 80개 국토교통부령 일부개정령)

이 규칙은 공포한 날부터 시행한다. <단서 생략>

부칙<국토교통부령 제935호, 2021.12.31.>

제1조(시행일) 이 규칙은 공포한 날부터 시행한다. 다만, 제19조의2제1항 각 호 외의 부분의 개정규정은 2022

년 2월 11일부터 시행한다.

제2조(착공신고서의 첨부서류에 관한 적용례) 제14조제1항제4호의 개정규정은 이 규칙 시행 이후 법 제21조에 따라 착공신고를 하는 경우부터 적용한다.

제3조(사용승인신청서의 첨부서류에 관한 적용례) 제16조제1항제8호의 개정규정은 이 규칙 시행 이후 법 제22조제1항에 따라 사용승인을 신청하는 경우부터 적용한다.

제4조(공사감리자의 업무에 관한 적용례) 제19조의2제1항제2호의2의 개정규정은 이 규칙 시행 이후 법 제21조에 따라 착공신고를 하는 경우부터 적용한다.

제5조(공작물축조신고서의 첨부 서류 및 도서에 관한 적용례) 제41조제1항제4호의 개정규정은 이 규칙 시행 이후 법 제83조에 따라 공작물의 축조신고를 하는 경우부터 적용한다.

부칙<국토교통부령 제1107호, 2022.2.11.> (주택법 시행규칙)

제1조(시행일) 이 규칙은 공포한 날부터 시행한다.

제2조(다른 법령의 개정) ① 건축법 시행규칙 일부를 다음과 같이 개정한다.
제2조의5제1호가목1) 중 "원룸형"을 "소형"으로 한다.
② 생략

부칙<국토교통부령 제1158호, 2022.11.2>

이 규칙은 공포 후 6개월이 경과한 날부터 시행한다.

부칙<국토교통부령 제1224호, 2023.6.9.>

이 규칙은 공포한 날부터 시행한다. 다만, 제43조의2의 개정규정은 2023년 6월 11일부터 시행한다.

부칙<국토교통부령 제1268호, 2023.11.1.>

제1조(시행일) 이 규칙은 공포한 날부터 시행한다. 다만, 제19조의2제3항부터 제6항까지의 개정규정은 2024년 3월 13일부터 시행한다.

제2조(감리보고서 제출에 관한 적용례) 별지 제22호서식의 개정규정은 이 규칙 시행 이후 감리보고서를 제출하는 경우부터 적용한다.

제3조(건축사보 배치현황 제출에 관한 적용례) 제19조의2제2항 및 별지 제22호의2서식의 개정규정은 이 규칙 시행 이후 건축사보 배치현황을 제출하는 경우부터 적용한다.

[별표 1] 삭제 〈2000.7.4.〉

[별표 1의2] 〈신설 2015.7.7.〉

구조 안전 심의 신청 시 첨부서류(제2조의4제2항 관련)

분야	도서종류	표시하여야 할 사항
1. 건축	가. 건축개요	1) 사업 개요: 위치, 대지면적, 사업기간 등 2) 건축물 개요: 규모(높이, 면적 등), 용도별 면적 및 건폐율, 용적률 등
	나. 배치도	1) 축척 및 방위, 대지에 접한 도로의 길이 및 너비 2) 대지의 종·횡단면도
	다. 평면도	1) 1층 및 기준층 평면도 2) 기둥·벽·창문 등의 위치 3) 방화구획 및 방화문의 위치 4) 복도 및 계단 위치
	라. 단면도	1) 종·횡단면도 2) 건축물 전체높이, 각층의 높이 및 반자높이 등
2. 구조	가. 구조계획서	1) 설계근거기준 2) 하중조건분석 3) 구조재료의 성질 및 특성 4) 구조 형식선정 계획 5) 구조안전 검토
	나. 구조도 및 구조계산서	1) 구조내력상 주요부분 평면 및 단면 2) 내진설계(지진에 대한 안전여부 확인 대상)내용 3) 구조 안전 확인서 4) 주요부분의 상세도면
3. 기타	가. 지질조사서	1) 토질개황 2) 각종 토질시험내용 3) 지내력 산출근거 4) 지하수위 5) 기초에 대한 의견
	나. 시방서	1) 시방내용(표준시방서에 없는 공법인 경우만 해당함) 2) 흙막이 공법 및 도면

[별표 2] 〈개정 2015.10.5., 2018.11.29., 2021.6.25〉

건축허가신청에 필요한 설계도서(제6조제1항 관련)

도서의 종류	도서의 축척	표시하여야 할 사항
건축계획서	임의	1. 개요(위치·대지면적 등) 2. 지역·지구 및 도시계획사항 3. 건축물의 규모(건축면적·연면적·높이·층수 등) 4. 건축물의 용도별 면적 5. 주차장규모 6. 에너지절약계획서(해당건축물에 한한다) 7. 노인 및 장애인 등을 위한 편의시설 설치계획서(관계법령에 의하여 설치 의무가 있는 경우에 한한다)

배치도	임의	1. 축척 및 방위 2. 대지에 접한 도로의 길이 및 너비 3. 대지의 종·횡단면도 4. 건축선 및 대지경계선으로부터 건축물까지의 거리 5. 주차동선 및 옥외주차계획 6. 공개공지 및 조경계획
평면도	임의	1. 1층 및 기준층 평면도 2. 기둥·벽·창문 등의 위치 3. 방화구획 및 방화문의 위치 4. 복도 및 계단의 위치 5. 승강기의 위치
입면도	임의	1. 2면 이상의 입면계획 2. 외부마감재료 3. 간판 및 건물번호판의 설치계획(크기·위치)
단면도	임의	1. 종·횡단면도 2. 건축물의 높이, 각층의 높이 및 반자높이
구조도 (구조안전 확인 또는 내진설계 대상 건축물)	임의	1. 구조내력상 주요한 부분의 평면 및 단면 2. 주요부분의 상세도면 3. 구조안전확인서
구조계산서 (구조안전 확인 또는 내진설계 대상 건축물)	임의	1. 구조계산서 목록표(총괄표, 구조계획서, 설계하중, 주요 구조도, 배근도 등) 2. 구조내력상 주요한 부분의 응력 및 단면 산정 과정 3. 내진설계의 내용(지진에 대한 안전 여부 확인 대상 건축물)
실내마감도	임의	삭제 <2021.6.25>
소방설비도	임의	「소방시설설치유지 및 안전관리에 관한 법률」에 따라 소방관서의 장의 동의를 얻어야 하는 건축물의 해당소방 관련 설비

[별표 3] 〈개정 2017.2.3.〉
대형건축물의 건축허가 사전승인신청 및 건축물 안전영향평가 의뢰시 제출도서의 종류
(제7조제1항제1호 및 제9조의2제1항 관련)

1. 건축계획서

분야	도서종류	표시하여야 할 사항
건축	설계설명서	○공사개요 　위치·대지면적·공사기간·공사금액 등 ○사전조사사항 　지반고·기후·동결심도·수용인원·상하수와 주변지역을 포함한 지질 및 지형, 인구, 교통, 지역, 지구, 토지이용현황, 시설물현황 등 ○건축계획 　배치·평면·입면계획·동선계획·개략조경계획·주차계획 및 교통처리계획 등

	구조계획서	○시공방법
		○개략공정계획
		○주요설비계획
		○주요자재 사용계획
		○기타 필요한 사항
	구조계획서	○설계근거기준
		○구조재료의 성질 및 특성
		○하중조건분석 적용
		○구조의 형식선정계획
		○각부 구조계획
		○건축구조성능(단열·내화·차음·진동장애 등)
		○구조안전검토
	지질조사서	○토질개황
		○각종 토질시험내용
		○지내력 산출근거
		○지하수위면
		○기초에 대한 의견
	시방서	○시방내용(국토교통부장관이 작성한 표준시방서에 없는 공법인 경우에 한한다)

2. 기본설계도서

분야	도서종류	표시하여야 할 사항
건축	투시도 또는 투시도 사진	색채사용
	평면도(주요층, 기준층)	1. 각실의 용도 및 면적
		2. 기둥·벽·창문 등의 위치
		3. 방화구획 및 방화문의 위치
		4. 복도·직통계단·피난계단 또는 특별 피난계단의 위치 및 치수
		5. 비상용승강기 · 승용승강기의 위치 및 치수
		6. 가설건축물의 규모
	2면 이상의 입면도	1. 축척
		2. 외벽의 마감재료
	2면 이상의 단면도	1. 축척
		2. 건축물의 높이, 각층의 높이 및 반자높이
	내외마감표	벽 및 반자의 마감재의 종류
	주차장평면도	1. 축척 및 방위
		2. 주차장면적
		3. 도로·통로 및 출입구의 위치
설비	건축설비도	1. 비상용승강기·승용승강기·에스컬레이터·난방설비·환기설비 기타 건축설비의 설비계획
		2. 비상조명장치·통신설비 기타 전기설비설치계획
	소방설비도	옥내소화전설비·스프링클러설비·각종 소화설비·옥외소화전설비·동력소방펌프설비·자동화재탐지설비·전기화재경보기·화재속보설비와 유도 등 기타 유도표시 소화용수의 위치 및 수량배연설비·연결살수설비·비상콘센트설비의 설치계획
	상·하수도 계통도	상·하수도의 연결관계, 수조의 위치, 급·배수 등

[별표 3의2] 〈신설 2001.9.28〉

수질환경 등의 보호관련 건축허가 사전승인신청시 제출도서의 종류
(제7조제1항제2호관련)

1. 건축계획서

분야	도서종류	표시하여야 할 사항
건축	설계설명서	○공사개요 위치·대지면적·공사기간·착공예정일 ○사전조사사항 지역·지구, 지반높이, 상·하수도, 토지이용현황, 주변현황 ○건축계획 배치·평면·입면·주차계획 ○개략공정계획 ○주요설비계획

2. 기본설계도서

분야	도서종류	표시하여야 할 사항
건축	투시도 또는 투시도사진	색채사용
	평면도(주요층,기준층)	1. 각실의 용도 및 면적 2. 기둥·벽·창문 등의 위치
	2면 이상의 입면도	1. 축척 2. 외벽의 마감재료
	2면 이상의 단면도	1. 축척 2. 건축물의 높이, 각층의 높이 및 반자높이
	내외마감표	벽 및 반자의 마감재의 종류
	주차장평면도	1. 주차장면적 2. 도로·통로 및 출입구의 위치
설비	건축설비도	1. 난방설비·환기설비 그 밖의 건축설비의 설비계획 2. 비상조명장치·통신설비 설치계획
	상·하수도계통도	상·하수도의 연결관계, 저수조의 위치, 급·배수 등

[별표 4] 〈개정 2005.10.20, 2006.5.12〉

건축허가등 수수료의 범위(제10조 관련)

연면적합계	금 액
200제곱미터 미만	단독주택2천원7백원 이상 4천원 이하
	기타 6천7백원 이상 9천4백원 이하
200제곱미터 이상1천제곱미터 미만	단독주택 4천원 이상 6천원 이하
	기타 1만4천원 이상 2만원 이하
1천제곱미터 이상5천제곱미터 미만	3만4천원 이상 5만4천원 이하
5천제곱미터 이상1만제곱미터 미만	6만8천원 이상 10만원 이하
1만제곱미터 이상3만제곱미터 미만	13만5천원 이상 20만원 이하
3만제곱미터 이상 10만제곱미터 미만	27만원 이상 41만원 이하
10만제곱미터 이상 30만제곱미터 미만	54만원 이상 81만원 이하
30만제곱미터 이상	108만원 이상 162만원 이하

※ 설계변경의 경우에는 변경하는 부분의 면적에 따라 적용한다.

[별표 4의2] 〈신설 2015.10.5., 2016.7.20, 2018.11.29., 2019.11.18., 2021.8.27〉

착공신고에 필요한 설계도서(제14조제1항 관련)

분야	도서의 종류	내 용
1. 건축	가. 도면 목록표	공종 구분해서 분류 작성
	나. 안내도	방위, 도로, 대지주변 지물의 정보 수록
	다. 개요서	1) 개요(위치 · 대지면적 등) 2) 지역 · 지구 및 도시계획사항 3) 건축물의 규모(건축면적 · 연면적 · 높이 · 층수 등) 4) 건축물의 용도별 면적 5) 주차장 규모
	라. 구적도	대지면적에 대한 기술
	마. 마감재료표	바닥, 벽, 천정 등 실내 마감재료 및 외벽 마감재료(외벽에 설치하는 단열재를 포함한다)의 성능, 품명, 규격, 재질, 질감 및 색상 등의 구체적 표기
	바. 배치도	축척 및 방위, 건축선, 대지경계선 및 대지가 정하는 도로의 위치와 폭, 건축선 및 대지경계선으로부터 건축물까지의 거리, 신청 건물과 기존 건물과의 관계, 대지의 고저차, 부대시설물과의 관계
	사. 주차계획도	1) 법정 주차대수와 주차 확보대수의 대비표, 주차배치도 및 차량 동선도 차량진출입 관련 위치 및 구조 2) 옥외 및 지하 주차장 도면

	아. 각 층 및 지붕 평면도	1) 기둥·벽·창문 등의 위치 및 복도, 계단, 승강기 위치 2) 방화구획 계획(방화문, 자동방화셔터, 내화충전구조 및 방화댐퍼의 설치 계획을 포함한다)	
	자. 입면도(2면 이상)	1) 주요 내외벽, 중심선 또는 마감선 치수, 외벽 마감재료 2) 건축자재 성능 및 품명, 규격, 재질, 질감, 색상 등의 구체적 표기 3) 간판 및 건물번호판의 설치계획(크기·위치)	
	차. 단면도(종·횡단면도)	1) 건축물 최고높이, 각 층의 높이, 반자높이 2) 천정 안 배관 공간, 계단 등의 관계를 표현 3) 방화구획 계획(방화문, 자동방화셔터, 내화충전구조 및 방화댐퍼의 설치 계획을 포함한다)	
	카. 수직동선상세도	1) 코아(Core) 상세도(코아 안의 각종 설비관련 시설물의 위치) 2) 계단 평면·단면 상세도 3) 주차경사로 평면·단면 상세도	
	타. 부분상세도	1) 지상층 외벽 평면·입면·단면도 2) 지하층 부분 단면 상세도	
	파.창호도(창문 도면)	창호 일람표, 창호 평면도, 창호 상세도, 창호 입면도	
	하. 건축설비도	냉방·난방설비, 위생설비, 환경설비, 정화조, 승강설비 등 건축설비	
	거. 방화구획 상세도	방화문, 자동방화셔터, 내화충전구조, 방화댐퍼 설치부분 상세도	
	너. 외벽 마감재료의 단면 상세도	외벽의 마감재료(외벽에 설치하는 단열재를 포함한다)의 종류별 단면 상세도(법 제52조제2항에 따른 건축물만 해당한다)	
2. 일반	가. 시방서	1) 시방내용(국토교통부장관이 작성한 표준시방서에 없는 공법인 경우만 해당한다) 2) 흙막이공법 및 도면	
3. 구조	가. 도면 목록표		
	나. 기초 일람표		
	다. 구조 평면·입면·단면도 (구조안전 확인 대상 건축물)	1) 구조내력상 주요한 부분의 평면 및 단면 2) 주요부분의 상세도면(배근상세, 접합상세, 배근 시 주의사항 표기) 3) 구조안전확인서	
	라. 구조가구도	골조의 단면 상태를 표현하는 도면으로 골조의 상호 연관관계를 표현	
	마. 앵커(Anchor)배치도 및 베이스 플레이트(Base Plate) 설치도		
	바. 기둥 일람표		
	사. 보 일람표		
	아. 슬래브(Slab) 일람표		
	자. 옹벽 일람표		
	차. 계단배근 일람표		
	카. 주심도		
4. 기계	가. 도면 목록표		
	나. 장비일람표	규격, 수량을 상세히 기록	
	다. 장비배치도	기계실, 공조실 등의 장비배치방안 계획	
	라. 계통도	공조배관 설비, 덕트(Duct) 설비, 위생 설비 등 계통도	
	마. 기준층 및 주요층 기구 평면도	공조배관 설비, 덕트 설비, 위생 설비 등 평면도	
	바. 저수조 및 고가수조	저수조 및 고가수조의 설치기준을 표시	
	사. 도시가스 인입 확인	도시가스 인입지역에 한해서 조사 및 확인	
5. 전기	가. 도면 목록표		

	나. 배치도	옥외조명 설비 평면도
	다. 계통도	1) 전력 계통도
		2) 조명 계통도
	라. 평면도	조명 평면도
6. 통신	가. 도면 목록표	
	나. 배치도	옥외 CCTV설비와 옥외방송 평면도
	다. 계통도	1) 구내통신선로설비 계통도
		2) 방송공동수신설비 계통도
		3) 이동통신 구내선로설비 계통도
		4) CCTV설비 계통도
	라. 평면도	1) 구내통신선로설비 평면도
		2) 방송공동수신설비 평면도
		3) 이동통신 구내선로설비 평면도
		4) CCTV설비 평면도
7. 토목	가. 도면 목록표	
	나. 각종 평면도	주요시설물 계획
	다. 토지굴착 및 옹벽도	1) 지하매설구조물 현황 2) 흙막이 구조(지하 2층 이상의 지하층을 설치하는 경우 또는 지하 1층을 설치하는 경우로서 법 제27조에 따른 건축허가 현장조사·검사 또는 확인시 굴착으로 인하여 인접대지 석축 및 건축물 등에 영향이 있어 조치가 필요하다고 인정된 경우만 해당한다) 3) 단면상세 4) 옹벽구조
	라. 대지 종·횡단면도	
	마. 포장계획 평면·단면도	
	바. 우수·오수 배수처리 평면·종단면도	
	사. 상하수 계통도	우수·오수 배수처리 구조물 위치 및 상세도, 공공하수도와의 연결방법, 상수도 인입계획, 정화조의 위치
	아. 지반조사 보고서	시추조사 결과, 지반분류, 지반반력계수 등 구조설계를 위한 지반자료(주변 건축물의 지반조사 결과를 적용하여 별도의 지반조사가 필요 없는 경우, 「건축물의 구조기준 등에 관한 규칙」에 따른 소규모건축물로 지반을 최저 등급으로 가정한 경우, 지반조사를 할 수 없는 경우 등 허가권자가 인정하는 경우에는 지반조사 보고서를 제출하지 않을 수 있다.
8. 조경	가. 도면 목록표	
	나. 조경 배치도	법정 면적과 계획면적의 대비, 조경계획 및 식재 상세도
	다. 식재 평면도	
	라. 단면도	

비고
 법 제21조에 따라 착공신고하려는 건축물의 공사와 관련 없는 설계도서는 제출하지 않는다.

[별표 5] 〈개정 2010.8.5〉

건축허용오차(제20조관련)

1. 대지관련 건축기준의 허용오차

항목	허용되는 오차의 범위
건축선의 후퇴거리	3퍼센트 이내
인접대지 경계선과의 거리	3퍼센트 이내
인접건축물과의 거리	3퍼센트 이내
건폐율	0.5퍼센트 이내(건축면적 5제곱미터를 초과할 수 없다)
용적률	1퍼센트 이내(연면적 30제곱미터를 초과할 수 없다)

2. 건축물관련 건축기준의 허용오차

항목	허용되는 오차의 범위
건축물 높이	2퍼센트 이내(1미터를 초과할 수 없다)
평면길이	2퍼센트 이내(건축물 전체길이는 1미터를 초과할 수 없고, 벽으로 구획된 각 실의 경우에는 10센티미터를 초과할 수 없다)
출구너비	2퍼센트 이내
반자높이	2퍼센트 이내
벽체두께	3퍼센트 이내
바닥판두께	3퍼센트 이내

[별표 6] 〈개정 2013.11.28., 2014.10.15〉
옹벽에 관한 기술적 기준(제25조관련)

1. 석축인 옹벽의 경사도는 그 높이에 따라 다음 표에 정하는 기준 이하일 것

구분	1.5미터까지	3미터까지	5미터까지
멧쌓기	1 : 0.30	1 : 0.35	1 : 0.40
찰쌓기	1 : 0.25	1 : 0.30	1 : 0.35

2. 석축인 옹벽의 석축용 돌의 뒷길이 및 뒷채움돌의 두께는 그 높이에 따라 다음 표에 정하는 기준 이상일 것

구분높이		1.5미터까지	3미터까지	5미터까지
석축용돌의뒷길이(센티미터)		30	40	50
뒷채움돌의두께(센티미터)	상부	30	30	30
	하부	40	50	50

3. 석축인 옹벽의 윗가장자리로부터 건축물의 외벽면까지 떼어야 하는 거리는 다음 표에 정하는 기준 이상일 것. 다만, 건축물의 기초가 석축의 기초 이하에 있는 경우에는 그러하니 아니하다.

건축물의층수	1층	2층	3층 이상
떼우는 거리(미터)	1.5	2	3

4.~6. 삭제 〈2014.10.15.〉

[별표 7]
토질에 따른 경사도(제26조제1항관련)

토질	경사도
경암	1 : 0.5
연암	1 : 1.0
모래	1 : 1.8
모래질흙	1 : 1.2
사력질흙, 암괴 또는 호박돌이 섞인 모래질흙	1 : 1.2
점토, 점성토	1 : 1.2
암괴 또는 호박돌이 섞인 점성토	1 : 1.5

[별표 8] 〈신설 2018.6.15.〉

지역건축안전센터의 적정 전문인력 인원 산정기준(제43조의2제5항 관련)

1. 지역건축안전센터의 적정 전문인력 인원은 다음의 산정식에 따라 산정한다.

$$\text{적정 전문인력 인원(명)} = \frac{\text{최근 3년간 연평균 건축 신고·허가 건수}}{\text{1인당 연간 건축 신고·허가 처리가능 건수}} \times \text{필수 전문인력 인원(명)}$$

2. 제1호의 산정식에 적용되는 용어의 정의
   가. "최근 3년간 연평균 건축 신고·허가 건수"란 최근 3년간 연평균 해당 지방자치단체의 건축 신고 건수에 해당 업무의 난이도를 가중한 값과 최근 3년간 연평균 해당 지방자치단체의 건축허가 건수에 해당 업무의 난이도를 가중한 값을 더한 값을 말한다.
   나. "1인당 연간 건축 신고·허가 처리가능 건수"란 해당 업무의 난이도를 고려하여 공무원 1명이 1일 동안 통상적으로 처리할 수 있는 건축 신고·허가 건수에 근무일수를 곱한 값을 말한다.
   다. "필수전문인력 인원"이란 제43조의2제5항 단서에 따라 지역건축안전센터에 필수적으로 두어야 하는 전문인력 인원으로 2명을 말한다.

3. 제1호의 산정식에 적용되는 산정기준: 다음 각 목의 구분에 따른다.
   가. 특별시·광역시·특별자치시·도, 특별시·광역시·경기도의 시 또는 자치구

적용용어	산정기준
최근 3년간 연평균 건축 신고·허가 건수	0.76(업무 난이도) × 최근 3년간 연평균 건축신고 건수 + 1.4(업무 난이도) × 최근 3년간 연평균 건축허가 건수
1인당 연간 건축 신고·허가 처리가능 건수	5건 × 21일 × 12개월 = 1,260

   나. 도(경기도는 제외한다)의 시·군·자치구, 특별자치도, 광역시·경기도의 군

적용용어	산정기준
최근 3년간 연평균 건축 신고·허가 건수	0.9(업무 난이도) × 최근 3년간 연평균 건축신고 건수 + 1.4(업무 난이도) × 최근 3년간 연평균 건축허가 건수
1인당 연간 건축 신고·허가 처리가능 건수	7건 × 21일 × 12개월 = 1,764

   다. 공통사항
   1) 적정 전문인력 인원은 소수점 첫째자리에서 반올림하여 산정한다.
   2) 적정 전문인력 인원은 제43조의2제4항에 따른 전문인력 인원만을 말한다.

[별표 9]~[별표 10] 삭제 〈1999.5.11〉

[별표 11] 삭제 〈2000.7.4〉

[별표 12] 삭제 〈1999.5.11〉

4. 건축물의 설비기준 등에 관한 규칙

[국토교통부령 제882호, 2021.8.27]

제　정 1992. 6. 1 건 설 부 령 제506호
일부개정 2011.11.30 국토해양부령 제408호
일부개정 2012. 4.30 국토해양부령 제458호
일부개정 2013. 9. 2 국토교통부령 제 23호
일부개정 2015. 7. 9 국토교통부령 제219호
일부개정 2017. 5. 2 국토교통부령 제420호
일부개정 2017.12. 4 국토교통부령 제467호
타법개정 2020. 3. 2 국토교통부령 제704호
일부개정 2020. 4. 9 국토교통부령 제715호
타법개정 2021. 8.27 국토교통부령 제882호

제1조【목적】이 규칙은 「건축법」 제49조, 제62조, 제64조, 제67조 및 제68조와 같은 법 시행령 제87조, 제89조, 제90조 및 제91조의3에 따른 건축설비의 설치에 관한 기술적 기준 등에 필요한 사항을 규정함을 목적으로 한다. <개정 2015.7.9., 2020.4.9.>

제2조【관계전문기술자의 협력을 받아야 하는 건축물】「건축법 시행령」(이하 "영"이라 한다) 제91조의3제2항 각 호 외의 부분에서 "국토교통부령으로 정하는 건축물"이란 다음 각 호의 건축물을 말한다. <개정 2020.4.9.>

1. 냉동냉장시설·항온항습시설(온도와 습도를 일정하게 유지시키는 특수설비가 설치되어 있는 시설을 말한다) 또는 특수청정시설(세균 또는 먼지등을 제거하는 특수설비가 설치되어 있는 시설을 말한다)로서 당해 용도에 사용되는 바닥면적의 합계가 5백제곱미터 이상인 건축물

2. 영 별표 1 제2호가목 및 나목에 따른 아파트 및 연립주택

3. 다음 각 목의 어느 하나에 해당하는 건축물로서 해당 용도에 사용되는 바닥면적의 합계가 5백제곱미터 이상인 건축물
   가. 영 별표 1 제3호다목에 따른 목욕장
   나. 영 별표 1 제13호가목에 따른 물놀이형 시설(실내에 설치된 경우로 한정한다) 및 같은 호 다목에 따른 수영장(실내에 설치된 경우로 한정한다)

4. 다음 각 목의 어느 하나에 해당하는 건축물로서 해당 용도에 사용되는 바닥면적의 합계가 2천제곱미터 이상인 건축물
   가. 영 별표 1 제2호라목에 따른 기숙사
   나. 영 별표 1 제9호에 따른 의료시설

   다. 영 별표 1 제12호다목에 따른 유스호스텔
   라. 영 별표 1 제15호에 따른 숙박시설

5. 다음 각 목의 어느 하나에 해당하는 건축물로서 해당 용도에 사용되는 바닥면적의 합계가 3천제곱미터 이상인 건축물
   가. 영 별표 1 제7호에 따른 판매시설
   나. 영 별표 1 제10호마목에 따른 연구소
   다. 영 별표 1 제14호에 따른 업무시설

6. 다음 각 목의 어느 하나에 해당하는 건축물로서 해당 용도에 사용되는 바닥면적의 합계가 1만제곱미터 이상인 건축물
   가. 영 별표 1 제5호가목부터 라목까지에 해당하는 문화 및 집회시설
   나. 영 별표 1 제6호에 따른 종교시설
   다. 영 별표 1 제10호에 따른 교육연구시설(연구소는 제외한다)
   라. 영 별표 1 제28호에 따른 장례식장

제3조【관계전문기술자의 협력사항】① 영 제91조의3제2항에 따른 건축물에 전기, 승강기, 피뢰침, 가스, 급수, 배수(配水), 배수(排水), 환기, 난방, 소화, 배연(排煙) 및 오물처리설비를 설치하는 경우에는 건축사가 해당 건축물의 설계를 총괄하고, 「기술사법」에 따라 등록한 건축전기설비기술사, 발송배전(發送配電)기술사, 건축기계설비기술사, 공조냉동기계기술사 또는 가스기술사(이하 "기술사"라 한다)가 건축사와 협력하여 해당 건축설비를 설계하여야 한다. <개정 2017.5.2.>

② 영 제91조의3제2항에 따라 건축물에 건축설비를 설치한 경우에는 해당 분야의 기술사가 그 설치상태를 확인한 후 건축주 및 공사감리자에게 별지 제1호서식의 건축설비설치확인서를 제출하여야 한다. <개정 2010.11.5>

제4조
[종전 제4조는 제12조로 이동 <2015.7.9.>]

제5조【승용승강기의 설치기준】「건축법」(이하 "법"이라 한다) 제64조제1항에 따라 건축물에 설치하는 승용승강기의 설치기준은 별표 1의2와 같다. 다만, 승용승강기가 설치되어 있는 건축물에 1개층을 증축하는 경우에는 승용승강기의 승강로를 연장하여 설치하지 아니할 수 있다. <개정 2015.7.9>

제6조【승강기의 구조】법 제64조에 따라 건축물에 설치하는 승강기·에스컬레이터 및 비상용승강기의 구조는 「승강기시설 안전관리법」이 정하는 바에 따른다. <개정 2010.11.5>

제7조 삭제 <1996.2.9>

제8조 삭제 <1996.2.9>

제9조 【비상용승강기를 설치하지 아니할 수 있는 건축물】
법 제64조제2항 단서에서 "국토교통부령이 정하는 건축물"이라 함은 다음 각 호의 건축물을 말한다. <개정 2017.12.4.>
1. 높이 31미터를 넘는 각층을 거실외의 용도로 쓰는 건축물
2. 높이 31미터를 넘는 각층의 바닥면적의 합계가 500제곱미터 이하인 건축물
3. 높이 31미터를 넘는 층수가 4개층이하로서 당해 각층의 바닥면적의 합계 200제곱미터(벽 및 반자가 실내에 접하는 부분의 마감을 불연재료로 한 경우에는 500제곱미터)이내마다 방화구획(영 제46조제1항 본문에 따른 방화구획을 말한다. 이하 같다)으로 구획된 건축물

제10조 【비상용승강기의 승강장 및 승강로의 구조】법 제64조제2항에 따른 비상용승강기의 승강장 및 승강로의 구조는 다음 각 호의 기준에 적합하여야 한다.
1. 삭제 <1996.2.9>
2. 비상용승강기 승강장의 구조
   가. 승강장의 창문·출입구 기타 개구부를 제외한 부분은 당해 건축물의 다른 부분과 내화구조의 바닥 및 벽으로 구획할 것. 다만, 공동주택의 경우에는 승강장과 특별피난계단(「건축물의 피난·방화구조 등의 기준에 관한 규칙」 제9조의 규정에 의한 특별피난계단을 말한다. 이하 같다)의 부속실과의 겸용부분을 특별피난계단의 계단실과 별도로 구획하는 때에는 승강장을 특별피난계단의 부속실과 겸용할 수 있다.
   나. 승강장은 각층의 내부와 연결될 수 있도록 하되, 그 출입구(승강로의 출입구를 제외한다)에는 갑종방화문을 설치할 것. 다만, 피난층에는 갑종방화문을 설치하지 아니할 수 있다.
   다. 노대 또는 외부를 향하여 열 수 있는 창문이나 제14조제2항의 규정에 의한 배연설비를 설치할 것
   라. 벽 및 반자가 실내에 접하는 부분의 마감재료(마감을 위한 바탕을 포함한다)는 불연재료로 할 것
   마. 채광이 되는 창문이 있거나 예비전원에 의한 조명설비를 할 것
   바. 승강장의 바닥면적은 비상용승강기 1대에 대하여 6제곱미터 이상으로 할 것. 다만, 옥외에 승강장을 설치하는 경우에는 그러하지 아니하다.
   사. 피난층이 있는 승강장의 출입구(승강장이 없는 경우에는 승강로의 출입구)로부터 도로 또는 공지(공원·광장 기타 이와 유사한 것으로서 피난 및 소화를 위한 당해 대지에의 출입에 지장이 없는 것을 말한다)에 이르는 거리가 30미터 이하일 것
   아. 승강장 출입구 부근의 잘 보이는 곳에 당해 승강기가 비상용승강기임을 알 수 있는 표지를 할 것
3. 비상용승강기의 승강로의 구조
   가. 승강로는 당해 건축물의 다른 부분과 내화구조로 구획할 것
   나. 각층으로부터 피난층까지 이르는 승강로를 단일구조로 연결하여 설치할 것

제11조 【공동주택 및 다중이용시설의 환기설비기준 등】
① 영 제87조제2항의 규정에 따라 신축 또는 리모델링하는 다음 각 호의 어느 하나에 해당하는 주택 또는 건축물(이하 "신축공동주택등"이라 한다)은 시간당 0.5회 이상의 환기가 이루어질 수 있도록 자연환기설비 또는 기계환기설비를 설치해야 한다. <개정 2020.4.9.>
1. 30세대 이상의 공동주택(기숙사를 제외한다)
2. 주택을 주택 외의 시설과 동일건축물로 건축하는 경우로서 주택이 30세대 이상인 건축물
② 신축공동주택등에 자연환기설비를 설치하는 경우에는 자연환기설비가 제1항에 따른 환기횟수를 충족하는지에 대하여 법 제4조에 따른 지방건축위원회의 심의를 받아야 한다. 다만, 신축공동주택등에 「산업표준화법」에 따른 한국산업표준(이하 "한국산업표준"이라 한다)의 자연환기설비 환기성능 시험방법(KS F 2921)에 따라 성능시험을 거친 자연환기설비를 별표 1의3에 따른 자연환기설비 설치 길이 이상으로 설치하는 경우는 제외한다. <개정 2015.7.9.>
③ 신축공동주택등에 자연환기설비 또는 기계환기설비를 설치하는 경우에는 별표 1의4 또는 별표 1의5의 기준에 적합하여야 한다. <개정 2009.12.31>
④ 특별시장·광역시장·특별자치시장·특별자치도지사 또는 시장·군수·구청장(자치구의 구청장을 말하며, 이하 "허가권자"라 한다)은 30세대 미만인 공동주택과 주택을 주택 외의 시설과 동일 건축물로 건축하는 경우로서 주택이 30세대 미만인 건축물 및 단독주택에 대해 시간당 0.5회 이상의 환기가 이루어질 수 있도록 자연환기설비 또는 기계환기설비의 설치를 권장할 수 있다. <신설 2020.4.9.>
⑤ 다중이용시설을 신축하는 경우에 기계환기설비를 설치하여야 하는 다중이용시설 및 각 시설의 필요 환기량은 별표 1의6과 같으며, 설치해야 하는 기계환기설비의 구조 및 설치는 다음 각 호의 기준에 적합해야 한다. <개정 2020.4.9.>
1. 다중이용시설의 기계환기설비 용량기준은 시설이용 인원 당 환기량을 원칙으로 산정할 것

2. 기계환기설비는 다중이용시설로 공급되는 공기의 분포를 최대한 균등하게 하여 실내 기류의 편차가 최소화될 수 있도록 할 것

3. 공기공급체계·공기배출체계 또는 공기흡입구·배기구 등에 설치되는 송풍기는 외부의 기류로 인하여 송풍능력이 떨어지는 구조가 아닐 것

4. 바깥공기를 공급하는 공기공급체계 또는 바깥공기가 도입되는 공기흡입구는 다음 각 목의 요건을 모두 갖춘 공기여과기 또는 집진기(集塵機) 등을 갖출 것

   가. 입자형·가스형 오염물질을 제거 또는 여과하는 성능이 일정 수준 이상일 것

   나. 여과장치 등의 청소 및 교환 등 유지관리가 쉬운 구조일 것

   다. 공기여과기의 경우 한국산업표준(KS B 6141)에 따른 입자 포집률이 계수법으로 측정하여 60퍼센트 이상일 것

5. 공기배출체계 및 배기구는 배출되는 공기가 공기공급체계 및 공기흡입구로 직접 들어가지 아니하는 위치에 설치할 것

6. 기계환기설비를 구성하는 설비·기기·장치 및 제품 등의 효율과 성능 등을 판정하는데 있어 이 규칙에서 정하지 아니한 사항에 대하여는 해당항목에 대한 한국산업표준에 적합할 것

[본조신설 2006.2.13.]

제11조의2 【환기구의 안전 기준】 ① 영 제87조제2항에 따라 환기구[건축물의 환기설비에 부속된 급기(給氣) 및 배기(排氣)를 위한 건축구조물의 개구부(開口部)를 말한다. 이하 같다]는 보행자 및 건축물 이용자의 안전이 확보되도록 바닥으로부터 2미터 이상의 높이에 설치해야 한다. 다만, 다음 각 호의 어느 하나에 해당하는 경우에는 예외로 한다. <개정 2021.8.27>

1. 환기구를 벽면에 설치하는 등 사람이 올라설 수 없는 구조로 설치하는 경우. 이 경우 배기를 위한 환기구는 배출되는 공기가 보행자 및 건축물 이용자에게 직접 닿지 아니하도록 설치되어야 한다.

2. 안전울타리 또는 조경 등을 이용하여 접근을 차단하는 구조로 하는 경우

② 모든 환기구에는 국토교통부장관이 정하여 고시하는 강도(强度) 이상의 덮개와 덮개 걸침틱 등 추락방지시설을 설치하여야 한다.

[본조신설 2015.7.9.]

제12조 【온돌의 설치기준】 ① 영 제87조제2항에 따라 건축물에 온돌을 설치하는 경우에는 그 구조상 열에너지가 효율적으로 관리되고 화재의 위험을 방지하기

위하여 별표 1의7의 기준에 적합하여야 한다.

② 제1항에 따라 건축물에 온돌을 시공하는 자는 시공을 끝낸 후 별지 제2호서식의 온돌 설치확인서를 공사감리자에게 제출하여야 한다. 다만, 제3조제2항에 따른 건축설비설치확인서를 제출한 경우와 공사감리자가 직접 온돌의 설치를 확인한 경우에는 그러하지 아니하다.

[본조신설 2015.7.9.]

제13조 【개별난방설비 등】 ① 영 제87조제2항의 규정에 의하여 공동주택과 오피스텔의 난방설비를 개별난방 방식으로 하는 경우에는 다음 각호의 기준에 적합하여야 한다. <개정 2017.12.4.>

1. 보일러는 거실외의 곳에 설치하되, 보일러를 설치하는 곳과 거실사이의 경계벽은 출입구를 제외하고는 내화구조의 벽으로 구획할 것

2. 보일러실의 윗부분에는 그 면적이 0.5제곱미터 이상인 환기창을 설치하고, 보일러실의 윗부분과 아랫부분에는 각각 지름 10센티미터 이상의 공기흡입구 및 배기구를 항상 열려있는 상태로 바깥공기에 접하도록 설치할 것. 다만, 전기보일러의 경우에는 그러하지 아니하다.

3. 삭제 <1999.5.11>

4. 보일러실과 거실사이의 출입구는 그 출입구가 닫힌 경우에는 보일러가스가 거실에 들어갈 수 없는 구조로 할 것

5. 기름보일러를 설치하는 경우에는 기름저장소를 보일러실외의 다른 곳에 설치할 것

6. 오피스텔의 경우에는 난방구획을 방화구획으로 구획할 것

7. 보일러의 연도는 내화구조로서 공동연도로 설치할 것

② 가스보일러에 의한 난방설비를 설치하고 가스를 중앙집중공급방식으로 공급하는 경우에는 제1항의 규정에 불구하고 가스관계법령이 정하는 기준에 의하되, 오피스텔의 경우에는 난방구획마다 내화구조로 된 벽·바닥과 갑종방화문으로 된 출입문으로 구획하여야 한다. <신설 1999.5.11.>

③ 허가권자는 개별 보일러를 설치하는 건축물의 경우 소방청장이 정하여 고시하는 기준에 따라 일산화탄소 경보기를 설치하도록 권장할 수 있다. <신설 2020.4.9.>

[제목개정 2020.4.9.]

제14조 【배연설비】 ① 법 제49조제2항에 따라 배연설비를 설치하여야 하는 건축물에는 다음 각 호의 기준에 적합하게 배연설비를 설치해야 한다. 다만, 피난층인 경우에는 그렇지 않다. <개정 2017.12.4., 2020.4.9.>

1. 영 제46조제1항에 따라 건축물이 방화구획으로 구획된 경우에는 그 구획마다 1개소 이상의 배연창을 설치하되, 배연창의 상변과 천장 또는 반자로부터 수직거리가 0.9미터 이내일 것. 다만, 반자높이가 바닥으로부터 3미터 이상인 경우에는 배연창의 하변이 바닥으로부터 2.1미터 이상의 위치에 놓이도록 설치하여야 한다.

2. 배연창의 유효면적은 별표 2의 산정기준에 의하여 산정된 면적이 1제곱미터 이상으로서 그 면적의 합계가 당해 건축물의 바닥면적(영 제46조제1항 또는 제3항의 규정에 의하여 방화구획이 설치된 경우에는 그 구획된 부분의 바닥면적을 말한다)의 100분의 1이상일 것. 이 경우 바닥면적의 산정에 있어서 거실바닥면적의 20분의 1 이상으로 환기창을 설치한 거실의 면적은 이에 산입하지 아니한다.

3. 배연구는 연기감지기 또는 열감지기에 의하여 자동으로 열 수 있는 구조로 하되, 손으로도 열고 닫을 수 있도록 할 것

4. 배연구는 예비전원에 의하여 열 수 있도록 할 것

5. 기계식 배연설비를 하는 경우에는 제1호 내지 제4호의 규정에 불구하고 소방관계법령의 규정에 적합하도록 할 것

② 특별피난계단 및 영 제90조제3항의 규정에 의한 비상용승강기의 승강장에 설치하는 배연설비의 구조는 다음 각호의 기준에 적합하여야 한다. <개정 1999.5.11>

1. 배연구 및 배연풍도는 불연재료로 하고, 화재가 발생한 경우 원활하게 배연시킬 수 있는 규모로서 외기 또는 평상시에 사용하지 아니하는 굴뚝에 연결할 것

2. 배연구에 설치하는 수동개방장치 또는 자동개방장치(열감지기 또는 연기감지기에 의한 것을 말한다)는 손으로도 열고 닫을 수 있도록 할 것

3. 배연구는 평상시에는 닫힌 상태를 유지하고, 연 경우에는 배연에 의한 기류로 인하여 닫히지 아니하도록 할 것

4. 배연구가 외기에 접하지 아니하는 경우에는 배연기를 설치할 것

5. 배연기는 배연구의 열림에 따라 자동적으로 작동하고, 충분한 공기배출 또는 가압능력이 있을 것

6. 배연기에는 예비전원을 설치할 것

7. 공기유입방식을 급기가압방식 또는 급·배기방식으로 하는 경우에는 제1호 내지 제6호의 규정에 불구하고 소방관계법령의 규정에 적합하게 할 것

제15조 삭제 <1996.2.9>

제16조 삭제 <1999.5.11>

제17조【배관설비】 ① 건축물에 설치하는 급수·배수등의 용도로 쓰는 배관설비의 설치 및 구조는 다음 각호의 기준에 적합하여야 한다.

1. 배관설비를 콘크리트에 묻는 경우 부식의 우려가 있는 재료는 부식방지조치를 할 것

2. 건축물의 주요부분을 관통하여 배관하는 경우에는 건축물의 구조내력에 지장이 없도록 할 것

3. 승강기의 승강로안에는 승강기의 운행에 필요한 배관설비외의 배관설비를 설치하지 아니할 것

4. 압력탱크 및 급탕설비에는 폭발등의 위험을 막을 수 있는 시설을 설치할 것

② 제1항의 규정에 의한 배관설비로서 배수용으로 쓰이는 배관설비는 제1항 각호의 기준외에 다음 각호의 기준에 적합하여야 한다. <개정 1996.2.9>

1. 배출시키는 빗물 또는 오수의 양 및 수질에 따라 그에 적당한 용량 및 경사를 지게 하거나 그에 적합한 재질을 사용할 것

2. 배관설비에는 배수트랩·통기관을 설치하는 등 위생에 지장이 없도록 할 것

3. 배관설비의 오수에 접하는 부분은 내수재료를 사용할 것

4. 지하실등 공공하수도로 자연배수를 할 수 없는 곳에는 배수용량에 맞는 강제배수시설을 설치할 것

5. 우수관과 오수관은 분리하여 배관할 것

6. 콘크리트구조체에 배관을 매설하거나 배관이 콘크리트구조체를 관통할 경우에는 구조체에 덧관을 미리 매설하는 등 배관의 부식을 방지하고 그 수선 및 교체가 용이하도록 할 것

③ 삭제 <1996.2.9>

제17조의2【물막이설비】 ① 다음 각 호의 어느 하나에 해당하는 지역에서 연면적 1만제곱미터 이상의 건축물을 건축하려는 자는 빗물 등의 유입으로 건축물이 침수되지 않도록 해당 건축물의 지하층 및 1층의 출입구(주차장의 출입구를 포함한다)에 물막이판 등 해당 건축물의 침수를 방지할 수 있는 설비(이하 "물막이설비"라 한다)를 설치해야 한다. 다만, 허가권자가 침수의 우려가 없다고 인정하는 경우에는 그렇지 않다. <개정 2020.4.9., 2021.8.27>

1. 「국토의 계획 및 이용에 관한 법률」 제37조제1항제5호에 따른 방재지구

2. 「자연재해대책법」 제12조제1항에 따른 자연재해위험지구

② 제1항에 따라 설치되는 물막이설비는 다음 각 호의 기준에 적합해야 한다. <개정 2021.8.27>

1. 건축물의 이용 및 피난에 지장이 없는 구조일 것
2. 그 밖에 국토교통부장관이 정하여 고시하는 기준에 적합하게 설치할 것

[본조신설 2012.4.30]

제18조 【먹는물용 배관설비】 영 제87조제2항에 따라 건축물에 설치하는 먹는물용 배관설비의 설치 및 구조는 다음 각 호의 기준에 적합해야 한다. <개정 2021.8.27>

1. 제17조제1항 각호의 기준에 적합할 것
2. 먹는물용 배관설비는 다른 용도의 배관설비와 직접 연결하지 않을 것
3. 급수관 및 수도계량기는 얼어서 깨지지 아니하도록 별표 3의2의 규정에 의한 기준에 적합하게 설치할 것
4. 제3호에서 정한 기준외에 급수관 및 수도계량기가 얼어서 깨지지 아니하도록 하기 위하여 지역실정에 따라 당해 지방자치단체의 조례로 기준을 정한 경우에는 동기준에 적합하게 설치할 것
5. 급수 및 저수탱크는 「수도시설의 청소 및 위생관리 등에 관한 규칙」 별표 1의 규정에 의한 저수조 설치기준에 적합한 구조로 할 것
6. 먹는물의 급수관의 지름은 건축물의 용도 및 규모에 적정한 규격이상으로 할 것. 다만, 주거용 건축물은 해당 배관에 의하여 급수되는 가구수 또는 바닥면적의 합계에 따라 별표 3의 기준에 적합한 지름의 관으로 배관해야 한다.
7. 먹는물용 급수관은 「수도법 시행규칙」 제10조 및 별표 4에 따른 위생안전기준에 적합한 수도용 자재 및 제품을 사용할 것

제19조 삭제 <1999.5.11>

제20조 【피뢰설비】 영 제87조제2항에 따라 낙뢰의 우려가 있는 건축물, 높이 20미터 이상의 건축물 또는 영 제118조제1항에 따른 공작물로서 높이 20미터 이상의 공작물(건축물에 영 제118조제1항에 따른 공작물을 설치하여 그 전체 높이가 20미터 이상인 것을 포함한다)에는 다음 각 호의 기준에 적합하게 피뢰설비를 설치해야 한다. <개정 2021.8.27>

1. 피뢰설비는 한국산업표준이 정하는 피뢰레벨 등급에 적합한 피뢰설비일 것. 다만, 위험물저장 및 처리시설에 설치하는 피뢰설비는 한국산업표준이 정하는 피뢰시스템레벨 II 이상이어야 한다.
2. 돌침은 건축물의 맨 윗부분으로부터 25센티미터 이상 돌출시켜 설치하되, 「건축물의 구조기준 등에 관한 규칙」 제9조에 따른 설계하중에 견딜 수 있는 구조일 것
3. 피뢰설비의 재료는 최소 단면적이 피복이 없는 동

선(銅線)을 기준으로 수뢰부, 인하도선 및 접지극은 50제곱밀리미터 이상이거나 이와 동등 이상의 성능을 갖출 것
4. 피뢰설비의 인하도선을 대신하여 철골조의 철골구조물과 철근콘크리트조의 철근구조체 등을 사용하는 경우에는 전기적 연속성이 보장될 것. 이 경우 전기적 연속성이 있다고 판단되기 위하여는 건축물 금속 구조체의 최상단부와 지표레벨 사이의 전기저항이 0.2옴 이하이어야 한다.
5. 측면 낙뢰를 방지하기 위하여 높이가 60미터를 초과하는 건축물 등에는 지면에서 건축물 높이의 5분의 4가 되는 지점부터 최상단부분까지의 측면에 수뢰부를 설치하여야 하며, 지표레벨에서 최상단부의 높이가 150미터를 초과하는 건축물은 120미터 지점부터 최상단부분까지의 측면에 수뢰부를 설치할 것. 다만, 건축물의 외벽이 금속부재(部材)로 마감되고, 금속부재 상호간에 제4호 후단에 적합한 전기적 연속성이 보장되며 피뢰시스템레벨 등급에 적합하게 설치하여 인하도선에 연결한 경우에는 측면 수뢰부가 설치된 것으로 본다.
6. 접지(接地)는 환경오염을 일으킬 수 있는 시공방법이나 화학 첨가물 등을 사용하지 아니할 것
7. 급수·급탕·난방·가스 등을 공급하기 위하여 건축물에 설치하는 금속배관 및 금속재 설비는 전위(電位)가 균등하게 이루어지도록 전기적으로 접속할 것
8. 전기설비의 접지계통과 건축물의 피뢰설비 및 통신설비 등의 접지극을 공용하는 통합접지공사를 하는 경우에는 낙뢰 등으로 인한 과전압으로부터 전기설비 등을 보호하기 위하여 한국산업표준에 적합한 서지보호장치[서지(surge: 전류·전압 등의 과도 파형을 말한다)로부터 각종 설비를 보호하기 위한 장치를 말한다]를 설치할 것
9. 그 밖에 피뢰설비와 관련된 사항은 한국산업표준에 적합하게 설치할 것

[전문개정 2006.2.13]

제20조의2 【전기설비 설치공간 기준】 영 제87조제6항에 따른 건축물에 전기를 배전(配電)하려는 경우에는 별표 3의3에 따른 공간을 확보하여야 한다.

[본조신설 2010.11.5]

제21조 삭제 <2013.9.2>

제22조 삭제 <2013.2.22>

제23조 【건축물의 냉방설비】 ① 삭제 <1999.5.11>
② 제2조제3호부터 제6호까지의 규정에 해당하는 건

축물 중 산업통상자원부장관이 국토교통부장관과 협의하여 고시하는 건축물에 중앙집중냉방설비를 설치하는 경우에는 산업통상자원부장관이 국토교통부장관과 협의하여 정하는 바에 따라 축냉식 또는 가스를 이용한 중앙집중냉방방식으로 하여야 한다. <개정 2013.9.2>

③ 상업지역 및 주거지역에서 건축물에 설치하는 냉방시설 및 환기시설의 배기구와 배기장치의 설치는 다음 각 호의 기준에 모두 적합하여야 한다. <개정 2013.12.27.>

1. 배기구는 도로면으로부터 2미터 이상의 높이에 설치할 것

2. 배기장치에서 나오는 열기가 인근 건축물의 거주자나 보행자에게 직접 닿지 아니하도록 할 것

3. 건축물의 외벽에 배기구 또는 배기장치를 설치할 때에는 외벽 또는 다음 각 목의 기준에 적합한 지지대 등 보호장치와 분리되지 아니하도록 견고하게 연결하여 배기구 또는 배기장치가 떨어지는 것을 방지할 수 있도록 할 것

   가. 배기구 또는 배기장치를 지탱할 수 있는 구조일 것

   나. 부식을 방지할 수 있는 자재를 사용하거나 도장(塗裝)할 것

제24조 삭제 <2020.4.9.>

부칙<국토교통부령 제704호, 2020.3.2.> (건설산업기본법 시행규칙)

제1조(시행일) 이 규칙은 공포한 날부터 시행한다. <단서 생략>

제2조 및 제3조 생략

제4조(다른 법령의 개정) ① 및 ② 생략

③ 건축물의 설비기준 등에 관한 규칙 일부를 다음과 같이 개정한다.

별지 제2호서식의 작성방법 제1호 중 "건설업자"를 "건설사업자"로 한다.

④부터 ⑪까지 생략

부칙<국토교통부령 제715호, 2020.4.9.>

제1조(시행일) 이 규칙은 공포 후 6개월이 경과한 날부터 시행한다.

제2조(환기설비를 설치해야 하는 신축 공동주택 등에 관한 경과조치) 이 규칙 시행 전에 법 제11조에 따른 건축허가를 신청(건축허가를 신청하기 위해 법 제4조의2 제1항에 따라 건축위원회의 심의를 신청한 경우를 포함한다)하거나 법 제14조에 따른 건축신고를 한 경우에는 제11조제1항제1호 및 제2호의 개정규정에도 불구하고 종전의 규정에 따른다.

제3조(공기여과기의 입자 포집률에 관한 경과조치) 이 규칙 시행 전에 법 제11조에 따른 건축허가를 신청(건축허가를 신청하기 위해 법 제4조의2제1항에 따라 건축위원회의 심의를 신청한 경우를 포함한다)하거나 법 제14조에 따른 건축신고를 한 경우에는 제11조제5항제4호다목, 별표 1의4 제5호나목, 별표 1의5 제8호다목의 개정규정에도 불구하고 종전의 규정에 따른다.

제4조(기계환기설비를 설치해야 하는 시설에 관한 경과조치) 이 규칙 시행 전에 법 제11조에 따른 건축허가를 신청(건축허가를 신청하기 위해 법 제4조의2제1항에 따라 건축위원회의 심의를 신청한 경우를 포함한다)하거나 법 제14조에 따른 건축신고를 한 경우에는 별표 1의6 제1호나목, 사목, 아목 및 카목의 개정규정에도 불구하고 종전의 규정에 따른다.

부칙<국토교통부령 제882호, 2021.8.27.> (어려운 법령용어 정비를 위한 80개 국토교통부령 일부개정령)

이 규칙은 공포한 날부터 시행한다. <단서 생략>

[별표 1] [별표 1의7]로 이동 〈2015.7.9.〉

[별표 1의2] 〈개정 2008.7.10, 2013.9.2〉

승용승강기의 설치기준(제5조관련)

건축물의 용도	6층 이상의 거실면적의 합계 3천제곱미터 이하	3천제곱미터 초과
1. 가. 문화 및 집회시설(공연장·집회장 및 관람장만 해당한다) 나. 판매시설 다. 의료시설	2대	2대에 3천제곱미터를 초과하는 2천제곱미터 이내마다 1대의 비율로 가산한 대수
2. 가. 문화 및 집회시설(전시장 및 동·식물원만 해당한다) 나. 업무시설 다. 숙박시설 라. 위락시설	1대	1대에 3천제곱미터를 초과하는 2천제곱미터 이내마다 1대의 비율로 가산한 대수
3. 가. 공동주택 나. 교육연구시설 다. 노유자시설 라. 그 밖의 시설	1대	1대에 3천제곱미터를 초과하는 3천제곱미터 이내마다 1대의 비율로 가산한 대수

비고 :

1. 위 표에 따라 승강기의 대수를 계산할 때 8인승 이상 15인승 이하의 승강기는 1대의 승강기로 보고, 16인승 이상의 승강기는 2대의 승강기로 본다.
2. 건축물의 용도가 복합된 경우 승용승강기의 설치기준은 다음 각 목의 구분에 따른다.
   가. 둘 이상의 건축물의 용도가 위 표에 따른 같은 호에 해당하는 경우: 하나의 용도에 해당하는 건축물로 보아 6층 이상의 거실면적의 총합계를 기준으로 설치하여야 하는 승용승강기 대수를 산정한다.
   나. 둘 이상의 건축물의 용도가 위 표에 따른 둘 이상의 호에 해당하는 경우: 다음의 기준에 따라 산정한 승용승강기 대수 중 적은 대수
   1) 각각의 건축물 용도에 따라 산정한 승용승강기 대수를 합산한 대수. 이 경우 둘 이상의 건축물의 용도가 같은 호에 해당하는 경우에는 가목에 따라 승용승강기 대수를 산정한다.
   2) 각각의 건축물 용도별 6층 이상의 거실 면적을 모두 합산한 면적을 기준으로 각각의 건축물 용도별 승용승강기 설치기준 중 가장 강한 기준을 적용하여 산정한 대수

[별표 1의3] 〈개정 2017.12.4., 2021.8.27〉

자연환기설비 설치 길이 산정방법 및 설치 기준(제11조제2항 관련)

1. 설치 대상 세대의 체적 계산
 - 필요한 환기횟수를 만족시킬 수 있는 환기량을 산정하기 위하여, 자연환기설비를 설치하고자 하는 공동주택 단위 세대의 전체 및 실별 체적을 계산한다.

2. 단위세대 전체와 실별 설치길이 계산식 설치기준
 - 자연환기설비의 단위세대 전체 및 실별 설치길이는 한국산업표준의 자연환기설비 환기성능 시험방법(KSF 2921) 에서 규정하고 있는 자연환기설비의 환기량 측정장치에 의한 평가 결과를 이용하여 다음 식에 따라 계산된 설치길 이 L값 이상으로 설치하여야 하며, 세대 및 실 특성별 가중치가 고려되어야 한다.

$$L = \frac{V \times N}{Q_{ref}} \times F$$

여기에서,

L : 세대 전체 또는 실별 설치길이(유효 개구부길이 기준, m)

V : 세대 전체 또는 실 체적(m^3)

N : 필요 환기횟수(0.5회/h)

Q_{ref} : 자연환기설비의 환기량 측정장치에 의해 평가된 기준 압력차 (2Pa)에서의 환기량($m^3/h \cdot m$)

F : 세대 및 실 특성별 가중치**

〈비고〉

* 일반적으로 창틀에 접합되는 부분(endcap)과 실제로 공기유입이 이루어지는 개구부 부분으로 구성되는 자연환기설 비에서, 유효 개구부길이(설치길이)는 창틀과 결합되는 부분을 제외한 실제 개구부 부분을 기준으로 계산한다.

** 주동형태 및 단위세대의 설계조건을 고려한 세대 및 실 특성별 가중치는 다음과 같다.

구분	조건	가중치
세대 조건	1면이 외부에 면하는 경우	1.5
	2면이 외부에 평행하게 면하는 경우	1
	2면이 외부에 평행하지 않게 면하는 경우	1.2
	3면 이상이 외부에 면하는 경우	1
실 조건	대상 실이 외부에 직접 면하는 경우	1
	대상 실이 외부에 직접 면하지 않는 경우	1.5

단, 세대조건과 실 조건이 겹치는 경우에는 가중치가 높은 쪽을 적용하는 것을 원칙으로 한다.

*** 일방향으로 길게 설치하는 형태가 아닌 원형, 사각형 등에는 상기의 계산식을 적용할 수 없으며, 지방건축위원 회의 심의를 거쳐야 한다.

[별표 1의4] 〈개정 2017.12.4., 2020.4.9.〉

신축공동주택등의 자연환기설비 설치 기준(제11조제3항 관련)

제11조제1항에 따라 신축공동주택등에 설치되는 자연환기설비의 설계·시공 및 성능평가방법은 다음 각 호의 기준에 적합하여야 한다.

1. 세대에 설치되는 자연환기설비는 세대 내의 모든 실에 바깥공기를 최대한 균일하게 공급할 수 있도록 설치되어야 한다.

2. 세대의 환기량 조절을 위하여 자연환기설비는 환기량을 조절할 수 있는 체계를 갖추어야 하고, 최대개방 상태에서의 환기량을 기준으로 별표 1의5에 따른 설치길이 이상으로 설치되어야 한다.

3. 자연환기설비는 순간적인 외부 바람 및 실내외 압력차의 증가로 인하여 발생할 수 있는 과도한 바깥공기의 유입 등 바깥공기의 변동에 의한 영향을 최소화할 수 있는 구조와 형태를 갖추어야 한다.

4. 자연환기설비의 각 부분의 재료는 충분한 내구성 및 강도를 유지하여 작동되는 동안 구조 및 성능에 변형이 없어야 하며, 표면결로 및 바깥공기의 직접적인 유입으로 인하여 발생할 수 있는 불쾌감(콜드드래프트 등)을 방지할 수 있는 재료와 구조를 갖추어야 한다.

5. 자연환기설비는 다음 각 목의 요건을 모두 갖춘 공기여과기를 갖춰야 한다.

   가. 도입되는 바깥공기에 포함되어 있는 입자형·가스형 오염물질을 제거 또는 여과하는 성능이 일정 수준 이상일 것

   나. 한국산업표준(KS B 6141)에 따른 입자 포집률이 질량법으로 측정하여 70퍼센트 이상일 것

   다. 청소 또는 교환이 쉬운 구조일 것

6. 자연환기설비를 구성하는 설비·기기·장치 및 제품 등의 효율과 성능 등을 판정함에 있어 이 규칙에서 정하지 아니한 사항에 대하여는 해당 항목에 대한 한국산업표준에 적합하여야 한다.

7. 자연환기설비를 지속적으로 작동시키는 경우에도 대상 공간의 사용에 지장을 주지 아니하는 위치에 설치되어야 한다.

8. 한국산업표준(KS B 2921)의 시험조건하에서 자연환기설비로 인하여 발생하는 소음은 대표길이 1미터(수직 또는 수평 하단)에서 측정하여 40dB 이하가 되어야 한다.

9. 자연환기설비는 가능한 외부의 오염물질이 유입되지 않는 위치에 설치되어야 하고, 화재 등 유사시 안전에 대비할 수 있는 구조와 성능이 확보되어야 한다.

10. 실내로 도입되는 바깥공기를 예열할 수 있는 기능을 갖는 자연환기설비는 최대한 에너지 절약적인 구조와 형태를 가져야 한다.

11. 자연환기설비는 주요 부분의 정기적인 점검 및 정비 등 유지관리가 쉬운 체계로 구성하여야 하고, 제품의 사양 및 시방서에 유지관리 관련 내용을 명시하여야 하며, 유지관리 관련 내용이 수록된 사용자 설명서를 제시하여야 한다.

12. 자연환기설비는 설치되는 실의 바닥부터 수직으로 1.2미터 이상의 높이에 설치하여야 하며, 2개 이상의 자연환기설비를 상하로 설치하는 경우 1미터 이상의 수직간격을 확보하여야 한다.

[별표 1의5] 〈개정 2013.9.2, 2017.12.4., 2020.4.9.〉

신축공동주택등의 기계환기설비의 설치기준(제11조제3항 관련)

제11조제1항의 규정에 의한 신축공동주택등의 환기횟수를 확보하기 위하여 설치되는 기계환기설비의 설계·시공 및 성능평가방법은 다음 각 호의 기준에 적합하여야 한다.

1. 기계환기설비의 환기기준은 시간당 실내공기 교환횟수(환기설비에 의한 최종 공기흡입구에서 세대의 실내로 공급되는 시간당 총 체적 풍량을 실내 총 체적으로 나눈 환기횟수를 말한다)로 표시하여야 한다.

2. 하나의 기계환기설비로 세대 내 2 이상의 실에 바깥공기를 공급할 경우의 필요 환기량은 각 실에 필요한 환기량의 합계 이상이 되도록 하여야 한다.

3. 세대의 환기량 조절을 위하여 환기설비의 정격풍량을 최소·적정·최대의 3단계 또는 그 이상으로 조절할 수 있는 체계를 갖추어야 하고, 적정 단계의 필요 환기량은 신축공동주택등의 세대를 시간당 0.5회로 환기할 수 있는 풍량을 확보하여야 한다.

4. 공기공급체계 또는 공기배출체계는 부분적 손실 등 모든 압력 손실의 합계를 고려하여 계산한 공기공급능력 또는 공기배출능력이 제11조제1항의 환기기준을 확보할 수 있도록 하여야 한다.

5. 기계환기설비는 신축공동주택등의 모든 세대가 제11조제1항의 규정에 의한 환기횟수를 만족시킬 수 있도록 24시간 가동할 수 있어야 한다.

6. 기계환기설비의 각 부분의 재료는 충분한 내구성 및 강도를 유지하여 작동되는 동안 구조 및 성능에 변형이 없도록 하여야 한다.

7. 기계환기설비는 다음 각 목의 어느 하나에 해당되는 체계를 갖추어야 한다.

    가. 바깥공기를 공급하는 송풍기와 실내공기를 배출하는 송풍기가 결합된 환기체계

    나. 바깥공기를 공급하는 송풍기와 실내공기가 배출되는 배기구가 결합된 환기체계

    다. 바깥공기가 도입되는 공기흡입구와 실내공기를 배출하는 송풍기가 결합된 환기체계

8. 바깥공기를 공급하는 공기공급체계 또는 바깥공기가 도입되는 공기흡입구는 다음 각 목의 요건을 모두 갖춘 공기여과기 또는 집진기 등을 갖춰야 한다. 다만, 제7호다목에 따른 환기체계를 갖춘 경우에는 별표 1의4 제5호를 따른다.

    가. 입자형·가스형 오염물질을 제거 또는 여과하는 성능이 일정 수준 이상일 것

    나. 여과장치 등의 청소 및 교환 등 유지관리가 쉬운 구조일 것

    다. 공기여과기의 경우 한국산업표준(KS B 6141)에 따른 입자 포집률이 계수법으로 측정하여 60퍼센트 이상일 것

9. 기계환기설비를 구성하는 설비·기기·장치 및 제품 등의 효율 및 성능 등을 판정함에 있어 이 규칙에서 정하지 아니한 사항에 대하여는 해당 항목에 대한 한국산업표준에 적합하여야 한다.

10. 기계환기설비는 환기의 효율을 극대화할 수 있는 위치에 설치하여야 하고, 바깥공기의 변동에 의한 영향을 최소화할 수 있도록 공기흡입구 또는 배기구 등에 완충장치 또는 석쇠형 철망 등을 설치하여야 한다.

11. 기계환기설비는 주방 가스대 위의 공기배출장치, 화장실의 공기배출 송풍기 등 급속 환기 설비와 함께 설치할 수 있다.

12. 공기흡입구 및 배기구와 공기공급체계 및 공기배출체계는 기계환기설비를 지속적으로 작동시키는 경우에도 대상 공간의 사용에 지장을 주지 아니하는 위치에 설치되어야 한다.

13. 기계환기설비에서 발생하는 소음의 측정은 한국산업규격(KS B 6361)에 따르는 깃을 원칙으로 한다. 측정위치는 대표길이 1미터(수직 또는 수평 하단)에서 측정하여 소음이 40dB이하가 되어야 하며, 암소음(측정대상인 소음 외에 주변에 존재하는 소음을 말한다)은 보정하여야 한다. 다만, 환기설비 본체(소음원)가 거주공간 외부에 설치될 경우에는 대표길이 1미터(수직 또는 수평 하단)에서 측정하여 50dB 이하가 되거나, 거주공간 내부의 중

앙부 바닥으로부터 1.0~1.2미터 높이에서 측정하여 40dB 이하가 되어야 한다.

14. 외부에 면하는 공기흡입구와 배기구는 교차오염을 방지할 수 있도록 1.5미터 이상의 이격거리를 확보하거나, 공기흡입구와 배기구의 방향이 서로 90도 이상 되는 위치에 설치되어야 하고 화재 등 유사 시 안전에 대비할 수 있는 구조와 성능이 확보되어야 한다.

15. 기계환기설비의 에너지 절약을 위하여 열회수형 환기장치를 설치하는 경우에는 한국산업표준(KS B 6879)에 따라 시험한 열회수형 환기장치의 유효환기량이 표시용량의 90퍼센트 이상이어야 하고, 열회수형 환기장치의 안과 밖은 물 맺힘이 발생하는 것을 최소화할 수 있는 구조와 성능을 확보하도록 하여야 한다.

16. 기계환기설비는 송풍기, 열회수형 환기장치, 공기여과기, 공기가 통하는 관, 공기흡입구 및 배기구, 그 밖의 기기 등 주요 부분의 정기적인 점검 및 정비 등 유지관리가 쉬운 체계로 구성되어야 하고, 제품의 사양 및 시방서에 유지관리 관련 내용을 명시하여야 하며, 유지관리 관련 내용이 수록된 사용자 설명서를 제시하여야 한다.

17. 실외의 기상조건에 따라 환기용 송풍기 등 기계환기설비를 작동하지 아니하더라도 자연환기와 기계환기가 동시 운용될 수 있는 혼합형 환기설비가 설계도서 등을 근거로 필요 환기량을 확보할 수 있는 것으로 객관적으로 입증되는 경우에는 기계환기설비를 갖춘 것으로 인정할 수 있다. 이 경우, 동시에 운용될 수 있는 자연환기설비와 기계환기설비가 제11조제1항의 환기기준을 각각 만족할 수 있어야 한다.

18. 중앙관리방식의 공기조화설비(실내의 온도·습도 및 청정도 등을 적정하게 유지하는 역할을 하는 설비를 말한다)가 설치된 경우에는 다음 각 목의 기준에도 적합하여야 한다.

　가. 공기조화설비는 24시간 지속적인 환기가 가능한 것일 것. 다만, 주요 환기설비와 분리된 별도의 환기계통을 병행 설치하여 실내에 존재하는 국소 오염원에서 발생하는 오염물질을 신속히 배출할 수 있는 체계로 구성하는 경우에는 그러하지 아니하다.

　나. 중앙관리방식의 공기조화설비의 제어 및 작동상황을 통제할 수 있는 관리실 또는 기능이 있을 것

[별표 1의6] 〈개정 2013.12.27., 2020.4.9., 2021.8.27〉
기계환기설비를 설치해야 하는 다중이용시설 및 각 시설의 필요 환기량
(제11조제5항 관련)

1. 기계환기설비를 설치하여야 하는 다중이용시설

　가. 지하시설

　　1) 모든 지하역사(출입통로·대기실·승강장 및 환승통로와 이에 딸린 시설을 포함한다)

　　2) 연면적 2천제곱미터 이상인 지하도상가(지상건물에 딸린 지하층의 시설 및 연속되어 있는 둘 이상의 지하도상가의 연면적 합계가 2천제곱미터 이상인 경우를 포함한다)

　나. 문화 및 집회시설

　　1) 연면적 2천제곱미터 이상인 「건축법 시행령」 별표 1 제5호라목에 따른 전시장(실내 전시장으로 한정한다)

　　2) 연면적 2천제곱미터 이상인 「건전가정의례의 정착 및 지원에 관한 법률」에 따른 혼인예식장

　　3) 연면적 1천제곱미터 이상인 「공연법」 제2조제4호에 따른 공연장(실내 공연장으로 한정한다)

　　4) 관람석 용도로 쓰는 바닥면적이 1천제곱미터 이상인 「체육시설의 설치·이용에 관한 법률」 제2조제1호에 따른 체육시설

　　5) 「영화 및 비디오물의 진흥에 관한 법률」 제2조제10호에 따른 영화상영관

　다. 판매시설

　　1) 「유통산업발전법」 제2조제3호에 따른 대규모점포

　　2) 연면적 300제곱미터 이상인 「게임산업 진흥에 관한 법률」 제2조제7호에 따른 인터넷컴퓨터게임시설제공업의 영업시설

　라. 운수시설

　　1) 「항만법」 제2조제5호에 따른 항만시설 중 연면적 5천제곱미터 이상인 대기실

　　　2) 「여객자동차 운수사업법」 제2조제5호에 따른 여객자동차터미널 중 연면적 2천제곱미터 이상인 대기실
　　　3) 「철도산업발전기본법」 제3조제2호에 따른 철도시설 중 연면적 2천제곱미터 이상인 대기실
　　　4) 「공항시설법」 제2조제7호에 따른 공항시설 중 연면적 1천5백제곱미터 이상인 여객터미널
　마. 의료시설: 연면적이 2천제곱미터 이상이거나 병상 수가 100개 이상인 「의료법」 제3조에 따른 의료기관
　바. 교육연구시설
　　　1) 연면적 3천제곱미터 이상인 「도서관법」 제2조제1호에 따른 도서관
　　　2) 연면적 1천제곱미터 이상인 「학원의 설립·운영 및 과외교습에 관한 법률」 제2조제1호에 따른 학원
　사. 노유자시설
　　　1) 연면적 430제곱미터 이상인 「영유아보육법」 제2조제3호에 따른 어린이집
　　　2) 연면적 1천제곱미터 이상인 「노인복지법」 제34조제1항제1호에 따른 노인요양시설
　아. 업무시설: 연면적 3천제곱미터 이상인 「건축법 시행령」 별표 1 제14호에 따른 업무시설
　자. 자동차 관련 시설: 연면적 2천제곱미터 이상인 「주차장법」 제2조제1호에 따른 주차장(실내주차장으로 한정하며, 같은 법 제2조제3호에 따른 기계식주차장은 제외한다)
　차. 장례식장: 연면적 1천제곱미터 이상인 「장사 등에 관한 법률」 제28조의2제1항 및 제29조에 따른 장례식장(지하에 설치되는 경우로 한정한다)
　카. 그 밖의 시설
　　　1) 연면적 1천제곱미터 이상인 「공중위생관리법」 제2조제1항제3호에 따른 목욕장업의 영업시설
　　　2) 연면적 5백제곱미터 이상인 「모자보건법」 제2조제10호에 따른 산후조리원
　　　3) 연면적 430제곱미터 이상인 「어린이놀이시설 안전관리법」 제2조제2호에 따른 어린이놀이시설 중 실내 어린이놀이시설

2. 필요 환기량

구　분		필요 환기량(m³/인·h)	비　고
가. 지하시설	1) 지하역사	25이상	
	2) 지하도상가	36이상	매장(상점) 기준
나. 문화 및 집회시설		29이상	
다. 판매시설		29이상	
라. 운수시설		29이상	
마. 의료시설		36이상	
바. 교육연구시설		36이상	
사. 노유자시설		36이상	
아. 업무시설		29이상	
자. 자동차 관련 시설		27이상	
차. 장례식장		36이상	
카. 그 밖의 시설		25이상	

※ 비고
　가. 제1호에서 연면적 또는 바닥면적을 산정할 때에는 실내공간에 설치된 시설이 차지하는 연면적 또는 바닥면적을 기준으로 산정한다.
　나. 필요 환기량은 예상 이용인원이 가장 높은 시간대를 기준으로 산정한다.
　다. 의료시설 중 수술실 등 특수 용도로 사용되는 실(室)의 경우에는 소관 중앙행정기관의 장이 달리 정할 수 있다.
　라. 제1호자목의 자동차 관련 시설의 필요 환기량은 단위면적당 환기량(㎥/㎡·h)으로 산정한다.

[별표 1의7] 〈개정 2015.7.9〉

온돌 설치기준(제12조제1항 관련)

1. 온수온돌

가. 온수온돌이란 보일러 또는 그 밖의 열원으로부터 생성된 온수를 바닥에 설치된 배관을 통하여 흐르게 하여 난 방을 하는 방식을 말한다.

나. 온수온돌은 바탕층, 단열층, 채움층, 배관층(방열관을 포함한다) 및 마감층 등으로 구성된다.

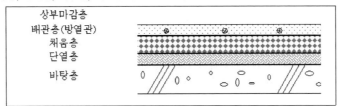

1) 바탕층이란 온돌이 설치되는 건축물의 최하층 또는 중간층의 바닥을 말한다.

2) 단열층이란 온수온돌의 배관층에서 방출되는 열이 바탕층 아래로 손실되는 것을 방지하기 위하여 배관층과 바 탕층 사이에 단열재를 설치하는 층을 말한다.

3) 채움층이란 온돌구조의 높이 조정, 차음성능 향상, 보조적인 단열기능 등을 위하여 배관층과 단열층 사이에 완 충재 등을 설치하는 층을 말한다.

4) 배관층이란 단열층 또는 채움층 위에 방열관을 설치하는 층을 말한다.

5) 방열관이란 열을 발산하는 온수를 순환시키기 위하여 배관층에 설치하는 온수배관을 말한다.

6) 마감층이란 배관층 위에 시멘트, 모르타르, 미장 등을 설치하거나 마루재, 장판 등 최종 마감재를 설치하는 층 을 말한다.

다. 온수온돌의 설치 기준

1) 단열층은 「녹색건축물 조성 지원법」 제15조제1항에 따라 국토교통부장관이 고시하는 기준에 적합하여야 하 며, 바닥난방을 위한 열이 바탕층 아래 및 측벽으로 손실되는 것을 막을 수 있도록 단열재를 방열관과 바탕층 사이에 설치하여야 한다. 다만, 바탕층의 축열을 직접 이용하는 심야전기이용 온돌(「한국전력공사법」에 따른 한국전력공사의 심야전력이용기기 승인을 받은 것만 해당하며, 이하 "심야전기이용 온돌"이라 한다)의 경우에는 단열재를 바탕층 아래에 설치할 수 있다.

2) 배관층과 바탕층 사이의 열저항은 층간 바닥인 경우에는 해당 바닥에 요구되는 열관류저항의 60% 이상이어야 하고, 최하층 바닥인 경우에는 해당 바닥에 요구되는 열관류저항이 70% 이상이어야 한다. 다만, 심야전기이용 온돌의 경우에는 그러하지 아니하다.

3) 단열재는 내열성 및 내구성이 있어야 하며 단열층 위의 적재하중 및 고정하중에 버틸 수 있는 강도를 가지거 나 그러한 구조로 설치되어야 한다.

4) 바탕층이 지면에 접하는 경우에는 바탕층 아래와 주변 벽면에 높이 10센티미터 이상의 방수처리를 하여야 하 며, 단열재의 윗부분에 방습처리를 하여야 한다.

5) 방열관은 잘 부식되지 아니하고 열에 견딜 수 있어야 하며, 바닥의 표면온도가 균일하도록 설치하여야 한다.

6) 배관층은 방열관에서 방출된 열이 마감층 부위로 최대한 균일하게 전달될 수 있는 높이와 구조를 갖추어야 한다.

7) 마감층은 수평이 되도록 설치하여야 하며, 바닥의 균열을 방지하기 위하여 충분하게 양생하거나 건조시켜 마 감재의 뒤틀림이나 변형이 없도록 하여야 한다.

8) 한국산업규격에 따른 조립식 온수온돌판을 사용하여 온수온돌을 시공하는 경우에는 1)부터 7)까지의 규정을 적용하지 아니한다.

9) 국토교통부장관은 1)부터 7)까지에서 규정한 것 외에 온수온돌의 설치에 관하여 필요한 사항을 정하여 고시할 수 있다.

2. 구들온돌

가. 구들온돌이란 연탄 또는 그 밖의 가연물질이 연소할 때 발생하는 연기와 연소열에 의하여 가열된 공기를 바닥 하부로 통과시켜 난방을 하는 방식을 말한다.

나. 구들온돌은 아궁이, 온돌환기구, 공기흡입구, 고래, 굴뚝 및 굴뚝목 등으로 구성된다.

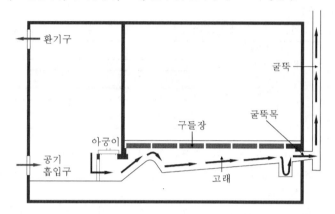

1) 아궁이란 연탄이나 목재 등 가연물질의 연소를 통하여 열을 발생시키는 부위를 말한다.
2) 온돌환기구란 아궁이가 설치되는 공간에서 연탄 등 가연물질의 연소를 통하여 발생하는 가스를 원활하게 배출하기 위한 통로를 말한다.
3) 공기흡입구란 아궁이가 설치되는 공간에서 연탄 등 가연물질의 연소에 필요한 공기를 외부에서 공급받기 위한 통로를 말한다.
4) 고래란 아궁이에서 발생한 연소가스 및 가열된 공기가 굴뚝으로 배출되기 전에 구들 아래에서 최대한 균일하게 흐르도록 하기 위하여 설치된 통로를 말한다.
5) 굴뚝이란 고래를 통하여 구들 아래를 통과한 연소가스 및 가열된 공기를 외부로 원활하게 배출하기 위한 장치를 말한다.
6) 굴뚝목이란 고래에서 굴뚝으로 연결되는 입구 및 그 주변부를 말한다.

다. 구들온돌의 설치 기준

1) 연탄아궁이가 있는 곳은 연탄가스를 원활하게 배출할 수 있도록 그 바닥면적의 10분의 1이상에 해당하는 면적의 환기용 구멍 또는 환기설비를 설치하여야 하며, 외기에 접하는 벽체의 아랫부분에는 연탄의 연소를 촉진하기 위하여 지름 10센티미터 이상 20센티미터 이하의 공기흡입구를 설치하여야 한다.
2) 고래바닥은 연탄가스를 원활하게 배출할 수 있도록 높이/수평거리가 1/5 이상이 되도록 하여야 한다.
3) 부뚜막식 연탄아궁이에 고래로 연기를 유도하기 위하여 유도관을 설치하는 경우에는 20도 이상 45도 이하의 경사를 두어야 한다.
4) 굴뚝의 단면적은 150제곱센티미터 이상으로 하여야 하며, 굴뚝목의 단면적은 굴뚝의 단면적보다 크게 하여야 한다.
5) 연탄식 구들온돌이 아닌 전통 방법에 의한 구들을 설치할 경우에는 1)부터 4)까지의 규정을 적용하지 아니한다.
6) 국토교통부장관은 1)부터 5)까지에서 규정한 것 외에 구들온돌의 설치에 관하여 필요한 사항을 정하여 고시할 수 있다.

[별표 2] 〈신설 2002.8.31〉

배연창의 유효면적 산정기준(제14조제1항제2호관련)

1. 미서기창 : H×l

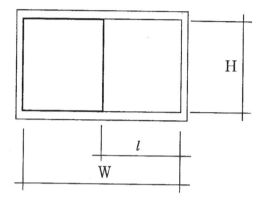

l : 미서기창의 유효폭
H : 창의 유효 높이
W : 창문의 폭

2. Pivot 종축창 : H×l'/2×2

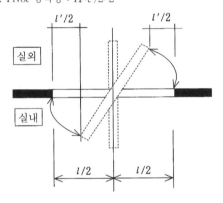

H : 창의 유효 높이
l : 90° 회전시 창호와 직각방향으로
　　 개방된 수평거리
l' : 90° 미만 0° 초과시 창호와 직각
　　 방향으로 개방된 수평거리

3. Pivot 횡축창:(W×ℓ1)+(W×ℓ2)

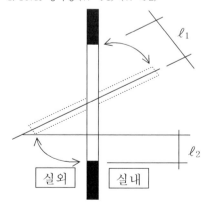

W : 창의 폭
ℓ₁ : 실내측으로 열린 상부창호의 길
　　 이방향으로 평행하게 개방된 순
　　 거리
ℓ₂ : 실외측으로 열린 하부창호로서
　　 창틀과 평행하게 개방된 순수수
　　 평투영거리

4. 들창 : W×l₂

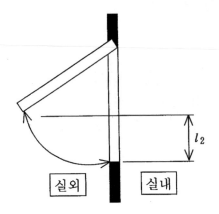

H : 창의 폭
l₂ : 창틀과 평행하게 개방된 순수수평 투영면적

5. 미들창 : 창이 실외측으로 열리는 경우:W×l
   창이 실내측으로 열리는 경우:W×l₁
   (단, 창이 천장(반자)에 근접하는 경우:W×l₂)

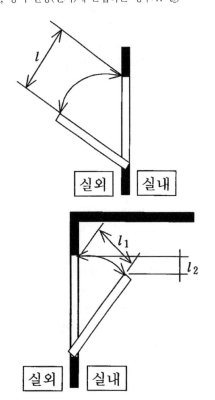

W : 창의 폭
l : 실외측으로 열린 상부창호의 길이 방향으로 평행하게 개방된 순거리
l₁ : 실내측으로 열린 상호창호의 길이 방향으로 개방된 순거리
l₂ : 창틀과 평행하게 개방된 순수수평 투영면적
* 창이 천장(또는 반자)에 근접된 경우 창의 상단에서 천장면까지의 거리≤l₁

[별표 3] 〈개정 1999.5.11〉

주거용 건축물 급수관의 지름(제18조관련)

가구 또는 세대수	1	2·3	4·5	6~8	9~16	17이상
급수관 지름의 최소기준 (밀리미터)	15	20	25	32	40	50

비고

1. 가구 또는 세대의 구분이 불분명한 건축물에 있어서는 주거에 쓰이는 바닥면적의 합계에 따라 다음과 같이 가구
   수를 산정한다.
   가. 바닥면적 85제곱미터 이하 : 1가구
   나. 바닥면적 85제곱미터 초과 150제곱미터 이하 : 3가구
   다. 바닥면적 150제곱미터 초과 300제곱미터이하 : 5가구
   라. 바닥면적 300제곱미터 초과 500제곱미터이하 : 16가구
   마. 바닥면적 500제곱미터 초과 : 17가구
2. 가압설비 등을 설치하여 급수되는 각 기구에서의 압력이 1센티미터당 0.7킬로그램 이상인 경우에는 위 표의 기
   준을 적용하지 아니 할 수 있다.

[별표 3의2] 〈개정 2010.11.5〉

급수관 및 수도계량기보호함의 설치기준(제18조제3호관련)

1. 급수관의 단열재 두께(단위:mm)

설치장소 / 관경(mm, 외경)	설계용 외기온도(℃)	20 미만	20 이상 ~ 50 미만	50 이상 ~ 70 미만	70 이상 ~ 100 미만	100 이상
·외기에 노출된 배관 ·옥상 등 그밖에 동파가 우려되는 건축물의 부위	-10미만	200 (50)	50 (25)	25 (25)	25 (25)	25 (25)
	-5 미만 ~ -10	100 (50)	40 (25)	25 (25)	25 (25)	25 (25)
	0 미만 ~ -5	40 (25)	25 (25)	25 (25)	25 (25)	25 (25)
	0 이상 유지	20				

1) ( )은 기온강하에 따라 자동으로 작동하는 전기 발열선이 설치하는 경우 단열재의 두께를 완화할 수 있는 기준
2) 단열재의 열전도율은 0.04kcal/㎡·h·℃ 이하인 것으로 한국산업표준제품을 사용할 것
3) 설계용 외기온도:법 제59조제2항의 규정에 의한 에너지 절약설계기준에 따를 것

2. 수도계량기보호함(난방공간내에 설치하는 것을 제외한다)
   가. 수도계량기와 지수전 및 역지밸브를 지중 혹은 공동주택의 벽면 내부에 설치하는 경우에는 콘크리트 또는 합
      성수지제 등의 보호함에 넣어 보호할 것
   나. 보호함내 옆면 및 뒷면과 전면판에 각각 단열재를 부착할 것(단열재는 밀도가 높고 열전도율이 낮은 것으로
      한국산업표준제품을 사용할 것)
   다. 보호함의 배관입출구는 단열재 등으로 밀폐하여 냉기의 침입이 없도록 할 것
   라. 보온용 단열재와 계량기 사이 공간을 유리섬유 등 보온재로 채울 것
   마. 보호통과 벽체사이틈을 밀봉재 등으로 채워 냉기의 침투를 방지할 것

[별표 3의3] 〈신설 2010.11.5, 2013.9.2〉

전기설비 설치공간 확보기준(제20조의2 관련)

수전전압	전력수전 용량	확보면적
특고압 또는 고압	100킬로와트 이상	가로 2.8미터, 세로 2.8미터
저압	75킬로와트 이상 150킬로와트 미만	가로 2.5미터, 세로 2.8미터
	150킬로와트 이상 200킬로와트 미만	가로 2.8미터, 세로 2.8미터
	200킬로와트 이상 300킬로와트 미만	가로 2.8미터, 세로 4.6미터
	300킬로와트 이상	가로 2.8미터 이상, 세로 4.6미터 이상

비고
1. "저압", "고압" 및 "특고압"의 정의는 각각 「전기사업법 시행규칙」 제2조제8호, 제9호 및 제10호에 따른다.
2. 전기설비 설치공간은 배관, 맨홀 등을 땅속에 설치하는데 지장이 없고 전기사업자의 전기설비 설치, 보수, 점검 및 조작 등 유지관리가 용이한 장소이어야 한다.
3. 전기설비 설치공간은 해당 건축물 외부의 대지상에 확보하여야 한다. 다만, 외부 지상공간이 좁아서 그 공간확보가 불가능한 경우에는 침수우려가 없고 습기가 차지 아니하는 건축물의 내부에 공간을 확보할 수 있다.
4. 수전전압이 저압이고 전력수전 용량이 300킬로와트 이상인 경우 등 건축물의 전력수전 여건상 필요하다고 인정되는 경우에는 상기 표를 기준으로 건축주와 전기사업자가 협의하여 확보면적을 따로 정할 수 있다.
5. 수전전압이 저압이고 전력수전 용량이 150킬로와트 미만이 경우로서 공중으로 전력을 공급받는 경우에는 전기설비 설치공간을 확보하지 않을 수 있다.

[별표 4] 삭제 〈2013.9.2〉

[별표 5] 삭제 〈2001.1.17〉

5. 건축물의 구조기준 등에 관한 규칙

[국토교통부령 제919호 개정 2021.12.9.]

제　　정 1982.11.16 건설교통부령 제341호
전문개정 2005. 4. 6 건설교통부령 제433호
일부개정 2015.12.21 국토교통부령 제260호
일부개정 2017. 1.20 국토교통부령 제397호
일부개정 2017. 2. 3 국토교통부령 제394호
일부개정 2017.10.24 국토교통부령 제458호
일부개정 2018. 6. 1 국토교통부령 제517호
일부개정 2018.11. 9 국토교통부령 제555호
일부개정 2020. 2.12 국토교통부령 제688호
일부개정 2020.11. 9 국토교통부령 제777호
타법개정 2021. 8.27 국토교통부령 제882호
일부개정 2021.12. 9 국토교통부령 제919호

제1장 총칙

제1조 【목적】 이 규칙은 「건축법」 제48조 및 같은 법 시행령 제32조에 따라 건축물의 구조내력(構造耐力) 의 기준 및 구조계산의 방법과 그에 사용되는 하중 (荷重) 등 구조안전에 관하여 필요한 사항을 규정함 을 목적으로 한다. <개정 2009.12.31>

제2조 【정의】 이 규칙에서 사용하는 용어의 정의는 다 음과 같다. <개정 2018.11.9.>

1. "구조부재(構造部材)"란 건축물의 기초·벽·기둥 ·바닥판·지붕틀·토대(土臺)·사재(사재 : 가새 ·버팀대·귀잡이 그 밖에 이와 유사한 것을 말한 다)·가로재(보·도리 그 밖에 이와 유사한 것을 말한다) 등으로 건축물에 작용하는 제9조에 따른 설계하중에 대하여 그 건축물을 안전하게 지지하 는 기능을 가지는 건축물의 구조내력상 주요한 부 분을 말한다.
2. "부재력(部材力)"이란 하중 및 외력에 의하여 구 조부재에 생기는 축방향력(軸方向力)·휨모멘트· 전단력(剪斷力)·비틀림 등을 말한다.
3. 삭제 <2009.12.31>
4. "구조내력"이란 구조부재 및 이와 접하는 부분 등 이 견딜 수 있는 부재력을 말한다.
5. "벽"이라 함은 두께에 직각으로 측정한 수평치수 가 그 두께의 3배를 넘는 수직부재를 말한다.
6. "기둥"이라 함은 높이가 최소단면치수의 3배 혹은

그 이상이고 주로 축방향의 압축하중을 지지하는 데에 쓰이는 부재를 말한다.
7. "비구조요소"란 다음 각 목의 것으로서 국토교통 부장관이 정하여 고시하는 것을 말한다.
　가. 건축비구조요소: 구조내력을 부담하지 아니하 는 건축물의 구성요소로서 배기구, 부착물, 비 구조벽체 등의 부재
　나. 기계·전기비구조요소: 건축물에 설치하는 기계 및 전기 시스템과 이를 지지하는 부착물 및 장비
8. ~ 12. 삭제 <2009.12.31>
13. "구조계획서"란 건축물의 사용목적과 하중조건 및 지반특성 등을 고려하여 구조부재의 재료와 형상, 개략적인 크기 등을 결정하고, 구조적으로 안전한 공간을 만드는 구조설계 초기과정의 도서를 말한다.
14. "구조설계도"란 구조설계의 최종결과물로서 구조 부재의 구성, 형상, 접합상세 등을 표현하는 도면 을 말한다.
15. "구조설계도서"란 구조계획서, 구조설계도, 구조 계산서, 구조분야의 공사시방서를 말한다.

제3조 【적용범위 등】 ① 이 규칙은 「건축법」(이하 "법"이라 한다) 제48조에 따라 건축물이 안전한 구조 를 갖기 위한 최소기준으로 법 제23조부터 제25조까 지 및 제35조에 따른 건축물의 설계, 시공, 공사감리 및 유지·관리에 적용하여야 한다.
② 이 규칙에 규정된 사항 외의 세부적인 기준은 법 제68조 및 이 규칙의 위임에 의하여 국토교통부장관 이 고시하는 다음 각 호의 구분에 따른 기준에 따른 다. <개정 2017.2.3., 2018.6.1.>
1. 소규모건축물[2층 이하이면서 연면적 500제곱미터 미만인 건축물로서 「건축법 시행령」(이하 "영"이 라 한다) 제32조제2항제3호부터 제8호까지의 어느 하나에도 해당하지 아니하는 건축물을 말한다. 이 하 같다] 외 건축물의 경우: 건축구조기준
2. 소규모건축물의 경우: 건축구조기준 또는 소규모 건축구조기준
③ 제21조부터 제55조까지의 규정에 따른 구조안전 에 관한 기준은 소규모건축물에 대하여만 적용된다. <개정 2014.11.28., 2017.2.3.>
④ 연구기관·학술단체 또는 전문용역기관의 구조계 산 또는 시험에 의하여 설계되고 「건축법」 제4조 의 규정에 의한 건축위원회 또는 「건설기술 진흥 법」 제5조에 따른 건설기술심의위원회의 심의를 거 쳐 이 규칙에 의한 기술적 기준과 동등 이상의 안전 성이 있다고 확인된 것으로서 특별시장·광역시장

또는 시장·군수·구청장(자치구의 구청장을 말한다. 이하 같다)이 인정하는 경우에는 그에 의할 수 있다. <개정 2014.5.22.>
[전문개정 2009.12.31.]

제2장 구조설계 <개정 2009.12.31>

제1절 구조설계의 원칙 <개정 2009.12.31>

제4조【구조설계의 원칙】① 건축물의 구조에 관한 설계는 건축물의 용도·규모·구조의 종별과 지반의 상황 등을 고려하여 기초·기둥·보·바닥·벽·비구조요소 등을 유효하게 배치하여 건축물 전체가 이에 작용하는 제9조에 따른 설계하중에 대하여 구조내력상 안전하도록 하여야 한다. <개정 2018.11.9.>
② 구조부재인 벽은 건축물에 작용하는 횡력(橫力)에 대하여 유효하게 견딜 수 있도록 균형있게 배치하여야 한다. <개정 2009.12.31>
③ 건축물의 구조는 그 지반의 부동침하(不同沈下), 떠오름, 미끄러짐, 전도(顚倒) 또는 동해(凍害)에 대하여 구조내력에 지장이 없어야 한다.
[제목개정 2009.12.31]

제5조【구조부재의 강성 및 내구성】① 건축물의 구조부재는 사용에 지장이 되는 변형이나 진동이 생기지 아니하도록 필요한 강성(剛性)을 확보하여야 하며, 순간적인 파괴현상이 생기지 아니하도록 인성(靭性)의 확보를 고려하여야 한다. <개정 2009.12.31>
② 구조부재로서 특히 부식이나 닳아 없어질 우려가 있는 것에 대하여는 이를 방지할 수 있는 재료를 사용하는 등 필요한 조치를 하여야 한다. <개정 2009.12.31>
③ 구조부재로 사용되는 목재로서 벽돌·콘크리트·흙 그 밖에 이와 유사한 함수성(含水性)의 물체에 접하는 부분에는 방부제를 바르거나 이와 동등 이상의 효과를 가진 방부조치를 하여야 한다.
④ 건축물의 벽으로서 직접 흙과 접하는 부분은 대문·담장 그 밖에 이와 유사한 공작물 또는 건축물을 제외하고는 내수재료를 사용하여야 한다.
[제목개정 2009.12.31]

제6조 삭제 <2009.12.31>

제7조 삭제 <2009.12.31.>

제2절 설계하중

제8조【적용범위】① 건축물에 작용하는 각종 설계하중의 산정은 이 절의 규정에 의한다. <개정 2009.12.31>
② 건축물이 건축되는 지역, 건축물의 용도 그 밖의 환경 등의 실제의 하중조건에 대한 조사분석에 의하여 설계하중을 산정할 때에는 이 절의 규정을 적용하지 아니할 수 있다. 이 경우 그 산정근거를 명시하여야 한다. <개정 2009.12.31>

제9조【설계하중】① 건축물의 구조설계에 적용되는 설계하중은 다음 각 호와 같다. <개정 2020.11.9>
1. 고정하중
2. 활하중(活荷重)
2의2. 지붕활하중
3. 적설하중
4. 풍하중
5. 지진하중
6. 토압 및 지하수압
7. 삭제 <2009.12.31>
8. 유체압 및 용기내용물하중
9. 운반설비 및 부속장치 하중
10. 그 밖의 하중
② 제1항에 따른 설계하중의 산정기준 및 방법은 「건축구조기준」에서 정하는 바에 의한다. <개정 2009.12.31>
③ 건축물의 구조설계를 할 때에는 제1항 각 호의 하중과 이들의 조합에 따른 영향을 건축물의 실제상태에 따라 고려하여야 한다. <개정 2009.12.31>
[제목개정 2009.12.31]

제3절 구조계산 등 <신설 2009.12.31>

제9조의2【구조계산】 법 제48조제2항에 따라 구조의 안전을 확인하여야 하는 건축물의 구조계산은 「건축구조기준」에서 정하는 바에 따른다.
[본조신설 2009.12.31]

제9조의3【건축물의 규모제한】 주요구조부가 비보강조적조인 건축물은 지붕높이 15미터 이하, 처마높이 11미터 이하 및 3층 이하로 해야 한다.
[전문개정 2020.11.9.]

제10조 ~ 제17조 삭제 <2009.12.31>

제4절 기초의 구조기준 <신설 2009.12.31>

제18조【허용지내력】 지반의 허용지내력(許容地耐力)

은 「건축구조기준」에 따른 지반조사 및 하중시험에 의하여 정하여야 한다. 다만, 지반조사 및 하중시험에 의하지 아니하는 경우에는 별표 8에 따른 값으로 할 수 있다. <개정 2009.12.31>

[제목개정 2009.12.31]

제19조 【기초】 ① 직접기초는 상부구조의 하중을 기초지반에서 직접 부담하되, 기초밑면의 지반에 작용하는 압력이 허용지내력을 초과하지 아니하도록 하여야 한다. <개정 2009.12.31>

② 말뚝기초는 말뚝의 부재력이 말뚝의 허용지지력을 초과하지 않도록 하여야 하며, 침하 등에 의하여 상부구조에 유해한 영향을 미치지 아니하도록 하여야 한다. <개정 2009.12.31>

제20조 삭제 <2009.12.31.>

제3장 소규모건축물의 구조기준

제1절 통칙

제21조 【목적】 이 장은 소규모건축물의 구조안전을 확보하기 위하여 필요한 사항 및 이와 관련한 구조기준 등을 정함을 목적으로 한다.

제22조 【적용범위】 소규모건축물에 해당하는 목구조·조적식구조(組積式構造)·보강블록구조·콘크리트구조 건축물의 기술적 기준은 이 장이 정하는 바에 따른다. 다만, 「건축구조기준」에 따라 설계하는 경우에는 이 장의 규정을 적용하지 않을 수 있다. <개정 2009.12.31>

제2절 목구조

제23조 【적용범위】 이 절의 규정은 목구조의 건축물이나 목구조와 조적식구조 그 밖의 구조를 병용하는 건축물에서 목구조로 된 부분에 이를 적용한다. 다만, 정자(亭子) 그 밖에 이와 유사한 건축물 또는 연면적 10제곱미터 이하인 광·창고 그 밖에 이와 유사한 건축물에 대하여는 그러하지 아니한다.

제24조 【압축재의 최소단면 및 모서리에 설치하는 기둥】 ① 목재로 된 구조부재인 압축재의 단면적은 4,500제곱밀리미터 이상으로 하여야 한다. <개정 2009.12.31>

② 2층 이상인 건축물에 있어서는 모서리에 설치하는 기둥 또는 이에 준하는 기둥은 통재기둥(通材기

둥: 이음 없이 하나로 만들어진 기둥을 말한다)으로 해야 한다. 다만, 이은기둥의 경우 그 이은 부분을 통재기둥과 동등 이상의 내력을 가지도록 보강한 경우에는 그렇지 않다. <개정 2021.8.27>

제25조 【가새】 ① 인장력을 받는 가새는 두께 15밀리미터 이상이고 폭 90밀리미터 이상인 목재 또는 이와 동등 이상의 강도를 가지는 강재를 사용하여야 한다.

② 압축력을 받는 가새는 두께 35밀리미터 이상이고 골조기둥의 3분의 1쪽에 해당하는 두께인 목재를 사용하여야 한다.

③ 가새는 그 두 끝부분을 기둥·보 그 밖의 구조부재인 가로재와 잇도록 하여야 한다.
<개정 2009.12.31>

④ 가새에는 파내기 그 밖에 이와 유사한 손상을 주어 그 내력에 지장을 가져오게 하여서는 아니된다.

제26조 【바닥틀 및 지붕틀】 바닥틀 및 지붕틀의 모서리에는 귀잡이를 사용하고, 지붕틀에는 가새를 설치하여야 한다.

제27조 【방부조치】 ①구조부재에 사용하는 목재로서 벽돌·콘크리트·흙 그 밖에 이와 유사한 함수성 물체에 접하는 부분에는 방부제를 바르거나 이와 동등 이상의 효과를 가지는 방부조치를 하여야 한다.
<개정 2009.12.31>

②지표면상 1미터 이하의 높이에 있는 기둥·가새 및 토대 등 부식의 우려가 있는 부분은 방부제를 바르거나 이와 동등 이상의 방부효과를 가지는 구조로 하여야 한다.

제3절 조적식구조

제28조 【적용범위】 ① 이 절의 규정은 벽돌구조·돌구조·콘크리트블록구조 그 밖의 조적식구조(보강블록구조를 제외한다. 이하 이 절에서 같다)의 건축물이나 조적식구조와 목구조 그 밖의 구조를 병용하는 건축물의 조적식구조로 된 부분에 이를 적용한다.

② 높이 4미터 이하이고 연면적 20제곱미터 이하인 건축물에 대하여는 제29조·제30조·제35조·제36조·제38조 및 제40조의 규정에 한하여 이를 적용한다.

③ 구조부재가 아닌 조적식구조의 경계벽으로서 그 높이가 2미터 이하인 것에 대하여는 제29조·제30조·제33조 및 제35조제3항만 적용한다. <개정 2014.11.28.>

제29조 【조적식구조의 설계】 ① 조적재는 통줄눈이 되지 아니하도록 설계하여야 한다.

②조적식구조인 각층의 벽은 편심하중이 작용하지

아니하도록 설계하여야 한다.

제30조【기초】① 조적식구조인 내력벽의 기초(최하층의 바닥면 이하에 해당하는 부분을 말한다)는 연속기초로 하여야 한다.

② 제1항의 규정에 의한 기초중 기초판은 철근콘크리트구조 또는 무근콘크리트구조로 하고, 기초벽의 두께는 250밀리미터 이상으로 하여야 한다.

제31조【내력벽의 높이 및 길이】① 조적식구조인 건축물중 2층 건축물에 있어서 2층 내력벽의 높이는 4미터를 넘을 수 없다.

② 조적식구조인 내력벽의 길이[대린벽(對隣壁: 서로 직각으로 교차되는 벽을 말한다) 경우에는 그 접합된 부분의 각 중심을 이은 선의 길이를 말한다. 이하 이 절에서 같다]는 10미터를 넘을 수 없다. <개정 2021.8.27>

③ 조적식구조인 내력벽으로 둘러쌓인 부분의 바닥면적은 80제곱미터를 넘을 수 없다.

제32조【내력벽의 두께】① 조적식구조인 내력벽의 두께(마감재료의 두께는 포함하지 아니한다. 이하 이 절에서 같다)는 바로 윗층의 내력벽의 두께 이상이어야 한다.

② 조적식구조인 내력벽의 두께는 그 건축물의 층수·높이 및 벽의 길이에 따라 각각 다음 표의 두께 이상으로 하되, 조적재가 벽돌인 경우에는 당해 벽높이의 20분의 1이상, 블록인 경우에는 당해 벽높이의 16분의 1이상으로 하여야 한다.

건축물의 높이	5미터 미만		5미터 이상 11미터 미만		11미터 이상	
벽의 길이	8미터 미만	8미터 이상	8미터 미만	8미터 이상	8미터 미만	8미터 이상
층별 두께 1층	150 밀리미터	190 밀리미터	190 밀리미터	190 밀리미터	190 밀리미터	190 밀리미터
2층	-	-	190 밀리미터	190 밀리미터	190 밀리미터	190 밀리미터

③ 제2항의 규정을 적용함에 있어서 그 조적재가 돌이거나, 돌과 벽돌 또는 블록 등을 병용하는 경우에는 내력벽의 두께는 제2항의 두께에 10분의 2를 가산한 두께 이상으로 하되, 당해 벽높이의 15분의 1이상으로 하여야 한다.

④ 조적식구조인 내력벽으로 둘러싸인 부분의 바닥면적이 60제곱미터를 넘는 경우에는 그 내력벽의 두께는 각각 다음 표의 두께 이상으로 하되, 조적식구조의 재료별 내력벽 두께에 관하여는 제2항 및 제3항의 규정을 준용한다.

건축물의 층수		1층	2층
층별 두께	1층	190밀리미터	290밀리미터
	2층	-	190밀리미터

⑤ 토압을 받는 내력벽은 조적식구조로 하여서는 아니된다. 다만, 토압을 받는 부분의 높이가 2.5미터를 넘지 아니하는 경우에는 조적식구조인 벽돌구조로 할 수 있다.

⑥ 제5항 단서의 경우 토압을 받는 부분의 높이가 1.2미터 이상인 때에는 그 내력벽의 두께는 그 바로 윗층의 벽의 두께에 100밀리미터를 가산한 두께 이상으로 하여야 한다.

⑦ 조적식구조인 내력벽을 이중벽으로 하는 경우에는 제1항 내지 제6항의 규정은 당해 이중벽중 하나의 내력벽에 대하여 적용한다. 다만, 건축물의 최상층(1층인 건축물의 경우에는 1층을 말한다)에 위치하고 그 높이가 3미터를 넘지 아니하는 이중벽인 내력벽으로서 그 각벽 상호간에 가로·세로 각각 400밀리미터 이내의 간격으로 보강한 내력벽에 있어서는 그 각벽의 두께의 합계를 당해 내력벽의 두께로 본다.

제33조【경계벽 등의 두께】① 조적식구조인 경계벽(내력벽이 아닌 그 밖의 벽을 포함한다. 이하 이 절에서 같다)의 두께는 90밀리미터 이상으로 하여야 한다. <개정 2014.11.28>

② 조적식구조인 경계벽의 바로 윗층에 조적식구조인 경계벽이나 주요 구조물을 설치하는 경우에는 해당 경계벽의 두께는 190밀리미터 이상으로 하여야 한다. 다만, 제34조의 규정에 의한 테두리보를 설치하는 경우에는 그러하지 아니하다. <개정 2014.11.28>

③ 제32조의 규정은 조적식구조인 경계벽의 두께에 관하여 이를 준용한다. <개정 2014.11.28>

[제목개정 2014.11.28.]

제34조【테두리보】건축물의 각층의 조적식구조인 내력벽 위에는 그 춤이 벽두께의 1.5배 이상인 철골구조 또는 철근콘크리트구조의 테두리보를 설치하여야 한다. 다만, 1층인 건축물로서 벽두께가 벽의 높이의 16분의 1이상이거나 벽길이가 5미터 이하인 경우에는 목조의 테두리보를 설치할 수 있다.

제35조【개구부】① 조적식구조인 벽에 있는 창·출입구 그 밖의 개구부(開口部)의 구조는 다음 각호의 기준에 의한다.

1. 각층의 대린벽으로 구획된 각 벽에 있어서 개구부의 폭의 합계는 그 벽의 길이의 2분의 1이하로 하여야 한다.

2. 하나의 층에 있어서의 개구부와 그 바로 윗층에 있는 개구부와의 수직거리는 600밀리미터 이상으로 하여야 한다. 같은 층의 벽에 상하의 개구부가 분리되어 있는 경우 그 개구부 사이의 거리도 또한 같다.

② 조적식구조인 벽에 설치하는 개구부에 있어서는 각층마다 그 개구부 상호간 또는 개구부와 대린벽의 중심과의 수평거리는 그 벽의 두께의 2배 이상으로 하여야 한다. 다만, 개구부의 상부가 아치구조인 경우에는 그러하지 아니하다.

③ 폭이 1.8미터를 넘는 개구부의 상부에는 철근콘크리트구조의 위 인방(引枋: 문이나 창의 아래나 위로 가로질러 설치하여, 상부 무게를 받치도록 하는 구조물을 말한다)을 설치해야 한다. <개정 2021.8.27>

④ 조적식구조인 내어민창 또는 내어쌓기창은 철골 또는 철근콘크리트로 보강하여야 한다.

제36조 【벽의 홈】 조적식구조인 벽에 그 층의 높이의 4분의 3이상인 연속한 세로홈을 설치하는 경우에는 그 홈의 깊이는 벽의 두께의 3분의 1이하로 하고, 가로홈을 설치하는 경우에는 그 홈의 깊이는 벽의 두께의 3분의 1이하로 하되, 길이는 3미터 이하로 하여야 한다.

제37조 【목골조적식구조 또는 철골조적식구조인 벽】 목골조적식구조 또는 철골조적식구조인 벽의 조적식구조의 부분은 목골 또는 철골의 골조에 볼트·꺾쇠 그 밖의 철물로 고정시켜야 한다.

제38조 【난간 및 난간벽】 난간 또는 난간벽을 설치하는 경우에는 철근 등으로 보강하되, 그 밑부분을 테두리보 또는 바닥판(최상층에 있어서는 옥상 바닥판을 포함한다. 이하 같다)에 정착시켜야 한다.

제39조 【조적식구조인 담】 조적식구조인 담의 구조는 다음 각호의 기준에 의한다.
1. 높이는 3미터 이하로 할 것
2. 담의 두께는 190밀리미터 이상으로 할 것. 다만, 높이가 2미터 이하인 담에 있어서는 90밀리미터 이상으로 할 수 있다.
3. 담의 길이 2미터 이내마다 담의 벽면으로부터 그 부분의 담의 두께 이상 튀어나온 버팀벽을 설치하거나, 담의 길이 4미터 이내마다 담의 벽면으로부터 그 부분의 담의 두께의 1.5배 이상 튀어나온 버팀벽을 설치할 것. 다만, 각 부분의 담의 두께가 제2호의 규정에 의한 담의 두께의 1.5배 이상인 경우에는 그러하지 아니하다.

제40조 【구조부재의 받침방법】 조적식구조인 구조부재는 목구조인 구조부분으로 받쳐서는 아니된다. <개정 2009.12.31>
[제목개정 2009.12.31]

제4절 보강블록구조

제41조 【적용범위】 ① 이 절의 규정은 보강블록구조의 건축물이나 보강블록구조와 철근콘크리트구조 그 밖의 구조를 병용하는 건축물의 보강블록구조인 부분에 이를 적용한다.

② 높이 4미터 이하이고, 연면적 20제곱미터 이하인 건축물에 대하여는 제42조 및 제45조의 규정에 한하여 이를 적용한다.

제42조 【기초】 보강블록구조인 내력벽의 기초(최하층 바닥면 이하의 부분을 말한다)는 연속기초로 하되 그 중 기초판 부분은 철근콘크리트구조로 하여야 한다.

제43조 【내력벽】 ① 건축물의 각층에 있어서 건축물의 길이방향 또는 너비방향의 보강블록구조인 내력벽의 길이(대린벽의 경우에는 그 접합된 부분의 각 중심을 이은 선의 길이를 말한다. 이하 이 절에서 같다)는 각각 그 방향의 내력벽의 길이의 합계가 그 층의 바닥면적 1제곱미터에 대하여 0.15미터 이상이 되도록 하되, 그 내력벽으로 둘러쌓인 부분의 바닥면적은 80제곱미터를 넘을 수 없다.

② 보강블록구조인 내력벽의 두께(마감재료의 두께를 포함하지 아니한다. 이하 이절에서 같다)는 150밀리미터 이상으로 하되, 그 내력벽의 구조내력에 주요한 지점간의 수평거리의 50분의 1이상으로 하여야 한다.

③ 보강블록구조의 내력벽은 그 끝부분과 벽의 모서리부분에 12밀리미터 이상의 철근을 세로로 배치하고, 9밀리미터 이상의 철근을 가로 또는 세로 각각 800밀리미터 이내의 간격으로 배치하여야 한다.

④ 제3항의 규정에 의한 세로철근의 양단은 각각 그 철근지름의 40배 이상을 기초판 부분이나 테두리보 또는 바닥판에 정착시켜야 한다.

제44조 【테두리보】 보강블록구조인 내력벽의 각층의 벽 위에는 춤이 벽두께의 1.5배 이상인 철근콘크리트구조의 테두리보를 설치하여야 한다. 다만, 최상층의 벽으로서 그 벽위에 철근콘크리트구조의 옥상바닥판이 있는 경우에는 그러하지 아니하다.

제45조 【보강블록구조의 담】 보강블록구조인 담의 구조는 다음 각호의 기준에 의한다.

1. 담의 높이는 3미터 이하로 할 것
2. 담의 두께는 150밀리미터 이상으로 할 것. 다만, 높이가 2미터 이하인 담에 있어서는 90밀리미터 이상으로 할 수 있다.
3. 담의 내부에는 가로 또는 세로 각각 800밀리미터 이내의 간격으로 철근을 배치하고, 담의 끝 및 모서리부분에는 세로로 직경 9밀리미터 이상의 철근을 배치할 것

제46조【준용규정】 제35조제2항 내지 제4항, 제36조, 제38조 및 제40조의 규정은 보강블록구조의 건축물이나 보강블록구조와 그 밖의 구조를 병용하는 건축물의 경우 그 보강블록구조인 부분에 대하여 이를 준용한다.

제5절 콘크리트구조

제47조【적용범위】 ① 이 절의 규정은 철근콘크리트구조의 건축물이나 철근콘크리트구조와 조적식구조 그 밖의 구조를 병용하는 건축물의 경우 그 철근콘크리트구조인 부분에 이를 적용한다.
② 높이가 4미터 이하이고 연면적이 30제곱미터 이하인 건축물이나 높이가 3미터 이하인 담에 대하여는 제49조 및 제51조의 규정에 한하여 이를 적용한다.

제48조【콘크리트의 배합】 ① 철근콘크리트구조에 사용하는 콘크리트의 4주(週) 압축강도는 15메가파스칼(경량골재를 사용하는 경우에는 11메가파스칼) 이상이어야 한다.
② 콘크리트는 설계기준강도에 맞도록 골재 및 시멘트의 배합비와 물 및 시멘트의 배합비를 정하여 배합하여야 한다.

제49조【콘크리트의 양생】 콘크리트는 시공중 및 시공후 콘크리트의 압축강도가 5메가파스칼 이상일 때까지(콘크리트의 압축강도 시험을 실시하여 압축강도를 확인하지 아니할 경우 5일간) 콘크리트의 온도가 섭씨 2도 이상이 유지되도록 하고, 콘크리트의 응고 및 경화가 건조나 진동 등으로 인하여 영향을 받지 아니하도록 양생하여야 한다.

제50조【거푸집 및 받침기둥의 제거】 ① 구조부재의 거푸집 및 받침기둥은 콘크리트의 자체중량 및 시공중에 받는 하중으로 인한 변형·균열 그 밖에 구조내력에 영향을 주지 않을 정도로 응고 또는 경화될 때까지는 이를 제거해서는 안 된다. <개정 2021.8.27>
② 제1항의 규정에 의한 거푸집 및 받침기둥을 존치시켜야 할 기간은 당해 건축물의 부분 또는 위치, 시멘트의 종류, 콘크리트 양생의 방법 및 환경 그 밖의

조건 등을 고려하여 정한다.

제51조【철근을 덮는 두께】 철근을 덮는 콘크리트의 두께는 다음 각호의 기준에 의한다.
1. 흙에 접하거나 옥외의 공기에 직접 노출되는 콘크리트의 경우
   가. 직경 29밀리미터 이상의 철근 : 60밀리미터 이상
   나. 직경 16밀리미터 초과 29밀리미터 미만의 철근 : 50밀리미터 이상
   다. 직경 16밀리미터 이하의 철근 : 40밀리미터 이상
2. 옥외의 공기나 흙에 직접 접하지 않는 콘크리트의 경우
   가. 슬래브, 벽체, 장선 : 20밀리미터 이상
   나. 보, 기둥 : 40밀리미터 이상

제52조【보의 구조】 구조부재인 보는 복근(複筋)으로 배근하되, 주근(主筋)은 직경 12밀리미터 이상의 것을 사용하여야 한다. 다만, 늑근(肋筋)은 직경 6밀리미터 이상의 것을 사용하여야 하며, 그 배치간격은 보춤의 4분의 3이하 또는 450밀리미터 이하이어야 한다. <개정 2009.12.31>

제53조【콘크리트슬래브의 구조】 구조부재인 콘크리트슬래브(기성콘크리트제품인 것을 제외한다)의 구조는 다음 각호의 기준에 의한다. <개정 2009.12.31>
1. 콘크리트슬래브의 두께는 80밀리미터 이상으로서 별표 9에 의하여 산정한 두께 이상이어야 한다.
2. 최대휨모멘트를 받는 부분에 있어서의 인장철근의 간격은 단변방향은 200밀리미터 이하로 하고 장변방향은 300밀리미터 이하로 하되, 슬래브의 두께의 3배 이하로 하여야 한다.

제54조【내력벽의 구조】 구조부재인 콘크리트벽체는 다음 각호의 기준에 적합하여야 한다. <개정 2009.12.31>
1. 내력벽의 최소두께는 벽의 최상단에서 4.5미터까지는 150밀리미터 이상이어야 하며, 각 3미터 내려감에 따라 10밀리미터씩의 비율로 증가시켜야 한다. 다만, 두께가 120밀리미터 이상의 경우로서 구조계산에 의하여 안전하다고 확인된 경우에는 그러하지 아니하다.
2. 내력벽의 배근은 9밀리미터 이상의 것을 450밀리미터 이하의 간격으로 하고, 벽두께의 3배 이하이어야 한다. 이 경우 벽의 두께가 200밀리미터 이상일 때에는 벽 양면에 복근으로 하여야 한다.

제55조【무근콘크리트 구조】 무근(無筋)콘크리트로 된 구조의 건축물이나 무근(無筋)콘크리트로 된 구조와

조적식구조 그 밖의 구조를 병용하는 건축물의 무근(無根)콘크리트로 된 구조부분에 대하여는 제3절(제29조제1항 및 제30조제2항을 제외한다)의 규정과 제49조의 규정을 준용한다. <개정 2009.12.31>

제4장 구조안전의 확인
<신설 2009.12.31>

제56조【적용범위】 ① 영 제32조제1항에 따른 각 단계별 구조안전(지진에 대한 구조안전을 포함한다)확인의 절차, 내용 및 방법은 제57조에서 제59조까지에 따른다. <개정 2014.11.28.>
② 영 제32조제2항제6호에서 "국토교통부령으로 정하는 건축물"이란 별표 11에 따른 중요도 특 또는 중요도 1에 해당하는 건축물을 말한다. <개정 2014.11.28., 2017.10.24.>
③ 영 제32조제2항제7호에서 "국가적 문화유산으로 보존할 가치가 있는 건축물로서 국토교통부령이 정하는 것"이란 국가적 문화유산으로 보존할 가치가 있는 박물관·기념관 그 밖에 이와 유사한 것으로서 연면적의 합계가 5천제곱미터 이상인 건축물을 말한다. <개정 2014.11.28>
[본조신설 2009.12.31]

제57조【구조설계도서의 작성】 구조설계도서는 이 규칙에 적합하도록 작성하여야 하며 구조설계도서에 포함할 내용과 구조안전 확인의 기술적 기준은 「건축구조기준」 또는 「소규모건축구조기준」에서 정하는 바에 따른다. <개정 2017.2.3.>
[본조신설 2009.12.31]

제58조【구조안전확인서 제출】 영 제32조제2항 각 호의 어느 하나에 해당하는 건축물로서 같은 조 제1항에 따라 구조안전의 확인(지진에 대한 구조안전을 포함한다)을 한 건축물에 대해서는 법 제21조에 따른 착공신고를 하는 경우에 다음 각 호의 구분에 따른 구조안전 및 내진설계 확인서를 작성하여 제출하여야 한다. <개정 2014.11.28., 2017.2.3.>
1. 6층 이상 건축물: 별지 제1호서식에 따른 구조안전 및 내진설계 확인서
2. 소규모건축물: 별지 제2호서식에 따른 구조안전 및 내진설계 확인서 또는 별지 제3호서식에 따른 구조안전 및 내진설계 확인서
3. 제1호 및 제2호 외의 건축물: 별지 제2호서식에 따른 구조안전 및 내진설계 확인서
[본조신설 2009.12.31]

제59조【공사단계의 구조안전확인】 공사감리자는 건축물의 착공신고 또는 실제 착공일 전까지 구조부재와 관련된 상세시공도면이 적정하게 작성되었는지와 구조계산서 및 구조설계도서에 적합하게 작성되었는지에 대하여 검토하여 확인하여야 한다.
[본조신설 2009.12.31]

제60조【건축물의 내진등급기준】 법 제48조의2제2항에 따른 건축물의 내진등급기준은 별표 12와 같다.
[본조신설 2014.2.7.]

제60조의2【건축물의 내진능력 산정 기준 및 공개 방법】 ① 법 제48조의3제1항에 따른 내진능력(이하 "내진능력"이라 한다)의 산정 기준은 별표 13과 같다.
② 법 제48조의3제1항에 따른 건축물에 대하여 법 제22조에 따라 사용승인을 신청하는 자는 제1항에 따라 산정한 내진능력을 신청서에 적어 제출하여야 한다. 이 경우 별표 13 제2호나목의 방식으로 내진능력을 산정한 경우에는 건축구조기술사가 날인한 근거자료를 함께 제출하여야 한다.
③ 법 제48조의3제1항에 따른 내진능력의 공개는 내진능력을 건축물대장에 기재하는 방법으로 한다.
[본조신설 2017.1.20.]

제61조【건축구조기술사와의 협력】 영 제91조의3제1항제5호에 따라 건축물의 설계자가 해당 건축물에 대한 구조의 안전을 확인하는 경우 건축구조기술사의 협력을 받아야 하는 건축물은 별표 10에 따른 지진구역 Ⅰ의 지역에 건축하는 건축물로서 별표 11에 따른 중요도가 특에 해당하는 건축물로 한다.
[전문개정 2015.12.21.]

부칙<국토교통부령 제517호, 2018.6.1.>

이 규칙은 공포한 날부터 시행한다.

부칙<국토교통부령 제555호, 2018.11.9.>

제1조(시행일) 이 규칙은 공포한 날부터 시행한다.

제2조(구조안전 및 내진설계 확인서에 관한 적용례) 별지 제1호서식부터 별지 제3호서식까지의 개정규정은 이 규칙 시행 이후 제58조에 따라 구조안전 및 내진설계 확인서를 제출하는 경우부터 적용한다.

부칙<국토교통부령 제688호, 2020.2.12.>

제1조(시행일) 이 규칙은 공포한 날부터 시행한다.

제2조(구조안전 및 내진설계 확인서에 관한 적용례) 별지 제3호서식의 개정규정은 이 규칙 시행 이후 제58조에 따라 구조안전 및 내진설계 확인서를 제출하는 경우부터 적용한다.

부칙<국토교통부령 제777호, 2020.11.9.>

이 규칙은 공포한 날부터 시행한다.

부칙<국토교통부령 제882호, 2021.8.27.>
(어려운 법령용어 정비를 위한 80개 국토교통부령 일부개정령)

이 규칙은 공포한 날부터 시행한다. <단서 생략>

부칙<국토교통부령 제919호, 2021.12.9.>

제1조(시행일) 이 규칙은 공포한 날부터 시행한다.

제2조(건축물의 중요도 및 중요도계수에 관한 적용례) 별표 11의 개정규정은 이 규칙 시행 이후 법 제11조에 따른 건축허가나 대수선허가(법 제16조에 따른 변경허가 및 변경신고는 제외한다)의 신청(건축허가나 대수선허가를 신청하기 위하여 법 제4조의2제1항에 따라 건축위원회에 심의를 신청한 경우를 포함한다) 또는 법 제14조에 따른 건축신고(법 제16조에 따른 변경허가 및 변경신고는 제외한다)를 하는 경우부터 적용한다.

[별표 1] ~ [별표 7] 삭제 〈2009.12.31.〉

[별표 8] 〈개정 2009.12.31., 2021.8.27〉

지반의 허용지내력(제18조 관련)

(단위 : kN/㎡)

지 반		장기응력에 대한 허용지내력	단기응력에 대한 허용지내력
경암반	화강암·석록암·편마암·안산암 등의 화성암 및 굳은 역암 등의 암반	4000	각각 장기응력(연속적으로 작용하는 힘에 의한 변형력)에 대한 허용지내력 값의 1.5배로 한다.
연암반	판암·편암 등의 수성암의 암반	2000	
	혈암·토단반 등의 암반	1000	
자갈		300	
자갈과 모래와의 혼합물		200	
모래섞인 점토 또는 롬토		150	
모래 또는 점토		100	

[별표 9] 〈개정 2009.12.31〉
콘크리트슬래브의 최소두께(제53조제1호 관련)

(단위 : ㎜)

지지조건	주변이 고정된 슬래브	캔틸레버 슬래브
β≤2의 경우 (2방향 슬래브)	$\ell_n / (36 + 9\beta)$	-
β>2의 경우 (1방향 슬래브)	$\ell / 28$	$\ell / 10$

비고 β : 슬래브의 단변에 대한 장변의 순경간(純徑間) 비

ℓ_n : 2방향슬래브 장변의 순경간(㎜)

ℓ : 1방향슬래브 단변의 보 중심간 거리(㎜)

[별표 10] 〈개정 2017.1.20., 2017.10.24.〉

지진 구역 및 지역계수(제61조 관련)

지진구역		행정구역	지진구역계수
I	시	서울특별시, 부산광역시, 인천광역시, 대구광역시, 대전광역시, 광주광역시, 울산광역시, 세종특별자치시	0.22g
	도	경기도, 강원도 남부주1), 충청북도, 충청남도, 전라북도, 전라남도, 경상북도, 경상남도	
II	도	강원도 북부주2), 제주도	0.14g
비고 주1) 강원도 남부: 강릉시, 동해시, 삼척시, 원주시, 태백시, 영월군, 정선군 주2) 강원도 북부: 속초시, 춘천시, 고성군, 양구군, 양양군, 인제군, 철원군, 평창군, 화천군, 홍천군, 횡성군			

[별표 11] 〈개정 2021.12.9〉

중요도 및 중요도계수(제56조제2항 관련)

중요도	특	1	2	3
건축물의 용도 및 규모	1. 연면적 1,000㎡이상인 위험물 저장 및 처리시설·국가 또는 지방자치단체의 청사·외국공관·소방서·발전소·방송국·전신전화국·국가 또는 지방자치단체의 데이터센터 2. 종합병원, 수술시설이나 응급시설이 있는 병원	1. 연면적 1,000㎡미만인 위험물 저장 및 처리시설·국가 또는 지방자치단체의 청사·외국공관·소방서·발전소·방송국·전신전화국·중요도(특)에 해당하지 않는 데이터센터 2. 연면적 5,000㎡이상인 공연장·집회장·관람장·전시장·운동시설·판매시설·운수시설(화물터미널과 집배송시설은 제외함) 3. 아동관련시설·노인복지시설·사회복지시설·근로복지시설 4. 5층 이상인 숙박시설·오피스텔·기숙사·아파트·교정시설 5. 학교 6. 수술시설과 응급시설 모두 없는 병원, 기타 연면적 1,000㎡이상인 의료시설로서 중요도(특)에 해당하지 않는 건축물	1. 중요도 (특), (1), (3)에 해당하지 않는 건축물	1. 농업시설물, 소규모창고 2. 가설구조물
중요도계수	1.5	1.2	1.0	1.0

비고 중요도(특)에 해당하는 데이터센터는 국가 또는 지방자치단체가 구축이나 운영에 관한 권한 또는 업무를 위임·위탁한 데이터센터를 포함한다.

[별표 12] 〈신설 2014.2.7〉

건축물의 내진등급기준(제60조 관련)

건축물의 내진등급	건축물의 중요도	중요도계수(I_E)
특	별표 11에 따른 중요도 특	1.5
I	별표 11에 따른 중요도 1	1.2
II	별표 11에 따른 중요도 2 및 3	1.0

[별표 13] 〈신설 2017.1.20.〉

내진능력 산정 기준(제60조의2 관련)

1. 내진능력 표기방법

내진능력은 수정 메르칼리 진도 등급(MMI 등급)과 최대지반가속도를 함께 표기하되, 최대지반가속도는 소수점 이하 4번째 자리에서 반올림하여 소수점 이하 3번째 자리까지 표기한다. (예시 : Ⅶ-0.150g)

2. 건축물의 최대지반가속도는 다음 각 목의 어느 하나에 해당하는 방법으로 산정한다.

가. 응답 스펙트럼 방식: 최대지반가속도(g) $= \dfrac{2}{3} \times S \times I \times F_a$

　　S : 지진구역계수(별표 10에 따른 지진구역계수 또는 「건축구조기준」 그림 0306.3.1상의 지진구역계수를 말한다)

　　I : 중요도계수(별표 11에 따른 중요도계수를 말한다)

　　F_a : 지반증폭계수(「건축구조기준」 표 0306.3.3에 따른다)

나. 능력 스펙트럼 방식: 다음 1)부터 3)까지의 절차에 따라 산정한다.

　1) 하중의 점진적 증가에 상응하여 비선형 정적해석으로 구한 건축물의 최상층 변위와 지진력과의 관계곡선 (이하 "능력곡선"이라 한다)을 구한다.

　2) 능력곡선 위에 건축물이 지진력에 의해 변형을 일으키더라도 인명의 손상이 발생되지 않는 변위의 한계점(이하 "인명안전 한계점"이라 한다)을 구한다.

　3) 가속도와 주기의 응답 스펙트럼 관계를 가속도와 변위관계로 변환하여 구해진 상관곡선(이하 "요구곡선"이라 한다)이 능력곡선의 인명안전 한계점과 교차할 때의 요구곡선 가속도를 최대지반가속도로 한다.

3. 건축물의 수정 메르칼리 진도 등급(MMI 등급)은 아래의 표에서 제2호에 따라 산정한 최대지반가속도가 해당되는 범위에 대응하는 수정 메르칼리 진도 등급(MMI 등급)으로 한다.

최대지반가속도(g)	내진능력(MMI 등급)
0.002 이상 0.004 미만	I
0.004 이상 0.008 미만	II
0.008 이상 0.017 미만	III
0.017 이상 0.033 미만	IV
0.033 이상 0.066 미만	V
0.066 이상 0.133 미만	VI
0.133 이상 0.264 미만	VII
0.264 이상 0.528 미만	VIII
0.528 이상 1.050 미만	IX
1.050 이상 2.100 미만	X
2.100 이상 4.191 미만	XI
4.191 이상	XII

■ 건축물의 구조기준 등에 관한 규칙 [별지 제1호서식] <개정 2018. 11. 9.>

구조안전 및 내진설계 확인서(6층 이상의 건축물)

1) 공사명					비고
2) 대지위치		/ 지역계수			
3) 용도					
4) 중요도					
5) 규모	연면적		m² 층수 (높이)	/ (m)	
6) 사용설계기준					
7) 구조계획		구조시스템에 대한 공통분류 체계 마련			

8) 지반 및 기초	지반분류		지하수위		
		기초 형식			
	지내력 기초	설계지내력 fe= t/m²	파일기초	적용파일직경= fp = ton	

9) 풍하중 개요	기본풍속	V_0=(m/sec)	노풍도	A, B, C, D	
		G_f	중요도계수	I_w=	

10) 풍하중 해석 결과		X 방향	Y 방향	
	최고층 변위	$\delta x\text{-}max$	$\delta y\text{-}max$	
	최대층간변위	$\Delta x, max$	$\Delta y, max$	

11) 내진설계 개요		「건축물의 구조기준에 관한 규칙」 및 「건축구조기준」에 따른 지진하중 산정 시 필요사항	
	해석법		내진설계범주(A, B, C, D) 등가정적해석법, 동적해석법	
	중요도계수	I_E=	건물유효 중량	W=	

12) 기본 지진 저항 시스템		X 방향	Y 방향	구조시스템에 대한 공통분류 체계 마련
	횡력저항시스템			
	반응수정계수	R_x=	R_y=	
	초과강도계수	Ω_{ox}=	Ω_{oy}=	
	변위증폭계수	C_{dx}=	C_{dy}=	
	허용층간변위	$\Delta ax= (0.010\ h_s, 0.015h_s, 0.020h_s)$	

13) 내진설계 주요 결과		X 방향	Y 방향	
	지진응답계수	C_{sx}=	C_{sy}=	
	밑면전단력	V_{sx}=	V_{sy}=	
	근사고유주기	T_{ax}=	T_{ay}=	
	최대층간변위	$\Delta x, max$	$\Delta y, max$	

14) 고유치 해석 (동적해석 시)		진동주기	질량참여율	
	1^{st}모드	Sec	%	
	2^{nd}모드	Sec	%	
	3^{rd}모드	Sec	%	

15) 구조요소 내진 설계 검토사항	특별지진하중 적용 여부	피로티	유, 무	
		면외어긋남	유, 무	
		횡력저항 수직요소의 불연속	유, 무	
	colspan=2 수직시스템 불연속	유, 무	

16) 비구조요소	건축비구조요소		공사단계에서 확인이 필요한 비구조요소 기재
	기계·전기 비구조요소		

17) 특이사항		

「건축법」 제48조 및 같은 법 시행령 제32조에 따라 대상 건축물의 구조안전 및 내진설계 확인서를 제출합니다.

년   월   일

작성자: 건축구조기술사   ㉑   설계자: 건 축 사   ㉑
주 소: 주 소:
연락처: 연락처:

210mm × 297mm [백상지(80g/m²)]

■ 건축물의 구조기준 등에 관한 규칙 [별지 제2호서식] <개정 2018. 11. 9.>

구조안전 및 내진설계 확인서(5층 이하의 건축물 등)

1) 공사명			비고
2) 대지위치	/ 지역계수		
3) 용도			
4) 중요도			
5) 규모	연면적	m² 층수 (높이) / (m)	
6) 사용설계기준			
7) 구조계획	*구조시스템에 대한 공통분류 체계 마련*		
8) 지반 및 기초	지반분류	지하수위	
	기초 형식		
	지내력 기초	설계지내력 fe= t/m² 파일기초 적용파일직경= fp = ton	
9) 내진설계 개요	해석법	내진설계범주(*A,B,C,D*)	
		등가정적해석법, 동적해석법	
	중요도계수	I_E 건물유효 중량 $W=$	
10) 기본 지진력 저항시스템		X 방향 Y 방향	*구조시스템에 대한 공통분류 체계 마련*
	횡력저항시스템		
	반응수정계수		
	허용층간변위	$\Delta ax = (0.010\ h_s, 0.015h_s, 0.020h_s)$	
11) 내진설계 주요 결과	지진응답계수	$C_{Sx}=$ $C_{Sy}=$	
	밑면전단력	$V_{Sx}=$ $V_{Sy}=$	
	근사고유주기	$T_{ax}=$ $T_{ay}=$	
	최대층간변위	$\Delta_{x,max}$ $\Delta_{y,max}$	
12) 구조요소 내진 설계 검토사항	특별지진하중 적용 여부	피로티 유, 무	
		면외어긋남 유, 무	
		횡력저항 수직요소의 불연속 유, 무	
	수직시스템 불연속 유, 무		
13) 비구조요소	건축비구조요소		공사단계에서 확인이 필요한 비구조요소 기재
	기계·전기 비구조요소		
14) 특이사항			

「건축법」 제48조 및 같은 법 시행령 제32조에 따라 대상 건축물의 구조안전 및 내진설계 확인서를 제출합니다.

년 월 일

작성자: 건축구조기술사   ㉘   설계자: 건축사   ㉘
주 소: 또는 주 소:
연락처: 연락처:

210mm × 297mm [백상지 (80g/ m²)]

■ 건축물의 구조기준 등에 관한 규칙 [별지 제3호서식] <개정 2020. 2. 12.>   (제1장)

구조안전 및 내진설계 확인서(소규모건축물-콘크리트구조)

1) 공사명					
2) 대지위치					
3) 규모	지상 2층 층고		m	층수	지하()층/지상()층
	지상 1층 층고		m	연면적	m²
	지하층 층고		m		
4) 용도		주거 시설( ) / 근린생활 시설( )			
5) 구조형식		횡구속골조( ) / 비횡구속골조( )			
6) 적용제한	설계 하중	바닥 고정하중 초과 유무	유 / 무	* 「소규모건축구조 기준」 참조	
		바닥 활하중 초과 유무	유 / 무		
		적설하중 초과지역 해당	유 / 무		
		풍하중 초과지역 해당	유 / 무		
	구조 계획	수직부재 불연속	유 / 무		
		1,2층 구조형식 동일성	유 / 무		
		캔틸레버보	유 / 무		
			길이 m	*최대 1.5m 이하	
7) 평면 계획	평면 크기	가로길이:		m	*가로 세로 비율 1:5 이하
		세로길이:		m	
	기둥경간	최대 m,	최소		m
	보 배치간격	최대 m,	최소		m
8) 재료 강도	콘크리트	f_{ck}=	MPa	철근	f_y= MPa
9) 슬래브	단변방향 최대경간		m	두께	mm

10) 보	구분	최대경간(m)	단면크기(mm)	
			폭	깊이
	작은보			
	큰보			
	작은보를 지지하는 큰보			

11) 기둥		최대누적부하면적(m²)	단면크기(mm)	
			폭	깊이
	2층 기둥			
	1층 기둥			
	지하층 기둥			

12) 기초	매립지역/연약한 토사지반 해당 유무		유 / 무	
	기초형식/두께		기둥하부: /	
			벽체하부: /	

13) 전단벽	배치 방향	총 벽체길이(m)		벽체두께(mm)
		1층	2층	
	가로 방향			
	세로 방향			

14) 비구조요소	건축비구조요소		공사단계에서 확인이 필요한 비구조요소 기재
	기계·전기 비구조요소		

15) 특이사항	

「건축법」 제48조 및 같은 법 시행령 제32조에 따라 건축물의 구조안전 및 내진설계 확인서를 제출합니다.

년   월   일

작성자(설계자):   (인)

주소: / 연락처:

210mm × 297mm[백상지(80g/㎡)]

■ 건축물의 구조기준 등에 관한 규칙 [별지 제3호서식]　　　　　　　　　(제2장)

구조안전 및 내진설계 확인서(소규모건축물-콘크리트 벽식구조)

1) 공사명					
2) 대지위치					
3) 규모	지상 2층 층고	m	층수	지하( )층/지상( )층	
	지상 1층 층고	m	연면적	m²	
	지하층 층고	m			
4) 용도	주거 시설( ) / 근린생활 시설( )				
5) 적용제한	설계 하중	바닥 고정하중 초과 유무	유 / 무	* 「소규모건축구조 기준」 참조	
		바닥 활하중 초과 유무	유 / 무		
		적설하중 초과지역 해당	유 / 무		
		풍하중 초과지역 해당	유 / 무		
	구조 계획	수직부재 불연속	유 / 무		
		1,2층 구조형식 동일성	유 / 무		
		캔틸레버보	유 / 무		
			길이　　m	*최대 1.5m 이하	
6) 평면 계획	평면 크기	가로길이 :	m	*가로 세로 비율 1:5 이하	
		세로길이 :	m		
	콘크리트 벽체로 둘러싸인 바닥면적	최대			m
	슬래브 단변방향 경간	최대			m
7) 재료 강도	콘크리트	$f_{ck}=$　　MPa	철근	$f_y=$　　MPa	
8) 슬래브	단변방향 최대경간	m	두께	mm	

9) 보	구분	단면크기(mm)	
		폭	깊이
	내부벽체		
	외부벽체 및 계단실 벽체		

10) 벽체	구분	벽체두께(mm)	벽율	
	내부벽체		2층:	* A.0206.2(3) 참조
	외부벽체 및 계단실 벽체		1층:	

11) 기초	매립지역/연약한 토사지반 해당 유무		유 / 무	
	줄기초 폭/두께	최소 폭　　mm,	최소 두께	mm
		최대 폭　　mm,	최대 두께	mm

12) 비구조요소	건축비구조요소		공사단계에서 확인이 필요한 비구조요소 기재
	기계·전기 비구조요소		

13) 특이사항	

「건축법」 제48조 및 같은 법 시행령 제32조에 따라 건축물의 구조안전 및 내진설계 확인서를 제출합니다.

　　　　　　　　　년　　월　　일

　　　　　　　작성자(설계자) :　　　　　(인)

　　　주소 :　　　　　　　　　　　 / 연락처 :

210mm × 297mm[벽상지(80g/㎡)]

■ 건축물의 구조기준 등에 관한 규칙 [별지 제3호서식]　　　　　　　　　　　　(제3장)

구조안전 및 내진설계 확인서(소규모건축물-강구조)

<table>
<tr><td colspan="2">1) 공사명</td><td colspan="5"></td></tr>
<tr><td colspan="2">2) 대지위치</td><td colspan="5"></td></tr>
<tr><td rowspan="3">3) 규모</td><td>지상 2층 층고</td><td colspan="2" style="text-align:right">m</td><td>층수</td><td colspan="2">지하()층/지상()층</td></tr>
<tr><td>지상 1층 층고</td><td colspan="2" style="text-align:right">m</td><td rowspan="2">연면적</td><td colspan="2" rowspan="2">m²</td></tr>
<tr><td>지하층 층고</td><td colspan="2" style="text-align:right">m</td></tr>
<tr><td colspan="2">4) 용도</td><td colspan="4">주거 시설( ) / 근린생활 시설( )</td><td rowspan="9">* 「소규모건축구조
기준」 참조</td></tr>
<tr><td colspan="2">5) 구조형식</td><td colspan="4">횡구속골조( ) / 비횡구속골조( )</td></tr>
<tr><td rowspan="7">6) 적용제한</td><td rowspan="4">설계 하중</td><td colspan="3">바닥 고정하중 초과 유무</td><td>유 / 무</td></tr>
<tr><td colspan="3">바닥 활하중 초과 유무</td><td>유 / 무</td></tr>
<tr><td colspan="3">적설하중 초과지역 해당</td><td>유 / 무</td></tr>
<tr><td colspan="3">풍하중 초과지역 해당</td><td>유 / 무</td></tr>
<tr><td rowspan="3">구조 계획</td><td colspan="3">수직부재 불연속</td><td>유 / 무</td></tr>
<tr><td colspan="3">1,2층 구조형식 동일성</td><td>유 / 무</td></tr>
<tr><td colspan="3" rowspan="2">캔틸레버보</td><td>유 / 무</td></tr>
<tr><td>길이　　　m</td><td>*최대 1.5m 이하</td></tr>
<tr><td rowspan="4">7) 평면 계획</td><td rowspan="2">평면 크기</td><td colspan="2">가로길이:</td><td colspan="2">m</td><td rowspan="2">*가로 세로 비율
1:5 이하</td></tr>
<tr><td colspan="2">세로길이:</td><td colspan="2">m</td></tr>
<tr><td>기둥경간</td><td colspan="2">최대</td><td colspan="2">m,</td><td>*최대경간이 10m 이하
*8m 초과시 0604횡구속골조 설계
적용해야함</td></tr>
<tr><td>보 배치간격</td><td colspan="2">최대</td><td colspan="2">m,</td><td>*최대 3.5m 이하</td></tr>
<tr><td rowspan="2">8) 지붕 구조</td><td>구조 형식</td><td colspan="5">경량마감지붕 / 철근콘크리트지붕</td></tr>
<tr><td>지붕 형태</td><td colspan="5">경사지붕 / 평지붕</td></tr>
<tr><td rowspan="2">9) 재료 강도</td><td>콘크리트</td><td>fck=</td><td>MPa</td><td>철근</td><td>fy=</td><td>MPa</td></tr>
<tr><td>강재</td><td>규격:</td><td colspan="2"></td><td>Fy=</td><td>MPa</td></tr>
<tr><td colspan="2">10) 지상층 슬래브</td><td>단변방향 최대경간</td><td>m</td><td>두께</td><td colspan="2">mm</td></tr>
<tr><td rowspan="4">11) 보</td><td colspan="3" style="text-align:center">구분</td><td style="text-align:center">최대경간(m)</td><td colspan="2" style="text-align:center">H형강 단면치수(mm)</td></tr>
<tr><td colspan="3">작은보</td><td></td><td colspan="2"></td></tr>
<tr><td colspan="3">큰보</td><td></td><td colspan="2"></td></tr>
<tr><td colspan="3">작은보를 지지하는 큰보</td><td></td><td colspan="2"></td></tr>
<tr><td rowspan="4">12) 기둥</td><td colspan="3" style="text-align:center">부하면적(m²)</td><td colspan="3" style="text-align:center">최대 단면크기(mm)</td></tr>
<tr><td colspan="3">2층 기둥</td><td colspan="3"></td></tr>
<tr><td colspan="3">1층 기둥</td><td colspan="3"></td></tr>
<tr><td colspan="3">지하층 철근콘크리트 기둥</td><td colspan="3"></td></tr>
<tr><td rowspan="3">13) 기초</td><td colspan="3">매립지역/연약한 토사지반 해당 유무</td><td colspan="3" style="text-align:center">유 / 무</td></tr>
<tr><td colspan="3" rowspan="2">기초형식/두께</td><td>기둥하부:</td><td colspan="2" style="text-align:center">/</td></tr>
<tr><td>벽체하부:</td><td colspan="2" style="text-align:center">/</td></tr>
<tr><td rowspan="7">14) 횡력 저항요소</td><td colspan="2" rowspan="2">전단벽</td><td rowspan="2">유 / 무</td><td>배치방향</td><td>가로방향</td><td>세로방향</td></tr>
<tr><td>층당 개소/총 길이</td><td>개/　m</td><td>개/　m</td></tr>
<tr><td colspan="2"></td><td></td><td>벽체두께</td><td>mm</td><td>mm</td></tr>
<tr><td colspan="2" rowspan="2">수직가새</td><td rowspan="2">유 / 무</td><td>층당 개소</td><td>개</td><td>개</td></tr>
<tr><td>가새 각도</td><td>도</td><td>도</td></tr>
<tr><td colspan="6">* 수직가새 또는 전단벽 설치 기준은 0604.5 참조</td></tr>
<tr><td colspan="6">* 미설치시 0605 비횡구속골조의 설계 적용해야 함</td></tr>
<tr><td rowspan="2">15) 비구조요소</td><td colspan="2">건축비구조요소</td><td colspan="3"></td><td rowspan="2">공사단계에서
확인이 필요한
비구조요소 기재</td></tr>
<tr><td colspan="2">기계·전기
비구조요소</td><td colspan="3"></td></tr>
<tr><td colspan="2">16) 특이사항</td><td colspan="5"></td></tr>
</table>

「건축법」 제48조 및 같은 법 제32조에 따라 건축물의 구조안전 및 내진설계 확인서를 제출합니다.

년　　　월　　　일

작성자(설계자):　　　　　　　(인)

주소:　　　　　　　　　　　　　　　/ 연락처:

210mm × 297mm[백상지(80g/m²)]

■ 건축물의 구조기준 등에 관한 규칙 [별지 제3호서식]

(제4장)

구조안전 및 내진설계 확인서 (소규모건축물-조적식구조)

1) 공사명					
2) 대지위치					
3) 규모	지상 2층 층고		m	층수	지하( )층/지상( )층
	지상 1층 층고		m	연면적	m²
	지하층 층고		m		
4) 용도	주거 시설( ) / 근린생활 시설( )				
5) 적용제한	설계 하중	바닥 고정하중 초과	유 / 무	*「소규모건축구조기준」 참조	
		바닥 활하중 초과	유 / 무		
		적설하중 초과지역 해당	유 / 무		
		풍하중 초과지역 해당	유 / 무		
	구조 계획	상하층 내력벽 불연속	유 / 무		
		1,2층 구조형식 동일성	유 / 무		
		캔틸레버보	유 / 무		
			길이　　m	*최대 1.5 m 이하	
6) 평면 계획	평면 크기	가로길이 :			m
		세로길이 :			m
	내력벽으로 둘러싸인 바닥면적	최대			m²
	내력벽 횡지지 길이	최대			m
7) 재료 강도	조적재료	벽돌( ) / ALC 블록( )		$f_m(f_{ALC})=$	MPa
	콘크리트	$f_{ck}=$	MPa	모르타르　$f_g=$	MPa
8) 슬래브	벽돌구조	단변방향 최대경간	m	두께	mm
	ALC구조(패널)	최대길이	m	패널 두께	mm
9) 인방보	단면크기		mm	개구부 폭	m
10) 테두리보	단면크기		mm	배근	m
11) 기초	매립지역, 연약한 토사지반 해당			유 / 무	
	줄기초( )	기초벽 :	mm	두께 :	mm
	온통기초( )	돌출길이**	mm	두께 :	mm
		**돌출길이가 있는 경우			
12) 벽률	2층:			*「소규모건축구조기준」 참조	
	1층:				
13) 비구조요소	건축비구조요소			공사단계에서　확인이 필요한 비구조요소 기재	
	기계·전기 비구조요소				
14) 특이사항					

「건축법」 제48조 및 같은 법 시행령 제32조에 따라 구조안전 및 내진설계 확인서를 제출합니다.

년　　월　　일

작성자(설계자) :　　　　　　(인)

주소 :　　　　　　　　　　　　　　　/ 연락처 :

210 mm × 297 mm [백상지(80 g/㎡)]

■ 건축물의 구조기준 등에 관한 규칙 [별지 제3호서식]　　　　　　　　　　(제5장)

구조안전 및 내진설계 확인서(소규모건축물-목구조)

1) 공사명						
2) 대지위치						
3) 규모	지상 2층 층고		m	층수		지하 1층/지상 2층
	지상 1층 층고		m	연면적		m²
	지하층 층고					
4) 용도	주거 시설 ( ) / 근린생활 시설 ( )					
5) 구조형식	경골목구조 ( ) / 중목구조 ( )					
6) 적용제한	설계 하중	바닥 고정하중 초과 유무		유 / 무		*「소규모 건축구조기준」 참조
		바닥 활하중 초과 유무		유 / 무		
		적설하중 초과지역 해당		유 / 무		
		풍하중 초과지역 해당		유 / 무		
	구조 계획	수직부재 불연속		유 / 무		
		1,2층 구조형식 동일성		유 / 무		
		캔틸레버보		길이	m	*최대 1.5m 이하
7) 평면 계획	평면 크기	외접사각형 장변 길이 :			m	*장변 18m 이하
		외접사각형 단변 길이 :			m	*장변:단변 길이 비율 3:1 이하
	수직하중지지 구조 간격	최대		m		*6m 이하
	내력벽 사이 거리	최대		m		*12m 이하

8) 구조용 목재		종류		수종		등급	
9) 지붕	서까래	경간	m	단면치수 (mm×mm)		적용 경간표	
	덮개	종류		두께	mm	못박기 간격	mm
10) 천장	장선	경간		단면치수 (mm×mm)		적용 경간표	
	덮개	종류		두께	mm	못박기 간격	mm
11) 바닥	장선	경간		단면치수 (mm×mm)		적용 경간표	
	덮개	종류		두께	mm	못박기 간격	mm

12) 수직하중 저항구조	경골목구조				중목구조				
					위치	종류	단면치수 (mm×mm)	간격 (m)	적용 경간표
	1층 스터드	단면치수 (mm×mm)	간격	mm	1층	기둥			
						보			
	2층 스터드	단면치수 (mm×mm)	간격	mm	2층	기둥			
						보			

13) 내력벽 또는 전단벽	방향	동(mm)		서(mm)		남(mm)		북(mm)	
		길이	최소길이	길이	최소길이	길이	최소길이	길이	최소길이
	1층 내력벽 인정구간								
	2층 내력벽 인정구간								

14) 기초	매립지역/연약한 토사지반 해당 유무					유 / 무		
	경골목구조	줄기초( )	기초벽 두께	mm	기초 두께	mm	기초 너비	mm
		온통기초( )	보강부분 너비	mm	보강부분 깊이			mm
	중목구조	기둥기초	가로	mm	세로	mm	깊이	mm

15) 비구조요소	건축비구조요소		공사단계에서 확인이 필요한 비구조요소 기재
	기계·전기 비구조요소		

16) 특이사항	

「건축법」 제48조 및 같은 법 시행령 제32조에 따라 건축물의 구조안전 및 내진설계 확인서를 제출합니다.

년　　월　　일

작성자(설계자) :　　　　　　　(서명 또는 인)

주소 :　　　　　　　　　　　/ 연락처 :

210mm × 297mm[백상지(80g/m²)]

■ 건축물의 구조기준 등에 관한 규칙 [별지 제3호서식]

(제6장)

구조안전 및 내진설계 확인서 (소규모건축물-전통목구조)

1) 공사명							
2) 대지위치							
3) 규모	전체 높이		m		층수	지하 층/지상 층	
	지상 2층 층고		m				
	지상 1층 층고		m		연면적		m²
	지하층 층고		m				
4) 용도	주거 시설 ( ) / 근린생활 시설 ( )						
5) 구조형식	가구 형식	3량가구 형식 ( ) / 5량가구 형식 ( )					
	지붕 하중	보통 4kN/m² ( ) / 중량 6kN/m² ( )					
6) 적용제한	설계 하중	바닥 고정하중 초과 유무		유 / 무		* 「소규모건축구조 기준」 참조	
		바닥 활하중 초과 유무		유 / 무			
		적설하중 초과지역 해당		유 / 무			
		풍하중 초과지역 해당		유 / 무			
	구조 계획	수직부재 불연속		유 / 무			
		1,2층 구조형식 동일성		유 / 무			
		처마깊이(수평 투영길이)			m	*최대 1.5m 이하	
		추녀깊이(수평 투영길이)			m	*최대 2.5m 이하	
7) 평면계획	최대 경간	3량가구 영역 ( )	보방향		m	도리방향	m
		5량가구 영역 ( )	보방향		m	도리방향	m
8) 구조용목재	제재목 ( )	수종(군)			등급		
	집성재 ( )	종류			등급		
9) 구조부재 (대표단면 기준)	수평부재 (폭 × 춤)	대량	mm×mm		종보		mm×mm
		주심도리	mm×mm		종도리		mm×mm
		추녀	mm×mm		서까래(장연)		mm
	수직부재 (폭 또는 직경)	기둥(방형)	mm×mm		기둥(원형)		mm

10) 횡력 저항요소	방향 종류	X 방향 전단벽 (1층 기준)		Y 방향 전단벽 (1층 기준)	
		요구길이	설계길이	요구길이	설계길이
	지진하중	m	m	m	m
	풍하중	m	m	m	m
	비고	* 전단벽은 1층을 기준으로 산정하며, 2층은 1층과 동일하게 적용			

11) 기초	매립지역/연약한 토사지반 해당 유무		유 / 무		
	기초형식/두께	기둥하부	독립기초( ) / 온통기초( )	최소두께	mm
		벽체하부	줄기초 ( ) / 온통기초( )	최소두께	mm
12) 비구조요소	건축비구조요소			공사단계에서 확인이 필요한 비구조요소 기재	
	기계·전기 비구조요소				
13) 특이사항					

「건축법」 제48조 및 같은 법 시행령 제32조에 따라 건축물의 구조안전 및 내진설계 확인서를 제출합니다.

년   월   일

작성자(설계자) :   (인)

주소 :   / 연락처 :

6. 건축물의 피난·방화구조 등의 기준에 관한 규칙

[국토교통부령 제1147호, 일부개정 2023.8.31.]

제　정 1999. 5. 7 건설교통부령 제184호
일부개정 2015. 4. 6 국토교통부령 제193호
일부개정 2015. 7. 9 국토교통부령 제220호
일부개정 2015.10. 7 국토교통부령 제238호
일부개정 2018.10.18 국토교통부령 제548호
일부개정 2019. 8. 6 국토교통부령 제641호
일부개정 2019.10.24 국토교통부령 제665호
일부개정 2021. 3.26 국토교통부령 제832호
일부개정 2021. 7. 5 국토교통부령 제868호
일부개정 2021. 8.27 국토교통부령 제882호
일부개정 2021. 9. 3 국토교통부령 제884호
일부개정 2021.10.15 국토교통부령 제901호
일부개정 2021.12.23 국토교통부령 제931호
일부개정 2022.2.10 국토교통부령 제1106호
일부개정 2022.4.29 국토교통부령 제1123호
일부개정 2023.8.31 국토교통부령 제1247호

제1조 【목적】 이 규칙은 「건축법」 제49조, 제50조, 제50조의2, 제51조, 제52조, 제52조의4, 제53조 및 제64조에 따른 건축물의 피난·방화 등에 관한 기술적 기준을 정함을 목적으로 한다. <개정 2019.8.6., 2019.10.24.>

제2조 【내수재료】 「건축법 시행령」(이하 "영"이라 한다) 제2조제6호에서 "국토교통부령으로 정하는 재료"란 벽돌·자연석·인조석·콘크리트·아스팔트·도자기질재료·유리 기타 이와 유사한 내수성 건축재료를 말한다. <개정 2019.8.6.>

제3조 【내화구조】 영 제2조제7호에서 "국토교통부령으로 정하는 기준에 적합한 구조"란 다음 각 호의 어느 하나에 해당하는 것을 말한다. <개정 2019.8.6., 2021.8.27., 2021.12.23>

1. 벽의 경우에는 각 목의 어느 하나에 해당하는 것
   가. 철근콘크리트조 또는 철골철근콘크리트조로서 두께가 10센티미터 이상인 것
   나. 골구를 철골조로 하고 그 양면을 두께 4센티미터 이상의 철망모르타르(그 바름바탕을 불연재료로 한 것으로 한정한다. 이하 이 조에서 같다) 또는 두께 5센티미터 이상의 콘크리트블록·벽돌 또는 석재로 덮은 것
   다. 철재로 보강된 콘크리트블록조·벽돌조 또는 석조로서 철재에 덮은 콘크리트블록등의 두께가 5센티미터 이상인 것
   라. 벽돌조로서 두께가 19센티미터 이상인 것

마. 고온·고압의 증기로 양생된 경량기포 콘크리트 패널 또는 경량기포 콘크리트블록조로서 두께가 10센티미터 이상인 것

2. 외벽 중 비내력벽인 경우에는 제1호에도 규정에 불구하고 다음 각 목의 어느 하나에 해당하는 것
   가. 철근콘크리트조 또는 철골철근콘크리트조로서 두께가 7센티미터 이상인 것
   나. 골구를 철골조로 하고 그 양면을 두께 3센티미터 이상의 철망모르타르 또는 두께 4센티미터 이상의 콘크리트블록·벽돌 또는 석재로 덮은 것
   다. 철재로 보강된 콘크리트블록조·벽돌조 또는 석조로서 철재에 덮은 콘크리트블록등의 두께가 4센티미터 이상인 것
   라. 무근콘크리트조·콘크리트블록조·벽돌조 또는 석조로서 그 두께가 7센티미터 이상인 것

3. 기둥의 경우에는 그 작은 지름이 25센티미터 이상인 것으로서 다음 각 목의 어느 하나에 해당하는 것. 다만, 고강도 콘크리트(설계기준강도가 50MPa 이상인 콘크리트를 말한다. 이하 이 조에서 같다)를 사용하는 경우에는 국토교통부장관이 정하여 고시하는 고강도 콘크리트 내화성능 관리기준에 적합해야 한다.
   가. 철근콘크리트조 또는 철골철근콘크리트조
   나. 철골을 두께 6센티미터(경량골재를 사용하는 경우에는 5센티미터)이상의 철망모르타르 또는 두께 7센티미터 이상의 콘크리트블록·벽돌 또는 석재로 덮은 것
   다. 철골을 두께 5센티미터 이상의 콘크리트로 덮은 것

4. 바닥의 경우에는 다음 각 목의 어느 하나에 해당하는 것
   가. 철근콘크리트조 또는 철골철근콘크리트조로서 두께가 10센티미터 이상인 것
   나. 철재로 보강된 콘크리트블록조·벽돌조 또는 석조로서 철재에 덮은 콘크리트블록등의 두께가 5센티미터 이상인 것
   다. 철재의 양면을 두께 5센티미터 이상의 철망모르타르 또는 콘크리트로 덮은 것

5. 보(지붕틀을 포함한다)의 경우에는 다음 각 목의 어느 하나에 해당하는 것. 다만, 고강도 콘크리트를 사용하는 경우에는 국토교통부장관이 정하여 고시하는 고강도 콘크리트내화성능 관리기준에 적합해야 한다.
   가. 철근콘크리트조 또는 철골철근콘크리트조
   나. 철골을 두께 6센티미터(경량골재를 사용하는 경

우에는 5센티미터)이상의 철망모르타르 또는 두께 5센티미터 이상의 콘크리트로 덮은 것

다. 철골조의 지붕틀(바닥으로부터 그 아랫부분까지의 높이가 4미터 이상인 것에 한한다)로서 바로 아래에 반자가 없거나 불연재료로 된 반자가 있는 것

6. 지붕의 경우에는 다음 각 목의 어느 하나에 해당하는 것

가. 철근콘크리트조 또는 철골철근콘크리트조

나. 철재로 보강된 콘크리트블록조·벽돌조 또는 석조

다. 철재로 보강된 유리블록 또는 망입유리(두꺼운 판유리에 철망을 넣은 것을 말한다)로 된 것

7. 계단의 경우에는 다음 각 목의 어느 하나에 해당하는 것

가. 철근콘크리트조 또는 철골철근콘크리트조

나. 무근콘크리트조·콘크리트블록조·벽돌조 또는 석조

다. 철재로 보강된 콘크리트블록조·벽돌조 또는 석조

라. 철골조

8. 「과학기술분야 정부출연연구기관 등의 설립·운영 및 육성에 관한 법률」 제8조에 따라 설립된 한국건설기술연구원의 장(이하 "한국건설기술연구원장"이라 한다)이 국토교통부장관이 정하여 고시하는 방법에 따라 품질을 시험한 결과 별표 1에 따른 성능기준에 적합할 것 <개정 2021.12.23.>

가. 생산공장의 품질 관리 상태를 확인한 결과 국토교통부장관이 정하여 고시하는 기준에 적합할 것

나. 가목에 따라 적합성이 인정된 제품에 대하여 품질시험을 실시한 결과 별표 1에 따른 성능기준에 적합할 것

9. 다음 각 목의 어느 하나에 해당하는 것으로서 한국건설기술연구원장이 국토교통부장관으로부터 승인받은 기준에 적합한 것으로 인정하는 것

가. 한국건설기술연구원장이 인정한 내화구조 표준으로 된 것

나. 한국건설기술연구원장이 인정한 성능설계에 따라 내화구조의 성능을 검증할 수 있는 구조로 된 것

10. 한국건설기술연구원장이 제27조제1항에 따라 정한 인정기준에 따라 인정하는 것

제4조【방화구조】 영 제2조제8호에서 "국토교통부령으로 정하는 기준에 적합한 구조"란 다음 각 호의 어느 하나에 해당하는 것을 말한다. <개정 2019.8.6., 2022.2.10>

1. 철망모르타르로서 그 바름두께가 2센티미터 이상인 것

2. 석고판 위에 시멘트모르타르 또는 회반죽을 바른

것으로서 그 두께의 합계가 2.5센티미터 이상인 것

3. 시멘트모르타르 위에 타일을 붙인 것으로서 그 두께의 합계가 2.5센티미터 이상인 것

4. 삭제 <2010.4.7>

5. 삭제 <2010.4.7>

6. 심벽에 흙으로 맞벽치기한 것

7. 「산업표준화법」에 따른 한국산업표준(이하 "한국산업표준"이라 한다)에 따라 시험한 결과 방화 2급 이상에 해당하는 것

제5조【난연재료】 영 제2조제1항제9호에서 "국토교통부령으로 정하는 기준에 적합한 재료"란 한국산업표준에 따라 시험한 결과 가스 유해성, 열방출량 등이 국토교통부장관이 정하여 고시하는 난연재료의 성능기준을 충족하는 것을 말한다. <개정 2019.8.6., 2022.2.10>

제6조【불연재료】 영 제2조제1항제10호에서 "국토교통부령으로 정하는 기준에 적합한 재료"란 다음 각 호의 어느 하나에 해당하는 것을 말한다. <개정 2014.5.22., 2019.8.6., 2022.2.10>

1. 콘크리트·석재·벽돌·기와·철강·알루미늄·유리·시멘트모르타르 및 회. 이 경우 시멘트모르타르 또는 회 등 미장재료를 사용하는 경우에는 「건설기술 진흥법」 제44조제1항제2호에 따라 제정된 건축공사표준시방서에서 정한 두께 이상인 것에 한한다.

2. 한국산업표준에 따라 정하는 바에 의하여 시험한 결과 질량감소율 등이 국토교통부장관이 정하여 고시하는 불연재료의 성능기준을 충족하는 것

3. 그 밖에 제1호와 유사한 불연성의 재료로서 국토교통부장관이 인정하는 재료. 다만, 제1호의 재료와 불연성재료가 아닌 재료가 복합으로 구성된 경우를 제외한다.

제7조【준불연재료】 영 제2조제1항제11호에서 "국토교통부령으로 정하는 기준에 적합한 재료"란 한국산업표준에 따라 시험한 결과 가스 유해성, 열방출량 등이 국토교통부장관이 정하여 고시하는 준불연재료의 성능기준을 충족하는 것을 말한다. <개정 2019.8.6., 2022.2.10>

제7조의2【건축사보 배치 대상 마감재료 설치공사】 영 제19조제7항 전단에서 "국토교통부령으로 정하는 경우"란 제24조제3항에 따라 불연재료·준불연재료 또는 난연재료가 아닌 단열재를 사용하는 경우로서 해당 단열재가 외기(外氣)에 노출되는 경우를 말한다. [본조신설 2021.9.3.]

제8조【직통계단의 설치기준】 ① 영 제34조제1항 단서에서 "국토교통부령으로 정하는 공장"이란 반도체 및

디스플레이 패널을 제조하는 공장을 말한다. <개정 2019.8.6>

② 영 제34조제2항에 따라 2개소 이상의 직통계단을 설치하는 경우 다음 각 호의 기준에 적합해야 한다. <개정 2019.8.6.>

1. 가장 멀리 위치한 직통계단 2개소의 출입구 간의 가장 가까운 직선거리(직통계단 간을 연결하는 복도가 건축물의 다른 부분과 방화구획으로 구획된 경우 출입구 간의 가장 가까운 보행거리를 말한다)는 건축물 평면의 최대 대각선 거리의 2분의 1 이상으로 할 것. 다만, 스프링클러 또는 그 밖에 이와 비슷한 자동식 소화설비를 설치한 경우에는 3분의 1이상으로 한다.

2. 각 직통계단 간에는 각각 거실과 연결된 복도 등 통로를 설치할 것

제8조의2 【피난안전구역의 설치기준】 ① 영 제34조제3항 및 제4항에 따라 설치하는 피난안전구역(이하 "피난안전구역"이라 한다)은 해당 건축물의 1개층을 대피공간으로 하며, 대피에 장애가 되지 아니하는 범위에서 기계실, 보일러실, 전기실 등 건축설비를 설치하기 위한 공간과 같은 층에 설치할 수 있다. 이 경우 피난안전구역은 건축설비가 설치되는 공간과 내화구조로 구획하여야 한다. <개정 2012.1.6>

② 피난안전구역에 연결되는 특별피난계단은 피난안전구역을 거쳐서 상·하층으로 갈 수 있는 구조로 설치하여야 한다.

③ 피난안전구역의 구조 및 설비는 다음 각 호의 기준에 적합하여야 한다. <개정 2014.11.19., 2017.7.26., 2019.8.6>

1. 피난안전구역의 바로 아래층 및 위층은 「녹색건축물 조성 지원법」 제15조제1항에 따라 국토교통부장관이 정하여 고시한 기준에 적합한 단열재를 설치할 것. 이 경우 아래층은 최상층에 있는 거실의 반자 또는 지붕 기준을 준용하고, 위층은 최하층에 있는 거실의 바닥 기준을 준용할 것

2. 피난안전구역의 내부마감재료는 불연재료로 설치할 것

3. 건축물의 내부에서 피난안전구역으로 통하는 계단은 특별피난계단의 구조로 설치할 것

4. 비상용 승강기는 피난안전구역에서 승하차 할 수 있는 구조로 설치할 것

5. 피난안전구역에는 식수공급을 위한 급수전을 1개소 이상 설치하고 예비전원에 의한 조명설비를 설치할 것

6. 관리사무소 또는 방재센터 등과 긴급연락이 가능한 경보 및 통신시설을 설치할 것

7. 별표 1의2에서 정하는 기준에 따라 산정한 면적 이상일 것

8. 피난안전구역의 높이는 2.1미터 이상일 것

9. 「건축물의 설비기준 등에 관한 규칙」 제14조에 따른 배연설비를 설치할 것

10. 그 밖에 소방청장이 정하는 소방 등 재난관리를 위한 설비를 갖출 것

[본조신설 2010.4.7]

제9조 【피난계단 및 특별피난계단의 구조】 ① 영 제35조제1항 각 호 외의 부분 본문에 따라 건축물의 5층 이상 또는 지하 2층 이하의 층으로부터 피난층 또는 지상으로 통하는 직통계단(지하 1층인 건축물의 경우에는 5층 이상의 층으로부터 피난층 또는 지상으로 통하는 직통계단과 직접 연결된 지하 1층의 계단을 포함한다)은 피난계단 또는 특별피난계단으로 설치해야 한다. <개정 2019.8.6., 2021.3.26>

② 제1항에 따른 피난계단 및 특별피난계단의 구조는 다음 각호의 기준에 적합해야 한다. <개정 2019.8.6.>

1. 건축물의 내부에 설치하는 피난계단의 구조

가. 계단실은 창문·출입구 기타 개구부(이하 "창문등"이라 한다)를 제외한 당해 건축물의 다른 부분과 내화구조의 벽으로 구획할 것

나. 계단실의 실내에 접하는 부분(바닥 및 반자 등 실내에 면한 모든 부분을 말한다)의 마감(마감을 위한 바탕을 포함한다)은 불연재료로 할 것

다. 계단실에는 예비전원에 의한 조명설비를 할 것

라. 계단실의 바깥쪽과 접하는 창문등(망이 들어 있는 유리의 붙박이창으로서 그 면적이 각각 1제곱미터 이하인 것을 제외한다)은 당해 건축물의 다른 부분에 설치하는 창문등으로부터 2미터 이상의 거리를 두고 설치할 것

마. 건축물의 내부와 접하는 계단실의 창문등(출입구를 제외한다)은 망이 들어 있는 유리의 붙박이창으로서 그 면적을 각각 1제곱미터 이하로 할 것

바. 건축물의 내부에서 계단실로 통하는 출입구의 유효너비는 0.9미터 이상으로 하고, 그 출입구에는 피난의 방향으로 열 수 있는 것으로서 언제나 닫힌 상태를 유지하거나 화재로 인한 연기 또는 불꽃을 감지하여 자동적으로 닫히는 구조로 된 제26조에 따른 영 제64조제1항제1호의 60+ 방화문(이하 "60+방화문"이라 한다) 또는 같은 항 제2호의 방화문(이하 "60분방화문"이라 한다)을 설치할 것. 다만, 연기 또는 불꽃을 감지하여 자동적으로 닫히는 구조로 할 수 없는 경우에는 온도를 감지하

여 자동적으로 닫히는 구조로 할 수 있다. <개정 2021.3.26>

사. 계단은 내화구조로 하고 피난층 또는 지상까지 직접 연결되도록 할 것

2. 건축물의 바깥쪽에 설치하는 피난계단의 구조

가. 계단은 그 계단으로 통하는 출입구외의 창문등(망이 들어 있는 유리의 붙박이창으로서 그 면적이 각각 1제곱미터 이하인 것을 제외한다)으로부터 2미터 이상의 거리를 두고 설치할 것

나. 건축물의 내부에서 계단으로 통하는 출입구에는 제26조에 따른 60+방화문 또는 60분방화문을 설치할 것 <개정 2021.3.26>

다. 계단의 유효너비는 0.9미터 이상으로 할 것

라. 계단은 내화구조로 하고 지상까지 직접 연결되도록 할 것

3. 특별피난계단의 구조

가. 건축물의 내부와 계단실은 노대를 통하여 연결하거나 외부를 향하여 열 수 있는 면적 1제곱미터 이상인 창문(바닥으로부터 1미터 이상의 높이에 설치한 것에 한한다) 또는 「건축물의 설비기준 등에 관한 규칙」 제14조의 규정에 적합한 구조의 배연설비가 있는 부속실을 통하여 연결할 것

나. 계단실·노대 및 부속실(「건축물의 설비기준 등에 관한 규칙」 제10조제2호 가목의 규정에 의하여 비상용승강기의 승강장을 겸용하는 부속실을 포함한다)은 창문등을 제외하고는 내화구조의 벽으로 각각 구획할 것

다. 계단실 및 부속실의 실내에 접하는 부분(바닥 및 반자 등 실내에 면한 모든 부분을 말한다)의 마감(마감을 위한 바탕을 포함한다)은 불연재료로 할 것

라. 계단실에는 예비전원에 의한 조명설비를 할 것

마. 계단실·노대 또는 부속실에 설치하는 건축물의 바깥쪽에 접하는 창문등(망이 들어 있는 유리의 붙박이창으로서 그 면적이 각각 1제곱미터이하인 것을 제외한다)은 계단실·노대 또는 부속실외의 당해 건축물의 다른 부분에 설치하는 창문등으로부터 2미터 이상의 거리를 두고 설치할 것

바. 계단실에는 노대 또는 부속실에 접하는 부분외에는 건축물의 내부와 접하는 창문등을 설치하지 아니할 것

사. 계단실의 노대 또는 부속실에 접하는 창문등(출입구를 제외한다)은 망이 들어 있는 유리의 붙박이창으로서 그 면적을 각각 1제곱미터 이하로 할 것

아. 노대 및 부속실에는 계단실외의 건축물의 내부와 접하는 창문등(출입구를 제외한다)을 설치하지 아니할 것

자. 건축물의 내부에서 노대 또는 부속실로 통하는 출입구에는 60+방화문 또는 60분방화문을 설치하고, 노대 또는 부속실로부터 계단실로 통하는 출입구에는 60+방화문, 60분방화문 또는 영 제64조제1항제3호의 30분 방화문을 설치할 것. 이 경우 방화문은 언제나 닫힌 상태를 유지하거나 화재로 인한 연기 또는 불꽃을 감지하여 자동적으로 닫히는 구조로 해야 하고, 연기 또는 불꽃으로 감지하여 자동적으로 닫히는 구조로 할 수 없는 경우에는 온도를 감지하여 자동적으로 닫히는 구조로 할 수 있다. <개정 2021.3.26>

차. 계단은 내화구조로 하되, 피난층 또는 지상까지 직접 연결되도록 할 것

카. 출입구의 유효너비는 0.9미터 이상으로 하고 피난의 방향으로 열 수 있을 것

③ 영 제35조제1항 각 호 외의 부분 본문에 따른 피난계단 또는 특별피난계단은 돌음계단으로 해서는 안 되며, 영 제40조에 따라 옥상광장을 설치해야 하는 건축물의 피난계단 또는 특별피난계단은 해당 건축물의 옥상으로 통하도록 설치해야 한다. 이 경우 옥상으로 통하는 출입문은 피난방향으로 열리는 구조로서 피난 시 이용에 장애가 없어야 한다. <개정 2019.8.6>

④ 영 제35조제2항에서 "갓복도식 공동주택"이라 함은 각 층의 계단실 및 승강기에서 각 세대로 통하는 복도의 한쪽 면이 외기에 개방된 구조의 공동주택을 말한다. <개정 2021.9.3>

제10조【관람실 등으로부터의 출구의 설치기준】 ① 영 제38조 각 호의 어느 하나에 해당하는 건축물의 관람석 또는 집회실로부터 바깥쪽으로의 출구로 쓰이는 문은 안여닫이로 해서는 안 된다. <개정 2019.8.6>

② 영 제38조에 따라 문화 및 집회시설 중 공연장의 개별 관람실(바닥면적이 300제곱미터 이상인 것만 해당한다)의 출구는 다음 각 호의 기준에 적합하게 설치해야 한다. <개정 2019.8.6>

1. 관람실별로 2개소 이상 설치할 것

2. 각 출구의 유효너비는 1.5미터 이상일 것

3. 개별 관람실 출구의 유효너비의 합계는 개별 관람실의 바닥면적 100제곱미터마다 0.6미터의 비율로 산정한 너비 이상으로 할 것

[제목개정 2019.8.6]

제11조【건축물의 바깥쪽으로의 출구의 설치기준】 ① 영 제39조제1항의 규정에 의하여 건축물의 바깥쪽으로 나가는 출구를 설치하는 경우 피난층의 계단으로부터 건축물의 바깥쪽으로의 출구에 이르는 보행거리(가장 가까운 출구와의 보행거리를 말한다. 이하 같다)는 영 제34조제1항의 규정에 의한 거리이하로 하여야 하며, 거실(피난에 지장이 없는 출입구가 있는 것을 제외한다)의 각 부분으로부터 건축물의 바깥쪽으로의 출구에 이르는 보행거리는 영 제34조제1항의 규정에 의한 거리의 2배 이하로 하여야 한다.

② 영 제39조제1항에 따라 건축물의 바깥쪽으로 나가는 출구를 설치하는 건축물중 문화 및 집회시설(전시장 및 동·식물원을 제외한다), 종교시설, 장례식장 또는 위락시설의 용도에 쓰이는 건축물의 바깥쪽으로의 출구로 쓰이는 문은 안여닫이로 하여서는 아니 된다. <개정 2010.4.7>

③ 영 제39조제1항에 따라 건축물의 바깥쪽으로 나가는 출구를 설치하는 경우 관람실의 바닥면적의 합계가 300제곱미터 이상인 집회장 또는 공연장은 주된 출구 외에 보조출구 또는 비상구를 2개소 이상 설치해야 한다. <개정 2019.8.6>

④ 판매시설의 용도에 쓰이는 피난층에 설치하는 건축물의 바깥쪽으로의 출구의 유효너비의 합계는 해당 용도에 쓰이는 바닥면적이 최대인 층에 있어서의 해당 용도의 바닥면적 100제곱미터마다 0.6미터의 비율로 산정한 너비 이상으로 하여야 한다. <개정 2010.4.7>

⑤ 다음 각 호의 어느 하나에 해당하는 건축물의 피난층 또는 피난층의 승강장으로부터 건축물의 바깥쪽에 이르는 통로에는 제15조제5항에 따른 경사로를 설치하여야 한다. <개정 2010.4.7>

1. 제1종 근린생활시설 중 지역자치센터·파출소·지구대·소방서·우체국·방송국·보건소·공공도서관·지역건강보험조합 기타 이와 유사한 것으로서 동일한 건축물안에서 당해 용도에 쓰이는 바닥면적의 합계가 1천제곱미터 미만인 것
2. 제1종 근린생활시설 중 마을회관·마을공동작업소·마을공동구판장·변전소·양수장·정수장·대피소·공중화장실 기타 이와 유사한 것
3. 연면적이 5천제곱미터 이상인 판매시설, 운수시설
4. 교육연구시설 중 학교
5. 업무시설중 국가 또는 지방자치단체의 청사와 외국공관의 건축물로서 제1종 근린생활시설에 해당하지 아니하는 것
6. 승강기를 설치하여야 하는 건축물

⑥ 「건축법」(이하 "법"이라 한다) 제49조제1항에 따라 영 제39조제1항 각 호의 어느 하나에 해당하는 건축물의 바깥쪽으로 나가는 출입문에 유리를 사용하는 경우에는 안전유리를 사용하여야 한다. <개정 2015.7.9>

제12조【회전문의 설치기준】 영 제39조제2항의 규정에 의하여 건축물의 출입구에 설치하는 회전문은 다음 각 호의 기준에 적합하여야 한다. <개정 2005.7.22>

1. 계단이나 에스컬레이터로부터 2미터 이상의 거리를 둘 것
2. 회전문과 문틀사이 및 바닥사이는 다음 각 목에서 정하는 간격을 확보하고 틈 사이를 고무와 고무펠트의 조합체 등을 사용하여 신체나 물건 등에 손상이 없도록 할 것
   가. 회전문과 문틀 사이는 5센티미터 이상
   나. 회전문과 바닥 사이는 3센티미터 이하
3. 출입에 지장이 없도록 일정한 방향으로 회전하는 구조로 할 것
4. 회전문의 중심축에서 회전문과 문틀 사이의 간격을 포함한 회전문날개 끝부분까지의 길이는 140센티미터 이상이 되도록 할 것
5. 회전문의 회전속도는 분당회전수가 8회를 넘지 아니하도록 할 것
6. 자동회전문은 충격이 가하여지거나 사용자가 위험한 위치에 있는 경우에는 전자감지장치 등을 사용하여 정지하는 구조로 할 것

제13조【헬리포트 및 구조공간 설치 기준】 ① 영 제40조제4항제1호에 따라 건축물에 설치하는 헬리포트는 다음 각 호의 기준에 적합해야 한다. <개정 2021.3.26>

1. 헬리포트의 길이와 너비는 각각 22미터이상으로 할 것. 다만, 건축물의 옥상바닥의 길이와 너비가 각각 22미터이하인 경우에는 헬리포트의 길이와 너비를 각각 15미터까지 감축할 수 있다.
2. 헬리포트의 중심으로부터 반경 12미터 이내에는 헬리콥터의 이·착륙에 장애가 되는 건축물, 공작물, 조경시설 또는 난간 등을 설치하지 아니할 것
3. 헬리포트의 주위한계선은 백색으로 하되, 그 선의 너비는 38센티미터로 할 것
4. 헬리포트의 중앙부분에는 지름 8미터의 "ⓗ"표지를 백색으로 하되, "H"표지의 선의 너비는 38센티미터로, "○"표지의 선의 너비는 60센티미터로 할 것
5. 헬리포트로 통하는 출입문에 영 제40조제3항 각 호 외의 부분에 따른 비상문자동개폐장치(이하 "비상문자동개폐장치"라 한다)를 설치할 것 <신설 2021.3.26>

② 영 제40조제4항제1호에 따라 옥상에 헬리콥터를 통하여 인명 등을 구조할 수 있는 공간을 설치하는

경우에는 직경 10미터 이상의 구조공간을 확보해야 하며, 구조공간에는 구조활동에 장애가 되는 건축물, 공작물 또는 난간 등을 설치해서는 안 된다. 이 경우 구조공간의 표시기준 및 설치기준 등에 관하여는 제1항제3호부터 제5호까지의 규정을 준용한다. <개정 2021.3.26>

③ 영 제40조제4항제2호에 따라 설치하는 대피공간은 다음 각 호의 기준에 적합해야 한다. <개정 2021.3.26>

1. 대피공간의 면적은 지붕 수평투영면적의 10분의 1 이상 일 것

2. 특별피난계단 또는 피난계단과 연결되도록 할 것

3. 출입구·창문을 제외한 부분은 해당 건축물의 다른 부분과 내화구조의 바닥 및 벽으로 구획할 것

4. 출입구는 유효너비 0.9미터 이상으로 하고, 그 출입구에는 60+방화문 또는 60분방화문을 설치할 것

4의2. 제4호에 따른 방화문에 비상문자동개폐장치를 설치할 것 <신설 2021.3.26>

5. 내부마감재료는 불연재료로 할 것

6. 예비전원으로 작동하는 조명설비를 설치할 것

7. 관리사무소 등과 긴급 연락이 가능한 통신시설을 설치할 것

[제목개정 2010.4.7]

제14조【방화구획의 설치기준】 ① 영 제46조제1항 각 호 외의 부분 본문에 따라 건축물에 설치하는 방화구획은 다음 각 호의 기준에 적합해야 한다. <개정 2019.8.6., 2021.3.26>

1. 10층 이하의 층은 바닥면적 1천제곱미터(스프링클러 기타 이와 유사한 자동식 소화설비를 설치한 경우에는 바닥면적 3천제곱미터)이내마다 구획할 것

2. 매층마다 구획할 것. 다만, 지하 1층에서 지상으로 직접 연결하는 경사로 부위는 제외한다.

3. 11층 이상의 층은 바닥면적 200제곱미터(스프링클러 기타 이와 유사한 자동식 소화설비를 설치한 경우에는 600제곱미터)이내마다 구획할 것. 다만, 벽 및 반자의 실내에 접하는 부분의 마감을 불연재료로 한 경우에는 바닥면적 500제곱미터(스프링클러 기타 이와 유사한 자동식 소화설비를 설치한 경우에는 1천500제곱미터)이내마다 구획하여야 한다.

4. 필로티나 그 밖에 이와 비슷한 구조(벽면적의 2분의 1 이상이 그 층의 바닥면에서 위층 바닥 아래면까지 공간으로 된 것만 해당한다)의 부분을 주차장으로 사용하는 경우 그 부분은 건축물의 다른 부분과 구획할 것 <신설 2019.8.6.>

② 제1항에 따른 방화구획은 다음 각 호의 기준에 적합하게 설치해야 한다. <개정 2019.8.6., 2021.3.26.,

2021.12.23.>

1. 영 제46조에 따른 방화구획으로 사용하는 60+방화문 또는 60분방화문은 언제나 닫힌 상태를 유지하거나 화재로 인한 연기 또는 불꽃을 감지하여 자동적으로 닫히는 구조로 할 것. 다만, 연기 또는 불꽃을 감지하여 자동적으로 닫히는 구조로 할 수 없는 경우에는 온도를 감지하여 자동적으로 닫히는 구조로 할 수 있다.

2. 외벽과 바닥 사이에 틈이 생긴 때나 급수관·배전관 그 밖의 관이 방화구획으로 되어 있는 부분을 관통하는 경우 그로 인하여 방화구획에 틈이 생긴 때에는 그 틈을 별표 1 제1호에 따른 내화시간(내화채움성능이 인정된 구조로 메워지는 구성 부재에 적용되는 내화시간을 말한다) 이상 견딜 수 있는 내화채움성능이 인정된 구조로 메울 것 <개정 2021.3.26., 2021.12.23.>

가. 삭제 <2021.3.26>

나. 삭제 <2021.3.26>

3. 환기·난방 또는 냉방시설의 풍도가 방화구획을 관통하는 경우에는 그 관통부분 또는 이에 근접한 부분에 다음 각 목의 기준에 적합한 댐퍼를 설치할 것. 다만, 반도체공장건축물로서 방화구획을 관통하는 풍도의 주위에 스프링클러헤드를 설치하는 경우에는 그렇지 않다. <개정 2019.8.6>

가. 화재로 인한 연기 또는 불꽃을 감지하여 자동적으로 닫히는 구조로 할 것. 다만, 주방 등 연기가 항상 발생하는 부분에는 온도를 감지하여 자동적으로 닫히는 구조로 할 수 있다.

나. 국토교통부장관이 정하여 고시하는 비차열(非遮熱) 성능 및 방연성능 등의 기준에 적합할 것

다. 삭제 <2019.8.6>

라. 삭제 <2019.8.6>

4. 영 제46조제1항제2호 및 제81조제5항제5호에 따라 설치되는 자동방화셔터는 다음 각 목의 요건을 모두 갖출 것. 이 경우 자동방화셔터의 구조 및 성능기준 등에 관한 세부사항은 국토교통부장관이 정하여 고시한다. <개정 2021.3.26., 2021.12.23.>

가. 피난이 가능한 60분+ 방화문 또는 60분 방화문으로부터 3미터 이내에 별도로 설치할 것

나. 전동방식이나 수동방식으로 개폐할 수 있을 것

다. 불꽃감지기 또는 연기감지기 중 하나와 열감지기를 설치할 것

라. 불꽃이나 연기를 감지한 경우 일부 폐쇄되는 구조일 것

마. 열을 감지한 경우 완전 폐쇄되는 구조일 것

③ 영 제46조제1항제2호에서 "국토교통부령으로 정하

는 기준에 적합한 것"이란 한국건설기술연구원장이 국토교통부장관이 정하여 고시하는 바에 따라 다음 각 호의 사항을 모두 인정한 것을 말한다. <신설 2019.8.6., 2021.12.23.>

1. 생산공장의 품질 관리 상태를 확인한 결과 국토교통부장관이 정하여 고시하는 기준에 적합할 것
2. 해당 제품의 품질시험을 실시한 결과 비차열 1시간 이상의 내화성능을 확보하였을 것

④ 영 제46조제5항제3호에 따른 하향식 피난구(덮개, 사다리, 승강식피난기 및 경보시스템을 포함한다)의 구조는 다음 각 호의 기준에 적합하게 설치해야 한다. <개정 2019.8.6., 2021.3.26., 2022.4.29.>

1. 피난구의 덮개(덮개와 사다리, 승강식피난기 또는 경보시스템이 일체형으로 구성된 경우에는 그 사다리, 승강식피난기 또는 경보시스템을 포함한다)는 품질시험을 실시한 결과 비차열 1시간 이상의 내화성능을 가져야 하며, 피난구의 유효 개구부 규격은 직경 60센티미터 이상일 것
2. 상층·하층간 피난구의 수평거리는 15센티미터 이상 떨어져 있을 것
3. 아래층에서는 바로 위층의 피난구를 열 수 없는 구조일 것
4. 사다리는 바로 아래층의 바닥면으로부터 50센티미터 이하까지 내려오는 길이로 할 것
5. 덮개가 개방될 경우에는 건축물관리시스템 등을 통하여 경보음이 울리는 구조일 것
6. 피난구가 있는 곳에는 예비전원에 의한 조명설비를 설치할 것

⑤ 제2항제2호에 따른 건축물의 외벽과 바닥 사이의 내화채움방법에 필요한 사항은 국토교통부장관이 정하여 고시한다. <개정 2019.8.6., 2021.3.26.>

⑥ 법 제49조제2항 단서에 따라 영 제46조제7항에 따른 창고시설 중 같은 조 제2항제2호에 해당하여 같은 조 제1항을 적용하지 않거나 완화하여 적용하는 부분에는 다음 각 호의 구분에 따른 설비를 추가로 설치해야 한다. <신설 2022.4.29.>

1. 개구부의 경우: 「화재예방, 소방시설 설치·유지 및 안전관리에 관한 법률」 제9조제1항 전단에 따라 소방청장이 정하여 고시하는 화재안전기준(이하 이 조에서 "화재안전기준"이라 한다)을 충족하는 설비로서 수막(水幕)을 형성하여 화재확산을 방지하는 설비
2. 개구부 외의 부분의 경우: 화재안전기준을 충족하는 설비로서 화재를 조기에 진화할 수 있도록 설계된 스프링클러

제14조의2 【복합건축물의 피난시설 등】 영 제47조제1항 단서의 규정에 의하여 같은 건축물안에 공동주택·의료시설·아동관련시설 또는 노인복지시설(이하 이 조에서 "공동주택등"이라 한다)중 하나 이상과 위락시설·위험물저장 및 처리시설·공장 또는 자동차정비공장(이하 이 조에서 "위락시설등"이라 한다)중 하나 이상을 함께 설치하고자 하는 경우에는 다음 각 호의 기준에 적합하여야 한다. <개정 2005.7.22.>

1. 공동주택등의 출입구와 위락시설등의 출입구는 서로 그 보행거리가 30미터 이상이 되도록 설치할 것
2. 공동주택등(당해 공동주택등에 출입하는 통로를 포함한다)과 위락시설등(당해 위락시설등에 출입하는 통로를 포함한다)은 내화구조로 된 바닥 및 벽으로 구획하여 서로 차단할 것
3. 공동주택등과 위락시설등은 서로 이웃하지 아니하도록 배치할 것
4. 건축물의 주요 구조부를 내화구조로 할 것
5. 거실의 벽 및 반자가 실내에 면하는 부분(반자돌림대·창대 그 밖에 이와 유사한 것을 제외한다. 이하 이 조에서 같다)의 마감은 불연재료·준불연재료 또는 난연재료로 하고, 그 거실로부터 지상으로 통하는 주된 복도·계단 그밖에 통로의 벽 및 반자가 실내에 면하는 부분의 마감은 불연재료 또는 준불연재료로 할 것

[본조신설 2003.1.6]

제15조 【계단의 설치기준】 ① 영 제48조의 규정에 의하여 건축물에 설치하는 계단은 다음 각호의 기준에 적합하여야 한다. <개정 2015.4.6.>

1. 높이가 3미터를 넘는 계단에는 높이 3미터이내마다 유효너비 120센티미터 이상의 계단참을 설치할 것
2. 높이가 1미터를 넘는 계단 및 계단참의 양옆에는 난간(벽 또는 이에 대치되는 것을 포함한다)을 설치할 것
3. 너비가 3미터를 넘는 계단에는 계단의 중간에 너비 3미터 이내마다 난간을 설치할 것. 다만, 계단의 단높이가 15센티미터 이하이고, 계단의 단너비가 30센티미터 이상인 경우에는 그러하지 아니하다.
4. 계단의 유효 높이(계단의 바닥 마감면부터 상부 구조체의 하부 마감면까지의 연직방향의 높이를 말한다)는 2.1미터 이상으로 할 것

② 제1항에 따라 계단을 설치하는 경우 계단 및 계단참의 너비(옥내계단에 한정한다), 계단의 단높이 및 단너비의 칫수는 다음 각 호의 기준에 적합해야 한다. 이 경우 돌음계단의 단너비는 그 좁은 너비의

끝부분으로부터 30센티미터의 위치에서 측정한다. <개정 2015.4.6., 2019.8.6.>

1. 초등학교의 계단인 경우에는 계단 및 계단참의 유효너비는 150센티미터 이상, 단높이는 16센티미터 이하, 단너비는 26센티미터 이상으로 할 것

2. 중·고등학교의 계단인 경우에는 계단 및 계단참의 유효너비는 150센티미터 이상, 단높이는 18센티미터 이하, 단너비는 26센티미터 이상으로 할 것

3. 문화 및 집회시설(공연장·집회장 및 관람장에 한한다)·판매시설 기타 이와 유사한 용도에 쓰이는 건축물의 계단인 경우에는 계단 및 계단참의 유효너비를 120센티미터 이상으로 할 것

4. 제1호부터 제3호까지의 건축물 외의 건축물의 계단으로서 다음 각 목의 어느 하나에 해당하는 층의 계단인 경우에는 계단 및 계단참은 유효너비를 120센티미터 이상으로 할 것

   가. 계단을 설치하려는 층이 지상층인 경우: 해당 층의 바로 위층부터 최상층(상부층 중 피난층이 있는 경우에는 그 아래층을 말한다)까지의 거실 바닥면적의 합계가 200제곱미터 이상인 경우

   나. 계단을 설치하려는 층이 지하층인 경우: 지하층 거실 바닥면적의 합계가 100제곱미터 이상인 경우

5. 기타의 계단인 경우에는 계단 및 계단참의 유효너비를 60센티미터 이상으로 할 것

6. 「산업안전보건법」에 의한 작업장에 설치하는 계단인 경우에는 「산업안전 기준에 관한 규칙」에서 정한 구조로 할 것

③ 공동주택(기숙사를 제외한다)·제1종 근린생활시설·제2종 근린생활시설·문화 및 집회시설·종교시설·판매시설·운수시설·의료시설·노유자시설·업무시설·숙박시설·위락시설 또는 관광휴게시설의 용도에 쓰이는 건축물의 주계단·피난계단 또는 특별피난계단에 설치하는 난간 및 바닥은 아동의 이용에 안전하고 노약자 및 신체장애인의 이용에 편리한 구조로 하여야 하며, 양쪽에 벽등이 있어 난간이 없는 경우에는 손잡이를 설치하여야 한다. <개정 2010.4.7>

④ 제3항의 규정에 의한 난간·벽 등의 손잡이와 바닥마감은 다음 각호의 기준에 적합하게 설치하여야 한다.

1. 손잡이는 최대지름이 3.2센티미터 이상 3.8센티미터 이하인 원형 또는 타원형의 단면으로 할 것

2. 손잡이는 벽등으로부터 5센티미터 이상 떨어지도록 하고, 계단으로부터의 높이는 85센티미터가 되도록 할 것

3. 계단이 끝나는 수평부분에서의 손잡이는 바깥쪽으로 30센티미터 이상 나오도록 설치할 것

⑤ 계단을 대체하여 설치하는 경사로는 다음 각호의 기준에 적합하게 설치하여야 한다. <개정 2010.4.7>

1. 경사도는 1 : 8을 넘지 아니할 것

2. 표면을 거친 면으로 하거나 미끄러지지 아니하는 재료로 마감할 것

3. 경사로의 직선 및 굴절부분의 유효너비는 「장애인·노인·임산부등의 편의증진보장에 관한 법률」이 정하는 기준에 적합할 것

⑥ 제1항 각호의 규정은 제5항의 규정에 의한 경사로의 설치기준에 관하여 이를 준용한다.

⑦ 제1항 및 제2항에도 불구하고 영 제34조제4항 단서에 따라 피난층 또는 지상으로 통하는 직통계단을 설치하는 경우 계단 및 계단참의 유효너비는 다음 각호의 구분에 따른 기준에 적합하여야 한다. <개정 2015.4.6>

1. 공동주택: 120센티미터 이상

2. 공동주택이 아닌 건축물: 150센티미터 이상

⑧ 승강기계실용 계단, 망루용 계단 등 특수한 용도에만 쓰이는 계단에 대해서는 제1항부터 제7항까지의 규정을 적용하지 아니한다. <개정 2012.1.6>

제15조의2 【복도의 너비 및 설치기준】 ① 영 제48조의 규정에 의하여 건축물에 설치하는 복도의 유효너비는 다음 표와 같이 하여야 한다.

구분	양옆에 거실이 있는 복도	기타의 복도
유치원·초등학교 중학교·고등학교	2.4미터 이상	1.8미터 이상
공동주택·오피스텔	1.8미터 이상	1.2미터 이상
당해 층 거실의 바닥면적 합계가 200제곱미터 이상인 경우	1.5미터 이상 의료시설의 복도는 1.8미터 이상	1.2미터 이상

② 문화 및 집회시설(공연장·집회장·관람장·전시장에 한정한다), 종교시설 중 종교집회장, 노유자시설 중 아동 관련 시설·노인복지시설, 수련시설 중 생활권수련시설, 위락시설 중 유흥주점 및 장례식장의 관람실 또는 집회실과 접하는 복도의 유효너비는 제1항에도 불구하고 다음 각 호에서 정하는 너비로 해야 한다. <개정 2019.8.6.>

1. 해당 층에서 해당 용도로 쓰는 바닥면적의 합계가 500제곱미터 미만인 경우 1.5미터 이상

2. 해당 층에서 해당 용도로 쓰는 바닥면적의 합계가 500제곱미터 이상 1천제곱미터 미만인 경우 1.8미터 이상

3. 해당 층에서 해당 용도로 쓰는 바닥면적의 합계가

1천제곱미터 이상인 경우 2.4미터 이상

③ 문화 및 집회시설중 공연장에 설치하는 복도는 다음 각 호의 기준에 해야 한다. <개정 2019.8.6.>

1. 공연장의 개별 관람실(바닥면적이 300제곱미터 이상인 경우에 한정한다)의 바깥쪽에는 그 양쪽 및 뒤쪽에 각각 복도를 설치할 것

2. 하나의 층에 개별 관람실(바닥면적이 300제곱미터 미만인 경우에 한정한다)을 2개소 이상 연속하여 설치하는 경우에는 그 관람실의 바깥쪽의 앞쪽과 뒤쪽에 각각 복도를 설치할 것

④ 법 제19조에 따라 「공공주택 특별법 시행령」 제37조제1항제3호에 해당하는 건축물을 「주택법 시행령」 제4조의 준주택으로 용도변경하려는 경우로서 다음 각 호의 요건을 모두 갖춘 경우에는 용도변경한 건축물의 복도 중 양 옆에 거실이 있는 복도의 유효너비는 제1항에도 불구하고 1.5미터 이상으로 할 수 있다. <신설 2021.10.15>

1. 용도변경의 목적이 해당 건축물을 「공공주택 특별법」 제43조제1항에 따라 공공매입임대주택으로 공급하려는 공공주택사업자에게 매도하려는 것일 것

2. 둘 이상의 직통계단이 지상까지 직접 연결되어 있을 것

3. 건축물의 내부에서 계단실로 통하는 출입구의 유효너비가 0.9미터 이상일 것

[본조신설 2005.7.22]

제16조 【거실의 반자높이】 ① 영 제50조의 규정에 의하여 설치하는 거실의 반자(반자가 없는 경우에는 보 또는 바로 윗층의 바닥판의 밑면 기타 이와 유사한 것을 말한다. 이하같다)는 그 높이를 2.1미터 이상으로 하여야 한다.

② 문화 및 집회시설(전시장 및 동·식물원은 제외한다), 종교시설, 장례식장 또는 위락시설 중 유흥주점의 용도에 쓰이는 건축물의 관람실 또는 집회실로서 그 바닥면적이 200제곱미터 이상인 것의 반자의 높이는 제1항에도 불구하고 4미터(노대의 아랫부분의 높이는 2.7미터)이상이어야 한다. 다만, 기계환기장치를 설치하는 경우에는 그렇지 않다. <개정 2019.8.6.>

제17조 【채광 및 환기를 위한 창문등】 ① 영 제51조에 따라 채광을 위하여 거실에 설치하는 창문등의 면적은 그 거실의 바닥면적의 10분의 1 이상이어야 한다. 다만, 거실의 용도에 따라 별표 1의3에 따라 조도 이상의 조명장치를 설치하는 경우에는 그러지 아니하다. <개정 2012.1.6>

② 영 제51조의 규정에 의하여 환기를 위하여 거실에 설치하는 창문등의 면적은 그 거실의 바닥면적의 20분의 1 이상이어야 한다. 다만, 기계환기장치 및 중앙관리방식의 공기조화설비를 설치하는 경우에는 그러하지 아니하다.

③ 제1항 및 제2항의 규정을 적용함에 있어서 수시로 개방할 수 있는 미닫이로 구획된 2개의 거실은 이를 1개의 거실로 본다.

④ 영 제51조제3항에서 "국토교통부령으로정하는 기준"이란 높이 1.2미터 이상의 난간이나 그 밖에 이와 유사한 추락방지를 위한 안전시설을 말한다. <개정 2013.3.23>

제18조 【거실등의 방습】 ① 영 제52조의 규정에 의하여 건축물의 최하층에 있는 거실바닥의 높이는 지표면으로부터 45센티미터 이상으로 하여야 한다. 다만, 지표면을 콘크리트바닥으로 설치하는 등 방습을 위한 조치를 하는 경우에는 그러하지 아니하다.

② 영 제52조에 따라 다음 각 호의 어느 하나에 해당하는 욕실 또는 조리장의 바닥과 그 바닥으로부터 높이 1미터까지의 안쪽벽의 마감은 이를 내수재료로 해야 한다. <개정 2021.8.27>

1. 제1종 근린생활시설중 목욕장의 욕실과 휴게음식점의 조리장

2. 제2종 근린생활시설중 일반음식점 및 휴게음식점의 조리장과 숙박시설의 욕실

제18조의2 【소방관 진입창의 기준】 법 제49조제3항에서 "국토교통부령으로 정하는 기준"이란 다음 각 호의 요건을 모두 충족하는 것을 말한다.

1. 2층 이상 11층 이하인 층에 각각 1개소 이상 설치할 것. 이 경우 소방관이 진입할 수 있는 창의 가운데에서 벽면 끝까지의 수평거리가 40미터 이상인 경우에는 40미터 이내마다 소방관이 진입할 수 있는 창을 추가로 설치해야 한다.

2. 소방차 진입로 또는 소방차 진입이 가능한 공터에 면할 것

3. 창문의 가운데에 지름 20센티미터 이상의 역삼각형을 야간에도 알아볼 수 있도록 빛 반사 등으로 붉은색으로 표시할 것

4. 창문의 한쪽 모서리에 타격지점을 지름 3센티미터 이상의 원형으로 표시할 것

5. 창문의 크기는 폭 90센티미터 이상, 높이 1.2미터 이상으로 하고, 실내 바닥면으로부터 창의 아랫부분까지의 높이는 80센티미터 이내로 할 것

6. 다음 각 목의 어느 하나에 해당하는 유리를 사용할 것

가. 플로트판유리로서 그 두께가 6밀리미터 이하인 것

나. 강화유리 또는 배강도유리로서 그 두께가 5밀리미터 이하인 것

다. 가목 또는 나목에 해당하는 유리로 구성된 이중 유리로서 그 두께가 24밀리미터 이하인 것

[본조신설 2019.8.6.]

제19조【경계벽 등의 구조】① 법 제49조제4항에 따라 건축물에 설치하는 경계벽은 내화구조로 하고, 지붕밑 또는 바로 위층의 바닥판까지 닿게 해야 한다. <개정 2019.8.6.>

② 제1항에 따른 경계벽은 소리를 차단하는데 장애가 되는 부분이 없도록 다음 각 호의 어느 하나에 해당하는 구조로 하여야 한다. 다만, 다가구주택 및 공동주택의 세대간의 경계벽인 경우에는 「주택건설기준 등에 관한 규정」 제14조에 따른다. <개정 2014.11.28>

1. 철근콘크리트조·철골철근콘크리트조로서 두께가 10센티미터이상인 것

2. 무근콘크리트조 또는 석조로서 두께가 10센티미터(시멘트모르타르·회반죽 또는 석고플라스터의 바름두께를 포함한다)이상인 것

3. 콘크리트블록조 또는 벽돌조로서 두께가 19센티미터 이상인 것

4. 제1호 내지 제3호의 것외에 국토교통부장관이 정하여 고시하는 기준에 따라 국토교통부장관이 지정하는 자 또는 한국건설기술연구원장이 실시하는 품질시험에서 그 성능이 확인된 것

5. 한국건설기술연구원장이 제27조제1항에 따라 정한 인정기준에 따라 인정하는 것

③ 법 제49조제3항에 따른 가구·세대 등 간 소음방지를 위한 바닥은 경량충격음(비교적 가볍고 딱딱한 충격에 의한 바닥충격음을 말한다)과 중량충격음(무겁고 부드러운 충격에 의한 바닥충격음을 말한다)을 차단할 수 있는 구조로 하여야 한다. <신설 2014.11.28.>

④ 제3항에 따른 가구·세대 등 간 소음방지를 위한 바닥의 세부 기준은 국토교통부장관이 정하여 고시한다. <신설 2014.11.28.>

[제목개정 2014.11.28.]

제19조의2【침수 방지시설】 법 제49조제5항제2호에서 "국토교통부령으로 정하는 침수 방지시설"이란 다음 각 호의 시설을 말한다.

1. 차수판(遮水板)

2. 역류방지 밸브

[본조신설 2015.7.9.]

제20조【건축물에 설치하는 굴뚝】영 제54조에 따라 건축물에 설치하는 굴뚝은 다음 각호의 기준에 적합하여야 한다. <개정 2010.4.7>

1. 굴뚝의 옥상 돌출부는 지붕면으로부터의 수직거리를 1미터 이상으로 할 것. 다만, 용마루·계단탑·옥탑 등이 있는 건축물에 있어서 굴뚝의 주위에 연기의 배출을 방해하는 장애물이 있는 경우에는 그 굴뚝의 상단을 용마루·계단탑·옥탑등보다 높게 하여야 한다.

2. 굴뚝의 상단으로부터 수평거리 1미터 이내에 다른 건축물이 있는 경우에는 그 건축물의 처마보다 1미터 이상 높게 할 것

3. 금속제 굴뚝으로서 건축물의 지붕속·반자위 및 가장 아랫바닥밑에 있는 굴뚝의 부분은 금속외의 불연재료로 덮을 것

4. 금속제 굴뚝은 목재 기타 가연재료로부터 15센티미터 이상 떨어져서 설치할 것. 다만, 두께 10센티미터 이상인 금속외의 불연재료로 덮은 경우에는 그러하지 아니하다.

제20조의2【내화구조의 적용이 제외되는 공장건축물】 영 제56조제1항제4호 단서에서 "국토교통부령이 정하는 공장"이라 함은 별표 2의 업종에 해당하는 공장으로서 주요구조부가 불연재료로 되어 있는 2층 이하의 공장을 말한다. <개정 2013.3.23>

[본조신설 2000.6.3]

제21조【방화벽의 구조】① 영 제57조제2항에 따라 건축물에 설치하는 방화벽은 각 호의 기준에 적합해야 한다. <개정 2021.3.26>

1. 내화구조로서 홀로 설 수 있는 구조일 것

2. 방화벽의 양쪽 끝과 윗쪽 끝을 건축물의 외벽면 및 지붕면으로부터 0.5미터 이상 튀어 나오게 할 것

3. 방화벽에 설치하는 출입문의 너비 및 높이는 각각 2.5미터 이하로 하고, 해당 출입문에는 60+방화문 또는 60분방화문을 설치할 것 <개정 2021.3.26>

② 제14조제2항의 규정은 제1항의 규정에 의한 방화벽의 구조에 관하여 이를 준용한다.

제22조【대규모 목조건축물의 외벽등】① 영 제57조제3항의 규정에 의하여 연면적이 1천제곱미터 이상인 목조의 건축물은 그 외벽 및 처마밑의 연소할 우려가 있는 부분을 방화구조로 하되, 그 지붕은 불연재료로 하여야 한다.

② 제1항에서 "연소할 우려가 있는 부분"이라 함은 인접대지경계선·도로중심선 또는 동일한 대지안에 있는 2동 이상의 건축물(연면적의 합계가 500제곱미터

이하인 건축물은 이를 하나의 건축물로 본다) 상호의 외벽간의 중심선으로부터 1층에 있어서는 3미터 이내, 2층 이상에 있어서는 5미터 이내의 거리에 있는 건축물의 각 부분을 말한다. 다만, 공원·광장·하천의 공지나 수면 또는 내화구조의 벽 기타 이와 유사한 것에 접하는 부분을 제외한다.

제22조의2 【고층건축물 피난안전구역 등의 피난 용도 표시】 영법 제50조의2제2항에 따라 고층건축물에 설치된 피난안전구역, 피난시설 또는 대피공간에는 다음 각 호에서 정하는 바에 따라 화재 등의 경우에 피난 용도로 사용되는 것임을 표시하여야 한다.
1. 피난안전구역
    가. 출입구 상부 벽 또는 측벽의 눈에 잘 띄는 곳에 "피난안전구역" 문자를 적은 표시판을 설치할 것
    나. 출입구 측벽의 눈에 잘 띄는 곳에 해당 공간의 목적과 용도, 다른 용도로 사용하지 아니할 것을 안내하는 내용을 적은 표시판을 설치할 것
2. 특별피난계단의 계단실 및 그 부속실, 피난계단의 계단실 및 피난용 승강기 승강장
    가. 출입구 측벽의 눈에 잘 띄는 곳에 해당 공간의 목적과 용도, 다른 용도로 사용하지 아니할 것을 안내하는 내용을 적은 표시판을 설치할 것
    나. 해당 건축물에 피난안전구역이 있는 경우 가목에 따른 표시판에 피난안전구역이 있는 층을 적을 것
3. 대피공간: 출입문에 해당 공간이 화재 등의 경우 대피장소이므로 물건적치 등 다른 용도로 사용하지 아니할 것을 안내하는 내용을 적은 표시판을 설치할 것
[본조신설 2015.7.9.]

제23조 【방화지구안의 지붕·방화문 및 외벽등】 ① 법 제51조제3항에 따라 방화지구 내 건축물의 지붕으로서 내화구조가 아닌 것은 불연재료로 하여야 한다. <개정 2015.7.9>
② 법 제51조제3항에 따라 방화지구 내 건축물의 인접대지경계선에 접하는 외벽에 설치하는 창문등으로서 제22조제2항에 따른 연소할 우려가 있는 부분에는 다음 각 호의 방화설비를 설치해야 한다. <개정 2021.3.26>
1. 60+방화문 또는 60분방화문
2. 소방법령이 정하는 기준에 적합하게 창문등에 설치하는 드렌처
3. 당해 창문등과 연소할 우려가 있는 다른 건축물의 부분을 차단하는 내화구조나 불연재료로 된 벽·담장 기타 이와 유사한 방화설비
4. 환기구멍에 설치하는 불연재료로 된 방화커버 또는 그물눈이 2밀리미터 이하인 금속망

제24조 【건축물의 마감재료】 ① 법 제52조제1항에 따라 영 제61조제1항 각 호의 건축물에 대하여는 그 거실의 벽 및 반자의 실내에 접하는 부분(반자돌림대·창대 기타 이와 유사한 것을 제외한다. 이하 이 조에서 같다)의 마감재료(영 제61조제1항제4호에 해당하는 건축물의 경우에는 단열재를 포함한다)는 불연재료·준불연재료 또는 난연재료를 사용해야 한다. 다만, 다음 각 호에 해당하는 부분의 마감재료는 불연재료 또는 준불연재료를 사용해야 한다. <개정 2021.9.3.>
1. 거실에서 지상으로 통하는 주된 복도·계단, 그 밖의 벽 및 반자의 실내에 접하는 부분
2. 강판과 심재(心材)로 이루어진 복합자재를 마감재료로 사용하는 부분
② 영 제61조제1항 각 호의 건축물 중 다음 각 호의 어느 하나에 해당하는 거실의 벽 및 반자의 실내에 접하는 부분의 마감은 제1항에도 불구하고 불연재료 또는 준불연재료로 하여야 한다. <개정 2010.12.30>
1. 영 제61조제1항 각 호에 따른 용도에 쓰이는 거실 등을 지하층 또는 지하의 공작물에 설치한 경우의 그 거실(출입문 및 문틀을 포함한다)
2. 영 제61조제1항제6호에 따른 용도에 쓰이는 건축물의 거실
③ 제1항 및 제2항에도 불구하고 영 제61조제1항제4호에 해당하는 건축물에서 단열재를 사용하는 경우로서 해당 건축물의 구조, 설계 또는 시공방법 등을 고려할 때 단열재로 불연재료·준불연재료 또는 난연재료를 사용하는 것이 곤란하여 법 제4조에 따른 건축위원회(시·도 및 시·군·구에 두는 건축위원회를 말한다)의 심의를 거친 경우에는 단열재를 불연재료·준불연재료 또는 난연재료가 아닌 것으로 사용할 수 있다. <신설 2021.9.3>
④ 법 제52조제1항에서 "내부마감재료"란 건축물 내부의 천장·반자·벽(경계벽 포함)·기둥 등에 부착되는 마감재료를 말한다. 다만, 「다중이용업소의 안전관리에 관한 특별법 시행령」 제3조에 따른 실내장식물을 제외한다. <개정 2021.9.3>
⑤ 영 제61조제1항제1호의2에 따른 공동주택에는 「다중이용시설 등의 실내공기질관리법」 제11조제1항 및 같은 법 시행규칙 제10조에 따라 환경부장관이 고시한 오염물질방출 건축자재를 사용해서는 안 된다. <개정 2021.3.26., 2021.9.3>
⑥ 영 제61조제2항제1호부터 제3호까지의 규정 및 제5

호에 해당하는 건축물의 외벽에는 법 제52조제2항 후단에 따라 불연재료 또는 준불연재료를 마감재료(단열재, 도장 등 코팅재료 및 그 밖에 마감재료를 구성하는 모든 재료를 포함한다. 이하 이 조에서 같다)로 사용해야 한다. 다만, 다음 각 호의 어느 하나에 해당하는 경우 난연재료(제2호의 경우 단열재만 해당한다)를 사용할 수 있다. 다만, 국토교통부장관이 정하여 고시하는 화재 확산 방지구조 기준에 적합하게 마감재료를 설치하는 경우에는 난연재료(강판과 심재로 이루어진 복합자재가 아닌 것으로 한정한다)를 사용할 수 있다. <개정 2015.10.7., 2019.8.6., 2021.9.3, 2022.2.10>

⑦ 제6항에도 불구하고 영 제61조제2항제1호·제3호 및 제5호에 해당하는 건축물로서 5층 이하이면서 높이 22미터 미만인 건축물의 경우 난연재료(강판과 심재로 이루어진 복합자재가 아닌 것으로 한정한다)를 마감재료로 할 수 있다. 다만, 건축물의 외벽을 국토교통부장관이 정하여 고시하는 화재 확산 방지구조 기준에 적합하게 설치하는 경우에는 난연성능이 없는 "재료(강판과 심재로 이루어진 복합자재가 아닌 것으로 한정한다)를 마감재료로 사용할 수 있다. <개정 2015.10.7., 2019.8.6., 2021.9.3, 2022.2.10>

⑧ 제6항 및 제7항에 따른 마감재료가 둘 이상의 재료로 제작된 것인 경우 해당 마감재료는 다음 각 호의 요건을 모두 갖춘 것이어야 한다. <신설 2022.2.10., 2023.8.31.>

1. 마감재료를 구성하는 재료 전체를 하나로 보아 국토교통부장관이 정하여 고시하는 기준에 따라 실물모형시험(실제 시공될 건축물의 구조와 유사한 모형으로 시험하는 것을 말한다. 이하 같다)을 한 결과가 국토교통부장관이 정하여 고시하는 기준을 충족할 것

2. 마감재료를 구성하는 각각의 재료에 대하여 난연성능을 시험한 결과가 국토교통부장관이 정하여 고시하는 기준을 충족할 것. 다만, 제6조제1호에 따른 불연재료 사이에 다른 재료(두께가 5밀리미터 이하인 경우만 해당한다)를 부착하여 제작한 재료의 경우에는 해당 재료 전체를 하나의 재료로 보고 난연성능을 시험할 수 있으며, 같은 호에 따른 불연재료에 0.1밀리미터 이하의 두께로 도장을 한 재료의 경우에는 불연재료의 성능기준을 충족한 것으로 보고 난연성능 시험을 생략할 수 있다. <개정 2023.8.31./단서신설>

⑨ 영 제14조제4항 각 호의 어느 하나에 해당하는 건축물 상호 간의 용도변경 중 영 별표 1 제3호다목(목욕장만 해당한다)·라목, 같은 표 제4호가목·사목·

카목·파목(골프연습장, 놀이형시설만 해당한다)·더목·러목, 같은 표 제7호다목2) 및 같은 표 제16호가목·나목에 해당하는 용도로 변경하는 경우로서 스프링클러 또는 간이 스크링클러의 헤드가 창문등으로부터 60센티미터 이내에 설치되어 건축물 내부가 화재로부터 방호되는 경우에는 제6항부터 제8항까지의 규정을 적용하지 않을 수 있다. <신설 2021.7.5, 2021.9.3, 2022.2.10>

⑩ 영 제61조제2항제4호에 해당하는 건축물의 외벽[필로티 구조의 외기에 면하는 천장 및 벽체를 포함한다] 중 1층과 2층 부분에는 불연재료 또는 준불연재료를 마감재료로 해야 한다. <신설 2019.8.6., 2021.7.5., 2021.9.3, 2022.2.10.>

⑪ 강판과 심재로 이루어진 복합자재를 마감재료로 사용하는 경우 해당 복합자재는 다음 각 호의 요건을 모두 갖춘 것이어야 한다. <신설 2022.2.10.>

1. 강판과 심재 전체를 하나로 보아 국토교통부장관이 정하여 고시하는 기준에 따라 실물모형시험을 실시한 결과가 국토교통부장관이 정하여 고시하는 기준을 충족할 것

2. 강판: 다음 각 목의 구분에 따른 기준을 모두 충족할 것

   가. 두께[도금 이후 도장($塗裝$) 전 두께를 말한다]: 0.5밀리미터 이상

   나. 앞면 도장 횟수: 2회 이상

   다. 도금의 부착량: 도금의 종류에 따라 다음의 어느 하나에 해당할 것. 이 경우 도금의 종류는 한국산업표준에 따른다.

   1) 용융 아연 도금 강판: $180g/㎡$ 이상

   2) 용융 아연 알루미늄 마그네슘 합금 도금 강판: $90g/㎡$ 이상

   3) 용융 55% 알루미늄 아연 마그네슘 합금 도금 강판: $90g/㎡$ 이상

   4) 용융 55% 알루미늄 아연 합금 도금 강판: $90g/㎡$ 이상

   5) 그 밖의 도금: 국토교통부장관이 정하여 고시하는 기준 이상

3. 심재: 강판을 제거한 심재가 다음 각 목의 어느 하나에 해당할 것

   가. 한국산업표준에 따른 그라스울 보온판 또는 미네랄울 보온판으로서 국토교통부장관이 정하여 고시하는 기준에 적합한 것

   나. 불연재료 또는 준불연재료인 것

⑫ 법 제52조제4항에 따라 영 제61조제2항 각 호에 해당하는 건축물의 인접대지경계선에 접하는 외벽에

설치하는 창호(窓戶)와 인접대지경계선 간의 거리가 1.5미터 이내인 경우 해당 창호는 방화유리창[한국산업표준 KS F 2845(유리구획 부분의 내화 시험방법)에 규정된 방법에 따라 시험한 결과 비차열 20분 이상의 성능이 있는 것으로 한정한다]으로 설치해야 한다. 다만, 스프링클러 또는 간이 스프링클러의 헤드가 창호로부터 60센티미터 이내에 설치되어 건축물 내부가 화재로부터 방호되는 경우에는 방화유리창으로 설치하지 않을 수 있다. <신설 2021.7.5, 2021.9.3, 2022.2.10>
[제목개정 2010.12.30]

제24조의2【화재 위험이 적은 공장과 인접한 건축물의 마감재료】 ① 영 제61조제2항제1호나목에서 "국토교통부령으로 정하는 화재위험이 적은 공장"이란 별표 3의 업종에 해당하는 공장을 말한다. 다만, 공장의 일부 또는 전체를 기숙사 및 구내식당의 용도로 사용하는 건축물을 제외한다. <개정 2021.9.3>
② 삭제 <2021.9.3.>
③ 삭제 <2021.9.3.>
[본조신설 2005.7.22][제목개정 2021.9.3]

제24조의3【건축자재의 품질관리】 ① 영 제62조제1항제4호에서 "국토교통부령으로 정하는 건축자재"란 영 제46조 및 이 규칙 제14조에 따라 방화구획을 구성하는 내화구조, 자동방화셔터, 내화채움성능이 인정된 구조 및 방화댐퍼를 말한다. <개정 2021.3.26., 2021.12.23>
② 법 제52조의4제1항에서 "국토교통부령으로 정하는 사항을 기재한 품질관리서"란 다음 각 호의 구분에 따른 서식을 말한다. 이 경우 다음 각 호에서 정한 서류를 첨부한다. <개정 2021.3.26., 2021.12.23, 2022.2.10>
1. 영 제62조제1항제1호의 경우: 별지 제1호서식. 이 경우 다음 각 목의 서류를 첨부할 것.
　가. 난연성능이 표시된 복합자재(심재로 한정한다) 시험성적서[법 제52조의5제1항에 따라 품질인정을 받은 경우에는 법 제52조의6제7항에 따라 국토교통부장관이 정하여 고시하는 품질인정서(이하 "품질인정서"라 한다)] 사본
　나. 강판의 두께, 도금 종류 및 도금 부착량이 표시된 강판생산업체의 품질검사증명서 사본
　다. 실물모형시험 결과가 표시된 복합자재 시험성적서(법 제52조의5제1항에 따라 품질인정을 받은 경우에는 품질인정서) 사본 <신설 2021.12.23., 2022.2.10>
2. 영 제62조제1항제2호의 경우: 별지 제2호서식. 이 경우 다음 각 목의 서류를 첨부할 것 <개정 2021.12.23./각목신설>

　가. 난연성능이 표시된 단열재 시험성적서 사본. 이 경우 단열재가 둘 이상의 재료로 제작된 경우에는 각 재료별로 첨부해야 한다.
　나. 실물모형시험 결과가 표시된 단열재 시험성적서(외벽의 마감재료가 둘 이상의 재료로 제작된 경우만 첨부한다) 사본
3. 영 제62조제1항제3호의 경우: 별지 제3호서식. 이 경우 연기, 불꽃 및 열을 차단할 수 있는 성능이 표시된 방화문 시험성적서(법 제52조의5제1항에 따라 품질인정을 받은 경우에는 품질인정서) 사본을 첨부할 것
3의2. 내화구조의 경우: 별지 제3호의2서식. 이 경우 내화성능 시간이 표시된 시험성적서(법 제52조의5제1항에 따라 품질인정을 받은 경우에는 품질인정서) 사본을 첨부할 것 <신설 2021.12.23>
4. 자동방화셔터의 경우: 별지 제4호서식. 이 경우 연기 및 불꽃을 차단할 수 있는 성능이 표시된 자동방화셔터 시험성적서(법 제52조의5제1항에 따라 품질인정을 받은 경우에는 품질인정서) 사본을 첨부할 것
5. 내화채움성능이 인정된 구조의 경우: 별지 제5호서식. 이 경우 연기, 불꽃 및 열을 차단할 수 있는 성능이 표시된 내화채움구조 시험성적서(법 제52조의5제1항에 따라 품질인정을 받은 경우에는 품질인정서) 사본을 첨부할 것
6. 방화댐퍼의 경우: 별지 제6호서식. 이 경우 「산업표준화법」에 따른 한국산업규격에서 정하는 방화댐퍼의 방연시험방법에 적합한 것을 증명하는 시험성적서 사본을 첨부할 것
③ 공사시공자는 법 제52조의4제1항에 따라 작성한 품질관리서의 내용과 같게 별지 제7호서식의 건축자재 품질관리서 대장을 작성하여 공사감리자에게 제출해야 한다.
④ 공사감리자는 제3항에 따라 제출받은 건축자재 품질관리서 대장의 내용과 영 제62조제3항에 따라 제출받은 품질관리서의 내용이 같은지를 확인하고 이를 영 제62조제4항에 따라 건축주에게 제출해야 한다.
⑤ 건축주는 제4항에 따라 제출받은 건축자재 품질관리서 대장을 영 제62조제4항에 따라 허가권자에게 제출해야 한다.
[전문개정 2019.10.24.]

제24조의4【건축자재 품질관리 정보 공개】 ① 법 제52조의4제2항에 따라 건축자재의 성능시험을 의뢰받은 시험기관의 장(이하 "건축자재 성능시험기관의 장"이라 한다)은 건축자재의 종류에 따라 국토교통부장관

이 정하여 고시하는 사항을 포함한 시험성적서(이하 "시험성적서"라 한다)를 성능시험을 의뢰한 제조업자 및 유통업자에게 발급해야 한다.

② 제1항에 따라 시험성적서를 발급한 건축자재 성능시험기관의 장은 그 발급일부터 7일 이내에 국토교통부장관이 정하여 고시하는 기관 또는 단체(이하 "기관 또는 단체"라 한다)에 시험성적서의 사본을 제출해야 한다. 다만, 다음 각 호의 어느 하나에 해당하는 경우에는 제외한다.

1. 건축자재의 성능시험을 의뢰한 제조업자 및 유통업자가 건축물에 사용하지 않을 목적으로 의뢰한 경우

2. 법에서 정하는 성능에 미달하여 건축물에 사용할 수 없는 경우

③ 제1항에 따라 시험성적서를 발급받은 건축자재의 제조업자 및 유통업자는 시험성적서를 발급받은 날부터 1개월 이내에 성능시험을 의뢰한 건축자재의 종류, 용도, 색상, 재질 및 규격을 기관 또는 단체에 통보해야 한다. 다만, 제2항 각 호의 어느 하나에 해당하는 경우는 제외한다.

④ 기관 또는 단체는 법 제52조의4제4항에 따라 다음 각 호의 사항을 해당 기관 또는 단체의 홈페이지 등에 게시하여 일반인이 알 수 있도록 해야 한다.

1. 제2항에 따라 제출받은 시험성적서의 사본

2. 제3항에 따라 통보받은 건축자재의 종류, 용도, 색상, 재질 및 규격

⑤ 기관 또는 단체는 국토교통부장관이 정하여 고시하는 시험성적서의 유효기간이 만료되기 1개월 전에 해당 시험성적서를 발급한 건축자재 성능시험기관의 장에게 그 사실을 알려야 한다.

⑥ 기관 또는 단체는 제5항에 따른 유효기간이 지난 시험성적서는 그 사실을 표시하여 해당 기관 또는 단체의 홈페이지 등에 게시해야 한다.

⑦ 기관 또는 단체는 제4항 및 제6항에 따른 정보 공개의 실적을 국토교통부장관에게 분기별로 보고해야 한다.

[본조신설 2019.10.24.]

제24조의5 【건축자재 표면에 정보를 표시해야 하는 단열재】 법 제52조의4제5항에서 "국토교통부령으로 정하는 단열재"란 영 제62조제1항제2호에 따른 단열재를 말한다.

[본조신설 2019.10.24.]

제24조의6 【품질인정 대상 복합자재 등】 ① 영 제63조의2제1호에서 "국토교통부령으로 정하는 강판과 심재로 이루어진 복합자재"란 강판과 단열재로 이루어진 복합자재를 말한다.

② 영 제63조의2제4호에서 "국토교통부령으로 정하는

건축자재와 내화구조"란 제3조제8호부터 제10호까지의 규정에 따른 내화구조를 말한다.

[본조신설 2021.12.23.]

제24조의7 【건축자재등의 품질인정 기준】 법 제52조의5 제1항에서 "국토교통부령으로 정하는 기준"이란 다음 각 호의 기준을 말한다.

1. 신청자의 제조현장을 확인한 결과 품질인정 또는 품질인정 유효기간의 연장을 신청한 자가 다음 각 목의 사항을 준수하고 있을 것

   가. 품질인정 또는 품질인정 유효기간의 연장 신청 시 신청자가 제출한 다음 각 목에 관한 기준(유효기간 연장 신청의 경우에는 인정받은 기준을 말한다)

   1) 원재료·완제품에 대한 품질관리기준

   2) 제조공정 관리 기준

   3) 제조·검사 장비의 교정기준

   나. 법 제52조의5제1항에 따른 건축자재등(이하 "건축자재등"이라 한다)에 대한 로트번호 부여

2. 건축자재등에 대한 시험 결과 건축자재등이 다음 각 목의 구분에 따른 품질기준을 충족할 것

   가. 영 제63조의2제1호의 복합자재: 제24조에 따른 난연성능

   나. 영 제63조의2제2호가목의 자동방화셔터: 제14조제2항제4호에 따른 자동방화셔터 설치기준

   다. 영 제63조의2제2호나목의 내화채움성능이 인정된 구조: 별표 1 제1호에 따른 내화시간(내화채움성능이 인정된 구조로 메워지는 구성 부재에 적용되는 내화시간을 말한다) 기준

   라. 영 제63조의2제3호의 방화문: 영 제64조제1항 각 호의 구분에 따른 연기, 불꽃 및 열 차단 시간

   마. 제24조의6제2항에 따른 내화구조: 별표 1에 따른 내화시간 성능기준

3. 그 밖에 국토교통부장관이 정하여 고시하는 품질인정과 관련된 기준을 충족할 것

[본조신설 2021.12.23.]

제24조의8 【건축자재등 품질인정 수수료】 ① 법 제52조의6제2항에 따른 수수료의 종류는 다음 각 호와 같다.

1. 품질인정 신청 수수료

2. 품질인정 유효기간 연장 신청 수수료

② 제1항에 따른 수수료는 별표 4와 같다.

③ 품질인정 또는 품질인정 유효기간의 연장을 신청하려는 자는 다음 각 호의 구분에 따른 시기에 수수료를 내야 한다.

1. 수수료 중 기본비용 및 추가비용: 품질인정 또는

품질인정 유효기간의 연장 신청을 하는 때

2. 수수료 중 출장비용 및 자문비용: 한국건설기술연구원장이 고지하는 납부시기

④ 한국건설기술연구원장은 다음 각 호의 어느 하나에 해당하는 경우에는 납부된 수수료의 전부 또는 일부를 반환해야 한다.

1. 품질인정 또는 품질인정 유효기간의 연장을 위한 시험·검사 등을 실시하기 전에 신청자가 신청을 철회한 경우

2. 신청을 반려한 경우

3. 수수료를 과오납(過誤納)한 경우

⑤ 수수료의 납부·반환 방법 및 반환 금액 등 수수료의 납부 및 반환에 필요한 세부사항은 국토교통부장관이 정하여 고시한다.

[본조신설 2021.12.23.]

제24조의9【품질인정자재등의 제조업자 등에 대한 점검】 ① 한국건설기술연구원장은 법 제52조의6제4항에 따라 매년 1회 이상 법 제52조의4제2항에 따른 시험기관의 시험장소, 법 제52조의6제4항에 따른 제조업자의 제조현장, 유통업자의 유통장소 및 건축공사장을 점검해야 한다.

② 한국건설기술연구원장은 제1항에 따라 제조현장 등을 점검하는 경우 다음 각 호의 사항을 확인해야 한다.

1. 법 제52조의4제2항에 따른 시험기관이 품질인정자재등과 관련하여 작성한 원시 데이터, 시험체 제작 및 확인 기록

2. 법 제52조의6제3항에 따른 품질인정자재등(이하 "품질인정자재등"이라 한다)의 품질인정 유효기간 및 품질인정표시

3. 제조업자가 작성한 납품확인서 및 품질관리서

4. 건축공사장에서의 시공 현황을 확인할 수 있는 다음 각 목의 서류

　가. 품질인정자재등의 세부 인정내용

　나. 설계도서 및 작업설명서

　다. 건축공사 감리에 관한 서류

　라. 그 밖에 시공 현황을 확인할 수 있는 서류로서 국토교통부장관이 정하여 고시하는 서류

③ 제1항에 따른 점검의 세부 절차 및 방법은 국토교통부장관이 정하여 고시한다.

[본조신설 2021.12.23.]

제25조【지하층의 구조】 ① 법 제53조에 따라 건축물에 설치하는 지하층의 구조 및 설비는 다음 각 호의 기준에 적합하여야 한다. <개정 2010.12.30>

1. 거실의 바닥면적이 50제곱미터 이상인 층에는 직통

계단외에 피난층 또는 지상으로 통하는 비상탈출구 및 환기통을 설치할 것. 다만, 직통계단이 2개소 이상 설치되어 있는 경우에는 그러하지 아니하다.

1의2. 제2종근린생활시설 중 공연장·단란주점·당구장·노래연습장, 문화 및 집회시설중 예식장·공연장, 수련시설 중 생활권수련시설·자연권수련시설, 숙박시설중 여관·여인숙, 위락시설중 단란주점·유흥주점 또는 「다중이용업소의 안전관리에 관한 특별법 시행령」 제2조에 따른 다중이용업의 용도에 쓰이는 층으로서 그 층의 거실의 바닥면적의 합계가 50제곱미터 이상인 건축물에는 직통계단을 2개소 이상 설치할 것

2. 바닥면적이 1천제곱미터 이상인 층에는 피난층 또는 지상으로 통하는 직통계단을 영 제46조의 규정에 의한 방화구획으로 구획되는 각 부분마다 1개소 이상 설치하되, 이를 피난계단 또는 특별피난계단의 구조로 할 것

3. 거실의 바닥면적의 합계가 1천제곱미터 이상인 층에는 환기설비를 설치할 것

4. 지하층의 바닥면적이 300제곱미터 이상인 층에는 식수공급을 위한 급수전을 1개소이상 설치할 것

② 제1항제1호에 따른 지하층의 비상탈출구는 다음 각호의 기준에 적합하여야 한다. 다만, 주택의 경우에는 그러하지 아니하다. <개정 2010.4.7>

1. 비상탈출구의 유효너비는 0.75미터 이상으로 하고, 유효높이는 1.5미터 이상으로 할 것

2. 비상탈출구의 문은 피난방향으로 열리도록 하고, 실내에서 항상 열 수 있는 구조로 하여야 하며, 내부 및 외부에는 비상탈출구의 표시를 할 것

3. 비상탈출구는 출입구로부터 3미터 이상 떨어진 곳에 설치할 것

4. 지하층의 바닥으로부터 비상탈출구의 아랫부분까지의 높이가 1.2미터 이상이 되는 경우에는 벽체에 발판의 너비가 20센티미터 이상인 사다리를 설치할 것

5. 비상탈출구는 피난층 또는 지상으로 통하는 복도나 직통계단에 직접 접하거나 통로 등으로 연결될 수 있도록 설치하여야 하며, 피난층 또는 지상으로 통하는 복도나 직통계단까지 이르는 피난통로의 유효너비는 0.75미터 이상으로 하고, 피난통로의 실내에 접하는 부분의 마감과 그 바탕은 불연재료로 할 것

6. 비상탈출구의 진입부분 및 피난통로에는 통행에 지장이 있는 물건을 방치하거나 시설물을 설치하지 아니할 것

7. 비상탈출구의 유도등과 피난통로의 비상조명등의 설치는 소방법령이 정하는 바에 의할 것

제26조【방화문의 구조】 영 제64조제1항에 따른 방화문

은 한국건설기술연구원장이 국토교통부장관이 정하여 고시하는 바에 따라 품질을 시험한 결과 영 제64조제1항 각 호의 기준에 따른 성능을 확보한 것이어야 한다. <개정 2021.12.23.>

1. 삭제 <2021.12.23.>

2. 삭제 <2021.12.23.>

[전문개정 2021.3.26]

제27조【신제품에 대한 인정기준에 따른 인정】① 한국건설기술연구원장은 제3조 및 제19조에 따라 성능기준을 판단하기 어려운 신개발품 또는 규격 이외 제품(이하 "신제품"이라 한다)에 대하여 성능인정을 하려는 경우에는 자문위원회(이하 "위원회"라 한다)의 심의를 거친 기준을 성능을 확인하기 위한 기준으로 정할 수 있다.

② 제1항에 따른 자문에 응하기 위하여 한국건설기술연구원에 관계 전문가로 구성된 위원회를 둔다.

③ 한국건설기술연구원장은 제1항에 따라 결정된 인정기준을 해당 신청인에게 지체 없이 통보하여야 하고, 한국건설기술연구원의 인터넷 홈페이지에 게시하여야 한다.

④ 제1항부터 제3항까지의 규정에 따른 성능인정 기준 및 절차, 위원회 운영 및 구성, 그 밖에 필요한 구체적인 사항은 한국건설기술연구원장이 정하는 바에 따른다.

[본조신설 2010.4.7]

제28조【인정기준의 제정·개정 신청】① 제27조에 따른 기준에 따라 성능인정을 받고자 하는 자는 한국건설기술연구원장에게 신제품에 대한 인정기준의 제정 또는 개정을 신청할 수 있다.

② 제1항에 따라 인정기준에 대한 제정 또는 개정 신청이 있는 경우에는 한국건설기술연구원장은 신청내용을 검토하여 신청일부터 30일 내에 제정·개정 추진 여부를 신청인에게 통보하여야 한다. 이 경우 인정기준을 제정·개정하지 않기로 한 경우에는 신청인에게 그 사유를 알려야 하며, 신청인이 이의가 있는 경우에는 다시 검토해 줄 것을 요청할 수 있다.

[본조신설 2010.4.7.]

제29조 삭제 <2018.10.18>

제30조【피난용 승강기의 설치기준】영 제91조제5호에서 "국토교통부령으로 정하는 구조 및 설비 등의 기준"이란 다음 각 호를 말한다. <개정 2014.3.5., 2018.10.18., 2021.3.26>

1. 피난용승강기 승강장의 구조

가. 승강장의 출입구를 제외한 부분은 해당 건축물의 다른 부분과 내화구조의 바닥 및 벽으로 구획

할 것

나. 승강장은 각 층의 내부와 연결될 수 있도록 하되, 그 출입구에는 60+방화문 또는 60분방화문을 설치할 것. 이 경우 방화문은 언제나 닫힌 상태를 유지할 수 있는 구조이어야 한다.

다. 실내에 접하는 부분(바닥 및 반자 등 실내에 면한 모든 부분을 말한다)의 마감(마감을 위한 바탕을 포함한다)은 불연재료로 할 것

라. ~ 바. 삭제 <2018.10.18.>

사. 삭제 <2014.3.5.>

아. 「건축물의 설비기준 등에 관한 규칙」 제14조에 따른 배연설비를 설치할 것. 다만, 「소방시설 설치·유지 및 안전관리에 법률 시행령」 별표 5 제5호가목에 따른 제연설비를 설치한 경우에는 배연설비를 설치하지 아니할 수 있다.

자. 삭제 <2014.3.5.>

2. 피난용승강기 승강로의 구조

가. 승강로는 해당 건축물의 다른 부분과 내화구조로 구획할 것

나. 삭제 <2018.10.18.>

다. 승강로 상부에 「건축물의 설비기준 등에 관한 규칙」 제14조에 따른 배연설비를 설치할 것

3. 피난용승강기 기계실의 구조

가. 출입구를 제외한 부분은 해당 건축물의 다른 부분과 내화구조의 바닥 및 벽으로 구획할 것

나. 출입구에는 60+방화문 또는 60분방화문을 설치할 것

4. 피난용승강기 전용 예비전원

가. 정전시 피난용승강기, 기계실, 승강장 및 폐쇄회로 텔레비전 등의 설비를 작동할 수 있는 별도의 예비전원 설비를 설치할 것

나. 가목에 따른 예비전원은 초고층 건축물의 경우에는 2시간 이상, 준초고층 건축물의 경우에는 1시간 이상 작동이 가능한 용량일 것

다. 상용전원과 예비전원의 공급을 자동 또는 수동으로 전환이 가능한 설비를 갖출 것

라. 전선관 및 배선은 고온에 견딜 수 있는 내열성 자재를 사용하고, 방수조치를 할 것

[본조신설 2012.1.6.]

제31조 삭제 <2015.10.7.>

부칙<국토교통부령 제548호, 2018.10.18>

이 규칙은 2018년 10월 18일부터 시행한다.

부칙<국토교통부령 제641호, 2019.8.6.>

제1조(시행일) 이 규칙은 공포한 날부터 시행한다. 다만, 다음 각 호의 개정규정은 다음 각 호의 구분에 따른 날부터 시행한다.
1. 제8조제1항·제2항, 제9조제2항제1호바목, 같은 항 제3호자목, 제14조제1항제2호 본문, 같은 항 제4호, 같은 조 제2항제1호 및 제24조제5항부터 제7항까지의 개정규정: 공포 후 3개월이 경과한 날
2. 제14조제2항제3호, 같은 조 제3항 및 제26조의 개정규정: 공포 후 2년이 경과한 날
3. 제18조의2의 개정규정: 2019년 10월 24일

제2조(직통계단의 설치기준에 관한 적용례) 제8조제2항의 개정규정은 부칙 제1조제1호에 따른 시행일 이후 법 제11조에 따른 건축허가(증축에 대한 건축허가는 영 제2조제2호의 증축 중 건축면적을 늘리는 경우에 대한 건축허가로 한정한다. 이하 이 조에서 같다)를 신청(건축허가를 신청하기 위해 법 제4조의2제1항에 따라 건축위원회에 심의를 신청하는 경우를 포함한다)하거나 법 제14조에 따른 건축신고를 하는 경우부터 적용한다.

제3조(피난계단 및 특별피난계단의 구조에 관한 적용례) 제9조제2항제1호바목 및 같은 항 제3호자목의 개정규정은 부칙 제1조제1호에 따른 시행일 이후 법 제11조에 따른 건축허가를 신청(건축허가를 신청하기 위해 법 제4조의2제1항에 따른 건축위원회에 심의를 신청하는 경우를 포함한다)하거나 법 제14조에 따른 건축신고를 하는 경우부터 적용한다.

제4조(방화구획의 설치기준에 관한 적용례) 제14조제1항제2호 본문, 같은 항 제4호 및 같은 조 제2항제1호·제3호의 개정규정은 부칙 제1조제1호 및 제2호에 따른 시행일 이후 법 제11조에 따른 건축허가 또는 대수선허가를 신청(건축허가 또는 대수선허가를 신청하기 위해 법 제4조의2제1항에 따라 건축위원회에 심의를 신청하는 경우를 포함한다)하거나 법 제14조에 따른 건축신고를 하는 경우부터 적용한다.

제5조(방화문의 기준에 관한 적용례) 제26조의 개정규정은 부칙 제1조제2호에 따른 시행일 이후 법 제11조에 따른 건축허가 또는 대수선허가를 신청(건축허가 또는 대수선허가를 신청하기 위해 법 제4조의2제1항에

따라 건축위원회에 심의를 신청하는 경우를 포함한다)하거나 법 제14조에 따른 건축신고를 하는 경우부터 적용한다.

부칙<국토교통부령 제665호, 2019.10.24.>

이 규칙은 공포한 날부터 시행한다. 다만, 다음 각 호의 구분에 따른 개정규정은 다음 각 호에서 정한 날부터 시행한다.
1. 제24조의2제3항의 개정규정: 공포 후 3개월이 경과한 날
2. 별표 1의 개정규정(지붕 관련 부분만 해당한다): 2020년 8월 15일

부칙<국토교통부령 제832호, 2021.3.26.>

제1조(시행일) 이 규칙은 2021년 8월 7일부터 시행한다. 다만, 다음 각 호의 개정규정은 각 호에서 정한 날부터 시행한다.
1. 제13조제1항·제2항 및 같은 조 제3항 각 호 외의 부분 및 같은 항 제4호의2의 개정규정: 2021년 4월 9일
2. 제14조제2항제2호, 같은 조 제4항, 제24조의3제1항, 같은 조 제2항제5호 및 별지 제5호서식의 개정규정: 공포 후 3개월이 경과한 날
3. 제14조제2항제4호의 개정규정: 2022년 1월 31일
4. 제24조제4항의 개정규정: 공포한 날

제2조(방화문 및 비상문자동개폐장치에 관한 적용례) 다음 각 호의 개정규정은 각 호의 구분에 따른 시행일 이후 법 제11조에 따른 건축허가의 신청(건축허가를 신청하기 위하여 법 제4조의2제1항에 따라 건축위원회에 심의를 신청하는 경우를 포함한다), 법 제14조에 따른 건축신고 또는 법 제19조에 따른 용도변경 허가(같은 조에 따른 용도변경 신고 또는 건축물대장 기재내용의 변경신청을 포함한다)의 신청을 하는 경우부터 적용한다.
1. 방화문에 관한 제9조제2항제1호바목, 같은 항 제2호나목, 같은 항 제3호자목, 제13조제3항제4호, 제14조제2항제1호, 제21조제1항제3호, 제23조제2항제1호, 제30조제1호나목 전단, 같은 조 제3호나목, 별지 제3호서식 및 별지 제4호서식의 개정규정: 2021년 8월 7일
2. 비상문자동개폐장치에 관한 제13조제1항제5호, 같은 조 제2항 후단 및 같은 조 제3항 각 호 외의 부분 및 같은 항 제4호의2의 개정규정: 2021년 4월 9일

부칙<국토교통부령 제868호, 2021.7.5.>

제1조(시행일) 이 규칙은 공포한 날부터 시행한다.

제2조(건축물의 방화유리창 설치에 관한 적용례) 제24조 제9항의 개정규정은 이 규칙 시행 이후 법 제11조에 따른 건축허가의 신청(건축허가를 신청하기 위해 법 제4조의2제1항에 따라 건축위원회에 심의를 신청하는 경우를 포함한다), 법 제14조에 따른 건축신고 또는 법 제19조에 따른 용도변경 허가를 신청(같은 조에 따른 용도변경 신고 및 건축물대장 기재내용의 변경 신청을 포함한다)하는 경우부터 적용한다.

부칙<국토교통부령 제882호, 2021.8.27.>
(어려운 법령용어 정비를 위한 80개 국토교통부령 일부개정령)

이 규칙은 공포한 날부터 시행한다. <단서 생략>

부칙<국토교통부령 제884호, 2021.9.3.>

제1조(시행일) 이 규칙은 2022년 2월 11일부터 시행한다.

제2조(건축물의 마감재료에 관한 적용례) 제24조제1항·제3항 및 제6항부터 제11항까지의 개정규정은 이 규칙 시행 이후 법 제11조에 따른 건축허가(법 제16조에 따른 변경허가 및 변경신고는 제외한다)의 신청(건축허가를 신청하기 위해 법 제4조의2제1항에 따라 건축위원회에 심의를 신청하는 경우를 포함한다), 법 제14조에 따른 건축신고(법 제16조에 따른 변경허가 및 변경신고는 제외한다) 또는 법 제19조에 따른 용도변경 허가(같은 조에 따른 용도변경 신고 또는 건축물대장 기재내용의 변경신청을 포함한다)의 신청을 하는 경우부터 적용한다. <개정 2022.2.10>

부칙<국토교통부령 제901호, 2021.10.15.>

이 규칙은 공포한 날부터 시행한다.

부칙<국토교통부령 제931호, 2021.12.23.>

제1조(시행일) 이 규칙은 2021년 12월 23일부터 시행한다. 다만, 제14조제2항제4호의 개정규정은 2022년 1월 31일부터 시행한다.

제2조(품질관리서의 첨부서류에 관한 적용례) 제24조의3 제2항제1호다목 및 제2호나목의 개정규정은 이 규칙 시행 이후 실물모형시험을 하는 복합자재 및 단열재에 대한 품질관리서를 제출하는 경우부터 적용한다.

부칙<국토교통부령 제1106호, 2022.2.10.>

이 규칙은 2022년 2월 11일부터 시행한다.

부칙<국토교통부령 제1123호, 2022.4.29>

제1조(시행일) 이 규칙은 공포한 날부터 시행한다.

제2조(피난구 덮개의 구조기준에 관한 적용례) 제14조제4항제1호의 개정규정은 이 규칙 시행 이후 다음 각 호의 신청이나 신고를 하는 경우부터 적용한다.
  1. 법 제11조에 따른 건축허가 또는 대수선허가(법 제16조에 따른 변경허가 및 변경신고를 포함한다)의 신청(건축허가 또는 대수선허가를 신청하기 위하여 법 제4조의2제1항에 따라 건축위원회에 심의를 신청한 경우를 포함한다)
  2. 법 제14조에 따른 건축신고(법 제16조에 따른 변경허가 및 변경신고를 포함한다)

부칙<국토교통부령 제1247호, 2023.8.31.>

이 규칙은 공포한 날부터 시행한다.

[별표 1] 〈신설 2010.4.7., 2019.10.24.〉

내화구조의 성능기준(제3조제8호 관련)

1. 일반기준

(단위 : 시간)

구성 부재 / 용도		벽							보·기둥	바닥	지붕·지붕틀
		외벽			내벽						
용도구분	용도규모 층수/최고 높이(m)	내력벽	비내력벽		내력벽	비내력벽		보·기둥	바닥	지붕·지붕틀	
		내력벽	연소우려가 있는 부분	연소우려가 없는 부분	내력벽	간막이벽	승강가·계단실의 수직벽				
일반시설 · 제1종 근린생활시설, 제2종 근린생활시설, 문화 및 집회시설, 종교시설, 판매시설, 운수시설, 교육연구시설, 노유자시설, 수련시설, 운동시설, 업무시설, 위락시설, 자동차관련시설(정비공장 제외), 동물 및 식물 관련 시설, 교정 및 군사 시설, 방송통신시설, 발전시설, 묘지관련시설, 관광 휴게시설, 장례시설	12/50 초과	3	1	0.5	3	2	2	3	2	1
	이하	2	1	0.5	2	1.5	1.5	2	2	0.5
	4/20 이하	1		0.5	1	1	1	1	1	0.5
주거시설 · 단독주택, 공동주택, 숙박시설, 의료시설	12/50 초과	2	1	0.5	2	2	2	3	2	1
	이하	2	1	0.5	2	1	1	2	2	0.5
	4/20 이하	1	1	0.5	1	1	1	1	1	0.5
산업시설 · 공장, 창고시설, 위험물저장 및 처리시설, 자동차관련시설 중 정비공장, 자연순환 관련 시설	12/50 초과	2	1.5	0.5	2	1.5	1.5	3	2	1
	이하	2	1	0.5	2	1	1	2	2	0.5
	4/20 이하	1	1	0.5	1	1	1	1	1	0.5

2. 적용기준

가. 용도

　1) 건축물이 하나 이상의 용도로 사용될 경우 위 표의 용도구분에 따른 기준 중 가장 높은 내화시간의 용도를 적용한다.

　2) 건축물의 부분별 높이 또는 층수가 다를 경우 최고 높이 또는 최고 층수를 기준으로 제1호에 따른 구성 부재별 내화시간을 건축물 전체에 동일하게 적용한다.

　3) 용도규모에서 건축물의 층수와 높이의 산정은 「건축법 시행령」 제119조에 따른다. 다만, 승강기탑, 계단탑, 망루, 장식탑, 옥탑 그 밖에 이와 유사한 부분은 건축물의 높이와 층수의 산정에서 제외한다.

나. 구성 부재

　1) 외벽 중 비내력벽으로서 연소우려가 있는 부분은 제22조제2항에 따른 부분을 말한다.

　2) 외벽 중 비내력벽으로서 연소우려가 없는 부분은 제22조제2항에 따른 부분을 제외한 부분을 말한다.

　3) 내벽 중 비내력벽인 간막이벽은 건축법령에 따라 내화구조로 해야 하는 벽을 말한다.

다. 그 밖의 기준

　1) 화재의 위험이 적은 제철·제강공장 등으로서 품질확보를 위해 불가피한 경우에는 지방건축위원회의 심의를 받아 주요구조부의 내화시간을 완화하여 적용할 수 있다.

　2) 외벽의 내화성능 시험은 건축물 내부면을 가열하는 것으로 한다.

[별표 1의2] 〈신설 2012.1.6〉
피난안전구역의 면적 산정기준(제8조의2제3항제7호 관련)

1. 피난안전구역의 면적은 다음 산식에 따라 산정한다.

   (피난안전구역 윗층의 재실자 수 × 0.5) × 0.28㎡

   가. 피난안전구역 윗층의 재실자 수는 해당 피난안전구역과 다음 피난안전구역 사이의 용도별 바닥면적을 사용 형태별 재실자 밀도로 나눈 값의 합계를 말한다. 다만, 문화·집회용도 중 벤치형 좌석을 사용하는 공간과 고정좌석을 사용하는 공간은 다음의 구분에 따라 피난안전구역 윗층의 재실자 수를 산정한다.
      1) 벤치형 좌석을 사용하는 공간: 좌석길이 / 45.5㎝
      2) 고정좌석을 사용하는 공간: 휠체어 공간 수 + 고정좌석 수
   나. 피난안전구역 설치 대상 건축물의 용도에 따른 사용 형태별 재실자 밀도는 다음 표와 같다.

용 도	사용 형태별		재실자 밀도
문화·집회	고정좌석을 사용하지 않는 공간		0.45
	고정좌석이 아닌 의자를 사용하는 공간		1.29
	벤치형 좌석을 사용하는 공간		–
	고정좌석을 사용하는 공간		–
	무대		1.40
	게임제공업 등의 공간		1.02
운동	운동시설		4.60
교육	도서관	서고	9.30
		열람실	4.60
	학교 및 학원	교실	1.90
보육	보호시설		3.30
의료	입원치료구역		22.3
	수면구역		11.1
교정	교정시설 및 보호관찰소 등		11.1
주거	호텔 등 숙박시설		18.6
	공동주택		18.6
업무	업무시설, 운수시설 및 관련 시설		9.30
판매	지하층 및 1층		2.80
	그 외의 층		5.60
	배송공간		27.9
저장	창고, 자동차 관련 시설		46.5
산업	공장		9.30
	제조업 시설		18.6

   ※ 계단실, 승강로, 복도 및 화장실은 사용 형태별 재실자 밀도의 산정에서 제외하고, 취사장·조리장의 사용 형태별 재실자 밀도는 9.30으로 본다.

2. 피난안전구역 설치 대상 용도에 대한 「건축법 시행령」 별표 1에 따른 용도별 건축물의 종류는 다음 표와 같다.

용도	용도별 건축물
문화·집회	문화 및 집회시설(공연장·집회장·관람장·전시장만 해당한다), 종교시설, 위락시설, 제1종 근린생활시설 및 제2종 근린생활시설 중 휴게음식점·제과점·일반음식점 등 음식·음료를 제공하는 시설, 제2종 근린생활시설 중 공연장·종교집회장·게임제공업 시설, 그 밖에 이와 비슷한 문화·집회시설
운동	운동시설, 제1종 근린생활시설 및 제2종 근린생활시설 중 운동시설
교육	교육연구시설, 수련시설, 자동차 관련 시설 중 운전학원 및 정비학원, 제2종 근린생활시설 중 학원·직업훈련소·독서실, 그 밖에 이와 비슷한 교육시설
보육	노유자시설, 제1종 근린생활시설 중 지역아동센터
의료	의료시설, 제1종 근린생활시설 중 의원, 치과의원, 한의원, 침술원, 접골원(接骨院), 조산원 및 안마원
교정	교정 및 군사시설
주거	공동주택 및 숙박시설
업무	업무시설, 운수시설, 제1종 근린생활시설과 제2종 근린생활시설 중 지역자치센터·파출소·사무소·이용원·미용원·목욕장·세탁소·기원·사진관·표구점, 그 밖에 이와 비슷한 업무시설
판매	판매시설(게임제공업 시설 등은 제외한다), 제1종 근린생활시설 중 수퍼마켓과 일용품 등의 소매점
저장	창고시설, 자동차 관련 시설(운전학원 및 정비학원은 제외한다)
산업	공장, 제2종 근린생활시설 중 제조업 시설

[별표 1의3] 〈개정 2012.1.6〉

거실의 용도에 따른 조도기준(제17조제1항관련)

조도구분 거실의 용도구분		바닥에서 85센티미터의 높이에 있는 수평면의 조도(룩스)
1. 거주	독서·식사·조리	150
	기타	70
2. 집무	설계·제도·계산	700
	일반사무	300
	기타	150
3. 작업	검사·시험·정밀검사·수술	700
	일반작업·제조·판매	300
	포장·세척	150
	기타	70
4. 집회	회의	300
	집회	150
	공연·관람	70
5. 오락	오락일반	150
	기타	30
6. 기타		1란 내지 5란 중 가장 유사한 용도에 관한 기준을 적용한다.

[별표 2] 〈개정 2010.12.30〉

내화구조의 적용이 제외되는 공장의 업종(제20조의2 관련)

분류번호	업 종
10301	과실 및 채소 절임식품 제조업
10309	기타 과일·채소 가공 및 저장처리업
11201	얼음 제조업
11202	생수 제조업
11209	기타 비알콜음료 제조업
23110	판유리 제조업
23122	판유리 가공품 제조업
23221	구조용 정형내화제품 제조업
23229	기타 내화요업제품 제조업
23231	점토벽돌, 블록 및 유사 비내화 요업제품 제조업
23232	타일 및 유사 비내화 요업제품 제조업
23239	기타 구조용 비내화 요업제품 제조업
23911	건설용 석제품 제조업
23919	기타 석제품 제조업
24111	제철업
24112	제강업
24113	합금철 제조업
24119	기타 제철 및 제강업
24211	동 제련, 정련 및 합금 제조업
24212	알루미늄 제련, 정련 및 합금 제조업
24213	연 및 아연 제련, 정련 및 합금 제조업
24219	기타 비철금속 제련, 정련 및 합금 제조업
24311	선철주물 주조업
24312	강주물 주조업
24321	알루미늄주물 주조업
24322	동주물 주조업
24329	기타 비철금속 주조업
28421	운송장비용 조명장치 제조업
29172	공기조화장치 제조업
30310	자동차 엔진용 부품 제조업
30320	자동차 차체용 부품 제조업
30391	자동차용 동력전달 장치 제조업
30392	자동차용 전기장치 제조업

주: 분류번호는 「통계법」 제17조에 따라 통계청장이 고시하는 한국표준산업분류에 의한 분류번호를 말한다.

[별표 3] 〈개정 2014.3.5〉

화재위험이 적은 공장(제24조의2제1항관련)

분류번호	업 종
10121	가금류 가공 및 저장처리업
10129	기타 육류 가공 및 저장처리업
10211	수산동물 훈제, 조리 및 유사 조제식품 제조업
10212	수산동물 건조 및 염장품 제조업
10213	수산동물 냉동품 제조업
10219	기타 수산동물 가공 및 저장처리업
10220	수산식물 가공 및 저장처리업
10301	과실 및 채소 절임식품 제조업
10309	기타 과일·채소 가공 및 저장처리업
10743	장류 제조업
11201	얼음 제조업
11202	생수 생산업
11209	기타 비알콜음료 제조업
23110	판유리 제조업
23122	판유리 가공품 제조업
23192	포장용 유리용기 제조업
23221	구조용 정형내화제품 제조업
23229	기타 내화요업제품 제조업
23231	점토 벽돌, 블록 및 유사 비내화 요업제품 제조업
23232	타일 및 유사 비내화 요업제품 제조업
23239	기타 구조용 비내화 요업제품 제조업
23311	시멘트 제조업
23312	석회 및 플라스터 제조업
23323	플라스터 제품 제조업
23325	콘크리트 타일, 기와, 벽돌 및 블록 제조업
23326	콘크리트관 및 기타 구조용 콘크리트제품 제조업
23329	그외 기타 콘크리트 제품 및 유사제품 제조업
23911	건설용 석제품 제조업
23919	기타 석제품 제조업
24111	제철업
24112	제강업
24113	합금철 제조업
24119	기타 제철 및 제강업
24211	동 제련, 정련 및 합금 제조업
24212	알루미늄 제련, 정련 및 합금 제조업
24213	연 및 아연 제련, 정련 및 합금 제조업
24219	기타 비철금속 제련, 정련 및 합금 제조업
24311	선철주물 주조업
24312	강주물 주조업
24321	알루미늄주물 주조업
24322	동주물 주조업
24329	기타 비철금속 주조업
25112	구조용 금속판제품 및 금속공작물 제조업
25113	금속 조립구조재 제조업
25119	기타 구조용 금속제품 제조업
28421	운송장비용 조명장치 제조업
29172	공기조화장치 제조업
30310	자동차 엔진용 부품 제조업
30320	자동차 차체용 부품 제조업
30391	자동차용 동력전달 장치 제조업
30392	자동차용 전기장치 제조업

비고: 분류번호는 「통계법」 제17조에 따라 통계청장이 고시하는 한국표준산업분류에 따른 분류번호를 말한다.

[별표 4] 〈신설 2021.12.23〉

건축자재등 품질인정 수수료(제24조의8제2항관련)

1. 품질인정 신청 수수료
   가. 복합자재·방화문 및 자동방화셔터: 다음의 금액을 합산한 금액
   1) 기본비용: 다음의 금액을 합산한 금액
   (1) 특급기술자의 노임단가에 8.7을 곱한 금액과 고급기술자의 노임단가에 16.2를 곱한 금액 및 중급 기술자의 노임단가에 5.8을 곱한 금액을 모두 합산한 금액
   (2) 시험·검사 등에 드는 비용으로서 국토교통부장관이 정하여 고시하는 금액
   2) 추가비용: 기본비용에 0.6을 곱한 금액
   3) 출장비용: 출장자가 소속된 기관의 여비 규정에 따른 금액
   4) 자문비용: 특급기술자의 노임단가에 5.2를 곱한 금액과 고급기술자의 노임단가에 20.8을 곱한 금액과 중급기술자의 노임단가에 1.0을 곱한 금액 모두를 합산한 금액
   나. 내화구조 및 내화채움구조: 다음의 금액을 합산한 금액
   1) 기본비용: 다음의 금액을 합산한 금액
   (1) 특급기술자의 노임단가에 9.0을 곱한 금액과 고급기술자의 노임단가에 23.2를 곱한 금액 및 중급 기술자의 노임단가에 5.8을 곱한 금액을 모두 합산한 금액
   (2) 시험·검사 등에 드는 비용으로서 국토교통부장관이 정하여 고시하는 금액
   2) 추가비용: 기본비용에 0.6을 곱한 금액
   3) 출장비용: 가목3)에 따른 비용
   4) 자문비용: 가목4)에 따른 비용

2. 품질인정 유효기간 연장 신청 수수료
   가. 복합자재·방화문 및 자동방화셔터: 다음의 금액을 합산한 금액
   1) 기본비용: 다음의 금액을 합산한 금액
   (1) 특급기술자의 노임단가에 6.2를 곱한 금액과 고급기술자의 노임단가에 11.3을 곱한 금액 및 중급 기술자의 노임단가에 5.8을 곱한 금액을 모두 합산한 금액
   (2) 시험·검사 등에 드는 비용으로서 국토교통부장관이 정하여 고시하는 금액
   2) 추가비용: 기본비용에 0.6을 곱한 금액
   3) 출장비용: 제1호가목3)에 따른 비용
   4) 자문비용: 제1호가목4)에 따른 비용
   나. 내화구조 및 내화채움구조: 다음의 금액을 합산한 금액
   1) 기본비용: 다음의 금액을 합산한 금액
   (1) 특급기술자의 노임단가에 7.2를 곱한 금액과 고급기술자의 노임단가에 15.0을 곱한 금액 및 중급 기술자의 노임단가에 5.8을 곱한 금액을 모두 합산한 금액
   (2) 시험·검사 등에 드는 비용으로서 국토교통부장관이 정하여 고시하는 금액
   2) 추가비용: 기본비용에 0.6을 곱한 금액
   3) 출장비용: 제1호가목3)에 따른 비용
   4) 자문비용: 제1호가목4)에 따른 비용

비고
1. 노임단가는 「통계법」 제27조제1항에 따라 한국엔지니어링진흥협회가 조사·공표하는 임금단가를 8시간으로 나눈 금액을 말한다.
2. 추가비용은 둘 이상의 건축자재등에 대해 품질인정 또는 품질인정 유효기간의 연장을 신청하는 경우의 두 번째 건축자재등부터 산정하여 합산한다.
3. 자문비용은 품질인정 과정에서 외부 전문가의 자문을 받은 경우에만 합산한다.

7. 건축물관리법

[법률 제19367호, 개정 2023.4.18]

제　　정 2019. 4.30. 법률 제16416호
타법개정 2020. 3.24. 법률 제17091호
타법개정 2020. 3.31. 법률 제17171호
일부개정 2020. 4. 7. 법률 제17222호
타법개정 2020. 6. 9. 법률 제17447호
타법개정 2020. 6. 9. 법률 제17453호
타법개정 2020. 6. 9. 법률 제17459호
타법개정 2020. 5.19. 법률 제17289호
타법개정 2020.12.29. 법률 제17799호
타법개정 2021. 3.16. 법률 제17939호
일부개정 2021. 7.27. 법률 제18340호
일부개정 2022. 2. 3. 법률 제18824호
일부개정 2022. 6.10. 법률 제18934호
타법개정 2022.11.15. 법률 제19045호
일부개정 2023. 4.18. 법률 제19367호

※제정이유(2019.4.30.)
실태조사, 건축물 생애이력 정보체계 구축 등 건축물관리 기반 구축에 필요한 사항을 정하고, 정기점검, 긴급점검 등의 대상, 방법, 절차 등 건축물관리점검 및 조치를 위하여 필요한 사항을 정하며, 그 밖에 건축물 해체 시 허가 절차와 건축물관리 지원, 빈 건축물 정비, 공공건축물 재난예방 등 건축물의 안전을 확보하고 그 사용가치를 유지·향상하기 위하여 필요한 사항을 정하여 건축물을 과학적이고 체계적으로 관리함으로써 국민의 안전과 복리증진에 이바지하려는 것임.

제1장 총칙

제1조 【목적】 이 법은 건축물의 안전을 확보하고 편리·쾌적·미관·기능 등 사용가치를 유지·향상시키기 위하여 필요한 사항과 안전하게 해체하는 데 필요한 사항을 정하여 건축물의 생애 동안 과학적이고 체계적으로 관리함으로써 국민의 안전과 복리증진에 이바지함을 목적으로 한다.

제2조 【정의】 이 법에서 사용하는 용어의 뜻은 다음과 같다.
  1. "건축물"이란 「건축법」 제2조제1항제2호에 따른 건축물을 말한다. 다만, 「건축법」 제3조제1항 각 호의 어느 하나에 해당하는 건축물은 제외한다.
  2. "건축물관리"란 관리자가 해당 건축물이 멸실될 때까지 유지·점검·보수·보강 또는 해체하는 행위를 말한다.
  3. "관리자"란 관계 법령에 따라 해당 건축물의 관리자로 규정된 자 또는 해당 건축물의 소유자를 말한다. 이 경우 해당 건축물의 소유자와의 관리계약 등에 따라 건축물의 관리책임을 진 자는 관리자로

본다.
  4. "생애이력 정보"란 건축물의 기획·설계, 시공, 유지관리, 멸실 등 건축물의 생애 동안에 생산되는 문서정보와 도면정보 등을 말한다.
  5. "건축물관리계획"이란 건축물의 안전을 확보하고 사용가치를 유지·향상시키기 위하여 제11조에 따라 수립되는 계획을 말한다.
  6. "화재안전성능보강"이란 「건축법」 제22조에 따른 사용승인(이하 "사용승인"이라 한다)을 받은 건축물에 대하여 마감재의 교체, 방화구획의 보완, 스프링클러 등 소화설비의 설치 등 화재안전시설·설비의 보강을 통하여 화재 시 건축물의 안전성능을 개선하는 모든 행위를 말한다.
  7. "해체"란 건축물을 건축·대수선·리모델링하거나 멸실시키기 위하여 건축물 전체 또는 일부를 파괴하거나 절단하여 제거하는 것을 말한다.
  8. "멸실"이란 건축물이 해체, 노후화 및 재해 등으로 효용 및 형체를 완전히 상실한 상태를 말한다.

제3조 【국가 및 지방자치단체의 책무】 ① 국가와 지방자치단체는 건축물관리기술의 향상과 관련 산업의 진흥, 건축물 안전 등 건축물관리에 관한 종합적인 시책을 세우고, 이에 필요한 행정적·재정적 지원방안을 마련하여야 한다. <개정 2022.2.3.>
  ② 국가와 지방자치단체는 건축물관리에 대한 국민의 인식을 제고하기 위하여 필요한 교육·홍보를 활성화하도록 노력하여야 한다.

제4조 【관리자 등의 의무】 ① 관리자는 건축물의 기능을 보전·향상시키고 이용자의 편의와 안전성을 높이기 위하여 노력하여야 한다.
  ② 관리자는 매년 소관 건축물의 관리에 필요한 재원을 확보하도록 노력하여야 한다.
  ③ 관리자 또는 임차인은 국가 및 지방자치단체의 건축물 안전 및 유지관리 활동에 적극 협조하여야 한다.
  ④ 임차인은 관리자의 업무에 적극 협조하여야 한다.

제5조 【다른 법률과의 관계】 건축물관리에 관하여 다른 법률에 특별한 규정이 있는 경우를 제외하고는 이 법에서 정하는 바에 따른다.

제2장 건축물관리 기반 구축

제6조 【실태조사】 ① 국토교통부장관, 특별자치시장·특별자치도지사 또는 시장·군수·구청장(자치구의 구청장을 말하며, 이하 같다)은 건축물관리에 관한 정책의 수립과 시행에 필요한 기초자료를 확보하기 위하여 다음

각 호의 사항에 관한 실태조사를 할 수 있다. 이 경우 관계 중앙행정기관의 장의 요청이 있는 때에는 합동으로 실태조사를 할 수 있다.

1. 건축물 용도별·규모별 현황
2. 건축물의 내진설계 및 내진능력 적용 현황
3. 건축물의 화재안전성능 및 보강 현황
4. 건축물의 유지관리 현황
5. 그 밖에 건축물관리에 관한 정책의 수립을 위하여 조사가 필요한 사항

② 국토교통부장관은 건축물관리와 관련된 중앙행정기관의 장, 지방자치단체의 장, 「공공기관의 운영에 관한 법률」 제4조에 따른 공공기관(이하 "공공기관"이라 한다)의 장 또는 관리자에게 제1항에 따른 실태조사에 필요한 자료의 제출을 요청할 수 있다. 이 경우 자료제출을 요청받은 자는 특별한 사유가 없으면 이에 따라야 한다.

③ 제1항에 따른 실태조사의 방법 등에 관한 사항은 국토교통부령으로 정한다.

제7조【건축물 생애이력 정보체계 구축 등】① 국토교통부장관은 건축물을 효과적으로 유지관리하기 위하여 다음 각 호의 내용을 포함한 건축물 생애이력 정보체계를 구축할 수 있다.

1. 제10조에 따른 건축물관리 관련 정보
2. 건축물관리계획
3. 제13조에 따른 정기점검 결과
4. 제14조에 따른 긴급점검 결과
5. 제15조에 따른 소규모 노후 건축물등 점검 결과
6. 제16조에 따른 안전진단 결과
7. 제33조에 따른 건축물 해체공사 결과
8. 「건축법」 제48조의3에 따른 건축물 내진능력
9. 「녹색건축물 조성 지원법」 제10조에 따른 건축물 에너지·온실가스 정보
10. 그 밖에 대통령령으로 정하는 사항

② 국토교통부장관이 제1항에 따른 건축물 생애이력 정보체계를 구축할 때에는 「건축법」 제32조제1항에 따른 전자정보처리 시스템과 연계가 가능하도록 하여야 한다.

③ 국토교통부장관은 다음 각 호의 자료 또는 정보를 보유 또는 관리하는 자에게 건축물 생애이력 정보체계의 구축·운영에 필요한 자료 또는 정보의 제공을 요청할 수 있다. 이 경우 자료 또는 정보의 제공을 요청받은 자는 특별한 사유가 없으면 이에 따라야 한다. <개정 2020.3.31., 2021.11.30.>

1. 「시설물의 안전 및 유지관리에 관한 특별법」 제55조에 따른 시설물의 안전 및 유지관리에 관한 정보

2. 「소방시설 설치 및 관리에 관한 법률」 제22조에 따른 소방시설등의 자체점검 등에 관한 정보
3. 「수도법」 제33조에 따른 위생상의 조치에 관한 정보
4. 「승강기 안전관리법」 제28조 및 제32조에 따른 승강기 설치검사 및 안전검사에 관한 정보
5. 「에너지이용 합리화법」 제39조에 따른 검사대상기기의 검사에 관한 정보
6. 「전기안전관리법」 제12조에 따른 일반용 전기설비의 점검에 관한 정보
7. 「하수도법」 제39조에 따른 개인하수처리시설의 운영·관리에 관한 정보
8. 「자연재해대책법」 제34조에 따라 구축된 재해정보
9. 그 밖에 대통령령으로 정하는 사항

④ 제3항에 따른 자료 또는 정보의 요청 절차, 제출 방법 등 필요한 사항은 국토교통부령으로 정한다.

제8조【건축물 생애이력 정보의 공개 및 활용】① 국토교통부장관, 특별자치시장·특별자치도지사 또는 시장·군수·구청장은 적절한 건축물관리를 장려하기 위하여 건축물 생애이력 정보를 다음 각 호의 어느 하나에 해당하는 방법으로 공개할 수 있다.

1. 제7조제1항에 따라 구축한 건축물 생애이력 정보체계
2. 「정보통신망 이용촉진 및 정보보호 등에 관한 법률」 제2조제1항제3호에 따른 정보통신서비스 제공자 또는 국토교통부장관이 지정하는 기관·단체가 운영하는 인터넷 홈페이지

② 「공인중개사법」 제2조제4호에 따른 개업공인중개사가 건축물을 중개할 때에는 거래당사자가 중개대상 건축물의 생애이력 정보를 확인할 수 있도록 안내할 수 있다.

제9조【건축물 생애관리대장】① 특별자치시장·특별자치도지사 또는 시장·군수·구청장은 건축물관리 상태를 확인하기 위하여 다음 각 호의 어느 하나에 해당하는 경우 건축물 생애관리대장에 건축물관리 현황에 관한 정보를 작성하여 보관하여야 한다.

1. 제13조에 따른 정기점검이 실시된 경우
2. 제14조에 따른 긴급점검이 실시된 경우
3. 제15조에 따른 소규모 노후 건축물등 점검이 실시된 경우
4. 제16조에 따른 안전진단이 실시된 경우
5. 제30조에 따른 건축물 해체공사가 실시된 경우
6. 그 밖에 대통령령으로 정하는 경우

② 제1항에 따른 건축물 생애관리대장의 서식, 기재내용, 기재 절차, 그 밖에 필요한 사항은 국토교통부령으로 정한다.

제10조【건축물관리 관련 정보의 보관 및 제공】① 관리자는 체계적인 건축물관리를 위하여 제9조제1항 각 호의 어느 하나에 해당하는 경우 대통령령으로 정하는 바에 따라 해당 건축물의 점검·보수·보강 등의 건축물관리 관련 정보를 기록·보관·유지하여야 한다.

② 관리자는 제13조에 따른 정기점검, 제14조에 따른 긴급점검, 제16조에 따른 안전진단을 실시하기 위하여 필요한 때에는 특별자치시장·특별자치도지사 또는 시장·군수·구청장에게 해당 건축물의 설계도서 등 건축물관리 관련 정보의 제공을 요청할 수 있다. 이 경우 특별자치시장·특별자치도지사 또는 시장·군수·구청장은 특별한 사유가 없으면 해당 정보를 제공하여야 한다.

제3장 건축물관리점검 및 조치

제11조【건축물관리계획의 수립 등】① 사용승인을 받고자 하는 건축물이 「건설산업기본법」 제41조에 따라 건설사업자가 시공하여야 하는 건축물인 경우 해당 건축물의 건축주는 건축물관리계획을 수립하여 사용승인 신청 시 특별자치시장·특별자치도지사 또는 시장·군수·구청장에게 제출하여야 한다. 다만, 다음 각 호의 어느 하나에 해당하는 건축물은 그러하지 아니하다. <개정 2019.4.30., 2022.11.15.>

1. 「건축법」 제2조제2항제21호에 따른 동물 및 식물 관련 시설
2. 「건축법」 제2조제2항제23호에 따른 교정(矯正)시설
3. 「건축법」 제2조제2항제24호에 따른 국방·군사시설
4. 「공동주택관리법」 제2조제1항제2호에 따른 의무관리대상 공동주택
5. 그 밖에 대통령령으로 정하는 건축물

② 제1항에 따른 건축물관리계획은 다음 각 호의 내용을 포함하여 작성하여야 하며, 건축물관리계획의 구체적인 작성기준은 국토교통부장관이 정하여 고시한다.

1. 건축물의 현황에 관한 사항
2. 건축주, 설계자, 시공자, 감리자에 관한 사항
3. 건축물 마감재 및 건축물에 부착된 제품에 관한 사항
4. 건축물 장기수선계획에 관한 사항
5. 건축물 화재 및 피난안전에 관한 사항

6. 건축물 구조안전 및 내진능력에 관한 사항
7. 에너지 및 친환경 성능관리에 관한 사항
8. 그 밖에 대통령령으로 정하는 사항

③ 특별자치시장·특별자치도지사 또는 시장·군수·구청장은 제1항에 따른 건축물관리계획의 적절성을 검토하여 해당 건축물의 건축주 또는 관리자에게 건축물관리계획의 보완을 요구할 수 있다.

④ 특별자치시장·특별자치도지사 또는 시장·군수·구청장은 제3항에 따른 건축물관리계획의 적절성 검토 결과를 제7조에 따른 건축물 생애이력 정보체계에 등록하여야 한다.

⑤ 관리자는 건축물관리계획을 3년마다 검토하고, 필요한 경우 이를 국토교통부령으로 정하는 바에 따라 조정하여야 하며, 수립 또는 조정된 건축물관리계획에 따라 주요시설을 교체하거나 보수하여야 한다.

⑥ 관리자는 제5항에 따라 건축물관리계획을 조정한 경우 또는 국토교통부령으로 정하는 바에 따라 건축물의 주요 부분을 수선·변경하거나 증설하는 경우에는 제7조에 따른 건축물 생애이력 정보체계에 조치결과를 입력하여야 한다.

⑦ 특별자치시장·특별자치도지사 또는 시장·군수·구청장은 제3항에 따른 건축물관리계획의 적절성 검토를 대통령령으로 정하는 기관이나 단체에 위탁 또는 대행하게 할 수 있다.

제12조【건축물의 유지·관리】① 관리자는 건축물, 대지 및 건축설비를 「건축법」 제40조부터 제48조까지, 제48조의4, 제49조, 제50조, 제50조의2, 제51조, 제52조, 제52조의2, 제53조, 제53조의2, 제54조부터 제58조까지, 제60조부터 제62조까지, 제64조, 제65조의2, 제67조 및 제68조와 「녹색건축물 조성 지원법」 제15조, 제15조의2, 제16조 및 제17조에 적합하도록 관리하여야 한다. 이 경우 「건축법」 제65조의2 및 「녹색건축물 조성 지원법」 제16조·제17조는 인증을 받은 경우로 한정한다.

② 건축물의 구조, 재료, 형식, 공법 등이 특수한 건축물 중 대통령령으로 정하는 건축물은 제1항 또는 제13조부터 제15조까지의 규정을 적용할 때 대통령령으로 정하는 바에 따라 건축물관리 방법·절차 및 점검기준을 강화 또는 변경하여 적용할 수 있다.

제13조【정기점검의 실시】① 다중이용 건축물 등 대통령령으로 정하는 건축물의 관리자는 건축물의 안전과 기능을 유지하기 위하여 정기점검을 실시하여야 한다.

② 정기점검은 대지, 높이 및 형태, 구조안전, 화재안전, 건축설비, 에너지 및 친환경 관리, 범죄예방, 건축물관리계획의 수립 및 이행 여부 등 대통령령으로 정

하는 항목에 대하여 실시한다. 다만, 해당 연도에 「도시 및 주거환경정비법」, 「공동주택관리법」 또는 「시설물의 안전 및 유지관리에 관한 특별법」에 따른 안전점검 또는 안전진단이 실시된 경우에는 정기점검 중 구조안전에 관한 사항을 생략할 수 있다.

③ 제1항에 따른 정기점검은 해당 건축물의 사용승인 일부터 5년 이내에 최초로 실시하고, 점검을 시작한 날을 기준으로 3년(매 3년이 되는 해의 기준일과 같은 날 전날까지를 말한다)마다 실시하여야 한다.

④ 정기점검의 실시 절차 및 방법 등 필요한 사항은 대통령령으로 정한다.

제14조【긴급점검의 실시】① 특별자치시장·특별자치도지사 또는 시장·군수·구청장은 다음 각 호의 어느 하나에 해당하는 경우 해당 건축물의 관리자에게 건축물의 구조안전, 화재안전 등을 점검하도록 요구하여야 한다.

1. 재난 등으로부터 건축물의 안전을 확보하기 위하여 점검이 필요하다고 인정되는 경우
2. 건축물의 노후화가 심각하여 안전에 취약하다고 인정되는 경우
3. 그 밖에 대통령령으로 정하는 경우

제15조【소규모 노후 건축물등 점검의 실시】①특별자치시장·특별자치도지사 또는 시장·군수·구청장은 다음 각 호의 어느 하나에 해당하는 건축물 중 안전에 취약하거나 재난의 위험이 있다고 판단되는 건축물을 대상으로 구조안전, 화재안전 및 에너지성능 등을 점검할 수 있다.

1. 사용승인 후 30년 이상 지난 건축물 중 조례로 정하는 규모의 건축물
2. 「건축법」 제2조제2항제11호에 따른 노유자시설
3. 「장애인·고령자 등 주거약자 지원에 관한 법률」 제2조제2호에 따른 주거약자용 주택
4. 그 밖에 대통령령으로 정하는 건축물

② 특별자치시장·특별자치도지사 또는 시장·군수·구청장은 제1항에 따른 점검(이하 "소규모 노후 건축물등 점검"이라 한다)결과를 해당 관리자에게 제공하고 점검결과에 대한 개선방안 등을 제시하여야 한다.

③ 특별자치시장·특별자치도지사 또는 시장·군수·구청장은 소규모 노후 건축물등 점검결과에 따라 보수·보강 등에 필요한 비용의 전부 또는 일부를 보조하거나 융자할 수 있으며, 보수·보강 등에 필요한 기술적 지원을 할 수 있다.

④ 소규모 노후 건축물등 점검의 실시 절차 및 방법 등 필요한 사항은 대통령령으로 정한다.

제16조【안전진단의 실시】① 관리자는 제13조에 따른 정기점검, 제14조에 따른 긴급점검 또는 제15조에 따른 소규모 노후 건축물등 점검을 실시한 결과, 건축물의 안전성 확보를 위하여 필요하다고 인정되는 경우 건축물의 안전성 결함의 원인 등을 조사·측정·평가하여 보수·보강 등의 방안을 제시하는 진단을 실시하여야 한다.

② 특별자치시장·특별자치도지사 또는 시장·군수·구청장은 다음 각 호의 어느 하나에 해당하는 경우 해당 관리자에게 제1항에 따른 진단(이하 "안전진단"이라 한다)을 실시할 것을 요구할 수 있다. 이 경우 요구를 받은 자는 특별한 사유가 없으면 이에 따라야 한다. <개정 2020.6.9.>

1. 건축물에 중대한 결함이 발생한 경우
2. 건축물의 붕괴·전도 등이 발생할 위험이 있다고 판단하는 경우
3. 재난 예방을 위하여 안전진단이 필요하다고 인정되는 경우
4. 그 밖에 건축물의 성능이 낮아져 공중의 안전을 침해할 우려가 있는 것으로 대통령령으로 정하는 경우

③ 국토교통부장관은 건축물의 구조상 공중의 안전한 이용에 중대한 영향을 미칠 우려가 있어 안전진단이 필요하다고 판단하는 경우에는 특별자치시장·특별자치도지사 또는 시장·군수·구청장에게 안전진단을 실시할 것을 요구하거나, 「시설물의 안전 및 유지관리에 관한 특별법」 제28조제1항에 따라 등록한 안전진단전문기관(이하 "안전진단전문기관"이라 한다) 또는 「국토안전관리원법」에 따른 국토안전관리원(이하 "국토안전관리원"이라 한다)에 의뢰하여 안전진단을 실시할 수 있다. <개정 2020.6.9.>

④ 제3항에 따라 안전진단을 실시하는 안전진단전문기관이나 국토안전관리원은 관계인에게 필요한 질문을 하거나 관계 서류 등을 열람할 수 있다. <개정 2020.6.9.>

⑤ 제3항에 따라 안전진단을 실시하는 안전진단전문기관이나 국토안전관리원은 대통령령으로 정하는 바에 따라 결과보고서를 작성하고, 이를 해당 관리자, 국토교통부장관, 특별자치시장·특별자치도지사 또는 시장·군수·구청장에게 제출하여야 한다. <개정 2020.6.9.>

⑥ 국토교통부장관, 특별자치시장·특별자치도지사 또는 시장·군수·구청장은 제3항에 따른 안전진단 결과에 따라 보수·보강 등의 조치가 필요하다고 인정하는 경우에는 해당 관리자에게 보수·보강 등의 조치를 취할 것을 명할 수 있다.

⑦ 제3항에 따라 특별자치시장·특별자치도지사 또는 시장·군수·구청장이 안전진단을 실시한 경우 결과보고서를 국토교통부장관에게 제출하여야 한다.

제17조【건축물관리점검지침】① 국토교통부장관은 제13조부터 제16조까지의 규정에 따른 정기점검, 긴급점검, 소규모 노후 건축물등 점검 및 안전진단(이하 "건축물관리점검"이라 한다)의 실시 방법·절차 등에 관한 사항을 규정한 지침(이하 "건축물관리점검지침"이라 한다)을 작성하여 고시하여야 한다.

② 국토교통부장관이 건축물관리점검지침을 정할 때에는 미리 관계 중앙행정기관의 장과 협의하여야 한다.

제18조【건축물관리점검기관의 지정 등】① 특별자치시장·특별자치도지사 또는 시장·군수·구청장은 다음 각 호의 어느 하나에 해당하는 자를 대통령령으로 정하는 바에 따라 건축물관리점검기관으로 지정하여 해당 관리자에게 알려야 한다. <개정 2019.4.30., 2020.6.9., 2021.3.16.>

1. 「건축사법」 제23조제1항에 따른 건축사사무소개설신고를 한 자
2. 「건설기술 진흥법」 제26조제1항에 따라 등록한 건설엔지니어링사업자
3. 안전진단전문기관
4. 국토안전관리원
5. 그 밖에 대통령령으로 정하는 자

② 해당 관리자는 제1항에 따라 지정된 건축물관리점검기관으로 하여금 건축물관리점검을 수행하도록 하여야 한다.

③ 건축물관리점검기관은 점검책임자를 지정하여 업무를 수행하여야 한다.

④ 점검자는 건축물관리점검지침에 따라 성실하게 그 업무를 수행하여야 한다.

⑤ 해당 관리자는 다음 각 호의 어느 하나에 해당하는 경우 건축물관리점검기관의 교체를 요청할 수 있다. 이 경우 특별자치시장·특별자치도지사 또는 시장·군수·구청장은 사유가 정당하다고 인정되는 경우 건축물관리점검기관을 변경하여 관리자에게 알려야 한다.

1. 거짓이나 부정한 방법으로 건축물관리점검기관으로 지정을 받은 경우
2. 건축물관리점검에 요구되는 점검자 자격기준에 적합하지 아니한 경우
3. 점검자가 고의 또는 중대한 과실로 건축물관리점검지침에 위반하여 업무를 수행한 경우
4. 건축물관리점검기관이 정당한 사유 없이 건축물관리점검을 거부하거나 실시하지 아니한 경우

⑥ 점검자의 자격, 업무대가 등에 관하여 필요한 사항은 대통령령으로 정한다.

제19조【건축물관리점검의 통보】① 특별자치시장·특별자치도지사 또는 시장·군수·구청장은 다음 각 호의 어느 하나에 해당하는 점검을 실시하여야 하는 건축물의 관리자에게 점검 대상 건축물이라는 사실과 점검 실시절차를 해당 점검일부터 3개월 전까지 미리 알려야 한다. 다만, 제2호의 경우 특별자치시장·특별자치도지사 또는 시장·군수·구청장은 지체 없이 해당 건축물의 관리자에게 점검 대상 건축물이라는 사실과 점검 실시절차를 알려야 한다.

1. 제13조에 따른 정기점검
2. 제14조에 따른 긴급점검
3. 제15조에 따른 소규모 노후 건축물등 점검

② 제1항에 따른 통지의 방법은 국토교통부령으로 정한다.

제20조【건축물관리점검 결과의 보고】① 건축물관리점검기관은 건축물관리점검을 마친 날부터 30일 이내에 해당 건축물의 관리자와 특별자치시장·특별자치도지사 또는 시장·군수·구청장에게 건축물관리점검 결과를 보고하여야 한다.

② 건축물관리점검기관은 제1항에 따른 건축물관리점검 결과를 보고할 때에는 다음 각 호의 사항에 대한 이행 여부를 확인하여야 한다. <개정 2020.3.31., 2021.11.30.>

1. 「시설물의 안전 및 유지관리에 관한 특별법」 제11조에 따른 안전점검
2. 「소방시설 설치 및 관리에 관한 법률」 제22조에 따른 소방시설등의 자체점검 등
3. 「수도법」 제33조에 따른 위생상의 조치
4. 「승강기 안전관리법」 제28조 및 제32조에 따른 승강기 설치검사 및 안전검사
5. 「에너지이용 합리화법」 제39조에 따른 검사대상기기의 검사
6. 「전기사업법」 제66조에 따른 일반용전기설비의 점검
7. 「하수도법」 제39조에 따른 개인하수처리시설의 운영·관리
8. 그 밖에 대통령령으로 정하는 사항

③ 제1항에 따른 건축물관리점검 결과의 보고는 제7조에 따른 건축물 생애이력 정보체계에 입력하는 것으로 대신할 수 있다.

제21조【사용제한 등】① 관리자는 건축물의 안전한 이

용에 주는 영향이 중대하여 긴급한 조치가 필요하다고 인정되는 경우로서 대통령령으로 정하는 경우에는 해당 건축물에 대하여 사용제한·사용금지·해체 등의 조치를 하여야 한다.

② 관리자는 제1항에 따른 조치를 하는 경우에는 미리 그 사실을 특별자치시장·특별자치도지사 또는 시장·군수·구청장에게 알려야 한다. 이 경우 통보를 받은 특별자치시장·특별자치도지사 또는 시장·군수·구청장은 이를 공고하여야 한다.

③ 제20조제1항에 따라 건축물관리점검 결과를 보고받은 특별자치시장·특별자치도지사 또는 시장·군수·구청장은 해당 건축물의 안전한 이용에 주는 영향이 중대하여 긴급한 조치가 필요하다고 인정되면 대통령령으로 정하는 바에 따라 해당 건축물의 사용제한·사용금지·해체 등의 조치를 명할 수 있다.

④ 특별자치시장·특별자치도지사 또는 시장·군수·구청장은 제3항에 따른 명령을 받은 자가 그 명령을 이행하지 아니한 경우에는 「행정대집행법」에 따라 대집행을 할 수 있다.

제22조 【점검결과의 이행 등】 ① 관리자는 제20조제1항에 따라 건축물관리점검 결과를 보고받은 경우 내진성능, 화재안전성능 등 대통령령으로 정하는 중대한 결함사항에 대하여 대통령령으로 정하는 바에 따라 보수·보강 등 필요한 조치를 하여야 한다.

② 특별자치시장·특별자치도지사 또는 시장·군수·구청장은 관리자가 제1항에 따른 건축물의 보수·보강 등 필요한 조치를 하지 아니한 경우 해당 관리자에게 해체·개축·수선·사용금지·사용제한, 그 밖에 필요한 조치의 이행 또는 시정을 명할 수 있다.

③ 건축물관리점검 결과를 통보받은 관리자는 건축물의 긴급한 보수·보강 등이 필요한 경우 이를 방송, 인터넷, 표지판 등을 통하여 해당 건축물의 사용자 등에게 알려야 한다.

제23조 【조치결과의 보고】 ① 제22조에 따라 보수·보강 등 필요한 조치를 완료한 관리자는 그 결과를 특별자치시장·특별자치도지사 또는 시장·군수·구청장에게 보고하여야 한다.

② 제1항에 따른 보고의 절차 등에 관한 사항은 국토교통부령으로 정한다.

제24조 【건축물관리점검 결과에 대한 평가 등】 ① 국토교통부장관, 특별시장·광역시장·도지사·특별자치시장 또는 특별자치도지사는 건축물관리 관련 기술수준을 향상시키고 건축물에 대한 부실점검을 방지하기 위하여 필요한 경우에는 건축물관리점검 결과를 평가할

수 있다.

② 국토교통부장관, 특별시장·광역시장·도지사·특별자치시장 또는 특별자치도지사는 관리자 및 건축물관리점검기관에 제1항에 따른 평가에 필요한 자료를 제출하도록 요청할 수 있다. 이 경우 자료 제출을 요청받은 자는 그 요청에 따라야 한다.

③ 국토교통부장관, 특별시장·광역시장·도지사·특별자치시장 또는 특별자치도지사는 건축물관리점검 결과에 대한 평가 결과 건축물관리점검기관이 건축물관리점검을 성실하게 수행하지 아니한 경우에는 기간을 정하여 개선을 명할 수 있다.

④ 제1항에 따른 평가의 대상·방법·절차에 관하여 필요한 사항은 대통령령으로 정한다.

제25조 【건축물관리점검기관에 대한 영업정지 등】 ① 특별자치시장·특별자치도지사 또는 시장·군수·구청장은 건축물관리점검기관이 다음 각 호의 어느 하나에 해당하게 되면 6개월 이내의 기간을 정하여 영업정지를 명하거나 영업정지를 갈음하여 1억원 이하의 과징금을 부과할 수 있다.

1. 제18조제5항 각 호의 어느 하나에 해당하는 경우
2. 제24조에 따른 건축물관리점검 결과에 대한 평가 결과 건축물관리점검이 거짓으로 실시되었거나 부실하다고 인정되는 경우
3. 건축물관리점검 결과를 제7조에 따른 건축물 생애이력 정보체계에 거짓으로 입력한 경우

② 특별자치시장·특별자치도지사 또는 시장·군수·구청장은 제1항에 따라 과징금 부과처분을 받은 자가 과징금을 기한까지 내지 아니하면 「지방행정제재·부과금의 징수 등에 관한 법률」에 따라 징수한다. <개정 2020.3.24.>

③ 제1항에 따른 영업정지 처분에 관한 기준과 과징금을 부과하는 위반행위의 종류 및 위반정도 등에 따른 과징금의 금액 등에 관한 사항은 대통령령으로 정한다.

제26조 【비용의 부담】 ① 건축물관리점검에 드는 비용은 해당 관리자가 부담한다. 다만, 제15조에 따른 소규모 노후 건축물등 점검 비용은 해당 특별자치시장·특별자치도지사 또는 시장·군수·구청장이 부담한다.

② 관리자가 어음·수표의 지급 불능으로 인한 부도 등 부득이한 사유로 건축물관리점검을 실시하지 못하게 될 때에는 관할 특별자치시장·특별자치도지사 또는 시장·군수·구청장이 해당 관리자를 대신하여 건축물관리점검을 실시할 수 있다. 이 경우 건축물관리점검에 드는 비용을 해당 관리자에게 부담하게 할 수

있다.

③ 제2항에 따라 특별자치시장·특별자치도지사 또는 시장·군수·구청장이 건축물관리점검을 대신 실시한 후 해당 관리자에게 비용을 청구하는 경우에 해당 관리자가 그에 따르지 아니하면 특별자치시장·특별자치도지사 또는 시장·군수·구청장은 지방세 체납처분의 예에 따라 징수할 수 있다.

제27조【기존 건축물의 화재안전성능보강】 ① 관리자는 화재로부터 공공의 안전을 확보하기 위하여 건축물의 화재안전성능이 지속적으로 유지될 수 있도록 노력하여야 한다.

② 다음 각 호의 어느 하나에 해당하는 건축물 중 3층 이상으로 연면적, 용도, 마감재료 등 대통령령으로 정하는 요건에 해당하는 건축물로서 이 법 시행 전 「건축법」 제11조에 따른 건축허가「건축법」 제4조에 따른 건축위원회(이하 "건축위원회"라 한다)에 같은 법 제4조의2에 따라 심의를 신청한 경우 및 같은 법 제14조에 따른 건축신고를 한 경우를 포함한다]를 신청한 건축물(이하 "보강대상 건축물"이라 한다)의 관리자는 제28조에 따라 화재안전성능보강을 하여야 한다.

1. 「건축법」 제2조제2항제3호에 따른 제1종 근린생활시설
2. 「건축법」 제2조제2항제4호에 따른 제2종 근린생활시설
3. 「건축법」 제2조제2항제9호에 따른 의료시설
4. 「건축법」 제2조제2항제10호에 따른 교육연구시설
5. 「건축법」 제2조제2항제11호에 따른 노유자시설
6. 「건축법」 제2조제2항제12호에 따른 수련시설
7. 「건축법」 제2조제2항제15호에 따른 숙박시설

③ 특별자치시장·특별자치도지사 또는 시장·군수·구청장은 보강대상 건축물의 관리자에게 화재안전성능보강 대상 건축물임을 통지하여야 한다. 이 경우 해당 통지에 이의가 있는 자는 국토교통부령으로 정하는 바에 따라 이의신청을 할 수 있다. <개정 2023.4.18>

④ 제2항에도 불구하고 「도시 및 주거환경정비법」에 따른 정비사업의 관리처분계획 또는 「빈집 및 소규모주택 정비에 관한 특례법」에 따른 소규모주택정비사업의 사업시행계획이 인가되거나 폐업으로 인하여 보강대상 건축물 용도로 사용되지 아니하는 경우에는 보강대상 건축물에서 제외한다. <신설 2023.4.18>

제28조【화재안전성능보강의 시행】 ① 보강대상 건축물의 관리자는 국토교통부령으로 정하는 바에 따라 화재안전성능보강 계획을 수립하여 특별자치시장·특별

자치도지사 또는 시장·군수·구청장에게 제출하여 승인을 받아야 한다.

② 특별자치시장·특별자치도지사 및 시장·군수·구청장은 제1항에 따른 화재안전성능보강 계획을 승인하고자 하는 경우에는 건축위원회의 심의를 거쳐야 한다.

③ 보강대상 건축물의 관리자는 제1항의 계획에 따라 보강을 실시하고 그 결과를 2025년 12월 31일까지 특별자치시장·특별자치도지사 또는 시장·군수·구청장에게 보고하여야 한다. <개정 2023.4.18>

④ 특별자치시장·특별자치도지사 또는 시장·군수·구청장은 제3항에 따른 결과를 보고받은 경우 이를 검사하고, 그 결과를 제7조에 따른 건축물 생애이력 정보체계에 등록하여야 한다.

⑤ 특별자치시장·특별자치도지사 또는 시장·군수·구청장은 제4항에 따른 검사 결과 화재안전성능보강에 보완이 필요하다고 인정되는 경우에는 기한을 정하여 보완을 명할 수 있다.

⑥ 제5항에 따른 보완 명령을 받은 보강대상 건축물의 관리자는 정해진 기한까지 화재안전성능보강에 대한 보완을 실시하고 그 결과를 특별자치시장·특별자치도지사 또는 시장·군수·구청장에게 보고하여야 한다. <개정 2020.6.9>

⑦ 국토교통부장관은 마감재료 교체, 피난시설 및 소화설비 설치 등 보강대상 건축물에 대한 보강 방법 및 기준에 대한 구체적인 사항을 정하여 고시하여야 한다.

제29조【화재안전성능보강에 대한 지원 및 특례】 삭제 <2023.4.18.>

제29조의2【화재안전성능보강에 대한 지원】 ① 국가 또는 지방자치단체는 관리자가 제28조제1항에 따른 화재안전성능보강 계획을 수립하기 위하여 필요한 기술을 지원하거나 정보를 제공할 수 있다.

② 국가 및 지방자치단체는 보강대상 건축물의 화재안전성능보강에 소요되는 공사비용에 대하여 대통령령으로 정하는 바에 따라 보조하여야 한다.
[본조신설 2023.4.18.]

제4장 건축물의 해체 및 멸실

제30조【건축물 해체의 허가】 ① 관리자가 건축물을 해체하려는 경우에는 특별자치시장·특별자치도지사 또는 시장·군수·구청장(이하 이 장에서 "허가권자"라 한다)의 허가를 받아야 한다. 다만, 다음 각 호의 어느 하나에 해당하는 경우 대통령령으로 정하는 바에 따

라 신고를 하면 허가를 받은 것으로 본다. <개정 2020.4.7>

1. 「건축법」 제2조제1항제7호에 따른 주요구조부의 해체를 수반하지 아니하고 건축물의 일부를 해체하는 경우

2. 다음 각 목에 모두 해당하는 건축물의 전체를 해체하는 경우

    가. 연면적 500제곱미터 미만의 건축물

    나. 건축물의 높이가 12미터 미만인 건축물

    다. 지상층과 지하층을 포함하여 3개 층 이하인 건축물

3. 그 밖에 대통령령으로 정하는 건축물을 해체하는 경우

② 제1항 각 호 외의 부분 단서에도 불구하고 관리자가 다음 각 호의 어느 하나에 해당하는 경우로서 해당 건축물을 해체하려는 경우에는 허가권자의 허가를 받아야 한다.) <개정 2022.2.3..>

1. 해당 건축물 주변의 일정 반경 내에 버스 정류장, 도시철도 역사 출입구, 횡단보도 등 해당 지방자치단체의 조례로 정하는 시설이 있는 경우

2. 해당 건축물의 외벽으로부터 건축물의 높이에 해당하는 범위 내에 해당 지방자치단체의 조례로 정하는 폭 이상의 도로가 있는 경우

3. 그 밖에 건축물의 안전한 해체를 위하여 건축물의 배치, 유동인구 등 해당 건축물의 주변 여건을 고려하여 해당 지방자치단체의 조례로 정하는 경우

③ 제1항 또는 제2항에 따라 허가를 받으려는 자 또는 신고를 하려는 자는 건축물 해체 허가신청서 또는 신고서에 제4항에 따라 작성되거나 제5항에 따라 검토된 해체계획서를 첨부하여 허가권자에게 제출하여야 한다. <개정 2022.2.3.>

1. 삭제 <2022.2.3.>

2. 삭제 <2022.2.3.>

3. 삭제 <2022.2.3.>

④ 제1항 각 호 외의 부분 본문 또는 제2항에 따라 허가를 받으려는 자가 허가권자에게 제출하는 해체계획서는 다음 각 호의 어느 하나에 해당하는 자가 이 법과 이 법에 따른 명령이나 처분, 그 밖의 관계 법령을 준수하여 작성하고 서명날인하여야 한다. <신설 2022.2.3.>

1. 「건축사법」 제23조제1항에 따른 건축사사무소개설신고를 한 자

2. 「기술사법」 제6조에 따라 기술사사무소를 개설등록한 자로서 건축구조 등 대통령령으로 정하는 직무범위를 등록한 자

⑤ 제1항 각 호 외의 부분 단서에 따라 신고를 하려는 자가 허가권자에게 제출하는 해체계획서는 다음 각 호의 어느 하나에 해당하는 자가 이 법과 이 법에 따른 명령이나 처분, 그 밖의 관계 법령을 준수하여 검토하고 서명날인하여야 한다. <신설 2022.2.3.>

1. 「건축사법」 제23조제1항에 따른 건축사사무소개설신고를 한 자

2. 「기술사법」 제6조에 따라 기술사사무소를 개설등록한 자로서 건축구조 등 대통령령으로 정하는 직무범위를 등록한 자

⑥ 허가권자는 다음 각 호의 어느 하나에 해당하는 경우 「건축법」 제4조제1항에 따라 자신이 설치하는 건축위원회의 심의를 거쳐 해당 건축물의 해체 허가 또는 신고수리 여부를 결정하여야 한다. <신설 2022.2.3.>

1. 제1항 각 호 외의 부분 본문 또는 제2항에 따른 건축물의 해체를 허가하려는 경우

2. 제1항 각 호 외의 부분 단서에 따라 건축물의 해체를 신고받은 경우로서 허가권자가 건축물 해체의 안전한 관리를 위하여 전문적인 검토가 필요하다고 판단하는 경우

⑦ 제6항에 따른 심의 결과 또는 허가권자의 판단으로 해체계획서 등의 보완이 필요하다고 인정되는 경우에는 허가권자가 관리자에게 기한을 정하여 보완을 요구하여야 하며, 관리자는 정당한 사유가 없으면 이에 따라야 한다. <신설 2022.2.3.>

⑧ 허가권자는 대통령령으로 정하는 건축물의 해체계획서에 대한 검토를 국토안전관리원에 의뢰하여야 한다. <개정 2020.6.9., 2022.2.3.>

⑨ 그 밖에 건축물 해체의 허가절차 등에 관하여는 국토교통부령으로 정한다. <개정 2022.2.3.>

제30조의2 【해체공사 착공신고 등】 ① 제30조제1항 각 호 외의 부분 본문 또는 같은 조 제2항에 따라 해체 허가를 받은 건축물의 해체공사에 착수하려는 관리자는 국토교통부령으로 정하는 바에 따라 허가권자에게 착공신고를 하여야 한다. 다만, 제30조제1항 각 호 외의 부분 단서에 따라 신고를 한 건축물의 경우는 제외한다. <개정 2022.2.3.>

② 허가권자는 제1항에 따른 신고를 받은 날부터 7일 이내에 신고수리 여부 또는 민원 처리 관련 법령에 따른 처리기간의 연장 여부를 신고인에게 통지하여야 한다.

③ 허가권자가 제2항에서 정한 기간 내에 신고수리 여부 또는 민원 처리 관련 법령에 따른 처리기간의 연장 여부를 신고인에게 통지하지 아니하면 그 기간

이 끝난 날의 다음 날에 신고를 수리한 것으로 본다. <개정 2022.2.3.>

[본조신설 2021.7.27.][제30조의3에서 이동, 종전 제30조의2는 제30조의4로 이동 <2022.2.3.>]

제30조의3【건축물 해체의 허가 또는 신고 사항의 변경】 ① 관리자는 제30조제1항 또는 제2항에 따라 허가를 받았거나 신고한 사항 중 해체계획서와 다른 해체공법을 적용하는 등 대통령령으로 정하는 사항을 변경하려면 국토교통부령으로 정하는 바에 따라 허가권자의 변경허가를 받거나 허가권자에게 변경신고를 하여야 한다. 이 경우 해체계획서의 변경 등에 관한 사항은 제30조제3항부터 제7항까지 및 제9항을 준용한다.

② 관리자는 제30조의2제1항에 따라 해체공사의 착공신고를 한 사항 중 제32조의2에 따른 해체작업자 변경 등 대통령령으로 정하는 사항을 변경하려면 국토교통부령으로 정하는 바에 따라 허가권자에게 변경신고를 하여야 한다.

③ 관리자는 제1항 또는 제2항에 따른 변경허가 또는 변경신고 사항 외의 사항을 변경한 경우에는 제33조에 따른 건축물 해체공사 완료신고 시 국토교통부령으로 정하는 바에 따라 허가권자에게 일괄하여 변경신고를 하여야 한다.

[본조신설 2022.2.3.]

[종전 제30조의3은 제30조의2로 이동 <2022.2.3.>]

제30조의4【현장점검】 ① 허가권자는 안전사고 예방 등을 위하여 제30조의2에 따른 해체공사 착공신고를 받은 경우 등 대통령령으로 정하는 경우에는 건축물 해체 현장에 대한 현장점검을 하여야 한다. <개정 2022.2.3.>

② 허가권자는 제1항에 따른 현장점검 결과 해체공사가 안전하게 진행되기 어렵다고 판단되는 경우 즉시 관리자, 제31조제1항에 따른 해체공사감리자, 제32조의2에 따른 해체작업자 등에게 작업중지 등 필요한 조치를 명하여야 하며, 조치 명령을 받은 자는 국토교통부령으로 정하는 바에 따라 필요한 조치를 이행하여야 한다. <개정 2022.2.3.>

③ 허가권자는 국토교통부령으로 정하는 바에 따라 제2항에 따른 필요한 조치가 이행되었는지를 확인한 후 공사재개 등의 조치를 명하여야 하며, 필요한 조치가 이행되지 아니한 경우 공사재개 등의 조치를 명하여서는 아니 된다. <신설 2022.2.3.>

④ 허가권자는 제1항의 현장점검 업무를 제18조제1항에 따른 건축물관리점검기관으로 하여금 대행하게 할 수 있다. 이 경우 업무를 대행하는 자는 현장점검 결과를 국토교통부령으로 정하는 바에 따라 허가권자에게 서면으로 보고하여야 하며, 현장점검을 수행하는 과정에서 긴급히 조치하여야 하는 사항이 발견되는 경우 즉시 안전조치를 실시한 후 그 사실을 허가권자에게 보고하여야 한다. <신설 2022.2.3.>

⑤ 허가권자는 제1항에 따라 업무를 대행하게 한 경우 국토교통부령으로 정하는 범위에서 해당 지방자치단체의 조례로 정하는 수수료를 지급하여야 한다.

[본조신설 2020.4.7.][제30조의2에서 이동 <2022.2.3.>]

제31조【건축물 해체공사감리자의 지정 등】 ① 허가권자는 건축물 해체허가를 받은 건축물에 대한 해체작업의 안전한 관리를 위하여 「건축사법」 또는 「건설기술 진흥법」에 따른 감리자격이 있는 자(공사시공자 본인 및 「독점규제 및 공정거래에 관한 법률」 제2조제12호에 따른 계열회사는 제외한다) 중 제31조의2에 따른 해체공사감리 업무에 관한 교육을 이수한 자를 대통령령으로 정하는 바에 따라 해체공사감리자 (이하 "해체공사감리자"라 한다)로 지정하여 해체공사 감리를 하게 하여야 한다. <개정 2020.12.29. 2022.2.3.>

② 허가권자는 다음 각 호의 어느 하나에 해당하는 경우에는 해체공사감리자를 교체하여야 한다. 이 경우 다음 각 호의 어느 하나에 해당하는 해체공사감리자에 대해서는 1년 이내의 범위에서 해체공사감리자의 지정을 제한할 수 있다. <개정 2022.2.3.>

1. 해체공사감리자의 지정에 관한 서류를 거짓이나 그 밖의 부정한 방법으로 제출한 경우

2. 업무 수행 중 해당 관리자 또는 제32조의2에 따른 해체작업자의 위반사항이 있음을 알고도 해체작업의 시정 또는 중지를 요청하지 아니한 경우

3. 제32조제7항에 따른 등록 명령에도 불구하고 정당한 사유 없이 지속적으로 이에 따르지 아니한 경우 <신설 2022.2.3.>

4. 그 밖에 대통령령으로 정하는 경우

③ 해체공사감리자는 수시 또는 필요한 때 해체공사의 현장에서 감리업무를 수행하여야 한다. 다만, 해체공사 방법 및 범위 등을 고려하여 대통령령으로 정하는 건축물의 해체공사를 감리하는 경우에는 대통령령으로 정하는 자격 또는 경력이 있는 자를 감리원으로 배치하여 전체 해체공사 기간 동안 해체공사 현장에서 감리업무를 수행하게 하여야 한다. <신설 2022.6.10.>

④ 허가권자는 제2항 각 호의 어느 하나에 해당하는 해체공사감리자에 대해서는 1년 이내의 범위에서 해

체공사감리자의 지정을 제한하여야 한다. <신설 2022.2.3., 2022.6.10.>

⑤ 건축물을 해체하려는 자와 해체공사감리자 간의 책임 내용 및 범위는 이 법에서 규정한 것 외에는 당사자 간의 계약으로 정한다. <개정 2022.2.3., 2022.6.10.>

⑥ 국토교통부장관은 대통령령으로 정하는 바에 따라 제3항 단서에 따른 감리원 배치기준을 정하여야 한다. 이 경우 관리자 및 해체공사감리자는 정당한 사유가 없으면 이에 따라야 한다. <신설 2021.7.27., 2022.2.3., 2022.6.10.>

⑦ 해체공사감리자의 지정기준, 지정방법, 해체공사 감리비용 등 필요한 사항은 국토교통부령으로 정한다. <개정 2021.7.27., 2022.2.3., 2022.6.10.>

제31조의2【해체공사감리자 등의 교육】 ① 해체공사감리 업무를 하려는 해체공사감리자 및 감리원은 해체공사감리 업무에 관한 교육을 받아야 한다.

② 국토교통부장관은 제1항에 따른 교육의 원활한 실시를 위하여 대통령령으로 정하는 바에 따라 해체공사 교육기관을 지정할 수 있다.

③ 제2항에 따라 지정된 해체공사 교육기관은 해체공사감리 업무 외에 해체계획서의 작성·검토 등 해체공사에 필요한 교육을 실시할 수 있으며, 국토교통부장관은 해체공사 교육기관의 교육 실시에 필요한 행정적·재정적 지원을 할 수 있다.

④ 제1항 및 제3항에 따른 교육의 방법·기준·절차 및 그 밖에 필요한 사항은 국토교통부령으로 정한다.
[본조신설 2022.2.3.]

제32조【해체공사감리자의 업무 등】 ① 해체공사감리자는 다음 각 호의 업무를 수행하여야 한다. <개정 2022.2.3.>

1. 해체작업순서, 해체공법 등을 정한 제30조제3항에 따른 해체계획서(제30조의3제1항에 따른 변경허가 또는 변경신고에 따라 해체계획서의 내용이 변경된 경우에는 그 변경된 해체계획서를 말한다. 이하 "해체계획서"라 한다)에 맞게 공사하는지 여부의 확인

2. 현장의 화재 및 붕괴 방지 대책, 교통안전 및 안전통로 확보, 추락 및 낙하 방지대책 등 안전관리대책에 맞게 공사하는지 여부의 확인

3. 해체 후 부지정리, 인근 환경의 보수 및 보상 등 마무리 작업사항에 대한 이행 여부의 확인

4. 해체공사에 의하여 발생하는 「건설폐기물의 재활용촉진에 관한 법률」 제2조제1호에 따른 건설폐기

물이 적절하게 처리되는지에 대한 확인

5. 그 밖에 국토교통부장관이 정하여 고시하는 해체공사의 감리에 관한 사항

② 해체공사감리자는 건축물의 해체작업이 안전하게 수행되기 어려운 경우 해당 관리자 및 제32조의2에 따른 해체작업자에게 해체작업의 시정 또는 중지를 요청하여야 하며, 해당 관리자 및 해체작업자는 정당한 사유가 없으면 이에 따라야 한다. <개정 2022.2.3.>

③ 해체공사감리자는 해당 관리자 또는 제32조의2에 따른 해체작업자가 제2항에 따른 시정 또는 중지를 요청받고도 건축물 해체작업을 계속하는 경우에는 국토교통부령으로 정하는 바에 따라 허가권자에게 보고하여야 한다. 이 경우 보고를 받은 허가권자는 지체없이 작업중지를 명령하여야 한다. <개정 2022.2.3.>

④ 관리자 또는 제32조의2에 따른 해체작업자가 제2항에 따른 조치를 요청받고 이를 이행한 경우나 제3항 후단에 따른 작업중지 명령을 받은 이후 해체작업을 다시 하려는 경우에는 건축물 안전확보에 필요한 개선계획을 허가권자에게 제출하여 승인을 받아야 한다. <개정 2022.2.3.>

⑤ 해체공사감리자는 허가권자 등이 건축물의 해체가 해체계획서에 따라 적정하게 이루어졌는지 확인할 수 있도록 다음 각 호의 어느 하나에 해당하는 해체 작업 시에는 해당 작업이 진행되고 있는 현장에 대한 사진 및 동영상(촬영일자가 표시된 사진 및 동영상을 말한다)을 촬영하고 보관하여야 한다. <신설 2022.2.3.>

1. 필수확인점(공사의 수행 과정에서 다음 단계의 공정을 진행하기 전에 해체공사감리자의 현장점검에 따른 승인을 받아야 하는 공사 중지점을 말한다)의 해체. 이 경우 필수확인점의 세부 기준 등에 관하여 필요한 사항은 대통령령으로 정한다.

2. 해체공사감리자가 주요한 해체라고 판단하는 해체

⑥ 해체공사감리자는 그날 수행한 해체작업에 관하여 다음 각 호에 해당하는 사항을 제7조에 따른 건축물 생애이력 정보체계에 매일 등록하여야 한다. <신설 2022.2.3.>

1. 공종, 감리내용, 지적사항 및 처리결과
2. 안전점검표 현황
3. 현장 특기사항(발생상황, 조치사항 등)
4. 해체공사감리자가 현장관리 기록을 위하여 필요하다고 판단하는 사항

⑦ 허가권자는 제6항 각 호에 해당하는 사항을 등록하지 아니한 해체공사감리자에게 등록을 명하여야 하며, 해체공사감리자는 정당한 사유가 없으면 이에 따

라야 한다. <신설 2022.2.3>

⑧ 해체공사감리자는 건축물의 해체작업이 완료된 경우 해체감리완료보고서를 해당 관리자와 허가권자에게 제출(전자문서로 제출하는 것을 포함한다)하여야 한다. <개정 2022.2.3>

⑨ 제4항에 따른 개선계획 승인, 제5항에 따른 사진·동영상의 촬영·보관 및 제8항에 따른 해체감리완료보고서의 작성 등에 필요한 사항은 국토교통부령으로 정한다. <개정 2022.2.3>

제33조【건축물 해체공사 완료신고】① 관리자는 다음 각 호의 어느 하나에 해당하는 날부터 30일 이내에 허가권자에게 건축물 해체공사 완료신고를 하여야 한다. <개정 2022.2.3>

1. 제30조제1항 각 호 외의 부분 본문 또는 같은 조 제2항에 따른 해체허가 대상의 경우, 제32조제8항에 따른 해체감리완료보고서를 해체공사감리자로부터 제출받은 날

2. 제30조제1항 각 호 외의 부분 단서에 따른 해체신고 대상의 경우, 건축물을 해체하고 폐기물 반출이 완료된 날

② 제1항에 따른 신고의 방법·절차에 관한 사항은 국토교통부령으로 정한다.

제34조【건축물의 멸실신고】① 관리자는 해당 건축물이 멸실된 날부터 30일 이내에 건축물 멸실신고서를 허가권자에게 제출하여야 한다. 다만, 건축물을 전면해체하고 제33조에 따른 건축물 해체공사 완료신고를 한 경우에는 멸실신고를 한 것으로 본다. <개정 2022.2.3>

② 제1항에 따른 신고의 방법·절차에 관한 사항은 국토교통부령으로 정한다.

제5장 건축물의 해체 및 멸실

제35조【건축물관리 연구·개발】① 정부는 건축물관리기술의 향상과 관련 산업의 진흥을 위한 시책을 추진하기 위하여 대통령령으로 정하는 기관 또는 단체와 협약을 체결하여 건축물관리기술의 연구·개발 사업을 실시할 수 있다.

② 제1항에 따른 건축물관리기술의 연구·개발 사업에 필요한 경비는 정부 또는 정부 외의 자의 출연금이나 그 밖의 기업의 기술개발비로 충당한다.

③ 정부는 제1항에 따라 개발된 연구·개발 성과의 이용·보급 및 관련 산업과의 연계를 촉진하기 위하여 필요하다고 판단하는 경우에는 대통령령으로 정하는 바에 따라 건축물관리 시범사업을 할 수 있다.

④ 제1항에 따른 협약체결 방법과 제2항에 따른 출연금의 지급·사용 및 관리에 필요한 사항은 대통령령으로 정한다.

제36조【건축물관리에 관한 기술자의 육성】① 국토교통부장관은 건축물관리에 관한 기술자의 효율적 활용과 기술능력 향상을 위하여 건축물관리에 관한 기술자의 육성과 교육·훈련 등에 관한 시책을 수립·추진할 수 있다.

② 국토교통부장관은 건축물관리에 관한 기술자를 육성하기 위하여 공공기관이나 건축물관리기술과 관련된 기관 또는 단체로 하여금 제1항에 따른 교육·훈련을 대행하도록 할 수 있다. 이 경우 국토교통부장관은 교육·훈련에 필요한 비용의 일부를 지원할 수 있다.

③ 제1항에 따른 교육·훈련의 내용 및 방법 등에 관하여 필요한 사항은 대통령령으로 정한다.

제37조【건축물관리 관련 사업자에 대한 지원】① 국가 또는 지방자치단체는 건축물관리산업의 발전을 촉진하기 위하여 관련 사업자에 게 행정적·재정적 지원을 할 수 있다.

② 제1항에 따른 지원 대상 사업자의 범위와 지원 절차 등에 관한 사항은 대통령령으로 정한다.

제38조【국제 교류 및 협력】 국토교통부장관은 건축물관리기술의 국제협력 및 해외진출을 촉진하기 위하여 다음 각 호의 사업을 추진할 수 있다.

1. 국제협력을 위한 조사·연구

2. 인력·정보의 국제교류

3. 외국의 대학·연구기관 및 단체와 건축물관리기술 공동연구·개발

4. 개발된 건축물관리기술을 이용한 해외시장 개척

5. 그 밖에 건축물관리기술 개발을 위한 국제 교류·협력을 촉진하기 위하여 국토교통부령으로 정하는 사항

제39조【건축물관리지원센터의 지정 등】① 국토교통부장관은 건축물관리를 위한 정책과 기술의 연구·개발 및 보급 등을 효율적으로 추진하기 위하여 다음 각 호의 기관을 건축물관리지원센터로 지정할 수 있다. <개정 2020.5.19., 2020.6.9>

1. 「정부출연연구기관 등의 설립·운영 및 육성에 관한 법률」에 따라 설립된 건축공간연구원

2. 국토안전관리원

3. 「과학기술분야 정부출연연구기관 등의 설립·운영 및 육성에 관한 법률」에 따라 설립된 한국건설기술연구원

4. 「한국부동산법」에 따른 한국부동산원

5. 「한국토지주택공사법」에 따라 설립된 한국토지주택공사

6. 그 밖에 대통령령으로 정하는 공공기관

② 국토교통부장관은 제1항에 따른 건축물관리지원센터를 지정하거나 그 지정을 취소한 경우에는 그 사실을 관보에 고시하여야 한다.

③ 제1항에 따른 건축물관리지원센터는 다음 각 호의 업무를 수행한다.

1. 건축물관리 관련 정책 수립·이행 지원

2. 건축물관리 관련 상담 지원

3. 이 법에 따라 국토교통부장관으로부터 대행 또는 위탁받은 업무

4. 그 밖에 체계적인 건축물관리를 위하여 필요한 업무

④ 국토교통부장관은 제1항에 따라 지정된 건축물관리지원센터에 대하여 예산의 범위에서 제3항의 업무를 수행하는 데 필요한 비용의 일부를 출연하거나 지원할 수 있다.

⑤ 제1항에 따른 건축물관리지원센터의 지정 및 지정 취소 등에 필요한 사항은 대통령령으로 정한다.

제40조【지역건축물관리지원센터의 설치 및 운영】① 특별자치시장·특별자치도지사 또는 시장·군수·구청장은 관리자가 건축물관리계획에 따라 효율적으로 건축물을 관리할 수 있도록 기술을 지원하거나 정보를 제공할 수 있다.

② 특별자치시장·특별자치도지사 또는 시장·군수·구청장은 제1항에 따른 기술지원, 정보제공, 안전대책의 수립 등을 위하여 필요한 경우에는 지역건축물관리지원센터를 설치·운영할 수 있다.

③ 제2항에 따른 지역건축물관리지원센터는 「건축법」 제87조의2제1항에 따른 지역건축안전센터와 통합하여 운영할 수 있다.

④ 제2항에 따른 지역건축물관리지원센터의 설치·운영 등에 필요한 사항은 국토교통부령으로 정한다.

제6장 건축물의 해체 및 멸실

제41조【건축물에 대한 시정명령 등】① 특별자치시장·특별자치도지사 또는 시장·군수·구청장은 건축물이 다음 각 호의 어느 하나에 해당하는 경우 해당 건축물의 해체·개축·증축·수선·사용금지·사용제한, 그 밖에 필요한 조치를 명할 수 있다.

1. 「군사기지 및 군사시설 보호법」 제2조제6호에 따른 군사기지 및 군사시설 보호구역에 있는 건축물로서 국가안보상 필요에 의하여 국방부장관이 요청

하는 경우

2. 「건축법」 제72조제2항에 따른 지방건축위원회의 심의 결과 「건축법」 제40조부터 제48조까지, 제50조 또는 제52조를 위반하여 붕괴 또는 화재로 다중에게 위해를 줄 우려가 크다고 인정된 건축물인 경우

3. 그 밖에 대통령령으로 정하는 경우

② 특별자치시장·특별자치도지사 또는 시장·군수·구청장은 「국토의 계획 및 이용에 관한 법률」 제37조제1항제1호에 따른 경관지구 안의 건축물로서 도시미관이나 주거환경에 현저히 장애가 된다고 인정하면 건축위원회의 의견을 들어 개축, 수선 또는 그 밖에 필요한 조치를 하게 할 수 있다.

③ 특별자치시장·특별자치도지사 또는 시장·군수·구청장은 제1항에 따라 필요한 조치를 명하는 경우 대통령령으로 정하는 바에 따라 정당한 보상을 하여야 한다.

제42조【빈 건축물 정비】특별자치시장·특별자치도지사 또는 시장·군수·구청장은 사용 여부를 확인한 날부터 1년 이상 아무도 사용하지 아니하는 건축물(「농어촌정비법」 제2조제12호에 따른 빈집 및 「빈집 및 소규모주택 정비에 관한 특례법」 제2조제1항제1호에 따른 빈집은 제외하며, 이하 "빈 건축물"이라 한다)이 다음 각 호의 어느 하나에 해당하면 건축위원회의 심의를 거쳐 해당 건축물의 소유자에게 해체 등 필요한 조치를 명할 수 있다. 이 경우 해당 건축물의 소유자는 특별한 사유가 없으면 60일 이내에 조치를 이행하여야 한다.

1. 공익상 유해하거나 도시미관 또는 주거환경에 현저한 장애가 된다고 인정하는 경우

2. 주거환경이나 도시환경 개선을 위하여 「도시 및 주거환경정비법」 제2조제4호 및 제5호에 따른 정비기반시설 및 공동이용시설의 확충에 필요한 경우

제43조【빈 건축물 정비 절차 등】① 특별자치시장·특별자치도지사 또는 시장·군수·구청장이 제42조에 따라 빈 건축물의 해체를 명한 경우 그 빈 건축물의 소유자가 특별한 사유 없이 이에 따르지 아니하면 대통령령으로 정하는 바에 따라 직권으로 해당 건축물을 해체할 수 있다.

② 제1항에 따라 해체할 빈 건축물의 소유자의 소재를 알 수 없는 경우에는 해당 건축물에 대한 해체명령과 이를 이행하지 아니하면 직권으로 해체한다는 내용을 일간신문에 1회 이상 공고하고, 공고한 날부터 60일이 지난 날까지 빈 건축물의 소유자가 해당 건축물을 해체하지 아니하면 직권으로 해체할 수 있다.

③ 제1항 및 제2항의 경우 특별자치시장·특별자치도지사 또는 시장·군수·구청장은 대통령령으로 정하는 바에 따라 정당한 보상비를 빈 건축물의 소유자에게 지급하여야 한다. 이 경우 빈 건축물의 소유자가 보상비의 수령을 거부하거나 빈 건축물 소유자의 소재불명(所在不明)으로 보상비를 지급할 수 없을 때에는 이를 공탁하여야 한다.

④ 특별자치시장·특별자치도지사 또는 시장·군수·구청장이 제1항 또는 제2항에 따라 빈 건축물을 해체하였을 때에는 지체 없이 건축물대장을 정리하고 관할 등기소에 해당 빈 건축물이 이 법에 따라 해체되었다는 취지의 통지를 하고 말소등기를 촉탁하여야 한다.

제44조【공공건축물의 재난예방】① 국토교통부장관은 다음 각 호의 기관이 소유·관리하는 공공건축물에 대하여 지진·화재 등 재난으로부터 건축물의 안전을 확보하기 위하여 조치가 필요하다고 판단되는 경우 해당 공공건축물의 관리자에게 성능개선을 요구할 수 있다. 이 경우 공공건축물의 관리자는 특별한 사유가 없으면 이에 따라야 한다.

1. 국가기관
2. 지방자치단체
3. 공공기관
4. 「지방공기업법」에 따라 설립된 지방공기업
5. 그 밖에 공공의 안전을 확보하기 위하여 대통령령으로 정하는 기관

② 공공건축물의 관리자는 제1항에 따른 성능개선을 완료한 날부터 30일 이내에 국토교통부장관에게 그 사실을 알려야 한다.

③ 제1항 및 제2항에 따른 성능개선의 대상·절차 등에 관한 사항은 국토교통부령으로 정한다.

제45조【보고 및 검사】① 국토교통부장관, 특별시장·광역시장·특별자치시장·도지사·특별자치도지사 또는 시장·군수·구청장은 이 법의 시행을 위하여 필요하다고 인정하면 관리자에게 필요한 자료를 제출하게 하거나 보고를 하게 할 수 있다.

② 국토교통부장관, 특별시장·광역시장·특별자치시장·도지사·특별자치도지사 또는 시장·군수·구청장은 제1항에 따른 자료제출 또는 보고로 조사목적을 달성하기 어려운 경우에는 관계 공무원으로 하여금 해당 건축물 등에 출입하여 장부·서류와 그 밖의 사항을 검사하게 할 수 있다.

③ 제2항에 따라 검사를 하려면 검사 7일 전까지 검사의 일시, 이유 및 내용 등이 포함된 검사계획을 검사를 받는 자에게 알려야 한다. 다만, 긴급한 경우나

미리 알리면 증거인멸 등으로 검사의 목적을 이룰 수 없다고 인정하는 경우에는 그러하지 아니하다.

④ 제2항에 따라 출입·검사를 하는 공무원은 그 권한을 표시하는 증표를 지니고 이를 관계인에게 보여주어야 하며, 출입 시 해당 공무원의 성명, 출입시간 및 출입목적 등이 적혀 있는 문서를 관계인에게 내주어야 한다.

제46조【사고조사 등】① 관리자는 소관 건축물에 사고가 발생한 경우에는 지체 없이 응급 안전조치를 하여야 하며, 대통령령으로 정하는 규모 이상의 사고가 발생한 경우에는 특별자치시장·특별자치도지사 또는 시장·군수·구청장에게 사고 발생 사실을 알려야 한다.

② 제1항에 따라 사고 발생 사실을 통보받은 특별자치시장·특별자치도지사 또는 시장·군수·구청장은 사고 발생 사실을 지체 없이 국토교통부장관에게 알려야 한다.

③ 국토교통부장관은 제2항에 따라 사고 발생 사실을 통보받은 경우 그 사고 원인 등에 대한 조사를 할 수 있다.

④ 국토교통부장관은 대통령령으로 정하는 규모 이상의 피해가 발생한 건축물의 사고조사 등을 위하여 필요하다고 인정되는 때에는 중앙건축물사고조사위원회를 구성·운영할 수 있다.

⑤ 특별자치시장·특별자치도지사 또는 시장·군수·구청장은 관할 건축물에 대한 붕괴·파손 등의 사고조사 등을 위하여 필요하다고 인정되는 때에는 건축물사고조사위원회를 구성·운영할 수 있다.

⑥ 관리자는 제4항에 따른 중앙건축물사고조사위원회 또는 제5항에 따른 건축물사고조사위원회의 사고조사에 필요한 현장보존, 자료제출, 관련 장비의 제공 및 관련자 의견청취 등에 적극 협조하여야 한다.

⑦ 특별자치시장·특별자치도지사 또는 시장·군수·구청장은 제5항에 따른 건축물사고조사위원회의 사고조사를 실시한 경우 그 결과를 지체 없이 국토교통부장관에게 알려야 한다.

⑧ 국토교통부장관, 특별자치시장·특별자치도지사 또는 시장·군수·구청장은 제4항에 따른 중앙건축물사고조사위원회 또는 제5항에 따른 건축물사고조사위원회의 사고조사 결과를 공표하여야 한다.

⑨ 국토교통부장관, 특별자치시장·특별자치도지사 또는 시장·군수·구청장은 사고조사 결과 필요한 경우 해당 관리자에게 보수·보강 등 시정조치를 명할 수 있다.

⑩ 제4항 및 제5항에 따른 중앙건축물사고조사위원회와 건축물사고조사위원회는 「시설물의 안전 및 유지관리에 관한 특별법」 제58조에 따른 중앙시설물사고

조사위원회 또는 시설물사고조사위원회와 통합 운영할 수 있다.

⑪ 국토교통부장관이 제50조제2항에 따라 중앙건축물사고조사위원회의 운영에 관한 사무를 기관에 위탁한 경우에는 그 사무 처리에 필요한 경비를 해당 기관에 출연하거나 보조할 수 있다. <신설 2022.2.3>

⑫ 제4항에 따른 중앙건축물사고조사위원회 또는 제5항에 따른 건축물사고조사위원회의 구성과 운영, 제7항에 따른 사고조사의 통보 및 제8항에 따른 결과공표 등에 필요한 사항은 대통령령으로 정한다. <개정 2022.2.3>

제47조 【비밀유지】 건축물관리점검 및 해체공사 감리업무를 수행하는 자는 업무상 알게 된 비밀을 누설하거나 도용해서는 아니 된다. 다만, 건축물의 안전을 위하여 국토교통부장관이 필요하다고 인정할 때에는 그러하지 아니하다.

제48조 【청문】 특별자치시장·특별자치도지사 또는 시장·군수·구청장은 다음 각 호의 어느 하나에 해당하는 처분을 하려면 청문을 하여야 한다.
1. 제18조제5항에 따른 건축물관리점검기관의 교체
2. 제25조에 따른 건축물관리점검기관의 영업정지
3. 제31조제2항에 따른 해체공사감리자의 교체

제49조 【벌칙 적용에서 공무원 의제】 다음 각 호의 어느 하나에 해당하는 자는 「형법」 제129조부터 제132조까지의 규정과 「특정범죄가중처벌 등에 관한 법률」 제2조 및 제3조에 따른 벌칙을 적용할 때에는 공무원으로 본다. <개정 2022.2.3>
1. 제18조제1항에 따라 건축물관리점검을 실시하는 자
2. 해체공사감리자
3. 제39조제1항 및 제40조제2항에 따른 건축물관리지원센터 및 지역건축관리지원센터의 임직원
4. 제46조제4항 또는 같은 조 제5항에 따른 중앙건축물사고조사위원회의 위원 또는 건축물사고조사위원회의 위원
5. 제50조제3항에 따른 건축물관리점검 평가위원회의 위원

제50조 【권한의 위임과 위탁】 ① 이 법에 따른 국토교통부장관의 권한은 그 일부를 대통령령으로 정하는 바에 따라 특별시장·광역시장·특별자치시장·도지사 또는 특별자치도지사에게 위임할 수 있다.

② 이 법에 따른 국토교통부장관의 권한 중 다음 각 호의 권한은 대통령령으로 정하는 바에 따라 위탁업무를 수행하는 데에 필요한 인력과 장비를 갖춘 기관에 위탁할 수 있다. <개정 2022.2.3>
1. 제7조에 따른 건축물 생애이력 정보체계의 관리·운영
2. 제13조부터 제16조까지의 규정에 따른 건축물관리점검 실시에 관한 교육
3. 제24조제1항 및 제2항에 따른 건축물관리점검 결과의 평가와 그 평가에 필요한 관련 자료의 제출요청
4. 제46조에 따른 사고조사
5. 제46조제4항에 따른 중앙건축물사고조사위원회의 운영에 관한 사무 <신설 2022.2.3>

③ 제2항제3호에 따른 건축물관리점검 결과의 평가에 관한 권한을 위탁받은 기관은 평가의 공정성과 전문성을 확보하기 위하여 건축물관리점검 평가위원회를 설치하고 그 심의를 거쳐야 한다.

④ 제3항에 따른 건축물관리점검 평가위원회의 구성과 운영 등에 필요한 사항은 대통령령으로 정한다.

⑤ 국토교통부장관은 제2항에 따른 기관에 업무 수행에 필요한 비용의 일부를 출연하거나 지원할 수 있다.

제7장 벌칙

제51조 【벌칙】 ① 다음 각 호의 어느 하나에 해당하는 자는 10년 이하의 징역 또는 1억원 이하의 벌금에 처한다. <개정 2022.2.3>
1. 제12조제1항을 위반하여 건축물에 중대한 파손을 발생시켜 공중의 위험을 발생하게 한 자
2. 제13조제1항에 따른 정기점검, 제14조제2항에 따른 긴급점검 또는 제16조제1항에 따른 안전진단을 실시하지 아니하거나 성실하게 실시하지 아니함으로써 건축물에 중대한 파손을 발생시켜 공중의 위험을 발생하게 한 자
3. 제18조제4항을 위반하여 건축물관리점검을 실시하지 아니하거나 성실하게 실시하지 아니함으로써 건축물에 중대한 파손을 발생시켜 공중의 위험을 발생하게 한 자
4. 제21조제1항에 따른 사용제한·사용금지·해체 등의 조치를 하지 아니하여 공중의 위험을 발생하게 한 자
5. 제21조제3항에 따른 명령을 받고도 이를 이행하지 아니하여 공중의 위험을 발생하게 한 자
6. 제22조제1항에 따른 보수·보강 등 필요한 조치를 하지 아니함으로써 건축물에 중대한 파손을 발생시켜 공중의 위험을 발생하게 한 자
7. 제24조제3항에 따른 명령을 받고도 이를 이행하지 아니하여 공중의 위험을 발생하게 한 자
8. 제27조제2항을 위반하여 화재안전성능보강을 실시

하지 아니하여 공중의 위험을 발생하게 한 자

9. 제30조제1항 각 호 외의 부분 본문 또는 같은 조 제2항을 위반하여 건축물의 해체허가를 받지 아니하거나 거짓 또는 그 밖의 부정한 방법으로 해체허가를 받고 건축물을 해체하다가 공중의 위험을 발생하게 한 자

10. 제30조제1항 각 호 외의 부분 단서를 위반하여 건축물의 해체신고를 하지 아니하거나 거짓 또는 그 밖의 부정한 방법으로 해체신고를 하고 건축물을 해체하다가 공중의 위험을 발생하게 한 자

11. 제30조제4항(제30조의3제1항에 따라 준용되는 경우를 포함한다)에 따른 해체계획서를 부실하게 작성하거나 이 법 또는 관계 법령을 위반하여 작성함으로써 건축물에 중대한 파손을 발생시켜 공중의 위험을 발생하게 한 자 <신설 2022.2.3.>

12. 제30조제5항(제30조의3제1항에 따라 준용되는 경우를 포함한다)에 따른 해체계획서를 부실하게 검토하거나 이 법 또는 관계 법령을 위반하여 검토함으로써 건축물에 중대한 파손을 발생시켜 공중의 위험을 발생하게 한 자 <신설 2022.2.3.>

13. 제30조의2제1항을 위반하여 해체공사의 착공신고를 하지 아니하거나 거짓 또는 그 밖의 부정한 방법으로 해체공사의 착공신고를 하고 건축물을 해체하다가 공중의 위험을 발생하게 한 자 <신설 2022.2.3.>

14. 제30조의3제1항을 위반하여 변경허가를 받지 아니하거나 거짓 또는 그 밖의 부정한 방법으로 변경허가를 받고 건축물을 해체하다가 공중의 위험을 발생하게 한 자 <신설 2022.2.3.>

15. 제30조의3제1항 또는 제2항을 위반하여 변경신고를 하지 아니하거나 거짓 또는 그 밖의 부정한 방법으로 변경신고를 하고 건축물을 해체하다가 공중의 위험을 발생하게 한 자 <신설 2022.2.3.>

16. 제30조의4제2항에 따른 허가권자의 조치 명령을 이행하지 아니하여 공중의 위험을 발생하게 한 자 <신설 2022.2.3.>

17. 제31조제2항 각 호의 어느 하나에 해당하는 행위를 함으로써 건축물에 중대한 파손을 발생시켜 공중의 위험을 발생하게 한 자

18. 제32조제1항에 따른 해체공사감리 업무를 성실하게 실시하지 아니함으로써 공중의 위험을 발생하게 한 자

19. 제32조제2항에 따른 해체작업의 시정 또는 중지를 요청하지 아니하여 공중의 위험을 발생하게 한 해체공사감리자 <신설 2022.2.3.>

20. 제32조제2항을 위반하여 해체공사감리자로부터 시정 요청을 받고 이에 따르지 아니하거나 중지 요청을 받고도 해체작업을 계속하여 공중의 위험을 발생하게 한 자 <신설 2022.2.3.>

21. 제32조의2를 위반하여 해체작업자의 업무를 성실하게 수행하지 아니함으로써 공중의 위험을 발생하게 한 자 <신설 2022.2.3.>

② 제1항 각 호의 어느 하나에 해당하는 죄를 저질러 사람을 사상(死傷)에 이르게 한 자는 무기 또는 1년 이상의 징역에 처한다.

제51조의2 【벌칙】 다음 각 호의 어느 하나에 해당하는 자는 2년 이하의 징역 또는 2천만원 이하의 벌금에 처한다.

1. 제30조제1항 각 호 외의 부분 본문 또는 같은 조 제2항을 위반하여 건축물의 해체허가를 받지 아니하거나 거짓 또는 그 밖의 부정한 방법으로 해체허가를 받고 해체작업을 실시한 자

2. 제30조제4항(제30조의3제1항에 따라 준용되는 경우를 포함한다)에 따른 해체계획서를 부실하게 작성하거나 이 법 또는 관계 법령을 위반하여 작성한 자

3. 제30조의3제1항을 위반하여 변경허가를 받지 아니하거나 거짓 또는 그 밖의 부정한 방법으로 변경허가를 받고 해체작업을 실시한 자

4. 제30조의4제2항에 따른 허가권자의 조치 명령을 이행하지 아니한 자

5. 제32조제2항을 위반하여 해체공사감리자로부터 시정 요청을 받고 이에 따르지 아니하거나 중지 요청을 받고도 해체작업을 계속한 자

6. 제32조의2를 위반하여 해체작업자의 업무를 성실하게 수행하지 아니한 자

[본조신설 2022.2.3.]

제52조 【벌칙】 다음 각 호의 어느 하나에 해당하는 자는 1년 이하의 징역 또는 1천만원 이하의 벌금에 처한다. <개정 2020.6.9., 2021.7.27., 2022.2.3., 2022.6.10>

1. 제12조제1항을 위반한 자

2. 거짓이나 그 밖의 부정한 방법으로 제18조제1항에 따른 건축물관리점검기관으로 지정받은 자

3. 제22조제2항에 따른 이행 및 시정 명령을 이행하지 아니한 자

4. 제24조제3항에 따른 명령을 받고도 이를 이행하지 아니한 자

5. 제25조제1항에 따른 영업정지처분을 받고 그 영업정지기간 중에 새로 건축물관리점검을 실시한 자

6. 제27조제2항을 위반하여 화재안전성능보강을 실시하

지 아니한 자 또는 제28조제6항에 따라 보완명령을 받고 정해진 기한까지 보완을 실시하지 아니한 자

7. 제30조제1항 각 호 외의 부분 단서를 위반하여 건축물 해체신고를 하지 아니하거나 거짓 또는 그 밖의 부정한 방법으로 해체신고를 하고 해체작업을 실시한 자 <신설 2022.2.3>

8. 제30조제5항(제30조의3제1항에 따라 준용되는 경우를 포함한다)에 따른 해체계획서를 부실하게 검토하거나 이 법 또는 관계 법령을 위반하여 검토한 자 <신설 2022.2.3>

9. 제30조의2제1항을 위반하여 해체공사의 착공신고를 하지 아니하거나 거짓 또는 그 밖의 부정한 방법으로 해체공사의 착공신고를 하고 해체작업을 실시한 자 <신설 2022.2.3>

10. 제30조의3제1항 또는 제2항을 위반하여 변경신고를 하지 아니하거나 거짓 또는 그 밖의 부정한 방법으로 변경신고를 하고 해체작업을 실시한 자 <신설 2022.2.3>

11. 제31조제2항제2호에 해당하는 행위를 한 자 <신설 2022.2.3>

12. 제31조제6항을 위반하여 건축물 해체작업의 안전을 도모하기 위한 감리원 배치기준을 정당한 사유 없이 따르지 아니한 자

13. 제32조제3항에 따라 허가권자에게 보고하지 아니한 해체공사감리자

14. 제41조제1항에 따른 건축물에 대한 조치 명령을 위반한 자

15. 제45조제1항 또는 제2항에 따른 보고 또는 검사를 거부·방해 또는 기피한 자

16. 제46조제9항에 따른 조치 명령을 이행하지 아니한 자

17. 제47조를 위반하여 업무상 알게 된 비밀을 누설하거나 도용한 자

제53조【양벌규정】 법인의 대표자나 법인 또는 개인의 대리인, 사용인, 그 밖의 종업원이 그 법인 또는 개인의 업무에 관하여 제51조, 제51조의2 또는 제52조의 위반행위를 하면 그 행위자를 벌하는 외에 그 법인 또는 개인에게도 해당 조문의 벌금형을 과(科)한다. 다만, 법인 또는 개인이 그 위반행위를 방지하기 위하여 해당 업무에 관하여 적정한 주의와 감독을 게을리하지 아니한 경우에는 그러하지 아니하다. <개정 2022.2.3>

제54조【과태료】 ① 다음 각 호의 어느 하나에 해당하는 자에게는 2천만원 이하의 과태료를 부과한다. <신설 2022.2.3>

1. 제31조제2항제1호·제3호 또는 제4호에 해당하는 행위를 한 자

2. 제32조제1항을 위반하여 해체공사감리 업무를 성실하게 수행하지 아니한 해체공사감리자

3. 제32조제2항에 따른 해체작업의 시정 또는 중지를 요청하지 아니한 해체공사감리자

4. 제32조제5항에 따른 사진 및 동영상의 촬영·보관을 하지 아니한 자

② 다음 각 호의 어느 하나에 해당하는 자에게는 1천만원 이하의 과태료를 부과한다. <개정 2022.2.3>

1. 제6조제2항에 따른 자료의 제출을 하지 아니하거나 거짓자료를 제출한 자

2. 제13조제1항에 따른 정기점검, 제14조제2항에 따른 긴급점검 또는 제16조제1항에 따른 안전진단을 실시하지 아니하거나 성실하게 수행하지 아니한 자

3. 제18조제4항을 위반하여 성실하게 건축물관리점검 업무를 수행하지 아니한 자

4. 제21조제3항에 따른 명령을 받고도 이를 이행하지 아니한 자

5. 제22조제1항에 따른 보수·보강 등 필요한 조치를 하지 아니한 자

6. 제22조제3항에 따라 긴급한 보수·보강 등이 필요한 사실을 해당 건축물의 사용자, 이용자 등에게 알리지 아니한 자

7. 제28조제3항 및 제6항을 위반하여 화재안전성능 보강공사 결과를 보고하지 아니하거나 거짓으로 보고한 자

8. 제4항 각 호의 어느 하나에 해당하는 자(제30조의3제1항에 따라 준용되는 경우를 포함한다)가 작성하지 아니한 해체계획서를 허가권자에게 제출한 자

9. 제30조제5항 각 호의 어느 하나에 해당하는 자(제30조의3제1항에 따라 준용되는 경우를 포함한다)가 검토하지 아니한 해체계획서를 허가권자에게 제출한 자

10. 제30조의4제4항에 따른 현장점검 결과를 보고하지 아니하거나 거짓 또는 그 밖의 부정한 방법으로 보고한 자 <신설 2022.2.3>

11. 제32조제8항에 따른 해체감리완료보고서를 제출하지 아니한 자 <신설 2022.2.3>

12. 제33조제1항에 따른 건축물 해체공사 완료신고를 하지 아니한 자 <신설 2022.2.3>

13. 제46조제1항에 따른 응급 안전조치를 하지 아니하거나 사고 발생 사실을 알리지 아니한 자

③ 다음 각 호의 어느 하나에 해당하는 자에게는 500만원 이하의 과태료를 부과한다. <개정 2021.7.27., 2022.2.3>

1. 제20조제1항에 따른 건축물관리점검 결과를 보고하지 아니하거나 거짓 또는 그 밖의 부정한 방법으로 보고한 자
2. 제24조제2항에 따른 건축물관리점검 결과 평가에 필요한 관련 자료를 제출하지 아니하거나 거짓 또는 그 밖의 부정한 방법으로 제출한 자
3. 제30조의3제3항을 위반하여 변경신고를 하지 아니하거나 거짓 또는 그 밖의 부정한 방법으로 변경신고를 한 자
4. 제45조제1항 또는 제2항에 따른 보고 또는 검사의 명령을 위반한 자

④ 다음 각 호의 어느 하나에 해당하는 자에게는 200만원 이하의 과태료를 부과한다. <개정 2022.2.3.>

1. 제10조제1항에 따라 건축물의 점검·보수·보강 등의 건축물관리 관련 정보를 기록·보관·유지하지 아니한 자
2. 제11조제1항을 위반하여 건축물관리계획을 수립하지 아니하거나 제출하지 아니한 자
3. 제11조제5항을 위반하여 수립되거나 조정된 건축물관리계획에 따라 주요시설을 교체 또는 보수하지 아니한 자
4. 제11조제6항을 위반하여 건축물 생애이력 정보체계에 조치결과를 입력하지 아니한 자
5. 제16조제5항을 위반하여 안전진단 결과보고서를 제출하지 아니한 자
6. 제20조제2항에 따른 이행 여부를 확인하지 아니한 자
7. 제23조제1항을 위반하여 보수·보강 등의 조치결과를 보고하지 아니한 자
8. 제34조제1항을 위반하여 건축물 멸실신고를 하지 아니한 자

⑤ 제1항부터 제4항까지의 규정에 따른 과태료는 대통령령으로 정하는 바에 따라 국토교통부장관, 특별시장·광역시장·특별자치시장·도지사·특별자치도지사 또는 시장·군수·구청장이 부과·징수한다. <개정 2022.2.3.>

부칙<법률 제16416호, 2019.4.30.>

제1조(시행일) 이 법은 공포 후 1년이 경과한 날부터 시행한다.

제2조(화재안전성능보강 지원에 대한 유효기간) 제29조제2항부터 제4항까지의 규정은 2022년 12월 31일까지 적용한다.

제3조(건축물 점검에 관한 경과조치) 이 법 시행 당시 종전의 「건축법」 제35조에 따라 정기점검 및 수시점검을 받은 건축물은 제13조제1항에 따른 정기점검을 받은 것으로 본다.

제4조(건축물관리계획에 관한 경과조치) 이 법 시행 전에 「건축법」 제22조에 따라 사용승인을 받은 건축물 중 제13조에 따른 정기점검 대상 건축물의 관리자는 이 법 시행일 이후 최초로 도래하는 정기점검 시 건축물관리계획을 수립하여 특별자치시장·특별자치도지사 또는 시장·군수·구청장에게 제출하여야 한다. 이 경우 건축물관리계획의 적정성 검토 등에 관하여는 제11조제3항부터 제7항까지의 규정을 준용한다.

제5조(건축물 해체의 허가에 대한 경과조치) 이 법 시행 전에 「건축법」 제36조에 따라 건축물의 철거 등의 신고를 하고 철거공사에 착수한 경우에는 제30조에도 불구하고 종전의 「건축법」 규정을 따른다.

제6조(빈 건축물 정비에 대한 경과조치) 이 법 시행 당시 종전의 「건축법」 제81조의2에 따른 철거 등의 명령을 받은 건축물에 대해서는 제42조에도 불구하고 종전의 「건축법」 규정을 따른다.

제7조(다른 법률의 개정) ① 건축법 일부를 다음과 같이 개정한다.
제6조의2 중 "제35조, 제40조"를 "제40조"로 한다.
제13조제5항제2호 중 "철거"를 "해체"로 한다.
제19조제7항 중 "제35조, 제38조"를 "제38조"로 한다.
제21조제1항 단서 중 "제36조에 따라 건축물의 철거를 신고할 때"를 "「건축물관리법」 제30조에 따라 건축물의 해체 허가를 받거나 신고할 때"로 한다.
제31조제2항 중 "제35조, 제36조, 제38조"를 "제38조"로 한다.
제35조, 제35조의2, 제36조를 각각 삭제한다.
제38조제1항제3호를 삭제한다.
제39조제1항제3호 중 "제36조제1항에 따른 건축물의 철거신고에 따라 철거한 경우"를 "「건축물관리법」 제30조에 따라 건축물을 해체한 경우"로 하고, 같은 항 제4호 중 "제36조제2항에"를 "「건축물관리법」 제

34조에"로 한다.

제79조제1항 중 "철거"를 "해체"로 한다.

제81조, 제81조의2 및 제81조의3을 각각 삭제한다.

제83조제2항을 삭제하고, 같은 조 제3항 중 "제35조제1항, 제40조제4항"을 "제40조제4항"으로, "제81조, 제84조"를 "제84조"로 한다.

제87조의2제1항제1호 중 "제27조, 제35조제3항, 제81조 및 제87조"를 "제27조 및 제87조"로 하고, 같은 항 제3호를 삭제한다.

제106조제1항 중 "제24조의2제1항, 제25조제3항 및 제35조를"을 "제24조의2제1항 및 제25조제3항을"로 한다.

제110조제7호, 제111조제7호, 제113조제2항제3호·제4호를 각각 삭제한다.

② 건축사법 일부를 다음과 같이 개정한다.

제19조제2항제3호 중 "「건축법」 제35조"를 "「건축물관리법」 제12조"로 한다.

③ 이후 생략

부칙<법률 제17091호, 2020.3.24.>
(지방행정제재·부과금의 징수 등에 관한 법률)

제1조(시행일) 이 법은 공포한 날부터 시행한다. <단서 생략>

제2조 및 제3조 생략

제4조(다른 법률의 개정) ①부터 ⑧까지 생략

⑨ 법률 제16416호 건축물관리법 일부를 다음과 같이 개정한다.

제25조제2항 중 "「지방세외수입금의 징수 등에 관한 법률」"을 "「지방행정제재·부과금의 징수 등에 관한 법률」"로 한다.

⑩부터 ⑫까지 생략

제5조 생략

부칙<법률 제17171호, 2020.3.31.>
(전기안전관리법)

제1조(시행일) 이 법은 공포 후 1년이 경과한 날부터 시행한다. <단서 생략>

제2조부터 제5조까지 생략

제6조(다른 법률의 개정) ① 생략

② 건축물관리법 일부를 다음과 같이 개정한다.

제7조제3항제6호 및 제20조제2항제6호 중 "「전기사업법」 제66조"를 각각 "「전기안전관리법」 제12조"로 한다.

③부터 ㊿까지 생략

제7조 생략

부칙<법률 제17222호, 2020.4.7.>

이 법은 2020년 5월 1일부터 시행한다.

부칙<법률 제17289호, 2020.5.19.>
(정부출연연구기관 등의 설립·운영 및 육성에 관한 법률)

제1조(시행일) 이 법은 공포 후 6개월이 경과한 날부터 시행한다.

제2조부터 제4조까지 생략

제5조(다른 법률의 개정) 건축물관리법 일부를 다음과 같이 개정한다.

제39조제1항제1호 중 "국토연구원"을 "건축공간연구원"으로 한다.

부칙<법률 제17447호, 2020.6.9.>
(국토안전관리원법)

제1조(시행일) 이 법은 공포 후 6개월이 경과한 날부터 시행한다.

제2조부터 제5조까지 생략

제6조(다른 법률의 개정) ① 건축물관리법 일부를 다음과 같이 개정한다.

제16조제3항 중 "같은 법에 따라 설립된 한국시설안전공단(이하 "한국시설안전공단"이라 한다)"을 "「국토안전관리원법」에 따른 국토안전관리원(이하 "국토안전관리원"이라 한다)"으로 하고, 같은 조 제4항 및 제5항 중 "한국시설안전공단"을 각각 "국토안전관리원"으로 한다.

제18조제1항제4호를 다음과 같이 한다.

4. 국토안전관리원

제30조제4항 중 "한국시설안전공단"을 "국토안전관리원"으로 한다.

제39조제1항제2호를 다음과 같이 한다.

2. 국토안전관리원

②부터 ⑧까지 생략

제7조 생략

부칙<법률 제17453호, 2020.6.9.>
(법률용어 정비를 위한 국토교통위원회 소관 78개 법률 일부개정을 위한 법률)

이 법은 공포한 날부터 시행한다. <단서 생략>

부칙<법률 제17459호, 2020.6.9.>
(한국부동산원법)

제1조(시행일) 이 법은 공포 후 6개월이 경과한 날부터 시행한다.

제2조 및 제3조 생략

제4조(다른 법률의 개정) ① 생략
② 건축물관리법 일부를 다음과 같이 개정한다.
제39조제1항제4호 중 "「한국감정원법」에 따라 설립된 한국감정원"을 "「한국부동산원법」에 따른 한국부동산원"으로 한다.
③ 및 ④ 생략

제5조 생략

부칙<법률 제17799호, 2020.12.29.>
(독점규제 및 공정거래에 관한 법률)

제1조(시행일) 이 법은 공포 후 1년이 경과한 날부터 시행한다. <단서 생략>

제2조부터 제24조까지 생략

제25조(다른 법률의 개정) ① 및 ② 생략
③ 건축물관리법 일부를 다음과 같이 개정한다.
제31조제1항 중 "「독점규제 및 공정거래에 관한 법률」 제2조제3호"를 "「독점규제 및 공정거래에 관한 법률」 제2조제12호"로 한다.
④부터 ㉒까지 생략

제26조 생략

부칙<법률 제17939호, 2021.3.16.>
(건설기술 진흥법)

제1조(시행일) 이 법은 공포 후 3개월이 경과한 날부터 시행한다. <단서 생략>

제2조 및 제3조 생략

제4조(다른 법률의 개정) ① 및 ② 생략

③ 건축물관리법 일부를 다음과 같이 개정한다.
제18조제1항제2호 중 "건설기술용역사업자"를 "건설엔지니어링사업자"로 한다.
④부터 ⑧까지 생략

부칙<법률 제18340호, 2021.7.27.>

제1조(시행일) 이 법은 공포 후 3개월이 경과한 날부터 시행한다.

제2조(해체공사 착공신고에 관한 적용례) 제30조의3의 개정규정은 이 법 시행 이후 건축물 해체공사에 착수하려는 경우부터 적용한다.

제3조(다른 법률의 개정) 건축법 일부를 다음과 같이 개정한다.
제21조제1항 단서를 삭제한다.

부칙 <법률 제18522호, 2021.11.30.>
(소방시설 설치 및 관리에 관한 법률)

제1조(시행일) 이 법은 공포 후 1년이 경과한 날부터 시행한다. <단서 생략>

제2조 부터 제13조까지 생략

제14조(다른 법률의 개정) ①부터 ③까지 생략
④ 건축물관리법 일부를 다음과 같이 개정한다.
제7조제3항제2호 및 제20조제2항제2호 중 "「화재예방, 소방시설 설치·유지 및 안전관리에 관한 법률」 제25조"를 각각 "「소방시설 설치 및 관리에 관한 법률」 제22조"로 한다.
⑤부터 ㉞까지 생략

제15조 생략

부칙<법률 제18824호, 2022.2.3.>

제1조(시행일) 이 법은 공포 후 6개월이 경과한 날부터 시행한다.

제2조(해체계획서의 작성·검토 자격 등에 관한 적용례) 제30조 및 제30조의3의 개정규정은 이 법 시행 이후 제30조제1항이나 같은 조 제2항의 개정규정에 따라 건축물 해체허가를 신청하거나 해체신고를 하는 경우부터 적용한다.

제3조(현장점검에 관한 적용례) 제30조의4의 개정규정은 이 법 시행 이후 제30조제1항이나 같은 조 제2항의 개정규정에 따라 건축물 해체허가를 신청하거나 해체신고를 하는 경우부터 적용한다.

제4조(해체공사감리자의 지정 등에 관한 적용례) 제31조제1항부터 제3항까지의 개정규정은 이 법 시행 이후 제31조제1항의 개정규정에 따라 허가권자가 해체공사감리자를 지정하는 경우부터 적용한다.

제5조(해체공사감리자의 업무 등에 관한 적용례) 제32조의 개정규정은 이 법 시행 이후 제31조제1항의 개정규정에 따라 허가권자가 해체공사감리자를 지정하는 경우부터 적용한다.

제6조(해체작업자의 업무에 관한 적용례) 제32조의2의 개정규정은 이 법 시행 이후 제30조제1항이나 같은 조 제2항의 개정규정에 따라 건축물 해체허가를 신청하거나 해체신고를 하는 경우부터 적용한다.

제7조(건축물 해체공사 완료신고에 관한 적용례) 제33조제1항의 개정규정은 이 법 시행 이후 제30조제1항이나 같은 조 제2항의 개정규정에 따라 건축물 해체허가를 신청하거나 해체신고를 하는 경우부터 적용한다.

제8조(해체공사감리자 등의 교육에 관한 경과조치) 이 법 시행 당시 종전의 규정에 따라 해체공사감리 업무에 관한 교육을 받은 자는 해당 교육을 받은 후 3년이 되는 날까지는 제31조의2의 개정규정에 따른 해체공사감리 업무에 관한 교육을 받은 것으로 본다. <개정 2023.4.18>

제9조(벌칙 및 과태료에 관한 경과조치) 이 법 시행 전의 행위에 대하여 벌칙이나 과태료를 적용할 때에는 종전의 규정에 따른다.

부칙<법률 제18934호, 2022.6.10.>

제1조(시행일) 이 법은 공포 후 6개월이 경과한 날부터 시행한다.

제2조(해체공사감리자의 감리업무 수행 등에 관한 적용례) 제31조제3항의 개정규정은 이 법 시행 이후 건축물 해체허가를 신청하거나 해체신고를 하는 경우부터 적용한다.

부칙<법률 제19045호, 2022.11.15.>
(건축법)

제1조(시행일) 이 법은 공포 후 6개월이 경과한 날부터 시행한다.

제2조(다른 법률의 개정) ① 건축물관리법 일부를 다음과 같이 개정한다.

제11조제1항제2호 중 "교정 및 군사 시설"을 "교정(矯正)시설"로 하고, 같은 항 제3호 및 제4호를 각각 제4호 및 제5호로 하며, 같은 항에 제3호를 다음과 같이 신설한다.

3.「건축법」 제2조제2항제24호에 따른 국방·군사시설

② 및 ③ 생략

부칙<법률 제19367호, 2023.4.18.>

제1조(시행일) 이 법은 공포한 날부터 시행한다. 다만, 제29조의2제2항의 개정규정은 공포 후 3개월이 경과한 날부터 시행한다.

제2조(화재안전성능보강 비용 지원에 대한 유효기간) 제29조의2제2항의 개정규정은 2025년 12월 31일까지 효력을 가진다.

제3조(화재안전성능보강 실시 결과 보고에 관한 적용례) 제28조제3항의 개정규정은 같은 개정규정 시행 당시 종전의 규정에 따라 화재안전성능보강 실시 결과를 2022년 12월 31일까지 특별자치시장·특별자치도지사 또는 시장·군수·구청장에게 보고하지 아니한 보강대상 건축물 관리자에게도 적용한다.

제4조(화재안전성능보강 비용 지원에 관한 적용례) 제29조의2제2항의 개정규정은 같은 개정규정 시행 당시 종전의 규정에 따라 화재안전성능보강 실시 결과를 2022년 12월 31일까지 특별자치시장·특별자치도지사 또는 시장·군수·구청장에게 보고하지 아니한 보강대상 건축물 관리자에게도 적용한다.

건축법해설

定價 32,000원

저 자 김수영·이종석
　　　김동화·김용환
　　　조영호·오호영

발행인 이　　종　　권

2009年 3月　3日 초 판 발 행
2010年 2月 24日 개 정 판 발 행
2011年 3月 11日 2차 개 정 발 행
2012年 3月 13日 3차 개 정 발 행
2013年 3月 12日 4차 개 정 발 행
2014年 3月 14日 5차 개 정 발 행
2015年 2月 25日 6차 개 정 발 행
2016年 3月　7日 7차 개 정 발 행
2017年 3月　6日 8차 개 정 발 행
2018年 3月　2日 9차 개 정 발 행
2019年 3月　5日 10차 개 정 발 행
2020年 3月　9日 11차 개 정 발 행
2021年 3月　8日 12차 개 정 발 행
2022年 3月 14日 13차 개 정 발 행
2023年 3月　8日 14차 개 정 발 행
2024年 3月　5日 15차 개 정 발 행

發行處　(주)**한솔아카데미**

(우)06775 서울시 서초구 마방로10길 25 트윈타워 A동 2002호
TEL : (02)575-6144/5　FAX : (02)529-1130
〈1998. 2. 19 登錄 第16-1608號〉

ISBN 979-11-6654-502-3 93540